plurall

Parabéns!
Agora você faz parte do **Plurall**, a plataforma digital do seu livro didático! Acesse e conheça todos os recursos e funcionalidades disponíveis para as suas aulas digitais.

Baixe o aplicativo do **Plurall** para Android e IOS ou acesse **www.plurall.net** e cadastre-se utilizando o seu código de acesso exclusivo:

AASP2YVXE

Este é o seu código de acesso Plurall.
Cadastre-se e ative-o para ter acesso aos conteúdos relacionados a esta obra.

CB026038

@plurallnet
@plurallnetoficial

SOMOS
EDUCAÇÃO

MATEMÁTICA
VOLUME ÚNICO · PARTE 1

GELSON IEZZI

Engenheiro metalúrgico pela Escola Politécnica
da Universidade de São Paulo.

Professor licenciado pelo Instituto de Matemática
e Estatística da Universidade de São Paulo.

OSVALDO DOLCE

Engenheiro civil pela Escola Politécnica
da Universidade de São Paulo.

Professor da rede pública estadual
de São Paulo.

DAVID DEGENSZAJN

Licenciado em Matemática pelo Instituto
de Matemática e Estatística da Universidade de São Paulo.

Professor da rede particular de ensino
em São Paulo.

ROBERTO PÉRIGO

Licenciado e bacharel em Matemática
pela Pontifícia Universidade Católica de São Paulo.

Professor da rede particular e de cursos
pré-vestibulares em São Paulo.

ENSINO MÉDIO

6ª edição

Matemática – Volume Único
© Gelson Iezzi, Osvaldo Dolce, David Degenszajn e Roberto Périgo, 2015
Direitos desta edição:
SARAIVA S.A. – Livreiros Editores, São Paulo, 2015
Todos os direitos reservados

Dados Internacionais de Catalogação na Publicação (CIP)
(Câmara Brasileira do Livro, SP, Brasil)

Matemática : ensino médio : volume único / Gelson
Iezzi... [et al.]. -- 6. ed. -- São Paulo :
Atual, 2015.

Outros autores: Osvaldo Dolce, David
Degenszajn, Roberto Périgo
Suplementado pelo manual do professor.
ISBN 978-85-357-2006-8 (aluno)
ISBN 978-85-357-2007-5 (professor)

1. Matemática (Ensino médio) I. Iezzi, Gelson.
II. Dolce, Osvaldo. III. Degenszajn, David.
IV. Périgo, Roberto.

15-06461   CDD-510.7

Índices para catálogo sistemático:
1. Matemática : Ensino médio   570.7

Gerente editorial	M. Esther Nejm
Editor responsável	Viviane Carpegiani
Editor	Erich Gonçalves da Silva, Juliana Grassmann dos Santos, Julio Cesar Augustus de Paula Santos, Luis Felipe Porto Mendes, Marcela Maris, Rani de Oliveira
Coordenador de revisão	Camila Christi Gazzani
Revisores	Eduardo Sigrist, Felipe Bio, Fernanda Guerriero, Luciana Azevedo, Márcia Pessoa, Maura Loria, Raquel Alves Taveira
Coordenador de iconografia	Cristina Akisino
Pesquisa iconográfica	Cristiano Rogério Vieira
Licenciamento de textos	Érica Brambila
Gerente de artes	Ricardo Borges
Coordenador de artes	Narjara Lara
Design	Sérgio Cândido
Capa	Ulhoa Cintra Comunicação Visual e Arquitetura
Diagramação	C2 Artes, MRS design e cultura, WYM Design
Assistente de arte	Camilla Felix Cianelli
Ilustrações	Alex Argozino, Graphorama, Hagaquezart, Ilustra Cartoon, Interbits, Paulo César Pereira, Setup, Walter Caldeira, WYM Design, Zapt, Zettera Studio
Cartografia e gráficos	Mário Yoshida, Zapt
Tratamento de imagens	Emerson de Lima
Produtor gráfico	Robson Cacau Alves
Impressão e acabamento	Ricargraf

732.563.006.001

Atual Editora

SAC | 0800-0117875
De 2ª a 6ª, das 8h30 às 19h30
www.editorasaraiva.com.br/contato

Avenida das Nações Unidas, 7221 – 1º Andar – Setor C – Pinheiros – CEP 05425-902

Apresentação

Nesta nova edição da obra **Matemática Volume Único**, na tentativa de facilitar a distribuição dos conteúdos entre os três anos do Ensino Médio e a ordenação em que os assuntos podem ser abordados, procuramos, mais uma vez, colocar em um só volume os conteúdos usualmente presentes nessa etapa da escolaridade.

Algumas questões de planejamento escolar, como definir quando serão apresentadas as Progressões aritmética e geométrica, estabelecer em que anos será abordada a Trigonometria e escolher a forma de trabalhar a Geometria, ficam mais confortáveis quando se adota um livro didático constituído de um único volume.

Uma novidade desta edição é a distribuição do livro em três partes, atendendo sobretudo às solicitações recebidas quanto a facilitar o manuseio e o transporte de um livro com grande número de páginas.

Vamos conhecer alguns aspectos do livro:

- Na apresentação da teoria, muitos assuntos iniciam-se com base em fatos do cotidiano ou em situações-problema.

- Há a preocupação em estabelecer os conceitos com precisão e justificar logicamente a validade das propriedades. Entretanto, nem todas as propriedades estão demonstradas, como no caso da Geometria de posição espacial, que recebeu uma abordagem mais intuitiva.

- As atividades estão divididas em três níveis: os exercícios da série regular, intercalados com a teoria, os exercícios complementares e os testes (do Enem e de vestibulares de todas as regiões do Brasil). Professores e alunos encontrarão grande quantidade e diversidade de exercícios e problemas, alternando momentos de contextualização com exercícios de fixação.

- Muitas atividades promovem a integração entre os eixos da Matemática e a aplicação dos conceitos estudados em outras áreas do conhecimento, o que é também ilustrado pelos textos da seção *Aplicações*.

- No material do professor, estão resolvidos diversos exercícios e testes, incluindo todos os da série complementar.

Outra novidade desta edição é um caderno de *Exercícios de revisão*, com mais de 350 questões, que pode ser utilizado como aprofundamento ou revisão para exames ao final do 3º ano do Ensino Médio, assegurando uma preparação sólida e consistente para os estudantes.

Apesar de todo o empenho dos autores e da editora em produzir uma obra que realmente auxilie o desenvolvimento das aulas e da aprendizagem, é provável que ainda existam falhas e ajustes a serem feitos. Gostaríamos de ter conhecimento dos pontos em que a obra se mostra insatisfatória; assim, pedimos a gentileza de nos contatar para eventuais dúvidas ou sugestões, sempre por meio dos representantes legais da editora ou pelo endereço www.editorasaraiva.com.br/contato.

Aproveite ao máximo o novo **Matemática Volume Único**!

Os autores

Conheça seu livro

Este livro está distribuído em três partes.

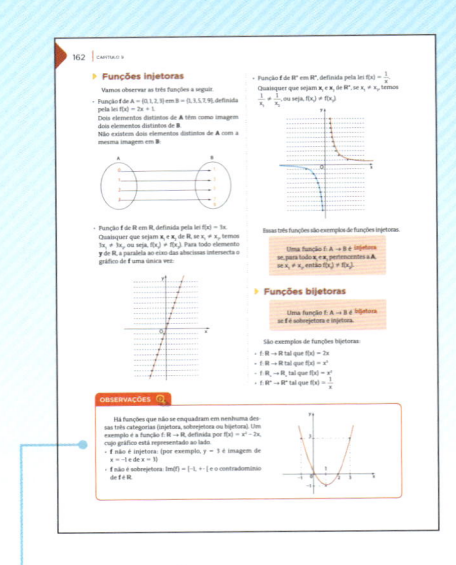

Observações

Observações sobre o conteúdo estudado são intercaladas em meio ao texto para ajudar o leitor na compreensão dos conceitos.

Início do capítulo

O início do capítulo recebe destaque especial e, sempre que possível, é introduzido com situações do cotidiano.

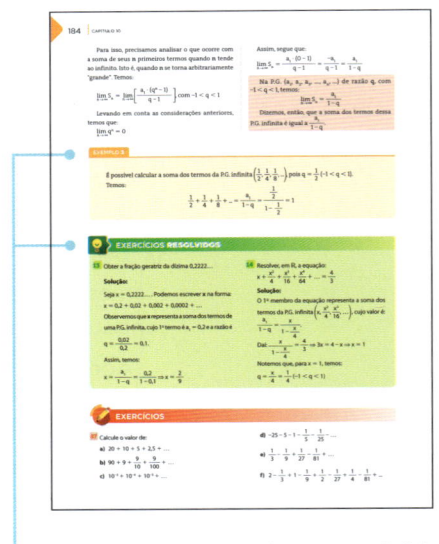

Exemplos e Exercícios resolvidos

Todos os capítulos deste livro apresentam séries de exercícios intercaladas em meio ao texto. Em geral, cada série é precedida das seções **Exemplos** e **Exercícios resolvidos**.

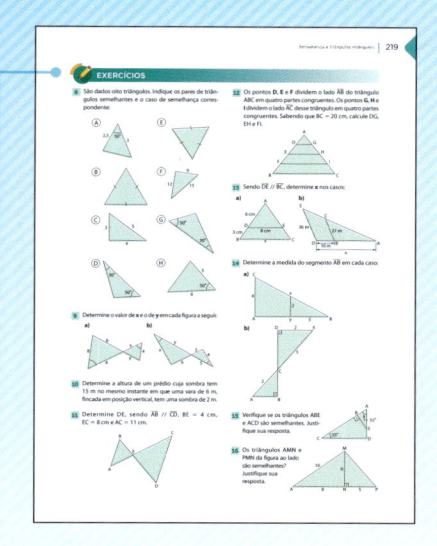

Exercícios

Grande variedade de exercícios é proposta nesta seção.

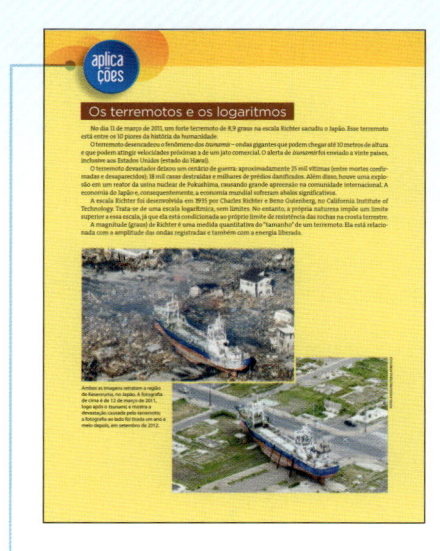

Aplicações

Incluem artigos que possibilitam empregar os conhecimentos matemáticos em outros campos, estabelecendo, por exemplo, um elo entre a Matemática e a Física ou entre a Matemática e a Economia. Os textos aprofundam alguns conceitos e auxiliam a construção de outros.

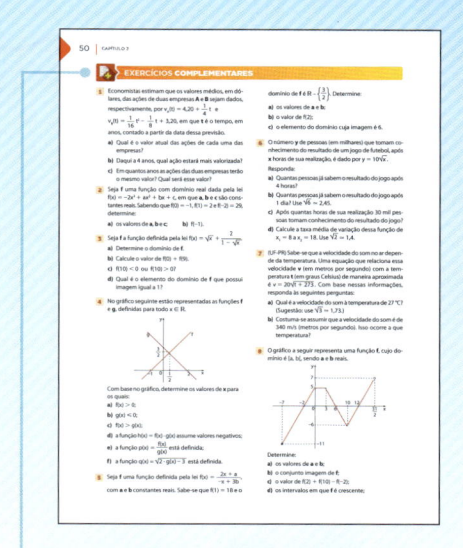

Exercícios complementares

Ao final de cada capítulo há a seção **Exercícios complementares**, que tem por objetivo consolidar e aprofundar os conteúdos e conceitos abordados. Geralmente, são atividades que requerem leitura e interpretação mais cuidadosa do enunciado.

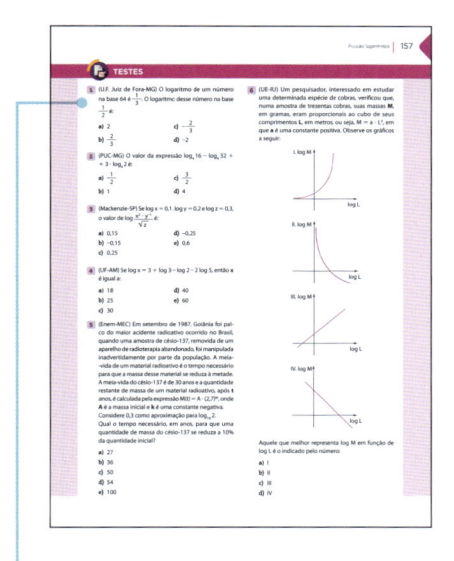

Testes

Envolvem uma extensa e diversificada seleção de testes de vestibulares de todas as regiões do Brasil e do Enem. Constituem excelente fonte de preparação para os exames que os alunos farão ao final do Ensino Médio.

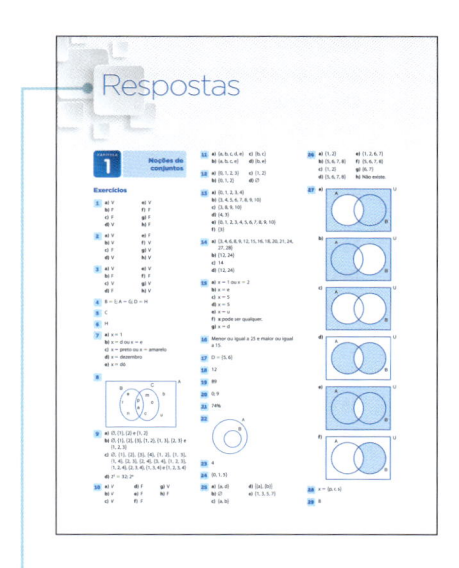

Respostas

Ao final de cada parte, são apresentadas as respostas dos exercícios propostos e dos testes correspondentes.

Sumário

GERAL

PARTE 1

CAPÍTULO 1

Noções de conjuntos

▶ Conjunto: elemento, pertinência e representações

Você já deve ter conhecimento de duas noções primitivas (aceitas de modo intuitivo, sem definição) da Matemática: conjunto e elemento.

Costuma-se designar um conjunto por uma letra maiúscula do alfabeto: **A**, **B**, **C**, ..., **Z**, e seus elementos podem ser representados por uma letra minúscula do alfabeto: **a**, **b**, **c**, ..., **z**.

Observe estes exemplos:

- conjunto das vogais do alfabeto: V = {a, e, i, o, u}
- conjunto das estações do ano: seus elementos são primavera (**p**), verão (**v**), outono (**o**) e inverno (**i**). Representamos: E = {p, v, o, i}
- conjunto dos algarismos indo-arábicos:

A = {0, 1, 2, 3, 4, 5, 6, 7, 8, 9}

A **pertinência** indica a relação existente entre elemento e conjunto; usa-se o símbolo ∈ (lê-se: pertence a) para representar que determinado elemento pertence a um conjunto. Nos exemplos anteriores, temos que:

a ∈ V; e ∈ V; b ∉ V (∉ lê-se: não pertence a)
1 ∈ A; 6 ∈ A; 14 ∉ A; −3 ∉ A

A representação de um conjunto pode ser feita por meio de:

- enumeração de seus elementos, como mostram os exemplos anteriores.

- diagrama de Venn: trata-se de uma região plana e limitada por uma curva fechada que "não se cruza", dentro da qual escrevemos seus elementos.

Vamos representar o conjunto **E** anterior usando o diagrama de Venn:

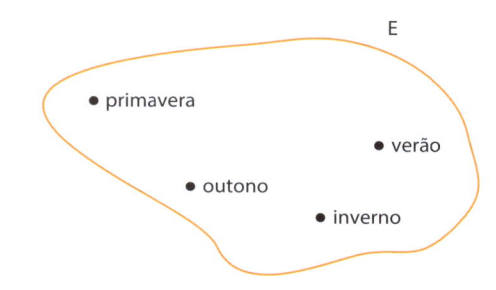

- uma propriedade característica de seus elementos.

Assim, se o conjunto é **A** e seus elementos **x** têm uma propriedade **P**, escrevemos:

A = {x | x tem propriedade P}. A "barra" | lê-se: tal que.

Exemplos:

- {x | x é estado da região Sul do Brasil} é uma outra maneira de indicar o conjunto {Paraná, Santa Catarina, Rio Grande do Sul}.

- {x | x é divisor inteiro de 3} é uma outra forma de indicar o conjunto {1, −1, 3, −3}.

OBSERVAÇÕES

1. Há conjuntos que possuem um único elemento, denominados **conjuntos unitários**.
   Exemplos: C = {−5}
   D = {x | x é capital do Brasil} = {Brasília}

2. Há conjuntos que não possuem elemento algum, denominados **conjuntos vazios** e representados por { } ou ∅.
   Exemplo: A = {x | x é um estado do Sul do Brasil que faz fronteira com a Bahia}; A = ∅

3. Há conjuntos cujos elementos são conjuntos.
   Exemplo: B = {c, {d}, {e, f}}
   Os elementos de **B** são: **c**, {d} e {e, f}. Nesse caso, c ∈ B, {d} ∈ B e {e, f} ∈ B.

▶ Igualdade

Observe os conjuntos **C** e **D** a seguir:
C: conjunto dos algarismos do número 2 193:
C = {2, 1, 9, 3}
D: conjunto dos algarismos do número 923 911:
D = {9, 2, 3, 9, 1, 1}
É fácil notar que:

- Todo elemento de **C** pertence a **D**.
- Todo elemento de **D** pertence a **C**.

Dizemos, então, que C = D, isto é, os conjuntos **C** e **D** são iguais. Observe que, dentro de um conjunto, não é preciso repetir elementos. Além disso, não importa a ordem em que os elementos são escritos.

Assim, também são iguais os conjuntos E = {x | x é letra da palavra roma} e F = {x | x é letra da palavra amora}.

E = {r, o, m, a}; F = {a, m, o, r, a} = E

▶ Subconjunto

Considere os conjuntos:
A: {x | x é letra da palavra gato}; A = {g, a, t, o}
B: {x | x é letra da palavra esgotar}; B = {e, s, g, o, t, a, r}

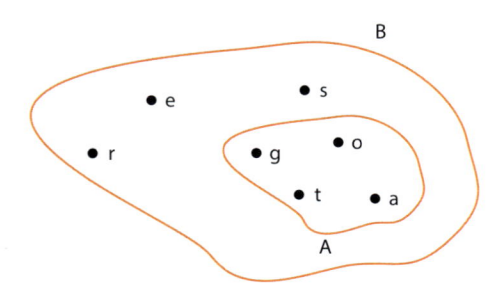

Observe que todo elemento de **A** é também elemento de **B**.

Dizemos que **A** é **subconjunto** de **B** e indicamos por:
A ⊂ B (lê-se: **A** está contido em **B** ou **A** é subconjunto de **B**)
Podemos também indicar: B ⊃ A (lê-se: **B** contém **A**)
Observe ainda, nesse exemplo, que B ⊄ A: existem elementos de **B**: **e**, **s**, **r**, que não pertencem a **A**.
Exemplos:

- {1, 2, 3} ⊂ {1, 2, 3, 4, 5, 6, 7}
- {1, 2} ⊃ {1}
- {4, 5, 6} ⊄ {6, 7} e também {4, 5, 6} ⊅ {6, 7}
  ↑
  não contém

- ∅ ⊂ {1, 2, 3}; o conjunto vazio é subconjunto de qualquer conjunto.
- {1, 2, 3} ⊂ {1, 2, 3}; todo conjunto é subconjunto de si mesmo.

EXERCÍCIOS

1 Considerando A = {x | x é algarismo do número 3 715} e B = { x | x é algarismo do número 14 576], assinale **V** (verdadeiro) ou **F** (falso):

a) 3 ∈ A
b) 3 ∈ B
c) 5 ∉ B
d) 7 ∈ A
e) 4 ∉ A
f) A = B
g) A ⊂ B
h) B ⊂ A

2 Sejam os conjuntos **A**, **B** e **C** representados a seguir:

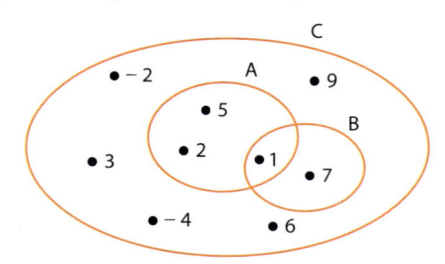

Assinale **V** para as afirmações verdadeiras e **F** para as afirmações falsas:

a) 2 ∈ C
b) 1 ∈ A
c) 3 ∈ B
d) −4 ∉ A
e) 3 ∈ A
f) 6 ∈ C
g) 1 ∈ C
h) 1 ∈ B

3 Considerando os conjuntos M = {6, 7, 8, 9}, N = {5, 6, 7, 8, 9, 10} e P = {8, 9, 10, 11}, assinale verdadeiro (**V**) ou falso (**F**):

a) M ⊂ N
b) P ⊂ N
c) M ⊅ N
d) P ⊃ M
e) N ⊃ M
f) M = N
g) ∅ ⊂ M
h) M ⊂ M

4 Pense nos seguintes conjuntos:

A = {a, e, i, o, u}

B = {a, m, o, r}

C = {1, 2, 5}

D = {0, 2, 4, 6, 8, ...}

E = conjunto das letras de "amora"

F = conjunto dos algarismos de 115 822

G = conjunto das vogais

H = conjunto dos números pares não negativos

Quais desses conjuntos são iguais?

5 Qual dos conjuntos abaixo é unitário?

A: conjunto das letras da palavra "lulu"

B: conjunto das vogais da palavra "gato"

C: conjunto dos oceanos que banham o Brasil

D: conjunto das cores da camisa do Flamengo

6 Qual dos conjuntos abaixo é vazio?

E: conjunto das vogais da palavra "iaiá"

F: conjunto dos algarismos de 572

G: conjunto dos instrumentos musicais de corda

H: conjunto dos países da América do Sul que são maiores que o Brasil

7 Em cada caso, determine **x** para que as sentenças sejam todas verdadeiras. Em todos os itens, não se repetem elementos iguais.

a) {1, 2} ⊂ {5, 4, 3, 2, x}

b) {x, a, b, c} ⊂ {a, b, c, d, e}

c) {azul, preto, amarelo} ⊃ {azul, x}

d) {x, janeiro, fevereiro} ⊃ {dezembro, janeiro}

e) {dó, ré, mi} ⊂ {ré, mi, fá, sol, lá, si, x}

8 Sejam os conjuntos:

A = {x | x é letra da palavra pernambuco}

B = {x | x é letra da palavra perna}

C = {x | x é letra da palavra campo}

Represente **A**, **B** e **C** em um diagrama de Venn.

9 Em cada item, faça o que se pede.

a) Escreva todos os subconjuntos do conjunto A = {1, 2}.

b) Escreva todos os subconjuntos do conjunto B = {1, 2, 3}.

c) Escreva todos os subconjuntos do conjunto C = {1, 2, 3, 4}.

d) Observando o número de subconjuntos obtidos em *a*, *b* e *c*, responda: qual é o número de subconjuntos formados a partir de um conjunto com 5 elementos? E com **n** elementos?

10 Seja o conjunto P = {r, {r}, {r, s}, t}. Classifique em verdadeiro (**V**) ou falso (**F**).

a) r ∈ P

b) {r} ∈ P

c) {r} ⊂ P

d) {{r}} ⊄ P

e) {r, s} ⊂ P

f) {t} ∈ P

g) P ⊃ {t}

h) {s} ∈ P

▶ Reunião ou união de conjuntos

Observe os conjuntos **A** e **B** abaixo:

A = conjunto das letras da palavra "careta" = = {c, a, r, e, t}

B = conjunto das vogais do alfabeto = {a, e, i, o, u}

Vamos reunir os elementos de **A** com os elementos de **B** e formar um novo conjunto **C**:

C = {c, a, r, e, t, a, e, i, o, u} = {c, a, r, e, t, i, o, u}

O conjunto **C** é chamado **reunião** (ou **união**) de **A** e **B** e é indicado por A ∪ B (lê-se: **A** união **B**).

> Chamamos **reunião** de dois conjuntos **A** e **B** o conjunto **A ∪ B** formado pelos elementos que pertencem a **A** ou a **B**.
>
> A ∪ B = {x | x ∈ A ou x ∈ B}

Observe que, para um determinado elemento pertencer a A ∪ B, ele pode pertencer somente a **A** ou pertencer somente a **B** ou ainda pertencer a ambos.

Exemplos:

• {a, b} ∪ {c, d} = {a, b, c, d}

• {a, b} ∪ {a, b, c, d} = {a, b, c, d}

• {a, b} ∪ {c, d, e} = {a, b, c, d, e}

• {a, b, c} ∪ ∅ = {a, b, c}

• ∅ ∪ ∅ = ∅

▶ Interseção de conjuntos

Observe os conjuntos **A** e **B** abaixo:

A = conjunto das letras da palavra "careta" =
= {c, a, r, e, t}

B = conjunto das vogais do alfabeto = {a, e, i, o, u}

Vamos tomar os elementos que estão em **A** e também estão em **B** e formar um novo conjunto **C**. Assim, temos: C = {a, e}

O conjunto **C** é chamado **interseção** de **A** e **B** e é indicado por A ∩ B (lê-se: **A** interseção **B**).

> Chamamos **interseção** de dois conjuntos **A** e **B** o conjunto **A ∩ B** formado pelos elementos que pertencem a A e B simultaneamente.
> A ∩ B = {x | x ∈ A e x ∈ B}

Observe agora os conjuntos **D** e **E** abaixo:

D = conjunto das letras da palavra "sergipe" =
= {s, e, r, g, i, p}

E = conjunto das letras da palavra "bola" = {b, o, l, a}

Não existe elemento de **D** que também pertença a **E**. Nesse caso, a interseção de **D** com **E** é o conjunto vazio: D ∩ E = ∅. Quando isso ocorrer, dizemos que **D** e **E** são conjuntos **disjuntos**.

Exemplos:

- {a, b, c} ∩ {b, c, d, e} = {b, c}
- {a, b} ∩ {a, b, c, d} = {a, b}
- {a, b, c} ∩ {a, b, c} = {a, b, c}
- {a, b} ∩ {c, d} = ∅

  Os conjuntos {a, b} e {c, d} são disjuntos.
- {a, b} ∩ ∅ = ∅

💡 EXERCÍCIO **RESOLVIDO**

1 Uma escola de Ensino Médio (E. M.) oferece a seus 300 alunos cursos optativos de Teatro (**T**) e História da Arte (**H**). Um levantamento mostrou que 180 alunos inscreveram-se em Teatro, 143 em História da Arte e 48 em ambos. Determine o número de alunos inscritos em:

a) exatamente um curso;

b) nenhum curso.

Solução:

Seja **E** o conjunto de todos os alunos do E. M. dessa escola. Vamos representá-los no diagrama abaixo:

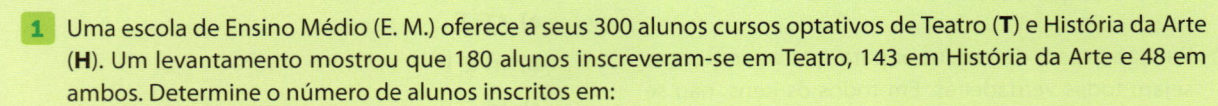

- Há 48 alunos inscritos em **T** e **H**:

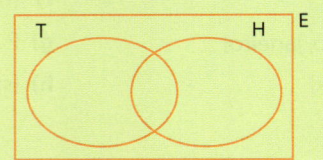

- Dos 180 alunos inscritos em **T**, há 48 que também se inscreveram em **H**. Assim, 180 − 48 = 132 alunos inscreveram-se somente em **T**.

  Analogamente, 143 − 48 = 95 alunos increveram-se somente em **H**:

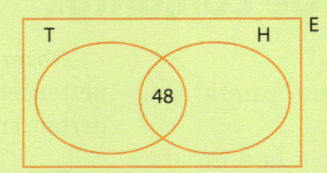

Como 132 + 48 + 95 = 275, concluímos que 300 − 275 = 25 alunos não se inscreveram em curso algum. Assim:

a) 132 + 95 = 227

b) 25

Em geral, dados dois conjuntos **A** e **B**, o número de elementos pertencentes à reunião de **A** e **B** (indica-se por: n(A ∪ B)) é dado por:

$$n(A \cup B) = n(A) + n(B) - n(A \cap B)$$,

em que n(A), n(B) e n(A ∩ B) são, respectivamente, o número de elementos de **A**, o número de elementos de **B** e o número de elementos que pertencem à interseção de **A** e **B**.

Em particular, se **A** e **B** são disjuntos (A ∩ B = ∅), então n(A ∪ B) = n(A) + n(B).

EXERCÍCIOS

11 Dados os conjuntos

M = {a, b, c, d}, N = {b, c, e} e P = {a, b, e}, determine:

a) M ∪ N

c) M ∩ N

b) N ∪ P

d) N ∩ P

12 Dados os conjuntos

A = {0}, B = {1, 2} e C = {0, 1, 2, 3}, determine:

a) B ∪ C

c) B ∩ C

b) A ∪ B

d) A ∩ B ∩ C

13 Observando o diagrama abaixo, determine os conjuntos:

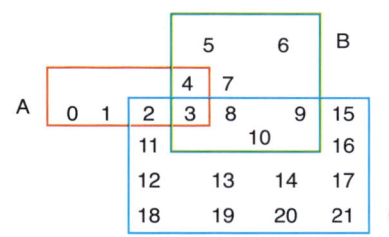

a) A

d) A ∩ B

b) B

e) A ∪ B

c) B ∩ C

f) A ∩ B ∩ C

14 Sejam os conjuntos:

A = { x | x é inteiro positivo menor que 30}

B = { x | x ∈ A e x é múltiplo de 3}

C = { x | x ∈ A e x é múltiplo de 4}

Determine:

a) B ∪ C;

b) B ∩ C;

c) o número de elementos de B ∪ C, isto é, n(B ∪ C);

d) A ∩ B ∩ C.

15 Em cada caso, determine o elemento **x** de modo que as sentenças sejam todas verdadeiras. Não se repetem elementos iguais.

a) {1, 2} ∪ {x, 3, 4} = {1, 2, 3, 4}

b) {a, b, c, d} ∪ {a, b, d, x} = {a, b, c, d, e}

c) {1, 5, 9} ∪ {1, 7, 9, x} = {1, 5, 7, 9}

d) {3, 4, x} ∩ {4, 5, 6} = {4, 5}

e) {a, e, i, x} ∩ {o, u} = {u}

f) ∅ ∩ {a, b, x} = ∅

g) ∅ ∪ {a, b, x} = {a, b, d}

16 Os conjuntos **A** e **B** têm, respectivamente, 10 elementos e 15 elementos. O que se pode afirmar a respeito do número de elementos do conjunto A ∪ B?

17 Dados os conjuntos A = {5, 6, 7}, B = {7, 8} e C = {5, 6, 8}, determine o conjunto **D** tal que D ∪ B = A ∪ C e D ∩ B = ∅.

18 Dois conjuntos **A** e **B** não disjuntos são tais que n(A) = = 3x − 1, n(B) = 4x − 1, n(A ∪ B) = 35 e n(A ∩ B) = = x − 1. Qual é o número de elementos do conjunto **A** que não pertencem a **B**?

19 Uma pesquisa com 180 consumidores revelou que 31 consomem as marcas **A** e **B** de sabão em pó, 79 consomem apenas a marca **B** e 12 não consomem nenhuma dessas marcas. Determine o número de consumidores que consomem a marca **A** de sabão em pó.

20 **A** é um conjunto com 4 elementos e **B** é um conjunto com 5 elementos. Se **A** e **B** são disjuntos, quantos elementos tem o conjunto A ∩ B? E o conjunto A ∪ B?

21 Em uma pequena cidade há apenas dois mercados. Um levantamento mostrou que 70% dos moradores compram no mercado **A**, 48% compram no mercado **B** e 4% optam por fazer compras em mercados fora da cidade. Determine o percentual de moradores que compram em exatamente um dos mercados da cidade.

22 Represente, em um diagrama de Venn, dois conjuntos não vazios **A** e **B** tais que A ∪ B = A e A ∩ B = B.

23 Determine o número de conjuntos **X** que satisfazem a relação: {1, 2} ⊂ X ⊂ {1, 2, 3, 4}.

24 Sabendo que A = {0, 1, 2} e B = {0, 1, 2, 3, 4}, ache o conjunto **X** de modo a ter ao mesmo tempo B ∩ X = = {0, 1} e A ∪ X = {0, 1, 2, 5}.

▶ Diferença de conjuntos e conjunto complementar

Observe os conjuntos A = {a, b, c, d, e, f} e B = {d, e, f, g, h} representados nos diagramas abaixo. Os elementos que estão em **A** e não estão em **B** formam o conjunto {a, b, c}.

Esse último conjunto é chamado diferença entre **A** e **B**.

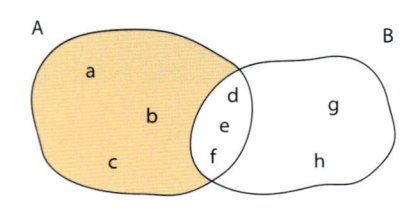

Dados dois conjuntos **A** e **B**, chama-se **diferença A – B** o conjunto formado pelos elementos que pertencem a **A** e não pertencem a **B**.

$$A - B = \{ x \mid x \in A \text{ e } x \notin B \}$$

Exemplos:

- {a, b, c} – {b, c, d, e} = {a}
- {a, b, c} – {b, c} = {a}
- {a, b} – {c, d, e, f} = {a, b}
- {a, b} – {a, b, c, d, e} = ∅

Sejam os conjuntos:

A = {x | x é um número inteiro positivo menor que 21}
B = {x | x é um número primo menor que 20}

Temos:

A = {1, 2, 3, 4, 5, 6, 7, 8, 9, 10, 11, 12, 13, 14, 15, 16, 17, 18, 19, 20}
B = {2, 3, 5, 7, 11, 13, 17, 19}; B ⊂ A

O conjunto formado pelos elementos de **A** que não são primos (são números compostos) é: {1, 4, 6, 8, 9, 10, 12, 14, 15, 16, 18, 20}, é chamado de **complementar** de **B** em relação a **A** e está indicado no diagrama com a cor vermelha. Indica-se por C_A^B.

Dados dois conjuntos **A** e **B** tais que B ⊂ A, chamamos **complementar** de **B** em **A** o conjunto C_A^B formado pelos elementos de **A** que não pertencem a **B**.

Observe que só se define C_A^B se **B** for subconjunto de **A**, isto é, se B ⊂ A.

EXERCÍCIO **RESOLVIDO**

2 Sejam A = {1, 2, 3, 4, 5}, B = {3, 4, 5, 6, 7} e D = {1, 4}. Determine:

a) A – B

b) (A ∪ B) – (A ∩ B)

c) C_A^D

d) C_B^D

Solução:

a) A – B = {1, 2}

b) A ∪ B = {1, 2, 3, 4, 5, 6, 7}; A ∩ B = {3, 4, 5} ⇒
⇒ (A ∪ B) – (A ∩ B) = {1, 2, 6, 7}

c) Como D ⊂ A, C_A^D = A – D = {2, 3, 5}.

d) Como D ⊄ B, não se define o complementar.

EXERCÍCIOS

25 Dados os conjuntos **A** e **B**, determine o conjunto A – B nos seguintes casos:

a) A = {a, b, c, d} e B = {b, c, e, f};

b) A = {1, 2, 3} e B = {0, 1, 2, 3, 4};

c) A = {a, b} e B = ∅;

d) A = {a, {a}, {b}} e B = {a, b};

e) A = {x | x é inteiro, positivo e ímpar} e B = {x | x é inteiro e x ≥ 8}.

26 Considere A = {1, 2, 3, 4}, B = {3, 4, 5, 6, 7, 8} e C = {3, 4, 5, 8}. Determine:

a) A − B

b) B − A

c) (A − B) − C

d) (B ∪ C) − A

e) (A ∪ B) − (B ∩ C)

f) B − (A ∩ C)

g) C_B^C

h) C_B^A

27 Para cada item, pinte no diagrama a região que representa os seguintes conjuntos:

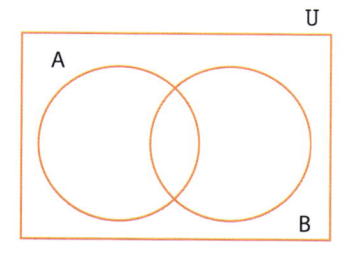

a) $\overline{A} = C_U^A$

b) $\overline{B} = C_U^B$

c) U − (A ∪ B)

d) (A ∪ B) − (A ∩ B)

e) $\overline{A \cap B}$

f) $C_B^{A \cap B}$

28 Dados os conjuntos A = {p, q, r, s, t}, B = {q, s, t, u} e C = {q, r, t}, determine um subconjunto **X** de **A** tal que A − X = B ∩ C.

29 Se **A** é subconjunto de **B**, determine o conjunto: $C_{A \cup B}^A \cup A$.

30 Considerando o diagrama seguinte, pinte a região que representa o conjunto $C_U^{\overline{A} \cup \overline{B}}$.

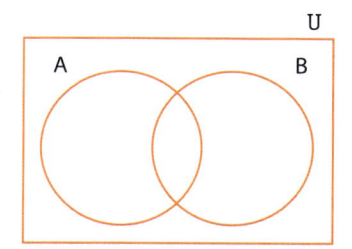

EXERCÍCIOS COMPLEMENTARES

1 (UF-PE) Os alunos de uma turma cursam alguma(s) dentre as disciplinas Matemática, Física e Química. Sabendo que:

- o número de alunos que cursam Matemática e Física excede em 5 o número de alunos que cursam as três disciplinas;

- existem 7 alunos que cursam Matemática e Química, mas não cursam Física;

- existem 6 alunos que cursam Física e Química, mas não cursam Matemática;

- o número de alunos que cursam exatamente uma das disciplinas é 150;

- o número de alunos que cursam pelo menos uma das três disciplinas é 190.

Quantos alunos cursam as três disciplinas?

2 Dois conjuntos **A** e **B** possuem, respectivamente, 7 e 5 elementos. Qual é a diferença entre o número de subconjuntos de **A** e o número de subconjuntos de **B**?

3 Sejam **A** e **B** subconjuntos de **U**, tais que:

$\overline{A} = C_U^A = \{2, 5, 7, 3, 9, 10, 13, 14\}$

A ∩ B = {4, 6, 8, 11}

A ∪ B = {1, 2, 4, 5, 6, 7, 8, 11, 12, 14}

Determine os conjuntos **A** e **B**.

4 Dados dois conjuntos **A** e **B**, chama-se diferença simétrica de **A** com **B** o conjunto A △ B tal que:

$$A \triangle B = (A − B) \cup (B − A)$$

a) Determine {1, 2, 3, 4, 5} △ {2, 3, 5, 6, 7, 8}.

b) Pinte em cada diagrama a região que corresponde ao conjunto A △ B:

I.

II.

III.

5 Desenhe um diagrama de Venn representando quatro conjuntos, **A**, **B**, **C** e **D**, não vazios, tais que:

A ⊄ B, B ⊄ A, C ⊃ (A ∪ B) e (A ∩ B) ⊃ D

6 Em uma comunidade são vendidos três tipos de leite: **A**, **B** e **C**. Uma pesquisa de mercado revelou a preferência dos consumidores, conforme mostra a tabela abaixo:

Marca de leite	A	B	C	A e B	B e C	A e C	A, B e C	Nenhum dos três
Número de consumidores	179	213	156	101	56	72	29	44

Determine:

a) o número de entrevistados nesta pesquisa;

b) o número de pessoas que consomem **A** ou **B**;

c) o número de pessoas que consomem ao menos dois tipos de leite;

d) o número de pessoas que não consomem leite tipo **A**.

TESTES

1 (UFF-RJ) Foram enviadas para dois testes em um laboratório 150 caixas de leite de uma determinada marca. No teste de qualidade, 40 caixas foram reprovadas por conterem elevada taxa de concentração de formol. No teste de medida, 60 caixas foram reprovadas por terem volume inferior a 1 litro. Sabendo-se que apenas 65 caixas foram aprovadas nos dois testes, pode-se concluir que o número de caixas que foram reprovadas em ambos os testes é igual a:

a) 15   **c)** 35   **e)** 100

b) 20   **d)** 85

2 (ESPM-SP) Numa empresa multinacional, sabe-se que 60% dos funcionários falam inglês, 45% falam espanhol e 30% deles não falam nenhuma daquelas línguas. Se exatamente 49 funcionários falam inglês e espanhol, podemos concluir que o número de funcionários dessa empresa é igual a:

a) 180   **c)** 210   **e)** 127

b) 140   **d)** 165

3 (Insper-SP) Dentro de um grupo de tradutores de livros, todos os que falam alemão também falam inglês, mas nenhum que fala inglês fala japonês. Além disso, os dois únicos que falam russo também falam coreano. Sabendo que todo integrante desse grupo que fala coreano também fala japonês, pode-se concluir que, necessariamente:

a) todos os tradutores que falam japonês também falam russo.

b) todos os tradutores que falam alemão também falam coreano.

c) pelo menos um tradutor que fala inglês também fala coreano.

d) nenhum dos tradutores fala japonês e também russo.

e) nenhum dos tradutores fala russo e também alemão.

4 (Fatec-SP) Em uma pesquisa de mercado sobre o uso de *notebooks* e *tablets* foram obtidos, entre os indivíduos pesquisados, os seguintes resultados: 55 usam *notebook*; 45 usam *tablet*, e 27 usam apenas *notebook*.

Sabendo que todos os pesquisados utilizam pelo menos um desses dois equipamentos, então, dentre os pesquisados, o número dos que usam apenas *tablet* é:

a) 8   **c)** 27   **e)** 45

b) 17   **d)** 36

5 (PUC-RS) O número de alunos matriculados nas disciplinas Álgebra A, Cálculo II e Geometria Analítica é 120. Constatou-se que 6 deles cursam simultaneamente Cálculo II e Geometria Analítica e que 40 cursam somente Geometria Analítica. Os alunos matriculados em Álgebra A não cursam Cálculo II nem Geometria Analítica. Sabendo que a turma de Cálculo II tem 60 alunos, então o número de estudantes em Álgebra A é:

a) 8   **b)** 14   **c)** 20   **d)** 26   **e)** 32

6 (PUC-MG) Em um grupo de 60 pessoas residentes em certo município, há 28 que trabalham por conta própria, 26 que trabalham com carteira assinada e 15 que têm esses dois tipos de trabalho. O número de pessoas desse grupo que não trabalham por conta própria e nem trabalham com carteira assinada é:

a) 21   **b)** 23   **c)** 25   **d)** 27

7 (UF-RN) Num grupo de amigos quatorze pessoas estudam Espanhol e oito estudam Inglês, sendo que três dessas pessoas estudam ambas as línguas. Sabendo que todos do grupo estudam pelo menos uma dessas línguas, o total de pessoas do grupo é:

a) 17   **c)** 22

b) 19   **d)** 25

8 (UE-CE) Em uma turma de 50 alunos, 30 gostam de azul, 10 gostam igualmente de azul e amarelo, 5 não gostam nem de azul nem de amarelo. Os alunos que gostam de amarelo são:

a) 25   **d)** 15

b) 20   **e)** 10

c) 18

9 (FEI-SP) Em uma comunidade, uma pesquisa a respeito do consumo dos produtos de limpeza **A**, **B** e **C** revelou que 10 consomem os três, 20 consomem os produtos **A** e **C**, 40 os produtos **B** e **C**, 30 os produtos **A** e **B**, 120 o produto **C**, 160 o produto **B**, 90 o produto **A** e 50 não consomem qualquer um dos três produtos. Das pessoas dessa comunidade, **X** não consomem o produto **A**. Neste caso:

a) X = 250   **d)** X = 200

b) X = 370   **e)** X = 330

c) X = 180

10 (EsPCEx-SP) Uma determinada empresa de biscoitos realizou uma pesquisa sobre a preferência de seus consumidores em relação a seus três produtos: biscoitos *cream cracker*, *wafer* e recheados. Os resultados indicaram que:

• 65 pessoas compram *cream crackers*;

• 85 pessoas compram *wafers*;

• 170 pessoas compram biscoitos recheados;

• 20 pessoas compram *wafers*, *cream crackers* e recheados;

• 50 pessoas compram *cream crackers* e recheados;

• 30 pessoas compram *cream crackers* e *wafers*;

• 60 pessoas compram *wafers* e recheados;

• 50 pessoas não compram biscoitos dessa empresa.

Determine quantas pessoas responderam a essa pesquisa.

a) 200

b) 250

c) 320

d) 370

e) 530

11 (U.F. São João del-Rei-MG) O diagrama que representa o conjunto [(A ∩ B) − C] ∪ [(C ∩ B) − A] é:

a)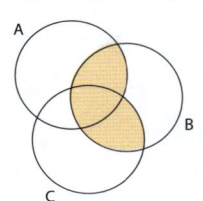

c)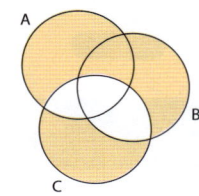

b)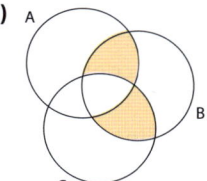

d)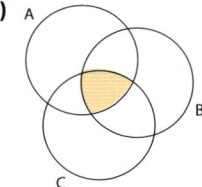

12 (U. F. Uberlândia-MG) De uma escola de Uberlândia, partiu uma excursão para Caldas Novas com 40 alunos. Ao chegar em Caldas Novas, 2 alunos adoeceram e não frequentaram as piscinas. Todos os demais alunos frequentaram as piscinas, sendo 20 pela manhã e à tarde, 12 somente pela manhã, 3 somente à noite e 8 pela manhã, à tarde e à noite. Se ninguém frequentou as piscinas somente no período da tarde, quantos alunos frequentaram as piscinas à noite?

a) 16   **c)** 14

b) 12   **d)** 18

13 (U. E. Londrina-PR) Um instituto de pesquisas entrevistou 1 000 indivíduos, perguntando sobre sua rejeição aos partidos **A** e **B**. Verificou-se que 600 pessoas rejeitavam o partido **A**, que 500 pessoas rejeitavam o partido **B** e que 200 não têm rejeição alguma. O número de indivíduos que rejeitam os dois partidos é:

a) 120 pessoas.   **d)** 300 pessoas.

b) 200 pessoas.   **e)** 800 pessoas.

c) 250 pessoas.

14 (UF-PE) Em uma pesquisa com os 60 alunos de uma turma do Ensino Médio sobre a preferência deles com respeito às disciplinas Matemática, Física e Química, foi constatado que:

• 14 alunos gostam de exatamente duas das três disciplinas;

• 20 alunos gostam das três disciplinas;

• 10 alunos não gostam de nenhuma das três disciplinas.

Quantos alunos gostam de exatamente uma das três disciplinas?

a) 18   **c)** 16   **e)** 14

b) 17   **d)** 15

Conjuntos numéricos

Neste capítulo apresentaremos conjuntos cujos elementos são números, por isso denominamos **conjuntos numéricos**.

Farão parte deste estudo sucinto os conjuntos dos números naturais, dos inteiros, dos racionais, dos irracionais e, por fim, o conjunto dos números reais.

▶ O conjunto dos números naturais: $\mathbb{N}$

O surgimento do conjunto dos números naturais deveu-se à necessidade de se contarem os objetos.

Temos:

$\mathbb{N} = \{0, 1, 2, 3, 4, ..., n, ...\}$

em que **n** representa um elemento genérico do conjunto.

O conjunto $\mathbb{N}$ é infinito e pode ser representado por meio da reta numerada.

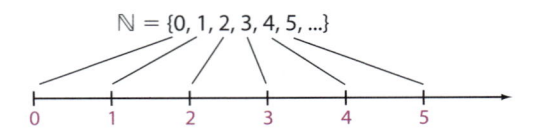

$\mathbb{N} = \{0, 1, 2, 3, 4, 5, ...\}$

O conjunto dos números naturais possui alguns subconjuntos importantes:

- conjunto dos números naturais não nulos:

  $\mathbb{N}^* = \{1, 2, 3, 4, ..., n, ...\}$ ou $\mathbb{N}^* = \mathbb{N} - \{0\}$

- conjunto dos números naturais pares:

  $\mathbb{N}_p = \{0, 2, 4, 6, 8, ..., 2n, ...\}$, em que $n \in \mathbb{N}$

- conjunto dos números naturais ímpares:

  $\mathbb{N}_i = \{1, 3, 5, 7, 9, ..., 2n + 1, ...\}$, em que $n \in \mathbb{N}$

- conjunto dos números naturais primos:

  $P = \{2, 3, 5, 7, 11, 13, ...\}$

▶ O conjunto dos números inteiros: $\mathbb{Z}$

Esse conjunto é formado por todos os elementos de $\mathbb{N}$ e seus opostos (ou simétricos):

$\mathbb{Z} = \{..., -4, -3, -2, -1, 0, 1, 2, 3, 4, ...\}$

Note que $\mathbb{N}$ é um subconjunto de $\mathbb{Z}$:

$\mathbb{N} \subset \mathbb{Z}$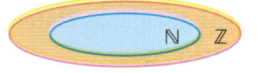

Para representar geometricamente o conjunto $\mathbb{Z}$ na reta numerada, vamos utilizar os elementos de $\mathbb{N}$, acrescentando os pontos correspondentes a seus opostos.

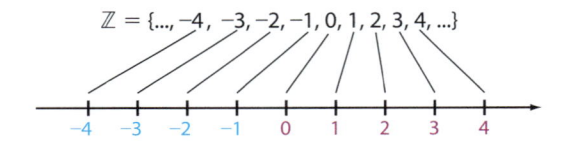

$\mathbb{Z} = \{..., -4, -3, -2, -1, 0, 1, 2, 3, 4, ...\}$

O conjunto dos números inteiros também possui alguns subconjuntos notáveis:

- conjunto dos números inteiros não nulos:

  $\mathbb{Z}^* = \{..., -4, -3, -2, -1, 1, 2, 3, 4, ...\}$ ou

  $\mathbb{Z}^* = \mathbb{Z} - \{0\}$

- conjunto dos números inteiros não negativos:

  $\mathbb{Z}_+ = \{0, 1, 2, 3, 4, ...\}$; $\mathbb{Z}_+ = \mathbb{N}$

- conjunto dos números inteiros positivos:

  $\mathbb{Z}_+^* = \{1, 2, 3, 4, ...\}$

- conjunto dos números inteiros não positivos:

  $\mathbb{Z}_- = \{..., -5, -4, -3, -2, -1, 0\}$

- conjunto dos números inteiros negativos:

  $\mathbb{Z}_-^* = \{..., -5, -4, -3, -2, -1\}$

▶ Módulo

Seja $x \in \mathbb{Z}$. Definimos o **módulo** (ou **valor absoluto**) de **x** (indica-se | x |) pelas relações:

- Se $x \geqslant 0$, o módulo de **x** é igual ao próprio valor de **x**, isto é | x | = x.
- Se $x < 0$, o módulo de **x** é igual ao oposto de **x**, isto é, | x | = −x.

Acompanhe os exemplos:

| 7 | = 7   (positivo) | −12 | = −(−12) = 12   (negativo)

| −3 | = −(−3) = 3 | 0 | = 0

▶ Interpretação geométrica

Na reta numerada dos números inteiros, o módulo de **x** é igual à distância entre **x** e a origem.

| 4 | = 4

distância = 4

| −5 | = 5

distância = 5

Note também que dois números inteiros opostos têm o mesmo módulo. Veja os exemplos:

| 10 | = 10 | −10 | = 10

EXERCÍCIOS

1 Sejam A = {x ∈ ℤ | −3 < x ⩽ 2} e B = {x ∈ ℕ | x ⩽ 4}. Determine:

a) A ∪ B

b) A ∩ B

c) A − B

d) B − A

2 Determine A ∩ B e A ∪ B, sendo:

a) A = {x ∈ ℕ | x ⩾ 5} e B = {x ∈ ℕ | x < 7}.

b) A = {x ∈ ℤ | x > 1} e B = { x ∈ ℤ | x ⩾ 3}.

c) A = {x ∈ ℤ | x < 10} e B = { x ∈ ℕ* | x < 6}.

3 Sabendo que

A = {x ∈ ℤ | −3 < x ⩽ 4} e

B = {x ∈ ℤ | −5 ⩽ x < 2},

obtenha o número de elementos pertencentes a:

a) A ∩ B

b) A ∪ B

c) A − B

d) B − A

4 Sejam a = | −8 |, b = −6 e c = | 5 |. Calcule:

a) a + b

b) b · c

c) c − a

d) a · b + c

e) b − a · c

f) b^2

g) | b − c |

h) | a − b |

i) | a − bc |

5 Responda:

a) O valor absoluto de um número **x** inteiro é igual a 18. Quais são os possíveis valores de **x**?

b) Quais são os números inteiros cujos módulos são menores que 3?

6 Classifique cada afirmação em verdadeira (**V**) ou falsa (**F**). Em seguida, justifique as afirmações falsas.

a) Se **n** é um número inteiro ímpar, n^2 também é ímpar.

b) Todo número primo é ímpar.

c) Se dois números inteiros têm o mesmo módulo, então eles são obrigatoriamente iguais.

d) A soma de três números inteiros e consecutivos é múltiplo de 3.

e) O quadrado de um número natural qualquer é sempre maior que o próprio número.

f) O cubo de um número inteiro é sempre maior que o quadrado desse número.

▶ O conjunto dos números racionais: ℚ

Um número é racional se pode ser escrito como uma fração $\dfrac{p}{q}$, com **p** e **q** inteiros e $q \neq 0$.

Então:

$$\mathbb{Q} = \left\{ \frac{p}{q} \mid p \in \mathbb{Z}, q \in \mathbb{Z} \text{ e } q \neq 0 \right\}$$

ou seja,

$$\mathbb{Q} = \left\{ 0, \pm 1, \pm \frac{1}{2}, \pm \frac{1}{3}, ..., \pm 2, \pm \frac{2}{3}, \pm \frac{2}{5}, ..., \pm 3, \pm \frac{3}{2}, \pm \frac{3}{4}, ... \right\}$$

Se q = 1, temos $\dfrac{p}{q} = \dfrac{p}{1} = p$ e $p \in \mathbb{Z}$. Isso mostra que todo número inteiro é também número racional, ou seja, $\mathbb{Z}$ é subconjunto de $\mathbb{Q}$. Então, podemos construir o diagrama:

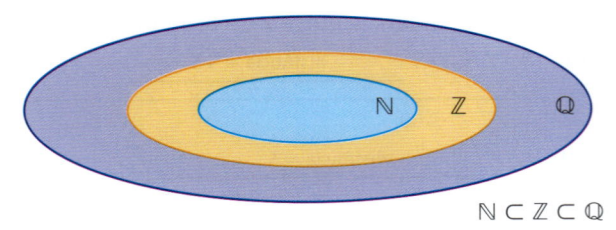

$$\mathbb{N} \subset \mathbb{Z} \subset \mathbb{Q}$$

Também o conjunto $\mathbb{Q}$ apresenta alguns subconjuntos notáveis: $\mathbb{Q}^*$, $\mathbb{Q}_+$, $\mathbb{Q}_+^*$, $\mathbb{Q}_-$ e $\mathbb{Q}_-^*$.

▶ Representação decimal das frações

Tomemos um número racional $\dfrac{p}{q}$, tal que **p** não seja múltiplo de **q**. Para escrevê-lo na forma decimal, basta efetuar a divisão do numerador pelo denominador. Nessa divisão podem ocorrer dois casos:

1. O número decimal obtido possui, após a vírgula, uma quantidade finita de algarismos e o resto da divisão é igual a zero:

$$\frac{2}{5} \to \begin{array}{c|c} 20 & 5 \\ \hline 0 & 0{,}4 \end{array}; \quad \frac{2}{5} = 0{,}4$$

$$\frac{35}{4} \to \begin{array}{c|c} 35 & 4 \\ 30 & \overline{8{,}75} \\ 20 & \\ 0 & \end{array}; \quad \frac{35}{4} = 8{,}75$$

$$\frac{1}{4} = 0{,}25; \quad \frac{153}{50} = 3{,}06 \text{ etc.}$$

Tais números racionais são chamados **decimais exatos**.

Observe que acrescentar uma quantidade finita ou infinita de algarismos iguais a zero, à direita do último algarismo diferente de zero, não altera o quociente obtido. Assim:

$$\frac{2}{5} = 0{,}4 = 0{,}40 = 0{,}400 = 0{,}400000...$$

Inversamente, a partir do decimal exato 0,4, podemos identificá-lo com a fração $\dfrac{4}{10}$, que, simplificada, reduz-se a $\dfrac{2}{5}$. Do mesmo modo:

$$8{,}75 = \frac{875}{100} = \frac{35}{4}; \quad 0{,}25 = \frac{25}{100} = \frac{1}{4}$$

2. O número decimal obtido possui uma infinidade de algarismos após a vírgula, nem todos iguais a zero, e não é possível obter resto igual a zero na divisão.

$$\frac{2}{3} = 0{,}666... = 0{,}\overline{6}$$

$$\frac{1}{22} = 0{,}04545... = 0{,}0\overline{45}$$

$$\frac{167}{66} = 2{,}53030... = 2{,}5\overline{30} \text{ etc.}$$

Esses números racionais são chamados **decimais periódicos** ou **dízimas periódicas**; em cada um deles, os algarismos que se repetem formam a parte periódica, ou período da dízima. Para não escrever repetidamente os algarismos de uma dízima, colocamos um traço horizontal sobre seu primeiro período.

Quando uma fração é equivalente a uma dízima periódica, ela é chamada **geratriz** dessa dízima. Nos exemplos anteriores, $\dfrac{2}{3}$ é a fração geratriz da dízima $0{,}\overline{6}$; $\dfrac{1}{22}$ é a fração geratriz da dízima $0{,}0\overline{45}$ etc.

EXEMPLO 1

Seja a dízima periódica $0{,}777... = 0{,}\overline{7}$. Vamos obter sua fração geratriz.

Podemos fazer:

$x = 0{,}777...$ ①

Então:

$10x = 7{,}777...$ ②

Ao efetuarmos ② − ①, teremos:

$10x - x = 7{,}777... - 0{,}777...$

$9x = 7$

$x = \dfrac{7}{9}$

Portanto, $\dfrac{7}{9}$ é a fração geratriz da dízima $0{,}\overline{7}$.

EXEMPLO 2

Seja a dízima periódica $3{,}2757575... = 3{,}2\overline{75}$. Podemos fazer:

$x = 3{,}2\overline{75}$ ①, $10x = 32{,}\overline{75}$ ② e

$1000x = 3\,275{,}\overline{75}$ ③

Ao efetuarmos ③ − ②, teremos:

$1000x - 10x = 3\,275{,}\overline{75} - 32{,}\overline{75}$

$990x = 3\,243$

$x = \dfrac{3\,243}{990} \Rightarrow x = \dfrac{1\,081}{330}$

Assim, $\dfrac{1\,081}{330}$ é a fração geratriz da dízima $3{,}2\overline{75}$.

Representação geométrica do conjunto dos números racionais

Daremos exemplos de números racionais e os localizaremos na reta numerada, que já contém alguns números inteiros assinalados:

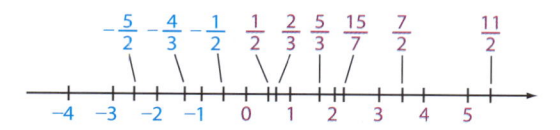

Podemos notar que entre dois inteiros consecutivos existem infinitos números racionais e, também, que entre dois racionais quaisquer há infinitos racionais. Por exemplo, entre os racionais $\frac{1}{2} = 0,5$ e $\frac{2}{3} = 0,\overline{6}$, podemos encontrar os racionais $\frac{5}{9} = 0,\overline{5}$, $\frac{3}{5} = 0,6$ e $\frac{61}{100} = 0,61$, entre outros.

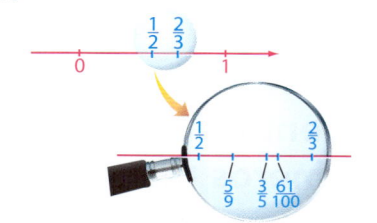

Um procedimento comum para encontrar um número racional compreendido entre outros dois é calcular a **média aritmética** entre eles; no caso, temos:

$$\frac{\frac{1}{2} + \frac{2}{3}}{2} = \frac{\frac{3+4}{6}}{2} = \frac{\frac{7}{6}}{2} = \frac{7}{12}$$

Oposto, módulo e inverso de um número racional

Os conceitos de oposto e módulo, já estudados para os números inteiros, também são válidos para um número racional qualquer.

Assim, por exemplo:

- O oposto de $-\frac{3}{4}$ é $\frac{3}{4}$.

- O oposto de $0,18$ é $-0,18$.

- $\left|-\frac{7}{8}\right| = \left|\frac{7}{8}\right| = \frac{7}{8}$

- $\left|\frac{15}{2}\right| = \frac{15}{2}$

Dado um número racional não nulo $\frac{p}{q}$, o **inverso** dele é o número racional $\frac{q}{p}$.

Assim, o inverso de $\frac{7}{11}$ é $\frac{11}{7}$; o inverso de $-\frac{3}{4}$ é $-\frac{4}{3}$; o inverso de 5 é $\frac{1}{5}$.

Note que o produto de um número racional pelo seu inverso é sempre igual a 1.

EXERCÍCIOS

7 Classifique como verdadeiro (**V**) ou falso (**F**):

a) $\frac{5}{3} \in \mathbb{Q}$

b) $-1 \notin \mathbb{Q}$

c) $\frac{2}{3} + \frac{1}{4} \in \mathbb{Q}$

d) $0,565656... \in \mathbb{Z}$

e) $1,\overline{7} \notin \mathbb{Z}$

f) $-\frac{7}{11} \in \mathbb{Q} - \mathbb{Z}$

g) o inverso de $\frac{13}{5}$ é $-\frac{13}{5}$

h) o oposto de $-\frac{4}{3}$ é $\frac{4}{3}$

i) $0,9999... = 1$

j) $0,999 = 1$

8 Represente as frações seguintes na forma decimal:

a) $\frac{3}{5}$

b) $\frac{4}{3}$

c) $-\frac{7}{50}$

d) $\frac{7}{30}$

e) $\frac{375}{200}$

f) $\frac{30}{11}$

g) $\frac{1}{200}$

h) $-\frac{2}{35}$

9 Encontre a fração geratriz de cada dízima periódica:

a) $0,\overline{5}$

b) $2,666...$

c) $-1,\overline{81}$

d) $7,\overline{2}$

e) $1,3\overline{24}$

f) $5,12\overline{45}$

10 Obtenha o valor de y na forma decimal:

$$y = (2,666... : 1,666...) + \frac{2 - \frac{1}{2}}{-3 \cdot \frac{1}{2}}$$

11 Se a fração irredutível $\frac{p}{z}$ é expressa por

$$\frac{p}{z} = \frac{1 + \frac{1}{5}}{2 - \frac{2}{5}}, \text{ quanto vale } z - p?$$

12 Represente na reta numerada os seguintes números racionais:

$-1; -1,76; -\frac{5}{4}; -\frac{9}{5}; -1,2\overline{3}; -\frac{3}{2}; -\frac{7}{5};$ e -2

13 Encontre dois números racionais entre $-\frac{17}{5}$ e $-\frac{33}{10}$.

14 Obtenha na forma de fração irredutível:

a) $0,2 \cdot 1,\overline{3} + 0,08$

b) $[0,6 : (-0,25) + 2]^2$

▶ O conjunto dos números irracionais: $\mathbb{I}$

Assim como existem números decimais que podem ser escritos como frações — com numerador e denominador inteiros — ou seja, os números racionais que acabamos de estudar, há os que não admitem tal representação. Trata-se dos números decimais não exatos, que possuem representação decimal infinita não periódica.

Vejamos alguns exemplos:

- O número 0,212112111... não é dízima periódica, pois os algarismos após a vírgula não se repetem periodicamente.

- O número 1,203040... também não comporta representação fracionária, pois não é dízima periódica.

- Os números $\sqrt{2} = 1,4142135...$, $\sqrt{3} = 1,7320508...$, $\sqrt{10} = 3,1622776...$, $\sqrt[3]{2} = 1,25992105...$ e $\pi = 3,141592...$, por não apresentarem representação infinita periódica, também não são números racionais.

Um número cuja representação decimal infinita não é periódica é chamado **número irracional**, e o conjunto desses números é representado por $\mathbb{I}$.

▶ O conjunto dos números reais: $\mathbb{R}$

Este conjunto é formado por números racionais e números irracionais e é representado por $\mathbb{R}$.

Assim, temos:

$$\mathbb{R} = \mathbb{Q} \cup \mathbb{I}$$

Por outro lado, se um número real é racional, ele não é irracional; e se um número real é irracional, ele não é racional. Assim:

$$\mathbb{Q} \cap \mathbb{I} = \varnothing$$

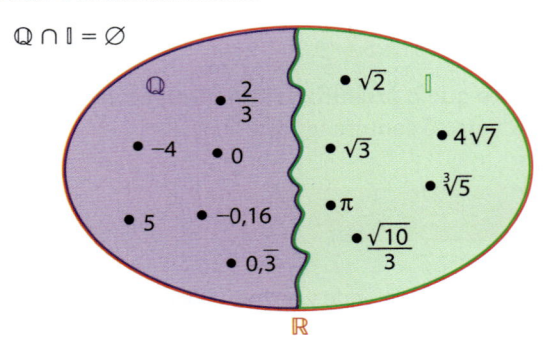

Já vimos que $\mathbb{N} \subset \mathbb{Z} \subset \mathbb{Q}$. Em consequência, $\mathbb{N}$, $\mathbb{Z}$, $\mathbb{Q}$ e $\mathbb{I}$ são subconjuntos de $\mathbb{R}$.

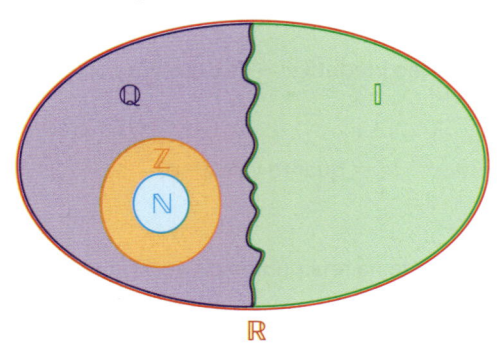

Existem outros subconjuntos de $\mathbb{R}$ importantes:

- conjunto dos números reais não nulos:

$$\mathbb{R}^* = \{x \in \mathbb{R} \mid x \neq 0\}$$

- conjunto dos números reais não negativos:

$$\mathbb{R}_+ = \{x \in \mathbb{R} \mid x \geqslant 0\}$$

- conjunto dos números reais positivos:

$$\mathbb{R}_+^* = \{x \in \mathbb{R} \mid x > 0\}$$

- conjunto dos números reais não positivos:

$$\mathbb{R}_- = \{x \in \mathbb{R} \mid x \leqslant 0\}$$

- conjunto dos números reais negativos:

$$\mathbb{R}_-^* = \{x \in \mathbb{R} \mid x < 0\}$$

▶ Representação geométrica dos números reais

Para ilustrar, vamos considerar um "pedaço" da reta numerada, com alguns números racionais (inteiros ou não) já assinalados.

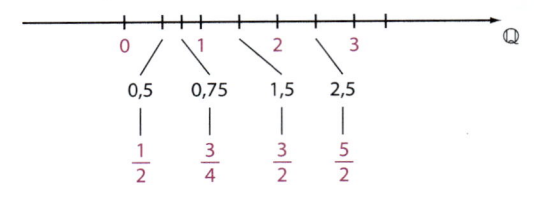

Observe, através da lente abaixo, como estão inseridos alguns números irracionais (em vermelho).

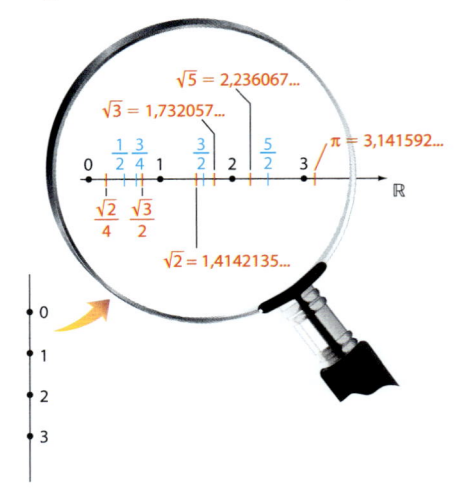

OBSERVAÇÕES 🔍

a) Também para os números reais utilizamos os conceitos de módulo, números opostos e números inversos apresentados para os outros conjuntos.

b) É comum aproximar números irracionais a números racionais. Por exemplo, o número irracional π pode ser aproximado aos números racionais: 3,1; 3,14; $\frac{22}{7}$; 3,2; 3 etc.

Indicaremos tais aproximações pelo símbolo $\simeq$ (lê-se: aproximadamente igual a).

Assim, uma instrução do tipo "Use $\pi \simeq 3,14$" deve ser lida como: use para π o valor aproximado 3,14 ou, ainda, use π aproximadamente igual a 3,14.

Em geral, tais aproximações são usadas para facilitar os cálculos.

c) Os conjuntos numéricos aqui apresentados serão amplamente utilizados nesta obra. Por exemplo, ao resolvermos uma equação, devemos estar atentos ao seu **conjunto universo** (**U**), pois este define os possíveis valores que a incógnita pode assumir. Por exemplo, a equação $2x - 1 = 0$ não apresenta solução se $U = \mathbb{Z}$; no entanto, se $U = \mathbb{Q}$ (ou $U = \mathbb{R}$), ela apresenta $x = \frac{1}{2}$ como solução.

EXERCÍCIOS

15 Coloque em ordem crescente os números reais:
$\frac{19}{20}$, $\sqrt{2}$, $\sqrt{3}$, 1, $\sqrt{5}$ e $1,\overline{2}$

16 Represente, na reta numerada, os seguintes números reais:
$\sqrt{20}$, 4, $\frac{9}{2}$, $\frac{23}{5}$, $\frac{\pi^2}{2}$, 5, $\frac{17}{4}$
Entre os números acima, quais são irracionais?

17 Considerando os números irracionais $\sqrt{6}$ e $2\sqrt{2}$, encontre, se existir:

a) dois números racionais entre eles;

b) dois números irracionais entre eles;

c) um número inteiro entre eles.

18 Classifique cada número real a seguir em racional ou irracional:

a) $\sqrt{50}$

b) $\sqrt{7^2}$

c) $1 + 2\pi$

d) $(\sqrt{3} + 1)^2$

e) $\sqrt{\frac{20}{80}}$

f) $0,25 : 0,\overline{25}$

g) $(\sqrt{2} + 1) \cdot (\sqrt{2} - 1)$

h) $(0,\overline{3})^2$

i) $\sqrt{3} \cdot \sqrt{5}$

j) $\sqrt{2} + \sqrt{7}$

k) $\sqrt{2 + 7}$

19 Seja $x \in \mathbb{R}^*$, classifique como verdadeira (**V**) ou falsa (**F**) cada afirmação a seguir:

a) O oposto de **x** é sempre negativo.

b) x^2 é sempre maior que **x**.

c) O dobro de **x** é sempre menor que o triplo de **x**.

d) O inverso de **x** pode ser maior que **x**.

e) $x + 2$ pode ser menor que **x**.

20 Classifique cada afirmação a seguir como verdadeira (**V**) ou falsa (**F**). Em seguida, justifique.

a) O produto de dois números irracionais é sempre irracional.

b) A soma de dois números irracionais pode ser racional.

c) A soma de um número racional com um irracional pode ser racional.

d) O quadrado de um número irracional pode ser racional.

e) O quociente entre dois números irracionais é sempre um número irracional.

21 Sendo $x = 1 : 0,05$ e $y = 2 : 0,2$, classifique os números reais seguintes em racional ou irracional:
$A = \sqrt{\dfrac{x}{y}}$, $B = \sqrt{x - \dfrac{x}{y}}$, $C = A \cdot B$, $D = \dfrac{B}{A}$ e
$E = A + B$

22 Qual(is) conjunto(s) abaixo é(são) formado(s) por exatamente dois elementos?

a) $A = \{x \in \mathbb{N} \mid |x| = 8\}$

b) $B = \{x \in (\mathbb{R} - \mathbb{Q}) \mid x^2 = 2\}$

c) $C = \{x \in \mathbb{Z} \mid -\sqrt{3} < x < \sqrt{3}\}$

d) $D = \{x \in \mathbb{R} \mid x^2 = x\}$

e) $E = \{x \in \mathbb{Z} \mid |x| < 2\}$

23 Classifique, em seu caderno, os seguintes conjuntos em vazios ou unitários:

a) $\{x \in \mathbb{N} \mid x^3 = -8\}$

b) $\{x \in \mathbb{R}_- \mid x^4 = 16\}$

c) $\left\{x \in \mathbb{Z} \mid -\dfrac{1}{5} \leqslant x \leqslant \dfrac{2}{3}\right\}$

d) $\{x \in \mathbb{R} \mid x^2 < 0\}$

e) $\{x \in \mathbb{R} \mid |x| = -4\}$

f) $\{x \in \mathbb{Q} \mid x^5 = 0\}$

g) $\left\{x \in \mathbb{Q} \mid \dfrac{1}{x} = 2\right\}$

h) $\left\{x \in \mathbb{Z} \mid x^3 = \dfrac{1}{8}\right\}$

i) $\{x \in \mathbb{Q} \mid x^2 \leqslant 0\}$

▶ Intervalos reais

O conjunto dos números reais possui também subconjuntos, que se denominam **intervalos** e são determinados por meio de desigualdades. Sejam os números reais **a** e **b**, com a < b, temos:

- intervalo aberto de extremos **a** e **b** é o conjunto $]a, b[= \{x \in \mathbb{R} \mid a < x < b\}$.

Vejamos:

$$]3, 5[= \{x \in \mathbb{R} \mid 3 < x < 5\}$$

Note as "bolinhas vazias".

- intervalo fechado de extremos **a** e **b** é o conjunto $[a, b] = \{x \in \mathbb{R} \mid a \leqslant x \leqslant b\}$.

Vejamos:

$$[3, 5] = \{x \in \mathbb{R} \mid 3 \leqslant x \leqslant 5\}$$

Note as "bolinhas cheias".

- intervalo aberto à direita (ou fechado à esquerda) de extremos **a** e **b** é o conjunto $[a, b[= \{x \in \mathbb{R} \mid a \leqslant x < b\}$.

Vejamos:

$$[3, 5[= \{x \in \mathbb{R} \mid 3 \leqslant x < 5\}$$

- intervalo aberto à esquerda (ou fechado à direita) de extremos **a** e **b** é o conjunto $]a, b] = \{x \in \mathbb{R} \mid a < x \leqslant b\}$.

Vejamos:

$$]3, 5] = \{x \in \mathbb{R} \mid 3 < x \leqslant 5\}$$

- $]-\infty, a] = \{x \in \mathbb{R} \mid x \leqslant a\}$

Vejamos:

$$]-\infty, 3] = \{x \in \mathbb{R} \mid x \leqslant 3\}$$

- $]-\infty, a[= \{x \in \mathbb{R} \mid x < a\}$

Vejamos:

$$]-\infty, 3[= \{x \in \mathbb{R} \mid x < 3\}$$

- $[a, +\infty[= \{x \in \mathbb{R} \mid x \geqslant a\}$

Vejamos:

$$[3, +\infty[= \{x \in \mathbb{R} \mid x \geqslant 3\}$$

- $]a, +\infty[= \{x \in \mathbb{R} \mid x > a\}$

Vejamos:

$$]3, +\infty[= \{x \in \mathbb{R} \mid x > 3\}$$

Na resolução de inequações e de outros problemas em que são necessárias operações como união, interseção etc. entre intervalos, sugerimos utilizar a representação gráfica.

EXEMPLO 3

Dados os intervalos $A = \{x \in \mathbb{R} \mid -1 \leqslant x < 3\}$, $B = \{x \in \mathbb{R} \mid x > 1\}$ e $C =]-\infty, 2]$, podemos representá-los assim:

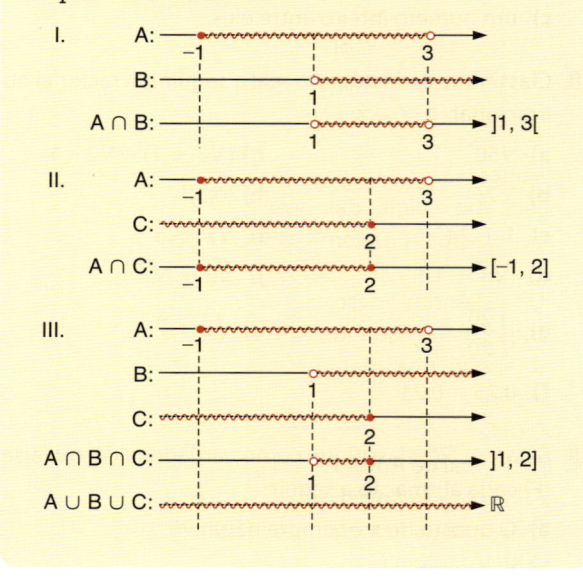

EXERCÍCIOS

24 Represente graficamente cada um dos intervalos seguintes:

a) $]-3, 5]$

b) $\left]-\infty, \dfrac{2}{3}\right[$

c) $\left[\dfrac{7}{5}, +\infty\right[$

d) $]0, 2[$

e) $[-1, 1[$

f) $]\sqrt{2}, 5[$

g) $]-\infty, 1[\cup \left[\dfrac{3}{2}, 4\right[$

e)

f)
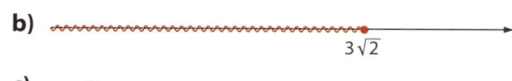

25 Descreva, por meio de uma propriedade característica, cada um dos conjuntos representados a seguir:

a)
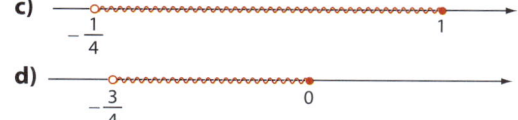

b)

c)

d)

26 Sejam $A = \{x \in \mathbb{R} \mid x > -2\}$ e $B = \left]-3, \dfrac{4}{3}\right]$. Determine:

a) $A \cup B$

b) $A \cap B$

c) $A - B$

d) $B - A$

27 Com relação ao exercício anterior, determine a quantidade de números inteiros pertencentes a:

a) $A \cup B$

b) $A \cap B$

c) $A - B$

d) $B - A$

28 Sejam $A = \left\{x \in \mathbb{R} \mid x < -\dfrac{1}{2} \text{ ou } x > \sqrt{2}\right\}$, $B = \{x \in \mathbb{R} \mid 0 \leqslant x \leqslant 2\}$ e $C =]-\infty, -1[\cup]1, +\infty[$ e $\mathbb{R}$ o conjunto dos números reais. Determine os seguintes conjuntos:

a) $(A - C) \cap B$

b) $A \cap B \cap C$

c) $(B - C) \cup (C - A)$

d) $\mathbb{R} - (A \cup B \cup C)$

EXERCÍCIOS **COMPLEMENTARES**

1 (UF-BA) Sobre números reais, é correto afirmar: [indique a soma das alternativas corretas]

(01) Se **a** é o maior número de três algarismos divisível por 7, então a soma de seus algarismos é igual a 22.

(02) Se **a** é um múltiplo de 3 e **b** é um múltiplo de 4, então $a \cdot b$ é múltiplo de 6.

(04) Se $c = a + b$ e **b** é divisor de **a**, então **c** é múltiplo de **a**.

(08) Se **a** e **b** são números reais tais que $|a| \leqslant b$, então **b** é positivo.

(16) Para quaisquer números reais **a** e **b**, $|a - b| \leqslant |a + b|$.

(32) Dados quaisquer números reais **a**, **b** e **c**, se $a \leqslant b$, então $a \cdot c \leqslant b \cdot c$.

2 (Vunesp-SP) O número de quatro algarismos 77XY, onde **X** é o dígito das dezenas e **Y** o das unidades, é divisível por 91. Determine os valores dos dígitos **X** e **Y**.

3 (UF-PE) Antônio nasceu no século vinte, e seu pai, que tinha 30 anos quando Antônio nasceu, tinha **x** anos no ano x^2. Considerando estas informações, analise as afirmações seguintes:

(0-0) O pai de Antônio nasceu no século vinte.

(1-1) O pai de Antônio nasceu em 1936.

(2-2) O pai de Antônio tinha 44 anos em 1936.

(3-3) Antônio nasceu em 1922.

(4-4) Antônio nasceu em 1936.

4 (FGV-SP) Uma pulga com algum conhecimento matemático brinca, pulando sobre as doze marcas correspondentes aos números das horas de um relógio. Quando ela está sobre uma marca correspondente a um número não primo, ela pula para a primeira marca a seguir, no sentido horário. Quando ela está sobre a marca de um número primo, ela pula para a segunda marca a seguir, sempre no sentido horário.

Se a pulga começa na marca do número 12, onde ela estará após o 2 014º pulo?

5 (UE-RJ) Admita dois números inteiros positivos, representados por **a** e **b**. Os restos das divisões de **a** e **b** por 8 são, respectivamente, 7 e 5.

Determine o resto da divisão do produto $a \cdot b$ por 8.

6 Em uma calculadora, a tecla de divisão não está funcionando. Deseja-se dividir um número **x** por 40. Isso é possível se multiplicarmos **x** por qual número? E se quiséssemos dividir o número **x** por 1,25?

7 Os números reais **a** e **b** estão representados na reta seguinte:

Em seu caderno, classifique em verdadeira (**V**) ou falsa (**F**) cada afirmação a seguir.

a) O número $\dfrac{a}{b}$ está representado à esquerda de **a**.

b) O número $\mathbf{b}^2$ está representado à direita de 1.

c) O número a + b está representado entre −1 e 0.

d) O número $\mathbf{a}^2$ está representado entre **b** e 1.

e) O número b − a está representado entre **b** e 1.

f) O número $\dfrac{1}{b}$ está representado à direita de 1.

g) O número $\dfrac{1}{a}$ está representado entre **a** e −1.

8 Um número natural é um quadrado perfeito quando ele for igual ao quadrado de outro número natural. Por exemplo, 49 é um quadrado perfeito, pois $49 = 7^2$; 100 é um quadrado perfeito, pois $100 = 10^2$, etc.

Um número natural é chamado cubo perfeito quando ele for igual ao cubo de outro número natural. Por exemplo, 8 é um cubo perfeito, pois $8 = 2^3$.

a) Determine o valor do menor natural **x** tal que $56 \cdot 33 \cdot x$ seja um quadrado perfeito.

b) Qual é o menor valor do natural **y** tal que $96^2 \cdot y$ seja um cubo perfeito?

c) Qual é o menor valor do natural **z** tal que $z \cdot 540^2$ seja, simultaneamente, um cubo e um quadrado perfeito?

d) Considerando os números inteiros de 1 a 1 000 000, determine a quantidade de números que não são quadrados perfeitos ou cubos perfeitos.

9 (UF-BA) Assinale as proposições verdadeiras. Sobre números reais, é correto afirmar [indique a soma correspondente às proposições verdadeiras]:

(01) O produto de dois números racionais quaisquer é um número racional.

(02) O produto de qualquer número inteiro não nulo por um número irracional qualquer é um número irracional.

(04) O quadrado de qualquer número irracional é um número irracional.

(08) Se o quadrado de um número natural é par, então esse número também é par.

(16) Todo múltiplo de 17 é um número ímpar ou múltiplo de 34.

(32) A soma de dois números primos quaisquer é um número primo.

(64) Se o máximo divisor comum de dois números inteiros positivos é igual a 1, então esses números são primos.

10 Em um colégio, há 456 alunos matriculados no 1º ano do Ensino Médio distribuídos entre os períodos matutino e noturno. Para participar de uma competição esportiva, inscreveram-se $\dfrac{15}{17}$ dos alunos do matutino e $\dfrac{7}{23}$ dos alunos do noturno.

Quantos alunos do noturno *não* irão participar da competição?

11 (UF-RN) Uma instituição pública recebeu **n** computadores do Governo Federal. A direção pensou em distribuir esses computadores em sete salas, colocando a mesma quantidade em cada sala, mas percebeu que não era possível, pois sobrariam três computadores. Tentou, então, distribuir em cinco salas, cada sala com a mesma quantidade de computadores, mas também não foi possível, pois sobrariam quatro computadores.

Sabendo que, na segunda distribuição, cada sala ficou com três computadores a mais que cada sala da primeira distribuição, responda:

a) Quantos computadores a instituição recebeu?

b) É possível distribuir esses computadores em quantidades iguais? Justifique.

TESTES

1 (Unicamp-SP) Um investidor dispõe de R$ 200,00 por mês para adquirir o maior número possível de ações de certa empresa. No primeiro mês, o preço de cada ação era R$ 9,00. No segundo mês houve uma desvalorização e esse preço caiu para R$ 7,00. No terceiro mês, com o preço unitário das ações a R$ 8,00, o investidor resolveu vender o total de ações que possuía. Sabendo que só é permitida a negociação de um número inteiro de ações, podemos concluir que com a compra e venda de ações o investidor teve:

a) nem lucro nem prejuízo.

b) prejuízo de R$ 6,00.

c) lucro de R$ 6,00.

d) lucro de R$ 6,50.

2 (UF-RS) Considere **a**, **b** e **c** três números reais não nulos, sendo a < b < c, e as afirmações abaixo.

(I) a + b < b + c

(II) $a^2 < b^2$

(III) b − a > c − b

Quais afirmações são verdadeiras?

a) Apenas I.

b) Apenas II.

c) Apenas III.

d) Apenas I e II.

e) Apenas II e III.

3 (PUC-SP) A figura abaixo apresenta uma reta real na qual estão assinalados os números reais 0, **x**, **y** e 1.

Sendo **x** e **y** os números assinalados, considere as seguintes afirmações:

(1) $x > x \cdot y$ (2) $y^2 - x^2 > 0$ (3) $\dfrac{y}{x} < \dfrac{x}{y}$

Relativamente a essas afirmações, é correto afirmar que:

a) as três são verdadeiras.

b) apenas duas são verdadeiras.

c) apenas (1) é verdadeira.

d) apenas (2) é verdadeira.

e) apenas (3) é verdadeira.

4 (Enem-MEC) Nos *shopping centers* costumam existir parques com vários brinquedos e jogos. Os usuários colocam créditos em um cartão, que são descontados por cada período de tempo de uso dos jogos. Dependendo da pontuação da criança no jogo, ela recebe um certo número de tíquetes para trocar por produtos nas lojas dos parques.

Suponha que o período de uso de um brinquedo em certo *shopping* custa R$ 3,00 e que uma bicicleta custa 9 200 tíquetes.

Para uma criança que recebe 20 tíquetes por período de tempo que joga, o valor, em reais, gasto com créditos para obter a quantidade de tíquetes para trocar pela bicicleta é:

a) 153   **c)** 1 218   **e)** 3 066

b) 460   **d)** 1 380

5 (UPE-PE) A expressão $\dfrac{1{,}101010\ldots + 0{,}111\ldots}{0{,}09696\ldots}$ é igual a:

a) 12,5   **c)** 8,75   **e)** 2,5

b) 10   **d)** 5

6 (U.F. Juiz de Fora-MG) Define-se o comprimento de cada um dos intervalos [a, b],]a, b[,]a, b] e [a, b[como sendo a diferença (b − a). Dados os intervalos M = [3, 10], N =]6, 14[, P = [5, 12[, o comprimento do intervalo resultante de (M ∩ P) ∪ (P − N) é:

a) 1   **c)** 5   **e)** 9

b) 3   **d)** 7

7 (Vunesp-SP) A soma de quatro números é 100. Três deles são primos e um dos quatro é a soma dos outros três. O número de soluções existentes para este problema é:

a) 3   **c)** 2   **e)** 6

b) 4   **d)** 5

8 (FGV-SP) O produto de 3 números inteiros positivos e consecutivos é igual a 8 vezes a sua soma. A soma dos quadrados desses 3 números é igual a:

a) 77   **c)** 149   **e)** 245

b) 110   **d)** 194

9 (FEI-SP) Sejam os conjuntos A = {x ∈ ℕ | **x** é ímpar}, B = {x ∈ ℤ | −3 < x ⩽ 7} e C = {x ∈ ℕ | x < 7}. Considere o conjunto D = B − (A ∩ C). A quantidade de elementos de **D** é um número:

a) múltiplo de 5.

b) divisível por 3.

c) maior do que 10.

d) menor do que 4.

e) ímpar.

10 (PUC-RJ) Escolha entre as alternativas aquela que mostra o maior número:

a) $(-1)^3$ **c)** $(-3)^5$ **e)** $(-5)^7$

b) $(-2)^4$ **d)** $(-4)^6$

11 (U. E. Maringá-PR) Assinale o que for **correto** [e indique a soma correspondente às alternativas corretas].

(01) Se **x** é um número real positivo e menor do que 1, $\sqrt{x} > x$.

(02) $\left(\dfrac{7}{2} - 1\right)\left(\dfrac{1}{4} + \dfrac{1}{2}\right) = \dfrac{15}{8}$

(04) $\left|\dfrac{5}{4} - 3\right| > 2$

(08) $1{,}80808\ldots < \dfrac{27}{15}$

(16) $\sqrt{2 - \sqrt{2}} > \dfrac{1}{\sqrt{2}}$

12 (PUC-MG) A soma dos algarismos de um número natural **n**, $10^3 < n < 10^4$, é 21. Além disso, seu algarismo das centenas é igual à soma do algarismo das unidades com o algarismo das unidades de milhar. Com base nessas informações, examine cada uma das três afirmativas a seguir:

I. O número **n** é um múltiplo de 3.

II. Pelo menos um algarismo de **n** é ímpar.

III. O algarismo das dezenas de **n** é par.

O número de afirmativas verdadeiras é:

a) 0   **b)** 1   **c)** 2   **d)** 3

13 (U.E. Ponta Grossa-PR) Dados os conjuntos abaixo, assinale o que for correto [e indique a soma correspondente às alternativas corretas].

A = {x ∈ ℤ | −4 < x ⩽ 0}

B = {x ∈ ℤ | −1 ⩽ x < 3}

(01) 0 ∈ (A ∩ B)

(02) {0, 1, 2, 3} ⊂ (A ∪ B)

(04) −3 ∈ (A − B)

(08) {1, 2} ⊂ (B − A)

(16) 1 ∈ (A ∩ B)

14 (UF-PR) Quando escrevemos 4 307, por exemplo, no sistema de numeração decimal, estamos nos referindo ao número $4 \cdot 10^3 + 3 \cdot 10^2 + 0 \cdot 10^1 + 7 \cdot 10^0$. Seguindo essa mesma ideia, podemos representar qualquer número inteiro positivo utilizando apenas os dígitos 0 e 1, bastando escrever o número como soma de potências de 2. Por exemplo, $13 = 1 \cdot 2^3 + 1 \cdot 2^2 + 0 \cdot 2^1 + 1 \cdot 2^0$ e por isso a notação $[1101]_2$ é usada para representar 13 nesse outro sistema. Note que os algarismos que ali aparecem são os coeficientes das potências de 2 na mesma ordem em que estão na expressão. Com base nessas informações, considere as seguintes afirmativas:

I. $[111]_2 = 7$

II. $[110]_2 + [101]_2 = [1010]_2$

III. Qualquer que seja o número inteiro positivo **k**, a expressão de 2^k em potências de 2 tem apenas um dígito diferente de 0.

IV. Se $a = [\underbrace{1111...11}_{20\ dígitos}]_2$, então $2 \cdot a = [\underbrace{1111...110}_{21\ dígitos}]_2$.

Assinale a alternativa correta.

a) Somente as afirmativas I e III são verdadeiras.

b) Somente as afirmativas II e III são verdadeiras.

c) Somente as afirmativas I e IV são verdadeiras.

d) Somente as afirmativas I, III e IV são verdadeiras.

e) Somente as afirmativas II, III e IV são verdadeiras.

15 (Fuvest-SP) O número real **x**, que satisfaz $3 < x < 4$, tem uma expansão decimal na qual os 999 999 primeiros dígitos à direita da vírgula são iguais a 3. Os 1 000 001 dígitos seguintes são iguais a 2 e os restantes são iguais a zero.

Considere as seguintes afirmações:

I. **x** é irracional.

II. $x \geq \dfrac{10}{3}$

III. $x \cdot 10^{2\,000\,000}$ é um inteiro par.

Então,

a) nenhuma das três afirmações é verdadeira.

b) apenas as afirmações I e II são verdadeiras.

c) apenas a afirmação I é verdadeira.

d) apenas a afirmação II é verdadeira.

e) apenas a afirmação III é verdadeira.

16 (UE-RJ) Para saber o dia da semana em que uma pessoa nasceu, podem-se utilizar os procedimentos a seguir.

1. Identifique, na data de nascimento, o dia **D** e o mês **M**, cada um com dois algarismos, e o ano **A**, com quatro algarismos.

2. Determine o número **N** de dias decorridos de 1º de janeiro até **D/M**.

3. Calcule **Y**, que representa o maior valor inteiro que não supera $\dfrac{A-1}{4}$.

4. Calcule a soma $S = A + N + Y$.

5. Obtenha **X**, que corresponde ao resto da divisão de **S** por 7.

6. Conhecendo **X**, consulte a tabela:

X	Dia da semana correspondente
0	sexta-feira
1	sábado
2	domingo
3	segunda-feira
4	terça-feira
5	quarta-feira
6	quinta-feira

O dia da semana referente a um nascimento ocorrido em 16/05/1963 é:

a) domingo

b) segunda-feira

c) quarta-feira

d) quinta-feira

17 (UF-GO) Considere que no primeiro dia do *Rock in Rio* 2011, em um certo momento, o público presente era de cem mil pessoas e que a Cidade do *Rock*, local do evento, dispunha de quatro portões por onde podiam sair, no máximo, 1 250 pessoas por minuto, em cada portão. Nestas circunstâncias, o tempo mínimo, em minutos, para esvaziar a Cidade do *Rock* será de:

a) 80

b) 60

c) 50

d) 40

e) 20

18 (Enem-MEC) Desde 2005, o Banco Central não fabrica mais a nota de R$ 1,00 e, desde então, só produz dinheiro nesse valor em moedas. Apesar de ser mais caro produzir uma moeda, a durabilidade do metal é 30 vezes maior que a do papel. Fabricar uma moeda de R$ 1,00 custa R$ 0,26, enquanto uma nota custa R$ 0,17, entretanto, a cédula dura de oito a onze meses.

Disponível em: <http://noticias.r7.com>. Acesso em: 26 abr. 2010.

Com R$ 1000,00 destinados a fabricar moedas, o Banco Central conseguiria fabricar, aproximadamente, quantas cédulas a mais?

a) 1 667

b) 2 036

c) 3 846

d) 4 300

e) 5 882

19 (UE-RJ) Na tabela abaixo, estão indicadas três possibilidades de arrumar **n** cadernos em pacotes:

N° de pacotes	N° de cadernos por pacotes	N° de cadernos que sobram
X	12	11
Y	20	19
Z	18	17

Se **n** é menor do que 1 200, a soma dos algarismos do maior valor de **n** é:

a) 12

b) 17

c) 21

d) 26

20 (Enem-MEC) Durante uma epidemia de uma gripe viral, o secretário de saúde de um município comprou 16 galões de álcool em gel, com 4 litros de capacidade cada um, para distribuir igualmente em recipientes para 10 escolas públicas do município. O fornecedor dispõe à venda diversos tipos de recipientes, com suas respectivas capacidades listadas:

- Recipiente I: 0,125 litro.
- Recipiente II: 0,250 litro.
- Recipiente III: 0,320 litro.
- Recipiente IV: 0,500 litro.
- Recipiente V: 0,800 litro.

O secretário de saúde comprará recipientes de um mesmo tipo, de modo a instalar 20 deles em cada escola, abastecidos com álcool em gel na sua capacidade máxima, de forma a utilizar todo o gel dos galões de uma só vez.

Que tipo de recipiente o secretário de saúde deve comprar?

a) I

b) II

c) III

d) IV

e) V

21 (Enem-MEC) Uma pessoa possui um espaço retangular de lados 11,5 m e 14 m no quintal de sua casa e pretende fazer um pomar doméstico de maçãs. Ao pesquisar sobre o plantio dessa fruta, descobriu que as mudas de maçã devem ser plantadas em covas com uma única muda e com espaçamento mínimo de 3 metros entre elas e entre elas e as laterais do terreno. Ela sabe que conseguirá plantar um número maior de mudas em seu pomar se dispuser as covas em filas alinhadas paralelamente ao lado de maior extensão.

O número máximo de mudas que essa pessoa poderá plantar no espaço disponível é:

a) 4

b) 8

c) 9

d) 12

e) 20

22 (Enem-MEC) Os incas desenvolveram uma maneira de registrar quantidades e representar números utilizando um sistema de numeração decimal posicional: um conjunto de cordas com nós denominado *quipus*. O *quipus* era feito de uma corda matriz, ou principal (mais grossa que as demais), na qual eram penduradas outras cordas, mais finas, de diferentes tamanhos e cores (cordas pendentes). De acordo com a sua posição, os nós significavam unidades, dezenas, centenas e milhares. Na figura *1*, o *quipus* representa o número decimal 2 453. Para representar o "zero" em qualquer posição, não se coloca nenhum nó.

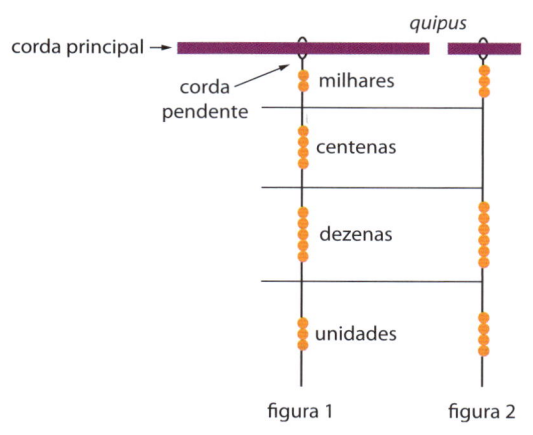

Disponível em: <www.culturaperuana.com.br>. Acesso em: 13 dez. 2012.

O número da representação do *quipus* da figura *2*, em base decimal, é:

a) 364

b) 463

c) 3 064

d) 3 640

e) 4 603

Funções

▶ Introdução: a noção intuitiva de função

No estudo científico de qualquer fenômeno, sempre procuramos identificar grandezas mensuráveis ligadas a ele e, em seguida, estabelecer as relações existentes entre essas grandezas.

EXEMPLO 1

Tempo e espaço

Uma pista de ciclismo tem marcações a cada 500 m. Enquanto um ciclista treina para uma prova, desenvolvendo uma velocidade constante, o técnico anota seu desempenho. O resultado pode ser observado na tabela ao lado.

A cada instante (**x**) corresponde uma única distância (**y**). Dizemos, por isso, que a distância é função do instante. A fórmula que relaciona **y** com **x** é:

$$y = 500 \cdot x$$

Observe que a velocidade do ciclista é 500 m/min.

Instante (min)	Distância (m)
0	0
1	500
2	1000
3	1500
4	2000
5	2500
⋮	⋮

EXEMPLO 2

Mercadoria e preço

Uma barraca de praia, em Fortaleza, vende sucos naturais ao preço de R\$ 3,50 cada garrafa. Para não ter de fazer contas a toda hora, o proprietário da barraca montou a tabela ao lado.

Nesse exemplo, estão sendo medidas duas grandezas: o número de garrafas de suco e o respectivo preço. A cada quantidade de garrafas corresponde um único preço. Dizemos, por isso, que o preço é função do número de garrafas de suco. Aqui é possível achar uma fórmula que estabelece a relação de interdependência entre o preço (**y**) e o número de garrafas de suco (**x**):

$$y = 3,50 \cdot x$$

Número de garrafas	Preço (R\$)
1	3,50
2	7,00
3	10,50
4	14,00
5	17,50
6	21,00
7	24,50
8	28,00

EXEMPLO 3

Passageiros e preço da passagem

Para fretar um ônibus de excursão com 40 lugares, paga-se ao todo R$ 360,00. Essa despesa deverá ser igualmente repartida entre os participantes.

Para achar a quantia que cada um deverá desembolsar (**y**), basta dividir o preço total (R$ 360,00) pelo número de passageiros (**x**). A fórmula que relaciona **y** com **x** é:

$$y = \frac{360}{x}$$

Observe na tabela alguns valores referentes à correspondência entre **x** e **y**:

x	4	12	15	18	20	24	36	40
y	90,00	30,00	24,00	20,00	18,00	15,00	10,00	9,00

EXERCÍCIOS

1 Na tabela abaixo é dado o preço pago em função da quantidade de pescada adquirida em uma peixaria.

Quantidade (em quilogramas)	0,5	1,0	1,5	2,0	2,5
Preço (em reais)	9,50	19,00	28,50	38,00	47,50

a) Quanto deve pagar um cliente que comprar 5,5 quilogramas dessa pescada?

b) Dispondo-se de R$ 250,00, qual é a quantidade máxima inteira de quilogramas dessa pescada que se pode adquirir?

c) Qual é a lei que relaciona o preço **p**, em reais, dessa pescada, em função da quantidade **n** comprada, em quilogramas?

2 Na cidade, certo veículo consome um litro de gasolina a cada 8 quilômetros rodados.

a) Faça uma tabela que forneça a distância percorrida pelo veículo ao consumir, em gasolina, as seguintes quantidades: 0,25 L, 0,5 L, 2 L, 5 L, 12 L, 28 L, 45 L.

b) Qual é a fórmula que relaciona a distância percorrida **d**, em quilômetros, em função do número **n** de litros consumidos?

3 Em alto-mar, um certo navio mantém uma velocidade média de cruzeiro de 21,6 nós, que equivale aproximadamente a 40 km/h.

a) Qual é a distância percorrida em alto-mar pelo navio em um período de 15 minutos? E em meia hora? E em 3 horas? E em 5 horas? Represente esses dados em uma tabela.

b) Em quanto tempo esse navio percorre 1200 km em alto-mar?

c) Relacione, por meio de uma lei, a distância percorrida **d**, em quilômetros, em função do tempo **t**, em horas.

4 A mensalidade de um curso de natação é de R$ 230,00 e o cliente tem a opção de contratar um pacote de aulas de hidroginástica, ao custo de **r** reais por aula extra. Veja, na tabela a seguir, o preço total pago, em um mês, por três alunos de acordo com o número de aulas extra contratadas:

Número de aulas	2	5	8
Preço total pago no mês (em reais)	266	320	374

a) Qual é o valor de **r**?

b) Como se exprime, matematicamente, o total pago por um aluno do curso de natação (**y**), em reais, pela contratação de **x** aulas de hidroginástica?

5 Duas torneiras idênticas, com a mesma vazão, enchem um reservatório em 20 minutos.

a) Faça uma tabela para representar o tempo (em minutos) gasto para encher esse reservatório se forem utilizadas 1, 4, 6, 8 ou 10 dessas torneiras com igual vazão.

b) Qual é a lei que relaciona o tempo (**t**), em minutos, gasto para encher o reservatório de acordo com o número **n** de torneiras?

c) Quantas torneiras são necessárias para encher esse reservatório em 1 minuto e 36 segundos?

6 Considere um processo de divisão celular em que cada célula se subdivide em outras duas a cada hora.

  a) Partindo-se de uma única célula, iniciou-se uma experiência científica. Faça uma tabela para representar a quantidade de células presentes nessa cultura ao completar 1, 2, 3, 4, 5 e 6 horas do início da experiência.

  b) Qual é o número mínimo de horas completas necessárias para que haja mais de 1000 células na cultura?

  c) Qual é a lei que relaciona o número **n** de células encontrado na cultura ao completar **t** horas do início da experiência?

7 Ao receber sua conta de R$ 85,00 referente à TV por assinatura, Nair leu a seguinte instrução:

Para pagamento realizados com atraso, serão acrescentados multa de R$ 1,70 e juros de R$ 0,03 por dia de atraso no pagamento.

  a) Qual será o valor que Nair pagaria se atrasasse 1, 5, 10 ou 30 dias?

  b) Seja **x** o número de dias de atraso ($1 \leqslant x \leqslant 30$). Qual é a lei da função que relaciona o total (**y**) a ser pago, em reais, em função de **x**?

▶ A noção de função como relação entre conjuntos

▶ Definição

Dados dois conjuntos não vazios **A** e **B**, uma relação (ou correspondência) que associa a cada elemento $x \in A$ um único elemento $y \in B$ recebe o nome de **função de A em B**.

Vamos considerar, por exemplo, os conjuntos $A = \{0, 1, 2, 3\}$ e $B = \{-1, 0, 1, 2, 3\}$ e observar algumas relações entre elementos de **A** e elementos de **B**.

1ª) Associemos a cada $x \in A$ o elemento $y \in B$ tal que $y = x - 1$:

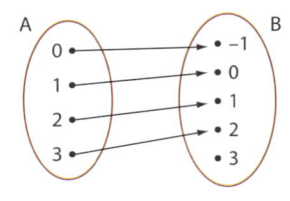

x	y
0	−1
1	0
2	1
3	2

Para todo $x \in A$, sem exceção, existe um único $y \in B$ tal que **y** é o correspondente de **x**. Essa relação define uma função de **A** em **B**.

2ª) Associemos a cada $x \in A$ o elemento $y \in B$ tal que $y = x^2 - 2x$:

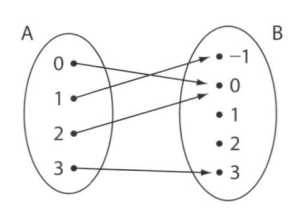

x	y
0	0
1	−1
2	0
3	3

Para todo $x \in A$, sem exceção, existe um único $y \in B$ tal que **y** é o correspodente de **x**. Essa relação também define uma função de **A** em **B**.

3ª) Vamos associar a cada elemento $x \in A$ o elemento $y \in B$ tal que $y^2 = x^2$:

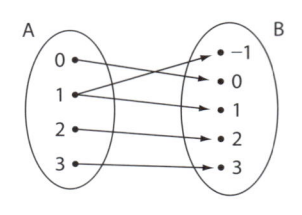

x	y
0	0
1	±1
2	2
3	3

Para o elemento $1 \in A$ existem dois elementos correspondentes em **B**: −1 e 1. Assim, essa relação NÃO define uma função de **A** em **B**.

4ª) Vamos associar a cada elemento $x \in A$ o elemento $y \in B$ tal que $y = x + 1$:

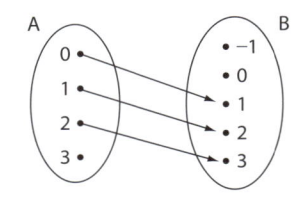

x	y
0	1
1	2
2	3

O elemento $3 \in A$ não está associado a algum elemento em **B**. Essa relação não define uma função de **A** em **B**.

▶ Notação

De modo geral, se **f** é uma relação que define uma função de **A** em **B**, indicamos: $f: A \to B$

Dizemos que, nessa função, $y \in B$ é imagem de $x \in A$, e indicamos:

$y = f(x)$ (lê-se: **y** é igual a "efe" de **x**)

Retomando a 1ª relação, temos:

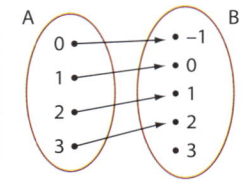

$y = -1$ é imagem de $x = 0$; $f(0) = -1$
$y = 0$ é imagem de $x = 1$; $f(1) = 0$
$y = 1$ é imagem de $x = 2$; $f(2) = 1$
$y = 2$ é imagem de $x = 3$; $f(3) = 2$

▶ Funções definidas por fórmulas

Existe um interesse especial no estudo de funções em que **y** pode ser calculado a partir de **x** por meio de uma fórmula (ou regra, ou lei).

A lei de correspondência que associa cada número racional **x** ao número racional **y**, sendo **y** o dobro de **x**, é uma função f: $\mathbb{Q} \to \mathbb{Q}$ definida pela fórmula $y = 2x$ ou $f(x) = 2x$.

Nessa função:

- para $x = 5$, temos $y = 2 \cdot 5 = 10$. Dizemos que $f(5) = 10$.
- a imagem de $x = -3$ é $f(-3) = 2 \cdot (-3) = -6$.
- $x = 11,5$ corresponde a $y = 2 \cdot (11,5) = 23$.

- $y = 7$ é a imagem de $x = \dfrac{7}{2}$.
- $f(3) = 6$.

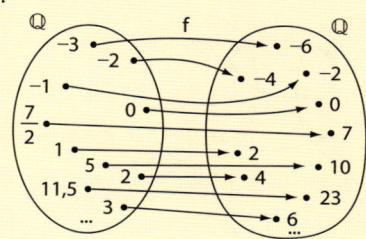

A função f: $\mathbb{N} \to \mathbb{N}$ que associa a cada número natural **x** o número natural **y**, sendo **y** o cubo de **x**, é definida por $y = x^3$ ou $f(x) = x^3$. Nessa função:

- para $x = 2$, temos $y = 2^3 = 8$. Dizemos que $f(2) = 8$.
- para $x = 5$, temos $y = 5^3 = 125$. Assim, $f(5) = 125$.
- $y = 64$ é a imagem de $x = 4$.

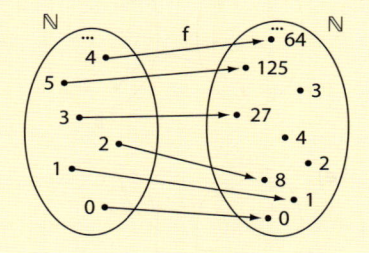

⌄ EXERCÍCIOS RESOLVIDOS

1 Seja a função f: $\mathbb{R} \to \mathbb{R}$ definida pela lei $f(x) = (x-1)^2$.

a) Calcular $f(0)$, $f(1)$, $f\left(\dfrac{4}{3}\right)$ e $f(\sqrt{2})$.

b) Determinar os valores de **x** cuja imagem é igual a 4.

Solução:

a) $f(0) = (0-1)^2 = (-1)^2 = 1$

$f(1) = (1-1)^2 = 0^2 = 0$

$f\left(\dfrac{4}{3}\right) = \left(\dfrac{4}{3}-1\right)^2 = \left(\dfrac{1}{3}\right)^2 = \dfrac{1}{9}$

$f(\sqrt{2}) = (\sqrt{2}-1)^2 = (\sqrt{2})^2 - 2 \cdot \sqrt{2} \cdot 1 + 1 = = 3 - 2\sqrt{2}$

b) se $f(x) = 4$, então $(x-1)^2 = 4$, e daí vem:

$x - 1 = \pm 2 \Rightarrow x = 1 \pm 2 \Rightarrow x = 3$ ou $x = -1$

2 Seja a função f: $\mathbb{R} \to \mathbb{R}$ definida por $f(x) = 3x + b$, em que **b** é uma constante real. Calcular **b**, sabendo que $f(2) = 5$.

Solução:

Se $f(2) = 5$, então $3 \cdot 2 + b = 5$, e daí vem:

$6 + b = 5 \Rightarrow b = -1$

EXERCÍCIOS

8 Verifique, em cada caso, se o esquema define ou não uma função de **A** em **B**:

a)

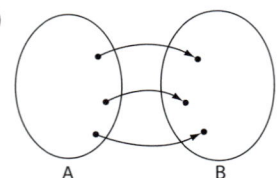

b)

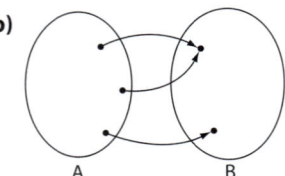

c)

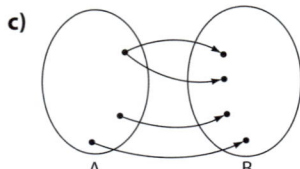

d)

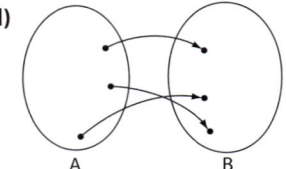

e)

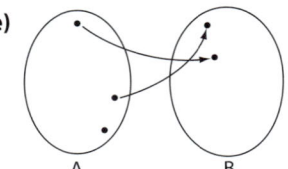

9 Sendo $A = \{-1, 0, 1, 2\}$ e $B = \{-1, 0, 1, 2, 3, 4\}$, verifique, em cada caso, se a lei dada define uma função de **A** com valores em **B**:

a) $f(x) = 2x$

b) $f(x) = x^2$

c) $f(x) = 2x + 1$

d) $f(x) = |x| - 1$

10 Se $A = \left\{-\dfrac{2}{3}, -\sqrt{2}, 0, 3\right\}$ e $B = [-2, 10]$, verifique, em cada caso, se a lei dada define uma função de **A** em **B**.

a) $f(x) = 3x$

b) $f(x) = x^2$

c) $f(x) = x - 1$

d) $f(x) = -2x + 2$

e) $f(x) = |x| - 1$

11 Seja $f: \mathbb{R} \to \mathbb{R}$ uma função definida pela lei $f(x) = -2x + 3$.

a) Qual é a imagem de $x = 4$?

b) Qual é o valor de $f(0) + f(1)$?

c) Qual é o elemento do domínio cuja imagem vale -33?

12 Considere **f** uma função de $\mathbb{R}$ em $\mathbb{R}$ dada por $f(x) = 3x^2 - x + 4$. Calcule:

a) $f(1)$;

b) $f(-1)$;

c) $f\left(\dfrac{1}{2}\right)$;

d) $f(\sqrt{3})$;

e) o valor de **x** que tem imagem igual a 6.

13 Seja $f: \mathbb{N} \to \mathbb{Z}$ definida pela lei $f(x) = (x - 4) \cdot (3 - x)$.

a) Calcule $f(0)$, $f(5)$ e $f(10)$.

b) Determine o valor de **x** cuja imagem vale 0.

c) Determine o valor de **x** cuja imagem vale -42.

14 A lei $y = 80 + 18x$ relaciona o preço (**y**), em reais, de um serviço de lavagem de tapetes e o número de metros quadrados (**x**) de tapete.

a) Qual é o custo de lavagem de um tapete retangular com 220 cm de largura e 350 cm de comprimento?

b) Com R$ 350,00 pode-se lavar um tapete de até quantos metros quadrados?

c) Qual é a lei da função que representa o custo (**c**) de lavagem de um tapete retangular de perímetro 12 m e comprimento igual a **x** metros, com $0 < x < 6$?

15 Considerando **f** e **g** funções de $\mathbb{Q}$ em $\mathbb{R}$ dadas por $f(x) = 3x^2 - x + 5$ e $g(x) = -2x + 9$, faça o que se pede.

a) Determine o valor de $\dfrac{f(0) + g(-1)}{f(1)}$.

b) Determine o valor de **x** tal que $f(x) = g(x)$.

c) Resolva a equação $g(x) = f(-3) + g(-4)$, considerando $U = \mathbb{Q}$.

16 A lei seguinte mostra a relação entre a projeção do valor (**v**), em reais, de um equipamento eletrônico e o seu tempo de uso (**t**), em anos:

$$v(t) = 1\,800 \cdot \left(1 - \dfrac{t}{20}\right)$$

a) Qual é o valor desse equipamento novo, isto é, sem uso?

b) Qual é a desvalorização, em reais, do equipamento no seu primeiro ano de uso?

c) Com quantos anos de uso o aparelho estará valendo R$ 1 260,00?

17 Seja $f: \mathbb{R} \to \mathbb{R}$ a função definida por $f(x) = -\dfrac{2}{3}x + m$, sendo **m** uma constante real. Sabendo que $f(6) = -2$, determine:

a) o valor de **m**;

b) $f(-6)$;

c) o valor de **x** tal que $f(x) = \dfrac{28}{3}$.

18 A função **f**, de $\mathbb{R}$ em $\mathbb{R}$, é dada por f(x) = ax + b, com **a** e **b** constantes reais. Se f(4) = 5 e f(−2) = 8, determine:

a) os valores de **a** e **b**;

b) a expressão de f(x);

c) f(2), f(7), f(−14);

d) o valor de **x** cuja imagem é $\dfrac{3}{4}$.

19 Estima-se que a população de certo município daqui a **x** anos, a contar de hoje, seja dada por p(x) = $10 - \dfrac{2}{x + 1}$ milhares de pessoas.

a) Qual é a população atual desse município?

b) Qual será a população daqui a 3 anos?

c) Qual será a população daqui a 10 anos?

d) De quantas pessoas a população aumentará entre o 3º e o 4º ano, a contar de hoje?

e) Daqui a quantos anos a população será de 9 900 habitantes?

20 Seja **f** uma função que satisfaz a propriedade f(x + 1) = 2 · f(x) + 1, para todo x ∈ $\mathbb{R}$. Sabendo que f(1) = −5, calcule:

a) f(0)   **b)** f(2)   **c)** f(4)

▶ Domínio e contradomínio

Seja f: A → B uma função.

O conjunto **A** é chamado **domínio** de **f**, e o conjunto **B** é chamado **contradomínio** de **f**.

Sendo A = {1, 2, 3, 4} e B = {1, 2, 3, 4, 5, 6, 7}, a função f: A → B tal que f(x) = x + 2 tem domínio **A** e contradomínio **B**.

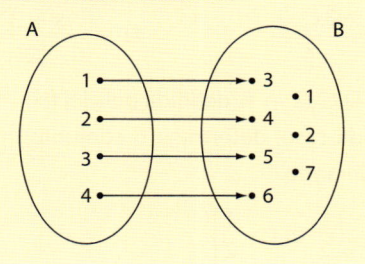

Sendo A = $\mathbb{Z}$ e B = $\mathbb{Z}$, a função f: A → B tal que f(x) = 3x tem domínio **A** e contradomínio **B**.

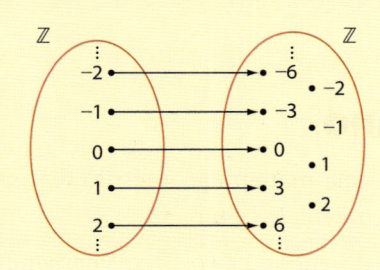

Observe que todo elemento **x** do domínio tem uma única imagem **y** no contradomínio, mas podem existir elementos do contradomínio que não são imagem de nenhum elemento do domínio.

Note que, no exemplo 6, os números 1, 2 e 7 não são imagens de nenhum elemento de **A**.

Note que, no exemplo 7, os números inteiros que não são múltiplos de 3 não são imagens de nenhum elemento de **A**.

▶ Determinação do domínio

Muitas vezes se faz referência a uma função **f**, dizendo apenas qual é a lei de correspondência que a define. Quando não é dado explicitamente o domínio **D** de **f**, deve-se subentender que **D** é formado por todos os números reais que podem ser colocados no lugar de **x** na lei de correspondência y = f(x), de modo que, efetuados os cálculos, resulte um **y** real. Vejamos alguns exemplos.

- O domínio da função definida pela lei y = 2x − 1 é $\mathbb{R}$, pois, qualquer que seja o valor real atribuído a **x**, o número 2x − 1 também é real.

- O domínio da função dada por y = $\dfrac{x + 2}{x}$ é $\mathbb{R}^*$, pois, para todo **x** real diferente de 0, o número $\dfrac{x + 2}{x}$ é real.

- O domínio da função dada por y = $\sqrt{x + 1}$ é D = {x ∈ $\mathbb{R}$ | x ⩾ −1}, pois $\sqrt{x + 1}$ só é real se x + 1 ⩾ 0, isto é, se x ⩾ −1.

- A função dada por y = $\dfrac{x + 2}{x} + \sqrt{x + 1}$ só é definida para x ≠ 0 e x ⩾ −1, então seu domínio é D = {x ∈ $\mathbb{R}$ | x ⩾ −1 e x ≠ 0}.

▸ Conjunto imagem

Se f: A → B é uma função, chama-se **conjunto imagem de f** o subconjunto **Im** do contradomínio constituído pelos elementos **y** que são imagens de algum x ∈ A. Retomando os exemplos 6 e 7, temos:

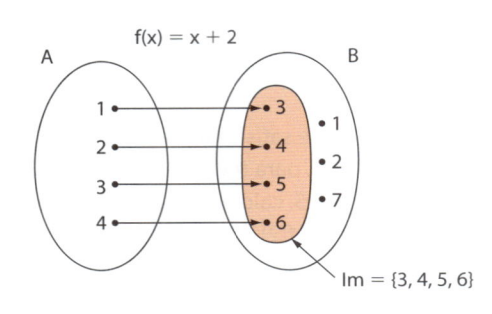

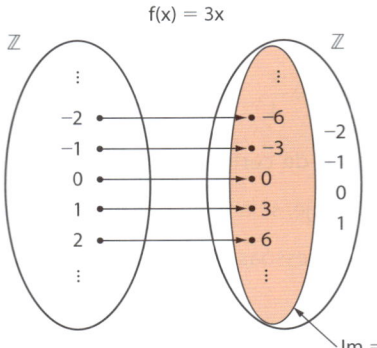

EXERCÍCIOS

21 Seja f: A → B, em que A = {−2, −1, 0, 1, 2} e B = {−1, 0, 1, 2, 3, 4, 5}. Em cada caso, determine o domínio, o contradomínio e o conjunto imagem de **f**.

a) f: A → B dada por f(x) = x + 2

b) f: A → B dada por f(x) = x²

c) f: A → B dada por f(x) = −x + 1

d) f: A → B dada por f(x) = |x|

22 Em cada caso, **f** é uma função de A = {−1, 0, 1, 2} em B = {x ∈ ℤ | −5 ⩽ x ⩽ 5}. Indique o conjunto imagem de **f**.

a) f(x) = 2x − 3   **b)** f(x) = 3 · |x| − 1   **c)** f(x) = x² − 2

23 Determine o domínio de cada uma das funções dadas abaixo.

a) y = x + 1

b) y = x² − 3

c) y = $\dfrac{x + 1}{2x}$

d) y = $\dfrac{x - 3}{x - 5} + \dfrac{x^2}{x + 1}$

e) y = $\dfrac{2 + x}{\sqrt{x}}$

f) y = $\dfrac{x - 6}{x^2 - 4x}$

24 Determine o domínio de cada uma das funções dadas abaixo.

a) y = $\sqrt{x + 9}$

b) y = $\sqrt[3]{2x - 7}$

c) y = $\dfrac{\sqrt{3x - 2}}{x}$

d) y = $\dfrac{x + 1}{\sqrt{x - 2}}$

e) y = $\sqrt{3 - x}$

f) y = $\dfrac{x + 3}{\sqrt[3]{x}}$

25 Seja f: D ⊂ ℝ → ℝ definida pela lei f(x) = 2x + 3. Em cada caso, determine o conjunto imagem de **f** considerando:

a) D = $\left\{\dfrac{1}{2}, 0, 1, -\dfrac{1}{2}\right\}$

b) D = {x ∈ ℤ | −3 < x ⩽ 2}

c) D = {x ∈ ℕ | x > 12}

d) D = ℚ

e) D = ℝ

f) D = [1, 2]

▸ Noções básicas de plano cartesiano

Usaremos a notação (a, b) para indicar o par ordenado em que **a** é o primeiro elemento e **b** é o segundo. Vejamos:

- (1, 3) é o par ordenado em que o primeiro elemento é 1 e o segundo é 3.
- (3, 1) é o par ordenado em que o primeiro elemento é 3 e o segundo é 1.

Note que os pares (1, 3) e (3, 1) diferem entre si pela ordem de seus elementos.

Existe uma maneira geométrica de representarmos o par ordenado (a, b):

- 1º passo: desenhamos dois eixos perpendiculares e usamos a sua interseção O como origem para cada um deles;
- 2º passo: marcamos no eixo horizontal o ponto **P₁**, correspondente ao valor de **a**;

- 3º passo: marcamos no eixo vertical o ponto P_2, correspondente ao valor de **b**;

- 4º passo: traçamos por P_1 uma reta **r** paralela ao eixo vertical;

- 5º passo: traçamos por P_2 uma reta **s** paralela ao eixo horizontal;

- 6º passo: destacamos a interseção das retas **r** e **s** chamando-a de **P**, que é o ponto que representa graficamente o par ordenado (a, b).

O primeiro elemento do par (**a**) é chamado **abscissa** de **P**; o segundo elemento do par (**b**) é chamado **ordenada** de **P**; **a** e **b** são as **coordenadas** de P(a, b).

▶ Nomenclatura

- O eixo horizontal (Ox) é o eixo das abscissas.
- O eixo vertical (Oy) é o eixo das ordenadas.
- O plano que contém Ox e Oy é o plano cartesiano.

- O ponto O (interseção de Ox com Oy) é a origem do plano cartesiano.

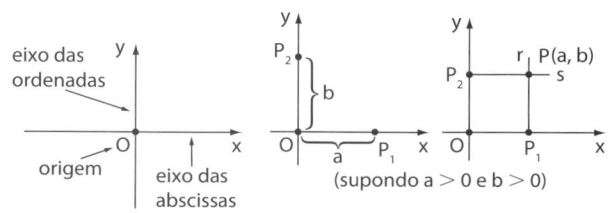

(supondo a > 0 e b > 0)

Cada uma das quatro partes em que fica dividido o plano pelos eixos cartesianos chama-se quadrante. A numeração dos quadrantes é feita no sentido anti-horário, a contar do quadrante correspondente aos pontos que possuem ambas as coordenadas positivas.

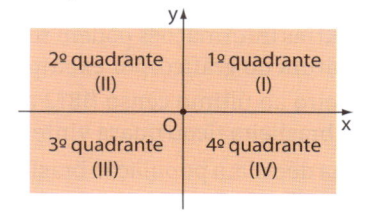

EXERCÍCIOS

26 Considere os pontos A(2, 1), B(−3, 2), C(1, −4), D(−2, −1), E(4, 0), F(0, 3), G(−4, 0), H(0, −2), I(0, 0), $J\left(\dfrac{9}{2}, -1\right)$, $K\left(-4, -\dfrac{7}{3}\right)$.

a) Represente-os em um plano cartesiano.

b) Quais deles estão sobre o eixo das abscissas?

c) Quais deles estão sobre o eixo das ordenadas?

d) Quais deles estão no primeiro quadrante? E no segundo? E no terceiro? E no quarto?

27 Analise os pontos localizados no plano cartesiano representado a seguir.

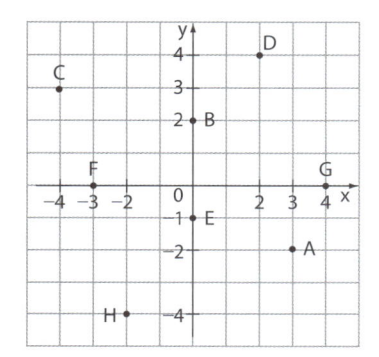

a) Indique o par ordenado correspondente a cada um deles.

b) Quais deles estão sobre o eixo das abscissas?

c) Quais deles estão sobre o eixo das ordenadas?

d) Quais deles estão no primeiro quadrante? E no segundo? E no terceiro? E no quarto?

28 Determine os valores de **x** e de **y** para que os pares ordenados abaixo sejam iguais.

a) (x, y) e $(-3, \sqrt{2})$

b) (x + 1, −5) e (3, y + 2)

c) (x + y, 1) e (3, x − y)

29 Represente, em um plano cartesiano, o conjunto de pontos (x, y) tais que:

a) $y > 0$

b) $x \leqslant 0$

c) $x = y$

d) $x \cdot y < 0$

e) $y = 0$

f) $x = 0$ e $y \geqslant 0$

30 Em cada caso, determine o valor de **m** para que o ponto **A** satisfaça a condição dada.

a) A(3, m) pertence ao eixo das abscissas.

b) A(m − 2, 4) pertence ao eixo das ordenadas.

c) A(m + 1, 7) pertence ao primeiro quadrante.

d) A(−2, m + 6) pertence ao segundo quadrante.

e) A(m, m − 1) pertence ao terceiro quadrante.

f) A(5, −m + 4) pertence ao quarto quadrante.

▶ Leitura informal de gráficos

Vamos observar alguns gráficos extraídos de jornais e da internet e, a partir deles, conheceremos algumas propriedades das funções representadas por eles.

EXEMPLO 9

O gráfico relaciona duas grandezas: a população brasileira, expressa em milhões de habitantes, e o tempo (período de 1872 a 2010), sendo que os anos indicados correspondem às datas de realização dos censos demográficos.

A população é função do tempo: para cada ano corresponde um único valor do número de habitantes.

É fácil perceber que a população cresce (aumenta) à medida que o tempo avança (aumenta). Dizemos que essa função é **crescente**.

Várias outras informações podem ser obtidas por meio da leitura do gráfico, por exemplo:

- do primeiro ao último censo (1872 a 2010), a população brasileira ficou quase vinte vezes maior;

- na última década, a população brasileira aumentou de 190 755 000 − 169 800 000 = 20 955 000

  pessoas; percentualmente esse aumento é de $\frac{20\,955\,000}{169\,800\,000} \simeq 0{,}1234 = 12{,}34\%$;

- a população brasileira atingiu a marca de 100 milhões de habitantes na década de 1970.

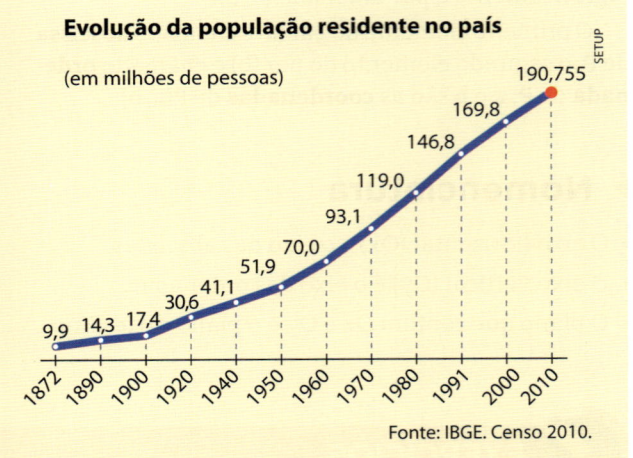

Evolução da população residente no país

(em milhões de pessoas)

Fonte: IBGE. Censo 2010.

EXEMPLO 10

O gráfico ilustra a relação entre duas grandezas: a taxa de desemprego mensal (nas seis principais regiões metropolitanas do Brasil) e o tempo (considerando-se o período de outubro de 2010 a novembro de 2011). Essa relação define uma função: a cada mês está associada uma única taxa de desemprego.

Observe que:

- a menor taxa do período (5,2%) ocorreu em novembro de 2011 — dizemos que o **valor mínimo** da função no período é 5,2%; a maior taxa ocorreu em março de 2011 — dizemos que 6,5% corresponde ao **valor máximo** da função no período;

- a taxa de desemprego diminuiu (decresceu) de outubro a dezembro (2010); de março a abril (2011); de maio a julho

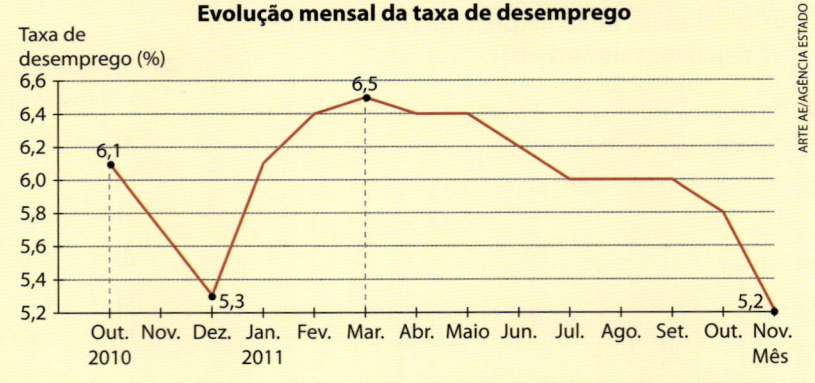

Evolução mensal da taxa de desemprego

Fonte: *O Estado de S. Paulo*, 23 dez. 2011.

(2011); e de setembro a novembro (2011). Nesses intervalos, dizemos que a função é **decrescente**. De dezembro de 2010 a março de 2011, a taxa de desemprego aumentou (cresceu). Dizemos que, nesse período, a função é **crescente**;

- nos meses de abril e maio de 2011, a taxa de desemprego manteve-se constante (não variou), no patamar de 6,4%. Nesse período, dizemos que a função é **constante**. Fato semelhante ocorreu no período de julho a setembro, com a taxa de desemprego constante em 6%.

EXERCÍCIOS

31 O gráfico a seguir representa a oscilação diária do valor da ação de uma empresa, comercializada em uma bolsa de valores, desde a abertura do pregão, às 10 horas, até o fechamento, às 18 horas.

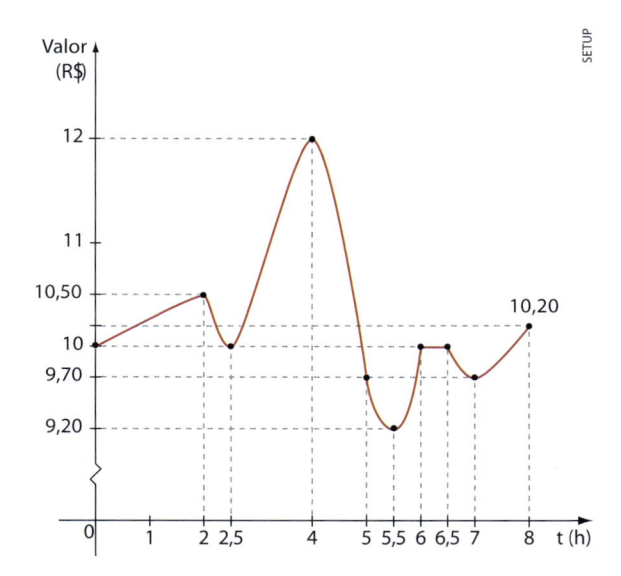

Convencionaremos que t = 0 corresponde às 10 h; t = 1 corresponde às 11 h; e assim por diante.

Com base no gráfico, responda:

a) Em que horários o valor da ação subiu?

b) Em que horários o valor da ação caiu?

c) Nesse dia, entre quais valores oscilou o preço da ação dessa empresa?

d) Em que horários a ação esteve cotada a R$ 9,70?

e) A ação encerrou o dia em alta, estável ou em baixa? De quanto por cento?

32 O gráfico abaixo informa o valor do rendimento médio mensal da população da Região Metropolitana de São Paulo, no período de 2001 a 2011.

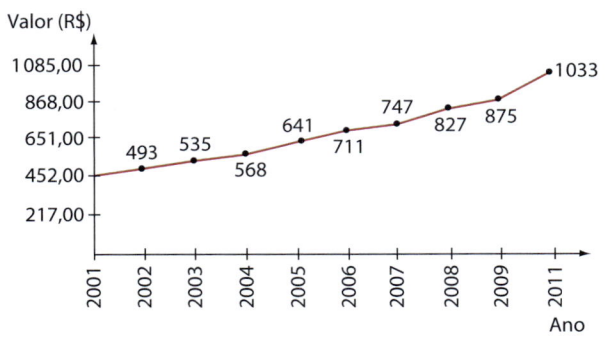

Fonte: PNAD.
Disponível em: <seriesestatisticas.ibge.gov.br/>.
Acesso em: 23 jun. 2015.

Classifique cada afirmação a seguir como verdadeira (**V**) ou falsa (**F**).

a) A função considerada é crescente em todo o período em questão.

b) Considerando dois anos consecutivos, o período em que o rendimento médio menos cresceu, em reais, é 2006-2007.

c) De 2007 a 2008, o rendimento médio cresceu mais de 10%.

d) A média dos valores referentes aos rendimentos nos 5 primeiros anos superou R$ 520,00.

e) De 2001 a 2011, o rendimento médio mensal cresceu mais de 150%.

33 O gráfico apresentado a seguir mostra o desflorestamento bruto, no estado do Amazonas, em quilômetros quadrados, no período de 1991 a 2010 (considerando a Amazônia legal). Observe o gráfico e responda às perguntas.

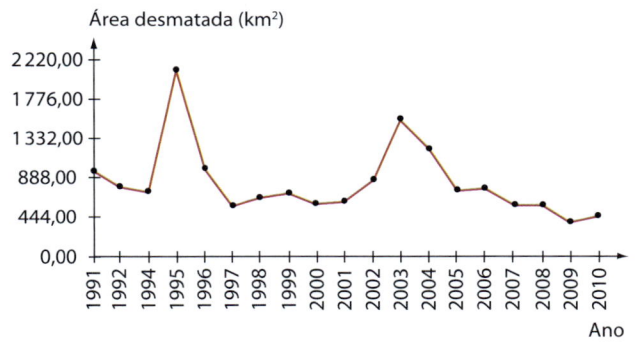

Fonte: INPE .
Disponível em: <seriesestatisticas.ibge.gov.br/>.
Acesso em: 23 jun. 2015.

a) Identifique os períodos em que ocorreu aumento na área desmatada, considerando os anos de 1991 a 2005.

b) Considerando dois anos consecutivos, identifique o período em que foi registrado maior aumento absoluto na área desmatada. Esse aumento foi superior ou inferior a 1000 km²?

c) Nos últimos dez anos do período considerado no gráfico, identifique o ano que apresentou maior área desmatada e os dois períodos em que a área desmatada ficou praticamente estável.

d) Em 2010, a área desmatada foi de 474 km². Considere um campo de futebol com 100 m de comprimento por 70 m de largura. Determine a quantos campos de futebol, aproximadamente, corresponde a área desmatada naquele ano.

▶ Construção de gráficos

Como podemos construir o gráfico de uma função conhecendo sua lei de correspondência y = f(x) e seu domínio **D**?

Quando **D** é finito, pode-se proceder assim:

- 1º passo: construímos uma tabela na qual aparecem os valores de **x** e os valores do correspondente **y**, calculados por meio da lei y = f(x).
- 2º passo: representamos cada par ordenado (a, b) da tabela por um ponto do plano cartesiano. O conjunto dos pontos obtidos constitui o gráfico da função.

EXEMPLO 11

Vejamos como construir o gráfico da função dada por y = 2x, com domínio D = {−3, −2, −1, 0, 1, 2, 3}.

1º passo:

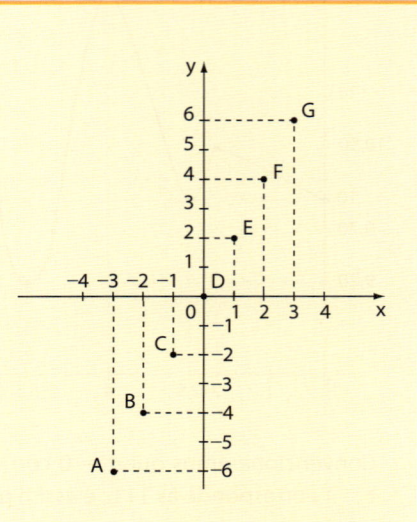

x	−3	−2	−1	0	1	2	3
y	−6	−4	−2	0	2	4	6

2º passo:
Representamos os pares ordenados que estão na tabela por pontos, a saber:

A(−3, −6)   E(1, 2)

B(−2, −4)   F(2, 4)

C(−1, −2)   G(3, 6)

D(0, 0)

Quando o domínio **D** não é finito, podemos construir uma tabela e obter alguns pontos do gráfico; entretanto, o gráfico da função será constituído por infinitos pontos.

Veja como são os gráficos da função y = 2x em domínios diferentes do caso acima.

D = [−4, 4]

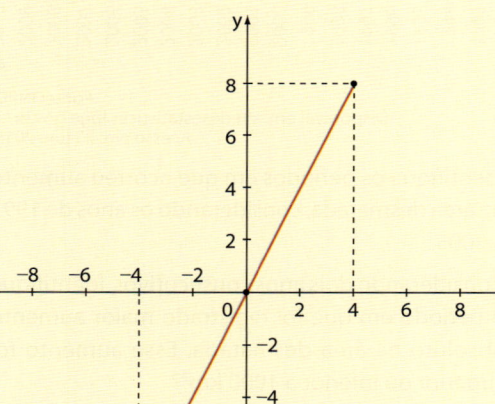

D = ℤ

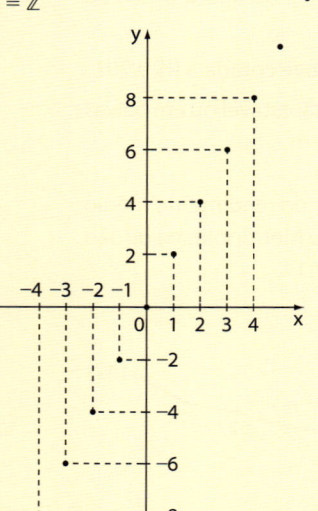

D = ℝ

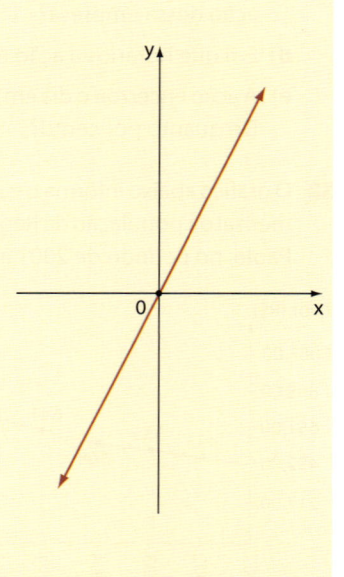

EXEMPLO **12**

Vamos construir o gráfico da função dada por $y = x^2 - 4$ com domínio $\mathbb{R}$:

x	y	Ponto
−3	5	A
−2	0	B
−1	−3	C
0	−4	D
1	−3	E
2	0	F
3	5	G
−1,5	−1,75	H
−0,5	−3,75	I
0,5	−3,75	J
1,5	−1,75	K

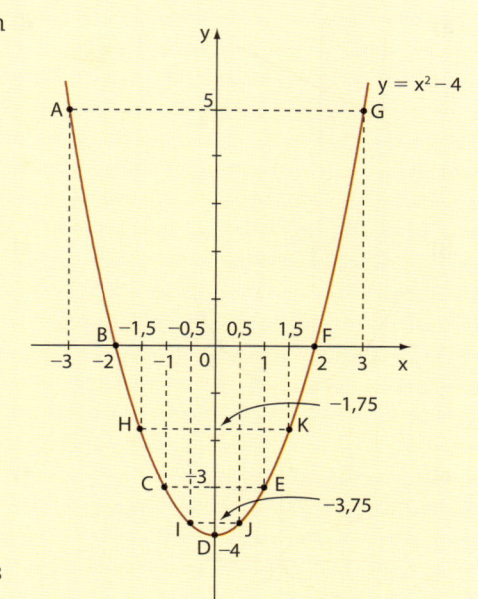

Essa curva é chamada **parábola** e será estudada com mais detalhes no capítulo 5.

EXERCÍCIOS

34 Construa os gráficos das funções f: A → B, sendo B ⊂ $\mathbb{R}$, dadas pela lei $y = x + 1$ nos seguintes casos:

a) A = {0, 1, 2, 3}

b) A = [0, 3]

c) A = $\mathbb{Z}$

d) A = $\mathbb{R}$

35 Construa os gráficos das funções f: A → B, com B ⊂ $\mathbb{R}$, dadas pela lei $y = x - 2$ nos seguintes casos:

a) A = {−2, −1, 0, 1, 2}

b) A = [−2, 2]

c) A = $\mathbb{R}$

36 Construa os gráficos das funções f: A → B, com B ⊂ $\mathbb{R}$, definidas por $f(x) = x^2$ nos seguintes casos:

a) A = $\left\{-2, -\dfrac{3}{2}, -1, -\dfrac{1}{2}, 0, \dfrac{1}{2}, 1, \dfrac{3}{2}, 2\right\}$

b) A = [−2, 2[

c) A = $\mathbb{R}$

37 Construa os gráficos das funções f: A → B, com B ⊂ $\mathbb{R}$, definidas por $f(x) = -2x^2$, considerando:

a) A = {−2, −1, 0, 1, 2}

b) A = [−1, 2]

c) A = $\mathbb{R}$

38 Para cada uma das funções abaixo, construa o gráfico com o domínio dado.

a) $f(x) = \sqrt{x}$, D = {0, 1, 4, 9, 16}

b) $f(x) = |x|$, D = {x ∈ $\mathbb{Z}$ | −5 ⩽ x ⩽ 5}

c) $f(x) = \dfrac{12}{x}$; D = $\mathbb{R}^*$

d) $f(x) = \dfrac{1}{x^2}$; D = $\mathbb{R}^*$

39 O gráfico ao lado representa a função **f**, de domínio real, cuja lei é $y = ax^2 + b$, com **a** e **b** constantes. Quais são os valores de **a** e de **b**?

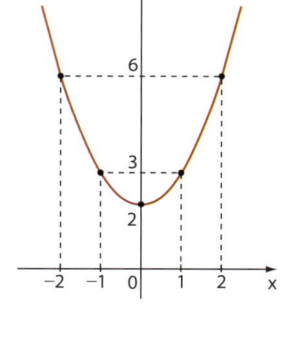

40 O gráfico ao lado representa a função f: D ⊂ $\mathbb{R}$ → $\mathbb{R}$, sendo D = [p, q]. Sabendo que **f** é definida pela lei $f(x) = -4x + 3$, determine:

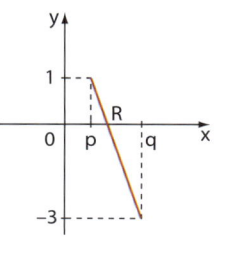

a) os valores de **p** e **q**;

b) a abscissa do ponto **R**.

41 Para cada um dos gráficos a seguir, indique se ele representa ou não uma função de domínio real. Justifique os itens que não representam funções.

a)
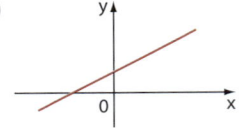

d)
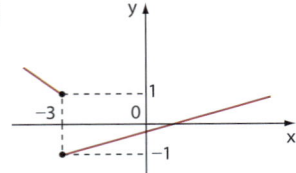

g)
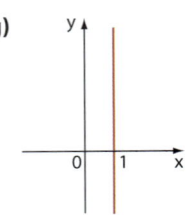

b)
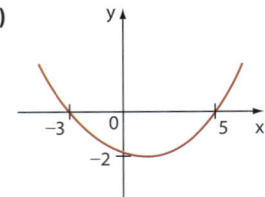

e)
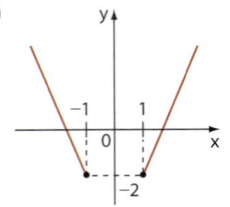

h)
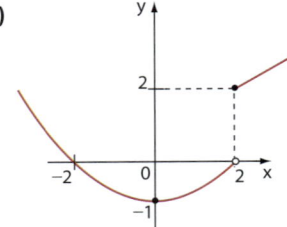

c)
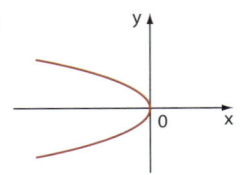

f)
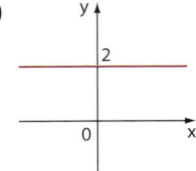

▶ Análise de gráficos

Muitas informações a respeito do comportamento de uma função podem ser obtidas a partir do seu gráfico. Por meio dele, podemos ter uma visão do crescimento (ou decrescimento) da função, dos valores máximos (ou mínimos) que ela assume, de eventuais simetrias, do comportamento para valores de **x** muito grandes etc.

Agora vamos analisar alguns gráficos e observar os comportamentos das respectivas funções.

EXEMPLO 13

Observemos ao lado o gráfico da função de $\mathbb{R}$ em $\mathbb{R}$ dada por $y = 2x$.

Já vimos que esse gráfico é uma reta.

Como a reta corta o eixo Ox no ponto $x = 0$, então $x = 0 \Rightarrow y = 2x = 2 \cdot 0 = 0$.

O valor de **x** que anula **y** é chamado **raiz** ou **zero da função**.

Note que, para $x > 0$, os pontos do gráfico estão acima do eixo Ox, portanto apresentam $y > 0$. Veja também que, para $x < 0$, os pontos do gráfico estão abaixo do eixo Ox, portanto apresentam $y < 0$.

Quanto maior o valor dado a **x**, maior será o valor do correspondente $y = 2x$. Dizemos, por isso, que essa função é crescente.

Quando os valores dados a **x** são cada vez maiores e positivos, os valores de $y = 2x$ crescem ilimitadamente, e **y** pode tornar-se maior que qualquer número em que se pense.

Por outro lado, quando os valores dados a **x** são cada vez menores e negativos, os valores de $y = 2x$ decrescem ilimitadamente, e **y** pode tornar-se menor que qualquer número em que se pense.

Desse modo, o conjunto imagem dessa função é $Im = \mathbb{R}$.

Notamos também que $f(1) = 2$ e $f(-1) = -2$; $f(2) = 4$ e $f(-2) = -4$ etc.

De modo geral, $f(x) = 2x$ e $f(-x) = 2 \cdot (-x) = -2x$; portanto, $f(-x) = -f(x)$ para todo **x**. Isso faz com que o gráfico seja simétrico em relação ao ponto **O** (origem).

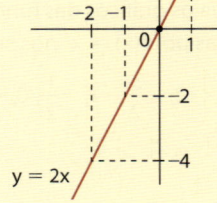

Observemos a seguir o gráfico da função de $\mathbb{R}$ em $\mathbb{R}$ dada por $y = x^2 - 4$.

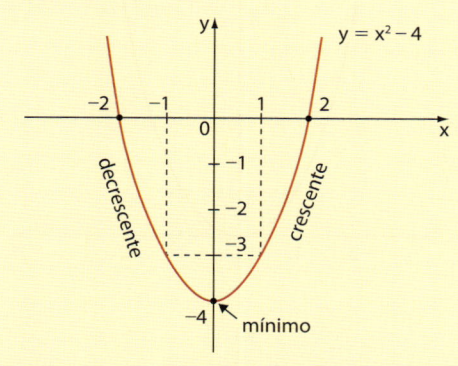

Já vimos que esse gráfico é uma parábola.

Como a parábola corta o eixo Ox nos pontos de abscissas 2 e −2, então:

$x = 2 \Rightarrow y = x^2 - 4 = 2^2 - 4 = 0$ e
$x = -2 \Rightarrow y = x^2 - 4 = (-2)^2 - 4 = 0$

Nesse caso, −2 e 2 são as raízes ou zeros da função.

Note que, para $x < -2$ ou $x > 2$, os pontos do gráfico estão acima do eixo Ox, portanto apresen-tam $y > 0$. Veja também que, para $-2 < x < 2$, os pontos do gráfico estão abaixo do eixo Ox, portanto apresentam $y < 0$.

Para $x \geq 0$, quanto maior o valor dado a **x**, maior será o valor do correspondente $y = x^2 - 4$. Por outro lado, para $x \leq 0$, quanto maior o valor dado a **x**, menor será o valor do correspondente $y = x^2 - 4$. Dizemos, então, que:

• para $x \geq 0$, essa função é crescente;

• para $x \leq 0$, essa função é decrescente.

Quando $x = 0$, temos $y = -4$, e, quando $x \neq 0$, temos $y > -4$. Dizemos, por isso, que $(0, -4)$ é um **ponto de mínimo** da função. O valor mínimo que essa função assume é −4.

Observe: $Im = \{y \in \mathbb{R} \mid y \geq -4\}$.

Notamos também que $f(1) = -3$ e $f(-1) = -3$; $f(2) = 0$ e $f(-2) = 0$; $f(3) = 5$ e $f(-3) = 5$ etc.

De modo geral, $f(x) = x^2 - 4$ e $f(-x) = (-x)^2 - 4 = x^2 - 4$; portanto, $f(x) = f(-x)$ para todo **x**. Isso faz com que o gráfico seja simétrico em relação ao eixo Oy.

Conceitos

Analisando o gráfico de uma função **f** qualquer, podemos descobrir algumas propriedades notáveis. Vejamos:

O sinal da função

Os pontos de interseção do gráfico com o eixo Ox apresentam ordenadas $y = 0$, ou seja, suas abscis-sas $\mathbf{x}_0$ são tais que $f(x_0) = 0$. Essas abscissas $\mathbf{x}_0$ são **zeros** ou **raízes** da função **f**.

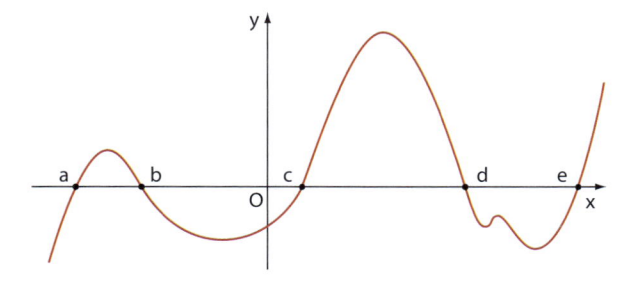

Nesse gráfico, temos $f(a) = 0$, $f(b) = 0$, $f(c) = 0$, $f(d) = 0$ e $f(e) = 0$ (**a**, **b**, **c**, **d**, **e** são raízes).

Os pontos do gráfico situados acima do eixo Ox apresentam ordenadas $y > 0$, ou seja, suas abscis-sas $\mathbf{x}_0$ acarretam $f(x_0) > 0$.

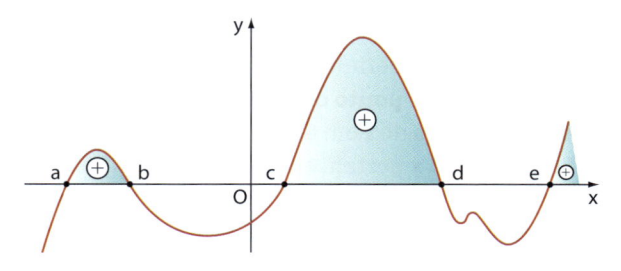

Nesse gráfico, temos: $f(x) > 0$ para $a < x < b$, para $c < x < d$ ou para $x > e$.

Já os pontos do gráfico situados abaixo do eixo Ox apresentam ordenadas $y < 0$, ou seja, suas abscis-sas $\mathbf{x}_0$ acarretam $f(x_0) < 0$.

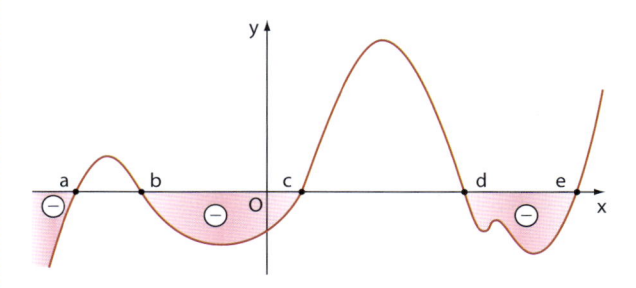

Nesse gráfico, temos: $f(x) < 0$ para $x < a$, para $b < x < c$ ou para $d < x < e$.

Note que o sinal de uma função refere-se ao sinal de **y**; estudar o sinal de uma função significa determinar para quais valores de **x** tem-se y > 0 e para quais valores de **x** tem-se y < 0.

▶ Crescimento/decrescimento

Se, para quaisquer valores x_1 e x_2 de um subconjunto **S** (contido no domínio **D**), com $x_1 < x_2$, temos $f(x_1) < f(x_2)$, então **f** é crescente em **S**.

Se, para quaisquer valores x_1 e x_2 de um subconjunto **S**, com $x_1 < x_2$, temos $f(x_1) > f(x_2)$, então **f** é decrescente em **S**.

Observe:

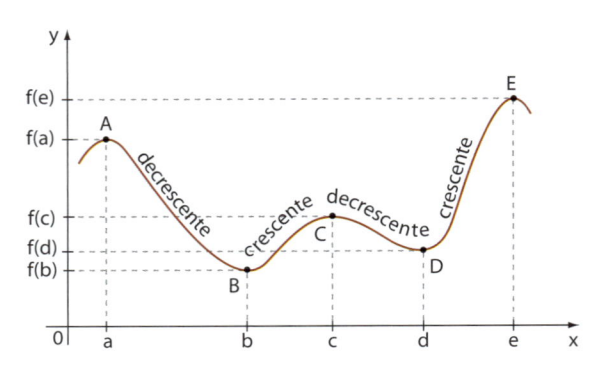

▶ Máximos/mínimos

Seja **S** um subconjunto do domínio **D** e seja $x_0 \in S$.

Se, para todo **x** pertencente a **S**, temos $f(x) \geq f(x_0)$, então $(x_0, f(x_0))$ é o **ponto de mínimo** de **f** em **S**, e $f(x_0)$ é o **valor mínimo** de **f** em **S**.

Se, para todo **x** pertencente a **S**, temos $f(x) \leq f(x_0)$, então $(x_0, f(x_0))$ é o **ponto de máximo** de **f** em **S**, e $f(x_0)$ é o **valor máximo** de **f** em **S**.

No gráfico anterior temos:

- considerando o intervalo I = [a, c], temos que **B** é ponto de mínimo de **f** em **I** e f(b) é o valor mínimo que a função assume em **I**;

- considerando o intervalo J = [b, d], observamos que **C** é um ponto de máximo de **f** em **J** e f(c) é o valor máximo de **f** em **J**;

- quando consideramos o intervalo K = [a, e], observamos que **B** é um ponto de mínimo de **f** em **K** e **E** é um ponto de máximo de **f** em **K**; os valores mínimo e máximo assumidos por **f** em **K** são, respectivamente, f(b) e f(e).

▶ Simetrias

Se f(−x) = f(x) para todo x ∈ D, então **f** tem o gráfico simétrico em relação ao eixo Oy.

Nesse caso, dizemos que **f** é uma função par.

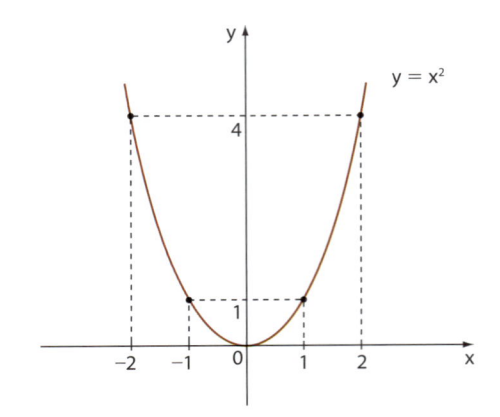

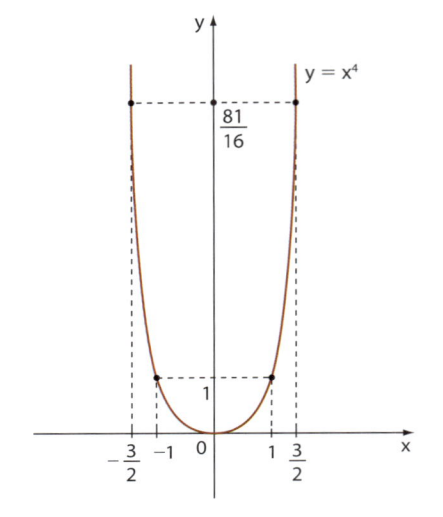

Se f(−x) = −f(x) para todo x ∈ D, então **f** tem o gráfico simétrico em relação à origem. Nesse caso, dizemos que **f** é uma função ímpar.

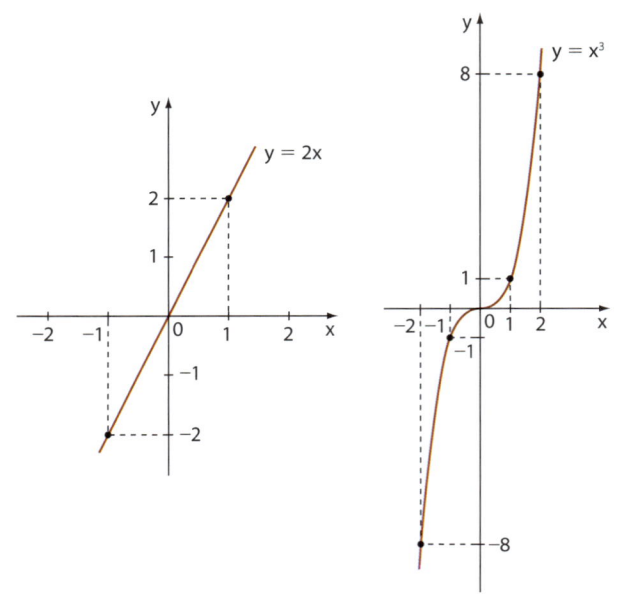

Há funções que não se enquadram em nenhuma dessas categorias.

EXEMPLO 15

Seja f: [−3, 4] → ℝ uma função cujo gráfico está representado abaixo:

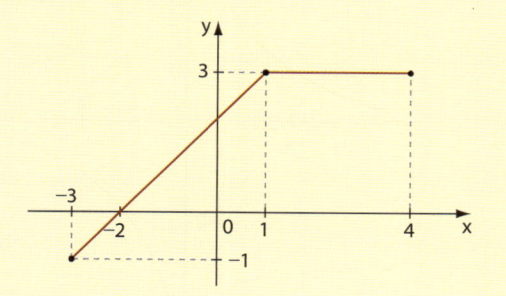

Observe que:

1. se −3 ⩽ x < 1, **f** é crescente; se 1 ⩽ x ⩽ 4, temos que f(x) = 3; dizemos que, nesse intervalo, **f** é **constante**, pois a imagem de qualquer **x** desse intervalo é sempre igual a 3;

2. **f** admite −2 como raiz; f(−2) = 0;

3. o sinal de **f** é: $\begin{cases} y > 0, se\ -2 < x \leqslant 4 \\ y < 0, se\ -3 \leqslant x < -2 \end{cases}$;

4. o conjunto imagem de **f** é Im = {y ∈ ℝ | −1 ⩽ y ⩽ 3};

5. **f** não é par nem ímpar.

EXERCÍCIOS

42 Cada um dos gráficos seguintes representa uma função **f** de domínio real. Indique o conjunto imagem de cada uma:

a)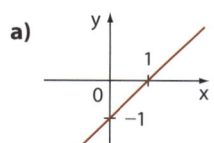

b)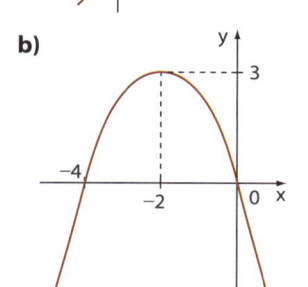

c)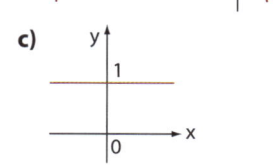

d)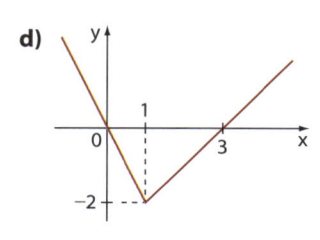

a)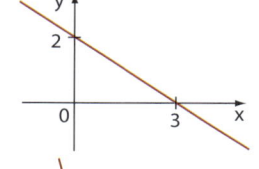

b)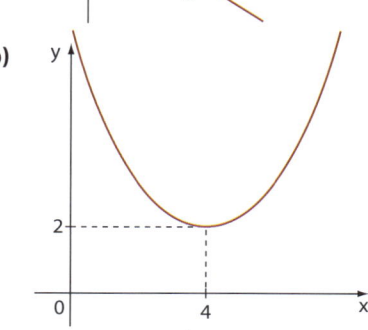

c)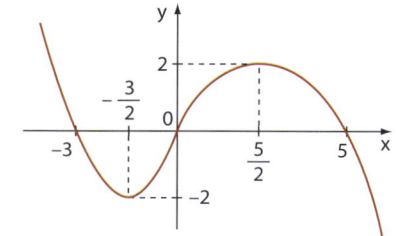

d)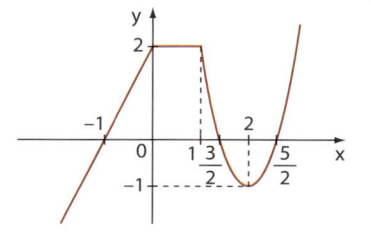

e)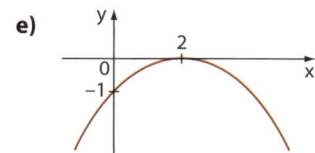

43 Indique os intervalos em que cada uma das funções de domínio real representadas a seguir são crescentes, decrescentes ou constantes. Dê as coordenadas de pontos de máximo ou de mínimo, se houver.

44 Para cada uma das funções representadas no exercício anterior, indique a(s) raiz(es), se houver, e estude o sinal dessas funções.

45 O gráfico abaixo representa uma função

$$f: D \subset \mathbb{R} \to \mathbb{R}, \text{ com } D = \left]-\infty, \frac{9}{2}\right[.$$

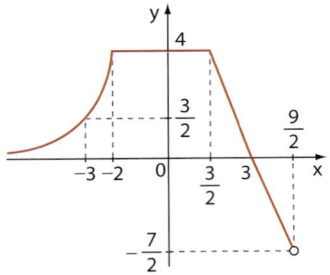

Determine:

a) os valores de $f(-1)$, $f(0)$, $f(-3)$ e $f(3)$;

b) os intervalos em que **f** é crescente;

c) os intervalos em que **f** é decrescente;

d) o sinal de **f**;

e) o conjunto imagem de **f**;

f) a(s) raiz(es) de **f**.

46 Analise o gráfico de cada uma das funções representadas a seguir e verifique se há simetria em relação ao eixo das ordenadas ou à origem. Em caso afirmativo, classifique a função em par ou ímpar.

a)

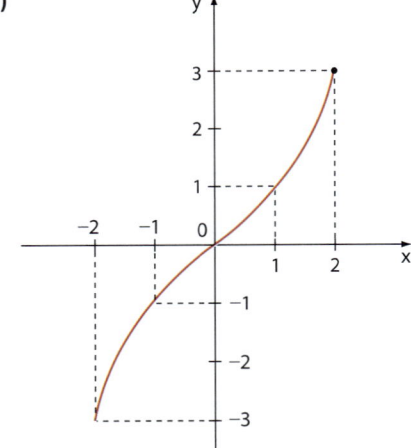

b)

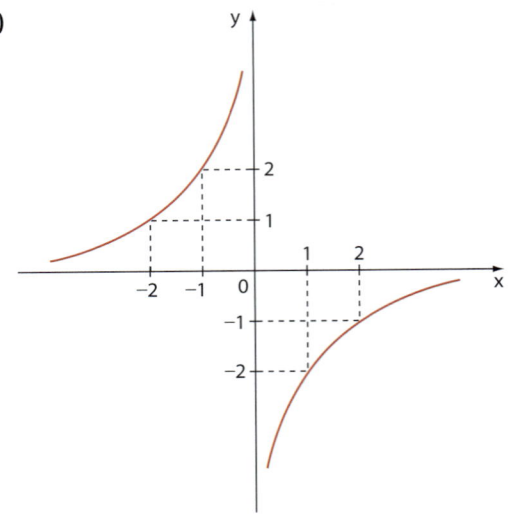

c)

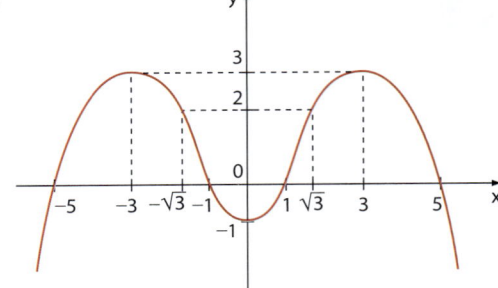

d)

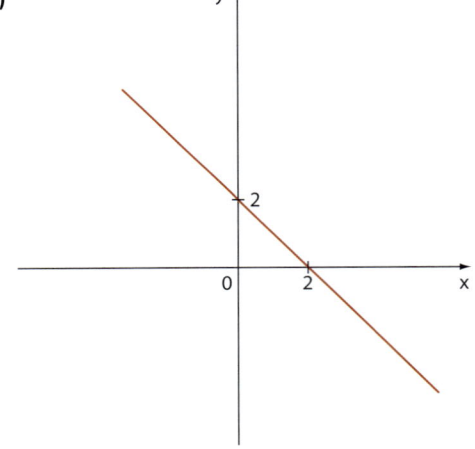

▶ Taxa média de variação de uma função

▶ Definição

Seja **f** uma função definida por $y = f(x)$; sejam $\mathbf{x}_1$ e $\mathbf{x}_2$ dois valores do domínio de **f** (com $x_1 \neq x_2$), cujas imagens são, respectivamente, $f(x_1)$ e $f(x_2)$.

O quociente $\dfrac{f(x_2) - f(x_1)}{x_2 - x_1}$ recebe o nome de **taxa média de variação** da função **f**, para **x** variando de $\mathbf{x}_1$ até $\mathbf{x}_2$.

EXEMPLO 16

Seja f: $\mathbb{R} \to \mathbb{R}$ a função definida por f(x) = x^2, cujo gráfico está representado ao lado.

Vamos calcular a taxa média de variação de **f**, para **x** variando de:

a) 0 a 1

$$\frac{f(1) - f(0)}{1 - 0} = \frac{1 - 0}{1} = 1$$

b) 1 a 2

$$\frac{f(2) - f(1)}{2 - 1} = \frac{4 - 1}{1} = 3$$

c) 3 a 4

$$\frac{f(4) - f(3)}{4 - 3} = \frac{16 - 9}{1} = 7$$

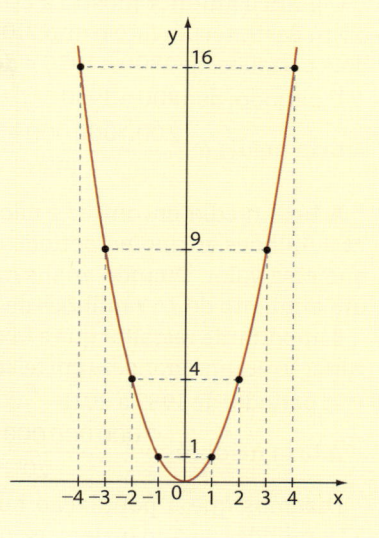

Observe, nos itens anteriores, que à medida que **x** aumenta uma unidade, os valores de **y** correspondentes aumentam 1, 3 e 7 unidades, respectivamente. A taxa média de variação de uma função mede o "ritmo" de variação de **y** em relação aos respectivos valores de **x**.

EXEMPLO 17

Considerando a função do exemplo anterior, vamos calcular a taxa média de variação de **f** para **x** variando de:

a) −4 a −2

$$\frac{f(-2) - f(-4)}{-2 - (-4)} = \frac{4 - 16}{2} = \frac{-12}{2} = -6$$

b) −2 a 0

$$\frac{f(0) - f(-2)}{0 - (-2)} = \frac{0 - 4}{2} = -2$$

Observe o sinal negativo obtido nos itens anteriores: à medida que **x** aumenta duas unidades, os valores de **y** correpondentes diminuem 6 e 2 unidades, respectivamente.

Note que, se x < 0, **f** é decrescente.

EXEMPLO 18

Observe o gráfico abaixo.

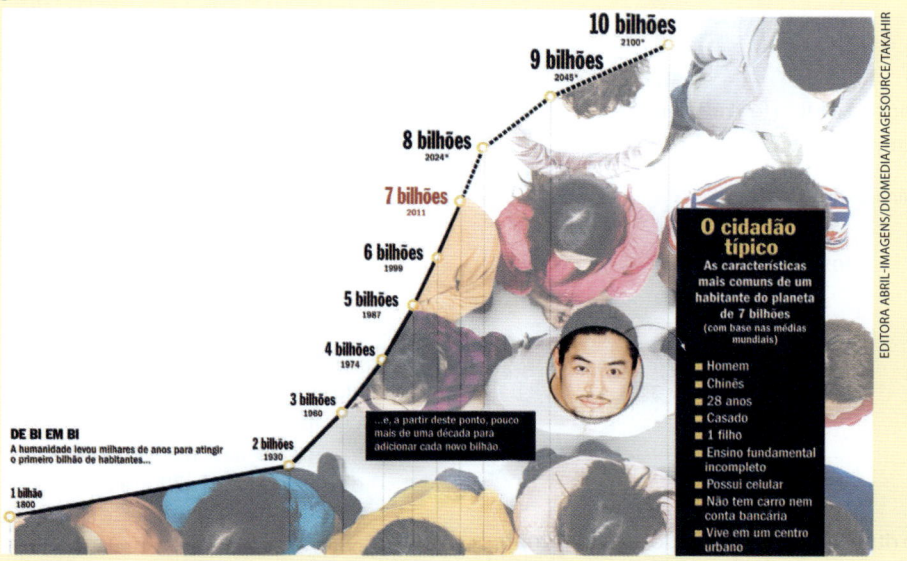

* Projeção segundo a qual, em 2100, a população estabiliza ou cai um pouco.

Fonte: Revista *Veja*, 2 nov. 2011.

O gráfico anterior mostra a evolução da população mundial no decorrer do tempo e sua projeção para o fim deste século (até o ano 2100). Vamos calcular a taxa média de variação da população mundial em dois períodos: de 1800 a 1930 e de 1987 a 2011.

- 1º período: de 1800 a 1930

A taxa média é: $\dfrac{2\,000\,000\,000 - 1\,000\,000\,000}{1930 - 1800} = \dfrac{1\,000\,000\,000}{130} \simeq 7\,692\,308 \simeq 7{,}69$ milhões/ano

A taxa média encontrada não significa, obrigatoriamente, que a população mundial aumentou em 7,69 milhões ao ano no período considerado. Podem ter ocorrido variações anuais maiores ou menores que esse valor. Quando analisamos globalmente, todas as variações ocorridas equivalem, em média, a um aumento de 7,69 milhões de pessoas por ano.

É importante ressaltar que a taxa média de variação de uma função nos dá apenas uma ideia geral sobre a variação de uma grandeza em relação à variação de outra grandeza relacionada, em um determinado intervalo.

- 2º período: de 1987 a 2011

A taxa média é: $\dfrac{7\,000\,000\,000 - 5\,000\,000\,000}{2011 - 1987} = \dfrac{2\,000\,000\,000}{24} \simeq 83\,333\,334 \simeq 83{,}3$ milhões/ano

Dizemos que a população humana, no período considerado (1987 a 2011), aumentou, em média, 83,3 milhões ao ano (valem as mesmas ressalvas e observações feitas para o período anterior).

Observe que esse ritmo de aumento é quase 11 vezes o ritmo de aumento da população humana registrado no 1º período.

EXERCÍCIOS

47 Em cada caso, calcule a taxa média de variação da função cujo gráfico está representado, quando **x** varia de 1 a 3:

a)
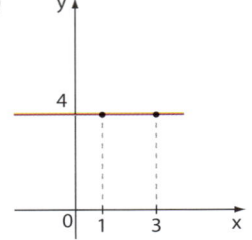

b)
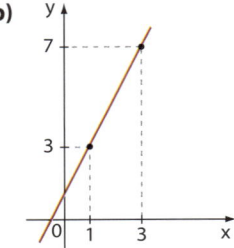

c)
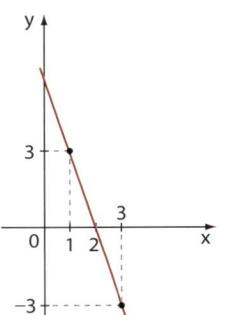

d)
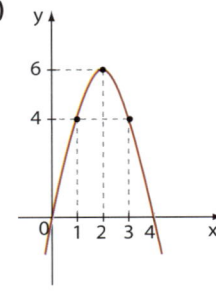

48 O gráfico mostra o lucro (em milhares de reais) de uma pequena empresa, de 2000 a 2015:

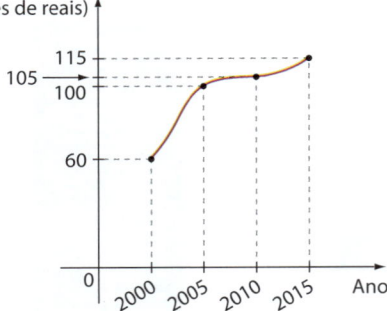

Compare o ritmo de crescimento do lucro da empresa, calculando a taxa média de variação do lucro nos 5 primeiros e nos 5 últimos anos do período considerado.

49 O Índice de Desenvolvimento Humano (IDH), calculado pelas Nações Unidas, é um índice que reflete o bem-estar físico e social de um país e leva em consideração três itens: renda *per capita*, educação e saúde. Ele varia de 0 a 1, sendo que 1 representa o máximo desenvolvimento humano.

Acompanhe, na tabela ao lado, o IDH brasileiro em alguns anos.

Compare o ritmo de crescimento do IDH nacional em dois períodos: de 2000 a 2005 e de 2005 a 2011. Use como critério a taxa média de variação da função que relaciona o IDH e os anos.

Ano	IDH
2000	0,665
2005	0,692
2011	0,718

Fonte: Relatório de Desenvolvimento Humano de 2011.

Disponível em: <www.pnud.org.br>. Acesso em: 3 ago. 2012.

A velocidade escalar média

1ª situação:

Viajando em um ônibus para a praia, Cléber observou que exatamente às 10 h o ônibus passou pelo km 56 da rodovia; às 11 h 30 min, o ônibus passava pelo km 191 da mesma rodovia.

Observe que, nesse período de 1,5 h (11,5 h − 10 h), a variação da posição ocupada pelo ônibus é 191 km − 56 km = 135 km.

O quociente $\dfrac{\Delta s}{\Delta t} = \dfrac{191 - 56}{11,5 - 10} = \dfrac{135 \text{ km}}{1,5 \text{ h}} = 90 \text{ km/h}$ representa a taxa média de variação da posição ou variação do espaço (Δs) em relação ao intervalo de tempo (Δt) da viagem.

Esse quociente é a conhecida **velocidade escalar média**. Isso não significa, necessariamente, que o ônibus manteve a velocidade de 90 km/h em todo o percurso. Em alguns trechos ele pode ter ido mais rápido ou mais devagar. O valor da velocidade escalar média nos dá apenas uma ideia global sobre o movimento do ônibus nesse período.

2ª situação:

Um carro está viajando em uma via expressa. Em um certo momento, quando o velocímetro apontava a velocidade de 72 km/h, o motorista aciona os freios ao observar um congestionamento à sua frente. Em 4 s, o veículo diminui uniformemente a velocidade até parar.

Vamos calcular a taxa média de variação da velocidade, considerando o intervalo de tempo decorrido do instante em que o motorista aciona os freios até a parada:

$v_1 = 72 \text{ km/h} = \dfrac{72\,000 \text{ m}}{3\,600 \text{ s}} = 20 \text{ m/s}$

$v_2 = 0$ km/h ou m/s (parada do veículo após 4 segundos)

$\dfrac{v_2 - v_1}{t_2 - t_1} = \dfrac{0 - 20}{4 - 0} = -5 \text{ m/s}^2$

Isso significa que a velocidade do carro variou (diminuiu — veja o sinal negativo obtido), em média, 5 m/s a cada segundo. Esse quociente representa a taxa média de variação da velocidade em relação ao tempo e é conhecido como **aceleração escalar média**.

Podemos avaliar a distância percorrida pelo carro durante a frenagem até parar com base no gráfico da velocidade (**v**) × tempo (**t**) a seguir.

Nas aulas de Física você verá que a distância percorrida é numericamente igual à área **A**, destacada no gráfico.

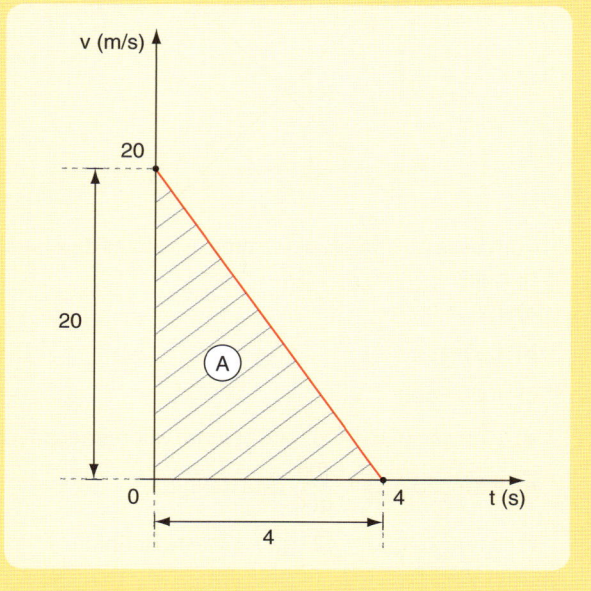

Como $A = \dfrac{\text{base} \cdot \text{altura}}{2} = \dfrac{20 \cdot 4}{2} = 40$, a distância percorrida foi 40 m.

EXERCÍCIOS COMPLEMENTARES

1 Economistas estimam que os valores médios, em dólares, das ações de duas empresas **A** e **B** sejam dados, respectivamente, por $v_A(t) = 4,20 + \frac{1}{4} t$ e

$v_B(t) = \frac{1}{16} t^2 - \frac{1}{8} t + 3,20$, em que **t** é o tempo, em anos, contado a partir da data dessa previsão.

a) Qual é o valor atual das ações de cada uma das empresas?

b) Daqui a 4 anos, qual ação estará mais valorizada?

c) Em quantos anos as ações das duas empresas terão o mesmo valor? Qual será esse valor?

2 Seja **f** uma função com domínio real dada pela lei $f(x) = -2x^3 + ax^2 + bx + c$, em que **a**, **b** e **c** são constantes reais. Sabendo que $f(0) = -1, f(1) = 2$ e $f(-2) = 29$, determine:

a) os valores de **a**, **b** e **c**;   b) $f(-1)$.

3 Seja **f** a função definida pela lei $f(x) = \sqrt{x} + \frac{2}{1 - \sqrt{x}}$.

a) Determine o domínio de **f**.

b) Calcule o valor de $f(0) + f(9)$.

c) $f(10) < 0$ ou $f(10) > 0$?

d) Qual é o elemento do domínio de **f** que possui imagem igual a 1?

4 No gráfico seguinte estão representadas as funções **f** e **g**, definidas para todo $x \in \mathbb{R}$.

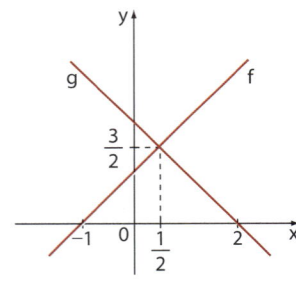

Com base no gráfico, determine os valores de **x** para os quais:

a) $f(x) > 0$;

b) $g(x) \leqslant 0$;

c) $f(x) > g(x)$;

d) a função $h(x) = f(x) \cdot g(x)$ assume valores negativos;

e) a função $p(x) = \frac{f(x)}{g(x)}$ está definida;

f) a função $q(x) = \sqrt{2 \cdot g(x) - 3}$ está definida.

5 Seja **f** uma função definida pela lei $f(x) = \frac{2x + a}{-x + 3b}$, com **a** e **b** constantes reais. Sabe-se que $f(1) = 18$ e o

domínio de **f** é $\mathbb{R} - \left\{ \frac{3}{2} \right\}$. Determine:

a) os valores de **a** e **b**;

b) o valor de $f(2)$;

c) o elemento do domínio cuja imagem é 6.

6 O número **y** de pessoas (em milhares) que tomam conhecimento do resultado de um jogo de futebol, após **x** horas de sua realização, é dado por $y = 10\sqrt{x}$.

Responda:

a) Quantas pessoas já sabem o resultado do jogo após 4 horas?

b) Quantas pessoas já sabem o resultado do jogo após 1 dia? Use $\sqrt{6} \simeq 2,45$.

c) Após quantas horas de sua realização 30 mil pessoas tomam conhecimento do resultado do jogo?

d) Calcule a taxa média de variação dessa função de $x_1 = 8$ a $x_2 = 18$. Use $\sqrt{2} \simeq 1,4$.

7 (UF-PR) Sabe-se que a velocidade do som no ar depende da temperatura. Uma equação que relaciona essa velocidade **v** (em metros por segundo) com a temperatura **t** (em graus Celsius) de maneira aproximada é $v = 20\sqrt{t + 273}$. Com base nessas informações, responda às seguintes perguntas:

a) Qual é a velocidade do som à temperatura de 27 °C? (Sugestão: use $\sqrt{3} \simeq 1,73$.)

b) Costuma-se assumir que a velocidade do som é de 340 m/s (metros por segundo). Isso ocorre a que temperatura?

8 O gráfico a seguir representa uma função **f**, cujo domínio é [a, b[, sendo **a** e **b** reais.

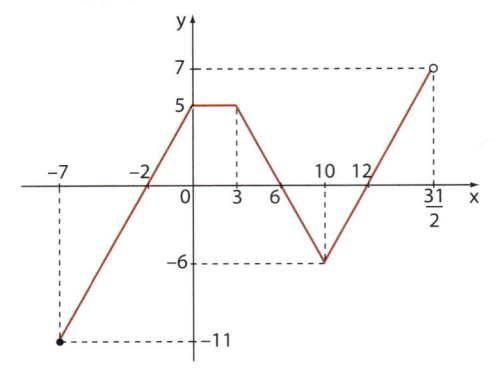

Determine:

a) os valores de **a** e **b**;

b) o conjunto imagem de **f**;

c) o valor de $f(2) + f(10) - f(-2)$;

d) os intervalos em que **f** é crescente;

e) o sinal de **f**;

f) a taxa média de variação de **f** de $x_1 = -2$ a $x_2 = 10$;

g) a taxa média de variação de **f** de $x_1 = -7$ a $x_2 = 0$;

h) o intervalo em que **f** é constante.

9 (Unicamp-SP) Define-se como ponto fixo de uma função **f** o número real **x** tal que $f(x) = x$. Seja dada a função $f(x) = \dfrac{1}{\left(x + \dfrac{1}{2}\right)} + 1$.

a) Calcule os pontos fixos de $f(x)$.

b) Na região quadriculada abaixo, represente o gráfico da função $f(x)$ e o gráfico de $g(x) = x$, indicando explicitamente os pontos calculados no item *a*.

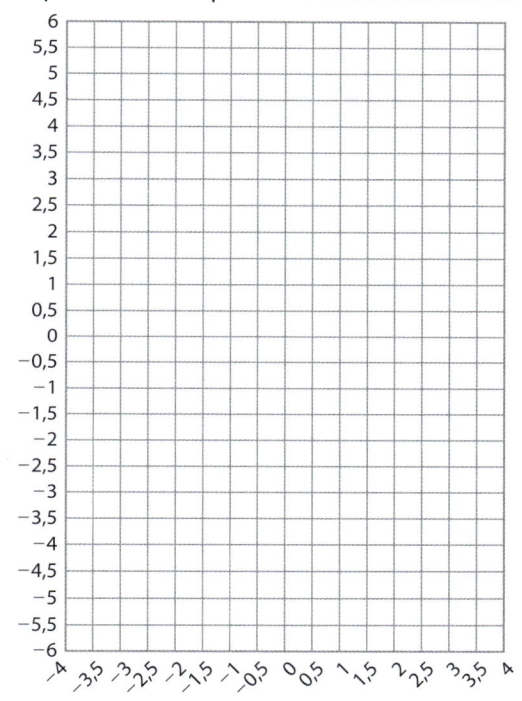

10 (UF-RN) Dada a função $f(x) = \dfrac{x + 2}{x^2 - 4}$ com $x \neq \pm 2$,

a) simplifique a expressão $\dfrac{x + 2}{x^2 - 4}$.

b) calcule $f(0)$, $f(1)$, $f(3)$ e $f(4)$.

c) use os eixos localizados a seguir para esboçar o gráfico de **f**.

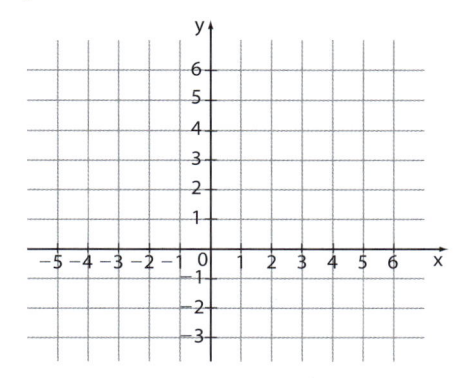

11 (Vunesp-SP) Numa fazenda, havia 20% de área de floresta. Para aumentar essa área, o dono da fazenda decidiu iniciar um processo de reflorestamento. No planejamento do reflorestamento, foi elaborado um gráfico fornecendo a previsão da porcentagem de área de floresta na fazenda a cada ano, num período de dez anos.

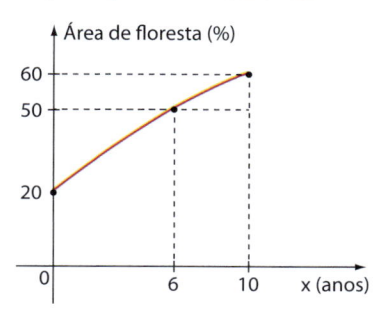

Esse gráfico foi modelado pela função $f(x) = \dfrac{ax + 200}{bx + c}$, que fornece a porcentagem de área de floresta na fazenda a cada ano **x**, onde **a**, **b** e **c** são constantes reais. Com base no gráfico, determine as constantes **a**, **b** e **c** e reescreva a função $f(x)$ com as constantes determinadas.

12 (Fuvest-SP) Dados **m** e **n** inteiros, considere a função **f** definida por

$$f(x) = 2 - \dfrac{m}{x + n},$$

para $x \neq -n$.

a) No caso em que $m = n = 2$, mostre que a igualdade $f(\sqrt{2}) = \sqrt{2}$ se verifica.

b) No caso em que $m = n = 2$, ache as interseções do gráfico de **f** com os eixos coordenados.

c) No caso em que $m = n = 2$, esboce a parte do gráfico de **f** em que $x > -2$, levando em conta as informações obtidas nos itens *a* e *b*. Utilize o par de eixos abaixo.

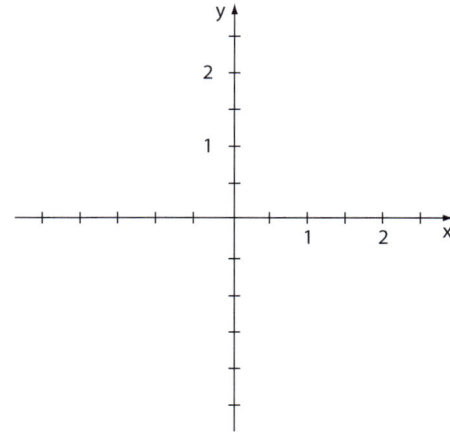

d) Existe um par de inteiros $(m, n) \neq (2, 2)$ tal que a condição $f(\sqrt{2}) = \sqrt{2}$ continue sendo satisfeita?

TESTES

1 (Vunesp-SP) A unidade usual de medida para a energia contida nos alimentos é kcal (quilocaloria). Uma fórmula aproximada para o consumo diário de energia (em kcal) para meninos entre 15 e 18 anos é dada pela função f(h) = 17 · h, onde **h** indica a altura em cm e, para meninas nessa mesma faixa de idade, pela função g(h) = (15,3) · h. Paulo, usando a fórmula para meninos, calculou seu consumo diário de energia e obteve 2 975 kcal. Sabendo que Paulo é 5 cm mais alto que sua namorada Carla (e que ambos têm idade entre 15 e 18 anos), o consumo diário de energia para Carla, de acordo com a fórmula, em kcal, é:

a) 2 501   **c)** 2 770   **e)** 2 970
b) 2 601   **d)** 2 875

2 (Enem-MEC) Uma professora realizou uma atividade com seus alunos utilizando canudos de refrigerante para montar figuras, onde cada lado foi representado por um canudo. A quantidade de canudos (**C**) de cada figura depende da quantidade de quadrados (**Q**) que formam cada figura. A estrutura de formação das figuras está representada a seguir.

 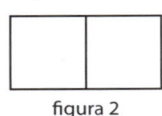 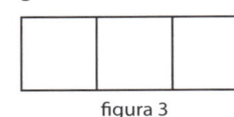

figura 1   figura 2   figura 3

Que expressão fornece a quantidade de canudos em função da quantidade de quadrados de cada figura?

a) C = 4Q   **c)** C = 4Q – 1   **e)** C = 4Q – 2
b) C = 3Q + 1   **d)** C = Q + 3

3 (UF-RS) O gráfico abaixo mostra o registro das temperaturas máximas e mínimas em uma cidade, nos primeiros 21 dias do mês de setembro de 2013.

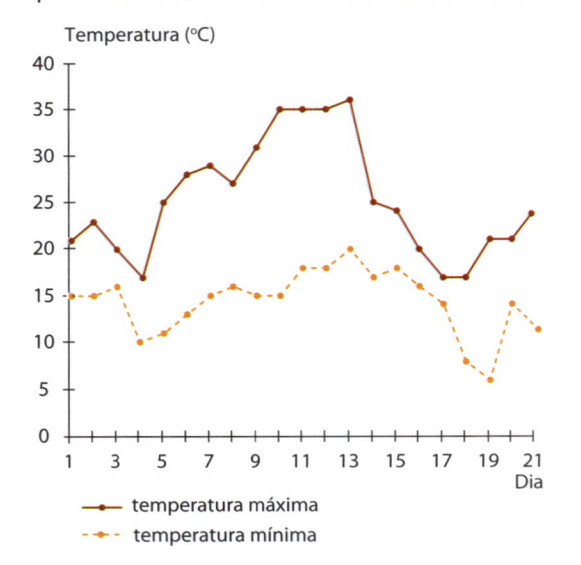

- temperatura máxima
- temperatura mínima

Assinale a alternativa correta com base nos dados apresentados no gráfico.

a) No dia 13, foi registrada a menor temperatura mínima do período.
b) Entre os dias 3 e 7, as temperaturas máximas foram aumentando dia a dia.
c) Entre os dias 13 e 19, as temperaturas mínimas diminuíram dia a dia.
d) No dia 19, foi registrada a menor temperatura máxima do período.
e) No dia 19, foi registrada a menor temperatura do período.

4 (Cefet-MG) Um tradutor cobra R$ 3,00 por página sem ilustração e R$ 2,00 pelas demais. Além disso, para assumir o compromisso do trabalho, ele aplica uma taxa fixa de R$ 50,00, destinada a cobrir prejuízos com eventuais desistências. Para traduzir um texto de 5 páginas com desenhos e **n** páginas sem ilustração, o preço cobrado é expresso por:

a) p = 50 + 3n   **c)** p = 40 + 5n
b) p = 60 + 3n   **d)** p = 60 + 4n

5 (Enem-MEC) A figura a seguir apresenta dois gráficos com informações sobre as reclamações diárias recebidas e resolvidas pelo Setor de Atendimento ao Cliente (SAC) de uma empresa, em uma dada semana. O gráfico de linha tracejada informa o número de reclamações recebidas no dia, o de linha contínua é o número de reclamações resolvidas no dia. As reclamações podem ser resolvidas no mesmo dia ou demorarem mais de um dia para serem resolvidas.

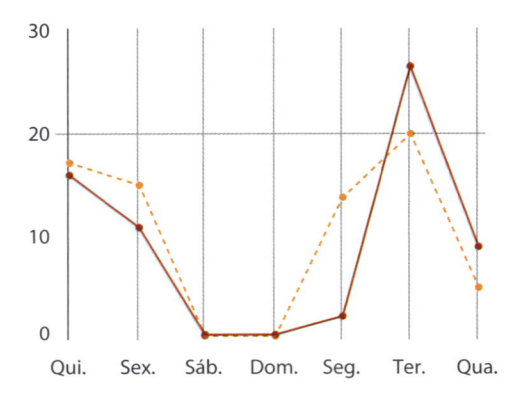

O gerente de atendimento deseja identificar os dias da semana em que o nível de eficiência pode ser considerado muito bom, ou seja, os dias em que o número de reclamações resolvidas excede o número de reclamações recebidas.

Disponível em: <http://bibliotecaunix.org>.
Acesso em: 21 jan. 2012 (adaptado).

O gerente de atendimento pôde concluir, baseado no conceito de eficiência utilizado na empresa e nas informações do gráfico, que o nível de eficiência foi muito bom na:

a) segunda e na terça-feira.

b) terça e na quarta-feira.

c) terça e na quinta-feira.

d) quinta-feira, no sábado e no domingo.

e) segunda, na quinta e na sexta-feira.

6 (Enem-MEC) O gráfico mostra a variação da extensão média de gelo marítimo, em milhões de quilômetros quadrados, comparando dados dos anos 1995, 1998, 2000, 2005 e 2007. Os dados correspondem aos meses de junho a setembro. O Ártico começa a recobrar o gelo quando termina o verão, em meados de setembro. O gelo do mar atua como o sistema de resfriamento da Terra, refletindo quase toda a luz solar de volta ao espaço. Águas de oceanos escuros, por sua vez, absorvem a luz solar e reforçam o aquecimento do Ártico, ocasionando derretimento crescente do gelo.

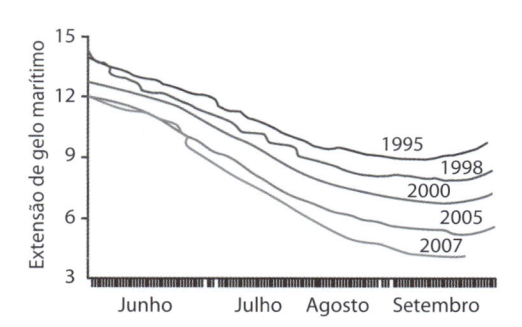

Disponível em: <http://sustentabilidade.allianz.com.br>.
Acesso em: fev. 2012 (adaptado).

Com base no gráfico e nas informações do texto, é possível inferir que houve maior aquecimento global em:

a) 1995　　c) 2000　　e) 2007

b) 1998　　d) 2005

7 (Vunesp-SP) A figura representa a evolução da massa corpórea esperada de bebês ao longo do tempo. A massa corpórea do bebê deve estar na região entre as curvas para que se considere que ele esteja se desenvolvendo bem.

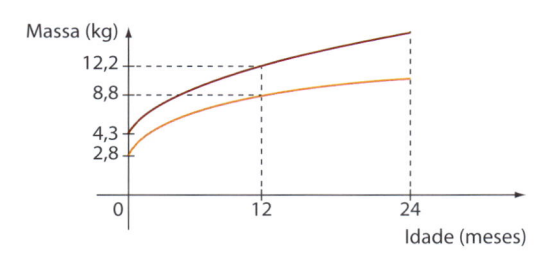

Qual a menor massa corpórea esperada para um bebê que esteja se desenvolvendo bem, com idade de 12 meses?

a) 15 kg

b) 12,2 kg

c) 8,8 kg

d) 4,3 kg

e) 2,8 kg

8 (Aman-RJ) O domínio da função real

$$f(x) = \frac{\sqrt{2-x}}{x^2 - 8x + 12} \text{ é:}$$

a)]2, ∞[　　　　　　d)]−2, 2]

b)]2, 6[　　　　　　e)]−∞, 2[

c)]−∞, 6]

9 (Fuvest-SP) Considere a função

$f(x) = 1 - \dfrac{4x}{(x+1)^2}$, a qual está definida para $x \neq -1$. Então, para todo $x \neq 1$ e $x \neq -1$, o produto $f(x) \cdot f(-x)$ é igual a:

a) −1

b) 1

c) x + 1

d) $x^2 + 1$

e) $(x-1)^2$

10 (UF-GO) Para uma certa espécie de grilo, o número, **N**, que representa os cricrilados por minuto depende da temperatura ambiente **T**. Uma boa aproximação para esta relação é dada pela *lei de Dolbear*, expressa na fórmula

$$N = 7 \cdot T - 30$$

com **T** em graus Celsius. Um desses grilos fez sua morada no quarto de um vestibulando às vésperas de suas provas. Com o intuito de diminuir o incômodo causado pelo barulho do inseto, o vestibulando ligou o condicionador de ar, baixando a temperatura do quarto para 15 °C, o que reduziu pela metade o número de cricrilados por minuto. Assim, a temperatura, em graus Celsius, no momento em que o condicionador de ar foi ligado era, aproximadamente, de:

a) 75

b) 36

c) 30

d) 26

e) 20

11 (PUC-MG) A função **f** é tal que $f(x) = \sqrt{g(x)}$. Se o gráfico da função **g** é a parábola abaixo, o domínio de **f** é o conjunto:

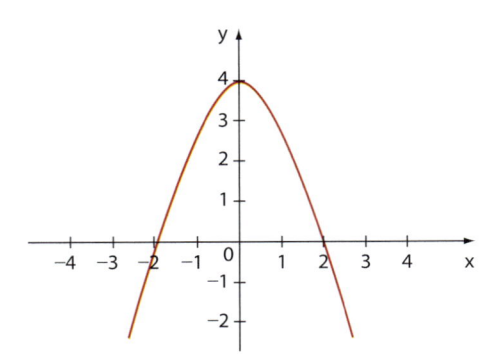

a) $\{x \in \mathbb{R} \mid x \geqslant 0\}$

b) $\{x \in \mathbb{R} \mid x \leqslant -2 \text{ ou } x \geqslant 2\}$

c) $\{x \in \mathbb{R} \mid 0 \leqslant x \leqslant 2\}$

d) $\{x \in \mathbb{R} \mid -2 \leqslant x \leqslant 2\}$

12 (UF-PR) Num teste de esforço físico, o movimento de um indivíduo caminhando em uma esteira foi registrado por um computador. A partir dos dados coletados, foi gerado o gráfico da distância percorrida, em metros, em função do tempo, em minutos, mostrado a seguir.

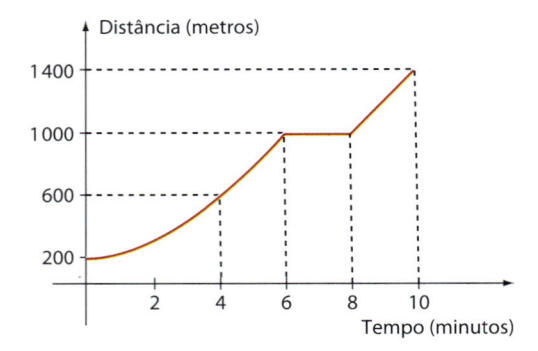

De acordo com esse gráfico, considere as seguintes afirmativas:

1. A velocidade média nos primeiros 4 minutos foi de 6 km/h.

2. Durante o teste, a esteira permaneceu parada durante 2 minutos.

3. Durante o teste, a distância total percorrida foi de 1 200 m.

Assinale a alternativa correta.

a) Somente as afirmativas 1 e 3 são verdadeiras.

b) Somente as afirmativas 2 e 3 são verdadeiras.

c) Somente as afirmativas 1 e 2 são verdadeiras.

d) Somente a afirmativa 3 é verdadeira.

e) As afirmativas 1, 2 e 3 são verdadeiras.

13 (UF-PB) Segundo dados do "World Urbanization Prospects", publicados na revista *Época* de 6 de junho de 2011, o percentual da população urbana mundial em relação à população total, em 1950, era aproximadamente de 29% e, em 2010, atingiu a marca de 50%. Estima-se que, de acordo com esses dados, o percentual I(t) da população urbana mundial em relação à população total, no ano **t**, para t ≥ 1950, é dado por I(t) = a(t − 1950) + b, onde **a** e **b** são constantes reais. Com base nessas informações, conclui-se que o percentual da população urbana mundial em relação à população total, em 2050, será, aproximadamente, de:

a) 60%   c) 64%   e) 68%

b) 62%   d) 66%

14 (Vunesp-SP) O gráfico representa a vazão resultante de água, em m³/h, em um tanque, em função do tempo, em horas. Vazões negativas significam que o volume de água no tanque está diminuindo.

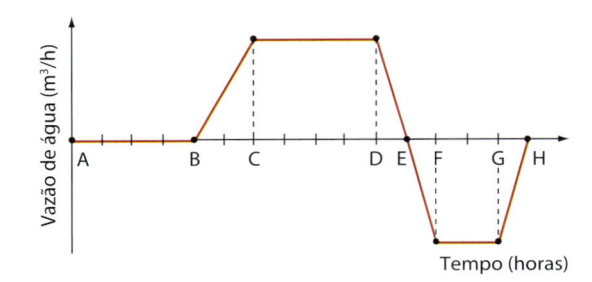

São feitas as seguintes afirmações:

I. No intervalo de **A** até **B**, o volume de água no tanque é constante.

II. No intervalo de **B** até **E**, o volume de água no tanque está crescendo.

III. No intervalo de **E** até **H**, o volume de água no tanque está decrescendo.

IV. No intervalo de **C** até **D**, o volume de água no tanque está crescendo mais rapidamente.

V. No intervalo de **F** até **G**, o volume de água no tanque está decrescendo mais rapidamente.

É correto o que se afirma em:

a) I, III e V, apenas.

b) II e IV, apenas.

c) I, II e III, apenas.

d) III, IV e V, apenas.

e) I, II, III, IV e V.

15 (Enem-MEC) O gráfico a seguir apresenta as taxas de desemprego durante o ano de 2011 e o primeiro semestre de 2012 na região metropolitana de São Paulo. A taxa de desemprego total é a soma das taxas de desemprego aberto e oculto.

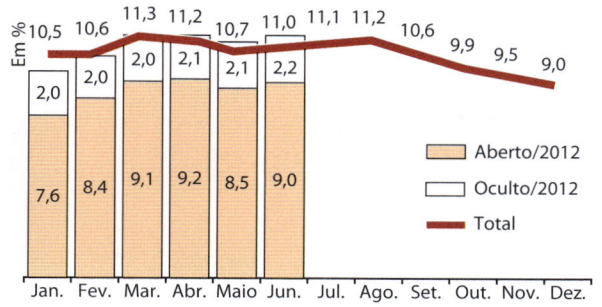

Disponível em: <www.dieese.org.br>.
Acesso em: 1º ago. 2012 (fragmento).

Suponha que a taxa de desemprego oculto do mês de dezembro de 2012 tenha sido a metade da mesma taxa em junho de 2012 e que a taxa de desemprego total em dezembro de 2012 seja igual a essa taxa em dezembro de 2011.

Nesse caso, a taxa de desemprego aberto de dezembro de 2012 teria sido, em termos percentuais, de:

a) 1,1   d) 6,8

b) 3,5   e) 7,9

c) 4,5

16 (Enem-MEC) Um cientista trabalha com as espécies I e II de bactérias em um ambiente de cultura. Inicialmente, existem 350 bactérias da espécie I e 1 250 bactérias da espécie II. O gráfico representa as quantidades de bactérias de cada espécie, em função do dia, durante uma semana.

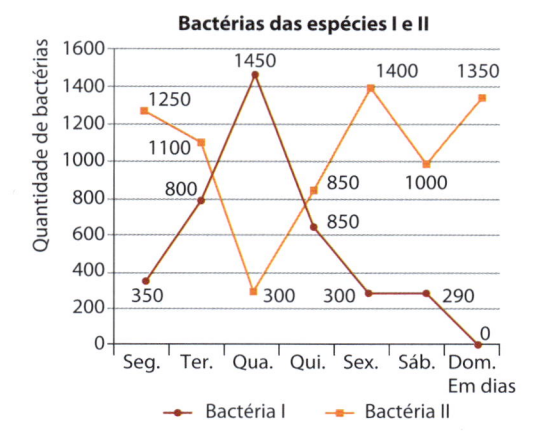

Em que dia dessa semana a quantidade total de bactérias nesse ambiente de cultura foi máxima?

a) Terça-feira.

b) Quarta-feira.

c) Quinta-feira.

d) Sexta-feira.

e) Domingo.

17 (Enem-MEC) A Companhia de Engenharia de Tráfego (CET) de São Paulo testou em 2013 novos radares que permitem o cálculo da velocidade média desenvolvida por um veículo em um trecho da via.

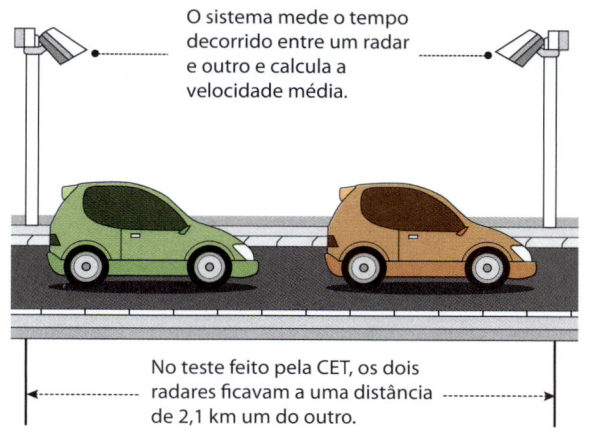

O sistema mede o tempo decorrido entre um radar e outro e calcula a velocidade média.

No teste feito pela CET, os dois radares ficavam a uma distância de 2,1 km um do outro.

As medições de velocidade deixariam de ocorrer de maneira instantânea, ao se passar pelo radar, e seriam feitas a partir da velocidade média no trecho, considerando o tempo gasto no percurso entre um radar e outro. Sabe-se que a velocidade média é calculada como sendo a razão entre a distância percorrida e o tempo gasto para percorrê-la.

O teste realizado mostrou que o tempo que permite uma condução segura de deslocamento no percurso entre os dois radares deveria ser de, no mínimo, 1 minuto e 24 segundos. Com isso, a CET precisa instalar uma placa antes do primeiro radar informando a velocidade média máxima permitida nesse trecho da via. O valor a ser exibido na placa deve ser o maior possível, entre os que atendem às condições de condução segura observadas.

Disponível em: <www1.folha.uol.com.br/>.
Acesso em: 11 jan. 2014 (adaptado).

A placa de sinalização que informa a velocidade que atende a essas condições é:

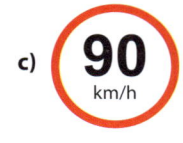

Função afim

▶ Introdução

Antes de apresentarmos o conceito de função afim, vejamos alguns exemplos envolvendo questões do dia a dia.

EXEMPLO 1

Antônio Carlos pegou um táxi para ir à casa de sua namorada, que fica a 15 km de distância.

O valor cobrado engloba o preço da parcela fixa (bandeirada) de R$ 4,00 mais R$ 1,60 por quilômetro rodado.

Ou seja, ele pagou 15 · R$ 1,60 = R$ 24,00 pela distância percorrida e mais R$ 4,00 pela bandeirada; isto é: R$ 24,00 + R$ 4,00 = R$ 28,00.

Se a casa da namorada ficasse a 25 km de distância, Antônio Carlos teria pagado, pela corrida:

25 · R$ 1,60 + R$ 4,00 = R$ 44,00.

Podemos notar que, para cada distância **x** percorrida pelo táxi, há certo preço p(x) para a corrida. O valor p(x) é uma função de **x**.

Para encontrar a fórmula que expressa p(x) em função de **x**, fazemos:

p(x) = 1,60 · x + 4,00

que é um exemplo de **função polinomial do 1º grau** ou **função afim**.

EXEMPLO 2

Restaurantes *self-service* por quilo (ou "peso") podem ser encontrados em todas as regiões do Brasil. Em um deles, cobra-se R$ 2,00 por cada 100 g de comida. Dois amigos serviram-se, nesse restaurante, de 620 g e 410 g. Quanto pagou cada um?

Inicialmente, observe que R$ 2,00 por 100 g equivale a R$ 20,00 por quilograma (ou quilo, simplesmente).

Assim, quem se serviu de 620 g = 0,62 kg, pagou 0,62 · 20 = 12,40 reais; o outro amigo pagou 0,41 · 20 = 8,20 reais.

Em geral, o valor (**y**) pago, em reais, varia de acordo com a quantidade de comida (**x**), em quilogramas. A lei que relaciona **y** e **x** é: y = 20 · x, que é outro exemplo de função polinomial do 1º grau.

▶ Definição

Chama-se **função polinomial do 1º grau**, ou **função afim**, qualquer função **f** de $\mathbb{R}$ em $\mathbb{R}$ dada por uma lei da forma f(x) = ax + b, em que **a** e **b** são números reais dados e a ≠ 0.

Na lei f(x) = ax + b, o número **a** é chamado **coeficiente de x** e o número **b** é chamado **termo constante** ou **independente**.

EXEMPLO 3

- f(x) = 4x − 1, em que a = 4 e b = −1
- f(x) = −3x + 5, em que a = −3 e b = 5
- f(x) = 7x, em que a = 7 e b = 0

- f(x) = −x + 5, em que a = −1 e b = 5
- f(x) = $\dfrac{2x}{5}$ + $\dfrac{4}{3}$, em que a = $\dfrac{2}{5}$ e b = $\dfrac{4}{3}$

Um caso particular de função afim é aquele em que b = 0. Nesse caso, temos a função afim **f** de $\mathbb{R}$ em $\mathbb{R}$ dada pela lei f(x) = ax, com **a** real e a ≠ 0, que recebe a denominação especial de **função linear**.
Por exemplo, as funções f(x) = 5x e g(x) = −3x são lineares.
Na página *59*, estudaremos a função linear com mais detalhes.

▶ Gráfico

Pode-se mostrar que o gráfico de uma função polinomial do 1º grau, dada por y = ax + b, com a ≠ 0, é uma reta oblíqua aos eixos Ox e Oy.

EXERCÍCIOS **RESOLVIDOS**

1 Construir o gráfico da função de $\mathbb{R}$ em $\mathbb{R}$ definida por y = 2x − 1.

Solução:

Como o gráfico é uma reta, basta obter dois de seus pontos e ligá-los com o auxílio de uma régua:

- Para x = 0, temos y = 2 · 0 − 1 = −1; portanto, um ponto é (0, −1).
- Para y = 0, temos 0 = 2x − 1; portanto, x = $\frac{1}{2}$ e outro ponto é $\left(\frac{1}{2}, 0\right)$.

Marcamos os pontos (0, −1) e $\left(\frac{1}{2}, 0\right)$ no plano cartesiano e ligamos os dois com uma reta (reta **r**).

x	y
0	−1
$\frac{1}{2}$	0

A lei y = 2x − 1 é a **equação da reta r**.

2 Construir o gráfico da função de $\mathbb{R}$ em $\mathbb{R}$ dada por y = −3x + 2.

Solução:

- Para x = 0, temos y = −3 · 0 + 2 = 2; portanto, um ponto é (0, 2).
- Para y = 0, temos 0 = −3x + 2; portanto, x = $\frac{2}{3}$ e outro ponto é $\left(\frac{2}{3}, 0\right)$.

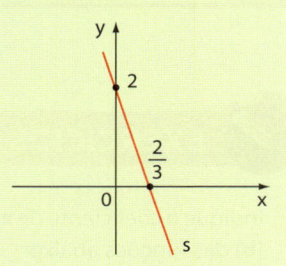

x	y
0	2
$\frac{2}{3}$	0

A lei y = −3x + 2 é a **equação da reta s**.

3 Obter a equação da reta que passa pelos pontos P(−1, 3) e Q(1, 1).

Solução:

A reta $\overleftrightarrow{PQ}$ tem equação y = ax + b. Precisamos determinar **a** e **b**.

Como (−1, 3) pertence à reta, temos:

3 = a(−1) + b, ou seja, −a + b = 3

Como (1, 1) pertence à reta, temos:

1 = a · 1 + b, ou seja, a + b = 1

Assim, **a** e **b** satisfazem o sistema: $\begin{cases} -a + b = 3 \\ a + b = 1 \end{cases}$

cuja solução é a = −1 e b = 2. Portanto, a equação procurada é y = −x + 2.

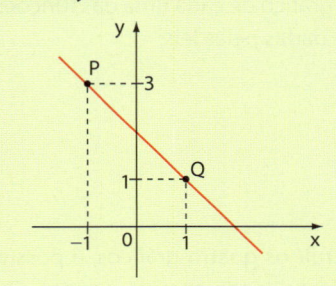

▶ Função constante

Vimos que a função afim **f** é uma função de $\mathbb{R}$ em $\mathbb{R}$ dada pela lei $y = ax + b$, com $a \neq 0$.

Se em $y = ax + b$ temos $a = 0$, essa lei não define uma função afim, mas, sim, outro tipo de função denominada **função constante**.

Portanto, chama-se função constante uma função $f: \mathbb{R} \to \mathbb{R}$ dada pela lei $y = 0 \cdot x + b$, ou seja, $y = b$ para todo **x**.

Vamos construir o gráfico da função $y: \mathbb{R} \to \mathbb{R}$ dada por $y = 3$ para todo **x** real:

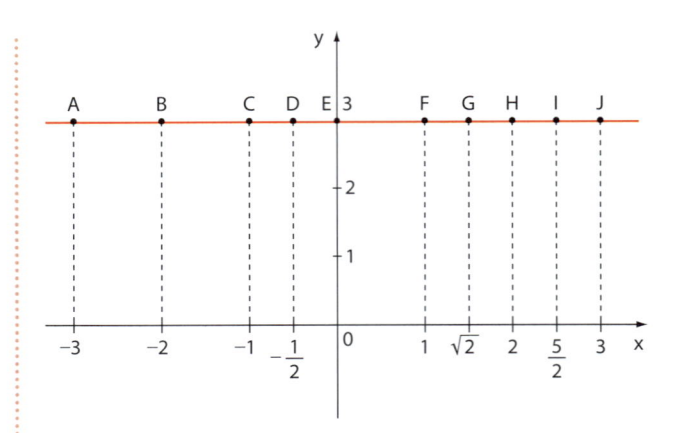

x	−3	−2	−1	$-\dfrac{1}{2}$	0	1	$\sqrt{2}$	2	$\dfrac{5}{2}$	3
y	3	3	3	3	3	3	3	3	3	3
Ponto	A	B	C	D	E	F	G	H	I	J

O gráfico é uma reta paralela ao eixo das abscissas.

EXERCÍCIOS

1 Indique o coeficiente de **x** (**a**) e o termo independente (**b**) das funções abaixo:

a) $y = -2x - 1$

b) $y = \dfrac{3x}{4} + \sqrt{3}$

c) $y = 3 - 4x$

d) $y = -\dfrac{2x}{3} + 4$

e) $y = 6x$

2 Faça os gráficos das funções de $\mathbb{R}$ em $\mathbb{R}$ dadas por:

a) $y = x + 1$

b) $y = -2x + 4$

c) $y = 3x + 2$

d) $y = -x - 2$

e) $y = \dfrac{5}{2}$

f) $y = -1$

3 Construa o gráfico de cada uma das funções lineares, de $\mathbb{R}$ em $\mathbb{R}$, dadas pelas leis:

a) $y = 2x$

b) $y = -3x$

c) $y = \dfrac{1}{2}x$

d) $y = -x$

Após construir os quatro gráficos, é possível identificar uma propriedade comum a todos. Qual é essa propriedade?

4 Obtenha, em cada caso, a lei da função cujo gráfico é uma reta que passa pelos pontos dados:

a) $(2, -1)$ e $(5, 3)$.

b) $(0, 5)$ e $\left(\dfrac{1}{2}, 3\right)$.

c) $(-4, 0)$ e $(0, -2)$.

d) $(-5, 3)$ e $(2, 3)$.

5 Em um restaurante por quilo cobra-se R\$ 2,35 por 100 g de comida.

a) Qual é o preço pago por alguém que se servir de 300 g de comida? E por quem se servir do dobro?

b) Qual é a lei da função que relaciona o valor pago (**y**), em reais, e o número de quilos consumidos (**x**)? Esboce seu gráfico.

c) Raul almoçou nesse restaurante e pagou R\$ 12,69. De quantos gramas ele se serviu?

6 No Brasil, o número (**N**) do sapato varia de acordo com o tamanho ou comprimento (**C**) do pé, em centímetros, segundo a lei:

$$N = \dfrac{5C + 28}{4}$$

a) Quais são os valores do coeficiente de **C** e do coeficiente independente nessa função afim?

b) O pé de Luís mede 28 cm. Qual é o número do sapato dele?

c) Luma calça sapatos 36. Quanto mede seu pé?

d) Dois irmãos sabem que as numerações de seus sapatos diferem em 4 unidades. Em quantos centímetros difere o comprimento de seus pés?

7 Represente, em cada caso, os gráficos das funções **f** e **g**, de ℝ em ℝ, em um mesmo plano cartesiano, indicando o ponto de interseção das retas.

a) $f(x) = -2x + 4$ e $g(x) = x + 1$.

b) $f(x) = \dfrac{x}{2} + 2$ e $g(x) = -2x + 1$.

c) $f(x) = -3x - 1$ e $g(x) = -2x$.

d) $f(x) = -4$ e $g(x) = 3x - 1$.

8 Um vendedor recebe um salário fixo e mais uma parte variável, correspondente à comissão sobre o total vendido em um mês. O gráfico seguinte informa algumas possibilidades de salário em função das vendas.

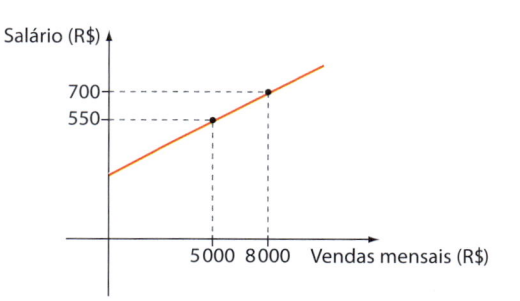

a) Encontre a lei da função cujo gráfico é essa reta.

b) Qual é a parte fixa do salário?

c) Alguém da loja disse ao vendedor que, se ele conseguisse dobrar as vendas, seu salário também dobraria. Isso é verdade? Explique.

▶ Função linear e grandezas diretamente proporcionais

Vamos lembrar os conceitos de razão e proporção estudados nos anos anteriores.

▶ Razão

Dados dois números reais **a** e **b**, com b ≠ 0, chama-se **razão de a para b** o quociente $\dfrac{a}{b}$, que também pode ser indicado por **a : b**.

O número **a** é chamado **antecedente**, e o número **b** é chamado **consequente**.

Em uma classe de 42 alunos há 18 rapazes e 24 moças. A razão entre o número de rapazes e o número de moças é $\dfrac{18}{24} = \dfrac{3}{4}$, o que significa que "para cada 3 rapazes, há 4 moças". Por outro lado, a razão entre o número de rapazes e o total de alunos é $\dfrac{18}{42} = \dfrac{3}{7}$, o que equivale a dizer que "de cada 7 alunos na classe, 3 são rapazes".

▶ Proporção

Se duas razões $\dfrac{a}{b}$ e $\dfrac{c}{d}$ são iguais, dizemos que elas formam uma **proporção**.

Assim, $\dfrac{a}{b} = \dfrac{c}{d}$ é uma proporção (lê-se: **a** está para **b** assim como **c** está para **d**).

Em uma proporção, os números **a** e **d** são chamados **extremos**, e os números **b** e **c** são chamados **meios**.

Dada a proporção $\dfrac{a}{b} = \dfrac{c}{d}$, vale a propriedade:

$$a \cdot d = b \cdot c$$

Para demonstrá-la, basta multiplicar os dois membros de $\dfrac{a}{b} = \dfrac{c}{d}$ por $b \cdot d \neq 0$:

$$b \cdot d \cdot \dfrac{a}{b} = b \cdot d \cdot \dfrac{c}{d} \Rightarrow a \cdot d = b \cdot c$$

Dizemos que o produto dos extremos (**a** e **d**) é igual ao produto dos meios (**b** e **c**).

Exemplos:

- $\dfrac{2}{3} = \dfrac{6}{9}$, temos $2 \cdot 9 = 6 \cdot 3 = 18$

- $\dfrac{1}{4} = \dfrac{4}{16}$, temos $1 \cdot 16 = 4 \cdot 4$

▶ Grandezas diretamente proporcionais

Um técnico, tendo à sua disposição uma balança e alguns recipientes de vidro, mediu a massa de alguns volumes diferentes de azeite de oliva e montou a seguinte tabela:

Experiência nº	Volume (mL)	Massa (g)
1	100	80
2	200	160
3	300	240
4	400	320
5	500	400
6	1000	800

Técnico pesando azeite em um laboratório.

Podemos observar que, para cada volume, existe em correspondência uma única massa, ou seja, a massa é função do volume.

Com os resultados obtidos, o técnico construiu o gráfico abaixo.

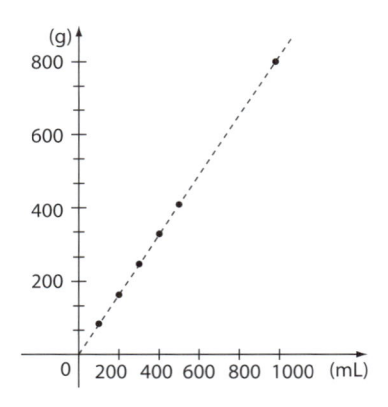

Ele notou, então, que encontrara vários pontos em linha reta, a qual passa pela origem do sistema cartesiano, ou seja, tinha obtido o gráfico de uma **função linear**.

Ao observar os pares de valores da tabela, o técnico percebeu que a razão entre a massa e o volume em todas as experiências é 0,8:

$$\frac{80}{100} = 0,8 \qquad \frac{160}{200} = 0,8 \qquad ... \qquad \frac{400}{500} = 0,8 \qquad ...$$

Ele ainda constatou que:

- quando o volume dobrava, a massa também dobrava;

- quando o volume triplicava, a massa também triplicava;

- se o volume era multiplicado por 10, a massa também era multiplicada por 10; e assim por diante.

O técnico concluiu, então, que o volume e a massa de certa substância são **grandezas diretamente proporcionais**. Para uma dada substância, o quociente da massa pelo volume correspondente é chamado **densidade**. A densidade do azeite é 0,8 g/mL .

Se ele quisesse determinar a massa correspondente a 140 mL de azeite, poderia simplesmente fazer:

$$\frac{m}{V} = 0,8 \Rightarrow \frac{m}{140} = 0,8 \Rightarrow m = 112 \text{ g}$$

Uma outra alternativa seria estabelecer a relação:

$$\begin{cases} 100 \text{ mL} - 80 \text{ g} \\ 140 \text{ mL} - x \end{cases} \Rightarrow 100 \cdot x = 140 \cdot 80 \Rightarrow x = 112 \text{ g}$$

Esse procedimento é comumente chamado **regra de três simples**.

De modo geral, se uma grandeza **y** é função de uma grandeza **x**, e para cada par de valores (x, y) se observa que o quociente $\frac{y}{x} = k$ é constante, as duas grandezas são ditas diretamente proporcionais. A função y = f(x) é uma função linear, e seu gráfico é uma reta que passa pela origem.

▶ Grandezas inversamente proporcionais

Em uma experiência, pretende-se medir o tempo necessário para se encher de água um tanque inicialmente vazio. Para isso, são feitas várias simulações que diferem entre si pela vazão da fonte que abastece o tanque. Em cada simulação, no entanto, a vazão não se alterou do início ao fim da experiência. Os resultados são mostrados na tabela abaixo.

Simulação	Vazão (L/min)	Tempo (min)
1	2	60
2	4	30
3	6	20
4	1	120
5	10	12
6	0,5	240

Observando os pares de valores é possível notar algumas regularidades:

1ª) O produto (vazão) · (tempo) é o mesmo em todas as simulações:

$2 \cdot 60 = 4 \cdot 30 = 6 \cdot 20 = ... = 0,5 \cdot 240 = 120$

O valor constante obtido para o produto representa a capacidade do tanque (120 L).

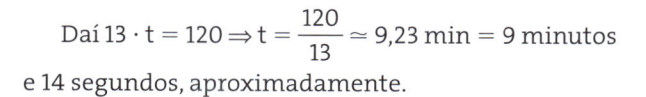

2ª) Dobrando-se a vazão da fonte, o tempo se reduz à metade; triplicando-se a vazão da fonte, o tempo se reduz à terça parte; reduzindo-se a vazão à metade, o tempo dobra; ...

As regularidades 1ª e 2ª listadas anteriormente caracterizam **grandezas inversamente proporcionais**.

> Se **x** e **y** são duas grandezas que se relacionam de modo que para cada par de valores (x, y) se observa que $x \cdot y = k$ (**k** é constante), as duas grandezas são ditas **inversamente proporcionais**.

Com relação à experiência anterior, vamos construir um gráfico da vazão em função do tempo (observe, nesse caso, que o gráfico está contido no 1º quadrante, pois as duas grandezas só assumem valores positivos).

A curva obtida é chamada **hipérbole**.

Como determinamos o tempo **t** necessário para encher o tanque se a vazão da fonte é de 13 L/min?

Uma maneira é usar a definição de grandezas inversamente proporcionais: o produto (vazão) · (tempo) é constante e igual a 120.

Daí $13 \cdot t = 120 \Rightarrow t = \dfrac{120}{13} \simeq 9,23$ min = 9 minutos e 14 segundos, aproximadamente.

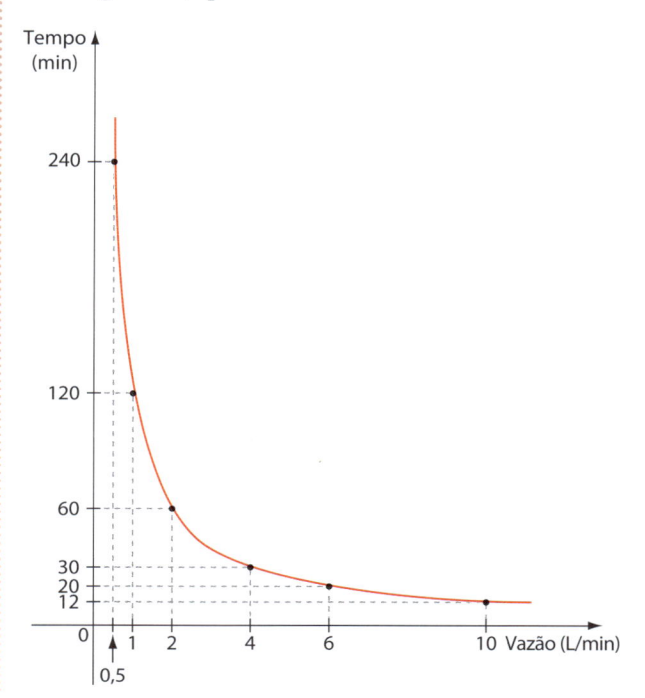

 **EXERCÍCIO RESOLVIDO**

4 Sejam **x**, **y** e **z** três grandezas tais que **x** é diretamente proporcional a **y** e inversamente proporcional a **z**. Sabendo que, quando x = 24, temos y = 9 e z = 6, determine o valor de **z** quando x = 36 e y = 3.

Solução:

Do enunciado, podemos escrever:

$\dfrac{x \cdot z}{y} = k$; **k** é constante

Daí:

$\dfrac{24 \cdot 6}{9} = k \Rightarrow k = 16$

Então: $\dfrac{36 \cdot z}{3} = 16 \Rightarrow z = \dfrac{4}{3}$

EXERCÍCIOS

9 Determine a razão entre:

a) 18 e 4;

b) −33 e 11;

c) 0,07 e 0,2;

d) $\dfrac{2}{3}$ e $\dfrac{3}{4}$;

e) 3 km e 200 m;

f) 1,4 t e 700 g;

g) 20 min e 2 h;

h) 3,5 m e 250 cm.

10 Foram ouvidos 100 moradores de um bairro sobre um projeto da prefeitura para colocar aparelhos de ginástica em uma praça local. Os resultados encontram-se na tabela seguinte.

	Contra	A favor	Total
Homens	30	r	s
Mulheres	t	20	48
Total	58	u	100

a) Determine os valores de **r**, **s**, **t**, **u**.

b) Entre as pessoas contrárias ao projeto, qual é a razão entre o número de homens e o de mulheres?

c) Qual é a razão entre o número de pessoas favoráveis ao projeto e o número de pessoas contrárias a ele?

d) Qual é a razão entre o número de mulheres contrárias ao projeto e o total de mulheres?

e) Quantas mulheres inicialmente contrárias ao projeto deveriam mudar de opinião para que a razão do item anterior passasse a $\frac{1}{4}$?

11 A densidade demográfica de uma região (cidade, estado, país) é definida como a razão entre o número de habitantes e a área da região. Analise a tabela.

Região	Área (km²)	Número de habitantes
X	30 000	1,5 milhão
Y	1 500	120 mil
Z	20 000	0,8 milhão

Determine:
a) a região mais densamente povoada;
b) a região menos densamente povoada;
c) a razão entre as densidades demográficas de **Z** e **Y**.

12 Um entregador faz um mesmo trajeto alguns dias da semana para levar mercadorias para outra cidade. Observe na tabela a seguir algumas velocidades médias que o entregador poderá fazer para esse percurso e o tempo que levará em cada caso.

Velocidade média (km/h)	120	60	40
Tempo do percurso (h)	1	2	3

a) A velocidade média e o tempo do percurso são grandezas diretamente proporcionais ou inversamente proporcionais? Justifique.

b) Em quanto tempo ele realizaria esse percurso com uma velocidade média de 30 km/h?

13 Em cada tabela, **x** é diretamente proporcional a **y**. Determine os valores desconhecidos.

a)

x	3	6	16	30
y	2	4	a	b

b)

x	1,4	1,8	a	3,2	4
y	0,7	b	1,2	c	d

14 Um moderno avião pode desenvolver uma velocidade de cruzeiro de 900 km/h.

a) Faça uma tabela para representar a distância percorrida pelo avião nos seguintes tempos: 15 minutos, 0,5 hora, 1 hora, 2 horas, 3 horas e 5 horas.

b) As grandezas "distância percorrida" e "tempo" são diretamente proporcionais? Qual é a lei da função que relaciona tais grandezas? Esboce seu gráfico.

15 Calcule o valor de **x** em cada uma das proporções:

a) $\frac{x}{5} = \frac{2}{3}$

c) $\frac{3-x}{x-2} = \frac{7}{6}$

b) $\frac{3x}{4} = \frac{x-2}{3}$

d) $\frac{x-5}{x+2} = \frac{9}{8}$

16 Em seu primeiro mês de atividade, uma microempresa lucrou R\$ 6 600,00. Os sócios **A** e **B** investiram inicialmente R\$ 15 000,00 e R\$ 18 000,00, respectivamente. Eles resolveram dividir o lucro mensal entre eles, proporcionalmente ao capital investido por cada sócio.

a) Quanto cada sócio recebeu do lucro do primeiro mês?

b) No segundo mês, o sócio **A** recebeu R\$ 12 000,00. Quanto o sócio **B** recebeu?

c) Se, no terceiro mês, a diferença entre os lucros recebidos pelos sócios foi de R\$ 1 200,00, determine o valor total do lucro da empresa no terceiro mês.

17 No gráfico está representada a relação entre a massa e o volume de certo óleo combustível:

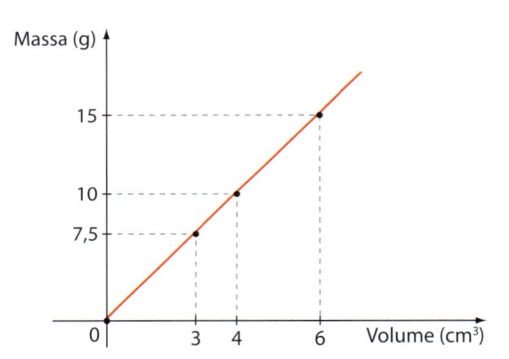

a) As grandezas massa e volume são diretamente proporcionais?

b) Qual é a densidade do óleo?

c) Qual é a lei que relaciona a massa (**m**) em função do volume (**V**) desse óleo?

18 Em uma pesquisa sobre um projeto cultural realizada com a população adulta de um município, verificou-se que, para cada 3 pessoas favoráveis, havia 7 pessoas contrárias ao projeto. O total de adultos do município é estimado em 20 000.

a) Qual é o número de adultos favoráveis ao projeto?

b) Admita que $\frac{1}{5}$ dos homens e $\frac{2}{5}$ das mulheres sejam favoráveis ao projeto. Qual é o número de homens contrários ao projeto?

▶ Taxa média de variação da função afim

▶ Propriedade

Seja $f: \mathbb{R} \to \mathbb{R}$ uma função afim dada por $f(x) = ax + b$.

A **taxa média de variação** de **f**, quando **x** varia de x_1 a x_2, com $x_1 \neq x_2$, é constante e igual ao coeficiente **a**.

Demonstração:

Se $f(x) = ax + b$, temos:

$f(x_1) = ax_1 + b$; $f(x_2) = ax_2 + b$

A taxa média de variação de **f**, para **x** variando de x_1 a x_2, é:

$$\frac{f(x_2) - f(x_1)}{x_2 - x_1} = \frac{(ax_2 + b) - (ax_1 + b)}{x_2 - x_1} = \frac{a \cdot (x_2 - x_1)}{x_2 - x_1} = a$$

EXEMPLO 5

O gráfico seguinte mostra o custo total (**y**), em reais, para se confeccionar **x** unidades de camisetas em uma pequena estamparia.

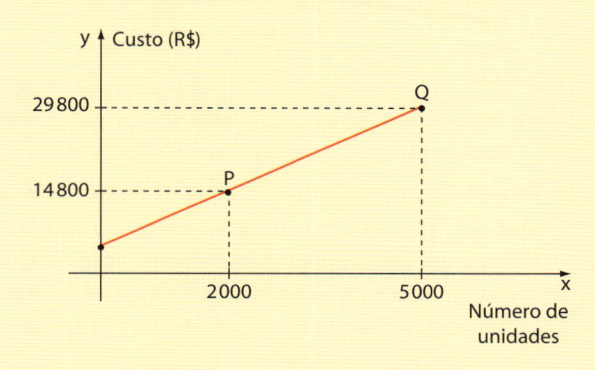

• Qual é o custo de confecção de 3 000 camisetas?

Considerando o intervalo de **P** a **Q**, temos que a taxa média de variação dessa função é:

$$\frac{\Delta y}{\Delta x} = \frac{29\,800 - 14\,800}{5\,000 - 2\,000} = \frac{15\,000}{3\,000} = 5$$

Como se trata de uma função afim, sabemos que essa taxa é constante. Isso significa que, a cada camiseta produzida, o custo aumenta em 5 reais.

Assim, considerando um aumento de 1 000 unidades, a partir da produção de 2 000 camisetas (3 000 − 2 000 = 1 000), o aumento no custo é de 1 000 · 5 = 5 000 reais, o que elevaria os gastos a 14 800 + 5 000 = 19 800 reais.

• Qual é a lei da função que relaciona **y** e **x**?

Como vimos, na lei $y = ax + b$, temos $a = 5$, isto é, $y = 5x + b$.

Como o ponto **P** pertence à reta, temos: $(x = 2\,000; y = 14\,800) \Rightarrow 14\,800 = 5 \cdot 2\,000 + b \Rightarrow b = 4\,800$ (custo fixo da estamparia).

Daí, a lei é: $y = 5x + 4\,800$.

EXERCÍCIOS

19 Um automóvel foi comprado novo, em 2009, por R$ 32 000,00. Seu valor de mercado foi decrescendo linearmente com o tempo e, em 2014, era de R$ 25 000,00. Determine:

a) o decréscimo anual de seu valor de mercado;

b) o seu valor de mercado em 2010, 2012 e 2013;

c) a lei da função **f** que associa a cada ano **x**, a partir de 2009 (x = 0), o valor de mercado do automóvel.

20 Suponha que, a partir do ano 2000, a exportação de certo tipo de grão tenha aumentado em 50 mil toneladas ao ano. Sabe-se que em 2005 exportou-se 780 000 toneladas desse grão. Determine:

a) quantas toneladas foram exportadas em 2000, 2003 e 2007;

b) a lei da função **f** que associa a cada ano **x**, a partir de 2000 (x = 0), o número de toneladas exportadas;

c) o gráfico de **f**.

21 O gráfico mostra a relação entre o número de funcionários de uma empresa e os anos, considerando o período de 1990 a 2015:

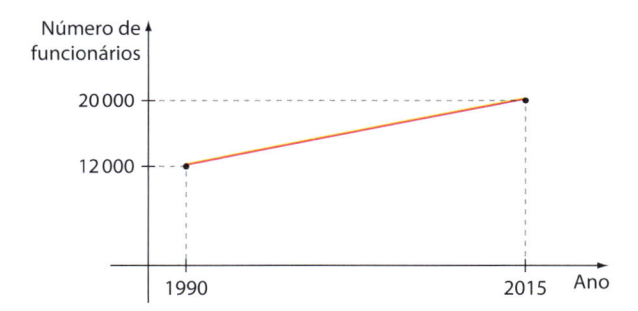

a) Quantos funcionários a empresa tinha em 2010?

b) Qual é a lei da função que representa o número de funcionários (**n**) em relação a **t**, sendo **t** o número de anos transcorridos a partir de 1990? (t ∈ {0, 1, ..., 25}).

22 O gráfico abaixo mostra a evolução da massa (**m**) de um mamífero, em kg, nos primeiros meses de vida.

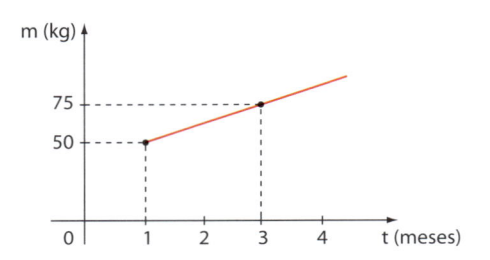

a) Com quantos quilogramas esse mamífero nasceu?

b) Qual era a sua massa com 2 meses de vida?

c) Mantida essa tendência, qual será a massa do mamífero com 4,5 meses de vida?

23 Em 31/12/2010 uma represa continha 500 milhões de m³ de água. Devido à seca, a quantidade de água dessa represa vem decrescendo, ano a ano, de forma linear, sendo que em 31/12/2015 continha 250 milhões de m³ de água. Se esse comportamento se mantiver nos anos seguintes, determine:

a) quantos m³ de água a represa terá em 31/12/2017;

b) quantos m³ de água a represa terá em 30/6/2018;

c) em que data a represa ficará vazia.

24 (FGV-SP) Uma pesquisa mostra como a transformação demográfica do país, com o aumento da expectativa de vida, vai aumentar o gasto público na área social em centenas de bilhões de reais. Considere que os gráficos dos aumentos com aposentadoria e pensões, educação e saúde sejam, aproximadamente, linhas retas de 2010 a 2050.

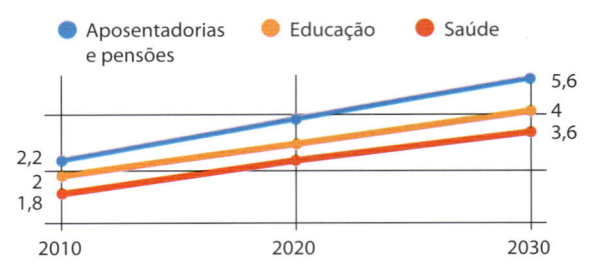

a) Faça uma estimativa de qual será o gasto com aposentadorias e pensões em 2050.

b) Calcule o gasto público com educação em 2050.

c) Considerando que os gráficos dos aumentos com aposentadoria e pensões, educação e saúde continuem crescendo mediante linhas retas, existirá algum momento, depois de 2010, em que os gráficos se intersectarão?

▶ Coeficientes da função afim

Já vimos que o gráfico da função afim dada por y = ax + b é uma reta.

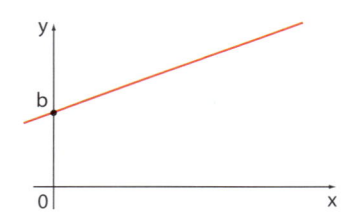

O coeficiente de **x**, que é igual a **a**, é chamado **coeficiente angular** da reta e está ligado à sua inclinação em relação ao eixo Ox. Logo adiante, veremos também que **a** está ligado ao fato de a reta ser ascendente ou descendente.

O termo constante **b** é chamado **coeficiente linear** da reta. Para x = 0, temos y = a · 0 + b = b. Assim, o coeficiente linear é a ordenada do ponto em que a reta corta o eixo Oy.

▶ Raiz da função do 1º grau

Chama-se **raiz** ou **zero da função polinomial do 1º grau**, dada por f(x) = ax + b, a ≠ 0, o número real **x** tal que f(x) = 0.

Temos: $f(x) = 0 \Rightarrow ax + b = 0 \Rightarrow x = -\dfrac{b}{a}$

Então, a raiz da função **f** dada por f(x) = ax + b é a solução da equação do 1º grau ax + b = 0, ou seja, $x = -\dfrac{b}{a}$.

EXEMPLO 6

- Obtenção do zero da função de $\mathbb{R}$ em $\mathbb{R}$ dada pela lei $f(x) = 2x - 5$:

$$f(x) = 0 \Rightarrow 2x - 5 = 0 \Rightarrow x = \frac{5}{2}$$

- Cálculo da raiz da função de $\mathbb{R}$ em $\mathbb{R}$ definida pela lei $g(x) = 3x + 6$:

$$g(x) = 0 \Rightarrow 3x + 6 = 0 \Rightarrow x = -2$$

- Cálculo da abscissa do ponto em que o gráfico da função de $\mathbb{R}$ em $\mathbb{R}$ dada por $h(x) = -2x + 10$ corta o eixo das abscissas.

O ponto em que o gráfico corta o eixo Ox é aquele em que $h(x) = 0$:

$$h(x) = 0 \Rightarrow -2x + 10 = 0 \Rightarrow x = 5 \text{ (5 é raiz da função).}$$

EXERCÍCIOS

25 Identifique o coeficiente angular (**a**) e o coeficiente linear (**b**) de cada uma das retas que representam as funções de $\mathbb{R}$ em $\mathbb{R}$ dadas abaixo. Indique o ponto em que a reta intersecta o eixo das ordenadas e o ponto em que a reta intersecta o eixo das abscissas.

a) $y = -5x + 9$

b) $y = x$

c) $y = \dfrac{8x}{7} - \sqrt{5}$

d) $y = 2 - x$

e)

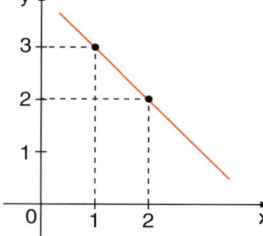

26 Resolva, em $\mathbb{R}$, as seguintes equações de 1º grau:

a) $12x + 5 = 2x + 8$

b) $5(3 - x) + 2(x + 1) = -x + 5$

c) $5x + 20(1 - x) = 5$

d) $-x + 4(2 - x) = -2x - (10 + 3x)$

e) $\dfrac{2x}{3} - \dfrac{1}{2} = \dfrac{5x}{2} + \dfrac{4}{3}$

f) $\dfrac{6x}{5} - \dfrac{x + 3}{2} = \dfrac{x}{3} - 1$

27 Determine a raiz de cada uma das funções abaixo:

a) $y = 6x - 3$

b) $y = -2x + 10$

c) $y = 7x$

d) $y = -\dfrac{x}{2} + 9$

28 Se $x = -5$ é raiz da função dada por $f(x) = mx - \dfrac{3}{2}$, em que $m \in \mathbb{R}$, determine:

a) o valor de **m**;

b) a lei que define **f**;

c) $f(0)$, $f(2)$ e $f\left(-\dfrac{3}{4}\right)$.

29 Luís tem 15 figurinhas a mais que Beto. Se Beto ganhar 20 figurinhas de Luís, passará a ter o dobro do que terá seu amigo.

a) Quantas figurinhas tem cada um?

b) Quantas figurinhas Luís deve ganhar de Beto para que passe a ter o quádruplo de seu amigo?

30 Carlos é 4 anos mais velho que seu irmão André. Há 5 anos, a soma de suas idades era 84 anos.

a) Qual é a idade atual de cada um?

b) Há quantos anos a idade de Carlos era o dobro da idade de André?

▶ Crescimento e decrescimento

Consideremos a função polinomial do 1º grau definida por $y = 3x - 1$. Vamos atribuir valores cada vez maiores a **x** e observar o que ocorre com **y**:

x aumenta →

x	−3	−2	−1	0	1	2	3
y	−10	−7	−4	−1	2	5	8

y aumenta →

A taxa média de variação de **f** é igual a 3.

Notemos que, quando aumentamos o valor de **x**, os correspondentes valores de **y** também aumentam. Dizemos, então, que a função **f** é crescente. Observe o gráfico.

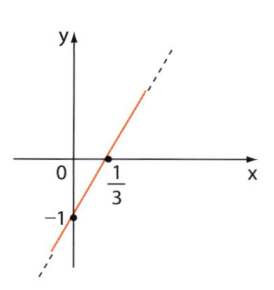

Consideremos a função **f** definida por $y = -2x + 3$. Vamos atribuir valores cada vez maiores a **x** e observar o que ocorre com **y**:

x aumenta →

x	−3	−2	−1	0	1	2	3
y	9	7	5	3	1	−1	−3

y diminui →

A taxa média de variação de **f** é igual a −2.

Notemos que, quando aumentamos o valor de **x**, os correspondentes valores de **y** diminuem. Dizemos, então, que a função **f** é decrescente. Observe o gráfico.

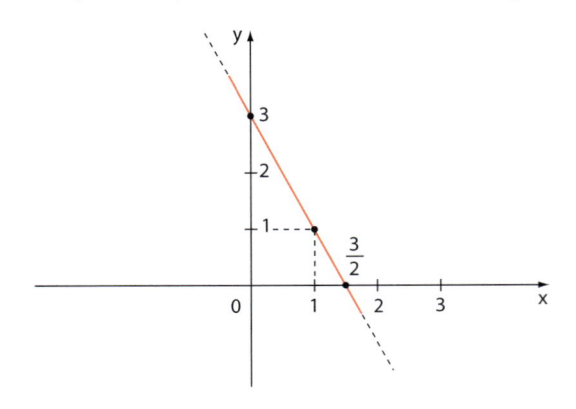

De modo geral, para a função afim **f**, dada por $f(x) = ax + b$, temos:

- para $a > 0$, se $x_1 < x_2$, então $ax_1 < ax_2$ e, daí, $ax_1 + b < ax_2 + b$; portanto, $f(x_1) < f(x_2)$, e essa função é dita **crescente**.

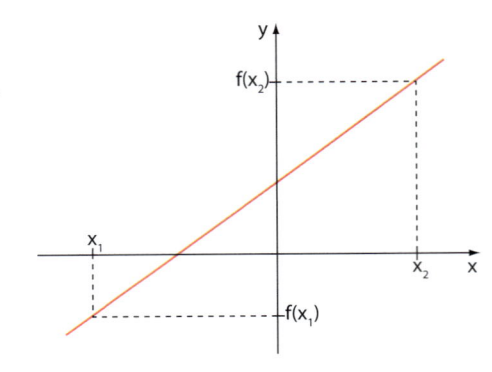

- para $a < 0$, se $x_1 < x_2$, então $ax_1 > ax_2$ e, daí, $ax_1 + b > ax_2 + b$; portanto, $f(x_1) > f(x_2)$, e essa função é dita **decrescente**.

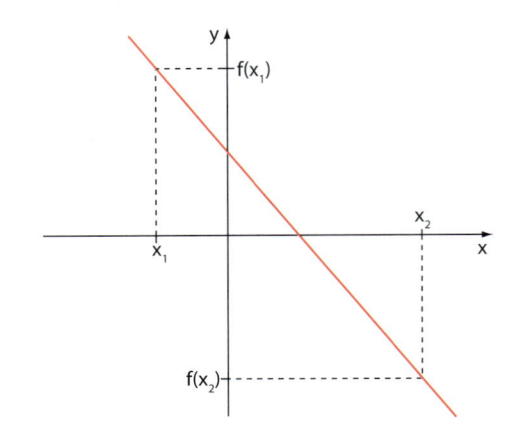

Em resumo, as funções **f**, definidas por $f(x) = ax + b$, com $a > 0$, são crescentes, e aquelas com $a < 0$ são decrescentes.

EXERCÍCIO **RESOLVIDO**

5 Discutir, em função do parâmetro **m**, a variação (decrescente, constante, crescente) da função de $\mathbb{R}$ em $\mathbb{R}$ cuja lei é $y = (m - 2)x + 3$.

Solução:

Se na lei de uma função aparecer outra variável além das duas que estão se relacionando (**x** e **y**), essa variável é chamada **parâmetro**.

Na lei $y = (m - 2)x + 3$, as variáveis são **x** e **y**, e **m** é um parâmetro.

O coeficiente de **x** nessa equação é $m - 2$. Assim, temos:

- a função é decrescente se $m - 2 < 0$, ou seja, se $m < 2$;
- a função é constante se $m - 2 = 0$, ou seja, se $m = 2$;
- a função é crescente se $m - 2 > 0$, ou seja, se $m > 2$.

▶ Sinal

Já vimos que estudar o sinal de uma função **f** qualquer, definida por $y = f(x)$, é determinar os valores de **x** para os quais **y** é positivo ou **y** é negativo.

Consideremos uma função afim dada por $y = f(x) = ax + b$ e estudemos seu sinal. Já vimos que essa função se anula ($y = 0$) para $x = -\dfrac{b}{a}$ (raiz). Há dois casos possíveis:

- $a > 0$ (a função é crescente)

$$y > 0 \Rightarrow ax + b > 0 \Rightarrow x > -\frac{b}{a}$$

$$y < 0 \Rightarrow ax + b < 0 \Rightarrow x < -\frac{b}{a}$$

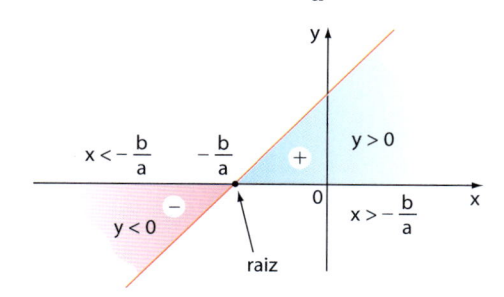

Conclusão: **y** é positivo para valores de **x** maiores que a raiz; **y** é negativo para valores de **x** menores que a raiz.

- $a < 0$ (a função é decrescente)

$$y > 0 \Rightarrow ax + b > 0 \Rightarrow x < -\frac{b}{a}$$

$$y < 0 \Rightarrow ax + b < 0 \Rightarrow x > -\frac{b}{a}$$

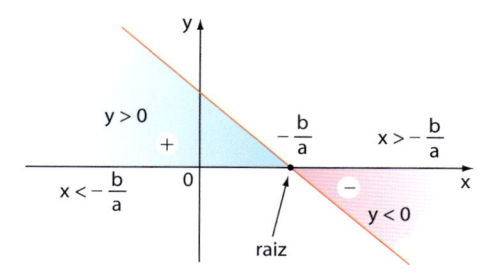

Conclusão: **y** é positivo para valores de **x** menores que a raiz; **y** é negativo para valores de **x** maiores que a raiz.

EXERCÍCIOS RESOLVIDOS

6 Estudar o sinal da função afim definida por $y = 2x - 1$.

Solução:

Essa função polinomial do 1º grau apresenta $a = 2 > 0$ e raiz $x = \frac{1}{2}$.

A função é crescente e a reta corta o eixo Ox no ponto $\frac{1}{2}$.

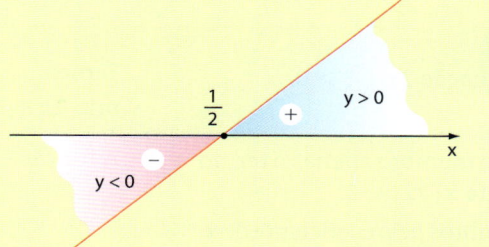

Sinal
$y > 0 \Rightarrow x > \frac{1}{2}$
$y < 0 \Rightarrow x < \frac{1}{2}$

7 Estudar o sinal da função afim dada por $y = -2x + 5$.

Solução:

Essa função polinomial do 1º grau apresenta $a = -2 < 0$ e raiz $x = \frac{5}{2}$.

A função é decrescente e a reta corta o eixo Ox no ponto $\frac{5}{2}$.

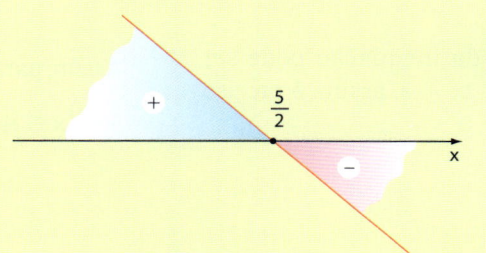

Sinal
$y > 0 \Rightarrow x < \frac{5}{2}$
$y < 0 \Rightarrow x > \frac{5}{2}$

EXERCÍCIOS

31 Das funções definidas abaixo, indique quais são crescentes e quais são decrescentes.

a) $y = 7x + 9$

b) $y = -2x$

c) $y = \frac{3x}{8} + \frac{1}{9}$

d) $y = -\sqrt{2}x + 4$

e) $y = \frac{2 - 3x}{9}$

f) $y = (x + 3)^2 - (x - 4)^2$

32 Discuta, em função de **m**, a variação (decrescente, crescente ou constante) da função de $\mathbb{R}$ em $\mathbb{R}$ dada por:

a) $f(x) = (2m)x + 1$

b) $f(x) = (m + 3)x - 2$

c) $f(x) = (4 - m)x + 3x - 5$

33 Estude o sinal de cada uma das funções de ℝ em ℝ abaixo representadas:

a)

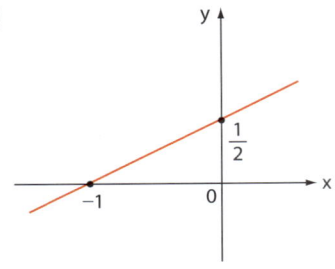

b)

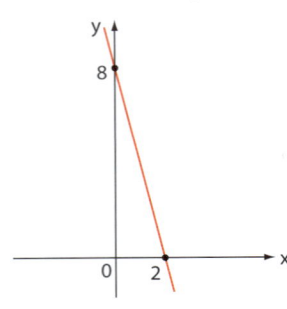

c)

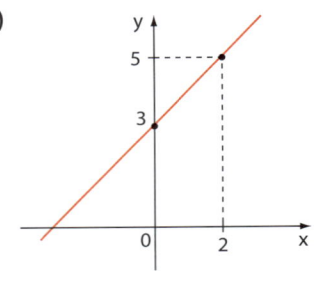

34 Estude o sinal da função definida por:

a) $y = 10x - 4$

b) $y = -2x + 12$

c) $y = 6x$

d) $y = \dfrac{2x + 5}{3}$

▶ Inequações

Vamos relembrar, por meio de exemplos, como se resolvem inequações de 1º grau e também relacionar a resolução de inequações do estudo do sinal da função afim.

Resolver, em ℝ, a inequação $2x + 3 > 0$.

1º modo:
- Deixamos no primeiro membro apenas o termo que contém a incógnita **x**: $2x > -3$.
- Dividimos os dois membros pelo coeficiente de **x**:

$\dfrac{2x}{2} > -\dfrac{3}{2}$, isto é, $x > -\dfrac{3}{2}$

2º modo:
O primeiro membro da inequação pode ser associado à função $y = 2x + 3$; assim, é preciso determinar **x** tal que $y > 0$.

Temos:
- raiz: $2x + 3 = 0 \Rightarrow x = -\dfrac{3}{2}$
- A função é crescente, pois $a = 2 > 0$.

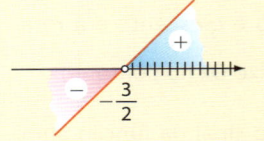

Assim, para que $y > 0$, basta considerar $x > -\dfrac{3}{2}$.

$S = \left\{ x \in \mathbb{R} \mid x > -\dfrac{3}{2} \right\}$

Para resolver a inequação $-3x + 12 \leqslant 0$, considerando $U = \mathbb{R}$, podemos proceder de dois modos:

1º modo: $-3x + 12 \leqslant 0 \Rightarrow -3x \leqslant -12$

Ao dividirmos os dois membros pelo coeficiente de **x**, que é negativo (-3), é preciso lembrar que o sinal da desigualdade se inverte:

$\dfrac{-3x}{-3} \geqslant \dfrac{-12}{-3}$, isto é, $x \geqslant 4$

2º modo: Seja $y = -3x + 12$; é preciso determinar para que valores de **x** tem-se $y \leqslant 0$.

- raiz: $-3x + 12 = 0 \Rightarrow x = 4$
- A função é decrescente, pois $a = -3 < 0$.

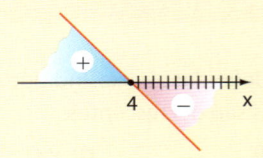

Assim, $y \leqslant 0$ se $x \geqslant 4$.

$S = \{ x \in \mathbb{R} \mid x \geqslant 4 \}$

EXEMPLO 9

Vamos resolver, em $\mathbb{R}$, a inequação simultânea $1 \leqslant 2x + 3 < x + 5$.

De fato, a inequação proposta equivale às duas inequações seguintes:

$1 \leqslant 2x + 3$ ①   e $2x + 3 < x + 5$ ②

Vamos resolver ①:

$1 \leqslant 2x + 3 \Rightarrow -2x \leqslant 3 - 1 \Rightarrow -2x \leqslant 2 \Rightarrow x \geqslant -1$

Vamos resolver ②:

$2x + 3 < x + 5 \Rightarrow 2x - x < 5 - 3 \Rightarrow x < 2$

Como as condições ① e ② devem ser satisfeitas simultaneamente, procuremos agora a interseção das duas soluções:

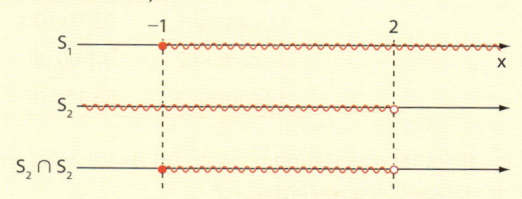

Portanto: $-1 \leqslant x < 2$ ou $S = \{x \in \mathbb{R} \mid -1 \leqslant x < 2\}$.

EXERCÍCIOS

35 Resolva, em $\mathbb{R}$, as seguintes inequações, usando qualquer um dos processos estudados:

a) $x - 3 \leqslant -x + 5$

b) $3(x - 1) + 4x \leqslant -10$

c) $-2(x - 1) - 5(1 - x) > 0$

d) $6(x - 1) \leqslant 1 - 2(3 - x)$

e) $\dfrac{x}{2} + 4x > 18$

f) $1 - \dfrac{x}{3} + \dfrac{x}{2} < x$

g) $\dfrac{3x - 1}{4} - \dfrac{x - 3}{2} \geqslant \dfrac{x + 7}{4}$

h) $\dfrac{4x - 3}{5} - \dfrac{2 + x}{3} < \dfrac{3x}{5} + 1 - \dfrac{2x}{15}$

36 Resolva, em $\mathbb{Z}$, as seguintes inequações:

a) $3 - x < x + 2 < -x + 5$

b) $-2x \leqslant 1 - x \leqslant -3x + 2$

c) $\dfrac{x}{3} + 2 < \dfrac{3x}{4} - 1 < \dfrac{x}{2} + 3$

37 Para animar a festa de 15 anos de sua filha, Marcelo consultou duas bandas que ofereceram as seguintes condições:

- Banda **A**: R$ 800,00 + R$ 250,00 por hora de trabalho.
- Banda **B**: R$ 650,00 + R$ 280,00 por hora de trabalho.

Em ambos os casos, são considerados fracionamentos da hora.

a) Se Marcelo estima que a festa não irá durar mais que 2,5 horas, que empresa ele deverá contratar para gastar menos?

b) Acima de quantas horas de festa é mais econômico optar pela banda **A**?

38

Suponha que Aline tenha se comprometido a fazer depósitos mensais de R$ 40,00 para cobrir o "rombo" na sua conta-corrente. O gerente do banco decidiu não mais cobrar juros sobre o saldo devedor a partir dessa data.

a) Após **n** meses, qual será o saldo da conta de Aline?

b) Qual é o número mínimo inteiro de meses necessários para que o saldo devedor de Aline seja menor que R$ 200,00?

c) Qual é o número mínimo inteiro de meses necessários para Aline "sair do vermelho", isto é, seu saldo ficar positivo?

39 Ao chegar a um aeroporto, um turista informou-se sobre locação de automóveis e organizou as informações na seguinte tabela:

Opções	Diária	Preço por quilômetro rodado
Locadora 1	R$ 100,00	R$ 0,30
Locadora 2	R$ 60,00	R$ 0,40
Locadora 3	R$ 150,00	km livre

a) Qual é a lei que define o preço (**y**) da locação em função do número de quilômetros rodados (**x**) em cada uma das situações apresentadas?

b) A partir de qual número inteiro de quilômetros o cliente deve preferir **L₁** a **L₂**?

c) A partir de qual número inteiro de quilômetros deve-se optar por **L₃**?

40 A diferença entre o triplo de um número e sua terça parte é menor que 8. Determine os números inteiros positivos que são soluções desse problema.

▶ Inequação-produto e inequação-quociente

Vamos, por meio dos exemplos seguintes, conhecer o procedimento usado para resolver inequações-produto $(f(x) \cdot g(x) \geq 0 \text{ ou } f(x) \cdot g(x) \leq 0)$ e inequações-quociente $\left(\dfrac{f(x)}{g(x)} \leq 0 \text{ ou } \dfrac{f(x)}{g(x)} \geq 0 \right)$.

$\underset{(\text{ou} >)}{} \quad \underset{(\text{ou} <)}{} \quad \underset{(\text{ou} <)}{\phantom{\dfrac{f(x)}{g(x)} \leq 0}} \quad \underset{(\text{ou} >)}{\phantom{\dfrac{f(x)}{g(x)} \geq 0}}$

EXEMPLO 10

Vamos resolver a inequação-produto $(4 - 3x) \cdot (2x - 7) > 0$.

Façamos $y_1 = 4 - 3x$ e estudemos o sinal de y_1. Temos $a = -3 < 0$ e raiz $x = \dfrac{4}{3}$. Então:

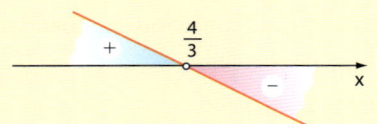

Vamos determinar o sinal de $y_2 = 2x - 7$. Temos $a = 2 > 0$ e raiz $x = \dfrac{7}{2}$. Então:

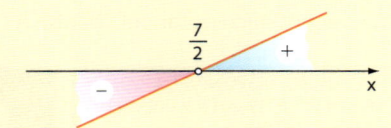

Estudemos agora o sinal do produto $y_1 \cdot y_2$.

	$\dfrac{4}{3}$		$\dfrac{7}{2}$	
y_1	+	−		−
y_2	−	−		+
$y_1 \cdot y_2$	−	+		−

A inequação pergunta: "Para que valores de **x** temos $y_1 \cdot y_2 > 0$?".

$$S = \left\{ x \in \mathbb{R} \mid \dfrac{4}{3} < x < \dfrac{7}{2} \right\}$$

EXEMPLO 11

Vamos resolver, em $\mathbb{R}$, a inequação-quociente

$\dfrac{10x - 15}{5 - 4x} \leqslant 0$.

- Estudo do sinal de $y_1 = 10x - 15$, $a = 10 > 0$ e raiz $x = \dfrac{3}{2}$:

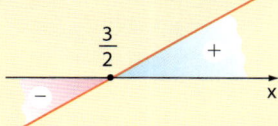

- Estudo do sinal de $y_2 = 5 - 4x$, $a = -4 < 0$ e raiz $x = \dfrac{5}{4}$:

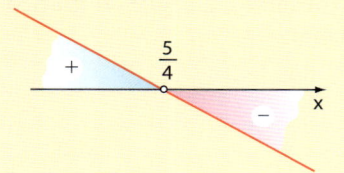

- Estudo do sinal do quociente $\dfrac{y_1}{y_2}$

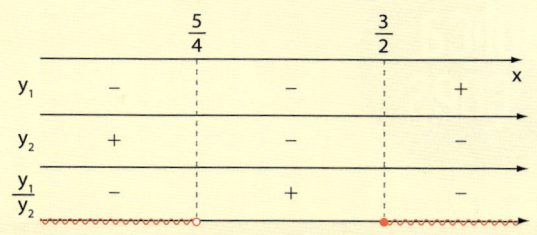

(Notemos que $\dfrac{y_1}{y_2} = 0$ ocorre para $y_1 = 0$ e $y_2 \neq 0$. Isso nos obriga a incluir apenas a raiz de $\mathbf{y_1}$.)
A inequação pergunta: "Para que valores de $\mathbf{x}$ temos $\dfrac{y_1}{y_2} \leqslant 0$?": $S = \left\{ x \in \mathbb{R} \mid x < \dfrac{5}{4} \text{ ou } x \geqslant \dfrac{3}{2} \right\}$

EXEMPLO 12

Vamos resolver a inequação $\dfrac{x + 3}{2 - x} \leqslant 4$ no universo $\mathbb{R}$.

Se, simplesmente, multiplicarmos ambos os membros por $2 - x$ (que pode ser positivo ou negativo, dependendo do valor de $\mathbf{x}$), não saberemos se o sinal da desigualdade deverá ser mantido ou invertido. Por isso, utilizaremos o seguinte procedimento:

$\dfrac{x + 3}{2 - x} \leqslant 4 \Rightarrow \dfrac{x + 3}{2 - x} - 4 \leqslant 0 \Rightarrow$

$\Rightarrow \dfrac{(x + 3) - 4(2 - x)}{2 - x} \leqslant 0 \Rightarrow \dfrac{5x - 5}{2 - x} \leqslant 0$

E agora aplicamos a mesma técnica vista no exemplo anterior para chegar à resposta:
$S = \{ x \in \mathbb{R} \mid x \leqslant 1 \text{ ou } x > 2 \}$

EXERCÍCIOS

41 Resolva, em $\mathbb{R}$, as inequações-produto:

a) $(x - 1) \cdot (x - 2) \geqslant 0$

b) $(-2x + 1) \cdot (3x - 6) > 0$

c) $(5x + 2) \cdot (1 - x) \leqslant 0$

d) $(3 - 2x) \cdot (4x + 1) \cdot (5x + 3) \geqslant 0$

e) $(2 - x) \cdot (x - 2) \geqslant 0$

42 Resolva, em $\mathbb{R}$, as inequações-quociente:

a) $\dfrac{x + 1}{2x - 1} \leqslant 0$

b) $\dfrac{4x - 3}{-2x + 3} < 0$

c) $\dfrac{2x}{-x + 3} \geqslant 0$

d) $\dfrac{(3 - x)}{(x + 1) \cdot (x - 2)} \geqslant 0$

43 Resolva, em $\mathbb{R}$, as inequações:

a) $\dfrac{3}{x} + \dfrac{5}{x - 1} \leqslant 0$

b) $\dfrac{-6x^2 + 4}{3 - x} \geqslant 6x$

c) $\dfrac{x}{x - 1} \leqslant 1$

44 Determine o domínio de cada uma das funções definidas a seguir pelas leis:

a) $f(x) = \sqrt{\dfrac{x - 7}{6 - x}}$

b) $g(x) = \sqrt{2 - 3x} + \sqrt{\dfrac{3}{x}}$

c) $h(x) = \dfrac{2}{\sqrt[3]{(x - 3) \cdot (-x + 5)}}$

45 Resolva, em $\mathbb{R}$, as inequações:

a) $\dfrac{1}{x - 4} < \dfrac{2}{x + 3}$

b) $-\dfrac{4}{x} + \dfrac{3}{2} \geqslant -\dfrac{1}{x}$

c) $\dfrac{x + 1}{x + 2} > \dfrac{x + 3}{x + 4}$

aplicações

Funções custo, receita e lucro

Uma pequena doçaria, instalada em uma galeria comercial, produz e comercializa brigadeiros. Para fabricá-los, há um custo fixo mensal de R$ 3 600,00, representado por C_F, que inclui aluguel, conta de luz, impostos etc. Além desse, há um custo variável (C_V), que depende da quantidade de brigadeiros preparados (**x**). Estima-se que o custo de produção de cada brigadeiro seja R$ 0,30.

Assim, o custo total mensal, **C** ($C = C_F + C_V$), é dado por: $C(x) = 3600 + 0,3 \cdot x$.

O preço de venda unitário do brigadeiro é R$ 1,20. Admitiremos, nesse momento, que o preço de venda independe de outros fatores.

A receita (faturamento bruto) dessa doçaria é definida por: $R(x) = 1,2 \cdot x$.

Ou seja, é dada pelo produto entre o preço unitário de venda e o número de unidades produzidas e vendidas (**x**).

Por fim, o lucro mensal, **L** (faturamento líquido), desse estabelecimento é uma função polinomial de 1º grau dada por:

$$L(x) = R(x) - C(x)$$
$$L(x) = 1,2x - (3600 + 0,3x) = 0,9x - 3600$$

Vamos observar, a seguir, o gráfico das funções custo e receita.

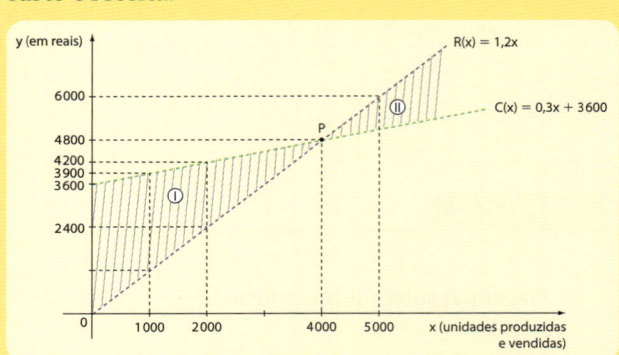

Verificamos que as retas se intersectam em P(4000, 4800).

O ponto **P** é chamado ponto de nivelamento (ou ponto crítico), pois em **P** a receita é suficiente para igualar o custo total, fazendo com que a loja deixe de ter prejuízo.

Observe também no gráfico:
- região ⓘ: $C(x) > R(x)$ ($x < 4000$) → $L(x) < 0 \leftrightarrow$ prejuízo;
- região ⓘⓘ: $C(x) < R(x)$ ($x > 4000$) → $L(x) > 0 \leftrightarrow$ lucro.

EXERCÍCIOS COMPLEMENTARES

1 (UE-RJ) O reservatório **A** perde água a uma taxa constante de 10 litros por hora, enquanto o reservatório **B** ganha água a uma taxa constante de 12 litros por hora.

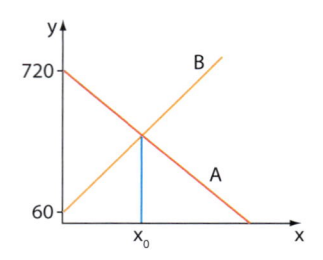

No gráfico, estão representados, no eixo **y**, os volumes, em litros, da água contida em cada um dos reservatórios, em função do tempo, em horas, representado no eixo **x**.

Determine o tempo x_0, em horas, indicado no gráfico.

2 (FGV-SP)

a) Determine todos os números naturais que satisfazem simultaneamente as inequações:

$$10^{-1}x \geqslant 0,06 \text{ e } 10^{-1}x \leqslant 0,425$$

b) Os sistemas de inequações são úteis para resolver antigos problemas como este, aproximadamente, do ano 250:

Três estudantes receberam cada um uma mesma lista de palavras sinônimas que deveriam ser escolhidas em pares. Cada palavra tinha uma única palavra sinônima correspondente. Dentro do tempo permitido, o primeiro colocado conseguiu

21 pares corretos; o segundo colocado tinha dois terços dos pares corretos e o terceiro, quatro a mais do que a metade do número de pares corretos. Qual era o total de pares corretos de palavras sinônimas?

3 (UF-PR) Numa expedição arqueológica em busca de artefatos indígenas, um arqueólogo e seu assistente encontraram um úmero, um dos ossos do braço humano. Sabe-se que o comprimento desse osso permite calcular a altura aproximada de uma pessoa por meio de uma função do primeiro grau.

a) Determine essa função do primeiro grau, sabendo que o úmero do arqueólogo media 40 cm e sua altura era 1,90 m, e o úmero de seu assistente media 30 cm e sua altura era 1,60 m.

b) Se o úmero encontrado no sítio arqueológico media 32 cm, qual era a altura aproximada do indivíduo que possuía esse osso?

4 (Vunesp-SP) Uma companhia telefônica oferece aos seus clientes dois planos diferentes de tarifas. No plano básico, a assinatura inclui 200 minutos mensais de ligações telefônicas. Acima desse tempo, cobra-se uma tarifa de R$0,10 por minuto. No plano alternativo, a assinatura inclui 400 minutos mensais, mas o tempo de cada chamada desse plano é acrescido de 4 minutos, a título de taxa de conexão. Minutos adicionais no plano alternativo custam R$0,04. Os custos de assinatura dos dois planos são iguais e não existe taxa de conexão no plano básico. Supondo que todas as ligações durem 3 minutos, qual o número máximo de chamadas para que o plano básico tenha um custo menor ou igual ao do plano alternativo?

5 (FGV-SP) Observe a notícia abaixo e utilize as informações que julgar necessárias.

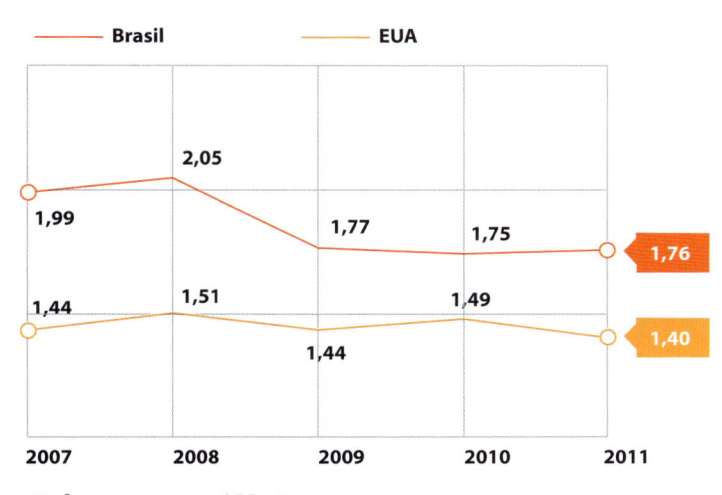

VAREJO MIRA PREVENÇÃO DE PERDAS
Com retomada de inflação, setor ganha importância para manter lucro

Índice de perdas no varejo
Em %, sobre o faturamento líquido do setor

— Brasil   — EUA

Brasil: 1,99 • 2,05 • 1,77 • 1,75 • 1,76
EUA: 1,44 • 1,51 • 1,44 • 1,49 • 1,40

2007   2008   2009   2010   2011

R$ 18,5 milhões
é a perda em valores do varejo brasileiro em 2011

Perdas por segmento	Em %
Supermecado	1,96
Farmácias e drogarias	0,38
Outros*	0,19
Média do varejo	1,76

Causas das perdas

Furto externo	19
Furto interno	16
Erros administrativos	16
Fornecedores	10
Quebra operacional**	32
Outros ajustes	10

Quem participou da pesquisa

Empresas	275
Lojas	4 486
Centros de distribuição	413

(*) O grupo "outros" inclui varejo da construção civil e lojas de conveniência e roupa, mas não na totalidade desses segmentos.
(**) Quebra operacional inclui produtos danificados por clientes, por funcionários, com validade vencida, e embalagens vazias com conteúdo furtado. Fonte: Provar (Programa do Varejo) da USP.

a) Suponha que a partir de 2010 os índices de perdas no varejo, no Brasil e nos EUA, possam ser expressos por funções polinomiais do 1º grau, $y = ax + b$, em que $x = 0$ representa o ano 2010, $x = 1$ o ano 2011, e assim por diante, e **y** representa o índice de perdas expresso em porcentagem. Determine as duas funções.

b) Em que ano a diferença entre o índice de perdas no varejo, no Brasil, e o índice de perdas no varejo, nos EUA, será de 1%, aproximadamente? Dê como solução os dois anos que mais se aproximam da resposta.

6 Suponha que **x**, **y** e **z** sejam grandezas que assumem apenas valores positivos. Sabe-se que **x** é diretamente proporcional ao quadrado de **y** e diretamente proporcional ao inverso de **z**. Determine os valores de **a**, **b**, **c** e **d**.

x	y	z
6	$\frac{1}{3}$	$\frac{1}{2}$
a	2	b
c	d	2

7 (UE-GO) Uma pequena empresa foi aberta em sociedade por duas pessoas. O capital inicial aplicado por elas foi de 30 mil reais. Os sócios combinaram que os lucros ou prejuízos que eventualmente viessem a ocorrer seriam divididos em partes proporcionais aos capitais por eles empregados. No momento da apuração dos resultados, verificaram que a empresa apresentou lucro de 5 mil reais. A partir dessa constatação, um dos sócios retirou 14 mil reais, que correspondia à parte do lucro devida a ele e ainda o total do capital por ele empregado na abertura da empresa. Determine o capital que cada sócio empregou na abertura da empresa.

8 Abaixo tem-se os gráficos das funções afins **f** e **g**.

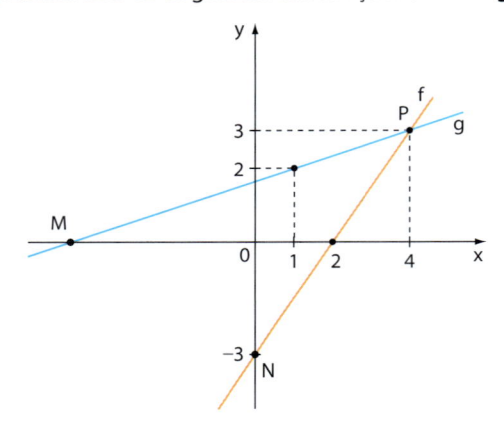

Determine:

a) a raiz de cada uma das funções;

b) os valores de **x** para os quais $f(x) \cdot g(x) \geq 0$;

c) os valores de **x** para os quais $\frac{f(x)}{g(x)} \leq 0$;

d) a taxa média de variação da função **g**;

e) a área do triângulo MNP;

f) os valores de **x** para os quais $g(x) > 1$.

9 Uma lanchonete produz salgadinhos a um custo unitário médio de R\$ 0,25. As despesas fixas mensais dessa lanchonete são de R\$ 2 500,00. Sabendo que em um determinado mês o dono da lanchonete teve um lucro líquido de R\$ 2 000,00 com a venda de 6 000 salgadinhos, determine o preço médio de venda de um salgadinho naquele mês.

10 O valor de uma máquina agrícola, adquirida por cinco mil dólares, sofre, nos primeiros anos, depreciação (desvalorização) linear de duzentos e quarenta dólares por ano, até atingir 28% do valor de aquisição, estabilizando-se em torno desse valor mínimo.

a) Qual é o tempo transcorrido até a estabilização de seu valor?

b) Qual é o valor mínimo da máquina?

c) Faça um gráfico que represente a situação descrita no problema.

11 (UE-RJ) Em um determinado dia, duas velas foram acesas: a vela **A** às 15 horas e a vela **B**, 2 cm menor, às 16 horas. Às 17 horas desse mesmo dia, ambas tinham a mesma altura. Observe o gráfico que representa as alturas de cada uma das velas em função do tempo a partir do qual a vela **A** foi acesa.

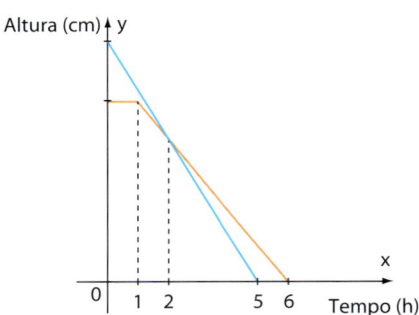

Calcule a altura de cada uma das velas antes de serem acesas.

12 (UF-PE) Um carro consome um litro de gasolina para percorrer 10 km. O proprietário do veículo adquiriu um *kit* gás, que permite que o combustível do carro seja gás natural ao invés de gasolina, por R\$ 3 000,00, incluindo instalação e taxas. Usando gás natural, o mesmo carro percorre 9 km para cada m³ de gás. Além disso, o preço do litro de gasolina é R\$ 2,60, e o m³ de gás custa R\$ 1,80. O motorista percorre 100 km por dia. Sob essas condições [identifique as afirmações verdadeiras]:

(0-0) usando gasolina, o custo de percorrer 1 km neste carro é de R\$ 0,26.

(1-1) usando gás, o custo de percorrer 1 km neste carro é de R\$ 0,20.

(2-2) usando gás, ao invés de gasolina, o proprietário economizará o valor do *kit* quando percorrer 500 000 km.

(3-3) usando gás, ao invés de gasolina, o motorista economizará R\$ 60,00 por dia.

(4-4) usando gás, ao invés de gasolina, o motorista economizará o valor do *kit* em menos de um ano.

13 Uma empresa de telefonia concedeu a seus funcionários um bônus de fim de ano cujo valor era diretamente proporcional ao percentual da meta (estabelecida pela empresa) alcançada pelo funcionário e inversamente proporcional ao número de reclamações médias mensais provenientes do setor em que o funcionário trabalha, recebidas pela ouvidoria da empresa.

Um funcionário pertencente a um setor que recebeu, em média, 150 reclamações mensais, atingiu 60% da meta estabelecida e recebeu um bônus de R$ 2 400,00. Determine o valor do bônus recebido por um funcionário que:

a) atingiu 80% da meta estabelecida e trabalha em um setor que recebeu, em média, 120 reclamações mensais;

b) atingiu 50% da meta estabelecida e trabalha em um setor que recebeu, em média, 200 reclamações mensais.

TESTES

1 (UF-GO) Para fazer traduções de textos para o inglês, um tradutor **A** cobra um valor inicial de R$ 16,00 mais R$ 0,78 por linha traduzida e um outro tradutor, **B**, cobra um valor inicial de R$ 28,00 mais R$ 0,48 por linha traduzida. A quantidade mínima de linhas de um texto a ser traduzido para o inglês, de modo que o custo seja menor se for realizado pelo tradutor **B**, é:

a) 16   c) 41   e) 78

b) 28   d) 48

2 (FGV-SP) Como consequência da construção de futura estação de Metrô, estima-se que uma casa que hoje vale R$ 280 000,00 tenha um crescimento linear com o tempo (isto é, o gráfico do valor do imóvel em função do tempo é uma reta), de modo que a estimativa de seu valor daqui a 3 anos seja de R$ 325 000,00. Nessas condições, o valor estimado dessa casa daqui a 4 anos e 3 meses será de:

a) R$ 346 000,00   d) R$ 343 750,00

b) R$ 345 250,00   e) R$ 343 000,00

c) R$ 344 500,00

3 (Enem-MEC) O gráfico mostra o número de favelas no município do Rio de Janeiro entre 1980 e 2004, considerando que a variação nesse número entre os anos considerados é linear.

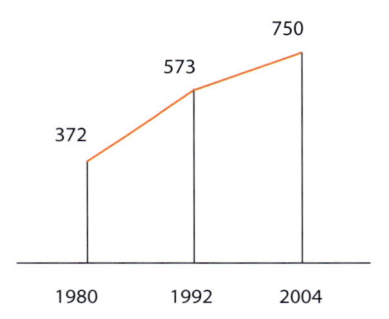

Favela tem memória. *Época*, n. 621, 12 abr. 2010 (adaptado).

Se o padrão na variação do período 2004/2010 se mantiver nos próximos 6 anos, e sabendo que o número de favelas em 2010 é 968, então o número de favelas em 2016 será:

a) menor que 1 150.

b) 218 unidades maior que em 2004.

c) maior que 1 150 e menor que 1 200.

d) 177 unidades maior que em 2010.

e) maior que 1 200.

4 (Mackenzie-SP)

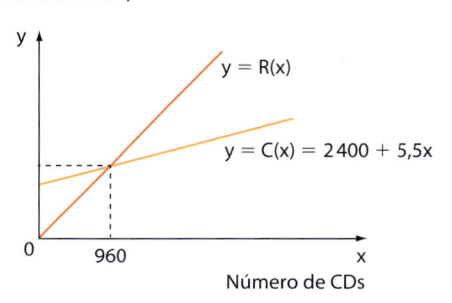

A figura mostra os gráficos das funções custo total C(x) e receita total R(x) de uma empresa produtora de CDs. Se, produzindo e comercializando 960 CDs, o custo e a receita são iguais, o lucro pela venda de 2 000 CDs é:

a) 1 400   c) 3 000   e) 1 580

b) 2 500   d) 2 600

5 (FGV-RJ) O gráfico de uma função polinomial do primeiro grau passa pelos pontos de coordenadas (x, y) dados ao lado.

Podemos concluir que o valor de k + m é:

x	y
0	5
m	8
6	14
7	k

a) 15,5   c) 17,5   e) 19,5

b) 16,5   d) 18,5

6 (UE-CE) Se a quantidade **z** é, simultaneamente, diretamente proporcional a **x** e inversamente proporcional a **y**, e se z = 5 quando x = 2 e y = 3, então o valor de **z** quando x = 96 e y = 10 é:

a) 72

b) 82

c) 75

d) 68

7 (FGV-SP) Considerando um horizonte de tempo de 10 anos a partir de hoje, o valor de uma máquina deprecia linearmente com o tempo, isto é, o valor da máquina **y** em função do tempo **x** é dado por uma função polinomial do primeiro grau y = ax + b.
Se o valor da máquina daqui a dois anos for R$ 6 400,00, e seu valor daqui a cinco anos e meio for R$ 4 300,00, seu valor daqui a sete anos será:

a) R$ 3 100,00

b) R$ 3 200,00

c) R$ 3 300,00

d) R$ 3 400,00

e) R$ 3 500,00

8 (FGV-SP) Uma fábrica de panelas opera com um custo fixo mensal de R$ 9 800,00 e um custo variável por panela de R$ 45,00. Cada panela é vendida por R$ 65,00. Seja **x** a quantidade que deve ser produzida e vendida mensalmente para que o lucro mensal seja igual a 20% da receita.
A soma dos algarismos de **x** é:

a) 2

b) 3

c) 4

d) 5

e) 6

9 (Unicamp-SP) A razão entre a idade de Pedro e a de seu pai é igual a $\frac{2}{9}$. Se a soma das duas idades é igual a 55 anos, então Pedro tem:

a) 12 anos.

b) 13 anos.

c) 15 anos.

d) 10 anos.

10 (Enem-MEC) O prefeito de uma cidade deseja construir uma rodovia para dar acesso a outro município. Para isso, foi aberta uma licitação na qual concorreram duas empresas. A primeira cobrou R$ 100 000,00 por km construído (**n**), acrescidos de um valor fixo de R$ 350 000,00, enquanto a segunda cobrou R$ 120 000,00 por km construído (**n**), acrescidos de um valor fixo de R$ 150 000,00. As duas empresas apresentam o mesmo padrão de qualidade dos serviços prestados, mas apenas uma delas poderá ser contratada. Do ponto de vista econômico, qual equação possibilitaria encontrar a extensão da rodovia que tornaria indiferente para a prefeitura escolher qualquer uma das propostas apresentadas?

a) 100n + 350 = 120n + 150

b) 100n + 150 = 120n + 350

c) 100(n + 350) = 120(n + 150)

d) 100(n + 350 000) = 120(n + 150 000)

e) 350(n + 100 000) = 150(n + 120 000)

11 (Enem-MEC) Uma indústria tem um reservatório de água com capacidade para 900 m³. Quando há necessidade de limpeza do reservatório, toda a água precisa ser escoada. O escoamento da água é feito por seis ralos e dura 6 horas quando o reservatório está cheio. Esta indústria construirá um novo reservatório, com capacidade de 500 m³, cujo escoamento da água deverá ser realizado em 4 horas, quando o reservatório estiver cheio. Os ralos utilizados no novo reservatório deverão ser idênticos aos do já existente.
A quantidade de ralos do novo reservatório deverá ser igual a:

a) 2

b) 4

c) 5

d) 8

e) 9

12 (UE-RN) A soma de todos os números inteiros que satisfazem simultaneamente a inequação-produto $(3x - 7) \cdot (x + 4) < 0$ e a inequação-quociente $\frac{2x + 1}{5 - x} > 0$ é:

a) 3

b) 5

c) 6

d) 7

13 (Unicamp-SP) Em uma determinada região do planeta, a temperatura média anual subiu de 13,35 °C em 1995 para 13,8 °C em 2010. Seguindo a tendência de aumento linear observada entre 1995 e 2010, a temperatura média em 2012 deverá ser de:

a) 13,83 °C

b) 13,86 °C

c) 13,92 °C

d) 13,89 °C

14 (Enem-MEC) As frutas que antes se compravam por dúzias, hoje em dia, podem ser compradas por quilogramas, existindo também a variação dos preços de acordo com a época de produção. Considere que, independente da época ou variação de preço, certa fruta custa R$ 1,75 o quilograma.

Dos gráficos a seguir, o que representa o preço **m** pago em reais pela compra de **n** quilogramas desse produto é:

a)
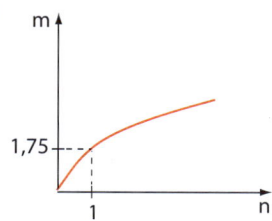

b)
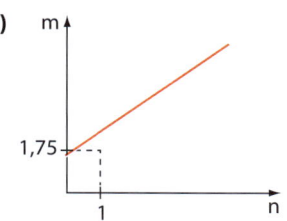

c)
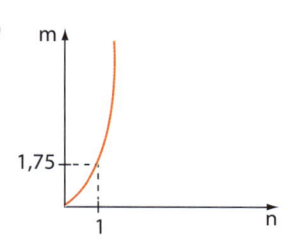

d)
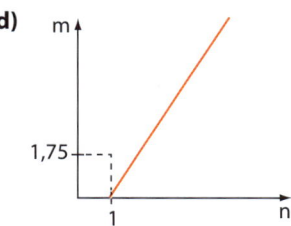

e)
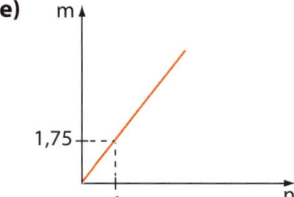

15 (UE-PA) O treinamento físico, na dependência da qualidade e da quantidade de esforço realizado, provoca, ao longo do tempo, aumento do peso do fígado e do volume do coração. De acordo com especialistas, o fígado de uma pessoa treinada tem maior capacidade de de armazenar glicogênio, substância utilizada no metabolismo energético durante esforços de longa duração. De acordo com dados experimentais realizados por Thörner e Dummler (1996), existe uma relação linear entre a massa hepática e o volume cardíaco de um indivíduo fisicamente treinado. Nesse sentido, essa relação linear pode ser expressa por y = ax + b, onde **y** representa o volume cardíaco em mililitros (mL) e **x** representa a massa do fígado em gramas (g). A partir da leitura do gráfico abaixo, afirma-se que a lei de formação linear que descreve a relação entre o volume cardíaco e a massa do fígado de uma pessoa treinada é:

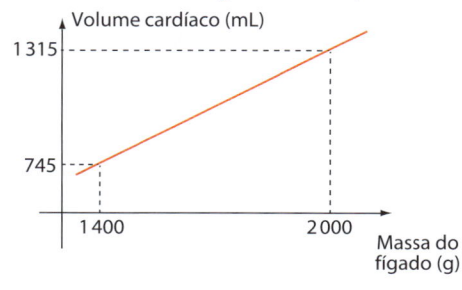

(Fonte: *Cálculo para ciências médicas e biológicas.*
São Paulo: Harbra, 1988 – Texto adaptado)

a) $y = 0,91x - 585$ d) $y = -0,94x + 585$

b) $y = 0,92x + 585$ e) $y = 0,95x - 585$

c) $y = -0,93x - 585$

16 (UE-RJ) As baterias B_1 e B_2 de dois aparelhos celulares apresentam em determinado instante, respectivamente, 100% e 90% da carga total.

Considere as seguintes informações:

- as baterias descarregam linearmente ao longo do tempo;

- para descarregar por completo, B_1 leva **t** horas e B_2 leva duas horas a mais do que B_1;

- no instante **z**, as duas baterias possuem o mesmo percentual de carga igual a 75%.

Observe o gráfico:

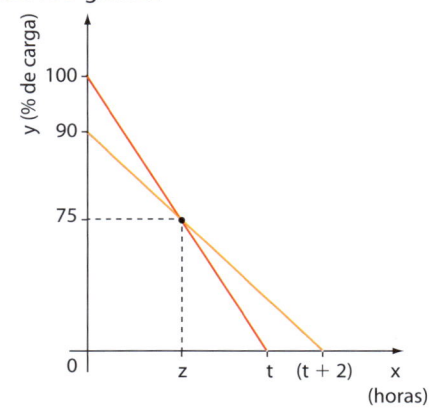

O valor de **t**, em horas, equivale a:

a) 1   b) 2   c) 3   d) 4

17 (Enem-MEC) Na aferição de um novo semáforo, os tempos são ajustados de modo que, em cada ciclo completo (verde-amarelo-vermelho), a luz amarela permaneça acesa por 5 segundos, e o tempo em que a luz verde permaneça acesa seja igual a $\frac{2}{3}$ do tempo em que a luz vermelha fique acesa. A luz verde fica acesa, em cada ciclo, durante **X** segundos e cada ciclo dura **Y** segundos.

Qual é a expressão que representa a relação entre **X** e **Y**?

a) $5X - 3Y + 15 = 0$

d) $3X - 2Y + 15 = 0$

b) $5X - 2Y + 10 = 0$

e) $3X - 2Y + 10 = 0$

c) $3X - 3Y + 15 = 0$

18 (Enem-MEC) Para se construir um contrapiso, é comum, na constituição do concreto, se utilizar cimento, areia e brita, na seguinte proporção: 1 parte de cimento, 4 partes de areia e 2 partes de brita. Para construir o contrapiso de uma garagem, uma construtora encomendou um caminhão betoneira com 14 m³ de concreto.

Qual é o volume de cimento, em m³, na carga de concreto trazido pela betoneira?

a) 1,75

b) 2,00

c) 2,33

d) 4,00

e) 8,00

19 (Enem-MEC) No Brasil há várias operadoras e planos de telefonia celular.

Uma pessoa recebeu 5 propostas (**A**, **B**, **C**, **D** e **E**) de planos telefônicos. O valor mensal de cada plano está em função do tempo mensal das chamadas, conforme o gráfico.

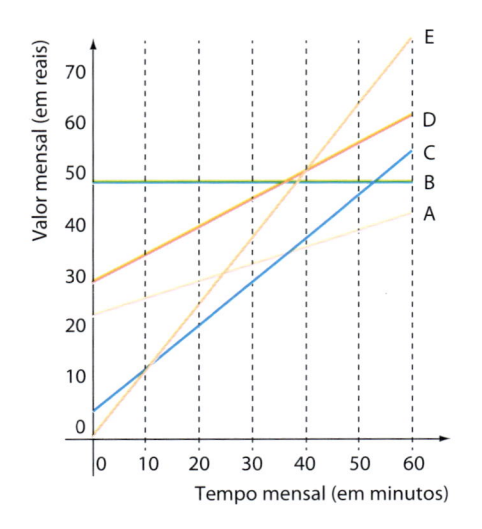

Essa pessoa pretende gastar exatamente R$ 30,00 por mês com telefone.

Dos planos telefônicos apresentados, qual é o mais vantajoso, em tempo de chamada, para o gasto previsto para essa pessoa?

a) A

c) C

e) E

b) B

d) D

20 (Enem-MEC) Um *show* especial de Natal teve 45 000 ingressos vendidos. Esse evento ocorrerá em um estádio de futebol que disponibilizará 5 portões de entrada, com 4 catracas eletrônicas por portão. Em cada uma dessas catracas, passará uma única pessoa a cada 2 segundos. O público foi igualmente dividido pela quantidade de portões e catracas, indicados no ingresso para o *show*, para a efetiva entrada no estádio. Suponha que todos aqueles que compraram ingressos irão ao *show* e que todos passarão pelos portões e catracas eletrônicas indicados.

Qual é o tempo mínimo para que todos passem pelas catracas?

a) 1 hora.

d) 6 horas.

b) 1 hora e 15 minutos.

e) 6 horas e 15 minutos.

c) 5 horas.

21 (Enem-MEC) Um carpinteiro fabrica portas retangulares maciças, feitas de um mesmo material. Por ter recebido de seus clientes pedidos de portas mais altas, aumentou sua altura em $\frac{1}{8}$, preservando suas espessuras. A fim de manter o custo com o material de cada porta, precisou reduzir a largura.

A razão entre a largura da nova porta e a largura da porta anterior é:

a) $\frac{1}{8}$　　b) $\frac{7}{8}$　　c) $\frac{8}{7}$　　d) $\frac{8}{9}$　　e) $\frac{9}{8}$

22 (Enem-MEC) Uma pessoa compra semanalmente, numa mesma loja, sempre a mesma quantidade de um produto que custa R$ 10,00 a unidade. Como já sabe quanto deve gastar, leva sempre R$ 6,00 a mais do que a quantia necessária para comprar tal quantidade, para o caso de eventuais despesas extras. Entretanto, um dia, ao chegar à loja, foi informada de que o preço daquele produto havia aumentado 20%. Devido a esse reajuste, concluiu que o dinheiro levado era a quantia exata para comprar duas unidades a menos em relação à quantidade habitualmente comprada.

A quantia que essa pessoa levava semanalmente para fazer a compra era:

a) R$ 166,00

c) R$ 84,00

e) R$ 24,00

b) R$ 156,00

d) R$ 46,00

Função quadrática

▶ Introdução

Um clube esportivo construiu uma quadra de vôlei com 12 m de comprimento por 6 m de largura e, para acomodar juízes e reservas, deixou uma faixa de 3 m entre a quadra e a cerca. Qual é a área do terreno limitado pela cerca?

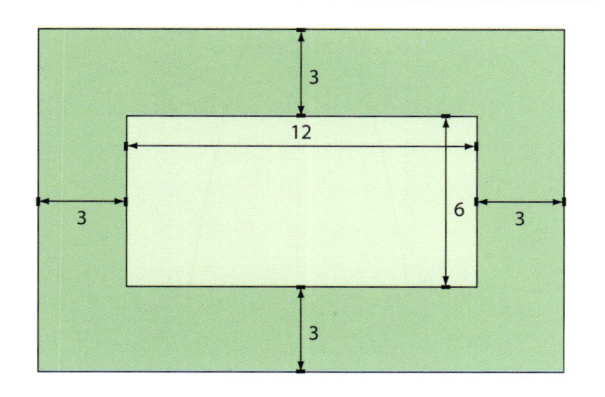

A área da região cercada é:

$(12 + 2 \cdot 3) \cdot (6 + 2 \cdot 3) = 216 \text{ m}^2$

Se a largura da faixa fosse 3,5 m, a área da região cercada seria:

$(12 + 2 \cdot 3,5) \cdot (6 + 2 \cdot 3,5) = 247 \text{ m}^2$

Enfim, para cada largura **x** escolhida para a faixa há uma área A(x) da região cercada.

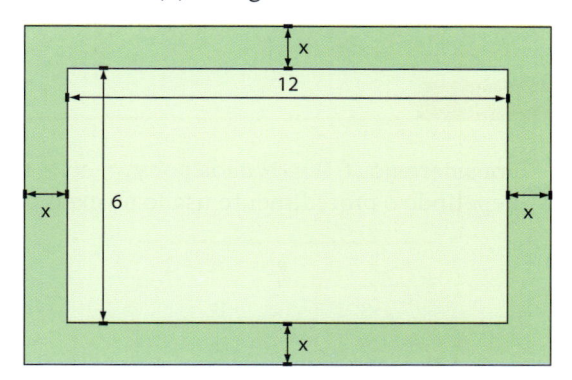

O valor de A(x) é uma função de **x**. Procuremos a lei que expressa A(x) em função de **x**:

$A(x) = (12 + 2x) \cdot (6 + 2x)$

$A(x) = 72 + 12x + 24x + 4x^2$

$A(x) = 4x^2 + 36x + 72$

Esse é um exemplo de **função polinomial do 2º grau** ou **função quadrática**.

▶ Definição

Chama-se **função quadrática**, ou **função polinomial do 2º grau**, qualquer função **f** de $\mathbb{R}$ em $\mathbb{R}$ dada por uma lei da forma $f(x) = ax^2 + bx + c$, em que **a**, **b** e **c** são números reais e $a \neq 0$.

Vejamos alguns exemplos de funções quadráticas:

• $f(x) = 2x^2 + 3x + 5$, sendo a = 2, b = 3 e c = 5.

• $f(x) = 3x^2 - 4x + 1$, sendo a = 3, b = -4 e c = 1.

• $f(x) = x^2 - 1$, sendo a = 1, b = 0 e c = -1.

• $f(x) = -x^2 + 2x$, sendo a = -1, b = 2 e c = 0.

• $f(x) = -4x^2$, sendo a = -4, b = 0 e c = 0.

▶ Gráfico

O gráfico de uma função polinomial do 2º grau é uma **parábola**. Vamos ver alguns exemplos.

EXEMPLO 1

Para construir o gráfico da função f: $\mathbb{R} \to \mathbb{R}$ dada pela lei f(x) = $x^2 + x$, atribuímos a **x** alguns valores (observe que o domínio de **f** é $\mathbb{R}$), calculamos o valor correspondente de **y** para cada valor de **x** e, em seguida, ligamos os pontos obtidos:

x	y = $x^2 + x$
−3	6
−2	2
−1	0
$-\dfrac{1}{2}$	$-\dfrac{1}{4}$
0	0
1	2
$\dfrac{3}{2}$	$\dfrac{15}{4}$
2	6

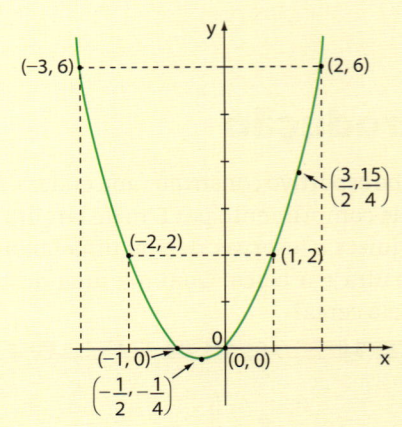

EXEMPLO 2

Consideremos f: $\mathbb{R} \to \mathbb{R}$ dada por y = $-x^2 + 1$.
Repetindo o procedimento usado no exemplo anterior, temos:

x	y = $-x^2 + 1$
−3	−8
−2	−3
−1	0
0	1
1	0
2	−3
3	−8

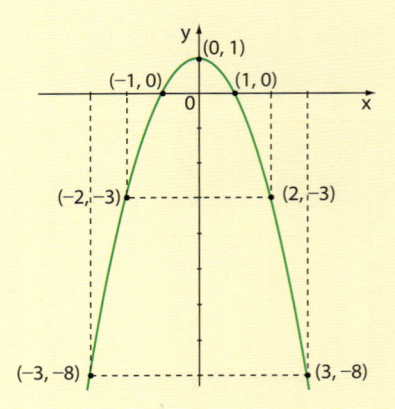

Com o formato obtido no exemplo *1*, dizemos que a parábola tem a concavidade voltada para cima e, no exemplo *2*, dizemos que a parábola tem a concavidade voltada para baixo.

OBSERVAÇÕES

Ao construir o gráfico de uma função quadrática y = $ax^2 + bx + c$, notamos que:
- se a > 0, a parábola tem a concavidade voltada para cima;
- se a < 0, a parábola tem a concavidade voltada para baixo.

EXERCÍCIOS

1 Esboce o gráfico de cada uma das funções reais dadas pelas leis seguintes:

a) $y = x^2$ **b)** $y = 2x^2$ **c)** $y = -x^2$ **d)** $y = -2x^2$

2 Construa o gráfico de cada uma das funções de $\mathbb{R}$ em $\mathbb{R}$ dadas pelas seguintes leis:

a) $y = x^2 - 2x$ **b)** $y = -x^2 + 3x$ **c)** $y = x^2 - 4x + 5$ **d)** $y = -x^2 + 2x - 1$

3 O gráfico de uma função quadrática definida por $f(x) = ax^2 + bx + c$ é uma parábola que passa pelos pontos (0, 4), (−1, 8) e (2, 2).

a) Determine os valores de **a**, **b**, **c**. **b)** Calcule f(10).

▶ Raízes da função do 2º grau

Chamam-se **zeros** ou **raízes** da função polinomial do 2º grau $f(x) = ax^2 + bx + c$, $a \neq 0$, os números reais **x** tais que f(x) = 0.

Então, as raízes da função $f(x) = ax^2 + bx + c$ são as soluções da equação do 2º grau $ax^2 + bx + c = 0$, as quais são dadas pela chamada **fórmula de Bhaskara**:

$$x = \frac{-b \pm \sqrt{b^2 - 4ac}}{2a}$$

Assim, temos:

$$f(x) = 0 \Rightarrow ax^2 + bx + c = 0 \Rightarrow x = \frac{-b \pm \sqrt{b^2 - 4ac}}{2a}$$

EXEMPLO 3

Vamos obter os zeros da função:

$f(x) = x^2 - 5x + 6$

Temos a = 1, b = −5 e c = 6.

Então:

$$x = \frac{-b \pm \sqrt{b^2 - 4ac}}{2a} = \frac{5 \pm \sqrt{25 - 24}}{2}$$

$$x = \frac{5 \pm 1}{2} \Rightarrow x = 3 \text{ e } x = 2$$

e as raízes são 2 e 3.

EXEMPLO 5

Vamos calcular os zeros da função:

$h(x) = 2x^2 + 3x + 4$

Temos a = 2, b = 3 e c = 4.

Então:

$$x = \frac{-b \pm \sqrt{b^2 - 4ac}}{2a} = \frac{-3 \pm \sqrt{9 - 32}}{4}$$

$$x = \frac{-3 \pm \sqrt{-23}}{4} \notin \mathbb{R}$$

Portanto, essa função não tem zeros reais.

▶ Quantidade de raízes

As raízes de uma função quadrática são os valores de **x** para os quais $y = ax^2 + bx + c = 0$, ou seja, são as abscissas dos pontos em que a parábola intersecta o eixo **x**.

Voltando aos Exemplos 3, 4 e 5, temos:

- o gráfico da função **f** tal que $f(x) = x^2 - 5x + 6$ corta o eixo **x** nos pontos: (3, 0) e (2, 0);
- o gráfico da função **g** tal que $g(x) = 4x^2 - 4x + 1$ tangencia o eixo **x** no ponto: $\left(\frac{1}{2}, 0\right)$;
- o gráfico da função **h** tal que $h(x) = 2x^2 + 3x + 4$ não intersecta o eixo **x**.

EXEMPLO 4

Vamos calcular as raízes da função:

$g(x) = 4x^2 - 4x + 1$

Temos a = 4, b = −4 e c = 1.

Então:

$$x = \frac{-b \pm \sqrt{b^2 - 4ac}}{2a} = \frac{4 \pm \sqrt{16 - 16}}{8} = \frac{4}{8} = \frac{1}{2}$$

e a raiz é $\frac{1}{2}$.

Vejamos como são os respectivos gráficos:

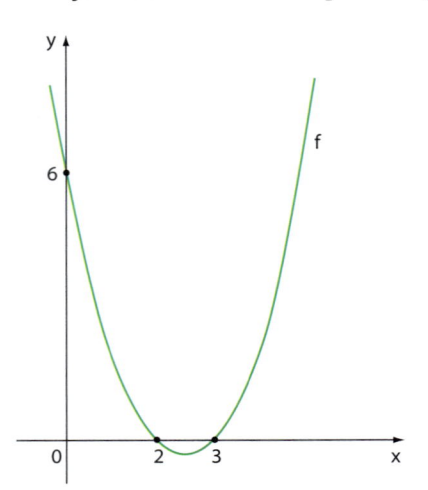 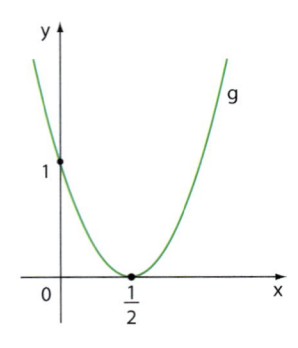 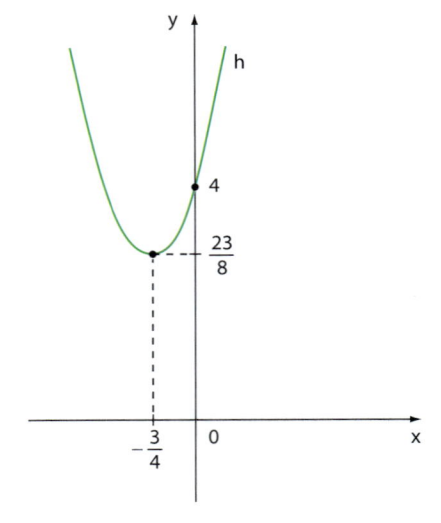

OBSERVAÇÕES

A quantidade de raízes reais de uma função quadrática depende do valor obtido para o radicando $\Delta = b^2 - 4ac$, chamado **discriminante**:

- se $\Delta > 0$, há duas raízes reais e distintas;
- se $\Delta = 0$, há só uma raiz real (ou uma raiz real dupla);
- se $\Delta < 0$, não há raiz real.

EXERCÍCIO **RESOLVIDO**

1 Quais são as condições sobre **m** na função $y = 3x^2 - 2x + (m - 1)$ a fim de que:

a) não existam raízes reais;

c) existam duas raízes reais e distintas.

b) haja uma raiz dupla;

Solução:

Calculando o discriminante (Δ), temos:

$\Delta = (-2)^2 - 4 \cdot 3 \cdot (m - 1) = 4 - 12m + 12 = 16 - 12m$

Devemos ter:

a) $\Delta < 0 \Rightarrow 16 - 12m < 0 \Rightarrow m > \dfrac{4}{3}$

c) $\Delta > 0 \Rightarrow 16 - 12m > 0 \Rightarrow m < \dfrac{4}{3}$

b) $\Delta = 0 \Rightarrow 16 - 12m = 0 \Rightarrow m = \dfrac{4}{3}$

EXERCÍCIOS

4 Determine as raízes reais das funções dadas abaixo.

a) $f(x) = x^2 - 3x + 2$

e) $f(x) = x^2 - 4x + 4$

i) $f(x) = 2x^2 + x + 7$

b) $f(x) = -x^2 - 3x + 10$

f) $f(x) = -x^2 - 6x - 9$

j) $f(x) = (x + 3) \cdot (x - 5)$

c) $f(x) = 3x^2 + 4x + 1$

g) $f(x) = 16x^2 - 8x + 1$

d) $f(x) = 2x^2 + 6x - 1$

h) $f(x) = x^2 + 1$

5 Determine as raízes reais das equações abaixo.

a) $(x - 7) \cdot (x - 9) = 8$

b) $(x + 5)^2 - (2x + 1)^2 = 2$

c) $(x^2 + 3x) \cdot (x^2 - 9) = 0$

d) $\dfrac{x}{x - 2} = \dfrac{2x}{x + 1}$

e) $\dfrac{1}{x} + \dfrac{x}{x - 2} = \dfrac{3x + 1}{x}$

f) $5 + \sqrt{23x + 31} = 3x$

g) $x + \sqrt{x^2 + 1} = 3x + 1$

h) $x^4 - 5x^2 + 4 = 0$

6 Em um retângulo, uma dimensão excede a outra em 4 cm. Sabendo que a área do retângulo é 837 cm², determine o seu perímetro, em metros.

7 Sabe-se que a área da região sombreada vale 14 m² e ABCD é um quadrado de lado $(2x - 10)$ m. Qual é o valor de **x**?

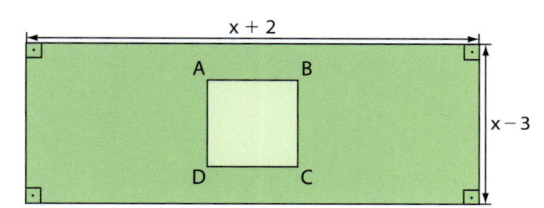

8 Um vendedor de sucos naturais arrecadou, em certo mês, uma média diária de R$ 180,00, vendendo cada copo por um determinado preço. No mês seguinte, aumentou o preço em R$ 0,50 e vendeu uma média de 18 unidades a menos por dia, mas a arrecadação média diária foi a mesma.

Determine:

a) o preço do copo de suco no primeiro mês;

b) o número de copos por dia vendidos no primeiro mês;

c) o número de copos por dia vendidos no segundo mês.

9 Um grupo de professores programou uma viagem de confraternização que custaria, no total, R$ 6 400,00 – valor que dividiriam igualmente entre si. Alguns dias antes da partida, seis professores desistiram da viagem e, assim, cada professor participante pagou R$ 240,00 a mais. Quantos foram à viagem?

10 As idades de dois irmãos têm soma igual a 36 anos. Daqui a 2 anos, uma delas será igual à metade do quadrado da outra. Determine essas idades.

11 Determine $p \in \mathbb{R}$ de modo que a função **f** dada por $f(x) = x^2 - 4x + (p - 1)$ admita duas raízes reais e distintas.

12 Em cada caso, determine $m \in \mathbb{R}$ para que o gráfico da função **f** intersecte o eixo das abscissas duas vezes, uma vez ou nenhuma vez.

a) $f(x) = 3x^2 + 5x + m$

b) $f(x) = mx^2 - 6x - 9$

c) $f(x) = -x^2 + x - (m - 1)$

d) $f(x) = (m + 2)x^2 + (m + 1)x + \dfrac{m}{4}$

13 Qual é o menor número inteiro **p** para o qual a função **f**, de $\mathbb{R}$ em $\mathbb{R}$, dada por $f(x) = 4x^2 + 3x + (p + 2)$ não admite raízes reais?

▶ Soma e produto das raízes

Sendo $\mathbf{x}_1$ e $\mathbf{x}_2$ as raízes da equação $ax^2 + bx + c = 0$, $a \neq 0$, vamos calcular $x_1 + x_2$ e $x_1 \cdot x_2$.

$$x_1 + x_2 = \frac{-b - \sqrt{\Delta}}{2a} + \frac{-b + \sqrt{\Delta}}{2a} = -\frac{2b}{2a} = -\frac{b}{a}$$

$$x_1 \cdot x_2 = \frac{-b - \sqrt{\Delta}}{2a} \cdot \frac{-b + \sqrt{\Delta}}{2a} = \frac{b^2 - \left(\sqrt{\Delta}\right)^2}{(2a)^2} = \frac{b^2 - (b^2 - 4ac)}{4a^2} = \frac{c}{a}$$

EXEMPLO 6

A soma das raízes da equação $3x^2 + 2x - 5 = 0$ é $x_1 + x_2 = -\dfrac{b}{a} = -\dfrac{2}{3}$, e o produto dessas raízes é

$$x_1 \cdot x_2 = \frac{c}{a} = -\frac{5}{3}.$$

EXERCÍCIO RESOLVIDO

2 Determinar $k \in \mathbb{R}$, a fim de que uma das raízes da equação $x^2 - 5x + (k + 3) = 0$ seja igual ao quádruplo da outra.

Solução:

Utilizando as fórmulas da soma e do produto, temos:

$x_1 + x_2 = -\dfrac{b}{a} = 5$ ① e $x_1 \cdot x_2 = \dfrac{c}{a} = k + 3$ ②

Do enunciado, vem $x_1 = 4x_2$. ③

Substituindo ③ em ①, temos:

$4x_2 + x_2 = 5 \Rightarrow x_2 = 1 \Rightarrow x_1 = 4$

De ②, vem:

$1 \cdot 4 = k + 3 \Rightarrow k = 1$

 ## Forma fatorada

Seja $f: \mathbb{R} \to \mathbb{R}$ uma função polinomial do 2º grau dada por $y = ax^2 + bx + c$, com raízes $\mathbf{x}_1$ e $\mathbf{x}_2$.

Então **f** pode ser escrita na forma $y = a \cdot (x - x_1) \cdot (x - x_2)$, que é a chamada **forma fatorada** da função de 2º grau (lembre que fatorar uma expressão algébrica significa escrevê-la sob a forma de multiplicação).

Vamos mostrar esta propriedade:

$y = ax^2 + bx + c = a \cdot \left(x^2 + \dfrac{b}{a}x + \dfrac{c}{a}\right)$; lembrando que $x_1 + x_2 = -\dfrac{b}{a}$ e $x_1 \cdot x_2 = \dfrac{c}{a}$, podemos escrever:

$y = a \cdot \left[x^2 - \left(x_1 + x_2\right) \cdot x + x_1 \cdot x_2\right]$

$y = a \cdot \left[x^2 - x_1 x - x_2 x + x_1 x_2\right]$

$y = a \cdot \left[x \cdot \left(x - x_1\right) - x_2 \cdot \left(x - x_1\right)\right]$

$y = a \cdot \left[\left(x - x_1\right) \cdot \left(x - x_2\right)\right] = a \cdot \left(x - x_1\right) \cdot \left(x - x_2\right)$

EXEMPLO 7

As raízes da função $y = x^2 - 2x - 3$ são -1 e 3. A forma fatorada dessa função é
$y = 1 \cdot [x - (-1)] \cdot (x - 3) = (x + 1) \cdot (x - 3)$

EXERCÍCIOS

14 Determine, em cada caso, a soma (**S**) e o produto (**P**) das raízes das funções dadas abaixo.

a) $f(x) = x^2 - 7x + 9$

b) $f(x) = 2x^2 + 5x - 6$

c) $f(x) = -x^2 + 2x$

d) $f(x) = -2x^2 + 18$

e) $f(x) = -3x^2 + 7x - 2$

f) $f(x) = (x + 10) \cdot (x - 4)$

15 Determine $p \in \mathbb{R}$ a fim de que uma das raízes da equação $x^2 - 5x + (p + 3) = 0$ seja igual ao quádruplo da outra. Quais são essas raízes?

16 A diferença entre as raízes da equação $2x^2 + 3x - m = 0$, na incógnita $\mathbf{x}$, é igual a $\dfrac{1}{2}$. Calcule o valor de $\mathbf{m}$.

17 Determine $k \in \mathbb{R}$ de modo que o produto das raízes da função **f** dada por $f(x) = 2x^2 - 3x + (k - 1)$ seja igual a -10. Nessas condições, quais são as raízes de **f**?

18 Dado o gráfico de **f**, determine o sinal da soma (**S**) e do produto (**P**) das raízes.

a)
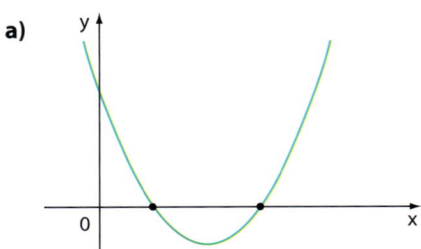

b)
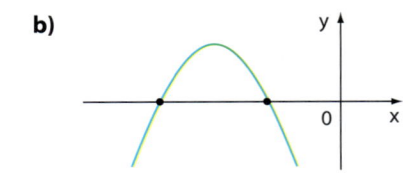

c)

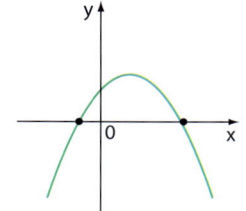

d)

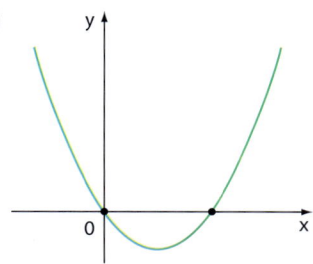

19 Escreva as funções dadas abaixo na forma fatorada.

a) $f(x) = x^2 + x - 42$

b) $f(x) = x^2 - 4$

c) $f(x) = 2x^2 - 7x + 3$

d) $f(x) = 9x^2 - 12x + 4$

e) $f(x) = -x^2 + 5x - 6$

20 O gráfico de uma função quadrática **f** é uma parábola que passa pelos pontos $(5, 0)$, $(-3, 0)$ e $(6, -18)$. Qual é a lei que define **f**?

Sugestão: Use a forma fatorada.

21

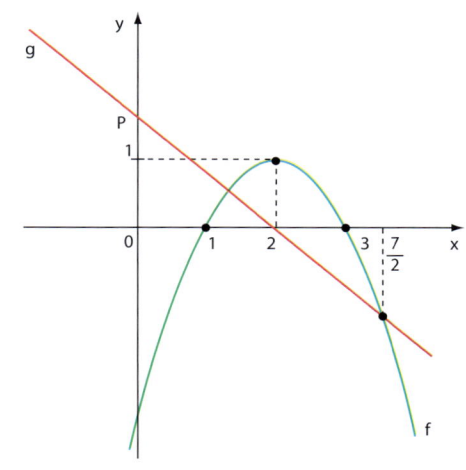

A figura mostra os gráficos de duas funções **f** e **g**.

a) Usando a forma fatorada, obtenha a lei que define **f**.

b) Qual é a lei que define **g**?

c) Qual é a ordenada do ponto **P**?

▶ Coordenadas do vértice da parábola

Nosso objetivo é obter as coordenadas do ponto $V(x_v, y_v)$, chamado **vértice** da parábola.

Quando $a > 0$, a parábola tem concavidade voltada para cima e um ponto de mínimo **V**; quando $a < 0$, a parábola tem concavidade voltada para baixo e um ponto de máximo **V**.

• Quando $a > 0$

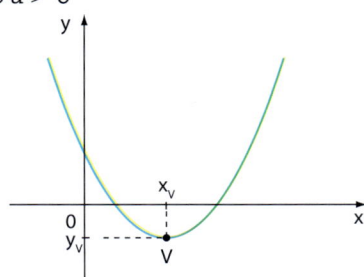

• Quando $a < 0$

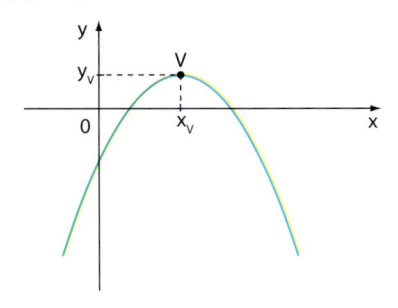

Vamos retomar a fórmula da função quadrática e escrevê-la de outra forma:

$$y = ax^2 + bx + c = a\left(x^2 + \frac{b}{a}x + \frac{c}{a}\right)$$

$$y = a\left[\left(x^2 + \frac{b}{a}x + \frac{b^2}{4a^2}\right) - \frac{b^2}{4a^2} + \frac{c}{a}\right]$$

$$y = a\left[\left(x^2 + \frac{b}{a}x + \frac{b^2}{4a^2}\right) - \left(\frac{b^2}{4a^2} - \frac{c}{a}\right)\right]$$

$$y = a\left[\left(x + \frac{b}{2a}\right)^2 - \frac{b^2 - 4ac}{4a^2}\right]$$

$$y = a\left[\left(x + \frac{b}{2a}\right)^2 - \frac{\Delta}{4a^2}\right]$$

Observando essa última forma, podemos notar que a, $\frac{b}{2a}$ e $\frac{\Delta}{4a^2}$ são constantes. Apenas **x** é variável. Daí:

• se $a > 0$, então o valor mínimo de **y** ocorre quando ocorrer o valor mínimo para $\left(x + \frac{b}{2a}\right)^2 - \frac{\Delta}{4a^2}$; como $\left(x + \frac{b}{2a}\right)^2$ é sempre maior ou igual a zero, seu valor mínimo ocorre quando $x + \dfrac{b}{2a} = 0$, ou seja, quando $x = \dfrac{-b}{2a}$. Nessa situação, o valor mínimo de **y** é

$$y = a\left(0 - \dfrac{\Delta}{4a^2}\right) = -\dfrac{\Delta}{4a};$$

- se $a < 0$, por meio de raciocínio semelhante concluímos que o valor máximo de **y** ocorre quando $x = -\dfrac{b}{2a}$. Nessa situação, o valor máximo de **y** é

$$y = a\left(0 - \dfrac{\Delta}{4a^2}\right) = -\dfrac{\Delta}{4a}.$$

Concluindo, em ambos os casos as coordenadas de **V** são:

$$V\left(-\dfrac{b}{2a}, -\dfrac{\Delta}{4a}\right)$$

OBSERVAÇÕES

O valor $y_v = \dfrac{-\Delta}{4a}$ também pode ser obtido por substituição de $x = x_v = \dfrac{-b}{2a}$ na lei $y = ax^2 + bx + c$.

EXERCÍCIOS RESOLVIDOS

3 Qual é o menor valor que assume a função:

$$y = x^2 - 12x + 30?$$

Solução:

Como $a > 0$, a função admite ponto de mínimo. O valor mínimo que a função assume é:

$$y_v = -\dfrac{\Delta}{4a} = -\dfrac{144 - 120}{4} = -\dfrac{24}{4} = -6$$

4 Uma bala de canhão é atirada por um tanque de guerra (como mostra a figura) e descreve uma trajetória em forma de parábola de equação $y = -\dfrac{1}{20}x^2 + 2x$ (sendo **x** e **y** medidos em metros).

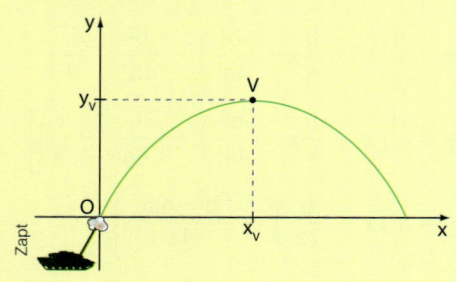

Pergunta-se:

a) Qual é a altura máxima atingida pela bala?

b) Qual é o alcance do disparo?

Solução:

a) Como $a = -\dfrac{1}{20} < 0$, a parábola tem um ponto máximo **V** cujas coordenadas são (x_v, y_v). Temos:

$$x_v = -\dfrac{b}{2a} = \dfrac{-2}{2 \cdot \left(-\dfrac{1}{20}\right)} = 20$$

$$y_v = -\dfrac{\Delta}{4a} = \dfrac{-4}{4 \cdot \left(-\dfrac{1}{20}\right)} = 20 \text{ (ou substituímos}$$

x por 20 na equação para obter **y**$_v$)

Assim, a altura máxima atingida é 20 m.

b) A bala toca o solo quando $y = 0$, isto é:

$$-\dfrac{1}{20}x^2 + 2x = 0 \Rightarrow x = 0 \text{ ou } x = 40$$

Observe que $x = 0$ representa o ponto inicial do disparo, então, o alcance do disparo é 40 m.

Imagem

O conjunto imagem Im da função $y = ax^2 + bx + c$, $a \neq 0$, é o conjunto dos valores que **y** pode assumir. Há duas possibilidades:

- Se $a > 0$

$$Im = \left\{ y \in \mathbb{R} \,\middle|\, y \geqslant y_v = -\dfrac{\Delta}{4a} \right\}$$

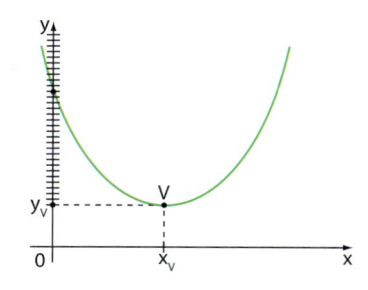

• Se a < 0

$$Im = \left\{ y \in \mathbb{R} \;\middle|\; y \leq y_v = -\frac{\Delta}{4a} \right\}$$

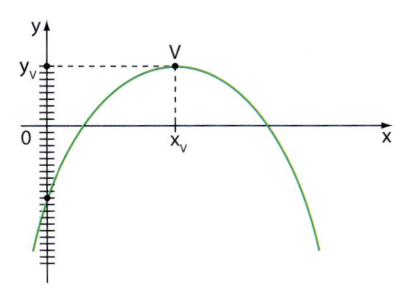

Como a > 0, a função admite ponto de mínimo.

O valor mínimo correspondente é $y_v = -6$.

Assim, temos: $Im = \left\{ y \in \mathbb{R} \mid y \geq -6 \right\}$

Considere a função dada por $y = x^2 - 12x + 30$.

$$x_v = \frac{-b}{2a} = -\frac{-(-12)}{2} = 6$$

$$y_v = 6^2 - 12 \cdot 6 + 30 = -6$$

Vamos determinar o conjunto imagem da função quadrática dada por $y = -3x^2 + 5x - 2$.

A ordenada do vértice **V** dessa parábola é:

$$y_v = -\frac{\Delta}{4a} = -\frac{25 - 24}{-12} = \frac{1}{12}$$

Como a < 0, a função admite ponto de máximo. O valor máximo é $y_v = \frac{1}{12}$; então, temos:

$$Im = \left\{ y \in \mathbb{R} \mid y \leq \frac{1}{12} \right\}$$

EXERCÍCIOS

22 Para cada função a seguir, encontre as coordenadas do vértice da parábola que a representa. Depois, especifique se o vértice é ponto de máximo ou mínimo, encontrando também o valor máximo (ou mínimo) que a função assume.

a) $f(x) = 3x^2 - 12$

b) $f(x) = x^2 - 4x + 3$

c) $f(x) = -x^2 + 12x - 30$

d) $f(x) = -3x^2$

e) $f(x) = x^2 - x + 1$

23 Uma bola é lançada a partir do solo e sua altura (**h**), em metros, é dada em função do tempo (**t**), em segundos, pela fórmula $h(t) = -\frac{3}{4}t^2 + 12t$.

Determine:

a) o tempo necessário para que a bola atinja a altura máxima.

b) a altura máxima atingida pela bola.

c) o instante em que a bola retorna ao solo.

24 Estima-se que, para o exportador, o valor v(x), em milhares de reais, do quilograma de certo minério seja dado pela lei: $v(x) = 0,6x^2 - 2,4x + 6$, sendo **x** o número de anos contados a partir de 2010 (x = 0), com $0 \leq x \leq 10$.

a) Entre que anos o valor do quilograma desse produto diminuiu?

b) Qual é o valor mínimo atingido pelo quilograma do produto?

c) Em que ano o preço do quilograma do produto será máximo? Qual será esse valor?

25 Determine o conjunto imagem das funções dadas abaixo:

a) $f(x) = x^2 - 1$

b) $f(x) = -x^2 - 2x + 3$

c) $f(x) = -5x^2 + 6x - 1$

d) $f(x) = (3x - 2)^2$

e) $f(x) = (3 - x) \cdot (x + 5)$

26 A parábola seguinte representa a função f: $\mathbb{R} \to \mathbb{R}$ definida por $f(x) = -2x^2 + bx + c$:

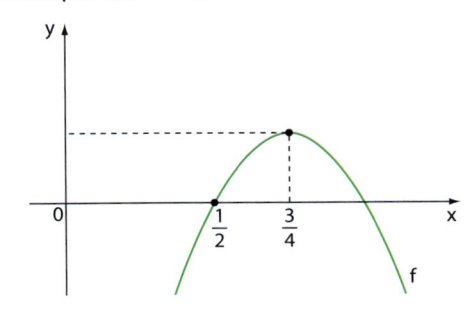

Obtenha o conjunto imagem de **f**.

27 O Instituto de Meteorologia de uma cidade no Sul do país registrou a temperatura local nas doze primeiras horas de um dia de inverno. Uma lei que pode representar a temperatura (**y**), em graus Celsius, em função da hora (**x**) é:

$$y = \frac{1}{4}x^2 - \frac{7}{2}x + k, \text{ com } 0 \leqslant x \leqslant 12$$

e **k** uma constante real.

a) Determine o valor de **k**, sabendo que às 3 horas da manhã a temperatura indicou 0 °C.

b) Qual foi a temperatura mínima registrada?

28 Determine m ∈ ℝ na função quadrática **f** dada por f(x) = mx² + (m − 1)x + (m + 2) para que o conjunto imagem de **f** seja Im = {y ∈ ℝ | y ⩽ 2}.

29 Entre todos os retângulos de perímetro 20 cm, determine aquele cuja área é máxima. Qual é essa área?

30 Um fazendeiro possui 150 metros de um rolo de tela para fazer um jardim retangular e um pomar, aproveitando, como um dos lados, parte de um muro, conforme indica a figura seguinte:

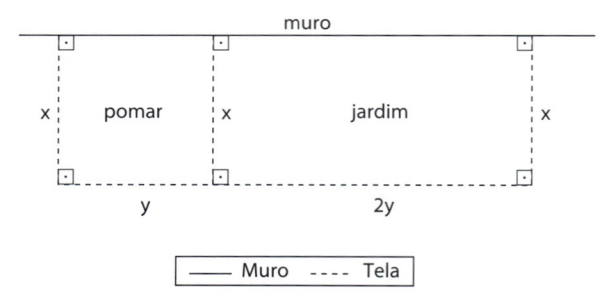

a) Para cercar com tela a maior área possível, quais devem ser os valores de **x** e **y**?

b) Qual seria a resposta, caso não fosse possível aproveitar a parte do muro indicada, sendo necessário cercá-la com a tela?

c) No caso do item *b*, em que percentual ficaria reduzida a área máxima do jardim e do pomar reunidos?

A receita máxima

No capítulo 4, estudamos as funções receita, custo e lucro e trabalhamos com a hipótese de que o preço de venda do produto é constante. Porém, muitas vezes, ele pode variar de acordo com a demanda de mercado, isto é, a quantidade desse produto que um grupo de consumidores pretende adquirir em um intervalo de tempo (dia, mês, ano etc.). Nesse caso, em geral, quanto maior o preço estabelecido, menor será a quantidade vendida. Vejamos.

Ao longo de uma temporada de verão, o proprietário de uma barraca de acarajé em Salvador percebeu que, em média, eram vendidos 40 acarajés por dia, quando o preço médio da unidade era fixado em R$ 3,50. Ele também observou que, para cada R$ 0,05 de desconto no preço do acarajé (limitado a um desconto máximo de R$ 2,00), o número de acarajés vendidos por dia aumentava em 1 unidade.

Qual deverá ser o preço da venda do acarajé a fim de proporcionar máxima receita ao proprietário?

Seja **x** o número de descontos de R$ 0,05 a serem dados sobre o preço normal do acarajé. Temos:

• preço unitário de venda na promoção:

$$3,50 - 0,05 \cdot x \quad (*)$$

• receita obtida na promoção:

R = (número de acarajés vendidos) · (preço unitário de venda), isto é:

R(x) = (40 + 1 · x) · (3,50 − 0,05x)

R(x) = −0,05 x² + 1,5x + 140

R é máximo se $x = \dfrac{-b}{2a} = \dfrac{-1,5}{2 \cdot (-0,05)} = 15$

Assim, em (*), o preço unitário de venda é R$ 2,75 (3,50 − 0,05 · 15 = 2,75); o número de acarajés vendidos é 55 (40 + 1 · 15 = 55); e a receita máxima é R$ 151,25 (55 · 2,75 = 151,25).

▶ Construção da parábola

É possível construir o gráfico de uma função polinomial do 2º grau sem montar a tabela de pares (x, y), seguindo apenas o roteiro de observações seguinte:

- O sinal do coeficiente **a** define a concavidade da parábola.

- As raízes (ou zeros) definem os pontos em que a parábola intersecta o eixo Ox.

- O vértice $V\left(-\dfrac{b}{2a}, -\dfrac{\Delta}{4a}\right)$ indica o ponto de mínimo (se $a > 0$) ou de máximo (se $a < 0$).

- A reta que passa por **V** e é paralela ao eixo Oy é o eixo de simetria da parábola.

- Para $x = 0$, temos $y = a \cdot 0^2 + b \cdot 0 + c = c$; então, $(0, c)$ é o ponto em que a parábola intersecta o eixo Oy.

- vértice: $V = \left(-\dfrac{b}{2a}, -\dfrac{\Delta}{4a}\right) = (1, 0)$
- interseção com o eixo **y**: $(0, c) = (0, 1)$

  Note que $Im = \{y \in \mathbb{R} \mid y \geqslant 0\}$.

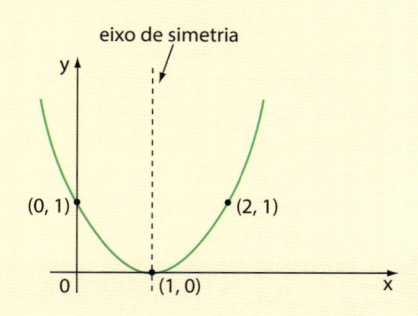

EXEMPLO **10**

Façamos o esboço do gráfico da função
$y = 2x^2 - 5x + 2$.

Características:

- concavidade voltada para cima, pois $a = 2 > 0$

- raízes: $2x^2 - 5x + 2 = 0 \Rightarrow x = \dfrac{1}{2}$ ou $x = 2$

- vértice: $V = \left(-\dfrac{b}{2a}, -\dfrac{\Delta}{4a}\right) = \left(\dfrac{5}{4}, -\dfrac{9}{8}\right)$

- interseção com o eixo **y**: $(0, c) = (0, 2)$

  Note que $Im = \left\{y \in \mathbb{R} \mid y \geqslant -\dfrac{9}{8}\right\}$.

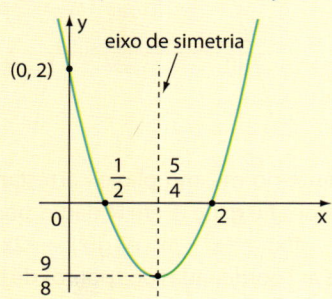

EXEMPLO **11**

Vamos construir o gráfico da função
$y = x^2 - 2x + 1$.

Características:

- concavidade voltada para cima, pois $a = 1 > 0$
- raízes: $x^2 - 2x + 1 = 0 \Rightarrow x = 1$ (raiz dupla)

EXEMPLO **12**

Vamos construir o gráfico da função
$y = -x^2 - x - 3$.

Características:

- concavidade voltada para baixo, pois
  $a = -1 < 0$
- zeros: $-x^2 - x - 3 = 0 \Rightarrow \nexists\ x$ real, pois $\Delta < 0$

- vértice: $V = \left(-\dfrac{b}{2a}, -\dfrac{\Delta}{4a}\right) = \left(-\dfrac{1}{2}, -\dfrac{11}{4}\right)$
- interseção com o eixo **y**: $(0, c) = (0, -3)$

Como temos apenas dois pontos, podemos obter mais alguns, como, por exemplo:

$x = 1 \Rightarrow y = -5$; $x = -1 \Rightarrow y = -3$ etc.

Note que $Im = \left\{y \in \mathbb{R} \mid y \leqslant -\dfrac{11}{4}\right\}$.

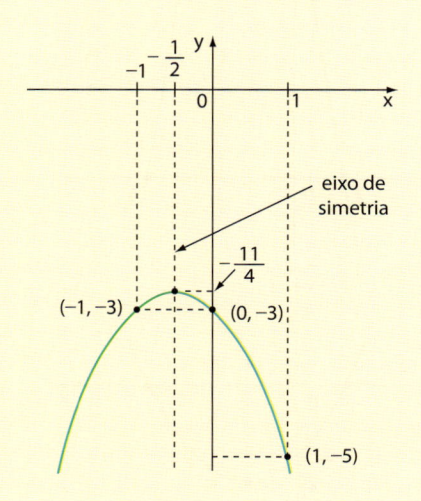

EXEMPLO 13

Qual é a lei da função quadrática cujo gráfico está representado abaixo?

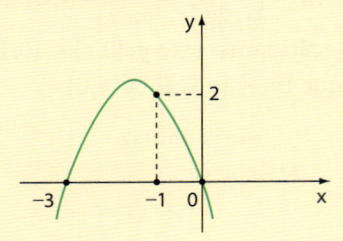

As raízes da função quadrática são -3 e 0; então sua lei, na forma fatorada, é:

$$y = a \cdot (x + 3) \cdot (x - 0)$$

Para $x = -1$ temos $y = 2$, então:

$$2 = a(-1 + 3) \cdot (-1 - 0) \Rightarrow 2 = -2a \Rightarrow a = -1$$

e daí:

$$y = -1(x + 3) \cdot x \Rightarrow y = -x^2 - 3x$$

EXERCÍCIOS

31 Faça o esboço do gráfico das funções dadas pelas leis seguintes, com domínio em $\mathbb{R}$, destacando o conjunto imagem; depois, determine os intervalos em que **f** é crescente ou decrescente.

a) $y = x^2 - 6x + 8$

b) $y = -2x^2 + 4x$

c) $y = x^2 - 4x + 4$

d) $y = (x - 3) \cdot (x + 2)$

e) $y = -x^2 + \dfrac{1}{4}$

f) $y = x^2 + 2x + 5$

32 Determine a lei que define cada uma das funções cujos gráficos estão representados a seguir.

a)

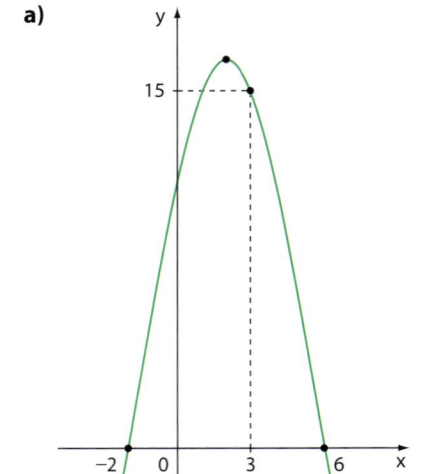

b)

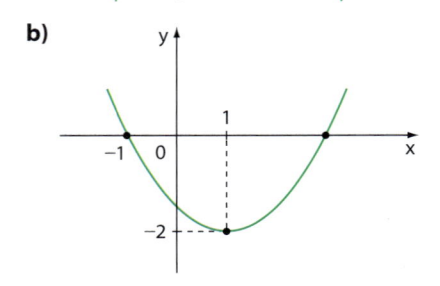

c)

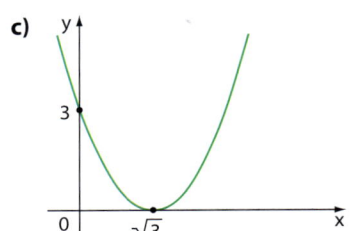

33 A parábola seguinte representa a função dada por $f(x) = ax^2 + bx + c$. Determine o sinal dos coeficientes **a**, **b** e **c**.

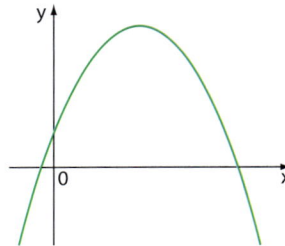

34 Represente no mesmo plano cartesiano os gráficos das funções **f** e **g**, de $\mathbb{R}$ em $\mathbb{R}$ dadas por:

$$f(x) = -x^2 - 3x \quad e \quad g(x) = -2x - 2$$

Forneça as coordenadas dos pontos de interseção dos gráficos de **f** e **g**.

35 No gráfico a seguir tem-se os gráficos das funções quadráticas **f** e **g**.

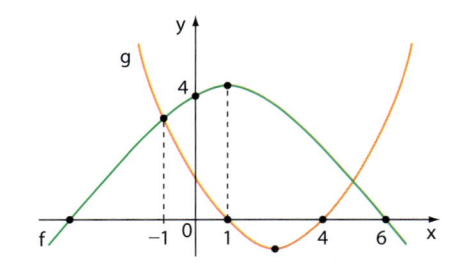

Determine:

a) as raízes de **f**;

b) o vértice de **f** e o de **g**.

36 Um biólogo desejava comparar a ação de dois fertilizantes. Para isso, duas plantas **A** e **B** da mesma espécie, que nasceram no mesmo dia, foram desde o início tratadas com fertilizantes diferentes.

Durante vários dias ele acompanhou o crescimento dessas plantas, medindo, dia a dia, suas alturas. Ele observou que a planta **A** cresceu linearmente, à taxa de 2,5 cm por dia; a altura da planta **B** pode ser modelada pela função dada por $y = \dfrac{20x - x^2}{6}$, em que **y** é a altura medida em centímetros e **x** é o tempo medido em dias:

a) Obtenha a diferença entre as alturas dessas plantas com 2 dias de vida.

b) Qual é a lei da função que representa a altura **y** da planta **A** em função de **x** (número de dias)?

c) Determine o dia em que as duas plantas atingiram a mesma altura e qual foi essa altura.

d) Represente, no mesmo plano cartesiano, os gráficos das funções que representam as alturas das duas plantas.

e) Calcule a taxa média de variação do crescimento das plantas **A** e **B** do 1° ao 4° dia.

▶ Sinal

Consideremos uma função quadrática dada por $y = f(x) = ax^2 + bx + c$ e determinemos os valores de **x** para os quais **y** é negativo e os valores de **x** para os quais **y** é positivo. Conforme o sinal do discriminante $\Delta = b^2 - 4ac$, podem ocorrer os seguintes casos:

▶ $\Delta > 0$

Nesse caso, a função quadrática admite duas raízes reais distintas $(x_1 \neq x_2)$. A parábola intersecta o eixo Ox em dois pontos, e o sinal da função é o indicado nos gráficos a seguir.

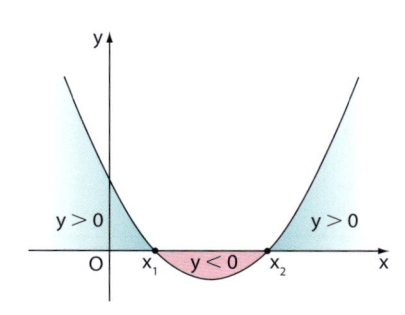

$$a > 0$$
$$y > 0 \Leftrightarrow x < x_1 \text{ ou } x > x_2$$
$$y < 0 \Leftrightarrow x_1 < x < x_2$$

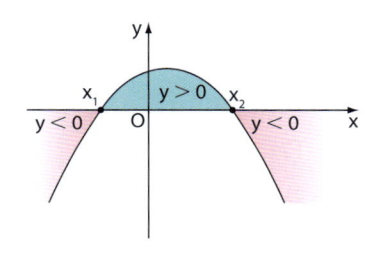

$$a < 0$$
$$y > 0 \Leftrightarrow x_1 < x < x_2$$
$$y < 0 \Leftrightarrow x < x_1 \text{ ou } x > x_2$$

▶ $\Delta = 0$

Nesse caso, a função quadrática admite duas raízes reais iguais $(x_1 = x_2)$. A parábola tangencia o eixo Ox, e o sinal da função é o indicado nos gráficos a seguir.

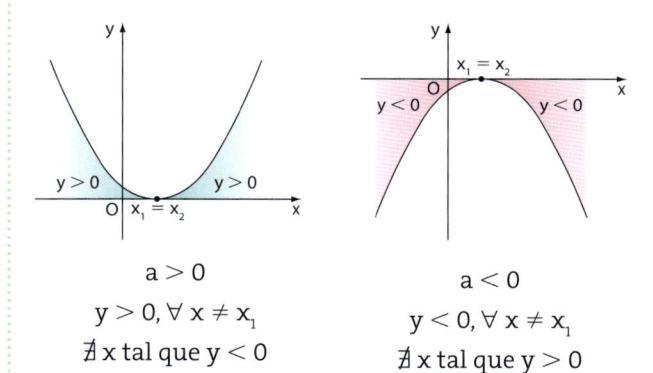

$$a > 0$$
$$y > 0, \forall\, x \neq x_1$$
$$\nexists\, x \text{ tal que } y < 0$$

$$a < 0$$
$$y < 0, \forall\, x \neq x_1$$
$$\nexists\, x \text{ tal que } y > 0$$

▶ $\Delta < 0$

Nesse caso, a função quadrática não admite raízes reais. A parábola não intersecta o eixo Ox, e o sinal da função é o indicado nos gráficos a seguir.

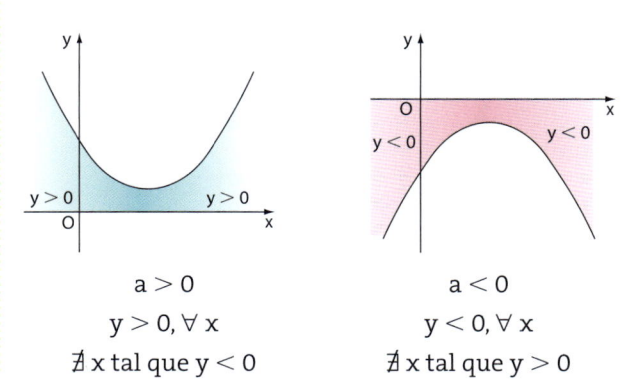

$$a > 0$$
$$y > 0, \forall\, x$$
$$\nexists\, x \text{ tal que } y < 0$$

$$a < 0$$
$$y < 0, \forall\, x$$
$$\nexists\, x \text{ tal que } y > 0$$

EXEMPLO 14

Vamos estudar o sinal de $y = x^2 - 5x + 6$.
Temos:
$a = 1 > 0 \rightarrow$ parábola com concavidade voltada para cima
$\Delta = b^2 - 4ac = 25 - 24 = 1 > 0 \rightarrow$ dois zeros reais distintos

$$x = \frac{-b \pm \sqrt{\Delta}}{2a} = \frac{5 \pm 1}{2} \Rightarrow x_1 = 2 \text{ e } x_2 = 3$$

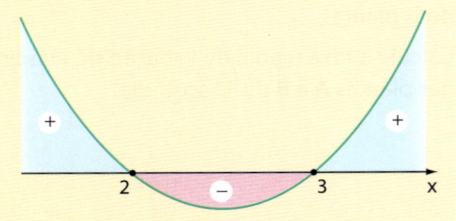

Resposta: $y > 0 \Leftrightarrow x < 2$ ou $x > 3$ e
$y < 0 \Leftrightarrow 2 < x < 3$

EXEMPLO 15

Vamos estudar o sinal de $y = -x^2 + 6x - 9$.
$a = -1 < 0 \rightarrow$ concavidade voltada para baixo
$\Delta = b^2 - 4ac = 0 \rightarrow$ dois zeros reais iguais

$$x = \frac{-b \pm \sqrt{\Delta}}{2a} = \frac{-6 \pm 0}{-2} = 3$$

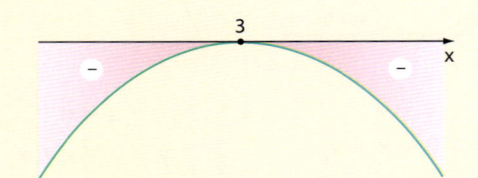

Resposta: $y < 0, \forall x \neq 3$
$\nexists x$ tal que $y > 0$

EXEMPLO 16

Vamos estudar o sinal de $y = 3x^2 - 2x + 5$.
$a = 3 > 0 \rightarrow$ concavidade voltada para cima
$\Delta = b^2 - 4ac = -56 < 0 \rightarrow$ não há zeros reais

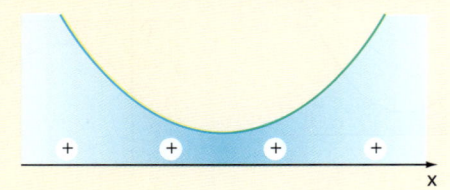

Resposta: $y > 0, \forall x \in \mathbb{R}$
$\nexists x$ tal que $y < 0$

EXERCÍCIOS

37 Estude o sinal das funções representadas abaixo.

a)

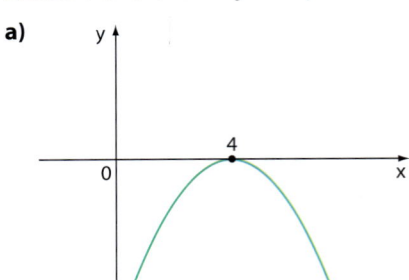

b)

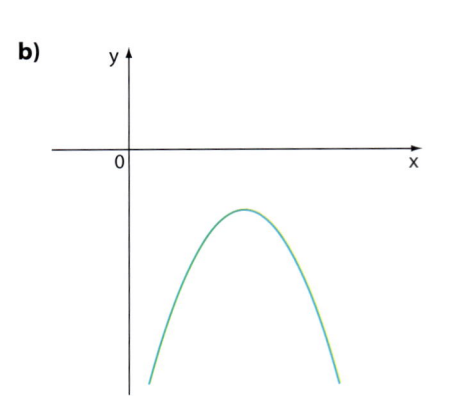

c)

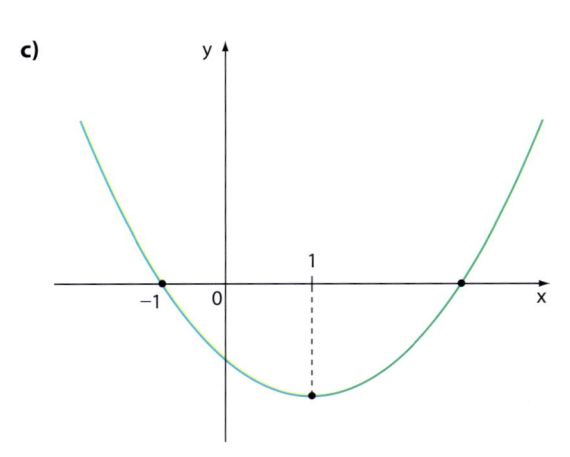

38 Estude o sinal das funções dadas por:

a) $f(x) = 7x - x^2$

b) $f(x) = 4x^2 + 7$

c) $f(x) = x^2 - 12x + 36$

d) $f(x) = x^2 - 2x - 15$

e) $f(x) = 2x^2 - x - 1$

f) $f(x) = -2x^2 + 6$

g) $f(x) = -3x^2 - x - 5$

▶ Inequações

Vamos aplicar o estudo do sinal da função quadrática na resolução de inequações.

EXEMPLO 17

Vejamos como resolver em $\mathbb{R}$ a inequação $6x^2 - 5x + 1 \leq 0$.

Chamemos de **y** a função quadrática que está no 1º membro: $y = 6x^2 - 5x + 1$.

Vamos agora estudar o sinal de **y**:

$a = 6 > 0, \Delta = 1 > 0$, raízes: $\dfrac{1}{2}$ e $\dfrac{1}{3}$

A inequação pergunta: "Para que valores de **x** temos $y \leq 0$?".

Resposta:

$\dfrac{1}{3} \leq x \leq \dfrac{1}{2}$ ou $S = \left\{ x \in \mathbb{R} \mid \dfrac{1}{3} \leq x \leq \dfrac{1}{2} \right\}$

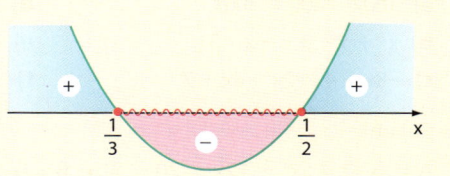

EXEMPLO 18

Vejamos como resolver em $\mathbb{R}$ a inequação:

$x^2 + x \geq 2x^2 + 1$

Vamos passar todos os termos da inequação para um dos membros; por exemplo, para o 1º membro:

$x^2 + x - 2x^2 - 1 \geq 0$

$-x^2 + x - 1 \geq 0$

- Estudo do sinal de $y = -x^2 + x - 1$

Temos:

$a = -1 \rightarrow$ parábola com concavidade voltada para baixo

$\Delta = b^2 - 4ac = 1 - 4 = -3 \rightarrow$ não há zeros reais

Concluindo: $y < 0, \forall x$.

A inequação pergunta: "Para que valores de **x** temos $y \geq 0$?".

Resposta: $\nexists x \in \mathbb{R}; S = \varnothing$.

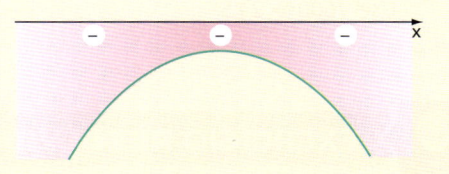

EXEMPLO 19

Vamos resolver em $\mathbb{R}$ a inequação:

$2x^2 + 3x + 1 \geq -x(1 + 2x)$

Temos:

$2x^2 + 3x + 1 + x(1 + 2x) \geq 0$

$4x^2 + 4x + 1 \geq 0$

- Estudo do sinal de $y = 4x^2 + 4x + 1$

$a = 4 > 0, \Delta = 0$, raiz: $-\dfrac{1}{2}$

A inequação pergunta: "Para que valores de **x** temos $y \geq 0$?".

Resposta: Para qualquer **x** real; $S = \mathbb{R}$.

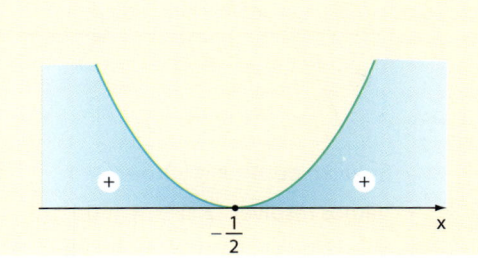

EXERCÍCIOS

39 Determine, em $\mathbb{R}$, o conjunto solução das inequações:

a) $x^2 + 6x - 7 < 0$

b) $3x^2 - 7x + 2 \geqslant 0$

c) $-x^2 + 4 \leqslant 0$

d) $-x^2 - 3x - 2 > 0$

e) $x^2 + 1 \geqslant 0$

f) $x \cdot (x + 4) \leqslant 0$

g) $x^2 > 41^2$

h) $x \cdot (2 - x) > x \cdot (x + 3)$

40 Determine, em $\mathbb{R}$, o conjunto solução das inequações:

a) $100x^2 - 400 \leqslant 300x$

b) $x^2 + x - 3 < -x - 5$

c) $-8x + 4 \geqslant 2x^2 - 4x + 7$

d) $x \cdot (x - 8) > -16$

e) $(x + 3)^2 \leqslant 0$

f) $-2x \cdot (x + 1) \leqslant -x^2 + 1$

g) $x^2 - 4x > 7$

h) $-x^2 < -x$

41 Sejam:

$A = \{x \in \mathbb{Z} \mid x^2 + 12x + 20 < 0\}$ e $B = \{x \in \mathbb{Z} \mid -x^2 - 5x - 4 \leqslant 0\}$

Determine:

a) $A \cap B$

b) $A \cup B$

42 Na fabricação de certo produto, o lucro mensal, em milhares de reais, de uma empresa é dado por

$L(x) = -\dfrac{3x^2}{4} + 90x - 1500$, sendo **x** o número de milhares de peças vendidas no mês. Determine:

a) o lucro em um mês em que foram vendidas 80 000 peças.

b) quantas peças foram vendidas em um mês em que o lucro foi de 525 mil reais.

c) quantas peças devem ser vendidas no mês para o lucro ser máximo.

d) o lucro mensal máximo obtido na venda dessas peças.

e) para que valores de **x** a empresa tem prejuízo, isto é, $L < 0$.

f) em que intervalo deve variar o número de peças vendidas a fim de que o lucro supere 1 milhão de reais. Use $\sqrt{600} \simeq 24,5$

EXERCÍCIO **RESOLVIDO**

5 Resolver, em $\mathbb{R}$, a inequação:

$1 < x^2 \leqslant 4$

Solução:

De fato, são duas inequações simultâneas:

$1 < x^2$ ① e $x^2 \leqslant 4$ ②

- Vamos resolver ① : $1 - x^2 < 0$

  Estudo do sinal de $y = 1 - x^2$

  $a = -1 < 0, \Delta = 4 > 0$, raízes: -1 e 1

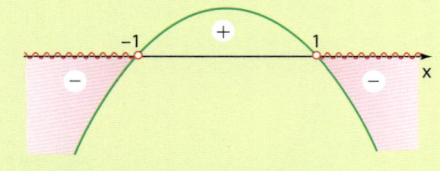

  Solução de ① : $x < -1$ ou $x > 1$

- Vamos resolver ② : $x^2 - 4 \leqslant 0$

Estudo do sinal de $y = x^2 - 4$

$a = 1 > 0, \Delta = 16 > 0$, raízes: -2 e 2

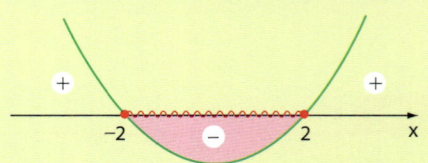

Solução de ② : $-2 \leqslant x \leqslant 2$

Procuremos agora a interseção das duas soluções:

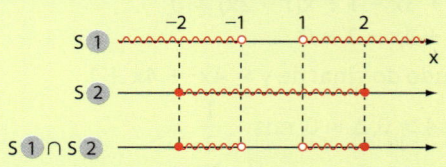

$-2 \leqslant x < -1$ ou $1 < x \leqslant 2$

EXERCÍCIOS

43 Determine, em $\mathbb{R}$, o conjunto solução das inequações:
a) $9 \leqslant x^2 \leqslant 16$ **b)** $-3 \leqslant x^2 + 1 \leqslant 5$ **c)** $4 - 4x \leqslant 3x^2 < 15 - 4x$ **d)** $x < x^2 < 4x$

44 Determine, em $\mathbb{R}$, o conjunto solução de:

a) $\begin{cases} 4x^2 - 5x + 1 \geqslant 0 \\ x^2 \leqslant x \end{cases}$ **b)** $\begin{cases} x^2 - 3x + 2 \leqslant 0 \\ x^2 + 5x - 6 > 0 \end{cases}$

45 Determine o domínio da função **f** definida por $f(x) = \sqrt{x^2 - 4} + \sqrt{16 - x^2}$.

EXERCÍCIOS RESOLVIDOS

6 Resolver, em $\mathbb{R}$, a inequação:
$(2x^2 - 5x) \cdot (2 + x - x^2) < 0$

Solução:

- Façamos $y_1 = 2x^2 - 5x$ e estudemos o sinal de $\mathbf{y}_1$:

  $a = 2 > 0, \Delta = 25$, raízes: 0 e $\dfrac{5}{2}$

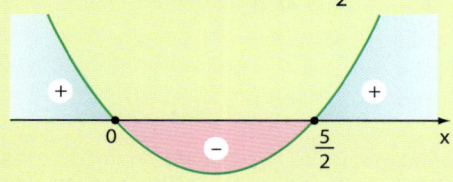

- Vamos fazer $y_2 = 2 + x - x^2$ e estudar o sinal de $\mathbf{y}_2$:

  $a = -1 < 0, \Delta = 9$, raízes: -1 e 2

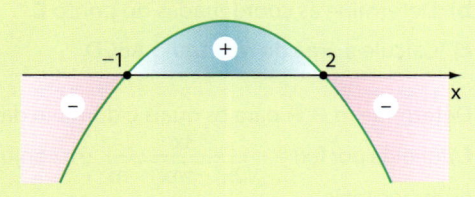

- Estudo do sinal do produto $y_1 \cdot y_2$

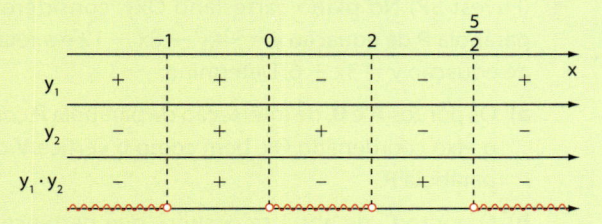

A inequação pergunta: "Para que valores de **x** temos $y_1 \cdot y_2 < 0$?".

Resposta: $x < -1$ ou $0 < x < 2$ ou $x > \dfrac{5}{2}$.

$S = \left\{ x \in \mathbb{R} \mid x < -1 \text{ ou } 0 < x < 2 \text{ ou } x > \dfrac{5}{2} \right\}$

7 Resolver, em $\mathbb{R}$, a inequação $\dfrac{x^2 - 2x - 8}{x^2 - 6x + 9} \geqslant 0$.

Solução:

- Estudo do sinal de $y_1 = x^2 - 2x - 8$

  $a = 1 > 0, \Delta = 36$, raízes: -2 e 4

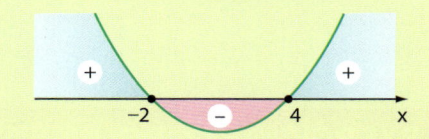

- Estudo do sinal de $y_2 = x^2 - 6x + 9$

  $a = 1 > 0, \Delta = 0$, raiz: 3

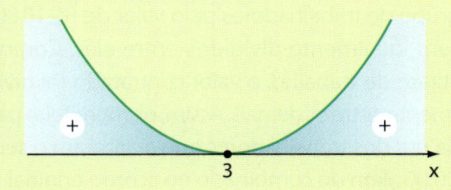

- Estudo do sinal do quociente $\dfrac{y_1}{y_2}$

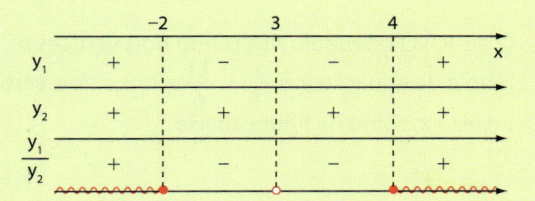

A inequação pergunta: "Para que valores de **x** temos $\dfrac{y_1}{y_2} \geqslant 0$?".

Resposta: $x \leqslant -2$ ou $x \geqslant 4$.

$S = \{ x \in \mathbb{R} \mid x \leqslant -2 \text{ ou } x \geqslant 4 \}$

EXERCÍCIOS

46 Determine, em $\mathbb{R}$, o conjunto solução das inequações:

a) $(x^2 - 3x) \cdot (25 - x^2) < 0$

b) $(-x^2 + 2x) \cdot (x^2 + 3) \geqslant 0$

c) $(-x + 4) \cdot (x^2 - 3x - 10) \leqslant 0$

d) $(x + 3) \cdot (9 - x^2) \leqslant 0$

e) $(3x^2 - 3) \cdot (x^2 - 4x + 4) > 0$

47 Determine, em $\mathbb{R}$, o conjunto solução de:

a) $\dfrac{-x^2 + 5x + 6}{x^2 + 2x} > 0$

b) $\dfrac{6x^2 + 17x - 3}{x^2 - 3x + 2} \leqslant 0$

c) $\dfrac{-2x^2 + 6x + 8}{-2x^2 + 5x - 4} \leqslant 0$

d) $\dfrac{x^2 + x}{2 + x} \leqslant 0$

e) $\dfrac{(x + 3) \cdot (x^2 + 3)}{x^2 + x - 6} \geqslant 0$

48 Resolva, em $\mathbb{R}$, as inequações:

a) $x - 4 \leqslant \dfrac{12}{x}$

b) $\dfrac{1}{x} < x$

c) $\dfrac{x - 3}{x - 2} \leqslant x - 1$

49 Todos os pontos do gráfico da função quadrática $f: \mathbb{R} \rightarrow \mathbb{R}$ definida por $f(x) = mx^2 - 2x + m$ estão localizados abaixo do eixo das abscissas. Determine os possíveis valores reais de **m**.

50 Determine o domínio $D \subset \mathbb{R}$ das funções dadas pelas leis abaixo:

a) $f(x) = \sqrt{\dfrac{x^2 - 16}{x + 1}}$

b) $f(x) = \sqrt{(x^2 - 3) \cdot (-x^2 + 2x)}$

c) $f(x) = \sqrt{\dfrac{x^2 + 6x + 8}{-x^2 - x + 6}}$

d) $f(x) = \sqrt{\dfrac{x^2 - 4x + 5}{2x}}$

EXERCÍCIOS COMPLEMENTARES

1 (Fuvest-SP) Um empreiteiro contratou um serviço com um grupo de trabalhadores pelo valor de R$ 10 800,00 a serem igualmente divididos entre eles. Como três desistiram do trabalho, o valor contratado foi dividido igualmente entre os demais. Assim, o empreiteiro pagou, a cada um dos trabalhadores que realizaram o serviço, R$ 600,00 além do combinado no acordo original.

a) Quantos trabalhadores realizaram o serviço?

b) Quanto recebeu cada um deles?

2 (PUC-RJ) O retângulo ABCD tem dois vértices na parábola de equação $y = \dfrac{x^2}{6} - \dfrac{11}{6}x + 3$ e dois vértices no eixo **x**, como na figura abaixo.

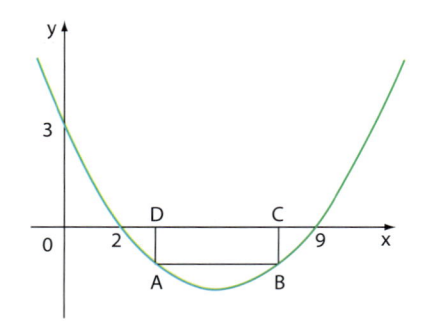

Sabendo que D = (3, 0), faça o que se pede.

a) Determine as coordenadas do ponto **A**.

b) Determine as coordenadas do ponto **C**.

c) Calcule a área do retângulo ABCD.

3 Determine $m \in \mathbb{R}$ para os quais o domínio da função **f**, definida por $f(x) = \dfrac{3x}{\sqrt{2x^2 - mx + m}}$, é o conjunto dos números reais.

4 (Fuvest-SP) No plano cartesiano Oxy, considere a parábola **P** de equação $y = -4x^2 + 8x + 12$ e a reta **r** de equação $y = 3x + 6$. Determine:

a) Os pontos **A** e **B**, de interseção da parábola **P** com o eixo coordenado Ox, bem como o vértice **V** da parábola **P**.

b) O ponto **C**, de abscissa positiva, que pertence à interseção de **P** com a reta **r**.

c) A área do quadrilátero de vértices **A**, **B**, **C** e **V**.

5 (U.F. Triângulo Mineiro-MG) Em um experimento de laboratório, ao disparar um cronômetro no instante $t = 0$ s, registra-se que o volume de água de um tanque é de 60 litros. Com a passagem do tempo, identificou-se que o volume **V** de água no tanque (em litros) em função do tempo **t** decorrido (em segundos) é dado por $V(t) = at^2 + bt + c$, com **a**, **b** e **c** reais e $a \neq 0$. No instante 20 segundos registrou-se que o volume de água no tanque era de 50 litros, quando o experimento foi encerrado. Se o experimento continuasse mais 4 segundos, o volume de água do tanque voltaria ao mesmo nível do início. O experimento em questão permitiu a montagem do gráfico indicado.

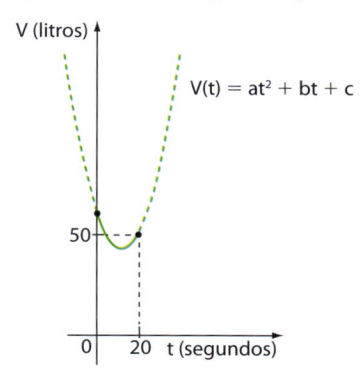

a) Calcule o tempo decorrido do início do experimento até que o tanque atingisse seu menor volume de água.

b) Calcule o volume mínimo de água que o tanque atingiu nesse experimento.

6 (Unicamp-SP) Sejam **a** e **b** reais. Considere as funções quadráticas da forma $f(x) = x^2 + ax + b$, definidas para todo **x** real.

a) Sabendo que o gráfico de $y = f(x)$ intersecta o eixo **y** no ponto $(0,1)$ e é tangente ao eixo **x**, determine os possíveis valores de **a** e **b**.

b) Quando $a + b = 1$, os gráficos dessas funções quadráticas têm um ponto em comum. Determine as coordenadas desse ponto.

7 (UF-PE) As parábolas com equações $y = -x^2 + 2x + 3$ e $y = x^2 - 4x + 3$ estão esboçadas a seguir. Qual a área do menor retângulo, com lados paralelos aos eixos, que contém a área colorida, limitada pelos gráficos das parábolas?

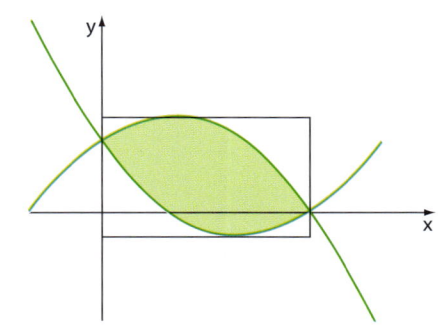

8 (Unicamp-SP) Um restaurante a quilo vende 100 kg de comida por dia, a R$ 15,00 o quilograma. Uma pesquisa de opinião revelou que, a cada real de aumento no preço do quilo, o restaurante deixa de vender o equivalente a 5 kg de comida. Responda às perguntas abaixo, supondo corretas as informações da pesquisa e definindo a receita do restaurante como o valor total pago pelos clientes.

a) Em que caso a receita do restaurante será maior: se o preço subir para R$18,00/kg ou para R$ 20,00/kg?

b) Formule matematicamente a função f(x), que fornece a receita do restaurante como função da quantia **x**, em reais, a ser acrescida ao valor atualmente cobrado pelo quilo da refeição.

c) Qual deve ser o preço do quilo da comida para que o restaurante tenha a maior receita possível?

9 É dada uma folha de cartolina como na figura a seguir. Cortando a folha na linha pontilhada, obteremos um retângulo. Determine esse retângulo, sabendo que sua área é máxima.

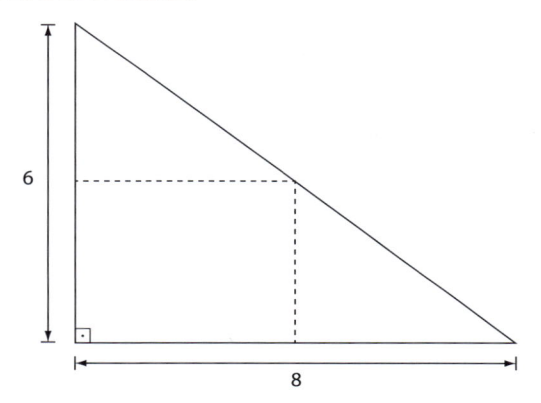

10 (UF-GO) Um supermercado vende 400 pacotes de 5 kg de uma determinada marca de arroz por semana. O preço de cada pacote é R$ 6,00, e o lucro do supermercado, em cada pacote vendido, é de R$ 2,00. Se for dado um desconto de **x** reais no preço do pacote de arroz, o lucro por pacote terá uma redução de **x** reais, mas, em compensação, o supermercado aumentará sua venda em 400x pacotes por semana. Nessas condições, calcule:

a) O lucro desse supermercado em uma semana, caso o desconto dado seja de R$ 1,00.

b) O preço do pacote de arroz para que o lucro do supermercado seja máximo, no período considerado.

11 (UE-RJ) Observe a parábola de vértice **V**, gráfico da função quadrática definida por $y = ax^2 + bx + c$, que corta o eixo das abscissas nos pontos **A** e **B**. Calcule o valor numérico de $\Delta = b^2 - 4ac$, sabendo que o triângulo ABV é equilátero.

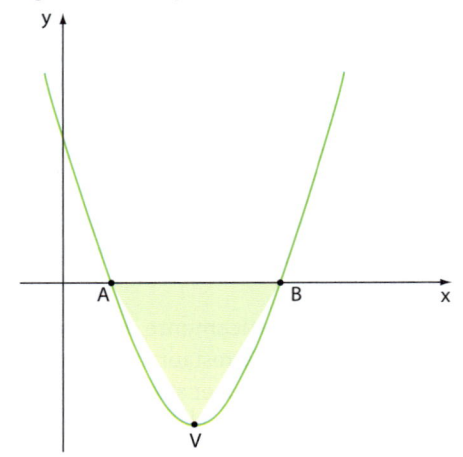

12 (UF-BA) Uma empresa observou que a quantidade **Q**, em toneladas, de carne que ela exporta em uma semana é dada por $Q(x) = ax^2 + bx + c$, sendo **a**, **b** e **c** constantes, e **x** o preço do produto, em reais, por quilograma, praticado na referida semana, sendo $3 \leqslant x \leqslant 8$. Sabe-se que, para o preço de R\$ 3,00, a quantidade é de 7,5 toneladas, que, para R\$ 4,00, a quantidade é máxima e que, para R\$ 8,00, a quantidade é zero. Com base nessas informações, pode-se afirmar:

(01) A quantidade $Q(x)$ diminui à medida que o preço **x** aumenta.

(02) Para o preço de R\$ 5,00, a quantidade é de 7,5 toneladas.

(04) A constante $\dfrac{b}{a}$ é igual a -8.

(08) Existe um único preço **x**, $3 \leqslant x \leqslant 8$, tal que $Q(x) = 3,5$.

(16) Para cada preço **x**, $3 \leqslant x \leqslant 8$, tem-se $Q(x) = -x^2 + 8x$.

[Indique a soma correspondente às afirmações verdadeiras.]

13 (PUC-RJ) Determine para quais valores reais de **x** a inequação é satisfeita:
$$\frac{x^2 - 6x + 11}{x - 1} < 1$$

14 Seja **V** o vértice da parábola que representa a função dada por $f(x) = x^2 - 10x + 21$.

O gráfico da função afim dada por $g(x) = ax + b$ contém **V** e o ponto $\left(1, \dfrac{16}{5}\right)$.

Determine:

a) a expressão de $g(x)$;

b) as raízes de **f** e a de **g**;

c) os pontos em que os gráficos de **f** e **g** cortam o eixo Oy;

d) os pontos de interseção de **f** e **g**.

Esboce os gráficos de **f** e **g** em um mesmo plano cartesiano.

15 (Unicamp-SP) Durante um torneio paralímpico de arremesso de peso, um atleta teve seu arremesso filmado. Com base na gravação, descobriu-se a altura (**y**) do peso em função de sua distância horizontal (**x**), medida em relação ao ponto de lançamento. Alguns valores da distância e da altura são fornecidos na tabela abaixo. Seja $y(x) = ax^2 + bx + c$ a função que descreve a trajetória (parabólica) do peso.

Distância (m)	Altura (m)
1	2,0
2	2,7
3	3,2

a) Determine os valores de **a**, **b** e **c**.

b) Calcule a distância total alcançada pelo peso nesse arremesso.

16 (U.F. Juiz de Fora-MG) Sejam $f: \mathbb{R} \to \mathbb{R}$ e $g: \mathbb{R} \to \mathbb{R}$ funções definidas por $f(x) = x - 14$ e $g(x) = -x^2 + 6x - 8$, respectivamente.

a) Determine o conjunto dos valores de **x** tais que $f(x) > g(x)$.

b) Determine o menor número real **k** tal que $f(x) + k \geqslant g(x)$ para todo $x \in \mathbb{R}$.

17 (UFF-RJ) Fixado um sistema de coordenadas retangulares no plano, sejam **T** o triângulo cujos vértices são os pontos $(-2, 0)$, $(2, 0)$ e $(0, 3)$ e **R** o retângulo de vértices $(-x, 0)$, $(x, 0)$, $0 < x < 2$, e cujos outros dois vértices também estão sobre os lados de **T**. Determine o valor de **x** para o qual a área de **R** é máxima. Justifique sua resposta.

TESTES

1 (UF-PA) O vértice da parábola $y = ax^2 + bx + c$ é o ponto $(-2, 3)$. Sabendo que 5 é a ordenada onde a curva corta o eixo vertical, podemos afirmar que:

a) $a > 1, b < 1$ e $c < 4$

b) $a > 2, b > 3$ e $c > 4$

c) $a < 1, b < 1$ e $c > 4$

d) $a < 1, b > 1$ e $c > 4$

e) $a < 1, b < 1$ e $c < 4$

2 (FEI-SP) Resolvendo a inequação $\dfrac{x^2 - 3x}{x - 1} < 0$, a quantidade de elementos inteiros não negativos de seu conjunto solução é:

a) 0   c) 2   e) 4

b) 1   d) 3

3 (UF-GO) A figura abaixo representa o gráfico de uma função polinomial de grau 2.

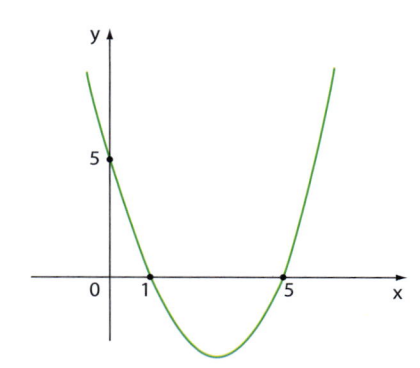

Dos pontos a seguir, qual também pertence ao gráfico?

a) $(3, -2)$

b) $(3, -4)$

c) $(4, -2)$

d) $(4, -4)$

e) $(2, -4)$

4 (PUC-MG) Uma empresa de turismo fretou um avião com 200 lugares para uma semana de férias, devendo cada participante pagar R$ 500,00 pelo transporte aéreo, acrescidos de R$ 10,00 para cada lugar do avião que ficasse vago. Nessas condições, o número de passagens vendidas que torna máxima a quantia arrecadada por essa empresa é igual a:

a) 100

b) 125

c) 150

d) 180

5 (UF-AM) Seja $f: \mathbb{R} \to \mathbb{R}$ uma função quadrática definida por $f(x) = ax^2 + bx + c$, cujo esboço do gráfico é dado a seguir.

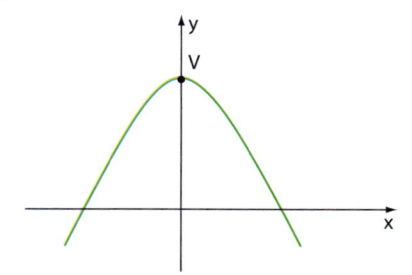

Podemos afirmar que:

a) $a < 0, b = 0$ e $c > 0$

b) $a < 0, b > 0$ e $c > 0$

c) $a < 0, b < 0$ e $c > 0$

d) $a > 0, b = 0$ e $c > 0$

e) $a < 0, b = 0$ e $c < 0$

6 (UF-AM) Um jardineiro lança um jato de água (posicionado na origem do sistema cartesiano ortogonal) segundo uma parábola cujo vértice é $V(1, 5)$ conforme mostra a figura a seguir.

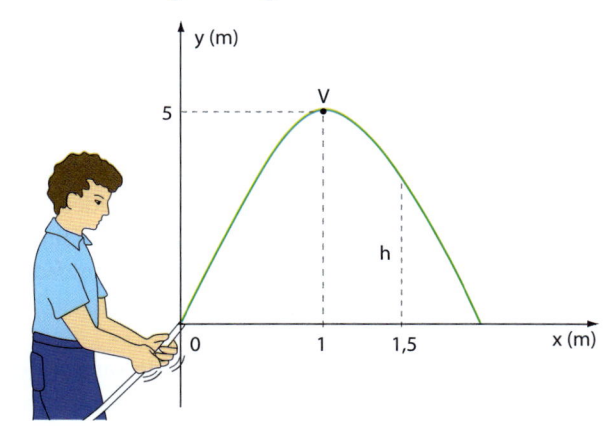

A altura **h** do filete de água, a uma distância de 1,5 m da origem, sobre o eixo das abscissas é:

a) 0,5 m

b) 0,8 m

c) 1,0 m

d) 1,2 m

e) 3,75 m

7 (FGV-SP) Um restaurante francês oferece um prato sofisticado ao preço de **p** reais por unidade. A quantidade mensal **x** de pratos que é vendida relaciona-se com o preço cobrado através da função $p = -0,4x + 200$.

Sejam k_1 e k_2 os números de pratos vendidos mensalmente, para os quais a receita é igual a R$ 21 000,00. O valor de $k_1 + k_2$ é:

a) 450

b) 500

c) 550

d) 600

e) 650

8 (EsPCEx-SP) Uma indústria produz mensalmente **x** lotes de um produto. O valor mensal resultante da venda deste produto é $V(x) = 3x^2 - 12x$ e o custo mensal da produção é dado por $C(x) = 5x^2 - 40x - 40$. Sabendo que o lucro é obtido pela diferença entre o valor resultante das vendas e o custo da produção, então o número de lotes mensais que essa indústria deve vender para obter lucro máximo é igual a:

a) 4 lotes.

b) 5 lotes.

c) 6 lotes.

d) 7 lotes.

e) 8 lotes.

(UF-PE) As informações abaixo se referem às duas questões (9 e 10) a seguir:

Quando o preço do sanduíche em uma lanchonete popular é de R$ 2,00 a unidade, são vendidas 180 unidades por dia. Uma pesquisa entre os clientes da lanchonete revelou que, a cada aumento de R$ 0,10 no preço do sanduíche, o número de unidades vendidas por dia diminui de 5. Por exemplo, se o preço do sanduíche for de R$ 2,20, o número de unidades vendidas por dia será 170.

9 Ajustando adequadamente o preço do sanduíche, qual o maior valor que a lanchonete poderá arrecadar, por dia, com a venda dos sanduíches?

a) R$ 380,00

b) R$ 384,00

c) R$ 388,00

d) R$ 392,00

e) R$ 396,00

10 Qual dos gráficos a seguir representa o valor arrecadado pela lanchonete, diariamente, com a venda dos sanduíches, em função do preço **p** do sanduíche? O preço do sanduíche e o valor arrecadado estão em reais.

a)

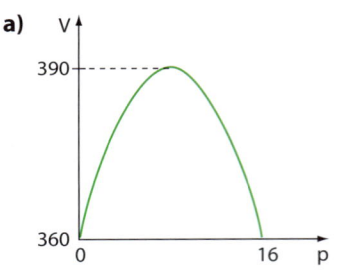

b)

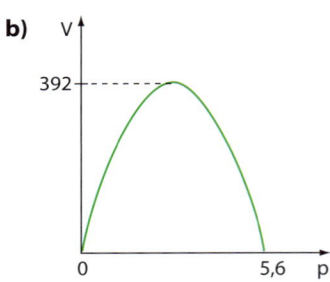

c)

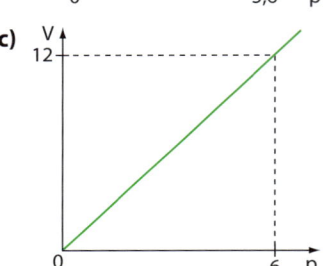

d)

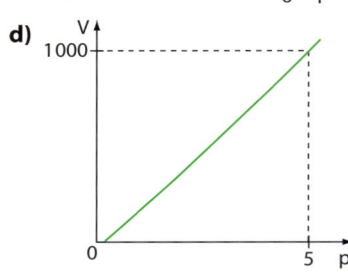

e)

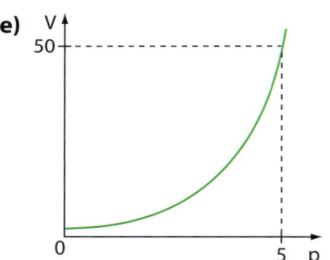

11 (Unicamp-SP) Quarenta pessoas em excursão pernoitam em um hotel. Somados, os homens despendem R$ 2 400,00. O grupo de mulheres gasta a mesma quantia, embora cada uma tenha pago R$ 64,00 a menos que cada homem. Denotando por **x** o número de homens do grupo, uma expressão que modela esse problema e permite encontrar tal valor é:

a) $2 400x = (2 400 + 64x)(40 - x)$

b) $2 400(40 - x) = (2 400 - 64x)x$

c) $2 400x = (2 400 - 64x)(40 - x)$

d) $2 400(40 - x) = (2 400 + 64x)x$

12 (Unicamp-SP) Um jogador de futebol chuta uma bola a 30 m do gol adversário. A bola descreve uma trajetória parabólica, passa por cima da trave e cai a uma distância de 40 m de sua posição original. Se, ao cruzar a linha do gol, a bola estava a 3 m do chão, a altura máxima por ela alcançada esteve entre:

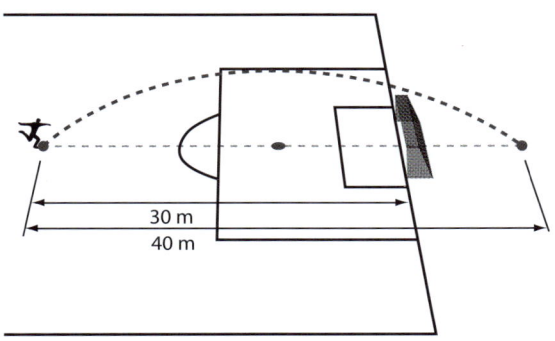

30 m
40 m

a) 4,1 e 4,4 m.

b) 3,8 e 4,1 m.

c) 3,2 e 3,5 m.

d) 3,5 e 3,8 m.

13 (Enem-MEC) A resistência das vigas de dado comprimento é diretamente proporcional à largura (**b**) e ao quadrado da altura (**d**), conforme a figura. A constante de proporcionalidade **k** varia de acordo com o material utilizado na sua construção.

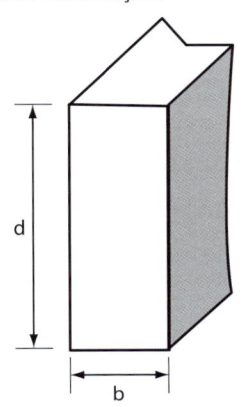

Considerando-se **S** como a resistência, a representação algébrica que exprime essa relação é:

a) $S = k \cdot b \cdot d$

b) $S = b \cdot d^2$

c) $S = k \cdot b \cdot d^2$

d) $S = \dfrac{k \cdot b}{d^2}$

e) $S = \dfrac{k \cdot d^2}{b}$

14 (UE-RJ) O gráfico a seguir mostra o segmento de reta AB, sobre o qual um ponto C(p, q) se desloca de **A** até B(3, 0).

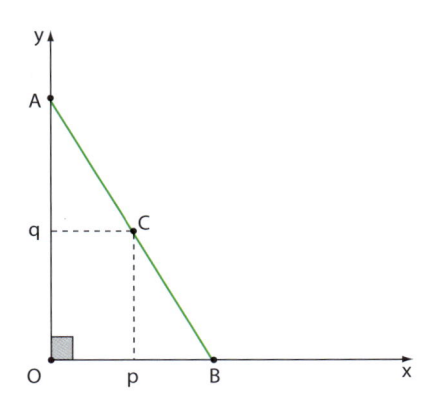

O produto das distâncias do ponto **C** aos eixos coordenados é variável e tem valor máximo igual a 4,5. O comprimento do segmento AB corresponde a:

a) 5

b) 6

c) $3\sqrt{5}$

d) $6\sqrt{2}$

15 (Enem-MEC) A temperatura **T** de um forno (em graus centígrados) é reduzida por um sistema a partir do instante de seu desligamento (t = 0) e varia de acordo com a expressão $T(t) = -\dfrac{t^2}{4} + 400$, com **t** em minutos. Por motivos de segurança, a trava do forno só é liberada para abertura quando o forno atinge a temperatura de 39 °C.

Qual o tempo mínimo de espera, em minutos, após se desligar o forno, para que a porta possa ser aberta?

a) 19,0

b) 19,8

c) 20,0

d) 38,0

e) 39,0

16 (Mackenzie-SP) Na figura, temos o gráfico da função real definida por $y = x^2 + mx + (8 - m)$.
O valor de k + p é:

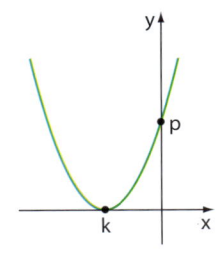

a) −2

b) 2

c) −1

d) 1

e) 3

17 (UF-PA) Um estudante, ao construir uma pipa, deparou-se com o seguinte problema: possuía uma vareta de miriti com 80 centímetros de comprimento que deveria ser dividida em três varetas menores, duas necessariamente com o mesmo comprimento **x**, que será a largura da pipa, e outra de comprimento **y**, que determinará a altura da pipa. A pipa deverá ter formato pentagonal, como na figura a seguir, de modo que a altura da região retangular seja $\frac{1}{4}$y, enquanto a da triangular seja $\frac{3}{4}$y. Para garantir maior captação de vento, ele necessita que a área da superfície da pipa seja a maior possível.

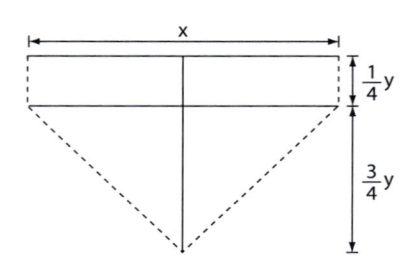

A pipa de maior área que pode ser construída, nessas condições, possui área igual a:

a) 350 cm²   **c)** 450 cm²   **e)** 550 cm²
b) 400 cm²   **d)** 500 cm²

18 (FGV-RJ) Deseja-se construir um galpão com base retangular de perímetro igual a 100 m. A área máxima possível desse retângulo é:

a) 575 m²   **c)** 625 m²   **e)** 675m²
b) 600 m²   **d)** 650 m²

19 (Enem-MEC) A parte inferior de uma taça foi gerada pela rotação de uma parábola em torno de um eixo **z**, conforme mostra a figura.

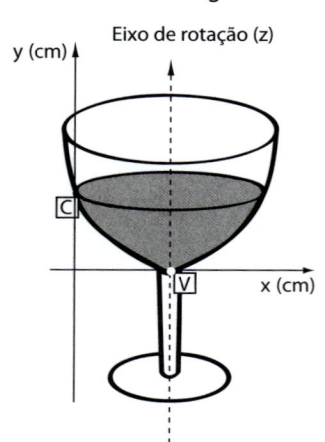

A função real que expressa a parábola, no plano cartesiano da figura, é dada pela lei $f(x) = \frac{3}{2}x^2 - 6x + C$, onde **C** é a medida da altura do líquido contido na taça, em centímetros. Sabe-se que o ponto **V**, na figura, representa o vértice da parábola, localizado sobre o eixo **x**. Nessas condições, a altura do líquido contido na taça, em centímetros, é:

a) 1
b) 2
c) 4
d) 5
e) 6

20 (UE-CE) A quantidade de números primos **p** que satisfazem a condição $2p^2 + 30 \leqslant 19p$ é:

a) 2
b) 3
c) 4
d) 5

21 (Enem-MEC) Um professor, depois de corrigir as provas de sua turma, percebeu que várias questões estavam muito difíceis. Para compensar, decidiu utilizar uma função polinomial **f**, de grau menor que 3, para alterar as notas **x** da prova para notas y = f(x), da seguinte maneira:

• A nota zero permanece zero.
• A nota 10 permanece 10.
• A nota 5 passa a ser 6.

A expressão da função y = f(x) a ser utilizada pelo professor é:

a) $y = -\frac{1}{25}x^2 + \frac{7}{5}x$

b) $y = -\frac{1}{10}x^2 + 2x$

c) $y = \frac{1}{24}x^2 + \frac{7}{12}x$

d) $y = \frac{4}{5}x + 2$

e) $y = x$

Função modular

▶ Função definida por mais de uma sentença

Em uma cidade utiliza-se para cada residência a tabela seguinte para o cálculo da conta mensal de água em função do consumo:

Tarifa de água/m³	
Faixa de consumo (m³)	**Tarifa (R$)**
até 30	0,90
acima de 30	1,60 (m³ excedente)

FANCY/VEER/CORBIS/GLOW IMAGES

Qual será o valor da conta de água de uma residência cujo consumo em determinado mês for 20 m³? E se for o dobro?

- Por 20 m³ o usuário pagará, em reais:

$$20 \cdot 0,9 = 18$$

- E por 40 m³:

$$30 \cdot 0,9 + \underbrace{(40 - 30)}_{\substack{\text{m}^3 \text{ da} \\ \text{segunda faixa}}} \cdot 1,60 = 27 + 16 = 43$$

O valor da conta (**y**), em reais, é função do consumo (**x**), em m³, e a lei de correspondência é:

$$y = \begin{cases} 0,9 \cdot x, \text{ se } x \leqslant 30 \\ 30 \cdot 0,9 + (x - 30) \cdot 1,60, \text{ se } x > 30 \end{cases}$$ (ou, ainda,

$1,6x - 21$, se $x > 30$)

Usa-se uma sentença ou outra dependendo do intervalo em que o valor de **x** se enquadra. Uma função desse tipo é chamada **função definida por mais de uma sentença**.

1 Seja $f: \mathbb{R} \to \mathbb{R}$ definida pela lei:

$$f(x) = \begin{cases} -2x + 3, \text{ se } x \leqslant 1 \\ 3x - 5, \text{ se } x > 1 \end{cases}$$

Calcular:

a) $f\left(\dfrac{1}{2}\right) + f(4)$

b) o(s) valor(es) de **x** tal que $f(x) = 0$, isto é, as raízes de **f**.

Solução:

a) Como $\dfrac{1}{2} \leqslant 1$, usamos a primeira sentença:

$$f\left(\frac{1}{2}\right) = -2 \cdot \frac{1}{2} + 3 = 2$$

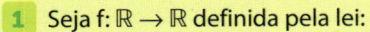

Como $4 > 1$, usamos a segunda sentença:

$$f(4) = 3 \cdot 4 - 5 = 7$$

Daí, $f\left(\dfrac{1}{2}\right) + f(4) = 2 + 7 = 9$.

b) 1º caso: $x \leqslant 1$

$0 = -2x + 3 \Rightarrow x = \dfrac{3}{2}$; não convém, pois

$\dfrac{3}{2} > 1$.

2º caso: $x > 1$

$0 = 3x - 5 \Rightarrow x = \dfrac{5}{3}$; serve, pois $\dfrac{5}{3} > 1$.

Assim, a raiz de **f** é $\dfrac{5}{3}$.

EXERCÍCIOS

1 Seja f: $\mathbb{R} \to \mathbb{R}$ definida por:

$$f(x) = \begin{cases} 1, \text{ se } x \geqslant 2 \\ -1, \text{ se } x < 2 \end{cases}$$

Calcule:

a) $f(0)$

b) $f(-1)$

c) $f(\sqrt{3})$

d) $f(\sqrt{5})$

e) $f(2)$

f) $f\left(\dfrac{11}{6}\right)$

2 Seja f: $\mathbb{R} \to \mathbb{R}$ definida pela lei:

$$f(x) = \begin{cases} 4x - 1, \text{ se } x < 0 \\ -2x^2 + x + 3, \text{ se } x \geqslant 0 \end{cases}$$

Calcule:

a) $f(-1)$;

b) $f(1)$;

c) $f(0,25)$;

d) $f(-0,5)$;

e) as raízes de **f**.

3 Seja **f** uma função real definida por:

$$f(x) = \begin{cases} 2x + 1, \text{ se } x < 0 \\ x^2 - 4x + 3, \text{ se } x \geqslant 0 \end{cases}$$

Obtenha os possíveis valores de **x** que possuem imagem igual a:

a) 0

b) −8

c) 1

4 Seja f: $\mathbb{R} \to \mathbb{R}$ definida por:

$$f(x) = \begin{cases} 2x, \text{ se } x < -2 \\ x + 3, \text{ se } -2 \leqslant x < 1 \\ x^2 - 5, \text{ se } x \geqslant 1 \end{cases}$$

Calcule:

a) $f(0)$;

b) $f(\sqrt{7})$;

c) $f(-4)$;

d) **x** tal que $f(x) = 1$;

e) as raízes de **f**.

5 Em um encarte de supermercado há um anúncio de promoção de desodorantes. Veja os valores a seguir.

- preço da unidade   R$ 6,80
- acima de três unidades   R$ 1,40 de desconto por unidade

a) Qual será o valor total a ser pago na compra de 2, 3, 4 ou 5 unidades de desodorante?

b) Seja **x** ($x \in \mathbb{N}$) o número de desodorantes comprados e **y** o valor total (em reais) gasto. Qual é a lei da função que relaciona **x** e **y**?

c) Qual é o desconto percentual obtido na compra, nessa promoção, de 5 unidades de desodorante?

6 É comum observarmos em casas de fotocópias promoções do tipo:

- Até 100 cópias: R$ 0,10 por cópia.
- Acima de 100 cópias (de um mesmo original): desconto de 3 centavos por cópia excedente.

Determine:

a) o valor pago por 130 cópias de um mesmo original.

b) a lei que define a função preço **p** pago pela reprodução de **x** cópias de um mesmo original.

c) refaça os itens *a* e *b*, supondo que a promoção "acima de 100 cópias" passe a valer para todas as cópias (e não apenas as excedentes).

7 Seja f: $\mathbb{R}^* \to \mathbb{R}$ definida por:

$$f(x) = \begin{cases} \dfrac{1}{x}, \text{ se } x \in \mathbb{Q}^* \\ x^2, \text{ se } x \in \mathbb{R}^* - \mathbb{Q}^* \end{cases}$$

Determine:

a) $f(0,1)$

b) $f\left(\dfrac{1}{\sqrt{5}}\right)$

c) $f(0,666...)$

d) $f(\sqrt{2}) + f(-\sqrt{2})$

e) $f(\sqrt{12} \cdot \sqrt{3})$

f) $f(\sqrt{12}) \cdot f(\sqrt{3})$

8 Na tabela seguinte estão representados os valores do metro cúbico (m³) de água, praticados em residências de um certo município, de acordo com a faixa de consumo:

Faixa de consumo (m³)	Tarifa (R$)
Até 20 m³	1,20 por m³
De 21 m³ a 50 m³	1,80 por m³ excedente
Acima de 50 m³	2,90 por m³ excedente

a) Determine o valor da conta de água de duas residências R_1 e R_2 cujos consumos foram 28 m³ e 35 m³, respectivamente.

b) Qual é o consumo correspondente a uma conta de água de R$ 112,80?

c) Qual é a lei da função que relaciona o valor total (**v**), em reais, e o consumo de **x** ($x \in \mathbb{N}^*$) metros cúbicos de água?

▶ Gráficos

Vamos acompanhar o exemplo seguinte para compreender o procedimento usado na construção do gráfico de uma função definida por mais de uma sentença.

Seja $f: \mathbb{R} \to \mathbb{R}$ a função definida por:

$$f(x) = \begin{cases} 1, \text{ se } x < 0 \\ x + 1, \text{ se } x \geqslant 0 \end{cases}$$

Para construir o gráfico de **f**, fazemos assim:

1º) Construímos o gráfico da função constante $f(x) = 1$, mas só consideramos o trecho em que $x < 0$ (figura 1).

2º) Construímos o gráfico da função afim $f(x) = x + 1$, mas só consideramos o trecho em que $x \geqslant 0$ (figura 2).

3º) Reunimos os dois gráficos num só (figura 3).

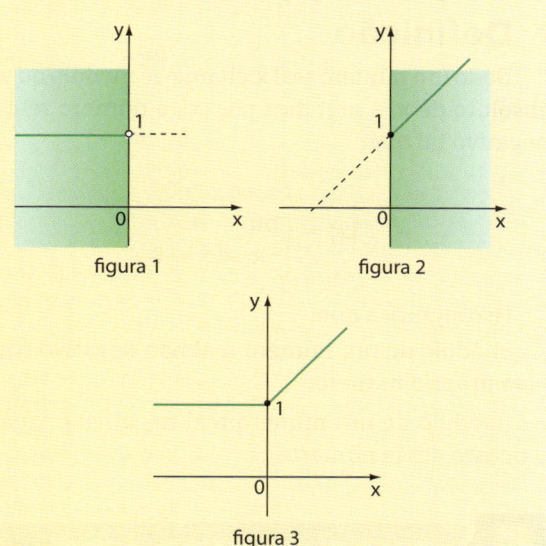

figura 1   figura 2

figura 3

Observe que o conjunto imagem de **f** é $\mathrm{Im} = \{y \in \mathbb{R} \mid y \geqslant 1\}$.

EXERCÍCIOS

9 Faça o gráfico das seguintes funções, destacando seu conjunto imagem:

a) $f(x) = \begin{cases} 2, \text{ se } x \geqslant 0 \\ -1, \text{ se } x < 0 \end{cases}$

b) $f(x) = \begin{cases} 2x, \text{ se } x \geqslant 1 \\ 2, \text{ se } x < 1 \end{cases}$

c) $f(x) = \begin{cases} -x + 1, \text{ se } x \geqslant 3 \\ 4, \text{ se } x < 3 \end{cases}$

10 Construa os gráficos das seguintes funções definidas em $\mathbb{R}$ e forneça seu conjunto imagem:

a) $f(x) = \begin{cases} 1, \text{ se } x < 2 \\ 3, \text{ se } x = 2 \\ 2, \text{ se } x > 2 \end{cases}$

b) $f(x) = \begin{cases} 2x + 1, \text{ se } x \geqslant 1 \\ 4 - x, \text{ se } x < 1 \end{cases}$

c) $f(x) = \begin{cases} x^2, \text{ se } x \geqslant 0 \\ -x, \text{ se } x < 0 \end{cases}$

11 Construa os gráficos das funções seguintes definidas em $\mathbb{R}$:

a) $f(x) = \begin{cases} x - 2, \text{ se } x \geqslant 2 \\ -x + 2, \text{ se } x < 2 \end{cases}$

b) $f(x) = \begin{cases} x^2 - 1, \text{ se } x \leqslant -1 \text{ ou } x \geqslant 1 \\ 1 - x^2, \text{ se } -1 < x < 1 \end{cases}$

12 Forneça a lei de cada uma das funções reais cujos gráficos estão representados a seguir.

a)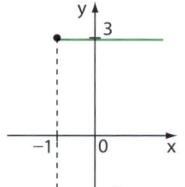

b)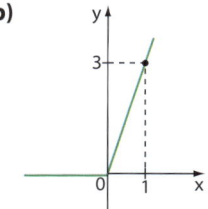

13 Uma operadora de celular oferece o seguinte plano no sistema pós-pago: valor fixo de R$ 80,00 por mês para até 100 minutos de ligações locais. Caso o cliente exceda esse tempo, o custo de cada minuto adicional é de R$ 1,20.

a) Qual é o preço da conta de celular de quem falar 75 minutos em ligações locais em um mês? E de quem falar o dobro?

b) Qual é a lei da função que relaciona o valor da conta mensal (**y**) e o número de minutos de ligações locais (**x**)?

c) Faça o gráfico da função do item anterior.

14 Seja $f: \mathbb{R} \to \mathbb{R}$ definida por $f(x) = \begin{cases} -3x^2 + 12x, \text{ se } x \geqslant 0 \\ -4x + 8, \text{ se } x < 0 \end{cases}$

a) Qual é o valor de $f(-1) + f(1)$?

b) Resolva a equação $f(x) = 9$.

c) Esboce o gráfico de **f**.

d) Seja $k \in \mathbb{R}$. Para que valores de **k** a equação $f(x) = k$ admite uma única solução?

▶ Módulo de um número real

▶ Definição

Dado um número real **x**, chama-se módulo ou valor absoluto de **x**, e se indica por |x|, o número real não negativo tal que:

$$|x| = \begin{cases} x, \text{ se } x \geqslant 0 \\ \text{ou} \\ -x, \text{ se } x < 0 \end{cases}$$

Isso significa que:

- o módulo de um número real não negativo é igual ao próprio número;
- o módulo de um número real negativo é igual ao oposto desse número;
- o módulo de um número real qualquer é sempre maior ou igual a zero.

Vejamos alguns exemplos:

- $|2| = 2$
- $|-7| = 7$
- $|0| = 0$
- $\left|-\dfrac{4}{3}\right| = \dfrac{4}{3}$
- $|-\sqrt{3}| = \sqrt{3}$
- $\underbrace{|\sqrt{7} - \sqrt{2}|}_{\text{positivo}} = \sqrt{7} - \sqrt{2}$
- $\underbrace{|3 - \pi|}_{\text{negativo}} = -(3 - \pi) = \pi - 3$

 ## EXERCÍCIO **RESOLVIDO**

2 Se **x** é um número real maior que 2, qual é o valor da expressão: $E = \dfrac{|x-2|}{x-2}$?

Solução:

Como $x > 2$, $x - 2 > 0$ e $\underbrace{|x-2|}_{>0} = x - 2$

Assim:

$$E = \frac{|x-2|}{x-2} = \frac{x-2}{x-2} = 1$$

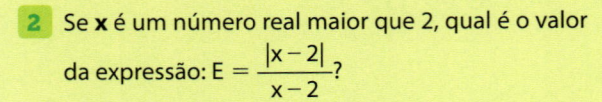 ## EXERCÍCIOS

15 Calcule:

a) $|-7|$

b) $\left|\dfrac{5}{3}\right|$

c) $\left|-\dfrac{1}{2}\right|$

d) $|0|$

e) $|-\sqrt{2}|$

f) $|2 \cdot (-3)|$

g) $|0,3 - 0,1|$

h) $|0,1 - 0,3|$

i) $\left|\dfrac{1}{2} - 1\right|$

j) $\left|-1 + \dfrac{1}{4}\right|$

k) $3 \cdot |-2|$

l) $|3 \cdot (-2)|$

16 Calcule o valor das expressões:

a) $A = |\sqrt{7} - \sqrt{11}|$

b) $B = |\pi - 3|$

c) $C = |3 - \sqrt{10}|$

d) $D = |-\sqrt{2} + |1 - \sqrt{2}||$

e) $E = ||6 - \sqrt{40}| + |\sqrt{40} - 6||$

17 Para $x \in \mathbb{R}$, $x > 3$, calcule o valor de cada expressão seguinte:

a) $\dfrac{|x-3|}{x-3}$

b) $2 + \dfrac{|x-1|}{x-1} + \dfrac{|x-3|}{-x+3}$

c) $\dfrac{|-x+3|}{x-3}$

18 Seja $\{x, y\} \subset \mathbb{R}$, classifique cada igualdade como verdadeira ou falsa. Prove a(s) que for(em) verdadeira(s) e dê contraexemplos para a(s) falsa(s).

a) $|x|^2 = x^2$

b) $|x| + |y| = |x + y|$

c) $|x| - |y| = |x - y|$

d) $|x| \cdot |y| = |x \cdot y|$

e) $|x|^3 = x^3$

▶ Função modular

Chama-se **função modular** a função **f** de $\mathbb{R}$ em $\mathbb{R}$ dada pela lei f(x) = |x|. Observe que **f** associa cada número real **x** ao seu módulo (ou valor absoluto).

Utilizando o conceito de módulo de um número real, a função modular pode ser assim definida:

$$f(x) = \begin{cases} x, \text{ se } x \geqslant 0 \\ -x, \text{ se } x < 0 \end{cases}$$

▶ Gráfico

Para construir o gráfico da função modular, procedemos assim:

1º) Construímos o gráfico da função f(x) = x, mas só consideramos a parte em que x ≥ 0 (figura 1), que é a bissetriz do 1º quadrante.

2º) Construímos o gráfico da função f(x) = −x, mas só consideramos a parte em que x < 0 (figura 2), que é a bissetriz do 2º quadrante.

3º) Reunimos os dois gráficos anteriores (figura 3).

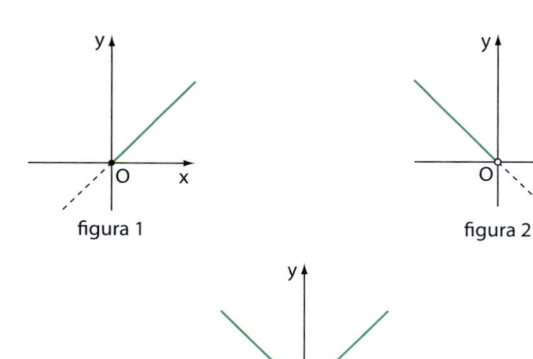

figura 1

figura 2

figura 3: gráfico de y = |x|

Observe que o conjunto imagem de **f** é Im = {y ∈ $\mathbb{R}$ | y ⩾ 0}, pois ∀ x ∈ $\mathbb{R}$, |x| ⩾ 0.

▶ Outros gráficos

I. A partir do gráfico da função y = |x|, podemos construir o gráfico de funções do tipo y = |x| + k, em que k ∈ $\mathbb{R}$.

Consideremos, por exemplo, f: $\mathbb{R} \to \mathbb{R}$ dada por f(x) = |x| + 1. Temos:

• Se x ≥ 0, então |x| = x e f(x) = x + 1; veja o gráfico ①.

• Se x < 0, então |x| = −x e f(x) = −x + 1; veja o gráfico ②.

O gráfico de y = |x| + 1 está representado em ③.

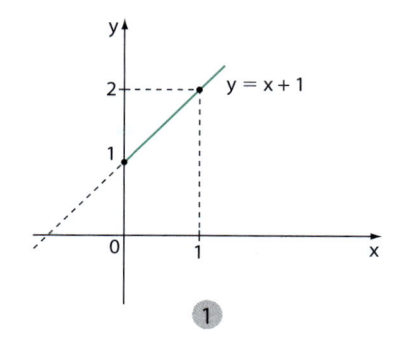

①

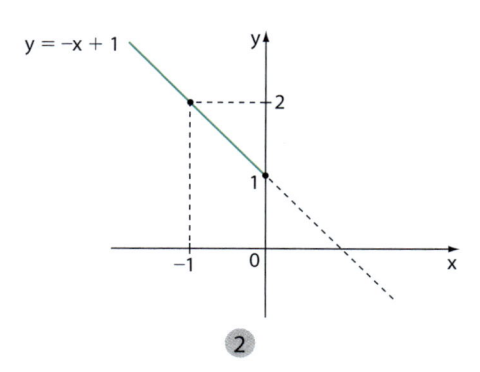

②

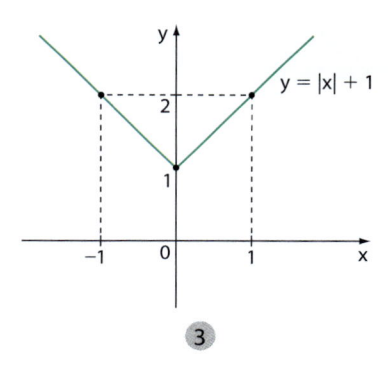

③

Observe que o gráfico obtido para a função **f** definida por y = |x| + 1 corresponde ao gráfico da função modular (y = |x|), deslocado, verticalmente, uma unidade para cima. A esse deslocamento damos o nome de **translação vertical**.

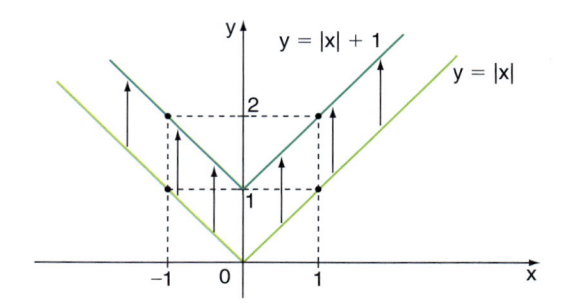

II. A partir do gráfico da função dada por y = |x|, podemos construir o gráfico de outras funções definidas por uma lei do tipo y = |x + k|, em que k ∈ $\mathbb{R}$.

Consideremos, por exemplo, a função **f**, de $\mathbb{R}$ em $\mathbb{R}$, definida por $f(x) = |x - 2|$.

Como: $|x - 2| = \begin{cases} x - 2, \text{ se } x \geq 2 \\ -x + 2, \text{ se } x < 2 \end{cases}$; procedemos assim:

- 1º passo: construímos o gráfico de $y = x - 2$, mas só consideramos a parte em que $x \geq 2$ (figura 1).
- 2º passo: construímos o gráfico de $y = -x + 2$, mas só consideramos a parte em que $x < 2$ (figura 2).
- 3º passo: reunimos os dois gráficos anteriores (figura 3).

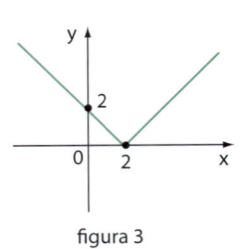

figura 3

Note que o gráfico obtido na figura 3 corresponde ao gráfico da função modular ($f(x) = |x|$) transladado, na horizontal, duas unidades para a direita.

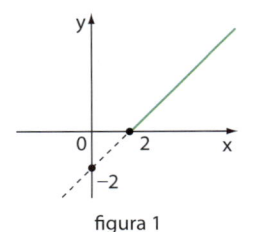

figura 1

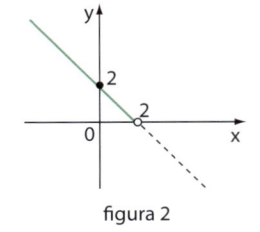

figura 2

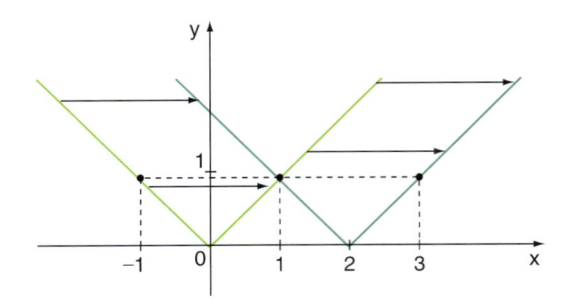

EXERCÍCIOS

19 Faça o gráfico das seguintes funções definidas de $\mathbb{R}$ em $\mathbb{R}$.

a) $y = |x| + 2$

b) $y = |x| - 3$

c) $y = |x| + 5$

d) $y = |x| - \dfrac{1}{2}$

20 Construa os gráficos das seguintes funções definidas de $\mathbb{R}$ em $\mathbb{R}$.

a) $y = |x - 1|$

b) $y = |x + 1|$

c) $y = |x - 4|$

d) $y = |2x - 3|$

21 Em cada caso, seja $f: D \to \mathbb{R}$, construa seu gráfico e determine o conjunto imagem:

a) $y = |x| + x$; $D = \mathbb{R}$

b) $y = |x + 1| + x$; $D = \mathbb{R}$

c) $y = \dfrac{|x|}{x}$; $D = \mathbb{R}^*$

d) $y = \dfrac{x^2}{|x|}$; $D = \mathbb{R}^*$

22 Construa os gráficos das funções de $\mathbb{R}$ em $\mathbb{R}$ definidas por:

a) $y = |x^2 - 4x|$

b) $y = |-x^2 + 4|$

c) $y = |x^2|$

d) $y = x \cdot |x|$

23 Seja $f: \mathbb{R} \to \mathbb{R}$ definida pela lei $f(x) = 2 \cdot |x - 3| + 5$. Qual é o menor valor que essa função assume? Para que valor de **x** isso ocorre?

▶ Equações modulares

Notemos uma propriedade do módulo dos números reais:

$$|x| = 2 \Rightarrow x^2 = 4 \Rightarrow x = +2 \text{ ou } x = -2$$

$$|x| = 5 \Rightarrow x^2 = 25 \Rightarrow x = +5 \text{ ou } x = -5$$

$$|x| = \frac{3}{7} \Rightarrow x^2 = \frac{9}{49} \Rightarrow x = +\frac{3}{7} \text{ ou } x = -\frac{3}{7}$$

De modo geral, sendo **k** um número real positivo, temos:

$$|x| = k \Rightarrow x = k \text{ ou } x = -k$$

Utilizando essa propriedade, vejamos como solucionar algumas equações modulares.

EXERCÍCIOS RESOLVIDOS

3 Resolver, em $\mathbb{R}$, a equação:

$|3x - 1| = 2$

Solução:

Temos: $|3x - 1| = 2$

$\begin{cases} 3x - 1 = 2 \Rightarrow x = 1 \\ \text{ou} \\ 3x - 1 = -2 \Rightarrow x = -\dfrac{1}{3} \end{cases} \Rightarrow S = \left\{ 1, -\dfrac{1}{3} \right\}$

4 Resolver, em $\mathbb{R}$, a equação:

$|2x + 3| = x + 2$

Solução:

Para todo **x** real, sabemos que $|2x + 3| \geq 0$. Assim, para que a igualdade seja possível, devemos ter $x + 2 \geq 0$, ou seja, $x \geq -2$.

Supondo $x \geq -2$, temos:

$|2x + 3| = x + 2 \Rightarrow \begin{cases} 2x + 3 = x + 2 \Rightarrow x = -1 \\ \text{ou} \\ 2x + 3 = -x - 2 \Rightarrow x = -\dfrac{5}{3} \end{cases}$

Como $x = -1 \geq -2$, -1 é solução.
Como $x = -\dfrac{5}{3} \geq -2$, $-\dfrac{5}{3}$ é solução.
$\Big\rangle S = \left\{ -1, -\dfrac{5}{3} \right\}$

EXERCÍCIOS

24 Resolva, em $\mathbb{R}$, as equações:

a) $|x| = 6$ **c)** $|x| = -\dfrac{2}{7}$ **e)** $2 \cdot |x| = 4$

b) $|x| = \dfrac{2}{9}$ **d)** $|x|^2 = 9$ **f)** $4 \cdot |x| - 7 = 0$

25 Resolva, em $\mathbb{R}$, as equações seguintes:

a) $|3x - 2| = 1$ **d)** $|x^2 - 4| = 5$

b) $|x + 6| = 4$ **e)** $|2x^2 - 5x + 2| = 0$

c) $|x^2 - 2x - 5| = 3$

26 Resolva, em $\mathbb{R}$, as equações seguintes:

a) $|-2x + 5| = x$ **d)** $|3x - 4| = x^2$

b) $|3x - 1| = x + 2$ **e)** $|x - 2| = x - 1$

c) $|4x - 5| = -3x$

27 Resolva, em $\mathbb{Z}$, as equações seguintes:

a) $|x|^2 - 3 \cdot |x| - 10 = 0$ **c)** $|2x - 1| = |x + 3|$

b) $|x^2| - 10 \cdot |x| + 24 = 0$ **d)** $|x|^3 = 4 \cdot |x|$

28 Um *site* de compras coletivas lançou uma promoção válida para os doze primeiros dias de um certo mês. A lei seguinte representa o número (**n**) de dezenas de cupons vendidos no dia **t**; com $t \in \{1, 2, ..., 12\}$:

$$n(t) = 3 \cdot |18 - 2t| + 40$$

a) Quantos cupons foram vendidos no dia 3? E no dia 10?

b) Em que dia foram vendidos 520 cupons?

c) Em que dia foi vendida a menor quantidade de cupons e qual foi essa quantidade?

29 Em uma experiência de laboratório pretende-se medir a dimensão de um microrganismo. Para isso, cada um dos membros das seis duplas participantes deveria fazer a medição com os instrumentos específicos disponíveis. Na tabela seguinte encontram-se os resultados obtidos por cada dupla, em nanômetro (nm) (1nm = 0,000000001 m), com exceção de uma medição feita por um membro da dupla **F**:

Dupla	1ª medição	2ª medição
A	1,175	1,189
B	1,19	1,181
C	1,179	1,185
D	1,18	1,194
E	1,177	1,188
F		1,176

O professor calculou o módulo **m** da diferença entre as medidas obtidas pelos integrantes de cada dupla e considerou aceitável os casos em que o valor encontrado para **m** não superasse 0,01.

a) Entre as duplas **A**, **B**, **C**, **D** e **E**, quais tiveram resultado considerado aceitável?

b) Determine o valor que não consta da tabela, sabendo que, para a dupla **F**, o valor encontrado para **m** é 0,012.

30 Resolva, em $\mathbb{R}$, as seguintes equações:

a) $\big||2x - 1| - 5\big| = 0$ **c)** $\big||x + 3| - 2\big| = 4$

b) $\big||x^2 - 1| - 3\big| = 1$ **d)** $\sqrt{x^2} = 3x - 1$

31 Resolva em $\mathbb{R}$:

a) $|x| + |x - 2| = 6$

b) $|x - 1| + |x + 1| = 4x - 3$

▶ Inequações modulares

Notemos uma propriedade do módulo dos números reais:

$|x| < 3 \Rightarrow x^2 < 9 \Rightarrow -3 < x < 3$

$|x| > 3 \Rightarrow x^2 > 9 \Rightarrow x < -3 \text{ ou } x > 3$

De modo geral, sendo **k** um número real positivo, temos:

$|x| < k \Rightarrow -k < x < k$

$|x| > k \Rightarrow x < -k \text{ ou } x > k$

Utilizando essa propriedade, vejamos como solucionar algumas inequações modulares.

EXERCÍCIOS RESOLVIDOS

5 Resolver, em $\mathbb{R}$, a inequação $|x - 1| < 4$.

Solução:

$|x - 1| < 4 \Rightarrow -4 < x - 1 < 4 \Rightarrow -3 < x < 5$

$S = \{x \in \mathbb{R} \mid -3 < x < 5\}$

6 Resolver, em $\mathbb{R}$, a inequação $|2x - 3| > 7$.

Solução:

Temos:

$|2x - 3| > 7 \Rightarrow \begin{cases} 2x - 3 < -7 \Rightarrow x < -2 \\ \text{ou} \\ 2x - 3 > 7 \Rightarrow x > 5 \end{cases}$

$S = \{x \in \mathbb{R} \mid x < -2 \text{ ou } x > 5\}$

7 Resolver, em $\mathbb{R}$, a inequação $|2x - 1| \geq x + 1$.

Solução:

$|2x - 1| = \begin{cases} 2x - 1, \text{ se } x \geq \dfrac{1}{2} \quad ① \\ -2x + 1, \text{ se } x < \dfrac{1}{2} \quad ② \end{cases}$

Assim, temos de analisar duas possibilidades:

- Se $x \geq \dfrac{1}{2}$ ③, a inequação dada fica sendo $2x - 1 \geq x + 1$, e daí vem $x \geq 2$ ④.

  Fazendo a interseção de ③ com ④, vem:

  $S_I = \{x \in \mathbb{R} \mid x \geq 2\}$

- Se $x < \dfrac{1}{2}$ ⑤, a inequação dada fica sendo $-2x + 1 \geq x + 1$, e daí vem $x \leq 0$ ⑥.

Fazendo a interseção de ⑤ com ⑥, vem:

$S_{II} = \{x \in \mathbb{R} \mid x \leq 0\}$

Então, a solução da inequação dada é:

$S = S_I \cup S_{II} = \{x \in \mathbb{R} \mid x \leq 0 \text{ ou } x \geq 2\}$

EXERCÍCIOS

32 Resolva, em $\mathbb{R}$, as seguintes inequações:

  a) $|x| > 6$ **d)** $|x| \geq \sqrt{2}$

  b) $|x| \leq 4$ **e)** $3 \cdot |x| - 7 \leq 0$

  c) $|x| < \dfrac{1}{2}$ **f)** $|x| > -1$

33 Resolva, em $\mathbb{R}$, as seguintes inequações:

  a) $|x + 3| > 7$ **d)** $|5x - 3| < 12$

  b) $|2x - 1| \leq 3$ **e)** $|4x + 1| < -2$

  c) $|-x + 1| \geq 1$ **f)** $|2x + 5| > 0$

34 Determine o conjunto solução das inequações seguintes, sendo $\cup = \mathbb{R}$:

  a) $|2x - 1| \geq x$

  b) $|x - 6| > 2x + 3$

35 Neto participou de um curso de inglês, ao longo de um ano, em que foi submetido a uma avaliação todo mês.

Na expressão $f(x) = 3 + \dfrac{|x - 6|}{2}$, $f(x)$ representa a nota obtida por Neto no exame realizado no mês x ($x = 1$ corresponde a janeiro; $x = 2$, a fevereiro; e assim por diante).

  a) Em que meses sua nota ficou acima de 5?

  b) Em que mês Neto obteve seu pior desempenho? Qual foi essa nota?

36 Resolva, em $\mathbb{R}$, as desigualdades:

  a) $|x^2 - x - 4| \leq 2$ **b)** $|x^2 - 5x| > 6$ **c)** $|x^2 - x| > 2$

37 Obtenha, em cada caso, o domínio da função **f** dada por:

  a) $f(x) = \sqrt{|x| - 3}$ **b)** $f(x) = \sqrt{|-2x + 5|}$

EXERCÍCIOS COMPLEMENTARES

1 (UE-RJ) Campanha do governo de Dubai contra a obesidade oferece prêmio em ouro por quilogramas perdidos.

A campanha funciona premiando os participantes de acordo com a seguinte tabela:

Massa perdida (kg)	Ouro recebido (g/kg perdido)
Até 5	1
6 a 10	2
Mais de 10	3

Assim, se uma pessoa perder 4 kg, receberá 4 g de ouro; se perder 7 kg, receberá 14 kg; se perder 15 kg, receberá 45g.

Adaptado de <g1.globo.com>, 18 ago. 2013.

Considere um participante da campanha que receba 16 g de ouro pelo número inteiro de quilogramas perdidos.

Sabendo que a massa dessa pessoa, ao receber o prêmio, é de 93,0 kg, determine o valor inteiro de sua massa, em quilogramas, no início da campanha.

2 (Unicamp-SP) O consumo mensal de água nas residências de uma pequena cidade é cobrado como se descreve a seguir. Para um consumo mensal de até 10 metros cúbicos, o preço é fixo e igual a 20 reais. Para um consumo superior, o preço é de 20 reais acrescidos de 4 reais por metro cúbico consumido acima dos 10 metros cúbicos. Considere c(x) a função que associa o gasto mensal com o consumo **x** de metros cúbicos de água.

a) Esboce o gráfico da função c(x) no plano cartesiano para **x** entre 0 e 30.

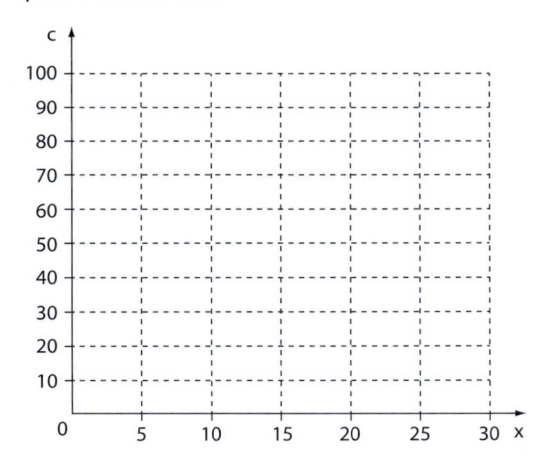

b) Para um consumo mensal de 4 metros cúbicos de água, qual é o preço efetivamente pago por metro cúbico? E para um consumo mensal de 25 metros cúbicos?

3 Na nova academia em que Marcel "malha", os aparelhos estão com a carga em libras (lb). O professor de Marcel ensinou uma maneira rápida para converter lb em kg de forma aproximada:

"Você deve dividir o valor que consta em lb por 2 e, do resultado obtido, tirar 10%. Por exemplo, 200 lb equivalem a 90 kg, pois 200 : 2 = 100; 100 − 10% de 100 = 90".

Chegando em casa, Marcel ficou interessado em saber mais sobre a libra. Descobriu que a libra é uma unidade de massa usada em países de língua inglesa, como EUA, Canadá, Reino Unido etc., e 1 libra (1 lb) equivale a 453,59237 g. Dessa forma, ele concluiu que, para saber a massa exata, em kg, basta fazer uma regra de três.

a) Marcel usou, no treino, uma máquina com a carga ajustada em 130 lb. Usando os dois métodos apresentados, obtenha o valor da carga em kg. Calcule o módulo da diferença dos valores obtidos.

b) Encontre uma fórmula para determinar a massa (**q**), em quilogramas, a partir do valor da massa (**l**) em libras, usando o método do professor de Marcel.

c) Marcel se lembrou de que, na academia antiga, costumava usar um aparelho com a carga ajustada em 72 kg. Qual será a carga que ele usará, em libras, de acordo com o método sugerido por seu professor?

d) Ao usar a fórmula prática para transformar **x** libras em quilogramas, há um erro absoluto **E**, definido por $E = |V_1 - V_2|$, em que V_1 representa o valor obtido pelo método do professor e V_2, o valor obtido por meio da regra de três.

Determine o intervalo de variação de **x** em $\mathbb{N}^*$ para que o erro absoluto seja menor que 0,5 lb.

Use 1 lb $\simeq$ 453 g

4 (Vunesp-SP) Três empresas **A**, **B** e **C** comercializam o mesmo produto e seus lucros diários (L(x)), em reais, variam de acordo com o número de unidades diárias vendidas (**x**) segundo as relações:

Empresa **A**: $L_A(x) = \dfrac{10}{9}x^2 - \dfrac{130}{9}x + \dfrac{580}{9}$

Empresa **B**: $L_B(x) = 10x + 20$

Empresa **C**: $L_C(x) = \begin{cases} 120, & \text{se } x < 15 \\ 10x - 30, & \text{se } x \geq 15 \end{cases}$

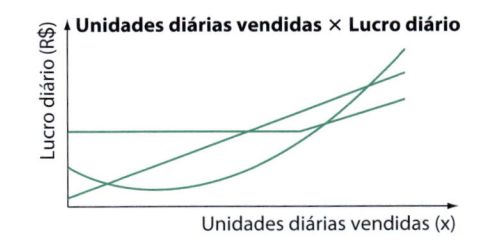

Unidades diárias vendidas × Lucro diário

Determine em que intervalo deve variar o número de unidades diárias vendidas para que o lucro da empresa **B** supere os lucros da empresa **A** e da empresa **C**.

5 (UF-ES) Um restaurante de comida a quilo, que normalmente cobra R$ 25,00 pelo quilo de comida, está fazendo uma promoção:

"Quem consome **x** gramas de comida ganha um desconto de $\frac{x}{10}$ por cento".

Esse desconto vale para quem consumir até 600 gramas de comida. Consumo superior a 600 gramas dá direito a um desconto fixo de 60%.

a) Determine o valor a ser pago por quem consome 400 gramas de comida e por quem consome 750 gramas.

b) André, que ganhou o desconto máximo de 60%, consumiu 56 gramas a mais que Taís. No entanto, ambos pagaram a mesma quantia. Determine a quantidade de gramas que cada um deles consumiu.

c) Trace o gráfico que representa o valor a pagar (em reais) em função do peso de comida (em gramas). Marque no gráfico os pontos que representam a situação do item anterior.

6 (Fuvest-SP) Considere a função **f**, cujo domínio é o intervalo fechado [0, 5] e que está definida pelas condições:

- para $0 \leqslant x \leqslant 1$, tem-se $f(x) = 3x + 1$;
- para $1 < x < 2$, tem-se $f(x) = -2x + 6$;
- **f** é linear no intervalo [2, 4] e também no intervalo [4, 5], conforme mostra a figura abaixo;
- a área sob o gráfico de **f** no intervalo [2, 5] é o triplo da área sob o gráfico de **f** no intervalo [0, 2].

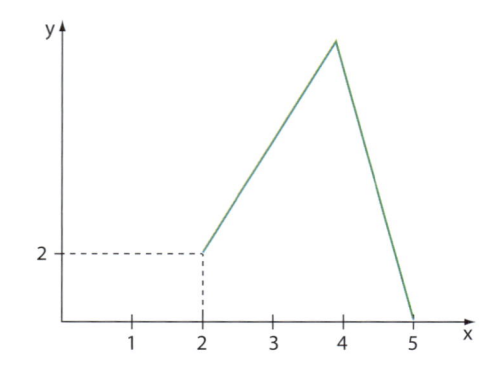

Com base nessas informações,

a) desenhe, no sistema de coordenadas [...], o gráfico de **f** no intervalo [0, 2];

b) determine a área sob o gráfico de **f** no intervalo [0, 2];

c) determine f(4).

7 Em cada caso, esboce o gráfico da função f: $\mathbb{R} \to \mathbb{R}$, definida por:

a) $f(x) = \begin{cases} 2, \text{ se } |x| \geqslant 1 \\ -1, \text{ se } |x| < 1 \end{cases}$

b) $f(x) = \begin{cases} 4, \text{ se } |x| > 2 \\ |x - 2|, \text{ se } |x| \leqslant 2 \end{cases}$

8 (UF-BA) A vitamina C é hidrossolúvel, e seu aproveitamento pelo organismo humano é limitado pela capacidade de absorção intestinal, sendo o excesso de ingestão eliminado pelos rins.

Supondo-se que, para doses diárias inferiores a 100 mg de vitamina C, a quantidade absorvida seja igual à quantidade ingerida e que, para doses diárias maiores ou iguais a 100 mg, a absorção seja sempre igual à capacidade máxima do organismo – que é de 100 mg –, pode-se afirmar, sobre a ingestão diária de vitamina C, que são verdadeiras as proposições: [(Indique a soma correspondente às alternativas corretas.)]

(01) Para a ingestão de até 100 mg, a quantidade absorvida é diretamente proporcional à quantidade ingerida.

(02) Para a ingestão acima de 100 mg, quanto maior for a ingestão, menor será a porcentagem absorvida de vitamina ingerida.

(04) Se uma pessoa ingere 80 mg em um dia e 120 mg no dia seguinte, então a média diária da quantidade absorvida nesses dois dias foi de 100 mg.

(08) A razão entre a quantidade ingerida e a quantidade absorvida pelo organismo é igual a 1.

(16) A função **f** que representa a quantidade de vitamina C absorvida pelo organismo, em função da quantidade ingerida **x**, é dada por:

$$f(x) = \begin{cases} x, \text{ se } 0 \leqslant x < 100 \\ 100, \text{ se } x \geqslant 100 \end{cases}$$

(32) O gráfico a seguir representa a quantidade de vitamina C absorvida pelo organismo em função da quantidade que foi ingerida.

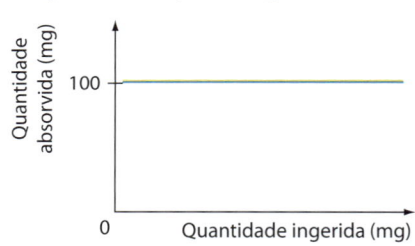

9 Resolva, em $\mathbb{R}$:

a) a equação $|2x - 3| + |x + 2| = 4$

b) a inequação: $|x^2 - 4| \leqslant |x^2 - 2x|$

c) a equação: $|x - 1| + |x + 1| = 4x - 3$

d) a inequação: $|x - 2| + |x - 1| \leqslant x$

10 Os pontos (x, y) do plano cartesiano que satisfazem a igualdade $|x| + |y| = 1$ determinam uma região. Qual é a área dessa região?

11 Responda:

a) Para que valores reais de **x** vale a igualdade $-|-x| = -(-x)$?

b) Para que valores de **x** vale a desigualdade $|-x| \leqslant x^2$?

12 (Obmep) Raimundo e Macabéa foram a um restaurante que cobra R\$ 1,50 por cada 100 gramas de comida para aqueles que comem até 600 gramas e R\$ 1,00 por cada 100 gramas para aqueles que comem mais de 600 gramas.

a) Quanto paga quem come 350 gramas? E quem come 720 gramas?

b) Raimundo consumiu 250 gramas mais que Macabéa, mas ambos pagaram a mesma quantia. Quanto cada um deles pagou?

c) Desenhe o gráfico que representa o valor a ser pago em função do peso da comida. Marque nesse gráfico os pontos que representam a situação do item *b*.

13 (Unicamp-SP) Considere a função $f(x) = 2x + |x + p|$, definida para **x** real.

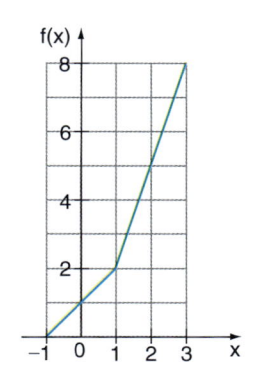

a) A figura ao lado mostra o gráfico de f(x) para um valor específico de **p**. Determine esse valor.

b) Supondo, agora, que $p = -3$, determine os valores de **x** que satisfazem a equação $f(x) = 12$.

14 Todo mês, ao receber seu salário, qualquer trabalhador brasileiro do mercado formal de trabalho nota, em seu holerite, que há um desconto de parte desse salário a título de um imposto sobre a renda (imposto de renda) pago ao Governo Federal.

No início de 2012, o imposto de renda era calculado com base na seguinte tabela:

Rendimento (em R\$)	Alíquota (em %)	Parcela a deduzir (em R\$)
Até 1 637,11	—	—
De 1 637,12 até 2 453,50	7,5	122,78
De 2 453,51 até 3 271,38	15	306,80
De 3 271,39 até 4 087,65	22,5	552,15
Acima de 4 087,65	27,5	756,53

Fonte: Receita Federal do Brasil.

A tabela mostra que, para calcular o imposto de renda (IR), é necessário calcular uma porcentagem do salário e, do valor obtido, subtrair uma parcela.

a) Obtenha o IR referente aos rendimentos mensais de R\$ 1 600,00, R\$ 2 000,00, R\$ 3 000,00 e R\$ 10 000,00, respectivamente.

b) Qual é o valor líquido (descontado o imposto de renda) referente ao rendimento de R\$ 3 270,00? E ao rendimento de R\$ 3 280,00?

c) Qual é a lei da função que relaciona o IR (**y**) e o rendimento mensal (**x**) de até R\$ 3 271,38?

TESTES

1 (Enem-MEC) Deseja-se postar cartas não comerciais, sendo duas de 100 g, três de 200 g e uma de 350 g. O gráfico mostra o custo para enviar uma carta não comercial pelos Correios.

O valor total gasto, em reais, para postar essas cartas é de:

a) 8,35

b) 12,50

c) 14,40

d) 15,35

e) 18,05

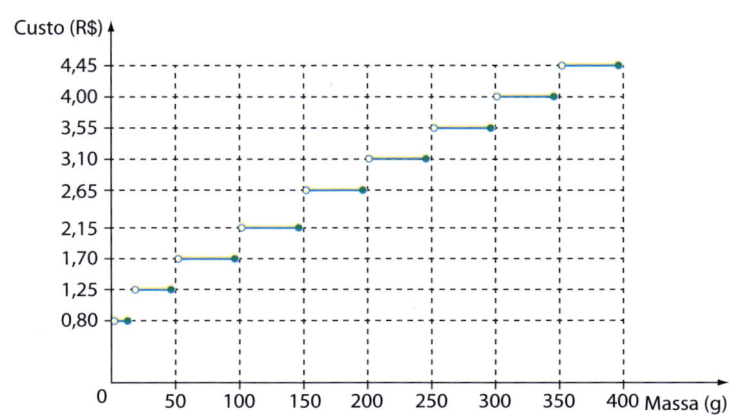

Disponível em: <www.correios.com.br>. Acesso em: 2 ago. 2012 (adaptado).

2 (UF-RS) A interseção dos gráficos das funções **f** e **g**, definida por $f(x) = |x|$ e $g(x) = 1 - |x|$, os quais são desenhados no mesmo sistema de coordenadas cartesianas, determina um polígono.
A área desse polígono é:

a) 0,125

b) 0,25

c) 0,5

d) 1

e) 2

3 (ITA-SP) O produto das raízes reais da equação $|x^2 - 3x + 2| = |2x - 3|$ é igual a:

a) −5

b) −1

c) 1

d) 2

e) 5

4 (Fuvest-SP) O imposto de renda devido por uma pessoa física à Receita Federal é função da chamada base de cálculo, que se calcula subtraindo o valor das deduções do valor dos rendimentos tributáveis. O gráfico dessa função, representado na figura, é a união dos segmentos de reta $\overline{OA}$, $\overline{AB}$, $\overline{BC}$, $\overline{CO}$ e da semirreta $\overline{DE}$. João preparou sua declaração tendo apurado como base de cálculo o valor de R$ 43 800,00. Pouco antes de enviar a declaração, ele encontrou um documento esquecido numa gaveta que comprovava uma renda tributável adicional de R$ 1 000,00. Ao corrigir a declaração, informando essa renda adicional, o valor do imposto devido será acrescido de:

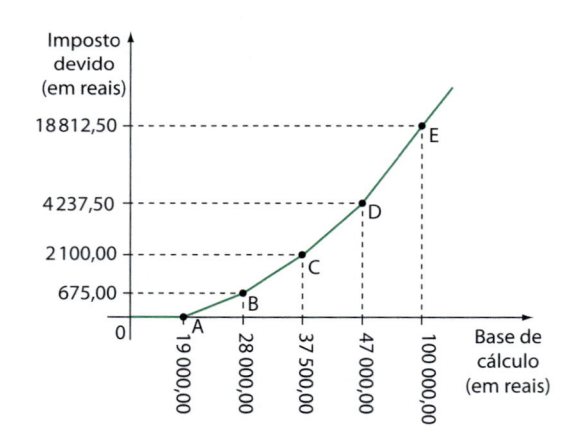

a) R$ 100,00

b) R$ 200,00

c) R$ 225,00

d) R$ 450,00

e) R$ 600,00

5 (Enem-MEC) Certo vendedor tem seu salário mensal calculado da seguinte maneira: ele ganha um valor fixo de R$ 750,00, mais uma comissão de R$ 3,00 para cada produto vendido.
Caso ele venda mais de 100 produtos, sua comissão passa a ser de R$ 9,00 para cada produto vendido, a partir do 101º produto vendido.
Com essas informações, o gráfico que melhor representa a relação entre salário e o número de produtos vendidos é:

a)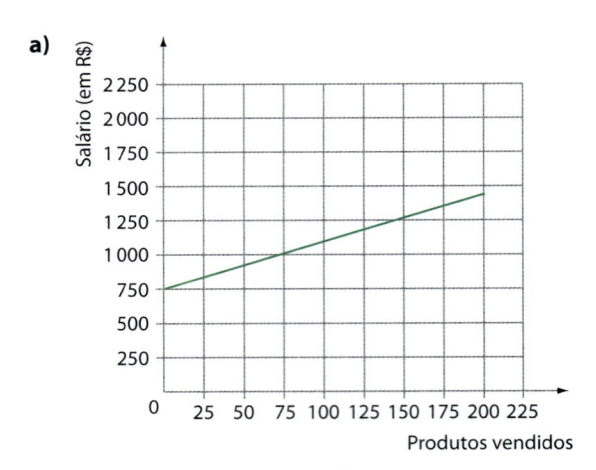

b)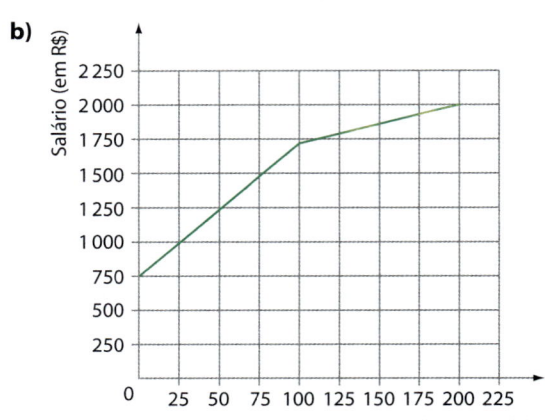

c)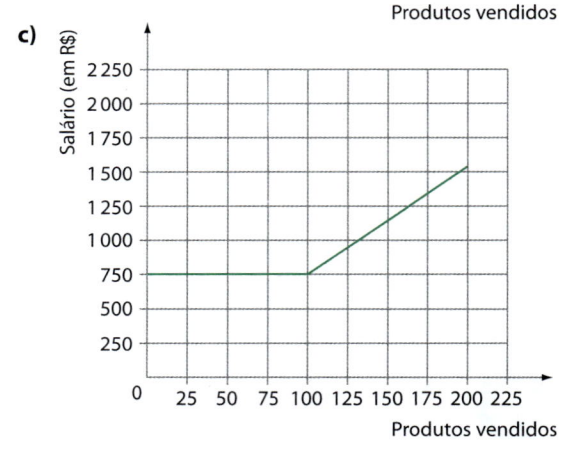

d)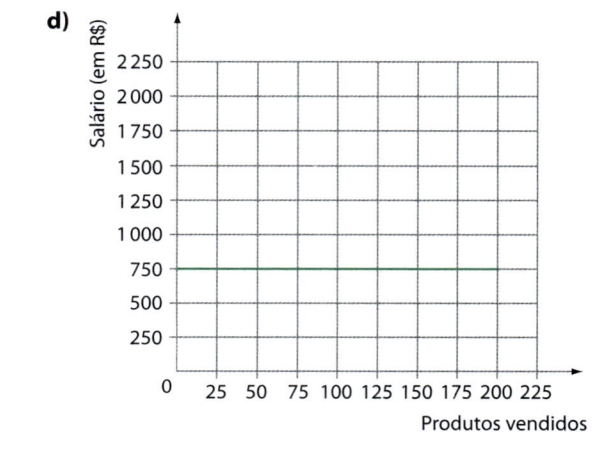

e)

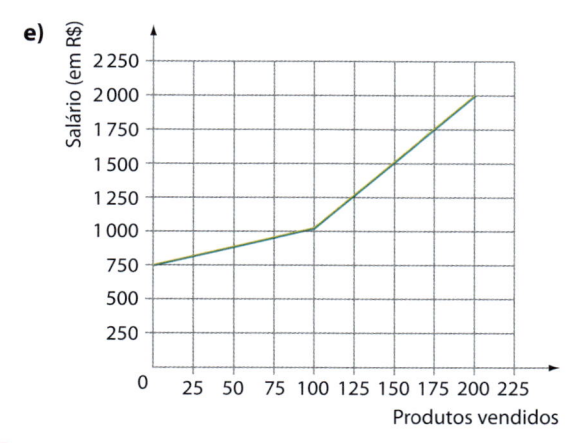

6 (Insper-SP) A figura a seguir mostra o gráfico da função f(x).

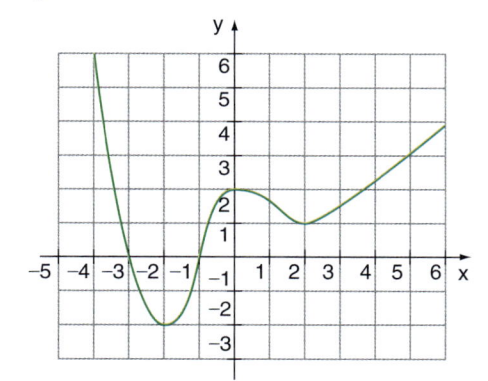

O número de elementos do conjunto solução da equação $|f(x)| = 1$, resolvida em $\mathbb{R}$, é igual a:

a) 6 **b)** 5 **c)** 4 **d)** 3 **e)** 2

7 (UF-RN) Ao pesquisar preços para a compra de uniformes, duas empresas, $\mathbf{E_1}$ e $\mathbf{E_2}$, encontraram, como melhor proposta, uma que estabelecia o preço de venda de cada unidade por $120 - \dfrac{n}{20}$, onde $\mathbf{n}$ é o número de uniformes comprados, com o valor por uniforme se tornando constante a partir de 500 unidades.
Se a empresa $\mathbf{E_1}$ comprou 400 uniformes e a $\mathbf{E_2}$, 600, na planilha de gastos, deverá constar que cada uma pagou pelos uniformes, respectivamente:

a) R$ 38 000,00 e R$ 57 000,00.
b) R$ 40 000,00 e R$ 54 000,00.
c) R$ 40 000,00 e R$ 57 000,00.
d) R$ 38 000,00 e R$ 54 000,00.

8 (Enem-MEC) Nos processos industriais, como na indústria de cerâmica, é necessário o uso de fornos capazes de produzir elevadas temperaturas e, em muitas situações, o tempo de elevação dessa temperatura deve ser controlado, para garantir a qualidade do produto final e a economia no processo. Em uma indústria de cerâmica, o forno é programado para elevar a temperatura ao longo do tempo de acordo com a função

$$T(t) = \begin{cases} \dfrac{7}{5}t + 20, \text{ para } 0 \leqslant t < 100 \\ \dfrac{2}{125}t^2 - \dfrac{16}{5}t + 320, \text{ para } t \geqslant 100 \end{cases}$$

em que $\mathbf{T}$ é o valor da temperatura atingida pelo forno, em graus Celsius, e $\mathbf{t}$ é o tempo, em minutos, decorrido desde o instante em que o forno é ligado. Uma peça deve ser colocada nesse forno quando a temperatura for 48 °C e retirada quando a temperatura for 200 °C.
O tempo de permanência dessa peça no forno é, em minutos, igual a:

a) 100 **c)** 128 **e)** 150
b) 108 **d)** 130

9 (UF-RS) Considerando a função definida por $f(x) = \dfrac{x}{|x|} + 1$, assinale, entre os gráficos apresentados nas alternativas, aquele que pode representar $\mathbf{f}$.

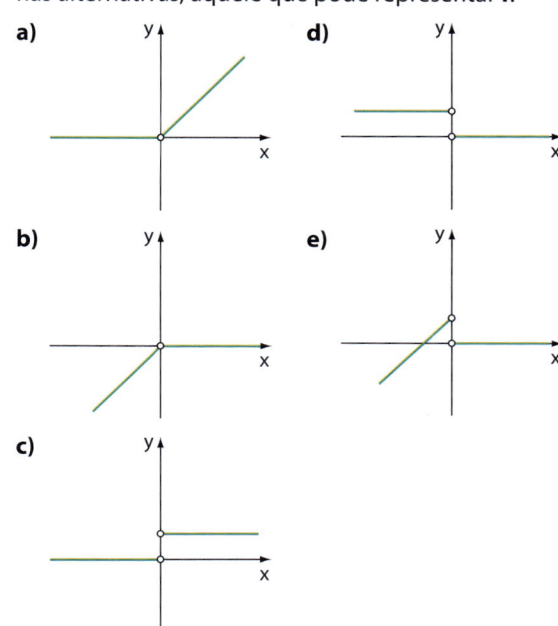

Considere o texto abaixo para responder às questões *10* e *11*.

A empresa **A** vende seu produto, a preços progressivos, de acordo com a seguinte tabela:

Número	Valor unitário
de 1 a 1 000	R$ 2,00
de 1 001 a 5 000	R$ 1,80
acima de 5 000	R$ 1,60

A empresa **B** vende o mesmo produto da empresa **A** pelo valor fixo de R$ 1,80.

10 (UE-CE) Uma loja comprou 8 000 unidades da empresa **A**, então o valor médio unitário foi de:

a) R$ 1,64 **c)** R$ 1,70 **e)** R$ 1,76
b) R$ 1,65 **d)** R$ 1,75

11 (UE-CE) É economicamente conveniente adquirir produtos da empresa **A** somente a partir de uma quantidade maior que:

a) 6 000 unidades.   d) 7 500 unidades.

b) 6 500 unidades.   e) 8 000 unidades.

c) 7 000 unidades.

12 (Mackenzie-SP) O domínio da função real
$f(x) = \sqrt{2 - \big||x + 3| - 5\big|}$, $x \in \mathbb{R}$, é:

a) $[-10, 4]$ d) $[-\infty, -10] \cup [0, 4]$

b) $[-6, 4]$ e) $[-10, -6] \cup [0, 4]$

c) $[-10, -6] \cup [0, \infty)$

13 (Enem-MEC) Uma empresa de telefonia fixa oferece dois planos aos seus clientes: no plano **K**, o cliente paga R$ 29,90 por 200 minutos mensais e R$ 0,20 por cada minuto excedente; no plano **Z**, paga R$ 49,90 por 300 minutos mensais e R$ 0,10 por cada minuto excedente.

O gráfico que representa o valor pago, em reais, nos dois planos em função dos minutos utilizados é:

a)
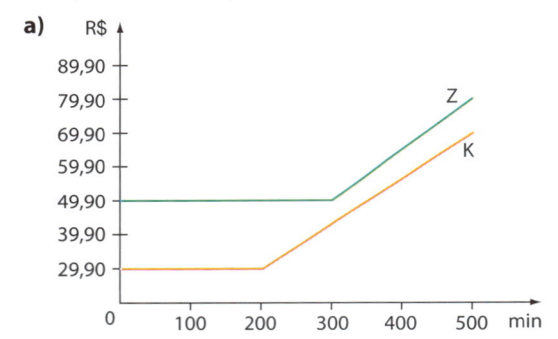

b)
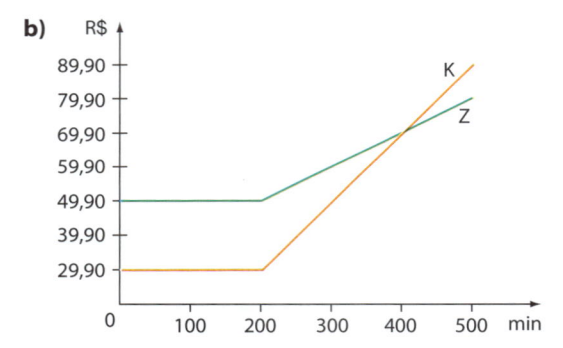

c)
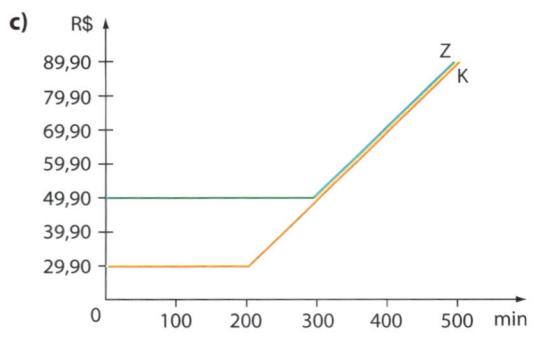

d)
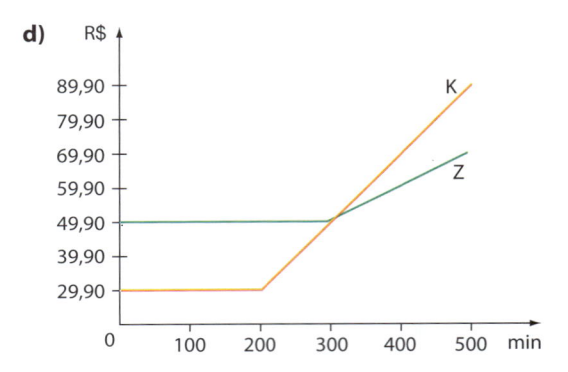

e)
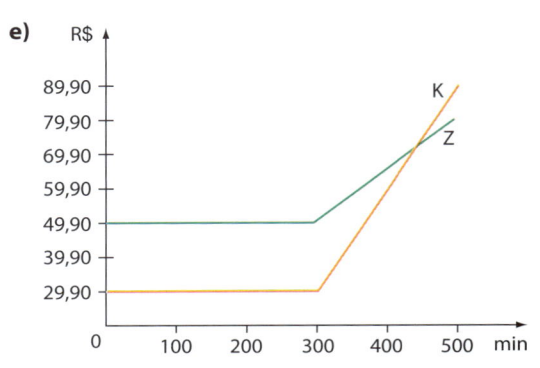

14 (Enem-MEC) Em uma cidade, o valor total da conta de energia elétrica é obtido pelo produto entre o consumo (em kWh) e o valor da tarifa do kWh (com tributos), adicionado à Cosip (contribuição para custeio da iluminação pública), conforme a expressão:

Valor do kWh (com tributos) × consumo (em kWh) + + Cosip

O valor da Cosip é fixo em cada faixa de consumo. O quadro mostra o valor cobrado para algumas faixas.

Faixa de consumo mensal (kWh)	Valor da Cosip (R$)
Até 80	0,00
Superior a 80 até 100	2,00
Superior a 100 até 140	3,00
Superior a 140 até 200	4,50

Suponha que, em uma residência, todo mês o consumo seja de 150 kWh, e o valor do kWh (com tributos) seja de R$ 0,50. O morador dessa residência pretende diminuir seu consumo mensal de energia elétrica com o objetivo de reduzir o custo total da conta em pelo menos 10%.

Qual deve ser o consumo máximo, em kWh, dessa residência para produzir a redução pretendida pelo morador?

a) 134,1   c) 137,1   e) 143,1

b) 135,0   d) 138,6

CAPÍTULO 7

Função exponencial

▶ Introdução

Os dados do último censo demográfico (2010) indicaram que, naquele ano, a população brasileira era de 190 755 799 habitantes e estava crescendo à taxa aproximada de 1,2% ao ano. A taxa de crescimento populacional leva em consideração natalidade, mortalidade, imigrações etc. (Fonte: www.ibge.gov.br – séries estatísticas. Acesso em: 26 jan. 2012.)

O censo é realizado a partir da coleta de dados efetuada pelos recenseadores, que visitam cada domicílio.

Suponha que tal crescimento seja mantido para a década seguinte, isto é, de 2011 a 2020. Nessas condições, qual seria a população brasileira ao final de **x** anos (x = 1, 2, ..., 10), contados a partir de 2010?

Para facilitar os cálculos, vamos aproximar a população brasileira em 2010 para 191 milhões de habitantes.

• Passado 1 ano a partir de 2010 (em 2011), a população, em milhões, seria:

$$\underbrace{191}_{\substack{\text{população} \\ \text{em 2010}}} + \overbrace{1,2\% \text{ de } 191}^{\text{aumento}} = 191 + 0,012 \cdot 191 = 1,012 \cdot 191 \text{ (ou 193,29 milhões de habitantes)}$$

$$\frac{1,2}{100} = 0,012$$

• Passados 2 anos a partir de 2010 (em 2012), a população, em milhões, seria:

$$\underbrace{1,012 \cdot 191}_{\substack{\text{população} \\ \text{em 2011}}} + \underbrace{0,012 \cdot 1,012 \cdot 191}_{\text{aumento}} = 1,012 \cdot 191 \,(1 + 0,012) = 1,012^2 \cdot 191 \text{ (ou 195,61 milhões de habitantes)}$$

• Passados 3 anos a partir de 2010 (em 2013), a população, em milhões, seria:

$$\underbrace{1,012^2 \cdot 191}_{\substack{\text{população} \\ \text{em 2012}}} + \underbrace{0,012 \cdot 1,012^2 \cdot 191}_{\text{aumento}} = 1,012^2 \cdot 191 \,(1 + 0,012) = 1,012^3 \cdot 191 \text{ (ou 197,96 milhões de habitantes)}$$

$$\vdots \qquad \vdots \qquad \vdots \qquad \vdots$$

• Passados **x** anos, contados a partir de 2010, $(x = 1, 2, ..., 10)$, a população brasileira, em milhões de habitantes, seria:

$$1,012^x \cdot 191$$

A função que associa a população (**y**), em milhões de habitantes, ao número de anos (**x**), transcorridos a partir de 2010, é:

$$y = 1,012^x \cdot 191,$$

que é um exemplo de **função exponencial**, que passaremos a estudar agora.

Inicialmente, vamos fazer uma revisão sobre os tipos de potências e suas propriedades – assunto já estudado no Ensino Fundamental II.

▶ Potência de expoente natural

▶ Definição

Sendo dados um número real **a** e um número natural **n**, com $n \geqslant 2$, chama-se **potência de base a** e **expoente n** o número **a^n** que é o produto de **n** fatores iguais a **a**.

$$a^n = \underbrace{a \cdot a \cdot a \cdot \ldots \cdot a}_{\textbf{n fatores}}$$

Dessa definição decorre que:

$a^2 = a \cdot a, \qquad a^3 = a \cdot a \cdot a, \qquad a^4 = a \cdot a \cdot a \cdot a$ etc.

Definição especial

Sendo dado um número real **a**, convencionaremos que:

$a^1 = a$

Sendo $a \neq 0$, $a^0 = 1$.

Vejamos alguns exemplos:

• $3^4 = 3 \cdot 3 \cdot 3 \cdot 3 = 81$

• $\left(\dfrac{1}{5}\right)^2 = \left(\dfrac{1}{5}\right) \cdot \left(\dfrac{1}{5}\right) = \dfrac{1}{25}$

• $2^1 = 2$

• $(-5)^1 = -5$

• $(-2)^3 = (-2) \cdot (-2) \cdot (-2) = -8$

• $(2,8)^2 = (2,8) \cdot (2,8) = 7,84$

• $4^0 = 1$

• $1^3 = 1 \cdot 1 \cdot 1 = 1$

Uma calculadora científica pode nos auxiliar no cálculo de potências cujas contas são trabalhosas.

Localize, em sua calculadora, a tecla x^y. Nela, **x** representa a base da potência e **y**, seu expoente.

- Para calcular $1,3^5$, pressionamos:

e obtemos o valor aproximado: `3,713`

- Para calcular $2,3^8$, pressionamos:

`2` `·` `3` `x^y` `8`

e obtemos o valor aproximado: `783,109`

Cabe ressaltar que existem muitos modelos de calculadora e, em alguns casos, uma ou outra das operações anteriores poderá ser invertida.

Há modelos em que a tecla de potência é substituída pelo símbolo `∧`.

▶ Propriedades

Sendo **a** e **b** reais e **m** e **n** naturais, valem as seguintes propriedades:

- $a^m \cdot a^n = a^{m+n}$
- $\dfrac{a^m}{a^n} = a^{m-n}$ $(a \neq 0 \text{ e } m \geqslant n)$
- $(a^m)^n = a^{m \cdot n}$
- $\left(\dfrac{a}{b}\right)^n = \dfrac{a^n}{b^n}$ $(b \neq 0)$
- $(a \cdot b)^n = a^n \cdot b^n$

EXEMPLO 1

Supondo $a \cdot b \neq 0$, simplifiquemos a expressão

$$y = \frac{(a^2 b^3)^5}{(a^2)^3 b^7}.$$

Aplicando as propriedades estudadas, vem:

$$y = \frac{a^{10} b^{15}}{a^6 b^7} = a^{10-6} \cdot b^{15-7} = a^4 b^8$$

▶ Potência de expoente inteiro negativo

▶ Definição

Dados um número real **a**, não nulo, e um número **n** natural, chama-se **potência de base _a_** e **expoente –n** o número a^{-n}, que é o inverso de a^n.

$$a^{-n} = \frac{1}{a^n}$$

Vejamos alguns exemplos:

- $2^{-1} = \dfrac{1}{2^1} = \dfrac{1}{2}$
- $(-5)^{-2} = \dfrac{1}{(-5)^2} = \dfrac{1}{25}$
- $2^{-2} = \dfrac{1}{2^2} = \dfrac{1}{4}$
- $\left(-\dfrac{2}{3}\right)^{-4} = \dfrac{1}{\left(-\dfrac{2}{3}\right)^4} = \dfrac{1}{\dfrac{16}{81}} = \dfrac{81}{16}$
- $1^{-7} = \dfrac{1}{1^7} = 1$
- $(0,3)^{-2} = \left(\dfrac{3}{10}\right)^{-2} = \left(\dfrac{10}{3}\right)^2 = \dfrac{100}{9}$

▶ Propriedades

Com essa definição para potência de expoente inteiro negativo, todas as cinco propriedades enunciadas há pouco continuam válidas para quaisquer expoentes **m** e **n** inteiros (positivos ou negativos).

EXERCÍCIO RESOLVIDO

1 Qual é o valor de

$$y = \left[\left(\frac{2}{3}\right)^{-2} + 4^{-1}\right]^2?$$

Solução:

$$y = \left[\left(\frac{3}{2}\right)^2 + \frac{1}{4}\right]^2 = \left(\frac{9}{4} + \frac{1}{4}\right)^2$$

$$y = \left(\frac{10}{4}\right)^2 = \left(\frac{5}{2}\right)^2 = \frac{25}{4}$$

EXERCÍCIOS

1 Calcule:

a) 5^3

b) $(-5)^3$

c) 5^{-3}

d) $\left(-\dfrac{2}{3}\right)^3$

e) $\left(\dfrac{1}{50}\right)^{-2}$

f) $\left(-\dfrac{11}{7}\right)^0$

g) $\left(\dfrac{3}{2}\right)^1$

h) $\left(-\dfrac{1}{2}\right)^0$

i) $-(-2)^5$

j) -10^2

k) 10^{-3}

l) $-\left(-\dfrac{1}{2}\right)^{-2}$

2 Calcule:

a) $0,2^2$

b) $0,1^{-1}$

c) $3,4^1$

d) $(-4,17)^0$

e) $0,05^{-2}$

f) $1,25^{-1}$

g) $1,2^3$

h) $(-3,2)^2$

i) $0,6^3$

3 Calcule o valor de cada uma das expressões:

a) $A = \left(\dfrac{3}{4}\right)^2 \cdot (-2)^3 + \left(-\dfrac{1}{2}\right)^1$

b) $B = \left(\dfrac{1}{2}\right)^{-2} + \left(\dfrac{1}{3}\right)^{-1}$

c) $C = -2 \cdot \left(\dfrac{3}{2}\right)^3 + 1^{15} - (-2)^1$

d) $D = \left[\left(-\dfrac{5}{3}\right)^{-1} + \left(\dfrac{5}{2}\right)^{-1}\right]^{-1}$

e) $E = [3^{-1} - (-3)^{-1}]^{-1}$

4 Escreva em uma única potência:

a) $\dfrac{11^3 \cdot (11^4)^2 \cdot 11}{11^6}$

b) $\dfrac{2^{3^2}}{(2^3)^2}$

c) $\dfrac{10^{-2} \cdot \left(\dfrac{1}{10}\right)^{-3}}{(0,01)^{-1}}$

d) $\dfrac{10 \cdot 10^{-5} \cdot (10^2)^{-3}}{(10^{-4})^3}$

5 Sendo $a \cdot b \neq 0$, simplifique as expressões:

a) $\dfrac{a^5 \cdot (b^2)^3}{a \cdot b^4}$

b) $\dfrac{(a^2)^5 \cdot (b^3)^3}{a^{-4} \cdot b^{-3}}$

c) $\left(\dfrac{a}{b}\right)^8 \cdot \dfrac{b^{10}}{a \cdot a^2 \cdot a^3}$

d) $(a^{-1} + b^{-1}) \cdot ab$

e) $(a^{-1})^2 + (b^2)^{-1} + 2\,(ab)^{-1}$

6 Escreva em uma única potência:

a) a metade de 2^{100};

b) o triplo de 3^{20};

c) a oitava parte de 4^{32};

d) o quadrado do quíntuplo de 25^{10}.

7 Simplifique:

a) $\dfrac{2^{x+1} + 2^{x+2}}{2^x}$

b) $\dfrac{3^x + 3^{x+2}}{3^{x-1}}$

c) $\dfrac{3^{n-1} + 2 \cdot 3^{n+1}}{3^n}$

d) $\dfrac{10^{n+2} - 10^{n-1}}{10^n - 10^{n-3}}$

8 Sendo $a = \dfrac{2^{48} + 4^{22} - 2^{46}}{4^3 \cdot 8^6}$, obtenha o valor de $\dfrac{1}{26} \cdot a$.

▶ Raiz n-ésima (enésima) aritmética

▶ Definição

Dados um número real não negativo **a** e um número natural **n**, $n \geqslant 1$, chama-se **raiz enésima aritmética de *a*** o número real e não negativo **b** tal que $b^n = a$.

O símbolo $\sqrt[n]{a}$, chamado **radical**, indica a raiz enésima aritmética de **a**. Nele, **a** é chamado **radicando** e **n**, **índice**.

$$\sqrt[n]{a} = b \Leftrightarrow b \geqslant 0 \text{ e } b^n = a$$

Vejamos alguns exemplos:

- $\sqrt[2]{16} = \sqrt{16} = 4$, pois $4^2 = 16$.

- $\sqrt[3]{27} = 3$, pois $3^3 = 27$.

- $\sqrt[6]{0} = 0$, pois $0^6 = 0$.

- $\sqrt[4]{16} = 2$, pois $2^4 = 16$.

▶ Propriedades

Sendo **a** e **b** reais não negativos, **m** inteiro e **n** e **p** naturais não nulos, valem as seguintes propriedades:

- $\sqrt[n]{a^m} = \sqrt[n \cdot p]{a^{m \cdot p}}$

- $\sqrt[n]{a \cdot b} = \sqrt[n]{a} \cdot \sqrt[n]{b}$

- $\sqrt[n]{\dfrac{a}{b}} = \dfrac{\sqrt[n]{a}}{\sqrt[n]{b}} \;(b \neq 0)$

- $(\sqrt[n]{a})^m = \sqrt[n]{a^m}$

- $\sqrt[p]{\sqrt[n]{a}} = \sqrt[p \cdot n]{a}$

EXERCÍCIOS **RESOLVIDOS**

2 Simplificar:

a) $\sqrt{72} + 4\sqrt{8}$

b) $(2\sqrt{2})^4$

Solução:

a) $\sqrt{72} + 4\sqrt{8} = \sqrt{2^3 \cdot 3^2} + 4\sqrt{2^2 \cdot 2} =$

$= 2 \cdot 3\sqrt{2} + 4 \cdot 2\sqrt{2} =$

$= 6\sqrt{2} + 8\sqrt{2} =$

$= 14\sqrt{2}$

b) $(2\sqrt{2})^4 = 2^4(\sqrt{2})^4 = 2^4\sqrt{2^4} =$

$= 2^4 \cdot 2^2 = 2^6 = 64$

3 Racionalizar o denominador das expressões:

a) $\dfrac{4}{\sqrt{2}}$

b) $\dfrac{4}{\sqrt{3}-1}$

Solução:

a) $\dfrac{4}{\sqrt{2}} = \dfrac{4}{\sqrt{2}} \cdot \dfrac{\sqrt{2}}{\sqrt{2}} = \dfrac{4\sqrt{2}}{2} = 2\sqrt{2}$

b) $\dfrac{4}{\sqrt{3}-1} = \dfrac{4}{\sqrt{3}-1} \cdot \dfrac{\sqrt{3}+1}{\sqrt{3}+1} = \dfrac{4(\sqrt{3}+1)}{(\sqrt{3})^2 - 1^2} =$

$= \dfrac{4(\sqrt{3}+1)}{2} = 2(\sqrt{3}+1)$

EXERCÍCIOS

9 Calcule:

a) $\sqrt{169}$

d) $\sqrt{0,25}$

b) $\sqrt[3]{512}$

e) $\sqrt[3]{0,125}$

c) $\sqrt[4]{\dfrac{1}{16}}$

f) $\sqrt[5]{100\,000}$

10 Simplifique os radicais seguintes:

a) $\sqrt{18}$

c) $\sqrt[3]{54}$

e) $\sqrt[4]{240}$

b) $\sqrt{54}$

d) $\sqrt{288}$

f) $\sqrt[3]{10^{12}}$

11 Efetue:

a) $\sqrt{32} + \sqrt{50}$

d) $\sqrt{1\,200} - 2\sqrt{48} + 3\sqrt{27}$

b) $\sqrt{200} - 3\sqrt{72} + \sqrt{12}$

e) $\dfrac{\sqrt{192} - \sqrt{27}}{\sqrt{3}}$

c) $\sqrt[3]{16} + \sqrt[3]{54} - \sqrt[3]{2}$

f) $\dfrac{\sqrt[3]{16} + \sqrt[3]{54}}{\sqrt[3]{8}}$

12 Calcule:

a) $\sqrt{6} \cdot \sqrt{24}$

e) $\dfrac{\sqrt[4]{6} \cdot \sqrt[4]{27}}{\sqrt[4]{2}}$

b) $\sqrt{2} \cdot \sqrt{3} \cdot \sqrt{8}$

f) $(\sqrt{2})^{16}$

c) $\sqrt{48} : \sqrt{3}$

g) $(3\sqrt{2})^2$

d) $\sqrt[3]{9} \cdot \sqrt[3]{3}$

h) $\sqrt{\sqrt{2^8}}$

13 Desenvolva os seguintes produtos notáveis:

a) $\left(\sqrt{3} + 1\right)^2$

d) $\left(\sqrt{11} + \sqrt{2}\right) \cdot \left(\sqrt{11} - \sqrt{2}\right)$

b) $\left(3 - \sqrt{2}\right)^2$

e) $\left(\sqrt[4]{3} + 1\right)^2$

c) $\left(\sqrt{5} + \sqrt{2}\right)^2$

f) $\left(2 + \sqrt{2}\right)^3$

14 Efetue:

a) $\sqrt{\sqrt{6} - \sqrt{2}} \cdot \sqrt{\sqrt{6} + \sqrt{2}}$

b) $\sqrt{8 + \sqrt{15}} \cdot \sqrt{8 - \sqrt{15}}$

c) $\sqrt[3]{\sqrt{12} + 2} \cdot \sqrt[3]{\sqrt{12} - 2}$

d) $\sqrt{2} \cdot \sqrt{\sqrt{10} - \sqrt{2}} \cdot \sqrt{\sqrt{10} + \sqrt{2}}$

15 Racionalize o denominador das expressões seguintes:

a) $\dfrac{3}{\sqrt{6}}$

f) $\dfrac{2}{\sqrt{2} + 1}$

b) $\dfrac{1}{2\sqrt{2}}$

g) $\dfrac{\sqrt{3}}{3 - \sqrt{3}}$

c) $\dfrac{\sqrt{3}}{\sqrt{5}}$

h) $\dfrac{\sqrt{2}}{2 - \sqrt{2}}$

d) $\dfrac{3}{\sqrt[3]{3}}$

i) $\dfrac{\sqrt{5} - \sqrt{2}}{\sqrt{5} + \sqrt{2}}$

e) $\dfrac{4}{\sqrt[5]{2^2}}$

16 Efetue:

a) $\dfrac{3}{\sqrt{2}} + \sqrt{8}$

b) $\left(\dfrac{5}{\sqrt{2}} + \dfrac{\sqrt{2}}{\sqrt{3}}\right) \cdot \sqrt{2}$

c) $\dfrac{\sqrt{3}}{\sqrt{3} - \sqrt{2}} - \dfrac{12}{\sqrt{6}}$

d) $\dfrac{\sqrt{2} - 1}{\sqrt{2} + 1} - \dfrac{\sqrt{2}}{\sqrt{2} - 2}$

17 Mostre que $\sqrt{14 + 4\sqrt{10}} - \sqrt{14 - 4\sqrt{10}} = 4$.

▶ Potência de expoente racional

▶ Definição

Dados um número real **a** (positivo), um número inteiro **p** e um número natural **q** ($q \geqslant 1$), chama-se **potência de base** a e **expoente** $\dfrac{p}{q}$ a raiz q-ésima aritmética de a^p.

$$a^{\frac{p}{q}} = \sqrt[q]{a^p}$$

▶ Definição especial

Sendo $\dfrac{p}{q} > 0$, define-se: $0^{\frac{p}{q}} = 0$.

Vejamos alguns exemplos:

- $3^{\frac{1}{2}} = \sqrt{3}$
- $1^{\frac{7}{5}} = \sqrt[5]{1^7} = 1$
- $2^{\frac{2}{3}} = \sqrt[3]{2^2}$
- $64^{-\frac{1}{3}} = \sqrt[3]{64^{-1}} = \sqrt[3]{\dfrac{1}{64}} = \dfrac{1}{4}$
- $5^{-\frac{2}{3}} = \sqrt[3]{5^{-2}} = \sqrt[3]{\dfrac{1}{25}}$
- $0^{\frac{11}{3}} = 0$

▶ Propriedades

As cinco propriedades enunciadas para potências de expoente natural continuam válidas para expoentes racionais.

EXERCÍCIO RESOLVIDO

4 Calcular o valor de $y = 27^{\frac{2}{3}} - 16^{\frac{3}{4}}$

Solução:

- Escrevemos as potências na forma de raízes.

$y = \sqrt[3]{27^2} - \sqrt[4]{16^3} = \sqrt[3]{729} - \sqrt[4]{4\,096} = 9 - 8 = 1$

- Usamos as propriedades das potências.

$y = (3^3)^{\frac{2}{3}} - (2^4)^{\frac{3}{4}} = 3^2 - 2^3 = 9 - 8 = 1$

EXERCÍCIOS

18 Calcule o valor de:

a) $27^{\frac{1}{3}}$

b) $256^{\frac{1}{2}}$

c) $32^{\frac{1}{5}}$

d) $0,36^{\frac{1}{2}}$

e) $100^{-\frac{1}{2}}$

f) $8^{\frac{2}{3}}$

g) $27^{\frac{2}{3}}$

h) $4^{-\frac{3}{2}}$

i) $0,5^{0,5}$

j) $64^{0,333\ldots}$

19 Qual é o valor de a^b, sendo

$$a = \left(\dfrac{1}{4}\right)^{-2} + \left(\dfrac{1}{3}\right)^{-2} \quad \text{e} \quad b = \dfrac{2 \cdot \left(\dfrac{1}{3}\right)^{-1} - 2^2}{\left(\dfrac{1}{2}\right)^{-2}} \,?$$

20 Calcule o valor de:

a) $32^{\frac{3}{10}}$

b) $8^{\frac{1}{6}}$

c) $10000^{-\frac{1}{4}}$

d) $9^{\frac{3}{2}}$

e) $16^{-\frac{3}{4}}$

f) $16^{\frac{5}{2}}$

g) $0,25^{-0,5}$

h) $27^{\frac{3}{2}}$

i) $0,001^{-\frac{2}{3}}$

21 A área da superfície corporal (ASC) de uma pessoa, em metros quadrados, pode ser estimada pela fórmula de Mosteller:

$$\text{ASC} = \left(\dfrac{h \cdot m}{3\,600}\right)^{\frac{1}{2}}$$

em que **h** é a altura da pessoa em centímetros e **m** é a massa da pessoa em quilogramas.

a) Calcule a área da superfície corporal de um indivíduo de 1,69 m e 75 kg. Use $\sqrt{3} \simeq 1,7$.

b) Juvenal tem ASC igual a 2 m² e massa 80 kg. Qual é a altura de Juvenal?

c) Considere dois amigos, Rui e Eli, ambos "pesando" 81 kg. A altura de Rui é 21% maior que a altura de Eli. A ASC de Rui é x% maior que a ASC de Eli. Qual é o valor de **x**?

▶ Potência de expoente irracional

Vamos agora dar significado às potências do tipo a^x, em que $a \in \mathbb{R}_+^*$, e o expoente **x** é um número irracional. Por exemplo: $2^{\sqrt{2}}, 2^{\sqrt{5}}, 10^{\sqrt{3}}, \left(\frac{1}{2}\right)^{\sqrt{7}}, 4^{-\sqrt{5}}, \ldots$

Seja a potência $2^{\sqrt{2}}$.

Como $\sqrt{2}$ é irracional, vamos considerar aproximações racionais para esse número por falta e por excesso e, com o auxílio de uma calculadora científica, obter o valor das potências de expoentes racionais:

$$\sqrt{2} \simeq 1,41421356\ldots$$

Por falta	Por excesso
$2^1 = 2$	$2^2 = 4$
$2^{1,4} \simeq 2,639$	$2^{1,5} = 2^{\frac{3}{2}} = \sqrt{8} = 2\sqrt{2} \simeq 2,828$
$2^{1,41} \simeq 2,657$	$2^{1,42} \simeq 2,675$
$2^{1,414} \simeq 2,6647$	$2^{1,415} \simeq 2,6665$
$2^{1,4142} \simeq 2,6651$	$2^{1,4143} \simeq 2,6653$
⋮	⋮

Note que, à medida que os expoentes se aproximam de $\sqrt{2}$ por valores racionais, tanto por falta quanto por excesso, os valores das potências tendem a um mesmo valor, definido por $2^{\sqrt{2}}$, que é aproximadamente igual a 2,665.

> **OBSERVAÇÕES**
>
> Seja $a \in \mathbb{R}$, com $a > 0$. Já estudamos as potências do tipo a^x, com **x** racional ou irracional. Em qualquer caso, temos que $a^x > 0$, isto é, toda potência de base real positiva e expoente real é um número positivo.

▶ Função exponencial

▶ Definição

Chama-se **função exponencial** qualquer função **f** de $\mathbb{R}$ em $\mathbb{R}_+^*$ dada por uma lei da forma $f(x) = a^x$, em que **a** é um número real dado, $a > 0$ e $a \neq 1$.

São exemplos de funções exponenciais: $y = 10^x$; $y = \left(\frac{1}{3}\right)^x$; $y = 2^x$; $y = \left(\frac{5}{6}\right)^x$ etc.

Observe que, na definição acima, há restrições em relação à base **a**.
De fato:

- Se $a < 0$, nem sempre o número a^x é real, como, por exemplo, $(-3)^{\frac{1}{2}} \notin \mathbb{R}$.

- Se $a = 0$, temos:

$$\begin{cases} \text{quando } x > 0, y = 0^x = 0 \text{ (função constante)} \\ \text{quando } x < 0, \text{não se define } 0^x \text{ (por exemplo, } 0^{-3}) \\ \text{quando } x = 0, \text{não se define } 0^0 \end{cases}$$

- Se $a = 1$, para todo $x \in \mathbb{R}$, a função dada por $y = 1^x = 1$ é constante.

▶ Gráfico

Vamos construir os gráficos de duas funções exponenciais e, em seguida, observar algumas propriedades.

Vejamos como construir o gráfico da função **f**, cuja lei é $y = 2^x$.

Vamos usar o método de localizar alguns pontos do gráfico e ligá-los.

x	y
−3	$\frac{1}{8}$
−2	$\frac{1}{4}$
−1	$\frac{1}{2}$
0	1
$\frac{1}{2}$	$\sqrt{2} \approx 1,41$
1	2
2	4
3	8

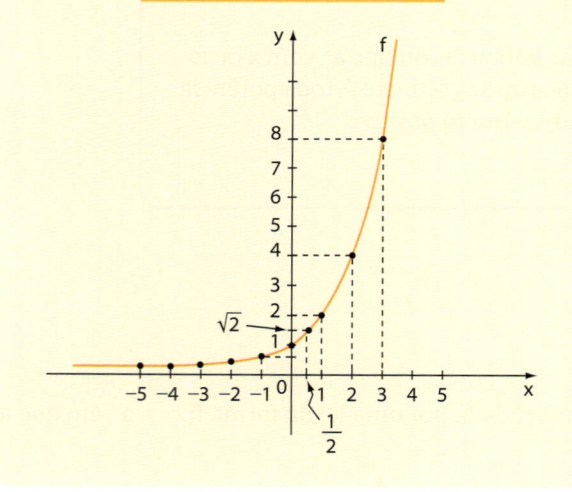

Vamos construir o gráfico da função $y = \left(\frac{1}{2}\right)^x$.

x	−3	−2	−1	0	1	2	3
y	8	4	2	1	$\frac{1}{2}$	$\frac{1}{4}$	$\frac{1}{8}$

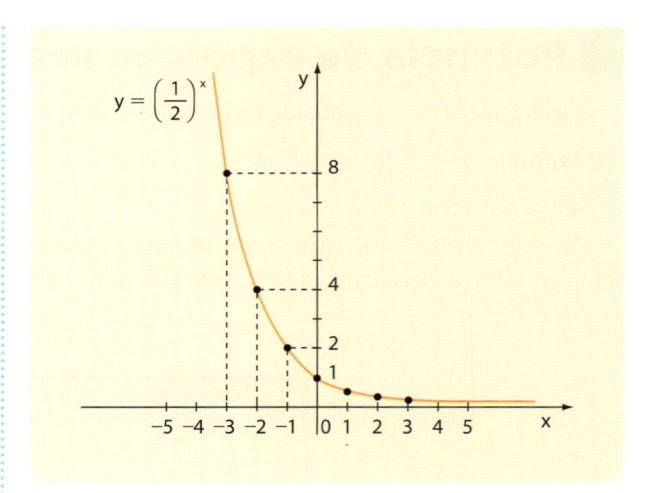

▶ Propriedades

- Na função exponencial $y = a^x$, temos:

$$x = 0 \Rightarrow y = a^0 = 1$$

ou seja, o par ordenado (0, 1) satisfaz a lei $y = a^x$ para todo **a** ($a > 0$ e $a \neq 1$). Isso quer dizer que o gráfico da função $y = a^x$ corta o eixo Oy no ponto de ordenada 1.

- Se $a > 1$, então a função $f(x) = a^x$ é crescente.

Portanto, dados os reais x_1 e x_2, temos:

sinais iguais

se $x_1 < x_2$, então $a^{x_1} < a^{x_2}$

São crescentes, por exemplo, as funções exponenciais $f(x) = 2^x$, $f(x) = 3^x$, $f(x) = \left(\frac{3}{2}\right)^x$ e $f(x) = (1,2)^x$.

- Se $0 < a < 1$, então a função $f(x) = a^x$ é decrescente. Portanto, dados os reais x_1 e x_2, temos:

sinais opostos

se $x_1 < x_2$, então $a^{x_1} > a^{x_2}$

São decrescentes, por exemplo, as funções exponenciais $f(x) = \left(\frac{1}{2}\right)^x$, $f(x) = \left(\frac{1}{3}\right)^x$, $f(x) = \left(\frac{2}{3}\right)^x$ e $f(x) = (0,1)^x$.

- Para todo $a > 0$ e $a \neq 1$, temos:

se $a^{x_1} = a^{x_2}$, então $x_1 = x_2$

- Para todo $a > 0$ e todo **x** real, temos $a^x > 0$; portanto, o gráfico da função $y = a^x$ está sempre acima do eixo Ox.

Se $a > 1$, então a^x aproxima-se de zero quando **x** assume valores negativos cada vez menores.

Se $0 < a < 1$, então $\mathbf{a}^x$ aproxima-se de zero quando $\mathbf{x}$ assume valores positivos cada vez maiores. Tudo isso pode ser resumido dizendo-se que o conjunto imagem da função exponencial $y = a^x$ é: $Im = \{y \in \mathbb{R} \mid y > 0\} = \mathbb{R}_+^*$.

▶ O número e

O número **e** é um número irracional estudado em Cálculo Diferencial e Integral (assunto de nível superior). Seu valor aproximado é 2,7183. Esse valor pode ser obtido ao considerarmos a expressão $(1 + x)^{\frac{1}{x}}$, definida em $\mathbb{R}^*$, e calcularmos o valor que ela assume à medida que $\mathbf{x}$ se aproxima de zero:

x	$(1 + x)^{\frac{1}{x}}$
0,1	2,594
0,01	2,705
0,001	2,717
0,0001	2,7182
0,00001	2,7183

À medida que $\mathbf{x}$ se torna menor, a expressão $(1 + x)^{\frac{1}{x}}$ fica cada vez mais próxima do número 2,7183. Essa é uma aproximação racional usual para **e**.

Se tivéssemos considerado valores de $\mathbf{x}$ negativos e cada vez mais próximos de zero, chegaríamos à mesma conclusão.

Dizemos, então, que o limite de $(1 + x)^{\frac{1}{x}}$, quando $\mathbf{x}$ tende a zero, é igual ao número **e**. Representamos esse fato por $\lim\limits_{x \to 0} (1 + x)^{\frac{1}{x}} = e$.

A descoberta do número **e** é atribuída a John Napier, em seu trabalho sobre a invenção dos logaritmos (veja capítulo seguinte). O símbolo **e** foi introduzido por Euler, em 1739.

Muitas calculadoras científicas e financeiras possuem a tecla e^x, em geral, colocada como segunda função (veja tecla `2ndF` na imagem da coluna ao lado); dessa forma, em geral, não é necessário substituir **e** por alguma aproximação racional, bastando teclar o expoente $\mathbf{x}$ para se conhecer o resultado da potência $\mathbf{e}^x$.

Veja:
- Para calcular $\mathbf{e}^2$, pressionamos:

$$2 \to 2ndF \to e^x \to 7{,}389$$

Obtemos o valor aproximado 7,389.

- Para calcular $\mathbf{e}^{10}$, pressionamos:

$$1 \quad 0 \to 2ndF \to e^x \to 22\,026{,}46$$

Obtemos o valor aproximado 22 026,46.

(Em alguns modelos de calculadora, a ordem das teclas pode ser invertida.)

Você pode usar uma calculadora financeira ou científica para calcular o valor de e^x.

A função $f: \mathbb{R} \to \mathbb{R}_+^*$, definida por $f(x) = e^x$, é a função exponencial de base **e**, cujo gráfico é dado a seguir:

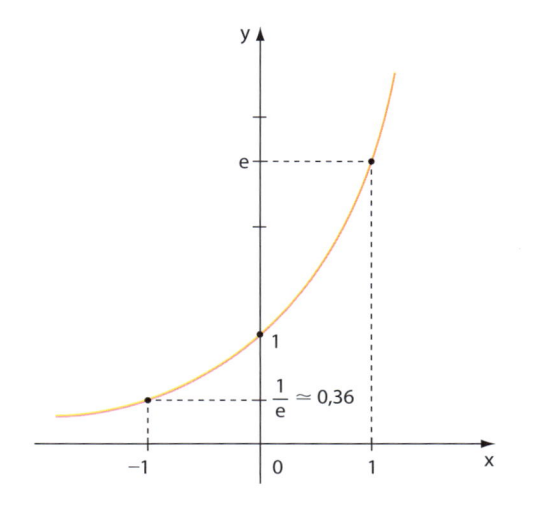

EXERCÍCIOS

22 Construa os gráficos das seguintes funções exponenciais:

a) $f(x) = 4^x$

b) $f(x) = \left(\dfrac{1}{3}\right)^x$

c) $f(x) = \dfrac{1}{4} \cdot 2^x$

d) $f(x) = 3 \cdot 2^{-x}$

23 Os gráficos das funções seguintes podem ser obtidos por translação de gráficos conhecidos. Em cada item, faça um esboço do gráfico, destacando o conjunto imagem e a raiz da função:

a) $y = 2^x - 2$

b) $y = 2^x + 1$

c) $y = \left(\dfrac{1}{2}\right)^x + 1$

d) $y = 3^x - 3$

24 Na figura está representado o gráfico da função $f: \mathbb{R} \to \mathbb{R}$ dada por $f(x) = m \cdot 6^{-x}$, sendo **m** uma constante real.
Determine:

a) o valor de **m**;

b) $f(-1)$;

c) a ordenada do ponto **P**.

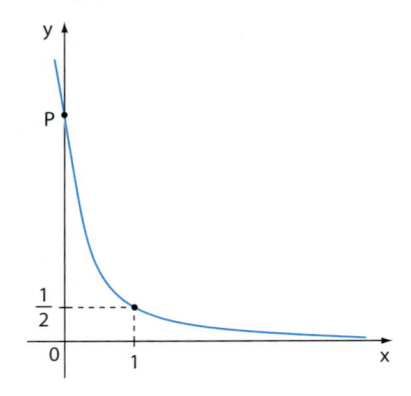

25 No sistema de coordenadas seguinte estão representados os gráficos de duas funções **f** e **g**. A lei que define **f** é $f(x) = a + b \cdot 2^x$ (**a** e **b** são constantes positivas e **g** é uma função afim).

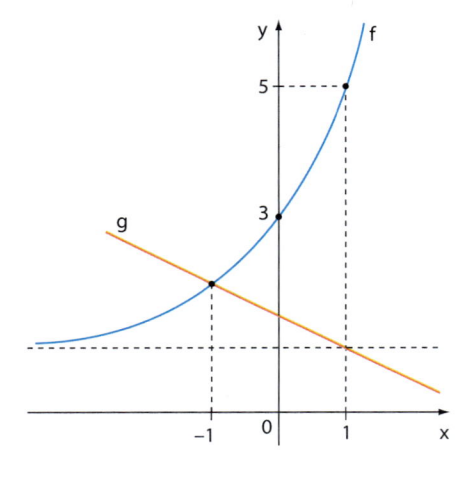

a) Determine os valores de **a** e **b**.

b) Determine o conjunto imagem de **f**.

c) Obtenha a lei que define a função **g**.

d) Determine as raízes de **f** e de **g**.

26 Em um laboratório, constatou-se que uma colônia de certo tipo de bactéria triplicava a cada meia hora. No instante em que começaram as observações, o número de bactérias na amostra era estimado em dez mil.

a) Faça uma tabela para representar a população de bactérias (em milhares) nos seguintes instantes (a partir do início da contagem): 0,5 hora, 1 hora, 1,5 hora, 2 horas, 3 horas e 5 horas.

b) Obtenha a lei que relacione o número (**n**) de milhares de bactérias em função do tempo (**t**), em horas.

27 Os municípios **A** e **B** têm, hoje, praticamente o mesmo número de habitantes, estimado em 100 mil pessoas. Estudos demográficos indicam que o município **A** deva crescer à razão de 25 000 habitantes por ano e o município **B**, à taxa de 20% ao ano. Mantidas essas condições, classifique em seu caderno como verdadeira (**V**) ou falsa (**F**) as afirmações seguintes, corrigindo as falsas:

a) Em dois anos, a população do município **B** será de 140 mil habitantes.

b) Em três anos, a população do município **A** será de mais de 180 mil habitantes.

c) Em quatro anos, o município **A** será mais populoso que o município **B**.

d) A lei da função que expressa a população **y** do município **A** daqui a **x** anos é $y = 25\,000x$.

e) O esboço do gráfico da função que expressa a população **y** do município **B** daqui a **x** anos é dado a seguir:

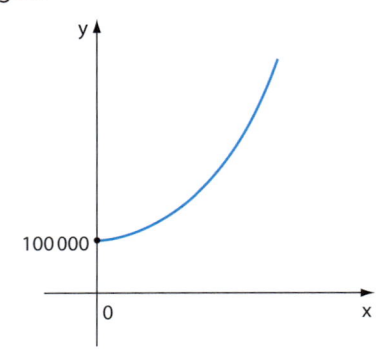

28 Uma moto foi adquirida por R$ 12 000,00. Seu proprietário leu, em uma revista especializada, que a cada ano a moto perde 10% do valor que tinha no ano anterior. Suponha que isso realmente aconteça. Use uma calculadora para responder às seguintes questões.

a) Faça uma tabela para representar o valor da moto depois de 1, 2, 3 e 4 anos da data de sua aquisição.

b) Se o proprietário vendeu essa moto com 7 anos de uso, por qual valor ela foi vendida?

c) Qual é a lei da função que relaciona o valor (**v**) da moto, em reais, de acordo com o tempo (**t**), expresso em anos?

29 Em uma indústria alimentícia, verificou-se que, após **t** semanas de experiência e treinamento, um funcionário consegue empacotar **p** unidades de um determinado produto, a cada hora de trabalho. A lei que relaciona **p** e **t** é: $p(t) = 55 - 30 \cdot e^{-0,2t}$.

a) Quantas unidades desse produto o funcionário consegue empacotar sem experiência alguma?

b) Qual é o acréscimo na produção, por hora, que o funcionário experimenta da 1ª para a 2ª semana de experiência? Considere: $e^{0,2} \simeq 1,2$.

c) Qual é o limite máximo teórico de unidades que um funcionário pode empacotar por hora?

30 Seja $f: \mathbb{R} \to \mathbb{R}$ definida por $f(x) = 10^x$. Entre as funções seguintes, determine aquela(s) cujo gráfico não intersecta o gráfico de **f**. Explique:

a) $y = 2x$

b) $y = -x$

c) $y = x^2 - 4x - 12$

d) $y = -x^2 - 3x - 5$

e) $y = \left(\dfrac{1}{10}\right)^x$

f) $y = -2 \cdot |x|$

g) $y = x^2$

▶ **Equações exponenciais**

Uma equação exponencial é aquela que apresenta a incógnita no expoente de pelo menos uma potência.

São exponenciais, por exemplo, as equações $4^x = 8$, $\left(\dfrac{1}{9}\right)^x = 81$ e $9^x - 3^x = 72$.

Um método usado para resolver equações exponenciais consiste em reduzir ambos os membros da equação a potências de mesma base **a** $(0 < a \neq 1)$ e, daí, aplicar a propriedade:

$$a^{x_1} = a^{x_2} \Rightarrow x_1 = x_2$$

Quando isso é possível, a equação exponencial é facilmente resolvida.

💡 EXERCÍCIOS **RESOLVIDOS**

5 Resolver as seguintes equações em $\mathbb{R}$:

a) $\left(\dfrac{1}{3}\right)^x = 81$

b) $\left(\sqrt{2}\right)^x = 64$

c) $2^{2x+1} \cdot 4^{3x+1} = 8^{x-1}$

Solução:

a) $\left(\dfrac{1}{3}\right)^x = 81 \Rightarrow (3^{-1})^x = 3^4 \Rightarrow 3^{-x} = 3^4 \Rightarrow -x = 4 \Rightarrow$
$\Rightarrow x = -4; S = \{-4\}$

b) $\left(\sqrt{2}\right)^x = 64 \Rightarrow \left(2^{\frac{1}{2}}\right)^x = 2^6 \Rightarrow 2^{\frac{x}{2}} = 2^6 \Rightarrow$
$\Rightarrow \dfrac{x}{2} = 6 \Rightarrow x = 12 \Rightarrow S = \{12\}$

c) $2^{2x+1} \cdot 4^{3x+1} = 8^{x-1} \Rightarrow$
$\Rightarrow 2^{2x+1} \cdot (2^2)^{3x+1} = (2^3)^{x-1} \Rightarrow$
$\Rightarrow 2^{2x+1} \cdot 2^{6x+2} = 2^{3x-3} \Rightarrow$
$\Rightarrow 2^{8x+3} = 2^{3x-3} \Rightarrow 8x + 3 = 3x - 3 \Rightarrow$
$\Rightarrow x = -\dfrac{6}{5} \Rightarrow S = \left\{-\dfrac{6}{5}\right\}$

6 Determinar o conjunto solução das seguintes equações, considerando $U = \mathbb{R}$.

a) $3^{x+1} - 3^x - 3^{x-1} = 45$

b) $4^x - 2^x = 12$

Solução:

a) Não é possível escrever o 1º membro como uma única potência de 3. Podemos fazer:
$3^x \cdot 3^1 - 3^x - \dfrac{3^x}{3} = 45$

Colocando 3^x em evidência, vem:
$3^x \cdot \left(3 - 1 - \dfrac{1}{3}\right) = 45 \Rightarrow 3^x \cdot \dfrac{5}{3} = 45 \Rightarrow$
$\Rightarrow 3^x = 27 = 3^3 \Rightarrow x = 3 \Rightarrow S = \{3\}$

b) $4^x - 2^x = 12 \Rightarrow (2^2)^x - 2^x = 12 \Rightarrow 2^{2x} - 2^x = 12$

Chamando 2^x de **y**, vem:
$y^2 - y = 12 \Rightarrow y^2 - y - 12 = 0 \Rightarrow y = 4$ ou $y = -3$

Como $y = 2^x$, vem:
$2^x = 4 \Rightarrow 2^x = 2^2 \Rightarrow x = 2$

ou

$2^x = -3 \Rightarrow \nexists x \in \mathbb{R}$ que satisfaz, pois $2^x > 0$ para todo $x \in \mathbb{R}$.

Portanto, $S = \{2\}$.

EXERCÍCIOS

31 Resolva, em $\mathbb{R}$, as seguintes equações exponenciais:

a) $3^x = 81$

b) $2^x = 256$

c) $7^x = 7$

d) $\left(\dfrac{1}{2}\right)^x = \dfrac{1}{32}$

e) $5^{x+2} = 125$

f) $10^{3x} = 100\,000$

g) $\left(\dfrac{1}{5}\right)^x = \dfrac{1}{625}$

h) $\left(\dfrac{1}{2}\right)^x = 2$

i) $0,8^x = \dfrac{5}{4}$

j) $4^x = -2$

32 Resolva, em $\mathbb{R}$, as seguintes equações exponenciais:

a) $8^x = 16$

b) $27^x = 9$

c) $9^x = \dfrac{1}{27}$

d) $0,1^x = 1\,000$

e) $\left(\dfrac{1}{8}\right)^{2-3x} = 32^{4+x}$

f) $11^{2x^2 - 5x + 2} = 1$

g) $49^{x+1} = \sqrt[3]{7}$

h) $\left(\sqrt[3]{25}\right)^x = \left(\dfrac{1}{125}\right)^{-x+3}$

i) $0,25^{x-4} = 0,5^{-2x+1}$

j) $(0,333\ldots)^{4x-1} = \dfrac{1}{27}$

33 Resolva as seguintes equações exponenciais, considerando $U = \mathbb{R}$.

a) $2^{4x+1} \cdot 8^{-x+3} = \dfrac{1}{16}$

b) $\left(\dfrac{1}{5}\right)^{3x} : 25^{2+x} = 5$

c) $\left(\dfrac{1}{9}\right)^{x^2-1} \cdot 27^{1-x} = 3^{2x+7}$

d) $\left(\sqrt{10}\right)^x \cdot (0,01)^{4x-1} = \dfrac{1}{1\,000}$

e) $100 \cdot 10^x = \sqrt[x]{1000^5}$

34 Com a seca, estima-se que o nível de água (em metros) em um reservatório, daqui a **t** meses, seja dado pela lei:

$n(t) = 3,7 \cdot 4^{-0,2t}$

Qual é o tempo necessário para que o nível de água se reduza à oitava parte do nível atual?

35 Analistas do mercado imobiliário estimam que o valor (**v**), em reais, de um apartamento seja dado pela lei $v(t) = 250\,000 \cdot (1,05)^t$, sendo **t** o número de anos ($t = 0, 1, 2, \ldots$) contados a partir da data de entrega do apartamento.

a) Qual é o valor desse imóvel na data de entrega?

b) Qual é a valorização, em reais, desse apartamento um ano após a entrega?

c) Qual será o valor desse imóvel após 6 anos da entrega? Use $1,05^3 \simeq 1,15$.

d) Depois de quantos anos da data da entrega o apartamento estará valendo 1,5 milhão de reais?

Use a tabela seguinte, a qual contém aproximações:

t	35	36	37	38	40
$1,05^t$	5,5	5,8	6,0	6,4	7,0

36 Resolva as equações seguintes, em $\mathbb{R}$:

a) $2^{x+2} - 3 \cdot 2^{x-1} = 20$

b) $5^{x+3} - 5^{x+2} - 11 \cdot 5^x = 89$

c) $4^{x+1} + 4^{x+2} - 4^{x-1} - 4^{x-2} = 315$

d) $2^x + 2^{x+1} + 2^{x+2} + 2^{x+3} = \dfrac{15}{2}$

37 Resolva, em $\mathbb{R}$, as equações seguintes:

a) $25^x - 23 \cdot 5^x = 50$

b) $100^x - 1 = 9 \cdot (10^x + 1)$

c) $4^{x+1} - 33 \cdot 2^x + 8 = 0$

d) $9^{x-1} - 5 \cdot 3^x + 3^{x+1} = 27$

38 Na lei $n(t) = 15\,000 \cdot \left(\dfrac{3}{2}\right)^{t+k}$, sendo **k** uma constante real, está representada a população ($n(t)$) que um pequeno município terá daqui a **t** anos, contados a partir de hoje.

Sabendo que a população atual do município é de 10 000 habitantes, determine:

a) o valor de **k**;

b) a população do município daqui a 3 anos.

39 A lei seguinte representa o número de pessoas infectadas por uma gripe, em uma certa metrópole: $N(t) = a \cdot 2^{bt}$, em que $N(t)$ é o número de pessoas infectadas **t** dias após a realização desse estudo e **a** e **b** são constantes reais. Sabendo que no dia em que se iniciou o estudo já havia 3 000 pessoas infectadas e que, após 2 dias, esse número já era de 24 000 pessoas, determine:

a) os valores das constantes **a** e **b**;

b) o número de infectados pela gripe após 16 horas do início do estudo;

c) o número de infectados pela gripe 4 dias após o início do estudo;

d) o tempo mínimo transcorrido até que o número de infectados atinja 3 milhões. Use $10^3 \simeq 2^{10}$.

40 As leis seguintes representam as estimativas de valores (em milhares de reais) de dois apartamentos **A** e **B** (adquiridos na mesma data), passados **t** anos da data da compra:

Apartamento **A**: $v = 2^{t+1} + 120$

Apartamento **B**: $v = 6 \cdot 2^{t-2} + 248$

a) Por quais valores foram adquiridos os apartamentos **A** e **B**, respectivamente?

b) Passados quatro anos da compra, qual deles estará valendo mais?

c) Qual é o tempo necessário (a partir da data de aquisição) para que ambos tenham valores iguais?

41 Resolva os sistemas seguintes:

a) $\begin{cases} \left(\dfrac{1}{2}\right)^{x+2y} = 8 \\ \dfrac{1}{3} = 3^{x+y} \end{cases}$

b) $\begin{cases} \left(\sqrt{7}\right)^x = 49^{y-2x} \\ 2^{y-x} = 1\,024 \end{cases}$

c) $\begin{cases} 100^x \cdot \sqrt{10^y} = 10 \\ 0{,}1^x \cdot 0{,}01^{\frac{y}{2}} = 0{,}01 \end{cases}$

42 Resolva, em $\mathbb{R}$, as equações:

a) $\dfrac{10^x + 20^x}{1 + 2^x} = 100$

b) $(5^x + 5^{x-1}) \cdot (2^x - 2^{x-1}) = 6\,000$

c) $0{,}25^{1-x} + 0{,}5^{-x-2} - 5 \cdot (0{,}5)^{1-x} = 28$

43 Meia-vida de um elemento químico radioativo é o tempo necessário para que a sua atividade radioativa seja reduzida à metade, isto é: partindo de uma quantidade q_o de massa radioativa, após o primeiro período de meia-vida somente a metade de q_o permanece radioativa; após o segundo período de meia-vida, somente $\dfrac{1}{4}$ de q_o e assim por diante.

Um dos elementos radioativos liberados em um acidente numa usina nuclear é o isótopo do estrôncio 90, Sr^{90}, cuja meia-vida é de 28 anos. Considere uma amostra de 30 g desse isótopo liberado em um acidente. Determine:

a) a massa radioativa desse elemento na amostra 28, 56 e 84 anos após o acidente;

b) a lei da função que relaciona a quantidade radioativa (**q**), em gramas, dessa amostra e o número (**n**) de meias-vidas transcorrido a contar da data do acidente;

c) o tempo necessário para que a massa radioativa desse elemento seja de $15 \cdot 2^{-7}$ g.

44 (FGV-SP) Um televisor com DVD embutido desvaloriza-se exponencialmente em função do tempo, de modo que o valor, daqui a **t** anos, será: $y = a \cdot b^t$, com $a > 0$ e $b > 0$.

Se um televisor novo custa R\$ 4 000,00 e valerá 25% a menos daqui a 1 ano, qual será o seu valor daqui a 2 anos?

Os medicamentos, a meia-vida e a Matemática

Amoxicilina é um conhecido antibiótico usado no tratamento de infecções não complicadas, amplamente receitado por médicos no Brasil.

A bula da amoxicilina, como a de todos os medicamentos, contém, entre outros tópicos, composição, informações ao paciente, informações técnicas e posologia.

O que significa a informação destacada na bula a seguir?

A cada período de 1,3 hora ou 1 hora e 18 minutos (para facilitar, vamos considerar 1 hora e 20 minutos), a quantidade de amoxicilina no organismo decresce em 50% do valor que tinha no início do período.

Considerando que uma cápsula ingerida por um adulto contém 500 mg de amoxicilina, no gráfico abaixo estão representadas as quantidades desse fármaco no organismo, de acordo com o tempo decorrido após a ingestão.

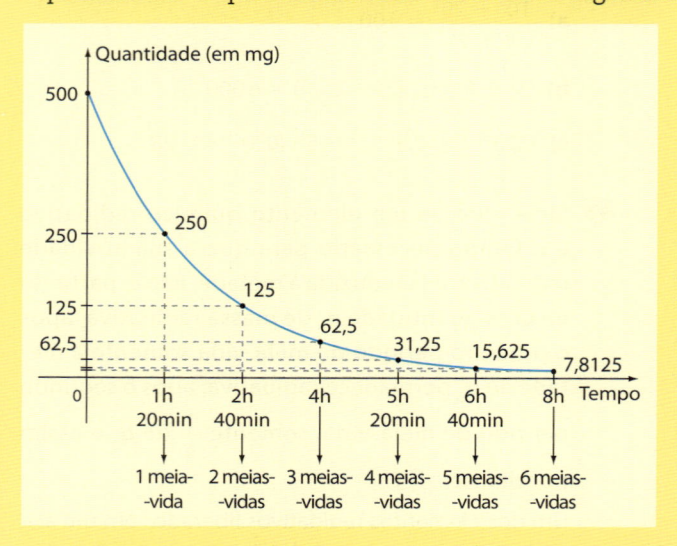

INFORMAÇÕES TÉCNICAS
Características:

O produto contém como princípio ativo a amoxicilina, quimicamente a D-(-)-alfa-amino p. hidroxibenzil penicilina, uma penicilina semissintética de amplo espectro de ação, derivada do núcleo básico da penicilina, o ácido 6-amino-penicilânico. Seu nível máximo ocorre uma hora após a administração oral, tem baixa ligação proteica e pode ser administrado com as refeições, por ser estável em presença do ácido clorídrico do suco gástrico. A amoxicilina é bem absorvida tanto pela via entérica como pela parenteral.

A meia-vida da amoxicilina após a administração do produto é de 1,3 hora.

A amoxicilina não tem ligações proteicas em grande número, aproximadamente 20%. Espalha-se rapidamente nos tecidos e fluidos do corpo.

O tempo de meia-vida é um importante parâmetro para médicos e também para a indústria farmacêutica. O conhecimento da meia-vida dos medicamentos possibilita uma estimativa da velocidade com que o processo ocorre, originando informações importantes para a interpretação dos efeitos terapêuticos, da duração do efeito farmacológico e do regime posológico adequado.

O gráfico acima mostra que, decorridas 8 horas da ingestão de uma cápsula, a concentração de amoxicilina no organismo é de apenas 7,8125 mg. Comparando-se com a quantidade inicialmente ingerida, obtemos $\frac{7,8125 \text{ mg}}{500 \text{ mg}} = 0,015625$; ou seja, depois de 8 horas, a quantidade de amoxicilina é de cerca de 1,5% da quantidade ingerida. A ingestão de uma nova cápsula possibilita a continuidade do tratamento e mostra a necessidade de o paciente seguir, rigorosamente, o intervalo de tempo prescrito.

Para um eficaz tratamento de doenças, é fundamental seguir as prescrições do médico. O uso indiscriminado de medicamentos pode prejudicar a saúde.

POSOLOGIA
Cápsula:

ADULTOS

1 cápsula de amoxicilina 500 mg de 8 em 8 horas.

A posologia deve ser aumentada, a critério médico, nos casos de infecções graves.

A absorção de amoxicilina não é afetada pela alimentação; portanto, a amoxicilina pode ser administrada às refeições.

Referências bibliográficas:

- <www.farmacia.ufmg.br/cespmed/text7.htm>.
- <www.bulas.med.br>

(Acessos em: mar. 2015)

▶ Inequações exponenciais

Uma inequação exponencial é aquela que apresenta incógnita no expoente de pelo menos uma de suas potências.

São exponenciais, por exemplo, as inequações $4^x < 8$, $\left(\dfrac{1}{9}\right)^x \geq 81$, $2^{x+1} > \dfrac{1}{8}$ etc.

Um método usado para resolver inequações exponenciais consiste em reduzir ambos os membros da inequação à potência de mesma base **a** $(0 < a \neq 1)$ e daí aplicar a propriedade:

- Se $a > 1$ (função crescente)

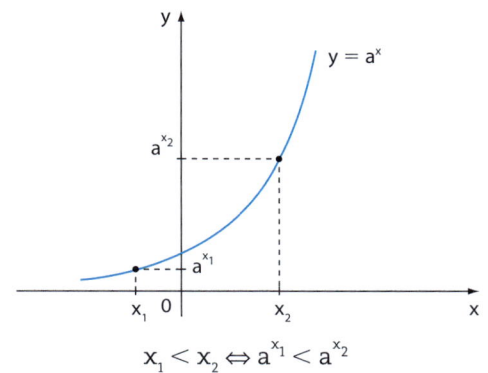

$$x_1 < x_2 \Leftrightarrow a^{x_1} < a^{x_2}$$

O sinal da desigualdade se mantém.

- Se $0 < a < 1$ (função decrescente)

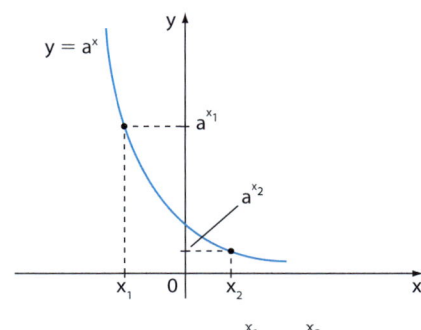

$$x_1 < x_2 \Leftrightarrow a^{x_1} > a^{x_2}$$

O sinal da desigualdade se inverte.

EXEMPLO 4

Para resolver, em $\mathbb{R}$, a inequação $2^x > 64$, reduzimos os dois membros à mesma base: $2^x > 2^6$ e, como a base é maior que 1, temos:

$x > 6$

$S = \{x \in \mathbb{R} \mid x > 6\}$

Já para resolver, em $\mathbb{R}$, a inequação $0{,}3^{2x+3} > 1$, fazemos: $0{,}3^{2x+3} > 0{,}3^0$ e, como a base está entre 0 e 1, temos:

$2x + 3 < 0 \Rightarrow x < -\dfrac{3}{2}$

$S = \left\{x \in \mathbb{R} \mid x < -\dfrac{3}{2}\right\}$

EXERCÍCIO RESOLVIDO

7 Resolver, em $\mathbb{R}$, a inequação $6^{x^2+x} > 36$.

Solução:

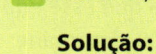

$6^{x^2+x} > 6^2 \Rightarrow x^2 + x > 2 \Rightarrow x^2 + x - 2 > 0$
$\underbrace{\phantom{6^{x^2+x} > 6^2}}_{\text{base maior que 1}}$

(trata-se de uma inequação de 2º grau)

As raízes da função definida por $y = x^2 + x - 2$ são -2 e 1, e seu sinal é dado abaixo:

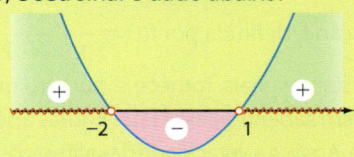

$S = \{x \in \mathbb{R} \mid x < -2 \text{ ou } x > 1\}$

EXERCÍCIOS

45 Resolva, em $\mathbb{R}$, as seguintes inequações exponenciais:

a) $2^x \geq 128$

d) $\dfrac{1}{25} \leq \left(\dfrac{1}{5}\right)^x$

b) $3^x < 27$

e) $4^x > 32$

c) $\left(\dfrac{1}{4}\right)^x < \left(\dfrac{1}{4}\right)^2$

f) $\left(\dfrac{1}{8}\right)^x < 2$

46 Resolva, em $\mathbb{R}$, as seguintes inequações exponenciais:

a) $6^{x-2} \geq \dfrac{1}{36}$

d) $(0,01)^x > \sqrt{10}$

b) $\left(\dfrac{1}{5}\right)^{3x-2} > 1$

e) $49^{2-x} \leq \dfrac{1}{7}$

c) $\left(\sqrt{2}\right)^x \leq \dfrac{1}{16}$

f) $e^{2x-3} > \dfrac{1}{e}$

47 A lei seguinte permite estimar a depreciação de um equipamento industrial:

$$v(t) = 5\,000 \cdot 4^{-0,02t}$$

em que v(t) é o valor (em reais) do equipamento **t** anos após sua aquisição.

a) Por qual valor esse equipamento foi adquirido?

b) Para que valores de **t** o equipamento vale menos que R\$ 2 500,00?

c) Após quantos anos de uso o equipamento vale $\dfrac{1}{8}$ de seu valor de aquisição?

d) Faça um esboço do gráfico da função que relaciona **v** e **t**.

48 Resolva, em $\mathbb{R}$, as seguintes desigualdades:

a) $4^{x^2-3x} > \dfrac{1}{16}$

b) $\left(\dfrac{1}{9}\right)^{x-3} < \left(\dfrac{1}{27}\right)^{x^2-2}$

c) $\left(\sqrt{6}\right)^{x^2-1} \geq 36$

d) $4^{-x+3} > -2$

e) $\left(\dfrac{1}{2}\right)^{2x-x^2} < 0$

49 Resolva, em $\mathbb{R}$, as inequações:

a) $3^{x-1} + 3^x + 3^{x+1} \geq 351$

b) $5 \cdot \left(\dfrac{1}{2}\right)^{x+1} + \left(\dfrac{1}{2}\right)^x - \left(\dfrac{1}{2}\right)^{x+2} < 26$

c) $4^x + 16 > 10 \cdot 2^x$

50 Qual é o maior número inteiro que satisfaz a inequação:

$$2^{2x+2} - 0,75 \cdot 2^{x+2} < 1$$

51 Obtenha o domínio $D \subset \mathbb{R}$ de cada função seguinte:

a) $y = \sqrt{3^x - 1}$

c) $y = \dfrac{2x}{\sqrt{(0,5)^x - 8}}$

b) $y = \sqrt{e^x}$

EXERCÍCIOS COMPLEMENTARES

1 (PUC-RJ) Considere as funções reais **f** e **h**, definidas por f(x) = x(2x − 3) e h(x) = 2^x − 8.

a) Determine todos os valores de $x \in \mathbb{R}$ para os quais f(x) · h(x) = 0.

b) Determine todos os valores de $x \in \mathbb{R}$ para os quais f(x) · h(x) > 0.

2 (UF-SE) Um atropelamento foi presenciado por $\dfrac{1}{5}$ da população **P** de um vilarejo e, 2 horas após esse momento, $\dfrac{1}{3}$ da população já sabia do ocorrido. Suponha que a função **f**, definida por f(t) = $\dfrac{P}{1 + k \cdot 2^{-A \cdot t}}$, com **k** e **A** constantes reais, fornece o número de pessoas que estavam sabendo desse fato, **t** horas após o acontecimento. Analise a veracidade das afirmações a seguir.

(0-0) O valor da constante **k** é 5.

(1-1) O valor da constante **A** é 2.

(2-2) Se P = 300 habitantes, então, após 4 horas do ocorrido, um total de 150 pessoas estavam sabendo do atropelamento.

(3-3) O tempo necessário para que $\dfrac{2}{3}$ da população soubesse dessa notícia foi 6 horas.

(4-4) Em 10 horas, toda a população do vilarejo estava a par desse fato.

3 Um determinado equipamento eletrônico perde $\dfrac{1}{10}$ de seu valor a cada 3 anos. Sabendo que esse equipamento foi adquirido por R\$ 6 000,00, determine:

a) seu valor após 9 anos;

b) a lei da função que relaciona o valor (**v**) desse equipamento com o tempo (**t**), em anos após a sua aquisição;

c) o valor do equipamento 2 anos após a sua aquisição. Use $\sqrt[3]{3} \simeq 1,4$ e $\sqrt[3]{100} \simeq 4,5$.

4 (UE-RJ) Um imóvel perde 36% do valor de venda a cada dois anos. O valor V(t) desse imóvel em **t** anos pode ser obtido por meio da fórmula a seguir, na qual V_0 corresponde ao seu valor atual.

$$v(t) = V_0 \cdot (0{,}64)^{\frac{t}{2}}$$

Admitindo que o valor de venda atual do imóvel seja igual a 50 mil reais, calcule seu valor de venda daqui a três anos.

5 Resolva, em $\mathbb{R}$, as equações:

a) $\dfrac{3^x + 3^{-x}}{3^x - 3^{-x}} = 2$

b) $4^x + 6^x = 2 \cdot 9^x$

c) $16^{2x+3} - 16^{2x+1} = 2^{8x+12} - 2^{6x+5}$

d) $\dfrac{10^x + 5^x}{20^x} = 6$

6 (UF-PE) Diferentes quantidades de fertilizantes são aplicadas em plantações de cereais com o mesmo número de plantas, e é medido o peso do cereal colhido em cada plantação. Se **x** kg de fertilizantes são aplicados em uma plantação onde foram colhidas **y** toneladas (denotadas por **t**) de cereais, então, admita que estes valores estejam relacionados por $y = k \cdot x^r$, com **k** e **r** constantes. Se, para x = 1 kg, temos y = 0,2t e, para x = 32 kg, temos y = 0,8t, encontre o valor de **x**, em kg, quando y = 1,8t e assinale a soma dos seus dígitos.

7 Sob efeito de um medicamento, a concentração de uma substância no sangue de um mamífero dobra a cada 40 minutos. Sabendo que no instante da ingestão desse medicamento a concentração da substância era de 0,4 mg/mL de sangue, determine:

a) a concentração da substância duas horas após a aplicação do medicamento;

b) a lei da função que expressa a concentração **c** (em mg/mL) da substância de acordo com o tempo **t** (em horas) transcorrido após a aplicação do medicamento;

c) o tempo necessário para que a concentração da substância seja 102,4 mg/mL.

8 (U.E. Londrina-PR) A espessura da camada de creme formada sobre um café expresso na xícara, servido na cafeteria **A**, no decorrer do tempo, é descrita pela função $E(t) = a \cdot 2^{bt}$, onde t ⩾ 0 é o tempo (em segundos) e **a** e **b** são números reais. Sabendo que inicialmente a espessura do creme é de 6 milímetros e que, depois de 5 segundos, se reduziu em 50%, qual a espessura depois de 10 segundos?

Apresente os cálculos realizados na resolução da questão.

9 (UF-PE) Em uma aula de Biologia, os alunos devem observar uma cultura de bactérias por um intervalo de tempo e informar o quociente entre a população final e a população inicial. Antônio observa a cultura de bactérias por 10 minutos e informa um valor **Q**. Iniciando a observação no mesmo instante que Antônio, Beatriz deve dar sua informação após 1 hora, mas, sabendo que a população de bactérias obedece à equação $P(t) = P_0 \cdot e^{kt}$, Beatriz deduz que encontrará uma potência do valor informado por Antônio. Qual é o expoente dessa potência?

10 (UE-RJ) Considere uma folha de papel retangular que foi dobrada ao meio, resultando em duas partes, cada uma com metade da área inicial da folha, conforme as ilustrações.

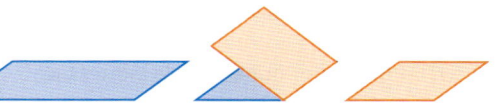

Esse procedimento de dobradura pode ser repetido **n** vezes, até resultar em partes com áreas inferiores a 0,0001% da área inicial da folha.

Calcule o menor valor de **n**. Se necessário, utilize em seus cálculos os dados da tabela.

x	9	10	11	12
2^x	$10^{2{,}70}$	$10^{3{,}01}$	$10^{3{,}32}$	$10^{3{,}63}$

11 (UF-GO) A teoria da cronologia do carbono, utilizada para determinar a idade de fósseis, baseia-se no fato de que o isótopo do carbono-14 (C-14) é produzido na atmosfera pela ação de radiações cósmicas no nitrogênio e que a quantidade de C-14 na atmosfera é a mesma que está presente nos organismos vivos. Quando um organismo morre, a absorção de C-14, através da respiração ou alimentação, cessa, e a quantidade de C-14 presente no fóssil é dada pela função $C(t) = C_0 \cdot 10^{nt}$, onde **t** é dado em anos a partir da morte do organismo, C_0 é a quantidade de C-14 para t = 0 e **n** é uma constante. Sabe-se que 5 600 anos após a morte, a quantidade de C-14 presente no organismo é a metade da quantidade inicial (quando t = 0).

No momento em que um fóssil foi descoberto, a quantidade de C-14 medida foi de $\dfrac{C_0}{32}$. Tendo em vista estas informações, calcule a idade do fóssil no momento em que ele foi descoberto.

12 Seja f: $\mathbb{R} \to \mathbb{R}$ definida por $f(x) = \left(\dfrac{1}{3}\right)^{-x^2 + 2x - 5}$.

Qual é o valor mínimo que **f** assume?

13 (UF-SC) Você sabe por que as folhas que utilizamos para impressão são chamadas A4? Esta denominação está formalizada na norma ISO 216 da *International Organization for Standartization*. Pela norma, a série de formatos básicos de papel começa no A0, o maior, e decresce até o A10. Os formatos são construídos de maneira a obter o formato de número superior dobrando ao meio uma folha, na sua maior dimensão. Por exemplo, dobrando-se o A3 ao meio, obtém-se o A4. Em todos os formatos, a proporção entre as medidas dos lados se mantém. Sabe-se que o formato inicial A0 tem 1 m² de área.

Com estas informações, responda às perguntas a seguir, apresentando os cálculos.

a) Qual é a razão entre a medida do lado maior e a medida do lado menor, em qualquer formato de folha? Expresse o resultado usando radicais.

b) Quais são as dimensões do formato A0? Efetue as operações e expresse o resultado usando radicais.

c) A gramatura do papel exprime o peso, em gramas, de uma folha com 1 m². Sabendo que a gramatura do A0 é 75 gramas por metro quadrado, qual é o peso exato, em gramas, de uma resma (500 folhas) de papel A4?

TESTES

1 (UTF-PR) O valor numérico da expressão

$$\frac{\left(36^{\frac{1}{2}} - 8^{\frac{1}{3}} + 625^{\frac{1}{4}}\right)}{(-0,5)^{-2}}$$ representa um número:

a) racional positivo.
d) irracional negativo.
b) racional negativo.
e) irracional positivo.
c) inteiro positivo.

2 (IF-CE) Simplificando a expressão

$$\left(4^{\frac{3}{2}} + 8^{-\frac{2}{3}} - 2^{-2}\right) : 0,75,$$ obtemos:

a) $\frac{8}{25}$ **b)** $\frac{16}{25}$ **c)** $\frac{16}{3}$ **d)** $\frac{21}{2}$ **e)** $\frac{32}{3}$

3 (PUC-RJ) A equação $2^{x^2 - 14} = \frac{1}{1024}$ tem duas soluções reais. A soma das duas soluções é:

a) -5 **b)** 0 **c)** 2 **d)** 14 **e)** 1024

4 (ESPM-SP) O valor de **y** no sistema $\begin{cases} (0,2)^{5x + y} = 5 \\ (0,5)^{2x - y} = 2 \end{cases}$ é:

a) $-\frac{5}{2}$ **b)** $\frac{2}{7}$ **c)** $-\frac{2}{5}$ **d)** $\frac{3}{5}$ **e)** $\frac{3}{7}$

5 (U.E. Ponta Grossa-PR) Certa população de insetos cresce de acordo com a expressão $N = 500 \cdot 2^{\frac{t}{6}}$, sendo **t** o tempo em meses e **N** o número de insetos na população após o tempo **t**. Nesse contexto, assinale o que for correto. [Indique a soma correspondente às afirmações verdadeiras].

(01) O número inicial de insetos é de 500.

(02) Após 3 meses o número de insetos será maior que 800.

(04) Após um ano o número total de insetos terá quadruplicado.

(08) Após seis meses o número de insetos terá dobrado.

6 (UFF-RJ) A automedicação é considerada um risco, pois a utilização desnecessária ou equivocada de um medicamento pode comprometer a saúde do usuário: substâncias ingeridas difundem-se pelos líquidos e tecidos do corpo, exercendo efeito benéfico ou maléfico. Depois de se administrar determinado medicamento a um grupo de indivíduos, verificou-se que a concentração (**y**) de certa substância em seus organismos alterava-se em função do tempo decorrido (**t**), de acordo com a expressão $y = y_0 \cdot 2^{-0,5t}$, em que **y₀** é a concentração inicial e **t** é o tempo em hora. Nessas circunstâncias, pode-se afirmar que a concentração da substância tornou-se a quarta parte da concentração inicial após:

a) $\frac{1}{4}$ de hora
d) 2 horas
b) meia hora
e) 4 horas
c) 1 hora

7 (Mackenzie-SP) O valor de **x** na equação $\left(\frac{\sqrt{3}}{9}\right)^{2x - 2} = \frac{1}{27}$ é:

a) tal que $2 < x < 3$ **d)** múltiplo de 2
b) negativo **e)** 3
c) tal que $0 < x < 1$

8 (UF-PB) Em uma comunidade de bactérias, há inicialmente 10^6 indivíduos. Sabe-se que após **t** horas (ou fração de horas) haverá $Q(t) = 10^6 \cdot 3^{2t}$ indivíduos. Neste caso, para que a população seja o triplo da inicial, o tempo, em minutos será:

a) 10 **b)** 20 **c)** 30 **d)** 40 **e)** 50

9 (UF-PE) Admita que o número de pessoas infectadas por um vírus cresça exponencialmente. Admita ainda que o número de pessoas infectadas passou de 150 para 300, em um período de 6 semanas. Contadas a partir do momento em que o número de infectados era 300, em quantas semanas o número de infectados será 4 800?

a) 20 semanas   d) 26 semanas
b) 22 semanas   e) 28 semanas
c) 24 semanas

10 (Mackenzie-SP) Se $3^{x+2} + 9^{x+1} = 12 \cdot 3^{x+1}$, então $x - 2$ vale:

a) 0   b) 1   c) −1   d) 2   e) −2

11 (Insper-SP) Sendo x e y dois números reais não nulos, a expressão $(x^{-2} + y^{-2})^{-1}$ é equivalente a:

a) $\dfrac{x^2 y^2}{x^2 + y^2}$ d) $(x + y)^2$

b) $\left(\dfrac{xy}{x + y}\right)^2$ e) $x^2 + y^2$

c) $\dfrac{x^2 + y^2}{2}$

12 (UF-PR) Uma *pizza* a 185 °C foi retirada de um forno quente. Entretanto, somente quando a temperatura atingir 65 °C será possível segurar um de seus pedaços com as mãos nuas, sem se queimar. Suponha que a temperatura **T** da *pizza*, em graus Celsius, possa ser descrita em função do tempo **t**, em minutos, pela expressão $T = 160 \times 2^{-0,8 \times t} + 25$.

Qual o tempo necessário para que se possa segurar um pedaço dessa *pizza* com as mãos nuas, sem se queimar?

a) 0,25 minuto.   d) 6,63 minutos.
b) 0,68 minuto.   e) 10,0 minutos.
c) 2,5 minutos.

13 (PUC-RJ) A soma das soluções reais da equação $10^{x^2 - 9} = \dfrac{1}{1\,000}$ é:

a) $\sqrt{6}$ b) $-\sqrt{6}$ c) 0   d) 1   e) 2

14 (UF-AM) O crescimento de uma certa cultura de bactérias obedece à função $N(t) = 10 \cdot 2^{kt}$ e teve início para $t = 0$, onde $N(t)$ representa o número de bactérias no instante **t** em horas e **k** constante. Decorridas 5 horas foi observado que a quantidade de bactérias era de 320. A quantidade de bactérias em 12 horas depois que se iniciou a produção é de:

a) 400   c) 5 120   e) 40 960
b) 1 024   d) 20 480

15 (Enem-MEC) Muitos processos fisiológicos e bioquímicos, tais como batimentos cardíacos e taxa de respiração, apresentam escalas construídas a partir da relação entre superfície e massa (ou volume) do animal. Uma dessas escalas, por exemplo, considera que o "cubo da área **S** da superfície de um mamífero é proporcional ao quadrado de sua massa **M**".

HUGHES-HALLETT, D. et al. *Cálculo e aplicações*. São Paulo: Edgard Blücher, 1999 (adaptado).

Isso é equivalente a dizer que, para uma constante $k > 0$, a área **S** pode ser escrita em função de **M** por meio da expressão:

a) $S = k \cdot M$ d) $S = k^{\frac{1}{3}} \cdot M^{\frac{2}{3}}$

b) $S = k \cdot M^{\frac{1}{3}}$ e) $S = k^{\frac{1}{3}} \cdot M^2$

c) $S = k^{\frac{1}{3}} \cdot M^{\frac{1}{3}}$

16 (Unicamp-SP) Em uma xícara que já contém certa quantidade de açúcar, despeja-se café. A curva a seguir representa a função exponencial M(t), que fornece a quantidade de açúcar não dissolvido (em gramas), **t** minutos após o café ser despejado. Pelo gráfico, podemos concluir que:

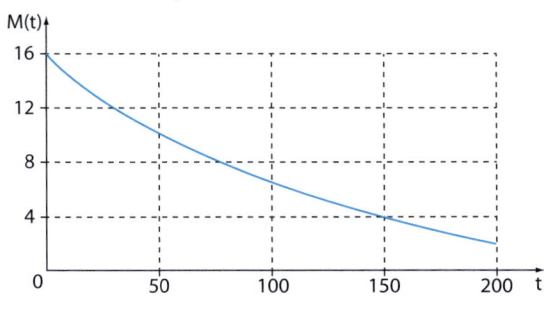

a) $M(t) = 2^{4 - \frac{t}{75}}$ c) $M(t) = 2^{5 - \frac{t}{50}}$

b) $M(t) = 2^{4 - \frac{t}{50}}$ d) $M(t) = 2^{5 - \frac{t}{150}}$

17 (Enem-MEC) A cor de uma estrela tem relação com a temperatura em sua superfície. Estrelas não muito quentes (cerca de 3 000 K) nos parecem avermelhadas. Já as estrelas amarelas, como o Sol, possuem temperatura em torno dos 6 000 K; as mais quentes são brancas ou azuis porque sua temperatura fica acima dos 10 000 K.

A tabela apresenta uma classificação espectral e outros dados para as estrelas dessas classes.

Estrelas da sequência principal

Classe espectral	05	B0	A0	G2	M0
Temperatura	40 000	28 000	9 900	5 770	3 480
Luminosidade	$5 \cdot 10^5$	$2 \cdot 10^4$	80	1	0,06
Massa	40	18	3	1	0,5
Raio	18	7	2,5	1	0,6

Temperatura em Kelvin.
Luminosidade, massa e raio, tomando o Sol como unidade.

Disponível em: <http://www.zenite.nu>. Acesso em: 1º maio 2010 (adaptado).

Se tomarmos uma estrela que tenha temperatura 5 vezes maior que a temperatura do Sol, qual será a ordem de grandeza de sua luminosidade?

a) 20 000 vezes a luminosidade do Sol.
b) 28 000 vezes a luminosidade do Sol.
c) 28 850 vezes a luminosidade do Sol.
d) 30 000 vezes a luminosidade do Sol.
e) 50 000 vezes a luminosidade do Sol.

18 (Fuvest-SP) Uma substância radioativa sofre desintegração ao longo do tempo, de acordo com a relação $m(t) = c \cdot a^{-kt}$, em que **a** é um número real positivo, **t** é dado em anos, m(t) a massa da substância em gramas e **c**, **k** são constantes positivas. Sabe-se que $\mathbf{m}_0$ gramas dessa substância foram reduzidos a 20% em 10 anos. A que porcentagem de $\mathbf{m}_0$ ficará reduzida a massa da substância, em 20 anos?

a) 10%   b) 5%   c) 4%   d) 3%   e) 2%

19 (Insper-SP) A partir do momento em que é ativado, um vírus de computador atua da seguinte forma:

- ao longo do primeiro minuto, ele destrói 40% da memória do computador infectado;

- ao longo do segundo minuto, ele destrói 40% do que havia restado da memória após o primeiro minuto;

- e assim sucessivamente: a cada minuto, ele destrói 40% do que havia restado da memória no minuto anterior.

Dessa forma, um dia após sua ativação, esse vírus terá destruído aproximadamente:

a) 50% da memória do computador infectado.

b) 60% da memória do computador infectado.

c) 80% da memória do computador infectado.

d) 90% da memória do computador infectado.

e) 100% da memória do computador infectado.

20 (UF-RS) A função **f**, definida por $f(x) = 4^{-x} - 2$, intersecta o eixo das abscissas em:

a) -2 c) $-\dfrac{1}{2}$ e) $\dfrac{1}{2}$

b) -1 d) 0

21 (Enem-MEC) Dentre outros objetos de pesquisa, a Alometria estuda a relação entre medidas de diferentes partes do corpo humano. Por exemplo, segundo a Alometria, a área **A** da superfície corporal de uma pessoa relaciona-se com a sua massa **m** pela fórmula $A = k \cdot m^{\frac{2}{3}}$, em que **k** é uma constante positiva.

Se no período que vai da infância até a maioridade de um indivíduo sua massa é multiplicada por 8, por quanto será multiplicada a área da superfície corporal?

a) $\sqrt[3]{16}$ b) 4   c) $\sqrt{24}$ d) 8   e) 64

22 (Unifesp-SP) Sob determinadas condições, o antibiótico gentamicina, quando ingerido, é eliminado pelo organismo à razão de metade do volume acumulado a cada 2 horas. Daí, se **K** é o volume da substância no organismo, pode-se utilizar a função $f(t) = K\left(\dfrac{1}{2}\right)^{\frac{t}{2}}$ para estimar a sua eliminação depois de um tempo **t**, em

horas. Neste caso, o tempo mínimo necessário para que uma pessoa conserve no máximo 2 mg desse antibiótico no organismo, tendo ingerido 128 mg numa única dose, é de:

a) 12 horas e meia.   d) 8 horas.

b) 12 horas.   e) 6 horas.

c) 10 horas e meia.

23 (EsPCEx-SP) Na pesquisa e desenvolvimento de uma nova linha de defensivos agrícolas, constatou-se que a ação do produto sobre a população de insetos em uma lavoura pode ser descrita pela expressão $N(t) = N_0 \cdot 2^{kt}$, sendo $\mathbf{N}_0$ a população no início do tratamento, N(t) a população após **t** dias de tratamento e **k** uma constante, que descreve a eficácia do produto. Dados de campo mostraram que, após dez dias de aplicação, a população havia sido reduzida à quarta parte da população inicial. Com estes dados, podemos afirmar que o valor da constante de eficácia deste produto é igual a:

a) 5^{-1} b) -5^{-1} c) 10   d) 10^{-1} e) -10^{-1}

24 (Fuvest-SP) Seja $f(x) = a + 2^{bx + c}$, em que **a**, **b** e **c** são números reais. A imagem de **f** é a semirreta $]-1, \infty[$ e o gráfico de **f** intersecta os eixos coordenados nos pontos (1, 0) e $\left(0, -\dfrac{3}{4}\right)$. Então, o produto abc vale:

a) 4   c) 0   e) -4

b) 2   d) -2

25 (FGV-SP) O valor de um carro decresce exponencialmente, de modo que seu valor, daqui a **x** anos, será dado por $V = Ae^{-kx}$, em que e = 2,7182.... Hoje, o carro vale R\$ 40 000,00 e daqui a 2 anos valerá R\$ 30 000,00. Nessas condições, o valor do carro daqui a 4 anos será:

a) R\$ 17 500,00   d) R\$ 25 000,00

b) R\$ 20 000,00   e) R\$ 27 500,00

c) R\$ 22 500,00

26 (Unama-PA) Psicólogos têm chegado à conclusão de que, em várias situações de aprendizado, a taxa com que uma pessoa aprende é rápida no início e depois decresce. A curva de aprendizado de um indivíduo, obtida empiricamente, é representada por $f(t) = 90(1 - 3^{-0,4t})$, onde **t** é o tempo, em horas, destinado à memorização das palavras constantes de uma lista. O número máximo de palavras que esse indivíduo consegue memorizar é 90, mesmo quando lhe é permitido estudar por várias horas. Nessas condições, o tempo gasto por esse indivíduo para memorizar 60 palavras é:

a) 1h e 30 min   c) 2h e 5 min

b) 1h e 45 min   d) 2h e 30 min

Função logarítmica

▶ Introdução

Uma granja especializada na criação de frangos planejou sua expansão de modo que o número de aves dobre a cada ano.

Após quantos anos o número de frangos passará a ser 5 vezes o número atual?

Chamando de **n** o número atual teremos:

- após 1 ano: 2n frangos;
- após 2 anos: 2 · 2n frangos;
- após 3 anos: 2 · 4n frangos;

e assim por diante.

O número de frangos vai evoluir da seguinte maneira:

$$n, \ 2n, \ 2^2n, \ 2^3n, \ ..., \ 2^xn,$$

Galinhas em uma granja.

sendo **x** o número de anos de operação, contados a partir de hoje.

Para responder à pergunta feita devemos resolver a equação $2^x \cdot n = 5n$, ou seja, $2^x = 5$, que é uma equação exponencial.

No estudo de equações exponenciais, feito no capítulo anterior, só tratamos de casos em que podíamos reduzir as potências à mesma base.

Entretanto, se tivermos de resolver uma equação como $2^x = 5$, não conseguiremos reduzir todas as potências à mesma base. Nesse caso, como $4 < 5 < 8$, então $4 < 2^x < 8$, ou seja, $2^2 < 2^x < 2^3$, e apenas poderemos garantir que $2 < x < 3$. Com os estudos feitos até aqui, não sabemos qual é o valor de **x** nem como determiná-lo. Para resolver esse e outros problemas, vamos estudar agora os logaritmos.

▶ Definição

Sendo **a** e **b** números reais e positivos com $a \neq 1$ chama-se **logaritmo de *b* na base *a*** o expoente **x** ($x \in \mathbb{R}$) ao qual se deve elevar a base **a** de modo que a potência $\mathbf{a}^x$ seja igual a **b**.

$$\log_a b = x \Leftrightarrow a^x = b$$

Na expressão $\log_a b = x$, temos:

- **a** é a base do logaritmo;
- **b** é o logaritmando;
- **x** é o logaritmo.

Vejamos alguns exemplos de logaritmos:

- $\log_2 8 = 3$, pois $2^3 = 8$
- $\log_3 9 = 2$, pois $3^2 = 9$
- $\log_2 \dfrac{1}{4} = -2$, pois $2^{-2} = \dfrac{1}{4}$
- $\log_5 5 = 1$, pois $5^1 = 5$
- $\log_4 1 = 0$, pois $4^0 = 1$
- $\log_3 \sqrt{3} = \dfrac{1}{2}$, pois $3^{\frac{1}{2}} = \sqrt{3}$
- $\log_{\frac{1}{2}} 8 = -3$, pois $\left(\dfrac{1}{2}\right)^{-3} = 8$
- $\log_{0,5} 0,25 = 2$, pois $(0,5)^2 = 0,25$

EXEMPLO 1

Usando a definição, é possível calcular o valor de certos logaritmos, como $\log_{\sqrt[3]{9}} 3$ e $\log_{16} 0{,}25$. Acompanhe:

- $\log_{\sqrt[3]{9}} 3 = x$

$(\sqrt[3]{9})^x = 3 \Rightarrow (\sqrt[3]{3^2})^x = 3 \Rightarrow$

$\Rightarrow \sqrt[3]{3^{2x}} = 3 \Rightarrow$

$\Rightarrow 3^{\frac{2x}{3}} = 3 \Rightarrow \frac{2x}{3} = 1 \Rightarrow x = \frac{3}{2}$

- $\log_{16} 0{,}25 = y$

$16^y = 0{,}25 \Rightarrow (2^4)^y = \frac{1}{4} \Rightarrow$

$\Rightarrow 2^{4y} = 2^{-2} \Rightarrow$

$\Rightarrow 4y = -2 \Rightarrow y = -\frac{1}{2}$

OBSERVAÇÕES

As restrições para **a** $(0 < a \neq 1)$ e para **b** $(b > 0)$, colocadas na definição, garantem a existência e a unicidade de $\log_a b$.

Consequências

Decorrem da definição de logaritmo as seguintes propriedades:

- O logaritmo de 1 em qualquer base **a** é igual a 0.

$$\log_a 1 = 0 \text{, pois } a^0 = 1$$

- O logaritmo da base, qualquer que seja ela, é igual a 1.

$$\log_a a = 1 \text{, pois } a^1 = a$$

- A potência de base **a** e expoente $\log_a b$ é igual a **b**.

$$a^{\log_a b} = b \text{, pois:}$$

$\log_a b = c \Leftrightarrow a^c = b$

Desse modo, $a^c = a^{\log_a b} = b$

- Se dois logaritmos em uma mesma base são iguais, então os logaritmandos também são iguais.

Reciprocamente, se dois números reais positivos são iguais, então seus logaritmos em uma mesma base também são iguais.

$$\log_a b = \log_a c \Leftrightarrow b = c$$

EXERCÍCIOS RESOLVIDOS

1 Calcular o valor de $8^{\log_2 5}$.

Solução:

Escrevemos $8 = 2^3$;

$(2^3)^{\log_2 5} = (2^{\log_2 5})^3 = 5^3 = 125$

2 Calcular o valor real de **x** em:

$\log_5 (2x + 1) = \log_5 (x + 3)$

Solução:

De $\log_5 (2x + 1) = \log_5 (x + 3)$, vem:

$2x + 1 = x + 3 \Rightarrow$

$\Rightarrow x = 2$

Como para $x = 2$ existem $\log_5 (2x + 1)$ e $\log_5 (x + 3)$, a resposta é $x = 2$.

Sistemas de logaritmos

O conjunto formado por todos os logaritmos dos números reais positivos em uma base **a** $(0 < a \neq 1)$ é chamado **sistema de logaritmos de base a**. Por exemplo, o conjunto formado por todos os logaritmos de base 2 dos números reais positivos é o sistema de logaritmos de base 2.

Existem dois sistemas de logaritmos que são os mais utilizados em Matemática:

- O **sistema de logaritmos decimais**, que é o de base 10. Esse sistema foi desenvolvido pelo matemático inglês Henry Briggs (1561-1630), o primeiro a destacar as vantagens dos logaritmos de base 10 como instrumento auxiliar dos cálculos numéricos. Briggs foi também quem publicou a primeira tábua dos logaritmos de 1 a 1 000, fato ocorrido em 1617.

- O **sistema de logaritmos neperianos**, que é o de base **e**. O nome "neperianos" deriva de John Napier (1550-1617), matemático escocês, autor do primeiro trabalho publicado sobre a teoria dos logaritmos.

Representaremos por $\log_{10} x$, ou simplesmente **log x**, o logaritmo decimal de **x**, e representaremos o logaritmo neperiano (ou natural) de **x** por $\log_e x$, ou **ln x**.

As calculadoras científicas possuem as teclas (LOG) e (LN) e fornecem os valores dos logaritmos decimais e neperianos de um número real positivo:

- Para saber o valor aproximado de log 2 e de ln 2, pressionamos:

(LOG) → (2)   (LN) → (2)

Obtemos respectivamente: [0,3010] e [0,693]

- Para saber o valor aproximado de log 15 e de ln 15, basta pressionar:

(LOG) → (15)   (LN) → (15)

Obtemos: [1,1761] e [2,708]

Dependendo do modelo da calculadora, a sequência de operações pode variar.

EXERCÍCIOS

1 Usando a definição, calcule o valor dos seguintes logaritmos (tente fazer mentalmente):

a) $\log_2 16$
b) $\log_4 16$
c) $\log_3 81$
d) $\log_5 125$
e) $\log 100\,000$
f) $\log_8 64$
g) $\log_2 32$
h) $\log_6 216$

2 Use a definição para calcular:

a) $\log_2 \dfrac{1}{4}$
b) $\log_3 \sqrt{3}$
c) $\log_8 16$
d) $\log_4 128$
e) $\log_{36} \sqrt{6}$
f) $\log 0{,}01$
g) $\log_9 \dfrac{1}{27}$
h) $\log_{0,2} \sqrt[3]{25}$
i) $\log_{1,25} 0{,}64$
j) $\log_{\frac{5}{3}} 0{,}6$

3 Calcule:

a) o logaritmo de 4 na base $\dfrac{1}{8}$;
b) o logaritmo de $\sqrt{3}$ na base 27;
c) o logaritmo de 0,125 na base 16;
d) o logaritmo natural de $\mathbf{e}^3$;
e) o número cujo logaritmo em base 3 vale -2;
f) a base na qual o logaritmo de $\dfrac{1}{4}$ vale -1.

4 Qual é o valor de cada uma das expressões seguintes?

a) $\log_5 5 + \log_3 1 - \log 10$
b) $\log_{\frac{1}{4}} 4 + \log_4 \dfrac{1}{4}$
c) $\ln e^2 - 3 \ln \sqrt[3]{e} + 2 \ln 1$
d) $3^{\log_3 2} + 2^{\log_2 3}$
e) $\log_8 (\log_3 9)$
f) $\log_9 (\log_4 64) + \log_4 (\log_3 81)$
g) $\log 10^4 + \log 10^3 + \log 10^2 + \log 10 + \log 1 + \log 10^{-1} + \log 10^{-2}$

5 Sabendo que $\log x = -2$ e $\log y = 3$, calcule o valor de:

a) x
b) y
c) $\log_y x$
d) $\log (x \cdot y)$
e) $\log_x y$
f) $\log \sqrt{x}$
g) $\log y^2$
h) $\log \left(\dfrac{y}{x}\right)$
i) $\log y^{-1}$

6 Obtenha, em cada caso, o valor de **x**:

a) $\log_5 x = \log_5 16$
b) $\log_3 (4x - 1) = \log_3 x$
c) $\log_x 0{,}3 = -1$
d) $\log_x 1 = 0$
e) $\log_{\frac{1}{4}} (x + 1) = -2$

7 Em cada caso, calcule o valor de $\log_5 x$ sendo:

a) $x = \dfrac{1}{25}$
b) $x = \sqrt[7]{5}$
c) $x = 5^{12}$
d) $x = \dfrac{1}{\sqrt[9]{625}}$
e) $x = 0{,}2$

8 Calcule:

a) $4^{3 + \log_4 2}$
b) $5^{1 - \log_5 4}$
c) $8^{\log_2 7}$
d) $e^{\ln 3}$
e) $81^{\log_3 2}$
f) $5^{\log_{25} 7}$

9 Considere os números reais:

$A = \log_{15} 15^{41}$; $B = \log_{17} 17^{40}$;

$C = \log_{17^2} 17^{80}$;   e $D = \log_{15^3} 15^{132}$

Coloque-os em ordem crescente.

10 As dimensões de um retângulo, em cm, são 10 e $\log_2(a^3)$, em que $a \in \mathbb{R}_+^*$.

a) Determine a área desse retângulo, sabendo que seu perímetro é 32 cm.
b) Qual é o valor de $\log_a 2$?

▶ Propriedades operatórias

Vamos agora estudar três propriedades operatórias envolvendo logaritmos.

▶ Logaritmo do produto

O logaritmo do produto de dois números **b** e **c**, reais e positivos, em uma base qualquer **a** $(0 < a \neq 1)$, é igual à soma dos logaritmos desses números na base **a**.

$$\log_a (b \cdot c) = \log_a b + \log_a c$$

Demonstração:

Fazendo $\log_a b = x$, $\log_a c = y$ e $\log_a (b \cdot c) = z$, temos:

$$\left. \begin{array}{l} \log_a b = x \Rightarrow a^x = b \\ \log_a c = y \Rightarrow a^y = c \\ \log_a (b \cdot c) = z \Rightarrow a^z = b \cdot c \end{array} \right\} a^z = a^x \cdot a^y = a^{x+y} \Rightarrow z = x + y$$

Isto é, $\log_a (b \cdot c) = \log_a b + \log_a c$.

Acompanhe alguns exemplos:

- $\log_3 (27 \cdot 9) = \log_3 243 = 5$

Aplicando a propriedade do logaritmo de um produto, temos: $\log_3 27 + \log_3 9 = 3 + 2 = 5$.

- $\log_2 6 = \log_2 (2 \cdot 3) = \log_2 2 + \log_2 3 = 1 + \log_2 3$
- $\log_4 30 = \log_4 (2 \cdot 15) = \log_4 2 + \log_4 15 = \log_4 2 + {} $
  $+ \log_4 (5 \cdot 3) = \log_4 2 + \log_4 5 + \log_4 3$

▶ Logaritmo do quociente

O logaritmo do quociente de dois números **b** e **c**, reais e positivos, em uma base qualquer **a** $(0 < a \neq 1)$, é igual à diferença entre os logaritmos desses números na base **a**.

$$\log_a \left(\frac{b}{c} \right) = \log_a b - \log_a c$$

Demonstração:

Fazendo $\log_a b = x$, $\log_a c = y$ e $\log_a \left(\dfrac{b}{c} \right) = z$, temos:

$$\left. \begin{array}{l} \log_a b = x \Rightarrow a^x = b \\ \log_a c = y \Rightarrow a^y = c \\ \log_a \left(\dfrac{b}{c} \right) = z \Rightarrow a^z = \dfrac{b}{c} \end{array} \right\} a^z = \frac{a^x}{a^y} = a^{x-y} \Rightarrow z = x - y$$

Isto é, $\log_a \left(\dfrac{b}{c} \right) = \log_a b - \log_a c$.

Observe alguns exemplos:

- $\log_2 \left(\dfrac{32}{4} \right) = \log_2 8 = 3$

Aplicando a propriedade do logaritmo do quociente, temos: $\log_2 32 - \log_2 4 = 5 - 2 = 3$.

- $\log_3 \left(\dfrac{7}{2} \right) = \log_3 7 - \log_3 2$
- $\log \left(\dfrac{3}{100} \right) = \log 3 - \log 100 = \log 3 - 2$

▶ Logaritmo da potência

O logaritmo de uma potência de base **b**, real e positiva, é igual ao produto do expoente pelo logaritmo da base da potência. Sendo a base do logaritmo um número **a**, tal que $0 < a \neq 1$, e o expoente $r \in \mathbb{R}$, então:

$$\log_a b^r = r \cdot \log_a b$$

Demonstração:

Fazendo $\log_a b = x$ e $\log_a b^r = y$, temos:

$$\left. \begin{array}{l} \log_a b = x \Rightarrow a^x = b \\ \log_a b^r = y \Rightarrow a^y = b^r \end{array} \right\} a^y = (a^x)^r = a^{rx} \Rightarrow y = rx$$

Isto é, $\log_a b^r = r \cdot \log_a b$.

Observe esses exemplos:

- $\log_2 8^2 = \log_2 64 = 6$

Aplicando a propriedade do logaritmo da potência, temos: $\log_2 8^2 = 2 \cdot \log_2 8 = 2 \cdot 3 = 6$.

- $\log_5 27 = \log_5 3^3 = 3 \cdot \log_5 3$
- $\log \sqrt{2} = \log 2^{\frac{1}{2}} = \dfrac{1}{2} \cdot \log 2$

💡 EXERCÍCIOS RESOLVIDOS

3 Supondo **a**, **b**, **c** reais, com $a > 0$, $c > 0$ e $0 < b \neq 1$, desenvolver a expressão $\log_b \left(\dfrac{a^2 \cdot \sqrt{b}}{c} \right)$, usando as propriedades operatórias:

Solução:

$$\log_b \left(\frac{a^2 \cdot \sqrt{b}}{c} \right) = \log_b (a^2 \cdot \sqrt{b}) - \log_b c =$$

$$= \log_b a^2 + \log_b \sqrt{b} - \log_b c =$$

$$= 2 \cdot \log_b a + \log_b b^{\frac{1}{2}} - \log_b c =$$

$$= \underbrace{2 \cdot \log_b a + \frac{1}{2} - \log_b c}$$

dizemos que esse é o desenvolvimento logarítmico da expressão $\dfrac{a^2 \cdot \sqrt{b}}{c}$

4 Qual é o valor de $\log \sqrt[5]{128}$, considerando $\log 2 \simeq 0,3$?

Solução:

$\log \sqrt[5]{128} = \log \sqrt[5]{2^7} = \log 2^{\frac{7}{5}} =$

$= \frac{7}{5} \cdot \log 2 = \frac{7}{5} \cdot 0,3 = 0,42$

5 Qual é o valor de $y = \log 40 + \log 2,5$?

Solução:

Podemos usar a propriedade do logaritmo de um produto:

$y = \log 40 + \log 2,5 = \log (40 \cdot 2,5) = \log 100 = 2$

EXERCÍCIOS

11 Sejam **x** e **y** positivos e $0 < b \neq 1$. Sabendo que $\log_b x = -2$ e $\log_b y = 3$, calcule o valor dos seguintes logaritmos:

a) $\log_b (x \cdot y)$

b) $\log_b \left(\dfrac{x}{y} \right)$

c) $\log_b (x^3 \cdot y^2)$

d) $\log_b \left(\dfrac{y^2}{\sqrt{x}} \right)$

e) $\log_b \left(\dfrac{x \cdot \sqrt{y}}{b} \right)$

f) $\log_b \sqrt{\sqrt{x} \cdot y^3}$

12 Desenvolva, aplicando as propriedades operatórias dos logaritmos (suponha **a**, **b** e **c** reais positivos):

a) $\log_5 \left(\dfrac{5a}{bc} \right)$

b) $\log \left(\dfrac{b^2}{10a} \right)$

c) $\log_3 \left(\dfrac{ab^2}{c} \right)$

d) $\log_2 \left(\dfrac{8a}{b^3 c^2} \right)$

13 Sabendo que $\log 2 = a$ e $\log 3 = b$, calcule, em função de **a** e **b**:

a) $\log 6$

b) $\log 1,5$

c) $\log 5$

d) $\log 30$

e) $\log \dfrac{1}{4}$

f) $\log 72$

g) $\log 0,3$

h) $\log \sqrt[3]{1,8}$

i) $\log 0,024$

j) $\log 0,75$

k) $\log 0,666...$

l) $\log (4^{15} \cdot 9^{12})$

14 Sejam **a**, **b** e **c** reais positivos. Em cada caso, obtenha a expressão cujo desenvolvimento logarítmico, na respectiva base, é dado por:

a) $\log a + \log b + \log c$

b) $3 \log_2 a + 2 \log_2 c - \log_2 b$

c) $\log_3 a - \log_3 b - 2$

d) $\dfrac{1}{2} \cdot \log a - \log b$

15 Qual é o valor de:

a) $\log_{15} 3 + \log_{15} 5$?

b) $\log_{\frac{1}{3}} 18 - \log_{\frac{1}{3}} 6$?

c) $\log_3 72 - \log_3 12 - \log_3 2$?

d) $\dfrac{1}{3} \cdot \log_{15} 8 + 2 \cdot \log_{15} 2 + \log_{15} 5 - \log_{15} 9\,000$?

16 Considerando os valores $\log 2 \simeq 0,3$ e $\log 3 \simeq 0,48$, calcule:

a) $\log 72$

b) $\log \dfrac{1}{18}$

c) $\log \sqrt{24}$

d) $\log \sqrt[3]{144}$

e) $\log 0,06$

f) $\log 48$

g) $\log 125$

h) $\log 2\,000$

i) $\log 0,0003$

j) $\log \sqrt{1,5}$

17 Considerando $\log_2 5 \simeq 2,32$, obtenha os valores de:

a) $\log_2 10$

b) $\log_2 500$

c) $\log_2 1\,600$

d) $\log_2 \sqrt[3]{0,2}$

e) $\log_2 \left(\dfrac{64}{125} \right)$

18 Supondo que $\log 8 = p$ e $\log 9 = q$, obtenha, em função de **p** e **q**:

a) $\log 6$

b) $\log 0,72$

c) $\log \sqrt[3]{162}$

d) $\log 6,75$

19 Sabendo que $\log_5 \left(\sqrt{7} - \sqrt{2} \right) = a$, calcule, em função de **a**, o valor de $\log_5 \left(\sqrt{7} + \sqrt{2} \right)$.

20 O pH (potencial hidrogeniônico) é uma escala usada na Química para medir o grau de acidez ou basicidade de uma solução aquosa. Os valores do pH variam de 0 a 14, sendo que:

$0 \leqslant pH < 7 \Rightarrow$ solução é ácida

$pH = 7 \Rightarrow$ solução é neutra

$7 < pH \leqslant 14 \Rightarrow$ solução é básica

O valor do pH é obtido pela fórmula: $pH = -\log [H^+]$, em que $[H^+]$ é a concentração de íons hidrogênio, em mol/L.

a) Considere três soluções aquosas **A**, **B** e **C** cujas concentrações hidrogeniônicas $[H^+]$ são, respectivamente, 10^{-3} mols/L; $4 \cdot 10^{-9}$ mols/L e $1,6 \cdot 10^{-6}$ mols/L. Para cada uma, determine o pH, classificando-a em ácida, básica ou neutra. Use $\log 2 \simeq 0,30$.

b) Três soluções aquosas **D**, **E** e **F** apresentam pH, respectivamente, iguais a 4,7; 8,3 e 6,85. Usando os valores $\log 2 \simeq 0,30$; $\log 3 \simeq 0,48$; $\log 5 \simeq 0,7$ e $\log 7 \simeq 0,85$, determine a concentração $[H^+]$ de cada uma.

21 Considere duas soluções aquosas ácidas S_1 e S_2, com pH respectivamente iguais a 1 e 2.

a) Qual solução é mais ácida?

b) Compare as concentrações de hidrogênio ($[H^+]$) das duas soluções.

c) Considere agora uma solução aquosa ácida S_3 com pH = 3. Compare as concentrações de hidrogênio ($[H^+]$) de S_1 e S_3.

22 Classifique as afirmações seguintes em verdadeiras (**V**) ou falsas (**F**):

a) $\log 26 = \log 20 + \log 6$

b) $\log 5 + \log 8 + \log 2,5 = 2$

c) $\log_2 4^{18} = 36$

d) $\log_3 \sqrt{\sqrt{\sqrt{3}}} > 0,25$

e) $\log_5 35 - \log_5 7 = 1$

f) $\log_3 (\sqrt{2} + 1) + \log_3 (\sqrt{2} - 1) = 0$

23 Considerando 1,6 como valor aproximado para log 39, assinale **V** ou **F** nas afirmações:

a) $\log 390 = 16$

b) $\log 3,9 = 0,6$

c) $\log 3\,900\,000 = 6,6$

d) $\log \sqrt{39} = 0,8$

e) $\log 0,039 = -0,4$

24 Considerando **x** e **y** reais positivos, é possível que tenhamos $\log (x + y) = \log x + \log y$?
Em caso afirmativo, dê exemplos numéricos em que isso ocorre.

25 (FGV-SP) Os diretores de uma empresa de consultoria estimam que, com **x** funcionários, o lucro mensal que pode ser obtido é dado pela função:

$$P(x) = 20 + \ln\left(\frac{x^2}{25}\right) - 0,1x \text{ mil reais.}$$

Atualmente a empresa trabalha com 20 funcionários.

Use as aproximações: $\ln 2 \simeq 0,7$; $\ln 3 \simeq 1,1$ para responder às questões seguintes:

a) Qual é o valor do lucro mensal da empresa?

b) Se a empresa tiver necessidade de contratar mais 10 funcionários, o lucro mensal vai aumentar ou diminuir? Quanto?

▶ Mudança de base

Há situações em que nos defrontamos com um logaritmo em certa base e temos de convertê-lo a outra base.

Por exemplo, para aplicarmos as propriedades operatórias, os logaritmos devem estar todos na mesma base. Senão, é preciso que alguns logaritmos mudem de base.

Outro exemplo: você dispõe de uma calculadora científica e deseja obter o valor de um logaritmo cuja base não seja decimal nem neperiana, por exemplo, $\log_2 5$. No entanto, as calculadoras trazem, em geral, apenas as teclas LOG e LN, isto é, elas não fornecem diretamente o valor do logaritmo que não esteja nessas bases. Assim, será preciso conhecer a relação que $\log_2 5$ tem com o logaritmo decimal ($\log_{10} 5$) ou com o logaritmo neperiano ($\ln 5$), a fim de que possamos obter seu valor, como veremos a seguir.

▶ Propriedade

Suponha **a**, **b** e **c** números reais positivos, com **a** e **b** diferentes de 1. Temos:

$$\log_a c = \frac{\log_b c}{\log_b a}$$

Demonstração:

Sejam $x = \log_a c$; $y = \log_b c$; e $z = \log_b a$.

Aplicando a definição de logaritmo, temos:

$$\begin{cases} x = \log_a c \Rightarrow a^x = c & \text{①} \\ y = \log_b c \Rightarrow b^y = c & \text{②} \\ z = \log_b a \Rightarrow b^z = a & \text{③} \end{cases}$$

Substituindo ③ e ② em ①, temos:

$$(b^z)^x = b^y \Rightarrow b^{z \cdot x} = b^y \Rightarrow z \cdot x = y \underset{z \neq 0}{\Rightarrow} x = \frac{y}{z}$$

isto é, $\log_a c = \dfrac{\log_b c}{\log_b a}$.

Vejamos agora como é possível obter o valor de $\log_2 5$ usando a calculadora. Podemos transformar $\log_2 5$ para base 10 ou para base **e**:

- base 10: $\log_2 5 = \dfrac{\log_{10} 5}{\log_{10} 2} = \dfrac{0{,}699}{0{,}3010} \simeq 2{,}32$

- base **e**: $\log_2 5 = \dfrac{\log_e 5}{\log_e 2} = \dfrac{\ln 5}{\ln 2} = \dfrac{1{,}609}{0{,}693} \simeq 2{,}32$

▶ Caso particular

Dados **a** e **b** reais positivos e diferentes de 1, qual é a relação entre $\log_a b$ e $\log_b a$?

Vamos expressar $\log_a b$ na base **b**:

$$\log_a b = \dfrac{\log_b b}{\log_b a} = \dfrac{1}{\log_b a} \text{ ou ainda, } \log_a b \cdot \log_b a = 1$$

Assim, por exemplo,

$$\log_8 5 = \dfrac{1}{\log_5 8}; \ \log_{10} 3 \cdot \log_3 10 = 1 \text{ etc.}$$

EXERCÍCIO **RESOLVIDO**

6 Calcular o valor de $\log_{100} 72$, sabendo que $\log 2 = a$ e $\log 3 = b$.

Solução:

$$\log_{100} 72 = \dfrac{\log 72}{\log 100} = \dfrac{\log (2^3 \cdot 3^2)}{2} =$$

$$= \dfrac{\log 2^3 + \log 3^2}{2} = \dfrac{3 \cdot \log 2 + 2 \cdot \log 3}{2} =$$

$$= \dfrac{3a + 2b}{2}$$

EXERCÍCIOS

26 Escreva em base 2 os seguintes logaritmos:

a) $\log_4 3$

b) $\log 5$

c) $\log_{\frac{1}{5}} 32$

d) $\ln 3$

27 Sejam **x** e **y** reais positivos e diferentes de 1. Se $\log_y x = 2$, calcule:

a) $\log_x y$

b) $\log_{x^3} y^2$

c) $\log_{\frac{1}{x}} \dfrac{1}{y}$

d) $\log_{y^2} x$

28 Considerando $\log 2 \simeq 0{,}3$ e $\log 7 \simeq 0{,}85$, calcule:

a) $\log_8 14$

b) $\log_{\frac{1}{5}} 49$

c) $\log_7 2$

d) $\log_4 35$

29 Sabendo que $\log_{12} 5 = a$, calcule, em função de **a**, o valor dos seguintes logaritmos:

a) $\log_5 12$

b) $\log_{25} 12$

c) $\log_5 60$

d) $\log_{\frac{1}{5}} \dfrac{1}{12}$

30 Considerando $\ln 5 \simeq 1{,}6$ e $\ln 10 \simeq 2{,}3$, calcule:

a) $\log_{10} 5$

b) $\log_2 10$

31 Qual é o valor de:

a) $y = \log_7 3 \cdot \log_3 7 \cdot \log_{11} 5 \cdot \log_5 11$?

b) $z = \log_3 2 \cdot \log_4 3 \cdot \log_5 4 \cdot \log_6 5$?

c) $w = \log_3 5 \cdot \log_4 27 \cdot \log_{25} \sqrt{2}$

32 Sabendo que $\log_{20} 2 = a$ e $\log_{20} 3 = b$, calcule, em função de **a** e **b** o valor de $\log_{12} 25$.

33 Na figura, $a - b \neq 1$ e $a + b \neq 1$.

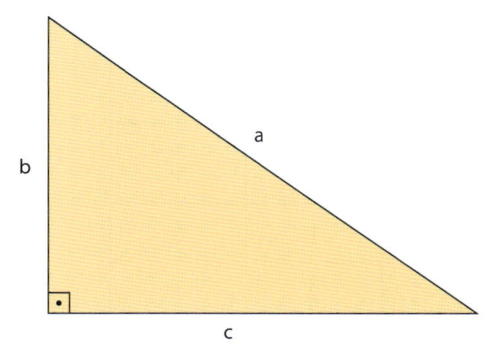

Mostre que $\dfrac{1}{\log_{a+b} c} + \dfrac{1}{\log_{a-b} c} = 2.$

▶ Função logarítmica

Dado um número real **a** (com $0 < a \neq 1$), chama-se **função logarítmica de base _a_** a função $f: \mathbb{R}_+^* \to \mathbb{R}$ dada pela lei $f(x) = \log_a x$.

Essa função associa cada número real positivo ao seu logaritmo em base **a**.

Um exemplo de função logarítmica é a função **f** definida por $f(x) = \log_2 x$. Veja ao lado.

São logarítmicas também as funções dadas pelas leis: $y = \log_3 x$; $y = \log_{10} x$; $y = \log_e x$; $y = \log_{\frac{1}{4}} x$ etc.

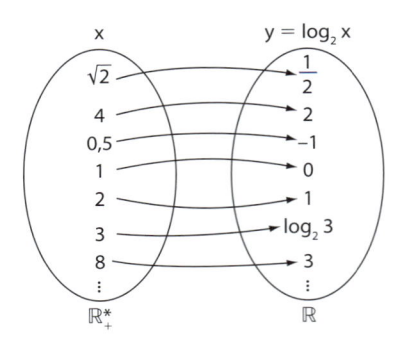

EXERCÍCIO **RESOLVIDO**

7 Determinar o domínio $D \subset \mathbb{R}$ da função **f** definida por $f(x) = \log_{(x-1)} (3-x)$.

Solução:

Devemos ter $3 - x > 0$, $x - 1 > 0$ e $x - 1 \neq 1$.

$3 - x > 0 \Rightarrow x < 3$ ①

$x - 1 > 0 \Rightarrow x > 1$ ②

$x - 1 \neq 1 \Rightarrow x \neq 2$ ③

Fazendo a interseção de ①, ② e ③, resulta $1 < x < 2$ ou $2 < x < 3$.

Então, $D = \{x \in \mathbb{R} \mid 1 < x < 2 \text{ ou } 2 < x < 3\}$.

▶ Gráfico da função logarítmica

Vamos construir o gráfico da função **f**, com domínio $\mathbb{R}_+^*$, definida por $y = \log_2 x$. Para isso, podemos construir uma tabela dando valores convenientes a **x** e calculando os correspondentes valores de **y**.

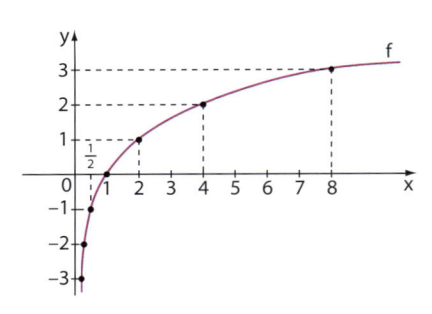

x	$y = \log_2 x$
$\dfrac{1}{8}$	−3
$\dfrac{1}{4}$	−2
$\dfrac{1}{2}$	−1
1	0
2	1
4	2
8	3

Note que os valores atribuídos a **x** são potências de base 2; desse modo, $y = \log_2 x$ é um número inteiro facilmente calculado.

Observe que:

- o gráfico de **f** está inteiramente contido nos 1º e 4º quadrantes, pois **f** está definida apenas para $x > 0$.

- o conjunto imagem de **f** é $\mathbb{R}$; de fato, todo número real **y** é imagem de algum **x**, por exemplo: $y = 200$ é imagem de $x = 2^{200}$; $y = -200$ é imagem de $x = 2^{-200}$ etc. Em geral, o número real y_0 é imagem do número real positivo $x = 2^{y_0}$.

Vamos estabelecer uma importante relação entre os gráficos das funções exponencial e logarítmica.

Consideremos as funções **f** e **g**, dadas por $f(x) = 2^x$ e $g(x) = \log_2 x$.

Se um par ordenado (a, b) está na tabela de **f**, temos que $b = 2^a \Leftrightarrow \log_2 b = a$ e, portanto, o par (b, a) está na tabela de **g**.

Função f

x	$y = 2^x$
−3	$\dfrac{1}{8}$
−2	$\dfrac{1}{4}$
−1	$\dfrac{1}{2}$
0	1
1	2
2	4
3	8

Função g

x	$y = \log_2 x$
$\dfrac{1}{8}$	−3
$\dfrac{1}{4}$	−2
$\dfrac{1}{2}$	−1
1	0
2	1
4	2
8	3

Quando construímos os gráficos de **f** e **g** no mesmo sistema de coordenadas, notamos que eles são simétricos em relação à reta correspondente à função linear $y = x$. Essa reta é a **bissetriz dos quadrantes ímpares**.

Observe que o gráfico de **f** corresponde ao gráfico de **g** "rebatido" em relação à bissetriz (e vice-versa).

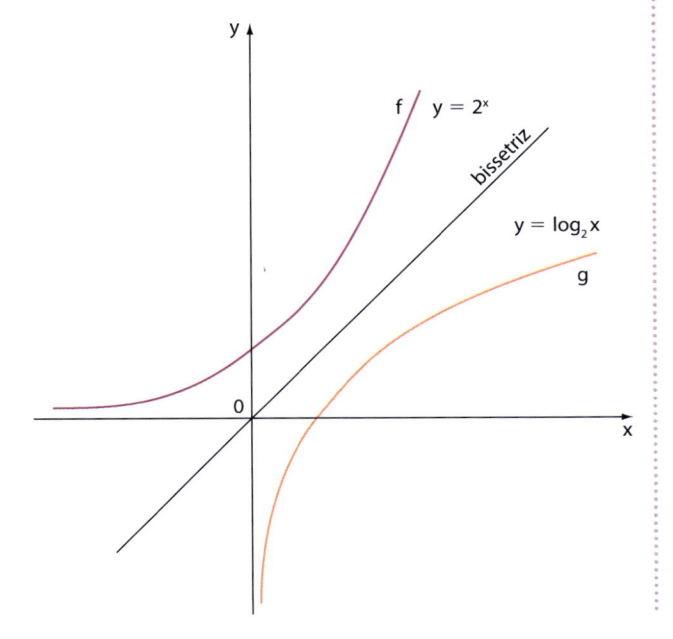

Vamos construir o gráfico de $y = \log_{\frac{1}{3}} x$, com $x > 0$.

Podemos fazer a tabela para $y = \left(\dfrac{1}{3}\right)^x$ e, depois, "inverter" os pares obtidos.

x	$y = \left(\dfrac{1}{3}\right)^x$
−3	27
−2	9
−1	3
0	1
1	$\dfrac{1}{3}$
2	$\dfrac{1}{9}$
3	$\dfrac{1}{27}$

$\Rightarrow$

x	$y = \log_{\frac{1}{3}} x$
27	−3
9	−2
3	−1
1	0
$\dfrac{1}{3}$	1
$\dfrac{1}{9}$	2
$\dfrac{1}{27}$	3

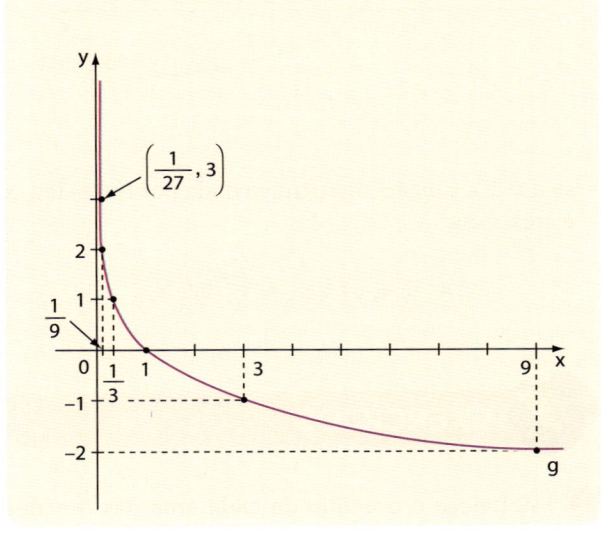

▶ Propriedades do gráfico da função logarítmica

De modo geral, o gráfico da função $y = \log_a x$ tem as seguintes características:

- está todo à direita do eixo dos **y**, pois a função só é definida para $x > 0$;

- corta o eixo dos **x** no ponto de abscissa 1, pois $y = \log_a 1 = 0$ para todo **a**;

- é simétrico do gráfico da função $y = a^x$ em relação à reta bissetriz do 1º e 3º quadrantes;

- toma o aspecto de um dos gráficos a seguir:

$a > 1$

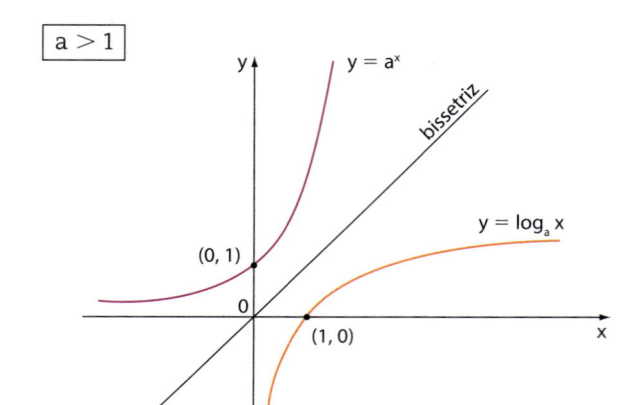

$0 < a < 1$

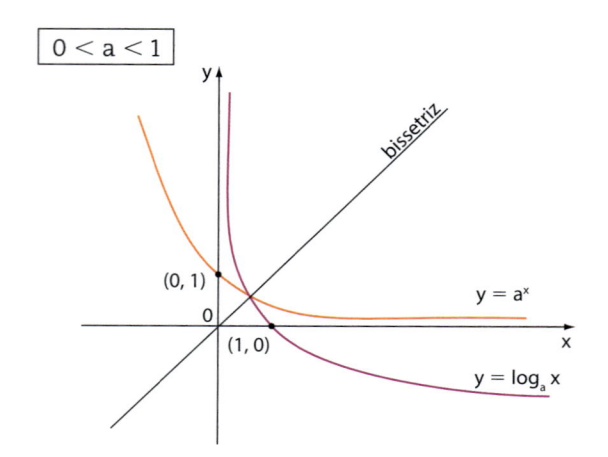

- se $a > 1$, a função logarítmica dada por $f(x) = \log_a x$ é crescente.

$$x_1 < x_2 \Leftrightarrow \log_a x_1 < \log_a x_2$$

Justificativa:

$$x_1 < x_2 \Leftrightarrow a^{\log_a x_1} < a^{\log_a x_2} \underset{a > 1}{\Longleftrightarrow} \log_a x_1 < \log_a x_2$$

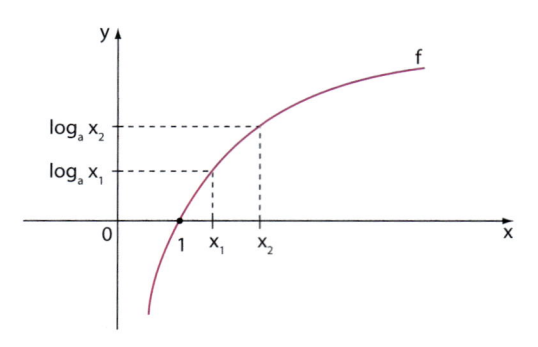

- se $0 < a < 1$, a função logarítmica dada por $f(x) = \log_a x$ é decrescente.

$$x_1 < x_2 \Leftrightarrow \log_a x_1 > \log_a x_2$$

Justificativa:

$$x_1 < x_2 \Leftrightarrow a^{\log_a x_1} < a^{\log_a x_2} \underset{0 < a < 1}{\Longleftrightarrow} \log_a x_1 > \log_a x_2$$

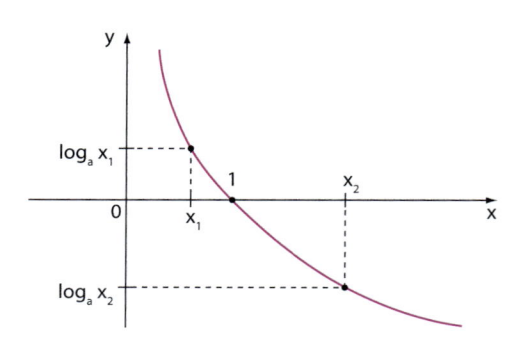

EXERCÍCIOS

34 Estabeleça o domínio de cada uma das funções seguintes:

a) $y = \log_5 (x - 1)$

b) $y = \log_{\frac{1}{2}} (3x - 2)$

c) $y = \log_4 (x^2 - 9)$

d) $y = \log_{x-2} (-2x + 7)$

35 Seja $f: \mathbb{R}_+^* \to \mathbb{R}$ definida por $f(x) = \log x$. Classifique como verdadeiras (**V**) ou falsas (**F**) as afirmações seguintes, corrigindo as falsas:

a) $f(100) = 2$

b) $f(x^2) = 2 \cdot f(x)$

c) $f(10x) = 10 \cdot f(x)$

d) $f\left(\dfrac{1}{x}\right) + f(x) = 0$

e) $f(x_1 + x_2) = f(x_1) + f(x_2)$

f) $f(100x) = 2 + f(x)$

36 Construa o gráfico das funções de domínio $\mathbb{R}_+^*$ e definidas pelas leis seguintes:

a) $y = \log_3 x$

b) $y = \log_{\frac{1}{4}} x$

c) $y = \log_{\frac{1}{3}} x$

d) $y = \log_4 x$

37 O gráfico ao lado representa a função definida pela lei $y = a + \log_b (x + 1)$, sendo **a** e **b** constantes reais.

a) Qual é o domínio de **f**?

b) Quais são os valores de **a** e **b**?

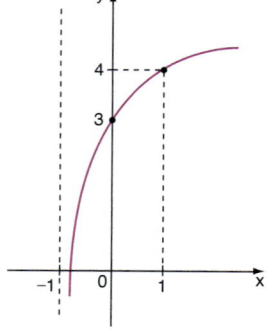

38 A lei seguinte representa uma estimativa sobre o número de funcionários de uma empresa, em função do tempo de vida:

$$n(t) = 400 + 50 \cdot \log_4 (t + 2)$$

em que n(t) é o número de funcionários no t-ésimo ano de existência da empresa (t = 0, 1, 2, ...).

a) Quantos funcionários a empresa possuía na sua fundação?

b) Calcule a taxa média de variação dessa função no intervalo do 2º ao 6º ano de existência da empresa.

39 O gráfico seguinte representa a função **f**, definida por $f(x) = \log_{0,5} (x + k)$ sendo **k** uma constante real.

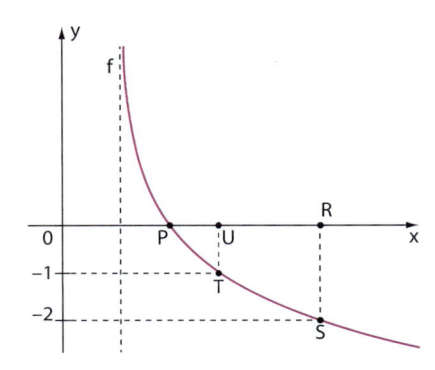

a) Obtenha o valor de **k** e o domínio de **f**, sabendo que a abscissa de **U** é 4.

b) Determine a abscissa de **P**.

c) Determine a área do trapézio RSTU.

d) Obtenha o valor de f(1 002), admitindo que $\log 2 \simeq 0,3$.

40 Qual é o domínio da função **f**, definida por $f(x) = \log_3 (0,2^x - 1)$?

41 Os gráficos de duas funções **f** e **g** são mostrados a seguir. Sabendo que $f(x) = \log_9 x$, determine:

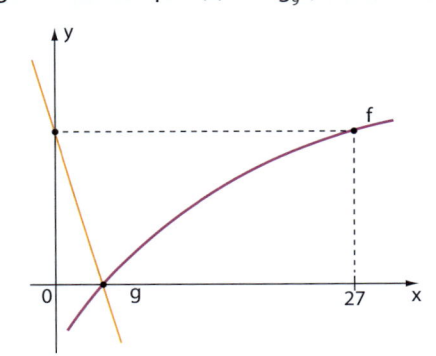

a) a lei da função **g**;

b) os valores de **x** para os quais f(x) > g(x);

c) o valor de f(3) − g(3).

42 O gráfico abaixo representa a função $y = \log_2 x$.

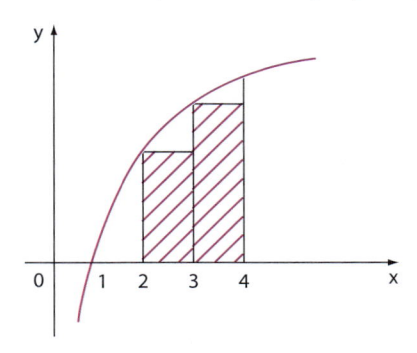

Qual é o valor da área hachurada?
Considere $\log 2 \simeq 0,3$ e $\log 3 \simeq 0,48$.

43 Classifique como verdadeira (**V**) ou falsa (**F**) cada afirmação a seguir:

a) $\log_3 4 < \log_3 5$

b) $\log_{\frac{1}{3}} 4 < \log_{\frac{1}{3}} 5$

c) $\log 0,35 < \log 0,2$

d) $\log_2 \pi^2 > \log_2 9$

e) $\log_{\frac{1}{2}} \sqrt{2} < \log_{\frac{1}{2}} 2$

f) $\log_{\frac{1}{5}} \frac{1}{3} > \log_{\frac{1}{5}} \frac{1}{4}$

44 Entre os números seguintes, determine aqueles que são positivos:

a) $\log_{\frac{1}{4}} 3$

b) $\log_5 2$

c) $\log 0,2$

d) $\log_{\frac{1}{2}} \frac{1}{3}$

e) $\log_{\frac{2}{3}} 7$

45 O gráfico da função $f: \mathbb{R}_+^* \to \mathbb{R}$ definida por $y = \ln x$ é dado a seguir:

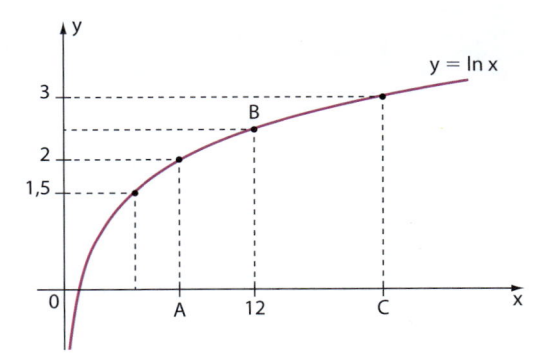

Determine a área do triângulo ABC, usando a tabela seguinte, que contém valores aproximados.

x	0,5	1	1,5	2	2,5	3	3,5	4,0
e^x	1,6	2,7	4,5	7,5	12	20	33	55

Os terremotos e os logaritmos

No dia 11 de março de 2011, um forte terremoto de 8,9 graus na escala Richter sacudiu o Japão. Esse terremoto está entre os 10 piores da história da humanidade.

O terremoto desencadeou o fenômeno dos *tsunamis* – ondas gigantes que podem chegar até 10 metros de altura e que podem atingir velocidades próximas a de um jato comercial. O alerta de *tsunamis* foi enviado a vinte países, inclusive aos Estados Unidos (estado do Havaí).

O terremoto devastador deixou um cenário de guerra: aproximadamente 25 mil vítimas (entre mortes confirmadas e desaparecidos); 18 mil casas destruídas e milhares de prédios danificados. Além disso, houve uma explosão em um reator da usina nuclear de Fukushima, causando grande apreensão na comunidade internacional. A economia do Japão e, consequentemente, a economia mundial sofreram abalos significativos.

A escala Richter foi desenvolvida em 1935 por Charles Richter e Beno Gutenberg, no California Institute of Technology. Trata-se de uma escala logarítmica, sem limites. No entanto, a própria natureza impõe um limite superior a essa escala, já que ela está condicionada ao próprio limite de resistência das rochas na crosta terrestre.

A magnitude (graus) de Richter é uma medida quantitativa do "tamanho" de um terremoto. Ela está relacionada com a amplitude das ondas registradas e também com a energia liberada.

Ambas as imagens retratam a região de Kesenruma, no Japão. A fotografia de cima é de 12 de março de 2011, logo após o *tsunami*, e mostra a devastação causada pelo terremoto; a fotografia ao lado foi tirada um ano e meio depois, em setembro de 2012.

FOTOS: KYODO/REUTERS/LATINSTOCK

A escala Richter e seus efeitos

De 0 a 1,9	De 2 a 2,9	De 3 a 3,9	De 4 a 4,9	De 5 a 5,9	De 6 a 6,9	De 7 a 7,9	De 8 a 8,9	9 ou mais
Tremor detectado apenas por um sismógrafo.	Oscilações de objetos suspensos.	Vibração parecida com a da passagem de um caminhão.	Vidros quebrados, quedas de pequenos objetos.	Móveis são deslocados, fendas nas paredes.	Danos nas construções, destruição das casas mais frágeis.	Danos maiores, fissuras no subsolo, canos se rompem.	Pontes destruídas, maioria das construções desaba.	Destruição quase total das construções, tremor de terra visível a olho nu.

Fonte: *O Globo*, 15 jun. 2005.

Amplitude

A amplitude é uma forma de medir a movimentação do solo e está diretamente associada ao tamanho das ondas registradas nos sismógrafos.

A fórmula utilizada é:

$$M = \log A - \log A_0$$

em que **A** é a amplitude máxima medida no sismógrafo a 100 km do epicentro do terremoto, e **A$_0$**, uma amplitude de referência ($\log A_0$ é constante).

Desse modo, se quisermos comparar as magnitudes (**M$_1$** e **M$_2$**) de dois terremotos em função da amplitude das ondas geradas, podemos fazer:

$$M_1 - M_2 = (\log A_1 - \log A_0) - (\log A_2 - \log A_0)$$

$$M_1 - M_2 = \log A_1 - \log A_2$$

$$M_1 - M_2 = \log\left(\frac{A_1}{A_2}\right)$$

Em particular, se $M_1 - M_2 = 1$ (terremotos que diferem de 1 grau na escala Richter), temos:

$$1 = \log\left(\frac{A_1}{A_2}\right) \Rightarrow$$

$$\Rightarrow 10^1 = \frac{A_1}{A_2} \Rightarrow$$

$$\Rightarrow A_1 = 10 \cdot A_2$$

Desse modo, cada ponto de magnitude equivale a 10 vezes a amplitude do ponto anterior.

Energia

A energia liberada em um abalo sísmico é um fiel indicador do poder destrutivo de um terremoto. A relação entre a magnitude **M** (graus) de Richter e a energia liberada **E** é dada por:

$$M = \frac{2}{3} \cdot \log_{10}\left(\frac{E}{E_0}\right) \qquad \text{(*)}$$

sendo $E_0 = 7 \cdot 10^{-3}$ kWh (quilowatt-hora) um valor padrão (constante).

Vamos comparar as energias **E$_1$** e **E$_2$** liberadas em dois terremotos **T$_1$** e **T$_2$** que diferem de 1 grau na escala Richter, a saber, de magnitudes **M$_1$** e $M_2 = M_1 + 1$.

De (*), podemos escrever:

$$\log_{10}\left(\frac{E}{E_0}\right) = \frac{3M}{2} \Rightarrow$$

$$\Rightarrow \frac{E}{E_0} = 10^{\frac{3M}{2}} \Rightarrow E = E_0 \cdot 10^{\frac{3M}{2}}$$

Assim, para o terremoto **T$_1$**, temos $E_1 = E_0 \cdot 10^{\frac{3M_1}{2}}$; para o terremoto **T$_2$**, temos: $E_2 = E_0 \cdot 10^{\frac{3M_2}{2}} =$

$$= E_0 \cdot 10^{\frac{3 \cdot (M_1 + 1)}{2}} = \underbrace{E_0 \cdot 10^{\frac{3M_1}{2}}}_{E_1} \cdot 10^{\frac{3}{2}} = E_1 \cdot 10^{\frac{3}{2}}, \text{ isto é,}$$

$$E_2 = E_1 \cdot 10^{\frac{3}{2}}.$$

Como $10^{\frac{3}{2}} = \sqrt{10^3} = \sqrt{1000} \approx 31,62$, concluímos que a energia liberada no terremoto **T$_2$** é aproximadamente 32 vezes a energia liberada no terremoto **T$_1$**.

Assim, cada ponto na escala Richter equivale a aproximadamente 32 vezes a energia do ponto anterior.

Referências bibliográficas:
- Revista *Galileu*. São Paulo: Globo, out. 2002.
- *Como medir a força de um terremoto*. Disponível em: <www.obsis.unb.br>. Acesso em: mar. 2015.

▶ Equações exponenciais usando logaritmos

Há equações que não podem ser reduzidas a uma igualdade de potências de mesma base pela simples aplicação das propriedades das potências. Um processo de resolução de uma equação desse tipo baseia-se na definição de logaritmo:

$a^x = b \Rightarrow x = \log_a b$
com $0 < a \neq 1$ e $b > 0$.

Vamos considerar o problema da introdução do capítulo (página 137), que tratava da expansão de negócios de uma granja. Precisamos resolver a equação $2^x = 5$.

Da definição, escrevemos $\log_2 5 = x$. Para conhecermos esse valor, podemos usar uma calculadora científica e aplicar a propriedade da mudança de base:

$$x = \log_2 5 = \frac{\log 5}{\log 2} \simeq \frac{0{,}6990}{0{,}3010} \simeq 2{,}322$$

Um outro processo usado consiste em "aplicar" logaritmo (por exemplo, decimal) aos dois membros da equação $2^x = 5$:

$$\log 2^x = \log 5 \Rightarrow x \cdot \log 2 = \log 5 \Rightarrow x = \frac{\log 5}{\log 2} \simeq$$
$$\simeq 2{,}322$$

Assim, concluímos que, após 2,322 anos (aproximadamente 2 anos e 4 meses), o número de frangos da granja passará a ser o quíntuplo do número atual.

EXERCÍCIOS

46 Considerando $\log 2 \simeq 0{,}3$ e $\log 3 \simeq 0{,}48$, resolva as seguintes equações exponenciais:

a) $3^x = 10$

b) $4^x = 3$

c) $2^x = 27$

d) $10^x = 6$

e) $2^x = 5$

f) $3^x = 2$

g) $\left(\dfrac{1}{2}\right)^{x+1} = \dfrac{1}{9}$

h) $2^x = 3$

47 Economistas afirmam que a dívida externa de um determinado país crescerá segundo a lei:
$$y = 40 \cdot 1{,}2^x$$
sendo **y** o valor da dívida (em bilhões de dólares) e **x** o número de anos transcorridos após a divulgação dessa previsão. Em quanto tempo a dívida estará estimada em 90 bilhões de dólares? (Use os valores: $\log 2 \simeq 0{,}3$ e $\log 3 \simeq 0{,}48$.)

48 O investimento mais conhecido do brasileiro é a caderneta de poupança, que rende aproximadamente 6% ao ano. Ao aplicar hoje R$ 2 000,00, um poupador terá daqui a **n** anos, um valor **v** dado por $v(n) = 2\,000 \cdot 1{,}06^n$.

a) Que valor terá o poupador daqui a 3 anos? E daqui a 6 anos? Use $1{,}06^3 \simeq 1{,}2$.

b) Qual é o tempo mínimo necessário para que o valor dessa poupança seja de R$ 4 000,00? E R$ 6 500,00? Considere $\log 2 \simeq 0{,}3$; $\log 13 \simeq 1{,}1$ E $\log 1{,}06 \simeq 0{,}02$.

49 Um equipamento industrial foi adquirido por R$ 30 000,00. Seu valor (**v**), em reais, com **x** anos de uso, é dado pela lei:
$v(x) = p \cdot q^x$, em que **p** e **q** são constantes reais.
Sabendo-se que com 3 anos de uso, o valor do equipamento será R$ 21 870,00, determine:

a) os valores de **p** e **q**;

b) o tempo aproximado de uso para o qual o equipamento valerá R$ 10 000,00. Use $\log 3 \simeq 0{,}4771$.

50 Estima-se que a população de ratos em um município cresça à taxa de 10% ao mês: isto é, a cada mês, o número de ratos aumenta 10% em relação ao número de ratos do mês anterior. Sabendo que a quantidade atual de ratos é da ordem de 400 000, determine:

a) a lei da função que representa o número (**y**) de ratos, em milhares, que o município terá daqui a **x** meses.

b) o tempo mínimo de meses necessários para que a população de ratos no município quadriplique.

Considere: $\log 11 \simeq 1{,}04$ e $\log 2 \simeq 0{,}30$.

51 A população de certa espécie de mamífero em uma região da Amazônia cresce segundo a lei
$$n(t) = 5\,000 \cdot e^{0{,}02t}$$
em que n(t) é o número de elementos estimado da espécie no ano **t** (t = 0, 1, 2, ...), contado a partir de hoje (t = 0). Determine o número inteiro mínimo de anos necessários para que a população atinja:

a) 8 000 elementos.　　**b)** 10 000 elementos.
Use $\ln 2 \simeq 0{,}69$ e $\ln 5 \simeq 1{,}6$.

52 (UF-GO) A capacidade de produção de uma metalúrgica tem aumentado 10% a cada mês em relação ao mês anterior. Assim, a produção no mês **m**, em toneladas, tem sido de $1\,800 \cdot 1{,}1^{m-1}$. Se a indústria mantiver este crescimento exponencial, quantos meses, aproximadamente, serão necessários para atingir a meta de produzir, mensalmente, 12,1 vezes a produção do mês um? Dado: $\log 1{,}1 \simeq 0{,}04$.

▶ Equações logarítmicas

São equações que apresentam a incógnita no logaritmando ou na base de um ou mais logaritmos.

Vamos estudar alguns tipos de equações logarítmicas.

- Equações redutíveis a uma igualdade entre dois logaritmos de mesma base:

$$\log_a f(x) = \log_a g(x)$$

A solução pode ser obtida impondo-se $f(x) = g(x) > 0$.

- Equações redutíveis a uma igualdade entre um logaritmo e um número real:

$$\log_a f(x) = r$$

A solução pode ser obtida impondo-se $f(x) = a^r$.

EXERCÍCIOS RESOLVIDOS

8 Resolver, em $\mathbb{R}$, a equação $\log_3 (3 - x) = \log_3 (3x + 7)$.

Solução:

Temos:

$3 - x = 3x + 7 > 0$

$3 - x = 3x + 7 \Rightarrow 4x = -4 \Rightarrow x = -1$

Substituindo **x** por -1 na condição $3x + 7 > 0$, temos $3(-1) + 7 = -3 + 7 > 0$, que é verdadeira.

Então, $S = \{-1\}$.

9 Resolver, em $\mathbb{R}$, a equação $\log_2 (x^2 + x - 4) = 3$.

Solução:

Devemos ter:

$\log_2 (x^2 + x - 4) = 3 \Rightarrow x^2 + x - 4 = 2^3 \Rightarrow$

$\Rightarrow x^2 + x - 12 = 0 \Rightarrow x = -4 \text{ ou } x = 3$

Observe que tanto para $x = -4$ como para $x = 3$, o logaritmando $x^2 + x - 4$ é positivo.

$S = \{-4, 3\}$

▶ Equações que envolvem utilização de propriedades

Muitas vezes, é preciso aplicar as propriedades operatórias, a fim de que a equação proposta se reduza a um dos dois casos anteriores estudados.

Observe o exercício resolvido a seguir.

EXERCÍCIO RESOLVIDO

10 Resolver, em $\mathbb{R}$, as equações:

a) $2 \cdot \log x = \log (2x - 3) + \log (x + 2)$

b) $\log_4 x + \log_x 4 = 2$

Solução:

a) A equação proposta equivale a:

$\log x^2 = \log [(2x - 3)(x + 2)]$

Daí, vem:

$\log x^2 = \log (2x^2 + x - 6)$

$x^2 = 2x^2 + x - 6$

$x^2 + x - 6 = 0$

$x = -3 \text{ ou } x = 2$

Verificação:

- $x = -3$ não pode ser aceito, pois nesse caso não existem $\log x$, $\log (2x - 3)$ e $\log (x + 2)$.

- $x = 2$ é solução, pois satisfaz as condições de existência dos logaritmos.

Então, $S = \{2\}$.

b) Note que a equação só tem solução se $x > 0$ e $x \neq 1$.

Mudando de base, temos que:

$$\log_x 4 = \frac{1}{\log_4 x}$$

Fazendo $\log_4 x = y$, a equação dada fica:

$$y + \frac{1}{y} = 2$$

$$y^2 + 1 = 2y$$

$$y^2 - 2y + 1 = 0$$

$$y = 1$$

$$\log_4 x = 1$$

$$x = 4$$

• $x = 4$ é a solução, pois satisfaz as condições de existência dos logaritmos.

Então, $S = \{4\}$.

EXERCÍCIOS

53 Resolva, em $\mathbb{R}$, as seguintes equações:

a) $\log_5 (x + 4) = \log_5 7$

b) $\log_2 (4x + 5) = \log_2 (2x + 11)$

c) $\log_3 (5x^2 - 6x + 16) = \log_3 (4x^2 + 4x - 5)$

d) $\log_x (2x - 3) = \log_x (-4x + 8)$

e) $\log_{(x + 2)} (x^2 - 2x) = \log_{(x + 2)} 3$

54 Resolva, em $\mathbb{R}$, as seguintes equações:

a) $\log_4 (x + 3) = 2$

b) $\log_{\frac{3}{5}} (2x^2 - 3x + 2) = 0$

c) $\log_{0,1} (3x + 1) = -1$

d) $\log_{\frac{1}{5}} (\log_{\frac{1}{2}} x) = -1$

e) $\log_{\sqrt{5}} [3 + 2 \cdot \log_3 (x - 1)] = 2$

55 Resolva, em $\mathbb{R}$, as seguintes equações:

a) $(\log_2 x)^2 - 15 = 2 \log_2 x$
(Sugestão: Faça $\log_2 x = y$.)

b) $2 \log^2 x + \log x - 1 = 0$

c) $(\log_{0,5} x)^3 - 3 \cdot (\log_{0,5} x)^2 - 18 \cdot \log_{0,5} x = 0$

56 Resolva, em $\mathbb{R}$, as seguintes equações:

a) $\log_2 (x - 2) + \log_2 x = 3$

b) $2 \log_7 (x + 3) = \log_7 (x^2 + 45)$

c) $\log (4x - 1) - \log (x + 2) = \log x$

d) $\log x + \log x^2 + \log x^3 = -6$

57 Resolva, em $\mathbb{R}$, as seguintes equações:

a) $\log_{\frac{1}{6}} (x + 4) + \log_{\frac{1}{6}} (x - 1) = -1$

b) $\log (2x - 1) + \log (x + 2) = \log (8x - 4)$

c) $3 \log_5 2 + \log_5 (x - 1) = 0$

d) $\log_2 (3x^2 - 5x + 2) - \log_2 (x^2 - 1) = 1$

58 Resolva, em $\mathbb{R}$, os seguintes sistemas de equações:

a) $\begin{cases} x + y = 10 \\ \log_4 x + \log_4 y = 2 \end{cases}$

b) $\begin{cases} x \cdot y = 1 \\ \log_3 x - \log_3 y = 2 \end{cases}$

c) $\begin{cases} \log_{\frac{1}{4}} (x + y) = -1 \\ 2 \log_2 x + \log_2 y = 3 \end{cases}$

d) $\begin{cases} 4^{x - y} = 8 \\ \log_2 x - \log_2 y = 2 \end{cases}$

59 Resolva, em $\mathbb{R}$, as equações:

a) $\log_5 x = \log_x 5$

b) $\log_{49} 7x = \log_x 7$

c) $2 \log_4 (3x + 43) - \log_2 (x + 1) = 1 + \log_2 (x - 3)$

d) $\log_2 (x - 1) + \log_{\frac{1}{2}} (x - 2) = \log_2 x$

60 Resolva em $\mathbb{R}$:

a) $\log_2 \sqrt[4]{x} = \log_4 \sqrt{x}$

b) $\dfrac{1}{\log_x 8} + \dfrac{1}{\log_{2x} 8} + \dfrac{1}{\log_{4x} 8} = 2$

c) $\log_x (20 - |x|) = 2$

61 Sejam **p** e **q**, respectivamente, as soluções das equações:

$$\log_{\frac{1}{2}} (\log_3 x) = -1 \text{ e}$$
$$\log_5 [\log_2 (2 + 10x)] = 1.$$

Calcule o valor de $\log_p q$.

62 Aumentando-se um número em 54 unidades, seu logaritmo em base 9 aumenta meia unidade.

a) Qual é esse número?

b) Em quantas unidades deve-se aumentar esse número a fim de que o seu logaritmo em base 3 aumente 4 unidades?

▶ Inequações logarítmicas

Vamos ver como são resolvidos dois tipos de inequações logarítmicas.

- Inequações redutíveis a uma desigualdade entre logaritmos de mesma base:

$$\log_a f(x) < \log_a g(x)$$

Aqui há dois casos a considerar:

1º) A base é maior que 1. Nesse caso, a relação de desigualdade entre $f(x)$ e $g(x)$ tem o mesmo sinal que a desigualdade entre os logaritmos. Para existirem os logaritmos, devemos impor também que $f(x)$ e $g(x)$ sejam positivos. Então, a solução pode ser obtida impondo-se que:

$$\log_a f(x) < \log_a g(x) \Rightarrow 0 < f(x) < g(x)$$

2º) A base está entre 0 e 1. Nesse caso, a relação de desigualdade entre $f(x)$ e $g(x)$ tem sinal contrário ao da desigualdade entre os logaritmos. Para existirem os logaritmos, devemos impor também que $f(x)$ e $g(x)$ sejam positivos. Então, a solução pode ser obtida impondo-se que:

$$\log_a f(x) < \log_a g(x) \Rightarrow f(x) > g(x) > 0$$

EXERCÍCIO **RESOLVIDO**

11 Resolver, em $\mathbb{R}$, as inequações:

a) $\log_3 (2x - 5) < \log_3 x$

b) $\log_{\frac{1}{2}} x^2 < \log_{\frac{1}{2}} (x + 2)$

Solução:

a) Condições: $0 < 2x - 5 < x$.

Daí, vem:

$2x - 5 > 0 \Rightarrow x > \dfrac{5}{2}$ ①

$2x - 5 < x \Rightarrow x < 5$ ②

Da interseção de ① com ②, resulta:

$$S = \left\{ x \in \mathbb{R} \mid \frac{5}{2} < x < 5 \right\}$$

b) $\log_{\frac{1}{2}} x^2 < \log_{\frac{1}{2}} (x + 2)$

Condições: $x^2 > x + 2 > 0$

Daí, vem:

$x + 2 > 0 \Rightarrow x > -2$ ①

$x^2 > x + 2 \Rightarrow x^2 - x - 2 > 0 \Rightarrow$

$\Rightarrow x < -1$ ou $x > 2$ ②

Da interseção de ① com ②, segue:

$S = \{ x \in \mathbb{R} \mid -2 < x < -1$ ou $x > 2 \}$

- Inequações redutíveis a uma desigualdade entre um logaritmo e um número real:

$$\log_a f(x) > r \quad \text{ou} \quad \log_a f(x) < r$$

Para resolver uma inequação desse tipo, basta substituir **r** por $\log_a a^r$; assim, recaímos numa inequação do 1º tipo.

$\log_a f(x) < r$ equivale a $\log_a f(x) < \log_a a^r$
$\log_a f(x) > r$ equivale a $\log_a f(x) > \log_a a^r$

EXERCÍCIO **RESOLVIDO**

12 Resolver, em $\mathbb{R}$, as inequações:

a) $\log_2 (2x - 1) < 4$ b) $\log_{\frac{1}{2}} (x + 1) > -1$

Solução:

a) $\log_2 (2x - 1) < 4 \Rightarrow \log_2 (2x - 1) < \log_2 2^4 \Rightarrow$
$\Rightarrow 0 < 2x - 1 < 16$

$$S = \left\{ x \in \mathbb{R} \mid \frac{1}{2} < x < \frac{17}{2} \right\}$$

b) $\log_{\frac{1}{2}} (x + 1) > -1 \Rightarrow \log_{\frac{1}{2}} (x + 1) > \log_{\frac{1}{2}} \left(\dfrac{1}{2} \right)^{-1} \Rightarrow$

$\Rightarrow 0 < x + 1 < \left(\dfrac{1}{2} \right)^{-1} \Rightarrow 0 < x + 1 < 2 \Rightarrow$

$\Rightarrow -1 < x < 1$

$S = \{ x \in \mathbb{R} \mid -1 < x < 1 \}$

EXERCÍCIOS

63 Resolva, em $\mathbb{R}$, as seguintes inequações:

a) $\log_2 (x - 1) < \log_2 3$

b) $\log_{\frac{1}{3}} x \leqslant \log_{\frac{1}{3}} 2$

c) $\log_3 (2x - 7) > \log_3 5$

d) $\log_{0,3} x \leqslant \log_{0,3} (-x + 3)$

64 Resolva, em $\mathbb{R}$, as seguintes inequações:

a) $\log_3 x > 2$

b) $\log_4 x < 1$

c) $\log_{0,5} x > 2$

d) $\log_{\frac{2}{5}} x \geqslant 1$

65 Resolva, em $\mathbb{R}$, as inequações:

a) $\log_{\frac{1}{2}} (x^2 + 7x) > -3$

b) $\log_{\frac{1}{4}} (2x^2) < \dfrac{1}{\log_{(x+1)} \frac{1}{4}}$

66 Quantos números inteiros satisfazem simultaneamente as desigualdades:

$$\begin{cases} \log_2 (x - 1) < 0 \\ \log_{\frac{1}{2}} (x - 1) > 0 \end{cases}$$

67 Para que valores reais de **m** a equação

$-x^2 + (\log_3 m)x - \dfrac{1}{4} = 0$, na incógnita **x**, apresenta duas raízes reais?

68 Estabeleça o domínio, em $\mathbb{R}$, de cada uma das funções seguintes:

a) $f(x) = \sqrt{\log_2 (x - 3)}$

b) $g(x) = \dfrac{1}{\log_{\frac{1}{2}} (x + 4)}$

c) $h(x) = \dfrac{1}{\sqrt{\log_{\frac{1}{3}} 2x}}$

69 Resolva, em $\mathbb{R}$, as inequações:

a) $\log_3^2 x - 3 \log_3 x + 2 > 0$

b) $\log_2^2 x < 4$

c) $\log_{\frac{1}{3}}^2 x + 3 \log_{\frac{1}{3}} x < 10$

70 Considere a equação de 2º grau: $x^2 + 2x + \log_3 (a - 1) = 0$.

a) Determine os possíveis valores de **a** para os quais a equação admite uma raiz real positiva e uma raiz real negativa.

b) Para quantos valores de **a**, $a \in\ ]\,1,\,1\,000]$, a equação apresenta todos os coeficientes inteiros?

71 Usando $\log 2 \simeq 0,3$ e $\log 3 \simeq 0,48$, resolva as inequações, considerando $U = \mathbb{R}$:

a) $4^x > 3$

b) $\left(\dfrac{1}{2}\right)^x < 9$

EXERCÍCIOS COMPLEMENTARES

1 Resolva, em $\mathbb{R}$, as seguintes equações logarítmicas:

a) $\log_4 \{2 \cdot \log_5 [3 + \log_3(x + 2)]\} = \dfrac{1}{2}$

b) $\log \sqrt{x} + \log x = 6$

c) $\log_3 x + \log_9 \sqrt{x} = \dfrac{15}{4}$

d) $(\log_5 x)^2 = 8 \cdot \log_x 5$

e) $x^{\log_3 x} = 81$

2 (UF-PR) Para determinar a rapidez com que se esquece de uma informação, foi efetuado um teste em que listas de palavras eram lidas a um grupo de pessoas e, num momento posterior, verificava-se quantas dessas palavras eram lembradas. Uma análise mostrou que, de maneira aproximada, o percentual **S** de palavras lembradas, em função do tempo **t**, em minutos, após o teste ter sido aplicado, era dado pela expressão

$S = -18 \cdot \log (t + 1) + 86.$

a) Após 9 minutos, que percentual da informação inicial era lembrado?

b) Depois de quanto tempo o percentual **S** alcançou 50%?

3 As funções **f** e **g** estão representadas a seguir:

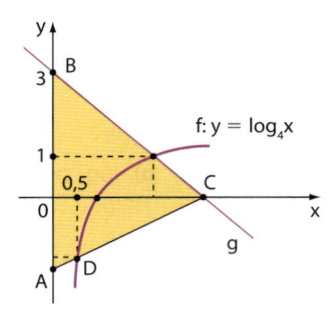

a) Qual é a lei que define **g**?

b) Qual é a área do triângulo ABC?

4 (UF-PR) O gráfico abaixo corresponde a uma função exponencial da forma $f(x) = 2^{ax+b}$, sendo **a** e **b** constantes e $x \in \mathbb{R}$.

a) Calcule os valores **a** e **b** da expressão de f(x) que correspondem a esse gráfico.

b) Calcule o valor de **x** para o qual se tem f(x) = 1.

c) Dado k > 0 qualquer, mostre que o ponto $x = \log_2 (4k^2)$ satisfaz a equação f(x) = k.

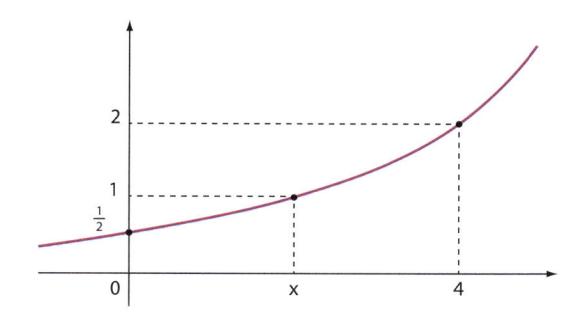

5 Sob certas condições de temperatura, os biólogos acreditam que o número de baratas de certa região dobre, no verão, a cada 20 dias. Estima-se que a população atual de baratas nessa região seja da ordem de 5 000. Considerando o mês com 30 dias e supondo que tais condições sejam mantidas, determine:

a) a população de baratas na região, daqui a 1 mês e daqui a 2 meses.

b) o tempo mínimo necessário (em dias) para que a população de baratas na região quintuplique. (Use: $\sqrt{2} \simeq 1,4$ e log 5 ≃ 0,68.)

6 (Unicamp-SP) A superfície de um reservatório de água para abastecimento público tem 320 000 m² de área, formato retangular e um dos seus lados mede o dobro do outro. Essa superfície é representada pela região hachurada na ilustração abaixo. De acordo com o Código Florestal, é necessário manter ao redor do reservatório uma faixa de terra livre, denominada Área de Proteção Permanente (APP), como ilustra a figura abaixo. Essa faixa deve ter largura constante e igual a 100 m, medidos a partir da borda do reservatório.

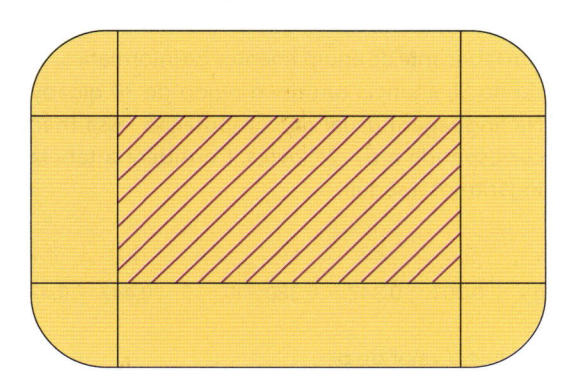

a) Calcule a área da faixa de terra denominada APP nesse caso.

b) Suponha que a água do reservatório deminui de acordo com a expressão $V(t) = V_0 \cdot 2^{-t}$, em que V_0 é o volume inicial e **t** é o tempo decorrido em meses. Qual é o tempo necessário para que o volume se reduza a 10% do volume inicial? Utilize, se necessário, $\log_{10} 2 \simeq 0,30$.

7 Pressionando, sucessivamente, em uma calculadora científica, a tecla (LOG) (logaritmo decimal), a começar pelo número 20 bilhões, após quantas vezes de acionamento da tecla aparecerá mensagem de erro? Explique.

8 (UF-GO) Uma unidade de medida muito utilizada, proposta originalmente por Alexander Graham Bell (1847-1922), para comparar as intensidades de duas ocorrências de um mesmo fenômeno é o decibel (dB). Em um sistema de áudio, por exemplo, um sinal de entrada, com potência P_1, resulta em um sinal de saída, com potência P_2. Quando $P_2 > P_1$, como em um amplificador de áudio, diz-se que o sistema apresenta um ganho, em decibéis, de:

$$G = 10 \log \left(\frac{P_2}{P_1} \right)$$

Quando $P_2 < P_1$, a expressão acima resulta em um ganho negativo, e diz-se que houve uma atenuação do sinal.
Desse modo,

a) para um amplificador que fornece uma potência P_2 de saída igual a 80 vezes a potência P_1 de entrada, qual é o ganho em dB?

b) em uma linha de transmissão, na qual há uma atenuação de 20 dB, qual a razão entre as potências de saída e de entrada, nesta ordem?

Dado: log 2 ≃ 0,30

9 (FGV-SP) Para receber um montante de **M** reais daqui a **x** anos, o capital inicial **C** reais que a pessoa deve aplicar hoje é dado pela equação:

$$C = M \cdot e^{-0,1x}$$

a) Se ela aplicar hoje R$ 3 600,00, quanto receberá de juro no período de 1 ano?

b) Se ela aplicar hoje R$ 3 600,00, daqui a quanto tempo, aproximadamente, obterá um montante que será o dobro desse valor?

> Se necessário, use as aproximações:
> $e^{0,1} \simeq 1,1$; $\ln 2 \simeq 0,7$

10 (UF-PR) Considere o gráfico da função $f(x) = 10^x$, com **x** real, e da reta **r**, apresentados na figura a seguir:

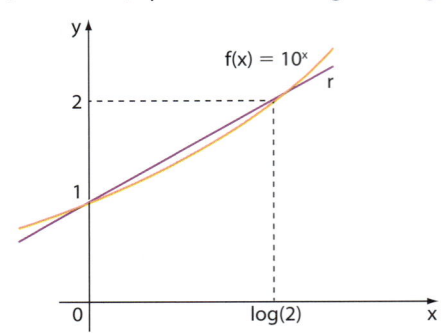

a) Utilizando a aproximação $\log(2) = 0,3$, determine a equação da reta **r**.

b) Como a reta **r** está próxima da curva, para valores de **x** entre 0 e $\log(2)$, utilize a equação de **r** para obter uma estimativa dos valores de $10^{0,06}$ e de $\log(1,7)$.

11 (Fuvest-SP) Determine o conjunto de todos os números reais **x** para os quais vale a desigualdade

$$\left|\log_{16}(1-x^2) - \log_4(1+x)\right| < \frac{1}{2}.$$

12 (Fuvest-SP) O número **N** de átomos de um isótopo radioativo existente em uma amostra diminui com o tempo **t**, de acordo com a expressão $N(t) = N_0 e^{-\lambda t}$, sendo N_0 o número de átomos deste isótopo em $t = 0$ e λ a constante de decaimento. Abaixo, está apresentado o gráfico do $\log_{10} N$ em função de **t**, obtido em um estudo experimental do radiofármaco Tecnécio 99 metaestável (^{99m}Tc), muito utilizado em diagnósticos do coração.

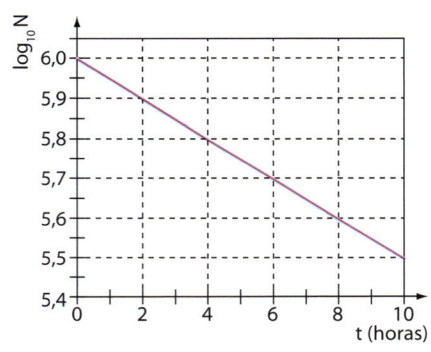

A partir do gráfico, determine:

a) o valor de $\log_{10} N_0$.

b) o número N_0 de átomos radioativos de ^{99m}Tc.

c) a meia-vida $\left(T_{\frac{1}{2}}\right)$ do ^{99m}Tc.

Note e adote: A meia-vida $\left(T_{\frac{1}{2}}\right)$ de um isótopo radioativo é o intervalo de tempo em que o número de átomos desse isótopo existente em uma amostra cai para a metade; $\log_{10} 2 \simeq 0,3$; $\log_{10} 5 \simeq 0,7$.

13 (Unicamp-SP) O sistema de ar-condicionado de um ônibus quebrou durante uma viagem. A função que descreve a temperatura (em graus Celsius) no interior do ônibus em função de t, o tempo transcorrido, em horas, desde a quebra do ar-condicionado, é $T(t) = (T_0 - T_{ext}) \cdot 10^{\frac{-t}{4}} + T_{ext}$, onde T_0 é a temperatura interna do ônibus enquanto a refrigeração funcionava, e T_{ext} é a temperatura externa (que supomos constante durante toda a viagem). Sabendo que $T_0 = 21\ ^\circ C$ e $T_{ext} = 30\ ^\circ C$, responda às questões abaixo.

a) Calcule a temperatura no interior do ônibus transcorridas 4 horas desde a quebra do sistema de ar-condicionado. Em seguida, esboce o gráfico de $T(t)$.

b) Calcule o tempo gasto, a partir do momento da quebra do ar-condicionado, para que a temperatura subisse 4 °C. Se necessário, use $\log_{10} 2 \simeq 0,30$, $\log_{10} 3 \simeq 0,48$ e $\log_{10} 5 \simeq 0,70$.

14 (UE-RJ) A International Electrotechnical Commission – IEC padronizou as unidades e os símbolos a serem usados em Telecomunicações e Eletrônica. Os prefixos kibi, mebi e gibi, entre outros, empregados para especificar múltiplos binários, são formados a partir de prefixos já existentes no Sistema Internacional de Unidades – SI, acrescidos de bi, primeira sílaba da palavra binário. A tabela abaixo indica a correspondência entre algumas unidades do SI e da IEC.

SI		
nome	**símbolo**	**magnitude**
quilo	k	10^3
mega	M	10^6
giga	G	10^9

IEC		
nome	**símbolo**	**magnitude**
kibi	ki	2^{10}
mebi	Mi	2^{20}
gibi	Gi	2^{30}

Um fabricante de equipamentos de informática, usuário do SI, anuncia um disco rígido de 30 gigabytes. Na linguagem usual de computação, essa medida corresponde a $p \cdot 2^{30}$ bytes. Considere a tabela de logaritmos a seguir.

x	2,0	2,2	2,4	2,6	2,8	3,0
log x	0,301	0,342	0,380	0,415	0,447	0,477

Calcule o valor de **p**.

TESTES

1 (U.F. Juiz de Fora-MG) O logaritmo de um número na base 64 é $\frac{1}{3}$. O logaritmo desse número na base $\frac{1}{2}$ é:

a) 2

c) $-\frac{2}{3}$

b) $\frac{2}{3}$

d) -2

2 (PUC-MG) O valor da expressão $\log_4 16 - \log_4 32 + 3 \cdot \log_4 2$ é:

a) $\frac{1}{2}$

c) $\frac{3}{2}$

b) 1

d) 4

3 (Mackenzie-SP) Se $\log x = 0,1$, $\log y = 0,2$ e $\log z = 0,3$, o valor de $\log \frac{x^2 \cdot y^{-1}}{\sqrt{z}}$ é:

a) 0,15

d) $-0,25$

b) $-0,15$

e) 0,6

c) 0,25

4 (UF-AM) Se $\log x = 3 + \log 3 - \log 2 - 2 \log 5$, então **x** é igual a:

a) 18

d) 40

b) 25

e) 60

c) 30

5 (Enem-MEC) Em setembro de 1987, Goiânia foi palco do maior acidente radioativo ocorrido no Brasil, quando uma amostra de césio-137, removida de um aparelho de radioterapia abandonado, foi manipulada inadvertidamente por parte da população. A meia-vida de um material radioativo é o tempo necessário para que a massa desse material se reduza à metade. A meia-vida do césio-137 é de 30 anos e a quantidade restante de massa de um material radioativo, após **t** anos, é calculada pela expressão $M(t) = A \cdot (2,7)^{kt}$, onde **A** é a massa inicial e **k** é uma constante negativa. Considere 0,3 como aproximação para $\log_{10} 2$.
Qual o tempo necessário, em anos, para que uma quantidade de massa do césio-137 se reduza a 10% da quantidade inicial?

a) 27

b) 36

c) 50

d) 54

e) 100

6 (UE-RJ) Um pesquisador, interessado em estudar uma determinada espécie de cobras, verificou que, numa amostra de trezentas cobras, suas massas **M**, em gramas, eram proporcionais ao cubo de seus comprimentos **L**, em metros, ou seja, $M = a \cdot L^3$, em que **a** é uma constante positiva. Observe os gráficos a seguir:

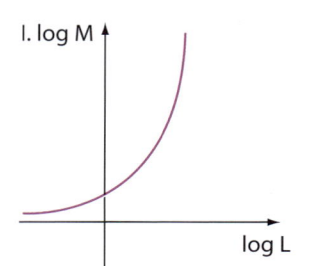

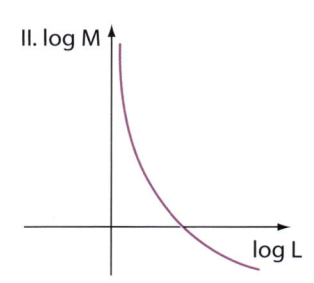

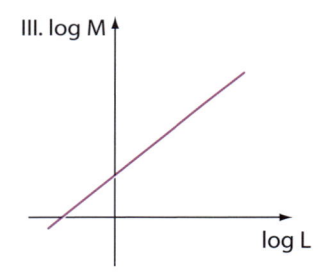

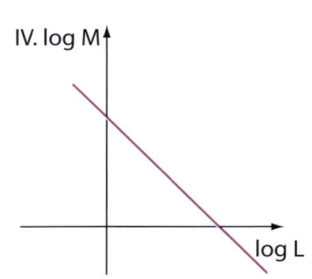

Aquele que melhor representa log M em função de log L é o indicado pelo número:

a) I

b) II

c) III

d) IV

7 (Cefet-MG) Se $\log_3 a = x$, então $\log_9 a^2$ vale:

a) $\dfrac{x}{2}$

b) x

c) $2x$

d) $3x$

8 (IF-AL) A solução da equação logarítmica $\log_4 (x-6) - \log_2 (2x-16) = -1$ é o número real **m**. Desse modo, podemos afirmar que:

a) $m = 7$ ou $m = 10$.

b) o logaritmo de m na base dez é igual a um.

c) $m = 10$, pois $m > 6$.

d) $m = 7$, pois $m > 6$.

e) $m^2 = 20$.

9 (FGV-SP) Considere a função $f(x) = \log_{1319} x^2$. Se $n = f(10) + f(11) + f(12)$, então:

a) $n < 1$

b) $n = 1$

c) $1 < n < 2$

d) $n = 2$

e) $n > 2$

10 (UE-CE) Se os números reais **a** e **b** são positivos, distintos, diferentes de 1 e satisfazem a igualdade $b^x = a^{\frac{x}{h}}$ para qualquer número real **x**, então, para **n** positivo e diferente de 1, o valor de **h** é:

a) $h = \log_n a - \log_n b$

b) $h = \log_n b - \log_n a$

c) $h = \dfrac{\log_n a}{\log_n b}$

d) $h = \dfrac{\log_n b}{\log_n a}$

11 (UPE-PE) Terremotos são eventos naturais que não têm relação com eventos climáticos extremos, mas podem ter consequências ambientais devastadoras, especialmente quando seu epicentro ocorre no mar, provocando *tsunamis*. Uma das expressões para se calcular a violência de um terremoto na escala Richter é $M = \dfrac{2}{3} \cdot \log_{10}\left(\dfrac{E}{E_0}\right)$, onde **M** é a magnitude do terremoto, **E** é a energia liberada (em joules) e $E_0 = 10^{4,5}$ joules é a energia liberada por um pequeno terremoto usado como referência.

Qual foi a ordem de grandeza da energia liberada pelo terremoto do Japão de 11 de março de 2011, que atingiu magnitude 9 na escala Richter?

a) 10^{14} joules

b) 10^{16} joules

c) 10^{17} joules

d) 10^{18} joules

e) 10^{19} joules

12 (Unicamp-SP) Uma barra cilíndrica é aquecida a uma temperatura de 740 ºC. Em seguida, é exposta a uma corrente de ar a 40 ºC. Sabe-se que a temperatura no centro do cilindro varia de acordo com a função

$$T(t) = (T_0 - T_{ar}) \cdot 10^{-\frac{t}{12}} + T_{ar}$$

sendo **t** o tempo em minutos, $\mathbf{T_0}$ a temperatura inicial e $\mathbf{T_{ar}}$ a temperatura do ar. Com essa função, concluímos que o tempo requerido para que a temperatura no centro atinja 140 ºC é dado pela seguinte expressão, com o log na base 10:

a) $12\,[\log\,(7) - 1]$ minutos

b) $12\,[1 - \log\,(7)]$ minutos

c) $12\,\log\,(7)$ minutos

d) $\dfrac{[1 - \log\,(7)]}{12}$ minutos

13 (UE-CE) O maior número inteiro contido na imagem da função real de variável real definida por $f(x) = \log_2 (100 - x^2)$ é:

a) 4

b) 5

c) 6

d) 7

14 (UE-RN) O produto entre o maior número inteiro negativo e o menor número inteiro positivo que pertence ao domínio da função $f(x) = \log_3 (x^2 - 2x - 15)$ é:

a) -24

b) -15

c) -10

d) -8

15 (UF-RS) Atribuindo para log 2 o valor 0,3, então os valores de log 0,2 e log 20 são, respectivamente,

a) $-0,7$ e 3

b) $-0,7$ e 1,3

c) 0,3 e 1,3

d) 0,7 e 2,3

e) 0,7 e 3

16 (UF-RS) Dez bactérias são cultivadas para uma experiência, e o número de bactérias dobra a cada 12 horas. Tomando como aproximação para log 2 o valor 0,3, decorrida exatamente uma semana, o número de bactérias está entre:

a) $10^{4,5}$ e 10^5 c) $10^{5,5}$ e 10^6 e) $10^{6,5}$ e 10^7

b) 10^5 e $10^{5,5}$ d) 10^6 e $10^{6,5}$

17 (FGV-SP) Considere a seguinte tabela, em que ln(x) representa o logaritmo neperiano de **x**:

x	1	2	3	4	5
ln(x)	0	0,69	1,10	1,39	1,61

O valor de **x** que satisfaz a equação $6^x = 10$ é aproximadamente igual a:

a) 1,26 c) 1,30 e) 1,34

b) 1,28 d) 1,32

18 (EsPCEx-SP) O logaritmo de um número natural **n**, n > 1, coincidirá com o próprio **n** se a base for:

a) n^n

b) $\dfrac{1}{n}$

c) n^2

d) n

e) $n^{\frac{1}{n}}$

19 (Insper-SP) Analisando o comportamento das vendas de determinado produto em diferentes cidades, durante um ano, um economista estimou que a quantidade vendida desse produto em um mês (**Q**), em milhares de unidades, depende do seu preço (**P**) em reais, de acordo com a relação

$Q = 1 + 4 \cdot (0,8)^{2P}$.

No entanto, em Economia, é mais usual, nesse tipo de relação, escrever o preço **P** em função da quantidade **Q**. Dessa forma, isolando a variável **P** na relação fornecida, o economista obteve:

a) $P = \log_{0,8}\sqrt{\dfrac{Q-1}{4}}$

b) $P = \log_{0,8}\left(\dfrac{Q-1}{8}\right)$

c) $P = 0,5 \cdot \sqrt[0,8]{\dfrac{Q-1}{4}}$

d) $P = \sqrt[0,8]{\dfrac{Q-1}{8}}$

e) $P = 0,5 \cdot \log_{0,8}\left(\dfrac{Q}{4}-1\right)$

20 (Enem-MEC) A Escala de Magnitude de Momento (abreviada como MMS e denotada como $\mathbf{M_w}$), introduzida em 1979 por Thomas Haks e Hiroo Kanamori, substituiu a escala de Richter para medir a magnitude dos terremotos em termos de energia liberada. Menos conhecida pelo público, a MMS é, no entanto, a escala usada para estimar as magnitudes de todos os grandes terremotos da atualidade. Assim como a escala Richter, a MMS é uma escala logarítmica. $\mathbf{M_w}$ e $\mathbf{M_0}$ se relacionam pela fórmula:

$$M_w = -10,7 + \dfrac{2}{3}\log_{10}(M_0)$$

onde $\mathbf{M_0}$ é o momento sísmico (usualmente estimado a partir dos registros de movimento da superfície, através dos sismogramas), cuja unidade é o dina · cm.

O terremoto de Kobe, acontecido no dia 17 de janeiro de 1995, foi um dos terremotos que causaram maior impacto no Japão e na comunidade científica internacional. Teve magnitude $M_w = 7,3$.

U.S. Geological Survey. *Historic Earthquakes.* Disponível em: <http://earthquake.usgs.gov>. Acesso em: 1º maio 2010 (adaptado).

U.S. Geological Survey. *USGS Earthquake Magnitude Policy.* Disponível em: <http://earthquake.usgs.gov>. Acesso em: 1º maio 2010 (adaptado).

Mostrando que é possível determinar a medida por meio de conhecimentos matemáticos, qual foi o momento sísmico $\mathbf{M_0}$ do terremoto de Kobe (em dina · cm)?

a) $10^{-5,10}$ c) $10^{12,00}$ e) $10^{27,00}$

b) $10^{-0,73}$ d) $10^{21,65}$

21 (PUC-RS) Observe a representação da função dada por y = log (x), abaixo. Pelos dados da figura, podemos afirmar que o valor de log (a · b) é:

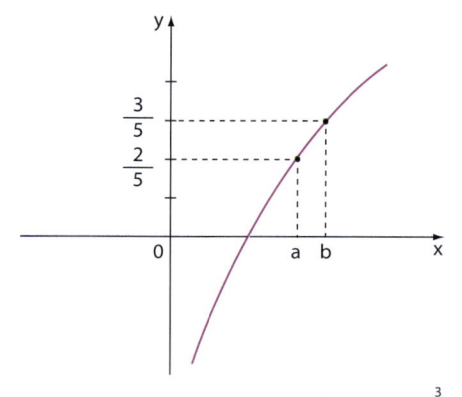

a) 1

b) 10

c) $10^{\frac{2}{5}}$

d) $10^{\frac{3}{5}}$

e) 10^5

22 (FGV-SP) Considere a aproximação: log 2 = 0,3. É correto afirmar que a soma das raízes da equação $2^{2x} - 6 \cdot 2^x + 5 = 0$ é:

a) $\dfrac{7}{3}$

d) $\dfrac{4}{3}$

b) 2

e) 1

c) $\dfrac{5}{3}$

23 (Unicamp-SP) O gráfico abaixo exibe a curva de potencial biótico q(t) para uma população de microrganismos, ao longo do tempo **t**.

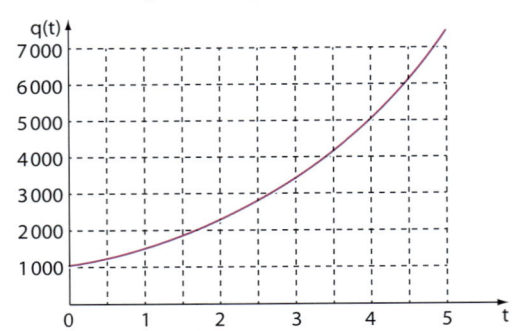

Sendo **a** e **b** constantes reais, a função que pode representar esse potencial é:

a) $q(t) = ab^t$

b) $q(t) = at^2 + bt$

c) $q(t) = at + b$

d) $q(t) = a + \log_b t$

24 (UF-PR) Para se calcular a intensidade luminosa **L**, medida em lumens, a uma profundidade de **x** centímetros num determinado lago, utiliza-se a lei de Beer-Lambert, dada pela seguinte fórmula:

$\log\left(\dfrac{L}{15}\right) = -0,08x.$

Qual a intensidade luminosa **L** a uma profundidade de 12,5 cm?

a) 150 lumens

b) 15 lumens

c) 10 lumens

d) 1,5 lúmen

e) 1 lúmen

25 (Vunesp-SP) A expectativa de vida em anos em uma região, de uma pessoa que nasceu a partir de 1900, no ano **x** (x ⩾ 1900), é dada por L(x) = 12(199 $\log_{10}$ x − 651). Considerando $\log_{10}$ 2 = 0,3, uma pessoa dessa região que nasceu no ano 2000 tem expectativa de viver:

a) 48,7 anos.

b) 54,6 anos.

c) 64,5 anos.

d) 68,4 anos.

e) 72,3 anos.

26 (UnB-DF) A exposição prolongada dos astronautas a fontes de radiações no espaço pode ter efeitos no corpo humano e levar à morte. Considere que uma fonte de radiação emita raios com intensidade cada vez maior ao longo do tempo. Considere, ainda, que o valor da intensidade – S(t) – seja determinado, em mSv (milisieverts), pela função $S(t) = 3\,400 - 3\,240 \times 3^{-\frac{t}{10}}$, em que **t**, em horas, indica o momento em que as medições começaram a ser feitas, a partir do instante t = 0.

Com base nessas informações, julgue os itens seguintes.

a) A intensidade de radiação igual a 2 000 mSv é atingida em t = 40 − $\log_3$ 3 510.

b) Em algum momento, a intensidade de radiação irá superar 4 000 mSv.

c) Vinte horas após o início da medição, a intensidade de radiação será inferior a 3 000 mSv.

27 (UE-RJ) Observe no gráfico a função logaritmo decimal definida por y = log (x).

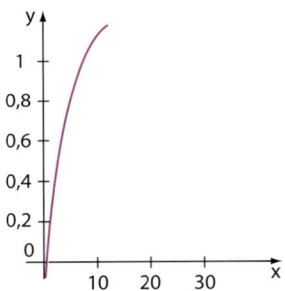

Admita que, no eixo **x**, 10 unidades correspondem a 1 cm e que, no eixo **y**, a ordenada log (1 000) corresponde a 15 cm.

A escala x : y na qual os eixos foram construídos equivale a:

a) 5 : 1

b) 15 : 1

c) 50 : 1

d) 100 : 1

28 (Fuvest-SP) Sobre a equação (x + 3)$2^{x^2 - 9}$ log |x² + + x − 1| = 0, é correto afirmar que:

a) ela não possui raízes reais.

b) sua única raiz real é −3.

c) duas de suas raízes reais são 3 e −3.

d) suas únicas raízes reais são −3, 0 e 1.

e) ela possui cinco raízes reais distintas.

9 Complemento sobre funções

▶ Funções sobrejetoras, injetoras e bijetoras

Uma função pode ser classificada como sobrejetora, injetora, bijetora ou em nenhuma dessas categorias.

▶ Funções sobrejetoras

Vamos observar as três funções a seguir.

- Função **f** de A = {−1, 0, 1, 2} em B = {1, 2, 5}, definida pela lei $f(x) = x^2 + 1$.

Para todo elemento **y** de **B** existe um elemento **x** de **A** tal que $y = x^2 + 1$. Todo elemento do contradomínio é imagem de pelo menos um elemento do domínio:

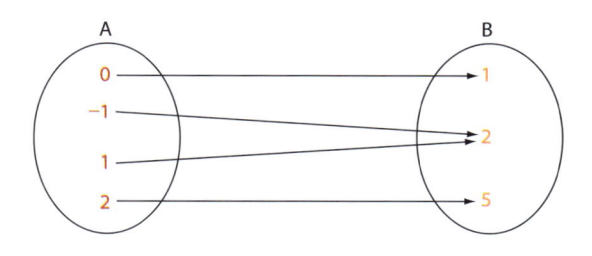

- Função **f** de $\mathbb{R}$ em $\mathbb{R}_+$, definida pela lei $f(x) = x^2$.

Para todo elemento **y** de $\mathbb{R}_+$, existe um elemento **x** de $\mathbb{R}$ tal que $y = x^2$, bastando tomar $x = \pm\sqrt{y}$.

Para todo elemento **y** de $\mathbb{R}_+$, a reta paralela ao eixo das abscissas intersecta o gráfico de **f**:

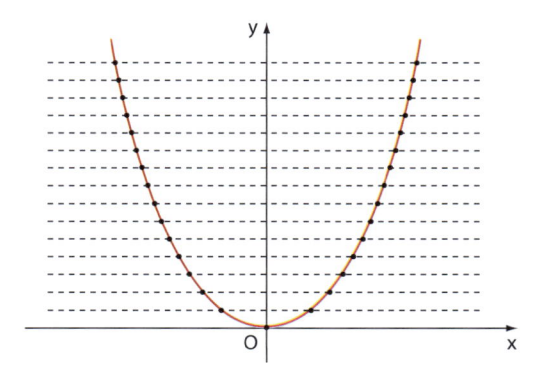

- Função **f** de $\mathbb{R}^*$ em $\mathbb{R}^*$, definida pela lei $f(x) = \dfrac{1}{x}$.

Para todo elemento **y** de $\mathbb{R}^*$, existe um elemento **x** de $\mathbb{R}^*$ tal que $y = \dfrac{1}{x}$, bastando tomar $x = \dfrac{1}{y}$.

Para todo elemento **y** de $\mathbb{R}^*$, a paralela ao eixo das abscissas intersecta o gráfico de **f**:

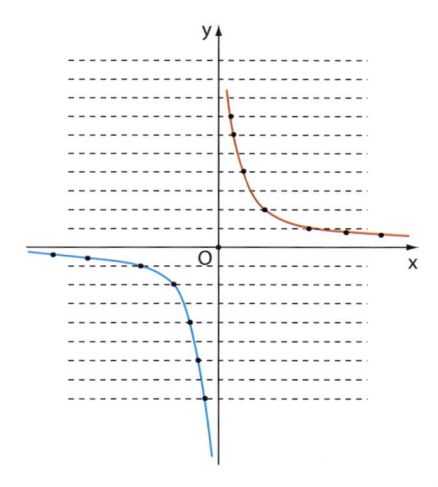

Essas três funções são exemplos de funções sobrejetoras.

> Uma função f: A → B é **sobrejetora** se, para todo **y** pertencente a **B**, existe um **x** pertencente a **A** tal que f(x) = y.
> Se f: A → B é sobrejetora, ocorre Im(f) = B.

► Funções injetoras

Vamos observar as três funções a seguir.

- Função **f** de $A = \{0, 1, 2, 3\}$ em $B = \{1, 3, 5, 7, 9\}$, definida pela lei $f(x) = 2x + 1$.

Dois elementos distintos de **A** têm como imagem dois elementos distintos de **B**.

Não existem dois elementos distintos de **A** com a mesma imagem em **B**:

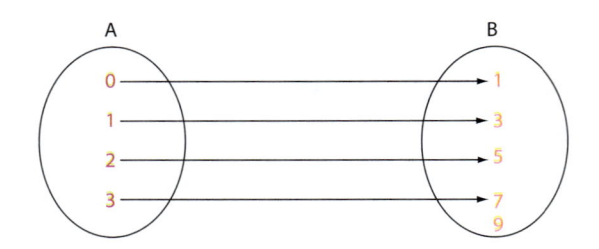

- Função **f** de $\mathbb{R}$ em $\mathbb{R}$, definida pela lei $f(x) = 3x$.

Quaisquer que sejam x_1 e x_2 de $\mathbb{R}$, se $x_1 \neq x_2$, temos $3x_1 \neq 3x_2$, ou seja, $f(x_1) \neq f(x_2)$. Para todo elemento **y** de $\mathbb{R}$, a paralela ao eixo das abscissas intersecta o gráfico de **f** uma única vez:

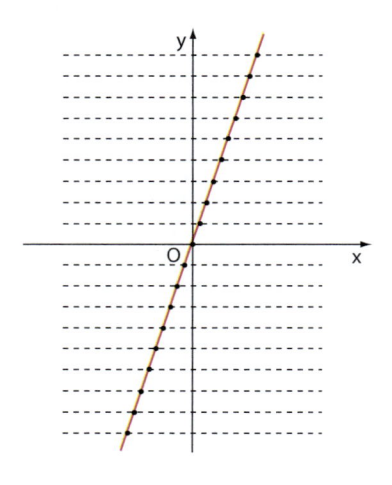

- Função **f** de $\mathbb{R}^*$ em $\mathbb{R}^*$, definida pela lei $f(x) = \dfrac{1}{x}$.

Quaisquer que sejam x_1 e x_2 de $\mathbb{R}^*$, se $x_1 \neq x_2$, temos $\dfrac{1}{x_1} \neq \dfrac{1}{x_2}$, ou seja, $f(x_1) \neq f(x_2)$.

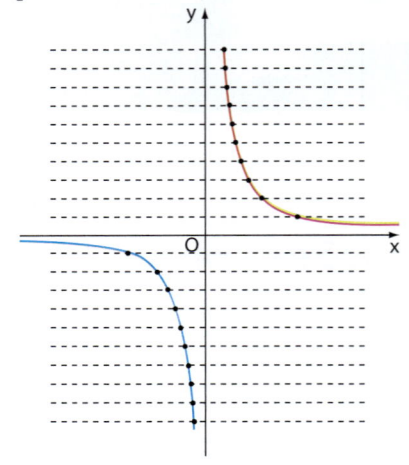

Essas três funções são exemplos de funções injetoras.

> Uma função $f: A \to B$ é **injetora** se, para todo x_1 e x_2 pertencentes a **A**, se $x_1 \neq x_2$, então $f(x_1) \neq f(x_2)$.

► Funções bijetoras

> Uma função $f: A \to B$ é **bijetora** se **f** é sobrejetora e injetora.

São exemplos de funções bijetoras:

- $f: \mathbb{R} \to \mathbb{R}$ tal que $f(x) = 2x$
- $f: \mathbb{R} \to \mathbb{R}$ tal que $f(x) = x^3$
- $f: \mathbb{R}_+ \to \mathbb{R}_+$ tal que $f(x) = x^2$
- $f: \mathbb{R}^* \to \mathbb{R}^*$ tal que $f(x) = \dfrac{1}{x}$

OBSERVAÇÕES 🔍

Há funções que não se enquadram em nenhuma dessas três categorias (injetora, sobrejetora ou bijetora). Um exemplo é a função $f: \mathbb{R} \to \mathbb{R}$, definida por $f(x) = x^2 - 2x$, cujo gráfico está representado ao lado.

- **f** não é injetora: (por exemplo, $y = 3$ é imagem de $x = -1$ e de $x = 3$)
- **f** não é sobrejetora: $Im(f) = [-1, +\infty[$ e o contradomínio de **f** é $\mathbb{R}$.

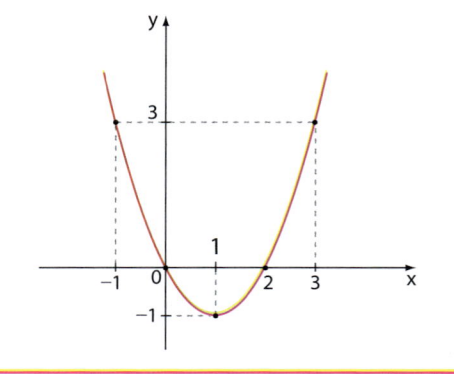

EXERCÍCIOS

Classifique os exercícios de *1* a *8* como:

- **S**, se a função for somente sobrejetora;
- **I**, se a função for somente injetora;
- **B**, se a função for bijetora;
- **O**, se a função não for injetora nem sobrejetora.

1 f: $\{-2, -1, 0, 1, 2\} \to \{0, 1, 4\}$, definida por $f(x) = x^2$.

2 f: $\{0, 1, 2, 3\} \to \{5, 3, 1, 7\}$, definida por $f(x) = 2x + 1$.

3 f: $\{-1, 0, 1, 2\} \to \{0, 1, 2, 3, 4, 5\}$, definida por $f(x) = x + 1$.

4 f: $\{-1, 0, 1, 2\} \to \{-1, 0, 1, 2\}$, definida por $f(x) = |x|$.

5 f: $\mathbb{R} \to \mathbb{R}$, definida por $f(x) = -3x + 5$.

6 f: $\mathbb{R} \to \mathbb{R}_+$, definida por $f(x) = x^2$.

7 f: $\mathbb{N} \to \mathbb{N}$, definida por $f(x) = 3x + 5$.

8 f: $\mathbb{Z} \to \mathbb{Z}$, definida por $f(x) = x - 5$.

9 Em cada caso, seja f: $\mathbb{R} \to \mathbb{R}$. Dos gráficos a seguir, quais os que representam funções injetoras?

a)

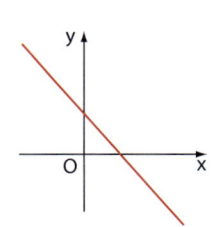

d)

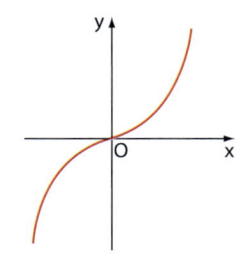

b)

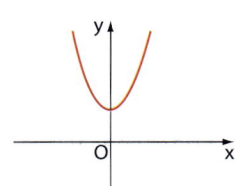

e)

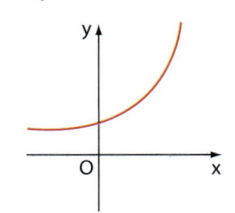

c)

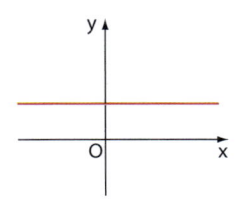

f)

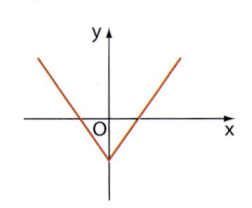

10 Verifique, em cada caso, se a função representada pelo gráfico é sobrejetora. Em caso afirmativo, verifique se ela também é bijetora.

a) f: $\mathbb{R} \to \mathbb{R}_+$

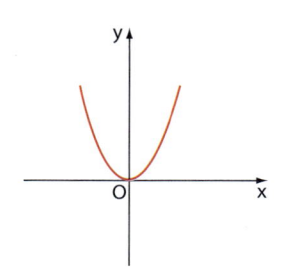

d) f: $\mathbb{R} \to \mathbb{R}_-$

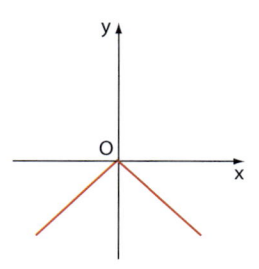

b) f: $\mathbb{R} \to \mathbb{R}$

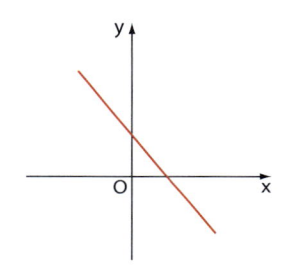

e) f: $\mathbb{R}^* \to \mathbb{R}^*$

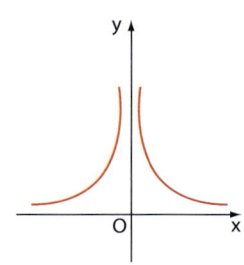

c) f: $\mathbb{R}_+ \to \mathbb{R}_+$

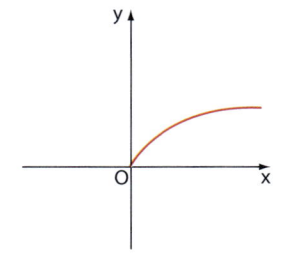

f) f: $\mathbb{R} \to \mathbb{R}_+$

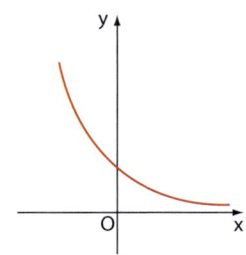

11 Seja f: $\mathbb{N} \to \mathbb{N}$ a função que associa a cada número natural o seu sucessor.

a) **f** é injetora?

b) **f** é sobrejetora?

c) **f** é bijetora?

12 Seja f: $\mathbb{R} \to [-1, +\infty[$ definida por

$$f(x) = \begin{cases} 1 - x, \text{ se } x \leq 2 \\ 2x - 5, \text{ se } x > 2 \end{cases}$$

a) Construa o gráfico de **f**.

b) **f** é injetora? **f** é sobrejetora? **f** é bijetora?

▶ Função inversa

▶ Introdução

Vamos observar a função **f** de A = {1, 2, 3, 4} em B = {1, 3, 5, 7}, definida pela lei y = 2x − 1.

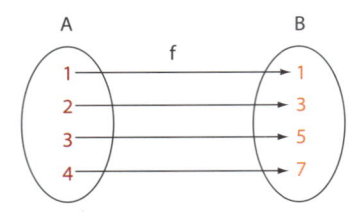

Notemos que **f** é bijetora, pois é injetora e também sobrejetora.

Como todo elemento de **B** é o correspondente de um único elemento de **A**, podemos trocar os conjuntos de posição e associar cada elemento de **B** ao seu correspondente de **A**. Teremos, dessa forma, construído uma função denominada **função inversa de f** e representada com o símbolo **f⁻¹**.

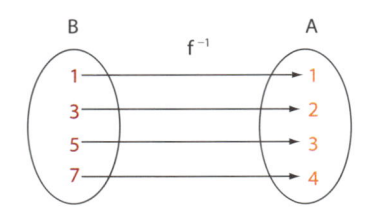

A lei que define essa nova função é $f^{-1}(x) = \dfrac{x + 1}{2}$.

De fato,

$f^{-1}(1) = \dfrac{1 + 1}{2} = 1$;

$f^{-1}(3) = \dfrac{3 + 1}{2} = 2$ etc.

Notemos que **f⁻¹** também é bijetora, $D(f^{-1}) = B$ e $Im(f^{-1}) = A$.

▶ Definição

> Seja f: A → B uma função bijetora.
> A função $f^{-1}: B \to A$ tal que $f(a) = b \Leftrightarrow f^{-1}(b) = a$, com $a \in A$ e $b \in B$, é chamada **inversa de f**.
> Nesse caso, dizemos que **f** é inversível.

Nos exemplos seguintes, vamos analisar se uma função é ou não inversível. Em caso afirmativo, apresentaremos um processo para determinar a lei que define a inversa e também estudaremos a relação existente entre os gráficos de **f** e de **f⁻¹**.

Para a construção de gráficos é importante notarmos que, se **f** é inversível e um par (a, b) pertence à função **f**, então o par (b, a) pertence a **f⁻¹**. Consequentemente, cada ponto (b, a) do gráfico de **f⁻¹** é simétrico de um ponto (a, b) do gráfico de **f** em relação à bissetriz do 1º e do 3º quadrantes do plano cartesiano.

Desse modo, o gráfico de **f⁻¹** é simétrico do gráfico de **f** em relação à bissetriz do 1º e 3º quadrantes, que é a reta de equação y = x.

▶ Inversas de algumas funções

EXEMPLO 1

Vejamos agora como constatar que a função f: ℝ → ℝ dada pela fórmula y = 3x + 4 é inversível, como determinar a inversa de **f** e como construir os gráficos de ambas as funções.

Sendo **f** uma função afim, o seu gráfico é uma reta.

Veja, na tabela seguinte, alguns de seus pontos:

x	y	
0	4	→ P (0, 4)
−1	1	→ A (−1, 1)
$-\dfrac{4}{3}$	0	→ $Q\left(-\dfrac{4}{3}, 0\right)$
−2	−2	→ B (−2, −2)

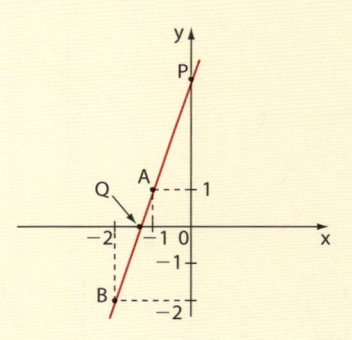

Podemos notar nesse gráfico que, para cada valor de **y**, existe em correspondência um único valor de **x** (**f** é injetora); além disso, Im(f) = ℝ (**f** é sobrejetora). Assim, **f** é bijetora e, portanto, **f** é inversível.

Agora vamos determinar a fórmula que define **f⁻¹**. A partir da fórmula y = 3x + 4, que define **f**, vamos expressar **x** em função de **y**:

$$y = 3x + 4 \Rightarrow 3x = y - 4 \Rightarrow x = \dfrac{y - 4}{3}$$

Em geral, quando se vai representar no plano cartesiano o gráfico de uma função, a variável **x** é indicada no eixo das abscissas e a variável **y**, no eixo das ordenadas. Assim, vamos permutar as variáveis **x** e **y** na fórmula obtida.

Temos $y = \dfrac{x-4}{3}$ $\left(\text{ou } f^{-1}(x) = \dfrac{x-4}{3}\right)$, que é a fórmula que define **f⁻¹**.

Vamos construir o gráfico de **f⁻¹**.

Se um par (a, b) pertence a **f**, o par (b, a) pertence a **f⁻¹**. Assim, na tabela de **f⁻¹**, temos:

x	y	
4	0	→ P' (4, 0)
1	−1	→ A' (1, −1)
0	$-\dfrac{4}{3}$	→ Q' $\left(0, -\dfrac{4}{3}\right)$
−2	−2	→ B' (−2, −2)

Este gráfico é simétrico ao gráfico de **f**, em relação à bissetriz do 1º e do 3º quadrantes. Dessa forma, o gráfico de **f⁻¹** é a reta verde representada abaixo.

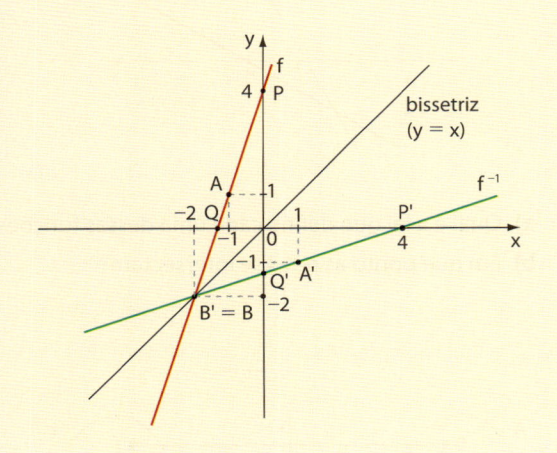

EXEMPLO 2

Vejamos como provar que a função f: $\mathbb{R}_+ \to \mathbb{R}_+$ dada pela fórmula $y = x^2$ é bijetora, como obter sua inversa **f⁻¹** e como construir os gráficos de **f** e **f⁻¹**. Sendo **f** uma função quadrática com domínio restrito a $\mathbb{R}_+$, seu gráfico é um arco de parábola cujos pontos podem ser obtidos atribuindo-se valores a **x** e calculando os correspondentes valores de **y**.

x	y	
0	0	→ A (0, 0)
1	1	→ B (1, 1)
2	4	→ C (2, 4)
3	9	→ D (3, 9)

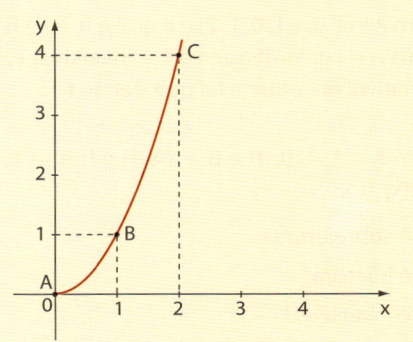

Podemos notar nesse gráfico que, para cada valor não negativo de **y**, existe em correspondência um único valor de **x**, então **f** é injetora. Além disso, Im = $\mathbb{R}_+$; então **f** é sobrejetora. Assim, **f** é bijetora e, portanto, **f** é inversível.

Partindo da lei usada para definir **f**, temos:
$$y = x^2 \xRightarrow{x \geq 0} \sqrt{y} = x$$

Permutando as variáveis **x** e **y** nessa última igualdade, resulta $\sqrt{x} = y$. Desta forma, a lei que define **f⁻¹** é $y = \sqrt{x}$ (ou $f^{-1}(x) = \sqrt{x}$).

Vamos agora construir o gráfico de **f⁻¹**.

Se um par (a, b) está em **f**, o par (b, a) está em **f⁻¹**. Assim, na tabela de **f⁻¹**, temos:

x	y	
0	0	→ A' (0, 0)
1	1	→ B' (1, 1)
4	2	→ C' (4, 2)
9	3	→ D' (9, 3)

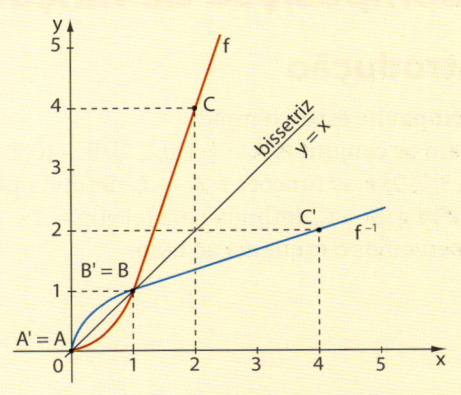

O gráfico de **f⁻¹** é simétrico do gráfico de **f** em relação à bissetriz do 1º e 3º quadrantes.

EXERCÍCIOS

13 Sejam A = {0, 1, 2, 3} e B = {3, 5, 7, 9} e f: A → B, definida por f(x) = 2x + 3. Verifique se **f** é inversível e, em caso afirmativo, encontre a lei que define **f**⁻¹.

14 Sejam A = {−2, −1, 0, 1, 2} e B = ℤ e f: A → B, definida por f(x) = |x|. Verifique se **f** é inversível e, em caso afirmativo, encontre a lei que define **f**⁻¹.

15 Sejam A = {−1, 0, 1} e B = {0, 1} e f: A → B, definida por f(x) = x².

a) **f** é sobrejetora?

b) **f** é injetora?

c) **f** é inversível?

16 Sejam A = $\left\{1, \dfrac{1}{2}, \dfrac{1}{3}, \dfrac{1}{4}\right\}$ e B = {1, 2, 3, 4} e f: A → B, definida por f(x) = $\dfrac{1}{x}$. Verifique se **f** é inversível e, em caso afirmativo, encontre a lei que define **f**⁻¹.

17 Sejam A = {−1, 0, 1, 2} e B = $\left\{1, 4, 2, \dfrac{1}{2}\right\}$ e f: A → B, definida pela lei f(x) = 2ˣ.

a) **f** é inversível? Explique.

b) Qual é a lei que define **f**⁻¹?

18 Seja f: ℝ → ℝ, definida por f(x) = −2x + 1.

a) Qual é a lei que define **f**⁻¹?

b) Represente, no mesmo plano cartesiano, os gráficos de **f** e **f**⁻¹.

19 Seja f: ℝ → ℝ uma função de 1º grau dada pela lei f(x) = 2x + a, sendo **a** uma constante real. Qual é o valor de f(3) sabendo-se que f⁻¹(9) = 7?

20 Em cada caso, **f** é uma função definida de ℝ em ℝ. Obtenha a lei que define **f**⁻¹.

a) f(x) = $\dfrac{4x - 3}{5}$

b) f(x) = x³

c) f(x) = $\dfrac{1 - 2x}{3}$

21 Seja f: ℝ₊ → B ⊂ ℝ a função definida por y = x² + 2.

a) Determine **B** a fim de que **f** seja inversível e, nessas condições, obtenha a lei que define **f**⁻¹.

b) Determine a ∈ ℝ₊, sabendo que f⁻¹(a) = 3.

c) Represente **f** e **f**⁻¹ em um mesmo plano cartesiano.

22 No gráfico seguinte estão representadas as funções **f** e **f**⁻¹, definidas de ℝ em ℝ.

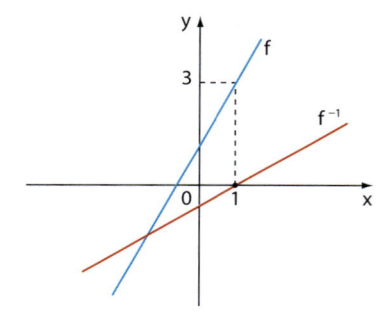

a) Qual é a lei que define cada uma dessas funções?

b) Em que ponto as retas se intersectam?

▶ Composição de funções

▶ Introdução

Acompanhe este exemplo:

Sejam os conjuntos A = {−1, 0, 1, 2}, B = {0, 1, 3, 4} e C = {1, 3, 7, 9} e as funções f: A → B, definida pela lei f(x) = x², e g: B → C, definida pela lei g(x) = 2x + 1.

Observemos o esquema ao lado:

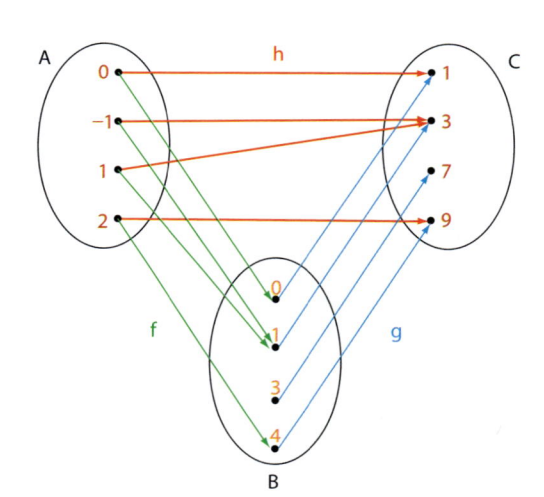

Seguindo as flechas a partir de **A**, temos:

$$0 \xrightarrow{f} 0 \xrightarrow{g} 1$$
$$-1 \xrightarrow{f} 1 \xrightarrow{g} 3$$
$$1 \xrightarrow{f} 1 \xrightarrow{g} 3$$
$$2 \xrightarrow{f} 4 \xrightarrow{g} 9$$

elementos de **A** ⎯⎯⎯⏋ ⎿⎯⎯⎯ elementos de **C**

Assim, para cada elemento de **A** existe um único correspondente em **C**; portanto, fica definida uma função **h** de **A** em **C**. Veja as flechas em vermelho. Elas mostram que:

$$h(0) = 1 \qquad h(-1) = 3 \qquad h(1) = 3 \qquad h(2) = 9$$

Essa função **h** é denominada função composta de **g** com **f**, nesta ordem, e indicada com a notação g ∘ f, que se lê: "**g** composta com **f**" ou "**g** círculo **f**" ou "**g** bola **f**".

Note que, se h = g ∘ f, então h(x) = (g ∘ f)(x) = g(f(x)). Confira nos exemplos dados:

- h(0) = g(f(0)) = g(0) = 1
- h(-1) = g(f(-1)) = g(1) = 3
- h(1) = g(f(1)) = g(1) = 3
- h(2) = g(f(2)) = g(4) = 9

Também é possível estabelecer a lei que define **h**:

$$h(x) = g(f(x)) = g(x^2) = 2(x^2) + 1 = 2x^2 + 1$$

▶ **Definição**

> Sejam f: A → B e g: B → C duas funções. Chama-se **função composta de g com f** a função de **A** em **C** indicada por g ∘ f e definida por (g ∘ f)(x) = g(f(x)), para todo x ∈ A.

Observe que a imagem de cada x ∈ A pela função g ∘ f é obtida pelo seguinte procedimento:

1º) Aplica-se a **x** a função **f**, obtendo-se f(x).
2º) Aplica-se a f(x) a função **g**, obtendo-se g(f(x)).

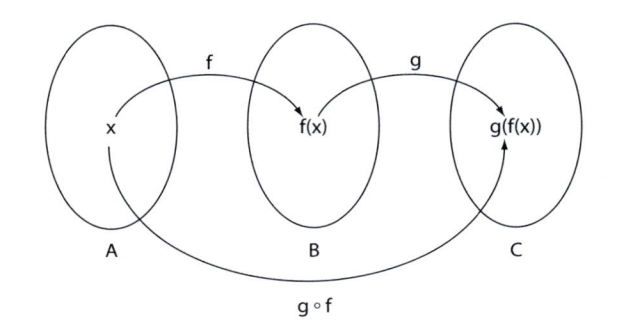

Se **f** e **g** são funções de ℝ em ℝ definidas por f(x) = 2x e g(x) = −3x, então a composta de **g** com **f** é dada pela lei:

$$g(f(x)) = g(2x) = -3 \cdot (2x) = -6x$$
ou
$$(g \circ f)(x) = -6x$$

Se **f** e **g** são funções de ℝ em ℝ definidas por f(x) = 3x e g(x) = x², então a composta de **g** com **f** é dada pela lei:

$$g(f(x)) = g(3x) = (3x)^2 = 9x^2$$

Vamos verificar qual é a lei que define a função **p**, composta de **f** com **g**. Temos:

$$f(g(x)) = f(x^2) = 3x^2$$

mostrando que f ∘ g e g ∘ f não são iguais, pois as leis que as definem são diferentes:

$$(g \circ f)(x) = 9x^2 \text{ e } (f \circ g)(x) = 3x^2$$

EXERCÍCIOS

23 Sejam **f** e **g** funções de $\mathbb{R}$ em $\mathbb{R}$ definidas por f(x) = 4x + 3 e g(x) = x − 1. Determine o valor de:

a) f(g(3))

b) g(f(3))

c) g(f(0))

d) f(f(1))

24 Sejam f: $\mathbb{R} \to \mathbb{R}$ e g: $\mathbb{R} \to \mathbb{R}$ definidas pelas leis: f(x) = x^2 − 5x − 3 e g(x) = −2x + 4. Qual é o valor de:

a) f(g(2))

b) (f ∘ g)(−2)

c) (g ∘ f)(2)

d) g(g(5))

25 Sejam **f** e **g** funções de $\mathbb{R}$ em $\mathbb{R}$, dadas por f(x) = 1 − 2x e g(x) = $3x^2$ − x + 4. Determine a lei que define as funções:

a) f ∘ g

b) g ∘ f

c) f ∘ f

26 Sendo **f** e **g** funções de $\mathbb{R}$ em $\mathbb{R}$, dadas por f(x) = 4 e g(x) = 3x −1. Determine a lei que define as funções:

a) f ∘ g

b) g ∘ f

c) g ∘ g

27 Sejam **f** e **g** funções de $\mathbb{R}$ em $\mathbb{R}$, dadas por f(x) = 3x + k e g(x) = −2x +5, sendo **k** uma constante real. Determine o valor de **k** de modo que (f ∘ g)(x) = (g ∘ f)(x) $\forall x \in \mathbb{R}$.

28 Sendo **f** e **g** funções de $\mathbb{R}$ em $\mathbb{R}$, dadas por f(x) = 4x − 4 e g(x) = $-2x^2$ + x − 1. Resolva, em $\mathbb{R}$, as seguintes equações:

a) f(g(x)) = −8

b) f(x) = g(3)

c) g(f(x)) = 0

29 Sejam **f** e **g** funções de $\mathbb{R}$ em $\mathbb{R}$ tais que, $\forall x \in \mathbb{R}$, f(x) = −10x + 2 e (f ∘ g)(x) = −30x − 48. Qual é a lei que define **g**?

30 Sejam **f** e **g** funções de $\mathbb{R}$ em $\mathbb{R}$ dadas por g(x) = 3x − 2 e (f ∘ g)(x) = $9x^2$ − 3x + 1. Qual é a lei da função **f**?

31 Seja f: $\mathbb{R} \to \mathbb{R}$ definida pela lei f(x) = −7x + a, sendo **a** uma constante real. Sabendo que $\forall x \in \mathbb{R}$, f(f(x)) = 49x − 120, determine:

a) o valor de **a**   **b)** f(f(3))

32 Sejam **f** e **g** as funções afins de $\mathbb{R}$ em $\mathbb{R}$ tais que, $\forall x \in \mathbb{R}$, (f ∘ g)(x) = −10x + 13 e g(x) = −2x + 3. Qual é a lei que define **f**?

33 Seja f: $\mathbb{R} \to \mathbb{R}$ definida por f(x) = 4x − 7.

a) Obtenha a lei que define $\mathbf{f}^{-1}$.

b) Seja a $\in \mathbb{R}$. Qual é o valor de (f ∘ f^{-1})(a) e de (f^{-1} ∘ f)(a)?

EXERCÍCIOS COMPLEMENTARES

1 (Unicamp-SP) A altura (em metros) de um arbusto em uma dada fase de seu desenvolvimento pode ser expressa pela função h(t) = 0,5 + $\log_3 (t + 1)$, onde o tempo t $\geqslant$ 0 é dado em anos.

a) Qual é o tempo necessário para que a altura aumente de 0,5 m para 1,5 m?

b) Suponha que outro arbusto, nessa mesma fase de desenvolvimento, tem sua altura expressa pela função composta g(t) = h(3t + 2). Verifique que a diferença g(t) − h(t) é uma constante, isto é, não depende de **t**.

2 Classifique em injetora, sobrejetora ou bijetora a função f: $\mathbb{N} \to \mathbb{N}$ definida por

$$f(n) = \begin{cases} \dfrac{n}{2}, \text{ se } \mathbf{n} \text{ é par} \\ \dfrac{n + 1}{2}, \text{ se } \mathbf{n} \text{ é ímpar} \end{cases}$$

3 Seja f: [−5, 2[$\to$ B $\subset \mathbb{R}$ uma função definida pela lei f(x) = |x + 3| −2. Determine **B** de modo que **f** seja sobrejetora. A função **f** é injetora?

4 Seja f: $\mathbb{R} - \{-2\} \to \mathbb{R} - \{4\}$ definida por $f(x) = \dfrac{4x - 3}{x + 2}$.

a) Qual é o elemento do domínio de f^{-1} que possui imagem igual a 5?

b) Obtenha a lei que define f^{-1}; comprove que o domínio de f^{-1} é $\mathbb{R} - \{4\}$ e comprove também a resposta do item *a*.

5 (UF-GO) Considere as funções $f(x) = mx + 3$ e $g(x) = x^2 - 2x + 2$, onde $m \in \mathbb{R}$. Determine condições sobre **m** para que a equação $f(g(x)) = 0$ tenha raiz real.

6 (PUC-RJ) Seja $f(x) = \dfrac{x + 1}{-x + 1}$.

a) Calcule $f(2)$.

b) Para quais valores reais de **x** temos $f(f(x)) = x$?

c) Para quais valores reais de **x** temos $f(f(f(f(x)))) = 2011$?

7 (Fuvest-SP) Seja $f(x) = |x| - 1$, $\forall x \in \mathbb{R}$, e considere também a função composta $g(x) = f(f(x))$, $\forall x \in \mathbb{R}$.

a) Esboce o gráfico da função **f**, [...] indicando seus pontos de interseção com os eixos coordenados.

b) Esboce o gráfico da função **g**, [...] indicando seus pontos de interseção com os eixos coordenados.

c) Determine os valores de **x** para os quais $g(x) = 5$.

8 (UF-PR) Considere as funções reais $f(x) = 2 + \sqrt{x}$ e $g(x) = (x^2 - x + 6) \cdot (2x - x^2)$.

a) Calcule $(f \circ g)(0)$ e $(g \circ f)(1)$.

b) Encontre o domínio da função $(f \circ g)(x)$.

9 (UF-BA) Determine $f^{-1}(x)$, função inversa de $f: \mathbb{R} - \{3\} \to \mathbb{R} - \left\{\dfrac{1}{3}\right\}$, sabendo que $f(2x - 1) = \dfrac{x}{3x - 6}$, para todo $x \in \mathbb{R} - \{2\}$.

 ## TESTES

1 (Fuvest-SP) Sejam $f(x) = 2x - 9$ e $g(x) = x^2 + 5x + 3$. A soma dos valores absolutos das raízes da equação $f(g(x)) = g(x)$ é igual a:

a) 4   **b)** 5   **c)** 6   **d)** 7   **e)** 8

2 (Fatec-SP) Sejam as funções **f** e **g**, de $\mathbb{R}$ em $\mathbb{R}$, definidas, respectivamente, por $f(x) = 2 - x$ e $g(x) = x^2 - 1$. Com relação à função $g \circ f$, definida por $(g \circ f)(x) = g(f(x))$, é verdade que:

a) A soma dos quadrados de suas raízes é igual a 16.

b) O eixo de simetria de seu gráfico é $y = 2$.

c) O seu valor mínimo é -1.

d) O seu conjunto imagem está contido em $[0, +\infty[$.

e) $(g \circ f)(x) < 0$ se, e somente se, $0 < x < 3$.

3 (UE-CE) Seja $f: \mathbb{R} - \{1\} \to \mathbb{R}$ a função definida por $f(x) = \dfrac{x + 2}{x - 1}$ e seja $g(x) = f(f(x))$. A figura que melhor representa o gráfico da função **g** é:

a)

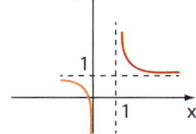

b)

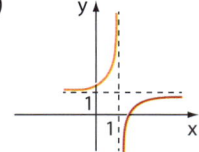

c)

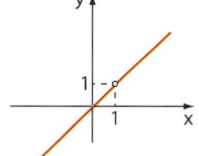

d)

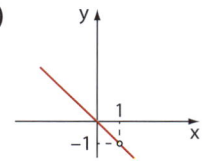

4 (UF-PR) Abaixo estão representados os gráficos das funções **f** e **g**.

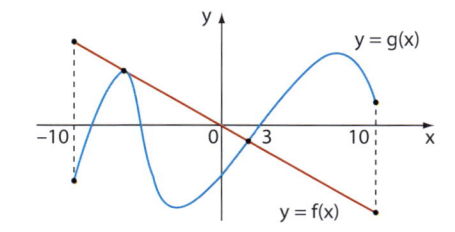

Sobre esses gráficos, considere as seguintes afirmativas:

1. A equação $f(x) \cdot g(x) = 0$ possui quatro soluções no intervalo fechado $[-10, 10]$.

2. A função $y = f(x) \cdot g(x)$ assume apenas valores positivos no intervalo aberto $(0, 3)$.

3. $f(g(0)) = g(f(0))$.

4. No intervalo fechado $[3, 10]$, a função **f** é decrescente e a função **g** é crescente.

Assinale a alternativa correta.

a) Somente as afirmativas 1, 3 e 4 são verdadeiras.

b) Somente as afirmativas 2 e 3 são verdadeiras.

c) Somente as afirmativas 1 e 2 são verdadeiras.

d) Somente as afirmativas 1, 2 e 4 são verdadeiras.

e) Somente as afirmativas 3 e 4 são verdadeiras.

5 (Unicamp-SP) Considere as funções **f** e **g**, cujos gráficos estão representados na figura abaixo.

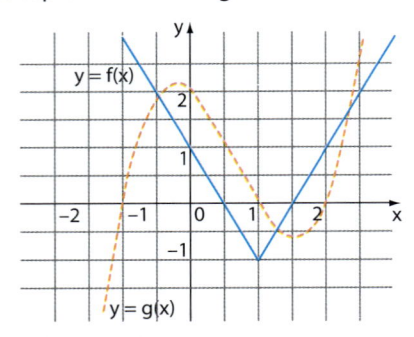

O valor de $f(g(1)) - g(f(1))$ é igual a:

a) 0   b) -1 c) 2   d) 1

6 (UE-CE) Se **f** e **g** são funções reais de variável real tais que para $x \neq 0$ tem-se $g(x) = x + \dfrac{1}{x}$ e $f(g(x)) = x^2 + \dfrac{1}{x^2}$, então o valor de $f\left(\dfrac{8}{3}\right)$ é:

a) $\dfrac{73}{576}$ b) $\dfrac{46}{9}$ c) $\dfrac{73}{24}$ d) $\dfrac{41}{12}$

7 (PUC-MG) Considere as funções $f(x) = \dfrac{1-x}{1+x}$ e $g(x) = \dfrac{1}{f[f(x)]}$, definidas para $x \neq -1$. Assim, o valor de $g(0,5)$ é:

a) 2   b) 3   c) 4   d) 5

8 (U.F. São Carlos-SP) Seja $f: \mathbb{N} \to \mathbb{Q}$ uma função definida por $f(x) = \begin{cases} x + 1, \text{ se } \mathbf{x} \text{ é ímpar} \\ \dfrac{x}{2}, \text{ se } \mathbf{x} \text{ é par} \end{cases}$

Se **n** é ímpar e $f(f(f(n))) = 5$, a soma dos algarismos de **n** é igual a:

a) 10   b) 9   c) 8   d) 7   e) 6

9 (Fatec-SP) Sejam **f** e **g** funções de $\mathbb{R}$ em $\mathbb{R}$, tais que $g(x) = f(2x + 3) + 5$, para todo **x** real. Sabendo que o número 1 é um zero da função **f**, conclui-se que o gráfico da função **g** passa necessariamente pelo ponto:

a) $(-2; 3)$ c) $(1; 5)$ e) $(5; 3)$

b) $(-1; 5)$ d) $(2; 7)$

10 (FEI-SP) Dadas as funções f, g: $\mathbb{R} \to \mathbb{R}$ definidas por $f(x) = mx + 3$ (com **m** constante real) e $g(x) = 4x - 1$, se $(f \circ g)(x) = (g \circ f)(x)$, então os gráficos de **f** e de **g** se intersectam no ponto de abscissa:

a) $x = 2$ c) $x = \dfrac{3}{8}$ e) $x = \dfrac{1}{3}$

b) $x = -3$ d) $x = \dfrac{1}{4}$

11 (FGV-SP) A figura indica o gráfico da função **f**, de domínio $[-7, 5]$, no plano cartesiano ortogonal.

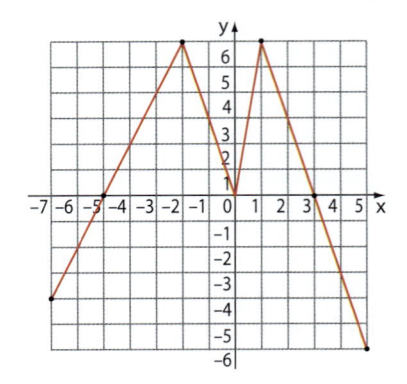

O número de soluções da equação $f(f(x)) = 6$ é:

a) 2   b) 4   c) 5   d) 6   e) 7

12 (Fuvest-SP) A função f: $\mathbb{R} \to \mathbb{R}$ tem como gráfico uma parábola e satisfaz $f(x + 1) - f(x) = 6x - 2$, para todo número real **x**. Então, o menor valor de $f(x)$ ocorre quando **x** é igual a:

a) $\dfrac{11}{6}$ c) $\dfrac{5}{6}$ e) $-\dfrac{5}{6}$

b) $\dfrac{7}{6}$ d) 0

13 (Fatec-SP) Parte do gráfico de uma função real **f**, do 1° grau, está representada na figura abaixo. Sendo **g** a função real definida por $g(x) = x^3 + x$, o valor de $f^{-1}(g(1))$ é:

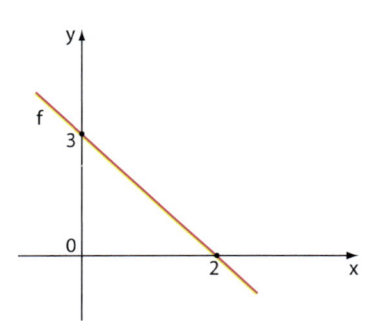

a) $-\dfrac{3}{2}$ c) $\dfrac{1}{3}$ e) $\dfrac{3}{2}$

b) $-\dfrac{1}{3}$ d) $\dfrac{2}{3}$

Progressões

▶ Sequências numéricas

A tabela seguinte relaciona o número total de gols marcados nas 12 primeiras rodadas de um campeonato de futebol:

Rodada	Número de gols
1	23
2	29
3	31
4	27
5	21
6	25
7	34
8	29
9	28
10	25
11	37
12	26

Observe que a relação entre essas duas grandezas estabelece uma função: a cada rodada corresponde uma única quantidade de gols.

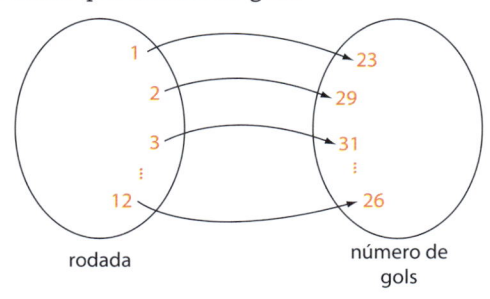

rodada   número de
                        gols

Observe que o domínio dessa função é {1, 2, 3, ..., 12}.

De modo geral, uma função cujo domínio é $\mathbb{N}^* = \{1, 2, 3, ...\}$ é chamada **sequência numérica infinita**. Quando o domínio de **f** é {1, 2, 3, ..., n}, temos uma **sequência numérica finita**.

É usual representar uma sequência numérica por meio de seu conjunto imagem, colocando seus elementos entre parênteses.

No exemplo anterior (23, 29, 31, 27, 21, 25, 34, 29, 28, 25, 37, 26) representa a sequência de quantidade de gols rodada a rodada.

Em geral, sendo $\mathbf{a_1}, \mathbf{a_2}, \mathbf{a_3}, ..., \mathbf{a_n}, ...$ números reais, a função $f: \mathbb{N}^* \to \mathbb{R}$ tal que $f(1) = a_1, f(2) = a_2, f(3) = a_3, ..., f(n) = a_n, ...$ é representada por: $(a_1, a_2, a_3, ..., a_n, ...)$.

Observe que o índice **n** indica a posição do elemento na sequência. Assim, o primeiro termo é indicado por $\mathbf{a_1}$, o segundo é indicado por $\mathbf{a_2}$ e assim por diante.

▶ Formação dos elementos de uma sequência

Termo geral

Vamos considerar a função $f: \mathbb{N}^* \to \mathbb{N}$, que associa a cada número natural não nulo o seu quadrado:

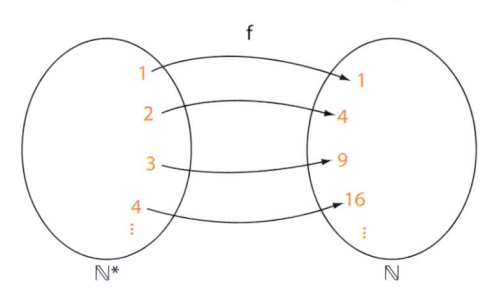

Podemos representá-la por: (1, 4, 9, 16, ...), em que:

$a_1 = 1 = 1^2$

$a_2 = 4 = 2^2$

$a_3 = 9 = 3^2$

$a_4 = 16 = 4^2$

$\vdots \qquad \vdots$

$a_n = n^2$

A expressão $a_n = n^2$ é chamada **lei de formação** ou **termo geral** dessa sequência, pois permite o cálculo de um termo qualquer da sequência, por meio da atribuição dos valores possíveis para **n** (n = 1, 2, 3, ...).

EXERCÍCIO RESOLVIDO

1 O termo geral de uma sequência é $a_n = 3n^2 + 2$, com $n \in \mathbb{N}^*$.

a) Escrever os quatro primeiros termos dessa sequência.

b) O número 4109 pertence à sequência?

Solução:

a) Atribuindo valores permitidos para **n**, encontramos os termos procurados:

$n = 1 \Rightarrow a_1 = 3 \cdot 1^2 + 2 \Rightarrow a_1 = 5$

$n = 2 \Rightarrow a_2 = 3 \cdot 2^2 + 2 \Rightarrow a_2 = 14$

$n = 3 \Rightarrow a_3 = 3 \cdot 3^2 + 2 \Rightarrow a_3 = 29$

$n = 4 \Rightarrow a_4 = 3 \cdot 4^2 + 2 \Rightarrow a_4 = 50$

A sequência é: (5, 14, 29, 50, …).

b) Devemos verificar se existe $n \in \mathbb{N}^*$ tal que $a_n = 4109$:

$4109 = 3n^2 + 2 \Rightarrow 4107 = 3n^2 \Rightarrow n^2 = 1369 \Rightarrow$
$\Rightarrow n = -37$ (não serve) ou $n = 37$ (serve).

Assim, 4109 é o 37º termo dessa sequência.

Lei de recorrência

Muitas vezes conhecemos o primeiro termo de uma sequência e uma lei que permite calcular cada termo a_n a partir de seus anteriores: a_{n-1}, a_{n-2}, …, a_1.

Quando isso ocorre, dizemos que a sequência é determinada por uma **lei de recorrência**.

EXERCÍCIO RESOLVIDO

2 Construir a sequência definida pelas relações:

$\begin{cases} a_1 = 1 \\ a_{n+1} = 2 \cdot a_n, \text{ para } n \in \mathbb{N}, n \geqslant 1 \end{cases}$

Solução:

A segunda sentença indica como obter a_2 a partir de a_1, a_3 a partir de a_2, a_4 a partir de a_3 etc.

Para isso, é preciso atribuir valores a **n**:

$n = 1 \Rightarrow a_2 = 2 \cdot a_1 = 2 \cdot 1 = 2$

$n = 2 \Rightarrow a_3 = 2 \cdot a_2 = 2 \cdot 2 = 4$

$n = 3 \Rightarrow a_4 = 2 \cdot a_3 = 2 \cdot 4 = 8$

$n = 4 \Rightarrow a_5 = 2 \cdot a_4 = 2 \cdot 8 = 16$

Assim, a sequência procurada é (1, 2, 4, 8, 16, …).

EXERCÍCIOS

1 Seja a sequência definida por $a_n = -3 + 5n$, $n \in \mathbb{N}^*$. Determine:

a) a_2 **b)** a_4 **c)** a_{11}

2 Escreva os quatro primeiros termos da sequência definida por $a_n = 3 + 2n + n^2$, $n \in \mathbb{N}^*$.

3 Considere a sequência definida pelo termo geral $a_n = \dfrac{1}{2 + n^2}$, $n \in \mathbb{N}^*$. Determine:

a) $a_5 + a_4$

b) a posição do elemento $\dfrac{1}{123}$ na sequência.

4 Para cada função definida a seguir, represente a sequência associada:

a) $f: \mathbb{N}^* \to \mathbb{N}$ que associa a cada número natural não nulo o triplo de seu sucessor.

b) $g: \mathbb{N}^* \to \mathbb{N}$ tal que $g(x) = x^2 - 2x + 4$.

c) $h: \mathbb{N}^* \to \mathbb{Q}^*$ que associa a cada número natural não nulo o dobro de seu inverso.

5 Construa, em cada caso, a sequência definida pela relação:

a) $\begin{cases} a_1 = -5 \\ a_{n+1} = 2 \cdot a_n + 3 \end{cases}$, $n \in \mathbb{N}^*$

b) $\begin{cases} a_1 = 0 \\ a_{n+1} = -2 + (a_n)^2 \end{cases}$, $n \in \mathbb{N}^*$

6 O termo geral de uma sequência é $a_n = 143 - 4n$, com $n \in \mathbb{N}^*$.

a) Qual é o valor da soma de seus 3 primeiros termos?

b) Os números 71, −345 e −195 pertencem à sequência? Em caso afirmativo, determine suas posições.

7 Os termos gerais de duas sequências (a_n) e (b_n) são, respectivamente:

$a_n = -193 + 3n$ e $b_n = 220 - 4n$,

para todo $n \in \mathbb{N}$, $n \geqslant 1$.

a) Escreva os cinco primeiros termos de (a_n) e de (b_n).

b) Qual é o primeiro termo positivo de (a_n)? Que posição ele ocupa na sequência?

c) Qual é o primeiro termo negativo de (b_n)? Que posição ele ocupa na sequência?

d) As duas sequências apresentam algum termo em comum? Em caso afirmativo, determine-o.

8 Seja f: $\mathbb{N}^* \to \mathbb{N}$ definida pela lei $f(n) = 4n^2 - n + 9$. Ao representar essa sequência infinita, um estudante apresentou a seguinte resposta:

$$(12, 23, \text{✿}, \text{✿}, 104, ...)$$

Determine os números que saíram borrados, reescrevendo a sequência.

Progressões aritméticas

Definição

Progressão aritmética (P.A.) é uma sequência de números reais em que cada termo, a partir do segundo, é a soma do termo anterior com uma constante real. Essa constante é chamada **razão da P.A.** e é indicada por **r**.

EXEMPLO 1

a) $(4, 7, 10, 13, 16, ...)$ é uma P.A. de razão $r = 3$.

b) $(2; 2,3; 2,6; 2,9; ...)$ é uma P.A. de razão $r = 0,3$.

c) $(70, 60, 50, 40, 30, ...)$ é uma P.A. de razão $r = -10$.

d) $(\sqrt{3}, 1 + \sqrt{3}, 2 + \sqrt{3}, 3 + \sqrt{3}, ...)$ é uma P.A. de razão $r = 1$.

e) $\left(0, -\dfrac{1}{3}, -\dfrac{2}{3}, -1, ...\right)$ é uma P.A. de razão $r = -\dfrac{1}{3}$.

f) $\left(\dfrac{5}{2}, \dfrac{5}{2}, \dfrac{5}{2}, \dfrac{5}{2}, ...\right)$ é uma P.A. de razão $r = 0$.

OBSERVAÇÕES

Nos itens do exemplo anterior, note que a razão da P.A. pode ser obtida calculando-se a diferença entre um termo qualquer (a partir do segundo) e o termo que o antecede, isto é:

$r = a_2 - a_1 = a_3 - a_2 = a_4 - a_3 = ... = a_n - a_{n-1}$

Classificação

De acordo com a razão, podemos classificar as progressões aritméticas da seguinte forma:

- Quando $r > 0$, cada termo é maior que o anterior, isto é, $a_n > a_{n-1}$, $\forall n \in \mathbb{N}$, $n \geqslant 2$. Dizemos, então, que a P.A. é **crescente** (ver itens a, b e d do exemplo 1).

- Quando $r < 0$, cada termo é menor que o anterior, isto é, $a_n < a_{n-1}$, $\forall n \in \mathbb{N}$, $n \geqslant 2$. Dizemos, então, que a P.A. é **decrescente** (ver itens c e e do exemplo 1).

- Quando $r = 0$, todos os termos da P.A. são iguais. Dizemos, então, que ela é **constante** (ver item f do exemplo 1).

Podemos observar ainda que, considerando três termos consecutivos de uma P.A., por exemplo: $(1, 5, 9, 13, 17, 21, ...)$, o termo central é dado pela **média aritmética** entre os outros dois termos:

(a_1, a_2, a_3); (a_2, a_3, a_4); (a_3, a_4, a_5)

$\Updownarrow$ $\Updownarrow$ $\Updownarrow$

$(1, 5, 9)$ $(5, 9, 13)$ $(9, 13, 17)$

Temos: $5 = \dfrac{1 + 9}{2}$; $9 = \dfrac{5 + 13}{2}$; $13 = \dfrac{9 + 17}{2}$

Termo geral da P.A.

Vamos agora encontrar uma expressão que nos permita obter um termo qualquer da P.A., conhecendo apenas o 1º termo (a_1) e a razão (**r**).

Seja $(a_1, a_2, a_3, ..., a_n)$ uma P.A. de razão **r**. Temos:

- $a_2 - a_1 = r \Rightarrow \boxed{a_2 = a_1 + r}$

- $a_3 - a_2 = r \Rightarrow a_3 = a_2 + r \Rightarrow \boxed{a_3 = a_1 + 2r}$

- $a_4 - a_3 = r \Rightarrow a_4 = a_3 + r \Rightarrow \boxed{a_4 = a_1 + 3r}$

De modo geral, o termo a_n, que ocupa a n-ésima posição na sequência, é dado por:

$$\boxed{a_n = a_1 + (n-1) \cdot r}$$

Essa expressão, conhecida como **fórmula do termo geral da P.A.**, permite-nos expressar qualquer termo da P.A. em função de a_1 e **r**. Assim, por exemplo, podemos escrever:

- $a_7 = a_1 + 6r$
- $a_{12} = a_1 + 11r$
- $a_{32} = a_1 + 31r$

EXERCÍCIOS RESOLVIDOS

3 Calcular o 20º termo da P.A. (26, 31, 36, 41, …).

Solução:

Sabemos que $a_1 = 26$ e $r = 31 - 26 = 5$.
Utilizando a expressão do termo geral, podemos escrever:
$a_{20} = a_1 + 19r \Rightarrow a_{20} = 26 + 19 \cdot 5 \Rightarrow a_{20} = 121$

4 Determinar **x** de modo que a sequência $(x + 5, 4x - 1, x^2 - 1)$ seja uma P.A.

Solução:

O termo central corresponde à média aritmética dos termos extremos, isto é:
$4x - 1 = \dfrac{(x + 5) + (x^2 - 1)}{2} \Rightarrow$
$\Rightarrow 8x - 2 = x^2 + x + 4 \Rightarrow x^2 - 7x + 6 = 0$
As raízes dessa equação são $x = 1$ ou $x = 6$.
Podemos verificar que, para $x = 1$, a P.A. é (6, 3, 0) e, para $x = 6$, a P.A. é (11, 23, 35).

5 Interpolar oito meios aritméticos entre 2 e 47.

Solução:

Interpolar ou inserir oito meios aritméticos entre 2 e 47 significa determinar oito números reais de modo que se tenha uma P.A. em que $a_1 = 2$ e

$a_{10} = 47$ e os oito números sejam $a_2, a_3, …, a_9$, como mostra o esquema abaixo:

| 2 | $\overline{a_2}$ $\overline{a_3}$ $-$ $-$ $-$ $-$ $-$ $\overline{a_9}$ | 47 |

↑ 1º termo   oito termos   ↑ 10º termo

Daí:
$a_{10} = a_1 + 9r \Rightarrow 47 = 2 + 9r \Rightarrow 9r = 45 \Rightarrow r = 5$
Assim, a sequência procurada é (2, 7, 12, 17, 22, 27, 32, 37, 42, 47).

6 A soma de três números reais é 21 e o produto é 280. Determiná-los, sabendo que são os termos de uma P.A.

Solução:

Uma forma conveniente para representar três números em P.A. é: $(x - r, x, x + r)$, sendo **x** o termo central e **r** a razão da P.A.
Do enunciado, temos:

$\begin{cases} \text{soma} = 21 \Rightarrow (x - r) + x + (x + r) = 21 \Rightarrow \\ \Rightarrow 3x = 21 \Rightarrow x = 7 \\ \text{produto} = 280 \overset{x = 7}{\Rightarrow} (7 - r) \cdot 7 \cdot (7 + r) = 280 \Rightarrow \\ \Rightarrow (7 - r)(7 + r) = 40 \Rightarrow 49 - r^2 = 40 \Rightarrow \\ \Rightarrow r = -3 \text{ ou } r = 3 \end{cases}$

Para $r = 3$, a P.A. é (4, 7, 10).
Para $r = -3$, a P.A. é (10, 7, 4).

EXERCÍCIOS

9 Quais sequências representam progressões aritméticas?

a) (21, 25, 29, 33, 37, …)

b) (0, −7, 7, −14, 14, …)

c) (−8, 0, 8, 16, 24, 32, …)

d) $\left(\dfrac{1}{3}, \dfrac{2}{3}, 1, \dfrac{4}{3}, \dfrac{5}{3}, 2, …\right)$

e) (−30, −36, −41, −45, …)

f) $(\sqrt{2}, 2\sqrt{2}, 3\sqrt{2}, 4\sqrt{2}, …)$

10 Determine a razão de cada uma das progressões aritméticas seguintes, classificando-as em crescente, decrescente ou constante:

a) (38, 35, 32, 29, 26, …)

b) (−40, −34, −28, −22, −16, …)

c) $\left(\dfrac{1}{7}, \dfrac{1}{7}, \dfrac{1}{7}, \dfrac{1}{7}, …\right)$

d) (90, 80, 70, 60, 50, …)

e) $\left(\dfrac{1}{3}, 1, \dfrac{5}{3}, \dfrac{7}{3}, 3, …\right)$

f) $(\sqrt{3} - 2, \sqrt{3} - 1, \sqrt{3}, \sqrt{3} + 1, …)$

11 Dada a P.A. (−33, −29, −25, −21, …), determine:

a) a_{15};

b) a_{20};

c) seu termo geral.

12 Em relação à P.A. (52, 44, 36, 28, …), determine:

a) seu 18º termo;

b) $a_{19} + a_{25}$;

c) a posição do 1º termo menor que −103.

13 Em uma P.A., o 7º termo vale −49 e o 1º termo vale −73.

a) Qual é a razão dessa P.A.?

b) Qual é o seu 16º termo?

c) Qual é o seu 1º termo positivo?

14 Responda a cada item a seguir:

a) Em uma P.A., o 4º termo vale 24 e o 9º termo vale 79. Determine essa P.A.

b) Considerando a sequência formada pelos termos de ordem par da P.A. (2º, 4º, 6º, ...) do item *a* determine seu 20º termo.

15 Considere a sequência de números naturais que, divididos por 7, deixam resto 4.

a) Qual é o termo geral dessa sequência?

b) Qual é o seu 50º termo?

16 Escreva a P.A. em que $a_1 + a_3 + a_4 = 0$ e $a_6 = 40$.

17 Em uma P.A., $a_3 + a_8 = 14$ e $a_5 = 2a_{10} + 88$. Determine:

a) a razão da P.A.   b) a_1

18 Preparando-se para uma competição, um atleta corre sempre 400 metros a mais que a distância corrida no dia anterior. Sabe-se que no 6º dia ele correu 3,2 km. Qual é a distância que o atleta correu no 2º dia?

19 Um banco financiou um lançamento imobiliário nas seguintes condições: em janeiro, aprovou crédito para 236 pessoas; em fevereiro, para 211; em março, aprovou mais 186 nomes, e assim por diante.

RICARDO NOGUEIRA/FOLHAPRESS

Pessoas em estande de vendas de um edifício, em Santos (SP).

a) Quantas pessoas tiveram seu crédito aprovado em junho?

b) Quantas pessoas tiveram seu crédito aprovado em agosto?

c) Mantido esse padrão, determine em quantos meses esgotaram-se as aprovações de crédito.

20 Uma empresa de TV por assinatura planejou sua expansão no biênio 2015-2016 estabelecendo a meta de conseguir, a cada mês, 450 contratos a mais que o número de contratos comercializados no mês anterior. Suponha que isso realmente ocorra. Sabendo que no último bimestre de 2015 o número total de contratos fechados foi de 12 000, determine a quantidade de contratos comercializados em:

a) março de 2015;   c) dezembro de 2016.

b) abril de 2016;

21 Em cada caso, a sequência é uma P.A. Determine o valor de **x**:

a) $(3x - 5, 3x + 1, 25)$ c) $(x + 3, x^2, 6x + 1)$

b) $(-6 - x, x + 2, 4x)$

22 Qual é a razão da P.A. dada pelo termo geral $a_n = 28 + 4n, n \in \mathbb{N}^*$?

23 A soma de três números que compõem uma P.A. é 72 e o produto dos termos extremos é 560. Qual é a P.A.?

24 A soma dos quadrados de três números em P.A. decrescente é 126 e o 1º termo é igual à soma dos outros dois. Qual é essa P.A.?

25 O triângulo retângulo ao lado tem perímetro 96 cm e área 384 cm². Quais são suas medidas, se (x, y, z) é, nessa ordem, uma P.A.?

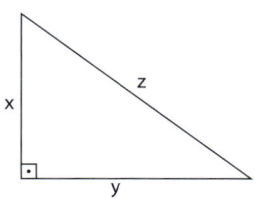

26 Os números que expressam a medida do perímetro, a medida da diagonal e a área de um quadrado, nessa ordem, podem ser os termos de uma P.A.? Em caso afirmativo, qual a medida do lado desse quadrado?

27 Num quadrilátero, as medidas dos ângulos internos formam uma P.A. e o maior desses ângulos mede 150°.

a) Quais são as medidas dos outros três?

b) Qual é a razão da P.A.?

28 Determine, em cada caso, o número de termos das sequências aritméticas:

a) $(131, 138, 145, \ldots, 565)$

b) $\left(2, \dfrac{7}{3}, \dfrac{8}{3}, \ldots, 18\right)$

29 Em cada caso, faça a interpolação aritmética de:

a) 6 meios entre 62 e 97;

b) 8 meios entre 52 e 16.

30 Em um SPA anunciam-se perdas de peso de até 200 g por dia.
Sueli hospedou-se no SPA com 103,8 kg, iniciando o tratamento no dia seguinte. Admitindo máxima eficiência no tratamento, responda:

a) Com quantos quilogramas estará Sueli após uma semana no SPA?

b) Com quantos quilogramas estará Sueli após 15 dias de tratamento?

c) Quanto tempo, no mínimo, Sueli teria que ficar no SPA para sair de lá com menos de 85 kg?

31 Quantos múltiplos de 5 existem entre 122 e 934?

32 Quantos números inteiros **x**, com $23 \leqslant x \leqslant 432$ não são múltiplos de 3?

33 Mostre que a sequência (log 80, log 20, log 5) é uma P.A. Qual é a razão dessa P.A.?

34 Com um grande pedaço de barbante, foi construída uma sequência de quadrados (Q_1, Q_2, Q_3...) em que a quantidade de barbante usada para construir um determinado quadrado é 16 cm maior que a quantidade necessária para construir o quadrado anterior. Sabendo que para se construir Q_3 foram usados 80 cm, determine:

a) a medida do lado de Q_1, em centímetros;

b) a medida da diagonal de Q_{25}, em metros;

c) a área de Q_{18}, em m²;

d) o valor de **i** para o qual o lado do quadrado Q_i mede 500 metros.

35 Determine $x \in \mathbb{R}$ de tal modo que a sequência (log 10^8; $\log_3 (x + 4)$; $\log_2 0,0625$) seja uma P.A. Qual é a razão dessa P.A.?

36 Em uma maratona, os organizadores decidiram, devido ao forte calor, colocar mesas de apoio com garrafas de água para os corredores a cada 800 metros, a partir do quilômetro 5 da prova, onde foi instalada a primeira mesa.

a) Sabendo que a maratona é uma prova com 42,195 km de extensão, determine o número total de mesas de apoio que foram colocadas pela organização da prova.

b) Quantos metros um atleta precisa percorrer da última mesa de apoio até a linha de chegada?

c) Um atleta sentiu-se mal no km 30 e decidiu abandonar a prova. Ele lembrava que havia pouco tempo que ele cruzara uma mesa de apoio. Qual era a opção mais curta: voltar a essa última mesa ou andar até a próxima?

▶ Soma dos *n* primeiros termos de uma P.A.

Muitas foram as contribuições do alemão Carl F. Gauss (1777-1855) à ciência e, em particular, à Matemática. Sua incrível vocação para a Matemática se manifestou desde cedo, perto dos dez anos de idade. Conta-se que Gauss surpreendeu seu professor ao responder o valor da soma $(1 + 2 + 3 + ... + 99 + 100)$ em pouquíssimo tempo.

Que ideia Gauss teria tido?

Provavelmente, ele notou que na P.A. (1, 2, 3, ..., 98, 99, 100) vale a seguinte propriedade:

$$\begin{cases} a_1 + a_{100} = 1 + 100 = 101 \\ a_2 + a_{99} = 2 + 99 = 101 \\ a_3 + a_{98} = 3 + 98 = 101 \\ \vdots \qquad \vdots \qquad \vdots \qquad \vdots \\ a_{50} + a_{51} = 50 + 51 = 101 \end{cases}$$

Assim, Gauss teria agrupado os 100 termos da soma em 50 pares de números cuja soma é 101, obtendo como resultado $50 \cdot 101 = 5050$.

Um raciocínio equivalente ao usado por ele consiste em escrever a soma $1 + 2 + 3 + ... + 99 + 100$ (**I**) de "trás para frente":

$$S = 100 + 99 + 98 + ... + 3 + 2 + 1 \text{ (II)}$$

Fazendo **I** + **II**, de acordo com o esquema a seguir, vem:

$$\begin{array}{rl}
\text{(I)} & S = \ \ 1 \ + \ \ 2 \ + \ \ 3 \ + ... + \ 98 \ + \ 99 \ + 100 \\
+ & \\
\text{(II)} & S = 100 + 99 + 98 + ... + \ \ 3 \ + \ \ 2 \ + \ \ 1 \\
\hline
& \qquad \downarrow \qquad \downarrow \qquad \downarrow \qquad \downarrow \qquad \downarrow \qquad \downarrow \qquad \downarrow \\
2 \cdot S & = \underbrace{101 + 101 + 101 + ... + 101 + 101 + 101}_{\text{cem vezes}}
\end{array}$$

Assim, $2 \cdot S = 100 \cdot 101$

$$S = \frac{100 \cdot 101}{2} = 5050$$

Observe que 100 corresponde ao número de termos da P.A. e 101 é a soma dos termos extremos dessa P.A. $(a_1 + a_{100} = 1 + 100 = 101)$.

Vamos agora generalizar esse raciocínio para uma P.A. qualquer, mostrando a seguinte propriedade:

A soma dos **n** primeiros termos da P.A. $(a_1, a_2, ..., a_n)$ é dada por:
$$S_n = \frac{(a_1 + a_n) \cdot n}{2}$$

De fato, se a sequência $(a_1, a_2, a_3, ..., a_{n-2}, a_{n-1}, a_n)$ é uma P.A. de razão **r**, podemos escrevê-la na forma:

$$\left(a_1, \underbrace{a_1 + r}_{a_2}, \underbrace{a_1 + 2r}_{a_3}, ..., \underbrace{a_n - 2r}_{a_{n-2}}, \underbrace{a_n - r}_{a_{n-1}}, a_n\right)$$

Vamos calcular a soma dos **n** primeiros termos dessa P.A., que indicaremos por S_n. Repetindo o raciocínio anterior, temos:

① $S_n = \quad a_1 \quad + (a_1 + \cancel{r}) + (a_1 + \cancel{2r}) + ... + (a_n - \cancel{2r}) + (a_n - \cancel{r}) + \quad a_n$

+

② $S_n = \quad a_n \quad + (a_n - \cancel{r}) + (a_n - \cancel{2r}) + ... + (a_1 + \cancel{2r}) + (a_1 + \cancel{r}) + \quad a_1$

$$2 \cdot S_n = \underbrace{(a_1 + a_n) + (a_1 + a_n) + (a_1 + a_n) + ... + (a_1 + a_n) + (a_1 + a_n) + (a_1 + a_n)}_{\textbf{n parcelas}}$$

$$2 \cdot S_n = (a_1 + a_n) \cdot n \Rightarrow S_n = \frac{(a_1 + a_n) \cdot n}{2}$$

EXERCÍCIO **RESOLVIDO**

7 Em relação à sequência dos números naturais ímpares, determinar:

a) a soma dos cinquenta primeiros termos;

b) a soma dos **n** primeiros termos.

Solução:

A sequência é $(1, 3, 5, 7, ...)$, com $r = 2$.

a) $a_{50} = a_1 + 49r \Rightarrow a_{50} = 1 + 49 \cdot 2 \Rightarrow a_{50} = 99$

Assim:

$$S_{50} = \frac{(a_1 + a_{50}) \cdot 50}{2} \Rightarrow S_{50} = \frac{(1 + 99) \cdot 50}{2} \Rightarrow S_{50} = 2500$$

b) $a_n = a_1 + (n-1) \cdot r \Rightarrow a_n = 1 + (n-1) \cdot 2 \Rightarrow$
$\Rightarrow a_n = -1 + 2n$

Daí:

$$S_n = \frac{(a_1 + a_n)n}{2} \Rightarrow S_n = \frac{(1 - 1 + 2n)n}{2} \Rightarrow$$
$$\Rightarrow S_n = n^2$$

Podemos verificar a resposta encontrada no item *b*, atribuindo valores para **n** ($n \in \mathbb{N}$, $n \geqslant 1$):

- $n = 1$: a sequência é (1) e, assim, $S_1 = 1^2 = 1$.
- $n = 2$: a sequência é $\underbrace{(1, 3)}_{S = 4}$, cuja soma é $S_2 = 2^2 = 4$.
- $n = 3$: a sequência é $\underbrace{(1, 3, 5)}_{S = 9}$, cuja soma é $S_3 = 3^2 = 9$.

EXERCÍCIOS

37 Calcule a soma dos dez primeiros termos da P.A. $(38, 42, 46, ...)$.

38 Calcule a soma dos quinze primeiros termos da P.A. $(45, 41, 37, 33, ...)$.

39 Para a compra de uma TV pode-se optar por um dos planos seguintes:

- Plano alfa: entrada de R$ 400,00 e mais 13 prestações mensais crescentes, sendo a primeira de R$ 35,00, a segunda de R$ 50,00, a terceira de R$ 65,00 e assim por diante.

- Plano beta: quinze prestações mensais iguais a R$ 130,00 cada.

a) Em qual dos planos o desembolso total é maior?

b) Qual deveria ser o valor da entrada do plano alfa para que, mantidas as demais condições, os desembolsos totais fossem equivalentes?

40 Na P.A. $(68, 62, 56, 50, ...)$, encontre a soma de seus:

a) seis primeiros termos;

b) quatro últimos termos, admitindo que a sequência tem dez termos.

41 Qual é a soma dos vinte primeiros termos de uma P.A. em que $a_n = 88 - 5n$, para $n \in \mathbb{N}^*$?

42 Preocupada com a inflação, Marlene começou a registrar, em janeiro, o valor gasto nas compras de supermercado. Naquele ano, ela observou que, a cada mês, os gastos aumentavam R$ 25,00 em relação aos do mês anterior. Sabendo que em maio as despesas totalizaram R$ 740,00, determine a quantia gasta:

a) em janeiro;   **b)** naquele ano.

43 Para encerrar as atividades no setor, uma empresa decidiu colocar à venda, em promoção, seu estoque de cartuchos de impressão nas seguintes condições:

No 1° mês, 3 200 cartuchos entrariam em promoção. Se todos fossem vendidos, no mês seguinte seriam colocados em promoção 150 cartuchos a menos que o número do mês anterior, e assim sucessivamente até encerrar o estoque. Suponha que, em cada mês, todos os cartuchos sejam vendidos e que, no último mês, sejam colocados à venda todos os cartuchos remanescentes, independentemente da quantidade.

a) Quantos cartuchos foram colocados à venda no 5° mês?

b) Quantos cartuchos, ao todo, foram vendidos ao final do 10° mês de promoção?

c) Em quantos meses esgotou-se o estoque de cartuchos?

d) Qual era o estoque de cartuchos?

44 Calcule:

a) $0,5 + 0,8 + 1,1 + \ldots + 9,2$ **b)** $6,8 + 6,4 + 6,0 + \ldots + (-14)$

45 Um estudante calculou, parcela a parcela, a soma dos trinta primeiros termos da P.A. (23, 40, 57, …), mas, por distração, esqueceu-se de contar o 15° e o 25° termos. Qual foi o valor encontrado pelo estudante?

46 A soma dos **n** primeiros termos de uma P.A. é $S_n = n^2 + \dfrac{3}{2}n$, $\forall n \in \mathbb{N}^*$. Determine:

a) S_4;   **b)** a_4;   **c)** a_{20};   **d)** o número de termos que devemos somar, a partir do 1°, para obter 2 575.

47 Suponha que, em um certo mês (com 30 dias), o número de queixas diárias registradas em um órgão de defesa do consumidor aumente segundo uma P.A. Sabendo que nos dez primeiros dias houve 245 reclamações e nos dez dias seguintes houve mais 745 reclamações, determine a sequência do número de queixas naquele mês.

48 Determine quantos termos da P.A. (140, 134, 128, 122, …) devemos tomar para que a soma dos primeiros seja:

a) igual a 1634;   **b)** igual a −350;   **c)** um número negativo (dê o menor número de termos).

49 Qual é o valor de $\log_{10^{11}} (10^2 \cdot 10^5 \cdot 10^8 \cdot \ldots \cdot 10^{32})$?

50 No esquema seguinte, os números naturais não nulos aparecem dispostos em "quadrados": Q_1, Q_2, Q_3, …

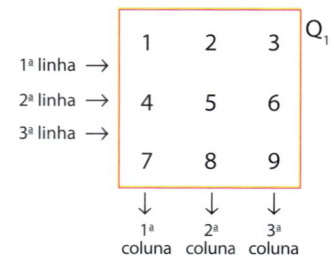

a) Em que linha e coluna encontra-se o elemento 787? A qual quadrado ele pertence?

b) Determine o elemento que está na 3ª linha e 1ª coluna da Q_{100}.

c) Determine o elemento que está na 2ª linha e 3ª coluna de Q_{500}.

d) Qual é a soma de todos os elementos que se encontram na 2ª linha e 2ª coluna dos 500 primeiros quadrados?

e) Qual é a soma de todos os elementos escritos nos 200 primeiros quadrados?

51 Verificou-se que o número de vendas eletrônicas de um aparelho de som em um portal de internet aumentava diariamente segundo uma P.A. de razão 8. Sabendo que no primeiro dia foram registradas doze vendas, determine quantos dias esse produto ficou disponível no portal, se, ao todo, foram registradas 2 700 transações de venda.

Progressões geométricas

Definição

Progressão geométrica (P.G.) é uma sequência de números reais em que cada termo, a partir do segundo, é o produto do termo anterior por uma constante real. Essa constante é chamada de **razão da P.G.** e é indicada por **q**.

EXEMPLO 2

a) $(4, 12, 36, 108, ...)$ é uma P.G. de razão $q = 3$.

b) $(-3, -15, -75, -375, ...)$ é uma P.G. de razão $q = 5$.

c) $\left(2, 1, \dfrac{1}{2}, \dfrac{1}{4}, \dfrac{1}{8}, ...\right)$ é uma P.G. de razão $q = \dfrac{1}{2}$.

d) $(2, -8, 32, -128, 512, ...)$ é uma P.G. de razão $q = -4$.

e) $(-1\,000, -100, -10, -1, ...)$ é uma P.G. de razão $q = \dfrac{1}{10} = 0,1$.

f) $(-4, -4, -4, -4, ...)$ é uma P.G. de razão $q = 1$.

g) $\left(-\dfrac{3}{2}, \dfrac{3}{2}, -\dfrac{3}{2}, \dfrac{3}{2}, ...\right)$ é uma P.G. de razão $q = -1$.

h) $(\sqrt{3}, 0, 0, 0, ...)$ é uma P.G. de razão $q = 0$.

OBSERVAÇÕES

Nos itens do exemplo anterior, é possível notar que, se a P.G. não possui termos nulos, sua razão corresponde ao quociente entre um termo qualquer e o termo antecedente, isto é:

$$q = \frac{a_2}{a_1} = \frac{a_3}{a_2} = \frac{a_4}{a_3} = ... = \frac{a_{p+1}}{a_p}$$

Classificação

Há cinco categorias de P.G. Vejamos quais são, retomando os itens do exemplo 2.

1. **Crescente:** cada termo é maior que o termo antecedente. Isso ocorre quando:
   - $a_1 > 0$ e $q > 0$, como no item *a*; ou
   - $a_1 < 0$ e $0 < q < 1$, como no item *e*.

2. **Decrescente:** cada termo é menor que o termo antecedente. Isso ocorre quando:
   - $a_1 > 0$ e $0 < q < 1$, como no item *c*; ou
   - $a_1 < 0$ e $q > 1$, como no item *b*.

3. **Constante:** cada termo é igual ao termo antecedente. Isso ocorre quando:
   - $q = 1$, como no item *f*; ou
   - $a_1 = 0$ e **q** é qualquer, como em $(0, 0, 0, ...)$.

4. **Alternada ou oscilante:** os termos são alternadamente positivos e negativos. Isso ocorre quando $q < 0$, como nos itens *d* e *g*.

5. **Estacionária:** é uma P.G. constante a partir do segundo termo. Isso ocorre quando $a_1 \neq 0$ e $q = 0$, como no item *h*.

Observe ainda que, considerando três termos consecutivos de uma P.G., por exemplo $(5, 10, 20, 40, 80, ...)$, o quadrado do termo central é igual ao produto dos outros dois. Dizemos que o termo central é a **média geométrica** dos extremos. Vejamos:

$(a_1, a_2, a_3) \Leftrightarrow (5, 10, 20)$; temos que $10^2 = 5 \cdot 20$

$(a_3, a_4, a_5) \Leftrightarrow (20, 40, 80)$; temos que $40^2 = 20 \cdot 80$

Termo geral da P.G.

Vamos agora encontrar uma expressão que nos permita obter um termo qualquer da P.G. conhecendo apenas o 1º termo (a_1) e a razão (q).

Seja $(a_1, a_2, a_3, ..., a_n, ...)$ uma P.G. de razão **q**. Temos:

$$a_2 = a_1 \cdot q$$

$$a_3 = a_2 \cdot q = a_1 \cdot q \cdot q \Rightarrow a_3 = a_1 \cdot q^2$$

$$a_4 = a_3 \cdot q = a_1 \cdot q^2 \cdot q \Rightarrow a_4 = a_1 \cdot q^3$$

De modo geral, o termo a_n, que ocupa a n-ésima posição na sequência, é dado por:

$$a_n = a_1 \cdot q^{n-1}$$

Essa expressão, conhecida como **fórmula do termo geral da P.G.**, permite-nos conhecer qualquer termo da P.G. em função do 1º termo (a_1) e da razão (q).

Assim, temos, por exemplo:

- $a_6 = a_1 \cdot q^5$
- $a_{11} = a_1 \cdot q^{10}$
- $a_{29} = a_1 \cdot q^{28}$

EXERCÍCIOS RESOLVIDOS

8 Numa P.G., o 4° termo é igual a 32 e o 1° termo é igual a $\frac{1}{2}$. Determine:

a) a razão da P.G.; **b)** seu 8° termo.

Solução:

a) Como $a_4 = a_1 \cdot q^3$, vem:

$$32 = \frac{1}{2} \cdot q^3 \Rightarrow q^3 = 64 \Rightarrow q = 4$$

b) Usando novamente a expressão do termo geral, determinemos o 8° termo:

$$a_8 = a_1 \cdot q^7 \Rightarrow a_8 = \frac{1}{2} \cdot 4^7 \Rightarrow a_8 = \frac{1}{2} \cdot (2^2)^7 \Rightarrow$$

$$\Rightarrow a_8 = \frac{2^{14}}{2} \Rightarrow a_8 = 2^{13} = 8192$$

9 Determinar **x** a fim de que a sequência $(5x + 1, x + 1, x - 2)$ seja uma P.G.

Solução:

$$\frac{x + 1}{5x + 1} = \frac{x - 2}{x + 1} \Rightarrow (x + 1)^2 = (x - 2) \cdot (5x + 1) \Rightarrow$$

$$\Rightarrow 4x^2 - 11x - 3 = 0$$

As raízes dessa equação são $x_1 = 3$ ou $x_2 = -\frac{1}{4}$.

Verificando, para $x = 3$, a P.G. é $(16, 4, 1)$ e, para $x = -\frac{1}{4}$, a P.G. é $\left(-\frac{1}{4}, \frac{3}{4}, -\frac{9}{4}\right)$.

10 Determinar três números em P.G. cujo produto seja 1 000 e a soma do 1° com o 3° termo seja igual a 52.

Solução:

Quando queremos encontrar três termos em P.G. e conhecemos algumas informações sobre eles, é interessante escrevê-los na forma $\left(\frac{x}{q}, x, x \cdot q\right)$.

Do enunciado, vem:

$$\begin{cases} \dfrac{x}{q} \cdot x \cdot x \cdot q = 1\,000 \Rightarrow x^3 = 1\,000 \Rightarrow x = 10 \\[2mm] \dfrac{x}{q} + x \cdot q = 52 \underset{x\,=\,10}{\Rightarrow} \dfrac{10}{q} + 10q = 52 \Rightarrow \\[2mm] \Rightarrow 10q^2 - 52q + 10 = 0 \end{cases}$$

Resolvendo essa equação do 2° grau, vem:

$q = \dfrac{1}{5}$ ou $q = 5$.

- Para $q = \dfrac{1}{5}$, temos $(50, 10, 2)$.

- Para $q = 5$, temos $(2, 10, 50)$.

11 Interpolar cinco meios geométricos entre $\dfrac{2}{3}$ e 486.

Solução:

Devemos formar uma P.G. de sete termos na qual

$a_1 = \dfrac{2}{3}$ e $a_7 = 486$:

$$\left(\frac{2}{3}, \underbrace{-, -, -, -, -}_{\text{cinco meios}}, 486\right)$$

Temos:

$$a_7 = a_1 \cdot q^6 \Rightarrow 486 = \frac{2}{3} \cdot q^6 \Rightarrow q^6 = 729 \Rightarrow q = \pm 3$$

- Para $q = 3$, a P.G. é $\left(\dfrac{2}{3}, 2, 6, 18, 54, 162, 486\right)$.

- Para $q = -3$, a P.G. é $\left(\dfrac{2}{3}, -2, 6, -18, 54, -162, 486\right)$.

EXERCÍCIOS

52 Identifique as sequências que representam progressões geométricas:

a) $(3, 12, 48, 192, \ldots)$

b) $(-3, 6, -12, 24, -48, \ldots)$

c) $(5, 15, 75, 375, \ldots)$

d) $(\sqrt{2}, 2, 2\sqrt{2}, 4, \ldots)$

e) $\left(-\dfrac{1}{3}, -\dfrac{1}{6}, -\dfrac{1}{12}, -\dfrac{1}{24}, \ldots\right)$

f) $(\sqrt{3}, 2\sqrt{3}, 3\sqrt{3}, 4\sqrt{3}, \ldots)$

53 Calcule a razão de cada uma das seguintes progressões geométricas, classificando-as:

a) $(1, 2, 4, 8, 16, \ldots)$

b) $(10^{40}, 10^{42}, 10^{44}, 10^{46}, \ldots)$

c) $(-2, 8, -32, 128, \ldots)$

d) $(5, -5, 5, -5, 5, \ldots)$

e) $(80, 40, 20, 10, 5, \ldots)$

f) $(10^{-1}, 10^{-2}, 10^{-3}, 10^{-4}, \ldots)$

g) $(5, 5, 5, 5, 5, \ldots)$

h) $(20, 0, 0, 0, \ldots)$

i) $(0, 0, 0, 0, \ldots)$

j) $(-7, -14, -28, -56, \ldots)$

54 Em relação à P.G. $(-1, 4, -16, \ldots)$ determine:

a) o 6° termo; **b)** o 8° termo.

55 Em uma P.G., o 6º termo é −972 e o 1º termo é 4. Qual é o 3º termo?

56 Em uma P.G. crescente, o 3º termo vale −80 e o 7º, −5. Qual é seu 1º termo?

57 Determine, para cada sequência seguinte, a expressão de seu termo geral:

a) $(2, 6, 18, 54, \ldots)$ c) $(-2, 8, -32, 128, \ldots)$

b) $(3^{27}, 3^{24}, 3^{21}, 3^{18}, \ldots)$

58 Uma dívida deverá ser paga em 7 parcelas, de modo que elas constituam termos de uma P.G. Sabe-se que os valores da 3ª e 6ª parcelas são, respectivamente, R$ 144,00 e R$ 486,00. Determine:

a) o valor da 1ª parcela;

b) o valor da última parcela.

59 Em uma colônia de bactérias, o número de elementos dobra a cada hora. Sabendo que, na 5ª hora de observação, o número de bactérias era da ordem de 4^{19}, determine:

a) o número de bactérias na colônia na 1ª hora;

b) o número de bactérias esperado para a 10ª hora.

60 O número de consultas a um *site* de comércio eletrônico aumenta semanalmente (desde a data em que o portal ficou acessível), segundo uma P.G. de razão 3. Sabendo que na 6ª semana foram registradas 1 458 visitas, determine o número de visitas ao *site* registrado na 3ª semana.

61 Analistas do mercado imobiliário acreditam que, na próxima década (a contar de hoje), o m² (metro quadrado) de um terreno, em uma certa região, valorize-se à taxa de 10% ao ano. Se hoje o valor do m² é R$ 6 000,00:

a) construa a sequência de valores que representam o m² do terreno nos primeiros anos desta década, começando pelo valor atual;

b) classifique a sequência obtida, indicando sua razão;

c) qual será o valor do m² ao final do último ano dessa década? Use $1{,}1^5 \simeq 1{,}6$.

62 Em cada caso, a sequência é uma P.G. Determine o valor de **x**:

a) $(4, x, 9)$ d) $\left(\dfrac{1}{2}, \log_{0{,}25} x, 8\right)$

b) $(x^2 - 4, 2x + 4, 6)$ e) $(3^{x+1}, 3^{4-x}, 3^{3x+1})$

c) $(-2, x + 1, -4x + 2)$

63 Para cada P.G. seguinte, encontre o número de termos:

a) $(2^{31}, 2^{35}, 2^{39}, \ldots, 2^{111})$

b) $\left(\dfrac{\sqrt{3}}{27}, \dfrac{1}{27}, \dfrac{\sqrt{3}}{81}, \ldots, \dfrac{1}{729}\right)$

c) $\left(-\dfrac{1}{120}, \dfrac{1}{60}, -\dfrac{1}{30}, \ldots, \dfrac{64}{15}\right)$

64 Interpolando-se seis meios geométricos entre 20000 e $\dfrac{1}{500}$, determine:

a) a razão da P.G. obtida;

b) o 4º termo da P.G.

65 Subtraindo-se um mesmo número de 6, 14 e 38, obtemos, nessa ordem, uma P.G. Qual é a razão dessa P.G.?

66 Em uma P.G. de 3 termos positivos, o produto dos termos extremos vale 625, e a soma dos dois últimos termos é igual a 30. Qual é o 1º termo?

67 Escreva três números em P.G. cujo produto seja 216 e a soma dos dois primeiros termos seja 9.

68 Os números que expressam as medidas da diagonal, do perímetro e a área de um quadrado podem estar, nessa ordem, em P.G.? Em caso afirmativo, qual é a medida da diagonal desse quadrado?

69 Em uma reunião de condomínio os moradores analisaram os valores das taxas mensais de obras cobradas dos últimos meses:

março: R$ 120,00 maio: R$ 172,80
abril: R$ 144,00 junho: R$ 207,36

Um dos moradores percebeu que havia uma regularidade nesses valores.

a) Classifique a sequência dos valores cobrados, determinando sua razão.

b) Sabe-se que essa regularidade na cobrança teve início em janeiro daquele ano e a cobrança estava prevista para se estender até janeiro do ano seguinte. Determine a diferença entre os valores cobrados em janeiro nesse período.
Use $1{,}2^{12} \simeq 8{,}9$.

70 Considere que $(C_1, C_2, C_3, \ldots)$ é uma sequência de círculos em que o raio de cada um, a partir de C_2, é igual ao dobro do raio do círculo anterior. (Lembre que a área de um círculo de raio **r** é πr^2.)
Sabendo que a área de C_{10} é $2^{26}\, \pi$ cm², determine:

a) o raio de C_1;

b) a área de C_4.

71 A sequência $(13, 4x + 1, 21)$ é uma P.A. e a sequência $\left(\dfrac{x}{8}, y, 32\right)$ é uma P.G. Quais são os valores de **x** e **y**?

72 A sequência $(8, 2, a, b, \ldots)$ é uma P.G. e a sequência $\left(b, \dfrac{3}{16}, c, \ldots\right)$ é uma P.A.

a) Qual é o valor de **c**?

b) O número **a** pertence à P.A.? Em caso afirmativo, qual é a sua posição nessa sequência?

73 Em uma P.A. crescente, cujo primeiro termo vale 2, o 2°, o 5° e o 14° termos formam, nessa ordem, uma P.G. Obtenha a razão dessa P.G.

74 O 3° termo de uma P.G. é igual ao 1° termo de uma P.A. e, em ambas as sequências, o 2° termo vale 30. Sabendo que a soma dos quatro primeiros termos da P.A. é igual a 90, determine o 4° termo da P.G.

75 Seja (a_n) a sequência definida pelo termo geral:

$$a_n = \frac{1}{6} \cdot 3^n, \forall n \in \mathbb{N}^*$$

a) Classifique essa sequência, determinando sua razão.

b) Considerando a sequência formada pelos termos de ordem ímpar (1°, 3°, 5°, ...) de (a_n), classifique-a e obtenha seu termo geral.

c) Seja (b_n) a sequência dada por $b_n = \log_3 (a_n)$; $n \in \mathbb{N}^*$. Classifique-a e obtenha sua razão.

▶ Soma dos *n* primeiros termos de uma P.G.

Seja $(a_1, a_2, ..., a_n)$ uma P.G. de razão $q \neq 1$.
Queremos encontrar uma expressão para:

$$S_n = a_1 + a_2 + a_3 + ... + a_{n-1} + a_n \quad \boxed{1}$$

Multiplicando por **q** os dois membros da igualdade acima e lembrando a formação dos elementos de uma P.G., vem:

$$q \cdot S_n = q(a_1 + a_2 + a_3 + ... + a_{n-1} + a_n) =$$
$$= a_1 \cdot q + a_2 \cdot q + a_3 \cdot q + ... + a_{n-1} \cdot q + a_n \cdot q$$

$$q \cdot S_n = a_2 + a_3 + a_4 + ... + a_n + a_n \cdot q \quad \boxed{2}$$

Fazendo $\boxed{2} - \boxed{1}$, temos:

$$q \cdot S_n - S_n = (a_2 + a_3 + ... + a_{n-1} + a_n + a_n \cdot q) -$$
$$- (a_1 + a_2 + a_3 + ... + a_{n-1} + a_n)$$

76 As idades de três irmãos constituem os termos de uma P.G. Determine-as, sabendo que a diferença de idade entre o mais velho e o mais novo é 20 anos e a soma das idades dos dois mais novos é 40 anos.

77 Em uma P.G. alternada, a soma do 2° com o 5° termo é -210 e a soma do 4° com o 7° termo é -840.

a) Qual é o 3° termo dessa sequência?

b) Somando-se um mesmo número ao 1° e ao 2° termo dessa sequência (mantendo-se o 3° termo), seus três primeiros termos constituem-se em uma P.A. Qual é a razão dessa P.A.?

78 (IME-RJ) O segundo, o sétimo e o vigésimo sétimo termos de uma Progressão Aritmética (P.A.) de números inteiros, de razão **r**, formam, nesta ordem, uma Progressão Geométrica (P.G.), de razão **q**, com q e $r \in \mathbb{N}^*$ (natural diferente de zero). Determine:

a) o menor valor possível para a razão **r**;

b) o valor do décimo oitavo termo da P.A., para a condição do item *a*.

$$S_n \cdot (q-1) = a_n \cdot q - a_1$$
Como $a_n = a_1 \cdot q^{n-1}$, temos:
$$S_n \cdot (q-1) = a_1 q^{n-1} \cdot q - a_1, \text{ isto é,}$$

$$S_n \cdot (q-1) = a_1 q^n - a_1 \overset{q \neq 1}{\Rightarrow} \boxed{S_n = \frac{a_1(q^n - 1)}{q-1}}$$

OBSERVAÇÕES 🔍

Note que a expressão encontrada é válida apenas para $q \neq 1$. Se $q = 1$, a P.G. tem todos os termos iguais entre si (ela é constante). Desse modo, se quisermos determinar o valor da soma de seus **n** primeiros termos, assim procederemos:

$$S_n = a_1 + a_2 + ... + a_n \overset{q = 1}{\Rightarrow}$$
$$\Rightarrow S_n = \underbrace{a_1 + a_1 + ... + a_1}_{n \text{ parcelas}} \Rightarrow S_n = n \cdot a_1$$

💡 EXERCÍCIO **RESOLVIDO**

12 Calcular a soma dos 8 primeiros termos da P.G. $\left(\frac{1}{27}, \frac{1}{9}, \frac{1}{3}, ...\right)$.

Solução:

Temos $a_1 = \frac{1}{27}$, $q = 3$.

Devemos determinar $\mathbf{S_8}$:

$$S_8 = \frac{a_1 \cdot (q^8 - 1)}{q - 1} \Rightarrow S_8 = \frac{\frac{1}{27} \cdot (3^8 - 1)}{3 - 1} \Rightarrow S_8 = \frac{1}{54} \cdot (3^8 - 1) = \frac{3\,280}{27}$$

EXERCÍCIOS

79 Calcule a soma dos seis primeiros termos da P.G. $(-2, 4, -8, \ldots)$.

80 Calcule a soma dos dez primeiros termos da P.G. $(m, m^2, m^3, \ldots)$ para:

a) $m = 1$ **b)** $m = 2$ **c)** $m = \dfrac{1}{2}$

81 Dona Marta relacionou, desde o começo do ano, seus gastos semanais no supermercado, como mostra a lista seguinte:

> semana 1: R$ 80,00
> semana 2: R$ 84,00
> semana 3: R$ 88,20
> ⋮

e assim por diante, durante as quatorze primeiras semanas do ano.
Qual foi o total de gastos de dona Marta no período mencionado? (Use $1,05^7 \simeq 1,4$.)

82 No financiamento de uma moto, ficou combinado que o proprietário faria o pagamento em vinte prestações mensais que formam uma P.G. de razão 1,02.
Sabendo que o valor da 4ª prestação foi de R$ 318,00, determine o valor pago pela moto.
Use $1,02^3 \simeq 1,06$ e $1,02^{20} \simeq 1,5$.

83 Quantos termos da P.G. $(2, -6, 18, -54, \ldots)$ devemos considerar a fim de que a soma de todos os termos resulte 9 842?

84 Em uma pequena cidade, 5 pessoas ficam sabendo, em um certo dia, que Miriam e Jorge começaram a namorar. No dia seguinte, cada uma delas contou essa "fofoca" para outras duas pessoas. Cada uma dessas pessoas repassou, no dia seguinte, essa "fofoca" para outras duas pessoas e, assim, sucessivamente. Passados oito dias, quantas pessoas já estarão sabendo da "fofoca"? Admita que ninguém fique sabendo da notícia por mais de uma pessoa.

85 Em uma P.G., sabe-se que a soma dos **n** primeiros termos é $S_n = 240 \cdot \left[\left(\dfrac{3}{2} \right)^n - 1 \right]$, para todo $n \in \mathbb{N}^*$.

Qual é o 3º termo dessa P.G.?

86 Suponha que, em um cassino no exterior, exista uma máquina "caça-níquel" na qual o prêmio pago ao apostador, em caso de vitória, é igual a dez vezes o valor da aposta. Começando com 50 centavos de dólar, um turista milionário jogou oito vezes sucessivamente, quadriplicando, em cada aposta, o valor da aposta anterior. O turista venceu a 2ª, 4ª e 6ª rodadas.
Determine:

a) o valor total gasto nas oito rodadas;

b) o lucro ou prejuízo desse turista nas oito rodadas;

c) o lucro do turista caso ele tivesse desistido de jogar logo após a 6ª rodada.

Soma dos termos de uma P.G. infinita

Seja (a_n) uma sequência dada pelo termo geral:
$a_n = \left(\dfrac{1}{10} \right)^n$, para $n \in \mathbb{N}^*$.

Vamos obter alguns termos dessa sequência:

$n = 1 \Rightarrow a_1 = \dfrac{1}{10} = 0,1$

$n = 2 \Rightarrow a_2 = \dfrac{1}{100} = 0,01$

$n = 3 \Rightarrow a_3 = \dfrac{1}{1000} = 0,001$

$n = 4 \Rightarrow a_4 = \dfrac{1}{10000} = 0,0001$

⋮   ⋮   ⋮

$n = 10 \Rightarrow a_{10} = \dfrac{1}{10^{10}} = 0,0000000001$

Trata-se da P.G. (0,1; 0,01; 0,001; 0,0001; …) de razão $q = \dfrac{1}{10}$. É fácil perceber que, à medida que o valor do expoente **n** aumenta, o valor do termo a_n fica cada vez mais próximo de zero.

Dizemos, então, que o limite de $a_n = \left(\dfrac{1}{10} \right)^n$, quando **n** tende ao infinito, vale zero e representamos esse fato da seguinte maneira: $\lim_{n \to \infty} a_n = 0 \left(\text{ou } \lim_{n \to \infty} \left(\dfrac{1}{10} \right)^n = 0 \right)$.

Atribua valores para **n** em algumas sequências desse tipo, como $a_n = \left(\dfrac{1}{2} \right)^n$, $b_n = -\left(\dfrac{1}{3} \right)^n$ ou $c_n = 0,75^n$, e verifique se chega à mesma conclusão.

De modo geral, pode-se mostrar que, se $q \in \mathbb{R}$, com $|q| < 1$, isto é, $-1 < q < 1$, então $\lim_{n \to \infty} q^n = 0$.

Nosso objetivo é calcular a soma dos infinitos termos de uma P.G. cuja razão **q** é tal que $-1 < q < 1$.

Para isso, precisamos analisar o que ocorre com a soma de seus **n** primeiros termos quando **n** tende ao infinito. Isto é, quando **n** se torna arbitrariamente "grande". Temos:

$$\lim_{n \to \infty} S_n = \lim_{n \to \infty}\left[\frac{a_1 \cdot (q^n - 1)}{q - 1}\right], \text{com } -1 < q < 1$$

Levando em conta as considerações anteriores, temos que:

$$\lim_{n \to \infty} q^n = 0$$

Assim, segue que:

$$\lim_{n \to \infty} S_n = \frac{a_1 \cdot (0 - 1)}{q - 1} = \frac{-a_1}{q - 1} = \frac{a_1}{1 - q}$$

Na P.G. $(a_1, a_2, a_3, ..., a_n, ...)$ de razão **q**, com $-1 < q < 1$, temos:

$$\lim_{n \to \infty} S_n = \frac{a_1}{1 - q}$$

Dizemos, então, que a soma dos termos dessa P.G. infinita é igual a $\frac{a_1}{1 - q}$.

EXEMPLO 3

É possível calcular a soma dos termos da P.G. infinita $\left(\frac{1}{2}, \frac{1}{4}, \frac{1}{8}, ...\right)$, pois $q = \frac{1}{2}$ $(-1 < q < 1)$. Temos:

$$\frac{1}{2} + \frac{1}{4} + \frac{1}{8} + ... = \frac{a_1}{1 - q} = \frac{\frac{1}{2}}{1 - \frac{1}{2}} = 1$$

EXERCÍCIOS **RESOLVIDOS**

13 Obter a fração geratriz da dízima 0,2222...

Solução:

Seja x = 0,2222.... Podemos escrever **x** na forma:

x = 0,2 + 0,02 + 0,002 + 0,0002 + ...

Observemos que **x** representa a soma dos termos de uma P.G. infinita, cujo 1º termo é $a_1 = 0,2$ e a razão é

$$q = \frac{0,02}{0,2} = 0,1.$$

Assim, temos:

$$x = \frac{a_1}{1 - q} = \frac{0,2}{1 - 0,1} \Rightarrow x = \frac{2}{9}$$

14 Resolver, em $\mathbb{R}$, a equação:

$$x + \frac{x^2}{4} + \frac{x^3}{16} + \frac{x^4}{64} + ... = \frac{4}{3}$$

Solução:

O 1º membro da equação representa a soma dos termos da P.G. infinita $\left(x, \frac{x^2}{4}, \frac{x^3}{16}, ...\right)$, cujo valor é:

$$\frac{a_1}{1 - q} = \frac{x}{1 - \frac{x}{4}}.$$

Daí: $\frac{x}{1 - \frac{x}{4}} = \frac{4}{3} \Rightarrow 3x = 4 - x \Rightarrow x = 1$

Notemos que, para x = 1, temos:

$$q = \frac{x}{4} = \frac{1}{4} \ (-1 < q < 1)$$

EXERCÍCIOS

87 Calcule o valor de:

a) 20 + 10 + 5 + 2,5 + ...

b) $90 + 9 + \frac{9}{10} + \frac{9}{100} + ...$

c) $10^{-3} + 10^{-4} + 10^{-5} + ...$

d) $-25 - 5 - 1 - \frac{1}{5} - \frac{1}{25} - ...$

e) $\frac{1}{3} - \frac{1}{9} + \frac{1}{27} - \frac{1}{81} + ...$

f) $2 - \frac{1}{3} + 1 - \frac{1}{9} + \frac{1}{2} - \frac{1}{27} + \frac{1}{4} - \frac{1}{81} + ...$

88 Encontre a fração geratriz de cada uma das seguintes dízimas periódicas:

a) $0,444\ldots$

b) $1,777\ldots$

c) $0,\overline{27}$

d) $2,3\overline{6}$

e) $1,25444\ldots$

89 Seja (a_n) a sequência dada pelo termo geral $a_n = \dfrac{9}{2 \cdot 3^n}$, para $n \in \mathbb{N}^*$. Qual é o valor de $a_2 + a_4 + a_6 + a_8 + \ldots$?

90 Uma bola é atirada ao chão de uma altura de 200 m. Ao atingir o solo pela primeira vez, ela sobe até uma altura de 100 m, cai e atinge o solo pela segunda vez, subindo até uma altura de 50 m, e assim por diante até perder energia e cessar o movimento. Quantos metros a bola percorre ao todo?

91 Considere uma sequência infinita de quadrados $(Q_1, Q_2, Q_3, \ldots)$ em que a medida do lado de cada quadrado é a décima parte da medida do lado do quadrado anterior. Sabendo que o lado de Q_1 vale 10 cm, determine:

a) a soma dos perímetros de todos os quadrados da sequência;

b) a soma das áreas de todos os quadrados da sequência.

92 Resolva, em $\mathbb{R}$, as seguintes equações:

a) $x^2 + \dfrac{x^3}{2} + \dfrac{x^4}{4} + \dfrac{x^5}{8} + \ldots = \dfrac{1}{3}$

b) $(1 + x) + (1 + x)^2 + (1 + x)^3 + \ldots = 3$

c) $x - \dfrac{x^2}{4} + \dfrac{x^3}{16} - \dfrac{x^4}{64} + \ldots = \dfrac{4}{3}$

d) $2^x + 2^{x-1} + 2^{x-2} + \ldots = 0,25$

e) $\log_5 \sqrt{x} - \log_5 \sqrt[4]{x} + \log_5 \sqrt[8]{x} - \log_5 \sqrt[16]{x} + \ldots = -\dfrac{2}{3}$

93 Seja ABC o triângulo retângulo (T_1) da figura. Por **M** e **N**, pontos médios de $\overline{AB}$ e $\overline{AC}$, respectivamente, construímos o retângulo (R_1) AMPN. Unindo **M** e **N**, construímos o triângulo retângulo (T_2) AMN; por **R** e **S**, pontos médios de $\overline{AM}$ e $\overline{AN}$, respectivamente, construímos o retângulo (R_2) ARTS e assim indefinidamente.

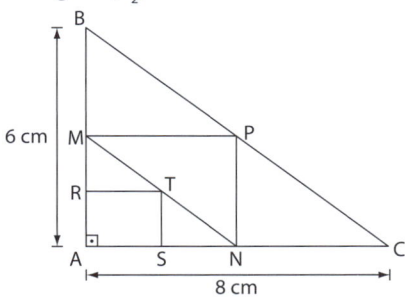

Considerando a sequência dos triângulos ($T_1, T_2, T_3, \ldots$) e a sequência dos retângulos ($R_1, R_2, R_3, \ldots$) assim construídos, determine:

a) o perímetro de R_4;

b) o perímetro de T_4;

c) a soma das áreas dos infinitos triângulos;

d) a soma das áreas dos infinitos retângulos.

94 O logotipo de uma empresa é uma sequência infinita de círculos tangentes externamente entre si, como mostra a figura abaixo.

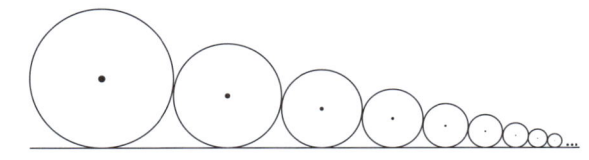

Se o raio de um círculo qualquer é $\dfrac{3}{4}$ do raio do círculo anterior, e o raio do maior círculo é **r**, calcule, em função de **r**:

a) a soma dos perímetros dos infinitos círculos construídos;

b) a soma das áreas dos infinitos círculos construídos.

▶ Progressões e Funções

▷ P.A. e função afim

A P.A. $(1, 4, 7, 10, 13, 16, \ldots)$ é uma função **f** de domínio em $\mathbb{N}^*$:

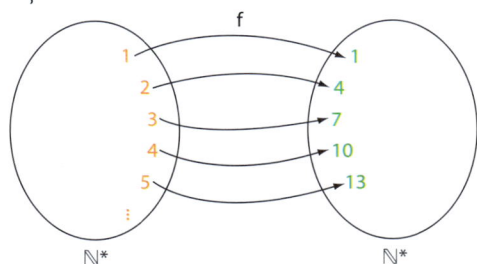

Seu termo geral é:

$a_n = a_1 + (n-1) \cdot r \Rightarrow a_n = 1 + (n-1) \cdot 3 \Rightarrow a_n = -2 + 3n, \forall n \in \mathbb{N}^*$

Parte da representação gráfica de **f** é o conjunto dos pontos a seguir.

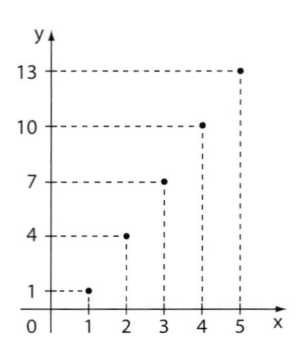

Podemos associar **f** à função dada por $y = -2 + 3x$, restrita aos valores naturais (não nulos) que **x** assume. Observe, a seguir, o gráfico da função afim $y = -2 + 3x$, com domínio em $\mathbb{R}$, e compare com o anterior:

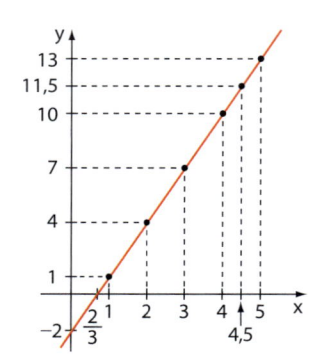

▶ P.G. e função exponencial

A P.G. (1, 2, 4, 8, 16, 32, …) é uma função **f** com domínio em $\mathbb{N}^*$:

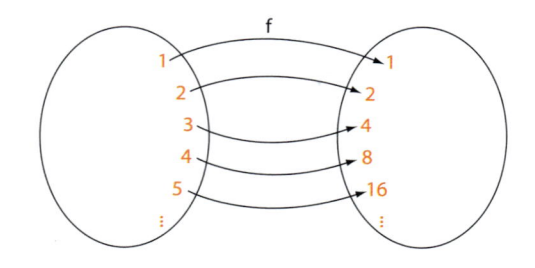

Seu termo geral é:

$$a_n = a_1 \cdot q^{n-1} = 1 \cdot 2^{n-1} =$$

$$= \frac{2^n}{2}, \text{ isto é, } a_n = \frac{1}{2} \cdot 2^n$$

Parte da representação gráfica de **f** é dada a seguir:

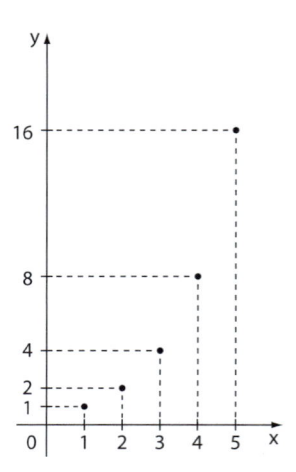

Podemos associar **f** à função exponencial dada por $y = \frac{1}{2} \cdot 2^x$, restrita aos valores naturais (não nulos) que **x** assume. Observe, a seguir, o gráfico da função exponencial $y = \frac{1}{2} \cdot 2^x$ e compare com o anterior.

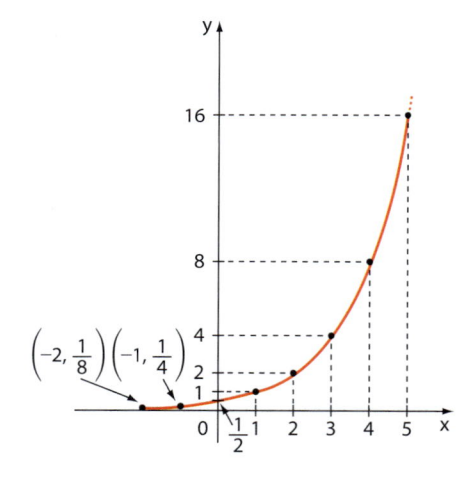

EXERCÍCIOS

95 Seja $f: \mathbb{N}^* \to \mathbb{R}$ uma função definida por $f(x) = 7 - 2x$.
  a) Represente o conjunto imagem de **f**.
  b) Esboce o gráfico de **f**.

96 Seja $f: \mathbb{N}^* \to \mathbb{R}$ uma função definida por $f(x) = 4 \cdot (0,5)^x$.
  a) Represente o conjunto imagem de **f**.
  b) Esboce o gráfico de **f**.

EXERCÍCIOS COMPLEMENTARES

1 (U.E. Londrina-PR) *Amalio Shchams* é o nome científico de uma espécie rara de planta, típica do noroeste do continente africano. O caule dessa planta é composto por colmos, cujas características são semelhantes ao caule da cana-de-açúcar. Curiosamente, seu caule é composto por colmos claros e escuros, intercalados. À medida que a planta cresce e se desenvolve, a quantidade de colmos claros e escuros aumenta, obedecendo a um determinado padrão de desenvolvimento que dura, geralmente, 8 meses.

* No final da primeira etapa, a planta apresenta um colmo claro.

* Durante a segunda etapa, desenvolve-se um colmo escuro no meio do colmo claro, de modo que, ao final da segunda etapa, o caule apresenta um colmo escuro e dois colmos claros.

* Na terceira etapa, o processo se repete, ou seja, um colmo escuro se desenvolve em cada colmo claro, como ilustra o esquema a seguir.

1ª Etapa	2ª Etapa	3ª Etapa	4ª Etapa	
1 colmo claro.	1 colmo escuro e 2 colmos claros.	3 colmos escuros e 4 colmos claros.	7 colmos escuros e 8 colmos claros.	E assim sucessivamente.

a) Represente algebricamente a lei de formação de uma função que expresse a quantidade total de colmos dessa planta ao final de **n** etapas.
Apresente os cálculos realizados na resolução desse item.

b) Ao final de 15 etapas, quais serão as quantidades de colmos claros e escuros dessa planta? Apresente os cálculos realizados na resolução desse item.

2 (FGV-SP)

a) Um sábio da Antiguidade propôs o seguinte problema aos seus discípulos:
"Uma rã parte da borda de uma lagoa circular de 7,5 metros de raio e se movimenta saltando em linha reta até o centro. Em cada salto, avança a metade do que avançou no salto anterior. No primeiro salto avança 4 metros. Em quantos saltos chega ao centro?"

b) O mesmo sábio faz a seguinte afirmação em relação à situação do item *a*:
"Se o primeiro salto da rã é de 3 metros, ela não chega ao centro." Justifique a afirmação.

3 (U.F. Triângulo Mineiro-MG) Seja a sequência de conjuntos de inteiros consecutivos dada por {1}, {2, 3}, {4, 5, 6}, {7, 8, 9, 10}, ..., na qual cada conjunto, a partir do segundo, contém um elemento a mais do que o anterior.

a) O 21º conjunto dessa sequência tem como menor elemento o número 211. Calcule a soma de todos os elementos desse conjunto.

b) Calcule a soma de todos os elementos do 100º conjunto dessa sequência.

4 (U.E. Londrina-PR) João publicou na internet um vídeo muito engraçado que fez com sua filha caçula. Ele observou e registrou a quantidade de visualizações do vídeo em cada dia, de acordo com o seguinte quadro.

Dias	Quantidade de visualizações do vídeo em cada dia
1	7x
2	21x
3	63x
...	...

Na tentativa de testar os conhecimentos matemáticos de seu filho, João o desafiou a descobrir qual era a quantidade **x**, expressa no quadro, para que a quantidade total de visualizações ao final dos 5 primeiros dias fosse 12 705.

a) Sabendo que o filho de João resolveu corretamente o desafio, qual resposta ele deve fornecer ao pai para informar a quantidade exata de visualizações representada pela incógnita **x**?
Apresente os cálculos realizados na resolução desse item.

b) Nos demais dias, a quantidade de visualizações continuou aumentando, seguindo o mesmo padrão dos primeiros dias. Em um único dia houve exatamente 2 066 715 visualizações registradas desse vídeo. Que dia foi este?
Apresente os cálculos realizados na resolução desse item.

5 (FGV-SP) Considere a sequência 2013, 2014, 2015, ... em que cada termo a_n, a partir do 4º termo, é calculado pela fórmula $a_n = a_{n-3} + a_{n-2} - a_{n-1}$. Por exemplo, o 4º termo é $2013 + 2014 - 2015 = 2012$.
Determine o 2 014º termo dessa sequência.

6 (Unicamp-SP) Dizemos que uma sequência de números reais não nulos $(a_1, a_2, a_3, a_4, ...)$ é uma progressão harmônica se a sequência dos inversos $\left(\dfrac{1}{a_1}, \dfrac{1}{a_2}, \dfrac{1}{a_3}, \dfrac{1}{a_4}, ...\right)$ é uma progressão aritmética (P.A.).

   a) Dada a progressão harmônica $\left(\dfrac{2}{5}, \dfrac{4}{9}, \dfrac{1}{2}, ...\right)$, encontre o seu sexto termo.

   b) Sejam **a**, **b** e **c** termos consecutivos de uma progressão harmônica. Verifique que $b = \dfrac{2ac}{(a + c)}$.

7 Em um congresso havia 600 profissionais da área de saúde. Suponha que, na cerimônia de encerramento, todos os participantes resolveram cumprimentar-se (uma única vez), com um aperto de mão. Quantos apertos de mão foram dados ao todo?

8 (UF-RN) A corrida de São Silvestre, realizada em São Paulo, é uma das mais importantes provas de rua disputadas no Brasil. Seu percurso mede 15 km. João, que treina em uma pista circular de 400 m, pretende participar dessa corrida. Para isso, ele estabeleceu a seguinte estratégia de treinamento: correrá 7 000 m na primeira semana; depois, a cada semana, aumentará 2 voltas na pista, até atingir a distância exigida na prova.

   a) A sequência numérica formada pela estratégia adotada por João é uma progressão geométrica ou uma progressão aritmética? Justifique sua resposta.

   b) Determine em que semana do treinamento João atingirá a distância exigida na prova.

9 (UF-GO) Um detalhe arquitetônico, ocupando toda a base de um muro, é formado por uma sequência de 30 triângulos retângulos, todos apoiados sobre um dos catetos e sem sobreposição. A figura a seguir representa os três primeiros triângulos dessa sequência.

Todos os triângulos têm um metro de altura. O primeiro triângulo, da esquerda para a direita, é isósceles e a base de cada triângulo, a partir do segundo, é 10% maior que a do triângulo imediatamente à sua esquerda.
Dado: $11^{30} \simeq 1{,}745 \cdot 10^{31}$
Com base no exposto,

   a) qual é o comprimento do muro?

   b) quantos litros de tinta são necessários para pintar os triângulos do detalhe, utilizando-se uma tinta que rende 10 m² por litro?

10 (UF-ES) Uma tartaruga se desloca em linha reta, sempre no mesmo sentido. Inicialmente, ela percorre 2 metros em 1 minuto e, a cada minuto seguinte, ela percorre $\dfrac{4}{5}$ da distância percorrida no minuto anterior.

   a) Calcule a distância percorrida pela tartaruga após 3 minutos.

   b) Determine uma expressão para a distância percorrida pela tartaruga após um número inteiro **n** de minutos.

   c) A tartaruga chega a percorrer 10 metros? Justifique sua resposta.

   d) Determine o menor valor inteiro de **n** tal que, após **n** minutos, a tartaruga terá percorrido uma distância superior a 9 metros. (Se necessário, use $\log 2 \simeq 0{,}30$.)

11 (UE-RJ) Os anos do calendário chinês, um dos mais antigos que a história registra, começam sempre em uma lua nova, entre 21 de janeiro e 20 de fevereiro do calendário gregoriano. Eles recebem nomes de animais, que se repetem em ciclos de doze anos. A tabela abaixo apresenta o ciclo mais recente desse calendário.

Ano do calendário chinês

Início no calendário gregoriano	Nome
31 - janeiro - 1995	Porco
19 - fevereiro - 1996	Rato
08 - fevereiro - 1997	Boi
28 - janeiro - 1998	Tigre
16 - fevereiro - 1999	Coelho
05 - fevereiro - 2000	Dragão
24 - janeiro - 2001	Serpente
12 - fevereiro - 2002	Cavalo
01 - fevereiro - 2003	Cabra
22 - janeiro - 2004	Macaco
09 - fevereiro - 2005	Galo
29 - janeiro - 2006	Cão

Admita que, pelo calendário gregoriano, uma determinada cidade chinesa tenha sido fundada em 21 de junho de 1089 d.C., ano da serpente no calendário chinês. Desde então, a cada 15 anos, seus habitantes promovem uma grande festa de comemoração. Portanto, houve festa em 1104, 1119, 1134, e assim por diante. Determine, no calendário gregoriano, o ano do século XXI em que a fundação dessa cidade será comemorada novamente no ano da serpente.

12 (Fuvest-SP) Considere uma progressão aritmética cujos três primeiros termos são dados por $a_1 = 1 + x$, $a_2 = 6x$, $a_3 = 2x^2 + 4$, em que **x** é um número real.

   a) Determine os possíveis valores de **x**.

   b) Calcule a soma dos 100 primeiros termos da progressão aritmética correspondente ao menor valor de **x** encontrado no item *a*.

TESTES

1 (Unicamp-SP) O perímetro de um triângulo retângulo é igual a 6,0 m e as medidas dos lados estão em progressão aritmética (P.A.). A área desse triângulo é igual a:

a) $3,0 \, m^2$ c) $1,5 \, m^2$

b) $2,0 \, m^2$ d) $3,5 \, m^2$

2 (FGV-SP) As prestações de um financiamento imobiliário constituem uma progressão aritmética na ordem em que são pagas. Sabendo que a 15ª prestação é R$ 3 690,00 e a 81ª prestação é R$ 2 700,00, o valor da 1ª prestação é:

a) R$ 3 800,00   d) R$ 3 950,00

b) R$ 3 850,00   e) R$ 4 000,00

c) R$ 3 900,00

3 (UF-AM) Um triângulo equilátero tem a medida do lado, seu perímetro e sua área em Progressão Geométrica. A área deste triângulo mede:

a) $108\sqrt{3}$ u.a.   d) $128\sqrt{3}$ u.a.

b) $216\sqrt{3}$ u.a.   e) $64\sqrt{3}$ u.a.

c) $54\sqrt{3}$ u.a.

4 (UE-CE) Observe a listagem abaixo.

Linha 1:   −2,   3,   −4,   5,   −6, ...
Linha 2:   −4,   6,   −8,   10,   −12, ...
Linha 3:   −6,   9,   −12,   15,   −18, ...
Linha 4:   −8,   12,   −16,   20,   −24, ...

....
....

Seguindo a lógica construtiva desta listagem, pode-se concluir acertadamente que a soma dos vinte primeiros números da linha de número vinte é igual a:

a) −200   b) 400   c) −400   d) 200

5 (EsPCEx-SP) Os números naturais ímpares são dispostos como mostra o quadro

1ª linha	1				
2ª linha	3	5			
3ª linha	7	9	11		
4ª linha	13	15	17	19	
5ª linha	21	23	25	27	29
...	...	...	...	...	...

O primeiro elemento da 43ª linha, na horizontal, é:

a) 807   c) 1 307   e) 1 807

b) 1 007   d) 1 507

6 (UE-RJ)

Na situação apresentada nos quadrinhos, as distâncias, em quilômetros, d_{AB}, d_{BC} e d_{CD} formam, nesta ordem, uma progressão aritmética.
O vigésimo termo dessa progressão corresponde a:

a) −50   b) −40   c) −30   d) −20

7 (UE-CE) A soma de todos os números inteiros positivos, múltiplos de 12, situados entre 2^5 e 2^{10} é igual a:

a) 34 828   b) 43 824   c) 48 324   d) 84 324

8 (EPCAr-MG) A sequência $\left(x, 6, y, y + \dfrac{8}{3}\right)$ é tal que os três primeiros termos formam uma progressão aritmética e os três últimos formam uma progressão geométrica. Sendo essa sequência crescente, a soma de seus termos é:

a) $\dfrac{92}{3}$ b) $\dfrac{89}{3}$ c) $\dfrac{86}{3}$ d) $\dfrac{83}{3}$

9 (UF-RS) Considere o padrão de construção representado pelos desenhos abaixo.

etapa 1   etapa 2   etapa 3

Na etapa 1, há um único quadrado com lado 1. Na etapa 2, esse quadrado foi dividido em nove quadrados congruentes, sendo quatro deles retirados, como indica a figura. Na etapa 3 e nas seguintes, o mesmo processo é repetido em cada um dos quadrados da etapa anterior. Nessas condições, a área restante, na etapa 5, é:

a) $\dfrac{125}{729}$ c) $\dfrac{625}{729}$ e) $\dfrac{625}{6\,561}$

b) $\dfrac{125}{2\,187}$ d) $\dfrac{625}{2\,187}$

10 (Enem-MEC) As projeções para a produção de arroz no período de 2012-2021, em uma determinada região produtora, apontam para uma perspectiva de crescimento constante da produção anual. O quadro apresenta a quantidade de arroz, em toneladas, que será produzida nos primeiros anos desse período, de acordo com essa projeção.

Ano	Projeção da produção (t)
2012	50,25
2013	51,50
2014	52,75
2015	54,00

A quantidade total de arroz, em toneladas, que deverá ser produzida no período de 2012 a 2021 será de:

a) 497,25

d) 558,75

b) 500,85

e) 563,25

c) 502,87

11 (Unicamp-SP) No centro de um mosaico formado apenas por pequenos ladrilhos, um artista colocou 4 ladrilhos cinza. Em torno dos ladrilhos centrais, o artista colocou uma camada de ladrilhos brancos, seguida por uma camada de ladrilhos cinza, e assim sucessivamente, alternando camadas de ladrilhos brancos e cinza, como ilustra a figura abaixo, que mostra apenas a parte central do mosaico. Observando a figura, podemos concluir que a 10ª camada de ladrilhos cinza contém:

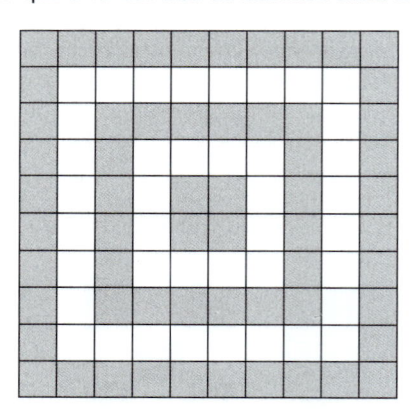

a) 76 ladrilhos

c) 112 ladrilhos

b) 156 ladrilhos

d) 148 ladrilhos

12 (EsPCEx-SP) Se **x** é um número real positivo, então a sequência $(\log_3 x, \log_3 3x, \log_3 9x)$ é:

a) uma progressão aritmética de razão 1.

b) uma progressão aritmética de razão 3.

c) uma progressão geométrica de razão 3.

d) uma progressão aritmética de razão $\log_3 x$.

e) uma progressão geométrica de razão $\log_3 x$.

13 (Vunesp-SP) Uma partícula em movimento descreve sua trajetória sobre semicircunferências traçadas a partir de um ponto P_0, localizado em uma reta horizontal **r**, com deslocamento sempre no sentido horário. A figura mostra a trajetória da partícula, até o ponto P_3, em **r**. Na figura, O, O_1 e O_2 são os centros das três primeiras semicircunferências traçadas e R, $\frac{R}{2}$, $\frac{R}{4}$ seus respectivos raios.

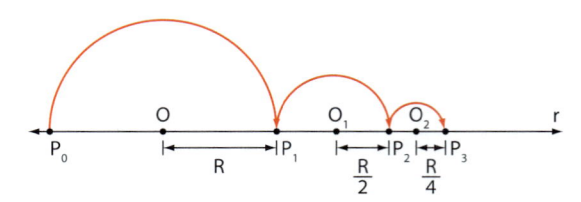

A trajetória resultante do movimento da partícula será obtida repetindo-se esse comportamento indefinidamente, sendo o centro e o raio da n-ésima semicircunferência dados por O_n e $R_n = \frac{R}{2^n}$, respectivamente, até o ponto P_n, também em **r**. Nessas condições, o comprimento da trajetória descrita pela partícula, em função do raio **R**, quando **n** tender ao infinito, será igual a:

a) $2^2 \cdot \pi \cdot R$

c) $2^n \cdot \pi \cdot R$

e) $2 \cdot \pi \cdot R$

b) $2^3 \cdot \pi \cdot R$

d) $\left(\frac{7}{4}\right) \cdot \pi \cdot R$

14 (UPE-PE) Em uma tabela com quatro colunas e um número ilimitado de linhas, estão arrumados os múltiplos de 3.

	Coluna 0	Coluna 1	Coluna 2	Coluna 3
Linha 0	0	3	6	9
Linha 1	12	15	18	21
Linha 2	24	27	30	33
Linha 3	36	...	...	...
...	...	...	...	...
Linha n	...	...	...	...
...	...	...	...	...

Qual é o número que se encontra na linha 32 e na coluna 2?

a) 192

c) 393

e) 405

b) 390

d) 402

15 (U.F. Juiz de Fora-MG) Se a soma dos **n** primeiros termos de uma progressão aritmética (P.A.) de termo geral a_n, com $n \geqslant 1$, é dada por $S_n = \frac{15n - n^2}{4}$, então o vigésimo termo dessa P.A. é:

a) −10

c) 4

e) 20

b) −6

d) 12

16 (FGV-RJ) Um triângulo ABC isósceles tem os lados $\overline{AB}$ e $\overline{AC}$ congruentes. As medidas da projeção ortogonal do lado $\overline{AC}$ sobre a base $\overline{BC}$, da altura relativa à base e a do lado $\overline{AC}$ formam, nessa ordem, uma progressão aritmética. Se o perímetro do triângulo ABC for 32, a medida do lado $\overline{AC}$ será igual a:

a) 10   c) 11   e) 12

b) 10,5   d) 11,5

17 (Enem-MEC) Jogar baralho é uma atividade que estimula o raciocínio. Um jogo tradicional é a Paciência, que utiliza 52 cartas. Inicialmente são formadas sete colunas com as cartas. A primeira coluna tem uma carta, a segunda tem duas cartas, a terceira tem três cartas, a quarta tem quatro cartas, e assim sucessivamente até a sétima coluna, a qual tem sete cartas, e o que sobra forma o monte, que são as cartas não utilizadas nas colunas. A quantidade de cartas que forma o monte é:

a) 21   c) 26   e) 31

b) 24   d) 28

18 (UE-PB) Na figura abaixo, temos parte do gráfico da função $f(x) = \left(\dfrac{2}{3}\right)^x$ e uma sequência infinita de retângulos associados a esse gráfico.

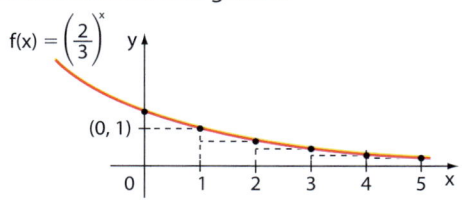

A soma das áreas de todos os retângulos dessa sequência infinita em unidade de área é:

a) 3   b) $\dfrac{1}{2}$ c) 1   d) 2   e) 4

19 (Mackenzie-SP) A soma dos valores inteiros negativos de **x**, para os quais a expressão $\sqrt{2 + \dfrac{x}{2} + \dfrac{x}{4} + \dfrac{x}{8} + \dots}$ é um número real, é:

a) −1   b) −2   c) −3   d) −4   e) −5

20 (Insper-SP) Na sequência de quadrados representada na figura abaixo, o lado do primeiro quadrado mede 1. A partir do segundo, a medida do lado de cada quadrado supera em 1 unidade a medida do lado do quadrado anterior.

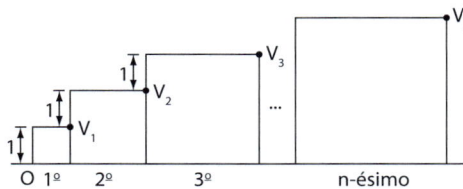

A distância do ponto **O**, vértice do primeiro quadrado, até o ponto $\mathbf{V_n}$, vértice do n-ésimo quadrado, ambos indicados na figura, é:

a) $\dfrac{n}{2}\sqrt{n^2 + 2n + 5}$ d) $n\sqrt{n^2 + 2n - 1}$

b) $\dfrac{n}{2}\sqrt{n^2 - 2n + 9}$ e) $n\sqrt{n^2 + 2n + 2}$

c) $\dfrac{n}{2}\sqrt{n^2 + 4n + 3}$

21 (UE-RJ) Uma farmácia recebeu 15 frascos de um remédio. De acordo com os rótulos, cada frasco contém 200 comprimidos, e cada comprimido tem massa igual a 20 mg.

Admita que um dos frascos contenha a quantidade indicada de comprimidos, mas que cada um desses comprimidos tenha 30 mg. Para identificar esse frasco, cujo rótulo está errado, são utilizados os seguintes procedimentos:

• numeram-se os frascos de 1 a 15;

• retira-se de cada frasco a quantidade de comprimidos correspondente à sua numeração;

• verifica-se, usando uma balança, que a massa total dos comprimidos retirados é igual a 2 540 mg.

A numeração do frasco que contém os comprimidos mais pesados é:

a) 12   b) 13   c) 14   d) 15

22 (UF-ES) Para que a soma dos **n** primeiros termos da progressão geométrica 3, 6, 12, 24, … seja um número compreendido entre 50 000 e 100 000, devemos tornar **n** igual a:

a) 16   b) 15   c) 14   d) 13   e) 12

23 (ESPM-SP) A figura abaixo mostra uma série de painéis formados por uma faixa de ladrilhos claros envoltos em uma moldura de ladrilhos escuros.

Num desses painéis, o número de ladrilhos escuros excede o número de ladrilhos claros em 50 unidades. A quantidade total de ladrilhos desse painel é igual a:

a) 126   c) 156   e) 138

b) 172   d) 224

24 (PUC-RS) Observe a sequência representada no triângulo abaixo:

```
                    1
                4   7   10
            13  16  19  22  25
        28  31  34  37  40  43  46
```

Na sequência, o primeiro elemento da décima linha será:

a) 19   c) 241   e) 247

b) 28   d) 244

CAPÍTULO 11

Matemática comercial e financeira

Porcentagem

A tabela seguinte mostra a evolução dos salários, em reais, dos irmãos Caio e Marta nos anos de 2014 e 2015.

	Salário em 2014	Salário em 2015	Aumento salarial
Caio	R$ 2 500,00	R$ 2 800,00	R$ 300,00
Marta	R$ 6 000,00	R$ 6 540,00	R$ 540,00

Vamos calcular, para cada irmão, a razão entre o aumento salarial e o salário em 2014:

$$\text{Caio} \to \frac{300}{2\,500} \qquad \text{Marta} \to \frac{540}{6\,000}$$

Quem obteve o maior aumento salarial relativo?

Uma das maneiras de comparar essas razões consiste em expressá-las com o mesmo denominador (100, por exemplo):

$$\text{Caio:} \frac{300}{2\,500} = \frac{12}{100} = 12\%$$

$$\text{Marta:} \frac{540}{6\,000} = \frac{9}{100} = 9\%$$

Concluímos que Caio obteve maior aumento salarial relativo, tendo como referência o salário de 2014.

As razões de denominador 100 são chamadas **razões centesimais** ou **taxas percentuais** ou **porcentagens**.

As porcentagens podem ser expressas de duas maneiras: na forma de fração com denominador 100 ou na forma decimal (dividindo-se o numerador pelo denominador).

Veja alguns exemplos:

- $30\% = \dfrac{30}{100} = 0,30$

- $4\% = \dfrac{4}{100} = 0,04$

- $135\% = \dfrac{135}{100} = 1,35$

- $27,9\% = \dfrac{27,9}{100} = 0,279$

- $0,5\% = \dfrac{0,5}{100} = 0,005$

- $18\% = \dfrac{18}{100} = 0,18$

EXERCÍCIOS RESOLVIDOS

1 Em uma classe com 40 alunos, 18 são rapazes e 22 são moças. Qual é a taxa percentual de rapazes na classe?

Solução:

- A razão entre o número de rapazes e o total de alunos é $\dfrac{18}{40}$. Devemos expressar essa razão na forma centesimal, isto é, precisamos encontrar **x** tal que:

$$\frac{18}{40} = \frac{x}{100} \Rightarrow x = 45$$

e a taxa percentual de rapazes é de 45%.

- Poderíamos simplesmente dividir 18 por 40, obtendo:

$$\frac{18}{40} = 0,45 = 45\%$$

2 De um exame para habilitação de motoristas participaram 380 candidatos. Sabe-se que a taxa de reprovação foi de 15%.
Quantos foram reprovados?

Solução:

Se quisermos calcular o número **x** de reprovados, devemos lembrar que a taxa 15% significa que, de cada 100 candidatos, 15 foram reprovados. Assim, podemos escrever:

$$\frac{15}{100} = \frac{x}{380} \Rightarrow x = 57 \text{ reprovados}$$

A determinação de **x** poderia ser simplificada, calculando-se diretamente 15% de 380:

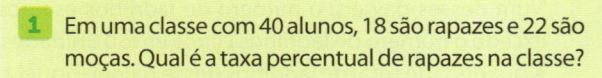

$$\frac{15}{100} \cdot 380 = 0,15 \cdot 380 = 57$$

EXERCÍCIOS

1 Calcule (quando possível, mentalmente):
a) 30% de 40;
b) 25% de 200;
c) 70% de 80;
d) 15% de 720;
e) 8% de 25;
f) 6% de 95;
g) 10% de 62,5;
h) 42% de 300;
i) 7,5% de 400;
j) 0,2% de 12;
k) 0,5% de 6 000;
l) 0,1% de 248,50.

2 Um corretor de imóveis recebe uma ajuda de custo de R$ 600,00 por mês e uma comissão de 3% sobre o total de vendas. Qual será o salário do corretor em um mês cujas vendas totalizaram R$ 480 000,00?

3 Calcule o valor de **x** em cada caso:
a) 10 é x% de 40;
b) 3,6 é x% de 72;
c) 120 é x% de 150;
d) 136 é x% de 400;
e) 300 é x% de 200.

4 Do salário mensal de Ivo, 25% são usados para o pagamento do aluguel e $\frac{2}{5}$, com alimentação e lazer. Descontadas essas despesas, ainda sobram R$ 840,00 a Ivo.
a) Qual é o seu salário mensal?
b) Se o salário aumentasse em 20% e as demais despesas não sofressem alteração, qual seria o percentual do salário de Ivo destinado ao pagamento do aluguel?

5 Em um supermercado trabalham 120 pessoas, sendo 70% mulheres. Entre as mulheres, $\frac{2}{7}$ são solteiras e, entre os homens, 25% não são solteiros. Determine:
a) o número de homens solteiros;
b) o percentual de funcionários que não são solteiros nesse supermercado.

6 Alfredo tirou **n** dias de férias. Em 60% deles, ele descansou em casa e os oito dias restantes ele usou para visitar seus pais, em uma cidade próxima. Qual é o valor de **n**?

7 O gráfico abaixo mostra os resultados de uma pesquisa realizada com os moradores jovens de um condomínio, sobre seu esporte favorito.

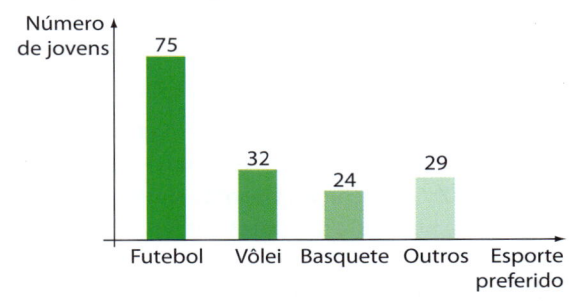

a) Que porcentagem do total de jovens prefere vôlei?
b) Que porcentagem do total de jovens não votou em basquete?

8 Marcelo recebeu R$ 4 620,00 de uma indenização trabalhista, já descontados os 12% de honorários do advogado.
a) Qual é o valor bruto da indenização?
b) Que valor Marcelo receberia se o advogado tivesse cobrado 20% de honorários?

9 Em um treino, um jogador de basquete arremessou 80 lances livres, dos quais 65 foram convertidos em cesta.
a) Qual foi o percentual de acerto desse jogador no treino?
b) Quantos arremessos a mais ele deveria ter feito e convertido em cesta para que seu percentual de acerto passasse a ser 90%?

10 Em um jogo de futebol, constatou-se que a proporção entre não pagantes e pagantes era de 3 : 17.
a) Qual é o percentual de pagantes no jogo?
b) Se o público total foi de 45 000 pessoas, quantos não pagaram ingresso?

11 Uma embalagem de barra de cereais continha, em suas informações nutricionais, as quantidades por porção de carboidratos e fibra (entre outras), como mostra a tabela:

Quantidade por porção de 22 g (1 barra de cereais)	% Valores diários (com base em dieta de 2 000 kcal)
Carboidratos 16 g, dos quais açúcares 5 g polióis 6,5 g amido 3,4 g outros 1,1 g	5
Fibra alimentar 0,7 g	3

De acordo com a tabela:
a) Qual é a massa diária de fibra alimentar recomendada para uma pessoa que consome 2 000 kcal por dia?
b) Qual é o percentual de açúcar entre os carboidratos presentes nessa barra de cereais?
c) Qual é o percentual de açúcar nessa barra de cereais?

12 Uma loja oferece a seus vendedores duas alternativas de remuneração:
- salário fixo de R$ 750,00 mais 3,5% sobre o total de vendas no mês;
- salário fixo de R$ 800,00 mais 3% sobre o total de vendas no mês.

Qual é o total de vendas que proporciona igual remuneração ao vendedor em ambas as opções?

13 Uma amostra de 800 g de água do mar apresenta teor de 30% de cloreto de sódio. Quantos gramas de água devem ser evaporados dessa amostra a fim de que o teor de cloreto de sódio passe a ser de 60%?

14 Um espetáculo musical aumentou o preço do ingresso em 5%. Verificou-se, então, a partir desse aumento, uma queda de 10% no número de ingressos vendidos.
   a) A receita obtida pelo espetáculo aumentou ou diminuiu? Qual foi a variação percentual?
   b) Se o número de ingressos vendidos tivesse diminuído x% no lugar de 10%, a receita permaneceria a mesma. Qual é o valor de **x**?

15 Uma virose atingiu 65% da população de uma pequena cidade. Entre os infectados, 78% apresentaram febre alta.
   Considerando toda a população, pode-se afirmar que mais da metade apresentou febre alta devido à virose?

16 Uma mistura de 150 litros continha apenas etanol e gasolina, sendo de 70% o teor de gasolina. Foram retirados 60 litros dessa mistura, e estes foram substituídos por 60 litros de uma mistura de etanol e gasolina, cujo teor de etanol era de 40%.
   a) Qual é o teor de etanol na nova mistura?
   b) Qual deveria ser o teor na mistura que substituiu os 60 L retirados da mistura original, a fim de que, na mistura resultante, o teor de etanol passasse a ser de 46%?

17 Um fabricante de roupas tinha um estoque de 400 camisetas que foram colocadas à venda, no mês de janeiro, ao preço unitário de R$ 30,00. Em fevereiro, as camisetas que sobraram foram vendidas com 15% de desconto e, em março, o que restou foi vendido com desconto de 50% sobre o preço original. Nos três meses, o total arrecadado com a venda de todas as camisetas do estoque foi de R$ 9 840,00.
   a) Por qual valor foi vendida cada camiseta no mês de fevereiro?
   b) Sabendo que 77,5% do estoque foi vendido nos dois primeiros meses, determine quantas camisetas foram vendidas em cada mês.

18 Observe, na tabela seguinte, os preços (em reais) das ações de duas empresas, **E₁** e **E₂**, nos meses de janeiro de 2014 e de 2015.

	Janeiro de 2014	Janeiro de 2015
E_1	1,25	1,65
E_2	3,50	4,20

   a) Calcule, para cada empresa, a razão entre a valorização da ação e o seu valor no início de 2014.
   b) Expresse os valores obtidos no item *a* em razões centesimais. Qual empresa registrou maior valorização das suas ações?

19 O gráfico abaixo mostra, em milhões, a evolução do número total de domicílios e do número de domicílios com TV paga (por assinatura) em certo país no período de 2007 a 2015. Assinale verdadeira (V) ou falsa (F) nas afirmações seguintes, justificando as falsas:

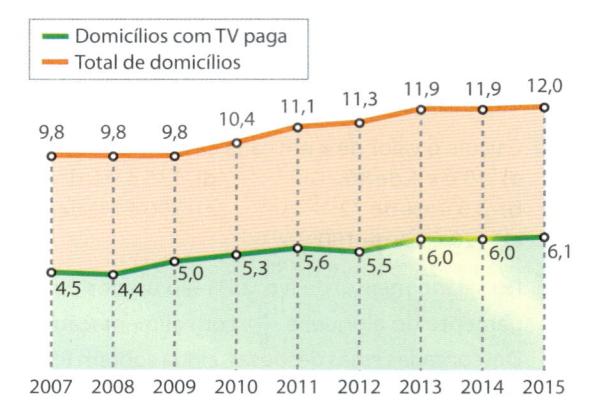

   a) De modo geral, no período de 2010 a 2015, aproximadamente 50% do total de domicílios possuía TV paga.
   b) O percentual de domicílios com TV paga em 2015 era menor que 51%.
   c) O número total de domicílios nesse país aumentou mais de 10% na comparação dos valores de 2011 e 2013.
   d) O número de domicílios com TV paga aumentou mais de 10% na comparação dos valores de 2012 e 2013.
   e) Suponha que, em 2014, 80% dos domicílios assinantes possuíam o pacote básico de TV paga e que o índice de inadimplência, naquele ano, foi de 25% entre os assinantes do pacote básico e de 38% entre os demais pacotes. Então, em relação ao número total de domicílios desse país em 2014, mais de 15% tinha pendências no pagamento da TV por assinatura.

20 (UF-PE) Numa determinada sala de aula, antes das férias do meio do ano, havia $\frac{1}{3}$ de meninos; depois do retorno às aulas, entraram mais 5 meninos na turma e nenhum estudante saiu. Nesta nova configuração, temos 60% de meninas. Quantos alunos (meninos e meninas) tinha esta sala antes das férias?

21 Uma determinada fruta fresca contém 80% de água. O processo de desidratação reduz o teor de água para 30%. Quantos quilogramas da fruta fresca são necessários para se obter 400 g da fruta desidratada?

▶ Aumentos e descontos

Uma loja de eletrodomésticos vende uma máquina de lavar roupas por R$ 750,00. Se a loja aplicar um aumento de 6% sobre seus preços, quanto a máquina passará a custar?

- O aumento será de:

  6% de 750 = 0,06 · 750 = 45 reais

  Poderíamos também fazer:

  750 + 0,06 · 750 = 750 · (1 + 0,06) = 1,06 · 750

- O novo preço será:

  750 + 45 = 795 reais

Observe que o preço inicial da máquina ficou multiplicado por 1,06. Analogamente, pode-se concluir que:
- se o aumento fosse de 30%, multiplicaríamos o preço original por 1,30;
- se o aumento fosse de 16%, multiplicaríamos o preço original por 1,16, e assim por diante.

Se, por outro lado, em uma liquidação fosse anunciado um desconto de 20% sobre o preço original, quanto a máquina passaria a custar?

- O desconto será de:

  20% de 750 = 0,20 · 750 = 150

  Poderíamos também fazer:

  750 − 0,2 · 750 = 750 · (1 − 0,2) = 750 · 0,80

- O novo preço será:

  750 − 150 = 600

Observe que o preço original fica multiplicado por 0,8. Analogamente, pode-se concluir que:
- se o desconto fosse de 30%, multiplicaríamos o preço original por 0,7 ou 70%;
- se o desconto fosse de 16%, multiplicaríamos o preço original por 0,84 ou 84%, e assim por diante.

▶ Variação percentual

No início do mês, o preço do quilograma do salmão, em um mercado municipal, era de R$ 25,00. No final do mês, o mesmo salmão era vendido a R$ 28,00 o quilo.

De que maneira podemos expressar esse aumento?
- Em valores absolutos, o aumento foi de R$ 3,00.
- Calculando a razão entre esse aumento e o valor inicial, encontramos $\frac{3}{25} = 0,12 = 12\%$.

  Dizemos que 12% é a **variação percentual** do preço do quilograma do salmão.

  Outra possibilidade é fazer:

$$\frac{28}{25} = 1,12 = 1 + \underbrace{0,12}_{\text{aumento de 12\%}}$$

Temos então:

$$p = \frac{V_1 - V_0}{V_0} = \frac{V_1}{V_0} - 1$$

em que:
- V_0 é o valor inicial de um produto;
- V_1 é o valor desse produto em uma data futura;
- p é a variação percentual do preço desse produto no período considerado.

Se $p > 0$, dizemos que p representa a **taxa percentual de crescimento** (ou acréscimo), conforme vimos no preço do salmão.

Se $p < 0$, dizemos que p representa a **taxa percentual de decrescimento ou de redução** (ou decréscimo), conforme veremos no exemplo seguinte.

EXEMPLO 1

Se, em um mês, o preço do quilograma do salmão tivesse diminuído de R$ 25,00 para R$ 24,00, teríamos:

$$p = \frac{24 - 25}{25} = \frac{-1}{25} = -0,04$$

Isso significa uma redução de 4% no valor inicial do quilograma do salmão.

 **EXERCÍCIOS**

22 O preço de um par de sapatos é de R$ 48,00. Quanto passará a custar se, sobre esse preço, for dado um:
- **a)** acréscimo de 5%?
- **c)** desconto de 15%?
- **b)** acréscimo de 20%?
- **d)** desconto de 6,5%?

23 O preço de um produto aumentou de R$ 320,00 para R$ 360,00.
- **a)** Qual é a taxa percentual de aumento?
- **b)** Qual seria o seu novo preço se o aumento tivesse sido de 35%?

24 Pesquisando em um *site* de reservas de hotéis, Jurandir encontrou uma promoção na diária de um hotel na praia de R$ 250,00 por R$ 210,00.
- **a)** Qual é o percentual de desconto oferecido?
- **b)** Jurandir aproveitou a promoção e fez uma reserva pelo *site* de uma semana nesse hotel. Sabendo que são cobradas taxas de 1,5% sobre o total da reserva e de R$ 15,00 pela emissão do *voucher*, qual será o total a ser pago por Jurandir?

25 Expresse na forma percentual:
- **a)** um aumento de R$ 15,00 sobre uma mercadoria que custava R$ 60,00;
- **b)** um desconto de R$ 28,00 em uma mercadoria que custava R$ 168,00;
- **c)** um desconto de R$ 0,20 em um produto que custava R$ 0,90;
- **d)** um aumento de R$ 208,00 em um produto que custava R$ 200,00.

26 Após um aumento de 24%, o salário bruto de Raul passou a ser de R$ 4 340,00.
- **a)** Qual era o salário bruto de Raul?
- **b)** Supondo que, sobre o salário bruto, incidam impostos de 16%, determine quanto Raul passará a pagar a mais de imposto por mês.

27 Por meio de uma campanha de redução do consumo de água, um edifício residencial, em um certo mês, reduziu o seu consumo em 14%, sendo gastos 1 075 m³ de água naquele mês.
- **a)** Qual foi o consumo de água do edifício no mês anterior?
- **b)** Para o mês seguinte, os moradores comprometeram-se a reduzir o consumo para 1 000 m³ de água. Qual deverá ser a nova redução percentual no consumo para que essa meta seja atingida?

28 Uma companhia aérea promoveu uma redução de US$ 150,00 no preço de uma passagem, o que corresponde a 12% de desconto. Determine o preço da passagem:
- **a)** sem a redução;
- **b)** com a redução.

29 Cecília comprou um apartamento por R$ 120000,00 e o revendeu, dez anos depois, por R$ 450000,00. Qual é o percentual de valorização desse imóvel no período?

30 Em um supermercado, três produtos, **A**, **B** e **C**, sofreram reajustes, como mostra a tabela seguinte:

Produto	Preço anterior (R$)	Preço atual (R$)
A	0,40	0,50
B	1,50	1,80
C	0,60	0,75

Compare os aumentos percentuais dos preços dos três produtos.

31 Um sabonete, cujo preço normal de venda é R$ 1,40, é vendido em três supermercados distintos, **X**, **Y** e **Z**, com as seguintes promoções:
- Supermercado **X**: Leve 4, pague 3.
- Supermercado **Y**: Desconto de 15% sobre o preço de cada unidade.
- Supermercado **Z**: Leve 6, pague 5.

Determine a opção mais vantajosa para um consumidor que comprar:
- **a)** 12 unidades do sabonete;
- **b)** 7 unidades do sabonete.

32 Seja **p** o preço de um produto. Determine, em função de **p**, o novo valor desse produto se ele receber:
- **a)** aumento de 38%;
- **b)** aumento de 10,5%;
- **c)** desconto de 3%;
- **d)** desconto de 12,4%;
- **e)** dois aumentos sucessivos de 10% e 20%, respectivamente;
- **f)** dois descontos sucessivos de 20% e 15%, respectivamente;
- **g)** um aumento de 30% seguido de um desconto de 20%;
- **h)** três aumentos sucessivos de 10% cada um.

33 Um supermercado promoveu, em meses distintos, três promoções para um certo produto, a saber:

I. Compre 1 e ganhe 50% de desconto na aquisição da 2ª unidade.

II. Compre 2 e leve 3.

III. Compre 4 e leve 5.

Considerando que o preço do produto não sofreu alteração, qual é a opção mais vantajosa para o consumidor? E a menos vantajosa?

34 O reajuste anual autorizado para um certo plano de saúde foi de 28%. Enquanto aguardava o resultado das negociações sobre os reajustes, a seguradora do plano já havia aumentado a mensalidade em 10%. Determine o percentual que deve ser aplicado ao valor vigente da mensalidade a fim de que seja cumprido o reajuste autorizado.

35 O dono de um restaurante costuma, semanalmente, encomendar de um fornecedor 12 kg de arroz, 8 kg de feijão e 15 kg de batata.

a) Sabendo que os preços do quilograma do arroz, do feijão e da batata, em certa semana, são R$ 4,00, R$ 3,40 e R$ 2,00, respectivamente, determine o gasto correspondente a esse pedido.

b) Na semana seguinte, os preços do quilograma do arroz, do feijão e da batata sofreram as seguintes variações, respectivamente: +3%, –5%, +6%. Qual foi a variação percentual do gasto do mesmo pedido?

36 A tabela seguinte informa o estoque de livros didáticos, por área do conhecimento, de uma editora em dois períodos: março de 2014 e março de 2015.

	Março de 2014	Março de 2015
Matemática	21 500	3 800
Ciências Naturais	36 200	8 688
Línguas	31 400	?
Ciências Humanas	24 600	5 412

a) Determine o valor que não consta na tabela, sabendo que, em março de 2015, a editora tinha vendido 80% do total de livros que estavam em estoque em março de 2014.

b) Entre as áreas do conhecimento, qual delas apresentou maior percentual de vendas, considerando os dois períodos indicados na tabela? E menor?

37 Um lojista reduziu o preço de um artigo em 15%. Com isso, as vendas do artigo aumentaram em 25%. Qual foi o percentual de aumento do faturamento do lojista, considerando apenas a venda desse artigo?

38 Ana e Gina têm uma empresa cujo valor de mercado é estimado em R$ 200 000,00. Ana possui 40% de participação na sociedade e deseja elevar sua participação para 70%. Gina, por sua vez, não pretende fazer nenhum aporte adicional na empresa.

a) Qual valor Ana deverá empregar na empresa?

b) Qual será a variação, em porcentagem, do capital da empresa que pertence a Ana?

▶ Juros

Suponhamos que um casal deseje comprar um bem qualquer e não disponha de dinheiro suficiente para realizar o pagamento à vista. Nessas condições, esse casal pode efetuar a compra a prazo ou tentar um empréstimo (financiamento) em uma instituição financeira.

Em qualquer um dos casos citados, o comprador geralmente paga uma quantia — além do preço do bem adquirido — a título de **juros**. A cobrança desses juros é justificada pelo prazo obtido para o pagamento ou pelo "aluguel" do dinheiro emprestado.

Há muitas outras situações em que aparecem juros: por exemplo, se uma pessoa dispõe de alguma reserva financeira, é possível aplicá-la em uma caderneta de poupança ou em algum outro tipo de investimento. Ao fim de certo período, ela receberá do banco a importância aplicada, acrescida de um valor referente aos juros da aplicação. Da mesma maneira, quando uma pessoa atrasa o pagamento de uma conta (como luz, telefone, impostos etc.), ela fica obrigada a pagar uma multa acrescida de juros sobre o valor da conta.

Normalmente, quando se realiza alguma operação desse tipo, fica estabelecida uma **taxa de juros** (**x** por cento) por um período (mês, dia, ano), a qual incide sobre o valor da transação, que é chamado de **capital**.

Veja, a seguir, alguns termos de uso frequente em Matemática Financeira. É muito importante conhecê-los.

UM – Unidade monetária: real, dólar, euro ou qualquer outra moeda.

C – Capital: o valor inicial de um empréstimo, dívida ou investimento.

i – Taxa de juros: é expressa na forma percentual por período, por exemplo, 5% ao mês; 0,2% ao dia; 10% ao ano etc. A letra **i** vem do inglês *interest* ("juros")

J – Juros: os juros correspondem ao valor obtido quando aplicamos a taxa sobre o capital ou sobre algum outro valor da transação. Os juros são expressos em UM.

M – Montante: corresponde ao capital acrescido dos juros auferidos na transação, isto é, M = C + J.

▶ Juros simples

Nesse regime, os juros são constantes por período. Isso significa que, ao calcularmos os juros em cada um dos períodos em que vigorar a transação, aplicamos a taxa sempre sobre o capital, obtendo, desse modo, o mesmo juro por período.

Assim, um capital **C** aplicado em regime de juros simples, à taxa **i**, durante **n** períodos, gera, por período, um juro igual a C · i.

Como os juros são constantes por período, ao final de **n** períodos, temos o total:

$$J = C \cdot i \cdot n$$

O montante dessa aplicação será, portanto:

$$M = C + J \Rightarrow M = C + C \cdot i \cdot n \Rightarrow \boxed{M = C \cdot (1 + i \cdot n)}$$

EXEMPLO 2

João emprestou R$ 500,00 para Maria, em regime de juros simples. A taxa de juros combinada foi de 4% ao mês e Maria comprometeu-se a pagar a dívida em 3 meses. Ao final desse período, que valor Maria deverá devolver a João?

Vamos seguir o raciocínio apresentado anteriormente:

- Em um mês, os juros serão de 4% sobre 500 reais, ou seja:

$$\frac{4}{100} \cdot 500 = 0,04 \cdot 500 = 20, \text{ ou seja, 20 reais.}$$

- Como os juros são constantes por mês, teremos, em três meses:

$$J = 3 \cdot 20 = 60, \text{ ou seja, 60 reais.}$$

- Assim, Maria devolverá a João o montante de:

$$500 + 60 = 560, \text{ ou seja, 560 reais.}$$

Se preferir, você pode descobrir diretamente o montante da dívida, aplicando a fórmula:

$$M = C \cdot (1 + i \cdot n)$$
$$M = 500 \cdot (1 + 0,04 \cdot 3) \Rightarrow M = 560$$

EXERCÍCIOS **RESOLVIDOS**

3 Renato emprestou R$ 800,00 de um amigo e vai pagá-lo em regime de juros simples, à taxa de 2% ao mês. Após um certo tempo, quitou a dívida com um pagamento único de R$ 1 040,00. Quantos meses se passaram até a quitação?

Solução:

1º modo: sem a fórmula

Por mês, Renato deveria pagar

0,02 · 800 = 16, ou seja, 16 reais.

O total de juros pagos por Renato foi de

1 040 − 800 = 240, ou seja, 240 reais.

Assim, o número de meses foi 240 ÷ 16 = 15.

2º modo: com a fórmula

C = 800; i = 0,02; M = 1 040; n = ?

De M = C · (1 + i · n), vem:

$$1040 = 800 \cdot (1 + 0,02 \cdot n) \Rightarrow 1,3 = 1 + 0,02n \Rightarrow$$
$$\Rightarrow 0,3 = 0,02n \Rightarrow n = \frac{0,3}{0,02} = 15, \text{ ou seja, 15 meses.}$$

4 Um aparelho de TV custa R$ 880,00 para pagamento à vista. A loja também oferece as seguintes condições: R$ 450,00 de entrada e uma parcela de R$ 450,00 a ser paga um mês após a compra. Qual é a taxa de juros mensal cobrada nesse financiamento?

Solução:

1º modo:

O saldo devedor no momento da compra é:

$$C = \underbrace{R\$ 880,00}_{\substack{\text{valor da TV} \\ \text{à vista}}} - \underbrace{R\$ 450,00}_{\text{entrada}} = R\$ 430,00$$

Após um mês, esse saldo se converte em um montante M = R$ 450,00.

Assim, são cobrados juros de R$ 20,00 (450 − 430) em relação ao saldo devedor de R$ 430,00.

Percentualmente, temos: $\frac{20}{430} \simeq 0{,}0465 = 4{,}65\%$

2º modo: M = C · (1 + i · n) ⇒
⇒ 450 = 430 · (1 + i · 1) ⇒ i ≃ 0,0465 = 4,65% ao mês.

EXERCÍCIOS

39 Calcule os juros simples obtidos nas seguintes condições:

a) um capital de R$ 220,00 é aplicado por três meses, à taxa de 4% a.m. (leia-se ao mês);

b) um capital de R$ 540,00 é aplicado por um ano, à taxa de 5% a.m.;

c) uma dívida de R$ 80,00 é paga em oito meses, à taxa de 12% a.m.;

d) uma dívida de R$ 490,00 é paga em dois anos, à taxa de 2% a.m.

40 Obtenha o montante de uma dívida, contraída a juros simples, nas seguintes condições:

a) capital: R$ 400,00; taxa: 48% ao ano;

prazo: 5 meses;

b) capital: R$ 180,00; taxa: 72% ao semestre;

prazo: 8 meses;

c) capital: R$ 5 000,00; taxa: 0,25% ao dia;

prazo: 3 meses (considere o mês com 30 dias);

d) capital: **x** reais; taxa: 3% ao mês; prazo: 2 anos.

41 Um capital aplicado a juros simples durante dois anos e meio, à taxa de 4% a.m., gerou, no período, um montante de R$ 17 600,00.

a) Qual foi o capital aplicado?

b) Qual teria sido o montante gerado se a taxa de rendimento mensal fosse reduzida à metade?

42 Uma conta de gás, no valor de R$ 48,00, com vencimento para 13 de abril, trazia a seguinte informação: "Se a conta for paga após o vencimento, incidirão sobre o seu valor multa de 2% e juros de 0,033% ao dia, que serão incluídos na conta futura". Qual será o acréscimo a ser pago sobre o valor da próxima conta por um consumidor que quitou o débito em 17 de abril? E se ele tivesse atrasado o dobro de dias para efetuar o pagamento?

43 Mariana recebeu uma herança de R$ 22 000,00. Desse valor, $\frac{3}{11}$ foram usados para quitar uma dívida de 2 anos, contraída de um amigo, no regime de juros simples, à taxa de 2,5% a.m. Do valor que sobrou, 75%

serão usados para a reforma de sua casa e o restante Mariana pretende emprestar a uma prima, em regime de juros simples, à taxa de 10% a.a. (ao ano). Determine:

a) o capital da dívida de Mariana com o amigo;

b) o valor que será usado na reforma da casa de Mariana;

c) o valor que a prima pagará a Mariana se quitar a dívida em 3 anos.

44 Uma conta telefônica trazia a seguinte informação:

"Contas pagas após o vencimento terão multa de 2% e juros de 0,04% ao dia, a serem incluídos na próxima conta".

Sabe-se que Elisa pagou a conta do mês de agosto, no valor de R$ 255,00, após o vencimento. Na conta do mês de setembro foram incluídos R$ 7,14 referentes ao atraso de pagamento do mês anterior.

Com quantos dias de atraso Elisa pagou a conta do mês de agosto?

45 Um capital é aplicado, a juros simples, à taxa de 5% a.m. Quanto tempo, no mínimo, ele deverá ficar aplicado a fim de que seja possível resgatar:

a) O dobro da quantia aplicada?

b) O triplo da quantia aplicada?

c) Dez vezes a quantia aplicada?

d) A quantia aplicada acrescida de 80% de juros?

e) A quantia aplicada acrescida de 500% de juros?

46 O preço à vista de um aparelho de ar condicionado é de R$ 1 500,00. Pode-se também optar pelo pagamento de uma entrada de R$ 800,00 e mais R$ 800,00 um mês após a compra.

a) Qual é a taxa de juros simples do financiamento?

b) Qual seria essa taxa se o pagamento da segunda parcela fosse feito 2 meses após a compra?

47 Uma loja oferece aos seus clientes duas opções de pagamento:

• à vista, com 5% de desconto;

• o preço da compra (sem o desconto) pode ser dividido em duas vezes: metade no ato da compra e a outra metade um mês depois.

Lia fez compras nessa loja no valor total de R$ 2 400,00.

a) Que valor Lia pagará se optar pelo pagamento à vista?

b) Que taxa mensal de juros simples a loja embute no pagamento parcelado, levando em conta que ela oferece desconto para pagamento à vista?

c) Lia conseguiu negociar com a loja a seguinte condição: dividiu o valor da compra sem o desconto em duas vezes, $\frac{1}{3}$ no ato da compra e o restante em um pagamento único a ser feito 60 dias depois. Com isso, Lia acreditava que a taxa de juros simples do financiamento se reduziria a mais da metade da taxa encontrada no item *b*. O raciocínio de Lia procede?

48 Sabe-se que 65% de um capital foi aplicado a juros simples, por meio ano, à taxa de 2% a.m.; o restante foi aplicado no mesmo regime de juros, por oito meses, à taxa de 3% a.m. Sabendo que a diferença entre os juros recebidos nas duas aplicações foi de R$ 99,00, determine:

a) o valor do capital;

b) a diferença entre os montantes das duas aplicações.

49 (U.E. Ponta Grossa-PR) Marcelo tinha um capital de R$ 5 000,00. Parte desse capital ele aplica no banco **A**, por um ano, à taxa de juros simples de 2% ao mês, obtendo R$ 360,00 de juros. O restante aplicou no banco **B**, também pelo período de 1 ano, à taxa de juros simples de 20% ao ano. Com base nesses dados, assinale o que for correto [e indique a soma correspondente às afirmações verdadeiras]:

(01) No banco **B** ele aplicou menos de R$ 3 000,00.

(02) Marcelo obteve um montante de R$ 6 060,00 referente às duas aplicações.

(04) A aplicação no banco **B** rendeu R$ 700,00 de juros.

(08) Ele aplicou no banco **A** 20% de seu capital.

▶ Juros compostos

O regime de capitalização (acumulação de capitais) mais utilizado nas transações comerciais e financeiras é o de **juros compostos**. Nesse regime, os juros são calculados no fim de cada período, formando um montante parcial sobre o qual se calculam os juros do período seguinte. Vamos imaginar um capital (**C**), aplicado a juros compostos, a uma taxa de juros (**i**) fixa por período, durante **n** períodos (a taxa **i** será representada na forma decimal).

Temos:

- Ao final do primeiro período, os juros incidentes sobre o capital (**C**) inicial são a ele incorporados, produzindo o primeiro montante (**M₁**).

$$M_1 = C + i \cdot C = C \cdot (1 + i)$$

- Ao final do segundo período, os juros incidem sobre o primeiro montante (**M₁**) e incorporam-se a ele, gerando o segundo montante (**M₂**).

$$M_2 = M_1 + i \cdot M_1 = M_1 \cdot (1 + i) \Rightarrow M_2 = C \cdot (1 + i)^2$$

- Ao final do terceiro período, os juros, calculados sobre o segundo montante (**M₂**), incorporam-se a ele, gerando o terceiro montante (**M₃**); e assim por diante.

$$M_3 = M_2 + i \cdot M_2 = M_2 \cdot (1 + i) \Rightarrow M_3 = C \cdot (1 + i)^3$$

$$\vdots$$

- Ao final do enésimo período:

$$M_n = C \cdot (1 + i)^n$$

OBSERVAÇÕES 🔍

Em muitos casos, a taxa de juros não se mantém fixa por período. Nessas situações, embora o princípio da capitalização acumulada seja mantido, a fórmula obtida não se aplica, como mostra o exercício resolvido 7.

EXERCÍCIOS **RESOLVIDOS**

5 Rose aplicou R$ 300,00 em um investimento que rende 2% ao mês no regime de juros compostos. Que valor ela terá ao final de três meses?

Solução:

1º modo:

Ao final do 1º mês, terá: $300 + 0,02 \cdot 300 = 306$, ou seja, 306 reais.

Ao final do 2º mês, terá: $306 + 0,02 \cdot 306 = 312,12$, ou seja, 312,12 reais.

Ao final do 3º mês, terá: $312,12 + 0,02 \cdot 312,12 \simeq 318,36$; aproximadamente 318,36 reais.

2º modo:

Aplicando a fórmula deduzida, obteremos diretamente o saldo de Rose após três meses, sem calcular o saldo nos meses anteriores. Basta fazer:

$M_3 = 300 \cdot (1 + 0,02)^3 \Rightarrow$

$\Rightarrow M_3 = 300 \cdot 1,02^3 \simeq 318,36$, ou seja, 318,36 reais.

6 Um investidor aplicou R$ 10 000,00 em um fundo de investimento que rende 20% ao ano, a juros compostos. Qual será o tempo mínimo necessário para que o montante dessa aplicação seja R$ 60 000,00?

Use: $\log 2 \simeq 0,301$ e $\log 3 \simeq 0,477$.

Solução:

Temos: $\begin{cases} C = 10\,000 \\ M = 60\,000 \\ i = 0,2 \\ n = ? \end{cases} \Rightarrow$

$\Rightarrow 60\,000 = 10\,000 \cdot (1 + 0,2)^n \Rightarrow$

$\Rightarrow \dfrac{60\,000}{10\,000} = 1,2^n \Rightarrow 1,2^n = 6$

A determinação do expoente **n** é feita por meio de logaritmos:

$\log 1,2^n = \log 6 \Rightarrow n \cdot \log 1,2 = \log 6 \Rightarrow n = \dfrac{\log 6}{\log 1,2}$

- $\log 6 = \log (2 \cdot 3) = \log 2 + \log 3 =$
  $= 0,301 + 0,477 = 0,778$

- $\log 1,2 = \log \left(\dfrac{12}{10} \right) = \log 12 - \log 10 =$
  $= \log (2^2 \cdot 3) - 1 = 2 \cdot 0,301 + 0,477 - 1 = 0,079$

Daí, $n = \dfrac{0,778}{0,079} = 9,84$ anos (9 anos e 10 meses, aproximadamente).

7 As taxas brutas anuais de rendimento de um fundo de investimento são mostradas a seguir:

Ano	Rendimento
2013	8%
2014	12%
2015	5%

Qual é o montante obtido, ao final de 2015, pela aplicação de R$ 10 000,00 no início de 2013?

Solução:

Como a taxa de juros não se manteve fixa nesses 3 anos, vamos calcular o montante ano a ano:

- ao final de 2013:

$10\,000 + 0,08 \cdot 10\,000 = 10\,800$ (10 800,00 reais)

- ao final de 2014:

$10\,800 + 0,12 \cdot 10\,800 = 12\,096$ (12 096,00 reais)

- ao final de 2015:

$12\,096 + 0,05 \cdot 12\,096 = 12\,700,80$ (12 700,80 reais)

EXERCÍCIOS

50 Calcule os juros e o montante de uma aplicação financeira a juros compostos, nas seguintes condições:

a) capital: R$ 300,00; taxa: 2% a.m.; prazo: 4 meses;

b) capital: R$ 2 500,00; taxa: 5% a.m.; prazo: 1 ano;

c) capital: R$ 100,00; taxa: 16% a.a.; prazo: 3 anos,

d) capital: **x** reais; taxa: 6% a.a.; prazo: 5 anos
   (Use: $1,06^5 \simeq 1,34$.)

51 Um fundo de investimento rende 1% ao mês, em regime de juros compostos. Décio aplicou R$ 480,00 nesse fundo e retirou a quantia disponível um ano depois.

a) Que valor Décio retirou?

b) Que valor Décio teria retirado se a taxa de juros compostos fosse de 2% a.m.?

c) Que valor Décio teria retirado se o regime fosse de juros simples e a taxa de 1% a.m.?

52 Uma empresa tomou emprestado R$ 40000,00 de um banco, à taxa de 10% ao mês, no sistema de juros compostos. A dívida foi paga após 20 meses. Que valor a empresa pagou na quitação da dívida?

(Use: $1{,}1^{10} \simeq 2{,}6$.)

53 A caderneta de poupança é o investimento mais popular entre os brasileiros. Seu rendimento gira em torno de 0,5% ao mês em regime de juros compostos. Marlene investiu R$ 2000,00 na caderneta de poupança.

a) Determine o montante obtido por Marlene, se ela deixar o recurso investido por: 2 anos, 5 anos, 7 anos e 10 anos.

b) Qual é o tempo mínimo de meses inteiros que esse valor deve ficar aplicado a fim de que Marlene resgate R$ 4000,00? E R$ 10000,00?

Neste exercício, considere que não sejam feitos depósitos e saques nessa poupança e use:

$1{,}005^{12} \simeq 1{,}06$; $1{,}005^{60} \simeq 1{,}35$; $\log 1{,}005 \simeq 0{,}002$ e $\log 2 \simeq 0{,}301$

54 Uma dívida de cartão de crédito aumentou, no regime de juros compostos, de R$ 2000,000 para R$ 5120,00 em dois anos. Sabendo que a administradora do cartão opera com uma taxa percentual de juros fixa por ano, determine:

a) o valor dessa taxa ao ano;

b) o montante dessa dívida meio ano após a data na qual ela foi contraída. Considere: $\sqrt{10} \simeq 3{,}16$.

55 Um capital foi aplicado a juros compostos, à taxa de 10% ao ano, durante 3 anos, gerando um montante de R$ 66550,00.

a) Qual foi o capital aplicado?

b) Qual seria a diferença entre os juros recebidos por essa aplicação e por uma aplicação com mesmo prazo e taxa, porém no regime de juros simples?

c) Qual seria a diferença no item *b* se a taxa nos dois regimes fosse de 20% ao ano?

56 Um terreno adquirido por R$ 10000,00 valoriza-se à taxa de 8% ao ano. Determine o tempo mínimo necessário para que o terreno passe a valer R$ 30000,00. Considere: $\log 2 \simeq 0{,}30$ e $\log 3 \simeq 0{,}48$.

57 Na tabela a seguir encontramos a variação (valorização ou desvalorização) percentual mensal do valor da ação de uma empresa comercializada na Bolsa de Valores.

Mês	Rendimento
março	+8%
abril	+2,5%
maio	−3,0%

a) Sabendo que, no início de março, a ação valia R$ 25,00, determine o seu valor ao final de maio.

b) Qual é a variação percentual do valor da ação nesse período?

58 Em seu primeiro ano, um fundo de investimento em ações, a juros compostos, valorizou-se 25%. No segundo ano, o fundo desvalorizou-se 30% e, no terceiro ano, o fundo recuperou 35% das perdas do ano anterior.

a) Quem aplicou R$ 4800,00 nesse fundo, desde a sua criação, saiu com lucro ou prejuízo ao final dos três anos? Expresse esse valor em reais e em termos percentuais, levando em conta o valor investido.

b) Qual foi o rendimento percentual desse fundo no 3º ano?

59 Uma certa empresa deseja tomar emprestados R$ 40000,00. O banco **A** oferece taxa de juros compostos de 5% ao mês e prazo de 20 meses para quitação da dívida em parcela única; o banco **B** oferece taxa de juros compostos de 10% ao mês e prazo de 10 meses para quitação da dívida em parcela única.

a) Em qual dos bancos o valor total a ser desembolsado pela empresa será menor?

b) Qual é a diferença entre os valores desembolsados nas duas propostas?

(Use: $1{,}1^{10} \simeq 2{,}6$ e $1{,}05^{10} \simeq 1{,}63$.)

60 Uma aplicação financeira a juros compostos rende 20% ao ano. Qual é o tempo mínimo necessário para que se possa resgatar:

a) O dobro da quantia aplicada?

b) O triplo da quantia aplicada?

c) O quíntuplo da quantia aplicada?

d) 800% a mais que a quantia aplicada?

(Use: $\log 2 \simeq 0{,}3$ e $\log 3 \simeq 0{,}48$.)

61 Previsões feitas para a próxima década por analistas financeiros indicam que o valor de um imóvel usado, em um certo bairro, se reduza, em cada ano, 4% em relação ao seu valor no ano anterior. Seja V_0 o valor atual de um desses imóveis, em reais

a) encontre uma fórmula para representar o valor (**v**), em reais, desse imóvel daqui a **t** anos ($t \leqslant 10$);

b) em quanto tempo o imóvel terá perdido 20% de seu valor atual? Expresse a resposta com o menor número inteiro que satisfaz essa condição;

c) ao final da década, o imóvel estará valendo mais ou menos que a metade de seu valor atual? Quanto tempo seria necessário para o valor se reduzir à metade do atual?

Considere, para os itens *b* e *c*:

$\ln 48 \simeq 3,87$, $\ln 2 \simeq 0,69$ e $\ln 10 \simeq 2,3$.

62 Um capital de R$ 600,00 é aplicado a uma taxa anual de 10% ao ano, por cinco anos.

a) Construa as sequências referentes aos montantes dessa aplicação, considerando o regime de juros simples e o de juros compostos.

b) Associe cada sequência anterior a uma P.A. ou a uma P.G., determinando sua razão.

c) Qual é, em reais, a diferença entre os montantes obtidos ao final dos cinco anos, considerando os dois regimes de juros?

63 (U.F. Juiz de Fora - MG) Uma pessoa aplicou uma quantia inicial em um determinado fundo de investimento. Suponha que a função **F**, que fornece o valor, em reais, que essa pessoa possui investido em relação ao tempo **t**, seja dada por: $F(t) = 100(1,2)^t$.

O tempo **t**, em meses, é contado a partir do instante do investimento inicial.

a) Qual foi a quantia inicial aplicada?

b) Quanto essa pessoa teria no fundo de investimento após 5 meses da aplicação inicial?

c) Utilizando os valores aproximados $\log_{10} 2 \simeq 0,3$ e $\log_{10} 3 \simeq 0,48$, quantos meses, a partir do instante do investimento inicial, seriam necessários para que essa pessoa possuísse, no fundo de investimento, uma quantia igual a R$ 2 700,00?

64 Uma empresa contraiu uma dívida de R$ 40 000,00 junto a um banco. As taxas de juros (anuais) compostos combinadas para os dois primeiros anos foram, respectivamente, 20% e 30%. Ao final do segundo ano, a dívida foi renegociada e o banco passou a cobrar juros de 10% ao ano. A empresa, por sua vez, espera receber de um cliente R$ 93 600,00, mas não sabe ao certo a data do pagamento. Por mais quanto tempo (a contar da data de renegociação) a dívida da empresa será igual ao valor a receber do cliente?
Use: $\log 3 \simeq 0,48$; $\log 2 \simeq 0,30$; $\log 11 \simeq 1,04$.

EXERCÍCIOS **COMPLEMENTARES**

1 Uma empresa fez um empréstimo de longo prazo de 2 milhões de reais junto a um banco, que cobra juros compostos de 50% ao ano. Três anos depois, a empresa emprestou 100 mil reais a um comerciante, cobrando juros compostos de 80% ao ano.
Determine o número inteiro mínimo de anos (contados a partir da data em que a empresa tomou o empréstimo) para que o montante gerado pela dívida a receber seja igual ao montante da dívida da empresa.
Use: $\log 2 \simeq 0,30$; $\log 3 \simeq 0,48$; $\log 29 \simeq 1,46$ e $1,8^3 \simeq 5,8$.

2 (FGV-SP) A Secretaria de Transportes de certa cidade autoriza os táxis a fazerem as cobranças a seguir, que são registradas no taxímetro de cada veículo autorizado:
bandeirada (valor inicial do taxímetro) = R$ 4,70;
bandeira I = R$ 1,70 por quilômetro rodado (de segunda a sábado, das 6h às 21h);
bandeira II = R$ 2,04 por quilômetro rodado (de segunda a sábado, das 21h às 6h; domingos e feriados em qualquer horário).

a) Em porcentagem, quanto uma viagem de 6 km, em uma segunda-feira, às 22h, é mais cara do que a mesma viagem de 6 km, também em uma segunda-feira, às 8h?

b) É possível que uma viagem de **x** km em uma segunda-feira, às 22h, custe 20% a mais do que uma viagem de **x** km, também em uma segunda-feira, às 8h?

3 (UF-GO) Um pecuarista deseja fazer 200 kg de ração com 22% de proteína, utilizando milho triturado, farelo de algodão e farelo de soja. Admitindo-se que o teor de proteína do milho seja 10%, do farelo de algodão seja 28% e do farelo de soja seja 44%, e que o produtor disponha de 120 kg de milho, calcule as quantidades de farelo de soja e farelo de algodão que ele deve adicionar ao milho para obter essa ração.

4 (UE-RJ) Um trem transportava, em um de seus vagões, um número inicial **n** de passageiros. Ao parar em uma estação, 20% desses passageiros desembarcaram. Em seguida, entraram nesse vagão 20% da quantidade de passageiros que nele permaneceu após o desembarque. Dessa forma, o número final de passageiros no vagão corresponde a 120.

Determine o valor de **n**.

5 (UE-RJ) Observe o anúncio abaixo, que apresenta descontos promocionais de uma loja.

Adaptado de boaspromocoes.com.br.

Admita que essa promoção obedeça à seguinte sequência:

- primeiro desconto de 10% sobre o preço da mercadoria;
- segundo desconto de 10% sobre o valor após o primeiro desconto;
- desconto de R$ 100,00 sobre o valor após o segundo desconto.

Determine o preço inicial de uma mercadoria cujo valor, após os três descontos, é igual a R$ 710,00.

6 (UF-PE) Uma compra em uma loja da internet custa 1 250 libras esterlinas, incluindo os custos de envio. Para o pagamento no Brasil, o valor deve ser inicialmente convertido em dólares e, em seguida, o valor em dólares é convertido para reais. Além disso, paga-se 60% de imposto de importação à Receita Federal e 6,38% de IOF para pagamento no cartão de crédito. Se uma libra esterlina custa 1,6 dólar e um dólar custa 2 reais, calcule o valor a ser pago, em reais.

7 (UE-RJ) Para comprar os produtos **A** e **B** em uma loja, um cliente dispõe da quantia **x**, em reais. O preço do produto **A** corresponde a $\frac{2}{3}$ de **x**, e o do produto **B** corresponde à fração restante. No momento de efetuar o pagamento, uma promoção reduziu em 10% o preço de **A**. Sabendo que, com o desconto, foram gastos R$ 350,00 na compra dos produtos **A** e **B**, calcule o valor, em reais, que o cliente deixou de gastar.

8 (UF-BA) Um indivíduo aplicou um capital por três períodos consecutivos de um ano. No primeiro ano, ele investiu em uma instituição financeira que remunerou seu capital a uma taxa anual de 20%, obtendo um montante de R$ 3 024,00. Em cada um dos anos seguintes, ele buscou a instituição financeira que oferecesse as melhores condições para investir o montante obtido no ano anterior.

Com base nessas informações, pode-se afirmar:

(01) O capital aplicado inicialmente foi de R$ 2 520,00.

(02) Os montantes obtidos ao final de cada período de um ano formam uma progressão geométrica se, e somente se, as taxas de juros anuais dos dois últimos anos forem iguais.

(04) Se, em comparação com o primeiro ano, a taxa anual de juros do segundo ano foi o dobro, então o rendimento anual também dobrou.

(08) Se a taxa de juros anual dos dois últimos anos foi igual a 30%, o capital acumulado ao final do terceiro ano foi de R$ 5 110,56.

(16) Supondo-se que as taxas de juros anuais para o segundo e o terceiro ano, foram, respectivamente, de 30% e 10%, o montante, ao final do terceiro ano, seria o mesmo se, nos dois últimos anos, a taxa de juros anual fosse constante e igual a 20%.

[Indique a soma correspondente às alternativas corretas.]

9 Os preços de custo de dois produtos **A** e **B** são, respectivamente, 150 e 200 reais. Um comerciante vende o produto **A** com margem de lucro de 20% sobre o custo e o produto **B** com margem de lucro de 40%. Em uma transação, ele vendeu, ao todo, **x** unidades desses produtos, das quais 70% eram **A**, lucrando R$ 90 000,00.

a) Qual é o valor de **x**?

b) Qual seria o seu lucro, em reais, se o comerciante oferecesse um desconto de 10% no ato da venda?

10 Uma editora verificou que, em 2013, as vendas de determinado livro caíram 10% em relação ao total vendido em 2012 e, em 2014, caíram 10% em relação ao total vendido em 2013. Sabe-se que nesses três anos foram vendidos 9 485 livros.

a) Determine o número de livros vendidos em 2013.

b) Em 2015 a editora lançou uma nova edição desse livro. Qual deverá ser o aumento percentual das vendas, em relação ao valor de 2014, a fim de que se volte ao nível de vendas de 2012?

11 Certo modelo de carro bicombustível, que pode rodar indiferentemente com etanol ou com gasolina, apresenta na cidade, em média, o rendimento de 9 km/L, quando abastecido com gasolina, e 6 km/L, quando abastecido com etanol. Em determinado ano, o preço médio do litro da gasolina foi R$ 2,70 e o do etanol foi R$ 1,70. Naquele ano, um motorista rodou 18 000 km, tendo abastecido apenas com etanol.

a) Se esse motorista gastasse a mesma quantia que gastou, em reais, para abastecer o carro apenas com gasolina, teria rodado mais ou menos quilômetros? Qual seria o acréscimo (ou redução) percentual em relação à distância percorrida naquele ano?

b) Qual deveria ser a variação percentual (acréscimo ou redução) no preço médio do litro da gasolina naquele ano para que fosse indiferente abastecer com etanol ou com gasolina, mantidas as demais condições?

12 Milena deseja aplicar R$ 20 000,00 e pretende resgatar o dinheiro aplicado em 6 anos. Ela está em dúvida entre três opções:

- Opção **A**: taxa de juros líquida de aplicação de 15% ao ano.

- Opção **B**: taxa de juros bruta de aplicação de 20% ao ano, porém no ato do resgate devem ser pagos 22% de imposto sobre o rendimento e 1% de taxas administrativas sobre o montante obtido.

- Opção **C**: taxa de juros de aplicação de 1,5% ao mês e impostos de 15% sobre o montante obtido.

Considere que, nas três opções, o regime vigente é o de juros compostos.

Qual é a opção mais vantajosa para Milena? E a menos vantajosa?

Use: $1,15^6 \simeq 2,31$; $1,2^6 \simeq 2,99$ e $1,015^{36} \simeq 1,71$.

13 (UF-ES) Dona Laura necessita comprar duas camisas do mesmo tipo, as quais são encontradas em duas lojas: **A** e **B**. O preço regular de uma camisa na loja **A** é R$ 5,00 a mais do que na loja **B**. Entretanto, a loja **A** tem uma oferta especial: ao se comprar uma camisa pelo preço regular, a loja vende a segunda camisa com 40% de desconto sobre o preço regular. A loja **B** vende cada camisa com 10% de desconto sobre o preço regular. Sabendo que as duas camisas compradas na loja **A** custariam a Dona Laura o mesmo valor se fossem compradas na loja **B**, determine:

a) o preço regular da camisa em cada uma das lojas **A** e **B**;

b) o desconto que a loja **A** deve dar sobre o preço regular de uma terceira camisa para que ela fique no mesmo preço do da loja **B** com desconto.

14 Em uma civilização antiga, um rei emprestou 5 cabeças de gado a um amigo para ajudá-lo em seu novo negócio. Três anos depois, esse amigo quitou a dívida com o rei, devolvendo a ele 35 cabeças de gado a mais que a quantia emprestada.

Considerando que o regime de juros combinado entre os dois seja o que hoje chamamos de juros compostos, determine a taxa anual de juros desse empréstimo.

15 Um empresário tomou emprestado R$ 40 000,00 do banco **A** e R$ 60 000,00 do banco **B**, na mesma data, à taxa de juros (compostos) de 20% ao ano e 8% ao ano, respectivamente.

a) Qual será sua dívida total ao final de dois anos?

b) Daqui a quantos anos as dívidas nos dois bancos serão iguais? Considere $\log 2 \simeq 0,3$ e $\log 3 \simeq 0,48$.

16 (UF-ES) O Senhor Silva comprou um apartamento e, logo depois, o vendeu por R$ 476 000,00. Se ele tivesse vendido esse apartamento por R$ 640 000,00, ele teria lucrado 60%. Calcule:

a) quanto o Senhor Silva pagou pelo apartamento;

b) qual foi, de fato, o seu lucro percentual.

17 Um lojista deseja obter 30% de lucro em relação ao preço de custo na venda de seus produtos. No entanto, como ele sabe que o cliente gosta de receber um desconto no ato da compra, seus produtos são colocados à venda a um preço que proporciona 48% de lucro sobre o custo.

a) Qual é o desconto percentual que deve ser oferecido ao cliente no ato da compra para o lojista alcançar a meta desejada?

b) Qual é o desconto percentual máximo que o lojista pode oferecer no ato da compra para não ter prejuízo?

18 (Unicamp-SP) O valor presente, V_p, de uma parcela de um financiamento, a ser paga daqui a **n** meses, é dado pela fórmula a seguir, em que **r** é o percentual mensal de juros $(0 \leq r \leq 100)$ e **p** é o valor da parcela.

$$V_p = \frac{p}{\left[1 + \dfrac{r}{100}\right]^n}$$

a) Suponha que uma mercadoria seja vendida em duas parcelas iguais de R$ 200,00, uma a ser paga à vista, e outra a ser paga em 30 dias (ou seja, 1 mês). Calcule o valor presente da mercadoria, V_p, supondo uma taxa de juros de 1% ao mês.

b) Imagine que outra mercadoria, de preço 2p, seja vendida em duas parcelas iguais a **p**, sem entrada, com o primeiro pagamento em 30 dias (ou seja, 1 mês) e o segundo em 60 dias (ou 2 meses). Supondo, novamente, que a taxa mensal de juros é igual a 1%, determine o valor presente da mercadoria, V_p, e o percentual mínimo de desconto que a loja deve dar para que seja vantajoso, para o cliente, comprar à vista.

19 (UF-PE) Uma pessoa deve a outra a importância de R$ 17 000,00. Para a liquidação da dívida, propõe os seguintes pagamentos: R$ 9 000,00 passados três meses; R$ 6 580,00 passados sete meses, e um pagamento final em um ano. Se a taxa mensal cumulativa de juros cobrada no empréstimo será de 4%, qual o valor do último pagamento? Indique a soma dos dígitos do valor obtido. Dados: use as aproximações $1,04^3 \simeq 1,125$; $1,04^7 \simeq 1,316$ e $1,04^{12} \simeq 1,601$.

20 O gráfico seguinte mostra a evolução, mês a mês, da dívida no cartão de crédito de um cliente, a partir do mês de janeiro de 2013.

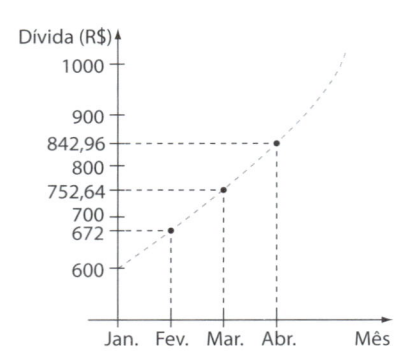

Sabendo que a operadora do cartão de crédito cobra juros mensais cumulativos, a uma taxa percentual fixa por mês, analise cada afirmação seguinte, classificando-a em verdadeira (**V**) ou falsa (**F**), justificando:

a) A dívida do cliente no mês de maio superava R$ 900,00.

b) Os valores mensais da dívida do cliente formam uma progressão geométrica de razão 0,12.

c) A taxa mensal de juros desse cartão é de 12%.

d) O valor, em reais, dessa dívida, em julho de 2013, era de $600 \cdot 1,12^7$.

e) Se o cliente só quitou a dívida em dezembro de 2013, com um único pagamento, ele pagou, considerando todo o período, mais de 240% de juros sobre o valor inicial da dívida.
Use uma calculadora.

21 Define-se a renda *per capita* de um país como a razão entre o produto interno bruto (PIB) e a população economicamente ativa. Em certo país, o governo pretende aumentar a renda *per capita* em 50% no prazo de 20 anos. Se, nesse período, a população economicamente ativa aumentar em 20%, qual deverá ser o acréscimo percentual do PIB?

22 (Unifesp-SP) O carro modelo *flex* de Cláudia, que estava com o tanque vazio, foi totalmente abastecido com 20% de gasolina comum e 80% de etanol. Quando o tanque estava com o combustível em 40% de sua capacidade, Cláudia retornou ao posto para reabastecimento e completou o tanque apenas com gasolina comum.

a) Após o reabastecimento, qual a porcentagem de gasolina comum no tanque?

b) No primeiro abastecimento, o preço do litro de gasolina comum no posto superava o de etanol em 50% e, na ocasião do reabastecimento, apenas em 40%. Sabe-se que houve 10% de aumento no preço do litro de etanol, do primeiro para o segundo abastecimento, o que fez com que o preço da gasolina comum superasse o do etanol em R$ 0,704 na ocasião do reabastecimento. Calcule o preço do litro de gasolina comum na ocasião do primeiro abastecimento.

TESTES

1 (Enem-MEC) O contribuinte que vende mais de R$ 20 mil de ações em Bolsa de Valores em um mês deverá pagar Imposto de Renda. O pagamento para a Receita Federal consistirá em 15% do lucro obtido com a venda das ações.

Um contribuinte que vende por R$ 34 mil um lote de ações que custou R$ 26 mil terá de pagar de Imposto de Renda à Receita Federal o valor de:

a) R$ 900,00

b) R$ 1 200,00

c) R$ 2 100,00

d) R$ 3 900,00

e) R$ 5 100,00

2 (Enem-MEC) Para aumentar as vendas no início do ano, uma loja de departamentos remarcou os preços de seus produtos 20% abaixo do preço original. Quando chegam ao caixa, os clientes que possuem o cartão fidelidade da loja têm direito a um desconto adicional de 10% sobre o valor total de suas compras.
Um cliente deseja comprar um produto que custava R$ 50,00 antes da remarcação de preços. Ele não possui o cartão fidelidade da loja.
Caso esse cliente possuísse o cartão fidelidade da loja, a economia adicional que obteria ao efetuar a compra, em reais, seria de:

a) 15,00

b) 14,00

c) 10,00

d) 5,00

e) 4,00

3 (PUC-RJ) Um imóvel em São Paulo foi comprado por **x** reais, valorizou 10% e foi vendido por R$ 495 000,00. Um imóvel em Porto Alegre foi comprado por **y** reais, desvalorizou 10% e também foi vendido por R$ 495 000,00.

Os valores de **x** e **y** são:

a) x = 445 500 e y = 544 500

b) x = 450 000 e y = 550 000

c) x = 450 000 e y = 540 000

d) x = 445 500 e y = 550 000

e) x = 450 000 e y = 544 500

4 (Unicamp-SP) Para repor o teor de sódio no corpo humano, o indivíduo deve ingerir aproximadamente 500 mg de sódio por dia. Considere que determinado refrigerante de 350 mL contém 35 mg de sódio. Ingerindo-se 1 500 mL desse refrigerante em um dia, qual é a porcentagem de sódio consumida em relação às necessidades diárias?

a) 45%

b) 60%

c) 15%

d) 30%

5 (Fuvest-SP) Um apostador ganhou um prêmio de R$ 1 000 000,00 na loteria e decidiu investir parte do valor em caderneta de poupança, que rende 6% ao ano, e o restante em um fundo de investimentos, que rende 7,5% ao ano. Apesar do rendimento mais baixo, a caderneta de poupança oferece algumas vantagens e ele precisa decidir como irá dividir o seu dinheiro entre as duas aplicações. Para garantir, após um ano, um rendimento total de pelo menos R$ 72 000,00, a parte da quantia a ser aplicada na poupança deve ser de, no máximo,

a) R$ 200 000,00

b) R$ 175 000,00

c) R$ 150 000,00

d) R$ 125 000,00

e) R$ 100 000,00

6 (FGV-SP) Uma televisão é vendida em duas formas de pagamento:

• Em uma única prestação de R$ 2 030,00, um mês após a compra.

• Entrada de R$ 400,00 mais uma prestação de R$ 1 600,00, um mês após a compra.

Sabendo que a taxa de juros do financiamento é a mesma nas duas formas de pagamento, pode-se afirmar que ela é igual a:

a) 7% ao mês.

b) 7,5% ao mês.

c) 8% ao mês.

d) 8,5% ao mês.

e) 9% ao mês.

7 (UE-RJ) Na imagem da etiqueta, informa-se o valor a ser pago por 0,256 kg de peito de peru.

O valor, em reais, de um quilograma desse produto é igual a:

a) 25,60

b) 32,76

c) 40,00

d) 50,00

8 (UF-RS) Na compra de três unidades idênticas de uma mesma mercadoria, o vendedor oferece um desconto de 10% no preço da segunda unidade e um desconto de 20% no preço da terceira unidade. A primeira unidade não tem desconto. Comprando três unidades dessa mercadoria, o desconto total é:

a) 8%

b) 10%

c) 22%

d) 30%

e) 32%

9 (UE-CE) A loja O GABI oferece duas opções de pagamentos em suas vendas, a partir do valor constante nas mercadorias: à vista, com 30% de desconto, ou em dois pagamentos mensais e iguais, sem desconto, sendo o primeiro pagamento feito no ato da compra. Admitindo-se que o valor real de venda corresponde ao valor pago nas compras à vista, a taxa mensal de juros embutida nas vendas a prazo é:

a) 70%

b) 150%

c) 85%

d) 110%

10 (FGV-SP) Toda segunda-feira, Valéria coloca R$ 100,00 de gasolina no tanque de seu carro. Em uma determinada segunda-feira, o preço por litro do combustível sofreu um acréscimo de 5% em relação ao preço da segunda-feira anterior. Nessas condições, na última segunda-feira, o volume de gasolina colocado foi x% inferior ao da segunda-feira anterior. É correto afirmar que **x** pertence ao intervalo:

a) [4,9; 5,0[

b) [4,8; 4,9[

c) [4,7; 4,8[

d) [4,6; 4,7[

e) [4,5; 4,6[

11 (PUC-SP) Em virtude da prolongada estiagem que vem assolando o estado de São Paulo nos últimos meses, a Sabesp (Companhia de Saneamento Básico do Estado de São Paulo) ofereceu um desconto sobre o valor da conta d´água das residências que conseguirem reduzir em 20% o seu consumo. Com base em um relatório técnico sobre o consumo de água em dois edifícios residenciais, **x** e **y**, nos quais todos os apartamentos têm hidrantes individuais, constatou-se que atingiram a meta para a obtenção do desconto: 15% do total de apartamentos dos dois edifícios pesquisados; 20% do total de apartamentos do edifício **x** e 10% do total de apartamentos do edifício **y**. Nessas condições, o número de apartamentos do edifício **x** corresponde a que porcentagem do total de apartamentos pesquisados?

a) 30%   c) 50%   e) 65%

b) 45%   d) 60%

12 (Enem-MEC) Uma pessoa aplicou certa quantia em ações. No primeiro mês, ela perdeu 30% do total do investimento e, no segundo mês, recuperou 20% do que havia perdido. Depois desses dois meses, resolveu tirar o montante de R$ 3 800,00 gerado pela aplicação. A quantia inicial que essa pessoa aplicou em ações corresponde ao valor de:

a) R$ 4 222,22   d) R$ 13 300,00

b) R$ 4 523,80   e) R$ 17 100,00

c) R$ 5 000,00

13 (FGV-SP) Um capital de R$ 10 000,00, aplicado a juro composto de 1,5% ao mês, será resgatado ao final de 1 ano e 8 meses no montante, em reais, aproximadamente igual a:

Dado:

x	x^{10}
0,8500	0,197
0,9850	0,860
0,9985	0,985
1,0015	1,015
1,0150	1,160
1,1500	4,045

a) 11 605,00   d) 13 895,00

b) 12 986,00   e) 14 216,00

c) 13 456,00

14 (PUC-MG) Luiz pretende descobrir quanto tempo deve esperar até que seu capital triplique se aplicado a uma taxa de juros de 10% ao ano. Para estimar o tempo de espera desconsiderou, em seus cálculos,

qualquer tipo de taxa ou imposto, consultou uma tábua de logaritmos decimais e usou os seguintes valores aproximados:

$\log (11) \simeq 1,04$ e $\log (3) \simeq 0,48$

Qual o tempo encontrado por Luiz?

a) 8 anos.   c) 13 anos.   e) 12 anos.

b) 10 anos.   d) 20 anos.

15 (FGV-SP) Um capital **C** de R$ 2 000,00 é aplicado a juros simples à taxa de 2% ao mês. Quatro meses depois, um outro capital **D** de R$ 1 850,00 também é aplicado a juros simples, à taxa de 3% ao mês.

Depois de **n** meses, contados a partir da aplicação do capital **C**, os montantes se igualam.

Podemos afirmar que a soma dos algarismos de **n** é:

a) 10   c) 8   e) 6

b) 9   d) 7

16 (Enem-MEC) Um jovem investidor precisa escolher qual investimento lhe trará maior retorno financeiro em uma aplicação de R$ 500,00. Para isso, pesquisa o rendimento e o imposto a ser pago em dois investimentos: poupança e CDB (certificado de depósito bancário). As informações obtidas estão resumidas no quadro:

	Rendimento mensal (%)	IR (imposto de renda)
Poupança	0,560	isento
CDB	0,876	4% (sobre o ganho)

Para o jovem investidor, ao final de um mês, a aplicação mais vantajosa é:

a) a poupança, pois totalizará um montante de R$ 502,80.

b) a poupança, pois totalizará um montante de R$ 500,56.

c) o CDB, pois totalizará um montante de R$ 504,38.

d) o CDB, pois totalizará um montante de R$ 504,21.

e) o CDB, pois totalizará um montante de R$ 500,87.

17 (UE-RJ) Um feirante vende ovos brancos e vermelhos. Em janeiro de um determinado ano, do total de vendas realizadas, 50% foram de ovos brancos e os outros 50% de ovos vermelhos. Nos meses seguintes, o feirante constatou que, a cada mês, as vendas de ovos brancos reduziram-se 10% e as de ovos vermelhos aumentaram 20%, sempre em relação ao mês anterior.

Ao final do mês de março desse mesmo ano, o percentual de vendas de ovos vermelhos, em relação ao número total de ovos vendidos em março, foi igual a:

a) 64%   c) 72%

b) 68%   d) 75%

18 (FGV-SP) O gráfico abaixo apresenta a receita semestral (em milhões de reais) de uma empresa em função do tempo em que I/2012 representa o 1º semestre de 2012, II/2012 representa o 2º semestre de 2012 e assim por diante.

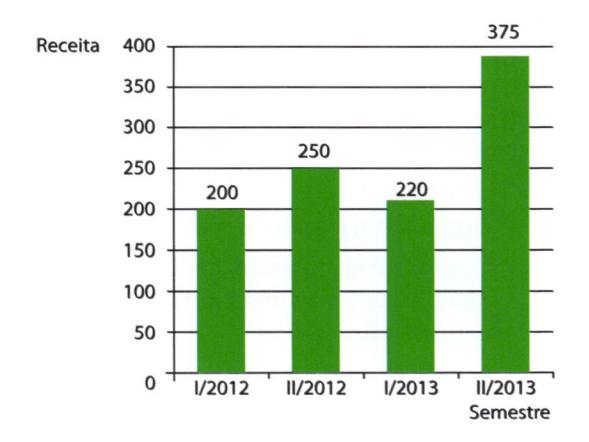

Estima-se que:

- a variação percentual da receita de I/2014 em relação à de I/2013 seja igual à variação percentual da receita de I/2013 em relação à de I/2012;
- a variação percentual da receita de II/2014 em relação à de II/2013 seja igual à variação percentual da receita de II/2013 em relação à de II/2012.

Nessas condições, pode-se afirmar que a receita total do ano de 2014, em milhões de reais, será de:

a) 802,4   **d)** 808,7

b) 804,5   **e)** 810,8

c) 806,6

19 (Ibmec-RJ) Um recipiente contém 2 565 litros de uma mistura de combustível, sendo 4% constituídos de álcool puro. Quantos litros desse álcool devem ser adicionados ao recipiente, a fim de termos 5% de álcool na mistura?

a) 29   **c)** 25   **e)** 20

b) 27   **d)** 23

20 (Vunesp-SP) Um quilograma de tomates é constituído por 80% de água. Essa massa de tomate (polpa + H_2O) é submetida a um processo de desidratação, no qual apenas a água é retirada, até que a participação da água na massa de tomate se reduza a 20%. Após o processo de desidratação, a massa de tomate, em gramas, será de:

a) 200   **c)** 250   **e)** 300

b) 225   **d)** 275

21 (Enem-SP) Nos últimos cinco anos, 32 mil mulheres de 20 a 24 anos foram internadas nos hospitais do SUS por causa de AVC. Entre os homens da mesma faixa etária, houve 28 mil internações pelo mesmo motivo.

Época. 26 abr. 2010 (adaptado).

Suponha que, nos próximos cinco anos, haja um acréscimo de 8 mil internações de mulheres e que o acréscimo de internações de homens por AVC ocorra na mesma proporção.

De acordo com as informações dadas, o número de homens que seriam internados por AVC, nos próximos cinco anos, corresponderia a:

a) 4 mil.   **c)** 21 mil.   **e)** 39 mil.

b) 9 mil.   **d)** 35 mil.

22 (UE-RJ)

O personagem da tira diz que, quando ameaçado, o comprimento de seu peixe aumenta 50 vezes, ou seja, 5 000%. Admita que, após uma ameaça, o comprimento desse peixe atinge 1,53 metro. O comprimento original do peixe, em centímetros, corresponde a:

a) 2,50   **b)** 2,75   **c)** 3,00   **d)** 3,25

23 (Insper-SP) O preço de um produto na loja **A** é 20% maior do que na loja **B**, que ainda oferece 10% de desconto para pagamento à vista. Sérgio deseja comprar esse produto pagando à vista. Nesse caso, para que seja indiferente para ele optar pela loja **A** ou pela **B**, o desconto oferecido pela loja **A** para pagamento à vista deverá ser de:

a) 10%   c) 20%   e) 30%

b) 15%   d) 25%

24 (EPCAr-MG) Gabriel aplicou R$ 6 500,00 a juros simples em dois bancos.

No banco **A**, ele aplicou uma parte a 3% ao mês durante $\frac{5}{6}$ de um ano; no banco **B**, aplicou o restante a 3,5% ao mês, durante $\frac{3}{4}$ de um ano.

O total de juros que recebeu nas duas aplicações foi de R$ 2 002,50.

Com base nessas informações, é correto afirmar que:

a) é possível comprar um televisor de R$ 3 100,00 com a quantia aplicada no banco **A**.

b) o juro recebido com a aplicação no banco **A** foi menor que R$ 850,00.

c) é possível comprar uma moto de R$ 4 600,00 com a quantia recebida pela aplicação no banco **B**.

d) o juro recebido com a aplicação no banco **B** foi maior que R$ 1 110,00.

25 (FGV-SP) Se uma pessoa faz hoje uma aplicação financeira a juros compostos, daqui a 10 anos o montante **M** será o dobro do capital aplicado **C**.

Utilize a tabela abaixo.

x	0	0,1	0,2	0,3	0,4
2^x	1	1,0718	1,1487	1,2311	1,3195

Qual é a taxa anual de juros?

a) 6,88%   c) 7,08%   e) 7,28%

b) 6,98%   d) 7,18%

26 (FGV-SP) Um capital **A** de R$ 10 000,00 é aplicado a juros compostos, à taxa de 20% ao ano; simultaneamente, um outro capital **B**, de R$ 5 000,00, também é aplicado a juros compostos, à taxa de 68% ao ano. Utilize a tabela abaixo para resolver.

x	1	2	3	4	5	6	7	8	9
log x	0	0,30	0,48	0,60	0,70	0,78	0,85	0,90	0,96

Depois de quanto tempo os montantes se igualam?

a) 22 meses.   d) 23,5 meses.

b) 22,5 meses.   e) 24 meses.

c) 23 meses.

27 (UF-GO) As ações de uma empresa sofreram uma desvalorização de 30% em 2011. Não levando em conta a inflação, para recuperar essas perdas em 2012, voltando ao valor que tinham no início de 2011, as ações precisariam ter uma valorização de, aproximadamente:

a) 30%   c) 43%   e) 70%

b) 33%   d) 50%

28 (Enem-MEC) Arthur deseja comprar um terreno de Cléber, que lhe oferece as seguintes possibilidades de pagamento:

• Opção 1: Pagar à vista, por R$ 55 000,00;

• Opção 2: Pagar a prazo, dando uma entrada de R$ 30 000,00 e mais uma prestação de R$ 26 000,00 para dali a 6 meses.

• Opção 3: Pagar a prazo, dando uma entrada de R$ 20 000,00, mais uma prestação de R$ 20 000,00, para dali a 6 meses e outra de R$ 18 000,00 para dali a 12 meses da data da compra.

• Opção 4: Pagar a prazo dando uma entrada de R$ 15 000,00 e o restante em 1 ano da data da compra, pagando R$ 39 000,00.

• Opção 5: pagar a prazo, dali a um ano, o valor de R$ 60 000,00.

Arthur tem o dinheiro para pagar à vista, mas avalia se não seria melhor aplicar o dinheiro do valor à vista (ou até um valor menor), em um investimento, com rentabilidade de 10% ao semestre, resgatando os valores à medida que as prestações da opção escolhida fossem vencendo.

Após avaliar a situação do ponto de vista financeiro e das condições apresentadas, Arthur concluiu que era mais vantajoso financeiramente escolher a opção:

a) 1   c) 3   e) 5

b) 2   d) 4

29 (UE-CE) Um comerciante deseja vender uma mercadoria que custou R$ 960,00, com um lucro líquido de 20% sobre o custo. Se este comerciante paga 10% de imposto sobre o preço de venda, a mercadoria deve ser vendida por:

a) R$ 1 410,00   c) R$ 1 300,00

b) R$ 1 340,00   d) R$ 1 280,00

30 (Enem-MEC) Os vidros para veículos produzidos por certo fabricante têm transparências entre 70% e 90%, dependendo do lote fabricado. Isso significa que, quando um feixe luminoso incide no vidro, uma parte entre 70% e 90% da luz consegue atravessá-lo. Os veículos equipados com vidros desse fabricante terão instaladas, nos vidros das portas, películas protetoras cuja transparência, dependendo do lote fabricado, estará entre 50% e 70%. Considere que uma porcentagem **P** da intensidade da luz, proveniente de uma fonte externa, atravessa o vidro e a película. De acordo com as informações, o intervalo das porcentagens que representam a variação total possível de **P** é:

a) [35; 63]   c) [50; 70]   e) [70; 90]

b) [40; 63]   d) [50; 90]

31 (Enem-MEC) Um laboratório realiza exames em que é possível observar a taxa de glicose de uma pessoa. Os resultados são analisados de acordo com o quadro a seguir.

Hipoglicemia	taxa de glicose menor ou igual a 70 mg/dL
Normal	taxa de glicose maior que 70 mg/dL e menor ou igual a 100 mg/dL
Pré-diabetes	taxa de glicose maior que 100 mg/dL e menor ou igual a 125 mg/dL
Diabetes melito	taxa de glicose maior que 125 mg/dL e menor ou igual a 250 mg/dL
Hiperglicemia	taxa de glicose maior que 250 mg/dL

Um paciente fez um exame de glicose nesse laboratório e comprovou que estava com hiperglicemia. Sua taxa de glicose era de 300 mg/dL. Seu médico prescreveu um tratamento em duas etapas. Na primeira etapa ele conseguiu reduzir sua taxa em 30% e na segunda etapa em 10%.
Ao calcular sua taxa de glicose após as duas reduções, o paciente verificou que estava na categoria de:

a) hipoglicemia.   d) diabetes melito.

b) normal.   e) hiperglicemia.

c) pré-diabetes.

32 (Enem-MEC) A taxa de fecundidade é um indicador que expressa a condição reprodutiva média das mulheres de uma região, e é importante para uma análise da dinâmica demográfica dessa região. A tabela apresenta os dados obtidos pelos Censos de 2000 e 2010, feitos pelo IBGE, com relação à taxa de fecundidade no Brasil.

Ano	Taxa de fecundidade no Brasil
2000	2,38
2010	1,90

Disponível em: www.saladeimprensa.ibge.gov.br. Acesso em: 31 jul. 2013.

Suponha que a variação percentual relativa na taxa de fecundidade no período de 2000 a 2010 se repita no período de 2010 a 2020. Nesse caso, em 2020 a taxa de fecundidade no Brasil estará mais próxima de:

a) 1,14   c) 1,52   e) 1,80

b) 1,42   d) 1,70

33 (Enem-MEC) Uma organização não governamental divulgou um levantamento de dados realizado em algumas cidades brasileiras sobre saneamento básico. Os resultados indicam que somente 36% do esgoto gerado nessas cidades é tratado, o que mostra que 8 bilhões de litros de esgoto sem nenhum tratamento são lançados todos os dias nas águas.
Uma campanha para melhorar o saneamento básico nessas cidades tem como meta a redução da quantidade de esgoto lançado nas águas diariamente, sem tratamento, para 4 bilhões de litros nos próximos meses.
Se o volume de esgoto gerado permanecer o mesmo e a meta dessa campanha se concretizar, o percentual de esgoto tratado passará a ser:

a) 72%   c) 64%   e) 18%

b) 68%   d) 54%

34 (Enem-MEC) De acordo com a ONU, da água utilizada diariamente,

- 25% são para tomar banho, lavar as mãos e escovar os dentes.
- 33% são utilizados em descarga de banheiro.
- 27% são para cozinhar e beber.
- 15% são para demais atividades.

No Brasil, o consumo de água por pessoa chega, em média, a 200 litros por dia.
O quadro mostra sugestões de consumo moderado de água por pessoa, por dia, em algumas atividades.

Atividade	Consumo total de água na atividade (em litros)
Tomar banho	24,0
Dar descarga	18,0
Lavar as mãos	3,2
Escovar os dentes	2,4
Beber e cozinhar	22,0

Se cada brasileiro adotar o consumo de água indicado no quadro, mantendo o mesmo consumo nas demais atividades, então economizará diariamente, em média, em litros de água,

a) 30,0   c) 100,4   e) 170,0

b) 69,6   d) 130,4

12 Semelhança e triângulos retângulos

▶ Semelhança entre figuras

Cada uma das figuras a seguir apresenta, em escalas diferentes, o esboço de um mapa contendo algumas das capitais brasileiras.

Brasil: algumas capitais

figura I

Brasil: algumas capitais

figura II

Fonte: *Atlas geográfico escolar*. Rio de Janeiro: IBGE, 2007.

Vamos relacionar elementos da figura I com seus correspondentes da figura II e extrair alguns conceitos importantes.

- Medindo a distância entre duas capitais quaisquer na figura I e a correspondente distância na figura II, observamos que a primeira mede o dobro da segunda.

- Ao medir um ângulo qualquer em uma das figuras e seu correspondente na outra, obteremos a mesma medida.

Por exemplo, ao medir a distância entre Belo Horizonte e Fortaleza na figura I, obtemos $d_1 = 40$ mm. Em II, a distância que separa essas duas capitais é $d'_1 = 20$ mm.

Entre o Rio de Janeiro e Salvador temos, em I, $d_2 = 26$ mm e, em II, $d'_2 = 13$ mm.

Generalizando, para essas duas figuras temos: $d_i = 2d'_i$.

Isso nos indica que existe uma constante de proporcionalidade, **k**, entre as medidas (lineares) da figura I e suas correspondentes na figura II; no caso, k = 2. Essa constante chama-se **razão de semelhança**.

Vamos estudar agora a parte angular: tanto na figura I como na II, o ângulo com vértice em Belém mede 93°. Da mesma forma, nas duas figuras, cada ângulo com vértice na capital federal tem 76°.

Os ângulos indicam a "forma" da figura, que se mantém quando a ampliamos ou reduzimos. O que se modifica nesses casos é apenas a medida dos segmentos de reta.

Quando essas duas condições (medidas lineares proporcionais e medidas angulares congruentes) são satisfeitas, dizemos que duas figuras são **semelhantes**.

EXEMPLO 1

Dois quadrados quaisquer são semelhantes.

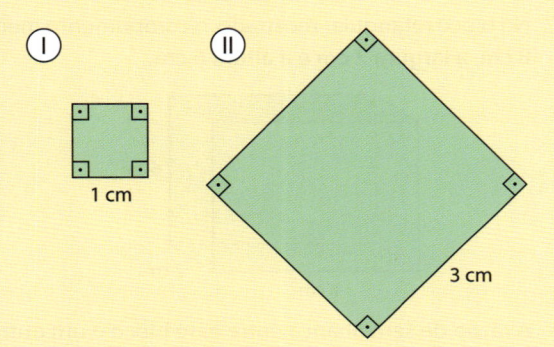

A razão de semelhança entre os quadrados (I) e (II) é $\frac{1\text{ cm}}{3\text{ cm}} = \frac{1}{3}$.

Poderíamos também ter calculado a razão de semelhança entre os quadrados (II) e (I), nesta ordem, obtendo $\frac{3\text{ cm}}{1\text{ cm}} = 3$, que é o inverso de $\frac{1}{3}$.

EXEMPLO 2

Dois círculos quaisquer são semelhantes.

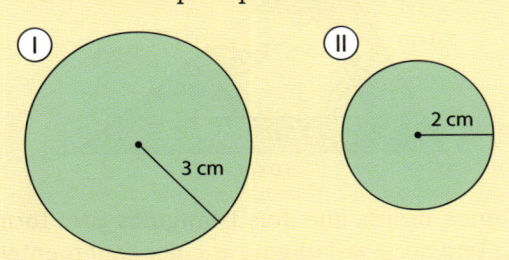

A razão de semelhança entre os círculos (I) e (II) é $\frac{3\text{ cm}}{2\text{ cm}} = 1,5$.

EXEMPLO 3

Dois retângulos serão semelhantes somente se a razão entre as medidas de suas bases for igual à razão entre as medidas de suas alturas.

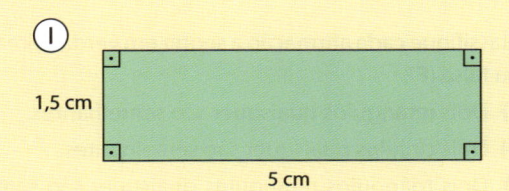

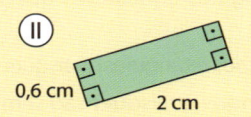

A razão de semelhança entre os retângulos (I) e (II) é $\frac{5\text{ cm}}{2\text{ cm}} = \frac{1,5\text{ cm}}{0,6\text{ cm}} = 2,5$.

EXEMPLO 4

Dois blocos retangulares serão semelhantes somente se as razões entre as três dimensões (tomadas, por exemplo, em ordem crescente) de um deles e as correspondentes dimensões do outro forem iguais.

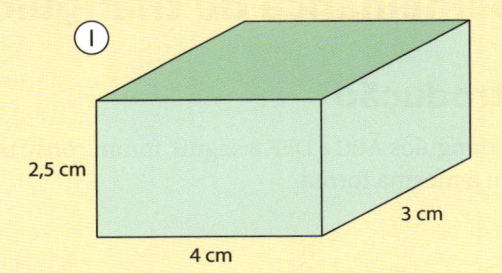

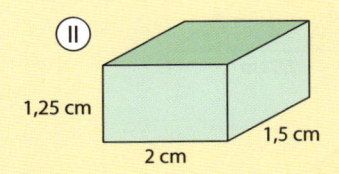

A razão de semelhança entre os paralelepípedos (I) e (II) é $\frac{2,5\text{ cm}}{1,25\text{ cm}} = \frac{3\text{ cm}}{1,5\text{ cm}} = \frac{4\text{ cm}}{2\text{ cm}} = 2$.

EXERCÍCIOS

1 A escala utilizada em um mapa foi de 1 : 30 000. Qual é a distância real entre duas cidades cuja distância entre elas é de 20 cm no mapa?

2 Classifique cada afirmação a seguir em verdadeira (**V**) ou falsa (**F**).

a) Dois retângulos quaisquer são semelhantes.

b) Dois círculos quaisquer são semelhantes.

c) Dois triângulos retângulos quaisquer são semelhantes.

d) Dois triângulos equiláteros quaisquer são semelhantes.

e) Dois trapézios retângulos quaisquer são semelhantes.

f) Dois losangos quaisquer são semelhantes.

3 Dois retângulos, R_1 e R_2, são semelhantes. As medidas dos lados de R_1 são 6 cm e 10 cm. Sabendo que a razão de semelhança entre R_1 e R_2, nessa ordem, é $\dfrac{2}{3}$, determine as medidas dos lados de R_2.

4 Dois triângulos retângulos distintos possuem um ângulo de 48° e lados com medidas proporcionais. Pode-se afirmar que eles são semelhantes? Explique.

5 Dois triângulos isósceles distintos possuem cada um deles um ângulo de 40°. Pode-se afirmar que eles são semelhantes? Explique.

6 Quais são as medidas dos lados de um quadrilátero A'B'C'D' com perímetro de 17 cm, semelhante ao quadrilátero ABCD da figura a seguir?

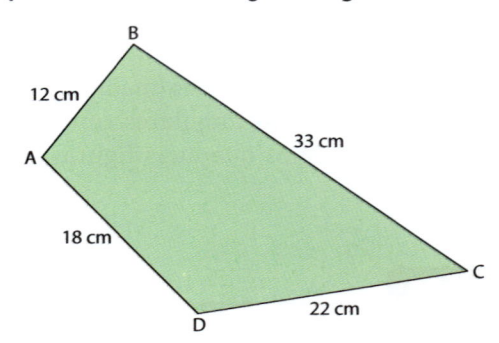

7 No bloco retangular mostrado, o comprimento mede 8 cm, a largura 2 cm e a altura 6 cm.

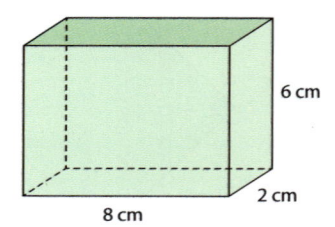

A razão de semelhança entre esse bloco e um outro, nessa ordem, é $\dfrac{1}{3}$. Quais são as dimensões desse outro bloco?

▶ Semelhança de triângulos

▶ Introdução

Os triângulos ABC e DEF, a seguir, foram construídos com a mesma forma.

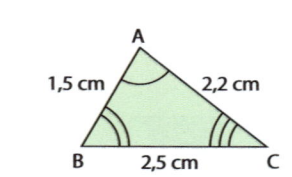

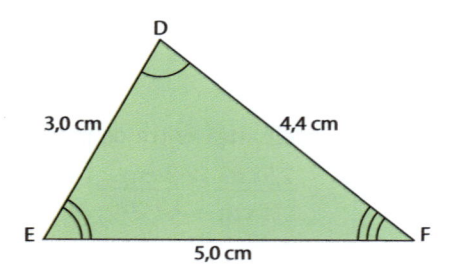

É possível colocar o triângulo menor (ABC) dentro do maior (DEF), de maneira que seus lados fiquem respectivamente paralelos.

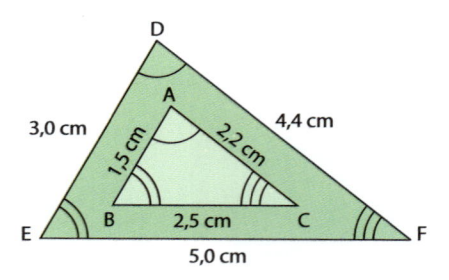

Vemos, assim, que dois triângulos com formas iguais têm necessariamente ângulos congruentes:

$$\hat{A} \equiv \hat{D} \qquad \hat{B} \equiv \hat{E} \qquad \hat{C} \equiv \hat{F}$$

Se calcularmos as razões entre as medidas dos lados correspondentes, teremos:

$$\frac{AB}{DE} = \frac{1,5 \text{ cm}}{3,0 \text{ cm}} = \frac{1}{2}$$

$$\frac{AC}{DF} = \frac{2,2 \text{ cm}}{4,4 \text{ cm}} = \frac{1}{2}$$

$$\frac{BC}{EF} = \frac{2,5 \text{ cm}}{5,0 \text{ cm}} = \frac{1}{2}$$

Logo, as razões são iguais, ou seja, os lados correspondentes (homólogos) são proporcionais.

$$\frac{AB}{DE} = \frac{AC}{DF} = \frac{BC}{EF}$$

Daí, podemos estabelecer a seguinte definição:

> Dois triângulos são semelhantes quando seus **ângulos correspondentes são congruentes** e os **lados homólogos são proporcionais.**

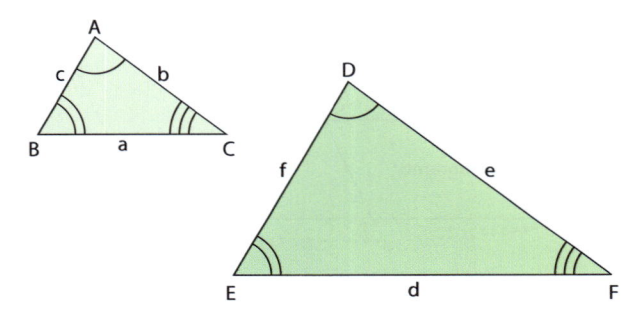

Em símbolos matemáticos, podemos escrever:

$$\triangle ABC \sim \triangle DEF \Leftrightarrow \begin{cases} \hat{A} \equiv \hat{D} \\ \hat{B} \equiv \hat{E} \\ \hat{C} \equiv \hat{F} \end{cases} \text{ e } \frac{a}{d} = \frac{b}{e} = \frac{c}{f}$$

> Símbolos:
> ~ : semelhante
> ≡ : congruente

▶ Razão de semelhança

Quando dois triângulos são semelhantes, a razão entre as medidas dos lados correspondentes é chamada **razão de semelhança**. Dos triângulos ABC e DEF acima obtemos:

$$\frac{a}{d} = \frac{b}{e} = \frac{c}{f} = k, \text{ em que } \mathbf{k} \text{ é a razão de semelhança.}$$

O conceito de triângulos semelhantes fixou as seguintes condições para um triângulo ABC ser semelhante a outro A'B'C':

$$\underbrace{\hat{A} \equiv \hat{A}', \hat{B} \equiv \hat{B}', \hat{C} \equiv \hat{C}'}_{\substack{\text{três congruências} \\ \text{de ângulos}}} \text{ e } \underbrace{\frac{AB}{A'B'} = \frac{AC}{A'C'} = \frac{BC}{B'C'}}_{\substack{\text{proporcionalidade} \\ \text{dos três lados}}}$$

Mas podemos reduzir essas exigências a uma quantidade bem menor. Os casos de semelhança (ou critérios de semelhança), que estudaremos a seguir, mostram quais são as condições mínimas para dois triângulos serem semelhantes.

Para demonstrar a validade dos critérios de semelhança, precisamos rever o teorema de Tales e o teorema fundamental da semelhança.

Ao observar a figura, que mostra um feixe de paralelas com duas transversais, podemos dizer que:

- são correspondentes os pontos: **A** e **A'**, **B** e **B'**, **C** e **C'**, **D** e **D'**;
- são correspondentes os segmentos: $\overline{AB}$ e $\overline{A'B'}$, $\overline{CD}$ e $\overline{C'D'}$, $\overline{AC}$ e $\overline{A'C'}$ etc.

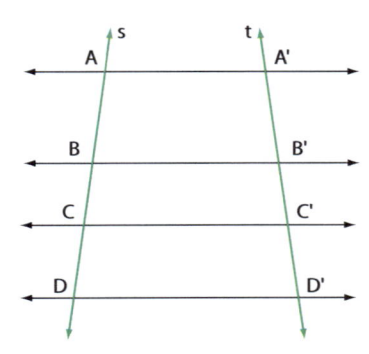

Vamos supor que existe um segmento de medida **x** que "cabe" **p** vezes em AB e **q** vezes em CD, e que **p** e **q** são números inteiros. Na figura abaixo, p = 5 e q = 4.

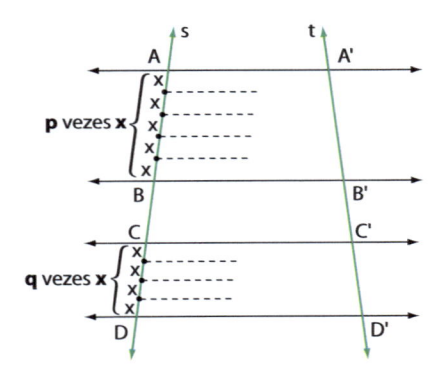

Temos, então:

$$AB = p \cdot x \text{ e } CD = q \cdot x$$

Estabelecendo a razão $\frac{AB}{CD}$, temos:

$$\frac{AB}{CD} = \frac{p \cdot x}{q \cdot x} \Rightarrow \frac{AB}{CD} = \frac{p}{q} \quad$$

Como p = 5 e q = 4, temos: $\frac{AB}{CD} = \frac{5}{4}$.

Conduzindo retas do feixe pelos pontos de divisão de $\overline{AB}$ e $\overline{CD}$ (veja linhas tracejadas na figura), observamos que:

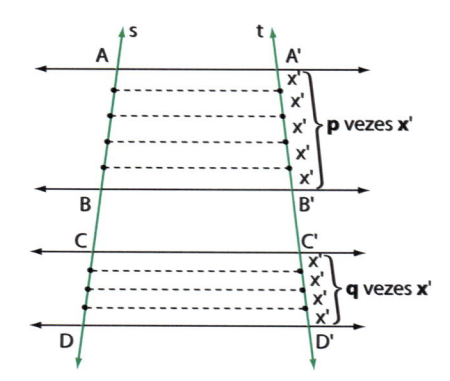

- o segmento $\overline{A'B'}$ fica dividido em **p** partes congruentes (de medida **x'**);
- o segmento $\overline{C'D'}$ fica dividido em **q** partes congruentes (também de medida **x'**):

A'B' = p · x' e C'D' = q · x'

- ao estabelecer a razão $\dfrac{A'B'}{C'D'}$, temos:

$$\dfrac{A'B'}{C'D'} = \dfrac{p \cdot x'}{q \cdot x'} \Rightarrow \dfrac{A'B'}{C'D'} = \dfrac{p}{q} \qquad ②$$

- comparando as igualdades ① e ②, vem:

$$\dfrac{AB}{CD} = \dfrac{A'B'}{C'D'}$$

Daí concluímos a validade do **teorema de Tales**:

Se duas retas são transversais a um feixe de retas paralelas, então a razão entre dois segmentos quaisquer de uma delas é igual à razão entre os segmentos correspondentes da outra.

Vamos agora conhecer o **teorema fundamental da semelhança de triângulos**. Veja como chegamos a ele.

A figura mostra um triângulo ABC, e $\overline{DE}$ é um segmento paralelo ao lado $\overline{BC}$.

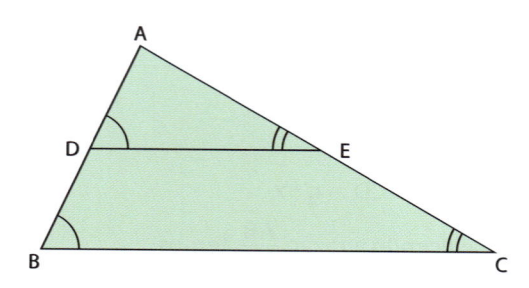

Observe os ângulos dos triângulos ADE e ABC. Do paralelismo de $\overline{DE}$ e $\overline{BC}$, temos:

$\hat{D} \equiv \hat{B}$ e $\hat{E} \equiv \hat{C}$

Então os triângulos ADE e ABC têm os ângulos ordenadamente congruentes:

$\hat{D} \equiv \hat{B}$, $\hat{E} \equiv \hat{C}$ e $\hat{A}$ (comum) ①

Sendo $\overleftrightarrow{DE} \mathbin{/\!/} \overleftrightarrow{BC}$ e aplicando o teorema de Tales nas transversais $\overleftrightarrow{AB}$ e $\overleftrightarrow{AC}$, temos:

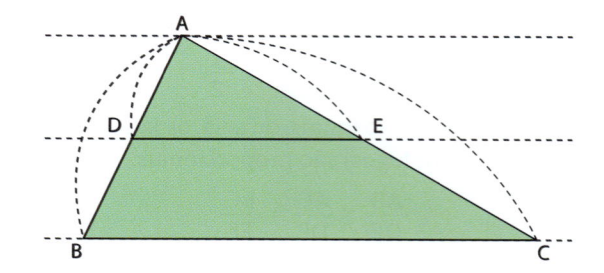

$$\dfrac{AD}{AB} = \dfrac{AE}{AC} \qquad ②$$

Pelo ponto **E**, vamos conduzir $\overleftrightarrow{EF}$, paralela a $\overleftrightarrow{AB}$.

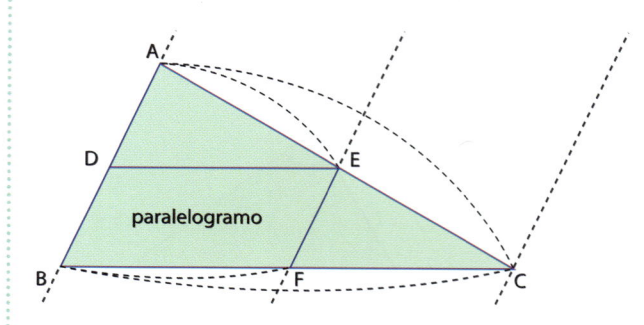

paralelogramo

Sendo $\overleftrightarrow{EF} \mathbin{/\!/} \overleftrightarrow{AB}$ e aplicando o teorema de Tales, temos: $\dfrac{AE}{AC} = \dfrac{BF}{BC}$.

Mas $\overline{BF} \equiv \overline{DE}$, pois BDEF é um paralelogramo; vamos então substituir BF por DE na igualdade anterior:

$$\dfrac{AE}{AC} = \dfrac{DE}{BC} \qquad ③$$

Comparando ② e ③, resulta:

$$\dfrac{AD}{AB} = \dfrac{AE}{AC} = \dfrac{DE}{BC} \qquad ④$$

Concluímos, assim, que os triângulos ADE e ABC têm ângulos congruentes (ver ①) e lados proporcionais (ver ④). Logo, eles são semelhantes:

$$\triangle ADE \sim \triangle ABC$$

Daí concluímos a validade do teorema fundamental da semelhança.

Toda reta paralela a um lado de um triângulo que intersecta os outros dois lados em pontos distintos determina um novo triângulo semelhante ao primeiro.

EXEMPLO 5

Na figura abaixo, sendo $\overline{DE} \parallel \overline{AB}$, qual é a medida dos segmentos $\overline{CB}$ e $\overline{CE}$?

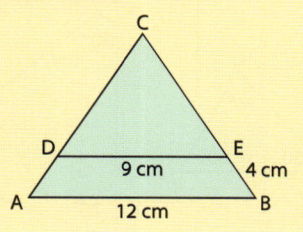

Sendo $\overline{DE} \parallel \overline{AB}$, temos: $\triangle CDE \sim \triangle CAB$.

Daí, vem:

$$\frac{CD}{CA} = \frac{CE}{CB} = \frac{DE}{AB} = \frac{9}{12} \Rightarrow \frac{CE}{CB} = \frac{9}{12} \Rightarrow$$

$$\Rightarrow \frac{CE}{CE + 4} = \frac{9}{12} \Rightarrow CE = 12 \text{ cm}$$

$$CB = CE + 4 = 12 + 4 = 16 \Rightarrow CB = 16 \text{ cm}$$

▶ Critérios de semelhança

▶ AA (ângulo – ângulo)

Observe os triângulos ABC e A'B'C', com dois ângulos respectivamente congruentes: $\hat{A} \equiv \hat{A}'$ e $\hat{B} \equiv \hat{B}'$.

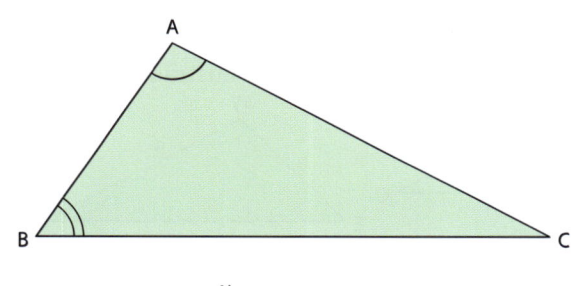

Se $\overline{AB} \equiv \overline{A'B'}$, então $\triangle ABC \equiv \triangle A'B'C'$ e, consequentemente, $\triangle ABC \sim \triangle A'B'C'$.

Vamos supor que os triângulos não sejam congruentes e que $AB > A'B'$.

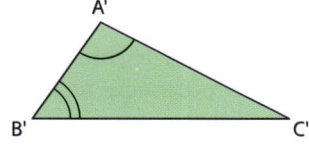

Tomemos **D** em $\overline{AB}$, de modo que $\overline{AD} \equiv \overline{A'B'}$, e por **D** vamos traçar $\overline{DE} \parallel \overline{BC}$.

Pelo caso de congruência ALA, os triângulos ADE e A'B'C' são congruentes:

$$\triangle ADE \equiv \triangle A'B'C'$$

Pelo teorema fundamental, os triângulos ADE e ABC são semelhantes:

$$\triangle ADE \sim \triangle ABC$$

Então, os triângulos A'B'C' e ABC também são semelhantes:

$$\triangle A'B'C' \sim \triangle ABC$$

> Se dois triângulos têm dois ângulos respectivamente congruentes, então os triângulos são semelhantes.

▶ LAL (lado – ângulo – lado)

Se dois triângulos têm dois lados correspondentes proporcionais e os ângulos compreendidos são congruentes, então os triângulos são semelhantes. Observe a demonstração considerando os dois triângulos ilustrados.

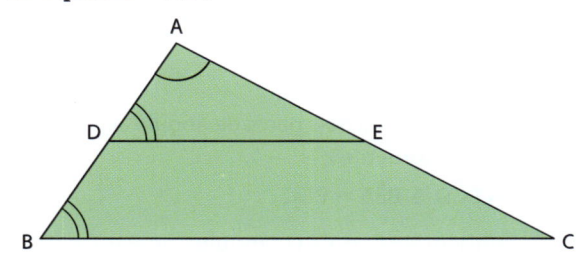

$$\left.\begin{array}{c} \dfrac{c}{c'} = \dfrac{b}{b'} \\ \hat{A} \equiv \hat{A}' \end{array}\right\} \Rightarrow \triangle ABC \sim \triangle A'B'C'$$

Tomemos **D** em $\overline{AB}$, de modo que $\overline{AD} \equiv \overline{A'B'}$, e por **D** vamos traçar $\overline{DE} \parallel \overline{BC}$.

Note que:

- pelo caso de congruência LAL:
  $$\triangle ADE \equiv \triangle A'B'C'$$
- pelo teorema fundamental:
  $$\triangle ADE \sim \triangle ABC$$
- Então, $\triangle A'B'C' \sim \triangle ABC$.

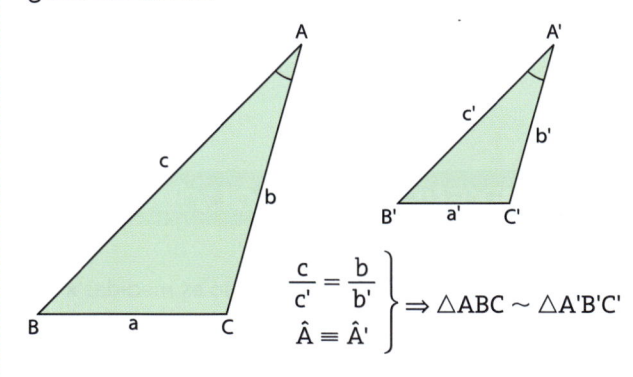

▶ LLL (lado – lado – lado)

Se dois triângulos têm os lados correspondentes proporcionais, então os triângulos são semelhantes.

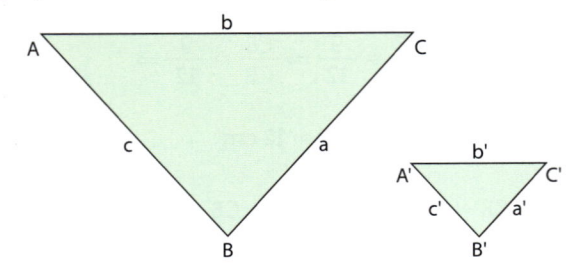

$$\frac{a}{a'} = \frac{b}{b'} = \frac{c}{c'} \Rightarrow \triangle ABC \sim \triangle A'B'C'$$

Tomemos **D** em $\overline{AB}$, de modo que $\overline{AD} \equiv \overline{A'B'}$, e por **D** vamos traçar $\overline{DE} \; // \; \overline{BC}$.

Note pela figura abaixo que:
- pelo caso de congruência LLL: $\triangle ADE \equiv \triangle A'B'C'$
- pelo teorema fundamental: $\triangle ADE \sim \triangle ABC$

Então, $\triangle A'B'C' \sim \triangle ABC$.

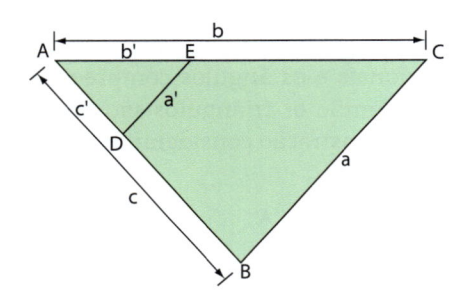

EXEMPLO 6

Observe os dois triângulos a seguir.

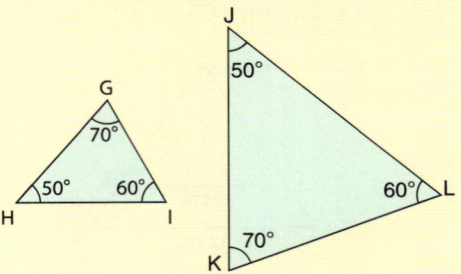

Temos:
$\hat{G} \equiv \hat{K}$, $\hat{H} \equiv \hat{J}$ e $\hat{I} \equiv \hat{L}$

Então, pelo critério AA de semelhança, $\triangle GHI \sim \triangle KJL$ e, em consequência, as medidas de seus lados homólogos são proporcionais:

$$\frac{GH}{JK} = \frac{GI}{KL} = \frac{HI}{JL}$$

EXEMPLO 7

Observe os dois triângulos ilustrados.

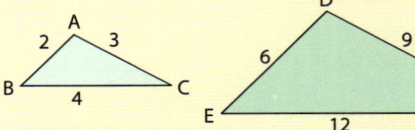

Temos:
$$\frac{AB}{DE} = \frac{BC}{EF} = \frac{CA}{FD} = \frac{1}{3}$$

Então, pelo critério LLL de semelhança, $\triangle ABC \sim \triangle DEF$ e, em consequência, seus ângulos são respectivamente congruentes:

$\hat{A} \equiv \hat{D}$, $\hat{B} \equiv \hat{E}$ e $\hat{C} \equiv \hat{F}$

EXERCÍCIO RESOLVIDO

1 Sabe-se que $\overline{AE} \; // \; \overline{CD}$. Quais são as medidas **x** de $\overline{AB}$ e **y** de $\overline{CD}$?

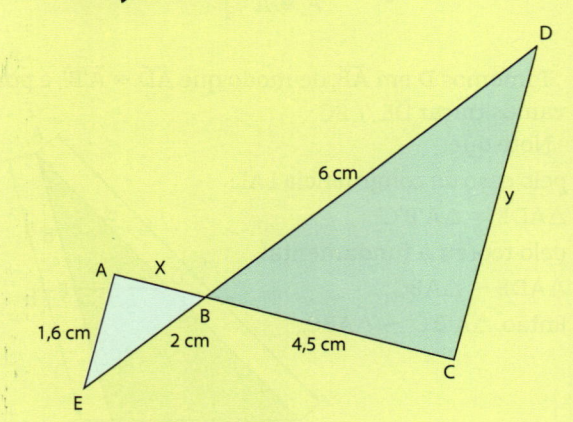

Solução:

Como $\overline{AE} \; // \; \overline{CD}$, há dois pares de ângulos alternos internos congruentes:

$B\hat{A}E \equiv B\hat{C}D$ e $B\hat{E}A \equiv B\hat{D}C$

Há também $A\hat{B}E \equiv C\hat{B}D$ (ângulos opostos pelo vértice). Assim, temos $\triangle ABE \sim \triangle CBD$.

Podemos escrever a proporcionalidade entre as medidas dos lados homólogos:

$$\frac{AB}{CB} = \frac{AE}{CD} = \frac{BE}{BD} \Rightarrow \frac{x}{4,5} = \frac{1,6}{y} = \frac{2}{6}$$

Sendo assim, $x = \dfrac{2 \cdot 4,5}{6}$ e $x = 1,5$ cm, além de $y = \dfrac{6 \cdot 1,6}{2}$, ou seja, $y = 4,8$ cm.

EXERCÍCIOS

8 São dados oito triângulos. Indique os pares de triângulos semelhantes e o caso de semelhança correspondente:

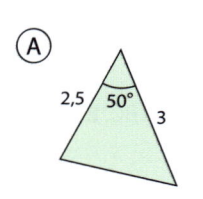 (A) 2,5 50° 3

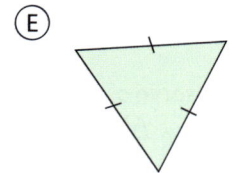 (E)

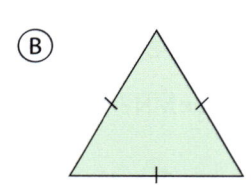 (B)

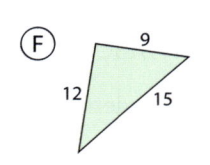 (F) 9 12 15

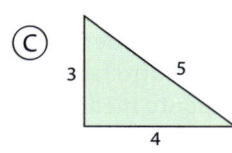 (C) 3 5 4

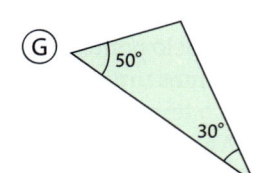 (G) 50° 30°

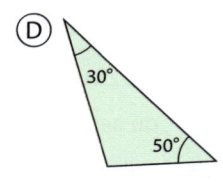 (D) 30° 50°

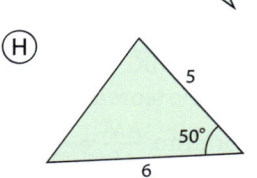 (H) 5 50° 6

9 Determine o valor de **x** e o de **y** em cada figura a seguir.

a) 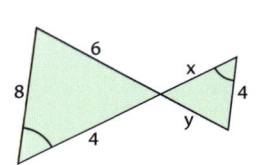 6 8 x 4 y 4

b) 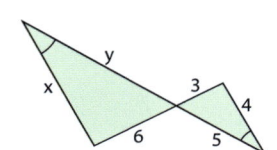 y x 3 6 5 4

10 Determine a altura de um prédio cuja sombra tem 15 m no mesmo instante em que uma vara de 6 m, fincada em posição vertical, tem uma sombra de 2 m.

11 Determine DE, sendo $\overline{AB}$ // $\overline{CD}$, BE = 4 cm, EC = 8 cm e AC = 11 cm.

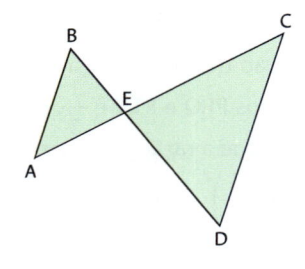

12 Os pontos **D**, **E** e **F** dividem o lado $\overline{AB}$ do triângulo ABC em quatro partes congruentes. Os pontos **G**, **H** e **I** dividem o lado $\overline{AC}$ desse triângulo em quatro partes congruentes. Sabendo que BC = 20 cm, calcule DG, EH e FI.

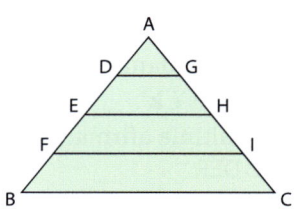

13 Sendo $\overline{DE}$ // $\overline{BC}$, determine **x** nos casos:

a) 6 cm 3 cm 8 cm x

b) 36 m 27 m 10 m x

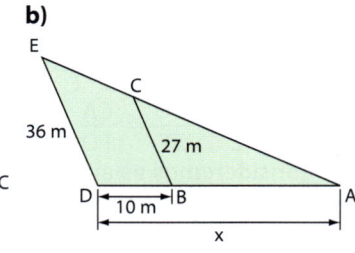

14 Determine a medida do segmento $\overline{AB}$ em cada caso:

a) C 4 x 2 A y 3 B

b) D 2 E 5 C 2 A B

15 Verifique se os triângulos ABE e ACD são semelhantes. Justifique sua resposta.

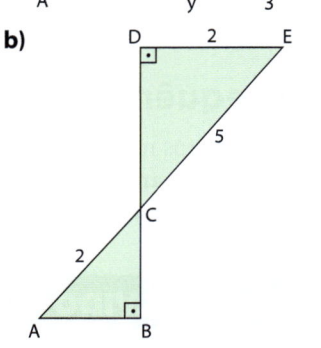
A B 55° 35° C E D

16 Os triângulos AMN e PMN da figura ao lado são semelhantes? Justifique sua resposta.

M 10 6 A 8 N 5 P

Consequências da semelhança de triângulos

Primeira consequência

Utilizando os critérios de semelhança, podemos provar que, se a razão de semelhança entre dois triângulos é **k**, então:

- a razão entre duas alturas homólogas é **k**;
- a razão entre duas bissetrizes homólogas é **k**;
- a razão entre duas medianas homólogas é **k**;
- a razão entre as áreas é k^2.

Vamos provar a última afirmação.

Seja $\triangle ABC \sim \triangle DEF$.

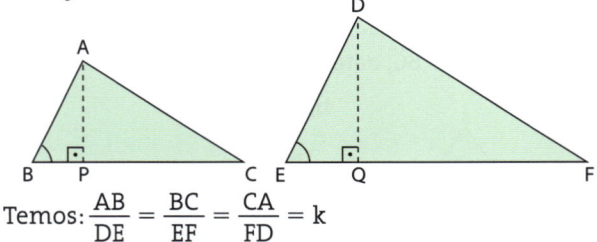

Temos: $\dfrac{AB}{DE} = \dfrac{BC}{EF} = \dfrac{CA}{FD} = k$

Consideremos as alturas homólogas $\overline{AP}$ e $\overline{DQ}$. Os triângulos ABP e DEQ também são semelhantes (pelo critério AA), pois $\hat{B} \equiv \hat{E}$ e $\hat{P} \equiv \hat{Q}$.

Então: $\dfrac{AB}{DE} = \dfrac{AP}{DQ}$, portanto $\dfrac{AP}{DQ} = k$

Assim, temos:

$$\left. \begin{array}{l} \text{área } \triangle ABC = S_1 = \dfrac{BC \cdot AP}{2} \\[2mm] \text{área } \triangle DEF = S_2 = \dfrac{EF \cdot DQ}{2} \end{array} \right\} \Rightarrow$$

$$\Rightarrow \frac{S_1}{S_2} = \frac{BC \cdot AP}{EF \cdot DQ} = \frac{BC}{EF} \cdot \frac{AP}{DQ} = k \cdot k = k^2$$

Segunda consequência

Se um segmento une os pontos médios de dois lados de um triângulo, então ele é **paralelo ao terceiro lado** e sua medida é **metade da medida do terceiro lado**.

Observe o triângulo ABC da figura, em que **M** e **N** são os pontos médios de $\overline{AB}$ e $\overline{AC}$, respectivamente.

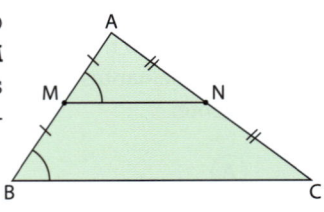

Observe os triângulos AMN e ABC. Eles têm Â em comum e $\dfrac{AM}{AB} = \dfrac{AN}{AC} = \dfrac{1}{2}$.

De acordo com o critério de semelhança LAL:

$\triangle AMN \cdot \triangle ABC$ e, portanto, $\hat{M} \equiv \hat{B}$ e $\dfrac{MN}{BC} = \dfrac{1}{2}$.

Assim, podemos concluir que $\overline{MN} \parallel \overline{BC}$ e $MN = \dfrac{BC}{2}$.

Terceira consequência

Se, pelo ponto médio de um lado de um triângulo, traçarmos uma reta paralela a outro lado, ela encontrará o terceiro lado em seu ponto médio.

Agora, observe a figura abaixo: tomamos um triângulo ABC e marcamos **M**, ponto médio do lado $\overline{AB}$. Em seguida, traçamos por **M** a reta **r**, paralela ao lado $\overline{BC}$.

Pelo teorema fundamental, temos $\triangle AMN \sim \triangle ABC$; portanto, $\dfrac{AM}{AB} = \dfrac{AN}{AC} = \dfrac{MN}{BC} = \dfrac{1}{2}$, ou seja, **N** é o ponto médio de $\overline{AC}$, e a medida MN é a metade de BC.

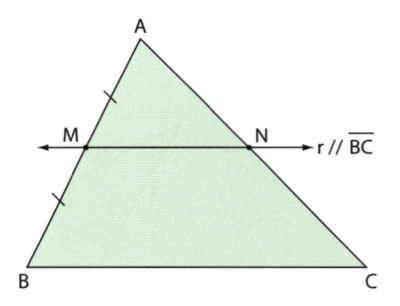

EXERCÍCIO RESOLVIDO

2 Na figura a seguir, $\overline{RQ}$ é paralelo a $\overline{TV}$:

a) Determinar o valor de **x**.

b) Sendo S_1 a área do triângulo PRQ e S_2 a área do triângulo PTV, encontrar uma relação entre S_1 e S_2.

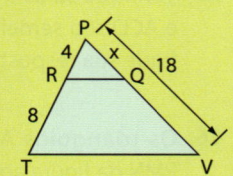

Solução:

Como $\overline{RQ} \parallel \overline{TV}$, os triângulos PRQ e PTV são semelhantes.

a) Escrevendo a razão de semelhança entre os lados dos triângulos PRQ e PTV, obtemos:

$$\frac{PR}{PT} = \frac{PQ}{PV} \Rightarrow \frac{4}{4+8} = \frac{x}{18} \Rightarrow x = 6$$

b) Como a razão de semelhança entre os lados dos triângulos PRQ e PTV é $\dfrac{1}{3}$, nessa ordem, concluímos que a razão de semelhança entre suas áreas é $\left(\dfrac{1}{3}\right)^2 = \dfrac{1}{9}$, isto é, $\dfrac{S_1}{S_2} = \dfrac{1}{9}$.

EXERCÍCIOS

17 As medidas dos lados de um triângulo ABC são 5,2 cm, 6,5 cm e 7,3 cm. Seja MNP o triângulo cujos vértices são os pontos médios dos lados de ABC.

a) Qual é o perímetro de MNP?

b) Prove que MNP é semelhante a ABC.

18 Na figura ao lado, $\overline{DE}$ é paralelo a $\overline{BC}$.

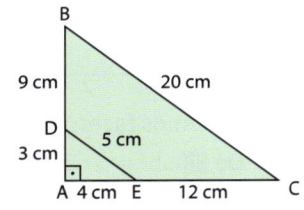

a) Qual é a razão de semelhança entre os triângulos ADE e ABC, nessa ordem?

b) Qual é a razão entre as áreas dos triângulos ADE e ABC, nessa ordem?

19 Na figura, $\overline{AB}$ é paralelo a $\overline{DE}$. Sabendo que AB = 5 cm, h_1 = 3 cm e DE = = 10 cm, determine:

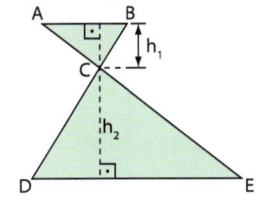

a) h_2;

b) as áreas dos triângulos ABC e CDE.

20 Dois triângulos equiláteros, T_1 e T_2, têm perímetros de 6 cm e 24 cm. Quantos triângulos congruentes a T_1 "cabem" em T_2?

21 Na figura, $\overline{AB}$ // $\overline{DE}$, DE = 4 cm e as áreas dos triângulos ABC e EDC valem, respectivamente, 36 cm² e 4 cm². Quanto mede $\overline{AB}$?

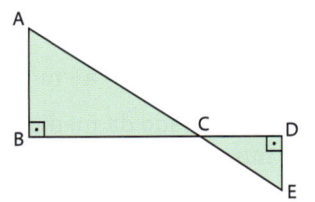

▶ O triângulo retângulo

Todo triângulo retângulo, além do ângulo reto, possui dois ângulos (agudos) complementares.

O maior dos três lados do triângulo é o oposto ao ângulo reto e chama-se **hipotenusa**; os outros dois lados são os **catetos**.

▶ Semelhanças no triângulo retângulo

Conduzindo a altura $\overline{AD}$, relativa à hipotenusa de um triângulo retângulo ABC, obtemos dois outros triângulos retângulos: DBA e DAC. Observe as figuras:

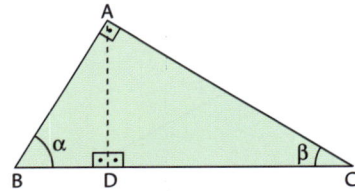

O ângulo B̂ (de medida **α**) e o ângulo Ĉ (de medida **β**) são complementares (α + β = 90°).

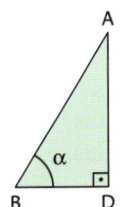

O ângulo BÂD é complemento do ângulo B̂. Então, m(BÂC) = β.

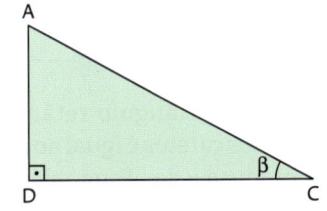

O ângulo DÂC é complemento do ângulo Ĉ. Então, m(DÂC) = α.

Reunindo as conclusões, vemos que os triângulos ABC, DBA e DAC têm os ângulos respectivos congruentes e, portanto, são semelhantes:

$$\triangle ABC \sim \triangle DBA \sim \triangle DAC$$

▶ Relações métricas

Voltemos ao triângulo ABC, retângulo em A, com a altura $\overline{AD}$.

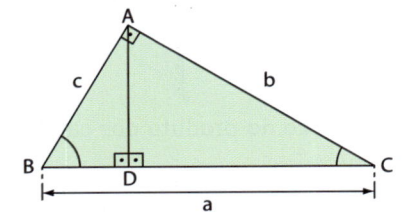 ~ 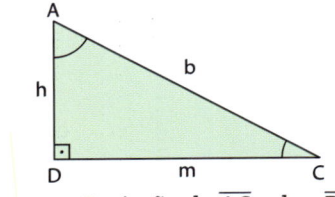 ~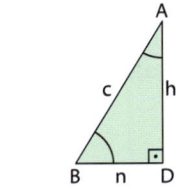

m: Projeção de $\overline{AC}$ sobre $\overline{BC}$. **n**: Projeção de $\overline{AB}$ sobre $\overline{BC}$.

Explorando a semelhança dos triângulos, temos que:

$$\triangle ABC \sim \triangle DBA \Rightarrow \frac{a}{c} = \frac{c}{n} \Rightarrow c^2 = a \cdot n \qquad \text{I}$$

$$\triangle ABC \sim \triangle DAC \Rightarrow \frac{a}{b} = \frac{b}{m} \Rightarrow b^2 = a \cdot m \qquad \text{II}$$

$$\triangle DBA \sim \triangle DAC \Rightarrow \frac{h}{m} = \frac{n}{h} \Rightarrow h^2 = m \cdot n \qquad \text{III}$$

As relações **I**, **II** e **III** são importantes **relações métricas no triângulo retângulo**. Em qualquer triângulo retângulo, temos, portanto:

- O quadrado da medida de um cateto é igual ao produto das medidas da hipotenusa e da projeção desse cateto sobre a hipotenusa, isto é:

$$b^2 = a \cdot m \quad e \quad c^2 = a \cdot n$$

- O quadrado da medida da altura relativa à hipotenusa é igual ao produto das medidas dos segmentos que ela determina na hipotenusa:

$$h^2 = m \cdot n$$

Das relações **I**, **II** e **III** decorrem outras, entre as quais vamos destacar duas:

- Multiplicando membro a membro as relações **I** e **II** e depois usando a **III**, temos:

$$\left.\begin{array}{l} b^2 = a \cdot m \\ c^2 = a \cdot n \end{array}\right\} \Rightarrow$$

$$\Rightarrow b^2 \cdot c^2 = a^2 \cdot \underbrace{m \cdot n}_{\text{III}} \Rightarrow b^2 \cdot c^2 = a^2 \cdot h^2 \Rightarrow b \cdot c = a \cdot h$$

- Em qualquer triângulo retângulo, o produto das medidas dos catetos é igual ao produto das medidas da hipotenusa e da altura relativa a ela:

$$b \cdot c = a \cdot h$$

- Somando membro a membro as relações **I** e **II** e observando que $m + n = a$, temos:

$$\left.\begin{array}{l} b^2 = a \cdot m \\ c^2 = a \cdot n \end{array}\right\} \Rightarrow$$

$$\Rightarrow b^2 + c^2 = a \cdot m + a \cdot n \Rightarrow$$

$$\Rightarrow b^2 + c^2 = a \cdot \underbrace{(m + n)}_{a} \Rightarrow b^2 + c^2 = a^2$$

- Em qualquer triângulo retângulo, a soma dos quadrados das medidas dos catetos é igual ao quadrado da medida da hipotenusa.

$$b^2 + c^2 = a^2$$

- Essa última relação é conhecida como **teorema de Pitágoras**.

EXEMPLO 8

Sejam 2 cm e 3 cm as medidas das projeções dos catetos de um triângulo retângulo sobre a hipotenusa (veja a figura). Vamos calcular as medidas dos catetos.

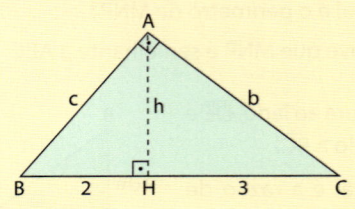

Podemos fazer:

De **III**: $h^2 = 3 \cdot 2 \Rightarrow h = \sqrt{6}$ cm

Como o triângulo ABH é retângulo, vale o teorema de Pitágoras:

$c^2 = 2^2 + h^2 = 4 + 6 = 10 \Rightarrow c = \sqrt{10}$ cm

De **II**: $b^2 = 5 \cdot 3 = 15 \Rightarrow b = \sqrt{15}$ cm

---

EXEMPLO 9

Em um triângulo retângulo, os catetos medem 5 cm e 12 cm. Vamos determinar as medidas da hipotenusa, das projeções dos catetos sobre a hipotenusa e da altura relativa à hipotenusa.

Inicialmente, caracterizaremos os elementos no triângulo retângulo da figura, em que a medida da hipotenusa é **x**, as das projeções são **z** e **t** e a da altura é **y**.

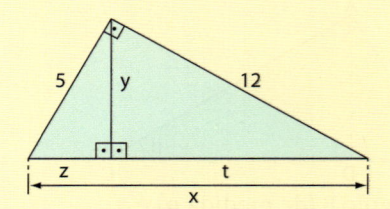

Pelo teorema de Pitágoras, temos:

$x^2 = 5^2 + 12^2 \Rightarrow x^2 = 169 \Rightarrow$

$\Rightarrow x = 13$ cm   (hipotenusa)

Aplicando as relações que envolvem as projeções dos catetos, obtemos:

$$\left.\begin{array}{l} 5^2 = x \cdot z \Rightarrow 13 \cdot z = 25 \Rightarrow \\ \Rightarrow z = \dfrac{25}{13} \text{ cm} \\ 12^2 = x \cdot t \Rightarrow 13 \cdot t = 144 \Rightarrow \\ \Rightarrow t = \dfrac{144}{13} \text{ cm} \end{array}\right\} \text{(projeções)}$$

Aplicando a relação do produto dos catetos, obtemos:

$$x \cdot y = 5 \cdot 12 \Rightarrow 13 \cdot y = 60 \Rightarrow y = \frac{60}{13} \text{ cm (altura)}$$

▶ Aplicações notáveis do teorema de Pitágoras

1ª) Diagonal do quadrado

Consideremos um quadrado ABCD cujo lado mede ℓ. Vamos encontrar a medida da diagonal **d** do quadrado em função de ℓ.

Basta aplicar o teorema de Pitágoras ao triângulo destacado:

$$d^2 = \ell^2 + \ell^2 = 2\ell^2$$

$$d = \ell\sqrt{2}$$

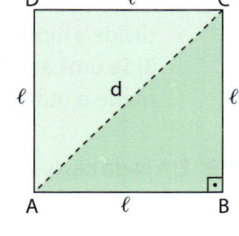

Assim, se o lado de um quadrado mede 10 cm, sua diagonal medirá $10\sqrt{2}$ cm (aproximadamente 14,1 cm).

2ª) Altura do triângulo equilátero

Consideremos um triângulo equilátero ABC cujo lado mede ℓ. Vamos expressar a medida da altura **h** do triângulo em função de ℓ.

Basta aplicar o teorema de Pitágoras ao triângulo destacado:

$$h^2 + \left(\frac{\ell}{2}\right)^2 = \ell^2 \Rightarrow h^2 = \ell^2 - \left(\frac{\ell}{2}\right)^2 \Rightarrow$$

$$\Rightarrow h^2 = \ell^2 - \frac{\ell^2}{4} = \frac{3\ell^2}{4}$$

$$h = \frac{\ell\sqrt{3}}{2}$$

Assim, em um triângulo equilátero com lado de 6 m, a altura relativa a qualquer um dos lados mede $\frac{6\sqrt{3}}{2}$ m $= 3\sqrt{3}$ m (aproximadamente 5,2 m).

EXERCÍCIOS

22 Sabendo que $\overline{AB} \parallel \overline{CD}$, determine o valor de **x** e o de **y**.

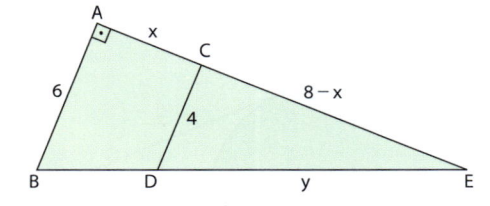

23 Determine o valor de **x** e o de **y** de cada uma das figuras:

a)

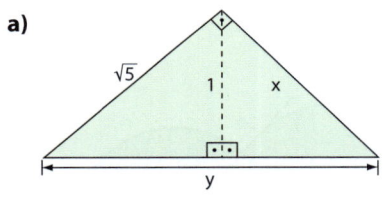

b)

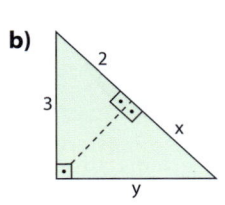

24 Determine o valor de **x** em cada caso:

a)

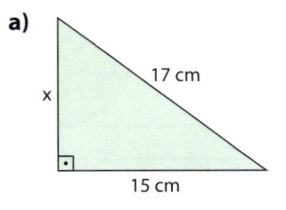

b)

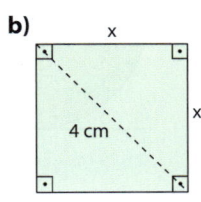

c)

d)

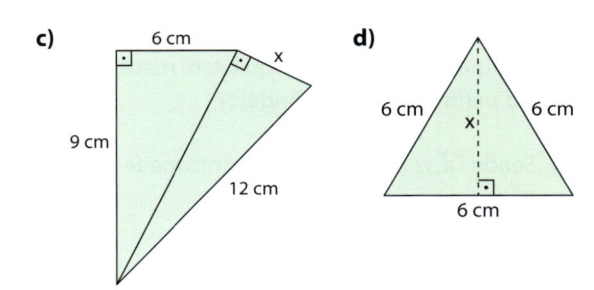

25 Quanto medem os catetos e a altura relativa à hipotenusa de um triângulo, sabendo que essa altura determina, sobre a hipotenusa, segmentos de medidas 3 cm e 5 cm?

26 Uma piscina tem 40 m de comprimento, 20 m de largura e 2 m de profundidade. Que distância percorrerá alguém que nade, em linha reta, de um canto ao canto oposto dessa piscina? Use $\sqrt{5} \approx 2{,}23$.

27 A figura mostra o perfil de uma escada, formada por seis degraus idênticos, como indicado na figura abaixo. A distância do ponto mais alto da escada ao solo é 1,80 m. Qual é a medida do segmento $\overline{AB}$?

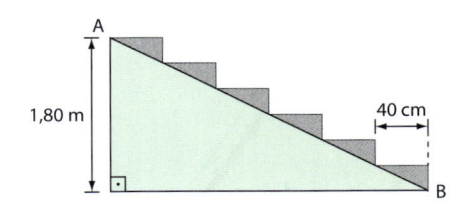

28 Para ajudar nas festas juninas de sua cidade, Paulo esticou completamente um fio de bandeirinhas, com 3,5 m de comprimento, até o topo de um poste com 4,5 m de altura. Sabemos que Paulo mede 1,70 m; a que distância ele ficou do pé do poste?

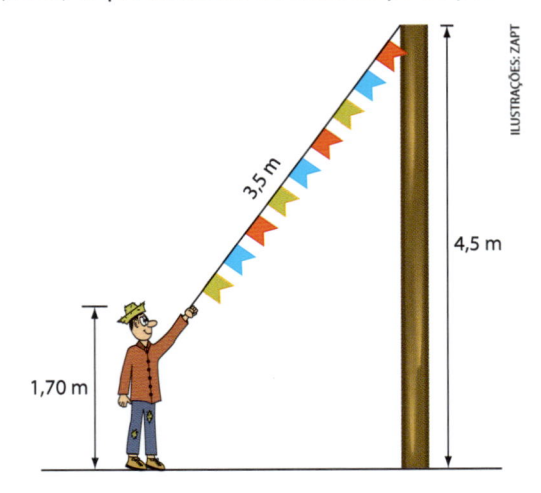

29 O perímetro de um quadrado é 36 cm. Qual é a medida da diagonal desse quadrado?

30 A altura de um triângulo equilátero mede $6\sqrt{3}$ m. Qual é o perímetro desse triângulo?

31 Sendo $\overline{DE} \parallel \overline{AB}$ e $\overline{DF} \parallel \overline{AC}$, quanto mede a hipotenusa $\overline{BC}$?

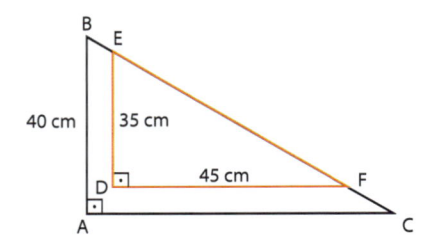

32 Entre duas paredes verticais, paralelas, há 5 m de distância. Para reparar uma delas (na região compreendida entre as paredes), um pedreiro apoia nela uma escada de 4 m, que a toca a 3 m do solo. O pé da escada está mais próximo de qual das paredes?

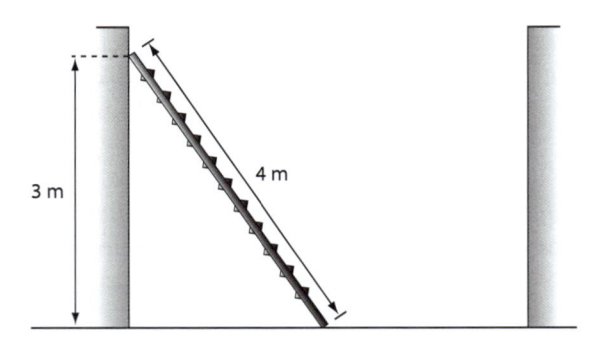

33 Leia com atenção e responda:

a) A altura relativa à hipotenusa de um triângulo atinge o ponto médio da hipotenusa. Se um cateto do triângulo mede 11 cm, quanto mede o outro?

b) A altura relativa à hipotenusa de um triângulo divide a hipotenusa em partes proporcionais a 2 e 3. Se um cateto do triângulo mede 18 cm, quanto mede o outro?

34 Em cada caso, determine o valor de **x**.
Sugestão: lembrar que se uma reta é tangente a uma circunferência, então essa reta é perpendicular ao raio no ponto de tangência.

a)

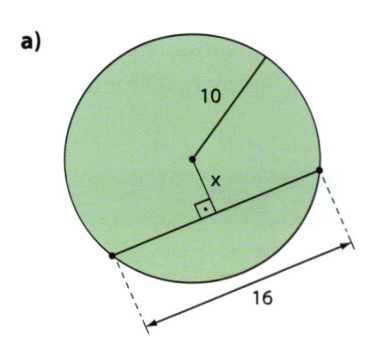

b)

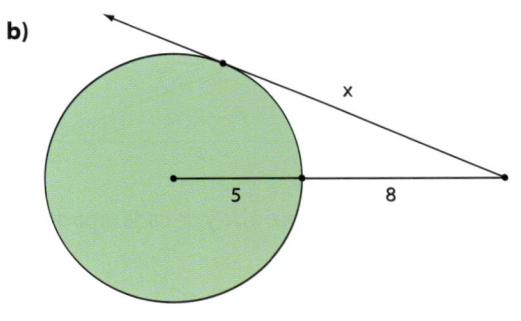

c)

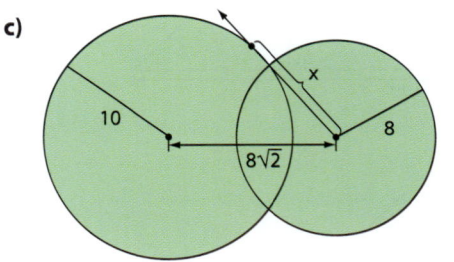

d)

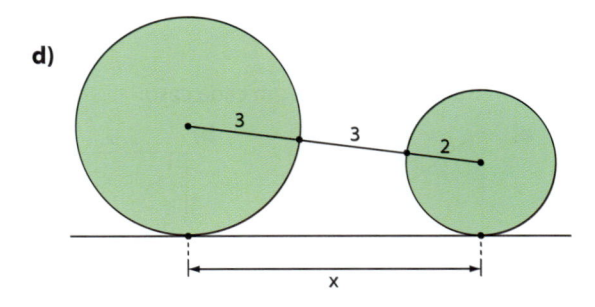

> ## EXERCÍCIOS **COMPLEMENTARES**

1 Em um mapa, duas cidades estão a 3,5 cm uma da outra, mas a distância real entre elas é de 700 km.

a) Qual é a escala do mapa?

b) Se a distância entre duas capitais for, no mapa, 54 mm, qual será a distância real entre elas?

2 De acordo com a figura de cada item, responda:

a) Se $\overline{AB}//\overline{CD}$, BC = 25 cm, CE = 75 cm e AB = 35 cm, quanto mede $\overline{CD}$?

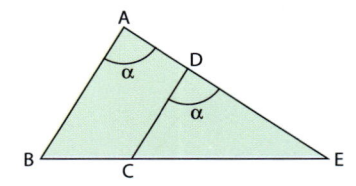

b) Se CE = 2BC e AB = 36 cm, quanto mede $\overline{CD}$, paralelo a $\overline{AB}$?

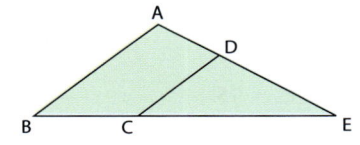

3 Na figura, o triângulo ABC é semelhante ao triângulo DEC. Determine o valor de α e β:

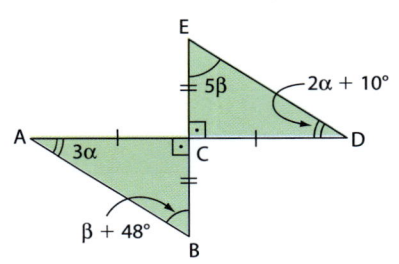

4 Sendo $\alpha = \beta$, determine **x** e **y** nos casos:

a)

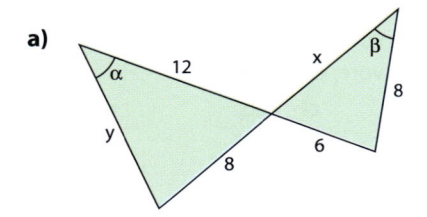

b)

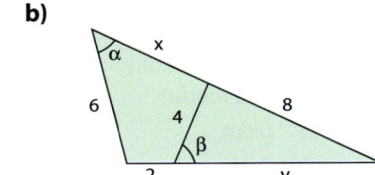

5 O lado de um triângulo equilátero ABC mede $\dfrac{\sqrt{6}}{2}$ cm e **D** é o ponto médio de $\overline{AB}$. Determine a distância entre **D** e $\overline{AC}$.

6 Determine a altura de um trapézio cujas bases medem 80 cm e 180 cm, e os lados não paralelos medem 1 m e 1,20 m.

7 Sabendo que os quadriláteros seguintes são quadrados, determine **x**:

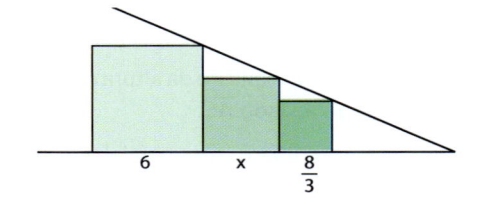

8 Observe a figura a seguir e responda:

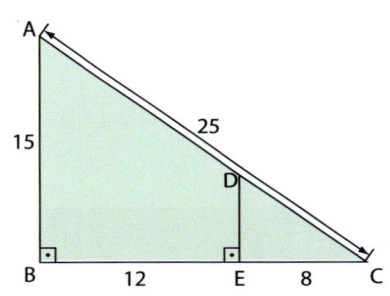

a) Que fração da área do triângulo ABC é ocupada pelo triângulo CDE?

b) Qual é a razão entre a área do trapézio ABDE e a do triângulo CDE?

9 Determine a medida do lado do quadrado da figura.

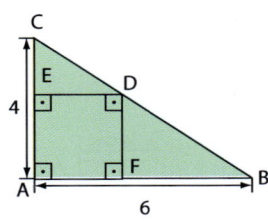

10 (Unicamp-SP) Dois navios partiram ao mesmo tempo de um mesmo porto, em direções perpendiculares e a velocidades constantes. Trinta minutos após a partida, a distância entre os dois navios era de 15 km e, após mais 15 minutos, um dos navios estava 4,5 km mais longe do porto que o outro.

a) Quais as velocidades dos dois navios, em quilômetros por hora?

b) Qual a distância de cada um dos navios até o porto de saída, 270 minutos após a partida?

11 (Unicamp-SP) Os lados do triângulo ABC da figura abaixo têm as seguintes medidas AB = 20, BC = 15 e AC = 10.

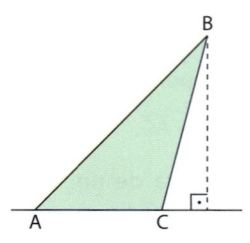

a) Sobre o lado $\overline{BC}$ marca-se um ponto **D** tal que BD = 3 e traça-se o segmento $\overline{DE}$ paralelo a $\overline{AC}$. Ache a razão entre a altura **H** do triângulo ABC relativa ao lado $\overline{AC}$ e a altura **h** do triângulo EBD relativa ao lado $\overline{ED}$, sem explicitar os valores **h** e **H**.

b) Calcule o valor explícito da altura do triângulo ABC em relação ao lado $\overline{AC}$.

12 A figura representa três ruas paralelas (I, II e III) de um condomínio. A partir do ponto **P**, deseja-se puxar uma extensa rede de fios elétricos, conforme indicado.

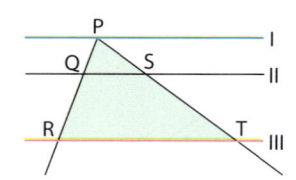

Sabe-se que a quantidade de fio (em metros) usada para ligar os pontos **Q** e **R** é o dobro da quantidade necessária para ligar os pontos **P** e **Q**. Determine quantos metros de fio serão usados para ligar **Q** e **S** se, de **R** a **T**, foram usados 84 m.

13 Em cada caso, determine o valor de **x**:

a)

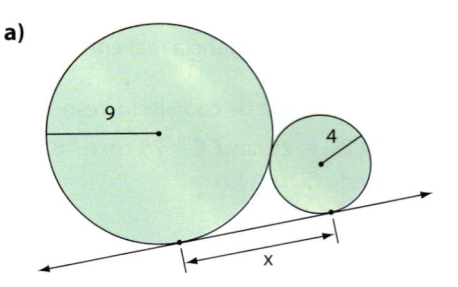

b)

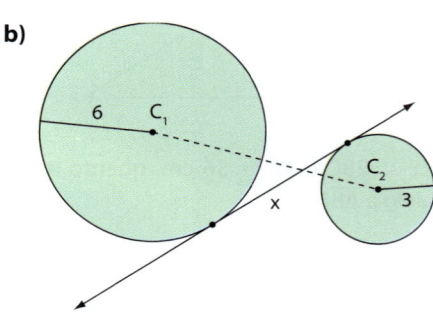

Dado: $C_1C_2 = 15$

TESTES

1 (Enem-MEC)

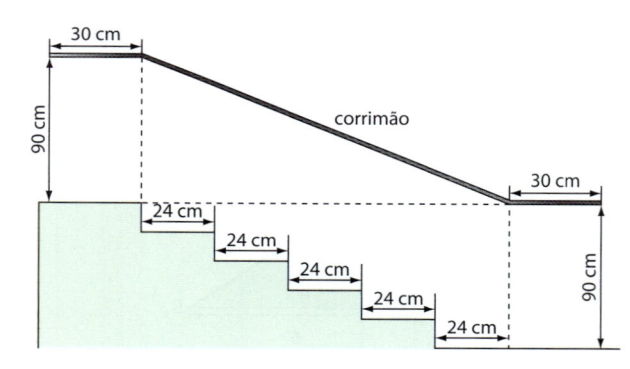

Na figura apresentada, que representa o projeto de uma escada com 5 degraus da mesma altura, o comprimento total do corrimão é igual a:

a) 1,8 m   c) 2,0 m   e) 2,2 m
b) 1,9 m   d) 2,1 m

2 (UF-SE) Na figura abaixo, são dados AC = 8 cm e CD = 4 cm. A medida de $\overline{BD}$ é, em centímetros:

a) 9
b) 10
c) 12
d) 15
e) 16

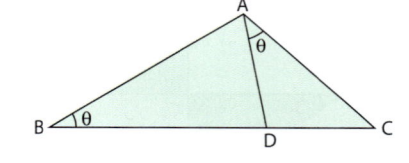

3 (PUC-RS) Para medir a altura de uma árvore, foi usada uma vassoura de 1,5 m, verificando-se que, no momento em que ambas estavam em posição vertical em relação ao terreno, a vassoura projetava uma sombra de 2 m, e a árvore, de 16 m.
A altura da árvore, em metros, é:

a) 3,0   c) 12,0   e) 16,0
b) 8,0   d) 15,5

4 (Enem-MEC) A sombra de uma pessoa que tem 1,80 m de altura mede 60 cm. No mesmo momento, a seu lado, a sombra projetada de um poste mede 2,00 m. Se, mais tarde, a sombra do poste diminuiu 50 cm, a sombra da pessoa passou a medir:

a) 30 cm   c) 50 cm   e) 90 cm
b) 45 cm   d) 80 cm

5 (FGV-SP) Dois triângulos são semelhantes. O perímetro do primeiro é 24 m e o do segundo é 72 m. Se a área do primeiro for 24 m², a área do segundo será:

a) 108 m²   c) 180 m²   e) 252 m²

b) 144 m²   d) 216 m²

6 (PUC-MG) Um desfile de moda é feito sobre um palco retangular de comprimento MN = 24 m e de largura AM = 6 m. Certa modelo sai do ponto **A**, percorre a poligonal ABCDE e termina de desfilar no ponto **E**. Considerando-se que MB = BD = DN e que o triângulo BCD é isósceles, BC = CD = 5 m, pode-se estimar que a distância, em metros, percorrida por essa modelo, durante seu desfile, é:

a) 30

b) 38

c) 40

d) 44

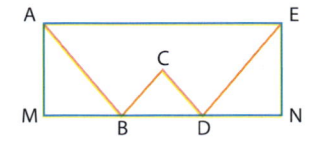

7 (PUC-MG) A placa metálica representada na figura tem formato de um triângulo retângulo ABC, cujos catetos $\overline{AB}$ e $\overline{AC}$ medem, respectivamente, 60 cm e 40 cm. Essa placa deverá sofrer um corte reto $\overline{MN}$, paralelo ao lado $\overline{BC}$, de modo que sua área seja reduzida à metade.

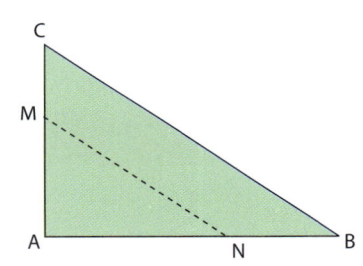

Uma vez realizado esse corte, as medidas de $\overline{AM}$ e $\overline{NA}$, em centímetros, serão respectivamente iguais a:

a) $10\sqrt{2}$ e $15\sqrt{2}$ c) $20\sqrt{2}$ e $30\sqrt{2}$

b) $10\sqrt{3}$ e $15\sqrt{3}$ d) $20\sqrt{3}$ e $30\sqrt{3}$

8 (PUC-RS) Instrução: para responder à questão, considere a imagem abaixo, que representa o fundo de uma piscina em forma de triângulo com a parte mais profunda destacada.

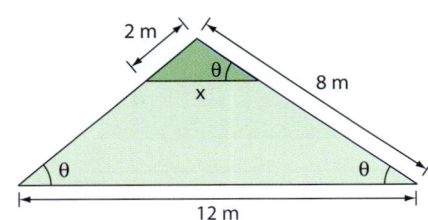

O valor em metros da medida "x" é:

a) 2   c) 3   e) 6

b) 2,5   d) 4

9 (Fuvest-SP) Uma circunferência de raio 3 cm esta inscrita no triangulo isósceles ABC, no qual AB = AC. A altura relativa ao lado $\overline{BC}$ mede 8 cm. O comprimento de $\overline{BC}$ é, portanto, igual a:

a) 24 cm   c) 12 cm   e) 7 cm

b) 13 cm   d) 9 cm

10 (UF-PE) Na figura abaixo, ABD e BCD são triângulos retângulos isósceles. Se AD = 4, qual é o comprimento de $\overline{DC}$?

a) $4\sqrt{2}$

b) 6

c) 7

d) 8

e) $8\sqrt{2}$

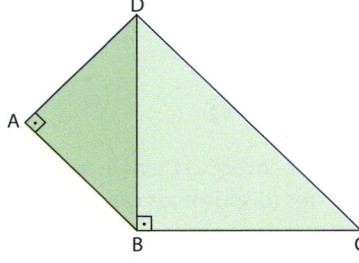

11 (Cefet-MG) No triângulo ABC, um segmento $\overline{MN}$, paralelo a $\overline{BC}$, divide o triângulo em duas regiões de mesma área, conforme representado na figura.

A razão $\dfrac{\overline{AM}}{\overline{AB}}$ é igual a:

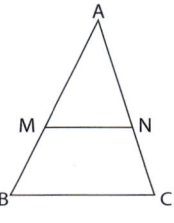

a) $\dfrac{1}{2}$ d) $\dfrac{\sqrt{3}}{3}$

b) $\dfrac{\sqrt{2}}{2}$ e) $\dfrac{\sqrt{2}+1}{3}$

c) $\dfrac{\sqrt{3}}{2}$

12 (UE-CE) Uma escada de 25 m está encostada na parede vertical de um edifício de modo que o pé da escada está a 7 m da base do prédio. Se o topo da escada escorrega 4 m, quantos metros irá escorregar o pé da escada?

a) 10 m

b) 9 m

c) 8 m

d) 6 m

13 (ITA-SP) Considere o trapézio ABCD de bases $\overline{AB}$ e $\overline{CD}$. Sejam **M** e **N** os pontos médios das diagonais $\overline{AC}$ e $\overline{BD}$, respectivamente. Então, se $\overline{AB}$ tem comprimento **x** e $\overline{CD}$ tem comprimento y < x, o comprimento de $\overline{MN}$ é igual a:

a) $x - y$ d) $\dfrac{1}{3}(x + y)$

b) $\dfrac{1}{2}(x - y)$

c) $\dfrac{1}{3}(x - y)$ e) $\dfrac{1}{4}(x + y)$

14 (Fuvest-SP) Na figura, ABC e CDE são triângulos retângulos, AB = 1, BC = $\sqrt{3}$ e BE = 2DE. Logo, a medida de $\overline{AE}$ é:

a) $\dfrac{\sqrt{3}}{2}$

b) $\dfrac{\sqrt{5}}{2}$

c) $\dfrac{\sqrt{7}}{2}$

d) $\dfrac{\sqrt{11}}{2}$

e) $\dfrac{\sqrt{13}}{2}$

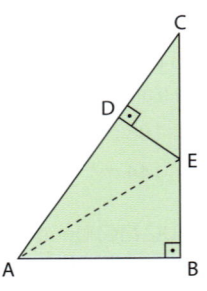

15 (ITA-SP) Considere o triângulo ABC retângulo em **A**. Sejam $\overline{AE}$ e $\overline{AD}$ a altura e a mediana relativa à hipotenusa $\overline{BC}$, respectivamente. Se a medida de $\overline{BE}$ é ($\sqrt{2}$ − 1) cm e a medida de $\overline{AD}$ é 1 cm, então $\overline{AC}$ mede, em cm:

a) $4\sqrt{2} - 5$

b) $3 - \sqrt{2}$

c) $\sqrt{6 - 2\sqrt{2}}$

d) $3\,(\sqrt{2} - 1)$

e) $3\sqrt{4\sqrt{2} - 5}$

16 (Enem-MEC) Diariamente, uma residência consome 20 160 Wh. Essa residência possui 100 células solares retangulares (dispositivos capazes de converter a luz solar em energia elétrica) de dimensões 6 cm × 8 cm. Cada uma das tais células produz, ao longo do dia, 24 Wh por centímetro de diagonal. O proprietário dessa residência quer produzir, por dia, exatamente a mesma quantidade de energia que sua casa consome.

Qual deve ser a ação desse proprietário para que ele atinja o seu objetivo?

a) Retirar 16 células.

b) Retirar 40 células.

c) Acrescentar 5 células.

d) Acrescentar 20 células.

e) Acrescentar 40 células.

17 (Enem-MEC) A figura *1* representa uma gravura retangular com 8 m de comprimento e 6 m de altura.

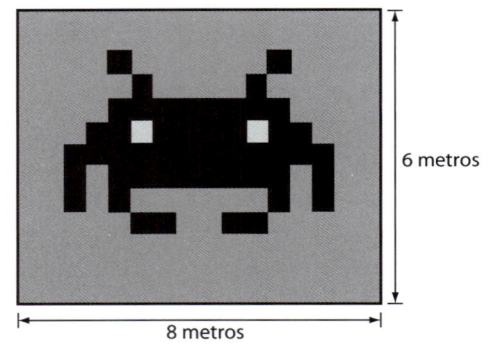

6 metros

8 metros

figura 1

Deseja-se reproduzi-la numa folha de papel retangular com 42 cm de comprimento e 30 cm de altura, deixando livres 3 cm em cada margem, conforme a figura *2*.

A reprodução da gravura deve ocupar o máximo possível da região disponível, mantendo as proporções da figura *1*.

PRADO, A. C. *Superinteressante*, ed. 301, fev. 2012 (adaptado).

A escala da gravura reproduzida na folha de papel é:

a) 1 : 3

b) 1 : 4

c) 1 : 20

d) 1 : 25

e) 1 : 32

3 cm   3 cm   3 cm   3 cm   3 cm   3 cm   3 cm   30 cm   3 cm   3 cm   42 cm

figura 2

■ Região disponível para reproduzir a gravura
□ Região proibida para reproduzir a gravura

Trigonometria no triângulo retângulo

▶ Introdução

Observe a figura abaixo.

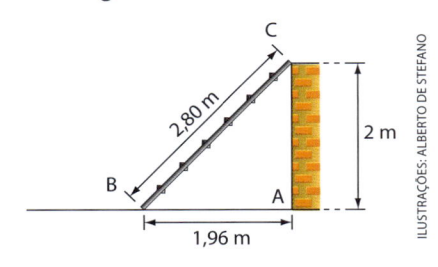

ILUSTRAÇÕES: ALBERTO DE STEFANO

Uma escada com seis degraus está apoiada, em **C**, num muro de 2 m de altura.

A distância entre dois degraus vizinhos é 40 cm. Logo, o comprimento da escada é 2,80 m.

A distância da base da escada (**B**) à base do muro (**A**) é 1,96 m, aproximadamente.

O triângulo ABC formado é retângulo em **Â**, em que $\overline{AB}$ e $\overline{AC}$ são os catetos e $\overline{BC}$ é a hipotenusa.

Ao meio-dia, com o sol a pino, um pedreiro sobe a escada, degrau por degrau.

A sombra de seu pé no chão também vai mudar de posição.

Vamos ver como esse exemplo simples nos permite tirar conclusões importantes em Matemática.

▶ Relações entre triângulos retângulos semelhantes

A figura ao lado mostra a situação anterior, de maneira simplificada:

• posições da ponta do pé do pedreiro: C_1, C_2, C_3, C_4, C_5 e C_6;

• posições da sombra da ponta do pé no chão: A_1, A_2, A_3, A_4, A_5 e A_6.

Os triângulos BA_1C_1, BA_2C_2, BA_3C_3 etc. são todos semelhantes entre si. Observe:

altura do pé

$$\frac{\overbrace{A_1C_1}}{\underbrace{BC_1}} = \frac{A_2C_2}{BC_2} = \frac{A_3C_3}{BC_3} = \ldots = \frac{AC}{BC} = \frac{2,00}{2,80} \simeq 0,71429$$

distância percorrida

Podemos observar que a altura do pé do pedreiro em relação ao chão é **diretamente proporcional** à distância que ele percorreu na escada.

Temos também a razão:

distância da sombra à base da escada

$$\frac{\overbrace{BA_1}}{\underbrace{BC_1}} = \frac{BA_2}{BC_2} = \frac{BA_3}{BC_3} = \ldots = \frac{BA}{BC} = \frac{1,96}{2,80} = 0,7$$

distância percorrida

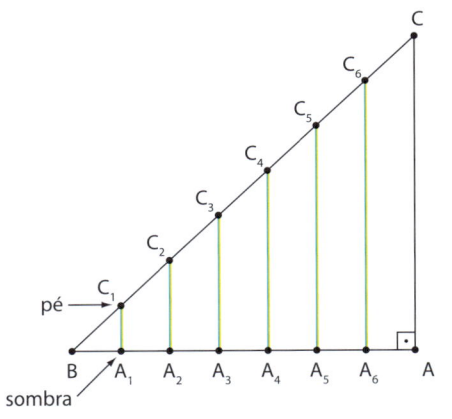

Da mesma forma, a distância da sombra do pé do pedreiro à base da escada é diretamente proporcional à distância que ele percorreu na escada.

Temos, ainda:

altura do pé

$$\overbrace{\frac{A_1C_1}{\underbrace{BA_1}}}= \frac{A_2C_2}{BA_2} = \frac{A_3C_3}{BA_3} = \ldots = \frac{AC}{BA} = \frac{2,00}{1,96} \simeq 1,02041$$

distância da sombra à base da escada

A altura do pé do pedreiro em relação ao chão é diretamente proporcional à distância da sombra do seu pé à base da escada.

Acabamos de ver que, **fixado o ângulo (B̂)** que a escada faz com o chão, temos as razões:

- $\dfrac{\text{medida do cateto oposto a } \hat{B}}{\text{medida da hipotenusa}}$;

- $\dfrac{\text{medida do cateto adjacente a } \hat{B}}{\text{medida da hipotenusa}}$;

- $\dfrac{\text{medida do cateto oposto a } \hat{B}}{\text{medida do cateto adjacente a } \hat{B}}$.

Essas razões não dependem do tamanho do triângulo considerado. Em qualquer dos triângulos BA_1C_1, BA_2C_2, BA_3C_3 etc. essas razões valem, respectivamente: 0,71429; 0,7; 1,02041.

Esses números estão diretamente ligados à medida do ângulo $\hat{B}$.

Observe o que acontece se colocarmos a escada em outra posição, como mostra a figura formando com o chão outro ângulo, $\hat{B}'$.

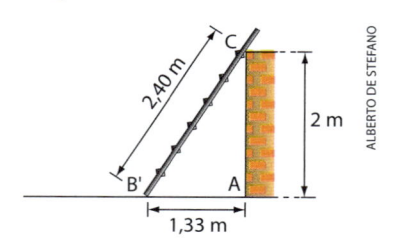

ALBERTO DE STEFANO

Nesse caso, encontraremos as seguintes razões:

- $\dfrac{\text{medida do cateto oposto a } \hat{B}'}{\text{medida da hipotenusa}} = \dfrac{2,00}{2,40} \simeq 0,83333$

- $\dfrac{\text{medida do cateto adjacente a } \hat{B}'}{\text{medida da hipotenusa}} = \dfrac{1,33}{2,40} \simeq 0,55417$

- $\dfrac{\text{medida do cateto oposto a } \hat{B}'}{\text{medida do cateto adjacente a } \hat{B}'} = \dfrac{2,00}{1,33} \simeq 1,50376$

Cada uma dessas três razões, que dependem da medida do ângulo $\hat{B}'$, irá receber os nomes apresentados a seguir.

▶ Razões trigonométricas

Dado um ângulo agudo $\hat{B}$, vamos construir um triângulo ABC retângulo em **A** e que tenha $\hat{B}$ como um de seus ângulos.

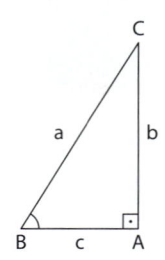

- Chama-se **seno** de um ângulo agudo a razão entre a medida do cateto oposto ao ângulo e a medida da hipotenusa:

$$\operatorname{sen} \hat{B} = \frac{b}{a} \text{ (sen } \hat{B} \text{ lê-se: “seno de } \hat{B}\text{”)}$$

- Chama-se **cosseno** de um ângulo agudo a razão entre a medida do cateto adjacente ao ângulo e a medida da hipotenusa:

$$\cos \hat{B} = \frac{c}{a} \text{ (cos } \hat{B} \text{ lê-se: “cosseno de } \hat{B}\text{”)}$$

- Chama-se **tangente** de um ângulo agudo a razão entre a medida do cateto oposto ao ângulo e a medida do cateto adjacente ao ângulo:

$$\operatorname{tg} \hat{B} = \frac{b}{c} \text{ (tg } \hat{B} \text{ lê-se: “tangente de } \hat{B}\text{”)}$$

O seno, o cosseno e a tangente de um ângulo são chamados **razões trigonométricas** desse ângulo.

EXEMPLO 1

Considerando o exemplo inicial com o triângulo formado pela escada, pelo muro e pelo chão, temos:

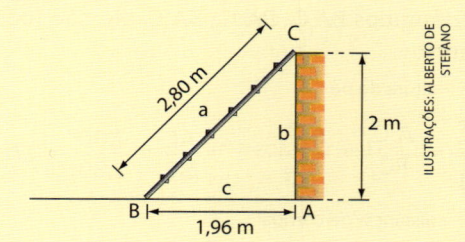

ILUSTRAÇÕES: ALBERTO DE STEFANO

$$\operatorname{sen} \hat{B} = \frac{b}{a} = \frac{2,00 \text{ m}}{2,80 \text{ m}} \simeq 0,71429$$

$$\cos \hat{B} = \frac{c}{a} = \frac{1,96 \text{ m}}{2,80 \text{ m}} = 0,7$$

$$\operatorname{tg} \hat{B} = \frac{b}{c} = \frac{2,00 \text{ m}}{1,96 \text{ m}} \simeq 1,02041$$

EXEMPLO 2

Agora vamos considerar a escada apoiada no muro, conforme a segunda posição apresentada:

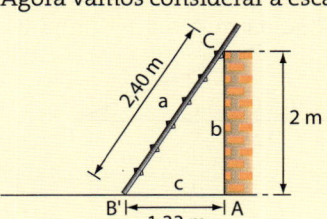

$$\operatorname{sen} \hat{B}' = \frac{b}{a} = \frac{2,00 \text{ m}}{2,40 \text{ m}} \approx 0,83333$$

$$\cos \hat{B}' = \frac{c}{a} = \frac{1,33 \text{ m}}{2,40 \text{ m}} \approx 0,55417$$

$$\operatorname{tg} \hat{B}' = \frac{b}{c} = \frac{2,00 \text{ m}}{1,33 \text{ m}} \approx 1,50376$$

EXEMPLO 3

No triângulo abaixo, temos:

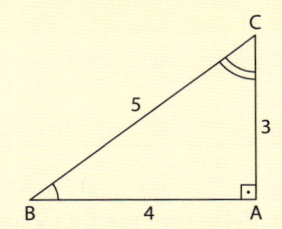

$$\operatorname{sen} \hat{B} = \frac{\text{medida do cateto oposto a } \hat{B}}{\text{medida da hipotenusa}} = \frac{AC}{BC} = \frac{3}{5} = 0,6$$

$$\cos \hat{B} = \frac{\text{medida do cateto adjacente a } \hat{B}}{\text{medida da hipotenusa}} = \frac{AB}{BC} = \frac{4}{5} = 0,8$$

$$\operatorname{tg} \hat{B} = \frac{\text{medida do cateto oposto a } \hat{B}}{\text{medida do cateto adjacente a } \hat{B}} = \frac{AC}{AB} = \frac{3}{4} = 0,75$$

No exemplo acima, o ângulo $\hat{C}$ também é agudo. Calculemos as razões trigonométricas de $\hat{C}$.

$$\operatorname{sen} \hat{C} = \frac{AB}{BC} = \frac{4}{5} = 0,80$$

$$\cos \hat{C} = \frac{AC}{BC} = \frac{3}{5} = 0,60$$

$$\operatorname{tg} \hat{C} = \frac{AB}{AC} = \frac{4}{3} \approx 1,33$$

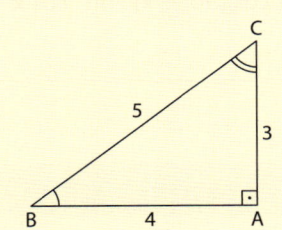

EXERCÍCIOS RESOLVIDOS

1 Calcular o seno de cada ângulo agudo do triângulo retângulo ABC, cujos catetos medem AC = 8 cm e AB = 15 cm.

Solução:
Primeiro calculamos a hipotenusa:
$$BC = \sqrt{AC^2 + AB^2} = \sqrt{64 + 225} = \sqrt{289} = 17 \Rightarrow$$
$$\Rightarrow BC = 17 \text{ cm}$$

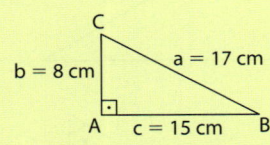

Para determinar o seno de cada ângulo agudo, fazemos:
$$\operatorname{sen} \hat{B} = \frac{b}{a} = \frac{8 \text{ cm}}{17 \text{ cm}} \approx 0,470$$

$$\operatorname{sen} \hat{C} = \frac{c}{a} = \frac{15 \text{ cm}}{17 \text{ cm}} \approx 0,882$$

2 Calcular o cosseno de cada ângulo agudo do triângulo retângulo DEF cujos catetos medem FE = 5 cm e FD = $2\sqrt{6}$ cm.

Solução:
Primeiro calculamos a hipotenusa:
$$DE = \sqrt{FE^2 + FD^2} = \sqrt{25 + 24} = \sqrt{49} = 7 \Rightarrow$$
$$\Rightarrow DE = 7 \text{ cm}$$

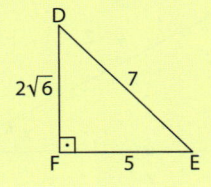

Temos:

$$\cos \hat{D} = \frac{FD}{DE} = \frac{2\sqrt{6}}{7}$$

$$\cos \hat{E} = \frac{FE}{DE} = \frac{5}{7}$$

3 Calcular o seno e o cosseno de cada ângulo agudo do triângulo retângulo GHI em que as medidas dos catetos são GH = 5 cm e HI = 12 cm.

Solução:

Calculando a hipotenusa, encontramos:

$$GI = \sqrt{GH^2 + HI^2} = \sqrt{25 + 144} = \sqrt{169} = 13 \Rightarrow$$

$$\Rightarrow GI = 13 \text{ cm}$$

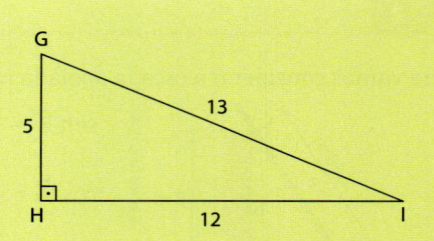

Então, temos:

$$\operatorname{sen} \hat{I} = \frac{5}{13} \text{ e } \operatorname{sen} \hat{G} = \frac{12}{13}$$

$$\cos \hat{I} = \frac{12}{13} \text{ e } \cos \hat{G} = \frac{5}{13}$$

Observemos que sen $\hat{I}$ = cos $\hat{G}$ e sen $\hat{G}$ = cos $\hat{I}$.

OBSERVAÇÕES

Os ângulos agudos de um triângulo retângulo são **complementares**. Se um deles tem medida **x** (ou m(x)), o outro tem medida (90° − x). O exercício anterior constitui um exemplo da seguinte propriedade:

$$\operatorname{sen} x = \cos (90° - x) \quad \text{ou} \quad \cos x = \operatorname{sen} (90° - x)$$

EXERCÍCIOS

1 Determine sen x em cada caso a seguir.

a)

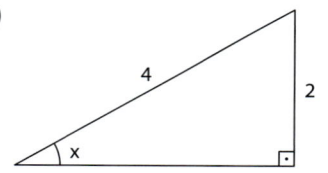

b)

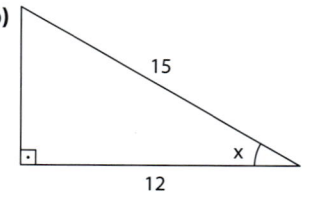

c)

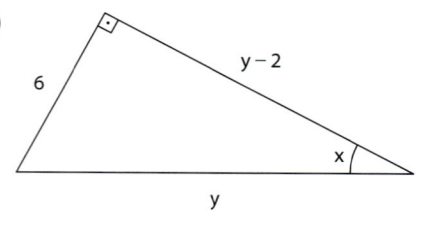

2 Calcule cos x em cada caso.

a)

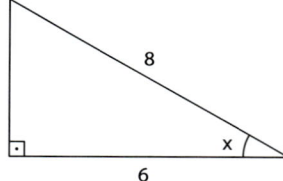

b)

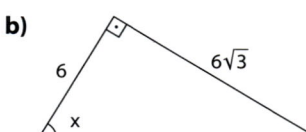

c)

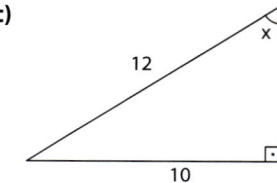

3 Obtenha tg x em cada caso.

a)

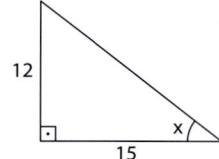

b)

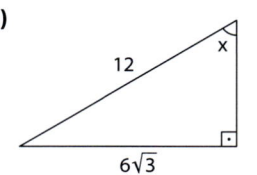

c)

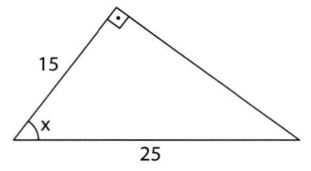

4 Calcule sen B̂, cos B̂ e tg B̂ no triângulo a seguir.

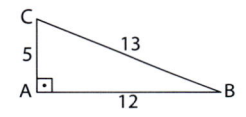

5 No mesmo triângulo do exercício anterior, calcule: sen Ĉ, cos Ĉ e tg Ĉ.

6 Calcule a medida da hipotenusa $\overline{RS}$ do triângulo retângulo da figura. Em seguida, determine sen R̂, cos R̂ e tg Ŝ.

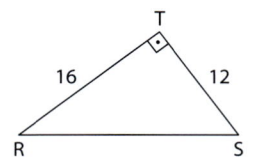

7 Na figura abaixo, determine **x** e, em seguida, calcule sen B̂, tg B̂ e sen Ĉ.

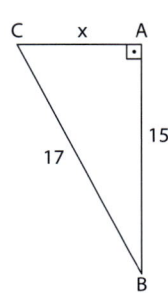

▶ Relações entre as razões trigonométricas

As razões trigonométricas de um mesmo ângulo têm relações entre si. Veja:

$\text{sen } \hat{B} = \dfrac{b}{a}$, então $b = a \cdot \text{sen } \hat{B}$

$\cos \hat{B} = \dfrac{c}{a}$, então $c = a \cdot \cos \hat{B}$

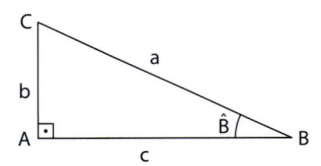

De acordo com o teorema de Pitágoras, temos:
$b^2 + c^2 = a^2 \Rightarrow (a \cdot \text{sen } \hat{B})^2 + (a \cdot \cos \hat{B})^2 = a^2 \Rightarrow a^2 \cdot \text{sen}^2 \hat{B} + a^2 \cdot \cos^2 \hat{B} = a^2$
Portanto:

$$\text{sen}^2 \hat{B} + \cos^2 \hat{B} = 1$$

Essa relação é chamada **relação fundamental da Trigonometria** e será retomada no capítulo *15*.
Observação: $\text{sen}^2 \hat{B} = (\text{sen } \hat{B})^2$ e $\cos^2 \hat{B} = (\cos \hat{B})^2$

Se calcularmos o quociente $\dfrac{\text{sen } \hat{B}}{\cos \hat{B}}$, obteremos:

$$\frac{\text{sen } \hat{B}}{\cos \hat{B}} = \frac{\dfrac{b}{a}}{\dfrac{c}{a}} = \frac{b}{a} \cdot \frac{a}{c} = \frac{b}{c} = \text{tg } \hat{B}$$

Portanto:

$$\text{tg } \hat{B} = \frac{\text{sen } \hat{B}}{\cos \hat{B}}$$

EXERCÍCIOS RESOLVIDOS

4 Se $\hat{B}$ é um ângulo agudo de um triângulo retângulo e $\operatorname{sen} \hat{B} = \dfrac{2\sqrt{2}}{3}$, calcular $\cos \hat{B}$ e $\operatorname{tg} \hat{B}$.

Solução:

$$\operatorname{sen}^2 \hat{B} + \cos^2 \hat{B} = 1 \Rightarrow \left(\dfrac{2\sqrt{2}}{3}\right)^2 + \cos^2 \hat{B} = 1 \Rightarrow$$

$$\Rightarrow \dfrac{8}{9} + \cos^2 \hat{B} = 1 \Rightarrow \cos^2 \hat{B} = \dfrac{1}{9} \Rightarrow \cos \hat{B} = \dfrac{1}{3}$$

$$\operatorname{tg} \hat{B} = \dfrac{\operatorname{sen} \hat{B}}{\cos \hat{B}} = \dfrac{\dfrac{2\sqrt{2}}{3}}{\dfrac{1}{3}} = 2\sqrt{2}$$

5 Se **x** é um ângulo agudo de um triângulo retângulo e $\operatorname{tg} x = \sqrt{15}$, calcular $\operatorname{sen} x$ e $\cos x$.

Solução:

Sabemos que, nesse caso, sen x e cos x devem ser números positivos menores que 1, tais que:

① $\operatorname{sen}^2 x + \cos^2 x = 1$ e   ② $\dfrac{\operatorname{sen} x}{\cos x} = \sqrt{15}$

De ② obtemos $\operatorname{sen} x = \sqrt{15} \cdot \cos x$ que, substituído em ①, resulta em:

$$(\sqrt{15} \cdot \cos x)^2 + \cos^2 x = 1 \Rightarrow$$

$$\Rightarrow 15 \cdot \cos^2 x + \cos^2 x = 1 \Rightarrow 16 \cdot \cos^2 x = 1 \Rightarrow$$

$$\Rightarrow \cos^2 x = \dfrac{1}{16} \Rightarrow \cos x = \dfrac{1}{4}$$

Então:

$$\operatorname{sen} x = \sqrt{15} \cdot \cos x = \sqrt{15} \cdot \dfrac{1}{4} \Rightarrow \operatorname{sen} x = \dfrac{\sqrt{15}}{4}$$

EXERCÍCIOS

8 Se **x** é um ângulo agudo de um triângulo retângulo e $\cos x = \dfrac{12}{13}$, calcule $\operatorname{sen} x$ e $\operatorname{tg} x$.

9 Num triângulo ABC, retângulo em **A**, de hipotenusa 15 cm, sabe-se que $\operatorname{sen} \hat{B} = \dfrac{4}{5}$.

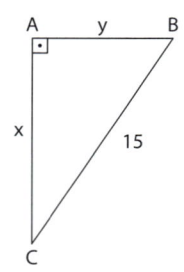

Determine:

a) a medida do cateto $\overline{AC}$;

b) a medida do outro cateto;

c) $\cos \hat{B}$ e $\operatorname{tg} \hat{B}$;

d) $\operatorname{sen} \hat{C}$, $\cos \hat{C}$ e $\operatorname{tg} \hat{C}$.

10 Se α é um ângulo agudo de um triângulo retângulo e $\operatorname{sen} \alpha = \dfrac{3}{7}$, calcule $\cos \alpha$.

11 Um triângulo RST, retângulo em **R**, tem RS = 10 cm e $\operatorname{tg} \hat{S} = \dfrac{5}{2}$. Determine RT = x.

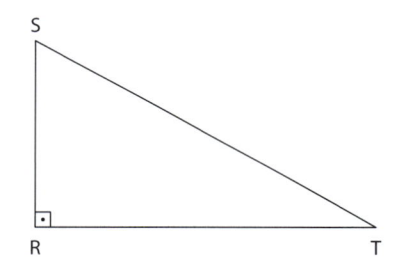

12 Num triângulo ABC, retângulo em **A**, a hipotenusa mede 25 cm e $\operatorname{sen} \hat{C} = \dfrac{3}{5}$. Determine:

a) a medida do cateto $\overline{AB}$;

b) a medida do cateto $\overline{AC}$;

c) $\cos \hat{C}$ e $\operatorname{tg} \hat{C}$;

d) $\operatorname{sen} \hat{B}$, $\cos \hat{B}$ e $\operatorname{tg} \hat{B}$.

13 Se β é um ângulo agudo de um triângulo retângulo e $\operatorname{tg} \beta = \dfrac{\sqrt{14}}{7}$, calcule $\cos \beta$.

▶ Seno, cosseno e tangente de 45°

Na figura I temos um quadrado de lado de medida ℓ. Ao traçarmos sua diagonal (que mede $\ell\sqrt{2}$), obtemos um triângulo retângulo, como mostra a figura II. Observe que os ângulos agudos medem 45°.

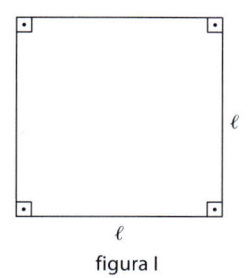

figura I

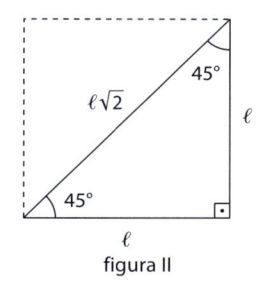

figura II

$$\text{sen } 45° = \frac{\ell}{\ell\sqrt{2}} \Rightarrow \text{sen } 45° = \frac{1}{\sqrt{2}} \Rightarrow$$

$$\Rightarrow \boxed{\text{sen } 45° = \frac{\sqrt{2}}{2}} \quad \text{ou sen } 45° \simeq 0,7071$$

$$\cos 45° = \frac{\ell}{\ell\sqrt{2}} \Rightarrow \cos 45° = \frac{1}{\sqrt{2}} \Rightarrow$$

$$\Rightarrow \boxed{\cos 45° = \frac{\sqrt{2}}{2}} \quad \text{ou cos } 45° \simeq 0,7071$$

$$\text{tg } 45° = \frac{\ell}{\ell} \Rightarrow \boxed{\text{tg } 45° = 1}$$

▶ Seno, cosseno e tangente de 30° e de 60°

Na figura III temos um triângulo equilátero de lado de medida ℓ cujos três ângulos medem 60°. Ao traçarmos sua altura $\left(\text{que mede } \dfrac{\ell\sqrt{3}}{2}\right)$, obtemos um triângulo retângulo, como mostra a figura IV. Observe que um ângulo agudo mede 30° e o outro mede 60°.

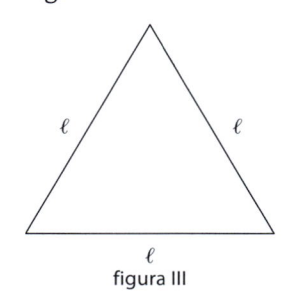

figura III

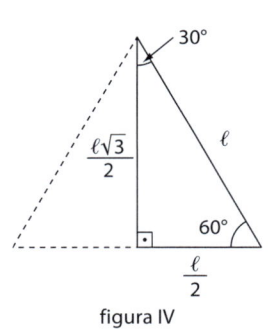

figura IV

Para o ângulo de 30°, temos:

$$\text{sen } 30° = \frac{\frac{\ell}{2}}{\ell} \Rightarrow \boxed{\text{sen } 30° = \frac{1}{2}} \quad \text{ou sen } 30° = 0,5$$

$$\cos 30° = \frac{\frac{\ell\sqrt{3}}{2}}{\ell} \Rightarrow \boxed{\cos 30° = \frac{\sqrt{3}}{2}} \quad \text{ou}$$

$$\cos 30° \simeq 0,8660$$

$$\text{tg } 30° = \frac{\frac{\ell}{2}}{\frac{\ell\sqrt{3}}{2}} = \frac{1}{\sqrt{3}} \Rightarrow \boxed{\text{tg } 30° = \frac{\sqrt{3}}{3}} \quad \text{ou}$$

$$\text{tg } 30° \simeq 0,5774$$

Para o ângulo de 60°, temos:

$$\text{sen } 60° = \frac{\frac{\ell\sqrt{3}}{2}}{\ell} \Rightarrow \boxed{\text{sen } 60° = \frac{\sqrt{3}}{2}} \quad \text{ou}$$

$$\text{sen } 60° \simeq 0,8660$$

$$\cos 60° = \frac{\frac{\ell}{2}}{\ell} \Rightarrow \boxed{\cos 30° = \frac{1}{2}} \quad \text{ou cos } 60° = 0,5$$

$$\text{tg } 60° = \frac{\frac{\ell\sqrt{3}}{2}}{\frac{\ell}{2}} \Rightarrow \boxed{\text{tg } 60° = \sqrt{3}} \quad \text{ou}$$

$$\text{tg } 60° \simeq 1,7321$$

Agora, podemos construir uma tabela com o seno, o cosseno e a tangente dos ângulos de 30°, 45° e 60°.

	x		
	30°	**45°**	**60°**
sen x	$\dfrac{1}{2}$	$\dfrac{\sqrt{2}}{2}$	$\dfrac{\sqrt{3}}{2}$
cos x	$\dfrac{\sqrt{3}}{2}$	$\dfrac{\sqrt{2}}{2}$	$\dfrac{1}{2}$
tg x	$\dfrac{\sqrt{3}}{3}$	1	$\sqrt{3}$

EXERCÍCIOS

14 Calcule o valor de **x** em cada item.

a)
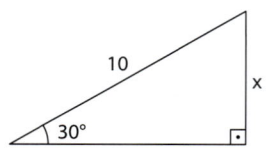

b)
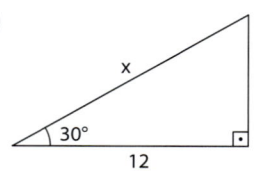

c)
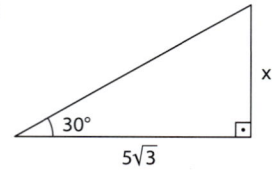

d)
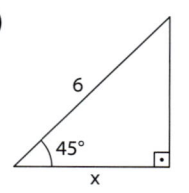

e)
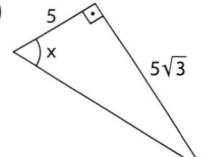

f)
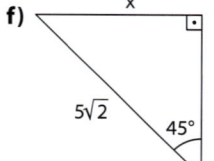

g)
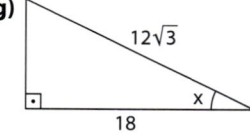

h)
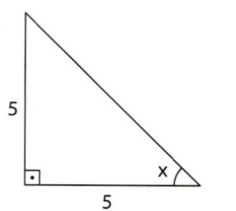

i)
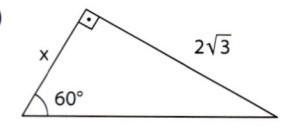

15 Determine o valor de **x** em cada caso.

a)
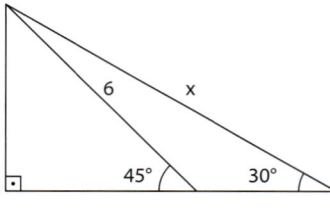

b)
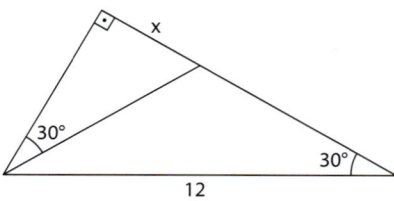

16 Um triângulo retângulo DEF, com m($\hat{D}$) = 90°, tem DE = 6 cm, DF = $6\sqrt{3}$ cm, EF = 12 cm. Determine a medida de $\hat{E}$ e de $\hat{F}$.

17 A base maior de um trapézio isósceles mede 100 cm e a base menor, 60 cm. Sendo 60° a medida de cada um de seus ângulos agudos, determine a medida da altura e o perímetro do trapézio.

18 Determine os valores de **x** e **y** em cada caso a seguir.

a) retângulo
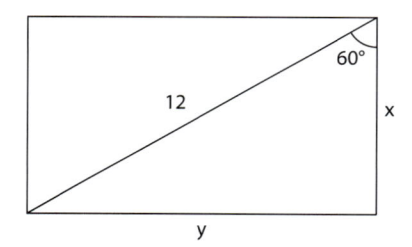

b) paralelogramo
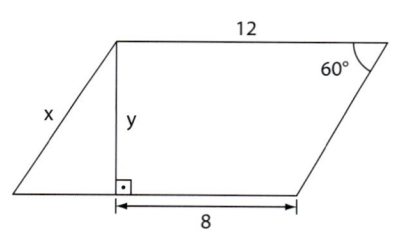

c) paralelogramo
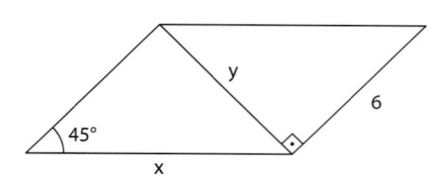

d) losango

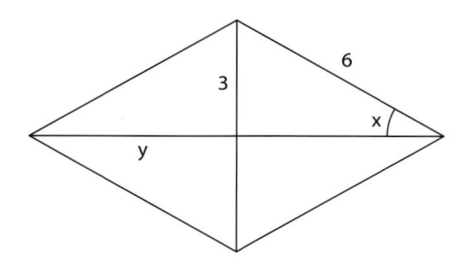

e) trapézio retângulo

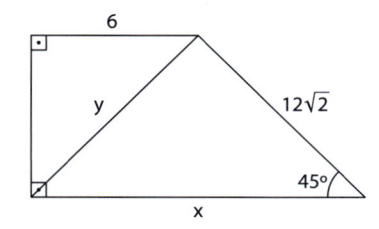

f) trapézio isósceles

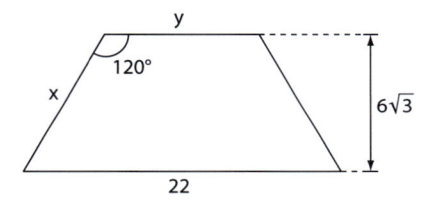

19 Os lados $\overline{RS}$ e $\overline{RT}$ do triângulo RST, retângulo em $\hat{R}$, medem $8\sqrt{3}$ cm e 8 cm, respectivamente. Determine a medida dos ângulos $\hat{S}$ e $\hat{T}$ do triângulo.

20 Determine a medida da base de um triângulo isósceles cujos lados congruentes medem 6 cm e formam um ângulo de 120°.

21 Um ponto de um lado de um ângulo de 60° dista 16 m do vértice do ângulo. Quanto ele dista do outro lado do ângulo?

22 Para determinar a largura de um rio, determinou-se a distância entre dois pontos **A** e **B** de uma margem: AB = 100 m. Numa perpendicular às margens pelo ponto **A** visou-se um ponto **C** na margem oposta e se obteve o ângulo m(A$\hat{B}$C) = 30°. Calcule a largura do rio.

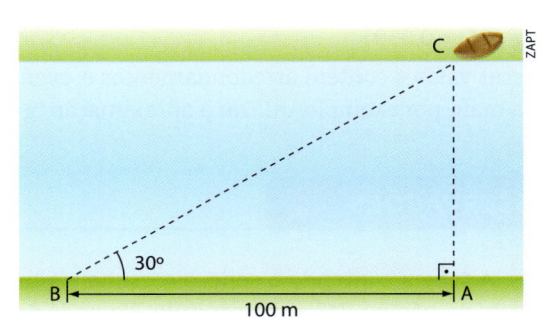

▶ Seno, cosseno e tangente de outros ângulos

Quando queremos obter uma das razões trigonométricas de um ângulo diferente de 30°, 45° e 60°, como 37°, por exemplo, como fazemos? Teoricamente, podemos fazer assim:

• com a ajuda de um transferidor, construímos um ângulo de 37°;

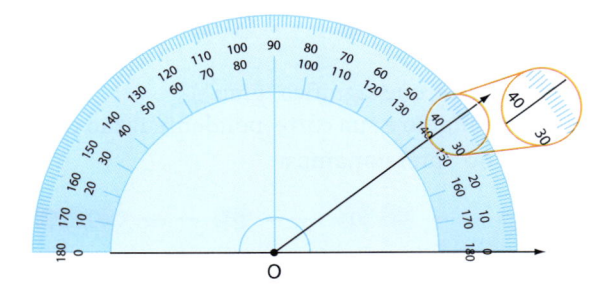

• construímos um triângulo retângulo que tenha 37° de ângulo agudo;

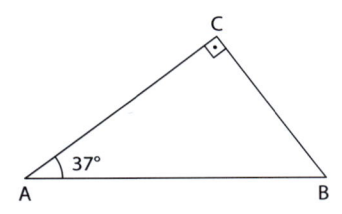

- medimos os lados desse triângulo;

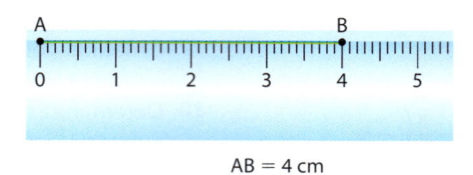

$$AB = 4 \text{ cm}$$

- calculamos a razão trigonométrica que queremos, utilizando as medidas dos lados desse triângulo. Obtemos:

sen 37° ≃ 0,6018

cos 37° ≃ 0,7986

tg 37° ≃ 0,7536

Para facilitar, consultamos tabelas já existentes e que apresentam as razões trigonométricas dos ângulos de 0° a 90°, de grau em grau. Ou, então, utilizamos calculadoras que fornecem as razões trigonométricas.

Vamos tomar, por exemplo, um ângulo θ de medida 40°. Na tabela da página *243*, verificamos que:

sen 40° ≃ 0,6428

cos 40° ≃ 0,7660

tg 40° ≃ 0,8391

Esses valores contêm arredondamentos e, eventualmente, dependendo do problema, podem ser arredondados ainda mais; por exemplo, utilizar a aproximação tg 40° ≃ 0,84 não traz problemas ao nosso estudo.

OBSERVAÇÕES

A tabela contendo o seno, o cosseno e a tangente de cada ângulo agudo (de grau em grau) pode ser vista na página *243* deste capítulo. Ela pode ser consultada sempre que necessário.

▶ Calculadora

O primeiro passo é colocar a calculadora em uma configuração em que a medida do ângulo esteja expressa em graus (mais adiante, será apresentada uma outra unidade de medida de ângulo). Para isso, pressionamos:

MODE ⟶ DEG

(A abreviação DEG vem do inglês *degree*, que significa "grau".)

A partir daí, digitamos a medida do ângulo e sua correspondente razão trigonométrica. Por exemplo:

- Para obter o valor aproximado de tg 40°, pressionamos:

tan ⟶ 4 0 ⟶ = ⟶ 0,8391

tg 40° ≃ 0,8391

- Para conhecer o valor aproximado de sen 40°, pressionamos:

sin ⟶ 4 0 ⟶ = ⟶ 0,6428

sen 40° ≃ 0,6428

- Para obter o valor aproximado de cos 40°, pressionamos:

cos ⟶ 4 0 ⟶ = ⟶ 0,7660

cos 40° ≃ 0,7660

Usando a calculadora científica também podemos determinar a medida de um ângulo agudo a partir de uma de suas razões trigonométricas.

Veja a tecla **sin** $\overset{\sin^{-1}}{}$.

Acima dela aparece a opção $\sin^{-1}$, que corresponde à segunda função dessa tecla. Essa opção é ativada, em geral, através da tecla SHIFT.

Assim, se quisermos saber, por exemplo, qual é o ângulo agudo cujo seno é igual a 0,35, basta seguir a sequência abaixo:

SHIFT ⟶ sin⁻¹ ⟶ 0 , 3 5 ⟶ = ⟶ 20,4873

Isso significa que o ângulo agudo que tem seno igual a 0,35, mede aproximadamente 20,5°, isto é, 20°30′.

Observe que a calculadora fornece o ângulo com uma precisão muito maior que a tabela, pois esta utiliza apenas valores inteiros em graus.

Para sabermos qual é o ângulo agudo cuja tangente vale 2,5, fazemos assim:

SHIFT ⟶ tan⁻¹ ⟶ 2 , 5 ⟶ = ⟶ 68,1986

O ângulo mede aproximadamente 68,2°, ou seja, 68°12′.

EXERCÍCIOS RESOLVIDOS

6 Determinar o valor de **x** na figura:

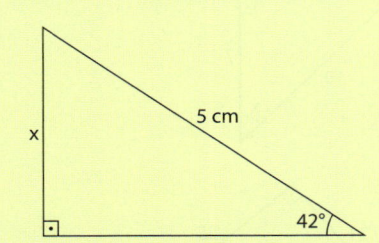

Solução:

Em relação ao ângulo de 42°, o cateto de medida **x** é o cateto oposto e 5 cm é a medida da hipotenusa. Desse modo, vamos usar a razão seno.

De fato: $\text{sen } 42° = \dfrac{x}{5} \Rightarrow x = 5 \cdot \text{sen } 42°$

Consultando a tabela ou utilizando uma calculadora científica, obtemos sen 42° = 0,6691.

Assim, $x = 5 \cdot 0,6691 = 3,3455 \Rightarrow x \simeq 3,35$ cm

7 Na figura, $\cos \alpha = \dfrac{2}{3}$.

Qual é o valor de **x**?

Solução:

Como $\cos \alpha = \dfrac{\text{medida do cateto adjacente a } \alpha}{\text{medida da hipotenusa}}$,

é possível determinar inicialmente a medida da hipotenusa (**y**):

$\cos \alpha = \dfrac{8}{y} \Rightarrow \dfrac{2}{3} = \dfrac{8}{y} \Rightarrow y = 12$ cm

Pelo teorema de Pitágoras, obtemos o valor de **x**:
$12^2 = 8^2 + x^2 \Rightarrow 144 - 64 = x^2 \Rightarrow x^2 = 80 \Rightarrow$

$x = 4\sqrt{5}$ cm

EXERCÍCIOS

Nos exercícios a seguir, use a tabela ou uma calculadora científica sempre que necessário.

23 Determine a medida **x** em cada caso:

a)

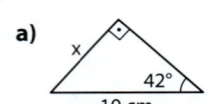

b)

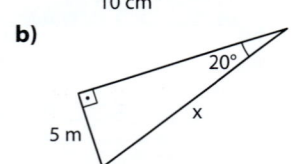

c)

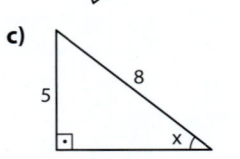

d)

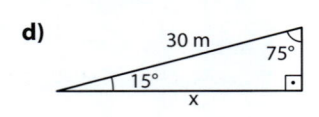

24 A respeito da figura ao lado, determine:

a) o seno de cada ângulo agudo;

b) as medidas aproximadas de $\hat{B}$ e $\hat{C}$.

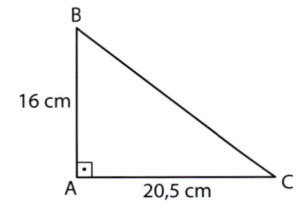

25 Determine a medida do menor lado do triângulo a seguir.

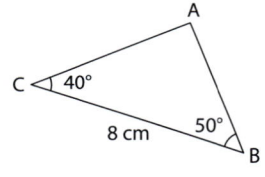

26 Determine o valor de **x** em cada caso:

a)

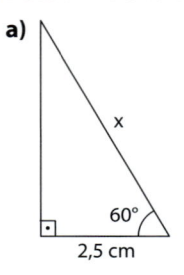

b)

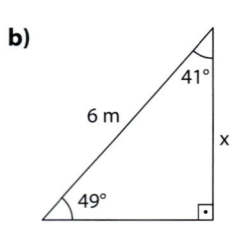

c)

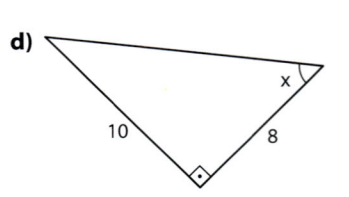

d)

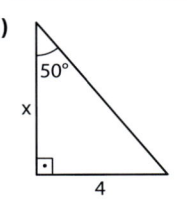

27 Num triângulo retângulo, os catetos medem 6 cm e 5 cm. Determine a medida aproximada do menor ângulo do triângulo.

28 Determine a medida **x** em cada caso:

a)

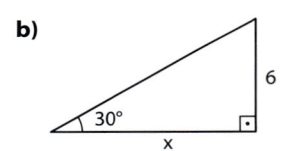

b)

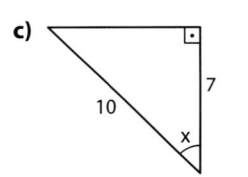

c)

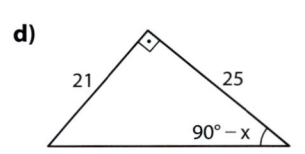

d)

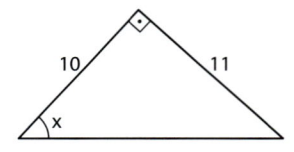

29 Se **x** é agudo e sen $x = \dfrac{1}{3}$, quanto vale cos x? E quanto vale **x**?

30 Na figura abaixo, quanto vale tg x? E quanto vale **x**?

Aplicações das razões trigonométricas

Conhecendo os valores do seno, do cosseno e da tangente de um ângulo agudo, podemos efetuar vários cálculos em Geometria, muitos deles envolvendo situações do cotidiano.

O cabo de segurança

Por segurança, vai ser necessário ligar a ponta de um poste de 12 m de altura a um gancho no chão. Quando esticado, o cabo deverá formar um ângulo de 45° com o chão.

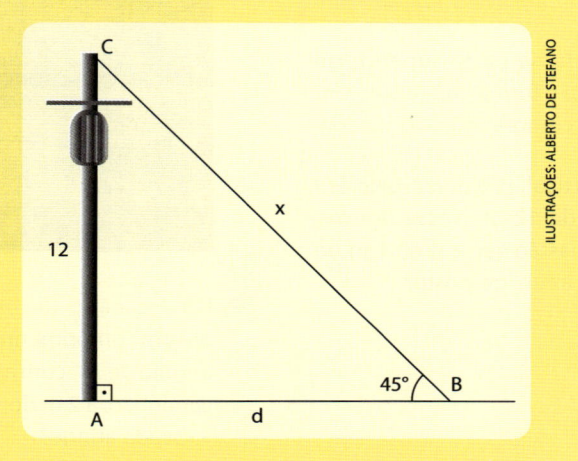

ILUSTRAÇÕES: ALBERTO DE STEFANO

Qual é o comprimento do cabo? A que distância do poste está o gancho?
Temos:

$$\operatorname{sen} \hat{B} = \frac{AC}{BC} = \frac{12}{x} \text{ e tg } \hat{B} = \frac{AC}{AB} = \frac{12}{d}$$

Como $m(\hat{B}) = 45°$ e sen $45° = \frac{\sqrt{2}}{2}$ e tg $45° = 1$, temos:

$$\frac{\sqrt{2}}{2} = \frac{12}{x} \text{ e, então, } x = \frac{2 \cdot 12}{\sqrt{2}} = 12\sqrt{2} \simeq 12 \cdot 1{,}41 \Rightarrow x \simeq 16{,}92 \text{ m}$$

$$1 = \frac{12}{d} \text{ e, então, } d = 12 \text{ m}$$

O comprimento do cabo mede aproximadamente 16,92 m e a distância do gancho ao poste é 12 m.

O comprimento da sombra

Qual é o comprimento da sombra de uma árvore de 5 m de altura quando o Sol está 30° acima do horizonte?
Temos:

$$\text{tg } \hat{B} = \frac{AC}{AB} = \frac{5}{s}$$

Como $m(\hat{B}) = 30°$, tg $\hat{B} = $ tg $30° = \frac{\sqrt{3}}{3} \simeq 0{,}577$, então:

$$0{,}577 = \frac{5}{s} \text{ e, daí, } s = \frac{5}{0{,}577} \simeq 8{,}67 \Rightarrow s \simeq 8{,}67 \text{ m}$$

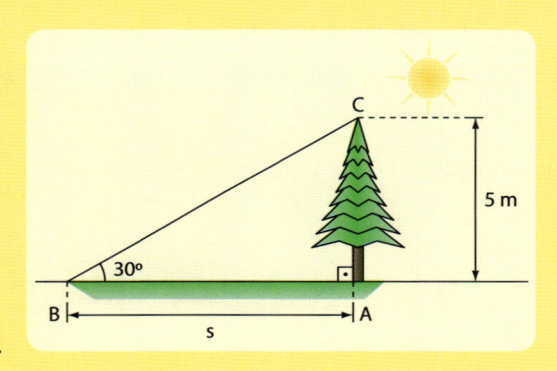

O comprimento da sombra é de aproximadamente 8,67 m.

EXERCÍCIOS

31 Uma pipa é presa a um fio esticado que forma um ângulo de 45° com o solo. O comprimento do fio é 80 m. Determine a altura da pipa em relação ao solo.

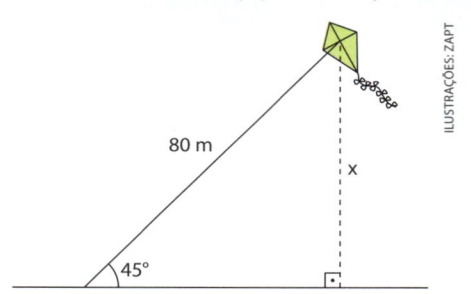

80 m

x

45°

ILUSTRAÇÕES: ZAPT

32 Uma escada está encostada na parte superior de um prédio de 54 m de altura e forma com o solo um ângulo de 60°. Determine o comprimento da escada.

33 A sombra de um poste vertical, projetada pelo Sol sobre um chão plano, mede 12 m. Nesse mesmo instante, a sombra de um bastão vertical de 1 m de altura mede 0,6 m. Qual é a altura do poste?

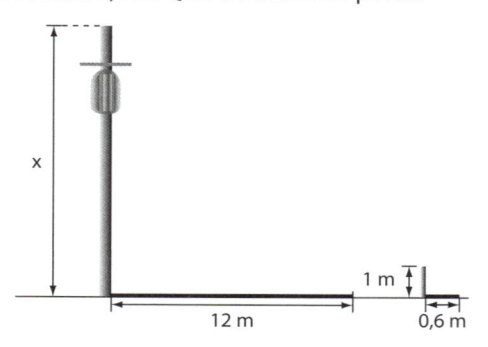

x

12 m

1 m

0,6 m

34 Um prédio projeta uma sombra de 6 m no mesmo instante em que uma baliza de 1 m projeta uma sombra de 40 cm. Se cada andar desse prédio tem 3 m de altura, qual é o número de andares?

35 Um observador vê um edifício construído em terreno plano, sob um ângulo de 60°. Se ele se afastar do edifício mais 30 m, passará a vê-lo sob um ângulo de 45°.

Calcule a altura do edifício.

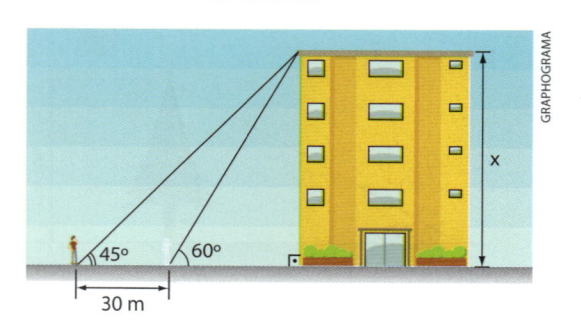

45° 60°

x

30 m

GRAPHOGRAMA

36 Um avião está a 7 000 m de altura e inicia a aterrissagem em um aeroporto ao nível do mar. O ângulo de descida é 6°. A que distância da pista está o avião? Qual é a distância que o avião vai percorrer?

Dados: sen 6° ≃ 0,1045, cos 6° ≃ 0,9945 e tg 6° ≃ 0,1051.

RICARDO AZOURY / PULSAR IMAGENS

37 Uma escada de bombeiro pode ser estendida até um comprimento máximo de 25 m, formando um ângulo de 70° com a base, que está apoiada sobre um caminhão, a 2 m do solo. Qual é a altura máxima que a escada atinge?

Dados: sen 70° ≃ 0,940, cos 70° ≃ 0,342 e tg 70° ≃ 2,74.

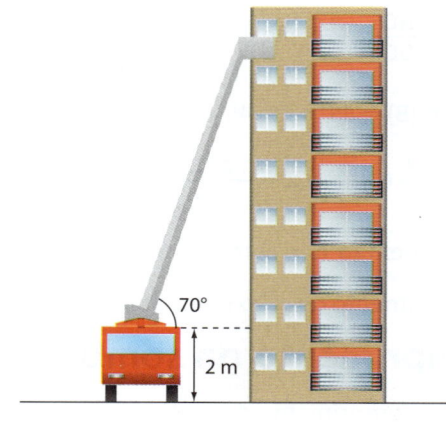

70°

2 m

38 Um observador está situado a **x** metros do pé de um edifício. Ele consegue mirar o topo do prédio em um ângulo de 60°. Afastando-se 40 m desse ponto, ele passa a avistar o topo do edifício em um ângulo de 30°. Considerando desprezível a altura do observador, determine:

a) o valor de **x**;

b) a altura do edifício.

Tabela trigonométrica

Esta tabela contém valores aproximados. Os arredondamentos utilizados são de quatro casas decimais.

Ângulos em graus	sen	cos	tg	Ângulos em graus	sen	cos	tg
1°	0,0175	0,9998	0,0175	46°	0,7193	0,6947	1,0355
2°	0,0349	0,9994	0,0349	47°	0,7314	0,6820	1,0724
3°	0,0523	0,9986	0,0524	48°	0,7431	0,6691	1,1106
4°	0,0698	0,9976	0,0699	49°	0,7547	0,6561	1,1504
5°	0,0872	0,9962	0,0875	50°	0,7660	0,6428	1,1918
6°	0,1045	0,9945	0,1051	51°	0,7771	0,6293	1,2349
7°	0,1219	0,9925	0,1228	52°	0,7880	0,6157	1,2799
8°	0,1392	0,9903	0,1405	53°	0,7986	0,6018	1,3270
9°	0,1564	0,9877	0,1584	54°	0,8090	0,5878	1,3764
10°	0,1736	0,9848	0,1763	55°	0,8192	0,5736	1,4281
11°	0,1908	0,9816	0,1944	56°	0,8290	0,5592	1,4826
12°	0,2079	0,9781	0,2126	57°	0,8387	0,5446	1,5399
13°	0,2250	0,9744	0,2309	58°	0,8480	0,5299	1,6003
14°	0,2419	0,9703	0,2493	59°	0,8572	0,5150	1,6643
15°	0,2588	0,9659	0,2679	60°	0,8660	0,5000	1,7321
16°	0,2756	0,9613	0,2867	61°	0,8746	0,4848	1,8040
17°	0,2924	0,9563	0,3057	62°	0,8829	0,4695	1,8807
18°	0,3090	0,9511	0,3249	63°	0,8910	0,4540	1,9626
19°	0,3256	0,9455	0,3443	64°	0,8988	0,4384	2,0503
20°	0,3420	0,9397	0,3640	65°	0,9063	0,4226	2,1445
21°	0,3584	0,9336	0,3839	66°	0,9135	0,4067	2,2460
22°	0,3746	0,9272	0,4040	67°	0,9205	0,3907	2,3559
23°	0,3907	0,9205	0,4245	68°	0,9272	0,3746	2,4751
24°	0,4067	0,9135	0,4452	69°	0,9336	0,3584	2,6051
25°	0,4226	0,9063	0,4663	70°	0,9397	0,3420	2,7475
26°	0,4384	0,8988	0,4877	71°	0,9455	0,3256	2,9042
27°	0,4540	0,8910	0,5095	72°	0,9511	0,3090	3,0777
28°	0,4695	0,8829	0,5317	73°	0,9563	0,2924	3,2709
29°	0,4848	0,8746	0,5543	74°	0,9613	0,2756	3,4874
30°	0,5000	0,8660	0,5774	75°	0,9659	0,2588	3,7321
31°	0,5150	0,8572	0,6009	76°	0,9703	0,2419	4,0108
32°	0,5299	0,8480	0,6249	77°	0,9744	0,2250	4,3315
33°	0,5446	0,8387	0,6494	78°	0,9781	0,2079	4,7046
34°	0,5592	0,8290	0,6745	79°	0,9816	0,1908	5,1446
35°	0,5736	0,8192	0,7002	80°	0,9848	0,1736	5,6713
36°	0,5878	0,8090	0,7265	81°	0,9877	0,1564	6,3138
37°	0,6018	0,7986	0,7536	82°	0,9903	0,1392	7,1154
38°	0,6157	0,7880	0,7813	83°	0,9925	0,1219	8,1443
39°	0,6293	0,7771	0,8098	84°	0,9945	0,1045	9,5144
40°	0,6428	0,7660	0,8391	85°	0,9962	0,0872	11,4301
41°	0,6561	0,7547	0,8693	86°	0,9976	0,0698	14,3007
42°	0,6691	0,7431	0,9004	87°	0,9986	0,0523	19,0811
43°	0,6820	0,7314	0,9325	88°	0,9994	0,0349	28,6363
44°	0,6947	0,7193	0,9657	89°	0,9998	0,0175	57,2900
45°	0,7071	0,7071	1	90°	1	0	—

EXERCÍCIOS COMPLEMENTARES

1 Em certa hora do dia, os raios solares formam um ângulo de 58° com o solo. Nesse instante, um prédio de 80 m de altura projeta no solo uma sombra de comprimento **s**. Pergunta-se: quando o ângulo de incidência dos raios solares se reduzir à metade, a sombra do mesmo edifício terá comprimento 2s? Justifique sua resposta.

Sugestão: use a tabela da página *243*.

2 (UF-BA) Na figura, os triângulos MNP e MNQ são retângulos com hipotenusa comum $\overline{MN}$, o triângulo MNP é isósceles, e seus catetos medem cinco unidades de comprimento.

Considerando tg $\alpha = \dfrac{1}{3}$ e a área de MNQ igual a **x** unidades de área, determine o valor de 4x.

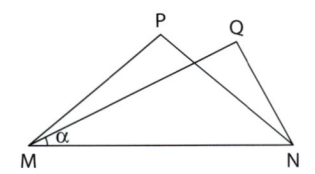

3 Determine os valores de **x** e **y** na figura abaixo.

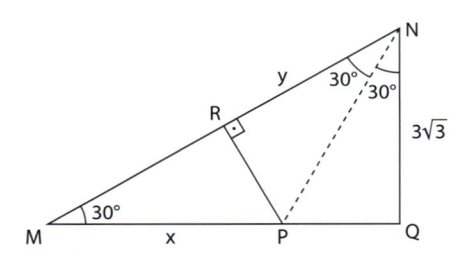

4 (U. E. Maringá-PR) Para obter a altura CD de uma torre, um matemático, utilizando um aparelho, estabeleceu a horizontal $\overline{AB}$ e determinou as medidas dos ângulos $\alpha = 30°$ e $\beta = 60°$ e a medida do segmento BC = 5 m, conforme especificado na figura.

Nessas condições, a altura da torre, em metros, é...

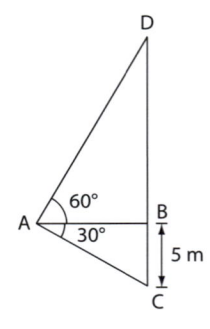

5 No interior do quadrado ABCD de lado **a**, toma-se pelo vértice um segmento $\overline{BS}$ que forma um ângulo igual a 30° com $\overline{BA}$, com **S** em $\overline{AD}$. Determine a medida de $\overline{AS}$ e $\overline{BS}$.

6 Determine o ângulo que a diagonal de um trapézio isósceles forma com a altura do trapézio, sabendo que a altura do trapézio é igual à medida de sua base média multiplicada por $\sqrt{3}$.

7 Determine tg α, sabendo que **E** é ponto médio do lado $\overline{BC}$ do quadrado ABCD.

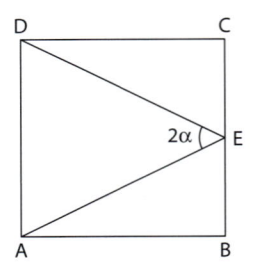

8 Duas formigas, F_1 e F_2, partem ao mesmo tempo de **A**, sendo que F_1 dirige-se para **B** e F_2 para **C**. Suas velocidades são constantes, de 3 cm/s e 3,5 cm/s, fazendo com que, durante todo o seu deslocamento, elas ocupem a mesma vertical.

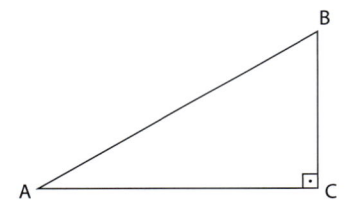

a) Qual é a medida aproximada de AB̂C?

b) Que distância separa as formigas após 20 segundos de movimento?

Sugestão: use a tabela da página *243*.

9 Um balão encontrava-se a 130 m de altura quando foi alvejado, do solo, por um atirador, mediante um ângulo de tiro de 11°. Sabendo que a velocidade do som é de 340 m/s, quantos segundos após o tiro atingir o balão o atirador ouviu a explosão?

Sugestão: use a tabela da página *243*.

10 Nas figuras temos um quadrado e um triângulo equilátero. Determine os valores de **x** e **y**.

a)
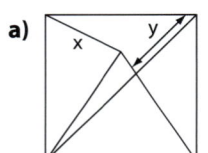

b)
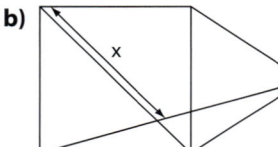

11 (Fuvest-SP) No quadrilátero ABCD da figura abaixo, **E** é um ponto sobre o lado $\overline{AD}$ tal que o ângulo $A\hat{B}E$ mede 60° e os ângulos $E\hat{B}C$ e $B\hat{C}D$ são retos. Sabe-se ainda que $AB = CD = \sqrt{3}$ e $BC = 1$. Determine a medida de $\overline{AD}$.

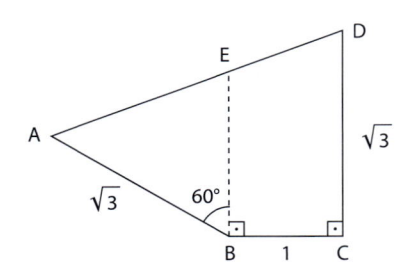

12 (Unicamp-SP) Considere um hexágono, como o exibido na figura abaixo, com cinco lados com comprimento de 1 cm e um lado com comprimento de **x** cm.

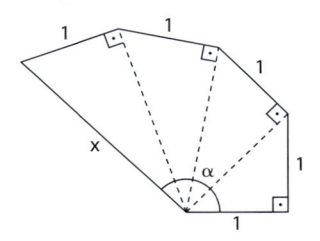

a) Encontre o valor de **x**.

b) Mostre que a medida do ângulo **α** é inferior a 150°.

TESTES

1 (FEI-SP) Um objeto é lançado de um avião que está a 5 km de altitude. Devido à velocidade do avião e à ação do vento, o objeto cai segundo uma reta que forma um ângulo de 30° com a vertical, conforme ilustrado a seguir. Que distância **d** este objeto percorreu até atingir o solo?

a) $10\sqrt{3}$ km

b) 10 km

c) $\dfrac{3\sqrt{3}}{5}$ km

d) $\dfrac{10\sqrt{3}}{3}$ km

e) $\dfrac{3\sqrt{2}}{5}$ km

2 (UF-RS) Na figura abaixo, o retângulo ABCD tem lados que medem 6 e 9.

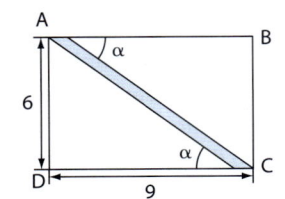

Se a área do paralelogramo sombreado é 6, o cosseno de **α** é:

a) $\dfrac{3}{5}$

b) $\dfrac{2}{3}$

c) $\dfrac{3}{4}$

d) $\dfrac{4}{5}$

e) $\dfrac{8}{9}$

3 (UFF-RJ) Na figura a seguir, o triângulo ABC é retângulo em **A** e CD mede 10 cm.

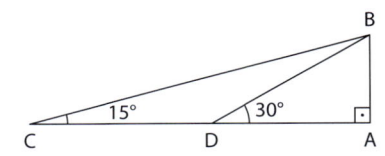

Pode-se concluir que o cateto $\overline{AB}$ mede:

a) $\dfrac{4\sqrt{3}}{3}$ cm

b) 5 cm

c) 6 cm

d) $4\sqrt{3}$ cm

e) $5\sqrt{3}$ cm

4 (Cefet-MG) Na figura abaixo, destacamos as medidas de BC = 10 m e SR = 2,3 m. Os valores de **x** e **y** são:

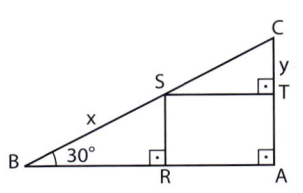

a) x = 5,4 m e y = 3,2 m.

b) x = 4,6 m e y = 2,7 m.

c) x = 4,6 m e y = 3,0 m.

d) x = 4,5 m e y = 3,7 m.

5 (UE-RJ) Um foguete é lançado com velocidade igual a 180 m/s, e com um ângulo de inclinação de 60° em relação ao solo. Suponha que sua trajetória seja retilínea e sua velocidade se mantenha constante ao longo de todo o percurso. Após cinco segundos, o foguete se encontra a uma altura de **x** metros, exatamente acima de um ponto no solo, a **y** metros do ponto de lançamento.

Os valores de **x** e **y** são, respectivamente:

a) 90 e $90\sqrt{3}$.

c) 450 e $450\sqrt{3}$.

b) $90\sqrt{3}$ e 90.

d) $450\sqrt{3}$ e 450.

6 (Unifor-CE) Em um trecho de um rio, em que as margens são paralelas entre si, dois barcos partem de um mesmo ancoradouro (ponto **A**), cada qual seguindo em linha reta e em direção a um respectivo ancoradouro localizado na margem oposta (pontos **B** e **C**), como está representado na figura abaixo.

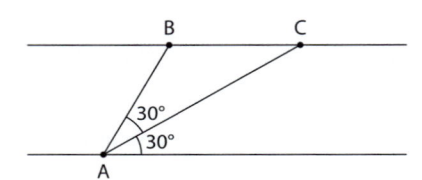

Se nesse trecho o rio tem 900 metros de largura, a distância, em metros, entre os ancoradouros localizados em **B** e **C** é igual a:

a) $900\sqrt{3}$

c) $650\sqrt{3}$

e) $600\sqrt{3}$

b) $720\sqrt{3}$

d) $620\sqrt{3}$

7 (Enem-MEC) Para determinar a distância de um barco até a praia, um navegante utilizou o seguinte procedimento: a partir de um ponto **A**, mediu o ângulo visual α fazendo mira em um ponto fixo **P** da praia. Mantendo o barco no mesmo sentido, ele seguiu até um ponto **B**, de modo que fosse possível ver o mesmo ponto **P** da praia, no entanto, sob um ângulo visual 2α. A figura ilustra essa situação:

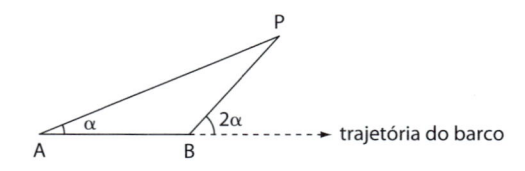

Suponha que o navegante tenha medido o ângulo $\alpha = 30°$ e, ao chegar ao ponto **B**, verificou que o barco havia percorrido a distância AB = 2 000 m. Com base nesses dados e mantendo a mesma trajetória, a menor distância do barco até o ponto fixo **P** será:

a) 1 000 m

d) 2 000 m

b) $1\,000\sqrt{3}$ m

e) $2\,000\sqrt{3}$ m

c) $2\,000\dfrac{\sqrt{3}}{3}$ m

8 (UF-RN) A figura abaixo representa uma torre de altura **H** equilibrada por dois cabos de comprimentos L_1 e L_2, fixados nos pontos **C** e **D**, respectivamente.

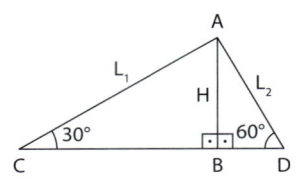

Entre os pontos **B** e **C** passa um rio, dificultando a medição das distâncias entre esses pontos. Apenas com as medidas dos ângulos $\hat{C}$ e $\hat{D}$ e a distância entre **B** e **D**, um engenheiro calculou a quantidade de cabo $(L_1 + L_2)$ que usou para fixar a torre.

O valor encontrado, usando $\sqrt{3} \approx 1,73$ e BD = 10 m, é:

a) 54,6 m

c) 62,5 m

b) 44,8 m

d) 48,6 m

9 (UE-PB) Duas ferrovias se cruzam segundo um ângulo de 30°. Em km, a distância entre um terminal de cargas que se encontra numa das ferrovias, a 4 km do cruzamento, e a outra ferrovia é igual a:

a) $2\sqrt{3}$

d) $4\sqrt{3}$

b) 2

e) $\sqrt{3}$

c) 8

10 (UF-AM) De um pequeno barco (situado no ponto **A**), um observador enxerga o topo de uma montanha segundo um ângulo α.

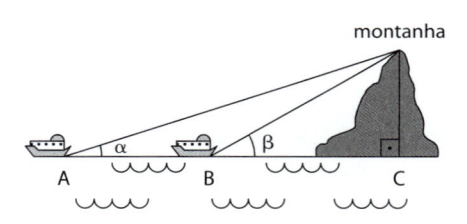

Ao aproximar-se 420 m em linha reta em direção à montanha (ponto **B**), passa a vê-lo segundo um ângulo β. Considerando que as dimensões do pequeno barco são desprezíveis podemos afirmar que a altura da montanha é:

Dados:

$$\cos\alpha = \frac{2}{\sqrt{5}};\ \operatorname{sen}\beta = \frac{2}{\sqrt{13}};\ \operatorname{tg}\alpha = \frac{1}{2}\ \text{e}\ \operatorname{tg}\beta = \frac{2}{3}.$$

a) 420 m

d) 840 m

b) 640 m

e) 940 m

c) 820 m

11 (Enem-MEC) Um balão atmosférico, lançado em Bauru (343 quilômetros a Noroeste de São Paulo), na noite do último domingo, caiu nesta segunda-feira em Cuiabá Paulista, na região de Presidente Prudente, assustando agricultores da região. O artefato faz parte do programa *Projeto Hibiscus*, desenvolvido por Brasil, França, Argentina, Inglaterra e Itália, para a medição do comportamento da camada de ozônio, e sua descida se deu após o cumprimento do tempo previsto de medição.

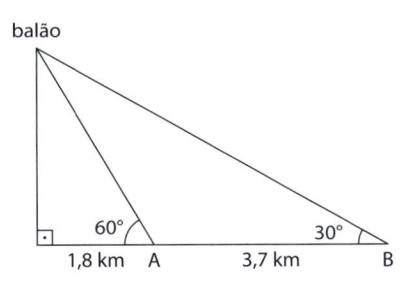
balão

Disponível em: http://www.correiodobrasil.com.br.
Acesso em: 2 maio 2010.

Na data do acontecido, duas pessoas avistaram o balão. Uma estava a 1,8 km da posição vertical do balão e o avistou sob um ângulo de 60°; a outra estava a 5,5 km da posição vertical do balão, alinhada com a primeira, e no mesmo sentido, conforme se vê na fiigura, e o avistou sob um ângulo de 30°.

Qual a altura aproximada em que se encontrava o balão?

a) 1,8 km   **c)** 3,1 km   **e)** 5,5 km

b) 1,9 km   **d)** 3,7 km

12 (Cefet-MG) Duas pessoas **A** e **B**, numa rua plana, avistam o topo de um prédio sob ângulos de 60° e 30°, respectivamente, com a horizontal, conforme mostra a figura. Se a distância entre os observadores é de 40 m, então, a altura do prédio, em metros, é aproximadamente igual a:

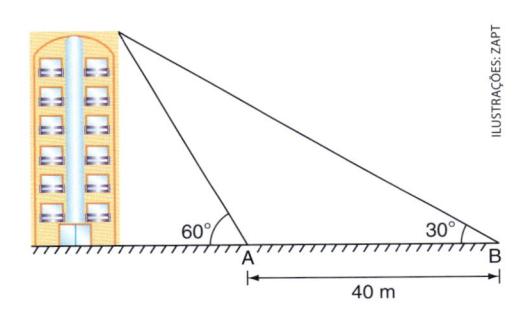
ILUSTRAÇÕES: ZAPT

a) 34   **c)** 30

b) 32   **d)** 28

13 (UF-PI) Sejam **α** e **β** ângulos internos de um triângulo retângulo, satisfazendo à condição sen α = 2 sen β. Se o lado oposto ao ângulo **α** mede 20 cm, a medida, em centímetros, do lado oposto ao ângulo **β** é:

a) 10   **d)** 40

b) 20   **e)** 50

c) 30

14 (U. F. Campina Grande-PB) Um rapaz deseja calcular a distância entre duas árvores que estão na outra margem de um rio, cujas margens são retas paralelas naquele trecho.

Observando o desenho, sabe-se que a largura do rio é de 100 m. Qual é a distância entre as árvores?

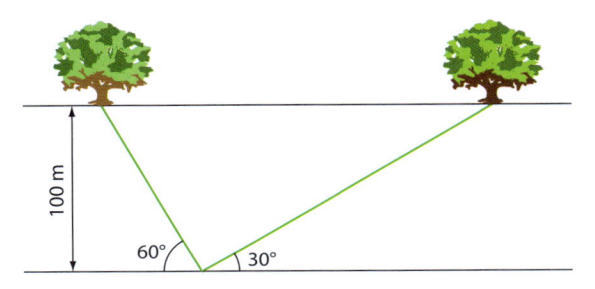
100 m

Obs.: Os ângulos que aparecem na figura são de 60° e de 30°.

a) 4 m

b) $\dfrac{300\sqrt{2}}{3}$ m

c) $\dfrac{400\sqrt{3}}{3}$ m

d) $\dfrac{100}{\sqrt{3}}$ m

e) 300 m

15 (PUC-MG) Uma pessoa encontra-se no aeroporto (ponto **A**) e pretende ir para sua casa (ponto **C**), distante 20 km do aeroporto, utilizando um táxi cujo valor da corrida, em reais, é calculado pela expressão V(x) = 12 + 1,5x, em que **x** é o número de quilômetros percorridos. Se B̂ = 90°, Ĉ = 30° e o táxi fizer o percurso $\overline{AB} + \overline{BC}$, conforme indicado na figura, essa pessoa deverá pagar pela corrida:

Dado: $\sqrt{3} \approx 1,7$

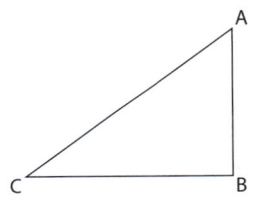

a) R$ 40,50   **c)** R$ 52,50

b) R$ 48,00   **d)** R$ 56,00

16 (Cefet-SC) Um menino está empinando uma pipa e sua mão se encontra a 50 centímetros do chão. Sabendo que a linha que sustenta a pipa mede 100 m, encontra-se bem esticada e está determinando com o solo plano e horizontal um ângulo de 30°, pode-se afirmar que a altura dessa pipa em relação ao chão é:

Dados: sen 30° = 0,5; cos 30° = $\frac{(\sqrt{3})}{2}$; tg 30° = $\frac{(\sqrt{3})}{3}$

a) 200 m

b) 50 m

c) 200,5 m

d) 50,5 m

e) $50\sqrt{3}$ m

17 (UF-GO) A figura a seguir representa uma pipa simétrica em relação ao segmento $\overline{AB}$, onde $\overline{AB}$ mede 80 cm. Então a área da pipa, em m², é de:

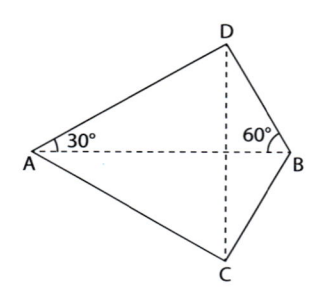

a) $0,8\sqrt{3}$

b) $0,16\sqrt{3}$

c) $0,32\sqrt{3}$

d) $1,6\sqrt{3}$

e) $3,2\sqrt{3}$

18 (UE-GO)

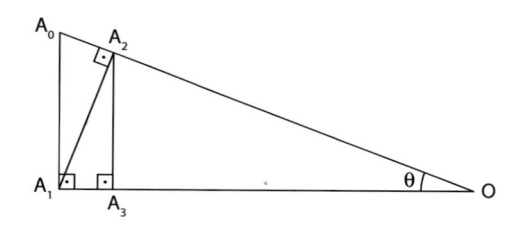

Considere os segmentos $\overline{A_0A_1}$, $\overline{A_1A_2}$ e $\overline{A_2A_3}$ da figura acima, na qual cada segmento é perpendicular a um lado do ângulo **θ**. Se a medida do segmento $\overline{A_0A_1}$ é 1 e θ = 30°, a medida do segmento $\overline{A_2A_3}$ é:

a) $\frac{\sqrt{3}}{4}$

b) $\frac{1}{4}$

c) $\frac{1}{2}$

d) $\frac{3}{4}$

19 (Cefet-MG) Na figura abaixo, CD = BD = 5 cm e AD = 3 cm.

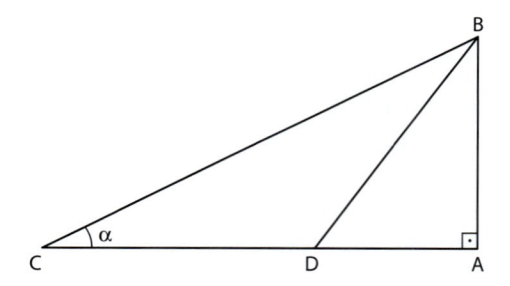

O valor de tg (90° − α) é igual a:

a) $\frac{1}{2}$

b) 1

c) 2

d) 3

20 (PUC-RS) Em uma aula prática de Topografia, os alunos aprendiam a trabalhar com o teodolito, instrumento usado para medir ângulos. Com o auxílio desse instrumento, é possível medir a largura **y** de um rio. De um ponto **A**, o observador desloca-se 100 metros na direção do percurso do rio, e então visualiza uma árvore no ponto **C**, localizada na margem oposta sob um ângulo de 60°, conforme a figura abaixo. Nessas condições, conclui-se que a largura do rio, em metros, é:

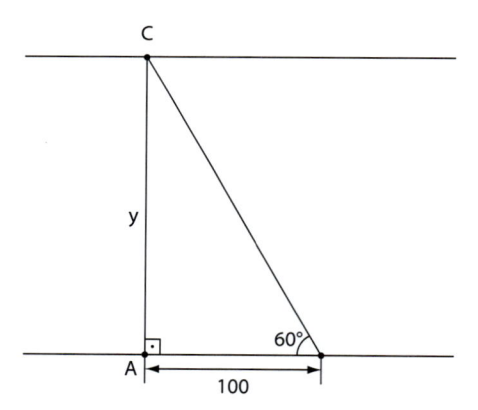

a) $\frac{100\sqrt{3}}{3}$

b) $\frac{100\sqrt{3}}{2}$

c) $100\sqrt{3}$

d) $\frac{50\sqrt{3}}{3}$

e) 200

Respostas

Noções de conjuntos

Exercícios

1
a) V
b) F
c) F
d) V
e) V
f) F
g) F
h) F

2
a) V
b) V
c) F
d) V
e) F
f) V
g) V
h) V

3
a) V
b) F
c) V
d) F
e) V
f) F
g) V
h) V

4 B = E; A = G; D = H

5 C

6 H

7
a) x = 1
b) x = d ou x = e
c) x = preto ou x = amarelo
d) x = dezembro
e) x = dó

8

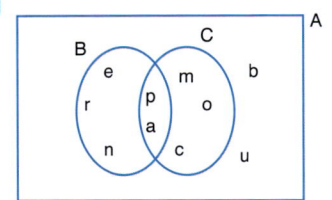

9
a) ∅, {1}, {2} e {1, 2}
b) ∅, {1}, {2}, {3}, {1, 2}, {1, 3}, {2, 3} e {1, 2, 3}
c) ∅, {1}, {2}, {3}, {4}, {1, 2}, {1, 3}, {1, 4}, {2, 3}, {2, 4}, {3, 4}, {1, 2, 3}, {1, 2, 4}, {2, 3, 4}, {1, 3, 4} e {1, 2, 3, 4}
d) $2^5 = 32; 2^n$

10
a) V
b) V
c) V
d) F
e) F
f) F
g) V
h) F

11
a) {a, b, c, d, e}
b) {a, b, c, e}
c) {b, c}
d) {b, e}

12
a) {0, 1, 2, 3}
b) {0, 1, 2}
c) {1, 2}
d) ∅

13
a) {0, 1, 2, 3, 4}
b) {3, 4, 5, 6, 7, 8, 9, 10}
c) {3, 8, 9, 10}
d) {4, 3}
e) {0, 1, 2, 3, 4, 5, 6, 7, 8, 9, 10}
f) {3}

14
a) {3, 4, 6, 8, 9, 12, 15, 16, 18, 20, 21, 24, 27, 28}
b) {12, 24}
c) 14
d) {12, 24}

15
a) x = 1 ou x = 2
b) x = e
c) x = 5
d) x = 5
e) x = u
f) x pode ser qualquer.
g) x = d

16 Menor ou igual a 25 e maior ou igual a 15.

17 D = {5, 6}

18 12

19 89

20 0; 9

21 74%

22

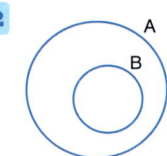

23 4

24 {0, 1, 5}

25
a) {a, d}
b) ∅
c) {a, b}
d) {{a}, {b}}
e) {1, 3, 5, 7}

26
a) {1, 2}
b) {5, 6, 7, 8}
c) {1, 2}
d) {5, 6, 7, 8}
e) {1, 2, 6, 7}
f) {5, 6, 7, 8}
g) {6, 7}
h) Não existe.

27
a)

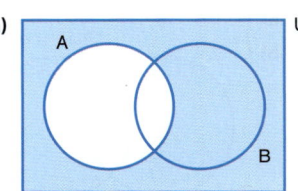

b)

c)

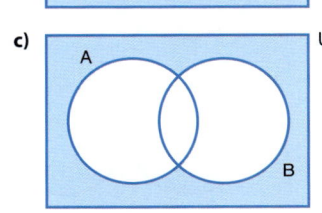

d)

e)

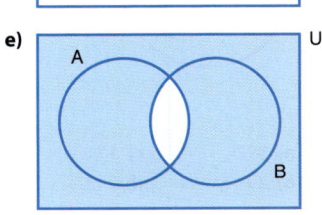

f)

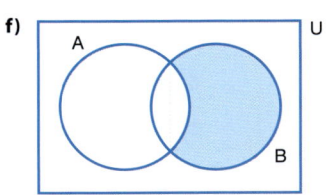

28 x = {p, r, s}

29 B

30

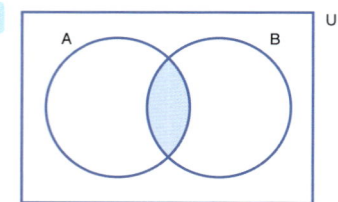

Exercícios complementares

1 22

2 96

3 A = {1, 4, 6, 8, 11, 12}
B = {2, 4, 5, 6, 7, 8, 11, 14}

4 **a)** {1, 4, 6, 7, 8}
b) I.

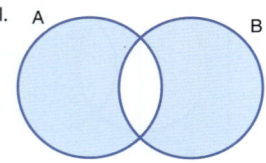

II.

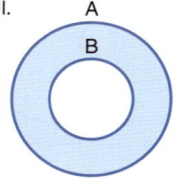

III.

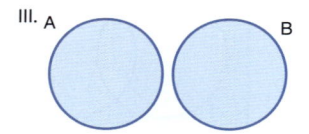

5

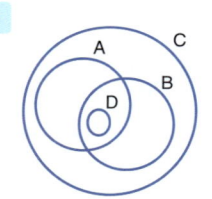

6 **a)** 392 **c)** 171
b) 291 **d)** 213

Testes

1	a	**6**	a	**11**	b
2	b	**7**	b	**12**	c
3	e	**8**	a	**13**	d
4	b	**9**	a	**14**	c
5	c	**10**	b		

CAPÍTULO 2

Conjuntos numéricos

Exercícios

1 **a)** {−2, −1, 0, 1, 2, 3, 4}
b) {0, 1, 2}
c) {−2, −1}
d) {3, 4}

2 **a)** A ∩ B = {5, 6}; A ∪ B = ℕ
b) A ∩ B = B; A ∪ B = A
c) A ∩ B = B; A ∪ B = A

3 **a)** 4 **c)** 3
b) 10 **d)** 3

4 **a)** 2 **d)** −43 **g)** 11
b) −30 **e)** −46 **h)** 14
c) −3 **f)** 36 **i)** 38

5 **a)** −18 ou 18 **b)** −2, −1, 0, 1, 2

6 **a)** V
b) F; 2 é primo par.
c) F; podem ser opostos.
d) V
e) F; $0^2 = 0$; $1^2 = 1$
f) F; $(−2)^3 = −8 < (−2)^2 = 4$

7 **a)** V **f)** V
b) F **g)** F
c) V **h)** V
d) F **i)** V
e) V **j)** F

8 **a)** 0,6 **e)** 1,875
b) $1,\overline{3}$ **f)** $2,\overline{72}$
c) −0,14 **g)** 0,005
d) $0,2\overline{3}$ **h)** $−0,05\overline{71428}$

9 **a)** $\dfrac{5}{9}$ **d)** $\dfrac{65}{9}$
b) $\dfrac{8}{3}$ **e)** $\dfrac{437}{330}$
c) $−\dfrac{20}{11}$ **f)** $\dfrac{5637}{1100}$

10 y = 0,6

11 1

12

$$-2 \quad -\dfrac{9}{5} \quad -1,76 \quad -\dfrac{3}{2} \quad -\dfrac{7}{5} \quad -\dfrac{5}{4} \quad -1,2\overline{3} \quad -1$$

13 Resposta pessoal.
Exemplo: $−\dfrac{67}{20}$; −3,37; ...

14 **a)** $\dfrac{26}{75}$ **b)** $\dfrac{4}{25}$

15 $\dfrac{19}{20} < 1 < 1,\overline{2} < \sqrt{2} < \sqrt{3} < \sqrt{5}$

16

$$4 \quad \dfrac{17}{4} \quad \sqrt{20} \quad \dfrac{9}{2} \quad \dfrac{23}{5} \quad \dfrac{\pi^2}{2} \quad 5$$

São irracionais: $\sqrt{20}$ e $\dfrac{\pi^2}{2}$.

17 Resposta pessoal. Exemplo:
a) 2,5; 2,6; $\dfrac{14}{5}$; ...
b) $\sqrt{7}$; $\sqrt{7,5}$; $\sqrt{2} + \dfrac{\sqrt{6}}{2}$; ...
c) Não existe.

18 **a)** Irracional. **g)** Racional.
b) Racional. **h)** Racional.
c) Irracional. **i)** Irracional.
d) Irracional. **j)** Irracional.
e) Racional. **k)** Racional.
f) Racional.

19 **a)** F **c)** F **e)** F
b) F **d)** V

20 **a)** F; $\sqrt{2} \cdot \sqrt{18} = \sqrt{36} \in \mathbb{Q}$
b) V; $\sqrt{2} + (−\sqrt{2}) = 0 \in \mathbb{Q}$
c) F
d) V; $(\sqrt{3})^2 = 3 \in \mathbb{Q}$
e) F; $3\sqrt{2} \div \sqrt{2} = 3 \in \mathbb{Q}$

21 São irracionais: A = $\sqrt{2}$, B = $\sqrt{18}$ e E = $4\sqrt{2}$.
São racionais: C = 6 e D = 3.

22 B; D

23 **a)** Vazio. **f)** Unitário.
b) Unitário. **g)** Unitário.
c) Unitário. **h)** Vazio.
d) Vazio. **i)** Unitário.
e) Vazio.

24 **a)**
$$-3 \qquad 5$$
b)
$$\dfrac{2}{3}$$
c)
$$\dfrac{7}{5}$$
d)
$$0 \qquad 2$$
e)
$$-1 \qquad 1$$
f)
$$\sqrt{2} \qquad 5$$
g)
$$1 \quad \dfrac{3}{2} \qquad 4$$

25 **a)** $\{x \in \mathbb{R} \mid x \geq −2\}$
b) $\{x \in \mathbb{R} \mid x \leq 3\sqrt{2}\}$
c) $\left\{x \in \mathbb{R} \mid −\dfrac{1}{4} < x \leq 1\right\}$
d) $\left\{x \in \mathbb{R} \mid −\dfrac{3}{4} < x \leq 0\right\}$
e) $\left\{x \in \mathbb{R} \mid −1 \leq x < \dfrac{3}{2} \text{ ou } x \geq 2\right\}$
f) $\left\{x \in \mathbb{R} \mid x < −2 \text{ ou } x \geq \dfrac{1}{10}\right\}$

26 a) $\{x \in \mathbb{R} \mid x > -3\} = \,]-3, +\infty[$

b) $\left\{x \in \mathbb{R} \mid -2 < x \leq \dfrac{4}{3}\right\} = \,\left]-2, \dfrac{4}{3}\right]$

c) $\left\{x \in \mathbb{R} \mid x > \dfrac{4}{3}\right\} = \,\left]\dfrac{4}{3}, +\infty\right[$

d) $\{x \in \mathbb{R} \mid -3 < x \leq -2\} = \,]-3, -2]$

27 a) Infinitos.   **c)** Infinitos.
b) 3   **d)** 1

28 a) $\varnothing$ **c)** $\left[0, \sqrt{2}\,\right]$
b) $\left]\sqrt{2}, 2\right]$ **d)** $\left[-\dfrac{1}{2}, 0\right[$

Exercícios complementares

1 $(01) + (02) = (03)$

2 $X = 3; Y = 5$

3 $(0-0)$ F $(2-2)$ V $(4-4)$ F
$(1-1)$ F $(3-3)$ V

4 9

5 3

6 0,025; 0,8

7 a) V   **e)** F
b) F   **f)** V
c) V   **g)** F
d) F

8 a) 462
b) 12
c) 2 500
d) $10^6 - 10^3 - 10^2 + 10 = 998\,910$

9 $(01) + (02) + (08) + (16) = (27)$

10 128

11 a) 59
b) Sim, colocando todos em uma mesma sala.

Testes

1 c   **11** $(01) + (02) + (16) = (19)$

2 a   **12** c

3 b   **13** $(01) + (04) + (08) = (13)$

4 d   **14** d

5 a   **15** e

6 c   **16** d

7 d   **17** e

8 a   **18** b

9 e   **19** b

10 d   **20** c

---

21 c

22 c

CAPÍTULO 3 — Funções

Exercícios

1 a) R$ 104,50   **c)** $p = 19 \cdot n$
b) 13 kg

2 a)

Gasolina consumida (litros)	Distância percorrida (km)
0,25	2
0,5	4
2	16
5	40
12	96
28	224
45	360

b) $d = 8n$

3 a)

Tempo	Distância (km)
15 min	10
30 min	20
3 h	120
5 h	200

b) 30 h   **c)** $d = 40t$

4 a) 18   **b)** $y = 230 + 18x$

5 a)

Número de torneiras	Tempo
1	40 min
4	10 min
6	6 min 40 s
8	5 min
10	4 min

b) $t \cdot n = 40$ ou $t = \dfrac{40}{n}$
c) 25

6 a)

Número de horas	Número de células
1	2
2	4
3	8
4	16
5	32
6	64

b) 10 horas   **c)** $n = 2^t$

7 a) R$ 86,73; R$ 86,85; R$ 87,00 e R$ 87,60
b) $y = 86,70 + 0,03 \cdot x$

---

8 a) Sim.   **c)** Não.   **e)** Não.
b) Sim.   **d)** Sim.

9 a) Não.   **c)** Não.
b) Sim.   **d)** Sim.

10 a) Não.   **c)** Não.   **e)** Sim.
b) Sim.   **d)** Não.

11 a) -5 **b)** 4   **c)** 18

12 a) 6   **c)** $\dfrac{17}{4}$ **e)** 1 ou $-\dfrac{2}{3}$
b) 8   **d)** $13 - \sqrt{3}$

13 a) $-12; -2$ e -42 **c)** $x = 10$
b) $x = 3$ ou $x = 4$

14 a) R$ 218,60
b) 15 m²
c) $C(x) = -18x^2 + 108x + 80$

15 a) $\dfrac{16}{7}$ **c)** $S = \left\{-\dfrac{43}{2}\right\}$
b) 1 e $-\dfrac{4}{3}$

16 a) R$ 1 800,00   **c)** 6 anos.
b) R$ 90,00

17 a) $m = 2$ **c)** $x = -11$
b) 6

18 a) $a = -\dfrac{1}{2}$ e $b = 7$
b) $f(x) = -\dfrac{1}{2}x + 7$
c) $6; \dfrac{7}{2}; 14$
d) $x = \dfrac{25}{2}$

19 a) 8 000
b) 9 500
c) Aproximadamente 9 818.
d) 100
e) 19

20 a) -3 **b)** -9 **c)** -33

21 a) $D = A; CD = B; Im = \{0, 1, 2, 3, 4\}$
b) $D = A; CD = B; Im = \{0, 1, 4\}$
c) $D = A; CD = B; Im = \{-1, 0, 1, 2, 3\}$
d) $D = A; CD = B; Im = \{0, 1, 2\}$

22 a) $\{-5, -3, -1, 1\}$ **c)** $\{-2, -1, 2\}$
b) $\{-1, 2, 5\}$

23 a) $\mathbb{R}$ **d)** $\{x \in \mathbb{R} \mid x \neq -1$ e $x \neq 5\}$
b) $\mathbb{R}$ **e)** $\mathbb{R}_+^*$
c) $\mathbb{R}^*$ **f)** $\mathbb{R}^* - \{4\}$

24 a) $[-9, +\infty[$
b) $\mathbb{R}$
c) $D = \left\{x \in \mathbb{R} \mid x \geq \dfrac{2}{3}\right\}$
d) $D = \{x \in \mathbb{R} \mid x > 2\}$
e) $D = \{x \in \mathbb{R} \mid x \leq 3\}$
f) $D = \mathbb{R}^*$

25
a) Im = {2, 3, 4, 5}
b) Im = {−1, 1, 3, 5, 7}
c) Im = {29, 31, 33, 35, ...}
d) Im = $\mathbb{Q}$
e) Im = $\mathbb{R}$
f) Im = [5, 7]

26
a)

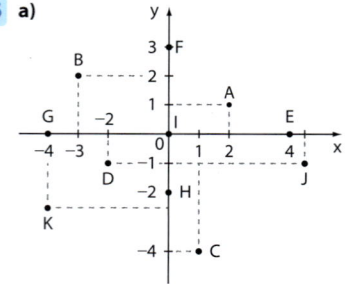

b) E, I e G
c) F, I e H
d) 1º: A; 2º: B; 3º: D e K; 4º: J e C

27
a) A(3, −2), B(0, 2), C(−4, 3), D(2, 4), E(0, −1), F(−3, 0), G(4, 0), H(−2, −4)
b) F e G
c) B e E
d) 1º: D; 2º: C; 3º: H; 4º: A

28
a) x = −3 e y = $\sqrt{2}$
b) x = 2 e y = −7
c) x = 2 e y = 1

29
a)

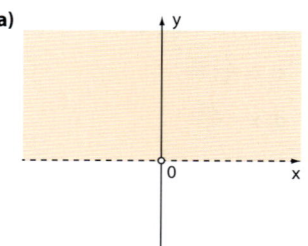

b)

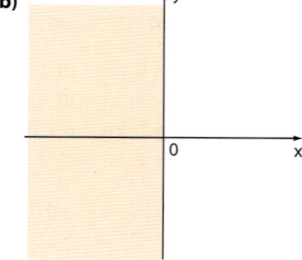

c)

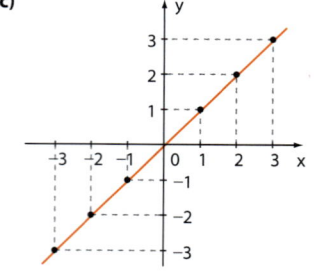

d)

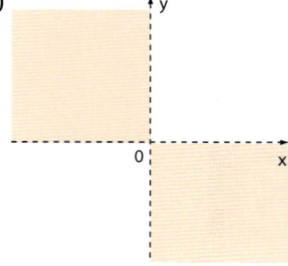

e)

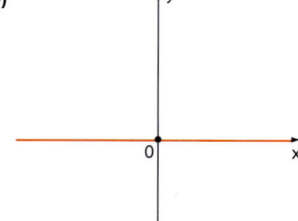

f)

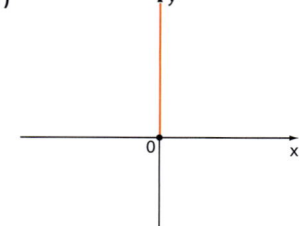

30
a) 0
b) 2
c) {m ∈ $\mathbb{R}$ | m > −1}
d) {m ∈ $\mathbb{R}$ | m > −6}
e) {m ∈ $\mathbb{R}$ | m < 0}
f) {m ∈ $\mathbb{R}$ | m > 4}

31
a) Das 10:00 às 12:00; das 12:30 às 14:00; das 15:30 às 16:00 e das 17:00 às 18:00.
b) Das 12:00 às 12:30; das 14:00 às 15:30 e das 16:30 às 17:00.
c) Entre R$ 9,20 e R$ 12,00.
d) 15:00, próximo às 16:00 e às 17:00.
e) Alta; 2%.

32
a) V
b) F
c) V
d) V
e) F

33
a) De 1994 a 1995; de 1997 a 1999; de 2000 a 2003.
b) 1994 − 1995; superior.
c) 2003; 2005 − 2006 e 2007 − 2008.
d) Aproximadamente 67 714 campos de futebol.

34
a)

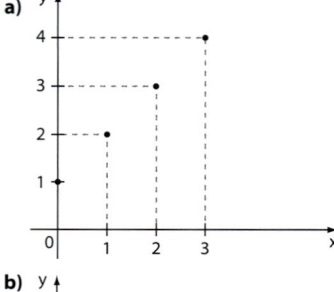

b)

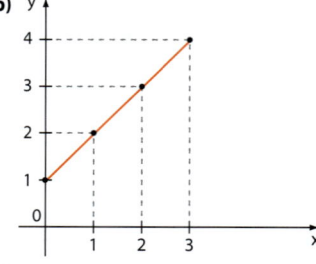

c)

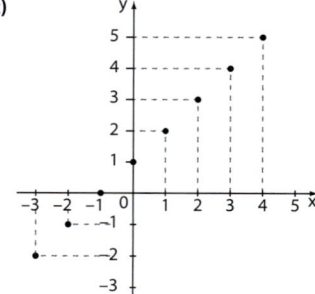

d)

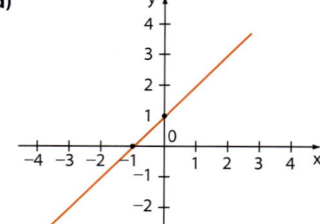

35
a)

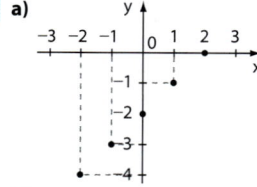

b)

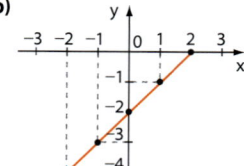

c)

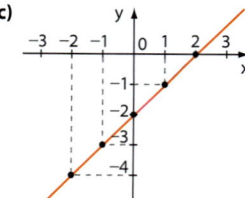

36 a)

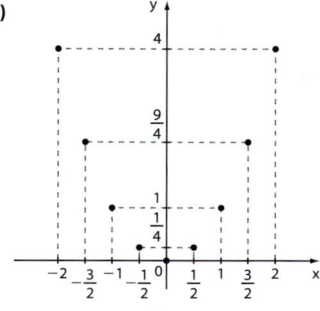

b)

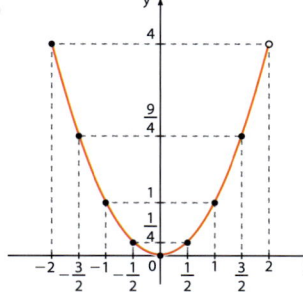

c)

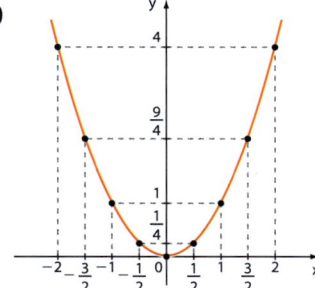

37 a)

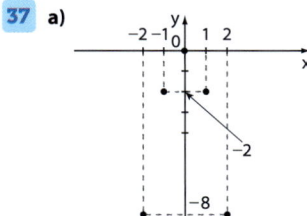

b)

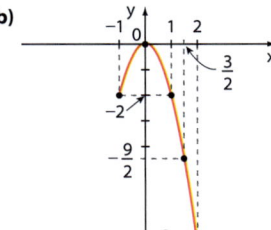

c)

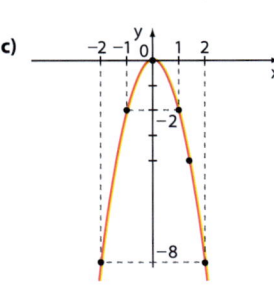

38 a)

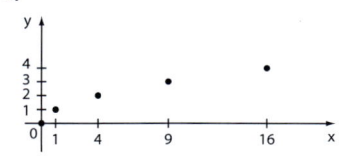

b)

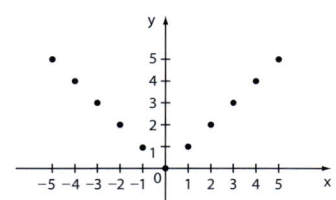

c)

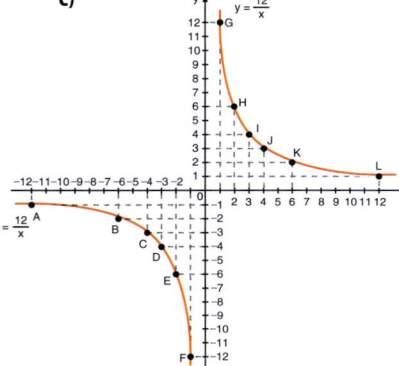

d)

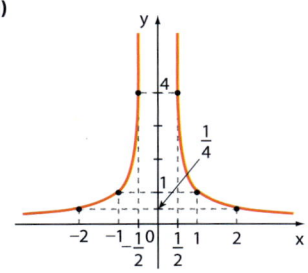

39 $a = 1$ e $b = 2$

40 a) $p = \dfrac{1}{2}$ e $q = \dfrac{3}{2}$

b) $\dfrac{3}{4}$

41 a) Sim.

b) Sim.

c) Não; para $x < 0$ há duas imagens e para $x > 0$ não há imagem correspondente.

d) Não; $x = -3$ possui duas imagens.

e) Não; se $-1 < x < 1$ não há imagem correspondente.

f) Sim.

g) Não; $x = 1$ está associado a infinitos valores de **y**.

h) Sim.

42 a) $\text{Im} = \mathbb{R}$

b) $\text{Im} = \{y \in \mathbb{R} \mid y \leqslant 3\}$

c) $\text{Im} = \{1\}$

d) $\text{Im} = \{y \in \mathbb{R} \mid y \geqslant -2\}$

43 a) Decrescente para todo $x \in \mathbb{R}$.

b) Decrescente para $x < 4$, crescente para $x > 4$; ponto de mínimo: $(4, 2)$.

c) Decrescente para $x < -\dfrac{3}{2}$ ou $x > \dfrac{5}{2}$ e crescente para $-\dfrac{3}{2} < x < \dfrac{5}{2}$.

d) Crescente para $x < 0$ ou $x > 2$, constante para $0 < x < 1$, decrescente para $1 < x < 2$.

e) Crescente para $x < 2$ e decrescente para $x > 2$; ponto de máximo: $(2, 0)$.

44 a) Raiz: 3

Sinal: $\begin{cases} y > 0, \text{se } x < 3, \\ y < 0, \text{se } x > 3 \end{cases}$

b) Não há raízes.

Sinal: $y > 0$ para todo $x \in \mathbb{R}$.

c) Raízes: $-3, 0, 5$

Sinal: $\begin{cases} y > 0, \text{se } x < -3 \text{ ou } 0 < x < 5 \\ y < 0, \text{se } -3 < x < 0 \text{ ou } x > 5 \end{cases}$

d) Raízes: $-1, \dfrac{3}{2}$ e $\dfrac{5}{2}$

Sinal: $\begin{cases} y > 0, \text{se } -1 < x < \dfrac{3}{2} \text{ ou } x > \dfrac{5}{2} \\ y < 0, \text{se } x < -1 \text{ ou } \dfrac{3}{2} < x < \dfrac{5}{2} \end{cases}$

e) Raiz: 2

Sinal: $y < 0$ para todo $x \neq 2$

$\nexists \, x$ tal que $y > 0$

45 a) $f(-1) = 4$; $f(0) = 4$; $f(-3) = \dfrac{3}{2}$ e $f(3) = 0$

b) $]-\infty, -2[$

c) $\left] \dfrac{3}{2}, \dfrac{9}{2} \right[$

d) $\begin{cases} y > 0 \text{ quando } x < 3 \\ y < 0 \text{ quando } 3 < x < \dfrac{9}{2} \end{cases}$

e) $\text{Im} = \left\{ y \in \mathbb{R} \mid -\dfrac{7}{2} < y \leqslant 4 \right\}$

f) 3

46 a) Simétrico em relação à origem; função ímpar.

b) Simétrico em relação à origem; função ímpar.

c) Simétrico em relação ao eixo Oy; função par.

d) Não há simetria.

47 a) 0   c) -3

b) 2   d) 0

48 A taxa média de variação nos cinco primeiros anos é o quádruplo da taxa média de variação nos cinco últimos anos.

49 O ritmo de crescimento do IDH diminui no 2º período (0,0043), na comparação com o 1º período (0,0054).

Exercícios complementares

1 a) A: US$ 4,20; B: US$ 3,20
   b) A
   c) 8 anos; US$ 6,20

2 a) $a = 4$, $b = 1$ e $c = -1$. b) 4

3 a) $D = \{x \in \mathbb{R} \mid x \geqslant 0 \text{ e } x \neq 1\}$
   b) 4
   c) $f(10) > 0$
   d) $3 + 2\sqrt{2}$

4 a) $x > -1$ d) $x < -1$ ou $x > 2$
   b) $x \geqslant 2$ e) $x \neq 2$
   c) $x > \dfrac{1}{2}$ f) $x \leqslant \dfrac{1}{2}$

5 a) $a = 7$ e $b = \dfrac{1}{2}$ c) $\dfrac{1}{4}$
   b) -22

6 a) 20 000 pessoas.
   b) 49 000 pessoas.
   c) 9 horas.
   d) 1,4 mil/hora

7 a) 346 m/s   b) 16 °C

8 a) $a = -7$ e $b = \dfrac{31}{2}$
   b) $Im = [-11, 7[$
   c) -1
   d) $-7 \leqslant x \leqslant 0$ ou $10 \leqslant x \leqslant \dfrac{31}{2}$
   e) $y > 0$ se $-2 < x < 6$ ou $12 < x < \dfrac{31}{2}$
      $y < 0$ se $-7 \leqslant x < -2$ ou $6 < x < 12$
   f) $-\dfrac{1}{2}$
   g) $\dfrac{16}{7}$
   h) $[0, 3]$

9 a) $x = -1$ ou $x = \dfrac{3}{2}$
   b)
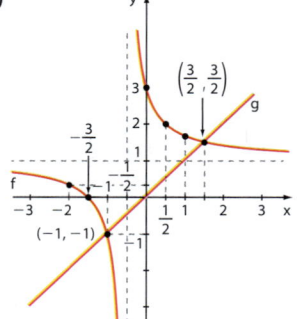

10 a) $\dfrac{1}{x-2}$
   b) $f(0) = -\dfrac{1}{2}$; $f(1) = -1$; $f(3) = 1$ e $f(4) = \dfrac{1}{2}$

c)
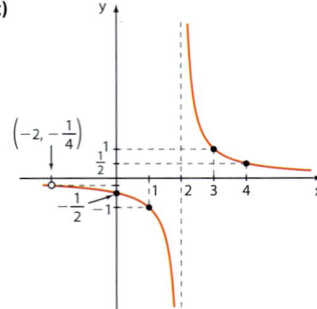

11 $a = 100$, $b = 1$ e $c = 10$; $f(x) = \dfrac{100x + 200}{x + 10}$

12 a) Verificação.
   b) $(-1, 0)$ e $(0, 1)$
   c)
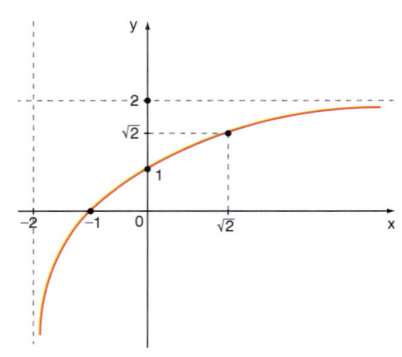
   d) Não.

Testes

1 b		**7** c		**13** c	
2 b		**8** e		**14** e	
3 e		**9** b		**15** e	
4 b		**10** d		**16** a	
5 b		**11** d		**17** c	
6 e		**12** e			

CAPÍTULO 4 — **Função afim**

Exercícios

1 a) $a = -2$ e $b = -1$
   b) $a = \dfrac{3}{4}$ e $b = \sqrt{3}$
   c) $a = -4$ e $b = 3$
   d) $a = -\dfrac{2}{3}$ e $b = 4$
   e) $a = 6$ e $b = 0$

2 a)
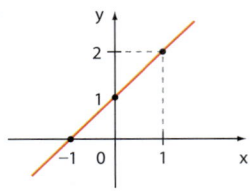
   b)
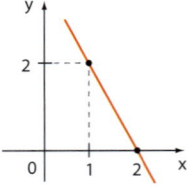
   c)
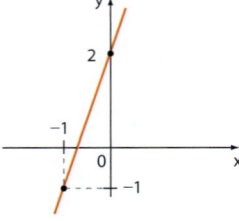
   d)
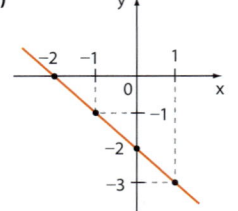
   e)
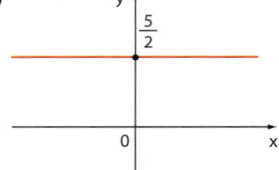
   f)
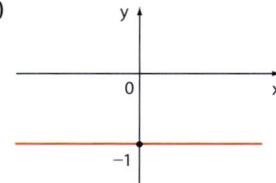

3 a)
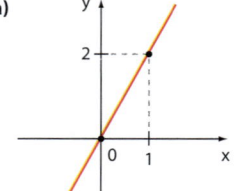
   b)
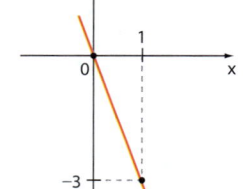

c)

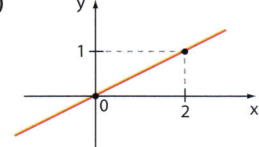

d)

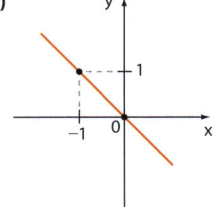

A propriedade é: todas as retas passam pela origem (0, 0).

4 **a)** $y = \dfrac{4x}{3} - \dfrac{11}{3}$

b) $y = -4x + 5$

c) $y = -\dfrac{x}{2} - 2$

d) $y = 3$

5 **a)** R$ 7,05; R$ 14,10

b) $y = 23,5 \cdot x$

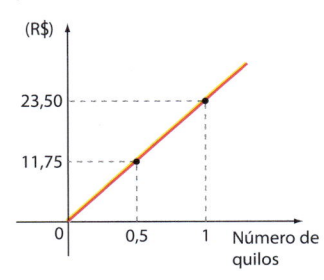

c) 540 g

6 **a)** $a = \dfrac{5}{4}$ e $b = 7$

b) 42

c) 23,2 cm

d) 3,2 cm

7 **a)**

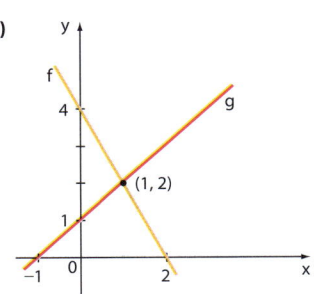

b)

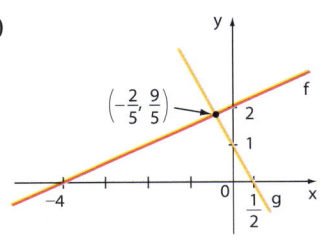

c)

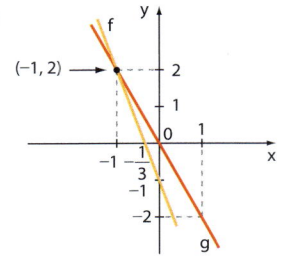

d)

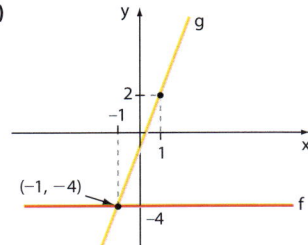

8 **a)** $y = 0,05x + 300$

b) R$ 300,00

c) Não, pois a parte fixa não dobra.

9 **a)** $\dfrac{9}{2}$ **e)** 15

b) -3 **f)** 2 000

c) $\dfrac{7}{20}$ **g)** $\dfrac{1}{6}$

d) $\dfrac{8}{9}$ **h)** $\dfrac{7}{5}$

10 **a)** $r = 22$, $s = 52$, $t = 28$, $u = 42$

b) $\dfrac{15}{14}$ **d)** $\dfrac{7}{12}$

c) $\dfrac{21}{29}$ **e)** 16

11 **a)** Y   **b)** Z   **c)** $\dfrac{1}{2}$

12 **a)** As grandezas são inversamente proporcionais, pois, quando a velocidade diminui pela metade, o tempo do percurso dobra e assim por diante.

b) 4 horas.

13 **a)** $a = \dfrac{32}{3}$ e $b = 20$

b) $a = 2,4$ $c = 1,6$

$b = 0,9$ $d = 2$

14 **a)**

Tempo (h)	$\dfrac{1}{4}$	$\dfrac{1}{2}$	1	2	3	5
Distância (km)	225	450	900	1 800	2 700	4 500

b) Sim; $y = 900 \cdot x$, sendo **y** a distância (em km) e **x** o tempo (em horas).

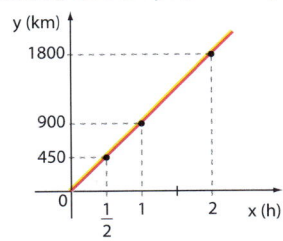

15 **a)** $\dfrac{10}{3}$ **c)** $\dfrac{32}{13}$

b) $-\dfrac{8}{5}$ **d)** -58

16 **a)** **A** deve receber R$ 3 000,00 e **B** deve receber R$ 3 600,00.

b) R$ 14 400,00

c) R$ 13 200,00

17 **a)** Sim.

b) 2,5 g/cm³

c) $m = 2,5 \cdot V$

18 **a)** 6 000

b) 8 000

19 **a)** R$ 1 400,00

b) R$ 30 600,00; R$ 27 800,00 e R$ 26 400,00.

c) $f(x) = 32 000 - 1 400x$

20 **a)** 530 mil, 680 mil, 880 mil

b) $y = 530 000 + 50 000x$

c)

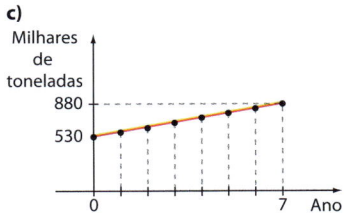

21 **a)** 18 400

b) $n = 320t + 12 000$

22 **a)** 37,5 kg

b) 62,5 kg

c) 93,75 kg

23 **a)** 150 milhões de m³.

b) 125 milhões de m³.

c) 31/12/2020

24 **a)** 9 centenas de bilhões de reais.

b) 6 centenas de bilhões de reais.

c) Não.

25 **a)** $a = -5$; $b = 9$; $(0, 9)$ e $\left(\dfrac{9}{5}, 0\right)$

b) $a = 1$; $b = 0$; $(0, 0)$ e $(0, 0)$

c) $a = \dfrac{8}{7}$; $b = -\sqrt{5}$; $\left(0, -\sqrt{5}\right)$ e $\left(\dfrac{7\sqrt{5}}{8}, 0\right)$

d) $a = -1$; $b = 2$; $(0, 2)$ e $(2, 0)$

e) $a = -1$; $b = 4$; $(0, 4)$ e $(4, 0)$

26 **a)** $S = \left\{\dfrac{3}{10}\right\}$

b) $S = \{6\}$

c) $S = \{1\}$

d) $S = \varnothing$

e) $S = \{-1\}$

f) $S = \left\{\dfrac{15}{11}\right\}$

27 **a)** $\dfrac{1}{2}$ **c)** 0

b) 5 **d)** 18

28 **a)** $-\dfrac{3}{10}$

b) $f(x) = -\dfrac{3x}{10} - \dfrac{3}{2}$

c) $-\dfrac{3}{2}, -\dfrac{21}{10}, -\dfrac{51}{40}$

29 **a)** Luís: 45; Beto: 30

b) 15

30 **a)** Carlos: 49; André: 45

b) 41 anos.

31 São crescentes: *a, c, f*.

São decrescentes: *b, d, e*.

32 **a)** $m > 0 \Rightarrow$ f é crescente.

$m < 0 \Rightarrow$ f é decrescente.

$m = 0 \Rightarrow$ f é constante.

b) $m > -3 \Rightarrow$ f é crescente.

$m < -3 \Rightarrow$ f é decrescente.

$m = -3 \Rightarrow$ f é constante.

c) $m < 7 \Rightarrow$ f é crescente.

$m > 7 \Rightarrow$ f é decrescente.

$m = 7 \Rightarrow$ f é constante.

33 **a)** $y > 0$ para $x > -1$

$y < 0$ para $x < -1$

b) $y > 0$ para $x < 2$

$y < 0$ para $x > 2$

c) $y > 0$ para $x > -3$

$y < 0$ para $x < -3$

34 **a)** $y > 0$ para $x > \dfrac{2}{5}$

$y < 0$ para $x < \dfrac{2}{5}$

b) $y > 0$ para $x < 6$

$y < 0$ para $x > 6$

c) $y > 0$ para $x > 0$

$y < 0$ para $x < 0$

d) $y > 0$ para $x > -\dfrac{5}{2}$

$y < 0$ para $x < -\dfrac{5}{2}$

35 **a)** $\{x \in \mathbb{R} \mid x \leq 4\}$

b) $\{x \in \mathbb{R} \mid x \leq -1\}$

c) $\{x \in \mathbb{R} \mid x > 1\}$

d) $\left\{x \in \mathbb{R} \mid x \leq \dfrac{1}{4}\right\}$

e) $\{x \in \mathbb{R} \mid x > 4\}$

f) $\left\{x \in \mathbb{R} \mid x > \dfrac{6}{5}\right\}$

g) $S = \varnothing$

h) $S = \mathbb{R}$

36 **a)** $\{1\}$

b) $\{-1, 0\}$

c) $\{x \in \mathbb{Z} \mid 8 \leq x < 16\}$

37 **a)** B

b) 5 horas.

38 **a)** $-732,20 + 40 \cdot n$

b) 14 meses.

c) 19 meses.

39 **a)** Locadora 1: $y = 100 + 0,3 \cdot x$

Locadora 2: $y = 60 + 0,4 \cdot x$

Locadora 3: $y = 150$

b) 401 quilômetros.

c) 226 quilômetros.

40 1 e 2.

41 **a)** $S = \{x \in \mathbb{R} \mid x \leq 1 \text{ ou } x \geq 2\}$

b) $S = \left\{x \in \mathbb{R} \mid \dfrac{1}{2} < x < 2\right\}$

c) $S = \left\{x \in \mathbb{R} \mid x \leq -\dfrac{2}{5} \text{ ou } x \geq 1\right\}$

d) $S = \left\{x \in \mathbb{R} \mid x \leq -\dfrac{3}{5} \text{ ou } \right.$

$\left. -\dfrac{1}{4} \leq x \leq \dfrac{3}{2}\right\}$

e) $S = \{2\}$

42 **a)** $S = \left\{x \in \mathbb{R} \mid -1 \leq x < \dfrac{1}{2}\right\}$

b) $S = \left\{x \in \mathbb{R} \mid x < \dfrac{3}{4} \text{ ou } x > \dfrac{3}{2}\right\}$

c) $S = \{x \in \mathbb{R} \mid 0 \leq x < 3\}$

d) $S = \{x \in \mathbb{R} \mid x < -1 \text{ ou } 2 < x \leq 3\}$

43 **a)** $\left\{x \in \mathbb{R} \mid x < 0 \text{ ou } \dfrac{3}{8} \leq x < 1\right\}$

b) $\left\{x \in \mathbb{R} \mid x \leq \dfrac{2}{9} \text{ ou } x > 3\right\}$

c) $\{x \in \mathbb{R} \mid x < 1\}$

44 **a)** $D = \{x \in \mathbb{R} \mid 6 < x \leq 7\}$

b) $D = \left\{x \in \mathbb{R} \mid 0 < x \leq \dfrac{2}{3}\right\}$

c) $D = \mathbb{R} - \{3, 5\}$

45 **a)** $S = \{x \in \mathbb{R} \mid -3 < x < 4 \text{ ou } x > 11\}$

b) $S = \{x \in \mathbb{R} \mid x < 0 \text{ ou } x \geq 2\}$

c) $S = \{x \in \mathbb{R} \mid -4 < x < -2\}$

Exercícios complementares

1 30

2 **a)** 1, 2, 3 e 4.

b) 30

3 **a)** $h = 3 \cdot c + 70$ (**h** em cm e **c** em cm)

b) 1,66 m = 166 cm

4 200 chamadas.

5 **a)** Brasil: $y = 0,01x + 1,75$

EUA: $y = -0,09x + 1,49$

b) Entre 2017 e 2018.

6 $a = 216; b = \dfrac{1}{72}; c = \dfrac{3}{2}$ e $d = \dfrac{1}{6}$

7 R\$ 12 000,00 e R\$ 18 000,00

8 **a)** f: $x = 2$; g: $x = -5$

b) $x \leq -5$ ou $x \geq 2$

c) $-5 \leq x < 2$

d) $\dfrac{1}{3}$

e) 21 u.a.

f) $x > -2$

9 R\$ 1,00

10 **a)** 15 anos

b) US\$ 1 400,00

c)

Valor (dólares)

5 000

1 400

0 15 x (anos)

11 Vela A: 8 cm; vela B: 6 cm

12 (0-0) V (2-2) F (4-4) F

(1-1) V (3-3) F

13 **a)** R\$ 4 000,00

b) R\$ 1 500,00

Testes

1 c **14** e

2 d **15** e

3 c **16** d

4 d **17** b

5 c **18** b

6 a **19** c

7 d **20** b

8 d **21** d

9 d **22** b

10 a

11 c

12 a

13 b

CAPÍTULO
5

Função quadrática

Exercícios

1 **a)**

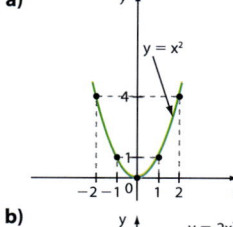

$y = x^2$

b)

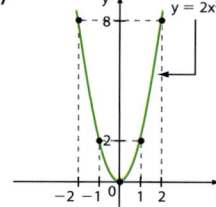

$y = 2x^2$

c)

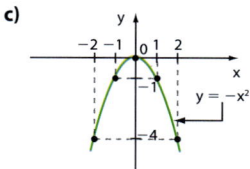

$y = -x^2$

d)

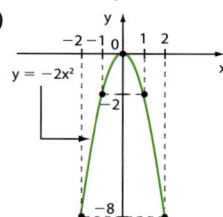

$y = -2x^2$

2 **a)**

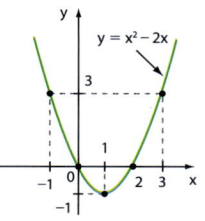

$y = x^2 - 2x$

b)

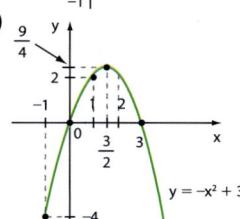

$y = -x^2 + 3x$

c)

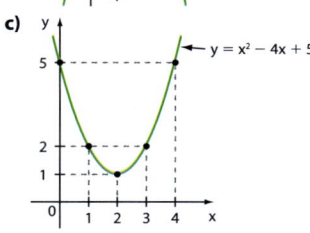

$y = x^2 - 4x + 5$

---

d)

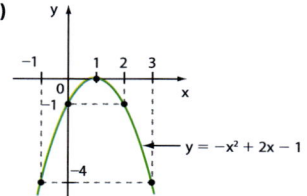

$y = -x^2 + 2x - 1$

3 **a)** $a = 1, b = -3$ e $c = 4$
b) 74

4 **a)** 1 e 2
b) -5 e 2
c) -1 e $-\dfrac{1}{3}$
d) $\dfrac{-3 + \sqrt{11}}{2}$ e $\dfrac{-3 - \sqrt{11}}{2}$
e) 2
f) -3
g) $\dfrac{1}{4}$
h) Não existem.
i) Não existem.
j) -3 e 5

5 **a)** 11 e 5
b) $\dfrac{3 + 5\sqrt{3}}{3}$ e $\dfrac{3 - 5\sqrt{3}}{3}$
c) $-3,3$ e 0
d) 0 e 5
e) 3
f) 6
g) 0
h) $-2, -1, 1$ e 2

6 1,16 m

7 $x = 8$ m

8 **a)** R$ 2,00   **b)** 90   **c)** 72

9 10 professores.

10 6 anos e 30 anos.

11 $\{p \in \mathbb{R} \mid p < 5\}$

12

	Duas vezes	Uma vez	Nenhuma vez
a)	$m < \dfrac{25}{12}$	$m = \dfrac{25}{12}$	$m > \dfrac{25}{12}$
b)	$m > -1$	$m = -1$	$m < -1$
c)	$m < \dfrac{5}{4}$	$m = \dfrac{5}{4}$	$m > \dfrac{5}{4}$
d)	Qualquer **m**	Não existe **m**	Não existe **m**

13 -1

14 **a)** $S = 7$ e $P = 9$
b) $S = -\dfrac{5}{2}$ e $P = -3$
c) $S = 2$ e $P = 0$
d) $S = 0$ e $P = -9$
e) $S = \dfrac{7}{3}$ e $P = \dfrac{2}{3}$
f) $S = -6$ e $P = -40$

---

15 $p = 1$; raízes: 1 e 4

16 $m = -1$

17 $k = -19$; raízes: 4 e $-\dfrac{5}{2}$

18 **a)** $S > 0$ e $P > 0$ **c)** $S > 0$ e $P < 0$
b) $S < 0$ e $P > 0$ **d)** $S > 0$ e $P = 0$

19 **a)** $f(x) = (x - 6) \cdot (x + 7)$
b) $f(x) = (x - 2) \cdot (x + 2)$
c) $f(x) = 2 \cdot (x - 3) \cdot \left(x - \dfrac{1}{2}\right)$
d) $f(x) = (3x - 2)^2$
e) $f(x) = -(x - 2) \cdot (x - 3)$

20 $f(x) = -2x^2 + 4x + 30$

21 **a)** $f(x) = -x^2 + 4x - 3$
b) $g(x) = -\dfrac{5}{6}x + \dfrac{5}{3}$
c) $\dfrac{5}{3}$

22 **a)** Ponto de mínimo: $(0, -12)$; valor mínimo $= -12$.
b) Ponto de mínimo: $(2, -1)$; valor mínimo $= -1$.
c) Ponto de máximo: $(6, 6)$; valor máximo $= 6$.
d) Ponto de máximo: $(0, 0)$; valor máximo $= 0$.
e) Ponto de mínimo: $\left(\dfrac{1}{2}, \dfrac{3}{4}\right)$; valor mínimo $= \dfrac{3}{4}$.

23 **a)** 8 s   **c)** 16 s
b) 48 m

24 **a)** De 2010 a 2012.
b) R$ 3 600,00
c) Em 2020; R$ 42 000,00

25 **a)** $\text{Im} = \{y \in \mathbb{R} \mid y \geqslant -1\}$
b) $\text{Im} = \{y \in \mathbb{R} \mid y \leqslant 4\}$
c) $\text{Im} = \left\{y \in \mathbb{R} \mid y \leqslant \dfrac{4}{5}\right\}$
d) $\text{Im} = \{y \in \mathbb{R} \mid y \geqslant 0\}$
e) $\text{Im} = \{y \in \mathbb{R} \mid y \leqslant 16\}$

26 $\text{Im} = \left\{y \in \mathbb{R} \mid y \leqslant \dfrac{1}{8}\right\}$

27 **a)** $k = \dfrac{33}{4}$
b) $-4\,°C$

28 $m = -1$

29 Quadrado cujo lado mede 5 cm; a área é 25 cm².

30 **a)** $x = 25$ m e $y = 25$ m
b) $x = 25$ m e $y = 12,5$ m
c) Redução de 50%

31 a) Im = {y ∈ ℝ | y ⩾ −1}

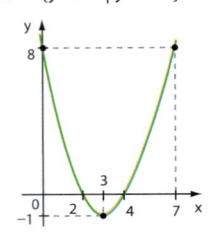

f é crescente se x > 3.
f é decrescente se x < 3.

b) Im = {y ∈ ℝ | y ⩽ 2}

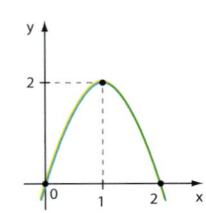

f é crescente se x < 1.
f é decrescente se x > 1.

c) Im = {y ∈ ℝ | y ⩾ 0}

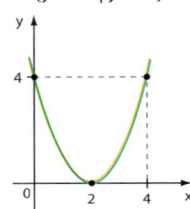

f é crescente se x > 2.
f é decrescente se x < 2.

d) Im = $\left\{ y \in \mathbb{R} \mid y \geqslant -\dfrac{25}{4} \right\}$

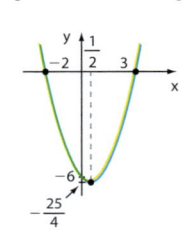

f é crescente se x > $\dfrac{1}{2}$.
f é decrescente se x < $\dfrac{1}{2}$.

e) Im = $\left\{ y \in \mathbb{R} \mid y \leqslant \dfrac{1}{4} \right\}$

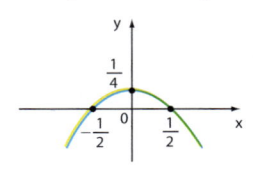

f é crescente se x < 0.
f é decrescente se x > 0.

f) Im = {y ∈ ℝ | y ⩾ 4}

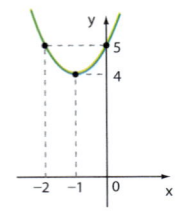

f é crescente se x > −1.
f é decrescente se x < −1.

32 a) y = −x² + 4x + 12

b) y = $\dfrac{x^2}{2} - x - \dfrac{3}{2}$

c) y = x² − 2√3x + 3

33 a < 0; b > 0 e c > 0

34

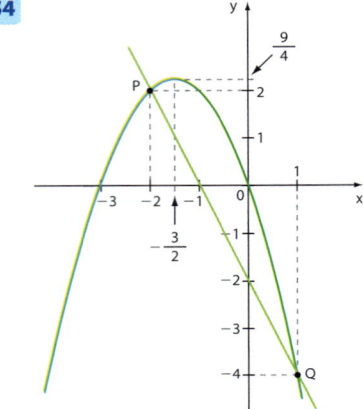

Os pontos de interseção são (−2, 2) e (1, −4).

35 a) 6 e −4

b) Vértice de f: $\left(1, \dfrac{25}{6} \right)$

Vértice de g: $\left(\dfrac{5}{2}, -\dfrac{63}{80} \right)$

36 a) 1 cm

b) y = 2,5x

c) 5º dia; 12,5 cm

d)

e) 2,5 cm/dia; 2,5 cm/dia

37 a) y < 0 para x ≠ 4.
∄ x ∈ ℝ tal que y > 0.

b) y < 0 para todo x ∈ ℝ.
∄ x ∈ ℝ tal que y > 0.

c) y > 0 para x < −1 ou x > 3.
y < 0 para −1 < x < 3.

38 a) y < 0 para x < 0 ou x > 7.
y > 0 para 0 < x < 7.

b) y > 0 para todo x ∈ ℝ.
∄ x ∈ ℝ tal que y < 0.

c) y > 0 para x ≠ 6.
∄ x ∈ ℝ tal que y < 0.

d) y < 0 para −3 < x < 5.
y > 0 para x < −3 ou x > 5.

e) y < 0 para $-\dfrac{1}{2}$ < x < 1.
y > 0 para x < $-\dfrac{1}{2}$ ou x > 1.

f) y < 0 para x < −√3 ou x > √3.
y > 0 para −√3 < x < √3.

g) y < 0 para todo x ∈ ℝ.
∄ x ∈ ℝ tal que y > 0.

39 a) S = {x ∈ ℝ | −7 < x < 1}

b) S = $\left\{ x \in \mathbb{R} \mid x \leqslant \dfrac{1}{3} \text{ ou } x \geqslant 2 \right\}$

c) S = {x ∈ ℝ | x ⩽ −2 ou x ⩾ 2}

d) S = {x ∈ ℝ | −2 < x < −1}

e) S = ℝ

f) S = {x ∈ ℝ | −4 ⩽ x ⩽ 0}

g) S = {x ∈ ℝ | x < −41 ou x > 41}

h) S = $\left\{ x \in \mathbb{R} \mid -\dfrac{1}{2} < x < 0 \right\}$

40 a) {x ∈ ℝ | −1 ⩽ x ⩽ 4}

b) S = ∅

c) S = ∅

d) S = ℝ − {4}

e) S = {−3}

f) S = ℝ

g) S = {x ∈ ℝ | x < 2 − √11 ou x > 2 + √11}

h) S = {x ∈ ℝ | x < 0 ou x > 1}

41 a) {−9, −8, −7, −6, −5, −4}

b) ℤ − {−2}

42 a) R$ 900 000,00

b) 30 000 ou 90 000 peças.

c) 60 000

d) R$ 1 200 000,00

e) Para 0 < x < 20 ou x > 100.

f) De 43 667 a 76 333.

43 a) S = {x ∈ ℝ | −4 ⩽ x ⩽ −3 ou 3 ⩽ x ⩽ 4}

b) S = {x ∈ ℝ | −2 ⩽ x ⩽ 2}

c) S = $\left\{ x \in \mathbb{R} \mid -3 < x \leqslant -2 \text{ ou } \dfrac{2}{3} \leqslant x < \dfrac{5}{3} \right\}$

d) S = {x ∈ ℝ | 1 < x < 4}

44 a) S = $\left\{ x \in \mathbb{R} \mid 0 \leqslant x \leqslant \dfrac{1}{4} \text{ ou } x = 1 \right\}$

b) S = {x ∈ ℝ | 1 < x ⩽ 2}

45 $D = \{x \in \mathbb{R} \mid -4 \leqslant x \leqslant -2 \text{ ou } 2 \leqslant x \leqslant 4\}$

46
a) $S = \{x \in \mathbb{R} \mid x < -5 \text{ ou } 0 < x < 3 \text{ ou } x > 5\}$
b) $S = \{x \in \mathbb{R} \mid 0 \leqslant x \leqslant 2\}$
c) $S = \{x \in \mathbb{R} \mid -2 < x < 4 \text{ ou } x > 5\}$
d) $S = \{x \in \mathbb{R} \mid x = -3 \text{ ou } x \geqslant 3\}$
e) $S = \{x \in \mathbb{R} \mid x < -1 \text{ ou } x > 1, \text{ com } x \neq 2\}$

47
a) $S = \{x \in \mathbb{R} \mid -2 < x < -1 \text{ ou } 0 < x < 6\}$
b) $S = \left\{x \in \mathbb{R} \mid -3 \leqslant x \leqslant \dfrac{1}{6} \text{ ou } 1 < x < 2\right\}$
c) $S = \{x \in \mathbb{R} \mid -1 \leqslant x \leqslant 4\}$
d) $S = \{x \in \mathbb{R} \mid x < -2 \text{ ou } -1 \leqslant x \leqslant 0\}$
e) $S = \{x \in \mathbb{R} \mid x > 2\}$

48
a) $S = \{x \in \mathbb{R} \mid x \leqslant -2 \text{ ou } 0 < x \leqslant 6\}$
b) $S = \{x \in \mathbb{R} \mid -1 < x < 0 \text{ ou } x > 1\}$
c) $S = \{x \in \mathbb{R} \mid x > 2\}$

49 $\{m \in \mathbb{R} \mid m < -1\}$

50
a) $D = \{x \in \mathbb{R} \mid -4 \leqslant x < -1 \text{ ou } x \geqslant 4\}$
b) $D = \{x \in \mathbb{R} \mid -\sqrt{3} \leqslant x \leqslant 0 \text{ ou } \sqrt{3} \leqslant x \leqslant 2\}$
c) $D = \{x \in \mathbb{R} \mid -4 \leqslant x < -3 \text{ ou } -2 \leqslant x < 2\}$
d) $D = \{x \in \mathbb{R} \mid x > 0\}$

Exercícios complementares

1
a) 6 trabalhadores.
b) R$ 1 800,00

2
a) A (3, −1)
b) C (8, 0)
c) 5 u.a.

3 $\{m \in \mathbb{R} \mid 0 < m < 8\}$

4
a) A (−1, 0); B (3, 0); V (1, 16)
b) C (2, 12)
c) 36 u.a.

5
a) 12 s
b) 42 litros.

6
a) $a = \pm 2; b = 1$
b) (1, 2)

7 15 u.a.

8
a) 18
b) $f(x) = -5x^2 + 25x + 1500$
c) R$ 17,50

9 Retângulo de base (horizontal) 4 e altura (vertical) 3.

10
a) R$ 800,00
b) R$ 5,50

11 12

12 $(02) + (04) + (08) = (14)$

13 $\{x \in \mathbb{R} \mid x < 1 \text{ ou } 3 < x < 4\}$

14
a) $g(x) = -\dfrac{9}{5}x + 5$
b) f: 3 e 7; g: $\dfrac{25}{9}$
c) f: (0, 21); g: (0, 5)
d) $(5, -4)$ e $\left(\dfrac{16}{5}, -\dfrac{19}{25}\right)$

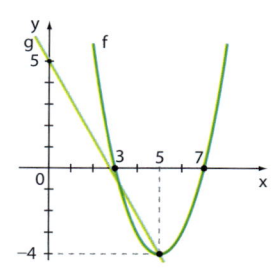

15
a) $a = -0,1; b = 1; c = 1,1$
b) 11 m

16
a) $\{x \in \mathbb{R} \mid x < -1 \text{ ou } x > 6\}$
b) $\dfrac{49}{4}$

17 $x = 1$

Testes

1 d		**8** d		**15** d	
2 b		**9** d		**16** b	
3 b		**10** b		**17** d	
4 b		**11** c		**18** c	
5 a		**12** b		**19** e	
6 e		**13** c		**20** c	
7 b		**14** c		**21** a	

CAPÍTULO 6

Função modular

Exercícios

1
a) −1   **c)** −1   **e)** 1
b) −1   **d)** 1   **f)** −1

2
a) −5   **c)** $\dfrac{25}{8}$ **e)** $\dfrac{3}{2}$
b) 2   **d)** −3

3
a) $-\dfrac{1}{2}$, 1 e 3
b) $-\dfrac{9}{2}$
c) $2 + \sqrt{2}, 2 - \sqrt{2}$

4
a) 3   **c)** −8   **e)** $\sqrt{5}$
b) 2   **d)** -2 ou $\sqrt{6}$

5
a) R$ 13,60; R$ 20,40; R$ 21,60 e R$ 27,00.
b) $y = \begin{cases} 6,80 \cdot x, \text{ se } 0 < x \leqslant 3 \\ 5,40 \cdot x, \text{ se } x > 3 \end{cases}$
c) Aproximadamente 20,59%.

6
a) R$ 12,10
b) $p(x) = \begin{cases} 0,1 \cdot x, \text{ se } 0 < x \leqslant 100 \\ 3 + 0,07 \cdot x, \text{ se } x > 100 \end{cases}$
c) R$ 9,10
$p(x) = \begin{cases} 0,1 \cdot x, \text{ se } 0 < x \leqslant 100 \\ 0,07 \cdot x, \text{ se } x > 100 \end{cases}$

7
a) 10
b) $\dfrac{1}{5}$
c) $\dfrac{3}{2}$
d) 4
e) $\dfrac{1}{6}$
f) 36

8
a) R_1: R$ 38,40
R_2: R$ 51,00
b) 62 m^3
c) $v(x) = \begin{cases} 1,20 \cdot x, \text{ se } x \leqslant 20 \\ 1,80 \cdot x - 12, \text{ se } 20 < x \leqslant 50 \\ 2,90 \cdot x - 67, \text{ se } x > 50 \end{cases}$

9
a) $\text{Im} = \{-1, 2\}$

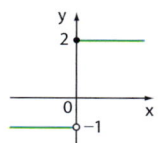

b) $\text{Im} = \{y \in \mathbb{R} \mid y \geqslant 2\}$

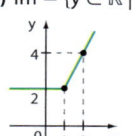

c) $\text{Im} = \{y \in \mathbb{R} \mid y = 4 \text{ ou } y \leqslant -2\}$

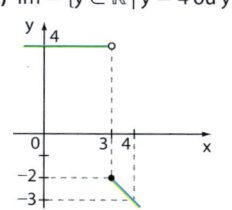

10
a) $\text{Im} = \{1, 2, 3\}$

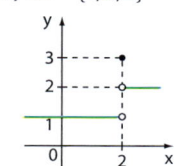

b) $\text{Im} = \{y \in \mathbb{R} \mid y \geqslant 3\}$

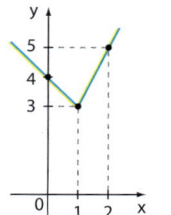

c) Im= $\{y \in \mathbb{R} \mid y \geqslant 0\}$

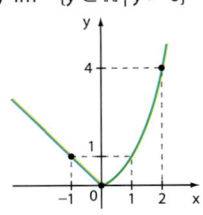

11 a)

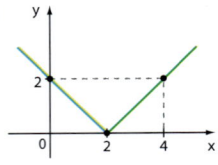

b)

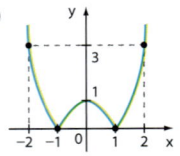

12 a) $y = \begin{cases} 3, & \text{se } x \geqslant -1 \\ -2, & \text{se } x < -1 \end{cases}$

b) $y = \begin{cases} 3x, & \text{se } x \geqslant 0 \\ 0, & \text{se } x < 0 \end{cases}$

13 a) R\$ 80,00; R\$ 140,00

b) $y = \begin{cases} 80, & \text{se } x \leqslant 100 \\ 1{,}2x - 40, & \text{se } x > 100 \end{cases}$

c)

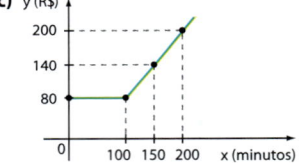

14 a) 21

b) $S = \left\{ -\dfrac{1}{4}, 3, 1 \right\}$

c)

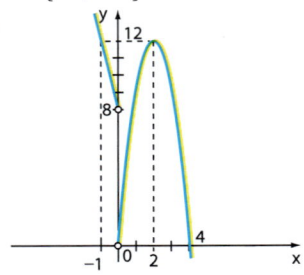

d) $k < 0$

15 a) 7   **e)** $\sqrt{2}$ **i)** $\dfrac{1}{2}$

b) $\dfrac{5}{3}$ **f)** 6   **j)** $\dfrac{3}{4}$

c) $\dfrac{1}{2}$ **g)** 0,2   **k)** 6

d) 0   **h)** 0,2   **l)** 6

16 a) $-\sqrt{7} + \sqrt{11}$ **d)** 1

b) $\pi - 3$ **e)** $2\sqrt{40} - 12$

c) $-3 + \sqrt{10}$

17 a) 1   **b)** 2   **c)** 1

18 a) V

b) F; $|-1| + |2| = 3$ e $|-1 + 2| = |1| = 1$

c) F; $|1| - |-2| = 1 - 2 = -1$; $|1 - (-2)| = |3| = 3$

d) V

e) F; $|-2|^3 = 2^3 = 8$; $(-2)^3 = -8$

19 a)

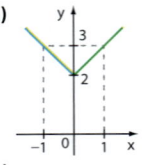

b)

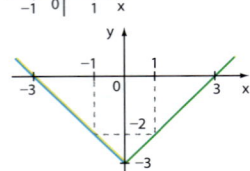

c)

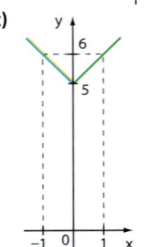

d)

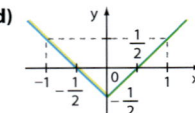

20 a)

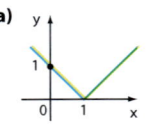

b)

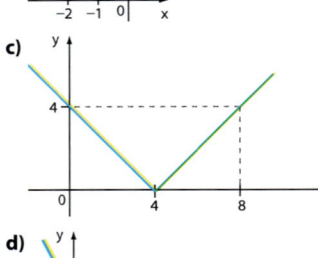

c)

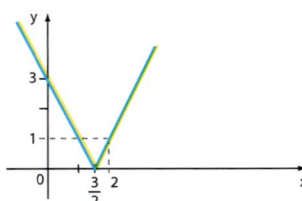

d)

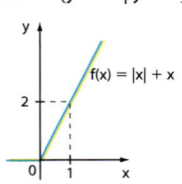

21 a) Im $= \{y \in \mathbb{R} \mid y \geqslant 0\}$

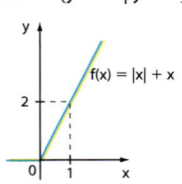

b) Im $= \{y \in \mathbb{R} \mid y \geqslant -1\}$

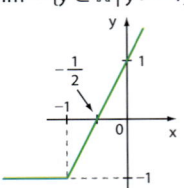

c) Im $= \{-1, 1\}$

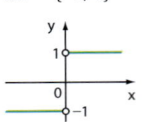

d) Im $= \mathbb{R}_+^*$

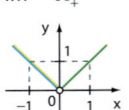

22 a)

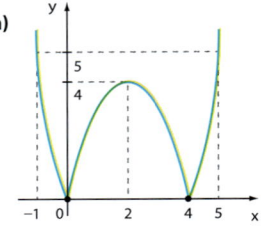

b)

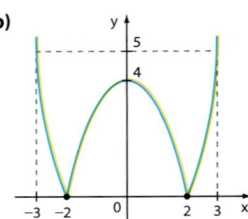

c)

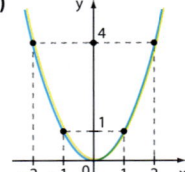

d)

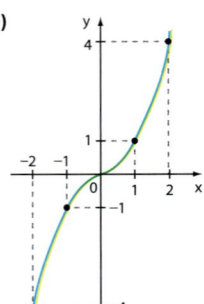

23 5; para $x = 3$.

24 a) $S = \{-6, 6\}$ **d)** $S = \{-3, 3\}$

b) $S = \left\{ -\dfrac{2}{9}, \dfrac{2}{9} \right\}$ **e)** $S = \{-2, 2\}$

c) $S = \varnothing$ **f)** $S = \left\{ \dfrac{7}{4}, -\dfrac{7}{4} \right\}$

25 **a)** $S = \left\{1, \dfrac{1}{3}\right\}$ **d)** $S = \{-3, 3\}$

b) $S = \{-2, -10\}$ **e)** $S = \left\{\dfrac{1}{2}, 2\right\}$

c) $S = \{-2, 4, 1 - \sqrt{3}, 1 + \sqrt{3}\}$

26 **a)** $S = \left\{\dfrac{5}{3}, 5\right\}$ **d)** $S = \{1, -4\}$

b) $S = \left\{\dfrac{3}{2}, -\dfrac{1}{4}\right\}$ **e)** $S = \left\{\dfrac{3}{2}\right\}$

c) $S = \varnothing$

27 **a)** $S = \{-5, 5\}$ **c)** $S = \left\{-\dfrac{2}{3}, 4\right\}$

b) $S = \{-6, -4, 4, 6\}$ **d)** $S = \{-2, 0, 2\}$

28 **a)** 760; 460
b) Dias 7 e 11.
c) Dia 9; 400

29 **a)** **B** e **C**.   **b)** 1,164 ou 1,188

30 **a)** $S = \{-2, 3\}$
b) $S = \{-\sqrt{5}, \sqrt{5}, -\sqrt{3}, \sqrt{3}\}$
c) $S = \{-9, 3\}$
d) $S = \left\{\dfrac{1}{2}\right\}$

31 **a)** $S = \{-2, 4\}$ **b)** $S = \left\{\dfrac{3}{2}\right\}$

32 **a)** $S = \{x \in \mathbb{R} \mid x < -6 \text{ ou } x > 6\}$
b) $S = \{x \in \mathbb{R} \mid -4 \leqslant x \leqslant 4\}$
c) $S = \left\{x \in \mathbb{R} \mid -\dfrac{1}{2} < x < \dfrac{1}{2}\right\}$
d) $S = \{x \in \mathbb{R} \mid x \leqslant -\sqrt{2} \text{ ou } x \geqslant \sqrt{2}\}$
e) $S = \left\{x \in \mathbb{R} \mid -\dfrac{7}{3} \leqslant x \leqslant \dfrac{7}{3}\right\}$
f) $S = \mathbb{R}$

33 **a)** $S = \{x \in \mathbb{R} \mid x < -10 \text{ ou } x > 4\}$
b) $S = \{x \in \mathbb{R} \mid -1 \leqslant x \leqslant 2\}$
c) $S = \{x \in \mathbb{R} \mid x \leqslant 0 \text{ ou } x \geqslant 2\}$
d) $S = \left\{x \in \mathbb{R} \mid -\dfrac{9}{5} < x < 3\right\}$
e) $S = \varnothing$
f) $S = \mathbb{R} - \left\{-\dfrac{5}{2}\right\}$

34 **a)** $S = \left\{x \in \mathbb{R} \mid x \leqslant \dfrac{1}{3} \text{ ou } x \geqslant 1\right\}$
b) $S = \{x \in \mathbb{R} \mid x < 1\}$

35 **a)** Janeiro; novembro e dezembro
b) Junho; 3

36 **a)** $S = \{x \in \mathbb{R} \mid -2 \leqslant x \leqslant -1 \text{ ou } 2 \leqslant x \leqslant 3\}$
b) $S = \{x \in \mathbb{R} \mid x < -1 \text{ ou } 2 < x < 3 \text{ ou } x > 6\}$
c) $S = \{x \in \mathbb{R} \mid x < -1 \text{ ou } x > 2\}$

37 **a)** $D = \{x \in \mathbb{R} \mid x \leqslant -3 \text{ ou } x \geqslant 3\}$
b) $D = \mathbb{R}$

Exercícios complementares

1 101 kg

2 **a)**

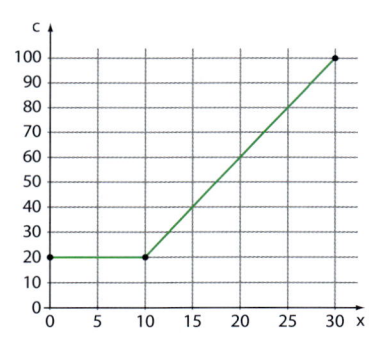

b) 4 m³: R$ 5,00/m³
25 m³: R$ 3,20/m³

3 **a)** 58,5 kg e 58,967 kg; módulo = 0,467
b) $q = \dfrac{9l}{20}$
c) 160 lb
d) $\{x \in \mathbb{N}^* \mid x < 166\}$

4 $10 < x < 20$

5 **a)** 400 g: R$ 6,00
750 g: R$ 7,50
b) Taís: 560 g e André: 616 g.
c)

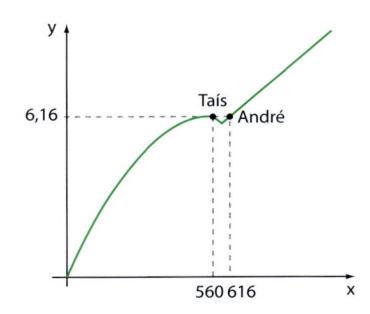

6 **a)**

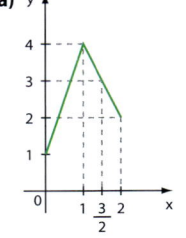

b) $\dfrac{11}{2}$ u.a.
c) $\dfrac{29}{3}$

7 **a)**

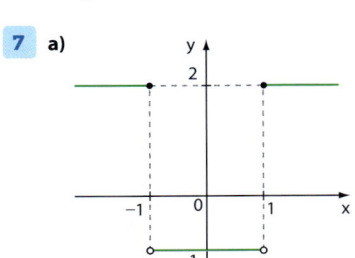

b)

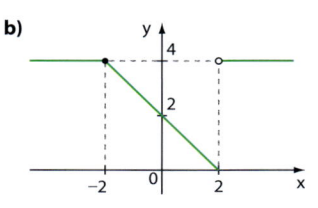

8 $(01) + (02) + (16) = (19)$

9 **a)** $S = \left\{1, \dfrac{5}{3}\right\}$
b) $S = \{x \in \mathbb{R} \mid x \leqslant -1 \text{ ou } x = 2\}$
c) $S = \left\{\dfrac{3}{2}\right\}$
d) $S = \{x \in \mathbb{R} \mid 1 \leqslant x \leqslant 3\}$

10 2 u.a.

11 **a)** $\{x \in \mathbb{R} \mid x \leqslant 0\}$
b) $\{x \in \mathbb{R} \mid x \leqslant -1 \text{ ou } x \geqslant 1 \text{ ou } x = 0\}$

12 **a)** R$ 5,25; R$ 7,20
b) R$ 7,50
c)

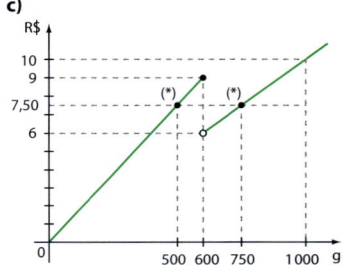

13 **a)** $p = -1$ **b)** $x = 5$

14 **a)** 0; R$ 27,22; R$ 143,20 e R$ 1 993,47.
b) R$ 3 086,30 e R$ 3 094,15.
c) $y = \begin{cases} 0, \text{ se } x \leqslant 1\,637,11 \\ 0,075 \cdot x - 122,78, \text{ se } \\ 1\,637,12 \leqslant x \leqslant 2\,453,50 \\ 0,15 \cdot x - 306,80, \text{ se } \\ 2\,453,51 \leqslant x \leqslant 3\,271,38 \end{cases}$

Testes

1 d   **6** b   **11** a
2 c   **7** c   **12** e
3 a   **8** d   **13** d
4 c   **9** c   **14** c
5 e   **10** d

CAPÍTULO
7
Função exponencial

Exercícios

1 **a)** 125   **c)** $\dfrac{1}{125}$ **e)** 2 500

b) -125 **d)** $-\dfrac{8}{27}$ **f)** 1

g) $\dfrac{3}{2}$ **i)** 32   **k)** 0,001

h) 1   **j)** −100   **l)** −4

2 **a)** 0,04   **d)** 1   **g)** 1,728
  b) 10   **e)** 400   **h)** 10,24
  c) 3,4   **f)** 0,8   **i)** 0,216

3 **a)** −5   **c)** $-\dfrac{15}{4}$ **e)** $\dfrac{3}{2}$
  b) 7   **d)** −5

4 **a)** 11^6 **c)** 10^{-1}
  b) 2^3 **d)** 10^2

5 **a)** $a^4 \cdot b^2$ **c)** $a^2 \cdot b^2$ **e)** $\left(\dfrac{a+b}{ab}\right)^2$
  b) $a^{14} \cdot b^{12}$ **d)** $a + b$

6 **a)** 2^{99} **c)** 2^{61}
  b) 3^{21} **d)** 5^{42}

7 **a)** 6   **c)** $\dfrac{19}{3}$
  b) 30   **d)** 100

8 2^{19}

9 **a)** 13   **c)** $\dfrac{1}{2}$ **e)** $\dfrac{1}{2}$
  b) 8   **d)** $\dfrac{1}{2}$ **f)** 10

10 **a)** $3\sqrt{2}$ **c)** $3 \cdot \sqrt[3]{2}$ **e)** $2 \cdot \sqrt[4]{15}$
  b) $3\sqrt{6}$ **d)** $12 \cdot \sqrt{2}$ **f)** 10000

11 **a)** $9\sqrt{2}$ **d)** $21\sqrt{3}$
  b) $-8\sqrt{2} + 2\sqrt{3}$ **e)** 5
  c) $4\sqrt[3]{2}$ **f)** $\dfrac{5\sqrt[3]{2}}{2}$

12 **a)** 12   **d)** 3   **g)** 18
  b) $4\sqrt{3}$ **e)** 3   **h)** 4
  c) 4   **f)** 256

13 **a)** $4 + 2\sqrt{3}$ **d)** 9
  b) $11 - 6\sqrt{2}$ **e)** $\sqrt{3} + 2\sqrt[4]{3} + 1$
  c) $7 + 2\sqrt{10}$ **f)** $20 + 14\sqrt{2}$

14 **a)** 2   **c)** 2
  b) 7   **d)** 4

15 **a)** $\dfrac{\sqrt{6}}{2}$ **f)** $2(\sqrt{2} - 1)$
  b) $\dfrac{\sqrt{2}}{4}$ **g)** $\dfrac{1 + \sqrt{3}}{2}$
  c) $\dfrac{\sqrt{15}}{5}$ **h)** $1 + \sqrt{2}$
  d) $\sqrt[3]{9}$ **i)** $\dfrac{7 - 2\sqrt{10}}{3}$
  e) $2\sqrt[5]{8}$

16 **a)** $\dfrac{7\sqrt{2}}{2}$ **c)** $3 - \sqrt{6}$
  b) $\dfrac{15 + 2\sqrt{3}}{3}$ **d)** $4 - \sqrt{2}$

17 Demonstração.

18 **a)** 3   **c)** 2
  b) 16   **d)** 0,6

e) $\dfrac{1}{10}$ **h)** $\dfrac{1}{8}$

f) 4   **i)** $\dfrac{\sqrt{2}}{2}$

g) 9   **j)** 4

19 5

20 **a)** $2\sqrt{2}$ **f)** 1024
  b) $\sqrt{2}$ **g)** 2
  c) $\dfrac{1}{10}$ **h)** $81\sqrt{3}$
  d) 27   **i)** 100
  e) $\dfrac{1}{8}$

21 **a)** 1,84 m²
  b) 1,80 m
  c) 10

22 **a)**
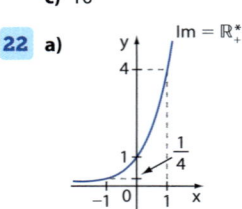

b)
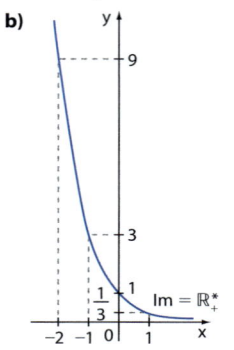

c)
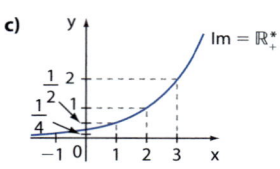

d)
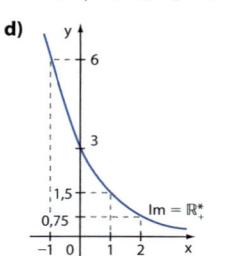

23 **a)**
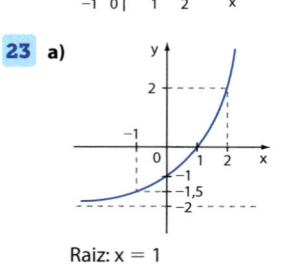
Raiz: $x = 1$
Im = $\{y \in \mathbb{R} \mid y > -2\}$

b)
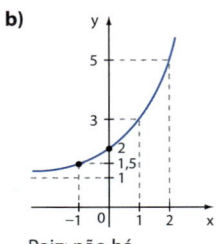
Raiz: não há
Im = $\{y \in \mathbb{R} \mid y > 1\}$

c)
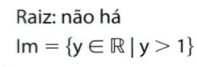

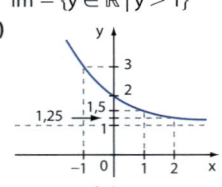
Raiz: não há
Im = $\{y \in \mathbb{R} \mid y > 1\}$

d)
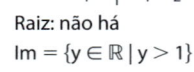

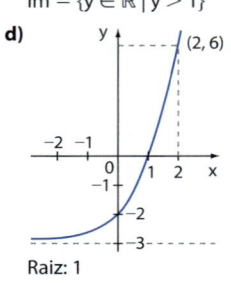
Raiz: 1
Im = $\{y \in \mathbb{R} \mid y > -3\}$

24 **a)** m = 3   **c)** 3
  b) 18

25 **a)** a = 1 e b = 2
  b) Im = $\{y \in \mathbb{R} \mid y > 1\}$
  c) $g(x) = -\dfrac{1}{2}x + \dfrac{3}{2}$
  d) **f** não tem raiz; a raiz de **g** é x = 3.

26 **a)**

Tempo (horas)	Número de milhares de bactérias
0,5	30
1,0	90
1,5	270
2,0	810
3,0	7 290
5,0	590 490

  b) $n(t) = 10 \cdot 3^{2t}$

27 **a)** F; será de 144 000.
  b) F; será de 175 000
  c) F; o município **A** terá 200 mil habitantes e o **B**, 207 360 habitantes.
  d) F; y = 100 000 + 25 000x
  e) V

28 **a)**

Tempo (anos)	Valor (reais)
1	10 800,00
2	9 720,00
3	8 748,00
4	7 873,20

  b) R$ 5 740,00, aproximadamente.
  c) $v(t) = 12 000 \cdot 0,9^t$

29 **a)** 25 unidades.
b) 4 unidades.
c) 55 unidades.

30 d e f; observe que o conjunto imagem de **f** é $\mathbb{R}_{+}^{*}$. Para a função dada em d, $\not\exists\, x \in \mathbb{R}$ tal que $y > 0$, o mesmo ocorrendo para a função dada em f.

31 **a)** $S = \{4\}$ **f)** $S = \left\{\dfrac{5}{3}\right\}$
b) $S = \{8\}$ **g)** $S = \{4\}$
c) $S = \{1\}$ **h)** $S = \{-1\}$
d) $S = \{5\}$ **i)** $S = \{-1\}$
e) $S = \{1\}$ **j)** $S = \varnothing$

32 **a)** $S = \left\{\dfrac{4}{3}\right\}$ **f)** $S = \left\{\dfrac{1}{2}, 2\right\}$
b) $S = \left\{\dfrac{2}{3}\right\}$ **g)** $S = \left\{-\dfrac{5}{6}\right\}$
c) $S = \left\{-\dfrac{3}{2}\right\}$ **h)** $S = \left\{\dfrac{27}{7}\right\}$
d) $S = \{-3\}$ **i)** $S = \left\{\dfrac{9}{4}\right\}$
e) $S = \left\{\dfrac{13}{2}\right\}$ **j)** $S = \{1\}$

33 **a)** $S = \{-14\}$ **d)** $S = \left\{\dfrac{2}{3}\right\}$
b) $S = \{-1\}$ **e)** $S = \{3\}$
c) $S = \left\{-\dfrac{1}{2}, -2\right\}$

34 7,5 meses.

35 **a)** R\$ 250 000,00
b) R\$ 12 500,00
c) R\$ 330 625,00
d) 37 anos.

36 **a)** $S = \{3\}$ **c)** $S = \{2\}$
b) $S = \{0\}$ **d)** $S = \{-1\}$

37 **a)** $S = \{2\}$ **c)** $S = \{3, -2\}$
b) $S = \{1\}$ **d)** $S = \{3\}$

38 **a)** -1
b) 33 750 habitantes.

39 **a)** $a = 3\,000$ e $b = \dfrac{3}{2}$
b) 6 000
c) 192 000
d) 6 dias e 16 horas.

40 **a)** A: 122 mil reais; B: 249,5 mil reais.
b) B
c) 8 anos.

41 **a)** $S = \{(1, -2)\}$ **c)** $S = \{(0, 2)\}$
b) $S = \{(8, 18)\}$

42 **a)** $S = \{2\}$ **c)** $S = \{3\}$
b) $S = \{4\}$

43 **a)** 28 anos: 15 g
56 anos: 7,5 g
84 anos: 3,75 g

b) $q(n) = \dfrac{30}{2^n}$
c) 224 anos.

44 R\$ 2 250,00

45 **a)** $\{x \in \mathbb{R} \mid x \geqslant 7\}$ **d)** $\{x \in \mathbb{R} \mid x \leqslant 2\}$
b) $\{x \in \mathbb{R} \mid x < 3\}$ **e)** $\left\{x \in \mathbb{R} \mid x > \dfrac{5}{2}\right\}$
c) $\{x \in \mathbb{R} \mid x > 2\}$ **f)** $\left\{x \in \mathbb{R} \mid x > -\dfrac{1}{3}\right\}$

46 **a)** $\{x \in \mathbb{R} \mid x \geqslant 0\}$ **d)** $\left\{x \in \mathbb{R} \mid x < -\dfrac{1}{4}\right\}$
b) $\left\{x \in \mathbb{R} \mid x < \dfrac{2}{3}\right\}$ **e)** $\left\{x \in \mathbb{R} \mid x \geqslant \dfrac{5}{2}\right\}$
c) $\{x \in \mathbb{R} \mid x \leqslant -8\}$ **f)** $\{x \in \mathbb{R} \mid x > 1\}$

47 **a)** R\$ 5 000,00
b) $t > 25$
c) 75 anos.
d)

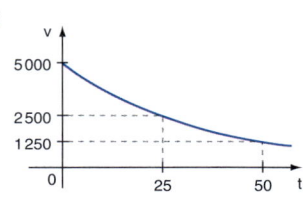

48 **a)** $\{x \in \mathbb{R} \mid x < 1 \text{ ou } x > 2\}$
b) $\left\{x \in \mathbb{R} \mid 0 < x < \dfrac{2}{3}\right\}$
c) $\{x \in \mathbb{R} \mid x \leqslant -\sqrt{5} \text{ ou } x \geqslant \sqrt{5}\}$
d) $S = \mathbb{R}$
e) $S = \varnothing$

49 **a)** $\{x \in \mathbb{R} \mid x \geqslant 4\}$
b) $\{x \in \mathbb{R} \mid x > -3\}$
c) $\{x \in \mathbb{R} \mid x < 1 \text{ ou } x > 3\}$

50 -1

51 **a)** $D = \{x \in \mathbb{R} \mid x \geqslant 0\}$
b) $D = \mathbb{R}$
c) $D = \{x \in \mathbb{R} \mid x < -3\}$

Exercícios complementares

1 **a)** $x = 0$ ou $x = \dfrac{3}{2}$ ou $x = 3$
b) $\left\{x \in \mathbb{R} \mid 0 < x < \dfrac{3}{2} \text{ ou } x > 3\right\}$

2 (0-0) F   (2-2) V   (4-4) F
(1-1) F   (3-3) V

3 **a)** R\$ 4 374,00
b) $v(t) = \left(\dfrac{9}{10}\right)^{\frac{t}{3}} \cdot 6\,000$
c) R\$ 5 600,00

4 R\$ 25 600,00

5 **a)** $S = \left\{\dfrac{1}{2}\right\}$ **c)** $S = \left\{\dfrac{1}{2}\right\}$
b) $S = \{0\}$ **d)** $S = \{-1\}$

6 $x = 243$; soma dos dígitos igual a 9.

7 **a)** 3,2 mg/mL
b) $c(t) = 0{,}4 \cdot 2^{\frac{3t}{2}}$
c) 5 horas e 20 minutos.

8 1,5 mm

9 6

10 20

11 28 000 anos.

12 81

13 **a)** $\sqrt{2}$ **c)** 2 343,75 g
b) $\sqrt[4]{2}$ e $\sqrt{\dfrac{\sqrt{2}}{2}}$

Testes

1 a   **14** e
2 e   **15** d
3 b   **16** a
4 e   **17** a
5 $(01) + (04) + (08) = (13)$ **18** c
6 e   **19** e
7 d   **20** c
8 c   **21** b
9 c   **22** b
10 c   **23** b
11 a   **24** a
12 c   **25** c
13 c   **26** d

CAPÍTULO 8

Função logarítmica

Exercícios

1 **a)** 4 **d)** 3 **g)** 5
b) 2 **e)** 5 **h)** 3
c) 4 **f)** 2

2 **a)** -2 **e)** $\dfrac{1}{4}$ **i)** -2
b) $\dfrac{1}{2}$ **f)** -2 **j)** -1
c) $\dfrac{4}{3}$ **g)** $-\dfrac{3}{2}$
d) $\dfrac{7}{2}$ **h)** $-\dfrac{2}{3}$

3 **a)** $-\dfrac{2}{3}$ **c)** $-\dfrac{3}{4}$ **e)** $\dfrac{1}{9}$
b) $\dfrac{1}{6}$ **d)** 3 **f)** 4

4
a) 0
b) −2
c) 1
d) 5
e) $\dfrac{1}{3}$
f) $\dfrac{3}{2}$
g) 7

5
a) $\dfrac{1}{100}$
b) 1 000
c) $-\dfrac{2}{3}$
d) 1
e) $-\dfrac{3}{2}$
f) −1
g) 6
h) 5
i) −3

6
a) $x = 16$
b) $x = \dfrac{1}{3}$
c) $x = \dfrac{10}{3}$
d) $\{x \in \mathbb{R} \mid x > 0 \text{ e } x \neq 1\}$
e) $x = 15$

7
a) −2
b) $\dfrac{1}{7}$
c) 12
d) $-\dfrac{4}{9}$
e) −1

8
a) 128
b) $\dfrac{5}{4}$
c) 343
d) 3
e) 16
f) $\sqrt{7}$

9 $B = C < A < D$

10
a) 60 cm²
b) $\dfrac{1}{2}$

11
a) 1
b) −5
c) 0
d) 7
e) $-\dfrac{3}{2}$
f) 4

12
a) $1 + \log_5 a - \log_5 b - \log_5 c$
b) $2 \log b - 1 - \log a$
c) $\log_3 a + 2 \log_3 b - \log_3 c$
d) $3 + \log_2 a - 3 \log_2 b - 2 \log_2 c$

13
a) $a + b$
b) $b - a$
c) $1 - a$
d) $b + 1$
e) $-2a$
f) $3a + 2b$
g) $b - 1$
h) $\dfrac{2}{3}b + \dfrac{1}{3}a - \dfrac{1}{3}$
i) $3a + b - 3$
j) $b - 2a$
k) $a - b$
l) $30a + 24b$

14
a) abc
b) $\dfrac{a^3 \cdot c^2}{b}$
c) $\dfrac{a}{9b}$
d) $\dfrac{\sqrt{a}}{b}$

15
a) 1
b) −1
c) 1
d) −2

16
a) 1,86
b) −1,26
c) 0,69
d) 0,72
e) −1,22
f) 1,68
g) 2,1
h) 3,3
i) −3,52
j) 0,09

17
a) 3,32
b) 8,96
c) 10,64
d) $-0,77\overline{3}$
e) −0,96

18
a) $\dfrac{p}{3} + \dfrac{q}{2}$
b) $p + q - 2$
c) $\dfrac{2q}{3} + \dfrac{p}{9}$
d) $\dfrac{3q}{2} - \dfrac{2p}{3}$

19 $1 - a$

20
a) Solução **A**: ácida; pH = 3
Solução **B**: básica; pH = 8,4
Solução **C**: ácida; pH = 5,8
b) Solução **D**: $[H^+] = 2 \cdot 10^{-5}$ mols/l
Solução **E**: $[H^+] = 5 \cdot 10^{-9}$ mols/l
Solução **F**: $[H^+] \simeq 1,43 \cdot 10^{-7}$ mols/l

21
a) $\mathbf{S}_1$
b) A concentração de $[H^+]$ em $\mathbf{S}_1$ é 10 vezes a concentração de $[H^+]$ em $\mathbf{S}_2$.
c) A concentração de $[H^+]$ em $\mathbf{S}_1$ é 100 vezes a concentração de $[H^+]$ em $\mathbf{S}_3$.

22
a) F
b) V
c) V
d) F
e) V
f) V

23
a) F
b) V
c) V
d) V
e) F

24 Sim; a igualdade é válida se $\dfrac{1}{x} + \dfrac{1}{y} = 1$.
Exemplos: $x = \dfrac{5}{2}$ e $y = \dfrac{5}{3}$; $x = 10$ e $y = \dfrac{10}{9}$.

25
a) R$ 20 800,00
b) Diminuir R$ 200,00.

26
a) $\dfrac{\log_2 3}{2}$
b) $\dfrac{\log_2 5}{\log_2 10}$
c) $\dfrac{5}{\log_2\left(\dfrac{1}{5}\right)}$
d) $\dfrac{\log_2 3}{\log_2 e}$

27
a) $\dfrac{1}{2}$
b) $\dfrac{1}{3}$
c) $\dfrac{1}{2}$
d) 1

28
a) 1,27
b) −2,42
c) 0,35
d) 2,58

29
a) $\dfrac{1}{a}$
b) $\dfrac{1}{2a}$
c) $\dfrac{1 + a}{a}$
d) $\dfrac{1}{a}$

30
a) 0,696
b) 3,28

31
a) 1
b) $\log_6 2$
c) $\dfrac{3}{8}$

32 $\dfrac{2 - 4a}{2a + b}$

33 Demonstração.

34 **a)** $D = \{x \in \mathbb{R} \mid x > 1\}$

b) $D = \left\{x \in \mathbb{R} \mid x > \dfrac{2}{3}\right\}$

c) $D = \{x \in \mathbb{R} \mid x < -3 \text{ ou } x > 3\}$

d) $D = \left\{x \in \mathbb{R} \mid 2 < x < \dfrac{7}{2} \text{ e } x \neq 3\right\}$

35 **a)** V

b) V

c) F; $f(10x) = 1 + f(x)$

d) V

e) F; $f(x_1 \cdot x_2) = f(x_1) + f(x_2)$

f) V

36 **a)**

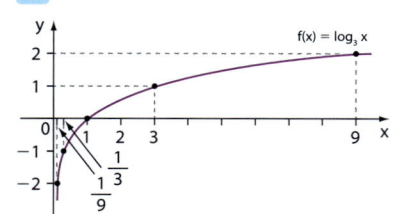

b)

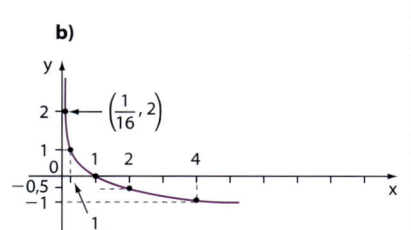

c)

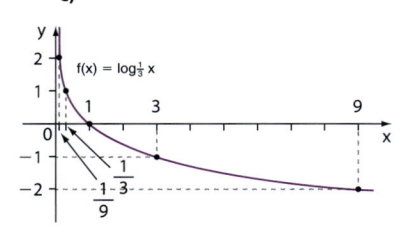

d)

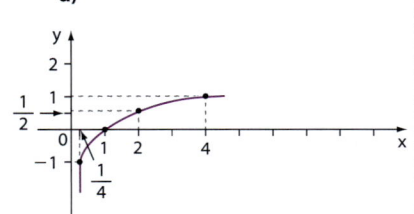

37 **a)** $D = \{x \in \mathbb{R} \mid x > -1\}$

b) $a = 3$ e $b = 2$.

38 **a)** 425

b) 6,25 funcionários/ano.

39 **a)** $k = -2; D = \,]2, +\infty]$

b) 3

c) 3 u.a.

d) -10

40 $D = \{x \in \mathbb{R} \mid x < 0\}$

41 **a)** $y = -\dfrac{3}{2}x + \dfrac{3}{2}$

b) $x > 1$

c) $\dfrac{7}{2}$

42 2,6 u.a.

43 **a)** V

b) F

c) F

d) V

e) F

f) F

44 b e d.

45 $\dfrac{125}{8}$ u.a.

46 **a)** $S = \{2,08\overline{3}\}$

b) $S = \{0,8\}$

c) $S = \{4, 8\}$

d) $S = \{0,78\}$

e) $S = \{2,\overline{3}\}$

f) $S = \{0,625\}$

g) $S = \{2, 2\}$

h) $S = \{1, 6\}$

47 4,5 anos.

48 **a)** R\$ 2 400,00; R\$ 2 880,00

b) 15 anos; 25 anos

49 **a)** $p = 30\,000$ e $q = \dfrac{9}{10}$.

b) Aproximadamente 10 anos e 5 meses.

50 **a)** $y = 400 \cdot 1,1^x$

b) 15 meses.

51 **a)** 24 anos.

b) 35 anos.

52 28 meses.

53 **a)** $S = \{3\}$

b) $S = \{3\}$

c) $S = \{3, 7\}$

d) $S = \left\{\dfrac{11}{6}\right\}$

e) $S = \{3\}$

54 **a)** $S = \{13\}$

b) $S = \left\{1, \dfrac{1}{2}\right\}$

c) $S = \{3\}$

d) $S = \left\{\dfrac{1}{32}\right\}$

e) $S = \{4\}$

55 **a)** $S = \left\{\dfrac{1}{8}, 32\right\}$

b) $S = \left\{\dfrac{1}{10}, \sqrt{10}\right\}$

c) $S = \left\{1, 8, \dfrac{1}{64}\right\}$

56 **a)** $S = \{4\}$

b) $S = \{6\}$

c) $S = \{1\}$

d) $S = \left\{\dfrac{1}{10}\right\}$

57 **a)** $S = \{2\}$

b) $S = \{2\}$

c) $S = \left\{\dfrac{9}{8}\right\}$

d) $S = \{4\}$

58 **a)** $S = \{(8, 2), (2, 8)\}$

b) $S = \left\{\left(3, \dfrac{1}{3}\right)\right\}$

c) $S = \{(2, 2)\}$

d) $S = \left\{\left(2, \dfrac{1}{2}\right)\right\}$

59 **a)** $S = \left\{\dfrac{1}{5}, 5\right\}$

b) $S = \left\{7, \dfrac{1}{49}\right\}$

c) $S = \{7\}$

d) $S = \left\{\dfrac{3 + \sqrt{5}}{2}\right\}$

60 **a)** $S = \mathbb{R}_+^*$

b) $S = \{2\}$

c) $S = \{4\}$

61 $\dfrac{1}{2}$

62 **a)** 27

b) 2 160

63 **a)** $S = \{x \in \mathbb{R} \mid 1 < x < 4\}$

b) $S = \{x \in \mathbb{R} \mid x \geqslant 2\}$

c) $S = \{x \in \mathbb{R} \mid x > 6\}$

d) $S = \left\{x \in \mathbb{R} \mid \dfrac{3}{2} \leqslant x < 3\right\}$

64 **a)** $S = \{x \in \mathbb{R} \mid x > 9\}$

b) $S = \{x \in \mathbb{R} \mid 0 < x < 4\}$

c) $S = \left\{x \in \mathbb{R} \mid 0 < x < \dfrac{1}{4}\right\}$

d) $S = \left\{x \in \mathbb{R} \mid 0 < x \leqslant \dfrac{2}{5}\right\}$

65 **a)** $S = \{x \in \mathbb{R} \mid -8 < x < -7 \text{ ou } 0 < x < 1\}$

b) $S = \left\{x \in \mathbb{R} \mid -1 < x < -\dfrac{1}{2} \text{ ou } x > 1\right\}$

66 Nenhum.

67 $0 < m \leqslant \dfrac{1}{3}$ ou $m \geqslant 3$

68 **a)** $D = \{x \in \mathbb{R} \mid x \geqslant 4\}$

b) $D = \{x \in \mathbb{R} \mid x \neq -3\}$

c) $D = \left\{x \in \mathbb{R} \mid 0 < x < \dfrac{1}{2}\right\}$

69 **a)** $S = \{x \in \mathbb{R} \mid 0 < x < 3 \text{ ou } x > 9\}$

b) $S = \left\{x \in \mathbb{R} \mid \dfrac{1}{4} < x < 4\right\}$

c) $S = \left\{x \in \mathbb{R} \mid \dfrac{1}{9} < x < 243\right\}$

70 **a)** $\{a \in \mathbb{R} \mid 1 < a < 2\}$
b) 7

71 **a)** $S = \{x \in \mathbb{R} \mid x > 0,8\}$
b) $S = \{x \in \mathbb{R} \mid x > -3,2\}$

Exercícios complementares

1 **a)** $S = \{7\}$
b) $S = \{10\,000\}$
c) $S = \{27\}$
d) $S = \{25\}$
e) $S = \left\{9, \dfrac{1}{9}\right\}$

2 **a)** 68%
b) 99 minutos.

3 **a)** $g(x) = -\dfrac{1}{2}x + 3$
b) $\dfrac{117}{11}$ u.a.

4 **a)** $a = \dfrac{1}{2}$ e $b = -1$
b) 2
c) Demonstração.

5 **a)** 14 000; 40 000
b) 43 dias.

6 **a)** $10\,000 \cdot (\pi + 24)$ m²
b) $3,\overline{3}$ meses = 3 meses e 10 dias.

7 Na 5ª vez.

8 **a)** 19 dB
b) $\dfrac{1}{100}$

9 **a)** 360
b) 7 anos.

10 **a)** $y = \dfrac{10}{3}x + 1$
b) $10^{0,06} \simeq 1,2$
$\log(1,7) \simeq 0,21$

11 $S = \left\{x \in \mathbb{R} \mid -\dfrac{3}{5} < x < \dfrac{3}{5}\right\}$

12 **a)** 6
b) 10^6 átomos.
c) 6 horas.

13 **a)** 29,1°C

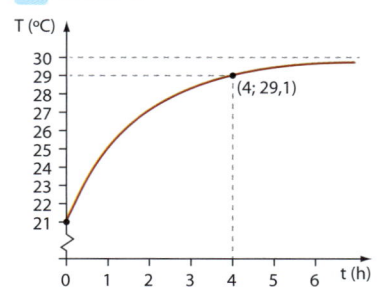

b) 1,04 hora.

14 $p = 28$

Testes

1 d		**15** b	
2 b		**16** b	
3 b		**17** b	
4 e		**18** e	
5 e		**19** a	
6 c		**20** e	
7 b		**21** a	
8 b		**22** a	
9 e		**23** a	
10 c		**24** d	
11 d		**25** d	
12 c		**26** a) F b) F c) F	
13 c		**27** c	
14 a		**28** e	

CAPÍTULO 9 **Complemento sobre funções**

Exercícios

1 S **4** O **7** I
2 B **5** B **8** B
3 I **6** S **9** a, d e e.

10 São sobrejetoras: a, b, c, d; são bijetoras: b, c.

11 **a)** Sim.
b) Não, nenhum elemento do domínio está associado a $y = 0$.
c) Não.

12 **a)**

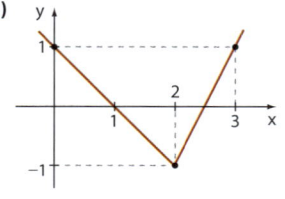

b) não; sim; não

13 Sim. $f^{-1}(x) = \dfrac{x-3}{2}$

14 f não é inversível; não é injetora nem sobrejetora.

15 **a)** Sim.
b) Não.
c) Não.

16 Sim. $f^{-1}(x) = \dfrac{1}{x}$

17 **a)** Sim, pois f é bijetora.
b) $f^{-1}(x) = \log_2 x$

18 **a)** $f^{-1}(x) = \dfrac{1-x}{2}$
b)

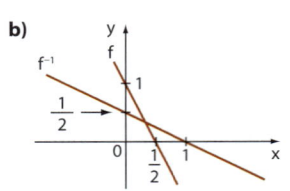

19 1

20 **a)** $f^{-1}(x) = \dfrac{3 + 5x}{4}$
b) $f^{-1}(x) = \sqrt[3]{x}$
c) $f^{-1}(x) = \dfrac{-3x + 1}{2}$

21 **a)** $B = [2, +\infty[$
$f^{-1}(x) = \sqrt{x-2}$
b) $a = 11$
c)

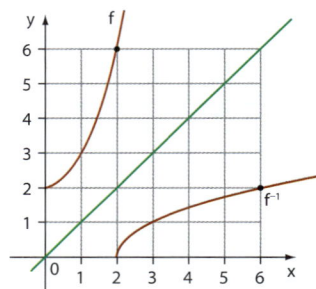

22 **a)** $f(x) = 2x + 1$ e $f^{-1}(x) = \dfrac{x-1}{2}$
b) $(-1, -1)$

23 **a)** 11
b) 14
c) 2
d) 31

24 **a)** -3
b) 21
c) 22
d) 16

25 **a)** $-6x^2 + 2x - 7$
b) $12x^2 - 10x + 6$
c) $-1 + 4x$

26 **a)** 4
b) 11
c) $9x - 4$

27 $k = -\dfrac{10}{3}$

28 **a)** $S = \left\{0, \dfrac{1}{2}\right\}$
b) $S = \{-3\}$
c) $S = \varnothing$

29 g(x) = 3x + 5

30 f(x) = x² + 3x + 3

31 **a)** 20
b) 27

32 f(x) = 5x − 2

33 **a)** $f^{-1}(x) = \dfrac{x + 7}{4}$

b) a; a

Exercícios complementares

1 **a)** 2 anos.
b) Demonstração; g(t) − h(t) = 1.

2 **f** é sobrejetora.

3 B = [−2, 3[; **f** não é injetora.

4 **a)** $\dfrac{17}{7}$

b) $f^{-1}(x) = \dfrac{-2x - 3}{x - 4}$

5 {m ∈ ℝ | −3 ≤ m < 0}

6 **a)** −3
b) Não existe x ∈ ℝ que satisfaz.
c) 2011

7 **a)**

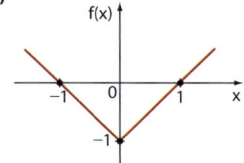

b)

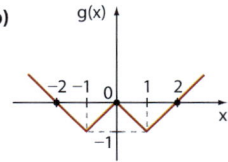

c) {−7, 7}

8 **a)** 2; −36
b) D = [0, 2]

9 $f^{-1}: ℝ - \left\{\dfrac{1}{3}\right\} \to ℝ - \{3\}$ definida por

$f^{-1}(x) = \dfrac{9x + 1}{3x - 1}$

Testes

1 d   **6** b   **11** d

2 c   **7** a   **12** c

3 c   **8** a   **13** d

4 c   **9** b

5 d   **10** e

CAPÍTULO 10 — **Progressões**

Exercícios

1 **a)** 7
b) 17
c) 52

2 (6, 11, 18, 27, ...)

3 **a)** $\dfrac{5}{54}$

b) 11º

4 **a)** (6, 9, 12, 15, ...)
b) (3, 4, 7, 12, ...)
c) $\left(2, 1, \dfrac{2}{3}, \dfrac{1}{2}, ...\right)$

5 **a)** (−5, −7, −11, −19, ...)
b) (0, −2, 2, 2, 2, ...)

6 **a)** 405
b) 71: sim. 18ª posição.
−345: sim. 122ª posição.
−195: não.

7 **a)** a_n: (−190, −187, −184, −181, −178, ...)
b_n: (216, 212, 208, 204, 200, ...)
b) 2; 65º termo.
c) −4; 56º termo.
d) −16; 59º termo.

8 (12, 23, 42, 69, 104, ...)

9 a, c, d e f.

10 **a)** −3; decrescente
b) 6; crescente
c) 0; constante
d) −10; decrescente
e) $\dfrac{2}{3}$; crescente
f) 1; crescente

11 **a)** 23
b) 43
c) $a_n = -37 + 4n; n ∈ ℕ^*$

12 **a)** −84
b) −232
c) 21º termo.

13 **a)** 4
b) −13
c) $a_{20} = 3$

14 **a)** (−9, 2, 13, 24, 35, 46, ...)
b) 420

15 **a)** $a_n = 7n - 3; n ∈ ℕ^*$
b) 347

16 (−20, −8, 4, 16, 28, ...)

---

17 **a)** −10
b) 52

18 1 600 metros.

19 **a)** 111
b) 61
c) 10 meses.

20 **a)** 2 175
b) 8 025
c) 11 625

21 **a)** 6
b) 10
c) $4 \text{ ou } -\dfrac{1}{2}$

22 4

23 (20, 24, 28) ou (28, 24, 20)

24 (9, 6, 3)

25 x = 24 cm, y = 32 cm e z = 40 cm.

26 Não.

27 **a)** 30°, 70° e 110°.
b) 40°

28 **a)** 63
b) 49

29 **a)** (62, 67, 72, 77, 82, 87, 92, 97)
b) (52, 48, 44, 40, 36, 32, 28, 24, 20, 16)

30 **a)** 102,6 kg
b) 100,8 kg
c) 95 dias.

31 162

32 273

33 A razão é $-2 \cdot \log 2 = \log\left(\dfrac{1}{4}\right)$.

34 **a)** 12 cm
b) $1{,}08 \cdot \sqrt{2}$ m
c) 0,64 m²
d) 12 498

35 x = 5; r = −6

36 **a)** 47
b) 395 m
c) Voltar à última mesa.

37 560

38 255

39 **a)** Plano alfa.
b) R$ 325,00

40 **a)** 318
b) 92

41 710

42 **a)** R$ 640,00
b) R$ 9 330,00

43 **a)** 2 600
b) 25 250
c) 22 meses.
d) 35 750

44 **a)** 145,5
b) −190,8

45 7 393

46 **a)** 22
b) $\dfrac{17}{2}$
c) $\dfrac{81}{2}$
d) 50

47 (2, 7, 12, 17, ...)

48 **a)** 19
b) 50
c) No mínimo 48.

49 17

50 **a)** 2ª linha e 1ª coluna; Q_{88}
b) 898
c) 4 497
d) 1 125 250
e) 1 620 900

51 25

52 a, b, d e e.

53 **a)** 2; crescente
b) 100; crescente
c) −4; alternada
d) −1; alternada
e) $\dfrac{1}{2}$; decrescente
f) $\dfrac{1}{10}$; decrescente
g) 1; constante
h) 0; estacionária
i) indeterminada; constante
j) 2; decrescente

54 **a)** 1 024
b) 16 384

55 36

56 −320

57 **a)** $a_n = 2 \cdot 3^{n-1}$ **c)** $a_n = (-2) \cdot (-4)^{n-1}$
b) $a_n = 3^{30-3n}$

58 **a)** R$ 64,00
b) R$ 729,00

59 **a)** 2^{34}
b) 2^{43}

60 54

61 **a)** (6 000, 6 600, 7 260, 7 986, ...)
b) P.G. de razão 1,1
c) R$ 15 360,00

62 **a)** $x = -6$ ou $x = 6$
b) $x = 10$
c) $x = 1$ ou $x = 5$
d) $x = 16$ ou $x = \dfrac{1}{16}$
e) $x = 1$

63 **a)** 21
b) 8
c) 10

64 **a)** $\dfrac{1}{10}$
b) 20

65 3

66 125

67 (3, 6, 12)

68 Sim, a medida é 16.

69 **a)** P.G. de razão $\dfrac{6}{5} = 1{,}2$.
b) Aproximadamente R$ 658,31.

70 **a)** 16 cm
b) $2^{14} \cdot \pi$ cm²

71 $x = 4$ e $y = \pm 4$

72 **a)** $\dfrac{1}{4}$
b) Sim; 7º termo.

73 $q = 3$

74 $\dfrac{135}{2}$

75 **a)** P.G. de razão 3.
b) P.G. de razão 9; $\dfrac{9^n}{18}$
c) P.A. de razão 1.

76 16, 24 e 36 anos.

77 **a)** −60
b) 45

78 **a)** 3
b) 53

79 42

80 **a)** 10
b) 2 046
c) $\dfrac{1\,023}{1\,024}$

81 R$ 1 536,00

82 R$ 7 500,00

83 9 termos.

84 1 275 pessoas.

85 270

86 **a)** US$ 10 922,50
b) Prejuízo de US$ 5 462,50.
c) US$ 4 777,50

87 **a)** 40
b) 100
c) $\dfrac{1}{900}$
d) $-\dfrac{125}{4}$
e) $\dfrac{1}{4}$
f) $\dfrac{7}{2}$

88 **a)** $\dfrac{4}{9}$
b) $\dfrac{16}{9}$
c) $\dfrac{3}{11}$
d) $\dfrac{71}{30}$
e) $\dfrac{1\,129}{900}$

89 $\dfrac{9}{16}$

90 600 m

91 **a)** $\dfrac{400}{9}$ cm
b) $\dfrac{10\,000}{99}$ cm²

92 **a)** $S = \left\{\dfrac{1}{2}, -\dfrac{2}{3}\right\}$
b) $S = \left\{-\dfrac{1}{4}\right\}$
c) $S = \{2\}$
d) $S = \{-3\}$
e) $S = \left\{\dfrac{1}{25}\right\}$

93 **a)** 1,75 cm
b) 3 cm
c) 32 cm²
d) 16 cm²

94 **a)** $8\pi r$
b) $\dfrac{16\pi r^2}{7}$

95 **a)** {5, 3, 1, −1, −3, ...}
b)

96 **a)** $Im = \left\{2, 1, \dfrac{1}{2}, \dfrac{1}{4}, \ldots\right\}$

b)

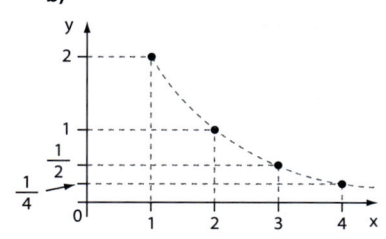

Exercícios complementares

1 **a)** 2^{n-1}
b) Claros: 2^{14}; escuros: $2^{14} - 1$

2 **a)** 4 saltos.
b) V; distância máxima é 6 m.

3 **a)** 4641
b) 500 050

4 **a)** $x = 15$
b) 10º dia

5 2

6 **a)** $\dfrac{4}{5}$
b) Demonstração.

7 179 700

8 **a)** P.A. de razão 800.
b) 11ª semana.

9 **a)** 164,5 m
b) 8,225 L

10 **a)** 4,88 m
b) $10 \cdot (1 - 0,8^n)$
c) Não.
d) 11

11 2049

12 **a)** $x = 5$ ou $x = \dfrac{1}{2}$
b) 7 575

Testes

1	c	**9**	e	**17**	b
2	c	**10**	d	**18**	d
3	a	**11**	d	**19**	c
4	d	**12**	a	**20**	a
5	e	**13**	e	**21**	c
6	a	**14**	b	**22**	b
7	b	**15**	b	**23**	e
8	c	**16**	a	**24**	d

 **CAPÍTULO 11** **Matemática comercial e financeira**

Exercícios

1 **a)** 12
b) 50
c) 56
d) 108
e) 2
f) 5,7
g) 6,25
h) 126
i) 30
j) 0,024
k) 30
l) 0,2485

2 R$ 15 000,00

3 **a)** 25
b) 5
c) 80
d) 34
e) 150

4 **a)** R$ 2 400,00 **b)** 20,83%

5 **a)** 27
b) 57,5%

6 $n = 20$

7 **a)** 20%
b) 85%

8 **a)** R$ 5 250,00
b) R$ 4 200,00

9 **a)** 81,25%
b) 70

10 **a)** 85%
b) 6 750

11 **a)** Aproximadamente 23,3 g.
b) 31,25%
c) Aproximadamente 22,7%.

12 R$ 10 000,00

13 400 g

14 **a)** Queda de 5,5%.
b) Aproximadamente 4,76%.

15 Sim (o percentual é de 50,7%).

16 **a)** 34%
b) 70%

17 **a)** R$ 25,50
b) Janeiro: 130
Fevereiro: 180
Março: 90

18 **a)** $E_1: \dfrac{8}{25}$; $E_2: \dfrac{1}{5}$
b) $E_1: \dfrac{32}{100}$; $E_2: \dfrac{20}{100}$; E_1

19 **a)** V
b) V
c) F (aumento aproximado de 7,2%)
d) F (aumento aproximado de 9%)
e) F; o percentual era de 13,8%.

20 45 alunos.

21 1 400 g

22 **a)** R$ 50,40
b) R$ 57,60
c) R$ 40,80
d) R$ 44,88

23 **a)** 12,5%
b) R$ 432,00

24 **a)** 16%
b) R$ 1 507,05

25 **a)** 25%
b) 16,67%
c) 22,2%
d) 104%

26 **a)** R$ 3 500,00
b) R$ 134,40

27 **a)** 1 250 m³
b) No mínimo 6,98%.

28 **a)** US$ 1 250,00 **b)** US$ 1 100,00

29 275%

30 B < A = C (B: 20%; C: 25%)

31 **a)** X
b) Y

32 **a)** 1,38p
b) 1,105p
c) 0,97p
d) 0,876p
e) 1,32p
f) 0,68p
g) 1,04p
h) 1,331p

33 Mais vantajosa: II
Menos vantajosa: III

34 Aproximadamente 16,36%.

35 **a)** R$ 105,20
b) Aumento aproximado de 1,78%.

36 **a)** 4 840
b) Maior: Línguas; Menor: Ciências Naturais

37 6,25%

38 **a)** R$ 200 000,00 **b)** 250%

39 **a)** R$ 26,40
b) R$ 324,00
c) R$ 76,80
d) R$ 235,20

40 **a)** R$ 480,00
b) R$ 352,80
c) R$ 6 125,00
d) 1,72x

41 **a)** R$ 8 000,00
b) R$ 12 800,00

42 Aproximadamente R$ 1,02; R$ 1,09

43 **a)** R$ 3 750,00
b) R$ 12 000,00
c) R$ 5 200,00

44 20 dias.

45 **a)** 20 meses.
b) 40 meses.
c) 180 meses.
d) 16 meses.
e) 100 meses.

46 **a)** 14,28% a.m.
b) 7,14% a.m.

47 **a)** R$ 2 280,00
b) 11,11% a.m.
c) Sim, a taxa caiu para 4,05% a.m. aproximadamente.

48 **a)** R$ 16 500,00 **b)** R$ 4 851,00

49 (02) + (04) = (06)

50 **a)** M = R$ 324,73; J = R$ 24,73
b) M = R$ 4 489,64; J = R$ 1 989,94
c) M = R$ 156,09; J = R$ 56,09
d) M = 1,34x; J = 0,34x

51 **a)** R$ 540,88
b) R$ 608,76
c) R$ 537,60

52 R$ 270 400,00

53 **a)** 2 anos: R$ 2 247,20
5 anos: R$ 2 700,00
7 anos: R$ 3 033,72
10 anos: R$ 3 645,00
b) 151 meses; 350 meses

54 **a)** 60% ao ano.
b) Aproximadamente R$ 2 531,65.

55 **a)** R$ 50 000,00 **c)** R$ 6 400,00
b) R$ 1 550,00

56 12 anos

57 **a)** Aproximadamente R$ 26,85.
b) 7,4% de valorização.

58 **a)** Lucro; R$ 30,00 ou 0,625%
b) Valorização de 15%.

59 **a)** Banco B.
b) R$ 2 276,00

60 **a)** 3,75 anos (3 anos e 9 meses)
b) 6 anos.
c) 8,75 anos (8 anos e 9 meses)
d) 12 anos.

61 **a)** $V(t) = V_0 \cdot 0,96^t$
b) 6
c) Mais. São necessários 17,25 anos para que seu valor se reduza à metade.

62 **a)** Juros simples: (660, 720, 780, 840, 900) (I)
Juros compostos: (660; 726; 798,60; 878,46; 966,31) (II)
b) (I): P.A. de razão 60.
(II): P.G. de razão 1,1.
c) R$ 66,31

63 **a)** R$ 100,00
b) R$ 248,83
c) 18 meses.

64 4,5 anos.

Exercícios complementares

1 26 anos.

2 **a)** 13,7%
b) Não.

3 20 kg de farelo de algodão e 60 kg de farelo de soja.

4 n = 125

5 R$ 1 000,00

6 R$ 6 655,20

7 R$ 25,00

8 (01) + (02) + (08) = (11)

9 **a)** x = 2 000
b) R$ 48 000,00

10 **a)** 3 150
b) 23,45% de aumento.

11 **a)** Rodaria menos; redução de 5,5%.
b) Redução de 5,5%.

12 Melhor opção: B; Pior opção: A

13 **a)** Loja A: R$ 45,00; Loja B: R$ 40,00
b) 20%

14 100% ao ano.

15 **a)** R$ 127 584,00
b) 4,5 anos.

16 **a)** R$ 400 000,00
b) 19%

17 **a)** 12,16%
b) 32,43%

18 **a)** R$ 398,01
b) $V_p = 1,97p$; aproximadamente 1,5%

19 R$ 6 404,00; Soma dos dígitos igual a 14.

20 **a)** V; (R$ 944,16)
b) F; (q = 1,12)
c) V
d) F; (600 · 1,12⁶)
e) V; (247,8%)

21 80%

22 **a)** 68% **b)** R$ 2,40

Testes

1	b	**13**	c	**25**	d
2	e	**14**	e	**26**	e
3	b	**15**	e	**27**	c
4	d	**16**	d	**28**	d
5	a	**17**	a	**29**	d
6	b	**18**	b	**30**	a
7	d	**19**	b	**31**	d
8	b	**20**	c	**32**	c
9	b	**21**	d	**33**	b
10	c	**22**	c	**34**	c
11	c	**23**	d		
12	c	**24**	c		

CAPÍTULO 12

Semelhança e triângulos retângulos

Exercícios

1 6 km

2 **a)** F
b) V

c) F
d) V
e) F
f) F

3 9 cm e 15 cm

4 Sim, pois eles têm dois ângulos congruentes.

5 Não, pois o ângulo de 40° pode ser formado por dois lados congruentes ou não.

6 A'B' = 2,4 cm   C'D' = 4,4 cm
B'C' = 6,6 cm   D'A' = 3,6 cm

7 24 cm, 6 cm, 18 cm

8 A e H (LAL)   C e F (LLL)
B e E (LLL ou AA)   D e G (AA)

9 **a)** x = 2; y = 3
b) x = 8; y = 10

10 45 m

11 $\frac{32}{3}$ m

12 DG = 5 cm   FI = 15 cm
EH = 10 cm

13 **a)** 12 cm
b) 40 m

14 **a)** 6
b) $\frac{4}{5}$

15 Sim, pelo critério AA.

16 Não, pois $\frac{6}{8} \neq \frac{5}{6}$ e $\frac{5}{8} \neq \frac{6}{6}$.

17 **a)** 9,5 cm
b) Demonstração.

18 **a)** $\frac{1}{4}$
b) $\frac{1}{16}$

19 **a)** 6 cm
b) 7,5 cm² e 30 cm², respectivamente.

20 16 triângulos.

21 12 cm

22 $x = \frac{8}{3}$ e $y = \frac{20}{3}$

23 **a)** $x = \frac{\sqrt{5}}{2}$ e $y = \frac{5}{2}$
b) $x = \frac{5}{2}$ e $y = \frac{3\sqrt{5}}{2}$

24 **a)** 8 cm   **c)** $3\sqrt{3}$ cm
b) $2\sqrt{2}$ cm   **d)** $3\sqrt{3}$ cm

25 catetos: $2\sqrt{6}$ cm e $2\sqrt{10}$ cm;
altura: $\sqrt{15}$ cm

26 44,6 m

27 3 m

28 2,1 m

29 $9\sqrt{2}$ cm

30 36 m

31 $\frac{40\sqrt{130}}{7}$ cm

32 Daquele em que não está apoiada a escada.

33 **a)** 11 cm
b) $9\sqrt{6}$ cm ou $6\sqrt{6}$ cm

34 **a)** 6
b) 12
c) $2\sqrt{7}$
d) $3\sqrt{7}$

Exercícios complementares

1 **a)** 1 : 20 000 000
b) 1 080 km

2 **a)** 26,25 cm
b) 24 cm

3 α = 10°; β = 12°

4 **a)** x = 9 e $y = \frac{32}{3}$
b) x = 7 e y = 10

5 $\frac{3\sqrt{2}}{8}$ cm

6 96 cm

7 x = 4

8 **a)** $\frac{4}{25}$
b) $\frac{21}{4}$

9 $\frac{12}{5}$

10 **a)** 1º navio: 18 km/h
2º navio: 24 km/h
b) 1º navio: 81 km
2º navio: 108 km

11 **a)** 5
b) $\frac{15\sqrt{15}}{4}$

12 28 m

13 **a)** 12
b) 12

Testes

1	d	**7**	c	**13**	b
2	c	**8**	c	**14**	c
3	c	**9**	c	**15**	c
4	b	**10**	d	**16**	a
5	d	**11**	b	**17**	d
6	a	**12**	c		

CAPÍTULO 13 — **Trigonometria no triângulo retângulo**

Exercícios

1 **a)** $\frac{1}{2}$
b) $\frac{3}{5}$
c) $\frac{3}{5}$

2 **a)** $\frac{3}{4}$
b) $\frac{1}{2}$
c) $\frac{\sqrt{11}}{6}$

3 **a)** $\frac{4}{5}$
b) $\sqrt{3}$
c) $\frac{4}{3}$

4 $\frac{5}{13}$, $\frac{12}{13}$ e $\frac{5}{12}$

5 $\frac{12}{13}$, $\frac{5}{13}$ e $\frac{12}{5}$

6 RS = 20; $\frac{3}{5}$, $\frac{4}{5}$ e $\frac{4}{3}$

7 x = 8; $\frac{8}{17}$, $\frac{8}{15}$ e $\frac{15}{17}$

8 sen x = $\frac{5}{13}$ e tg x = $\frac{5}{12}$

9 **a)** 12 cm
b) 9 cm
c) $\frac{3}{5}$ e $\frac{4}{3}$
d) $\frac{3}{5}$, $\frac{4}{5}$ e $\frac{3}{4}$

10 $\frac{2\sqrt{10}}{7}$

11 25 cm

12 **a)** 15 cm
b) 20 cm
c) $\frac{4}{5}$ e $\frac{3}{4}$
d) $\frac{4}{5}$, $\frac{3}{5}$ e $\frac{4}{3}$

13 $\dfrac{\sqrt{7}}{3}$

14 a) 5
b) $8\sqrt{3}$
c) 5
d) $3\sqrt{2}$
e) 60°
f) 5
g) 30°
h) 45°
i) 2

15 a) $6\sqrt{2}$
b) $2\sqrt{3}$

16 med($\hat{E}$) = 60° e med($\hat{F}$) = 30°

17 $20\sqrt{3}$ cm e 240 cm

18 a) 6 e $6\sqrt{3}$
b) 8 e $4\sqrt{3}$
c) $6\sqrt{2}$ e 6
d) 30° e $3\sqrt{3}$
e) 18 e $6\sqrt{5}$
f) 12 e 10

19 med($\hat{S}$) = 30° e med($\hat{T}$) = 60°

20 $6\sqrt{3}$ cm

21 $8\sqrt{3}$ m

22 $\dfrac{10\sqrt{3}}{3}$ m

23 a) 6,69 cm
b) 14,61 m
c) 38,6°
d) 28,97 m

24 a) sen $\hat{B}$ ≃ 0,788 e sen $\hat{C}$ ≃ 0,615
b) med($\hat{B}$) ≃ 52° e med($\hat{C}$) ≃ 38°

25 5,14 cm

26 a) 5 cm
b) 4,528 m
c) 2,394 m
d) 51°

27 40°

28 a) 3,35
b) $6\sqrt{3}$
c) 45,5°
d) 50°

29 cos x = $\dfrac{2\sqrt{2}}{3}$; x ≃ 19°

30 1,1; Aproximadamente 48°.

31 $40\sqrt{2}$ m

32 $36\sqrt{3}$ m

33 20 m

34 5 andares.

35 $15(3 + \sqrt{3})$ m

36 66,6 km e 66,97 km

37 25,5 m

38 a) x = 20 m
b) $20\sqrt{3}$ m

Exercícios complementares

1 Não. O comprimento será maior do que 2s.

2 30

3 x = 6 e y = $3\sqrt{3}$

4 20 m

5 $\dfrac{a\sqrt{3}}{3}$; $\dfrac{2a\sqrt{3}}{3}$

6 30°

7 $\dfrac{1}{2}$

8 a) 59°
b) Aproximadamente 36 cm.

9 Aproximadamente 2 s.

10 a) x = $6\sqrt{2 - \sqrt{3}}$ e y = $3(\sqrt{6} - \sqrt{2})$
b) x = $3\sqrt{2} + \sqrt{6}$

11 $\sqrt{7}$

12 a) $\sqrt{5}$ cm
b) Demonstração.

Testes

1 d

2 d

3 b

4 b

5 d

6 e

7 b

8 a

9 b

10 d

11 c

12 a

13 a

14 c

15 c

16 d

17 b

18 d

19 c

20 c

MATEMÁTICA
VOLUME ÚNICO • PARTE 2

GELSON IEZZI

Engenheiro metalúrgico pela Escola Politécnica
da Universidade de São Paulo.

Professor licenciado pelo Instituto de Matemática
e Estatística da Universidade de São Paulo.

OSVALDO DOLCE

Engenheiro civil pela Escola Politécnica
da Universidade de São Paulo.

Professor da rede pública estadual
de São Paulo.

DAVID DEGENSZAJN

Licenciado em Matemática pelo Instituto
de Matemática e Estatística da Universidade de São Paulo.

Professor da rede particular de ensino
em São Paulo.

ROBERTO PÉRIGO

Licenciado e bacharel em Matemática
pela Pontifícia Universidade Católica de São Paulo.

Professor da rede particular e de cursos
pré-vestibulares em São Paulo.

ENSINO MÉDIO

6ª edição

Sumário

GERAL

PARTE 2

14 A circunferência trigonométrica

▶ Arcos e ângulos

Seja uma circunferência de centro **O**, sobre a qual tomamos dois pontos distintos, **A** e **B**. A circunferência fica dividida em duas partes, cada uma das quais é um **arco de circunferência**.

Observe, na figura, os dois arcos determinados por **A** e **B**. Para representar o arco de extremidades **A** e **B**, que contém o ponto **X**, usaremos a notação $\overset{\frown}{AXB}$.

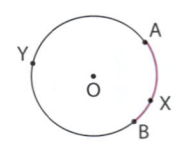

Analogamente, o arco de extremidades **A** e **B**, que contém o ponto **Y**, é indicado por $\overset{\frown}{AYB}$.

Quando não houver dúvidas em relação ao arco ao qual nos referimos, podemos escrever simplesmente $\overset{\frown}{AB}$ para representar o arco com extremidades **A** e **B**.

Vejamos agora dois casos particulares:

- Se **A** e **B** são simétricos em relação ao centro **O**, o segmento $\overline{AB}$ é um diâmetro e cada um dos arcos iguais é uma semicircunferência, ou um **arco de meia volta**.

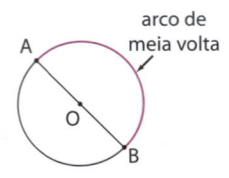

- No caso de **A** coincidir com **B**, os arcos determinados são o **arco de uma volta** e o **arco nulo**. Nas figuras seguintes, estão destacados o arco de uma volta e o arco nulo.

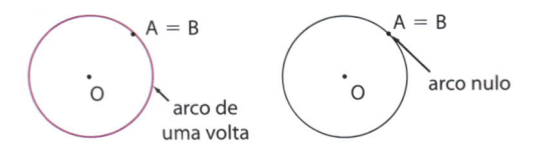

Devemos notar que, quando da construção de arcos, fica implícita a existência de um ângulo central (ângulo com vértice no centro da circunferência), correspondente a cada arco tomado.

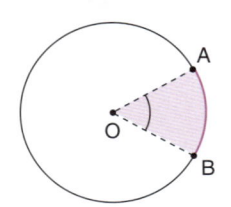

A$\hat{O}$B é o ângulo central correspondente ao arco $\overset{\frown}{AB}$.

▶ Medida e comprimento de arco

A **medida angular de um arco** ou, simplesmente, **medida de um arco** é igual à medida do ângulo central correspondente. Observe estes exemplos:

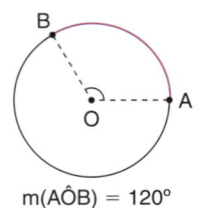

m(A$\hat{O}$B) = 120°

Dizemos que o arco $\overset{\frown}{AB}$ mede 120°.

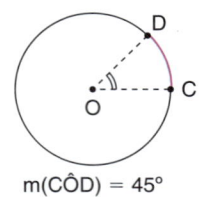

m(C$\hat{O}$D) = 45°

Dizemos que o arco $\overset{\frown}{CD}$ mede 45°.

A **medida linear** de um arco refere-se ao seu **comprimento**. É como se "esticássemos" o arco e determinássemos a distância entre as suas extremidades.

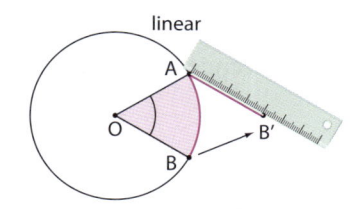

Unidades de medidas de arcos e ângulos

Ao tratarmos da medida de um arco, adotamos o grau (°) ou radiano (rad) como unidade.

• **1 grau** é a medida de um arco igual a $\frac{1}{360}$ da circunferência correspondente.

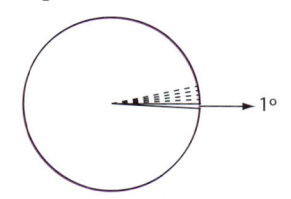

Como sabemos, o grau possui submúltiplos importantes, como o **minuto** e o **segundo**.

O arco de 1 minuto (indica-se 1') corresponde a $\frac{1}{60}$ do arco de medida 1°; o arco de 1 segundo (indica-se 1") corresponde a $\frac{1}{60}$ do arco de medida 1'.

• **1 radiano** é a medida de um arco cujo comprimento é igual à medida do raio da circunferência correspondente.

O arco $\overset{\frown}{AB}$, a seguir, bem como seu ângulo correspondente $A\hat{O}B$, mede 1 rad.

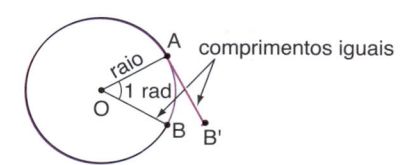

Já o arco $\overset{\frown}{CD}$, abaixo, mede 2 rad, pois seu comprimento é igual ao dobro da medida do raio.

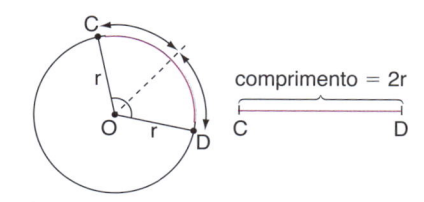

Como sabemos, o comprimento **C** de uma circunferência de raio de medida **r** é igual a $2\pi r$. Isso significa que o raio "cabe" 2π vezes nesse comprimento (aproximadamente 6,28 vezes).

Assim, um arco de comprimento igual a **r** mede 1 rad; um arco de comprimento igual a 2r mede 2 rad etc., então um arco de comprimento $2\pi r$ (volta completa) mede 2π rad. Concluímos, desse modo, que as medidas 2π rad e 360° são correspondentes.

Observe as correspondências no quadro seguinte:

2π rad	360°
π rad	180°
$\frac{\pi}{2}$ rad	90°
$\frac{\pi}{3}$ rad	60°
$\frac{\pi}{4}$ rad	45°
. . .	. . .

EXERCÍCIOS RESOLVIDOS

1 Um arco mede 30°. Qual é a medida desse arco em radianos?

Solução:

Podemos estabelecer a regra de três simples:

$$\begin{cases} \pi \text{ rad} \text{ ———— } 180° \\ x \text{ ———— } 30° \end{cases}$$

Daí, $x = \dfrac{30° \cdot \pi \text{ rad}}{180°} \Rightarrow x = \dfrac{\pi}{6} \text{ rad}$.

2 Em uma circunferência, um ângulo central mede $\frac{\pi}{4}$ radianos. Quanto mede esse ângulo em graus?

Solução:

Podemos estabelecer a regra de três simples:

$$\begin{cases} \pi \text{ rad} \text{ ———— } 180° \\ \frac{\pi}{4} \text{ rad} \text{ ———— } x \end{cases}$$

Assim, $x = \dfrac{\frac{\pi}{4} \text{ rad} \cdot 180°}{\pi \text{ rad}} \Rightarrow x = 45°$.

3 Quanto mede, em graus, um arco de 1 radiano?

Solução:

Como π rad (ou 3,14 rad, aproximadamente) correspondem a 180°, podemos fazer:

$$\begin{cases} 3{,}14 \text{ rad} \text{ — } 180° \\ 1 \text{ rad} \text{ — } x \end{cases} \Rightarrow x = \dfrac{180°}{3{,}14} \Rightarrow$$

$$\Rightarrow x \simeq 57{,}3° = 57°18'$$

Quando a unidade de medida de um arco vier suprimida, fica convencionado que se trata do radiano. Assim, por exemplo, quando dizemos que um arco $\overarc{AB}$ mede $\frac{\pi}{4}$, estamos dizendo que o arco $\overarc{AB}$ mede $\frac{\pi}{4}$ radianos.

▶ O comprimento de um arco

Quando medimos o comprimento de um arco, a unidade de medida utilizada é a mesma do raio: metro, centímetro, milímetro etc.

Observe que na figura a seguir o comprimento de um arco depende da medida do raio considerado.

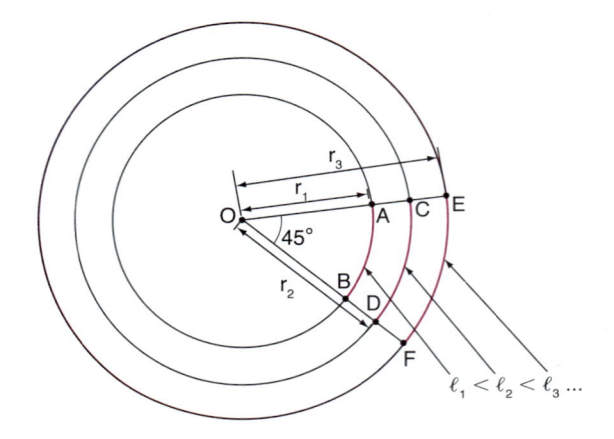

Vamos calcular os comprimentos ℓ_1, ℓ_2 e ℓ_3 dos arcos $\overarc{AB}$, $\overarc{CD}$ e $\overarc{EF}$, respectivamente:

- arco $\overarc{AB}$: $\begin{cases} 360° - 2\pi \cdot r_1 \\ 45° - \ell_1 \end{cases} \Rightarrow \frac{360°}{45°} = \frac{2\pi r_1}{\ell_1} \Rightarrow 8 = \frac{2\pi r_1}{\ell_1} \Rightarrow \frac{\ell_1}{r_1} = \frac{\pi}{4} \Rightarrow \ell_1 = \frac{\pi}{4} \cdot r_1$

- arco $\overarc{CD}$: $\begin{cases} 360° - 2\pi \cdot r_2 \\ 45° - \ell_2 \end{cases} \Rightarrow \frac{360°}{45°} = \frac{2\pi r_2}{\ell_2} \Rightarrow 8 = \frac{2\pi r_2}{\ell_2} \Rightarrow \frac{\ell_2}{r_2} = \frac{\pi}{4} \Rightarrow \ell_2 = \frac{\pi}{4} \cdot r_2$

- arco $\overarc{EF}$: $\begin{cases} 360° - 2\pi \cdot r_3 \\ 45° - \ell_3 \end{cases} \Rightarrow \frac{360°}{45°} = \frac{2\pi r_3}{\ell_3} \Rightarrow 8 = \frac{2\pi r_3}{\ell_3} \Rightarrow \frac{\ell_3}{r_3} = \frac{\pi}{4} \Rightarrow \ell_3 = \frac{\pi}{4} \cdot r_3$

Mantido o ângulo central, o comprimento de um arco é diretamente proporcional ao raio da circunferência que o contém.

No exemplo, $\frac{\ell_1}{r_1} = \frac{\ell_2}{r_2} = \frac{\ell_3}{r_3} = \frac{\pi}{4}$.

Observe que a constante de proporcionalidade corresponde à medida do ângulo central, expressa em radianos $\left(\frac{\pi}{4} \text{ rad equivale a } 45°\right)$.

Em geral, é possível escrever:

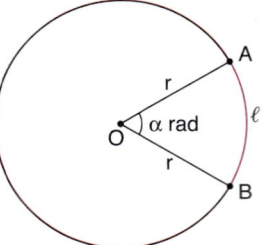

$$\alpha = \frac{\ell}{r}$$

sendo $\begin{cases} \boldsymbol{\alpha}: \text{medida de um arco em radianos.} \\ \boldsymbol{\ell}: \text{comprimento do arco.} \\ \mathbf{r}: \text{medida do raio da circunferência.} \end{cases}$

EXERCÍCIOS RESOLVIDOS

4 Quanto mede, em radianos, o arco $\overset{\frown}{AB}$, contido em uma circunferência de raio 3 cm, cujo comprimento é 4,5 cm?

Solução:
Podemos fazer:

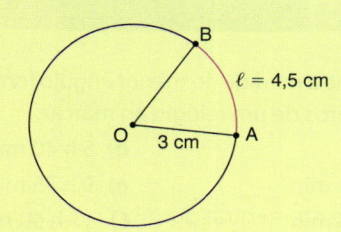

$\alpha = \dfrac{4,5}{3} = 1,5$ rad

Uma solução equivalente consiste em usar a própria definição de radiano:

$$\begin{cases} \text{medida} & \text{comprimento} \\ \text{do arco} & \text{do arco} \\ 1 \text{ rad} \quad - \quad 3 \text{ cm} \\ x \quad - \quad 4,5 \text{ cm} \end{cases} \Rightarrow x = 1,5 \text{ rad}$$

5 Qual é o comprimento de um arco de 72° sobre uma circunferência de raio 8 cm?

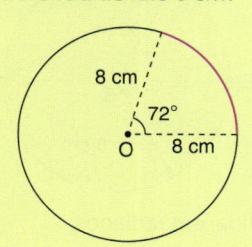

Solução:
- O comprimento da circunferência é
  $c = 2 \cdot \pi \cdot 8 = 16\pi$ cm.

Podemos fazer:

$$\begin{cases} 16\pi \text{ cm} - 360° \\ x \quad - \quad 72° \end{cases} \Rightarrow x = \dfrac{16\pi}{5} \text{ cm}$$

(ou 10,048 cm, aproximadamente).

Observe que $\dfrac{360°}{72°} = 5$; assim, o comprimento do arco corresponde à quinta parte do comprimento da circunferência correspondente.

6 Determinar a medida do menor ângulo **α** formado entre os ponteiros de um relógio ao marcar 2 h 40 min.

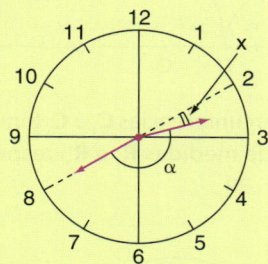

Solução:
O ângulo pedido mede **α**.
Observe que, entre duas marcas consecutivas de horas, forma-se um arco cujo ângulo central tem medida $\dfrac{360°}{12°} = 30°$.

Assim, $\alpha = 6 \cdot 30° - x = 180° - x$.

Em 1 hora (60 minutos), o ponteiro das horas percorre um arco de medida 30°.

Para calcular a medida **x** do ângulo percorrido pelo ponteiro das horas em 40 minutos, podemos estabelecer a proporção:

$$\begin{cases} 60 \text{ minutos} - 30° \\ 40 \text{ minutos} - x \end{cases} \Rightarrow x = 20°$$

Assim: $\alpha = 180° - 20° = 160°$.

 **EXERCÍCIOS**

1 Expresse em radianos:

a) 30° **c)** 120° **e)** 270° **g)** 20° **i)** 315°

b) 15° **d)** 210° **f)** 300° **h)** 150°

2 Expresse em graus:

a) $\dfrac{\pi}{3}$ rad **c)** $\dfrac{\pi}{4}$ rad **e)** $\dfrac{3\pi}{5}$ rad **g)** $\dfrac{2\pi}{9}$ rad **i)** 3 rad

b) $\dfrac{\pi}{2}$ rad **d)** $\dfrac{\pi}{5}$ rad **f)** $\dfrac{3\pi}{4}$ rad **h)** $\dfrac{11\pi}{6}$ rad **j)** 0,5 rad
(use $\pi \simeq 3,14$)

3 Uma semicircunferência tem comprimento 188, 4 m. Quanto mede seu raio? Use $\pi \simeq 3,14$.

4 Calcule o comprimento de um arco $\overset{\frown}{AB}$ definido em uma circunferência de raio 8 cm por um ângulo central $A\hat{O}B$ de 120°.

5 Considerando que, na figura abaixo, $\overline{AB}$ está dividido em 12 partes iguais, qual é o percurso mais curto sobre as semicircunferências: AMB ou ADCEB?

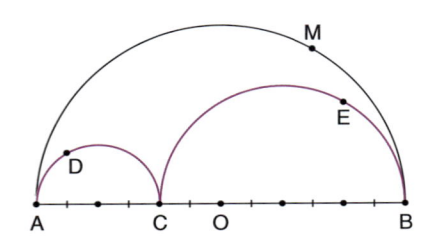

6 Na figura, as circunferências C_1 e C_2 têm mesmo centro O e raios de medidas R_1 e R_2, respectivamente, tais que $2R_1 = 3R_2$.

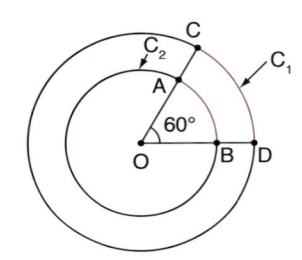

Determine:
a) as medidas dos arcos $\overset{\frown}{AB}$ e $\overset{\frown}{CD}$, em radianos;
b) a razão entre os comprimentos de $\overset{\frown}{AB}$ e $\overset{\frown}{CD}$, nesta ordem.

7 Um pêndulo de 15 cm de comprimento oscila entre **A** e **B** descrevendo um ângulo de 15°. Qual é o comprimento da trajetória descrita pela sua extremidade entre **A** e **B**? Use $\pi \simeq 3,14$.

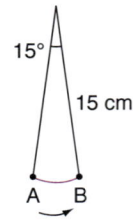

8 Ache a medida do raio da circunferência em cada caso:

a)

b)

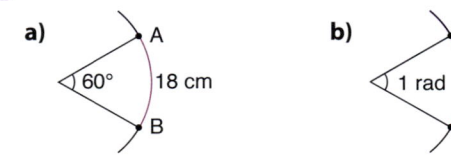

Use $\pi \simeq 3,14$.

9 Um andarilho caminhou 7 536 m em uma pista circular de 40 m de raio. Quantas voltas ele deu na pista? Use $\pi \simeq 3,14$.

10 Um automóvel percorre 157 m em uma pista circular, descrevendo um arco de 72°. Determine o raio da curva. Use $\pi \simeq 3,14$.

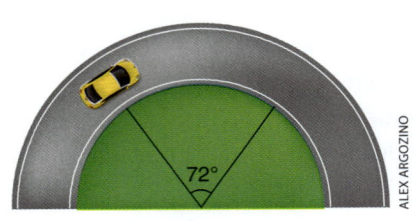

ALEX ARGOZINO

11 Determine a medida do menor ângulo formado entre os ponteiros de um relógio ao marcar:
a) 3 h   **d)** 5 h 40 min
b) 8 h 30 min   **e)** 9 h 35 min
c) 3 h 45 min   **f)** 11 h 50 min

12 Um atleta **A** desenvolve, em uma pista circular de 500 m de raio, a velocidade constante de 8 km/h. Determine, em radianos, a medida do arco descrito, bem como seu comprimento, após 15 minutos de percurso.

13 Na figura, o triângulo ABC é isósceles de base $\overline{AC}$ e o triângulo CAD está inscrito em uma semicircunferência cujo raio mede 6 cm. Considerando o arco $\overset{\frown}{AD}$ que não contém o ponto **C**, determine:

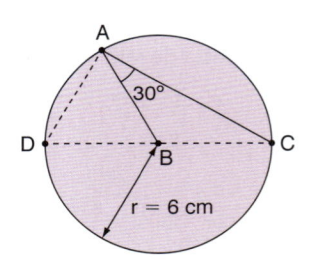

a) sua medida, em radianos;
b) seu comprimento, em centímetros.

14 Calcule, em graus, o menor ângulo formado entre os dois ponteiros de um relógio que marca 3 h 42 min.

15 Uma pista circular está limitada por duas circunferências concêntricas cujos comprimentos valem, respectivamente, 3 000 m e 2 400 m. Determine a largura da pista. Use $\pi \simeq 3,14$.

16 Calcule a razão entre os comprimentos das circunferências inscrita e circunscrita em um quadrado de lado 2 cm.

17 O ponteiro dos minutos de um relógio tem comprimento de 12 centímetros. Qual é a distância que a ponta do ponteiro percorre em um intervalo de:
a) 15 minutos;
b) 20 minutos;
c) 48 minutos.
Use $\pi \simeq 3,2$.

▶ Circunferência trigonométrica

Fixemos dois eixos perpendiculares cruzando-se em **O** e orientados conforme as indicações: o vertical, para cima, e o horizontal, para a direita.

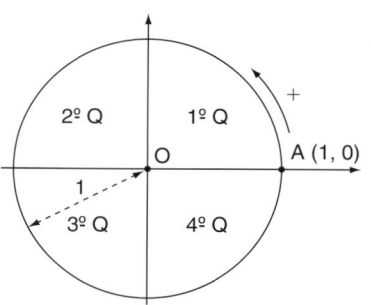

No sistema assim descrito, consideremos uma circunferência com centro **O** e raio unitário (isto é, raio de medida igual a 1).

O círculo limitado por essa circunferência fica dividido em quatro partes iguais denominadas **quadrantes** (**Q**) e indicadas na figura por 1º Q, 2º Q, 3º Q e 4º Q.

Vamos convencionar que todos os arcos tomados nessa circunferência têm origem no ponto A(1, 0) — cruzamento da circunferência com o semieixo positivo horizontal — e o sentido positivo é o anti-horário.

É comum nos referirmos à figura descrita acima como **circunferência trigonométrica**.

▶ Números reais associados a pontos da circunferência trigonométrica

Como o raio é unitário, o comprimento da circunferência trigonométrica é $2 \cdot \pi \cdot 1 = 2\pi$ unidades de comprimento (aproximadamente 6,28).

Vamos associar a cada número real **x**, $0 \leqslant x \leqslant 2\pi$, um único ponto **P** da circunferência trigonométrica, de modo que:

- se $x = 0$, o ponto **P** coincide com o ponto A(1, 0);

- se $x > 0$, descrevemos, a partir de **A**, no sentido anti-horário, um arco de comprimento **x** cuja extremidade final é **P**;

- se $x = 2\pi$, o ponto **P** coincide com o ponto A(1, 0).

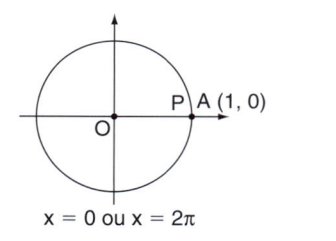

x = 0 ou x = 2π

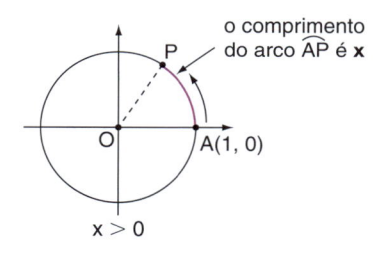

o comprimento do arco $\widehat{AP}$ é **x**

x > 0

Observe a associação seguinte:

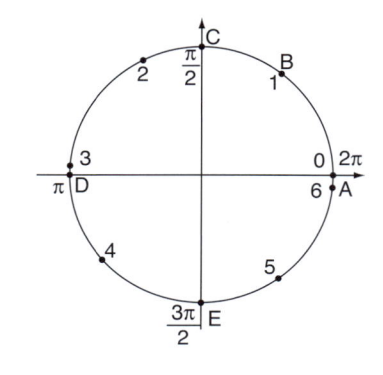

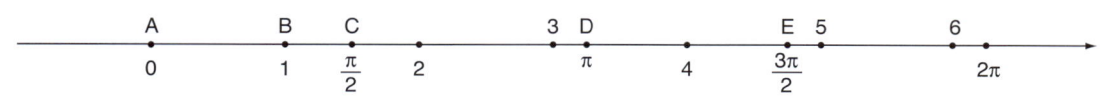

Temos que:

- O arco $\widehat{AC}$ corresponde a $\frac{1}{4}$ de um arco de uma volta completa: seu comprimento é $\frac{\pi}{2}$ (aproximadamente 1,57), que é a quarta parte de 2π. Note, também, que sua medida é $\frac{\pi}{2}$ radianos (ou 90°). Dizemos que **C** é imagem do número real $\frac{\pi}{2}$.

- O arco $\widehat{AD}$ corresponde à metade de um arco de uma volta completa: seu comprimento é π (aproximadamente 3,14), que é a metade de 2π. Observe que sua medida, em radianos, é π (180°). Dizemos que **D** é imagem do número real π.

- O arco $\widehat{AE}$ corresponde a $\frac{3}{4}$ de um arco de uma volta completa: seu comprimento é, portanto, $\frac{3}{4}$ de 2π, isto é, $\frac{3\pi}{2}$. Sua medida, em radianos, é $\frac{3\pi}{2}$ (270°). O ponto **E** é imagem do número real $\frac{3\pi}{2}$.

- O arco $\widehat{AB}$ tem comprimento igual a 1 e sua medida é 1 rad. O ponto **B** é imagem do número real 1.
  .
  .
  .
  e assim por diante.

Ao fazermos essa associação, é importante destacar que a medida (α) de um arco, em radianos, coincide, na circunferência trigonométrica, com o seu comprimento (ℓ), pois, como $\alpha = \frac{\ell}{r}$ e $r = 1$, temos $\alpha = \ell$.

EXEMPLO 1

Observe, na circunferência trigonométrica a seguir, as imagens **A**, **B**, **C**, **D**, **E**, **F**, **G**, **H**, **I** e **J**, correspondentes aos números reais $\frac{\pi}{6}$, $\frac{\pi}{4}$, $\frac{\pi}{3}$, $\frac{2\pi}{3}$, 3, $\frac{7\pi}{6}$, $\frac{4\pi}{3}$, $\frac{11}{2}$, $\frac{11\pi}{6}$ e 6, respectivamente.

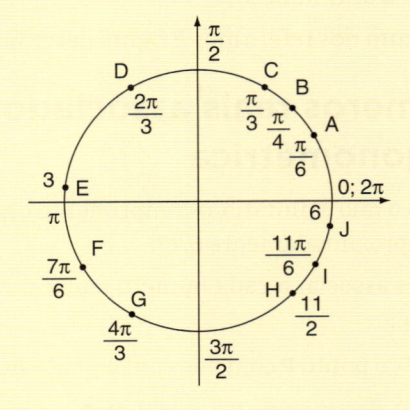

EXERCÍCIOS

18 Construa uma circunferência trigonométrica e marque os pontos correspondentes aos números 0, $\frac{\pi}{3}$, $\frac{3\pi}{4}$, $\frac{7\pi}{6}$ e $\frac{5\pi}{3}$.

19 Faça o mesmo para os números 1, $\frac{5\pi}{6}$, π, $\frac{5\pi}{4}$ e $\frac{11\pi}{6}$.

20 Agrupe por quadrante os pontos correspondentes aos números reais $\frac{\pi}{6}$, $\frac{2\pi}{3}$, $\frac{5\pi}{12}$, $\frac{4\pi}{3}$, $\frac{7\pi}{4}$, 2, $\frac{2\pi}{7}$, $\frac{3\pi}{5}$, $\frac{5\pi}{9}$, $\frac{7\pi}{12}$, $\frac{15\pi}{11}$, $\frac{16\pi}{9}$, $\frac{4}{3}$, $\sqrt{7}$, $\frac{15\pi}{8}$, $\frac{10}{3}$, $\frac{13}{4}$ e 5.

21 Sejam os pontos **P**, **Q** e **R** mostrados na figura abaixo.

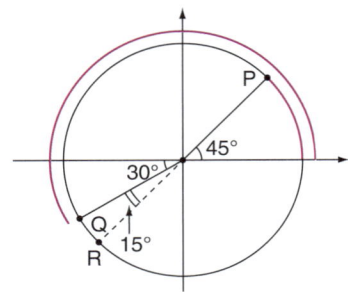

Qual é o número real **x**, com $0 \leqslant x < 2\pi$, associado ao ponto **P**? E ao ponto **Q**? E ao ponto **R**?

22 O triângulo equilátero ABC está inscrito na circunferência trigonométrica seguinte. Quais são os números reais **x**, com $0 \leqslant x < 2\pi$, que têm imagens nos vértices do triângulo?

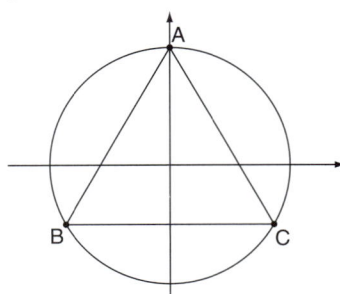

23 Os arcos α e β, de medidas 2° e 2 rad, tomados na circunferência trigonométrica, possuem a mesma imagem? Qual é o comprimento de cada um desses arcos?

24 Construa um triângulo equilátero, inscrito em uma circunferência trigonométrica, com um dos vértices correspondente à imagem do número real π. Quais são os outros dois números reais do intervalo $[0, 2\pi]$ cujas imagens coincidem com os outros dois vértices?

▶ Simetrias

Na circunferência trigonométrica, interessam-
-nos diretamente três tipos de simetria: em relação
ao eixo vertical, em relação ao eixo horizontal e em
relação ao centro.

Para o estudo de cada uma delas, tomaremos um
arco de medida **a** radianos, do 1º quadrante, correspondente ao número real **a**.

Simetria em relação ao eixo vertical

Seja **P** a imagem do número real a.

O ponto simétrico de **P** em relação ao eixo vertical
é **P'**, imagem do número real $\pi - a$, visto que os ângulos
centrais assinalados na figura são congruentes.

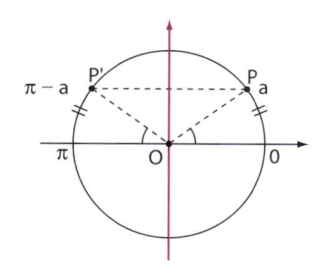

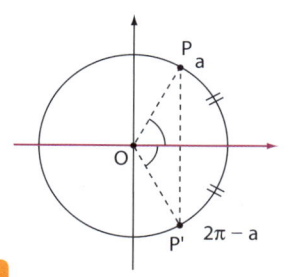

Em relação ao
eixo horizontal,
são simétricos
os pontos **P** e **P'**
(note a congru-
ência entre os
ângulos assina-
lados).

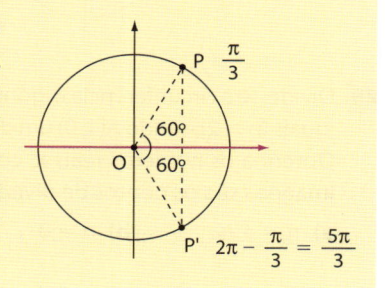

Simetria em relação ao centro da circunferência

Quando dois pontos são extremidades opostas de
um diâmetro, como **P** e **P'** da figura, a diferença entre
os números correspondentes vale **π**.

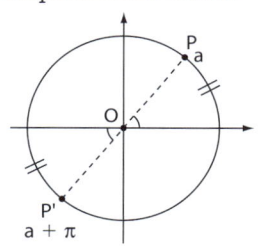

Os pontos **P** e **P'**,
imagens dos nú-
meros reais $\dfrac{\pi}{4}$ e
$\pi - \dfrac{\pi}{4} = \dfrac{3\pi}{4}$, respectivamente, são si-
métricos em relação
ao eixo vertical. O
mesmo ocorre com **Q**
e **Q'**, imagens de **0** e **π**, respectivamente.

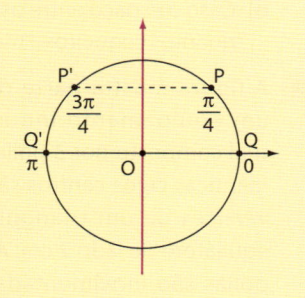

Simetria em relação ao eixo horizontal

Levando em conta a congruência entre os ângulos
centrais assinalados na figura, podemos afirmar que o
número real que possui imagem simétrica à imagem
de **a** é o número $2\pi - a$.

Os pontos corres-
pondentes aos nú-
meros reais $\dfrac{\pi}{6}$ e $\dfrac{7\pi}{6}$
são simétricos em
relação a **O** (os ângu-
los assinalados são
opostos pelo vértice):
$$\frac{7\pi}{6} - \frac{\pi}{6} = \frac{6\pi}{6} = \pi$$

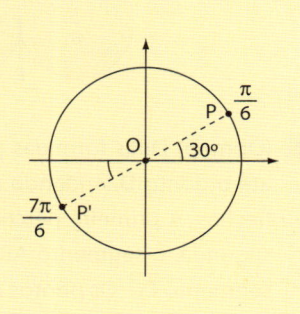

✎ EXERCÍCIOS

25 Marque, na circunferência trigonométrica, os pontos correspondentes aos números $\dfrac{\pi}{3}$ e $\dfrac{2\pi}{3}$. Cite a simetria, se houver.

26 Proceda da mesma forma que no exercício anterior para:

a) $\dfrac{\pi}{6}$ e $\dfrac{5\pi}{3}$;

b) $\dfrac{\pi}{6}$ e $\dfrac{11\pi}{6}$;

c) $\dfrac{\pi}{8}$ e $\dfrac{9\pi}{8}$;

d) $\dfrac{\pi}{2}$ e $\dfrac{3\pi}{2}$.

27 Na figura, **P** é a imagem do número real $\frac{13\pi}{7}$. Determine os números reais x_Q, x_R e x_S que têm imagens em **Q**, **R** e **S**, respectivamente.

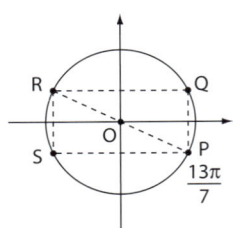

28 Divide-se a circunferência trigonométrica em **n** partes iguais (n > 2), sendo A(1, 0) um dos pontos de divisão. Obtenha os números reais **x**, com $0 \leqslant x < 2\pi$ cujas imagens são os pontos de divisão, considerando:

a) n = 4   **b)** n = 8   **c)** n = 5

29 Na figura, o hexágono regular ABCDEF está inscrito na circunferência trigonométrica. O vértice **A** é imagem do número real zero.

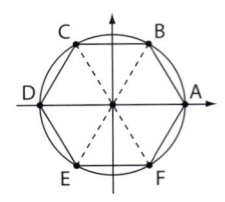

a) Determine a quais números reais pertencentes ao intervalo [0, 2π[correspondem os demais vértices.

b) Obtenha o perímetro e a área do hexágono ABCDEF.

EXERCÍCIOS COMPLEMENTARES

1 Na figura, as circunferências de mesmo raio têm centros em **A**, **B**, **C** e **D** e são tangentes exteriormente, como mostra a figura. Os pontos **E**, **F**, **G** e **H** são pontos de tangência. Sabendo que AC = $10\sqrt{2}$ cm, determine o comprimento do trajeto $\overline{AB} + \overline{BC} + \overline{CD} + \overline{DE} + \overline{EH} + \overline{HG} + \overline{GF} + \overline{FE} + \overline{EA}$.

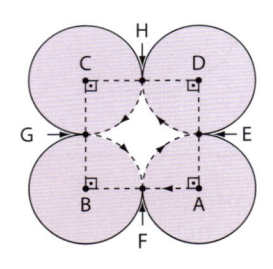

2 (Obmep) Duas formigas partem do ponto **A** e vão até o ponto **D**, andando no sentido indicado pelas flechas. A primeira percorre o semicírculo maior; a segunda, o segmento $\overline{AB}$, o semicírculo menor e o segmento $\overline{CD}$. Os pontos **A**, **B**, **C** e **D** estão alinhados e os segmentos $\overline{AB}$ e $\overline{CD}$ medem 1 cm cada um. Quantos centímetros a segunda formiga andou a menos que a primeira?

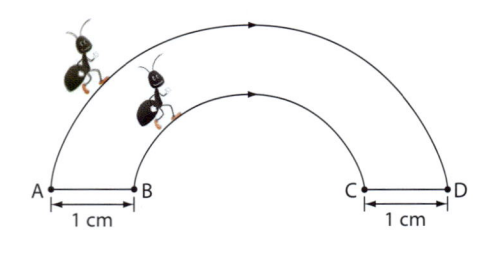

3 No contorno de um lago circular foram plantados 32 coqueiros igualmente espaçados de 3 em 3 metros. Considerando $\pi \simeq 3{,}2$, responda:

a) Qual é a medida do raio do lago?

b) Caso o espaço entre os coqueiros diminuísse 20%, quantos coqueiros a mais poderiam ser plantados?

4 A figura mostra parte de um equipamento industrial composto por 3 polias idênticas cujos centros são vértices de um triângulo equilátero de lado 2 cm. As polias são movimentadas pela correia ABCDEF. Qual é o comprimento dessa correia?

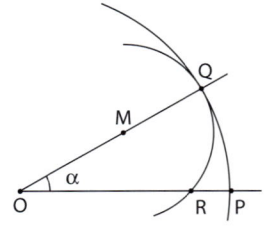

5 Observe a figura a seguir.

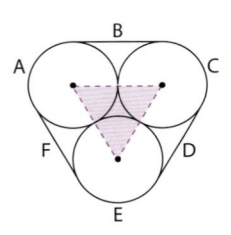

Na figura, o arco $\overset{\frown}{PQ}$ pertence à circunferência de centro **O**. Sua medida, em radianos, é **α** e seu comprimento é 5 cm.

Com centro em **M**, ponto médio de $\overline{OQ}$, traçamos uma circunferência que contém o arco $\overset{\frown}{QR}$ e tangencia internamente a outra circunferência no ponto **Q**. Determine o comprimento de $\overset{\frown}{QR}$.

6 As duas polias da figura giram simultaneamente em torno dos respectivos centros, por estarem ligadas por uma correia inextensível. Quantos graus deve girar a maior polia para que a menor dê uma volta completa?

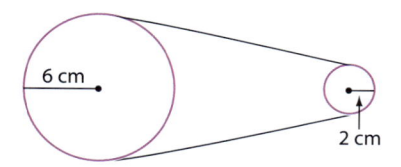

7 A figura abaixo mostra parte de uma pista não oficial de atletismo.

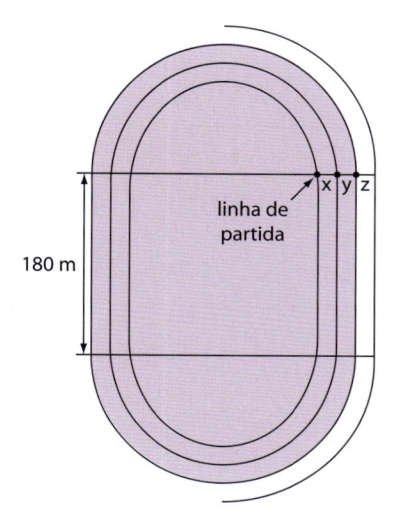

As raias têm largura constante de 120 cm e as partes curvas da pista são limitadas por três semicircunferências concêntricas, sendo 5 m o raio da menor circunferência. Imagine que três atletas **x**, **y** e **z** pretendem dar, em um treino, 30 voltas na pista, correndo sobre as linhas demarcadas que limitam as raias, como indicam as setas da figura. Considerando $\pi \simeq 3{,}2$, responda:

a) Quantos metros o atleta **y** terá percorrido a mais que o atleta **x** ao final do treino?

b) Quantos metros o atleta **z** terá percorrido a mais que o atleta **x** ao final do treino?

c) Quantos metros atrás do ponto de partida o atleta **x** deveria largar, na sua linha de corrida, a fim de que, ao cruzar o ponto de partida pela 2ª vez, ele percorra, em uma volta, a mesma distância percorrida pelo atleta **y** em sua volta?

8 Um relógio foi acertado exatamente ao meio-dia. Determine o horário que estará marcando esse relógio após o ponteiro menor ter percorrido um ângulo de 42°.

9 (Vunesp-SP) O planeta Terra descreve seu movimento de translação em uma órbita aproximadamente circular em torno do Sol. Considerando o dia terrestre com 24 horas, o ano com 365 dias e a distância da Terra ao Sol aproximadamente $150\,380 \cdot 10^3$ km, determine a velocidade média, em quilômetros por hora, com que a Terra gira em torno do Sol. Use a aproximação $\pi \simeq 3$.

TESTES

1 (PUC-RJ) Em um círculo, um ângulo central de 20 graus determina um arco de 5 cm. Qual o tamanho do arco, em cm, determinado por um ângulo central de 40 graus?

a) 5   **b)** 10   **c)** 20   **d)** 40   **e)** 60

2 (Cefet-MG) Se o relógio da figura marca 8 h e 25 min, então o ângulo **x** formado pelos ponteiros é:

a) 12° 30′
b) 90°
c) 102° 30′
d) 120°

3 (IF-SP) Considere uma circunferência de centro **O** e raio 6 cm. Sendo **A** e **B** pontos distintos dessa circunferência, sabe-se que o comprimento de um arco $\overset{\frown}{AB}$ é 5π cm. A medida do ângulo central AÔB, correspondente ao arco $\overset{\frown}{AB}$ considerado, é:

a) 120°   **c)** 180°   **e)** 240°
b) 150°   **d)** 210°

4 (PUC-RS) Em Londres, Tales andou na *London Eye*, para contemplar a cidade. Esta roda-gigante de 135 metros de diâmetro está localizada à beira do rio Tâmisa. Suas 32 cabines envidraçadas foram fixadas à borda da roda com espaçamentos iguais entre si. Então, a medida do arco formado por cinco cabines consecutivas é igual, em metros, a:

a) $\dfrac{135}{4}\pi$ **c)** $\dfrac{675}{16}\pi$ **e)** $\dfrac{135}{32}\pi$

b) $\dfrac{675}{32}\pi$ **d)** $\dfrac{135}{8}\pi$

5 (PUC-MG) Para percorrer certa distância, uma roda de raio **R** dá três voltas completas, enquanto que uma roda de raio **r** dá 10 voltas. Então, a razão entre os raios dessas rodas, $\frac{r}{R}$, é igual a:

a) 0,20   **b)** 0,25   **c)** 0,30   **d)** 0,35

6 (Enem-MEC) As cidades de Quito e Cingapura encontram-se próximas à linha do Equador e em pontos diametralmente opostos no globo terrestre. Considerando o raio da Terra igual a 6 370 km, pode-se afirmar que um avião saindo de Quito, voando em média 800 km/h, descontando as paradas de escala, chega a Cingapura em aproximadamente:

a) 16 horas.   **c)** 25 horas.   **e)** 36 horas.
b) 20 horas.   **d)** 32 horas.

7 (Vunesp-SP) Em um jogo eletrônico, o "monstro" tem a forma de um setor circular de raio 1 cm, como mostra a figura.

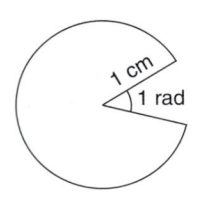

A parte que falta no círculo é a boca do "monstro", e o ângulo de abertura mede 1 radiano. O perímetro do "monstro", em cm, é:

a) $\pi - 1$ **c)** $2\pi - 1$ **e)** $2\pi + 1$
b) $\pi + 1$ **d)** 2π

8 (FGV-SP) O relógio indicado na figura marca 6 horas e

a) $55\frac{7}{13}$ minutos.

b) $55\frac{5}{11}$ minutos.

c) $55\frac{5}{13}$ minutos.

d) $55\frac{3}{11}$ minutos.

e) $55\frac{2}{11}$ minutos.

9 (Obmep) Uma formiguinha parte do centro de um círculo e percorre uma só vez, com velocidade constante, o trajeto ilustrado na figura.

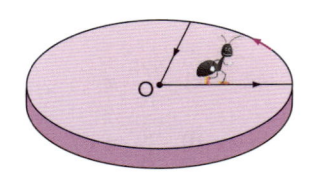

Qual dos gráficos a seguir apresenta a distância **d** da formiguinha ao centro do círculo em função do tempo **t**?

a)
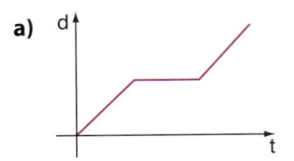

b)
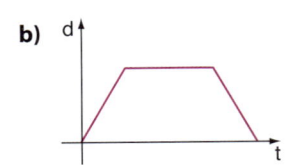

c)
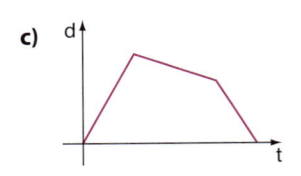

d)
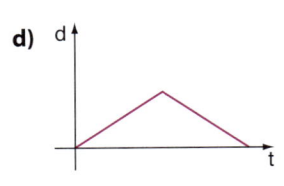

e)
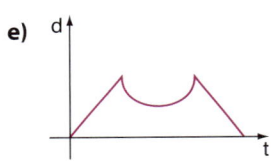

10 (UE-CE) Para realizar os cálculos de um determinado experimento, um estudante necessita descrever a posição dos ponteiros de um relógio. Sabendo-se que o experimento se iniciará às 3 horas da tarde, é correto afirmar que a equação que descreve a medida (em graus) do ângulo que o ponteiro das horas forma com o semieixo vertical positivo (que aponta na direção do número 12 do relógio) em função do tempo decorrido (em minutos), contado a partir de três horas da tarde, é:

a) $\theta(t) = 3 + 30t$

b) $\theta(t) = 90 + \frac{1}{2}t$

c) $\theta(t) = 3 + \frac{1}{30}t$

d) $\theta(t) = 90 - 30t$

e) $\theta(t) = 30 + \frac{1}{2}t$

11 (Vunesp-SP) A figura mostra um relógio de parede, com 40 cm de diâmetro externo, marcando 1 hora e 54 minutos.

Usando a aproximação $\pi \simeq 3$, a medida, em cm, do arco externo do relógio determinado pelo ângulo central agudo formado pelos ponteiros das horas e dos minutos, no horário mostrado, vale aproximadamente:

a) 22   **c)** 34   **e)** 20

b) 31   **d)** 29

12 (FGV-SP) Duas pessoas combinaram de se encontrar entre 13 h e 14 h, no exato instante em que a posição do ponteiro dos minutos do relógio coincidisse com a posição do ponteiro das horas. Dessa forma, o encontro foi marcado para as 13 horas e:

a) 5 minutos.

b) $5\dfrac{4}{11}$ minutos.

c) $5\dfrac{5}{11}$ minutos.

d) $5\dfrac{6}{11}$ minutos.

e) $5\dfrac{8}{11}$ minutos.

13 (Fuvest-SP) Uma das primeiras estimativas do raio da Terra é atribuída a Eratóstenes, estudioso grego que viveu, aproximadamente, entre 275 a.C. e 195 a.C.

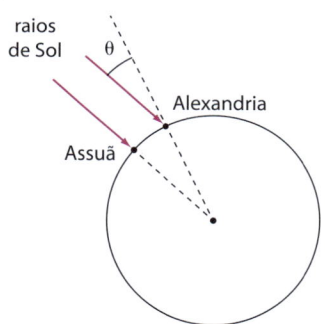

Sabendo que em Assuã, cidade localizada no sul do Egito, ao meio-dia do solstício de verão, um bastão vertical não apresentava sombra, Eratóstenes decidiu investigar o que ocorreria, nas mesmas condições, em Alexandria, cidade no norte do Egito. O estudioso observou que, em Alexandria, ao meio-dia do solstício de verão, um bastão vertical apresentava sombra e determinou o ângulo **θ** entre as direções do bastão e de incidência dos raios de sol. O valor do raio da Terra, obtido a partir de **θ** e da distância entre Alexandria e Assuã, foi de, aproximadamente, 7 500 km. O mês em que foram realizadas as observações e o valor aproximado de **θ** são:

a) junho; 7°   **d)** dezembro; 23°

b) dezembro; 7°   **e)** junho; 0,3°

c) junho; 23°

Note e adote:

Distância estimada por Eratóstenes entre Assuã e Alexandria $\simeq$ 900 km.

$\pi \simeq 3$.

14 (UE-GO) Considerando 1° como a distância média entre dois meridianos, e que na linha do Equador corresponde a uma distância média de 111,322 km, e tomando-se esses valores como referência, pode-se inferir que o comprimento do círculo da Terra, na linha do Equador, é de, aproximadamente:

a) 52 035 km   **c)** 44 195 km

b) 48 028 km   **d)** 40 076 km

15 (Enem-MEC) Em 20 de fevereiro de 2011 ocorreu a grande erupção do vulcão Bulusan nas Filipinas. A sua localização geográfica no globo terrestre é dada pelo GPS (sigla em inglês para Sistema de Posicionamento Global) com longitude de 124° 3′ 0″ a leste do Meridiano de Greenwich.

Dado: 1° equivale a 60′ e 1′ equivale a 60″.

PAVARIN, G. *Galileu*, fev. 2012 (adaptado)

A representação angular da localização do vulcão com relação a sua longitude da forma decimal é:

a) 124,02°   **d)** 124,30°

b) 124,05°   **e)** 124,50°

c) 124,20°

16 (Enem-MEC) Uma empresa que organiza eventos de formatura confecciona canudos de diplomas a partir de folhas de papel quadradas. Para que todos os canudos fiquem idênticos, cada folha é enrolada em torno de um cilindro de madeira de diâmetro **d** em centímetros, sem folga, dando-se 5 voltas completas em torno de tal cilindro. Ao final, amarra-se um cordão no meio do diploma, bem ajustado, para que não ocorra o desenrolamento, como ilustrado na figura.

SHUTTERSTOCK

Em seguida, retira-se o cilindro de madeira do meio do papel enrolado, finalizando a confecção do diploma. Considere que a espessura da folha de papel original seja desprezível.

Qual é a medida, em centímetros, do lado da folha de papel usado na confecção do diploma?

a) πd   **c)** 4πd   **e)** 10πd

b) 2πd   **d)** 5πd

15 Razões trigonométricas na circunferência

No estudo das razões trigonométricas para ângulos agudos em um triângulo retângulo são definidos sen α, cos α e tg α para $0 \leqslant \alpha < \dfrac{\pi}{2}$.

Vamos agora estender o conceito de seno, cosseno e tangente para um número real $\boldsymbol{\alpha}$, com $0 \leqslant \alpha \leqslant 2\pi$. Além disso, vamos definir três outras razões trigonométricas na circunferência: a cotangente, a cossecante e a secante.

▶ Seno

Seja **P** um ponto da circunferência trigonométrica, imagem de um número real $\boldsymbol{\alpha}$, $0 \leqslant \alpha \leqslant 2\pi$; como vimos, **P** corresponde à extremidade final de um arco $\widehat{AP}$, de medida $\boldsymbol{\alpha}$ radianos.

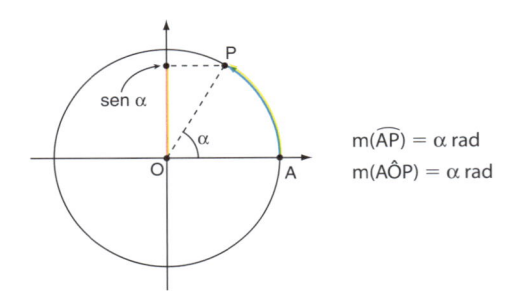

$$m(\widehat{AP}) = \alpha \text{ rad}$$
$$m(A\hat{O}P) = \alpha \text{ rad}$$

Definimos o seno de $\boldsymbol{\alpha}$ como a ordenada do ponto **P**:

$$\text{sen } \alpha = \text{ordenada de } \mathbf{P}$$

Observe que, projetando ortogonalmente o ponto **P** sobre o eixo vertical, obtemos o ponto **P'**. Considerando a orientação do eixo vertical (para cima) e tomando o segmento $\overline{OP'}$, é possível calcular o número real (positivo, negativo ou nulo) correspondente à diferença, nesta ordem, entre os valores da ordenada da "extremidade" (**P'**) e da "origem" (**O**) desse segmento. A essa diferença damos o nome de **medida algébrica** do seg-

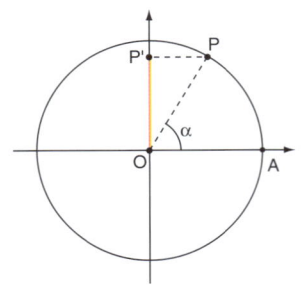

mento $\overline{OP'}$. Desse modo, o **seno de α é igual à medida algébrica do segmento** $\overline{OP'}$. Assim, podemos escrever:

$$\text{sen } \alpha = OP' \qquad \text{ou} \qquad \text{sen } \widehat{AP} = OP'$$

Daqui em diante, o eixo vertical, na circunferência trigonométrica, será chamado **eixo dos senos**.

O mesmo procedimento é utilizado quando **P** ocupa posições nos demais quadrantes. Considerando a orientação "para cima" do eixo dos senos, observemos o sinal do seno de um número real $\boldsymbol{\alpha}$ em cada quadrante, à medida que varia a posição de **P** (**P** é imagem de $\boldsymbol{\alpha}$).

- 2º quadrante

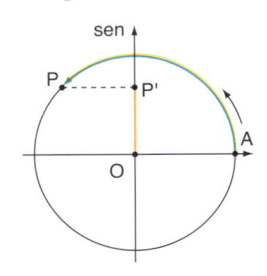

ordenada de $P > 0$

$$\text{sen } \alpha > 0$$

- 3º quadrante

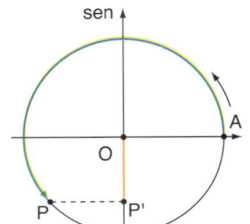

ordenada de $P < 0$

$$\text{sen } \alpha < 0$$

- 4º quadrante

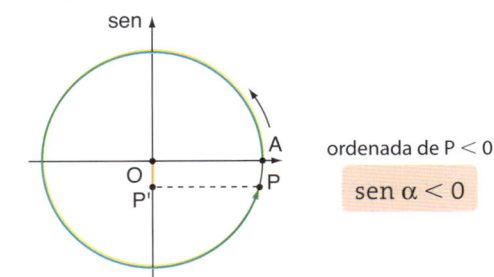

ordenada de $P < 0$

$$\text{sen } \alpha < 0$$

Como o raio da circunferência trigonométrica é unitário, temos que $-1 \leqslant \text{sen } \alpha \leqslant 1$, para todo $\alpha \in [0, 2\pi]$, uma vez que o segmento $\overline{OP'}$ é sempre interno à circunferência, qualquer que seja a posição assumida por **P**.

▶ Valores notáveis

Utilizando os valores dos ângulos de 30°, 45° e 60°, é possível obter, por simetria, o seno de outros números reais.

Acompanhe, na sequência dos quadrantes a seguir, os valores dos senos de números reais correspondentes a pontos simétricos de **P**, sendo **P** a imagem de $\frac{\pi}{6}$:

- 1º quadrante

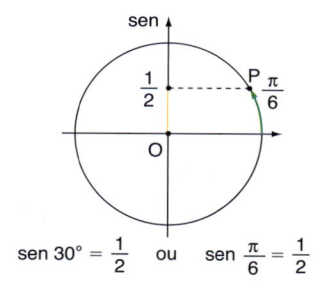

$$\text{sen } 30° = \frac{1}{2} \quad \text{ou} \quad \text{sen } \frac{\pi}{6} = \frac{1}{2}$$

- 2º quadrante

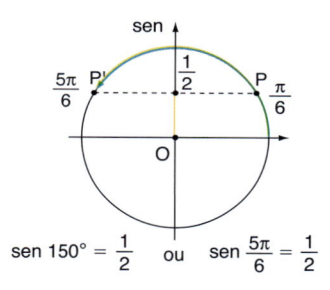

$$\text{sen } 150° = \frac{1}{2} \quad \text{ou} \quad \text{sen } \frac{5\pi}{6} = \frac{1}{2}$$

- 3º quadrante

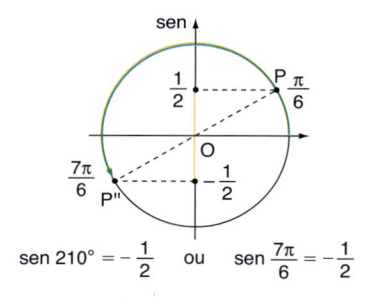

$$\text{sen } 210° = -\frac{1}{2} \quad \text{ou} \quad \text{sen } \frac{7\pi}{6} = -\frac{1}{2}$$

- 4º quadrante

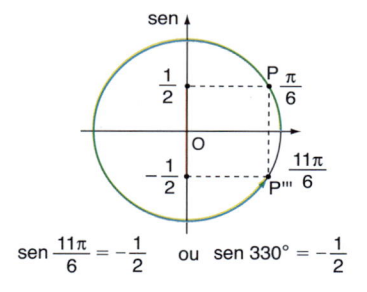

$$\text{sen } \frac{11\pi}{6} = -\frac{1}{2} \quad \text{ou} \quad \text{sen } 330° = -\frac{1}{2}$$

Observe que determinamos o valor do seno de um número real comparando-o com o seno de um outro número real cuja imagem pertence ao 1º quadrante $\left(\text{como foi feito com } \frac{\pi}{6}\right)$. Esse processo é conhecido como **redução ao 1º quadrante**.

Também é possível obter o valor do seno de arcos cujas extremidades **P** coincidem com os pontos de interseção da circunferência trigonométrica com os eixos coordenados:

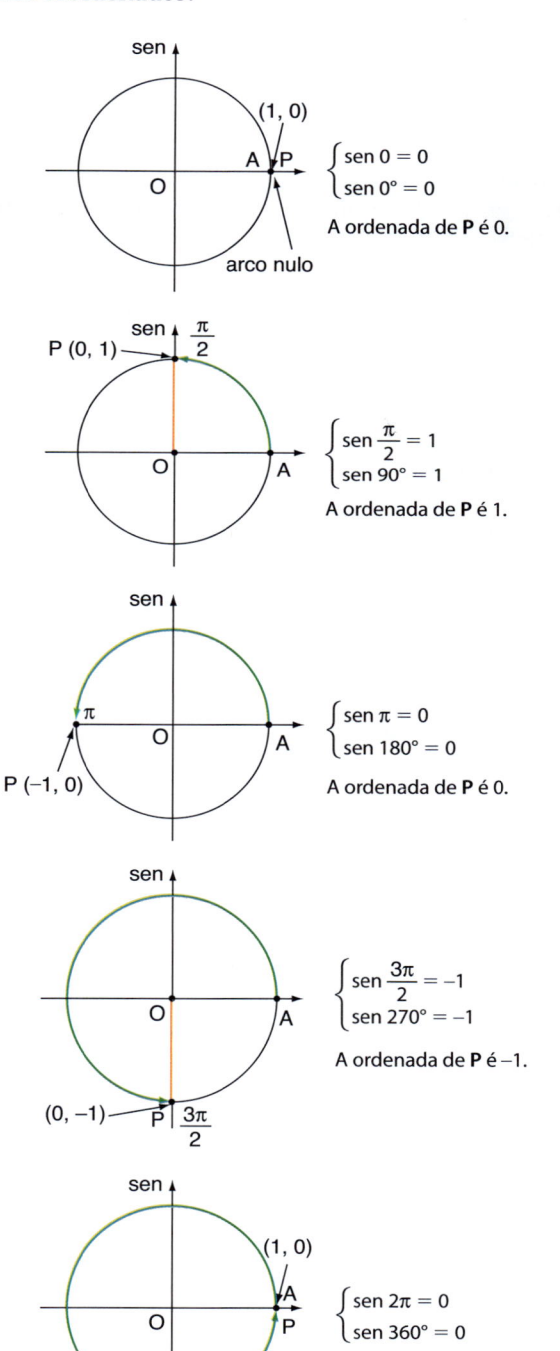

$$\begin{cases} \text{sen } 0 = 0 \\ \text{sen } 0° = 0 \end{cases}$$

A ordenada de **P** é 0.

$$\begin{cases} \text{sen } \frac{\pi}{2} = 1 \\ \text{sen } 90° = 1 \end{cases}$$

A ordenada de **P** é 1.

$$\begin{cases} \text{sen } \pi = 0 \\ \text{sen } 180° = 0 \end{cases}$$

A ordenada de **P** é 0.

$$\begin{cases} \text{sen } \frac{3\pi}{2} = -1 \\ \text{sen } 270° = -1 \end{cases}$$

A ordenada de **P** é −1.

$$\begin{cases} \text{sen } 2\pi = 0 \\ \text{sen } 360° = 0 \end{cases}$$

A ordenada de **P** é 0.

OBSERVAÇÕES ⊕

Para obter com uma calculadora científica o valor do seno (e de outras razões) de um arco expresso em radianos, a calculadora deve estar na configuração $\boxed{\text{MODE}} \to \boxed{\text{RAD}}$. (Lembre-se de que, em graus, a configuração é $\boxed{\text{MODE}} \to \boxed{\text{DEG}}$.) Para obter o valor de sen 36° e de sen $\dfrac{\pi}{5}$, por exemplo, basta pressionar:

I. $\boxed{\text{MODE}} \to \boxed{\text{DEG}}$

$\boxed{\text{SIN}} \to \boxed{3} \to \boxed{6} \to \boxed{=} \to \boxed{0{,}587785252}$

II. $\boxed{\text{MODE}} \to \boxed{\text{RAD}}$

$\boxed{\text{SIN}} \to \boxed{(} \to \boxed{\pi} \to \boxed{\div} \to \boxed{5} \to \boxed{)} \to \boxed{=} \to \boxed{0{,}587785252}$

EXERCÍCIOS RESOLVIDOS

1 Qual é o valor de:

a) sen 240° ?

c) sen $\dfrac{5\pi}{3}$?

b) sen 135° ?

d) sen $\dfrac{7\pi}{6}$?

Solução:

a)

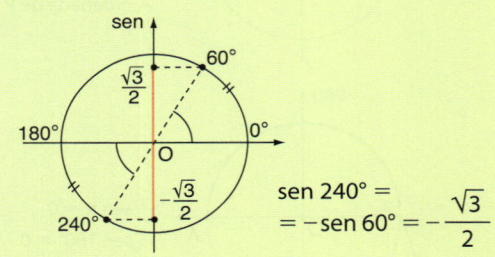

$$\text{sen } 240° = \\ = -\text{sen } 60° = -\dfrac{\sqrt{3}}{2}$$

b)

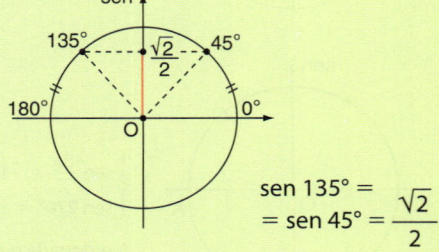

$$\text{sen } 135° = \\ = \text{sen } 45° = \dfrac{\sqrt{2}}{2}$$

c) Observe, inicialmente, que $\dfrac{5\pi}{3} = 2\pi - \dfrac{\pi}{3}$:

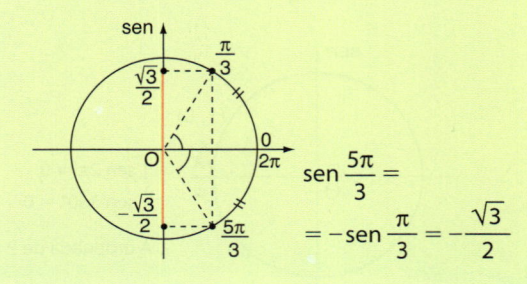

$$\text{sen } \dfrac{5\pi}{3} = \\ = -\text{sen } \dfrac{\pi}{3} = -\dfrac{\sqrt{3}}{2}$$

d) Note que $\dfrac{7\pi}{6} = \pi + \dfrac{\pi}{6}$:

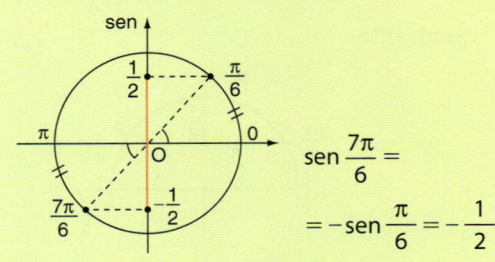

$$\text{sen } \dfrac{7\pi}{6} = \\ = -\text{sen } \dfrac{\pi}{6} = -\dfrac{1}{2}$$

2 Resolver a equação sen $x = \dfrac{\sqrt{3}}{2}$, sendo U = [0, 2π[.

Solução:

Devemos determinar todos os números reais **x**, com $0 \leqslant x < 2\pi$, tal que sen $x = \dfrac{\sqrt{3}}{2}$.

Marcamos no eixo dos senos a ordenada $\dfrac{\sqrt{3}}{2}$.

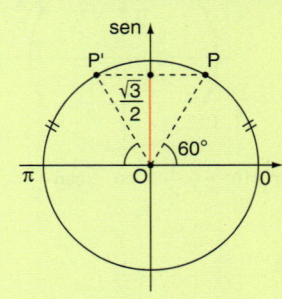

Observe que tanto **P** como **P'** têm ordenada $\dfrac{\sqrt{3}}{2}$.

Como sen $\dfrac{\pi}{3} = \dfrac{\sqrt{3}}{2}$ $\left(\text{sen } 60° = \dfrac{\sqrt{3}}{2}\right)$, temos que

P é imagem de $\dfrac{\pi}{3}$, e **P'** é imagem de $\pi - \dfrac{\pi}{3} = \dfrac{2\pi}{3}$.

Assim, o conjunto solução da equação é $\left\{\dfrac{\pi}{3}, \dfrac{2\pi}{3}\right\}$.

 **EXERCÍCIOS**

1 Dê o valor de:

a) sen 120°
b) sen 150°
c) sen 210°
d) sen 240°
e) sen 270°
f) sen 300°
g) sen 330°
h) sen 90°

2 Dê o valor de:

a) $\operatorname{sen}\dfrac{\pi}{4}$
b) $\operatorname{sen}\dfrac{3\pi}{4}$
c) $\operatorname{sen}\dfrac{5\pi}{4}$
d) $\operatorname{sen}\dfrac{7\pi}{4}$

3 Calcule o valor de cada expressão a seguir.

a) $A = \dfrac{\operatorname{sen} 0 + \operatorname{sen}\dfrac{\pi}{2} - \operatorname{sen}\dfrac{5\pi}{6}}{\operatorname{sen}\dfrac{7\pi}{6}}$

b) $B = \dfrac{\operatorname{sen}\dfrac{3\pi}{2} - \operatorname{sen}\pi + \operatorname{sen}\dfrac{\pi}{6}}{2 \cdot \operatorname{sen}\dfrac{5\pi}{6} + \operatorname{sen} 0}$

4 Sem consultar a tabela, compare os pares de valores seguintes:

a) sen 75° e sen 85°;
b) sen 100° e sen 170°;
c) sen 260° e sen 250°;
d) sen 300° e sen 290°.

5 Com auxílio da tabela trigonométrica da página 640, calcule:

a) sen 130°
b) sen 230°
c) sen 320°
d) $\operatorname{sen}\dfrac{\pi}{5}$
e) $\operatorname{sen}\dfrac{3\pi}{5}$

6 Determine o sinal de:

a) sen 3°
b) sen 3
c) sen 5
d) sen 100°
e) sen 200°

7 Sabendo que $\operatorname{sen}\dfrac{14\pi}{11} = a$, responda:

a) $a > 0$ ou $a < 0$?
b) Qual é o valor de $\operatorname{sen}\dfrac{3\pi}{11}$ e $\operatorname{sen}\dfrac{19\pi}{11}$, em função de **a**?

8 Resolva as equações seguintes, sendo $U = [0, 2\pi[$.

a) $\operatorname{sen} x = \dfrac{1}{2}$
b) $\operatorname{sen} x = 0$
c) $\operatorname{sen} x = -1$
d) $\operatorname{sen} x = -\dfrac{\sqrt{2}}{2}$
e) $\operatorname{sen} x = \dfrac{3}{2}$

9 Qual é o valor de: $\operatorname{sen}\pi + \operatorname{sen}\dfrac{7\pi}{8} + \operatorname{sen}\dfrac{9\pi}{8}$?

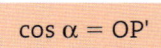 Cosseno

Seja **P** um ponto sobre a circunferência trigonométrica, imagem do número real α, $0 \le \alpha \le 2\pi$.

Definimos o cosseno de α como a abscissa do ponto **P**:

$$\cos \alpha = \text{abscissa de } \mathbf{P}$$

Ao projetarmos ortogonalmente esse ponto **P** sobre o eixo horizontal, obtemos o ponto **P'**.

À medida algébrica do segmento $\overline{OP'}$, considerando a orientação do eixo, damos o nome de **cosseno de α**. Observe que a medida algébrica de $\overline{OP'}$ é dada pela diferença, nesta ordem, entre as abscissas da extremidade **P'** e da origem **O**.

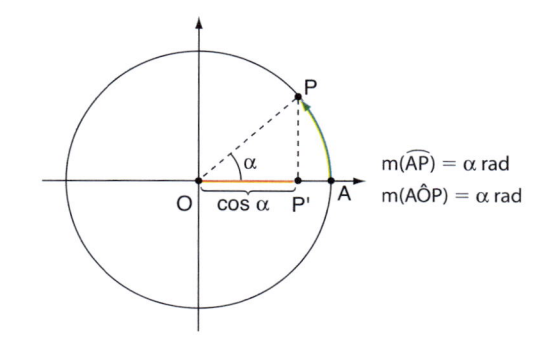

$m(\widehat{AP}) = \alpha$ rad
$m(A\hat{O}P) = \alpha$ rad

Escrevemos:

$$\cos \alpha = OP' \qquad \text{ou} \qquad \cos \widehat{AP} = OP'$$

A partir desse momento, o eixo horizontal será chamado **eixo dos cossenos**.

O mesmo procedimento é utilizado quando **P** (imagem do número real **α**) ocupa posições nos demais quadrantes. Lembre-se de que o eixo dos cossenos é orientado para a direita.

- 2º quadrante

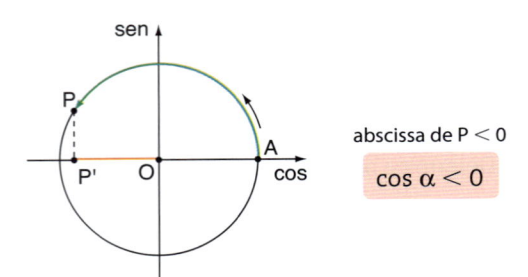

abscissa de P < 0

$$\cos \alpha < 0$$

- 3º quadrante

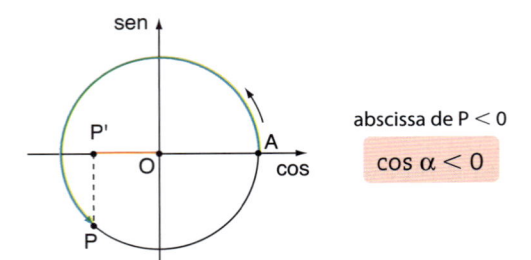

abscissa de P < 0

$$\cos \alpha < 0$$

- 4º quadrante

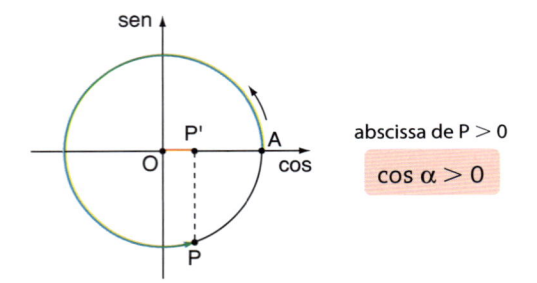

abscissa de P > 0

$$\cos \alpha > 0$$

OBSERVAÇÕES

Como o raio da circunferência trigonométrica é unitário, temos que o cosseno de um arco qualquer varia entre −1 e 1 (como o seno), isto é, −1 ≤ cos α ≤ 1, para todo α ∈ [0, 2π[.

▶ Valores notáveis

Utilizando os valores dos ângulos notáveis, é possível obter, por simetria, o cosseno de outros números reais.

A partir de $\cos \dfrac{\pi}{4} = \dfrac{\sqrt{2}}{2}$ ou $\left(\cos 45° = \dfrac{\sqrt{2}}{2}\right)$, vamos obter os valores de $\cos \dfrac{3\pi}{4}$, $\cos \dfrac{5\pi}{4}$ e $\cos \dfrac{7\pi}{4}$.

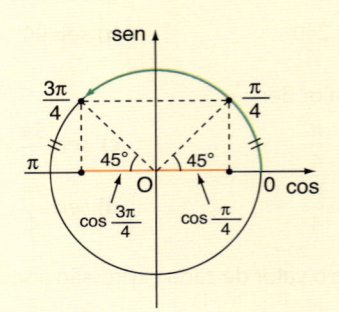

$$\cos \frac{3\pi}{4} = -\cos \frac{\pi}{4} = -\frac{\sqrt{2}}{2}$$

$$\cos 135° = -\cos 45° = -\frac{\sqrt{2}}{2}$$

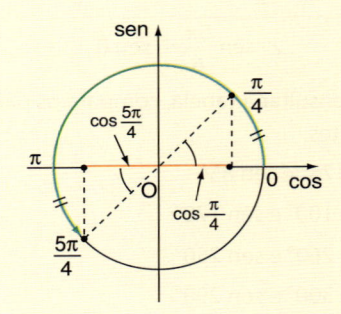

$$\cos \frac{5\pi}{4} = -\cos \frac{\pi}{4} = -\frac{\sqrt{2}}{2}$$

$$\cos 225° = -\cos 45° = -\frac{\sqrt{2}}{2}$$

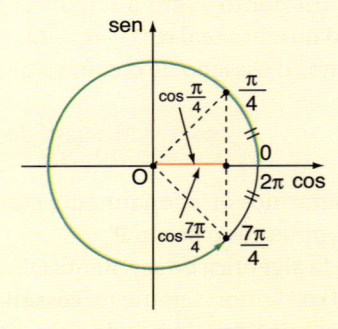

$$\cos \frac{7\pi}{4} = \cos \frac{\pi}{4} = \frac{\sqrt{2}}{2}$$

$$\cos 315° = \cos 45° = \frac{\sqrt{2}}{2}$$

Vamos, agora, obter o valor do cosseno de arcos cujas extremidades **P** coincidem com os pontos de interseção da circunferência trigonométrica com os eixos:

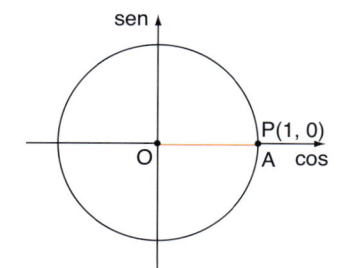

A e **P** coincidem.
$$\begin{cases} \cos 0 = 1 \\ \cos 0° = 1 \end{cases}$$
A abscissa de **P** é 1.

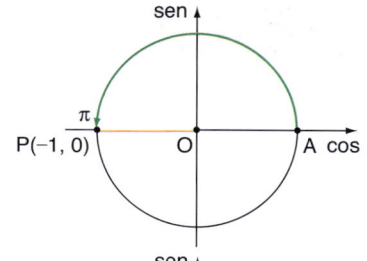

$$\begin{cases} \cos \pi = -1 \\ \cos 180° = -1 \end{cases}$$
A abscissa de **P** é −1.

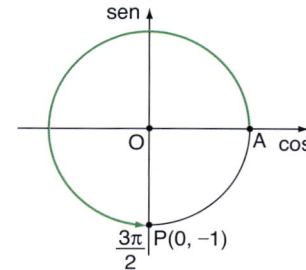

$$\begin{cases} \cos \dfrac{3\pi}{2} = 0 \\ \cos 270° = 0 \end{cases}$$
A abscissa de **P** é 0.

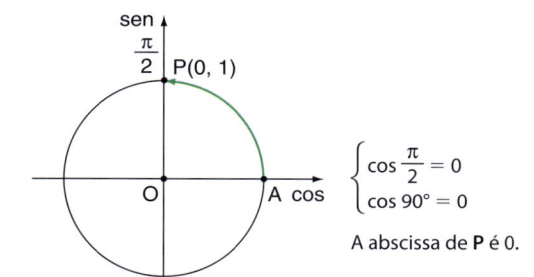

$$\begin{cases} \cos \dfrac{\pi}{2} = 0 \\ \cos 90° = 0 \end{cases}$$
A abscissa de **P** é 0.

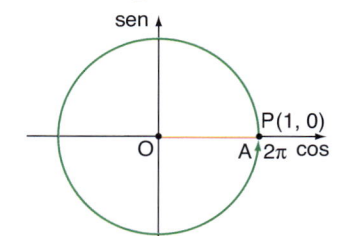

A e **P** coincidem.
$$\begin{cases} \cos 2\pi = 1 \\ \cos 360° = 1 \end{cases}$$
A abscissa de **P** é 1.

 EXERCÍCIO RESOLVIDO

3 Obter, por redução ao 1º quadrante, os valores abaixo. Quando necessário, use a tabela trigonométrica da página 640.

a) $\cos 120°$

b) $\cos 210°$

c) $\cos \dfrac{4\pi}{3}$

d) $\cos \dfrac{19\pi}{10}$

Solução:

a)

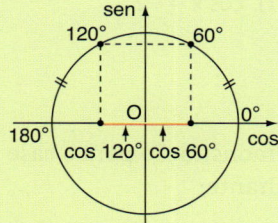

$$\cos 120° = -\cos 60° = -\frac{1}{2}$$

b)

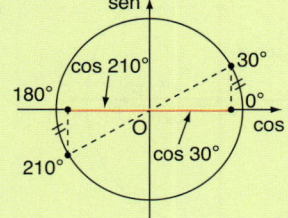

$$\cos 210° = -\cos 30° = -\frac{\sqrt{3}}{2}$$

c)

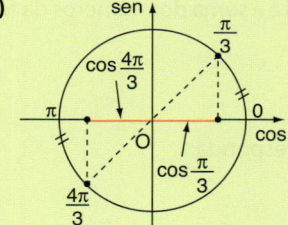

$$\cos \frac{4\pi}{3} = -\cos \frac{\pi}{3} = -\frac{1}{2}$$

d) Observe que $\dfrac{19\pi}{10} = 2\pi - \dfrac{\pi}{10}$

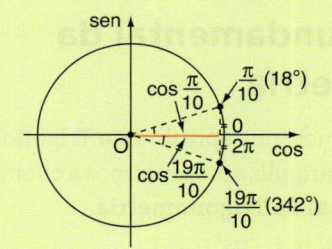

$$\cos \frac{19\pi}{10} = \cos \frac{\pi}{10} \quad (\cos 342° = \cos 18°)$$

Conforme a tabela: $\cos 18° = 0{,}95106$

Logo, $\cos \dfrac{19\pi}{10} = 0{,}95106$

EXERCÍCIOS

10 Localize os arcos $\dfrac{\pi}{6}$, $\dfrac{5\pi}{6}$, $\dfrac{7\pi}{6}$ e $\dfrac{11\pi}{6}$. Em seguida, forneça o cosseno de cada um deles.

11 Localize os arcos $\dfrac{\pi}{5}$, $\dfrac{4\pi}{5}$, $\dfrac{6\pi}{5}$ e $\dfrac{9\pi}{5}$. Em seguida, forneça o sinal do cosseno de cada um deles.

12 Calcule:

a) $\cos 330°$　　**d)** $\cos \pi$　　**g)** $\cos \dfrac{5\pi}{3}$

b) $\cos 90°$　　**e)** $\cos \dfrac{3\pi}{2}$　　**h)** $\cos 0$

c) $\cos 120°$　　**f)** $\cos \dfrac{5\pi}{4}$　　**i)** $\cos 135°$

13 Calcule o valor de cada expressão:

a) $x = \cos \dfrac{\pi}{4} \cdot \cos \dfrac{\pi}{2} + \cos \pi \cdot \cos \dfrac{\pi}{6}$

b) $y = \dfrac{\cos \dfrac{3\pi}{2} - \operatorname{sen} \dfrac{\pi}{3}}{\operatorname{sen} \dfrac{3\pi}{2} + \cos \dfrac{\pi}{3}}$

14 Compare, sem usar a tabela:

a) $\cos 65°$ e $\cos 70°$;　　**c)** $\cos 50°$ e $\cos 340°$;

b) $\cos 100°$ e $\cos 260°$;　　**d)** $\cos 91°$ e $\cos 89°$.

15 Se $k \in \mathbb{N}$ e $k < 4$, qual é a soma dos números da forma $\cos\left(k \cdot \dfrac{\pi}{2}\right)$?

16 Dado $\cos \dfrac{3\pi}{10} = p$, responda:

a) $p > 0$ ou $p < 0$?

b) Qual é o valor de $\cos \dfrac{17\pi}{10}$ e $\cos \dfrac{7\pi}{10}$ em função de **p**?

17 Classifique em verdadeira (**V**) ou falsa (**F**) cada afirmação seguinte e corrija as falsas.

a) $\cos 90° - \cos 30° = \cos 60°$

b) $\left(\operatorname{sen} \dfrac{\pi}{3}\right)^2 + \left(\cos \dfrac{\pi}{3}\right)^2 = 1$

c) $\cos 2 < \cos 1$

d) $\operatorname{sen} 100° + \cos 100° < 0$

e) $\cos 6 < 0$

f) Existe um número real **a**, tal que $\cos a = 2$.

g) O maior valor possível para a expressão
$E = \operatorname{sen} \alpha + \cos \alpha$ (com $0 \leqslant \alpha \leqslant 2\pi$) é 2.

18 Observando a figura abaixo, encontre o perímetro e a área do triângulo OAB situado no 1º quadrante da circunferência trigonométrica.

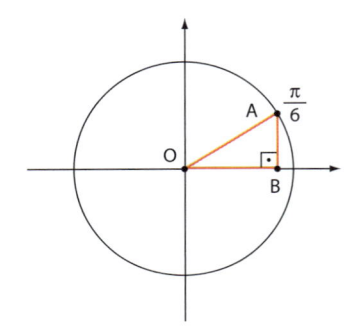

19 Determine $x \in [0, 2\pi[$, tal que:

a) $\cos x = 0$　　**d)** $\cos x = -\dfrac{1}{2}$

b) $\cos x = \dfrac{\sqrt{2}}{2}$　　**e)** $2\cos^2 x = 1$

c) $\cos x = 1$　　**f)** $\cos x = -2$

▶ Relações entre seno e cosseno

▶ Relação fundamental da Trigonometria

Quando estudamos, no capítulo *13*, a Trigonometria no triângulo retângulo, apresentamos a chamada **relação fundamental da Trigonometria**:

$$\operatorname{sen}^2 \alpha + \cos^2 \alpha = 1,$$

sendo **α** a medida de um dos ângulos agudos do triângulo.

Vamos agora ampliar essa relação para a circunferência trigonométrica, mostrando que ela é válida para todo número real pertencente ao intervalo $[0, 2\pi]$.

Seja **P** a imagem de um número real $\alpha \in [0, 2\pi]$.

Vamos fazer a demonstração para o caso em que **P** pertence ao 1º quadrante:

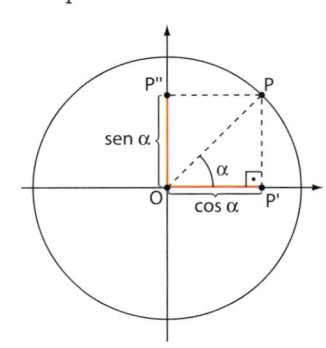

$OP = 1$; $OP' = \cos \alpha$; $OP'' = \operatorname{sen} \alpha$

Aplicando o teorema de Pitágoras no $\triangle OP'P$, obtemos:

$$(OP)^2 = (OP')^2 + (OP'')^2 \Rightarrow 1^2 = (\cos \alpha)^2 + (\operatorname{sen} \alpha)^2,$$

isto é:

$$\operatorname{sen}^2 \alpha + \cos^2 \alpha = 1$$

Se **P** pertence a algum outro quadrante, a demonstração é análoga.

Se **P** coincide com um dos pontos da interseção da circunferência trigonométrica com os eixos coordenados, também vale a relação.

Essa relação permite obter o seno de um número real dado a partir do cosseno desse mesmo número, e vice-versa.

EXEMPLO 2

Dado $\operatorname{sen} x = \dfrac{1}{3}$, com $\dfrac{\pi}{2} < x < \pi$, para obtermos $\cos x$, usamos a relação fundamental:

$$\left(\frac{1}{3}\right)^2 + \cos^2 x = 1 \Rightarrow \cos^2 x = 1 - \frac{1}{9} = \frac{8}{9} \Rightarrow \cos x = \pm \sqrt{\frac{8}{9}} = \pm \frac{2\sqrt{2}}{3}$$

Como $\dfrac{\pi}{2} < x < \pi$, notamos que **x** está no 2º quadrante e, consequentemente, $\cos x < 0$.

Assim, temos $\cos x = -\dfrac{2\sqrt{2}}{3}$.

▶ Arcos complementares

Quando estudamos os triângulos retângulos, vimos que, se α e β são as medidas dos ângulos agudos de um triângulo retângulo ($\alpha + \beta = 90°$), então $\operatorname{sen} \alpha = \cos \beta$ e $\operatorname{sen} \beta = \cos \alpha$.

Vamos agora estudar essa relação na circunferência trigonométrica.

Seja $x \in \mathbb{R}$, com $0 \leqslant x < \dfrac{\pi}{2}$.

Na circunferência trigonométrica ao lado, **P** é a imagem do número real **x** (ou do arco de medida **x** radianos), e **Q** é a imagem do número real $\dfrac{\pi}{2} - x$.

Temos:

$$\begin{cases} OP' = \cos x \text{ e } PP' = \operatorname{sen} x; \\ QQ' = \cos\left(\dfrac{\pi}{2} - x\right) \text{ e } OQ' = \operatorname{sen}\left(\dfrac{\pi}{2} - x\right). \end{cases}$$

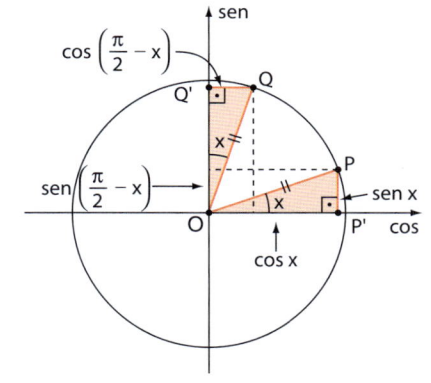

Observando que:

- $m(\hat{POP'}) = m(\hat{QOQ'})$
- $OP = OQ = 1$ (medida do raio)

Notamos que os triângulos retângulos destacados são congruentes.

Assim, obtemos:

$$PP' = QQ' \Rightarrow \operatorname{sen} x = \cos\left(\frac{\pi}{2} - x\right) \quad \text{e} \quad OP' = OQ' \Rightarrow \cos x = \operatorname{sen}\left(\frac{\pi}{2} - x\right).$$

Desse modo, concluímos que:

$$\operatorname{sen} x = \cos\left(\frac{\pi}{2} - x\right) \quad \text{e} \quad \cos x = \operatorname{sen}\left(\frac{\pi}{2} - x\right)$$

EXERCÍCIOS

20 Verifique a relação fundamental da Trigonometria para os seguintes números reais:

a) $\dfrac{\pi}{3}$ **c)** $\dfrac{2\pi}{3}$

b) $\dfrac{\pi}{4}$ **d)** π

21 Sendo $\cos x = \dfrac{3}{5}$, com **x** no 4º quadrante, determine sen x.

22 Se sen $x = -\dfrac{12}{13}$, com **x** no 3º quadrante, determine cos x.

23 Um número real $\alpha \in [0, 2\pi[$ pode satisfazer simultaneamente sen $\alpha = \dfrac{1}{3}$ e cos $\alpha = \dfrac{2}{3}$?

24 Sabendo que sen $x + 3\cos x = 0$, com $\dfrac{3\pi}{2} < x < 2\pi$, obtenha sen x e cos x.

25 Considerando sen $74° \simeq \dfrac{24}{25}$, calcule o valor de:

a) cos 74° **d)** sen 254°

b) sen 16° **e)** sen 106°

c) cos 16°

26 Determine os possíveis valores reais de **m** para que se tenha, simultaneamente, sen $\alpha = \dfrac{m}{2}$ e cos $\alpha = m - 1$.

27 É verdade que sen² 20° + sen² 70° = 1? Explique, sem consultar a tabela.

28 Considerando $U = [0, 2\pi[$, resolva as equações:

a) $\cos^2 x - \text{sen}^2 x = 0$

b) $\cos^2 x + 2 - 3\,\text{sen}^2 x = 0$

▶ Tangente

Para estabelecer a tangente de um número real α, vamos acrescentar à circunferência trigonométrica um terceiro eixo. Esse eixo, denominado **eixo das tangentes**, é obtido ao se tangenciar, por uma reta vertical, a circunferência no ponto A(1, 0), origem de todos os arcos. O ponto **A** é a origem do eixo das tangentes, e sua orientação (para cima) coincide com a do eixo dos senos.

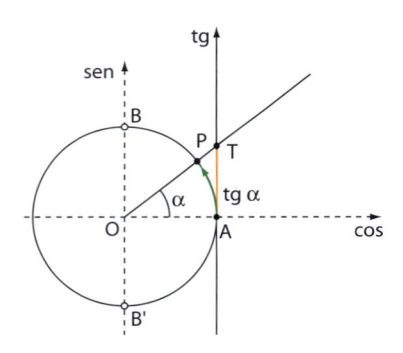

Unindo-se o centro **O** à extremidade **P** (P ≠ B e P ≠ B') de um arco de medida **α** radianos (**P** é imagem do número real **α**), construímos a reta $\overleftrightarrow{OP}$, que intersecta o eixo das tangentes no ponto **T**.

Por definição, **a medida algébrica do segmento $\overline{AT}$ é a tangente do arco de α rad** (ou tangente do número real **α**).

Considerando a orientação do eixo das tangentes, temos, para **P** pertencente ao 1º quadrante:

$$\text{tg } \alpha > 0$$

Façamos variar a posição **P** nos demais quadrantes:

• 2º quadrante

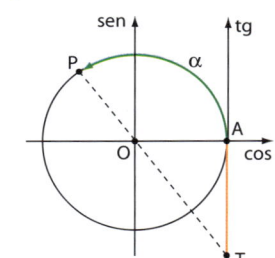

P é imagem de **α**.
T está abaixo de **A**.

$$\text{tg } \alpha < 0$$

• 3º quadrante

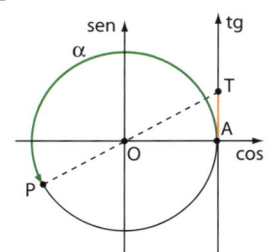

P é imagem de **α**.
T está acima de **A**.

$$\text{tg } \alpha > 0$$

• 4º quadrante

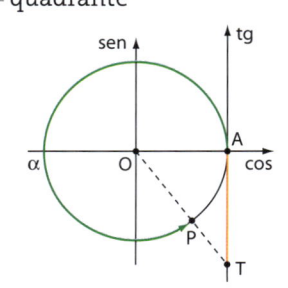

P é imagem de **α**.
T está abaixo de **A**.

$$\text{tg } \alpha < 0$$

- se $\alpha = \dfrac{\pi}{2}$, o ponto **P** pertence ao eixo dos senos, e a reta $\overrightarrow{OP}$ é paralela ao eixo das tangentes. Assim, não se define tg $\dfrac{\pi}{2}$; analogamente, também não se define tg $\dfrac{3\pi}{2}$.

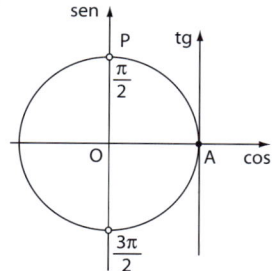

- se $\alpha = 0$ ou $\alpha = \pi$ ou $\alpha = 2\pi$, a reta $\overrightarrow{OP}$ intersecta o eixo das tangentes em sua origem **A**. Assim, tg $0 = 0$, tg $\pi = 0$ e tg $2\pi = 0$.

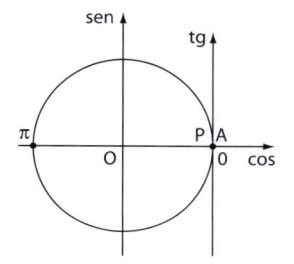

▶ Valores notáveis

Já conhecemos os valores da tangente de ângulos notáveis quando estudamos a Trigonometria do triângulo retângulo.

Observe esses valores na circunferência trigonométrica abaixo.

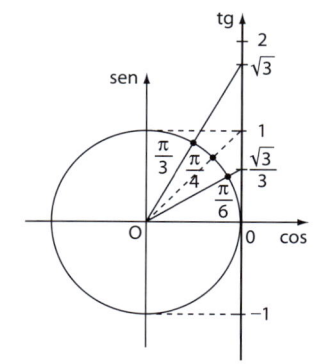

$$\operatorname{tg} \frac{\pi}{6} = \operatorname{tg} 30° = \frac{\sqrt{3}}{3}$$

$$\operatorname{tg} \frac{\pi}{4} = \operatorname{tg} 45° = 1$$

$$\operatorname{tg} \frac{\pi}{3} = \operatorname{tg} 60° = \sqrt{3}$$

Com esses valores é possível determinar, por simetria, a tangente de outros arcos.

Na circunferência trigonométrica ao lado, a partir de tg $\dfrac{\pi}{4} = 1$, vamos encontrar os valores de tg $\dfrac{3\pi}{4}$, tg $\dfrac{5\pi}{4}$ e tg $\dfrac{7\pi}{4}$. Observe ao lado a congruência entre os ângulos assinalados.

Assim:

$$\operatorname{tg} \frac{3\pi}{4} = \operatorname{tg} \frac{7\pi}{4} = -1$$

$$\operatorname{tg} \frac{5\pi}{4} = \operatorname{tg} \frac{\pi}{4} = 1$$

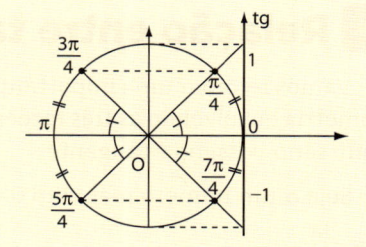

EXERCÍCIO **RESOLVIDO**

4 Com o auxílio da tabela trigonométrica da página 640, encontrar o valor de tg 290°.

Solução:

Determinando o simétrico a 290° no 1º quadrante, obtemos o desenho ao lado.

Da figura, concluímos que tg 290° = −tg 70°; observe que 360° − 70° = 290°.

Consultando a tabela, obtemos:

tg 290° = −2,74748

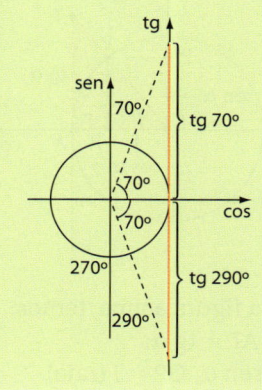

EXERCÍCIOS

29 Calcule, se existir:

a) tg 120°
d) tg 90°

b) tg 180°
e) tg 240°

c) tg 210°

30 Calcule, se existir:

a) $\text{tg } \dfrac{3\pi}{2}$
d) $\text{tg } \dfrac{3\pi}{4}$

b) tg 0
e) $\text{tg } \dfrac{11\pi}{6}$

c) $\text{tg } \dfrac{5\pi}{3}$

31 Calcule o valor da expressão:

$$y = \frac{\text{tg } \pi - \text{sen } \dfrac{\pi}{2} + \cos \pi}{\cos \dfrac{3\pi}{2} - \text{sen } \dfrac{3\pi}{2}}$$

32 Sendo x = 30°, calcule o valor da expressão:

$$y = \frac{2 \text{ sen } x - 4 \cos x + \text{tg } 2x}{\cos 4x - \text{sen } 2x}$$

33 Dê o sinal de:

a) tg 200°
c) tg 4
e) tg 1

b) tg 310°
d) tg 2
f) $\text{tg } \dfrac{2\pi}{7}$

34 Classifique como verdadeira (**V**) ou falsa (**F**) as seguintes afirmações:

a) tg 100° < tg 105°

b) tg 20° > tg 25°

c) Existem dois números reais no intervalo [0, 2π[cuja tangente vale 3.

d) tg 80° < sen 80°

e) tg 250° > 0

f) tg 2π não existe.

35 Considere tg 22° ≃ 0,4 e obtenha os valores de:

a) tg 158°
c) tg 338°

b) tg 202°

▶ Relação entre tangente, seno e cosseno

Vamos retomar uma importante relação da Trigonometria envolvendo as três razões apresentadas até aqui: seno, cosseno e tangente.

Seja **α** um número real, com $0 \leqslant \alpha \leqslant 2\pi$, $\alpha \neq \dfrac{\pi}{2}$ e $\alpha \neq \dfrac{3\pi}{2}$.

- Vamos supor que **α** seja distinto de 0, **π** e 2π. O número real **α** tem imagem em **P**, extremidade do arco de α rad.

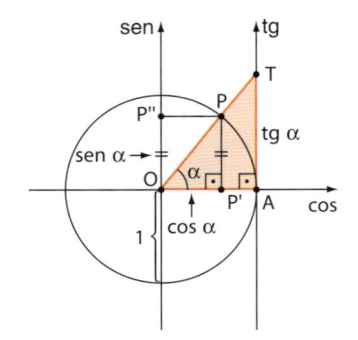

Observando a figura acima, temos:
OP' = cos α; AT = tg α;
OP" = PP' = sen α; OP = 1 (raio)

Os triângulos OP'P e OAT são semelhantes, pois possuem em comum, além do ângulo reto, também o ângulo de medida **α**. Podemos, então, estabelecer a relação:

$$\frac{OP'}{OA} = \frac{P'P}{AT}$$

$$\frac{\cos \alpha}{1} = \frac{\text{sen } \alpha}{\text{tg } \alpha}$$

$$\text{tg } \alpha = \frac{\text{sen } \alpha}{\cos \alpha}$$

Se o ponto **P** pertence ao 2º, 3º ou 4º quadrantes, chega-se à mesma relação, usando procedimento análogo.

- Se α ∈ {0, π, 2π}, temos que tg α = 0, sen α = 0 e cos α ≠ 0; assim tg α = 0 = $\dfrac{\text{sen } \alpha}{\cos \alpha}$.

- Se $\alpha = \dfrac{\pi}{2}$ ou $\alpha = \dfrac{3\pi}{2}$, não se define a tangente.

Desse modo, se $\alpha \in \mathbb{R}$, $0 \leqslant \alpha \leqslant 2\pi$, $\alpha \neq \dfrac{\pi}{2}$ e $\alpha \neq \dfrac{3\pi}{2}$,

vale a relação $\boxed{\text{tg } \alpha = \dfrac{\text{sen } \alpha}{\cos \alpha}}$.

EXERCÍCIO **RESOLVIDO**

5 Seja α um número real pertencente ao intervalo $\left[0, \dfrac{\pi}{2}\right[$. Sabendo que tg $\alpha = 2$, qual é o valor de sen α? E de cos α?

Solução:

De tg $\alpha = 2$, podemos escrever $\dfrac{\text{sen }\alpha}{\cos \alpha} = 2 \Rightarrow$ $\Rightarrow$ sen $\alpha = 2 \cdot \cos \alpha$.

Aplicando a relação fundamental da Trigonometria (sen² α + cos² α = 1), temos:
$(2 \cos \alpha)^2 + \cos^2 \alpha = 1 \Rightarrow 4 \cos^2 \alpha + \cos^2 \alpha = 1 \Rightarrow$
$\Rightarrow 5 \cos^2 \alpha = 1 \Rightarrow \cos \alpha = \pm \sqrt{\dfrac{1}{5}} = \pm \dfrac{\sqrt{5}}{5}$

Como $\alpha \in$ 1º quadrante, temos cos $\alpha > 0$ e, assim,
$\cos \alpha = \dfrac{\sqrt{5}}{5}$ e sen $\alpha = 2 \cdot \dfrac{\sqrt{5}}{5} = \dfrac{2\sqrt{5}}{5}$.

EXERCÍCIOS

36 Sabendo que sen $\alpha = \dfrac{1}{3}$ e $\alpha \in \left]\dfrac{\pi}{2}, \pi\right[$, determine o valor de tg α.

37 Se $\dfrac{3\pi}{2} < \alpha < 2\pi$ e cos $\alpha = 0{,}2$, qual é o valor de tg α?

38 Se $x \in \left]\dfrac{\pi}{2}, \pi\right[$ e tg $x = -4$, obtenha o valor de:

a) sen x **b)** cos x

39 Considerando tg 58° $\simeq \dfrac{8}{5}$, determine o valor de:

a) sen 58°

b) cos 58°

c) tg 302°

d) tg 122°

▶ Outras razões trigonométricas

▶ Cotangente

Assim como para as tangentes, também para a leitura das cotangentes é necessário acoplar um eixo chamado **eixo das cotangentes**, que é a reta tangente à circunferência no ponto B(0, 1).

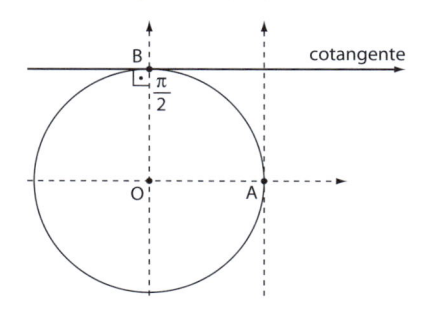

O ponto **B** é a origem do eixo das cotangentes e sua orientação (para a direita) coincide com a do eixo dos cossenos.

Unindo-se o centro **O** à extremidade **P** (P ≠ A e P ≠ A') de um arco de medida α radianos (**P** é imagem do número real α), construímos a reta $\overleftrightarrow{OP}$, que intersecta o eixo das cotangentes no ponto **D**.

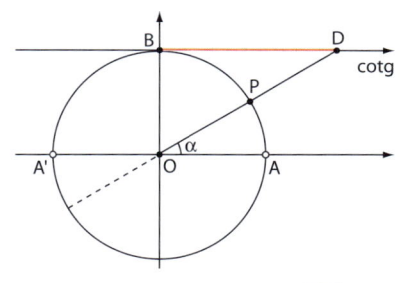

A medida algébrica do segmento $\overline{BD}$ recebe o nome de **cotangente de** α (indica-se: cotg α).

$$BD = \text{cotg } \alpha$$

Observe que:
- se **P** pertence ao 1º Q, temos cotg $\alpha > 0$.
- se **P** pertence ao 2º Q, temos cotg $\alpha < 0$.
- se **P** pertence ao 3º Q, temos cotg $\alpha > 0$.
- se **P** pertence ao 4º Q, temos cotg $\alpha < 0$.

Desenhe as figuras correspondentes e verifique essas propriedades.

Quando o ponto **P** coincide com **A** ou **A'**, a reta $\overleftrightarrow{OP}$ é paralela ao eixo das cotangentes e, deste modo, não se definem cotg 0, cotg π e cotg 2π.

Propriedade

Observe, na figura abaixo, que os triângulos OBD e OP'P são semelhantes.

$$\begin{cases} B\hat{D}O \equiv P'\hat{P}O \\ O\hat{B}D \equiv O\hat{P}'P \end{cases}$$

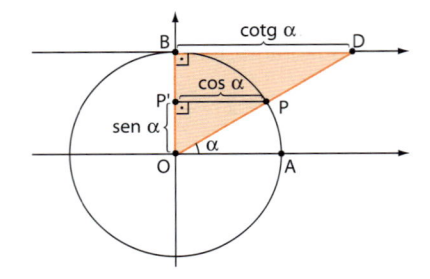

Daí:

$$\frac{OB}{OP'} = \frac{BD}{P'P} \Rightarrow \frac{1}{\text{sen }\alpha} = \frac{\text{cotg }\alpha}{\cos \alpha} \Rightarrow$$

$$\Rightarrow \boxed{\text{cotg }\alpha = \frac{\cos \alpha}{\text{sen }\alpha}}\text{; com sen }\alpha \neq 0.$$

▶ Cossecante

Na circunferência trigonométrica a seguir, seja **P** a imagem de um número real **α** tal que $m(\overset{\frown}{AP}) = \alpha$ rad, com P ≠ A e P ≠ A'. Considere a reta **s** tangente à circunferência em **P**; **s** intersecta o eixo dos senos no ponto **C**.

À medida algébrica do segmento $\overline{OC}$ damos o nome de **cossecante de α** (indica-se: cossec α).

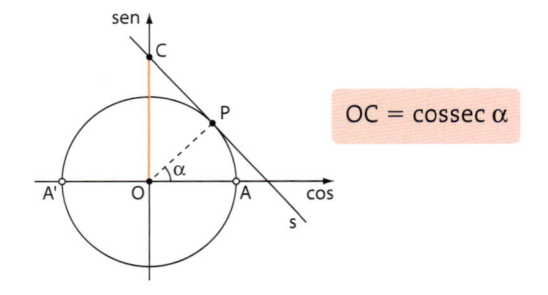

$$OC = \text{cossec }\alpha$$

Observe que:

- se **P** pertence ao 1º ou 2º quadrantes, então cossec α é positiva.
- se **P** pertence ao 3º ou 4º quadrantes, então cossec α é negativa.

Desenhe as figuras correspondentes e verifique essas propriedades.

- se **P** coincide com **A** ou com **A'**, a reta tangente à circunferência por **A** (ou **A'**) é paralela ao eixo dos senos; assim, não se definem cossec 0, cossec π e cossec 2π.

Propriedade

Observe, na figura abaixo, que os triângulos OPC e OP'P são semelhantes, pois, além de um ângulo reto, possuem em comum o ângulo destacado em vermelho.

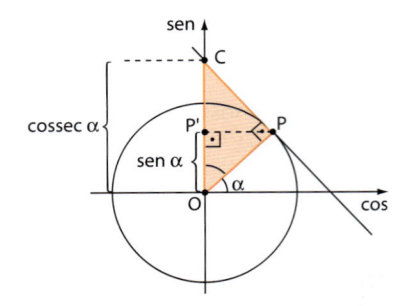

Assim, podemos escrever:

$$\frac{OC}{OP} = \frac{OP}{OP'} \Rightarrow \frac{\text{cossec }\alpha}{1} = \frac{1}{\text{sen }\alpha} \Rightarrow$$

$$\Rightarrow \boxed{\text{cossec }\alpha = \frac{1}{\text{sen }\alpha}}\text{; válida para sen }\alpha \neq 0.$$

▶ Secante

A leitura da secante na circunferência é semelhante à apresentada para a cossecante.

P é imagem do número real **α** ($m(\overset{\frown}{AP}) = \alpha$ rad), com P ≠ B e P ≠ B'.

Considere a reta **s**, tangente à circunferência no ponto **P**; **s** intersecta o eixo dos cossenos no ponto **S**.

À medida algébrica do segmento $\overline{OS}$ damos o nome de **secante de α** (indica-se: sec α).

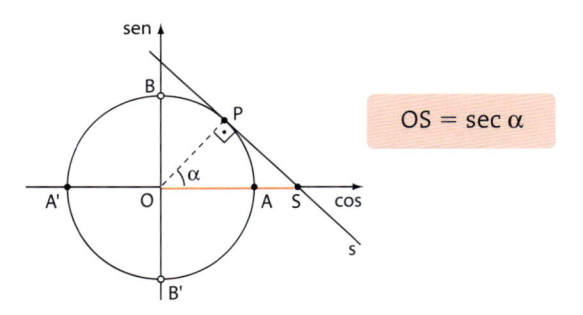

$$OS = \text{sec }\alpha$$

Note que:

- se **P** pertence ao 1º ou 4º quadrantes, sec α é positiva.
- se **P** pertence ao 2º ou 3º quadrantes, sec α é negativa.

Desenhe as figuras necessárias para verificar essas propriedades.

- se **P** coincide com **B** ou **B'**, a reta tangente à circunferência por **B** (ou **B'**) é paralela ao eixo dos cossenos e, desse modo, não é possível definir sec $\frac{\pi}{2}$ e sec $\frac{3\pi}{2}$.

Propriedade

Na figura abaixo, os triângulos OPS e OP'P são semelhantes, pois OP̂S e OP̂'P são retos e α é ângulo comum.

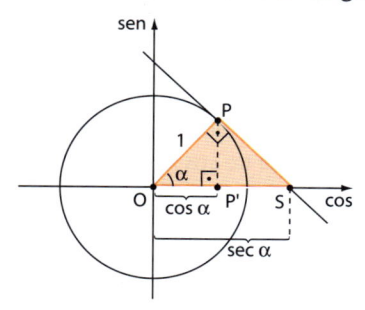

Segue a proporção:

$$\frac{OS}{OP} = \frac{OP}{OP'} \Rightarrow \frac{\sec \alpha}{1} = \frac{1}{\cos \alpha} \Rightarrow$$

$$\Rightarrow \boxed{\sec \alpha = \frac{1}{\cos \alpha}} \text{ ; válida para } \cos \alpha \neq 0.$$

EXEMPLO 4

As relações anteriores permitem-nos obter o valor de todas as razões trigonométricas de um arco.

Para o arco de medida $\frac{\pi}{3}$ rad, temos:

$$\text{sen } \frac{\pi}{3} = \frac{\sqrt{3}}{2} \text{ e } \cos \frac{\pi}{3} = \frac{1}{2};$$

$$\text{cotg } \frac{\pi}{3} = \frac{\cos \frac{\pi}{3}}{\text{sen } \frac{\pi}{3}} = \frac{\frac{1}{2}}{\frac{\sqrt{3}}{2}} = \frac{1}{\sqrt{3}} = \frac{\sqrt{3}}{3}$$

$$\text{cossec } \frac{\pi}{3} = \frac{1}{\text{sen } \frac{\pi}{3}} = \frac{1}{\frac{\sqrt{3}}{2}} = \frac{2}{\sqrt{3}} = \frac{2\sqrt{3}}{3}$$

$$\sec \frac{\pi}{3} = \frac{1}{\cos \frac{\pi}{3}} = \frac{1}{\frac{1}{2}} = 2$$

▶ Relações decorrentes

Por meio das relações apresentadas, envolvendo as razões trigonométricas, é possível encontrar outras relações decorrentes e que poderão ser úteis na resolução de alguns exercícios.

Vamos apresentar três dessas relações:

1. $\boxed{\text{cotg } x = \frac{1}{\text{tg } x}}$; válida para $x \in [0, 2\pi]$ e

   $$x \notin \left\{0, \frac{\pi}{2}, \pi, \frac{3\pi}{2}, 2\pi\right\}$$

   Demonstração:

   $$\text{cotg } x = \frac{\cos x}{\text{sen } x} = \frac{1}{\frac{\text{sen } x}{\cos x}} = \frac{1}{\text{tg } x}$$

2. $\boxed{\sec^2 x = 1 + \text{tg}^2 x}$; válida para $x \in [0, 2\pi]$ e

   $$x \notin \left\{\frac{\pi}{2}, \frac{3\pi}{2}\right\}$$

   Demonstração:

   $$1 + \text{tg}^2 x = 1 + \frac{\text{sen}^2 x}{\cos^2 x} = \frac{\cos^2 x + \text{sen}^2 x}{\cos^2 x} =$$
   $$= \frac{1}{\cos^2 x} = \sec^2 x$$

3. $\boxed{\text{cossec}^2 x = 1 + \text{cotg}^2 x}$; válida para $x \in [0, 2\pi]$

   e $x \notin \{0, \pi, 2\pi\}$

   Demonstração:

   $$1 + \text{cotg}^2 x = 1 + \frac{\cos^2 x}{\text{sen}^2 x} = \frac{\text{sen}^2 x + \cos^2 x}{\text{sen}^2 x} =$$
   $$= \frac{1}{\text{sen}^2 x} = \text{cossec}^2 x$$

As relações anteriores, bem como outras vistas neste capítulo, são chamadas **identidades trigonométricas**.

EXERCÍCIOS RESOLVIDOS

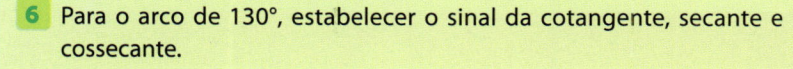

6 Para o arco de 130°, estabelecer o sinal da cotangente, secante e cossecante.

Solução:

P é extremidade do arco de 130°.
cotg 130°: negativo
sec 130°: negativo
cossec 130°: positivo

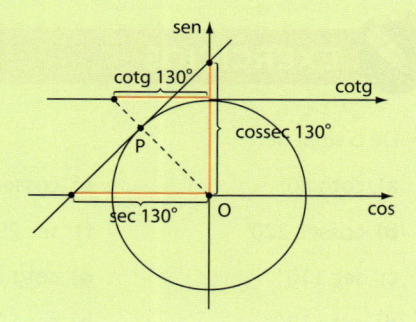

7 Representar, na circunferência trigonométrica, a cotangente, a secante e a cossecante do número real $\frac{5\pi}{3}$; em seguida, use as relações apresentadas para obter esses valores.

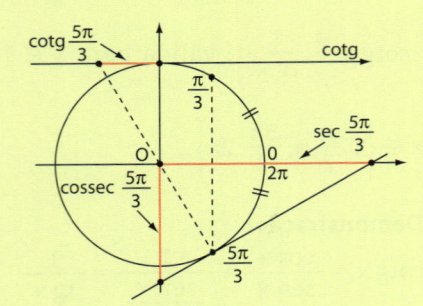

Solução:

De $\cot g\ \alpha = \frac{\cos \alpha}{\sin \alpha}$, vem $\cot g\ \frac{5\pi}{3} = \frac{\cos \frac{5\pi}{3}}{\sin \frac{5\pi}{3}} =$

$= \frac{\cos \frac{\pi}{3}}{-\sin \frac{\pi}{3}} = \frac{\frac{1}{2}}{-\frac{\sqrt{3}}{2}} = -\frac{\sqrt{3}}{3} \simeq -0,58$

De $\sec \alpha = \frac{1}{\cos \alpha}$, vem $\sec \frac{5\pi}{3} = \frac{1}{\cos \frac{5\pi}{3}} =$

$= \frac{1}{\cos \frac{\pi}{3}} = \frac{1}{\frac{1}{2}} = 2$

De $\text{cossec}\ \alpha = \frac{1}{\sin \alpha}$, vem $\text{cossec}\ \frac{5\pi}{3} =$

$= \frac{1}{\sin \frac{5\pi}{3}} = \frac{1}{-\sin \frac{\pi}{3}} = \frac{1}{-\frac{\sqrt{3}}{2}} = \frac{-2\sqrt{3}}{3} \simeq$

$\simeq -1,15$

8 Sabendo que $\frac{\pi}{2} < x < \pi$ e $\text{cossec}\ x = 4$, obter todas as razões trigonométricas de **x**.

Solução:

Como $\text{cossec}\ x = \frac{1}{\sin x}$, concluímos que $\sin x = \frac{1}{4}$.

Aplicamos a relação fundamental da Trigonometria para obter o valor de $\cos x$:

$\sin^2 x + \cos^2 x = 1 \Rightarrow \left(\frac{1}{4}\right)^2 + \cos^2 x = 1 \Rightarrow$

$\Rightarrow \cos^2 x = \frac{15}{16}$

Como $\cos x < 0$ (2° quadrante), temos $\cos x = -\frac{\sqrt{15}}{4}$.

Assim, conhecidos $\sin x$ e $\cos x$, é possível descobrir as demais razões:

$\text{tg}\ x = \frac{\sin x}{\cos x} = \frac{\frac{1}{4}}{-\frac{\sqrt{15}}{4}} = -\frac{\sqrt{15}}{15}$

$\cot g\ x = \frac{\cos x}{\sin x} \left(\text{ou}\ \frac{1}{\text{tg}\ x}\right) \Rightarrow \cot g\ x = -\sqrt{15}$

$\sec x = \frac{1}{\cos x} = -\frac{4}{\sqrt{15}} = -\frac{4\sqrt{15}}{15}$

9 Demonstrar a identidade:
$$(1 + \cot g^2 x) \cdot (1 - \cos^2 x) = 1$$

Solução:

Vamos desenvolver o 1° membro a fim de transformá-lo no segundo:

$(1 + \cot g^2 x) \cdot (1 - \cos^2 x) =$

$= \left(1 + \frac{\cos^2 x}{\sin^2 x}\right) \cdot (1 - \cos^2 x) =$

$= \left(\frac{\sin^2 x + \cos^2 x}{\sin^2 x}\right) \cdot (1 - \cos^2 x)$

Usando a relação fundamental da Trigonometria, vem:

$\frac{1}{\sin^2 x} \cdot \sin^2 x = 1$, que é igual ao 2° membro.

EXERCÍCIOS

40 Dê o sinal de:

a) $\cot g\ 80°$

b) $\text{cossec}\ 220°$

c) $\sec 110°$

d) $\cot g\ 130°$

e) $\text{cossec}\ 320°$

f) $\sec 290°$

g) $\cot g\ 260°$

h) $\sec 50°$

41 Forneça o sinal de:

a) $\sec \frac{2\pi}{5}$

b) $\text{cossec}\ \frac{2\pi}{5}$

c) $\cot g\ \frac{11\pi}{10}$

d) $\text{cossec}\ \frac{11\pi}{10}$

e) $\sec 3$

f) $\text{cossec}\ 3$

g) $\cot g\ 3$

h) $\text{cossec}\ \frac{8\pi}{9}$

42 Calcule o valor de:

a) $\sec \dfrac{\pi}{6}$

d) $\sec 210°$

b) $\cotg \dfrac{2\pi}{3}$

e) $\cossec 315°$

c) $\cossec \dfrac{5\pi}{6}$

f) $\cotg 45°$

43 Localize α na circunferência trigonométrica, sabendo que:

a) $\operatorname{sen} \alpha > 0$ e $\operatorname{tg} \alpha < 0$.

b) $\operatorname{tg} \alpha > 0$ e $\sec \alpha < 0$.

c) $\cotg \alpha > 0$ e $\cos \alpha < 0$.

d) $\sec \alpha > 0$ e $\cossec \alpha < 0$.

44 Dentre os itens abaixo, assinale aqueles que não existem:

a) $\cotg \dfrac{3\pi}{2}$

d) $\sec \pi$

g) $\cossec 0$

b) $\cotg \pi$

e) $\sec \dfrac{\pi}{2}$

h) $\cotg 2\pi$

c) $\sec \dfrac{3\pi}{2}$

f) $\cossec \dfrac{\pi}{2}$

i) $\operatorname{tg} \pi$

45 Sendo **x** um arco do 3º quadrante, qual é o sinal da expressão $y = \dfrac{\operatorname{sen} x \cdot \cos x \cdot \sec x}{\operatorname{tg} x \cdot \sec (x - \pi)}$?

46

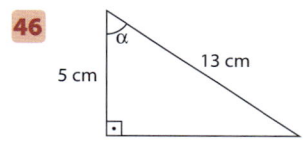

Determine:

a) $\cotg \alpha$

b) $\sec \alpha$

c) $\cossec \alpha$

47 Na figura, o arco $\widehat{AP}$ mede α radianos e a ordenada do ponto **Q** é $\dfrac{10}{3}$.

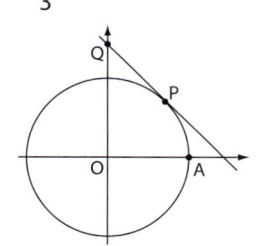

Determine o valor de:

a) $\operatorname{sen} \alpha + \cos \alpha$

b) $\cotg^2 \alpha$

48 Sabendo que $\cos \alpha = -\dfrac{4}{7}$ e α está no 2º quadrante, obtenha as outras razões trigonométricas de α.

49 Sabendo que $\sec x = \dfrac{5}{2}$ e $\dfrac{3\pi}{2} < x < 2\pi$, obtenha as demais razões trigonométricas de **x**.

50 Sabendo que θ não pertence ao 1º quadrante e $\cotg \theta = \dfrac{2}{3}$, obtenha o valor de $\sec \theta$.

51 Sabendo-se que $2 \cos x - 1 = 0$, quanto vale $\cotg^2 x$?

52 Classifique em verdadeira (**V**) ou falsa (**F**) as seguintes afirmações:

a) Existe um número real $\alpha \in [0, 2\pi]$ tal que $\sec \alpha = \dfrac{1}{2}$.

b) Se $\alpha \in \left[0, \dfrac{\pi}{2}\right]$, então $\sec \alpha \geqslant 1$.

c) Existe um número real $\alpha \in [0, 2\pi]$ tal que $\cotg \alpha = 3$ e $\cossec \alpha = 3$.

d) $\cotg \dfrac{7\pi}{8} \cdot \sec \dfrac{7\pi}{8} > 0$

53 Determine a área e o perímetro do triângulo AOB na circunferência trigonométrica abaixo, sabendo que $\overrightarrow{AB}$ é tangente à circunferência.

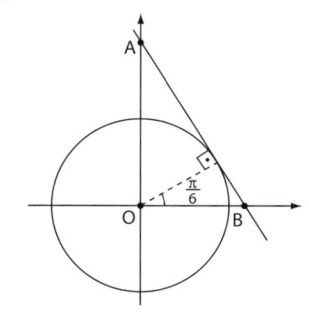

54 Determine, se existir, o valor real de **x**, com $0 \leqslant x < 2\pi$, tal que:

a) $\sec x = \cos x$

c) $\operatorname{tg} x = \cotg x$

b) $\sec x = \operatorname{tg} x$

55 Quanto vale $\operatorname{tg} x$, se $\sec^2 x = 4$ e $0 < x < \dfrac{\pi}{2}$? E quanto vale **x**?

56 Com $0 < x < \dfrac{\pi}{2}$, sendo $\operatorname{sen} x = \dfrac{1}{10}$, quanto vale $\operatorname{tg}\left(\dfrac{\pi}{2} - x\right)$?

57 Sendo **x** um arco do 2º quadrante, qual é o sinal da expressão $y = \dfrac{\operatorname{tg} x \cdot \cotg \left(x + \dfrac{\pi}{2}\right)}{\cotg x \cdot \cotg (x + \pi)}$? E se **x** for um arco do 1º quadrante?

58 Sabendo que $\cos x = 0{,}25$, determine o valor da expressão:

$$\frac{\sec x \cdot \cossec x - \sec^2 x}{\cotg x - 1}$$

59 Calcule **m** de modo que se tenha $\operatorname{tg} x = m - 2$ e $\cotg x = \dfrac{m}{3}$.

60 Sabendo que $\operatorname{tg} x = \dfrac{7}{24}$ e $\pi < x < \dfrac{3\pi}{2}$, obtenha o valor da expressão $y = \dfrac{\operatorname{tg} x \cdot \cos x}{(1 + \cos x) \cdot (1 - \cos x)}$.

Nos exercícios *61* a *70*, comprove as identidades trigonométricas:

61 $\cos^2 x = \dfrac{\cotg^2 x}{1 + \cotg^2 x}$

62 $\sen \alpha \cdot \tg \alpha + \cos \alpha = \sec \alpha$

63 $\tg x + \cotg x = \sec x \cdot \cossec x$

64 $\tg x + \dfrac{\cos x}{1 + \sen x} = \sec x$

65 $\cos x \cdot (2 + \tg x) \cdot (2\,\tg x + 1) = 2\sec x + 5\sen x$

66 $\dfrac{\sen x + \cos x}{\sen x - \cos x} = \dfrac{1 + \cotg x}{1 - \cotg x}$

67 $(\sen x + \tg x) \cdot (\cos x + \cotg x) = (1 + \sen x)(1 + \cos x)$

68 $(\tg x + \cotg x) \cdot (\sec x - \cos x) \cdot (\cossec x - \sen x) = 1$

69 $\cotg \alpha + \dfrac{\sen \alpha}{1 + \cos \alpha} = \cossec \alpha$

70 $\dfrac{\sec x + \tg x}{\cos x + \cotg x} = \sec x \cdot \tg x$

EXERCÍCIOS COMPLEMENTARES

1 Resolva, em $\mathbb{R}$, a seguinte equação de 2º grau, na incógnita **x**:

$$x^2 \cdot \sen \alpha - (2 \cdot \cos \alpha)x - \sen \alpha = 0$$

2 Dois observadores encontram-se nas extremidades de uma via de contorno retilíneo, distantes entre si 800 metros. Ambos avistam o topo de um edifício localizado nessa via, sob ângulos **α** e **β**, respectivamente. Sabendo que $\cotg \alpha = 5$ e $\cotg \beta = 15$, determine:

a) a altura do edifício;

b) a menor distância entre um dos observadores e o edifício.

3 Na figura, $\overline{CS}$ é tangente à circunferência trigonométrica, e **P** é imagem do número real α, $0 < \alpha < \dfrac{\pi}{2}$.

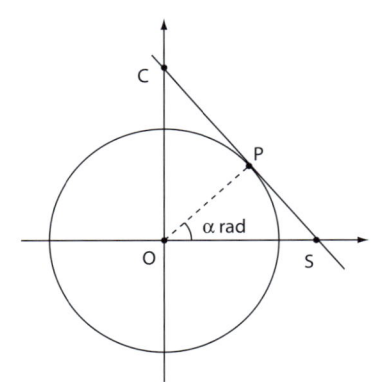

a) Mostre que a medida de $\overline{CS}$ pode ser expressa por $\sec \alpha \cdot \cossec \alpha$.

b) Qual é o perímetro do triângulo POS, se $\alpha = \dfrac{\pi}{6}$?

c) Qual é a área do triângulo POS, se $\alpha = \dfrac{\pi}{4}$?

4 Sabendo que $\dfrac{\pi}{2} < \alpha < \pi$ e $\sen \alpha = \dfrac{1}{10}$, qual é o valor da expressão:

$$y = \log_{100}(\sec \alpha \cdot \tg \alpha \cdot \cossec \alpha \cdot \cos \alpha \cdot \cotg \alpha)?$$

5 Qual é o valor de:

$$y = \sec\left(\dfrac{\pi}{2} + \dfrac{\pi}{4} + \dfrac{\pi}{8} + \dfrac{\pi}{16} + \ldots\right)?$$

6 Obtenha tg x, sabendo que
$\sen^2 x - 5\sen x \cdot \cos x + \cos^2 x = 3$.

7 (ITA-SP) Determine o valor de **K** para que as raízes da equação do segundo grau $(K - 5)x^2 - 4Kx + K - 2 = 0$ sejam o seno e o cosseno de um mesmo arco.

8 Resolva, em $\mathbb{R}$, a seguinte equação de segundo grau na incógnita **x**:

$$x^2 - 2x \cdot \sec \alpha + \tg^2 \alpha = 0$$

9 Determine $a \in \mathbb{R}$ de modo que se tenha $\cos x = \dfrac{1}{a + 1}$ e $\cossec x = \dfrac{a + 1}{\sqrt{a + 2}}$.

10 Demonstre as seguintes identidades:

a) $(\cossec x - \cotg x)^2 = \dfrac{1 - \cos x}{1 + \cos x}$

b) $\dfrac{\tg x - \sen x}{\sen^3 x} = \dfrac{\sec x}{1 + \cos x}$

c) $(1 + \cotg x)^2 + (1 - \cotg x)^2 = 2\cossec^2 x$

d) $(1 - \tg x)^2 + (1 - \cotg x)^2 = (\sec x - \cossec x)^2$

TESTES

1 (Unicamp-SP) Seja **x** real tal que cos x = tg x. O valor de sen x é:

a) $\dfrac{(\sqrt{3}-1)}{2}$

c) $\dfrac{(\sqrt{5}-1)}{2}$

b) $\dfrac{(1-\sqrt{3})}{2}$

d) $\dfrac{(1-\sqrt{5})}{2}$

2 (IF-SC) Se cos (x) $= -\dfrac{12}{13}$, $\pi < x < \dfrac{3\pi}{2}$ e x $\in$ (3º quadrante), então é correto afirmar que o valor de tg (x) é:

a) $-\dfrac{5}{13}$

c) $\dfrac{5}{13}$

e) 0,334

b) $-\dfrac{5}{12}$

d) $\dfrac{5}{12}$

3 (PUC-RJ) Se tg θ = 1 e **θ** pertence ao 1º quadrante, então cos θ é igual a:

a) 0

c) $\dfrac{\sqrt{2}}{2}$

e) 1

b) $\dfrac{1}{2}$

d) $\dfrac{\sqrt{3}}{2}$

4 (FGV-SP) Sabendo que o valor da secante de **x** é dado por sec x $= \dfrac{5}{4}$, em que **x** pertence ao intervalo $\left[\dfrac{3\pi}{2}, 2\pi\right]$, podemos afirmar que os valores de cos x, sen x e tg x são respectivamente:

a) $\dfrac{4}{5}, \dfrac{3}{5}$ e $\dfrac{3}{4}$

d) $\dfrac{4}{5}, -\dfrac{3}{5}$ e $-\dfrac{3}{4}$

b) $-\dfrac{3}{5}, \dfrac{4}{5}$ e $-\dfrac{4}{3}$

e) $\dfrac{4}{5}, -\dfrac{3}{5}$ e $\dfrac{3}{4}$

c) $-\dfrac{3}{5}, -\dfrac{4}{5}$ e $\dfrac{4}{3}$

5 (UE-CE) Se **x** é um arco localizado no 2º quadrante e cos x $= -\dfrac{3}{5}$, então o valor de cos x + sen x + tg x + + cotg x + sec x + cossec x é:

a) −2,3   b) −3,4   c) −4,5   d) −5,6

6 (UPE-PE) Na figura ao lado, estão representados a circunferência trigonométrica e um triângulo isósceles OAB. Qual das expressões abaixo corresponde à área do triângulo OAB em função do ângulo α?

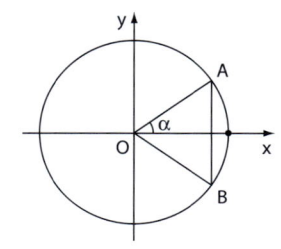

a) tg α · sen α

d) $\dfrac{1}{2}$ · tg α · sen α

b) $\dfrac{1}{2}$ · tg α · cos α

e) tg α · cos α

c) sen α · cos α

7 (FEI-SP) Se **x** é um arco do 2º quadrante e sen x $= \dfrac{4}{5}$, então pode-se afirmar que:

a) sen x + cos x = 1

b) 2 sen x + 3 cos x $= -\dfrac{1}{5}$

c) sec x $= \dfrac{4}{5}$

d) tg x − cos x $= \dfrac{4}{3}$

e) cotg x − tg x $= \dfrac{25}{12}$

8 (FEI-SP) Simplificando a expressão $\dfrac{1 + \cotg^2 x}{3 \sec^2 x}$, onde existir, obtemos:

a) $\dfrac{\tg^2 x}{3}$

c) 3 tg² x

e) sec² 3x

b) 3 cotg² x

d) $\dfrac{\cotg^2 x}{3}$

9 (PUC-RS) O ponto P (x, y) pertence à circunferência de raio 1 e é extremidade de um arco de medida α, conforme figura. Então o par (x, y) é igual a:

a) (tg α, sen α)

b) (cos α, tg α)

c) (sen α, cos α)

d) (cos α, sen α)

e) (sen² α, cos² α)

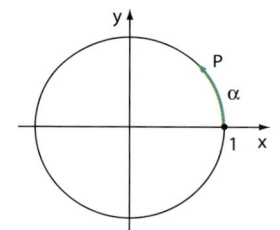

10 (Cefet-PR) Considere as afirmações a seguir, em relação a razões trigonométricas na circunferência trigonométrica:

I. cotg $\dfrac{\pi}{6}$ = tg $\dfrac{4\pi}{3}$

II. sec 60° = sen 90° − cos 180°

III. sen 316° = − cos 314°

IV. cossec 30° = sec 120°

Somente estão corretas:

a) I e II   c) I, II e III   e) I, III e IV

b) II e III   d) II e IV

11 (UF-AM) Se $\begin{cases} a\cos x - \sen x = 1 \\ b\cos x + \sen x = 1 \end{cases}$ então o produto a · b é igual a:

a) sen x   c) 2   e) cos x

b) 4   d) 1

12 (UE-PB) Dados tg x = −2 e **x** um arco do 2º quadrante, o valor de sec x + cossec x é:

a) $-\sqrt{5}$

c) $-\dfrac{\sqrt{5}}{2}$

e) $\sqrt{5}$

b) $-\dfrac{\sqrt{5}}{4}$

d) $\dfrac{\sqrt{5}}{2}$

13 (UE-GO) No ciclo trigonométrico, as funções seno e cosseno são definidas para todos os números reais. Em relação às imagens dessas funções, é correto afirmar:

a) $\operatorname{sen}(7) > 0$

b) $\operatorname{sen}(8) < 0$

c) $\left(\cos\left(\sqrt{5}\right) > 0\right)$

d) $\left(\cos\left(\sqrt{5}\right) > \operatorname{sen}\left(8\right)\right)$

14 (Fuvest-SP) Sabe-se que $x = 1$ é raiz da equação $(\cos^2\alpha)\,x^2 - (4\cos\alpha\,\operatorname{sen}\beta)\,x + \dfrac{3}{2}\operatorname{sen}\beta = 0$, sendo α e β os ângulos agudos indicados no triângulo retângulo da figura abaixo.

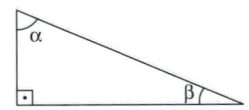

Pode-se então afirmar que as medidas de α e β são, respectivamente:

a) $\dfrac{\pi}{8}$ e $\dfrac{3\pi}{8}$

b) $\dfrac{\pi}{6}$ e $\dfrac{\pi}{3}$

c) $\dfrac{\pi}{4}$ e $\dfrac{\pi}{4}$

d) $\dfrac{\pi}{3}$ e $\dfrac{\pi}{6}$

e) $\dfrac{3\pi}{8}$ e $\dfrac{\pi}{8}$

15 (Mackenzie-SP) O maior valor que o número real $\dfrac{10}{2 - \dfrac{\operatorname{sen} x}{3}}$ pode assumir é:

a) $\dfrac{20}{3}$

b) $\dfrac{7}{3}$

c) 10

d) 6

e) $\dfrac{20}{7}$

16 (Insper-SP) O professor de Matemática de Artur e Bia pediu aos alunos que colocassem suas calculadoras científicas no modo "radianos" e calculassem o valor de $\operatorname{sen}\dfrac{\pi}{2}$. Tomando um valor aproximado, Artur digitou em sua calculadora o número 1,6, e, em seguida, calculou o seu seno, encontrando o valor **A**. Já Bia calculou o seno de 1,5, obtendo o valor **B**.

Considerando que $\dfrac{\pi}{2}$ vale aproximadamente 1,5708, assinale a alternativa que traz a correta ordenação dos valores **A**, **B** e $\operatorname{sen}\dfrac{\pi}{2}$.

a) $\operatorname{sen}\dfrac{\pi}{2} < A < B$

b) $A < \operatorname{sen}\dfrac{\pi}{2} < B$

c) $A < B < \operatorname{sen}\dfrac{\pi}{2}$

d) $B < \operatorname{sen}\dfrac{\pi}{2} < A$

e) $B < A < \operatorname{sen}\dfrac{\pi}{2}$

17 (Enem-MEC) Considere um ponto **P** em uma circunferência de raio **r** no plano cartesiano. Seja **Q** a projeção ortogonal de **P** sobre o eixo **x**, como mostra a figura, e suponha que o ponto **P** percorra, no sentido anti-horário, uma distância $d \leqslant r$ sobre a circunferência.

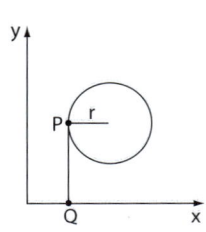

Então, o ponto **Q** percorrerá, no eixo **x**, uma distância dada por:

a) $r \cdot \left(1 - \operatorname{sen}\dfrac{d}{r}\right)$

b) $r \cdot \left(1 - \cos\dfrac{d}{r}\right)$

c) $r \cdot \left(1 - \operatorname{tg}\dfrac{d}{r}\right)$

d) $r \cdot \operatorname{sen} \cdot \left(\dfrac{r}{d}\right)$

e) $r \cdot \cos \cdot \left(\dfrac{r}{d}\right)$

18 (FGV-SP) Na circunferência trigonométrica de raio unitário indicado na figura, o arco $\overset{\frown}{AB}$ mede α. Assim, PM é igual a:

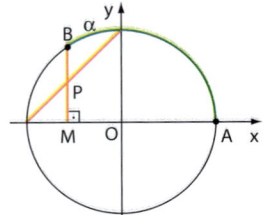

a) $-1 - \operatorname{tg}\alpha$

b) $1 - \cos\alpha$

c) $1 + \cos\alpha$

d) $1 + \operatorname{sen}\alpha$

e) $-1 + \operatorname{cotg}\alpha$

19 (Vunesp-SP) Se $\operatorname{tg}(x) = \dfrac{2ab}{a^2 - b^2}$, em que $a > b > 0$ e $0° < x < 90°$, então o valor de $\operatorname{sen}(x)$ é:

a) $\dfrac{b}{a}$

b) $\dfrac{b}{a + b}$

c) $\dfrac{a - b}{a + b}$

d) $\dfrac{a^2 - b^2}{a^2 + b^2}$

e) $\dfrac{2ab}{a^2 + b^2}$

20 (UF-RR) Indique qual das afirmações abaixo é verdadeira:

a) $\cos 200° < \operatorname{tg} 200° < \operatorname{sen} 200°$

b) $\cos 200° < \operatorname{sen} 200° < \operatorname{tg} 200°$

c) $\operatorname{sen} 200° < \operatorname{tg} 200° < \cos 200°$

d) $\operatorname{sen} 200° < \cos 200° < \operatorname{tg} 200°$

e) $\operatorname{tg} 200° < \operatorname{sen} 200° < \cos 200°$

21 (Fuvest-SP) O dobro do seno de um ângulo θ, $0 < \theta < \dfrac{\pi}{2}$, é igual ao triplo do quadrado de sua tangente.

Logo, o valor de seu cosseno é:

a) $\dfrac{2}{3}$

b) $\dfrac{\sqrt{3}}{2}$

c) $\dfrac{\sqrt{2}}{2}$

d) $\dfrac{1}{2}$

e) $\dfrac{\sqrt{3}}{3}$

22 (Fuvest-SP) O triângulo AOB é isósceles, com OA = OB, e ABCD é um quadrado. Sendo θ a medida do ângulo AOB, pode-se garantir que a área do quadrado é maior do que a área do triângulo se:

a) $14° < \theta < 28°$

b) $15° < \theta < 60°$

c) $20° < \theta < 90°$

d) $28° < \theta < 120°$

e) $30° < \theta < 150°$

Dados os valores aproximados:
$\operatorname{tg} 14° \simeq 0{,}2493$, $\operatorname{tg} 15° \simeq 0{,}2679$
$\operatorname{tg} 20° \simeq 0{,}3640$, $\operatorname{tg} 28° \simeq 0{,}5317$

16 Trigonometria em triângulos quaisquer

No capítulo *13*, estudamos os triângulos retângulos e definimos as razões trigonométricas seno, cosseno e tangente para ângulos agudos.

Com a definição de seno, cosseno e tangente na circunferência trigonométrica, torna-se possível relacionar as medidas dos lados e dos ângulos de outros triângulos, como os acutângulos e os obtusângulos.

É com esse objetivo que estudaremos agora a lei dos senos e a lei dos cossenos.

▶ Lei dos senos

▶ Introdução

Do entroncamento (**E**) de uma rodovia saem dois pequenos trechos retilíneos de estrada ("retões"), que levam às entradas de dois condomínios, indicados pelas letras **A** e **B**.

Deseja-se determinar a distância entre **A** e **B**, mas a medição direta é difícil, pois há uma região alagadiça entre esses pontos.

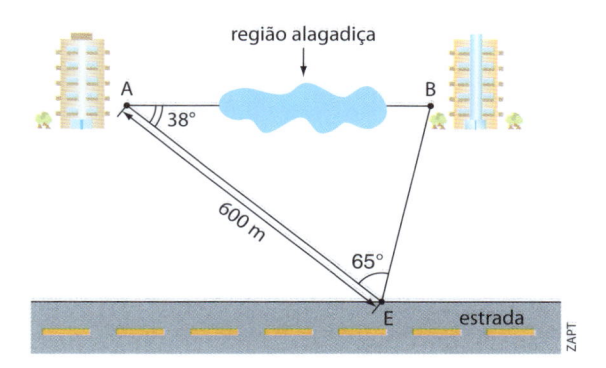

De **E** é possível avistar os pontos **A** e **B**. Com auxílio de um aparelho adequado, um topógrafo mediu esse ângulo, obtendo 65°. Em seguida, percorreu os 600 metros do "retão" $\overline{EA}$ e, a partir do ponto **A**, mediu o ângulo entre as retas $\overleftrightarrow{EA}$ e $\overleftrightarrow{AB}$, obtendo 38°.

Conhecedor de matemática, o topógrafo sabia que já tinha informações suficientes para determinar a distância entre as entradas dos dois condomínios (distância entre **A** e **B**).

Por meio do teorema que apresentaremos a seguir, conhecido como **lei dos senos**, poderemos resolver esse e outros problemas.

▶ Lei dos senos

As medidas dos lados de um triângulo são proporcionais aos senos dos respectivos ângulos opostos, e a constante de proporcionalidade é igual à medida do diâmetro da circunferência circunscrita ao triângulo.

Demonstração:

Dado um triângulo ABC, consideremos a circunferência circunscrita a ele. Sejam **O** e **R**, respectivamente, o centro e a medida do raio dessa circunferência. $\hat{A}$, $\hat{B}$ e $\hat{C}$ são os ângulos do triângulo ABC com vértices em **A**, **B** e **C**, respectivamente:

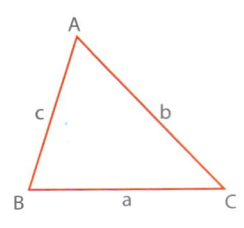 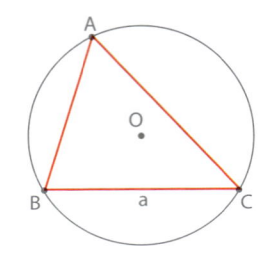 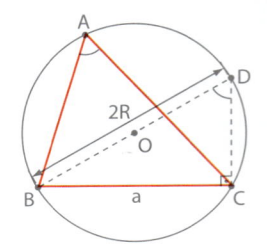

Traçando o diâmetro $\overline{BD}$, temos:

m(B$\hat{A}$C) = m(B$\hat{D}$C), pois B$\hat{A}$C e B$\hat{D}$C, como ângulos inscritos, têm em correspondência o arco comum $\overparen{BC}$ e determinam a mesma corda $\overline{BC}$ na circunferência.

Como o triângulo BDC é inscrito em uma semicircunferência, ele é retângulo em **C**:

$$\operatorname{sen}(B\hat{D}C) = \frac{a}{2R} \Rightarrow \operatorname{sen}\hat{A} = \frac{a}{2R} \Rightarrow \frac{a}{\operatorname{sen}\hat{A}} = 2R$$

De modo análogo, temos:

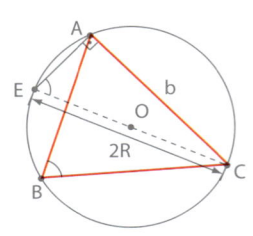 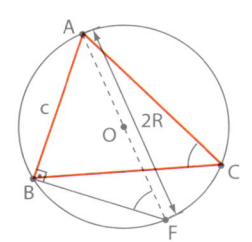

Assim: $\dfrac{b}{\operatorname{sen}\hat{B}} = 2R$ e $\dfrac{c}{\operatorname{sen}\hat{C}} = 2R$.

Segue a expressão da lei dos senos:

$$\frac{a}{\operatorname{sen} A} = \frac{b}{\operatorname{sen} B} = \frac{c}{\operatorname{sen} C} = 2R$$

OBSERVAÇÕES

- Quando um dos ângulos for reto ($\triangle$ABC retângulo), a demonstração é análoga e mais imediata.
- Quando um dos ângulos for obtuso ($\triangle$ABC obtusângulo), usa-se raciocínio análogo e a relação: $\operatorname{sen}(180° - \hat{A}) = \operatorname{sen}\hat{A}$.

Voltemos ao problema da introdução deste capítulo.

Temos: m(A$\hat{B}$E) = 180° − (65° + 38°) = 77°

A distância **d** entre os pontos **A** e **B** pode ser obtida por meio da lei dos senos:

$$\frac{d}{\operatorname{sen} 65°} = \frac{600}{\operatorname{sen} 77°}$$

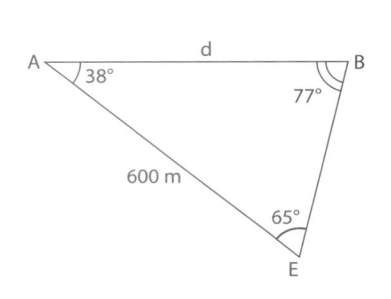

Consultando a tabela ou utilizando uma calculadora científica, obtemos os valores de sen 65° e de sen 77°:

$$\frac{d}{0,90631} = \frac{600}{0,97437} \Rightarrow d \simeq 558 \text{ metros}$$

EXERCÍCIOS RESOLVIDOS

1 No triângulo ABC abaixo, determinar as medidas do lado $\overline{AB}$ e do raio da circunferência circunscrita.

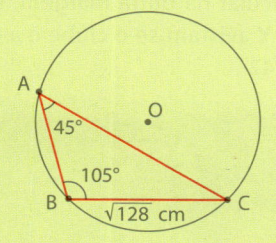

Solução:

$m(\hat{C}) = 180° - (45° + 105°) = 30°$

Pela lei dos senos:

$$\frac{BC}{\text{sen }\hat{A}} = \frac{AB}{\text{sen }\hat{C}} \Rightarrow \frac{\sqrt{128}}{\frac{\sqrt{2}}{2}} = \frac{AB}{\frac{1}{2}} \Rightarrow AB = \sqrt{64} = 8$$

O lado $\overline{AB}$ mede 8 cm.

Usando a constante de proporcionalidade:

$$2R = \frac{AB}{\text{sen }\hat{C}} = \frac{8}{\frac{1}{2}} = 16 \Rightarrow R = 8$$

O raio da circunferência circunscrita ao triângulo mede 8 cm.

2 Calcular as medidas dos lados $\overline{AB}$ e $\overline{BC}$ do triângulo abaixo, em função da medida **b** do lado $\overline{AC}$.

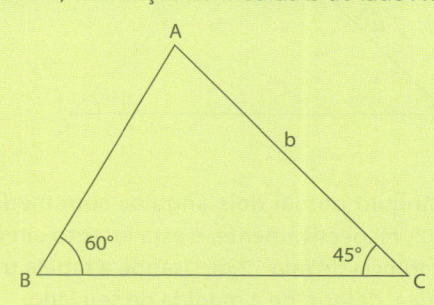

Solução:

Pela lei dos senos:

$$\frac{b}{\text{sen }60°} = \frac{AB}{\text{sen }45°} = \frac{BC}{\text{sen }75°}$$

Consultando a tabela das razões trigonométricas, temos:

$$AB = \underbrace{\frac{\text{sen }45°}{\text{sen }60°}}_{\simeq\, 0,816} \cdot b \quad \text{e} \quad BC = \underbrace{\frac{\text{sen }75°}{\text{sen }60°}}_{\simeq\, 1,115} \cdot b,$$

isto é, $AB \simeq 0,816b$ e $BC \simeq 1,115b$.

EXERCÍCIOS

1 Em um triângulo ABC são dados $\hat{B} = 60°$, $\hat{C} = 45°$ e AB = 8 cm. Determine o comprimento de $\overline{AC}$.

2 No triângulo ABC da figura, determine as medidas de $\overline{AB}$ e $\overline{BC}$. (Use a tabela da página *640* ou uma calculadora científica).

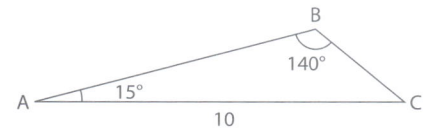

3 Dado sen 75° = $\dfrac{\sqrt{2} + \sqrt{6}}{4}$, determine **x** e **y** na figura abaixo.

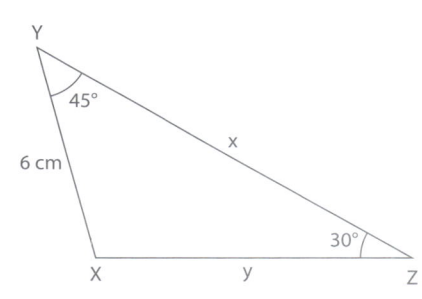

4 Entre os pontos **A** e **B**, extremidades do lado de um terreno, existe uma região plana alagadiça, cuja extensão deseja-se estimar. Um topógrafo, situado em **A**, avistou um posto rodoviário situado na estrada sob um ângulo de 40° em relação a $\overrightarrow{AB}$. Dirigiu-se, então, ao posto, situado a 1500 metros de **A**, e avistou as extremidades do terreno sob um ângulo de 85°. Use: sen 55° $\simeq$ 0,82, sen 85° $\simeq$ 0,99 e sen 40° $\simeq$ 0,64.

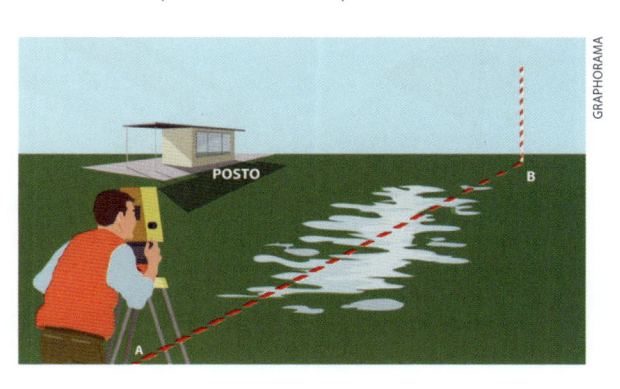

a) Qual é a extensão da região alagadiça?

b) Qual é a distância entre o posto e o ponto **B**?

5 Determine a medida do ângulo **x**.

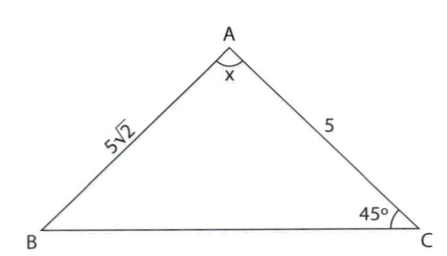

6 Um triângulo possui dois ângulos com medidas 30° e 70°, respectivamente, e está inscrito em uma circunferência de raio 12 m. Usando a tabela trigonométrica, determine a medida de seu lado:

a) menor;　　　　　**b)** maior.

7 Na figura, sabe-se que $\cos \alpha = -\dfrac{1}{4}$. Determine $\operatorname{sen} \beta$.

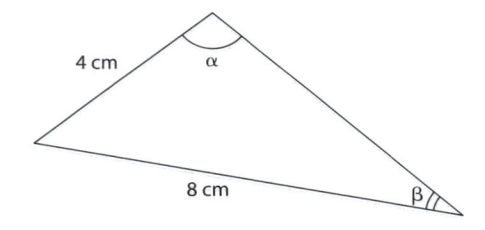

8 Determine a medida do raio da circunferência circunscrita a um triângulo ABC, sendo BC = 15 cm e Â = 30°.

9 Duas casas de veraneio, **X** e **Y**, estão situadas na mesma margem de um rio. De **X** avistam-se a casa **Y** e um clube particular na outra margem, sob um ângulo de 56°. De **Y** avistam-se o clube e a casa **X**, sob um ângulo de 42°.

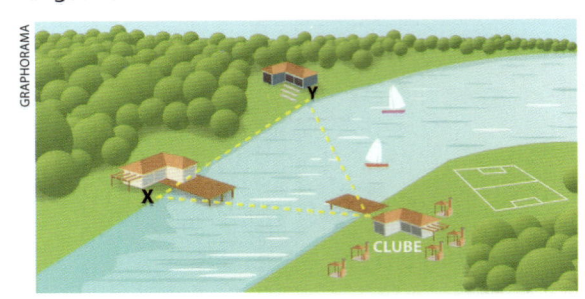

Sabendo que a distância entre **X** e o clube é de 600 metros, determine o número inteiro mais próximo que representa:

a) a distância entre o clube e **Y**.

b) a distância entre as casas **X** e **Y**.

c) a largura do rio.

Admita que, nesse trecho, as margens do rio são paralelas e use: sen 42° ≃ 0,67, sen 56° ≃ 0,83 e sen 82° ≃ 0,99.

▶ Lei dos cossenos

▶ Introdução

A prefeitura de uma cidade está estudando a viabilidade de construir uma única passarela sobre a rodovia, ligando os bairros **A** e **B** diretamente.

O acesso atual é feito pelas passarelas ① e ②, que ligam os bairros **A** e **B**, respectivamente, ao posto.

Medições feitas pela empresa contratada mostram que as passarelas ① e ② medem, respectivamente, 130 m e 220 m. O ângulo formado por ① e ② mede 60°.

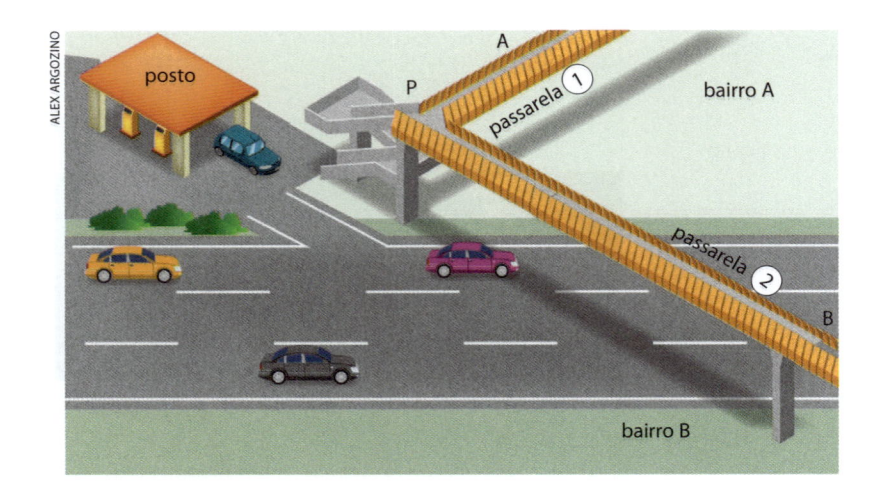

Se o projeto for aprovado, quantos metros de extensão terá a passarela que ligará diretamente os dois bairros? Admita que as extremidades **A**, **P** e **B** estejam na mesma altura em relação ao solo.

Lei dos cossenos

Em todo triângulo, o quadrado da medida de qualquer um dos lados é igual à soma dos quadrados das medidas dos outros dois lados, diminuída do dobro do produto da medida desses dois lados pelo cosseno do ângulo por eles formados.

Demonstração:

- Seja o triângulo **acutângulo** ABC, e CH = h a medida da altura relativa ao lado $\overline{AB}$.

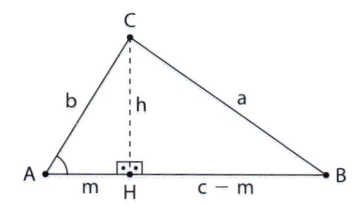

$\triangle BCH: a^2 = h^2 + (c-m)^2$
$\triangle ACH: h^2 = b^2 - m^2$ $\Big\} \Rightarrow$

$\Rightarrow a^2 = b^2 - m^2 + c^2 - 2 \cdot c \cdot m + m^2 \Rightarrow$

$\Rightarrow a^2 = b^2 + c^2 - 2 \cdot c \cdot m$ ①

$\triangle ACH: \cos \hat{A} = \dfrac{m}{b} \Rightarrow m = b \cdot \cos \hat{A}$ ②

De ② em ①, temos:

$a^2 = b^2 + c^2 - 2bc \cdot \cos \hat{A}$

Analogamente, podemos obter:

$b^2 = a^2 + c^2 - 2ac \cdot \cos \hat{B}$ e

$c^2 = a^2 + b^2 - 2ab \cdot \cos \hat{C}$

- Seja o triângulo **obtusângulo** ABC, em $\hat{A}$, e CH = h a medida da altura relativa ao lado $\overline{AB}$.

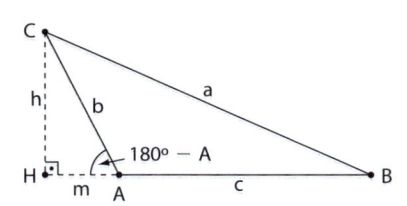

$\triangle BCH: a^2 = h^2 + (c+m)^2$
$\triangle ACH: h^2 = b^2 - m^2$ $\Big\} \Rightarrow$

$\Rightarrow a^2 = b^2 - m^2 + c^2 + 2c \cdot m + m^2 \Rightarrow$

$\Rightarrow a^2 = b^2 + c^2 + 2c \cdot m$ ①

$\triangle CHA: \cos(180° - \hat{A}) = \dfrac{m}{b}$, isto é,

$m = b \cdot \cos(180° - \hat{A}) \Rightarrow$

$\Rightarrow m = b \cdot (-\cos \hat{A}) \Rightarrow$

$\Rightarrow m = -b \cdot \cos \hat{A}$ ②

Substituindo ② em ①, temos:

$a^2 = b^2 + c^2 - 2bc \cdot \cos \hat{A}$

Analogamente, podemos obter:

$b^2 = a^2 + c^2 - 2ac \cdot \cos \hat{B}$ e
$c^2 = a^2 + b^2 - 2ab \cdot \cos \hat{C}$

- No caso de o triângulo ABC ser **retângulo** (em $\hat{A}$, por exemplo), como cos 90° = 0, verifica-se a igualdade $a^2 = b^2 + c^2 - 2bc \cdot \cos 90°$, que se reduz à expressão do teorema de Pitágoras. Para cada um dos dois ângulos agudos do triângulo (**b** e **c**) caberia uma demonstração análoga à primeira.

Como pudemos perceber nos três casos, em qualquer triângulo ABC, temos:

$$a^2 = b^2 + c^2 - 2bc \cdot \cos \hat{A}$$
$$b^2 = a^2 + c^2 - 2ac \cdot \cos \hat{B}$$
$$c^2 = a^2 + b^2 - 2ab \cdot \cos \hat{C}$$

EXEMPLO 1

Considerando o problema proposto na introdução, podemos construir uma figura para representar a realidade descrita.

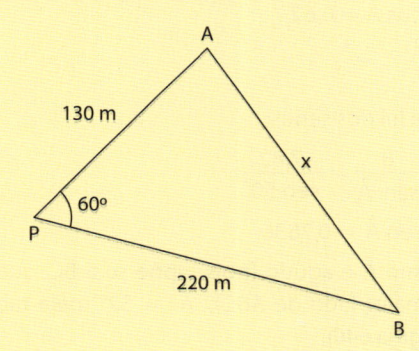

No triângulo APB acima, temos que:
$\overline{AP}$: extensão da passarela que liga o bairro **A** ao posto.

$\overline{BP}$: extensão da passarela que liga o bairro **B** ao posto.

$\overline{AB}$: extensão da futura passarela

Aplicando a lei dos cossenos, temos:

$x^2 = 220^2 + 130^2 - 2 \cdot 220 \cdot 130 \cdot \cos 60°$

$x^2 = 48\,400 + 16\,900 - \cancel{2} \cdot 220 \cdot 130 \cdot \dfrac{1}{\cancel{2}}$

$x^2 = 65\,300 - 28\,600$

$x^2 = 36\,700 \Rightarrow x = \sqrt{36\,700} \simeq 191,57$

Assim, a futura passarela terá aproximadamente 191,57 m de extensão.

EXERCÍCIOS RESOLVIDOS

3 Na figura seguinte, determinar a medida do lado $\overline{AC}$ e a medida do ângulo com vértice em **A**. Usar a tabela da página *640*.

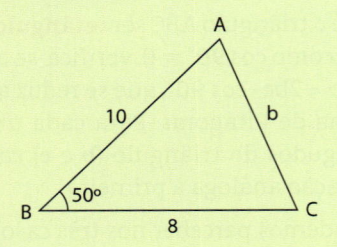

Solução:

Determinando $AC = b$:

$b^2 = 8^2 + 10^2 - 2 \cdot 8 \cdot 10 \cdot \cos 50°$

$b^2 = 164 - 160 \cdot \cos 50°$

$b^2 = 164 - 160 \cdot 0,64279$

$b \simeq 7,82$

Para determinar a medida do ângulo com vértice em **A**, podemos usar:

• a lei dos cossenos:

$8^2 = 10^2 + 7,82^2 - 2 \cdot 10 \cdot 7,82 \cdot \cos Â$

$64 = 161,1524 - 156,4 \cos Â$

$\cos Â \simeq 0,62$

$Â \simeq 52°$

ou

• a lei dos senos:

$$\frac{8}{\text{sen } Â} = \frac{7,82}{\text{sen } 50°}$$

$\text{sen } Â \simeq 0,7836$

Como **Â** é agudo (pois opõe-se a $\overline{BC}$, que não é o maior lado de ABC), $Â \simeq 52°$ (pela tabela da página *640*).

4 Determinar **x** na figura abaixo.

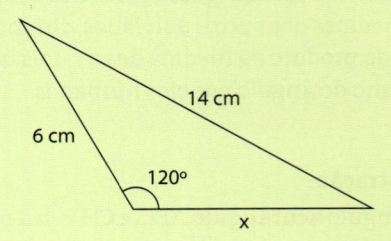

Solução:

Como o problema forneceu a medida de 120°, vamos usar o teorema dos cossenos, "iniciando" pelo lado de medida 14 cm.

$14^2 = 6^2 + x^2 - 2 \cdot 6 \cdot x \cdot \cos 120°$

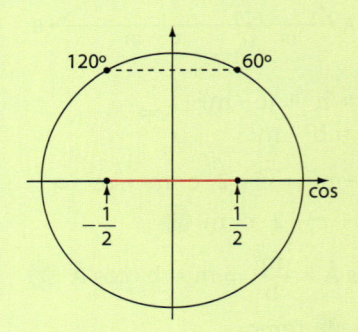

Sabemos que $\cos 120° = -\cos 60° = -\dfrac{1}{2}$.

Daí, temos:

$196 = 36 + x^2 - 2 \cdot 6 \cdot x \cdot \left(-\dfrac{1}{2}\right) \Rightarrow$

$\Rightarrow 196 = 36 + x^2 + 6x \Rightarrow$

$\Rightarrow x^2 + 6x - 160 = 0 \xRightarrow{x > 0}$

$\Rightarrow x = 10 \text{ cm}$

EXERCÍCIOS

10 Determine o valor de **x** em cada caso.

a)

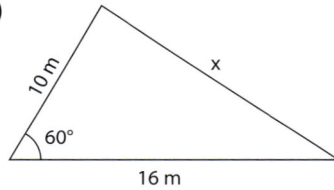

b)

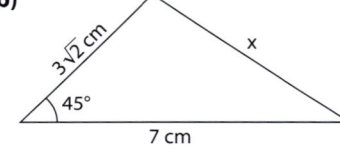

c)

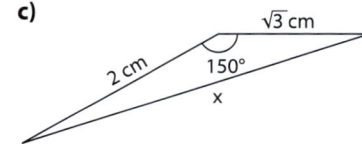

11 Obtenha o perímetro do triângulo RST seguinte.

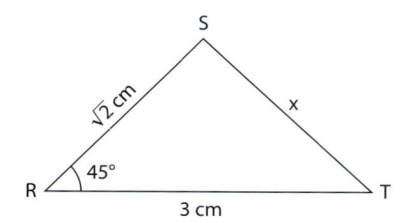

12 Calcule a medida do lado $\overline{BC}$ do triângulo a seguir.

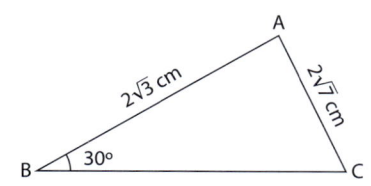

13 Na figura, sendo m(A$\hat{B}$C) = α, determine:

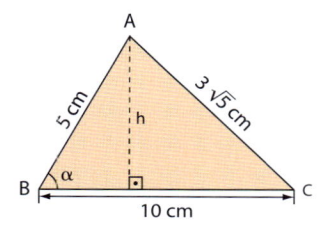

a) cos α;
b) o valor de **h**;
c) a área do triângulo ABC.

14 O acesso ao aeroporto de uma cidade é feito por duas vias de contorno retilíneo que se cruzam segundo um ângulo de 53°. A primeira tem 2,1 km de extensão, e a outra, 3,5 km. As vias têm origem em dois postos de gasolina. Qual é a distância entre esses postos? Use: cos 53° ≃ 0,6.

15 Determine os valores de **x** e **y** na figura a seguir. Em seguida, classifique o triângulo ABC quanto aos ângulos.

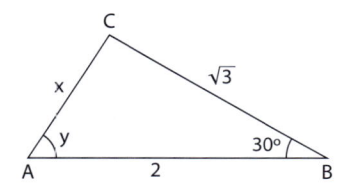

16 Classifique, quanto aos lados, um triângulo cujo cosseno do ângulo formado, entre os lados de 4 cm e de 6 cm, vale $\dfrac{1}{3}$.

17 Um motorista de caminhão precisa fazer entregas em duas cidades, Alfa e Beta, distantes $10\sqrt{13}$ km (aproximadamente 36 km) entre si. Do ponto **P** em que se encontra, na bifurcação de uma estrada, ele sabe que a distância a Beta é o triplo da distância a Alfa.

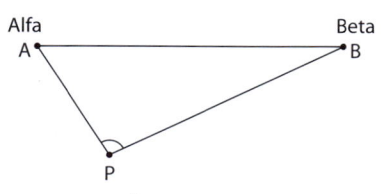

Sabendo que m(A$\hat{P}$B) = 120° e que a velocidade máxima permitida no trecho de **P** a Beta é de 50 km/h, determine o tempo mínimo que será gasto para chegar a Beta, onde será feita a primeira entrega.

18 Na figura, o perímetro do quadrado ABCD é igual a 24 cm e o triângulo DEC é equilátero. Determine a medida de $\overline{AE}$.

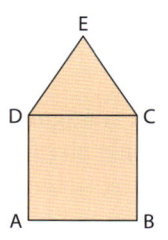

19 Na figura abaixo, a medida de $\overline{AB}$ é 60% maior que a medida do raio da circunferência de centro **O**. Determine tg α.

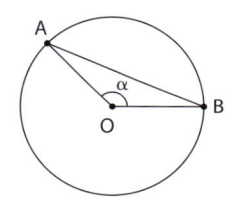

20 Conduzindo uma pequena embarcação e dispondo de um GPS, Ricardo sabe que, em certo momento, se encontra a 4 km de uma praia **A** e a 6 km de uma praia **B**, como mostra a figura abaixo. Além disso, conhece a medida do ângulo A$\hat{R}$B, que é 41°.

a) Qual é a distância entre as praias **A** e **B**? Considere cos 41° ≃ 0,75.

b) Quanto mede o ângulo R$\hat{B}$A?

▶ Área de um triângulo

Já sabemos da Geometria plana que a área da superfície limitada por um triângulo (ou, simplesmente, a área de um triângulo) é dada pelo semiproduto da medida da base pela medida da altura relativa a essa base, como mostra a figura:

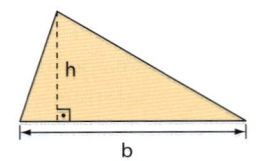

$$A = \frac{b \cdot h}{2} \longleftarrow \text{semiproduto}$$

Consideremos, agora, uma situação particular: são conhecidas as medidas de dois lados do triângulo e do ângulo formado por esses lados. Nesse caso, usando a fórmula anterior, vamos encontrar uma maneira prática para o cálculo da área do triângulo.

Propriedade:

> Em qualquer triângulo, a área é igual ao semiproduto das medidas de dois lados pelo seno do ângulo por eles formado.

Demonstração:

- Seja o triângulo ABC acutângulo.

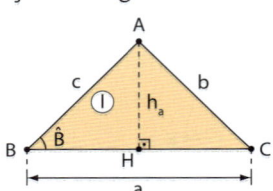

No $\triangle ABH$: $\operatorname{sen} \hat{B} = \dfrac{h_a}{c} \Rightarrow h_a = c \cdot \operatorname{sen} \hat{B}$

Como a área ① é dada por $A = \dfrac{a \cdot h_a}{2}$, temos:

$$A = \frac{a \cdot c \cdot \operatorname{sen} \hat{B}}{2}$$

Analogamente, prova-se que:
$$A = \frac{a \cdot b \cdot \operatorname{sen} \hat{C}}{2} = \frac{b \cdot c \cdot \operatorname{sen} \hat{A}}{2}$$

- Seja o triângulo ABC obtusângulo em **B**.

Observe que a altura $\overline{AH}$ é exterior ao triângulo ABC.

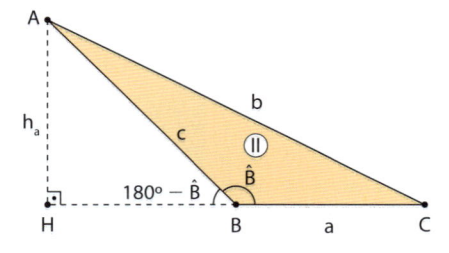

No $\triangle ABH$: $\operatorname{sen}(180° - \hat{B}) = \dfrac{h_a}{c} = \operatorname{sen} \hat{B} \Rightarrow h_a = c \cdot \operatorname{sen} \hat{B}$

Como a área ② pode ser expressa por $A = \dfrac{a \cdot h_a}{2}$, temos:
$$A = \frac{a \cdot c \cdot \operatorname{sen} \hat{B}}{2}$$

Analogamente, prova-se que:
$$A = \frac{a \cdot b \cdot \operatorname{sen} \hat{C}}{2} = \frac{b \cdot c \cdot \operatorname{sen} \hat{A}}{2}$$

- No caso do triângulo ABC ser retângulo — em **A**, por exemplo —, temos que a área é: $A = \dfrac{1}{2}a \cdot h_a$, com $h_a = c \cdot \operatorname{sen} \hat{B}$ ou $h_a = b \cdot \operatorname{sen} \hat{C}$.

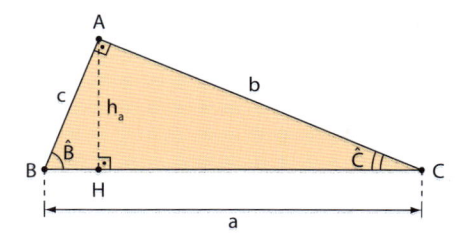

Daí, temos:

$$A = \frac{a \cdot c \cdot \operatorname{sen} \hat{B}}{2} = \frac{a \cdot b \cdot \operatorname{sen} \hat{C}}{2}$$

Por outro lado, tomando-se um dos catetos ($\overline{AB}$, por exemplo) como base, o outro cateto ($\overline{AC}$) representa a altura relativa a essa base.

Temos:

$$A = \frac{AB \cdot AC}{2} = \frac{c \cdot b}{2} \quad \text{❋}$$

Os catetos de medidas **b** e **c** formam entre si um ângulo reto ($\hat{A}$). Como $\operatorname{sen} \hat{A} = \operatorname{sen} 90° = 1$, em ❋ podemos escrever:

$$A = \frac{c \cdot b \cdot \operatorname{sen} \hat{A}}{2}$$

EXEMPLO 2

Calcular a área do triângulo ABC abaixo.

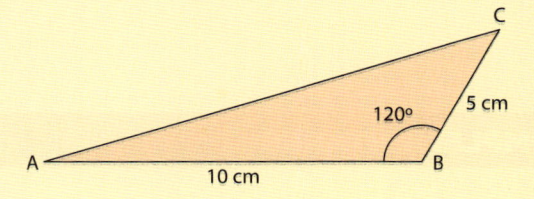

Podemos fazer diretamente:

$$\text{Área} = \frac{AB \cdot BC \cdot \operatorname{sen} \hat{B}}{2} = \frac{10 \cdot 5 \cdot \operatorname{sen} 120°}{2}$$

Como $\operatorname{sen} 120° = \operatorname{sen} 60° = \dfrac{\sqrt{3}}{2}$ (veja a figura), temos:

$$\text{Área} = \frac{1}{2} \cdot 50 \cdot \frac{\sqrt{3}}{2} = \frac{50\sqrt{3}}{4}, \text{ isto é, a área do triângulo}$$

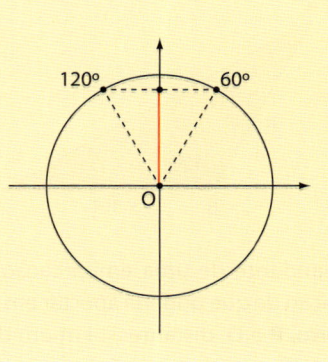

ABC é igual a $\dfrac{50\sqrt{3}}{4}$ cm².

EXERCÍCIOS

21 Calcule, em cada caso, a área do triângulo ABC.

a)

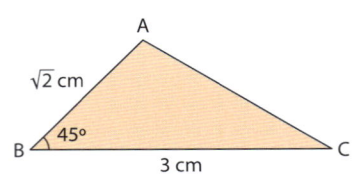

b)

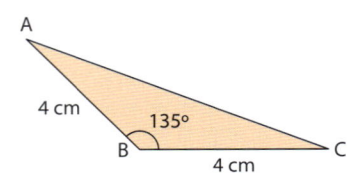

c)

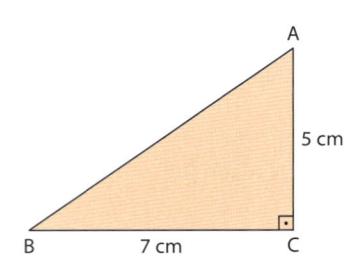

d)

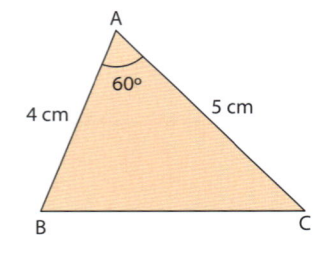

22 Dado o triângulo MNP abaixo, determine:

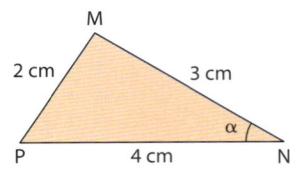

a) o valor de cos α, utilizando a lei dos cossenos;

b) o valor de sen α, utilizando a relação fundamental da Trigonometria;

c) a área do triângulo MNP.

23 Um terreno triangular tem frentes de 6 m e 8 m em ruas que formam entre si um ângulo de 65°. Qual é a área do terreno? Quanto mede o terceiro lado do terreno?

Use: sen 65° ≃ 0,9 e $\sqrt{19}$ ≃ 4,4.

24 Na figura, **O** é o centro da circunferência cujo comprimento é 10π cm.

Sabendo que m(AÔO) = 75°, determine:

a) a área do triângulo BOC;

b) a medida do ângulo AB̂C.

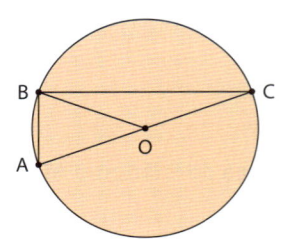

EXERCÍCIOS **COMPLEMENTARES**

1 Calcule o perímetro e a área do triângulo ABC da figura abaixo (unidades em dm).

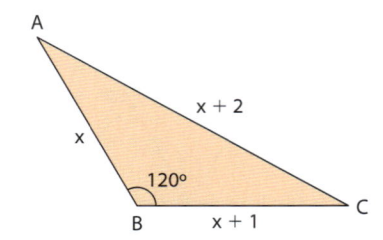

2 O comandante de uma embarcação (**E**) recebeu a orientação de que poderia aportar em dois pontos de um porto, **P** e **Q**, distantes 4 km um do outro, como mostra a figura a seguir. Sabe-se que, no instante em que recebeu a orientação, as distâncias da embarcação aos pontos **P** e **Q** eram, respectivamente, 2 km e 3 km.

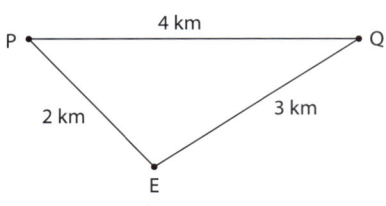

a) Qual é a medida do ângulo PÊQ? Use a tabela da página *640*.

b) Qual seria a menor distância que a embarcação percorreria se pudesse aportar em qualquer ponto de $\overline{PQ}$?

3 As medidas de dois lados consecutivos de um paralelogramo são 5 cm e $2\sqrt{3}$ cm. O ângulo formado por esses lados mede 30°. Quanto medem as diagonais desse paralelogramo?

4 Um teleférico de 3 km de extensão liga o ponto **A** até o topo de uma montanha, como mostra a figura.

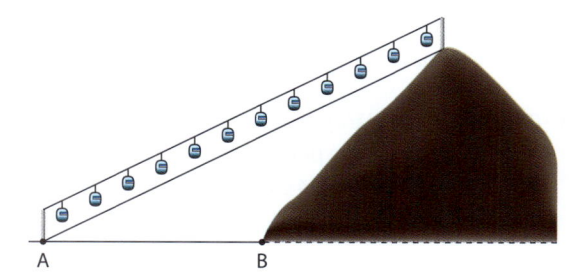

Outra opção de ascensão à montanha é caminhar 2 km até sua base, no ponto **B**, e de lá iniciar a escalada, considerando plano e retilíneo o trecho de subida. Sabendo que, para cada metro percorrido sobre a montanha, corresponde um deslocamento horizontal de 50 cm, determine:

Use $\sqrt{6} \simeq 2,45$ e $\sqrt{3} \simeq 1,73$.

a) a distância total percorrida por um turista que, saindo de **A** e passando por **B**, chegou ao cume da montanha;

b) a altura aproximada da montanha.

5 Na circunferência trigonométrica, as imagens dos números reais pertencentes ao conjunto $C = \left\{ x \in \mathbb{R} \mid x = \dfrac{k \cdot \pi}{4},\ \text{para } \mathbf{k} \text{ inteiro, com } 0 \leq k \leq 8 \right\}$ são vértices de um polígono.

a) Qual é o perímetro desse polígono?

b) Qual é a área desse polígono?

6 Na circunferência trigonométrica abaixo, **P** é imagem do número real $\dfrac{2\pi}{3}$.

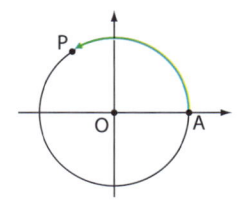

Determine a diferença entre o comprimento do arco $\overset{\frown}{AP}$ e a medida do segmento $\overline{AP}$. Use $\pi \simeq 3,1$ e $\sqrt{3} \simeq 1,7$.

7 Seja **P** o ponto médio de $\overline{AB}$, lado do triângulo equilátero ABC. Toma-se **Q** em $\overline{AC}$ de modo que $m(A\hat{P}Q) = 75°$. Se $\overline{PQ}$ mede 10 cm, determine a altura do triângulo ABC.

8 O hexágono ABCDEF é regular e seu perímetro é 48 cm.

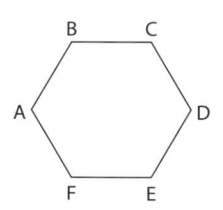

Do vértice **A** saem 3 diagonais. Qual é a soma das medidas dessas três diagonais?

9 (UF-GO) Uma empresa de vigilância irá instalar um sistema de segurança em um condomínio fechado, representado pelo polígono da figura abaixo.

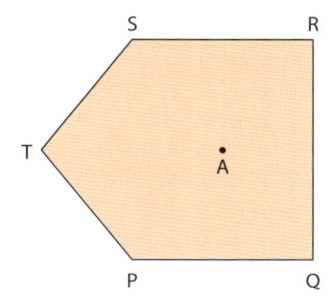

A empresa pretende colocar uma torre de comunicação, localizada no ponto **A**, indicado na figura, que seja equidistante dos vértices do polígono, indicados por **P**, **Q**, **R**, **S** e **T**, onde serão instalados os equipamentos de segurança. Sabe-se que o lado $\overline{RQ}$ desse polígono mede 3 000 m e as medidas dos outros lados são todas iguais à distância do ponto **A** aos vértices do polígono. Calcule a distância do ponto **A**, onde será instalada a torre, aos vértices do polígono.

10 (FGV-SP)

a) Determine o perímetro do triângulo na forma decimal aproximada, até os décimos. Se quiser, use algum destes dados: $35^2 = 1\,225$; $36^2 = 1\,296$; $37^2 = 1\,369$.

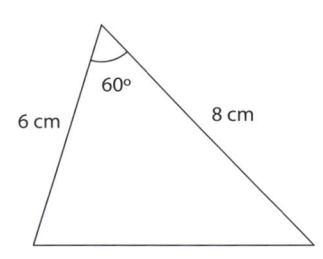

b) Um aluno tinha de fazer um cartaz triangular, em cartolina. Decidiu construir o triângulo com as seguintes medidas dos lados: 6 cm, 8 cm e 16 cm. Ele conseguirá fazer o cartaz? Por quê?

11 (Unicamp-SP) Um topógrafo deseja calcular a distância entre pontos situados à margem de um riacho, como mostra a figura a seguir. O topógrafo determinou as distâncias mostradas na figura, bem como os ângulos especificados na tabela abaixo, obtidos com a ajuda de um teodolito.

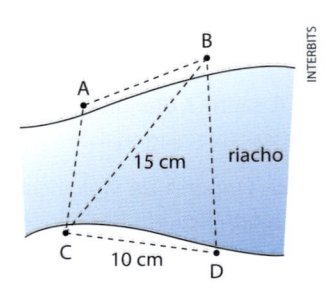

Visada	Ângulo
AĈB	$\dfrac{\pi}{6}$
BĈD	$\dfrac{\pi}{3}$
AB̂C	$\dfrac{\pi}{6}$

a) Calcule a distância entre **A** e **B**.

b) Calcule a distância entre **B** e **D**.

12 Determine o perímetro e a área de um triângulo que possui lados medindo 5 cm e 7 cm, entre os quais se forma um ângulo cujo seno vale $\dfrac{3}{5}$.

13 (Vunesp-SP) Dois terrenos, **T₁** e **T₂**, têm frentes para a rua **R** e fundos para a rua **S**, como mostra a figura. O lado $\overline{BC}$ do terreno **T₁** mede 30 m e é paralelo ao lado $\overline{DE}$ do terreno **T₂**. A frente $\overline{AC}$ do terreno **T₁** mede 50 m e o fundo $\overline{BD}$ do terreno **T₂** mede 35 m. Ao lado do terreno **T₂** há um outro terreno, **T₃**, com frente para a rua **Z**, na forma de um setor circular de centro **E** e raio $\overline{ED}$.

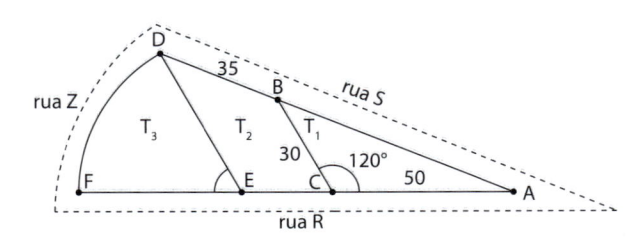

Determine:

a) as medidas do fundo $\overline{AB}$ do terreno **T₁** e da frente $\overline{CE}$ do terreno **T₂**.

b) a medida do lado $\overline{DE}$ do terreno **T₂** e o perímetro do terreno **T₃**.

14 (U. F. Triângulo Mineiro-MG) Dado um triângulo isósceles de lados congruentes medindo 20 cm, e o ângulo **α** formado por esses dois lados, tal que $4 \operatorname{sen} \alpha = 3 \cos \alpha$, determine:

a) O valor numérico de sen α.

b) O perímetro desse triângulo.

15 (Fuvest-SP) No triângulo ABC da figura, a mediana $\overline{AM}$, relativa ao lado $\overline{BC}$, é perpendicular ao lado $\overline{AB}$. Sabe-se também que BC = 4 e AM = 1. Se **α** é a medida do ângulo AB̂C, determine:

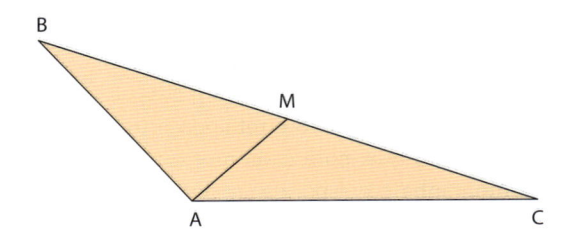

a) sen α.

b) o comprimento AC.

c) a altura do triângulo ABC relativa ao lado $\overline{AB}$.

d) a área do triângulo AMC.

16 (Unicamp-SP) Um satélite orbita a 6 400 km da superfície da Terra. A figura abaixo representa uma seção plana que inclui o satélite, o centro da Terra e o arco de circunferência $\overset{\frown}{AB}$. Nos pontos desse arco, o sinal do satélite pode ser captado. Responda às questões a seguir, considerando que o raio da Terra também mede 6 400 km.

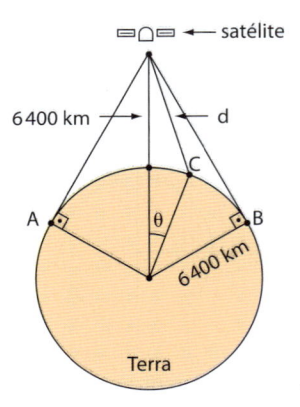

a) Qual o comprimento do arco $\overset{\frown}{AB}$ indicado na figura?

b) Suponha que o ponto **C** da figura seja tal que $\cos(\theta) = \dfrac{3}{4}$. Determine a distância **d** entre o ponto **C** e o satélite.

TESTES

1 (U. F. Juiz de Fora-MG) Uma praça circular de raio **R** foi construída a partir da planta a seguir:

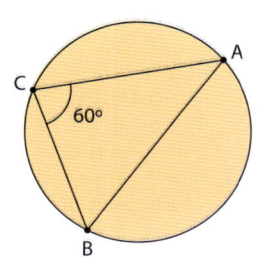

Os segmentos $\overline{AB}$, $\overline{BC}$ e $\overline{CA}$ simbolizam ciclovias construídas no interior da praça, sendo que AB = 80 m. De acordo com a planta e as informações dadas, é correto afirmar que a medida de **R** é igual a:

a) $\dfrac{160\sqrt{3}}{3}$ m   **d)** $\dfrac{8\sqrt{3}}{3}$ m

b) $\dfrac{80\sqrt{3}}{3}$ m   **e)** $\dfrac{\sqrt{3}}{3}$ m

c) $\dfrac{16\sqrt{3}}{3}$ m

2 (UE-CE) Se a medida de um dos ângulos internos de um paralelogramo é 120° e se as medidas de dois de seus lados são respectivamente 6 m e 8 m, então a medida, em metros, da diagonal de maior comprimento deste paralelogramo é:

a) $2\sqrt{37}$ **c)** $2\sqrt{48}$

b) $3\sqrt{37}$ **d)** $3\sqrt{48}$

3 (Cefet-MG) Um grupo de escoteiros pretende escalar uma montanha até o topo, representado na figura abaixo pelo ponto **D**, visto sob ângulos de 40° do acampamento **B** e de 60° do acampamento **A**.

Dado: sen 20° ≃ 0,342

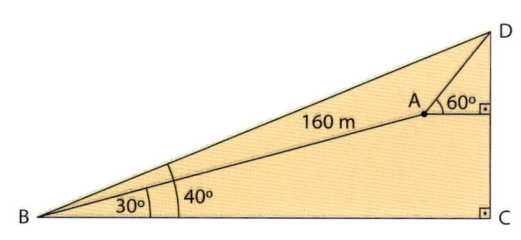

Considerando que o percurso de 160 m entre **A** e **B** é realizado segundo um ângulo de 30° em relação à base da montanha, então, a distância entre **B** e **D**, em metros, é de, aproximadamente:

a) 190   **b)** 234   **c)** 260   **d)** 320

4 (U. F. Santa Maria-RS) A caminhada é uma das atividades físicas que, quando realizada com frequência, torna-se eficaz na prevenção de doenças crônicas e na melhora da qualidade de vida.

Para a prática de uma caminhada, uma pessoa sai do ponto **A**, passa pelos pontos **B** e **C** e retorna ao ponto **A**, conforme trajeto indicado na figura.

Dado: $\sqrt{3} \simeq 1,7$

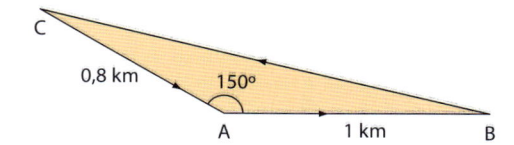

Quantos quilômetros ela terá caminhado se percorrer todo o trajeto?

a) 2,29   **c)** 3,16   **e)** 4,80

b) 2,33   **d)** 3,50

5 (U. F. Triângulo Mineiro-MG) Na figura estão posicionadas as cidades vizinhas **A**, **B** e **C**, que são ligadas por estradas em linha reta. Sabe-se que, seguindo por essas estradas, a distância entre **A** e **C** é de 24 km, e entre **A** e **B** é de 36 km.

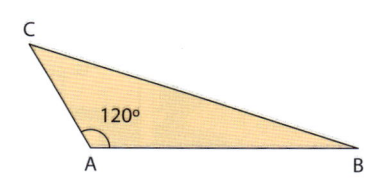

Nesse caso, pode-se concluir que a distância, em km, entre **B** e **C** é igual a:

a) $8\sqrt{17}$ **c)** $12\sqrt{23}$ **e)** $20\sqrt{13}$

b) $12\sqrt{19}$ **d)** $20\sqrt{15}$

6 (PUC-RJ) Seja um hexágono regular ABCDEF. A razão entre os comprimentos dos segmentos $\overline{AC}$ e $\overline{AB}$ é igual a:

a) $\sqrt{2}$ **c)** $\dfrac{1 + \sqrt{5}}{2}$ **e)** 2

b) $\dfrac{3}{2}$ **d)** $\sqrt{3}$

7 (Mackenzie-SP) Num retângulo de lados 1 cm e 3 cm, o seno do menor ângulo formado pelas diagonais é:

a) $\dfrac{2}{3}$ **c)** $\dfrac{4}{5}$ **e)** $\dfrac{3}{5}$

b) $\dfrac{1}{3}$ **d)** $\dfrac{1}{5}$

8 (Unicamp-SP) Na figura abaixo, ABC e BDE são triângulos isósceles semelhantes de bases 2a e **a**, respectivamente, e o ângulo CÂB = 30°. Portanto, o comprimento do segmento CE é:

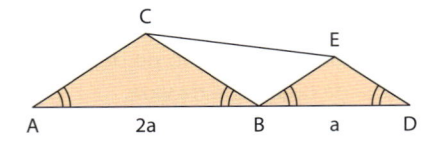

a) $a\sqrt{\dfrac{5}{3}}$ **b)** $a\sqrt{\dfrac{8}{3}}$ **c)** $a\sqrt{\dfrac{7}{3}}$ **d)** $a\sqrt{2}$

9 (UF-RS) As medidas dos lados de um triângulo são proporcionais a 2, 2 e 1. Os cossenos de seus ângulos internos são, portanto:

a) $\dfrac{1}{8}, \dfrac{1}{8}, \dfrac{1}{2}$ **c)** $\dfrac{1}{4}, \dfrac{1}{4}, \dfrac{7}{8}$ **e)** $\dfrac{1}{2}, \dfrac{1}{2}, \dfrac{7}{8}$

b) $\dfrac{1}{4}, \dfrac{1}{4}, \dfrac{1}{8}$ **d)** $\dfrac{1}{2}, \dfrac{1}{2}, \dfrac{1}{4}$

10 (UF-RS) No triângulo representado na figura abaixo, $\overline{AB}$ e $\overline{AC}$ têm a mesma medida, e a altura relativa ao lado $\overline{BC}$ é igual a $\dfrac{2}{3}$ da medida de $\overline{BC}$.

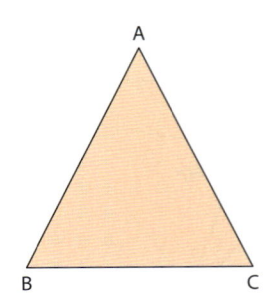

Com base nesses dados, o cosseno do ângulo CÂB é:

a) $\dfrac{7}{25}$ **c)** $\dfrac{4}{5}$ **e)** $\dfrac{5}{6}$

b) $\dfrac{7}{20}$ **d)** $\dfrac{5}{7}$

11 (PUC-SP) Leia com atenção o problema proposto a Calvin na tira seguinte.

O melhor de Calvin Bill Watterson

O ponto A é duas vezes mais distante do ponto C do que o ponto B é de A. Se a distância de B a C é de 5 cm, qual é a distância do ponto A ao ponto C?

OS MORTOS-VIVOS NÃO PRECISAM RESOLVER JOGOS DE PALAVRAS.

(Jornal o *Estado de S. Paulo*, 28/04/2007.)

Supondo que os pontos **A**, **B** e **C** sejam vértices de um triângulo cujo ângulo do vértice **A** mede 60°, então a resposta correta que Calvin deveria encontrar para o problema é, em centímetros:

a) $\dfrac{(5\sqrt{3})}{3}$ **b)** $\dfrac{(8\sqrt{3})}{3}$ **c)** $\dfrac{(10\sqrt{3})}{3}$ **d)** $5\sqrt{3}$ **e)** $10\sqrt{3}$

12 (FGV-SP) Na figura, ABCDEF é um hexágono regular de lado 1 dm, e **Q** é o centro da circunferência inscrita a ele. O perímetro do polígono AQCEF, em dm, é igual a:

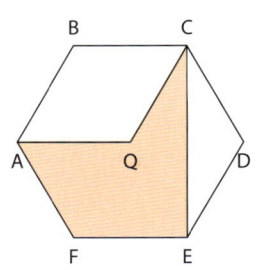

a) $4 + \sqrt{2}$ **d)** $4 + \sqrt{5}$

b) $4 + \sqrt{3}$ **e)** $2(2 + \sqrt{2})$

c) 6

13 (Fatec-SP) Sejam **α**, **β** e **γ** as medidas dos ângulos internos de um triângulo.

Se $\dfrac{\operatorname{sen}\alpha}{\operatorname{sen}\beta} = \dfrac{3}{5}, \dfrac{\operatorname{sen}\alpha}{\operatorname{sen}\gamma} = 1$ e o perímetro do triângulo é 44, então a medida do maior lado desse triângulo é:

a) 5 **c)** 15 **e)** 25

b) 10 **d)** 20

14 (Vunesp-SP) Um professor de Geografia forneceu a seus alunos um mapa do estado de São Paulo, que informava que as distâncias aproximadas em linha reta entre os pontos que representam as cidades de São Paulo e Campinas e entre os pontos que representam as cidades de São Paulo e Guaratinguetá eram, respectivamente, 80 km e 160 km. Um dos alunos observou, então, que as distâncias em linha reta entre os pontos que representam as cidades de São Paulo, Campinas e Sorocaba formavam um triângulo equilátero. Já um outro aluno notou que as distâncias em linha reta entre os pontos que representam as cidades de São Paulo, Guaratinguetá e Campinas formavam um triângulo retângulo, conforme mostra o mapa.

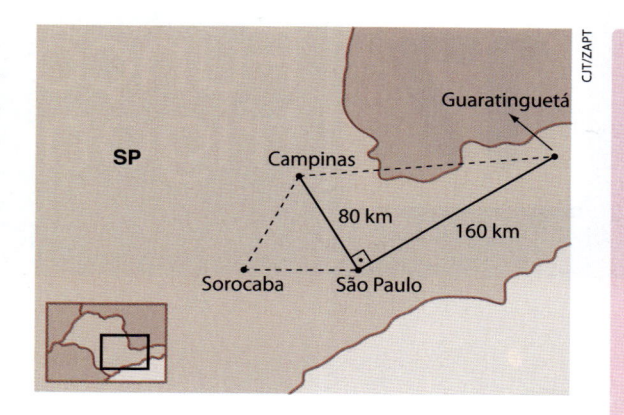

Com essas informações, os alunos determinaram que a distância em linha reta entre os pontos que representam as cidades de Guaratinguetá e Sorocaba, em km, é próxima de:

a) $80\sqrt{2 + 5\sqrt{3}}$

b) $80\sqrt{5 + 2\sqrt{3}}$

c) $80\sqrt{6}$

d) $80\sqrt{5 + 3\sqrt{2}}$

e) $80\sqrt{7\sqrt{3}}$

15 (Vunesp-SP) No dia 11 de março de 2011, o Japão foi sacudido por terremoto com intensidade de 8,9 na Escala Richter, com o epicentro no Oceano Pacífico, a 360 km de Tóquio, seguido de *tsunami*. A cidade de Sendai, a 320 km a nordeste de Tóquio, foi atingida pela primeira onda do *tsunami* após 13 minutos.

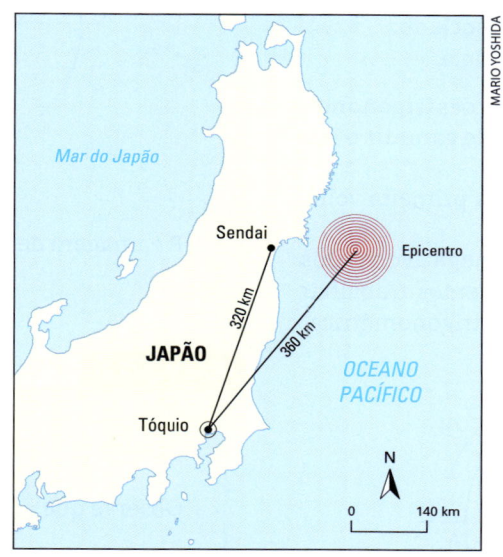

(*O Estado de S. Paulo*, 13 mar. 2011. Adaptado.)

Baseando-se nos dados fornecidos e sabendo que cos α = 0,934, onde **α** é o ângulo Epicentro-Tóquio-Sendai, e que $2^8 \cdot 3^2 \cdot 93,4 \simeq 215\,100$, a velocidade média, em km/h, com que a 1ª onda do *tsunami* atingiu a cidade de Sendai foi de:

a) 10

b) 50

c) 100

d) 250

e) 600

16 (ITA-SP) Considere o triângulo ABC de lados a = $\overline{BC}$, b = $\overline{AC}$ e c = $\overline{AB}$ e ângulos internos α = C$\hat{A}$B, β = A$\hat{B}$C e γ = B$\hat{C}$A. Sabendo-se que a equação $x^2 - 2bx \cos α + b^2 - a^2 = 0$ admite **c** como raiz dupla, pode-se afirmar que:

a) α = 90°.

b) β = 60°.

c) γ = 90°.

d) O triângulo é retângulo apenas se α = 45°.

e) O triângulo é retângulo e **b** é hipotenusa.

Funções trigonométricas

▶ As demais voltas na circunferência trigonométrica

No capítulo *14*, quando estabelecemos a circunferência trigonométrica, associamos a cada ponto da circunferência um número real pertencente ao intervalo $[0, 2\pi[$.

Essa associação possui caráter biunívoco, ou seja, além de a cada ponto da circunferência estar relacionado um único número real x, $x \in [0, 2\pi[$, também, inversamente, a cada número real desse intervalo associa-se um ponto sobre a circunferência trigonométrica.

Vamos estender essa associação:

> A cada número real está associado um ponto da circunferência.

Isso permitirá a definição das funções **trigonométricas** (ou funções **circulares**), além de garantir o seu caráter cíclico (ou periódico).

Até agora trabalhamos apenas na primeira volta, ou seja, no intervalo $[0, 2\pi[$.

Com a inclusão dos números negativos e dos maiores que (ou iguais a) 2π, poderemos trabalhar nas demais voltas da circunferência trigonométrica.

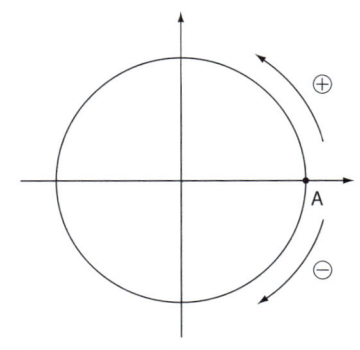

Seja $x \in \mathbb{R}$. Como podemos encontrar o ponto **P**, imagem de **x**?

- Se $x > 0$, partimos do ponto A(1, 0) e percorremos, no sentido anti-horário, um arco de comprimento **x** (e medida **x** rad), cuja extremidade final é **P**.
- Se $x < 0$, partimos do ponto A(1, 0) e percorremos, no sentido horário, um arco de comprimento $|x|$, cuja extremidade final é **P**.
- Se $x = 0$, a imagem **P** é o próprio ponto **A**.

$$x = -\frac{\pi}{3}$$

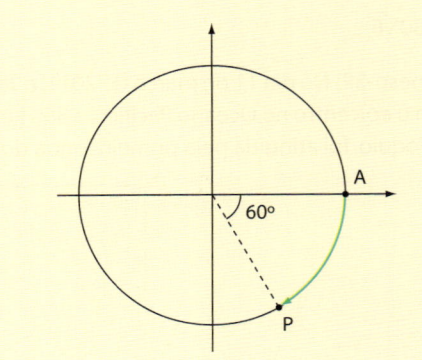

P é imagem de $-\dfrac{\pi}{3}$.

$$x = \frac{5\pi}{2}$$

Observe que $\dfrac{5\pi}{2} = \dfrac{4\pi}{2} + \dfrac{\pi}{2} = \underbrace{2\pi}_{\text{uma volta completa}} + \dfrac{\pi}{2}$

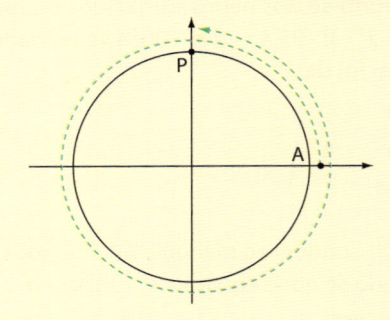

P é imagem de $\dfrac{5\pi}{2}$.

EXEMPLO 3

$x = -\dfrac{3\pi}{2}$

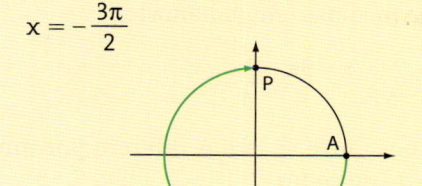

P é imagem de $-\dfrac{3\pi}{2}$.

EXEMPLO 4

$x = -3\pi$

Note que $-3\pi = \underbrace{-(2\pi + \pi)}_{\substack{\text{uma volta e meia no} \\ \text{sentido horário}}}$

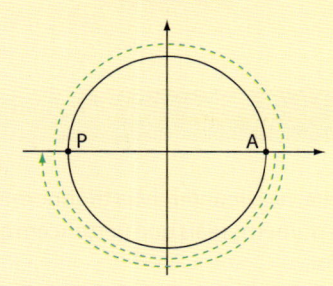

P é imagem de -3π.

EXEMPLO 5

$x = \dfrac{25\pi}{6}$

Observe que

$\dfrac{25\pi}{6} = \dfrac{24\pi}{6} + \dfrac{\pi}{6} = \underbrace{4\pi}_{\substack{\text{duas voltas} \\ \text{completas}}} + \dfrac{\pi}{6}$

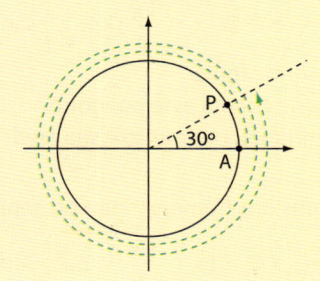

P é imagem de $x = \dfrac{25\pi}{6}$.

É fácil perceber que um determinado ponto da circunferência trigonométrica é imagem de infinitos números reais.

Veja, por exemplo, o ponto **P** na figura abaixo.

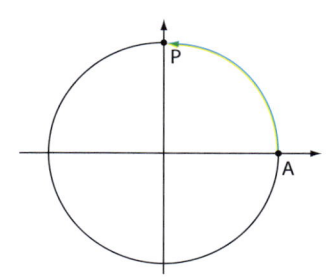

Sabemos que **P** é imagem de $\dfrac{\pi}{2}$. Para obter outros números reais cuja imagem também seja **P**, procedemos do seguinte modo:

- $\dfrac{\pi}{2} + 2\pi = \dfrac{5\pi}{2}$

- $\dfrac{\pi}{2} + 2 \cdot 2\pi = \dfrac{\pi}{2} + 4\pi = \dfrac{9\pi}{2}$

- $\dfrac{\pi}{2} + 3 \cdot 2\pi = \dfrac{\pi}{2} + 6\pi = \dfrac{13\pi}{2}$

    $\vdots$

Note que percorremos a partir de **A**, no sentido anti-horário, um arco de comprimento $\dfrac{\pi}{2}$ e, em seguida, demos 1, 2, 3, ... voltas completas, no mesmo sentido.

Agora, observe este caso:

- $\dfrac{\pi}{2} - 2\pi = -\dfrac{3\pi}{2}$

- $\dfrac{\pi}{2} - 2 \cdot 2\pi = \dfrac{\pi}{2} - 4\pi = -\dfrac{7\pi}{2}$

- $\dfrac{\pi}{2} - 3 \cdot 2\pi = \dfrac{\pi}{2} - 6\pi = -\dfrac{11\pi}{2}$

    $\vdots$

Note que percorremos a partir de **A**, no sentido anti--horário, um arco de comprimento $\dfrac{\pi}{2}$ e, em seguida, demos 1, 2, 3, ... voltas completas, no outro sentido (horário).

De modo geral, possuem imagem em **P** todos os números reais da forma:

$$\dfrac{\pi}{2} + k \cdot 2\pi, \text{ sendo } \mathbf{k} \text{ um número } \textbf{inteiro.}$$

Todos os arcos construídos $\left(\cdots, -\dfrac{11\pi}{2}, -\dfrac{7\pi}{2}, -\dfrac{3\pi}{2},\right.$ $\left.\dfrac{\pi}{2}, \dfrac{5\pi}{2}, \dfrac{9\pi}{2}, \dfrac{13\pi}{2}, \ldots\right)$ têm origem em **A** e extremidade (final) em **P**. Eles são chamados **arcos côngruos**.

EXEMPLO 6

O ponto **P** é imagem do número real $\frac{\pi}{4}$. Todos os números reais que possuem a forma $x = \frac{\pi}{4} + k \cdot 2\pi$, sendo $k \in \mathbb{Z}$, têm imagem em **P**.

Façamos **k** variar em $\mathbb{Z}$:

$$k = 0 \to x = \frac{\pi}{4}$$

$$k = 1 \to x = \frac{\pi}{4} + 2\pi = \frac{9\pi}{4}$$

$$k = 2 \to x = \frac{\pi}{4} + 4\pi = \frac{17\pi}{4}$$

$$\vdots \qquad \vdots \qquad \vdots$$

$$k = -1 \to x = \frac{\pi}{4} - 2\pi = -\frac{7\pi}{4}$$

$$k = -2 \to x = \frac{\pi}{4} - 4\pi = -\frac{15\pi}{4}$$

$$\vdots \qquad \vdots \qquad \vdots$$

Os arcos de medidas (em radianos) ...,

$$..., -\frac{15\pi}{4}, -\frac{7\pi}{4}, \frac{\pi}{4}, \frac{9\pi}{4}, \frac{17\pi}{4}, ...$$

são côngruos entre si, isto é, diferem por um número inteiro de voltas.

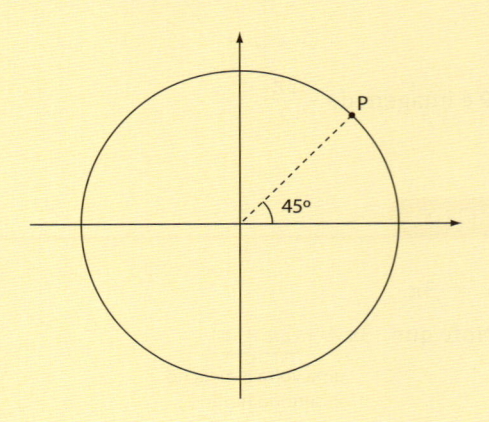

EXERCÍCIOS

1 Agrupe os seguintes números reais de acordo com os quadrantes em que se encontram suas imagens na circunferência trigonométrica.

$$-\frac{3\pi}{4}, \frac{22\pi}{3}, \frac{17\pi}{4}, -\frac{19\pi}{6}, \frac{26\pi}{3}, -\frac{5\pi}{4} \text{ e } -0,5$$

2 Indique, na circunferência trigonométrica, as imagens dos seguintes números reais:

$$13\pi, -\frac{5\pi}{2}, 40\pi, \frac{7\pi}{2}, \frac{17\pi}{2}, -21\pi, -14\pi \text{ e } -\frac{11\pi}{2}.$$

3 Em cada caso, escreva a expressão geral dos números reais que possuem imagem no ponto:

a) X   **c)** Y   **e)** A

b) C   **d)** D

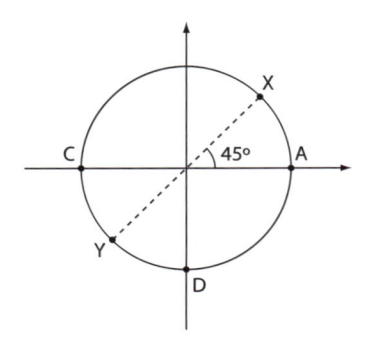

4 Represente, na circunferência trigonométrica, as imagens dos números reais que pertencem aos seguintes conjuntos:

a) $A = \{x \in \mathbb{R} \mid x = k\pi; \ k \in \mathbb{Z}\}$

b) $B = \left\{x \in \mathbb{R} \mid x = \frac{\pi}{6} + k\pi; \ k \in \mathbb{Z}\right\}$

c) $C = \left\{x \in \mathbb{R} \mid x = \frac{\pi}{5} + k2\pi; \ k \in \mathbb{Z}\right\}$

d) $D = \left\{x \in \mathbb{R} \mid x = -\frac{\pi}{2} + k\pi; \ k \in \mathbb{Z}\right\}$

e) $E = \left\{x \in \mathbb{R} \mid x = \frac{2\pi}{3} + k2\pi; \ k \in \mathbb{Z}\right\}$

5 As imagens dos números reais pertencentes ao conjunto $A = \left\{x \in \mathbb{R} \mid x = \frac{k\pi}{2}; k \in \mathbb{Z}\right\}$ são os vértices de um polígono regular.

a) Como se chama esse polígono?

b) Obtenha seu perímetro e sua área.

6 As imagens dos números reais pertencentes ao conjunto $A = \left\{x \in \mathbb{R} \mid x = \frac{k\pi}{3}; k \in \mathbb{Z}\right\}$ são os vértices de um polígono regular na circunferência trigonométrica.

a) Como se chama esse polígono?

b) Obtenha seu perímetro e sua área.

▶ Funções periódicas

No dia a dia, é comum encontrarmos diversos fenômenos que se repetem após o mesmo intervalo de tempo:

- os dias da semana repetem-se de 7 em 7 dias, de 14 em 14 dias, de 21 em 21 dias etc.;
- os meses do ano repetem-se de 12 em 12 meses, de 24 em 24 meses, de 36 em 36 meses etc.;
- as horas cheias, em um relógio analógico, repetem-se de 12 em 12 horas, de 24 em 24 horas, de 36 em 36 horas etc.

O menor intervalo de tempo em que ocorre a repetição de um determinado fato ou fenômeno é chamado de **período**.

Outros exemplos de fenômenos periódicos são as fases da Lua, a altura das marés etc.

Na Matemática também existem funções que apresentam um comportamento periódico. Vejamos o exemplo a seguir.

EXEMPLO 7

Seja $f: \mathbb{N} \to \mathbb{Z}$ definida pela lei $f(x) = (-1)^x$. Acompanhe na tabela alguns valores que **f** assume à medida que **x** varia em $\mathbb{N}$:

x	f(x)
0	1
1	−1
2	1
3	−1
4	1
5	−1
6	1
⋮	⋮

Não é difícil perceber que:
- se **x** é par, $f(x) = 1$;
- se **x** é ímpar, $f(x) = -1$.

Observe que:
- $f(0) = f(2) = f(4) = f(6) = f(8) = \ldots = 1$
- $f(1) = f(3) = f(5) = f(7) = f(9) = \ldots = -1$

Nos dois casos, quando **x** varia por duas unidades, o valor de $f(x)$ se repete: $f(x) = f(x + 2) = = f(x + 4) = f(x + 6) = \ldots$

O menor valor positivo para o qual os valores se repetem é 2. Dizemos então que o período dessa função é 2.

Observe o gráfico de **f**:

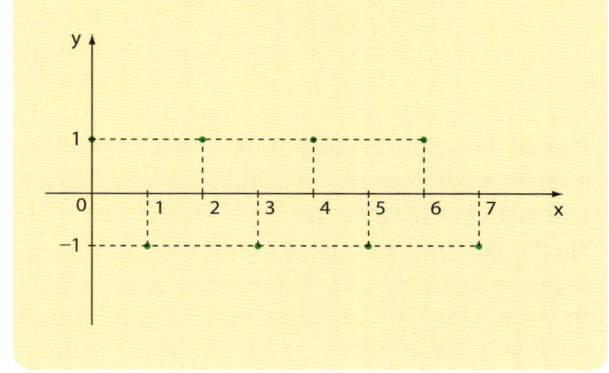

Uma função $f: A \to B$ é periódica se existir um número real positivo **p** tal que
$$f(x) = f(x + p), \forall x \in A$$
O menor valor positivo de **p** é chamado de **período** de **f**.

Como veremos a seguir, as funções trigonométricas são exemplos de funções periódicas e podem modelar certos fenômenos periódicos.

Estudaremos, neste livro, as três principais funções trigonométricas: a **função seno**, a **função cosseno** e a **função tangente**.

▶ Função seno

Seja **x** um número real e **P** sua imagem na circunferência trigonométrica. Denominamos de **função seno** a função $f: \mathbb{R} \to \mathbb{R}$ que associa a cada número real **x** o valor do seu seno, isto é, $f(x) = \text{sen } x$.

Observe que **f** associa a cada número real **x** a ordenada do ponto correspondente à sua imagem na circunferência trigonométrica. Lembre-se de que a ordenada de qualquer ponto pertencente à circunferência trigonométrica varia entre −1 e 1, isto é, $-1 \leqslant \text{sen } x \leqslant 1$.

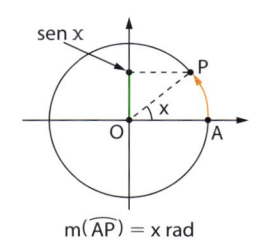

$m(\overset{\frown}{AP}) = x \text{ rad}$

Utilizando valores já conhecidos representados na circunferência trigonométrica abaixo, podemos identificar algumas propriedades da função seno:

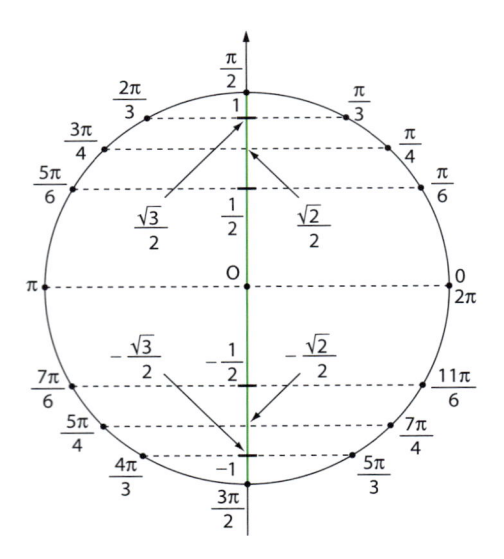

- O **sinal** da função **f** dada por f(x) = sen x é positivo quando **x** pertence ao 1º e 2º quadrantes; e é negativo quando **x** pertence ao 3º e 4º quadrantes.

- No 1º quadrante, a função **f** é crescente, pois, à medida que **x** aumenta, os valores de sen x aumentam de 0 até 1; no 2º e 3º quadrantes, **f** é decrescente: à medida que **x** aumenta, os valores de sen x diminuem de 1 (valor máximo) até −1 (valor mínimo);

no 4º quadrante, a função retoma o crescimento e seus valores aumentam de −1 a 0.

Em resumo, no 1º e 4º quadrantes **f** é **crescente** e no 2º e 3º quadrantes **f** é **decrescente**.

- A função seno é **periódica** e seu período é 2π. De fato, os números reais **x** e x + k · 2π, para **k** inteiro, têm a mesma imagem na circunferência e, portanto, sen x = sen (x + k · 2π), k ∈ ℤ. Assim, **f** é periódica e seu período **p** corresponde ao menor valor positivo de k · 2π, que é 2π.

- O domínio e o contradomínio de **f** são iguais a ℝ. No entanto, o conjunto imagem da função seno é o intervalo real [−1, 1], pois ∀ x ∈ ℝ, temos que: −1 ⩽ sen x ⩽ 1.

- **f** é uma função **ímpar**, pois ∀ x ∈ ℝ, sen (−x) = = −sen x.

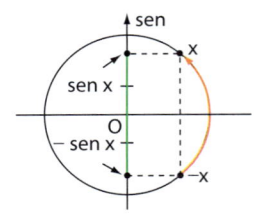

Levando em consideração todas as propriedades anteriores, construímos o gráfico de **f**, dado por f(x) = sen x, que recebe o nome de **senoide**.

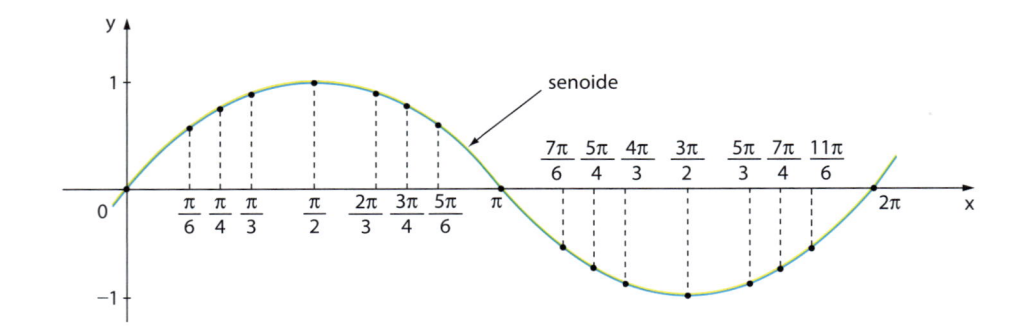

Representamos no gráfico apenas um período de **f**. A senoide, no entanto, continua para a esquerda de 0 e para a direita de 2π, pois o domínio de **f** é ℝ. Note que, de −2π a 0, de 2π a 4π etc., encontraríamos

"cópias" do gráfico representado, devido à periodicidade de **f**.

A partir da senoide, é possível construir o gráfico de outras funções. Acompanhe os dois exemplos que seguem.

EXEMPLO 8

Para construir o gráfico de um período da função f:ℝ → ℝ dada por f(x) = 3 · sen x, podemos fazer uma tabela em três etapas:

1ª) atribuímos valores convenientes para **x**;

2ª) associamos a **x** os correspondentes valores de sen x;

3ª) multiplicamos sen x por 3.

x	sen x	y = 3 · sen x
0		
$\frac{\pi}{2}$		
π		
$\frac{3\pi}{2}$		
2π		

x	sen x	y = 3 · sen x
0	0	
$\frac{\pi}{2}$	1	
π	0	
$\frac{3\pi}{2}$	−1	
2π	0	

x	sen x	y = 3 · sen x
0	0	0
$\frac{\pi}{2}$	1	3
π	0	0
$\frac{3\pi}{2}$	−1	−3
2π	0	0

Observe que o período de **f** é 2π, e seu conjunto imagem é Im = [−3, 3].

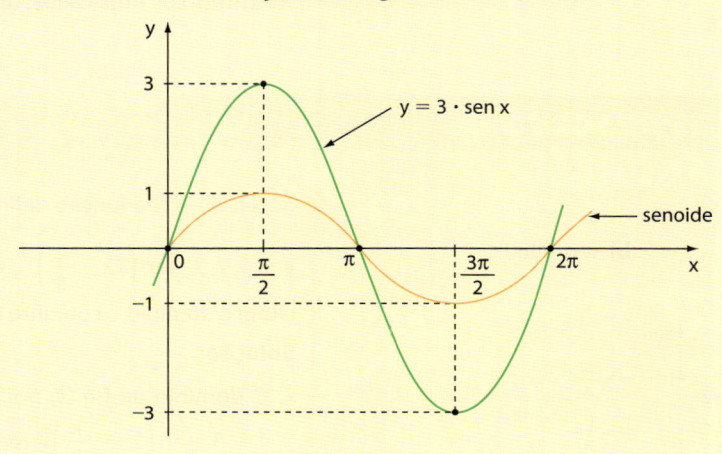

Vamos construir o gráfico de um período da função $f: \mathbb{R} \to \mathbb{R}$ definida por y = sen 2x.

Há três etapas na construção da tabela:

1ª) atribuímos valores convenientes para t = 2x;

2ª) associamos a cada **t** (t = 2x) o correspondente sen t, ou seja, sen 2x;

3ª) calculamos os valores de **x** $\left(\text{sendo } x = \frac{t}{2}\right)$.

x	t = 2x	y
	0	
	$\frac{\pi}{2}$	
	π	
	$\frac{3\pi}{2}$	
	2π	

x	t = 2x	y = sen 2x
	0	0
	$\frac{\pi}{2}$	1
	π	0
	$\frac{3\pi}{2}$	−1
	2π	0

x	t = 2x	y = sen 2x
0	0	0
$\frac{\pi}{4}$	$\frac{\pi}{2}$	1
$\frac{\pi}{2}$	π	0
$\frac{3\pi}{4}$	$\frac{3\pi}{2}$	−1
π	2π	0

Como sabemos, para que sen t complete um período, é necessário que **t** varie de 0 a 2π.

Temos: $0 \leqslant t \leqslant 2\pi \Leftrightarrow 0 \leqslant 2x \leqslant 2\pi \Rightarrow 0 \leqslant x \leqslant \pi$, isto é, $x \in [0, \pi]$.

Assim, o período da função **f** dada por y = sen 2x corresponde ao comprimento do intervalo de variação de **x** na última tabela, que é $\pi - 0 = \pi$.

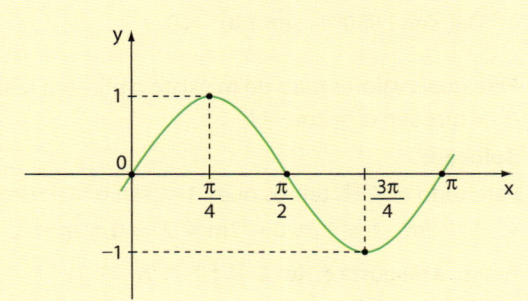

▶ Propriedade

Sejam **c** e **d** números reais, com $c \neq 0$. A função definida por $y = \text{sen}\,(cx + d)$ tem período **p** dado por $p = \dfrac{2\pi}{|c|}$.

De fato, fazendo $t = cx + d$, para que sen t complete um período, é necessário que **t** varie de 0 a 2π:

$$0 \leqslant t \leqslant 2\pi \Leftrightarrow 0 \leqslant cx + d \leqslant 2\pi \Leftrightarrow$$

$$\Leftrightarrow -d \leqslant cx \leqslant -d + 2\pi$$

- Para $c > 0$, temos: $-\dfrac{d}{c} \leqslant x \leqslant \dfrac{-d + 2\pi}{c}$, isto é,

$x \in \left[-\dfrac{d}{c}, \dfrac{-d + 2\pi}{c} \right]$, e o período **p** é:

$$\dfrac{-d + 2\pi}{c} - \left(-\dfrac{d}{c} \right) = \dfrac{2\pi}{c}$$

- Para $c < 0$, temos: $-\dfrac{d}{c} \geqslant x \geqslant \dfrac{-d + 2\pi}{c}$, isto é,

$x \in \left[\dfrac{-d + 2\pi}{c}, -\dfrac{d}{c} \right]$, e o período **p** é:

$$-\dfrac{d}{c} - \left(\dfrac{-d + 2\pi}{c} \right) = -\dfrac{2\pi}{c} > 0$$

Reunindo os dois casos, temos $p = \dfrac{2\pi}{|c|}$.

EXERCÍCIOS RESOLVIDOS

1 Calcular o valor de:

a) $\text{sen}\,\dfrac{19\pi}{4}$ **b)** $\text{sen}\,1\,980°$

Solução:

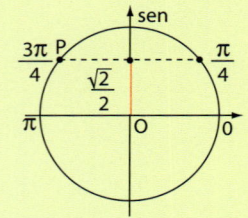

a) Notemos que $\dfrac{19\pi}{4} = \dfrac{16\pi}{4} + \dfrac{3\pi}{4} = 4\pi + \dfrac{3\pi}{4}$;

assim, $\dfrac{19\pi}{4}$ e $\dfrac{3\pi}{4}$ têm a mesma imagem **P** na circunferência e, portanto, $\text{sen}\,\dfrac{19\pi}{4} = \text{sen}\,\dfrac{3\pi}{4}$.

Como $\text{sen}\,\dfrac{3\pi}{4} = \text{sen}\,\dfrac{\pi}{4} = \dfrac{\sqrt{2}}{2}$, conclui-se que

$\text{sen}\,\dfrac{19\pi}{4} = \dfrac{\sqrt{2}}{2}$.

b) Dividimos $1\,980°$ por $360°$:

$$\begin{array}{r|l} 1\,980° & \underline{360°} \\ \downarrow & 5 \\ \text{resto} \to 180° & \end{array}$$

Assim, $1\,980° = 360° \cdot 5 + 180°$ e, desse modo, $1\,980°$ e $180°$ são arcos côngruos.

Daí, $\text{sen}\,1\,980° = \text{sen}\,180° = 0$.

2 Para quais valores reais de **m** existe o número real α tal que $\text{sen}\,\alpha = 2m - 1$?

Solução:

Para todo $\alpha \in \mathbb{R}$, temos que $-1 \leqslant \text{sen}\,\alpha \leqslant 1$, isto é, $-1 \leqslant 2m - 1 \leqslant 1 \Rightarrow 0 \leqslant 2m \leqslant 2 \Rightarrow 0 \leqslant m \leqslant 1$.

Assim, a resposta é: $\{m \in \mathbb{R} \mid 0 \leqslant m \leqslant 1\}$.

3 Seja $f: \mathbb{R} \to \mathbb{R}$ a função definida por

$$y = 1 + 3 \cdot \text{sen}\left(2x - \dfrac{\pi}{5} \right).$$

Obter o domínio, o conjunto imagem e seu período.

Solução:

- O domínio de **f** é $\mathbb{R}$, pois $\forall\, x \in \mathbb{R}$, o número $1 + 3 \cdot \text{sen}\left(2x - \dfrac{\pi}{5} \right)$ é real.

- Sabemos que $\forall\, x \in \mathbb{R}$,

$$-1 \leqslant \text{sen}\left(2x - \dfrac{\pi}{5} \right) \leqslant 1 \Rightarrow$$

$$\Rightarrow -3 \leqslant 3 \cdot \text{sen}\left(2x - \dfrac{\pi}{5} \right) \leqslant 3 \Rightarrow$$

$$\Rightarrow -3 + 1 \leqslant 1 + 3\,\text{sen}\left(2x - \dfrac{\pi}{5} \right) \leqslant 3 + 1,$$

isto é, $-2 \leqslant y \leqslant 4$; logo, $\text{Im} = [-2, 4]$.

- Para que sen t complete um período, sendo $t = 2x - \dfrac{\pi}{5}$, devemos ter $0 \leqslant t \leqslant 2\pi \Rightarrow$

$$\Rightarrow 0 \leqslant 2x - \dfrac{\pi}{5} \leqslant 2\pi \Leftrightarrow$$

$$\Leftrightarrow \dfrac{\pi}{5} \leqslant 2x \leqslant \underbrace{2\pi + \dfrac{\pi}{5}}_{\frac{11\pi}{5}} \Leftrightarrow$$

$$\Leftrightarrow \dfrac{\pi}{10} \leqslant x \leqslant \dfrac{11\pi}{10}, \text{ isto é, } x \in \left[\dfrac{\pi}{10}, \dfrac{11\pi}{10} \right],$$

e o período **p** é $\dfrac{11\pi}{10} - \dfrac{\pi}{10} = \pi$.

Também poderíamos ter aplicado a fórmula

$p = \dfrac{2\pi}{|c|}$, sendo $c = 2 \Rightarrow p = \dfrac{2\pi}{|2|} = \pi$.

EXERCÍCIOS

7 Dê o sinal de:

a) $\operatorname{sen}\left(-\dfrac{\pi}{2}\right)$ **c)** $\operatorname{sen}\dfrac{10\pi}{3}$ **e)** $\operatorname{sen} 3\,816°$

b) $\operatorname{sen}\left(-\dfrac{5\pi}{4}\right)$ **d)** $\operatorname{sen} 850°$ **f)** $\operatorname{sen}\dfrac{67\pi}{8}$

8 Determine o valor de:

a) $\operatorname{sen} 4\pi$ **c)** $\operatorname{sen}\dfrac{19\pi}{3}$ **e)** $\operatorname{sen}\left(-\dfrac{\pi}{3}\right)$

b) $\operatorname{sen}\dfrac{17\pi}{2}$ **d)** $\operatorname{sen} 1\,290°$ **f)** $\operatorname{sen}\dfrac{29\pi}{4}$

9 Obtenha o valor de:

a) $\operatorname{sen} 4\pi$ **d)** $\operatorname{sen}\dfrac{151\pi}{3} + \operatorname{sen}\dfrac{38\pi}{3}$

b) $\operatorname{sen}\dfrac{7\pi}{6} - \operatorname{sen}\dfrac{13\pi}{6}$ **e)** $\operatorname{sen}\left(-\dfrac{13\pi}{2}\right) \cdot \operatorname{sen}(-10\pi)$

c) $2\operatorname{sen}\dfrac{9\pi}{4} - \operatorname{sen}\dfrac{9\pi}{2}$

10 Qual(is) das afirmações a seguir é (são) verdadeira(s) ou falsa(s)?

a) O valor de $\operatorname{sen}\left(\dfrac{2\pi}{3} + k \cdot 2\pi\right)$, para **k** inteiro, é $\dfrac{\sqrt{3}}{2}$.

b) $\operatorname{sen}(k \cdot \pi) = 0$, para **k** inteiro.

c) $\operatorname{sen} 1\,000° > 0$.

d) O seno do número real 10 é negativo.

e) $\operatorname{sen}\left(-\dfrac{\pi}{11}\right) = \operatorname{sen}\left(\dfrac{\pi}{11}\right)$

11 (UF-PR) Suponha que a expressão $P = 100 + 20\operatorname{sen}(2\pi t)$ descreve de maneira aproximada a pressão sanguínea **P**, em milímetros de mercúrio, de uma certa pessoa durante um teste. Nessa expressão, **t** representa o tempo em segundos. A pressão oscila entre 20 milímetros de mercúrio acima e abaixo dos 100 milímetros de mercúrio, indicando que a pressão sanguínea da pessoa é 120 por 80. Como essa função tem um período de 1 segundo, o coração da pessoa bate 60 vezes por minuto durante o teste.

a) Dê o valor da pressão sanguínea dessa pessoa em $t = 0$ s; $t = 0,75$ s.

b) Em que momento, durante o primeiro segundo, a pressão sanguínea atingiu seu mínimo?

O enunciado a seguir refere-se aos exercícios de *12* a *16*. Determine o período e o conjunto imagem, construindo o gráfico de um período completo para cada função dada.

12 $f: \mathbb{R} \to \mathbb{R}$ tal que $f(x) = 2\operatorname{sen} x$.

13 $f: \mathbb{R} \to \mathbb{R}$ definida por $f(x) = -\operatorname{sen} x$.

14 $f: \mathbb{R} \to \mathbb{R}$ definida por $f(x) = \operatorname{sen} 3x$.

15 $f: \mathbb{R} \to \mathbb{R}$ definida por $f(x) = 3 + \operatorname{sen} x$.

16 $f: \mathbb{R} \to \mathbb{R}$ definida por $f(x) = 2 + \operatorname{sen}\left(\dfrac{x}{2}\right)$.

17 Obtenha o valor real de **m** para que o período de $f(x) = m + 3 \cdot \operatorname{sen}\left(\dfrac{5x}{m} + \pi\right)$ seja 4π. Para cada valor encontrado de **m**, determine o conjunto imagem da função e obtenha o valor de $f(30\pi)$.

18 Para quais valores reais de **t** temos $\operatorname{sen}\alpha = \dfrac{t + 1}{2}$, sendo **α** um número real qualquer?

19 O número real **α** é tal que $\dfrac{\pi}{2} \leqslant \alpha \leqslant \pi$, com $\operatorname{sen}\alpha = 2m - 3$. Quais são os possíveis valores reais de **m**?

20 Para cada função **f** seguinte, obtenha o domínio, o conjunto imagem e o período.

a) $f(x) = \operatorname{sen}\left(\dfrac{x}{2}\right)$ **c)** $f(x) = \dfrac{2\operatorname{sen} x}{3}$

b) $f(x) = 3 + \operatorname{sen}\left(x - \dfrac{\pi}{4}\right)$ **d)** $f(x) = -2 + 5\operatorname{sen} 4x$

21 (Unesp-SP) Podemos supor que um atleta, enquanto corre, balança cada um de seus braços ritmicamente (para a frente e para trás) segundo a equação: $y = f(t) = \dfrac{\pi}{9}\operatorname{sen}\left(\dfrac{8\pi}{3}\left(t - \dfrac{3}{4}\right)\right)$, onde **y** é o ângulo compreendido entre a posição do braço e o eixo vertical $\left(-\dfrac{\pi}{9} \leqslant y \leqslant \dfrac{\pi}{9}\right)$ e **t** é o tempo medido em segundos, $t \geqslant 0$. Com base nessa equação, determine quantas oscilações completas (para a frente e para trás) o atleta faz com o braço em 6 segundos.

22 Em uma roda-gigante, a altura (em metros) em que um passageiro se encontra no instante **t** (em segundos) é dada pela lei: $h(t) = 6 + 4 \cdot \operatorname{sen}\left(\dfrac{\pi}{12} \cdot t\right)$, para $t \in [0, 270]$.

a) No início do passeio, a que altura se encontra o passageiro?

b) A que altura se encontra o passageiro após 9 segundos do início? (Use $\sqrt{2} \simeq 1,4$).

c) Qual é a altura mínima que esse passageiro atinge no passeio?

d) Qual é o tempo necessário para a roda-gigante dar uma volta completa?

e) Quantas voltas completas ocorrem no passeio?

23 Seja **f** uma função definida em $\mathbb{R}$ pela lei $f(x) = \cos^2 x + 2 \cdot \operatorname{sen} x \cdot (\operatorname{sen} x - 1)$. Qual é o conjunto imagem de **f**?

▶ Função cosseno

Seja **x** um número real e **P** sua imagem na circunferência trigonométrica. Chama-se **função cosseno** a função f: ℝ → ℝ que associa a cada número real **x** o valor de seu cosseno, isto é, f(x) = cos x.

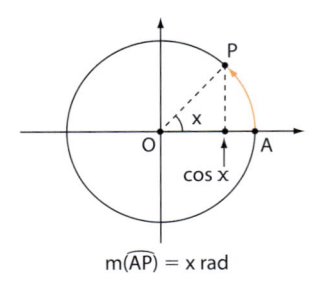

m$(\overset{\frown}{AP})$ = x rad

Observe que **f** associa a cada número real **x** a abscissa do ponto correspondente à sua imagem na circunferência.

Vamos usar alguns valores já conhecidos representados na circunferência a seguir para reconhecer algumas propriedades da função cosseno.

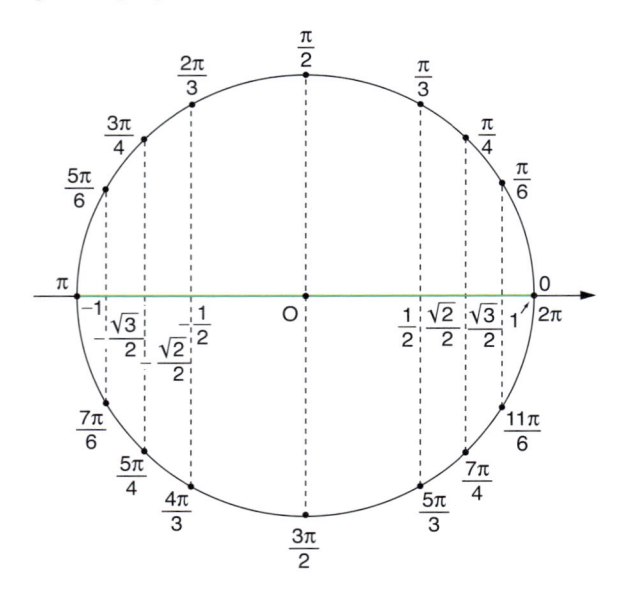

- O **sinal** da função cosseno é positivo quando **x** pertence ao 1º e 4º quadrantes, e é negativo quando **x** pertence ao 2º e 3º quadrantes.

- No 1º e 2º quadrantes, **f** é **decrescente** (observe que os valores de cos x diminuem de 1 até −1 à medida que **x** aumenta); no 3º e 4º quadrantes, os valores de cos x aumentam de −1 a 1 à medida que **x** aumenta, o que significa que **f** é **crescente**.

- A função cosseno é **periódica** e seu período é 2π.

  Como vimos, os números reais **x** e x + k · 2π, k ∈ ℤ, têm a mesma imagem na circunferência e, portanto, cos x = cos (x + k · 2π), k ∈ ℤ. O período de **f** é o menor valor positivo de k · 2π, que é 2π.

- O domínio e o contradomínio de **f** são iguais a ℝ; o conjunto imagem de **f** é [−1, 1], pois, ∀ x ∈ ℝ, teremos −1 ≤ cos x ≤ 1, já que o raio da circunferência trigonométrica é unitário e as abscissas dos pontos da circunferência variam de −1 até 1.

- ∀ x ∈ ℝ, cos (−x) = cos x; isso significa dizer que a função cosseno é uma função **par**.

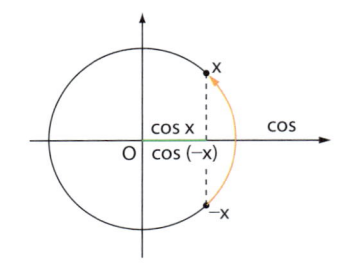

Com as considerações anteriores, traçamos o gráfico de um período da função **f** definida por f(x) = cos x. Esse gráfico recebe o nome de **cossenoide**.

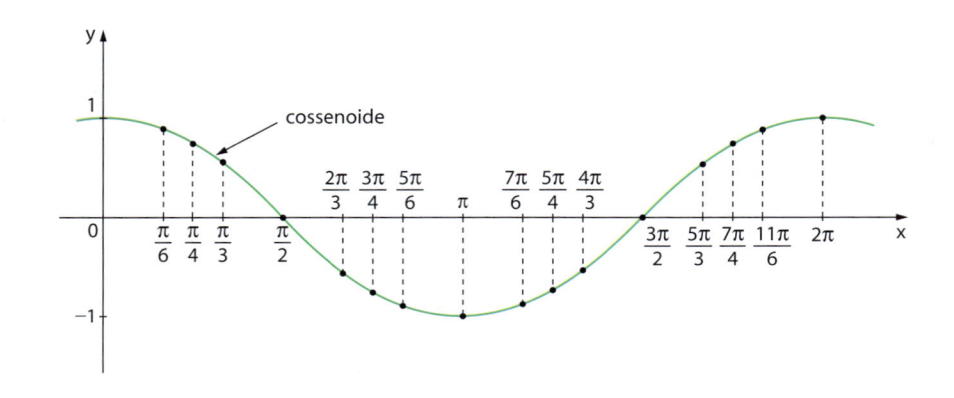

EXERCÍCIO **RESOLVIDO**

4   Construir o gráfico de f: ℝ → ℝ definido por y = 1 + cos 2x.
   Solução:

x	2x	cos 2x	y = 1 + cos 2x
	0	1	
	$\frac{\pi}{2}$	0	
	π	−1	
	$\frac{3\pi}{2}$	0	
	2π	1	

x	2x	cos 2x	y = 1 + cos 2x
	0	1	1 + 1 = 2
	$\frac{\pi}{2}$	0	1 + 0 = 1
	π	−1	1 + (−1) = 0
	$\frac{3\pi}{2}$	0	1 + 0 = 1
	2π	1	1 + 1 = 2

x	2x	cos 2x	y = 1 + cos 2x
0	0	1	2
$\frac{\pi}{4}$	$\frac{\pi}{2}$	0	1
$\frac{\pi}{2}$	π	−1	0
$\frac{3\pi}{4}$	$\frac{3\pi}{2}$	0	1
π	2π	1	2

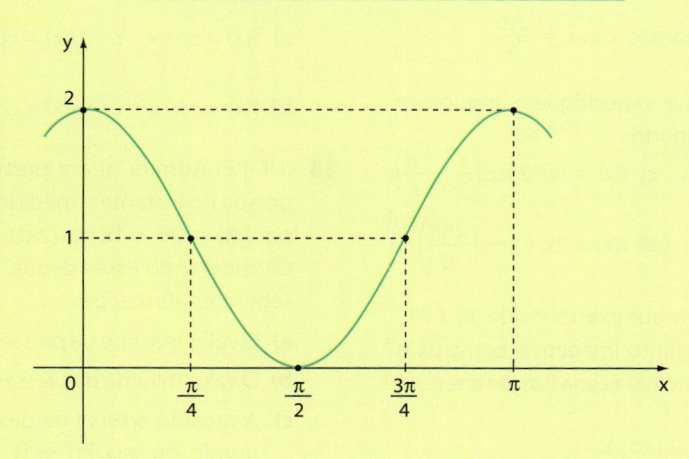

Note que Im = [0, 2] e o período é p = π, pois, para que cos 2x complete um período, é necessário que 2x varie de 0 a 2π: 0 ⩽ 2x ⩽ 2π ⇒ 0 ⩽ x ⩽ π.

OBSERVAÇÕES

Através de raciocínio idêntico ao apresentado no item anterior, temos que o período **p** da função f: ℝ → ℝ definida por f(x) = cos (cx + d), sendo **c** e **d** números reais, com c ≠ 0, é p = $\frac{2\pi}{|c|}$.

EXERCÍCIS

24 Calcule o valor de:

a) $\cos 11\pi$ **c)** $\cos \dfrac{13\pi}{2}$ **e)** $\cos\left(-\dfrac{2\pi}{3}\right)$

b) $\cos 10\pi$ **d)** $\cos \dfrac{27\pi}{2}$ **f)** $\cos(-7\pi)$

25 Calcule o valor de:

a) $\cos 1560°$ **c)** $\cos \dfrac{19\pi}{6}$ **e)** $\cos(-270°)$

b) $\cos 1035°$ **d)** $\cos \dfrac{22\pi}{3}$ **f)** $\cos \dfrac{43\pi}{4}$

26 Calcule o valor de **y** na expressão:

$$y = \dfrac{\cos \dfrac{9\pi}{2} - \operatorname{sen} \dfrac{9\pi}{2}}{\cos \dfrac{17\pi}{4} + 3 \cdot \operatorname{sen} \dfrac{17\pi}{4}}$$

27 Seja $f: \mathbb{R} \to \mathbb{R}$ definida por $f(x) = \cos\left(3x + \dfrac{\pi}{5}\right)$. Determine os possíveis valores de **m** de modo que se tenha $f(x) = \dfrac{m-1}{2}$.

28 Sabendo que **x** é um número real pertencente ao intervalo $\left[\pi, \dfrac{3\pi}{2}\right]$, determine os possíveis valores reais de **m** de modo que tenhamos $\cos x = \dfrac{2m}{5}$.

29 Para cada função **f** a seguir, especifique o domínio, o conjunto imagem e o período.

a) $f(x) = \cos 3x$ **c)** $f(x) = 1 + 2\cos\left(\dfrac{x}{2} - \dfrac{\pi}{6}\right)$

b) $f(x) = 3\cos\left(x + \dfrac{\pi}{4}\right)$ **d)** $f(x) = 2x + \cos\left(\dfrac{23\pi}{6}\right)$

O enunciado a seguir refere-se aos exercícios de *30* a *34*. Determine o período e o conjunto imagem e construa o gráfico de um período completo para cada função a seguir:

30 $f: \mathbb{R} \to \mathbb{R}$ dada por $f(x) = 2 \cdot \cos x$.

31 $f: \mathbb{R} \to \mathbb{R}$ definida por $f(x) = 2 - \cos x$.

32 $f: \mathbb{R} \to \mathbb{R}$ definida por $f(x) = \cos\left(\dfrac{x}{2}\right)$.

33 $f: \mathbb{R} \to \mathbb{R}$ definida por $f(x) = \cos 3x$.

34 $f: \mathbb{R} \to \mathbb{R}$ dada por $f(x) = 2 + \cos 3x$.

35 O gráfico seguinte representa um período completo da função $f: \mathbb{R} \to \mathbb{R}$ definida por $f(x) = a + b \cdot \cos(mx + n)$, sendo **a**, **b**, **m** e **n** constantes reais. Obtenha os valores dessas constantes, sabendo que $n \in [-\pi, \pi]$.

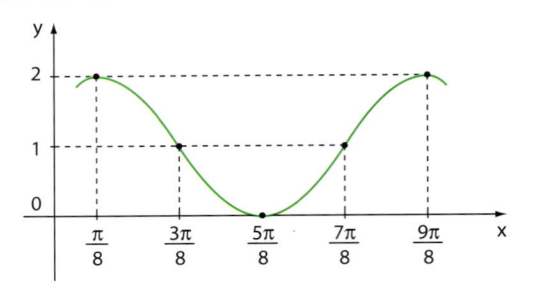

36 Um artigo publicado em um caderno de economia prevê que as exportações de um certo país (em milhões de dólares), no ano de 2010 + x, em que $x \in \{0, 1, 2, ..., 19, 20\}$, serão dadas pela lei:

$$f(x) = 400 + 18 \cdot \cos\left(\dfrac{\pi}{3}x\right)$$

Supondo que isso realmente ocorra, determine:

a) o valor das exportações desse país nos anos de 2010, 2015 e 2020, em milhões de dólares;

b) quantas vezes, entre 2010 e 2030, **f** atingirá seu valor mínimo e qual é esse valor.

37 Em um mesmo plano cartesiano, construa, em cada caso, os gráficos das funções **f** e **g** definidas por:

a) $f(x) = \cos x$ e $g(x) = \cos\left(x - \dfrac{\pi}{4}\right)$;

b) $f(x) = \cos x$ e $g(x) = \cos\left(x + \dfrac{\pi}{4}\right)$.

38 (UF-PE) Admita que a pressão arterial P(t) de uma pessoa no instante **t**, medido em segundos, seja dada por $P(t) = 96 + 18\cos(2\pi t)$, $t \geq 0$. Considerando esses dados, analise a veracidade das seguintes afirmações.

a) O valor máximo da pressão arterial da pessoa é 114.

b) O valor mínimo da pressão arterial da pessoa é 78.

c) A pressão arterial da pessoa se repete a cada segundo, ou seja, $P(t + 1) = P(t)$, para todo $t \geq 0$.

d) Quando $t = \dfrac{1}{3}$ de segundo, temos $P\left(\dfrac{1}{3}\right) = 105$.

e) O gráfico de P(t) para $0 \leq t \leq 4$ é:

Gráfico de pressão arterial P(t)

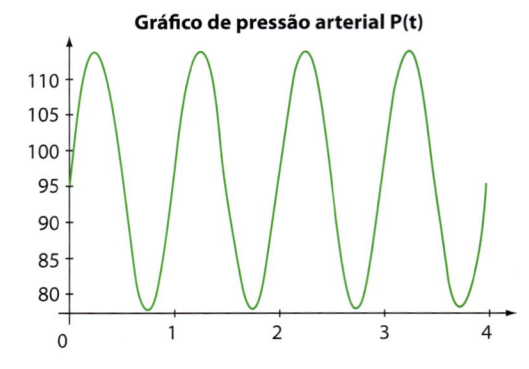

▶ Função tangente

Seja $D = \left\{ x \in \mathbb{R} \mid x \neq \dfrac{\pi}{2} + k\pi; k \in \mathbb{Z} \right\}$.

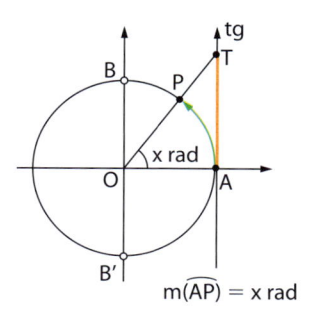

$m(\widehat{AP}) = x \text{ rad}$

Na figura, sejam $x \in D$, **P** sua imagem na circunferência trigonométrica e **T** o ponto em que a reta $\overleftrightarrow{OP}$ intersecta o eixo das tangentes.

Denominamos **função tangente** a função $f: D \to \mathbb{R}$ que associa a cada número real $x \in D$ o valor de sua tangente; isto é, $f(x) = \text{tg } x$.

Observemos que:

- O domínio de **f** é $\left\{ x \in \mathbb{R} \mid x \neq \dfrac{\pi}{2} + k\pi; k \in \mathbb{Z} \right\}$, pois, quando $x = \dfrac{\pi}{2} + k\pi$, com

  k inteiro, a imagem de **x** é **B** ou **B'** e a reta $\overleftrightarrow{OP}$ é paralela ao eixo das tangentes.

  Desse modo, não definimos tg x se $x = \dfrac{\pi}{2} + k\pi$.

- O conjunto imagem de **f** é $\mathbb{R}$, pois, para todo $y \in \mathbb{R}$, existe, no eixo das tangentes, o ponto **T** tal que $AT = y$. A reta $\overleftrightarrow{OT}$ intersecta a circunferência em dois pontos distintos, imagens dos números reais **x** tais que tg $x = y$.

- A função **f** definida por $f(x) = \text{tg } x$ é **sempre crescente**:

1º quadrante	2º quadrante
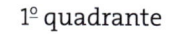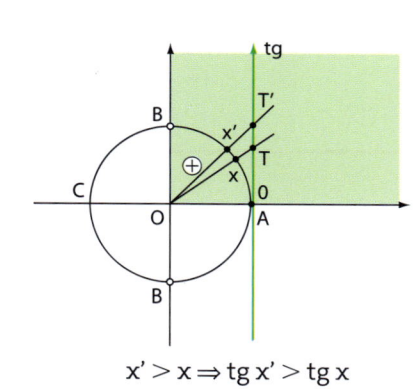	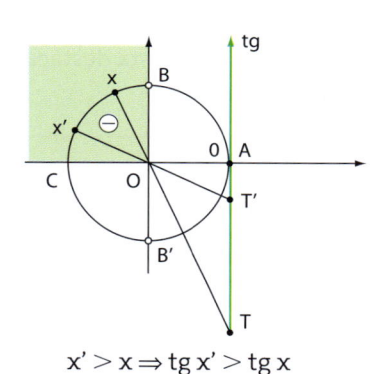
$x' > x \Rightarrow \text{tg } x' > \text{tg } x$	$x' > x \Rightarrow \text{tg } x' > \text{tg } x$
Observe que, à medida que **x** aumenta, tg x vai crescendo indefinidamente, assumindo todos os valores reais positivos, até deixar de existir em **B**.	À medida que **x** aumenta, tg x também aumenta, assumindo todos os valores reais negativos, até se anular em **C**.
3º quadrante (análogo ao 1º)	4º quadrante (análogo ao 2º)
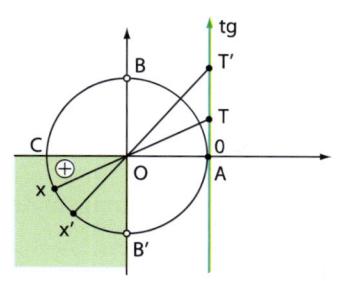	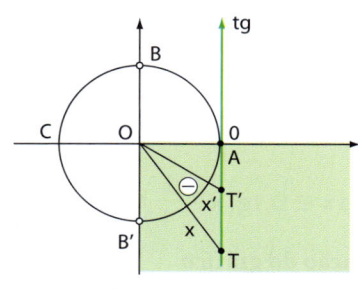
$x' > x \Rightarrow \text{tg } x' > \text{tg } x$	$x' > x \Rightarrow \text{tg } x' > \text{tg } x$

- O **sinal** da função tangente é positivo no 1º e 3º quadrantes e é negativo no 2º e 4º quadrantes.
- A função tangente é **periódica** e seu período é π. De fato, sendo $x \in \mathbb{R}$ e $k \in \mathbb{Z}$, os números $\mathbf{x}$ e $x + k\pi$ têm imagens coincidentes, ou diametralmente opostas, na circunferência trigonométrica e, desse modo:
  $\text{tg } x = \text{tg } (x + k\pi); k \in \mathbb{Z}$
  O período $\mathbf{p}$ de $\mathbf{f}$ é o menor valor positivo de $k\pi$, que é π.
- Para todo $x \in D$, $\text{tg } (-x) = -\text{tg } x$, a função tangente é uma função **ímpar**; observe no gráfico a seguir a simetria em relação ao ponto $(0, 0)$.

Considerando as observações anteriores e os valores conhecidos representados na circunferência a seguir, construímos o gráfico da função tangente, que recebe o nome **tangentoide**.

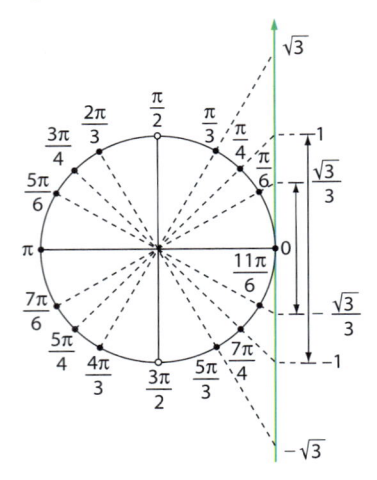 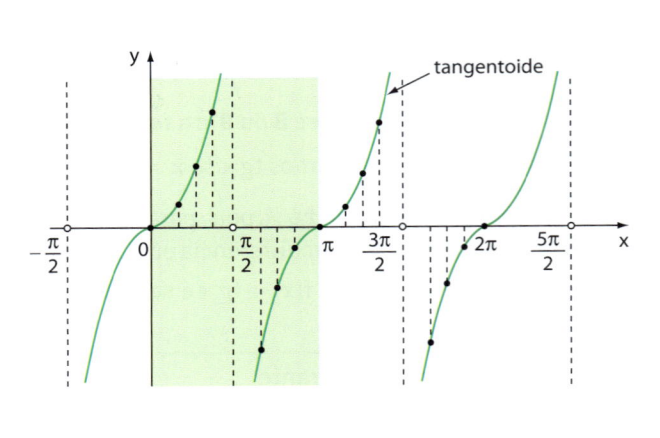

Um período completo de $\mathbf{f}$ está destacado no gráfico acima.

Seja $\mathbf{f}$ a função definida por $f(x) = \text{tg}\left(x - \dfrac{\pi}{4}\right)$.

Vamos obter o domínio de $\mathbf{f}$, seu período e seu conjunto imagem.
Em seguida, construiremos o gráfico de $\mathbf{f}$.

- Para achar o domínio, precisamos notar que, para que exista $\text{tg}\left(x - \dfrac{\pi}{4}\right)$, necessariamente devemos ter:

  $x - \dfrac{\pi}{4} \neq \dfrac{\pi}{2} + k\pi \Rightarrow x \neq \dfrac{3\pi}{4} + k\pi, k \in \mathbb{Z}$

  Fazendo $k = -1$, obtemos: $x \neq \dfrac{3\pi}{4} - \pi \Rightarrow x \neq -\dfrac{\pi}{4}$; fazendo $k = 0$, obtemos: $x \neq \dfrac{3\pi}{4}$; fazendo $k = 1$, temos:

  $x \neq \dfrac{3\pi}{4} + \pi \Rightarrow x \neq \dfrac{7\pi}{4}$ etc.

  Logo $\mathbf{f}$ não está definida para $x \in \left\{..., -\dfrac{\pi}{4}, \dfrac{3\pi}{4}, \dfrac{7\pi}{4}, ...\right\}$ (Observe as linhas verticais tracejadas no gráfico seguinte.)

  Assim, temos $D = \left\{x \in \mathbb{R} \mid x \neq \dfrac{3\pi}{4} + k\pi, k \in \mathbb{Z}\right\}$.

- Fazendo $t = x - \dfrac{\pi}{4}$, sabemos que, para que $\text{tg } t$ complete um período, $\mathbf{t}$ deve variar entre 0 e π:

  $0 \leqslant t \leqslant \pi \Leftrightarrow 0 \leqslant x - \dfrac{\pi}{4} \leqslant \pi \Rightarrow \dfrac{\pi}{4} \leqslant x \leqslant \dfrac{5\pi}{4}$; o período de $\mathbf{f}$ corresponderá à variação de $\mathbf{x}$, que é $\dfrac{5\pi}{4} - \dfrac{\pi}{4} = \pi$.

- Para todo $x \in D$, $\text{tg}\left(x - \dfrac{\pi}{4}\right)$ pode assumir qualquer valor real; assim, o conjunto imagem de $\mathbf{f}$ é $\mathbb{R}$.

Construção do gráfico

Além das considerações anteriores, vamos obter mais algumas informações importantes sobre a função com o objetivo de construir o seu gráfico.

- Raízes de **f**: observe que **f** se anula quando $tg\left(x - \frac{\pi}{4}\right) = 0$, isto é, quando $x = \frac{\pi}{4} + k\pi; k \in \mathbb{Z}$. Assim, o gráfico de **f** intersecta o eixo das abscissas para $x \in \left\{..., \frac{\pi}{4}, \frac{5\pi}{4}, \frac{9\pi}{4}, ...\right\}$.

- $f(0) = tg\left(0 - \frac{\pi}{4}\right) = tg\left(-\frac{\pi}{4}\right) = -tg\frac{\pi}{4} = -1$; o gráfico de **f** intersecta o eixo **y** em $(0, -1)$.

  Observe também que $f(0) = f(\pi) = f(2\pi) = ... = -1$.

- $f\left(\frac{\pi}{2}\right) = tg\left(\frac{\pi}{2} - \frac{\pi}{4}\right) = tg\frac{\pi}{4} = 1$;

  $f\left(\frac{3\pi}{2}\right) = tg\left(\frac{3\pi}{2} - \frac{\pi}{4}\right) = tg\frac{5\pi}{4} = 1; ...$

  Em geral, $f\left(\frac{\pi}{2} + k\pi\right) = 1$, para $k \in \mathbb{Z}$.

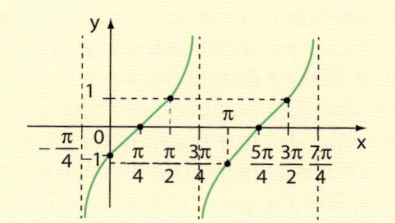

EXERCÍCIOS

39 Para cada função real **f** a seguir, estabeleça o domínio e o período, a partir de sua lei:

a) $f(x) = 1 + tg\, x$

b) $f(x) = 2\, tg\, x$

c) $f(x) = tg\, 2x$

d) $f(x) = tg\left(x + \frac{\pi}{6}\right)$

40 Seja **f** uma função real definida pela lei

$f(x) = tg\left(x - \frac{\pi}{2}\right)$:

a) obtenha o domínio de **f** e seu conjunto imagem;

b) obtenha o período de **f**;

c) construa o gráfico de um período completo de **f**.

41 Seja **f** uma função real definida pela seguinte lei:

$f(x) = tg\left(\frac{x}{2}\right)$. Obtenha o domínio, o período e, em seguida, construa o gráfico de **f**.

EXERCÍCIOS COMPLEMENTARES

1 (UF-SC) As marés são fenômenos periódicos que podem ser escritos, simplificadamente, pela função seno. Suponhamos que, para uma determinada maré, a altura **h**, medida em metros, acima do nível médio, seja dada, aproximadamente, pela fórmula

$h(t) = 8 + 4\, sen\left(\frac{\pi}{12}\, t\right)$, em que **t** é o tempo medido em horas.

Indique a(s) proposição(ões) correta(s).

a) O valor mínimo atingido pela maré baixa é 4 m.

b) O momento do dia em que ocorre a maré baixa é às 12 horas.

c) O período de variação da altura da maré é de 24 h.

d) O período do dia em que um navio de 10 m de calado (altura necessária de água para que o navio flutue livremente) pode permanecer nessa região é entre 2 e 10 horas.

O enunciado a seguir refere-se aos exercícios de 2 a 6.

Para cada função, determine o período, o conjunto imagem e faça o gráfico de um período completo.

2 $f: \mathbb{R} \to \mathbb{R}$ definida por $f(x) = sen\,(-x)$.

3 $f: \mathbb{R} \to \mathbb{R}$ definida por $f(x) = |sen\, x|$.

4 $f: \mathbb{R} \to \mathbb{R}$ definida por $f(x) = 1 - 2 \cdot sen\,(3x - \pi)$.

5 $f: \mathbb{R} \to \mathbb{R}$ definida por $f(x) = 2\,|cos\, x| - 1$.

6 $f: \mathbb{R} \to \mathbb{R}$ definida por $f(x) = cos\,|x|$.

7 Sejam **f** e **g** funções reais definidas por $f(x) = sen\, x$ e $g(x) = -x + \frac{\pi}{2}$. Qual é o número de soluções reais da equação $f(x) = g(x)$?

8 Um período completo do gráfico da função $f: \mathbb{R} \to \mathbb{R}$ definida por $f(x) = 2\, cos\left(\frac{x}{3}\right)$ é exibido a seguir.

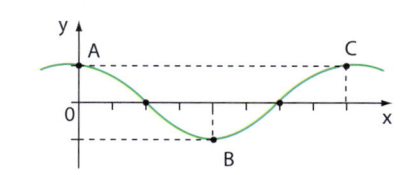

Determine:
a) a lei da função afim cujo gráfico contém os pontos **B** e **C**;
b) a área do triângulo de vértices **A**, **B** e **C**.

9 (UF-PB) Com o objetivo de aumentar a produção de alimentos em certa região, uma secretaria de agricultura encomendou a uma equipe de agrônomos um estudo sobre as potencialidades do solo dessa região. Na análise da temperatura do solo, a equipe efetuou medições diárias, durante quatro dias consecutivos, em intervalos de uma hora. As medições tiveram início às 6 horas da manhã do primeiro dia (t = 0). Os estudos indicaram que a temperatura **T**, medida em graus Celsius, e o tempo **t**, representando o número de horas decorridas após o início das observações, relacionavam-se através da expressão

$$T(t) = 26 + 5 \cos\left(\frac{\pi}{12} t + \frac{4\pi}{3}\right).$$

Com base nessas informações, identifique as afirmativas corretas:
a) A temperatura do solo, às 6 horas da manhã do primeiro dia, foi de 23,5 °C.
b) A função T(t) é periódica e tem período igual a 24 h.
c) A função T(t) atinge valor máximo igual a 30 °C.
d) A temperatura do solo atingiu o valor máximo, no primeiro dia, às 14 h.
e) A função T(t) é crescente no intervalo [0, 8].

10 (UF-PE) Seja **f** uma função que tem como domínio o conjunto dos números reais e é dada por f(x) = = a · sen (ω · x + b), com **a**, **ω** e **b** constantes reais. A figura abaixo ilustra o gráfico de **f**, restrito ao intervalo fechado $\left[-\frac{\pi}{6}, \frac{5\pi}{6}\right]$. A função **f** tem período **π** e seu conjunto imagem é o intervalo fechado [−5, 5].

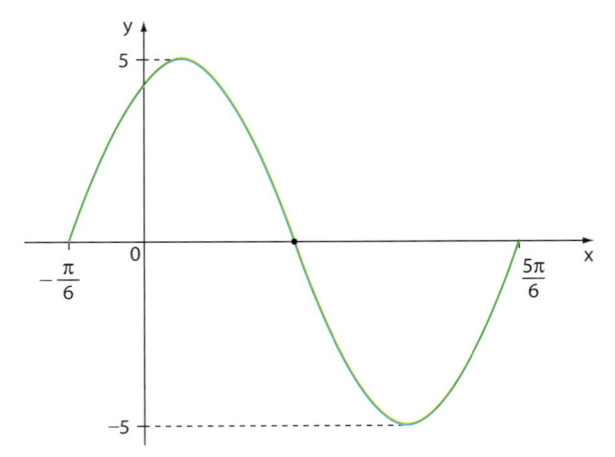

Determine as constantes **a** e **ω** e o menor valor positivo de **b**. Indique $a^2 + \omega^2 + \frac{3b}{\pi}$.

11 (UF-PR) Considere as funções **f** e **g**, definidas da seguinte forma, com **x** real:
f(x) = x + 1   g(x) = 2 · sen(x)

a) Esboce os gráficos de **f** e **g**.
b) Obtenha as expressões de f o g e g o f em função de **x** e esboce o gráfico dessas duas funções compostas.

12 (FGV-SP) A distância horizontal percorrida por um dardo, denotada por **d** e dada em metros, pode ser calculada aproximadamente pela fórmula $d = \frac{v_0^2 \cdot \text{sen}(2\alpha)}{10}$, sendo **V₀** a velocidade inicial do dardo, em metros por segundo, e **α** o ângulo do lançamento.
a) Calcule a velocidade inicial (em m/s) de lançamento de um dardo que atingiu a distância de 80 metros ao ser lançado sob um ângulo de 15°.
b) O recorde mundial masculino da prova de lançamento do dardo foi estabelecido em 1996 por Jan Zelezny, com a marca de 98,48 m. Admitindo-se que o lançamento tenha sido feito com o melhor ângulo possível, e usando 98 m nos cálculos, determine a velocidade inicial do dardo de Jan Zelezny no lançamento. Entregue o resultado em km/h. Adote nas contas finais $\sqrt{5} \simeq 2,2$ e lembre-se de que 1 m/s equivale a 3,6 km/h.

13 Seja f: $\mathbb{R} \to \mathbb{R}$ definida por f(x) = sen (4x). Determine o número de interseções do gráfico de **f** com o eixo das abscissas quando x ∈ [−2π, 2π].

14 Seja f: $\mathbb{R} \to \mathbb{R}$ definida pela lei f(x) = 3 − 2 · cos x. Determine os valores reais de **x** que maximizam **f**, isto é, que tornam o valor de f(x) máximo. Em seguida, encontre o valor máximo de **f**.

15 A partir do gráfico da cossenoide y = cos x, obtenha, por translações, o gráfico da função f: $\mathbb{R} \to \mathbb{R}$ definida por $f(x) = -1 + 3 \cdot \cos\left(x - \frac{\pi}{4}\right)$, mostrando, em cada etapa, os gráficos "intermediários" e explicando suas construções. Determine também o conjunto imagem da função, bem como o seu período.

16 (Vunesp-SP) Em uma pequena cidade, um matemático modelou a quantidade de lixo doméstico total (orgânico e reciclável) produzida pela população, mês a mês, durante um ano, através da função:

$f(x) = 200 + (x + 50) \cos\left(\frac{\pi}{3} x - \frac{4\pi}{3}\right)$, onde f(x) indica a quantidade de lixo, em toneladas, produzida na cidade no mês **x**, com **x** inteiro positivo. Sabendo que f(x), nesse período, atinge seu valor máximo em um dos valores de **x** no qual a função $\cos\left(\frac{\pi}{3} x - \frac{4\pi}{3}\right)$ atinge seu máximo, determine o mês **x** para o qual a produção de lixo foi máxima e quantas toneladas de lixo foram produzidas pela população nesse mês.

17 Calcule o valor de:
a) cos 0 + cos π + cos 2π + cos 3π + ... + cos 100π
b) $\cos\left(8\pi + 4\pi + 2\pi + \pi + \frac{\pi}{2} + ...\right)$

TESTES

1 (UE-RN) Um determinado inseto no período de reprodução emite sons cuja intensidade sonora oscila entre o valor mínimo de 20 decibéis até o máximo de 40 decibéis, sendo **t** a variável tempo em segundos. Entre as funções a seguir, aquela que melhor representa a variação da intensidade sonora com o tempo I(t) é:

a) $50 - 10\cos\left(\dfrac{\pi}{6}t\right)$

b) $30 + 10\cos\left(\dfrac{\pi}{6}t\right)$

c) $40 + 20\cos\left(\dfrac{\pi}{6}t\right)$

d) $60 - 20\cos\left(\dfrac{\pi}{6}t\right)$

2 (EsPCEx-SP) O valor numérico da expressão
$\dfrac{\sec 1\,320°}{2} - 2\cdot\cos\left(\dfrac{53\pi}{3}\right) + (\text{tg}\, 2\,220°)^2$ é:

a) -1

d) 1

b) 0

e) $-\dfrac{\sqrt{3}}{2}$

c) $\dfrac{1}{2}$

3 (FGV-SP) A previsão de vendas mensais de uma empresa para 2011, em toneladas de um produto, é dada por $f(x) = 100 + 0{,}5x + 3\,\text{sen}\,\dfrac{\pi x}{6}$, em que $x = 1$ corresponde a janeiro de 2011, $x = 2$ corresponde a fevereiro de 2011 e assim por diante.
A previsão de vendas (em toneladas) para o primeiro trimestre de 2011 é:

(Use a aproximação decimal $\sqrt{3} \simeq 1{,}7$.)

a) 308,55

d) 310,05

b) 309,05

e) 310,55

c) 309,55

4 (PUC-RJ) Assinale a alternativa correta:

a) $\cos (2\,000°) < 0$

b) $\text{sen}\,(2\,000°) > 0$

c) $\text{sen}\,(2\,000°) = \cos (2\,000°)$

d) $\text{sen}\,(2\,000°) = -\,\text{sen}\,(2\,000°)$

e) $\text{sen}\,(2\,000°) = -\cos (2\,000°)$

5 (IF-CE) O valor de $\cos (2\,280°)$ é:

a) $-\dfrac{1}{2}$

c) $-\dfrac{\sqrt{2}}{2}$

e) $\dfrac{\sqrt{3}}{2}$

b) $\dfrac{1}{2}$

d) $-\dfrac{\sqrt{3}}{2}$

6 (PUC-RS) Em uma animação, um mosquitinho aparece voando, e sua trajetória é representada em um plano onde está localizado um referencial cartesiano. A curva que fornece o trajeto tem equação $y = 3\cos(bx + c)$. O período é 6π, o movimento parte da origem e desenvolve-se no sentido positivo do eixo das abscissas. Nessas condições, podemos afirmar que o produto $3\cdot b\cdot c$ é:

a) 18π

c) π

e) $\dfrac{\pi}{2}$

b) 9π

d) $\dfrac{\pi^2}{2}$

7 (U. Caxias do Sul-RS) Suponha que o deslocamento de uma partícula sobre uma corda vibrante seja dado pela equação $s(t) = 10 + \dfrac{1}{4}\,\text{sen}(10\pi t)$, em que **t** é o tempo, em segundos, após iniciado o movimento, e **s**, medido em centímetros, indica a posição.
Meio segundo após iniciado o movimento da corda, qual é, em cm, o afastamento da partícula da posição de repouso?

a) 0

c) 0,25

e) 10,25

b) 0,125

d) 10

8 (UE-PB) Sendo $f(x) = -4\cos\left(\dfrac{\pi}{2} - x\right) + 2\cos x$, o valor de $f\left(-\dfrac{7\pi}{4}\right)$ é:

a) $\sqrt{2}$

c) $-\sqrt{2}$

e) $\dfrac{\sqrt{2}}{2}$

b) 2

d) -1

9 (Vunesp-SP) Em situação normal, observa-se que os sucessivos períodos de aspiração e expiração de ar dos pulmões em um indivíduo são iguais em tempo, bem como na quantidade de ar inalada e expelida.
A velocidade de aspiração e expiração de ar dos pulmões de um indivíduo está representada pela curva do gráfico, considerando apenas um ciclo do processo.

Sabendo-se que, em uma pessoa em estado de repouso, um ciclo de aspiração e expiração completo ocorre a cada 5 segundos e que a taxa máxima de inalação e exalação, em módulo, é 0,6 L/s, a expressão da função cujo gráfico mais se aproxima da curva representada na figura é:

a) $V(t) = \dfrac{2\pi}{5} \, sen\left(\dfrac{3}{5}t\right)$

b) $V(t) = \dfrac{3}{5} \, sen\left(\dfrac{5}{2\pi}t\right)$

c) $V(t) = 0,6 \, cos\left(\dfrac{2\pi}{5}t\right)$

d) $V(t) = 0,6 \, sen\left(\dfrac{2\pi}{5}t\right)$

e) $V(t) = \dfrac{5}{2\pi} \, cos\,(0,6t)$

10 (UE-CE) Se $y = a + cos\,(x + b)$ tem como gráfico

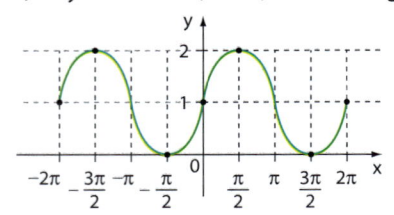

podemos afirmar que:

a) $a = 2, b = \dfrac{\pi}{2}$

b) $a = 1, b = -\dfrac{\pi}{2}$

c) $a = 2, b = -\dfrac{\pi}{2}$

d) $a = 1, b = \dfrac{\pi}{2}$

e) $a = 0, b = 0$

11 (PUC-RS) A figura a seguir representa um esboço do gráfico de uma função $y = A + B \, sen\left(\dfrac{x}{4}\right)$, que é muito útil quando se estudam fenômenos periódicos, como, por exemplo, o movimento de uma mola vibrante. Então, o produto das constantes **A** e **B** é:

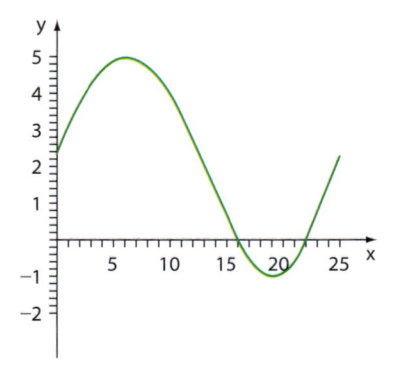

a) 6

b) 10

c) 12

d) 18

e) 50

12 (Enem-MEC) Um satélite de telecomunicações, **t** minutos após ter atingido sua órbita, está a **r** quilômetros de distância do centro da Terra. Quando **r** assume seus valores máximo e mínimo, diz-se que o satélite atingiu o apogeu e o perigeu, respectivamente. Suponha que, para esse satélite, o valor de **r** em função de **t** seja dado por:

$$r(t) = \dfrac{5\,865}{1 + 0,15 \cdot cos\,(0,06t)}$$

Um cientista monitora o movimento desse satélite para controlar o seu afastamento do centro da Terra. Para isso, ele precisa calcular a soma dos valores de **r**, no apogeu e no perigeu, representada por **S**.
O cientista deveria concluir que, periodicamente, **S** atinge o valor de:

a) 12 765 km

b) 12 000 km

c) 11 730 km

d) 10 965 km

e) 5 865 km

13 (FGV-RJ) A previsão mensal da venda de sorvetes para 2012, em uma sorveteria, é dada por $P = 6\,000 + 50x + 2\,000 \, cos\left(\dfrac{\pi x}{6}\right)$, em que **P** é o número de unidades vendidas no mês **x**; $x = 0$ representa janeiro de 2012, $x = 1$ representa fevereiro de 2012, $x = 2$ representa março de 2012 e assim por diante. Se essas previsões se verificarem, em julho haverá uma queda na quantidade vendida, em relação a março, de aproximadamente:

a) 39,5%

b) 38,5%

c) 37,5%

d) 36,5%

e) 35,5%

14 (UF-PR) A figura abaixo representa parte do gráfico de uma função trigonométrica f: ℝ → ℝ.

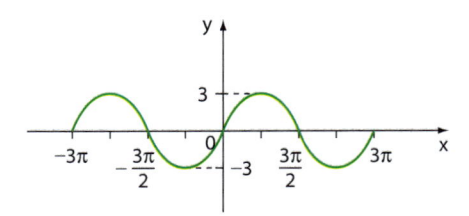

A respeito dessa função, é correto afirmar:

a) Ela pode ser definida pela expressão
$f(x) = 3 \, sen\left(\dfrac{2x}{2} + \dfrac{\pi}{2}\right).$

b) $f(x + 2\pi) = f(x)$, qualquer que seja **x** real.

c) Ela pode ser definida pela expressão
$f(x) = 3 \, cos\,\dfrac{2x}{3}.$

d) $|f(x)| \leq 1$, qualquer que seja **x** real.

e) $f(10\pi) > 0$

15 (FGV-SP) A figura abaixo representa parte do gráfico de uma função periódica f: ℝ → ℝ.

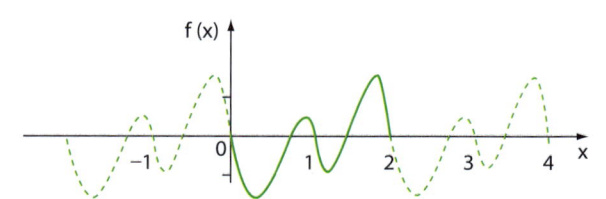

O período da função g(x) = f(3x + 1) é:

a) 6

b) $\dfrac{1}{3}$

c) 3

d) $\dfrac{2}{3}$

e) 2

16 (Fatec-SP) Um determinado objeto de estudo é modelado segundo uma função trigonométrica **f**, de ℝ em ℝ, sendo parte do seu gráfico representado na figura:

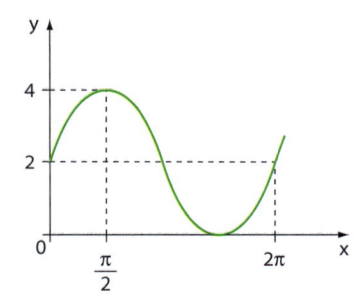

Usando as informações dadas nesse gráfico, pode-se afirmar que:

a) a função **f** é definida por f(x) = 2 + 3 · sen x.

b) **f** é crescente para todo **x** tal que x ∈ [π; 2π].

c) o conjunto imagem da função **f** é [2; 4].

d) para y = f$\left(\dfrac{19\pi}{4}\right)$, tem-se 2 < y < 4.

e) o período de **f** é π.

17 (U. F. Santa Maria-RS)

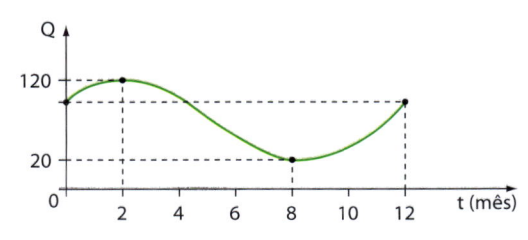

O gráfico mostra a quantidade de animais que uma certa área de pastagem pode sustentar ao longo de 12 meses. Propõe-se a função

Q(t) = a sen (b + ct) + d para descrever essa situação. De acordo com os dados, Q(0) é igual a:

a) 100   **d)** 92

b) 97   **e)** 90

c) 95

18 (UF-AM) O *Encontro das Águas* é um fenômeno que acontece na confluência entre o rio Negro, de água negra, e o rio Solimões, de água barrenta. É uma das principais atrações turísticas da cidade de Manaus. As águas dos rios correm lado a lado sem se misturar por uma extensão de mais de 6 km. Esse fenômeno acontece em decorrência da diferença de temperatura e densidade dessas águas, além da diferença de velocidade das correntezas.

Uma equipe de pesquisadores da UF-AM mediu a temperatura (em °C) da água no *Encontro das Águas* durante dois dias, em intervalos de 1 hora. A medição começou a ser feita às 2 horas do primeiro dia (t = 0) e terminou 48 horas depois (t = 48). Os dados resultaram na função f(t) = 24 + + 8 sen $\left(\dfrac{3\pi}{2} + \dfrac{\pi}{12}t\right)$, onde **t** indica o tempo (em horas) e f(t) a temperatura (em °C) no instante **t**.

A temperatura máxima e o horário em que essa temperatura ocorreu são respectivamente:

a) 28 °C e 11:00.

b) 29 °C e 12:00.

c) 30 °C e 13:00.

d) 31 °C e 15:00.

e) 32 °C e 14:00.

19 (UF-RS) A função **f** é definida por f(x) = sen 2x e **g** é uma função cujo gráfico não intersecta o gráfico de **f**, quando representadas no mesmo sistema de coordenadas cartesianas. Entre as alternativas que seguem, a única que pode representar g(x) é:

a) sen x   **d)** 2x + 3

b) log x   **e)** 3 + 2ˣ

c) |x|

20 (UE-CE) Um fabricante produz telhas senoidais como a da figura abaixo.

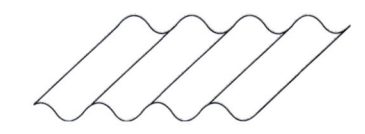

Para a criação do molde da telha a ser fabricada, é necessário fornecer a função cujo gráfico será a curva geratriz da telha.

A telha padrão produzida pelo fabricante possui por curva geratriz o gráfico da função y = sen (x) (veja detalhe na figura a seguir).

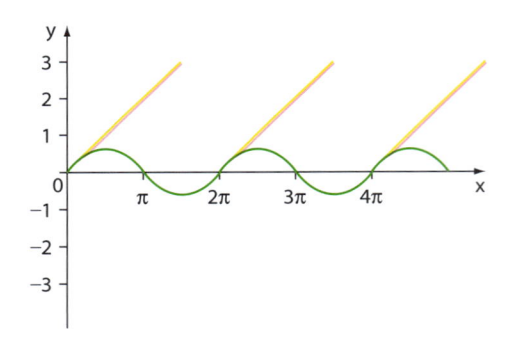

Um cliente solicitou então a produção de telhas que fossem duas vezes "mais sanfonadas" e que tivessem o triplo da altura da telha padrão, como na figura abaixo.

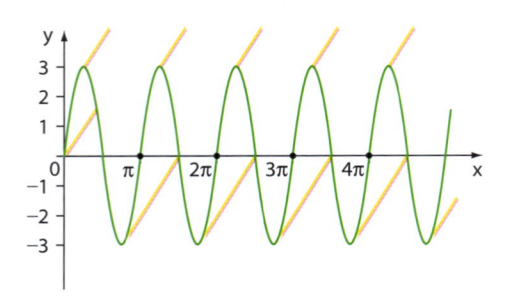

A curva geratriz dessa nova telha será então o gráfico da função:

a) $y = 3\,\text{sen}\left(\dfrac{1}{2}x\right)$ **d)** $y = \dfrac{1}{3}\,\text{sen}\left(\dfrac{1}{2}x\right)$

b) $y = 3\,\text{sen}\,(2x)$ **e)** $y = 2\,\text{sen}\,(3x)$

c) $y = 2\,\text{sen}\left(\dfrac{1}{3}x\right)$

21 (UFF-RJ) Nas comunicações, um sinal é transmitido por meio de ondas senoidais, denominadas ondas portadoras. Considere a forma da onda `portadora modelada pela função trigonométrica

$$f(t) = 2\,\text{sen}\left(3t - \dfrac{\pi}{3}\right), t \in \mathbb{R}$$

Pode-se afirmar que o gráfico que melhor representa f(t) é:

a)

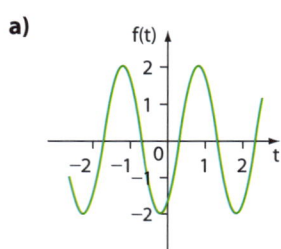

b)

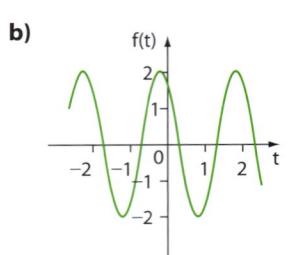

c)

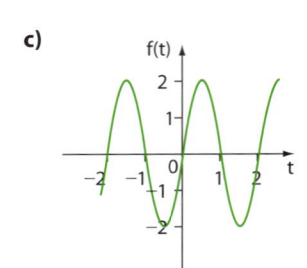

d)

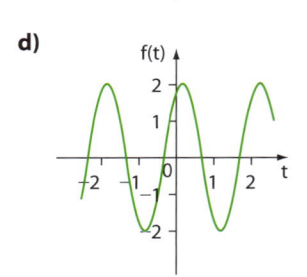

e)

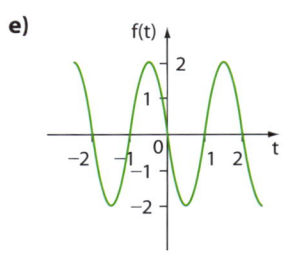

22 (U. F. Santa Maria-RS) Em muitas cidades, os poluentes emitidos em excesso pelos veículos causam graves problemas a toda a população. Durante o inverno, a poluição demora mais para se dissipar na atmosfera, favorecendo o surgimento de doenças respiratórias. Suponha que a função

$$N(x) = 180 - 54\cos\left(\dfrac{\pi}{6}(x - 1)\right)$$

represente o número de pessoas com doenças respiratórias registrado num Centro de Saúde, com x = 1 correspondendo ao mês de janeiro, x = 2, ao mês de fevereiro e assim por diante.

A soma do número de pessoas com doenças respiratórias registrado nos meses de janeiro, março, maio e julho é igual a:

a) 693   **d)** 774

b) 720   **e)** 936

c) 747

▶ Introdução

Estudaremos neste capítulo a obtenção de fórmulas que nos possibilitem encontrar as razões trigonométricas da soma a + b e da diferença a – b de dois números reais quaisquer **a** e **b** (ou de dois arcos de medidas **a** e **b**) a partir de valores conhecidos referentes às razões trigonométricas de **a** e de **b**. Como decorrência dessas expressões, poderemos também relacionar as razões trigonométricas do dobro de um arco qualquer (2a) com as razões desse arco (**a**).

▶ Fórmulas da adição e da subtração

Antes de demonstrarmos a primeira relação, é necessário apresentar o conceito de distância entre dois pontos no plano cartesiano, que será aprofundado no estudo de Geometria analítica, mais adiante neste livro.

Dados dois pontos distintos do plano cartesiano, chama-se **distância** entre eles a medida do segmento de reta que tem os dois pontos por extremidades.

Vamos determinar, na figura, a distância entre os pontos A (x_A, y_A) e B (x_B, y_B), a qual indicaremos por $\mathbf{d}_{AB}$.

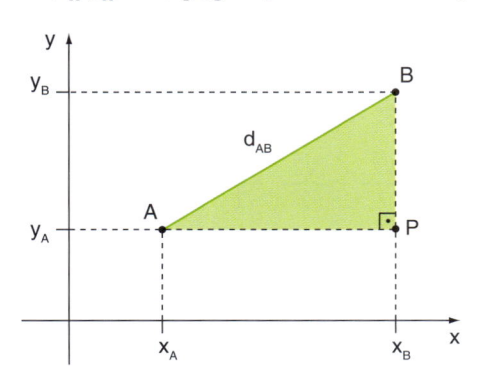

Aplicando o teorema de Pitágoras no triângulo ABP, obtemos: $d^2_{AB} = (PA)^2 + (PB)^2$

Mas, $PA = x_B - x_A$ e $PB = y_B - y_A$.

Assim: $d^2_{AB} = (x_B - x_A)^2 + (y_B - y_A)^2$ e

$$d_{AB} = \sqrt{(x_B - x_A)^2 + (y_B - y_A)^2}$$

Note que devemos ter sempre $d_{AB} \geqslant 0$.

Podemos observar ainda que, como $(m - n)^2 = (n - m)^2, \forall\ m, n \in \mathbb{R}$, as ordens das diferenças que aparecem no radicando não importam.

Assim, por exemplo, a distância entre A(1, 4) e B(3, –2) é:

$$d = \sqrt{(1-3)^2 + \left[4-(-2)\right]^2} = \sqrt{4 + 36} = \sqrt{40} = 2\sqrt{10}$$

▶ Cosseno da soma

Sejam **P**, **Q** e **R** as imagens dos números reais **a**, a + b e –**b**, respectivamente, como mostra a circunferência trigonométrica da figura.

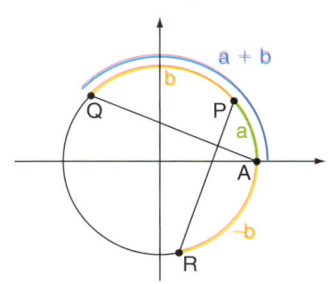

Os arcos $\overset{\frown}{APQ}$ e $\overset{\frown}{RAP}$ possuem a mesma medida (a + b) e, consequentemente, as cordas $\overline{AQ}$ e $\overline{PR}$ também têm medidas iguais. Desse modo, podemos afirmar que a distância entre **A** e **Q** é igual à distância entre **P** e **R**, isto é, $d_{AQ} = d_{PR}$.

Observando a figura, podemos escrever as coordenadas dos pontos **A**, **P**, **Q** e **R**:
A(1, 0); P(cos a, sen a); Q(cos (a + b), sen (a + b)) e R(cos (–b), sen (–b)), ou melhor, R(cos b, –sen b).

Utilizando a expressão da distância entre dois pontos:

$$d_{AQ} = \sqrt{[1 - \cos(a + b)]^2 + [0 - \sen(a + b)]^2} =$$

$$= \sqrt{1 - 2\cos(a + b) + \underbrace{\cos^2(a + b) + \sen^2(a + b)}_{= 1}} =$$

$$= \sqrt{2 - 2\cos(a + b)} \qquad \text{①}$$

$$d_{PR} = \sqrt{(\cos a - \cos b)^2 + [\sen a - (-\sen b)]^2} =$$

$$= \sqrt{(\cos a - \cos b)^2 + (\sen a + \sen b)^2} =$$

$$= \sqrt{\underbrace{\cos^2 a} - 2\cos a \cdot \cos b + \underbrace{\cos^2 b} + \underbrace{\sen^2 a} + 2\sen a \cdot \sen b + \underbrace{\sen^2 b}} =$$

$$= \sqrt{1 + 1 + 2\sen a \cdot \sen b - 2\cos a \cdot \cos b} =$$

$$= \sqrt{2 + 2\sen a \cdot \sen b - 2\cos a \cdot \cos b} \qquad \text{②}$$

Como $d_{AQ} = d_{PR}$, temos também que $d_{AQ}^2 = d_{PR}^2$ em ① e ②, isto é:

$$2 - 2\cos(a + b) = 2 + 2\sen a \cdot \sen b - 2\cos a \cdot \cos b$$

$$\cancel{2}[1 - \cos(a + b)] = \cancel{2}[1 + \sen a \cdot \sen b - \cos a \cdot \cos b]$$

$$\boxed{\cos(a + b) = \cos a \cdot \cos b - \sen a \cdot \sen b}$$

Para calcular cos 75° podemos utilizar a fórmula do cosseno da soma apresentada anteriormente. Basta escrever 75° = 30° + 45°. Temos:

- $\cos 75° = \cos(30° + 45°) =$

$$= \cos 30° \cdot \cos 45° - \sen 30° \cdot \sen 45° =$$

$$= \frac{\sqrt{3}}{2} \cdot \frac{\sqrt{2}}{2} - \frac{1}{2} \cdot \frac{\sqrt{2}}{2} = \frac{\sqrt{6}}{4} - \frac{\sqrt{2}}{4} =$$

$$= \frac{\sqrt{6} - \sqrt{2}}{4}$$

▶ Cosseno da diferença

Para calcular cos (a − b), basta fazermos a − b = = a + (−b) na fórmula do cosseno da soma:

$$\cos(a - b) = \cos[a + (-b)] =$$

$$= \cos a \cdot \cos(-b) - \sen a \cdot \sen(-b) =$$

$$= \cos a \cdot \cos b - \sen a \cdot (-\sen b)$$

Daí:

$$\boxed{\cos(a - b) = \cos a \cdot \cos b + \sen a \cdot \sen b}$$

O valor de $\cos \frac{\pi}{12}$ (cos 15°) pode ser calculado a partir dos valores do seno e do cosseno de $\frac{\pi}{4}$ (45°) e de $\frac{\pi}{3}$ (60°):

- $\cos \frac{\pi}{12} = \cos\left(\frac{\pi}{3} - \frac{\pi}{4}\right) = \cos \frac{\pi}{3} \cdot \cos \frac{\pi}{4} +$

$$+ \sen \frac{\pi}{3} \cdot \sen \frac{\pi}{4} =$$

$$= \frac{1}{2} \cdot \frac{\sqrt{2}}{2} + \frac{\sqrt{3}}{2} \cdot \frac{\sqrt{2}}{2} = \frac{\sqrt{2} + \sqrt{6}}{4}$$

▶ Seno da soma

Lembrando que $\sen x = \cos\left(\frac{\pi}{2} - x\right), \forall x \in \mathbb{R}$, temos:

$$\sen(a + b) = \cos\left[\frac{\pi}{2} - (a + b)\right] = \cos\left[\left(\frac{\pi}{2} - a\right) - b\right] =$$

$$= \underbrace{\cos\left(\frac{\pi}{2} - a\right)}_{\sen a} \cos b + \underbrace{\sen\left(\frac{\pi}{2} - a\right)}_{\cos a} \sen b$$

Assim, temos:

$$\boxed{\sen(a + b) = \sen a \cdot \cos b + \sen b \cdot \cos a}$$

O valor de sen 75° pode ser obtido a partir de sen (30° + 45°):

- $\sen 75° = \sen(30° + 45°) = \sen 30° \cdot \cos 45° +$

$$+ \sen 45° \cdot \cos 30° =$$

$$= \frac{1}{2} \cdot \frac{\sqrt{2}}{2} + \frac{\sqrt{2}}{2} \cdot \frac{\sqrt{3}}{2} = \frac{\sqrt{2} + \sqrt{6}}{4}$$

▶ Seno da diferença

Para calcular sen (a − b), basta fazermos novamente a − b = a + (−b), desta vez na fórmula do seno da soma de dois arcos:

$$\sen(a - b) = \sen[a + (-b)] =$$

$$= \sen a \cdot \underbrace{\cos(-b)}_{= \cos b} + \underbrace{\sen(-b)}_{= -\sen b} \cdot \cos a$$

Então:

$$\boxed{\sen(a - b) = \sen a \cdot \cos b - \sen b \cdot \cos a}$$

Tangente da soma

Lembrando que $\operatorname{tg} x = \dfrac{\operatorname{sen} x}{\cos x}$, $\forall\, x \in \mathbb{R}$, com $x \neq \dfrac{\pi}{2} + k\pi$ (**k** inteiro), calculamos tg (a + b), assim:

$$\operatorname{tg}(a + b) = \frac{\operatorname{sen}(a + b)}{\cos(a + b)} =$$

$$= \frac{\operatorname{sen} a \cdot \cos b + \operatorname{sen} b \cdot \cos a}{\cos a \cdot \cos b - \operatorname{sen} a \cdot \operatorname{sen} b}$$

Dividindo o numerador e o denominador por cos a · cos b, temos:

$$\operatorname{tg}(a + b) = \frac{\dfrac{\operatorname{sen} a \cdot \cos b + \operatorname{sen} b \cdot \cos a}{\cos a \cdot \cos b}}{\dfrac{\cos a \cdot \cos b - \operatorname{sen} a \cdot \operatorname{sen} b}{\cos a \cdot \cos b}} =$$

$$= \frac{\dfrac{\operatorname{sen} a \cdot \cos b}{\cos a \cdot \cos b} + \dfrac{\operatorname{sen} b \cdot \cos a}{\cos a \cdot \cos b}}{\dfrac{\cos a \cdot \cos b}{\cos a \cdot \cos b} - \dfrac{\operatorname{sen} a \cdot \operatorname{sen} b}{\cos a \cdot \cos b}}$$

Por fim, obtemos:

$$\operatorname{tg}(a + b) = \frac{\operatorname{tg} a + \operatorname{tg} b}{1 - \operatorname{tg} a \cdot \operatorname{tg} b}$$

válida para $a \neq \dfrac{\pi}{2} + k\pi$, $b \neq \dfrac{\pi}{2} + k\pi$ e

$a + b \neq \dfrac{\pi}{2} + k\pi, k \in \mathbb{Z}$.

EXEMPLO 4

Para calcular tg 105°, podemos fazer 105° = = 60° + 45°. Logo:

- $\operatorname{tg} 105° = \operatorname{tg}(60° + 45°) = \dfrac{\operatorname{tg} 60° + \operatorname{tg} 45°}{1 - \operatorname{tg} 60° \cdot \operatorname{tg} 45°} =$

$$= \frac{\sqrt{3} + 1}{1 - \sqrt{3} \cdot 1} = -2 - \sqrt{3}$$

Tangente da diferença

Façamos novamente a − b = a + (−b):

$$\operatorname{tg}(a - b) = \operatorname{tg}[a + (-b)] = \frac{\operatorname{tg} a + \operatorname{tg}(-b)}{1 - \operatorname{tg} a \cdot \operatorname{tg}(-b)} =$$

$$= \frac{\operatorname{tg} a + (-\operatorname{tg} b)}{1 - \operatorname{tg} a \cdot (-\operatorname{tg} b)}$$

Então:

$$\operatorname{tg}(a - b) = \frac{\operatorname{tg} a - \operatorname{tg} b}{1 + \operatorname{tg} a \cdot \operatorname{tg} b}$$

válida para $a \neq \dfrac{\pi}{2} + k\pi$, $b \neq \dfrac{\pi}{2} + k\pi$ e

$a - b \neq \dfrac{\pi}{2} + k\pi, k \in \mathbb{Z}$.

EXERCÍCIOS

1 Calcule:

a) sen 15°

b) sen 165°

c) cos 165°

d) tg 15°

e) cos 1 155°

2 Obtenha as seis razões trigonométricas do arco de 105°.

3 Calcule o valor de cada expressão a seguir.

a) A = sen 70° · cos 20° + sen 20° · cos 70°

b) B = cos 70° · cos 20° − sen 70° · sen 20°

c) C = sen 70° · cos 50° + cos 70° · sen 50°

4 Sejam **x** e **y** números reais, com $0 < x < \dfrac{\pi}{2}$ e $\dfrac{3\pi}{2} < y < 2\pi$. Sabendo que sen x = 0,6 e cos y = $\dfrac{5}{13}$, obtenha o valor de cos (x + y).

5 Calcule a medida do lado $\overline{AB}$ do triângulo representado a seguir:

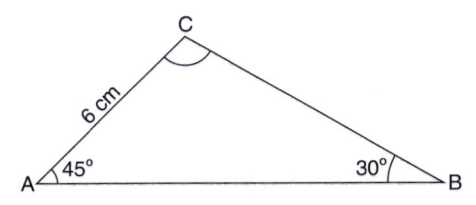

6 Quanto vale $\dfrac{\operatorname{tg} \dfrac{\pi}{18} + \operatorname{tg} \dfrac{\pi}{9}}{1 - \operatorname{tg} \dfrac{\pi}{18} \cdot \operatorname{tg} \dfrac{\pi}{9}}$?

7 Simplifique:

a) $\operatorname{sen}\left(x - \dfrac{\pi}{3}\right) + \cos\left(x + \dfrac{\pi}{3}\right)$

b) $\operatorname{sen}\left(x - \dfrac{\pi}{2}\right) - \cos\left(x + \dfrac{\pi}{2}\right)$

8 Dois povoados, **P₁** e **P₂**, situados na mesma margem de um rio, distam 2 km entre si, como mostra a figura.

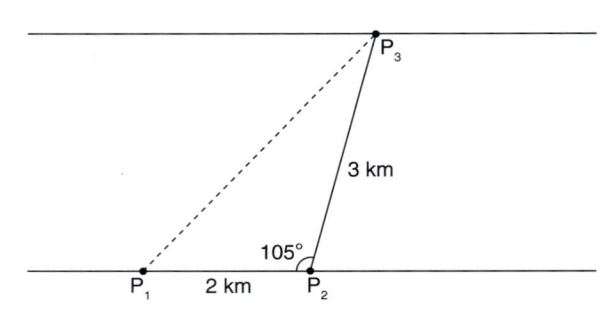

De **P₂** pode-se tomar uma embarcação até o povoado **P₃**, situado na outra margem, em um percurso de 3 km. Usando $\sqrt{2} \simeq 1{,}4$ e $\sqrt{6} \simeq 2{,}5$, determine:

a) a distância entre os povoados **P₁** e **P₃**;

b) a largura do rio, admitindo que nesse trecho as margens são paralelas.

9 Calcule tg b, sabendo que tg (a − b) = $\sqrt{3}$ e tg a = 1.

10 No triângulo retângulo mostrado, obtenha o valor de sen (β − α) e de cos (α + β).

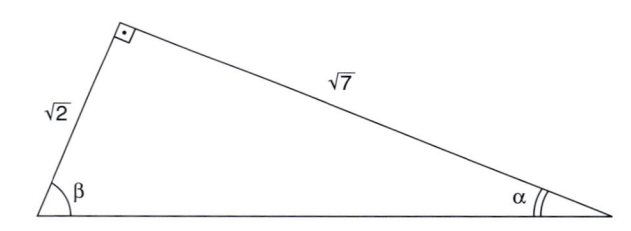

11 (UF-GO) Um ponto **P**, interno a um ângulo cuja medida é 45°, dista 2 cm de um dos lados do ângulo e 4 cm do vértice do ângulo. Qual é a distância desse ponto ao outro lado do ângulo?

12 Na figura, AB = 3 cm, CD = 5 cm e BD = 2 cm. Calcule o valor de tg α.

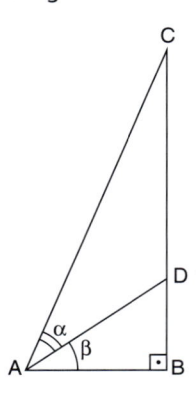

13 Seja f: ℝ → ℝ definida por:

$$f(x) = \text{sen } 3x \cos x - \text{sen } x \cos 3x$$

a) Calcule o valor de $f\left(\dfrac{\pi}{6}\right) + f(0)$.

b) Qual é o período dessa função?

c) Qual é o valor máximo que **f** assume?

d) Faça o gráfico de um período completo de **f**.

14 Se tg a = $\dfrac{1}{3}$ e cos b = $\dfrac{3}{5}$, estando **a** e **b** no 1º quadrante, determine:

a) tg (a − b)

b) cos (a − b)

c) sen (a − b)

15 Faça o gráfico de um período completo da função **f**, definida por $f(x) = \text{sen}\left(x + \dfrac{\pi}{3}\right) - \cos\left(x + \dfrac{\pi}{6}\right)$.

16 Da figura sabemos que:

• BĈD é reto;

• $\overline{BD}$ é bissetriz de AB̂C;

• $\overline{BC}$ mede 6 cm.

Determine a medida de $\overline{AB}$.

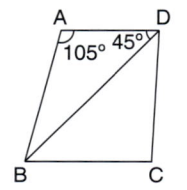

▶ Razões trigonométricas de 2a

Dadas as razões trigonométricas do número real **a**, é possível encontrar as razões trigonométricas do número real 2a, a partir das relações obtidas na seção anterior.

▶ Seno

Fazendo 2a = a + a, a ∈ ℝ, e aplicando a relação do seno da soma (sen (x + y) = sen x · cos y + sen y · cos x), obtemos: sen (2a) = sen (a + a) = sen a · cos a + sen a · cos a

Isto é:

$$\text{sen } (2a) = 2 \cdot \text{sen } a \cdot \cos a$$

▶ Cosseno

Utilizamos a relação $\cos(x+y) =$
$= \cos x \cdot \cos y - \sin x \cdot \sin y$, fazendo $x = y = a$ ($a \in \mathbb{R}$):
$\cos(2a) = \cos(a+a) = \cos a \cdot \cos a - \sin a \cdot \sin a$

Isto é:

$$\cos(2a) = \cos^2 a - \sin^2 a \quad \circledast$$

Podemos usar a relação fundamental ($\sin^2 a + \cos^2 a = 1$) para obter duas outras expressões equivalentes a $\circledast$:

$\cos(2a) = \underbrace{\cos^2 a} - \sin^2 a \Rightarrow$

$\Rightarrow \cos(2a) = 1 - \sin^2 a - \sin^2 a \Rightarrow$

$$\Rightarrow \quad \cos(2a) = 1 - 2\sin^2 a$$

ou

$\cos(2a) = \cos^2 a - \underbrace{\sin^2 a} \Rightarrow$

$\Rightarrow \cos(2a) = \cos^2 a - (1 - \cos^2 a) \Rightarrow$

$$\Rightarrow \quad \cos(2a) = 2\cos^2 a - 1$$

▶ Tangente

Utilizamos a relação da tangente da soma de dois números reais:

$\mathrm{tg}(2a) = \mathrm{tg}(a+a) = \dfrac{\mathrm{tg}\,a + \mathrm{tg}\,a}{1 - \mathrm{tg}\,a \cdot \mathrm{tg}\,a} \Rightarrow$

$$\Rightarrow \quad \mathrm{tg}(2a) = \dfrac{2\,\mathrm{tg}\,a}{1 - \mathrm{tg}^2 a} \quad ; \text{válida para}$$

$a \neq \dfrac{\pi}{4} + k\pi \quad \text{e} \quad a \neq \dfrac{3\pi}{4} + k\pi;\, k \in \mathbb{Z}.$

Dados $\sin x = \dfrac{5}{13}$, $\cos x = \dfrac{12}{13}$, $0 < x < \dfrac{\pi}{2}$,

para determinar as funções trigonométricas do número real $2x$, fazemos:

- $\sin(2x) = 2\sin x \cos x = 2 \cdot \dfrac{5}{13} \cdot \dfrac{12}{13} \Rightarrow$

  $\Rightarrow \sin(2x) = \dfrac{120}{169}$

- $\cos(2x) = \cos^2 x - \sin^2 x = \left(\dfrac{12}{13}\right)^2 - \left(\dfrac{5}{13}\right)^2 =$

  $= \dfrac{144 - 25}{169} \Rightarrow \cos(2x) = \dfrac{119}{169}$

Para obter o valor de $\mathrm{tg}(2x)$, podemos proceder de dois modos:

1º modo:

$$\mathrm{tg}(2x) = \dfrac{\sin(2x)}{\cos(2x)} = \dfrac{\dfrac{120}{169}}{\dfrac{119}{169}} = \dfrac{120}{119}$$

2º modo:

Aplicamos a fórmula de $\mathrm{tg}(2x)$; para isso, é necessário conhecer $\mathrm{tg}\,x$:

- $\mathrm{tg}\,x = \dfrac{\sin x}{\cos x} = \dfrac{\dfrac{5}{13}}{\dfrac{12}{13}} = \dfrac{5}{12}$

- $\mathrm{tg}(2x) = \dfrac{2\,\mathrm{tg}\,x}{1 - \mathrm{tg}^2 x} = \dfrac{2 \cdot \dfrac{5}{12}}{1 - \left(\dfrac{5}{12}\right)^2} = \dfrac{\dfrac{5}{6}}{1 - \dfrac{25}{144}} =$

  $= \dfrac{\dfrac{5}{6}}{\dfrac{119}{144}} \Rightarrow \mathrm{tg}(2x) = \dfrac{120}{119}$

1 Qual é o valor de $A = \sin 15° + \cos 15°$?

Solução:

Vamos apresentar uma solução em que não é necessário usar as relações do seno e do cosseno da diferença de dois arcos para obtermos os valores de $\sin 15°$ e de $\cos 15°$.

Elevando **A** ao quadrado, obtemos:

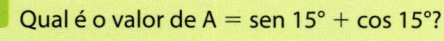

$A^2 = (\sin 15° + \cos 15°)^2 =$

$= \underbrace{\sin^2 15° + \cos^2 15°}_{1} + \underbrace{2\sin 15° \cdot \cos 15°}_{\sin 30°} =$

$= 1 + \sin 30° = 1 + \dfrac{1}{2} = \dfrac{3}{2}$

Segue:

$A = +\sqrt{\dfrac{3}{2}} \Rightarrow \sin 15° + \cos 15° = \dfrac{\sqrt{3}}{\sqrt{2}} \cdot \dfrac{\sqrt{2}}{\sqrt{2}} = \dfrac{\sqrt{6}}{2}$

EXERCÍCIOS

17 Dado $\operatorname{sen} \alpha = \dfrac{2}{3}$ e $\cos \alpha = -\dfrac{\sqrt{5}}{3}$, obtenha:

a) $\operatorname{sen}(2\alpha)$;

b) $\cos(2\alpha)$;

c) $\operatorname{tg}(2\alpha)$;

d) o quadrante em que se encontra o arco de medida 2α rad.

18 Sabendo que $\cos x = \dfrac{3}{5}$ e $0 < x < \dfrac{\pi}{2}$, obtenha o valor de $\operatorname{sen}(2x)$.

19 Responda às questões a seguir.

a) Se $\cos x = \dfrac{1}{3}$, quanto vale $\cos(2x)$?

b) Se $\operatorname{sen} x = \dfrac{1}{3}$, quanto vale $\cos(2x)$?

20 Qual é o valor de $y = \operatorname{sen}^2 \dfrac{\pi}{8} - \cos^2 \dfrac{\pi}{8}$?

21 Um triângulo retângulo possui catetos que medem 2 cm e 3 cm. Sendo **α** o ângulo compreendido entre a hipotenusa e o maior cateto, determine:

a) $\operatorname{tg}(2\alpha)$

b) $\cos(2\alpha)$

22 Calcule:

a) $(\operatorname{sen} 22°30' + \cos 22°30')^2$

b) $\left(\cos \dfrac{\pi}{24} - \operatorname{sen} \dfrac{\pi}{24}\right)^2$

23 Um observador vê, do solo, a 150 m, o topo de uma torre vertical de 75 m de altura. Aproximando-se, e ainda mirando a partir do solo, o ângulo de observação do topo da torre passa a medir o dobro do anterior. Determine a distância percorrida pelo observador entre os dois instantes de observação.

24 Em um triângulo ABC, o ângulo do vértice **A** mede o dobro do ângulo do vértice **B**. Os lados $\overline{AC}$ e $\overline{BC}$ medem 5 cm e $5\sqrt{3}$ cm, respectivamente.

a) Quais são as medidas dos três ângulos desse triângulo?

b) Quanto mede o lado $\overline{AB}$?

25 Sabendo que $\operatorname{sen} x + \cos x = \dfrac{17}{13}$, quanto vale $\operatorname{sen}(2x)$?

26 Usando $\operatorname{sen} 70° \simeq 0,94$, calcule o valor de $A = \operatorname{sen} 35° \cdot \cos 35°$.

27 O triângulo abaixo possui dados incompatíveis. Explique por quê.

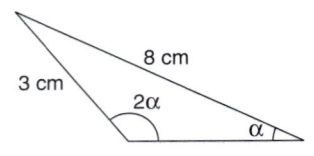

28 Demonstre as seguintes identidades:

a) $\left(\dfrac{1}{\operatorname{cossec} x} + \dfrac{1}{\sec x}\right)^2 = 1 + \operatorname{sen}(2x)$

b) $\dfrac{\operatorname{sen}(2x)}{1 + \cos(2x)} = \operatorname{tg} x$

29 O triângulo PQR da figura abaixo é isósceles de base $\overline{PQ}$. Se o ponto **T** pertence à reta suporte de $\overline{RQ}$, calcule o valor do cosseno do ângulo $P\hat{R}T$.

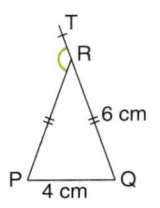

30 Seja $f: \mathbb{R} \to \mathbb{R}$ definida por $f(x) = \operatorname{sen}(2x) \cdot \cos(2x)$.

a) Determine o domínio, o período e o conjunto imagem de **f**.

b) Determine o valor de $f\left(\dfrac{\pi}{48}\right)$.

c) Faça o gráfico de um período de **f**.

31 Seja **x** um número real. Determine:

a) $\operatorname{sen}(3x)$ em função de $\operatorname{sen} x$;

b) $\cos(3x)$ em função de $\cos x$;

c) o período e o conjunto imagem da função **f**, dada por $f(x) = \operatorname{sen}(3x) \cdot \cos(3x)$.

32 Sabendo que $\cos(2x) = -\dfrac{41}{49}$, obtenha os valores de $\cos x$ e $\operatorname{sen} x$, se **x** pertence ao 2º quadrante.

33 (Fuvest-SP) Um arco **x** está no 3º quadrante do círculo trigonométrico e verifica a equação $5 \cos(2x) + 3 \operatorname{sen} x = 4$. Determine os valores de $\operatorname{sen} x$ e $\cos x$.

34 (UF-AL) O ângulo do vértice de um triângulo isósceles é agudo. Se a tangente desse ângulo é igual ao dobro do quadrado do seu seno, determine o cosseno da soma dos ângulos da base.

▶ Transformação em produto

Para a fatoração de certas expressões, a Trigonometria dispõe de algumas fórmulas próprias que, quando associadas aos recursos algébricos de que já dispomos, permitem a fatoração de expressões como $\operatorname{sen} x + \operatorname{sen} y$, $\cos x - \cos y$, $\operatorname{sen} x + \cos x$ e outras.

▶ Transformação de somas e diferenças de senos

Tomemos as expressões do seno da soma e do seno da diferença de dois arcos:

$$\operatorname{sen}(a + b) = \operatorname{sen} a \cdot \cos b + \operatorname{sen} b \cdot \cos a$$

$$\operatorname{sen}(a - b) = \operatorname{sen} a \cdot \cos b - \operatorname{sen} b \cdot \cos a$$

Somando-as e subtraindo a segunda da primeira, membro a membro, obtemos:

$$\operatorname{sen}(a + b) + \operatorname{sen}(a - b) = 2 \operatorname{sen} a \cdot \cos b$$

$$\operatorname{sen}(a + b) - \operatorname{sen}(a - b) = 2 \operatorname{sen} b \cdot \cos a$$

Façamos $a + b = p$ e $a - b = q$. Assim:

$$a = \frac{p + q}{2} \quad \text{e} \quad b = \frac{p - q}{2}$$

Daí:

$$\operatorname{sen} p + \operatorname{sen} q = 2 \operatorname{sen}\left(\frac{p + q}{2}\right) \cdot \cos\left(\frac{p - q}{2}\right)$$

e

$$\operatorname{sen} p - \operatorname{sen} q = 2 \operatorname{sen}\left(\frac{p - q}{2}\right) \cdot \cos\left(\frac{p + q}{2}\right)$$

EXEMPLO 6

Para fatorar $A = \operatorname{sen} 3x + \operatorname{sen} 5x$, fazemos:

- $\dfrac{p + q}{2} = \dfrac{3x + 5x}{2} = 4x$

- $\dfrac{p - q}{2} = \dfrac{3x - 5x}{2} = -x$

Logo:

$A = 2 \operatorname{sen}(4x) \cdot \cos(-x) \Rightarrow A = 2 \operatorname{sen}(4x) \cdot \cos x$

▶ Transformação de somas e diferenças de cossenos

Tomemos as expressões do cosseno da soma e do cosseno da diferença de dois arcos:

$$\cos(a + b) = \cos a \cdot \cos b - \operatorname{sen} a \cdot \operatorname{sen} b$$

$$\cos(a - b) = \cos a \cdot \cos b + \operatorname{sen} a \cdot \operatorname{sen} b$$

Somando-as e subtraindo a segunda da primeira, membro a membro, obtemos:

$$\cos(a + b) + \cos(a - b) = 2 \cos a \cdot \cos b$$

$$\cos(a + b) - \cos(a - b) = -2 \operatorname{sen} a \cdot \operatorname{sen} b$$

Fazendo $a + b = p$ e $a - b = q$, ou seja, $a = \dfrac{p + q}{2}$ e $b = \dfrac{p - q}{2}$, temos:

$$\cos p + \cos q = 2 \cos\left(\frac{p + q}{2}\right) \cdot \cos\left(\frac{p - q}{2}\right)$$

e

$$\cos p - \cos q = -2 \operatorname{sen}\left(\frac{p + q}{2}\right) \cdot \operatorname{sen}\left(\frac{p - q}{2}\right)$$

EXEMPLO 7

Para transformar em produto a expressão $D = \cos 70° - \cos 20°$, fazemos:

- $\dfrac{p + q}{2} = \dfrac{70° + 20°}{2} = 45°$

- $\dfrac{p - q}{2} = \dfrac{70° - 20°}{2} = 25°$

Assim:

$D = -2 \operatorname{sen} 45° \cdot \operatorname{sen} 25° = -2 \cdot \dfrac{\sqrt{2}}{2} \cdot \operatorname{sen} 25°$

$D = -\sqrt{2} \cdot \operatorname{sen} 25°$

▶ Transformação de somas e diferenças de tangentes

Considerando a expressão $\operatorname{tg} p + \operatorname{tg} q$, podemos escrever:

$$\operatorname{tg} p + \operatorname{tg} q = \frac{\operatorname{sen} p}{\cos p} + \frac{\operatorname{sen} q}{\cos q} =$$

$$= \frac{\operatorname{sen} p \cdot \cos q + \operatorname{sen} q \cdot \cos p}{\cos p \cdot \cos q}$$

Então:

$$\operatorname{tg} p + \operatorname{tg} q = \frac{\operatorname{sen}(p + q)}{\cos p \cdot \cos q}$$

Analogamente, para a expressão $\operatorname{tg} p - \operatorname{tg} q$, temos:

$$\operatorname{tg} p - \operatorname{tg} q = \frac{\operatorname{sen}(p - q)}{\cos p \cdot \cos q}$$

EXEMPLO 8

Para fatorar a expressão E = tg 50° + tg 40°, fazemos:

$$E = \frac{\text{sen }(50° + 40°)}{\cos 50° \cdot \cos 40°} = \frac{\text{sen }90°}{\cos 50° \cdot \cos 40°} = \frac{1}{\cos 50° \cdot \cos 40°} = \frac{1}{\cos 50°} \cdot \frac{1}{\cos 40°} = \sec 50° \cdot \sec 40°$$

EXERCÍCIOS

35 Transforme em produto:

   a) sen 40° + sen 80°

   b) cos 80° + cos 40°

   c) sen 50° + sen 10°

   d) sen 80° + cos 50°

36 Fatore:

   a) tg 25° + tg 65°

   b) tg 65° − tg 25°

37 Fatore as expressões:

   a) sen (3x) + sen x

   b) cos (3x) + cos x

   c) sen (9x) − sen (5x) + sen (3x) + sen x

38 Transforme em produto:

   a) 1 − sen x

   b) 1 + sen x

39 Compare os números reais A e B e justifique as comparações.

   a) A = sen 40° + sen 130°

   b) B = sen 130° − sen 40°

40 Seja f: ℝ → ℝ definida por f(x) = sen x − cos x.

   a) Escreva **f** em uma forma fatorada.

   b) Qual é o período de **f**?

   c) Qual é o valor máximo que **f** pode assumir?

41 Simplifique $\dfrac{\cos x - \cos 5x}{\text{sen } x - \text{sen } 5x}$.

42 Quanto vale $\cos \dfrac{\pi}{8} \cdot \cos \dfrac{7\pi}{8}$?

43 Determine o arco **x** do 1º quadrante tal que:

   cos 55° + cos 65° = cos x

44 Transforme em produto:

   sen² 2x − sen² x

45 Mostre que:

   $\cos 40° \cdot \cos 80° \cdot \cos 160° = -\dfrac{1}{8}$

EXERCÍCIOS COMPLEMENTARES

1 Em um triângulo isósceles, a soma das medidas dos ângulos da base é o quíntuplo da medida do ângulo do vértice. Sabendo que o lado oposto ao ângulo do vértice mede 6 cm, quanto mede cada um dos lados congruentes desse triângulo?

2 (Vunesp-SP) Sabendo-se que cos (2x) = cos² x − sen² x, para quais valores de **x** a função f(x) = cos x + $+ \dfrac{1}{2} \cdot \cos (2x)$ assume seu valor mínimo no intervalo 0 ≤ x ≤ 2π?

3 (UF-PE) Na ilustração seguinte, a casa situada no ponto **B** deve ser ligada com um cabo subterrâneo de energia elétrica, saindo do ponto **A**. Para calcular a distância AB, são medidos a distância e os ângulos a partir de dois pontos **O** e **P** situados na margem oposta do rio, sendo **O**, **A** e **B** colineares. Se OPA = 30°, POA = 30°, APB = 45° e OP = (3 + √3) km, calcule AB em hectômetros.

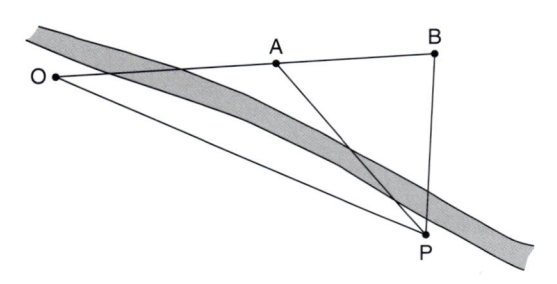

4 O triângulo ABC da figura está inscrito em uma semi-circuferência de centro **O**. Sabendo que sen θ = 0,96 e que a hipotenusa do triângulo mede 10 cm, obtenha as medidas dos lados $\overline{AB}$ e $\overline{AC}$.

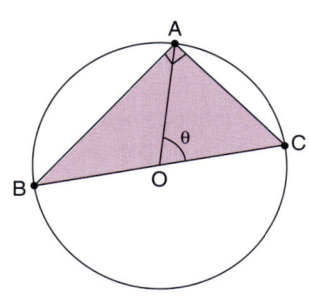

5 (Fuvest-SP)

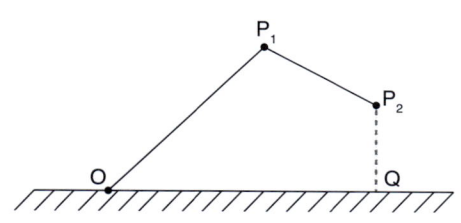

Um guindaste, instalado em um terreno plano, tem dois braços articulados que se movem em um plano vertical, perpendicular ao plano do chão. Na figura, os pontos **O**, **P₁** e **P₂** representam, respectivamente, a articulação de um dos braços com a base, a articulação dos dois braços e a extremidade livre do guindaste. O braço $\overline{OP_1}$ tem comprimento 6 e o braço $\overline{P_1P_2}$ tem comprimento 2. Num dado momento, a altura de **P₂** é 2, **P₂** está a uma altura menor do que **P₁** e a distância de **O** a **P₂** é $2\sqrt{10}$. Sendo **Q** o pé da perpendicular de **P₂** ao plano do chão, determine:

a) o seno e o cosseno do ângulo $P_2\hat{O}Q$ entre a reta $\overleftrightarrow{OP_2}$ e o plano do chão;

b) a medida do ângulo $O\hat{P}_1P_2$ entre os braços do guindaste;

c) o seno do ângulo $P_1\hat{O}Q$ entre o braço $\overline{OP_1}$ e o plano do chão.

6 (FGV-SP) A figura ilustra as medidas que um topógrafo tomou para calcular a distância do ponto **A** a um barco ancorado no mar.

sen 62° ≃ 0,88; cos 62° ≃ 0,47
sen 70° ≃ 0,94; cos 70° ≃ 0,34

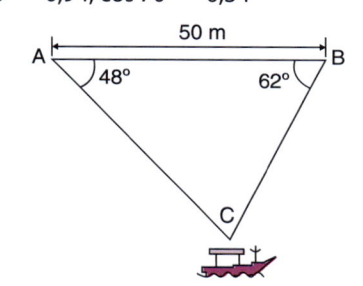

a) Use os dados obtidos pelo topógrafo e calcule a distância do ponto **A** ao barco. É conveniente traçar a altura $\overline{AH}$ do triângulo ABC.

b) Use esses mesmos dados para calcular o valor de cos 48°. Se quiser, utilize os produtos: 88 · 94 = 8 272 e 47 · 34 = 1598.

7 (FGV-SP) Um estudante tinha de calcular a área do triângulo ABC, mas um pedaço da folha do caderno rasgou-se. Ele, então, traçou o segmento $\overline{A'C'}$ paralelo a $\overline{AC}$, a altura $\overline{C'H}$ do triângulo A'BC' e, com uma régua, obteve estas medidas:
C'H = 1,2 cm, A'B = 1,4 cm e AB = 4,2 cm.

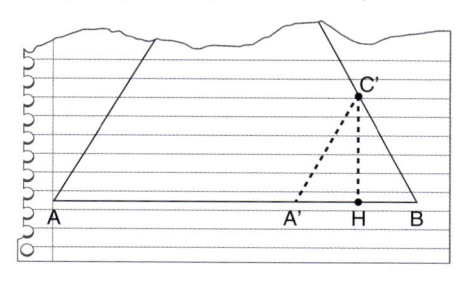

a) Use essas medidas e calcule a área do triângulo ABC.

b) Com a régua, ele mediu também o lado $\overline{A'C'}$ e obteve A'C' = 1,5 cm. Se as medidas em graus dos ângulos agudos **A** e **B** são respectivamente **a** e **b**, calcule o valor de sen (a − b).

8 Se sen x = $\left(\dfrac{12}{13}\right)$ e **x** é do 2º quadrante, quanto vale tg$\left(\dfrac{x}{2}\right)$?

9 Sejam **u** e **v** números reais tais que u + v = $\dfrac{\pi}{4}$.
Sabendo que as raízes da equação de 2º grau ax² + + bx + c = 0 são tg u e tg v, mostre que a + b = c.

10 (ITA-SP) Determine o valor de **y**, definido a seguir, sabendo que **α** é um arco do quarto quadrante e $|\text{sen }α| = \dfrac{4}{5}$.
$$y = 7\text{ tg }(2α) + \sqrt{5}\text{ cos}\left(\dfrac{α}{2}\right)$$

11 (Fuvest-SP) Sejam **x** e **y** dois números reais, com $0 < x < \dfrac{\pi}{2}$ e $\dfrac{\pi}{2} < y < \pi$, satisfazendo sen y = $\dfrac{4}{5}$ e 11 sen x + 5 cos (y − x) = 3.

Nessas condições, determine:

a) cos y   **b)** sen 2x

12 (Unicamp-SP) Um recipiente cúbico de aresta **a** e sem tampa, apoiado em um plano horizontal, contém água até a altura $\dfrac{3}{4}$ a. Inclina-se lentamente o cubo, girando-o em um ângulo θ em torno de uma das arestas da base, como está representado na figura.

a) Supondo que o giro é interrompido exatamente antes de a água começar a derramar, determine a tangente do ângulo θ.

b) Considerando, agora, a inclinação tal que $\operatorname{tg}\theta = \dfrac{1}{4}$ com $0 < \theta < \dfrac{\pi}{2}$, calcule o valor numérico da expressão $\cos(2\theta) - \operatorname{sen}(2\theta)$.

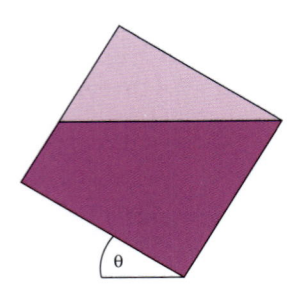

13 (Fuvest-SP) Uma bola branca está posicionada no ponto **Q** de uma mesa de bilhar retangular, e uma bola preta, no ponto **P**, conforme a figura abaixo. A reta determinada por **P** e **Q** intersecta o lado **L** da mesa no ponto **R**. Além disso, **Q** é o ponto médio do segmento $\overline{PR}$, e o ângulo agudo formado por $\overline{PR}$ e **L** mede 60°. A bola branca atinge a preta, após ser refletida pelo lado **L**. Sua trajetória, ao partir de **Q**, forma um ângulo agudo θ com o segmento $\overline{PR}$ e o mesmo ângulo agudo α com o lado **L** antes e depois da reflexão. Determine a tangente de α e o seno de θ.

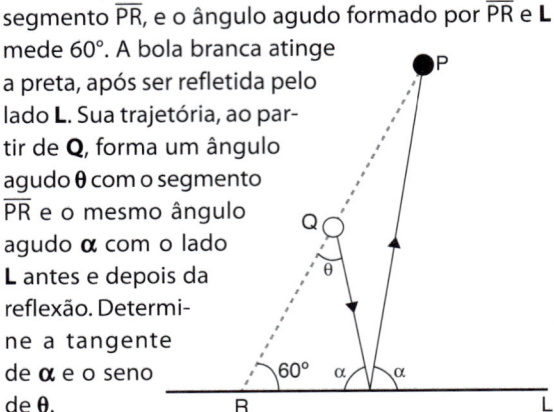

 TESTES

1 (FGV-SP) Sabendo que **x** pertence ao 2º quadrante e que sen x = 0,8, pode-se afirmar que o valor de sen 2x + cos 2x é igual a:

a) −1,24
d) 0,95
b) −0,43
e) 1,72
c) 0,68

2 (UE-CE) O período e a imagem da função periódica $f: \mathbb{R} \to \mathbb{R}$ definida por $f(x) = \cos^2 x - \operatorname{sen}^2 x$ são, respectivamente,

a) 2π e $[-1, 1]$.
b) 2π e $[-2, 2]$.
c) π e $[-2, 2]$.
d) π e $[-1, 1]$.

3 (Unifor-CE) Sejam **x** e **y** números reais tais que $0 < x < \dfrac{\pi}{2}$ e $0 < y < \dfrac{\pi}{2}$. Se $\cos x = \dfrac{3}{4}$ e $\operatorname{sen} y = \dfrac{1}{4}$, o valor de sen 2x + cos 2y é:

a) $\dfrac{1 + \sqrt{15}}{8}$

b) $\dfrac{12\sqrt{2} - 1}{16}$

c) $\dfrac{8 + 3\sqrt{7}}{8}$

d) $\dfrac{7 + 3\sqrt{7}}{8}$

e) $\dfrac{59 + 6\sqrt{7}}{16}$

4 (Mackenzie-SP) Se sec x = 4, com $0 \le x < \dfrac{\pi}{2}$, então tg (2x) é igual a:

a) $-\dfrac{4\sqrt{15}}{5}$
d) $\dfrac{\sqrt{15}}{16}$

b) $\dfrac{\sqrt{15}}{4}$

c) $-\dfrac{2\sqrt{15}}{7}$
e) $-\dfrac{\sqrt{15}}{7}$

5 (FGV-SP) A função $f(x) = (\operatorname{sen} x) \cdot (\cos x)$ tem conjunto imagem e período dados, respectivamente, por:

a) $[-1, 1]$ e π
d) $\left[-\dfrac{1}{2}, \dfrac{1}{2}\right]$ e π

b) $[-1, 1]$ e 2π

c) $[-2, 2]$ e 2π
e) $\left[-\dfrac{1}{2}, \dfrac{1}{2}\right]$ e 2π

6 (UE-CE) O conjunto imagem da função $f: \mathbb{R} \to \mathbb{R}$, definida por $f(x) = 2\cos 2x + \cos^2 x$, é o intervalo:

a) $[-2, 1]$
c) $[-2, 2]$
b) $[-2, 3]$
d) $[-2, 0]$

7 (UE-CE) Se **x** e **y** são arcos no primeiro quadrante tais que $\operatorname{sen}(x) = \dfrac{\sqrt{3}}{2} = \cos(y)$, então o valor de sen (x + y) + sen (x − y) é:

a) $\dfrac{\sqrt{6}}{2}$
c) $\dfrac{\sqrt{6}}{3}$
b) $\dfrac{3}{2}$
d) $\dfrac{2}{3}$

8 (Fatec-SP) A expressão $\left(\text{sen } \dfrac{x}{2} + \cos \dfrac{x}{2}\right)^2$ é equivalente a:

a) 1

b) 0

c) $\cos^2 \dfrac{x}{2}$

d) $1 + \text{sen } x$

e) $1 + \cos x$

9 (Mackenzie-SP) Na figura, tg β é igual a:

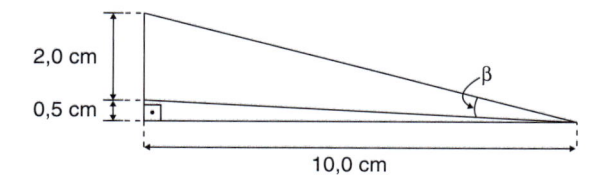

a) $\dfrac{16}{81}$

b) $\dfrac{8}{27}$

c) $\dfrac{19}{63}$

d) $\dfrac{2}{3}$

e) $\dfrac{1}{4}$

10 (Fuvest-SP) Sejam **x** e **y** números reais positivos tais que $x + y = \dfrac{\pi}{2}$. Sabendo-se que sen $(y - x) = \dfrac{1}{3}$, o valor de $\text{tg}^2\, y - \text{tg}^2\, x$ é igual a:

a) $\dfrac{3}{2}$

b) $\dfrac{5}{4}$

c) $\dfrac{1}{2}$

d) $\dfrac{1}{4}$

e) $\dfrac{1}{8}$

11 (IF-SP) Sabendo que $\cos \theta - \text{sen } \theta = \dfrac{\sqrt{6}}{3}$, então o valor de sen (2θ) é:

a) -1

b) $-\dfrac{5}{9}$

c) $\dfrac{1}{6}$

d) $\dfrac{1}{3}$

e) $\dfrac{5}{6}$

12 (Fatec-SP) Da trigonometria sabe-se que quaisquer que sejam os números reais **p** e **q**, sen $p +$ sen $q = = 2 \cdot \text{sen}\left(\dfrac{p + q}{2}\right) \cdot \cos\left(\dfrac{p - q}{2}\right)$.

Logo a expressão $\cos x \cdot$ sen $9x$ é idêntica a:

a) sen $10x +$ sen $8x$

b) $2 \cdot ($sen $6x +$ sen $2x)$

c) $2 \cdot ($sen $10x +$ sen $8x)$

d) $\dfrac{1}{2} \cdot ($sen $6x +$ sen $2x)$

e) $\dfrac{1}{2} \cdot ($sen $10x +$ sen $8x)$

13 (U. F. Uberlândia-MG) O valor de tg 10° $\cdot$ (sec 5° + + cossec 5°) $\cdot$ (cos 5° − sen 5°) igual a:

a) 2

b) $\dfrac{1}{2}$

c) 1

d) 0

14 (U. E. Londrina-PR) Se cos $(2x) = \dfrac{1}{2}$, onde $x \in (0, \pi)$, então o valor de $y = \dfrac{[\text{sen }(3x) - \text{sen }(x)]}{\cos (2x)}$ é:

a) -1

b) $\dfrac{(\sqrt{3})}{3}$

c) $\dfrac{3}{\sqrt{3}}$

d) $\dfrac{(2\sqrt{3})}{3}$

e) 1

15 (UE-RJ) Um esqueitista treina em três rampas planas do mesmo comprimento **a**, mas com inclinações diferentes. As figuras abaixo representam as trajetórias retilíneas AB = CD = EF, contidas nas retas de maior declive de cada rampa.

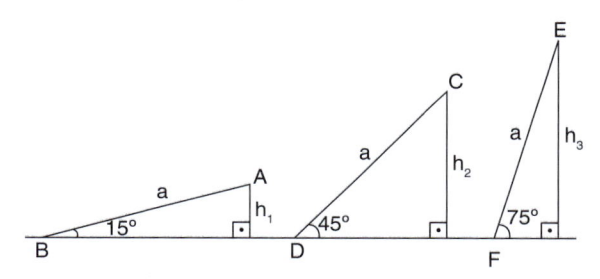

Sabendo que as alturas, em metros, dos pontos de partida **A**, **C** e **E** são, respectivamente, h_1, h_2 e h_3, conclui-se que $h_1 + h_2$ é igual a:

a) $h_3\sqrt{3}$

b) $h_3\sqrt{2}$

c) $2h_3$

d) h_3

16 (EsPCEx-SP) O cosseno do menor ângulo formado pelos ponteiros de um relógio às 14 horas e 30 minutos vale:

a) $-\dfrac{(\sqrt{3} + 1)}{2}$

b) $-\dfrac{(\sqrt{2} + 1)}{2}$

c) $\dfrac{(1 + \sqrt{2})}{4}$

d) $-\dfrac{(\sqrt{6} - \sqrt{2})}{4}$

e) $\dfrac{(\sqrt{2} - \sqrt{3})}{4}$

17 (Insper-SP) Movendo as hastes de um compasso, ambas de comprimento **L**, é possível determinar diferentes triângulos, como dois representados a seguir, fora de escala.

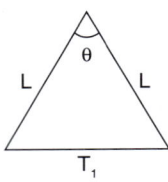 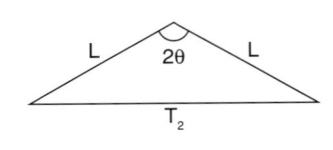

Se a área do triângulo **T₁** é o triplo da área do triângulo **T₂**, então o valor de cos θ é igual a:

a) $\dfrac{1}{6}$

b) $\dfrac{1}{3}$

c) $\dfrac{\sqrt{3}}{3}$

d) $\dfrac{1}{2}$

e) $\dfrac{\sqrt{6}}{6}$

18 (FGV-SP) Um triângulo isósceles tem os lados congruentes com medida igual a 5. Seja α a medida do ângulo da base, para a qual a área do referido triângulo é máxima. Podemos afirmar que:

a) $10° \leqslant \alpha < 20°$

b) $20° \leqslant \alpha < 30°$

c) $30° \leqslant \alpha < 40°$

d) $40° \leqslant \alpha < 50°$

e) $50° \leqslant \alpha < 60°$

19 (FGV-SP) Se $\operatorname{sen} x + \operatorname{sen} y = \dfrac{\sqrt{15}}{3}$ e $\cos x + \cos y = 1$, então, $\sec(x - y)$ é igual a:

a) $\dfrac{1}{3}$

b) $\dfrac{1}{2}$

c) 2

d) 3

e) 4

20 (ITA-SP) A expressão

$$\dfrac{2\left[\operatorname{sen}\left(x + \dfrac{11}{2}\pi\right) + \operatorname{cotg}^2 x\right] \operatorname{tg} \dfrac{x}{2}}{1 + \operatorname{tg}^2 \dfrac{x}{2}}$$

é equivalente:

a) $[\cos x - \operatorname{sen}^2 x]\operatorname{cotg} x$

b) $[\operatorname{sen} x + \cos x]\operatorname{tg} x$

c) $[\cos^2 x - \operatorname{sen} x]\operatorname{cotg}^2 x$

d) $[1 - \operatorname{cotg}^2 x]\operatorname{sen} x$

e) $[1 + \operatorname{cotg}^2 x][\operatorname{sen}^2 x + \cos x]$

21 (ITA-SP) Se $\cos 2x = \dfrac{1}{2}$, então um possível valor de

$$\dfrac{\operatorname{cotg} x - 1}{\operatorname{cossec}(x - \pi) - \sec(\pi - x)} \text{ é:}$$

a) $\dfrac{\sqrt{3}}{2}$

b) 1

c) $\sqrt{2}$

d) $\sqrt{3}$

e) 2

22 (UF-GO) Observe a figura a seguir, em que estão indicadas as medidas dos lados do triângulo maior e alguns dos ângulos.

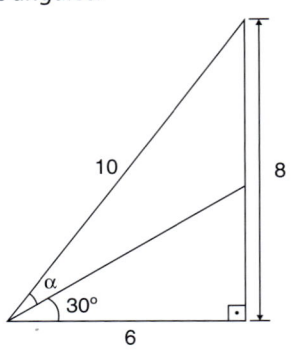

O seno do ângulo indicado por α na figura vale:

a) $\dfrac{4\sqrt{3} - 3}{10}$

b) $\dfrac{4 - \sqrt{3}}{10}$

c) $\dfrac{4 - 3\sqrt{3}}{10}$

d) $\dfrac{4 + 3\sqrt{3}}{10}$

e) $\dfrac{4\sqrt{3} + 3}{10}$

23 (Fuvest-SP) No triângulo retângulo ABC, ilustrado na figura, a hipotenusa $\overline{AC}$ mede 12 cm e o cateto $\overline{BC}$ mede 6 cm. Se **M** é o ponto médio de $\overline{BC}$, então a tangente do ângulo MÂC é igual a:

a) $\dfrac{\sqrt{2}}{7}$

b) $\dfrac{\sqrt{3}}{7}$

c) $\dfrac{2}{7}$

d) $\dfrac{2\sqrt{2}}{3}$

e) $\dfrac{2\sqrt{3}}{7}$

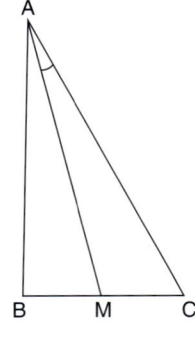

Equações e inequações trigonométricas

▶ Equações fundamentais

Sejam **f** e **g** duas funções trigonométricas da variável real **x** e sejam D_1 e D_2 seus respectivos domínios. Resolver a equação trigonométrica f(x) = g(x) no conjunto universo U = ℝ significa determinar o conjunto **S**, denominado conjunto solução, dos números reais **r** que a satisfazem; isto é, os valores de **r** para os quais f(r) = g(r) é uma sentença verdadeira, com **r** pertencente a D_1 e a D_2.

São exemplos de equações trigonométricas:

$$\text{sen } x = \text{sen } \frac{\pi}{8}; \cos x = -\frac{1}{2}; \text{tg } x + \text{cotg } x = 2; \text{sen}^2\, x - \cos x = 0; \text{ etc.}$$

De modo geral, quase todas as equações trigonométricas se reduzem a uma destas três:

$$\boxed{\text{sen } x = \text{sen } \alpha} \qquad \boxed{\cos x = \cos \alpha} \qquad \boxed{\text{tg } x = \text{tg } \alpha}$$

em que **x** é a variável real e **α** é um número real conhecido.

Essas equações recebem o nome de **equações fundamentais**; vamos iniciar o nosso estudo por elas.

▶ Resolução da equação sen x = sen α

Marcamos no eixo dos senos o ponto **P** tal que OP = sen α.

As imagens de **x** e de **α** na circunferência trigonométrica devem estar sobre a reta **r**, perpendicular ao eixo dos senos, traçada pelo ponto **P**; isto é, estão em **P'** ou em **P''**.

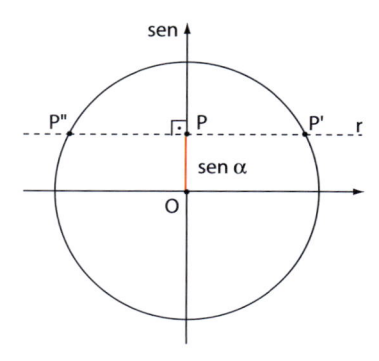

Temos, então, duas possibilidades:

1ª) **x** e **α** têm a mesma imagem na circunferência trigonométrica, isto é: $\boxed{x = \alpha + k \cdot 2\pi; k \in \mathbb{Z}}$

ou

2ª) **x** e **α** têm imagens simétricas em relação ao eixo dos senos, isto é: $\boxed{x = (\pi - \alpha) + k \cdot 2\pi; k \in \mathbb{Z}}$

OBSERVAÇÕES

No primeiro caso, dizemos que **x** e **α** são **côngruos** e, no segundo, que são **suplementares**.

EXEMPLO 1

EXEMPLO 1

Para resolver a equação $\operatorname{sen} x = \dfrac{\sqrt{3}}{2}$, consideran-do $U = \mathbb{R}$, substituímos $\dfrac{\sqrt{3}}{2}$ por $\operatorname{sen} \dfrac{\pi}{3}$ e chegamos à equação $\operatorname{sen} x = \operatorname{sen} \dfrac{\pi}{3}$.

Daí:

$$\begin{cases} x = \dfrac{\pi}{3} + k \cdot 2\pi; k \in \mathbb{Z} \\ \text{ou} \\ x = \left(\pi - \dfrac{\pi}{3}\right) + k \cdot 2\pi, \text{ isto é,} \\ x = \dfrac{2\pi}{3} + k \cdot 2\pi; k \in \mathbb{Z} \end{cases}$$

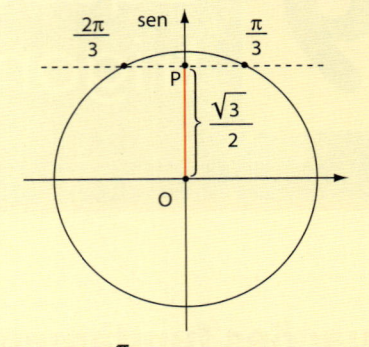

$$S = \left\{ x \in \mathbb{R} \mid x = \dfrac{\pi}{3} + k \cdot 2\pi \text{ ou } x = \dfrac{2\pi}{3} + k \cdot 2\pi; k \in \mathbb{Z} \right\}$$

EXERCÍCIOS

1 Resolva as seguintes equações, sendo $U = \mathbb{R}$:

a) $\operatorname{sen} x = \operatorname{sen} \dfrac{\pi}{5}$

b) $\operatorname{sen} x = \dfrac{1}{2}$

c) $\operatorname{sen} x = 1$

d) $\operatorname{sen} x = 0$

e) $\operatorname{sen} x = \dfrac{\sqrt{2}}{2}$

f) $\operatorname{sen} x = -\dfrac{1}{2}$

2 Resolva, em $\mathbb{R}$, as equações:

a) $\operatorname{sen} 3x = \operatorname{sen} x$

b) $\operatorname{sen}\left(4x - \dfrac{\pi}{6}\right) = \operatorname{sen} 2x$

▶ Resolução da equação cos x = cos α

Marcamos no eixo dos cossenos o ponto **P** tal que $OP = \cos \alpha$. As imagens de **x** e de **α** na circunferência trigonométrica devem estar sobre a reta **r**, perpendicular ao eixo dos cossenos, traçada pelo ponto **P**; isto é, estão em **P**' ou em **P**''.

Temos duas possibilidades:

1ª) **x** e **α** têm a mesma imagem na circuferência trigonométrica, isto é:

$$x = \alpha + k \cdot 2\pi; k \in \mathbb{Z}$$

2ª) **x** e **α** têm imagens simétricas em relação ao eixo dos cossenos, isto é:

$$x = -\alpha + k \cdot 2\pi; k \in \mathbb{Z}$$

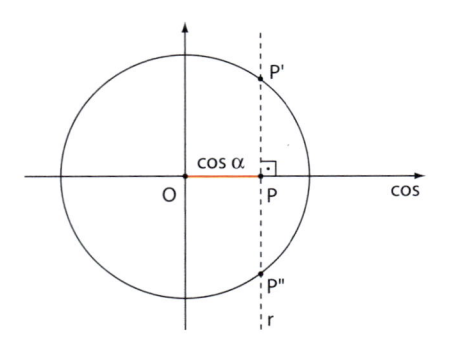

OBSERVAÇÕES

No primeiro caso, dizemos que **x** e **α** são **côngruos** e, no segundo, **replementares**.

EXEMPLO 2

Sendo $U = \mathbb{R}$, vamos resolver a equação $\cos x = \cos \dfrac{\pi}{3}$.

Temos:

$x = \dfrac{\pi}{3} + k \cdot 2\pi; k \in \mathbb{Z}$ ou $x = -\dfrac{\pi}{3} + k \cdot 2\pi; k \in \mathbb{Z}$

Podemos escrever simplesmente:

$S = \left\{ x \in \mathbb{R} \mid x = \pm \dfrac{\pi}{3} + k \cdot 2\pi; k \in \mathbb{Z} \right\}$

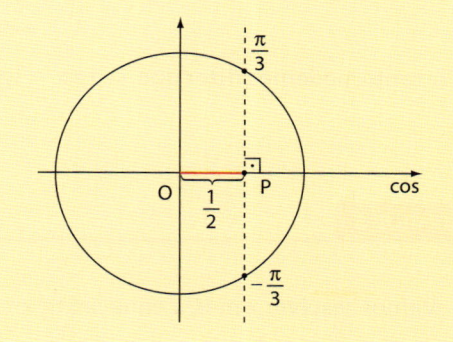

EXERCÍCIO

3 Resolva, em $\mathbb{R}$, as seguintes equações:

a) $\cos x = \cos \dfrac{\pi}{7}$

b) $\cos x = \dfrac{\sqrt{3}}{2}$

c) $\cos x = 0$

d) $\cos x = -1$

e) $\cos x = -\dfrac{\sqrt{2}}{2}$

f) $\cos x = -\dfrac{1}{2}$

g) $\cos 3x = \cos x$

h) $\cos 5x = \cos\left(x + \dfrac{\pi}{3}\right)$

▶ Resolução da equação tg x = tg α

Marcamos no eixo das tangentes o ponto **P** tal que $AP = \operatorname{tg} \alpha$.

As imagens de **x** e de **α** na circunferência trigonométrica devem estar sobre a reta **r**, determinada pelos pontos **O** e **P**; isto é, estão em **P'** ou em **P''**.

Temos duas possibilidades:

1ª) **x** e **α** têm a mesma imagem na circunferência trigonométrica, isto é:

$$x = \alpha + k \cdot 2\pi; k \in \mathbb{Z} \quad \text{①}$$

2ª) **x** e **α** têm imagens simétricas em relação ao centro **O**, isto é:

$$x = (\pi + \alpha) + k \cdot 2\pi; k \in \mathbb{Z} \quad \text{②}$$

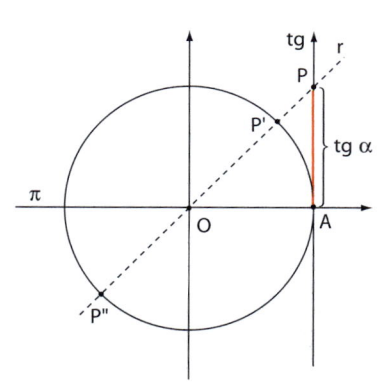

OBSERVAÇÕES

No primeiro caso, dizemos que **x** e **α** são **côngruos** e, no segundo, **explementares**.

Vejamos agora outra maneira de expressar a relação entre **x** e **α**.

Fazendo **k** variar em $\mathbb{Z}$ em ① e ②, obtemos:

$$
\begin{array}{lll}
\vdots & & \vdots \\
k = 0 \rightarrow x = \alpha & \text{ou} & x = \pi + \alpha \\
k = 1 \rightarrow x = \alpha + 2\pi & \text{ou} & x = \pi + \alpha + 2\pi = \alpha + 3\pi \\
k = 2 \rightarrow x = \alpha + 4\pi & \text{ou} & x = \pi + \alpha + 4\pi = \alpha + 5\pi \\
\vdots & & \vdots
\end{array}
$$

Em resumo, os números reais **x** que satisfazem a equação são:

$$..., \alpha, \alpha + \pi, \alpha + 2\pi, \alpha + 3\pi, ...$$

Portanto, podemos dizer que, se tg x = tg α, então:

$$x = \alpha + k\pi; k \in \mathbb{Z}$$

EXEMPLO 3

Vamos resolver, em $\mathbb{R}$, a equação $\text{tg } x = \dfrac{\sqrt{3}}{3}$.

Como $\text{tg } \dfrac{\pi}{6} = \dfrac{\sqrt{3}}{3}$, temos:

$$\text{tg } x = \text{tg } \frac{\pi}{6}$$

$$S = \left\{ x \in \mathbb{R} \mid x = \frac{\pi}{6} + k\pi; k \in \mathbb{Z} \right\}$$

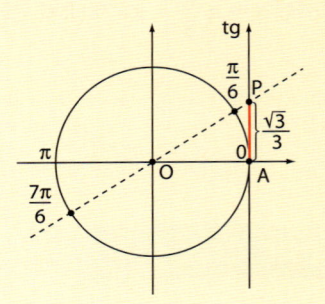

EXERCÍCIO

4 Resolva, em $\mathbb{R}$, as equações:

a) $\text{tg } x = \text{tg } \dfrac{2\pi}{5}$

b) $\text{tg } x = 1$

c) $\text{tg } x = \sqrt{3}$

d) $\text{tg } x = -\dfrac{\sqrt{3}}{3}$

e) $\text{tg } x = 0$

f) $\text{tg } x = -\sqrt{3}$

▶ Equações redutíveis às fundamentais

Muitas equações trigonométricas podem ser reduzidas às equações fundamentais pelo uso de propriedades que envolvem as razões trigonométricas ou outros artifícios. Vamos apresentar a resolução de duas equações.

EXERCÍCIOS RESOLVIDOS

1 Resolver, em $\mathbb{R}$, a equação $2 \text{ sen } x - \text{cossec } x = 1$.

Solução:

Lembrando que $\text{cossec } x = \dfrac{1}{\text{sen } x}$, $\text{sen } x \neq 0$, temos:

$$2 \text{ sen } x - \frac{1}{\text{sen } x} = 1 \Rightarrow 2 \text{ sen}^2 x - \text{sen } x - 1 = 0$$

(Trata-se de uma equação de 2º grau na variável sen x). Então:

$$\Delta = (-1)^2 - 4 \cdot 2 \cdot (-1) = 9$$

$$\text{sen } x = \frac{-(-1) \pm \sqrt{9}}{2 \cdot 2} = \frac{1 \pm 3}{4}$$

Daí:
$$\begin{cases} \text{sen } x = 1 \quad \text{①} \\ \text{ou} \\ \text{sen } x = -\dfrac{1}{2} \quad \text{②} \end{cases}$$

① e ② são equações fundamentais.

De ① : sen x = sen $\dfrac{\pi}{2} \Rightarrow x = \dfrac{\pi}{2} + k \cdot 2\pi$

De ② : sen x = sen $\dfrac{7\pi}{6} \Rightarrow x = \dfrac{7\pi}{6} + k \cdot 2\pi$ ou

$x = -\dfrac{\pi}{6} + k \cdot 2\pi$

$S = \left\{ x \in \mathbb{R} \mid x = \dfrac{\pi}{2} + k \cdot 2\pi \text{ ou } x = \dfrac{7\pi}{6} + k \cdot 2\pi \text{ ou } \right.$

$\left. x = -\dfrac{\pi}{6} + k \cdot 2\pi ; k \in \mathbb{Z} \right\}$

2 Quais são os números reais **x**, $0 \leqslant x \leqslant 2\pi$, tais que $\text{sen}^2 x = 1 + \cos x$?

Solução:

Usando a relação fundamental da Trigonometria ($\text{sen}^2 x + \cos^2 x = 1$), temos:

$1 - \cos^2 x = 1 + \cos x \Rightarrow \cos x + \cos^2 x = 0 \Rightarrow$
$\Rightarrow \cos x (1 + \cos x) = 0$

Daí:
$$\begin{cases} \cos x = 0 \quad \text{①} \\ \text{ou} \\ \cos x = -1 \quad \text{②} \end{cases}$$

De ① , temos $x = \dfrac{\pi}{2}$ ou $x = \dfrac{3\pi}{2}$; note que o conjunto universo é $[0, 2\pi]$.

De ② , vem $x = \pi$.

$S = \left\{ \dfrac{\pi}{2}, \dfrac{3\pi}{2}, \pi \right\}$

3 Resolver, em $\mathbb{R}$, a equação sen $(3x)$ + sen $(5x)$ = 0.

Solução:

É preciso usar as fórmulas de transformação em produto estudadas no capítulo anterior:

$\text{sen}(3x) + \text{sen}(5x) = 2 \cdot \text{sen}\left(\dfrac{3x + 5x}{2}\right) \cdot \cos\left(\dfrac{3x - 5x}{2}\right) =$
$= 2 \text{ sen}(4x) \cos(-x)$

Como $\forall\, x \in \mathbb{R}$, $\cos(-x) = \cos x$, temos:

$2 \text{ sen}(4x) \cos x = 0 \Rightarrow \text{sen}(4x) = 0 \ $ ou $\ \cos x = 0$

- 1º caso

    $\text{sen}(4x) = 0 \Rightarrow 4x = k\pi \Rightarrow x = \dfrac{k\pi}{4}$

- 2º caso

    $\cos x = 0 \Rightarrow x = \dfrac{\pi}{2} + k\pi$

$S = \left\{ x \in \mathbb{R} \mid x = \dfrac{k\pi}{4} \text{ ou } x = \dfrac{\pi}{2} + k\pi ; k \in \mathbb{Z} \right\}$

# EXERCÍCIOS

O enunciado a seguir refere-se aos exercícios de *5* a *24*.

Resolva, em $\mathbb{R}$, as seguintes equações trigonométricas:

5 cossec x = 2

6 $\text{sen}^2 x = 1$

7 $2 \cos^2 x - 3 \cos x + 1 = 0$

8 cotg x = 1

9 $\text{tg}^2 x - \text{tg } x = 0$

10 $\sec^2 x = \dfrac{4}{3}$

11 $\text{sen}^2 x = \cos^2 x$

12 $\cos^2 x = 3$

13 tg x + cotg x = 2

14 $(1 - \cos x) \cdot (\sqrt{3} \text{ tg } x - 1) = 0$

15 $1 - \text{sen}^2 x = 1 + \text{sen}^2 x$

16 $\cos\left(x - \dfrac{\pi}{4}\right) = 1$

17 $\cos^2 x - 2 \text{ sen } x + 2 = 0$

18 tg $x = \sqrt{2}$ sen x

19 $\text{sen}\left(x - \dfrac{\pi}{3}\right) = -1$

20 sen $(2x)$ = 0

21 $2 - 2 \cos x = \text{sen } x \cdot \text{tg } x$

22 sen $(7x)$ + sen $(5x)$ = 0

23 cos $(2x)$ + cos $(6x)$ = 0

24 tg $(2x)$ = 1

O enunciado a seguir refere-se aos exercícios de *25 a 32*.

Encontre todos os valores reais de **x**, com $0 \leqslant x < 2\pi$, que verificam a equação:

25 $2\cos^2 x - \text{sen } x = 1$

26 $\sec^2 x = 1 + \text{tg } x$

27 $\cos 2x + 3\cos x + 2 = 0$

28 $3\text{ tg}^2 x + 2\sqrt{3}\text{ tg } x = 3$

29 $4\text{ sen } x + 3\text{ cossec } x = 8$

30 $\left(4 - \dfrac{3}{\text{sen}^2 x}\right) \cdot \left(4 - \dfrac{1}{\cos^2 x}\right) = 0$

31 $\text{cossec}^2 x = 2\text{ cotg } x$

32 $3\text{ tg } x = 2\cos x$

33 (Vunesp-SP) A temperatura, em graus Celsius (°C), de uma câmara frigorífica, durante um dia completo, de 0 hora às 24 horas, é dada aproximadamente pela função $f(t) = \cos\left(\dfrac{\pi}{12}t\right) - \cos\left(\dfrac{\pi}{6}t\right)$, $0 \leqslant t \leqslant 24$, com **t** em horas. Determine:

a) a temperatura da câmara frigorífica às 2 horas e às 9 horas (use $\sqrt{2} \simeq 1,4$ e $\sqrt{3} \simeq 1,7$);

b) em quais horários do dia a temperatura atingiu 0 °C.

▶ Resolução de equações em um intervalo qualquer

Algumas vezes é preciso resolver equações trigonométricas em um conjunto universo diferente de $\mathbb{R}$ e do intervalo $[0, 2\pi]$.

Nesse caso, encontramos inicialmente a solução geral da equação, isto é, seu conjunto solução, considerando $\mathbb{R}$ o conjunto universo. Em seguida, atribuímos valores convenientes para **k** ($k \in \mathbb{Z}$) a fim de determinar as soluções que pertencem ao intervalo dado.

Observe o exercício resolvido a seguir.

EXERCÍCIO RESOLVIDO

4 Resolver a equação sen $(4x) = 1$, sendo $U = [0, \pi]$.

Solução:

Solução geral: sen $(4x) = 1 \Rightarrow 4x = \dfrac{\pi}{2} + k \cdot 2\pi \Rightarrow$

$\Rightarrow x = \dfrac{\pi}{8} + \dfrac{k\pi}{2}; k \in \mathbb{Z}$

Atribuímos valores inteiros para **k**:

- $k = 0 \Rightarrow x = \dfrac{\pi}{8}$; convém, pois $\dfrac{\pi}{8} \in [0, \pi]$

- $k = 1 \Rightarrow x = \dfrac{\pi}{8} + \dfrac{\pi}{2} = \dfrac{5\pi}{8}$; convém, pois $\dfrac{5\pi}{8} \in [0, \pi]$

- $k = 2 \Rightarrow x = \dfrac{\pi}{8} + \pi = \dfrac{9\pi}{8}$; não convém, pois $\dfrac{9\pi}{8} > \pi$

$S = \left\{\dfrac{\pi}{8}, \dfrac{5\pi}{8}\right\}$

EXERCÍCIOS

O enunciado a seguir refere-se aos exercícios de *34 a 42*.

Resolva a equação, considerando **U** o conjunto universo:

34 $\cos (3x) = 0$; $U = [0, \pi]$

35 $\text{sen } (3x) = \dfrac{1}{2}$; $U =]0, 2\pi[$

36 $\cos (4x) = -1$; $U = [-2\pi, 0]$

37 $\text{tg } (2x) = \sqrt{3}$; $U =]-\pi, \pi[$

38 $\cos^2 x - \cos x = 0$; $U = \left[-\dfrac{\pi}{2}, \dfrac{\pi}{2}\right]$

39 $\text{sen } x + \text{sen } (2x) = 0$; $U = \left[-\dfrac{\pi}{2}, \dfrac{\pi}{2}\right]$

40 $\text{sen } (3x) = \text{sen } (2x)$; $U = [0, \pi]$

41 $\cos (2x) + \cos (6x) = 0$; $U = \left[0, \dfrac{\pi}{2}\right]$

42 $\text{sen } x + \cos x = 1$; $U = [-2\pi, 2\pi]$

43 Qual é o número de soluções da equação $\text{tg}^2 x = 5\text{ tg } x - 6$, no intervalo $[0, 2\pi]$?

44 (Unifesp-SP) Considere a função $y = f(x) = 1 + sen\left(2\pi x - \dfrac{\pi}{2}\right)$, definida para todo **x** real.

a) Dê o período e o conjunto imagem da função **f**.

b) Obtenha todos os valores de **x** no intervalo $[0, 1]$, tais que $y = 1$.

45 (Fuvest-SP) Considere a função $f(x) = sen\,x + sen\,5x$.

a) Determine constantes **k**, **m** e **n** tais que $f(x) = k\,sen\,(mx) \cdot cos\,(nx)$.

b) Determine os valores de **x**, $0 \leqslant x \leqslant \pi$, tais que $f(x) = 0$.

▶ Inequações fundamentais

Considere **f** e **g** duas funções trigonométricas de variável real **x**.

Resolver a inequação $f(x) < g(x)$ significa obter o seu conjunto solução, ou seja, o conjunto dos números reais **r** para os quais $f(r) < g(r)$ é uma sentença verdadeira.

Faremos, basicamente, o estudo das inequações fundamentais:

a) $sen\,x < m$; $sen\,x > m$

b) $cos\,x < m$; $cos\,x > m$

c) $tg\,x < m$; $tg\,x > m$

em que **m** é um número real dado.

Através dos exemplos seguintes, veremos como se resolvem tais inequações.

EXEMPLO 4

Vamos resolver a inequação $sen\,x > \dfrac{1}{2}$, considerando $U = [0, 2\pi]$.

• Marcamos, sobre o eixo dos senos, o ponto **P** de ordenada $\dfrac{1}{2}$ e traçamos, por **P**, a reta **r** perpendicular a esse eixo:

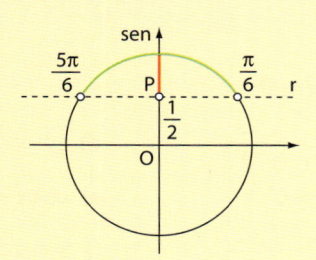

• As imagens dos números reais **x** tais que $sen\,x > \dfrac{1}{2}$ estão na interseção da circunferência trigonométrica com o semiplano situado acima de **r**.

$$S = \left\{ x \in \mathbb{R} \mid \dfrac{\pi}{6} < x < \dfrac{5\pi}{6} \right\}$$

EXEMPLO 5

Vejamos a resolução da inequação $sen\,x \leqslant \dfrac{\sqrt{2}}{2}$, considerando $U = \mathbb{R}$.

• Marcamos, sobre o eixo dos senos, o ponto **P** de ordenada $\dfrac{\sqrt{2}}{2}$ e traçamos, por **P**, a reta **r** perpendicular a esse eixo:

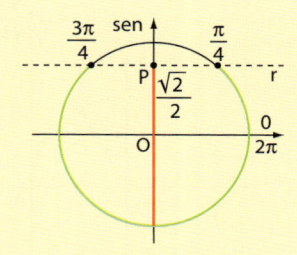

• As imagens dos números reais **x** tais que $sen\,x \leqslant \dfrac{\sqrt{2}}{2}$ estão na interseção da circunferência trigonométrica com o semiplano situado abaixo de **r**.

• Em $[0, 2\pi]$, a solução é: $0 \leqslant x \leqslant \dfrac{\pi}{4}$ ou $\dfrac{3\pi}{4} \leqslant x \leqslant 2\pi$

• Em $\mathbb{R}$, temos: $S = \left\{ x \in \mathbb{R} \mid k \cdot 2\pi \leqslant x \leqslant \dfrac{\pi}{4} + k \cdot 2\pi \right.$ ou $\left. \dfrac{3\pi}{4} + k \cdot 2\pi \leqslant x \leqslant 2\pi + k \cdot 2\pi; k \in \mathbb{Z} \right\}$

EXEMPLO 6

Vamos resolver, em $\mathbb{R}$, a inequação $cos\,x < -\dfrac{1}{2}$.

• Marcamos, sobre o eixo dos cossenos, o ponto **P** de abscissa $-\dfrac{1}{2}$ e traçamos, por **P**, a reta **r** perpendicular a esse eixo:

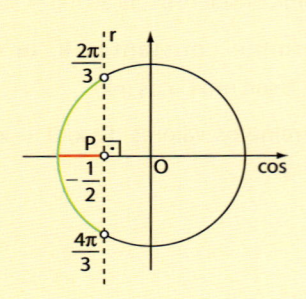

Lembremos que: $\cos\dfrac{\pi}{3}=\dfrac{1}{2}$; $\cos\dfrac{2\pi}{3}=\cos\dfrac{4\pi}{3}=-\dfrac{1}{2}$.

- As imagens dos números reais **x** tais que $\cos x<-\dfrac{1}{2}$ estão na interseção da circunferência trigonométrica com o semiplano situado à esquerda de **r**.

$$S=\left\{x\in\mathbb{R}\mid\dfrac{2\pi}{3}+k\cdot2\pi<x<\dfrac{4\pi}{3}+k\cdot2\pi;k\in\mathbb{Z}\right\}$$

EXEMPLO 7

Vamos resolver a inequação $\operatorname{tg}x<\sqrt{3}$, considerando inicialmente $U=[0,2\pi]$ e, em seguida, $U=\mathbb{R}$.

- Marcamos, sobre o eixo das tangentes, o ponto **T** tal que $AT=\sqrt{3}$ e traçamos a reta $\overrightarrow{OT}$:

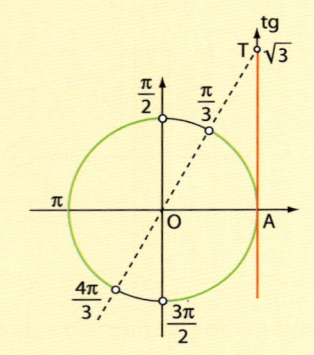

Lembremos inicialmente que: $\operatorname{tg}\dfrac{\pi}{3}=\operatorname{tg}\dfrac{4\pi}{3}=\sqrt{3}$.

- As imagens dos números reais **x** tais que $\operatorname{tg}x<\sqrt{3}$ são os pontos **P** da circunferência trigonométrica para os quais a reta $\overleftrightarrow{OP}$ intersecta o eixo das tangentes abaixo de **T**.

- Para $U=[0,2\pi]$

$$S=\left\{x\in\mathbb{R}\mid0\le x<\dfrac{\pi}{3}\text{ ou }\dfrac{\pi}{2}<x<\dfrac{4\pi}{3}\text{ ou }\dfrac{3\pi}{2}<x\le2\pi\right\}$$

- Para $U=\mathbb{R}$

$$S=\left\{x\in\mathbb{R}\mid k\cdot2\pi\le x<\dfrac{\pi}{3}+k\cdot2\pi\text{ ou }\dfrac{\pi}{2}+k\cdot2\pi<x<\dfrac{4\pi}{3}+k\cdot2\pi\text{ ou }\dfrac{3\pi}{2}+k\cdot2\pi<x<2\pi+k\cdot2\pi;k\in\mathbb{Z}\right\}$$

EXERCÍCIOS

46 Resolva as inequações seguintes, considerando $U=[0,2\pi]$.

a) $\operatorname{sen}x>\dfrac{\sqrt{2}}{2}$

d) $\cos x<0$

b) $\operatorname{sen}x\le\dfrac{\sqrt{3}}{2}$

e) $\operatorname{sen}x\ge0$

c) $\cos x\ge\dfrac{\sqrt{3}}{2}$

f) $\cos x\le-1$

47 Escreva o conjunto solução de cada uma das inequações a seguir, considerando $U=[0,2\pi]$.

a) $\operatorname{tg}x\ge1$

c) $\operatorname{tg}x\le-\dfrac{\sqrt{3}}{3}$

b) $\operatorname{tg}x<0$

d) $\operatorname{tg}x<-1$

48 Resolva, em $\mathbb{R}$:

a) $\operatorname{sen}x>-\dfrac{\sqrt{3}}{2}$

d) $\cos x<\dfrac{1}{2}$

b) $\operatorname{sen}x\le0$

e) $\cos x<2$

c) $\cos x>-\dfrac{\sqrt{2}}{2}$

f) $\operatorname{sen}x\ge1$

49 Resolva, em $\mathbb{R}$, as inequações:

a) $\operatorname{tg}x\ge0$

b) $\operatorname{tg}x\le-\sqrt{3}$

50 Determine os números reais **x** pertencentes ao intervalo $[0,2\pi]$ que satisfazem as desigualdades:

a) $0\le\operatorname{sen}x<\dfrac{\sqrt{3}}{2}$

c) $0<\operatorname{tg}x<\sqrt{3}$

b) $-\dfrac{\sqrt{3}}{2}\le\cos x\le\dfrac{1}{2}$

EXERCÍCIOS COMPLEMENTARES

1 Resolva as equações seguintes, considerando $U = \mathbb{R}$.

a) $5 \cdot (\text{tg}^2 x - 2) = 1 + \dfrac{1}{\cos^2 x}$

b) $|\text{sen } 2x| = 1$

c) $\text{sen } x \cdot \cos x = \dfrac{1}{4}$

d) $\text{sen}^4 x + \cos^4 x = 1$

e) $3 \text{sen}^2 \left(\dfrac{x}{2}\right) + \cos x = 1$

2 (Vunesp-SP) Dada a expressão trigonométrica $\cos (5x) - \cos \left(x + \dfrac{\pi}{2}\right) = 0$, resolva-a em $\mathbb{R}$ para $x \in \left[0, \dfrac{\pi}{2}\right]$.

3 (UF-PR) Considere o hexágono indicado na figura abaixo.

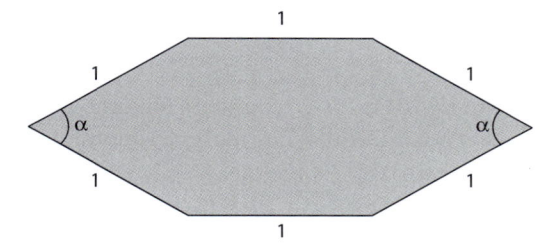

a) Qual é a área do hexágono, quando $\alpha = 60°$?

b) Sabendo que a expressão que fornece a área em função do ângulo é $A(\alpha) = 2 \text{sen} \left(\dfrac{\alpha}{2}\right) + \text{sen}(\alpha)$, e que o ângulo α que fornece a área máxima é uma solução da equação trigonométrica $\cos \left(\dfrac{\alpha}{2}\right) + \cos(\alpha) = 0$, resolva a equação e calcule a área máxima do hexágono.

4 A população de uma certa espécie animal, em uma região da Amazônia, é estimada pela expressão $P = 300 + 50 \text{sen} \left(\dfrac{\pi}{18} t\right)$, sendo **t** o tempo (em meses), contado a partir de hoje ($t = 0$).

a) De quanto em quanto tempo a população dessa espécie repete valores?

b) No período de 7 anos, contados a partir de hoje, quantas vezes a população dessa espécie atingirá a marca de 325 animais? Quais serão esses meses?

5 Resolva, em $[0, 2\pi[$:

a) $2 \text{sen}^2 x - \text{sen } x \leqslant 0$

b) $\cos^2 x \leqslant \dfrac{1}{4}$

c) $\text{tg}^2 x + \text{tg } x > 0$

6 (Vunesp-SP) Dada a equação $\cos (4x) = -\dfrac{1}{2}$,

a) verifique se o ângulo **x** pertencente ao 1º quadrante, tal que $\text{sen} (x) = \dfrac{\sqrt{3}}{2}$ satisfaz a equação acima;

b) encontre as soluções da equação dada, em toda a reta.

7 Resolva em $\mathbb{R}$: $2 \log_4 \text{sen } x + \log_4 8 = 1$.

8 Qual é o valor da soma das raízes da equação $\text{sen} (\pi x) + \cos (\pi x) = 0$, no intervalo $[0, 3]$?

9 (Unifesp-SP) A função $D(t) = 12 + (1,6) \cdot \cos \cdot \left(\dfrac{\pi}{180}(t + 10)\right)$ fornece uma aproximação da duração do dia (diferença em horas entre o horário do pôr do sol e o horário do nascer do sol) numa cidade do Sul do país, no dia **t** de 2010. A variável inteira **t**, que representa o dia, varia de 1 a 365, sendo $t = 1$ correspondente ao dia 1º de janeiro e $t = 365$ correspondente ao dia 31 de dezembro. O argumento da função cosseno é medido em radianos. Com base nessa função, determine:

a) a duração do dia 19/02/2010, expressando o resultado em horas e minutos.

b) em quantos dias no ano de 2010 a duração do dia naquela cidade foi menor ou igual a doze horas.

10 Estabeleça, em cada caso, o domínio de uma função **f** definida por:

a) $f(x) = \sqrt{-2 \cos x}$

b) $f(x) = \dfrac{1}{\text{sen } x + 1}$

c) $f(x) = \sqrt{2 \text{sen}^2 x - \text{sen } x - 1}$

11 (UE-RJ) O preço dos produtos agrícolas oscila de acordo com a safra de cada um: mais baixo no período da colheita, mais alto na entressafra. Suponha que o preço aproximado **P**, em reais, do quilograma de tomates seja dado pela função $P(t) = 0,8 \cdot \text{sen} \left[\left(\dfrac{2\pi}{360}\right)(t - 101)\right] + 2,7$, na qual **t** é o número de dias contados de 1º de janeiro até 31 de dezembro de um determinado ano. Para esse período de tempo, calcule:

a) o maior e o menor preço do quilograma de tomates;

b) os valores **t** para os quais o preço **P** seja igual a R$ 3,10.

12 (UF-PE) Quantas soluções a equação trigonométrica $\text{sen } x = \sqrt{1 - \cos x}$ admite, no intervalo $[0, 80\pi)$?

TESTES

1 (FEI-SP) A soma das raízes da equação $1 - \text{sen}^2 x + \cos(-x) = 0$, para $0 \le x \le 2\pi$, é igual a:

a) $\dfrac{3\pi}{2}$

b) $\dfrac{5\pi}{2}$

c) 3π

d) 5π

e) $\dfrac{7\pi}{2}$

2 (UE-CE) O valor de **x** mais próximo de 0, para o qual $\cos\left(x + \dfrac{5\pi}{2}\right) = 1$, é:

a) $-\dfrac{\pi}{2}$

b) $\dfrac{3\pi}{2}$

c) π

d) $\dfrac{\pi}{2}$

e) 0

3 (FGV-SP) A soma das raízes da equação $\text{sen}^2 x = \text{sen}(-x)$ no intervalo $[0, 2\pi]$ é:

a) $\dfrac{7\pi}{2}$

b) $\dfrac{9\pi}{2}$

c) $\dfrac{5\pi}{2}$

d) 3π

e) $\dfrac{3\pi}{2}$

4 (PUC-MG) Considere a equação $\text{sen}^2(x) + 3\cos^2(x) = 2$. O número exato de soluções dessa equação, sendo $\pi \le x \le 4\pi$, é:

a) 3

b) 4

c) 6

d) 5

e) 8

5 (FGV-SP) Em certa cidade litorânea, verificou-se que a altura da água do mar em um certo ponto era dada por $f(x) = 4 + 3\cos\left(\dfrac{\pi x}{6}\right)$ em que **x** representa o número de horas decorridas a partir de zero hora de determinado dia, e a altura $f(x)$ é medida em metros. Em que instantes, entre 0 e 12 horas, a maré atingiu a altura de 2,5 m naquele dia?

a) 5 e 9 horas

b) 7 e 12 horas

c) 4 e 8 horas

d) 3 e 7 horas

e) 6 e 10 horas

6 (FEI-SP) Sabendo que $0 \le x \le \pi$ e que $(\text{sen } x + \cos x)^2 + \cos x = \text{sen } 2x$, pode-se afirmar que **x** é igual a:

a) $\dfrac{\pi}{2}$

b) $\dfrac{\pi}{3}$

c) $\dfrac{\pi}{4}$

d) $\dfrac{2\pi}{3}$

e) π

7 (UF-RS) O número de soluções da equação $2\cos x = \text{sen } x$ que pertencem ao intervalo $\left[-\dfrac{16\pi}{3}, \dfrac{16\pi}{3}\right]$ é:

a) 8

b) 9

c) 10

d) 11

e) 12

8 (Cefet-MG) O conjunto formado pelas raízes da função $f(x) = \cos\left(\dfrac{2x}{3}\right) \cdot \cos\left(\dfrac{3x}{2}\right)$ que estão contidas no intervalo $[0, \pi]$ é:

a) $\left\{\dfrac{\pi}{3}, \pi\right\}$

b) $\left\{\dfrac{3\pi}{4}, \pi\right\}$

c) $\left\{\dfrac{3\pi}{4}, \dfrac{4\pi}{3}\right\}$

d) $\left\{\dfrac{\pi}{3}, \dfrac{3\pi}{4}, \pi\right\}$

9 (FGV-SP) Uma empresa exporta certo produto. Estima-se que a quantidade exportada **Q**, expressa em toneladas, para cada mês do ano 2011, seja dada pela função $Q = 40 + 4\,\text{sen}\left(\dfrac{\pi x}{6}\right)$, em que $x = 1$ representa janeiro de 2011, $x = 2$ representa fevereiro de 2011 e assim por diante. Em que meses a exportação será de 38 toneladas?
(Utilize os valores: $\sqrt{3} \simeq 1,7$ e $\sqrt{2} \simeq 1,4$)

a) abril e agosto

b) maio e setembro

c) junho e outubro

d) julho e novembro

e) agosto e dezembro

10 (PUC-RJ) Assinale o valor de **θ** para o qual $\text{sen } 2\theta = \text{tg } \theta$.

a) $\dfrac{\pi}{2}$

b) $\dfrac{\pi}{3}$

c) $\dfrac{2\pi}{3}$

d) $\dfrac{4\pi}{3}$

e) $\dfrac{3\pi}{4}$

11 (UF-PB) Em determinado trecho do oceano, durante um período de vinte e quatro horas, a altura **H** das ondas, medida em metros, variou de acordo com a expressão $H(t) = 2 + \left(\dfrac{3}{2}\right)\text{sen}\left(\dfrac{\pi t}{12}\right)$, onde $t > 0$ é o tempo, dado em horas. A altura das ondas nesse trecho não ultrapassou 2,75 m no horário da(s):

a) 0 h às 2 h e das 10 h às 24 h

b) 1 h às 3 h e das 9 h às 23 h

c) 2 h às 3 h e das 8 h às 20 h

d) 3 h às 5 h e das 7 h às 20 h

e) 4 h às 5 h e das 6 h às 20 h

12 (U.F. Santa Maria-RS) Em determinada cidade, a concentração diária, em gramas, de partículas de fósforo na atmosfera é medida pela função $C(t) = 3 + 2\,sen\left(\dfrac{\pi t}{6}\right)$, em que **t** é a quantidade de horas para fazer essa medição. O tempo mínimo necessário para fazer uma medição que registrou 4 gramas de fósforo é de:

a) $\dfrac{1}{2}$ hora.

d) 3 horas.

b) 1 hora.

e) 4 horas.

c) 2 horas.

13 (Mackenzie-SP) A soma de todas as soluções da equação tg a + cotg a = 2, $0 \leq a \leq 2\pi$, é:

a) $\dfrac{5\pi}{4}$

b) $\dfrac{2\pi}{3}$

c) $\dfrac{3\pi}{2}$

d) $\dfrac{7\pi}{4}$

e) $\dfrac{7\pi}{3}$

14 (UE-CE) Uma partícula inicia um movimento oscilatório harmônico ao longo de um eixo ordenado, de amplitude igual a 5 unidades e centrado na origem, de modo que a sua posição pode ser descrita, em função do tempo em segundos, pela função f(t) = 5 cos(t). Ao mesmo tempo, uma outra partícula inicia um movimento também harmônico, centrado em 3, de amplitude igual a 1 e com o dobro da frequência da primeira partícula, de modo que sua posição é descrita pela função g(t) = cos(2t) + 3. Acerca da posição relativa das duas partículas, é correto afirmar que:

a) elas se chocarão no instante t = $\dfrac{\pi}{3}$ s.

b) elas se chocarão no instante t = $\dfrac{\pi}{4}$ s.

c) elas se chocarão no instante t = $\dfrac{\pi}{6}$ s.

d) elas se chocarão no instante t = 3 s.

e) elas não se chocarão.

15 (Fuvest-SP) O número real **x**, com $0 < x < \pi$, satisfaz a equação $\log_3(1 - \cos x) + \log_3(1 + \cos x) = -2$. Então, cos 2x + sen x vale

a) $\dfrac{1}{3}$

d) $\dfrac{8}{9}$

b) $\dfrac{2}{3}$

e) $\dfrac{10}{9}$

c) $\dfrac{7}{9}$

16 (UF-RS) O conjunto das soluções da equação $sen\left[\left(\dfrac{\pi}{2}\right)\log x\right] = 0$ é:

a) $\{1, 10, 10^2, 10^3, 10^4, ...\}$

b) $\{..., 10^{-3}, 10^{-2}, 10^{-1}, 1, 10, 10^2, 10^3, 10^4, ...\}$

c) $\{..., 10^{-6}, 10^{-4}, 10^{-2}, 1, 10^2, 10^4, 10^6, ...\}$

d) $\{..., -10^{-6}, -10^{-4}, -10^{-2}, 1, 10^2, 10^4, 10^6, ...\}$

e) $\{..., -10^{-3}, -10^{-2}, -10, 1, 10^2, 10^4, 10^6, ...\}$

17 (Mackenzie-SP) Em $\mathbb{R}$, o domínio da função **f**, definida por $f(x) = \sqrt{\dfrac{sen\,2x}{sen\,x}}$, é:

a) $\{x \in \mathbb{R} \mid x \neq k\pi, k \in \mathbb{Z}\}$

b) $\{x \in \mathbb{R} \mid 2k\pi < x < \pi + 2k\pi, k \in \mathbb{Z}\}$

c) $\left\{x \in \mathbb{R} \mid \dfrac{\pi}{2} + 2k\pi \leq x \leq \dfrac{3\pi}{2} + 2k\pi, k \in \mathbb{Z}\right\}$

d) $\left\{x \in \mathbb{R} \mid 2k\pi < x \leq \dfrac{\pi}{2} + 2k\pi\ ou\ \dfrac{3\pi}{2} + 2k\pi \leq x < 2\pi + 2k\pi, k \in \mathbb{Z}\right\}$

e) $\left\{x \in \mathbb{R} \mid 2k\pi \leq x \leq \dfrac{\pi}{2} + 2k\pi\ ou\ \dfrac{3\pi}{2} + 2k\pi \leq x < 2\pi + 2k\pi, k \in \mathbb{Z}\right\}$

18 (UE-CE) Um possível valor para **x**, que seja solução da equação sen x + sen^{2}x + sen^{3}x + ... = 1 é:

a) $\dfrac{\pi}{6}$

c) $\dfrac{\pi}{4}$

b) $\dfrac{\pi}{2}$

d) $\dfrac{\pi}{3}$

19 (PUC-RS) Se $0 \leq x < 2\pi$, então o conjunto solução da equação $sen(x) = \sqrt{1 - \cos^2 x}$ é:

a) $S = \left[0; \dfrac{\pi}{2}\right)$

d) $S = [0; 2\pi)$

b) $S = \left[\dfrac{\pi}{2}; \pi\right]$

e) $S = [0; \pi]$

c) $S = \left[\pi; \dfrac{3\pi}{2}\right]$

20 (Vunesp-SP) O conjunto solução (**S**) para a inequação $2 \cdot \cos^2 x + \cos(2x) > 2$, em que $0 < x < \pi$, é dado por:

a) $S = \left\{x \in (0, \pi) \mid 0 < x < \dfrac{\pi}{6}\ ou\ \dfrac{5\pi}{6} < x < \pi\right\}$

b) $S = \left\{x \in (0, \pi) \mid \dfrac{\pi}{3} < x < \dfrac{2\pi}{3}\right\}$

c) $S = \left\{x \in (0, \pi) \mid 0 < x < \dfrac{\pi}{3}\ ou\ \dfrac{2\pi}{3} < x < \pi\right\}$

d) $S = \left\{x \in (0, \pi) \mid \dfrac{\pi}{6} < x < \dfrac{5\pi}{6}\right\}$

e) $S = \{x \in (0, \pi)\}$

CAPÍTULO 20

Matrizes

▶ Introdução

O Instituto Brasileiro de Geografia e Estatística (IBGE) realiza mensalmente uma pesquisa conhecida como **Pesquisa Mensal de Emprego (PME)**, com o objetivo de produzir indicadores que permitem analisar o mercado de trabalho nas áreas de abrangência da pesquisa.

Na tabela a seguir, podemos observar o Rendimento Médio Nominal na região metropolitana de Recife (RE), Salvador (SAL), Belo Horizonte (BH), Rio de Janeiro (RJ), São Paulo (SP) e Porto Alegre (POA).

Pesquisa Mensal de Emprego – PME			
Rendimento Médio Nominal Região Metropolitana: RE, SAL, BH, RJ, SP e POA Idade Mínima: 10 anos			
Especificação	**Estimativas – em reais**		
Habitualmente Recebido por Mês – Trab. Principal	maio/14	abr./15	maio/15
Pessoas Ocupadas (*)	2 045,10	2 138,50	2 117,10
Empregados do Setor Privado (**)	1 809,80	1 888,70	1 891,60
Empregados do Setor Público	3 174,50	3 419,80	3 426,60
Posição na Ocupação – Setor Privado (*) – Trab. Principal			
Empregados com Carteira de Trabalho Assinada (***)	1 869,00	1 951,70	1 948,90
Empregados sem Carteira de Trabalho Assinada (**)	1 450,90	1 504,00	1 550,30
Conta Própria	1 750,50	1 847,10	1 793,80

(*) Exclusive Trabalhadores Não Remunerados

(**) Exclusive Trabalhadores Domésticos e Trabalhadores Não Remunerados de Membro da Unidade Domiciliar que era Empregado

(***) Exclusive Trabalhadores Domésticos

Disponível em: <ibge.gov.br/seriesestatisticas>. Acesso em: 3 jul. 2015.

Essa tabela apresenta informações numéricas organizadas segundo linhas e colunas. Em jornais, revistas e na internet frequentemente encontramos tabelas como essa.

Na Matemática, tais tabelas são exemplos de matrizes.

▶ Definição

Sejam **m** e **n** números naturais não nulos.

Uma matriz do tipo m × n (ou simplesmente m × n) é uma tabela de m · n números dispostos em **m** linhas (filas horizontais) e **n** colunas (filas verticais).

Representamos usualmente uma matriz colocando seus elementos (números) entre parênteses ou entre colchetes. Menos frequente é a colocação de duas barras verticais à sua esquerda e duas à sua direita.

Vejamos alguns exemplos:

- $A = \begin{pmatrix} 5 & -2 & \frac{1}{2} \end{pmatrix}$ é uma matriz 1 × 3.

- $B = \begin{bmatrix} 3 & -7 \\ \frac{1}{2} & 0 \\ -1 & 4 \end{bmatrix}$ é uma matriz 3 × 2.

- $C = \begin{pmatrix} 6 & 2 \\ 3 & -1 \end{pmatrix}$ é uma matriz 2 × 2.

- $D = \begin{bmatrix} 1 & 0 & 1 & 2 \\ 0 & 2 & 1 & 3 \\ -1 & 0 & 0 & 9 \end{bmatrix}$ é uma matriz 3 × 4.

- $E = \left\| \begin{array}{ccc} \sqrt{3} & \frac{1}{4} & 1 \\ -3 & 5 & -1 \end{array} \right\|$ é uma matriz 2 × 3.

▶ Representação de uma matriz

Consideremos uma matriz **A** do tipo m × n. Um elemento qualquer dessa matriz será representado pelo símbolo a_{ij}, no qual o índice **i** refere-se à linha em que se encontra tal elemento, e o índice **j** refere-se à coluna em que se encontra o elemento.

Vamos convencionar que as linhas são numeradas de cima para baixo, e as colunas, da esquerda para a direita.

Representaremos uma matriz **A** do tipo m × n por $A = (a_{ij})_{m \times n}$, em que $1 \leq i \leq m$, $1 \leq j \leq n$, e a_{ij} é um elemento qualquer de **A**.

Acompanhe o exemplo a seguir.

Seja a matriz $A = \begin{bmatrix} -1 & 0 \\ -2 & 5 \\ 3 & 4 \end{bmatrix}_{3 \times 2}$

- O elemento que está na linha 1, coluna 1, é $a_{11} = -1$.
- O elemento que está na linha 1, coluna 2, é $a_{12} = 0$.
- O elemento que está na linha 2, coluna 1, é $a_{21} = -2$.
- O elemento que está na linha 2, coluna 2, é $a_{22} = 5$.
- O elemento que está na linha 3, coluna 1, é $a_{31} = 3$.
- O elemento que está na linha 3, coluna 2, é $a_{32} = 4$.

💡 EXERCÍCIO **RESOLVIDO**

1 Escrever a matriz $A = (a_{ij})_{2 \times 3}$, em que $a_{ij} = i - j$.

Solução:

Uma matriz do tipo 2 × 3 tem 2 linhas e 3 colunas. Ela pode ser genericamente representada por:

$$A = \begin{bmatrix} a_{11} & a_{12} & a_{13} \\ a_{21} & a_{22} & a_{23} \end{bmatrix}$$

Utilizando a "regra de formação" dos elementos dessa matriz, temos:

$$a_{11} = 1 - 1 = 0 \quad a_{12} = 1 - 2 = -1 \quad a_{13} = 1 - 3 = -2$$
$$a_{21} = 2 - 1 = 1 \quad a_{22} = 2 - 2 = 0 \quad a_{23} = 2 - 3 = -1$$

Assim, $A = \begin{bmatrix} 0 & -1 & -2 \\ 1 & 0 & -1 \end{bmatrix}$.

▶ Matrizes especiais

Vejamos alguns tipos de matrizes especiais:

- **Matriz linha:** é uma matriz formada por uma única linha.

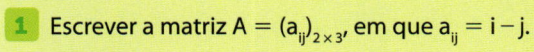

$A = \begin{bmatrix} 0 & 2 & 4 \end{bmatrix}$ é uma matriz linha 1 × 3.

- **Matriz coluna:** é uma matriz formada por uma única coluna.

$B = \begin{bmatrix} 2 \\ -4 \\ 6 \\ -8 \end{bmatrix}$ é uma matriz coluna 4×1.

- **Matriz nula:** é uma matriz cujos elementos são todos iguais a zero. Pode-se indicar a matriz nula $m \times n$ por $0_{m \times n}$.

$0_{2 \times 3} = \begin{pmatrix} 0 & 0 & 0 \\ 0 & 0 & 0 \end{pmatrix}$ é a matriz nula 2×3.

$0_{2 \times 2} = \begin{pmatrix} 0 & 0 \\ 0 & 0 \end{pmatrix}$ é a matriz nula 2×2.

- **Matriz quadrada:** é uma matriz que possui o número de linhas igual ao número de colunas.

$A = \begin{bmatrix} 4 & 3 \\ 1 & \sqrt{2} \end{bmatrix}$ é uma matriz quadrada 2×2. Dizemos que **A** é uma matriz quadrada de ordem 2.

$B = \begin{bmatrix} 5 & -1 & \dfrac{1}{3} \\ -2 & 0 & 7 \\ \sqrt{3} & 1 & 4 \end{bmatrix}$ é uma matriz quadrada 3×3.

Dizemos que **B** é uma matriz quadrada de ordem 3.

Seja **A** uma matriz quadrada de ordem **n**:

- Os elementos de **A** cujo índice da linha é igual ao índice da coluna constituem a **diagonal principal** de **A**.

Assim, $a_{11}, a_{22}, a_{33}, ..., a_{nn}$ formam a diagonal principal, conforme destacado a seguir.

$A = \begin{bmatrix} a_{11} & a_{12} & \cdots & a_{1n} \\ a_{21} & a_{22} & \cdots & a_{2n} \\ \vdots & \vdots & \vdots & \vdots \\ a_{n1} & a_{n2} & \cdots & a_{nn} \end{bmatrix}$

- Os elementos de **A**, cuja soma dos índices da linha e da coluna é igual a $n + 1$, constituem a **diagonal secundária** de **A**.

Se, por exemplo, **A** é uma matriz quadrada de ordem 3, os elementos a_{13}, a_{22} e a_{31} formam a diagonal secundária de **A**, conforme indicado a seguir:

$A = \begin{bmatrix} a_{11} & a_{12} & a_{13} \\ a_{21} & a_{22} & a_{23} \\ a_{31} & a_{32} & a_{33} \end{bmatrix}$

▶ Matriz transposta

Dada uma matriz $A = (a_{ij})_{m \times n}$, chama-se **matriz transposta de A** a matriz:

$$A^t = (a'_{ji})_{n \times m}$$

tal que $a'_{ji} = a_{ij}$ para todo **i** e todo **j**. Em outras palavras, a matriz **A^t** tem colunas ordenadamente iguais às linhas de **A** (e vice-versa).

Por exemplo:

- A transposta de $A = \begin{pmatrix} 1 & 3 \\ 5 & 9 \end{pmatrix}$ é $A^t = \begin{pmatrix} 1 & 5 \\ 3 & 9 \end{pmatrix}$.

- A transposta de $B = \begin{bmatrix} 1 & 2 & 3 \\ 4 & 5 & 6 \end{bmatrix}$ é $B^t = \begin{bmatrix} 1 & 4 \\ 2 & 5 \\ 3 & 6 \end{bmatrix}$.

- A transposta de $C = \begin{bmatrix} 0 \\ 3 \\ -1 \end{bmatrix}$ é $C^t = \begin{bmatrix} 0 & 3 & -1 \end{bmatrix}$.

✏ EXERCÍCIOS

1 Dê o tipo (formato) de cada uma das seguintes matrizes:

a) $A = \begin{bmatrix} 1 & 3 \\ -7 & 2 \\ 4 & 2 \end{bmatrix}$

d) $D = \begin{bmatrix} 1 & 5 & 7 \\ 3 & 1 & 4 \\ -2 & 9 & 6 \end{bmatrix}$

b) $B = \begin{bmatrix} 3 & -4 & 2 & 9 \end{bmatrix}$

e) $E = \begin{bmatrix} 1 \\ 1 \\ 2 \end{bmatrix}$

c) $C = \begin{bmatrix} 0 & -3 \\ 1 & 2 \end{bmatrix}$

f) $F = \begin{pmatrix} 0 & 2 & -1 \\ 4 & 3 & 7 \end{pmatrix}$

2 Em cada caso, determine o valor do elemento a_{22}, se existir:

a) $A = \begin{bmatrix} 1 & 0 & 7 \\ -5 & 4 & 3 \\ -1 & 2 & 5 \end{bmatrix}$

c) $A = \begin{bmatrix} 2 & 0 \\ -3 & 1 \end{bmatrix}$

b) $A = \begin{bmatrix} 4 \\ 3 \\ -7 \\ 1 \end{bmatrix}$

d) $A = \begin{pmatrix} 4 & 10 & 7 \\ 5 & 1 & -1 \end{pmatrix}$

3 Escreva a matriz $A = (a_{ij})_{2 \times 2}$, em que $a_{ij} = 3i - 2j$.

4 Determine a matriz B = $(b_{ij})_{3 \times 3}$, em que $b_{ij} = i^j$. Que elementos pertencem às diagonais principal e secundária de **B**?

5 Qual é a soma dos elementos da matriz C = $(c_{ij})_{3 \times 2}$, em que $c_{ij} = 2 + i + j$?

6 Dê a matriz A = $(a_{ij})_{4 \times 3}$, em que: $a_{ij} = \begin{cases} 0, \text{ se } i \geq j \\ 1, \text{ se } i < j \end{cases}$

7 Qual é o elemento $\mathbf{a}_{46}$ da matriz A = $(a_{ij})_{8 \times 8}$, em que $a_{ij} = (-1)^{i+j} \cdot \dfrac{2j}{i}$?

8 Em cada caso, obtenha a transposta da matriz dada:

a) $A = \begin{bmatrix} 2 & 1 \\ 0 & -3 \end{bmatrix}$

b) $B = \begin{bmatrix} 4 & 1 \\ 2 & 5 \\ 0 & -1 \\ 3 & 7 \end{bmatrix}$

c) $C = \begin{bmatrix} -5 & 5 & 1 \\ 3 & 7 & -6 \end{bmatrix}$

d) $D = \begin{bmatrix} -1 & 4 & 5 & 6 \end{bmatrix}$

e) $E = \begin{bmatrix} 0 \\ 3 \\ 7 \end{bmatrix}$

f) $F = \begin{pmatrix} 2 & 1 \\ 4 & -3 \\ 7 & 1 \end{pmatrix}$

9 A matriz **D** seguinte representa as distâncias (em km) entre as cidades **X**, **Y** e **Z**:

$$D = \begin{pmatrix} 0 & 15 & 27 \\ 15 & 0 & 46 \\ 27 & 46 & 0 \end{pmatrix}$$

Cada elemento $\mathbf{a}_{ij}$ dessa matriz fornece a distância entre as cidades **i** e **j**. Se a cidade **X** é representada pelo número 1, **Y** por 2 e **Z** por 3:

a) determine as distâncias entre **X** e **Y**, **Z** e **X** e **Y** e **Z**.

b) qual é a transposta da matriz **D**?

10 Na matriz seguinte, estão representadas as quantidades de sorvetes de 1 bola e de 2 bolas comercializados no primeiro bimestre de um ano em uma sorveteria:

$$A = \begin{bmatrix} 1\,320 & 1\,850 \\ 1\,485 & 2\,040 \end{bmatrix}$$

Pessoa servindo sorvete.

Cada elemento $\mathbf{a}_{ij}$ dessa matriz representa o número de unidades do sorvete do tipo **i** (i = 1 representa uma bola e i = 2, duas bolas) vendidas no mês **j** (j = 1 representa janeiro e j = 2, fevereiro).

a) Quantos sorvetes de duas bolas foram vendidos em janeiro?

b) Em fevereiro, quantos sorvetes de duas bolas foram vendidos a mais que o de uma bola?

c) Se o sorvete de uma bola custa R$ 3,00 e o de duas bolas custa R$ 5,00, qual foi a arrecadação bruta da sorveteria no bimestre com a venda desses dois tipos de sorvete?

11 Seja A = $(a_{ij})_{3 \times 2}$, em que $a_{ij} = \begin{cases} \cos(\pi i), \text{ se } i \geq j \\ \text{sen}(\pi j), \text{ se } i < j \end{cases}$

a) Escreva **A**.   **b)** Escreva $\mathbf{A}^t$.

12

	Pão doce	Pão francês	Pão integral
Calorias	274	269	286
Proteínas (g)	7,5	9,3	9,4
Fibra (g)	0,3	0,5	1,0
Cálcio (mg)	12	22	49
Fósforo (mg)	70	107	209
Ferro (mg)	1,2	1,2	3,6

Fonte: <www.ibge.gov.br>. Acesso em: 13 maio 2015.

Na tabela acima, estão representadas as quantidades de calorias, proteínas, fibra, cálcio, fósforo e ferro, encontradas em 100 g de alguns tipos de pão.

a) A essa tabela é possível associar uma matriz Q = $(q_{ij})_{m \times n}$. Quais são os valores de **m** e **n**?

b) Obtenha os valores de $\mathbf{q}_{32}$ e $\mathbf{q}_{51}$, explicando seus respectivos significados.

c) Calcule a razão entre a quantidade de fibra encontrada em 100 g de pão integral e em 100 g de pão doce.

d) Considere que um pão francês ou integral, vendido em uma padaria, tenha massa aproximada de 50 g. Diariamente, um casal compra dois pãezinhos: um integral, para ela, e um francês, para ele. Em uma semana, quantos miligramas de ferro ela terá ingerido a mais que ele? E de fósforo?

13 (UE-RJ) Três barracas de frutas, $\mathbf{B}_1$, $\mathbf{B}_2$ e $\mathbf{B}_3$, são propriedade de uma mesma empresa. Suas vendas são controladas por meio de uma matriz, na qual cada elemento b_{ij} representa a soma dos valores arrecadados pelas barracas B_i e B_j, em milhares de reais, ao final de um determinado dia de feira.

$$B = \begin{bmatrix} x & 1,8 & 3,0 \\ a & y & 2,0 \\ d & c & z \end{bmatrix}$$

Calcule, para esse dia, o valor, em reais:

a) arrecadado a mais pela barraca B_3 em relação à barraca B_2;

b) arrecadado em conjunto pelas três barracas.

14 Chama-se traço de uma matriz quadrada a soma dos elementos de sua diagonal principal.

a) Determine o traço das matrizes:

$$A = \begin{pmatrix} -1 & 4 \\ 3 & -5 \end{pmatrix}, B = \begin{pmatrix} 1 & 2 & -2 \\ 0 & 5 & 3 \\ -4 & 1 & 3 \end{pmatrix} \text{ e } C = (c_{ij})_{4 \times 4}$$

em que $c_{ij} = 3i + j - 1$.

b) Determine θ, $0 \leqslant \theta < 2\pi$, de modo que o traço da matriz $M = \begin{pmatrix} \text{sen } \theta & -1 \\ 4 & \cos \dfrac{\pi}{3} \end{pmatrix}$ seja igual a 1.

▶ Igualdade de matrizes

▶ Elementos correspondentes

Dadas duas matrizes de mesmo tipo, $A = \begin{bmatrix} a_{11} & a_{12} & \dots & a_{1n} \\ a_{21} & a_{22} & \dots & a_{2n} \\ \vdots & \vdots & & \vdots \\ a_{m1} & a_{m2} & \dots & a_{mn} \end{bmatrix}_{m \times n}$ e $B = \begin{bmatrix} b_{11} & b_{12} & \dots & b_{1n} \\ b_{21} & b_{22} & \dots & b_{2n} \\ \vdots & \vdots & & \vdots \\ b_{m1} & b_{m2} & \dots & b_{mn} \end{bmatrix}_{m \times n}$, dizemos que

elementos de mesmo índice (linha e coluna) são correspondentes.

Assim:

- a_{11} e b_{11} são correspondentes;
- a_{12} e b_{12} são correspondentes;

  $\vdots \qquad \vdots$

- a_{mn} e b_{mn} são correspondentes.

Igualdade

Duas matrizes **A** e **B** de mesmo tipo $m \times n$ são iguais se todos os seus elementos correspondentes são iguais, isto é, sendo $A = (a_{ij})_{m \times n}$ e $B = (b_{ij})_{m \times n}$, temos que $A = B$ se $a_{ij} = b_{ij}$, para todo **i** ($i = 1, 2, \dots, m$) e para todo **j** ($j = 1, 2, \dots, n$).

Por exemplo, para que as matrizes $A = \begin{bmatrix} a & 1 \\ 2 & b \end{bmatrix}$ e $B = \begin{bmatrix} 3 & d \\ c & -5 \end{bmatrix}$ sejam iguais, devemos ter: $\begin{cases} a = 3 \\ 1 = d \\ 2 = c \\ b = -5 \end{cases}$.

⊗ EXERCÍCIO **RESOLVIDO**

2 Para que valores de **m** vale a igualdade

$$\begin{bmatrix} 0 & 1 & 2 \\ -3 & m+1 & -1 \end{bmatrix} = \begin{bmatrix} 1-m^2 & 1 & 2 \\ -3 & 0 & 2m+1 \end{bmatrix}?$$

Solução:

$$\begin{cases} 0 = 1 - m^2 & \Rightarrow & m = -1 \text{ ou } m = 1 \; ① \\ m + 1 = 0 & \Rightarrow & m = -1 \; ② \\ -1 = 2m + 1 & \Rightarrow & m = -1 \; ③ \end{cases}$$

Como as condições ①, ② e ③ devem ser satisfeitas simultaneamente, o valor de **m** é -1.

EXERCÍCIOS

15 Determine **a**, **b**, **c** e **d** para que se tenha

$$\begin{bmatrix} a & 1 \\ 4 & c \end{bmatrix} = \begin{bmatrix} 2 & b \\ d & 6 \end{bmatrix}.$$

16 Obtenha **x**, **y** e **z** que satisfaçam a igualdade

$$\begin{pmatrix} x + y & 2 \\ 4 & x - y \end{pmatrix} = \begin{pmatrix} 7 & z \\ z^2 & 1 \end{pmatrix}.$$

17 Determine **p** e **q**, tais que

$$\begin{pmatrix} 8 & p^2 \\ 3^{-q} & -8 \end{pmatrix} = \begin{pmatrix} 2^p & 9 \\ 81 & 2q \end{pmatrix}.$$

18 Verifique se existe **m**, $m \in \mathbb{R}$, para que se tenha

$$\begin{bmatrix} m - 1 & 0 \\ 1 - m & m \end{bmatrix} = \begin{bmatrix} 3 & 2m \\ -3 & 4 \end{bmatrix}.$$

19 Determine **m**, $m \in \mathbb{R}$, se existir, tal que

$$\begin{bmatrix} 9 - m^2 & 1 \\ -3 & 7 \end{bmatrix} = \begin{bmatrix} 0 & 1 \\ m & 7 \end{bmatrix}.$$

20 Seja $A = (a_{ij})_{2 \times 3}$, em que $a_{ij} = i + j$. Determine **m**, **n** e **p** em $B = \begin{bmatrix} m + n & 3 & m - 2p \\ n + 1 & n - p & 5 \end{bmatrix}$, a fim de que tenhamos $A = B$.

21 Determine **x** e **y** reais, de modo que

$$\begin{bmatrix} 2^x & y^2 \\ -1 & 5 \end{bmatrix} = \begin{bmatrix} 2 & 1 \\ y^x & 5 \end{bmatrix}.$$

22 Uma matriz quadrada **A** é dita simétrica se $A = A^t$.

a) Entre as matrizes seguintes, quais são simétricas?

$$A = \begin{bmatrix} 0 & -3 \\ -3 & 5 \end{bmatrix}, B = \begin{bmatrix} 5 & -5 \\ 5 & -5 \end{bmatrix}, C = \begin{bmatrix} \operatorname{sen} \pi & \cos \pi \\ \operatorname{sen} \dfrac{3\pi}{2} & \cos \dfrac{3\pi}{2} \end{bmatrix}$$

b) Sabendo que a matriz $\begin{bmatrix} 3 & 2 & y \\ x & -2 & 5 \\ 3 & z & 1 \end{bmatrix}$ é simétrica, qual é o valor de $x + 2y - z$?

23 Determine os valores de **a**, **b**, **c**, **d**, **e**, **f** que tornam verdadeira a igualdade:

$$\begin{pmatrix} a + 3 & b + 2 & c + 1 \\ d & 5 - e & 2f \end{pmatrix}^t = 0_{3 \times 2}$$

24 Determine **x** e **y**, $0 \leq x < 2\pi$ e $0 \leq y < 2\pi$, de modo que:

$$\begin{bmatrix} \operatorname{sen} x & \cos y \\ \operatorname{sen} y & \cos x \end{bmatrix} = \begin{bmatrix} 1 & -\dfrac{\sqrt{3}}{2} \\ \dfrac{1}{2} & 0 \end{bmatrix}$$

▶ Adição de matrizes

▶ Definição

Dadas duas matrizes, $A = (a_{ij})_{m \times n}$ e $B = (b_{ij})_{m \times n}$, a **matriz soma** $A + B$ é a matriz $C = (c_{ij})_{m \times n}$, em que $c_{ij} = a_{ij} + b_{ij}$ para todo **i** e todo **j**.

Em outras palavras, a **matriz soma C** é do mesmo tipo que **A** e **B** e é tal que cada um de seus elementos é a soma de elementos correspondentes de **A** e **B**, como podemos observar a seguir:

$$\begin{bmatrix} 2 & -1 & 3 \\ 0 & 5 & 2 \end{bmatrix} + \begin{bmatrix} 1 & 3 & -4 \\ 2 & -2 & 3 \end{bmatrix} = \begin{bmatrix} 3 & 2 & -1 \\ 2 & 3 & 5 \end{bmatrix}$$

▶ Propriedades

Sendo **A**, **B** e **C** matrizes do mesmo tipo $m \times n$ e $0_{m \times n}$ a matriz nula, do tipo $m \times n$, valem as seguintes propriedades para a adição de matrizes:

I. **Comutativa**: $A + B = B + A$

II. **Associativa**: $(A + B) + C = A + (B + C)$

III. **Existência do elemento neutro**: existe **M** tal que $A + M = A$, qualquer que seja a matriz $\mathbf{A}_{(m \times n)}$.

IV. **Existência do oposto** (ou **simétrico**): existe **A'** tal que $A + A' = 0_{m \times n}$.

3 Resolver a equação matricial A + X = B, sendo

$$A = \begin{bmatrix} 3 & 2 & 1 \\ -1 & -4 & 2 \end{bmatrix} \text{ e } B = \begin{bmatrix} 7 & 5 & 1 \\ 1 & 6 & 7 \end{bmatrix}.$$

Solução:

Uma equação matricial é aquela em que a incógnita é uma matriz.

A matriz procurada é do tipo 2×3 e podemos representá-la por $X = \begin{bmatrix} a & b & c \\ d & e & f \end{bmatrix}$.

Temos:

$$\begin{bmatrix} 3 & 2 & 1 \\ -1 & -4 & 2 \end{bmatrix} + \begin{bmatrix} a & b & c \\ d & e & f \end{bmatrix} = \begin{bmatrix} 7 & 5 & 1 \\ 1 & 6 & 7 \end{bmatrix}.$$

Daí:

$$\begin{bmatrix} 3+a & 2+b & 1+c \\ -1+d & -4+e & 2+f \end{bmatrix} = \begin{bmatrix} 7 & 5 & 1 \\ 1 & 6 & 7 \end{bmatrix}$$

Do conceito de igualdade, vem:

$3 + a = 7 \Rightarrow a = 4 \qquad -1 + d = 1 \Rightarrow d = 2$

$2 + b = 5 \Rightarrow b = 3 \qquad -4 + e = 6 \Rightarrow e = 10$

$1 + c = 1 \Rightarrow c = 0 \qquad 2 + f = 7 \Rightarrow f = 5$

Logo, a matriz procurada é dada por:

$$X = \begin{bmatrix} 4 & 3 & 0 \\ 2 & 10 & 5 \end{bmatrix}$$

▶ Matriz oposta

Seja a matriz $A = (a_{ij})_{m \times n}$. Chama-se **matriz oposta de A** a matriz representada por $-A$, tal que $A + (-A) = 0_{m \times n}$, sendo $0_{m \times n}$ a matriz nula do tipo $m \times n$.

Observe que a matriz $-A$ é obtida de **A** trocando-se o sinal de cada um de seus elementos:

- $A = \begin{pmatrix} 3 & \frac{1}{3} & -1 \\ -2 & 4 & 0 \end{pmatrix}$; então, $-A = \begin{pmatrix} -3 & -\frac{1}{3} & 1 \\ 2 & -4 & 0 \end{pmatrix}$.

- $B = \begin{pmatrix} 7 & -4 \\ 0,5 & 5 \end{pmatrix}$; então, $-B = \begin{pmatrix} -7 & 4 \\ -0,5 & -5 \end{pmatrix}$.

▶ Subtração de matrizes

▶ Definição

Dadas duas matrizes do mesmo tipo, $A = (a_{ij})_{m \times n}$ e $B = (b_{ij})_{m \times n}$, chama-se **matriz diferença** entre **A** e **B** (representa-se por $A - B$) a matriz soma de **A** com a matriz oposta de **B**, isto é:

$$A - B = A + (-B)$$

Observe os casos a seguir:

- $\begin{pmatrix} 2 & 5 \\ -1 & 6 \\ 4 & -2 \end{pmatrix} - \begin{pmatrix} -2 & 3 \\ 2 & 5 \\ 3 & -1 \end{pmatrix} = \begin{pmatrix} 2 & 5 \\ -1 & 6 \\ 4 & -2 \end{pmatrix} + \begin{pmatrix} 2 & -3 \\ -2 & -5 \\ -3 & 1 \end{pmatrix} = \begin{pmatrix} 4 & 2 \\ -3 & 1 \\ 1 & -1 \end{pmatrix}$

- $\begin{pmatrix} 0 & 1 \\ -3 & 2 \end{pmatrix} - \begin{pmatrix} 1 & -1 \\ -2 & 5 \end{pmatrix} = \begin{pmatrix} 0 & 1 \\ -3 & 2 \end{pmatrix} + \begin{pmatrix} -1 & 1 \\ 2 & -5 \end{pmatrix} = \begin{pmatrix} -1 & 2 \\ -1 & -3 \end{pmatrix}$

4 Resolver a equação X − A + B = C, sendo

$$A = \begin{bmatrix} 1 \\ 3 \\ -2 \end{bmatrix}, B = \begin{bmatrix} 0 \\ 4 \\ -5 \end{bmatrix} \text{ e } C = \begin{bmatrix} 2 \\ -2 \\ 3 \end{bmatrix}.$$

Solução:

1º modo:

A matriz **X** procurada é do tipo 3×1, e a representaremos por $X = \begin{bmatrix} m \\ n \\ p \end{bmatrix}$.

Temos:

$$X - A + B = C \Rightarrow \begin{bmatrix} m \\ n \\ p \end{bmatrix} - \begin{bmatrix} 1 \\ 3 \\ -2 \end{bmatrix} + \begin{bmatrix} 0 \\ 4 \\ -5 \end{bmatrix} = \begin{bmatrix} 2 \\ -2 \\ 3 \end{bmatrix} \Rightarrow$$

$$\Rightarrow \begin{bmatrix} m-1 \\ n+1 \\ p-3 \end{bmatrix} = \begin{bmatrix} 2 \\ -2 \\ 3 \end{bmatrix} \Rightarrow$$

$$\Rightarrow \begin{cases} m-1 = 2 \Rightarrow m = 3 \\ n+1 = -2 \Rightarrow n = -3 \\ p-3 = 3 \Rightarrow p = 6 \end{cases} \Rightarrow X = \begin{bmatrix} 3 \\ -3 \\ 6 \end{bmatrix}$$

2º modo:

Vamos usar as propriedades de adição de matrizes:

$$X - A + B = C \Rightarrow X - A + B + (-B) = C + (-B) \Rightarrow$$
$$\Rightarrow X - A = C - B \Rightarrow X - A + A = C - B + A \Rightarrow$$
$$\Rightarrow X = C - B + A$$

Assim:

$$X = \begin{bmatrix} 2 \\ -2 \\ 3 \end{bmatrix} - \begin{bmatrix} 0 \\ 4 \\ -5 \end{bmatrix} + \begin{bmatrix} 1 \\ 3 \\ -2 \end{bmatrix} \Rightarrow X = \begin{bmatrix} 3 \\ -3 \\ 6 \end{bmatrix}$$

EXERCÍCIOS

25 Calcule:

a) $\begin{bmatrix} 5 & 7 \\ 9 & 4 \end{bmatrix} + \begin{bmatrix} 6 & -2 \\ 5 & 8 \end{bmatrix}$

b) $\begin{bmatrix} 0 & -1 \\ 2 & 5 \\ 4 & 1 \end{bmatrix} + \begin{bmatrix} 11 & 17 \\ 0 & 2 \\ -3 & 4 \end{bmatrix}$

c) $\begin{bmatrix} 1 & 5 & 0 & 4 \end{bmatrix} - \begin{bmatrix} 6 & 6 & 8 & 7 \end{bmatrix}$

d) $\begin{bmatrix} 1 & 1 & 1 \\ 2 & 3 & 4 \\ -1 & -2 & -5 \end{bmatrix} - \begin{bmatrix} 0 & 1 & 2 \\ 1 & 1 & 3 \\ -3 & -2 & -7 \end{bmatrix}$

26 Sejam $A = \begin{bmatrix} 12 & 1 \\ 9 & 5 \end{bmatrix}$, $B = \begin{bmatrix} 8 & 11 \\ 3 & 6 \end{bmatrix}$ e $C = \begin{bmatrix} 2 & 4 \\ 10 & 7 \end{bmatrix}$.

Determine as matrizes:

a) $A + B + C$ **b)** $A - B + C$ **c)** $A - (B + C)$

27 Sejam as matrizes $A = (a_{ij})_{10 \times 12}$, em que $a_{ij} = 2i - j$, e $B = (b_{ij})_{10 \times 12}$, em que $b_{ij} = i + j$. Seja $C = A + B$, em que $c_{ij} = a_{ij} + b_{ij}$. Determine os elementos:

a) c_{78} **b)** $c_{10\,12}$

28 Uma matriz quadrada **A** é dita antissimétrica se $A = -A^t$.

a) A matriz $\begin{bmatrix} 0 & 5 \\ -5 & 0 \end{bmatrix}$ é antissimétrica?

E a matriz $\begin{bmatrix} 1 & 0 \\ 0 & -1 \end{bmatrix}$?

b) Existe algum valor real de **m** para o qual a matriz $\begin{bmatrix} 0 & m \\ -2 & 3 \end{bmatrix}$ seja antissimétrica? Determine-o, se existir.

29 As tabelas a seguir indicam o número de faltas de três alunos (**A**, **B** e **C**) em cinco disciplinas (Português, Matemática, Biologia, História e Física, representadas por suas iniciais), nos meses de março e abril.

Março

	P	M	B	H	F
Aluno A	2	1	0	4	2
Aluno B	1	0	2	1	1
Aluno C	5	4	2	2	2

Abril

	P	M	B	H	F
Aluno A	1	2	0	1	3
Aluno B	0	1	1	3	1
Aluno C	3	1	3	2	3

a) Qual matriz representa o número de faltas desses alunos nesses dois meses?

b) Nesses meses, qual aluno teve o maior número de faltas em Português? E em Matemática? E em História?

30 Resolva as seguintes equações matriciais:

a) $X + \begin{pmatrix} 4 & 3 \\ 1 & 1 \\ 2 & 0 \end{pmatrix} = \begin{pmatrix} 5 & 0 \\ 2 & 3 \\ 7 & 8 \end{pmatrix}$

b) $X - \begin{pmatrix} 1 & 4 & 7 \\ -2 & 5 & -3 \end{pmatrix} = \begin{pmatrix} -1 & 2 & 11 \\ -3 & 4 & 1 \end{pmatrix}$

c) $\begin{pmatrix} \dfrac{1}{2} & 1 \\ 0 & 2 \end{pmatrix} + \begin{pmatrix} \dfrac{3}{2} & 4 \\ 3 & 7 \end{pmatrix} = X - \begin{pmatrix} -1 & -3 \\ -2 & 4 \end{pmatrix}$

31 Determine a matriz **X**, tal que $(X + A)^t = B$, sendo:

$$A = \begin{bmatrix} 4 & 2 \\ -1 & 0 \\ 5 & 1 \end{bmatrix} \text{ e } B = \begin{bmatrix} 1 & -2 & 4 \\ 5 & 6 & 0 \end{bmatrix}.$$

▶ Multiplicação de um número real por uma matriz

▶ Definição

Seja a matriz $A = (a_{ij})_{m \times n}$ e **k** um número real. O **produto** de **k** pela matriz **A** (indica-se: $k \cdot A$) é a matriz $B = (b_{ij})_{m \times n}$, em que $b_{ij} = k \cdot a_{ij}$, para todo $1 \leq i \leq m$ e $1 \leq j \leq n$.

Isso significa que **B** é obtido de **A** multiplicando-se por **k** cada um dos elementos de **A**.

Observe os casos a seguir:

- Se $A = \begin{pmatrix} 2 & 4 & 7 \end{pmatrix}$, então $3 \cdot A = \begin{pmatrix} 6 & 12 & 21 \end{pmatrix}$.

- Se $A = \begin{pmatrix} 4 & 6 \\ 10 & 1 \end{pmatrix}$, então $\dfrac{1}{2} \cdot A = \begin{pmatrix} 2 & 3 \\ 5 & \dfrac{1}{2} \end{pmatrix}$.

- Se $A = \begin{pmatrix} -1 & 4 & \sqrt{2} \\ \dfrac{1}{2} & -3 & 0 \end{pmatrix}$, então $(-2) \cdot A = \begin{pmatrix} 2 & -8 & -2\sqrt{2} \\ -1 & 6 & 0 \end{pmatrix}$.

▶ Propriedades

Sejam **k** e **m** números reais e **A** e **B** matrizes do mesmo tipo. Valem as seguintes propriedades:

I. $k \cdot (m \cdot A) = (k \cdot m) \cdot A$
II. $k \cdot (A + B) = k \cdot A + k \cdot B$
III. $(k + m) \cdot A = k \cdot A + m \cdot A$
IV. $1 \cdot A = A$

EXERCÍCIOS

32 Dada a matriz $A = \begin{bmatrix} 1 & 2 & 3 \\ -3 & 5 & -1 \end{bmatrix}$, obtenha as matrizes:

a) $4 \cdot A$ **b)** $\dfrac{1}{3} \cdot A$ **c)** $-2 \cdot A$

33 Sejam as matrizes $A = \begin{bmatrix} 2 & 4 \\ 1 & 5 \\ 0 & 7 \end{bmatrix}$ e $B = \begin{bmatrix} 3 & -2 \\ -1 & 6 \\ 9 & 8 \end{bmatrix}$.

Determine as seguintes matrizes:

a) $3A + B$ **b)** $A - 3B$

34 Sejam as matrizes $A = \begin{bmatrix} 1 & 4 & 1 \\ 2 & 1 & 3 \\ 1 & 4 & 1 \end{bmatrix}$ e $B = (b_{ij})_{3 \times 3}$,

em que $b_{ij} = 2i - 3j$.

a) Determine a matriz $3A + 4B$.
b) Determine a matriz $2A^t - B^t$.

35 Resolva a equação:

$$\begin{bmatrix} -7 & 2 & 1 \\ 6 & 4 & -3 \end{bmatrix} + 2 \cdot X = \begin{bmatrix} 11 & 0 & 3 \\ 8 & 12 & 5 \end{bmatrix}$$

36 Dadas as matrizes

$$A = \begin{bmatrix} \dfrac{1}{2} & \dfrac{3}{2} \\ \dfrac{1}{2} & 0 \end{bmatrix}, \ B = \begin{bmatrix} 4 & 3 \\ 1 & 2 \end{bmatrix} \text{ e } C = \begin{bmatrix} 0 & \dfrac{1}{2} \\ -\dfrac{1}{2} & 0 \end{bmatrix},$$

deterine a matriz **X** que verifica a equação $2A + B = X + 2C$.

37 Resolva a equação $2X^t - 3A = B$, sabendo que

$$A = \begin{bmatrix} 1 & -1 \\ 2 & -3 \end{bmatrix} \text{ e } B = \begin{bmatrix} -1 & 4 \\ -5 & 10 \end{bmatrix}.$$

38 Resolva o sistema:

$$\begin{cases} 2X + Y = \begin{bmatrix} -2 & 8 & -4 \\ 17 & -13 & 20 \end{bmatrix} \\ 3X + 2Y = \begin{bmatrix} -5 & 13 & -6 \\ 29 & -20 & 33 \end{bmatrix} \end{cases}$$

▶ **Multiplicação de matrizes**

A tabela abaixo representa as notas obtidas em um curso de espanhol pelos alunos **X**, **Y** e **Z**, em cada bimestre do ano letivo.

	1º bim.	2º bim.	3º bim.	4º bim.
Aluno X	7	8	6	8
Aluno Y	4	5	5	7
Aluno Z	8	7	9	10

Para calcular a nota final do ano, o professor deve fazer uma média ponderada usando como pesos, respectivamente, 1, 2, 3 e 4. Assim, a média de cada aluno será determinada pela fórmula:

$$\frac{(1º\,bim.\cdot 1) + (2º\,bim.\cdot 2) + (3º\,bim.\cdot 3) + (4º\,bim.\cdot 4)}{1 + 2 + 3 + 4}$$

que equivale a fazer:

$(1º\,bim.\cdot 0{,}1) + (2º\,bim.\cdot 0{,}2) + (3º\,bim.\cdot 0{,}3) + (4º\,bim.\cdot 0{,}4)$

Vamos calcular as médias dos alunos **X**, **Y** e **Z**.

- X: $7 \cdot 0{,}1 + 8 \cdot 0{,}2 + 6 \cdot 0{,}3 + 8 \cdot 0{,}4 = 7{,}3$
- Y: $4 \cdot 0{,}1 + 5 \cdot 0{,}2 + 5 \cdot 0{,}3 + 7 \cdot 0{,}4 = 5{,}7$
- Z: $8 \cdot 0{,}1 + 7 \cdot 0{,}2 + 9 \cdot 0{,}3 + 10 \cdot 0{,}4 = 8{,}9$

Podemos representar a tabela das notas bimestrais pela matriz:

$$A = \begin{bmatrix} 7 & 8 & 6 & 8 \\ 4 & 5 & 5 & 7 \\ 8 & 7 & 9 & 10 \end{bmatrix}$$

Vamos representar os pesos dos bimestres pela matriz:

$$B = \begin{bmatrix} 0{,}1 \\ 0{,}2 \\ 0{,}3 \\ 0{,}4 \end{bmatrix}$$

E representamos as médias pela matriz:

$$C = \begin{bmatrix} 7{,}3 \\ 5{,}7 \\ 8{,}9 \end{bmatrix}$$

Dizemos que **C** (médias) é o produto da matriz **A** (notas) pela matriz **B** (pesos):

$$C = A \cdot B$$

A ideia utilizada para calcular **C** é a que será usada agora para a definição da operação de multiplicação de matrizes.

▶ **Definição**

Dadas as matrizes $A = (a_{ij})_{m \times n}$ e $B = (b_{jk})_{n \times p}$, chama-se **matriz produto de A por B**, e se indica por $A \cdot B$, a matriz $C = (c_{ik})_{m \times p}$, em que $c_{ik} = a_{i1} \cdot b_{1k} + a_{i2} \cdot b_{2k} + a_{i3} \cdot b_{3k} + ... + a_{in} \cdot b_{nk}$; para todo $i \in \{1, 2, ..., m\}$ e todo $k \in \{1, 2, ..., p\}$.

Acompanhe o procedimento que devemos seguir para obtermos o elemento c_{ik} da matriz **C**:

1º) Tomamos ordenadamente os **n** elementos da linha **i** da matriz **A**: $a_{i1}, a_{i2}, ..., a_{in}$. **①**

2º) Tomamos ordenadamente os **n** elementos da coluna **k** da matriz **B**: $b_{1k}, b_{2k}, ..., b_{nk}$. **②**

3º) Multiplicamos o 1º elemento de **①** pelo 1º elemento de **②**, o 2º elemento de **①** pelo 2º elemento de **②**, e assim sucessivamente.

4º) Adicionamos os produtos obtidos.

Assim:

$$c_{ik} = a_{i1} \cdot b_{1k} + a_{i2} \cdot b_{2k} + ... + a_{in} \cdot b_{nk}$$

OBSERVAÇÕES 🔍

- A definição garante a existência da matriz produto $A \cdot B$ se o número de colunas de **A** é igual ao número de linhas de **B**.
- A matriz produto $C = A \cdot B$ é uma matriz cujo número de linhas é igual ao número de linhas de **A** e o número de colunas é igual ao número de colunas de **B**. Observemos o esquema abaixo:

$$A_{(m \times \underline{n})} \cdot B_{(\underline{n} \times p)} = C_{(m \times p)}$$

garante a existência
do produto

EXEMPLO 1

Dadas as matrizes $A = \begin{bmatrix} 2 & 3 & 1 \\ -1 & 0 & 2 \end{bmatrix}$ e $B = \begin{bmatrix} 1 & -2 \\ 0 & 5 \\ 4 & 1 \end{bmatrix}$, vamos determinar, se existirem, $A \cdot B$ e $B \cdot A$.

- Como **A** é do tipo 2×3 e **B** é do tipo 3×2, segue que $C = A \cdot B$ existe e é do tipo 2×2. Escrevendo os elementos de **C** em sua forma genérica, temos

$C = \begin{bmatrix} c_{11} & c_{12} \\ c_{21} & c_{22} \end{bmatrix}$.

Da definição, temos:

- c_{11} (linha 1 de **A** e coluna 1 de **B**):

$c_{11} = 2 \cdot 1 + 3 \cdot 0 + 1 \cdot 4 = 6$

$\begin{bmatrix} 2 & 3 & 1 \\ -1 & 0 & 2 \end{bmatrix} \cdot \begin{bmatrix} 1 & -2 \\ 0 & 5 \\ 4 & 1 \end{bmatrix}$

- c_{12} (linha 1 de **A** e coluna 2 de **B**):

$c_{12} = 2 \cdot (-2) + 3 \cdot 5 + 1 \cdot 1 = 12$

$\begin{bmatrix} 2 & 3 & 1 \\ -1 & 0 & 2 \end{bmatrix} \cdot \begin{bmatrix} 1 & -2 \\ 0 & 5 \\ 4 & 1 \end{bmatrix}$

- c_{21} (linha 2 de **A** e coluna 1 de **B**):

$c_{21} = (-1) \cdot 1 + 0 \cdot 0 + 2 \cdot 4 = 7$

$\begin{bmatrix} 2 & 3 & 1 \\ -1 & 0 & 2 \end{bmatrix} \cdot \begin{bmatrix} 1 & -2 \\ 0 & 5 \\ 4 & 1 \end{bmatrix}$

- c_{22} (linha 2 de **A** e coluna 2 de **B**):

$c_{22} = (-1) \cdot (-2) + 0 \cdot 5 + 2 \cdot 1 = 4$

$\begin{bmatrix} 2 & 3 & 1 \\ -1 & 0 & 2 \end{bmatrix} \cdot \begin{bmatrix} 1 & -2 \\ 0 & 5 \\ 4 & 1 \end{bmatrix}$

Assim, $C = \begin{bmatrix} 6 & 12 \\ 7 & 4 \end{bmatrix}$.

- Como **B** é do tipo 3×2 e **A** é do tipo 2×3, segue que $D = B \cdot A$ existe e é do tipo 3×3. Escrevendo os elementos de **D** em sua forma genérica, temos:

$D = \begin{bmatrix} d_{11} & d_{12} & d_{13} \\ d_{21} & d_{22} & d_{23} \\ d_{31} & d_{32} & d_{33} \end{bmatrix}$

Aplicando a definição, temos:

- d_{11} (linha 1 de **B** e coluna 1 de **A**):

$d_{11} = 1 \cdot 2 + (-2) \cdot (-1) = 4$

$\begin{bmatrix} 1 & -2 \\ 0 & 5 \\ 4 & 1 \end{bmatrix} \cdot \begin{bmatrix} 2 & 3 & 1 \\ -1 & 0 & 2 \end{bmatrix}$

- d_{12} (linha 1 de **B** e coluna 2 de **A**):

$d_{12} = 1 \cdot 3 + (-2) \cdot 0 = 3$

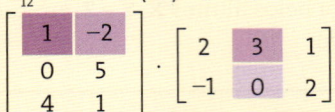

- d_{13} (linha 1 de **B** e coluna 3 de **A**):

$d_{13} = 1 \cdot 1 + (-2) \cdot 2 = -3$

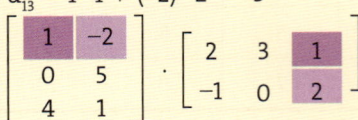

- d_{21} (linha 2 de **B** e coluna 1 de **A**):

$d_{21} = 0 \cdot 2 + 5 \cdot (-1) = -5$

$\begin{bmatrix} 1 & -2 \\ 0 & 5 \\ 4 & 1 \end{bmatrix} \cdot \begin{bmatrix} 2 & 3 & 1 \\ -1 & 0 & 2 \end{bmatrix}$

- d_{22} (linha 2 de **B** e coluna 2 de **A**):

$d_{22} = 0 \cdot 3 + 5 \cdot 0 = 0$

$\begin{bmatrix} 1 & -2 \\ 0 & 5 \\ 4 & 1 \end{bmatrix} \cdot \begin{bmatrix} 2 & 3 & 1 \\ -1 & 0 & 2 \end{bmatrix}$

- d_{23} (linha 2 de **B** e coluna 3 de **A**):

$d_{23} = 0 \cdot 1 + 5 \cdot 2 = 10$

$\begin{bmatrix} 1 & -2 \\ 0 & 5 \\ 4 & 1 \end{bmatrix} \cdot \begin{bmatrix} 2 & 3 & 1 \\ -1 & 0 & 2 \end{bmatrix}$

- d_{31} (linha 3 de **B** e coluna 1 de **A**):

$d_{31} = 4 \cdot 2 + 1 \cdot (-1) = 7$

$\begin{bmatrix} 1 & -2 \\ 0 & 5 \\ 4 & 1 \end{bmatrix} \cdot \begin{bmatrix} 2 & 3 & 1 \\ -1 & 0 & 2 \end{bmatrix}$

- d_{32} (linha 3 de **B** e coluna 2 de **A**):

$d_{32} = 4 \cdot 3 + 1 \cdot 0 = 12$

$\begin{bmatrix} 1 & -2 \\ 0 & 5 \\ 4 & 1 \end{bmatrix} \cdot \begin{bmatrix} 2 & 3 & 1 \\ -1 & 0 & 2 \end{bmatrix}$

- d_{33} (linha 3 de **B** e coluna 3 de **A**):

$d_{33} = 4 \cdot 1 + 1 \cdot 2 = 6$

$\begin{bmatrix} 1 & -2 \\ 0 & 5 \\ 4 & 1 \end{bmatrix} \cdot \begin{bmatrix} 2 & 3 & 1 \\ -1 & 0 & 2 \end{bmatrix}$

Logo, $D = \begin{bmatrix} 4 & 3 & -3 \\ -5 & 0 & 10 \\ 7 & 12 & 6 \end{bmatrix}$.

Observe, nesse exemplo, que $C = A \cdot B$ é uma matriz 2×2 e $D = B \cdot A$ é uma matriz 3×3.

EXERCÍCIOS

39 Determine, se existirem, os produtos:

a) $\begin{bmatrix} 1 & 2 \\ 3 & 4 \end{bmatrix} \cdot \begin{bmatrix} 2 & 3 \\ -2 & 1 \end{bmatrix}$

b) $\begin{bmatrix} 1 & -2 \\ 3 & 4 \end{bmatrix} \cdot \begin{bmatrix} -2 & 3 & 2 & -1 \\ -1 & 0 & 0 & -4 \end{bmatrix}$

c) $\begin{bmatrix} -2 & 1 \\ 0 & 3 \end{bmatrix} \cdot \begin{bmatrix} 1 & -2 \\ -1 & -4 \\ 2 & 4 \end{bmatrix}$

d) $\begin{bmatrix} 3 & 4 & 1 \\ 5 & 6 & 1 \\ 7 & 8 & 1 \end{bmatrix} \cdot \begin{bmatrix} 2 \\ -3 \\ 4 \end{bmatrix}$

e) $\begin{bmatrix} -5 & 0 \\ -1 & 3 \\ 1 & 1 \\ 2 & 2 \end{bmatrix} \cdot \begin{bmatrix} 3 & -2 \\ 1 & 5 \end{bmatrix}$

f) $\begin{bmatrix} 8 & 2 & -1 \\ 1 & 7 & 5 \\ -2 & 4 & 6 \end{bmatrix} \cdot \begin{bmatrix} 1 & 2 & 3 \\ 0 & 2 & 3 \\ 0 & 0 & 1 \end{bmatrix}$

g) $\begin{bmatrix} 2 \\ 3 \\ 5 \end{bmatrix} \cdot \begin{bmatrix} 6 & -2 & 8 \end{bmatrix}$

h) $\begin{bmatrix} 1 \\ 2 \end{bmatrix} \cdot \begin{bmatrix} 3 \\ 4 \end{bmatrix}$

40 Sejam as matrizes $A = \begin{pmatrix} 1 & 3 \\ 2 & 0 \\ -1 & 4 \end{pmatrix}, B = \begin{pmatrix} 2 & 1 \\ 3 & 1 \end{pmatrix}$ e $C = \begin{pmatrix} 4 \\ -1 \end{pmatrix}$

Determine, se existir:

a) $A \cdot B$ **d)** $B^t \cdot C$

b) $B \cdot A$ **e)** $B \cdot A^t$

c) $A \cdot C$

EXERCÍCIOS **RESOLVIDOS**

5 Sejam as matrizes $A = (a_{ij})_{6 \times 3}$, em que $a_{ij} = i - j$, e $B = (b_{jk})_{3 \times 8}$, em que $b_{jk} = j + k$.
Sendo $C = A \cdot B = (c_{ik})_{6 \times 8}$, qual é o valor de c_{35}?

Solução:

O elemento c_{35} da matriz produto **C** será obtido multiplicando-se ordenadamente os elementos da linha 3 de **A** pelos da coluna 5 de **B** e somando os produtos encontrados.

Dessa forma, usamos a "regra de formação" dos elementos de **A** e **B** para determinar apenas as filas procuradas:

$A = \begin{bmatrix} \cdots & \cdots & \cdots \\ a_{31} & a_{32} & a_{33} \\ \cdots & \cdots & \cdots \end{bmatrix}_{6 \times 3} = \begin{bmatrix} \cdots & \cdots & \cdots \\ 2 & 1 & 0 \\ \cdots & \cdots & \cdots \end{bmatrix};$

$B = \begin{bmatrix} \cdots & b_{15} & \cdots \\ \cdots & b_{25} & \cdots \\ \cdots & b_{35} & \cdots \end{bmatrix}_{3 \times 8} = \begin{bmatrix} \cdots & 6 & \cdots \\ \cdots & 7 & \cdots \\ \cdots & 8 & \cdots \end{bmatrix}$

Assim, $c_{35} = 2 \cdot 6 + 1 \cdot 7 + 0 \cdot 8 = 19$.

6 Resolver a equação matricial $A \cdot X = B$, sendo $A = \begin{bmatrix} 5 & 7 \\ 2 & 3 \end{bmatrix}$ e $B = \begin{bmatrix} 4 \\ 1 \end{bmatrix}$.

Solução:

Precisamos, inicialmente, determinar o tipo da matriz **X**.
Temos:

$\begin{array}{ccccc} A & \cdot & X & = & B \\ \downarrow & & \downarrow & & \downarrow \\ (2 \times 2) & & (n \times p) & & (2 \times 1) \end{array}$

Devemos ter:

- $n = 2$, para garantir a existência do produto;
- $p = 1$, pois o número de colunas de **X** é igual ao número de colunas de **B**.

Assim, $X = \begin{bmatrix} a \\ b \end{bmatrix}$.

Daí, $\begin{bmatrix} 5 & 7 \\ 2 & 3 \end{bmatrix} \cdot \begin{bmatrix} a \\ b \end{bmatrix} = \begin{bmatrix} 4 \\ 1 \end{bmatrix}$.

Fazendo a multiplicação, obtemos:

$\begin{bmatrix} 5a + 7b \\ 2a + 3b \end{bmatrix} = \begin{bmatrix} 4 \\ 1 \end{bmatrix}$, de que resulta o sistema

$\begin{cases} 5a + 7b = 4 \\ 2a + 3b = 1 \end{cases}$, cuja solução é $a = 5$ e $b = -3$.

Assim: $X = \begin{bmatrix} 5 \\ -3 \end{bmatrix}$.

▶ Matriz identidade

▸ Definição

Seja **A** uma matriz quadrada de ordem **n**. A matriz **A** é denominada **matriz identidade de ordem n** (indica-se por I_n) se os elementos de sua diagonal principal são todos iguais a 1, e os demais elementos são iguais a zero.
Assim:

- $I_2 = \begin{bmatrix} 1 & 0 \\ 0 & 1 \end{bmatrix}$ é a matriz identidade de ordem 2.

- $I_3 = \begin{bmatrix} 1 & 0 & 0 \\ 0 & 1 & 0 \\ 0 & 0 & 1 \end{bmatrix}$ é a matriz identidade de ordem 3.

⋮

- $I_n = \begin{bmatrix} 1 & 0 & \dots & 0 \\ 0 & 1 & & \vdots \\ \vdots & & \ddots & 0 \\ 0 & \dots & 0 & 1 \end{bmatrix}$ é a matriz identidade de ordem **n**.

Vamos observar, por meio de exemplos, algumas propriedades relativas à multiplicação de matrizes envolvendo a matriz identidade.

I. **A** é uma matriz quadrada de ordem **n**.

- Seja $A = \begin{bmatrix} 2 & -1 \\ 4 & 3 \end{bmatrix}$.

$A \cdot I_2 = \begin{bmatrix} 2 & -1 \\ 4 & 3 \end{bmatrix} \cdot \begin{bmatrix} 1 & 0 \\ 0 & 1 \end{bmatrix} = \begin{bmatrix} 2 & -1 \\ 4 & 3 \end{bmatrix} = A$

$I_2 \cdot A = \begin{bmatrix} 1 & 0 \\ 0 & 1 \end{bmatrix} \cdot \begin{bmatrix} 2 & -1 \\ 4 & 3 \end{bmatrix} = \begin{bmatrix} 2 & -1 \\ 4 & 3 \end{bmatrix} = A$

II. **A** não é uma matriz quadrada, isto é, $A_{m \times n}$, com $m \neq n$:

- Seja $A = \begin{bmatrix} 2 & 1 & -3 \\ 4 & 5 & -2 \end{bmatrix}_{2 \times 3}$. Temos:

$I_2 \cdot A = \begin{bmatrix} 1 & 0 \\ 0 & 1 \end{bmatrix} \cdot \begin{bmatrix} 2 & 1 & -3 \\ 4 & 5 & -2 \end{bmatrix} = \begin{bmatrix} 2 & 1 & -3 \\ 4 & 5 & -2 \end{bmatrix} = A$

(Note que não existe $A \cdot I_2$.)

$A \cdot I_3 = \begin{bmatrix} 2 & 1 & -3 \\ 4 & 5 & -2 \end{bmatrix} \cdot \begin{bmatrix} 1 & 0 & 0 \\ 0 & 1 & 0 \\ 0 & 0 & 1 \end{bmatrix} = \begin{bmatrix} 2 & 1 & -3 \\ 4 & 5 & -2 \end{bmatrix} = A$

(Note que não existe $I_3 \cdot A$.)

Em geral, pode-se dizer que:

- Se **A** é uma matriz quadrada de ordem **n**, $A \cdot I_n = I_n \cdot A = A$.

- Se $A = (a_{ij})_{m \times n}$, com $m \neq n$, $I_m \cdot A = A$ e $A \cdot I_n = A$.

Propriedades da multiplicação de matrizes

Supondo que as matrizes **A**, **B** e **C** sejam de tipos tais que as operações a seguir possam ser realizadas, valem as seguintes propriedades para a multiplicação de matrizes:

    I. Associativa: $(A \cdot B) \cdot C = A \cdot (B \cdot C)$

    II. Distributiva à direita em relação à adição:

      $(A + B) \cdot C = A \cdot C + B \cdot C$

    III. Distributiva à esquerda em relação à adição:

      $C \cdot (A + B) = C \cdot A + C \cdot B$

Ao estudar as propriedades da multiplicação de matrizes, é importante observar que:

> A multiplicação de matrizes **não** é comutativa, isto é, em geral, $A \cdot B \neq B \cdot A$.

EXEMPLO 2

Sejam $A = \begin{bmatrix} 2 & 3 \\ -1 & 5 \end{bmatrix}$ e $B = \begin{bmatrix} 0 & 1 \\ -1 & 2 \end{bmatrix}$; temos:

$A \cdot B = \begin{bmatrix} 2 & 3 \\ -1 & 5 \end{bmatrix} \cdot \begin{bmatrix} 0 & 1 \\ -1 & 2 \end{bmatrix} = \begin{bmatrix} -3 & 8 \\ -5 & 9 \end{bmatrix}$

$B \cdot A = \begin{bmatrix} 0 & 1 \\ -1 & 2 \end{bmatrix} \cdot \begin{bmatrix} 2 & 3 \\ -1 & 5 \end{bmatrix} = \begin{bmatrix} -1 & 5 \\ -4 & 7 \end{bmatrix}$

$\neq$

OBSERVAÇÕES 🔍

- Existem casos em que apenas uma das multiplicações pode ser feita. Por exemplo, se **A** é do tipo 2×3 e **B** é do tipo 3×4, então:
  - ■ existe $A \cdot B$ e é do tipo 2×4;
  - ■ não existe $B \cdot A$ (o número de colunas de **B** é 4; o número de linhas de **A** é 2).
- Quando $A \cdot B$ e $B \cdot A$ existem e $A \cdot B = B \cdot A$, dizemos que **A** e **B** comutam.

EXEMPLO 3

Considerando $A = \begin{bmatrix} 2 & 3 \\ 5 & -1 \end{bmatrix}$ e $B = \begin{bmatrix} -1 & -3 \\ -5 & 2 \end{bmatrix}$, temos:

$A \cdot B = \begin{bmatrix} -17 & 0 \\ 0 & -17 \end{bmatrix}$ $B \cdot A = \begin{bmatrix} -17 & 0 \\ 0 & -17 \end{bmatrix}$

EXERCÍCIO **RESOLVIDO**

7 Determinar os valores reais de **x** e **y** de modo que as matrizes $A = \begin{bmatrix} 2 & 0 \\ -3 & 4 \end{bmatrix}$ e $B = \begin{bmatrix} 3 & x \\ y & 1 \end{bmatrix}$ comutem.

Solução:

Devemos ter $A \cdot B = B \cdot A$.

$A \cdot B = \begin{bmatrix} 2 & 0 \\ -3 & 4 \end{bmatrix} \cdot \begin{bmatrix} 3 & x \\ y & 1 \end{bmatrix} = \begin{bmatrix} 6 & 2x \\ -9 + 4y & -3x + 4 \end{bmatrix}$

$B \cdot A = \begin{bmatrix} 3 & x \\ y & 1 \end{bmatrix} \cdot \begin{bmatrix} 2 & 0 \\ -3 & 4 \end{bmatrix} = \begin{bmatrix} 6 - 3x & 4x \\ 2y - 3 & 4 \end{bmatrix}$

Nesse caso, temos:

$\begin{bmatrix} 6 & 2x \\ -9 + 4y & -3x + 4 \end{bmatrix} = \begin{bmatrix} 6 - 3x & 4x \\ 2y - 3 & 4 \end{bmatrix} \Rightarrow$

$\Rightarrow \begin{cases} 6 = 6 - 3x & \Rightarrow x = 0 \\ 2x = 4x & \Rightarrow x = 0 \\ -9 + 4y = 2y - 3 & \Rightarrow y = 3 \\ -3x + 4 = 4 & \Rightarrow x = 0 \end{cases}$

Portanto, $x = 0$ e $y = 3$.

EXERCÍCIOS

41 Sejam as matrizes $A = \begin{bmatrix} 1 & 2 & 0 \\ 0 & 1 & 2 \\ 2 & 0 & 1 \end{bmatrix}$ e $B = \begin{bmatrix} 5 & 8 \\ 1 & 9 \\ 7 & -3 \end{bmatrix}$.

Se $C = (c_{ij})_{3 \times 2}$ é a matriz produto $A \cdot B$, determine, se existirem, os elementos:

a) c_{22} **b)** c_{31} **c)** c_{33}

42 Sejam as matrizes $A = (a_{ij})_{6 \times 3}$, em que $a_{ij} = i + j$, e $B = (b_{jk})_{3 \times 4}$, em que $b_{jk} = 2j - k$. Sendo $C = (c_{ik})_{6 \times 4}$ a matriz produto $A \cdot B$, determine o elemento c_{43}.

43 Seja **A** uma matriz quadrada de ordem **n**; definimos $A^2 = A \cdot A$. Assim, determine A^2 nos seguintes casos:

a) $A = \begin{bmatrix} 1 & 2 \\ 3 & 4 \end{bmatrix}$

b) $A = \begin{bmatrix} 1 & 0 & 2 \\ 0 & 3 & 4 \\ 5 & 6 & 0 \end{bmatrix}$

44 Generalizando a definição dada no exercício anterior, temos:

Se $n \in \mathbb{N}^*$ e **A** é uma matriz quadrada, então $A^n = \underbrace{A \cdot A \cdot \ldots \cdot A}_{\textbf{n} \text{ fatores}}$.

Sendo $A = \begin{bmatrix} 1 & 1 \\ 0 & -1 \end{bmatrix}$, determine:

a) A^2 **c)** A^4 **e)** A^{106}

b) A^3 **d)** A^{35}

45 Sabendo que $A = \begin{bmatrix} -4 & m \\ 2 & -1 \end{bmatrix}$ e $A^2 = \begin{bmatrix} 22 & -15 \\ -10 & m + 4 \end{bmatrix}$, determine o valor de **m**.

46 Resolva as seguintes equações matriciais:

a) $\begin{pmatrix} 1 & -3 \\ 2 & 5 \end{pmatrix} \cdot X = \begin{pmatrix} 0 \\ -11 \end{pmatrix}$

b) $\begin{pmatrix} 13 & 4 \\ -5 & 0 \end{pmatrix} \cdot X = \begin{pmatrix} 0 & 9 \\ 20 & 35 \end{pmatrix}$

47 Sendo $A = \begin{pmatrix} 1 & 2 \\ 2 & 5 \end{pmatrix}$ e $B = \begin{pmatrix} -1 & 2 \\ 3 & -1 \\ 2 & 4 \end{pmatrix}$, resolva a equação:

$A^t \cdot X = B^t$

48 A tabela a seguir mostra as notas obtidas pelos alunos **A**, **B** e **C** nas provas de Português, Matemática e Conhecimentos Gerais em um exame vestibular.

	Português	Matemática	Conhecimentos Gerais
A	4	6	7
B	9	3	2
C	7	8	10

Se os pesos das provas são 7 (em Português), 6 (em Matemática) e 5 (em Conhecimentos Gerais), qual a multiplicação de matrizes que permite determinar a pontuação final de cada aluno? Determine a pontuação de cada um.

49 Determine **x** e **y** reais a fim de que as matrizes

$\begin{bmatrix} 0 & x \\ y & 3 \end{bmatrix}$ e $\begin{bmatrix} 1 & 2 \\ -1 & 5 \end{bmatrix}$ comutem.

50 Um laboratório fabrica o antiácido efervescente "AZIA-ZERO" em duas versões: tradicional (**T**) e especial (**E**). Na tabela seguinte, temos a composição de envelopes de 5 g, nas duas versões:

	T	E
Bicarbonato de sódio	2,3 g	2,5 g
Carbonato de sódio	0,5 g	0,5 g
Ácido cítrico	2,2 g	2 g

a) Em um certo mês foram fabricados 6 000 envelopes na versão **T** e 4 000 envelopes na versão **E**. Calcule, em kg, a quantidade necessária de cada componente para a fabricação dessas 10 000 unidades.

b) Represente, por meio de multiplicação de matrizes, os valores encontrados no item *a*.

c) Em um outro mês foram produzidos 15 000 envelopes do "AZIAZERO". Calcule a quantidade produzida de cada versão, sabendo que o consumo total de bicarbonato de sódio foi de 35,6 kg.

51 Uma dona de casa registrou, na tabela seguinte, as quantidades (em gramas) de frutas compradas em duas semanas consecutivas, em um mesmo supermercado:

	Banana	Maçã	Laranja	Mamão
1ª semana	2 700	2 430	3 450	4 155
2ª semana	1 640	3 120	3 390	3 700

Os preços do quilograma (kg) da banana, maçã, laranja e mamão, em vigor nesse período, eram respectivamente R$ 2,35, R$ 3,40, R$ 1,70 e R$ 2,60.

Determine, a partir do cálculo de um produto de matrizes, a quantia, em reais, gasta pela dona de casa, em cada semana. Use uma calculadora para realizar os cálculos.

52 Sejam $A = \begin{bmatrix} 2 & 5 \\ 3 & x \\ y & 1 \\ 4 & 10 \end{bmatrix}$ e $B = \begin{bmatrix} 5 \\ -2 \end{bmatrix}$. Sabendo que $A \cdot B = 0_{4 \times 1}$, determine os valores de **x** e **y**.

▶ Matriz inversa

▶ Definição

Seja **A** uma matriz quadrada de ordem **n**. A **matriz A** é dita **inversível** (ou **invertível**) se existe uma **matriz B** (quadrada de ordem **n**), tal que:

$$A \cdot B = B \cdot A = I_n$$

Nesse caso, a matriz **B** é chamada **matriz inversa** de **A** e é indicada por **A⁻¹**.

Para verificar se uma matriz quadrada é ou não invertível e, em caso afirmativo, determinar sua inversa, apresentaremos, a seguir, um processo com base na definição de matriz inversa e na resolução de sistemas.

Vamos trabalhar com matrizes 2×2.

EXEMPLO 4

A inversa de $A = \begin{bmatrix} 2 & 1 \\ 5 & 3 \end{bmatrix}$ é $A^{-1} = \begin{bmatrix} 3 & -1 \\ -5 & 2 \end{bmatrix}$, pois:

$A \cdot A^{-1} = \begin{bmatrix} 2 & 1 \\ 5 & 3 \end{bmatrix} \cdot \begin{bmatrix} 3 & -1 \\ -5 & 2 \end{bmatrix} = \begin{bmatrix} 1 & 0 \\ 0 & 1 \end{bmatrix} = I_2$

e

$A^{-1} \cdot A = \begin{bmatrix} 3 & -1 \\ -5 & 2 \end{bmatrix} \cdot \begin{bmatrix} 2 & 1 \\ 5 & 3 \end{bmatrix} = \begin{bmatrix} 1 & 0 \\ 0 & 1 \end{bmatrix} = I_2$

EXEMPLO 5

Vamos encontrar, se existir, a inversa de $A = \begin{bmatrix} 3 & 2 \\ 5 & 4 \end{bmatrix}$.

Devemos verificar se existe

$A^{-1} = \begin{bmatrix} a & b \\ c & d \end{bmatrix}$, tal que $A \cdot A^{-1} = I_2$.

Temos:

$\begin{bmatrix} 3 & 2 \\ 5 & 4 \end{bmatrix} \cdot \begin{bmatrix} a & b \\ c & d \end{bmatrix} = \begin{bmatrix} 1 & 0 \\ 0 & 1 \end{bmatrix} \Rightarrow$

$\Rightarrow \begin{bmatrix} 3a + 2c & 3b + 2d \\ 5a + 4c & 5b + 4d \end{bmatrix} = \begin{bmatrix} 1 & 0 \\ 0 & 1 \end{bmatrix}$

Do conceito de igualdade, seguem os sistemas:

$\begin{cases} 3a + 2c = 1 \\ 5a + 4c = 0 \end{cases}$, cuja solução é a = 2 e c = $-\dfrac{5}{2}$

$\begin{cases} 3b + 2d = 0 \\ 5b + 4d = 1 \end{cases}$, cuja solução é b = -1 e d = $\dfrac{3}{2}$

Assim, $A^{-1} = \begin{bmatrix} 2 & -1 \\ -\dfrac{5}{2} & \dfrac{3}{2} \end{bmatrix} = \dfrac{1}{2} \cdot \begin{bmatrix} 4 & -2 \\ -5 & 3 \end{bmatrix}$.

É fácil verificar que a outra condição, $A^{-1} \cdot A = I_2$, está satisfeita.

$\begin{bmatrix} 4a + 2c & 4b + 2d \\ 2a + c & 2b + d \end{bmatrix} = \begin{bmatrix} 1 & 0 \\ 0 & 1 \end{bmatrix} \Rightarrow$

$\Rightarrow$ ① $\begin{cases} 4a + 2c = 1 \\ 2a + c = 0 \end{cases}$ e ② $\begin{cases} 4b + 2d = 0 \\ 2b + d = 1 \end{cases}$

$\begin{cases} 4a + 2c = 1 \\ 2a + c = 0 \ (-2) \end{cases} \Rightarrow \begin{cases} 4a + 2c = 1 \quad (+) \\ -4a - 2c = 0 \end{cases}$

$\qquad\qquad\qquad\qquad\qquad \overline{\qquad 0 = 1 \quad \text{(Falso)}}$

Como o sistema ① não admite solução, pois para quaisquer valores de **a** e **c** a sentença 0 = 1 é falsa, já podemos concluir que não existe a matriz inversa de **X**.

(O sistema ② também não admite solução. Verifique!)

EXEMPLO 6

Vamos encontrar, se existir, a inversa de

$X = \begin{bmatrix} 4 & 2 \\ 2 & 1 \end{bmatrix}$.

Devemos verificar se existe $X^{-1} = \begin{bmatrix} a & b \\ c & d \end{bmatrix}$, tal que $X \cdot X^{-1} = I_2$:

$\begin{bmatrix} 4 & 2 \\ 2 & 1 \end{bmatrix} \cdot \begin{bmatrix} a & b \\ c & d \end{bmatrix} = \begin{bmatrix} 1 & 0 \\ 0 & 1 \end{bmatrix}$

OBSERVAÇÕES 🔍

O processo apresentado nos exemplos anteriores pode ser aplicado a matrizes quadradas de ordem **n**, n ⩾ 2. Vale lembrar, no entanto, que, para n ⩾ 3, o processo é bem trabalhoso. No capítulo seguinte, estudaremos métodos de resolução de sistemas lineares 3 × 3, que podem ajudar a encontrar a inversa de algumas matrizes 3 × 3.

EXERCÍCIOS

53 Verifique se $\begin{bmatrix} 2 & -5 \\ -1 & 3 \end{bmatrix}$ é a inversa de $\begin{bmatrix} 3 & 5 \\ 1 & 2 \end{bmatrix}$.

54 Determine, se existir, a inversa da matriz $\begin{bmatrix} 1 & 2 \\ 1 & 0 \end{bmatrix}$.

55 Seja $A = \begin{bmatrix} 3 & 2 \\ 5 & 4 \end{bmatrix}$. Determine A^{-1}.

56 Sejam as matrizes $A = \begin{bmatrix} 3 & 4 \\ 5 & 7 \end{bmatrix}$ e $B = \begin{bmatrix} 1 & 1 \\ 1 & -1 \end{bmatrix}$. Determine:

a) $A^{-1} + B^{-1}$ **b)** $A^{-1} \cdot B^{-1}$

57 Determine, se existir, a matriz inversa de $\begin{bmatrix} 3 & 6 \\ 2 & 4 \end{bmatrix}$.

58 Seja A^{-1} a inversa de $A = \begin{bmatrix} 7 & -3 \\ 2 & -1 \end{bmatrix}$. Determine:

a) $A + A^{-1}$ **b)** $(A^{-1})^2 + A^2$

59 Para que valores reais de **x** a inversa da matriz $A = \begin{bmatrix} -1 & 1 \\ 0 & x \end{bmatrix}$ é a própria matriz **A**?

60 Em cada caso, determine a inversa da matriz:

a) $A = \begin{bmatrix} 1 & 0 & 2 \\ 0 & 3 & 0 \\ 2 & 0 & 1 \end{bmatrix}$ **b)** $B = \begin{bmatrix} 1 & 2 & 3 \\ 0 & 1 & 4 \\ 0 & 0 & 1 \end{bmatrix}$

61 Sejam $A = \begin{bmatrix} 5 & 3 \\ 3 & 2 \end{bmatrix}$ e $B = \begin{bmatrix} 11 & 4 \\ 9 & 8 \end{bmatrix}$.

a) Determine A^{-1}.

b) Usando o resultado do item a, resolva a equação $A \cdot X = B$.

62 Expresse **X** em função de **A** e **B** (ou **A**, **B** e **C**), supondo que todas as matrizes envolvidas são matrizes quadradas de mesma ordem **n** e inversíveis.

a) $X \cdot B + A = C$ **c)** $A \cdot X \cdot B = I_n$

b) $A^{-1} \cdot X = B^{-1}$ **d)** $(A \cdot X)^{-1} = B$

63 Prove que, se **A** e **B** são matrizes inversíveis de mesma ordem **n**, então $(A \cdot B)^{-1} = B^{-1} \cdot A^{-1}$.

Computação gráfica e matrizes

As transformações geométricas no plano (ou transformações 2D – duas dimensões) são muito usadas pela computação gráfica para a construção de figuras e produção de imagens. Tais imagens podem ser percebidas nos efeitos especiais utilizados no cinema, na TV e nos sistemas multimídia em geral, além de servir de ferramenta de auxílio em várias áreas da atividade humana.

As três transformações básicas são: **translação**, **rotação** e **escala**. Vamos estudá-las, relacionando-as com a teoria das matrizes e com a Trigonometria.

Representaremos um ponto qualquer $P(x, y)$ de uma figura pela matriz coluna $P = \begin{bmatrix} x \\ y \end{bmatrix}$ e o ponto correspondente $P'(x', y')$, obtido pela transformação, por $P' = \begin{bmatrix} x' \\ y' \end{bmatrix}$. Para cada transformação, vamos obter uma relação entre **P** e **P'** por meio de uma matriz (**M**) de transformação.

O filme *Os Vingadores* apresenta personagens criados por computação gráfica, como Hulk.

Translação

A translação é uma transformação que desloca uma figura sem alterar sua forma e suas dimensões. Esse deslocamento pode ser vertical, horizontal ou segundo uma certa direção.

Consideremos o triângulo ABC ao lado, o qual é transformado no triângulo A'B'C' por uma translação horizontal.

Observe que, nessa transformação, a abscissa de cada ponto do △ABC é deslocada quatro unidades à direita, e a respectiva ordenada não sofre alteração.

Temos, portanto: $\begin{bmatrix} x' \\ y' \end{bmatrix} = \begin{bmatrix} x \\ y \end{bmatrix} + \begin{bmatrix} 4 \\ 0 \end{bmatrix}$, isto é, $P' = P + M$, sendo $M = \begin{bmatrix} 4 \\ 0 \end{bmatrix}$ a matriz dessa transformação.

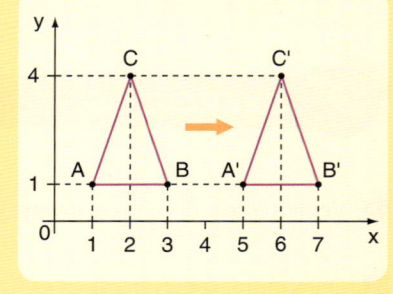

Rotação

Vamos considerar unicamente a rotação ("giro") de um ponto $P(x, y)$, em torno da origem $(0, 0)$, de um ângulo de medida **θ** graus $(\theta > 0)$, tomado no sentido anti-horário.

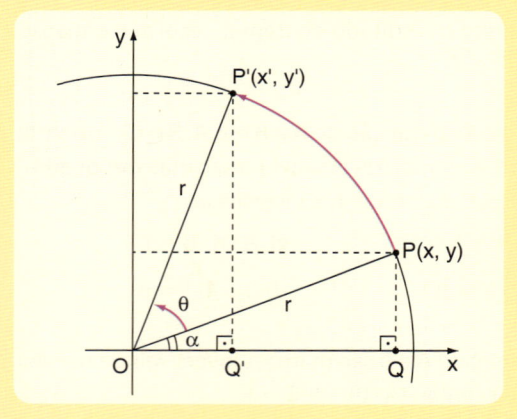

De acordo com o triângulo OPQ, o ponto $P(x, y)$ tem suas coordenadas expressas por:

$x = r \cdot \cos \alpha$ ①

$y = r \cdot \text{sen} \, \alpha$ ②

sendo $r = \sqrt{x^2 + y^2}$ a medida do raio da circunferência de centro na origem, passando por **P** e **P'**.

Ao girarmos **P** de um ângulo de medida **θ** (em graus), ele se transforma no ponto **P'**. De acordo com o triângulo OP'Q, temos:

- $\cos (\alpha + \theta) = \dfrac{x'}{r} \Rightarrow x' = r \cdot \cos (\alpha + \theta) = r \cdot (\cos \alpha \cos \theta - \text{sen } \alpha \text{ sen } \theta)$ e, usando ① e ②, escrevemos:

$x' = r \cdot \left(\dfrac{x}{r} \cos \theta - \dfrac{y}{r} \text{ sen } \theta \right) \Rightarrow \quad x' = x \cdot \cos \theta - y \cdot \text{sen } \theta$

- $\text{sen } (\alpha + \theta) = \dfrac{y'}{r} \Rightarrow y' = r \cdot \text{sen } (\alpha + \theta) = r \cdot (\text{sen } \alpha \cos \theta + \text{sen } \theta \cos \alpha)$ e, usando ① e ②, escrevemos:

$y' = r \cdot \left(\dfrac{y}{r} \cos \theta + \text{sen } \theta \cdot \dfrac{x}{r} \right) \Rightarrow \quad y' = x \cdot \text{sen } \theta + y \cdot \cos \theta$

Assim, escrevemos:

$$\begin{bmatrix} x' \\ y' \end{bmatrix} = \begin{bmatrix} \cos \theta & -\text{sen } \theta \\ \text{sen } \theta & \cos \theta \end{bmatrix} \cdot \begin{bmatrix} x \\ y \end{bmatrix}$$

isto é, P' = M · P, sendo $M = \begin{bmatrix} \cos \theta & -\text{sen } \theta \\ \text{sen } \theta & \cos \theta \end{bmatrix}$ a matriz de transformação.

Observe a figura seguinte, em que o ponto P(x, y) é rotacionado em torno da origem, no sentido anti-horário, de 180°. Quais são suas novas coordenadas?

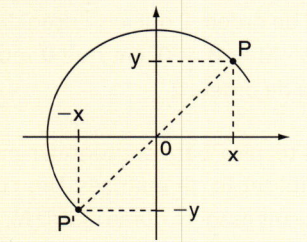

Como θ = 180°, temos:

$$M = \begin{bmatrix} \cos 180° & -\text{sen } 180° \\ \text{sen } 180° & \cos 180° \end{bmatrix} = \begin{bmatrix} -1 & 0 \\ 0 & -1 \end{bmatrix}$$

Assim, $P' = M \cdot P \Rightarrow \begin{bmatrix} x' \\ y' \end{bmatrix} = \begin{bmatrix} -1 & 0 \\ 0 & -1 \end{bmatrix} \begin{bmatrix} x \\ y \end{bmatrix} \Rightarrow x' = -x \text{ e } y' = -y$

Escala

Nessa transformação, ocorre uma modificação no tamanho da figura (ampliação ou redução), originando outra figura, semelhante ou não à primeira.

Na figura seguinte, o retângulo ABCD é transformado no retângulo A'B'C'D'. Cada ponto (x, y) do retângulo ABCD é transformado no ponto (x', y') do retângulo A'B'C'D', com x' = 4 · x e y' = 4 · y; observe que os retângulos ABCD e A'B'C'D' são semelhantes.

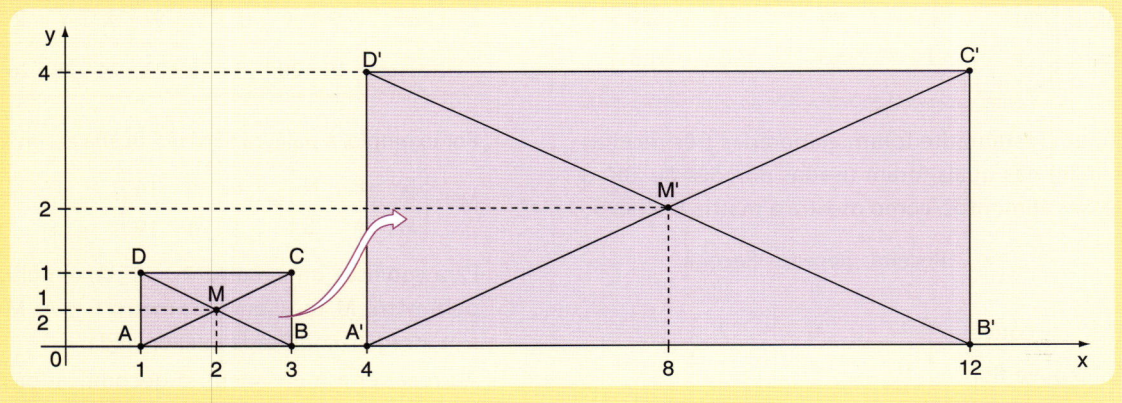

Podemos escrever:

$$\begin{bmatrix} x' \\ y' \end{bmatrix} = \begin{bmatrix} 4 & 0 \\ 0 & 4 \end{bmatrix} \cdot \begin{bmatrix} x \\ y \end{bmatrix}$$

isto é, P' = M · P, sendo $M = \begin{bmatrix} 4 & 0 \\ 0 & 4 \end{bmatrix}$ a matriz de transformação.

EXERCÍCIOS **COMPLEMENTARES**

1 (UE-RJ) Considere a sequência de matrizes $(A_1, A_2, A_3, ...)$, todas quadradas de ordem 4, respectivamente iguais a:

$$\begin{pmatrix} 0 & 1 & 2 & 3 \\ 4 & 5 & 6 & 7 \\ 8 & 9 & 10 & 11 \\ 12 & 13 & 14 & 15 \end{pmatrix}, \begin{pmatrix} 16 & 17 & 18 & 19 \\ 20 & 21 & 22 & 23 \\ 24 & 25 & 26 & 27 \\ 28 & 29 & 30 & 31 \end{pmatrix}, \begin{pmatrix} 32 & 33 & 34 & 35 \\ 36 & 37 & 38 & 39 \\ 40 & 41 & 42 & 43 \\ 44 & 45 & 46 & 47 \end{pmatrix} ...$$

Sabendo que o elemento $a_{ij} = 75432$ é da matriz A_n, determine os valores de **n**, **i** e **j**.

2 Uma matriz quadrada **A** se diz ortogonal se **A** é inversível e $A^{-1} = A^t$.

 a) Determine **x**, **y**, **z** de modo que a matriz

$$\begin{bmatrix} 1 & 0 & 0 \\ 0 & \dfrac{\sqrt{2}}{2} & \dfrac{\sqrt{2}}{2} \\ x & y & z \end{bmatrix}$$ seja ortogonal.

 b) Mostre que não existem **x** e **y** reais de modo que

 a matriz $\begin{bmatrix} \sqrt{2} & x \\ y & \sqrt{2} \end{bmatrix}$ seja ortogonal.

3 Sendo $A = \begin{bmatrix} x & -x \\ 1 & 0 \end{bmatrix}$ com $x \in \mathbb{R}$, determine os valores de **x** para os quais $A + A^{-1} = I_2$, a matriz identidade de ordem 2.

4 Na matriz **A**, a seguir, estão representadas as quantidades de cálcio e ferro, em miligramas, encontradas em 100 g de algumas verduras:

	couve	couve-flor	espinafre	acelga	alface
cálcio	203	33	79	110	43
ferro	1	1	3,3	3,6	1,3

Fonte: <www.ibge.gov.br>. Acesso em: 15 maio 2015.

Em um restaurante foram elaboradas três receitas (I, II, III) nas quais foram usadas porções de 100 g desses alimentos, como mostra a matriz **B** abaixo:

	Receita I	Receita II	Receita III
couve →	1	0	2
couve-flor →	0	1	1
espinafre →	1	2	1
acelga →	1	1	1
alface →	2	3	3

 a) Determine a matriz $C = A \cdot B$.

 b) Explique o significado do valor encontrado para o elemento c_{12} da matriz **C**.

 c) Explique o significado do valor encontrado para o elemento c_{23} da matriz **C**.

5 Dada as matrizes $A = \begin{bmatrix} 2 & 1 \\ -1 & 3 \end{bmatrix}$ e $B = \begin{bmatrix} 1 & -2 \\ 0 & -1 \end{bmatrix}$, determine a matriz **X** (quadrada de ordem 2) tal que $(X \cdot B)^{-1} = A$.

6 (U. F. Triângulo Mineiro-MG) Considere as matrizes $A = (a_{ij})_{2 \times 2}$, tal que $a_{ij} = i^2 + j^2$, e $B = (b_{ij})_{2 \times 2}$, tal que $b_{ij} = (i + j)^2$. Determine:

 a) pela lei de formação, a matriz **C** resultante da soma das matrizes **A** e **B**.

 b) a matriz **M** de ordem 2 que é solução da equação matricial $A \cdot M + B = 0$, em que **0** representa a matriz nula de ordem 2.

7 (UF-GO) Uma técnica para criptografar mensagens utiliza a multiplicação de matrizes. Um codificador transforma sua mensagem numa matriz **M**, com duas linhas, substituindo cada letra pelo número correspondente à sua ordem no alfabeto, conforme modelo apresentado a seguir.

Letra	A	B	C	D	E	F	G	H	I
Número	1	2	3	4	5	6	7	8	9
Letra	J	K	L	M	N	O	P	Q	R
Número	10	11	12	13	14	15	16	17	18
Letra	S	T	U	V	W	X	Y	Z	_
Número	19	20	21	22	23	24	25	26	27

Por exemplo, a palavra SENHAS ficaria assim:

$$M = \begin{bmatrix} S & E & N \\ H & A & S \end{bmatrix} = \begin{bmatrix} 19 & 5 & 14 \\ 8 & 1 & 19 \end{bmatrix}$$

Para codificar, uma matriz 2×2, **A**, é multiplicada pela matriz **M**, resultando na matriz $E = A \cdot M$, que é a mensagem codificada a ser enviada.

Ao receber a mensagem, o decodificador precisa reobter **M** para descobrir a mensagem original. Para isso, utiliza uma matriz 2×2, **B**, tal que $B \cdot A = I$, onde **I** é a matriz identidade 2×2. Assim, multiplicando **B** por **E**, obtém-se $B \cdot E = B \cdot A \cdot M = M$.

Uma palavra codificada, segundo esse processo, por uma matriz $A = \begin{bmatrix} 2 & 1 \\ 1 & 1 \end{bmatrix}$ resultou na matriz $E = \begin{bmatrix} 47 & 30 & 29 \\ 28 & 21 & 22 \end{bmatrix}$.

Calcule a matriz **B**, decodifique a mensagem e identifique a palavra original.

8 (Unicamp-SP) Uma matriz real quadrada **P** é dita ortogonal se $P^T = P^{-1}$, ou seja, se sua transposta é igual a sua inversa.

a) Considere a matriz **P** abaixo. Determine os valores de **a** e **b** para que **P** seja ortogonal.

Dica: você pode usar o fato de que $P^{-1}P = I$, em que **I** é a matriz identidade.

$$P = \begin{bmatrix} -\dfrac{1}{3} & -\dfrac{2}{3} & -\dfrac{2}{3} \\ -\dfrac{2}{3} & a & -\dfrac{1}{3} \\ -\dfrac{2}{3} & b & \dfrac{2}{3} \end{bmatrix}$$

b) Uma certa matriz **A** pode ser escrita na forma $A = QR$, sendo **Q** e **R** as matrizes abaixo. Sabendo que **Q** é ortogonal, determine a solução do sistema $AX = b$, para o vetor **b** dado, **sem obter explicitamente a matriz A**. Dica: lembre-se de que $X = A^{-1}b$.

$$Q = \begin{bmatrix} \dfrac{1}{2} & -\dfrac{1}{2} & -\dfrac{\sqrt{2}}{2} \\ \dfrac{1}{2} & -\dfrac{1}{2} & \dfrac{\sqrt{2}}{2} \\ \dfrac{\sqrt{2}}{2} & \dfrac{\sqrt{2}}{2} & 0 \end{bmatrix}, R = \begin{bmatrix} 2 & 0 & 0 \\ 0 & -2 & 0 \\ 0 & 0 & \sqrt{2} \end{bmatrix}, b = \begin{bmatrix} 6 \\ -2 \\ 0 \end{bmatrix}$$

9 (U.F. Uberlândia-MG) Em computação gráfica, é frequente a necessidade de movimentar, alterar e manipular figuras em um sistema 2D (bidimensional). A realização destes movimentos é feita, em geral, utilizando-se transformações geométricas, as quais são representadas por matrizes $T_{2 \times 2}$. Assim — considerando um polígono **P** no plano cartesiano xOy de vértices $(a_1, b_1), ..., (a_n, b_n)$, o qual é representado pela matriz $M_{2 \times n} = \begin{pmatrix} a_1 & ... & a_n \\ b_1 & ... & b_n \end{pmatrix}$, em que **n** é o número de vértices do polígono — a transformação de **P** por $T_{2 \times 2}$ é feita pela realização do produto matricial $T_{2 \times 2} \cdot M_{2 \times n}$, obtendo a matriz resultante $\begin{pmatrix} c_1 & ... & c_n \\ d_1 & ... & d_n \end{pmatrix}$, cujas colunas determinam os vértices $(c_1, d_1), ..., (c_n, d_n)$ do polígono obtido. Nesse contexto, para o que se segue, considere a transformação $T_{2 \times 2} = \begin{pmatrix} 2\cos\theta & -2\operatorname{sen}\theta \\ 2\operatorname{sen}\theta & 2\cos\theta \end{pmatrix}$ e **P** o triângulo cujos vértices são os pontos $A(0, 0)$, $B(4, 0)$ e $C(2, 2\sqrt{3})$.

Execute planos de resolução de maneira a encontrar:

a) os vértices do triângulo resultante **Q** obtido da transformação do triângulo **P** por $T_{2 \times 2}$, quando $\theta = 840°$;

b) a área do triângulo resultante **Q** obtido na transformação do item *a*.

10 (FGV-SP) Os alunos de uma classe foram consultados sobre quatro possibilidades diferentes de horário para o exame final da disciplina (possibilidades **A**, **B**, **C** e **D**). Cada aluno ordenou sua preferência da 1ª à 4ª escolha (a 1ª é a mais desejada, e a 4ª a menos desejada). A apuração dos resultados dessa consulta mostrou que foram escolhidas apenas 9 ordenações diferentes, dentre as 24 possíveis. A tabela indica os resultados da consulta com os dados agrupados.

Número de votos	1ª escolha	2ª escolha	3ª escolha	4ª escolha
3	A	B	C	D
4	A	B	D	C
7	A	C	B	D
8	B	C	D	A
2	B	A	C	D
5	B	C	A	D
8	C	D	B	A
2	C	A	D	B
11	D	C	A	B

Exemplo: do total de 50 alunos, 3 preferem **A** à **B**, **B** à **C** e **C** à **D** (primeira linha da tabela).

a) Usando os dados da tabela, determine o horário vencedor, e com que porcentagem de votos, em uma eleição majoritária simples.

Definição: eleição majoritária simples é aquela em que se leva em consideração apenas a 1ª escolha de cada eleitor.

b) Admita, agora, que são atribuídos peso quatro (4 pontos) à 1ª escolha de cada aluno, três (3 pontos) à 2ª escolha, dois (2 pontos) à 3ª escolha e um (1 ponto) à 4ª escolha.

Dada a matriz $V_{1 \times 9} = [3\ 4\ 7\ 8\ 2\ 5\ 8\ 2\ 11]$, determine a matriz $P_{9 \times 4}$ de forma que $V_{1 \times 9} \cdot P_{9 \times 4}$ resulte a matriz $T_{1 \times 4} = [A\ B\ C\ D]$ do total de pontos dos horários **A**, **B**, **C** e **D**. Em seguida, ordene a classificação dos quatro horários, do que obteve mais pontos para o que obteve menos pontos.

11 (UE-RJ) Para enviar mensagens sigilosas substituindo letras por números, foi utilizado um sistema no qual cada letra do alfabeto está associada a um único número **n**, formando a sequência de 26 números ilustrada na tabela:

Letra	Número n
A	1
B	2
C	3
D	4
E	5
...	...
W	23
X	24
Y	25
Z	26

Para utilizar o sistema, cada número **n**, correspondente a uma determinada letra, é transformado em um número f(n), de acordo com a seguinte função:

$$f(n) = \begin{cases} 2n + 3, \text{ se } 1 \leqslant n \leqslant 10 \\ 50 - n, \text{ se } 11 \leqslant n \leqslant 26 \end{cases} \text{ na qual } n \in \mathbb{N}$$

As letras do nome ANA, por exemplo, estão associadas aos números [1 14 1]. Ao se utilizar o sistema, obtém-se a nova matriz [f(1) f(14) f(1)], gerando a matriz código [5 36 5].

Considere a destinatária de uma mensagem cujo nome corresponde à seguinte matriz código:

[7 13 5 30 32 21 24].

Identifique esse nome.

TESTES

1 (UE-RN) Sejam as matrizes $M = \begin{bmatrix} 2 & 3 \\ -1 & 0 \end{bmatrix}$, $N = \begin{bmatrix} 4 & 0 \\ 1 & 5 \end{bmatrix}$ e $P = M \cdot N + N \cdot M$. O menor elemento da matriz **P** é:

a) −7   b) −1   c) −5   d) 2

2 (UE-SC) O fluxo de veículos que circulam pelas ruas de mão dupla 1, 2 e 3 é controlado por um semáforo, de tal modo que, cada vez que sinaliza a passagem de veículos, é possível que passem até 12 carros, por minuto, de uma rua para outra. Na matriz $S = \begin{bmatrix} 0 & 90 & 36 \\ 90 & 0 & 75 \\ 36 & 75 & 0 \end{bmatrix}$ cada termo s_{ij} indica o tempo, em segundos, que o semáforo fica aberto, num período de 2 minutos, para que haja o fluxo da rua **i** para a rua **j**. Então, o número máximo de automóveis que podem passar da rua 2 para a rua 3, das 8h às 10h de um mesmo dia, é:

a) 432   c) 900   e) 1 100
b) 576   d) 1 080

3 (UE-CE) Se as matrizes $M = \begin{bmatrix} 1 & x & 3 \\ y & 2 & 1 \\ 3 & 2 & z \end{bmatrix}$, $P = \begin{bmatrix} 2 & 1 & 3 \\ 4 & 2 & 1 \\ 6 & 2 & 3 \end{bmatrix}$ e $N = \begin{bmatrix} a & 0 & 0 \\ 0 & b & 0 \\ 0 & 0 & c \end{bmatrix}$ satisfazem a igualdade $M \cdot N = P$, então x + y + z é igual a:

a) 3   b) 4   c) 5   d) 6

4 (Insper-SP) Considere as matrizes $A = \begin{bmatrix} 3 & 0 \\ 0 & 1 \end{bmatrix}$, $B = \begin{bmatrix} 0 & 3 \\ 8 & 0 \end{bmatrix}$, $X = \begin{bmatrix} x \\ y \end{bmatrix}$ e $Y = \begin{bmatrix} x^2 \\ y^2 \end{bmatrix}$. Se **x** e **y** são as soluções não nulas da equação $A \cdot Y + B \cdot X = \begin{bmatrix} 0 \\ 0 \end{bmatrix}$, então x · y é igual a:

a) 6   c) 8   e) 10
b) 7   d) 9

5 (ESPM-SP) A distribuição dos **n** moradores de um pequeno prédio de apartamentos é dada pela matriz $\begin{bmatrix} 4 & x & 5 \\ 1 & 3 & y \\ 6 & y & x+1 \end{bmatrix}$, onde cada elemento a_{ij} representa a quantidade de moradores do apartamento **j** do andar **i**.

Sabe-se que, no 1º andar, moram 3 pessoas a mais que no 2º e que os apartamentos de número 3 comportam 12 pessoas ao todo. O valor de **n** é:

a) 30   b) 31   c) 32   d) 33   e) 34

6 (UF-AM) Sejam $A = (a_{ij})_{6 \times 6}$ e $B = (b_{ij})_{6 \times 6}$ duas matrizes definidas por $a_{ij} = i - j$ e $b_{ij} = j - i$ para todo $1 \leqslant i, j \leqslant 6$. Se $A \cdot B = (c_{ij})_{6 \times 6}$, então o valor de c_{45} é:

a) 18   d) 19
b) 21   e) 22
c) 20

7 (U. E. Londrina-PR) Uma indústria utiliza borracha, couro e tecido para fazer três modelos de sapatos. A matriz **Q** fornece a quantidade de cada componente na fabricação dos modelos de sapatos, enquanto a matriz **C** fornece o custo unitário, em reais, destes componentes. Dados:

$$Q = \begin{pmatrix} \overset{\text{borracha}}{2} & \overset{\text{couro}}{1} & \overset{\text{tecido}}{1} \\ 1 & 2 & 0 \\ 2 & 0 & 2 \end{pmatrix} \begin{matrix} \text{modelo 1} \\ \text{modelo 2} \\ \text{modelo 3} \end{matrix}$$

$$C = \begin{pmatrix} 10 \\ 50 \\ 30 \end{pmatrix} \begin{matrix} \text{borracha} \\ \text{couro} \\ \text{tecido} \end{matrix}$$

A matriz **V** que fornece o custo final, em reais, dos três modelos de sapatos é dada por:

a) $V = \begin{pmatrix} 110 \\ 120 \\ 80 \end{pmatrix}$
c) $V = \begin{pmatrix} 80 \\ 110 \\ 80 \end{pmatrix}$
e) $V = \begin{pmatrix} 100 \\ 110 \\ 80 \end{pmatrix}$

b) $V = \begin{pmatrix} 90 \\ 100 \\ 60 \end{pmatrix}$
d) $V = \begin{pmatrix} 120 \\ 110 \\ 100 \end{pmatrix}$

8 (Insper-SP) Três amigos foram a uma papelaria para comprar material escolar. As quantidades adquiridas de cada produto e o total pago por cada um deles são mostrados na tabela.

Amigo	Quantidades compradas de			Total pago (R$)
	cadernos	canetas	lápis	
Júlia	5	5	3	96,00
Bruno	6	3	3	105,00
Felipe	4	5	2	79,00

Os preços unitários, em reais, de um caderno, de uma caneta e de um lápis, são, respectivamente, **x**, **y** e **z**. Dessa forma, das igualdades envolvendo matrizes fornecidas a seguir, a única que relaciona corretamente esses preços unitários com os dados da tabela é:

a) $[x \quad y \quad z] \cdot \begin{bmatrix} 5 & 5 & 3 \\ 6 & 3 & 3 \\ 4 & 5 & 2 \end{bmatrix} = [96 \quad 105 \quad 79]$

b) $\begin{bmatrix} x \\ y \\ z \end{bmatrix} \cdot \begin{bmatrix} 5 & 5 & 3 \\ 6 & 3 & 3 \\ 4 & 5 & 2 \end{bmatrix} = \begin{bmatrix} 96 \\ 105 \\ 79 \end{bmatrix}$

c) $\begin{bmatrix} 5 & 5 & 3 \\ 6 & 3 & 3 \\ 4 & 5 & 2 \end{bmatrix} \cdot [x \quad y \quad z] = [96 \quad 105 \quad 79]$

d) $\begin{bmatrix} 5 & 5 & 3 \\ 6 & 3 & 3 \\ 4 & 5 & 2 \end{bmatrix} \cdot \begin{bmatrix} x \\ y \\ z \end{bmatrix} = \begin{bmatrix} 96 \\ 105 \\ 79 \end{bmatrix}$

e) $\begin{bmatrix} x \\ y \\ z \end{bmatrix} \cdot \begin{bmatrix} 96 \\ 105 \\ 79 \end{bmatrix} = \begin{bmatrix} 5 & 5 & 3 \\ 6 & 3 & 3 \\ 4 & 5 & 2 \end{bmatrix}$

9 (FGV-RJ) Seja **X** a matriz que satisfaz a equação matricial $X \cdot A = B$, em que:

$A = \begin{bmatrix} 2 & 1 \\ 5 & 3 \end{bmatrix}$ e $B = [8 \quad 5]$

Ao multiplicar os elementos da matriz **X**, obteremos o número:

a) −1
c) 1
e) 0
b) −2
d) 2

10 (FGV-SP) Sabendo que a inversa de uma matriz **A** é $A^{-1} = \begin{bmatrix} 3 & -1 \\ -5 & 2 \end{bmatrix}$, e que a matriz **X** é solução da equação matricial $X \cdot A = B$, em que $B = [8 \quad 3]$, podemos afirmar que a soma dos elementos da matriz **X** é:

a) 7
d) 10
b) 8
e) 11
c) 9

11 (Unesp-SP) Dada a matriz $A = \begin{bmatrix} -2 & 3 \\ -1 & 2 \end{bmatrix}$ e definindo-se $A^0 = I$, $A^1 = A$ e $A^K = A \cdot A \cdot A \cdot ... \cdot A$, com **k** fatores, onde **I** é uma matriz identidade de ordem 2, $k \in \mathbb{N}$ e $k \geqslant 2$, a matriz A^{15} será dada por:

a) I
d) A^3
b) A
e) A^4
c) A^2

12 (Cefet-MG) A matriz $A = \begin{bmatrix} 2 & 5 \\ 1 & x \end{bmatrix}$ é inversa de $B = \begin{bmatrix} 3 & y \\ -1 & 2 \end{bmatrix}$. Pode-se afirmar, corretamente, que a diferença $(x - y)$ é igual a:

a) −8
c) 2
e) 8
b) −2
d) 6

13 (FGV-SP) Sejam as matrizes $A = \begin{bmatrix} 1 & -4 \\ 2 & 0 \end{bmatrix}$ e $B = [5 \quad 8]$.

A matriz **X** que satisfaz a equação matricial $XA = B$ tem elementos cuja soma é:

a) 0,5
c) 1,5
e) 2,5
b) 1
d) 2

14 (UF-PR) Um criador de cães observou que as rações das marcas **A**, **B**, **C** e **D** contêm diferentes quantidades de três nutrientes, medidos em miligramas por quilograma, como indicado na primeira matriz abaixo. O criador decidiu misturar os quatro tipos de ração para proporcionar um alimento adequado para seus cães. A segunda matriz abaixo dá os percentuais de cada tipo de ração nessa mistura.

$$\begin{array}{c}\begin{array}{cccc}A & B & C & D\end{array}\\ \begin{array}{l}\text{nutriente 1}\\ \text{nutriente 2}\\ \text{nutriente 3}\end{array}\begin{bmatrix}210 & 370 & 450 & 290\\ 340 & 520 & 305 & 485\\ 145 & 225 & 190 & 260\end{bmatrix}\end{array}$$

percentuais da mistura
$$\begin{array}{l}A\\B\\C\\D\end{array}\begin{bmatrix}35\%\\25\%\\30\%\\10\%\end{bmatrix}$$

Quantos miligramas do nutriente 2 estão presentes em um quilograma da mistura de rações?

a) 389 mg   c) 280 mg   e) 190 mg

b) 330 mg   d) 210 mg

15 (Fatec-SP) Sendo **A** uma matriz quadrada, define-se $A^n = A \cdot A \cdot ... \cdot A$. No caso de **A** ser a matriz $\begin{bmatrix}0 & 1\\1 & 0\end{bmatrix}$, é correto afirmar que a soma $A + A^2 + A^3 + A^4 + ... + A^{39} + A^{40}$ é igual à matriz:

a) $\begin{bmatrix}20 & 20\\20 & 20\end{bmatrix}$ c) $\begin{bmatrix}40 & 40\\40 & 40\end{bmatrix}$ e) $\begin{bmatrix}0 & 20\\20 & 0\end{bmatrix}$

b) $\begin{bmatrix}20 & 0\\0 & 20\end{bmatrix}$ d) $\begin{bmatrix}0 & 40\\40 & 0\end{bmatrix}$

16 (Mackenzie-SP) Se a matriz
$$\begin{bmatrix}1 & x+y+z & 3y-z+2\\4 & 5 & -5\\y-2z+3 & z & 0\end{bmatrix}$$
é simétrica, o valor de **x** é:

a) 0   c) 6   e) −5

b) 1   d) 3

17 (Unesp-SP) Considere a equação matricial $A + BX = X + 2C$, cuja incógnita é a matriz **X** e todas as matrizes são quadradas de ordem **n**. A condição necessária e suficiente para que esta equação tenha solução única é que:

a) $B - I \neq 0$, onde **I** é a matriz identidade de ordem **n** e **0** é a matriz nula de ordem **n**.

b) **B** seja invertível.

c) $B \neq 0$, onde **0** é a matriz nula de ordem **n**.

d) $B - I$ seja invertível, onde **I** é a matriz identidade de ordem **n**.

e) **A** e **C** sejam invertíveis.

18 (U. E. Londrina-PR) Conforme dados da Agência Nacional de Aviação Civil (ANAC), no Brasil, existem 720 aeródromos públicos e 1 814 aeródromos privados certificados. Os programas computacionais utilizados para gerenciar o tráfego aéreo representam a malha aérea por meio de matrizes. Considere a malha aérea entre quatro cidades com aeroportos por meio de uma matriz. Sejam as cidades **A**, **B**, **C** e **D** indexadas nas linhas e colunas da matriz 4×4 dada a seguir. Coloca-se 1 na posição **X** e **Y** da matriz 4×4 se as cidades **X** e **Y** possuem conexão aérea direta, caso contrário coloca-se **0**. A diagonal principal, que corresponde à posição X = Y, foi preenchida com 1.

$$\begin{array}{c}\begin{array}{cccc}A & B & C & D\end{array}\\ \begin{array}{l}A\\B\\C\\D\end{array}\begin{bmatrix}1 & 0 & 0 & 1\\0 & 1 & 1 & 1\\0 & 1 & 1 & 0\\1 & 1 & 0 & 1\end{bmatrix}\end{array}$$

Considerando que, no trajeto, o avião não pode pousar duas ou mais vezes em uma mesma cidade nem voltar para a cidade de origem, assinale a alternativa correta.

a) Pode-se ir da cidade **A** até **B** passando por outras cidades.

b) Pode-se ir da cidade **D** até **B** passando por outras cidades.

c) Pode-se ir diretamente da cidade **D** até **C**.

d) Existem dois diferentes caminhos entre as cidades **A** e **B**.

e) Existem dois diferentes caminhos entre as cidades **A** e **C**.

19 (Unesp-SP) Considere três lojas, L_1, L_2 e L_3, e três tipos de produtos, P_1, P_2 e P_3. A matriz a seguir descreve a quantidade de cada produto vendido em cada loja na primeira semana de dezembro. Cada elemento a_{ij} da matriz indica a quantidade do produto P_i vendido pela loja L_j, i, j = 1, 2, 3.

$$\begin{array}{c}\begin{array}{ccc}L_1 & L_2 & L_3\end{array}\\ \begin{array}{l}P_1\\P_2\\P_3\end{array}\begin{bmatrix}30 & 19 & 20\\15 & 10 & 8\\12 & 16 & 11\end{bmatrix}\end{array}$$

Analisando a matriz, podemos afirmar que:

a) a quantidade de produtos do tipo P_2 vendidos pela loja L_2 é 11.

b) a quantidade de produtos do tipo P_1 vendidos pela loja L_3 é 30.

c) a soma das quantidades de produtos do tipo P_3 vendidos pelas três lojas é 40.

d) a soma das quantidades de produtos do tipo P_i vendidos pelas lojas L_i, i = 1, 2, 3, é 52.

e) a soma das quantidades dos produtos dos tipos P_1 e P_2 vendidos pela loja L_1 é 45.

20 (UFF-RJ) A transmissão de mensagens codificadas em tempos de conflitos militares é crucial. Um dos métodos de criptografia mais antigos consiste em permutar os símbolos das mensagens. Se os símbolos são números, uma permutação pode ser efetuada usando-se multiplicações por matrizes de permutação, que são matrizes quadradas que satisfazem as seguintes condições:

- cada coluna possui um único elemento igual a 1 (um) e todos os demais elementos são iguais a zero;
- cada linha possui um único elemento igual a 1 (um) e todos os demais elementos são iguais a zero.

Por exemplo, a matriz $M = \begin{bmatrix} 0 & 1 & 0 \\ 0 & 0 & 1 \\ 1 & 0 & 0 \end{bmatrix}$ permuta

os elementos da matriz coluna $Q = \begin{bmatrix} a \\ b \\ c \end{bmatrix}$, trans-

formando-a na matriz $P = \begin{bmatrix} b \\ c \\ a \end{bmatrix}$, pois $P = M \cdot Q$.

Pode-se afirmar que a matriz que permuta $\begin{bmatrix} a \\ b \\ c \end{bmatrix}$,

transformando-a em $\begin{bmatrix} c \\ a \\ b \end{bmatrix}$, é:

a) $\begin{bmatrix} 0 & 0 & 1 \\ 1 & 0 & 0 \\ 0 & 1 & 0 \end{bmatrix}$ **d)** $\begin{bmatrix} 0 & 0 & 1 \\ 0 & 1 & 0 \\ 1 & 0 & 0 \end{bmatrix}$

b) $\begin{bmatrix} 1 & 0 & 0 \\ 0 & 0 & 1 \\ 0 & 1 & 0 \end{bmatrix}$ **e)** $\begin{bmatrix} 1 & 0 & 0 \\ 0 & 1 & 0 \\ 0 & 0 & 1 \end{bmatrix}$

c) $\begin{bmatrix} 0 & 1 & 0 \\ 1 & 0 & 0 \\ 0 & 0 & 1 \end{bmatrix}$

21 (Fuvest-SP) Considere a matriz $A = \begin{bmatrix} a & 2a + 1 \\ a - 1 & a + 1 \end{bmatrix}$

em que **a** é um número real. Sabendo que **A** admite inversa A^{-1} cuja primeira coluna é $\begin{bmatrix} 2a - 1 \\ -1 \end{bmatrix}$, a soma

dos elementos da diagonal principal de A^{-1} é igual a:

a) 5   **c)** 7   **e)** 9

b) 6   **d)** 8

22 (U. F. Uberlândia-MG) Sejam **A**, **B** e **C** matrizes quadradas de ordem 2, tais que A · B = I, em que **I** é a matriz identidade.

A matriz **X** tal que A · X · A = C é igual a:

a) B · C · B   **c)** C · $(A^{-1})^2$

b) $(A^2)^{-1} \cdot C$ **d)** A · C · B

23 (UF-GO) Uma metalúrgica produz parafusos para móveis de madeira em três tipos, denominados *soft*, escareado e sextavado, que são vendidos em caixas grandes, com 2 000 parafusos, e pequenas, com 900, cada caixa contendo parafusos dos três tipos. A tabela 1, a seguir, fornece a quantidade de parafusos de cada tipo contida em cada caixa, grande ou pequena. A tabela 2 fornece a quantidade de caixas de cada tipo produzida em cada mês do primeiro trimestre de um ano.

Tabela 1

Parafusos / caixa	Pequena	Grande
Soft	200	500
Escareado	400	800
Sextavado	300	700

Tabela 2

Caixas / mês	Jan.	Fev.	Mar.
Pequena	1 500	2 200	1 300
Grande	1 200	1 500	1 800

Associando as matrizes

$A = \begin{bmatrix} 200 & 500 \\ 400 & 800 \\ 300 & 700 \end{bmatrix}$ e $B = \begin{bmatrix} 1\,500 & 2\,200 & 1\,300 \\ 1\,200 & 1\,500 & 1\,800 \end{bmatrix}$

às tabelas *1* e *2*, respectivamente, o produto A · B fornece:

a) o número de caixas fabricadas no trimestre.

b) a produção do trimestre de um tipo de parafuso, em cada coluna.

c) a produção mensal de cada tipo de parafuso.

d) a produção total de parafusos por caixa.

e) a produção média de parafusos por caixa.

24 (UE-RJ) Observe a matriz **A**, quadrada e de ordem três.

$A = \begin{pmatrix} 0,3 & 0,47 & 0,6 \\ 0,47 & 0,6 & x \\ 0,6 & x & 0,77 \end{pmatrix}$

Considere que cada elemento a_{ij} dessa matriz é o valor do logaritmo decimal de (i + j).

O valor de **x** é igual a:

a) 0,50   **b)** 0,70   **c)** 0,77   **d)** 0,87

▶ Equação linear

▶ Introdução

Augusto foi sacar R$ 90,00 em um caixa eletrônico que só dispunha de notas de R$ 10,00 e de R$ 20,00. Como pôde ser feita a distribuição das notas a fim de totalizar R$ 90,00?

Caixa eletrônico de banco em São Paulo.

Vamos representar por:
- **x** o número de notas de R$ 10,00;
- **y** o número de notas de R$ 20,00.

Devemos determinar quais são os possíveis valores de **x** e de **y** de modo que:

$10 \cdot x + 20 \cdot y = 90$

A equação obtida acima é um exemplo de **equação linear**.

▶ Definição

Equação linear nas incógnitas x_1, x_2, ..., x_n é toda equação do tipo:

$a_1x_1 + a_2x_2 + ... + a_nx_n = b$

em que a_1, a_2, ..., a_n e **b** são coeficientes reais.

b é chamado **coeficiente** (ou **termo**) **independente** da equação.

Acompanhe alguns exemplos de equações lineares:
- $x_1 - 2x_2 + 4x_3 = -7$
- $x + y + z = 1$
- $\sqrt{3} \cdot x - 2y + z = -\dfrac{1}{5}$
- $4x - 3y = -2$
- $4x - 2y + 3z - t = 0$
- $\dfrac{1}{2} \cdot x_1 - 4x_2 = -3$

> **OBSERVAÇÕES** 🔍
>
> Note que, numa equação linear, os expoentes de todas as incógnitas são sempre iguais a 1. Dessa forma, os exemplos a seguir não representam equações lineares:
> - $2x_1^2 - x_2 = 5$
> - $x^2 + y^2 + z^2 = 1$
> - $x^3 - y^2 = 0$
>
> Uma equação linear não apresenta termo misto (aquele que contém produto de duas ou mais incógnitas). Dessa forma, os exemplos a seguir não representam equações lineares:
> - $2x_1 + x_2x_3 = 5$
> - $x + y + zw = 0$
> - $x^2 + yz = -4$

▶ Solução de uma equação linear

Dizemos que a sequência de números reais (α_1, α_2, ..., α_n) é solução da equação $a_1x_1 + a_2x_2 + ... + a_nx_n = b$ quando a sentença $a_1\alpha_1 + a_2\alpha_2 + ... + a_n\alpha_n = b$ for verdadeira, isto é, quando na equação dada, substituímos x_1 por α_1, x_2 por α_2, ..., x_n por α_n e, ao efetuarmos as operações indicadas, obtemos uma sentença verdadeira.

JUCA MARTINS/OLHAR IMAGEM

Vejamos alguns casos:

- Considere a situação apresentada na introdução deste capítulo.

  Vamos apresentar as soluções da equação $10x + 20y = 90$, lembrando que **x** e **y** devem ser números naturais.

  Temos as seguintes possibilidades:

x **(nº notas de R$ 10,00)**	1	3	5	7	9
y **(nº notas de R$ 20,00)**	4	3	2	1	0

Assim, os pares ordenados $(1, 4)$, $(3, 3)$, $(5, 2)$, $(7, 1)$, $(9, 0)$ são soluções da equação.

- A terna ou tripla ordenada $(-1, -1, 2)$ é solução da equação $2x - 3y + z = 3$, pois

  $2 \cdot (-1) - 3 \cdot (-1) + 2 = -2 + 3 + 2 = 3$.

  Já a tripla $(5, 4, 1)$ não é solução dessa equação, pois $2 \cdot 5 - 3 \cdot 4 + 1 = 10 - 12 + 1 = -1 \neq 3$.

  Observe que, ao representarmos a solução de uma equação linear, obedecemos à ordem alfabética de suas incógnitas.

EXERCÍCIO **RESOLVIDO**

1 Obter três soluções da seguinte equação linear: $x - 3y = -2$.

Solução:

Podemos escolher, arbitrariamente, um valor para uma das incógnitas (por exemplo, **x**) e, a partir daí, determinar o valor da outra incógnita:

$x = 1 \Rightarrow 1 - 3y = -2 \Rightarrow y = 1$, logo $(1, 1)$ é solução.

$x = 0 \Rightarrow 0 - 3y = -2 \Rightarrow y = \dfrac{2}{3}$, logo $\left(0, \dfrac{2}{3}\right)$ é solução.

$x = 7 \Rightarrow 7 - 3y = -2 \Rightarrow y = 3$, logo $(7, 3)$ é solução.

EXERCÍCIOS

1 Dada a equação linear $2x - y = 7$, verifique se os pares ordenados abaixo são soluções.

   a) $(2, -3)$ **b)** $(2, 7)$ **c)** $(5, 3)$

2 Verifique se as triplas ordenadas abaixo são soluções da equação $x + 2y + 4z = 1$.

   a) $(-1, 3, -1)$ **b)** $(0, -4, -1)$ **c)** $(1, 1, 1)$

3 Determine **m** de modo que o par $(m, 2m + 1)$ seja solução da equação $3x - 11y = 4$.

4 Dada a equação linear $m \cdot x_1 - 2 \cdot x_2 + 4 \cdot x_3 = 3$, determine $m \in \mathbb{R}$ de modo que a tripla $(-1, 1, 2)$ seja uma de suas soluções.

5 Em um açougue, o quilograma do frango custa R$ 6,00, e o de contrafilé, R$ 15,00. Uma dona de casa adquiriu **x** quilogramas de frango e **y** quilogramas de contrafilé, gastando R$ 99,00. Sabe-se que **x** e **y** são números inteiros.

   a) Escreva uma equação linear relacionando as incógnitas **x** e **y**.

   b) É possível que a dona de casa tenha comprado 6 kg de contrafilé?

   c) Quais são as possíveis soluções desse problema?

6 Determine duas soluções de cada equação a seguir:

   a) $4x_1 + 3x_2 = -5$ **c)** $x + y = 2$

   b) $x + y - z = 0$ **d)** $x_1 + 2x_2 + 5x_3 = 16$

7 Cíntia tem de pagar uma compra de R$ 35,00 e só dispõe de moedas de R$ 1,00 e de notas de R$ 5,00. De quantos modos distintos poderá fazer o pagamento?

8 Considerando o problema anterior, determine o número de maneiras distintas de se fazer o pagamento, supondo que Cíntia disponha apenas de:

   a) moedas de R$ 1,00 e notas de R$ 2,00;

   b) notas de R$ 2,00, notas de R$ 5,00 e notas de R$ 10,00.

▶ Sistemas lineares 2 × 2

Tina passeava pelo calçadão da praia quando avistou um quiosque de sanduíches e sucos naturais. Em um cartaz havia as seguintes sugestões de pedidos:

3 sucos +
2 sanduíches
= R$ 14,00

2 sucos +
1 sanduíche
= R$ 8,00

Tina ficou interessada em saber o preço unitário do sanduíche e do suco. Estudante aplicada, representou por **x** e **y** os preços unitários do suco e do sanduíche, respectivamente, obtendo as seguintes equações:

$$\begin{cases} 3x + 2y = 14 \\ 2x + \ y = \ 8 \end{cases}$$

O conjunto dessas duas equações lineares é um exemplo de um **sistema linear** de duas equações e duas incógnitas.

> Um **sistema linear 2 × 2**, nas incógnitas **x** e **y**, é um conjunto de duas equações lineares em que **x** e **y** são as incógnitas de cada uma dessas equações.

Para resolvê-lo, ela utilizará o método da adição, estudado no Ensino Fundamental. Esse método consiste em somar, convenientemente, as duas equações, a fim de que se obtenha uma equação com apenas uma incógnita. Se multiplicarmos a segunda equação por −2 e a somarmos com a primeira, eliminaremos a incógnita **y**, de modo que a equação obtida somente apresentará a incógnita **x**.

$$\oplus \begin{cases} 3x + 2y = \ 14 \\ -4x - 2y = -16 \end{cases}$$

$$-x = -2 \Rightarrow x = 2, \text{ou seja, 2 reais (preço do suco)}$$

Substituímos esse valor em qualquer uma das equações anteriores:

$3x + 2y = 14 \Rightarrow 3 \cdot 2 + 2y = 14 \Rightarrow 2y = 8 \Rightarrow y = 4$, ou seja, 4 reais (preço do sanduíche)

O conjunto solução desse sistema é $S = \{(2, 4)\}$.

Observe que esse método utiliza duas propriedades conhecidas de uma igualdade que envolve números reais:

- Multiplicando os dois membros de uma igualdade por um número real não nulo, a igualdade é mantida:

  $x = y$ e $z \in \mathbb{R}^* \Rightarrow x \cdot z = y \cdot z$

- Somando-se (ou subtraindo-se), membro a membro, duas igualdades, obtemos uma nova igualdade:

  $x = y$ e $z = w \Rightarrow x + z = y + w$

▶ Interpretação geométrica e classificação

Além do processo algébrico, um sistema linear 2 × 2 pode ser resolvido graficamente. Acompanhe as situações a seguir.

I. Voltemos ao exemplo de Tina.

A equação linear $3x + 2y = 14$ é equivalente a $y = \dfrac{14 - 3x}{2}$, isto é, $y = -\dfrac{3x}{2} + 7$, que é a lei de uma função afim cujo gráfico é a reta **r** representada abaixo. Já a equação linear $2x + y = 8$ equivale a $y = -2x + 8$, que é a lei de uma função afim cujo gráfico é a reta **s**.

As retas **r** e **s** intersectam-se unicamente no ponto $P(2, 4)$, isto é, o par ordenado $(2, 4)$ é a única solução do sistema $\begin{cases} 3x + 2y = 14 \\ 2x + \ y = \ 8 \end{cases}$, pois verifica, simultaneamente, as duas equações.

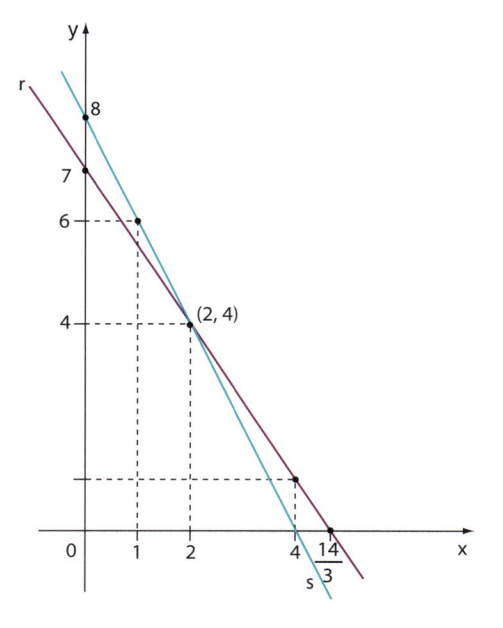

Quando o sistema tem uma única solução, dizemos que **o sistema é possível e determinado e indicamos por SPD**.

II. Seja o sistema $\begin{cases} x - 2y = 5 \\ 2x - 4y = 7 \end{cases}$

Resolvendo-o pelo método da adição, temos:

$$\begin{cases} x - 2y = 5 \;\cdot(-2) \\ 2x - 4y = 7 \end{cases} \Rightarrow \;\oplus\; \begin{cases} -2x + 4y = -10 \\ \underline{2x - 4y = \;\;\;7} \\ \;\;\;0x + 0y = -3 \end{cases}$$

Observe que, quaisquer que sejam os valores de **x** e **y**, a sentença obtida nunca é satisfeita, pois seu primeiro membro sempre resultará nulo e $0 \neq -3$. Assim, o sistema não admite solução.

Graficamente, as funções dadas pelas leis $y = \dfrac{x - 5}{2}$ e $y = \dfrac{2x - 7}{4}$ têm por gráficos retas paralelas distintas, como mostrado abaixo.

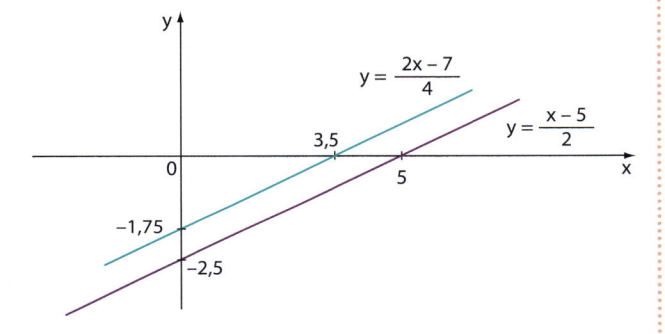

Como as retas são paralelas, não há ponto de interseção.
Assim, o sistema não admite solução.

Nesse caso, dizemos que o **sistema é impossível** e indicamos por **SI**; seu conjunto solução é $S = \varnothing$.

III. Ao resolvermos algebricamente o sistema

$\begin{cases} x + y = 1 \\ 2x + 2y = 2 \end{cases}$ usando o método da adição, obtemos:

$$\begin{cases} x + y = 1 \;\cdot(-2) \\ 2x + 2y = 2 \end{cases} \Rightarrow$$

$$\Rightarrow \;\oplus\; \begin{cases} -2x - 2y = -2 \\ \underline{2x + 2y = \;\;2} \\ \;\;0x + 0y = 0 \text{ (ou } 0 = 0) \end{cases}$$

Observe que, se dividirmos os coeficientes da 2ª equação por 2, obtemos $x + y = 1$ (1ª equação). Desse modo, o sistema se reduz a $x + y = 1$, que possui infinitas soluções, como, por exemplo: $(0, 1)$; $(2, -1)$, $(1, 0)$, $\left(\dfrac{3}{4}, \dfrac{1}{4}\right)$ etc.

Isto é, para que um par ordenado (x, y) seja solução desse sistema, ele deverá satisfazer a condição: $x + y = 1$, ou seja, $y = 1 - x$.
Todo par da forma $(x, 1 - x)$, em que $x \in \mathbb{R}$, é solução do sistema e escrevemos:

$S = \{(x, 1 - x); \; x \in \mathbb{R}\}$.

Como **x** pode assumir qualquer valor real, o sistema admite infinitas soluções e o classificamos como **sistema possível e indeterminado** e indicamos por **SPI**.
Poderíamos também expressar **x** em função de **y**: $x = 1 - y$ e, neste caso, teríamos $S = \{(1 - y, y); y \in \mathbb{R}\}$. Pode-se verificar que essas formas de expressar a solução do sistema são equivalentes.

Geometricamente, as funções do 1º grau dadas por $y = -x + 1$ e $y = \dfrac{-2x + 2}{2} = 2\dfrac{(-x + 1)}{2} = -x + 1$ têm por gráficos retas coincidentes e, portanto, possuem como interseção todos os pontos de **r**. Como **r** tem infinitos pontos, o sistema admite infinitas soluções.

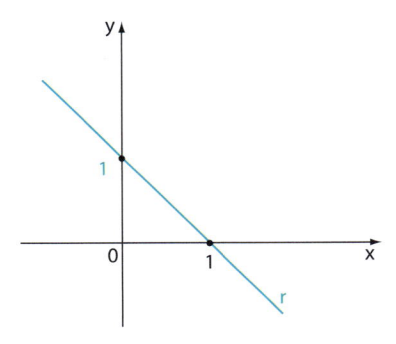

Desse modo, um sistema linear 2×2 pode ser classificado de acordo com o número de soluções que admite. Veja:

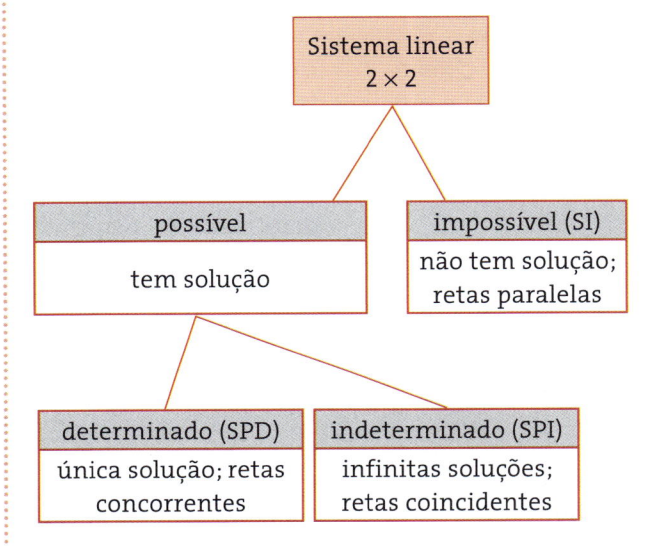

EXERCÍCIOS

9 Resolva os seguintes sistemas, algébrica e graficamente, e classifique cada um deles.

a) $\begin{cases} x + 2y = 1 \\ 3x - 2y = 11 \end{cases}$

c) $\begin{cases} x + y = 5 \\ 3x + 3y = 15 \end{cases}$

b) $\begin{cases} x - y = 1 \\ x + 2y = 0 \end{cases}$

d) $\begin{cases} 3x - 2y = 1 \\ 6x - 4y = 7 \end{cases}$

10 Para uma festa infantil, foram compradas 72 unidades de refrigerante, algumas de 2 L e outras de 1,5 L, num total de 129 L. Determine a quantidade comprada de refrigerantes de 1,5 L.

11 Em uma padaria, dois refrigerantes e cinco minipães de queijo custam R$ 10,80; três refrigerantes e sete minipães de queijo custam R$ 15,80. Quanto custarão quatro refrigerantes e dez minipães de queijo?

12 Luísa e Maíra foram fazer compras, cada qual com certa quantia. Se Maíra desse R$ 40,00 a Luísa, elas ficariam com a mesma quantia; se Luísa tivesse R$ 30,00 a menos, teria a metade do que Maíra possui. Quantos reais elas possuem juntas?

13 Em uma prova com 20 testes, cada resposta correta vale 5 pontos e cada resposta errada acarreta uma perda de 2 pontos.

a) Maurício acertou 13 dos 20 testes. Qual foi sua pontuação final?

b) Amanda obteve pontuação final de 23 pontos. Quantas questões ela errou?

c) É possível que se termine a prova com 17 pontos?

14 Ao resolver graficamente o sistema $\begin{cases} x + y = m \\ 2x + 2y = 5 \end{cases}'$ em que **m** é um número real, obtêm-se duas retas paralelas distintas. Quais são os possíveis valores de **m**?

15 Determine **m** e **n** reais para os quais a solução do sistema $\begin{cases} 2x - y = 3 \\ mx + ny = -6 \end{cases}$ é formada por infinitos pontos.

16 Duas retas **r** e **s**, de equações $-5x + 4y = 20$ e $x + y = c$, em que $c \in \mathbb{R}$, intersectam-se no ponto $P\left(-\dfrac{4}{9}, \dfrac{40}{9}\right)$.

a) Determine o valor de **c**.

b) Determine a área do triângulo PQR, sendo **Q** e **R** os pontos de interseção dessas retas com o eixo das abscissas.

▶ Sistema linear m × n

▶ Definição

Um conjunto de **m** equações lineares e **n** incógnitas $x_1, x_2, ..., x_n$ é chamado **sistema linear de *m* equações e *n* incógnitas**.

- $\begin{cases} x + y - 2z = 0 \\ x - 2y + z = 0 \\ 2x - y - z = 0 \end{cases}$ é um sistema linear com três equações e três incógnitas.

- $\begin{cases} x + y + z + w = 1 \\ x - y - z + 2w = 7 \end{cases}$ é um sistema linear com duas equações e quatro incógnitas.

- $\begin{cases} a + b = 3 \\ b - c = 0 \\ c + d = 5 \\ a - d = -1 \end{cases}$ é um sistema linear com quatro equações e quatro incógnitas.

Os sistemas lineares 2 × 2, estudados na seção anterior, são um caso particular de um sistema linear m × n (m = n = 2).

▶ Solução de um sistema

Dizemos que a sequência de números reais $(\alpha_1, \alpha_2, ..., \alpha_n)$ é **solução de um sistema linear** de **n** incógnitas quando é solução de cada uma das equações do sistema.

- O par ordenado (4, 1) é solução do sistema

$\begin{cases} x + y = 5 \\ x - y = 3 \\ -6x + 10y = -14 \end{cases}$, pois, substituindo **x** por

4 e **y** por 1 em cada equação do sistema, obtemos sentenças verdadeiras:

$4 + 1 = 5; 4 - 1 = 3; -6 \cdot 4 + 10 \cdot 1 = -14$.

- A tripla ordenada (5, 3, 2) é solução do sistema

$\begin{cases} x + y + z = 10 \\ x - y + z = 4 \\ x - y - z = 0 \end{cases}$, pois, fazendo x = 5, y = 3 e

z = 2, obtemos sentenças verdadeiras:

$5 + 3 + 2 = 10; 5 - 3 + 2 = 4; 5 - 3 - 2 = 0$

Matrizes associadas a um sistema

Podemos associar a um sistema linear duas matrizes cujos elementos são os coeficientes das equações que formam o sistema.

Observe os sistemas lineares a seguir:

- Ao sistema $\begin{cases} 5x + 4y = 1 \\ 3x + 7y = 2 \end{cases}$ podemos associar as matrizes $A = \begin{bmatrix} 5 & 4 \\ 3 & 7 \end{bmatrix}$, chamada **matriz incompleta**, e a matriz $B = \begin{bmatrix} 5 & 4 & 1 \\ 3 & 7 & 2 \end{bmatrix}$, chamada **matriz completa**.

- Ao sistema $\begin{cases} 2x + y - z = 0 \\ 5y + z = 1 \\ -2y + z = 3 \\ z = -2 \end{cases}$ podemos associar as matrizes **A** e **B**, incompleta e completa, respectivamente:

$$A = \begin{bmatrix} 2 & 1 & -1 \\ 0 & 5 & 1 \\ 0 & -2 & 1 \\ 0 & 0 & 1 \end{bmatrix} \text{ e } B = \begin{bmatrix} 2 & 1 & -1 & 0 \\ 0 & 5 & 1 & 1 \\ 0 & -2 & 1 & 3 \\ 0 & 0 & 1 & -2 \end{bmatrix}$$

Notemos que **B** é obtido de **A** acrescentando-se a coluna relativa aos coeficientes independentes das equações do sistema.

Representação matricial de um sistema

Lembrando o processo de multiplicação de matrizes e utilizando a matriz incompleta de um sistema, é possível representá-lo na forma matricial. Vejamos alguns casos:

- O sistema $\begin{cases} 5x + 4y = 1 \\ 3x + 7y = 2 \end{cases}$ pode ser escrito na forma matricial:

$$\begin{bmatrix} 5 & 4 \\ 3 & 7 \end{bmatrix} \cdot \begin{bmatrix} x \\ y \end{bmatrix} = \begin{bmatrix} 1 \\ 2 \end{bmatrix}$$

- O sistema $\begin{cases} x + y - 2z = 0 \\ x - 2y + z = 0 \\ 2x - y - z = 0 \end{cases}$ pode ser representado pela equação matricial:

$$\begin{bmatrix} 1 & 1 & -2 \\ 1 & -2 & 1 \\ 2 & -1 & -1 \end{bmatrix} \cdot \begin{bmatrix} x \\ y \\ z \end{bmatrix} = \begin{bmatrix} 0 \\ 0 \\ 0 \end{bmatrix}$$

EXERCÍCIOS

17 Com relação ao sistema $\begin{cases} x + y = 1 \\ 2x + 3y = 0 \end{cases}$:

a) verifique se os pares ordenados $(3, -2)$ e $\left(-\dfrac{1}{3}, \dfrac{4}{3}\right)$ são soluções;

b) represente-o na forma de produto de matrizes.

18 Dado o sistema linear, indique quais triplas ordenadas são soluções:

$$\begin{cases} x + y - z = 0 \\ x - y + z = 4 \\ -x + y + 2z = -5 \end{cases}$$

a) $(2, 1, 3)$ b) $\left(2, -\dfrac{7}{3}, -\dfrac{1}{3}\right)$ c) $(-1, 1, 0)$

19 Construa a matriz incompleta **A** e a completa **B** de cada um dos sistemas:

a) $\begin{cases} x + y = 7 \\ x + z = 8 \\ y + z = 9 \end{cases}$

b) $\begin{cases} 4x - y + z = -1 \\ x + 2y - z = -2 \\ x - z = -5 \end{cases}$

c) $\begin{cases} 3x + 2y = -4 \\ x - y = -7 \\ 4x + y = 2 \end{cases}$

d) $\begin{cases} 2x + y + 3z = -13 \\ -x + y + 10z = 4 \end{cases}$

20 Escreva, em cada caso, o sistema linear associado à representação matricial dada:

a) $\begin{bmatrix} 3 & 2 \\ 2 & 5 \end{bmatrix} \cdot \begin{bmatrix} x \\ y \end{bmatrix} = \begin{bmatrix} 0 \\ 2 \end{bmatrix}$

b) $\begin{bmatrix} 5 & 7 & -2 \\ 1 & -1 & 3 \end{bmatrix} \cdot \begin{bmatrix} x \\ y \\ z \end{bmatrix} = \begin{bmatrix} 11 \\ 13 \end{bmatrix}$

c) $\begin{bmatrix} 1 & 1 & 1 \\ 2 & -4 & 3 \\ -3 & -3 & -3 \end{bmatrix} \cdot \begin{bmatrix} x \\ y \\ z \end{bmatrix} = \begin{bmatrix} 3 \\ 11 \\ 10 \end{bmatrix}$

21 Em cada caso, determine o valor real de **m**:

a) A tripla ordenada $(2, -1, 3)$ é solução do sistema:

$$\begin{cases} x + y - z = -2 \\ -x + 2z = 4 \\ 2x + my - z = 0 \end{cases}$$

b) O par ordenado $(5, m)$ é solução do sistema:

$$\begin{cases} x + y = 8 \\ -4x + 5y = -5 \end{cases}$$

c) A tripla ordenada $(m, 0, -2)$ é a solução do sistema:

$$\begin{cases} x + y - z = 5 \\ 3x + 2z = 5 \end{cases}$$

22 Determine e resolva o sistema associado a cada representação matricial:

a) $\begin{bmatrix} 1 & 1 \\ 2 & 2 \end{bmatrix} \cdot \begin{bmatrix} x \\ y \end{bmatrix} = \begin{bmatrix} 5 \\ 4 \end{bmatrix}$

b) $\begin{bmatrix} 3 & -1 \\ 0 & 2 \end{bmatrix} \cdot \begin{bmatrix} x \\ y \end{bmatrix} = \begin{bmatrix} 1 \\ 4 \end{bmatrix}$

c) $\begin{bmatrix} 3 & -6 \\ -9 & 18 \end{bmatrix} \cdot \begin{bmatrix} x \\ y \end{bmatrix} = \begin{bmatrix} 12 \\ -36 \end{bmatrix}$

23 (U. F. ABC-SP) No sistema de equações

$$\begin{cases} p \cdot x - y = 2 \\ (p + q) \cdot x + y = 3 \end{cases}$$

p e **q** são constantes reais e **x** e **y** são variáveis reais. Calcule **p** e **q**, sabendo-se que a solução desse sistema é o par ordenado $(2, -3)$.

Sistemas escalonados

Observe os sistemas lineares a seguir.

- $\begin{cases} 4x - y + 2z = 5 \\ 0x + y - 3z = 7 \\ 0x + 0y + z = -2 \end{cases}$ ou, simplesmente, $\begin{cases} 4x - y + 2z = 5 \\ y - 3z = 7 \\ z = -2 \end{cases}$

- $\begin{cases} 3x - y + 2z = -4 \\ 3y - z = 7 \end{cases}$

- $\begin{cases} 4a + b - c + d = 0 \\ -2b + c + 3d = 1 \\ -2c + d = 3 \\ -5d = 1 \end{cases}$

- $\begin{cases} 2x - y + z - 4w = 3 \\ y + 3w = 2 \end{cases}$

Todos eles apresentam, como características comuns:

- Em cada equação existe pelo menos um coeficiente (de alguma incógnita) não nulo.

- Considerando a ordem "de cima para baixo", o número de coeficientes nulos, antes do 1º coeficiente não nulo, aumenta de equação para equação.

Os sistemas que apresentam tais características são chamados **sistemas escalonados**.

Resolução de um sistema na forma escalonada

Vamos estudar a seguir dois tipos de sistemas escalonados.

1º tipo: Sistema com número de equações igual ao número de incógnitas

Seja o sistema escalonado: $\begin{cases} x - 2y + z = -5 \quad ① \\ y + 2z = -3 \quad ② \\ 3z = -6 \quad ③ \end{cases}$

Partindo da última equação, obtemos **z**. Substituindo esse valor na 2ª equação, obtemos **y**. Por fim, substituindo **y** e **z** na 1ª equação, obtemos **x**.

Acompanhe:

$3z = -6 \Rightarrow z = -2$ ③

$y + 2 \cdot (-2) = -3 \Rightarrow y - 4 = -3 \Rightarrow y = 1$ ②

$x - 2 \cdot 1 + (-2) = -5 \Rightarrow x - 4 = -5 \Rightarrow x = -1$ ①

Assim, a solução do sistema é $(-1, 1, -2)$.

> Quando um sistema escalonado apresenta número de equações igual ao número de incógnitas, ele é possível e determinado, isto é, ele tem uma única solução.

2º tipo: Sistema com número de equações menor que o número de incógnitas

Considere o problema abaixo:

Determine três números reais cuja soma é 100, sabendo que um deles é igual ao dobro do outro.

Chamando de **x**, **y** e **z** os números procurados, obtemos o seguinte sistema:

$$\begin{cases} x + y + z = 100 \\ y = 2z \end{cases} \text{ ou ainda: } \begin{cases} x + y + z = 100 \\ y - 2z = 0 \end{cases}$$

Observe que o sistema está escalonado. Podemos, por tentativa, encontrar algumas soluções desse sistema, seguindo estes passos:

Escolha um número qualquer (z)	O outro número (y) é o dobro do escolhido (y = 2z)	O terceiro número (x) é encontrado calculando 100 menos a soma dos dois anteriores (x = 100 − (y + z))
(z)	(y)	(x)
10	20	70
30	60	10
4,5	9	86,5
−30	−60	190
⋮	⋮	⋮
α ($\alpha \in \mathbb{R}$)	2α	$100 - 3\alpha$

Observe que, para cada escolha do primeiro número (**z**), encontramos uma solução para o sistema. Como **z** pode assumir qualquer valor real, concluímos que o sistema apresenta infinitas soluções.

A solução geral do sistema pode ser escrita como:

$$S = \{(100 - 3\alpha, 2\alpha, \alpha); \alpha \in \mathbb{R}\}$$

▶ Processo prático

Vamos apresentar um procedimento que permitirá obter diretamente a solução geral de um sistema escalonado que possui número de equações menor que o número de incógnitas.

Para isso, vamos utilizar o seguinte sistema escalonado:

$$\begin{cases} x - 2y + 3z = 5 \\ y - 2z = 1 \end{cases}$$

Acompanhe os passos:

1º) Identificamos a incógnita que não aparece no início de nenhuma das equações do sistema

("última" incógnita de todas as equações), chamada **variável livre** (ou **incógnita livre**). A variável livre pode assumir qualquer valor real e, para cada valor assumido por ela, obtemos os valores das demais incógnitas, encontrando uma solução do sistema. Se houver mais de uma variável livre, procederemos de modo análogo. Nesse sistema, a variável livre é **z**.

2º) Transpomos a variável livre **z** para o 2º membro em cada equação e obtemos:

$$\begin{cases} x - 2y = 5 - 3z \\ y = 1 + 2z \end{cases} \text{ ①}$$

3º) Se atribuirmos um valor para **z**, obteremos um sistema do 1º tipo; portanto, determinado. Resolvendo-o, encontraremos uma solução do sistema.

Se atribuirmos outro valor para **z**, obteremos outro sistema, também determinado, que, resolvido, fornecerá outra solução do sistema. E assim por diante.

Façamos, então, z = α (**α** é um número real qualquer) e em ① teremos:

$$\begin{cases} x - 2y = 5 - 3\alpha \quad ② \\ y = 1 + 2\alpha \quad ③ \end{cases}$$

4º) Substituímos ③ em ②:

$x - 2 \cdot (1 + 2\alpha) = 5 - 3\alpha \Rightarrow x - 2 - 4\alpha = 5 - 3\alpha \Rightarrow$
$\Rightarrow x = 7 + \alpha$

5º) Por fim, as soluções do sistema podem ser representadas pela solução geral S = {(7 + α, 1 + 2α, α); $\alpha \in \mathbb{R}$}.

Esse tipo de sistema apresenta sempre infinitas soluções, sendo, portanto, um sistema possível e indeterminado (SPI).

Atribuindo valores reais para **α**, obtemos algumas de suas soluções:

$\alpha = 0 \Rightarrow (7, 1, 0)$
$\alpha = 1 \Rightarrow (8, 3, 1)$
$\alpha = -2 \Rightarrow (5, -3, -2)$
$\alpha = \dfrac{1}{2} \Rightarrow \left(\dfrac{15}{2}, 2, \dfrac{1}{2}\right)$ etc.

Quando um sistema escalonado apresenta número de equações menor que o número de incógnitas, ele é possível e indeterminado, isto é, tem infinitas soluções.

OBSERVAÇÕES 🔍

- É importante destacar que, na identificação da(s) variável(is) livre(s), levamos em consideração que, em cada equação do sistema, os termos que contêm as incógnitas aparecem sempre em uma mesma ordem (em geral, a ordem alfabética).
- A escolha da variável livre é, na verdade, arbitrária. Poderíamos, por exemplo, ter escolhido **y** como variável livre. No caso do sistema que acabamos de resolver, teríamos $z = \dfrac{y-1}{2}$ e $x = \dfrac{y+13}{2}$ (faça as contas) e o conjunto solução do sistema seria:

$$S = \left\{ \left(\frac{y+13}{2}, y, \frac{y-1}{2} \right); y \in \mathbb{R} \right\}$$

Pode-se mostrar que os dois conjuntos soluções obtidos são iguais, isto é, possuem os mesmos elementos. No entanto, vamos seguir a convenção adotada a fim de facilitar a verificação das respostas e estabelecer um procedimento comum.

EXERCÍCIO RESOLVIDO

2 Resolver o sistema $\begin{cases} x + 2y + z = 2 \\ y - 3z = 1 \end{cases}$

Solução:

O sistema proposto está escalonado e é do 2º tipo.

A variável livre do sistema é **z**.

Transpondo **z** para o 2º membro, vem:

$\begin{cases} x + 2y = 2 - z \\ y = 1 + 3z \end{cases}$

Fazendo $z = \alpha$ (com $\alpha \in \mathbb{R}$), obtemos:

$\begin{cases} x + 2y = 2 - \alpha \quad ① \\ y = 1 + 3\alpha \quad ② \end{cases}$

Substituindo ② em ①, obtemos:

$x + 2(1 + 3\alpha) = 2 - \alpha \Rightarrow x = -7\alpha$

Assim:

$S = \{(-7\alpha, 1 + 3\alpha, \alpha), \alpha \in \mathbb{R}\}$

Vejamos algumas soluções particulares:

- $\alpha = 3 \Rightarrow (-21, 10, 3)$
- $\alpha = -2 \Rightarrow (14, -5, -2)$
- $\alpha = \dfrac{1}{3} \Rightarrow \left(-\dfrac{7}{3}, 2, \dfrac{1}{3} \right)$

⋮ ⋮ ⋮

EXERCÍCIOS

24 Verifique se cada um dos sistemas abaixo está escalonado.

a) $\begin{cases} x + 3y = 7 \\ 2y = 5 \end{cases}$

c) $\begin{cases} x + y + z = 0 \\ y - z = 5 \\ 2z = 8 \end{cases}$

e) $\begin{cases} 3x + 2y + z + t = 1 \\ 3y + z - t = 10 \\ 2z - 3t = -5 \end{cases}$

b) $\begin{cases} -3x + 2y = 11 \\ x - 3y = -1 \end{cases}$

d) $\begin{cases} x - 5y + 3z = 8 \\ 3y + 7z = -2 \\ 2y - 5z = 3 \end{cases}$

25 Considere o problema: "a diferença entre dois números reais é igual a 8".
  a) Represente esse problema por meio de um sistema linear.
  b) Apresente ao menos quatro soluções desse sistema.
  c) Classifique esse sistema, obtendo também sua solução geral.

26 Resolva e classifique os seguintes sistemas escalonados:

a) $\begin{cases} 3x + 2y = 5 \\ - y = -7 \end{cases}$

b) $\begin{cases} x + y + z = 2 \\ y + z = -1 \\ - 2z = 8 \end{cases}$

c) $\begin{cases} x - y + 2z = 5 \\ y - 3z = 2 \end{cases}$

d) $\begin{cases} 2x + y - z = 1 \\ 5y + z = 0 \\ 0z = -7 \end{cases}$

e) $\begin{cases} x - y + 2z = 7 \\ y - 2z = 8 \end{cases}$

f) $\begin{cases} x + y + z - 2w = 5 \\ y - z + 3w = 3 \\ 2z - w = 4 \\ 3w = 6 \end{cases}$

g) $\begin{cases} 2x + y - z + w = 2 \\ - 3z + w = 0 \end{cases}$

27 Uma das soluções de $\begin{cases} x - y + z = 2 \\ y - 2z = m \end{cases}$ é $(1, -1, 0)$. Determine o conjunto solução desse sistema.

▶ **Escalonamento**

▶ **Introdução**

Uma loja vende certo componente eletrônico, que é fabricado por três marcas diferentes: **A**, **B** e **C**.

Um levantamento sobre as vendas desse componente, realizado durante três dias consecutivos, revelou que:

- no 1º dia, foram vendidos um componente da marca **A**, dois da marca **B** e três da marca **C**, arrecadando R$ 260,00;

- no 2º dia, foram vendidos dois componentes da marca **A**, um da marca **B** e um da marca **C**, resultando um total de vendas igual a R$ 150,00;

- no 3º dia, foram vendidos quatro componentes da marca **A**, três da marca **B** e um da marca **C**, totalizando de R$ 290,00.

Qual é o preço unitário do componente fabricado por cada uma das marcas **A**, **B** e **C**?

Vamos representar o preço unitário dos componentes das marcas **A**, **B** e **C** por **a**, **b** e **c**, respectivamente, temos:

1º dia → $\begin{cases} a + 2b + 3c = 260 \\ 2a + b + c = 150 \\ 4a + 3b + c = 290 \end{cases}$
2º dia →
3º dia →

O método do escalonamento, que será estudado a seguir, possibilitará resolver esse sistema.

▶ **Sistemas equivalentes**

Dois sistemas lineares, S_1 e S_2, são equivalentes quando toda solução de S_1 é solução de S_2, e vice-versa.

Os sistemas S_1: $\begin{cases} x + y = 2 \\ x + 2y = 1 \end{cases}$ e S_2: $\begin{cases} x - y = 4 \\ 3x + 2y = 7 \end{cases}$,

por exemplo, são equivalentes, pois ambos admitem apenas o par $(3, -1)$ como solução.

Dado um sistema linear qualquer, nosso objetivo é transformá-lo em um outro equivalente, porém na forma escalonada. Procederemos dessa maneira, pois, como vimos, não é difícil resolver um sistema na forma escalonada.

Para isso, poderemos usar os seguintes "recursos":

I. Multiplicar por **k**, $k \in \mathbb{R}^*$, os dois membros de uma equação qualquer do sistema.

II. Substituir uma equação do sistema pela soma dela, membro a membro, com alguma outra equação. Cada uma dessas equações pode ou não estar previamente multiplicada por um número real não nulo.

III. Trocar a posição de duas equações do sistema.

Observe que os dois primeiros recursos já foram usados quando estudamos a resolução de sistemas lineares 2×2 pelo método da adição.

Para escalonar um sistema linear qualquer, vamos seguir o roteiro abaixo.

1º) Escolhemos para a 1ª equação aquela em que o coeficiente da 1ª incógnita seja não nulo.
Se possível, fazemos a escolha para que esse coeficiente seja igual a -1 ou 1, pois os cálculos ficam, em geral, mais simples.

2º) Anulamos o coeficiente da 1ª incógnita das demais equações, usando o "recurso" II citado anteriormente.

3º) Fixamos a 1ª equação e aplicamos os dois primeiros passos com as equações restantes.

4º) Fixamos a 1ª e a 2ª equações e aplicamos os dois primeiros passos nas equações restantes, até o sistema ficar escalonado.

EXEMPLO 1

Vamos escalonar e, depois, resolver o sistema

$$\begin{cases} a + 2b + 3c = 260 \\ 2a + b + c = 150 \\ 4a + 3b + c = 290 \end{cases}$$

proposto na página anterior.

Em primeiro lugar, precisamos anular os coeficientes de **a** na 2ª e na 3ª equações.

$$\begin{cases} a + 2b + 3c = 260 \\ -3b - 5c = -370 \\ -5b - 11c = -750 \end{cases}$$

Substituímos a 2ª equação pela soma dela com a 1ª, multiplicada por −2:

$$\begin{array}{r} -2a - 4b - 6c = -520 \\ 2a + b + c = 150 \\ \hline -3b - 5c = -370 \end{array} \oplus$$

Substituímos a 3ª equação pela soma dela com a 1ª, multiplicada por −4:

$$\begin{array}{r} -4a - 8b - 12c = -1040 \\ 4a + 3b + c = 290 \\ \hline -5b - 11c = -750 \end{array} \oplus$$

Fixando a 1ª equação, vamos repetir o processo para a 2ª e a 3ª equações.

$$\begin{cases} a + 2b + 3c = 260 \\ -3b - 5c = -370 \\ -8c = -400 \end{cases}$$

Substituímos a 3ª equação pela soma dela multiplicada por 3 com a 2ª, multiplicada por −5:

$$\begin{array}{r} -15b - 33c = -2250 \\ 15b + 25c = +1850 \\ \hline -8c = -400 \end{array} \oplus$$

O sistema obtido está escalonado e é do 1º tipo (SPD). Resolvendo-o, obtemos:

- na 3ª equação: $c = 50$;
- na 2ª equação: $-3b - 5 \cdot 50 = -370 \Rightarrow$
  $\Rightarrow -3b = -120 \Rightarrow b = 40$;
- na 1ª equação: $a + 2 \cdot 40 + 3 \cdot 50 = 260 \Rightarrow$
  $\Rightarrow a + 230 = 260 \Rightarrow a = 30$.

Desse modo, os preços unitários de tal componente eletrônico fabricado pelas marcas **A**, **B** e **C** são, respectivamente, R\$ 30,00, R\$ 40,00 e R\$ 50,00.

EXEMPLO 2

Vamos escalonar e resolver o sistema:

$$\begin{cases} 3x - y + z = 2 \\ x - 2y - z = 0 \\ 2x + y + 2z = 2 \end{cases}$$

Trocamos as posições das duas primeiras equações, a fim de que o 1º coeficiente de **x** seja igual a 1:

$$\begin{cases} x - 2y - z = 0 & \text{I} \\ 3x - y + z = 2 & \text{II} \\ 2x + y + 2z = 2 & \text{III} \end{cases}$$

Precisamos anular os coeficientes de **x** na 2ª e na 3ª equações:

$$\begin{cases} x - 2y - z = 0 \\ 5y + 4z = 2 \\ 5y + 4z = 2 \end{cases}$$

$(-3) \cdot \text{I} + \text{II}:$

$$\begin{array}{r} -3x + 6y + 3z = 0 \\ 3x - y + z = 2 \\ \hline 5y + 4z = 2 \end{array} \oplus$$

$(-2) \cdot \text{I} + \text{III}:$

$$\begin{array}{r} -2x + 4y + 2z = 0 \\ 2x + y + 2z = 2 \\ \hline 5y + 4z = 2 \end{array} \oplus$$

Fixando a 1ª equação, repetimos o processo para a 2ª e a 3ª equações.

Substituímos a 3ª equação pela soma dela com a 2ª, multiplicada por −1:

$$\begin{cases} x - 2y - z = 0 \\ 5y + 4z = 2 \\ 0 = 0 \end{cases}$$

$$\begin{array}{r} -5y - 4z = -2 \\ 5y + 4z = 2 \\ \hline 0 = 0 \end{array}$$

A 3ª equação pode ser suprimida do sistema, pois, apesar de ser sempre verdadeira, ela não traz informação sobre os valores das incógnitas. Assim, obtemos o sistema escalonado:

$$\begin{cases} x - 2y - z = 0 & \text{①} \\ 5y + 4z = 2 & \text{②} \end{cases}, \text{que é do 2º tipo (SPI):}$$

número de equações < número de incógnitas

A variável livre do sistema é **z**. Fazendo $z = \alpha$, vem:

- em ②: $y = \dfrac{2 - 4z}{5} \Rightarrow y = \dfrac{2 - 4\alpha}{5}$
- em ①: $x = 2y + z \Rightarrow x = 2\left(\dfrac{2 - 4\alpha}{5}\right) + \alpha \Rightarrow$

  $\Rightarrow x = \dfrac{-3\alpha + 4}{5}$

Assim, $S = \left\{ \left(\dfrac{-3\alpha + 4}{5}, \dfrac{2 - 4\alpha}{5}, \alpha \right), \alpha \in \mathbb{R} \right\}$.

No processo de escalonamento, podemos encontrar duas equações com os coeficientes da mesma incógnita iguais (ou proporcionais), o mesmo ocorrendo com os coeficientes independentes (veja o exemplo 2). Nesses casos, podemos retirar uma delas do sistema, pois são equações equivalentes.

No processo de escalonamento, podemos encontrar duas equações incompatíveis entre si, como ocorre no exemplo 3 (vejam-se as equações $-9y - 5z = \dfrac{17}{5}$ e $9y + 5z = 9$). Quando isso ocorrer, podemos concluir que se trata de um sistema impossível (SI).

EXEMPLO 3

Vamos escalonar e resolver o sistema:

$$\begin{cases} 2x - y + z = -1 & \text{I} \\ -5x - 20y - 15z = 11 & \text{II} \\ 3x + 3y + 4z = 3 & \text{III} \end{cases}$$

Precisamos anular os coeficientes de **x** na 2ª e na 3ª equações:

$$\begin{cases} 2x - y + z = -1 \\ -45y - 25z = 17 \\ 9y + 5z = 9 \end{cases}$$

$(5) \cdot \text{I} + (2) \cdot \text{II} :$

$$\begin{array}{r} 10x - 5y + 5z = -5 \\ -10x - 40y - 30z = 22 \\ \hline -45y - 25z = 17 \end{array} \; \oplus$$

$(-3) \cdot \text{I} + (2) \cdot \text{III} :$

$$\begin{array}{r} -6x + 3y - 3z = 3 \\ 6x + 6y + 8z = 6 \\ \hline 9y + 5z = 9 \end{array} \; \oplus$$

Repetimos o processo para a 2ª e a 3ª equações, fixando a 1ª equação. É conveniente, entretanto, dividir os coeficientes da 2ª equação por 5, a fim de facilitar os cálculos:

$$\begin{cases} 2x - y + z = -1 \\ -9y - 5z = \dfrac{17}{5} \\ 9y + 5z = 9 \end{cases}$$

Substituímos a 3ª equação pela soma dela com a 2ª equação:

$$\begin{cases} 2x - y + z = -1 \\ -9y - 5z = \dfrac{17}{5} \\ 0 \cdot z = \dfrac{62}{5} \end{cases}$$

$$\begin{array}{r} -9y - 5z = \dfrac{17}{5} \\ 9y + 5z = 9 \\ \hline 0 \cdot z = \dfrac{62}{5} \end{array}$$

A 3ª equação do sistema acima obtido é sempre falsa, pois, para todo $z \in \mathbb{R}$, $0 \cdot z = 0$ e $0 \neq \dfrac{62}{5}$.

Logo, o sistema é impossível, isto é, não admite nenhuma solução.

EXEMPLO 4

Vamos escalonar e resolver o sistema:

$$\begin{cases} x + y = 3 & \text{I} \\ 2x - y = 5 & \text{II} \\ 5x - 2y = 14 & \text{III} \end{cases}$$

É preciso anular o coeficiente de **x** na 2ª e na 3ª equações. Temos:

$$\begin{cases} x + y = 3 \\ -3y = -1 \quad \leftarrow (-2) \cdot \text{I} + \text{II} \\ -7y = -1 \quad \leftarrow (-5) \cdot \text{I} + \text{III} \end{cases}$$

Esse sistema é impossível, pois a 2ª e a 3ª equações não podem ser satisfeitas simultaneamente.

Assim, $S = \varnothing$.

EXEMPLO 5

Vamos escalonar e resolver o sistema

$$\begin{cases} 2x + 3y - z = 1 & \text{I} \\ 4x - y + 5z = 2 & \text{II} \end{cases}$$

Devemos anular o coeficiente de **x** na 2ª equação:

$$\begin{cases} 2x + 3y - z = 1 \\ -7y + 7z = 0 \quad \leftarrow (-2) \cdot \text{I} + \text{II} \end{cases}$$

O sistema obtido está escalonado, é do 2º tipo (SPI) e sua variável livre é **z**.

Se $z = \alpha, \alpha \in \mathbb{R}$, obtemos:

na 2ª equação: $\rightarrow -7y + 7\alpha = 0 \Rightarrow y = \alpha$;

na 1ª equação: $\rightarrow 2x + 3\alpha - \alpha = 1 \Rightarrow$

$$\Rightarrow x = \dfrac{1 - 2\alpha}{2} = \dfrac{1}{2} - \alpha.$$

$$S = \left\{ \left(\dfrac{1}{2} - \alpha, \alpha, \alpha \right); \alpha \in \mathbb{R} \right\}$$

EXERCÍCIOS

28 Resolva cada sistema a seguir, por meio do escalonamento, e classifique-os.

a) $\begin{cases} x + 2y + z = 9 \\ 2x + y - z = 3 \\ 3x - y - 2z = -4 \end{cases}$

c) $\begin{cases} x + 3y + 2z = 2 \\ 3x + 5y + 4z = 4 \\ 5x + 3y + 4z = -10 \end{cases}$

b) $\begin{cases} x - y - 2z = 1 \\ -x + y + z = 2 \\ x - 2y + z = -2 \end{cases}$

d) $\begin{cases} x + y + z = 2 \\ 2x - z = -1 \\ 3x + y = 1 \end{cases}$

29 Resolva os seguintes sistemas:

a) $\begin{cases} x + 8y - 3z = 7 \\ -x + 3y - 2z = 1 \\ 3x + 2y + z = 5 \end{cases}$

c) $\begin{cases} 2x - y + z = 3 \\ x + y - 3z = 1 \\ 3x - 2z = 3 \end{cases}$

b) $\begin{cases} x + y = 3 \\ x + z = 4 \\ y + z = -3 \end{cases}$

d) $\begin{cases} a - b - c = -1 \\ a - b + c = 1 \\ a + b - c = 1 \end{cases}$

30 Uma operadora de turismo oferece três diferentes pacotes de férias para Fortaleza, cujos preços variam de acordo com a categoria do hotel escolhido, como mostra a tabela seguinte:

Categoria	Preço por pessoa
Turística	R$ 1 450,00
Turística superior	R$ 1 700,00
Luxo	R$ 2 300,00

Ao final da temporada, verificou-se que foram vendidos pacotes para 345 passageiros, arrecadando-se R$ 577 500,00.
Determine o número de pacotes vendidos em cada categoria sabendo que na categoria luxo foi vendido um terço da quantidade vendida na categoria turística.

31 Um casal de namorados jantou, em um *fast-food* de cozinha árabe, três vezes em uma mesma semana.

SHUTTERSTOCK

- Na primeira noite, consumiram dois quibes, cinco esfirras e dois sucos e pagaram R$ 22,00.
- Na segunda noite, consumiram três quibes, seis esfirras e três sucos e pagaram R$ 30,60.
- Na terceira noite, consumiram dois quibes, dez esfirras e três sucos e pagaram R$ 34,00.

Qual é o preço unitário do quibe, da esfirra e do suco?

32 Uma vendedora de loja de roupas atendeu, no mesmo dia, três clientes e efetuou as seguintes vendas:

Cliente 1: 1 calça, 2 camisas e 3 pares de meias;
Valor: R$ 156,00.

Cliente 2: 2 calças, 5 camisas e 6 pares de meias;
Valor: R$ 347,00.

Cliente 3: 2 calças, 3 camisas e 4 pares de meias;
Valor: R$ 253,00.

Quanto pagaria um cliente que comprasse uma unidade de calça, uma de camisa e um par de meias?

33 Resolva, utilizando o escalonamento, os seguintes sistemas:

a) $\begin{cases} x + y = 10 \\ x - y = 4 \\ 2x - 5y = -1 \end{cases}$

b) $\begin{cases} -x + 3y - z = 1 \\ x + y + z = 7 \end{cases}$

c) $\begin{cases} x + y = 3 \\ x - y = 1 \\ 3x + 7y = 11 \end{cases}$

d) $\begin{cases} x - 2y = 8 \\ 3x - y = 9 \\ x + y = 1 \\ 5x + 7y = -10 \end{cases}$

e) $\begin{cases} x + 2y = 11 \\ x + 3y = 16 \\ 2x + 5y = 27 \end{cases}$

f) $\begin{cases} x + y + z = 4 \\ 2x - z + w = -4 \\ y - z - w = -2 \\ x - z + 2w = -2 \end{cases}$

34 Em uma papelaria foram feitos os seguintes pedidos:
- pedido I: 4 canetas, 3 lapiseiras e 6 borrachas.
- pedido II: 2 canetas, 2 lapiseiras e 3 borrachas.

Os valores dos pedidos I e II eram, respectivamente, R$ 37,20 e R$ 20,60.

Com base nessas informações, determine, se possível:

a) o preço unitário da lapiseira;

b) o preço de cada caneta;

c) o preço pago por 5 lapiseiras, 2 canetas e 3 borrachas;

d) a diferença entre o preço da caneta e o preço da borracha.

35 Determine todos os valores de **x**, **y** e **z** que satisfazem o sistema:

$$\begin{cases} 2^x \cdot 2^y \cdot 2^z = 1 \\ \dfrac{3^x}{3^y \cdot 3^z} = 9 \\ 4^x \cdot 16^{-y} \cdot 4^{-z} = 4 \end{cases}$$

36 (Fuvest-SP) Diz-se que a matriz quadrada **A** tem posto 1 se uma das suas linhas é não nula e as outras são múltiplas dessa linha. Determine os valores de **a**, **b** e **c** para os quais a seguinte matriz 3 × 3 tem posto 1.

$$A = \begin{bmatrix} 2 & \dfrac{1}{2} & 3 \\ 3a - b + 2c & 1 & 6 \\ b + c - 3a & \dfrac{1}{2} & c - 2a + b \end{bmatrix}$$

37 Três amigas, Ana, Bia e Carol têm juntas R$ 340,00.
Se Ana gastar R$ 10,00, passará a ter o dobro do que tem Bia.
Se Ana gastar 40% do total que possui, passará a ter R$ 9,00 a menos que Carol.
Quantos reais tem cada uma?

38 Para a final de um campeonato de futebol, foram colocados à venda 40 000 ingressos, divididos entre arquibancada, numerada descoberta e numerada coberta.
Sabe-se que:

• todos os ingressos foram vendidos;

• o preço do ingresso para numerada coberta é igual à soma dos preços dos ingressos dos outros dois setores;

• 60% do total de ingressos foram vendidos para a arquibancada, 25% para a numerada descoberta e os demais para a numerada coberta, gerando uma arrecadação de 4,32 milhões de reais;

• a razão entre os preços dos ingressos para a numerada descoberta e coberta é, nessa ordem, igual a $\dfrac{3}{5}$.

Determine o preço dos ingressos para cada setor.

39 (UF-PE) Uma fábrica de automóveis utiliza três tipos de aço, A_1, A_2 e A_3, na construção de três tipos de carros, C_1, C_2 e C_3. A quantidade dos três tipos de aço, em toneladas, usados na confecção dos três tipos de carro, está na tabela a seguir:

	C_1	C_2	C_3
A_1	2	3	4
A_2	1	1	2
A_3	3	2	1

Se foram utilizadas 26 toneladas de aço do tipo A_1, 11 toneladas do tipo A_2 e 19 toneladas de tipo A_3, qual o total de carros construídos (dos tipos C_1, C_2 ou C_3)?

▶ Determinantes

Algumas operações envolvendo os coeficientes das incógnitas de um sistema linear permitem classificá-lo como possível (determinado ou indeterminado) ou impossível.

Se o número de equações do sistema é igual ao seu número de incógnitas, há um método geral de discussão.

▶ Caso 2 × 2

Seja o sistema linear $\begin{cases} ax + by = e \\ cx + dy = f \end{cases}$, de incógnitas **x** e **y**.

Vamos construir um sistema equivalente a ele, porém na forma escalonada:

$$\begin{cases} ax + by = e \\ (ad - bc) \cdot y = af - ce \end{cases} *$$

Substituímos a 2ª equação pela soma dela multiplicada por **a** com a 1ª, multiplicada por (−c):

$$\begin{array}{r} -acx - bcy = -ce \\ acx + ady = af \quad \oplus \\ \hline (ad - bc) \cdot y = af - ce \end{array}$$

Podemos ter:

- ad − bc ≠ 0: nesse caso, podemos obter o valor de **y**, que é único, e, em seguida, obter o valor de **x**, que também é único.

  Trata-se de um sistema possível e determinado (SPD).

- ad − bc = 0: nesse caso, o 1º membro de ⋆ se anula.

  Se o 2º membro de ⋆ também se anular, teremos 0 = 0, e o sistema reduzirá à sua 1ª equação, sendo, portanto, SPI.

  Se o 2º membro de ⋆ não se anular, a 2ª equação será uma sentença falsa, $\forall\, y \in \mathbb{R}$.

  Logo, o sistema não terá solução: trata-se de SI.

O número real $\boxed{ad - bc}$ é definido como o **determinante** da matriz incompleta (**M**) dos coeficientes do sistema. Temos:

$$M = \begin{bmatrix} a & b \\ c & d \end{bmatrix} \text{ e } \det M = a \cdot d - b \cdot c$$

Indicaremos esse número por: det M ou

$$\det \begin{bmatrix} a & b \\ c & d \end{bmatrix} \text{ ou } \begin{vmatrix} a & b \\ c & d \end{vmatrix}.$$

Observe que det M é igual à diferença entre o produto dos elementos da diagonal principal de **M** e o produto dos elementos de sua diagonal secundária.

$$M = \begin{bmatrix} a & b \\ c & d \end{bmatrix} \Rightarrow \det M = a \cdot d - b \cdot c$$

diagonal secundária   diagonal principal

EXEMPLO 6

- O determinante (**D**) da matriz $\begin{bmatrix} 6 & -4 \\ 1 & 3 \end{bmatrix}$ é:

$$D = \begin{vmatrix} 6 & -4 \\ 1 & 3 \end{vmatrix} = 6 \cdot 3 - 1 \cdot (-4) = 18 + 4 = 22$$

- O determinante da matriz $\begin{bmatrix} 0 & -1 \\ 5 & 4 \end{bmatrix}$ é:

$$\begin{vmatrix} 0 & -1 \\ 5 & 4 \end{vmatrix} = 0 \cdot 4 - 5 \cdot (-1) = 5$$

- $\begin{vmatrix} 1 & -1 \\ -1 & -1 \end{vmatrix} = 1 \cdot (-1) - (-1) \cdot (-1) = -1 - 1 = -2$

▶ Caso 3 × 3

Consideremos o sistema linear seguinte nas incógnitas **x**, **y** e **z**:

$$\begin{cases} ax + by + cz = m \\ dx + ey + fz = n \\ gx + hy + iz = p \end{cases}$$

Seguindo raciocínio análogo ao desenvolvido no caso 2 × 2, define-se o determinante da matriz

$$A = \begin{bmatrix} a & b & c \\ d & e & f \\ g & h & i \end{bmatrix}, \text{ pelo número real:}$$

$$aei + bfg + cdh - ceg - afh - bdi \qquad \text{⋆}$$

Existe uma maneira mais fácil de se obter esse valor por meio da **regra prática de Sarrus**:

1º) Copiamos ao lado da matriz **A** as suas duas primeiras colunas.

2º) Multiplicamos os elementos da diagonal principal de **A**. Seguindo a direção da diagonal principal, multiplicamos, separadamente, os elementos das outras duas "diagonais".

3º) Multiplicamos os elementos da diagonal secundária de **A**, trocando o sinal do produto obtido. Seguindo a direção da diagonal secundária, multiplicamos, separadamente, os elementos das outras duas "diagonais", também trocando o sinal dos produtos.

4º) Somamos todos os resultados obtidos no 2º e no 3º passos.

Observe:

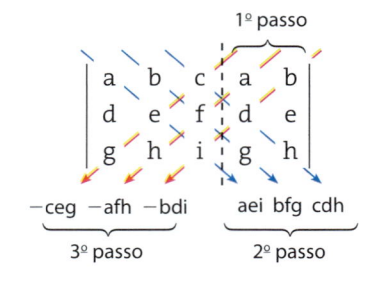

4º passo: O determinante da matriz é igual a:

aei + bfg + cdh − ceg − afh − bdi, que coincide com ⋆.

Acompanhe os dois exemplos seguintes.

EXEMPLO 7

Vamos calcular o determinante da matriz

$$A = \begin{bmatrix} 1 & 3 & 5 \\ 2 & 4 & 6 \\ -4 & 1 & -1 \end{bmatrix}.$$

Temos:

$$\begin{vmatrix} 1 & 3 & 5 & 1 & 3 \\ 2 & 4 & 6 & 2 & 4 \\ -4 & 1 & -1 & -4 & 1 \end{vmatrix}$$

$$+80 \quad -6 \quad +6 \qquad -4 \quad -72 \quad +10$$

Logo, det A = $-4 - 72 + 10 + 80 - 6 + 6 = 14$

OBSERVAÇÕES

Só se define o determinante de matrizes quadradas (1×1, 2×2, 3×3, ...).

No caso de 1×1 (matriz com um único elemento), o determinante da matriz é igual ao seu elemento.

Vejamos:
- $A = [5] \Rightarrow \det A = 5$
- $B = [-2] \Rightarrow \det B = -2$

EXEMPLO 8

Vamos calcular o determinante da matriz

$$B = \begin{bmatrix} 0 & 2 & 3 \\ -1 & 3 & 2 \\ -4 & 1 & -2 \end{bmatrix}.$$

Temos:

$$\begin{vmatrix} 0 & 2 & 3 & 0 & 2 \\ -1 & 3 & 2 & -1 & 3 \\ -4 & 1 & -2 & -4 & 1 \end{vmatrix}$$

$$+36 \quad 0 \quad -4 \qquad 0 \quad -16 \quad -3$$

Logo, det B = $16 - 3 - 36 - 4 = 13$

EXERCÍCIOS RESOLVIDOS

3 Seja A = $(a_{ij})_{3 \times 3}$, em que $a_{ij} = \begin{cases} 1, \text{ se } i \geqslant j \\ i + j, \text{ se } i \leqslant j \end{cases}$.
Calcular det A.

Solução:

Escrevemos a matriz **A** em sua forma genérica:

$$A = \begin{bmatrix} a_{11} & a_{12} & a_{13} \\ a_{21} & a_{22} & a_{23} \\ a_{31} & a_{32} & a_{33} \end{bmatrix}$$

Utilizamos a lei de formação dos elementos de **A** e

obtemos A = $\begin{bmatrix} 1 & 3 & 4 \\ 1 & 1 & 5 \\ 1 & 1 & 1 \end{bmatrix}$.

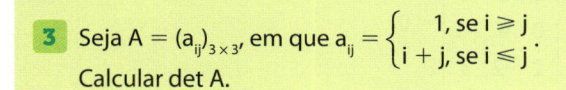

$$\det A = \begin{vmatrix} 1 & 3 & 4 & 1 & 3 \\ 1 & 1 & 5 & 1 & 1 \\ 1 & 1 & 1 & 1 & 1 \end{vmatrix} \Rightarrow$$

$$-4 \quad -5 \quad -3 \qquad 1 \quad 15 \quad 4$$

$\Rightarrow \det A = +20 - 12 = 8$

4 Resolver, em $\mathbb{R}$, a equação:

$$\begin{vmatrix} x & 4 & -2 \\ x-1 & x & 1 \\ 1 & x+1 & 3 \end{vmatrix} = \begin{vmatrix} x & 3 \\ 2 & 1 \end{vmatrix}$$

Solução:

O 1º membro representa o determinante de uma matriz 3×3:

$$\begin{vmatrix} x & 4 & -2 & x & 4 \\ x-1 & x & 1 & x-1 & x \\ 1 & x+1 & 3 & 1 & x+1 \end{vmatrix}$$

$$2x \quad -(x^2+x) \quad -12(x-1) \qquad 3x^2 \quad 4 \quad -2(x^2-1)$$

Seu valor é:

$3x^2 + 4 - 2(x^2 - 1) + 2x - (x^2 + x) - 12(x - 1) =$
$= -11x + 18.$

O 2º membro é igual ao determinante de uma

matriz 2×2: $\begin{vmatrix} x & 3 \\ 2 & 1 \end{vmatrix} = x - 6.$

Devemos ter: $-11x + 18 = x - 6 \Rightarrow x = 2$

Portanto, S = {2}

EXERCÍCIOS

40 Calcule:

a) $\begin{vmatrix} -7 \end{vmatrix}$

b) $\begin{vmatrix} 2 & 9 \\ 3 & 7 \end{vmatrix}$

c) $\begin{vmatrix} 1 & -1 \\ 2 & 2 \end{vmatrix}$

d) $\begin{vmatrix} -2 & 4 \\ 0 & -3 \end{vmatrix}$

e) $\begin{vmatrix} \frac{1}{2} & \frac{1}{3} \\ 3 & 4 \end{vmatrix}$

f) $\begin{vmatrix} 1 & 0 \\ 0 & 1 \end{vmatrix}$

41 Resolva, em $\mathbb{R}$, a equação $\begin{vmatrix} x & -3 \\ x+2 & x-2 \end{vmatrix} = 8$.

42 Resolva, em $\mathbb{R}$, a equação $\begin{vmatrix} x & x+2 \\ 5 & 3 \end{vmatrix} = x$.

43 Calcule o valor de cada um dos seguintes determinantes:

a) $\begin{vmatrix} 3 & 2 & 1 \\ 1 & 2 & 5 \\ 1 & -1 & 0 \end{vmatrix}$

b) $\begin{vmatrix} 1 & -1 & 2 \\ 5 & 7 & -4 \\ 1 & 0 & 1 \end{vmatrix}$

c) $\begin{vmatrix} 3 & 5 & 1 \\ 0 & -1 & 7 \\ 0 & 0 & 2 \end{vmatrix}$

d) $\begin{vmatrix} 0 & 1 & 0 \\ -3 & 1 & 2 \\ -2 & 1 & 4 \end{vmatrix}$

44 Sejam $A = \begin{bmatrix} -4 & 3 \\ 1 & 2 \end{bmatrix}$ e $B = \begin{bmatrix} 1 & 0 \\ -1 & 3 \end{bmatrix}$.

Calcule o determinante de:

a) A
b) B
c) A + B
d) A − B
e) A + 2B
f) A · B
g) $A + I_2$
h) A^t

45 Resolva, em $\mathbb{R}$, a equação: $\begin{vmatrix} x & 0 & 1 \\ 2x & x & 2 \\ 3 & 2x & x \end{vmatrix} = 0$.

46 Resolva, em $\mathbb{R}$, a equação: $\begin{vmatrix} 1 & 2 & x \\ -1 & x & x+1 \\ 3 & 2 & x \end{vmatrix} = 6$.

47 Qual é o valor de $D = \begin{vmatrix} \operatorname{sen} \frac{\pi}{5} & -\cos \frac{\pi}{5} \\ \cos \frac{\pi}{5} & \operatorname{sen} \frac{\pi}{5} \end{vmatrix}$?

48 Seja $A = (a_{ij})_{3 \times 3}$, em que $a_{ij} = (i-j)^2$. Obtenha o valor de:

a) det A
b) det A^t

49 Resolva, em $\mathbb{R}$, a desigualdade:

$$\begin{vmatrix} 4 & -1 & 2 \\ x & 1 & 0 \\ 0 & 3 & 2 \end{vmatrix} > \begin{vmatrix} 1 & 1 & 0 \\ 0 & x & 1 \\ 0 & 0 & 2 \end{vmatrix}$$

50 Sejam as matrizes $A = (a_{ij})_{3 \times 3}$, em que

$a_{ij} = \begin{cases} 1, \text{ se } i \geq j \\ 2, \text{ se } i < j \end{cases}$, e $B = (b_{ij})_{3 \times 3}$, em que

$b_{ij} = \begin{cases} -1, \text{ se } i \geq j \\ 1, \text{ se } i < j \end{cases}$. Calcule det A, det B, det (A + B) e det (A · B).

51 Seja $A = (a_{ij})_{3 \times 2}$ a matriz definida por $a_{ij} = 2i - 3j$. Calcule o determinante da matriz $A \cdot A^t$.

52 Determine **a** e **b** reais tais que $\begin{vmatrix} b & 3 \\ a-1 & 2 \end{vmatrix} = 14$ e $\begin{vmatrix} b & a & 2 \\ 0 & 4 & -1 \\ 2 & -2 & 3 \end{vmatrix} = 0$.

53 Seja **m** uma constante real e f: $\mathbb{R} \to \mathbb{R}$ definida pela lei $f(x) = \begin{vmatrix} x & m-2 \\ 3 & x-1 \end{vmatrix}$. Para que valores de **m** essa função não admite raízes reais?

54 Considere a matriz $M = \begin{bmatrix} 2 & 0 \\ -3 & 5 \end{bmatrix}$.

a) Construa a matriz $M - k \cdot I$, sendo $k \in \mathbb{R}$ e **I** a matriz identidade 2×2.

b) Quais os valores de **k** que tornam nulo o determinante da matriz $M - k \cdot I$?

▶ Regra de Cramer

Vamos considerar um sistema linear em que o número de equações é igual ao número de incógnitas.

Um processo de resolução desse tipo de sistema é a conhecida **Regra de Cramer**, baseada no cálculo de determinantes.

Essa regra leva o nome do matemático suíço Gabriel Cramer (1704-1752), que a demonstrou em 1750, embora não tenha sido o primeiro matemático a fazê-lo; acredita-se que a regra já era conhecida por Colin Maclaurin (1698-1746) desde 1729.

Inicialmente, vamos enunciar e demonstrar essa regra para o caso de um sistema 2×2.

Caso 2 × 2

Considere o sistema nas incógnitas **x** e **y**:

$$\begin{cases} ax + by = e \\ cx + dy = f \end{cases}.$$

Seja **D** o determinante da matriz **M** incompleta dos coeficientes do sistema:

$$M = \begin{bmatrix} a & b \\ c & d \end{bmatrix} \text{ e } D = \det M = ad - bc.$$

Se $D \neq 0$, então o sistema é possível e determinado (SPD) e sua solução (x, y) é dada por:

$$x = \frac{D_x}{D} \text{ e } y = \frac{D_y}{D}$$

em que $\mathbf{D_x}$ e $\mathbf{D_y}$ são os determinantes das matrizes obtidas a partir da matriz **M** substituindo, respectivamente, a 1ª coluna e a 2ª coluna de **M** pela coluna dos coeficientes independentes das equações do sistema.

Demonstração:

Vamos construir um sistema equivalente a $\begin{cases} ax + by = e \\ cx + dy = f \end{cases}$ usando o escalonamento.

Multiplicamos a 1ª equação por $(-c)$, $c \neq 0$, a 2ª equação por **a**, $a \neq 0$, e somamos:

$$\begin{array}{r} -ac\cancel{x} - bcy = -ce \\ \underline{ac\cancel{x} + ady = af} \oplus \\ (ad - bc)y = af - ce \end{array}$$

Obtemos:

$$\begin{cases} ax + & by = & e \\ & \underbrace{(ad - bc)}_{D}\, y = af - ce \end{cases}$$

O coeficiente de **y**, na 2ª equação do sistema escalonado, é igual a **D**, ou seja, det M.

Como, por hipótese, $D \neq 0$, obtemos:

$$y = \frac{af - ce}{ad - bc} = \frac{af - ce}{D} \qquad \boxed{1}$$

Note que $(af - ce)$, é o determinante da matriz obtida de **M** quando substituímos a 2ª coluna pela coluna dos coeficientes independentes, isto é: $\begin{bmatrix} a & e \\ c & f \end{bmatrix}$.

Representando $\det \begin{bmatrix} a & e \\ c & f \end{bmatrix} = af - ce$ por $\mathbf{D_y}$, obtemos, em $\boxed{1}$:

$$y = \frac{D_y}{D}$$

Para obter o valor de **x**, substituímos **y** na 1ª equação:

$$ax + by = e \Rightarrow ax + b \cdot \frac{af - ce}{ad - bc} = e \Rightarrow$$

$$\Rightarrow a \cdot (ad - bc)x + b \cdot (af - ce) = e \cdot (ad - bc) \overset{a \neq 0}{\Rightarrow}$$

$$\overset{a \neq 0}{\Rightarrow} x = \frac{e(ad - bc) - b(af - ce)}{a(ad - bc)} = \frac{ed - bf}{ad - bc} \quad \boxed{2}$$

Note que $(ed - bf)$ é o determinante da matriz obtida de **M** quando substituímos a 1ª coluna pela coluna dos coeficientes independentes: $\begin{bmatrix} e & b \\ f & d \end{bmatrix}$.

Representando $\det \begin{bmatrix} e & b \\ f & d \end{bmatrix} = ed - bf$ por $\mathbf{D_x}$, obtemos, em $\boxed{2}$: $x = \dfrac{D_x}{D}$

EXEMPLO 9

Usando a regra de Cramer, vamos resolver o sistema: $\begin{cases} 4x + 5y = -1 \\ 2x + 3y = 4 \end{cases}$.

Observemos que, como $D = \begin{vmatrix} 4 & 5 \\ 2 & 3 \end{vmatrix} = 12 - 10 = 2 \neq 0$, podemos usar a regra de Cramer.

Assim, esse sistema é possível e determinado. Calculemos $\mathbf{D_x}$ e $\mathbf{D_y}$:

$$D_x = \begin{vmatrix} -1 & 5 \\ 4 & 3 \end{vmatrix} = -3 - 20 = -23$$

$$D_y = \begin{vmatrix} 4 & -1 \\ 2 & 4 \end{vmatrix} = 16 + 2 = 18$$

Então, $x = \dfrac{D_x}{D} = -\dfrac{23}{2}$ e $y = \dfrac{D_y}{D} = \dfrac{18}{2} = 9$.

Logo, $S = \left\{ \left(-\dfrac{23}{2}, 9 \right) \right\}$.

Caso 3 × 3

Considere o sistema linear $\begin{cases} a_1 x + b_1 y + c_1 z = d \\ a_2 x + b_2 y + c_2 z = e, \\ a_3 x + b_3 y + c_3 z = f \end{cases}$

nas incógnitas **x**, **y** e **z**.

Se $D = \begin{vmatrix} a_1 & b_1 & c_1 \\ a_2 & b_2 & c_2 \\ a_3 & b_3 & c_3 \end{vmatrix} \neq 0$, então o sistema é possível e determinado.

Sua solução (x, y, z) é dada por $x = \dfrac{D_x}{D}$, $y = \dfrac{D_y}{D}$ e $z = \dfrac{D_z}{D}$, em que $\mathbf{D_x}$, $\mathbf{D_y}$ e $\mathbf{D_z}$ são os determinantes das matrizes obtidas quando trocamos, na matriz incompleta do sistema, a coluna dos coeficientes de **x**, **y** e **z**, respectivamente, pela coluna dos coeficientes independentes das equações.

EXERCÍCIO RESOLVIDO

5 Resolver o sistema: $\begin{cases} x + 2y - z = -5 \\ -x - 2y - 3z = -3 \\ 4x - y - z = 4 \end{cases}$

Solução:

Como $D = \begin{vmatrix} 1 & 2 & -1 \\ -1 & -2 & -3 \\ 4 & -1 & -1 \end{vmatrix} = -36 \neq 0$, o sistema é

SPD; podemos usar a regra de Cramer:

$D_x = \begin{vmatrix} -5 & 2 & -1 \\ -3 & -2 & -3 \\ 4 & -1 & -1 \end{vmatrix} = -10 - 24 - 3 - 8 + 15 - 6 =$

$= -36;\ x = \dfrac{D_x}{D} = \dfrac{-36}{-36} = 1$

$D_y = \begin{vmatrix} 1 & -5 & -1 \\ -1 & -3 & -3 \\ 4 & 4 & -1 \end{vmatrix} = 3 + 60 + 4 - 12 + 12 + 5 =$

$= 72;\ y = \dfrac{D_y}{D} = \dfrac{72}{-36} = -2$

Para determinar **z**, basta substituir os valores encontrados para **x** e **y** em qualquer uma das equações. Na primeira equação temos:

$1 + 2 \cdot (-2) - z = -5 \Rightarrow z = 2$

Portanto, $S = \{(1, -2, 2)\}$

EXERCÍCIOS

55 Resolva cada sistema a seguir, usando a regra de Cramer.

a) $\begin{cases} x + 4y = 0 \\ 3x + 2y = 5 \end{cases}$　　**c)** $\begin{cases} 5x - 4y = 6 \\ -x + y = -1 \end{cases}$

b) $\begin{cases} 2x - y = 2 \\ -x + 3y = -3 \end{cases}$

56 Resolva, usando a regra de Cramer:

a) $\begin{cases} 3x - y + z = 1 \\ 2x + 3z = -1 \\ 4x + y - 2z = 7 \end{cases}$

b) $\begin{cases} x - y + z = -5 \\ x + 2y + 4z = 4 \\ 3x + y - 2z = -3 \end{cases}$

c) $\begin{cases} x + y + z = 1 \\ x + y - z = -1 \\ 2x + 3y + 2z = 0 \end{cases}$

57 Em um programa de TV, o participante começa com R$ 500,00. Para cada pergunta respondida corretamente, recebe R$ 200,00; e para cada resposta errada perde R$ 150,00.

Se um participante respondeu todas as 25 questões formuladas e terminou com R$ 600,00, quantas questões ele errou?

58 (UF-ES) Vicente, que tem o hábito de fazer o controle do consumo de combustível de seu carro, observou que, com 33 L de gasolina, ele pode rodar 95 km na cidade mais 276 km na estrada e que, com 42 L de gasolina, ele pode rodar 190 km na cidade mais 264 km na estrada.

a) Calcule quantos quilômetros Vicente pode rodar na cidade com 1 L de gasolina.

b) Sabendo que Vicente viajou 143,5 km com 13 L de gasolina, determine o comprimento do seu trajeto na cidade e o comprimento do seu trajeto na estrada.

59 Um time de futebol disputou 38 partidas em um Campeonato Brasileiro, obtendo um total de 47 pontos. Sabendo que a diferença entre o número de derrotas e o de vitórias é, nesta ordem, igual a 3, determine quantas vezes o time empatou no campeonato. Lembre que, nesse campeonato, vitória vale 3 pontos, empate 1 ponto e derrota não pontua.

60 Resolva o sistema literal a seguir, sendo **x** e **y** as incógnitas. Suponha $a \cdot b \neq 0$.

$\begin{cases} (a + b) \cdot x + 2b \cdot y = 1 \\ a \cdot x + (a + b) \cdot y = 1 \end{cases}$

61 (UF-PE) Uma locadora de vídeos tem três estilos de filmes: de ficção científica, dramáticos e comédias. Sabendo que:

• o total de filmes de ficção científica e dramáticos, adicionado de um quarto dos filmes de comédia, corresponde à metade do total de filmes da locadora;

• o número de filmes de comédia excede em 800 o total de filmes de ficção científica e dramáticos;

• o número de filmes dramáticos é 50% superior ao número de filmes de ficção científica.

Encontre o número de filmes dramáticos da locadora e indique a soma de seus dígitos.

▶ Discussão de um sistema

Discutir um sistema linear em função de um ou mais parâmetros significa dizer para quais valores do(s) parâmetro(s) o sistema é possível (determinado ou indeterminado) ou impossível.

Quando o número de equações do sistema é igual ao seu número de incógnitas, há um método geral de discussão, que exemplificaremos com um sistema 2×2.

Seja o sistema linear $\begin{cases} ax + by = e \\ cx + dy = f \end{cases}$, de incógnitas **x** e **y**.

Escalonando-o, obtemos (veja página 401):

$$\begin{cases} ax + by = e \\ \underbrace{(ad - bc)}_{D} \cdot y = af - ce \quad \text{*} \end{cases}$$

em que $D = \begin{vmatrix} a & b \\ c & d \end{vmatrix}$ é o determinante da matriz incompleta do sistema.

Podemos ter:

- $D \neq 0$; nesse caso, como já vimos, podemos obter o valor de **y**, que é único, e, em seguida, obter o valor de **x**, que também é único.

  Trata-se de um sistema possível e determinado (SPD).

- $D = 0$; nesse caso, o 1º membro de * se anula.

  Se o 2º membro de * também se anular, teremos $0 = 0$, e o sistema se reduzirá à sua 1ª equação, sendo, portanto, possível e indeterminado (SPI).

  Se o 2º membro de * não se anular, a 2ª equação será uma sentença falsa, $\forall y \in \mathbb{R}$.

Logo, o sistema não terá solução; trata-se um sistema impossível (SI).

Em geral, sendo **D** o determinante da matriz incompleta dos coeficientes de um sistema linear, temos:

> Se $D \neq 0$, então, SPD
> Se $D = 0$, então, SPI ou SI

Esse resultado é válido para qualquer sistema linear de **n** equações e **n** incógnitas, com $n \geq 2$.

EXERCÍCIOS RESOLVIDOS

6 Discutir, em função de **m**, o sistema:

$$\begin{cases} x + y = 3 \\ 2x + my = 2 \end{cases}$$

Solução:

Temos: $D = \begin{vmatrix} 1 & 1 \\ 2 & m \end{vmatrix} = m - 2$

- Se $D \neq 0$, isto é, $m - 2 \neq 0$, ou $m \neq 2$, temos SPD.
- Se $D = 0$, isto é, $m - 2 = 0$, ou $m = 2$, temos SPI ou SI.

Nesse último caso, para decidirmos entre as duas possibilidades, levamos $m = 2$ ao sistema.

Temos:

$$\begin{cases} x + y = 3 \\ 2x + 2y = 2 \end{cases} \Leftrightarrow \begin{cases} x + y = 3 \\ x + y = 1 \end{cases} \begin{array}{l} \text{equações} \\ \text{incompatíveis} \end{array}$$

Trata-se de um sistema impossível.

Assim, $\begin{cases} m \neq 2 \Rightarrow \text{SPD} \\ m = 2 \Rightarrow \text{SI} \end{cases}$

7 Discutir, em função de **m**, o sistema:

$$\begin{cases} x - y - z = 1 \\ 2x + y + 3z = 6 \\ mx + y + 5z = 13 \end{cases}$$

Solução:

Temos: $D = \begin{vmatrix} 1 & -1 & -1 \\ 2 & 1 & 3 \\ m & 1 & 5 \end{vmatrix} = -2m + 10$

- Se $D \neq 0$, isto é, $m \neq 5$, temos SPD.
- Se $D = 0$, isto é, $m = 5$, podemos ter SPI ou SI.

Substituindo $m = 5$ no sistema e escalonando-o, obtemos:

$$\begin{cases} x - y - z = 1 & \text{I} \\ 2x + y + 3z = 6 & \text{II} \\ 5x + y + 5z = 13 & \text{III} \end{cases} \Leftrightarrow$$

$$\Leftrightarrow \begin{cases} x - y - z = 1 \\ 3y + 5z = 4 \quad \leftarrow (-2) \cdot \text{I} + \text{II} \\ 6y + 10z = 8 \quad \leftarrow (-5) \cdot \text{I} + \text{III} \end{cases}$$

Como os coeficientes da 2ª e 3ª equações são proporcionais, podemos retirar a 3ª equação, obtendo o sistema $\begin{cases} x - y - z = 1 \\ 3y + 5z = 4 \end{cases}$, que é possível e indeterminado.

Assim, $\begin{cases} m \neq 5 \Rightarrow \text{SPD} \\ m = 5 \Rightarrow \text{SPI} \end{cases}$

EXERCÍCIOS

62 Discuta, em função de **m**, os seguintes sistemas:

a) $\begin{cases} x + y = 3 \\ 2x + my = 6 \end{cases}$ **b)** $\begin{cases} 2x + my = m \\ 6x - 3y = 2 \end{cases}$

63 Discuta, em função de **m**, os seguintes sistemas:

a) $\begin{cases} x + 2y = mx \\ my - 2x = y \end{cases}$

b) $\begin{cases} (m + 1)x + 3y = 6 \\ x + (m - 1)y = 2 \end{cases}$

64 Discuta, em função de **m**, os seguintes sistemas:

a) $\begin{cases} mx + y - z = 4 \\ x + my + z = 0 \\ x - y = 2 \end{cases}$

b) $\begin{cases} -x + y + 2z = 3 \\ -5x - 4y + mz = -9 \\ x + 5y - 4z = 13 \end{cases}$

c) $\begin{cases} mx + y = -2 \\ -2x + y - z = m \\ 4x + y + mz = -5 \end{cases}$

65 Para que valores reais de **k** o sistema

$$\begin{bmatrix} 1 & k \\ k + 1 & 2 \end{bmatrix} \cdot \begin{bmatrix} x \\ y \end{bmatrix} = \begin{bmatrix} -1 \\ 0 \end{bmatrix}$$

admite uma única solução?

66 Existe algum valor real de **a** para o qual o sistema

$$\begin{cases} x - 3y + 2z = 1 \\ 2y + z = 3 \\ -x + 3ay + z = -2 \end{cases}$$

é indeterminado? E impossível?

67 Determine os valores de **m** e **n** para os quais o sistema

$$\begin{cases} x - 2y - 3z = 3 \\ -4x + my + 2z = -27 \\ x + z = n \end{cases}$$

admite infinitas soluções.

68 Discuta, em função de **a** e **b**, o sistema:

$$\begin{cases} 2x - y = 3 \\ 4x + ay = b \end{cases}$$

69 Para que valores de θ, $0 \leq \theta < 2\pi$, o sistema

$$\begin{cases} x \operatorname{sen} \theta + y = 1 \\ -x + 2y = 3 \end{cases}$$

é impossível?

70 Discuta, em função de **a** e **b**, o sistema:

$$\begin{cases} -x + y - z = 4 \\ 4x + ay + z = -19 \\ x - y + 3z = b \end{cases}$$

▶ Sistemas homogêneos

Dizemos que um sistema linear é homogêneo quando o termo independente de cada uma de suas equações é igual a zero. Assim, são exemplos de sistemas homogêneos:

$S_1: \begin{cases} 4x + 3y = 0 \\ 3x + 2y = 0 \end{cases}$

$S_2: \begin{cases} x + 2y + 2z = 0 \\ 3x + y - z = 0 \\ -x + 5y + \dfrac{1}{2}z = 0 \end{cases}$

$S_3: \begin{cases} 3x + y = 0 \\ x + y = 0 \\ 2x - y = 0 \end{cases}$

Vamos observar uma propriedade característica dos sistemas homogêneos:

• Em S_1, o par ordenado $(0, 0)$ é uma solução, pois verifica as duas equações.

• Em S_2, a tripla ordenada $(0, 0, 0)$ é uma solução, pois verifica as três equações.

• Em S_3, o par ordenado $(0, 0)$ é uma solução, pois verifica as três equações.

De modo geral, um sistema homogêneo com **n** incógnitas sempre admite a sequência $\underbrace{(0, 0, ..., 0)}_{\textbf{n} \text{ zeros}}$ como solução. Essa solução é chamada solução **nula**, **trivial** ou **imprópria**. Desse modo, um sistema homogêneo é sempre possível, pois possui, ao menos, a solução nula.

Se o sistema só possui a solução nula, ele é possível e determinado.

Havendo outras soluções, além da solução nula, ele é possível e indeterminado. Essas soluções recebem o nome de **soluções próprias ou não triviais**.

EXEMPLO 10

Resolvendo o sistema $\begin{cases} 4x + 3y = 0 \quad \text{I} \\ 3x + 2y = 0 \quad \text{II} \end{cases}$ por escalonamento, obtemos:

$$\begin{cases} 4x + 3y = 0 \\ \quad - \quad y = 0 \leftarrow (-3) \cdot \text{I} + 4 \cdot \text{II} \end{cases}$$

Temos um sistema escalonado tipo SPD; a única solução é (0, 0).

EXEMPLO 11

O sistema homogêneo $\begin{cases} x - 3y = 0 \\ -5x + 15y = 0 \end{cases}$

admite infinitas soluções. Observe:

Notando que $-5x + 15y = 0$ equivale a $-5 \cdot (x - 3y) = 0$, ou melhor, $x - 3y = 0$, temos que o sistema se reduz à equação linear $x - 3y = 0$, que possui infinitas soluções.

Sua solução geral é $(3\alpha, \alpha); \alpha \in \mathbb{R}$.

Vejamos algumas soluções:

$\alpha = 0 \rightarrow (0, 0)$ é a solução nula, trivial ou imprópria.

$\left.\begin{array}{l} \alpha = 1 \rightarrow (3, 1) \\ \alpha = -4 \rightarrow (-12, -4) \\ \alpha = \dfrac{1}{9} \rightarrow \left(\dfrac{1}{3}, \dfrac{1}{9}\right) \\ \vdots \end{array}\right\}$ soluções próprias ou diferentes da trivial.

EXERCÍCIO RESOLVIDO

8 Para que valores reais de **m** o sistema

$$\begin{cases} mx + y - 3z = 0 \\ my + 2z = 0 \\ -mx + z = 0 \end{cases}$$

admite soluções próprias?

Solução:

Como um sistema homogêneo é sempre possível, podemos afirmar que (sendo o número de equações igual ao número de incógnitas) se $D = 0$, então o sistema é indeterminado, e, nesse caso, admite soluções próprias.

Assim, devemos ter $D = 0$, isto é:

$$\begin{vmatrix} m & 1 & -3 \\ 0 & m & 2 \\ -m & 0 & 1 \end{vmatrix} = 0 \Rightarrow -2m^2 - 2m = 0 \Rightarrow$$

$\Rightarrow m = 0$ ou $m = -1$.

EXERCÍCIOS

71 Resolva e classifique os seguintes sistemas:

a) $\begin{cases} x + 2y = 0 \\ 3x + 5y = 0 \end{cases}$ **c)** $\begin{cases} x + 2y = 0 \\ -4x - 8y = 0 \end{cases}$

b) $\begin{cases} 11x + 4y = 0 \\ 5x - 2y = 0 \end{cases}$

72 Resolva e classifique os seguintes sistemas:

a) $\begin{cases} 2x + 3y - z = 0 \\ x - 4y + z = 0 \\ 3x + y - 2z = 0 \end{cases}$

b) $\begin{cases} x + 2y - z = 0 \\ 2x - y + 3z = 0 \\ 4x + 3y + z = 0 \end{cases}$

73 Seja o sistema: $\begin{cases} x - y + 4z = m - 2 \\ mx + 3y - z = 0 \\ 6x + (m-3)y + 15z = 0 \end{cases}$

a) Determine **m** para que o sistema seja homogêneo.

b) Utilizando o resultado do item *a*, resolva o sistema.

74 Determine **m** para que o sistema $\begin{cases} x + y - z = 0 \\ mx + 2y - 3z = 0 \\ 4x + y = 0 \end{cases}$ admita infinitas soluções.

75 (Fuvest-SP) Seja o sistema $\begin{cases} x + 2y - z = 0 \\ x - my - 3z = 0 \\ x + 3y + mz = m \end{cases}$.

a) Determine todos os valores de **m** para os quais o sistema admite solução.

b) Resolva o sistema supondo m = 0.

76 A equação matricial $\begin{bmatrix} 1 & -m & 2 \\ 0 & m & 1 \\ -m & 1 & -2 \end{bmatrix} \cdot \begin{bmatrix} x_1 \\ x_2 \\ x_3 \end{bmatrix} = \begin{bmatrix} 0 \\ 0 \\ 0 \end{bmatrix}$

admite apenas uma única solução (x_1, x_2, x_3).

a) Determine essa solução.

b) Determine os possíveis valores de **m**.

EXERCÍCIOS COMPLEMENTARES

1 (UF-PR) No processo de preparação de uma mistura, foi necessário estudar o sistema linear:

$$\begin{cases} p + 2q + r = 3 \\ 2p + 3r = 8 \\ p + 6q = 1 \end{cases}$$

Nesse sistema, **p**, **q** e **r** representam as quantidades dos três elementos envolvidos na mistura.

a) Calcule o determinante da matriz dos coeficientes desse sistema.

b) Resolva o sistema.

2 (UnB-DF) Na última década, a Rússia, os Estados Unidos da América (EUA) e a China lançaram 526 foguetes no espaço. Sabe-se que o total de foguetes lançados pela Rússia é igual à diferença entre o quíntuplo do total de foguetes lançados pelos EUA e oito vezes o total lançado pela China. Sabe-se também que nenhum dos três países lançou menos que 20 foguetes. Com base nessas informações, julgue os itens *a*, *b*, *c*, *d* e faça o que se pede no item *e*.

a) O número de lançamentos de foguetes pelos EUA superou em mais de 80 o número de lançamentos pela China.

b) Se os EUA lançaram exatamente 102 foguetes a mais que a China, então a Rússia lançou exatamente 252 foguetes.

c) No referido período, a Rússia pode ter lançado 280 foguetes.

d) Os EUA lançaram pelo menos 60% mais foguetes que a China.

e) O lançamento de foguetes gera muito lixo espacial, que permanece orbitando ao redor da Terra. A expectativa é de que, em quinze anos, vários desses objetos sejam retirados de órbita anualmente. Considere que a sequência $N_0, N_1, ..., N_{14}$ represente os números de objetos a serem retirados de órbita em cada um desses quinze anos. Considere, ainda, que esses números obedeçam à regra $N_t = N_0 + 2^t$, para $t \geq 1$. Assumindo $N_0 = 530$ e 8192 como o valor de 2^{13}, calcule o número total de objetos a serem retirados de órbita durante quinze anos. Divida o valor encontrado por 100. Após efetuados todos os cálculos solicitados, despreze a parte fracionária do resultado final obtido, caso exista.

3 Patrícia fez um pagamento de R$ 5 200,00 usando cédulas de R$ 20,00, R$ 50,00 e R$ 100,00, num total de 96 cédulas. Sabe-se que as quantidades de cédulas de R$ 20,00, R$ 50,00 e R$ 100,00 formavam, nesta ordem, uma progressão aritmética (P.A.). Qual é a razão dessa P.A.?

4 Determine os valores reais de **a**, **b** e **c** que verificam a equação:

$(a - b + 2c)^2 + (3a - b + c - 3)^2 + (-5a + 4b - 7c + 2)^2 = 0$

5 (FGV-SP)

a) Ana, Marta e Pablo compraram 6 000 selos. O número de selos que comprou Ana é um terço dos que comprou Marta e um quarto dos que comprou Pablo. Quantos selos comprou cada um?

b) Ana, Marta e Pablo compraram 48 de outros tipos de selos, mais valiosos. Ana comprou um terço dos que comprou Marta. Cada um dos três comprou pelo menos 5 selos e Pablo foi o que mais selos comprou. Quantos selos pode ter comprado Pablo?

6 (FGV-SP) Em uma competição de Matemática, a prova é do tipo múltipla-escolha com 25 questões. A pontuação de cada competidor é feita de tal maneira que cada questão:

• respondida corretamente vale 6 pontos;

• não respondida vale 1,5 ponto;

• respondida erradamente vale 0 (zero) ponto.

a) É possível um competidor fazer exatamente 100 pontos? Se a resposta for afirmativa, mostre uma maneira; se não for, justifique a impossibilidade.

b) Márcia fez mais de 100 pontos. Quantas questões, no mínimo, ela respondeu corretamente?

7 (Unicamp-SP)

Considere a matriz $A = \begin{pmatrix} a & 1 & 1 \\ -1 & 0 & b \\ c & -2 & 0 \end{pmatrix}$, onde **a**, **b** e **c** são números reais.

a) Encontre os valores de **a**, **b** e **c** de modo que $A^T = -A$.

b) Dados $a = 1$ e $b = -1$, para que valores de **c** e **d** o sistema linear $A \begin{pmatrix} x \\ y \\ z \end{pmatrix} = \begin{pmatrix} 1 \\ 1 \\ d \end{pmatrix}$ tem infinitas soluções?

8 (U.E. Londrina-PR) Uma padaria possui 3 tipos de padeiros, classificados como **A**, **B** e **C**. Essa padaria é bem conhecida na cidade pela qualidade do pão francês, da baguete e do pão de batata.

Cada padeiro do tipo **A** produz, diariamente, 30 pães franceses, 100 baguetes e 20 pães de batata.

Cada padeiro do tipo **B** produz, diariamente, 30 pães franceses, 70 baguetes e 20 pães de batata.

Cada padeiro do tipo **C** produz, diariamente, 90 pães franceses, 30 baguetes e 100 pães de batata.

Quantos padeiros do tipo **A**, do tipo **B** e do tipo **C** são necessários para que, em um dia, a padaria produza, exatamente, 420 pães franceses, 770 baguetes e 360 pães de batata?

9 A prefeitura de uma cidade dispõe de uma verba anual de **x** milhões de reais para gastar em educação e **y** milhões de reais para gastar com saúde. No 1° trimestre do ano foram gastos 30% da verba de educação e 70% da verba da saúde, num total de 340 milhões de reais. No 2° trimestre, foram gastos 40% da verba restante de educação e 20% da verba restante em saúde, num total de 80 milhões de reais.

Quais eram, em milhões de reais, as verbas ainda disponíveis para a educação e para a saúde, transcorrido o 1° semestre?

10 (UE-RJ) A ilustração abaixo mostra seis cartões numerados organizados em três linhas. Em cada linha, os números estão dispostos em ordem crescente, da esquerda para a direita. Em cada cartão, está registrado um número exatamente igual à diferença positiva dos números registrados nos dois cartões que estão imediatamente abaixo dele. Por exemplo, os cartões 1 e **Z** estão imediatamente abaixo do cartão **X**.

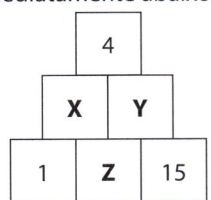

Determine os valores de **X**, **Y** e **Z**.

11 (U. F. Uberlândia-MG) Dois colecionadores de obras de arte, durante a realização de um leilão, compraram diversos quadros dos artistas **A**, **B** e **C**. Sabe-se que:

I. cada artista vende seus quadros por um valor fixo (em reais);

II. um dos colecionadores comprou 1 quadro do artista **A**, 2 quadros do artista **B** e 3 quadros do artista **C** por R$ 10 000,00;

III. o outro colecionador comprou 2 quadros do artista **A**, 5 quadros do artista **B** e 8 quadros do artista **C** por R$ 23 500,00.

Nessas condições, execute planos de resolução, respondendo:

a) Qual é o valor total a ser pago por um colecionador que comprou um quadro de cada um desses três artistas?

b) Se, no leilão, cada quadro do artista **B** é vendido no mínimo por R$ 1 000,00, qual é o preço máximo de venda de um quadro do artista **C**?

12 (Unicamp-SP) Considere a matriz

$$A_\alpha = \begin{bmatrix} 1 & \alpha \\ -\dfrac{1}{\alpha} & -1 \end{bmatrix}, \text{ que depende do parâmetro}$$

real $\alpha > 0$.

a) Calcule a matriz $(A_\alpha + A_{2\alpha})^2$.

b) Um ponto no plano cartesiano com as coordenadas $\begin{bmatrix} x \\ y \end{bmatrix}$ é transformado pela matriz A_α em um novo ponto da seguinte forma:

$$\begin{bmatrix} x' \\ y' \end{bmatrix} = A_\alpha \begin{bmatrix} x \\ y \end{bmatrix} = \begin{bmatrix} x + \alpha y \\ -\dfrac{1}{\alpha} x - y \end{bmatrix}$$

Calcule o valor de **α**, sabendo que o sistema

$A_\alpha \begin{bmatrix} x \\ y \end{bmatrix} = \begin{bmatrix} -6 \\ 2 \end{bmatrix}$ admite solução.

13 (UF-GO) Um fabricante combina cereais, frutas desidratadas e castanhas para produzir três tipos de granola. As quantidades, em gramas, de cada ingrediente utilizado na preparação de 100 g de cada tipo de granola são dadas na tabela a seguir.

Tipo de granola/ ingredientes	Cereais	Frutas	Castanhas
Light	80	10	10
Simples	60	40	0
Especial	60	20	20

O fabricante dispõe de um estoque de 18 kg de cereais, 6 kg de frutas desidratadas e 2 kg de castanhas. Determine quanto de cada tipo de granola ele deve produzir para utilizar exatamente o estoque disponível.

14 Em uma lanchonete, registrou-se o consumo em três mesas, conforme mostra a tabela seguinte:

Mesas	Refrigerantes	Cafés	Salgados
1	10	3	20
2	2	7	4
3	5	4	10

Na mesa 1, a despesa foi R$ 91,00 e, na mesa 2, R$ 31,00.

Classifique como verdadeira (**V**) ou falsa (**F**) as afirmações seguintes:

a) O preço unitário do café é R$ 2,00.

b) O preço unitário do refrigerante é R$ 1,80.

c) O valor da despesa da mesa 3 não pode ser determinado.

d) É impossível determinar o preço unitário do refrigerante e do salgado.

e) O valor da despesa da mesa 3 é inferior a R$ 52,00.

15 (UF-GO) Um método utilizado no balanceamento de reações químicas consiste em associar variáveis aos coeficientes de cada composto e igualar suas quantidades nos reagentes com as quantidades nos produtos, de modo a obter um sistema de equações lineares.

Por exemplo, a equação química que representa a reação de produção de sulfato de sódio é dada por:

$$Na_2O + (NH_4)_2SO_4 \rightarrow Na_2SO_4 + H_2O + NH_3$$

Para o balanceamento da equação, utilizam-se coeficientes **x**, **y**, **z**, **w** e **t**, tais que:

$$x\ Na_2O + y\ (NH_4)_2SO_4 \rightarrow z\ Na_2SO_4 + w\ H_2O + t\ NH_3$$

e, igualando-se as quantidades de cada componente nos dois lados da equação, obtém-se um sistema de equações nas variáveis **x**, **y**, **z**, **w** e **t**.

Para o exemplo apresentado acima,

a) represente matricialmente o sistema de equações lineares nas variáveis **x**, **y**, **z**, **w** e **t**;

b) calcule os menores valores inteiros positivos de **x**, **y**, **z**, **w** e **t** que resolve o sistema.

TESTES

1 (UTF-PR) Num jogo de decisão de campeonato, os preços dos ingressos num estádio de futebol eram: arquibancada R$ 25,00 e geral R$ 10,00. A renda, com a venda desses dois tipos de ingressos, foi de R$ 48 200,00. Sabendo que todos os ingressos foram vendidos e que o número de ingressos da arquibancada equivale a $\frac{2}{5}$ do número de ingressos da geral, determine quantos ingressos da arquibancada foram vendidos.

a) 1 024   c) 1 824   e) 890

b) 964   d) 2 410

2 (UF-CE) Uma fábrica de confecções produziu, sob encomenda, 70 peças de roupas entre camisas, batas e calças, sendo a quantidade de camisas igual ao dobro da quantidade de calças. Se o número de bolsos em cada camisa, bata e calça é dois, três e quatro, respectivamente, e o número total de bolsos nas peças é 200, então podemos afirmar que a quantidade de batas é:

a) 36   c) 40   e) 44

b) 38   d) 42

3 (U. F. Santa Maria-RS) Num determinado mês, em uma unidade de saúde, foram realizadas 58 hospitalizações para tratar pacientes com as doenças **A**, **B** e **C**. O custo total em medicamentos para esses pacientes foi de R$ 39 200,00.

Sabe-se que, em média, o custo por paciente em medicamentos para a doença **A** é R$ 450,00, para a doença **B** é R$ 800,00 e para a doença **C** é R$ 1 250,00. Observa-se também que o número de pacientes com a doença **A** é o triplo do número de pacientes com a doença **C**. Se **a**, **b** e **c** representam, respectivamente, o número de pacientes com as doenças **A**, **B** e **C**, então o valor de a – b – c é igual a:

a) 14   c) 26   e) 58

b) 24   d) 36

4 (FGV-SP) Três sócios **A**, **B** e **C** resolvem abrir uma sociedade com um capital de R$ 100 000,00. **B** entrou com uma quantia igual ao dobro da de **A**, e a diferença entre a quantia de **C** e a de **A** foi R$ 60 000,00.

O valor absoluto da diferença entre as quantias de **A** e **B** foi:

a) R$ 10 000,00   d) R$ 25 000,00

b) R$ 15 000,00   e) R$ 30 000,00

c) R$ 20 000,00

5 (UF-AM) Pedro e João foram a uma pizzaria. Pedro pagou R$ 8,40 por duas fatias de *pizza* e uma lata de suco. João pagou R$ 13,60 por três fatias da mesma *pizza* de Pedro e duas latas do mesmo suco. Nessa ocasião, a diferença entre o preço de uma fatia de *pizza* e o preço de uma lata de suco era de:

a) R$ 3,20   c) R$ 2,00   e) R$ 1,20

b) R$ 2,30   d) R$ 1,90

6 (PUC-RS)

O sistema $\begin{cases} 2x - y = 3 \\ -x + 2y = 4 \end{cases}$ pode ser apresentado como:

a) $\begin{bmatrix} 2 & -1 \\ -1 & 2 \end{bmatrix} \begin{bmatrix} x \\ y \end{bmatrix} = \begin{bmatrix} 3 \\ 4 \end{bmatrix}$

b) $\begin{bmatrix} -1 & 2 \\ 2 & -1 \end{bmatrix} \begin{bmatrix} x \\ y \end{bmatrix} = \begin{bmatrix} 3 \\ 4 \end{bmatrix}$

c) $\begin{bmatrix} -1 & 2 \\ -1 & 2 \end{bmatrix} \begin{bmatrix} x \\ y \end{bmatrix} = \begin{bmatrix} 3 \\ 4 \end{bmatrix}$

d) $\begin{bmatrix} -2 & 1 \\ 1 & -2 \end{bmatrix} \begin{bmatrix} x \\ y \end{bmatrix} = \begin{bmatrix} 3 \\ 4 \end{bmatrix}$

e) $\begin{bmatrix} -2 & 1 \\ -1 & 2 \end{bmatrix} \begin{bmatrix} x \\ y \end{bmatrix} = \begin{bmatrix} 3 \\ 4 \end{bmatrix}$

7 (ESPM-SP) Carlinhos possui certa quantidade de bolinhas de gude e algumas latinhas onde guardá-las. Ao colocar 4 bolinhas em cada lata, sobraram 2 bolinhas, mas quando colocou 5 bolinhas em cada lata, a última ficou com apenas 2 bolinhas. Podemos afirmar que todas as latas ficariam com o mesmo número de bolinhas se ele tivesse:

a) 36 bolinhas

b) 42 bolinhas

c) 49 bolinhas

d) 55 bolinhas

e) 63 bolinhas

8 (FGV-SP) Dado o sistema linear de equações, nas incógnitas **x**, **y** e **z**:

$$\begin{cases} x + 3y - z = 9 \\ 2x - y + z = -4 \\ -x + 11y - 5z = m \end{cases}$$

podemos afirmar que o sistema é:

a) impossível para m = 10.

b) possível, qualquer que seja **m**.

c) indeterminado para m ≠ 35.

d) determinado para m = 35.

e) impossível, qualquer que seja **m**.

9 (UF-PR) Numa empresa de transportes, um encarregado recebe R$ 400,00 a mais que um carregador, porém cada encarregado recebe apenas 75% do salário de um supervisor de cargas. Sabendo que a empresa possui 2 supervisores de cargas, 6 encarregados e 40 carregadores e que a soma dos salários de todos esses funcionários é R$ 57 000,00, qual é o salário de um encarregado?

a) R$ 2 000,00

b) R$ 1 800,00

c) R$ 1 500,00

d) R$ 1 250,00

e) R$ 1 100,00

10 (UE-RJ) Uma família comprou água mineral em embalagens de 20 L, de 10 L e de 2 L. Ao todo, foram comprados 94 L de água, com o custo total de R$ 65,00. Veja na tabela os preços da água por embalagem:

Volume da embalagem (L)	Preço (R$)
20	10,00
10	6,00
2	3,00

Nessa compra, o número de embalagens de 10 L corresponde ao dobro do número de embalagens de 20 L, e a quantidade de embalagens de 2 L corresponde a **n**.

O valor de **n** é um divisor de:

a) 32 b) 65 c) 77 d) 81

11 (IF-SC) A alternativa correta que indica o valor de **a** para que a seguinte equação matricial admita somente a solução trivial é:

$$\begin{bmatrix} 4 & 8 & a \\ -1 & 2 & 1 \\ 6 & 0 & 2 \end{bmatrix} \begin{bmatrix} x \\ y \\ z \end{bmatrix} = \begin{bmatrix} 0 \\ 0 \\ 0 \end{bmatrix}$$

a) $a = \dfrac{10}{3}$

b) $a = \dfrac{20}{3}$

c) $a \neq -\dfrac{20}{3}$

d) $a \neq \dfrac{20}{3}$

e) $a \neq \dfrac{10}{3}$

12 (ESPM-SP) O sistema $\begin{cases} ax + 4y = a^2 \\ x + ay = -2 \end{cases}$, em **x** e **y**, é possível e indeterminado se, e somente se:

a) a ≠ −2

b) a ≠ 2

c) a = ±2

d) a = −2

e) a = 2

13 (Vunesp-SP) Uma família fez uma pesquisa de mercado, nas lojas de eletrodomésticos, à procura de três produtos que desejava adquirir: uma TV, um *freezer* e uma churrasqueira. Em três das lojas pesquisadas, os preços de cada um dos produtos eram coincidentes entre si, mas nenhuma das lojas tinha os três produtos simultaneamente para a venda.

A loja **A** vendia a churrasqueira e o *freezer* por R$ 1 288,00. A loja **B** vendia a TV e o *freezer* por R$ 3 698,00 e a loja **C** vendia a churrasqueira e a TV por R$ 2 588,00.

A família acabou comprando a TV, o *freezer* e a churrasqueira nessas três lojas. O valor total pago, em reais, pelos três produtos foi de:

a) 3 767,00

b) 3 777,00

c) 3 787,00

d) 3 797,00

e) 3 807,00

14 (Cefet-MG) Um restaurante serve um prato especial com dois tipos de comida **A** e **B**, cujas quantidades de carboidratos e gorduras por porção encontram-se indicadas na tabela abaixo.

Comidas	Carboidratos (g)	Gorduras (g)
A	20	2
B	5	1

O nutricionista prepara esse prato de forma que contenha 60 g de carboidrato e 8 g de gordura. Se **x** e **y** são os números de porções **A** e **B**, respectivamente, usadas pelo nutricionista, então, a solução desse problema é um par ordenado que pertence ao gráfico da função:

a) y = −3x + 1

b) y = 5x − 6

c) y = 4x

d) y = x − 2

15 (UPE-PE) Em uma floricultura, é possível montar arranjos diferentes com rosas, lírios e margaridas. Um arranjo com 4 margaridas, 2 lírios e 3 rosas custa 42 reais. No entanto, se o arranjo tiver uma margarida, 2 lírios e uma rosa, ele custa 20 reais. Entretanto, se o arranjo tiver 2 margaridas, 4 lírios e uma rosa, custará 32 reais. Nessa floricultura, quanto custará um arranjo simples, com uma margarida, um lírio e uma rosa?

a) 5 reais

b) 8 reais

c) 10 reais

d) 15 reais

e) 24 reais

16 (UF-GO) Em um determinado parque, existe um circuito de caminhada, como mostra a figura a seguir.

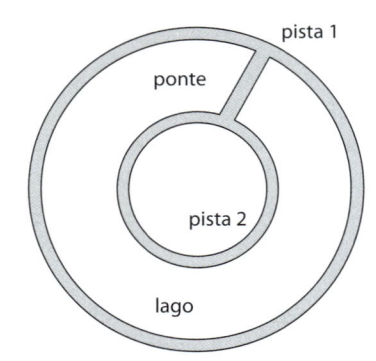

Um atleta, utilizando um podômetro, percorre em um dia a pista 1 duas vezes, atravessa a ponte e percorre a pista 2 uma única vez, totalizando 1 157 passos. No dia seguinte, percorre a pista 1 uma única vez, atravessa a ponte e percorre a pista 2, também uma única vez, totalizando 757 passos. Além disso, percebe que o número de passos necessários para percorrer sete voltas na pista 1 equivale ao número de passos para percorrer oito voltas na pista 2. Diante do exposto, conclui-se que o comprimento da ponte, em passos, é:

a) 5

b) 6

c) 7

d) 8

e) 15

17 (Insper-SP) Em uma noite, a razão entre o número de pessoas que estavam jantando em um restaurante e número de garçons que as atendiam era de 30 para 1. Em seguida, chegaram mais 50 clientes, mais 5 garçons iniciaram o atendimento e a razão entre o número de clientes e o número de garçons ficou em 25 para 1. O número inicial de clientes no restaurante era:

a) 250

b) 300

c) 350

d) 400

e) 450

18 (EPCAr-MG) Sejam as matrizes

$$A = \begin{bmatrix} 1 & 1 & 1 \\ 1 & 1 & 2 \\ 1 & 1 & -2 \end{bmatrix}, X = \begin{bmatrix} x_1 \\ x_2 \\ x_3 \end{bmatrix}, B = \begin{bmatrix} k \\ 3 \\ 5 \end{bmatrix}$$

Em relação à equação matricial $AX = B$, é correto afirmar que:

a) é impossível para $k = \dfrac{7}{2}$.

b) admite solução única para $k = \dfrac{7}{2}$.

c) toda solução satisfaz à condição $x_1 + x_2 = 4$.

d) admite a terna ordenada $\left(2, 1, -\dfrac{1}{2}\right)$ como solução.

19 (Fuvest-SP) Uma geladeira é vendida em **n** parcelas iguais, sem juros. Caso se queira adquirir o produto, pagando-se 3 ou 5 parcelas a menos, ainda sem juros, o valor de cada parcela deve ser acrescido de R$ 60,00 ou R$ 125,00, respectivamente. Com base nessas informações, conclui-se que o valor de **n** é igual a:

a) 13

b) 14

c) 15

d) 16

e) 17

20 (Vunesp-SP) Uma pessoa necessita de 5 mg de vitamina E por semana, a serem obtidos com a ingestão de dois complementos alimentares α e β. Cada pacote desses complementos fornece, respectivamente, 1 mg e 0,25 mg de vitamina E. Essa pessoa dispõe de exatamente R$ 47,00 semanais para gastar com os complementos, sendo que cada pacote de α custa R$ 5,00 e de β, R$ 4,00.
O número mínimo de pacotes do complemento alimentar α que essa pessoa deve ingerir semanalmente, para garantir os 5 mg de vitamina E ao custo fixado para o mesmo período, é de:

a) 3

b) $3\dfrac{5}{16}$

c) 5,5

d) $6\dfrac{3}{4}$

e) 8

21 (Unicamp-SP) Recentemente, um órgão governamental de pesquisa divulgou que, entre 2006 e 2009, cerca de 5,2 milhões de brasileiros saíram da condição de indigência. Nesse mesmo período, 8,2 milhões de brasileiros deixaram a condição de pobreza. Observe que a faixa de pobreza inclui os indigentes.

O gráfico a seguir mostra os percentuais da população brasileira enquadrados nessas duas categorias, em 2006 e 2009.

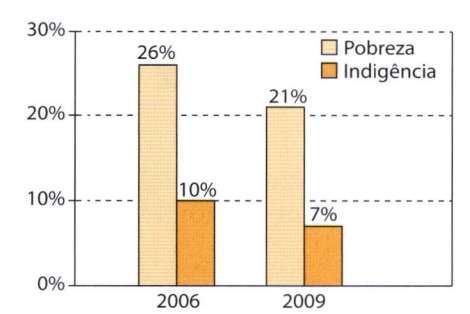

Após determinar a população brasileira em 2006 e em 2009, resolvendo um sistema linear, verifica-se que:

a) o número de brasileiros indigentes passou de 19,0 milhões, em 2006, para 13,3 milhões, em 2009.

b) 12,9 milhões de brasileiros eram indigentes em 2009.

c) 18,5 milhões de brasileiros eram indigentes em 2006.

d) entre 2006 e 2009, o total de brasileiros incluídos nas faixas de pobreza e de indigência passou de 36% para 28% da população.

22 (Vunesp-SP) Os habitantes de um planeta chamado *Jumpspace* locomovem-se saltando. Para isso, realizam apenas um número inteiro de saltos de dois tipos, o *slow jump* (SJ) e o *quick jump* (QJ). Ao executarem um SJ saltam sempre 20 u.d. (unidade de distância) para Leste e 30 u.d. para Norte. Já no QJ saltam sempre 40 u.d. para Oeste e 80 u.d. para Sul.

Um habitante desse planeta deseja chegar exatamente a um ponto situado 204 u.d. a Leste e 278 u.d. ao Norte de onde se encontra. Nesse caso, é correto afirmar que o habitante:

a) conseguirá alcançar seu objetivo, realizando 13 saltos SJ e 7 QJ.

b) conseguirá alcançar seu objetivo, realizando 7 saltos SJ e 13 QJ.

c) conseguirá alcançar seu objetivo, realizando 13 saltos SJ.

d) não conseguirá alcançar seu objetivo, pois não há número inteiro de saltos que lhe permita isso.

e) conseguirá alcançar seu objetivo, realizando 7 saltos QJ.

23 (UF-PR) Uma bolsa contém 20 moedas, distribuídas entre as de 5, 10 e 25 centavos, totalizando R$ 3,25. Sabendo que a quantidade de moedas de 5 centavos é a mesma das moedas de 10 centavos, quantas moedas de 25 centavos há nessa bolsa?

a) 6

b) 8

c) 9

d) 10

e) 12

24 (ITA-SP) O sistema $\begin{cases} x + 2y + 3z = a \\ y + 2z = b \\ 3x - y - 5cz = 0 \end{cases}$:

a) é possível, $\forall\, a, b, c \in \mathbb{R}$.

b) é possível quando $a = \dfrac{7b}{3}$ ou $c \neq 1$.

c) é impossível quando $c = 1$, $\forall\, a, b \in \mathbb{R}$.

d) é impossível quando $a \neq \dfrac{7b}{3}$, $\forall\, c \in \mathbb{R}$.

e) é possível quando $c = 1$ e $a \neq \dfrac{7b}{3}$.

25 (Unicamp-SP) Considere o sistema linear nas variáveis **x**, **y** e **z**.

$$\begin{cases} x + 2y + 3z = 20 \\ 7x + 8y - mz = 26 \end{cases},$$

onde **m** é um número real. Sejam $a < b < c$ números inteiros consecutivos tais que $(x, y, z) = (a, b, c)$ é uma solução desse sistema. O valor de **m** é igual a:

a) 3

b) 2

c) 1

d) 0

26 (Fuvest-SP) No sistema linear $\begin{cases} ax - y = 1 \\ y + z = 1 \\ x + z = m \end{cases}$, nas variáveis **x**, **y** e **z**, **a** e **m** são constantes reais. É correto afirmar:

a) No caso em que $a = 1$, o sistema tem solução se, e somente se, $m = 2$.

b) O sistema tem solução, quaisquer que sejam os valores de **a** e de **m**.

c) No caso em que $m = 2$, o sistema tem solução se, e somente se, $a = 1$.

d) O sistema só tem solução se $a = m = 1$.

e) O sistema não tem solução, quaisquer que sejam os valores de **a** e de **m**.

22 Complementos sobre determinantes

▶ Teorema de Laplace: Determinante de matriz quadrada de ordem *n*

O teorema seguinte (omitiremos a demonstração) permite-nos calcular o determinante de qualquer matriz quadrada de ordem **n**, com n ⩾ 2. Ele foi demonstrado pelo francês Pierre S. de Laplace (1749-1827). Antes de enunciá-lo, vamos introduzir o conceito de cofator.

▶ Cofator

Seja **A** uma matriz quadrada de ordem n ⩾ 2 e seja a_{ij} um elemento de **A**.

Chama-se **cofator** de a_{ij} o número real A_{ij} tal que $A_{ij} = (-1)^{i+j} \cdot D_{ij}$, em que D_{ij} é o determinante da matriz que se obtém de **A**, eliminando sua i-ésima linha e j-ésima coluna.

Teorema

O determinante de uma matriz quadrada **M**, de ordem n ⩾ 2, é igual à soma dos produtos dos elementos de uma fila qualquer (linha ou coluna) pelos seus respectivos cofatores.

EXEMPLO 1

Na matriz $A = \begin{bmatrix} 2 & 1 & 5 \\ 4 & 3 & 2 \\ 7 & 6 & 8 \end{bmatrix}$, qual é o cofator do elemento a_{13}? E do elemento a_{21}?

• Para calcularmos o cofator de a_{13}, como i = 1 e j = 3, eliminamos a 1ª linha e a 3ª coluna de **A**, e assim obtemos:

$A = \begin{bmatrix} 2 & 1 & 5 \\ 4 & 3 & 2 \\ 7 & 6 & 8 \end{bmatrix}$

$A_{13} = (-1)^{1+3} \cdot \begin{vmatrix} 4 & 3 \\ 7 & 6 \end{vmatrix} = 1 \cdot (24 - 21) = 3$

• Para calcularmos o cofator do elemento a_{21} (i = 2 e j = 1), eliminamos a 2ª linha e a 1ª coluna de **A**:

$A = \begin{bmatrix} 2 & 1 & 5 \\ 4 & 3 & 2 \\ 7 & 6 & 8 \end{bmatrix}$

$A_{21} = (-1)^{2+1} \cdot \begin{vmatrix} 1 & 5 \\ 6 & 8 \end{vmatrix} = (-1) \cdot (8 - 30) = 22$

EXEMPLO 2

Vamos calcular $D = \begin{vmatrix} 3 & 1 & -2 & 1 \\ 5 & 2 & 2 & 3 \\ 7 & 4 & -5 & 0 \\ 1 & -1 & 11 & 2 \end{vmatrix} \leftarrow$

Escolhemos a linha 3 de **D**. Pelo teorema de Laplace, temos:

$D = 7 \cdot A_{31} + 4 \cdot A_{32} + (-5) \cdot A_{33} + \underbrace{0 \cdot A_{34}}_{= 0}$ ✱

Calculando A_{31}, A_{32} e A_{33}, obtemos:

$A_{31} = (-1)^4 \cdot \begin{vmatrix} 1 & -2 & 1 \\ 2 & 2 & 3 \\ -1 & 11 & 2 \end{vmatrix} = 9$

$A_{32} = (-1)^5 \cdot \begin{vmatrix} 3 & -2 & 1 \\ 5 & 2 & 3 \\ 1 & 11 & 2 \end{vmatrix} = 20$

$A_{33} = (-1)^6 \cdot \begin{vmatrix} 3 & 1 & 1 \\ 5 & 2 & 3 \\ 1 & -1 & 2 \end{vmatrix} = 7$

Observe que não é necessário calcular A_{34}.

Daí, em ✱, temos:

$D = 7 \cdot 9 + 4 \cdot 20 + (-5) \cdot 7 = 108$

EXEMPLO 3

Qual é o valor de $D = \begin{vmatrix} 1 & 0 & 10 & 0 \\ 3 & -2 & 1 & -1 \\ 5 & 0 & -3 & -2 \\ -9 & 0 & 4 & 7 \end{vmatrix}$?

Embora a escolha seja arbitrária, devemos optar pela fila com maior número de zeros a fim de simplificar os cálculos. Escolhemos, dessa forma, desenvolver pelos elementos da 2ª coluna.

Temos:
$$D = \underbrace{0 \cdot A_{12}}_{= 0} + (-2) \cdot A_{22} + \underbrace{0 \cdot A_{32}}_{= 0} + \underbrace{0 \cdot A_{42}}_{= 0}$$

$$D = -2 \cdot A_{22}$$

Assim, basta calcular A_{22}:

$$A_{22} = (-1)^{2+2} \cdot \begin{vmatrix} 1 & 10 & 0 \\ 5 & -3 & -2 \\ -9 & 4 & 7 \end{vmatrix} = -183$$

Então $D = (-2) \cdot (-183) = 366$.

OBSERVAÇÕES

Embora o teorema de Laplace possa ser aplicado a qualquer matriz quadrada de ordem n ($n \geq 2$), para os casos n = 2 e n = 3 é geralmente mais fácil usar as regras práticas estudadas no capítulo anterior.

EXERCÍCIOS

1 Calcule os seguintes determinantes:

a) $\begin{vmatrix} 1 & 4 & 1 & 1 \\ 2 & 0 & 4 & 3 \\ 5 & 0 & 2 & 1 \\ -3 & 0 & 7 & -1 \end{vmatrix}$

b) $\begin{vmatrix} -2 & 3 & 1 & 7 \\ 0 & -1 & 2 & 0 \\ 3 & -4 & 5 & 1 \\ 1 & 0 & -2 & -1 \end{vmatrix}$

c) $\begin{vmatrix} 5 & 1 & 8 & 6 \\ 0 & 3 & 7 & 5 \\ 0 & 0 & 2 & 2 \\ 0 & 0 & 0 & -2 \end{vmatrix}$

d) $\begin{vmatrix} 0 & 3 & 2 & 1 \\ 0 & 1 & 0 & 0 \\ 3 & 3 & 0 & 2 \\ 1 & 2 & 3 & 0 \end{vmatrix}$

2 Resolva, em $\mathbb{R}$, a equação $\begin{vmatrix} x & 0 & 1 & 2 \\ 0 & 0 & -1 & 1 \\ -3 & -1 & 2 & 0 \\ 1 & 2 & 1 & 3 \end{vmatrix} = -31$.

3 Resolva, em $\mathbb{R}$, a equação $\begin{vmatrix} -2 & -1 & 0 & 0 \\ 1 & x & -1 & 0 \\ 0 & 0 & x & -1 \\ 3 & 0 & 0 & x \end{vmatrix} = \begin{vmatrix} x & 1 \\ 13 & x \end{vmatrix}$.

4 Calcule:

$\begin{vmatrix} 3 & 2 & 3 & -4 & 2 \\ 0 & 5 & 0 & 0 & 0 \\ 0 & 4 & 0 & 2 & 1 \\ 0 & -5 & 3 & 1 & 4 \\ 0 & 1 & 0 & -1 & 2 \end{vmatrix}$

▶ Propriedades dos determinantes

Muitas vezes, o cálculo de determinantes pode ser simplificado com o auxílio de algumas propriedades. Vamos estudá-las, lembrando que, ao nos referirmos a uma fila da matriz quadrada, estaremos pensando, indiferentemente, em uma linha ou em uma coluna.

▶ Fila nula

> Se **A** possui uma fila na qual todos os elementos são iguais a zero, então det A = 0.

A justificativa para tal fato é que, desenvolvendo o determinante por essa fila, por meio do teorema de Laplace, obtemos uma adição com todas as parcelas iguais a zero, pois o produto de um elemento dessa fila pelo respectivo cofator é sempre nulo.

▶ Troca de filas paralelas

> Se trocarmos a posição de duas filas paralelas de **A**, obtendo a matriz **A'**, então:
> $$\det A' = -\det A$$

Justifiquemos tal fato para o caso n = 3:

$$\text{Se } A = \begin{bmatrix} a & b & c \\ d & e & f \\ g & h & i \end{bmatrix} \xRightarrow[\text{da 1ª e 3ª linhas}]{\text{trocamos a posição}} A' = \begin{bmatrix} g & h & i \\ d & e & f \\ a & b & c \end{bmatrix}$$

- Usando o teorema de Laplace, vamos desenvolver det A pela 1ª linha:

$$\det A = a \cdot A_{11} + b \cdot A_{12} + c \cdot A_{13}$$

$$\det A = a \cdot (-1)^2 \cdot \begin{vmatrix} e & f \\ h & i \end{vmatrix} + b \cdot (-1)^3 \cdot \begin{vmatrix} d & f \\ g & i \end{vmatrix} +$$

$$+ c \cdot (-1)^4 \cdot \begin{vmatrix} d & e \\ g & h \end{vmatrix}$$

$$\det A = a \cdot (ei - fh) - b \cdot (di - fg) + c \cdot (dh - ge) \quad \boxed{1}$$

- Usando o teorema de Laplace, vamos desenvolver det A' pela 3ª linha:

$$\det A' = a \cdot A'_{31} + b \cdot A'_{32} + c \cdot A'_{33}$$

$$\det A' = a \cdot (-1)^4 \cdot \begin{vmatrix} h & i \\ e & f \end{vmatrix} + b \cdot (-1)^5 \cdot \begin{vmatrix} g & i \\ d & f \end{vmatrix} +$$

$$+ c \cdot (-1)^6 \cdot \begin{vmatrix} g & h \\ d & e \end{vmatrix}$$

$$\det A' = a \cdot (fh - ei) - b \cdot (fg - di) + c \cdot (ge - dh) =$$
$$= -a \cdot (ei - fh) + b \cdot (di - fg) - c \cdot (dh - ge) \quad \boxed{2}$$

De ① e ②, segue que det A' = −det A.

Assim, por exemplo:

- Se $\begin{vmatrix} 2 & 3 \\ -1 & 4 \end{vmatrix} = 11$, então $\begin{vmatrix} -1 & 4 \\ 2 & 3 \end{vmatrix} = -11$.

- Se $\begin{vmatrix} 1 & 2 & x \\ -4 & 5 & y \\ -3 & 7 & z \end{vmatrix} = 8$, então $\begin{vmatrix} x & 2 & 1 \\ y & 5 & -4 \\ z & 7 & -3 \end{vmatrix} = -8$.

▶ Multiplicação de uma fila por um número real

> Quando os elementos de uma fila de **A** são multiplicados por um número real **k**, k ≠ 0, obtemos a nova matriz **A'** e vale a relação:
> $$\det A' = k \cdot \det A$$

Saiba o porquê disso no caso n = 3:

$$A = \begin{bmatrix} a & b & c \\ d & e & f \\ g & h & i \end{bmatrix} \xRightarrow[\text{elementos da 2ª linha}]{\text{multiplicamos por } k \text{ os}} A' = \begin{bmatrix} a & b & c \\ kd & ke & kf \\ g & h & i \end{bmatrix}$$

- Pelo teorema de Laplace, aplicado à 2ª linha de **A**, temos:

$$\det A = d \cdot A_{21} + e \cdot A_{22} + f \cdot A_{23} \quad \boxed{1}$$

- Desenvolvendo det A', pela 2ª linha, obtemos:

$$\det A' = kd \cdot A'_{21} + ke \cdot A'_{22} + kf \cdot A'_{23}$$
$$\det A' = k \cdot (d \cdot A'_{21} + e \cdot A'_{22} + f \cdot A'_{23}) \quad \boxed{2}$$

Como as demais linhas permaneceram inalteradas, notamos que $A_{21} = A'_{21}$, $A_{22} = A'_{22}$ e $A_{23} = A'_{23}$. Assim, em ② temos:

$$\det A' = k \cdot \underbrace{(d \cdot A_{21} + e \cdot A_{22} + f \cdot A_{23})}_{\text{por } ①} = k \cdot \det A$$

EXEMPLO 4

Se $A = \begin{bmatrix} 5 & 2 \\ 3 & 4 \end{bmatrix}$, então det A = 20 − 6 = 14.

Multiplicando por 6 os elementos da 2ª linha de **A**, obtemos a matriz $A' = \begin{bmatrix} 5 & 2 \\ 18 & 24 \end{bmatrix}$, cujo determinante é det A' = 120 − 36 = 84.

Então, det A' = 6 · det A.

EXERCÍCIO **RESOLVIDO**

1 Se **R** é uma matriz quadrada de ordem 3 e det R = x, quanto vale det (4R)?

Solução:

Se $R = \begin{bmatrix} a & b & c \\ d & e & f \\ g & h & i \end{bmatrix}$, então $4 \cdot R = \begin{bmatrix} 4a & 4b & 4c \\ 4d & 4e & 4f \\ 4g & 4h & 4i \end{bmatrix}$.

Observemos que, para obter a matriz 4R, multiplicamos por 4 a 1ª, 2ª e 3ª linhas de **R**. Aplicando sucessivamente a propriedade de multiplicação, concluímos que det (4R) = 4 · 4 · 4 · det R = 4^3 · det R = 64x.

EXERCÍCIOS

5 Sem desenvolver os determinantes, calcule:

a) $\begin{vmatrix} 7 & 8 & 9 \\ 0 & 0 & 0 \\ -1 & 2 & -3 \end{vmatrix}$

b) $\begin{vmatrix} 1 & 1 & 0 & 4 \\ 2 & 2 & 0 & 6 \\ 3 & 1 & 0 & 7 \\ 4 & 2 & 0 & 8 \end{vmatrix}$

6 Sabendo que $\begin{vmatrix} x & y \\ z & w \end{vmatrix} = 7$, calcule, sem desenvolver, os determinantes:

a) $\begin{vmatrix} z & w \\ x & y \end{vmatrix}$

c) $\begin{vmatrix} x & y \\ 5z & 5w \end{vmatrix}$

b) $\begin{vmatrix} 5x & 5y \\ z & w \end{vmatrix}$

d) $\begin{vmatrix} 5x & 5y \\ 5z & 5w \end{vmatrix}$

7 Se $\begin{vmatrix} a & b & c \\ d & e & f \\ g & h & i \end{vmatrix} = 11$, qual é o valor de:

a) $\begin{vmatrix} a & b & c \\ 2d & 2e & 2f \\ 3g & 3h & 3i \end{vmatrix}$

b) $\begin{vmatrix} b & a & 4c \\ e & d & 4f \\ h & g & 4i \end{vmatrix}$

8 Se **A** é uma matriz quadrada de ordem 2 e det A = 7, qual é o valor de det (3A)?

9 **P** é uma matriz quadrada de ordem 3, det P = 8. Determine o valor de **x**, sabendo que det (2P) = 2x + 6.

10 **M** é uma matriz 4 × 4. Sabendo que det (5M) = −2 500, calcule o valor de:

a) det M **b)** det (−M) **c)** $\det\left(\dfrac{1}{2} M\right)$

▶ Filas paralelas iguais ou proporcionais

Quando **A** possui filas paralelas iguais (ou proporcionais), então det A = 0.

Vejamos no caso abaixo por que isso ocorre:

$A = \begin{bmatrix} 1 & -3 & 4 & 5 \\ a & b & c & d \\ 7 & 11 & 1 & 0 \\ a & b & c & d \end{bmatrix}$

⇓ troca

$A' = \begin{bmatrix} 1 & -3 & 4 & 5 \\ a & b & c & d \\ 7 & 11 & 1 & 0 \\ a & b & c & d \end{bmatrix}$

Pela propriedade de troca de filas paralelas, det A' = −det A. Ora, A = A' e, assim, det A' = det A.

Daí, vem:

det A = −det A ⇒ 2 det A = 0 ⇒ det A = 0

No caso de as filas serem proporcionais, temos:

$A = \begin{bmatrix} 1 & -3 & 4 & 5 \\ a & b & c & d \\ 7 & 11 & 1 & 0 \\ 5a & 5b & 5c & 5d \end{bmatrix}$

⇓ troca

$A' = \begin{bmatrix} 1 & -3 & 4 & 5 \\ 5a & 5b & 5c & 5d \\ 7 & 11 & 1 & 0 \\ a & b & c & d \end{bmatrix}$

Pela propriedade de troca de filas paralelas, det A' = −det A. **1**

Porém, **A'** pode ser vista como a matriz que se obtém de **A**, multiplicando-se a 2ª linha por 5 e a 4ª linha por $\frac{1}{5}$.

Pela propriedade de multiplicação, temos det A' = $5 \cdot \frac{1}{5} \cdot$ det A, isto é, det A' = det A e, em ①, concluímos que det A = 0.

EXEMPLO 5

O determinante da matriz $\begin{bmatrix} 0 & 2 & 1 & 3 \\ -1 & 6 & 5 & 1 \\ 0 & 4 & 2 & 6 \\ 5 & 7 & 1 & 11 \end{bmatrix}$

é nulo, pois a 3ª linha é proporcional à 1ª linha.

▶ Matriz transposta e determinante

Considere uma matriz **A** e sua matriz transposta **A**^{t}. Seus determinantes são iguais, isto é, det A^t = det A.

Verifiquemos esse fato para uma matriz quadrada de ordem 2:

$A = \begin{bmatrix} a & b \\ c & d \end{bmatrix}$, det A = ad − bc

$A^t = \begin{bmatrix} a & c \\ b & d \end{bmatrix}$, det A^t = ad − bc

EXEMPLO 6

Observe as seguintes matrizes e suas transpostas. Podemos calcular seus determinantes e comprovar a propriedade de matriz transposta.

- $\begin{vmatrix} x & y \\ 3 & 1 \end{vmatrix} = \begin{vmatrix} x & 3 \\ y & 1 \end{vmatrix} = x - 3y$

- $\begin{vmatrix} x & y & z \\ 1 & 2 & 11 \\ 3 & 4 & 7 \end{vmatrix} = \begin{vmatrix} x & 1 & 3 \\ y & 2 & 4 \\ z & 11 & 7 \end{vmatrix} =$

$= -30x + 26y - 2z$

▶ Teorema de Binet

Pode-se mostrar que, se **A** e **B** são matrizes quadradas de mesma ordem, vale a relação:

$$\det (A \cdot B) = (\det A) \cdot (\det B)$$

EXEMPLO 7

Sejam $A = \begin{bmatrix} 6 & 2 \\ -1 & 4 \end{bmatrix}$ e $B = \begin{bmatrix} 1 & 0 \\ -3 & 2 \end{bmatrix}$. Sabemos que det A = 26 e det B = 2.

Construímos agora a matriz produto A · B:

$A \cdot B = \begin{bmatrix} 6 & 2 \\ -1 & 4 \end{bmatrix} \cdot \begin{bmatrix} 1 & 0 \\ -3 & 2 \end{bmatrix} = \begin{bmatrix} 0 & 4 \\ -13 & 8 \end{bmatrix}$.

Temos:
det (A · B) = 0 − (−52) = 52 = $\underbrace{\det A}_{26} \cdot \underbrace{\det B}_{2}$

Matriz inversa e determinante

Vejamos uma consequência dessa propriedade:

Seja **M** uma matriz quadrada de ordem **n** e suponhamos que **M** seja inversível.

Assim, ∃ M^{-1}, quadrada de ordem **n**, tal que:

$$M \cdot M^{-1} = M^{-1} \cdot M = I_n$$

De M · M^{-1} = I$_n$, vem:

$$\det (M \cdot M^{-1}) = \det I_n$$

Usando a propriedade anterior, escrevemos:

$$(\det M) \cdot (\det M^{-1}) = 1$$

Como o produto acima é não nulo (vale 1), é possível afirmar que det M ≠ 0 (e det (M^{-1}) ≠ 0).

Assim, concluímos que, se **M** é inversível, então det M ≠ 0. Além disso, det (M^{-1}) = $\frac{1}{\det M}$.

Pode-se mostrar que a recíproca desse fato também é verdadeira: se det M ≠ 0, então **M** é inversível.

Em resumo:

M é inversível se, e somente se, det M ≠ 0.

EXEMPLO 8

Vamos determinar os valores de **x** para os quais a matriz $M = \begin{bmatrix} 1 & x \\ -3 & 2 \end{bmatrix}$ é inversível.

Devemos ter: det M ≠ 0, isto é,

$1 \cdot 2 - x \cdot (-3) \neq 0 \Rightarrow 2 + 3x \neq 0 \Rightarrow x \neq -\frac{2}{3}$.

EXERCÍCIOS

11 Se $\begin{vmatrix} x & y \\ z & w \end{vmatrix} = \dfrac{1}{2}$, calcule o valor de:

a) $\begin{vmatrix} x & z \\ y & w \end{vmatrix}$ **b)** $\begin{vmatrix} 2x & z \\ 2y & w \end{vmatrix}$ **c)** $\begin{vmatrix} 6x & 6z \\ 6y & 6w \end{vmatrix}$

12 Se $\begin{vmatrix} a & b & c \\ d & e & f \\ g & h & i \end{vmatrix} = -2$, qual é o valor de $\begin{vmatrix} 6a & 6d & 6g \\ 6b & 6e & 6h \\ 6c & 6f & 6i \end{vmatrix}$?

13 Sabendo-se que **A** e **B** são matrizes quadradas de ordem 2, det A = 12 e det $B^t = -6$, qual é o valor de det $(A \cdot B)$?

14 Das matrizes seguintes, quais são inversíveis?

$A = \begin{bmatrix} 3 & 6 \\ 1 & 2 \end{bmatrix}$ $D = \begin{bmatrix} 1 & 2 & -3 \\ 4 & 0 & 1 \\ 2 & 4 & -6 \end{bmatrix}$

$B = \begin{bmatrix} -1 & 3 \\ 0 & -5 \end{bmatrix}$ $E = \begin{bmatrix} \operatorname{sen} x & -\cos x \\ \cos x & \operatorname{sen} x \end{bmatrix}; x \in \mathbb{R}$

$C = \begin{bmatrix} 1 & -3 & -2 \\ 0 & 4 & 0 \\ 0 & 5 & 1 \end{bmatrix}$ $F = \begin{bmatrix} 2^x & -2^x \\ 2^{-x} & 2^{-x} \end{bmatrix}; x \in \mathbb{R}$

15 Em cada caso, determine **x** para que a matriz **M** seja inversível:

a) $M = \begin{bmatrix} x & 2 \\ -3 & -1 \end{bmatrix}$ **b)** $M = \begin{bmatrix} 1 & -3 & 5 \\ 0 & 2 & 1 \\ x & 2 & 0 \end{bmatrix}$

16 **M** é uma matriz quadrada de ordem 3 tal que det $M = \dfrac{2}{3}$.

Qual é o valor do determinante da matriz $(2 \cdot M^{-1})$?

17 Seja $M = \begin{bmatrix} x & -1 \\ x-3 & 2 \end{bmatrix}$. Sabendo que $6 \cdot \det (M^{-1}) = 1$, calcule:

a) o valor de **x**.

b) o valor do determinante da matriz $(M + M^{-1})$.

c) o valor do determinante da matriz $(M \cdot M^{-1})$.

18 Seja $A = (a_{ij})_{2 \times 2}$ em que $a_{ij} = \log_2 (i \cdot j)$.

a) **A** é inversível?

b) Obtenha, em caso afirmativo, A^{-1}.

c) Qual é o valor de det $(A^2 \cdot A^{-1})$?

EXERCÍCIOS COMPLEMENTARES

1 Dadas as matrizes $A = \begin{bmatrix} 1 & 1 & 1 \\ 2 & 3 & 2 \\ 4 & 7 & 5 \end{bmatrix}$,

$B = \begin{bmatrix} 5 & 0 & 2 \\ 0 & 0 & 3 \\ -4 & 0 & -6 \end{bmatrix}$ e $C = \begin{bmatrix} x & 0 & 0 \\ 0 & x & 0 \\ 0 & 0 & x \end{bmatrix}$, determine

todos os números reais **x** tais que o determinante da matriz $(C - AB)$ seja negativo.

2 Seja $f: \mathbb{R} \to \mathbb{R}$ definida por $f(x) = \begin{vmatrix} 0 & 0 & \operatorname{sen} 2x \\ \cos x & 1 & \operatorname{sen} x \\ 0 & \operatorname{sen} x & 1 \end{vmatrix}$.

Calcule os valores mínimo e máximo assumidos por **f**.

3 (U. E. Ponta Grossa-PR) Sobre a matriz

$A = \begin{pmatrix} \cos 15° & -\operatorname{sen} 15° \\ \operatorname{sen} 15° & \cos 15° \end{pmatrix}$, assinale o que for correto [e indique a soma correspondente às afirmações corretas].

(01) $A^2 = \begin{pmatrix} \cos 30° & -\operatorname{sen} 30° \\ \operatorname{sen} 30° & \cos 30° \end{pmatrix}$

(02) det A = 1

(04) $A + A^t = \begin{pmatrix} \cos 30° & 0 \\ 2 & \cos 30° \end{pmatrix}$

(08) det $(2A) = -\dfrac{1}{2}$

(16) det $A^2 = 0$

4 (UnB-DF) Dada uma matriz quadrada **A**, define-se o traço de **A**, simbolizado por tr(A), como a soma dos elementos de sua diagonal principal. A partir dessas informações e considerando as matrizes

$P = \begin{pmatrix} 0,7 & 0,2 \\ 0,3 & 0,8 \end{pmatrix}$, $Q = \begin{pmatrix} 2 & -1 \\ 3 & 1 \end{pmatrix}$ e $R = 100Q^{-1}PQ$,

determine o valor do quociente $\dfrac{\det (R)}{\operatorname{tr}(R)}$, em que

det (R) é o determinante da matriz **R**.

Despreze, caso exista, a parte fracionária do resultado final obtido, após ter efetuado todos os cálculos solicitados.

5 (Unicamp-SP) Seja dada a matriz $A = \begin{bmatrix} x & 2 & 0 \\ 2 & x & 6 \\ 0 & 6 & 16x \end{bmatrix}$, em que **x** é um número real.

a) Determine para quais valores de **x** o determinante de **A** é positivo.

b) Tomando $C = \begin{bmatrix} 3 \\ 4 \\ -1 \end{bmatrix}$, e supondo que, na matriz **A**, x = −2, calcule B = AC.

6 (UF-PE) Para cada número real **α**, defina a matriz
$$M(\alpha) = \begin{bmatrix} \cos\alpha & -\operatorname{sen}\alpha & 0 \\ \operatorname{sen}\alpha & \cos\alpha & 0 \\ 0 & 0 & 1 \end{bmatrix}$$
Analise as afirmações seguintes acerca de M(α) [e indique as afirmações verdadeiras]:

(0-0) M(0) é a matriz identidade 3 × 3.
(1-1) $M(\alpha)^2 = M(2\alpha)$.
(2-2) M(α) tem determinante 1.
(3-3) M(α) é invertível, e sua inversa é M(−α).
(4-4) Se $M(\alpha)^t$ é a transposta de M(α), então, $M(\alpha) \cdot M(\alpha)^t = M(0)$.

7 (UE-RJ) Considere a matriz $A_{3\times3}$ abaixo:
$$A = \begin{pmatrix} \frac{1}{2} & a_{12} & a_{13} \\ a_{21} & 1 & 1 \\ a_{31} & 1 & 1 \end{pmatrix}$$
Cada elemento desta matriz é expresso pela seguinte relação:
$a_{ij} = 2\,(\operatorname{sen}\theta_i)\cdot(\cos\theta_j)\ \forall\ i, j \in \{1, 2, 3\}$
Nessa relação, os arcos θ_1, θ_2 e θ_3 são positivos e menores que $\frac{\pi}{3}$ radianos. Calcule o valor numérico do determinante da matriz **A**.

TESTES

1 (PUC-RS) Dadas as matrizes A = [1 2 3] e $B = \begin{bmatrix} 4 \\ 5 \\ 6 \end{bmatrix}$, o determinante det (A · B) é igual a:

a) 18   **b)** 21   **c)** 32   **d)** 126   **e)** 720

2 (Unicamp-SP) Considerando a matriz
$M = \begin{pmatrix} 1 & a & 1 \\ b & 1 & a \\ 1 & b & 1 \end{pmatrix}$, onde **a** e **b** são números reais distintos. Podemos afirmar que:

a) o determinante de **M** é positivo.
b) a matriz **M** não é invertível.
c) o determinante de **M** é igual a $a^2 - b^2$.
d) a matriz **M** é igual à sua transposta.

3 (UE-CE) Desenvolvendo o determinante abaixo, obtém-se uma equação do segundo grau.
$$\begin{vmatrix} 1 & 1 & 1 & 1 \\ -x & 0 & 0 & 7x \\ 0 & 5 & 0 & x \\ 0 & 0 & 5 & x \end{vmatrix} = 0$$
A raiz positiva dessa equação é:

a) 10   **c)** 20
b) 15   **d)** 25

4 (U. E. Londrina-PR) Se o determinante da matriz
$A = \begin{bmatrix} x & 2 & 1 \\ 1 & -1 & 1 \\ 2x & -1 & 3 \end{bmatrix}$ é nulo, então:

a) x = −3   **c)** x = −1   **e)** $x = \frac{7}{4}$
b) $x = -\frac{7}{4}$ **d)** x = 0

5 (UE-PB) Se **A** é uma matriz com det (A) = 1 e $A^{-1} = \begin{bmatrix} 1 & -1 \\ m & 0 \end{bmatrix}$, o valor de **m** é:

a) −1   **d)** 2
b) 1   **e)** −2
c) 0

6 (FGV-SP) Seja a matriz identidade de ordem três
$I = \begin{bmatrix} 1 & 0 & 0 \\ 0 & 1 & 0 \\ 0 & 0 & 1 \end{bmatrix}$ e **A** a matriz $\begin{bmatrix} 0 & 0 & 1 \\ 0 & 1 & 0 \\ 1 & 0 & 0 \end{bmatrix}$.
Considere a equação polinominal na variável real **x** dada por det (A − xI) = 0 em que o símbolo det (A − xI) indica o determinante da matriz A − xI. O produto das raízes da equação polinominal é:

a) 3   **d)** 0
b) 2   **e)** −1
c) 1

7 (Mackenzie-SP) A soma das soluções inteiras da inequação $\begin{vmatrix} 1 & 1 & 1 \\ 1 & x & 3 \\ 1 & x^2 & 9 \end{vmatrix} \geqslant 0$ é:

a) 0   **c)** 5   **e)** 7
b) 2   **d)** 6

8 (UF-AM) Se $A = (a_{ij})_{3 \times 3}$ é uma matriz real definida por

$$a_{ij} = \begin{cases} i + j, \text{ se } i > j \\ 2j - i, \text{ se } i = j \\ i - j, \text{ se } i < j \end{cases}$$, então o determinante da matriz

inversa da matriz **A** é:

a) 10

c) $-\dfrac{1}{10}$

e) $\dfrac{1}{5}$

b) $\dfrac{1}{10}$

d) $-\dfrac{1}{5}$

9 (Mackenzie-SP) Dadas as matrizes $A = (a_{ij})_{3 \times 3}$ tal que

$\begin{cases} a_{ij} = 10, \text{ se } i = j \\ a_{ij} = 0, \text{ se } i \neq j \end{cases}$ e $B = (b_{ij})_{3 \times 3}$ tal que $\begin{cases} b_{ij} = 3, \text{ se } i = j \\ b_{ij} = 0, \text{ se } i \neq j \end{cases}$,

o valor de det (AB) é:

a) $27 \cdot 10^3$

c) $27 \cdot 10^2$

e) $27 \cdot 10^4$

b) $9 \cdot 10^3$

d) $3^2 \cdot 10^2$

10 (UE-CE) Considere a matriz $M = \begin{pmatrix} 1 & 2 & 3 \\ 2 & 3 & 2 \\ 3 & 2 & x \end{pmatrix}$.

A soma das raízes da equação det $(M^2) = 25$ é igual a:

a) 14   **b)** -14 **c)** 17   **d)** -17

11 (FEI-SP) Sabendo que o determinante da matriz

$A = \begin{pmatrix} 1 & 1 & 0 \\ \log_2 m & 2 & 1 \\ 3 & 0 & 1 \end{pmatrix}$ é igual a zero, então:

a) $m = 1$

c) $m = 5$

e) $m = 32$

b) $m = 2$

d) $m = 25$

12 (FGV-SP) As matrizes $A = (a_{ij})_{4 \times 4}$ e $B = (b_{ij})_{4 \times 4}$ são tais que $2a_{ij} = 3b_{ij}$. Se o determinante da matriz **A** é igual a $\dfrac{3}{4}$, então o determinante da matriz **B** é igual a:

a) 0

c) $\dfrac{9}{8}$

e) $\dfrac{243}{64}$

b) $\dfrac{4}{27}$

d) 2

13 (Vunesp-SP) Seja **A** uma matriz. Se $A^3 = \begin{bmatrix} 1 & 0 & 0 \\ 0 & 6 & 14 \\ 0 & 14 & 34 \end{bmatrix}$,

o determinante de **A** é:

a) 8

c) 2

e) 1

b) $2\sqrt{2}$

d) $\sqrt[3]{2}$

14 (EPCAr-MG) Considere as matrizes **A** e **B**, inversíveis e de ordem **n**, bem como a matriz identidade **I**.

Sabendo que det $(A) = 5$ e det $(I \cdot B^{-1} \cdot A) = \dfrac{1}{3}$, então o det $[3 \cdot (B^{-1} \cdot A^{-1})^t]$ é igual a:

a) $5 \cdot 3^n$

b) $\dfrac{3^{n-1}}{5^2}$

c) $\dfrac{3^n}{15}$

d) 3^{n-1}

15 (UF-AM) Sendo $A = \begin{bmatrix} 1 & 0 & 0 & 0 & 0 \\ -5 & 0 & 1 & 3 & 2 \\ 6 & 3 & 0 & 2 & 1 \\ 9 & 1 & 0 & 2 & 0 \\ -1 & -1 & 0 & 1 & 0 \end{bmatrix}$ uma

matriz real, então o det A é:

a) -3

c) 10

e) 24

b) 3

d) -10

16 (Udesc-SC) Dada a matriz **A** (figura 1). Seja a matriz **B** tal que $A^{-1}BA = D$, dada a matriz D (figura 2), então o determinante de **B** é igual a:

figura 1   figura 2

$A = \begin{bmatrix} 1 & 2 \\ 1 & -1 \end{bmatrix}$ $D = \begin{bmatrix} 2 & 1 \\ -1 & 2 \end{bmatrix}$

a) 3

c) 2

e) -3

b) -5

d) 5

17 (UE-CE) Na matriz $M = \begin{bmatrix} 1 & 1 & 1 \\ x & 1 & 1 \\ x & x & 1 \end{bmatrix}$, o valor de **x** é

$x = \log_2 y$, $y > 0$. Para que exista a matriz M^{-1}, inversa da matriz **M**, é necessário e suficiente que:

a) $y \neq 1$

c) $y \neq \sqrt{2}$

b) $y \neq 2$

d) $y \neq \sqrt{3}$

18 (UE-CE) Seja $X = M + M^2 + M^3 + \ldots + M^k$, em que **M** é a matriz $\begin{bmatrix} 1 & 1 \\ 0 & 1 \end{bmatrix}$ e **k** é um número natural. Se o determinante da matriz **X** é igual a 324, então o valor de $k^2 + 3k - 1$ é:

a) 207   **b)** 237   **c)** 269   **d)** 377

19 (Unicamp-SP) Considere a matriz $A = \begin{bmatrix} a & 0 \\ b & 1 \end{bmatrix}$, onde

a e **b** são números reais. Se $A^2 = A$ e **A** é invertível, então:

a) $a = 1$ e $b = 1$.

b) $a = 1$ e $b = 0$.

c) $a = 0$ e $b = 0$.

d) $a = 0$ e $b = 1$.

CAPÍTULO 23

Áreas de superfícies planas

▶ O que é área?

Deseja-se gramar um campo de futebol que mede 83 m × 120 m e um parque em forma de hexágono regular com 56 m de lado. Em qual das duas obras será necessária quantidade maior de placas de grama?

Neste capítulo você encontrará informações para responder a essa pergunta.

O fato é que um retângulo ou um hexágono regular são superfícies planas. As superfícies planas ocupam certa porção do plano, que pode ser medida. A medida da extensão ocupada por uma superfície plana é a *área* dessa superfície, que expressa o número de vezes que a unidade-padrão de área cabe na superfície.

Para medir uma superfície plana é usada uma das unidades de área. As principais unidades de área são:

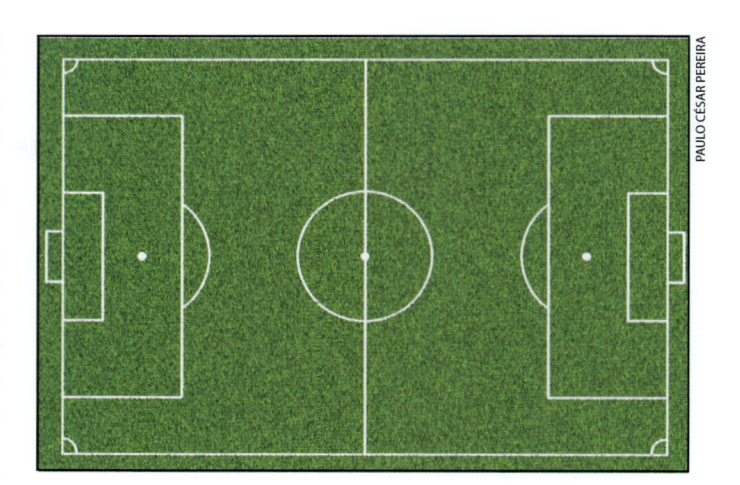

- metro quadrado (m²), que corresponde à área de um quadrado com lados de 1 metro;
- centímetro quadrado (cm²), que corresponde à área de um quadrado com lados de 1 centímetro;
- quilômetro quadrado (km²), que corresponde à área de um quadrado com lados de 1 quilômetro.

Veja o exemplo: se um retângulo tem 4 cm de base e 3 cm de altura, então pode ser dividido em 12 quadrados com lados de 1 cm. A unidade cm² cabe 12 vezes no retângulo. A área do retângulo é 12 cm².

Quando queremos saber a área de um terreno, não é usual pegar uma placa de 1 m² e verificar quantas vezes ela cabe no terreno. Também não é usual, quando desejamos medir a superfície de uma folha de caderno, pegar uma plaquinha de 1 cm² e verificar quantas vezes ela cabe na folha.

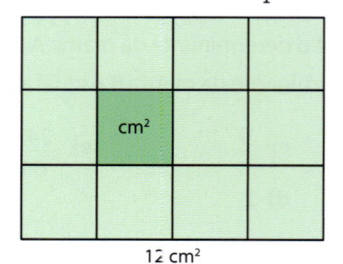
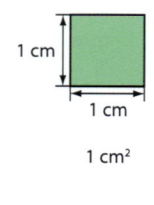

Em geral, para medir uma superfície plana com formato conhecido, usam-se fórmulas matemáticas. Nas páginas seguintes deste livro, você encontrará algumas dessas fórmulas.

E se a superfície a ser medida tiver um contorno mais complexo? Também veremos alguns exemplos mais adiante.

▶ Área do retângulo

Área de um retângulo é igual ao produto da medida da base pela medida da altura.

Temos:

$$A = b \cdot h$$

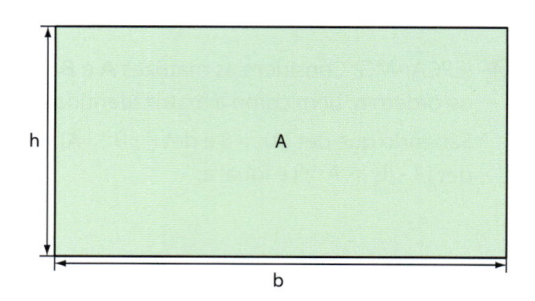

A base e a altura devem ter medidas na mesma unidade. Se essa unidade for o centímetro, a área será dada em centímetros quadrados; se for o metro, ela será dada em metros quadrados etc.

EXEMPLO 1

Vamos calcular a área de um retângulo de base 5 cm e altura 3 cm:

$$\left.\begin{array}{l} b = 5 \\ h = 3 \end{array}\right\} \Rightarrow A = b \cdot h = 5 \cdot 3 = 15$$

Portanto, a área é 15 cm².

▶ Área do quadrado

Vamos representar por ℓ a medida do lado do quadrado.

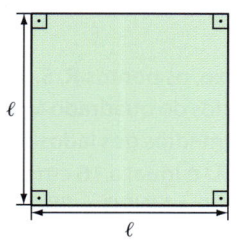

Aplicando a fórmula da área do retângulo, para $b = \ell$ e $h = \ell$, temos:

$$A = b \cdot h = \ell \cdot \ell = \ell^2$$

Logo, a **área do quadrado** é igual ao quadrado da medida do lado:

$$A = \ell^2$$

EXEMPLO 2

Para um quadrado de lado 2,5 cm, temos:

$$A = \ell^2 = (2{,}5)^2 = 6{,}25$$

Portanto, a área é 6,25 cm².

Quando dizemos área do retângulo, estamos nos referindo à área da superfície retangular ou região retangular, que é constituída pelo retângulo e seu interior. O mesmo dizemos para outros polígonos. Assim, área do quadrado é a área da superfície ou região quadrada, área de um triângulo é a área da superfície ou região triangular etc.

EXERCÍCIOS RESOLVIDOS

1 Determinar a área de um retângulo que tem base de medida 3 m e uma diagonal de medida $\dfrac{5\sqrt{10}}{3}$ m.

Solução:

Para determinar a área desse retângulo, obtemos inicialmente sua altura:

$$\left(\frac{5\sqrt{10}}{3}\right)^2 = 3^2 + h^2 \Rightarrow h = \frac{13}{3}$$

A altura desse retângulo é $\dfrac{13}{3}$ m.

A área é dada por:

$$A = b \cdot h = 3 \cdot \frac{13}{3} = 13$$

Portanto, a área é 13 m².

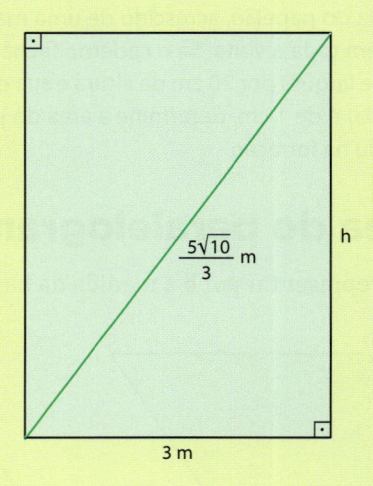

2 Determinar a medida do lado de um quadrado que ocupa a mesma porção do plano que um retângulo de base medindo 6 cm e altura de medida $\frac{8}{3}$ cm.

Solução:

Para determinar a medida do lado do quadrado, podemos igualar as áreas das superfícies:

$$A_{\text{retângulo}} = A_{\text{quadrado}}$$

$$6 \cdot \frac{8}{3} = \ell^2$$

Então, $\ell = 4$ cm.

EXERCÍCIOS

1 Determine a área de:

a) um quadrado cujo perímetro é 12 cm;

b) um quadrado cuja diagonal mede $5\sqrt{2}$ cm;

c) um quadrado circunscrito a uma circunferência de raio 8 cm;

d) um quadrado inscrito em uma circunferência de raio 9 cm;

e) um quadrado inscrito em uma semicircunferência de raio 5 cm.

2 Determine a área de:

a) um retângulo cuja base e cuja diagonal medem, respectivamente, 6 cm e $9\sqrt{2}$ cm;

b) um retângulo cuja diagonal mede $5\sqrt{2}$ cm e a base mede o dobro da altura;

c) um retângulo cujo perímetro é 72 cm e a altura mede o triplo da base.

3 A capa de um caderno de brochura é composta de parte traseira, lombada e parte dianteira. Um encadernador deseja forrar um pedaço de papelão, que será a capa desse caderno. Para tanto, corta um plástico com a medida do papelão, acrescido de uma margem de 2,5 cm em toda a volta. Se o caderno fechado mede 15 cm de largura por 20 cm de altura e sua espessura (lombada) é de 1 cm, determine a área do plástico a ser usado na forração.

4 Sabe-se que, na figura abaixo, as medidas dos lados do retângulo ABCD estão entre si assim como 3 está para 5, o mesmo ocorrendo com as medidas dos lados do retângulo BCFE. A área de ABCD é 60 cm². Determine as áreas de BCFE e AEFD.

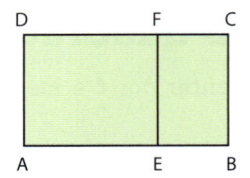

5 Na figura abaixo, os pontos **R**, **S**, **T** e **U** são os pontos médios dos lados do quadrado MNPQ, cujos vértices são os pontos médios dos lados do quadrado ABCD. A área de ABCD é igual a 16 cm². Determine as áreas dos quadrados MNPQ e RSTU. Qual é a relação entre as medidas dos lados dos quadrados? Qual é a relação entre as áreas dos quadrados?

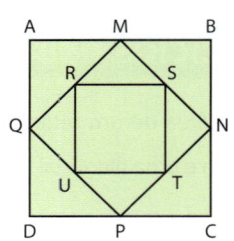

▶ Área do paralelogramo

Vamos representar por **b** a medida da base e por **h** a medida da altura do paralelogramo.

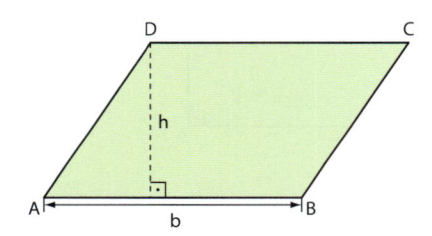

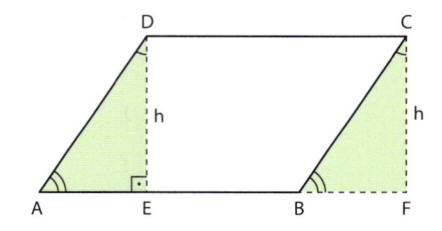

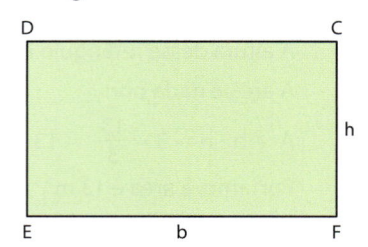

Observemos que a **área do paralelogramo** ABCD é igual à área do retângulo EFCD, porque:

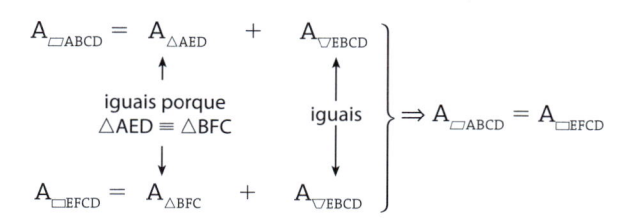

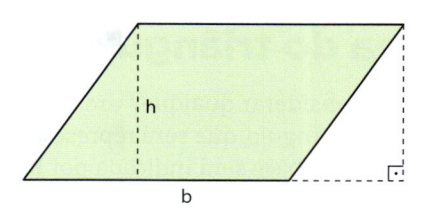

Portanto, a área de um paralelogramo é igual ao produto da medida da base pela altura:

$$A = b \cdot h$$

EXEMPLO 3

A área de um paralelogramo de base b = 8 cm e altura h = 4 cm é:

$A = b \cdot h = 8 \cdot 4 = 32$

Portanto, 32 cm².

EXERCÍCIO RESOLVIDO

3 Calcular a área de um paralelogramo em que dois lados consecutivos têm medidas 6 m e 10 m, respectivamente, e formam um ângulo de 45°.

Solução:

Para calcular a área do paralelogramo é necessário calcular a medida da altura **h**.

Temos:

$$\text{sen } 45° = \frac{\sqrt{2}}{2} = \frac{h}{6} \Rightarrow h = 3\sqrt{2}$$

A altura do triângulo mede $3\sqrt{2}$ m.

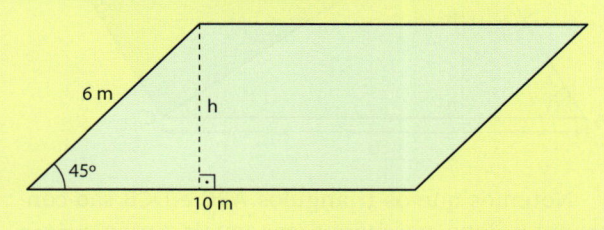

Então, temos:

$A = b \cdot h = 10 \cdot 3\sqrt{2} = 30\sqrt{2}$

Portanto, a área é $30\sqrt{2}$ m².

EXERCÍCIOS

6 Determine a área de cada um dos paralelogramos abaixo.

a)
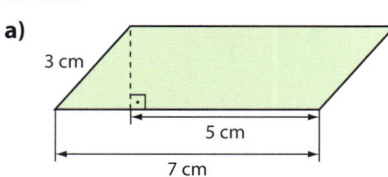

b)
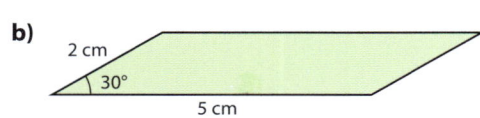

c)
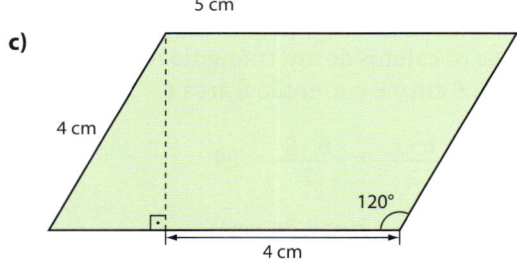

7 Determine a área de um paralelogramo de perímetro 17,5 m em que a medida de um dos lados é igual a 75% da medida do outro e o ângulo formado por eles mede 30°.

8 Na figura 1 tem-se uma armação metálica em forma de quadrado, com articulação nos 4 vértices. A figura 2 é obtida puxando-se o vértice **B** para a direita, em uma direção paralela à do lado $\overline{CD}$.

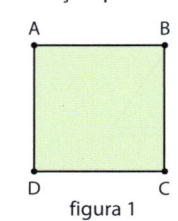
figura 1

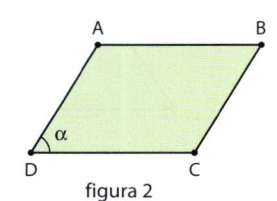
figura 2

Determine a área da figura 2, no caso em que a área da figura 1 é 25 cm² e o ângulo α mede:

a) 30°　　　　**b)** 45°　　　　**c)** 60°

▶ Área do triângulo: fórmula geral

Podemos considerar qualquer um dos três lados como base do triângulo, que será representada por **b**. A altura relativa à base será indicada por **h**.

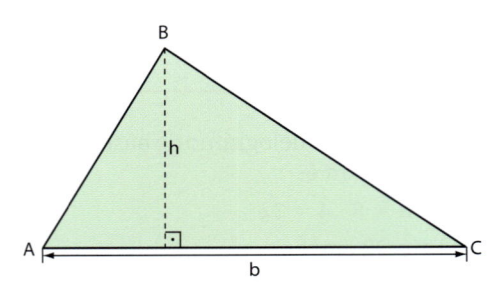

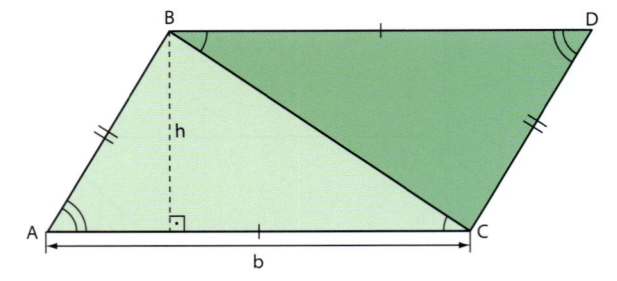

Notemos que os triângulos ABC e DCB são congruentes; logo, possuem áreas iguais. Então, a **área do triângulo** ABC é igual à metade da área do paralelogramo ABDC:

$$A_{\triangle ABC} = \frac{A_{\square ABDC}}{2} = \frac{b \cdot h}{2}$$

Concluímos que a área de um triângulo é igual ao produto da medida da base pela altura dividido por 2:

$$A = \frac{b \cdot h}{2}$$

EXEMPLO 4

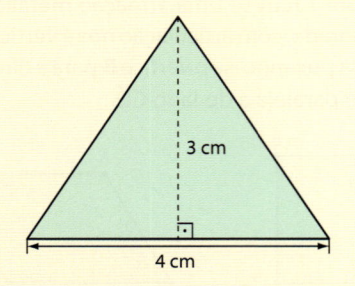

A área do triângulo desenhado acima é:

$$A = \frac{b \cdot h}{2} = \frac{4 \cdot 3}{2} = 6$$

Portanto, a área é 6 cm².

▶ Caso particular: triângulo retângulo

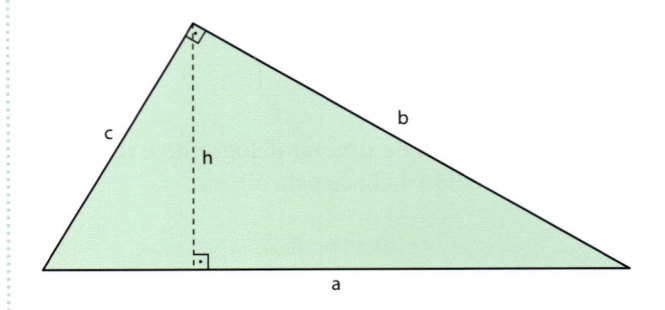

Considerando a hipotenusa como base, a área do triângulo é dada por:

$$A = \frac{a \cdot h}{2}$$

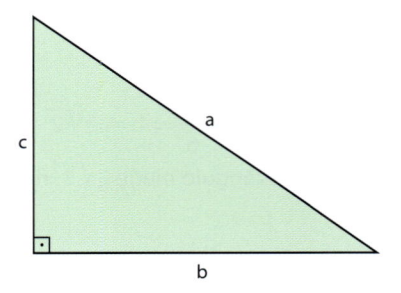

Considerando um dos catetos como base, a altura é igual ao outro cateto. Então, a área é dada por:

$$A = \frac{b \cdot c}{2}$$

A **área de um triângulo retângulo** é metade do produto das medidas dos catetos.

EXEMPLO 5

Se os catetos de um triângulo retângulo medem 6 cm e 8 cm, então a área é:

$$A = \frac{b \cdot c}{2} = \frac{6 \cdot 8}{2} = 24$$

Portanto, a área é 24 cm².

▶ Caso particular: triângulo equilátero

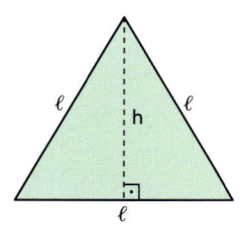
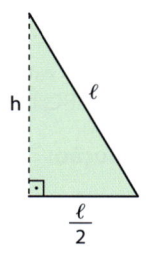

A altura de um triângulo equilátero de lado ℓ é $h = \dfrac{\ell\sqrt{3}}{2}$.

Assim, a **área de um triângulo equilátero** é dada por:

$$A = \frac{b \cdot h}{2} = \frac{\ell \cdot \dfrac{\ell\sqrt{3}}{2}}{2} = \frac{\ell^2\sqrt{3}}{4}$$

Portanto:

$$A = \frac{\ell^2\sqrt{3}}{4}$$

▶ Outras fórmulas da área do triângulo

1ª) Em função das medidas dos dois lados e do ângulo que eles formam.

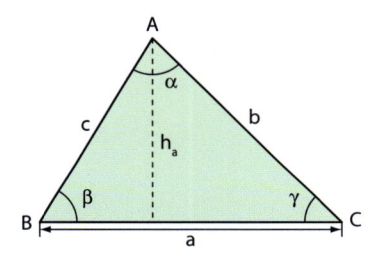

Temos:

$A = \dfrac{1}{2} a \cdot h_a$ e $\operatorname{sen}\beta = \dfrac{h_a}{c} \Rightarrow h_a = c \cdot \operatorname{sen}\beta$

Assim: $A = \dfrac{1}{2} a \cdot c \cdot \operatorname{sen}\beta$.

De modo geral:

$$A = \frac{1}{2} a \cdot c \cdot \operatorname{sen}\beta = \frac{1}{2} b \cdot c \cdot \operatorname{sen}\alpha = \frac{1}{2} a \cdot b \cdot \operatorname{sen}\gamma$$

A área de um triângulo é igual à metade do produto das medidas de dois lados, multiplicada pelo seno do ângulo que eles formam.

2ª) Em função das medidas dos três lados (Fórmula de Hierão).

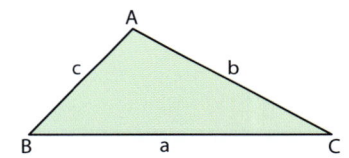

Representando o perímetro de um triângulo ABC com lados medindo **a**, **b** e **c** por 2p, temos

$2p = a + b + c$, e $p = \dfrac{a + b + c}{2}$ é chamado de semiperímetro desse triângulo.

Demonstra-se, calculando uma das alturas do triângulo, que a área do triângulo ABC é dada por:

$$A = \sqrt{p(p - a)(p - b)(p - c)}$$

EXERCÍCIOS **RESOLVIDOS**

4 Calcular a área de um triângulo em que dois lados consecutivos têm medidas 5 cm e 4 cm, respectivamente, e formam um ângulo de 60°.

Solução:

Temos:

$$A = \frac{1}{2} \cdot MN \cdot MP \cdot \operatorname{sen}(P\hat{M}N) = \frac{1}{2} \cdot 5 \cdot 4 \cdot \operatorname{sen} 60° = 5\sqrt{3}$$

Portanto, a área é $5\sqrt{3}$ cm².

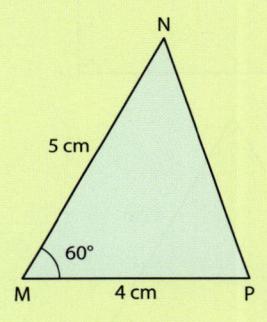

5 Calcular a área de um triângulo cujos lados medem 5 cm, 8 cm e 11 cm.

Solução:

O triângulo de lados de medidas 5 cm, 8 cm e 11 cm tem perímetro de 24 cm (pois $2p = 5 + 8 + 11 = 24$) e semiperímetro $p = 12$ cm. Assim, sua área é dada por:

$$A = \sqrt{12 \cdot (12-5) \cdot (12-8) \cdot (12-11)} =$$

$$= \sqrt{12 \cdot 7 \cdot 4 \cdot 1} = 4\sqrt{21}$$

Portanto, a área é $4\sqrt{21}$ cm².

6 Na figura ao lado, os triângulos ABC e ADE são semelhantes, apresentando AD = 2 cm e AB = 7 cm.

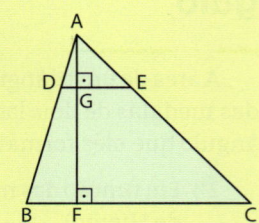

a) Qual é a razão de semelhança entre as medidas dos lados dos triângulos ADE e ABC, nessa ordem?

b) Qual é a razão entre as áreas dos triângulos ADE e ABC, nessa ordem?

Solução:

a) A razão de semelhança é $\dfrac{AD}{AB} = \dfrac{2}{7}$.

b) A razão entre as medidas das alturas $\overline{AG}$ e $\overline{AF}$ é igual a $\dfrac{2}{7}$, assim como a razão entre as medidas de $\overline{DE}$ e $\overline{BC}$. Então, a razão entre as áreas é:

$$\frac{A_{ADE}}{A_{ABC}} = \frac{\frac{1}{2} \cdot DE \cdot AG}{\frac{1}{2} \cdot BC \cdot AF} = \frac{DE}{BC} \cdot \frac{AG}{AF} =$$

$$= \left(\frac{2}{7}\right)^2 = \frac{4}{49}$$

EXERCÍCIOS

9 Determine a área de cada um dos triângulos a seguir.

a)

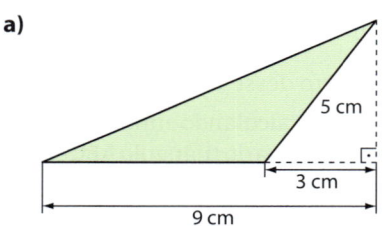

5 cm
3 cm
9 cm

b)

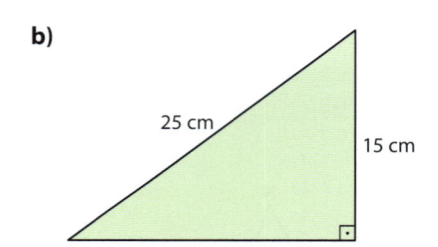

25 cm
15 cm

c)

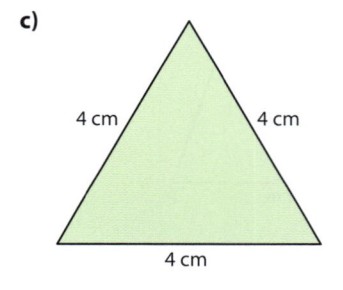

4 cm
4 cm
4 cm

d)

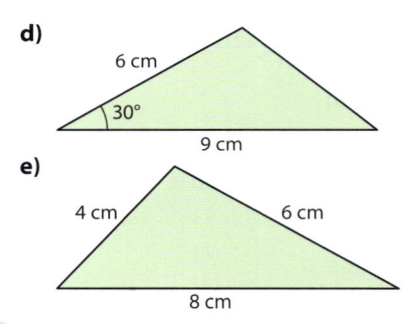

6 cm
30°
9 cm

e)

4 cm
6 cm
8 cm

10 Determine a área do triângulo retângulo isósceles cuja hipotenusa mede 16 cm.

11 Na figura a seguir, AC = 2 cm e BC = 4 cm. Determine a área dos triângulos ABC, ABD e ADC.

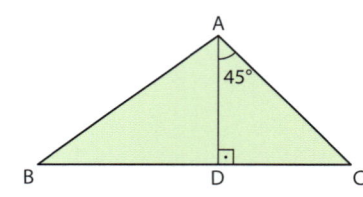

A
45°
B
D
C

12 Na figura a seguir, $\overline{BD}$ é a altura do triângulo retângulo ABC relativa ao lado $\overline{AC}$, de medida 25 cm. Determine:

a) a área do triângulo ABC;

b) as medidas dos lados do triângulo ABD, semelhante ao triângulo ABC;

c) as áreas dos triângulos ABD e BCD.

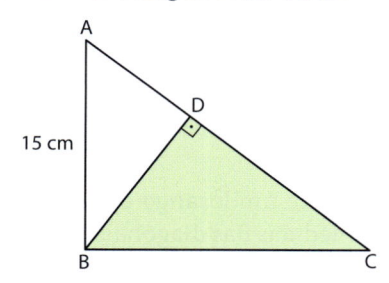

13 O proprietário do terreno representado abaixo deseja vendê-lo. Por quanto deve fazê-lo, se o preço do metro quadrado é R$ 1 500,00? Use 1,4 como uma aproximação de $\sqrt{2}$.

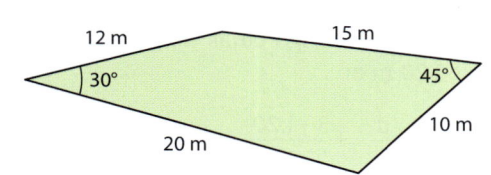

14 O quadrado AEFD está inscrito no triângulo ABC, em que AB = 15 cm e AC = 10 cm. Determine a área do quadrado e as áreas dos triângulos ABC, EBF e CDF.

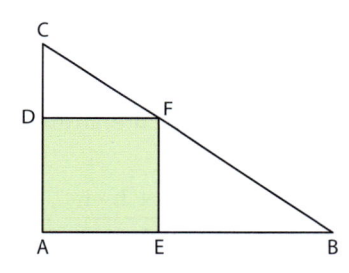

15 O ponto **M** é o ponto médio do lado $\overline{AB}$ do quadrado. A área do triângulo AMD é 18 m². Qual a razão entre as áreas do quadrado e do quadrilátero MBCD, nessa ordem?

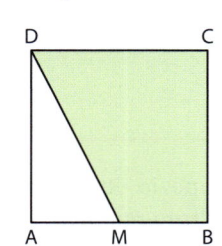

16 Na figura a seguir, a que distância da base $\overline{AC}$ deve-se traçar o segmento paralelo $\overline{DE}$ para que a razão entre as áreas do triângulo ABC e do quadrilátero ACED seja igual a $\dfrac{9}{5}$?

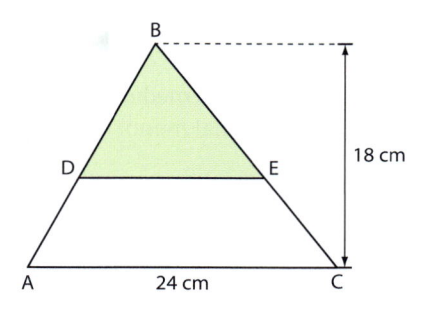

17 No triângulo equilátero abaixo, cujos lados medem 4 cm, **R** é ponto médio de $\overline{CD}$. Determine as áreas dos triângulos ABC, CBD, ARD, ARC.

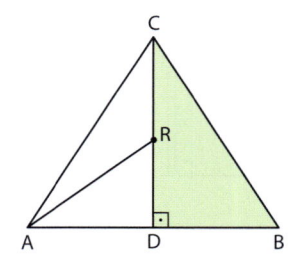

18 A área do triângulo ABC da figura é igual a 26 cm². Determine a medida do lado $\overline{AB}$.

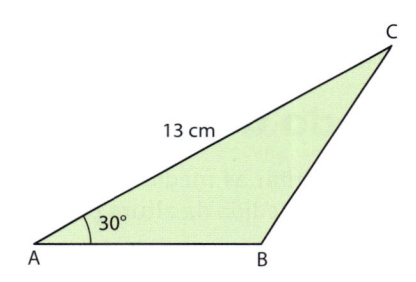

19 Qual é a medida do ângulo compreendido entre o maior lado e o menor lado de um triângulo cujos lados medem 5 cm, 8 cm e 7 cm?

20 Ache o percentual da superfície do triângulo ABC ocupada pela superfície do triângulo BDC.

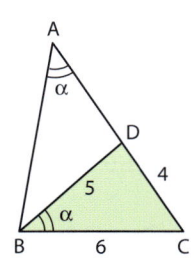

21 São dados dois triângulos semelhantes, cujas áreas são iguais a 12 cm² e 20 cm². Se o menor lado do menor triângulo mede 2 cm, quanto mede o menor lado do maior triângulo?

▶ Área do losango

Vamos representar por **D** a medida da diagonal maior e por **d** a medida da diagonal menor de um losango.

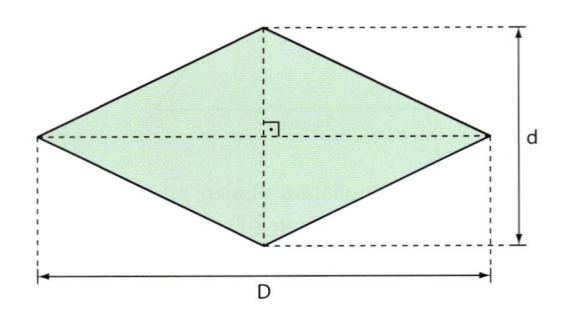

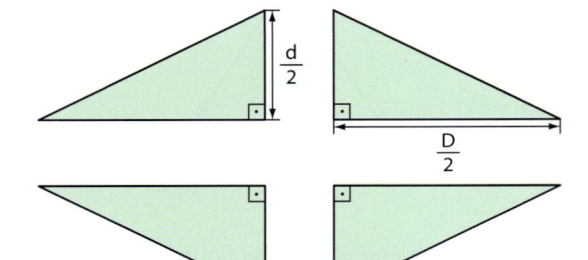

A **área do losango** é quatro vezes a área do triângulo retângulo de catetos $\frac{D}{2}$ e $\frac{d}{2}$:

$$A = 4 \cdot \frac{\frac{D}{2} \cdot \frac{d}{2}}{2} = 4 \cdot \frac{D \cdot d}{8} = \frac{D \cdot d}{2}$$

Logo, a área de um losango é igual à metade do produto das medidas das diagonais:

$$A = \frac{D \cdot d}{2}$$

EXEMPLO 6

A área do losango cujas diagonais medem 3 m e 1,20 m é:

$$A = \frac{D \cdot d}{2} = \frac{3 \cdot 1,20}{2} = 1,80$$

Portanto, a área é 1,80 m².

▶ Área do trapézio

Vamos representar as medidas das bases do trapézio por **B** e **b** e a medida da altura por **h**.

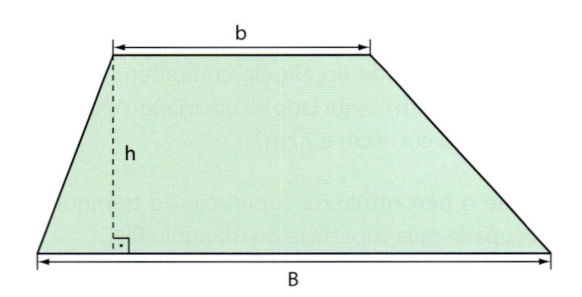

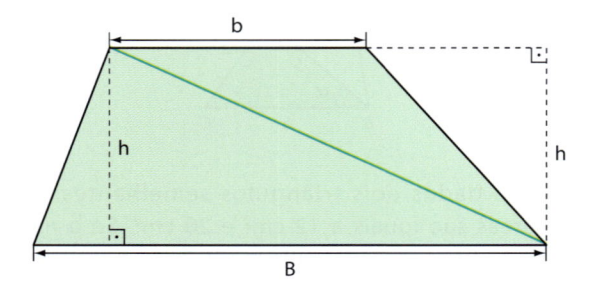

A **área do trapézio** é igual à soma das áreas dos dois triângulos, um de base **B** e altura **h** e outro de base **b** e altura **h**:

$$A = \frac{B \cdot h}{2} + \frac{b \cdot h}{2} = \frac{B \cdot h + b \cdot h}{2} = \frac{(B + b) \cdot h}{2}$$

Logo, a área de um trapézio é igual à metade do produto da soma das medidas das bases pela medida da altura.

$$A = \frac{(B + b) \cdot h}{2}$$

EXEMPLO 7

A área do trapézio de bases com medidas 6 cm e 4 cm e altura medindo 3 cm é:

$$A = \frac{(B + b) \cdot h}{2} = \frac{(6 + 4) \cdot 3}{2} = \frac{10 \cdot 3}{2} =$$

$$= \frac{30}{2} = 15$$

Portanto, a área é 15 cm².

EXERCÍCIOS **RESOLVIDOS**

7 Calcular a área de um losango de lado com medida 5 cm e diagonal maior com medida 8 cm.

Solução:

A diagonal **d** de um losango de lado $\ell = 5$ cm e diagonal D = 8 cm pode ser calculada utilizando o teorema de Pitágoras:

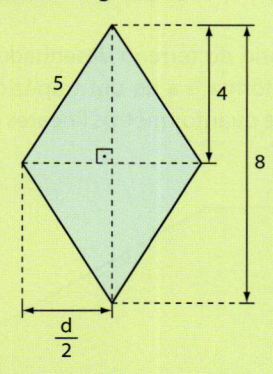

$$\ell^2 = \left(\frac{D}{2}\right)^2 + \left(\frac{d}{2}\right)^2 \Rightarrow 5^2 = 4^2 + \frac{d^2}{4}$$

Então, d = 6 cm.

Assim, a área do losango é igual a:

$$A = \frac{6 \cdot 8}{2} = 24$$

Portanto, a área é 24 cm².

8 Calcular a área de um trapézio isósceles MNPQ em que MN = 13 cm, PQ = 7 cm e NP = QM = 5 cm.

Solução:

Traçamos por **P** o segmento $\overline{PR}$ perpendicular à base maior $\overline{MN}$, conforme a figura abaixo.

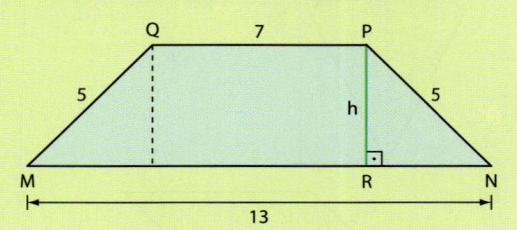

Fica formado o triângulo retângulo PRN de hipotenusa NP = 5 cm e catetos $\overline{RN}$ e $\overline{PR}$.

O cateto $\overline{PR}$ é altura do trapézio e o cateto $\overline{RN}$ tem medida igual à metade da diferença entre as medidas das bases, então:

$$RN = \frac{MN - PQ}{2} = \frac{13 - 7}{2} = \frac{6}{2} = 3$$

Então, $\overline{RN}$ mede 3 cm.

Aplicando o teorema de Pitágoras ao triângulo PRN, temos:

$$RN^2 + PR^2 = NP^2 \Rightarrow 3^2 + h^2 = 5^2 \Rightarrow$$
$$\Rightarrow h^2 = 25 - 9 = 16 \Rightarrow h = 4$$

Assim, $\overline{PR}$ mede 4 cm.

Finalmente, a área do trapézio é:

$$A = \frac{(B + b) \cdot h}{2} = \frac{(13 + 7) \cdot 4}{2} = 40$$

Portanto, a área é 40 cm².

EXERCÍCIOS

22 Uma diagonal de um losango mede o dobro da outra. Determine a área do losango, sabendo que o seu perímetro é igual a 30 cm.

23 Determine a área do trapézio abaixo.

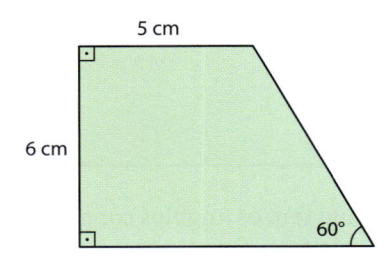

24 Na figura abaixo, **M** e **N** são, respectivamente, os pontos médios dos lados $\overline{AD}$ e $\overline{AB}$ do losango ABCD. Sabe-se que BD = 6 cm e CD = 5 cm. Determine as áreas do losango, dos triângulos AMN e BCD e do trapézio MNBD.

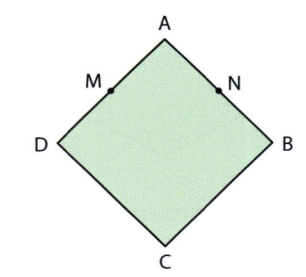

25 Determine a área do losango nos casos a seguir, sendo o metro a unidade das medidas indicadas.

a)

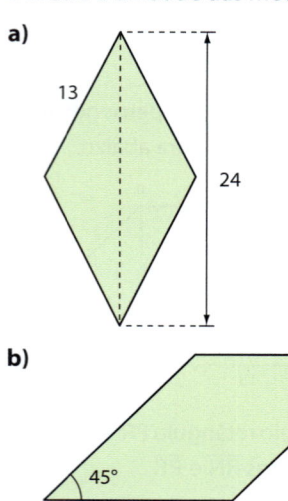

b)

c)

26 O perímetro de um trapézio isósceles é igual a 22 cm. Determine sua área, sabendo que uma das bases mede o dobro da outra e cada lado oblíquo mede 3,5 cm.

27 Na figura abaixo tem-se a planta de um terreno que vai ser dividido em duas partes: ABCE e CDE. Sabe-se que $\overline{BD}$ // $\overline{AE}$. Determine a área de cada uma delas.

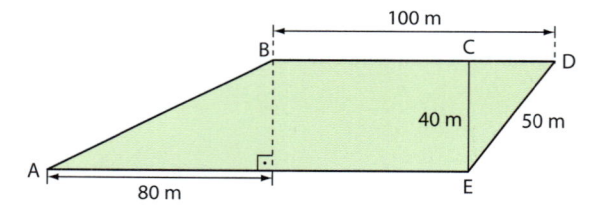

28 Na figura abaixo, os triângulos BCD e ABD são retângulos. Determine as áreas dos triângulos ABD e BCD e do trapézio ABCD.

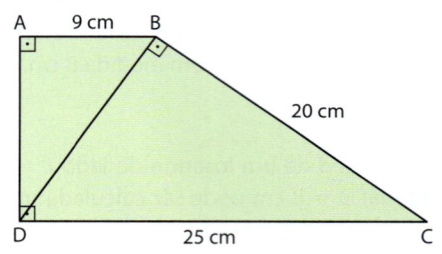

29 O proprietário do terreno desenhado abaixo deseja cercá-lo. A forma é a de um trapézio e a área é de 5 000 m². De quantos metros lineares de cerca ele vai precisar?

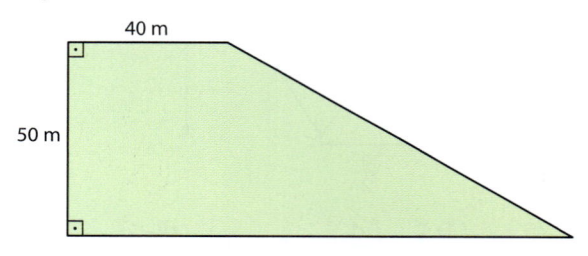

30 Dois irmãos herdaram um terreno em forma de trapézio, cuja planta está desenhada abaixo. Eles desejam dividi-lo em duas partes de mesma área, traçando uma reta paralela a um dos lados não paralelos. É possível fazer isso? Em caso afirmativo, descreva a forma geométrica de cada uma das partes, calculando suas áreas.

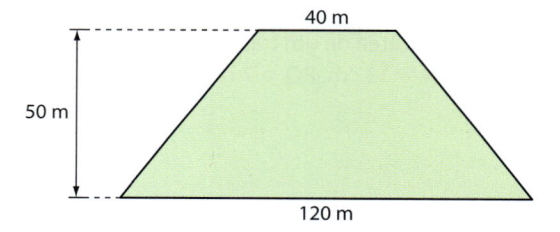

▶ O que é polígono regular?

Observemos os quadriláteros a seguir.

Losango

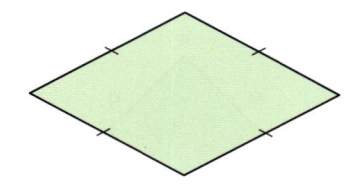

O losango tem os lados congruentes.
O losango é equilátero.

Retângulo

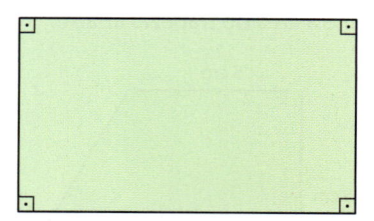

O retângulo tem os ângulos congruentes.
O retângulo é equiângulo.

Quadrado

O quadrado tem os lados congruentes e os ângulos congruentes.

O quadrado é equilátero e equiângulo.

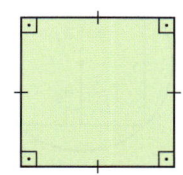

Dos três quadriláteros anteriores, só o quadrado tem lados congruentes e ângulos congruentes.

O quadrado é o quadrilátero regular.

Um **polígono regular** é um polígono convexo que tem todos os lados congruentes e todos os ângulos internos congruentes.

Exemplos de polígonos regulares:
• Com 3 lados

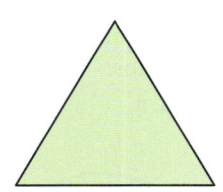

triângulo regular (triângulo equilátero)

• Com 4 lados

quadrilátero regular (quadrado)

• Com 5 lados

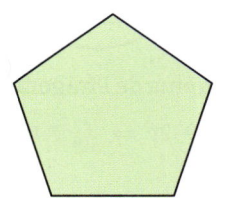

pentágono regular

• Com 6 lados

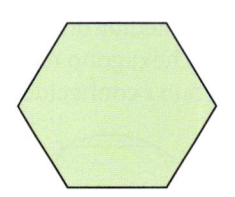

hexágono regular

Um polígono regular é equilátero e equiângulo.

▶ Elementos notáveis de um polígono regular

• **Centro**: é o centro comum das circunferências inscrita e circunscrita.

O centro é o ponto onde concorrem as mediatrizes dos lados.

O centro é o ponto onde concorrem as bissetrizes dos ângulos internos.

• **Apótema**: é um segmento com uma extremidade no centro e a outra no ponto médio do lado, o qual é perpendicular ao lado.

Veja a figura:

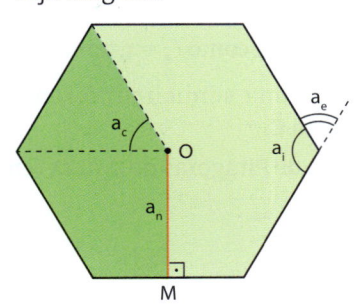

O é o centro.

M é o ponto médio do lado.

$\overline{OM}$ é o apótema (a_n).

a_c é ângulo central.

a_i é ângulo interno.

a_e é ângulo externo.

Se o polígono regular tem **n** lados, valem as seguintes expressões:

1ª) A medida do ângulo central: $a_c = \dfrac{360°}{n}$

2ª) A soma das medidas dos ângulos internos:
$$S_i = (n-2) \cdot 180°$$

3ª) A medida do ângulo interno:

$$a_i = \frac{S_i}{n} \text{ ou } a_i = \frac{(n-2) \cdot 180°}{n}$$

▶ Lado e apótema do quadrado inscrito

Vamos calcular a medida do lado (ℓ_4) e a medida do apótema (a_4) de um quadrado inscrito numa circunferência de raio **r** conhecido.

• Cálculo do lado: ℓ_4

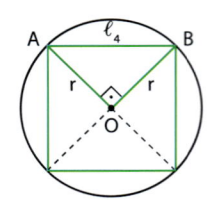

Aplicando o teorema de Pitágoras no $\triangle OAB$, temos:

$\ell_4^2 = r^2 + r^2 \Rightarrow \ell_4^2 = 2r^2 \Rightarrow \boxed{\ell_4 = r\sqrt{2}}$

• Cálculo do apótema: a_4

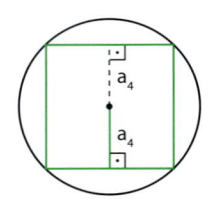

$a_4 + a_4 = \ell_4 \Rightarrow 2a_4 = \ell_4 \Rightarrow a_4 = \dfrac{\ell_4}{2}$

Substituindo ℓ_4, temos: $\boxed{a_4 = \dfrac{r\sqrt{2}}{2}}$

▶ Lado e apótema do hexágono regular inscrito

Vamos calcular a medida do lado (ℓ_6) e a medida do apótema (a_6) de um hexágono regular inscrito numa circunferência de raio **r** conhecido.

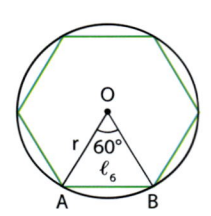

• Cálculo da medida do lado: ℓ_6

No $\triangle OAB$, temos:

$m(A\hat{O}B) = \dfrac{360°}{6} = 60°$

$\overline{OA} \equiv \overline{OB} \Rightarrow \hat{A} \equiv \hat{B}$

Logo, $m(\hat{A}) = m(\hat{B}) = m(\hat{O}) = 60°$ e o $\triangle OAB$ é equilátero.

Então, a medida do lado é igual à medida do raio:

$\boxed{\ell_6 = r}$

Notemos que o hexágono regular é a reunião de 6 triângulos equiláteros.

• Cálculo do apótema: a_6

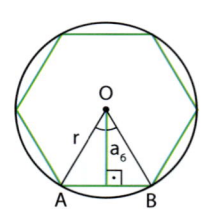

O apótema do hexágono é a altura do triângulo equilátero OAB de lado **r**. Portanto: $\boxed{a_6 = \dfrac{r\sqrt{3}}{2}}$

▶ Lado e apótema do triângulo equilátero inscrito

Vamos calcular a medida do lado (ℓ_3) e a medida do apótema (a_3) de um triângulo equilátero inscrito numa circunferência de raio **r** conhecido.

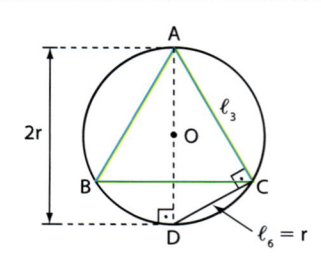

• Cálculo da medida do lado: ℓ_3

Traçamos o diâmetro $\overline{AD}$.

Se $BC = \ell_3$, então $CD = \ell_6$ e, como $\ell_6 = r$, temos $CD = r$.

Por estar inscrito numa semicircunferência, o $\triangle ACD$ é retângulo em **C**.

Aplicando o teorema de Pitágoras no $\triangle ACD$, temos:

$\ell_3^2 = (2r)^2 - r^2 \Rightarrow \ell_3^2 = 3r^2 \Rightarrow$

$\Rightarrow \boxed{\ell_3 = r\sqrt{3}}$

• Cálculo do apótema: a_3

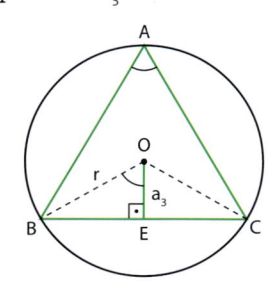

$m(B\hat{A}C) = 60° \Rightarrow m(B\hat{O}C) = 120° \Rightarrow m(B\hat{O}E) = 60°$

$$\frac{OE}{OB} = \cos 60° \Rightarrow$$

$$\Rightarrow \frac{a_3}{r} = \frac{1}{2} \Rightarrow \boxed{a_3 = \frac{r}{2}}$$

O apótema do triângulo tem medida igual à metade do raio **r**.

▶ Área do polígono regular

Vamos indicar por:
• **n** o número de lados do polígono
• ℓ a medida do lado
• **a** a medida do apótema
• 2p o perímetro ($2p = n \cdot \ell$)

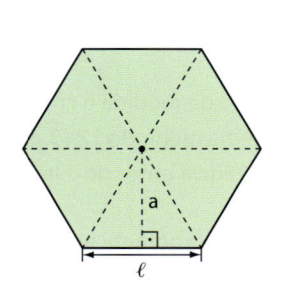
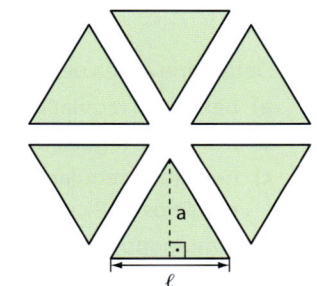

Se o polígono tem **n** lados, então sua área é igual a **n** vezes a área do triângulo de base ℓ e altura **a**:

$$A = n \cdot \frac{\ell \cdot a}{2} = \frac{n \cdot \ell \cdot a}{2} = \frac{2p \cdot a}{2} = p \cdot a$$

Logo, a **área de um polígono regular** é igual ao produto do semiperímetro pela medida do apótema:

$$\boxed{A = p \cdot a}$$

Veja os exercícios resolvidos a seguir.

EXERCÍCIOS RESOLVIDOS

9 Calcular a área de um triângulo equilátero que está inscrito em uma circunferência cujo raio mede 4 cm.

Solução:

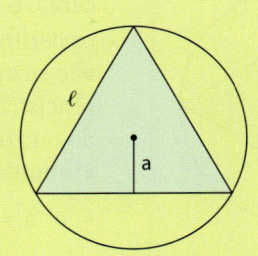

Vimos que o lado do triângulo equilátero inscrito numa circunferência de raio **r** é dado por $\ell = r\sqrt{3}$. Então, nesse caso, $\ell = 4\sqrt{3}$ cm. Assim, seu semiperímetro é $p = 6\sqrt{3}$ cm.

Vimos também que o apótema desse triângulo é dado por $a = \frac{r}{2}$. Então, $a = \frac{4\ cm}{2} = 2$ cm.

Concluímos que a área do triângulo é:

$A = p \cdot a = (6\sqrt{3}) \cdot 2 = 12\sqrt{3}$

Portanto, a área é $12\sqrt{3}$ cm².

Poderíamos também ter usado a fórmula da área do triângulo equilátero:

$$\frac{\ell^2 \cdot \sqrt{3}}{4} = \frac{(4\sqrt{3})^2 \cdot \sqrt{3}}{4} = 12\sqrt{3}$$

10 Calcular a área de um hexágono regular com lado medindo 5 cm.

Solução:

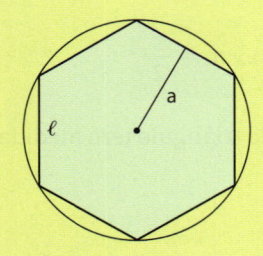

O semiperímetro desse hexágono é:

p = 3 · 5 cm = 15 cm

Vimos que o apótema de um hexágono regular é dado por $a = \dfrac{r\sqrt{3}}{2}$ e, como $\ell = r$, então, $a = \dfrac{\ell\sqrt{3}}{2} = \dfrac{5\sqrt{3}}{2}$ cm.

Concluímos que a área do hexágono é:

$$A = p \cdot a = 15 \cdot \dfrac{5\sqrt{3}}{2} = \dfrac{75\sqrt{3}}{2}$$

Portanto, $A = \dfrac{75\sqrt{3}}{2}$ cm².

Poderíamos também ter feito:

$$A_{hex.} = 6 \cdot A_{\triangle} = 6 \cdot \dfrac{5^2\sqrt{3}}{4} = \dfrac{75\sqrt{3}}{2}$$

EXERCÍCIOS

31 Determine a medida do apótema de um:

a) quadrado inscrito em uma circunferência de raio 6 cm;

b) hexágono regular inscrito em uma circunferência de diâmetro 4 cm;

c) triângulo equilátero inscrito em uma circunferência de comprimento 10π cm.

32 Determine a área de um:

a) hexágono regular com lados de medida 6 cm;

b) hexágono regular de apótema medindo $12\sqrt{3}$ cm;

c) hexágono regular cuja distância entre dois lados paralelos é 18 cm;

d) pentágono regular de lado ℓ e apótema **a**;

e) octógono regular de lado ℓ e apótema **a**.

▶ Área do círculo

Observe, nas figuras, alguns polígonos regulares inscritos numa circunferência de raio **r**.

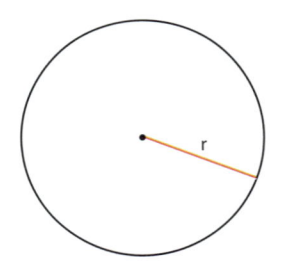

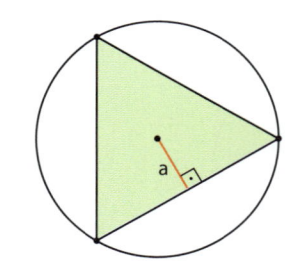

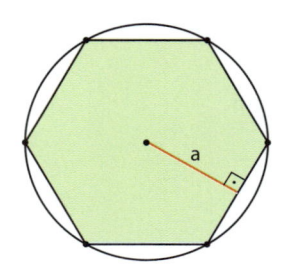

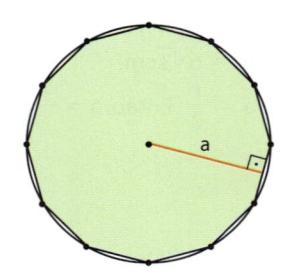

À medida que o número de lados dos polígonos regulares inscritos aumenta, ocorre o seguinte:

- as formas dos polígonos regulares vão se aproximando da forma circular;
- as áreas dos polígonos regulares inscritos vão crescendo e se aproximando da área do círculo;
- os perímetros (2p) dos polígonos regulares inscritos vão se aproximando do comprimento da circunferência (2πr), e os apótemas (**a**) vão se aproximando do raio (**r**). Logo, as áreas dos polígonos vão se aproximando de A = (semiperímetro) · (apótema) = $= p \cdot a = \dfrac{2\pi r}{2} \cdot r = \pi r^2$

Diremos, por isso, que esse número (πr²), do qual as áreas dos polígonos se aproximam, é a **área do círculo**.

$$A = \pi \cdot r^2$$

EXEMPLO 8

A área do círculo de 3 cm de raio é dada por:
A = π · r² = π · 3² = 9π
A área é 9π cm² (aproximadamente 28,3 cm²).

EXERCÍCIOS

33 Determine a área de:

  a) um círculo cujo raio mede 12 cm;

  b) um círculo cujo diâmetro mede 12 cm;

  c) um círculo de comprimento 12π cm;

  d) um círculo inscrito em um quadrado de área 64 cm².

34 Um círculo é equivalente a um quadrado de 6 cm de lado. Adote $\pi \simeq 3,14$ e determine a medida aproximada do raio do círculo.

35 Dado AO = OB = $\dfrac{5}{2}$ cm, qual é a área da região externa às semicircunferências menores e interna à maior?

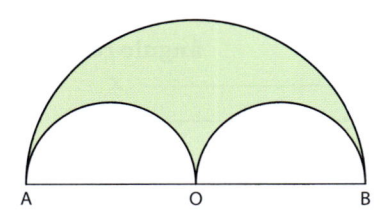

36 Determine a área da região colorida nos casos:

  a) quadrado de lado medindo 8 m;

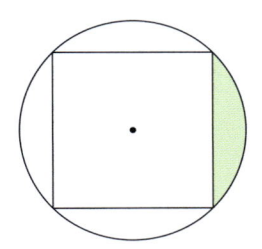

  b) hexágono regular de lado medindo 6 m;

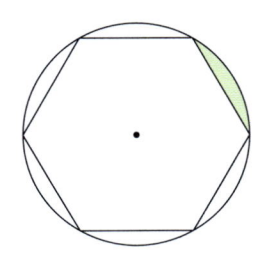

  c) triângulo equilátero de lado medindo 12 m;

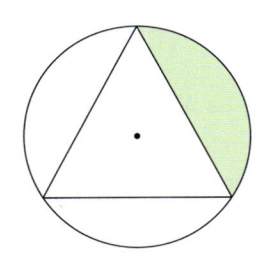

  d) quadrado de lado medindo 8 m;

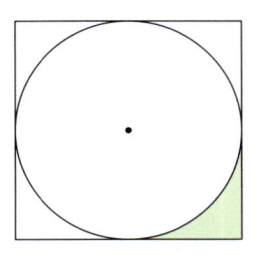

  e) hexágono regular de lado medindo 12 m;

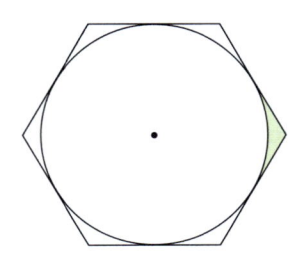

  f) triângulo equilátero com lado de medida 6 m.

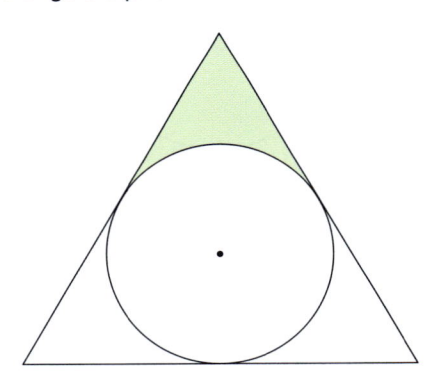

37 Calcule a área da figura colorida, sendo ABCD um quadrado.

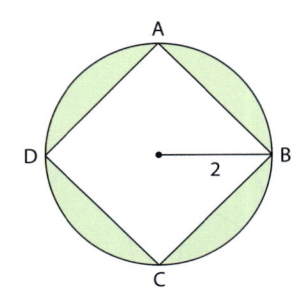

38 Calcule a área da parte colorida.

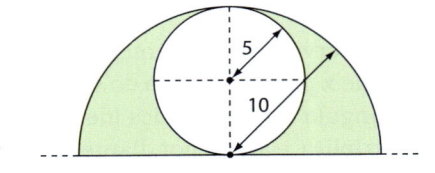

39 Calcule a área da superfície colorida.

a)
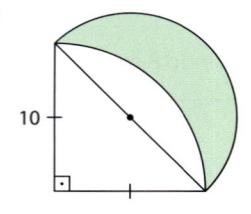

10

b)
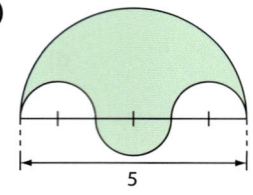

5

c)
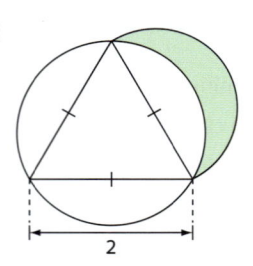

2

▶ Área do setor circular

Em uma circunferência de centro **O** está destacado um ângulo central de medida **x**, que determina um arco $\overparen{PQ}$ na circunferência. Chama-se **setor circular** o conjunto dos pontos que são interiores à circunferência e ao ângulo **x**, reunidos com os pontos de $\overline{OP}$, $\overline{OQ}$ e $\overparen{PQ}$.

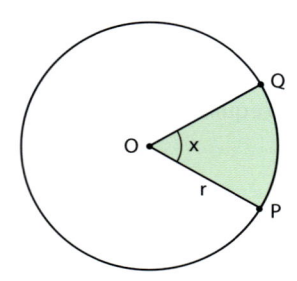

Vamos comparar as áreas de alguns setores circulares de um mesmo círculo, tomando os ângulos centrais **x**, 2x, 3x, 4x.

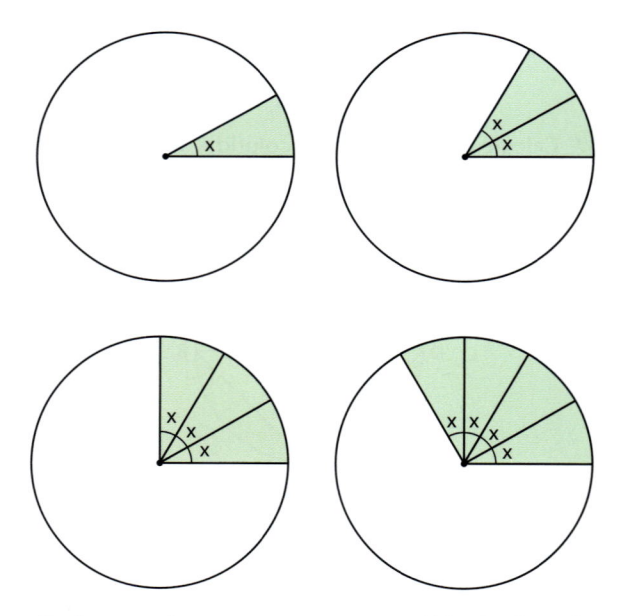

Podemos observar que, se a medida do ângulo central dobra (de **x** para 2x), a área do setor dobra; se a medida do ângulo central triplica (de **x** para 3x), a área do setor triplica, e assim por diante.

Num círculo de raio **r** dado, a **área do setor** é diretamente proporcional à medida do ângulo central.

Se a medida do ângulo estiver em graus, calculamos a área pela regra de três.

	área	ângulo central (graus)
setor:	A	x
círculo:	$\pi \cdot r^2$	360°

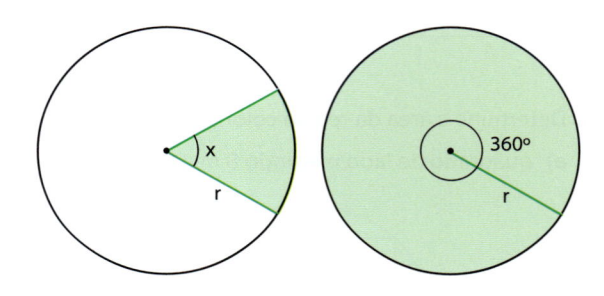

e daí, temos:

$$\frac{A}{\pi r^2} = \frac{x}{360}$$

Portanto:

$$A = \frac{x}{360} \cdot \pi r^2$$

EXEMPLO 9

Vamos calcular a área de um setor circular de 60° num círculo de raio 2 cm.

	área	ângulo central (graus)
setor:	A	60°
círculo:	$\pi \cdot 2^2$	360°

$$\frac{A}{4\pi} = \frac{60}{360} \Rightarrow A = \frac{4\pi \cdot 60}{360} = \frac{2\pi}{3}$$

A área é $\frac{2\pi}{3}$ cm² (aproximadamente 2,10 cm²).

▶ Área da coroa circular

Dadas duas circunferências concêntricas com raios **R** e **r**, sendo R > r, chama-se **coroa circular** o conjunto dos pontos internos à circunferência de raio **R** e externos à de raio **r**, reunidos com os pontos das duas circunferências.

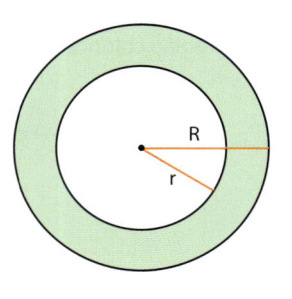

A **área de uma coroa** é igual à diferença entre as áreas dos círculos de raios **R** e **r**.

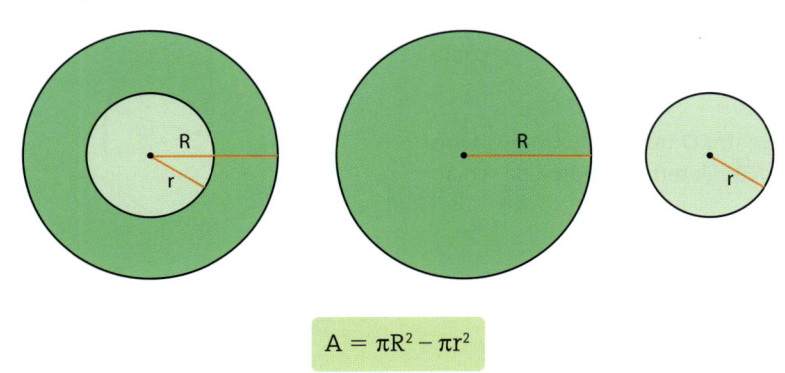

$$A = \pi R^2 - \pi r^2$$

A área da coroa circular de raios de medidas 5 cm e 3 cm é:

$A = \pi R^2 - \pi r^2 = \pi \cdot 5^2 - \pi \cdot 3^2 = 25\pi - 9\pi = 16\pi$

Portanto, a área é 16π cm² (aproximadamente 50 cm²).

EXERCÍCIOS

40 Determine a área de um setor circular de raio de medida 6 cm cujo ângulo central mede:

a) 60°   **b)** $\frac{\pi}{6}$ rad   **c)** 50°   **d)** 120°   **e)** $\frac{\pi}{2}$ rad   **f)** π rad

41 Determine a área da superfície colorida:

a) Dados: m($\widehat{AB}$) = π cm

$AC = \dfrac{OA}{2}$

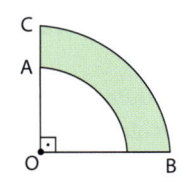

c) Dados: AB = 2 cm

BC = 3 cm

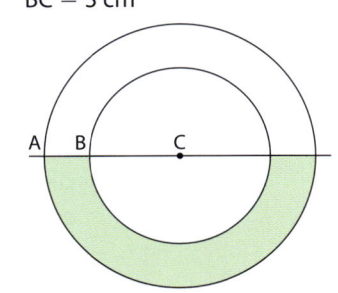

b)

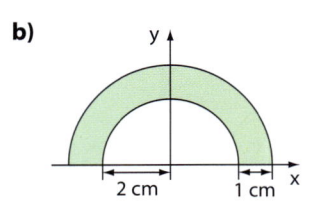

d)

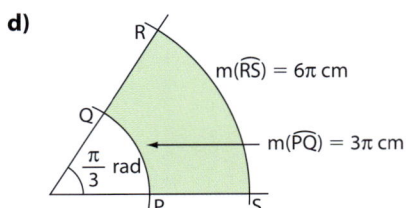

m($\widehat{RS}$) = 6π cm

m($\widehat{PQ}$) = 3π cm

$\frac{\pi}{3}$ rad

42 A região colorida na figura abaixo tem $\frac{32\pi}{25}$ m² de área.

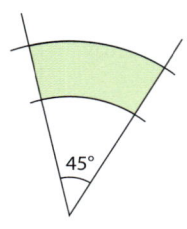

Se o raio do arco maior mede 4 m, quanto mede o raio do arco menor?

43 A circunferência de centro **O** tem diâmetro de medida 8 cm e $BC = AB \cdot \sqrt{3}$. Determine a área da região colorida.

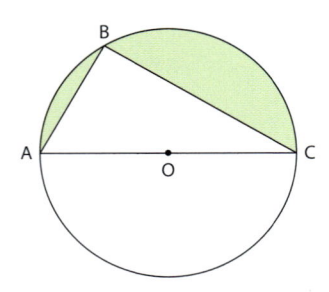

44 Calcule a área da parte colorida de cada item, sabendo que o quadrilátero dado é um quadrado.

a)

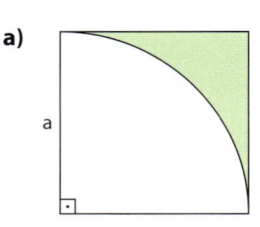

c)

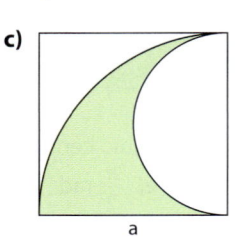

b)

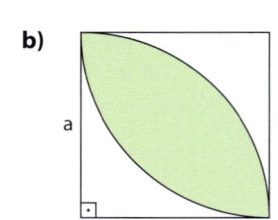

45 Determine a área da figura abaixo.

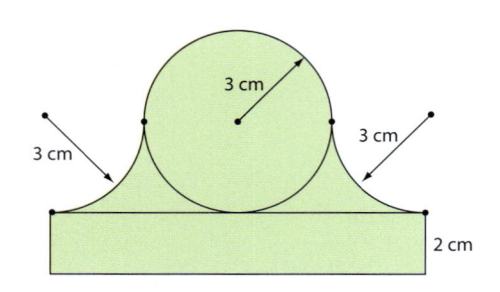

46 Determine a área do segmento circular colorido nos casos a seguir, sendo 6 m a medida do raio do círculo.

a)   c)

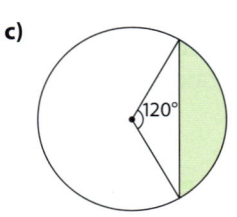

b)

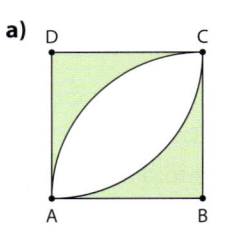

47 Nas figuras abaixo, ABCD é um quadrado de perímetro 16 cm. Determine a área das regiões coloridas.

a)   b)

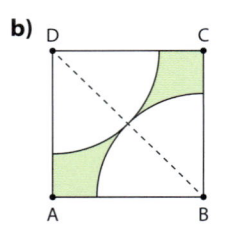

48 Determine a área do círculo circunscrito a um:

a) quadrado de 16 m² de área;

b) hexágono regular de $54\sqrt{3}$ m² de área;

c) triângulo equilátero de $36\sqrt{3}$ m² de área.

49 Determine a área do círculo inscrito em um:

a) quadrado de 24 m² de área;

b) hexágono regular de $6\sqrt{3}$ m² de área;

c) triângulo equilátero de $9\sqrt{3}$ m² de área.

50 Seja ABCDEF um hexágono regular inscrito num círculo cujo raio mede 1 cm. Calcule a área da região colorida.

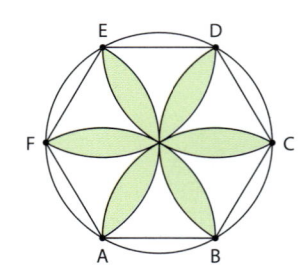

EXERCÍCIOS **COMPLEMENTARES**

1 De uma folha de papel medindo 45 cm por 30 cm, devem-se cortar quatro cantos quadrados, com lado medindo **x** cm, e depois dobrar os quatro retângulos laterais para cima, formando uma caixa, como mostram as figuras abaixo.

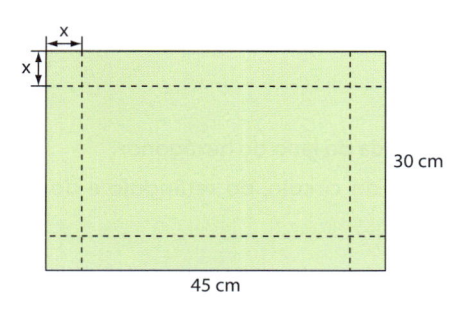

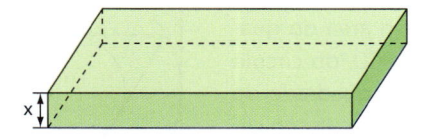

Determine:

a) o valor de **x** para que a área de um dos retângulos laterais seja igual ao dobro da do outro;

b) as dimensões e as áreas desses retângulos;

c) a área da base da caixa.

2 (UE-RJ) Dois terrenos, **A** e **B**, ambos com a forma de trapézio, têm as frentes de mesmo comprimento voltadas para a Rua Alfa. Os fundos dos dois terrenos estão voltados para a Rua Beta. Observe o esquema:

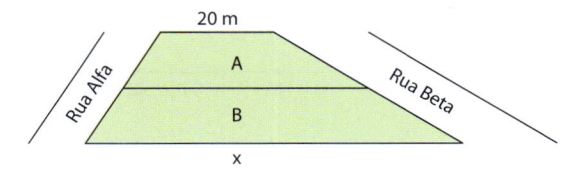

As áreas de **A** e **B** são, respectivamente, proporcionais a 1 e 2, e a lateral menor do terreno **A** mede 20 m. Calcule o comprimento **x**, em metros, da lateral maior do terreno **B**.

3 A que distância do vértice **A** de um triângulo ABC, de altura relativa a $\overline{BC}$ igual a **h**, devemos conduzir uma reta paralela a $\overline{BC}$ para que a área do trapézio obtido seja igual a 3 vezes a área do triângulo obtido?

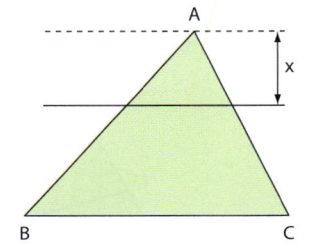

4 (UF-PE) Na ilustração a seguir, os três quadrados têm lado medindo 4 cm. Qual o maior inteiro menor ou igual à medida da área do círculo, em cm²? Dado: use a aproximação $\pi \simeq 3,14$.

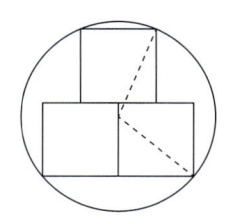

5 Na figura abaixo temos dois quadrados. Determine a área do quadrado maior.

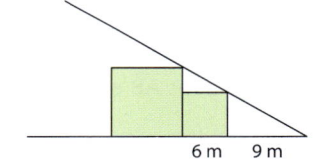

6 O triângulo ABC é um triângulo equilátero cujo lado mede $8\sqrt{3}$ cm. Determine a área do triângulo retângulo APM, sabendo que $\overline{MP} \perp \overline{AB}$, $\overline{DM} \perp \overline{AC}$, $\overline{AD} \perp \overline{BC}$.

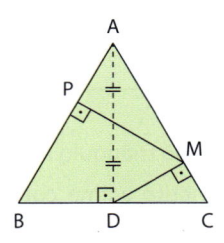

7 Na figura abaixo, o quadrado ABCD tem lados de medida 6 cm. Determine o valor de **x** para que a área da figura colorida seja igual a 12 cm².

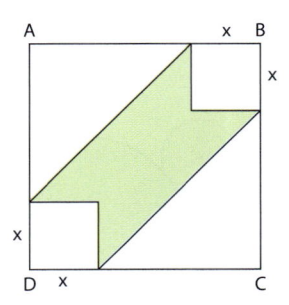

8 (Fuvest-SP) Percorre-se o paralelogramo ABCD em sentido anti-horário. A partir de cada vértice atingido ao longo do percurso, prolonga-se o lado recém-percorrido construindo-se um segmento de mesmo comprimento que esse lado. As extremidades dos prolongamentos são denotadas por **A′**, **B′**, **C′** e **D′**, de modo que os novos segmentos sejam, então, $\overline{AA'}$, $\overline{BB'}$, $\overline{CC'}$, $\overline{DD'}$. Dado que AB = 4 e que a distância de **D** à reta determinada por **A** e **B** é 3, calcule a área do:

a) paralelogramo ABCD;

b) triângulo BB′C′;

c) quadrilátero A′B′C′D′.

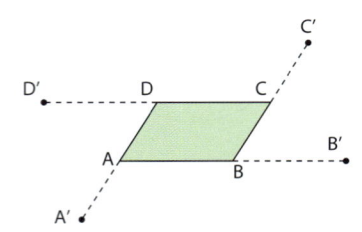

9 (PUC-RJ) Na figura abaixo, ABCD é um quadrado de lado 2. Considere o círculo inscrito ao quadrado, que tangencia os lados $\overline{AB}$ e $\overline{AD}$ nos pontos **E** e **F**, respectivamente.

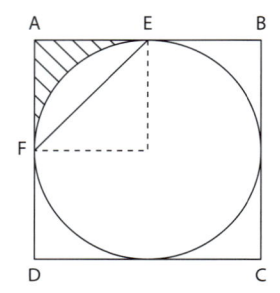

a) Calcule a área do triângulo AEF.

b) O círculo descrito acima corta o triângulo em duas regiões. Calcule a área de cada uma dessas regiões.

10 Os pontos **A**, **B** e **C** são centros dos três círculos tangentes exteriormente, como na figura abaixo. Sendo as distâncias $\overline{AB}$, $\overline{AC}$ e $\overline{BC}$ respectivamente iguais a 10 cm, 14 cm e 18 cm, determine a área desses três círculos.

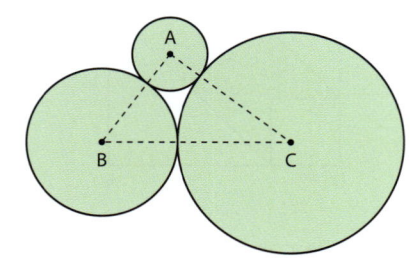

11 A diferença entre as áreas do hexágono regular e do retângulo FBCE da figura a seguir é $18\sqrt{3}$ cm².

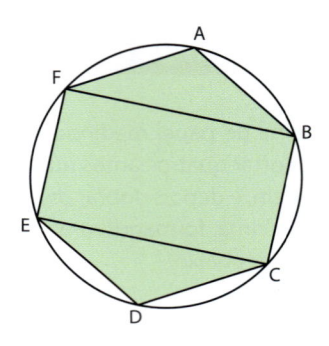

Determine:

a) a medida do lado do hexágono;

b) a área do círculo, do retângulo e do triângulo ABF.

12 Os lados do quadrado ABCD medem 8 cm. Determine a área do quadrado ABCD, do círculo inscrito no quadrado, do triângulo inscrito no círculo e do círculo inscrito no triângulo.

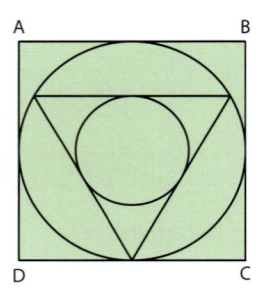

13 A área da região colorida na figura abaixo é $8(4 - \pi)$ cm².

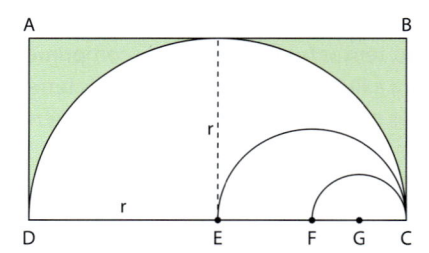

Determine a área:

a) dos semicírculos de centro **G**, centro **F** e centro **E**;

b) do retângulo ABCD.

14 Um triângulo equilátero ABC tem 60 m de perímetro. Prolonga-se a base $\overline{BC}$ e, sobre o prolongamento, toma-se CS = 12 m. Une-se o ponto **S** ao meio **M** do lado $\overline{AB}$. Calcule a área do quadrilátero BCNM.

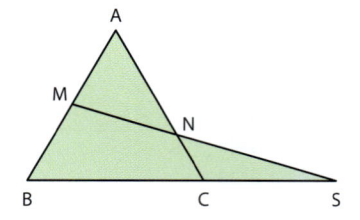

15 Um quadrado e um losango têm o mesmo perímetro. Determine a razão entre a área do quadrado e a do losango, sabendo que a razão entre as diagonais do losango é $\frac{3}{5}$ e que a diferença entre elas é igual a 40 cm.

16 (UF-AL) Uma praça tinha a forma de um quadrado com 160 m de perímetro. Após uma reforma, a sua superfície passou a ter um formato circular com perímetro igual a 75% da medida do lado do quadrado original. Com essa reforma, de quantos metros quadrados foi reduzida a área da praça original?

Use $\pi \simeq 3,14$.

17 (UF-PE) Na ilustração abaixo, temos os quadrados ABCD e EFGH.

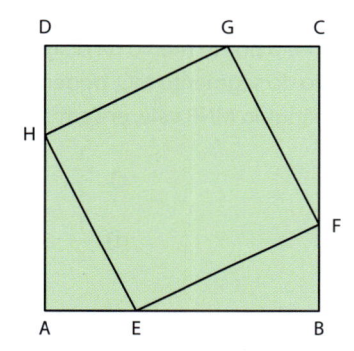

Se $\overline{HA}$ mede 7 cm e $\overline{BF}$ mede 4 cm, então [classifique cada afirmação abaixo em verdadeira (V) ou falsa (F)]:

(0-0) os triângulos AEH e BFE são congruentes.

(1-1) o quadrado EFGH tem área medindo 65 cm².

(2-2) $\overline{HF}$ mede $\sqrt{135}$.

(3-3) o perímetro do quadrado ABCD mede 42 cm.

(4-4) o triângulo DHG tem área medindo 12 cm².

18 (U.F. Uberlândia-MG) A figura (ilustrativa e sem escalas) que segue, corresponde à vista superior do trecho de uma praça. Nela se destacam uma região de circulação de pedestres e uma região sombreada, a ser gramada, composta por três partes e limitada por segmentos de reta e um setor circular de raio **r**, conforme indicado.

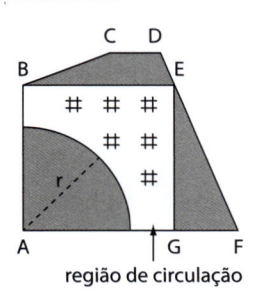

região de circulação

Sabe-se que ABEG é um quadrado de lado **L** m, com $L > 7$, EF = 13 m, DE = 5,2 m, AF = 17 m, CD = 3 m, $\overline{CD}$ é paralelo a $\overline{AF}$, a área do setor circular é igual à metade da área de ABEG e **D**, **E** e **F** são colineares.

Nessas condições, elabore e execute um plano de resolução de maneira a determinar:

a) o valor de **L** (em metros);

b) a área de toda a região sombreada (em m²).

19 (Fuvest-SP) As circunferências C_1 e C_2 estão centradas em O_1 e O_2, têm raios $r_1 = 3$ e $r_2 = 12$, respectivamente, e tangenciam-se externamente. Uma reta **t** é tangente a C_1 no ponto P_1, tangente a C_2 no ponto P_2 e intersecta a reta $\overrightarrow{O_1O_2}$ no ponto **Q**. Sendo assim, determine:

a) o comprimento P_1P_2;

b) a área do quadrilátero $O_1O_2P_2P_1$;

c) a área do triângulo QO_2P_2.

20 (ITA-SP) Considere um triângulo equilátero cujo lado mede $2\sqrt{3}$ cm. No interior deste triângulo existem 4 círculos de mesmo raio **r**. O centro de um dos círculos coincide com o baricentro do triângulo. Este círculo tangencia externamente os demais e estes, por sua vez, tangenciam 2 lados do triângulo.

a) Determine o valor de **r**.

b) Calcule a área do triângulo não preenchida pelos círculos.

c) Para cada círculo que tangencia o triângulo, determine a distância do centro ao vértice mais próximo.

21 (UF-PR) A figura abaixo apresenta uma circunferência com centro **C** e raio 2, o ângulo CD̂B é reto e o arco de circunferência $\overset{\frown}{BE}$ mede $\frac{3\pi}{2}$.

a) Calcule o comprimento do segmento $\overline{BD}$.

b) Calcule a área da parte sombreada da figura.

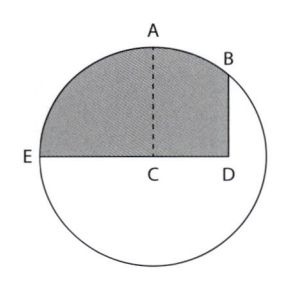

TESTES

1 (UF-RS) Na figura abaixo, os triângulos retângulos são congruentes e possuem catetos com medidas **a** e **b**.

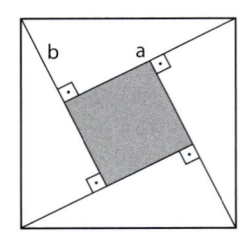

A área da região colorida é:

a) $2ab$

b) $a^2 + b^2$

c) $a^2 + 2ab + b^2$

d) $a^2 - 2ab + b^2$

e) $a^2 - b^2$

2 (Enem-MEC) A maior piscina do mundo, registrada no livro *Guiness*, está localizada no Chile, em San Alfonso del Mar, cobrindo um terreno de 8 hectares de área.

Sabe-se que 1 hectare corresponde a 1 hectômetro quadrado.

Qual é o valor, em metros quadrados, da área coberta pelo terreno da piscina?

a) 8

b) 80

c) 800

d) 8 000

e) 80 000

3 (Mackenzie-SP) No triângulo retângulo ABC, AB = 4 cm e AD = BC = 3 cm.

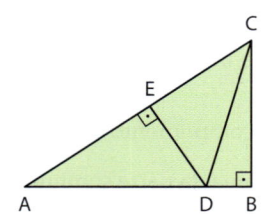

A área do triângulo CDE é:

a) $\dfrac{117}{50}$ cm²

b) $\dfrac{9}{4}$ cm²

c) $\dfrac{9\sqrt{10}}{10}$ cm²

d) $\dfrac{54}{25}$ cm²

e) $\dfrac{9}{2}$ cm²

4 (UF-PR) A soma das áreas dos três quadrados a seguir é igual a 83 cm². Qual é a área do quadrado maior?

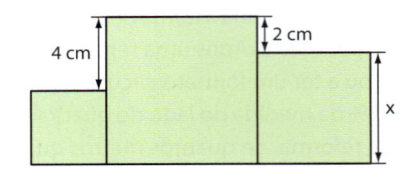

a) 36 cm²

b) 20 cm²

c) 49 cm²

d) 42 cm²

e) 64 cm²

5 (F.C.M.S. Juiz de Fora-MG) Se MNPQ é um quadrado de lado 2 cm, **O** é o ponto médio da diagonal $\overline{MP}$ e **R** é o ponto médio do segmento $\overline{MO}$, podemos afirmar que a área do triângulo MNR vale, em cm²:

a) $\sqrt{2}$

b) $\dfrac{\sqrt{2}}{2}$

c) $\dfrac{1}{2}$

d) $\dfrac{1}{4}$

6 (Enem-MEC) O jornal de certa cidade publicou em uma página inteira a seguinte divulgação de seu caderno de classificados.

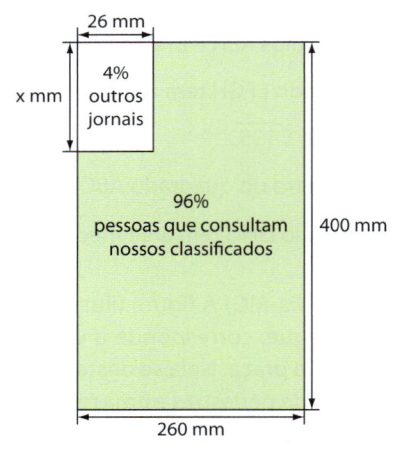

Para que a propaganda seja fidedigna à porcentagem da área que aparece na divulgação, a medida do lado do retângulo que representa os 4% deve ser de aproximadamente:

a) 1 mm

b) 10 mm

c) 17 mm

d) 160 mm

e) 167 mm

7 (PUC-SP) O *tangram* é um antigo quebra-cabeça de origem chinesa, conhecido na Ásia como "as sete placas da sabedoria". Ele é composto por 7 peças – 5 triângulos, 1 quadrado e 1 paralelogramo – que podem ser usadas para formar figuras diferentes, sem que haja superposição de quaisquer peças, como é mostrado na figura 1.

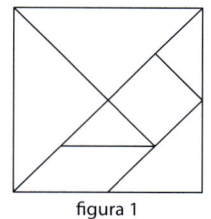
figura 1

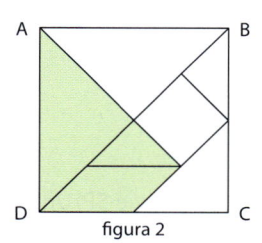
figura 2

Considerando que a área da região colorida na figura *2* é igual a 63 cm², a medida do lado do quadrado ABCD, em centímetros, é:

a) $2\sqrt{3}$ **c)** $4\sqrt{3}$ **e)** 12

b) 6   **d)** 9

8 (UF-RS) As figuras abaixo apresentam uma decomposição de um triângulo equilátero em peças que, convenientemente justapostas, formam um quadrado.

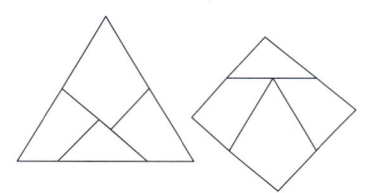

O lado do triângulo mede 2 cm, então, o lado do quadrado mede, em centímetros,

a) $\dfrac{\sqrt{3}}{3}$ **c)** $\sqrt[4]{3}$ **e)** $\sqrt{3}$

b) $\dfrac{\sqrt{3}}{2}$ **d)** $\sqrt[3]{3}$

9 (Enem-MEC) Um carpinteiro fabrica portas retangulares maciças, feitas de um mesmo material. Por ter recebido de seus clientes pedidos de portas mais altas, aumentou sua altura em $\dfrac{1}{8}$, preservando suas espessuras. A fim de manter o custo com o material de cada porta, precisou reduzir a largura.

A razão entre a largura da nova porta e a largura da porta anterior é:

a) $\dfrac{1}{8}$ **c)** $\dfrac{8}{7}$ **e)** $\dfrac{9}{8}$

b) $\dfrac{7}{8}$ **d)** $\dfrac{8}{9}$

10 (FGV-SP) Na figura, ABCD e BFDE são losangos semelhantes, em um mesmo plano, sendo que a área de ABCD é 24, e $\alpha = 60°$.

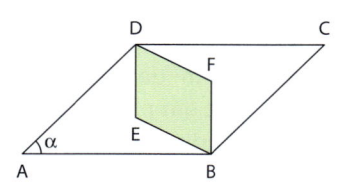

A área do losango BFDE é:

a) 6   **c)** 8   **e)** $6\sqrt{3}$

b) $4\sqrt{3}$ **d)** 9

11 (Mackenzie-SP) O retângulo assinalado na figura possui área máxima. Essa área é igual a:

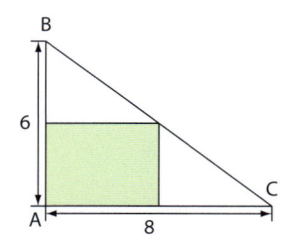

a) 12   **c)** 15   **e)** 14

b) 10   **d)** 8

12 (UF-GO) Um vidraceiro propõe a um cliente um tipo de vitral octogonal obtido a partir de um quadrado com 9 cm de lado, retirando-se, de cada canto, um triângulo retângulo isósceles de cateto com 3 m, conforme indicado na figura a seguir.

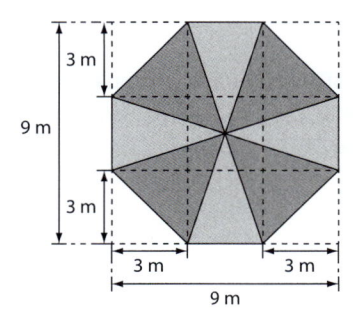

O vitral octogonal será feito com dois tipos de vidro: fumê (em cinza escuro na figura) e transparente (em cinza claro na figura). A razão entre a área da região preenchida com vidro transparente e a preenchida com vidro fumê, nesta ordem, é:

a) $\dfrac{1}{3}$ **c)** $\dfrac{3}{4}$ **e)** $\dfrac{3}{2}$

b) $\dfrac{2}{3}$ **d)** 1

13 (Enem-MEC) Jorge quer instalar aquecedores no seu salão de beleza para melhorar o conforto dos seus clientes no inverno. Ele estuda a compra de unidades de dois tipos de aquecedores: modelo **A**, que consome 600 g/h (gramas por hora) de gás propano e cobre 35 m^2 de área, ou modelo **B**, que consome 750 g/h de gás propano e cobre 45 m^2 de área. O fabricante indica que o aquecedor deve ser instalado em um ambiente com área menor do que a da sua cobertura. Jorge vai instalar uma unidade por ambiente e quer gastar o mínimo possível com gás. A área do salão que deve ser climatizada encontra-se na planta seguinte (ambientes representados por três retângulos e um trapézio).

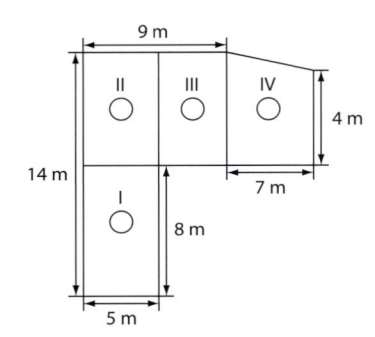

Avaliando-se todas as informações, serão necessários:

a) quatro unidades do tipo **A** e nenhuma unidade do tipo **B**.

b) três unidades do tipo **A** e uma unidade do tipo **B**.

c) duas unidades do tipo **A** e duas unidades do tipo **B**.

d) uma unidade do tipo **A** e três unidades do tipo **B**.

e) nenhuma unidade do tipo **A** e quatro unidades do tipo **B**.

14 (Fuvest-SP) Na figura, o triângulo ABC é equilátero de lado 1, e ACDE, AFGB e BHIC são quadrados. A área do polígono DEFGHI vale:

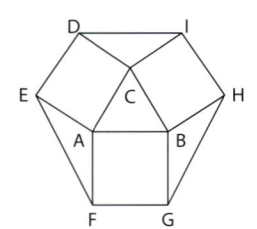

a) $1 + \sqrt{3}$

b) $2 + \sqrt{3}$

c) $3 + \sqrt{3}$

d) $3 + 2\sqrt{3}$

e) $3 + 3\sqrt{3}$

15 (Ibmec-RJ) O triângulo ABC (figura) tem área igual a 36 cm^2. Os pontos **M** e **N** são pontos médios dos lados $\overline{AC}$ e $\overline{BC}$. Assim, a área da região MPNC, em cm^2, vale:

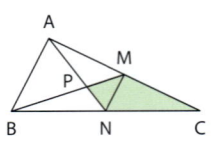

a) 10   **c)** 14   **e)** 18

b) 12   **d)** 16

16 (Mackenzie-SP) Unindo-se os pontos médios dos lados de um hexágono regular **H**$_1$, obtém-se um hexágono regular **H**$_2$. A razão entre as áreas de **H**$_1$ e **H**$_2$ é:

a) $\dfrac{4}{3}$ **b)** $\dfrac{6}{5}$ **c)** $\dfrac{7}{6}$ **d)** $\dfrac{3}{2}$ **e)** $\dfrac{5}{3}$

17 (Enem-MEC) Para decorar a fachada de um edifício, um arquiteto projetou a colocação de vitrais compostos de quadrados de lado medindo 1 m, conforme a figura a seguir.

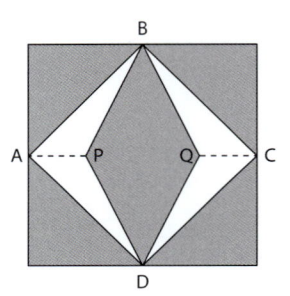

Nesta figura, os pontos **A**, **B**, **C** e **D** são pontos médios dos lados do quadrado e os segmentos $\overline{AP}$ e $\overline{QC}$ medem $\dfrac{1}{4}$ da medida do lado do quadrado. Para confeccionar um vitral, são usados dois tipos de materiais: um para a parte sombreada da figura, que custa R\$ 30,00 o m^2, e outro para a parte mais clara (regiões ABPDA e BCDQB), que custa R\$ 50,00 o m^2.

De acordo com esses dados, qual é o custo dos materiais usados na fabricação de um vitral?

a) R\$ 22,50   **d)** R\$ 42,50

b) R\$ 35,00   **e)** R\$ 45,00

c) R\$ 40,00

18 (Fuvest-SP) O segmento $\overline{AB}$ é lado de um hexágono regular de área $\sqrt{3}$. O ponto **P** pertence à mediatriz de $\overline{AB}$ de tal modo que a área do triângulo PAB vale $\sqrt{2}$. Então, a distância de **P** ao segmento $\overline{AB}$ é igual a:

a) $\sqrt{2}$ **c)** $3\sqrt{2}$ **e)** $2\sqrt{3}$

b) $2\sqrt{2}$ **d)** $\sqrt{3}$

19 (Mackenzie-SP) Um arame de 63 m de comprimento é cortado em duas partes e com elas constroem-se um triângulo e um hexágono regulares. Se a área do hexágono é 6 vezes maior que a área do triângulo, podemos concluir que o lado desse triângulo mede:

a) 5 m   c) 9 m   e) 13 m

b) 7 m   d) 11 m

20 (Fuvest-SP) Uma das piscinas do Centro de Práticas Esportivas da USP tem o formato de três hexágonos regulares congruentes, justapostos, de modo que cada par de hexágonos tem um lado em comum, conforme representado na figura abaixo. A distância entre lados paralelos de cada hexágono é de 25 metros.

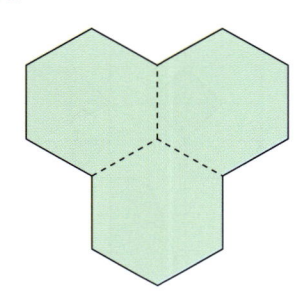

Assinale a alternativa que mais se aproxima da área da piscina.

a) 1 600 m²

b) 1 800 m²

c) 2 000 m²

d) 2 200 m²

e) 2 400 m²

21 (F.C.M.S. Juiz de Fora-MG) A área de uma coroa circular (ou anel circular) formada por dois círculos concêntricos vale $\dfrac{49}{2}\pi$ cm². O comprimento da corda do maior círculo tangente ao menor círculo mede, em cm:

a) $\sqrt{7}$ c) $7\sqrt{2}$

b) $\dfrac{7}{\sqrt{2}}$ d) $14\sqrt{2}$

22 (FGV-SP) O perímetro de um triângulo equilátero, em cm, é numericamente igual à área do círculo que o circunscreve, em cm². Assim, o raio do círculo mencionado mede, em cm:

a) $\dfrac{3\sqrt{2}}{\pi}$ d) $\dfrac{6}{\pi}$

b) $\dfrac{3\sqrt{3}}{\pi}$ e) $\dfrac{\pi\sqrt{3}}{2}$

c) $\sqrt{3}$

23 (Fuvest-SP) Na figura, os pontos **A**, **B** e **C** pertencem à circunferência de centro **O** e BC = a. A reta $\overrightarrow{OC}$ é perpendicular ao segmento $\overline{AB}$ e o ângulo AÔB mede $\dfrac{\pi}{3}$ radianos. Então, a área do triângulo ABC vale:

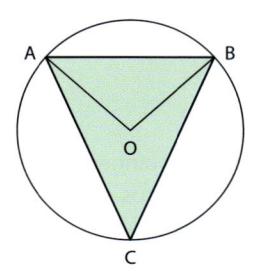

a) $\dfrac{a^2}{8}$ d) $\dfrac{3a^2}{4}$

b) $\dfrac{a^2}{4}$ e) a^2

c) $\dfrac{a^2}{2}$

24 (Mackenzie-SP) Um disco de metal, ao ser colocado em um forno, sofre uma dilatação, de modo que o seu raio aumenta de 1,5%. Das alternativas abaixo, o valor mais próximo do aumento percentual da área do disco é:

a) 2,5   d) 2

b) 1,5   e) 3

c) 1

25 (UF-RS) Observe a figura abaixo.

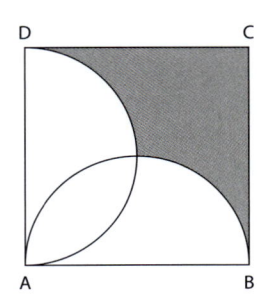

No quadrado ABCD de lado 2, os lados $\overline{AB}$ e $\overline{BC}$ são diâmetros dos semicírculos. A área da região sombreada é:

a) $3 - \dfrac{\pi}{4}$

b) $4 - \dfrac{\pi}{2}$

c) $3 - \pi$

d) $4 - \pi$

e) $3 - \dfrac{\pi}{2}$

26 (FGV-SP) Em um mesmo plano estão contidos um quadrado de 9 cm de lado e um círculo de 6 cm de raio, com centro em um dos vértices do quadrado. A área da região do quadrado não intersectada pelo círculo, em cm², é igual a:

a) $9(9 - \pi)$

d) $3(9 - 2\pi)$

b) $9(4\pi - 9)$

c) $9(9 - 2\pi)$

e) $6(3\pi - 9)$

27 (UF-RS) Dois círculos tangentes e de mesmo raio têm seus respectivos centros em vértices opostos de um quadrado, como mostra a figura abaixo.

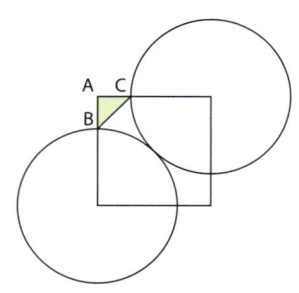

Se a medida do lado do quadrado é 2, então a área do triângulo ABC mede:

a) $3 - 2\sqrt{2}$

b) $6 - 4\sqrt{2}$

c) $12 - 4\sqrt{2}$

d) $\pi \cdot (3 - 2\sqrt{2})$

e) $\pi \cdot (6 - 4\sqrt{2})$

28 (F.C.M.S. Juiz de Fora-MG) A área de um círculo é triplicada quando seu raio é aumentado de **y**. Então **r** é igual:

a) $\frac{1}{2}(1 - \sqrt{3})y$

c) $2y$

b) $\frac{1}{2}(1 + \sqrt{3})y$

d) $\frac{1}{2}\sqrt{3}y$

29 (FGV-SP) Cada um dos 7 círculos menores da figura a seguir tem raio 1 cm. Um círculo pequeno é concêntrico com o círculo grande e tangencia os outros 6 círculos pequenos. Cada um desses 6 outros círculos pequenos tangencia o círculo grande e 3 círculos pequenos.

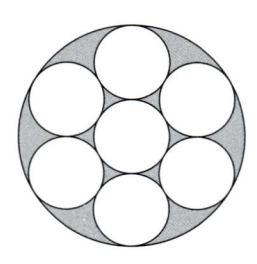

Na situação descrita, a área da região sombreada na figura, em cm², é igual a:

a) π

b) $\frac{3\pi}{2}$

c) 2π

d) $\frac{5\pi}{2}$

e) 3π

30 (Vunesp-SP) Considere um quadrado subdividido em quadrinhos idênticos, todos de lado 1, conforme a figura. Dentro do quadrado encontram-se 4 figuras geométricas, destacadas em cinza.

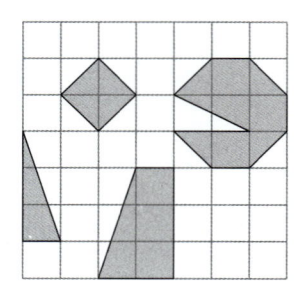

A razão entre a área do quadrado e a soma das áreas das 4 figuras é:

a) 3   **c)** 4   **e)** 5

b) 3,5   **d)** 4,5

31 (UFF-RJ) Tentando desenhar um cachorro, uma criança esboçou em uma folha quadriculada o seguinte polígono (figura 1).

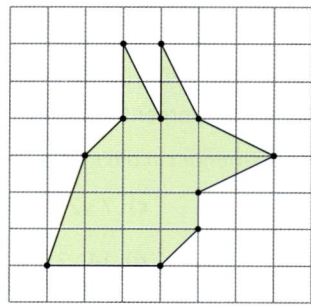

figura 1

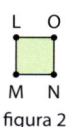

figura 2

Considerando que todos os quadrados que compõem a folha quadriculada são congruentes ao quadrado LMNO (figura 2), que tem 1 cm² de área, pode-se concluir que o "cachorro" desenhado pela criança tem área igual a:

a) 16 cm^2

d) $17,5 \text{ cm}^2$

b) $16,5 \text{ cm}^2$

e) 18 cm^2

c) 17 cm^2

CAPÍTULO 24
Geometria espacial de posição

▶ Um pouco de História

Em civilizações mais antigas — egípcia e babilônica —, a Geometria desenvolveu-se quase sempre visando à resolução de problemas de medições, como o cálculo de distâncias, áreas e volumes, os quais estavam diretamente ligados à atividade de subsistência.

Foi na Grécia (aproximadamente século V a.C.) que a Geometria se desvinculou das questões de mensuração para tomar um rumo mais abstrato. Passou-se a exigir que as propriedades das figuras geométricas fossem validadas por meio de uma demonstração lógica, e não mais por métodos experimentais.

Conhecimentos de Geometria permitiram construções como este teatro, no Peloponeso, na Grécia, em 350 a.C.

O primeiro pensador grego associado ao método demonstrativo foi Tales de Mileto (cerca de 585 a.C.). Acredita-se que, usando esse método, Tales provou as seguintes propriedades:

• "Se dois ângulos são opostos pelo vértice, então são congruentes."

• "Todo ângulo inscrito em uma semicircunferência é ângulo reto."

• "Se um triângulo é isósceles, então os ângulos da base são congruentes."

• "Se duas retas são transversais de um feixe de retas paralelas, então a razão entre as medidas de dois segmentos quaisquer de uma transversal é igual à razão entre as medidas dos respectivos segmentos correspondentes da outra transversal."

Outro pensador grego de grande importância para a Geometria foi Pitágoras, que viveu por volta de 530 a.C. Pitágoras fundou uma "escola", ou seja, uma espécie de academia para estudo da filosofia e da ciência, na qual reuniu vários pensadores e discípulos. Como os ensinamentos da escola pitagórica eram transmitidos oralmente, não há documentos de suas descobertas. Uma grande contribuição dos pitagóricos se deu com a teoria dos números (em Aritmética), e seu maior legado para a Geometria é a demonstração da propriedade que leva o nome do mestre.

> Teorema de Pitágoras — "Num triângulo retângulo, o quadrado da medida da hipotenusa é igual à soma dos quadrados das medidas dos catetos."

O maior pensador grego ligado à Matemática, e especialmente à Geometria, foi Euclides (cerca de 300 a.C.), que se formou no Museu de Alexandria — espécie de universidade da época. Esse museu foi criado por Alexandre Magno — rei da Macedônia que conquistou a Grécia. A obra-prima de Euclides é *Os elementos*, com treze volumes. Os três últimos volumes dessa obra abordam a Geometria Espacial, reunindo algumas descobertas anteriores, mas apresentando-as de forma lógico-dedutiva.

Nessa formulação, Euclides pretendia que todas as noções ou conceitos geométricos fossem definidos, ou seja, caracterizados objetivamente por palavras e baseados apenas em conceitos estabelecidos anteriormente. Além disso, tinha o objetivo de que todas as propriedades ou proposições fossem demonstradas, ou seja, de que sua validade fosse estabelecida por meio de argumentos lógicos e utilizando nas demonstrações apenas propriedades demonstradas anteriormente. Isso caracterizou uma ruptura definitiva com a Matemática de base experimental e empírica dos séculos anteriores. É bem verdade que, muitos séculos depois, os matemáticos verificaram que o método criado por Euclides não foi usado de maneira perfeita na sua obra e que *Os elementos* tem ainda vários apelos à intuição. De todo modo, o valor da obra de Euclides é inestimável e ela perdura até nossos dias, com alguns aperfeiçoamentos feitos por matemáticos dos séculos XIX e XX.

Frontispício da primeira tradução para o inglês, em 1570, da obra *Os elementos*, escrita por Euclides.

▶ Introdução

Vamos examinar uma figura geométrica que conhecemos da nossa experiência cotidiana: o cubo. Há vários objetos em forma de cubo: caixas, dados de jogar, caixas-d'água etc.

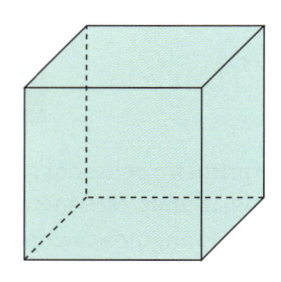

Ao analisar um cubo, podemos notar que:
- possui oito "pontas" ou "bicos" denominados **vértices**. Os oito vértices (**A**, **B**, **C**, **D**, **E**, **F**, **G**, **H**) de um cubo são exemplos de **pontos**.

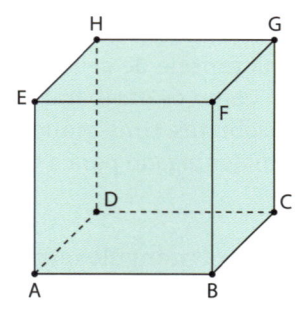

- possui 12 "quinas" denominadas **arestas**. As 12 arestas de um cubo ($\overline{AB}$, $\overline{BC}$, $\overline{CD}$, $\overline{DA}$, $\overline{EF}$, $\overline{FG}$, $\overline{GH}$, $\overline{HE}$, $\overline{EA}$, $\overline{FB}$, $\overline{GC}$, $\overline{HD}$) são exemplos de **segmentos de reta**.

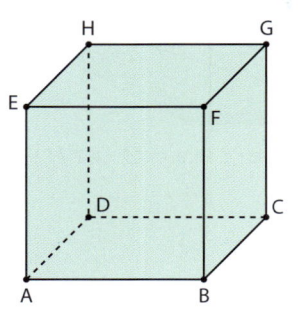

- é formado por seis quadrados denominados **faces**. As seis faces de um cubo são exemplos de **regiões planas**. A figura destaca a região plana BCGF.

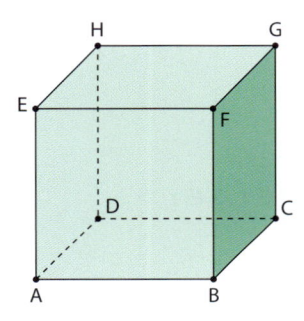

Na figura a seguir, se imaginarmos que cada aresta do cubo foi "prolongada", estaremos imaginando **retas**. Cada uma dessas retas contém uma aresta do cubo.

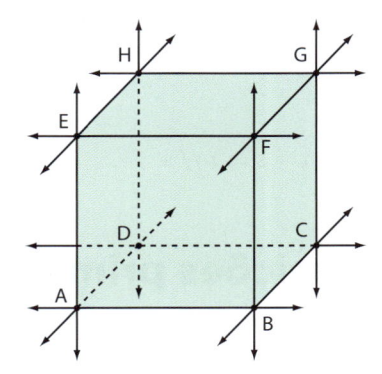

Se imaginarmos que cada face do cubo foi "prolongada", como na face ABCD da figura abaixo, estaremos imaginando **planos**. Cada um desses planos contém uma face do cubo.

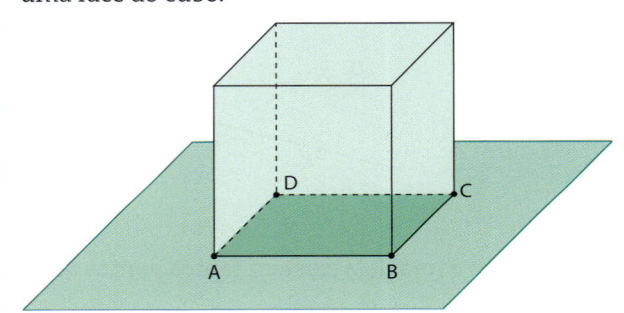

▶ Noções primitivas (ou iniciais)

A construção da Geometria se baseia em três noções iniciais, das quais temos um conhecimento intuitivo, decorrente da observação do mundo concreto. Essas noções são as de **ponto, reta** e **plano**.

Vamos convencionar como representá-las:

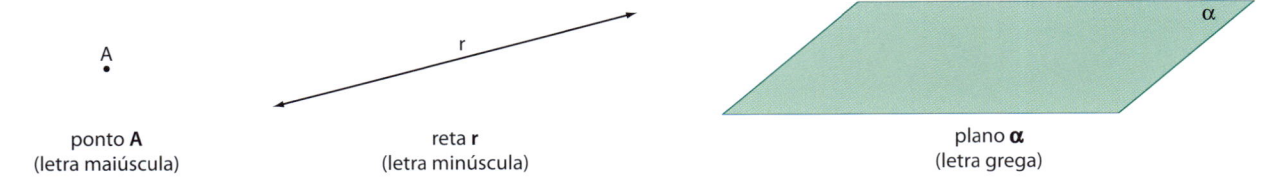

ponto **A**
(letra maiúscula)

reta **r**
(letra minúscula)

plano **α**
(letra grega)

As noções primitivas ou iniciais não são definidas. Todas as demais noções ou conceitos geométricos podem ser definidos, isto é, caracterizados objetivamente por meio de palavras, obedecendo-se a uma regra básica: só se poderá definir um novo conceito se forem utilizados na definição conceitos já estabelecidos.

Neste capítulo, toda definição será indicada por [DEF].

Vejamos as três primeiras definições:

- [DEF] **Espaço**: é o conjunto formado por todos os pontos.
- [DEF] **Retas concorrentes**: duas retas são concorrentes quando possuem um único ponto comum.

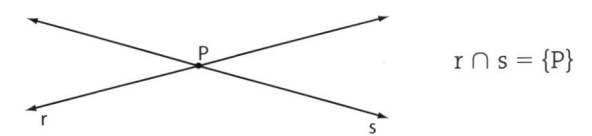

$$r \cap s = \{P\}$$

- **[DEF] Retas paralelas**: duas retas são paralelas quando são coincidentes ou são coplanares (estão contidas em um mesmo plano) e não têm ponto comum.

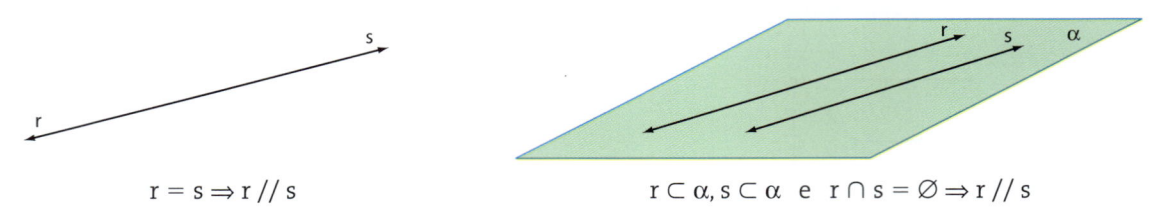

$$r = s \Rightarrow r \,/\!/\, s \qquad\qquad r \subset \alpha, s \subset \alpha \ \text{ e } \ r \cap s = \varnothing \Rightarrow r \,/\!/\, s$$

▶ Proposições primitivas (ou iniciais)

O estudo lógico da Geometria se apoia em algumas propriedades relacionadas a pontos, retas e planos. Essas propriedades são aceitas como verdadeiras, sem necessidade de demonstração lógica, e são chamadas **postulados**, **proposições iniciais** ou **proposições primitivas**.

▶ Postulados da existência

- Numa reta e fora dela existem tantos pontos quantos quisermos.

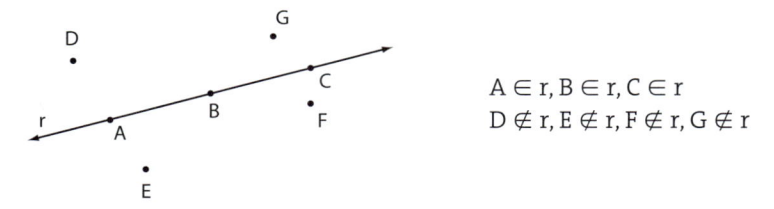

$$A \in r, B \in r, C \in r$$
$$D \notin r, E \notin r, F \notin r, G \notin r$$

- Num plano e fora dele existem tantos pontos quantos quisermos.

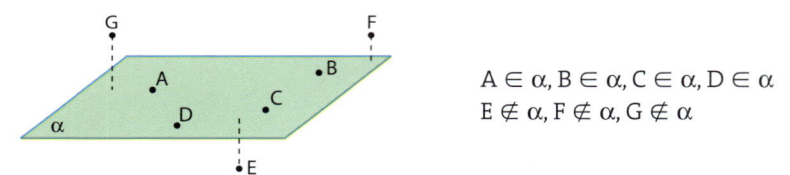

$$A \in \alpha, B \in \alpha, C \in \alpha, D \in \alpha$$
$$E \notin \alpha, F \notin \alpha, G \notin \alpha$$

▶ Postulados da determinação

- Dois pontos distintos determinam uma única reta.

$$A \neq B \qquad\qquad r = \overleftrightarrow{AB}$$

De outra forma, podemos dizer que: dados dois pontos distintos **A** e **B**, existe uma só reta que tem **A** e **B** como seus elementos (ou uma só reta que passa por eles).

- Três pontos não colineares determinam um único plano.

A, **B** e **C** são não colineares, isto é, não estão na mesma reta.

$$\alpha = \text{plano (ABC)}$$

De outra forma, podemos dizer que: dados três pontos **A**, **B** e **C** não situados numa mesma reta, existe um só plano que tem **A**, **B** e **C** como seus elementos (ou um só plano que passa por eles).

▶ Postulado da inclusão

- Se uma reta possui dois pontos distintos num plano, ela está contida nesse plano.

$$A \in \alpha, B \in \alpha \qquad \overrightarrow{AB} \subset \alpha$$

De outra forma, dizemos que, se uma reta tem dois pontos distintos num plano, todos os seus pontos pertencem a esse plano.

▶ Postulado das paralelas (ou postulado de Euclides)

- Por um ponto passa uma única reta paralela a uma reta dada.

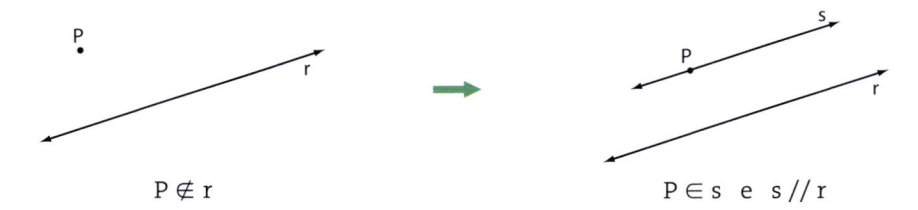

$$P \notin r \qquad P \in s \ \text{e} \ s // r$$

De outro modo, podemos dizer que, dado um ponto **P** não pertencente a uma reta **r**, por **P** podemos traçar uma só reta **s** paralela a **r**. No caso de o ponto **P** pertencer a **r**, também é única a paralela, pois é a própria reta **r**.

Os quatro postulados enunciados são aceitos como verdadeiros sem demonstração. Todas as demais propriedades, proposições ou teoremas de Geometria podem ser demonstrados, ou seja, terão sua validade estabelecida por meio de uma argumentação lógica, obedecendo-se a uma regra básica: só se poderá demonstrar (ou provar) uma nova propriedade se forem utilizadas na demonstração propriedades já estabelecidas como verdadeiras.

Neste capítulo, as proposições serão indicadas por [PROP]. Para não nos estendermos demais, omitiremos algumas demonstrações; entretanto, as proposições mais importantes estarão demonstradas no item **Teoremas fundamentais**, na página 468 deste capítulo.

▶ Determinação de planos

Há quatro modos de determinar a posição de um plano no espaço. Vejamos:

- [POSTULADO] por meio de três pontos não colineares

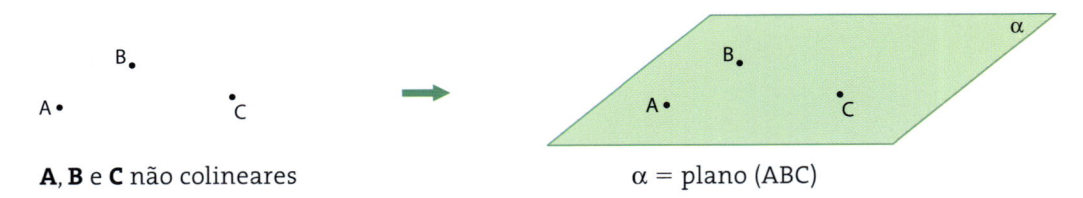

A, **B** e **C** não colineares $\qquad \alpha = \text{plano (ABC)}$

- [PROP] por meio de uma reta e um ponto fora dela.

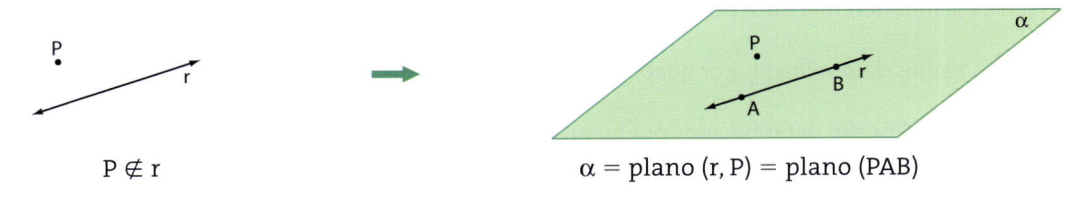

$$P \notin r \qquad \alpha = \text{plano (r, P)} = \text{plano (PAB)}$$

- [PROP] por meio de duas retas concorrentes.

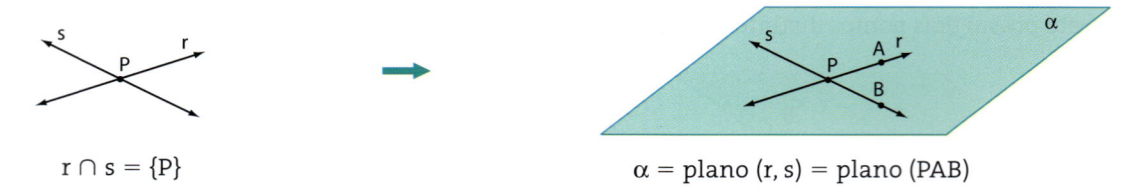

$r \cap s = \{P\}$

$\alpha = $ plano (r, s) = plano (PAB)

- [PROP] por meio de duas retas paralelas e distintas.

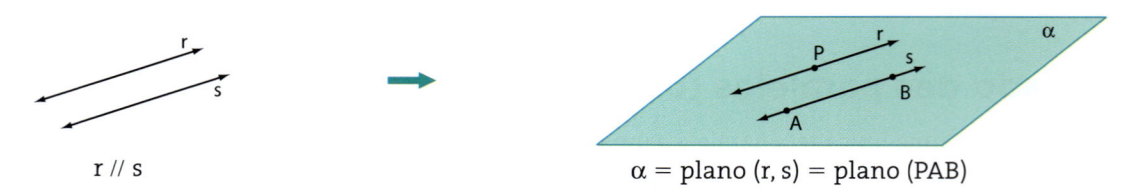

r // s

$\alpha = $ plano (r, s) = plano (PAB)

No 1º modo, a unicidade do plano **α** é garantida pelo postulado da determinação. Já nos 2º, 3º e 4º modos, a unicidade é garantida pelo fato de que existe um único plano que passa por três pontos não colineares (**P**, **A** e **B**).

EXEMPLO 1

A figura a seguir é um bloco retangular também chamado paralelepípedo reto-retângulo. Ele é formado por seis retângulos, dois a dois congruentes.

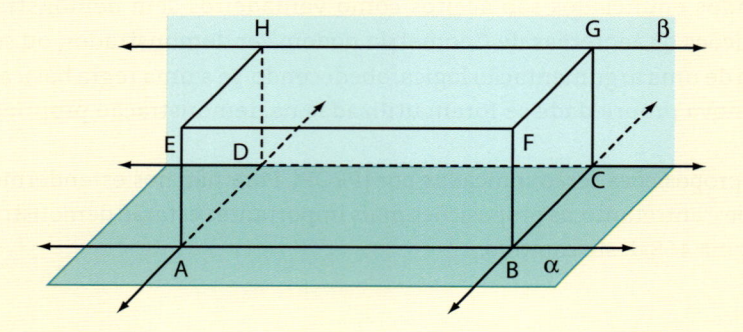

Vamos ilustrar os dois últimos modos de determinação de planos:

- as retas $\overleftrightarrow{AB}$ e $\overleftrightarrow{AD}$ são concorrentes em **A** e determinam o plano **α** que contém o retângulo ABCD;
- as retas $\overleftrightarrow{BC}$ e $\overleftrightarrow{CD}$ são concorrentes em **C** e determinam o mesmo plano **α**;
- as retas $\overleftrightarrow{CD}$ e $\overleftrightarrow{GH}$ são paralelas distintas e determinam o plano **β**, que contém o retângulo CDHG.

 **EXERCÍCIOS**

1 Quantos são os planos determinados por três retas distintas, duas a duas, paralelas entre si?

2 Quantos são os planos determinados por quatro pontos, dois a dois, distintos entre si?

3 Quantos planos distintos são determinados por quatro retas distintas, duas a duas, concorrentes em pontos todos distintos?

▶ Posições relativas de dois planos

▶ Planos secantes

[DEF] Dois planos distintos que têm um ponto comum são chamados **planos secantes**.

▶ Postulado da interseção

Se dois planos distintos têm um ponto comum, então eles têm pelo menos um outro ponto comum.

▶ Propriedade da interseção de planos

Se dois planos distintos têm um ponto comum, então a interseção desses planos é uma única reta que passa por aquele ponto. [PROP] Essa reta é denominada **interseção** ou **traço** de um deles no outro.

Veja a demostração do teorema 1 na página 468.

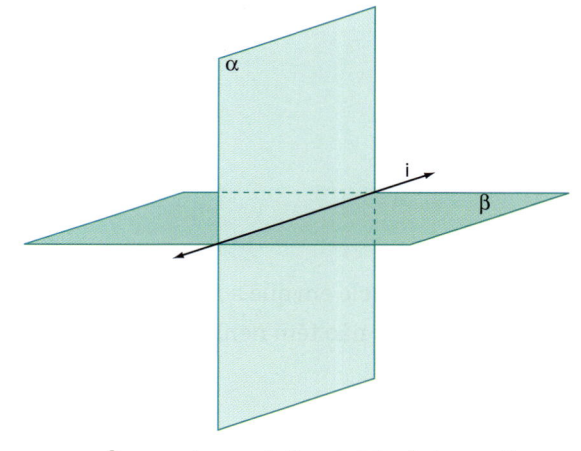

α e β secantes; $\alpha \cap \beta = i$; **i** é a interseção

▶ Planos paralelos

[DEF] Dois planos são **paralelos** quando não têm ponto comum ou são coincidentes.

α e β paralelos coincidentes

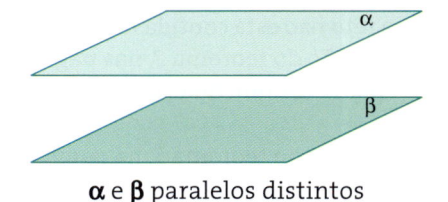

α e β paralelos distintos

EXERCÍCIOS

4 Classifique no caderno cada afirmação a seguir como verdadeira (**V**) ou falsa (**F**):

a) Se dois planos distintos têm um ponto comum, então eles têm uma reta comum que passa pelo ponto.

b) Dois planos distintos que têm uma reta comum são secantes.

c) Se dois planos têm uma única reta comum, eles são secantes.

d) Dois planos secantes têm infinitos pontos comuns.

e) Se dois planos têm um ponto comum, eles têm uma reta comum.

5 Observe o cubo ao lado. Determine a posição relativa entre:

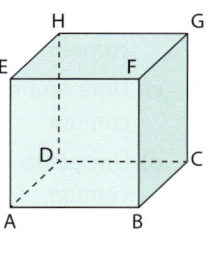

a) os planos (EFG) e (FGH);

b) os planos (ADH) e (CFG);

c) os planos (ABC) e (BFE);

d) o plano (CDH) e o ponto **G**.

▶ Posições relativas de uma reta e um plano

A posição de uma reta em relação a um plano depende exclusivamente do número de pontos que eles têm em comum. Podem ocorrer três situações:

• A reta e o plano têm em comum dois pontos distintos; neste caso, conforme o postulado da inclusão, a reta está **contida** no plano.

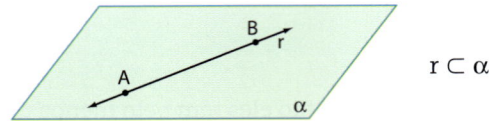

$$r \subset \alpha$$

Todos os pontos da reta **r** pertencem também ao plano **α**.

• A reta e o plano têm em comum um único ponto; neste caso, a reta e o plano são **secantes** [DEF].

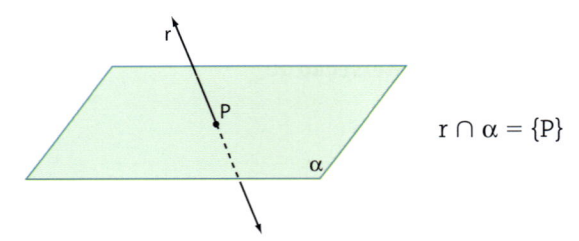

$$r \cap \alpha = \{P\}$$

O ponto **P** é aquele em que a reta **r** "fura" o plano **α**. Dizemos que **P** é o traço da reta **r** no plano **α**.

• A reta e o plano não têm nenhum ponto comum; neste caso, a reta e o plano são **paralelos** [DEF].

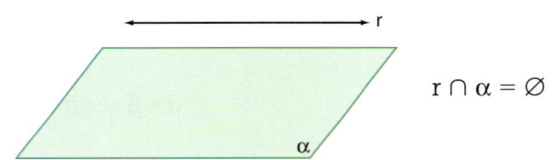

$$r \cap \alpha = \varnothing$$

▶ Propriedades

[PROP] Se uma reta não está contida num plano e é paralela a uma reta do plano, então ela é paralela ao plano. Veja a demonstração do teorema 2, nas páginas 468 e 469.

[PROP] Se um plano contém duas retas concorrentes, ambas paralelas a um outro plano, então esses planos são paralelos.

Veja a demonstração do teorema 3, na página 469.

EXERCÍCIOS

6 Classifique no caderno em verdadeiro (**V**) ou falso (**F**):

   a) Uma reta e um plano que têm um ponto comum são secantes.

   b) Uma reta e um plano secantes têm um único ponto comum.

   c) Uma reta e um plano paralelos não têm ponto comum.

   d) Um plano e uma reta secantes têm um ponto comum.

   e) Se uma reta está contida num plano, eles têm um ponto comum.

7 Observe o cubo ao lado. Determine a posição relativa entre:

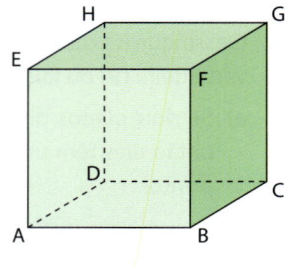

   a) a reta $\overleftrightarrow{AB}$ e o plano (CDG);

   b) a reta $\overleftrightarrow{AD}$ e o plano (CDG);

   c) a reta $\overleftrightarrow{ED}$ e o plano (ABC);

   d) o plano (ABC) e o plano (EHD);

   e) o plano ($\overleftrightarrow{EF}$, $\overleftrightarrow{GH}$) e o plano ($\overleftrightarrow{EF}$, $\overleftrightarrow{FG}$).

▶ Posições relativas de duas retas

Vamos analisar as posições relativas de duas retas observando inicialmente se elas têm ou não ponto comum. Podem ocorrer quatro situações:

- As duas retas têm em comum dois pontos distintos; nesse caso, conforme o postulado da determinação, as retas são **coincidentes**.

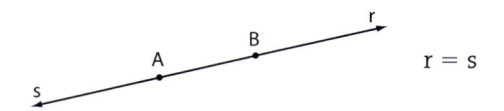

$$r = s$$

- [DEF] As duas retas têm em comum um único ponto; nesse caso, elas são **concorrentes** e existe um único plano que as contém.

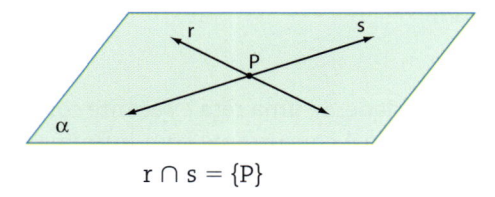

$$r \cap s = \{P\}$$

- [DEF] As duas retas não têm nenhum ponto em comum, mas existe um plano que as contém; nesse caso, elas são **paralelas**.

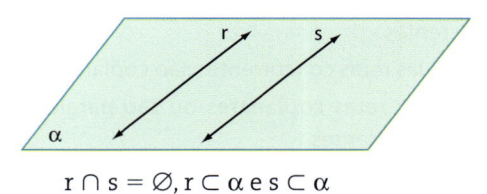

$$r \cap s = \varnothing, r \subset \alpha \text{ e } s \subset \alpha$$

- As duas retas não têm nenhum ponto em comum e não existe plano que as contenha; nesse caso, elas são **reversas** [DEF].

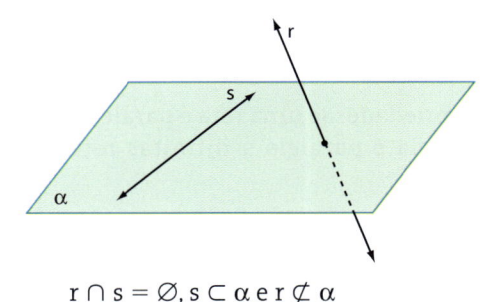

$$r \cap s = \varnothing, s \subset \alpha \text{ e } r \not\subset \alpha$$

EXEMPLO 2

Num cubo, temos que:

- as retas $\overleftrightarrow{EG}$ e $\overleftrightarrow{FH}$ são concorrentes;
- as retas $\overleftrightarrow{EF}$ e $\overleftrightarrow{GH}$ são paralelas;
- as retas $\overleftrightarrow{EG}$ e $\overleftrightarrow{BD}$ são reversas;
- as retas $\overleftrightarrow{AE}$ e $\overleftrightarrow{FH}$ são reversas;
- as retas $\overleftrightarrow{AE}$ e $\overleftrightarrow{GH}$ são reversas.

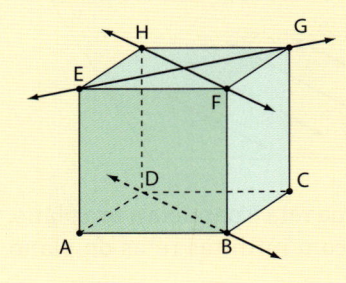

 ## EXERCÍCIOS

8 A figura ao lado representa a superfície de um sólido chamado prisma hexagonal regular. Ela é constituída por dois hexágonos regulares ABCDEF e $A_1B_1C_1D_1E_1F_1$ congruentes, situados em planos paralelos, e seis retângulos A_1B_1BA, $B_1C_1CB, C_1D_1DC, D_1E_1ED, E_1F_1FE$ e A_1F_1FA congruentes entre si.

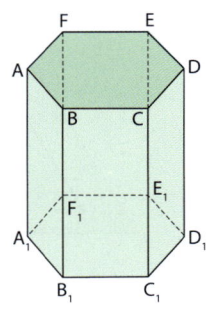

Analise a veracidade das afirmações seguintes, referentes a posições relativas de retas e planos, contendo os vértices desse prisma:

a) A reta $\overleftrightarrow{AB}$ e a reta $\overleftrightarrow{D_1E_1}$ são paralelas.

b) A reta $\overleftrightarrow{AB}$ e a reta $\overleftrightarrow{C_1D_1}$ são reversas.

c) O plano (ABB_1) e o plano (DEE_1) são paralelos.

d) O plano (ABB_1) e o plano (CDD_1) são paralelos.

e) A reta $\overleftrightarrow{AB}$ é paralela ao plano (CDD_1).

9 Classifique no caderno em verdadeiro (**V**) ou falso (**F**):

a) Duas retas ou são coincidentes ou são distintas.

b) Duas retas ou são coplanares ou são reversas.

c) Duas retas distintas determinam um plano.

d) Duas retas concorrentes têm um único ponto comum.

e) Duas retas que têm um ponto comum são concorrentes.

f) Duas retas concorrentes são coplanares.

g) Duas retas coplanares ou são paralelas ou são concorrentes.

h) Duas retas não coplanares são reversas.

10 Observe a pirâmide ao lado, cuja base é um retângulo.

Determine a posição relativa entre:

a) as retas $\overleftrightarrow{AB}$ e $\overleftrightarrow{BC}$;

b) as retas $\overleftrightarrow{AB}$ e $\overleftrightarrow{EC}$;

c) as retas $\overleftrightarrow{AD}$ e $\overleftrightarrow{BC}$;

d) a reta $\overleftrightarrow{AB}$ e o plano (BEC);

e) a reta $\overleftrightarrow{AD}$ e o plano (BEC);

f) as retas $\overleftrightarrow{BD}$ e $\overleftrightarrow{EC}$.

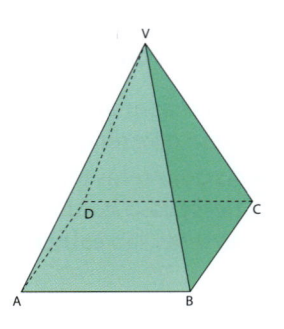

▶ Algumas propriedades

Vamos enunciar algumas propriedades referentes a retas e planos, que são consequências das definições que acabamos de ver.

- 1ª propriedade: Se uma reta é paralela a um plano, então ela é paralela a infinitas retas do plano [PROP].

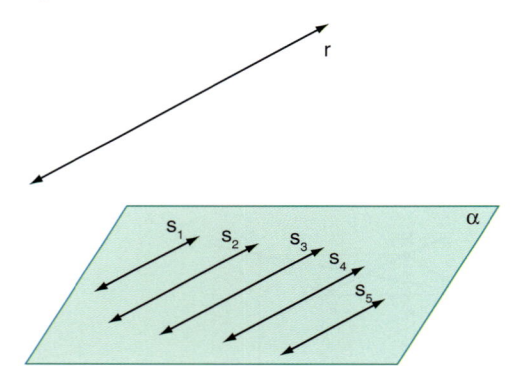

- 2ª propriedade: Se uma reta é paralela a um plano, então ela é reversa com infinitas retas do plano [PROP].

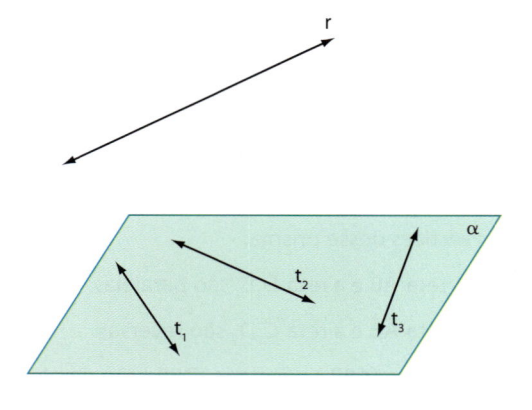

- 3ª propriedade: Se uma reta é secante com um plano, então ela é concorrente com infinitas retas do plano [PROP].

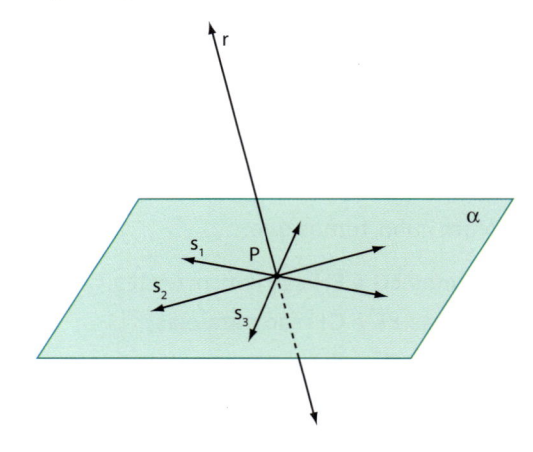

- 4ª propriedade: Se uma reta é secante com um plano, então ela é reversa com infinitas retas do plano [PROP].

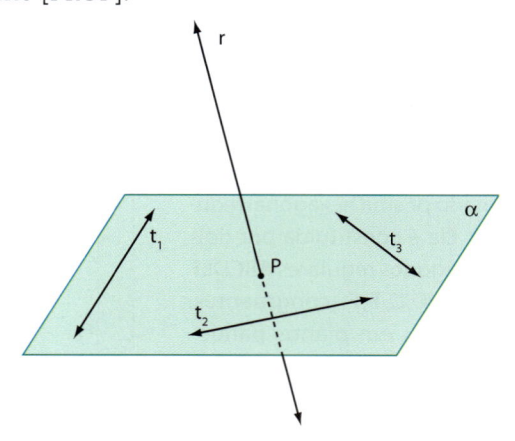

- 5ª propriedade: Se uma reta está contida num plano, então ela é paralela ou concorrente com infinitas retas do plano [PROP].

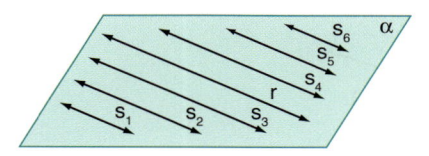
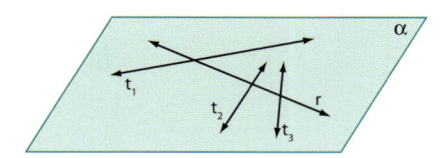

- 6ª propriedade: Se dois planos **α** e **β** são secantes, sendo **i** a interseção deles, então existem infinitas retas de um que são paralelas ao outro (retas paralelas a **i**) [PROP].

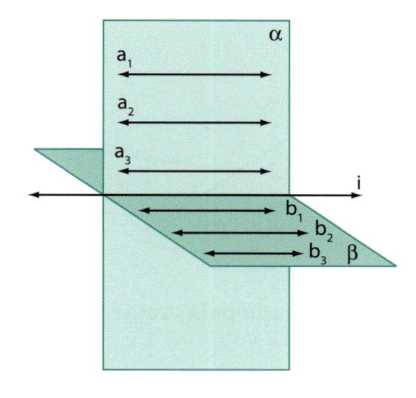

- 8ª propriedade: Se dois planos são paralelos e distintos, então toda reta de um deles é paralela ao outro [PROP].

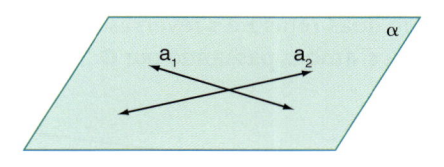
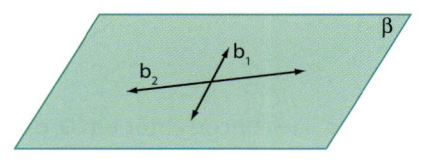

- 7ª propriedade: Se dois planos **α** e **β** são secantes, sendo **i** a interseção deles, então existem infinitas retas de um que são secantes ao outro (retas concorrentes com **i**) [PROP].

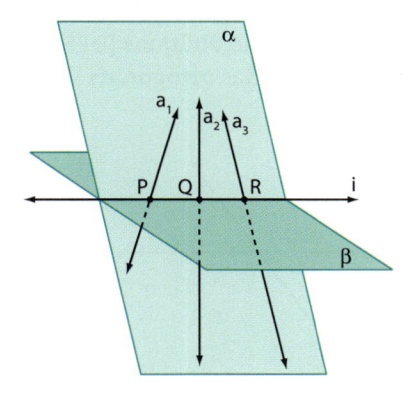

- 9ª propriedade: Se um plano intersecta dois planos paralelos, então as interseções são retas paralelas [PROP].

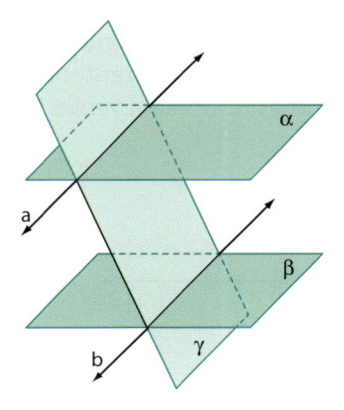

▶ **Ângulos de duas retas**

Já vimos, em capítulos anteriores, que duas semirretas distintas de mesma origem formam um ângulo.

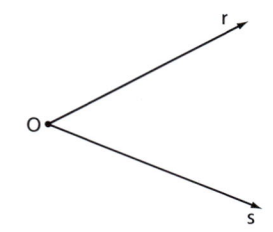

semirretas: $\overrightarrow{Or}$ e $\overrightarrow{Os}$
ângulo: r$\hat{O}$s

Sejam **r** e **s** duas retas concorrentes em **O**. O ponto **O** divide **r** em duas semirretas ($\overrightarrow{Or'}$ e $\overrightarrow{Or''}$) e divide **s** em duas semirretas ($\overrightarrow{Os'}$ e $\overrightarrow{Os''}$).

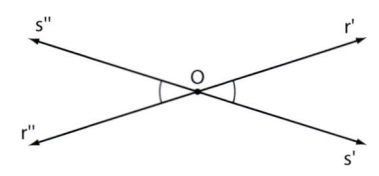

Nesse caso, são formados quatro ângulos: r'Ôs', r'Ôs'', r''Ôs' e r''Ôs''. Assim, podemos provar que os ângulos r'Ôs' e r''Ôs'' (ditos opostos pelo vértice) são congruentes.

Também são congruentes os ângulos r'Ôs'' e r''Ôs' (opostos pelo vértice).

Chama-se **ângulo das retas concorrentes r e s** qualquer um desses quatro ângulos [DEF].

Sejam duas retas **r** e **s** reversas. Tomemos um ponto **O** qualquer e consideremos as retas **r'** paralela a **r** e **s'** paralela a **s**, ambas passando por **O**:

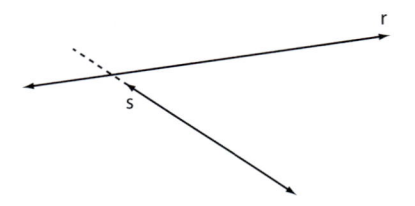
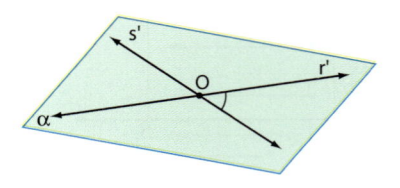

Como **r'** e **s'** são concorrentes em **O**, o ângulo r'Ôs' é chamado **ângulo formado pelas retas r e s reversas**, em que r'//r e s'//s [DEF].

▶ Retas que formam ângulo reto

Vimos que duas retas concorrentes formam quatro ângulos. Quando esses quatro ângulos são congruentes, cada um deles é chamado **ângulo reto** e as retas são chamadas **retas perpendiculares** [DEF].

Se duas retas são concorrentes e não são perpendiculares, diz-se que elas são **oblíquas** [DEF].

Quando duas retas são reversas e formam ângulo reto, as retas são chamadas **ortogonais** [DEF].

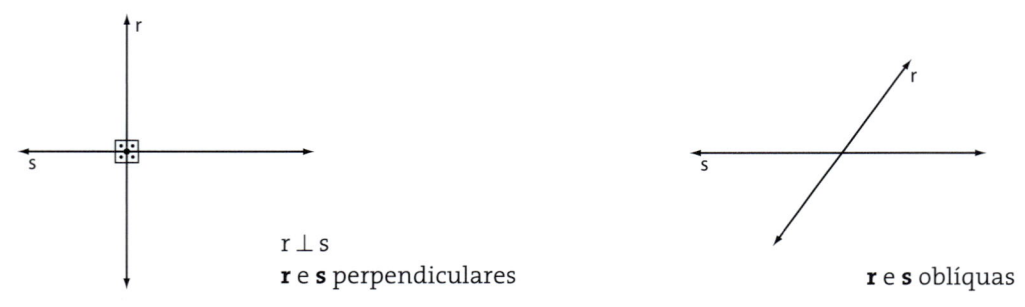

r ⊥ s
r e **s** perpendiculares

r e **s** oblíquas

Consideremos o cubo ABCDEFGH. As retas $\overleftrightarrow{GH}$ e $\overleftrightarrow{GC}$ são concorrentes em **G** e formam ângulo reto; logo, são perpendiculares. As retas $\overleftrightarrow{AB}$ e $\overleftrightarrow{GC}$ são reversas e formam ângulo reto; logo, são ortogonais.

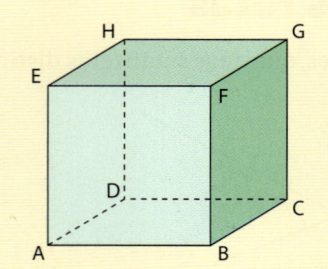

$$\overleftrightarrow{GH} \perp \overleftrightarrow{GC}$$
$$\overleftrightarrow{AB} \perp \overleftrightarrow{GC}$$

⊥ (lê-se: é perpendicular a)
⊥ (lê-se: é ortogonal a)

EXERCÍCIOS

11 Classifique no caderno em verdadeiro (**V**) ou falso (**F**):

a) Duas retas perpendiculares são sempre concorrentes.

b) Se duas retas formam ângulo reto, então elas são perpendiculares.

c) Duas retas que formam ângulo reto podem ser reversas.

d) Duas retas perpendiculares a uma terceira são perpendiculares entre si.

e) Duas retas perpendiculares a uma terceira são paralelas entre si.

f) Se duas retas formam um ângulo reto, toda paralela a uma delas forma ângulo reto com a outra.

12 A figura ao lado representa um sólido chamado prisma reto de base triangular.

Ele é formado por dois triângulos congruentes e três retângulos.

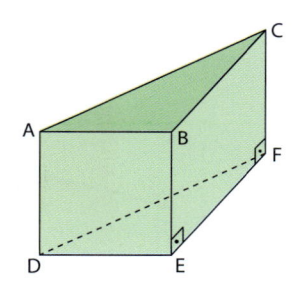

Classifique no caderno cada uma das afirmações seguintes como verdadeira (**V**) ou falsa (**F**). As retas:

a) $\overleftrightarrow{AB}$ e $\overleftrightarrow{DE}$ são reversas.

b) $\overleftrightarrow{AC}$ e $\overleftrightarrow{FC}$ são concorrentes.

c) $\overleftrightarrow{AD}$ e $\overleftrightarrow{CF}$ são coplanares.

d) $\overleftrightarrow{AB}$ e $\overleftrightarrow{EF}$ são paralelas entre si.

e) $\overleftrightarrow{DE}$ e $\overleftrightarrow{CF}$ são ortogonais.

13 O sólido representado na figura abaixo é chamado paralelepípedo retângulo e tem seis faces retangulares. Use duas retas determinadas pelos vértices desse paralelepípedo para justificar, em cada caso, que a sentença dada é falsa.

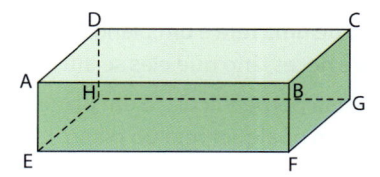

a) Duas retas que estão num plano são paralelas.

b) Duas retas coplanares são concorrentes.

c) Se duas retas são ortogonais, toda paralela a uma delas é perpendicular à outra.

▶ Reta e plano perpendiculares

Se uma reta é secante com um plano num ponto **O** e é perpendicular a todas as retas do plano que passam por **O**, diz-se que a reta é **perpendicular ao plano** [DEF].

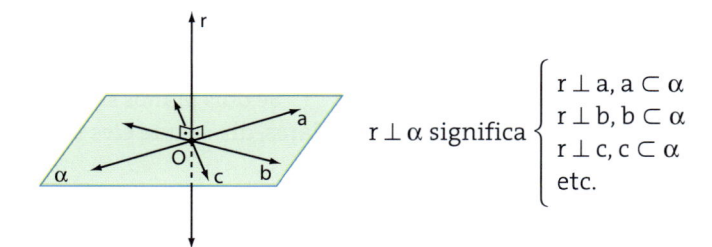

$r \perp \alpha$ significa $\begin{cases} r \perp a, a \subset \alpha \\ r \perp b, b \subset \alpha \\ r \perp c, c \subset \alpha \\ \text{etc.} \end{cases}$

Se uma reta é perpendicular a duas retas concorrentes de um plano, então ela é perpendicular ao plano [PROP].

Veja a demonstração do teorema 4, na página 470.

Se uma reta e um plano são secantes e a reta não é perpendicular ao plano, diz-se que a reta é **oblíqua** ao plano [DEF].

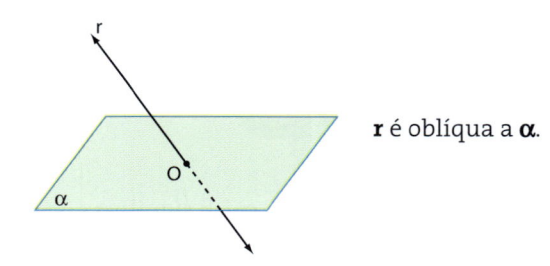

r é oblíqua a α.

EXERCÍCIOS

14 A figura ao lado representa um prisma hexagonal regular. Suas bases são hexágonos regulares e suas faces laterais são retângulos. Considerando apenas as retas que contêm suas arestas e os planos que contêm suas faces, responda às questões seguintes.

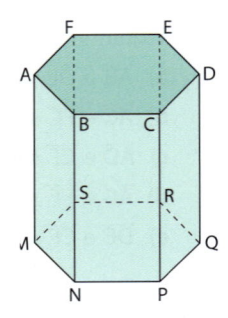

a) A reta $\overleftrightarrow{AM}$ é perpendicular a quais planos?

b) Quais são as retas perpendiculares ao plano (AEC)?

15 Classifique no caderno em verdadeiro (**V**) ou falso (**F**):

a) Para que uma reta e um plano sejam perpendiculares é necessário que eles sejam secantes.

b) Uma reta perpendicular a um plano forma ângulo reto com qualquer reta do plano.

c) Se uma reta é perpendicular a duas retas distintas de um plano, então ela é perpendicular ao plano.

d) Se uma reta é perpendicular a duas retas paralelas e distintas de um plano, então ela está contida no plano.

e) Dadas duas retas distintas de um plano, se uma outra reta é perpendicular à primeira e ortogonal à segunda, então ela é perpendicular ao plano.

f) Se uma reta forma ângulo reto com duas retas de um plano, distintas e que têm um ponto comum, então ela é perpendicular ao plano.

g) Duas retas reversas são paralelas a um plano. Toda reta ortogonal a ambas é perpendicular ao plano.

h) Uma reta e um plano são paralelos. Toda reta perpendicular à reta dada é perpendicular ao plano.

i) Uma reta e um plano são perpendiculares. Toda reta perpendicular à reta dada é paralela ao plano ou está contida nele.

16 A figura mostra uma cantoneira instalada na parede. Com base nas retas e nos planos assinalados, responda:

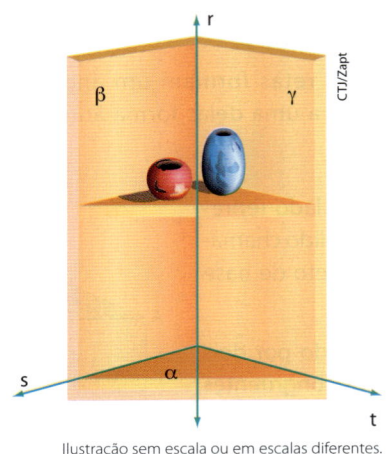

Ilustração sem escala ou em escalas diferentes.
Cores fantasia.

a) Qual é a interseção de β com γ?

b) Qual é a interseção de α com β?

c) Qual é a interseção de α com γ?

d) Quanto medem os ângulos $\hat{rs}$ e $\hat{rt}$?

e) Qual é a posição de r e α?

▶ Planos perpendiculares

Se dois planos são secantes e um deles contém uma reta perpendicular ao outro, diz-se que os planos são **perpendiculares** [DEF].

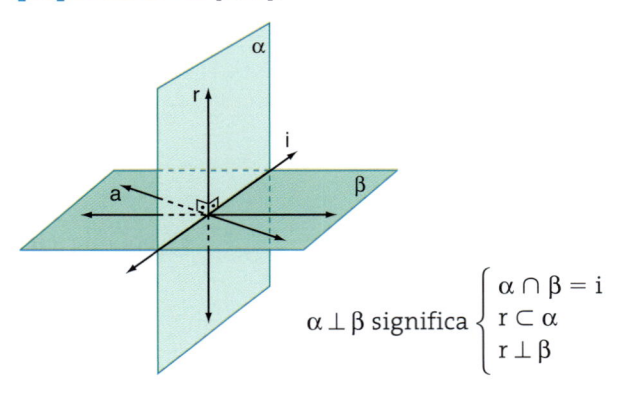

$$\alpha \perp \beta \text{ significa } \begin{cases} \alpha \cap \beta = i \\ r \subset \alpha \\ r \perp \beta \end{cases}$$

Se dois planos são secantes e não são perpendiculares, diz-se que eles são **oblíquos**.

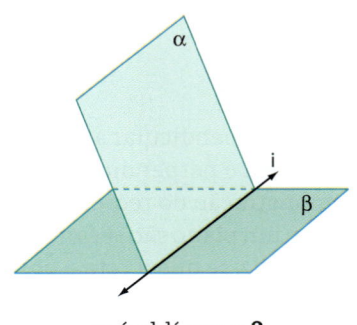

α é oblíquo a β.

EXERCÍCIO

17 Classifique em seu caderno as afirmações como verdadeiras (**V**) ou falsas (**F**):

a) Se dois planos são secantes, então eles são perpendiculares.

b) Se dois planos são perpendiculares, então eles são secantes.

c) Se dois planos são perpendiculares, então toda reta de um deles é perpendicular ao outro.

d) Se uma reta é perpendicular a um plano, por ela passa um único plano, perpendicular ao plano dado.

e) Dois planos perpendiculares a um terceiro são perpendiculares entre si.

f) Se dois planos são perpendiculares a um terceiro, então eles são paralelos.

g) Se dois planos são perpendiculares, então toda reta perpendicular a um deles é paralela ao outro ou está contida neste outro.

h) Se dois planos são paralelos, todo plano perpendicular a um deles é perpendicular ao outro.

i) Uma reta e um plano são paralelos. Se um plano é perpendicular ao plano dado, então ele é perpendicular à reta.

▶ Projeções ortogonais

Projeção ortogonal de um ponto sobre um plano é o pé da perpendicular ao plano conduzida pelo ponto [DEF].

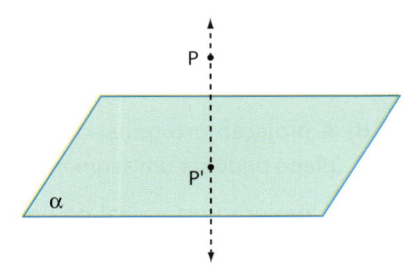

$P' = \text{proj}_\alpha P$
$\alpha = $ plano de projeção
$\overrightarrow{PP'} = $ reta projetante de **P**

Projeção ortogonal de uma figura sobre um plano é o conjunto das projeções ortogonais dos pontos da figura sobre esse plano [DEF].

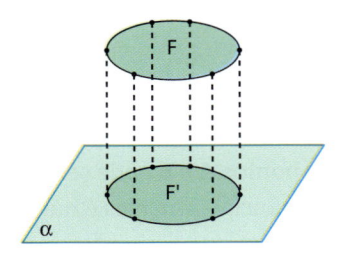

$F' = \text{proj}_\alpha F$

A projeção ortogonal de uma reta **r** sobre um plano **α** é assim definida:

• Se **r** é perpendicular a **α**, a projeção de **r** sobre **α** é o ponto em que **r** "fura" **α** [DEF].

• Se **r** não é perpendicular a **α**, a projeção de **r** sobre **α** é a interseção de **α** com o plano **β**, perpendicular a **α** conduzido por **r** [DEF].

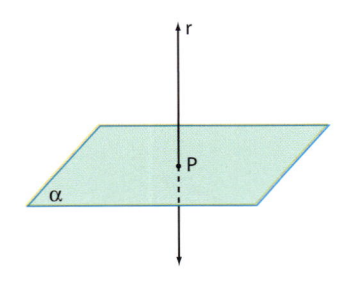

$P = \text{proj}_\alpha r$

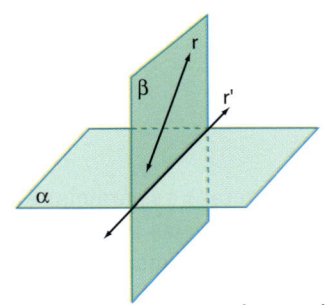

$r' = \text{proj}_\alpha r$

A projeção ortogonal de um segmento de reta $\overline{AB}$ sobre um plano α é assim definida:

- Se $\overline{AB}$ é perpendicular a α, a projeção de $\overline{AB}$ sobre α é o ponto em que a reta $\overleftrightarrow{AB}$ "fura" α [DEF].

- Se $\overline{AB}$ não é perpendicular a α, a projeção de $\overline{AB}$ sobre α é o segmento $\overline{A'B'}$ tal que $\mathbf{A'}$ e $\mathbf{B'}$ são, respectivamente, as projeções de $\mathbf{A}$ e $\mathbf{B}$ sobre α [DEF].

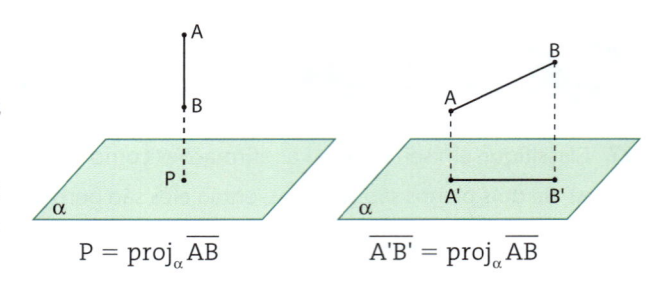

$$P = \text{proj}_\alpha \overline{AB} \qquad\qquad \overline{A'B'} = \text{proj}_\alpha \overline{AB}$$

EXERCÍCIOS

18 Classifique no caderno em verdadeiro (**V**) ou falso (**F**):

a) A projeção ortogonal de um ponto sobre um plano é um ponto.

b) A projeção ortogonal de uma reta sobre um plano é uma reta.

c) A projeção ortogonal de um segmento sobre um plano é sempre um segmento.

d) A projeção ortogonal sobre um plano de um segmento oblíquo a esse plano é menor que o segmento.

e) A projeção ortogonal, sobre um plano, de um segmento contido numa reta não perpendicular ao plano é menor que o segmento ou congruente a ele.

f) Se um segmento tem projeção ortogonal congruente a ele, então ele é paralelo ao plano de projeção ou está contido nele.

g) Se dois segmentos são congruentes, então suas projeções ortogonais sobre qualquer plano são congruentes.

19 Classifique, em seu caderno, as afirmações a seguir como verdadeiras (**V**) ou falsas (**F**):

a) Se as projeções ortogonais de duas retas sobre um plano são paralelas, então as retas são paralelas.

b) Duas retas paralelas não perpendiculares ao plano de projeção têm projeções paralelas.

c) A projeção ortogonal de um ângulo sobre um plano pode ser uma semirreta.

d) A projeção ortogonal de um ângulo sobre um plano pode ser um segmento de reta.

e) A projeção ortogonal de um ângulo sobre um plano pode ser uma reta.

▶ Distâncias

A distância entre dois pontos $\mathbf{A}$ e $\mathbf{B}$ pode ser assim definida:

- Se $\mathbf{A}$ e $\mathbf{B}$ coincidem, a distância entre eles é nula.
- Se $\mathbf{A}$ e $\mathbf{B}$ são distintos, a distância entre eles é o segmento de reta $\overline{AB}$.

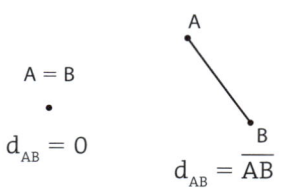

$$A = B \qquad d_{AB} = 0 \qquad\qquad d_{AB} = \overline{AB}$$

A distância de um ponto $\mathbf{P}$ a uma reta $\mathbf{r}$ é a distância de $\mathbf{P}$ a $\mathbf{P'}$, em que $\mathbf{P'}$ é o pé da perpendicular a $\mathbf{r}$, conduzida por $\mathbf{P}$ [DEF].

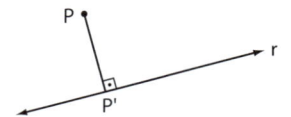

$$d_{P,r} = \overline{PP'}$$

A distância entre duas retas $\mathbf{r}$ e $\mathbf{s}$ paralelas é a distância de um ponto $\mathbf{P}$ qualquer de uma delas até a outra [DEF].

A figura ao lado mostra que a distância entre $\mathbf{r}$ e $\mathbf{s}$ foi obtida tomando-se um ponto $\mathbf{P}$ em $\mathbf{r}$ e traçando-se $\overline{PP'}$ perpendicular a $\mathbf{s}$, com $\mathbf{P'}$ em $\mathbf{s}$.

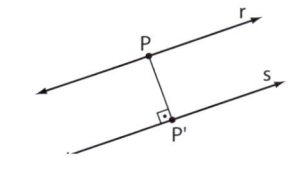

$$d_{r,s} = d_{P,s} = \overline{PP'}$$

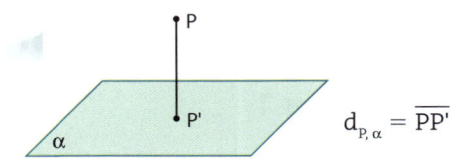

A distância de um ponto **P** a um plano **α** é a distância de **P** a **P'**, em que **P'** é o pé da perpendicular a **α**, conduzida por **P** [DEF].

$$d_{P,\alpha} = \overline{PP'}$$

A distância entre uma reta **r** e um plano **α**, sendo **r** contida em **α** ou **r** paralela a **α**, é a distância de um ponto **P** qualquer de **r** ao plano **α** [DEF].

A figura abaixo mostra que a distância entre **r** e **α** foi obtida tomando-se um ponto **P** em **r** e traçando-se $\overline{PP'}$ perpendicular a **α**, com **P'** em **α**.

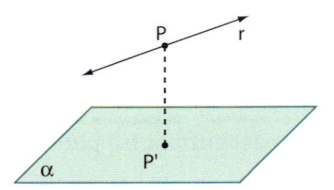

$$d_{r,\alpha} = d_{P,\alpha} = \overline{PP'}$$

A distância entre dois planos **α** e **β** paralelos é a distância de um ponto **P** qualquer de um deles ao outro plano [DEF].

A figura ao lado mostra que a distância entre **α** e **β** foi obtida tomando-se um ponto **P** qualquer em **α** e traçando-se $\overline{PP'}$ perpendicular a **β**, com **P'** em **β**.

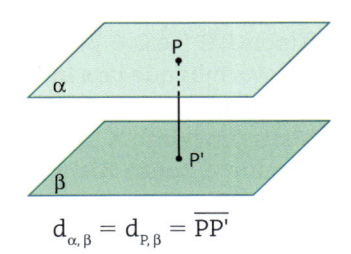

$$d_{\alpha,\beta} = d_{P,\beta} = \overline{PP'}$$

A distância entre duas retas reversas **r** e **s** é a distância de um ponto qualquer **P** da reta **r** ao plano **α** que contém **s** e é paralelo à reta **r** [DEF].

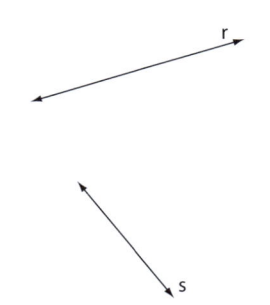 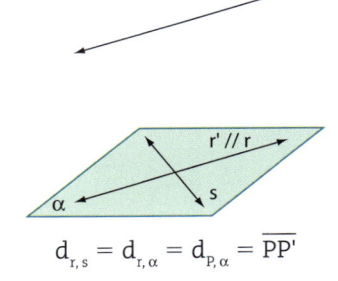 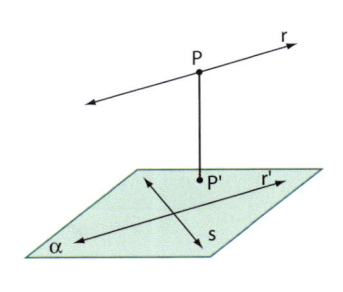

$$d_{r,s} = d_{r,\alpha} = d_{P,\alpha} = \overline{PP'}$$

EXERCÍCIO

20 Observe o bloco retangular representado ao lado.

Indique um segmento de reta para representar a distância:

a) entre os pontos **A** e **E**;

b) do pontos **E** à reta $\overleftrightarrow{FG}$;

c) do ponto **A** ao plano (CDG);

d) do plano (ADE) ao plano (BCF);

e) do ponto **E** ao plano (ABC);

f) entre as retas $\overleftrightarrow{AB}$ e $\overleftrightarrow{EF}$;

g) entre as retas $\overleftrightarrow{AD}$ e $\overleftrightarrow{CF}$.

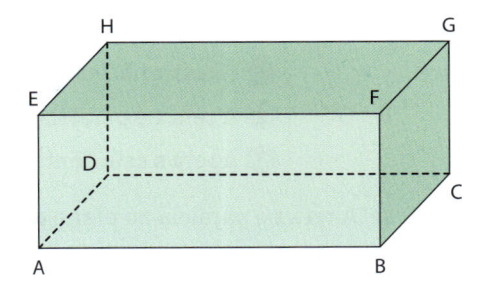

▶ Teoremas fundamentais

Teorema 1

Se dois planos distintos têm um ponto comum, então a interseção desses planos é uma única reta que passa por aquele ponto.

Hipóteses:
- **1** O plano α é distinto do plano β ($\alpha \neq \beta$).
- **2** O ponto **P** pertence a α ($P \in \alpha$).
- **3** O ponto **P** pertence a β ($P \in \beta$).

Tese: Existe uma única reta **i** que é a interseção de α com β, e **P** pertence a **i** ($\exists\, i \mid i = \alpha \cap \beta$ e $P \in i$).

Demonstração:

I. Se α e β são distintos e têm um ponto comum **P**, existe um outro ponto **Q** que também pertence a α e a β (veja postulado da interseção na página 457)

II. Chamando de **i** a reta $\overleftrightarrow{PQ}$, temos que **i** está contida em α (pois $P \in \alpha$ e $Q \in \alpha$) e **i** também está contida em β (pois $P \in \beta$ e $Q \in \beta$).
   Para provarmos que **i** é a interseção de α e β, devemos provar que todos os pontos que estão em α e em β estão em **i**.

III. Se existir um ponto **X** tal que **X** está em α, **X** está em β e **X** não está em **i**, então os planos α e β terão em comum o ponto **X** e a reta **i** e, desse modo, devem coincidir, o que é absurdo, pois contraria a hipótese **1**.
   A contradição vem do fato de admitirmos que $X \notin i$. Assim, **X** deve pertencer à reta **i** e, portanto, **i** é a interseção de α e β.

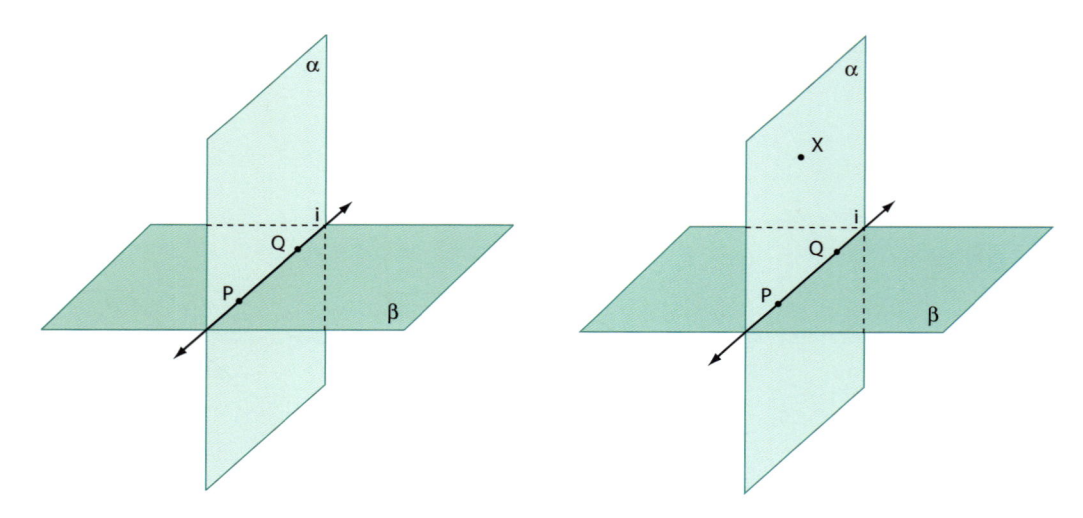

Teorema 2

Se uma reta não está contida num plano e é paralela a uma reta do plano, então ela é paralela ao plano.

Hipóteses:
- **1** A reta **r** não está contida em α.
- **2** A reta **r** é paralela à reta **s**.
- **3** A reta **s** está contida no plano α.

Tese: A reta **r** é paralela ao plano α.

Demonstração:

I. Como as retas **r** e **s** são paralelas distintas, elas determinam um plano β e $\alpha \cap \beta = s$.

II. Se **r** e α tivessem um ponto **P** em comum, então **P** pertenceria também ao plano β.

Como **P** pertence a **α** e a **β**, então **P** pertence à interseção de **α** com **β**, que é a reta **s**.

Daí, as retas **r** e **s** teriam em comum o ponto **P**, o que é absurdo, pois contraria a hipótese ②. A contradição veio do fato de supormos que **r** e **α** têm o ponto **P** em comum. Logo, **r** e **α** não podem ter ponto comum, ou seja, **r** é paralela a **α**.

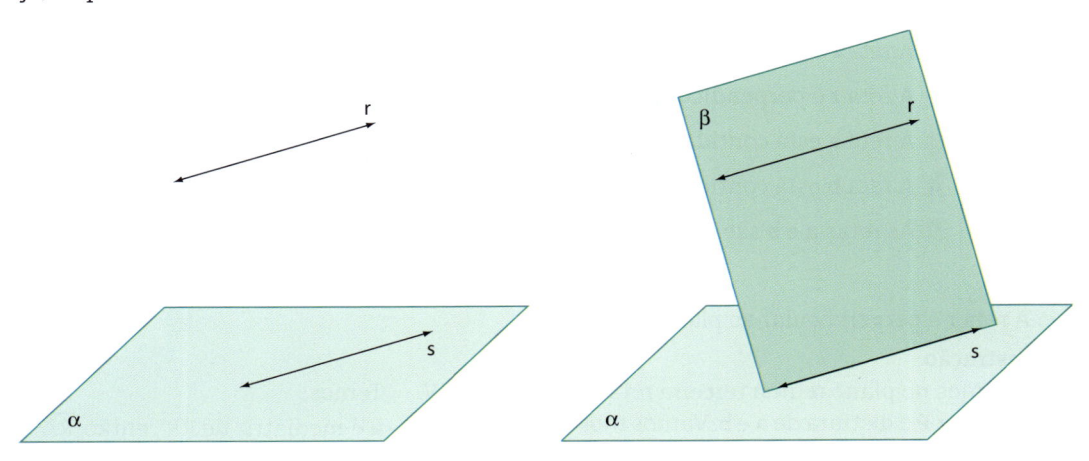

Teorema 3

Se um plano contém duas retas concorrentes, ambas paralelas a um outro plano, então esses planos são paralelos.

Hipóteses:
- ① A reta **r** está contida no plano **α**.
- ② A reta **s** está contida no plano **α**.
- ③ **r** e **s** são concorrentes no ponto **P**.
- ④ **r** é paralela ao plano **α**.
- ⑤ **s** é paralela ao plano **β**.

Tese: O plano **α** é paralelo ao plano **β**.

Demonstração:

I. Os planos **α** e **β** são distintos, pois **α** contém retas paralelas a **β**.

II. Se **α** e **β** fossem secantes, tendo como interseção a reta **i**, teríamos: **r** paralela à reta **i** (pois **r** está contida em **α** e **r** é paralela a **β**) e **s** também paralela a **i** (pois **s** está contida em **α** e **s** é paralela a **β**). Daí, as retas **r** e **s** estariam passando pelo ponto **P** e ambas seriam paralelas à reta **i**, o que é absurdo, pois contraria o postulado de Euclides. A contradição vem do fato de admitirmos que **α** e **β** são secantes. Logo, **α** e **β** não podem ser secantes, ou seja, **α** é paralelo a **β**.

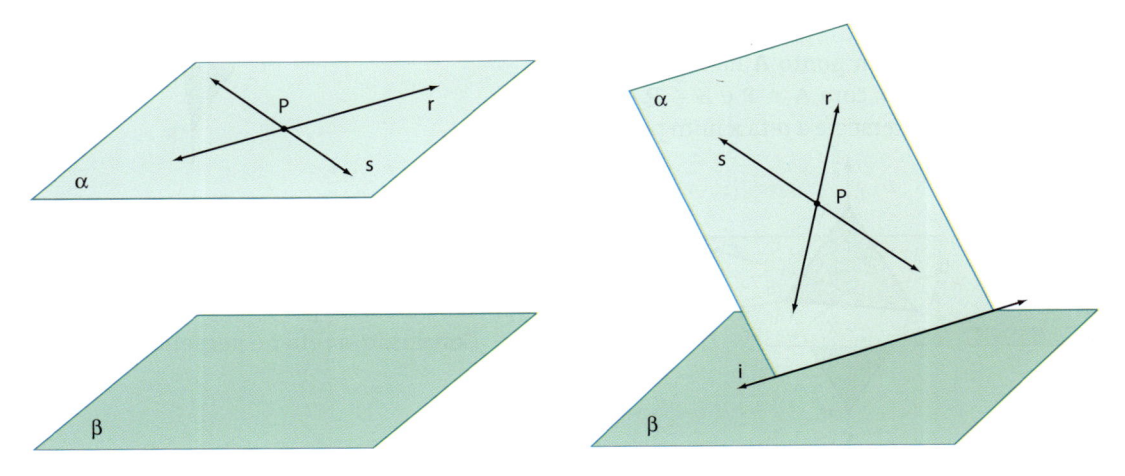

Teorema 4

Se uma reta é perpendicular a duas retas concorrentes de um plano, então ela é perpendicular ao plano.

Hipóteses:
① A reta **r** é perpendicular à reta **a**.
② A reta **r** é perpendicular à reta **b**.
③ A reta **a** está contida no plano **α**.
④ A reta **b** está contida no plano **α**.
⑤ As retas **a** e **b** são concorrentes em **P**.

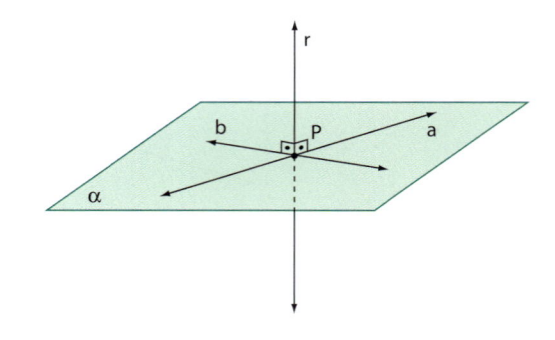

Tese: A reta **r** é perpendicular ao plano **α**.

Demonstração:

I. Tomemos no plano **α** uma terceira reta **x** passando por **P** e distinta de **a** e **b**. Vamos mostrar que **r** é perpendicular a **x**.

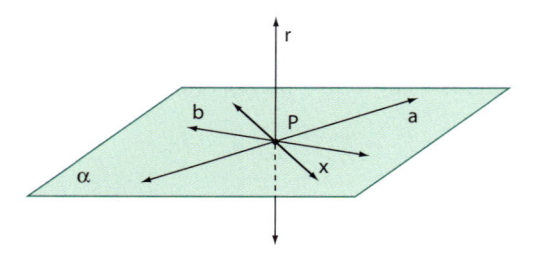

II. Tomemos na reta **r** dois pontos **R** e **R'** simétricos em relação ao ponto **P**. Teremos, portanto, $\overline{PR} \equiv \overline{PR'}$.

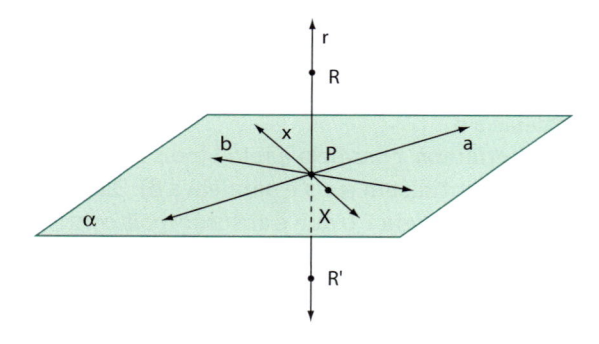

III. Tomemos agora um ponto **A** na reta **a** e um ponto **B** na reta **b**, com A ≠ P e B ≠ P, de tal forma que $\overline{AB}$ intersecte a reta **x** num ponto **X**.

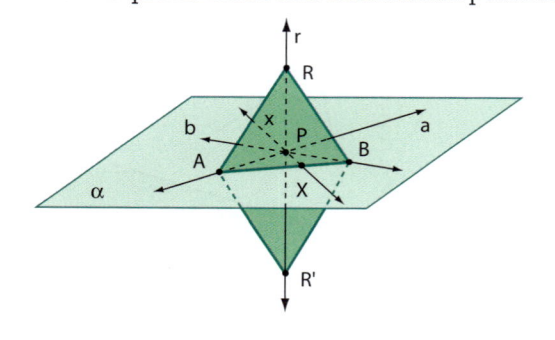

IV. Temos:
- **a** é mediatriz de $\overline{RR'}$; então, $\overline{RA} \equiv \overline{R'A}$.
- **b** é mediatriz de $\overline{RR'}$; então, $\overline{RB} \equiv \overline{R'B}$.

V. Comparando os triângulos RAB e R'AB, encontramos:

$$\left. \begin{array}{l} \overline{RA} \equiv \overline{R'A} \\ \overline{RB} \equiv \overline{R'B} \\ \overline{AB} \text{ é comum} \end{array} \right\} \Rightarrow \triangle RAB \equiv \triangle R'AB \text{ (critério LLL)}$$

e, daí, R$\hat{A}$X ≡ R'$\hat{A}$X.

VI. Comparando os triângulos RAX e R'AX, encontramos:

$$\left. \begin{array}{l} \overline{RA} \equiv \overline{R'A} \\ R\hat{A}X \equiv R'\hat{A}X \\ \overline{AX} \text{ é comum} \end{array} \right\} \Rightarrow \triangle RAX \equiv \triangle R'AX \text{ (critério LAL)}$$

e, daí, $\overline{RX} \equiv \overline{R'X}$.

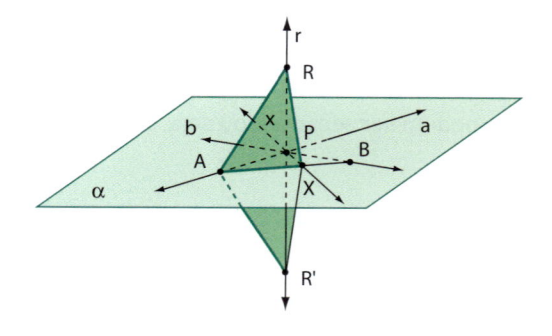

Portanto, a reta **x** é mediatriz de $\overline{RR'}$, isto é, **r** é perpendicular a **x** qualquer que seja a reta **x** contida em **α** e passando por **P**.

Conclusão: a reta **r** é perpendicular ao plano **α**.

EXERCÍCIOS **COMPLEMENTARES**

1 É comum encontrarmos mesas com quatro pernas que, mesmo apoiadas sobre um piso plano, balançam e nos obrigam a colocar um calço sob uma das pernas, se as quisermos firmes. Explique, usando argumentos de geometria, por que isso não acontece com uma mesa de três pernas.

2 A figura representa uma pirâmide de base quadrada. Suas faces são um quadrado e quatro triângulos. Quantos planos contêm três vértices dessa pirâmide?

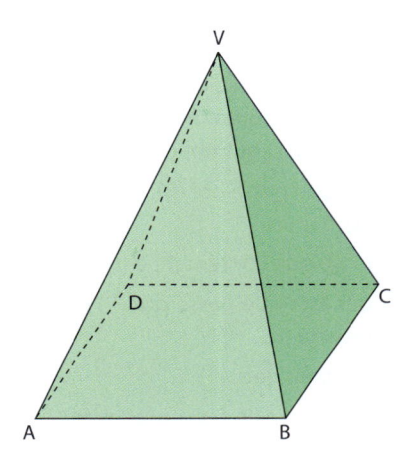

3 Seja α o plano determinado por duas retas, **r** e **s**, concorrentes em um ponto **P**. Considerando um ponto **Q** não pertencente a α, qual é a interseção do plano determinado por **Q** e **r** com o plano determinado por **Q** e **s**?

4 Considere o prisma triangular mostrado na figura e determine quantos planos distintos podem ser obtidos de um subconjunto de três de seus vértices.

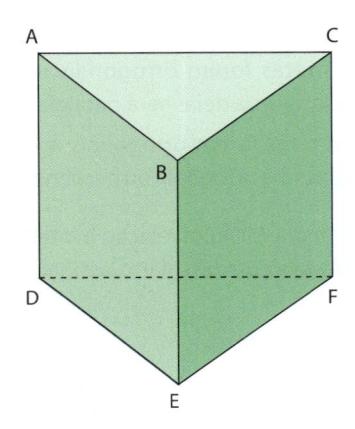

5 Se uma reta **r** é paralela a um plano α e **s** é uma reta de α, quais as possíveis posições relativas de **r** e **s**?

6 Se uma reta **r** é secante a um plano α e **s** é uma reta de α, quais as possíveis posições relativas de **r** e **s**?

7 Sejam **r** uma reta concorrente com um plano α e **P** um ponto não pertencente a α. É sempre possível traçar por **P** uma reta que intersecta **r** e é paralela a α?

8 (UF-MS) A seguir foram feitas afirmações sobre geometria espacial. Assinale a(s) correta(s) e indique a soma correspondente às afirmações corretas.

(01) Toda reta paralela a dois planos não paralelos é paralela à interseção deles.

(02) Toda reta que contém dois pontos de um plano pertence a esse plano.

(04) A partir de quatro pontos não coplanares, são definidos exatamente quatro planos distintos.

(08) Três retas concorrentes num único ponto definem um único plano.

(16) Toda reta perpendicular a duas retas não paralelas pertence ao plano definido por essas duas retas não paralelas.

9 A figura abaixo é a de um sólido chamado prisma regular pentagonal, que possui sete faces: dois pentágonos regulares e cinco retângulos.

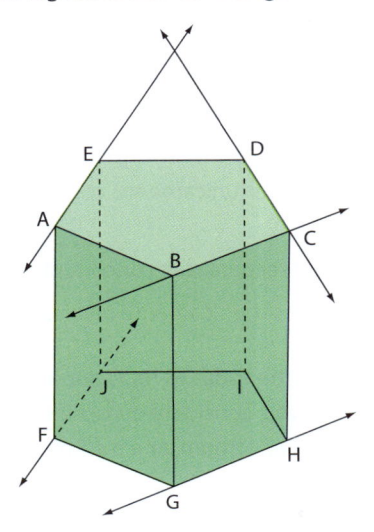

Considerando-se os vértices desse prisma, dê exemplos de três pares de reta:

a) paralelas e distintas entre si;

b) concorrentes;

c) reversas e não ortogonais;

d) ortogonais.

TESTES

1 (Fatec-SP) A reta **r** é a interseção dos planos α e β, perpendiculares entre si. A reta **s**, contida em α, intersecta **r** no ponto **P**. A reta **t**, perpendicular a β, intersecta-o no ponto **Q**, não pertencente a **r**.

Nessas condições, é verdade que as retas:

a) **r** e **s** são perpendiculares entre si.

b) **s** e **t** são paralelas entre si.

c) **r** e **t** são concorrentes.

d) **s** e **t** são reversas.

e) **r** e **t** são ortogonais.

2 (U.F. Juiz de Fora-MG) O plano π_1 é perpendicular ao plano π_2, o plano π_2 é perpendicular ao plano π_3, e os planos π_1 e π_3 se intersectam segundo uma reta ℓ. É correto afirmar que:

a) os planos π_1 e π_3 são perpendiculares.

b) os planos π_1 e π_3 são paralelos.

c) o plano π_2 também contém a reta ℓ.

d) a reta ℓ é perpendicular a π_2.

e) a reta ℓ é paralela a π_2.

3 (Mackenzie-SP) **r**, **s** e **t** são retas distintas tais que s $\perp$ r e t $\perp$ r. Relativamente às retas **s** e **t**, é correto afirmar que:

a) elas podem ser unicamente paralelas ou concorrentes.

b) elas podem ser unicamente paralelas ou reversas.

c) elas podem ser unicamente concorrentes ou reversas.

d) elas podem ser paralelas, concorrentes ou reversas.

e) elas podem ser unicamente reversas.

4 (Vunesp-SP) Entre todas as retas-suporte das arestas de um certo cubo, considere duas, **r** e **s**, reversas. Seja **t** a perpendicular comum a **r** e a **s**. Então:

a) **t** é a reta-suporte de uma das diagonais das faces do cubo.

b) **t** é a reta-suporte de uma das diagonais do cubo.

c) **t** é a reta-suporte de uma das arestas do cubo.

d) **t** é a reta que passa pelos pontos médios das arestas contidas em **r** e **s**.

e) **t** é a reta perpendiucular a duas faces do cubo, por seus pontos médios.

5 (PUC-SP) Em relação ao plano α, os pontos **A** e **B** estão no mesmo semiespaço e os pontos **A** e **C** em semiespaços opostos. Em relação ao plano β, os pontos **A** e **B** estão em semiespaços opostos, bem como os pontos **A** e **C**. É correto concluir que o segmento $\overline{BC}$:

a) é paralelo a $\alpha \cap \beta$.

b) encontra α e β.

c) encontra α, mas não β.

d) encontra β, mas não α.

e) não encontra nem α nem β.

6 (UFF-RJ) Considere um plano (α), uma reta (**r**) concorrente com (α), um ponto (**P**) que não pertença nem a (**r**) nem a (α), e as seguintes afirmações:

I. A reta (**s**), que passa por (**P**), intersecta (**r**) e é paralela a (α), é única.

II. O plano (β) que contém (**P**) e (**r**) intersecta (α).

III. Qualquer reta que passe por (**P**) e seja paralela a (α) intersecta (**r**).

É correto concluir que:

a) as afirmações I e III são verdadeiras.

b) as afirmações I e II são verdadeiras.

c) as afirmações II e III são verdadeiras.

d) todas as afirmações são verdadeiras.

e) todas as afirmações são falsas.

7 (Fuvest-SP) É correta a afirmação:

a) Se dois planos forem perpendiculares, todo plano perpendicular a um deles será paralelo ao outro.

b) Se dois planos forem perpendiculares, toda reta paralela a um deles será perpendicular ao outro.

c) Duas retas paralelas a um plano são paralelas.

d) Se duas retas forem ortogonais reversas, toda ortogonal a uma delas será paralela à outra.

e) Se duas retas forem ortogonais, toda paralela a uma delas será ortogonal ou perpendicular à outra.

8 (U. F. Uberlândia-MG) Em relação à interseção de um cubo de aresta **a** com um plano, assinale a alternativa falsa.

a) Pode ser um ponto.

b) Pode ser um retângulo de lados **a** e $a\sqrt{7}$.

c) Pode ser um triângulo equilátero.

d) Não pode ser um triângulo isósceles.

e) Pode ser um segmento.

9 (U. E. Londrina-PR) São dadas as proposições:

I.   Duas retas distintas determinam um único plano.

II. Se duas retas distintas são paralelas a um plano, então elas são paralelas entre si.

III. Se dois planos distintos são paralelos entre si, então toda reta de um deles é paralela a uma reta do outro.

É correto afirmar que apenas:

a) I e II são verdadeiras.

b) I e III são verdadeiras.

c) II e III são verdadeiras.

d) I é verdadeira.

e) III é verdadeira.

10 (Unifor-CE) Na figura abaixo estão representados um cubo e algumas retas.

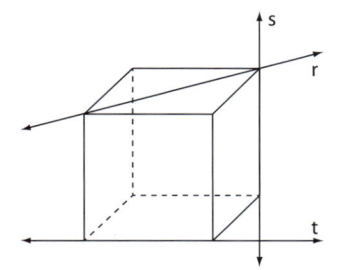

Considere as seguintes afirmativas:

I.   **r** e **t** são perpendiculares entre si.

II. **s** e **t** são ortogonais.

III. **s** e **t** são reversas.

As afirmativas verdadeiras são:

a) apenas III.

b) apenas I e II.

c) apenas I e III.

d) apenas II e III.

e) I, II e III.

11 (UF-SE) São dadas as proposições:

I.   Dois planos distintos e perpendiculares a um terceiro são paralelos entre si.

II. Se uma reta é perpendicular a um plano, então todo plano que contém a reta é perpendicular ao plano dado.

III. Se uma reta é paralela a dois planos, então esses planos são paralelos.

É correto afirmar que:

a) apenas I é verdadeira.

b) apenas II é verdadeira.

c) apenas III é verdadeira.

d) apenas I e II são verdadeiras.

e) I, II e III são verdadeiras.

12 (UF-AM) Considere um plano α, uma reta **r** perpendicular a α e um ponto **P**, tal que $P \notin r$ e $P \notin \alpha$. É correto afirmar:

a) Toda reta que passa por **P** e é paralela a α, é perpendicular a **r**.

b) Toda reta que passa por **P** e intersecta **r** é paralela a α.

c) Todo plano que contém **r** é perpendicular a α.

d) Existe reta que passa por **P**, é paralela a **r** e é paralela a α.

e) Existe reta que passa por **P**, é perpendicular a **r** e é perpendicular a α.

13 (UCSal-BA) Sejam duas retas distintas **r** e **s** e dois planos distintos α e β.

a) Se r // s e α // β, então r // α.

b) Se r $\perp$ α e r $\perp$ β, então α // β.

c) Se r // α e r $\perp$ β, então s // α.

d) Se a $\perp$ β e r $\subset$ α, então r $\perp$ β.

e) Se r $\perp$ α e r $\perp$ s, então s $\perp$ α.

14 (UF-MT) Sobre geometria espacial de posição, assinale a afirmativa correta.

a) Se dois planos são paralelos a uma reta, então eles são paralelos entre si.

b) Quatro pontos no espaço determinam quatro planos.

c) Três planos distintos podem se cortar, dois a dois, segundo três retas duas a duas paralelas.

d) A interseção de dois planos secantes pode ser um único ponto.

e) Duas retas reversas determinam um plano.

Prisma

▶ Conceito

Consideremos um polígono (ou região poligonal) ABCDE, por exemplo, de cinco lados num plano **α** e um segmento de reta $\overline{PQ}$, cuja reta suporte intersecta **α**. Tomemos segmentos de reta paralelos e congruentes a $\overline{PQ}$, cada um deles com uma das extremidades num dos pontos de ABCDE e todos com a outra extremidade num mesmo semiespaço dos determinados por **α**. A reunião de todos esses segmentos é um sólido chamado **prisma pentagonal**.

Tanto para conceituar como para dar nome aos seus elementos, tomamos um prisma pentagonal. Se, em vez de um pentágono como base tivéssemos escolhido um triângulo, um quadrilátero etc., teríamos, respectivamente, um prisma triangular, um quadrangular, e assim por diante.

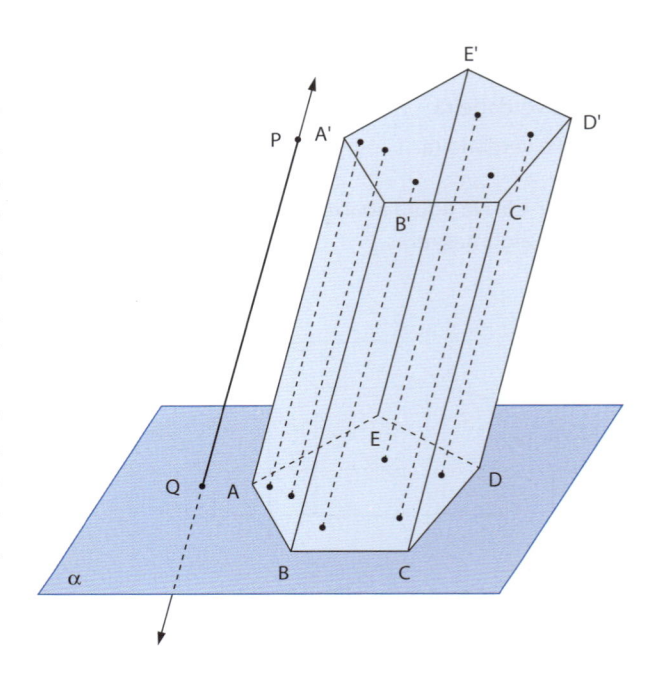

▶ Elementos

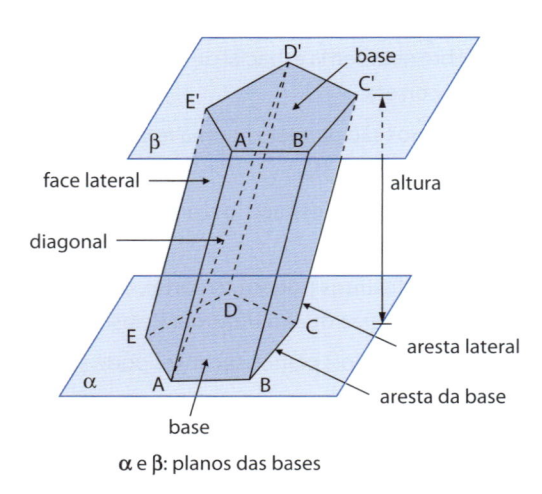

α e β: planos das bases

Considerando o **prisma** representado ao lado, temos:

- os polígonos ABCDE e A'B'C'D'E', chamados **bases** do prisma, são polígonos congruentes e estão situados em planos paralelos. Esses planos (**α** e **β**) são os **planos das bases**;

- os lados, $\overline{AB}$, $\overline{BC}$, $\overline{CD}$, $\overline{DE}$, $\overline{EA}$, $\overline{A'B'}$, $\overline{B'C'}$, $\overline{C'D'}$, $\overline{D'E'}$, $\overline{E'A'}$ são as **arestas das bases**;

- os segmentos $\overline{AA'}$, $\overline{BB'}$, $\overline{CC'}$, $\overline{DD'}$, $\overline{EE'}$ são as **arestas laterais**;

- os **vértices das faces** (que também são vértices das bases) são os vértices do prisma;

- os paralelogramos AA'B'B, BB'C'C, CC'D'D, DD'E'E, EE'A'A são as **faces laterais**;

- a distância entre os planos **α** e **β** que contêm as bases é a **altura** do prisma;

- **diagonal** do prisma é qualquer segmento cujas extremidades são vértices não pertencentes a uma única face do prisma;

- **seção transversal** é qualquer interseção não vazia do prisma com um plano paralelo às bases.

▶ Classificação

Em relação ao número de lados dos polígonos das bases, os prismas podem ser: triangulares (as bases são triângulos); quadrangulares (as bases são quadriláteros); pentagonais (as bases são pentágonos); hexagonais (as bases são hexágonos); e assim por diante.

Quanto à inclinação das arestas laterais, os prismas classificam-se em:

• **retos**: as arestas laterais são perpendiculares aos planos das bases; assim, as faces laterais são retângulos;

• **oblíquos**: as arestas laterais são oblíquas aos planos das bases; desse modo, as faces laterais são simplesmente paralelogramos.

Eis alguns exemplos de prismas para ilustrar a classificação:

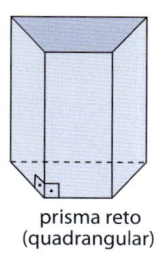
prisma reto
(quadrangular)

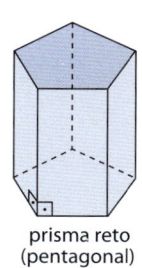
prisma reto
(pentagonal)

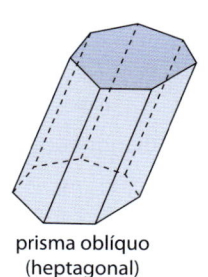
prisma oblíquo
(heptagonal)

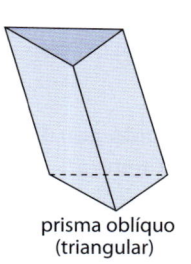
prisma oblíquo
(triangular)

Um caso particular de prisma reto é o **prisma regular**, que tem como bases polígonos regulares (triângulos equiláteros, quadrados, hexágonos regulares etc.) e, como faces laterais, retângulos congruentes.

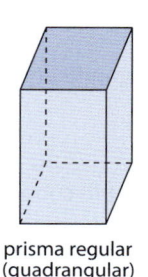
prisma regular
(quadrangular)

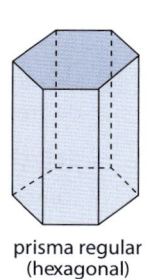
prisma regular
(hexagonal)

▶ Paralelepípedo

Um prisma quadrangular particular de grande importância é o **paralelepípedo**, que tem paralelogramos como bases. Assim, as seis faces de um paralelepípedo são paralelogramos.

Quando as bases de um prisma reto são retângulos, ele é chamado **paralelepípedo retângulo** (ou ortoedro ou paralelepípedo reto-retângulo ou, ainda, bloco retangular).

As seis faces de um paralelepípedo retângulo são retângulos.

Um tipo especial de paralelepípedo retângulo é o **cubo**, cujas seis faces são quadrados.

Alguns exemplos de paralelepípedos:

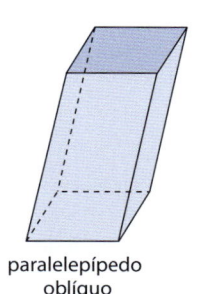
paralelepípedo
oblíquo

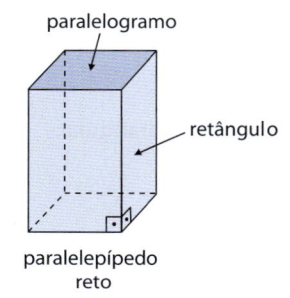
paralelogramo
retângulo
paralelepípedo
reto

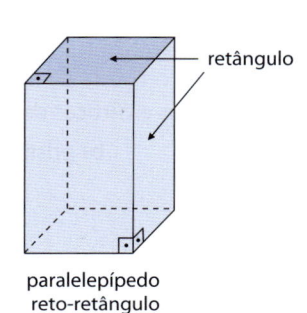
retângulo
paralelepípedo
reto-retângulo

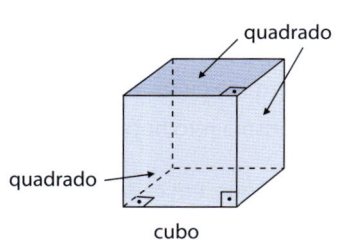
quadrado
quadrado
cubo

Seja um paralelepípedo reto-retângulo, cujo retângulo da base tem lados medindo **a** e **b** e cuja altura mede **c**. Dizemos que esse paralelepípedo tem dimensões **a**, **b** e **c**; possui quatro arestas de medida **a**, quatro de medida **b** e quatro de medida **c**. A qualquer vértice concorrem três arestas, uma de medida **a**, uma de medida **b** e uma de medida **c**.

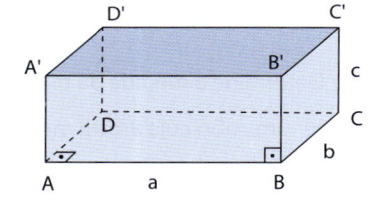

EXERCÍCIOS RESOLVIDOS

1 Determinar o comprimento da diagonal de um paralelepípedo reto-retângulo de dimensões **a**, **b** e **c**.

Solução:

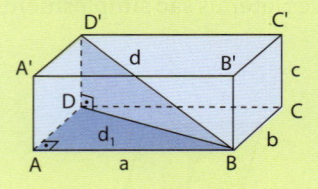 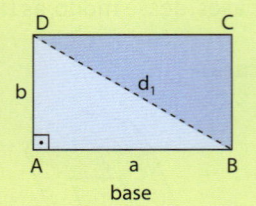

base

Indicando por d_1 a medida da diagonal da base ABCD, temos:

no $\triangle$BAD: $d_1^2 = a^2 + b^2$

no $\triangle$BDD': $d^2 = d_1^2 + c^2$

Assim:
$d^2 = a^2 + b^2 + c^2 \Rightarrow d = \sqrt{a^2 + b^2 + c^2}$

2 Determinar o comprimento da diagonal de um cubo de aresta **a**.

Solução:

Tomemos agora um cubo de aresta **a**. Isso significa que todas as doze arestas têm medida **a** e que a cada um dos oito vértices concorrem três segmentos de mesmo comprimento **a**.

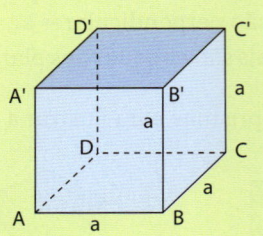 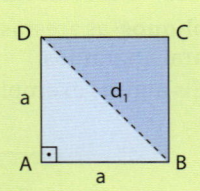

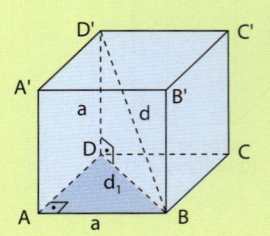

Inicialmente, calculemos a medida d_1 de uma diagonal de face.

No $\triangle$BAD: $d_1^2 = a^2 + a^2 = 2a^2 \Rightarrow d_1 = a\sqrt{2}$

No $\triangle$BDD': $d^2 = a^2 + d_1^2$, e como $d_1^2 = 2a^2$, temos:
$$d^2 = a^2 + 2a^2 = 3a^2 \Rightarrow d = a\sqrt{3}$$

EXERCÍCIOS

1 Classifique cada sentença abaixo como verdadeira (**V**) ou falsa (**F**).

a) As duas bases de um prisma são polígonos semelhantes.

b) As arestas laterais de um prisma são congruentes.

c) As arestas de um prisma são perpendiculares aos planos das bases.

d) Todo paralelepípedo é um prisma reto.

e) Todo prisma reto é um prisma regular.

2 Determine o número de faces laterais, arestas e vértices de um:

a) prisma reto heptagonal;

b) prisma oblíquo quadrangular.

3 Classifique, em cada caso, o prisma que tem:

a) 7 faces laterais;

b) um total de 18 arestas;

c) 6 vértices;

d) arestas formando somente ângulos retos, num total de 24;

e) arestas formando 20 ângulos retos.

4 Determine a medida da diagonal de:

a) um cubo cuja aresta mede 5 cm;

b) um paralelepípedo retângulo de dimensões 6 cm, 8 cm e 10 cm.

5 A aresta de um cubo mede 7 cm. Determine a medida da diagonal da face e da diagonal do cubo.

6 Expresse, em função de **x**, a medida da diagonal de um:

   a) cubo cuja aresta mede $(x - 2)$ cm.

   b) paralelepípedo retângulo de dimensões **x** cm, $(x + 1)$ cm e $(x + 2)$ cm.

7 No exercício anterior, determine o valor de **x** se a diagonal:

   a) da face do cubo mede $8\sqrt{2}$ cm.   **b)** do paralelepípedo mede $5\sqrt{2}$ cm.

8 A soma das medidas de todas as arestas de um paralelepípedo retângulo é igual a 36 cm. Se suas dimensões são números consecutivos, qual é a medida de sua diagonal?

9 As medidas das arestas de dois cubos, em centímetros, estão entre si assim como 2 está para 3. Determine essas medidas, sabendo que o produto das medidas de suas diagonais é 72.

▶ Áreas

▶ Área da base (A_b)

A **área da base** de um prisma é a área da região poligonal que constitui a base do prisma.

▶ Área lateral (A_ℓ)

A superfície lateral de um prisma é a reunião de suas faces laterais. A área dessa superfície é chamada **área lateral** do prisma.

$$A_\ell = \text{soma das áreas das faces laterais}$$

▶ Área total (A_t)

A superfície total de um prisma é a reunião da superfície lateral com as bases. A área dessa superfície é chamada **área total** do prisma e é indicada por A_t.

$$A_t = A_\ell + 2 \cdot A_b$$

No caso do paralelepípedo reto-retângulo (e, mais particularmente, do cubo), não se fala em área da base nem em área lateral, visto que qualquer face pode ser considerada como base. Fala-se, então, apenas em área total. Se um paralelepípedo reto-retângulo possui dimensões **a**, **b** e **c**, sua área total é dada por:

$$A_t = 2(ab + ac + bc)$$

Um cubo de aresta de medida **a** possui área total $A_t = 6a^2$.

💡 EXERCÍCIOS **RESOLVIDOS**

3 Determinar a área total de um cubo cuja diagonal mede $16\sqrt{3}$ cm.

Solução:

Temos $d = 16\sqrt{3}$ cm; portanto, $a = 16$ cm.

A área total é:

$A_t = 6 \cdot 16^2 \Rightarrow A_t = 1536$ cm²

4 Determinar a área total de um bloco retangular cuja diagonal mede $10\sqrt{2}$ cm, sabendo que suas dimensões são diretamente proporcionais a 3, 4 e 5.

Solução:

Sendo **a**, **b** e **c** as dimensões do bloco retangular, temos:

$$k = \frac{a}{3} = \frac{b}{4} = \frac{c}{5} \Rightarrow a = 3k, b = 4k \text{ e } c = 5k$$

Com a diagonal $d = 10\sqrt{2}$, podemos escrever:

$$d^2 = a^2 + b^2 + c^2$$

$$200 = 9k^2 + 16k^2 + 25k^2$$

$$k = 2$$

Assim, $a = 6$, $b = 8$ e $c = 10$.

A área A_t é dada por:

$$A_t = 2 \cdot (6 \cdot 8 + 6 \cdot 10 + 8 \cdot 10) \Rightarrow A_t = 376 \text{ cm}^2$$

5 Determinar a área da base, a área lateral e a área total de um prisma regular de 5 cm de altura e base hexagonal de lado medindo 8 cm.

Solução:

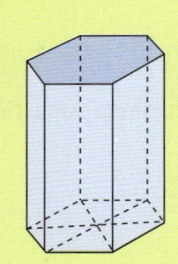

A base é um hexágono regular de lado de medida $\ell = 8$ cm. Assim, a área da base é dada pelo produto

$6 \cdot \dfrac{8^2\sqrt{3}}{4}$, ou seja, a área da base mede $A_b = 96\sqrt{3}$ cm².

A superfície lateral é constituída de seis retângulos de dimensões 8 cm e 5 cm. Assim, $A_\ell = 6 \cdot 8 \cdot 5$, ou seja, $A_\ell = 240$ cm².

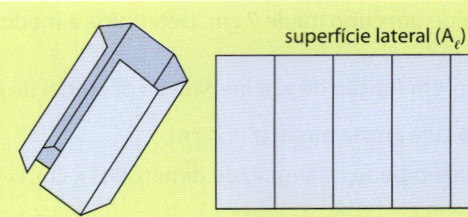

superfície lateral (A_ℓ)

Finalmente, a área total do prisma é dada por:

$$A_t = 240 + 2 \cdot 96\sqrt{3}$$

$$A_t = (240 + 192\sqrt{3}) \text{ cm}^2$$

6 Calcular a área da base, a área lateral e a área total de um prisma reto de 20 cm de altura, cuja base é um triângulo retângulo com catetos de 8 cm e 15 cm.

Solução:

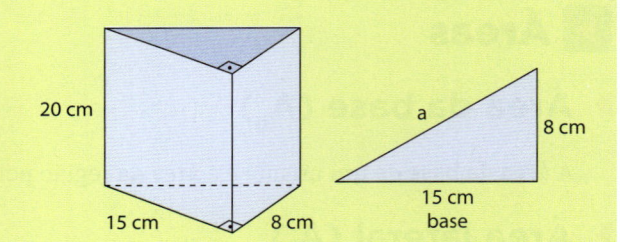

20 cm   a   8 cm   15 cm base   15 cm   8 cm

• Área da base:

$$A_b = \frac{1}{2} \cdot 8 \cdot 15 \Rightarrow A_b = 60 \text{ cm}^2$$

Para determinar as outras áreas, é necessária a medida da hipotenusa da base. Por Pitágoras, temos:

$$a^2 = 8^2 + 15^2 \Rightarrow a = 17 \text{ cm}$$

• Área lateral (soma das áreas de três retângulos):

$$A_\ell = 8 \cdot 20 + 15 \cdot 20 + 17 \cdot 20 \Rightarrow A_\ell = 800 \text{ cm}^2$$

• Área total (soma da área lateral com o dobro da área da base):

$$A_t = 800 + 2 \cdot 60 \Rightarrow A_t = 920 \text{ cm}^2$$

EXERCÍCIOS

10 Determine a área lateral e a área total dos prismas retos a seguir.

a)

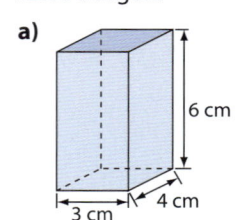

6 cm   3 cm   4 cm

b)

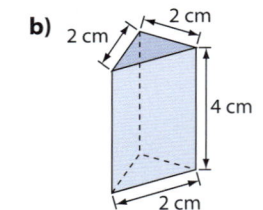

2 cm   2 cm   4 cm   2 cm

11 Determine a medida da diagonal de um cubo cuja área lateral é 64 m².

12 Deseja-se revestir um paralelepípedo retângulo com papel. As arestas de sua base medem 5 cm e 4 cm e a sua diagonal, $3\sqrt{10}$ cm.

a) Determine a menor área do papel a ser utilizado.

b) Pode-se fazer esse revestimento com uma folha de papel tamanho A6 (10,5 cm × 14,84 cm)?

13 A base de uma caixa, em forma de um prisma reto, é um trapézio isósceles cujas bases medem 4 dm e 12 dm e sua altura, 3 dm. Se foram utilizados 178 dm² de cartolina para revestir totalmente a caixa, determine a medida de sua altura.

14 Deseja-se fazer uma embalagem de papelão com a forma de um prisma reto cuja base é um triângulo retângulo isósceles de área 32 cm². Se a área lateral da embalagem deve ser $640\,(2 + \sqrt{2})$ cm², determine a medida de sua altura.

15 A altura de uma caixa aberta, em forma de prisma regular, mede $4\sqrt{3}$ cm e sua base é um triângulo equilátero de área $16\sqrt{3}$ cm². Determine a área total da caixa.

16 Deseja-se construir um prisma regular hexagonal em papelão e a folha disponível mede 66 cm × 96 cm. A área lateral do prisma deve ser 1080 cm² e sua

altura, 30 cm. Usando a aproximação $\sqrt{3} \simeq 1,7$, determine a área mínima de papelão que pode sobrar após a construção do prisma.

17 A medida da diagonal do cubo C_1 é o dobro da do cubo C_2. Determine a razão entre as áreas totais de C_1 e C_2, nessa ordem.

18 As dimensões de um paralelepípedo, em centímetros, são números diretamente proporcionais a 2, 3 e 4. Sua área total é 468 cm². Determine a medida de sua diagonal.

19 Deseja-se pintar as quatro faces laterais de uma caixa com a forma de um paralelepípedo retângulo. Uma das arestas da base mede o dobro da outra, a medida da altura da caixa é igual a $\frac{2}{3}$ do perímetro da base e sua diagonal mede $3\sqrt{21}$ cm. Determine a área da superfície a ser pintada.

▶ Volume

Para introduzir a noção de volume de um prisma, vamos apresentar inicialmente o cubo unitário, que tem aresta unitária (aresta de comprimento 1) e volume unitário (seu volume é 1).

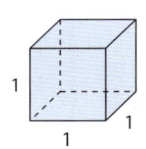

Seja, agora, por exemplo, um paralelepípedo retângulo de dimensões 5 cm, 2 cm e 3 cm, representado abaixo:

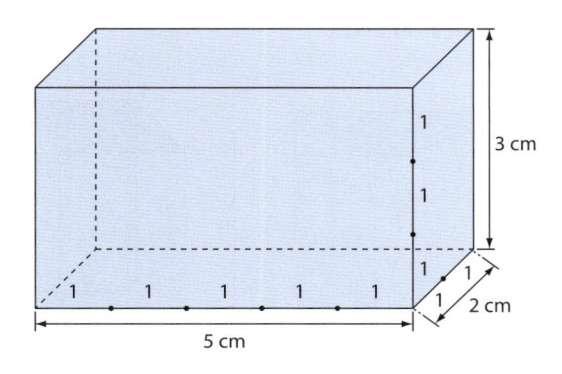 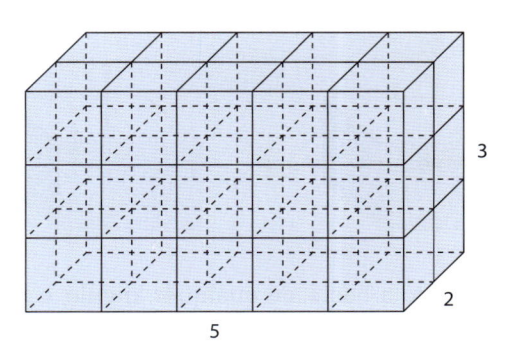

Decompondo cada dimensão em unidades de comprimento (cm), teremos cinco unidades (5 cm), duas unidades (2 cm) e três unidades (3 cm), respectivamente. Isso sugere que o paralelepípedo pode ser dividido em 5 · 2 · 3 cubos unitários (1 cm³) e o volume desse paralelepípedo é 5 cm · 2 cm · 3 cm = 30 cm³.

De modo geral, o volume **V** de um paralelepípedo retângulo de dimensões **a**, **b** e **c** é dado pela fórmula:

$$V = a \cdot b \cdot c$$

e, notando que a · b é a área da base (**A**$_b$) e **c** é a altura (**h**) do paralelepípedo, podemos escrever:

$$V = A_b \cdot h$$

Assim, o volume de um paralelepípedo retângulo é dado pelo produto da área da base pela medida da altura do prisma. Esse fato é aceito sob o nome **postulado da unidade**.

Do mesmo modo, o volume de um cubo de aresta de medida **a** é dado por:

$$V = a \cdot a \cdot a \Rightarrow \boxed{V = a^3}$$

Ocorre, porém, que existe uma explicação para a obtenção do volume de um prisma, assim como de outros sólidos. Trata-se do princípio de Cavalieri (matemático italiano do século XVII).

▶ O princípio de Cavalieri e a determinação do volume de um prisma

Vamos trabalhar com um modelo físico simples para apresentar o conceito.

Tomemos dois blocos idênticos de papel sulfite, com 500 folhas cada, e disponhamos as duas pilhas lado a lado.

Uma delas é perfurada, do alto até a base. Pelo pequeno orifício é introduzida uma haste, que atravessa todas as folhas.

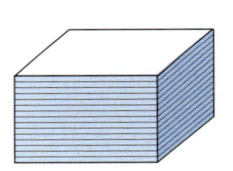 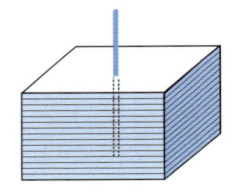

Inclinando a haste, de qualquer ângulo, e mantendo a extremidade inferior presa à base, a forma da pilha se altera, mas o seu volume, não. O motivo é simples: mesmo que as folhas deslizem umas sobre as outras, o volume da pilha inclinada continua sendo o volume total das folhas. Assim, as duas pilhas têm volumes iguais.

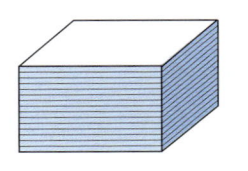 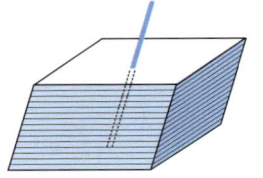

Considerando cada uma das pilhas como um prisma (um deles, reto e o outro, oblíquo), qualquer plano horizontal que corte um dos prismas cortará também o outro; cada uma dessas interseções será um retângulo, ou seja, uma das folhas de cada pilha.

Como todas as folhas possuem a mesma área, as duas seções são congruentes e equivalentes.

Expandindo essa ideia para outros tipos de sólido, Cavalieri enunciou o princípio: "Dois sólidos nos quais todo plano secante, paralelo a um dado plano, determina superfícies de áreas iguais são sólidos de volumes iguais".

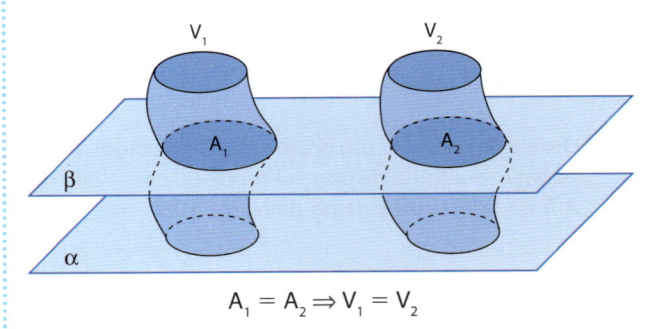

$$A_1 = A_2 \Rightarrow V_1 = V_2$$

O princípio de Cavalieri será aceito também como postulado, sendo utilizado na demonstração do seguinte teorema: "O volume de um prisma é igual ao produto da altura pela área da base".

Sejam **h** e **A**, respectivamente, a altura e a área da base de um prisma. Seja, também, um paralelepípedo retângulo de mesma altura **h** e mesma área da base **A**.

Suponhamos que as bases dos dois prismas estejam no mesmo plano.

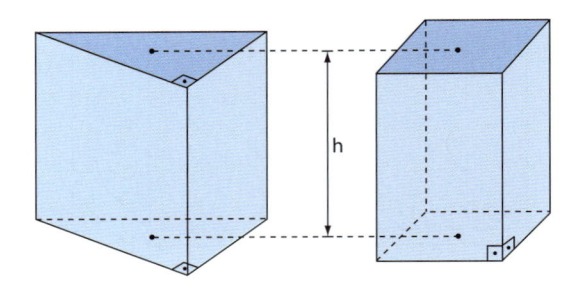

Nessas condições, para ambos os prismas, todas as seções transversais possuem a mesma área **A**. Isso, pelo princípio de Cavalieri, significa que os dois sólidos possuem o mesmo volume.

Como o volume de um paralelepípedo retângulo é igual ao produto da área da base pela altura, o mesmo ocorre com o volume do prisma:

$$V_{prisma} = A_b \cdot h$$

7 Calcular o volume de um prisma regular hexagonal em que o lado da base mede **x** e a altura mede 3x, onde **x** é um número dado.

Solução:

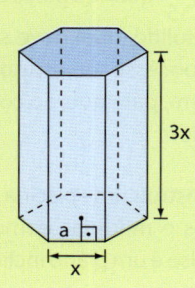

Inicialmente, vamos apurar a área da base. Para isso, precisamos do apótema do hexágono, que corresponde à altura do triângulo equilátero de lado de medida **x**:

$$a = \frac{x\sqrt{3}}{2}$$

Daí, a área da base:

$$A_b = 3x \cdot \frac{x\sqrt{3}}{2} = \frac{3\sqrt{3}}{2}x^2$$

Assim, para o volume:

$$V = \frac{3}{2}x^2\sqrt{3} \cdot 3x \Rightarrow V = \frac{9\sqrt{3}}{2}x^3$$

EXERCÍCIOS

20 Determine o volume de cada um dos prismas a seguir.

a) Cubo cuja aresta mede 3 cm.

b) Paralelepípedo retângulo de dimensões 6 cm, 8 cm e 10 cm.

c) Cubo cuja área da base é 100 dm².

d) Prisma hexagonal regular com 10 m de altura e aresta da base medindo 1 m.

e) Prisma triangular regular com 4 cm de altura e perímetro da base igual a 21 cm.

21 Determine a medida da diagonal de um cubo de volume 27 m³.

22 Um pequeno vaso tem a forma de um prisma triangular regular. Sabe-se que todas as suas arestas têm a mesma medida e sua área lateral é 192 cm². Determine seu volume.

23 Uma caixa-d'água tem a forma de um prisma hexagonal regular. Sua altura mede $15\sqrt{3}$ dm e sua área lateral é o triplo da área da base. Determine sua capacidade, em litros.

24 O volume de um paralelepípedo retângulo é 96 m³ e sua altura mede 8 m. Se ele for cortado por dois planos verticais paralelos a uma das arestas da base e de forma que a outra aresta da base fique dividida em três partes iguais, serão formados três prismas retos de base quadrada. Determine a área lateral do paralelepípedo.

25 No saguão de um prédio há um canteiro com a forma de um prisma hexagonal regular. A medida de sua altura é igual a $\frac{2}{3}$ da medida da aresta de sua base e

a soma das medidas de todas as suas arestas é 192 dm. Determine o volume de terra que é possível colocar para enchê-lo até a borda.

26 A figura abaixo mostra a planificação de uma caixa sem tampa. Seu volume é 160 cm³ e x − y = 4 cm. Determine sua área total.

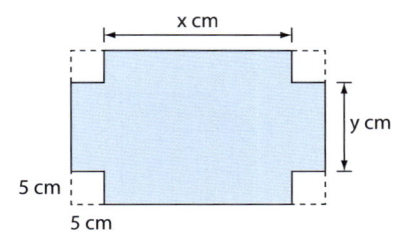

27 Em um supermercado há duas embalagens tipo longa vida, com forma de paralelepípedo retângulo, que afirmam conter 1 litro de suco de uva. Aparentemente são iguais, mas suas medidas externas são 7 cm × 7 cm × 20,5 cm e 7,2 cm × 7,2 cm × 19,4 cm. Qual delas utiliza menor quantidade de material na sua confecção?

28 Uma piscina, com formato de um paralelepípedo retângulo, tem 20 m de largura, 45 m de comprimento, 2,4 m de profundidade e a água nela contida corresponde a $\frac{2}{3}$ de sua capacidade.

a) Quantos litros de água ela contém?

b) Se forem nela despejados 585 000 litros de água, que altura o nível da água atingirá?

c) Quantos litros de água devem ser despejados para que o nível da água suba 50 cm?

d) Qual é a maior quantidade de litros de água que é possível despejar sem que ela transborde?

EXERCÍCIOS **COMPLEMENTARES**

1 Considere o prisma reto da figura abaixo, cuja base é um trapézio isósceles, e verifique se as sentenças são falsas (**F**) ou verdadeiras (**V**).

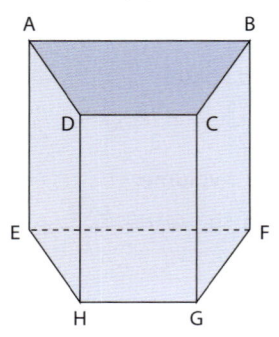

a) As arestas $\overline{BC}$ e $\overline{FG}$ são paralelas entre si.

b) As arestas $\overline{AD}$ e $\overline{BF}$ são perpendiculares entre si.

c) As arestas $\overline{AB}$ e $\overline{HG}$ são paralelas entre si.

d) As arestas $\overline{AE}$ e $\overline{CD}$ estão contidas em retas reversas.

e) As retas $\overleftrightarrow{FG}$ e $\overleftrightarrow{HE}$ são concorrentes.

2 O paralelepípedo reto-retângulo ABCDEFGH tem sua base quadrada ABCD apoiada no plano **α**, como mostra a figura abaixo. As diagonais de sua base medem $\sqrt{8}$ cm e sua altura, 8 cm.

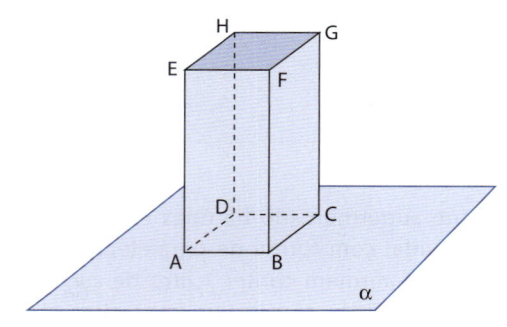

a) Determine sua área total e seu volume.

b) Verifique a posição relativa dos seguintes pares de retas: $\overleftrightarrow{AD}$ e $\overleftrightarrow{FG}$; $\overleftrightarrow{EF}$ e $\overleftrightarrow{CG}$; $\overleftrightarrow{HD}$ e uma reta **r**, contida em **α**, que intersecta o prisma no ponto **D**.

3 (U. F. Juiz de Fora -MG) Uma empresa de sorvete utiliza como embalagem um prisma reto, cuja altura mede 10 cm e cuja base é dada conforme descrição a seguir: de um retângulo de dimensões 20 cm por 10 cm, extrai-se em cada um dos quatro vértices um triângulo retângulo isósceles de catetos de medida 1 cm.

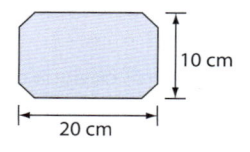 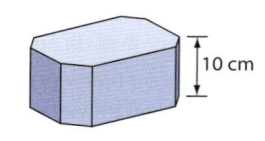

a) Calcule o volume da embalagem.

b) Sabendo que o volume ocupado pelo sorvete aumenta em $\frac{1}{5}$ quando passa do estado líquido para o estado sólido, qual deve ser o volume máximo ocupado por esse sorvete no estado líquido, nessa embalagem, para que, ao congelar, o sorvete não transborde?

4 Deseja-se construir uma piscina com capacidade para 420 000 litros e medidas como indicado na figura abaixo. Seu piso é um plano inclinado, suas laterais são planas e sua vista superior é um retângulo. Determine a medida de **x**, em metros.

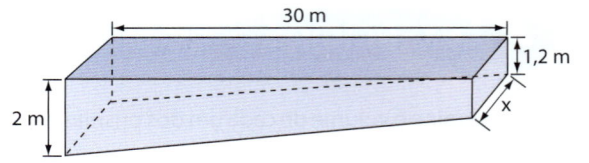

5 (UF-PR) Uma calha será construída a partir de folhas metálicas em formato retangular, cada uma medindo 1 m por 40 cm. Fazendo-se duas dobras de largura **x**, paralelas ao lado maior de uma dessas folhas, obtêm-se três faces de um bloco retangular, como mostra a figura abaixo, à direita.

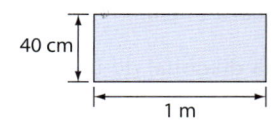 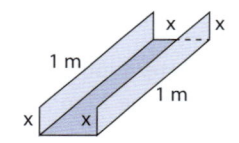

a) Obtenha uma expressão para o volume desse bloco retangular em termos de **x**.

b) Para qual valor de **x** o volume desse bloco retangular será máximo?

6 Duas caixas sem tampa, uma com a forma de um cubo e a outra com a de um prisma triangular regular, têm alturas congruentes. Se enchermos o cubo de água e a despejarmos no prisma, o nível da água alcançará a metade de sua altura. Determine a razão entre as medidas da aresta do cubo e da aresta da base do prisma.

7 (Unicamp-SP) Numa piscina em formato de paralelepípedo, as medidas das arestas estão em progressão geométrica de razão q > 1.

a) Determine o quociente entre o perímetro da face de maior área e o perímetro da face de menor área.

b) Calcule o volume dessa piscina, considerando q = 2 e a área total do paralelepípedo igual a 252 m².

8 Em um trecho plano de um parque, construiu-se uma rampa em concreto para adeptos de acrobacias. Sua largura é de $6\sqrt{3}$ m, sua altura é de 1,5 m e a inclinação é de 30° em relação à horizontal, como mostra a figura abaixo. Se foram pagos R$ 300,00 por metro cúbico de concreto, determine o menor valor que pode ter sido pago por ela.

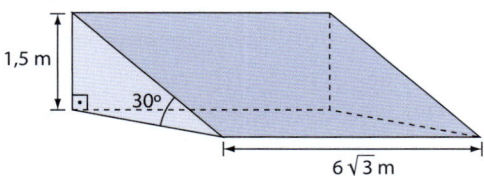

9 Na figura *1*, abaixo, tem-se uma armação cúbica feita em madeira, com articulações nos vértices, e cuja aresta mede 10 cm. Mantendo fixa sua base inferior, desloca-se sua base superior para a direita, paralelamente à direção de $\overline{AB}$, até que as arestas $\overline{HD}$ e $\overline{HG}$ formem um ângulo de 60°, como mostra a figura *2*. Determine a área da base, a área lateral e o volume, nos dois casos.

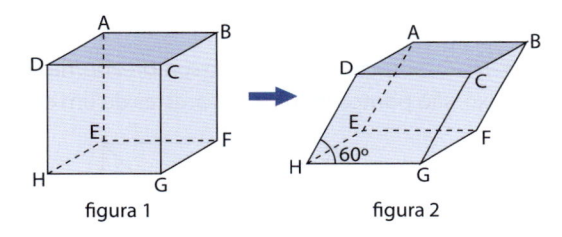

figura 1   figura 2

10 De uma folha de cartolina quadrada com 60 cm de lado, deseja-se cortar um quadrado com **x** cm de lado nos quatro cantos da folha, e dobrar as laterais para formar uma caixa sem tampa.

a) Escreva a expressão do volume da caixa em função da medida **x**.

b) Determine o volume da caixa, em litros, para x = 3.

c) Determine o volume da caixa, em litros, para x = 5.

d) Determine o volume da caixa, em litros, no caso em que ela for cúbica.

11 (UF-PR) Um tanque possui a forma de um prisma reto, com as dimensões indicadas pela figura.

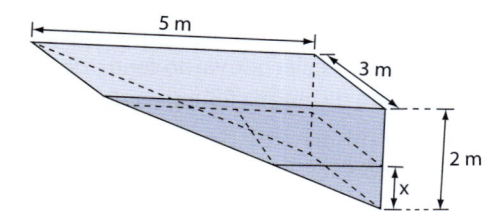

Com base nisso, faça o que se pede:

a) Quando estiver completamente cheio, quantos litros esse tanque comportará?

b) Obtenha uma função que expresse o volume **V** de água no tanque como função da altura **x**, indicada na figura.

12 (UF-GO) O projeto *Icedream* é uma iniciativa que tem como meta levar um *iceberg* das regiões geladas para abastecer a sede de países áridos. A ideia do projeto é amarrar a um *iceberg* tabular uma cinta e rebocá-lo com um navio. A figura a seguir representa a forma que o *iceberg* tem no momento em que é amarrada a cinta para rebocá-lo.

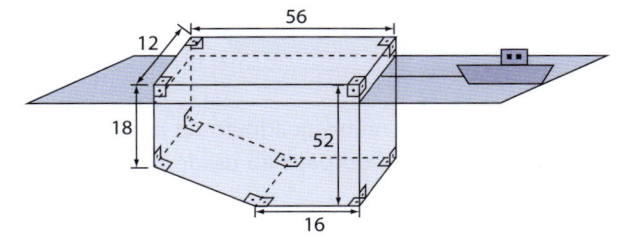

Considerando que o *iceberg* é formado somente por água potável e que, após o deslocamento, 10% do volume do bloco foi perdido, determine qual a quantidade de água obtida transportando-se um *iceberg* com as dimensões, em metros, indicadas na figura apresentada.

13 O galpão representado na figura foi inteiramente construído de um único material, vendido em placas. Determine:

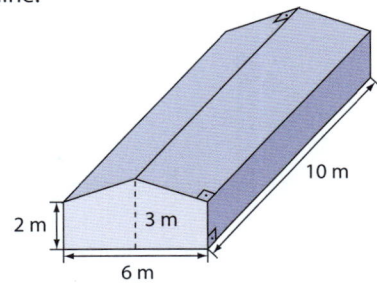

a) a área de material utilizado na construção;

b) o volume de ar contido no galpão.

14 A figura abaixo mostra parte do projeto da escada de uma residência. Está esquematizado um dos degraus, do total de 15 degraus idênticos que a escada terá, e o perfil dessa escada.

Sabendo que o material de concreto a ser utilizado custa R$ 1 700,00 o metro cúbico, determine o valor total a ser gasto com o material.

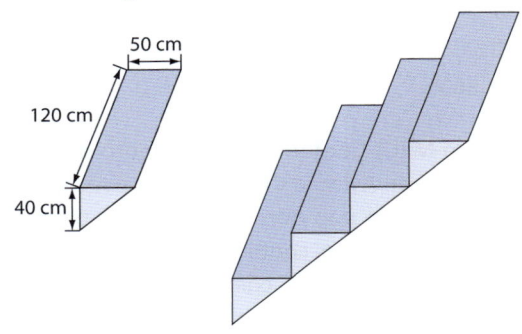

1 (UF-AM) Deseja-se produzir 1000 caixas de papelão (com tampa), na forma de um paralelepípedo reto-retângulo, conforme mostra a figura.

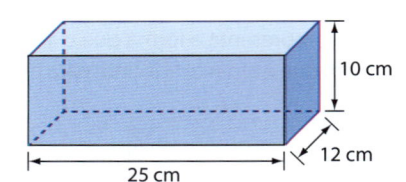

Sabendo que o metro quadrado de papelão custa R$ 10,00, o custo do papelão usado para construir essas caixas é de:

a) R$ 1340000,00

b) R$ 134000,00

c) R$ 13400,00

d) R$ 1340,00

e) R$ 10000,00

2 (UF-RS) Na figura abaixo, encontra-se representada a planificação de um sólido de base quadrada cujas medidas estão indicadas.

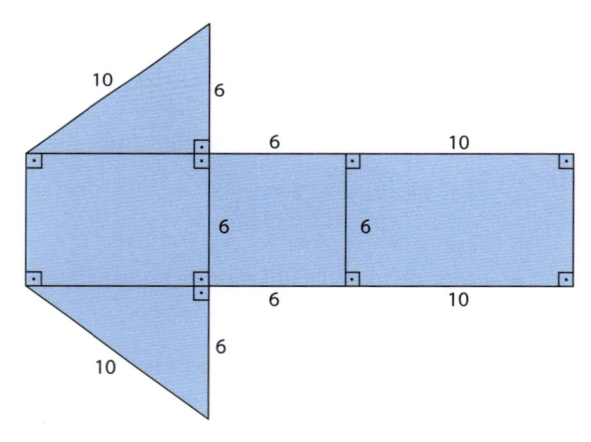

O volume desse sólido é:

a) 144

b) 180

c) 216

d) 288

e) 360

3 (Enem-MEC) Conforme regulamento da Agência Nacional de Aviação Civil (Anac), o passageiro que embarcar em voo doméstico poderá transportar bagagem de mão, contudo a soma das dimensões da bagagem (altura + comprimento + largura) não pode ser superior a 115 cm.

A figura mostra a planificação de uma caixa que tem a forma de um paralelepípedo retângulo.

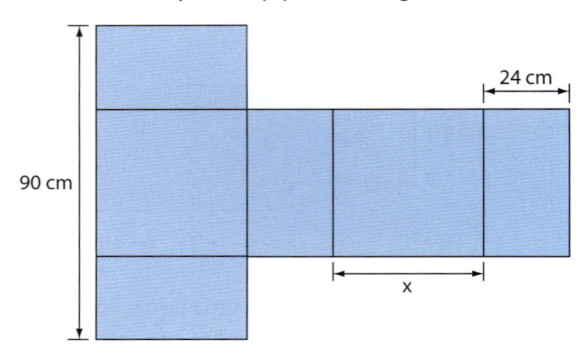

O maior valor possível para **x**, em centímetros, para que a caixa permaneça dentro dos padrões permitidos pela Anac é:

a) 25

b) 33

c) 42

d) 45

e) 49

4 (UF-RS) Os vértices do hexágono sombreado, na figura abaixo, são pontos médios das arestas de um cubo.

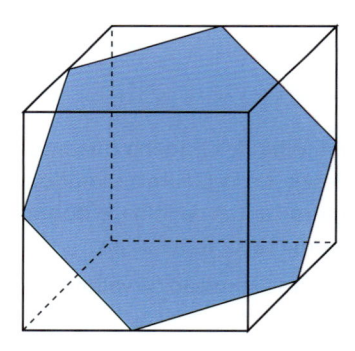

Se o volume do cubo é 216, o perímetro do hexágono é:

a) $3\sqrt{2}$

b) $6\sqrt{2}$

c) $9\sqrt{2}$

d) $12\sqrt{2}$

e) $18\sqrt{2}$

5 (FGV–SP) O apótema de um hexágono regular (segmento de perpendicular que vai do centro do polígono até cada lado da mesma figura) mede 2.

O volume do prisma reto, de altura 10, e base no referido hexágono é:

a) $50\sqrt{3}$

b) $32\sqrt{6}$

c) $80\sqrt{3}$

d) $60\sqrt{3}$

e) $48\sqrt{6}$

6 (Enem-MEC) Alguns objetos, durante a sua fabricação, necessitam passar por um processo de resfriamento. Para que isso ocorra, uma fábrica utiliza um tanque de resfriamento, como mostrado na figura.

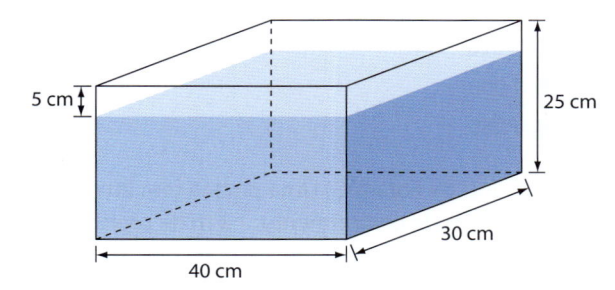

O que aconteceria com o nível da água se colocássemos no tanque um objeto cujo volume fosse de 2 400 cm³?

a) O nível subiria 0,2 cm, fazendo a água ficar com 20,2 cm de altura.

b) O nível subiria 1 cm, fazendo a água ficar com 21 cm de altura.

c) O nível subiria 2 cm, fazendo a água ficar com 22 cm de altura.

d) O nível subiria 8 cm, fazendo a água transbordar.

e) O nível subiria 20 cm, fazendo a água transbordar.

7 (Mackenzie-SP) Se no cubo da figura, $FI = 4\sqrt{6}$, então a razão entre o volume e a área total desse cubo é:

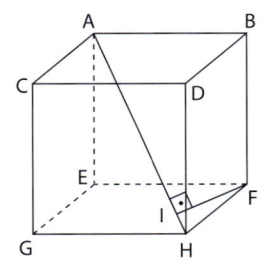

a) 10

b) 8

c) 6

d) 4

e) 2

8 (Enem-MEC) Um fazendeiro tem um depósito para armazenar leite formado por duas partes cúbicas que se comunicam, como indicado na figura. A aresta da parte cúbica de baixo tem medida igual ao dobro da medida da aresta da parte cúbica de cima. A torneira utilizada para encher o depósito tem vazão constante e levou 8 minutos para encher metade da parte de baixo.

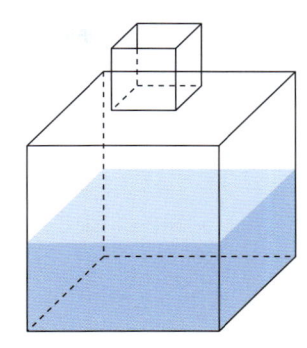

Quantos minutos essa torneira levará para encher completamente o restante do depósito?

a) 8

b) 10

c) 16

d) 18

e) 24

9 (FGV-SP) Um prisma reto de base triangular tem área de uma face lateral igual a 20 cm². Se o plano que contém essa face dista 6 cm da aresta oposta a ela, o volume desse prisma, em cm³, é igual a:

a) 18

b) 36

c) 48

d) 54

e) 60

10 (Enem-MEC) Uma lata de tinta, com a forma de um paralelepípedo retangular reto, tem as dimensões, em centímetros, mostradas na figura.

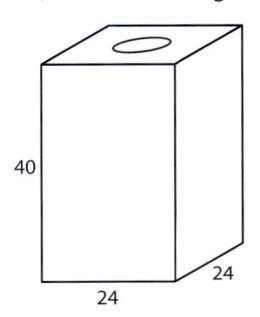

Será produzida uma nova lata, com os mesmos formato e volume, de tal modo que as dimensões de sua base sejam 25% maiores que as da lata atual. Para obter a altura da nova lata, a altura da lata atual deve ser reduzida em:

a) 14,4%

b) 20,0%

c) 32,0%

d) 36,0%

e) 64,0%

11 (UE-CE) A diagonal de um paralelepípedo retângulo, cuja base é um quadrado, mede 6 cm e faz com o plano da base do paralelepípedo um ângulo de 45°. A medida, em cm³, do volume do paralelepípedo é:

a) $8\sqrt{2}$

b) $8\sqrt{3}$

c) $27\sqrt{2}$

d) $27\sqrt{3}$

12 (UF-AM) De uma folha de alumínio retangular de 80 cm de largura e 10 m de comprimento, deseja-se construir uma calha conforme o projeto a seguir:

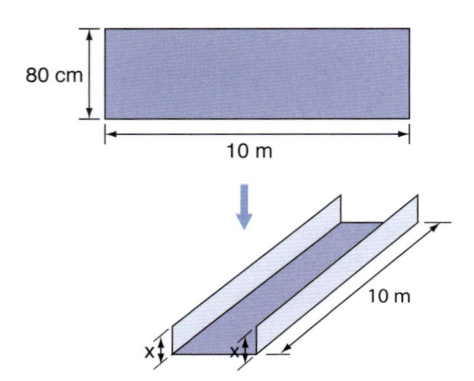

Sabendo que as paredes são perpendiculares ao fundo da calha, qual o valor de **x** para que o volume da calha seja o maior possível.

a) 15 cm

b) 18 cm

c) 19 cm

d) 20 cm

e) 25 cm

13 (UF-PA) Uma indústria de cerâmica localizada no município de São Miguel do Guamá, no estado do Pará, fabrica tijolos de argila (barro) destinados à construção civil. Os tijolos de 6 furos possuem medidas externas: $9 \times 14 \times 19$ centímetros e espessura uniforme de 8 milímetros, conforme a figura abaixo.

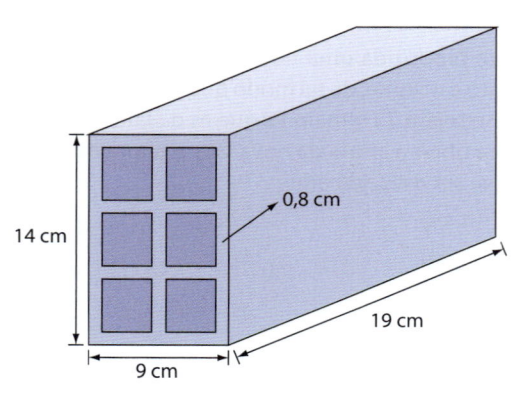

Utilizando 1 metro cúbico de argila, o número de tijolos inteiros que podem ser fabricados é, aproximadamente:

a) 740

b) 960

c) 1 020

d) 1 090

e) 1 280

14 (U. F. Juiz de Fora-MG) Uma piscina tem 20 m de largura, 40 m de comprimento, 1,3 m de profundidade numa das extremidades e 1,7 m na outra. O volume da piscina é, em m³, igual a:

a) 900

b) 1 000

c) 1 200

d) 1 500

15 (Enem-MEC) Na alimentação de gado de corte, o processo de cortar a forragem, colocá-la no solo, compactá-la e protegê-la com uma vedação denomina-se silagem. Os silos mais comuns são os horizontais, cuja forma é a de um prisma trapezoidal, conforme mostrado na figura.

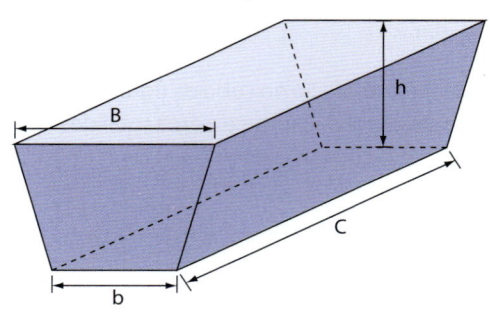

Legenda:

b – largura do fundo   C – comprimento do silo

B – largura do topo   h – altura do silo

Considere um silo de 2 m de altura, 6 m de largura de topo e 20 m de comprimento. Para cada metro de altura do silo, a largura do topo tem 0,5 m a mais do que a largura do fundo. Após a silagem, 1 tonelada de forragem ocupa 2 m³ desse tipo de silo.

EMBRAPA. Gado de corte. Disponível em: <www.cnpgc.embrapa.br>. Acesso em: 1º ago. 2012. (adaptado)

Após a silagem, a quantidade máxima de forragem que cabe no silo, em toneladas, é:

a) 110

b) 125

c) 130

d) 220

e) 260

16 (Fatec-SP) Um recipiente, no qual será acondicionado um líquido de densidade 0,9 g/cm³, tem o formato geométrico de um prisma reto quadrangular.

Sabe-se que

- a base do prisma é um quadrado de lado 10 cm;
- a massa do líquido a ser acondicionado no recipiente é 1,8 kg, e
- o líquido ocupa 80% da capacidade do recipiente.

Nessas condições, a altura do recipiente, em centímetros, é:

a) 12

b) 15

c) 19

d) 20

e) 25

17 (Enem-MEC) O condomínio de um edifício permite que cada proprietário de apartamento construa um armário em sua vaga de garagem. O projeto da garagem, na escala 1 : 100, foi disponibilizado aos interessados já com as especificações das dimensões do armário, que deveria ter o formato de um paralelepípedo retângulo reto, com dimensões, no projeto, iguais a 3 cm, 1 cm e 2 cm.

O volume real do armário, em centímetros cúbicos, será:

a) 6

b) 600

c) 6 000

d) 60 000

e) 6 000 000

18 (UF-PE) Na ilustração abaixo, temos um paralelepípedo retângulo, e estão indicados três de seus vértices, **A**, **B** e **C**. A diagonal $\overline{AB}$ mede $\sqrt{2}$ e forma com a horizontal um ângulo de 45°. A diagonal $\overline{AC}$ forma com a horizontal um ângulo de 30° [identifique as afirmações verdadeiras].

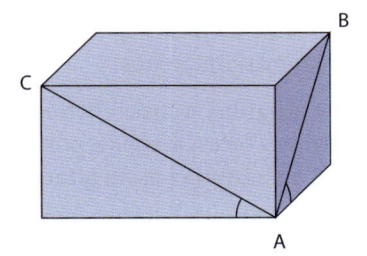

(0-0) A altura do paralelepípedo, com relação à base que não contém **B** e **C**, mede 1 cm.

(1-1) BC mede 2 cm.

(2-2) O cosseno do ângulo BAC é $\dfrac{\sqrt{2}}{4}$.

(3-3) A área do triângulo BAC é igual a $\dfrac{\sqrt{7}}{2}$ cm².

(4-4) As diagonais do paralelepípedo medem $\sqrt{6}$ cm.

19 (U. F. São Carlos-SP) O volume de um prisma de base retangular com 6 cm de largura por 8 cm de comprimento é 1 440 cm³, conforme mostra a figura.

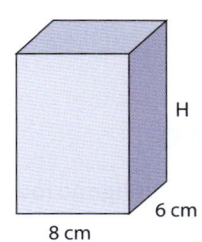

Se a largura e o comprimento desse prisma forem aumentados, respectivamente, em 50% e 25%, para que o seu volume permaneça o mesmo, sua nova altura, em relação à altura original, deverá ser reduzida em:

a) 28 cm

b) 25 cm

c) 22 cm

d) 17 cm

e) 14 cm

20 (Vunesp-SP) A figura mostra um paralelepípedo reto--retângulo ABCDEFGH, com base quadrada ABCD de aresta **a** e altura 2a, em centímetros.

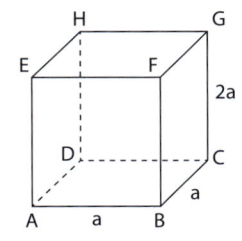

A distância, em centímetros, do vértice **A** à diagonal BH vale:

a) $\dfrac{\sqrt{5}}{6} a$

b) $\dfrac{\sqrt{6}}{6} a$

c) $\dfrac{\sqrt{5}}{5} a$

d) $\dfrac{\sqrt{6}}{5} a$

e) $\dfrac{\sqrt{30}}{6} a$

26 Pirâmide

▶ Conceito

Consideremos um polígono (ou região poligonal) ABCDE de cinco lados num plano **α** e um ponto **V** fora de **α**. Tomemos segmentos de reta, todos com uma extremidade em **V** e a outra extremidade num dos pontos de ABCDE. A reunião desses segmentos é um sólido chamado **pirâmide**, neste caso pirâmide pentagonal.

Tanto para conceituar pirâmide como para dar nome aos seus elementos, tomamos uma pirâmide pentagonal. Se, por exemplo, em vez de um pentágono, tivéssemos escolhido como base um triângulo, um quadrilátero etc., teríamos, respectivamente, uma pirâmide triangular, uma pirâmide quadrangular, e assim por diante.

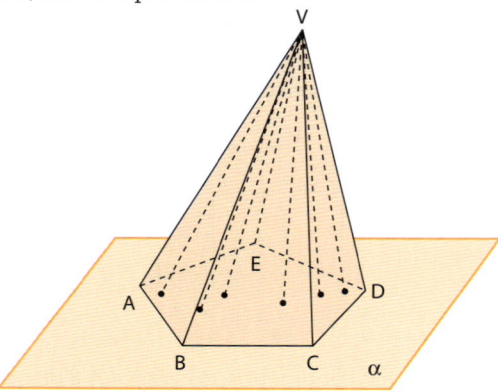

▶ Elementos

Considerando a pirâmide representada a seguir, temos:

- **V** é o **vértice** da pirâmide;
- o polígono ABCDE é a **base** da pirâmide;
- os lados $\overline{AB}$, $\overline{BC}$, $\overline{CD}$, $\overline{DE}$ e $\overline{EA}$ são as **arestas da base**;
- os segmentos $\overline{VA}$, $\overline{VB}$, $\overline{VC}$, $\overline{VD}$ e $\overline{VE}$ são as **arestas laterais**;
- os triângulos VAB, VBC, VCD, VDE e VEA são as **faces laterais**;

- a distância do vértice da pirâmide ao plano da base é a **altura** da pirâmide;
- **seção transversal** é qualquer interseção não vazia da pirâmide com um plano paralelo à base (desde que este não passe pelo vértice).

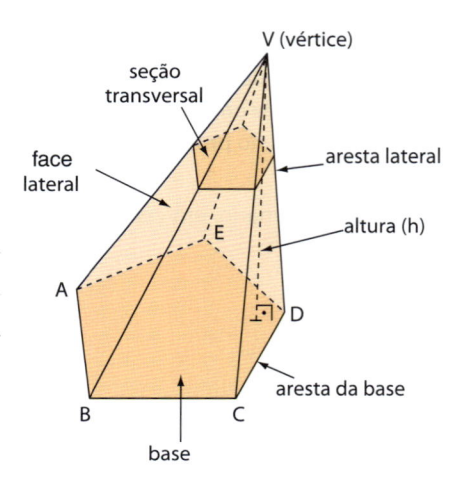

▶ Classificação e número de faces

As pirâmides são classificadas de acordo com o número de arestas da base e, portanto, pelo número de faces laterais. Assim, temos:

- **pirâmide triangular**: a base tem três arestas; a pirâmide possui três faces laterais e, portanto, contando com a base, a pirâmide possui quatro faces.
- **pirâmide quadrangular**: a base tem quatro arestas; a pirâmide possui quatro faces laterais e, portanto, contando com a base, a pirâmide possui cinco faces.
.
.
.

E assim por diante.

Vejamos alguns exemplos de pirâmides:

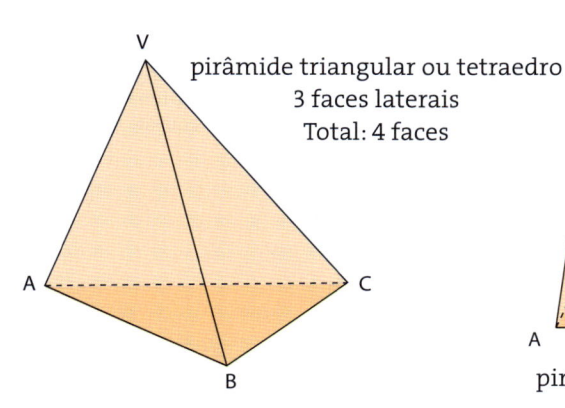

pirâmide triangular ou tetraedro
3 faces laterais
Total: 4 faces

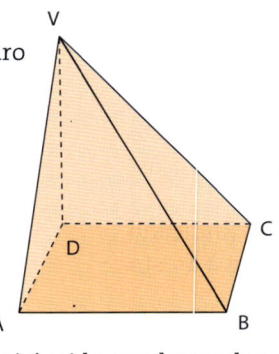

pirâmide quadrangular
4 faces laterais
Total: 5 faces

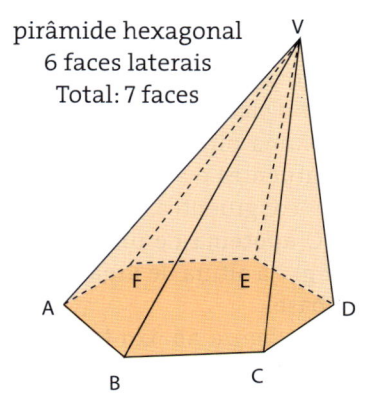

pirâmide hexagonal
6 faces laterais
Total: 7 faces

EXEMPLO 1

Seja uma pirâmide cuja base tem **x** arestas. Vamos calcular o número total de vértices, arestas e faces.

Na base, há **x** vértices e, no total, a pirâmide tem $V = x + 1$ vértices.

De cada vértice da base parte uma aresta lateral; portanto, a pirâmide apresenta um total de arestas igual a $A = x + x = 2x$.

Quanto ao número de faces, há **x** faces laterais e a base. O total de faces é $F = x + 1$.

EXERCÍCIOS

1 Verifique se as sentenças abaixo são verdadeiras (**V**) ou falsas (**F**):

a) As arestas laterais de uma pirâmide são todas congruentes entre si.

b) A reta que contém a altura de uma pirâmide passa pelo centro da base.

c) As retas que contêm as arestas de uma pirâmide são concorrentes.

d) Duas arestas laterais de uma pirâmide podem ser perpendiculares entre si.

e) As faces laterais de uma pirâmide podem ser triângulos semelhantes.

f) Uma pirâmide pode ter mais do que uma face lateral perpendicular à base.

g) Todas as faces laterais de uma pirâmide triangular podem ser triângulos retângulos.

2 Determine, em cada item, o número de faces laterais, arestas e vértices de uma pirâmide:

a) de base heptagonal;

b) de base octogonal.

3 Determine, em cada item, o número total de faces (**F**), arestas (**A**) e vértices (**V**) de uma pirâmide, sabendo que:

a) $V = 6$

b) $F = 9$

c) $A = 22$

d) $V + F = 10$

e) $A + V = 16$

4 A soma das medidas das arestas de uma pirâmide quadrangular é 120 cm. Sabendo que todas as arestas são congruentes, calcule a área da base.

5 Classifique, em cada caso, o polígono da base de uma pirâmide que tem:

a) 5 faces laterais;

b) um total de 20 arestas;

c) 10 vértices;

d) a soma das medidas dos ângulos das faces laterais igual a 1 080°;

e) a soma das medidas dos ângulos da base igual a 1 260°.

▶ Pirâmide regular

Pirâmide regular é uma pirâmide cuja base é um polígono regular e a projeção ortogonal do vértice sobre o plano da base é o centro da base.

Numa pirâmide regular, as arestas laterais são congruentes e as faces laterais são triângulos isósceles congruentes.

O **apótema** de uma pirâmide regular (indicado por **g**) é a altura de uma face lateral relativa à aresta da base.

Na figura abaixo temos uma pirâmide regular hexagonal em que **h** é a altura, **m** é o apótema da base e **g** é o apótema da pirâmide.

A base ABCDEF é um hexágono regular, **O** é o centro da base e $\overline{VO}$ é perpendicular ao plano da base.

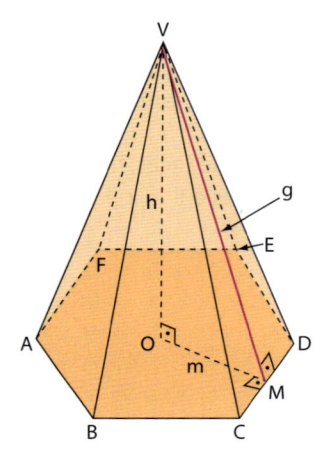

Vejamos mais dois exemplos de pirâmides regulares:

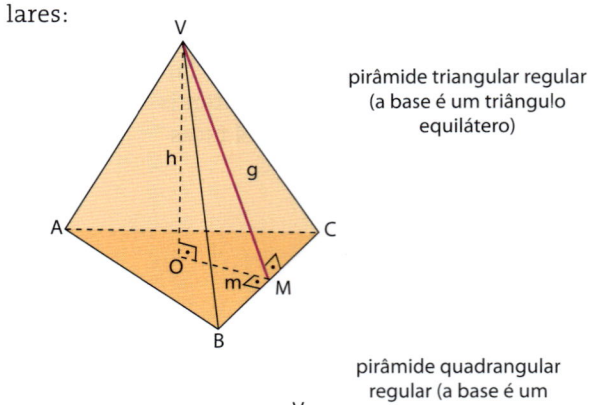

pirâmide triangular regular (a base é um triângulo equilátero)

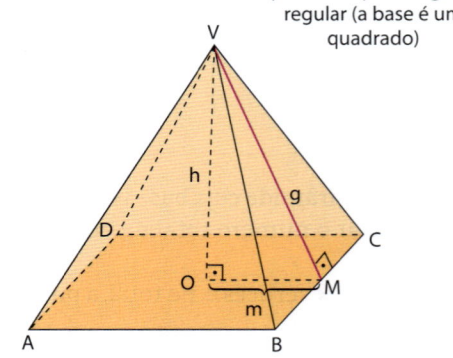

pirâmide quadrangular regular (a base é um quadrado)

▶ Relação notável

Em uma pirâmide regular qualquer, temos:

$$h^2 + m^2 = g^2$$

em que **h** é a altura, **m** é o apótema da base e **g** é o apótema da pirâmide.

▶ Áreas

▶ Área da base (A_b)

A **área da base** de uma pirâmide é a área do polígono da base e é indicada por A_b.

▶ Área lateral (A_ℓ)

A superfície lateral de uma pirâmide é a reunião das suas faces laterais. A área dessa superfície é chamada **área lateral** da pirâmide e é indicada por A_ℓ.

$$A_\ell = \text{soma das áreas das faces laterais}$$

▶ Área total (A_t)

A superfície total de uma pirâmide é a reunião da superfície lateral com a base da pirâmide. A área dessa superfície é chamada **área total** da pirâmide e é indicada por A_t.

$$A_t = A_\ell + A_b$$

EXERCÍCIO RESOLVIDO

1 Calcular a área da base, a área lateral e a área total de uma pirâmide regular quadrangular, sabendo que a aresta da base mede 6 cm e a altura da pirâmide mede 4 cm.

Solução:

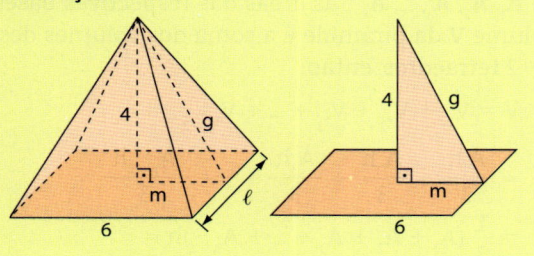

• **Área da base**

$A_b = \ell^2 = 6^2 \Rightarrow A_b = 36 \text{ cm}^2$

• **Área lateral**

A superfície lateral é composta de quatro triângulos isósceles, congruentes entre si, todos de base 6 cm e altura **g**. O apótema da base (**m**) da pirâmide é:

$m = \dfrac{\ell}{2} \Rightarrow m = 3 \text{ cm}$

Calculamos a altura da face, que é o apótema da pirâmide:

$g^2 = h^2 + m^2 \Rightarrow g^2 = 4^2 + 3^2 \Rightarrow g = 5 \text{ cm}$

Assim:

$A_\ell = 4 \cdot \dfrac{\ell \cdot g}{2} = 2 \cdot 6 \cdot 5 \Rightarrow A_\ell = 60 \text{ cm}^2$

• **Área total**

$A_t = A_b + A_\ell = 36 + 60 \Rightarrow A_t = 96 \text{ cm}^2$

EXERCÍCIOS

6 Para as pirâmides regulares descritas na tabela abaixo, determine o que é pedido.

	Polígono da base	Medida de aresta da base	Medida da altura	Medida do apótema
a)	Triângulo	$8\sqrt{3}$ cm	?	5 cm
b)	Quadrilátero	10 dm	12 dm	?
c)	Hexágono	?	2 m	4 m
d)	Hexágono	$8\sqrt{3}$ cm	?	15 cm

7 Para cada uma das pirâmides do exercício anterior, determine a área da base, a área lateral e a área total.

8 A soma das medidas de todas as arestas de uma pirâmide triangular regular é igual a $72\sqrt{3}$ cm. Se seu apótema mede 17 cm e as arestas da base medem o dobro das arestas laterais, quanto mede a sua altura?

9 Calcule a área lateral e a área total de uma pirâmide quadrangular regular sendo 7 m a medida de seu apótema e 8 m o perímetro da base.

▶ Volume (V)

▶ Volume do tetraedro

Considere um prisma triangular com altura medindo **h** e com área de base A_b.

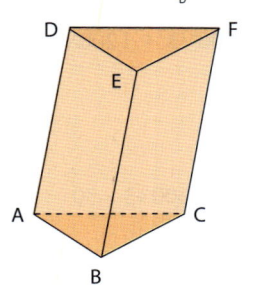

As figuras a seguir mostram a decomposição desse prisma triangular em três tetraedros de mesmo volume.

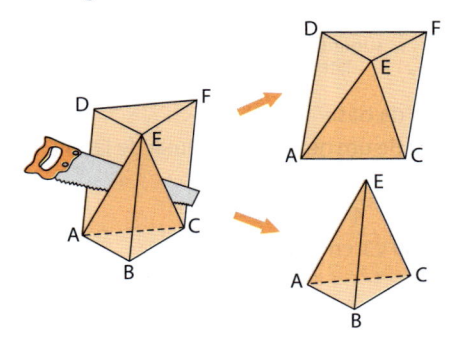

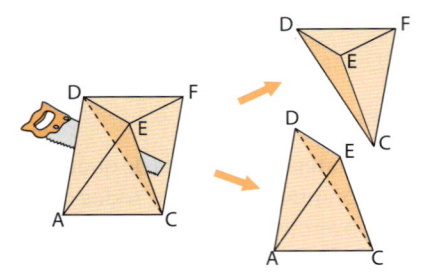

Assim, o volume de cada um desses tetraedros é igual a um terço do volume do prisma triangular, portanto:

$$V = \frac{1}{3} A_b \cdot h$$

▶ Volume da pirâmide

Sendo dada uma pirâmide qualquer, com **n** lados na base e altura medindo **h**, sempre podemos traçar $n - 2$ diagonais partindo de um mesmo vértice. Dessa forma a base fica dividida em $n - 2$ triângulos. Cada um desses triângulos juntamente com o vértice **V** da pirâmide determina um tetraedro, portanto a pirâmide inicial fica dividida em $n - 2$ tetraedros de altura **h**.

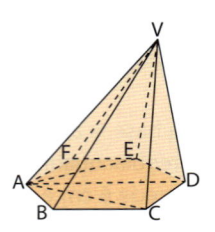

Vamos chamar de $t_1, t_2, t_3, ..., t_{n-2}$ esses tetraedros e de $A_1, A_2, A_3, ..., A_{n-2}$ as áreas das respectivas bases. O volume **V** da pirâmide é a soma dos volumes desses $n - 2$ tetraedros, então:

$$V = V_{t_1} + V_{t_2} + V_{t_3} + ... + V_{t_{n-2}} =$$

$$= \frac{A_1 h}{3} + \frac{A_2 h}{3} + \frac{A_3 h}{3} + ... + \frac{A_{n-2} h}{3} =$$

$$= \frac{1}{3}(A_1 + A_2 + A_3 + ... + A_{n-2})h =$$

$$= \frac{1}{3} A_b \cdot h, \text{ em que } A_b \text{ é a área da base da pirâmide.}$$

Assim, o volume de uma pirâmide é um terço do produto da área da base pela altura:

$$V = \frac{1}{3} A_b \cdot h$$

EXERCÍCIO **RESOLVIDO**

2 Determinar a área da base, a área lateral, a área total e o volume de uma pirâmide regular hexagonal de altura 30 cm e aresta da base medindo 20 cm.

Solução:

Inicialmente, aproveitamos este exemplo para visualizar as superfícies lateral e total da pirâmide.

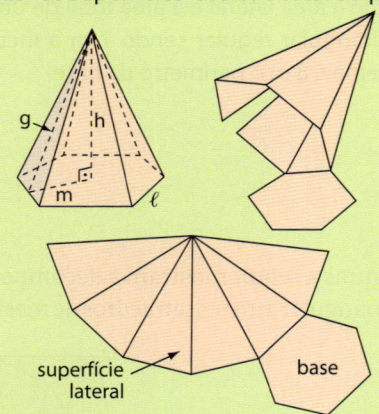

superfície lateral — base

• Área da base
É a área de um hexágono regular de lado $\ell = 20$ cm:

$$A_b = 6 \cdot \frac{\ell^2 \sqrt{3}}{4} = 6 \cdot \frac{20^2 \sqrt{3}}{4}$$

$$A_b = 600\sqrt{3} \text{ cm}^2$$

• Área lateral

$$A_\ell = 6 \cdot \left(\frac{1}{2} \cdot \ell \cdot g \right) = 3\ell g \quad (*)$$

Cálculo de **m** (o apótema da base é a altura de um triângulo equilátero):

$$m = \frac{\ell \sqrt{3}}{2} = \frac{20\sqrt{3}}{2} = 10\sqrt{3}$$

$$m = 10\sqrt{3} \text{ cm}$$

O apótema **g** da pirâmide é dado por:

$$g^2 = h^2 + m^2 \Rightarrow g^2 = 30^2 + (10\sqrt{3})^2 = 1\,200$$

$$g = 20\sqrt{3} \text{ cm}$$

Substituindo em (*):

$$A_\ell = 3 \cdot 20 \cdot 20\sqrt{3} \Rightarrow A_\ell = 1\,200\sqrt{3} \text{ cm}^2$$

• Área total

$$A_t = A_b + A_\ell = 600\sqrt{3} + 1\,200\sqrt{3}$$

$$A_t = 1\,800\sqrt{3} \text{ cm}^2$$

• Volume

$$V = \frac{1}{3} \cdot A_b \cdot h = \frac{1}{3} 600\sqrt{3} \cdot 30$$

$$V = 6\,000\sqrt{3} \text{ cm}^3$$

EXERCÍCIOS

10 Determine o volume de uma pirâmide regular com 9 m de altura e cuja base quadrada tem perímetro 8 m.

11 Uma pirâmide regular tem vértice **V**, base ABCDEF e o ponto **M** é o centro de sua base. Determine seu volume, em cada caso.

   a) AB = 5 cm e VM = 4 cm.

   b) VM = 7 cm e MC = 6 cm.

   c) EF = 4 cm e m(VÊM) = 45°.

   d) DE = 2 cm e VF = 4 cm.

12 Uma pirâmide tem por base um triângulo equilátero de lado 6 cm. Uma de suas faces laterais é perpendicular à base. Essa face é um triângulo isósceles não retângulo, cujos lados congruentes medem 5 cm. Determine o volume da pirâmide.

13 Um colecionador comprou um objeto com a forma de uma pirâmide. Ela é triangular regular, sua altura mede 15 cm e seu apótema, 25 cm. Determine seu volume.

14 O octaedro regular é um poliedro com doze arestas, todas de mesma medida, e oito faces triangulares. Se uma aresta desse sólido mede 3 cm, qual é o seu volume?

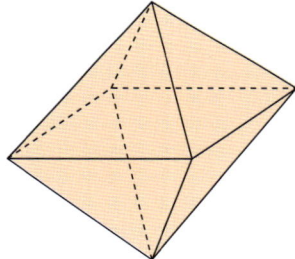

15 Qual deve ser a medida da aresta de um octaedro regular para que seu volume seja igual a $\frac{4}{3}$ m³?

16 Na figura abaixo, tem-se a planificação da superfície lateral de uma pirâmide de base quadrada, com as medidas indicadas em centímetros. Determine seu volume.

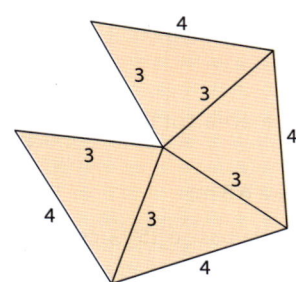

17 Uma pirâmide tem como base um retângulo cujos lados medem 10 cm e 24 cm. As arestas laterais têm medidas iguais à diagonal da base. Calcule a área total da pirâmide.

18 O volume de uma pirâmide é 27 m³, sua base é um trapézio de 3 m de altura, e a soma das medidas dos lados paralelos é igual a 17 m. Qual é altura dessa pirâmide?

19 Uma pirâmide regular de base quadrada cujo lado mede 6 cm tem área lateral igual a $\frac{5}{8}$ da área total. Calcule a altura, a área lateral e o volume dessa pirâmide.

20 Calcule o volume de uma pirâmide hexagonal regular, sendo 24 cm o perímetro da base e 30 cm a soma dos comprimentos de todas as arestas laterais.

21 A área lateral de uma pirâmide triangular regular é o quádruplo da área de base. Calcule o volume dessa pirâmide, sabendo que a aresta da base mede 3 cm.

22 (UF-PE) Uma pirâmide hexagonal regular tem a medida da área da base igual à metade da área lateral. Se a altura da pirâmide mede 6 cm, assinale o inteiro mais próximo do volume da pirâmide, em cm³. Dado: use a aproximação $\sqrt{3} \simeq 1,73$.

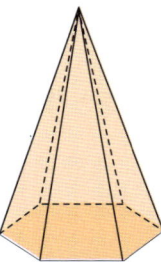

23 (UF-PR) Na figura abaixo, está representada uma pirâmide de base quadrada que tem todas as arestas com o mesmo comprimento.

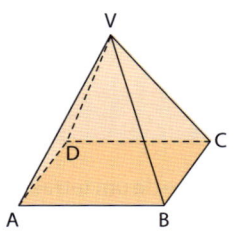

   a) Sabendo que o perímetro do triângulo DBV é igual a $6 + 3\sqrt{2}$, qual é a altura da pirâmide?

   b) Qual é o volume e a área total da pirâmide?

▶ Tetraedro regular

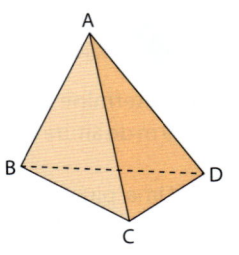

Tetraedro regular é uma pirâmide regular em que as quatro faces são congruentes.
Um tetraedro regular possui todas as seis arestas congruentes.
Notemos, na figura ao lado, que as quatro faces ABC, ABD, ACD e BCD do tetraedro ABCD são triângulos equiláteros e qualquer uma delas pode ser considerada a base do tetraedro regular.
Vejamos como obter a área total A_t, a altura **h** e o volume **V** de um tetraedro regular de aresta de medida **a**.

▶ Área total

A área total vale o quádruplo da área da face. Cada face é um triângulo equilátero de lado **a**.

$$A_t = 4 \cdot \frac{a^2\sqrt{3}}{4} \Rightarrow A_t = a^2\sqrt{3}$$

▶ Altura

A projeção do vértice **A** sobre a base BCD é o centro **O** dessa face.
Sendo **M** o ponto médio de $\overline{CD}$, vamos calcular BO na base e a altura **h** no triângulo AOB, retângulo em **O**:

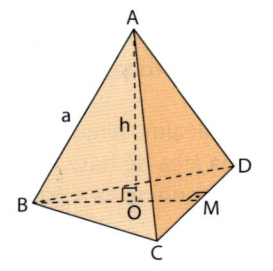 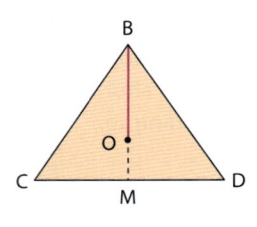 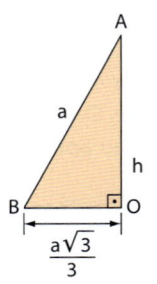

$$BM = \frac{a\sqrt{3}}{2}; BO = \frac{2}{3}BM = \frac{a\sqrt{3}}{3}$$

$$OM = \frac{1}{3} \cdot BM = \frac{1}{2} \cdot BO = \frac{a\sqrt{3}}{6}$$

que é expressão do apótema do △ equilátero.

No △AOB, sendo $AB = a$, $BO = \frac{a\sqrt{3}}{3}$ e $AO = h$, temos:

$$h^2 = a^2 - \left(\frac{a\sqrt{3}}{3}\right)^2 = a^2 - \frac{3a^2}{9} = \frac{6a^2}{9} \Rightarrow h = \frac{a\sqrt{6}}{3}$$

▶ Volume

A área da base é a área de uma face: $A_b = \frac{a^2\sqrt{3}}{4}$

$$V = \frac{1}{3} \cdot A_b \cdot h = \frac{1}{3} \cdot \frac{a^2\sqrt{3}}{4} \cdot \frac{a\sqrt{6}}{3} \Rightarrow V = \frac{a^3\sqrt{2}}{12}$$

EXERCÍCIOS

24 Determine o volume de um tetraedro regular cuja área total é igual a $16\sqrt{3}$ m².

25 Determine a área total de um tetraedro regular cujo volume é igual a $\frac{9\sqrt{2}}{4}$ cm³.

26 Determine a área total e o volume do tetraedro regular:

a) cuja altura é 8 m;

b) cuja área da base é $25\sqrt{3}$ cm²;

c) em que a altura de uma face é $2\sqrt{3}$ cm.

▶ Sólidos semelhantes

▶ Introdução

- 1ª situação:
  Observe os cubos abaixo.

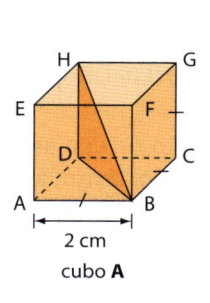

cubo **A**

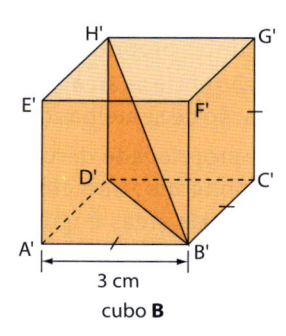

cubo **B**

A razão entre as medidas das arestas do cubo **A** e do cubo **B**, nessa ordem, é $\dfrac{2}{3}$.

A razão entre as medidas das diagonais da base do cubo **A** e do cubo **B**, nessa ordem, é:

$$\frac{DB}{D'B'} = \frac{2\sqrt{2}\ cm}{3\sqrt{2}\ cm} = \frac{2}{3}$$

A razão entre as medidas das diagonais dos cubos **A** e **B**, nessa ordem, é:

$$\frac{HB}{H'B'} = \frac{2\sqrt{3}\ cm}{3\sqrt{3}\ cm} = \frac{2}{3}$$

Dizemos que o cubo **B** é uma "ampliação" do cubo **A**.

- 2ª situação:
  Observe os dois cilindros. Ambos têm a mesma forma.

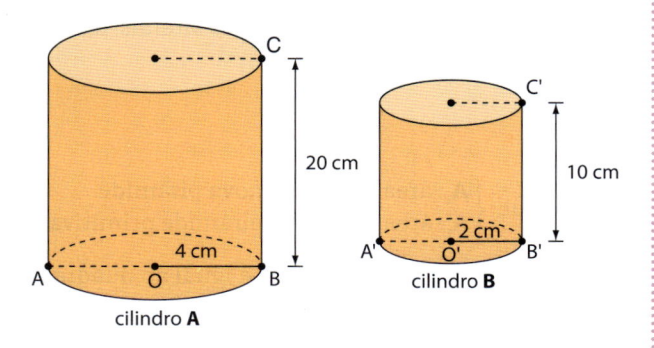

cilindro **A**

cilindro **B**

Vamos calcular a razão entre as medidas de um segmento do cilindro **A** e o segmento correspondente no cilindro **B**: (Note que **O** e **O'** são os centros dos círculos das bases.)

$$\frac{BC}{B'C'} = \frac{20\ cm}{10\ cm} = 2;$$

$$\frac{OB}{O'B'} = \frac{4\ cm}{2\ cm} = 2;$$

$$\frac{AB}{A'B'} = \frac{8\ cm}{4\ cm} = 2$$

Dizemos que o cilindro **B** é uma "redução" do cilindro **A**.

- 3ª situação:
  Veja agora os dois paralelepípedos, ambos reto-retângulos:

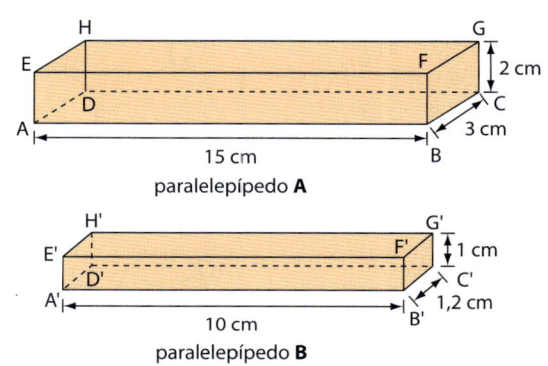

paralelepípedo **A**

paralelepípedo **B**

Vamos calcular a razão entre uma dimensão do paralelepípedo **A** e a dimensão correspondente do paralelepípedo **B**:

$$\frac{AB}{A'B'} = \frac{15\ cm}{10\ cm} = \frac{3}{2}$$

$$\frac{BC}{B'C'} = \frac{3\ cm}{1,2\ cm} = \frac{3}{\frac{6}{5}} = \frac{5}{2}$$

$$\frac{CG}{C'G'} = \frac{2\ cm}{1\ cm} = 2$$

Embora os dois paralelepípedos sejam parecidos, as razões obtidas não são iguais!
O paralelepípedo **B** não é uma "redução" do paralelepípedo **A**.

> Dizemos que dois sólidos são **semelhantes** (ou, mais geralmente, dois objetos são semelhantes) quando a razão entre a medida de um segmento qualquer do primeiro sólido e a do segmento correspondente (ou homólogo) do segundo sólido é constante.

Os sólidos representados no 1º e no 2º casos são semelhantes, mas os dois sólidos representados na 3ª situação não são semelhantes.

▶ Pirâmides semelhantes

Quando secionamos uma pirâmide por um plano paralelo à base (vamos sempre admitir que o plano não contém o vértice da pirâmide), ela fica dividida em dois sólidos:

- o que contém o vértice, que é uma nova pirâmide; e
- o que contém a base da pirâmide dada, que é um tronco de pirâmide de bases paralelas.

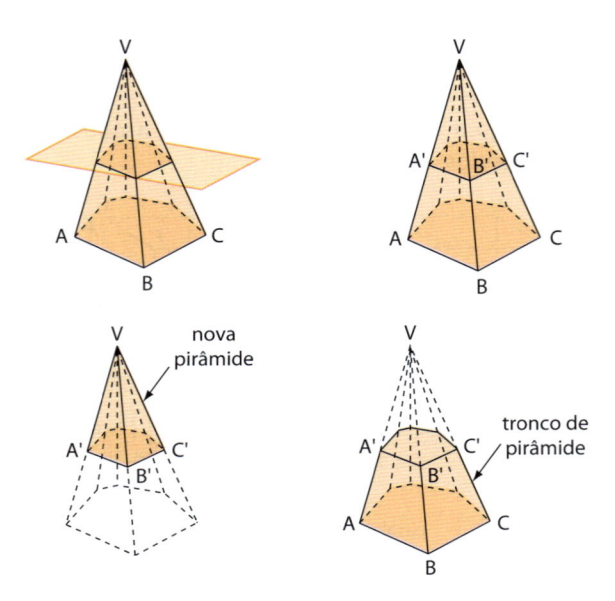

Os troncos de pirâmides serão estudados na próxima seção deste capítulo.

Vamos agora comparar a nova pirâmide e a pirâmide "primitiva".

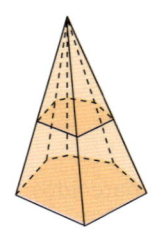 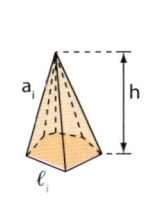 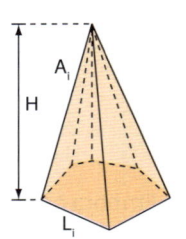

Note que:

- os polígonos das bases têm o mesmo número de lados (veja, nesse exemplo, que ambas são pirâmides hexagonais);
- os ângulos de duas faces homólogas são, dois a dois, congruentes;
- os elementos lineares homólogos (como arestas das bases, arestas laterais, alturas etc.) são proporcionais.

A nova pirâmide é uma "cópia reduzida" da pirâmide "primitiva". As duas pirâmides são semelhantes.

A razão **k** entre dois elementos lineares homólogos — arestas/alturas — é chamada **razão de semelhança** entre pirâmides. Escolhendo, por exemplo, escrever a razão de semelhança entre a pirâmide nova e a "primitiva", nessa ordem, temos:

$$\frac{a_i}{A_i} = \frac{\ell_i}{L_i} = \frac{h}{H} = k$$

Considerando duas pirâmides semelhantes, temos as seguintes propriedades:

- A razão entre as áreas das bases é igual ao quadrado da razão de semelhança.
- Essa propriedade decorre do fato de que as bases são polígonos semelhantes e, portanto, a razão entre suas áreas é igual ao quadrado da razão de semelhança.

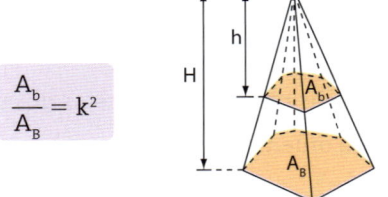

$$\frac{A_b}{A_B} = k^2$$

- A razão entre as áreas laterais é igual ao quadrado da razão de semelhança.

Como duas faces laterais homólogas **f** e **F** são triângulos semelhantes, sabemos que a razão entre suas áreas é igual ao quadrado da razão de semelhança $\left(\frac{\text{área } f}{\text{área } F} = k^2\right)$.

Lembrando que a área lateral de uma pirâmide é igual à soma das áreas de suas faces laterais, temos:

$$\frac{A_\ell}{A_L} = k^2$$

em que: $\begin{cases} A_\ell: \text{área lateral da nova pirâmide} \\ A_L: \text{área lateral da pirâmide primitiva} \end{cases}$

A razão entre as áreas totais é igual ao quadrado da razão de semelhança.

De fato, como $\frac{A_b}{A_B} = k^2$ e $\frac{A_\ell}{A_L} = k^2$, decorre $\frac{A_b + A_\ell}{A_B + A_L} = k^2$,

ou seja: $\frac{A_t}{A_T} = k^2$

A razão entre os volumes é igual ao cubo da razão de semelhança.

Sejam **v** o volume da nova pirâmide e **V** o volume da pirâmide primitiva (ou original).

Já vimos que $\dfrac{A_b}{A_B} = k^2$ e $\dfrac{h}{H} = k$.

Vamos obter a razão entre seus volumes:

$$\frac{v}{V} = \frac{\frac{1}{3} \cdot A_b \cdot h}{\frac{1}{3} \cdot A_B \cdot H} = \frac{A_b}{A_B} \cdot \frac{h}{H} = k^2 \cdot k = k^3 \Rightarrow$$

$$\Rightarrow \boxed{\frac{v}{V} = k^3}$$

EXEMPLO 2

Uma pirâmide quadrangular regular é secionada por um plano paralelo à base, a 4 cm do vértice. A pirâmide tem 12 cm de altura, e sua aresta da base mede 9 cm. Vamos calcular as áreas e o volume das duas pirâmides e constatar a validade das propriedades anteriores.

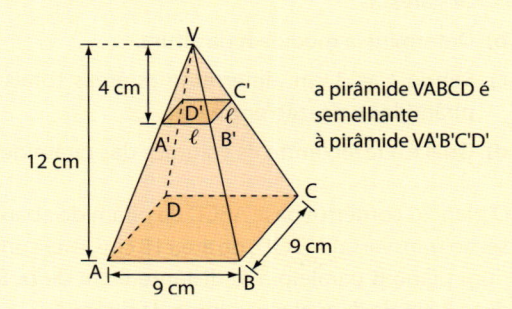

a pirâmide VABCD é semelhante à pirâmide VA'B'C'D'

Observe, inicialmente, que a razão entre os elementos lineares das duas pirâmides pode ser obtida comparando-se suas alturas:

$$k = \frac{h}{H} = \frac{4}{12} = \frac{1}{3}$$

Se ℓ é a medida do lado do quadrado A'B'C'D', então:

$$\frac{\ell}{9} = \frac{1}{3} \Rightarrow \ell = 3 \text{ cm}$$

A área da base (A_b) da pirâmide VA'B'C'D' é $3^2 = 9 \text{ cm}^2$, e a área da base (A_B) da pirâmide VABCD é $9^2 = 81 \text{ cm}^2$. Observe que a razão entre A_b e A_B é:

$$\frac{9}{81} = \frac{1}{9} = \left(\frac{1}{3}\right)^2 = k^2.$$

O volume **v** da pirâmide VA'B'C'D' é dado por:

$$v = \frac{A_b \cdot h}{3} = \frac{9 \cdot 4}{3} \Rightarrow v = 12 \text{ cm}^3$$

Já o volume **V** da pirâmide VABCD é dado por:

$$V = \frac{A_B \cdot H}{3} = \frac{81 \cdot 12}{3} \Rightarrow V = 324 \text{ cm}^3$$

A razão entre **v** e **V** é: $\dfrac{12}{324} = \dfrac{1}{27} = \left(\dfrac{1}{3}\right)^3 = k^3$

OBSERVAÇÕES ⊕

As quatro propriedades estudadas podem ser estendidas para dois sólidos semelhantes quaisquer.

Voltemos aos dois cubos apresentados na introdução desta seção.

Já vimos que a razão de semelhança entre o cubo menor e o maior é $k = \dfrac{2}{3}$.

A área total do cubo menor é: $6 \cdot 2^2 = 6 \cdot 4 = 24 \text{ cm}^2$; a área total do cubo maior é: $6 \cdot 3^2 = 6 \cdot 9 = 54 \text{ cm}^2$. A razão entre a área do cubo menor e a área do cubo maior é:

$$\frac{24 \text{ cm}^2}{54 \text{ cm}^2} = \frac{4}{9} = \left(\frac{2}{3}\right)^2 = k^2$$

O volume do cubo menor é $2^3 = 8 \text{ cm}^3$; o volume do cubo maior é $3^3 = 27 \text{ cm}^3$. A razão entre o volume do cubo menor e o volume do cubo maior é:

$$\frac{8 \text{ cm}^3}{27 \text{ cm}^3} = \left(\frac{2}{3}\right)^3 = k^3$$

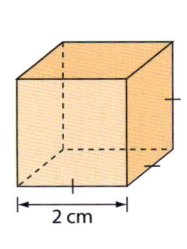

2 cm

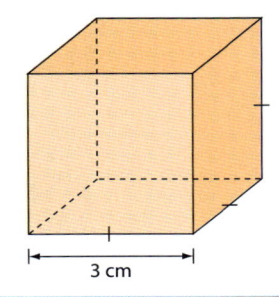

3 cm

EXERCÍCIOS

27 A tabela abaixo apresenta informações sobre três pirâmides regulares de bases retangulares.

Pirâmide	Medidas das arestas da base	Medida da altura
P	2 cm e 5 cm	8 cm
Q	4 cm e 10 cm	16 cm
R	6 cm e 15 cm	24 cm

a) Determine o volume das três pirâmides.

b) Determine a constante de proporcionalidade entre as respectivas dimensões de **Q** e **P** e a razão entre seus volumes.

c) Determine a constante de proporcionalidade entre as respectivas dimensões de **R** e **P** e a razão entre seus volumes.

d) Determine a constante de proporcionalidade entre as respectivas dimensões de **Q** e **R** e a razão entre seus volumes.

e) Se a constante de proporcionalidade entre as respectivas dimensões de duas pirâmides regulares de bases retangulares é igual a **k**, determine a razão entre seus volumes.

28 As medidas das alturas de duas pirâmides regulares hexagonais semelhantes P_1 e P_2 estão entre si, nessa ordem, assim como 3 está para 4. A pirâmide de maior volume tem área da base igual a $24\sqrt{3}$ cm². Determine:

a) a medida das arestas das bases de P_1 e P_2;

b) a área da base da pirâmide de menor volume;

c) os volumes das duas pirâmides e a razão entre eles, no caso em que a altura da pirâmide de menor volume é $\sqrt{3}$ cm.

29 Na figura abaixo têm-se duas pirâmides quadrangulares semelhantes.

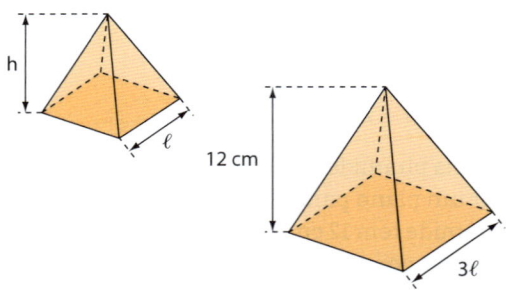

a) Calcule a razão de semelhança entre as medidas das arestas.

b) Determine a medida **h** da altura.

c) Sendo $\ell = 3$ cm, determine as áreas totais das pirâmides e a razão entre elas.

d) Qual é a razão entre os volumes das pirâmides?

30 O plano α contém a base ABCD da pirâmide abaixo. A seção transversal A'B'C'D', de área 18 cm², está contida num plano β paralelo a α, distante 6 cm de α. Se **V** dista 3 cm de β, qual é o volume da pirâmide?

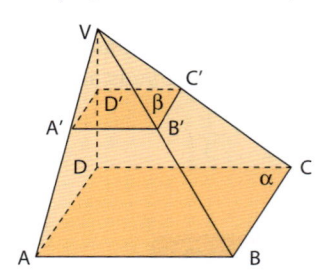

31 Secionando uma pirâmide por um plano paralelo à base e que divide a sua altura em dois segmentos de medidas iguais, obtemos uma pirâmide menor. Determine a razão entre o volume da primeira pirâmide e o volume da pirâmide menor obtida.

▶ Tronco de pirâmide

Tronco de pirâmide de bases paralelas é a reunião da base de uma pirâmide com uma seção transversal e com o conjunto dos pontos da pirâmide compreendidos entre o plano da base e o plano da seção transversal.

A pirâmide é, então, repartida, pela seção transversal, em dois sólidos: uma nova pirâmide — semelhante à primeira e igualmente com vértice **V** — e um tronco de pirâmide de bases paralelas.

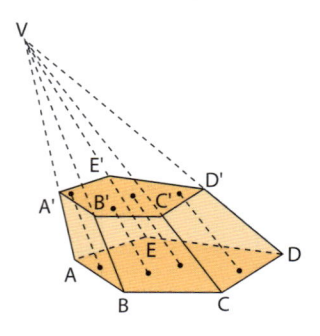

▶ Elementos:

- **base maior do tronco**: é a base da pirâmide.
- **base menor do tronco**: é a seção transversal da pirâmide.
- **altura do tronco**: é a distância entre os planos das bases.

▶ Tronco de pirâmide regular

Tronco de pirâmide regular é o tronco de bases paralelas obtido de uma pirâmide regular.
Num tronco de pirâmide regular:

- as **arestas laterais** são congruentes entre si;
- as **bases** são polígonos regulares semelhantes;
- as **faces laterais** são trapézios isósceles, congruentes entre si;
- a altura de qualquer face lateral chama-se **apótema** do tronco.

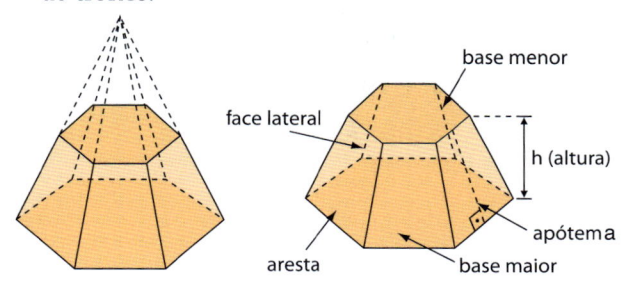

▶ Áreas e volume

Áreas das bases (A_B e A_b)

A **área da base maior** é indicada por A_B e a **área da base menor** é indicada por A_b. Ambas são áreas de polígonos.

Área lateral (A_ℓ)

A superfície lateral de um tronco de pirâmide é a reunião das faces laterais do tronco. A área dessa superfície é chamada **área lateral** e é indicada por A_ℓ.

$$A_\ell = \text{soma das áreas das faces laterais}$$

Área total (A_t)

A superfície total de um tronco de pirâmide é a reunião da superfície lateral com a base maior e com a base menor. A área dessa superfície é chamada **área total** e é indicada por A_t.

$$A_t = A_\ell + A_B + A_b$$

EXEMPLO 3

No caso de um tronco de pirâmide hexagonal regular, temos:

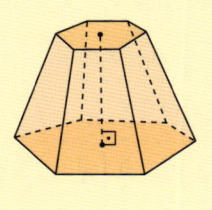 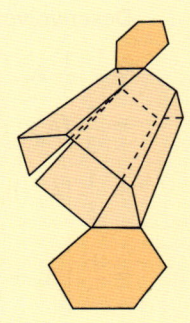 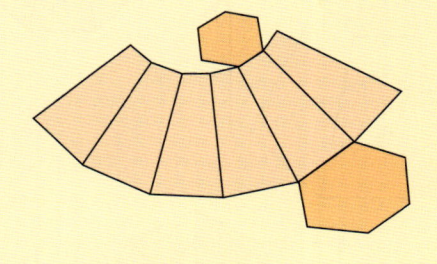

$A_\ell = 6 \cdot (\text{área de uma face lateral}) = 6 \cdot (\text{área de um trapézio isósceles})$

$A_t = 6 \cdot \underbrace{\left(\begin{array}{c} \text{área de um} \\ \text{trapézio isósceles} \end{array} \right)}_{A_\ell} + \underbrace{\left(\begin{array}{c} \text{área de um} \\ \text{hexágono regular} \end{array} \right) + \left(\begin{array}{c} \text{área de outro} \\ \text{hexágono regular} \end{array} \right)}_{A_B + A_b}$

EXERCÍCIO **RESOLVIDO**

3 Uma pirâmide quadrangular regular, de altura medindo 12 cm e aresta da base medindo 32 cm, é secionada a 3 cm do vértice por um plano paralelo à base.

Vamos determinar a área total do tronco obtido.

Solução:

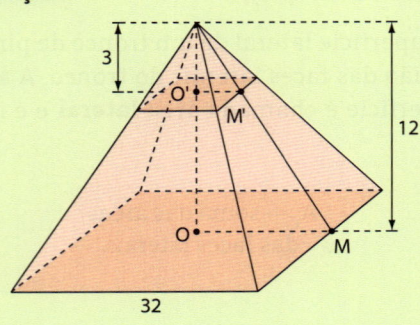

Cálculo do apótema VM da pirâmide original:

$VM^2 = 12^2 + 16^2 \Rightarrow VM = 20$ cm

$\triangle VO'M' \sim \triangle VOM$:

$$\frac{VO}{VO'} = \frac{VM}{VM'} = \frac{OM}{O'M'}$$

$$\frac{12}{3} = \frac{20}{VM'} = \frac{16}{\frac{a}{2}} \Rightarrow \begin{cases} VM' = 5 \text{ cm} \\ a = 8 \text{ cm} \end{cases}$$

Temos:

$g = MM' = VM - VM' = 20 - 5$

$g = 15$ cm (apótema do tronco)

A área lateral do tronco é dada por:

$$A_\ell = 4 \cdot \frac{32 + 8}{2} \cdot 15 = 1\,200$$

$A_\ell = 1\,200$ cm²

Daí:

$A_t = A_B + A_b + A_\ell$

$A_t = 32^2 + 8^2 + 1\,200 \Rightarrow A_t = 2\,288$ cm²

Volume

O volume de um tronco de pirâmide qualquer de bases paralelas é obtido pela diferença entre os volumes de duas pirâmides: a de base A_B e a de base A_b.

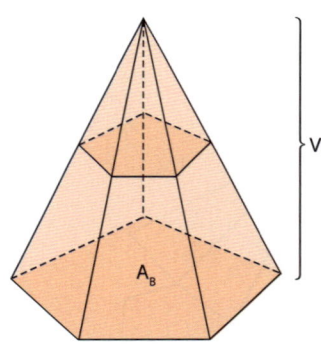

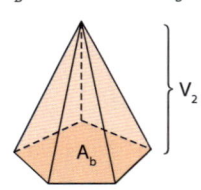

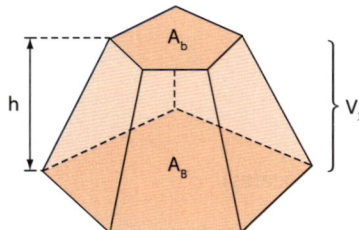

$$V = V_1 - V_2$$

Sejam **x** a altura de V_2 e **h** a altura do tronco. Por T_2, temos:

$$\frac{x^2}{(x+h)^2} = \frac{A_b}{A_B} \Rightarrow \frac{x}{x+h} = \frac{\sqrt{A_b}}{\sqrt{A_B}} \Rightarrow$$

$$\Rightarrow x \cdot \sqrt{A_B} = x \cdot \sqrt{A_b} + h \cdot \sqrt{A_b} \Rightarrow$$

$$\Rightarrow x = \frac{h\sqrt{A_b}}{\sqrt{A_B} - \sqrt{A_b}} \Rightarrow \frac{x}{h} = \frac{\sqrt{A_b}}{\sqrt{A_B} - \sqrt{A_b}}$$

Desenvolvendo a diferença $V_1 - V_2$, temos:

$$V = \frac{1}{3} A_B \cdot (x+h) - \frac{1}{3} A_b \cdot x =$$

$$= \frac{1}{3}(A_B x + A_B h - A_b x) =$$

$$= \frac{1}{3}[A_B \cdot h + x(A_B - A_b)] = \frac{h}{3}\left[A_B + \frac{x}{h}(A_B - A_b)\right] =$$

$$= \frac{h}{3}\left[A_B + \frac{\sqrt{A_b}}{\sqrt{A_B} - \sqrt{A_b}} \cdot (A_B - A_b)\right] =$$

$$= \frac{h}{3}\left[A_B + \sqrt{A_b} \cdot \left(\sqrt{A_B} + \sqrt{A_b}\right)\right]$$

Finalmente:

$$V = \frac{h}{3}\left(A_B + \sqrt{A_B \cdot A_b} + A_b\right)$$

que fornece o volume do tronco, em função da sua altura e das áreas das suas bases.

EXERCÍCIO **RESOLVIDO**

4 Calcular a área lateral, a área total e o volume de um tronco de pirâmide triangular regular cuja aresta lateral mede 5 cm e os lados das bases medem 2 cm e 8 cm.

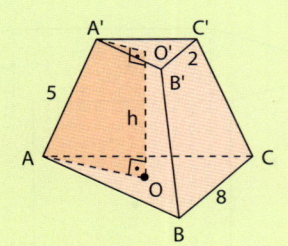

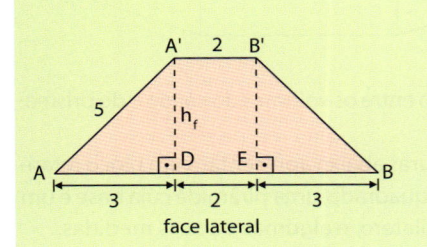

face lateral

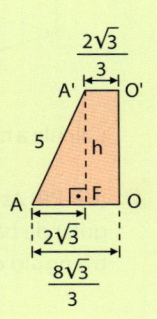

Solução:

• Área lateral

Cálculo da altura da face no $\triangle ADA'$:

$h_f^2 = 5^2 - 3^2 \Rightarrow h_f = 4$ cm

A área lateral é igual a três vezes a área de uma face lateral, ou seja:

$A_\ell = 3 \cdot A_{\text{trapézio}}$

$A_\ell = 3 \cdot \left(\dfrac{2+8}{2} \cdot 4 \right) \Rightarrow A_\ell = 60$ cm²

• Área total

$A_t = A_\ell + A_B + A_b$

$A_t = 60 + \dfrac{8^2\sqrt{3}}{4} + \dfrac{2^2\sqrt{3}}{4}$

$A_t = (60 + 17\sqrt{3})$ cm²

• Volume

Inicialmente, devemos determinar a altura do tronco, usando o triângulo AFA':

$h^2 = 5^2 - (2\sqrt{3})^2 = 13 \Rightarrow h = \sqrt{13}$ cm

Daí:

$V = \dfrac{h}{3}\left[A_B + \sqrt{A_B + A_b} + A_b \right]$

$V = \dfrac{\sqrt{13}}{3}\left[\dfrac{64\sqrt{3}}{4} + \dfrac{8 \cdot 2\sqrt{3}}{4} + \dfrac{4\sqrt{3}}{4} \right]$

$V = \dfrac{\sqrt{13}}{3} \cdot 21\sqrt{3} \Rightarrow V = 7\sqrt{39}$ cm³

EXERCÍCIOS

32 Um tronco de pirâmide quadrangular regular tem áreas das bases iguais a 100 cm² e 64 cm². Se o apótema do tronco mede 6 cm, qual é a área total do tronco?

33 O apótema de um tronco de pirâmide regular mede 4 cm e as arestas das bases quadradas do tronco medem 6 cm e 8 cm. Determine a área total e o volume do tronco.

34 Cada trapézio que serve como face lateral de um tronco de pirâmide regular quadrangular tem bases de medidas 3 cm e 5 cm. Sabendo que a altura do tronco mede 4 cm, determine a área total e o volume do tronco.

35 Uma caçamba de entulho tem 1 m de altura e a forma de um tronco de pirâmide regular quadrangular invertido. A superfície apoiada no solo tem área de 4 m². Se o volume de entulho necessário para enchê-la até a borda é 6 m³, qual é a medida da aresta da superfície superior da caçamba?

36 Determine o volume de um tronco de pirâmide cujas bases são triângulos equiláteros, sabendo que a área da base menor é 24 cm² e que a razão de semelhança entre as medidas dos lados das bases é $\dfrac{2}{3}$, sendo 6 cm a altura da pirâmide.

EXERCÍCIOS COMPLEMENTARES

1 A soma das medidas de todos os ângulos de uma pirâmide é 2 520°. Classifique essa pirâmide.

2 Em uma pirâmide quadrangular regular, as medidas em centímetros da aresta da base, da altura e do apótema formam, nessa ordem, uma progressão aritmética de razão 1. Determine sua área lateral.

3 A aresta do cubo abaixo mede 7 cm. Determine o volume da parte do cubo não ocupada pela pirâmide.

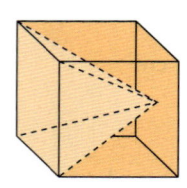

4 Todas as arestas da lanterna oriental da figura abaixo medem 20 cm.

Determine:

a) o volume de ar contido na lanterna;

b) o gasto com a seda utilizada na sua fabricação, com um acréscimo de 5% do material para perdas no corte, se o metro quadrado desse tecido custa R$ 100,00.
Use $\sqrt{3} \simeq 1,7$.

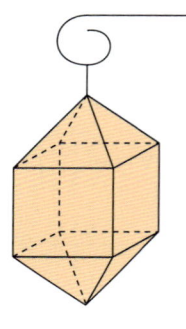

5 Na figura abaixo tem-se o cubo ABCDEFGH, cuja aresta mede 2 m. Os pontos **M**, **N**, **P** e **Q** são pontos médios dos segmentos $\overline{EH}$, $\overline{FG}$, $\overline{AD}$ e $\overline{AE}$, respectivamente.

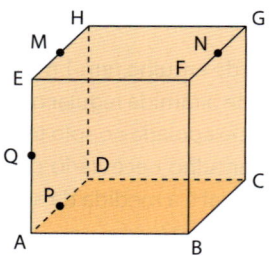

Determine o volume da pirâmide:

a) de vértice **A** e base MNGH;

b) vértice **P** e base EFGH;

c) vértice **P** e base MNGH;

d) vértice **Q** e base DCGH;

e) vértice **Q** e base MNEF.

6 (UE-RJ) Um cristal com a forma de um prisma hexagonal regular, após ser cortado e polido, deu origem a um sólido de 12 faces triangulares congruentes. Os vértices desse poliedro são os centros das faces do prisma, conforme representado na figura.

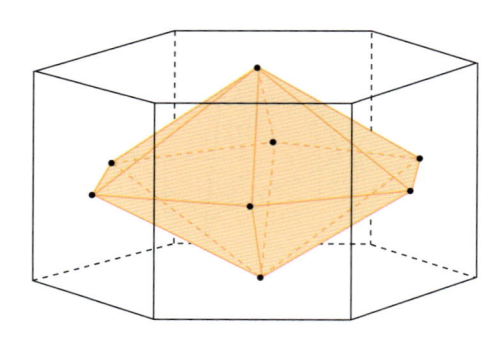

Calcule a razão entre os volumes do sólido e do prisma.

7 (UF-PR) As figuras abaixo apresentam um bloco retangular de base quadrada, uma pirâmide cuja base é um triângulo equilatero, e algumas de suas medidas.

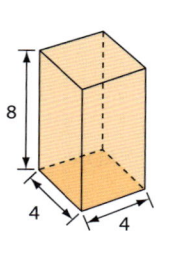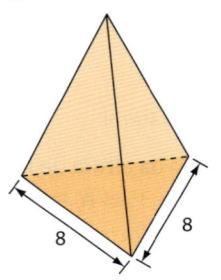

a) Calcule o volume do bloco retangular e a área da base da pirâmide.

b) Qual deve ser a altura da pirâmide, para que seu volume seja igual ao do bloco retangular?

8 Na figura abaixo tem-se o cubo ABCDEFGH intersectado por um plano que contém os pontos **B**, **C**, **R** e **S**. Sua aresta mede 4 cm; **R** e **S** são os pontos médios das arestas $\overline{AE}$ e $\overline{DH}$, respectivamente. Determine a razão entre os volumes do prisma triangular RABCDS e a pirâmide FRSCB, nessa ordem.

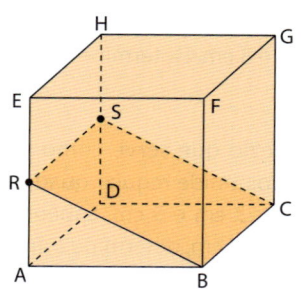

9 (Fuvest-SP) O cubo ABCDEFGH possui arestas de comprimento **a**. O ponto **M** está na aresta $\overline{AE}$ e AM = 3 · ME.

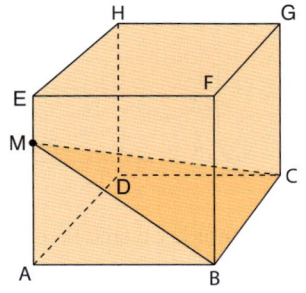

Calcule:

a) o volume do tetraedro BCGM.

b) a área do triângulo BCM.

c) a distância do ponto **B** à reta suporte do segmento $\overline{CM}$.

10 (FGV-SP) Com estes quatro triângulos cujas medidas dos lados estão em centímetros, forma-se uma pirâmide triangular. Calcule:

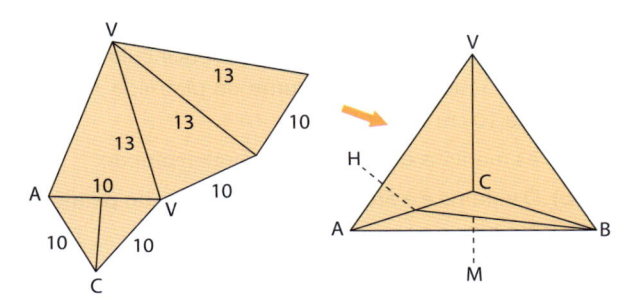

a) A área total da superfície da pirâmide.

b) O volume da pirâmide.

11 A área de uma seção transversal de uma pirâmide mede 8 m², enquanto a base da pirâmide tem área de 32 m². Se a distância entre os planos das bases é de 1 m, qual é a medida da altura da pirâmide?

12 (UF-GO) Pretende-se instalar, em uma via de tráfego intenso, um redutor de velocidade formado por 14 blocos em forma de tronco de pirâmide. Cada tronco de pirâmide é obtido a partir de uma pirâmide de base retangular após seccioná-la por um plano paralelo à base e distante do vértice $\frac{2}{3}$ da altura da pirâmide. Ao término da instalação, a face superior (base menor) de cada tronco de pirâmide será pintada com tinta amarela. Cada litro de tinta custa R$ 10,00, sendo suficiente para pintar 10 m².
Sabendo-se que a área da base maior de cada tronco de pirâmide utilizado na construção do redutor é de 630 m², calcule o custo da tinta amarela utilizada.

13 Uma pirâmide regular hexagonal de altura 6 cm é secionada por um plano paralelo à base e distante 4 cm dela.

a) Qual é a razão entre o volume do tronco e o volume da nova pirâmide?

b) Sabendo que a área da base da pirâmide obtida é $16\sqrt{3}$ cm², determine a área da base da pirâmide original.

c) Se a aresta da base da pirâmide original mede 6 cm, qual é o volume do tronco obtido?

14 Um recipiente tem a forma de um tronco de pirâmide regular de base quadrada. Sua altura é 45 cm e as arestas das bases medem 60 cm e 30 cm. No momento, ele contém água, que ocupa $\frac{2}{3}$ de sua capacidade. Se, mergulhando dentro dele um certo objeto maciço, o conteúdo do recipiente passar a ocupar um volume equivalente a 70 litros, qual é o volume desse objeto?

15 (Fuvest-SP) Na figura abaixo, o cubo de vértices **A**, **B**, **C**, **D**, **E**, **F**, **G**, **H** tem lado ℓ. Os pontos **M** e **N** são pontos médios das arestas $\overline{AB}$ e $\overline{BC}$, respectivamente. Calcule a área da superfície do tronco de pirâmide de vértices **M**, **B**, **N**, **E**, **F**, **G**.

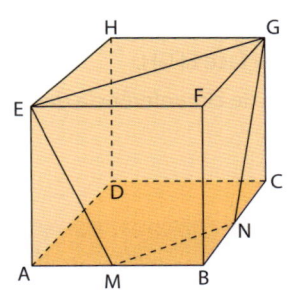

16 (Fuvest-SP)

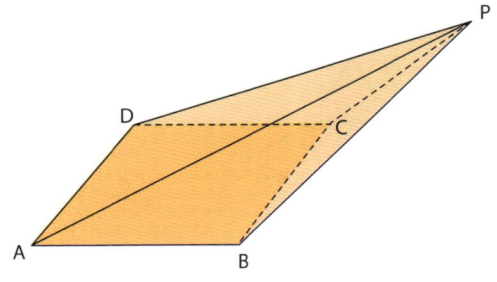

A base do tetraedro PABCD é o quadrado ABCD de lado ℓ, contido no plano α. Sabe-se que a projeção ortogonal do vértice **P** no plano α está no semiplano de α determinado pela reta $\overleftrightarrow{BC}$ e que não contém o lado $\overline{AD}$. Além disso, a face BPC é um triângulo isósceles de base $\overline{BC}$ cuja altura forma, com o plano α, um ângulo θ, em que $0 < θ < \frac{\pi}{2}$. Sendo $PB = \frac{\ell\sqrt{2}}{2}$, determine, em função de ℓ e θ.

a) o volume do tetraedo PABCD;

b) a altura do triângulo APB relativa ao lado $\overline{AB}$;

c) a altura do triângulo APD relativa ao lado $\overline{AD}$.

17 (Fuvest-SP) No paralelepípedo reto-retângulo ABCDEFGH da figura, tem-se AB = 2, AD = 3 e AE = 4.

a) Qual é a área do triângulo ABD?

b) Qual é o volume do tetraedro ABDE?

c) Qual é a área do triângulo BDE?

d) Sendo **Q** o ponto do triângulo BDE mais próximo do ponto **A**, quanto vale AQ?

18 (Unifesp-SP) Na figura, ABCDEFGH é um paralelepípedo reto-retângulo, e PQRE é um tetraedo regular de lado 6 cm, conforme indica a figura. Sabe-se ainda que:

- **P** e **R** pertencem, respectivamente, às faces ABCD e EFGH;
- **Q** pertence à aresta $\overline{EH}$;
- **T** é baricentro do triângulo ERQ e pertence à diagonal $\overline{EG}$ da face EFGH;
- $\overset{\frown}{RF}$ um arco de circunferência de centro **E**.

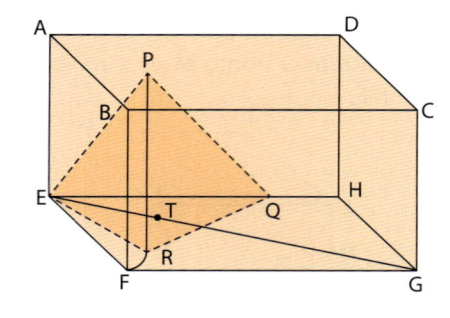

a) Calcule a medida do arco $\overset{\frown}{RF}$, em centímetros.

b) Calcule o volume do paralelepípedo ABCDEFGH, em cm³.

19 (IME-RJ) Um tetraedro regular, com arestas de comprimento igual a **d**, é cortado por 2 planos paralelos entre si e uma das bases, dividindo-o em 3 sólidos de volumes iguais. Determine a altura de cada um destes 3 sólidos em função de **d**.

20 (ITA-SP) Seja ABCDEFGH um paralelepípedo de bases retangulares ABCD e EFGH, em que **A**, **B**, **C** e **D** são, respectivamente, as projeções ortogonais de **E**, **F**, **G** e **H**. As medidas das arestas distintas $\overline{AB}$, $\overline{AD}$ e $\overline{AE}$ constituem uma progressão aritmética cuja soma é 12 cm. Sabe-se que o volume da pirâmide ABCF é igual a 10 cm³. Calcule:

a) As medidas das arestas do paralelepípedo.

b) O volume e a área total da superfície do paralelepípedo.

TESTES

1 (Saresp-SP) Qual das figuras seguintes representa corretamente a planificação de uma pirâmide regular pentagonal?

a)

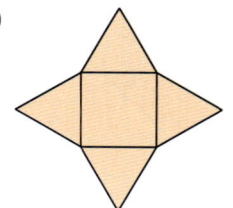

c)

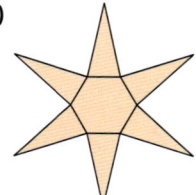

b)

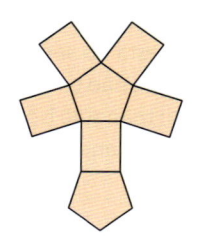

d)

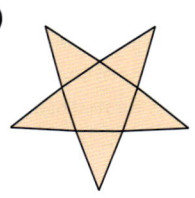

2 (Mackenzie-SP) Se um tetraedro regular tem arestas de comprimento 6 m, então podemos afirmar que:

a) a altura é igual a $3\sqrt{3}$ m.

b) a altura é igual a $3\sqrt{6}$ m.

c) a altura é igual a 4,5 m.

d) o volume é igual a $\dfrac{27\sqrt{3}}{2}$ m³.

e) o volume é igual a $18\sqrt{2}$ m³.

3 (UF-RS) A superfície total do tetraedro regular representado na figura ao lado é $9\sqrt{3}$. Os vértices do quadrilátero PQRS são os pontos médios de arestas do tetraedro, como indica a figura.

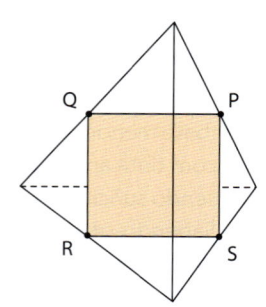

O perímetro do quadrilátero é:

a) 4

b) $4\sqrt{2}$

c) 6

d) $5\sqrt{3}$

e) $6\sqrt{3}$

4 (U.F. São Carlos-SP) A figura indica um paralelepípedo reto-retângulo de dimensões $\sqrt{2} \times \sqrt{2} \times \sqrt{7}$, sendo **A**, **B**, **C** e **D** quatro de seus vértices.

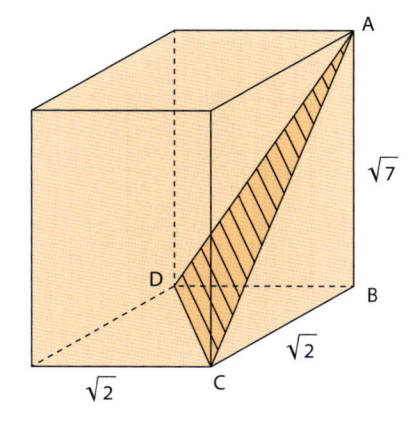

A distância de **B** até o plano que contém **A**, **D** e **C** é igual a:

a) $\dfrac{\sqrt{11}}{4}$

b) $\dfrac{\sqrt{14}}{4}$

c) $\dfrac{\sqrt{11}}{2}$

d) $\dfrac{\sqrt{13}}{2}$

e) $\dfrac{3\sqrt{7}}{2}$

5 (Fuvest-SP) Em um tetraedro regular de lado **a**, a distância entre os pontos médios de duas arestas não adjacentes é igual a:

a) $a\sqrt{3}$

b) $a\sqrt{2}$

c) $\dfrac{a\sqrt{3}}{2}$

d) $\dfrac{a\sqrt{2}}{2}$

e) $\dfrac{a\sqrt{2}}{4}$

6 (UF-MG) Na figura abaixo estão representados o cubo ABCDEFGH e o sólido OPQRST.

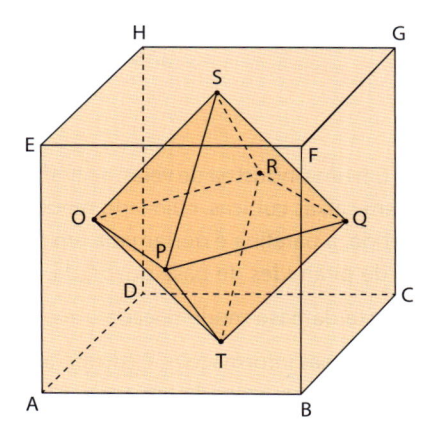

Cada aresta do cubo mede 4 cm e os vértices do sólido OPQRST são os pontos centrais das faces do cubo. Nessas condições, é correto afirmar que a área lateral do sólido OPQRST, em centímetros quadrados, é:

a) $2\sqrt{2}$

b) $8\sqrt{3}$

c) $16\sqrt{2}$

d) $16\sqrt{3}$

7 (Mackenzie-SP)

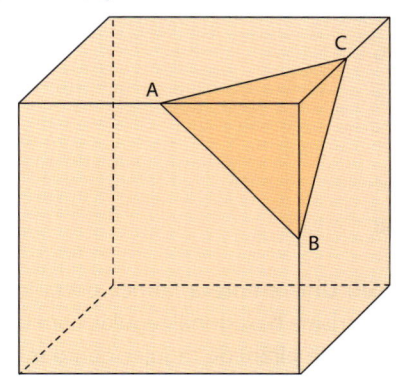

A figura representa um bloco com formato de um cubo de aresta **a**, do qual é retirada uma pirâmide. Se **A**, **B** e **C** são pontos médios dos lados do cubo e se o volume da peça restante é igual a $\dfrac{188}{3}$, o valor de $a^2 + a$ é:

a) 16

b) 4

c) 20

d) 28

e) 8

8 (Fuvest-SP) Os vértices de um tetraedro regular são também vértices de um cubo de aresta 2. A área de uma face desse tetraedro é:

a) $2\sqrt{3}$

b) 4

c) $3\sqrt{2}$

d) $3\sqrt{3}$

e) 6

9 (UF-MG) Em uma indústria de velas, a parafina é armazenada em caixas cúbicas, cujo lado mede **a**. Depois de derretida, a parafina é derramada em moldes em formato de pirâmides de base quadrada, cuja altura e cuja aresta da base medem, cada uma, $\dfrac{a}{2}$. Considerando-se essas informações, é correto afirmar que, com a parafina armazenada em apenas uma dessas caixas, enche-se um total de:

a) 6 moldes.

b) 8 moldes.

c) 24 moldes.

d) 32 moldes.

10 (Fatec-SP) Uma pirâmide quadrangular regular de base ABCD e vértice **P** tem volume igual a $36\sqrt{3}$ cm³. Considerando que a base da pirâmide tem centro **O** e que **M** é o ponto médio da aresta $\overline{BC}$, se a medida do ângulo PM̂O é 60°, então a medida da aresta da base dessa pirâmide é, em centímetros, igual a:

a) $\sqrt[3]{216}$

b) $\sqrt[3]{324}$

c) $\sqrt[3]{432}$

d) $\sqrt[3]{564}$

e) $\sqrt[3]{648}$

11 (Insper-SP) Uma empresa fabrica porta-joias com a forma de prisma hexagonal regular, com uma tampa no formato de pirâmide regular, como mostrado na figura.

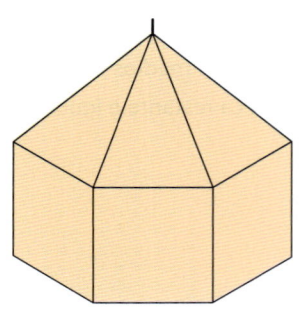

As faces laterais do porta-joias são quadrados de lado medindo 6 cm e a altura da tampa também vale 6 cm. A parte externa das faces laterais do porta-joias e de sua tampa são revestidas com um adesivo especial, sendo necessário determinar a área total revestida para calcular o custo de fabricação do produto. A área da parte revestida, em cm², é igual a:

a) $72\,(3 + \sqrt{3})$

b) $36\,(6 + \sqrt{5})$

c) $108\,(2 + \sqrt{5})$

d) $27\,(8 + \sqrt{7})$

e) $54\,(4 + \sqrt{7})$

12 (UF-AM) A figura a seguir é composta por uma pirâmide hexagonal regular inscrita em um prisma hexagonal regular reto. Podemos afirmar que:

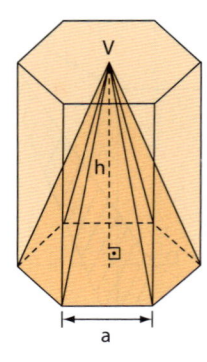

a) O volume da pirâmide é um terço do volume do prisma.

b) O volume do prisma é o dobro do volume da pirâmide.

c) A área total da pirâmide é um terço da área total do prisma.

d) A área total do prisma é um terço da área total da pirâmide.

e) A área lateral da pirâmide é um terço da área total do prisma.

13 (Fatec-SP) No cubo ABCDEFGH, **M** é o ponto médio da aresta $\overline{BC}$. Sabe-se que o volume da pirâmide ABMF é igual a $\dfrac{9}{4}$ cm³. Então, a área total do cubo, em centímetros quadrados, é:

a) 27

b) 36

c) 54

d) 63

e) 72

14 (Fuvest-SP) O sólido da figura é formado pela pirâmide SABCD sobre o paralelepípedo reto ABCDEFGH. Sabe-se que **S** pertence à reta determinada por **A** e **E** e que AE = 2 cm, AD = 4 cm e AB = 5 cm. A medida do segmento $\overline{SA}$ que faz com que o volume do sólido seja igual a $\dfrac{4}{3}$ do volume da pirâmide SEFGH é:

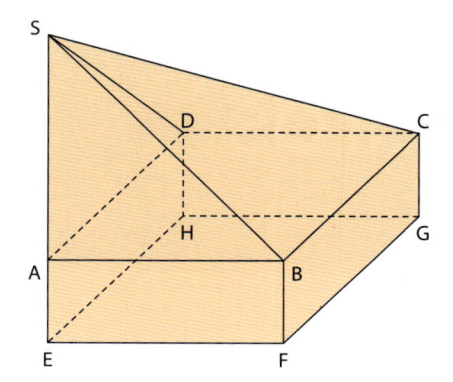

a) 2 cm

b) 4 cm

c) 6 cm

d) 8 cm

e) 10 cm

15 (Mackenzie-SP) Três das arestas de um cubo, com um vértice em comum, são também arestas de um tetraedro. A razão entre o volume do tetraedro e o volume do cubo é:

a) $\dfrac{1}{8}$

b) $\dfrac{1}{6}$

c) $\dfrac{2}{9}$

d) $\dfrac{1}{4}$

e) $\dfrac{1}{3}$

16 (Cefet-PR) A base de uma pirâmide quadrangular regular está inscrita numa circunferência cujo raio mede 3 m. A aresta lateral dessa pirâmide mede 5 m. O volume dessa pirâmide, em metros cúbicos, é igual a:

a) 18

b) 22

c) 24

d) 26

e) 30

17 (UF-GO) A figura a seguir representa uma torre, na forma de uma pirâmide regular de base quadrada, na qual foi construída uma plataforma, a 60 metros de altura, paralela à base. Se os lados da base e da plataforma medem, respectivamente, 18 e 10 metros, a altura da torre, em metros, é:

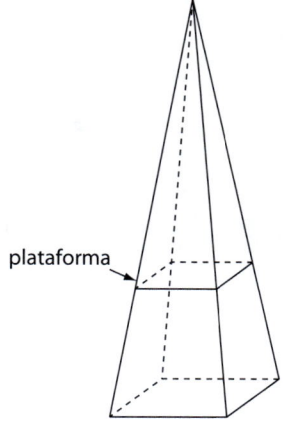

plataforma

a) 75

b) 90

c) 120

d) 135

e) 145

18 (UF-ES) Um reservatório de água tem a forma de uma pirâmide regular de base quadrada. O vértice do reservatório está apoiado no solo, e seu eixo está posicionado perpendicularmente ao solo. Com o reservatório vazio, abre-se uma torneira que despeja água no reservatório com uma vazão constante. Após 10 minutos, o nível da água, medido a partir do vértice, atinge $\dfrac{1}{4}$ da altura do reservatório. O tempo que ainda falta para encher completamente o reservatório é de:

a) 6 horas e 10 minutos.

b) 8 horas e 15 minutos.

c) 8 horas e 20 minutos.

d) 10 horas e 30 minutos.

e) 10 horas e 40 minutos.

19 (Mackenzie-SP) Em uma pirâmide regular, o número de arestas da base, a medida da aresta da base e a altura são, nessa ordem, os três primeiros termos de uma progressão aritmética, cujo primeiro termo é igual à razão. Se o trigésimo primeiro termo dessa progressão é 93, o volume da pirâmide é:

a) $18\sqrt{3}$

b) $27\sqrt{3}$

c) $8\sqrt{3}$

d) $9\sqrt{3}$

e) $12\sqrt{3}$

20 (IME-RJ) Seja SABCD uma pirâmide, cuja base é um quadrilátero convexo ABCD. A aresta $\overline{SD}$ é a altura da pirâmide. Sabe-se que $AB = BC = \sqrt{5}$, $AD = DC = \sqrt{2}$, $AC = 2$ e $SA + SB = 7$. O volume da pirâmide é:

a) $\sqrt{5}$

b) $\sqrt{7}$

c) $\sqrt{11}$

d) $\sqrt{13}$

e) $\sqrt{17}$

CAPÍTULO 27
Complementos sobre poliedros

▶ Diedros

Consideremos a pirâmide triangular ABCD e destaquemos os semiplanos **α** (que contém a face ABC) e **β** (que contém a face ABD). Esses semiplanos têm como interseção a reta **r**, reta suporte da aresta $\overline{AB}$.

Podemos notar que **α** e **β** são distintos, têm a mesma origem **r** e não são opostos.

A reunião desses dois semiplanos **α** e **β** é chamada **diedro** ou **ângulo diédrico**.

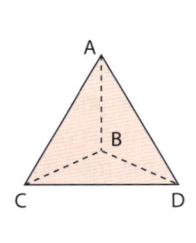
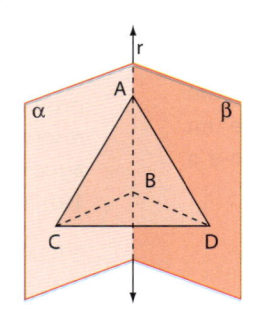
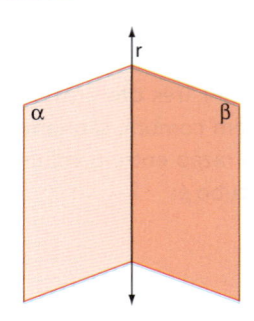

Indicamos esse diedro por **αβ** ou **di(αβ)** ou **αrβ**.

Os semiplanos **α** e **β** são chamados **faces do diedro** e a reta **r** é denominada **aresta do diedro**.

Seção de um diedro é a interseção dele com um plano secante com sua aresta. Uma seção de um diedro é um ângulo (plano). **Seção reta** ou **seção normal** de um diedro é uma seção cujo plano é perpendicular à aresta.

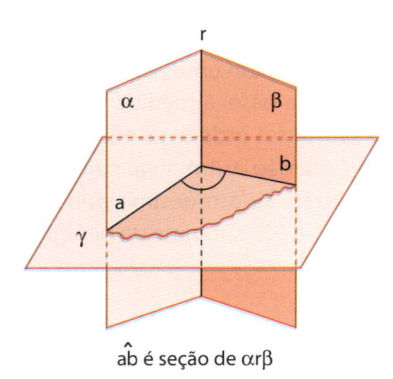

$a\hat{b}$ é seção de αrβ

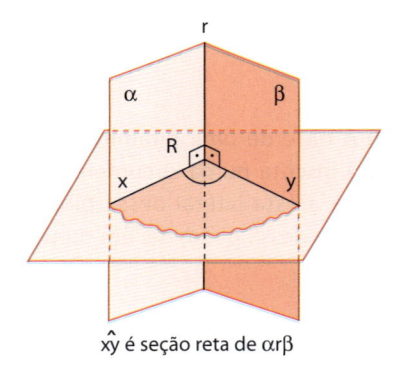

$x\hat{y}$ é seção reta de αrβ

Todas as seções normais (ou seções retas) de um mesmo diedro são ângulos congruentes por apresentarem lados respectivamente paralelos.

A medida de um diedro é a medida de sua seção normal.

As seções normais são utilizadas para caracterizar e comparar os diedros. Por exemplo:

- um diedro é agudo se sua seção normal é um ângulo agudo;
- um diedro é reto se sua seção normal é um ângulo reto;
- um diedro é obtuso se sua seção normal é um ângulo obtuso;
- dois diedros são congruentes se têm seções normais congruentes.

▶ Triedros

Consideremos a pirâmide triangular ABCD e destaquemos as semirretas $x = \overrightarrow{AB}$, $y = \overrightarrow{AC}$ e $z = \overrightarrow{AD}$. Essas três semirretas têm a mesma origem **A** e não estão num mesmo plano. Podemos observar três ângulos: xÂy, yÂz e zÂx. A reunião desses três ângulos é chamada **triedro** ou **ângulo triédrico**.

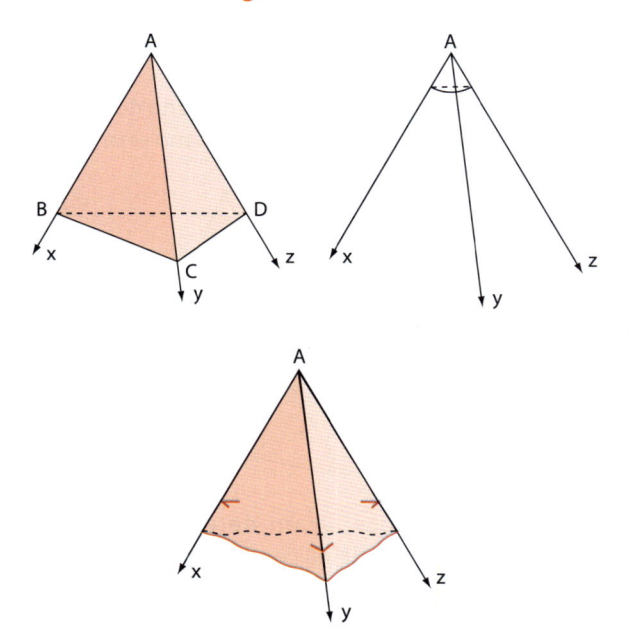

Indicamos esse triedro por **Axyz**.

O ponto **A** é chamado **vértice do triedro**. As semirretas **x**, **y** e **z** são chamadas **arestas do triedro**. Os ângulos xÂy, yÂz e zÂx são chamados **faces do triedro**.

Podemos notar que os semiplanos que contêm as faces formam três diedros cujas arestas são **x**, **y** e **z**. Chamaremos esses diedros di(x), di(y) e di(z).

Um triedro é trirretângulo quando suas três faces são ângulos retos.

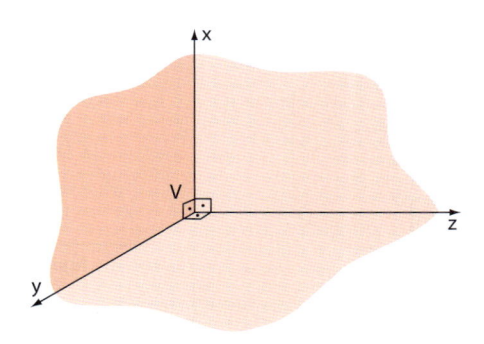

Por exemplo, num paralelepípedo reto-retângulo podemos observar oito triedros cujos vértices são coincidentes com os vértices do sólido. Observando o triedro Axyz, cujas arestas contêm os segmentos $\overline{AB}$, $\overline{AD}$ e $\overline{AE}$, notamos que ele é um triedro trirretângulo.

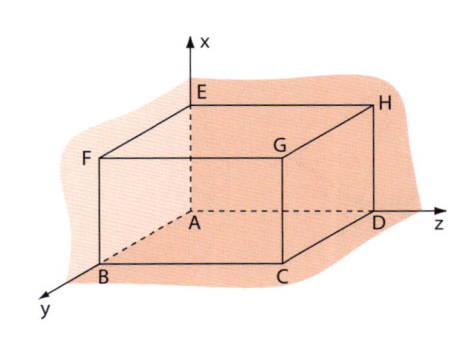

▶ Ângulos poliédricos

Consideremos um polígono plano convexo $A_1A_2A_3 \dots A_n$ e seja **V** um ponto que não pertence ao plano do polígono. Já vimos que o sólido $VA_1A_2A_3\dots A_n$ é uma pirâmide. As semirretas $\overrightarrow{VA_1}$, $\overrightarrow{VA_2}$, $\overrightarrow{VA_3}$, ..., $\overrightarrow{VA_n}$ têm a mesma origem **V** e não estão no mesmo plano.

Podemos observar **n** ângulos $A_1\hat{V}A_2$, $A_2\hat{V}A_3$, $A_3\hat{V}A_4$, ..., $A_n\hat{V}A_1$. A reunião desses **n** ângulos é chamada **ângulo poliédrico convexo**.

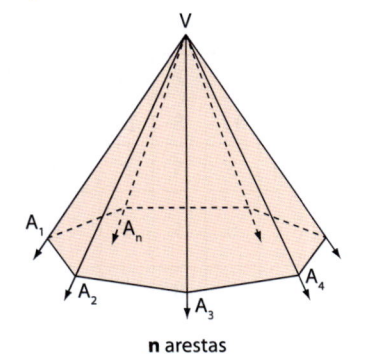

n arestas

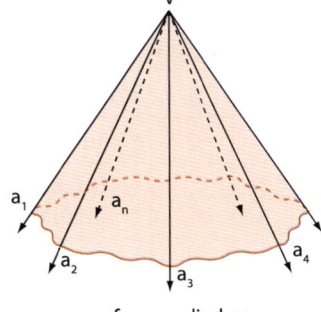

n faces, n diedros

O ponto **V** é chamado **vértice do ângulo poliédrico**, as semirretas $\overrightarrow{VA_1}$, $\overrightarrow{VA_2}$, $\overrightarrow{VA_3}$, ..., $\overrightarrow{VA_n}$ são as **arestas** do ângulo poliédrico, e os ângulos $A_1\hat{V}A_2$, $A_2\hat{V}A_3$, $A_3\hat{V}A_4$, ..., $A_n\hat{V}A_1$ são as **faces do ângulo poliédrico**.

▶ Poliedros convexos

▶ Introdução

Já estudamos, em capítulos anteriores, os prismas, as pirâmides e seus troncos. Todos eles são exemplos de poliedros.

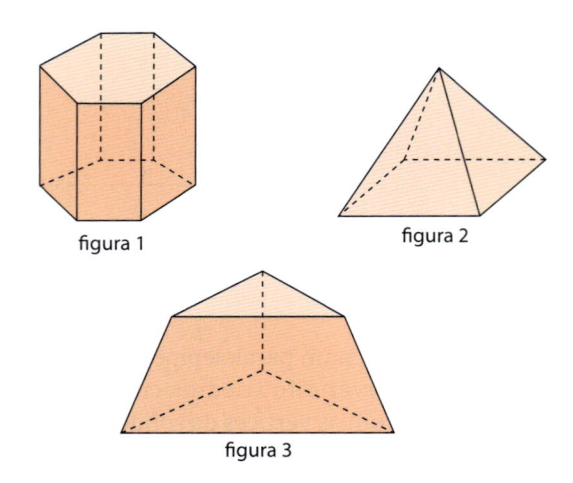

figura 1

figura 2

figura 3

Existem, entretanto, outros poliedros, como os ilustrados a seguir:

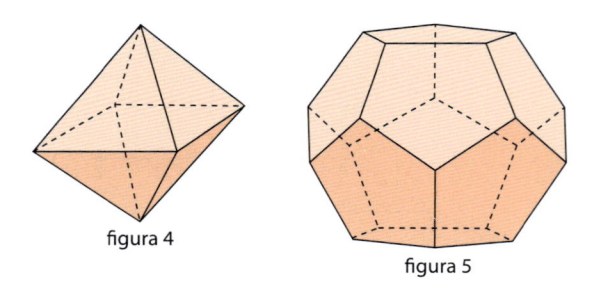

figura 4

figura 5

Afinal, o que caracteriza um poliedro? Observe, com base nas figuras anteriores, que:

1. um poliedro tem como faces polígonos planos e convexos.
- figura 1: prisma hexagonal – 2 faces hexagonais e 6 faces quadrangulares.
- figura 2: pirâmide quadrangular – 1 face quadrangular e 4 faces triangulares.
- figura 3: tronco de pirâmide triangular – 2 faces triangulares e 3 faces trapezoidais.
- figura 4: octaedro – 8 faces triangulares.
- figura 5: dodecaedro – 12 faces pentagonais.
2. as arestas de um poliedro estão contidas em exatamente duas faces, não havendo aresta que esteja em mais de duas faces.
3. o plano que contém cada face do poliedro deixa todas as outras faces num mesmo semiespaço.

▶ Definição

Sejam **n** polígonos planos convexos, com n > 3, dispostos no espaço de tal forma que:

1. dois quaisquer desses polígonos não estão num mesmo plano;
2. cada lado de polígono é comum a exatamente dois polígonos;
3. o plano que contém cada polígono deixa todos os demais polígonos num mesmo semiespaço.

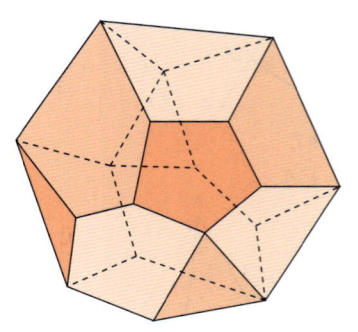

Nessas condições, ficam determinados **n** semiespaços, cada um deles com origem no plano de um polígono e contendo os polígonos restantes. Chama-se **poliedro convexo** a interseção desses **n** semiespaços. Os polígonos considerados são as **faces** do poliedro, os lados desses polígonos são as **arestas** do poliedro, e os vértices dos polígonos são os **vértices** do poliedro.

Chama-se **superfície poliédrica convexa** a reunião das faces do poliedro convexo.

▶ Poliedros eulerianos

Vamos retomar os cinco poliedros utilizados como exemplos nesta página e, em cada um deles, contar o número de vértices (**V**), o número de faces (**F**) e o número de arestas (**A**). Encontramos os seguintes resultados:

Figura	Poliedro	V	F	A	V + F
1	prisma hexagonal	12	8	18	20
2	pirâmide quadrangular	5	5	8	10
3	tronco de pirâmide triangular	6	5	9	11
4	octaedro	6	8	12	14
5	dodecaedro	20	12	30	32

Podemos observar que esses cinco poliedros apresentam V + F igual a A + 2.

O matemático Leonard Euler (1707-1783) demonstrou pela primeira vez que todo poliedro convexo verifica a relação:

$$V + F = A + 2$$

que passou a ser conhecida como **relação de Euler** para poliedros.

Um poliedro que satisfaz à relação de Euler é chamado **poliedro euleriano**. Todo poliedro convexo é um poliedro euleriano. Existem, entretanto, poliedros não convexos que satisfazem a relação de Euler. Veja dois exemplos:

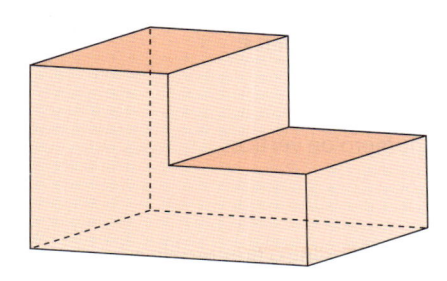

$$\left.\begin{array}{l} V = 12 \\ F = 8 \end{array}\right\} \Rightarrow V + F = 12 + 8 = 20$$

$$A = 18 \Rightarrow A + 2 = 18 + 2 = 20$$

Como V + F = A + 2, o poliedro é euleriano.

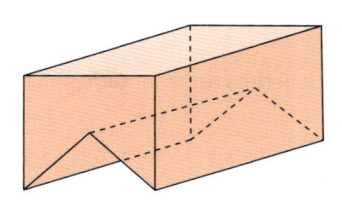

$$\left.\begin{array}{l} V = 10 \\ F = 7 \end{array}\right\} \Rightarrow V + F = 10 + 7 = 17$$

$$A = 15 \Rightarrow A + 2 = 15 + 2 = 17$$

Como V + F = A + 2, o poliedro é euleriano.

Já o poliedro abaixo não é euleriano, pois V = 16, A = 32 e F = 16.

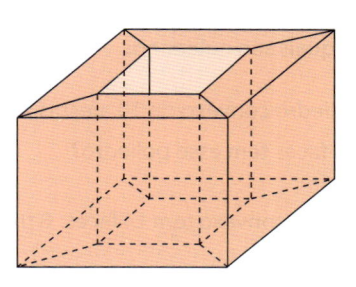

$$\text{Então:} \begin{cases} V + F = 32 \\ A + 2 = 34 \end{cases}$$

 EXERCÍCIOS RESOLVIDOS

1 Quantas arestas e quantos vértices tem um poliedro convexo de 20 faces, todas triangulares?

Solução:

Determinemos o número **A** de arestas.

Nas 20 faces triangulares temos $20 \times 3 = 60$ arestas. Nesse cálculo, cada aresta, por ser comum a duas faces, foi contada duas vezes, ou seja:

$$A = \frac{20 \times 3}{2} = \frac{60}{2} = 30$$

Temos F = 20 e A = 30.

Da relação de Euler, V + F = A + 2, vem:

$$V + 20 = 30 + 2 \Rightarrow V = 12$$

2 Determinar o número de arestas e de vértices de um poliedro convexo de 20 faces, das quais 11 são triangulares, 2 quadrangulares e 7 pentagonais.

Solução:

Calculemos o número **A** de arestas:

- nas 11 faces triangulares temos 33 arestas (11×3);
- nas 2 faces quadrangulares temos 8 arestas (2×4);
- nas 7 faces pentagonais temos 35 arestas (7×5).

Lembrando que cada aresta é comum a duas faces, no total de arestas obtido cada uma foi contada duas vezes.

Logo:

$$A = \frac{33 + 8 + 35}{2} = \frac{76}{2} = 38$$

Como F = 20, da relação de Euler vem:

$$V + F = A + 2 \Rightarrow V + 20 = 38 + 2 \Rightarrow V = 20$$

EXERCÍCIOS

1 Dados os poliedros representados na figuras:

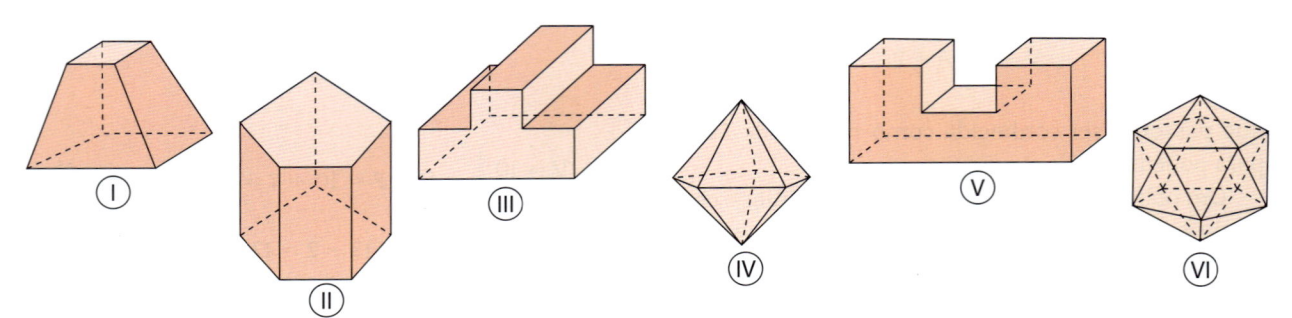

a) classifique-os em convexo ou não convexo;

b) determine o número **V**, de vértices, **F**, de faces, e **A**, de arestas, em cada um deles;

c) diga quais são eulerianos.

2 Num poliedro convexo de 10 arestas, o número de faces é igual ao número de vértices. Quantas faces tem esse poliedro?

3 Um poliedro convexo tem 14 faces: 8 triangulares e 6 quadrangulares. Determine o número de arestas e o de vértices desse poliedro.

4 Determine o número de vértices de um poliedro convexo que tem 5 faces triangulares, 2 faces quadrangulares e 3 faces pentagonais.

5 Calcule o número de faces de um poliedro convexo que possui 16 vértices e em que todos os ângulos poliédricos são triedros.

6 Um poliedro convexo tem 20 arestas e 10 vértices. Suas faces são quadrangulares e triangulares. Qual é o número de faces quadrangulares desse poliedro?

7 Um poliedro convexo possui 14 faces e 12 vértices. Sabendo que suas faces são triangulares e quadrangulares, determine o número de faces de cada tipo.

▶ Poliedros de Platão

▶ Introdução

Vamos observar os poliedros abaixo.

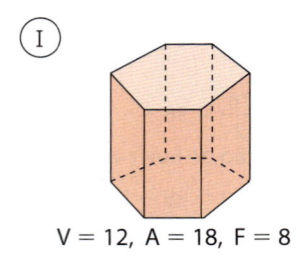

V = 12, A = 18, F = 8

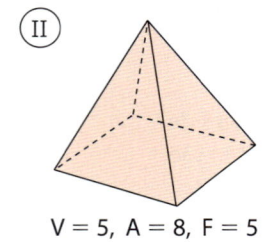

V = 5, A = 8, F = 5

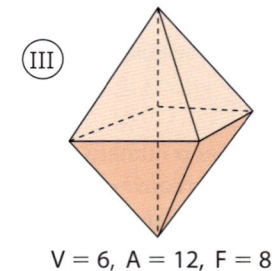

V = 6, A = 12, F = 8

O poliedro I é um prisma hexagonal. As 8 faces não são do mesmo tipo pois duas têm 6 arestas e as outras seis têm 4 arestas. Todos os ângulos poliédricos têm o mesmo número de arestas (3 arestas).

O poliedro II é uma pirâmide quadrangular. As 5 faces não são do mesmo tipo pois uma tem 4 arestas e as demais têm 3 arestas. Os ângulos poliédricos também não são do mesmo tipo pois um deles tem 4 arestas e os demais têm 3 arestas.

O poliedro III é um octaedro. As 8 faces são do mesmo tipo (têm 3 arestas cada). Os 8 ângulos poliédricos são do mesmo tipo (têm 4 arestas cada).

Dos três poliedros analisados somente o octaedro apresenta todas as faces com o mesmo número de arestas (cada uma tem 3 arestas) e todos os ângulos poliédricos com o mesmo número de arestas (cada um tem 4 arestas). Por causa disso, o octaedro é um **poliedro de Platão**.

▶ Definição

Um poliedro convexo é poliedro de Platão se:

1. todas as faces têm o mesmo número **n** de arestas;

2. todos os ângulos poliédricos têm o mesmo número **m** de arestas, ou ainda, cada vértice é ponto de concorrência do mesmo número **m** de arestas.

▶ Propriedade

> Existem cinco, e somente cinco, tipos de poliedros de Platão.

Vamos provar que isso é verdade usando as três condições que devem ser verificadas num poliedro de Platão.

- 1ª condição: Cada uma das **F** faces do poliedro tem **n** arestas (com $n \geqslant 3$) e, como cada aresta está em duas faces, temos:

$$n \cdot F = 2A \Rightarrow F = \frac{2A}{n} \quad ①$$

- 2ª condição: Cada um dos **V** vértices do poliedro é ponto de concorrência de **m** arestas (com $m \geqslant 3$) e, como cada aresta contém dois vértices, temos:

$$m \cdot V = 2A \Rightarrow V = \frac{2A}{m} \quad ②$$

- 3ª condição: Como o poliedro é euleriano, temos:

$$V - A + F = 2 \quad ③$$

Substituindo ① e ② em ③, temos:

$$\frac{2A}{m} - A + \frac{2A}{n} = 2$$

Dividindo os dois membros por 2A, vem:

$$\frac{1}{m} - \frac{1}{2} + \frac{1}{n} = \frac{1}{A} \quad ④$$

Já sabemos que $n \geqslant 3$ e $m \geqslant 3$. Notemos, porém, que **m** e **n** não podem ser ambos maiores que 3, pois:

$$\left.\begin{array}{l} m > 3 \Rightarrow m \geqslant 4 \Rightarrow \dfrac{1}{m} \leqslant \dfrac{1}{4} \\[2mm] n > 3 \Rightarrow n \geqslant 4 \Rightarrow \dfrac{1}{n} \leqslant \dfrac{1}{4} \end{array}\right\} \Rightarrow \dfrac{1}{m} + \dfrac{1}{n} \leqslant \dfrac{1}{2} \Rightarrow$$

$$\Rightarrow \frac{1}{m} - \frac{1}{2} + \frac{1}{n} \leqslant 0$$

Isso contraria a igualdade ④, uma vez que

$$\frac{1}{m} - \frac{1}{2} + \frac{1}{n} = \frac{1}{A} > 0.$$

Concluímos então que, nos poliedros de Platão, $m = 3$ ou $n = 3$.

- Se $m = 3$, retomando a igualdade ④, temos:

$$\frac{1}{3} - \frac{1}{2} + \frac{1}{n} = \frac{1}{A} \Rightarrow \frac{1}{n} - \frac{1}{6} = \frac{1}{A} > 0 \Rightarrow$$

$$\Rightarrow \frac{1}{n} > \frac{1}{6} \Rightarrow n < 6$$

Então, $n = 3$ ou $n = 4$ ou $n = 5$.

- Se $n = 3$, retomando a igualdade ④, concluímos analogamente que $m < 6$, ou seja, $m = 3$ ou $m = 4$ ou $m = 5$.

Podemos resumir todas as possibilidades para **m** e **n** na tabela abaixo.

m	n
3	3
3	4
3	5
4	3
5	3

Concluímos, assim, que são apenas cinco os tipos de poliedros de Platão, determinados pelos pares (m, n) dessa tabela.

Para saber o número de faces **F**, o número de vértices **V** e o número de arestas **A** de cada poliedro de Platão, basta substituir os valores de **m** e **n** em ①, ② e ④.

Como é o poliedro de Platão que tem faces pentagonais?

- Como as faces são pentagonais, n = 5.

- Recorrendo à tabela anterior, para n = 5, devemos ter m = 3.

- Em cada face há 5 arestas; então:

$$5F = 2A \Rightarrow F = \frac{2A}{5}$$

- Em cada vértice concorrem 3 arestas; então:

$$3V = 2A \Rightarrow V = \frac{2A}{3}$$

- Usando a relação de Euler, vem:

$$V + F = A + 2 \Rightarrow \frac{2A}{3} + \frac{2A}{5} = A + 2 \Rightarrow$$

$$\Rightarrow 10A + 6A = 15A + 30 \Rightarrow$$

$$\Rightarrow A = 30; F = 12 \text{ e } V = 20$$

Trata-se, portanto, de um poliedro de 12 faces (F = 12) pentagonais (n = 5), chamado dodecaedro (nome determinado pelo número de faces).

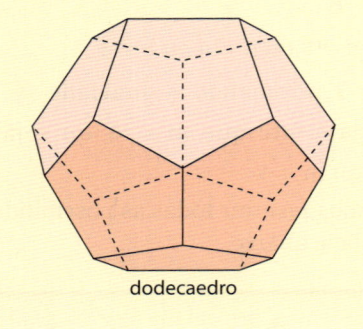

dodecaedro

Em resumo, procedendo como no exemplo, podemos apresentar os cinco poliedros de Platão e seus nomes.

m	n	A	V	F	Nome
3	3	6	4	4	tetraedro
3	4	12	8	6	hexaedro
4	3	12	6	8	octaedro
3	5	30	20	12	dodecaedro
5	3	30	12	20	icosaedro

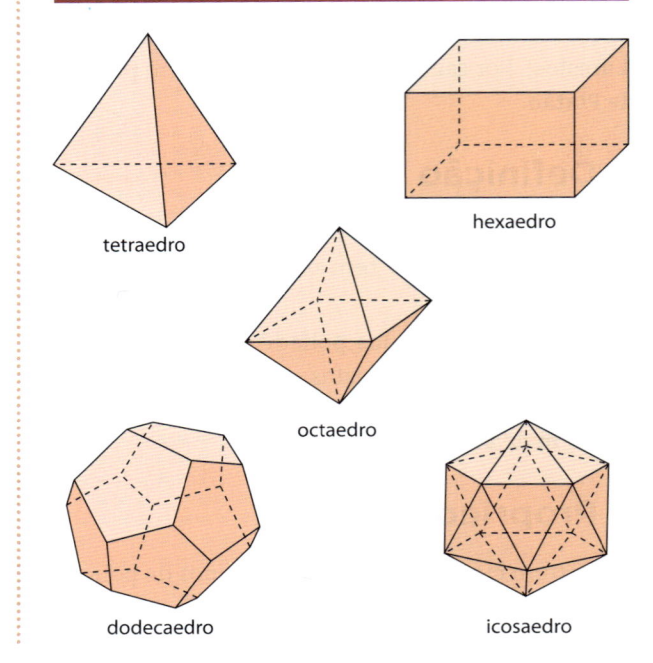

tetraedro

hexaedro

octaedro

dodecaedro

icosaedro

▶ Poliedros regulares

Um poliedro convexo é regular se:

- suas faces são polígonos regulares e congruentes;

- em todos os seus vértices concorre o mesmo número de arestas.

Num poliedro regular, percebe-se imediatamente que:

- todas as faces têm o mesmo número de arestas (pois as faces são polígonos congruentes);

- todos os vértices são pontos em que concorre o mesmo número de arestas;

- o poliedro é euleriano (pois é convexo).

Assim, todo poliedro regular é poliedro de Platão. Por isso, existem cinco tipos de poliedros regulares:

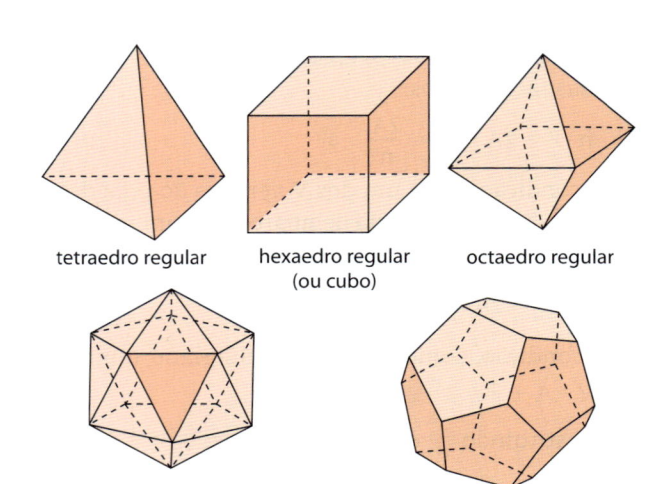

tetraedro regular

hexaedro regular (ou cubo)

octaedro regular

icosaedro regular

dodecaedro regular

EXERCÍCIOS

8 Classifique cada uma das sentenças seguintes como verdadeira (**V**) ou falsa (**F**):

a) Todo poliedro regular é poliedro de Platão.

b) Todo poliedro de Platão é regular.

c) Todos os poliedros regulares têm faces triangulares.

d) O icosaedro regular tem 20 faces triangulares.

e) As faces de um hexaedro regular são hexagonais.

9 Determine, em graus, a soma dos ângulos das faces de um:

a) tetraedro;   **d)** dodecaedro;

b) hexaedro;   **e)** icosaedro.

c) octaedro;

10 Um marceneiro foi contratado para fazer 30 poliedros regulares, dez dos quais serão pintados de azul, dez de rosa e os restantes de amarelo.

Sabendo que:

• cada poliedro azul deverá ter 6 arestas e 4 vértices;

• cada poliedro rosa deverá ter 12 faces pentagonais;

• cada poliedro amarelo deverá ter 8 faces triangulares;

pergunta-se:

a) De que tipo serão os poliedros pintados de azul?

b) Qual é o número de arestas de cada poliedro rosa?

c) Quantos vértices terá cada poliedro amarelo?

EXERCÍCIOS COMPLEMENTARES

1 Um ponto **P** está à distância de 12 cm de uma das faces de um diedro reto e à distância de 16 cm da outra face. Calcule a distância de **P** à aresta do diedro.

2 A que distância do vértice de um triedro trirretângulo deve passar um plano para que a seção obtida seja um triângulo equilátero de lado ℓ conhecido?

3 Uma bola de futebol foi feita a partir de um poliedro convexo composto de 32 faces regulares: 12 pentagonais e 20 hexagonais. Determine o número de arestas e o número de vértices desse poliedro.

4 Um poliedro euleriano possui 6 faces quadrangulares e 8 pentagonais. Determine o número de faces, arestas e vértices desse poliedro.

5 Um poliedro convexo possui 4 faces triangulares e 6 faces hexagonais. Determine o número de faces, arestas e vértices desse poliedro.

6 Um poliedro convexo apresenta todos os seus 6 ângulos poliédricos com 4 arestas cada um. Descreva as faces desse poliedro.

7 Um poliedro regular apresenta soma das medidas dos ângulos de face igual a 720°. Que poliedro é esse?

8 Lembrando que a soma das medidas dos ângulos de um polígono convexo de **n** lados é igual a $(n-2) \cdot 180°$, calcule a soma das medidas dos ângulos das faces de um poliedro.

9 Calcule a soma das medidas dos ângulos das faces de um poliedro convexo em que cada vértice é ponto de concorrência de 3 arestas e cujas faces são todas pentagonais.

10 Um tetraedro regular VABC foi aberto com uma tesoura nas arestas VA, VB e VC. Em seguida, todas as faces foram dobradas para ficarem no mesmo plano. Veja as figuras I (tetraedro) e II (tetraedro planificado).

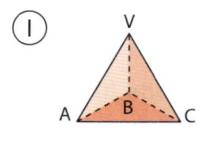
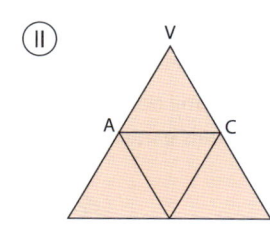

Coloque as letras que faltam na figura II.

11 Coloque as letras que faltam na figura II, de modo que ela seja a planificação do cubo da figura I.

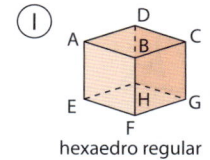

hexaedro regular

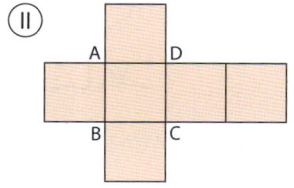

TESTES

1 (UF-AM) O número de faces de um poliedro convexo de 22 arestas é igual ao número de vértices. Então o número de faces do poliedro é:

a) 6   **b)** 8   **c)** 10   **d)** 11   **e)** 12

2 (PUC-PR) Um poliedro convexo é formado por faces quadrangulares e 4 faces triangulares. A soma dos ângulos de todas as faces é igual a 12 ângulos retos. Qual o número de arestas desse poliedro?

a) 8   **b)** 6   **c)** 4   **d)** 2   **e)** 1

3 (UF-PI) Um poliedro convexo, constituído de faces triangulares e quadrangulares, possui 20 arestas, e a soma dos ângulos de suas faces é igual a 2 880°. É correto afirmar que esse poliedro possui:

a) 8 faces triangulares.   **c)** 10 faces.

b) 12 vértices.   **d)** 8 faces quadrangulares.

4 (UE-CE) Um poliedro convexo tem 32 faces, sendo 20 hexágonos e 12 pentágonos. O número de vértices desse polígono é:

a) 90   **b)** 72   **c)** 60   **d)** 56

5 (UF-CE) O número de faces de um poliedro convexo com 20 vértices e com todas as faces triangulares é igual a:

a) 28   **c)** 32   **e)** 36

b) 30   **d)** 34

6 (U.F. Pelotas-RS) No país do México, há mais de mil anos, o povo Asteca resolveu o problema da armazenagem da pós-colheita de grãos com um tipo de silo em forma de uma bola colocado sobre uma base circular de alvenaria.

A forma desse silo é obtida juntando 20 placas hexagonais e mais 12 placas pentagonais.

(http://www.tibarose.com/port/boletim.htm, acessado em 10/10/2007. [Adapt.])

Com base no texto, é correto afirmar que esse silo tem:

a) 90 arestas e 60 vértices.

b) 86 arestas e 56 vértices.

c) 90 arestas e 56 vértices.

d) 86 arestas e 60 vértices.

e) 110 arestas e 60 vértices.

f) I. R. [(Impossível Responder)]

7 (U. F. Juiz de Fora-MG) A figura abaixo representa a planificação de um poliedro convexo. O número de vértices deste poliedro é:

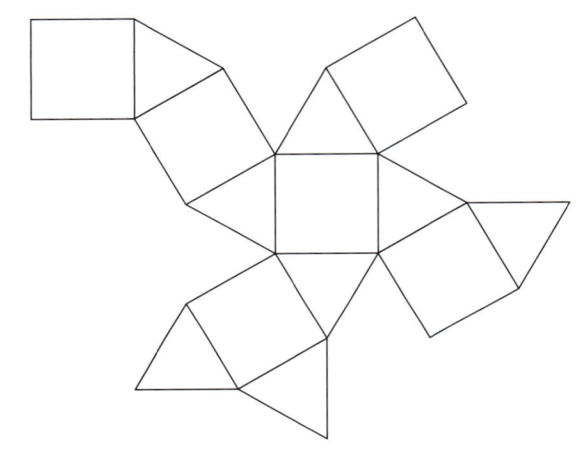

a) 12

b) 14

c) 16

d) 20

e) 22

8 (UF-PE) Em relação aos poliedros regulares, podemos afirmar que [(identifique as afirmações verdadeiras)]:

(0-0) são sempre poliedros estrelados.

(1-1) possuem $\dfrac{n(n-3)}{2}$ diagonais, sendo **n** o número de arestas do poliedro.

(2-2) possuem F + V − 2 arestas, sendo (**F**) o número de faces e (**V**) o número de vértices.

(3-3) tem por faces: triângulos equiláteros, quadrados, pentágonos e hexágonos regulares.

(4-4) são superfícies limitadas pelo mesmo tipo de polígono regular.

9 (UF-RS) Considere a figura abaixo, que representa a planificação de um cubo.

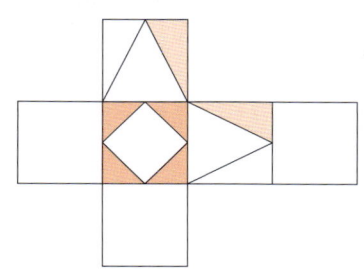

Qual dos cubos apresentados nas alternativas pode corresponder ao desenho da planificação?

a)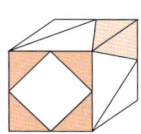

b)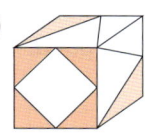

c)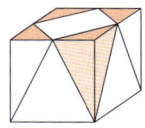

d)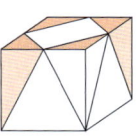

e)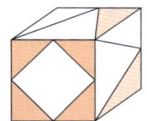

10 (Cefet-SP) Um poliedro convexo tem 14 arestas e 6 faces. O número de vértices desse poliedro é:

a) 22
b) 10
c) 18
d) 6
e) 8

11 (Cefet-SP) Na tabela a seguir, foram mencionados alguns números de arestas, de vértices e de faces dos poliedros (1), (2) e (3).

Poliedro	Número de faces	Número de arestas	Número de vértices
(1)	6	12	v
(2)	5	a	5
(3)	f	9	6

(1) prisma   (2) pirâmide   (3) prisma

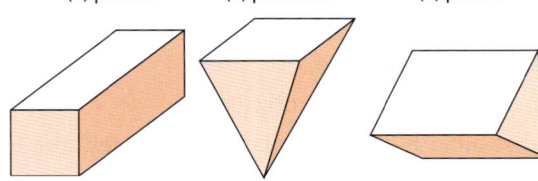

Os números representados por **a**, **f** e **v**, que estão faltando na tabela, são, respectivamente:

a) 7, 3, 7.
b) 8, 4, 7.
c) 8, 5, 8
d) 6, 4, 6.
e) 8, 13, 14.

12 (Unifesp-SP) Considere o poliedro cujos vértices são os pontos médios das arestas de um cubo.

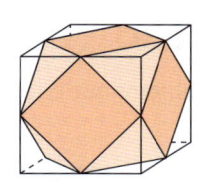

O número de faces triangulares e o número de faces quadradas desse poliedro são, respectivamente:

a) 8 e 8.
b) 8 e 6.
c) 6 e 8.
d) 8 e 4.
e) 6 e 6.

13 (UE-CE) A área da superfície do poliedro convexo cujos vértices são os pontos centrais das faces de um cubo cuja medida da aresta é 2 m é igual a:

a) $\frac{\sqrt{3}}{2}$ m²
b) $\sqrt{3}$ m²
c) $2\sqrt{3}$ m²
d) $4\sqrt{3}$ m²

14 (UE-CE) A soma do número de faces, com o número de arestas e com o número de vértices de um cubo é:

a) 18
b) 20
c) 24
d) 26

15 (UE-CE) Se **f** é o número de faces, **v** é o número de vértices e **a** o número de arestas de um paralelepípedo retângulo, então a soma f + v + a é igual a:

a) 20
b) 22
c) 24
d) 26

Cilindro

▶ Introdução

Observe alguns objetos que encontramos no nosso dia a dia:

Todos eles têm a forma geométrica chamada **cilindro**, que estudaremos neste capítulo.

Note que a lata mostrada na figura abaixo tem a forma de um sólido com as seguintes características:

• apresenta dois círculos com raios de medidas iguais que se situam em planos paralelos;

• sua superfície lateral é constituída por todos os segmentos de reta de igual comprimento, paralelos à reta que contém os centros dos círculos e que tem extremidades nas circunferências desses círculos.

Por essas razões, podemos afirmar que a lata tem a forma de um cilindro.

▶ Conceito

Consideremos um círculo de centro **O** e raio **r**, em um plano **α**, e um segmento de reta $\overline{PQ}$, cuja reta suporte intersecta **α**.

Tomemos segmentos de reta paralelos e congruentes a $\overline{PQ}$, cada um deles com uma extremidade em um ponto do círculo e com a outra extremidade em um mesmo semiespaço dos determinados por **α**.

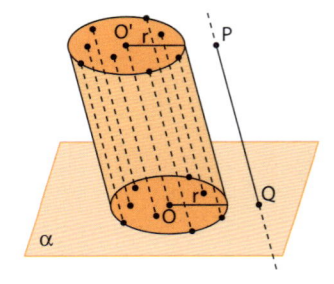

A reunião de todos esses segmentos é um sólido chamado **cilindro circular** ou, simplesmente, **cilindro**.

▶ Elementos e classificação

No cilindro representado abaixo, temos:

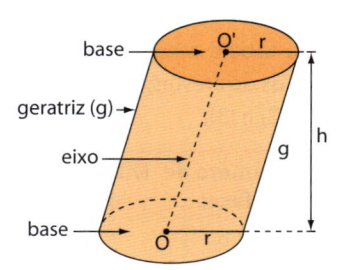

• os círculos de centros **O** e **O'** e raio **r**, situados em planos paralelos, chamados **bases** do cilindro;

• os segmentos paralelos a $\overline{OO'}$, com extremidades em pontos das circunferências das bases, chamados **geratrizes** do cilindro;

• a reta $\overleftrightarrow{OO'}$, que é o **eixo** do cilindro;

• a distância **h**, entre os planos das bases, que é a **altura** do cilindro.

Quanto à inclinação da geratriz em relação aos planos de suas bases, um cilindro classifica-se em:

- **cilindro oblíquo**, quando a geratriz é oblíqua aos planos das bases;

- **cilindro reto**, quando a geratriz é perpendicular aos planos das bases. Nesse caso, ela é a altura do cilindro.

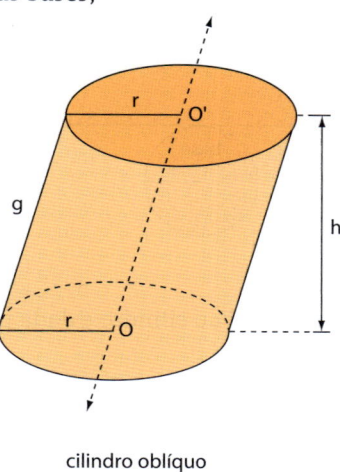

cilindro oblíquo

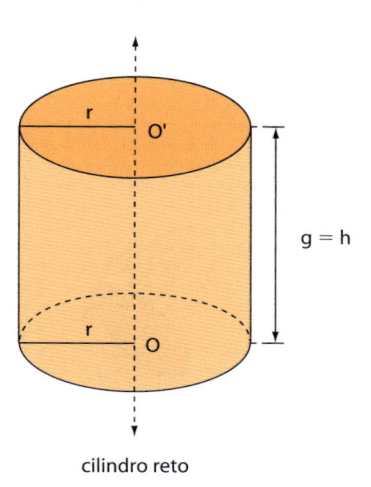

cilindro reto

OBSERVAÇÕES

O **cilindro circular reto** é também chamado **cilindro de revolução**, por ser gerado pela rotação de um retângulo em torno de um de seus lados.

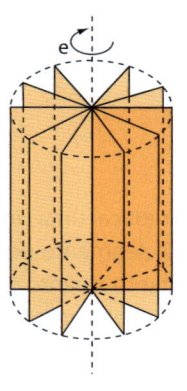

▶ Áreas do cilindro circular reto

▶ Área da base (A_b)

A área de um círculo de raio **r** é a **área da base**.

$$A_b = \pi r^2$$

▶ Área lateral (A_ℓ)

Dá-se o nome de **área lateral** à área de um retângulo de base $2\pi r$ (comprimento da circunferência da base) e altura **h**, em que **r** é a medida do raio do cilindro e **h** a medida da altura do cilindro.

Isso pode ser visualizado se planificarmos a superfície lateral do cilindro.

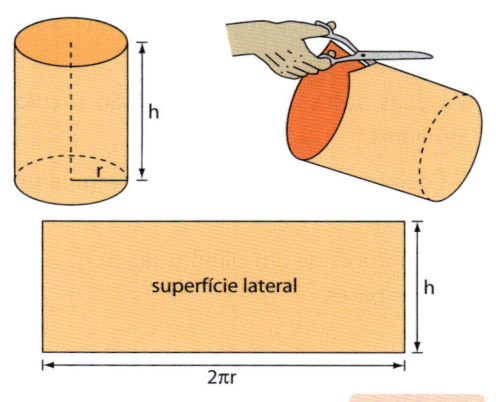

superfície lateral

Assim, A_ℓ é a área de um retângulo: $A_\ell = 2\pi rh$

▶ Área total (A$_t$)

A **área total** de um cilindro é a reunião da área da superfície lateral com a área dos círculos das bases.

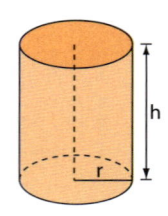

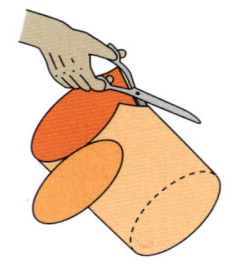

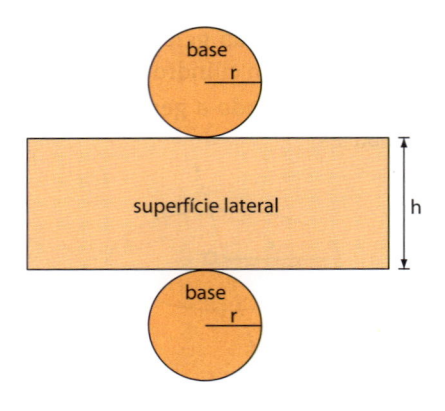

Assim, a área total do cilindro é dada por:

$A_t = A_\ell + 2A_b$

Substituindo $A_\ell = 2\pi rh$ e $A_b = \pi r^2$, temos:

$A_t = 2\pi rh + 2\pi r^2 \Rightarrow \boxed{A_t = 2\pi r(h + r)}$

 EXERCÍCIO RESOLVIDO

1 Dispondo-se de uma tira de lata com forma retangular, medindo 12 cm × 18 cm, deseja-se montar um cilindro circular reto que use essa tira como sua superfície lateral. Qual é o raio máximo que a base desse cilindro poderá ter?

Use $\pi \simeq 3$.

Solução:

Notemos inicialmente que ao retificar uma circunferência de raio **R** obtemos um segmento de reta de comprimento $\ell = 2\pi R$, portanto, quanto maior for **R**, maior será o valor de ℓ. Para obtermos o raio máximo, ao enrolar a tira para formar a superfície lateral do cilindro devemos escolher o menor lado (12 cm) para funcionar como altura do cilindro e, consequentemente, o maior lado (18 cm) como retificação da circunferência da base.

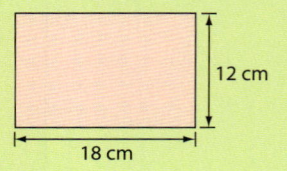

Nesse caso, fazendo $\ell = 18$ cm, temos:

18 cm $= 2\pi R = 2 \cdot 3 \cdot R$, então R = 3 cm.

 EXERCÍCIOS

1 Classifique cada sentença a seguir em falsa (**F**) ou verdadeira (**V**).

a) As duas bases de um cilindro são círculos congruentes.

b) As geratrizes de um cilindro são segmentos congruentes.

c) As geratrizes de um cilindro são perpendiculares às suas bases.

2 Calcule, em cada caso, a área da base, a área lateral e a área total de um cilindro reto:

a) cuja altura mede 3 cm e o raio da base 2 cm;

b) cujo diâmetro da base mede 4 cm e a altura $\frac{3}{4}$ do raio da base;

c) cuja planificação da superfície lateral é um retângulo de 10π cm de base e 25 cm de altura;

d) inscrito em um paralelepípedo retângulo de 20 cm de altura e base quadrada de perímetro 24 cm;

e) circunscrito a um cubo cuja diagonal mede $9\sqrt{3}$ cm;

f) obtido pela rotação, em torno do maior lado, de um retângulo de área 48 cm², em que um lado mede o triplo do outro.

▶ Volume do cilindro circular reto

Consideremos um cilindro de altura **h** e área da base **A**$_b$. Consideremos também um prisma de altura **h** e área da base **A**$_b$. Note que o cilindro e o prisma têm alturas iguais e bases equivalentes.

Suponhamos que os dois sólidos tenham as bases em um mesmo plano **α** e fiquem no mesmo semiespaço de origem **α**. Qualquer plano **β** paralelo a **α** que secione o cilindro também seciona o prisma, e as seções **B**$_1$ e **B**$_2$ têm áreas iguais a **A**$_b$, pois são congruentes às respectivas bases. Então, pelo princípio de Cavalieri, o cilindro e o prisma têm volumes iguais.

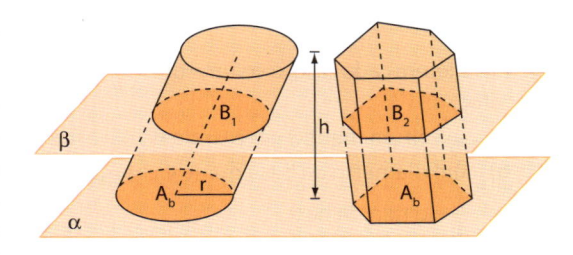

$$V_{cilindro} = V_{prisma}$$

Como $V_{prisma} = A_b \cdot h$, então $V_{cilindro} = A_b \cdot h$.

Portanto, o volume de um cilindro é igual ao produto da área da base pela medida da altura: $V = A_b \cdot h$.

Como $A_b = \pi r^2$, temos:

$$V = \pi r^2 h$$

EXEMPLO 1

Uma lata de refrigerante tem a forma de um cilindro reto, cuja altura mede 10 cm e o diâmetro da base mede 6,2 cm. Vamos usar a aproximação $\pi \simeq 3,14$ para calcular a capacidade da lata e a quantidade de metal utilizado na sua produção.

Temos r = 3,1 cm e h = 10 cm; então:

$V = \pi r^2 h = \pi \cdot (3,1)^2 \cdot 10 = 301,7 \text{ cm}^3 \simeq 300 \text{ mL}$

$A_t = 2\pi r(h + r) = 2\pi \cdot 3,1(10 + 3,1) = 81,22\pi \simeq 255,07$, portanto, $A_t \simeq 255,07 \text{ cm}^2$

EXERCÍCIO RESOLVIDO

2 Um tambor de gasolina com forma de cilindro circular reto tem base com 60 cm de diâmetro e altura 100 cm. Desse tambor, que se encontra completamente cheio, retira-se uma lata com 20 L de gasolina. Pergunta-se:

a) Qual é a capacidade do tambor?

b) Retirada a lata de gasolina, qual é a altura da gasolina restante no tambor?

Solução:

a) A capacidade do tambor é o volume de um cilindro com r = 30 cm e h = 100 cm. Então:

$V = \pi r^2 h = \pi \cdot 30^2 \cdot 100 =$

$= 90000 \cdot \pi \simeq 282744$, portanto,

$V \simeq 282744 \text{ cm}^3 = 282,744 \text{ L}$

b) Depois de retirada uma lata de 20 L de gasolina, sobram no tambor:

282,744 L − 20 L = 262,744 L

A gasolina restante no tambor ocupa um volume de um cilindro com raio r = 30 cm e altura **h**$_1$ cujo volume é exatamente 262,744 L = 262744 cm³. Então:

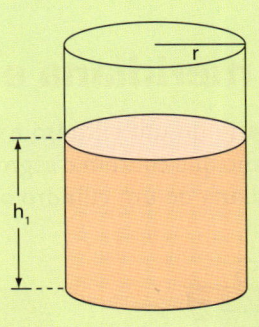

$262744 = \pi \cdot 30^2 \cdot h_1 \Rightarrow$

$\Rightarrow 262744 = 2827,44 \cdot h_1 \Rightarrow$

$\Rightarrow h_1 = \dfrac{262744}{2827,44} \simeq 93$, portanto, $h_1 \simeq 93$ cm

EXERCÍCIOS

3 Calcule, em cada caso, o volume de um cilindro circular reto:

a) cuja altura mede 3 cm e o raio da base mede 2 cm;

b) cujo diâmetro da base mede 4 cm e a altura mede $\dfrac{3}{4}$ do raio da base;

c) cuja planificação da superfície lateral é um retângulo de 10π cm de base e 25 cm de altura;

d) inscrito em um paralelepípedo retângulo de 20 cm de altura e base quadrada de perímetro 24 cm;

e) circunscrito a um cubo cuja diagonal mede $9\sqrt{3}$ cm;

f) obtido pela rotação, em torno do maior lado, de um retângulo de área 48 cm², em que um lado mede o triplo do outro.

4 Em um parque foram feitos 34 bancos de concreto, com a forma de cilindro reto, com 70 cm de altura e base 80 cm de diâmetro. Determine o custo desses bancos, sabendo que o preço do metro cúbico de concreto foi de R$ 100,00. Use $\pi \simeq \dfrac{22}{7}$.

5 Um vaso, em forma de cilindro reto, tem como base um círculo de área 100π cm². Determine sua altura, sabendo que ele foi preenchido totalmente com 9 dm³ de terra. Use $\pi \simeq 3$.

6 Uma caixa-d'água com a forma de um cilindro reto tem 7 m de altura e sua área lateral é o quádruplo da área da base. Determine sua capacidade, em litros. Use $\pi \simeq \dfrac{22}{7}$.

7 Um recipiente em forma de cilindro reto está cheio de água. Essa água foi toda despejada em um outro cilindro reto de mesma altura, ocupando metade de sua capacidade. Determine a relação entre as medidas dos raios das bases dos dois cilindros.

8 A tabela abaixo representa as dimensões de três cilindros retos.

Cilindro	Raio da base (cm)	Altura (cm)
R	5	4
S	10	8
T	15	12

a) Determine, para cada um deles, a área da base, a área lateral e o volume.

b) Para cada dois cilindros desses, determine a razão entre as medidas dos raios da base e das alturas, e entre as áreas das bases, as áreas laterais e os volumes.

c) Se as medidas dos raios e das alturas de dois cilindros retos são proporcionais, de razão **k**, existe alguma proporcionalidade entre as medidas das áreas das bases, das áreas laterais e dos volumes? Em caso positivo, qual é a razão de proporcionalidade?

9 As medidas dos raios de dois cilindros retos semelhantes estão entre si assim como 3 está para 4. Determine seus respectivos volumes, sabendo que a soma das medidas de suas alturas é 21 cm e a área total do menor é igual a 180π cm².

10 Um tambor em forma de cilindro reto contém 27,45 litros de uma substância que deve ser totalmente transferida para recipientes cilíndricos menores e iguais entre si. Use $\pi \simeq 3$ e determine o menor número desses recipientes em cada caso:

a) suas bases têm 2 cm de diâmetro e suas alturas medem 6 cm;

b) suas alturas medem $\dfrac{1}{4}$ da altura do tambor e os raios das bases medem $\dfrac{1}{5}$ do raio da base do tambor.

11 Uma tora de madeira foi transformada em um cilindro reto maciço de 2 m de altura e 30 cm de diâmetro. Se a densidade da madeira é 0,87 g/cm³, determine a massa do cilindro. Use $\pi \simeq 3$.

▶ Seção meridiana e cilindro equilátero

Seção meridiana de um cilindro é a interseção deste com um plano que contém o segmento $\overline{OO'}$.

A seção meridiana de um cilindro oblíquo é um paralelogramo.

A seção meridiana de um cilindro reto é um retângulo de dimensões 2r (diâmetro da base) e **h** (altura do cilindro).

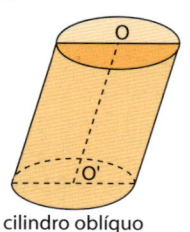

cilindro oblíquo

seção meridiana

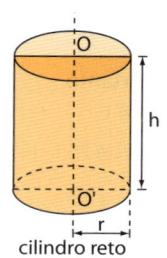

cilindro reto

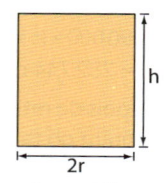

seção meridiana

Cilindro equilátero é um cilindro cuja seção meridiana é um quadrado. Num cilindro equilátero, g = h = 2r.

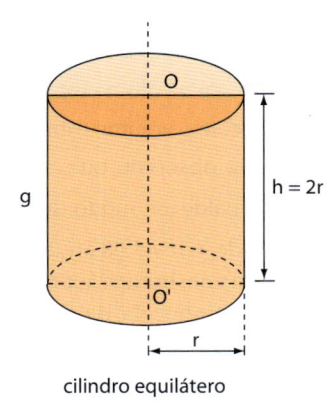

cilindro equilátero

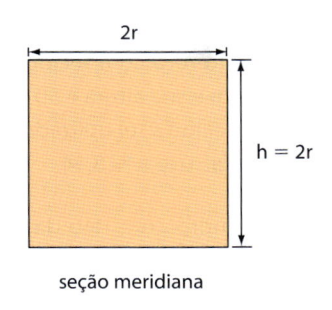

seção meridiana

 EXERCÍCIO RESOLVIDO

3 Um cilindro equilátero tem 10 cm de altura. Calcular a área lateral, a área total e o volume desse cilindro.

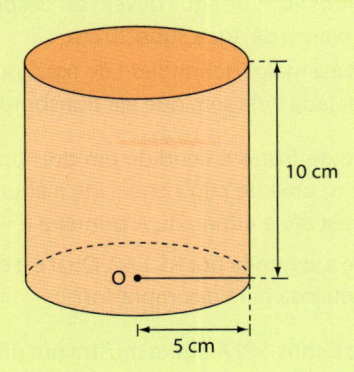

10 cm

5 cm

Solução:

• Área lateral

$\left.\begin{array}{l} A_\ell = 2\pi rh \\ h = 2r \end{array}\right\} \Rightarrow A_\ell = 2\pi r \cdot 2r = 4\pi r^2 \Rightarrow$

$\Rightarrow A_\ell = 100\pi \text{ cm}^2$

• Área total

$\left.\begin{array}{l} A_t = A_\ell + 2A_b \\ A_b = \pi r^2 \end{array}\right\} \Rightarrow A_t = 4\pi r^2 + 2\pi r^2 = 6\pi r^2 \Rightarrow$

$\Rightarrow A_t = 150\pi \text{ cm}^2$

• Volume

$\left.\begin{array}{l} V = \pi r^2 h \\ h = 2r \end{array}\right\} \Rightarrow V = \pi r^2 \cdot 2r = 2\pi r^3 \Rightarrow V = 250\pi \text{ cm}^3$

 EXERCÍCIOS

12 Determine, em cada caso, a área lateral e o volume do cilindro reto cuja seção meridiana:

a) é um quadrado de perímetro 20 cm;

b) é um retângulo cuja diagonal mede $3\sqrt{10}$ cm e tem perímetro igual a 24 cm;

c) tem área de 64 cm² e um lado mede o dobro do outro.

13 Qual é a medida da diagonal da seção meridiana de um cilindro equilátero cuja área total é 72π cm²?

14 As medidas dos raios da base de dois cilindros equiláteros estão entre si assim como 5 está

para 6. O cilindro de maior volume tem seção meridiana de área 900 cm². Determine, para os dois cilindros:

a) as medidas das alturas;

b) as áreas das bases;

c) as áreas laterais.

15 Em um supermercado há duas latas de achocolatado em forma de cilindro reto, contendo 400 g do produto. A primeira tem como seção meridiana um quadrado de 10 cm de lado. A segunda tem altura de 15 cm e o diâmetro da base mede 7,5 cm. Determine qual delas utiliza menor quantidade de material na sua confecção.

EXERCÍCIOS **COMPLEMENTARES**

1 Deseja-se revestir um cilindro reto com tecido. Sua base tem raio medindo 20 cm e sua altura é 50 cm. Determine a menor área do tecido a ser utilizado sem fazer emendas na parte lateral. Use $\pi \simeq 3,14$.

2 Deseja-se construir um cilindro com raio da base R = 3 cm e altura h = 5 cm. A superfície desse cilindro será feita com cartolina cuja folha é retangular. Analise se as dimensões das folhas seguintes são suficientes para a construção do cilindro. Desconsidere o material utilizado nas dobras e use $\pi \simeq 3,14$.

a) 18 cm × 17 cm

b) 19 cm × 11 cm

c) 28,5 cm × 5 cm

3 Uma lata de goiabada, em forma de cilindro reto, tem 20 cm de diâmetro e 4 cm de altura. Aberta a lata, uma pessoa tira uma fatia, fazendo dois cortes verticais a partir do centro do doce. Determine o volume de doce retirado, se os dois cortes formarem um ângulo de medida:

a) 90°

b) 60°

c) 45°

d) 30°

4 Um pluviômetro cilíndrico tem um diâmetro de 30 cm. A água colhida pelo pluviômetro depois de um temporal é colocada em um recipiente também cilíndrico, cuja circunferência da base mede 20π cm. Que altura havia alcançado a água no pluviômetro, sabendo que no recipiente alcançou 180 mm?

5 O volume de um cilindro reto é igual a 16π cm³. Mantendo sua altura e aumentando a medida do raio de sua base em 2 cm, o volume aumenta em 20π cm³. Determine a altura do cilindro.

6 (UF-MG) João comprou um balde em forma de um cilindro circular reto, cujo diâmetro da base **D**, e cuja altura **H** medem, cada um deles, 30 cm. Ele precisa introduzir, nesse balde, verticalmente, uma peça metálica, também em forma de um cilindro circular reto, cujo diâmetro da base **d** e cuja altura **l** medem, respectivamente, 20 cm e 27 cm. Suponha que o balde contém água até um nível **h**.
Considerando essas informações:

a) Calcule o volume total do balde, em cm³ .

b) Calcule o volume total da peça metálica, em cm³ .

c) João observou que, se a peça fosse introduzida no balde, de modo que $\frac{2}{3}$ dela ficassem fora do balde, o nível da água subiria até atingir a borda, sem transbordar. Suponha que, em seguida, a peça foi introduzida, de modo que a metade dela ficou fora do balde. Determine o volume da água que transborda, nesse caso.

7 O diâmetro da base de um reservatório com a forma de um cilindro reto, de 3 m de altura, mede 2 m. A água que ele contém ocupa $\frac{3}{4}$ de sua capacidade. Use $\pi \simeq 3,1$.

a) Quantos litros de água ele contém?

b) Se nele forem despejados 2000 litros, que altura o nível da água atingirá?

c) Quantos litros de água devem ser despejados para que o nível da água suba 20 cm?

d) Qual é a maior quantidade de água que pode ser despejada nele sem que ele transborde?

8 Um suco de frutas é vendido em dois tipos de latas cilíndricas: uma de raio **r** cheia até a altura **h** e outra $\frac{r}{2}$ e cheia até a altura 2h. A primeira é vendida por R\$ 3,00 e a segunda por R\$ 1,60. Qual é a embalagem mais vantajosa para o comprador?

9 (U.F. São Carlos-SP) A figura mostra um prisma retangular reto de base quadrada com um cilindro circular reto inscrito no prisma. O lado da base do prisma mede 4 dm e a altura é dada por h(x) = x³ − 5x² + + 8x dm, com x > 0.

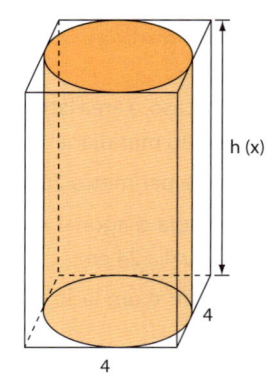

h (x)

4

4

a) Calcule o volume do prisma para x = 3 dm.

b) Para x = 1 dm, o volume do cilindro inscrito é 16π dm³. Encontre os outros valores de **x** para os quais isso acontece.

10 (Vunesp-SP) Por ter uma face aluminizada, a embalagem de leite "longa vida" mostrou-se conveniente para ser utilizada como manta para subcoberturas de telhados, com a vantagem de ser uma solução ecológica que pode contribuir para que esse material não seja jogado no lixo. Com a manta, que funciona como isolante térmico, refletindo o calor do sol para cima, a casa fica mais confortável. Determine quantas caixinhas precisamos para fazer uma manta (sem sobreposição) para uma casa que tem um telhado retangular com 6,9 m de comprimento e 4,5 m de largura, sabendo-se que a caixinha, ao ser desmontada (e ter o fundo e o topo abertos), toma a forma aproximada de um cilindro oco de 0,23 m de altura e 0,50 m de raio, de modo que, ao ser cortado acompanhando sua altura, obtemos um retângulo. Nos cálculos, use o valor aproximado $\pi \simeq 3$.

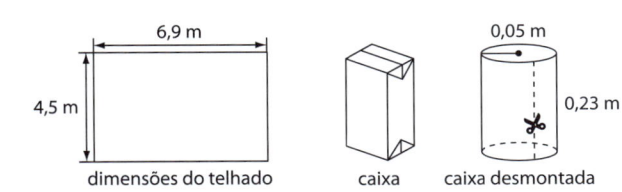

dimensões do telhado — caixa — caixa desmontada

11 (Unifesp-SP) Por motivos técnicos, um reservatório de água na forma de um cilindro circular reto (reservatório 1), completamente cheio, será totalmente esvaziado e sua água será transferida para um segundo reservatório, que está completamente vazio, com capacidade maior do que o primeiro, também na forma de um cilindro circular reto (reservatório 2). Admita que a altura interna h(t), em metros, da água no reservatório 1, **t** horas a partir do instante em que se iniciou o processo de esvaziamento, pode ser expressa pela função:

$$h(t) = \frac{15t - 120}{t - 12}$$

a) Determine quantas horas após o início do processo de esvaziamento a altura interna da água no reservatório 1 atingiu 5 m e quanto tempo demorou para que esse reservatório ficasse completamente vazio.

b) Sabendo que o diâmetro interno da base do reservatório 1 mede 6 m e o diâmetro interno da base do reservatório 2 mede 12 m, determine o volume de água que o reservatório 1 continha inicialmente e a altura interna **H**, em metros, que o nível da água atingiu no reservatório 2 após o término do processo de esvaziamento do reservatório 1.

12 Um tubo sem tampa tem a forma de um cilindro reto e espessura de 5 mm. O diâmetro externo de sua base é 1,8 cm e seu comprimento é 0,5 m. Determine:

a) o volume de material do tubo;

b) a área lateral da parte interna do tubo;

c) a área lateral da parte externa do tubo.

13 (Vunesp-SP) Considere dois canos, **A** e **B**, de PVC, cada um com 10 metros de comprimento, **A** possuindo r = 5 cm de raio, e **B**, R = 15 cm. O cano **A** é colocado no interior de **B** de forma que os centros coincidam, conforme a figura, e o espaço entre ambos é preenchido com concreto.

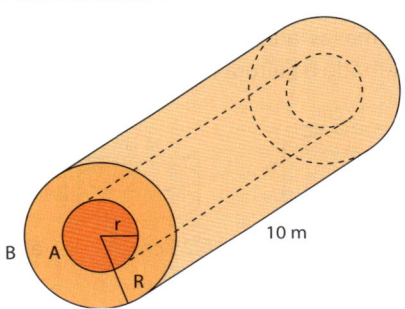

Fora de escala.

Considerando $\pi \simeq 3,14$,

a) calcule a área de uma das superfícies de concreto expostas, em cm², quando um corte perpendicular ao comprimento do cano for feito.

b) encontre o volume de concreto, em m³, para preencher toda a extensão de 10 metros entre os dois canos.

TESTES

1 (Enem-MEC) Dona Maria, diarista na casa da família Teixeira, precisa fazer café para servir à vinte pessoas que se encontram numa reunião na sala. Para fazer o café, Dona Maria dispõe de uma leiteira cilíndrica e copinhos plásticos, também cilíndricos.

Com o objetivo de não desperdiçar café, a diarista deseja colocar a quantidade mínima de água na leiteira para encher os

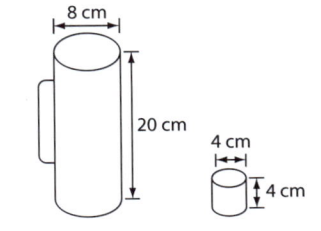

vinte copinhos pela metade. Para que isso ocorra, Dona Maria deverá:

a) encher a leiteira até a metade, pois ela tem um volume 20 vezes maior que o volume do copo.

b) encher a leiteira toda de água, pois ela tem um volume 20 vezes maior que o volume do copo.

c) encher a leiteira toda de água, pois ela tem um volume 10 vezes maior que o volume do copo.

d) encher duas leiteiras de água, pois ela tem um volume 10 vezes maior que o volume do copo.

e) encher cinco leiteiras de água, pois ela tem um volume 10 vezes maior que o volume do copo.

2 (FGV-SP) Um retângulo de lados medindo 8 cm e 3 cm gira ao redor de um eixo que contém o menor lado. O volume em centímetros cúbicos do sólido gerado através dessa rotação é:

a) 190π c) 194π e) 198π

b) 192π d) 196π

3 (Enem-MEC) Para construir uma manilha de esgoto, um cilindro com 2 m de diâmetro e 4 m de altura (de espessura desprezível), foi envolvido homogeneamente por uma camada de concreto, contendo 20 cm de espessura.

Supondo que cada metro cúbico de concreto custe R$ 10,00 e tomando 3,1 como valor aproximado de **π**, então o preço dessa manilha é igual a:

a) R$ 230,40   c) R$ 104,16   e) R$ 49,50

b) R$ 124,00   d) R$ 54,56

4 (UF-PR) As duas latas na figura abaixo possuem internamente o formato de cilindros circulares retos, com as alturas e diâmetros da base indicados. Sabendo que ambas as latas têm o mesmo volume, qual o valor aproximado da altura **h**?

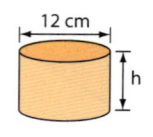

a) 5 cm   c) 6,25 cm   e) 8,43 cm

b) 6 cm   d) 7,11 cm

5 (U. F. Ouro Preto-MG) Deseja-se construir um reservatório para armazenar 1 000 litros de água, ou seja, 1 metro cúbico de água. Sabendo-se que esse reservatório tem a forma cilíndrica e a base tem uma área de 2 metros quadrados, qual deve ser a sua altura?

a) 0,30 metro   c) mais de meio metro

b) 0,50 metro   d) 1 metro

6 (Fuvest-SP) A grafite de um lápis tem 15 cm de comprimento e 2 mm de espessura. Dentre os valores abaixo, o que mais se aproxima do número de átomos presentes nessa grafite é:

a) $5 \cdot 10^{23}$ c) $5 \cdot 10^{22}$ e) $5 \cdot 10^{21}$

b) $1 \cdot 10^{23}$ d) $1 \cdot 10^{22}$

Nota:

1. Assuma que a grafite é um cilindro circular reto, feito de grafita pura. A espessura da grafite é o diâmetro da base do cilindro.
2. Adote os valores aproximados de:
   - 2,2 g/cm³ para a densidade de grafita;
   - 12 g/mol para a massa molar do carbono;
   - $6,0 \cdot 10^{23}$ mol⁻¹ para a constante de Avogadro.

7 (Enem-MEC) A figura ao lado mostra um reservatório de água na forma de um cilindro circular reto, com 6 m de altura. Quando está completamente cheio, o reservatório é suficiente para abastecer, por um dia, 900 casas cujo consumo médio diário é de 500 litros de água.

Suponha que, um certo dia, após uma campanha de conscientização do uso da água, os moradores das 900 casas abastecidas por esse reservatório tenham feito economia de 10% no consumo de água. Nessa situação:

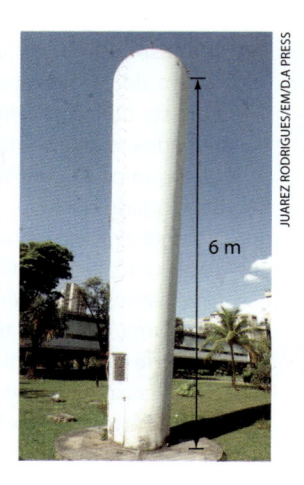

JUAREZ RODRIGUES/EM/D.A PRESS

a) a quantidade de água economizada foi de 4,5 m³.

b) a altura do nível da água que sobrou no reservatório, no final do dia, foi igual a 60 cm.

c) a quantidade de água economizada seria suficiente para abastecer, no máximo, 90 casas cujo consumo diário fosse de 450 litros.

d) os moradores dessas casas economizariam mais de R$ 200,00, se o custo de 1 m³ de água para o consumidor fosse igual a R$ 2,50.

e) um reservatório de mesma forma e altura, mas com raio da base 10% menor que o representado, teria água suficiente para abastecer todas as casas.

8 (U. F. São Carlos-SP) Retirando-se um semicilindro de um paralelepípedo retorretângulo, obtivemos um sólido cujas fotografias, em vista frontal e vista superior, estão indicadas nas figuras.

vista frontal

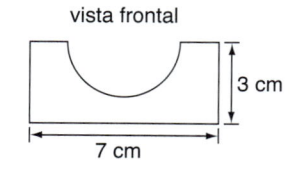

vista superior

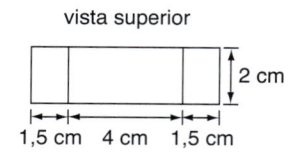

Se a escala das medidas indicadas na fotografia é 1:100, o volume do sólido fotografado, em m³, é igual a:

a) $2(14 + 2\pi)$ d) $2(21 - \pi)$

b) $2(14 + \pi)$ e) $2(21 - 2\pi)$

c) $2(14 - \pi)$

9 (UF-CE) Em um contêiner de 10 m de comprimento, 8 m de largura e 6 m de altura, podemos facilmente empilhar 12 cilindros de 1 m de raio e 10 m de altura cada, bastando dispô-los horizontalmente, em três camadas de quatro cilindros cada. Porém, ao fazê-lo, um certo volume do contêiner sobrará como espaço vazio. Adotando 3,14 como aproximação para **π**, é correto afirmar que a capacidade volumétrica desse espaço vazio é:

a) inferior à capacidade de um cilindro.

b) maior que a capacidade de um cilindro mas menor que a capacidade de dois cilindros.

c) maior que a capacidade de dois cilindros mas menor que a capacidade de três cilindros.

d) maior que a capacidade de três cilindros mas menor que a capacidade de quatro cilindros.

e) maior que a capacidade de quatro cilindros.

10 (UF-BA) Considerando-se C_1, C_2, C_3, ... cilindros com o mesmo volume, de modo que os respectivos raios das bases, medidos em centímetros, formem uma progressão geométrica com o primeiro termo e razão iguais a $\sqrt{5}$, é correto afirmar:

(01) O número real $5^{61}\sqrt{5}$ é o termo de ordem 122 da sequência dos raios.

(02) O termo geral da sequência dos raios pode ser escrito como $r_k = 5^{\frac{k}{2}}$.

(04) Considerando-se apenas os termos de ordem par da sequência dos raios, obtém-se uma progressão geométrica de razão 5, em que todos os termos são números inteiros positivos.

(08) A sequência formada pelas alturas dos cilindros é uma progressão geométrica de razão $\frac{1}{5}$.

(16) Sendo o volume dos cilindros igual a $\pi\sqrt{20}$ cm³ a área total do primeiro cilindro, expressa em cm², é um número menor que 42.

[Indique a soma correspondente às alternativas corretas.]

11 (Unifesp-SP) A figura indica algumas das dimensões de um bloco de concreto formado a partir de um cilindro circular oblíquo, com uma base no solo, e de um semicilindro.

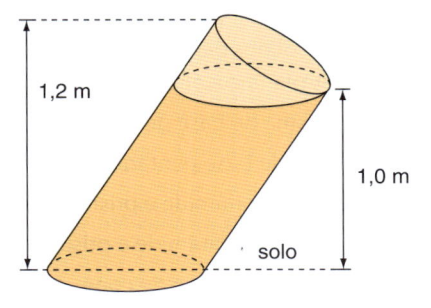

Dado que o raio da circunferência da base do cilindro oblíquo mede 10 cm, o volume do bloco de concreto, em cm³, é:

a) 11 000π

b) 10 000π

c) 5 500π

d) 5 000π

e) 1 100π

12 (Enem-MEC) É possível usar água ou comida para atrair as aves e observá-las. Muitas pessoas costumam usar água com açúcar, por exemplo, para atrair beija-flores. Mas é importante saber que, na hora de fazer a mistura, você deve sempre usar uma parte de açúcar para cinco partes de água. Além disso, em dias quentes, precisa trocar a água de duas a três vezes, pois com o calor ela pode fermentar e, se for ingerida pela ave, pode deixá-la doente. O excesso de açúcar, ao cristalizar, também pode manter o bico da ave fechado, impedindo-a de se alimentar. Isso pode até matá-la.

Ciência Hoje das Crianças. FNDE; Instituto Ciência Hoje, ano 19, n. 166, mar. 1996.

Pretende-se encher completamente um copo com a mistura para atrair beija-flores. O copo tem formato cilíndrico, e suas medidas são 10 cm de altura e 4 cm de diâmetro. A quantidade de água que deve ser utilizada na mistura é cerca de (utilize $\pi \simeq 3$):

a) 20 mL

b) 24 mL

c) 100 mL

d) 120 mL

e) 600 mL

13 (Fuvest-SP) Uma empresa de construção dispõe de 117 blocos de tipo **X** e 145 blocos de tipo **Y**. Esses blocos têm as seguintes características: todos são cilindros retos, o bloco **X** tem 120 cm de altura e o bloco **Y** tem 150 cm de altura.

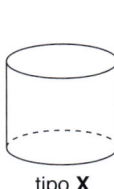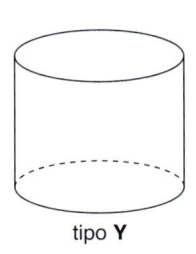

tipo **X**   tipo **Y**

A empresa foi contratada para edificar colunas, sob as seguintes condições: cada coluna deve ser construída sobrepondo blocos de um mesmo tipo e todas elas devem ter a mesma altura. Com o material disponível, o número máximo de colunas que podem ser construídas é de:

a) 55

b) 56

c) 57

d) 58

e) 59

14 (UF-AM) Maria ganhou um vidro de perfume no formato de um cilindro de 5 cm de raio da base e 10 cm de altura. Depois de um mês usando o perfume restou 0,25 L no vidro. Então, a fração que representa o volume que Maria já usou é:

a) $\dfrac{\pi - 1}{\pi}$

b) π

c) $\dfrac{\pi}{\pi - 1}$

d) $\dfrac{2\pi}{\pi - 1}$

e) $\dfrac{\pi - 1}{5\pi}$

15 (Vunesp-SP) A base metálica de um dos tanques de armazenamento de látex de uma fábrica de preservativos cedeu, provocando um acidente ambiental. Nesse acidente, vazaram 12 mil litros de látex. Considerando a aproximação $\pi \simeq 3$ e que 1 000 litros correspondem a 1 m^3, se utilizássemos vasilhames na forma de um cilindro circular reto com 0,4 m de raio e 1 m de altura, a quantidade de látex derramado daria para encher exatamente quantos vasilhames?

a) 12

b) 20

c) 22

d) 25

e) 30

16 (Enem-MEC) Num parque aquático existe uma piscina infantil na forma de um cilindro circular reto de 1 m de profundidade e volume igual a 12 m^3, cuja base tem raio **R** e centro **O**. Deseja-se construir uma ilha de lazer seca no interior dessa piscina, também na forma de um cilindro circular reto, cuja base estará no fundo da piscina e com centro da base coincidindo com o centro do fundo da piscina, conforme a figura. O raio da ilha de lazer será **r**. Deseja-se que, após a construção dessa ilha, o espaço destinado à água na piscina tenha um volume de, no mínimo, 4 m^3.

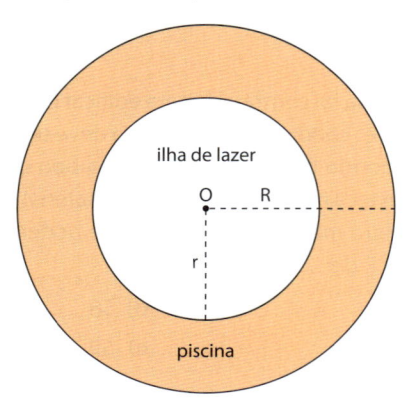

Considere 3 como valor aproximado para **π**.
Para satisfazer as condições dadas, o raio máximo da ilha de lazer **r**, em metros, estará mais próximo de:

a) 1,6   **d)** 3,0

b) 1,7   **e)** 3,8

c) 2,0

17 (FGV-SP) Determinada marca de ervilhas vende o produto em embalagens com a forma de cilindros circulares retos. Uma delas tem raio da base 4 cm. A outra é uma ampliação perfeita da embalagem menor, com raio da base 5 cm. O preço do produto vendido na embalagem menor é de R$ 2,00. A embalagem maior dá um desconto, por mL de ervilha, de 10% em relação ao preço por mL de ervilha da embalagem menor. Nas condições dadas, o preço do produto na embalagem maior é de, aproximadamente:

a) R$ 3,51

b) R$ 3,26

c) R$ 3,12

d) R$ 2,81

e) R$ 2,25

18 (Enem-MEC) Maria quer inovar em sua loja de embalagens e decidiu vender caixas com diferentes formatos. Nas imagens apresentadas estão as planificações dessas caixas.

Quais serão os sólidos geométricos que Maria obterá a partir dessas planificações?

a) Cilindro, prisma de base pentagonal e pirâmide.

b) Cone, prisma de base pentagonal e pirâmide.

c) Cone, tronco de pirâmide e prisma.

d) Cilindro, tronco de pirâmide e prisma.

e) Cilindro, prisma e tronco de cone.

▶ Introdução

Os objetos abaixo podem ser encontrados no nosso dia a dia. Todos têm forma aproximada de **cone**, forma geométrica que vamos analisar neste capítulo.

Observe a figura abaixo.

Ela apresenta as seguintes características:

• uma superfície circular, que chamaremos base;

• uma ponta, que chamaremos vértice (**V**);

• uma superfície lateral constituída por todos os segmentos de reta de igual comprimento e que têm uma extremidade na circunferência desse círculo e a outra extremidade no ponto **V**.

Essa casquinha de sorvete tem, portanto, a forma de um sólido chamado **cone**.

▶ Conceito

Consideremos um círculo de centro **O** e raio **r**, situado num plano **α**, e um ponto **V**, fora de **α**.

Chama-se **cone circular**, ou apenas cone, a reunião dos segmentos com uma extremidade em **V** e a outra em um ponto do círculo.

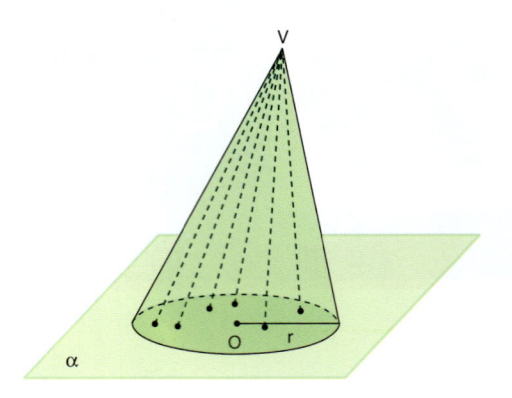

▶ Elementos e classificação

- O ponto **V** é o **vértice** do cone.
- O círculo de **raio r** é a base do cone.
- Cada segmento com uma extremidade em **V** e a outra num ponto da circunferência da base é uma **geratriz g** do cone.
- A distância **h** do vértice ao plano da base é a altura do cone.

Quanto à inclinação da reta $\overleftrightarrow{VO}$ em relação ao plano da base, um cone classifica-se em:

- **cone oblíquo**, quando a reta $\overleftrightarrow{VO}$ é oblíqua ao plano da base;
- **cone reto**, quando a reta $\overleftrightarrow{VO}$ é perpendicular ao plano da base. Nesse caso, $\overleftrightarrow{VO}$ é a altura do cone.

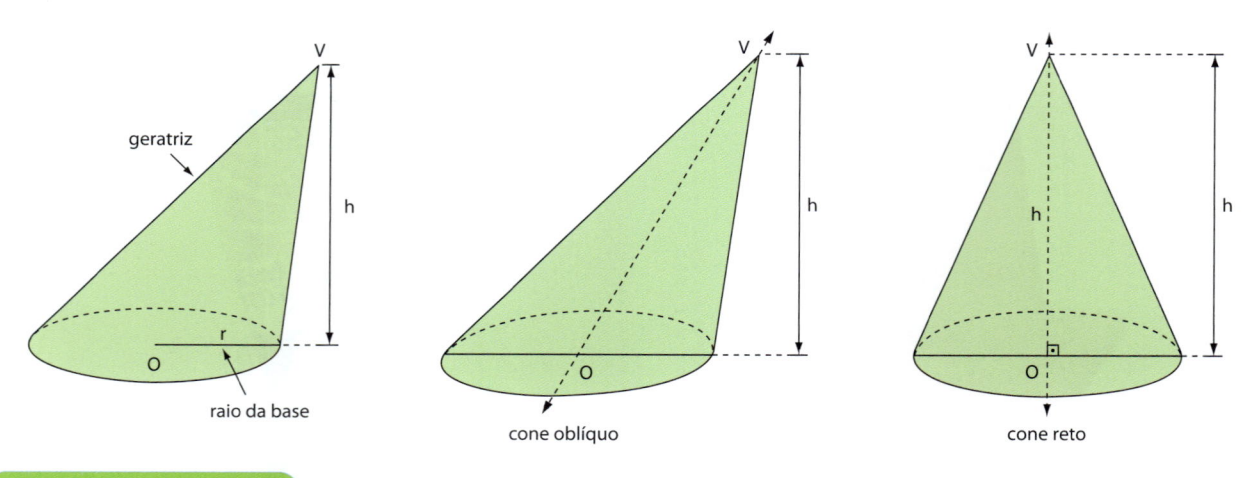

OBSERVAÇÕES 🔍

O **cone circular reto** é também chamado **cone de revolução**, pelo fato de ser gerado pela rotação de um triângulo retângulo em torno de um de seus catetos.

Observe que em um cone de revolução vale a relação:

$$r^2 + h^2 = g^2$$

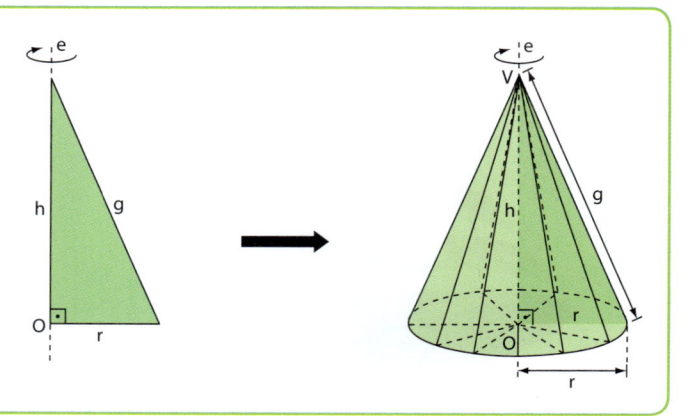

▶ Áreas do cone circular reto

▶ Área da base (A_b)

A base do cone é um círculo de raio **r**, então a **área da base** é:

$$A_b = \pi r^2$$

▶ Área lateral (A_ℓ)

Área lateral é a área de um setor circular cujo raio é **g** (geratriz do cone) e cujo comprimento do arco é $2\pi r$ (perímetro da base).

A área lateral pode ser visualizada melhor se planificarmos a superfície lateral do cone. Veja:

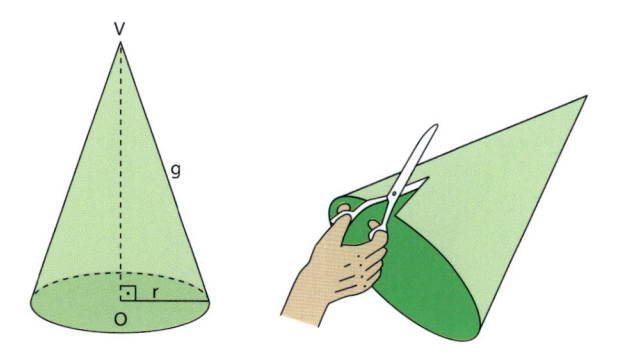

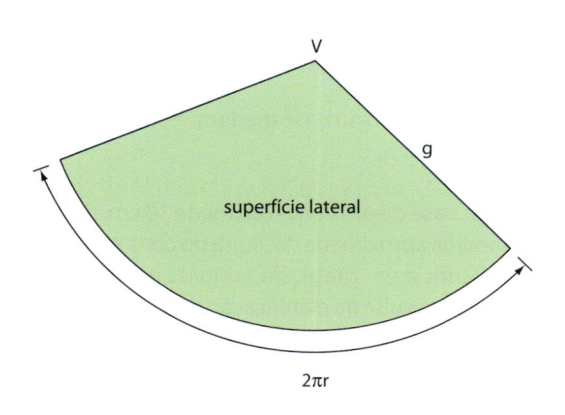

superfície lateral

$2\pi r$

A área do setor circular de raio **g** e comprimento de arco $2\pi r$, isto é, a área lateral A_ℓ, pode ser obtida por uma regra de três:

comprimento do arco		área do setor
$2\pi g$	——————	πg^2
$2\pi r$	——————	A_ℓ

Então:

$$A_\ell = \frac{(\pi g^2)(2\pi r)}{2\pi g} \Rightarrow \boxed{A_\ell = \pi r g}$$

▶ Área total (A_t)

A superfície total de um cone é a reunião da superfície lateral com o círculo da base. Assim, a **área total** do cone é dada por:

$$A_t = A_\ell + A_b$$

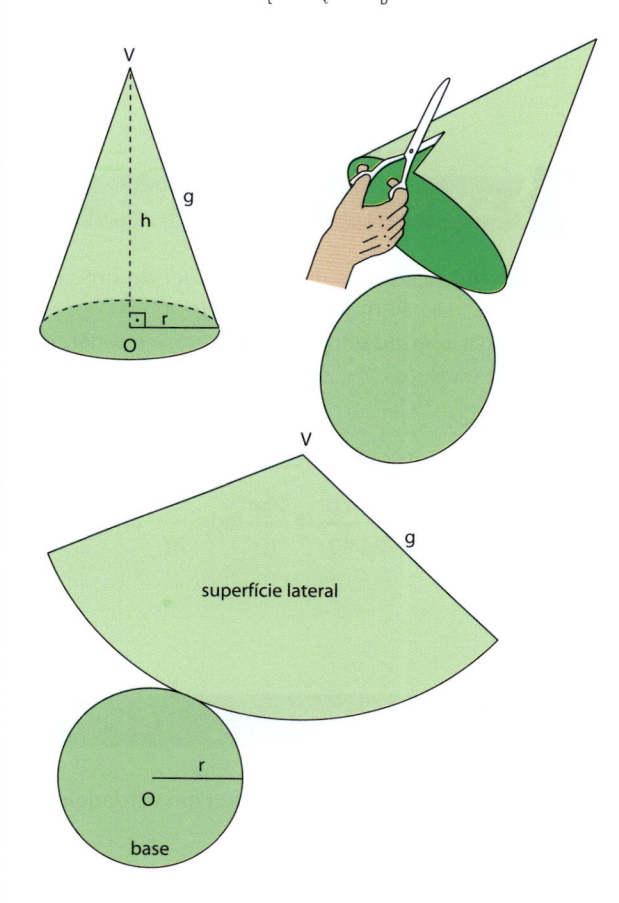

superfície lateral

base

Substituindo $A_\ell = \pi r g$ e $A_b = \pi r^2$, vem:

$$A_t = \pi r g + \pi r^2 \Rightarrow \boxed{A_t = \pi r (g + r)}$$

EXEMPLO 1

Um cone circular reto tem raio da base com 6 cm e altura com 8 cm.

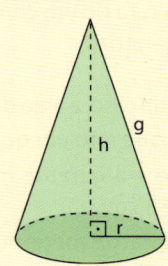

Calcule:

a) a área lateral;

b) a área total;

c) a medida em radianos do ângulo central do setor circular que resulta da planificação da superfície lateral desse cone.

A medida da geratriz desse cone é:

$$g = \sqrt{r^2 + h^2} = \sqrt{36 + 64} = \sqrt{100} = 10$$

Portanto, $g = 10$ cm

A área lateral é:

$$A_\ell = \pi r g = \pi \cdot 6 \cdot 10 = 60\pi \text{ cm}^2$$

A área total é:

$$A_t = A_\ell + A_b = 60\pi + \pi \cdot 6^2 = 96\pi \Rightarrow A_t = 96\pi \text{ cm}^2$$

A medida do ângulo central do setor circular é:

$$\alpha = \frac{\text{medida do arco}}{\text{medida do raio}} = \frac{2\pi r}{g} = \frac{12\pi}{10} = \frac{6\pi}{5} \text{ rad}$$

EXERCÍCIO RESOLVIDO

1 A planificação da superfície lateral de um cone circular reto é um setor circular de 90°.
Calcular a razão entre o raio da base e a geratriz desse cone.

Solução:

O ângulo α do setor circular é dado por:

$$\alpha = \frac{\text{medida do arco}}{\text{medida do raio}} = \frac{2\pi r}{g} \text{ rad} = \frac{r}{g} \cdot 360°$$

Como $\alpha = 90°$, temos:

$$90° = \frac{r}{g} \cdot 360° \text{ e, daí, } \frac{r}{g} = \frac{90°}{360°} = \frac{1}{4}$$

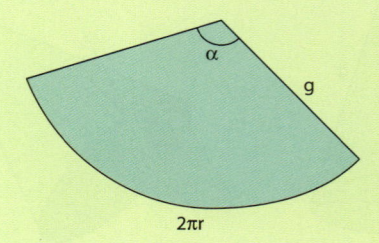

EXERCÍCIOS

1 Classifique cada sentença a seguir em verdadeira (**V**) ou falsa (**F**).

a) As geratrizes de um cone são congruentes entre si.

b) As geratrizes de um cone reto são perpendiculares à base do cone.

c) As retas que contêm as geratrizes de um cone são concorrentes entre si.

d) A reta que contém a altura de um cone intersecta a base do cone no seu centro.

e) A medida do raio da base de um cone reto pode ser maior que a medida da geratriz.

f) A medida da altura de um cone reto é menor que a medida da geratriz.

2 Determine, em cada caso, a área da base, a área lateral e a área total do cone reto em que:

a) o raio da base e a geratriz medem, respectivamente, 3 cm e 5 cm;

b) a altura e a geratriz medem, respectivamente, 12 cm e 20 cm;

c) a altura e o raio da base medem, respectivamente, 5 cm e 12 cm.

3 O raio da base de um cone reto mede 10 cm. Determine a medida aproximada da altura do cone e a medida, em radianos e em graus, do ângulo central do setor circular que resulta da planificação da superfície lateral do cone, supondo que a geratriz mede:

a) 15 cm   **b)** 20 cm   **c)** 30 cm   **d)** 40 cm

4 A geratriz de um cone reto mede 10 cm. Determine a medida aproximada da altura do cone e a medida, em radianos e em graus, do ângulo central do setor circular que resulta da planificação da superfície lateral do cone, supondo que o raio da base mede:

a) 8 cm   **b)** 5 cm   **c)** 2 cm   **d)** 1 cm

5 Determine a área da base, a área lateral e a área total de um cone cujo raio da base mede 5 cm e o ângulo central mede:

a) 90°   **b)** 60°   **c)** 45°   **d)** 30°

6 Determine a área da base, a área lateral e a área total de um cone cuja geratriz mede 20 cm e o ângulo central mede:

a) 90°   **b)** 60°   **c)** 45°   **d)** 30°

7 Classifique cada uma das sentenças abaixo em verdadeira (**V**) ou falsa (**F**).

a) Quando se fixa a medida **r** do raio da base de um cone reto, quanto maior for a medida da geratriz **g**, maior será a medida da altura **h** e menor será a do ângulo central **α**.

b) Quando se fixa a medida **g** da geratriz de um cone reto, quanto menor for a medida do raio da base **r**, maior será a medida da altura **h** e menor será a do ângulo central **α**.

c) Quando se fixa a medida **r** do raio da base de um cone reto, quanto menor for a medida do ângulo central **α**, maiores serão a área lateral e a área total do cone.

d) Quando se fixa a medida **g** da geratriz de um cone reto, quanto menor for a medida do ângulo central **α**, maiores serão a área lateral e a área total do cone.

8 A área da base de um cone de revolução é $\frac{1}{3}$ da área total. Calcule o ângulo do setor circular que é o desenvolvimento da superfície lateral desse cone.

9 Um cilindro e um cone têm altura **h** e raio da base **r**. Sendo **r** o dobro de **h**, determine a razão entre a área lateral do cilindro e a área lateral do cone.

10 Sendo $\frac{7}{5}$ a razão entre a área lateral e a área da base de um cone, determine as medidas do raio da base e da geratriz desse cone, sabendo que sua altura mede $4\sqrt{6}$ cm.

▶ Volume do cone

Consideremos um cone de altura **h** e base circular com área **B**. Consideremos também um tetraedro de altura **h** e base com área **B**. Note que o cone e o tetraedro têm alturas congruentes e bases equivalentes.

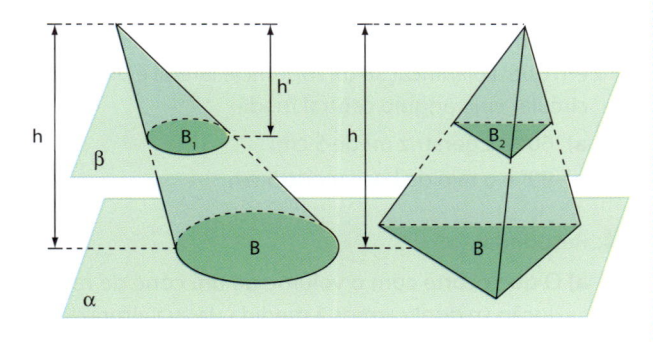

Suponhamos que os dois sólidos tenham as bases num mesmo plano **α** e que seus vértices estejam no mesmo semiespaço de origem **α**. Qualquer plano **β** paralelo a **α** que secione o cone a uma distância **h'** do vértice também seciona o tetraedro à mesma distância **h'** do vértice.

A seção do cone pelo plano **β** é um círculo de área **B₁**. Como os dois cones obtidos são semelhantes, temos:

$$\frac{B_1}{B} = \left(\frac{h'}{h}\right)^2 \quad \boxed{1}$$

A seção do tetraedro pelo plano **β** é um triângulo de área **B₂**. Como os dois tetraedros são semelhantes, temos:

$$\frac{B_2}{B} = \left(\frac{h'}{h}\right)^2 \quad \boxed{2}$$

De **1** e **2**, resulta:

$$\frac{B_1}{B} = \frac{B_2}{B}$$

e, então, $B_1 = B_2$. Logo, as seções obtidas são equivalentes e, pelo princípio de Cavalieri, o cone e o tetraedro têm volumes iguais.

$$V_{cone} = V_{tetraedro}$$

Como $V_{tetraedro} = \frac{1}{3} \cdot B \cdot h$, então: $V_{cone} = \frac{1}{3} \cdot B \cdot h$.

Portanto, o volume de um cone é igual a $\frac{1}{3}$ do produto da área da base pela medida da altura:

$$V = \frac{1}{3} A_b \cdot h$$

Como $A_b = \pi r^2$, temos:

$$\boxed{V = \frac{1}{3}\pi r^2 h}$$

EXEMPLO 2

Um cone circular reto tem raio da base com 3 m e geratriz com 5 m. Qual é seu volume?

Calculamos a altura do cone:

$$h^2 + r^2 = g^2 \Rightarrow h^2 + 9 = 25 \Rightarrow$$
$$\Rightarrow h = 4 \text{ m}$$

E agora calculamos seu volume:

$$V = \frac{1}{3}\pi r^2 h = \frac{1}{3}\pi \cdot 9 \cdot 4 =$$
$$= 12\pi \Rightarrow V = 12\pi \text{ m}^3$$

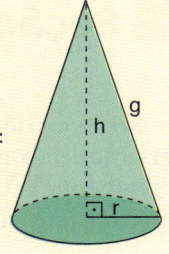

EXERCÍCIO RESOLVIDO

2 Uma taça de vidro com a forma de um cone circular reto invertido com raio R = 3 cm e altura H = 5 cm está preenchida com vinho até a metade da sua altura.

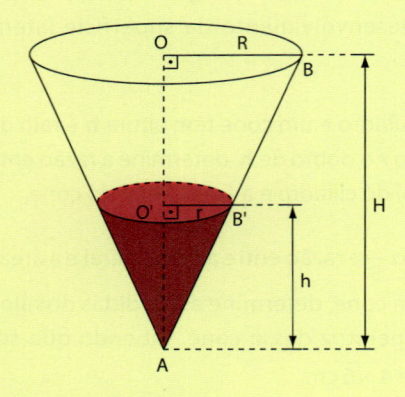

Qual é o volume da taça?
Que volume de vinho ela contém?

Solução:

• Volume da taça:

$$V = \frac{\pi R^2 H}{3} = \frac{\pi \cdot 3^2 \cdot 5}{3} = 15\pi \text{ cm}^3$$

• Volume de vinho:

O vinho ocupa o espaço de um cone de raio **r** e altura **h**. Como $h = \frac{H}{2}$, da semelhança entre os triângulos OAB e O'AB' temos: $\frac{OB}{O'B'} = \frac{OA}{O'A}$ e, daí,

$\frac{R}{r} = \frac{H}{h}$, ou seja, $\frac{R}{r} = 2 \Rightarrow r = \frac{R}{2} = 1,5$ cm.

Deste modo, o volume ocupado pelo vinho é:

$$V = \frac{\pi r^2 h}{3} = \frac{\pi \cdot (1,5) \cdot (2,5)}{3} = 1,875\pi$$

Portanto, V = 1,875π cm³

EXERCÍCIOS

11 Determine, em cada caso, o volume do cone em que:
a) o raio da base e a altura medem, respectivamente, 3 cm e 10 cm;
b) o raio da base e a geratriz medem, respectivamente, 5 cm e 9 cm;
c) a geratriz e a altura medem, respectivamente, 10 cm e 8 cm.

12 Em cada caso, determine o volume do cone reto em que:
a) o raio da base mede 8 cm e a área lateral é igual a 80π cm²;
b) a geratriz mede 15 cm e a área da base é igual a 144π cm²;
c) a geratriz mede 5 cm e a área total é igual a 24π cm².

13 Determine, em cada caso, o volume de um cone reto em que a planificação da superfície lateral é um setor circular cujo ângulo central mede:
a) 60° e a geratriz mede 5 cm;
b) 90° e o raio da base mede 5 cm.

14 Responda:
a) O que ocorre com o volume de um cone de revolução se duplicarmos a medida da sua altura?
b) E se duplicarmos o raio da base?

15 Determine o volume de um cone de revolução que tem 136π cm² de área lateral e 200π cm² de área total.

16 A área total de um cone reto é 96π cm² e o raio da base mede 6 cm. Determine o volume desse cone e o volume da pirâmide de base quadrada inscrita nesse cone.

▶ Seção meridiana e cone equilátero

Seção meridiana de um cone é a interseção dele com um plano que contém o segmento $\overline{VO}$. A seção meridiana de um cone reto é um triângulo isósceles.

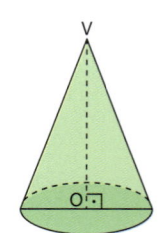

Cone equilátero é um cone reto cuja seção meridiana é um triângulo equilátero.
Num cone equilátero, g = 2r.

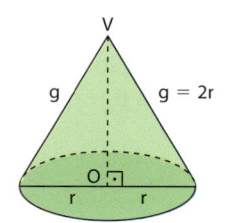

EXERCÍCIO **RESOLVIDO**

3 Calcular a área lateral, a área total e o volume de um cone equilátero de raio 5 cm.

Solução:

$g = 2r = 10$ cm $\Rightarrow A_\ell = \pi rg = \pi \cdot 5 \cdot 10 = 50\pi \Rightarrow$
$\Rightarrow A_\ell = 50\pi$ cm²

$A_t = A_\ell + A_b = 50\pi + \pi \cdot 5^2 = 75\pi \Rightarrow A_t = 75\pi$ cm²

$V = \dfrac{1}{3}\pi r^2 h = \dfrac{1}{3}\pi r^2 \sqrt{g^2 - r^2} =$

$= \dfrac{1}{3}\pi \cdot 25 \cdot \sqrt{100 - 25} =$

$= \dfrac{1}{3} \cdot \pi \cdot 25 \cdot 5\sqrt{3} = \dfrac{125\pi\sqrt{3}}{3} \Rightarrow V = \dfrac{125\pi\sqrt{3}}{3}$ cm³

EXERCÍCIOS

17 Determine, em cada caso, a área da base, a área lateral e o volume do cone reto cuja seção meridiana é um triângulo:

a) equilátero de altura $\dfrac{3\sqrt{3}}{2}$ cm;

b) isósceles cujos lados congruentes medem 6 cm e a altura é congruente à base;

c) isósceles cuja base mede 10 cm e um dos ângulos da base mede 45°.

18 Em cada caso, determine a área da seção meridiana do cone:

a) equilátero de volume $9\sqrt{3}\,\pi$ cm³;

b) reto cuja geratriz e o raio da base medem, respectivamente, 25 cm e 20 cm;

c) reto cuja geratriz e a altura medem, respectivamente, 17 cm e 15 cm.

▶ **Tronco de cone**

Observe os objetos abaixo:

cachepô   cúpula do abajur   copo

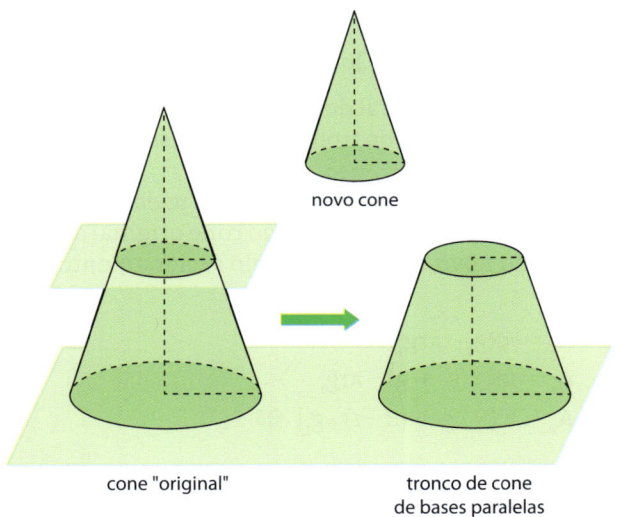

cone "original"   tronco de cone de bases paralelas

Eles têm a forma de um sólido denominado **tronco de cone**, o qual vamos estudar agora.

Quando secionamos um cone circular reto, por um plano paralelo à base (supondo que o plano não contém o vértice do cone), ele fica dividido em dois sólidos:

• o sólido que contém o vértice é um novo cone, obtido pelo secionamento;

• o sólido que contém a base do cone "original" é um **tronco de cone de bases paralelas**.

Façamos a identificação dos principais elementos de um tronco de cone:

• **Base maior do tronco**: é a base do cone "original" ou "primitivo".

• **Base menor do tronco**: é a seção determinada pelo plano ao intersectar o cone. Essa seção é um círculo e corresponde à base do novo cone.

• **Altura do tronco**: é a distância entre os planos das bases.

- **Geratriz do tronco**: é um segmento contido em uma geratriz do cone (original), cujas extremidades são pontos das circunferências das bases.

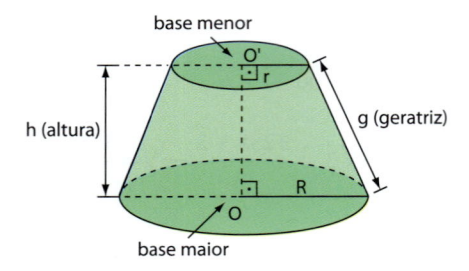

▸ Áreas

Área da base maior (A_B)

A área do círculo de raio **R** é chamada de **área da base maior do tronco**.

Logo: $A_B = \pi R^2$

Área da base menor (A_b)

A área do círculo de raio **r** recebe o nome de **área da base menor do tronco**.

Logo: $A_b = \pi r^2$

Área lateral (A_ℓ)

A superfície lateral de um tronco de cone é a reunião das geratrizes do tronco. A área dessa superfície é a **área lateral do tronco**.

A fórmula que permite calcular A_ℓ pode ser obtida subtraindo-se da área lateral do cone original a área lateral do novo cone, obtido pelo secionamento, ou seja:

$$A_\ell = \pi R g_2 - \pi r g_1$$
$$A_\ell = \pi R \cdot (g_1 + g) - \pi r g_1$$
$$A_\ell = \pi \left[R \cdot g + (R - r) \cdot g_1 \right] \quad \text{①}$$

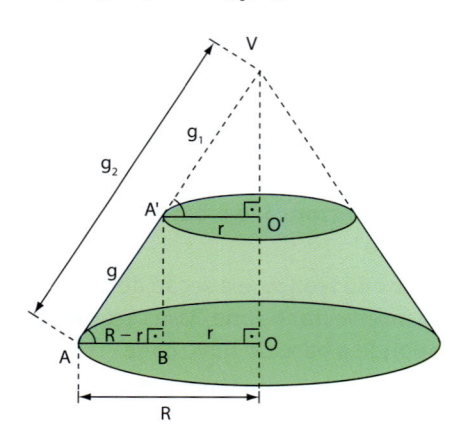

Os triângulos VA'O' e A'AB são semelhantes; por isso, podemos escrever:

$$\frac{VA'}{AA} = \frac{A'O'}{AB} \Rightarrow \frac{g_1}{g} = \frac{r}{R - r} \Rightarrow g_1 = \frac{r \cdot g}{R - r} \quad \text{②}$$

Substituindo ② em ①, vem:

$$A_\ell = \pi \left[R \cdot g + \cancel{(R - r)} \cdot \frac{r \cdot g}{\cancel{R - r}} \right] =$$

$$= \pi \left[R \cdot g + r \cdot g \right] \Rightarrow \boxed{A_\ell = \pi \cdot g \cdot (R + r)}$$

Área total (A_t)

A **área total** é obtida pela soma das áreas das duas bases com a área lateral.

$$A_t = A_B + A_b + A_\ell$$

Um tronco de cone tem como base maior um círculo de diâmetro 12 cm e como base menor um círculo de diâmetro 8 cm. A altura do tronco é de 4 cm.

Qual é a área total desse tronco?

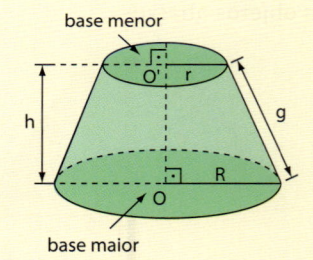

- Área da base maior:
  $$A_B = \pi \cdot R^2 = 36\pi \text{ cm}^2$$
- Área da base menor:
  $$A_b = \pi \cdot r^2 = 16\pi \text{ cm}^2$$
- Área lateral:
  $$A_\ell = \pi \cdot g \cdot (R + r)$$

  Calculemos **g**:
  $$g^2 = (R - r)^2 + h^2 = (6 - 4)^2 + 4^2 = 20$$
  $$g = \sqrt{20} = 2\sqrt{5} \Rightarrow g = 2\sqrt{5} \text{ cm}$$

  Então, $A_\ell = \pi \cdot 2\sqrt{5} \cdot (6 + 4) = 20\pi\sqrt{5} \text{ cm}^2$
- Área total:
  $$A_t = A_B + A_b + A_\ell = 36\pi + 16\pi + 20\pi\sqrt{5} =$$
  $$= (52 + 20\sqrt{5})\pi \Rightarrow A_t = (52 + 20\sqrt{5})\pi \text{ cm}^2$$

▶ Volume

Considere um tronco de cone de bases paralelas, cuja altura é **h**. Sendo **R** o raio da base maior e **r** o raio da base menor, então o volume **V** do tronco é:

$$V = \frac{\pi \cdot h}{3} \cdot [R^2 + R \cdot r + r^2]$$

Demonstração:

O volume **V** do tronco de cone será obtido pela diferença entre os volumes dos dois cones, ou seja:

$$V = \underbrace{\frac{1}{3}\pi R^2 \cdot (h + h_1)}_{\substack{\text{volume do cone "original"} \\ \text{(ou "primitivo")}}} - \underbrace{\frac{1}{3}\pi R^2 \cdot h_1}_{\substack{\text{volume do} \\ \text{novo cone}}}$$

$$V = \frac{\pi}{3} \cdot [R^2 \cdot h + (R^2 - r^2) \cdot h_1] \quad \boxed{1}$$

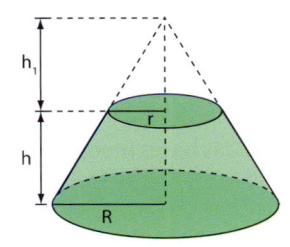

Como os dois cones ("original" e "novo") são semelhantes, podemos escrever:

$$\frac{h_1 + h}{h_1} = \frac{R}{r} \Rightarrow h_1 = \frac{h \cdot r}{R - r} \quad \boxed{2}$$

Substituindo $\boxed{2}$ em $\boxed{1}$, temos:

$$V = \frac{\pi}{3} \cdot \left[R^2 \cdot h + (R^2 - r^2) \cdot \frac{h \cdot r}{R - r}\right]$$

Como $R^2 - r^2 = (R + r) \cdot (R - r)$, obtemos:

$$V = \frac{\pi}{3} \cdot [R^2 \cdot h + (R + r) \cdot hr] \Rightarrow$$

$$\Rightarrow V = \frac{\pi h}{3} \cdot [R^2 + R \cdot r + r^2]$$

Uma peça de ferro tem a forma de um tronco de cone de bases paralelas. Se o raio da base maior é R = 20 cm, o raio da base menor é r = 10 cm e a altura é h = 12 cm, qual é o volume de metal usado para confeccionar essa peça?

$$V = \frac{\pi h}{3} \cdot (R^2 + Rr + r^2) =$$

$$= \frac{\pi \cdot 12}{3} \cdot (400 + 200 + 100) = 4\pi \cdot 700 =$$

$$= 2800\pi \Rightarrow V = 2\,800\pi \text{ cm}^3$$

Calculemos a área lateral, a área total e o volume de um tronco de cone reto cuja geratriz mede 10 cm e os raios das bases medem 8 cm e 2 cm, respectivamente.

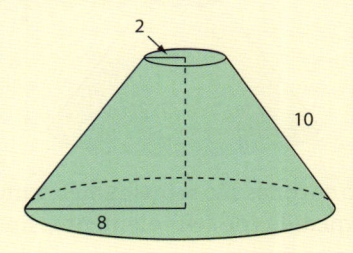

- Área lateral:
  $$A_\ell = \pi (R + r) g \Rightarrow A_\ell = \pi (8 + 2) \cdot 10 \Rightarrow$$
  $$\Rightarrow A_\ell = 100\pi \text{ cm}^2$$

- Área total:
  $$A_t = A_\ell + A_B + A_b$$

  em que $A_\ell = 100\pi$, $A_B = 64\pi \text{ cm}^2$
  e $A_b = 4\pi \text{ cm}^2$

  Logo, $A_t = 100\pi + 64\pi + 4\pi = 168\pi \Rightarrow$
  $$\Rightarrow A_t = 168\pi \text{ cm}^2$$

- Volume:
  É preciso, inicialmente, determinar a medida **h** da altura do tronco:

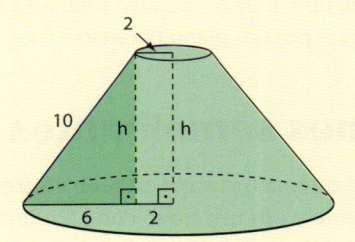

$$10^2 = h^2 + 6^2 \Rightarrow 100 - 36 = h^2 \Rightarrow h^2 = 64 \Rightarrow$$
$$\Rightarrow h = 8 \text{ cm}$$

O volume desse tronco pode ser obtido com ou sem o uso da fórmula:

Usando a fórmula:

$$V = \frac{\pi h}{3} [R^2 + Rr + r^2]$$

$$V = \frac{\pi \cdot 8}{3} [8^2 + 8 \cdot 2 + 2^2] = \frac{\pi \cdot 8}{3} \cdot 84 =$$

$$= 224\pi \Rightarrow V = 224\pi \text{ cm}^3$$

Sem a fórmula:
Imaginemos o cone original e o cone destacado correspondente a esse tronco.

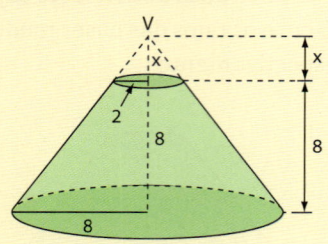

Como os cones são semelhantes, vamos comparar as medidas de seus elementos lineares (raio da base e altura):

$$\frac{8}{2} = \frac{8 + x}{x} \Rightarrow 4 = \frac{8 + x}{x} \Rightarrow x = \frac{8}{3}$$

- Volume do cone original:

$$V_1 = \frac{1}{3} \pi \cdot 8^2 \cdot \left(8 + \frac{8}{3}\right) = \frac{2\,048\pi}{9} \Rightarrow V_1 = \frac{2\,048\pi}{9}\,cm^3$$

- Volume do cone destacado:

$$V_2 = \frac{1}{3} \pi \cdot 2^2 \cdot \frac{8}{3} = \frac{32\pi}{9} \Rightarrow V_2 = \frac{32\pi}{9}\,cm^3$$

O volume do tronco é:

$$V = \frac{2\,048\pi}{9} - \frac{32\pi}{9} = \frac{2\,016\pi}{9} \Rightarrow V = 224\pi\,cm^3$$

EXERCÍCIOS

19 Em cada caso, determine as áreas das bases, a área lateral e o volume do tronco de cone em que:
a) a altura mede 8 cm e os raios das bases medem 4 cm e 10 cm;
b) a geratriz e a altura medem, respectivamente, 30 cm e 24 cm e o raio de uma das bases mede o dobro do da outra;
c) os raios das bases medem 9 cm e 6 cm e a geratriz mede 5 cm.

20 Os raios das bases de um tronco de cone medem, respectivamente, 4 cm e 6 cm. Calcule a altura desse tronco, sabendo que a área lateral é igual à soma das áreas das bases.

21 Os raios das bases de um tronco de cone medem, respectivamente, 20 cm e 10 cm, sendo que a geratriz forma com o plano da base maior um ângulo de 45°. Determine o volume do tronco de cone.

22 Um cone tem 320π m² de área total e 12 m de altura. Calcule o volume e a área lateral do tronco obtido pela seção desse cone por um plano paralelo à base e distante 9 m dessa base.

▶ Cones semelhantes

Já vimos que, se um cone circular reto é secionado por um plano paralelo à sua base, ele fica dividido em um tronco de cone e em um novo cone. Podemos notar que os dois cones (o "original" e o "novo" cone, obtido pelo secionamento) são semelhantes; assim, todas as propriedades estudadas para pirâmides semelhantes podem ser estendidas para cones semelhantes:

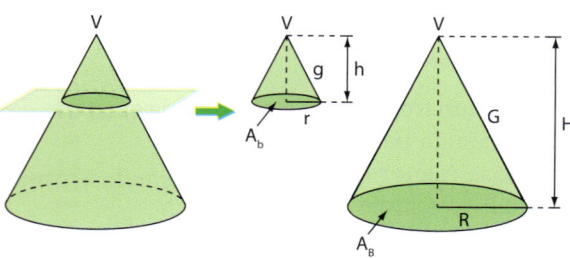

razão entre elementos lineares: $\dfrac{h}{H} = \dfrac{g}{G} = \dfrac{r}{R} = k$

razão entre áreas: $\dfrac{A_b}{A_B} = k^2$; $\dfrac{A_\ell}{A_L} = k^2$; $\dfrac{A_t}{A_T} = k^2$

razão entre volumes: $\dfrac{v}{V} = k^3$

EXERCÍCIO RESOLVIDO

4 Um cone circular reto tem 18 dm de altura. A que distância de seu vértice deve passar um plano paralelo à base, de modo que o volume desse cone seja oito vezes o volume do novo cone, obtido pelo secionamento?

Solução:

Sejam:

$\begin{cases} d\text{: distância do vértice } \mathbf{V} \text{ do cone ao plano} \\ V_1\text{: volume do cone "primitivo"} \\ V_2\text{: volume do novo cone} \end{cases}$

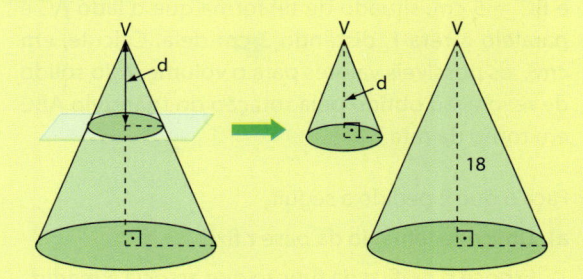

Temos:

$V_1 = 8 \cdot V_2 \Rightarrow \dfrac{V_1}{V_2} = 8 \Rightarrow k^3 = 8 \Rightarrow k = \sqrt[3]{8} = 2$

O valor encontrado para **k** significa que a razão entre um elemento linear do cone "primitivo" e seu homólogo do novo cone obtido é igual a 2. Desse modo, comparando as medidas das alturas dos dois cones, vem: $\dfrac{18}{d} = 2 \Rightarrow d = 9$ dm.

EXERCÍCIOS

23 A altura e o raio da base de um cone reto medem, respectivamente, 12 cm e 10 cm. A interseção do cone com um plano α paralelo à base é um círculo de área 9π cm². Determine:

a) a distância de α ao vértice do cone;

b) o volume do cone e do tronco de cone gerado com a interseção.

24 A figura a seguir corresponde à planificação da superfície lateral de um cone reto, em que a linha pontilhada representa a interseção do cone com um plano paralelo à base.

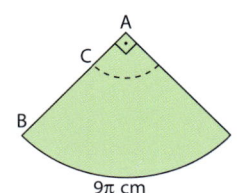

Sabendo-se que $BC = 2 \cdot AC$, determine a área lateral e o volume do cone e do tronco gerado com a interseção.

25 Um cone circular tem 2 m de raio e 4 m de altura. Qual é a área da seção transversal desse cone feita por um plano que dista 1 m do seu vértice?

26 Determine o volume de um tronco de cone sabendo que sua área total é 120π cm², sendo 4 cm e 7 cm as medidas dos raios de suas bases.

27 A que distância do vértice devemos traçar um plano paralelo à base de um cone cujo raio da base mede 7 cm e cuja altura mede 24 cm, de modo que o cone fique dividido em dois sólidos equivalentes?

EXERCÍCIOS COMPLEMENTARES

1 Determine o volume do sólido gerado pela rotação do trapézio representado a seguir, usando como eixo o segmento:

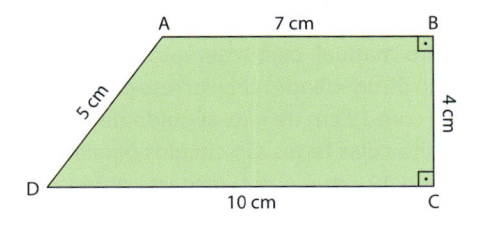

a) $\overline{BC}$

b) $\overline{AB}$

c) $\overline{CD}$

2 Os catetos de um triângulo retângulo medem 3 cm e 4 cm. Determine o volume do sólido gerado pela rotação do triângulo, usando como eixo:

a) o menor cateto;

b) o maior cateto;

c) a hipotenusa.

3 (UF-CE) Temos, em um mesmo plano, uma reta **r** e um triângulo ABC, de lados AB = 3 cm, AC = 4 cm e BC = 5 cm, situado de tal forma que o lado $\overline{AC}$ é paralelo à reta **r**, distando 3 cm dela. Calcule, em cm³, os possíveis valores para o volume **V** do sólido de revolução obtido pela rotação do triângulo ABC em torno da reta **r**.

4 Faça o que é pedido a seguir.

a) Um cone tem raio da base **r** fixo.

Esboce o gráfico da função que associa à medida **h** da altura (em cm) o volume **V** do cone (em cm³).

b) Um cone reto tem altura **h** fixa.

Esboce o gráfico da função que associa à medida **r** do raio da base (em cm) o volume **V** do cone (em cm³).

5 Um reservatório, com a forma de um cone reto invertido, está cheio de água. O raio de sua base mede 1 m e sua altura é de 5 m. Abre-se, então, uma torneira, com vazão constante de 10 litros por minuto. Em quanto tempo a torneira esvaziará o reservatório? Use π ≃ 3.

6 (UF-PR) A parte superior de uma taça tem o formato de um cone, com as dimensões indicadas na figura.

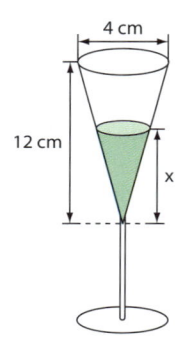

a) Qual o volume de líquido que essa taça comporta quando está completamente cheia?

b) Obtenha uma expressão para o volume **V** de líquido nessa taça, em função da altura **x** indicada na figura.

7 Dois cones congruentes têm uma geratriz perpendicular à base. Eles são colocados dentro de um paralelepípedo reto de base quadrada, de forma que os círculos de suas bases ficam inscritos na base quadrada do prisma e seus vértices tocam a face oposta, como mostra a figura abaixo. Determine o volume do espaço restante no paralelepípedo. Use π ≃ 3,1.

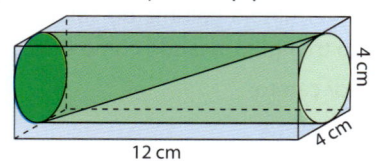

8 Um semicone tem área lateral igual a ($\sqrt{2}\,\pi$ + 2) cm². Determine a medida de sua geratriz, sabendo que o raio da base tem medida igual à da altura do semicone.

9 Na figura ao lado tem-se um enfeite, composto de dois cones retos congruentes, inscritos em um paralelepípedo de 20 cm de altura e base quadrada de 8 cm de lado. Os dois cones contêm um líquido colorido, que alcança a metade de suas respectivas alturas. Determine quantos litros do líquido contém o enfeite. Use π ≃ 3.

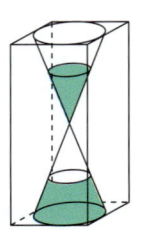

10 Uma professora deseja fazer chapeuzinhos em forma de cone para uma festa na escola. A base do chapéu é uma circunferência de 54 cm de comprimento e a altura mede 12 cm. Use π ≃ 3.

a) Determine, em graus, o ângulo central do molde usado para o corte dos chapéus.

b) Determine a área lateral do chapéu.

11 (UF-PR) Num laboratório há dois tipos de recipientes, conforme a figura a seguir. O primeiro, chamado de "tubo de ensaio", possui internamente o formato de um cilindro circular reto e fundo semiesférico. O segundo, chamado de "cone de Imhoff", possui internamente o formato de um cone circular reto.

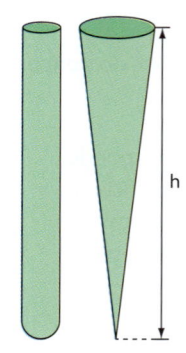

a) Sabendo que o volume de um cone de Imhoff, com raio da base igual a 2 cm, é de 60 mL, calcule a altura **h** desse cone.

b) Calcule o volume (em mililitros) do tubo de ensaio com raio da base medindo 1 cm e que possui a mesma altura **h** do cone de Imhoff.

12 (Vunesp-SP) Numa região muito pobre e com escassez de água, uma família usa para tomar banho um chuveiro manual, cujo reservatório de água tem o formato de um cilindro circular reto de 30 cm de altura e base com 12 cm de raio, seguido de um tronco de cone reto cujas bases são círculos paralelos, de raios medindo 12 cm e 6 cm, respectivamente, e altura 10 cm, como mostrado na figura.

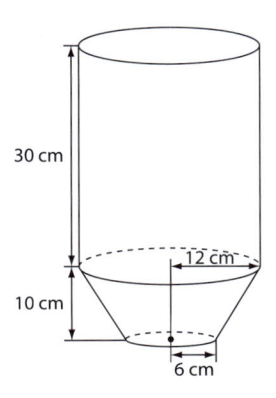

Por outro lado, numa praça de uma certa cidade há uma torneira com um gotejamento que provoca um desperdício de 46,44 litros de água por dia. Considerando a aproximação $\pi \simeq 3$, determine quantos dias de gotejamento são necessários para que a quantidade de água desperdiçada seja igual à usada para 6 banhos, ou seja, encher completamente 6 vezes aquele chuveiro manual. Dado: 1000 cm³ = 1 litro.

13 (U.E. Londrina-PR) Considere uma lata, com o formato de um cilindro reto de altura **h** cm e raio **r** cm (figura 1), completamente cheia de doce de leite. Parte do doce dessa lata foi transferida para dois recipientes (figura 2), iguais entre si e em forma de cone, que têm a mesma altura da lata e o raio da base igual à metade do raio da base da lata. Considere também que os dois recipientes ficaram completamente cheios de doce de leite.

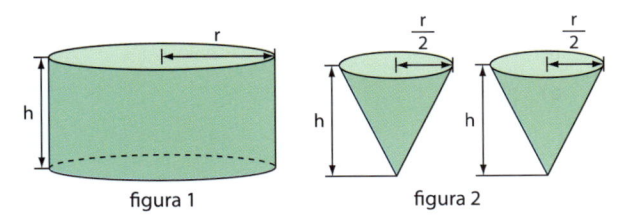

figura 1   figura 2

Desprezando a espessura do material de que são feitos os recipientes e a lata, determine quantos outros recipientes, também em forma de cone, mas com a altura igual à metade da altura da lata e de mesmo raio da lata (figura 3), podem ser totalmente preenchidos com o doce de leite que restou na lata.

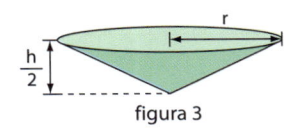

figura 3

Observação:

Na lata e nos recipientes completamente cheios de doce de leite, o doce não excede a altura de cada um deles e, na transferência do doce de leite da lata para os recipientes, não há perda de doce.

14 (Vunesp-SP) A imagem mostra uma taça e um copo. A forma da taça é, aproximadamente, de um cilindro de altura e raio medindo **R** e de um tronco de cone de altura **R** e raios das bases medindo **R** e **r**. A forma do copo é, aproximadamente, de um tronco de cone de altura 3R e raios das bases medindo **R** e 2r.

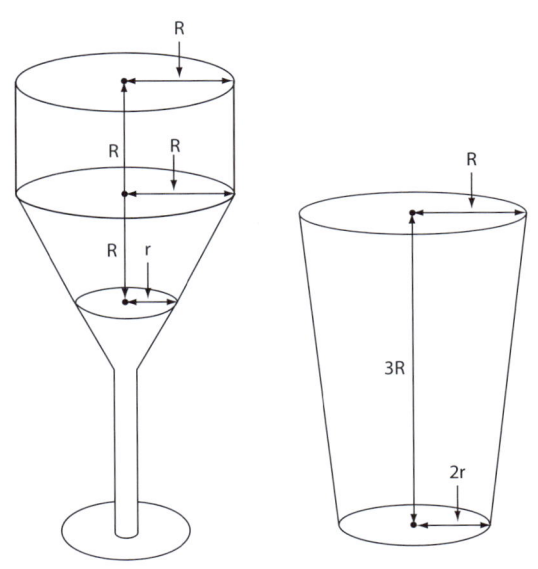

Sabendo que o volume de um tronco de cone de altura **h** e raios das bases **B** e **b** é $\frac{1}{3} \cdot \pi \cdot h \cdot (B^2 + B \cdot b + b^2)$ e dado que $\sqrt{65} \simeq 8$, determine o raio aproximado da base do copo, em função de **R**, para que a capacidade da taça seja $\frac{2}{3}$ da capacidade do copo.

15 A geratriz de um cone mede 4 m. A que distâncias do vértice se devem traçar, sobre a geratriz, planos paralelos à base do cone de modo que ele fique dividido em 3 sólidos de volumes 2 m³, 3 m³ e 5 m³?

16 (UF-ES) Um reservatório de água **A** tem a forma de um cone circular reto de 3 m de raio por 6 m de altura. Ele está completamente cheio e com a base apoiada num piso horizontal. Por motivo de reparos, todo o conteúdo de **A** será transferido para um reservatório **B**, inicialmente vazio, com formato de um cilindro circular reto, com 2 m de raio na base, com 5 m de altura e com a base no mesmo piso horizontal da base de **A**. Considere que, em cada instante, o volume da água que sai de **A** chega completamente em **B**. Calcule:

a) os volumes de **A** e **B**;

b) o nível da água em **B** quando o nível da água em **A** estiver na metade da altura de **A**;

c) o nível da água em **A** quando o nível da água em **B** estiver na metade da altura de **B**;

d) a expressão que dá o nível da água em **B** em função do nível da água em **A**.

17 (UF-MG) Um funil é formado por um tronco de cone e um cilindro circular retos, como representado na figura ao lado. Sabe-se que g = 8 cm, R = 5 cm, r = 1 cm e h = $4\sqrt{3}$ cm.

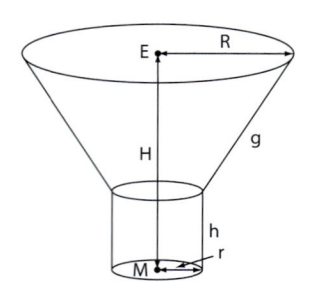

Considerando essas informações:

a) Calcule o volume do tronco de cone, ou seja, do corpo do funil.

b) Calcule o volume total do funil.

c) Suponha que o funil, inicialmente vazio, começa a receber água a 127 mL/s. Sabendo que a vazão do funil é de 42 mL/s, calcule quantos segundos são necessários para que o funil fique cheio.

TESTES

1 (U. F. São Carlos-SP) O setor circular de centro **O** e raio 12 cm (figura 1) representa a superfície lateral de um cone (figura 2).

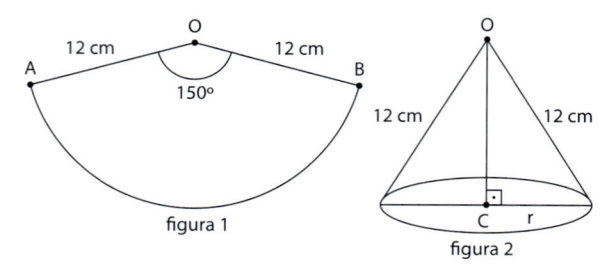

figura 1

figura 2

A área da base do cone vale, em cm²:

a) 100π

b) 81π

c) 64π

d) 36π

e) 25π

2 (PUC-MG) Certo silo, utilizado na armazenagem de grãos, é constituído por duas partes: um corpo cilíndrico e um funil cônico. Construído com chapas de metal, esse silo tem as seguintes especificações:

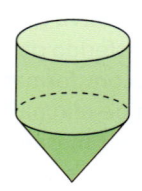

	Raio (m)	Altura (m)
Corpo	3	4
Funil	3	2

Com base nessas informações, é correto afirmar que a capacidade de armazenamento desse silo, em metros cúbicos, é igual a:

a) 36π

b) 42π

c) 48π

d) 54π

3 (ITA-SP) Uma taça em forma de cone circular reto contém um certo volume de um líquido cuja superfície dista **h** do vértice do cone. Adicionando-se um volume idêntico de líquido na taça, a superfície do líquido, em relação à original, subirá de:

a) $\sqrt[3]{2} - h$ **c)** $(\sqrt[3]{2} - 1)h$ **e)** $\dfrac{h}{2}$

b) $\sqrt[3]{2} - 1$ **d)** h

4 (UF-PR) Suponha que um líquido seja despejado, a uma vazão constante, em um recipiente cujo formato está indicado na figura ao lado. Sabendo que inicialmente o recipiente estava vazio, qual dos gráficos abaixo melhor descreve a altura ℓ, do nível do líquido, em termos do volume total **V**, do líquido despejado no recipiente?

d)

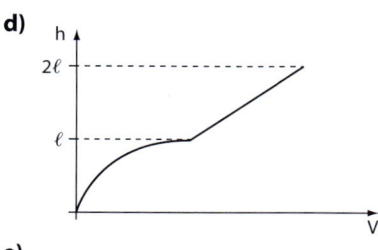

e)

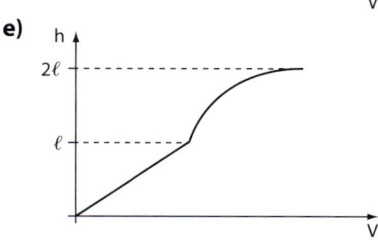

5 (Fuvest-SP) Um cone circular reto está inscrito em um paralelepípedo reto-retângulo, de base quadrada, como mostra a figura. A razão $\dfrac{b}{a}$ entre as dimensões do paralelepípedo é $\dfrac{3}{2}$ e o volume do cone é π.

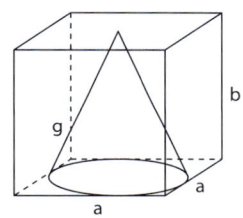

Então, o comprimento **g** da geratriz do cone é:

a) $\sqrt{5}$ **c)** $\sqrt{7}$ **e)** $\sqrt{11}$

b) $\sqrt{6}$ **d)** $\sqrt{10}$

6 (UF-GO) A terra retirada na escavação de uma piscina semicircular de 6 m de raio e 1,25 m de profundidade foi amontoada, na forma de um cone circular reto, sobre uma superfície horizontal plana. Admita que a geratriz do cone faça um ângulo de 60° com a vertical e que a terra retirada tenha volume 20% maior do que o volume da piscina. Nessas condições, a altura do cone, em metros, é de:

a) 2,0 **c)** 3,0 **e)** 4,0

b) 2,8 **d)** 3,8

7 (Fatec-SP) Uma estrada em obra de ampliação tem no acostamento três montes de terra, todos na forma de um cone circular reto de mesma altura e mesma base. A altura do cone mede 1,0 metro e o diâmetro da base 2,0 metros. Sabe-se que a quantidade total de terra é suficiente para preencher completamente, sem sobra, um cubo cuja aresta mede **x** metros. O valor de **x** é: (Adote $\pi \simeq 3$.)

a) $\sqrt[3]{2}$ **c)** $\sqrt[3]{4}$ **e)** $\sqrt[3]{6}$

b) $\sqrt[3]{3}$ **d)** $\sqrt[3]{5}$

8 (UF-RS) Um cone com raio da base medindo 10 cm e altura de 12 cm será secionado por um plano paralelo à base, de forma que os sólidos resultantes da seção tenham o mesmo volume.

A altura do cone resultante da seção deve, em cm, ser:

a) 6

b) 8

c) $6\sqrt{2}$

d) $6\sqrt[3]{2}$

e) $6\sqrt[3]{4}$

9 (Unicamp-SP) Depois de encher de areia um molde cilíndrico, uma criança virou-o sobre uma superfície horizontal. Após a retirada do molde, a areia escorreu, formando um cone cuja base tinha raio igual ao dobro do raio da base do cilindro.

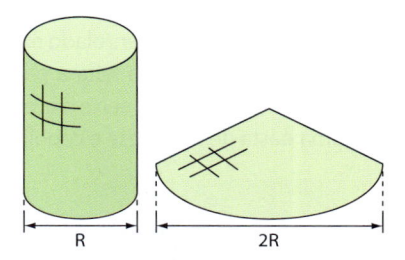

A altura do cone formado pela areia era igual a:

a) $\dfrac{3}{4}$ da altura do cilindro.

b) $\dfrac{1}{2}$ da altura do cilindro.

c) $\dfrac{2}{3}$ da altura do cilindro.

d) $\dfrac{1}{3}$ da altura do cilindro.

10 (U. F. Ouro Preto-MG) Dois cilindros circulares retos, o primeiro de raio da base 4 cm e altura 5 cm, e o segundo de raio da base 2 cm e altura 4 cm, estão inscritos num cone circular reto, conforme mostram as figuras.

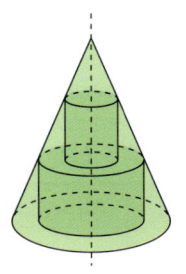
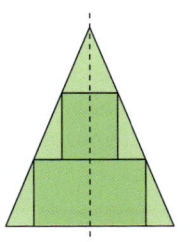

Dessa forma, o volume do cone, em cm³, é de:

a) $\dfrac{3\,757\pi}{9}$ **c)** $\dfrac{3\,757\pi}{27}$

b) $\dfrac{2\,197\pi}{4}$ **d)** $\dfrac{2\,197\pi}{12}$

11 (UF-PA) Um médico prescreveu ao seu paciente um antibiótico para ser tomado em doses cuja medida está indicada no copinho da figura abaixo.

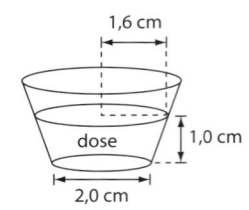

Sabendo-se que o vidro desse antibiótico tem volume de 51,6π mL e que o paciente o consumiu integralmente, o número de doses tomadas por ele foi:

a) 16 **c)** 24 **e)** 36
b) 20 **d)** 30

12 (Vunesp-SP) Prato da culinária japonesa, o *temaki* é um tipo de *sushi* na forma de cone, enrolado externamente com *nori*, uma espécie de folha feita a partir de algas marinhas, e recheado com arroz, peixe cru, ovas de peixe, vegetais e uma pasta de maionese e cebolinha.

Um *temaki* típico pode ser representado matematicamente por um cone circular reto em que o diâmetro da base mede 8 cm e a altura 10 cm. Sabendo-se que, em um *temaki* típico de salmão, o peixe corresponde a 90% da massa do seu recheio, que a densidade do salmão é de 0,35 g/cm³, e tomando π ≃ 3, a quantidade aproximada de salmão, em gramas, nesse *temaki*, é de:

a) 46 **c)** 54 **e)** 62
b) 58 **d)** 50

13 (Fatec-SP) Um prego é constituído de 3 partes: uma cabeça cilíndrica, um corpo também cilíndrico e uma ponta cônica. Em um prego inteiramente constituído de aço, temos as seguintes especificações:

	Raio (mm)	Altura (mm)
Cabeça	4	1
Corpo	3	60
Ponta	3	2

O volume mínimo de aço necessário para produzir 100 pregos é, em mm³:

a) 57 400π **d)** 48 600π
b) 56 200π **e)** 45 400π
c) 54 800π

14 (UE-RJ) Um funil, com a forma de cone circular reto, é utilizado na passagem de óleo para um recipiente com a forma de cilindro circular reto. O funil e o recipiente possuem a mesma capacidade.

De acordo com o esquema, os eixos dos recipientes estão contidos no segmento TQ, perpendicular ao plano horizontal β.

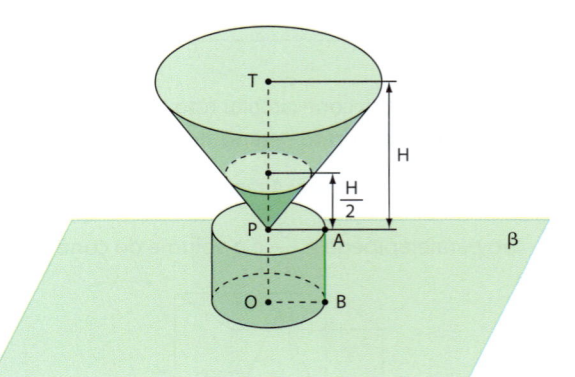

Admita que o funil esteja completamente cheio do óleo a ser escoado para o recipiente cilíndrico vazio. Durante o escoamento, quando o nível do óleo estiver exatamente na metade da altura do funil, $\frac{H}{2}$, o nível do óleo no recipiente cilíndrico corresponderá ao ponto **K** na geratriz AB.

A posição de **K**, nessa geratriz, é melhor representada por:

a) 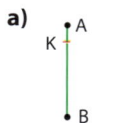 **b)** 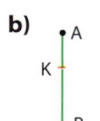 **c)** 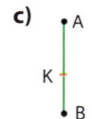 **d)**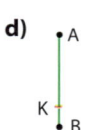

15 (U. F. Viçosa-MG) Para resolver os constantes problemas com o abastecimento de água em seu bairro, os moradores de um edifício decidiram construir um reservatório de água com capacidade para 21 980 litros, na forma de um tronco de cone, conforme a figura indicada abaixo.

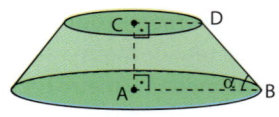

Sabendo-se que AB = 2CD, α = AB̂D = 45° e considerando π ≃ 3,14, é correto afirmar que AB, em metros, é igual a:

a) $2\sqrt{2}$ **c)** $2\sqrt[3]{2}$ **e)** $2\sqrt[3]{5}$
b) $2\sqrt[3]{3}$ **d)** $2\sqrt{3}$

16 (PUC-RS) Uma casquinha de sorvete na forma de cone foi colocada em um suporte com formato de um cilindro, cujo raio da base e a altura medem **a** cm, conforme a figura. O volume da parte da casquinha que está no interior do cilindro, em cm³, é:

a) $\dfrac{\pi a^2}{2}$

b) $\dfrac{\pi a^2}{3}$

c) $\dfrac{\pi a^3}{2}$

d) $\dfrac{\pi a^3}{3}$

e) $\dfrac{\pi a^3}{6}$

17 (Insper-SP) O rótulo de uma embalagem de suco concentrado sugere que o mesmo seja preparado na proporção de sete partes de água para uma parte de suco, em volume. Carlos decidiu preparar um copo desse suco, mas dispõe apenas de copos cônicos, mais precisamente na forma de cones circulares retos. Para seguir exatamente as instruções do rótulo, ele deve acrescentar no copo, inicialmente vazio, uma quantidade de suco até:

a) metade da altura.

b) um sétimo da altura.

c) um oitavo da altura.

d) seis sétimos da altura.

e) sete oitavos da altura.

18 (FEI-SP) Um cone reto de 20 cm de altura tem área da base igual a 100 cm². É realizado um corte neste cone por um plano paralelo à sua base, gerando um tronco de cone com 15 cm de altura. A área da seção transversal referente à base superior do tronco de cone gerado é de:

a) 20 cm²

b) 15 cm²

c) 6,25 cm²

d) 5,75 cm²

e) 25 cm²

19 (ITA-SP) Considere o sólido de revolução obtido pela rotação de um triângulo isósceles ABC em torno de uma reta paralela à base $\overline{BC}$ que dista 0,25 cm do vértice **A** e 0,75 cm da base $\overline{BC}$. Se o lado $\overline{AB}$ mede $\dfrac{\sqrt{\pi^2+1}}{2\pi}$ cm, o volume desse sólido, em cm³, é igual a:

a) $\dfrac{9}{16}$ c) $\dfrac{7}{24}$ e) $\dfrac{11}{96}$

b) $\dfrac{13}{96}$ d) $\dfrac{9}{24}$

20 (Mackenzie-SP) Um frasco de perfume, que tem a forma de um tronco de cone circular reto de raios 1 cm e 3 cm, está totalmente cheio. Seu conteúdo é despejado em um recipiente que tem a forma de um cilindro circular reto de raio 4 cm, como mostra a figura.

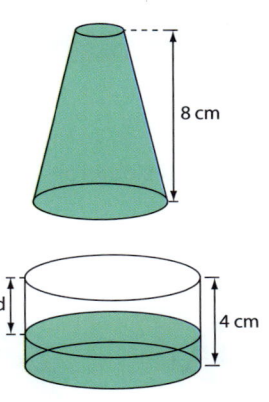

Se **d** é a altura da parte não preenchida do recipiente cilíndrico, o valor de **d** é:

a) $\dfrac{10}{6}$

b) $\dfrac{11}{6}$

c) $\dfrac{12}{6}$

d) $\dfrac{13}{6}$

e) $\dfrac{14}{6}$

21 (Enem-MEC) A figura seguinte mostra um modelo de sombrinha muito usado em países orientais.

Esta figura é uma representação de uma superfície de revolução chamada de:

a) pirâmide.

b) semiesfera.

c) cilindro.

d) tronco de cone.

e) cone.

Observe os seguintes objetos:

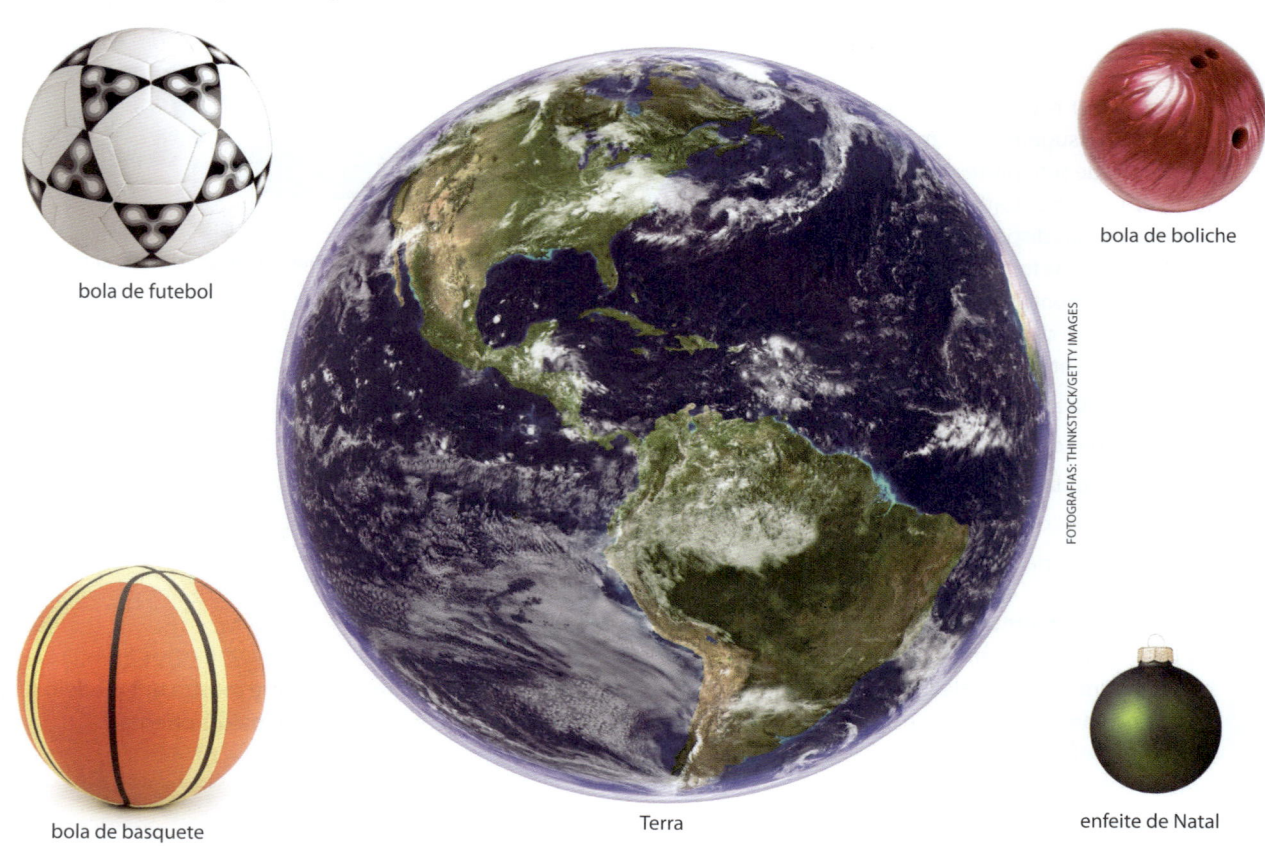

bola de futebol

bola de boliche

bola de basquete

Terra

enfeite de Natal

FOTOGRAFIAS: THINKSTOCK/GETTY IMAGES

Todos eles têm a forma aproximada de uma esfera, sólido que passaremos a estudar agora.

▶ Conceito

Consideremos um ponto **O** e um segmento de medida **r**. Denomina-se **esfera** de centro **O** e raio **r** o conjunto dos pontos do espaço cuja distância ao ponto **O** é menor ou igual a **r**.

Na figura ao lado, observe que os pontos **P**, **Q**, **R**, **S** e **T** pertencem à esfera, pois suas respectivas distâncias ao centro **O** são menores ou iguais a **r**.

É importante diferenciarmos esfera de superfície esférica: a **superfície esférica** de centro **O** e raio **r** é o conjunto de pontos do espaço cuja distância ao ponto **O** é igual a **r**.

Observe, na figura abaixo, que os pontos **R** e **T** pertencem à superfície esférica, mas **P**, **Q** e **S** não pertencem.

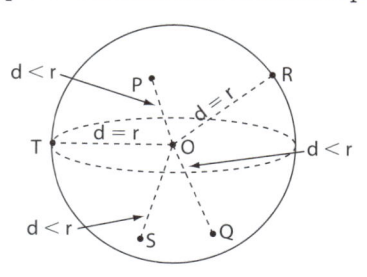

- A **superfície esférica** de centro **O** e raio **r** é a superfície gerada pela rotação de uma semicircunferência em torno de um eixo que contém seu diâmetro.

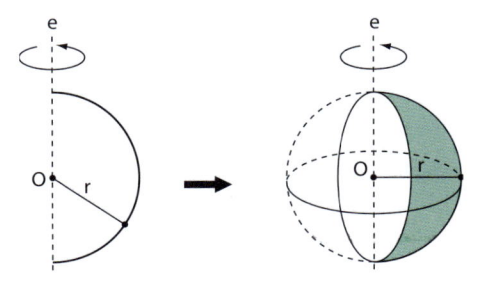

- A **esfera** de centro **O** e raio **r** é o sólido de revolução gerado pela rotação de um semicírculo em torno de um eixo que contém o diâmetro.

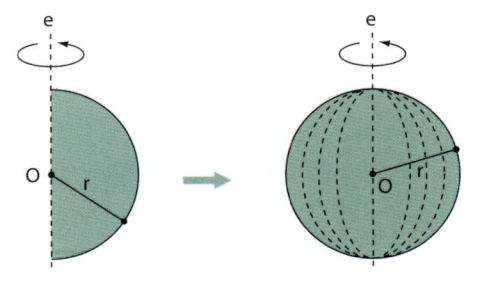

▶ Seção de uma esfera

Quando um plano α intersecta uma esfera **E**, de centro **O** e raio **r**, o conjunto de pontos comuns ao plano e à esfera é um **círculo**, como mostra a figura abaixo.

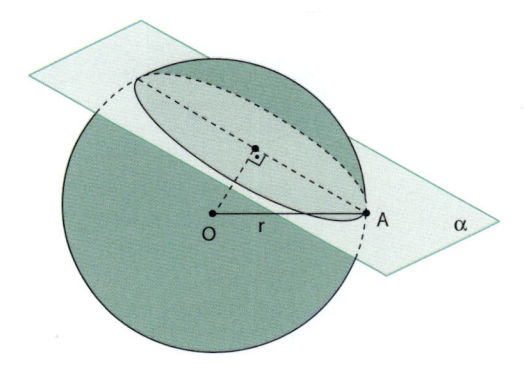

Dizemos, assim, que toda seção plana de uma esfera é um círculo. O raio desse círculo varia de acordo com a distância do plano α ao centro **O**. Quanto mais próximo de **O** o plano α intersectar a esfera, maior será a medida **s** do raio da seção. Se α passar pelo centro **O**, o raio da seção determinada será o próprio raio da esfera e, nesse caso, a seção recebe o nome de **círculo máximo da esfera**.

Acompanhe a figura:

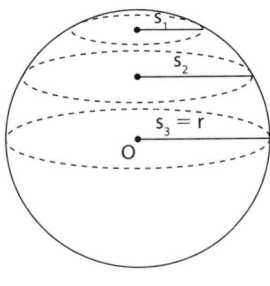

$s_1 < s_2 < s_3 = r$

Suponha que um plano α intersecte uma esfera, a 7 cm de seu centro, determinando nela um círculo de raio 24 cm. Vamos encontrar a medida do raio dessa esfera.

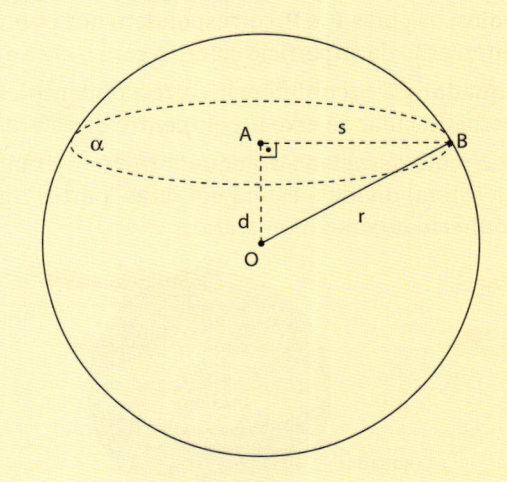

Sejam:

d: distância de α ao centro **O**; d = 7

s: raio da seção; s = 24

r: raio da esfera

No $\triangle AOB$, temos:

$r^2 = s^2 + d^2$

$r^2 = 576 + 49$

$r^2 = 625$

$r = 25$

Assim, o raio da esfera mede 25 cm.

▶ Elementos de uma esfera

Observando a figura seguinte, vamos caracterizar os elementos de uma esfera de centro **O**, raio **r** e eixo de rotação **e**.

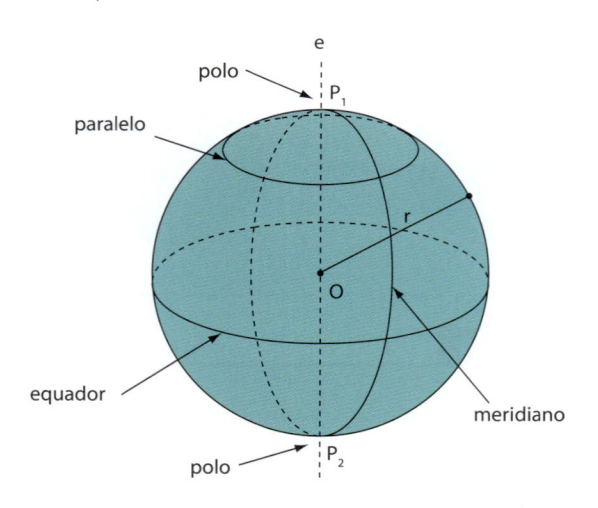

- **Polos**: os polos P_1 e P_2 correspondem aos pontos de interseção da superfície esférica com o eixo **e**.
- **Equador**: é a circunferência correspondente à seção perpendicular ao eixo **e**, pelo centro da esfera.

O círculo associado ao equador (círculo máximo da esfera) divide a esfera em duas "partes" iguais, conhecidas como hemisférios.

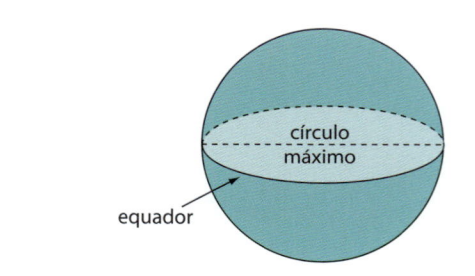

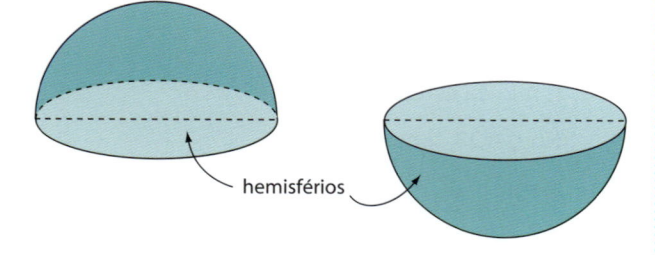

- **Paralelo**: é a circunferência de uma seção perpendicular ao eixo **e**. Tal seção é "paralela" ao plano do equador.
- **Meridiano**: é a circunferência correspondente à seção cujo plano contém o eixo da esfera.

▶ Volume da esfera

O volume **V** de uma esfera de raio **r** é dado por:

$$V = \frac{4\pi r^3}{3}$$

Demonstração:

Vamos tomar um cilindro equilátero, cujo raio da base é **r** e a altura é 2r.

Seja **V** o ponto médio do segmento $\overline{MN}$, contido no eixo do cilindro. Desse cilindro retiramos dois cones cujas bases coincidem com a base do cilindro. Esses cones têm como vértice comum o ponto **V**, e a medida de suas alturas é **r**, como mostram as figuras a seguir. O sólido geométrico obtido será indicado por **G**.

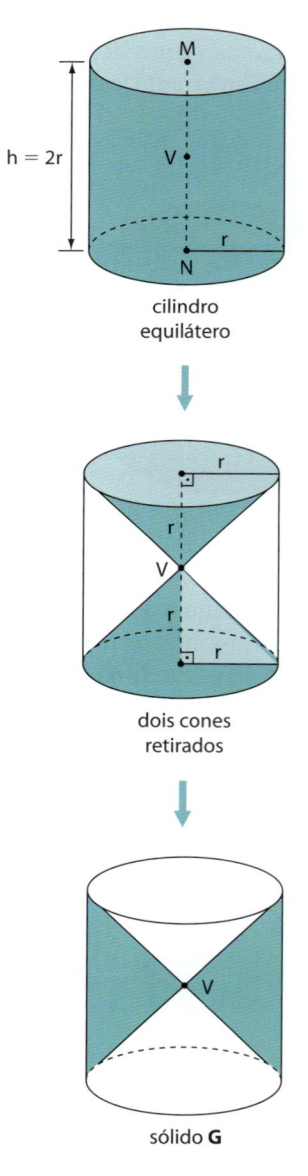

Considere agora uma esfera de raio **r** e o sólido **G** obtido na página anterior. Imagine que essa esfera seja tangente a um plano **α** e que o cilindro original descrito tenha base contida em **α**.

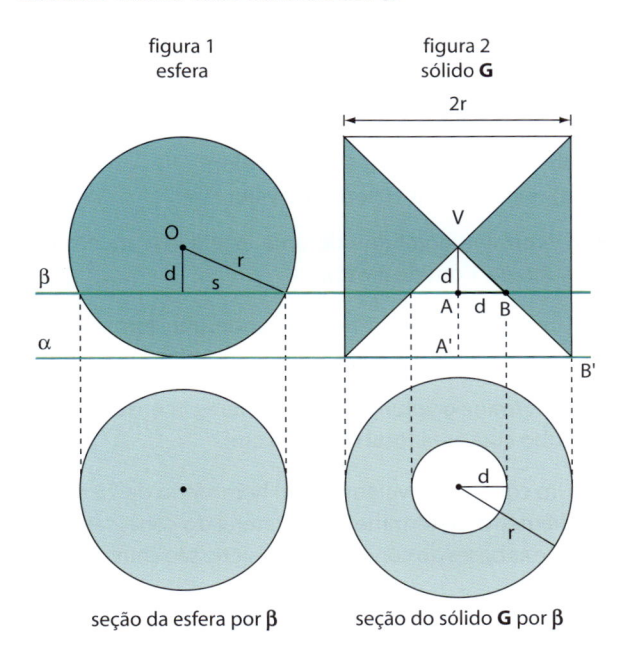

figura 1
esfera

figura 2
sólido **G**

seção da esfera por **β**

seção do sólido **G** por **β**

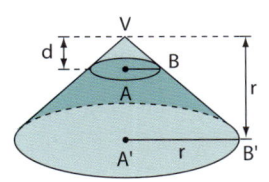

figura 3

Se um plano **β**, paralelo a **α**, intersecta a esfera a uma distância **d** de seu centro, ele determina nela um círculo de raio **s**, cuja área é:

$$\pi s^2 = \pi \cdot (r^2 - d^2) \quad \textbf{1} \quad \text{(Veja a figura } 1\text{.)}$$

O plano **β**, naturalmente, também intersecta o sólido **G**, a uma distância **d** de **V**, determinando, como seção, uma coroa circular. Essa coroa circular é limitada por duas circunferências: uma de raio **r** e a outra de raio **d**, com r > d, cuja área é dada por:

$$\pi \cdot (r^2 - d^2) \quad \textbf{2}$$ (Observe nas figuras 2 e 3 que o triângulo VAB é isósceles e, portanto, AB = d.)

Por **1** e **2**, concluímos que as áreas das seções na esfera e no sólido **G** são iguais. Logo, pelo princípio de Cavalieri, a esfera e o sólido **G** têm o mesmo volume.

O volume do sólido **G** pode ser calculado por:

$$V_G = V_{cilindro} - 2 \cdot V_{cone}; \text{ isto é:}$$

$$V_G = \underbrace{\pi \cdot r^2}_{A_b} \cdot \underbrace{2r}_{h} - 2 \cdot \frac{1}{3} \cdot \underbrace{\pi r^2}_{A_b} \cdot \underbrace{r}_{h}$$

$$V_G = 2\pi r^3 - \frac{2}{3}\pi r^3 \Rightarrow V_G = \frac{4\pi r^3}{3}$$

Segue, daí, que o volume da esfera também é dado por: $V_{esfera} = \dfrac{4\pi r^3}{3}$

EXEMPLO 2

Quantos litros de gás pode conter um reservatório industrial em formato esférico e com raio interno 2 m?

É preciso calcular o volume de uma esfera de raio 2 m:

$$V = \frac{4}{3}\pi \cdot 2^3 = \frac{32\pi}{3}, \text{ ou, aproximadamente,}$$

33,49 m³ (usamos 3,14, uma aproximação de **π**).

Logo, o reservatório pode conter 33 490 litros de gás.

EXERCÍCIOS

1 Classifique cada sentença a seguir em falsa (**F**) ou verdadeira (**V**).

a) Em uma esfera de raio 10 cm, a distância (em linha reta) entre dois de seus pontos pode ser maior do que 20 cm.

b) Duas esferas são semelhantes entre si.

c) Se o diâmetro de uma esfera mede 6 cm, todo plano cuja distância ao centro da esfera é menor do que 6 cm intersecta a esfera.

d) Se a distância de um plano ao centro da esfera é igual à medida do raio da esfera, a interseção desse plano com a esfera é um ponto.

2 Uma esfera, cujo raio mede 5 cm, é intersectada por um plano. Determine a área da seção, no caso em que a distância do plano ao centro da esfera é:

a) 1 cm

b) 2 cm

c) 3 cm

d) 4 cm

Analise o que ocorre com a área da seção á medida que aumenta a distância do plano ao centro da esfera.

3 O raio de uma esfera mede 8 cm. Ela é intersectada por um plano, gerando uma seção. Determine a distância do plano ao centro da esfera no caso em que o raio da seção mede:

a) 6 cm   **c)** 4 cm   **e)** 2 cm

b) 5 cm   **d)** 3 cm   **f)** 1 cm

Analise o que ocorre com a distância do plano ao centro da esfera à medida que diminui a medida do raio da seção.

4 Um plano intersecta uma esfera. Determine a medida do raio da esfera, no caso em que a distância do plano ao centro da esfera é:

a) 4 cm e a seção tem área de 9π cm²;

b) 8 cm e o comprimento da seção é 30π cm;

c) 12 cm e a seção é base de um cilindro de altura 4 cm e volume 100π cm³.

5 Determine o volume da esfera em cada caso:

a) seu raio mede 3 cm;

b) seu diâmetro mede 18 cm;

c) um círculo máximo tem área de 25π cm²;

d) um meridiano tem comprimento 16π cm;

e) a 9 cm do centro tem-se um paralelo de comprimento 24π cm.

6 Verifique o que ocorre com o volume de uma esfera se a medida de seu raio:

a) dobrar;

b) triplicar;

c) for reduzida à metade;

d) aumentar em 10% de seu valor;

e) diminuir em 10% de seu valor.

7 Determine o volume de uma esfera inscrita em um cubo de 1 dm de aresta.

8 Uma bola de ouro de raio **r** se funde, transformando-se em um cilindro de raio **r**. Determine a altura do cilindro.

9 Determine o volume de uma esfera circunscrita a um cubo cuja área total mede 54 cm².

10 Um cone é equivalente a um hemisfério de 25 cm de diâmetro. Determine a área lateral do cone, sabendo que as bases do cone e do hemisfério são coincidentes.

▶ Área da superfície esférica

A área **A** de uma superfície esférica de raio **r** é:

$$A = 4\pi r^2$$

Para deduzir essa fórmula, vamos utilizar a seguinte ideia: uma esfera pode ser decomposta, de maneira aproximada, em um número **n** de pirâmides, cada uma com vértice no centro da esfera e tendo como altura a medida do raio da esfera, como é sugerido pela figura abaixo:

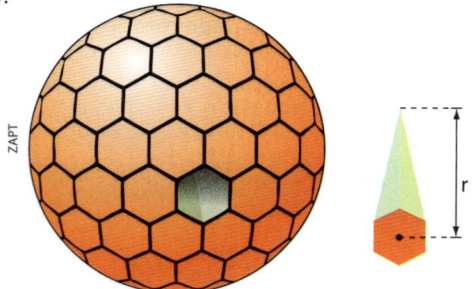

Observe que a superfície da esfera fica dividida em **n** polígonos cujas áreas são dadas por A_1, A_2, ..., A_n. Assim:

$A_1 + A_2 + ... + A_n$ é igual à área da superfície esférica.

Usando essa decomposição, o volume da esfera é aproximadamente igual à soma dos volumes dessas **n** pirâmides:

$$V_{esfera} = \frac{A_1 \cdot r}{3} + \frac{A_2 \cdot r}{3} + ... + \frac{A_n \cdot r}{3}$$

Vimos que o volume de uma esfera de raio **r** é dado por $\frac{4\pi r^3}{3}$.

Segue:

$$\frac{4\pi r^3}{3} = \frac{r}{3} \cdot \underbrace{(A_1 + A_2 + ... + A_n)}_{A_{sup.\,esférica}}$$

$$\frac{4\pi r^3}{3} = \frac{r}{3} \cdot A_{sup.\,esférica} \Rightarrow A_{sup.\,esférica} = 4\pi r^2$$

EXEMPLO 3

Uma indústria recebeu uma encomenda para a confecção de 5 000 bolinhas de pingue-pongue. O plástico usado na confecção das bolinhas custa R$ 5,00 o m². Se o diâmetro de uma bolinha é de 3 cm, qual é o custo da indústria com o material para essa encomenda? Vamos usar 3,14 como aproximação de **π**.

O raio de cada bolinha é:

$r = \frac{3}{2}$ cm = 1,5 cm

A área da superfície de uma bolinha é:

$4\pi \cdot (1,5\,cm)^2 = 9\pi\,cm^2 = 9 \cdot 3,14\,cm^2 = 28,26\,cm^2$

Para confeccionar as 5000 bolinhas, são necessários, no mínimo:

$5000 \cdot 28,26\,cm^2 = 141300\,cm^2 = 14,13\,m^2$

O custo em reais para a confecção das bolinhas é:

$14,13 \cdot 5 = 70,65$, ou seja, R$ 70,65.

EXERCÍCIOS **RESOLVIDOS**

1 A superfície de uma bolha de sabão, de formato esférico, tem 36π cm² de área. Qual é o volume de ar contido nessa bolha?

Solução:

Com base na informação sobre a área da superfície esférica, é possível encontrar seu raio **r**:

$A = 36\pi \Rightarrow 4\pi r^2 = 36\pi \Rightarrow r^2 = 9 \Rightarrow r = 3$ cm

O volume de ar contido na bolha corresponde ao volume da esfera, ou seja:

$V = \dfrac{4\pi r^3}{3} = \dfrac{4\pi \cdot 3^3}{3} \Rightarrow V = 36\pi$ cm³

2 Duas esferas de gelo com raios 2 cm e 1 cm são derretidas. A água obtida pela fusão (passagem do estado sólido para o líquido) é colocada em um recipiente esférico, preenchendo-o totalmente. Quanto mede o raio **r** desse recipiente?

Solução:

O volume total de água obtida por derretimento corresponde à soma dos volumes das duas esferas, ou seja:

$V = \dfrac{4\pi \cdot 2^3}{3} + \dfrac{4\pi \cdot 1^3}{3} = \dfrac{32\pi}{3} + \dfrac{4\pi}{3} \Rightarrow$

$\Rightarrow V = 12\pi$ cm³

O volume encontrado deve coincidir com o volume do recipiente esférico, isto é:

$V = 12\pi = \dfrac{4\pi \cdot r^3}{3} \Rightarrow r^3 = 9 \Rightarrow r = \sqrt[3]{9}$ cm

Aproximadamente 2,08 cm.

EXERCÍCIOS

11 Determine a área da superfície esférica de uma esfera em cada caso:
   a) o raio mede 7 cm;
   b) o diâmetro mede 12 cm;
   c) um círculo máximo tem comprimento 22π cm;
   d) o volume é 288π cm³;
   e) a 4 cm do centro tem-se uma seção de área 9π cm².

12 Se a razão entre as medidas dos raios de duas esferas é $\dfrac{2}{3}$, determine a razão entre:
   a) as áreas de suas superfícies esféricas;
   b) seus volumes.

13 Verifique o que ocorre com a área da superfície de uma esfera se a medida de seu raio:
   a) aumentar em 20% de seu valor;
   b) diminuir de 5% de seu valor;
   c) for reduzida à sua terça parte;
   d) dobrar.

14 Uma esfera é equivalente a um cilindro reto cuja área total é igual a 42π cm². Sendo 3 cm o raio do cilindro, determine:
   a) o raio de esfera;
   b) a relação entre a área da esfera e a área total de um cone reto que tenha a mesma base e a mesma altura do cilindro dado.

15 Um joalheiro que necessita confeccionar uma esfera de ouro com 3 cm de raio dispõe de algumas pequenas esferas do mesmo material, porém com 2 cm de raio cada uma.
   a) Determine o número mínimo de esferas pequenas a serem fundidas para suprir o material necessário.
   b) A sobra de ouro, no caso de se adotar a hipótese explicitada no item *a*, será vendida à razão de R$ 18,00/cm³. Determine, em reais, o valor apurado com a venda. (Adote $\pi \simeq 3,15$)

16 Bolas de borracha são vendidas em embalagens cilíndricas, transparentes e justas, de modo que as bolas não deslizem quando embaladas. Qual é a medida do raio de cada bola se uma embalagem contém, além de sete delas, $\dfrac{869\pi}{3}$ cm³ de ar?

17 Determine a área total e o volume do recipiente representado abaixo.

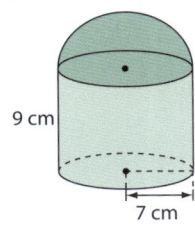

▶ **Partes da esfera**

▶ **Fuso esférico**

Fuso esférico é a superfície gerada pela rotação de uma semicircunferência, a qual gira **α** graus ($0° < \alpha \leqslant 360°$) em torno do eixo que contém seu diâmetro.

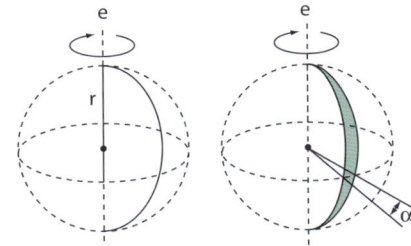

Se **α** é dobrado, a área do fuso é dobrada; triplicando **α**, também a área do fuso é triplicada; e assim sucessivamente. No caso de α = 360°, o fuso transforma-se na superfície da esfera, cuja área é A = 4πr².

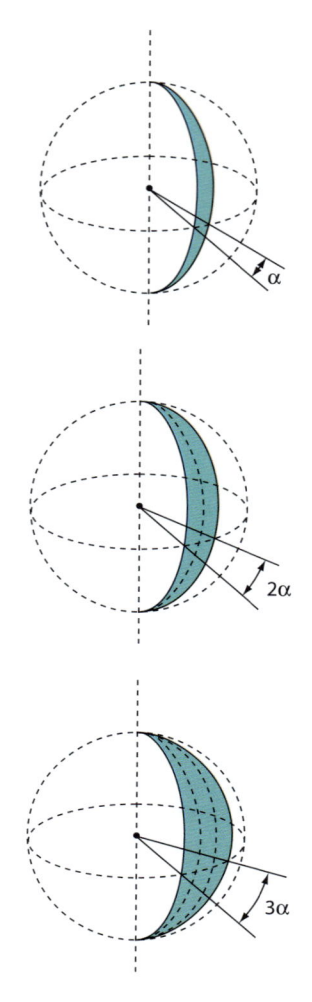

De modo geral, a área do fuso é proporcional a **α** e, portanto, pode ser calculada por uma regra de três simples.

Vejamos como ficam as expressões da área de um fuso em função da medida (**α**) do ângulo de giro, em graus e radianos.

Para **α** em graus:

$$\left.\begin{array}{l} 360° - 4\pi r^2 \\ \alpha° - A_{fuso} \end{array}\right\} \Rightarrow \boxed{A_{fuso} = \dfrac{\pi r^2 \alpha}{90}}$$

Para **α** em radianos:

$$\left.\begin{array}{l} 2\pi \ rad - 4\pi r^2 \\ \alpha \ rad - A_{fuso} \end{array}\right\} \Rightarrow \boxed{A_{fuso} = 2r^2 \alpha}$$

Essas expressões não precisam ser memorizadas, pois sempre podem ser obtidas por meio de regra de três simples, como mostra o exemplo 4, a seguir.

Vamos calcular a área do fuso esférico da figura a seguir.

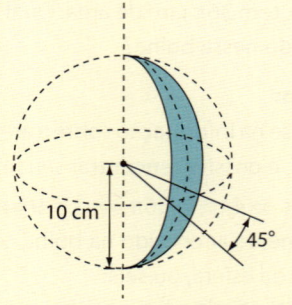

Para calcular a área do fuso esférico, podemos estabelecer a seguinte proporção:

ângulo —— área

$$\begin{cases} 360° - 4\pi \cdot 10^2 \\ 45° - x \end{cases} \Rightarrow \dfrac{360°}{45°} = \dfrac{400\pi}{x} \Rightarrow$$

$$\Rightarrow 8 = \dfrac{400\pi}{x} \Rightarrow x = 50\pi$$

A área desse fuso é 50π cm².

▶ Cunha esférica

Dá-se o nome de **cunha esférica** ao sólido gerado pela rotação de um semicírculo que gira **α** graus (0° < α ⩽ 360°) em torno de um eixo que contém seu diâmetro.

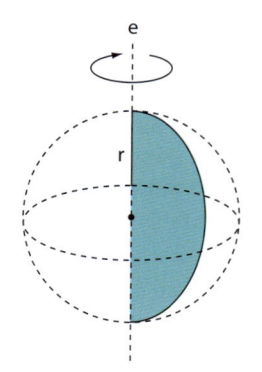

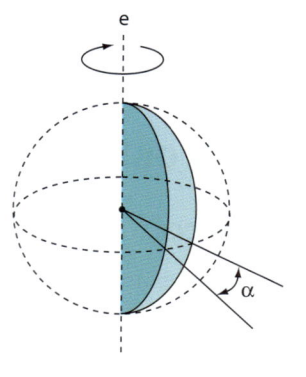

Notemos que, se α é dobrado, o volume da cunha esférica é dobrado; se α é triplicado, o volume também é triplicado; e assim sucessivamente. No caso em que $\alpha = 360°$, a cunha esférica transforma-se em uma esfera, e seu volume é $V = \dfrac{4}{3}\pi r^3$.

De modo geral, o volume da cunha esférica é proporcional a α e, portanto, pode ser calculado por uma regra de três simples. Observe as relações obtidas:

Para α em graus:

$$\left.\begin{array}{l} 360° \longrightarrow \dfrac{4}{3}\pi r^3 \\ \alpha° \longrightarrow V_{cunha} \end{array}\right\} \Rightarrow \boxed{V_{cunha} = \dfrac{\pi r^3 \alpha}{270}}$$

Para α em radianos:

$$\left.\begin{array}{l} 2\pi\ rad \longrightarrow \dfrac{4}{3}\pi r^3 \\ \alpha\ rad \longrightarrow V_{cunha} \end{array}\right\} \Rightarrow \boxed{V_{cunha} = \dfrac{2r^3 \alpha}{3}}$$

Assim como as fórmulas para o fuso esférico, as fórmulas para a cunha esférica não precisam ser memorizadas; basta, em cada exercício, estabelecer uma regra de três.

Observe que a superfície de uma cunha esférica contida em uma esfera de raio **r** é a reunião de um fuso esférico com dois semicírculos de raio **r**.

Assim, a área total da cunha esférica é igual à soma da área do fuso esférico com a área de um círculo de raio **r**.

Vamos calcular o volume e a área total da cunha esférica representada na figura.

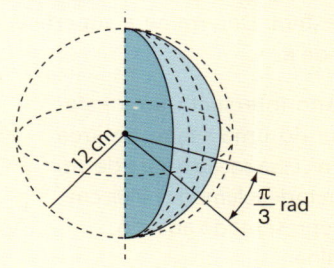

O volume da esfera é $\dfrac{4}{3}\pi \cdot (12\ cm)^3 = 2304\pi\ cm^3$.

Assim, o volume da cunha pode ser obtido pela proporção:

$$\begin{cases} 2304\pi \longrightarrow 2\pi\ rad \\ V_{cunha} \longrightarrow \dfrac{\pi}{3}\ rad \end{cases} \Rightarrow \dfrac{2304}{V_{cunha}} = \dfrac{2\pi}{\dfrac{\pi}{3}} \Rightarrow$$

$$\Rightarrow V_{cunha} = 384\pi\ cm^3$$

A área da superfície esférica é $4\pi \cdot (12\ cm)^2 = 576\pi\ cm^2$.

Observe que $\dfrac{\pi}{3}$ corresponde à sexta parte de 2π, então a área do fuso esférico é $\dfrac{576\pi}{6}\ cm^2 = 96\pi\ cm^2$.

Assim, a área da cunha esférica é:

$$96\pi\ cm^2 + \underbrace{\pi \cdot (12\ cm)^2}_{\substack{\text{reunião de dois} \\ \text{semicírculos}}} = (96\pi + 144\pi)\ cm^2 =$$

$$= 240\pi\ cm^2$$

 **EXERCÍCIOS**

18 Analise se as sentenças abaixo são falsas (**F**) ou verdadeiras (**V**).

a) O raio de uma esfera mede 10 cm. Caminhando sobre sua superfície, a menor distância possível entre dois pontos não ultrapassa 10π cm.

b) Por um ponto qualquer de uma superfície esférica passa um único meridiano e um único paralelo.

c) Dois meridianos distintos determinam, em uma esfera, dois fusos esféricos distintos.

19 Em uma esfera de raio 6 cm, determine a área do fuso esférico no caso em que a medida do ângulo α é:

a) 30°   **d)** 75°   **g)** 180°
b) 45°   **e)** 90°   **h)** 240°
c) 60°   **f)** 120°

Analise a proporcionalidade entre as áreas dos fusos e as medidas dos ângulos.

20 O raio de uma esfera mede 2 cm. Determine a medida do ângulo α do fuso esférico no caso em que a área do fuso é:

a) $2\pi\ cm^2$ **c)** $8\pi\ cm^2$
b) $4\pi\ cm^2$ **d)** $12\pi\ cm^2$

21 Uma esfera tem raio de medida 2 cm. Use $\pi \simeq 3$ e determine a área e o volume de uma cunha esférica, no caso em que o ângulo α mede:

a) $\dfrac{\pi}{6}\ rad$ **c)** $\dfrac{\pi}{2}\ rad$
b) $\dfrac{\pi}{3}\ rad$ **d)** $\dfrac{5\pi}{4}\ rad$

22 Determine o raio de uma cunha esférica de 45°, sabendo que é equivalente a um hemisfério de 10 cm de diâmetro.

23 Um fuso de 60° de uma esfera é equivalente a um fuso de 30° de uma outra esfera. Determine os raios dessas esferas, sendo 24 cm sua soma.

EXERCÍCIOS COMPLEMENTARES

1 Um cubo de chumbo de aresta **a** foi transformado numa esfera. Determine a superfície da esfera em função de **a**.

2 Um plano intersecta uma esfera segundo uma seção de área 144π cm². Essa seção é base de um cilindro reto de volume de 1440π cm³, como representado ao lado. Determine:

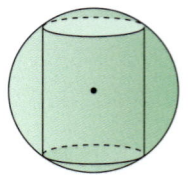

a) a distância do plano ao centro da esfera;
b) a medida do raio da esfera;
c) a área da superfície da esfera;
d) o volume da esfera.

3 Um plano seciona uma esfera determinando um círculo **C** de comprimento 16π cm. A reta que une o centro da esfera ao centro desse círculo intersecta a esfera nos pontos **V_1** e **V_2** como mostrado ao lado. Os cones de base **C** e vértices **V_1** e **V_2** são tais que o volume de um deles é o quádruplo do volume do outro. Determine:

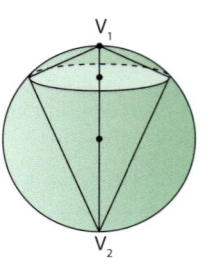

a) a distância do plano ao centro da esfera;
b) a medida do raio da esfera;
c) a área da superfície esférica;
d) o volume da esfera;
e) os volumes dos dois cones.

4 Os raios de duas esferas concêntricas medem, respectivamente, 15 cm e 8 cm. Calcule a área da seção feita na esfera de raio maior por um plano que tangencia a outra esfera.

5 Na figura ao lado tem-se um cilindro reto de altura 20 cm intersectado por um plano paralelo às bases, de forma que a razão entre as alturas dos cilindros **C_1** e **C_2** assim gerados é de 4 para 1. A esfera está inscrita em **C_1**, e o cone **C**, em **C_2**, de forma que o vértice de **C** toca a esfera em um ponto do eixo **t**, que contém os centros das bases do cilindro. Determine:

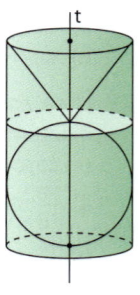

a) as medidas do raio da esfera, dos raios das bases do cilindro e da altura do cone;
b) as áreas da superfície total do cilindro, da superfície esférica e da superfície total do cone;
c) os volumes do cilindro, da esfera e do cone.

6 (UE-RJ) Um cilindro circular reto é inscrito em um cone, de modo que os eixos desses dois sólidos sejam colineares, conforme representado na ilustração abaixo.

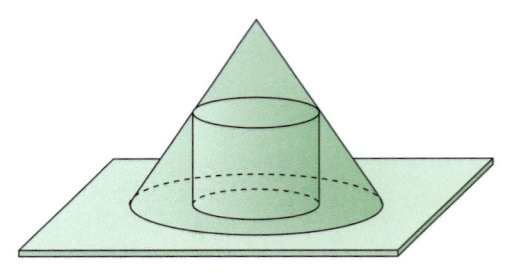

A altura do cone e o diâmetro da sua base medem, cada um, 12 cm.
Admita que as medidas, em centímetros, da altura e do raio do cilindro variem no intervalo]0;12[de modo que ele permaneça inscrito nesse cone.
Calcule a medida que a altura do cilindro deve ter para que sua área lateral seja máxima.

7 (FGV-SP) Uma garrafa esférica de refrigerante tem forma e medidas conforme indica a figura. As caixas *1* e *2* são utilizadas para acondicionar, sem folgas, 6 dessas garrafas de refrigerante. A caixa *1* tem forma de prisma reto de base retangular, e a *2*, de prisma reto de base triangular. O material que compõe as faces das caixas é de espessura desprezível.

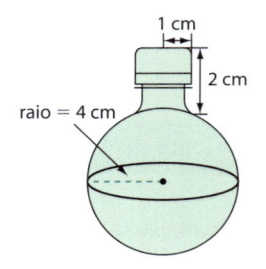

raio = 4 cm

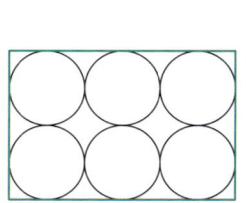

vista superior da caixa 1

vista superior da caixa 2

a) Calcule a área da base inferior das caixas *1* e *2*.
b) Considerando o bocal da garrafa como sendo um cilindro reto de altura 2 cm e raio da base 1 cm, calcule o volume da região da caixa 1 que não está ocupada quando as seis garrafas estão acondicionadas nela.

8 (Unicamp-SP) Considere a pirâmide reta de base quadrada, ilustrada na figura abaixo, com lado da base $b = 6$ m e altura **a**.

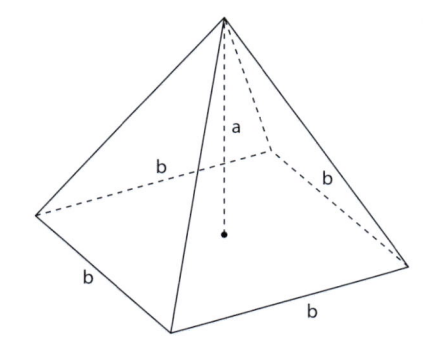

a) Encontre o valor de **a** de modo que a área de uma face triangular seja igual a 15m² .

b) Para a $= 2$ m, determine o raio da esfera circunscrita à pirâmide.

9 (FGV-RJ) Em uma lata cilíndrica fechada de volume 5 175 cm³, cabem exatamente três bolas de tênis.

a) Calcule o volume da lata não ocupado pelas bolas.

b) Qual é a razão entre o volume das três bolas e o volume da lata?

10 (UF-BA) Considere uma pirâmide triangular regular de altura **h**, contida no interior de uma esfera de raio **r**. Sabendo que um dos vértices da pirâmide coincide com o centro da esfera, e os outros vértices são pontos da superfície esférica, determine, em função de **h** e **r**, a expressão do volume da pirâmide.

11 (FGV-SP) Um sorvete de casquinha consiste de uma esfera (sorvete congelado) de raio 3 cm e um cone circular reto (casquinha), também com 3 cm de raio. Se o sorvete derreter, ele encherá a casquinha completa e exatamente. Suponha que o sorvete derretido ocupe 80% do volume que ele ocupa quando está congelado.
Calcule a altura da casquinha.

12 Derrete-se uma esfera de ferro maciço e todo o material é utilizado para fazer 8 esferas de raio 5 cm. Se a densidade do ferro é 7,8 g/cm³, determine:

a) a massa de cada uma das 8 esferas;

b) a massa da esfera original;

c) a medida do raio da esfera original.

13 O volume de um cone reto, cuja altura mede 12 cm, é 324π cm³. Um plano paralelo à sua base o intersecta a $\dfrac{2}{3}$ da medida da altura, determinando um círculo de centro **B**. Uma esfera **E₁** está apoiada no centro **A**

da base do cone e seu volume é o maior possível. O mesmo se passa com a esfera **E₂** apoiada em **B**. Veja a figura abaixo.

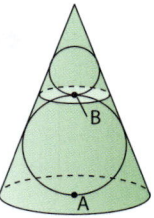

Determine:

a) as medidas dos raios das duas esferas;

b) a razão entre os volumes das esferas.

14 Um fuso de 10° de uma esfera de 1 cm de raio é equivalente a uma seção plana da esfera. Determine a distância da seção ao centro da esfera.

15 (UF-GO) A figura ao lado representa um troféu que o campeão de um torneio de futebol receberá.
Este troféu é formado de três partes. A parte inferior é um paralelepípedo retângulo, cuja base é um retângulo de lados 20 cm e 30 cm e altura de 18 cm. A parte intermediária é um prisma reto, de altura 40 cm, cuja base é um losango, determinado pelos pontos médios dos lados do retângulo da face superior do paralelepípedo. Finalmente, a parte superior é uma esfera colocada sobre a face superior do prisma, cujo diâmetro é igual à metade da medida da menor diagonal da face superior do prisma. Considerando o exposto, calcule o volume desse troféu.

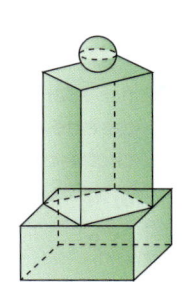

16 (UF-BA) Considere uma pirâmide hexagonal regular reta, cujos vértices da base são pontos de uma superfície esférica de raio 5 cm. Sabendo que:

• o vértice da pirâmide encontra-se a uma distância de $\dfrac{25}{4}$ cm do centro da superfície esférica;

• as retas que contêm as arestas laterais dessa pirâmide são tangentes a essa superfície esférica nos vértices da base.
Calcule o volume da pirâmide.

17 (ITA-SP) Em um plano estão situados uma circunferência **λ** de raio 2 cm e um ponto **P** que dista $2\sqrt{2}$ cm do centro de **λ**. Considere os segmentos $\overline{PA}$ e $\overline{PB}$ tangentes a **λ** nos pontos **A** e **B**, respectivamente. Ao girar a região fechada delimitada pelos segmentos $\overline{PA}$ e $\overline{PB}$ e pelo arco menor $\overset{\frown}{AB}$ em torno de um eixo passando pelo centro de **λ** e perpendicular ao segmento $\overline{PA}$, obtém-se um sólido de revolução. Determine:

a) A área total da superfície do sólido.

b) O volume do sólido.

TESTES

1 (U. F. Juiz de Fora--MG) Um reservatório de água tem a forma de um hemisfério acoplado a um cilindro circular como mostra a figura ao lado.

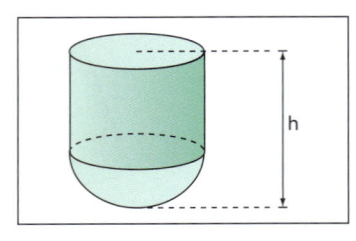

A medida do raio do hemisfério é a mesma do raio da base do cilindro e igual a r = 3 m. Se a altura do reservatório é h = 6 m, a capacidade máxima de água comportada por esse reservatório é:

a) $9\pi\,m^3$ **c)** $27\pi\,m^3$ **e)** $45\pi\,m^3$
b) $18\pi\,m^3$ **d)** $36\pi\,m^3$

2 (UF-AM) A relação entre as medidas do raio (**r**) da base do cilindro equilátero e o raio (**R**) de uma esfera circunscrita ao cilindro é dada por:

a) $R = r$ **c)** $R = 2r\sqrt{2}$ **e)** $R = 2r\sqrt{3}$
b) $R = r\sqrt{2}$ **d)** $R = r\sqrt{3}$

3 (Enem-MEC) Uma empresa farmacêutica produz medicamentos em pílulas, cada uma na forma de um cilindro com uma semiesfera com o mesmo raio do cilindro em cada uma de suas extremidades. Essas pílulas são moldadas por uma máquina programada para que os cilindros tenham sempre 10 mm de comprimento, adequando o raio de acordo com o volume desejado.

Um medicamento é produzido em pílulas com 5 mm de raio. Para facilitar a deglutição, deseja-se produzir esse medicamento diminuindo o raio para 4 mm, e, por consequência, seu volume. Isso exige a reprogramação da máquina que produz essas pílulas.

Use 3 como valor aproximado para **π**.

A redução do volume da pílula, em milímetros cúbicos, após a reprogramação da máquina, será igual a:

a) 168   **c)** 306   **e)** 514
b) 304   **d)** 378

4 (FGV-SP) Um reservatório tem a forma de uma esfera. Se aumentarmos o raio da esfera em 20%, o volume do novo reservatório, em relação ao volume inicial, aumentará:

a) 60%   **c)** 66,4%   **e)** 72,8%
b) 63,2%   **d)** 69,6%

5 Uma esfera de raio 1 cm está inscrita em um cubo cujo volume, em cm³, é:

a) 1   **b)** 2   **c)** 4   **d)** 8   **e)** 16

6 Se **r** é um número real positivo, a razão entre o volume de um cubo cuja medida da aresta é **r** metros e o volume de uma esfera cuja medida do raio é $\dfrac{r}{2}$ metros é

a) $\dfrac{4}{3\pi}$ **b)** $\dfrac{6}{\pi}$ **c)** $\dfrac{4}{5\pi}$ **d)** $\dfrac{3}{2\pi}$

7 (UF-RS) Um cilindro tem o eixo horizontal como representado na figura abaixo. Nessa posição, sua altura é de 2 m e seu comprimento, de 5 m.

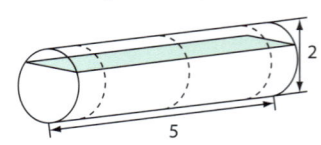

A região sombreada representa a seção do cilindro por um plano horizontal distante 1,5 m do solo. A área dessa superfície é:

a) $\sqrt{3}$ **c)** $2\sqrt{3}$ **e)** $5\sqrt{3}$
b) $2\sqrt{2}$ **d)** $5\sqrt{2}$

8 (UF-PR) Um cilindro de raio **r** está inscrito em uma esfera de raio 5, como indica a figura a seguir. Obtenha o maior valor de **x**, de modo que o volume desse cilindro seja igual a 72π.

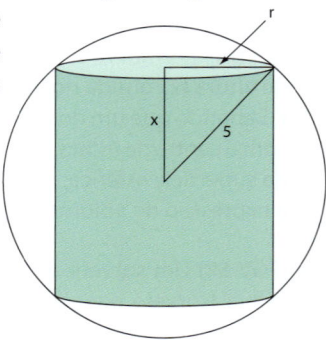

a) $\sqrt{13} - 2$
b) 3
c) $3\sqrt{2}$
d) $2\sqrt{5}$
e) 4

9 (UE-RJ) Uma esfera de centro **A** e raio igual a 3 dm é tangente ao plano **a** de uma mesa em um ponto **T**. Uma fonte de luz encontra-se em um ponto **F** de modo que **F**, **A** e **T** são colineares. Observe a ilustração:

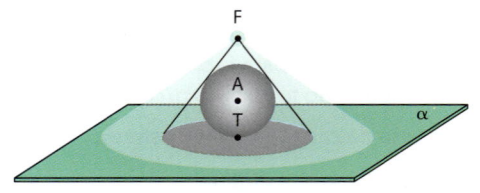

Considere o cone de vértice **F** cuja base é o círculo de centro **T** definido pela sombra da esfera projetada sobre a mesa.

Se esse círculo tem área igual à da superfície esférica, então a distância FT, em decímetros, corresponde a:

a) 10   **b)** 9   **c)** 8   **d)** 7

10 (Fuvest-SP) Um fabricante de cristais produz três tipos de taças para servir vinho. Uma delas tem o bojo no formato de uma semiesfera de raio **r**; a outra, no formato de um cone reto de base circular de raio 2r e altura **h**; e a última, no formato de um cilindro reto de base circular de raio **x** e altura **h**.

Sabendo-se que as taças dos três tipos, quando completamente cheias, comportam a mesma quantidade de vinho, é correto afirmar que a razão $\frac{x}{h}$ é igual a:

a) $\frac{\sqrt{3}}{6}$ **c)** $\frac{2\sqrt{3}}{3}$ **e)** $\frac{4\sqrt{3}}{3}$

b) $\frac{\sqrt{3}}{3}$ **d)** $\sqrt{3}$

11 (UF-PR) Um tanque para armazenamento de produtos corrosivos possui, internamente, o formato de um cilindro circular reto com uma semiesfera em cada uma de suas bases, como indica a figura. Para revestir o interior do tanque, será usada uma tinta anticorrosiva. Cada lata dessa tinta é suficiente para revestir 8 m² de área. Qual o número mínimo de latas de tinta que se deve comprar para revestir totalmente o interior desse tanque? (Use $\pi \simeq 3{,}14$).

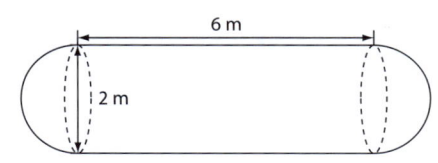

a) 3 latas.   **c)** 5 latas.   **e)** 10 latas.

b) 4 latas.   **d)** 7 latas.

12 (UF-AM) Uma fábrica comprou uma quantidade de caixa de papelão na forma de um paralelepípedo reto retângulo para embalar bombons na forma esférica de raio r = 3,0 cm. Se as dimensões da caixa forem 6,0 cm, 48,0 cm e 60,0 cm, qual a quantidade máxima de bombons por caixa?

a) 60   **c)** 80   **e)** 86

b) 70   **d)** 85

13 (UF-ES) Com 56,52 g de ouro, faz-se uma esfera oca que flutua na água com metade de seu volume submerso. Dentre os valores abaixo, o que mais se aproxima ao raio da esfera é (considere $\pi \simeq 3{,}14$):

a) 2 cm   **c)** 4 cm   **e)** 27 cm

b) 3 cm   **d)** 9 cm

14 (PUC-SP) Um artesão dispõe de um bloco maciço de resina, com a forma de um paralelepípedo retângulo de base quadrada e cuja altura mede 20 cm. Ele pretende usar toda a resina desse bloco para confeccionar contas esféricas que serão usadas na montagem de 180 colares. Se cada conta tiver 1 cm de diâmetro e na montagem de cada colar forem usadas 50 contas, então, considerando o volume do cordão utilizado desprezível e a aproximação $\pi \simeq 3$, a área total da superfície do bloco de resina, em centímetros quadrados, é:

a) 1250   **c)** 1650   **e)** 1850

b) 1480   **d)** 1720

15 (Fuvest-SP) A esfera λ, de centro **O** e raio r > 0, é tangente ao plano α. O plano β é paralelo a α e contém **O**. Nessas condições, o volume da pirâmide que tem como base um hexágono regular inscrito na intersecção de λ com β e, como vértice, um ponto em α, é igual a:

a) $\frac{\sqrt{3}\,r^3}{4}$ **c)** $\frac{3\sqrt{3}\,r^3}{8}$ **e)** $\frac{\sqrt{3}\,r^3}{2}$

b) $\frac{5\sqrt{3}\,r^3}{16}$ **d)** $\frac{7\sqrt{3}\,r^3}{16}$

16 (UF-RN) A figura *1* abaixo representa o Globo Terrestre. Na figura *2*, temos um arco AB sobre um meridiano e um arco BC sobre um paralelo, em que AB e BC têm o mesmo comprimento. O comprimento de AB equivale a um oitavo $\left(\frac{1}{8}\right)$ do comprimento do meridiano.

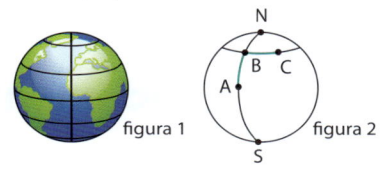

figura 1   figura 2

Sabendo que o raio do paralelo mede a metade do raio da Terra e assumindo que a Terra é uma esfera, pode-se afirmar que o comprimento do arco BC equivale a:

a) metade do comprimento do paralelo.

b) um quarto do comprimento do paralelo.

c) um terço do comprimento do paralelo.

d) um oitavo do comprimento do paralelo.

17 (UF-PE) O sólido ilustrado ao lado é limitado por um hemisfério e um cone. Sejam **r** o raio do hemisfério (que é igual ao raio da base do cone) e **h** a altura do cone. Acerca dessa configuração, analise a veracidade das afirmações seguintes:

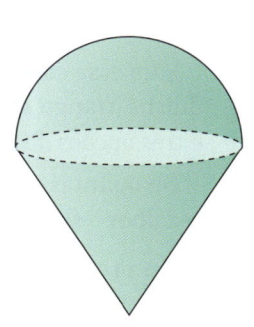

(0-0) se h = 2r, o volume do hemisfério e o do cone serão iguais.

(1-1) se h = 2r, a área lateral do cone será igual à área do hemisfério (sem incluir o círculo da base).

(2-2) mantendo o valor de **h** e duplicando o valor de **r**, o volume total duplicará.

(3-3) duplicando os valores de **h** e **r**, a área total do sólido ficará multiplicada por quatro.

(4-4) para r = 3 e h = 4, a área total do sólido é 33π.

Análise combinatória

Considere os seguintes problemas:

- De quantos modos distintos oito pessoas podem se sentar lado a lado em uma fileira de cadeiras no cinema?

- Quantas placas de automóveis podem ser formadas sem repetição de letras e de algarismos?

- De quantos modos distintos pode ocorrer o resultado de um sorteio da Mega-Sena?

- De quantas maneiras diferentes podem-se definir as chaves de seleções da primeira fase de uma Copa do Mundo de futebol?

Todas as questões levantadas definem um problema de contagem. A **Análise combinatória** é a parte da Matemática que desenvolve técnicas e métodos de contagem que nos permitem resolver tais questões.

▶ Princípio Fundamental da Contagem (PFC) ou princípio multiplicativo

Observe os exemplos a seguir.

EXEMPLO 1

Um quiosque de praia em Florianópolis lançou a seguinte promoção durante uma temporada de verão:

"Combinado de sanduíche natural e suco a R$ 8,00"

Para esse combinado, há quatro opções de sanduíche (frango, atum, vegetariano e queijo branco) e três opções de suco (laranja, uva e morango).

De quantas formas distintas uma pessoa pode escolher o seu combinado?

- Em primeiro lugar, a pessoa deverá optar pelo sabor do lanche. Há quatro opções: frango (**F**), atum (**A**), vegetariano (**V**) e queijo branco (**Q**).

- Para cada uma das possibilidades anteriores, a escolha do suco pode ser feita de três maneiras possíveis: laranja (**L**), uva (**U**) ou morango (**M**).

A representação dessas possibilidades pode ser feita por meio de um diagrama sequencial, conhecido como **diagrama da árvore**.

Observe:

1ª etapa (escolha do sanduíche)	2ª etapa (escolha do suco)	combinado
frango	laranja	(F, L)
	uva	(F, U)
	morango	(F, M)
atum	laranja	(A, L)
	uva	(A, U)
	morango	(A, M)
vegetariano	laranja	(V, L)
	uva	(V, U)
	morango	(V, M)
queijo branco	laranja	(Q, L)
	uva	(Q, U)
	morango	(Q, M)

Observe que cada combinado consta de um **par ordenado** (x, y), em que x ∈ {F, A, V, Q} e y ∈ {L, U, M}.

O número de possibilidades é 4 · 3 = 12.

EXEMPLO 2

Uma moeda é lançada três vezes sucessivamente. Quais são as sequências possíveis de faces obtidas nesses lançamentos?

Vamos representar cara por **K** e coroa por **C**.

Há três etapas (lançamentos) a serem analisadas:

- O primeiro lançamento pode resultar em cara ou coroa.

- Para cada resultado obtido na primeira vez que a moeda for lançada, o segundo lançamento poderá resultar em cara ou coroa.

- A partir de cada um dos resultados anteriores, o terceiro lançamento pode resultar em cara ou coroa.

Vamos representar essas possibilidades no seguinte diagrama:

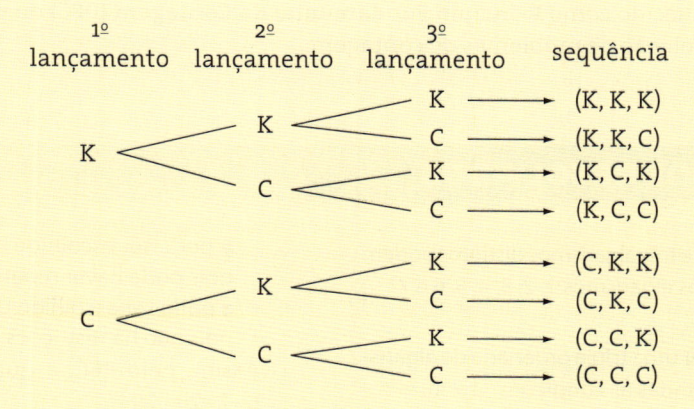

Cada sequência obtida é uma **tripla ordenada** de faces (f_1, f_2, f_3), em que $f_1 \in \{K, C\}$, $f_2 \in \{K, C\}$ e $f_3 \in \{K, C\}$.

O número de triplas ordenadas possíveis é $2 \cdot 2 \cdot 2 = 8$.

EXEMPLO 3

Quatro estradas ligam as cidades **A** e **B** e duas estradas ligam as cidades **B** e **C**. De quantas maneiras distintas pode-se ir de **A** a **C**, passando por **B**?

Vamos representar as estradas que ligam as cidades **A** e **B** por x_1, x_2, x_3 e x_4 e as que ligam as cidades **B** e **C** por y_1 e y_2.

Cada caminho determina uma sequência de dois elementos (x_i, y_j) em que $x_i \in \{x_1, x_2, x_3, x_4\}$ e $y_j \in \{y_1, y_2\}$, como mostra o esquema:

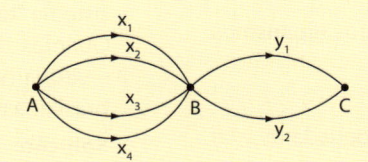

Caminhos possíveis: $(x_1, y_1), (x_1, y_2), (x_2, y_1), (x_2, y_2), (x_3, y_1), (x_3, y_2), (x_4, y_1), (x_4, y_2)$.

O número de maneiras de realizar a viagem completa é igual ao número de sequências possíveis, que é $4 \cdot 2 = 8$.

Definição

Suponha que uma sequência seja formada por **k** elementos $(a_1, a_2, a_3, ..., a_k)$, em que:

- a_1 pode ser escolhido de n_1 maneiras distintas;
- a_2 pode ser escolhido de n_2 formas diferentes, a partir de cada uma das possibilidades anteriores;
- a_3 pode ser escolhido de n_3 modos diferentes, a partir de cada uma das escolhas anteriores;

⋮

- a_k pode ser escolhido de n_k maneiras distintas, a partir de cada uma das escolhas anteriores.

Então, o número de possibilidades para construir a sequência $(a_1, a_2, a_3, ..., a_k)$ é:

$$n_1 \cdot n_2 \cdot n_3 \cdot ... \cdot n_k$$

Esse resultado é conhecido como **Princípio Fundamental da Contagem (PFC)** ou **princípio multiplicativo** e serve de base para a resolução de problemas de contagem.

EXERCÍCIOS RESOLVIDOS

1 Quantos números de três algarismos distintos podem ser formados com os algarismos 1, 2, 3, 4, 5, 6 e 7?

Solução:

Trata-se de construir uma tripla ordenada de algarismos (a, b, c), respeitadas as condições: $a \neq b$, $b \neq c$ e $a \neq c$, com a, b, c $\in$ {1, 2, 3, 4, 5, 6, 7}.

Há três etapas a serem analisadas:

- Para a escolha do algarismo da centena (**a**) há sete opções.
- Para a escolha do algarismo da dezena (**b**) há seis opções, uma vez que o algarismo escolhido para a centena não pode se repetir.
- Para a escolha do algarismo da unidade (**c**) há cinco opções, pois devemos excluir os algarismos já escolhidos para **a** e **b**.

Assim, pelo PFC, a quantidade de números é $7 \cdot 6 \cdot 5 = 210$.

2 Considerando os algarismos 0, 1, 2, 3, 4, 5 e 6, responder:

a) Quantos números de três algarismos podemos formar?

b) Quantos números ímpares de três algarismos distintos podemos formar?

Solução:

a) Devemos construir uma tripla ordenada (x, y, z) de modo que:

- **x** pode ser escolhido de seis modos distintos, pois o número que será formado não pode começar por zero. Note, por exemplo, que $034 = 34$;

- **y** pode ser escolhido de sete formas diferentes, pois pode haver repetição de algarismos;
- **z** pode ser escolhido de sete maneiras distintas, pois não há restrições.

Assim, pelo PFC, a quantidade de números é $6 \cdot 7 \cdot 7 = 294$.

b) Devemos construir uma tripla ordenada (x, y, z), respeitadas as restrições. Já que um número é ímpar quando termina por algarismo ímpar, é mais prático iniciar a resolução do problema pela "última casa" (das unidades):

- **z** pode ser escolhido de três modos distintos (1, 3 ou 5);
- **x** pode ser escolhido de cinco maneiras distintas, pois não podemos escolher o zero nem o algarismo escolhido para **z**;
- **y** pode ser escolhido de cinco formas distintas, pois devemos excluir os dois algarismos já escolhidos para **x** e para **z**.

Assim, pelo PFC, o resultado é $3 \cdot 5 \cdot 5 = 75$.

3 A seleção brasileira de futebol irá disputar um torneio internacional com outras cinco seleções, no sistema "todos jogam contra todos uma única vez". Quantas são as possíveis sequências de resultados – vitória (**V**), empate (**E**) e derrota (**D**) – da equipe brasileira nesse torneio?

Solução:

A sequência de resultados dos jogos pode ser representada por $(j_1, j_2, j_3, j_4, j_5)$, e, em cada jogo, pode ocorrer V, D ou E.

Pelo PFC, o número de sequências de resultados possíveis é $3 \cdot 3 \cdot 3 \cdot 3 \cdot 3 = 3^5 = 243$.

EXERCÍCIOS

1 Um restaurante oferece almoço a R$ 28,00, incluindo: entrada, prato principal e sobremesa. De quantas formas distintas um cliente pode fazer seu pedido, se existem quatro opções de entrada, três de prato principal e duas de sobremesa?

2 A senha de um cadeado é uma sequência de três algarismos.

a) Quantas senhas podem ser formadas?

b) Quantas senhas compostas de algarismos distintos podem ser formadas?

c) Quantas senhas compostas apenas de algarismos ímpares distintos podem ser formadas?

3 Uma prova é composta de oito questões, do tipo certo (**C**) ou errado (**E**).

a) Quantas sequências de respostas são possíveis na resolução dessa prova?

b) Em quantas dessas sequências a resposta da primeira questão é assinalada como **C**?

c) Em quantas sequências pelo menos uma das respostas é assinalada como **C**?

4 Considerando os algarismos 1, 2, 3, 4, 5, 6, 7 e 8, responda:

a) Quantos números de quatro algarismos podemos formar?

b) Quantos números pares de quatro algarismos podemos formar?

c) Quantos números ímpares de quatro algarismos distintos podemos formar?

d) Quantos números de quatro algarismos distintos e divisíveis por 5 podemos formar?

e) Em relação ao total do item *a*, qual é a porcentagem correspondente aos números formados por algarismos distintos?

5 Cinco equipes de vôlei, entre elas a seleção brasileira, participam da fase final de um torneio em que "todos jogam contra todos uma única vez".

a) Quantos jogos são disputados nessa fase?

b) Quantas são as possíveis sequências de resultados – vitória (**V**) ou derrota (**D**) – da seleção brasileira nessa fase do torneio?

6 Responda:

a) Quantos números de cinco algarismos existem?

b) Quantos números ímpares de cinco algarismos existem?

c) Quantos números de cinco algarismos são maiores que 71 265?

d) Quantos números de cinco algarismos distintos são formados apenas por algarismos pares?

7 As placas de veículos atuais são formadas por três letras seguidas de quatro algarismos. Considerando o alfabeto com 26 letras, quantas placas distintas podem ser fabricadas de modo que:

a) Os algarismos sejam distintos?

b) As letras e os algarismos sejam distintos?

c) Só algarismos pares distintos e vogais apareçam?

d) Não apareça a letra **J** nem um algarismo maior que 6?

e) Só apareçam consoantes quaisquer e algarismos ímpares distintos em ordem crescente?

8 Responda:

a) Uma moeda é lançada duas vezes sucessivamente. Quantas sequências de faces podem ser obtidas? Quais são elas?

b) Quantas sequências de faces poderiam ser obtidas, caso a moeda fosse lançada quatro vezes sucessivamente? E cinco vezes? E dez vezes?

c) Uma moeda foi lançada **n** vezes sucessivamente. Sabendo que o número de sequências de faces que poderiam ser obtidas é 4^{19}, qual é o valor de **n**?

9 Dispondo dos algarismos 0, 1, 2, 3, 4, 5 e 6, determine:

a) a quantidade de números pares de três algarismos que podemos formar;

b) a quantidade de números pares de três algarismos distintos que podemos formar;

c) a quantidade de números divisíveis por 5, formados por 4 algarismos distintos.

10 Em uma festa, há 32 rapazes e 40 moças; 80% das moças e $\frac{3}{8}$ dos rapazes sabem dançar. Quantos pares formados por um rapaz e uma moça podem ser feitos de modo que:

a) Ninguém saiba dançar?

b) Apenas uma pessoa do par saiba dançar?

11 Para ir ao trabalho, uma secretária procura sempre combinar blusa, saia e sapatos. Como ela não gosta de repetir as combinações, fez um levantamento nos armários e verificou que são possíveis 420 combinações diferentes. Se ela possui dez blusas, quantas saias e quantos pares de sapatos ela pode ter, sabendo que, para cada item, há mais de uma peça?

12 Um programador de computador criou um código especial que utiliza apenas os símbolos: •, −, **x**.

Sabendo que os diferentes códigos são sequências formadas por esses símbolos, responda:

a) Quantos códigos formados por cinco símbolos começam com "•"?

b) Quantos códigos contêm de dois a quatro símbolos?

c) Quantos códigos são formados por três símbolos, sendo um de cada tipo?

d) Quantos códigos com quatro símbolos apresentam, pelo menos, três "•"?

e) Quantos códigos com quatro símbolos são formados por, no máximo, um **x**?

13 Quantos números de três algarismos distintos podemos formar usando:

a) Apenas os algarismos 1, 2 e 3?

b) Apenas os algarismos ímpares?

c) Apenas os algarismos pares?

d) Algarismos pares e ímpares intercalados?

14 (Obmep) Manuela quer pintar as quatro paredes de seu quarto usando as cores azul, rosa, verde e branco, cada parede de uma cor diferente. Ela não quer que as paredes azul e rosa fiquem de frente uma para a outra. De quantas maneiras diferentes ela pode pintar seu quarto?

a) 8 **c)** 18 **e)** 24

b) 16 **d)** 20

15 Em um bazar escolar beneficente eram vendidas, na seção feminina, 4 marcas de xampu, 3 de condicionador e 5 de desodorante. Para cada artigo os preços de venda eram fixos, independentemente da marca. Laura foi ao bazar disposta a comprar uma única unidade de ao menos um desses artigos. Sua mãe lhe deu a seguinte recomendação: se comprar xampu, compre também um condicionador.

De quantas formas distintas Laura pode realizar suas compras, atendendo às orientações de sua mãe?

16 Três amigos chegam um pouco atrasados à aula de *bike* (bicicleta) na academia e encontram cinco bicicletas vagas.

De quantas maneiras distintas eles podem ocupar as bicicletas vagas?

17 Um país é formado por quatro regiões **A**, **B**, **C** e **D**, como mostra o mapa seguinte:

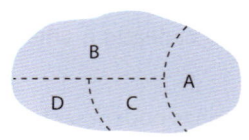

Deseja-se colorir esse mapa de modo que regiões com uma fronteira comum tenham cores distintas.
Classifique cada sentença a seguir em verdadeira (**V**) ou falsa (**F**).

a) É possível colorir o mapa usando apenas duas cores.

b) Usando quatro cores distintas, o número de maneiras de colorir o mapa é 24.

c) Com quatro cores disponíveis, o número máximo de possibilidades para colorir o mapa é 60.

d) Com cinco cores disponíveis e colorindo **A** e **D** com a mesma cor, existem 60 maneiras distintas de colorir o mapa.

e) O número mínimo de cores necessárias para colorir o mapa é três.

18 Para aumentar a segurança de suas operações via internet, o cliente de um banco deve digitar uma senha formada por 4 algarismos distintos. Uma vez digitada corretamente a senha, ele deverá digitar uma nova senha, formada por duas letras (entre as 26 do alfabeto) seguidas de dois algarismos. Suponha que o sistema não seja bloqueado após qualquer tentativa incorreta. Sabendo que para testar cada possibilidade são gastos 30 segundos, qual seria o tempo máximo gasto por uma pessoa (que não tem informação alguma sobre a senha) para ter acesso a uma determinada conta?

19 Quantos divisores positivos tem o número:

a) 120 **b)** 3 780 **c)** $48^5 \cdot 15^6$

(Sugestão: faça a decomposição em fatores primos.)

20 O número $1\,125 \cdot 2^n$, com $n \in \mathbb{N}$, apresenta 84 divisores positivos.

a) Qual é o valor de **n**?

b) Qual é o número de divisores de $2 \cdot 4 \cdot 6 \cdot 8 \cdot \ldots \cdot 18 \cdot 20$?

21 Com os símbolos △, □ e ○, deseja-se formar sequências de cinco figuras geométricas, uma ao lado da outra.

   a) De quantos modos distintos isso pode ser feito?

   b) Se figuras vizinhas não podem ser iguais, quantas sequências podem ser formadas?

   c) Quantas sequências são formadas com não mais de um círculo?

22 (Fuvest-SP)

   a) Quantos são os números inteiros positivos de quatro algarismos escolhidos, sem repetição, entre 1, 3, 5, 6, 8, 9?

   b) Dentre os números inteiros positivos de quatro algarismos citados no item *a*, quantos são divisíveis por 5?

   c) Dentre os números inteiros positivos de quatro algarismos citados no item *a*, quantos são divisíveis por 4?

23 (UF-GO) Uma pessoa dispõe de R$ 800,00 para comprar camisas e calças, de modo a obter exatamente vinte trajes distintos. Cada traje consiste de uma calça e uma camisa, que custam R$ 110,00 e R$ 65,00, respectivamente. Considerando-se que cada peça pode fazer parte de mais de um traje, calcule o número de camisas e de calças que a pessoa comprará sem ultrapassar a quantia em dinheiro de que dispõe.

24 Leia a tira a seguir.

(*O Estado de S. Paulo*, 16/10/2001.)

Na tira do *Recruta Zero*, de Mort Walker, suponha que cada um dos cinco soldados tenha exatamente uma carta para enviar a um dos três destinos indicados. De quantos modos distintos eles podem distribuir essas cartas?

▶ Fatorial de um número natural

Na resolução de problemas de contagem por meio do princípio multiplicativo (ou PFC) é comum aparecerem multiplicações envolvendo números naturais consecutivos, como, por exemplo: $26 \cdot 25 \cdot 24$; $4 \cdot 3 \cdot 2 \cdot 1$; $7 \cdot 6 \cdot 5$ etc.

Muitas vezes é possível escrever multiplicações desse tipo de forma mais sintética (resumida). Para isso, vamos apresentar o fatorial de um número natural, que será útil na contagem dos agrupamentos que serão apresentados a seguir.

▶ Definição

Dado um número natural **n**, definimos o **fatorial de n** (indicado por **n!**) por meio das relações:

$$\text{Se } n = 0,\ 0! = 1 \quad ①$$

$$\text{Se } n = 1,\ 1! = 1 \quad ②$$

$$\text{Se } n \geqslant 2,\ n! = n \cdot (n-1) \cdot (n-2) \cdot \ldots \cdot 3 \cdot 2 \cdot 1 \quad ③$$

Notemos que, em ③, o fatorial de **n** representa o produto dos **n** primeiros números naturais positivos, escritos desde **n** até 1. Um pouco mais à frente, você vai compreender a "conveniência" de se definir $0! = 1$ e $1! = 1$.

Assim, temos, por exemplo:

- $2! = 2 \cdot 1 = 2$ • $3! = 3 \cdot 2 \cdot 1 = 6$ • $4! = 4 \cdot 3 \cdot 2 \cdot 1 = 24$ • $5! = 5 \cdot 4 \cdot 3 \cdot 2 \cdot 1 = 120$

À medida que **n** aumenta, o cálculo de **n**! torna-se mais trabalhoso.

Notemos, então, as seguintes simplificações:

- $6! = 6 \cdot \underbrace{5 \cdot 4 \cdot 3 \cdot 2 \cdot 1}_{5!} = 6 \cdot 5!$

- $9! = 9 \cdot \underbrace{8 \cdot 7 \cdot 6 \cdot 5 \cdot 4 \cdot 3 \cdot 2 \cdot 1}_{8!} = 9 \cdot 8!$, ou ainda, $9! = 9 \cdot 8 \cdot \underbrace{7 \cdot 6 \cdot 5 \cdot 4 \cdot 3 \cdot 2 \cdot 1}_{7!} = 9 \cdot 8 \cdot 7!$

Temos a seguinte propriedade:

$$n! = n \cdot (n-1)!, n \in \mathbb{N}^*$$

EXEMPLO 4

Para calcularmos o valor de $\dfrac{10!}{7!}$, podemos desenvolver o fatorial do número maior (10) até chegarmos ao fatorial do menor (7).

Temos:

$$\frac{10!}{7!} = \frac{10 \cdot 9 \cdot 8 \cdot \cancel{7!}}{\cancel{7!}} = 10 \cdot 9 \cdot 8 = 720$$

 EXERCÍCIO RESOLVIDO

4 Resolver a equação $\dfrac{(n+1)!}{(n-1)!} = 6$.

Solução:

Como $n + 1 > n - 1$, desenvolvemos o fatorial de $n + 1$ até o fatorial de $n - 1$:

$$\frac{(n+1) \cdot n \cdot \cancel{(n-1)!}}{\cancel{(n-1)!}} = 6 \Rightarrow n^2 + n - 6 = 0 \Rightarrow n = 2 \text{ ou } n = -3$$

Observamos que $n = -3$ não convém, pois **n** é um número natural.

$S = \{2\}$

 **EXERCÍCIOS**

25 Calcule:

a) $6!$

b) $4!$

c) $0! + 1!$

d) $3! - 2!$

e) $7! - 5!$

f) $5 \cdot 3!$

26 Obtenha o valor de cada uma das expressões seguintes:

a) $\dfrac{8!}{6!}$

b) $\dfrac{9!}{10!}$

c) $\dfrac{3!}{4!} + \dfrac{4!}{5!}$

d) $\dfrac{7!}{5! \cdot 2!}$

e) $\dfrac{20!}{18! \cdot 2!}$

f) $\dfrac{8! \cdot 6!}{7! \cdot 7!}$

27 Efetue:

a) $\dfrac{11! + 9!}{10!}$

c) $\dfrac{40! - 39!}{41!}$

b) $17! - 17 \cdot 16!$

d) $\dfrac{(85!)^2}{86! \, 83!}$

28 Simplifique as expressões a seguir:

a) $\dfrac{(n + 3)!}{(n + 1)!}$

d) $\dfrac{1}{(n + 1)!} + \dfrac{n - 1}{n!}$

b) $\dfrac{(n - 3)!}{(n - 2)!}$

e) $\dfrac{n! - (n - 1)!}{(n - 1)! + (n - 2)!}$

c) $\dfrac{(n + 1)! + n!}{n!}$

f) $\dfrac{(n - 1)! \, (n + 1)!}{(n!)^2}$

29 Resolva as seguintes equações:

a) $(n + 2)! = 6 \cdot n!$

d) $\dfrac{(n + 2)! - (n + 1)!}{n(n - 1)!} = 25$

b) $n! = 120$

e) $(n - 5)! = 1$

c) $\dfrac{n!}{(n - 2)!} = 42$

f) $\dfrac{(3n + 1)!}{(3n - 1)!} = 156$

30 Resolva as equações:

a) $(n!)^2 - 100n! = 2\,400$

b) $\dfrac{(6 - n)! - (4 - n)!}{(5 - n)!} = \dfrac{11}{3}$

31 Considere o número natural $N = 11!$

a) Quantos divisores positivos tem **N**?

b) Quantos divisores positivos de **N** também são divisores de 77?

▶ Agrupamentos simples: permutações, arranjos e combinações

O Princípio Fundamental da Contagem (PFC) é a principal técnica para a resolução de problemas de contagem.

Vamos estudar a seguir as diferentes maneiras de formar um agrupamento e, por meio do PFC, desenvolver métodos de contagem para cada tipo de agrupamento.

Faremos, principalmente, o estudo dos **agrupamentos simples**, isto é, grupos de **k** ($k \leqslant n$) elementos distintos escolhidos entre os **n** elementos de um conjunto $\{a_1, a_2, ..., a_n\}$.

Estudaremos os seguintes agrupamentos: **permutações**, **arranjos** e **combinações**.

▶ Permutações

Aline (**A**), Bia (**B**), Claudinha (**C**) e Diana (**D**) são alunas do 6º ano de um colégio e, na classe, ocupam a mesma fileira de quatro lugares. Elas vivem brigando por causa da posição em que cada uma quer sentar. Para resolver o problema, a professora sugeriu um rodízio completo das alunas na fileira, trocando a disposição todos os dias.

RADIUS IMAGES/RADIUS IMAGES/LATINSTOCK

Quantos dias são necessários para esgotar todas as possibilidades de as quatro meninas se acomodarem nas quatro carteiras?

Inicialmente, vamos escrever todas as possibilidades de acomodação:

1ª carteira	2ª carteira	3ª carteira	4ª carteira
A	B	C	D
A	B	D	C
A	D	C	B
A	D	B	C
A	C	B	D
A	C	D	B

1ª carteira	2ª carteira	3ª carteira	4ª carteira
B	A	C	D
B	A	D	C
B	C	A	D
B	C	D	A
B	D	A	C
B	D	C	A

1ª carteira	2ª carteira	3ª carteira	4ª carteira
C	A	B	D
C	A	D	B
C	B	A	D
C	B	D	A
C	D	A	B
C	D	B	A

1ª carteira	2ª carteira	3ª carteira	4ª carteira
D	A	B	C
D	A	C	B
D	B	A	C
D	B	C	A
D	C	A	B
D	C	B	A

Observe que uma disposição difere das demais apenas pela ordem em que as quatro alunas vão se sentar nas quatro carteiras.

Assim, cada maneira de arrumar as meninas na fileira corresponde a um **agrupamento ordenado** (sequência) formado por quatro elementos.

Dizemos que cada disposição na tabela corresponde a uma **permutação** das quatro crianças.

Vamos usar o PFC para contar o número de possibilidades:

- Para ocupar a primeira carteira da fileira, há quatro opções.

- Definida a primeira posição, há três opções para escolher a menina que vai sentar na segunda carteira.

- Definidas a primeira e a segunda posições, há duas opções de escolha para a menina que vai sentar na terceira carteira.

- Escolhidas a primeira, a segunda e a terceira posições, a menina que vai sentar na última carteira fica determinada de maneira única.

Assim, há $4 \cdot 3 \cdot 2 \cdot 1 = 4! = 24$ possibilidades.

Desse modo, são necessários 24 dias para esgotar todas as possibilidades de as quatro meninas se acomodarem na fileira.

Definição

Dado um conjunto com **n** elementos distintos, chama-se **permutação** desses **n** elementos todo **agrupamento ordenado** (sequência) formado por **n** elementos.

Cálculo do número de permutações

Sejam **n** elementos distintos e P_n o número de permutações possíveis desses **n** elementos.

Vamos contar o número de sequências formadas por esses **n** elementos:

- Para escolher o primeiro elemento da sequência temos **n** possibilidades.

- Para escolher o segundo elemento da sequência, uma vez definida a primeira posição, há $n - 1$ possibilidades.

- Definidos os dois primeiros elementos da sequência, podemos escolher o terceiro elemento de $n - 2$ maneiras.

- Escolhidos os $n - 1$ primeiros elementos da sequência, o elemento que irá ocupar a última posição na sequência fica determinado de maneira única.

  Assim, pelo PFC, temos o seguinte:

$$P_n = n \cdot (n - 1) \cdot (n - 2) \cdot \ldots \cdot 2 \cdot 1, \text{ isto é, } P_n = n!$$

EXEMPLO 5

Um caso de agrupamento formado por permutação corresponde aos anagramas formados com as letras de uma palavra.

Utilizando todas as letras da palavra PRATO (**P**, **R**, **A**, **T** e **O**) e trocando-as de ordem, obtemos uma sequência de cinco letras que forma uma "palavra" com ou sem sentido. Cada "palavra" formada corresponde a um anagrama, como em: PROTA, ATORP, RAPTO, TROPA etc.

O número de anagramas formados é o número de permutações possíveis com as letras **P**, **R**, **A**, **T** e **O**, ou seja:

$P_5 = 5! = 5 \cdot 4 \cdot 3 \cdot 2 \cdot 1 = 120$

EXERCÍCIOS **RESOLVIDOS**

5 Considere os anagramas formados com as letras da palavra *granizo* (**G**, **R**, **A**, **N**, **I**, **Z** e **O**). Quantos começam e terminam com vogal?

Solução:

Para iniciar o anagrama, temos três possibilidades: **A**, **I** ou **O**.

Definida a vogal do início, sobram duas opções para a vogal que irá ocupar a última letra do anagrama.

Definidas as duas extremidades, as outras cinco letras (uma vogal e quatro consoantes) podem ocupar qualquer posição no anagrama, num total de $P_5 = 5! = 120$ possibilidades.

O resultado procurado é dado por:

$3 \cdot 2 \cdot P_5 = 6 \cdot 120 = 720$

6 Gil e Gabriela têm três filhos: Carla, Luís e Daniel. A família quer tirar uma foto de recordação de uma viagem na qual todos apareçam lado a lado.

a) De quantas formas distintas os membros dessa família podem se distribuir?

b) Em quantas possibilidades o casal aparece lado a lado?

Solução:

a) Cada forma de dispor as cinco pessoas lado a lado corresponde a uma permutação entre elas, uma vez que a sequência é formada por todos os membros da família.

O número de posições possíveis é, portanto, $P_5 = 5! = 120$.

b) Para que Gil e Gabriela apareçam juntos (lado a lado), podemos considerá-los como uma "única pessoa" que irá permutar com as outras três, em um total de $P_4 = 4! = 4 \cdot 3 \cdot 2 \cdot 1 = 24$ possibilidades.

Porém, para cada uma dessas 24 possibilidades, Gil e Gabriela podem trocar de lugar entre si, de $P_2 = 2! = 2$ maneiras distintas.

Assim, o resultado procurado é dado por:

$$\underset{\substack{\uparrow \\ \text{entre os} \\ \text{blocos}}}{P_4} \cdot \underset{\substack{\uparrow \\ \text{dentro} \\ \text{do bloco}}}{P_2} = 24 \cdot 2 = 48$$

EXERCÍCIOS

32 Determine o número de anagramas formados a partir das letras das palavras a seguir:

a) LUA

b) GATO

c) ESCOLA

d) REPÚBLICA

e) PERNAMBUCO

33 Um dado foi lançado quatro vezes sucessivamente e as faces obtidas foram 2, 3, 5 e 6, não necessariamente nessa ordem.

a) De quantas formas distintas pode ter ocorrido a sequência de resultados?

b) Em quantos resultados o número obtido no primeiro lançamento é igual a 3?

34 Considere os anagramas formados a partir das letras da palavra CONQUISTA.

a) Quantos são?

b) Quantos começam com vogal?

c) Quantos começam e terminam com consoante?

d) Quantos têm as letras **C**, **O** e **N** juntas e nessa ordem?

e) Quantos apresentam a letra **C** antes da letra **A**?

f) Quantos apresentam as letras **C**, **O** e **N** juntas, o mesmo ocorrendo com as letras **Q**, **U**, **I** e **S** e também com as letras **T** e **A**?

35 Uma vez por ano, dona Fátima, que mora no Recife, visita parentes em Caruaru, João Pessoa, Petrolina, Maceió e Garanhuns.

a) De quantas formas distintas ela pode escolher a sequência de cidades a visitar?

b) De quantos modos diferentes a ordem das cidades pode ser definida se dona Fátima pretende encerrar as visitas em Petrolina?

36 Em uma mesma prateleira de uma estante há 10 livros distintos: cinco de Álgebra, três de Geometria e dois de Trigonometria.

a) De quantos modos distintos podemos arrumar esses livros nessa prateleira, se desejamos que os livros de um mesmo assunto permaneçam juntos?

b) De quantos modos distintos podemos arrumar esses livros nessa prateleira de maneira que nas extremidades apareçam livros de Álgebra e os livros de Trigonometria fiquem juntos?

37 De quantos modos distintos seis homens e seis mulheres podem ser colocados em fila indiana:

a) Em qualquer ordem?

b) Iniciando com homem e terminando com mulher?

c) Se os homens devem aparecer juntos, o mesmo ocorrendo com as mulheres?

d) De modo que apareçam, do início para o final da fila, 2 homens, 2 mulheres, 3 homens, 3 mulheres, 1 homem e 1 mulher?

38 Permutando-se as letras **T**, **R**, **A**, **P**, **O** e **S**, são formados 720 anagramas. Esses anagramas são colocados em ordem alfabética.

a) Determine a posição da primeira "palavra" que começa com **R**.

b) Qual é a posição correspondente à palavra PRATOS?

c) Qual "palavra" ocupa a 500ª posição?

39 Em quantos anagramas da palavra QUEIJO as vogais não aparecem todas juntas?

40 Considerando os anagramas da palavra BRASIL, responda:

a) Quantos começam com **B**?

b) Quantos começam com **B** e terminam com **L**?

c) Quantos começam com **B** ou terminam com **L**?

d) Quantos começam com **B** e apresentam as consoantes em ordem alfabética?

41 Faça o que se pede a seguir.

a) Calcule: $\dfrac{P_8 + P_6}{P_7}$

b) Resolva a equação: $\dfrac{P_n}{P_{(n-2)}} = 506$

▶ Arranjos

Introdução

Em uma reunião de um condomínio residencial, foi realizada uma votação para definir os cargos de síndico e subsíndico do prédio.

Quatro moradores, **A**, **B**, **C** e **D**, candidataram-se a ocupar esses cargos. De quantos modos distintos pode ocorrer o resultado dessa votação?

Façamos inicialmente uma representação de todas as possibilidades, usando o diagrama da árvore:

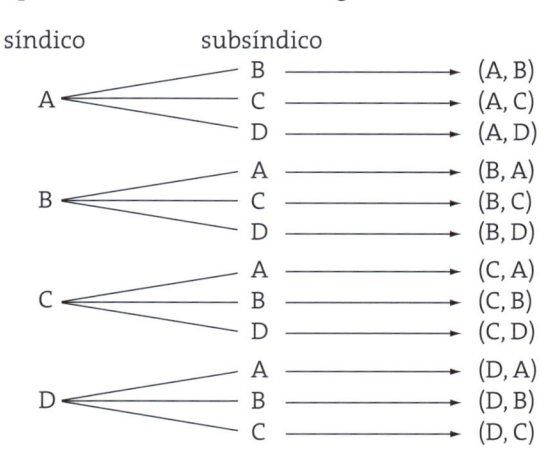

Observe que cada possibilidade acima representada corresponde a um **agrupamento ordenado** de duas pessoas escolhidas entre os quatro candidatos.

Note, por exemplo, que o par ordenado (A, B) é diferente do par ordenado (B, A), pois na primeira situação o síndico é **A** e o subsíndico é **B** e, na segunda situação, ocorre o contrário.

Dizemos que cada resultado da votação corresponde a um **arranjo** dos quatro elementos (candidatos) tomados dois a dois (isto é, escolhemos dois entre os quatro para formar o agrupamento ordenado).

Vamos, por meio do PFC, contar o número total de arranjos possíveis (indicaremos por $A_{4,2}$):

• Para a escolha do síndico, há quatro possibilidades.

• Definido o síndico, sobram três opções para a escolha do cargo de subsíndico.

Assim, $A_{4,2} = 4 \cdot 3 = 12$.

Definição

Dado um conjunto com **n** elementos distintos, chama-se **arranjo** dos **n** elementos, tomados **k** a **k** (com $k \leqslant n$), qualquer agrupamento ordenado de **k** elementos distintos escolhidos entre os **n** existentes.

Contagem do número de arranjos

Dados **n** elementos distintos, vamos indicar por $A_{n,k}$ o número de arranjos desses elementos tomados **k** a **k**.

Vamos usar o PFC:

• O 1º elemento da sequência pode ser escolhido de **n** formas possíveis.

• O 2º elemento da sequência pode ser escolhido de $n - 1$ maneiras distintas, pois já fizemos a escolha anterior e não há repetição de elementos.

• Feitas as duas primeiras escolhas, há $n - 2$ maneiras diferentes de escolher o 3º elemento da sequência, pois não pode haver repetição.

$\vdots \qquad \vdots \qquad \vdots$

• Para escolher o k-ésimo elemento, a partir das $k - 1$ escolhas anteriores, sobram $n - (k - 1) = n - k + 1$ opções.

Assim, pelo PFC, a quantidade de arranjos possíveis (indicada por $\mathbf{A}_{n,k}$) é dada por:

$$A_{n,k} = n \cdot (n-1) \cdot (n-2) \cdot \ldots \cdot (n-k+1) \qquad \boxed{1}$$

Multiplicando e dividindo a expressão $\boxed{1}$ por $(n-k) \cdot (n-k-1) \cdot \ldots \cdot 3 \cdot 2 \cdot 1 = (n-k)!$, temos:

$$A_{n,k} = n \cdot (n-1) \cdot (n-2) \cdot \ldots \cdot (n-k+1) \cdot \frac{(n-k) \cdot (n-k-1) \cdot \ldots \cdot 3 \cdot 2 \cdot 1}{(n-k) \cdot (n-k-1) \cdot \ldots \cdot 3 \cdot 2 \cdot 1}$$

Observe que o numerador da expressão acima corresponde a $\mathbf{n}!$ Assim: $\quad A_{n,k} = \dfrac{n!}{(n-k)!} \qquad \boxed{2}$

Os problemas que envolvem contagem do número de arranjos podem ser resolvidos pelo PFC ou pela aplicação das fórmulas equivalentes $\boxed{1}$ ou $\boxed{2}$.

OBSERVAÇÕES

As permutações, estudadas anteriormente, constituem um caso particular de arranjos.

Dados $\mathbf{n}$ elementos distintos, todo arranjo (agrupamento ordenado) formado exatamente por esses $\mathbf{n}$ elementos corresponde a uma permutação desses elementos.

Com efeito, fazendo $k = n$ na fórmula do arranjo, temos: $A_{n,n} = \dfrac{n!}{(n-n)!} = \dfrac{n!}{0!} = n! = P_n$

Nessa última expressão, note a conveniência de termos definido $0! = 1$.

EXERCÍCIOS RESOLVIDOS

7 Dado o conjunto das vogais $V = \{a, e, i, o, u\}$, determinar a quantidade de arranjos que podemos formar com três elementos de **V**.

Solução:

Todo arranjo formado é um agrupamento ordenado de três elementos, escolhidos entre os cinco de **V**. Alguns arranjos possíveis são: (a, e, i); (a, o, u); (e, a, i); (e, i, o); (u, o, i); (i, o, u) etc.

Façamos, então, essa contagem:

I. Usando o PFC:

1ª letra da sequência	2ª letra da sequência	3ª letra da sequência
↓	↓	↓
5 possibilidades	4 possibilidades	3 possibilidades

Temos $5 \cdot 4 \cdot 3 = 60$ arranjos.

II. Usando uma das fórmulas:

$\boxed{1} \quad A_{5,3} = 5 \cdot 4 \cdot 3 = 60 \qquad$ ou

$\boxed{2} \quad A_{5,3} = \dfrac{5!}{(5-3)!} = \dfrac{5 \cdot 4 \cdot 3 \cdot 2!}{2!} = 60$

Observe, neste exercício, que um arranjo difere de outro pela natureza dos elementos escolhidos (letras) ou pela ordem dos elementos.

8 A senha de um cartão magnético bancário, usado para transações financeiras, é uma sequência de duas letras distintas (entre as 26 do alfabeto) seguida por uma sequência de três algarismos distintos. Quantas senhas podem ser criadas?

Solução:

Devemos determinar o número de sequências formadas por cinco elementos, sendo os dois primeiros letras distintas e os três seguintes algarismos distintos.

Vamos usar o princípio multiplicativo:

letras		algarismos		
↓	↓	↓	↓	↓
26	25	10	9	8

Nesse caso, efetuamos o seguinte cálculo:

$26 \cdot 25 \cdot 10 \cdot 9 \cdot 8 = 468\,000$, ou seja, podem ser criadas 468 000 senhas.

Observe também que:

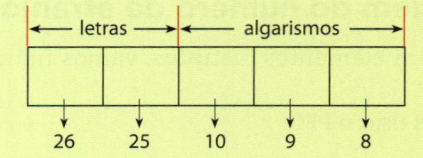

$$\underbrace{26 \cdot 25}_{A_{26,2}} \cdot \underbrace{10 \cdot 9 \cdot 8}_{A_{10,3}} = A_{26,2} \cdot A_{10,3}$$

EXERCÍCIOS

42 Para ocupar os cargos de presidente e vice-presidente do grêmio de um colégio, candidataram-se dez alunos. De quantos modos distintos pode ser feita essa escolha?

43 No campeonato brasileiro de futebol de 2015 participaram 20 times. Cada time jogou com todos os outros duas vezes: uma no seu campo e a outra no campo do time adversário. De acordo com as regras, quem somasse mais pontos seria o campeão. Quantas partidas foram disputadas naquele campeonato?

44 A senha de acesso a uma rede de computadores é formada por uma sequência de quatro letras distintas seguida por dois algarismos distintos.

a) Quantas são as possíveis senhas de acesso?

b) Quantas senhas apresentam simultaneamente apenas consoantes e algarismos maiores que 5?

(Considere as 26 letras do alfabeto.)

45 Em uma pesquisa encomendada por uma operadora turística com o objetivo de descobrir os destinos nacionais mais cobiçados pelos brasileiros, o entrevistado deve escolher, em ordem de preferência, três destinos entre os dez apresentados pelo entrevistador. Um dos destinos apresentados é a cidade de Natal.

a) Quantas respostas diferentes podem ser obtidas?

b) Quantas respostas possíveis apresentam a cidade de Natal como destino preferido em 1º lugar?

c) Quantas respostas possíveis não contêm Natal entre os três destinos mencionados?

46 Responda:

a) Quantos números de três algarismos distintos podem ser formados dispondo-se dos algarismos de 1 a 9? (Use o PFC.)

b) Quantos números de três algarismos podem ser formados dispondo-se dos algarismos de 1 a 9? (Use o PFC.)

c) Um estudante usou a fórmula do arranjo para resolver os dois itens anteriores. Comente o procedimento usado pelo estudante.

47 Em uma final de um torneio internacional de natação participarão cinco atletas europeus, dois americanos e um brasileiro.

a) De quantos modos distintos poderão ser distribuídas as medalhas de ouro, prata e bronze?

b) Em quantos resultados haverá apenas atletas europeus nas três primeiras posições?

c) Em quantas premiações distintas o atleta brasileiro poderá receber medalha?

d) Supondo que o atleta brasileiro não receba medalha, determine o número de premiações distintas em que poderá haver mais atletas europeus do que americanos no pódio.

48 O logotipo de uma empresa é representado pela figura a seguir:

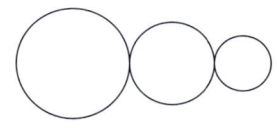

Ainda não foram escolhidas as cores que serão usadas para colorir a região interna de cada circunferência. O departamento de *marketing* sugeriu o uso de azul, laranja, verde, branco, vermelho ou gelo. Sabendo que cada região interna será pintada de uma cor diferente, determine:

a) o número de maneiras de colorir o logotipo;

b) o número de maneiras de colorir o logotipo, incluindo obrigatoriamente a cor laranja.

49 Para compor as equipes de uma competição entre escolas, o professor de Educação Física de um colégio precisa definir a última vaga das seleções de vôlei, basquete e futebol, entre dez garotos que restaram. Todos competem nas três modalidades, exceto dois que só jogam futebol. De quantas formas distintas o professor pode completar as três equipes, sabendo que um mesmo aluno não pode ocupar a vaga em modalidades diferentes?

50 Resolva as equações seguintes:

a) $A_{n, 2} = 110$

c) $A_{n + 2, n + 1} = 120$

b) $A_{n + 1, 1} = 8$

d) $A_{n, 3} = \dfrac{P_n}{2}$

51 Uma empresa distribui a seus funcionários um questionário constituído de duas partes. Na primeira, eles devem colocar a ordem de preferência de turno de trabalho: matutino, vespertino ou noturno. Na segunda, devem escolher, em ordem de preferência, dois dos sete dias da semana para folgar. De quantas maneiras um funcionário poderá preencher esse questionário?

52 Um baralho comum é composto de 52 cartas, sendo 13 de cada naipe. Os naipes são copas, ouro, espadas e paus e as cartas, para cada naipe, são: às (**A**), 2, 3, ..., 10, valete (**J**), dama (**Q**) e rei (**K**). As cartas de um baralho comum foram distribuídas em duas caixas da seguinte maneira: Na caixa **A**, foram colocadas todas as cartas de ouro e de paus. Na caixa **B**, todas as cartas de espadas e copas. Deseja-se retirar, ao acaso, sucessivamente e sem reposição, 3 cartas da caixa **A** e, na sequência, 2 cartas da caixa **B**.

a) Quantas sequências distintas de 5 cartas podem ser obtidas?

b) Em quantas sequências distintas aparecem os 4 ases e 1 rei?

c) Em quantas sequências distintas aparecem os 4 ases?

▶ Combinações

Quando termina o treino, Jaqueline costuma tomar uma vitamina com leite na lanchonete da academia. Em uma tarde, a lanchonete dispunha das seguintes frutas: abacate, mamão, banana, maçã, morango e laranja. De quantas maneiras distintas Jaqueline pode pedir sua vitamina misturando apenas duas dessas frutas?

Vamos representar, uma a uma, as possibilidades de mistura:

abacate e mamão	mamão e banana	banana e morango
abacate e banana	mamão e maçã	banana e laranja
abacate e maçã	mamão e morango	maçã e morango
abacate e morango	mamão e laranja	maçã e laranja
abacate e laranja	banana e maçã	morango e laranja

Observe que escolher mamão e laranja, por exemplo, é o mesmo que escolher laranja e mamão, pois não importa a ordem em que as frutas sejam escolhidas.

Assim, cada escolha que Jaqueline poderá fazer consiste em um **agrupamento não ordenado** de duas frutas escolhidas entre as seis disponíveis. Dizemos que cada uma das possibilidades anteriores é uma **combinação** das seis frutas tomadas duas a duas, isto é, um **subconjunto** formado por dois elementos (frutas) escolhidos entre seis (frutas) disponíveis.

É usual representar as combinações entre chaves − { } −, assim como fazemos com conjuntos.

Como podemos contar o número de combinações de vitamina?

Inicialmente, podemos usar o PFC para contar o número de agrupamentos ordenados de duas frutas:

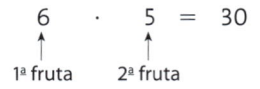

$$6 \cdot 5 = 30$$

1ª fruta   2ª fruta

As frutas fazem parte de um cardápio saudável.

Esse cálculo inclui escolhas repetidas, pois sabemos que a ordem de escolha das frutas não importa.

O número de ordens possíveis em que duas determinadas frutas podem ser escolhidas é:

$$P_2 = 2 \cdot 1 = 2$$

Assim, como cada escolha foi contada duas vezes, o número de combinações possíveis é $\frac{30}{2} = 15$.

Observe, nesse caso, que uma combinação difere das demais apenas pela natureza dos elementos escolhidos (frutas).

Suponha, agora, que Jaqueline quisesse misturar exatamente três frutas na sua vitamina. Quantas possibilidades ela teria?

Inicialmente, notamos que cada escolha consiste em um agrupamento não ordenado (combinação) de três frutas escolhidas, entre seis.

Observe alguns subconjuntos de três elementos que podemos formar: {banana, mamão, maçã}; {mamão, abacate, laranja}; {laranja, banana, mamão} etc.

Vamos fazer a contagem do número de combinações.

Primeiro, usamos o PFC para contar o número de agrupamentos ordenados de três frutas:

$$6 \quad \cdot \quad 5 \quad \cdot \quad 4 \quad = \quad 120$$

$$\underset{1^a \text{ fruta}}{\uparrow} \quad \underset{2^a \text{ fruta}}{\uparrow} \quad \underset{3^a \text{ fruta}}{\uparrow}$$

Como a ordem não importa, é preciso saber quantas vezes uma mesma vitamina foi contada nesse cálculo. Imaginemos uma possível mistura: mamão (**M**), banana (**B**) e laranja (**L**).

Pelo PFC, o número de sequências formadas por essas três frutas é: $3 \cdot 2 \cdot 1 = 6$, que são as **permutações** possíveis entre **M**, **B** e **L**:

$$(M, B, L); (M, L, B); (L, B, M);$$

$$(L, M, B); (B, L, M) \text{ e } (B, M, L)$$

Como as seis permutações desses elementos determinam uma mesma vitamina, concluímos que o número de combinações de seis frutas tomadas três a três é $\frac{120}{6} = 20$.

Definição

Dados **n** elementos distintos, chama-se **combinação** dos **n** elementos tomados **k** a **k** ($k \leqslant n$) qualquer **subconjunto** formado por **k** elementos distintos, escolhidos entre os **n** elementos.

Contagem do número de combinações

Sejam **n** elementos distintos.

Vamos encontrar um método (baseado nos exemplos anteriores) para contar o número de combinações desses **n** elementos tomados **k** a **k** ($k \leqslant n$). Indicaremos esse número por $\mathbf{C}_{n,k}$ ou por $\binom{\mathbf{n}}{\mathbf{k}}$.

- Usamos o PFC para contar o número de agrupamentos ordenados (arranjos) formado por **k** elementos distintos, escolhidos entre os **n** elementos:

$$n \cdot (n-1) \cdot (n-2) \cdot \ldots \cdot [n - (k-1)] = A_{n,k}$$

- Usamos o PFC para contar o número de sequências distintas que podem ser formadas com os **k** elementos escolhidos:

$$k \cdot (k-1) \cdot (k-2) \cdot \ldots \cdot 3 \cdot 2 \cdot 1 = P_k = k!$$

- Como qualquer permutação dos elementos de uma sequência dá origem a uma única combinação, o número de combinações dos **n** elementos tomados **k** a **k** é:

$$C_{n,k} = \frac{A_{n,k}}{P_k} \Rightarrow C_{n,k} = \frac{A_{n,k}}{k!}$$

Aplicando a fórmula do arranjo, temos o seguinte resultado:

$$C_{n,k} = \frac{\dfrac{n!}{(n-k)!}}{k!}, \text{ ou seja, } \quad C_{n,k} = \frac{n!}{k! \cdot (n-k)!}$$

OBSERVAÇÕES

1. Quando k = 1, o número de combinações de **n** elementos distintos, tomados um a um é igual a **n**, pois corresponde ao número de subconjuntos formados com exatamente um elemento escolhido entre os **n** elementos. Observe:

$$C_{n,1} = \binom{n}{1} = \frac{n!}{1!\,(n-1)!} = \frac{n \cdot (n-1)!}{1!\,(n-1)!} = \frac{n}{1!} = n$$

Note, nesse caso, a conveniência de termos definido $1! = 1$.

2. Quando k = n, o número de combinações de **n** (n ⩾ 1) elementos distintos, tomados **n** a **n**, é igual a 1. Observe:

$$C_{n,n} = \binom{n}{n} = \frac{n!}{n!\,(n-n)!} = \frac{n!}{n!\,0!} = \frac{1}{0!} = 1$$

Observe, novamente, a conveniência da definição $0! = 1$.

3. Observe que: $C_{n,p} = C_{n,n-p}$, ou seja, $\binom{n}{p} = \binom{n}{n-p}$:

$$C_{n,p} = \frac{n!}{p!\,(n-p)!} = \frac{n!}{\underbrace{[n-(n-p)]!}_{p} \cdot (n-p)!} = C_{n,n-p}$$

Assim, temos:

$$C_{6,4} = C_{6,2}\,;\, C_{10,3} = C_{10,7}\,;\, \binom{11}{5} = \binom{11}{6}\ \text{etc.}$$

EXERCÍCIOS RESOLVIDOS

9 Em uma classe de 30 alunos pretende-se formar uma comissão de três alunos para representação discente no colégio. Quantas comissões distintas podem ser formadas?

Solução:

Cada comissão corresponde a uma combinação dos 30 alunos, tomados 3 a 3, uma vez que não importa a ordem de escolha dos alunos.

Para contar as possibilidades, podemos ou não usar a fórmula.

1º modo: sem a fórmula

• Contamos, inicialmente, o número de maneiras de escolher 3 alunos entre os 30, levando em conta a ordem de escolha:

$30 \cdot 29 \cdot 28$

• Como a ordem não importa, determinamos o número de ordenações possíveis para escolher três determinados alunos:

$3 \cdot 2 \cdot 1$ (ou $P_3 = 3!$)

Assim, o número de combinações é dado por:

$$\frac{30 \cdot 29 \cdot 28}{3 \cdot 2 \cdot 1} = 4\,060$$

2º modo: com a fórmula

$$C_{30,3} = \binom{30}{3} = \frac{30!}{3! \cdot (30-3)!} = \frac{30!}{3! \cdot 27!} =$$

$$= \frac{30 \cdot 29 \cdot 28 \cdot 27!}{6 \cdot 27!} = 4\,060$$

10 Em uma academia trabalham sete professores de musculação e dez de ginástica aeróbica. Quantas equipes de dois professores de musculação e dois de ginástica aeróbica podem ser formadas com esse grupo de professores?

THINKSTOCK/GETTY IMAGES

Solução:

Para escolher os professores de musculação, temos:

$$C_{7,\,2} = \frac{7!}{2!\,5!} = \frac{7 \cdot 6 \cdot 5!}{2 \cdot 5!} = \frac{7 \cdot 6}{2} = 21 \text{ possibilida-}$$

des (ou 21 grupos formados, cada um, por dois professores de musculação).

Para cada uma dessas 21 possibilidades, o número de maneiras para escolher os professores de aeróbica é:

$$C_{10,\,2} = \frac{10!}{2!\,8!} = \frac{10 \cdot 9 \cdot 8!}{2 \cdot 8!} = 45 \text{ (45 grupos forma-}$$

dos, cada um, por dois professores de aeróbica).
Assim, pelo princípio multiplicativo, o resultado procurado é $21 \cdot 45 = 945$.

11 Sobre uma circunferência marcam-se oito pontos distintos. Quantos triângulos podem ser construídos com vértices em três desses pontos?

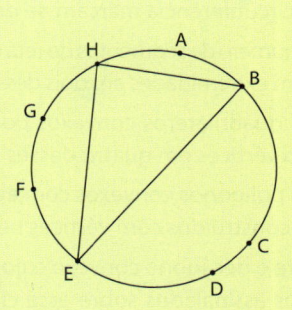

Solução:

Observe que escolher **H**, **B**, **E** nessa ordem é o mesmo que escolher **B**, **H**, **E**, pois o triângulo formado será o mesmo.

Assim, devemos contar o número de agrupamentos não ordenados formados por três desses oito pontos, ou seja:

$$C_{8,\,3} = \binom{8}{3} = \frac{8!}{3! \cdot 5!} = \frac{8 \cdot 7 \cdot 6}{3 \cdot 2 \cdot 1} = 56$$

EXERCÍCIOS

53 Lucas vai fazer uma viagem e deve escolher quatro entre as nove bermudas que possui para colocar em sua bagagem.

De quantos modos distintos ele poderá fazer essa escolha?

54 Um curso de idiomas oferece turmas para iniciantes em inglês, espanhol, alemão, italiano e japonês.

a) De quantas formas distintas um estudante pode matricular-se em três desses cursos?

b) De quantas formas distintas ele poderá matricular--se em três desses cursos, incluindo obrigatoria-mente o de inglês?

55 Com 5 pessoas, a quantidade de duplas que podem ser formadas é maior, menor ou igual à quantidade de trios que podem ser formados?

56 (UE-GO) Na cantina "Canto Feliz", surgiram as seguintes vagas de trabalho: duas para serviços de limpeza, cinco para serviços de balcão, quatro para serviços de entregador e uma para serviços gerais. Para preencher essas vagas, candidataram-se 23 pessoas: oito para a função de limpeza, sete para a de balconista, seis para a de entregador e duas para serviços gerais. Considerando todas as possibilidades de seleção desses candidatos, determine o número total dessas possibilidades.

57 Em um sorteio, são escolhidas simultaneamente quatro cartas de um baralho comum.

Com base nessa informação, determine:

a) o número de resultados possíveis nesse sorteio;

b) o número de resultados que contêm as quatro cartas de copas.

58 De quantas maneiras distintas poderão ser sorteadas simultaneamente cinco cartas de um baralho comum de modo que o resultado do sorteio contenha:

a) Três cartas de paus e duas de espadas?

b) O rei de ouros?

c) Exatamente dois valetes?

d) Nenhuma carta de ouros?

e) Pelo menos três valetes?

59 Em um supermercado, os clientes podem montar a cesta de café da manhã. Para isso, estão disponíveis os seguintes itens: quatro tipos de pão, três tipos de queijo, três tipos de fruta, cinco sabores de geleia e quatro sabores de torta. De quantos modos distintos a cesta poderá ser montada se um cliente pretende incluir dois tipos de pão, um tipo de queijo, dois tipos de fruta, dois sabores de geleia e um sabor de torta?

60 Sobre uma circunferência marcam-se dez pontos.

a) Qual é o número de segmentos de reta que podemos traçar com extremidades em dois desses pontos?

b) Quantos quadriláteros convexos podemos construir com vértices em quatro desses pontos?

c) Quantos polígonos convexos com até 6 lados podem ser construídos com vértices nesses pontos?

d) Considere o decágono convexo cujos vértices são os pontos assinalados sobre essa circunferência. Quantas diagonais ele possui?

61 Marcam-se cinco pontos distintos sobre uma reta **r**. Sobre outra reta **s**, paralela a **r**, marcam-se quatro pontos distintos. Responda:

a) Quantos triângulos com vértices em quaisquer desses pontos podem ser formados?

b) Quantos quadriláteros convexos com vértices em quaisquer desses pontos podem ser formados?

62 Resolva as seguintes equações:

a) $C_{n,2} = 136$

b) $C_{n,2} + C_{n+1,\,n-1} = 25$

c) $A_{n,3} = 16 \cdot C_{n,2}$

d) $\dfrac{A_{n,5}}{C_{n,6}} = 240$

63 Uma locadora de automóveis tem à disposição de seus clientes uma frota de dezesseis carros nacionais e quatro carros importados, todos distintos. De quantas formas uma empresa poderá alugar três carros de modo que pelo menos um carro nacional seja escolhido?

64 Qual é o número de peças de um jogo de dominó comum (números de 0 a 6)?

65 Uma caixa contém 14 etiquetas numeradas, oito com números positivos e seis com números negativos. Quatro delas são extraídas simultaneamente e os números marcados são multiplicados. De quantas formas as etiquetas podem ser sorteadas de modo que o produto obtido seja positivo?

66 (UFF-RJ) A administração de determinado condomínio é feita por uma comissão colegiada formada de oito membros: síndico, subsíndico e um conselho consultivo composto de seis pessoas. Note que há distinção na escolha de síndico e subsíndico enquanto não há esta distinção entre os membros do conselho consultivo.

Sabendo que dez pessoas se dispõem a fazer parte de tal comissão, determine o número total de comissões colegiadas distintas que poderão ser formadas com essas dez pessoas.

67 Em uma reunião havia 50 pessoas. Cada uma cumprimentou as outras com um aperto de mão. Quantas saudações foram dadas nessa reunião?

68 Em uma reunião social compareceram **n** pessoas. Cada uma cumprimenta todas as demais, exceção feita a 4 pessoas que estavam brigadas (cada uma brigada com as outras três). Sabendo que ao todo ocorreram 372 saudações, determine o valor de **n**.

69 (UE-RJ) Todas as **n** capitais de um país estão interligadas por estradas pavimentadas, de acordo com o seguinte critério: uma única estrada liga cada duas capitais. Com a criação de duas novas capitais, foi necessária a construção de mais 21 estradas pavimentadas para que todas as capitais continuassem ligadas de acordo com o mesmo critério.

Determine o número **n** de capitais que existiam inicialmente nesse país.

70 O volante da Mega-Sena contém 60 números, de 1 a 60. O resultado de um sorteio da Mega-Sena é formado por seis números sorteados entre os 60.

a) De quantos modos distintos pode ocorrer o resultado de um sorteio?

b) Quantos resultados formados por 4 números pares e 2 números ímpares são possíveis?

c) Quantos resultados contendo o número 1 são possíveis?

d) Quantos resultados não contêm o número 18?

e) Quantos resultados contêm o número 1 ou o número 60?

f) Quantos resultados não contêm múltiplos de 5 nem de 4?

71 (UF-PE) Um grupo com 3n rapazes e 2n moças participa de um torneio de jogo de damas (com **n** sendo um número natural). Cada participante enfrentará cada um dos demais uma única vez. Se o número de partidas entre participantes de sexos diferentes foi 96, quantas foram as partidas entre participantes do mesmo sexo?

72 Uma organização beneficente seleciona, mensalmente, 15 produtos, dos quais 10 farão parte de cada cesta básica que é distribuída aos moradores de uma região. Cada produto selecionado para a cesta é comprado de dois fornecedores escolhidos de uma lista com cinco. De quantos modos distintos essa organização pode montar a cesta básica mensal? Indique o cálculo efetuado para obter a resposta.

▶ Permutações com elementos repetidos

Estudamos, até aqui, os agrupamentos simples, isto é, aqueles formados por elementos distintos. Vamos agora estudar as permutações com elementos repetidos, cujas técnicas de contagem estão baseadas em técnicas já estudadas na contagem dos agrupamentos simples.

▶ 1º caso: apenas um elemento se repete

Um dado é lançado sete vezes sucessivamente. De quantas formas distintas pode ser obtida uma sequência com quatro faces iguais a 1 e as demais faces iguais a 2, 5 e 6?

- Vamos escolher, de início, as posições que as faces 2, 5 e 6 podem ocupar. Para fixar ideias, veja o esquema seguinte, em que está representada uma possível escolha de posições:

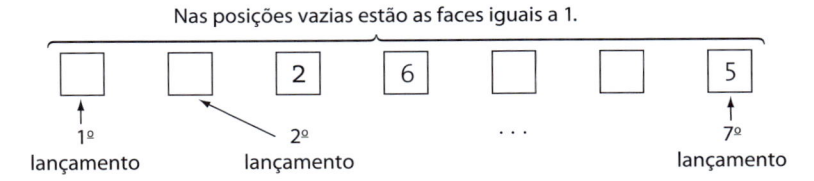

Observe que, fixadas as posições das faces 2, 6 e 5, as posições das faces iguais a 1 ficam determinadas de maneira única, uma vez que qualquer permutação de faces 1 gera a mesma sequência.

Trata-se, então, de escolher três entre sete posições. Isso pode ser feito de $C_{7,3} = 35$ maneiras distintas.

- Para a escolha anterior (3º, 4º e 7º lançamentos), as faces 2, 5 e 6 podem ser permutadas entre si, num total de $P_3 = 3! = 6$ maneiras distintas.

Os passos anteriores sugerem que o número de sequências possíveis é:

$$C_{7,3} \cdot P_3 = \frac{7!}{3! \, 4!} \cdot 3! = \frac{7!}{4!}$$

← 7 é o número total de faces
← 4 é o número de vezes que a face 1 ocorre

Indicaremos esse número por $P_7^{(4)}$.

EXEMPLO 6

Qual é o número de anagramas formados a partir de VENEZUELA?

Cada anagrama formado é uma sequência de nove letras, das quais três são iguais a **E**.

Temos, então, $P_9^{(3)} = \frac{9!}{3!} = \frac{362\,880}{6} = 60\,480$.

▶ 2º caso: dois elementos diferentes se repetem

Suponha, agora, que um dado seja lançado nove vezes sucessivamente. De quantas formas distintas pode ser obtida uma sequência com quatro faces iguais a 1, duas faces iguais a 3 e as demais faces iguais a 2, 5 e 6?

- Inicialmente, vamos determinar as possíveis posições em que as faces distintas de 1 podem ocorrer. Há $C_{9,5} = 126$ possibilidades, pois devem ser escolhidas cinco entre nove posições. Acompanhe uma possível escolha:

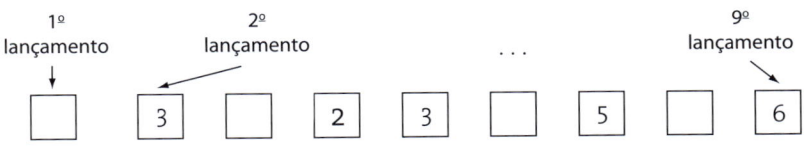

As quatro faces 1 entram nas posições vazias.

- Para tal escolha de lugares (2º, 4º, 5º, 7º e 9º lançamentos), as faces 2 (uma vez), 3 (duas vezes), 5 (uma vez) e 6 (uma vez) podem trocar de lugar entre si. Usando o resultado obtido no 1º caso, sabemos que o número de possibilidades é $P_5^{(2)} = \dfrac{5!}{2!}$.

Assim, reunindo os dois passos anteriores, podemos concluir que o número de permutações possíveis é dado por:

$$C_{9,5} \cdot P_5^{(2)} = \frac{9!}{5!\,4!} \cdot \frac{5!}{2!} = \frac{9!}{4!\,2!}$$

9 é o número total de faces
2 é o número de faces iguais a 3
4 é o número de faces iguais a 1

Indicaremos esse número por $P_9^{(4,2)}$.

EXEMPLO 7

Qual é o número de anagramas formados a partir de BATATA?
Observe que cada anagrama é uma sequência de seis letras, dos quais três são **A**, duas são **T** e uma é **B**.

Temos: $P_6^{(3,2)} = \dfrac{6!}{3!\,2!} = 60$ anagramas.

▶ Caso geral

Dados **n** elementos, dos quais n_1 são iguais a a_1, n_2 são iguais a a_2, n_3 são iguais a a_3, ..., n_r são iguais a a_r ($n_1 + n_2 + ... + n_r = n$), o número de permutações possíveis desses **n** elementos é dado por:

$$P_n^{(n_1,\, n_2,\, ...,\, n_r)} = \frac{n!}{n_1!\,n_2!\,...\,n_r!}$$

Para contarmos o número de anagramas formados a partir de CACHORRO, observamos que há oito letras, das quais duas são iguais a **C**, duas são iguais a **O**, duas são iguais a **R**, além de uma letra **A** e uma letra **H**. Temos, então:

$$P_8^{(2,\,2,\,2,\,1,\,1)} = P_8^{(2,\,2,\,2)} = \frac{8!}{2!\,2!\,2!} = 5040 \text{ anagramas.}$$

▶ Caso especial

Pode ocorrer que, em um conjunto com **n** elementos, n_1 sejam iguais a a_1 e n_2 sejam iguais a a_2, com $n_1 + n_2 = n$.

Nesse caso, o número de permutações que podem ser formadas com esses elementos é:

$$P_n^{(n_1,\,n_2)} = \frac{n!}{n_1!\,n_2!} = \frac{n!}{n_1!\,(n-n_1)!} = \binom{n}{n_1} = C_{n,\,n_1}$$

A igualdade obtida mostra que o **número de permutações** desses **n** elementos (sendo n_1 iguais a a_1 e n_2 iguais a a_2; $n_1 + n_2 = n$) pode ser calculado por meio de uma **combinação**: trata-se de escolher as posições em que os elementos iguais a a_1 vão figurar, isto é, devemos escolher n_1 entre **n** opções. Isso pode ser feito de $C_{n,\,n_1} = \binom{n}{n_1}$ maneiras distintas. Feitas essas escolhas, as posições dos elementos iguais a a_2 ficam determinadas de maneira única.

Observe que também vale:

$$P_n^{(n_1,\,n_2)} = \frac{n!}{n_2!\,(n-n_2)!} = \binom{n}{n_2} = C_{n,\,n_2}$$

Quando estudarmos o binômio de Newton e a lei binomial da probabilidade, essa situação aparecerá com frequência.

EXEMPLO 8

Um casal tem três meninos e duas meninas. De quantos modos distintos pode ter ocorrido a ordem dos nascimentos das crianças?

Cada ordem possível é uma sequência de cinco letras, das quais três são **M** (masculino) e duas são **F** (feminino).

Temos:

$P_5^{(3,2)} = \dfrac{5!}{3!\,2!} = 10$; observe que também poderíamos ter feito simplesmente $\dbinom{5}{2} = 10$ (escolhemos as posições possíveis para as duas letras **F** – feita essa escolha, as posições das três letras **M** ficam determinadas de maneira única).

EXERCÍCIOS

73 Determine o número de anagramas formados a partir de:

a) MORANGO

b) FALTA

c) AROMA

d) OURO

e) CASCAVEL

f) MATEMÁTICA

g) MARROCOS

h) COPACABANA

i) PANAMÁ

(Desconsidere o acento gráfico.)

74 Quantos anagramas de CACHORRO:

a) Começam com **C**?

b) Começam e terminam com **R**?

75 Um dado é lançado quatro vezes sucessivamente. Determine o número de sequências de resultados em que:

a) as quatro faces são iguais a 5;

b) três faces são iguais a 2 e uma face é igual a 4;

c) duas faces são iguais a 3, uma face é igual a 4 e a outra é igual a 5.

76 Um analista político acredita que, nos próximos cinco mandatos, o prefeito de uma certa cidade pertencerá a um desses três partidos: α, β ou γ:

a) Quantas sequências são possíveis com dois mandatos para α, dois para β e um para γ?

b) Quantas sequências têm exatamente três mandatos para o partido α?

77 Permutando os algarismos 1, 1, 1, 2, 2, 3, 3, 3, 3 e 4:

a) Quantos números de 10 algarismos podemos formar?

b) Quantos números de 10 algarismos começam com 2?

78 Considere os anagramas formados a partir de PIRATARIA.

a) Quantos são?

b) Quantos começam com **A**?

c) Quantos começam com vogal?

79 Permutando-se duas letras iguais a **A** e **n** letras iguais a **B** são obtidos 21 anagramas. Qual é o valor de **n**?

80 Um dado é lançado três vezes sucessivamente. Quantas sequências de resultados apresentam soma dos pontos:

a) menor que 8?

b) maior que 13?

EXERCÍCIOS **COMPLEMENTARES**

1 Responda:

a) Quantos números de três algarismos têm pelo menos dois algarismos repetidos?

b) Quantos números de cinco algarismos têm pelo menos quatro algarismos repetidos?

2 Três professores foram selecionados para realizar quatro apresentações diferentes na semana pedagógica de um colégio. Cada apresentação será atribuída a um único professor e todos os professores selecionados devem, obrigatoriamente, fazer ao menos uma apresentação. De quantas formas distintas podem ser distribuídas as apresentações?

3 A sessão de um filme já havia começado quando duas pessoas que não se conhecem entram na sala. Elas percebem que só há lugares vagos nas duas primeiras fileiras, abaixo representadas (o **X** indica que o lugar está ocupado).

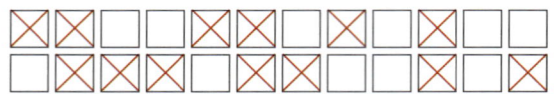

a) De quantas maneiras distintas elas poderão se acomodar?

b) De quantas maneiras distintas elas poderão sentar lado a lado?

c) De quantas maneiras distintas elas poderão sentar em uma mesma fileira?

4 (UE-RJ) Considere a situação abaixo:

Em um salão há apenas 6 mulheres e 6 homens que sabem dançar. Calcule o número total de pares de pessoas de sexos opostos que podem ser formados para dançar.

Um estudante resolveu esse problema do seguinte modo:

A primeira pessoa do casal pode ser escolhida de 12 modos, pois ela pode ser homem ou mulher. Escolhida a primeira, a segunda pessoa só poderá ser escolhida de 6 modos, pois deve ser de sexo diferente da primeira. Há, portanto, $12 \cdot 6 = 72$ modos de formar um casal.

Essa solução está errada. Apresente a solução correta.

5 Responda:

a) De quantas formas distintas é possível distribuir 12 pessoas em 4 grupos de 3?

b) Para o sorteio das chaves de um torneio de vôlei, é preciso distribuir 12 equipes em 4 chaves (grupos) de 3, sendo que, para cada grupo, há um cabeça de chave preestabelecido. De quantas formas isso pode ser feito?

6 (UF-PE) Um escritório tem 7 copiadoras e 8 funcionários que podem operá-las. Calcule o número **m** de maneiras de se copiar simultaneamente (em máquinas distintas, sendo operadas por funcionários diferentes) 5 trabalhos idênticos neste escritório. Indique a soma dos dígitos de **m**.

7 (Unicamp-SP) O perfil lipídico é um exame médico que avalia a dosagem dos quatro tipos principais de gorduras (lipídios) no sangue: colesterol total (CT), colesterol HDL (conhecido como "bom colesterol"), colesterol LDL (o "mau colesterol") e triglicérides (TG). Os valores desses quatro indicadores estão relacionados pela fórmula de Friedewald:

$$CT = LDL + HDL + \frac{TG}{5}.$$ A tabela a seguir mostra os valores normais dos lipídios sanguíneos para um adulto, segundo o laboratório SangueBom.

Indicador	Valores normais
CT	Até 200 mg/dL
LDL	Até 130 mg/dL
HDL	Entre 40 e 60 mg/dL
TG	Até 150 mg/dL

a) O perfil lipídico de Pedro revelou que sua dosagem de colesterol total era igual a 198 mg/dL e que a de triglicérides era igual a 130 mg/dL. Sabendo que todos os seus indicadores estavam normais, qual o intervalo possível para o seu nível de LDL?

b) Acidentalmente, o laboratório SangueBom deixou de etiquetar as amostras de sangue de cinco pessoas. Determine de quantos modos diferentes seria possível relacionar essas amostras às pessoas, sem qualquer informação adicional. Na tentativa de evitar que todos os exames fossem refeitos, o laboratório analisou o tipo sanguíneo das amostras e detectou que três delas eram de sangue O+ e as duas restantes eram de sangue A+. Nesse caso, supondo que cada pessoa indicasse seu tipo sanguíneo, de quantas maneiras diferentes seria possível relacionar as amostras de sangue às pessoas?

8 Numa dinâmica de grupo, uma psicóloga de RH (Recursos Humanos) relaciona de todas as formas possíveis dois participantes: ao primeiro faz pergunta e ao segundo pede que comente a resposta do colega. Admita que a psicóloga não fará a mesma pergunta mais de uma vez.

a) Se 10 candidatos participam da dinâmica, qual é o número de perguntas feitas pela psicóloga?

b) Qual é o número mínimo de candidatos que obriga a psicóloga a ter mais de 250 questões para realizar a dinâmica?

9 (Vunesp-SP) Quantos números de nove algarismos podem ser formados contendo quatro algarismos iguais a 1, três algarismos iguais a 2 e dois algarismos iguais a 3?

10 (Unifesp-SP) Numa classe há **x** meninas e **y** meninos, com x, y ⩾ 4. Se duas meninas se retirarem da classe, o número de meninos na classe ficará igual ao dobro do número de meninas.

a) Dê a expressão do número de meninos na classe em função do número de meninas e, sabendo que não há mais que 14 meninas na classe, determine quantos meninos, no máximo, pode haver na classe.

b) A direção do colégio deseja formar duas comissões entre os alunos da classe, uma com exatamente 3 meninas e outra com exatamente 2 meninos. Sabendo-se que nessa classe o número de comissões que podem ser formadas com 3 meninas é igual ao número de comissões que podem ser formadas com 2 meninos, determine o número de alunos da classe.

11 (UF-PE) Um casal está fazendo uma trilha junto com outras 10 pessoas. Em algum momento, eles devem cruzar um rio em 4 jangadas, cada uma com capacidade para 3 pessoas (excluindo o jangadeiro). De quantas maneiras os grupos podem ser organizados para a travessia, se o casal quer ficar na mesma jangada? Assinale a soma dos dígitos.

12 Para facilitar as compras de comidas em uma festa junina, foi montada uma tabela de preços, que está parcialmente reproduzida abaixo:

	Valor unitário
Opção 1 coxinha, pastel, risólis, quibe ou empada	R$ 4,00
Opção 2 espetinho de carne, frango, linguiça e queijo	R$ 4,50
Opção 3 sanduíche de carne louca ou pernil	R$ 6,00

Um estudante, craque em combinatória, decidiu analisar as diferentes opções de compra nesta festa junina. Supondo que ele não pretende repetir qualquer item entre os listados nas opções anteriores, determine o número de maneiras distintas de ele gastar:

a) exatamente R$ 9,00 apenas na opção 2;

b) exatamente R$ 12,00 apenas na opção 1;

c) exatamente R$ 10,00 nas opções 1 e 3, incluindo um item em cada opção;

d) até R$ 15,00, incluindo as opções 1 ou 3;

e) até R$ 12,50.

13 (ITA-SP) Determine quantos paralelepípedos retângulos diferentes podem ser construídos de tal maneira que a medida de cada uma de suas arestas seja um número inteiro positivo que não exceda 10.

14 (UF-RN) O quadro de avisos de uma escola de ensino médio foi dividido em quatro partes, como mostra a figura a seguir.

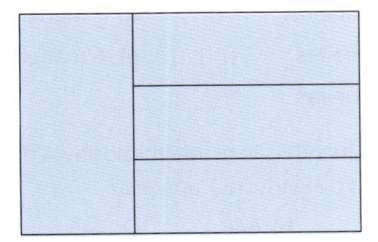

No retângulo à esquerda, são colocados os avisos da diretoria, e, nos outros três retângulos, serão colocados, respectivamente, de cima para baixo, os avisos dos 1º, 2º e 3º anos do ensino médio.

A escola resolveu que os retângulos adjacentes (vizinhos) fossem pintados, no quadro, com cores diferentes. Para isso, disponibilizou cinco cores e solicitou aos servidores e alunos sugestões para a disposição das cores no quadro.

Determine o número máximo de sugestões diferentes que podem ser apresentadas pelos servidores e alunos.

15 (UE-RJ) Um sistema luminoso, constituído de oito módulos idênticos, foi montado para emitir mensagens em código. Cada módulo possui três lâmpadas de cores diferentes – vermelha, amarela e verde. Observe a figura:

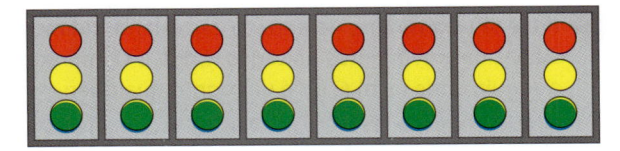

Considere as seguintes informações:
- cada módulo pode acender apenas uma lâmpada por vez;
- qualquer mensagem é configurada pelo acendimento simultâneo de três lâmpadas vermelhas, duas verdes e uma amarela, permanecendo dois módulos com as três lâmpadas apagadas;
- duas mensagens são diferentes quando pelo menos uma das posições dessas cores acesas é diferente.

Calcule o número de mensagens distintas que esse sistema pode emitir.

16 (U. E. Maringá-PR) Seja **A** o seguinte conjunto de números naturais: A = {1, 2, 4, 6, 8}. Assinale o que for correto. [Indique a soma correspondente às alternativas corretas.]

(01) Podem ser formados exatamente 24 números ímpares com 4 algarismos escolhidos dentre os elementos do conjunto **A**.

(02) Existem exatamente 96 números de 5 algarismos formados com elementos distintos de **A** e terminados com um algarismo par.

(04) Podem ser formados exatamente 64 números pares de 3 algarismos com elementos do conjunto **A**.

(08) Existem exatamente 3 125 números menores do que 100 000 formados com elementos do conjunto **A**.

(16) Podem ser formados exatamente 49 números menores do que 350 com elementos distintos do conjunto **A**.

17 (Vunesp-SP) Em todos os 25 finais de semana do primeiro semestre de certo ano, Maíra irá convidar duas de suas amigas para ir à sua casa de praia, sendo que nunca o mesmo par de amigas se repetirá durante esse período. Respeitadas essas condições, determine o menor número possível de amigas que ela poderá convidar.

Dado: $\sqrt{201} \approx 14{,}2$.

18 (UF-ES) Três casais devem sentar-se em 8 poltronas de uma fileira de um cinema. Calcule de quantas maneiras eles podem sentar-se nas poltronas:

a) de modo arbitrário, sem restrições;

b) de modo que cada casal fique junto;

c) de modo que todos os homens fiquem à esquerda ou todos os homens fiquem à direita de todas as mulheres.

19 (FGV-SP) Considere, no espaço cartesiano bidimensional, os movimentos unitários **N**, **S**, **L** e **O** definidos a seguir, onde $(a, b) \in \mathbb{R}^2$ é um ponto qualquer:

$N(a, b) = (a, b + 1)$ $L(a, b) = (a + 1, b)$
$S(a, b) = (a, b - 1)$ $O(a, b) = (a - 1, b)$

Considere ainda que a notação XY(a, b) significa X(Y(a, b)), isto é, representa a combinação em sequência dos movimentos unitários **X** e **Y**, onde o movimento **Y** é executado primeiro e, a seguir, o movimento **X**.

a) Mostre que a combinação dos movimentos **N** e **S**, em qualquer ordem, é nula, isto é, NS(a, b) = = SN(a, b) = (a, b).

b) Partindo do ponto (1, 4), quantos caminhos mínimos (isto é, com a menor quantidade possível de movimentos) diferentes podem ser percorridos, utilizando apenas os movimentos unitários definidos, para se chegar ao ponto (−1, 7)?

20 (UnB-DF) Suponha que doze amigos irão assistir a uma partida de futebol e que sete deles vestirão a camisa da seleção brasileira; três, camisa de times de futebol; e os outros dois, camisa relacionada a outros esportes. Suponha, ainda, que esses torcedores irão sentar-se em uma única fileira, em 12 cadeiras contíguas.

Com base nessas informações, julgue os itens a seguir:

a) Considere que os sete torcedores vestidos com camisa da seleção brasileira ocupem as sete cadeiras contíguas a partir de uma das extremidades, e as cinco cadeiras restantes sejam ocupadas por torcedores vestidos com camisa de times de futebol, tal que, entre estes, sempre fique um torcedor vestido com camisa de outro esporte. Nesse caso, o número de maneiras distintas de ocupação dos assentos pelos torcedores é inferior a 100 000.

b) Existem 20 · 9! maneiras diferentes de arranjar os torcedores nas 12 cadeiras, tal que aqueles que estiverem usando camisas relacionadas a outros esportes ocupem os assentos das extremidades.

c) Todos os sete torcedores vestidos com camisa da seleção poderão sentar-se em cadeiras contíguas de 7! · 6! maneiras distintas.

TESTES

1 (Vunesp-SP) Um professor, ao elaborar uma prova composta de 10 questões de múltipla escolha, com 5 alternativas cada e apenas uma correta, deseja que haja um equilíbrio no número de alternativas corretas a serem assinaladas com **X** na folha de respostas. Isto é, ele deseja que duas questões sejam assinaldas com a alternativa **A**, duas com a **B**, e assim por diante, como mostra o modelo.

Modelo de folha de resposta (gabarito)

	A	B	C	D	E
01	X				
02			X		
03		X			
04				X	
05	X				
06					X
07				X	
08					X
09		X			
10			X		

Nessas condições, a quantidade de folha de respostas diferentes, com a letra **X** disposta nas alternativas corretas, será:

a) 302 400

b) 113 400

c) 226 800

d) 181 440

e) 604 800

2 (PUC-RJ) Em uma sorveteria há sorvetes nos sabores morango, chocolate, creme e flocos. De quantas maneiras podemos montar uma casquinha com duas bolas nessa sorveteria?

a) 10 maneiras

b) 9 maneiras

c) 8 maneiras

d) 7 maneiras

e) 6 maneiras

3 (UE-CE) Quantos são os inteiros positivos de três dígitos nos quais o algarismo 7 aparece?

a) 720   **b)** 648   **c)** 446   **d)** 252

4 (Enem-MEC) Um banco solicitou aos seus clientes a criação de uma senha pessoal de seis dígitos, formada somente por algarismos de 0 a 9, para acesso à conta corrente pela *internet*.

Entretanto, um especialista em sistemas de segurança eletrônica recomendou à direção do banco recadastrar seus usuários, solicitando, para cada um deles, a criação de uma nova senha com seis dígitos, permitindo agora o uso das 26 letras do alfabeto, além dos algarismos de 0 a 9. Nesse novo sistema, cada letra maiúscula era considerada distinta de sua versão minúscula. Além disso, era proibido o uso de outros tipos de caracteres.

Uma forma de avaliar uma alteração nos sistema de senhas é a verificação do coeficiente de melhora, que é a razão do novo número de possibilidades de senhas em relação ao antigo.

O coeficiente de melhora da alteração recomendada é:

a) $\dfrac{62^6}{10^6}$

b) $\dfrac{62!}{10!}$

c) $\dfrac{62! \, 4!}{10! \, 56!}$

d) $62! - 10!$

e) $62^6 - 10^6$

5 (U.F. Juiz de Fora-MG) Uma empresa escolherá um chefe para cada uma de suas repartições **A** e **B**. Cada chefe deve ser escolhido entre os funcionários das respectivas repartições e não devem ser ambos do mesmo sexo.

A seguir é apresentado o quadro de funcionários das repartições **A** e **B**.

Funcionários	Repartições	
	A	B
Mulheres	4	7
Homens	6	3

De quantas maneiras é possível ocupar esses dois cargos?

a) 12   **b)** 24   **c)** 42   **d)** 54   **e)** 72

6 (Unicamp-SP) Para acomodar a crescente quantidade de veículos, estuda-se mudar as placas, atualmente com três letras e quatro algarismos numéricos para quatro letras e três algarismos numéricos, como está ilustrado abaixo.

> ABC 1234   ABCD 123

Considere o alfabeto com 26 letras e os algarismos de 0 a 9. O aumento obtido com essa modificação em relação ao número máximo de placas em vigor seria:

a) inferior ao dobro.

b) superior ao dobro e inferior ao triplo.

c) superior ao triplo e inferior ao quádruplo.

d) mais que o quádruplo.

7 (UPE-PE) Rita tem três dados: um branco, um azul e um vermelho. Quantas são as formas de ela obter soma seis no lançamento simultâneo dos três dados?

a) 9   **b)** 10   **c)** 12   **d)** 18   **e)** 24

8 (PUC-SP) Suponha que a professora Dona Marocas tenha pedido a seus alunos que efetuassem as quatro operações mostradas na tira abaixo e, em seguida, que calculassem o produto **P** dos resultados obtidos.

O Estado de S. Paulo. Caderno 2. C5-27/03/2014.

Observando que, bancando o esperto, Chico Bento tentava "colar" os resultados de seus colegas, Dona Marocas resolveu aplicar-lhe um "corretivo": ele deveria, além de obter **P**, calcular o número de divisores positivos de **P**. Assim sendo, se Chico Bento obtivesse corretamente tal número, seu valor seria igual a:

a) 32

b) 45

c) 160

d) 180

e) 240

9 (Enem-MEC) Um artesão de joias tem à sua disposição pedras brasileiras de três cores: vermelhas, azuis e verdes.

Ele pretende produzir joias constituídas por uma liga metálica, a partir de um molde no formato de um losango não quadrado com pedras nos seus vértices, de modo que dois vértices consecutivos tenham sempre pedras de cores diferentes.

A figura ilustra uma joia, produzida por esse artesão, cujos vértices **A**, **B**, **C** e **D** correspodem às posições ocupadas pelas pedras.

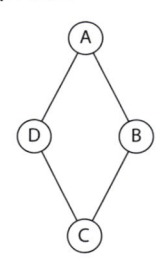

Com base nas informações fornecidas, quantas joias diferentes, nesse formato, o artesão poderá obter?

a) 6   **b)** 12   **c)** 18   **d)** 24   **e)** 36

10 (PUC-RS) O número de anagramas da palavra BRASIL em que as vogais ficam lado a lado, e as consoantes também, é:

a) 24   **b)** 48   **c)** 96   **d)** 240   **e)** 720

11 (Fuvest-SP) Vinte times de futebol disputam a Série **A** do Campeonato Brasileiro, sendo seis deles paulistas. Cada time joga duas vezes contra cada um dos seus adversários. A porcentagem de jogos nos quais os dois oponentes são paulistas é:

a) menor que 7%.

b) maior que 7%, mas menor que 10%.

c) maior que 10%, mas menor que 13%.

d) maior que 13%, mas menor que 16%.

e) maior que 16%.

12 (Enem-MEC) O setor de recursos humanos de uma empresa vai realizar uma entrevista com 120 candidatos a uma vaga de contador. Por sorteio, eles pretendem atribuir a cada candidato um número, colocar a lista de números em ordem numérica crescente e usá-la para convocar os interessados. Acontece que, por um defeito do computador, foram gerados números com 5 algarismos distintos e, em nenhum deles, apareceram dígitos pares. Em razão disso, a ordem de chamada do candidato que tiver recebido o número 75 913 é:

a) 24   **c)** 32   **e)** 89

b) 31   **d)** 88

13 (UE-RJ) Na ilustração a seguir, as 52 cartas de um baralho estão agrupadas em linhas com 13 cartas de mesmo naipe e colunas com 4 cartas de mesmo valor.

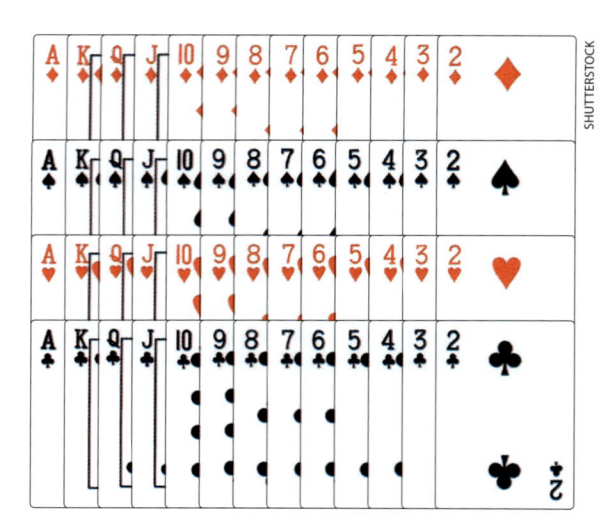

Denomina-se quadra a reunião de quatro cartas de mesmo valor. Observe, em um conjunto de cinco cartas, um exemplo de quadra:

O número total de conjuntos distintos de cinco cartas desse baralho que contêm uma quadra é igual a:

a) 624   **b)** 676   **c)** 715   **d)** 720

14 (Unicamp-SP) O grêmio estudantil do Colégio Alvorada é composto por 6 alunos e 8 alunas. Na última reunião do grêmio, decidiu-se formar uma comissão de 3 rapazes e 5 moças para a organização das olimpíadas do colégio. De quantos modos diferentes pode-se formar essa comissão?

a) 6 720   **c)** 806 400

b) 100 800   **d)** 1 120

15 (UF-AM) Quantos anagramas distintos da palavra PSC2012 é possível formar, de modo que comecem por uma letra e terminem por um número?

a) $9 \cdot \dfrac{5!}{2}$ **c)** $\dfrac{6!}{2}$ **e)** $6!$

b) $\dfrac{7!}{2}$ **d)** $\dfrac{7!}{4}$

16 (Cefet-MG) Um grupo de amigos, ao planejar suas férias coletivas, listou 12 cidades brasileiras que pretendem conhecer juntos, sendo que seis ficam no litoral e seis no interior do país. O critério estabelecido foi de alternar as férias, em cada ano, ora em cidades litorâneas, ora em interioranas, definindo-se que, nos próximos 12 anos, será visitada uma cidade diferente por ano. Desse modo, a quantidade de maneiras possíveis para atender a esse critério é:

a) $2 \cdot 3 \cdot 11$

d) $2^8 \cdot 3^4 \cdot 5^2$

b) $2^2 \cdot 3 \cdot 11$

e) $2^9 \cdot 3^4 \cdot 5^2$

c) $2 \cdot 3^2 \cdot 11$

17 (UE-CE) Uma lanchonete serve suco de frutas, em copos padronizados para viagem, nos sabores uva, laranja e limão. O número de formas possíveis de adquirir-se cinco copos de suco é:

a) 19 **b)** 21 **c)** 23 **d)** 25

18 (U.F. Triângulo Mineiro-MG) Os seis números naturais positivos marcados nas faces de um dado são tais que:

I. não existem faces com números repetidos;

II. a soma dos números em faces opostas é sempre 20;

III. existem 4 faces com números ímpares e 2 faces com números pares.

O total de conjuntos distintos com os seis números que podem compor as faces de um dado como o descrito é:

a) 20 **b)** 28 **c)** 36 **d)** 38 **e)** 40

19 (UE-RJ) Uma criança ganhou seis picolés de três sabores diferentes: baunilha, morango e chocolate, representados, respectivamente, pelas letras **B**, **M** e **C**. De segunda a sábado, a criança consome um único picolé por dia, formando uma sequência de consumo dos sabores. Observe estas sequências, que correspondem a diferentes modos de consumo:

(B, B, M, C, M, C) ou (B, M, M, C, B, C) ou (C, M, M, B, B, C)

O número total de modos distintos de consumir os picolés equivale a:

a) 6 **b)** 90 **c)** 180 **d)** 720

20 (Insper-SP) Certa comunidade mística considera 2015 um *ano de sorte*. Para tal comunidade, um ano é considerado de sorte se, e somente se, é formado por 4 algarismos distintos, sendo 2 pares e 2 ímpares. No período que vai do ano 1 000 até o ano 9 999, o número total de anos de sorte é igual a:

a) 1 680 **c)** 1 920 **e)** 2 400

b) 1 840 **d)** 2 160

21 (Enem-MEC) Um cliente de uma videolocadora tem o hábito de alugar dois filmes por vez. Quando os devolve, sempre pega outros dois filmes e assim sucessivamente. Ele soube que a videolocadora recebeu alguns lançamentos, sendo 8 filmes de ação,

5 de comédia e 3 de drama e, por isso, estabeleceu uma estratégia para ver todos esses 16 lançamentos. Inicialmente alugará, em cada vez, um filme de ação e um de comédia. Quando se esgotarem as possibilidades de comédia, o cliente alugará um filme de ação e um de drama, até que todos os lançamentos sejam vistos e sem que nenhum filme seja repetido.

De quantas formas distintas a estratégia desse cliente poderá ser posta em prática?

a) $20 \cdot 8! + (3!)^2$

d) $\dfrac{8! \cdot 5! \cdot 3!}{2^2}$

b) $8! \cdot 5! \cdot 3!$

e) $\dfrac{16!}{2^6}$

c) $\dfrac{8! \cdot 5! \cdot 3!}{2^8}$

22 (PUC-RJ) Rebeca tem uma blusa de cada uma das seguintes cores: branco, vermelho, amarelo, verde e azul. Ela tem uma saia de cada uma das seguintes cores: branco, azul, violeta e cinza. De quantas maneiras Rebeca pode se vestir sem usar blusa e saia da mesma cor?

a) 14 **b)** 18 **c)** 20 **d)** 21 **e)** 35

23 (UE-RN) Régis está em uma loja de roupas e deseja selecionar 4 camisas dentre 14 modelos diferentes, sendo essas 8 brancas e 6 azuis. De quantas maneiras ele poderá escolher as 4 camisas de forma que pelo menos uma delas tenha cor distinta das demais?

a) 748 **b)** 916 **c)** 812 **d)** 636

24 (FGV-SP) O total de números naturais de 7 algarismos tal que o produto dos seus algarismos seja 14 é:

a) 14 **b)** 28 **c)** 35 **d)** 42 **e)** 49

25 (Insper-SP) Em cada ingresso vendido para um *show* de música, é impresso o número da mesa onde o comprador deverá se sentar. Cada mesa possui seis lugares, dispostos conforme o esquema a seguir.

O lugar da mesa em que cada comprador se sentará não vem especificado no ingresso, devendo os seis ocupantes entrar em acordo. Os ingressos para uma dessas mesas foram adquiridos por um casal de namorados e quatro membros de uma mesma família. Eles acordaram que os namorados poderiam sentar-se um ao lado do outro. Nessas condições, o número de maneira distintas em que as seis pessoas poderão ocupar os lugares da mesa é:

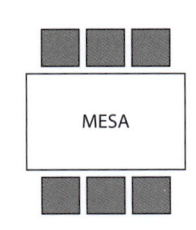

a) 96 **c)** 192 **e)** 720

b) 120 **d)** 384

Binômio de Newton

▶ Introdução

Sejam **n** um número natural e **a** e **b** números reais.

Já conhecemos o desenvolvimento de $(a + b)^n$ para alguns valores de **n**:

- $n = 0 \rightarrow (a + b)^0 = 1$
- $n = 1 \rightarrow (a + b)^1 = a + b$
- $n = 2 \rightarrow (a + b)^2 = a^2 + 2ab + b^2$
- $n = 3 \rightarrow (a + b)^3 = a^3 + 3a^2b + 3ab^2 + b^3$

À medida que o expoente **n** aumenta, o desenvolvimento de $(a + b)^n$ torna-se mais complexo e as contas ficam mais trabalhosas. No entanto, por meio das técnicas de contagem estudadas em Análise combinatória (capítulo 31) é possível obter o desenvolvimento de $(a + b)^n$ de maneira rápida e direta.

▶ Desenvolvimento de (a + b)³

O desenvolvimento de $(a + b)^3$ pode ser obtido por meio do produto $(a + b) \cdot (a + b) \cdot (a + b)$. Nessa multiplicação, usamos a propriedade distributiva e somamos os termos semelhantes.

Vamos usar agora o Princípio Fundamental da Contagem (PFC) para fazer essa multiplicação:

1º) Para cada um dos três fatores de $(a + b)^3$ escolhemos um dos termos — **a** ou **b** — para multiplicar:

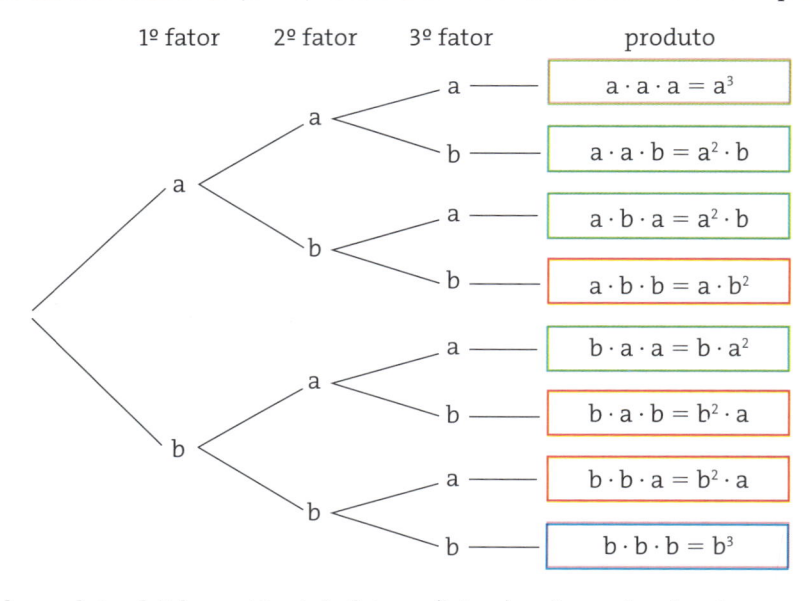

2º) Note que cada produto obtido contém três fatores (letras), cada qual podendo ser **a** ou **b**. Desse modo, os possíveis produtos são: a^3; a^2b; ab^2; b^3.

3º) Somamos os termos semelhantes e obtemos o desenvolvimento pedido:

$(a + b)^3 = a^3 + 3a^2b + 3ab^2 + b^3$

No desenvolvimento obtido é importante observar que:

I. O produto $\mathbf{a}^3$ só ocorre quando escolhemos, em cada fator, a letra $\mathbf{a}$ para multiplicar. Isso se observa uma única vez. Assim, o número de termos em $\mathbf{a}^3$ é igual a $1 = \binom{3}{0}$.

II. O número de termos que contêm o produto $a^2 \cdot b$ corresponde ao número de sequências de três letras nas quais duas são iguais a $\mathbf{a}$ e a outra é igual a $\mathbf{b}$, a saber:

$$P_3^{(2,1)} = \frac{3!}{2!\,1!} = 3 = \binom{3}{1}.$$ (Veja as três sequências em verde no diagrama anterior.)

III. O número de termos que contêm o produto $a \cdot b^2$ é, por analogia com II, $P_3^{(2,1)} = \frac{3!}{2!\,1!} = = 3 = \binom{3}{2}$.

(Veja as três sequências em vermelho no diagrama anterior.)

IV. O número de termos que contêm o produto $\mathbf{b}^3$ é, por analogia com I, igual a $1 = \binom{3}{3}$.

Podemos, então, escrever esse desenvolvimento como:

$$(a+b)^3 = \binom{3}{0} \cdot a^3 + \binom{3}{1} \cdot a^2 \cdot b + \binom{3}{2} \cdot a \cdot b^2 + \binom{3}{3} \cdot b^3$$

▶ Desenvolvimento de $(a + b)^n$

Vamos, agora, repetir o raciocínio usado na expansão de $(a+b)^3$ para generalizar o desenvolvimento de $(a+b)^n$.

> **Teorema binomial**
>
> Sendo $n \in \mathbb{N}$ e $\mathbf{a}$ e $\mathbf{b}$ números reais, temos:
>
> $$(a + b)^n = \binom{n}{0} \cdot a^n + \binom{n}{1} a^{n-1} \cdot b +$$
> $$+ \binom{n}{2} a^{n-2} \cdot b^2 + \dots + \binom{n}{n} \cdot b^n$$

Demonstração:

Temos:

$$(a+b)^n = \underbrace{(a+b) \cdot (a+b) \cdot \dots \cdot (a+b)}_{\mathbf{n}\text{ fatores}}$$

Para cada um desses $\mathbf{n}$ fatores escolhemos um dos termos ($\mathbf{a}$ ou $\mathbf{b}$) para multiplicar. Cada produto obtido terá exatamente $\mathbf{n}$ letras, cada uma delas podendo ser $\mathbf{a}$ ou $\mathbf{b}$. Os possíveis produtos são:

$$a^n,\ a^{n-1} \cdot b,\ a^{n-2} \cdot b^2,\ \dots,\ a^{n-p} \cdot b^p,\ \dots,\ b^n$$

Vamos contar o número de vezes que cada produto ocorre:

- $\mathbf{a}^n$

  Só é possível obter $\mathbf{a}^n$ ao multiplicarmos $\underbrace{a \cdot a \cdot \dots \cdot a}_{\mathbf{n}\text{ fatores}}$.

  Isso ocorre uma única vez e, assim, o coeficiente de $\mathbf{a}^n$ é $1 = \binom{n}{0}$.

- $\mathbf{a}^{n-1} \cdot \mathbf{b}$

  Devemos contar o número de sequências de $\mathbf{n}$ letras, das quais $n-1$ são iguais a $\mathbf{a}$ e uma é igual a $\mathbf{b}$. Temos:

  $$P_n^{(n-1,1)} = \frac{n!}{(n-1)!\,1!} = \binom{n}{1}$$

- $\mathbf{a}^{n-2} \cdot \mathbf{b}^2$

  Devemos contar o número de sequências de $\mathbf{n}$ letras, das quais $n-2$ são iguais a $\mathbf{a}$ e duas são iguais a $\mathbf{b}$. Temos:

  $$P_n^{(n-2,2)} = \frac{n!}{(n-2)!\,2!} = \binom{n}{2}$$
  $$\vdots$$

- $\mathbf{a}^{n-p} \cdot \mathbf{b}^p$

  Em geral, o número de sequências de $\mathbf{n}$ letras, das quais $n-p$ são iguais a $\mathbf{a}$ e p são iguais a $\mathbf{b}$, é:

  $$P_n^{(n-p,p)} = \frac{n!}{(n-p)!\,p!} = \binom{n}{p}$$
  $$\vdots$$

- $\mathbf{b}^n$

  O produto $\mathbf{b}^n$ só ocorre uma única vez, quando escolhemos em cada fator a letra $\mathbf{b}$ para multiplicar:

  $$\underbrace{b \cdot b \cdot \dots \cdot b}_{\mathbf{n}\text{ fatores}}.$$ Assim, o coeficiente de $\mathbf{b}^n$ é $1 = \binom{n}{n}$.

Segue, daí, que:

$$(a+b)^n = \binom{n}{0} \cdot a^n + \binom{n}{1} \cdot a^{n-1} \cdot b + \binom{n}{2} a^{n-2} \cdot b^2 +$$
$$+ \dots + \binom{n}{p} a^{n-p} \cdot b^p + \dots + \binom{n}{n} \cdot b^n$$

No desenvolvimento de $(a + b)^n$, os coeficientes $\binom{n}{0}, \binom{n}{1}, \binom{n}{2}, ..., \binom{n}{n}$ são denominados **coeficientes binomiais**.

Para **n** e **p** naturais, com $n \geqslant p$, o **coeficiente binomial de n "sobre" p** é indicado por $\binom{n}{p} = C_{n,p}$.

Dizemos que **n** é o "numerador" e **p** é o "denominador" do coeficiente binomial.

EXEMPLO 1

Vamos obter o desenvolvimento de $(a + b)^5$ usando o teorema binomial.

$$(a + b)^5 = \binom{5}{0} \cdot a^5 + \binom{5}{1} \cdot a^4 \cdot b + \binom{5}{2} \cdot a^3 \cdot b^2 +$$
$$+ \binom{5}{3} \cdot a^2 \cdot b^3 + \binom{5}{4} \cdot a \cdot b^4 + \binom{5}{5} \cdot b^5$$

Calculando cada coeficiente acima, obtemos:
$$(a + b)^5 = a^5 + 5a^4b + 10a^3b^2 + 10a^2b^3 + 5ab^4 + b^5$$

O desenvolvimento binomial continua válido se quisermos obter a expansão de $(a - b)^n$. Basta notar que:

$$(a - b)^n = [a + (-b)]^n$$

$$[a + (-b)]^n = \binom{n}{0} \cdot a^n + \binom{n}{1} \cdot a^{n-1} \cdot (-b)^1 +$$

$$+ \binom{n}{2} \cdot a^{n-2} \cdot (-b)^2 + ... + \binom{n}{n} \cdot (-b)^n$$

Cada um dos termos acima contém potências do tipo:

$$(-b)^k = \begin{cases} b^k, \text{ se } \mathbf{k} \text{ é par} \\ -b^k, \text{ se } \mathbf{k} \text{ é ímpar} \end{cases}$$

Assim, os sinais dos termos do desenvolvimento de $(a - b)^n$ se alternam, a partir do 1º termo, que é positivo.

EXERCÍCIOS RESOLVIDOS

1 Desenvolver $(3x + 2)^4$ usando o desenvolvimento binomial.

Solução:

Temos:
$$(3x + 2)^4 = \binom{4}{0} \cdot (3x)^4 + \binom{4}{1} \cdot (3x)^3 \cdot 2^1 +$$
$$+ \binom{4}{2} \cdot (3x)^2 \cdot 2^2 + \binom{4}{3} \cdot (3x)^1 \cdot 2^3 + \binom{4}{4} \cdot 2^4$$

isto é:
$$(3x + 2)^4 = 81x^4 + 216x^3 + 216x^2 + 96x + 16$$

2 Desenvolver $\left(\sqrt{x} - 2\right)^5$, supondo $x \geqslant 0$.

Solução:

De acordo com o teorema binomial e com a observação anterior, podemos escrever:
$$\left(\sqrt{x} - 2\right)^5 = \binom{5}{0} \cdot \left(\sqrt{x}\right)^5 - \binom{5}{1} \cdot \left(\sqrt{x}\right)^4 \cdot 2 +$$
$$+ \binom{5}{2} \cdot \left(\sqrt{x}\right)^3 \cdot 2^2 - \binom{5}{3} \cdot \left(\sqrt{x}\right)^2 \cdot 2^3 +$$
$$+ \binom{5}{4} \cdot \sqrt{x} \cdot 2^4 - \binom{5}{5} \cdot 2^5$$
$$\left(\sqrt{x} - 2\right)^5 = x^2\sqrt{x} - 10x^2 + 40x\sqrt{x} - 80x + 80\sqrt{x} - 32$$

EXERCÍCIOS

1 Usando o teorema binomial, desenvolva:

a) $(3x + 2)^3$

c) $(x^2 + 1)^5$

b) $(3x + 4y)^4$

2 Utilizando a expansão binomial, desenvolva:

a) $\left(3b^2 - \dfrac{1}{b}\right)^4$; com $b \neq 0$

b) $\left(x + \dfrac{1}{x}\right)^5$; com $x \neq 0$

c) $\left(\sqrt{x} - \dfrac{1}{\sqrt{x}}\right)^4$; com $x > 0$

3 Considere o binômio $\left(x^2 - \dfrac{1}{x}\right)^4$, com $x \neq 0$.

a) Desenvolva-o.

b) Qual é o valor obtido para $x = 1$? E para $x = 2$?

4 Encontre o valor de:

$99^5 + 5 \cdot 99^4 + 10 \cdot 99^3 + 10 \cdot 99^2 + 5 \cdot 99 + 1$

5 Sabendo que a > b, resolva o sistema:

$$\begin{cases} a^4 - 4a^3b + 6a^2b^2 - 4ab^3 + b^4 = 81 \\ a^5 + 5a^4b + 10a^3b^2 + 10a^2b^3 + 5ab^4 + b^5 = 1024 \end{cases}$$

6 Desenvolva a expressão $(1 + x)^4 + (1 - x)^4$.

7 Determine o valor da soma dos coeficientes do desenvolvimento de:

a) $(x + 3y)^5$

b) $(6x^2 - 4x^3)^8$

c) $(x^8 - 1)^{10}$

d) $\left(x + \dfrac{1}{x}\right)^4$

8 A soma dos coeficientes do desenvolvimento de $(x + 3y)^n$ é 1 024. Qual é o valor de **n**?

9 Qual é o valor de $S = 3^8 - \dbinom{8}{1} \cdot 3^7 \cdot 2 + \dbinom{8}{2} \cdot 3^6 \cdot 2^2 - ... - \dbinom{8}{7} \cdot 3 \cdot 2^7 + 2^8$?

▶ Termo geral de binômio

Muitas vezes estamos interessados em conhecer apenas um termo específico do desenvolvimento de $(a + b)^n$, sem precisar escrever todos os seus n + 1 termos. Para isso, é necessário encontrarmos uma expressão que possa representar um termo qualquer do desenvolvimento de $(a + b)^n$ e, a partir dela, determinarmos o termo procurado.

Já vimos que: $(a + b)^n = \dbinom{n}{0} \cdot a^n + \dbinom{n}{1} \cdot a^{n-1}b^1 + ... + \dbinom{n}{n} \cdot b^n$

O termo $\dbinom{n}{k} \cdot a^{n-k} \cdot b^k$ é chamado **termo geral** do binômio, pois, atribuindo valores para **k** (k = 0, 1, 2, ..., n), obtemos todos os termos do desenvolvimento.

OBSERVAÇÕES 🔍

- Como $(a + b)^n = (b + a)^n$, vamos convencionar que o desenvolvimento é feito segundo potências com expoentes decrescentes de **a**.

  Assim, em $(a + b)^n$, o 1º termo é $\dbinom{n}{0} a^n$;

  o 2º termo é $\dbinom{n}{1} a^{n-1} \cdot b^1$; ... o (n + 1)-ésimo termo

  é $\dbinom{n}{n} \cdot b^n$.

- Na expressão do termo geral, o expoente de **a** é sempre dado pela diferença entre o "numerador" e o "denominador" do coeficiente binomial, e o expoente de **b** é igual ao "denominador" desse coeficiente.

- Na expressão do termo geral, o 1º termo do desenvolvimento é obtido fazendo-se k = 0; o 2º termo é obtido fazendo-se k = 1; e assim por diante.

  Assim, se quisermos determinar o p-ésimo termo basta fazer k = p − 1.

EXEMPLO 2

No desenvolvimento de $\left(x^2 + \dfrac{3}{y}\right)^8$, segundo potências de expoentes decrescentes de **x**, é possível sabermos qual é o termo que contém a potência x^{10} sem conhecermos todo o desenvolvimento.

O termo geral desse binômio é:

$\dbinom{8}{k} \cdot (x^2)^{8-k} \cdot \left(\dfrac{3}{y}\right)^k = \dbinom{8}{k} \cdot x^{16-2k} \cdot \dfrac{3^k}{y^k}$,

para k = 0, 1, 2, ..., 8 ✱

A fim de determinar o termo que contém x^{10}, basta fazer:

$16 - 2k = 10 \Rightarrow k = 3$ (convém em ✱)

Logo, o termo pedido é:

$\dbinom{8}{3} \cdot \dfrac{x^{10} \cdot 3^3}{y^3} = \dfrac{1512x^{10}}{y^3}$

Observe que esse termo ocupa a 4ª posição do desenvolvimento.

EXERCÍCIO **RESOLVIDO**

3 Determinar, se existir, o termo independente de **x** no desenvolvimento de $\left(\sqrt{x} - \dfrac{1}{x}\right)^9$, para $x > 0$.

Solução:

O termo geral é:

$$\binom{9}{k} \cdot (\sqrt{x})^{9-k} \cdot \left(-\dfrac{1}{x}\right)^k = \binom{9}{k} \cdot x^{\frac{9-k}{2}} \cdot (-1)^k \cdot \dfrac{1}{x^k} =$$

$$= \binom{9}{k} \cdot (-1)^k \cdot x^{\frac{9-3k}{2}}, \text{ para } k = 0, 1, ..., 9$$

O termo independente de **x** é obtido atribuindo-se zero ao seu expoente, isto é:

$$\dfrac{9-3k}{2} = 0 \Rightarrow k = 3$$

Como $k = 3$ é natural e menor que 9, concluímos que existe termo independente de **x** (4º termo) e seu valor é:

$$\binom{9}{3} \cdot (-1)^3 = -84$$

EXERCÍCIOS

10 No desenvolvimento de $\left(x^2 + \dfrac{2}{x^3}\right)^{10}$, com $x \neq 0$, determine:

a) o número de termos do desenvolvimento;

b) o termo que ocupa a posição central;

c) o coeficiente do termo em **x**;

d) o termo independente de **x**.

11 No desenvolvimento de $\left(\dfrac{2x}{3} + y^2\right)^8$, segundo potências com expoentes decrescentes de **x**, determine:

a) o 3º termo;   **b)** o 8º termo.

12 No desenvolvimento de $\left(2x - \dfrac{1}{x}\right)^{22}$, determine:

a) o coeficiente do termo em x^{18};

b) o termo independente de **x**.

13 Dado o binômio $\left(x^3 + \dfrac{p}{x}\right)^n$, determine os valores de **n** e **p** a fim de que o termo central ocupe o 6º lugar e seja dado por $8\,064x^{10}$.

14 No desenvolvimento de $\left(x^2 - \dfrac{1}{\sqrt{x}}\right)^{12}$, determine o coeficiente do termo:

a) em x^{14};   **c)** em x^{-6};

b) em x^9;   **d)** independente de **x**.

15 Seja **p** um número natural. Para quantos valores de **p** o desenvolvimento de $\left(x + \dfrac{2}{x^p}\right)^{10}$ admite termo independente de **x**? Quais são esses valores?

16 (UE-RJ) Na potência $\left(x + \dfrac{1}{x^5}\right)^n$, **n** é um número natural menor do que 100. Determine o maior valor de **n**, de modo que o desenvolvimento dessa potência tenha um termo independente de **x**.

▶ Triângulo aritmético

Os coeficientes binomiais podem ser dispostos em uma tabela conhecida como **triângulo aritmético**.

No triângulo aritmético, os coeficientes de mesmo "numerador" agrupam-se em uma mesma linha, e os coeficientes de mesmo "denominador" agrupam-se em uma mesma coluna.

Notemos que o termo "linha **k**" significa a linha de "numerador" **k**.

linha 0 $\binom{0}{0}$

linha 1 $\binom{1}{0}$ $\binom{1}{1}$

linha 2 $\binom{2}{0}$ $\binom{2}{1}$ $\binom{2}{2}$

linha 3 $\binom{3}{0}$ $\binom{3}{1}$ $\binom{3}{2}$ $\binom{3}{3}$

linha 4 $\binom{4}{0}$ $\binom{4}{1}$ $\binom{4}{2}$ $\binom{4}{3}$ $\binom{4}{4}$

⋮

linha **k** $\binom{k}{0}$ $\binom{k}{1}$ $\binom{k}{2}$ $\binom{k}{3}$ $\binom{k}{4}$ ... $\binom{k}{k}$

Calculando os valores dos coeficientes, obtemos outra representação para o triângulo:

```
1
1   1
1   2    1
1   3    3    1
1   4    6    4    1
1   5    10   10   5    1
1   6    15   20   15   6    1
.   .    .    .    .    .    .
.   .    .    .    .    .    .
```

Note que os elementos da linha **n** desse triângulo correspondem, ordenadamente, aos coeficientes obtidos no desenvolvimento binomial de $(a + b)^n$:

$n = 0 \rightarrow (a + b)^0 = 1$;

linha zero: 1

$n = 1 \rightarrow (a + b)^1 = 1a + 1b$;

linha um: 1   1

$n = 2 \rightarrow (a + b)^2 = a^2 + 2ab + b^2$;

linha dois: 1   2   1

$n = 3 \rightarrow (a + b)^3 = a^3 + 3a^2b + 3ab^2 + b^3$;

linha três: 1   3   3   1

etc.

▶ Propriedades do triângulo

O triângulo aritmético apresenta várias propriedades, algumas das quais permitem construí-lo sem a necessidade de se calcular todos os coeficientes binomiais.

> I. Toda linha começa e termina por 1.

De fato, o primeiro elemento de uma linha qualquer é $\binom{p}{0} = \dfrac{p!}{0!\,p!} = 1, \forall\, p \in \mathbb{N}$, e o último elemento dessa linha é $\binom{p}{p} = \dfrac{p!}{0!\,p!} = 1, \forall\, p \in \mathbb{N}$.

> II. Em uma mesma linha, os coeficientes binomiais equidistantes dos extremos são iguais.

Vejamos alguns exemplos:

- linha 5:

$$\binom{5}{0} \quad \binom{5}{1} \quad \binom{5}{2} \quad \binom{5}{3} \quad \binom{5}{4} \quad \binom{5}{5}$$
$$\| \quad \| \quad \| \quad \| \quad \| \quad \|$$
$$1 \quad 5 \quad 10 \quad 10 \quad 5 \quad 1$$

iguais

iguais

- linha 7:

$$\binom{7}{0} \binom{7}{1} \binom{7}{2} \binom{7}{3} \binom{7}{4} \binom{7}{5} \binom{7}{6} \binom{7}{7}$$
$$\| \quad \| \quad \| \quad \| \quad \| \quad \| \quad \| \quad \|$$
$$1 \quad 7 \quad 21 \quad 35 \quad 35 \quad 21 \quad 7 \quad 1$$

iguais

iguais

OBSERVAÇÕES 🔍⊕

Dois coeficientes binomiais equidistantes dos extremos também são chamados de **coeficientes binomiais complementares**.

EXERCÍCIO **RESOLVIDO**

4 Qual é o valor de **p** que verifica a igualdade:

$$\binom{10}{p} = \binom{10}{4}?$$

Solução:

Há duas possibilidades:

- $p = 4$

ou

- $\binom{10}{p}$ e $\binom{10}{4}$ são equidistantes dos extremos, isto é, complementares. Daí:

$p + 4 = 10 \Rightarrow p = 6$

III. A partir da linha 2, notamos que cada elemento **X** (com exceção do primeiro e do último) é igual à soma de dois elementos consecutivos da linha anterior, a saber: o elemento imediatamente acima de **X** e o anterior a este.

Observe:

```
1
1      +      1
1          →  2          1
1          3   +   3          1
1          4      →  6      4   +   1
1          5         10     10  →  5      1
```

Essa propriedade é conhecida como **relação de Stifel** e pode ser generalizada por:

$$\binom{n}{p} = \binom{n-1}{p} + \binom{n-1}{p-1}, n \geq p$$

Perceba que o 1º membro da igualdade citada representa um elemento genérico (linha **n** e coluna **p**) do triângulo; o 2º membro representa a soma dos dois elementos da linha anterior (linha $n - 1$), um da mesma coluna **p** e o outro da coluna anterior $p - 1$.

Por exemplo, o valor de $\binom{9}{3} + \binom{9}{4} + \binom{10}{5}$ pode ser obtido sem que seja necessário calcular o valor desses três coeficientes:

$$\binom{9}{3} + \binom{9}{4} = \binom{10}{4}, \text{ pela relação de Stifel, e } \binom{10}{4} + \binom{10}{5} = \binom{11}{5}$$

Assim:

$$\binom{9}{3} + \binom{9}{4} + \binom{10}{5} = \binom{11}{5} = 462$$

IV. A soma dos elementos da linha de numerador **n** é igual a 2^n.

Temos:

						soma dos elementos da linha
linha 0	1				$\rightarrow$ 1	$= 2^0$
linha 1	1	1			$\rightarrow$ $1 + 1$	$= 2^1$
linha 2	1	2	1		$\rightarrow$ $1 + 2 + 1$	$= 2^2$
linha 3	1	3	3	1	$\rightarrow$ $1 + 3 + 3 + 1$	$= 2^3$
linha **n**	$\binom{n}{0}$	$\binom{n}{1}$	...	$\binom{n}{n}$	$\rightarrow$ $\binom{n}{0} + \binom{n}{1} + ... + \binom{n}{n}$	$= 2^n$

Demonstração:
Consideremos o desenvolvimento de $(a + b)^n$, válido para **n** natural e **a** e **b** reais:

$$(a + b)^n = \binom{n}{0} \cdot a^n + \binom{n}{1} \cdot a^{n-1} \cdot b + \binom{n}{2} \cdot a^{n-2} \cdot b^2 + \dots + \binom{n}{n} \cdot b^n$$

Fazendo $a = b = 1$, obtemos a soma dos coeficientes desse desenvolvimento:

$$(1 + 1)^n = \binom{n}{0} \cdot 1 + \binom{n}{1} \cdot 1 + \binom{n}{2} \cdot 1 + \dots + \binom{n}{n} \cdot 1, \text{ isto é:}$$

$$2^n = \binom{n}{0} + \binom{n}{1} + \binom{n}{2} + \dots + \binom{n}{n}$$

EXERCÍCIOS

17 Determine **m** que verifique:

a) $\binom{17}{2m} = \binom{17}{5m - 11}$ **b)** $\binom{15}{3m} = \binom{15}{m^2 + 5}$

18 Aplicando a relação de Stifel, reduza cada soma seguinte a um único coeficiente binomial (não é necessário fazer o cálculo final).

a) $\binom{11}{3} + \binom{11}{4}$

b) $\binom{21}{8} + \binom{21}{9}$

c) $\binom{18}{3} + \binom{18}{4} + \binom{19}{5}$

d) $\binom{21}{8} + \binom{22}{10} + \binom{21}{9} + \binom{23}{11}$

e) $\binom{27}{21} + \binom{27}{5}$

19 Qual é o valor de:

a) $\binom{4}{0} + \binom{4}{1} + \dots + \binom{4}{4}$?

b) $\binom{5}{0} + \binom{5}{1} + \dots + \binom{5}{4}$?

c) $\binom{10}{0} - \binom{9}{0} + \binom{10}{1} - \binom{9}{1} + \dots + \binom{10}{9} - \binom{9}{9} + \binom{10}{10}$?

20 Qual é o valor de:

$\binom{7}{2} + \binom{7}{3} + \binom{7}{4} + \binom{7}{5} + \binom{7}{6} + \binom{7}{7}$?

21 Sabendo que $\binom{p}{q + 1} = 15$ e $\binom{p + 1}{q + 2} = 21$, qual é o valor de $\binom{p}{q + 2}$?

EXERCÍCIOS COMPLEMENTARES

1 Utilizando o teorema binomial, desenvolva, com $x > 0$:

$$\left(\sqrt{x} + \frac{1}{\sqrt{x}}\right)^4 \cdot \left(\sqrt{x} - \frac{1}{\sqrt{x}}\right)^4$$

2 Classifique cada uma das afirmações seguintes como verdadeira (**V**) ou falsa (**F**):

a) Para que o desenvolvimento de $\left(3x^2 + \dfrac{2}{x^4}\right)^n$ admita termo independente de **x**, **n** deve ser múltiplo de 3.

b) Para que o desenvolvimento de $\left(\sqrt[3]{x} + \dfrac{1}{x}\right)^n$ admita termo independente de **x**, **n** deve ser múltiplo de 4.

3 Um conjunto **A** tem **n** elementos distintos. O número de subconjuntos de **A** com quatro elementos é igual ao número de subconjuntos de **A** formado por oito elementos. Qual é o valor de **n**?

4 Um conjunto **A** possui **n** elementos distintos. A soma do número de subconjuntos de **A** com pelo menos um elemento é igual a 8 191.

Qual é o valor de **n**?

5 Os três primeiros coeficientes do desenvolvimento de $\left(x^2 + \dfrac{1}{2x}\right)^n$, segundo potências com expoentes decrescentes de **x** estão, nessa ordem, em P.A. Qual é o valor de **n**?

6 (UF-CE) Poupêncio investiu R$ 1 000,00 numa aplicação bancária que rendeu juros compostos de 1% ao mês, por cem meses seguidos. Decorrido esse prazo, ele resgatou integralmente a aplicação. O montante resgatado é suficiente para que Poupêncio compre um computador de R$ 2 490,00 à vista. Explique sua resposta.

7 (UF-PE) No desenvolvimento binomial de $\left(1 + \dfrac{1}{3}\right)^{10}$, quantas parcelas são números inteiros?

8 (UF-PE) Encontre o inteiro positivo **n** para o qual o quinto termo da expansão binomial de $\left(\sqrt[3]{x} + \dfrac{1}{x}\right)^n$ seja independente de **x** na expansão em potências decrescentes de **x**.

TESTES

1 (UE-CE) Com um grupo de **p** pessoas (p > 2), quantos subgrupos de pelo menos duas pessoas é possível formar?

a) $C_p^3 - 1$ b) $2^P - 1$ c) $2^P - p - 1$ d) $C_p^3 - 2$

2 (UE-CE) O termo independente de **x** no desenvolvimento de $\left(x^4 - \dfrac{1}{x}\right)^{10}$ é:

a) -45 b) 45 c) -54 d) 54

3 (U. E. Ponta Grossa-PR) Assinale o que for correto [e indique a soma correspondente às proposições corretas].

(01) $\begin{pmatrix} n \\ 2 \end{pmatrix} = \begin{pmatrix} n \\ n-2 \end{pmatrix}$

(02) $\begin{pmatrix} 4 \\ 1 \end{pmatrix} + \begin{pmatrix} 4 \\ 2 \end{pmatrix} + \begin{pmatrix} 4 \\ 3 \end{pmatrix} + \begin{pmatrix} 4 \\ 4 \end{pmatrix} = 15$

(04) A soma das soluções da equação

$\begin{pmatrix} 11 \\ x \end{pmatrix} - \begin{pmatrix} 10 \\ 3 \end{pmatrix} = \begin{pmatrix} 10 \\ 2 \end{pmatrix}$ é 11

(08) A equação $\begin{pmatrix} 10 \\ x \end{pmatrix} = \begin{pmatrix} 10 \\ 2x - 4 \end{pmatrix}$ tem duas soluções distintas.

(16) $\begin{pmatrix} n \\ 1 \end{pmatrix} + \begin{pmatrix} n \\ 2 \end{pmatrix} = \begin{pmatrix} n+1 \\ 2 \end{pmatrix}$

4 (FGV-SP) Sendo **k** um número real positivo, o terceiro termo do desenvolvimento de $(-2x + k)^{12}$, ordenado segundo expoentes decrescentes de **x**, é $66x^{10}$. Assim, é correto afirmar que **k** é igual a:

a) $\dfrac{1}{66}$ b) $\dfrac{1}{64}$ c) $\dfrac{1}{58}$ d) $\dfrac{1}{33}$ e) $\dfrac{1}{32}$

5 (FGV-SP) O termo independente de **x** do desenvolvimento de $\left(x + \dfrac{1}{x^3}\right)^{12}$ é:

a) 26   b) 169   c) 220   d) 280   e) 310

6 (UE-RN) Qual é o valor do termo independente de **x** do binômio $\left(\dfrac{2}{x^2} + x\right)^n$, considerando que o mesmo corresponde ao sétimo termo de seu desenvolvimento?

a) 435   b) 672   c) 543   d) 245

7 (UE-PB) Se o coeficiente de x^5 no desenvolvimento de $(x + k)^8$ é 7, o valor de 4k será:

a) $\dfrac{1}{2}$ b) 2   c) 4   d) $\dfrac{3}{2}$ e) 3

8 (UE-PI) Qual o coeficiente de x^7 na expansão de $(2 + 3x + x^2)^4$?

a) 18   b) 16   c) 14   d) 12   e) 10

9 (PUC-MG) Calcule o valor da expressão $\sqrt{1320^4 - 4 \cdot 1320^3 \cdot 1318 + 6 \cdot 1320^2 \cdot 1318^2 - 4 \cdot 1320 \cdot 1318^3 + 1318^4}$.

a) E = 1 320   b) E = 1 318   c) E = 0   d) E = 4   e) E = 1

Probabilidade

▶ Experimentos aleatórios

Todas as quartas-feiras e sábados, um banco estatal federal promove o sorteio dos números – aqui chamados dezenas – da Mega-Sena. Na Mega-Sena você pode escolher de 6 (aposta mínima) a 15 números (aposta máxima), dentre os 60 disponíveis. O resultado do sorteio consiste em 6 dezenas e você recebe prêmios, em dinheiro, ao acertar 4, 5 ou as 6 dezenas sorteadas – este último prêmio por acertar a sena é o sonho de milhões de brasileiros que lotam as casas lotéricas para fazer suas apostas. O brasileiro sabe, ainda que intuitivamente, que as chances de ele ganhar são muito pequenas. Mas, afinal, qual é essa chance?

Ao longo deste capítulo você saberá a resposta e terá a oportunidade de ler mais sobre a Mega-Sena, na seção Aplicações, na página *605*.

O sorteio das dezenas da Mega-Sena é o que denominamos **experimento aleatório**: mesmo repetido um grande número de vezes (até dezembro de 2014 já haviam ocorrido mais de 1 660 sorteios), em condições idênticas, não é possível prever, entre os resultados possíveis, aquele que irá ocorrer. O resultado do sorteio depende exclusivamente do *acaso*. Dizemos que se trata de um **experimento de natureza aleatória** (ou **casual**).

Suponha, agora, que um dado não viciado seja lançado. Não é possível dizer, com certeza, qual número será obtido na face superior. Pode ser 1, 2, 3, 4, 5 ou 6. Trata-se, também, de um experimento aleatório cujo resultado, entre os possíveis, não pode ser previsto com certeza.

Podemos citar vários outros experimentos de natureza aleatória:

• lançamento de uma moeda honesta, em que se observa a face obtida;

• extração de uma carta de um baralho comum, em que se observa o naipe da carta;

• sorteio de uma carta entre as 50 000 enviadas a um programa de prêmios em um canal de televisão;

• sorteio dos cinco algarismos que formam o número premiado na Loteria Federal.

A teoria da Probabilidade permite que se façam **previsões** sobre as chances de um acontecimento ocorrer, em certo experimento aleatório, a partir da análise dos resultados obtidos, quando esse experimento é repetido, nas mesmas condições, um grande número de vezes.

▶ Espaço amostral e evento

▶ Espaço amostral

O conjunto de todos os possíveis resultados de um experimento aleatório é chamado **espaço amostral** e é indicado pela letra grega **Ω** (lê-se "ômega").

• No lançamento de uma moeda, o espaço amostral é o conjunto $\Omega = \{K, C\}$, em que **K** representa a face cara e **C** representa a face coroa. Observe que $n(\Omega) = 2$, isto é, o número de elementos do conjunto Ω é igual a 2.

• No lançamento de um dado, o espaço amostral é $\Omega = \{1, 2, 3, 4, 5, 6\}$.

• Suponha que um dado seja lançado duas vezes, sucessivamente, e seja observada a sequência de números obtidos nas faces voltadas para cima.

Usando o PFC (Princípio Fundamental da Contagem), o número de resultados possíveis de ocorrer nesse experimento é $6 \cdot 6 = 36$. Veja, a seguir, uma forma de representar os 36 pares ordenados:

lançamentos →

1º \ 2º	1	2	3	4	5	6
1	(1, 1)	(1, 2)	(1, 3)	(1, 4)	(1, 5)	(1, 6)
2	(2, 1)	(2, 2)	(2, 3)	(2, 4)	(2, 5)	(2, 6)
3	(3, 1)	(3, 2)	(3, 3)	(3, 4)	(3, 5)	(3, 6)
4	(4, 1)	(4, 2)	(4, 3)	(4, 4)	(4, 5)	(4, 6)
5	(5, 1)	(5, 2)	(5, 3)	(5, 4)	(5, 5)	(5, 6)
6	(6, 1)	(6, 2)	(6, 3)	(6, 4)	(6, 5)	(6, 6)

Assim, $\Omega = \{(1, 1), (1, 2), ..., (2, 1), ..., (3, 1), ..., (4, 1), ..., (5, 1), ..., (6, 1), ..., (6, 6)\}$; $n(\Omega) = 36$.

- Voltemos ao experimento "sorteio das dezenas da Mega-Sena". Escrever, um a um, todos os possíveis resultados do sorteio é inviável: teríamos que representar todos os possíveis subconjuntos de seis elementos do conjunto $\{1, 2, ..., 60\}$. Nesse caso, será necessário usar técnicas de contagem que estudamos no capítulo de Análise combinatória: trata-se de escolher, sem importar a ordem, seis entre os sessenta números disponíveis. Temos:

$$\binom{60}{6} = C_{60, 6} = \frac{60 \cdot 59 \cdot 58 \cdot 57 \cdot 56 \cdot 55}{6!} = 50\,063\,860$$

Assim, o número de resultados possíveis deste experimento aleatório é $n(\Omega) = 50\,063\,860$.

Observe que no sorteio da Mega-Sena não importa a ordem dos números sorteados.

▶ Evento

Uma caixa contém 20 bolas, de mesmo "peso" e tamanho, numeradas de 1 a 20. Uma pessoa, com os olhos vendados, retira uma bola dessa caixa. Trata-se de um experimento aleatório cujo espaço amostral é $\Omega = \{1, 2, ..., 20\}$.

Vamos construir alguns subconjuntos de **Ω**:

- **A**: a bola sorteada contém um múltiplo de 4; $A = \{4, 8, 12, 16, 20\}$.
- **B**: a bola sorteada contém um número formado por dois algarismos; $B = \{10, 11, 12, ..., 20\}$.
- **C**: a bola sorteada contém um número primo; $C = \{2, 3, 5, 7, 11, 13, 17, 19\}$.
- **D**: a bola sorteada contém um número natural não nulo menor ou igual a 20; $D = \{1, 2, 3, 4, ..., 20\}$.
- **E**: a bola sorteada contém um número formado por três algarismos; $E = \varnothing$.

Cada um desses subconjuntos de Ω recebe o nome de **evento**.

> Evento é qualquer subconjunto do espaço amostral (**Ω**) de um experimento aleatório.

OBSERVAÇÕES

Quando o evento coincide com o espaço amostral, ele é chamado **evento certo**. É o caso do evento **D**.

Quando o evento é o conjunto vazio, ele é chamado **evento impossível**. É o caso do evento **E**.

Vamos considerar o experimento "lançamento de um dado duas vezes, sucessivamente". O espaço amostral é $\Omega = \{(1, 1), (1, 2), ..., (6, 6)\}$, como vimos na tabela da página anterior. Qual é o evento E_1: "a soma dos pontos obtidos é maior que 8"?

Devemos "percorrer" essa tabela e assinalar os pares de números cuja soma é 9, 10, 11 ou 12. Temos:

$$E_1 = \{(3, 6), (4, 5), (4, 6), (5, 4), (5, 5), (5, 6), (6, 3),$$
$$(6, 4), (6, 5), (6, 6)\}$$

Já o evento E_2: "o produto dos números obtidos é igual a 12" é:

$$E_2 = \{(2, 6), (3, 4), (4, 3), (6, 2)\}$$

Evento complementar

Considere, novamente, o experimento que consiste em retirar ao acaso uma bola entre as 20 que estão numa caixa e observar o número mostrado na bola.

Vamos representar abaixo o evento **A**: ocorre um número múltiplo de 4.

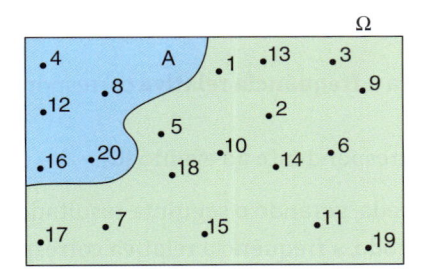

Os elementos de Ω que não pertencem a **A** correspondem aos números que não são múltiplos de 4. Eles formam o conjunto complementar de **A** (em relação a Ω), que pode ser representado por $\overline{A}$ ou A^c.

Seja **E** um evento de um espaço amostral Ω. Chamamos **evento complementar de E**, em relação a Ω (indica-se por $\overline{E}$ ou E^c), o evento que ocorre quando **E** não ocorre.

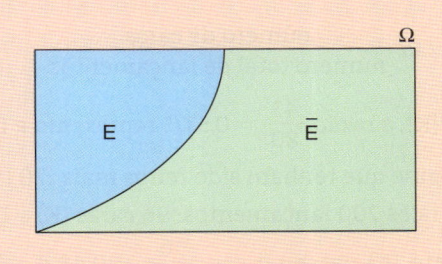

Note que: $\begin{cases} E \cup \overline{E} = \Omega \\ E \cap \overline{E} = \varnothing \end{cases}$

EXERCÍCIOS

1 Um dado é lançado e o número da face voltada para cima é anotado.

a) Descreva Ω.

b) Qual é o evento E_1: "o número obtido é múltiplo de 3"?

c) Qual é o evento E_2: "o número obtido não é primo"?

2 Suponha que todo ano, a Confederação Brasileira de Futebol (CBF) realize um sorteio para decidir em qual região do país seria disputado um torneio internacional. Determine o espaço amostral do experimento a ser realizado em 2017.

3 Uma moeda é lançada duas vezes sucessivamente e observa-se a sequência de faces obtidas. Determine:

a) Ω;

b) o evento **E**: "ocorre ao menos uma cara".

4 Um número natural de 1 a 100 é escolhido ao acaso. Seja o evento **E**: "ocorre um número que é uma potência de base 2".

a) Determine **E**.

b) Qual é o número de elementos de E^c?

5 Um dado é lançado duas vezes sucessivamente e é anotada a sequência de faces obtidas. Determine:

a) $n(\Omega)$;

b) $n(E_1)$, sendo E_1 o evento "o primeiro número obtido nesses lançamentos é 3";

c) $n(E_2)$, sendo E_2 o evento "o produto dos números obtidos é ímpar";

d) $n(E_3)$, sendo E_3 o evento "a soma dos pontos obtidos é menor que 7".

6 Um dado é lançado duas vezes, sucessivamente. Seja o evento **E**: "a soma dos pontos obtidos é menor ou igual a 9". Determine $\overline{E}$.

O enunciado a seguir é válido para as questões *7* e *8*.

Uma classe tem 17 rapazes e 15 moças. Pretende-se formar comissões de **n** alunos, escolhidos ao acaso, para representar a classe perante a diretoria do colégio.

7 Determine o número de elementos do espaço amostral correspondente se:

a) $n = 1$ **c)** $n = 3$

b) $n = 2$

8 Se a comissão for composta por dois alunos, considere o evento **E**: "há um rapaz e uma moça na comissão" e determine n(E).

9 Um dado é lançado três vezes sucessivamente. Seja **E** o evento: "pelo menos um dos números obtidos é diferente dos outros". Determine $\overline{E}$.

10 Um experimento aleatório é composto de duas etapas: primeiro, uma moeda é lançada e, em seguida, um dado é lançado. Construa o espaço amostral desse experimento, utilizando a representação **K** (cara) e **C** (coroa).

▶ Frequência relativa e probabilidade

Foram feitos 80 lançamentos sucessivos de uma moeda honesta, dos quais 37 resultaram em cara (**K**) e 43 resultaram em coroa (**C**).

A razão $\dfrac{\text{número de caras}}{\text{número total de lançamentos}} = \dfrac{37}{80} = 0{,}4625$ representa a **frequência relativa** correspondente ao evento {K}; a razão $\dfrac{43}{80} = 0{,}5375$ representa a frequência relativa correspondente ao evento {C}.

Imagine que tenham sido feitos mais 120 lançamentos dessa moeda, gerando o seguinte resultado acumulado para os 200 lançamentos: 96 caras (**K**) e 104 coroas (**C**). Desse modo, a frequência relativa correspondente ao evento {K} passou a ser $\dfrac{96}{200} = 0{,}48$ e a frequência relativa correspondente ao evento {C} passou a ser $\dfrac{104}{200} = 0{,}52$.

À medida que se aumenta o número de lançamentos, verifica-se, experimentalmente, que as frequências relativas correspondentes às ocorrências de cara e coroa ficam cada vez mais próximas entre si, tendendo à igualdade, dada pelo valor 0,50. Quando isso ocorre, dizemos que o espaço amostral relativo ao lançamento de uma moeda é **equiprovável**.

O Conde de Buffon (1707-1788) — matemático com algumas incursões na teoria de Probabilidades, no contexto de jogos — teria lançado uma moeda 4 048 vezes, obtendo a face "cara" 2 048 vezes, de modo que a frequência relativa do evento {K} é $\dfrac{2\,048}{4\,048} \simeq 0{,}5059$. Naturalmente, a frequência relativa do evento {C} é $\dfrac{2\,000}{4\,048} \simeq 0{,}4941$ — observe a proximidade dos valores.

▶ Definição de probabilidade

Seja $\Omega = \{a_1, a_2, ..., a_k\}$ o espaço amostral finito de um experimento aleatório.

Para cada $i \in \{1, 2, ..., k\}$, consideremos o evento elementar ou unitário $\{a_i\}$. Vamos associar a cada um desses eventos um número real, indicado por **p({a_i})** ou simplesmente **p_i**, chamado **probabilidade** de ocorrência do evento $\{a_i\}$, tal que:

- $0 \leqslant p_i \leqslant 1, \forall i \in \{1, 2, ..., k\}$
- $p_1 + p_2 + ... + p_k = 1$

Essa associação é feita de modo que p_i ($i = 1, 2, ..., k$) seja suficientemente próximo da frequência relativa do evento $\{a_i\}$, quando o experimento é repetido um grande número de vezes.

EXEMPLO 2

No lançamento de uma moeda honesta, dizemos que a probabilidade (ou chance) de ocorrer cara é $\frac{1}{2}$, assim como a probabilidade de ocorrer coroa também é $\frac{1}{2}$, pois, como vimos, lançando-se a moeda um grande número de vezes, espera-se que a frequência relativa do evento {K} seja muito próxima de $\frac{1}{2}$, assim como a frequência relativa do evento {C}.

EXEMPLO 3

De forma análoga à do exemplo anterior, se lançarmos um dado honesto um número arbitrariamente grande de vezes, é razoável supor que cada face tenha probabilidade $\frac{1}{6}$ de ocorrer, pois $\frac{1}{6}$ é o valor para o qual se aproxima a frequência relativa de cada um dos eventos: {1}, {2}, ..., {6}, à medida que o experimento é repetido um grande número de vezes.

Observe que o espaço amostral correspondente ao experimento "lançamento de um dado" também é **equiprovável**: todos os eventos unitários {1}, {2}, ..., {6} têm a mesma chance de ocorrer.

OBSERVAÇÕES

Em jogos de azar, deve-se considerar, eventualmente, a existência de algum fator que influencie o resultado — por exemplo, os chamados dados viciados: em vez de serem cubos perfeitos, podem ter pesos dentro, de modo que a frequência de ocorrência de uma face seja maior que a das outras. Outros truques podem ser feitos também em moedas, roletas etc.

Quando, no problema, não for feita qualquer menção, subentende-se que estamos diante de um jogo não viciado (ou honesto).

Veja um contraexemplo:

Imagine que uma moeda foi lançada um número muito grande de vezes e observou-se que a frequência da face cara (**K**) é o dobro da frequência da face coroa (**C**).

Nesse caso, é natural supor a seguinte distribuição de probabilidades para $\Omega = \{K, C\}$:

$p(\{K\}) = \frac{2}{3}$ e $p(\{C\}) = \frac{1}{3}$; note, no entanto, que $p(\{K\}) + p(\{C\}) = \frac{2}{3} + \frac{1}{3} = 1$.

Nesse caso, diz-se que o espaço amostral relativo ao lançamento dessa moeda é **não equiprovável**.

▶ Probabilidades em espaços amostrais equiprováveis

Seja Ω um espaço amostral finito:

$$\Omega = \{a_1, a_2, ..., a_k\}$$

Já vimos que, quando o espaço é equiprovável, $p(\{a_1\}) = p(\{a_2\}) = ... = p(\{a_k\})$, ou, ainda, $p_1 = p_2 = ... = p_k$.

Como $p_1 + p_2 + ... + p_k = 1$, para todo $i \in \{1, 2, ..., k\}$, tem-se: $p_i = \frac{1}{k}$.

Consideremos **E** um evento de Ω, formado por **r** elementos ($r \leqslant k$), isto é, $E = \{a_1, a_2, ..., a_r\}$. Temos:

$$p(E) = p_1 + p_2 + ... + p_r = \underbrace{\frac{1}{k} + \frac{1}{k} + ... + \frac{1}{k}}_{r \text{ parcelas}} = \frac{r}{k}$$

Assim:

$$p(E) = \frac{r}{k} = \frac{\text{número de elementos de } \mathbf{E}}{\text{número de elementos de } \mathbf{\Omega}} = \frac{n(E)}{n(\Omega)}$$

Informalmente, podemos interpretar a razão acima como: "a probabilidade de ocorrer um determinado evento é dada pelo quociente entre o número de casos favoráveis (casos que nos interessam) e o número de casos possíveis (total de casos)".

▶ Propriedades

Seja Ω um espaço amostral finito e equiprovável, correspondente a um experimento aleatório.

Valem as seguintes propriedades:

1ª) A probabilidade do evento certo é igual a 1.

Basta notar que, quando $E = \Omega$, $n(E) = n(\Omega)$ e, portanto, $p(E) = 1$.

2ª) A probabilidade do evento impossível é igual a 0.

Se $\mathbf{E}$ é um evento impossível, $E = \varnothing$, $n(E) = 0$ e, portanto, $p(E) = 0$.

3ª) Se $\mathbf{E}$ é um evento de $\mathbf{\Omega}$, distinto do evento impossível e também do evento certo, então $0 < p(E) < 1$.

Como $0 < n(E) < n(\Omega)$, dividimos todos os termos dessa desigualdade por $n(\Omega) > 0$:

$\dfrac{0}{n(\Omega)} < \dfrac{n(E)}{n(\Omega)} < \dfrac{n(\Omega)}{n(\Omega)}$, do que podemos concluir que $0 < p(E) < 1$.

4ª) Se $\mathbf{E}$ é um evento de $\mathbf{\Omega}$, então $p(\overline{E}) = 1 - p(E)$.

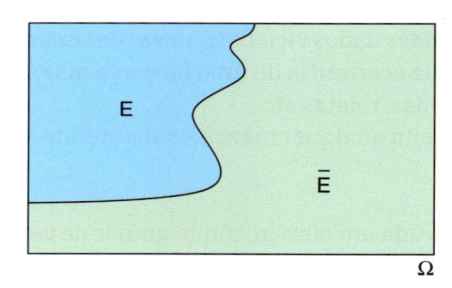

Como $E \cup \overline{E} = \Omega$ e $E \cap \overline{E} = \varnothing$, podemos escrever:

$$n(E) + n(\overline{E}) = n(\Omega)$$

Dividindo os dois membros dessa igualdade por $n(\Omega) \neq 0$, vem:

$$\frac{n(E)}{n(\Omega)} + \frac{n(\overline{E})}{n(\Omega)} = \frac{n(\Omega)}{n(\Omega)} \Rightarrow p(E) + p(\overline{E}) = 1$$

EXERCÍCIOS RESOLVIDOS

1 Uma urna contém 15 bolas numeradas de 1 a 15. Uma bola é extraída ao acaso da urna. Qual a probabilidade de ser sorteada uma bola com número maior ou igual a 11?

Solução:

Temos:

• $\Omega = \{1, 2, 3, ...,15\}$; observe que esse espaço amostral é equiprovável.

• Seja o evento **E**: "o número da bola sorteada é maior ou igual a 11". Temos: $E = \{11, 12, 13, 14, 15\}$.

Assim: $p(E) = \dfrac{n(E)}{n(\Omega)} = \dfrac{5}{15} = \dfrac{1}{3} \simeq 33,3\%$.

2 Um dado honesto é lançado duas vezes sucessivamente. Qual é a probabilidade de:

a) ocorrer 5 no primeiro lançamento e um número par no segundo?

b) o produto dos pontos obtidos ser maior que 12?

Solução:

Como vimos, o conjunto dos resultados possíveis é formado por $6 \cdot 6 = 36$ elementos, todos com a mesma chance de ocorrer.

$$\Omega = \{(1, 1), (1, 2), ..., (6, 6)\}$$

a) O evento que nos interessa é $E = \{(5, 2), (5, 4), (5, 6)\}$.

Assim, $p(E) = \dfrac{n(E)}{n(\Omega)} = \dfrac{3}{36} = \dfrac{1}{12}$.

b) O evento que nos interessa é $E = \{(3, 5), (3, 6),$

$(4, 4), (4, 5), (4, 6), (5, 3), (5, 4), (5, 5), (5, 6), (6, 3),$ $(6, 4), (6, 5), (6, 6)\}$.

Então, $p(E) = \dfrac{13}{36}$.

3 De um baralho comum, com 52 cartas, extraímos, ao acaso, uma carta. Qual é a probabilidade de não sair um ás?

Solução:

Podemos inicialmente calcular a probabilidade do evento **E**: "ocorre um ás", pois E = {ás de copas, ás de paus, ás de ouros, ás de espadas}.

Temos $p(E) = \dfrac{4}{52}$ e, portanto, a probabilidade de *não* ocorrer um ás (evento complementar de **E**) é

$$1 - \dfrac{4}{52} = \dfrac{48}{52} = \dfrac{12}{13}.$$

EXERCÍCIOS

11 Uma urna contém 100 bolas idênticas numeradas de 1 a 100. Uma delas é extraída ao acaso. Qual é a probabilidade de o número sorteado ser:

a) 18?

b) maior que 63?

c) formado por dois algarismos?

d) primo?

12 Uma caixa contém dez tiras idênticas feitas de cartolina. Cada tira apresenta uma letra do conjunto formado pelas cinco vogais e pelas cinco primeiras consoantes do alfabeto. Não há tiras com a mesma letra. Uma tira é sorteada ao acaso. Qual é a probabilidade de que a letra sorteada seja:

a) **E**?

b) **C**?

c) **J**?

d) consoante?

13 Ao lançarmos um dado duas vezes sucessivamente, qual é a probabilidade de que:

a) o número 1 ocorra em ao menos um lançamento?

b) a soma dos pontos obtidos seja 7?

c) os números obtidos sejam diferentes?

d) o módulo da diferença entre os pontos obtidos seja maior que 2?

e) o número 5 ocorra no primeiro lançamento e um número par ocorra no segundo?

14 De um baralho de 52 cartas, uma é extraída ao acaso. Qual é a probabilidade de que a carta sorteada:

a) seja o sete de copas?

b) seja de ouros?

c) não seja o valete de espadas?

d) não seja de ouros nem de copas?

15 Na tabela seguinte está representada a distribuição dos alunos do Ensino Médio de um colégio de acordo com o ano e o turno:

Turno \ Ano	Manhã	Tarde
1º	145	57
2º	120	49
3º	98	31

Escolhido ao acaso um aluno do Ensino Médio dessa escola, qual é a probabilidade de que ele seja:

a) do 2º ano?

b) do turno da manhã?

c) do 1º ano do turno da tarde?

16 Em um grupo de 80 pessoas, todas de Minas Gerais, 53 conhecem o Rio de Janeiro, 38 conhecem São Paulo e 21 já estiveram nas duas cidades. Uma pessoa do grupo é escolhida ao acaso. Qual é a probabilidade de que ela tenha visitado apenas uma dessas cidades?

17 Escolhendo ao acaso um número natural entre 10 e 90 (incluindo esses valores), determine a probabilidade de que ele seja:

a) múltiplo de 8;

b) quadrado perfeito;

c) divisível por 3 e por 5 ao mesmo tempo.

18 Vinte esfirras fechadas, todas com a mesma forma, são colocadas em uma travessa; são sete de queijo, nove de carne e quatro de escarola. Alguém retira uma esfirra da travessa ao acaso. Qual é a probabilidade de que seja retirada uma esfirra de carne?

19 Numa prova com três questões (**A**, **B** e **C**), verificou-se que:

- 5 alunos acertaram as três questões;
- 15 alunos acertaram as questões **A** e **C**;
- 17 alunos acertaram as questões **A** e **B**;
- 12 alunos acertaram as questões **B** e **C**;
- 55 alunos acertaram a questão **A**;
- 55 alunos acertaram a questão **B**;
- 64 alunos acertaram a questão **C**;
- 13 alunos erraram as três questões.

Um aluno é escolhido ao acaso. Qual é a probabilidade de ele ter acertado:

a) pelo menos duas questões?

b) exatamente uma questão?

20 Feito um levantamento com os funcionários de uma empresa, verificou-se que 40% estão na empresa há mais de 5 anos e, entre eles, 60% são homens. Escolhendo-se ao acaso um funcionário dessa empresa, qual é a probabilidade de ser escolhida uma mulher que está na empresa há mais de 5 anos?

21 Considere a expressão algébrica $E = \text{sen}(\pi j) \cdot \cos(\pi j)$, em que $j \in \{0, 1, ..., 20\}$. Escolhendo-se ao acaso um elemento do conjunto acima, qual é a probabilidade de que **E** resulte nulo?

22 Em seu cadeado, Rita pretende colocar uma senha de três algarismos que contenha, obrigatoriamente, em alguma posição, seu número favorito que é o 78. Dentre todas as senhas possíveis que Rita pode formar, qual é a probabilidade dela escolher a senha 178?

23 Um paraquedista programou seu pouso em uma fazenda retangular que possui um lago em seu interior, conforme indicado abaixo. Se as condições climáticas não favorecerem o paraquedista, o local de pouso pode se tornar aleatório. Qual é, nesse caso, a probabilidade de o paraquedista pousar em terra? Adote $\pi \simeq 3$.

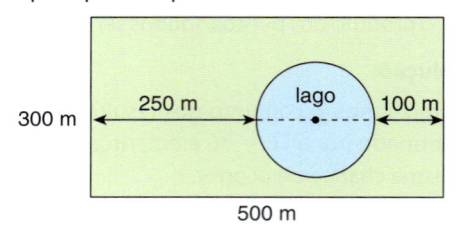

24 Uma urna contém **x** bolas brancas, 3x bolas pretas e 3 bolas vermelhas. Uma bola é extraída ao acaso dessa urna. Determine o menor valor possível de **x**, a fim de que a probabilidade de a bola sorteada ser preta seja maior que 70%.

25 Seja **m** um número inteiro, positivo e menor ou igual a 100; considere a expressão $\log_3 m$.
Se **m** for escolhido ao acaso, qual é a probabilidade de que o valor da expressão resulte em um número inteiro?

26 O termo independente **c** da equação $x^2 - 3x + c = 0$ é escolhido aleatoriamente entre os elementos de $\{-1, 0, 1, 2, 3\}$. Qual é a probabilidade de essa equação vir a ter raízes reais?

27 Uma moeda foi viciada de modo que, após um número suficientemente grande de lançamentos, constatou-se que a frequência relativa do evento coroa {C} era o quádruplo da frequência relativa do evento cara {K}. Lançando-se a moeda uma única vez, qual é a probabilidade de sair coroa {C}?

28 Depois de um número suficientemente grande de lançamentos de um dado, constatou-se que, para cada dois resultados com faces ímpares, ocorrem três resultados com faces pares. Se todas as faces pares do dado ocorrem com a mesma frequência, o que acontece também com todas as faces ímpares, determine a probabilidade de em um único lançamento ocorrer:

a) face 1; b) face 6.

29 (UF-MG) Numa brincadeira, um dado, com faces numeradas de 1 a 6, será lançado por Cristiano e, depois, por Ronaldo. Será considerado vencedor aquele que obtiver o maior número como resultado do lançamento. Se, nos dois lançamentos, for obtido o mesmo resultado, ocorrerá empate.
Com base nessas informações,

a) calcule a probabilidade de ocorrer um empate.

b) calcule a probabilidade de Cristiano ser o vencedor.

OBSERVAÇÕES

Nos exercícios resolvidos e propostos a seguir, vamos usar as técnicas de contagem estudadas em Análise combinatória a fim de determinar n(Ω) e n(E).

EXERCÍCIOS **RESOLVIDOS**

4 Em um estado brasileiro, todas as placas de automóveis são formadas por três letras (entre as 26 do alfabeto) e quatro algarismos e começam pela letra **M**.
Uma placa será confeccionada completamente ao acaso. Qual é a probabilidade de que ela seja formada por letras distintas e algarismos também distintos?

Solução:

O número de maneiras de composição da placa pode ser calculado pelo PFC:

$$M \underset{26}{\square} \underset{26}{\square} \overbrace{\underset{10}{\square} \underset{10}{\square} \underset{10}{\square} \underset{10}{\square}}^{\text{algarismos}} \Rightarrow n(\Omega) = 26^2 \cdot 10^4$$

Vamos determinar, usando o PFC, o número de elementos do evento **E**: "a placa tem letras e algarismos distintos". Temos:

$$M \underset{25}{\square} \underset{24}{\square} \underset{10}{\square} \underset{9}{\square} \underset{8}{\square} \underset{7}{\square} \Rightarrow n(E) = 25 \cdot 24 \cdot 10 \cdot 9 \cdot 8 \cdot 7$$

A probabilidade pedida é, portanto:

$$p = \frac{25 \cdot 24 \cdot \cancel{10} \cdot 9 \cdot 8 \cdot 7}{26 \cdot 26 \cdot \cancel{10} \cdot 10 \cdot 10 \cdot 10} \simeq 0,447 \text{ (ou 44,7\%)}$$

5 Um ônibus de excursão com vinte brasileiros e seis estrangeiros é parado pela Polícia Federal de Foz do Iguaçu para vistoria da bagagem. O funcionário escolhe, ao acaso, três passageiros para terem as malas revistadas. Qual é a probabilidade de que todos sejam brasileiros?

CHRISTIAN RIZZI/FOLHA PRESS

Solução:

O espaço amostral é formado por todos os grupos de três passageiros quaisquer que podemos formar com os 26 turistas. Temos, então, n(Ω) = C$_{26,3}$ = 2 600

O evento **E** que nos interessa é formado pelos grupos de três turistas brasileiros que podemos formar. Desse modo,

$$n(E) = C_{20,3} = 1140$$

Por fim, $p(E) = \dfrac{n(E)}{n(\Omega)} = \dfrac{1140}{2\,600} \simeq 0,438 \text{ (ou 43,8\%)}.$

EXERCÍCIOS

30 Um dos anagramas da palavra AMOR é escolhido ao acaso. Qual é a probabilidade de que no anagrama apareça a palavra ROMA?

31 Um número de três algarismos é escolhido ao acaso.
   a) Qual é a probabilidade de ele ser formado por algarismos distintos?
   b) Qual é a probabilidade de que ele seja par?

32 Palíndromos são números inteiros que não se alteram quando lidos da esquerda para a direita e vice-versa. Por exemplo, 7 227, 535, 10 301 etc.
   a) Com 0, 1, ..., 9 formam-se números de quatro algarismos. Um deles é escolhido ao acaso. Qual é a probabilidade de que seja formado um palíndromo?
   b) Qual seria a probabilidade se o número fosse de cinco algarismos?

33 Um banco enviou a seus clientes uma senha de acesso à internet formada por 5 algarismos seguidos de 3 letras. Sabendo que foram usadas apenas as dez primeiras letras do alfabeto, determine:
   a) o número de senhas distintas que podem ser formadas;
   b) a probabilidade de um cliente receber a senha 12345ACE;
   c) a probabilidade de um cliente receber uma senha formada pelos algarismos 1, 2, 3, 4 e 5 em qualquer ordem, seguidos pelas letras **A**, **B** e **C** em qualquer ordem;
   d) a probabilidade de um cliente receber uma senha formada por algarismos distintos e por letras também distintas.

34 Uma caixa contém 60 bolas, numeradas de 1 a 60.
   a) Escolhendo aleatoriamente uma bola da caixa, qual é a probabilidade de que o número obtido seja múltiplo de 5?
   b) Escolhendo simultaneamente e ao acaso duas bolas da caixa, qual é a probabilidade de que, em ambas, apareça um múltiplo de 5?
   c) Escolhendo ao acaso duas bolas da caixa, sucessivamente e com reposição, qual é a probabilidade de que, em ambas, apareça um múltiplo de 5?

35 Um anagrama formado a partir de MARROCOS é escolhido ao acaso.
   a) Qual é a probabilidade de ser formada a palavra SOCORRAM?
   b) Qual é a probabilidade de o anagrama começar e terminar por **R**?

A figura a seguir refere-se aos exercícios *36* e *37*.

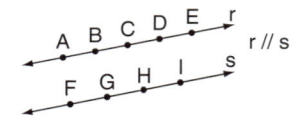

36 Escolhem-se, ao acaso, dois quaisquer dos nove pontos acima. Qual é a probabilidade de se escolherem:
   a) dois pontos de **r**?
   b) dois pontos de **s**?
   c) um ponto de **r** e um ponto de **s**?

37 Escolhem-se, ao acaso, três pontos quaisquer entre os nove pontos dados. Unindo-se os pontos escolhidos, qual é a probabilidade de esses pontos serem vértices de um triângulo?

38 Dispõe-se de tintas nas cores laranja, azul, verde e amarela para colorir as faixas da bandeira abaixo, sendo possível repetição de cores.

Qual é a probabilidade de que:
   a) faixas vizinhas não sejam coloridas com a mesma cor?
   b) sejam usadas exatamente duas cores de tinta?
   c) todas as cores de tinta sejam usadas?

39 As placas de automóveis constam de uma sequência de três letras seguidas de quatro algarismos. Suponha que em um estado brasileiro as placas comecem por **B** ou **C**. Uma placa desse estado é confeccionada ao acaso. Qual é a probabilidade de ela ser formada por:
   a) letras distintas e algarismos também distintos?
   b) letras iguais e algarismos também iguais?
   Considere 26 letras no alfabeto.

40 Três cartas de um baralho comum são sorteadas simultaneamente. Qual é a probabilidade de que:
   a) apareçam o dez de ouros, o sete de copas e o ás de paus?
   b) apareça o dez de ouros entre as cartas sorteadas?
   c) todas as cartas sorteadas sejam de espadas?

41 Três casais de amigos foram ao cinema e ocuparam as seis cadeiras vagas, uma ao lado da outra, em uma certa fileira. Como chegaram um pouco atrasados, eles se distribuíram de maneira completamente aleatória. Qual é a probabilidade de que:
   a) os homens tenham sentado lado a lado e que o mesmo ocorra com as mulheres?
   b) cada homem tenha sentado ao lado de sua mulher?

42 Unindo-se, aleatoriamente, dois vértices quaisquer de um pentágono convexo, qual é a probabilidade de que o segmento determinado corresponda a uma diagonal?

43 Os elementos **x** e **y** da matriz $M = \begin{bmatrix} 2 & x \\ y & -3 \end{bmatrix}$ serão escolhidos ao acaso, sorteando-se, sucessivamente e com reposição, dois elementos do conjunto $\{-3, -2, -1, 0, 1, 2, 3\}$.

a) Qual é a probabilidade de que a matriz **M** obtida seja simétrica, isto é, M = M^t?

b) Qual é a probabilidade de que o determinante de **M** seja não nulo?

44 Para divulgar seus pacotes de TV por assinatura, uma empresa decide sortear dois apartamentos de um condomínio residencial para receber gratuitamente 1 ano de assinatura.

O condomínio possui 3 blocos, cada qual com 15 andares e 4 apartamentos por andar. Se o sorteio é aleatório, qual é a probabilidade de que dois apartamentos de um mesmo bloco e do mesmo andar recebam os prêmios-cortesia?

45 Um dado é lançado sucessivamente três vezes.

a) Qual é a probabilidade de ocorrerem, em qualquer ordem, duas faces iguais a 3 e uma face igual a 6?

b) Qual é a probabilidade de ocorrerem as faces 1, 2 e 3, em qualquer ordem?

46 Em um programa de prêmios de um canal de televisão, o participante deve escolher, simultaneamente e ao acaso, três dentre seis cartões disponíveis para abrir. Sabendo que há prêmios em apenas dois cartões, qual é a probabilidade de o participante não receber prêmio algum?

47 (UF-RN) Uma família é composta por cinco pessoas: os pais, duas meninas e um menino. No aniversário de casamento dos pais, uma foto foi "tirada" com os filhos em pé e os pais sentados à frente dos filhos. Mantendo-se os pais à frente dos filhos,

a) qual a quantidade máxima de fotos diferentes que podem ser tiradas, com relação à ordem de localização das pessoas na foto?

b) dentre as diferentes fotos obtidas, qual a probabilidade de o pai estar à esquerda da mãe e o menino ficar entre as duas meninas?

Os prêmios sorteados nas loterias são milionários, porém apenas maiores de 18 anos podem apostar, conforme o artigo 81, inciso IV, da Lei nº 8.069/90.

As chances da Mega-Sena

Vamos voltar à introdução do capítulo, na qual citamos a Mega-Sena.

O volante (formulário em que os números da aposta são anotados) da Mega-Sena contém 60 números, de 1 a 60. Para concorrer, pode-se apostar em seis números (aposta mínima), sete, oito, ..., até 15 números (aposta máxima). A cada rodada, são sorteados seis números entre os 60. Há prêmios em dinheiro para quem acertar quatro números (quadra), cinco números (quina) e os seis números (sena).

Mas, afinal, se alguém fizer a aposta mínima, que chance tem de ganhar?

• O resultado de um sorteio pode ocorrer de $C_{60,6} = 50\,063\,860$ modos distintos, pois são escolhidos, sem importar a ordem, seis entre os 60 números.

• O sortudo acertará a sena se os seis números apostados coincidirem com os seis números sorteados, havendo assim um único caso favorável.

Logo, a probabilidade pedida é $\dfrac{1}{50\,063\,860} \simeq 0,000002\%$.

E quais são as chances que tem de fazer uma quadra (isto é, acertar exatamente 4 números) com a aposta mínima?

• Em sua aposta deverão constar exatamente quatro entre os seis números sorteados e dois entre os 54 não sorteados.

• O número de maneiras de acertar uma quadra é:

$$C_{6,4} \cdot C_{54,2}$$

• A probabilidade pedida é, portanto: $p = \dfrac{C_{6,4} \cdot C_{54,2}}{C_{60,6}} = \dfrac{21\,465}{50\,063\,860} \simeq 0,043\%$

Por raciocínio análogo, conclui-se também que a probabilidade de fazer uma quina (isto é, acertar exatamente 5 números) com a aposta mínima é:

$$\dfrac{C_{6,5} \cdot C_{54,1}}{C_{60,6}} = \dfrac{6 \cdot 54}{50\,063\,860} \simeq 0,00065\%$$

Há, porém, outros números que premiam todo o Brasil a cada concurso: são os repasses sociais das loterias.

▶ Probabilidade da união de dois eventos

Sejam **A** e **B** eventos de um mesmo espaço amostral **Ω** finito, não vazio e equiprovável. Vamos encontrar uma expressão para a probabilidade de ocorrer o evento **A** ou o evento **B**, isto é, a probabilidade da ocorrência da união dos eventos **A** e **B**, ou seja, p(A ∪ B).

Consideremos dois casos:

• A ∩ B = ∅

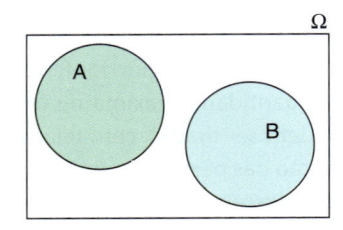

Temos:

$$n(A \cup B) = n(A) + n(B)$$

Como $n(\Omega) \neq 0$, podemos escrever:

$$\frac{n(A \cup B)}{n(\Omega)} = \frac{n(A)}{n(\Omega)} + \frac{n(B)}{n(\Omega)}$$

Logo: $\boxed{p(A \cup B) = p(A) + p(B)}$

Nesse caso, **A** e **B** são chamados **eventos mutuamente exclusivos**.

Considerando o experimento aleatório "lançamento de um dado", como podemos calcular a probabilidade de que o número obtido na face superior seja múltiplo de 3 ou de 4?

Sejam os eventos:

• **A**: ocorre múltiplo de 3 ⇒ A = {3, 6}
• **B**: ocorre múltiplo de 4 ⇒ B = {4}

Queremos calcular p(A ∪ B).

Como $A \cap B = \emptyset$, $p(A \cup B) = p(A) + p(B) =$
$= \frac{2}{6} + \frac{1}{6} = \frac{1}{2}$.

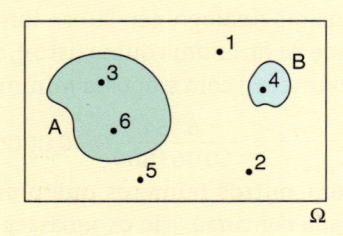

• A ∩ B ≠ ∅

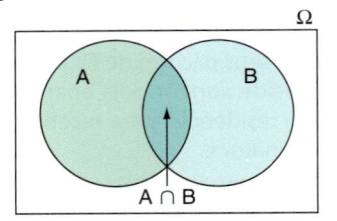

Da teoria dos conjuntos, temos que:

$$n(A \cup B) = n(A) + n(B) - n(A \cap B)$$

Dividindo membro a membro por $n(\Omega) \neq 0$ vem:

$$\frac{n(A \cup B)}{n(\Omega)} = \frac{n(A)}{n(\Omega)} + \frac{n(B)}{n(\Omega)} - \frac{n(A \cap B)}{n(\Omega)}$$

Daí: $\boxed{p(A \cup B) = p(A) + p(B) - p(A \cap B)}$

O evento A ∩ B representa a ocorrência **simultânea** dos eventos **A** e **B**.

Vamos imaginar que uma urna contenha 25 bolas numeradas de 1 a 25 e que uma delas seja extraída ao acaso. Qual é a probabilidade de o número da bola sorteada ser múltiplo de 2 ou de 3?

Consideremos:

• Ω = {1, 2, ..., 25}
• **A**: o número é múltiplo de 2; A = {2, 4, 6, 8, 10, 12, 14, 16, 18, 20, 22, 24}.
• **B**: o número é múltiplo de 3; B = {3, 6, 9, 12, 15, 18, 21, 24}.

Queremos determinar p(A ∪ B).

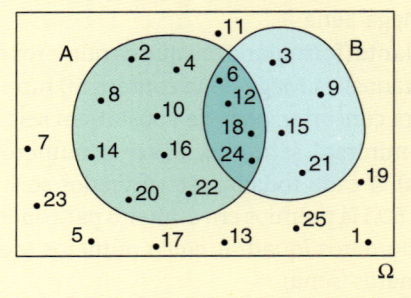

Observe que os números 6, 12, 18, 24 são elementos comuns do evento **A** e do evento **B**. Assim, A ∩ B = {6, 12, 18, 24} é o evento formado pelos múltiplos de 2 e de 3, simultaneamente, isto é, seus elementos são os múltiplos de 6.

Temos:

$$p(A \cup B) = p(A) + p(B) - p(A \cap B)$$

$$p(A \cup B) = \frac{12}{25} + \frac{8}{25} - \frac{4}{25} = \frac{16}{25} = 0{,}64 = 64\%$$

EXERCÍCIOS

48 No lançamento de um dado, qual é a probabilidade de que o número obtido na face superior seja múltiplo de 2 ou de 3?

49 De um baralho de 52 cartas, uma é extraída ao acaso. Qual é a probabilidade de sair um valete ou uma carta de ouros?

50 Dois dados são lançado simultaneamente:

a) Qual é a probabilidade de se obter a soma dos pontos igual a 9 ou números iguais?

b) Qual é a probabilidade de se obter a soma dos pontos iguais a 8 ou números iguais?

51 Para preencher as vagas de trabalho em uma indústria, um certo número de pessoas participou do processo seletivo. O quadro abaixo mostra a distribuição dos candidatos por gênero e escolaridade:

	Homens	Mulheres
Ensino médio completo	18	27
Ensino superior completo	22	53

Um candidato do grupo é escolhido ao acaso. Qual é a probabilidade de que seja:

a) mulher ou tenha ensino superior completo?

b) homem e tenha somente o ensino médio completo?

52 Sejam **A** e **B** eventos de um mesmo espaço amostral, com p(A ∪ B) = 0,75. Em cada caso, calcule p(B), admitindo que:

a) p(A) = 0,35 e **A** e **B** são mutuamente exclusivos.

b) p(A) = 0,29 e p(A ∩ B) = 0,09.

53 (U. E. Maringá-PR) Em determinado concurso vestibular de uma Universidade há 25 000 inscritos, concorrendo a 2 000 vagas. Chamando os cursos mais concorridos de **A**, **B** e **C**, temos as seguintes concorrências:

- **A**: 200 candidatos/vaga;
- **B**: 70 candidatos/vaga;
- **C**: 40 candidatos/vaga.

Sabendo que o número de vagas para o curso **A** é 20 e para os cursos **B** e **C** é 40, para cada um, e que um candidato só pode concorrer à vaga em um único curso, assinale o que for correto [e indique a soma correspondente às afirmações verdadeiras].

(01) Escolhido, ao acaso, um dos inscritos, a probabilidade de ele não estar concorrendo a uma das vagas dos cursos **A**, **B** e **C** é maior do que 0,6.

(02) A probabilidade de um candidato, concorrendo ao curso **A**, passar é de 0,005.

(04) A probabilidade de escolher, ao acaso, entre os inscritos, um candidato aos cursos **A** ou **C** é de 0,2.

(08) Escolhido, ao acaso, um dos inscritos, a probabilidade de ele estar concorrendo a uma vaga para o curso **B** é de 0,1.

(16) Escolhido, ao acaso, um dos inscritos, a probabilidade de ele ser um dos aprovados para o curso **C** é de 0,0016.

54 A probabilidade de chover 5 ou mais dias em um certo mês em uma praia de Pernambuco é de 33%. A probabilidade de chover 5 ou menos dias nesse mês, nessa mesma praia, é de 81%. Qual a probabilidade de chover exatamente 5 dias nesse mês?

55 Em uma turma com 20 alunos, há um casal de gêmeos, Luiz e Lucila.

a) Escolhendo-se ao acaso um dos alunos para apresentar um trabalho, qual é a probabilidade de que o sorteado seja Luiz ou Lucila?

b) Escolhendo-se ao acaso dois alunos para apresentar seus trabalhos, qual é a probabilidade de que Luiz ou Lucila estejam entre os sorteados?

c) Escolhendo-se ao acaso três alunos para apresentar seus trabalhos, qual é a probabilidade de que Luiz ou Lucila estejam entre os sorteados?

▶ Probabilidade condicional

Um avião fretado por uma operadora turística de Minas Gerais partiu de Belo Horizonte com destino a Natal, no Rio Grande do Norte, com 140 passageiros. Durante o voo, cada turista respondeu a duas perguntas:

- Já voou antes?

- Já esteve em Natal?

Os dados obtidos a partir das respostas dos passageiros encontram-se organizados na tabela ao lado:

	Voando pela primeira vez	Já havia voado	Total
Não conhecia Natal	83	22	105
Já conhecia Natal	23	12	35
Total	106	34	140

Um passageiro é selecionado ao acaso e verifica-se que ele nunca tinha viajado de avião. Qual é a probabilidade de que ele já conhecesse Natal?

Nesse caso, já temos um conhecimento parcial do resultado do experimento: "o passageiro estava voando pela primeira vez". Com isso, o número de casos possíveis se reduz a 106. Nesse novo universo, que é o espaço amostral reduzido, o número de passageiros que já conheciam Natal é 23.

Assim, a probabilidade pedida é $p = \dfrac{23}{106}$.

Esse número expressa a probabilidade de a pessoa escolhida conhecer Natal, sabendo que era a primeira vez que viajava de avião. Vamos denominar tal número de **probabilidade condicional** e indicá-lo por:

p(já conhecer Natal | primeira vez de avião)

(lê-se: "dado que" ou "sabendo que")

Do valor encontrado em $p = \dfrac{23}{106}$, podemos notar que:

- 23 corresponde ao número de passageiros que já estiveram em Natal e estavam voando pela primeira vez.
- 106 corresponde ao número de passageiros que voavam pela primeira vez.

Temos, então:

p(já conhecer Natal | primeira vez de avião) =

$= \dfrac{\text{número de passageiros que já conheciam Natal } e \text{ voavam pela primeira vez}}{\text{número de passageiros que voavam pela primeira vez}}$

A situação anterior sugere a seguinte definição:
Sejam **A** e **B** eventos de **Ω** finito e não vazio. A probabilidade condicional do evento **A**, sabendo que ocorreu o evento **B**, é indicada por p(A | B) e é dada por:

$$p(A \mid B) = \frac{n(A \cap B)}{n(B)} \quad \text{①}$$

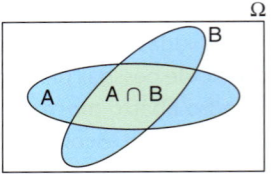

Podemos encontrar uma expressão equivalente a ① dividindo o numerador e o denominador do 2º membro de ① por n(Ω) ≠ 0:

$$p(A \mid B) = \frac{\dfrac{n(A \cap B)}{n(\Omega)}}{\dfrac{n(B)}{n(\Omega)}} \Rightarrow p(A \mid B) = \frac{p(A \cap B)}{p(B)} \quad \text{②}$$

OBSERVAÇÕES 🔍⊕

Para resolver problemas de probabilidade condicional, em geral é mais prático seguir o raciocínio desenvolvido no problema dos turistas do voo fretado: reduz-se o espaço amostral e se calculam as probabilidades nesse novo espaço.

A fórmula ②, obtida para o cálculo da probabilidade condicional, tem importância mais teórica do que prática.

Por meio dela, introduziremos, no próximo item, conceitos muito importantes em probabilidade, como o de eventos independentes, bem como o teorema da multiplicação.

💡 **EXERCÍCIO RESOLVIDO**

6 Um dado é lançado duas vezes sucessivamente. Sabendo-se que a soma dos pontos obtidos é menor que 6, qual é a probabilidade de que em ao menos um lançamento ocorra a face 2?

Solução:

Vamos reduzir o espaço amostral:
Com a informação dada, o número de casos possíveis passa a ser 10, a saber:

Ω* = {(1, 1), (1, 2), (1, 3), (1, 4), (2, 1), (2, 2), (2, 3), (3, 1), (3, 2), (4, 1)}
Dos elementos de **Ω***, é preciso selecionar os pares em que pelo menos um dos resultados é 2.
Há 5 casos favoráveis: (1, 2), (2, 1), (2, 2), (2, 3) e (3, 2).
Assim, a probabilidade pedida é: $\dfrac{5}{10} = \dfrac{1}{2} = 50\%$.

EXERCÍCIOS

56 Uma das letras do alfabeto é escolhida ao acaso. Sabendo que ela é uma das dez primeiras letras, qual é a probabilidade de que seja uma vogal?

57 Se um dado é lançado duas vezes sucessivamente e os números obtidos são:
   a) iguais, qual é a probabilidade de que a soma dos pontos seja um número par?
   b) distintos, qual é a probabilidade de que a soma dos pontos seja 8?

58 Um dado é lançado e sabe-se que a face superior tem um número par.
   a) Qual é a probabilidade de que o número obtido seja primo?
   b) Qual é a probabilidade de que o número obtido seja um divisor de 5?
   c) Qual é a probabilidade de que o número obtido seja maior que 3?

59 De um baralho comum, uma carta é retirada ao acaso. Se a carta escolhida:
   a) não é valete nem dama, qual é a probabilidade de ser o rei de ouros?
   b) não é de ouros, qual é a probabilidade de não ser de copas?
   c) é de copas, qual é a probabilidade de ser o rei?
   d) não é de copas, qual é a probabilidade de ser o valete de espadas ou o valete de ouros?
   e) não é de copas, qual é a probabilidade de ser de ouros ou ser um rei?

60 No cadastro de um cursinho pré-vestibular estão registrados 600 alunos assim distribuídos:
   • 380 rapazes;
   • 105 moças que já concluíram o Ensino Médio;

   • 200 rapazes que estão cursando o Ensino Médio.
   Um nome do cadastro é selecionado ao acaso. Qual é a probabilidade de o nome escolhido ser de:
   a) um rapaz, sabendo que já concluiu o Ensino Médio?
   b) alguém que está cursando o Ensino Médio, sabendo que é uma moça?

61 As cidades seguintes candidataram-se a sede de um torneio internacional de futebol que será realizado no Brasil: Manaus, Belém, São Paulo, Rio de Janeiro, Belo Horizonte, Salvador, Recife, Fortaleza, Aracaju, Teresina, Vitória, Campinas e São Luís.
   a) Sabendo que a cidade escolhida não fica na região Sudeste, qual é a probabilidade de que seja Teresina?
   b) Se nem Salvador nem Fortaleza foram as cidades escolhidas, qual é a probabilidade de que a sede seja uma cidade do Sudeste?

62 Em um *buffet* infantil, os clientes escolhem 6 entre as 10 opções de petiscos para servir na festa: coxinha, empadinha, rissole, *hot-dog*, hambúrguer, cheesebúrguer, pastelzinho de carne ou de queijo ou de palmito ou de bauru.
   a) Para uma festa, qual é a probabilidade de um cliente incluir coxinha entre os petiscos selecionados?
   b) Sabendo que um cliente incluiu coxinha e empadinha, qual é a probabilidade dele ter incluído também os 4 sabores de pastéis?
   c) Sabendo que um cliente escolheu pastel de carne e de queijo, qual é a probabilidade dele ter incluído os outros 2 sabores de pastéis?

63 Um casal e quatro pessoas são colocados em fila indiana. Sabendo que o casal não ficou junto, qual é a probabilidade de que as extremidades da fila tenham sido ocupadas pelo casal?

▶ Probabilidade da interseção de dois eventos

▶ Teorema da multiplicação

Seja Ω um espaço amostral finito e não vazio. **A** e **B** são eventos de Ω. Quando estudamos probabilidade condicional, vimos que, na expressão $p(A \mid B) = \dfrac{p(A \cap B)}{p(B)}$:

• $p(A \mid B)$ representa a probabilidade de ocorrer **A** dado que ocorreu o evento **B**.
• $p(A \cap B)$ representa a probabilidade de ocorrência simultânea dos eventos **A** e **B** (ou a probabilidade da interseção de **A** com **B**).
• $p(B)$ representa a probabilidade de ocorrer **B**.

De $p(A \mid B) = \dfrac{p(A \cap B)}{p(B)}$ segue, imediatamente, a relação:

$$p(A \cap B) = p(A \mid B) \cdot p(B)$$

Isso significa que, para se calcular a probabilidade de ocorrer a interseção dos eventos **A** e **B** (ocorrência simultânea de **A** e **B**), que é $p(A \cap B)$, é preciso **multiplicar** a probabilidade de ocorrer um deles ($p(B)$) pela probabilidade de ocorrer o outro, sabendo que o primeiro já ocorreu ($p(A \mid B)$).

No exemplo a seguir, ficará mais claro o uso dessa relação.

EXEMPLO 6

Em um cesto de roupas há dez meias, das quais três estão rasgadas. Retirando-se uma meia do cesto duas vezes e sem reposição, qual é a probabilidade de que as duas meias retiradas não estejam rasgadas?

Podemos construir um diagrama de árvore para representar os resultados possíveis desse experimento, associando probabilidades a cada "galho".

Observe que as probabilidades referentes à segunda retirada estão condicionadas ao resultado da primeira.

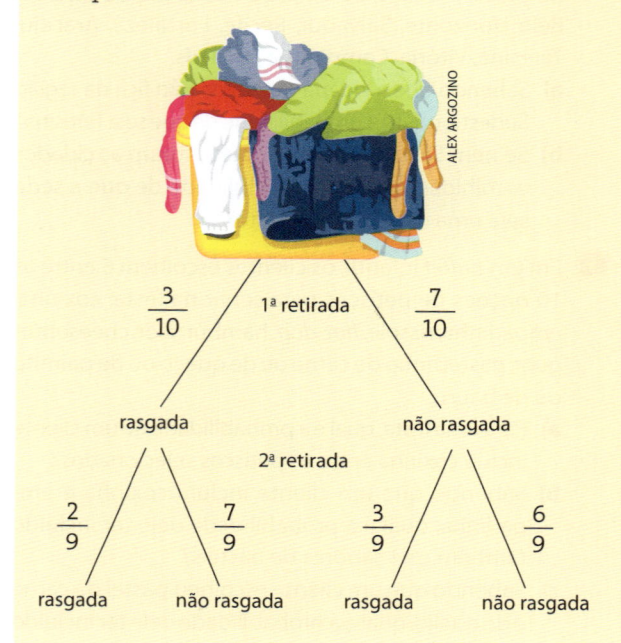

Estamos interessados em calcular:

$$p\left(\begin{matrix}não \\ rasgada\end{matrix} \cap \begin{matrix}não \\ rasgada\end{matrix}\right) = \frac{7}{10} \cdot \frac{6}{9}$$

probabilidade de a 1ª meia não estar rasgada

probabilidade de a 2ª meia não estar rasgada, se a 1ª também não estiver

Logo, a resposta é $p = \dfrac{42}{90} = \dfrac{7}{15}$.

Vamos calcular também a probabilidade de que apenas uma das meias retiradas está rasgada.

Podemos ter:

- A primeira meia está rasgada e a segunda não:

$$p(\text{rasgada} \cap \text{não rasgada}) = \frac{3}{10} \cdot \frac{7}{9} = \frac{7}{30}$$

- A primeira meia não está rasgada e a segunda está:

$$p(\text{não rasgada} \cap \text{rasgada}) = \frac{7}{10} \cdot \frac{3}{9} = \frac{7}{30}$$

Assim, usando a adição de probabilidades, vem:

$$p = 2 \cdot \frac{7}{30} = \frac{7}{15}$$

▶ Eventos independentes

Vamos considerar o seguinte problema:

12 CDs de MPB e 8 de sertanejo (**S**), todos sem identificação, estão guardados em uma caixa. Um estudante escolhe, sucessivamente e com reposição, dois desses CDs. Qual é a probabilidade de que os dois CDs sorteados sejam de música sertaneja?

Estamos interessados em calcular $p(S \cap S)$. Utilizando o teorema da multiplicação temos:

$p(S \cap S) = p(S$ na 1ª extração) $\cdot$

$\cdot\ p(S$ na 2ª extração | S na 1ª extração)

Nesse caso, porém, como o CD retirado na 1ª extração é reposto, no momento da 2ª extração a caixa contém exatamente os CDs de antes da 1ª extração.

Desse modo, o fato de ser retirado um CD de sertanejo na 1ª extração não muda a probabilidade de retirarmos um CD de sertanejo na 2ª extração.

Dizemos que ocorre **independência entre os eventos**.

A probabilidade pedida é, portanto:

$$p = p(S \cap S) = \frac{8}{20} \cdot \frac{8}{20} = 0,16 = 16\%$$

De modo geral, quando $p(A \mid B) = p(A)$ — isto é, o fato de ter ocorrido o evento **B** não altera a probabilidade de ocorrer o evento **A** —, dizemos que **A** e **B** são **eventos independentes** e vale a relação:

$$p(A \cap B) = p(A) \cdot p(B)$$

Em geral, sendo $A_1, A_2, ..., A_n$ eventos independentes, temos:

$$p(A_1 \cap A_2 \cap ... A_n) = p(A_1) \cdot p(A_2) \cdot ... \cdot p(A_n)$$

EXERCÍCIO **RESOLVIDO**

7 Um dado é lançado e é registrado o número obtido na face superior. Em seguida, uma moeda é lançada e é registrada sua face. Qual é a probabilidade de obtermos número 5 e coroa?

Solução:

Os eventos "sair número 5" e "sair coroa" são independentes, pois o fato de sair número 5 no lança-

mento do dado não muda a chance de sair coroa no lançamento da moeda.

Desse modo, a probabilidade pedida é:

$$p = \frac{1}{6} \cdot \frac{1}{2} = \frac{1}{12}$$

sair nº 5   sair coroa

EXERCÍCIOS

64 Duas cartas, de um baralho de 52, são extraídas sucessivamente e ao acaso. Qual é a probabilidade de saírem duas cartas de copas, se a extração é feita:

a) sem reposição?   **b)** com reposição?

65 Uma moeda e um dado são lançados simultaneamente. Qual é a probabilidade de ocorrer coroa e um número primo?

66 Em uma festa infantil, foram misturados, em uma caixa, 12 brindes para meninos e 15 para meninas. Dois brindes são retirados ao acaso, sucessivamente e sem reposição, da caixa. Qual é a probabilidade de que:

a) ambos sejam para meninos?

b) um seja para menino e outro para menina?

67 Refaça o exercício anterior, admitindo que a extração seja feita com reposição.

68 De um baralho comum (52 cartas) extraímos, sucessivamente e sem reposição, duas cartas. Qual é a probabilidade de saírem cartas de naipes diferentes?

69 De cada 15 camisas que um varejista coloca à venda, 10 são fabricadas pela confecção C_1 e 5 são fabricadas pela confecção C_2. Os percentuais de camisas com defeito produzidas nas confecções C_1 e C_2 são, respectivamente, 4% e 1%.

Uma camisa que está à venda no varejista é selecionada ao acaso.

a) Qual é a probabilidade de que ela não apresente defeitos e tenha sido produzida em C_1?

b) Qual é a probabilidade de a camisa apresentar defeito?

70 Num baú estão espalhados 15 livros de Português, 10 de Matemática e 6 de Inglês. Três livros são retirados sucessivamente e ao acaso do baú. Qual a probabilidade de que seja retirado um livro de cada assunto, se a extração é feita sem reposição?

71 A probabilidade de um atirador **X** acertar um alvo é de 80%, e a probabilidade de um atirador **Y** acertar o mesmo alvo é de 90%.

Se os dois atirarem uma vez, qual é a probabilidade de que:

a) ambos atinjam o alvo?

b) somente o atirador **Y** atinja o alvo?

c) pelo menos um deles atinja o alvo?

72 Durante um semestre fez-se um levantamento dos gastos de 1 000 clientes em uma loja, como mostra a tabela seguinte:

Gastos	Número de clientes
Até R$ 100,00	300
De R$ 100,01 a R$ 250,00	570
Acima de R$ 250,00	130

Sabe-se também que a probabilidade de um cliente pedir desconto para pagamento à vista é de 20% para gastos de até R$ 100,00 e de 10% para gastos acima de R$ 100,00.

Certo dia, um cliente que fez compras na loja, é selecionado aleatoriamente. Qual é a probabilidade dele ter pedido desconto para pagamento a vista?

73 Um casal de matemáticos foi passar o fim de semana de verão na praia. Jorge havia lido as previsões meteorológicas na internet e disse a sua mulher: "A probabilidade de não chover no fim de semana é $\frac{17}{25}$ e a probabilidade de chover no domingo é $\frac{1}{5}$". A partir daí, perguntou a ela: "Qual é, então, a probabilidade de chover nos dois dias de viagem?"

▶ Lei binomial da probabilidade

Considere um experimento aleatório repetido **n** vezes em condições idênticas. O resultado do experimento em uma determinada vez não depende dos resultados ocorridos nas repetições anteriores.

Para calcularmos a probabilidade de um determinado evento ocorrer nenhuma vez, ou uma vez, ou duas vezes, ..., ou todas as vezes em que o experimento se repetir, utilizamos a chamada **lei binomial da probabilidade**.

Vamos considerar a seguinte situação: por falta de tempo, um aluno decide "chutar", completamente ao acaso, os oito últimos testes de um exame. Cada teste contém 5 alternativas e apenas uma deve ser assinalada.

Qual é a probabilidade de que esse aluno acerte cinco dos oito testes?

Cada repetição desse experimento corresponde ao aluno assinalar uma alternativa do teste, ao acaso.

Para cada repetição, temos que a probabilidade de acerto é $\frac{1}{5}$ — indicaremos por p(A); a probabilidade de seu complementar (errar a questão) é $\frac{4}{5}$ — indicaremos por p$\left(\overline{A}\right)$.

Vamos inicialmente calcular a probabilidade de ocorrerem 5 acertos (**A**) e 3 erros $\left(\overline{\mathbf{A}}\right)$ em uma determinada ordem, por exemplo: $\left(A, A, A, A, A, \overline{A}, \overline{A}, \overline{A}\right)$. Temos:

$$p = \frac{1}{5} \cdot \frac{1}{5} \cdot \frac{1}{5} \cdot \frac{1}{5} \cdot \frac{1}{5} \cdot \frac{4}{5} \cdot \frac{4}{5} \cdot \frac{4}{5} =$$

(acertar a 1ª, acertar a 2ª, acertar a 3ª, acertar a 4ª, acertar a 5ª, errar a 6ª, errar a 7ª, errar a 8ª)

$$= \left(\frac{1}{5}\right)^5 \cdot \left(\frac{4}{5}\right)^3 = \frac{64}{390\,625}$$

Essas respostas, porém, podem ocorrer em várias outras ordens, como, por exemplo:

$$\left(A, \overline{A}, A, \overline{A}, A, \overline{A}, A, A\right)$$

A probabilidade de ocorrer essa sequência é:

$$\frac{1}{5} \cdot \frac{4}{5} \cdot \frac{1}{5} \cdot \frac{4}{5} \cdot \frac{1}{5} \cdot \frac{4}{5} \cdot \frac{1}{5} \cdot \frac{1}{5} =$$

(acertar a 1ª, errar a 2ª, acertar a 3ª, errar a 4ª, acertar a 5ª, errar a 6ª, acertar a 7ª, acertar a 8ª)

$$= \left(\frac{1}{5}\right)^5 \cdot \left(\frac{4}{5}\right)^3 = \frac{64}{390\,625}$$

Qualquer outra sequência de resposta formada por 5 acertos e 3 erros tem probabilidade $\left(\frac{1}{5}\right)^5 \cdot \left(\frac{4}{5}\right)^3$ de ocorrer. Precisamos, então, conhecer o número de sequências desse tipo. Da análise combinatória, sabemos que se trata de permutar 8 letras, das quais 5 são **A** e 3 são $\overline{\mathbf{A}}$. Temos:

$$P_8^{(5,3)} = \frac{8!}{5!\,3!} = \binom{8}{5} = 56$$

Desse modo, a probabilidade pedida é:

$$p = \binom{8}{5} \cdot \left(\frac{1}{5}\right)^5 \cdot \left(\frac{4}{5}\right)^3 = 56 \cdot \frac{64}{390\,625} \simeq 0,92\%$$

OBSERVAÇÕES 🔍

O número real $\binom{8}{5} \cdot \left(\frac{1}{5}\right)^5 \cdot \left(\frac{4}{5}\right)^3$ representa um termo do desenvolvimento de $\left(\frac{1}{5} + \frac{4}{5}\right)^8$, conforme estudamos no capítulo Binômio de Newton, em que:

• o expoente 8 representa o número de repetições do experimento.

• o termo $\frac{1}{5}$ representa a probabilidade de ocorrer o evento desejado (acerto) em qualquer repetição do experimento.

• o termo $\frac{4}{5}$ representa a probabilidade de não ocorrer o evento desejado (complementar de acerto, que é o erro) em qualquer repetição do experimento.

EXERCÍCIO **RESOLVIDO**

8 A probabilidade de um atirador acertar um alvo com um tiro é 60%. Fazendo sete tentativas, qual é a probabilidade de acertar o alvo três vezes?

Solução:

Para cada repetição do experimento "dar um tiro", a probabilidade de ocorrer o evento **E** "o alvo é acertado" é p(E) = 0,6. Assim, a probabilidade de não ocorrer **E** (errar o alvo) é p($\overline{E}$) = 0,4.

A probabilidade de ocorrerem 3 acertos e 4 erros, em uma determinada ordem, é $0,6^3 \cdot 0,4^4$.
O número de ordens possíveis é dado por

$$P_7^{(3, 4)} = \frac{7!}{3!\ 4!} = \binom{7}{3}.$$

Assim, a probabilidade pedida é:

$$\binom{7}{3} \cdot 0,6^3 \cdot 0,4^4 \simeq 0,1935$$

De modo geral, se um experimento aleatório é repetido **n** vezes, em condições idênticas, com todas as repetições independentes entre si, a probabilidade de o evento **E** ocorrer **k** vezes (0 ≤ k ≤ n) é dada por:

$$\binom{n}{k} \cdot p^k \cdot (1-p)^{n-k}$$

em que **p** é a probabilidade de **E** ocorrer em qualquer repetição e 1 − p é a probabilidade de **E** não ocorrer em qualquer repetição desse experimento.

EXERCÍCIOS

74 Uma moeda honesta é lançada oito vezes. Qual é a probabilidade de ocorrerem:
a) 4 caras e 4 coroas?
b) 6 caras e 2 coroas?
c) 8 caras?

75 Cada uma das dez questões de um exame apresenta cinco alternativas de resposta, das quais apenas uma é correta. Se um estudante chutar todas as respostas, qual é a probabilidade de que ele:
a) acerte três questões?
b) acerte seis questões?
c) erre todas as questões?
d) acerte ao menos uma questão?

76 A probabilidade de ocorrer defeito no teste final de um componente eletrônico é de 1%. Analisando um estoque com 20 componentes, qual é a probabilidade de que exatamente um apresente defeito?

77 Um casal planeja ter 6 filhos. Qual é a probabilidade de nascerem mais meninas do que meninos?

78 Um carro de certa marca é vendido em duas versões de câmbio: o manual e o automático.
A matriz seguinte informa a probabilidade de um proprietário de um carro com câmbio **i** mudar para o modelo com câmbio **j**, em que {i, j} ⊂ {1, 2}; 1 representa o câmbio manual e 2 o automático.

$$\begin{bmatrix} 0,4 & 0,6 \\ 0,05 & 0,95 \end{bmatrix}$$

a) Qual é a probabilidade do proprietário de um carro com câmbio manual mudar para o automático em uma 1ª compra e permanecer na versão automática em uma 2ª compra?
b) Escolhendo-se ao acaso 4 proprietários de veículos com câmbio automático, qual é a probabilidade de que pelo menos dois mantenham a versão em uma próxima compra?

EXERCÍCIOS COMPLEMENTARES

1 (Unicamp-SP) Uma loteria sorteia três números distintos entre doze números possíveis.

a) Para uma aposta em três números, qual é a probabilidade de acerto?

b) Se a aposta em três números custa R$ 2,00 quanto deveria custar uma aposta em cinco números?

2 (FGV-SP) Nazareno é muito supersticioso e acha que placas de carro que contêm o número 7 dão azar. Ele quer comprar um carro usado e, num certo dia, ele vê, no jornal, o anúncio de um carro que lhe agrada e, para conhecê-lo, agenda uma visita.
Lembrando que placas de carro no Brasil têm quatro algarismos, qual a probabilidade de que a placa do carro que Nazareno vai conhecer não seja considerada por ele como fonte de azar?

3 (UF-PR) Um programa de computador usa as vogais do alfabeto para gerar aleatoriamente senhas de 5 letras. Por exemplo: EEIOA e AEIOU são duas senhas possíveis.

a) Calcule a quantidade total de senhas que podem ser geradas pelo programa.

b) Uma senha é dita insegura se possuir a mesma vogal em posições consecutivas. Por exemplo: AAEIO, EIIIO, UOUUO são senhas inseguras. Qual a probabilidade do programa gerar aleatoriamente uma senha insegura?

4 (FGV-SP)

a) Lançam-se ao ar 3 dados equilibrados, ou seja, as probabilidades de ocorrer cada uma das seis faces são iguais. Qual é a probabilidade de que apareça soma 9? Justifique a resposta.

b) Um dado é construído de tal modo que a probabilidade de observar cada face é proporcional ao número que ela mostra. Se lançarmos o dado, qual é a probabilidade de obter um número primo?

5 (UFU-MG) Um grupo de amigos joga futebol *society* toda quarta-feira e estipulou as seguintes regras para a realização dos jogos:

1. Se comparecer um número ímpar de amigos, inicialmente um deles será escolhido aleatoriamente para árbitro da partida. Quando comparecer um número par de amigos não haverá árbitro e a arbitragem será feita pelo consenso comum de todos.

2. Para compor as equipes será feita a divisão do grupo em duas equipes com o mesmo número de jogadores.

3. As equipes jogarão com uniformes, uma com camisas azuis, e outras com camisas amarelas.

4. Cada equipe deve eleger aleatoriamente o seu goleiro.

Em uma quarta-feira, compareceram 11 amigos, dentre eles Zé Maria.

a) Para essa partida de futebol *society*, quantas são as maneiras distintas de compor as equipes?

b) Qual é a probabilidade de Zé Maria ser o goleiro da equipe de camisas azuis?

6 (UE-RJ) Um alvo de dardos é formado por três círculos concêntricos que definem as regiões I, II e III, conforme mostra a ilustração.

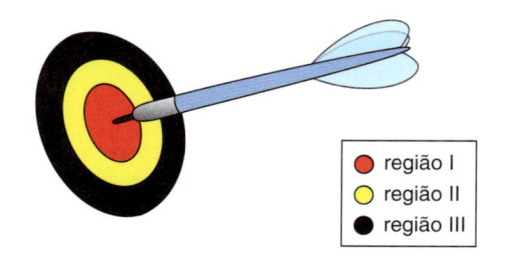

- 🔴 região I
- 🟡 região II
- ⚫ região III

Um atirador de dardos sempre acerta alguma região do alvo, sendo suas probabilidades de acertar as regiões I, II e III denominadas, respectivamente P_I, P_{II} e P_{III}.
Para esse atirador, valem as seguines relações:

- $P_{II} = 3P_I$
- $P_{III} = 2P_{II}$

Calcule a probabilidade de que esse atirador acerte a região I exatamente duas vezes ao fazer dois lançamentos.

7 (Unifesp-SP) Uma população de 10 camundongos, marcados de 1 a 10, será utilizada para um experimento em que serão sorteados aleatoriamente 4 camundongos. Dos 10 camundongos, apenas 2 têm certa características C_1, 5 têm certa característica C_2 e nenhum deles tem as duas características. Pergunta-se:

a) Qual é a probabilidade de que ao menos um dos camundongos com a característica C_1 esteja no grupo sorteado?

b) Qual é a probabilidade de que o grupo sorteado tenha apenas 1 camundongo com a característica C_1 e ao menos 2 com a característica C_2?

8 (Fuvest-SP)

a) Dez meninas e seis meninos participarão de um torneio de tênis infantil.

De quantas maneiras distintas essas 16 crianças podem ser separadas nos grupos **A**, **B**, **C** e **D**, cada um deles com 4 jogadores, sabendo que os grupos **A** e **C** serão formados apenas por meninas e o grupo **B**, apenas por meninos?

b) Acontecida a fase inicial do torneio, a fase semifinal terá os jogos entre Maria e João e entre Marta e José. Os vencedores de cada um dos jogos farão a final. Dado que a probabilidade de um menino ganhar de uma menina é $\dfrac{3}{5}$, calcule a probabilidade de uma menina vencer o torneio.

9 (UF-PE) Um jornal inclui em sua edição de domingo um CD de brinde. O CD pode ser de rock ou de música sertaneja, mas, como está em uma embalagem não idenficada, o comprador do jornal não sabe qual o gênero musical do CD, antes de adquirir o jornal. 40% dos jornais circulam como CD de *rock* e 60% com o CD de música sertaneja. A probabilidade um leitor do jornal gostar de *rock* é 45%, e de gostar de música sertaneja é de 80%. Se um comprador do jornal é escolhido ao acaso, qual a probabilidade percentual de ele gosta do CD encartado em seu jornal?

10 Observe o cubo ABCDEFGH.

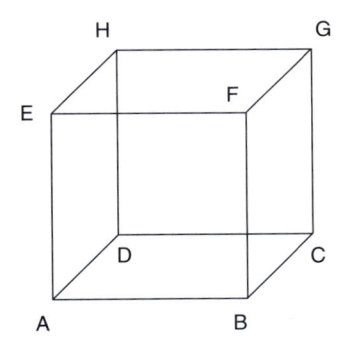

a) Escolhendo-se, ao acaso, dois de seus vértices, qual é a probabilidade de que eles pertençam a uma mesma face?

b) Escolhendo-se, ao acaso, duas de suas arestas, qual é a probabilidade de que suas retas suportes sejam paralelas?

c) Escolhendo-se, ao acaso, duas de suas faces, qual é a probabilidade de que a interseção dos planos que contêm essas faces seja uma reta?

11 (UE-RJ) Os baralhos comuns são compostos de 52 cartas divididas em quatro naipes, denominados copas, espadas, paus e ouros, com treze cartas distintas de cada um deles. Observe a figura que mostra um desses baralhos, no qual as cartas representadas pelas letras **A**, **J**, **Q** e **K** são denominadas, respectivamente, ás, valete, dama e rei.

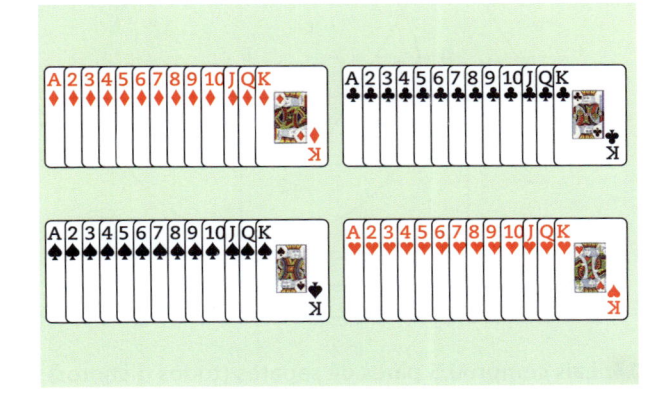

Uma criança rasgou algumas cartas desse baralho, e as **n** cartas restantes, não rasgadas, foram guardadas em uma caixa.

Os dados a seguir apresentam as probabilidades de retirar-se dessa caixa, ao acaso, as seguintes cartas:

Carta	Probabilidade
Um rei	0,075
Uma carta de copas	0,25
Uma carta de copas ou rei	0,3

Calcule o valor de **n**.

12 (Unicamp-SP) O diagrama a seguir indica a distribuição dos alunos matriculados em três cursos de uma escola. O valor da mensalidade de cada curso é de R$ 600,00, mas a escola oferece descontos aos alunos que fazem mais de um curso. Os descontos, aplicados sobre o valor total da mensalidade, são de 20% para quem faz dois cursos e de 30% para os matriculados em três cursos.

a) Por estratégia de *marketing*, suponha que a escola decida divulgar os percentuais de desconto, calculados sobre a mensalidade dos cursos adicionais e não sobre o total da mensalidade. Calcule o percentual de desconto que incide sobre a mensalidade do segundo curso para aqueles que fazem dois cursos e o percentual de desconto sobre o terceiro curso para aqueles que fazem três cursos.

b) Com base nas informações do diagrama, encontre o número de alunos matriculados em pelo menos dois cursos. Qual a probabilidade de um aluno, escolhido ao acaso, estar matriculado em apenas um curso?

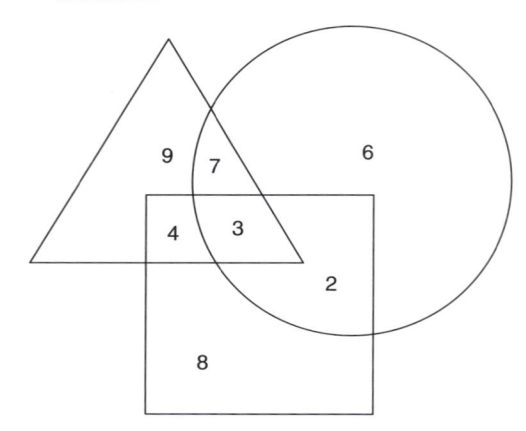

13 Laís comprou 5 pares de sapatos (todos distintos) para presentear seus familiares no Natal. Quando chegou em casa, ela percebeu que se esquecera de identificar cada embalagem com o nome do respectivo parente. Se todas as embalagens são idênticas e Laís decidiu distribuir, de forma aleatória, cada presente a um parente, qual é a probabilidade de que:

a) cada um receba corretamente o seu presente?

b) apenas dois parentes recebam corretamente os seus presentes?

14 (U. F. Juiz de Fora-MG) Nas quartas de final de um campeonato de futebol, 8 times, denominados **A**, **B**, **C**, **D**, **E**, **F**, **G** e **H**, serão divididos aleatoriamente em 4 grupos de 2 times. Em cada grupo, os 2 times se enfrentam sem possibilidade de empate. O perdedor é eliminado e o vencedor avança para a próxima fase.

a) O time **A** sempre vence os times **B**, **C**, **D** e **E**. Além disso, o time **A** sempre perde dos times **F**, **G** e **H**. Qual é a probabilidade de o time **A** avançar à próxima fase?

b) Já sabemos que o time **B** sempre perde para o time **A**. Além disso, a probabilidade de vitória do time **B**, quando este enfrenta os times **C**, **D** ou **E**, é sempre igual a $\frac{1}{4}$, e a probabilidade de vitória do time **B**, quando este enfrenta os times **F**, **G** ou **H**, é sempre igual a $\frac{2}{3}$. Qual é a probabilidade de o time **B** avançar à próxima fase?

15 João e Maria vão disputar um jogo de dados em que o vencedor será aquele que primeiro conseguir obter a face 6 no lançamento de um dado não viciado. Sabe-se que eles jogarão os dados alternadamente, começando por Maria.

a) Qual a probabilidade de João vencer o jogo?

b) Qual seria a resposta se João começasse jogando?

16 Responda:

a) Em um grupo de cinco pessoas, qual é a probabilidade de que pelo menos duas façam aniversário no mesmo mês?

b) Em um grupo de 20 pessoas, qual é a probabilidade de que pelo menos duas façam aniversário no mesmo dia?

17 (UnB-DF)

	Homens	Mulheres
Arena Pernambuco	34	10
Castelão (Fortaleza)	45	20
Fonte Nova (Salvador)	30	19
Mineirão (BH)	40	23
Maracanã (Rio)	49	28
Nacional (Brasília)	43	27
Totais	241	127

A tabela acima apresenta a quantidade, em milhares, de torcedores presentes nos estádios de futebol de algumas cidades brasileiras, em um mesmo horário de um mesmo dia. Com base nos dados da tabela, julgue os itens seguintes.

a) A chance de um dos torcedores presentes nos estádios, selecionado ao acaso, ser mulher e estar no Mineirão ou ser homem e estar no Castelão é superior a 20%.

b) Caso seja selecionado ao acaso um dos torcedores presentes nos estádios, a probabilidade de ele estar no estádio Arena Pernambuco é superior a 0,1.

c) A probabilidade de um dos torcedores presentes nos estádios, selecionado ao acaso, ser mulher e não estar no Estádio Nacional de Brasília é inferior a 0,28.

TESTES

1 (FGV-SP) Em uma urna há 72 bolas idênticas mas com cores diferentes. Há bolas brancas, vermelhas e pretas. Ao sortearmos uma bola da urna, a probabilidade de ela ser branca é $\frac{1}{4}$ e a probabilidade de ela ser vermelha é $\frac{1}{3}$. A diferença entre o número de bolas pretas e o número de bolas brancas na urna é:

a) 12
b) 10
c) 8
d) 6
e) 4

2 (Enem-MEC) Uma loja acompanhou o número de compradores de dois produtos, **A** e **B**, durante os meses de janeiro, fevereiro e março de 2012. Com isso, obteve este gráfico:

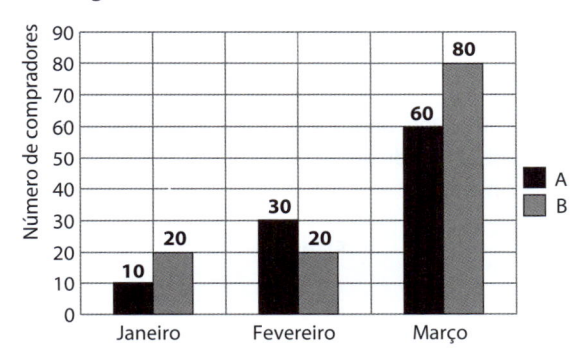

A loja sorteará um brinde entre os compradores do produto **A** e outro brinde entre os compradores do produto **B**. Qual a probabilidade de que os dois sorteados tenham feito suas compras em fevereiro de 2012?

a) $\frac{1}{20}$

b) $\frac{3}{242}$

c) $\frac{5}{22}$

d) $\frac{6}{25}$

e) $\frac{7}{15}$

3 (Enem-MEC) Numa escola com 1 200 alunos foi realizada uma pesquisa sobre o conhecimento desses em duas línguas estrangeiras, inglês e espanhol.
Nessa pesquisa constatou-se que 600 alunos falam inglês, 500 falam espanhol e 300 não falam qualquer um desses idiomas.

Escolhendo-se um aluno dessa escola ao acaso e sabendo-se que ele não fala inglês, qual a probabilidade de que esse aluno fale espanhol?

a) $\frac{1}{2}$
c) $\frac{1}{4}$
e) $\frac{5}{14}$

b) $\frac{5}{8}$
d) $\frac{5}{6}$

4 (Enem-MEC) Para analisar o desempenho de um método diagnóstico, realizam-se estudos em populações contendo pacientes sadios e doentes. Quatro situações distintas podem acontecer nesse contexto de teste:

1) Paciente TEM a doença e o resultado do teste é POSITIVO.
2) Paciente TEM a doença e o resultado do teste é NEGATIVO.
3) Paciente NÃO TEM a doença e o resultado do teste é POSITIVO.
4) Paciente NÃO TEM a doença e o resultado do teste é NEGATIVO.

Um índice de desempenho para a avaliação de um teste diagnóstico é a sensibilidade, definida como a probabilidade de o resultado do teste ser POSITIVO se o paciente estiver com a doença.
O quadro refere-se a um teste diagnóstico para a doença **A**, aplicado em uma amostra composta por duzentos indivíduos.

Resultado do teste	Doença A	
	Presente	Ausente
Positivo	95	15
Negativo	5	85

BENSEÑOR, I. M.; LOTUFO, P. A. *Epidemiologia*: abordagem prática.São Paulo: Saraiva, 2011 (adaptado).

Conforme o quadro do teste proposto, a sensibilidade dele é:

a) 47,5%
c) 86,3%
e) 95,0%

b) 85,0%
d) 94,4%

5 (PUC-RJ) Pedro joga um dado e uma moeda simultaneamente. A probabilidade de sair cara e o número ser 1 é de:

a) $\frac{1}{2}$
c) $\frac{1}{10}$
e) $\frac{1}{12}$

b) $\frac{1}{3}$
d) $\frac{1}{6}$

6 (Enem-MEC) O psicólogo de uma empresa aplica um teste para analisar a aptidão de um candidato a determinado cargo. O teste consiste em uma série de perguntas cujas respostas devem ser verdadeiro ou falso e termina quando o psicológo fizer a décima pergunta ou quando o candidato der a segunda resposta errada. Com base em testes anteriores, o psicólogo sabe que a probabilidade de o candidato errar uma resposta é 0,20.

A probabilidade de o teste terminar na quinta pergunta é:

a) 0,02048

b) 0,08192

c) 0,24000

d) 0,40960

e) 0,49152

7 (Vunesp-SP) Uma loja de departamentos fez uma pesquisa de opinião com 1 000 consumidores, para monitorar a qualidade de atendimento de seus serviços. Um dos consumidores que opinaram foi sorteado para receber um prêmio pela participação na pesquisa.

A tabela mostra os resultados percentuais registrados na pesquisa, de acordo com as diferentes categorias tabuladas.

Categorias	Percentuais
ótimo	25
regular	43
péssimo	17
não opinaram	15

Se cada consumidor votou uma única vez, a probabilidade de o consumidor sorteado estar entre os que opinaram e ter votado na categoria péssimo é, aproximadamente:

a) 20%

b) 30%

c) 26%

d) 29%

e) 23%

8 (FGV-SP) Dois eventos **A** e **B** de um espaço amostral são independentes. A probabilidade do evento **A** é $P(A) = 0,4$ e a probabilidade da união de **A** com **B** é $P(A \cup B) = 0,8$.

Pode-se concluir que a probabilidade do evento **B** é:

a) $\dfrac{5}{6}$

b) $\dfrac{4}{5}$

c) $\dfrac{3}{4}$

d) $\dfrac{2}{3}$

e) $\dfrac{1}{2}$

9 (Mackenzie-SP) Em uma secretaria, dois digitadores atendem 3 departamentos. Se em cada dia útil um serviço de digitação é solicitado por departamento a um digitador escolhido ao acaso, a probabilidade de que, em um dia útil, nenhum digitador fique ocioso, é:

a) $\dfrac{1}{2}$

b) $\dfrac{3}{4}$

c) $\dfrac{7}{8}$

d) $\dfrac{2}{3}$

e) $\dfrac{5}{8}$

10 (UF-AM) Uma clínica médica de três andares, com dois consultórios por andar, tem apenas três consultórios ocupados. A probabilidade de que cada um dos três andares tenha exatamente um consultório ocupado é:

a) $\dfrac{1}{2}$

b) $\dfrac{1}{3}$

c) $\dfrac{2}{3}$

d) $\dfrac{2}{5}$

e) $\dfrac{3}{5}$

11 (PUC-RS) Dois dados são jogados simultaneamente. A probabilidade de se obter soma igual a 10 nas faces de cima é:

a) $\dfrac{1}{18}$

b) $\dfrac{1}{12}$

c) $\dfrac{1}{10}$

d) $\dfrac{1}{6}$

e) $\dfrac{1}{5}$

12 (UF-RS) Considere as retas **r** e **s**, paralelas entre si. Sobre a reta **r**, marcam-se 3 pontos distintos: **A**, **B** e **C**; sobre a reta **s**, marcam-se dois pontos distintos: **D** e **E**. Escolhendo ao acaso um polígono cujos vértices coincidam com alguns desses pontos, a probabilidade de que o polígono escolhido seja um quadrilátero é de:

a) $\dfrac{1}{4}$

b) $\dfrac{1}{3}$

c) $\dfrac{1}{2}$

d) $\dfrac{2}{3}$

e) $\dfrac{3}{4}$

13 (Fuvest-SP) De um baralho de 28 cartas, sete de cada naipe, Luís recebe cinco cartas: duas de ouros, uma de espadas, uma de copas e uma de paus. Ele mantém consigo as duas cartas de ouros e troca as demais por três cartas escolhidas ao acaso dentre as 23 cartas que tinham ficado no baralho. A probabilidade de, ao final, Luís conseguir cinco cartas de ouros é:

a) $\dfrac{1}{130}$

b) $\dfrac{1}{420}$

c) $\dfrac{10}{1771}$

d) $\dfrac{25}{7117}$

e) $\dfrac{52}{8\,117}$

14 (Fuvest-SP) O gamão é um jogo de tabuleiro muito antigo, para dois oponentes, que combina a sorte, em lances de dados, com estratégia no movimento das peças. Pelas regras adotadas, atualmente, no Brasil, o número total de casas que as peças de um jogador podem avançar, numa dada jogada, é determinado pelo resultado do lançamento de dois dados. Esse número é igual à soma dos valores obtidos nos dois dados, se esses valores forem diferentes entre si; e é igual ao dobro da soma, se os valores obtidos nos dois dados forem iguais. Supondo que os dados não sejam viciados, a probabilidade de um jogador poder fazer suas peças andarem pelo menos oito casas em uma jogada é:

a) $\dfrac{1}{3}$ c) $\dfrac{17}{36}$ e) $\dfrac{19}{36}$

b) $\dfrac{5}{12}$ d) $\dfrac{1}{2}$

15 (UE-RJ) Três modelos de aparelhos de ar-condicionado I, II e III, de diferentes potências, são produzidos por um determinado fabricante. Uma consulta sobre intenção de troca de modelo foi realizada com 1 000 usuários desses produtos. Observe a matriz **A** na qual cada elemento a_{ij} representa o número daqueles que pretendem trocar do modelo **i** para o **j**.

$$A = \begin{pmatrix} 50 & 150 & 200 \\ 0 & 100 & 300 \\ 0 & 0 & 200 \end{pmatrix}$$

Escolhendo-se aleatoriamente um dos usuários consultados, a probabilidade de que ele não pretenda trocar seu modelo de ar-condicionado é igual a:

a) 20%   b) 35%   c) 40%   d) 65%

16 (UF-PA) Quatro pássaros pousam em uma rede de distribuição elétrica que tem quatro fios paralelos. A probabilidade de que em cada fio pouse apenas um pássaro é:

a) $\dfrac{3}{32}$ c) $\dfrac{1}{24}$ e) $\dfrac{3}{4}$

b) $\dfrac{1}{256}$ d) $\dfrac{1}{4}$

17 (PUC-MG) A representação de ginastas de certo país compõe-se de 6 homens e 4 mulheres. Com esses 10 atletas, formam-se equipes de 6 ginastas de modo que em nenhuma delas haja mais homens do que mulheres. A probabilidade de uma equipe, escolhida aleatoriamente dentre essas equipes, ter igual número de homens e mulheres é:

a) $\dfrac{13}{19}$ b) $\dfrac{14}{19}$ c) $\dfrac{15}{19}$ d) $\dfrac{16}{19}$

18 (UF-RS) Sobre uma mesa, há doze bolas numeradas de 1 a 12; seis bolas são pretas, e seis, brancas. Essas bolas serão distribuídas em 3 caixas indistinguíveis, com quatro bolas cada uma.
Escolhendo aleatoriamente uma caixa de uma dessas distribuições, a probabilidade de que essa caixa contenha apenas bolas pretas é:

a) $\dfrac{1}{33}$

b) $\dfrac{1}{23}$

c) $\dfrac{2}{33}$

d) $\dfrac{1}{11}$

e) $\dfrac{1}{3}$

Utilize as informações a seguir para responder às questões de número *19* e *20*.

(UERJ) Uma loja identifica seus produtos com um código que utiliza 16 barras, finas ou grossas. Nesse sistema de codificação, a barra fina representa o zero e a grossa o 1. A conversão do código em algarismos do número correspondente a cada produto deve ser feita de acordo com esta tabela:

Código	Algarismo	Código	Algarismo
0000	0	0101	5
0001	1	0110	6
0010	2	0111	7
0011	3	1000	8
0100	4	1001	9

Observe um exemplo de código e de seu número correspondente:

= 0729

19 Considere o código abaixo, que identifica determinado produto.

Esse código corresponde ao seguinte número:

a) 6 835   c) 8 645

b) 5 724   d) 9 768

20 Existe um conjunto de todas as sequências de 16 barras finas ou grossas que podem ser representadas. Escolhendo-se ao acaso uma dessas sequências, a probabilidade de ela configurar um código do sistema descrito é:

a) $\dfrac{5}{2^{15}}$

c) $\dfrac{125}{2^{13}}$

b) $\dfrac{25}{2^{14}}$

d) $\dfrac{625}{2^{12}}$

21 (UE-RJ) Em uma escola, 20% dos alunos de uma turma marcaram a opção correta de uma questão de mútlipla escolha que possui quatro alternativas de resposta. Os demais marcaram uma das quatro opções ao acaso.

Verificando-se as respostas de dois alunos quaisquer dessa turma, a probabilidade de que exatamente um tenha marcado a opção correta equivale a:

a) 0,48

c) 0,36

b) 0,40

d) 0,25

22 (Fuvest-SP) Um dado cúbico, não viciado, com faces numeradas de 1 a 6, é lançado três vezes. Em cada lançamento, anota-se o número obtido na face superior do dado, formando-se uma sequência (a, b, c). Qual é a probabilidade de que **b** seja sucessor de **a** ou que **c** seja sucessor de **b**?

a) $\dfrac{4}{27}$

c) $\dfrac{7}{27}$

e) $\dfrac{23}{54}$

b) $\dfrac{11}{54}$

d) $\dfrac{10}{27}$

23 (UE-RJ) Em um escritório, há dois porta-lápis: o porta-lápis **A** com 10 lápis, dentre os quais 3 estão apontados, e o porta-lápis **B** com 9 lápis, dentre os quais 4 estão apontados.

Um funcionário retira um lápis qualquer ao acaso do porta-lápis **A** e o coloca no porta-lápis **B**. Novamente ao acaso, ele retira um lápis qualquer do porta-lápis **B**.

A probabilidade de que este último lápis retirado **não** tenha ponta é igual a:

a) 0,64

b) 0,57

c) 0,52

d) 0,42

24 (Enem-MEC) Considere o seguinte jogo de apostas: Numa cartela com 60 números disponíveis, um apostador escolhe de 6 a 10 números. Dentre os números disponíveis, serão sorteados apenas 6. O apostador será premiado caso os 6 números sorteados estejam entre os números escolhidos por ele numa mesma cartela.

O quadro apresenta o preço de cada cartela, de acordo com a quantidade de números escolhidos.

Quantidades de números escolhidos em uma cartela	6	7	8	9	10
Preço da cartela (R$)	2,00	12,00	40,00	125,00	250,00

Cinco apostadores, cada um com R$ 500,00 para apostar, fizeram as seguintes opções:

Arthur: 250 cartelas com 6 números escolhidos;

Bruno: 41 cartelas com 7 números escolhidos e 4 cartelas com 6 números escolhidos;

Caio: 12 cartelas com 8 números escolhidos e 10 cartelas com 6 números escolhidos;

Douglas: 4 cartelas com 9 números escolhidos;

Eduardo: 2 cartelas com 10 números escolhidos.

Os dois apostadores com maiores probabilidades de serem premiados são:

a) Caio e Eduardo.

b) Arthur e Eduardo.

c) Bruno e Caio.

d) Arthur e Bruno.

e) Douglas e Eduardo.

25 (UF-PR) Durante um surto de gripe, 25% dos funcionários de uma empresa contraíram essa doença. Dentre os que tiveram gripe, 80% apresentaram febre. Constatou-se também que 8% dos funcionários apresentaram febre por outros motivos naquele período. Qual a probabilidade de que um funcionário dessa empresa, selecionado ao acaso, tenha apresentado febre durante o surto de gripe?

a) 20%

c) 28%

e) 35%

b) 26%

d) 33%

Respostas

CAPÍTULO 14 — **A circunferência trigonométrica**

Exercícios

1
a) $\frac{\pi}{6}$ rad **d)** $\frac{7\pi}{6}$ rad **g)** $\frac{\pi}{9}$ rad

b) $\frac{\pi}{12}$ rad **e)** $\frac{3\pi}{2}$ rad **h)** $\frac{5\pi}{6}$ rad

c) $\frac{2\pi}{3}$ rad **f)** $\frac{5\pi}{3}$ rad **i)** $\frac{7\pi}{4}$ rad

2
a) 60° **f)** 135°
b) 90° **g)** 40°
c) 45° **h)** 330°
d) 36° **i)** Aproximadamente 172°.
e) 108° **j)** Aproximadamente 28,66°.

3 60 m

4 $\frac{16\pi}{3}$ cm (aproximadamente 16,75 cm)

5 Ambos têm o mesmo comprimento.

6 **a)** $\frac{\pi}{3}$ rad; $\frac{\pi}{3}$ rad **b)** $\frac{2}{3}$

7 3,925 cm

8 **a)** 17,19 cm
b) 18 cm

9 30 voltas.

10 125 m

11
a) 90° **d)** 70°
b) 75° **e)** 77°30'
c) 157°30' **f)** 55°

12 4 rad; 2 km

13 **a)** $\frac{\pi}{3}$ rad

b) 2π cm

14 141°

15 Aproximadamente 95,5 m.

16 $\frac{\sqrt{2}}{2}$

17 **a)** 19,2 cm **c)** 61,44 cm
b) 25,6 cm

18
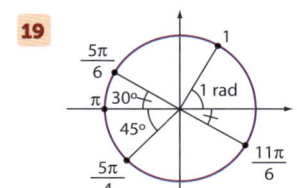

19
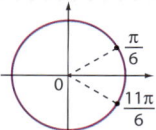

20 1º quadrante: $\frac{\pi}{6}$, $\frac{5\pi}{12}$, $\frac{2\pi}{7}$, $\frac{4}{3}$

2º quadrante: $\frac{2\pi}{3}$, 2, $\frac{3\pi}{5}$, $\frac{5\pi}{9}$, $\frac{7\pi}{12}$, $\sqrt{7}$

3º quadrante: $\frac{4\pi}{3}$, $\frac{15\pi}{11}$, $\frac{10}{3}$, $\frac{13}{4}$

4º quadrante: $\frac{7\pi}{4}$, $\frac{15\pi}{8}$, 5, $\frac{16\pi}{9}$

21 P: $\frac{\pi}{4}$; Q: $\frac{7\pi}{6}$; R: $\frac{5\pi}{4}$

22 A: $\frac{\pi}{2}$; B: $\frac{7\pi}{6}$; C: $\frac{11\pi}{6}$

23 Não; $\alpha \in$ 1º quadrante; $\beta \in$ 2º quadrante; o comprimento de α é $\frac{\pi}{90}$; e o de β é 2 u.c.

24

A: $\frac{\pi}{3}$; B: $\frac{5\pi}{3}$

25
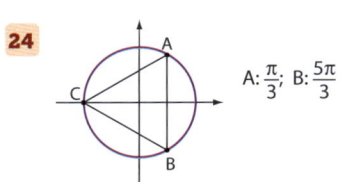
Simétricos em relação ao eixo vertical.

26 **a)**
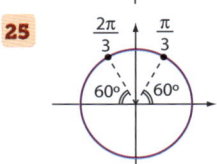
Não há simetria.

b)
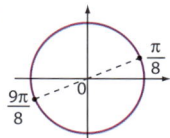
Simetria em relação ao eixo horizontal.

c)

Simetria em relação ao centro da circunferência.

d)
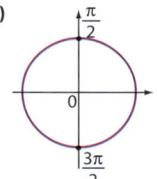
Simetria em relação ao eixo horizontal (ou em relação ao centro da circunferência).

27 $x_q = \frac{\pi}{7}$; $x_r = \frac{6\pi}{7}$ e $x_s = \frac{8\pi}{7}$

28 **a)** 0, $\frac{\pi}{2}$, π e $\frac{3\pi}{2}$

b) 0, $\frac{\pi}{4}$, $\frac{\pi}{2}$, $\frac{3\pi}{4}$, π, $\frac{5\pi}{4}$, $\frac{3\pi}{2}$ e $\frac{7\pi}{4}$

c) 0, $\frac{2\pi}{5}$, $\frac{4\pi}{5}$, $\frac{6\pi}{5}$ e $\frac{8\pi}{5}$

29 **a)** A: 0; B: $\frac{\pi}{3}$; C: $\frac{2\pi}{3}$; D: π; E: $\frac{4\pi}{3}$; F: $\frac{5\pi}{3}$

b) Perímetro: 6 u.c.;

Área: $\frac{3\sqrt{3}}{2}$ u.a.

Exercícios complementares

1 $10 \cdot (4 + \pi)$ cm **2** $(\pi - 2)$ cm

3 **a)** 15 m **b)** 8 coqueiros.

4 $(2\pi + 6)$ cm

5 5 cm **6** 120°

7 **a)** 230,40 m **c)** 7,68 m
b) 460,80 m

8 13 h 24 min **9** 103 000 km/h

Testes

1 b	**5** c	**9** b	**13** a
2 c	**6** c	**10** b	**14** d
3 b	**7** e	**11** b	**15** b
4 d	**8** c	**12** c	**16** d

CAPÍTULO 15 — Razões trigonométricas na circunferência

Exercícios

1 a) $\frac{\sqrt{3}}{2}$ e) -1

b) $\frac{1}{2}$ f) $-\frac{\sqrt{3}}{2}$

c) $-\frac{1}{2}$ g) $-\frac{1}{2}$

d) $-\frac{\sqrt{3}}{2}$ h) 1

2 a) $\frac{\sqrt{2}}{2}$ c) $-\frac{\sqrt{2}}{2}$

b) $\frac{\sqrt{2}}{2}$ d) $-\frac{\sqrt{2}}{2}$

3 a) -1 b) $-\frac{1}{2}$

4 a) $\text{sen } 75° < \text{sen } 85°$

b) $\text{sen } 100° > \text{sen } 170°$

c) $\text{sen } 250° < \text{sen } 260°$

d) $\text{sen } 300° > \text{sen } 290°$

5 a) $0,76604$ d) $0,58779$

b) $-0,76604$ e) $0,95106$

c) $-0,64279$

6 a) Positivo. d) Positivo.

b) Positivo. e) Negativo.

c) Negativo.

7 a) $a < 0$ b) $-a; a$

8 a) $S = \left\{\frac{\pi}{6}, \frac{5\pi}{6}\right\}$ d) $S = \left\{\frac{5\pi}{4}, \frac{7\pi}{4}\right\}$

b) $S = \{0, \pi\}$ e) $S = \varnothing$

c) $S = \left\{\frac{3\pi}{2}\right\}$

9 0

10

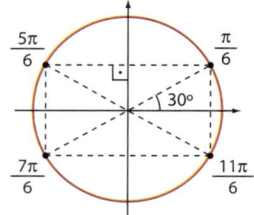

$\cos \frac{\pi}{6} = \cos \frac{11\pi}{6} = \frac{\sqrt{3}}{2}$

$\cos \frac{5\pi}{6} = \cos \frac{7\pi}{6} = -\frac{\sqrt{3}}{2}$

11 $\cos \frac{\pi}{5} > 0$ $\cos \frac{6\pi}{5} < 0$

$\cos \frac{4\pi}{5} < 0$ $\cos \frac{9\pi}{5} > 0$

12 a) $\frac{\sqrt{3}}{2}$ f) $-\frac{\sqrt{2}}{2}$

b) 0 g) $\frac{1}{2}$

c) $-\frac{1}{2}$ h) 1

d) -1 i) $-\frac{\sqrt{2}}{2}$

e) 0

13 a) $-\frac{\sqrt{3}}{2}$ b) $\sqrt{3}$

14 a) $\cos 65° > \cos 70°$

b) $\cos 100° = \cos 260°$

c) $\cos 50° < \cos 340°$

d) $\cos 91° < \cos 89°$

15 0

16 a) $p > 0$ b) $p; -p$

17 a) $F; \cos 90° - \cos 30° = 0 - \frac{\sqrt{3}}{2} = -\frac{\sqrt{3}}{2}$

b) V

c) V

d) $F; \text{sen } 100° + \cos 100° > 0$

e) $F; \cos 6 > 0$

f) $F; -1 \le \cos a \le 1, \forall\, a \in \mathbb{R}$

g) F; quando $\text{sen } \alpha = 1$ temos $\cos \alpha = 0$ e vice-versa.

18 Perímetro: $\frac{3 + \sqrt{3}}{2}$ u.c.;

Área: $\frac{\sqrt{3}}{8}$ u.a.

19 a) $x = \frac{\pi}{2}$ ou $x = \frac{3\pi}{2}$

b) $x = \frac{\pi}{4}$ ou $x = \frac{7\pi}{4}$

c) $x = 0$

d) $x = \frac{2\pi}{3}$ ou $x = \frac{4\pi}{3}$

e) $x = \frac{\pi}{4}$ ou $x = \frac{3\pi}{4}$ ou $x = \frac{5\pi}{4}$ ou $x = \frac{7\pi}{4}$

f) Não existe **x**.

20 a) $\left(\frac{1}{2}\right)^2 + \left(\frac{\sqrt{3}}{2}\right)^2 = \frac{1}{4} + \frac{3}{4} = 1$

b) $\left(\frac{\sqrt{2}}{2}\right)^2 + \left(\frac{\sqrt{2}}{2}\right)^2 = \frac{1}{2} + \frac{1}{2} = 1$

c) $\left(\frac{\sqrt{3}}{2}\right)^2 + \left(-\frac{1}{2}\right)^2 = \frac{3}{4} + \frac{1}{4} = 1$

d) $\text{sen } \pi = 0$ e $\cos \pi = -1; 0^2 + (-1)^2 = 1$

21 $-\frac{4}{5}$ **22** $-\frac{5}{13}$ **23** Não.

24 $\text{sen } x = -\frac{3\sqrt{10}}{10}$ e $\cos x = \frac{\sqrt{10}}{10}$

25 a) $\frac{7}{25}$ b) $\frac{7}{25}$ c) $\frac{24}{25}$

d) $-\frac{24}{25}$ e) $\frac{24}{25}$

26 $m = 0$ ou $m = \frac{8}{5}$

27 Sim. Observe que $\text{sen } 70° = \cos 20°$.

28 a) $S = \left\{\frac{\pi}{4}, \frac{3\pi}{4}, \frac{5\pi}{4}, \frac{7\pi}{4}\right\}$

b) $S = \left\{\frac{\pi}{3}, \frac{2\pi}{3}, \frac{4\pi}{3}, \frac{5\pi}{3}\right\}$

29 a) $-\sqrt{3}$ c) $\frac{\sqrt{3}}{3}$ e) $\sqrt{3}$

b) 0 d) Não existe.

30 a) Não existe. c) $-\sqrt{3}$ e) $-\frac{\sqrt{3}}{3}$

b) 0 d) -1

31 -2 **32** $4 - 2\sqrt{3}$

33 a) Positivo. c) Positivo. e) Positivo.

b) Negativo. d) Negativo. f) Positivo.

34 a) V c) V e) V

b) F d) F f) F

35 a) $-0,4$ b) $0,4$ c) $-0,4$

36 $-\frac{\sqrt{2}}{4}$ **37** $-2\sqrt{6}$

38 a) $\frac{4\sqrt{17}}{17}$ b) $-\frac{\sqrt{17}}{17}$

39 a) $\frac{8\sqrt{89}}{89}$ c) $-\frac{8}{5}$

b) $\frac{5\sqrt{89}}{89}$ d) $-\frac{8}{5}$

40 a) Positivo. e) Negativo.

b) Negativo. f) Positivo.

c) Negativo. g) Positivo.

d) Negativo. h) Positivo.

41 a) Positivo. e) Negativo.

b) Positivo. f) Positivo.

c) Positivo. g) Negativo.

d) Negativo. h) Positivo.

42 a) $\frac{2\sqrt{3}}{3}$ d) $-\frac{2\sqrt{3}}{3}$

b) $-\frac{\sqrt{3}}{3}$ e) $-\sqrt{2}$

c) 2 f) 1

43 a) $2°$ quadrante. c) $3°$ quadrante.

b) $3°$ quadrante. d) $4°$ quadrante.

44 b, c, e, g e h.

45 Negativo.

46 a) $\frac{5}{12}$ b) $\frac{13}{5}$ c) $\frac{13}{12}$

47 a) $\frac{3 + \sqrt{91}}{10}$ b) $\frac{91}{9}$

48 $\text{sen } \alpha = \frac{\sqrt{33}}{7}$; $\text{tg } \alpha = -\frac{\sqrt{33}}{4}$; $\text{cotg } \alpha = -\frac{4\sqrt{33}}{33}$; $\text{cossec } \alpha = \frac{7\sqrt{33}}{33}$; $\text{sec } \alpha = -\frac{7}{4}$

49 $\text{sen } x = -\frac{\sqrt{21}}{5}$; $\text{tg } x = -\frac{\sqrt{21}}{2}$; $\text{cotg } x = -\frac{2\sqrt{21}}{21}$; $\text{cossec } x = -\frac{5\sqrt{21}}{21}$; $\cos x = \frac{2}{5}$

50 $-\frac{2\sqrt{13}}{13}$ **51** $\frac{1}{3}$

52 **a)** F **b)** V **c)** F **d)** V

53 Área: $\dfrac{2\sqrt{3}}{3}$ u.a.;

Perímetro: $2 \cdot (1 + \sqrt{3})$ u.c.

54 **a)** $x = 0$ ou $x = \pi$

b) Não existe **x**.

c) $x = \dfrac{\pi}{4}$ ou $x = \dfrac{3\pi}{4}$ ou $x = \dfrac{5\pi}{4}$ ou

$x = \dfrac{7\pi}{4}$

55 $\text{tg } x = \sqrt{3}; x = \dfrac{\pi}{3}$ **56** $3\sqrt{11}$

57 Negativo; Negativo

58 16 **59** -1 ou 3 **60** $-\dfrac{25}{7}$

61 a **70** Demonstração.

Exercícios complementares

1 $S = \left\{ \dfrac{\cos\alpha + 1}{\text{sen }\alpha}, \dfrac{\cos\alpha - 1}{\text{sen }\alpha} \right\}$

2 **a)** 40 m **b)** 200 m

3 **a)** Demonstração. **c)** $\dfrac{1}{2}$ u.a.

b) $(\sqrt{3} + 1)$ u.c.

4 $\dfrac{1}{2}$ **5** -1

6 $\text{tg } x = -\dfrac{1}{2}$ ou $\text{tg } x = -2$

7 $k = \dfrac{15}{13}$

8 $S = \{\sec\alpha - 1, \sec\alpha + 1\}$

9 $a = 1$ **10** Demonstração.

Testes

1 c	**7** b	**13** a	**19** e
2 d	**8** d	**14** d	**20** b
3 c	**9** d	**15** d	**21** b
4 d	**10** c	**16** e	**22** e
5 a	**11** d	**17** b	
6 c	**12** c	**18** c	

CAPÍTULO 16

Trigonometria em triângulos quaisquer

Exercícios

1 $4\sqrt{6}$ cm **2** $AB \simeq 6,57; BC \simeq 4,03$

3 $x = 3(\sqrt{2} + \sqrt{6})$ cm; $y = 6\sqrt{2}$ cm

4 **a)** Aproximadamente 1 811 m.

b) Aproximadamente 1 170 m.

---

5 105°

6 **a)** 12 m

b) Aproximadamente 23,6 m.

7 $\dfrac{\sqrt{15}}{8}$ **8** 15 cm

9 **a)** Aproximadamente 743 m.

b) Aproximadamente 887 m.

c) 498 m

10 **a)** 14 m **b)** 5 cm **c)** $\sqrt{13}$ cm

11 $(3 + \sqrt{2} + \sqrt{5})$ cm **12** 8 cm

13 **a)** $\dfrac{4}{5}$ **b)** 3 cm **c)** 15 cm²

14 2,8 km

15 $x = 1$ e $y = 60°$; Triângulo retângulo

16 Triângulo isósceles.

17 36 minutos. **18** $6 \cdot \sqrt{2 + \sqrt{3}}$ cm

19 $-\dfrac{24}{7}$

20 **a)** 4 km **b)** 41°

21 **a)** 1,5 cm² **c)** 17,5 cm²

b) $4\sqrt{2}$ cm² **d)** $5\sqrt{3}$ cm²

22 **a)** $\dfrac{7}{8}$ **b)** $\dfrac{\sqrt{15}}{8}$ **c)** $\dfrac{3\sqrt{15}}{4}$ cm²

23 21,6 m²; 7,6 m

24 **a)** $\dfrac{25}{4}$ cm² **b)** 90°

Exercícios complementares

1 7,5 dm; $\dfrac{15\sqrt{3}}{16}$ dm²

2 **a)** 104° **b)** $\dfrac{3\sqrt{15}}{8}$ km

3 $\sqrt{7}$ cm e $\sqrt{67}$ cm

4 **a)** 3,45 km **b)** 1,25 km

5 **a)** $8 \cdot \sqrt{2 - \sqrt{2}}$ u.c. **b)** $2\sqrt{2}$ u.a.

6 0,36 **7** $10\sqrt{2}$ cm

8 $16 \cdot (1 + \sqrt{3})$ cm

9 $1000\sqrt{3}$ m

10 **a)** 21,2 cm **b)** Não: 16 > 6 + 8

11 **a)** $5\sqrt{3}$ m **b)** $5\sqrt{7}$ m

12 Perímetro: $3 \cdot (4 + \sqrt{2})$ cm ou

$(12 + \sqrt{130})$ cm; Área: $\dfrac{21}{2}$ cm²

13 **a)** $AB = 70$ m; $CE = 25$ m

b) $DE = 45$ m; Perímetro: $15 \cdot (6 + \pi)$ m

14 **a)** $\text{sen }\alpha = \dfrac{3}{5}$

b) $4 \cdot (10 + \sqrt{10})$ cm

---

15 **a)** $\dfrac{1}{2}$ **c)** 2

b) $\sqrt{7}$ **d)** $\dfrac{\sqrt{3}}{2}$ u.a.

16 **a)** $\dfrac{12\,800\pi}{3}$ km **b)** $6\,400\sqrt{2}$ km

Testes

1 b	**5** b	**9** c	**13** d
2 a	**6** d	**10** a	**14** b
3 b	**7** e	**11** c	**15** e
4 d	**8** c	**12** b	**16** e

CAPÍTULO 17

Funções trigonométricas

Exercícios

1 1º quadrante: $\dfrac{17\pi}{4}$

2º quadrante: $-\dfrac{19\pi}{6}, \dfrac{26\pi}{3}, -\dfrac{5\pi}{4}$

3º quadrante: $-\dfrac{3\pi}{4}, \dfrac{22\pi}{3}$

4º quadrante: $-0,5$

2

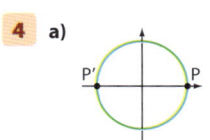

$B \; \dfrac{17\pi}{2}, -\dfrac{11\pi}{2}$

C

$-21\pi, 13\pi$

$A \; 40\pi, -14\pi$

$D \; -\dfrac{5\pi}{2}, \dfrac{7\pi}{2}$

3 **a)** $\left\{ x \in \mathbb{R} \mid x = \dfrac{\pi}{4} + k \cdot 2\pi; k \in \mathbb{Z} \right\}$

b) $\{ x \in \mathbb{R} \mid x = \pi + k \cdot 2\pi; k \in \mathbb{Z} \}$

c) $\left\{ x \in \mathbb{R} \mid x = \dfrac{5\pi}{4} + k \cdot 2\pi; k \in \mathbb{Z} \right\}$

d) $\left\{ x \in \mathbb{R} \mid x = \dfrac{3\pi}{2} + k \cdot 2\pi; k \in \mathbb{Z} \right\}$

e) $\{ x \in \mathbb{R} \mid x = k \cdot 2\pi; k \in \mathbb{Z} \}$

4 **a)** **d)**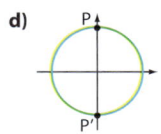

b) 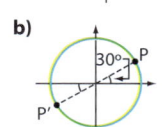 **e)**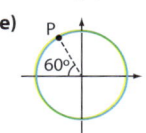

c)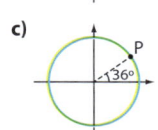

5 a) Quadrado.
b) Perímetro: $4\sqrt{2}$ u.c.; Área: 2 u.a.

6 a) Hexágono.
b) Perímetro: 6 u.c.; Área: $\dfrac{3\sqrt{3}}{2}$ u.a.

7 a) Negativo. d) Positivo.
b) Positivo. e) Negativo.
c) Negativo. f) Positivo.

8 a) 0 c) $\dfrac{\sqrt{3}}{2}$ e) $-\dfrac{\sqrt{3}}{2}$
b) 1 d) $-\dfrac{1}{2}$ f) $-\dfrac{\sqrt{2}}{2}$

9 a) 0 c) $\sqrt{2}-1$ e) 0
b) -1 d) $\sqrt{3}$

10 a) V c) F e) F
b) V d) V

11 a) 100 mmHg; 80 mmHg
b) 0,75 s

12 $p = 2\pi$; Im $= [-2, 2]$

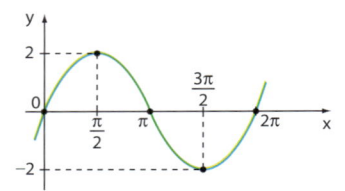

13 $p = 2\pi$; Im $= [-1, 1]$

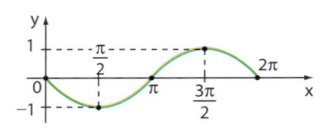

14 $p = \dfrac{2\pi}{3}$; Im $= [-1, 1]$

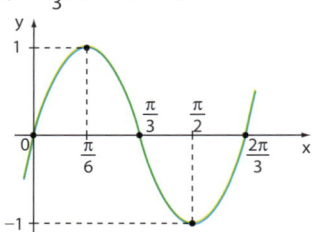

15 $p = 2\pi$; Im $= [2, 4]$

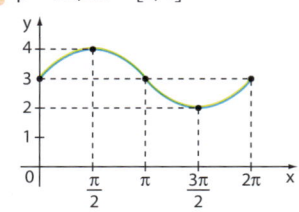

16 $p = 4\pi$; Im $= [1, 3]$

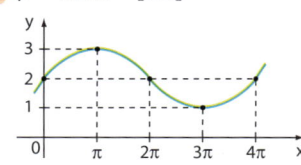

17 $m = -10$ ou $m = 10$
$m = 10 \Rightarrow$ Im $= [7, 13]$; $f(30\pi) = 10$
$m = -10 \Rightarrow$ Im $= [-13, -7]$; $f(30\pi) = -10$

18 $\{t \in \mathbb{R} \mid -3 \leqslant t \leqslant 1\}$

19 $\left\{m \in \mathbb{R} \mid \dfrac{3}{2} \leqslant m \leqslant 2\right\}$

20 a) $D = \mathbb{R}$; Im $= [-1, 1]$ e $p = 4\pi$
b) $D = \mathbb{R}$; Im $= [2, 4]$ e $p = 2\pi$
c) $D = \mathbb{R}$; Im $= \left[-\dfrac{2}{3}, \dfrac{2}{3}\right]$ e $p = 2\pi$
d) $D = \mathbb{R}$; Im $= [-7, 3]$ e $p = \dfrac{\pi}{2}$

21 Em 6 segundos, o atleta faz 8 oscilações completas.

22 a) 6 m c) 2 m e) 11
b) 8,8 m d) 24 s

23 Im $= [0, 4]$

24 a) -1 c) 0 e) $-\dfrac{1}{2}$
b) 1 d) 0 f) -1

25 a) $-\dfrac{1}{2}$ c) $-\dfrac{\sqrt{3}}{2}$ e) 0
b) $\dfrac{\sqrt{2}}{2}$ d) $-\dfrac{1}{2}$ f) $-\dfrac{\sqrt{2}}{2}$

26 $y = -\dfrac{\sqrt{2}}{4}$

27 $\{m \in \mathbb{R} \mid -1 \leqslant m \leqslant 3\}$

28 $\left\{m \in \mathbb{R} \mid -\dfrac{5}{2} \leqslant m \leqslant 0\right\}$

29 a) $D = \mathbb{R}$; Im $= [-1, 1]$ e $p = \dfrac{2\pi}{3}$
b) $D = \mathbb{R}$; Im $= [-3, 3]$ e $p = 2\pi$
c) $D = \mathbb{R}$; Im $= [-1, 3]$ e $p = 4\pi$
d) $D = \mathbb{R}$; Im $= \mathbb{R}$; **f** não é periódica.

30
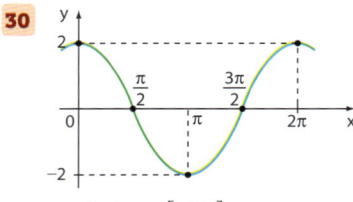
$p = 2\pi$; Im $= [-2, 2]$

31
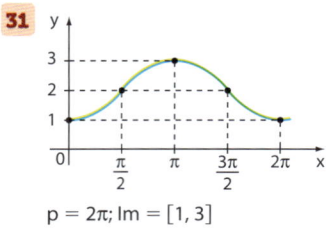
$p = 2\pi$; Im $= [1, 3]$

32
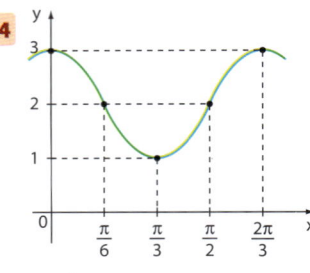
$p = 4\pi$; Im $= [-1, 1]$

33
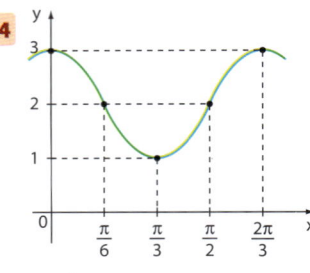
$p = \dfrac{2\pi}{3}$; Im $= [-1, 1]$

34
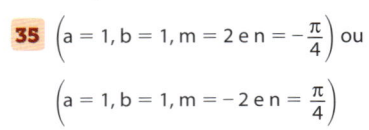
$p = \dfrac{2\pi}{3}$, Im $= [1, 3]$

35 $\left(a = 1, b = 1, m = 2 \text{ e } n = -\dfrac{\pi}{4}\right)$ ou
$\left(a = 1, b = 1, m = -2 \text{ e } n = \dfrac{\pi}{4}\right)$

36 a) 2010: US$ 418 milhões.
2015: US$ 409 milhões.
2020: US$ 391 milhões.
b) 3 vezes; US$ 382 milhões.

37 a)
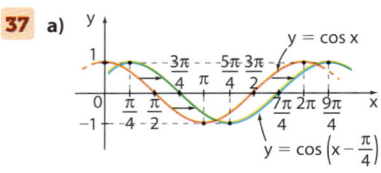
b)
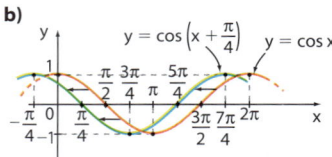

38 a) V c) V e) F
b) V d) F

39 a) $D = \left\{x \in \mathbb{R} \mid x \neq \dfrac{\pi}{2} + k \cdot \pi; k \in \mathbb{Z}\right\}$;
$p = \pi$
b) $D = \left\{x \in \mathbb{R} \mid x \neq \dfrac{\pi}{2} + k \cdot \pi; k \in \mathbb{Z}\right\}$;
$p = \pi$
c) $D = \left\{x \in \mathbb{R} \mid x \neq \dfrac{\pi}{4} + \dfrac{k\pi}{2}; k \in \mathbb{Z}\right\}$;
$p = \dfrac{\pi}{2}$
d) $D = \left\{x \in \mathbb{R} \mid x \neq \dfrac{\pi}{3} + k \cdot \pi; k \in \mathbb{Z}\right\}$;
$p = \pi$

40 a) $D = \{x \in \mathbb{R} \mid x \neq k \cdot \pi; k \in \mathbb{Z}\}$; Im $= \mathbb{R}$
b) $p = \pi$

c)

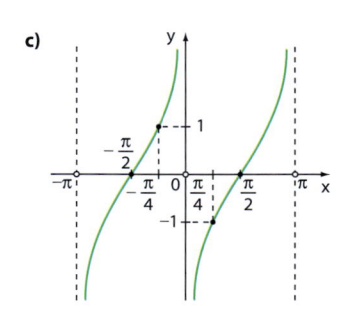

41 $D = \{x \in \mathbb{R} \mid x \neq (1 + 2k)\pi; k \in \mathbb{Z}\}$; $p = 2\pi$

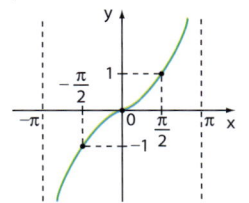

Exercícios complementares

1 São corretas: *a*, *c* e *d*.

2

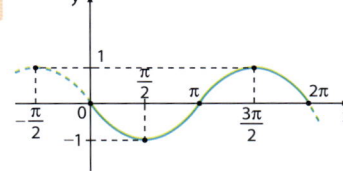

$p = 2\pi$; Im $= [-1, 1]$

3

$p = \pi$; Im $= [0, 1]$

4

$p = \dfrac{2\pi}{3}$; Im $= [-1, 3]$

5

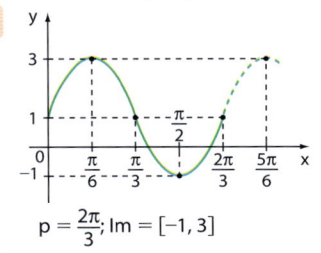

$p = \pi$; Im $= [-1, 1]$

6

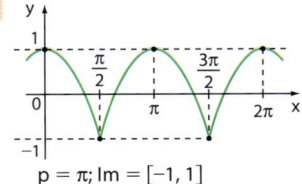

$p = 2\pi$; Im $= [-1, 1]$

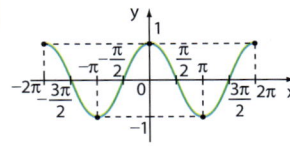

7 Uma única solução real.

8 **a)** $y = \dfrac{4}{3\pi}x - 6$ **b)** 12π u.a.

9 **a)** V **b)** V **c)** F **d)** V **e)** V

10 $a = 5$; $\omega = 2$; $b = \dfrac{\pi}{3}$; 30

11 **a)** $f(x) = x + 1$

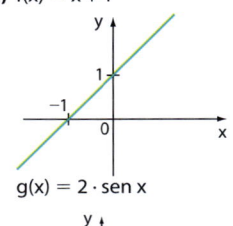

$g(x) = 2 \cdot$ sen x

$(f \circ g)(x) = 2$ sen $x + 1$

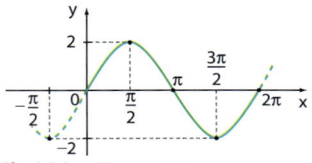

$(g \circ f)(x) = 2$ sen $(x + 1)$

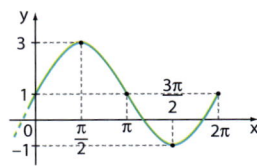

12 **a)** 40 m/s **b)** 110,88 km/h

13 17 pontos.

14 $\{x \in \mathbb{R} \mid x = \pi + k \cdot 2\pi; k \in \mathbb{Z}\}$; 5

15

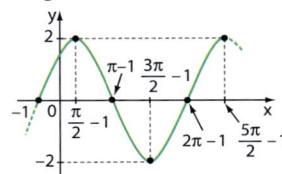

$p = 2\pi$; Im $= [-4, 2]$

16 $x = 10$; 260 toneladas de lixo.

17 **a)** 1 **b)** 1

Testes

1 b	**7** a	**13** a	**19** e
2 d	**8** c	**14** e	**20** b
3 d	**9** d	**15** d	**21** a
4 a	**10** b	**16** d	**22** b
5 a	**11** a	**17** c	
6 e	**12** b	**18** e	

CAPÍTULO 18 **Transformações**

Exercícios

1 **a)** $\dfrac{\sqrt{6} - \sqrt{2}}{4}$ **d)** $2 - \sqrt{3}$

b) $\dfrac{\sqrt{6} - \sqrt{2}}{4}$ **e)** $\dfrac{\sqrt{6} - \sqrt{2}}{4}$

c) $-\dfrac{\sqrt{6} + \sqrt{2}}{4}$

2 sen $105° = \dfrac{\sqrt{6} + \sqrt{2}}{4}$; cos $105° = \dfrac{\sqrt{2} - \sqrt{6}}{4}$; tg $105° = -(2 + \sqrt{3})$; cossec $105° = \sqrt{6} - \sqrt{2}$; sec $105° = -\sqrt{2} - \sqrt{6}$; cotg $105° = \sqrt{3} - 2$

3 **a)** $A = 1$ **b)** $B = 0$ **c)** $C = \dfrac{\sqrt{3}}{2}$

4 $\dfrac{56}{65}$ **5** $3 \cdot (\sqrt{6} + \sqrt{2})$ cm

6 $\dfrac{\sqrt{3}}{3}$

7 **a)** $\dfrac{1 - \sqrt{3}}{2} \cdot ($sen $x + $cos $x)$ **b)** sen $x - $cos x

8 **a)** $\sqrt{16,3}$ km $\simeq 4,04$ km **b)** 2,925 km

9 $\sqrt{3} - 2$

10 sen $(\beta - \alpha) = \dfrac{5}{9}$; cos $(\alpha + \beta) = 0$

11 $(\sqrt{6} - \sqrt{2})$ cm **12** $\dfrac{15}{23}$

13 **a)** $\dfrac{\sqrt{3}}{2}$ **b)** π **c)** 1 **d)**

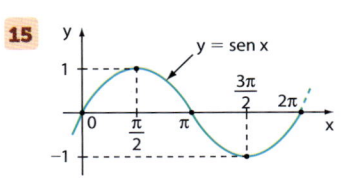

14 **a)** $-\dfrac{9}{13}$ **b)** $\dfrac{13\sqrt{10}}{50}$ **c)** $-\dfrac{9\sqrt{10}}{50}$

15

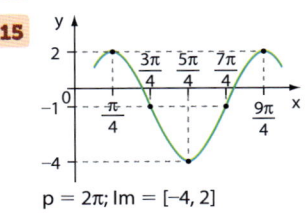

16 $AB = (12 - 4\sqrt{3})$ cm

17 **a)** $-\dfrac{4\sqrt{5}}{9}$ **c)** $-4\sqrt{5}$ **b)** $\dfrac{1}{9}$ **d)** 4º quadrante.

18 $\dfrac{24}{25}$

19 **a)** $-\dfrac{7}{9}$ **b)** $\dfrac{7}{9}$

20 $-\dfrac{\sqrt{2}}{2}$

21 a) $\dfrac{12}{5}$ b) $\dfrac{5}{13}$

22 a) $1 + \dfrac{\sqrt{2}}{2}$ b) $\dfrac{4 + \sqrt{2} - \sqrt{6}}{4}$

23 93,75 m

24 a) 30°, 60° e 90° b) 10 cm

25 $\dfrac{120}{169}$ **26** 0,47

27 Teríamos $\cos \alpha = \dfrac{4}{3} > 1$.

28 a) Demonstração.
b) Demonstração.

29 $-\dfrac{7}{9}$

30 a) $D = \mathbb{R}; p = \dfrac{\pi}{2}; \text{Im} = \left[-\dfrac{1}{2}, \dfrac{1}{2}\right]$
b) $\dfrac{\sqrt{6} - \sqrt{2}}{8}$
c)
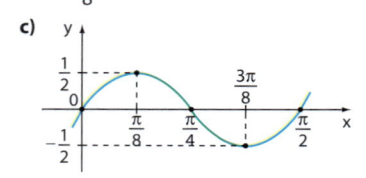

31 a) $\text{sen } 3x = 3 \text{ sen } x - 4 \text{ sen}^3 x$
b) $\cos 3x = 4 \cos^3 x - 3 \cos x$
c) $p = \dfrac{\pi}{3}; \text{Im} = \left[-\dfrac{1}{2}, \dfrac{1}{2}\right]$

32 $\text{sen } x = \dfrac{3\sqrt{5}}{7}$ e $\cos x = -\dfrac{2}{7}$

33 $\text{sen } x = -\dfrac{1}{5}$ e $\cos x = -\dfrac{2\sqrt{6}}{5}$

34 $-\dfrac{\sqrt{2}}{2}$

35 a) $\sqrt{3} \cdot \cos 20°$ c) $\cos 20°$
b) $\cos 20°$ d) $\sqrt{3} \cdot \cos 20°$

36 a) $2 \cdot \sec 40°$ b) $2 \text{ tg } 40°$

37 a) $4 \cdot \text{sen } x \cdot \cos^2 x$
b) $2 \cdot \cos x \cdot \cos 2x$
c) $4 \cdot \text{sen } 2x \cdot \cos 3x \cdot \cos 4x$

38 a) $2 \text{ sen}\left(\dfrac{\pi}{4} - \dfrac{x}{2}\right) \cdot \cos\left(\dfrac{\pi}{4} + \dfrac{x}{2}\right)$
b) $2 \text{ sen}\left(\dfrac{\pi}{4} + \dfrac{x}{2}\right) \cdot \cos\left(\dfrac{\pi}{4} - \dfrac{x}{2}\right)$

39 $A = \sqrt{2} \cdot \text{sen } 85°$ e $B = \sqrt{2} \cdot \cos 85°$, assim $A > B$, pois $\text{sen } 85° > \cos 85°$.

40 a) $\sqrt{2} \cdot \text{sen}\left(x - \dfrac{\pi}{4}\right)$ c) $\sqrt{2}$
b) 2π

41 $-\text{tg } 3x$ **42** $\dfrac{-\sqrt{2} - 2}{4}$ **43** 5°

44 $\text{sen } x \cdot \text{sen } 3x$ **45** Demonstração.

Exercícios complementares

1 $3 \cdot (\sqrt{2} + \sqrt{6})$ cm **2** $\dfrac{2\pi}{3}$ ou $\dfrac{4\pi}{3}$

3 20 hectômetros.

4 $AB = 8$ cm e $AC = 6$ cm

5 a) $\text{sen }(P_2\hat{O}Q) = \dfrac{\sqrt{10}}{10};$ c) $\dfrac{3}{5}$
$\cos(P_2\hat{O}Q) = \dfrac{3\sqrt{10}}{10}$
b) 90°

6 a) Aproximadamente 46,81 m.
b) 0,6674

7 a) 7,56 cm² b) $-\dfrac{16}{65}$

8 $\dfrac{3}{2}$ **9** Demonstração.

10 22

11 a) $-\dfrac{3}{5}$ b) $\dfrac{120}{169}$

12 a) $\dfrac{1}{2}$ b) $\dfrac{7}{17}$

13 $\text{tg } \alpha = 3\sqrt{3}; \text{sen } \theta = \dfrac{\sqrt{21}}{7}$

Testes

1 a	**7** b	**13** a	**19** d
2 d	**8** d	**14** d	**20** a
3 d	**9** a	**15** d	**21** a
4 e	**10** a	**16** d	**22** a
5 d	**11** d	**17** a	**23** b
6 b	**12** e	**18** d	

CAPÍTULO 19

Equações e inequações trigonométricas

Exercícios

1 a) $S = \left\{x \in \mathbb{R} \mid x = \dfrac{\pi}{5} + k \cdot 2\pi \text{ ou } x = \dfrac{4\pi}{5} + k \cdot 2\pi; k \in \mathbb{Z}\right\}$
b) $S = \left\{x \in \mathbb{R} \mid x = \dfrac{\pi}{6} + k \cdot 2\pi \text{ ou } x = \dfrac{5\pi}{6} + k \cdot 2\pi; k \in \mathbb{Z}\right\}$
c) $S = \left\{x \in \mathbb{R} \mid x = \dfrac{\pi}{2} + k \cdot 2\pi; k \in \mathbb{Z}\right\}$
d) $S = \{x \in \mathbb{R} \mid x = k\pi; k \in \mathbb{Z}\}$
e) $S = \left\{x \in \mathbb{R} \mid x = \dfrac{\pi}{4} + k \cdot 2\pi \text{ ou } x = \dfrac{3\pi}{4} + k \cdot 2\pi; k \in \mathbb{Z}\right\}$
f) $S = \left\{x \in \mathbb{R} \mid x = \dfrac{7\pi}{6} + k \cdot 2\pi \text{ ou } x = -\dfrac{\pi}{6} + k \cdot 2\pi; k \in \mathbb{Z}\right\}$

2 a) $\left\{x \in \mathbb{R} \mid x = k\pi \text{ ou } x = \dfrac{\pi}{4} + \dfrac{k\pi}{2}; k \in \mathbb{Z}\right\}$
b) $\left\{x \in \mathbb{R} \mid x = \dfrac{\pi}{12} + k\pi \text{ ou } x = \dfrac{7\pi}{36} + \dfrac{k\pi}{3}; k \in \mathbb{Z}\right\}$

3 a) $S = \left\{x \in \mathbb{R} \mid x = \pm\dfrac{\pi}{7} + k \cdot 2\pi; k \in \mathbb{Z}\right\}$
b) $S = \left\{x \in \mathbb{R} \mid x = \pm\dfrac{\pi}{6} + k \cdot 2\pi; k \in \mathbb{Z}\right\}$
c) $S = \left\{x \in \mathbb{R} \mid x = \dfrac{\pi}{2} + k\pi; k \in \mathbb{Z}\right\}$
d) $S = \{x \in \mathbb{R} \mid x = \pi + k \cdot 2\pi; k \in \mathbb{Z}\}$
e) $S = \left\{x \in \mathbb{R} \mid x = \pm\dfrac{3\pi}{4} + k \cdot 2\pi; k \in \mathbb{Z}\right\}$
f) $S = \left\{x \in \mathbb{R} \mid x = \pm\dfrac{2\pi}{3} + k \cdot 2\pi; k \in \mathbb{Z}\right\}$
g) $S = \left\{x \in \mathbb{R} \mid x = \dfrac{k\pi}{2}; k \in \mathbb{Z}\right\}$
h) $S = \left\{x \in \mathbb{R} \mid x = \dfrac{\pi}{12} + \dfrac{k\pi}{2} \text{ ou } x = -\dfrac{\pi}{18} + \dfrac{k\pi}{3}; k \in \mathbb{Z}\right\}$

4 a) $S = \left\{x \in \mathbb{R} \mid x = \dfrac{2\pi}{5} + k\pi; k \in \mathbb{Z}\right\}$
b) $S = \left\{x \in \mathbb{R} \mid x = \dfrac{\pi}{4} + k\pi; k \in \mathbb{Z}\right\}$
c) $S = \left\{x \in \mathbb{R} \mid x = \dfrac{\pi}{3} + k\pi; k \in \mathbb{Z}\right\}$
d) $S = \left\{x \in \mathbb{R} \mid x = \dfrac{5\pi}{6} + k\pi; k \in \mathbb{Z}\right\}$
e) $S = \{x \in \mathbb{R} \mid x = k\pi; k \in \mathbb{Z}\}$
f) $S = \left\{x \in \mathbb{R} \mid x = -\dfrac{\pi}{3} + k\pi; k \in \mathbb{Z}\right\}$

5 $S = \left\{x \in \mathbb{R} \mid x = \dfrac{\pi}{6} + k \cdot 2\pi \text{ ou } x = \dfrac{5\pi}{6} + k \cdot 2\pi; k \in \mathbb{Z}\right\}$

6 $S = \left\{x \in \mathbb{R} \mid x = \dfrac{\pi}{2} + k\pi; k \in \mathbb{Z}\right\}$

7 $S = \left\{x \in \mathbb{R} \mid x = k \cdot 2\pi \text{ ou } x = \pm\dfrac{\pi}{3} + k \cdot 2\pi; k \in \mathbb{Z}\right\}$

8 $S = \left\{x \in \mathbb{R} \mid x = \dfrac{\pi}{4} + k\pi; k \in \mathbb{Z}\right\}$

9 $S = \left\{x \in \mathbb{R} \mid x = k\pi \text{ ou } x = \dfrac{\pi}{4} + k\pi; k \in \mathbb{Z}\right\}$

10 $S = \left\{x \in \mathbb{R} \mid x = \pm\dfrac{\pi}{6} + k \cdot 2\pi \text{ ou } x = \pm\dfrac{5\pi}{6} + k \cdot 2\pi; k \in \mathbb{Z}\right\}$

11 $S = \left\{x \in \mathbb{R} \mid x = \dfrac{\pi}{4} + k\pi \text{ ou } x = \dfrac{3\pi}{4} + k\pi; k \in \mathbb{Z}\right\}$

12 $S = \varnothing$

13 $S = \left\{x \in \mathbb{R} \mid x = \dfrac{\pi}{4} + k\pi; k \in \mathbb{Z}\right\}$

14 $S = \left\{x \in \mathbb{R} \mid x = k \cdot 2\pi \text{ ou } x = \dfrac{\pi}{6} + k\pi; k \in \mathbb{Z}\right\}$

15 $S = \{x \in \mathbb{R} \mid x = k\pi; k \in \mathbb{Z}\}$

16 $S = \left\{x \in \mathbb{R} \mid x = \dfrac{\pi}{4} + k \cdot 2\pi; k \in \mathbb{Z}\right\}$

17 $S = \left\{x \in \mathbb{R} \mid x = \dfrac{\pi}{2} + k \cdot 2\pi; k \in \mathbb{Z}\right\}$

18 $S = \left\{x \in \mathbb{R} \mid x = k\pi \text{ ou } x = \pm\frac{\pi}{4} + k \cdot 2\pi; k \in \mathbb{Z}\right\}$

19 $\left\{x \in \mathbb{R} \mid x = \frac{11\pi}{6} + k \cdot 2\pi; k \in \mathbb{Z}\right\}$

20 $\left\{x \in \mathbb{R} \mid x = \frac{k\pi}{2}; k \in \mathbb{Z}\right\}$

21 $S = \{x \in \mathbb{R} \mid x = k \cdot 2\pi; k \in \mathbb{Z}\}$

22 $S = \left\{x \in \mathbb{R} \mid x = \frac{k\pi}{6} \text{ ou } x = \frac{\pi}{2} + k\pi; k \in \mathbb{Z}\right\}$

23 $S = \left\{x \in \mathbb{R} \mid x = \frac{\pi}{8} + \frac{k\pi}{4} \text{ ou } x = \frac{\pi}{4} + \frac{k\pi}{2}; k \in \mathbb{Z}\right\}$

24 $S = \left\{x \in \mathbb{R} \mid x = \frac{\pi}{8} + \frac{k\pi}{2}; k \in \mathbb{Z}\right\}$

25 $S = \left\{\frac{\pi}{6}, \frac{5\pi}{6}, \frac{3\pi}{2}\right\}$

26 $S = \left\{0, \frac{\pi}{4}, \pi, \frac{5\pi}{4}\right\}$

27 $S = \left\{\pi, \frac{2\pi}{3}, \frac{4\pi}{3}\right\}$

28 $S = \left\{\frac{\pi}{6}, \frac{2\pi}{3}, \frac{7\pi}{6}, \frac{5\pi}{3}\right\}$

29 $S = \left\{\frac{\pi}{6}, \frac{5\pi}{6}\right\}$

30 $S = \left\{\frac{\pi}{3}, \frac{2\pi}{3}, \frac{4\pi}{3}, \frac{5\pi}{3}\right\}$

31 $S = \left\{\frac{\pi}{4}, \frac{5\pi}{4}\right\}$

32 $S = \left\{\frac{\pi}{6}, \frac{5\pi}{6}\right\}$

33 **a)** 2 horas: $0{,}35\,°C$; 9 horas: $-0{,}7\,°C$
b) 0 h, 8 h, 16 h e 24 h.

34 $S = \left\{\frac{\pi}{6}, \frac{\pi}{2}, \frac{5\pi}{6}\right\}$

35 $S = \left\{\frac{\pi}{18}, \frac{5\pi}{18}, \frac{13\pi}{18}, \frac{17\pi}{18}, \frac{25\pi}{18}, \frac{29\pi}{18}\right\}$

36 $S = \left\{-\frac{\pi}{4}, -\frac{3\pi}{4}, -\frac{5\pi}{4}, -\frac{7\pi}{4}\right\}$

37 $S = \left\{-\frac{\pi}{3}, -\frac{5\pi}{6}, \frac{\pi}{6}, \frac{2\pi}{3}\right\}$

38 $S = \left\{-\frac{\pi}{2}, 0, \frac{\pi}{2}\right\}$

39 $S = \{0\}$

40 $S = \left\{\frac{\pi}{5}, \frac{3\pi}{5}, \pi, 0\right\}$

41 $S = \left\{\frac{\pi}{8}, \frac{\pi}{4}, \frac{3\pi}{8}\right\}$

42 $S = \left\{-2\pi, -\frac{3\pi}{2}, 0, \frac{\pi}{2}, 2\pi\right\}$

43 4

44 **a)** $p = 1$; $\text{Im} = [0, 2]$
b) $x = \frac{1}{4}$ ou $x = \frac{3}{4}$

45 **a)** $(k = 2, m = 3 \text{ e } n = \pm 2)$ ou $(k = -2, m = -3 \text{ e } n = \pm 2)$
b) $0, \frac{\pi}{4}, \frac{\pi}{3}, \frac{2\pi}{3}, \frac{3\pi}{4}$ e π.

46 **a)** $S = \left\{x \in \mathbb{R} \mid \frac{\pi}{4} < x < \frac{3\pi}{4}\right\}$
b) $S = \left\{x \in \mathbb{R} \mid 0 \leq x \leq \frac{\pi}{3} \text{ ou } \frac{2\pi}{3} \leq x \leq 2\pi\right\}$
c) $S = \left\{x \in \mathbb{R} \mid 0 \leq x \leq \frac{\pi}{6} \text{ ou } \frac{11\pi}{6} \leq x \leq 2\pi\right\}$
d) $S = \left\{x \in \mathbb{R} \mid \frac{\pi}{2} < x < \frac{3\pi}{2}\right\}$
e) $S = \{x \in \mathbb{R} \mid 0 \leq x \leq \pi\}$
f) $S = \{\pi\}$

47 **a)** $S = \left\{x \in \mathbb{R} \mid \frac{\pi}{4} \leq x < \frac{\pi}{2} \text{ ou } \frac{5\pi}{4} \leq x < \frac{3\pi}{2}\right\}$
b) $S = \left\{x \in \mathbb{R} \mid \frac{\pi}{2} < x < \pi \text{ ou } \frac{3\pi}{2} < x < 2\pi\right\}$
c) $S = \left\{x \in \mathbb{R} \mid \frac{\pi}{2} < x \leq \frac{5\pi}{6} \text{ ou } \frac{3\pi}{2} < x \leq \frac{11\pi}{6}\right\}$
d) $S = \left\{x \in \mathbb{R} \mid \frac{\pi}{2} < x < \frac{3\pi}{4} \text{ ou } \frac{3\pi}{2} < x < \frac{7\pi}{4}\right\}$

48 **a)** $S = \left\{x \in \mathbb{R} \mid k \cdot 2\pi \leq x < \frac{4\pi}{3} + k \cdot 2\pi \text{ ou } \frac{5\pi}{3} + k \cdot 2\pi < x \leq 2\pi + k \cdot 2\pi; k \in \mathbb{Z}\right\}$
b) $S = \{x \in \mathbb{R} \mid \pi + k \cdot 2\pi \leq x \leq 2\pi + k \cdot 2\pi; k \in \mathbb{Z}\}$
c) $S = \left\{x \in \mathbb{R} \mid k \cdot 2\pi \leq x < \frac{3\pi}{4} + k \cdot 2\pi \text{ ou } \frac{5\pi}{4} + k \cdot 2\pi < x \leq 2\pi + k \cdot 2\pi; k \in \mathbb{Z}\right\}$
d) $S = \left\{x \in \mathbb{R} \mid \frac{\pi}{3} + k \cdot 2\pi < x < \frac{5\pi}{3} + k \cdot 2\pi; k \in \mathbb{Z}\right\}$
e) $S = \mathbb{R}$
f) $S = \left\{x \in \mathbb{R} \mid x = \frac{\pi}{2} + k \cdot 2\pi; k \in \mathbb{Z}\right\}$

49 **a)** $S = \left\{x \in \mathbb{R} \mid k \cdot 2\pi \leq x < \frac{\pi}{2} + k \cdot 2\pi \text{ ou } \pi + k \cdot 2\pi \leq x < \frac{3\pi}{2} + k \cdot 2\pi; k \in \mathbb{Z}\right\}$
b) $S = \left\{x \in \mathbb{R} \mid \frac{\pi}{2} + k \cdot 2\pi < x < \frac{2\pi}{3} + k \cdot 2\pi \text{ ou } \frac{3\pi}{2} + k \cdot 2\pi < x < \frac{5\pi}{3} + k \cdot 2\pi; k \in \mathbb{Z}\right\}$

50 **a)** $S = \left\{x \in \mathbb{R} \mid 0 \leq x < \frac{\pi}{3} \text{ ou } \frac{2\pi}{3} < x \leq \pi\right\}$
b) $S = \left\{x \in \mathbb{R} \mid \frac{\pi}{3} \leq x \leq \frac{5\pi}{6} \text{ ou } \frac{7\pi}{6} \leq x \leq \frac{5\pi}{3}\right\}$
c) $S = \left\{x \in \mathbb{R} \mid 0 < x < \frac{\pi}{3} \text{ ou } \pi < x < \frac{4\pi}{3}\right\}$

Exercícios complementares

1 **a)** $S = \left\{x \in \mathbb{R} \mid x = \pm\frac{\pi}{3} + k\pi; k \in \mathbb{Z}\right\}$
b) $S = \left\{x \in \mathbb{R} \mid x = \frac{\pi}{4} + k\pi \text{ ou } x = \frac{3\pi}{4} + k\pi; k \in \mathbb{Z}\right\}$
c) $S = \left\{x \in \mathbb{R} \mid x = \frac{\pi}{12} + k\pi \text{ ou } x = \frac{5\pi}{12} + k\pi; k \in \mathbb{Z}\right\}$
d) $S = \left\{x \in \mathbb{R} \mid x = \frac{k\pi}{2}; k \in \mathbb{Z}\right\}$
e) $S = \{x \in \mathbb{R} \mid x = k \cdot 2\pi; k \in \mathbb{Z}\}$

2 $S = \left\{\frac{\pi}{8}, \frac{\pi}{4}\right\}$

3 **a)** $\left(1 + \frac{\sqrt{3}}{2}\right)$ u.a.
b) $S = \left\{\pm\frac{2\pi}{3} + k \cdot 2\pi; k \in \mathbb{Z}\right\}$; Área máxima $= \frac{3\sqrt{3}}{2}$ u.a.

4 **a)** De 3 em 3 anos.
b) 5 vezes; $3°$, $15°$, $39°$, $51°$ e $75°$ meses contados a partir de hoje.

5 **a)** $S = \left\{x \in \mathbb{R} \mid 0 \leq x \leq \frac{\pi}{6} \text{ ou } \frac{5\pi}{6} \leq x \leq \pi\right\}$
b) $S = \left\{x \in \mathbb{R} \mid \frac{\pi}{3} \leq x \leq \frac{2\pi}{3} \text{ ou } \frac{4\pi}{3} \leq x \leq \frac{5\pi}{3}\right\}$
c) $S = \left\{x \in \mathbb{R} \mid 0 < x < \frac{\pi}{2} \text{ ou } \frac{\pi}{2} < x < \frac{3\pi}{4} \text{ ou } \pi < x < \frac{3\pi}{2} \text{ ou } \frac{3\pi}{2} < x < \frac{7\pi}{4}\right\}$

6 **a)** Sim.
b) $S = \left\{x \in \mathbb{R} \mid x = \pm\frac{\pi}{6} + \frac{k \cdot \pi}{2}; k \in \mathbb{Z}\right\}$

7 $S = \left\{x \in \mathbb{R} \mid x = \frac{\pi}{4} + k \cdot 2\pi \text{ ou } x = \frac{3\pi}{4} + k \cdot 2\pi; k \in \mathbb{Z}\right\}$

8 $\frac{21}{4}$

9 **a)** 12 horas e 48 minutos.
b) 181 dias.

10 **a)** $D = \left\{x \in \mathbb{R} \mid \frac{\pi}{2} + k \cdot 2\pi \leq x \leq \frac{3\pi}{2} + k \cdot 2\pi; k \in \mathbb{Z}\right\}$
b) $D = \left\{x \in \mathbb{R} \mid x \neq \frac{3\pi}{2} + k \cdot 2\pi; k \in \mathbb{Z}\right\}$
c) $D = \left\{x \in \mathbb{R} \mid \frac{7\pi}{6} + k \cdot 2\pi \leq x \leq \frac{11\pi}{6} + k \cdot 2\pi; \text{ ou } x = \frac{\pi}{2} + k \cdot 2\pi; k \in \mathbb{Z}\right\}$

11 **a)** R$ 3,50; R$ 1,90
b) $t = 131$ ou $t = 251$

12 80 soluções.

Testes

CAPÍTULO 20 — Matrizes

Exercícios

1 a) 3×2 **c)** 2×2 **e)** 3×1
b) 1×4 **d)** 3×3 **f)** 2×3

2 a) 4 **c)** 1
b) Não existe. **d)** 1

3 $A = \begin{bmatrix} 1 & -1 \\ 4 & 2 \end{bmatrix}$

4 $B = \begin{bmatrix} 1 & 1 & 1 \\ 2 & 4 & 8 \\ 3 & 9 & 27 \end{bmatrix}$

diagonal principal: 1, 4, 27
diagonal secundária: 3, 4, 1

5 33

6 $A = \begin{bmatrix} 0 & 1 & 1 \\ 0 & 0 & 1 \\ 0 & 0 & 0 \\ 0 & 0 & 0 \end{bmatrix}$

7 3

8 a) $A^t = \begin{bmatrix} 2 & 0 \\ 1 & -3 \end{bmatrix}$

b) $B^t = \begin{bmatrix} 4 & 2 & 0 & 3 \\ 1 & 5 & -1 & 7 \end{bmatrix}$

c) $C^t = \begin{bmatrix} -5 & 3 \\ 5 & 7 \\ 1 & -6 \end{bmatrix}$

d) $D^t = \begin{bmatrix} -1 \\ 4 \\ 5 \\ 6 \end{bmatrix}$

e) $E^t = \begin{bmatrix} 0 & 3 & 7 \end{bmatrix}$

f) $F^t = \begin{pmatrix} 2 & 4 & 7 \\ 1 & -3 & 1 \end{pmatrix}$

9 a) X e Z: 27 km; X e Y: 15 km; Y e Z: 46 km
b) $D^t = D$

10 a) 1 485 **b)** 190 **c)** R$ 27 135,00

11 a) $A = \begin{bmatrix} -1 & 0 \\ 1 & 1 \\ -1 & -1 \end{bmatrix}$ **b)** $A^t = \begin{bmatrix} -1 & 1 & -1 \\ 0 & 1 & -1 \end{bmatrix}$

12 a) $m = 6$ e $n = 3$
b) $q_{32} = 0{,}5$: quantidade de fibra, em gramas, por 100 g de pão francês.
$q_{51} = 70$: quantidade de fósforo, em miligramas, por 100 g de pão doce.
c) $\dfrac{10}{3}$
d) Ferro: 8,4 mg; Fósforo: 357 mg

13 a) R$ 1 200,00 **b)** R$ 3 400,00

14 a) traço A $= -6$; traço B $= 9$; traço C $= 36$
b) $\theta = \dfrac{\pi}{6}$ ou $\theta = \dfrac{5\pi}{6}$

15 $a = 2$; $b = 1$; $c = 6$; $d = 4$

16 $x = 4$; $y = 3$; $z = 2$ **17** $p = 3$; $q = -4$

18 Não existe. **19** $m = -3$

20 $m = 0$; $n = 2$; $p = -2$

21 $x = 1$; $y = -1$

22 a) A e C **b)** 3

23 $a = -3$, $b = -2$, $c = -1$, $d = 0$, $e = 5$, $f = 0$

24 $x = \dfrac{\pi}{2}$ e $y = \dfrac{5\pi}{6}$

25 a) $\begin{bmatrix} 11 & 5 \\ 14 & 12 \end{bmatrix}$ **c)** $\begin{bmatrix} -5 & -1 & -8 & -3 \end{bmatrix}$

b) $\begin{bmatrix} 11 & 16 \\ 2 & 7 \\ 1 & 5 \end{bmatrix}$ **d)** $\begin{bmatrix} 1 & 0 & -1 \\ 1 & 2 & 1 \\ 2 & 0 & 2 \end{bmatrix}$

26 a) $\begin{bmatrix} 22 & 16 \\ 22 & 18 \end{bmatrix}$ **c)** $\begin{bmatrix} 2 & -14 \\ -4 & -8 \end{bmatrix}$

b) $\begin{bmatrix} 6 & -6 \\ 16 & 6 \end{bmatrix}$

27 a) 21 **b)** 30

28 a) Sim; Não **b)** Não existe.

29 a)
$$\begin{bmatrix} 3 & 3 & 0 & 5 & 5 \\ 1 & 1 & 3 & 4 & 2 \\ 8 & 5 & 5 & 4 & 5 \end{bmatrix} \begin{matrix} \leftarrow \text{aluno A} \\ \leftarrow \text{aluno B} \\ \leftarrow \text{aluno C} \end{matrix}$$
P M B H F
b) Português: aluno C; Matemática: aluno C; História: aluno A.

30 a) $X = \begin{pmatrix} 1 & -3 \\ 1 & 2 \\ 5 & 8 \end{pmatrix}$

b) $X = \begin{pmatrix} 0 & 6 & 18 \\ -5 & 9 & -2 \end{pmatrix}$

c) $X = \begin{pmatrix} 1 & 2 \\ 1 & 13 \end{pmatrix}$

31 $X = \begin{bmatrix} -3 & 3 \\ -1 & 6 \\ -1 & -1 \end{bmatrix}$

32 a) $\begin{bmatrix} 4 & 8 & 12 \\ -12 & 20 & -4 \end{bmatrix}$ **c)** $\begin{bmatrix} -2 & -4 & -6 \\ 6 & -10 & 2 \end{bmatrix}$

b) $\begin{bmatrix} \frac{1}{3} & \frac{2}{3} & 1 \\ -1 & \frac{5}{3} & -\frac{1}{3} \end{bmatrix}$

33 a) $\begin{bmatrix} 9 & 10 \\ 2 & 21 \\ 9 & 29 \end{bmatrix}$ **b)** $\begin{bmatrix} -7 & 10 \\ 4 & -13 \\ -27 & -17 \end{bmatrix}$

34 a) $\begin{bmatrix} -1 & -4 & -25 \\ 10 & -5 & -11 \\ 15 & 12 & -9 \end{bmatrix}$ **b)** $\begin{bmatrix} 3 & 3 & -1 \\ 12 & 4 & 8 \\ 9 & 11 & 5 \end{bmatrix}$

35 $X = \begin{bmatrix} 9 & -1 & 1 \\ 1 & 4 & 4 \end{bmatrix}$ **36** $\begin{bmatrix} 5 & 5 \\ 3 & 2 \end{bmatrix}$

37 $\begin{bmatrix} 1 & \frac{1}{2} \\ \frac{1}{2} & \frac{1}{2} \end{bmatrix}$

38 $X = \begin{bmatrix} 1 & 3 & -2 \\ 5 & -6 & 7 \end{bmatrix}$ e $Y = \begin{bmatrix} -4 & 2 & 0 \\ 7 & -1 & 6 \end{bmatrix}$

39 a) $\begin{bmatrix} -2 & 5 \\ -2 & 13 \end{bmatrix}$ **e)** $\begin{bmatrix} -15 & 10 \\ 0 & 17 \\ 4 & 3 \\ 8 & 6 \end{bmatrix}$

b) $\begin{bmatrix} 0 & 3 & 2 & 7 \\ -10 & 9 & 6 & -19 \end{bmatrix}$ **f)** $\begin{bmatrix} 8 & 20 & 29 \\ 1 & 16 & 29 \\ -2 & 4 & 12 \end{bmatrix}$

c) Não existe. **g)** $\begin{bmatrix} 12 & -4 & 16 \\ 18 & -6 & 24 \\ 30 & -10 & 40 \end{bmatrix}$

d) $\begin{bmatrix} -2 \\ -4 \\ -6 \end{bmatrix}$ **h)** Não existe.

40 a) $\begin{pmatrix} 11 & 4 \\ 4 & 2 \\ 10 & 3 \end{pmatrix}$ **d)** $\begin{pmatrix} 5 \\ 3 \end{pmatrix}$

b) Não existe. **e)** $\begin{pmatrix} 5 & 4 & 2 \\ 6 & 6 & 1 \end{pmatrix}$

c) $\begin{pmatrix} 1 \\ 8 \\ -8 \end{pmatrix}$

41 a) 3 **b)** 17 **c)** Não existe.

42 22

43 a) $\begin{bmatrix} 7 & 10 \\ 15 & 22 \end{bmatrix}$ **b)** $\begin{bmatrix} 11 & 12 & 2 \\ 20 & 33 & 12 \\ 5 & 18 & 34 \end{bmatrix}$

44 a) $\begin{bmatrix} 1 & 0 \\ 0 & 1 \end{bmatrix}$ **d)** $\begin{bmatrix} 1 & 1 \\ 0 & -1 \end{bmatrix}$

b) $\begin{bmatrix} 1 & 1 \\ 0 & -1 \end{bmatrix}$ **e)** $\begin{bmatrix} 1 & 0 \\ 0 & 1 \end{bmatrix}$

c) $\begin{bmatrix} 1 & 0 \\ 0 & 1 \end{bmatrix}$

45 $m = 3$

46 a) $X = \begin{pmatrix} -3 \\ -1 \end{pmatrix}$ **b)** $X = \begin{pmatrix} -4 & -7 \\ 13 & 25 \end{pmatrix}$

47 $X = \begin{pmatrix} -9 & 17 & 2 \\ 4 & -7 & 0 \end{pmatrix}$

48 $\begin{bmatrix} 4 & 6 & 7 \\ 9 & 3 & 2 \\ 7 & 8 & 10 \end{bmatrix} \cdot \begin{bmatrix} 7 \\ 6 \\ 5 \end{bmatrix}$ A = 99; B = 91; C = 147

49 $x = \dfrac{3}{2}$ e $y = -\dfrac{3}{4}$

50 a) bicarbonato: 23,8 kg; carbonato: 5 kg; ácido: 21,2 kg
b) $\begin{bmatrix} 2,3 & 2,5 \\ 0,5 & 0,5 \\ 2,2 & 2 \end{bmatrix} \cdot \begin{bmatrix} 6000 \\ 4000 \end{bmatrix}$
c) 9500 envelopes na versão **T** e 5500 envelopes na versão **E**.

51 $\begin{bmatrix} 2,70 & 2,43 & 3,45 & 4,155 \\ 1,64 & 3,12 & 3,39 & 3,70 \end{bmatrix} \cdot \begin{bmatrix} 2,35 \\ 3,40 \\ 1,70 \\ 2,60 \end{bmatrix} =$
$= \begin{bmatrix} 31,28 \\ 29,85 \end{bmatrix}$
1ª semana: R$ 31,28
2ª semana: R$ 29,85

52 $x = \dfrac{15}{2}$ e $y = \dfrac{2}{5}$

53 Sim.

54 $\begin{bmatrix} 0 & 1 \\ \frac{1}{2} & -\frac{1}{2} \end{bmatrix}$ **55** $\begin{bmatrix} 2 & -1 \\ -\frac{5}{2} & \frac{3}{2} \end{bmatrix}$

56 a) $\begin{bmatrix} \dfrac{15}{2} & -\dfrac{7}{2} \\ -\dfrac{9}{2} & \dfrac{5}{2} \end{bmatrix}$ **b)** $\begin{bmatrix} \dfrac{3}{2} & \dfrac{11}{2} \\ -1 & -4 \end{bmatrix}$

57 Não existe.

58 a) $\begin{bmatrix} 8 & -6 \\ 4 & -8 \end{bmatrix}$ **b)** $\begin{bmatrix} 38 & 0 \\ 0 & 38 \end{bmatrix}$

59 $x = 1$

60 a) $A = \begin{bmatrix} -\dfrac{1}{3} & 0 & \dfrac{2}{3} \\ 0 & \dfrac{1}{3} & 0 \\ \dfrac{2}{3} & 0 & -\dfrac{1}{3} \end{bmatrix}$

b) $B = \begin{bmatrix} 1 & -2 & 5 \\ 0 & 1 & -4 \\ 0 & 0 & 1 \end{bmatrix}$

61 a) $A^{-1} = \begin{bmatrix} 2 & -3 \\ -3 & 5 \end{bmatrix}$ **b)** $X = \begin{bmatrix} -5 & -16 \\ 12 & 28 \end{bmatrix}$

62 a) $X = (C - A) \cdot B^{-1}$ **c)** $X = A^{-1} \cdot B^{-1}$
b) $X = A \cdot B^{-1}$ **d)** $X = A^{-1} \cdot B^{-1}$

63 Demonstração.

Exercícios complementares

1 $n = 4715$, $i = 3$ e $j = 1$.

2 a) $\left(x = 0,\ y = -\dfrac{\sqrt{2}}{2}\ \text{e}\ z = \dfrac{\sqrt{2}}{2} \right)$ ou $\left(x = 0,\ y = \dfrac{\sqrt{2}}{2}\ \text{e}\ z = -\dfrac{\sqrt{2}}{2} \right)$
b) Demonstração.

3 $x = 1$

4 a) $C = \begin{bmatrix} 478 & 430 & 757 \\ 10{,}5 & 15{,}1 & 13{,}8 \end{bmatrix}$
b) O total de cálcio encontrado na receita II é de 430 mg.
c) O total de ferro encontrado na receita III é de 13,8 mg.

5 $X = \begin{bmatrix} \dfrac{3}{7} & -\dfrac{5}{7} \\ \dfrac{1}{7} & -\dfrac{4}{7} \end{bmatrix}$

6 a) $C_{ij} = 2i^2 + 2j^2 + 2ij$; $C = \begin{bmatrix} 6 & 14 \\ 14 & 24 \end{bmatrix}$
b) $M = \begin{bmatrix} -\dfrac{13}{9} & -\dfrac{8}{9} \\ -\dfrac{2}{9} & -\dfrac{13}{9} \end{bmatrix}$

7 Sigilo.

8 a) $a = \dfrac{2}{3}$ e $b = -\dfrac{1}{3}$
b) $X = \begin{bmatrix} 1 \\ 1 \\ -4 \end{bmatrix}$

9 a) $A'(0, 0)$; $B'(-4, 4\sqrt{3})$; $C'(-8, 0)$
b) $16\sqrt{3}$ u.a.

10 a) B; 30%

b) $\begin{bmatrix} 4 & 3 & 2 & 1 \\ 4 & 3 & 1 & 2 \\ 4 & 2 & 3 & 1 \\ 1 & 4 & 3 & 2 \\ 3 & 4 & 2 & 1 \\ 2 & 4 & 3 & 1 \\ 1 & 2 & 4 & 3 \\ 3 & 1 & 4 & 2 \\ 2 & 1 & 3 & 4 \end{bmatrix}$; $C > B > A > D$

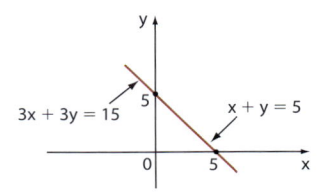

9×4

11 BEATRIZ

Testes

1 a	**7** e	**13** c	**19** e
2 c	**8** d	**14** a	**20** a
3 d	**9** b	**15** a	**21** a
4 c	**10** a	**16** c	**22** a
5 c	**11** b	**17** d	**23** c
6 e	**12** e	**18** a	**24** b

CAPÍTULO 21 — Sistemas lineares

Exercícios

1 a) Sim. **b)** Não. **c)** Sim.

2 a) Sim. **b)** Não. **c)** Não.

3 $m = -\dfrac{15}{19}$

4 $m = 3$

5 a) $6x + 15y = 99$
b) Não.
c) ($x = 4$ e $y = 5$) ou ($x = 9$ e $y = 3$) ou ($x = 14$ e $y = 1$)

6 Resposta pessoal.

7 8

8 a) 18 **b)** 10

9 a) $S = \{(3, -1)\}$; SPD
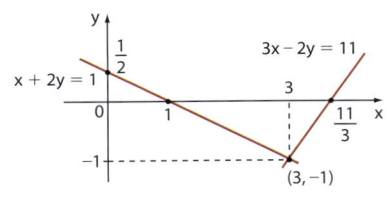
b) $S = \left\{ \left(\dfrac{2}{3}, -\dfrac{1}{3} \right) \right\}$; SPD
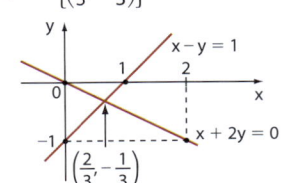

c) $S = \{(x, 5 - x); x \in \mathbb{R}\}$; SPI
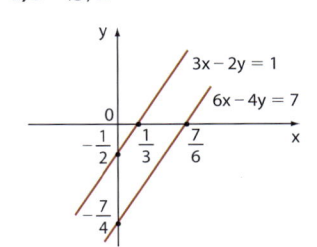

d) $S = \varnothing$; SI

10 30 **11** R\$ 21,60

12 R\$ 360,00

13 a) 51 pontos. **c)** Não é possível.
b) 11 erros.

14 $m \neq \dfrac{5}{2}$ **15** $m = -4$ e $n = 2$

16 a) $c = 4$ **b)** $\dfrac{160}{9}$ u.a.

17 a) Sim; Não **b)** $\begin{bmatrix} 1 & 1 \\ 2 & 3 \end{bmatrix} \cdot \begin{bmatrix} x \\ y \end{bmatrix} = \begin{bmatrix} 1 \\ 0 \end{bmatrix}$

18 b

19 a) $A = \begin{bmatrix} 1 & 1 & 0 \\ 1 & 0 & 1 \\ 0 & 1 & 1 \end{bmatrix}$ e $B = \begin{bmatrix} 1 & 1 & 0 & 7 \\ 1 & 0 & 1 & 8 \\ 0 & 1 & 1 & 9 \end{bmatrix}$

b) $A = \begin{bmatrix} 4 & -1 & 1 \\ 1 & 2 & -1 \\ 1 & 0 & -1 \end{bmatrix}$ e $B = \begin{bmatrix} 4 & -1 & 1 & -1 \\ 1 & 2 & -1 & -2 \\ 1 & 0 & -1 & -5 \end{bmatrix}$

c) $A = \begin{bmatrix} 3 & 2 \\ 1 & -1 \\ 4 & 1 \end{bmatrix}$ e $B = \begin{bmatrix} 3 & 2 & -4 \\ 1 & -1 & -7 \\ 4 & 1 & 2 \end{bmatrix}$

d) $A = \begin{bmatrix} 2 & 1 & 3 \\ -1 & 1 & 10 \end{bmatrix}$ e $B = \begin{bmatrix} 2 & 1 & 3 & -13 \\ -1 & 1 & 10 & 4 \end{bmatrix}$

20 a) $\begin{cases} 3x + 2y = 0 \\ 2x + 5y = 2 \end{cases}$
b) $\begin{cases} 5x + 7y - 2z = 11 \\ x - y + 3z = 13 \end{cases}$
c) $\begin{cases} x + y + z = 3 \\ 2x - 4y + 3z = 11 \\ -3x - 3y - 3z = 10 \end{cases}$

21 a) $m = 1$ **b)** $m = 3$ **c)** $m = 3$

22 a) $S = \varnothing$
b) $S = \{(1, 2)\}$
c) $S = \{(4 + 2y, y); y \in \mathbb{R}\}$

23 $p = -\dfrac{1}{2}$ e $q = \dfrac{7}{2}$

24 Estão escalonadas: a, c e e.

25 a) $\{x - y = 8\}$

b) Resposta pessoal.

c) SPI; $S = \{(8 + \alpha, \alpha); \alpha \in \mathbb{R}\}$

26 a) $S = \{(-3, 7)\}$; SPD

b) $S = \{(3, 3, -4)\}$; SPD

c) $S = \{(\alpha + 7, 2 + 3\alpha, \alpha); \alpha \in \mathbb{R}\}$; SPI

d) $S = \varnothing$; SI

e) $S = \{(15, 8 + 2\alpha, \alpha)\}$; SPI

f) $S = \{(6, 0, 3, 2)\}$; S.P.D.

g) $S = \left\{\left(1 - \dfrac{\beta}{2} - \dfrac{\alpha}{3}, \beta, \dfrac{\alpha}{3}, \alpha\right); \alpha, \beta \in \mathbb{R}\right\}$

27 $S = \{(1 + \alpha, -1 + 2\alpha, \alpha); \alpha \in \mathbb{R}\}$

28 a) $S = \{(1, 3, 2)\}$; SPD

b) $S = \{(-11, -6, -3)\}$; SPD

c) $S = \varnothing$; SI

d) $S = \left\{\left(\dfrac{-1 + \alpha}{2}, \dfrac{5 - 3\alpha}{2}, \alpha\right); \alpha \in \mathbb{R}\right\}$; SPI

29 a) $S = \left\{\left(\dfrac{-7\alpha + 13}{11}, \dfrac{8 + 5\alpha}{11}, \alpha\right); \alpha \in \mathbb{R}\right\}$

b) $S = \{(5, -2, -1)\}$

c) $S = \varnothing$

d) $S = \{(1, 1, 1)\}$

30 Turística: 180; Turística superior: 105; Luxo: 60

31 Quibe: R$ 3,00; Esfirra: R$ 1,60; Suco: R$ 4,00

32 R$ 97,00

33 a) $S = \{(7, 3)\}$

b) $S = \{(5 - \alpha, 2, \alpha); \alpha \in \mathbb{R}\}$

c) $S = \varnothing$

d) $S = \varnothing$

e) $S = \{(1, 5)\}$

f) $S = \{(-1, 2, 3, 1)\}$

34 a) R$ 4,00

b) Não é possível determinar.

c) R$ 32,60

d) Não é possível determinar.

35 $x = 1, y = 1$ e $z = -2$.

36 $a = 1, b = 3$ e $c = 2$.

37 Ana: R$ 160,00; Bia: R$ 75,00; Carol: R$ 105,00.

38 Arquibancada: R$ 80,00; Numerada descoberta: R$ 120,00; Numerada coberta: R$ 200,00.

39 9 carros.

40 a) -7 c) 4   e) 1

b) -13 d) 6   f) 1

41 $S = \{1, -2\}$ **42** $S = \left\{-\dfrac{10}{3}\right\}$

43 a) 22   **44** a) -11 e) -13

b) 2   b) 3   f) -33

c) -6 c) -15 g) -12

d) 8   d) -1 h) -11

45 $S = \{0, -\sqrt{3}, \sqrt{3}\}$

46 $S = \{1\}$ **47** 1

48 a) $\det A = 8$

b) $A^t = A$; $\det A^t = 8$

49 $S = \left\{x \in \mathbb{R} \mid x > -\dfrac{4}{3}\right\}$

50 $\det A = 1$; $\det B = -4$; $\det(A + B) = 0$; $\det(A \cdot B) = -4$

51 0

52 $a = -3$ e $b = 1$ **53** $m < \dfrac{23}{12}$

54 a) $\begin{bmatrix} 2 - k & 0 \\ -3 & 5 - k \end{bmatrix}$

b) $k = 2$ ou $k = 5$

55 a) $S = \left\{\left(2, -\dfrac{1}{2}\right)\right\}$

b) $S = \left\{\left(\dfrac{3}{5}, -\dfrac{4}{5}\right)\right\}$

c) $S = \{(2, 1)\}$

56 a) $S = \{(1, 1, -1)\}$ c) $S = \{(2, -2, 1)\}$

b) $S = \{(-2, 3, 0)\}$

57 14

58 a) 9,5 km   b) Estrada: 96 km

59 11

60 $S = \left\{\left(\dfrac{a - b}{a^2 + b^2}, \dfrac{b}{a^2 + b^2}\right)\right\}$

61 480 filmes; Soma dos dígitos igual a 12.

62 a) $\begin{cases} m \neq 2 \to \text{SPD} \\ m = 2 \to \text{SPI} \end{cases}$

b) $\begin{cases} m \neq -1 \to \text{SPD} \\ m = -1 \to \text{SI} \end{cases}$

63 a) $\begin{cases} m \neq -1 \text{ e } m \neq 3 \to \text{SPD} \\ m = -1 \to \text{SPI} \\ m = 3 \to \text{SPI} \end{cases}$

b) $\begin{cases} m \neq -2 \text{ e } m \neq 2 \to \text{SPD} \\ m = -2 \to \text{SI} \\ m = 2 \to \text{SPI} \end{cases}$

64 a) $\begin{cases} m \neq -1 \to \text{SPD} \\ m = -1 \to \text{SI} \end{cases}$

b) $\begin{cases} m \neq 13 \to \text{SPD} \\ m = 13 \to \text{SPI} \end{cases}$

c) $\begin{cases} m \neq 1 \text{ e } m \neq -4 \to \text{SPD} \\ m = 1 \to \text{SPI} \\ m = -4 \to \text{SI} \end{cases}$

65 $k \neq 1$ e $k \neq -2$

66 Não; $a = 3$ **67** $m = 3$ e $n = 9$

68 $\begin{cases} a \neq -2 \to \text{SPD} \\ a = -2 \text{ e } b = 6 \to \text{SPI} \\ a = -2 \text{ e } b \neq 6 \to \text{SI} \end{cases}$

69 $\theta = \dfrac{7\pi}{6}$ ou $\theta = \dfrac{11\pi}{6}$

70 $\begin{cases} a \neq -4 \to \text{SPD} \\ a = -4 \text{ e } b = -2 \to \text{SPI} \\ a = -4 \text{ e } b \neq -2 \to \text{SI} \end{cases}$

71 a) $S = \{(0, 0)\}$; SPD

b) $S = \{(0, 0)\}$; SPD

c) $S = \{(-2\alpha, \alpha); \alpha \in \mathbb{R}\}$; SPI

72 a) $S = \{(0, 0, 0)\}$; SPD

b) $S = \{(-\alpha, \alpha, \alpha); \alpha \in \mathbb{R}\}$; SPI

73 a) $m = 2$

b) $S = \{(-11\alpha, 9\alpha, 5\alpha); \alpha \in \mathbb{R}\}$

74 $m = -1$

75 a) $m \neq -3$

b) $S = \{(3\alpha, -\alpha, \alpha); \alpha \in \mathbb{R}\}$

76 a) $(0, 0, 0)$ b) $m \neq -\dfrac{1}{3}$ e $m \neq 1$

Exercícios complementares

1 a) 0

b) $S = \left\{\left(4 - \dfrac{3\alpha}{2}, \dfrac{\alpha}{4} - \dfrac{1}{2}, \alpha\right);\right.$ com $\left. \alpha \in \left[2, \dfrac{8}{3}\right]\right\}$

2 a) V   c) F   e) 407

b) V   d) V

3 -3

4 $a = 1, b = -1$ e $c = -1$.

5 a) Ana: 750; Marta: 2 250; Pablo: 3 000

b) 24 ou 28

6 a) Não, ao escalonarmos a matriz obtida a partir dos dados dos exercícios, obtemos um sistema indeterminado que não possui solução inteira.

b) 14

7 a) $a = 0, b = 2$ e $c = -1$.

b) $c = 0$ e $d = -4$

8 5 do tipo A, 3 do tipo B e 2 do tipo C.

9 Educação: 84 milhões de reais; Saúde: 96 milhões de reais.

10 $x = 5, y = 9$ e $z = 6$.

11 a) R$ 6 500,00   b) R$ 1 250,00

12 a) $\begin{bmatrix} -\dfrac{1}{2} & 0 \\ 0 & -\dfrac{1}{2} \end{bmatrix}$ b) $\alpha = 3$

13 Light: 12 kg; Simples: 10 kg; Especial: 4 kg

14 a) V   b) F   c) F   d) V   e) V

15 a) $\begin{bmatrix} 1 & 4 & -4 & -1 & 0 \\ 1 & 0 & -1 & 0 & 0 \\ 0 & 8 & 0 & -2 & -3 \\ 0 & 1 & -1 & 0 & 0 \\ 0 & 2 & 0 & 0 & -1 \end{bmatrix} \cdot \begin{bmatrix} x \\ y \\ z \\ w \\ t \end{bmatrix} = \begin{bmatrix} 0 \\ 0 \\ 0 \\ 0 \\ 0 \end{bmatrix}$

b) $x = 1, y = 1, z = 1, w = 1$ e $t = 2$.

Testes

1 b	**8** a	**15** d	**22** d
2 c	**9** c	**16** c	**23** d
3 a	**10** c	**17** e	**24** b
4 a	**11** d	**18** c	**25** a
5 e	**12** d	**19** c	**26** a
6 a	**13** c	**20** a	
7 d	**14** b	**21** c	

CAPÍTULO 22

Complementos sobre determinantes

Exercícios

1 a) -452 c) -60
 b) 3 d) 13

2 $S = \{2\}$ **3** $S = \{2\}$ **4** -225

5 a) 0 b) 0

6 a) -7 c) 35
 b) 35 d) 175

7 a) 66 b) -44

8 63 **9** $x = 29$

10 a) -4 b) -4 c) $-\dfrac{1}{4}$

11 a) $\dfrac{1}{2}$ b) 1 c) 18

12 -432 **13** -72

14 B, C, E e F.

15 a) $x \neq 6$ b) $x \neq -\dfrac{2}{13}$

16 12

17 a) $x = 3$ b) $\dfrac{25}{3}$ c) 1

18 a) Sim. c) -1
 b) $A^{-1} = \begin{bmatrix} -2 & 1 \\ 1 & 0 \end{bmatrix}$

Exercícios complementares

1 $\left\{ x \in \mathbb{R} \mid x < -1 \text{ ou } 0 < x < 1 \right\}$

2 Valor mínimo: 0; Valor máximo: $\dfrac{1}{2}$

3 $(01) + (02) = (03)$

4 33

5 a) $\left\{ x \in \mathbb{R} \mid -\dfrac{5}{2} < x < 0 \text{ ou } x > \dfrac{5}{2} \right\}$

 b) $\begin{bmatrix} 2 \\ -8 \\ 56 \end{bmatrix}$

---

6 Todas são verdadeiras.

7 0

Testes

1 c	**6** e	**11** e	**16** d
2 a	**7** d	**12** b	**17** b
3 c	**8** b	**13** c	**18** d
4 e	**9** a	**14** b	**19** b
5 b	**10** b	**15** a	

CAPÍTULO 23

Áreas de superfícies planas

Exercícios

1 a) 9 cm^2 d) 162 cm^2
 b) 25 cm^2 e) 20 cm^2
 c) 256 cm^2

2 a) $18\sqrt{14} \text{ cm}^2$ c) 243 cm^2
 b) 20 cm^2

3 900 cm^2

4 $21{,}6 \text{ cm}^2$ e $38{,}4 \text{ cm}^2$

5 8 cm^2 e 4 cm^2. Os lados medem 4 cm, $2\sqrt{2}$ cm e 2 cm; formam uma progressão geométrica de razão $\sqrt{2}$ ou $\dfrac{1}{\sqrt{2}}$. As áreas são iguais a 16 cm^2, 8 cm^2 e 4 cm^2; formam uma progressão geométrica de razão 2 ou $\dfrac{1}{2}$.

6 a) $7\sqrt{5} \text{ cm}^2$ c) $12\sqrt{3} \text{ cm}^2$
 b) 5 cm^2

7 $9{,}375 \text{ m}^2$

8 a) $12{,}5 \text{ cm}^2$ c) $12{,}5\sqrt{3} \text{ cm}^2$
 b) $12{,}5\sqrt{2} \text{ cm}^2$

9 a) 12 cm^2 d) $13{,}5 \text{ cm}^2$
 b) 150 cm^2 e) $3\sqrt{15} \text{ cm}^2$
 c) $4\sqrt{3} \text{ cm}^2$

10 64 cm^2

11 $2\sqrt{2} \text{ cm}^2$; $(2\sqrt{2} - 1) \text{ cm}^2$; 1 cm^2

12 a) 150 cm^2
 b) 9 cm; 12 cm; 15 cm
 c) 54 cm^2 e 96 cm^2

13 R$ $168\,750{,}00$

14 36 cm^2; 75 cm^2; 27 cm^2; 12 cm^2

---

15 $\dfrac{4}{3}$ **16** 6 cm

17 $4\sqrt{3} \text{ cm}^2$; $2\sqrt{3} \text{ cm}^2$; $\sqrt{3} \text{ cm}^2$; $\sqrt{3} \text{ cm}^2$

18 8 cm **19** $60°$

20 $44{,}44\%$ **21** $\dfrac{2\sqrt{15}}{3}$ cm

22 45 cm^2

23 $3(10 + 2\sqrt{3}) \text{ cm}^2$

24 24 cm^2; 3 cm^2; 12 cm^2; 9 cm^2

25 a) 120 m^2 c) $96\sqrt{3} \text{ m}^3$
 b) $72\sqrt{2} \text{ m}^2$

26 $\dfrac{15\sqrt{6}}{2} \text{ cm}^2$

27 $A_{CDE} = 600 \text{ m}^2$ e $A_{ABCE} = 4\,400 \text{ m}^2$

28 54 cm^2; 150 cm^2; 204 cm^2

29 380 m

30 É possível, traçando uma paralela a um dos lados por uma das extremidades da base superior. As partes obtidas terão as formas de um triângulo e de um paralelogramo, de áreas $2\,000 \text{ m}^2$.

31 a) $3\sqrt{2}$ cm b) $\sqrt{3}$ cm c) $2{,}5$ cm

32 a) $54\sqrt{3} \text{ cm}^2$ d) $2{,}5 \text{ a}\ell$
 b) $864\sqrt{3} \text{ cm}^2$ e) $4 \text{ a}\ell$
 c) $162\sqrt{3} \text{ cm}^2$

33 a) $144\pi \text{ cm}^2$ c) $36\pi \text{ cm}^2$
 b) $36\pi \text{ cm}^2$ d) $16\pi \text{ cm}^2$

34 $3{,}38$ cm **35** $\dfrac{25\pi}{16} \text{ cm}^2$

36 a) $8 \cdot (\pi - 2) \text{ m}^2$
 b) $3 \cdot (2\pi - 3\sqrt{3}) \text{ m}^2$
 c) $4 \cdot (4\pi - 3\sqrt{3}) \text{ m}^2$
 d) $4 \cdot (4 - \pi) \text{ m}^2$
 e) $18 \cdot (2\sqrt{3} - \pi) \text{ m}^2$
 f) $(3\sqrt{3} - \pi) \text{ m}^2$

37 $4 \cdot (\pi - 2)$ **38** 25π

39 a) 50 b) $\dfrac{25\pi}{9}$ c) $\dfrac{\pi + 6\sqrt{3}}{18}$

40 a) $6\pi \text{ cm}^2$ d) $12\pi \text{ cm}^2$
 b) $3\pi \text{ cm}^2$ e) $9\pi \text{ cm}^2$
 c) $5\pi \text{ cm}^2$ f) $18\pi \text{ cm}^2$

41 a) $\dfrac{5}{4}\pi \text{ cm}^2$ c) $8\pi \text{ cm}^2$
 b) $\dfrac{5}{2}\pi \text{ cm}^2$ d) $\dfrac{81}{2}\pi \text{ cm}^2$

42 $2{,}4$ m **43** $8 \cdot (\pi - \sqrt{3}) \text{ cm}^2$

44 a) $\dfrac{(4 - \pi)}{4} \cdot a^2$ c) $\dfrac{\pi a^2}{8}$
 b) $\dfrac{(\pi - 2)}{2} \cdot a^2$

45 60 cm²

46 a) $\frac{9}{4} \cdot (\pi - 2\sqrt{2})$ m²

b) $3 \cdot (\pi - 3)$ m²

c) $3 \cdot (4\pi - 3\sqrt{3})$ m²

47 a) $8 \cdot (4 - \pi)$ cm²   **b)** $4 \cdot (4 - \pi)$ cm²

48 a) 8π m²   **b)** 36π m²   **c)** 48π m²

49 a) 6π m²   **b)** 3π m²   **c)** 3π m²

50 $(2\pi - 3\sqrt{3})$ cm²

Exercícios complementares

1 a) 7,5 cm

b) Dimensões: 7,5 cm × 15 cm;
7,5 cm × 30 cm
Áreas: 112,5 cm²; 225 cm²

c) 450 cm²

2 100 m   **3** $x = \frac{h}{2}$ **4** 83

5 100 m²

6 $\frac{27\sqrt{3}}{2}$ cm²

7 2 cm

8 a) 12   **b)** 12   **c)** 60

9 a) $\frac{1}{2}$ **b)** $\frac{\pi - 2}{4}$; $\frac{4 - \pi}{4}$

10 $S_A = 9\pi$ cm²; $S_B = 49\pi$ cm²; $S_C = 121$ cm²

11 a) 6 cm

b) 36π cm²; $36\sqrt{3}$ cm²; $9\sqrt{3}$ cm²

12 64 cm²; 16π cm²; $12\sqrt{3}$ cm²; 4π cm²

13 a) $\frac{\pi}{2}$ cm²; 2π cm²; 8π cm²

b) 32 cm²

14 $\frac{700\sqrt{3}}{11}$ m²

15 $\frac{17}{15}$

16 893,5 m²

17 (0-0) V   (2-2) F   (4-4) F
(1-1) V   (3-3) F

18 a) 12 m
b) 138 m²

19 a) 12   **b)** 90   **c)** 96

20 a) $\frac{1}{2}$ cm   **c)** 1 cm

b) $(3\sqrt{3} - \pi)$ cm²

21 a) $\sqrt{2}$

b) $\frac{3\pi}{2} + 1$

Testes

1	d	**12**	c	**23**	b
2	e	**13**	c	**24**	e
3	a	**14**	c	**25**	e
4	c	**15**	b	**26**	a
5	c	**16**	a	**27**	a
6	d	**17**	b	**28**	b
7	e	**18**	e	**29**	c
8	c	**19**	b	**30**	b
9	d	**20**	a	**31**	b
10	c	**21**	c		
11	a	**22**	b		

CAPÍTULO 24 — Geometria espacial de posição

Exercícios

1 Um único plano ou três planos.

2 Nenhum, um único plano ou quatro planos.

3 Um único plano.

4 a) V   **d)** V
b) V   **e)** V
c) V

5 a) Paralelos coincidentes.
b) Paralelos.
c) Secantes.
d) O ponto pertence ao plano.

6 a) F   **c)** V   **e)** V
b) V   **d)** V

7 a) Paralelos.
b) Secantes.
c) Secantes.
d) Secantes.
e) Paralelos coincidentes.

8 a) V   **c)** V   **e)** F
b) V   **d)** F

9 a) V   **d)** V   **g)** V
b) V   **e)** F   **h)** V
c) F   **f)** V

10 a) Concorrentes.   **d)** Secantes.
b) Reversas.   **e)** Paralelas.
c) Paralelas.   **f)** Reversas.

11 a) V   **c)** V   **e)** F
b) F   **d)** F   **f)** V

12 a) F   **c)** V   **e)** V
b) V   **d)** F

13 a) Falsa, pois $\overrightarrow{AB}$ e $\overrightarrow{DC}$ são coplanares e concorrentes.
b) Falsa, pois $\overrightarrow{EF}$ e $\overrightarrow{HG}$ são coplanares e paralelas.
c) Falsa, pois $\overrightarrow{AB} \perp \overrightarrow{FG}$, $\overrightarrow{DC} \backsim \overrightarrow{AB}$ e $\overrightarrow{DC} \perp \overrightarrow{FG}$.

14 a) $\overrightarrow{AM}$ é perpendicular aos planos (A, B, C) e (M, N, P).
b) Plano (A, E, C): retas $\overrightarrow{AM}$, $\overrightarrow{BN}$, $\overrightarrow{CP}$, $\overrightarrow{DQ}$, $\overrightarrow{ER}$ e $\overrightarrow{FS}$.

15 a) V   **d)** V   **g)** V
b) V   **e)** F   **h)** F
c) F   **f)** V   **i)** V

16 a) reta r   **c)** reta t   **e)** r $\perp \alpha$
b) reta s   **d)** 90°

17 a) F   **d)** F   **g)** V
b) V   **e)** F   **h)** V
c) F   **f)** F   **i)** F

18 a) V   **d)** V   **g)** F
b) F   **e)** V
c) F   **f)** V

19 a) F   **c)** V   **e)** V
b) V   **d)** F

20 a) $\overline{AE}$ **d)** $\overline{AB}$ **g)** $\overline{AB}$
b) $\overline{EF}$ **e)** $\overline{AE}$
c) $\overline{AD}$ **f)** $\overline{AE}$

Exercícios complementares

1 Pelo postulado da determinação de planos, três pontos não colineares determinam um único plano, enquanto quatro pontos podem determinar quatro planos.

2 7 planos.

3 $\overrightarrow{PQ}$

4 11 planos.

5 Paralelas ou reversas.

6 Concorrentes ou reversas.

7 Sim.

8 (01) + (02) + (04) = (07)

9 a) Entre outros: $(\overrightarrow{AE}, \overrightarrow{FJ})$, $(\overrightarrow{ED}, \overrightarrow{IJ})$ e $(\overrightarrow{BC}, \overrightarrow{GH})$
b) Entre outros: $(\overrightarrow{AE}, \overrightarrow{ED})$, $(\overrightarrow{BE}, \overrightarrow{BC})$ e $(\overrightarrow{GH}, \overrightarrow{CH})$
c) Entre outros: $(\overrightarrow{AE}, \overrightarrow{IJ})$ e $(\overrightarrow{FG}, \overrightarrow{BC})$
d) Entre outros: $(\overrightarrow{AB}, \overrightarrow{DI})$, $(\overrightarrow{ED}, \overrightarrow{CH})$ e $(\overrightarrow{AF}, \overrightarrow{HI})$

Testes

1 e	**6** b	**11** d
2 d	**7** e	**12** c
3 d	**8** d	**13** b
4 c	**9** e	**14** c
5 c	**10** e	

CAPÍTULO 25 — Prisma

Exercícios

1 a) V c) F e) F
  b) V d) F

2 a) 7; 21; 14 b) 4; 12; 8

3 a) Prisma heptagonal.
  b) Prisma hexagonal.
  c) Prisma triangular.
  d) Paralelepípedo retângulo.
  e) Prisma pentagonal reto.

4 a) $5\sqrt{3}$ cm b) $10\sqrt{2}$ cm

5 $7\sqrt{2}$ cm e $7\sqrt{3}$ cm

6 a) $(x-2)\sqrt{3}$ cm
  b) $\sqrt{3x^2 + 6x + 5}$ cm

7 a) 10 b) 3

8 $\sqrt{29}$ cm

9 4 cm e 6 cm

10 a) 84 cm², 108 cm²
  b) 24 cm², $2(12 + \sqrt{3})$ cm²

11 $4\sqrt{3}$ cm

12 a) 166 cm² b) Não.

13 5 dm **17** 4

14 80 cm **18** $3\sqrt{29}$ cm

15 $112\sqrt{3}$ cm² **19** 216 cm²

16 5072,4 cm²

20 a) 27 cm³ d) $15\sqrt{3}$ m³
  b) 480 cm³ e) $49\sqrt{3}$ cm³
  c) 1000 dm³

21 $3\sqrt{3}$ m **22** $128\sqrt{3}$ cm³

23 27000 L **24** 128 m²

25 $1728\sqrt{3}$ dm³ **26** 152 cm²

27 A de altura 19,4 cm.

28 a) 1440000 c) 450000
  b) 2,25 m d) 720000

Exercícios complementares

1 a) V b) F c) V d) V e) V

2 a) 72 cm² e 32 cm³
  b) $\overleftrightarrow{AD}$ e $\overleftrightarrow{FG}$ são paralelas entre si; $\overleftrightarrow{EF}$ e $\overleftrightarrow{CG}$ são ortogonais; $\overleftrightarrow{HD}$ e **r** são perpendiculares entre si.

3 a) 1980 cm³ b) 1650 cm³

4 8,75 m

5 a) $v = -200x^2 + 4000x$
  b) x = 10 cm

6 $\dfrac{\sqrt[4]{3}}{2\sqrt{2}}$ ou $2\sqrt[4]{3} \cdot \dfrac{\sqrt{2}}{\sqrt{3}}$

7 a) q b) 216 cm³

8 R$ 6075,00

9 1º caso: 100 cm², 400 m² e 1000 cm³.
  2º caso: 100 cm², $100(2 + \sqrt{3})$ cm² e $500\sqrt{3}$ cm³.

10 a) $x \cdot (60 - 2x)^2$ c) 12,5 litros.
  b) 8,748 litros. d) 8 litros.

11 a) 15000 L b) $V = \dfrac{15x^2}{4}$ m³

12 24105,6 m³

13 a) $(70 + 20\sqrt{10})$ m² b) 150 m³

14 R$ 3060,00

Testes

1 d	**9** e	**17** e
2 a	**10** d	**18** (0-0) V
3 e	**11** c	(1-1) V
4 e	**12** d	(2-2) V
5 c	**13** b	(3-3) V
6 c	**14** c	(4-4) F
7 e	**15** a	**19** e
8 b	**16** e	**20** e

CAPÍTULO 26 — Pirâmide

Exercícios

1 a) F d) V f) V
  b) F e) V g) V
  c) F

2 a) 7; 14; 8 b) 8; 16; 9

3 a) V = F = 6; A = 10
  b) V = F = 9; A = 16
  c) F = V = 12; A = 22
  d) F = V = 5; A = 8
  e) V = F = 6; A = 10

4 225 cm²

5 a) Pentágono.
  b) Decágono.
  c) Eneágono.
  d) Hexágono.
  e) Eneágono.

6 a) 3 cm c) 4 m
  b) 13 dm d) 9 cm

7 a) $48\sqrt{3}$ cm²; $60\sqrt{3}$ cm²; $108\sqrt{3}$ cm²
  b) 100 dm²; 260 dm²; 360 dm²
  c) $24\sqrt{3}$ m²; 48 m²; $24(2 + \sqrt{3})$ m²
  d) $288\sqrt{3}$ cm²; $360\sqrt{3}$ cm²; $648\sqrt{3}$ cm²

8 15 cm

9 $A_\ell = 28$ m²; $A_t = 32$ m²

10 12 m³

11 a) $50\sqrt{3}$ cm³ c) $32\sqrt{3}$ cm³
  b) $126\sqrt{3}$ cm³ d) 12 cm³

12 $12\sqrt{3}$ cm³

13 $6000\sqrt{3}$ cm³

14 $9\sqrt{2}$ cm³

15 $\sqrt[3]{2\sqrt{2}}$ m

16 $\dfrac{16}{3}$ cm³

17 $2(5\sqrt{651} + 24\sqrt{133} + 120)$ cm²

18 $\dfrac{54}{17}$ m

19 4 cm, 60 cm² e 48 cm³.

20 $24\sqrt{3}$ cm³

21 $\dfrac{9\sqrt{15}}{8}$ cm³

22 83 cm³

23 a) $h = \dfrac{3\sqrt{2}}{2}$
  b) $V = \dfrac{9\sqrt{2}}{2}$

24 $\dfrac{16\sqrt{2}}{3}$ m³

25 $9\sqrt{3}$ cm²

26 a) $96\sqrt{3}$ m²; $64\sqrt{3}$ m³
  b) $100\sqrt{3}$ cm²; $\dfrac{250\sqrt{2}}{3}$ cm³
  c) $16\sqrt{3}$ cm²; $\dfrac{16}{3}\sqrt{2}$ cm³

27 **a)** $\frac{80}{3}$ cm³; $\frac{640}{3}$ cm³; 720 cm³

b) 2 e 8

c) 3 e 27

d) $\frac{2}{3}$ e $\frac{8}{27}$

e) k^3

28 **a)** 3 cm e 4 cm

b) $\frac{27\sqrt{3}}{2}$ cm²

c) 13,5 cm³ e 32 cm³; $\frac{27}{64}$

29 **a)** $\frac{1}{3}$ ou 3

b) 4 cm

c) Áreas: $3(3 + \sqrt{73})$ cm² e $27(3 + \sqrt{73})$ cm²; Razão: $\frac{1}{9}$ ou 9

d) 27 ou $\frac{1}{27}$

30 486 cm³

31 8

32 380 cm²

33 212 cm² e $\frac{148\sqrt{15}}{3}$ cm³

34 $2 \cdot (17 + 8\sqrt{17})$ cm² e $\frac{196}{3}$ cm³

35 $(\sqrt{15} - 1)$ m

36 $\frac{304}{3}$ cm³

Exercícios complementares

1 Pirâmide octogonal.

2 $8 \cdot (13 + 5\sqrt{7})$

3 $\frac{686}{3}$ cm³

4 **a)** $8000\left(1 + \frac{\sqrt{2}}{3}\right)$ cm³

b) R$ 31,08

5 **a)** $\frac{4}{3}$ m³ **c)** $\frac{4}{3}$ m³ **e)** $\frac{2}{3}$ m³

b) $\frac{8}{3}$ m³ **d)** $\frac{8}{3}$ m³

6 $\frac{1}{4}$

7 **a)** $V = 128$; $A_b = 16\sqrt{3}$

b) $8\sqrt{3}$

8 $\frac{3}{4}$

9 **a)** $\frac{a^3}{6}$ **b)** $\frac{5a^2}{8}$ **c)** $\frac{5a\sqrt{41}}{41}$

10 **a)** $5 \cdot (5\sqrt{3} + 36)$

b) $\frac{25\sqrt{407}}{3}$

11 2 m

12 R$ 0,39

13 **a)** 26 **c)** $104\sqrt{3}$ cm³

b) $144\sqrt{3}$ cm²

---

14 7 000 cm³

15 $\frac{13\ell^2}{4}$

16 **a)** $V = \frac{\ell^3 \operatorname{sen}\theta}{6}$

b) $h = \frac{\ell\sqrt{1 + \operatorname{sen}^2\theta}}{2}$

c) $h = \frac{\ell\sqrt{5 + 4\cos\theta}}{2}$

17 **a)** 3 **c)** $\sqrt{61}$

b) 4 **d)** $\frac{12\sqrt{61}}{61}$

18 **a)** π cm **b)** $216\sqrt{2}$ cm³

19 $\frac{d\sqrt[6]{24}}{3}$; $\frac{d\sqrt[6]{96}(\sqrt[3]{2} - 1)}{3}$; $\frac{d(\sqrt{6} - \sqrt[6]{96})}{3}$

20 **a)** $AB = 3$; $AD = 4$; $AE = 5$

b) $V = 60$; $A_T = 94$

Testes

1	d	**8**	a	**15**	b
2	e	**9**	c	**16**	c
3	c	**10**	a	**17**	d
4	b	**11**	e	**18**	d
5	d	**12**	a	**19**	b
6	d	**13**	c	**20**	b
7	c	**14**	e		

CAPÍTULO 27 **Complementos sobre poliedros**

Exercícios

1 **a)** São convexos: I, II, IV e VI.

b)

	V	F	A
I	8	6	12
II	10	7	15
III	16	10	24
IV	7	10	15
V	16	10	24
VI	12	20	30

c) Todos.

2 6 faces.

3 24 arestas e 12 vértices.

4 11 **5** 10 **6** 4

7 8 triangulares e 6 quadrangulares.

---

8 **a)** V **c)** F **e)** F

b) F **d)** V

9 **a)** 720° **c)** 1 440° **e)** 3 600°

b) 2 160° **d)** 6 480°

10 **a)** Tetraedro regular.

b) 30

c) 6

Exercícios complementares

1 20 cm

2 $\frac{\ell\sqrt{6}}{6}$

3 90 arestas e 60 vértices.

4 $F = 14$, $A = 32$ e $V = 20$.

5 $F = 10$, $A = 24$ e $V = 16$.

6 8 faces triangulares.

7 Tetraedro regular.

8 $360° \cdot (V - 2)$ **9** 6 480°

10

11

Testes

1	e	**9**	a	
2	a	**10**	b	
3	a	**11**	c	
4	c	**12**	b	
5	e	**13**	d	
6	a	**14**	d	
7	a	**15**	d	

8 (0-0) F (2-2) V (4-4) V

(1-1) F (3-3) F

CAPÍTULO 28 **Cilindro**

Exercícios

1 **a)** V **b)** V **c)** F

2 **a)** 4π cm²; 12π cm²; 20π cm²

b) 4π cm²; 6π cm²; 4π cm²

c) 25π cm²; 250π cm²; 300π cm²

d) 9π cm²; 120π cm²; 138π cm²

e) $\dfrac{81}{2}\pi$ cm²; $81\pi\sqrt{2}$ cm²; $81\pi(1 + \sqrt{2})$ cm²

f) 16π cm²; 96π cm²; 128π cm²

3 a) 12π cm³ **d)** 180π cm³

b) 6π cm³ **e)** $\dfrac{729}{2}\pi$ cm³

c) 625π cm³ **f)** 192π cm³

4 R$ 1 196,80 **5** 30 cm

6 Aproximadamente 269 500 litros.

7 $\sqrt{2}$ ou $\dfrac{\sqrt{2}}{2}$

8 a) Cilindro **R**: 25π cm², 40π cm², 100π cm³

Cilindro **S**: 100π cm², 160π cm², 800π cm³

Cilindro **T**: 225π cm², 360π cm², 2700π cm³

b) Para **R** e **S**: 2, 2, 4, 4, 8

Para **R** e **T**: 3, 3, 9, 9, 27

Para **S** e **T**: $\dfrac{3}{2}, \dfrac{3}{2}, \dfrac{9}{4}, \dfrac{9}{4}, \dfrac{27}{8}$

c) Sim: k^2 para áreas e k^3 para os volumes.

9 324π cm³ e 768π cm³

10 a) 1 525

b) 100

11 117,45 kg

12 a) 25π cm²; $31,25\pi$ cm³

b) Há duas soluções: r = 1,5 cm, h = 9 cm e r = 4,5 cm, h = 3 cm. A área lateral é 27π cm² nos dois casos e os volumes são $20,25\pi$ cm³ e $60,75\pi$ cm³.

c) Há duas soluções: r = h = $4\sqrt{2}$ cm e r = $2\sqrt{2}$ cm e h = $8\sqrt{2}$ cm. A área lateral é 64π cm² nos dois casos e os volumes são $128\sqrt{2}\pi$ cm³ e $64\sqrt{2}\pi$ cm³.

13 $4\sqrt{6}$

14 a) 25 cm e 30 cm

b) 225π cm² e $\dfrac{625\pi}{4}$ cm²

c) 900π cm² e 625π cm²

15 A segunda.

Exercícios complementares

1 8 792 cm²

2 a) Não. **b)** Sim. **c)** Não.

3 a) 100π cm³ **c)** 50π cm³

b) $\dfrac{200}{3}\pi$ cm³ **d)** $\dfrac{100}{3}\pi$ cm³

---

4 8 cm

5 1 cm

6 a) 6750π cm³ **c)** 450π cm³

b) 2700π cm³

7 a) 6 975 litros.

b) Aproximadamente 2,9 m.

c) 620 litros.

d) 2 325 litros.

8 A primeira.

9 a) 96 dm³

b) x = 2

10 450

11 a) 6h; 8h

b) $V_1 = 90\pi$ m³; H = 2,5 m

12 a) $32,5\pi$ cm³ **c)** 90π cm²

b) 40π cm²

13 a) 200π cm²

b) $0,2\pi$ m³

Testes

1 a	**8** e	**15** d	
2 b	**9** d	**16** a	
3 d	**10** (02) + (04) + (08) = (14)	
4 d	**11** a	**17** a	
5 b	**12** c	**18** a	
6 c	**13** e	
7 b	**14** a	

CAPÍTULO

29 Cone

Exercícios

1 a) F **c)** V **e)** F

b) F **d)** F **f)** V

2 a) 9π cm²; 15π cm²; 24π cm²

b) 256π cm²; 320π cm²; 576π cm²

c) 144π cm²; 156π cm²; 300π cm²

3 a) 11,18 cm; $\dfrac{4\pi}{3}$ rad; 240°

b) 17,32 cm; π rad; 180°

c) 28,28 cm; $\dfrac{2\pi}{3}$ rad; 120°

d) 38,72 cm; $\dfrac{\pi}{2}$ rad; 90°

---

4 a) 6 cm; $\dfrac{8\pi}{5}$ rad; 288°

b) 8,66 cm; π rad; 180°

c) 9,79 cm; $\dfrac{2\pi}{5}$ rad; 72°

d) 9,94 cm; $\dfrac{\pi}{5}$ rad; 36°

5 a) 25π cm²; 100π cm²; 125π cm²

b) 25π cm²; 150π cm²; 175π cm²

c) 25π cm²; 200π cm²; 225π cm²

d) 25π cm²; 300π cm²; 325π cm²

6 a) 25π cm²; 100π cm²; 125π cm²

b) $\dfrac{100\pi}{9}$ cm²; $\dfrac{200\pi}{3}$ cm²; $\dfrac{700\pi}{9}$ cm²

c) 6,25π cm²; 50π cm²; 56,25π cm²

d) $\dfrac{25\pi}{9}$ cm²; $\dfrac{100\pi}{3}$ cm²; $\dfrac{325\pi}{9}$ cm²

7 a) V **c)** V

b) V **d)** F

8 180°

9 $\dfrac{2\sqrt{5}}{5}$

10 r = 10 cm; g = 14 cm

11 a) 30π cm³

b) $\dfrac{50\pi\sqrt{14}}{3}$ cm³

c) 96π cm³

12 a) 128π cm³ **b)** 432π cm³ **c)** 12π cm³

13 a) $\dfrac{125\pi\sqrt{35}}{648}$ cm³

b) $\dfrac{125\pi\sqrt{15}}{3}$ cm³

14 a) O volume dobra.

b) O volume quadruplica.

15 320π cm³

16 $V_c = 96\pi$ cm³; $V_p = 192$ cm³

17 a) $\dfrac{9\pi}{4}$ cm²; $\dfrac{9\pi}{2}$ cm²; $\dfrac{9\pi\sqrt{3}}{8}$ cm³

b) $\dfrac{36\pi}{5}$ cm²; $\dfrac{36\pi}{\sqrt{5}}$ cm²; $\dfrac{144\pi\sqrt{5}}{25}$ cm²

c) 25π cm²; $25\pi\sqrt{2}$ cm²; $\dfrac{125\pi}{3}$ cm²

18 a) $9\sqrt{3}$ cm² **b)** 300 cm² **c)** 120 cm²

19 a) 16π cm²; 100π cm²; 140π cm²; 416π cm³

b) 324π cm²; 1296π cm²; 1620π cm²; 18144π cm³

c) 36π cm²; 81π cm²; 75π cm²; 228π cm³

20 $\dfrac{24}{5}$ cm

21 $\dfrac{7000\pi}{3}$ cm³

22 $\dfrac{3600\pi}{7}$ m³; $\dfrac{8700\pi}{49}$ m²

23 a) 3,6 cm

b) 10,8π cm³; 389,2π cm³

24 Cone: 81π cm², $\dfrac{243\pi\sqrt{15}}{8}$ cm³;

Tronco de cone: 72π cm², $\dfrac{117\pi\sqrt{15}}{8}$ cm³

25 $\dfrac{\pi}{4}$ m²

26 124π cm³   **27** $24\sqrt[3]{2}$ cm

Exercícios complementares

1   **a)** 292π cm³   **c)** 128π cm³
    b) 144π cm³

2   **a)** 16π cm³   **c)** $9,6\pi$ cm³
    b) 12π cm³

3 48π cm³

4   **a)**

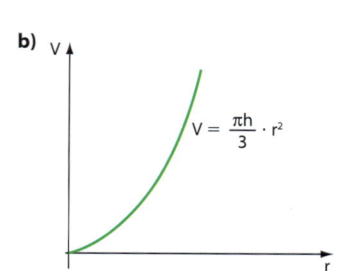

    b) $V = \dfrac{\pi r^2}{3} \cdot h$

    $V = \dfrac{\pi h}{3} \cdot r^2$

5   8 horas e 20 minutos.

6   **a)** $v = 16\pi$ cm³   **b)** $v = \dfrac{\pi}{108} x^3$ cm³

7 $92,8$ cm³

8   2 cm

9 $0,16$ L

10   **a)** $216°$
     b) 405 cm²

11   **a)** $h \simeq 14,33$ cm
     b) $v \simeq 43,95$ cm³ $= 43,95$ mL

12   2 dias.

13   5

14   Aproximadamente $\dfrac{5R}{7}$.

15 $\dfrac{4\sqrt[3]{25}}{5}$ m e $2\sqrt[3]{4}$ m

16   **a)** $V_A = 18\pi$ m³ e $V_B = 20\pi$ m³
     b) $h = \dfrac{9}{16}$ m
     c) $H = \left(6 - 2\sqrt[3]{15}\right)$ m
     d) $h = \dfrac{1}{48}(6 - H)^3$

---

17   **a)** $\dfrac{124\sqrt{3}\pi}{3}$ cm³   **c)** $\dfrac{8\sqrt{3}\pi}{15}$ s
    b) $\dfrac{136\sqrt{3}\pi}{3}$ cm³

Testes

1 e	**8** e	**15** b
2 b	**9** a	**16** d
3 c	**10** d	**17** a
4 d	**11** d	**18** c
5 d	**12** d	**19** c
6 c	**13** b	**20** b
7 b	**14** a	**21** e

CAPÍTULO 30 — Esfera

Exercícios

1   **a)** F   **c)** F
    b) V   **d)** V

2   **a)** 24π cm²   **c)** 16π cm²
    b) 21π cm²   **d)** 9π cm²
    A área da seção diminui na medida em que aumenta a distância do plano ao centro da esfera.

3   **a)** $2\sqrt{7}$ cm   **d)** $\sqrt{55}$ cm
    b) $\sqrt{39}$ cm   **e)** $2\sqrt{15}$ cm
    c) $4\sqrt{3}$ cm   **f)** $\sqrt{63}$ cm
    A distância do plano ao centro da esfera aumenta na medida em que diminui a medida do raio da seção.

4   **a)** 5 cm   **b)** 17 cm   **c)** 13 cm

5   **a)** 36π cm³   **d)** $\dfrac{2048\pi}{3}$ cm³
    b) 972π cm³   **e)** 4500π cm³
    c) $\dfrac{500\pi}{3}$ cm³

6   **a)** Fica multiplicado por 2^3.
    b) Fica multiplicado por 3^3.
    c) Fica dividido por 2^3.
    d) Fica multiplicado por $(1,1)^3$ (aumenta 33,1%).
    e) Fica multiplicado por $(0,9)^3$ (diminui 27,1%).

7 $\dfrac{\pi}{6}$ dm³   **8** $\dfrac{4r}{3}$

9 $\dfrac{27\sqrt{3}\pi}{2}$ cm³   **10** $\dfrac{625\sqrt{5}\pi}{4}$ cm²

11   **a)** 196π cm²   **d)** 144π cm²
     b) 144π cm²   **e)** 100π cm²
     c) 484π cm²

---

12   **a)** $\dfrac{4}{9}$ **b)** $\dfrac{8}{27}$

13   **a)** Fica multiplicada por $(1,2)^2$ (aumenta 44%).
     b) Fica multiplicada por $(0,95)^2$ (diminui 9,75%).
     c) Fica dividida por 3^2.
     d) Fica multiplicada por 2^2.

14   **a)** 3 cm   **b)** $\dfrac{3}{2}$

15   **a)** 4   **b)** R\$ 378,00

16   4 cm

17 273π cm²; $\dfrac{2\,009\pi}{3}$ cm³

18   **a)** V   **b)** V   **c)** V

19   **a)** 12π cm²   **d)** 30π cm²   **g)** 72π cm²
     b) 18π cm²   **e)** 36π cm²   **h)** 96π cm²
     c) 24π cm²   **f)** 48π cm²
     Verifica-se que, ao multiplicar a medida do ângulo por **k**, a área do fuso fica multiplicada por **k**.

20   **a)** $45°$ **c)** $180°$
     b) $90°$ **d)** $270°$

21   **a)** 16 cm²; $\dfrac{8}{3}$ cm³
     b) 20 cm²; $\dfrac{16}{3}$ cm³
     c) 24 cm²; 8 cm³
     d) 42 cm²; 20 cm³

22 $5\sqrt[3]{4}$ cm

23 $r_1 = 24(\sqrt{2} - 1)$ cm
     $r_2 = 24(2 - \sqrt{2})$ cm

Exercícios complementares

1 $2a^2\sqrt[3]{\dfrac{9\pi}{2}}$

2   **a)** 5 cm   **c)** 676π cm²
    b) 13 cm   **d)** $\dfrac{8\,788\pi}{3}$ cm³

3   **a)** 6 cm
    b) 10 cm
    c) 400π cm²
    d) $\dfrac{4\,000\pi}{3}$ cm³
    e) $\dfrac{256\pi}{3}$ cm³; $\dfrac{1\,024\pi}{3}$ cm³

4 161π cm²

5   **a)** 8 cm; 8 cm; 4 cm
    b) 448π cm²; 256π cm²; $32\pi(2 + \sqrt{5})$ cm²
    c) 1280π cm³; $\dfrac{2048\pi}{3}$ cm³; $\dfrac{256\pi}{3}$ cm³

6   6 cm

7   **a)** $A_1 = 384$ cm²; $A_2 = 16 \cdot (12 + 7\sqrt{3})$ cm²
    b) $4 \cdot (960 - 131\pi)$ cm³

8   **a)** 4 m   **b)** 5,5 m

9 **a)** 1 725 cm³   **b)** $\frac{2}{3}$

10 $v = \frac{\sqrt{3}}{4} \cdot (r^2 - h^2) \cdot h$

11 9,6 cm

12 **a)** 1,3π kg   **c)** 10 cm
b) 10,4π kg

13 **a)** 4 cm e 1,5 cm
b) $\frac{512}{27}$

14 $\frac{2\sqrt{2}}{3}$ cm

15 23 323,33 cm³

16 $\frac{81\sqrt{3}}{8}$ cm³

17 **a)** 20π cm²   **b)** $\frac{8\pi}{3}$ cm³

Testes

1 e   **10** e

2 b   **11** d

3 e   **12** c

4 e   **13** b

5 d   **14** c

6 b   **15** e

7 e   **16** b

8 e   **17** (0-0) V (3-3) V
(1-1) F (4-4) V
9 c   (2-2) F

CAPÍTULO 31   **Análise combinatória**

Exercícios

1 24

2 **a)** 1 000   **b)** 720   **c)** 60

3 **a)** 256   **b)** 128   **c)** 255

4 **a)** 4 096   **d)** 210
b) 2 048   **e)** 41,02%
c) 840

5 **a)** 10 jogos
b) 16

6 **a)** 90 000   **c)** 28 734
b) 45 000   **d)** 96

7 **a)** 88 583 040   **d)** 37 515 625
b) 78 624 000   **e)** 46 305
c) 15 000

8 **a)** Quatro sequências: (K, K), (K, C), (C, K), (C, C), em que K é cara e C é coroa.
b) 16; 32; 1 024
c) n = 38

9 **a)** 168   **b)** 105   **c)** 220

10 **a)** 160   **b)** 736

11

Saias	Pares de sapatos
6	7
7	6
21	2
2	21
14	3
3	14

12 **a)** 81   **c)** 6   **e)** 48
b) 117   **d)** 9

13 **a)** 6   **c)** 48
b) 60   **d)** 180

14 b   **15** 95   **16** 60

17 **a)** F   **c)** F   **e)** V
b) V   **d)** V

18 605 horas e 20 minutos.

19 **a)** 16   **b)** 48   **c)** 1 764

20 **a)** 6   **b)** 570

21 **a)** 243   **b)** 48   **c)** 112

22 **a)** 360   **b)** 60   **c)** 60

23 5 camisas e 4 calças.

24 243 modos.

25 **a)** 720   **c)** 2   **e)** 4 920
b) 24   **d)** 4   **f)** 30

26 **a)** 56   **c)** $\frac{9}{20}$ **e)** 190
b) $\frac{1}{10}$ **d)** 21   **f)** $\frac{8}{7}$

27 **a)** 11,1   **c)** $\frac{39}{1640}$
b) 0   **d)** $\frac{3570}{43}$

28 **a)** $n^2 + 5n + 6$ **d)** $\frac{n^2}{(n+1)!}$
b) $\frac{1}{n-2}$ **e)** $\frac{(n-1)^2}{n}$
c) $n + 2$ **f)** $\frac{n+1}{n}$

29 **a)** S = {1}   **c)** S = {7}   **e)** S = {5, 6}
b) S = {5}   **d)** S = {4}   **f)** S = {4}

30 **a)** S = {5}   **b)** S = {2}

31 **a)** 540   **b)** 135

32 **a)** 6   **d)** 362 880
b) 24   **e)** 3 628 800
c) 720

33 **a)** 24   **b)** 6

34 **a)** 362 880   **d)** 5 040
b) 161 280   **e)** 181 440
c) 100 800   **f)** 1 728

35 **a)** 120   **b)** 24

36 **a)** 8 640   **b)** 201 600

37 **a)** 12!   **c)** 2 · (6!)²
b) 36 · 10!   **d)** (6!)²

38 **a)** 361ª   **b)** 293ª   **c)** SATORP

39 576

40 **a)** 120   **c)** 216
b) 24   **d)** 20

41 **a)** $\frac{57}{7}$ **b)** S = {23}

42 90   **43** 380

44 **a)** 32 292 000   **b)** 1 723 680

45 **a)** 720   **b)** 72   **c)** 504

46 **a)** 504
b) 729
c) A fórmula só é válida para os arranjos sem repetição de elementos.

47 **a)** 336   **c)** 126
b) 60   **d)** 180

48 **a)** 120   **b)** 60

49 448

50 **a)** S = {11}   **c)** S = {3}
b) S = {7}   **d)** S = {5}

51 252

52 **a)** 10 140 000   **b)** 24   **c)** 288

53 126

54 **a)** 10   **b)** 6

55 Igual.   **56** 17 640

57 **a)** 270 725   **b)** 715

58 **a)** 22 308   **d)** 575 757
b) 249 900   **e)** 4 560
c) 103 776

59 2 160

60 **a)** 45   **b)** 210   **c)** 792   **d)** 35

61 **a)** 70   **b)** 60

62 **a)** S = {17}   **c)** S = {10}
b) S = {5}   **d)** S = {8}

63 1 136   **64** 28   **65** 505

66 2520   **67** 1225

68 n = 28   **69** n = 10

70 **a)** 50 063 860   **d)** 45 057 474
b) 11 921 175   **e)** 9 588 502
c) 5 006 386   **f)** 1 947 792

71 94 partidas.

72 $10^{10} \cdot \binom{15}{10}$

73 **a)** 2520   **d)** 12   **g)** 10 080
b) 60   **e)** 10 080   **h)** 75 600
c) 60   **f)** 151 200   **i)** 120

74 **a)** 1260   **b)** 180

75 **a)** 1   **b)** 4   **c)** 12

76 **a)** 30   **b)** 40

77 **a)** 12 600   **b)** 2520

78 **a)** 15 120   **b)** 5040   **c)** 8400

79 5

80 **a)** 35   **b)** 35

Exercícios complementares

1 **a)** 252   **b)** 414

2 36

3 **a)** 110   **b)** 6   **c)** 50

4 36 casais.

5 **a)** 15 400   **b)** 2 520

6 m = 141 120; soma dos dígitos = 9

7 **a)**]112, 130[
b) 120 modos distintos; 12 possibilidades

8 **a)** 90   **b)** 17

9 1260 números.

10 **a)** y = 2x − 4; 24 meninos no máximo
b) 26

11 2 800; soma dos dígitos: 10

12 **a)** 6   **c)** 10   **e)** 116
b) 10   **d)** 58

13 220   **14** 180

15 1 680   **16** (02) + (16) = (18)

17 8 amigas.

18 **a)** 20 160   **b)** 480   **c)** 2 016

19 **a)** Demonstração.   **b)** 10

---

20 **a)** F   **b)** V   **c)** V

Testes

1 b	**8** d	**15** e	**22** b
2 a	**9** b	**16** e	**23** b
3 d	**10** c	**17** b	**24** d
4 a	**11** b	**18** e	**25** c
5 d	**12** e	**19** b	
6 a	**13** a	**20** d	
7 b	**14** d	**21** b	

CAPÍTULO 32 — Binômio de Newton

Exercícios

1 **a)** $27x^3 + 54x^2 + 36x + 8$
b) $81x^4 + 432x^3y + 864x^2y^2 + 768xy^3 + 256y^4$
c) $x^{10} + 5x^8 + 10x^6 + 10x^4 + 5x^2 + 1$

2 **a)** $81b^8 - 108b^5 + 54b^2 - \dfrac{12}{b} + \dfrac{1}{b^4}$
b) $x^5 + 5x^3 + 10x + \dfrac{10}{x} + \dfrac{5}{x^3} + \dfrac{1}{x^5}$
c) $x^2 - 4x + 6 - \dfrac{4}{x} + \dfrac{1}{x^2}$

3 **a)** $x^8 - 4x^5 + 6x^2 - \dfrac{4}{x} + \dfrac{1}{x^4}$
b) $0; \dfrac{2401}{16}$

4 10^{10} **5** $S = \left\{ \left(\dfrac{1}{2}, \dfrac{7}{2} \right) \right\}$

6 $2 + 12x^2 + 2x^4$

7 **a)** 1 024   **c)** 0
b) 256   **d)** 16

8 5   **9** 1

10 **a)** 11
b) $8064x^{-5} = \dfrac{8064}{x^5}$
c) Não existe termo em **x**.
d) 3 360

11 **a)** $\dfrac{1792}{729}x^6y^4$ **b)** $\dfrac{16}{3}xy^{14}$

12 **a)** $231 \cdot 2^{20}$ **b)** $-\binom{22}{11} \cdot 2^{11}$

13 n = 10 e p = 2

14 **a)** 495   **c)** 1
b) 924   **d)** Não existe.

15 4 valores; p = 0, p = 1, p = 4 ou p = 9.

16 96

---

17 **a)** 4   **b)** 2

18 **a)** $\binom{12}{4}$ **c)** $\binom{20}{5}$ **e)** $\binom{28}{22}$
b) $\binom{22}{9}$ **d)** $\binom{24}{11}$

19 **a)** 16   **b)** 31   **c)** 512

20 120   **21** 6

Exercícios complementares

1 $x^4 - 4x^2 + 6 - \dfrac{4}{x^2} + \dfrac{1}{x^4}$

2 **a)** V   **b)** V

3 n = 12   **4** n = 13   **5** n = 8

6 Resposta pessoal.

7 2 parcelas.   **8** 16

Testes

1 c   **2** b

3 (01) + (02) + (04) + (16) = (23)

4 e   **5** c   **6** b

7 b   **8** d   **9** d

CAPÍTULO 33 — Probabilidade

Exercícios

1 **a)** $\Omega = \{1, 2, 3, 4, 5, 6\}$
b) $E_1 = \{3, 6\}$
c) $E_2 = \{1, 4, 6\}$

2 $\Omega = \{$Sul, Sudeste, Centro-Oeste, Norte, Nordeste$\}$

3 Para K: cara e C: coroa
a) $\Omega = \{(K, K); (K, C); (C, K); (C, C)\}$
b) $E = \{(K, K); (K, C); (C, K)\}$

4 **a)** $E = \{1, 2, 4, 8, 16, 32, 64\}$
b) 93

5 **a)** 36   **b)** 6   **c)** 9   **d)** 15

6 $\overline{E} = \{(4, 6); (5, 5); (5, 6); (6, 4); (6, 5); (6, 6)\}$

7 **a)** 32   **b)** 496   **c)** 4960

8 255

9 $\overline{E} = \{(1, 1, 1), (2, 2, 2), (3, 3, 3), (4, 4, 4), (5, 5, 5), (6, 6, 6)\}$

10 $\Omega = \{(K, 1); (K, 2); (K, 3); (K, 4); (K, 5); (K, 6); (C, 1); (C, 2); (C, 3); (C, 4); (C, 5); (C, 6)\}$

11 a) $\frac{1}{100}$ c) $\frac{9}{10}$
b) $\frac{37}{100}$ d) $\frac{13}{50}$

12 a) $\frac{1}{10}$ c) 0
b) $\frac{1}{10}$ d) $\frac{1}{2}$

13 a) $\frac{11}{36}$ c) $\frac{5}{6}$ e) $\frac{1}{12}$
b) $\frac{1}{6}$ d) $\frac{1}{3}$

14 a) $\frac{1}{52}$ c) $\frac{51}{52}$
b) $\frac{1}{4}$ d) $\frac{1}{2}$

15 a) 33,8%   c) 11,4%
b) 72,6%

16 61,25%

17 a) $\frac{10}{81}$ b) $\frac{2}{27}$ c) $\frac{2}{27}$

18 0,45

19 a) $\frac{17}{74}$ b) $\frac{101}{148}$

20 16%   **21** 100%   **22** 5%

23 $\frac{71}{80}$

24 11   **25** 5%   **26** 80%   **27** 80%

28 a) $\frac{2}{15}$ b) $\frac{1}{5}$

29 a) $\frac{1}{6}$ b) $\frac{5}{12}$

30 $\frac{1}{24}$

31 a) 72%   b) 50%

32 a) 1%   b) 1%

33 a) 10^8 c) 0,00072%
b) $\frac{1}{10^8}$ d) 21,7%

34 a) $\frac{1}{5}$ b) $\frac{11}{295}$ c) $\frac{1}{25}$

35 a) $\frac{1}{10\,080}$ b) $\frac{1}{28}$

36 a) $\frac{5}{18}$ b) $\frac{1}{6}$ c) $\frac{5}{9}$

37 $\frac{5}{6}$

38 a) $\frac{27}{64}$ b) $\frac{21}{64}$ c) $\frac{3}{32}$

39 a) $\frac{378}{845}$ (aproximadamente 44,7%).
b) $\frac{1}{26^2 \cdot 10^3}$ (aproximadamente 0,000148%).

40 a) $\frac{1}{22\,100}$ b) $\frac{3}{52}$ c) $\frac{11}{850}$

41 a) $\frac{1}{10}$ b) $\frac{1}{15}$

42 50%

43 a) $\frac{1}{7}$ b) $\frac{45}{49}$

44 Aproximadamente 1,67%.

45 a) $\frac{3}{216}$ b) $\frac{1}{36}$

46 $\frac{1}{5}$

47 a) 12   b) $\frac{1}{6}$

48 $\frac{2}{3}$ **49** $\frac{4}{13}$

50 a) $\frac{5}{18}$ b) $\frac{5}{18}$

51 a) $\frac{17}{20}$ b) $\frac{3}{20}$

52 a) 0,40   b) 0,55

53 (01) + (02) + (16) = (19)

54 14%

55 a) $\frac{1}{10}$ b) $\frac{37}{190}$ c) $\frac{27}{95}$

56 30%

57 a) 100%   b) 13,333...%

58 a) $\frac{1}{3}$ b) 0   c) $\frac{2}{3}$

59 a) $\frac{1}{44}$ c) $\frac{1}{13}$ e) $\frac{5}{13}$
b) $\frac{2}{3}$ d) $\frac{2}{39}$

60 a) $\frac{12}{19}$ b) $\frac{23}{44}$

61 a) $\frac{1}{8}$ b) $\frac{5}{11}$

62 a) $\frac{3}{5}$ b) $\frac{1}{70}$ c) $\frac{3}{14}$

63 10%

64 a) $\frac{1}{17}$ b) $\frac{1}{16}$

65 $\frac{1}{4}$

66 a) $\frac{22}{117}$ b) $\frac{20}{39}$

67 a) $\frac{16}{81}$ b) $\frac{40}{81}$

68 $\frac{13}{17}$

69 a) 0,64 = 64%   b) 0,03 = 3%

70 Aproximadamente 20%.

71 a) 72%   b) 18%   c) 98%

72 13%   **73** 3%

74 a) 27,34%   b) 10,94%   c) 0,39%

75 a) 20,1%   c) 10,74%
b) 0,55%   d) 89,26%

76 16,52%   **77** $\frac{11}{32}$

78 a) 57%   b) 99,95%

Exercícios complementares

1 a) $\frac{1}{220}$ b) R$ 20,00

2 65,61%

3 a) 3 125
b) Aproximadamente 59%.

4 a) $\frac{25}{216}$ b) $\frac{10}{21}$

5 a) 2 772   b) $\frac{1}{11}$

6 1%

7 a) $\frac{2}{3}$ b) $\frac{8}{21}$

8 a) 47 250   b) $\frac{44}{125}$

9 66%

10 a) $\frac{6}{7}$ b) $\frac{3}{11}$ c) $\frac{4}{5}$

11 n = 40

12 a) 40%; 50%   b) $\frac{23}{39}$

13 a) $\frac{1}{120}$ b) $\frac{1}{6}$

14 a) $\frac{4}{7}$ b) $\frac{11}{28}$

15 a) $\frac{5}{11}$ b) $\frac{6}{11}$

16 a) 61,8%   b) 41,14%

17 a) F   b) V   c) V

Testes

1	a	**8**	d	**15**	b	**22**	c
2	a	**9**	b	**16**	a	**23**	b
3	a	**10**	d	**17**	d	**24**	a
4	e	**11**	b	**18**	a	**25**	b
5	e	**12**	a	**19**	a		
6	b	**13**	c	**20**	d		
7	a	**14**	c	**21**	a		

Tabela trigonométrica

Esta tabela contém valores aproximados. Os arredondamentos utilizados são de quatro casas decimais.

Ângulos em graus	sen	cos	tg	Ângulos em graus	sen	cos	tg
1°	0,0175	0,9998	0,0175	46°	0,7193	0,6947	1,0355
2°	0,0349	0,9994	0,0349	47°	0,7314	0,6820	1,0724
3°	0,0523	0,9986	0,0524	48°	0,7431	0,6691	1,1106
4°	0,0698	0,9976	0,0699	49°	0,7547	0,6561	1,1504
5°	0,0872	0,9962	0,0875	50°	0,7660	0,6428	1,1918
6°	0,1045	0,9945	0,1051	51°	0,7771	0,6293	1,2349
7°	0,1219	0,9925	0,1228	52°	0,7880	0,6157	1,2799
8°	0,1392	0,9903	0,1405	53°	0,7986	0,6018	1,3270
9°	0,1564	0,9877	0,1584	54°	0,8090	0,5878	1,3764
10°	0,1736	0,9848	0,1763	55°	0,8192	0,5736	1,4281
11°	0,1908	0,9816	0,1944	56°	0,8290	0,5592	1,4826
12°	0,2079	0,9781	0,2126	57°	0,8387	0,5446	1,5399
13°	0,2250	0,9744	0,2309	58°	0,8480	0,5299	1,6003
14°	0,2419	0,9703	0,2493	59°	0,8572	0,5150	1,6643
15°	0,2588	0,9659	0,2679	60°	0,8660	0,5000	1,7321
16°	0,2756	0,9613	0,2867	61°	0,8746	0,4848	1,8040
17°	0,2924	0,9563	0,3057	62°	0,8829	0,4695	1,8807
18°	0,3090	0,9511	0,3249	63°	0,8910	0,4540	1,9626
19°	0,3256	0,9455	0,3443	64°	0,8988	0,4384	2,0503
20°	0,3420	0,9397	0,3640	65°	0,9063	0,4226	2,1445
21°	0,3584	0,9336	0,3839	66°	0,9135	0,4067	2,2460
22°	0,3746	0,9272	0,4040	67°	0,9205	0,3907	2,3559
23°	0,3907	0,9205	0,4245	68°	0,9272	0,3746	2,4751
24°	0,4067	0,9135	0,4452	69°	0,9336	0,3584	2,6051
25°	0,4226	0,9063	0,4663	70°	0,9397	0,3420	2,7475
26°	0,4384	0,8988	0,4877	71°	0,9455	0,3256	2,9042
27°	0,4540	0,8910	0,5095	72°	0,9511	0,3090	3,0777
28°	0,4695	0,8829	0,5317	73°	0,9563	0,2924	3,2709
29°	0,4848	0,8746	0,5543	74°	0,9613	0,2756	3,4874
30°	0,5000	0,8660	0,5774	75°	0,9659	0,2588	3,7321
31°	0,5150	0,8572	0,6009	76°	0,9703	0,2419	4,0108
32°	0,5299	0,8480	0,6249	77°	0,9744	0,2250	4,3315
33°	0,5446	0,8387	0,6494	78°	0,9781	0,2079	4,7046
34°	0,5592	0,8290	0,6745	79°	0,9816	0,1908	5,1446
35°	0,5736	0,8192	0,7002	80°	0,9848	0,1736	5,6713
36°	0,5878	0,8090	0,7265	81°	0,9877	0,1564	6,3138
37°	0,6018	0,7986	0,7536	82°	0,9903	0,1392	7,1154
38°	0,6157	0,7880	0,7813	83°	0,9925	0,1219	8,1443
39°	0,6293	0,7771	0,8098	84°	0,9945	0,1045	9,5144
40°	0,6428	0,7660	0,8391	85°	0,9962	0,0872	11,4301
41°	0,6561	0,7547	0,8693	86°	0,9976	0,0698	14,3007
42°	0,6691	0,7431	0,9004	87°	0,9986	0,0523	19,0811
43°	0,6820	0,7314	0,9325	88°	0,9994	0,0349	28,6363
44°	0,6947	0,7193	0,9657	89°	0,9998	0,0175	57,2900
45°	0,7071	0,7071	1	90°	1	0	—

MATEMÁTICA
VOLUME ÚNICO · PARTE 3

GELSON IEZZI

Engenheiro metalúrgico pela Escola Politécnica
da Universidade de São Paulo.

Professor licenciado pelo Instituto de Matemática
e Estatística da Universidade de São Paulo.

OSVALDO DOLCE

Engenheiro civil pela Escola Politécnica
da Universidade de São Paulo.

Professor da rede pública estadual
de São Paulo.

DAVID DEGENSZAJN

Licenciado em Matemática pelo Instituto
de Matemática e Estatística da Universidade de São Paulo.

Professor da rede particular de ensino
em São Paulo.

ROBERTO PÉRIGO

Licenciado e bacharel em Matemática
pela Pontifícia Universidade Católica de São Paulo.

Professor da rede particular e de cursos
pré-vestibulares em São Paulo.

ENSINO MÉDIO

6ª edição

Atual
Editora

Sumário

GERAL

PARTE 3

▶ Plano cartesiano

Vamos apresentar novamente o plano cartesiano, já caracterizado no capítulo 3.

Consideremos dois eixos orientados, **x** e **y**, perpendiculares em **O**. O plano determinado por esses eixos é o **plano cartesiano**.

Cada uma das partes em que o plano fica dividido pelos eixos **x** e **y** recebe o nome de **quadrante**. Os quatro quadrantes são numerados no sentido anti-horário, como mostra a figura:

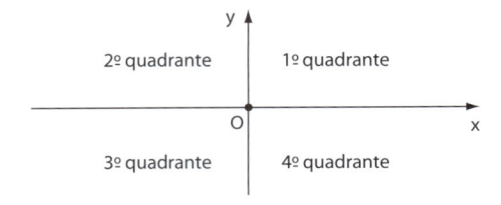

- O eixo **x** (ou eixo Ox) recebe o nome de **eixo das abscissas**.
- O eixo **y** (ou eixo Oy) recebe o nome de **eixo das ordenadas**.
- O ponto **O** é a **origem** do sistema de eixos cartesianos ortogonal ou retangular. Esse sistema é frequentemente indicado por xOy.

Dado um ponto **P** qualquer do plano cartesiano, traçamos por **P** as retas paralelas aos eixos **x** e **y**. Sejam **P₁** e **P₂** os pontos de interseção dessas retas com os eixos **x** e **y**, respectivamente. Observe a seguir.

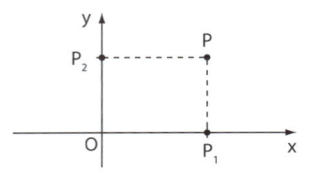

Dizemos que:
- a abscissa de **P** (indica-se por x_p) é a medida algébrica do segmento $\overline{OP_1}$;
- a ordenada de **P** (indica-se por y_p) é a medida algébrica do segmento $\overline{OP_2}$;
- as **coordenadas** de **P** são os números reais x_p e y_p, indicados, em geral, na forma do par ordenado (x_p, y_p).

EXEMPLO 1

Um ponto **P** possui coordenadas dadas por P(−2, 4). Isso significa que a abscissa de **P** vale −2 e sua ordenada vale 4.

P encontra-se no 2º quadrante.

OBSERVAÇÕES 🔍

- A cada ponto **P** do plano cartesiano corresponde um par ordenado (x_p, y_p) de números reais e, inversamente, para cada par ordenado (x_p, y_p) de números reais corresponde um ponto **P** do plano.

- Um ponto pertence ao eixo das abscissas quando sua ordenada é nula. Desse modo, para todo $a \in \mathbb{R}$, o ponto $(a, 0)$ pertence ao eixo **x**.

- Um ponto pertence ao eixo das ordenadas quando sua abscissa é nula. Assim, para todo $b \in \mathbb{R}$, o ponto $(0, b)$ pertence ao eixo **y**.

- Um ponto pertence à bissetriz dos quadrantes ímpares ($\mathbf{b}_{13}$) quando suas coordenadas são iguais.

- Um ponto pertence à bissetriz dos quadrantes pares ($\mathbf{b}_{24}$) quando suas coordenadas são opostas.

- Assim, para todo $a \in \mathbb{R}$, o ponto (a, a) pertence à bissetriz $\mathbf{b}_{13}$ e o ponto $(a, -a)$ pertence à bissetriz $\mathbf{b}_{24}$.

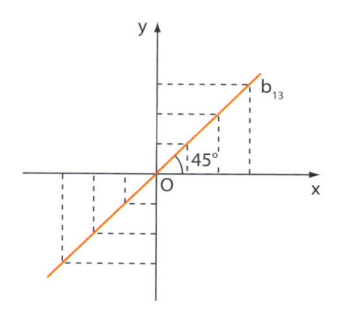

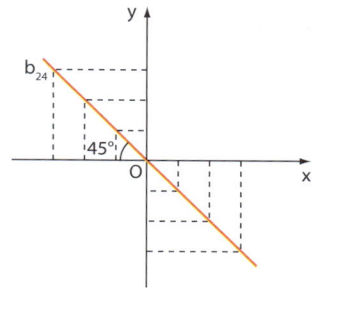

EXERCÍCIOS ✏️

1 Considere um ponto $P(a, b)$ do plano cartesiano para analisar se as sentenças abaixo são verdadeiras (**V**) ou falsas (**F**).

a) Se **P** pertence ao eixo das abscissas, então $b = 0$.

b) Se $a = 0$, então **P** pertence ao eixo das ordenadas.

c) Se **P** pertence à 1ª bissetriz, então $a = -b$.

d) Se $a = -b$, então **P** pertence à 2ª bissetriz.

e) Se **P** está no 1º quadrante, então $a + b > 0$.

f) Se **P** pertence ao 2º quadrante, então $a \cdot b < 0$.

g) Se $a < 0$ e $-b > 0$, então **P** está no 3º quadrante.

h) Se **P** está no 4º quadrante, então $a > 0$ e $\dfrac{a}{b} > 0$.

2 Dados os pontos $A(10, 9)$, $B(-7, 8)$, $C\left(-\dfrac{1}{2}, -1\right)$, $D\left(8, -\dfrac{1}{3}\right)$, $E(0, 0)$, $F(4, 4)$, $G(-2, -2)$, $H\left(-\dfrac{1}{5}, \dfrac{1}{5}\right)$ e $I(6, -6)$, indique:

a) a que quadrante cada um deles pertence;

b) quais deles pertencem à 1ª bissetriz;

c) quais deles pertencem à 2ª bissetriz.

3 Indique em cada item a que quadrante pertence o ponto **P** cuja:

a) abscissa é 2 e ordenada é 8;

b) abscissa é −1 e ordenada é −3;

c) abscissa é $\dfrac{1}{2}$ e ordenada é −2;

d) abscissa é −10 e ordenada é 1.

Represente esses pontos no plano cartesiano.

4 Complete a tabela, indicando para cada ponto **P** o valor de **m** para que ele pertença à bissetriz indicada.

	P(m, 8)	P(m, −3)	P(4, m)	P(−7, m)
Primeira bissetriz				
Segunda bissetriz				

5 Determine o simétrico de cada um dos pontos $A(5, 4)$, $B(-3, 4)$, $C(-4, -2)$, $D(1, -5)$ em relação:

a) ao eixo das ordenadas;

b) ao eixo das abscissas;

c) à origem;

d) à 1ª bissetriz;

e) à 2ª bissetriz.

Represente no plano cartesiano cada ponto com seus simétricos.

6 O ponto (3, 2) é vértice de um quadrado de área 16 e lados paralelos aos eixos cartesianos. Determine os outros três vértices do quadrado.

7 Os pontos A(1, 1) e C(3, 5) pertencem a uma das diagonais do retângulo ABCD. Se os lados do retângulo são paralelos aos eixos cartesianos, determine **B** e **D**.

8 Os pontos (1, 1) e (6, 1) são vértices opostos de um losango de área 10. Determine as coordenadas dos outros vértices, indicando a que quadrante cada um deles pertence.

9 Os pontos A(3, 1) e B(6, 1) são vértices da base de um triângulo. Determine as coordenadas do vértice **C** para que o triângulo seja isósceles e tenha área 15.

10 Um quadrado tem dois vértices opostos sobre o eixo das ordenadas. Se seu perímetro é $12\sqrt{2}$ e um desses vértices é (0, 6), determine os outros vértices. Indique a que quadrante cada um dos vértices pertence.

11 Se A(1, 7) e B(1, 1), determine as coordenadas do ponto **C** para que o triângulo ABC seja equilátero.

▶ Distância entre dois pontos

Dados dois pontos distintos **A** e **B** do plano cartesiano, chama-se **distância** entre eles a medida do segmento de reta que tem os dois pontos por extremidades.

Indicaremos a distância entre **A** e **B** por d_{AB}.

- 1º caso: o segmento $\overline{AB}$ é paralelo ao eixo **x**.

A distância entre **A** e **B** é dada pelo módulo da diferença entre as abscissas de **A** e **B**, isto é:

$$d_{AB} = |x_A - x_B|$$

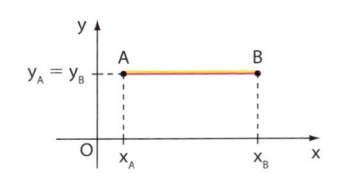

A distância entre os pontos P(−2, 4) e Q(3, 4) é $d_{PQ} = |-2 - 3| = |3 - (-2)| = 5$.

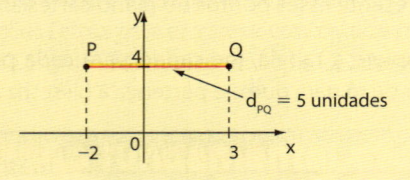

- 2º caso: o segmento $\overline{AB}$ é paralelo ao eixo **y**.

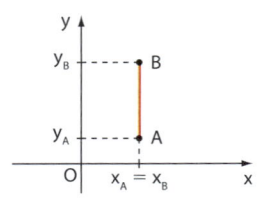

A distância entre **A** e **B** é dada pelo módulo da diferença entre as ordenadas de **A** e **B**, isto é:

$$d_{AB} = |y_A - y_B|$$

EXEMPLO 3

A distância entre os pontos R(3, −2) e S(3, 2) é $d_{RS} = |-2 - 2| = |2 - (-2)| = 4$.

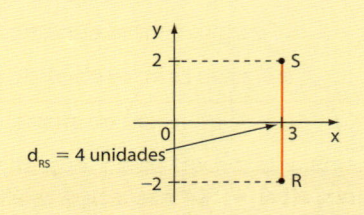

- 3º caso: o segmento $\overline{AB}$ não é paralelo a nenhum dos eixos coordenados.

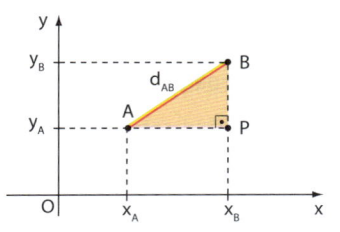

Observe que:

- $d_{AP} = |x_A - x_B|$ - $d_{BP} = |y_A - y_B|$

Aplicando o teorema de Pitágoras ao triângulo APB, temos:

$$(d_{AB})^2 = (d_{AP})^2 + (d_{BP})^2 \Rightarrow$$
$$\Rightarrow (d_{AB})^2 = (|x_A - x_B|)^2 + (|y_A - y_B|)^2$$

Como para todo $a \in \mathbb{R}$, $|a|^2 = a^2$, podemos escrever:

$$(d_{AB})^2 = (x_A - x_B)^2 + (y_A - y_B)^2 \Rightarrow$$
$$\Rightarrow d_{AB} = \sqrt{(x_A - x_B)^2 + (y_A - y_B)^2}$$

Podemos observar ainda que, como $(x_A - x_B)^2 = (x_B - x_A)^2$ e $(y_A - y_B)^2 = (y_B - y_A)^2$, a ordem das diferenças que aparecem no radicando não importa.

Assim, pode-se escrever, também:

$$d_{AB} = \sqrt{(\Delta x)^2 + (\Delta y)^2}$$

em que Δx representa a diferença entre as abscissas, e Δy, a diferença entre as ordenadas dos pontos.

Embora tenhamos deduzido a fórmula da distância entre dois pontos usando pontos do 1º quadrante, podemos notar que ela não perde a validade quando são utilizados pontos de outros quadrantes. Observe o exemplo a seguir.

EXEMPLO 4

Vamos calcular a distância entre os pontos A(2, 3) e B(5, 1).
Temos:

$$d_{AB} = \sqrt{(\Delta x)^2 + (\Delta y)^2}$$

$$d_{AB} = \sqrt{(2 - 5)^2 + (3 - 1)^2}$$

$$d_{AB} = \sqrt{9 + 4}$$

$$d_{AB} = \sqrt{13}$$

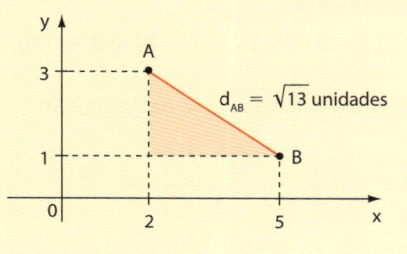

EXEMPLO 5

A distância **d** entre os pontos C(3, −2) e D(−1, 4), representados no gráfico abaixo, é dada por:

$$d = \sqrt{[3 - (-1)]^2 + [4 - (-2)]^2} =$$
$$= \sqrt{16 + 36} = \sqrt{52}$$

Assim, **d** vale $2\sqrt{13}$ unidades.

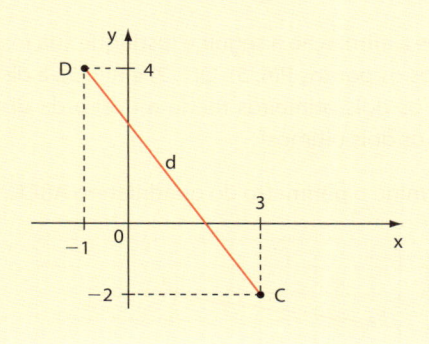

A partir de agora será omitida a palavra "unidades" quando se tratar de distância.

EXERCÍCIO **RESOLVIDO**

1 Mostrar que o triângulo de vértices A(2, 2), B(−4, −6) e C(4, −12) é retângulo e isósceles. Em seguida, determinar seu perímetro.

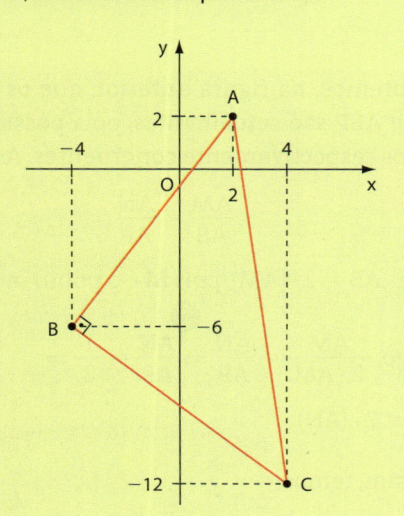

Solução:

É preciso mostrar que as medidas de seus lados satisfazem o teorema de Pitágoras.
Temos:

- $AB = d_{AB} = \sqrt{(-4 - 2)^2 + [2 - (-6)]^2} =$
  $= \sqrt{36 + 64} = \sqrt{100} = 10$

- $AC = d_{AC} = \sqrt{(2 - 4)^2 + [2 - (-12)]^2} =$
  $= \sqrt{4 + 196} = \sqrt{200} = 10\sqrt{2}$

- $BC = d_{BC} = \sqrt{(-4 - 4)^2 + [-6 - (-12)]^2} =$
  $= \sqrt{64 + 36} = \sqrt{100} = 10$

Como $(d_{AC})^2 = (d_{AB})^2 + (d_{BC})^2$, pois $[(10\sqrt{2})^2 = 10^2 + 10^2]$, concluímos que o triângulo ABC é retângulo em **B** e seus catetos $\overline{AB}$ e $\overline{BC}$ possuem a mesma medida. Assim, o triângulo ABC é isósceles, e seu perímetro é $10 + 10 + 10\sqrt{2} = 10(\sqrt{2} + 2)$.

EXERCÍCIOS

12 Encontre a distância entre os pontos dados em cada caso:

a) A(5, 2) e B(1, 3)

b) C(−1, 4) e D(−2, −3)

c) E(−4, −3) e O(0, 0)

d) F(−5, 4) e G(2, −5)

e) H(−1, 5) e I(−1, 12)

f) J(−2, −1) e K(3, −4)

13 Dados os pontos P(−1, 4), Q(2, 2) e R(−2, −1), determine o perímetro do triângulo PQR.

14 Julgue a afirmação a seguir e justifique sua resposta: "Dados os pontos P(6, 5), Q(1, 2) e R(5, 3), a distância entre os dois primeiros mede o dobro da distância entre os dois últimos".

15 Determine o perímetro do quadrilátero ABCD.

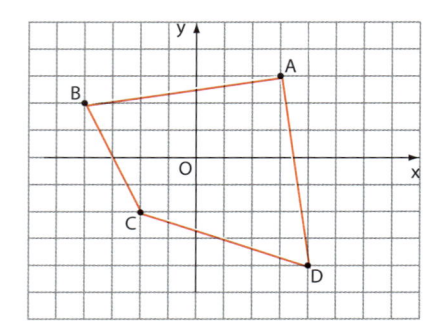

16 Determine o valor de **m** para que a distância entre os pontos do 2º quadrante A(3m + 1,5) e B(m, 3) seja 13.

17 Classifique o triângulo de vértices (3, 2), (6, −5) e (−4, −1).

18 Mostre que (9, 0) equidista de (8, 5) e (4, −1).

19 O ponto **P** pertence ao eixo dos **y** e equidista de A(−1, 1) e B(4, 2). Determine as coordenadas de **P**.

20 Os pontos **A** e **B** são equidistantes de **Q**, pertencente à primeira bissetriz. Sendo A(4, 2) e B(6, 8), quais são as coordenadas de **Q**?

21 Apesar de pertencer a uma bissetriz de quadrantes do plano cartesiano, o ponto **P** possui as coordenadas distintas. Além disso, equidista de (1, 6) e (−3, 8). Determine suas coordenadas.

22 Determine, em cada caso, as coordenadas do ponto que equidista de:

a) (0, 3), (5, 0) e (5, 1)   **b)** (−2, −1), (0, 3) e (2, 7)

23 A partir do gráfico a seguir, determine **m**.

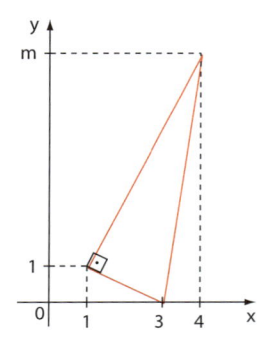

▶ Ponto médio de um segmento

Há muitas situações em Geometria analítica que envolvem mediatrizes de segmentos, medianas e mediatrizes de triângulos e outros assuntos relacionados com o ponto médio de um segmento.

Seja **M** o ponto médio do segmento com extremidades $A(x_A, y_A)$ e $B(x_B, y_B)$, como mostra a figura a seguir.

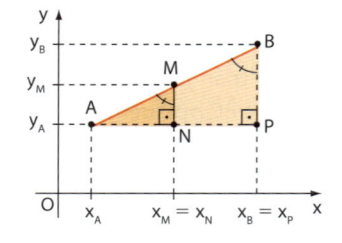

Notemos, na figura anterior, que os triângulos AMN e ABP são semelhantes, pois possuem os três ângulos respectivamente congruentes. Assim:

$$\frac{AM}{AB} = \frac{AN}{AP}$$

Mas AB = 2 · (AM), pois **M** é o ponto médio de $\overline{AB}$.

Logo, $\dfrac{AM}{2 \cdot AM} = \dfrac{AN}{AP} \Rightarrow \dfrac{AN}{AP} = \dfrac{1}{2} \Rightarrow$

$\Rightarrow AP = 2 \cdot (AN).$

Assim, temos:

$$|x_P - x_A| = 2 \cdot |x_N - x_A|$$

Como $x_P > x_A$ e $x_N > x_A$, podemos escrever:

$$x_P - x_A = 2(x_N - x_A) \Rightarrow x_B - x_A = 2(x_M - x_A) \Rightarrow x_B - x_A = 2x_M - 2x_A \Rightarrow x_M = \frac{x_A + x_B}{2}$$

Mediante procedimento análogo, prova-se que $y_M = \dfrac{y_A + y_B}{2}$.

Portanto, sendo **M** o ponto médio do segmento $\overline{AB}$, temos:

$$M\left(\frac{x_A + x_B}{2}, \frac{y_A + y_B}{2}\right)$$

Dados os pontos $A(3, -2)$ e $B\left(-\dfrac{1}{2}, -4\right)$, vamos calcular as coordenadas do ponto médio do segmento $\overline{AB}$.

$$x_M = \frac{-\dfrac{1}{2} + 3}{2} = \frac{\dfrac{5}{2}}{2} = \frac{5}{4} \text{ e}$$

$$y_M = \frac{-2 + (-4)}{2} = -\frac{6}{2} = -3$$

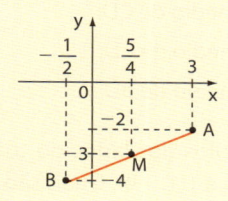

Suponhamos que sejam dadas as coordenadas do ponto médio **M** do segmento $\overline{AB}$: $M(0, 2)$. Se $A(-2, 5)$, para encontrar as coordenadas de **B**, podemos fazer:

$$0 = \frac{-2 + x_B}{2} \text{ e } 2 = \frac{5 + y_B}{2} \Rightarrow x_B = 2 \text{ e } y_B = -1$$

Assim, $B(2, -1)$. Veja, abaixo, como fica o gráfico.

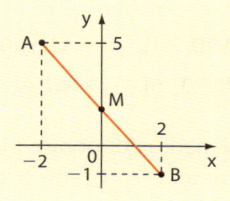

 ## EXERCÍCIO **RESOLVIDO**

2 De um losango são conhecidos três vértices, não necessariamente consecutivos: $A(1, 3)$, $B(-3, 5)$ e $C(0, 6)$. Determinar as coordenadas do quarto vértice desse losango.
Solução:

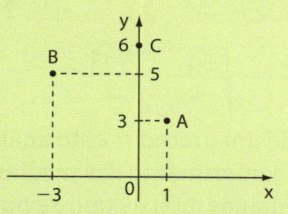

Vamos, inicialmente, calcular as distâncias entre os pontos dados, a fim de descobrir quais são os vértices consecutivos desse losango:

$$d_{AB} = \sqrt{(1+3)^2 + (3-5)^2} = \sqrt{20}$$

$$d_{AC} = \sqrt{(1-0)^2 + (3-6)^2} = \sqrt{10}$$

$$d_{BC} = \sqrt{(-3-0)^2 + (5-6)^2} = \sqrt{10}$$

Como $d_{AC} = d_{BC}$, concluímos que $\overline{AC}$ e $\overline{BC}$ são lados do losango; $\overline{AB}$ é uma diagonal. Lembrando que

em qualquer losango as diagonais intersectam-se ao meio, podemos determinar o vértice **D** do losango:

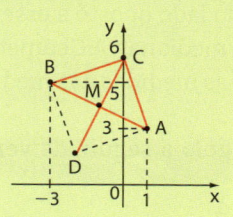

- **M** é ponto médio de $\overline{AB}$:

$$x_M = \frac{x_A + x_B}{2} = \frac{1 + (-3)}{2} = -1$$

$$y_M = \frac{y_A + y_B}{2} = \frac{3 + 5}{2} = 4$$

$M(-1, 4)$

- **M** também é ponto médio de $\overline{CD}$:

$$x_M = \frac{x_C + x_D}{2} \Rightarrow -1 = \frac{0 + x_D}{2} \Rightarrow x_D = -2$$

$$y_M = \frac{y_C + y_D}{2} \Rightarrow 4 = \frac{6 + y_D}{2} \Rightarrow y_D = 2$$

Assim, o outro vértice é $D(-2, 2)$.

EXERCÍCIOS

24 Em cada item, determine as coordenadas do ponto médio do segmento $\overline{AB}$.

a) A(1, 1) e B(−7, 0).

b) A(−5, 3) e B(−4, 7).

c) A(0, −3) e B(1, −2).

d) A$\left(\dfrac{3}{2}, -\dfrac{4}{3}\right)$ e B(−5, −1).

25 O segmento $\overline{AB}$ tem a extremidade **A** em um dos eixos coordenados e a extremidade **B** no outro. Determine **A** e **B**, em cada caso, sabendo que o ponto médio de $\overline{AB}$ é:

a) (2, 3)

b) (−5, 2)

c) (−3, −4)

d) (6, −2)

26 O ponto **M** é ponto médio do segmento $\overline{AB}$. Determine o ponto **B**, em cada item, conhecidas as coordenadas de **A** e de **M**.

a) A(4, −8) e M(0, −1).

b) A(−2, 5) e M(−2, 6).

c) A(0, −4) e M(3, 8).

d) A(−1, 5) e M(3, −8).

27 Quais as coordenadas dos pontos que dividem o segmento de extremos (−7, 4) e (3, 6) em quatro partes iguais?

28 Considere os pontos **A**, **B** e **C** da figura a seguir.

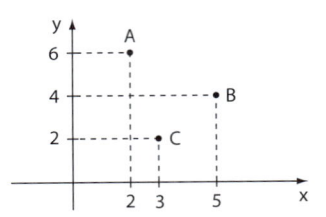

Determine as coordenadas do ponto **D**, no caso em que:

a) **D** é ponto médio de $\overline{AB}$;

b) **D** é ponto médio de $\overline{AC}$;

c) **D** é ponto médio de $\overline{BC}$;

d) **A** é ponto médio de $\overline{BD}$;

e) **B** é ponto médio de $\overline{AD}$;

f) **C** é ponto médio de $\overline{AD}$;

g) **A** é ponto médio de $\overline{CD}$;

h) **B** é ponto médio de $\overline{CD}$;

i) **C** é ponto médio de $\overline{BD}$.

29 Os pontos médios dos lados do triângulo ABC são R(2, 2), S(−3, 1) e T(1, −4). Quais são as coordenadas dos vértices do triângulo?

▶ Mediana e baricentro

Chamamos **mediana de um triângulo** o segmento cujas extremidades são um dos vértices desse triângulo e o ponto médio do lado oposto a esse vértice. Um triângulo possui três medianas. A Geometria analítica possibilita conhecer as medidas das medianas de um triângulo.

Seja ABC o triângulo a seguir, de vértices A(1, 1), B(−1, 3) e C(6, 4).

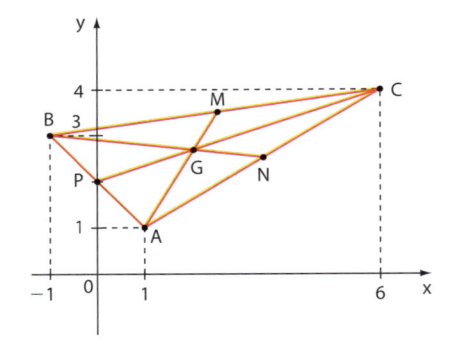

Vamos determinar a medida da mediana relativa ao lado $\overline{BC}$:

- O ponto médio (**M**) de $\overline{BC}$ é dado por:

$$\left(\dfrac{x_B + x_C}{2}, \dfrac{y_B + y_C}{2}\right) = \left(\dfrac{-1 + 6}{2}, \dfrac{3 + 4}{2}\right) \Rightarrow M\left(\dfrac{5}{2}, \dfrac{7}{2}\right)$$

- O comprimento da mediana $\overline{AM}$ é obtido calculando-se a distância entre **A** e **M**:

$$d_{AM} = \sqrt{\left(1 - \dfrac{5}{2}\right)^2 + \left(1 - \dfrac{7}{2}\right)^2} = \sqrt{\left(-\dfrac{3}{2}\right)^2 + \left(-\dfrac{5}{2}\right)^2} =$$

$$= \sqrt{\dfrac{9}{4} + \dfrac{25}{4}} = \sqrt{\dfrac{34}{4}} = \dfrac{\sqrt{34}}{2}$$

Por meio de um procedimento análogo, podemos determinar o comprimento das medianas $\overline{BN}$ e $\overline{CP}$.

As três medianas intersectam-se no ponto **G**, indicado na figura anterior. O ponto de encontro das três medianas de um triângulo é chamado **baricentro** do triângulo. Veremos a seguir como podemos determinar as coordenadas do baricentro.

Determinação das coordenadas do baricentro de um triângulo

Sejam A(x_A, y_A), B(x_B, y_B) e C(x_C, y_C) três pontos não alinhados do plano cartesiano. Consideremos o triângulo ABC.

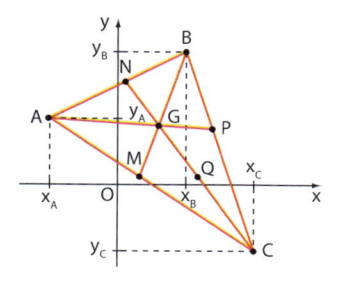

As três medianas relativas aos lados $\overline{AB}$, $\overline{BC}$ e $\overline{AC}$ são, respectivamente, $\overline{CN}$, $\overline{AP}$ e $\overline{BM}$. Elas se encontram no ponto **G**, baricentro do triângulo.

Vamos obter as coordenadas de **G**. Para isso, é preciso lembrar uma importante propriedade da Geometria plana: o baricentro do triângulo divide cada mediana em dois segmentos cujas medidas estão na razão 2:1, ou melhor, o segmento que tem um vértice como uma de suas extremidades mede o dobro do outro. Veja, por exemplo, a mediana $\overline{CN}$, que fica dividida em dois segmentos: $\overline{CG}$ e $\overline{GN}$, com $CG = 2GN$.

Temos:

• **N** é ponto médio de $\overline{AB}$ $\Rightarrow$
$$\begin{cases} x_N = \dfrac{x_A + x_B}{2} & ① \\[2mm] y_N = \dfrac{y_A + y_B}{2} & ② \end{cases}$$

• **Q** é ponto médio de $\overline{CG}$ $\Rightarrow$
$$\begin{cases} x_Q = \dfrac{x_G + x_C}{2} & ③ \\[2mm] y_Q = \dfrac{y_G + y_C}{2} & ④ \end{cases}$$

• **G** é ponto médio de $\overline{QN}$ $\Rightarrow$
$$\begin{cases} x_G = \dfrac{x_Q + x_N}{2} & ⑤ \\[2mm] y_G = \dfrac{y_Q + y_N}{2} & ⑥ \end{cases}$$

Substituindo ① e ③ em ⑤, vem:

$$x_G = \frac{x_Q}{2} + \frac{x_N}{2} \Rightarrow x_G = \frac{x_G + x_C}{4} + \frac{x_A + x_B}{4} \Rightarrow$$

$$\Rightarrow \frac{3x_G}{4} = \frac{x_A + x_B + x_C}{4} \Rightarrow x_G = \frac{x_A + x_B + x_C}{3}$$

Analogamente, substituindo ② e ④ em ⑥, podemos concluir que $y_G = \dfrac{y_A + y_B + y_C}{3}$.

Assim, as coordenadas de **G** são $\left(\dfrac{x_A + x_B + x_C}{3}, \dfrac{y_A + y_B + y_C}{3} \right)$. Logo:

> As coordenadas do baricentro de um triângulo são as médias aritméticas das coordenadas dos vértices do triângulo.

EXEMPLO 8

Considerando o triângulo ABC da página *650*, as coordenadas de seu baricentro são:

$$x_G = \frac{x_A + x_B + x_C}{3} = \frac{1 + (-1) + 6}{3} = 2$$

$$y_G = \frac{y_A + y_B + y_C}{3} = \frac{1 + 3 + 4}{3} = \frac{8}{3}$$

Logo, $G\left(2, \dfrac{8}{3}\right)$.

EXERCÍCIOS

30 Em cada caso, determine o comprimento das medianas do triângulo ABC:

a) A(7, 8), B(3, 3), C(4, 0);

b) A(5, −2), B(4, −4), C(1, −3);

c) A(−2, 3), B(3, −2), C(−5, −6).

31 Determine, em cada item, as coordenadas do baricentro do triângulo ABC:

a) A(3, 6), B(2, −3), C(0, 9);

b) A(−1, 5), B(5, −9), C(4, 0);

c) A(0, 2), B(3, 0), C(4, 5).

Faça uma figura para cada item.

▶ Condição de alinhamento de três pontos

Para que três pontos distintos estejam alinhados, suas coordenadas devem obedecer a uma condição que será deduzida com a utilização da figura ao lado, na qual $A(x_1, y_1)$, $B(x_2, y_2)$ e $C(x_3, y_3)$ estão na mesma reta.

Os triângulos retângulos BCE e ABD são semelhantes.

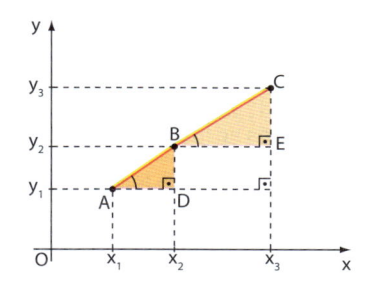

Decorre a proporção $\dfrac{BE}{AD} = \dfrac{CE}{BD}$, que pode ser escrita como $\dfrac{x_3 - x_2}{x_2 - x_1} = \dfrac{y_3 - y_2}{y_2 - y_1}$. Desenvolvendo essa expressão, obtemos:

$(x_3 - x_2)(y_2 - y_1) - (x_2 - x_1)(y_3 - y_2) = 0$. Daí:

$x_3 y_2 - x_3 y_1 - x_2 y_2 + x_2 y_1 - x_2 y_3 + x_2 y_2 + x_1 y_3 - x_1 y_2 = 0$, ou, ainda:

$x_1 y_2 + x_3 y_1 + x_2 y_3 - x_3 y_2 - x_1 y_3 - x_2 y_1 = 0$

Essa última expressão pode ser escrita sob a forma de determinante: $\begin{vmatrix} x_1 & y_1 & 1 \\ x_2 & y_2 & 1 \\ x_3 & y_3 & 1 \end{vmatrix} = 0$.

OBSERVAÇÕES

Se os pontos **A**, **B** e **C** pertencessem a uma reta paralela a um dos eixos (ao eixo **x**, por exemplo), o determinante também se anularia.

De fato, teríamos:

$y_1 = y_2 = y_3$ e $\begin{vmatrix} x_1 & y_1 & 1 \\ x_2 & y_1 & 1 \\ x_3 & y_1 & 1 \end{vmatrix} =$

$= x_1 y_1 + x_3 y_1 + x_2 y_1 - x_3 y_1 - x_1 y_1 - x_2 y_1 = 0$

Concluímos, então, que:

> Se três pontos distintos $A(x_1, y_1)$, $B(x_2, y_2)$ e $C(x_3, y_3)$ são colineares, então:
>
> $$D = \begin{vmatrix} x_1 & y_1 & 1 \\ x_2 & y_2 & 1 \\ x_3 & y_3 & 1 \end{vmatrix} = 0$$

Vamos verificar agora que a recíproca dessa propriedade também é verdadeira, isto é, se $D = 0$, então os pontos são colineares.

Se o determinante é igual a zero, como vimos, podemos escrever:

$$(x_2 - x_1) \cdot (y_3 - y_2) = (x_3 - x_2) \cdot (y_2 - y_1)$$

Temos as seguintes possibilidades:

1ª) Se $x_3 - x_2 = 0$, isto é, $x_3 = x_2$, podemos ter:
$x_2 - x_1 = 0 \Rightarrow x_1 = x_2 = x_3$ e, portanto, **A**, **B** e **C** seriam colineares por pertencerem a uma mesma reta paralela ao eixo **y**

ou

$y_3 - y_2 = 0 \Rightarrow y_3 = y_2$ e, daí, B = C; não pode ocorrer, pois estamos admitindo que os três pontos são distintos.

2ª) Se $y_2 - y_1 = 0$, isto é, $y_1 = y_2$, podemos ter:
$x_2 - x_1 = 0 \Rightarrow x_1 = x_2$ e, daí, A = B; não pode ocor-

rer, pois estamos admitindo que os três pontos são distintos

ou

$y_3 - y_2 = 0 \Rightarrow y_3 = y_2 = y_1$ e, portanto, **A**, **B** e **C** seriam colineares por pertencerem a uma mesma reta paralela ao eixo **x**.

3ª) Se $x_3 - x_2 \neq 0$ e $y_2 - y_1 \neq 0$, teríamos:

$(x_2 - x_1) \cdot (y_3 - y_2) = (x_3 - x_2) \cdot (y_2 - y_1) \Rightarrow$

$\Rightarrow \dfrac{x_2 - x_1}{x_3 - x_2} = \dfrac{y_2 - y_1}{y_3 - y_2}$

Assim, os triângulos ABD e BCE seriam retângulos com lados proporcionais, isto é, seriam triângulos retângulos semelhantes.

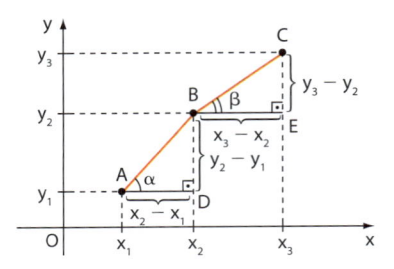

Consequentemente, teríamos $\alpha = \beta$, e os pontos **A**, **B** e **C** seriam colineares.

Assim, acabamos de verificar que:

Se $D = \begin{vmatrix} x_1 & y_1 & 1 \\ x_2 & y_2 & 1 \\ x_3 & y_3 & 1 \end{vmatrix} = 0$, em que $A(x_1, y_1)$, $B(x_2, y_2)$

e $C(x_3, y_3)$, então **A**, **B** e **C** são colineares.

EXEMPLO 9

Observe que os pontos $A(-2, -1)$, $B(0, 3)$ e $C(2, 7)$ estão alinhados.

De fato, o determinante $\begin{vmatrix} -2 & -1 & 1 \\ -0 & -3 & 1 \\ -2 & -7 & 1 \end{vmatrix}$ é nulo.

Veja:

$$-6 + 0 - 2 - 6 + 14 + 0 = 0$$

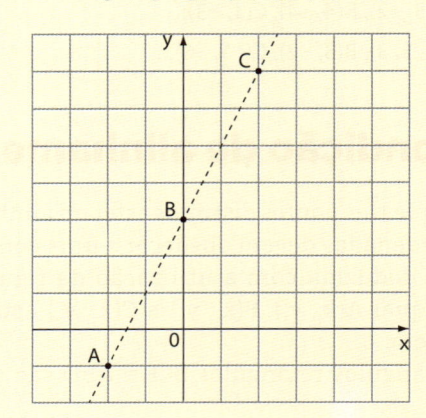

Para verificar se os pontos A(−4, −6), B(3, 15) e C(−2, 0) estão alinhados, montamos o determinante $\begin{vmatrix} -4 & -6 & 1 \\ -3 & 15 & 1 \\ -2 & -0 & 1 \end{vmatrix}$.

Desenvolvendo-o, temos:

−60 + 12 + 0 + 30 + 18 + 0 = −60 + 60 = 0

e os pontos **A**, **B** e **C** são colineares.

EXERCÍCIOS **RESOLVIDOS**

3 Determinar o valor de **m** de modo que (−2, 7), (1, −2) e (m, −11) estejam alinhados.

Solução:

Devemos impor a condição de alinhamento D = 0,

ou seja: $\begin{vmatrix} -2 & 7 & 1 \\ m & -11 & 1 \\ 1 & -2 & 1 \end{vmatrix} = 0$

Temos: $22 + 7 - 2m + 11 - 4 - 7m = 0 \Rightarrow$
$\Rightarrow 9m = 36 \Rightarrow m = 4$

Assim, os pontos (−2, 7), (1, −2) e (4, −11) pertencem a uma única reta.

4 Obter o ponto comum às retas $\overleftrightarrow{AB}$ e $\overleftrightarrow{CD}$, sendo A(−3, 4), B(2, 9), C(2, 7) e D(4, 5).

Solução:

Seja $P(x_P, y_P)$ o ponto de interse-ção das retas $\overleftrightarrow{AB}$ e $\overleftrightarrow{CD}$:

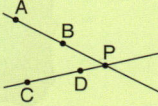

Temos:

• **A**, **B** e **P** são colineares $\Rightarrow$ D = 0 $\Rightarrow$

$\Rightarrow \begin{vmatrix} -3 & 4 & 1 \\ 2 & 9 & 1 \\ x_P & y_P & 1 \end{vmatrix} = 0 \Rightarrow 5x_P - 5y_P + 35 = 0 \Rightarrow$

$\Rightarrow x_P - y_P = -7$ ①

• **C**, **D** e **P** são colineares $\Rightarrow$ D = 0 $\Rightarrow$

$\Rightarrow \begin{vmatrix} 2 & 7 & 1 \\ 4 & 5 & 1 \\ x_P & y_P & 1 \end{vmatrix} = 0 \Rightarrow$

$\Rightarrow 2x_P + 2y_P - 18 = 0 \Rightarrow x_P + y_P = 9$ ②

De ① e ②, segue o sistema $\begin{cases} x_P - y_P = -7 \\ x_P + y_P = 9 \end{cases}$, cuja

solução é $x_P = 1$ e $y_P = 8$. Assim, o ponto comum às retas $\overleftrightarrow{AB}$ e $\overleftrightarrow{CD}$ é P(1, 8).

EXERCÍCIOS

32 Verifique, em cada caso, se os três pontos estão ali-nhados e represente-os no plano cartesiano.

a) (1, 1), (2, 2), (3, 3).

b) (−2, 2), (−5, 5), (−10, 10).

c) (3, −4), (6, −8), (4, 7).

d) (−2, 5), (−6, 9), (3, −6).

33 Determine os valores de **x** e **y**, com y = 2x, para que A(1, 5), B(−2, 3) e C(x, y) sejam colineares.

34 Determine o valor de **k** para que os pontos A(k, 3), B(0, k) e C(k + 1, k − 2) não formem um triângulo.

35 Determine o valor de **p** para que os pontos A(p, p), B(5, 3) e C(p, 2) sejam vértices de um triângulo.

36 Sabendo que A(5, −1), B(3, 2) e **C** são colineares, determine as coordenadas de **C** no caso em que ele pertence:

a) ao eixo das abscissas;

b) ao eixo das ordenadas;

c) à primeira bissetriz;

d) à segunda bissetriz.

37 Determine o ponto comum às retas $\overleftrightarrow{AB}$ e $\overleftrightarrow{CD}$, no caso em que:

a) A(1, 2), B(−5, 6), C(3, 3), D(4, −1).

b) A(−3, −6), B(0, 0), C(2, 5), D(−7, 4).

c) A(3, 6), B(4, 7), C(−1, −2), D(−4, −3).

38 Uma reta passa pelos pontos (3, k) e (k, −2). Determine o valor de **k** no caso em que ela intersecta um dos eixos no:

a) ponto de ordenada −3;

b) ponto de abscissa 4.

EXERCÍCIOS COMPLEMENTARES

1 (UF-BA) Considerando, no plano cartesiano, os pontos A(x, 0), B(1, 0) e C(4, 0), determine todos os valores de **x** para os quais a soma da distância de **A** a **B** e da distância de **A** a **C** seja menor ou igual a 7.

2 (Vunesp-SP) Sejam P(a, b), Q(1, 3) e R(−1, −1) pontos do plano. Se a + b = 7, determine **P** de modo que **P**, **Q** e **R** sejam colineares.

3 Os pontos A(−1, 3), B(2, −1) e C(x, y) são colineares. Determine o ponto **C** e indique a que quadrante ele pertence no caso em que:

a) **C** está localizado entre **A** e **B** e $AC = \frac{2}{5} \cdot AB$;

b) **C** é exterior ao segmento $\overline{AB}$ e $AC = 2 \cdot AB$;

c) **C** é exterior ao segmento $\overline{AB}$ e $AC = \frac{5}{4} \cdot AB$.

4 Dados $A\left(\frac{1}{2}, 3\right)$ e B(−1, 2), calcule a distância da origem ao ponto médio de $\overline{AB}$.

5 Um triângulo tem vértices nos pontos A(−1, −2), B(3, 4) e C(5, 1). Calcule:

a) o comprimento de seus lados;

b) o comprimento de suas três medianas.

6 Os pontos A(−2, 0) e B(0, 2) são vértices de um quadrado. Determine os outros vértices, a medida da aresta e da diagonal e a área do quadrado, no caso em que:

a) **A** e **B** são vértices consecutivos;

b) **A** e **B** são vértices não consecutivos.

7 Os pontos (−2, 3), (−2, 7) e (7, 7) são vértices de um quadrilátero. Determine as coordenadas do outro vértice no caso de o quadrilátero ser:

a) um retângulo;

b) um paralelogramo não retângulo.

8 (UF-PE) Sabendo que o paralelogramo com vértices A(0, 0), B(3, b), C(x, y) e D(8, 0) tem 32 cm² de área, analise as afirmações seguintes e identifique as afirmações verdadeiras:

(0-0) O quadrilátero ABCD é um losango.
(1-1) BD mede 5 cm.
(2-2) AC mede $\sqrt{135}$ cm.
(3-3) O perímetro do paralelogramo ABCD mede 26 cm.
(4-4) O triângulo ABD tem área medindo 12 cm².

9 Considere o triângulo ABC, em que A(0, 3), B($\sqrt{3}$, 0) e **C** localiza-se no 1º quadrante. Sabe-se que $A\hat{B}C = 90°$ e $B\hat{A}C = 60°$. Determine as coordenadas de **C**.

10 (UF-PR) Calcule a área do quadrilátero $P_1P_2P_3P_4$, cujas coordenadas cartesianas são dadas na figura abaixo.

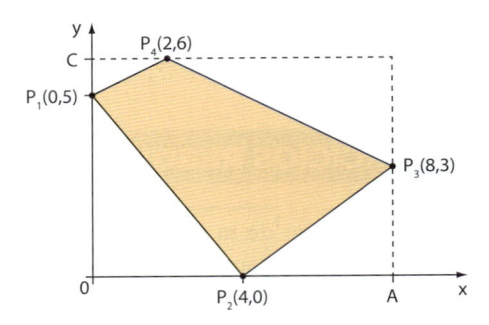

11 (Vunesp-SP) Chegou às mãos do Capitão Jack Sparrow, do Pérola Negra, o mapa da localização de um grande tesouro enterrado em uma ilha do Caribe.

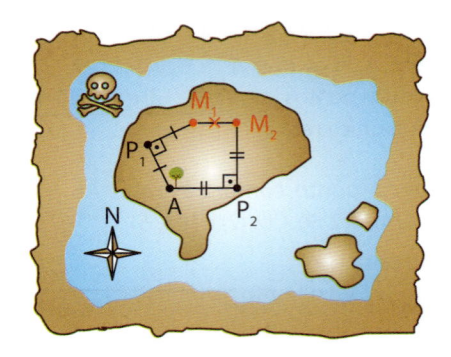

Ao aportar na ilha, Jack, examinando o mapa, descobriu que P_1 e P_2 se referem a duas pedras distantes 10 m em linha reta uma da outra, que o ponto **A** se refere a uma árvore já não mais existente no local e que

a) ele deve determinar um ponto M_1 girando o segmento P_1A em um ângulo de 90° no sentido anti-horário, a partir de P_1;

b) ele deve determinar um ponto M_2 girando o segmento P_2A em um ângulo de 90° no sentido horário, a partir de P_2;

c) o tesouro está enterrado no ponto médio do segmento M_1M_2.

Jack, como excelente navegador, conhecia alguns conceitos matemáticos. Pensou por alguns instantes e introduziu um sistema de coordenadas retangulares com origem em P_1 e com o eixo das abscissas passando por P_2. Fez algumas marcações e encontrou o tesouro. [...] [Em seu caderno, desenhe o] plano cartesiano definido por Jack Sparrow, determine as coordenadas do ponto de localização do tesouro e marque [...] o ponto P_2 e o ponto do local do tesouro.

12 (UF-GO) Um caçador de tesouros encontrou um mapa que indicava a localização exata de um tesouro com as seguintes instruções:

"Partindo da pedra grande e seguindo 750 passos na direção norte, 500 passos na direção leste e 625 passos na direção nordeste, um tesouro será encontrado."

Para localizar o tesouro, ele utilizou um plano cartesiano, representado pela figura a seguir. Neste plano a escala utilizada foi de 1:100, as medidas são dadas em centímetros e o ponto **A** representa a pedra grande indicada nas instruções.

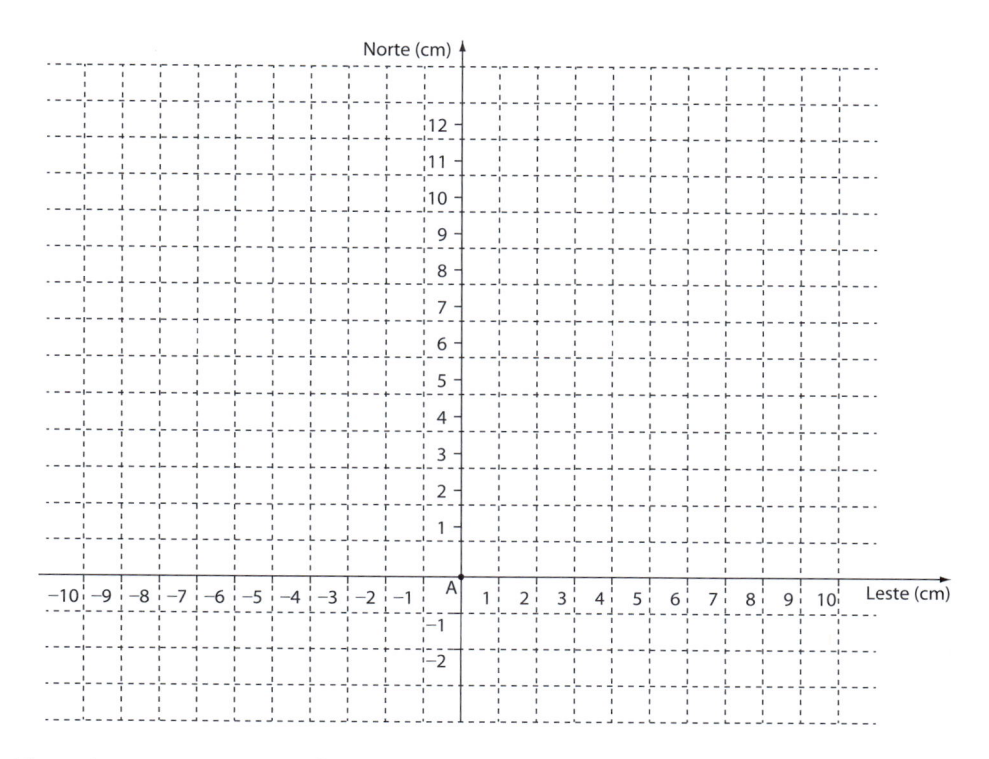

Considerando que um passo mede 80 cm, encontre as coordenadas, no plano cartesiano, do ponto onde se encontra o tesouro e calcule a distância percorrida, em metros, pelo caçador de tesouros para encontrá-lo.

13 Considere o maior retângulo que tem seus lados apoiados sobre os dois eixos cartesianos e um vértice no ponto (5, 4). Determine:

a) as coordenadas dos outros vértices;

b) a medida dos lados e da diagonal;

c) as coordenadas do ponto de encontro das diagonais;

d) as coordenadas dos pontos médios dos lados.

14 O segmento $\overline{OP}$ da figura abaixo sofrerá uma rotação de 90° no sentido anti-horário em relação ao ponto **O**, gerando o segmento $\overline{OP'}$. Determine as coordenadas de **P'**.

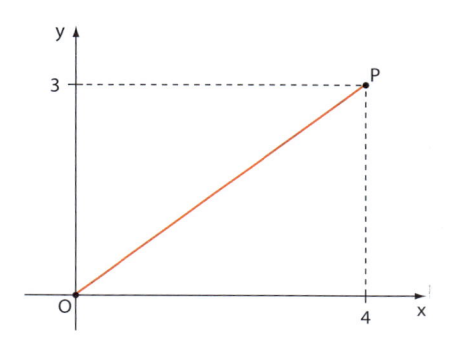

TESTES

1 (UF-RS) O pentágono regular representado abaixo tem o centro na origem do sistema de coordenadas e um vértice no ponto (0, 2).

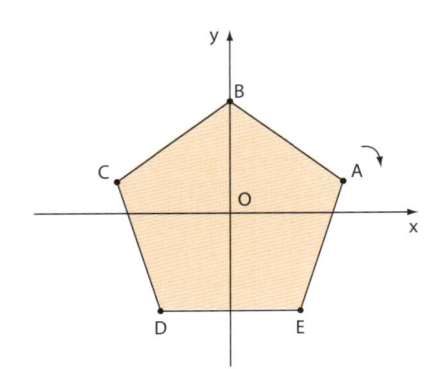

Girando esse pentágono, no plano XOY, em torno de seu centro, de um ângulo de 228° no sentido horário, as novas coordenadas do vértice **A** serão:

a) $(-\sqrt{3}, 1)$ **c)** $(-1, \sqrt{3})$ **e)** $(-1, -\sqrt{3})$

b) $(\sqrt{3}, -1)$ **d)** $(1, -\sqrt{3})$

2 (UE-PB) Se o ponto $P(x - 1, \ 3 - 2x)$ do plano está no segundo quadrante do sistema de eixos ortogonais, então:

a) $x < 1$ **d)** $\dfrac{3}{2} < x < 1$

b) $x > 1$ **e)** $x > \dfrac{3}{2}$

c) $x < \dfrac{3}{2}$

3 (Unifesp-SP) Um ponto do plano cartesiano é representado pelas coordenadas $(x + 3y, -x - y)$ e também por $(4 + y, 2x + y)$, em relação a um mesmo sistema de coordenadas. Nestas condições, $\mathbf{x}^y$ é igual a:

a) −8   **c)** 1   **e)** 9

b) −6   **d)** 8

4 (UF-RS) Em um sistema de coordenadas cartesianas, serão traçados triângulos isósceles. Os vértices da base do primeiro triângulo são os pontos A(−1; 2) e B(2; 2); os vértices da base do segundo triângulo são C(3,5; 2) e D(6,5; 2); o terceiro triângulo tem os vértices de sua base nos pontos E(8; 2) e F(11; 2). Prosseguindo com esse padrão de construção, obtém-se uma sequência de triângulos.
Com base nesses dados, é correto afirmar que a abscissa do vértice oposto à base do 18º triângulo é:

a) 74,5   **c)** 76   **e)** 77

b) 75,5   **d)** 76,5

5 (Obmep) O quadrado da figura tem um vértice na origem, outro no ponto (10, 7) e um terceiro no ponto (a, b). Qual é o valor de a + b?

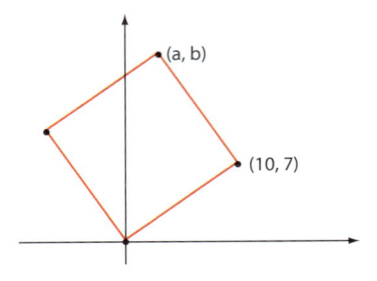

a) 20   **c)** 22   **e)** 24

b) 21   **d)** 23

6 (PUC-RJ) Se os pontos A(−1, 0), B(1, 0) e C(x, y) são vértices de um triângulo equilátero, então a distância entre **A** e **C** é:

a) 1   **c)** 4   **e)** $\sqrt{3}$

b) 2   **d)** $\sqrt{2}$

7 (PUC-SP) Em um sistema de eixos cartesianos ortogonais, seja o paralelogramo ABCD em que A(5, 4), B(−3, −2) e C(1, −5). Se AC é uma das diagonais desse paralelogramo, a medida da outra diagonal, em unidades de comprimento, é:

a) $3\sqrt{17}$ **c)** $6\sqrt{17}$ **e)** $9\sqrt{17}$

b) $6\sqrt{15}$ **d)** $9\sqrt{15}$

8 (UF-MG) Nesta figura, está representado um quadrado de vértices ABCD:

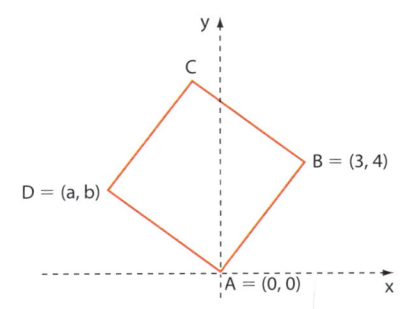

Sabe-se que as coordenadas cartesianas dos pontos **A** e **B** são A(0, 0) e B(3, 4).
Então, é correto afirmar que o resultado da soma das coordenadas do vértice **D** é:

a) −2   **c)** $-\dfrac{1}{2}$

b) −1   **d)** $-\dfrac{3}{2}$

9 (Fuvest-SP) Considere o triângulo ABC no plano cartesiano com vértices A(0, 0), B(3, 4) e C(8, 0). O retângulo MNPQ tem os vértices **M** e **N** sobre o eixo das abscissas, o vértice **Q** sobre o lado AB e o vértice **P** sobre o lado BC. Dentre todos os retângulos construídos desse modo, o que tem área máxima é aquele em que o ponto **P** é:

a) $\left(4, \dfrac{16}{5}\right)$ **d)** $\left(\dfrac{11}{2}, 2\right)$

b) $\left(\dfrac{17}{4}, 3\right)$ **e)** $\left(6, \dfrac{8}{5}\right)$

c) $\left(5, \dfrac{12}{5}\right)$

10 (Cefet-MG) Dados os pontos A(1, 1), B(9, 2) e C(5, 8), o triângulo ABC é:

a) equilátero.

b) isósceles e retângulo.

c) escaleno, não retângulo.

d) isósceles, não retângulo.

e) retângulo, não isósceles.

11 (PUC-SP) Dois navios navegavam pelo Oceano Atlântico, supostamente plano: **X**, à velocidade constante de 16 milhas por hora, e **Y** à velocidade constante de 12 milhas por hora. Sabe-se que às 15 horas de certo dia **Y** estava exatamente 72 milhas ao sul de **X** e que, a partir de então, **Y** navegou em linha reta para o leste, enquanto **X** navegou em linha reta para o sul, cada qual mantendo suas respectivas velocidades. Nessas condições, às 17 horas e 15 minutos do mesmo dia, a distância entre **X** e **Y**, em milhas, era:

a) 45   **c)** 50   **e)** 58

b) 48   **d)** 55

12 (PUC-RJ) O ponto B(3, b) é equidistante dos pontos A(6, 0) e C(0, 6). Logo, o ponto **B** é:

a) (3, 1)   **c)** (3, 3)   **e)** (3, 0)

b) (3, 6)   **d)** (3, 2)

13 (Ibmec-RJ) Considere o triângulo ABC, onde A(2, 3), B(10, 9) e C(10, 3) representam as coordenadas dos seus vértices no plano cartesiano. Se **M** é o ponto médio do lado $\overline{AB}$, então, a medida de $\overline{MC}$ vale:

a) $2\sqrt{3}$ **c)** 5   **e)** 6

b) 3   **d)** $3\sqrt{2}$

14 (PUC-MG) Os catetos $\overline{AC}$ e $\overline{AB}$ de um triângulo retângulo estão sobre os eixos de um sistema cartesiano. Se M(−1, 3) for o ponto médio da hipotenusa $\overline{BC}$, é

correto afirmar que a soma das coordenadas dos vértices desse triângulo é igual a:

a) −4   **c)** 1

b) −1   **d)** 4

15 (Cefet-AM) Sabe-se que M(a, b) é o ponto médio do segmento $\overline{AB}$. Se A(−6, 9) e B(−2, −5), então as coordenadas do ponto **M** são:

a) (4, 7)   **c)** (−4, −7)   **e)** (−2, −4)

b) (8, −2)   **d)** (−4, 2)

16 (PUC-RJ) Seja $d_{(P, Q)}$ a distância entre os pontos **P** e **Q**. Considere A(−1, 0) e B(1, 0) pontos do plano. O número de pontos X(x, y) tais que $d_{(X, B)} = \dfrac{1}{2}d_{(X, A)} = \dfrac{1}{2}d_{(A, B)}$ é igual a:

a) 0   **c)** 2   **e)** 4

b) 1   **d)** 3

17 (ITA-SP) Sejam A(0, 0), B(0, 6) e C(4, 3) vértices de um triângulo. A distância do baricentro deste triângulo ao vértice **A**, em unidades de distância, é igual a:

a) $\dfrac{5}{3}$ **d)** $\dfrac{\sqrt{5}}{3}$

b) $\dfrac{\sqrt{97}}{3}$ **e)** $\dfrac{10}{3}$

c) $\dfrac{\sqrt{109}}{3}$

18 (U. F. São Carlos-SP) Um bairro de uma cidade está representado de forma esquemática sobre um plano cartesiano, conforme mostra a área laranja na figura.

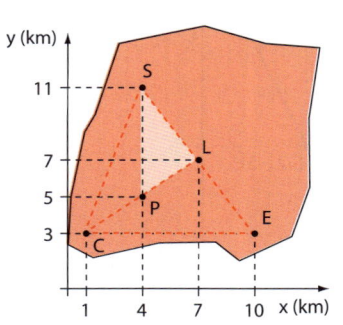

Os pontos **C**, **S** e **E** delimitam a área a ser revitalizada pela prefeitura e, dentro dessa área, o triângulo de vértices **P**, **S** e **L** delimita a área onde será construído um espaço de lazer para a população.

Sabendo-se que todas as coordenadas desse plano cartesiano estão em km, é correto concluir que a área, em km², destinada ao espaço de lazer, é:

a) 6   **c)** 8   **e)** 10

b) 7   **d)** 9

A reta

▶ Introdução

Observe abaixo a reta **r**, que passa por vários pontos cujas coordenadas são conhecidas.

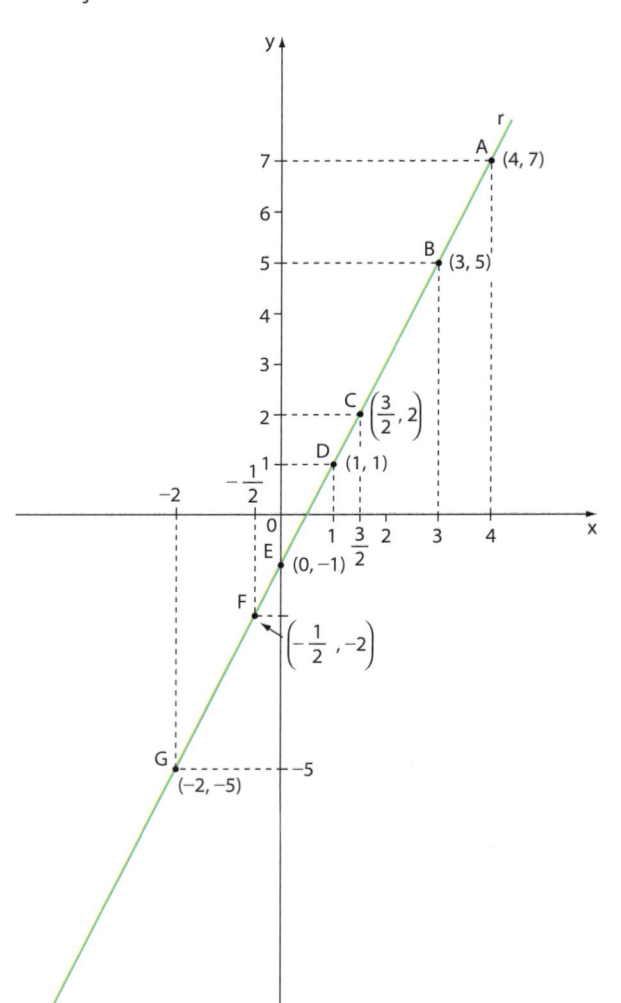

Um ponto P(x, y) qualquer pertencerá a **r** se estiver alinhado a dois pontos quaisquer de **r**, por exemplo **A** e **B**:

A, **B** e **P** colineares $\Rightarrow$ D = 0 $\Rightarrow$ $\begin{vmatrix} 4 & 7 & 1 \\ 3 & 5 & 1 \\ x & y & 1 \end{vmatrix}$ = 0 $\Rightarrow$

$\Rightarrow 20 + 7x + 3y - 5x - 4y - 21 = 0 \Rightarrow$

$\Rightarrow 2x - y - 1 = 0$ ①

Se tivéssemos escolhido os pontos **E** e **F**, teríamos:

E, **F** e **P** colineares $\Rightarrow$ D = 0 $\Rightarrow$ $\begin{vmatrix} 0 & -1 & 1 \\ -\dfrac{1}{2} & -2 & 1 \\ x & y & 1 \end{vmatrix}$ = 0 $\Rightarrow$

$\Rightarrow -x - \dfrac{1}{2} y + 2x - \dfrac{1}{2} = 0 \Rightarrow$

$\Rightarrow x - \dfrac{1}{2} y - \dfrac{1}{2} = 0$ ②

As expressões obtidas em ① e ② são equivalentes (observe que, se dividirmos os coeficientes de ① por 2, obtemos ②) e nos mostram a relação que **x** e **y** devem satisfazer a fim de que um ponto P(x, y) pertença a **r**.

A reta **r** pode ser analiticamente descrita por uma dessas equações ou por qualquer outra equivalente, dependendo dos pontos escolhidos. Cada uma delas é chamada **equação geral de *r***.

▶ Equação geral da reta

A toda reta **r** do plano cartesiano está associada pelo menos uma equação do tipo ax + by + c = = 0, em que **a**, **b** e **c** são números reais, com **a** e **b** não nulos simultaneamente, e **x** e **y** são as coordenadas de um ponto P(x, y) genérico de **r**. Costuma-se escrever r: ax + by + c = 0.

Vamos demonstrar essa propriedade.

Sejam Q(x_1, y_1) e R(x_2, y_2) dois pontos distintos do plano cartesiano, e r = $\overline{QR}$ é a reta determinada por **Q** e **R**.

Um ponto genérico de **r** é P(x, y), isto é, **P** é um ponto que "percorre" **r**.

Como **P**, **Q** e **R** estão alinhados, devemos ter $D = 0$, isto é:

$$\begin{vmatrix} x & y & 1 \\ x_1 & y_1 & 1 \\ x_2 & y_2 & 1 \end{vmatrix} = 0 \Rightarrow xy_1 + yx_2 + x_1y_2 - x_2y_1 - xy_2 - yx_1 = 0$$

$$x(y_1 - y_2) + y(x_2 - x_1) + (x_1y_2 - x_2y_1) = 0 \;\circledast$$

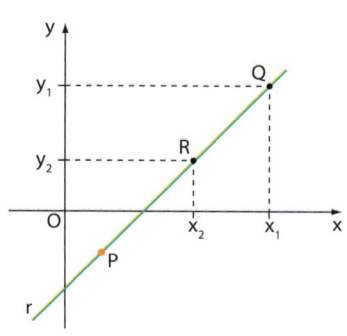

Como x_1, y_1, x_2 e y_2 são números reais conhecidos, podemos fazer: $y_1 - y_2 = a$, $x_2 - x_1 = b$ e $x_1y_2 - x_2y_1 = c$, e obtemos em : $ax \;\circledast\; + by + c = 0$, que é chamada **equação geral de r**.

OBSERVAÇÕES

Na demonstração acima podemos entender o porquê de **a** e **b** serem coeficientes não nulos simultaneamente:

$$\left.\begin{array}{l} \text{Se } a = 0,\, y_1 - y_2 = 0 \Rightarrow y_1 = y_2 \\ \text{Se } b = 0,\, x_2 - x_1 = 0 \Rightarrow x_1 = x_2 \end{array}\right\} \Rightarrow Q = R,$$

o que é absurdo, pois admitimos que **Q** e **R** são pontos distintos. Logo, não podemos ter **a** e **b** simultaneamente nulos.

EXEMPLO 1

Para obter a equação geral da reta **r** que passa pelos pontos A(3, 2) e B(−2, −1), basta impor a condição de alinhamento para **A**, **B** e P(x, y), ponto genérico de **r**:

$$\begin{vmatrix} 3 & 2 & 1 \\ -2 & -1 & 1 \\ x & y & 1 \end{vmatrix} = 0$$

Calculando o determinante, temos:

$-3 + 2x - 2y + x - 3y + 4 = 0 \Rightarrow$
$\Rightarrow 3x - 5y + 1 = 0$

E **r** é dada por r: $3x - 5y + 1 = 0$.

O ponto C(2, 1) não pertence a **r**. De fato, suas coordenadas não satisfazem a equação de **r**:

$$3 \cdot 2 - 5 \cdot 1 + 1 = 0 \Rightarrow 2 = 0 \text{ (falso)}$$

Já o ponto $D\left(-1, -\dfrac{2}{5}\right)$ pertence a **r**:

$$3 \cdot (-1) - 5 \cdot \left(-\frac{2}{5}\right) + 1 = -3 + 2 + 1 = 0$$

▶ Casos particulares

Se um dos coeficientes da equação geral de uma reta ($ax + by + c = 0$) é igual a zero, a reta apresenta uma propriedade especial. Temos três casos:

- $a = 0 \Leftrightarrow y_1 - y_2 = 0 \Leftrightarrow y_1 = y_2$, isto é, dois pontos distintos dessa reta possuem a mesma ordenada.

  Desse modo, se a equação não tem termo em **x**, a reta é paralela ao eixo **x**.

EXEMPLO 2

Uma equação para a reta **r** representada a seguir é:

$$2y + 1 = 0 \Leftrightarrow y = -\frac{1}{2}$$

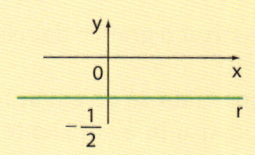

- $b = 0 \Leftrightarrow x_2 - x_1 = 0 \Rightarrow x_1 = x_2$, isto é, dois pontos distintos dessa reta possuem a mesma abscissa.

  Assim, se a equação não tem termo em **y**, a reta é paralela ao eixo **y**.

EXEMPLO 3

Uma equação para a reta **s** representada a seguir é:

$$-x + 3 = 0 \Leftrightarrow x = 3$$

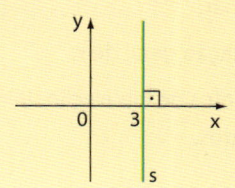

- $c = 0 \Leftrightarrow ax + by = 0$

Nesse caso, para todo $a \in \mathbb{R}^*$ e $b \in \mathbb{R}^*$, o par ordenado $(0, 0)$ satisfaz a equação: $a \cdot 0 + b \cdot 0 = 0$.

Desse modo, se a equação não tem termo independente, a reta passa pela origem.

EXEMPLO 4

As retas de equações $3x - 2y = 0$ e $x + 7y = 0$ passam pelo ponto $(0, 0)$.

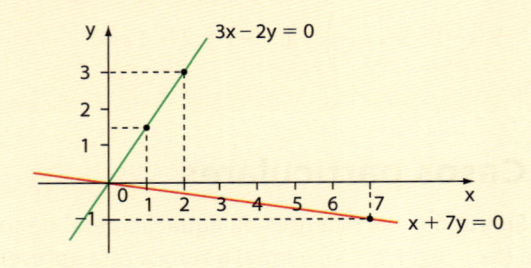

▶ Recíproca da propriedade

A toda equação da forma $ax + by + c = 0$, com $a, b, c \in \mathbb{R}$, $a \neq 0$ ou $b \neq 0$, está associada uma única reta r do plano cartesiano, cujos pontos possuem coordenadas (x, y) que satisfazem essa equação.

EXEMPLO 5

Vamos construir o gráfico da relação $3x + 8y - 7 = 0$.

Como vimos, trata-se da equação geral de uma reta. Para construí-la é suficiente conhecer dois de seus pontos:

- Se $x = -3$, temos $3 \cdot (-3) + 8y - 7 = 0 \Rightarrow$ $\Rightarrow 8y = 16 \Rightarrow y = 2$; obtemos o ponto $P(-3, 2)$.
- Se $x = 5$, temos $3 \cdot 5 + 8y - 7 = 0 \Rightarrow$ $\Rightarrow 8y = -8 \Rightarrow y = -1$; obtemos o ponto $Q(5, -1)$.

Demonstração:

Sejam $M(x_M, y_M)$, $N(x_N, y_N)$ e $P(x_P, y_P)$ três pontos distintos cujas coordenadas satisfazem a equação $ax + by + c = 0$. Vamos mostrar que M, N e P estão sobre a mesma reta (admitimos $a \neq 0$ e $b \neq 0$).

Temos:

$$\begin{cases} ax_M + by_M + c = 0 \Rightarrow x_M = \dfrac{-by_M - c}{a} \\ ax_N + by_N + c = 0 \Rightarrow x_N = \dfrac{-by_N - c}{a} \\ ax_P + by_P + c = 0 \Rightarrow x_P = \dfrac{-by_P - c}{a} \end{cases}$$

Calculamos o determinante:

$$\begin{vmatrix} x_M & y_M & 1 \\ x_N & y_N & 1 \\ x_P & y_P & 1 \end{vmatrix} = \begin{vmatrix} \dfrac{-by_M - c}{a} & y_M & 1 \\ \dfrac{-by_N - c}{a} & y_N & 1 \\ \dfrac{-by_P - c}{a} & y_P & 1 \end{vmatrix}$$

Pela Regra de Sarrus, chegamos à conclusão de que o determinante é nulo. Isso implica, como vimos, que os pontos M, N e P são colineares.

Construímos, assim, a reta $\overleftrightarrow{PQ}$:

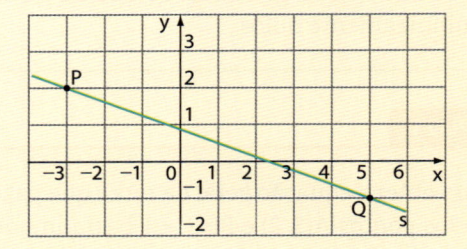

EXERCÍCIOS RESOLVIDOS

1 Seja r a reta que passa pelos pontos $(1, 2)$ e $(-2, 5)$.

Determinar:

a) a equação geral de r;

b) os pontos de interseção de r com os eixos coordenados.

Solução:

a) Seja $P(x, y)$ um ponto genérico de r. Temos:

$$\begin{vmatrix} x & y & 1 \\ 1 & 2 & 1 \\ -2 & 5 & 1 \end{vmatrix} = 0 \Rightarrow 2x - 2y + 5 + 4 - 5x - y = 0 \Rightarrow$$

$$\Rightarrow -3x - 3y + 9 = 0$$

ou, dividindo por 3 seus coeficientes, temos:
r: $-x - y + 3 = 0$.

b) Sejam **M** e **N** os pontos de interseção de **r** com os eixos **x** e **y**, respectivamente.
- Ponto **M**: devemos determinar o ponto de **r** cuja ordenada é nula. Na equação da reta **r**, temos:
$-x - 0 + 3 = 0 \Rightarrow x = 3$; M(3, 0)
- Ponto **N**: devemos determinar o ponto de **r** cuja abscissa é nula. Na equação da reta **r**, temos:
$-0 - y + 3 = 0 \Rightarrow y = 3$; N(0, 3)

2 Determinar os pontos da reta r: $x - 2y = 0$ que distam três unidades da origem. Represente graficamente.

Solução:
Seja P(a, b) um ponto que está na reta **r** e dista 3 unidades da origem. Devemos ter:

$$\begin{cases} a - 2b = 0 \quad \text{①} \\ (a - 0)^2 + (b - 0)^2 = 3^2 \quad \text{②} \end{cases}$$

De ① vem a = 2b, que, substituindo em ②, dá:

$$(2b)^2 + b^2 = 9 \Rightarrow 5b^2 = 9 \Rightarrow b = \pm \frac{3}{\sqrt{5}} = \pm \frac{3\sqrt{5}}{5}$$

Como a = 2b, vem $a = \pm \frac{6\sqrt{5}}{5}$

Portanto:

$$P\left(\frac{6\sqrt{5}}{5}, \frac{3\sqrt{5}}{5}\right) \text{ou } P\left(-\frac{6\sqrt{5}}{5}, -\frac{3\sqrt{5}}{5}\right)$$

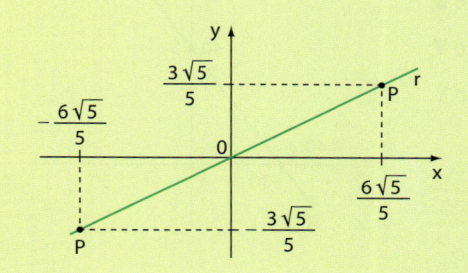

EXERCÍCIOS

1 Verifique quais dentre os pontos $A\left(0, \frac{1}{5}\right)$, $B\left(1, \frac{3}{5}\right)$, $C(-3, -1)$, $D\left(\frac{1}{2}, -\frac{3}{5}\right)$, $E\left(-1, -\frac{2}{5}\right)$ e $F\left(2, \frac{2}{5}\right)$ pertencem à reta de equação $2x - 5y + 1 = 0$. Represente graficamente a reta e os seis pontos.

2 Obtenha, em cada caso, a equação geral da reta que passa pelos pontos **A** e **B**. Represente-a graficamente e determine os pontos **M** e **N** de interseção com os eixos coordenados.

a) A(3, 5) e B(-2, 1).

c) A(-3, 10) e B(0, -2).

b) A(1, -2) e B(2, 3).

d) A(-1, -2) e B(-5, 1).

3 Dadas as retas de equações

r: $3y - 1 = 0$ u: $-y = 2$ w: $\frac{x}{2} + 7y = 0$

s: $2x + 4 = 0$ v: $x = 5$ z: $6x = y$

t: $5x - 2y = 0$

represente-as graficamente e indique quais:

a) são paralelas ao eixo **x**;

b) são paralelas ao eixo **y**;

c) passam pela origem dos eixos.

4 Determine a equação geral de cada uma das retas representadas a seguir.

a)

b)
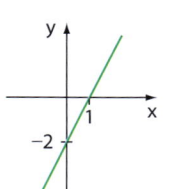

c)
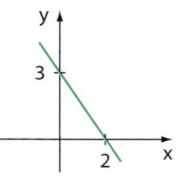

d)
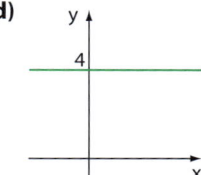

e)
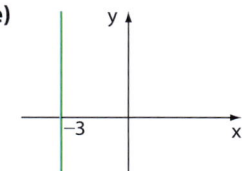

5 Em cada caso, determine o valor da constante **k** para que o ponto **P** pertença à reta **r**.

a) P(k, k + 1) e r: $3x - 2y + 1 = 0$

b) $P\left(\frac{k}{2} - 1, 2k + 1\right)$ e r: $x + 5y - 3 = 0$

6 Na figura seguinte tem-se o mapa de uma região plana em que os pontos **X**, **R**, **S** e **Y** representam cidades ligadas em linha reta por uma rodovia. A unidade de medida de comprimento utilizada no mapa é o quilômetro. Determine a distância entre as cidades:

a) **X** e **R**;

b) **X** e **S**;

c) **X** e **Y**;

d) **R** e **S**;

e) **R** e **Y**;

f) **S** e **Y**.

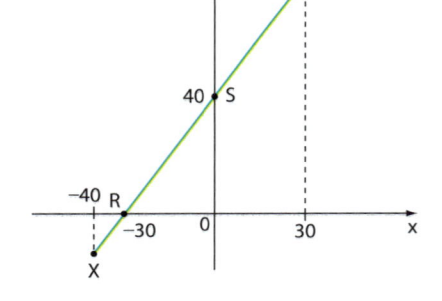

7 O triângulo ABC representado abaixo é equilátero e seus lados medem $6\sqrt{3}$ cm. Determine a equação das retas suportes de seus lados.

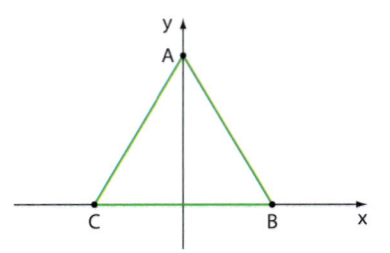

8 A reta de equação $7x + 5y = 3$ intersecta os eixos, de origem **O**, nos pontos **A** e **B**. Determine a equação da reta suporte da mediana do triângulo ABO relativa ao lado $\overline{AB}$.

Interseção de retas

O ponto $P(x_p, y_p)$ de interseção de duas retas concorrentes **r** e **s** pertence evidentemente a cada uma das retas e, por esse motivo, suas coordenadas devem satisfazer as equações de ambas as retas, simultaneamente.

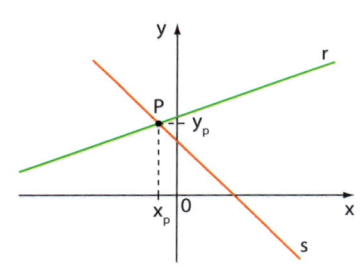

Sejam as retas $r: a_1x + b_1y + c_1 = 0$ e $s: a_2x + b_2y + c_2 = 0$. Substituindo simultaneamente as coordenadas x_p e y_p nas duas equações, temos:

$$\begin{cases} a_1x_p + b_1y_p + c_1 = 0 \\ a_2x_p + b_2y_p + c_2 = 0 \end{cases}$$

que constitui um sistema de duas equações lineares e duas incógnitas (x_p e y_p), o qual, resolvido, fornece as coordenadas do ponto de interseção.

EXEMPLO 6

Para achar o ponto **I** de interseção das retas $r: 2x - y - 1 = 0$ e $s: 4x + 3y - 17 = 0$, devemos simplesmente resolver o sistema $\begin{cases} 2x - y - 1 = 0 \\ 4x + 3y - 17 = 0 \end{cases}$

Isolando **y** na primeira equação, temos $y = 2x - 1$, que substituímos na segunda equação:

$4x + 3(2x - 1) - 17 = 0$

Daí, obtemos $x = 2$ e $y = 3$. Ou seja, $I(2, 3)$ é o ponto comum a **r** e **s**.

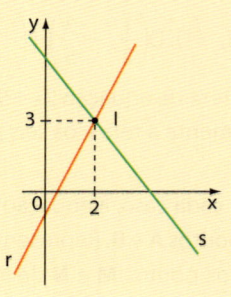

Quando estudamos os sistemas lineares de duas equações e duas incógnitas, no capítulo 21, vimos que há três possibilidades em relação ao número de soluções:

- SPD (sistema possível e determinado): há uma única solução. As duas retas intersectam-se em um único ponto, isto é, são concorrentes.
- SPI (sistema possível e indeterminado): existem infinitas soluções. As duas retas possuem infinitos pontos comuns, isto é, são coincidentes.
- SI (sistema impossível): não existem soluções. As duas retas não possuem ponto de interseção, isto é, são paralelas (distintas).

Podemos continuar usando esse critério para conhecer a posição relativa entre duas retas. Adiante, vamos conhecer outro processo que também permitirá determinar a posição relativa de duas retas no plano.

EXERCÍCIO **RESOLVIDO**

3 As retas suportes dos lados de um triângulo ABC são r: $x - 1 = 0$, s: $x + y - 6 = 0$ e t: $x - 3y - 9 = 0$. Obter os vértices desse triângulo.

Solução:

Cada vértice do triângulo é a interseção de duas retas suportes; é preciso, portanto, resolver três sistemas:

$$A = r \cap s \to \begin{cases} x - 1 = 0 \\ x + y - 6 = 0 \end{cases} \Rightarrow$$

$$\Rightarrow x = 1 \text{ e } y = 5; A(1, 5)$$

$$B = r \cap t \to \begin{cases} x - 1 = 0 \\ x - 3y - 9 = 0 \end{cases} \Rightarrow$$

$$\Rightarrow x = 1 \text{ e } y = -\frac{8}{3}; B\left(1, -\frac{8}{3}\right)$$

$$C = s \cap t \to \begin{cases} x + y - 6 = 0 \\ x - 3y - 9 = 0 \end{cases} \Rightarrow$$

$$\Rightarrow x = \frac{27}{4} \text{ e } y = -\frac{3}{4}; C\left(\frac{27}{4}, -\frac{3}{4}\right)$$

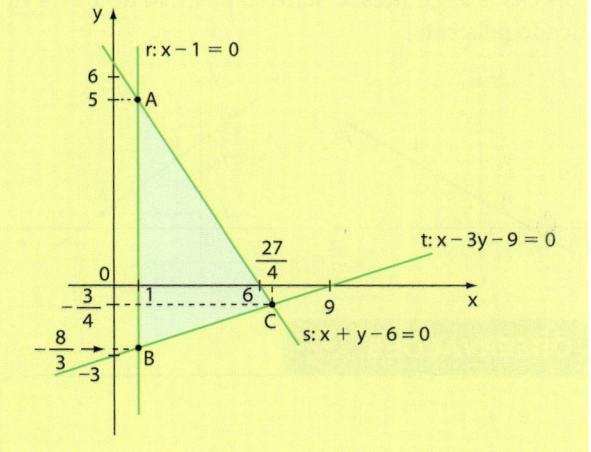

EXERCÍCIOS

9 Determine os pontos de interseção dos eixos cartesianos com as retas de equações abaixo:

a) $y = 2x + 10$
b) $x + y - 4 = 0$
c) $6x + 2y = 3$
d) $\sqrt{2}x - \dfrac{y}{2} = 1$

Represente graficamente cada caso.

10 Determine, em cada item, o ponto de interseção das retas dadas:

a) $y = 3x + 9$ e $y = 5 - 6x$.
b) $x + y = 2$ e $x - y = 8$.
c) $2x + 3y = 1$ e $3x - 2y = 4$.
d) $x - 2y + 4 = 0$ e $x + y - 2 = 0$.

Represente cada par de retas e sua interseção.

11 Nas figuras a seguir, as retas **r** e **s** intersectam-se no ponto **P**. Determine as coordenadas de **P**, em cada caso.

a)

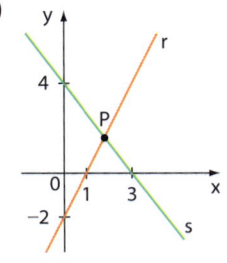

b)

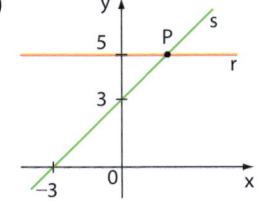

12 Os pontos **A**, **B** e **C** são as interseções, duas a duas, das retas de equações $y = 4$, $y + x = 1$ e $y - 2x = 0$. Determine a área do triângulo ABC.

13 Em cada caso, determine os valores reais de **m** e **n** para que as retas dadas se intersectem no ponto **P**:

a) $mx + ny + 3 = 0$ e $x + y + m = 0$; $P(2, 3)$.
b) $x - 2y + 5 = 0$ e $2x + y - 3 = 0$; $P(2m, n + 1)$.

▶ Inclinação de uma reta

Seja **r** uma reta do plano cartesiano, não paralela ao eixo **x**. Fixemos em **r** dois pontos distintos **A** e **B**.

Vamos convencionar que o **sentido positivo de r** é aquele em que "se parte do ponto de menor ordenada e se chega ao ponto de maior ordenada". Observe os dois casos seguintes: o sentido positivo de **r** está indicado pela seta.

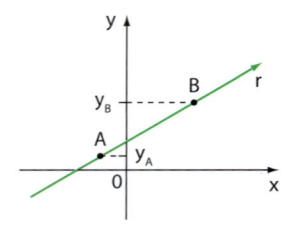
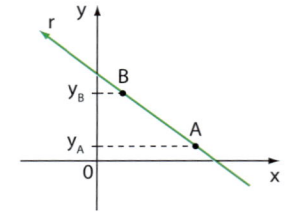

OBSERVAÇÕES 🔍

Se a reta **r** for paralela ao eixo **x**, dados **A** e **B** distintos, temos que $y_A = y_B$. Nesse caso, o sentido positivo de **r** é o sentido positivo do eixo **x**.

Seja **I** o ponto de interseção de **r** com o eixo **x**. O ângulo que a reta **r** forma com o eixo **x** é o menor ângulo formado pelas semirretas I_x e I_r. A semirreta I_x tem origem em **I** e sentido coincidente com o do eixo das abscissas.

Esse ângulo denomina-se **inclinação da reta**. Vamos indicar a medida desse ângulo por **α**.

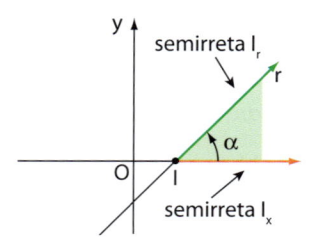

Observe os casos possíveis:

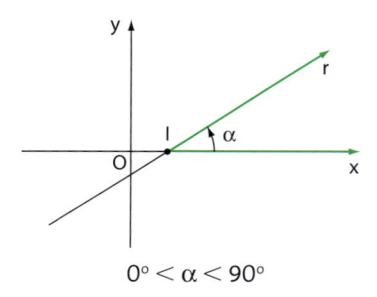

$$0° < α < 90°$$

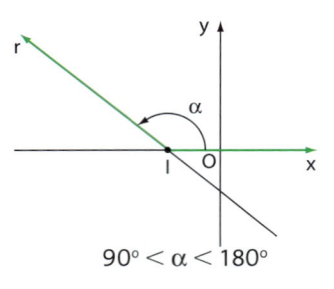

$$90° < α < 180°$$

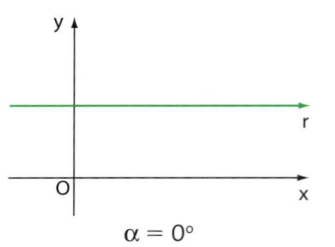

$$α = 0°$$

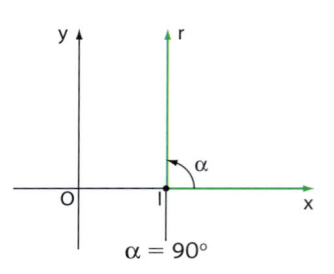

$$α = 90°$$

▶ Coeficiente angular

Coeficiente angular ou **declividade** de uma reta **r** é o número real **m** definido por:

$$m = \text{tg } α$$

Sendo **α** a medida do ângulo de inclinação de **r**, temos as seguintes possibilidades:

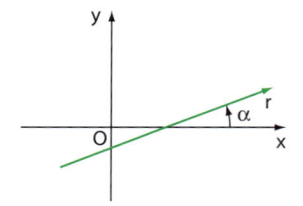

α é agudo.
$m = \text{tg } α > 0$

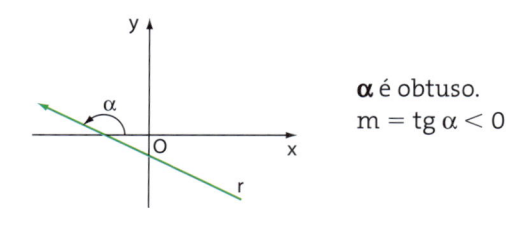

α é obtuso.
$m = \text{tg } α < 0$

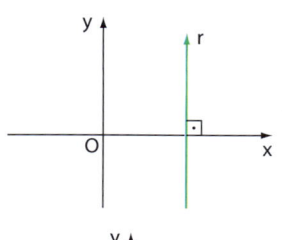

$\boldsymbol{\alpha}$ é reto.
Como não existe tg 90°, não é possível definir o coeficiente angular de **r**.

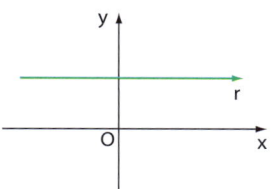

$\boldsymbol{\alpha}$ é nulo ($\alpha = 0°$).
$m = \text{tg } 0° = 0$

A reta r: $x - y = 0$, correspondente à bissetriz dos quadrantes ímpares, tem declividade $m = \text{tg } 45° = 1$; já a reta s: $x + y = 0$, correspondente à bissetriz dos quadrantes pares, tem coeficiente angular $m = \text{tg } 135° = -1$.

$$m_r = \text{tg } 45° = 1$$

$$m_s = \text{tg } 135° = -1$$

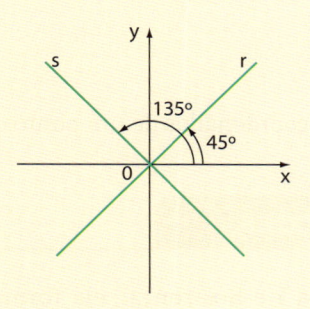

Cálculo do coeficiente angular de uma reta a partir de dois de seus pontos

Seja **r** a reta determinada pelos pontos $A(x_A, y_A)$ e $B(x_B, y_B)$. Vamos considerar dois casos:

- $0 < \alpha < 90°$

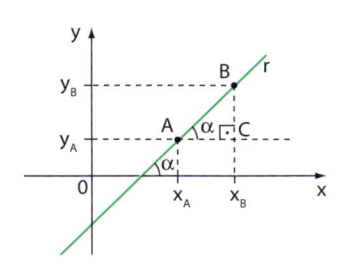

No triângulo ACB, temos:

$$\text{tg } \alpha = \frac{BC}{AC} = \frac{y_B - y_A}{x_B - x_A}$$

Assim, o coeficiente angular de **r** é:

$$m = \text{tg } \alpha = \frac{y_B - y_A}{x_B - x_A}$$

- $90° < \alpha < 180°$

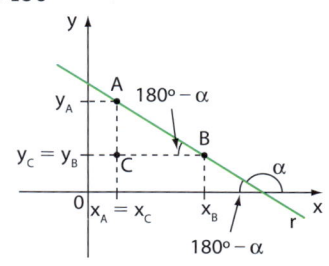

No triângulo ACB, temos:

$$\text{tg } (180° - \alpha) = \frac{AC}{BC} = \frac{y_A - y_B}{x_B - x_A}$$

Da trigonometria, sabemos que $\text{tg } (180° - \alpha) = -\text{tg } \alpha$. Desse modo, temos:

$$-\text{tg } \alpha = \frac{y_A - y_B}{x_B - x_A} \Rightarrow \text{tg } \alpha = \frac{y_B - y_A}{x_B - x_A}$$

Assim, o coeficiente angular de **r** é:

$$m = \text{tg } \alpha = \frac{y_B - y_A}{x_B - x_A}$$

Em qualquer um dos casos, podemos calcular o coeficiente angular da reta que passa por $A(x_A, y_A)$ e $B(x_B, y_B)$ por meio da relação:

$$m = \frac{y_B - y_A}{x_B - x_A}$$

Como $\dfrac{y_B - y_A}{x_B - x_A} = \dfrac{-(y_A - y_B)}{-(x_A - x_B)} = \dfrac{y_A - y_B}{x_A - x_B}$, podemos simplesmente escrever:

$$m = \frac{\Delta y}{\Delta x}$$

em que Δy é a diferença entre as ordenadas de **A** e **B**, e Δx, a diferença entre as abscissas de **A** e **B**, ambas calculadas no mesmo "sentido".

Vamos calcular o coeficiente angular da reta que passa por $A(-5, 4)$ e $B(3, 2)$.
Temos:

$$m = \frac{\Delta y}{\Delta x} = \frac{4 - 2}{-5 - 3} = \frac{2}{-8} = -\frac{1}{4} \text{ (Calculamos}$$

a diferença de "**A** para **B**").

Observe que poderíamos também fazer:

$$m = \frac{\Delta y}{\Delta x} = \frac{2 - 4}{3 - (-5)} = \frac{-2}{8} = -\frac{1}{4} \text{ (Calculamos}$$

a diferença de "**B** para **A**").

EXERCÍCIOS

14 Determine o coeficiente angular da reta que tem inclinação de:

a) 30° **c)** 60° **e)** 120° **g)** 150°

b) 45° **d)** 90° **f)** 135° **h)** 180°

15 Em cada item, a reta **r** passa pelos pontos dados. Determine seu coeficiente angular.

a) (−3, 1) e (1, 4). **c)** (3, 4) e (7, 4).

b) (2, 2) e (5, 1). **d)** (2, 4) e (2, 9).

16 Determine o coeficiente angular de cada uma das retas representadas a seguir.

a) 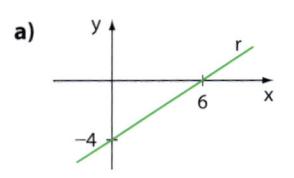 **b)**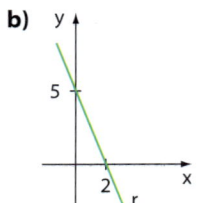

c)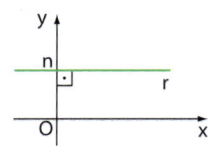

17 Seja **α** a inclinação de uma reta **r**. Indique o intervalo de variação de seu coeficiente angular no caso em que:

a) $0° < \alpha < 45°$

b) $45° < \alpha < 90°$

c) $90° < \alpha < 135°$

d) $135° < \alpha < 180°$

18 Dada a inclinação **α** da reta **r** e um de seus pontos, determine os pontos de interseção da reta com os eixos coordenados.

a) $\alpha = 45°$ e P(1, 2). **c)** $\alpha = 30°$ e P(−1, 3).

b) $\alpha = 135°$ e P(2, 3).

Equação reduzida de uma reta

Sejam **r** a reta cuja medida do ângulo de inclinação é **α** e P(x, y) um ponto genérico de **r**. A reta **r** intersecta o eixo das ordenadas em um ponto **Q** cuja abscissa é nula, isto é, Q(0, n).

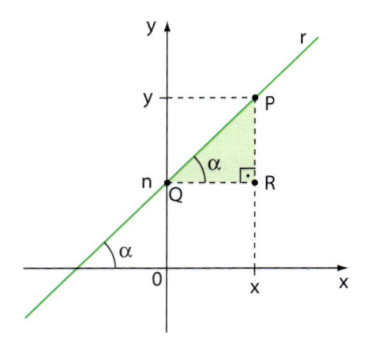

Como vimos, o coeficiente angular da reta **r** que passa por Q(0, n) e P(x, y) é dado por $m = \dfrac{\Delta y}{\Delta x} = \dfrac{y - n}{x - 0}$,

isto é, $m = \dfrac{y - n}{x} \Rightarrow \boxed{y = mx + n}$

Essa última expressão é chamada **forma reduzida da equação da reta r**, ou simplesmente **equação reduzida da reta r**, na qual m, n ∈ ℝ e:

- **m** é o **coeficiente angular** de **r**.
- **n** é a ordenada do ponto em que **r** corta o eixo das ordenadas e é chamado **coeficiente linear** de **r**.

- **x** e **y** são as coordenadas de um ponto qualquer da reta **r**.

OBSERVAÇÕES

- Se a reta **r** é horizontal, ela forma ângulo nulo com o eixo das abscissas; assim, $m = \text{tg } 0° = 0$ e a equação reduzida da reta torna-se simplesmente y = n.

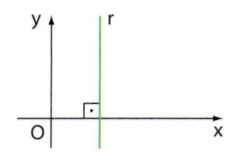

- Se a reta **r** é vertical, ela forma ângulo reto com o eixo das abscissas; como não existe tg 90°, não se define o coeficiente angular de **r** e, assim, é impossível escrever a forma reduzida da equação de qualquer reta vertical.

EXEMPLO 9

Na figura, a medida do ângulo de inclinação de **r** é 60°, e **r** intersecta o eixo das ordenadas em (0, 2).

Podemos concluir que:

$m = tg\ 60° = \sqrt{3}$ e $n = 2$

Assim, $r: y = \sqrt{3}\ x + 2$ é a forma reduzida da equação da reta **r**.

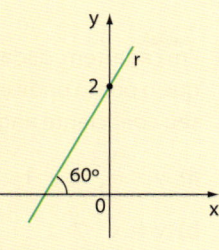

EXEMPLO 10

A reta **s** passa pelos pontos A(1, 2) e B(−2, 5). Vamos encontrar a equação reduzida de **s**.

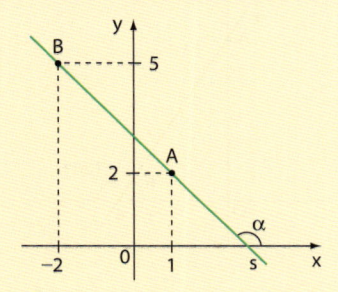

O coeficiente angular de **s** pode ser obtido fazendo-se:

$$m = \frac{\Delta y}{\Delta x} = \frac{5-2}{-2-1} = \frac{3}{-3} = -1$$

A equação reduzida de **s** é escrita provisoriamente como:

$s: y = -1 \cdot x + n$

Como não sabemos qual é o ponto em que **s** intersecta o eixo **y**, podemos substituir **x** e **y**

pelas coordenadas de um ponto que pertença a **r** (por exemplo, o ponto **A**), a fim de determinar o valor de **n**:

$2 = -1 \cdot 1 + n \Rightarrow 2 = -1 + n \Rightarrow n = 3$

Assim, a equação reduzida de **s** é $s: y = -x + 3$.

OBSERVAÇÕES 🔍

Se uma reta não é vertical, é possível transformar sua equação geral em reduzida e vice-versa:

$ax + by + c = 0 \Rightarrow by = -ax - c \Rightarrow$

$\Rightarrow y = -\dfrac{a}{b}x - \dfrac{c}{b}$

Nesse caso, o coeficiente angular dessa reta é $m = -\dfrac{a}{b}$ e seu coeficiente linear é $n = -\dfrac{c}{b}$.

Inversamente, se uma reta é dada em sua forma reduzida, basta agrupar todos os seus termos em um único membro:

$y = mx + n \Rightarrow mx - y + n = 0$, que é a equação geral dessa reta.

EXEMPLO 11

Se a reta **r** é dada por $3x + 6y + 7 = 0$, isolando **y**, obtemos:

$6y = -3x - 7$ e $y = -\dfrac{x}{2} - \dfrac{7}{6}$, que é sua forma reduzida.

Inversamente, dada a equação de uma reta **s** em sua forma reduzida $y = 3x - 5$, colocando todos os termos em um único membro, obtemos $3x - y - 5 = 0$, que é sua forma geral.

💡 EXERCÍCIO **RESOLVIDO**

4 Na figura, ABCD é um quadrado cujo lado mede 2. Escrever as equações reduzidas das retas $\overleftrightarrow{AB}$ e $\overleftrightarrow{BC}$.

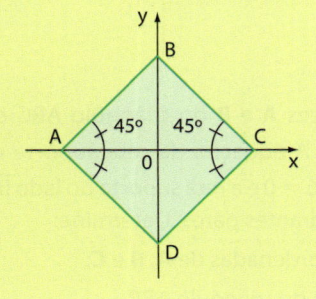

Solução:

Se o lado do quadrado mede 2, sua diagonal $\overline{AC}$ (ou $\overline{BD}$) mede $2\sqrt{2}$, e as coordenadas de seus vértices são: $A(-\sqrt{2}, 0)$, $C(\sqrt{2}, 0)$, $B(0, \sqrt{2})$ e $D(0, -\sqrt{2})$.

A reta $\overleftrightarrow{AB}$ possui declividade dada por $m = tg\ 45° = 1$, e seu coeficiente linear é $\sqrt{2}$; a equação reduzida de $\overleftrightarrow{AB}$ é $y = x + \sqrt{2}$.

A reta $\overleftrightarrow{BC}$ tem declividade $m = tg\ 135° = -1$, e seu coeficiente linear também é $\sqrt{2}$; sua equação reduzida é $\overleftrightarrow{BC}: y = -x + \sqrt{2}$.

EXERCÍCIOS

19 Determine a equação reduzida da reta **r**, em cada item a seguir.

   a) **r** passa pela origem e tem inclinação de 60°.

   b) **r** tem inclinação de 45° e corta o eixo das ordenadas no ponto (0, 9).

20 Para cada figura, escreva a equação reduzida da reta **r**.

   a)

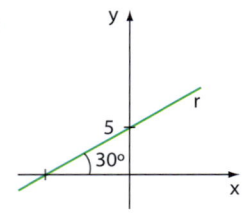

   b)

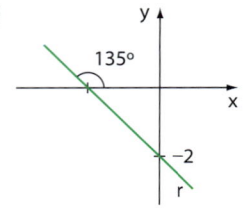

   c)

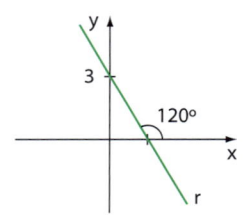

   d)

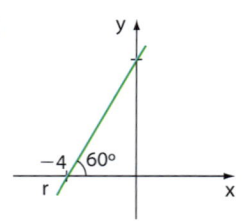

   e)

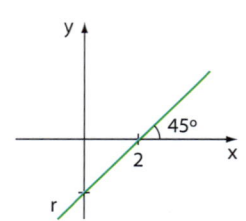

   f)

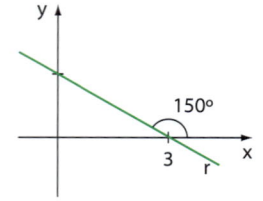

21 Em cada item, dada a equação reduzida da reta **r**, indique o ponto onde ela intersecta o eixo das ordenadas, seu coeficiente angular e sua inclinação.

   a) $y = \dfrac{\sqrt{3}}{3}x + 1$

   b) $y = x - 7$

   c) $y = -\sqrt{3}\,x + \dfrac{9}{4}$

   d) $y = 2x + 5$

22 Usando os dados da figura abaixo, determine:

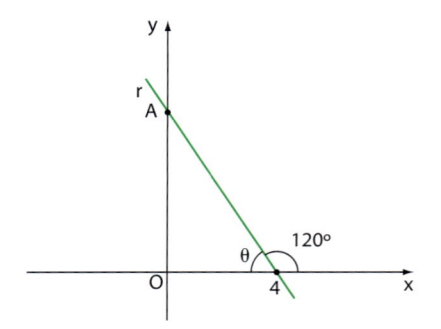

   a) a medida de **θ**;

   b) a medida de $\overline{AO}$;

   c) as coordenadas do ponto **A**;

   d) a equação reduzida da reta **r**.

23 Na figura abaixo, **P** é o ponto de interseção das retas **r** e **s**. Determine suas coordenadas.

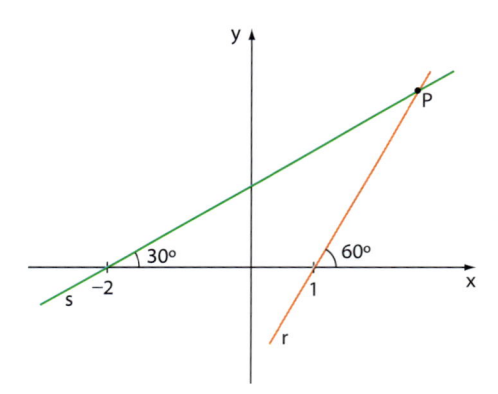

24 Os vértices **A** e **B** do triângulo ABC estão sobre o eixo Ox. A equação da reta suporte do lado $\overline{AC}$ é $3x - y + 6 = 0$ e a reta suporte do lado $\overline{BC}$ é a bissetriz dos quadrantes pares. Determine:

   a) as coordenadas de **A**, **B** e **C**;

   b) a área do triângulo ABC.

▶ Equação de uma reta passando por P(x₀, y₀) com declividade conhecida

Se conhecemos a direção de uma reta, dada pela sua inclinação, e um ponto pelo qual ela passa, podemos obter sua equação.

Dados $P(x_0, y_0)$ e $m = tg\ \alpha$ (a declividade de **r**), consideremos $Q(x, y)$ um ponto qualquer de **r**. Observe.

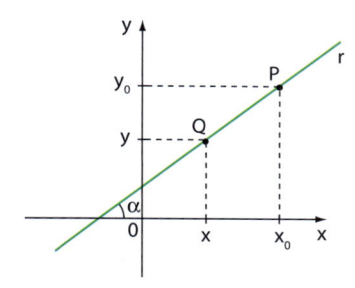

Temos:

$$m = \frac{\Delta y}{\Delta x} = \frac{y - y_0}{x - x_0} \Rightarrow \boxed{y - y_0 = m \cdot (x - x_0)}$$

No caso da reta **r** ser paralela ao eixo **y**, isto é, **r** ser vertical, sua equação é: $x = x_0$.

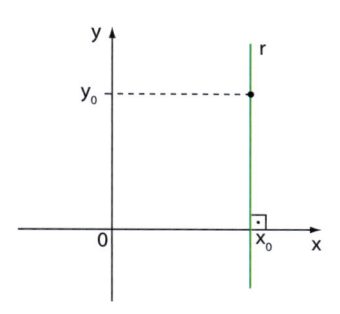

Lembre-se de que, nesse caso, não é possível escrever a equação de **r** na forma reduzida.

EXEMPLO 12

Escreva a equação reduzida da reta que passa por $P(3, 1)$ e possui declividade igual a 3.
Temos:

$$\begin{cases} m = tg\ \alpha = 3 \\ \underset{x_0\ y_0}{P(3, 1)} \end{cases} \Rightarrow \begin{array}{l} y - 1 = 3 \cdot (x - 3) \\ y - 1 = 3x - 9 \Rightarrow y = 3x - 8 \end{array}$$

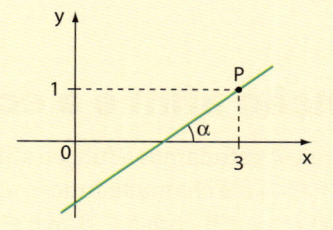

Quando **m** varia em $\mathbb{R}$, em $y - 1 = m \cdot (x - 3)$, temos, para cada valor de **m**, a equação de uma reta que passa por $(3, 1)$ e cuja medida do ângulo de inclinação (**α**) é tal que $tg\ \alpha = m$.

As infinitas retas obtidas formam o feixe de retas concorrentes em **P** (além da reta vertical $x - 3 = 0$, para a qual não se define o coeficiente angular).

A equação do feixe de retas que passam por $(3, 1)$ é:

$$y - 1 = m \cdot (x - 3) \text{ ou } x - 3 = 0$$

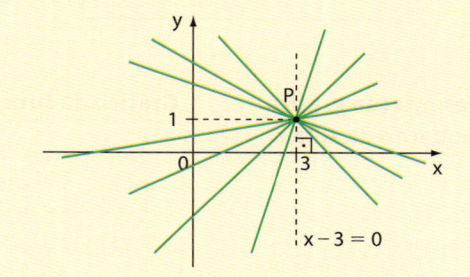

EXERCÍCIOS

25 Em cada item abaixo, determine a equação da reta **r**, dada sua declividade e um de seus pontos.

a) $m = \frac{1}{3}$ e $P(2, -5)$.

b) $m = -2$ e $P\left(-\frac{1}{3}, 4\right)$.

c) $m = \sqrt{3}$ e $P(0, 1)$.

26 Para cada caso, dados dois pontos pertencentes a uma reta, determine sua equação.

a) $(-4, 2)$ e $(2, 5)$.

b) $(3, 3)$ e $(7, 2)$.

c) $(-2, -1)$ e $(-3, 0)$.

d) $(5, -4)$ e $(-1, -2)$.

27 Escreva a equação do feixe de retas que passam pelo ponto **P**, em cada caso.

a) P(2, 1)   **b)** P(0, −3)   **c)** $P\left(-\dfrac{1}{2}, 8\right)$

28 Dentre as retas que passam pelo ponto (−1, 1), escreva a equação da reta que tem as características apresentadas em cada item.

a) Tem declividade igual a 3.

b) Tem inclinação de 45°.

c) Passa pelo ponto (2, 8).

d) Intersecta o eixo das abscissas em (−5, 0).

29 Determine a equação das retas **r** e **s** representadas na figura abaixo.

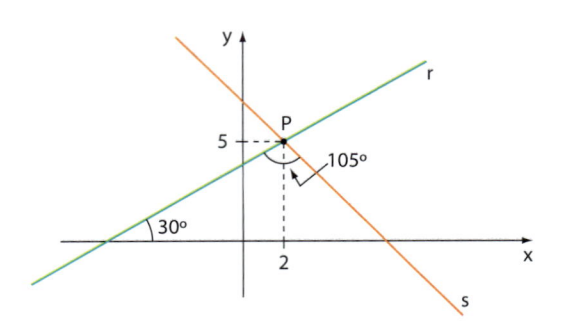

▶ Função afim e a equação reduzida da reta

No capítulo 4, estudamos a função afim (ou função de 1º grau): $f: \mathbb{R} \to \mathbb{R}$ é chamada função afim se sua lei é do tipo $f(x) = ax + b$, com $a \in \mathbb{R}^*$ e $b \in \mathbb{R}$.

Vamos comparar a função afim e a equação da reta:

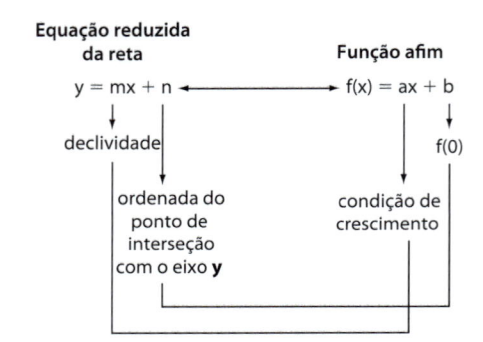

Representação gráfica da equação da reta r

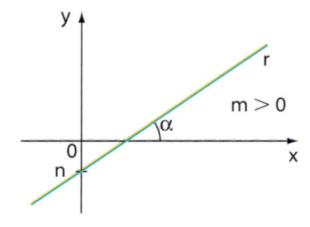

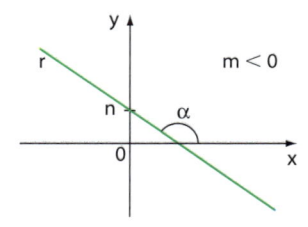

Gráfico da função f

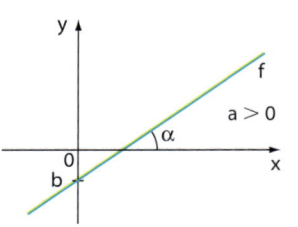

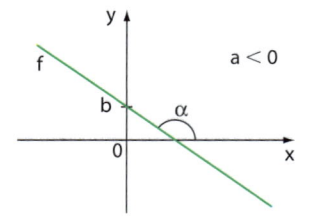

Podemos concluir que a equação reduzida de uma reta $y = mx + n$ representa outra maneira de expressar a lei de uma função afim $y = ax + b$.

A reta de equação reduzida r: $y = 3x + 2$ e a função afim $f: \mathbb{R} \to \mathbb{R}$ definida por $f(x) = 3x + 2$ possuem a mesma representação gráfica:

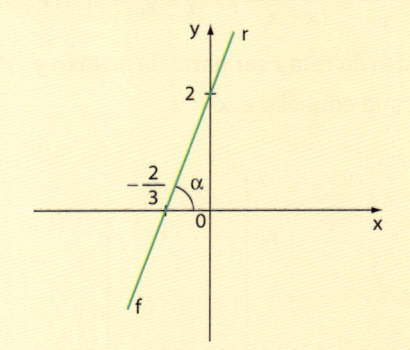

x	y
0	2 (coeficiente linear)
$-\dfrac{2}{3}$ (raiz)	0
x	f(x)

À medida que **x** varia em $\mathbb{R}$, obtêm-se, em correspondência, os demais valores de **y** ou os demais valores de f(x). Nesse caso, a declividade **m** da reta é positiva ($0 < \alpha < 90°$) e a função afim é crescente ($a > 0$).

EXERCÍCIOS

30 A reta da equação $2x + y - 5 = 0$ é a representação gráfica de uma função afim $f: \mathbb{R} \to \mathbb{R}$.

a) Calcule $f(-3) - f(0) + f\left(\dfrac{1}{2}\right)$.

b) Determine a raiz de **f**.

c) Verifique se **f** é crescente ou decrescente.

d) Determine o sinal de **f**.

e) Qual é o conjunto solução de $\dfrac{1}{f(x)} \geq 0$?

31 Represente graficamente a função afim $f: \mathbb{R} \to \mathbb{R}$ tal que $f(-3) = 5$ e $f(2) = 1$. Sobre a reta obtida, determine:

a) o coeficiente linear e o coeficiente angular;

b) a equação geral;

c) os pontos de interseção com os eixos.

32 Dentre as retas abaixo, indique quais pertencem ao feixe de retas que passa pelo ponto $(1, 3)$ e representam funções crescentes.

r: $2x - y + 1 = 0$

s: $3x + y - 6 = 0$

t: $x - y + 3 = 0$

u: $2x + y - 3 = 0$

▶ Paralelismo

Duas retas paralelas formam com o eixo das abscissas ângulos congruentes; assim, se ambas possuem coeficientes angulares, estes são iguais.

Observe a figura, que mostra duas retas, não verticais.

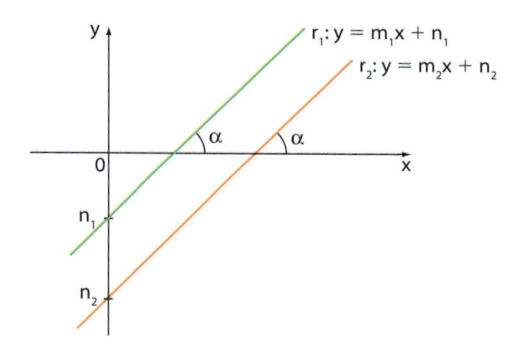

Temos:

$$r_1 \parallel r_2 \Leftrightarrow \text{tg } \alpha = m_1 = m_2 = m$$

No caso de $\mathbf{r}_1$ e $\mathbf{r}_2$ serem verticais, evidentemente $r_1 \parallel r_2$, embora não existam $\mathbf{m}_1$ e $\mathbf{m}_2$.

Veja a figura abaixo.

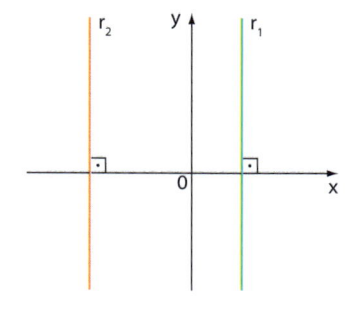

EXEMPLO 14

Para determinar a posição relativa entre as retas **r** e **s**, de equações r: $y = 3x - 2$ e s: $6x - 2y + + 5 = 0$, basta comparar suas declividades. Vamos usar a forma reduzida de cada uma delas.

r: $y = 3x - 2 \Rightarrow m_r = 3$

s: $6x - 2y + 5 = 0 \Rightarrow 2y = 6x + 5 \Rightarrow$

$\Rightarrow y = 3x + \dfrac{5}{2} \Rightarrow m_s = 3$

Portanto, $m_r = m_s = 3 \Rightarrow$ **r** e **s** são paralelas.

Como $n_r = -2 \neq \dfrac{5}{2} = n_s$, as retas **r** e **s** são paralelas distintas.

EXEMPLO 15

Observe a equação geral das retas **r** e **s**:

r: $3x - y + 7 = 0$

s: $6x - 2y + 14 = 0$

$m_r = -\dfrac{a}{b} = 3$; $m_s = -\dfrac{a}{b} = \dfrac{-6}{-2} = 3$. Logo, $m_r = m_s$.

$n_r = -\dfrac{c}{b} = \dfrac{-7}{-1} = 7$; $n_s = -\dfrac{c}{b} = \dfrac{-14}{-2} = 7$.

Assim, $n_r = n_s$.

Podemos afirmar que **r** e **s** são (paralelas) coincidentes.

Veja a proporcionalidade entre os coeficientes das equações gerais de **r** e **s**:

$$\dfrac{3}{6} = \dfrac{-1}{-2} = \dfrac{7}{14}$$

Os exemplos anteriores mostram que, quando queremos saber se duas retas de um plano são ou não paralelas, comparando-se seus coeficientes angulares, é possível usar tanto a equação reduzida como a geral.

EXERCÍCIOS **RESOLVIDOS**

5 Seja a reta r: $y = 2x - 1$. Obter a equação de uma reta **s** paralela à reta **r** que passa pelo ponto P(1, 4).

Solução:

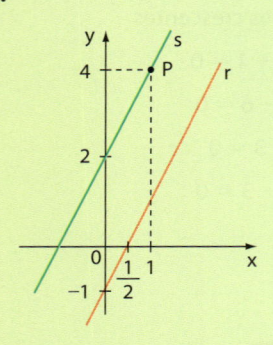

Inicialmente, observe que $P \notin r$: $4 = 2 \cdot 1 - 1$ (**F**).

Para que s // r, é preciso que $m_s = m_r$. Como $m_r = 2$, devemos ter $m_s = 2$ e, provisoriamente, temos s: $y = 2x + n$.

Como $P \in s$, temos $4 = 2 \cdot 1 + n \Rightarrow n = 2$ e, finalmente, s: $y = 2x + 2$ é a equação da reta paralela a **r** traçada por **P**.

6 Para que valores reais de **k** as retas r: $3x - 2y + 5 = 0$ e s: $kx - y + 1 = 0$ são concorrentes?

Solução:

A condição $m_r = m_s$ garante o paralelismo entre as retas **r** e **s**. Quando $m_r \neq m_s$, as retas **r** e **s** são concorrentes.

r: $3x - 2y + 5 = 0 \Rightarrow 3x + 5 = 2y \Rightarrow$

$\Rightarrow y = \dfrac{3}{2}x + \dfrac{5}{2} \Rightarrow m_r = \dfrac{3}{2}$

s: $kx - y + 1 = 0 \Rightarrow y = kx + 1 \Rightarrow m_s = k$

Assim, para que **r** e **s** sejam concorrentes, devemos ter $k \neq \dfrac{3}{2}$.

7 Os pontos **M**, **N**, **P** e **Q** são os vértices de um paralelogramo situado no primeiro quadrante. Sendo M(3, 5), N(1, 2) e P(5, 1), determinar as equações das retas suportes dos lados desse paralelogramo.

Solução:

Observe inicialmente que:

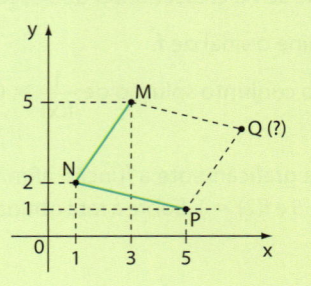

- o coeficiente angular da reta que passa por **M** e **N** é $m_1 = \dfrac{\Delta y}{\Delta x} = \dfrac{5 - 2}{3 - 1} = \dfrac{3}{2}$.

- o coeficiente angular da reta que passa por **N** e **P** é $m_2 = \dfrac{\Delta y}{\Delta x} = \dfrac{1 - 2}{5 - 1} = -\dfrac{1}{4}$.

Como $m_1 \neq m_2$, $\overleftrightarrow{MN}$ e $\overleftrightarrow{NP}$ são concorrentes.

- $\overleftrightarrow{NP}$: $\begin{cases} m = -\dfrac{1}{4} \\ N(1, 2) \in \overleftrightarrow{NP} \end{cases} \Rightarrow \overleftrightarrow{NP}$: $y - 2 = -\dfrac{1}{4} \cdot (x - 1) \Rightarrow$

$\Rightarrow \overleftrightarrow{NP}$: $y = -\dfrac{1}{4}x + \dfrac{9}{4}$

- $\overleftrightarrow{MQ}$: Como $\overleftrightarrow{NP}$ // $\overleftrightarrow{MQ}$, o coeficiente angular de $\overleftrightarrow{MQ}$ é $-\dfrac{1}{4}$.

Como $M(3, 5) \in \overleftrightarrow{MQ}$, vem:

$\overleftrightarrow{MQ}$: $y - 5 = -\dfrac{1}{4} \cdot (x - 3) \Rightarrow \overleftrightarrow{MQ}$: $y = -\dfrac{1}{4}x + \dfrac{23}{4}$.

- $\overleftrightarrow{NM}$: $\begin{cases} m = \dfrac{3}{2} \\ N(1, 2) \in \overleftrightarrow{NM} \end{cases} \Rightarrow \overleftrightarrow{NM}$: $y - 2 = \dfrac{3}{2} \cdot (x - 1) \Rightarrow$

$\Rightarrow y = \dfrac{3}{2}x + \dfrac{1}{2}$

- $\overleftrightarrow{PQ}$: Como $\overleftrightarrow{NM}$ // $\overleftrightarrow{PQ}$, o coeficiente angular de $\overleftrightarrow{PQ}$ é $\dfrac{3}{2}$.

Como $P(5, 1) \in \overleftrightarrow{PQ}$, temos:

$\overleftrightarrow{PQ}$: $y - 1 = \dfrac{3}{2} \cdot (x - 5) \Rightarrow \overleftrightarrow{PQ}$: $y = \dfrac{3}{2}x - \dfrac{13}{2}$.

EXERCÍCIOS

33 Indique, em cada caso, o valor de **k** para que as duas retas sejam paralelas entre si.

a) $2x - 3y + 4 = 0$ e $kx + 2y - 5 = 0$.

b) $5x + ky - 1 = 0$ e $2x + 7y - 9 = 0$.

c) $3x + 4y - 1 = 0$ e $6x + 8y - k = 0$.

d) $kx - y + z = 0$ e $9x - ky = 0$.

34 Determine os valores de **k** para que as retas de equações $4x + 3y - 2 = 0$ e $kx - 2y + k = 0$ sejam:

a) paralelas;   **c)** coincidentes.

b) concorrentes;

35 Verifique quais retas abaixo são paralelas entre si.

r: $5x + 2y - 1 = 0$ t: $\dfrac{5x}{2} + y + 9 = 0$

s: $10x - 4y + 2 = 0$ u: $5x - 2y + 4 = 0$

36 Dadas as retas **r** e **s** de equações r: $x + y - 1 = 0$, s: $3x + y - 7 = 0$ e t: $x + 2y - 4 = 0$, determine a equação da reta que é paralela a **t** e passa pelo ponto de interseção de **r** e **s**.

37 Determine, em cada item, uma equação da reta que é paralela a **r** e passa pelo ponto **P**.

a) P(3, 4) e r: $y - 5 = 0$.

b) P(0, −1) e r: $y - 5x = 0$.

c) P(1, 2) e r: $5y - x = 0$.

d) P(−2, 4) e r: $5y - 5x = 0$.

38 Seja **r** a reta de equação $x + 2y - 3 = 0$. A reta **s**, paralela a **r**, intersecta os eixos, de origem **O**, nos pontos **A** e **B**. Se a área do triângulo ABO é igual a $\dfrac{1}{4}$, qual é a equação **s**?

39 Sejam **r** e **s**, respectivamente, as retas de equações $2x - y + 3 = 0$ e $3x + y - 4 = 0$. A reta **s** intersecta a bissetriz dos quadrantes ímpares no ponto **A**. Determine a equação da reta **t**, que passa por **A** e é paralela a **r**.

40 Os pontos A(−3, 5), B(0, 6) e C(1, 3) são vértices de um losango. Determine:

a) as equações das retas suportes dos lados do losango.

b) as coordenadas do quarto vértice.

▶ Perpendicularidade

Na figura a seguir, as retas **r**, de inclinação α_r ($m_r = \operatorname{tg} \alpha_r$), e **s**, de inclinação α_s ($m_s = \operatorname{tg} \alpha_s$), são perpendiculares.

Vamos procurar uma relação entre seus coeficientes angulares.

Sejam as equações r: $y = m_r x + n_r$ e s: $y = m_s x + n_s$, e o ângulo $\boldsymbol{\alpha_s}$ externo ao triângulo.

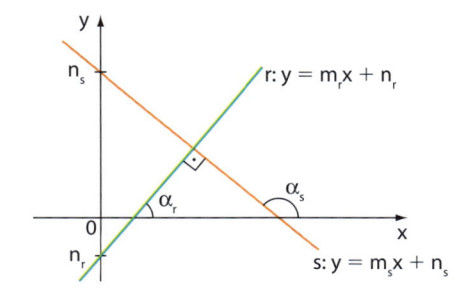

$\alpha_s = \alpha_r + 90°$

$\operatorname{tg} \alpha_s = \operatorname{tg} (\alpha_r + 90°)$

$\operatorname{tg} \alpha_s = \dfrac{\operatorname{sen} (\alpha_r + 90°)}{\cos (\alpha_r + 90°)} = \dfrac{\cos \alpha_r}{-\operatorname{sen} \alpha_r} = -\operatorname{cotg} \alpha_r$

Assim:

$\operatorname{tg} \alpha_s = -\operatorname{cotg} \alpha_r = -\dfrac{1}{\operatorname{tg} \alpha_r}$, isto é, $m_s = -\dfrac{1}{m_r} \Leftrightarrow m_r \cdot m_s = -1$

Observe que essa relação só pode ser aplicada se **r** e **s** forem oblíquas ao eixo **x**, pois não é definida a declividade no caso de uma delas ser vertical. Nesse caso, uma perpendicular a ela é horizontal e vice-versa.

Assim, verificamos que:

> Se **r** e **s** são perpendiculares entre si, então $m_r \cdot m_s = -1$.

Um procedimento análogo mostra a recíproca dessa propriedade, isto é, se **r** e **s** são duas retas tais que $m_r \cdot m_s = -1$, então **r** e **s** são perpendiculares.

EXEMPLO 16

As retas r: $2x - 4y + 5 = 0$ e s: $y = -2x + 3$ são perpendiculares, pois:

$\left. \begin{array}{c} m_r = -\dfrac{a}{b} = \dfrac{-2}{-4} = \dfrac{1}{2} \\[2mm] m_s = -2 \end{array} \right\} m_r \cdot m_s = \left(-\dfrac{1}{2}\right) \cdot 2 = -1$

EXEMPLO 17

As retas r: $y = 3x$ e s: $y = \dfrac{1}{3}x + 5$ **não** são perpendiculares, pois $m_r = 3$, $m_s = \dfrac{1}{3}$ e $m_r \cdot m_s = 1 \neq -1$.

Nesse caso, **r** e **s** concorrem, mas não perpendicularmente.

EXEMPLO 18

As retas r: $x - 3 = 0$ e s: $y + 2 = 0$ são perpendiculares, pois **r** é vertical e **s** é horizontal. No entanto, a relação $m_r \cdot m_s = -1$ não pode ser aplicada, pois não se define m_r.

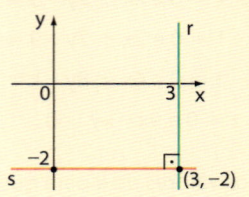

EXERCÍCIOS RESOLVIDOS

8 Determinar a equação da reta **s**, perpendicular a r: $y = 3x + 1$, traçada pelo ponto $P(4, 0)$.

Solução:

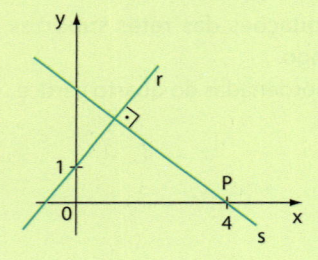

Como $r \perp s$, devemos ter $m_r \cdot m_s = -1$.

Como $m_r = 3$, $m_s = -\dfrac{1}{m_r} = -\dfrac{1}{3}$.

s passa por $P(4, 0)$ e $m_s = -\dfrac{1}{3}$. Sua equação pode ser obtida fazendo:

$y - y_0 = m \cdot (x - x_0) \Rightarrow y - 0 = -\dfrac{1}{3} \cdot (x - 4) \Rightarrow$

$\Rightarrow y = -\dfrac{1}{3}x + \dfrac{4}{3}$

9 Determinar a equação da mediatriz do segmento cujas extremidades são $A(0, 0)$ e $B(2, 3)$.

Solução:

Lembremos que a mediatriz de um segmento é a reta perpendicular ao segmento, que passa pelo seu ponto médio.

O ponto médio **M** de $\overline{AB}$ é $M\left(\dfrac{0+2}{2}, \dfrac{0+3}{2}\right) \Rightarrow$

$\Rightarrow M\left(1, \dfrac{3}{2}\right).$

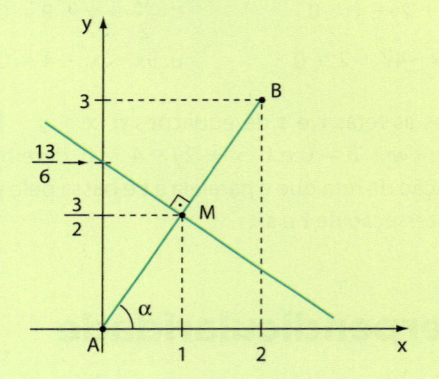

O coeficiente angular da reta que passa por **A** e **B** é:

$m = \dfrac{\Delta y}{\Delta x} = \dfrac{3-0}{2-0} = \dfrac{3}{2}$ $\left(\text{observe que tg } \alpha = \dfrac{3}{2}\right)$.

A mediatriz é, portanto, uma reta com declividade $-\dfrac{2}{3}$ $\left(\text{pois } \dfrac{3}{2} \cdot \left(-\dfrac{2}{3}\right) = -1\right)$, que passa pelo ponto $M\left(1, \dfrac{3}{2}\right)$.

Sua equação reduzida é $y = -\dfrac{2}{3}x + n$. Substituindo as coordenadas de **M**, temos:

$\dfrac{3}{2} = -\dfrac{2}{3} \cdot 1 + n \Rightarrow n = \dfrac{3}{2} + \dfrac{2}{3} = \dfrac{13}{6}$

Logo, a equação pedida é $y = -\dfrac{2}{3}x + \dfrac{13}{6}$.

10 Determinar o pé da perpendicular baixada do ponto P(−7, 15) sobre a reta r: $y = \dfrac{3}{2}x$.

Solução:

O pé da perpendicular baixada de um ponto **P** sobre uma reta **r** é a projeção ortogonal do ponto sobre a reta, como mostra a figura seguinte.

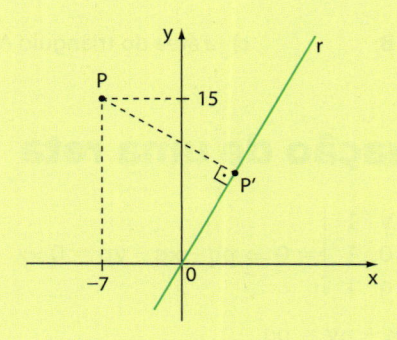

P' = proj$_r$P: pé da perpendicular baixada de **P** sobre **r**; é a interseção de **r** com $\overleftrightarrow{PP'}$.

Usando os dados do problema, temos:

- O coeficiente angular (**m**) da reta $\overleftrightarrow{PP'}$ é tal que

$$m \cdot m_r = -1 \Rightarrow m \cdot \dfrac{3}{2} = -1 \Rightarrow m = -\dfrac{2}{3}.$$

- A equação de $\overleftrightarrow{PP'}$ é: $y - 15 = -\dfrac{2}{3} \cdot (x + 7) \Rightarrow$
$\Rightarrow 2x + 3y - 31 = 0$.

- Determinemos **P'**, o ponto comum entre **r** e $\overleftrightarrow{PP'}$:

$$\begin{cases} y = \dfrac{3}{2}x \\ 2x + 3y - 31 = 0 \end{cases} \Rightarrow 2x + \dfrac{9x}{2} - 31 = 0 \Rightarrow$$

$$\Rightarrow x = \dfrac{62}{13} \ \text{ e } \ y = \dfrac{93}{13}$$

Assim, o pé da perpendicular é $\left(\dfrac{62}{13}, \dfrac{93}{13}\right)$.

EXERCÍCIOS

41 Verifique quais retas abaixo são perpendiculares entre si.

r: $3x + 5y - 3 = 0$ t: $4x - y - 1 = 0$
s: $x + 4y - 9 = 0$ u: $10x - 6y + 3 = 0$

42 Indique, em cada caso, o valor de **k** para que as duas retas sejam perpendiculares entre si.

a) $18x + 2y - 5 = 0$ e $k^2x - 4y + 9 = 0$.

b) $7x - 2ky + 3 = 0$ e $8x + 4y - 11 = 0$.

c) $3x - 2y + 10 = 0$ e $2x + 3y - k = 0$.

d) $2x + 5y - k = 0$ e $-3x + 6ky - 2 = 0$.

43 Determine, em cada caso, a equação da reta que é perpendicular à reta dada e passa pelo ponto **P**.

a) P(−2, 3) e $y = 6$.

b) P(4, −1) e $3y - 7x = 0$.

c) P(−1, −3) e $2x + 5y - 1 = 0$.

d) P(5, 1) e $4x - 2y + 9 = 0$.

44 Para quais valores de **m** e **n** as retas de equações $4x - 3y + 2 = 0$ e $mx - y + n = 0$ são perpendiculares entre si e concorrentes no ponto $\left(-1, -\dfrac{2}{3}\right)$?

45 A reta de equação $2x + 7y - 1 = 0$ intersecta os eixos nos pontos **P** e **Q**. Determine a equação da mediatriz de $\overline{PQ}$.

46 A reta **r** intersecta os eixos, de origem **O**, nos pontos B(−3, 0) e C(0, 2). Pelo ponto A(4, 0) traça-se a reta **s**, perpendicular a **r** e que a intersecta no ponto **D**. Determine:

a) a equação de **r**;

b) a equação de **s**;

c) as coordenadas de **D**;

d) as áreas dos triângulos ABD e BCO;

e) a área do quadrilátero OADC.

47 Na figura abaixo, os pontos B(2, 0) e C(15, 0) são vértices do triângulo ABC, retângulo em **A**.

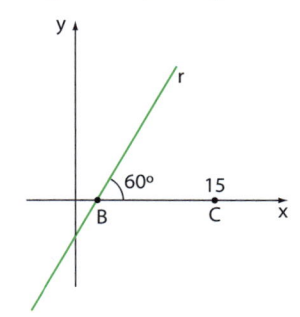

Se **A** pertence à reta **r**, determine:

a) as equações das retas suportes dos lados do triângulo;

b) as coordenadas de **A**;

c) a altura do triângulo ABC relativa ao vértice **A**.

48 Na figura abaixo, tem-se $OH = \dfrac{\sqrt{3}}{2}$.

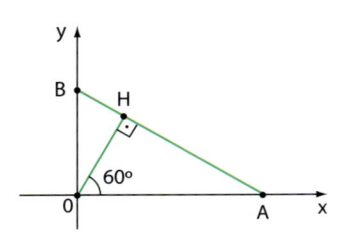

Determine:

a) a equação da reta $\overleftrightarrow{AB}$;

b) as coordenadas de **A** e **B**;

c) a área do triângulo AOB.

▶ Outros modos de escrever a equação de uma reta

▶ Forma segmentária

Seja **r** uma reta que intersecta os eixos coordenados nos pontos P(p, 0) e Q(0, q), com **P** e **Q** distintos.

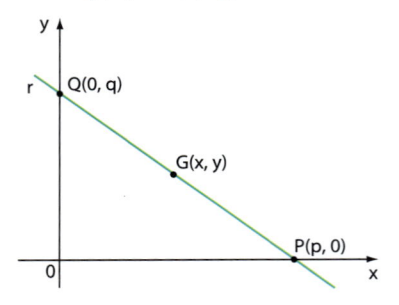

Seja G(x, y) um ponto genérico de **r**. A equação de **r** pode ser obtida a partir da condição de alinhamento de **P**, **Q** e **G**:

$$\begin{vmatrix} x & y & 1 \\ p & 0 & 1 \\ 0 & q & 1 \end{vmatrix} = 0 \Rightarrow pq - xq - yp = 0 \Rightarrow$$

$$\Rightarrow qx + py = pq$$

Como **p** e **q** não são nulos (senão **P** e **Q** coincidiriam), podemos dividir os dois membros por p · q:

$$\frac{qx}{pq} + \frac{py}{pq} = \frac{pq}{pq} \Rightarrow \boxed{\frac{x}{p} + \frac{y}{q} = 1}$$

Esta última é chamada **equação segmentária** da reta **r**. Notemos que os denominadores de **x** e **y** são as respectivas coordenadas **x** e **y** dos pontos em que **r** intersecta os eixos coordenados e, além disso, o segundo membro é unitário.

EXEMPLO 19

Observe que **r** intersecta o eixo **x** em P(4, 0) e o eixo **y** em (0, 3). A equação segmentária de **r** é, portanto:

$$\frac{x}{4} + \frac{y}{3} = 1$$

A partir da forma segmentária, podemos obter as equações geral e reduzida:

$$\frac{x}{4} + \frac{y}{3} = 1 \Rightarrow 3x + 4y = 12 \Rightarrow \begin{cases} 3x + 4y - 12 = 0 \text{ (geral)} \\ y = \dfrac{-3x + 12}{4} \text{ (reduzida)} \end{cases}$$

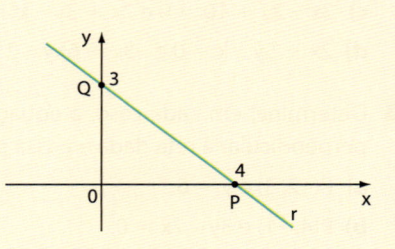

▶ Forma paramétrica

As equações geral, reduzida e segmentária relacionam diretamente entre si as coordenadas (x, y) de um ponto genérico da reta. Uma outra alternativa é estabelecer a equação de uma reta **r** expressando cada uma das coordenadas (**x** e **y**) dos pontos de **r** em função de uma terceira variável, denominada **parâmetro**.

EXEMPLO 20

Os pontos de uma reta **r** satisfazem as equações $x = 1 + t$ e $y = 3 - 2t$, com $t \in \mathbb{R}$. Vamos desenhar a reta **r** e obter sua equação geral.

Façamos o parâmetro **t** variar em $\mathbb{R}$, a fim de obter alguns pontos de **r**. Veja a tabela ao lado.

A equação geral de **r** pode ser obtida tomando-se dois pontos quaisquer ao lado e estabelecendo a condição de alinhamento.

Também é possível isolar **t** em uma das equações e substituí-lo na outra:

$x = 1 + t \Rightarrow t = x - 1$

Substituindo em $y = 3 - 2t$, temos:

$y = 3 - 2 \cdot (x - 1) \Rightarrow y = 3 - 2x + 2 \Rightarrow 2x + y - 5 = 0$

t	x	y	Ponto
−1	0	5	(0, 5)
0	1	3	(1, 3)
1	2	1	(2, 1)
2	3	−1	(3, −1)
⋮	⋮	⋮	⋮

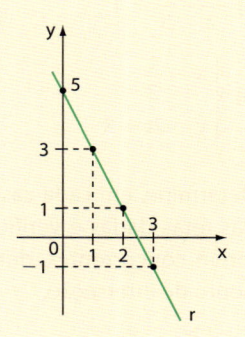

As equações $x = 1 + t$ e $y = 3 - 2t$, apresentadas no exemplo *20*, são chamadas **equações paramétricas** da reta **r**.

EXERCÍCIO **RESOLVIDO**

11 Seja **r** a reta cuja equação geral é $6x + y - 3 = 0$. Escrever a equação reduzida, a segmentária e um par de equações paramétricas de **r**.

Solução:

- Equação reduzida: basta isolar **y**:

$6x + y - 3 = 0 \Rightarrow y = -6x + 3$

- Equação segmentária: $6x + y - 3 = 0 \Rightarrow 6x + y = 3$; dividimos os dois membros dessa última equação por 3:

$\dfrac{6x + y}{3} = \dfrac{3}{3} \Rightarrow 2x + \dfrac{y}{3} = 1 \Rightarrow \dfrac{x}{\frac{1}{2}} + \dfrac{y}{3} = 1$

Note que **r** intersecta o eixo **x** em $\left(\dfrac{1}{2}, 0\right)$ e o eixo **y** em (0, 3).

- Equação paramétrica:

Fazendo, por exemplo, $t = 3x$, temos $x = \dfrac{t}{3}$ e, assim, podemos determinar **y** em função de **t**:

$6x + y - 3 = 0 \Rightarrow 6 \cdot \dfrac{t}{3} + y - 3 = 0 \Rightarrow$

$\Rightarrow 2t + y - 3 = 0 \Rightarrow y = 3 - 2t$

Um par de equações paramétricas de **r** é

$\begin{cases} x = \dfrac{t}{3} \\ y = 3 - 2t \end{cases}$; $t \in \mathbb{R}$.

EXERCÍCIOS

49 As retas **r** e **s** estão representadas na figura ao lado.

Determine:

a) suas equações segmentárias;

b) suas equações gerais;

c) suas equações reduzidas;

d) suas equações em função do parâmetro **t**, tal que $t = x + 1$.

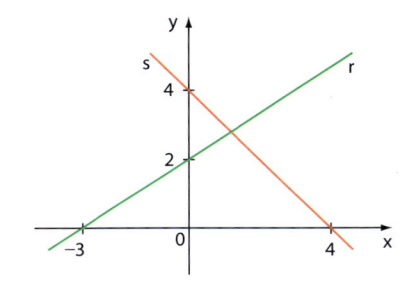

50 Em cada item, determine as coordenadas dos pontos de interseção da reta dada com os eixos.

a) $\dfrac{x}{2} - \dfrac{y}{5} = 1$

b) $\begin{cases} x = \dfrac{t}{3} \\ y = 2t + 3 \end{cases}$

51 Determine, em cada caso, os coeficientes angulares das retas dadas e verifique sua posição relativa. Se forem concorrentes, determine as coordenadas do ponto de interseção.

a) r: $\dfrac{x}{3} + \dfrac{y}{2} = 1$ e s: $\dfrac{x}{2} - \dfrac{y}{4} = 1$

b) r: $\begin{cases} x = 2t \\ y = 3t - 1 \end{cases}$ e s: $\begin{cases} x = -t \\ y = t + 1 \end{cases}$

52 Determine a equação segmentária da reta **r** pedida em cada caso e as coordenadas dos seus pontos de interseção com os eixos.

a) **r** passa por $(-1,\ 2)$ e é paralela à reta de equação $\dfrac{x}{2} + \dfrac{y}{2} = 1$.

b) **r** passa por $(3, -2)$ e é perpendicular à reta de equação $\begin{cases} x = t \\ y = 4t - 5 \end{cases}$.

▶ Distância entre ponto e reta

Já sabemos que a distância entre um ponto e uma reta é a distância do ponto ao pé da perpendicular à reta dada, traçada pelo ponto.

Em ambos os casos abaixo, a distância entre **P** e **r** (indica-se por $d_{P,r}$) é a distância entre **P** e **P'**, sendo **P'** o pé da perpendicular a **r**, conduzida por **P**.

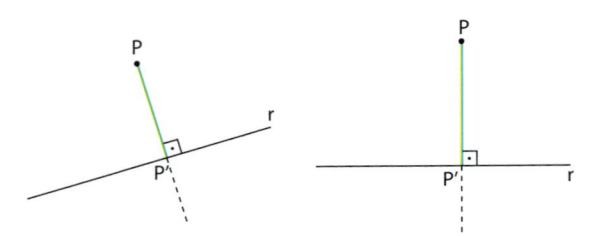

P' também é chamado **projeção ortogonal** de **P** sobre **r**.

- Se $P \in r$, naturalmente $d_{P,r} = 0$.
- Se $P \notin r$, temos $d_{P,r} > 0$.

EXEMPLO 21

Vamos agora obter, analiticamente, a distância entre $P(2, 3)$ e a reta $r: x + 2y - 2 = 0$.

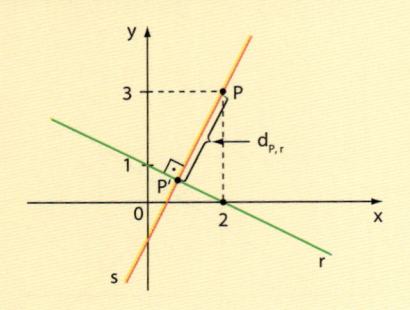

1º) Seja **s** a reta perpendicular a **r**, traçada por **P**. Vamos obter sua equação.

Temos: $m_r = -\dfrac{a}{b} = -\dfrac{1}{2}$; como $m_r \cdot m_s = -1$, temos $m_s = -\dfrac{1}{m_r} = 2$.

Como **s** passa por $P(2, 3)$, podemos escrever: $y - 3 = 2 \cdot (x - 2) \Rightarrow y = 2x - 1$ é a equação de **s**.

2º) Determinemos **P'**, interseção de **r** com **s**. Para isso, basta resolver o sistema formado pelas equações de **r** e **s**:

$$\begin{cases} r: x + 2y - 2 = 0 \\ s: y = 2x - 1 \end{cases} \Rightarrow \begin{cases} x + 2y = 2 \\ -2x + y = -1 \end{cases} \Rightarrow$$

$$\Rightarrow y = \dfrac{3}{5} \text{ e } x = \dfrac{4}{5}$$

Daí, $P'\left(\dfrac{4}{5}, \dfrac{3}{5}\right)$.

3º) A distância de **P** a **r** é a distância entre os pontos $P(2, 3)$ e $P'\left(\dfrac{4}{5}, \dfrac{3}{5}\right)$:

$$d_{P,r} = d_{PP'} = \sqrt{(\Delta x)^2 + (\Delta y)^2} =$$

$$= \sqrt{\left(2 - \dfrac{4}{5}\right)^2 + \left(3 - \dfrac{3}{5}\right)^2} = \sqrt{\left(\dfrac{6}{5}\right)^2 + \left(\dfrac{12}{5}\right)^2} =$$

$$= \sqrt{\dfrac{180}{25}} = \dfrac{6\sqrt{5}}{5}$$

Podemos generalizar o procedimento descrito no exemplo *21* para calcular a distância **d** entre um ponto $P(x_0, y_0)$ e uma reta $r: ax + by + c = 0$.

Obtemos a expressão:

$$d = \frac{|a \cdot x_0 + b \cdot y_0 + c|}{\sqrt{a^2 + b^2}}$$

EXEMPLO 22

Vamos aplicar a fórmula para confirmar o resultado obtido no exemplo *21*.

$$\left. \begin{array}{l} P(2, 3)\ (x_0 = 2, y_0 = 3) \\ r: x + 2y - 2 = 0 \\ (a = 1, b = 2, c = -2) \end{array} \right\} \Rightarrow d = \frac{|1 \cdot 2 + 2 \cdot 3 - 2|}{\sqrt{1^2 + 2^2}} = \frac{|6|}{\sqrt{5}} = \frac{6\sqrt{5}}{5}$$

EXERCÍCIOS RESOLVIDOS

12 Os vértices de um triângulo ABC são A(−2, −4), B(1, −2) e C(2, 5). Determinar a medida da altura relativa ao lado $\overline{AB}$.

Solução:

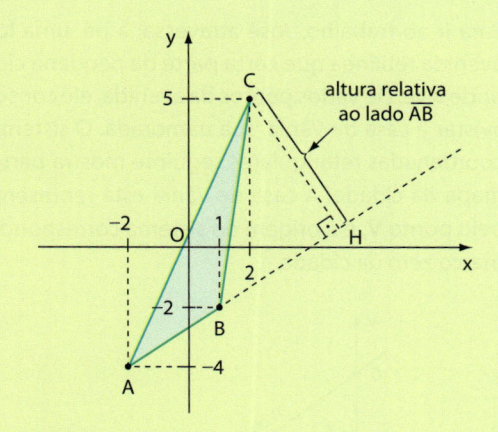

altura relativa ao lado $\overline{AB}$

Para determinar o comprimento da altura $\overline{CH}$, primeiramente encontramos a equação de $\overrightarrow{AB}$:

$$\overrightarrow{AB}: \begin{vmatrix} -2 & -4 & 1 \\ 1 & -2 & 1 \\ x & y & 1 \end{vmatrix} = 0 \Rightarrow 2x - 3y - 8 = 0$$

Agora, basta encontrar a distância entre C(2, 5) e $\overrightarrow{AB}$:

$$d_{C, \overrightarrow{AB}} = \frac{|2 \cdot 2 - 3 \cdot 5 - 8|}{\sqrt{2^2 + (-3)^2}} = \frac{|-19|}{\sqrt{13}} = \frac{19}{\sqrt{13}} \Rightarrow$$

$$\Rightarrow h_C = \frac{19\sqrt{13}}{13}$$

13 Determinar a distância entre as retas $r: x + 2y + 5 = 0$ e $s: x + 2y - 3 = 0$.

Solução:

É importante observar, de início, que **r** e **s** são paralelas, pois possuem o mesmo coeficiente angular $\left(m_r = m_s = -\frac{1}{2} \right)$. A distância entre duas retas paralelas é a distância entre um ponto qualquer de uma delas à outra.

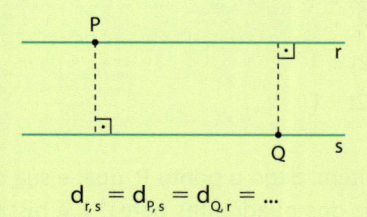

$$d_{r, s} = d_{P, s} = d_{Q, r} = \dots$$

Desse modo, é preciso escolher um ponto arbitrário de uma das retas e calcular a distância desse ponto à outra reta.

Tomamos um ponto **P** em **r**:

- Escolhemos, arbitrariamente,

  $x = -1 \Rightarrow -1 + 2y + 5 = 0 \Rightarrow 2y + 4 = 0 \Rightarrow$

  $\Rightarrow y = -2; P(-1, -2) \in r.$

- Calculamos a distância de **P** a **s**:

  $$d = \frac{|1 \cdot (-1) + 2 \cdot (-2) - 3|}{\sqrt{1^2 + 2^2}} = \frac{|-8|}{\sqrt{5}} = \frac{8\sqrt{5}}{5}$$

EXERCÍCIOS

53 Determine, em cada item, a distância do ponto **P** à reta **r**.

a) $P(-2, 1)$ e r: $3x + y - 2 = 0$.

b) $P(3, -2)$ e r: $y = 4x - 9$.

c) $P(1, 4)$ e r: $\dfrac{x}{3} + \dfrac{y}{-1} = 1$.

d) $P(-1, -3)$ e r: $\begin{cases} x = t \\ y = -t + 2 \end{cases}$.

54 As retas **r** e **s** de cada item são paralelas entre si. Determine a distância entre elas.

a) r: $y = 2x + 4$ e s: $y = 2x - 5$.

b) r: $2x + 3y - 1 = 0$ e s: $4x + 6y + 1 = 0$.

c) r: $\dfrac{x}{4} + \dfrac{y}{4} = 1$ e s: $\dfrac{x}{3} + \dfrac{y}{3} = 1$.

d) r: $\begin{cases} x = t \\ y = 2 - t \end{cases}$ e s: $\begin{cases} x = t \\ y = -1 - t \end{cases}$.

55 Em cada item, dada a equação de uma reta, determine sua distância à origem dos eixos.

a) $y = -5x + 9$

b) $3x + 4y + 2 = 0$

c) $\dfrac{x}{3} + \dfrac{y}{2} = 1$

d) $\begin{cases} x = 2t + 1 \\ y = 2t - 1 \end{cases}$

56 Em cada item, dado o ponto **P**, qual é sua distância à bissetriz dos quadrantes pares? E à bissetriz dos quadrantes ímpares?

a) $P(2, 3)$ **c)** $P(-2, -1)$

b) $P(-4, 2)$ **d)** $P(2, 7)$

57 A reta **s** passa pelo ponto $P(1, 2)$ e é paralela à reta de equação $5x + y - 1 = 0$. Determine a distância de **s** à origem dos eixos.

58 Dados o ponto **P** e a equação da reta **r**, determine, em cada item, a projeção de **P** sobre **r**.

a) r: $y - x + 5 = 0$ e $P(0, 2)$.

b) r: $y + 5x + 1 = 0$ e $P(1, 0)$.

c) r: $y = 2x + 9$ e $P(3, 3)$.

59 No triângulo ABC, sabe-se que $A(4, 3)$ e que **B** e **C** pertencem à reta de equação $3x - 4y + 1 = 0$. Determine a medida da altura desse triângulo, relativa ao vértice **A**.

60 A reta **r** passa pelos pontos $A(-1, 3)$ e $B(4, 2)$. Determine o ponto **P** que pertence a **r** e é equidistante dos dois eixos.

61 Considere os pontos $P(10, -1)$, $Q(0, 3)$ e $R(5, 1)$.

a) Desses pontos, qual é o mais distante da reta **r** de equação $2x + 5y - 1 = 0$?

b) O que se pode afirmar a respeito da posição relativa entre **r** e a reta que passa por **P** e **Q**?

62 Dadas as retas de equações r: $y = 2x - 31$, s: $2x - y - 7 = 0$ e t: $2x - y - 17 = 0$, obtenha:

a) a equação de uma reta que seja paralela a **r** e diste $\sqrt{5}$ do ponto $(6, 0)$;

b) a distância entre as retas paralelas **s** e **t**.

63 Para ir ao trabalho, José atravessa, a pé, uma longa avenida retilínea que corta parte da pequena cidade onde vive. De vários pontos da avenida, ele consegue avistar a casa de Vânia, sua namorada. O sistema de coordenadas retangulares seguinte mostra parte do mapa da cidade. A casa de Vânia está representada pelo ponto **V**, e a origem do sistema corresponde ao marco zero da cidade.

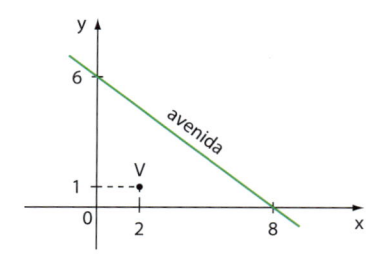

Sabendo que a unidade de medida utilizada é o metro e que a escala é de 1:100, determine:

a) a distância do marco zero da cidade à casa de Vânia;

b) a distância do marco zero da cidade à avenida;

c) as coordenadas do ponto da avenida no qual José fica mais próximo da casa de Vânia;

d) a distância entre José e a casa de Vânia, considerando o item anterior.

▶ Área do triângulo

Vamos calcular a área de um triângulo MNP a partir das coordenadas dos três vértices: $M(x_M, y_M)$, $N(x_N, y_N)$ e $P(x_P, y_P)$.

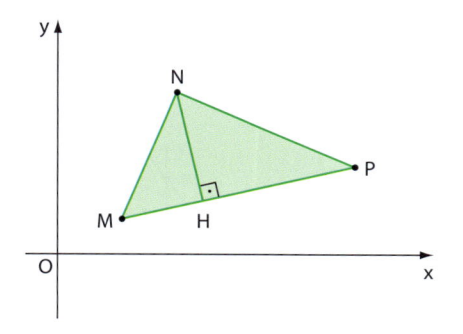

Com base na Geometria plana, sabemos que a área da superfície limitada por um triângulo pode ser calculada pela expressão:

$$\frac{\text{medida da base} \cdot \text{medida da altura}}{2}$$

- Tomando o lado $\overline{MP}$ como base, sua medida é a distância entre os pontos **M** e **P**, a saber:

$$d_{MP} = \sqrt{(x_M - x_P)^2 + (y_M - y_P)^2} \qquad \boxed{1}$$

- A medida da altura $\overline{NH}$ é a distância entre o ponto **N** e a reta suporte do lado $\overline{MP}$. Para calcular essa distância, vamos inicialmente obter a equação de $\overline{MP}$:

$$\begin{vmatrix} x_M & y_M & 1 \\ x_P & y_P & 1 \\ x & y & 1 \end{vmatrix} = 0 \quad \text{(x e y são as coordenadas de um ponto qualquer de $\overline{MP}$.)}$$

$$x_M y_P + x y_M + y x_P - x y_P - y x_M - x_P y_M = 0$$

$$x(y_M - y_P) + y(x_P - x_M) + (x_M y_P - x_P y_M) = 0 \quad \boxed{2}$$

- Vamos usar a expressão da distância entre ponto e reta para calcular a distância entre **N** e a reta suporte de $\overline{MP}$.

$$\begin{cases} N(x_N, y_N) \\ \overline{MP}: x(y_M - y_P) + y(x_P - x_M) + (x_M y_P - x_P y_M) = 0 \end{cases}$$

$$d_{N, \overline{MP}} = \frac{|x_N(y_M - y_P) + y_N(x_P - x_M) + (x_M y_P - x_P y_M)|}{\sqrt{(y_M - y_P)^2 + (x_P - x_M)^2}} \quad \boxed{3}$$

- Por fim, a área (**A**) do triângulo é:

$$A = \frac{1}{2} \cdot d_{MP} \cdot d_{N, \overline{MP}}$$

Usando ❶ e ❸, obtemos:

$$A = \frac{1}{2} \cdot \sqrt{(x_M - x_P)^2 + (y_M - y_P)^2} \cdot$$

$$\cdot \frac{|x_N(y_M - y_P) + y_N(x_P - x_M) + (x_M y_P - x_P y_M)|}{\sqrt{(y_M - y_P)^2 + (x_P - x_M)^2}}$$

Como a expressão do módulo coincide com o 1º membro da equação ❷ quando **x** e **y** são substituídos, respectivamente, por x_N e y_N, podemos escrever:

$$A = \frac{1}{2} \cdot |D|, \text{ em que } D = \begin{vmatrix} x_M & y_M & 1 \\ x_P & y_P & 1 \\ x_N & y_N & 1 \end{vmatrix}$$

Assim, mostramos que:

> A área da superfície limitada pelo triângulo MNP, em que $M(x_M, y_M)$, $N(x_N, y_N)$ e $P(x_P, y_P)$, é dada por:
>
> $$A = \frac{1}{2} \cdot |D|, \text{ em que } D = \begin{vmatrix} x_M & y_M & 1 \\ x_N & y_N & 1 \\ x_P & y_P & 1 \end{vmatrix}$$

EXEMPLO 23

Para achar a área do triângulo de vértices $A(2, 3)$, $B(1, 8)$ e $C(-5, 2)$, iniciamos pelo cálculo do determinante **D**:

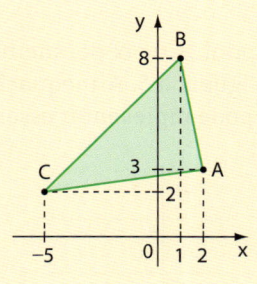

$$D = \begin{vmatrix} 2 & 3 & 1 \\ 1 & 8 & 1 \\ -5 & 2 & 1 \end{vmatrix} = 16 - 15 + 2 + 40 - 3 - 4 = 36$$

Assim, $A_{\triangle ABC} = \frac{1}{2} \cdot |36| = \frac{1}{2} \cdot 36 = 18$.

EXERCÍCIOS

64 Em cada item, determine a área do triângulo ABC:

a) A(1, 1), B(−1, 2) e C(3, 1).

b) A(−1, 0), B(4, 2) e C(1, 5).

c) $A\left(\dfrac{1}{2}, \dfrac{1}{2}\right)$, $B\left(\dfrac{1}{3}, -1\right)$ e $C\left(1, \dfrac{1}{3}\right)$.

d) A(−2, 10), B(−1, −1) e C(2, 3).

65 As retas de equações $y = 2x + 3$, $y = -x + 4$ e $y = \dfrac{1}{2}x + 1$ intersectam-se duas a duas, determinando um triângulo. Calcule a área desse triângulo.

66 Determine a área do losango ABCD, sabendo que A(0, 2), B(4, 4) e C(6, 8).

67 Calcule a área do trapézio de vértices A(0, 1), B(3, 0), $C\left(2, \dfrac{7}{3}\right)$ e $D\left(1, \dfrac{8}{3}\right)$.

68 Qual é a área do triângulo AOB representado na figura abaixo?

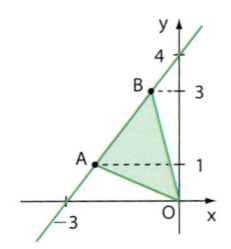

▶ Inequações de 1º grau – Resolução gráfica

Consideremos uma reta **r** do plano cartesiano, que o divide em dois semiplanos. Cada um desses semiplanos pode ser representado por uma inequação de 1º grau (com uma ou duas incógnitas).

▶ 1º caso: A reta *r* é paralela a um dos eixos coordenados

EXEMPLO 24

Seja r: $y - 5 = 0$.
r divide o plano cartesiano em dois semiplanos:

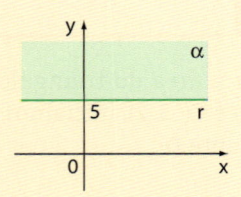

Todos os pontos de **α** possuem ordenadas maiores ou iguais a 5. A inequação $y \geqslant 5 \Leftrightarrow$ $\Leftrightarrow y - 5 \geqslant 0$ pode representar esses pontos.

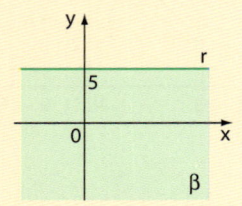

Todos os pontos de **β** possuem ordenadas menores ou iguais a 5. A inequação $y \leqslant 5 \Leftrightarrow$ $\Leftrightarrow y - 5 \leqslant 0$ pode representar esses pontos.

EXEMPLO 25

Seja s: $x - 2 = 0$.
s divide o plano cartesiano em dois semiplanos:

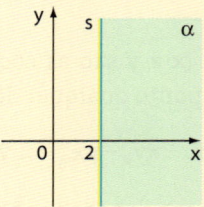

Todos os pontos de **α** possuem abscissas maiores ou iguais a 2. Podemos representá-los pela inequação $x \geqslant 2 \Leftrightarrow x - 2 \geqslant 0$.

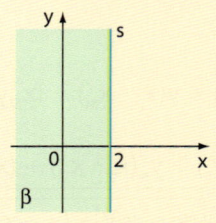

Todos os pontos de **β** possuem abscissas menores ou iguais a 2. Podemos representá-los pela inequação $x \leqslant 2 \Leftrightarrow x - 2 \leqslant 0$.

▶ 2º caso: A reta *r* não é paralela a nenhum dos eixos coordenados

EXEMPLO 26

Seja r: $x - 2y + 2 = 0$.
Tomemos um ponto qualquer $A(x_A, y_A)$ em **r**.

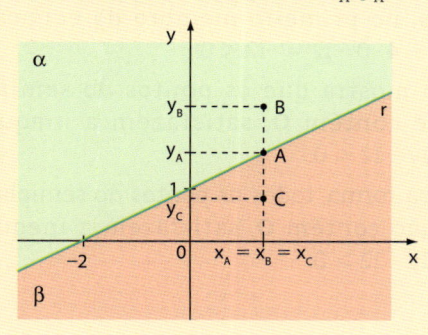

Temos: $x_A - 2y_A + 2 = 0 \Leftrightarrow y_A = \dfrac{x_A}{2} + 1$

Seja **B** um ponto na mesma vertical de **A** $(x_B = x_A)$, acima de **r**, isto é, $y_B > y_A$, ou melhor:

$$y_B > \dfrac{x_A}{2} + 1$$

Como $x_A = x_B$, temos:

$$y_B > \dfrac{x_B}{2} + 1 \Rightarrow 2y_B > x_B + 2 \Rightarrow$$
$$\Rightarrow x_B - 2y_B + 2 < 0 \quad \textbf{1}$$

Seja **C** um ponto na mesma vertical de **A** $(x_A = x_C)$, abaixo de **r**, isto é, $y_C < y_A \Rightarrow y_C < \dfrac{x_A}{2} + 1$.
Como $x_A = x_C$, escrevemos:

$$y_C < \dfrac{x_C}{2} + 1 \Rightarrow x_C - 2y_C + 2 > 0 \quad \textbf{2}$$

Assim, temos que:
- todo ponto do semiplano **α**, situado acima de r: $x - 2y + 2 = 0$, satisfaz a inequação $x - 2y + 2 < 0$, como em **1**.

- todo ponto do semiplano **β**, situado abaixo de r: $x - 2y + 2 = 0$, satisfaz a inequação $x - 2y + 2 > 0$, como em **2**.

EXEMPLO 27

Seja r: $3x + 2y - 6 = 0$.

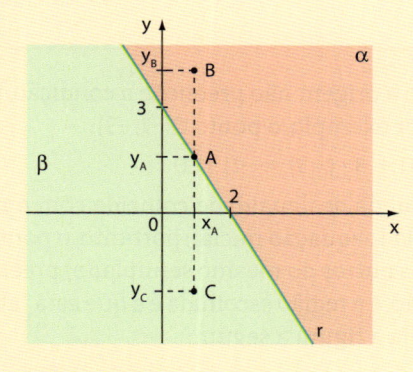

- $A \in r \Rightarrow 3x_A + 2y_A - 6 = 0 \Leftrightarrow y_A = -\dfrac{3}{2}x_A + 3$

- **B** acima de **r** $(x_B = x_A, y_B > y_A) \Rightarrow$

$$\Rightarrow y_B > -\dfrac{3}{2}x_B + 3 \Leftrightarrow 3x_B + 2y_B - 6 > 0 \quad \textbf{1}$$

- **C** abaixo de **r** $(x_C = x_A, y_C < y_A) \Rightarrow$

$$\Rightarrow y_C < -\dfrac{3}{2}x_C + 3 \Leftrightarrow 3x_C + 2y_C - 6 < 0 \quad \textbf{2}$$

Temos que:
- todo ponto do semiplano **α**, localizado acima de **r**, satisfaz a inequação $3x + 2y - 6 > 0$, como em **1**;

- todo ponto do semiplano **β**, localizado abaixo de **r**, satisfaz a inequação $3x + 2y - 6 < 0$, como em **2**.

OBSERVAÇÕES

Os exemplos *26* e *27* sugerem que, se uma reta **r** qualquer (não paralela a nenhum dos eixos), de equação r: $ax + by + c = 0$, divide o plano cartesiano em dois semiplanos de mesma origem **r**, temos:
- todo ponto (x, y) pertencente a um dos semiplanos satisfaz a inequação $ax + by + c \geq 0$.
- todo ponto (x, y) pertencente ao outro semiplano satisfaz a inequação $ax + by + c \leq 0$.

Nos dois casos, somente ocorre a igualdade quando o ponto pertence à reta.

EXEMPLO 28

A reta r: $3x + 4y - 12 = 0$ divide o plano cartesiano nos semiplanos **α** e **β**. Vamos determinar a inequação que descreve os pontos de **α**.

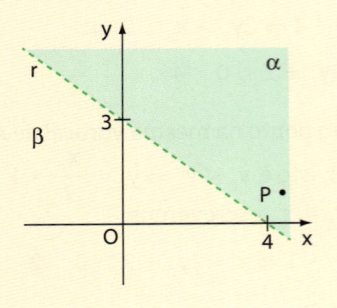

Consideramos um ponto qualquer do plano cartesiano, não pertencente a **r**, por exemplo, a origem $O(0, 0)$.

Substituindo pelas coordenadas de **O**, obtemos, no primeiro membro da equação de r: $3 \cdot 0 + 4 \cdot 0 - 12 = -12 < 0$.

Isso mostra que os pontos do semiplano **β**, que contém **O**, satisfazem a inequação $3x + 4y - 12 < 0$.

Dessa forma, todos os pontos do semiplano **α**, que não contém **O**, satisfazem a inequação $3x + 4y - 12 > 0$.

OBSERVAÇÕES 🔍

Se tivéssemos escolhido outro ponto qualquer, por exemplo, P(5, 2), chegaríamos à mesma conclusão: $3 \cdot 5 + 4 \cdot 2 - 12 = 11 > 0$.

Como o ponto **P** pertence ao semiplano **α**, temos que os pontos de **α** podem ser descritos por $3x + 4y - 12 > 0$.

EXEMPLO 29

A inequação $2x + 3y \leq 0$ pode ser resolvida graficamente.

Seja **s** a reta da equação $2x + 3y = 0$.

Tomemos dois pontos de **s**:

x	y	(x, y)
−3	2	A(−3, 2)
3	−2	B(3, −2)

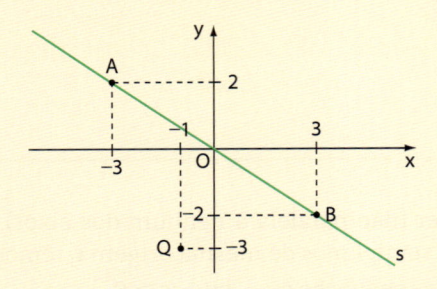

Na equação de **s**, devemos "experimentar" as coordenadas de um ponto fora de **s** para escolher a região correta.

Como a origem não preenche a condição, tomemos, por exemplo, o ponto Q(−1, −3):

$$2 \cdot (-1) + 3 \cdot (-3) = -11 \leq 0$$

O sinal da desigualdade coincide com o requerido pela inequação inicial; portanto, o ponto **Q** (e todos os outros do mesmo semiplano) preenche a condição, e a região escolhida é a que está "abaixo" de **s**. Veja a figura a seguir.

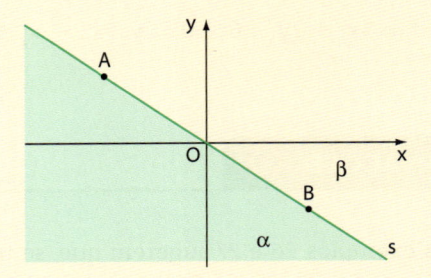

No caso, a reta **s** é marcada continuamente (veja o sinal $\leq$).

Podemos apresentar como solução para a inequação dada: "semiplano sα (incluindo **s**)".

EXERCÍCIO RESOLVIDO

14 As coordenadas dos pontos de uma região do plano cartesiano satisfazem simultaneamente as inequações:

$$\begin{cases} x > 0 \\ y < 0 \\ 2x - 5y - 10 \leqslant 0 \end{cases}$$

Determinar a área dessa região.

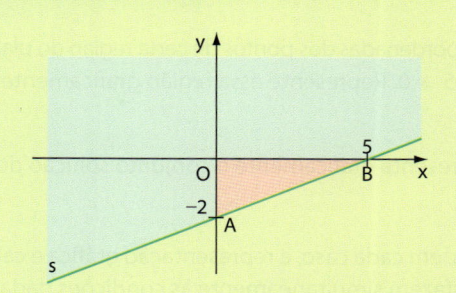

Solução:

As duas primeiras inequações são satisfeitas pelos pontos pertencentes ao 4º quadrante. **1**

Para resolver graficamente a terceira inequação, devemos inicialmente construir a reta s: $2x - 5y - 10 = 0$.

x	y
0	−2
5	0

Tomando a origem **O** ($O \notin s$) e substituindo suas coordenadas no 1º membro de **s**, obtemos:

$2 \cdot 0 - 5 \cdot 0 - 10 = -10 < 0$

Assim, o semiplano a ser considerado deve conter a origem, isto é, é o semiplano acima de **s**, incluindo **s**. **2**

A interseção dos pontos de **1** e **2** é o interior do triângulo OAB mostrado no gráfico. Sua área é:

$\dfrac{5 \cdot 2}{2} = 5$, ou seja, 5 unidades de área.

 **EXERCÍCIOS**

69 Resolva graficamente cada uma das inequações abaixo.

a) $x + 3 \leqslant 0$

b) $y - 1 > 0$

c) $2x - y \leqslant -1$

d) $3x + 2y \geqslant 2$

e) $\dfrac{x + 1}{2} < \dfrac{y + 3}{3}$

70 Escreva uma inequação de primeiro grau que represente, em cada caso, a região assinalada.

a)

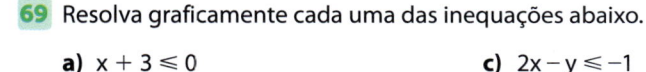

c)

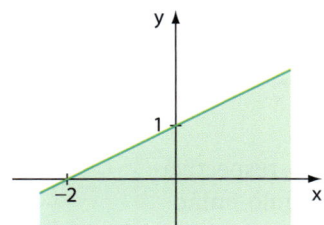

e)

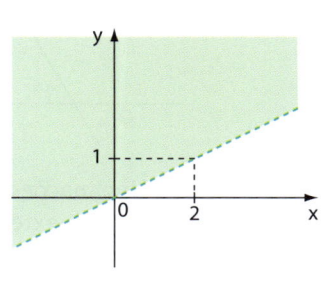

b)

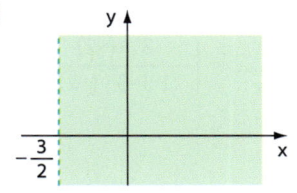

d)

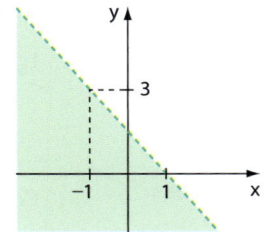

71 Seja **R** uma região do plano tal que as coordenadas de seus pontos satisfazem simultaneamente as condições $-3 \leq x \leq 4$ e $1 \leq y \leq 4$. Represente **R** graficamente e determine sua área.

72 As coordenadas dos pontos de certa região do plano satisfazem simultaneamente as inequações $x + 2y \leq 0$, $y - 2 \geq 0$ e $x + 5 \geq 0$. Represente essa região graficamente e determine sua área.

73 Represente graficamente o conjunto solução do sistema $\begin{cases} 3x + y > 3 \\ 2x - 2y > 0 \end{cases}$.

74 Faça, em cada caso, a representação gráfica e calcule a área da região determinada pelos pontos $(x,\ y)$ do plano que satisfazem simultaneamente às condições dadas:

a) $y \geq 0$, $y \leq \dfrac{2}{3}x + \dfrac{4}{3}$ e $y \leq -\dfrac{x}{5} + \dfrac{1}{5}$.

b) $x \geq 0$, $y \geq 0$, $2y + 3x \leq 6$ e $y \leq 4x$.

▶ Ângulo entre retas

Sejam $\mathbf{r}_1$ e $\mathbf{r}_2$ duas retas concorrentes e não perpendiculares. Elas determinam quatro ângulos, dois a dois, opostos pelo vértice e congruentes:

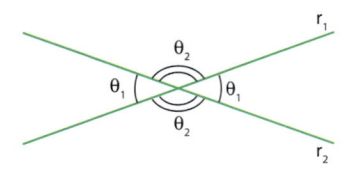

θ_1 é agudo; θ_2 é obtuso.
Lembre que $\theta_1 + \theta_2 = 180°$.
Vamos determinar a medida do ângulo agudo θ_1 formado por $\mathbf{r}_1$ e $\mathbf{r}_2$.

▶ 1º caso: Nenhuma das retas é vertical (paralela ao eixo *y*)

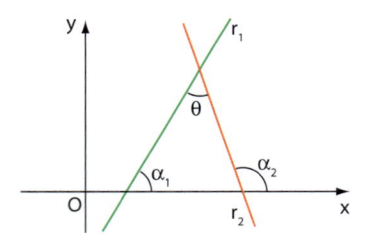

Na figura, as inclinações de $\mathbf{r}_1$ e $\mathbf{r}_2$ são, respectivamente, α_1 e α_2. Mas α_2 é externo ao triângulo, então:

$$\alpha_2 = \alpha_1 + \theta \Rightarrow \theta = \alpha_2 - \alpha_1$$

Daí:
$$\text{tg } \theta = \text{tg } (\alpha_2 - \alpha_1)$$

Lembrando que $\text{tg } (a - b) = \dfrac{\text{tg } a - \text{tg } b}{1 + \text{tg } a \cdot \text{tg } b}$, temos:

$$\text{tg } \theta = \dfrac{\text{tg } \alpha_2 - \text{tg } \alpha_1}{1 + \text{tg } \alpha_2 \cdot \text{tg } \alpha_1}$$

Como os coeficientes angulares de $\mathbf{r}_1$ e $\mathbf{r}_2$ são, respectivamente, $m_1 = \text{tg } \alpha_1$ e $m_2 = \text{tg } \alpha_2$, temos:

$$\text{tg } \theta = \dfrac{m_2 - m_1}{1 + m_1 \cdot m_2} \quad ①$$

Na expressão acima, se obtivermos $\text{tg } \theta > 0$, teremos calculado $\text{tg } \theta_1$, em que θ_1 é a medida do ângulo agudo formado por $\mathbf{r}_1$ e $\mathbf{r}_2$.

Caso tenhamos obtido $\text{tg } \theta < 0$, teremos calculado $\text{tg } \theta_2$, em que θ_2 é a medida do ângulo obtuso formado por $\mathbf{r}_1$ e $\mathbf{r}_2$.

Como estamos interessados em calcular a medida do ângulo agudo formado por duas retas concorrentes e não perpendiculares, podemos considerar o módulo da expressão obtida em ①.

Assim, a medida θ do ângulo agudo formado por $\mathbf{r}_1$ e $\mathbf{r}_2$ é tal que:

$$\text{tg } \theta = \left| \dfrac{m_1 - m_2}{1 + m_1 \cdot m_2} \right|$$

em que $\mathbf{m}_1$ e $\mathbf{m}_2$ são, respectivamente, os coeficientes angulares de $\mathbf{r}_1$ e $\mathbf{r}_2$.

Sejam as retas $r: y = 3x + 4$ e $s: y = -2x + 8$. Vamos determinar a medida θ do ângulo agudo formado por **r** e **s**.
Temos: $m_r = 3$ e $m_s = -2$.

$$\text{tg } \theta = \left| \dfrac{m_r - m_s}{1 + m_r \cdot m_s} \right| = \left| \dfrac{3 - (-2)}{1 + 3 \cdot (-2)} \right| =$$

$$= \left| \dfrac{5}{-5} \right| = |-1| = 1$$

Como $\text{tg } \theta = 1$, concluímos que $\theta = 45°$.

▶ 2º caso: Uma das retas é vertical

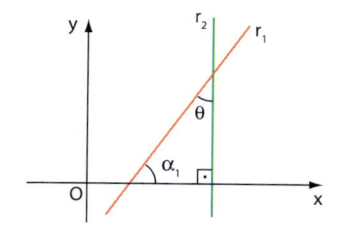

$$\begin{cases} m_1 = \text{tg } \alpha_1 > 0 \\ r_2 \text{ é vertical} \end{cases}$$

Temos:

$$\theta = 90° - \alpha_1 \Rightarrow \text{tg } \theta = \text{tg } (90° - \alpha_1) \Rightarrow$$

$$\Rightarrow \text{tg } \theta = \frac{\text{sen } (90° - \alpha_1)}{\cos (90° - \alpha_1)} = \frac{\cos \alpha_1}{\text{sen } \alpha_1} =$$

$$= \text{cotg } \alpha_1 = \frac{1}{\text{tg } \alpha_1} \text{ e, portanto: tg } \theta = \frac{1}{m_1} \quad \boxed{1}$$

Se tivéssemos $m_1 = \text{tg } \alpha_1 < 0$, teríamos:

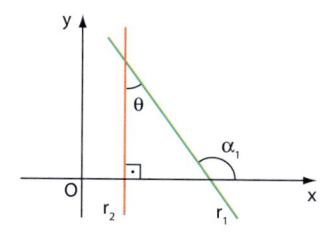

$\theta = \alpha_1 - 90°$ e, por raciocínio análogo, concluiríamos que: $\text{tg } \theta = -\dfrac{1}{m_1} \quad \boxed{2}$

De ① e ② , concluímos que a medida **θ** do ângulo agudo formado por **r₁** e **r₂** é tal que:

$$\boxed{\text{tg } \theta = \left| \frac{1}{m_1} \right|}$$

EXEMPLO 31

Sejam as retas r: $2x - y + 3 = 0$ e s: $x - 2 = 0$. Vamos determinar a medida **θ** do ângulo agudo formado por **r** e **s**.

Temos:
$$\begin{cases} m_r = -\dfrac{a}{b} = -\dfrac{2}{(-1)} = 2 \\ s \text{ é vertical e não se define } m_s \end{cases}$$

Daí: $\text{tg } \theta = \left| \dfrac{1}{m_r} \right| = \left| \dfrac{1}{2} \right| = \dfrac{1}{2}$.

Costuma-se escrever $\theta = \text{arctg } \dfrac{1}{2}$, isto é, **θ** é a medida de um ângulo cuja tangente vale $\dfrac{1}{2}$.

Consultando uma tabela de razões trigonométricas, podemos determinar a medida $\theta \simeq 27°$.

✏️ EXERCÍCIOS

75 Determine a tangente do ângulo agudo formado pelas retas **r** e **s**, em cada caso. Indique a medida do ângulo, se ele for conhecido.

a) r: $y = 4x + 1$ e s: $y = -2x - 3$.

b) r: $5x - y + 1 = 0$ e s: $2x - y + 2 = 0$.

c) r: $3x - y - 2 = 0$ e s: $x = \dfrac{1}{2}$.

d) r: $x + y - 6 = 0$ e s: $6y - 1 = 0$.

e) r: $\dfrac{x}{2} + \dfrac{y}{3} = 1$ e s: $\dfrac{x}{3} + \dfrac{y}{-2} = 1$.

76 Na figura abaixo, têm-se representadas as retas **r**, **s** e **t**. Determine as medidas dos ângulos **α** e **β** e as coordenadas do ponto **C**.

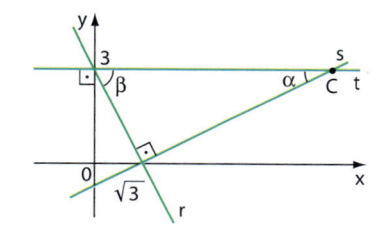

77 Duas retas **r** e **s** estão representadas na figura abaixo. Determine:

a) seus coeficientes angulares;

b) suas equações;

c) as coordenadas dos pontos **M** e **N**;

d) a medida do ângulo **θ**.

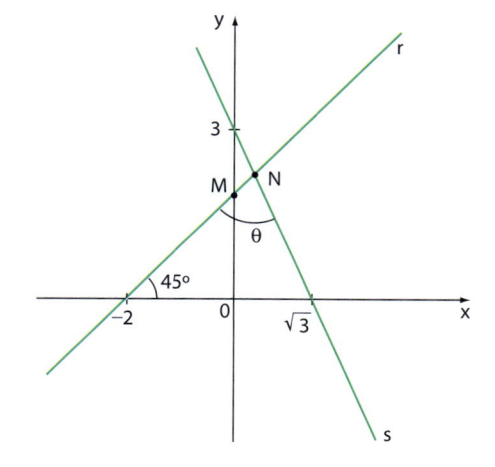

▶ Bissetrizes dos ângulos de duas retas

Outra aplicação direta da fórmula de distância entre ponto e reta é a obtenção das bissetrizes dos ângulos formados por duas retas concorrentes.

Sejam as retas concorrentes $r: a_1x + b_1y + c_1 = 0$ e $s: a_2x + b_2y + c_2 = 0$ e $P(x, y)$ um ponto genérico de qualquer das bissetrizes i_1 e i_2, cujas equações queremos determinar. Como **P** é equidistante de **r** e **s**, temos:

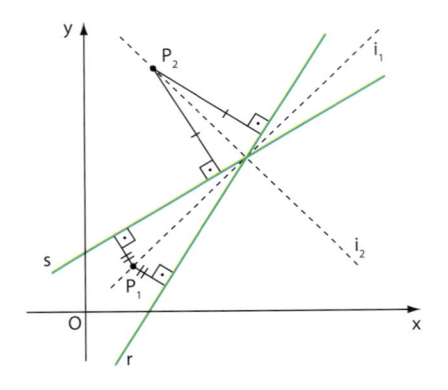

$$d_{P,r} = d_{P,s} \Rightarrow$$

$$\Rightarrow \frac{|a_1x + b_1y + c_1|}{\sqrt{a_1^2 + b_1^2}} = \frac{|a_2x + b_2y + c_2|}{\sqrt{a_2^2 + b_2^2}} \Rightarrow$$

$$\Rightarrow \frac{a_1x + b_1y + c_1}{\sqrt{a_1^2 + b_1^2}} = \pm \frac{a_2x + b_2y + c_2}{\sqrt{a_2^2 + b_2^2}} \Rightarrow$$

$$\Rightarrow \boxed{\frac{a_1x + b_1y + c_1}{\sqrt{a_1^2 + b_1^2}} \pm \frac{a_2x + b_2y + c_2}{\sqrt{a_2^2 + b_2^2}} = 0}$$

Essa igualdade representa as equações das bissetrizes dos ângulos formados por **r** e **s**.

EXEMPLO 32

Para encontrar as equações das bissetrizes dos ângulos por $r: 3x + 4y - 12 = 0$ e $s: 8x + 6y - 5 = 0$, podemos escrever:

$$\frac{3x + 4y - 12}{\sqrt{3^2 + 4^2}} \pm \frac{8x + 6y - 5}{\sqrt{8^2 + 6^2}} = 0 \Rightarrow \frac{3x + 4y - 12}{5} \pm \frac{8x + 6y - 5}{10} = 0 \Rightarrow$$

$$\Rightarrow 2(3x + 4y - 12) \pm (8x + 6y - 5) = 0 \Rightarrow 6x + 8y - 24 \pm (8x + 6y - 5) = 0 \Rightarrow$$

$$\Rightarrow \begin{cases} 6x + 8y - 24 + 8x + 6y - 5 = 0 \Rightarrow 14x + 14y - 29 = 0 \\ \text{ou} \\ 6x + 8y - 24 - 8x - 6y + 5 = 0 \Rightarrow 2x - 2y + 19 = 0 \end{cases}$$

Assim, as equações das bissetrizes são:
$i_1: 14x + 14y - 29 = 0$ e $i_2: 2x - 2y + 19 = 0$

Como as bissetrizes de dois ângulos adjacentes suplementares são perpendiculares entre si, é aconselhável verificar a condição de perpendicularidade entre as bissetrizes encontradas; no caso, temos $m_1 = -1$, $m_2 = 1$ e $m_1 \cdot m_2 = -1$, o que comprova a perpendicularidade.

EXERCÍCIOS

78 Ache as equações das bissetrizes dos ângulos formados pelas retas de equações indicadas a seguir:

$$12x + 5y - 1 = 0 \quad \text{e} \quad 3x - 4y + 2 = 0$$

79 A que condições devem obedecer as coordenadas dos pontos que são equidistantes das retas de equações

$$x - y + 4 = 0 \quad \text{e} \quad x + y - 3 = 0?$$

EXERCÍCIOS **COMPLEMENTARES**

1 (Unifesp-SP) Num sistema cartesiano ortogonal, considere as retas de equações r: $y = \dfrac{x}{6}$ e s: $y = \dfrac{3x}{2}$ e o ponto M(2, 1).

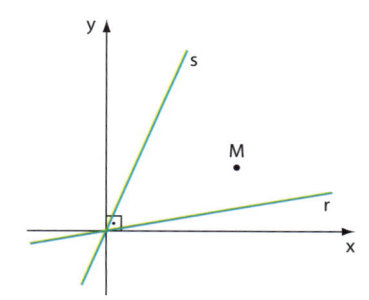

Determine as coordenadas do ponto **A**, de **r**, e do ponto **B**, de **s**, tais que **M** seja o ponto médio do segmento de reta $\overline{AB}$.

2 (UF-BA) Considere a reta **r**, que tem como equação $y = 1$, e a reta **s**, que passa pelos pontos A(4, −3) e B(2, 0).

Sendo **M** a região do plano limitada pelos eixos coordenados cartesianos Ox e Oy e pelas retas **r** e **s**, calcule o volume do sólido obtido pela rotação da região **M** em torno do eixo Oy.

3 A reta de equação $x + y = 10$ intersecta os eixos coordenados nos pontos **A** e **C**, sendo $\overline{AC}$ a diagonal de um quadrado. Sobre o quadrado, pede-se:

a) as coordenadas dos vértices **A** e **C**;

b) a medida do lado;

c) a medida da diagonal $\overline{AC}$;

d) as coordenadas do centro;

e) a equação da reta suporte da outra diagonal;

f) as coordenadas dos outros vértices;

g) as equações das retas suportes dos seus lados.

4 (Vunesp-SP) Determine as equações das retas que formam um ângulo de 135° com o eixo dos **x** e estão à distância $\sqrt{2}$ do ponto (−4, 3).

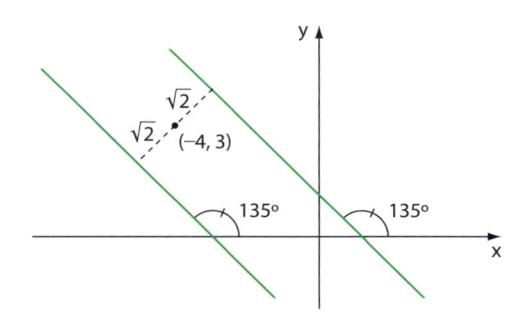

5 (PUC-RJ) Considere o triângulo cujos lados são as retas $x + y = 3$, $y = 2x − 3$ e $x = 2y − 3$.

a) Encontre as coordenadas dos vértices do triângulo.

b) Calcule a área do triângulo.

6 (UF-PE) Seja (a, b) o ortocentro do triângulo com vértices nos pontos com coordenadas (5, 1), (7, 2) e (1, 3). Calcule $4a − 2b$.

7 (UFF-RJ) Fixado um sistema de coordenadas retangulares no plano, sejam **T** o triângulo cujos vértices são os pontos (−2, 0), (2, 0) e (0, 3), e **R** o retângulo de vértices (−x, 0), (x, 0), $0 < x < 2$, e cujos outros dois vértices também estão sobre os lados de **T**.

Determine o valor de **x** para o qual a área de **R** é máxima. Justifique sua resposta.

8 (UF-PE) Encontre o maior valor de **b**, tal que a distância entre o ponto com coordenadas (0, 2) e a reta com equação $y = \dfrac{4}{3}x + b$ seja 6.

9 (UF-BA) No plano cartesiano, considere a reta **r** que passa pelos pontos P(24, 0) e Q(0, 18) e a reta **s**, perpendicular a **r**, que passa pelo ponto médio de **P** e **Q**.

Assim sendo, determine a hipotenusa do triângulo cujos vértices são o ponto **Q** e os pontos de interseção da reta **s** com a reta **r** e com o eixo Oy.

10 Determine as coordenadas do ponto **P** que pertence à reta de equação $y = \dfrac{x}{3} − 3$ e é equidistante dos pontos A(1, 3) e B(5, 1).

11 A reta **r** de equação $x − 2y + 2 = 0$ intersecta os eixos (de origem **O**) das abscissas e das ordenadas nos pontos **A** e **B**, respectivamente. A reta **s** passa pela origem e intersecta **r** em **P**, de modo que as áreas dos triângulos AOP e POB sejam iguais. Determine:

a) as coordenadas de **A** e **B**;

b) as coordenadas de **P**;

c) a equação de **s**.

12 As retas suportes de três lados de um paralelogramo têm equações $3x + 2y − 12 = 0$, $y = \dfrac{x}{2} − 1$ e $x − 2y + 6 = 0$.

O ponto (0, −1) é um dos vértices desse quadrilátero. Determine:

a) a equação da reta suporte do quarto lado;

b) as coordenadas dos outros três vértices;

c) as equações das retas suportes das diagonais;

d) as coordenadas do centro do paralelogramo.

13 No mapa abaixo têm-se representadas duas linhas de metrô de uma certa cidade: a linha verde, que liga as estações **R** e **S** em linha reta, e a linha vermelha, que liga as estações **T** e **U** em linha reta. As duas linhas têm em comum a estação central **V**. Na figura, em que a unidade de medida é o quilômetro, as retas suportes dessas linhas têm equações $4x - 5y = 0$ e $x + 2y - 13 = 0$. Determine:

a) as coordenadas das estações no mapa;

b) as distâncias reais da estação central **V** às outras quatro estações.

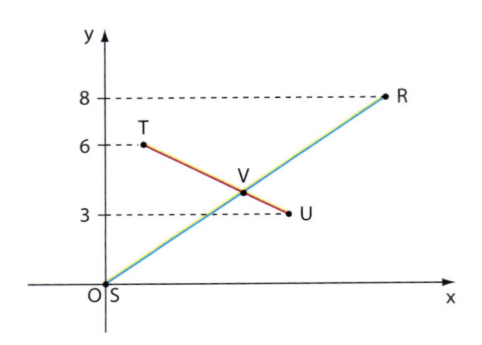

14 (Unicamp-SP) Seja dada a reta $x - 3y + 6 = 0$ no plano xy.

a) Se **P** é um ponto qualquer desse plano, quantas retas do plano passam por **P** e formam um ângulo de 45° com a reta dada acima?

b) Para o ponto **P** com coordenadas $(2, 5)$, determine as equações das retas mencionadas no item *a*.

15 Uma pessoa deseja plantar grama em um terreno que, em um sistema de eixos em que a escala utilizada é de 1 : 10 e a unidade de comprimento é o metro, é representado pelos pontos do plano que satisfazem simultaneamente as inequações $y \geq 0$, $6x - 5y + 12 \geq 0$, $y \leq -\dfrac{x}{3} + 7$ e $5x + 2y \leq 40$. Determine quantos metros quadrados de grama serão necessários, no mínimo, para fazer a cobertura do terreno.

16 (UF-MG) No plano cartesiano, o ponto A $(1, 11)$ é vértice do quadrado ABCD, cuja diagonal $\overline{BD}$ está sobre a reta de equação $y = \dfrac{1}{2}x + 3$.

Considerando essas informações,

a) determine as coordenadas do centro **M** do quadrado ABCD;

b) determine as coordenadas do vértice **C**;

c) determine as coordenadas dos vértices **B** e **D**.

17 (UE-RJ)

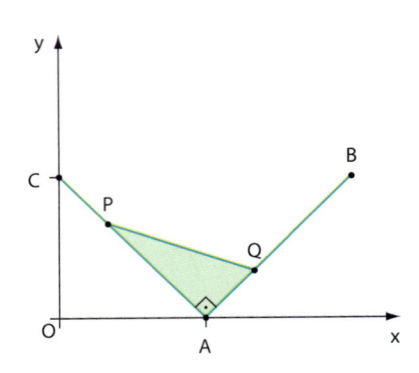

No gráfico acima, estão indicados os pontos A$(1, 0)$, B$(2, 1)$ e C$(0, 1)$, que são fixos, e os pontos **P** e **Q**, que se movem simultaneamente. O ponto **P** se desloca no segmento de reta de **C** até **A**, enquanto o ponto **Q** se desloca de **A** até **B**. Nesses deslocamentos, a cada instante, a abscissa de **P** é igual à ordenada de **Q**.

Determine a medida da maior área que o triângulo PAQ pode assumir.

18 (Unifesp-SP) Um tomógrafo mapeia o interior de um objeto por meio da interação de feixes de raios X com as diferentes partes e constituições desse objeto. Após atravessar o objeto, a informação do que ocorreu com cada raio X é registrada em um detector, o que possibilita, posteriormente, a geração de imagens do interior do objeto.

No esquema indicado na figura, uma fonte de raios X está sendo usada para mapear o ponto **P**, que está no interior de um objeto circular centrado na origem **O** de um plano cartesiano. O raio X que passa por **P** se encontra também nesse plano. A distância entre **P** e a origem **O** do sistema de coordenadas é igual a 6.

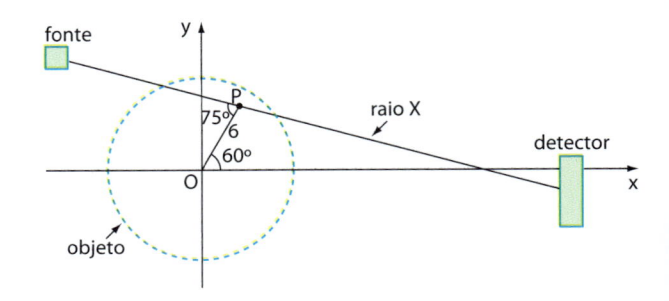

a) Calcule as coordenadas (x, y) do ponto **P**.

b) Determine a equação reduzida da reta que contém o segmento que representa o raio X da figura.

TESTES

1 (ITA-SP) A área do quadrilátero definido pelos eixos coordenados e as retas r: $x - 3y + 3 = 0$ e s: $3x + y - 21 = 0$, em unidades de área, é igual a:

a) $\dfrac{19}{2}$ b) 10   c) $\dfrac{25}{2}$ d) $\dfrac{27}{2}$ e) $\dfrac{29}{2}$

2 (FGV-SP) Observe as coordenadas cartesianas de cinco pontos: A(0, 100), B(0, −100), C(10, 100), D(10, −100), E(100, 0).

Se a reta de equação reduzida $y = mx + n$ é tal que $mn > 0$, então, dos cinco pontos dados anteriormente, o único que certamente não pertence ao gráfico dessa reta é:

a) A   b) B   c) C   d) D   e) E

3 (U.F. São Carlos-SP) O retângulo da figura tem como vértices os pontos (1, 3), (5, 3), (5, −2) e (1, −2).

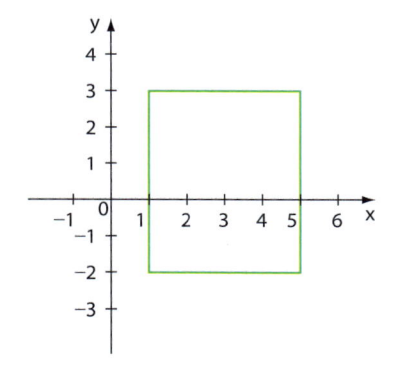

A equação da reta que passa pelo ponto (2, 0) e divide o retângulo em dois polígonos de mesma área é:

a) $x - 2y - 2 = 0$
b) $2x - 3y - 4 = 0$
c) $3x - 4y - 6 = 0$
d) $4x - 5y - 8 = 0$
e) $5x - 6y - 10 = 0$

4 (Unicamp-SP) No plano cartesiano, a reta de equação $2x - 3y = 12$ intersecta os eixos coordenados nos pontos **A** e **B**. O ponto médio do segmento $\overline{AB}$ tem coordenadas:

a) $\left(4, \dfrac{4}{3}\right)$

b) (3, 2)

c) $\left(4, -\dfrac{4}{3}\right)$

d) (3, −2)

5 (UF-RS) No pentágono representado no sistema de coordenadas cartesianas abaixo, os vértices possuem coordenadas inteiras.

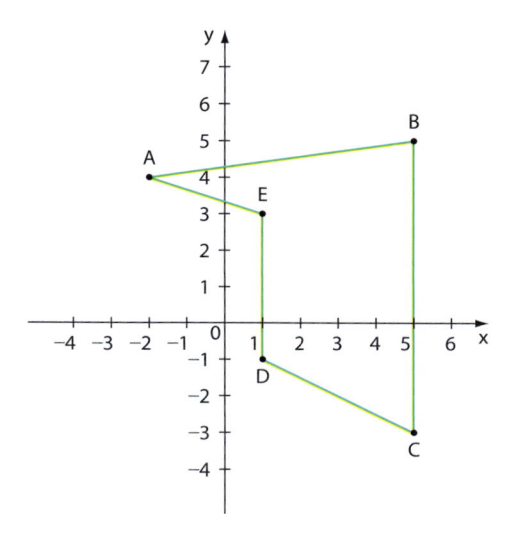

As retas suporte dos lados $\overline{AE}$ e $\overline{BC}$ intersectam-se no ponto:

a) $\left(5, \dfrac{4}{3}\right)$ c) $\left(5, \dfrac{5}{3}\right)$ e) $\left(5, \dfrac{6}{5}\right)$

b) $\left(5, \dfrac{5}{2}\right)$ d) $\left(5, \dfrac{5}{4}\right)$

6 (UF-AM) Considere as retas r: $2y - x = 10$ e s: $y + 2x = 5$. É correto afirmar que:

a) As retas são paralelas.

b) As retas são perpendiculares.

c) As retas são concorrentes no ponto (5, 0).

d) As retas são concorrentes no ponto (−10, 0).

e) As retas são coincidentes.

7 (PUC-RJ) O triângulo ABC da figura abaixo tem área 25 e vértices A(4, 5), B(4, 0) e C(c, 0).

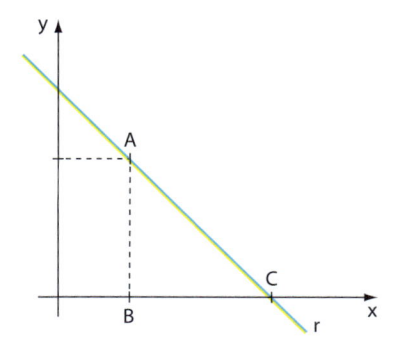

A equação da reta **r** que passa pelos vértices **A** e **C** é:

a) $y = -x + 7$

d) $y = -\dfrac{x}{2} + 7$

b) $y = -\dfrac{x}{3} + 5$

e) $y = \dfrac{x}{3} + 7$

c) $y = -\dfrac{x}{2} + 5$

8 (U. F. São Carlos-SP) Fixado um sistema de coordenadas cartesianas ortogonais, os gráficos de $y = 2x - 4$ e $y = 6$ definem, com os eixos das coordenadas cartesianas, uma região, no 1° quadrante, de área igual a:

a) 13   **b)** 15   **c)** 17   **d)** 19   **e)** 21

9 (PUC-SP) Suponha que no plano cartesiano mostrado na figura abaixo, em que a unidade de medida nos eixos coordenados é o quilômetro, as retas **r** e **s** representam os trajetos percorridos por dois navios, N_1 e N_2, antes de ambos atracarem em uma ilha, localizada no ponto **I**.

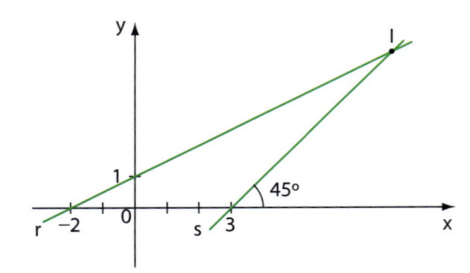

Considerando que, no momento em que N_1 e N_2 se encontravam atracados em **I**, um terceiro navio, N_3, foi localizado no ponto de coordenadas (26, 29), a quantos quilômetros N_3 distava de **I**?

a) 28   **b)** 30   **c)** 34   **d)** 36   **e)** 40

10 (UF-RS) As equações das retas representadas no sistema de coordenadas cartesianas abaixo são

$2x + y - 3 = 0$, $5x - 4y - 8 = 0$ e $x - 3y + 3 = 0$.

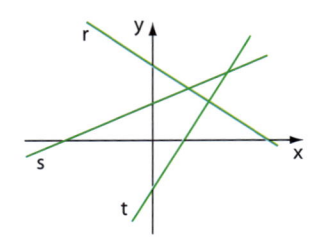

As equações de **r** e **s** são, respectivamente:

a) $2x + y - 3 = 0$ e $x - 3y + 3 = 0$.

b) $2x + y - 3 = 0$ e $5x - 4y - 8 = 0$.

c) $5x - 4y - 8 = 0$ e $x - 3y + 3 = 0$.

d) $x - 3y + 3 = 0$ e $2x + y - 3 = 0$.

e) $x - 3y + 3 = 0$ e $5x - 4y - 8 = 0$.

11 (UF-RS) No hexágono regular representado na figura abaixo, os pontos **A** e **B** possuem, respectivamente, coordenadas (0, 0) e (3, 0).

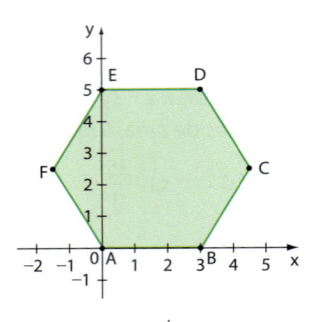

A reta que passa pelos pontos **E** e **B** é:

a) $y = -\sqrt{3}x + 3\sqrt{3}$

d) $y = -3x + 3\sqrt{3}$

b) $y = -\sqrt{3}x + \sqrt{3}$

e) $y = -3x + 3$

c) $y = -3x + \sqrt{3}$

12 (UF-RS) Os pontos A(1, 2), B(6, 2) e C são os vértices de um triângulo equilátero, sendo o segmento $\overline{AB}$ a base deste.

O seno do ângulo formado pelo eixo das abscissas e a reta suporte do lado $\overline{BC}$ no sentido anti-horário é:

a) $-\dfrac{1}{2}$ **c)** $\dfrac{1}{2}$ **e)** $\dfrac{\sqrt{3}}{2}$

b) $-\dfrac{\sqrt{3}}{2}$ **d)** $\dfrac{\sqrt{2}}{2}$

13 (U. F. São Carlos-SP) Sabe-se que, fixado um sistema de coordenadas cartesianas ortogonais, a área **S** de um triângulo de vértices (x_1, y_1), (x_2, y_2), (x_3, y_3) é a metade do módulo do determinante montado a partir das coordenadas desses pontos:

$$S = \frac{1}{2} \begin{vmatrix} x_1 & y_1 & 1 \\ x_2 & y_2 & 1 \\ x_3 & y_3 & 1 \end{vmatrix}$$

Usando essa informação, pode-se afirmar que a área do losango ABCD, de vértices A(2, 1), B(1, 6), C(6, 5) e D(7, 0), vale:

a) 36   **b)** 24   **c)** 20   **d)** 18   **e)** 16

14 (U.F. São Carlos-SP) Sabe-se, a respeito dos pontos **P**, **Q** e **R**, situados no sistema de coordenadas cartesianas ortogonais, que o ponto P(x, y) situa-se no 1° quadrante, o ponto **Q** é simétrico do ponto **P** em relação ao eixo **y** e que o ponto **R** é simétrico do ponto **Q** em relação à reta $y = 1$. Pode-se concluir, então, que as coordenadas do ponto **R** são:

a) $(-x, 1 - y)$ **c)** $(0, y)$ **e)** $(x, y - 2)$

b) $(-x, 2 - y)$ **d)** $(x, 1 - y)$

15 (U.F. Viçosa-MG) Sejam **a** e **b** números reais tais que a reta de equação $(3b + 4a)x + 2y + b = 0$ é paralela ao eixo das abscissas e intersecta a bissetriz dos quadrantes pares no ponto de abscissa $x = -6$. O valor de **a** é:

a) -9 b) 6 c) -12 d) 9 e) 12

16 (UF-AM) Sejam $A(-4, 2)$, $B(-8, -8)$, $C(0, 2)$ e $D(4, 12)$ vértices consecutivos de um paralelogramo. A altura relativa ao lado $\overline{BC}$ deste paralelogramo é igual a:

a) $2\sqrt{29}$

b) $2\sqrt{41}$

c) $\dfrac{12}{\sqrt{41}}$

d) $\dfrac{20}{\sqrt{29}}$

e) $\dfrac{20}{\sqrt{41}}$

17 (Mackenzie-SP) Na figura, as retas **r** e **s** são paralelas.

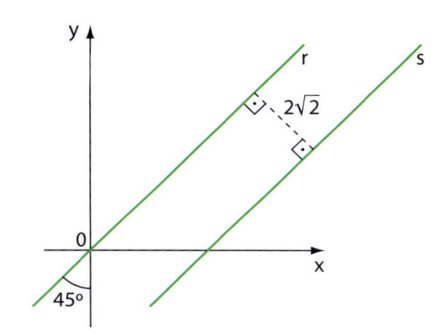

Se (x, y) é um ponto de **s**, então $x - y$ vale:

a) 2 c) 4 e) $4\sqrt{2}$

b) $\sqrt{2}$ d) $2\sqrt{2}$

18 (FGV-SP) No plano cartesiano, a reta (**r**) de equação $y + kx = 2$ é perpendicular à reta (**s**) que passa pela origem e pelo ponto $(-5, 1)$.

O ponto de interseção das retas (**r**) e (**s**) tem abscissa:

a) $-\dfrac{5}{13}$

b) $-\dfrac{4}{13}$

c) $-\dfrac{3}{13}$

d) $-\dfrac{2}{13}$

e) $-\dfrac{1}{13}$

19 (Mackenzie-SP)

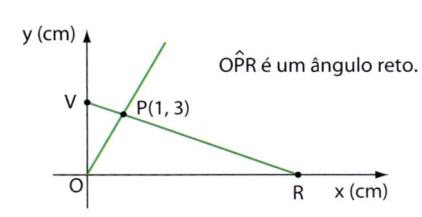

O$\hat{P}$R é um ângulo reto.

Na figura acima, a área, em cm², do triângulo ORV é:

a) $\dfrac{50}{3}$ b) $\dfrac{25}{3}$ c) $\dfrac{10}{3}$ d) $\dfrac{2}{3}$ e) $\dfrac{1}{3}$

20 (Unifesp-SP) Se **P** é o ponto de interseção das retas de equações $x - y - 2 = 0$ e $\dfrac{1}{2}x + y = 3$, a área do triângulo de vértices $A(0, 3)$, $B(2, 0)$ e **P** é:

a) $\dfrac{1}{3}$ b) $\dfrac{5}{3}$ c) $\dfrac{8}{3}$ d) $\dfrac{10}{3}$ e) $\dfrac{20}{3}$

21 (FGV-SP) Os pontos $A(3, -2)$ e $C(-1, 4)$ do plano cartesiano são vértices de um quadrado ABCD cujas diagonais são $\overline{AC}$ e $\overline{BD}$. A reta suporte da diagonal $\overline{BD}$ intersecta o eixo das ordenadas no ponto de ordenada:

a) $\dfrac{2}{3}$

b) $\dfrac{3}{5}$

c) $\dfrac{1}{2}$

d) $\dfrac{1}{3}$

e) 0

22 (PUC-SP) Em um sistema cartesiano ortogonal, em que a unidade de medida nos eixos é o centímetro, considere:

• a reta **r**, traçada pelo ponto $(2, 3)$ e paralela à bissetriz dos quadrantes ímpares;

• a reta **s**, traçada pelo ponto $(2, 5)$ e perpendicular a **r**;

• o segmento $\overline{OA}$ em que **O** é a origem do sistema e **A** é a interseção de **r** e **s**.

Um ponto **M** é tomado sobre o segmento $\overline{OA}$ de modo que OM e MA correspondam às medidas da hipotenusa e de um dos catetos de um triângulo retângulo Δ. Se o outro cateto de Δ mede 3 cm, a área de sua superfície, em centímetros quadrados, é:

a) $1,8$ b) $2,4$ c) $3,5$ d) $4,2$ e) $5,1$

23 (ITA-SP) Considere os pontos $A(0, -1)$, $B(0, 5)$ e a reta $r: 2x - 3y + 6 = 0$. Das afirmações a seguir:

I. $d(A, r) = d(B, r)$.

II. **B** é simétrico de **A** em relação à reta **r**.

III. $\overline{AB}$ é base de um triângulo equilátero ABC, de vértice $C(-3\sqrt{3}, 2)$ ou $C(3\sqrt{3}, 2)$.

é(são) verdadeira(s) apenas:

a) I.   c) I e II.   e) II e III.

b) II.   d) I e III.

24 (UF-PE) Dada a reta $r: 3x - 4y + 2 = 0$ e considerando o ponto $P(1, 5)$, pergunta-se: Qual o ponto da reta **r** que está mais próximo de **P**?

a) $(5, 1)$

b) $\left(5, \dfrac{17}{4}\right)$

c) $\left(\dfrac{17}{4}, 5\right)$

d) $\left(\dfrac{14}{5}, \dfrac{13}{5}\right)$

e) $\left(\dfrac{13}{5}, \dfrac{14}{5}\right)$

A circunferência

▶ A equação reduzida da circunferência

Uma circunferência λ com centro $C(x_c, y_c)$ e raio de medida **r** é o conjunto de todos os pontos $P(x, y)$ do plano que distam **r** de **C**:

$$d_{PC} = \sqrt{(x - x_c)^2 + (y - y_c)^2} = r$$

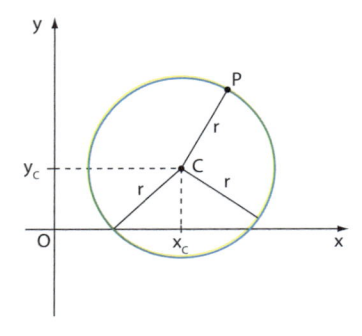

Elevando membro a membro da igualdade anterior ao quadrado, temos:

$$(x - x_c)^2 + (y - y_c)^2 = r^2$$

chamada **equação reduzida da circunferência**, em que:

- x_c e y_c são **coordenadas do centro C** da circunferência;
- **r** é a medida do **raio** da circunferência;
- **x** e **y** são as **coordenadas do ponto genérico P** – um ponto que pode ocupar o lugar de qualquer ponto da circunferência, sempre distando **r** de **C**.

A equação reduzida da circunferência de centro $C(0, 0)$ e raio 3 é $(x - 0)^2 + (y - 0)^2 = 3^2$, isto é, $x^2 + y^2 = 9$.

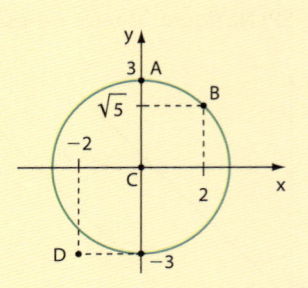

Note que o ponto $A(0, 3)$ pertence a essa circunferência, pois $(0 - 0)^2 + (3 - 0)^2 = 9$.

Da mesma forma, o ponto $B(2, \sqrt{5})$ também pertence, pois $2^2 + (\sqrt{5})^2 = 9$.

Já o ponto $D(-2, -3)$ não pertence à circunferência, pois $(-2)^2 + (-3)^2 = 13$ e $13 \neq 9$.

A equação reduzida da circunferência de centro $C(3, 4)$ e raio 5 é $(x - 3)^2 + (y - 4)^2 = 25$.

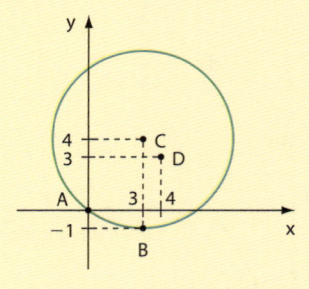

Note que os pontos $A(0, 0)$ e $B(3, -1)$ pertencem a essa circunferência, pois $(0 - 3)^2 + (0 - 4)^2 = 25$ e $(3 - 3)^2 + (-1 - 4)^2 = 25$.

O ponto $D(4, 3)$ não pertence à circunferência, pois $(4 - 3)^2 + (3 - 4)^2 \neq 25$.

EXERCÍCIOS RESOLVIDOS

1 Qual é a equação reduzida da circunferência em que as extremidades de um diâmetro são A(4, 0) e B(0, 4)?

Solução:

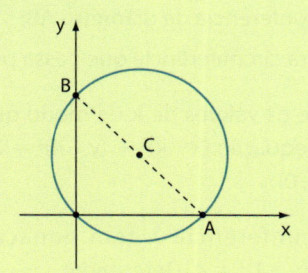

O ponto médio de $\overline{AB}$ é o centro **C** da circunferência; então:

$$x_C = \frac{x_A + x_B}{2} = \frac{4 + 0}{2} = 2 \text{ e}$$

$$y_C = \frac{y_A + y_B}{2} = \frac{0 + 4}{2} = 2$$

Portanto, o centro da circunferência é C(2, 2).
O raio **r** é a metade da distância entre **A** e **B**:

$$r = \frac{1}{2} d_{AB} = \frac{1}{2} \sqrt{(4-0)^2 + (0-4)^2} =$$

$$= \frac{1}{2} \sqrt{32} = 2\sqrt{2}$$

A equação reduzida da circunferência é:
$$(x - 2)^2 + (y - 2)^2 = \left(2\sqrt{2}\right)^2$$
$$(x - 2)^2 + (y - 2)^2 = 8$$

2 Qual é a equação reduzida da circunferência que tem raio 3, tangencia o eixo das abscissas no ponto A(4, 0) e está contida no quarto quadrante?

Solução:

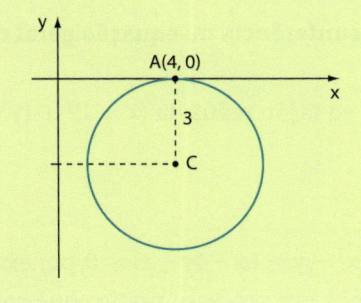

O centro da circunferência é C(4, −3), e o raio é 3. Então, a equação reduzida é:

$$(x - 4)^2 + (y + 3)^2 = 9$$

3 Obter a equação reduzida da circunferência que passa pelos pontos A(−3, 0), B(2, 5) e D(1, 6).

Solução:

A equação reduzida é da forma
$(x - x_C)^2 + (y - y_C)^2 = r^2$, em que precisamos determinar x_C, y_C e **r**.
Como **A**, **B** e **D** estão na circunferência, suas coordenadas devem satisfazer a equação; então:

1 $(-3 - x_C)^2 + (0 - y_C)^2 = r^2 \Rightarrow$
$\Rightarrow 9 + 6x_C + x_C^2 + y_C^2 = r^2$

2 $(2 - x_C)^2 + (5 - y_C)^2 = r^2 \Rightarrow$
$\Rightarrow 4 - 4x_C + x_C^2 + 25 - 10y_C + y_C^2 = r^2$

3 $(1 - x_C)^2 + (6 - y_C)^2 = r^2 \Rightarrow$
$\Rightarrow 1 - 2x_C + x_C^2 + 36 - 12y_C + y_C^2 = r^2$

Fazendo **1** − **2**, obtemos $x_C + y_C - 2 = 0$. **4**

Fazendo **2** − **3**, obtemos $-x_C + y_C - 4 = 0$. **5**

Resolvendo o sistema formado pelas igualdades **4** e **5**, obtemos: $x_C = -1$ e $y_C = 3$
Substituindo x_C e y_C por seus valores em **1**, temos:

$$(-3 + 1)^2 + (0 - 3)^2 = r^2 \Rightarrow r^2 = 13$$

A equação reduzida dessa circunferência é:

$$(x + 1)^2 + (y - 3)^2 = 13$$

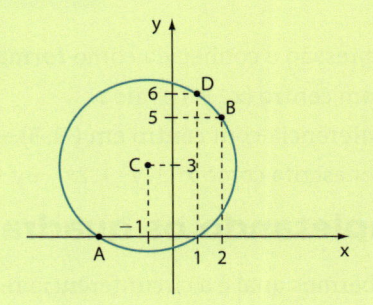

EXERCÍCIOS

1 Determine a equação reduzida de cada circunferência descrita a seguir:

a) centro na origem e raio 4;

b) centro C(−2, 5) e raio 3;

c) centro C(3, −2) e raio $\sqrt{7}$;

d) com diâmetro $\overline{AB}$, sendo A(2, −2) e B(6, 2).

2 Escreva a equação reduzida de cada circunferência de centro **C** a seguir:

a)
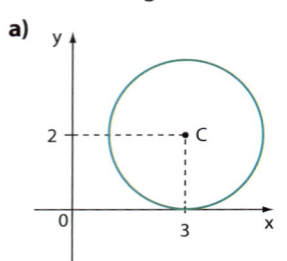

c)
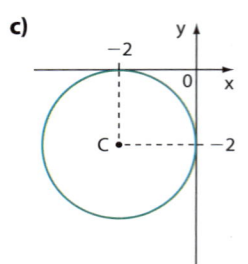

b)
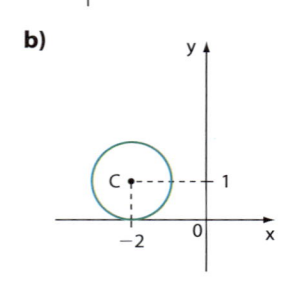

d)
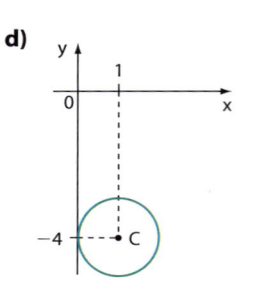

3 Há quatro circunferências de raio unitário que tangenciam os eixos coordenados.

a) Quais são suas equações reduzidas?

b) Determine a área do quadrilátero cujos vértices são os centros dessas circunferências.

4 Uma circunferência passa pela origem e tem centro em $(-4, -3)$. Determine sua equação reduzida.

5 A circunferência λ encontra-se no 2º quadrante e, tendo raio 3, tangencia os eixos coordenados.

a) Qual é a sua equação reduzida?

b) λ passa por $(-2, 5)$?

6 Sendo A$(-2, -6)$ e B$(2, 4)$, escreva a equação reduzida:

a) da circunferência de diâmetro $\overline{AB}$;

b) de outra circunferência que passa por **A** e **B**.

7 Determine os valores de **k** de modo que a circunferência de equação $(x - k)^2 + (y - 4)^2 = 25$ passe pelo ponto $(2k, 0)$.

8 Uma circunferência λ tem equação reduzida $(x - 5)^2 + (y - 1)^2 = 4$. Determine:

a) o ponto de λ mais afastado do eixo das abscissas;

b) o ponto de λ mais afastado do eixo das ordenadas.

9 Determine a área de um quadrado circunscrito à circunferência de equação $(x - a)^2 + (y - b)^2 = 16$, em que **a** e **b** são números reais quaisquer.

10 Escreva a equação reduzida da circunferência que passa pelos pontos $(3, 0)$, $(-6, -3)$ e $(1, 4)$.

11 Existe uma única circunferência que passa por $(-3, 2)$, $(1, 0)$, $(-2, 3)$ e $(0, 3)$. Represente-a graficamente e determine sua equação reduzida.

▶ A equação geral da circunferência

Retomemos a forma reduzida da equação de uma circunferência, $(x - x_c)^2 + (y - y_c)^2 = r^2$, e desenvolvamos os quadrados. Agrupando os termos convenientemente, temos: $x^2 - 2xx_c + x_c^2 + y^2 - 2yy_c + y_c^2 = r^2$, ou seja:

$$x^2 + y^2 - 2x_c x - 2y_c y + (x_c^2 + y_c^2 - r^2) = 0$$

Essa expressão é conhecida como **forma geral da equação da circunferência** ou **equação geral da circunferência**, com centro (x_c, y_c) e raio **r**.

A circunferência com centro em $(-1, 3)$ e raio 4, por exemplo, tem equação reduzida $(x + 1)^2 + (y - 3)^2 = 16$, que pode ser escrita como $x^2 + y^2 + 2x - 6y - 6 = 0$, na forma geral.

▶ Completando os quadrados

Para sabermos qual é a circunferência representada pela equação $x^2 + y^2 - 6x - 4y - 23 = 0$, por exemplo (ou ainda se a equação representa, de fato, uma circunferência), utilizamos um processo prático que consiste em completar os quadrados para podermos escrever a equação na sua forma reduzida.

Agrupando os termos em **x** e em **y** e isolando o termo independente ($x^2 - 6x + ... + y^2 - 4y + ... = 23$), notamos que faltam no primeiro membro dois números reais que completariam dois quadrados perfeitos. Seriam os números 9 e 4, que deveriam também ser adicionados ao segundo membro da equação. Assim, teríamos: $x^2 - 6x + 9 + y^2 - 4y + 4 = 23 + 9 + 4$, ou seja, $(x - 3)^2 + (y - 2)^2 = 36$ que é a equação que representa uma circunferência de centro $(3, 2)$ e raio 6.

▶ Analisando os coeficientes

Nem sempre, porém, uma equação da forma $Ax^2 + By^2 + Cxy + Dx + Ey + F = 0$, com coeficientes reais, representa uma circunferência. Vamos analisar as condições que os coeficientes dessa equação devem satisfazer para que ela represente uma circunferência. Inicialmente vamos dividir a equação por $A \neq 0$:

$$x^2 + \frac{B}{A}y^2 + \frac{C}{A}xy + \frac{D}{A}x + \frac{E}{A}y + \frac{F}{A} = 0$$

Comparando com a equação geral da circunferência, $x^2 + y^2 - 2x_c x - 2y_c y + (x_c^2 + y_c^2 - r^2) = 0$, obtemos as relações:

- $\frac{B}{A} = 1 \Rightarrow A = B \neq 0$ (os coeficientes de **x^2** e **y^2** devem ser iguais, mas não nulos)

- $\frac{C}{A} = 0 \Rightarrow C = 0$ (não pode haver termo em xy!)

- $\frac{D}{A} = -2x_c \Rightarrow x_c = -\frac{D}{2A}$

- $\frac{E}{A} = -2y_c \Rightarrow y_c = -\frac{E}{2A}$

- $\frac{F}{A} = x_c^2 + y_c^2 - r^2 \Rightarrow r^2 = x_c^2 + y_c^2 - \frac{F}{A} \Rightarrow$

$$\Rightarrow r^2 = \frac{D^2}{4A^2} + \frac{E^2}{4A^2} - \frac{4AF}{4A^2} \Rightarrow r = \sqrt{\frac{D^2 + E^2 - 4AF}{4A^2}}$$

com $D^2 + E^2 - 4AF > 0$.

São essas as relações que servirão para determinar se uma equação é realmente a equação de uma circunferência. Em caso afirmativo, servirão também para determinar as coordenadas do centro e a medida do raio.

Para verificar se a equação $x^2 + y^2 + 8x - 6y - 11 = 0$ representa uma circunferência e qual é o centro e o raio correspondentes, devemos testar as cinco condições:

- $A = B = 1 \neq 0$

- $C = 0$ (não há termo em xy)

- $x_c = -\frac{D}{2A} = -\frac{8}{2} = -4$
- $y_c = -\frac{E}{2A} = -\frac{(-6)}{2} = 3$ } centro C(−4, 3)

- $r = \sqrt{\frac{D^2 + E^2 - 4AF}{4A^2}} = \sqrt{\frac{8^2 + (-6)^2 - 4 \cdot 1 \cdot (-11)}{4 \cdot 1^2}} =$

$$= \sqrt{\frac{144}{4}} = 6 \text{ (o raio mede 6)}$$

Para conferir, vamos agora usar o método de completamento de quadrados:

$x^2 + 8x + \dots + y^2 - 6y + \dots = 11 + \dots + \dots$
$x^2 + 8x + 16 + y^2 - 6y + 9 = 16 + 9 + 11$

Então, $(x + 4)^2 + (y - 3)^2 = 36$ é a equação reduzida da circunferência de centro (−4, 3) e raio 6.

Como vimos, os dois métodos sempre conduzem às mesmas conclusões.

No estudo das cinco condições a respeito da equação $x^2 + y^2 - 4x + 10y + 31 = 0$, temos:

- $A = B = 1 \neq 0$
- $C = 0$
- $-\frac{D}{2A} = -\frac{(-4)}{2} = 2$
- $-\frac{E}{2A} = -\frac{10}{2} = -5$
- $D^2 + E^2 - 4AF = (-4)^2 + 10^2 - 4 \cdot 1 \cdot 31 =$
  $= 16 + 100 - 124 = -8 < 0$

Como não se verifica a quinta condição, não se trata de equação de circunferência. Conferindo, agora pelo método de completamento dos quadrados:

$x^2 - 4x + \dots + y^2 + 10y + \dots = -31 + \dots + \dots$
$x^2 - 4x + 4 + y^2 + 10y + 25 = -31 + 4 + 25$
$(x - 2)^2 + (y + 5)^2 = -2$

o que é impossível, pois o primeiro membro é uma soma de quadrados.

Assim, a equação $x^2 + y^2 - 4x + 10y + 31 = 0$ não representa uma circunferência.

EXERCÍCIOS

12 Verifique se as equações a seguir representam circunferências. Em caso afirmativo, obtenha o centro e o raio da circunferência que cada uma representa.

a) $x^2 + y^2 - 10x - 2y + 17 = 0$

b) $x^2 + y^2 + 12x - 12y + 73 = 0$

c) $x^2 + y^2 + 2x + 6y = 0$

d) $x^2 + 2y^2 + 4x + 18y - 100 = 0$

e) $x^2 + 3y^2 - 4 = 0$

f) $x^2 + y^2 + 4x - 4y - 17 = 0$

g) $x^2 + y^2 - 20x + 99 = 0$

h) $(x - 1)^2 + (y + 3)^2 + 3 = 0$

13 Determine as coordenadas do centro e o raio de cada circunferência dada pela equação:

a) $(x - 1)^2 + (y - 2)^2 = 6$

b) $x^2 + y^2 + 2x + 4y - 1 = 0$

c) $x^2 + y^2 - 4x + 6y + 4 = 0$

d) $2x^2 + 2y^2 + 16x - 32y + 134 = 0$

14 Reescreva, conforme o caso, na forma geral, a equação da circunferência expressa na forma reduzida (ou vice-versa):

a) $2x^2 + 2y^2 + 4x - 8y + 9 = 0$

b) $(x - 4)^2 + (y + 2)^2 = 9$

c) $x^2 + y^2 - 5x - 9y + \dfrac{3}{2} = 0$

d) $(x + 1)^2 + (y + 2)^2 = \dfrac{1}{4}$

15 Em cada caso, escreva a equação geral da circunferência que passa:

a) pela origem e tem centro $C(-1, -4)$;

b) por $(-1, -4)$ e tem centro na origem.

16 Obtenha os valores de **k** que tornam a igualdade $x^2 + y^2 - 2x + 10y - k + 28 = 0$ uma equação de circunferência.

17 Determine o maior valor inteiro de **k** para que a equação $x^2 + y^2 + 6x + 14y + k = 0$ seja de uma circunferência.

18 Determine a equação geral da reta que passa pelos centros das circunferências de equações $(x + 2)^2 + (y - 1)^2 = 19$ e $x^2 + y^2 - (x + y + 1) = 0$.

19 Qual é a distância entre o centro da circunferência de equação $(x - 3)^2 + y^2 = 11$ e o da circunferência de equação $x^2 + y^2 + 2x - 6y - 12 = 0$?

20 Determine o único valor de **p** que faz com que as circunferências $\lambda_1: x^2 + y^2 + px - 6y - 17 = 0$ e $\lambda_2: x^2 + y^2 + 4x - (p + 2)y - 10 = 0$ sejam concêntricas.

21 Dadas as circunferências $\lambda_1: x^2 + y^2 - 8x + 4y + 11 = 0$ e $\lambda_2: x^2 + y^2 + 6x - 4y + 12 = 0$, obtenha as coordenadas:

a) do ponto de maior abscissa de λ_1;

b) do ponto de menor ordenada de λ_2.

▶ Posições relativas entre ponto e circunferência

Todos os pontos de uma circunferência distam igualmente do centro e mantêm dele distância igual ao raio. Isso significa que, dada uma circunferência de centro **C** e raio **r**, se um ponto não dista exatamente **r** de **C**, ele é externo ou interno à circunferência.

EXEMPLO 5

A circunferência $\lambda: (x - 3)^2 + (y - 1)^2 = 25$, de centro $C(3, 1)$ e raio 5, passa por $P(-1, -2)$, pois $(-1 - 3)^2 + (-2 - 1)^2 = 25$, e também por $Q(7, 4)$, pois $(7 - 3)^2 + (4 - 1)^2 = 25$.

Mas λ não passa pela origem **O**, pois temos $(0 - 3)^2 + (0 - 1)^2 \neq 25$. O ponto $R(9, 2)$ também não pertence a λ, já que $(9 - 3)^2 + (2 - 1)^2 \neq 25$.

Observe que:

- $d_{OC} = \sqrt{(3 - 0)^2 + (1 - 0)^2} = \sqrt{10} < 5 = r$, e **O** é interno a λ.

- $d_{RC} = \sqrt{(9 - 3)^2 + (2 - 1)^2} = \sqrt{37} > 5 = r$, e **R** é externo a λ.

Trata-se, portanto, de uma simples comparação de distâncias.

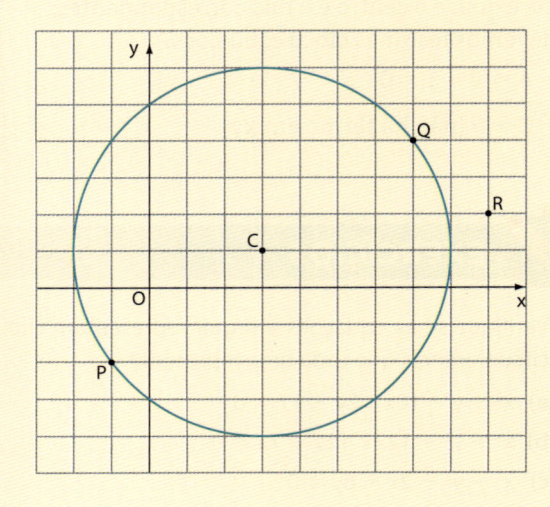

Para uma circunferência **λ** de centro C(x_C, y_C), raio **r** e um ponto **P** qualquer, distinto de **C**, compararemos d_{PC} com **r**.

Há três possibilidades:

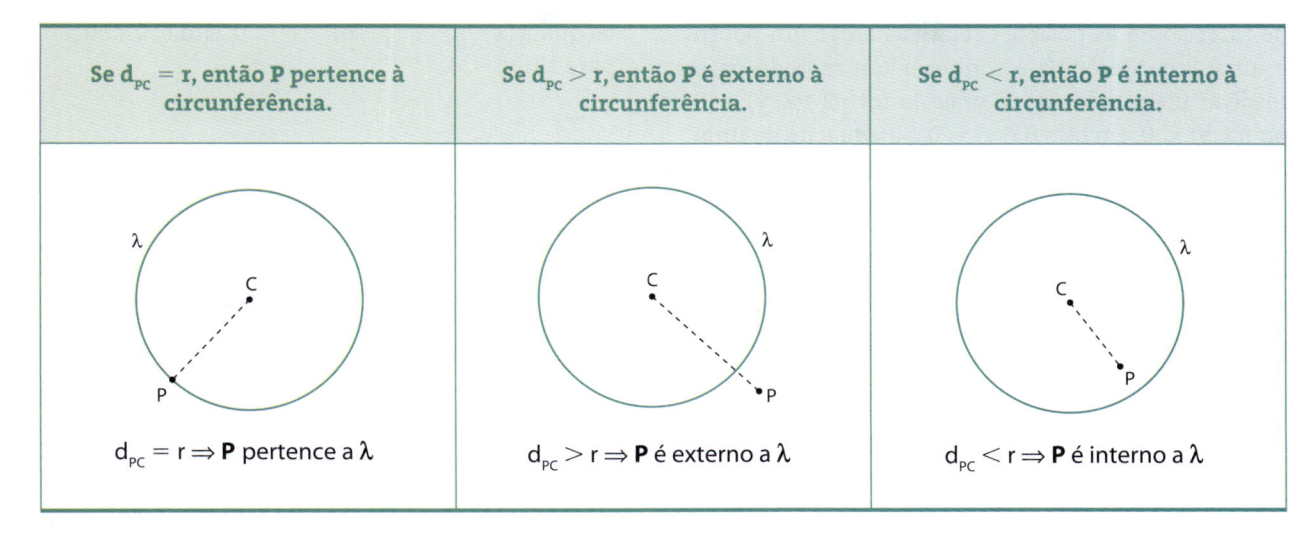

Se $d_{PC} = r$, então **P** pertence à circunferência.	Se $d_{PC} > r$, então **P** é externo à circunferência.	Se $d_{PC} < r$, então **P** é interno à circunferência.
$d_{PC} = r \Rightarrow$ **P** pertence a λ	$d_{PC} > r \Rightarrow$ **P** é externo a λ	$d_{PC} < r \Rightarrow$ **P** é interno a λ

No exemplo 5, em que foi dada a equação reduzida da circunferência, determinamos a posição de um ponto dado em relação à circunferência calculando a distância entre o centro e o ponto em questão e comparando-a com o raio.

De modo geral, dados um ponto P(x_O, y_O) e uma circunferência **λ** de equação $(x - x_C)^2 + (y - y_C)^2 = r^2$, temos:

- **P** pertence a λ $\Leftrightarrow d_{CP}^2 = r^2 \Leftrightarrow (x_O - x_C)^2 + (y_O - y_C)^2 = r^2 \Leftrightarrow (x_O - x_C)^2 + (y_O - y_C)^2 - r^2 = 0$

- **P** externo a λ $\Leftrightarrow d_{CP}^2 > r^2 \Leftrightarrow (x_O - x_C)^2 + (y_O - y_C)^2 > r^2 \Leftrightarrow (x_O - x_C)^2 + (y_O - y_C)^2 - r^2 > 0$

- **P** interno a λ $\Leftrightarrow d_{CP}^2 < r^2 \Leftrightarrow (x_O - x_C)^2 + (y_O - y_C)^2 < r^2 \Leftrightarrow (x_O - x_C)^2 + (y_O - y_C)^2 - r^2 < 0$

EXEMPLO 6

Para determinar a posição relativa entre a circunferência de equação $x^2 + y^2 - 6x - 2y + 6 = 0$ e o ponto P(2, 1), podemos fazer: $2^2 + 1^2 - 6 \cdot 2 - 2 \cdot 1 + 6 = -3 < 0$, concluindo que o ponto **P** é interno à circunferência.

Já o ponto Q(5, 1) pertence à circunferência, pois: $5^2 + 1^2 - 6 \cdot 5 - 2 \cdot 1 + 6 = 0$

E o ponto R(6, 2) é externo a ela, pois: $6^2 + 2^2 - 6 \cdot 6 - 2 \cdot 2 + 6 = 6 > 0$

 ## EXERCÍCIOS

22 Em relação à circunferência λ: $(x + 2)^2 + (y + 1)^2 = 9$, dê a posição dos pontos A(−2, 2), B(−5, 1), D(−1, 2), E(0, 1) e F(−5, −1).

23 Dê a posição dos pontos A(−1, 2), B(3, 6), O(0, 0), D(−1, −4) e E(3, 0) em relação à circunferência λ: $x^2 + y^2 - 6x + 8y = 0$.

24 O ponto (3, −3) pertence à circunferência de equação $x^2 + y^2 - 2x - 4y + k = 0$.
Determine o valor de **k**.

25 Obtenha o intervalo de variação de **p** para que o ponto (−3, p) seja interno à circunferência de equação $x^2 + y^2 + 2x - 6y + 5 = 0$.

26 Qual é o intervalo de variação de **p**, tal que o ponto (−1, p) não seja interno à circunferência de equação $x^2 + y^2 - 7x + 2y - 11 = 0$?

27 Para que valores de **m** o ponto (m, 0) é externo à circunferência de equação $x^2 + y^2 - 4x + 5y - 5 = 0$?

▶ Inequações do 2º grau com duas incógnitas

A principal consequência do estudo que acabamos de fazer sobre as posições relativas entre um ponto e uma circunferência é conhecer um método para resolver inequações do 2º grau da forma $f(x, y) > 0$ ou $f(x, y) < 0$, em que $f(x, y) = 0$ é a equação de uma circunferência com coeficiente de $\mathbf{x}^2$ positivo.

Dada a circunferência λ cuja equação é dada por $f(x, y) = (x - a)^2 + (y - b)^2 - r^2 = 0$, o plano cartesiano fica dividido em três subconjuntos:

- subconjunto dos pontos (x, y) exteriores a λ, para os quais $(x - a)^2 + (y - b)^2 - r^2 > 0$, isto é, a solução para $f(x, y) > 0$;
- subconjunto dos pontos (x, y) pertencentes a λ, para os quais $(x - a)^2 + (y - b)^2 - r^2 = 0$, isto é, a solução para $f(x, y) = 0$;

- subconjunto dos pontos (x, y) interiores a λ, para os quais $(x - a)^2 + (y - b)^2 - r^2 < 0$, isto é, a solução para $f(x, y) < 0$.

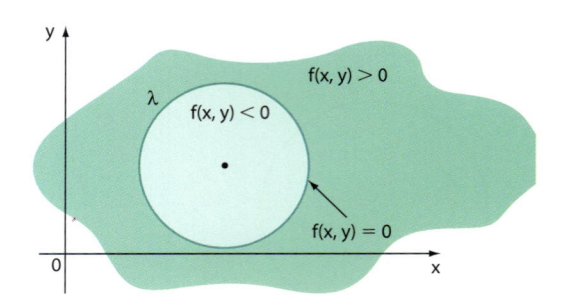

Nos exercícios resolvidos a seguir, veremos como resolver graficamente inequações de 2º grau com duas incógnitas.

EXERCÍCIOS RESOLVIDOS

4 Resolver a inequação $x^2 + y^2 < 4$.

Solução:

Temos $f(x, y) = x^2 + y^2 - 4$ e sabemos que $f(x, y) = 0$ é a equação da circunferência λ de centro $(0, 0)$ e raio 2.

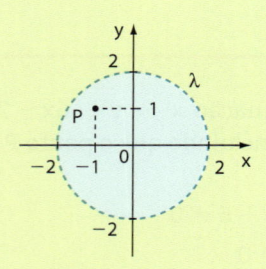

O conjunto de pontos que tornam $f(x, y) < 0$ é o conjunto dos pontos internos a λ.
Veja, por exemplo, o ponto $P(-1, 1)$. Suas coordenadas satisfazem $f(x, y) < 0$:
$(-1)^2 + 1^2 - 4 = -2$ e $-2 < 0$

5 Qual é a solução de $x^2 + y^2 - 2x + 6y + 6 \leqslant 0$?

Solução:

Completando quadrados, obtemos $f(x, y)$:
$f(x, y) = x^2 + y^2 - 2x + 6y + 6 =$
$= (x - 1)^2 - 1 + (y + 3)^2 - 9 + 6 =$
$= (x - 1)^2 + (y + 3)^2 - 4$

Sabemos que $f(x, y) = 0$ é a equação da circunferência λ de centro $C(1, -3)$ e raio 2.

Observe a representação a seguir.

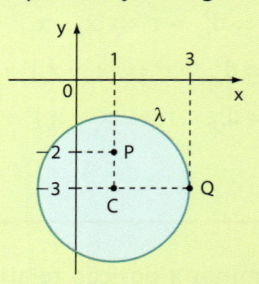

O conjunto dos pontos que tornam $f(x, y) \leqslant 0$ é o conjunto dos pontos internos a λ, reunidos com os pontos de λ.
Veja, por exemplo, o ponto $P(1, -2)$. Suas coordenadas satisfazem $f(x, y) < 0$:

$1^2 + (-2)^2 - 2 \cdot 1 + 6 \cdot (-2) + 6 = -3$ e $-3 < 0$

Já o ponto $Q(3, -3)$ pertence à circunferência e suas coordenadas satisfazem $f(x, y) = 0$:
$3^2 + (-3)^2 - 2 \cdot 3 + 6 \cdot (-3) + 6 =$
$= 9 + 9 - 6 - 18 + 6 = 0$

6 Que pontos do plano satisfazem a condição $x^2 + y^2 + 2x - 2y - 2 \geqslant 0$?

Solução:

Obtemos $f(x, y)$ completando quadrados:
$f(x, y) = x^2 + y^2 + 2x - 2y - 2 =$
$= (x + 1)^2 - 1 + (y - 1)^2 - 1 - 2 =$
$= (x + 1)^2 + (y - 1)^2 - 4$

$f(x, y) = 0$ representa a circunferência λ de centro $C(-1, 1)$ e raio 2.

Observe a representação a seguir.

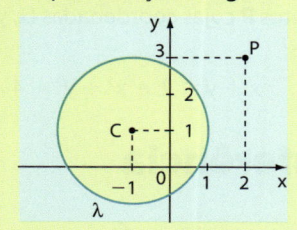

O conjunto solução de $f(x, y) \geqslant 0$ é o conjunto de todos os pontos do plano, exceto os pontos internos a λ. Veja, por exemplo, o ponto $P(2, 3)$. Suas coordenadas satisfazem $f(x, y) > 0$:

$2^2 + 3^2 + 2 \cdot 2 - 2 \cdot 3 - 2 = 9$ e $9 > 0$

7 Que pontos do plano satisfazem o sistema abaixo?

$$\begin{cases} x^2 + y^2 \geqslant 1 \\ x^2 + y^2 < 4 \end{cases}$$

Solução:

O conjunto solução da inequação $x^2 + y^2 - 1 \geqslant 0$ é o conjunto dos pontos do plano cartesiano exceto o conjunto dos pontos internos à circunferência de centro na origem e raio 1, como representado na figura abaixo.

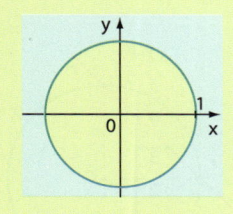

O conjunto solução da inequação $x^2 + y^2 - 4 < 0$ é o conjunto dos pontos internos à circunferência com centro na origem e raio 2, como representado na figura abaixo.

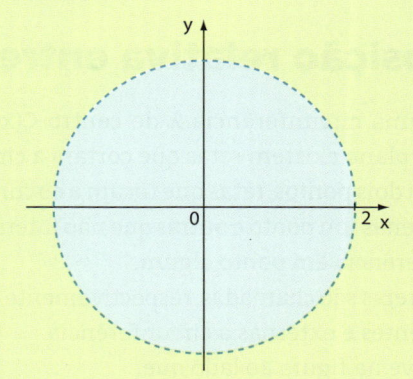

Como as duas inequações devem ser satisfeitas, devemos considerar a interseção dos dois conjuntos obtidos anteriormente. A solução do sistema é a coroa circular representada na figura abaixo.

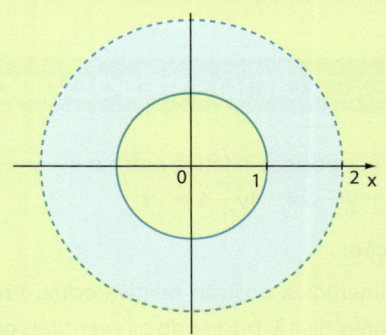

EXERCÍCIOS

28 Resolva graficamente as seguintes inequações:

a) $x^2 + y^2 \leqslant 1$
c) $x^2 + y^2 \geqslant 1$
b) $x^2 + y^2 < 1$
d) $x^2 + y^2 > 1$

29 Represente, no plano cartesiano, a solução de cada uma das inequações:

a) $x^2 + y^2 + 4x - 2y + 1 > 0$
b) $x^2 + y^2 - 2x + 4y + 1 \leqslant 0$
c) $x^2 + y^2 + 2x - 4y + 1 \leqslant 0$
d) $x^2 + y^2 - 4x - 2y + 1 > 0$

30 Resolva graficamente os sistemas de inequações:

a) $\begin{cases} x^2 + y^2 > 4 \\ x^2 + y^2 \leqslant 9 \end{cases}$
b) $\begin{cases} x^2 + y^2 \geqslant 2 \\ x^2 + y^2 < 4 \end{cases}$

31 Apresente a solução gráfica do sistema:

$$\begin{cases} (x - 1)^2 + y^2 < 4 \\ x^2 + (y - 1)^2 \geqslant 4 \end{cases}$$

32 Em cada caso, caracterize, por meio de duas desigualdades, o conjunto assinalado:

a)

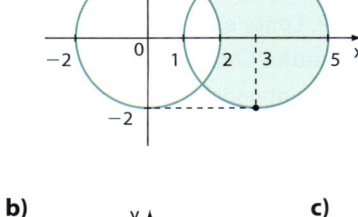

b)

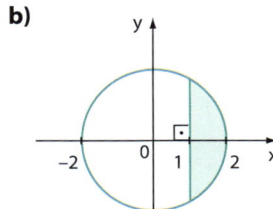

c)

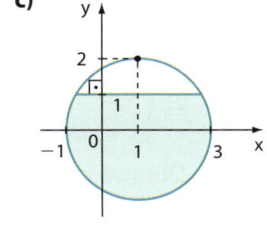

33 Resolva graficamente o sistema:

$$\begin{cases} 3x - y - 2 \leqslant 0 \\ x^2 + y^2 \leqslant 1 \end{cases}$$

34 Represente, no plano cartesiano, a região formada pelos pontos **P** cujas coordenadas (x, y) satisfazem as condições:

$$x + y \leqslant 2 \text{ e } x^2 + y^2 \leqslant 4$$

▶ Posição relativa entre reta e circunferência

Seja uma circunferência $\boldsymbol{\lambda}$ de centro $C(x_c, y_c)$ e raio **r**. No plano existem retas que cortam a circunferência em dois pontos, retas que tocam a circunferência em apenas um ponto e outras que não intersectam a circunferência em ponto algum.

Essas retas são chamadas, respectivamente, secantes, tangentes e externas à circunferência.

Observe na figura ao lado que:

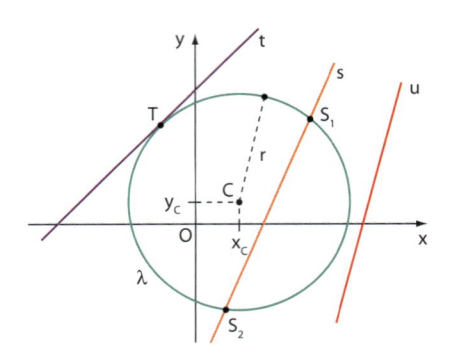

- $s \cap \lambda = \{S_1, S_2\}$, e **s** é secante à circunferência.

- $t \cap \lambda = \{T\}$, e **t** é tangente à circunferência.

- $u \cap \lambda = \varnothing$, e **u** é externa à circunferência.

Vejamos, por meio de exercícios resolvidos, como trabalhar com essas posições relativas.

EXERCÍCIOS RESOLVIDOS

8 Qual é a posição relativa entre r: $x - y + 4 = 0$ e λ: $x^2 + y^2 - 2x - 4y - 4 = 0$?

Solução:

Examinemos a posição relativa entre a reta **r** e a circunferência $\boldsymbol{\lambda}$, buscando os eventuais pontos de interseção entre elas.

Inicialmente, podemos fazer $y = x + 4$ na equação da reta; substituindo esse valor na equação da circunferência, temos:

$x^2 + (x + 4)^2 - 2x - 4(x + 4) - 4 = 0$

$x^2 + x^2 + 8x + 16 - 2x - 4x - 16 - 4 = 0$

$x^2 + x - 2 = 0$

Calculando o discriminante da equação, temos que $\Delta = 1 + 8 = 9$. Logo, essa equação possui duas raízes reais distintas. Cada uma delas é a abscissa de um ponto de interseção de **r** com $\boldsymbol{\lambda}$. Assim, a reta **r** é secante à circunferência $\boldsymbol{\lambda}$.

Temos, então:

$$x = \frac{-1 \pm \sqrt{9}}{2} \Rightarrow x = \frac{-1 \pm 3}{2} \Rightarrow$$

$$\Rightarrow \begin{cases} x = 1 \Rightarrow y = x + 4 = 1 + 4 = 5 \\ x = -2 \Rightarrow y = x + 4 = -2 + 4 = 2 \end{cases}$$

Observe a representação a seguir.

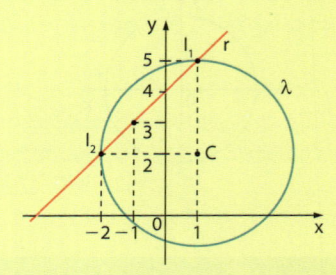

Portanto, a reta **r** é secante à circunferência $\boldsymbol{\lambda}$, e $I_1(1, 5)$ e $I_2(-2, 2)$ são os pontos de interseção entre **r** e $\boldsymbol{\lambda}$.

9 Qual é a posição relativa entre r: $2x + y + 2 = 0$ e λ: $(x - 1)^2 + (y - 1)^2 = 5$?

Solução:

No estudo da posição relativa entre a reta **r** e a circunferência $\boldsymbol{\lambda}$ podemos repetir o raciocínio do exercício resolvido 8.

$y = -2x - 2$ na equação da reta, que substituímos na equação de $\boldsymbol{\lambda}$:

$(x - 1)^2 + (-2x - 2 - 1)^2 = 5$

$(x - 1)^2 + (2x + 3)^2 = 5$

$x^2 - 2x + 1 + 4x^2 + 12x + 9 = 5$

$x^2 + 2x + 1 = 0$, com $\Delta = 4 - 4 = 0$

Essa equação possui apenas uma raiz real, que é a abscissa do único ponto comum a **r** e $\boldsymbol{\lambda}$. Assim, a reta é tangente à circunferência.

Temos, então:

$x^2 + 2x + 1 = 0 \Rightarrow x = \dfrac{-2}{2} = -1$

Assim, $y = -2x - 2 = -2(-1) - 2 = 0$.

Logo, a reta **r** é tangente a **λ** e I(−1, 0) é o ponto de tangência entre **r** e **λ**, como mostra o gráfico abaixo.

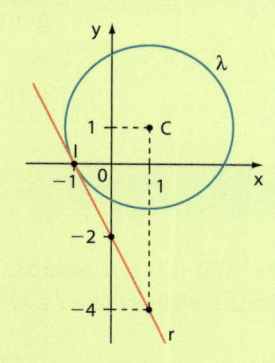

10 Qual é a posição relativa de r: $x - y - 3 = 0$ com λ: $x^2 + (y - 1)^2 = 4$?

Solução:

Para estudar a posição relativa entre a reta **r** e a circunferência **λ**, podemos isolar **y** na equação da reta

e substituir esse valor na equação da circunferência, obtendo uma equação do 2º grau.

Substituindo $y = x - 3$, na equação de **λ** temos:

$x^2 + (x - 3 - 1)^2 = 4$

$x^2 + (x - 4)^2 = 4$

$x^2 + x^2 - 8x + 16 - 4 = 0$

$x^2 - 4x + 6 = 0$

Essa equação, por possuir discriminante negativo ($\Delta = -8 < 0$), não possui raízes reais. Assim, não há pontos de interseção de **r** com **λ**, ou seja, a reta é externa à circunferência, como mostra o gráfico abaixo.

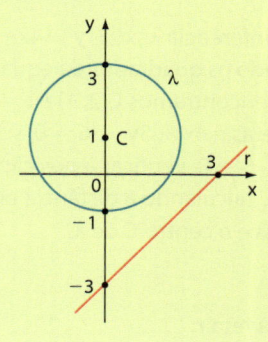

O quadro a seguir apresenta um resumo de como obter a posição relativa entre uma reta e uma circunferência.

> Se substituirmos o valor de uma das incógnitas (isolada na equação da reta) na equação da circunferência, obteremos uma equação do 2º grau (na outra incógnita).
>
> Calculando o discriminante da equação obtida, poderemos ter:
> - $\Delta > 0 \Rightarrow$ a reta é secante à circunferência (há dois pontos de interseção).
> - $\Delta = 0 \Rightarrow$ a reta é tangente à circunferência (há um único ponto de interseção).
> - $\Delta < 0 \Rightarrow$ a reta é externa à circunferência (não há ponto de interseção).
>
> Para determinar os eventuais pontos comuns, basta prosseguir na resolução da equação.

EXERCÍCIOS

35 Em cada caso, isole uma das incógnitas na equação da reta **r** e, substituindo esse valor na equação da circunferência **λ**, dê a posição relativa entre **r** e **λ**:

a) r: $x - y = 0$ e λ: $x^2 + y^2 + 2x - 2y + 1 = 0$.

b) r: $x - y + 1 = 0$ e λ: $(x + 1)^2 + (y - 2)^2 = 5$.

c) r: $x + y - 2 = 0$ e λ: $x^2 + y^2 - 4x - 4y + 6 = 0$.

36 Obtenha, em cada caso, os pontos de interseção entre a reta **r** e a circunferência **λ**:

a) r: $3x + 4y - 35 = 0$ e λ: $x^2 + y^2 - 4x - 2y - 20 = 0$.

b) r: $y = -\dfrac{x}{2} + \dfrac{3}{2}$ e λ: $x^2 + y^2 - 4x - 6y - 12 = 0$.

37 Determine os valores de **p** para que a reta de equação $2x - y + p = 0$ seja tangente à circunferência de equação $x^2 + y^2 - 4 = 0$.

38 Determine os valores de **k** de modo que a reta de equação $x + y + k = 0$, em relação à circunferência de equação $x^2 + y^2 - 4x - 6y - 5 = 0$, seja:

a) tangente;   b) secante;   c) externa.

▶ Método alternativo

Existe outro processo, geralmente menos trabalhoso, para determinar a posição relativa entre uma reta e uma circunferência. Por meio desse processo, uma vez conhecidos o centro e o raio da circunferência, bem como a equação da reta, calcula-se a distância entre o centro da circunferência e a reta e, a seguir, compara-se essa distância com o raio da circunferência.

Observemos a figura a seguir.

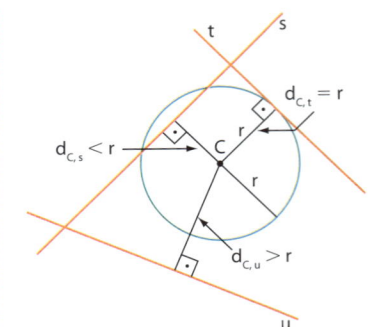

- $d_{C,s} < r \Leftrightarrow \mathbf{s}$ é secante a $\boldsymbol{\lambda}$
- $d_{C,t} = r \Leftrightarrow \mathbf{t}$ é tangente a $\boldsymbol{\lambda}$
- $d_{C,u} > r \Leftrightarrow \mathbf{u}$ é externa a $\boldsymbol{\lambda}$

 EXERCÍCIOS RESOLVIDOS

11 Seja a circunferência $\lambda: x^2 + y^2 - 4x - 2y = 20$.
Completando os quadrados da equação da circunferência $\boldsymbol{\lambda}$, encontramos $C(2, 1)$ e $r = 5$.
Dadas as retas $r: 4x + 3y - 36 = 0$, $s: 3x - y + 5 = 0$ e $t: x + y + 5 = 0$, verificar a posição de $\mathbf{r}$, $\mathbf{s}$ e $\mathbf{t}$ em relação a $\boldsymbol{\lambda}$, calculando a distância entre cada uma dessas retas e o centro $\mathbf{C}$ de $\boldsymbol{\lambda}$.

Solução:

- Quanto à reta $\mathbf{r}$:

$$d_1 = d_{C,r} = \frac{|4 \cdot 2 + 3 \cdot 1 - 36|}{\sqrt{4^2 + 3^2}} = \frac{25}{5} = 5 = r$$

$\mathbf{r}$ é tangente à circunferência.

- Quanto à reta $\mathbf{s}$:

$$d_2 = d_{C,s} = \frac{|3 \cdot 2 - 1 \cdot 1 + 5|}{\sqrt{3^2 + 1^2}} = \frac{10}{\sqrt{10}} = \sqrt{10}$$

e $\sqrt{10} < 5 = r$

$\mathbf{s}$ é secante à circunferência.

- Quanto à reta $\mathbf{t}$:

$$d_3 = d_{C,t} = \frac{|2 \cdot 1 + 1 \cdot 1 + 5|}{\sqrt{1^2 + 1^2}} = \frac{8}{\sqrt{2}} = 4\sqrt{2}$$

e $4\sqrt{2} > 5 = r$

$\mathbf{t}$ é externa à circunferência.

12 Seja o feixe de retas paralelas dado por
$r: 2x + y + c = 0$, $c \in \mathbb{R}$, e a circunferência

$\lambda: x^2 + y^2 - 2x - 10y + 21 = 0$ (centro $C(1, 5)$ e raio $\sqrt{5}$).
Qual é a posição relativa entre $\mathbf{r}$ e $\boldsymbol{\lambda}$?

Solução:

Conforme os valores de $\mathbf{c}$, as retas do feixe assumem diferentes posições em relação à circunferência.
Vamos calcular a distância $\mathbf{d}$ do centro $\mathbf{C}$ a uma reta genérica do feixe:

$$d = \frac{|2 \cdot 1 + 5 + c|}{\sqrt{2^2 + 1^2}} = \frac{|7 + c|}{\sqrt{5}}$$

Há três possibilidades comparando-se essa distância com a medida do raio de $\boldsymbol{\lambda}$:

- Para que a reta seja tangente à circunferência:

$$\frac{|7 + c|}{\sqrt{5}} = \sqrt{5} \Rightarrow |7 + c| = 5 \Rightarrow 7 + c = \pm 5 \Rightarrow$$
$$\Rightarrow c = -2 \text{ ou } c = -12$$

- Para que a reta seja secante à circunferência:

$$\frac{|7 + c|}{\sqrt{5}} < \sqrt{5} \Rightarrow |7 + c| < 5 \Rightarrow -5 < 7 + c < 5 \Rightarrow$$
$$\Rightarrow -12 < c < -2$$

- Para que a reta seja externa à circunferência:

$$\frac{|7 + c|}{\sqrt{5}} > \sqrt{5} \Rightarrow |7 + c| > 5 \Rightarrow$$

$$\Rightarrow \begin{cases} 7 + c > 5 \Rightarrow c > -2 \text{ ou} \\ 7 + c < -5 \Rightarrow c < -12 \end{cases}$$

 **EXERCÍCIOS**

39 Em cada caso, use o cálculo da distância entre o centro da circunferência $\boldsymbol{\lambda}$ e a reta $\mathbf{r}$, para determinar a posição de $\mathbf{r}$ em relação a $\boldsymbol{\lambda}$:

a) $r: x + 2y + 3 = 0$ e $\lambda: x^2 + y^2 - 6x - 4y - 7 = 0$.

b) $r: 3x + y - 4 = 0$ e $\lambda: (x - 3)^2 + (y - 5)^2 = 10$.

c) $r: 4x - 3y - 24 = 0$ e $\lambda: x^2 + y^2 - 24x + 4y + 99 = 0$.

40 Determine a posição relativa entre a reta $\mathbf{r}$ e a circunferência $\boldsymbol{\lambda}$ em cada item a seguir:

a) $r: x - 2 = 0$ e $\lambda: 4x^2 + 4y^2 - 25 = 0$.

b) $r: 2x + 3y - 3 = 0$ e $\lambda: x^2 + y^2 - 4x - 8y + 7 = 0$.

c) $r: x + y - 5 = 0$ e $\lambda: (x + 1)^2 + (y + 1)^2 = 18$.

41 Determine os valores de **k** de modo que a reta r: $3x - 4y - 18 = 0$, em relação à circunferência $\lambda: x^2 + y^2 - 2x + k = 0$, seja:

a) tangente; **b)** externa; **c)** secante.

42 Obtenha o ponto de tangência entre r: $x + y = 0$ e $\lambda: x^2 + y^2 - 6x - 2y + 2 = 0$.

43 Quais são as coordenadas do ponto de $\lambda: (x - 4)^2 + (y - 2)^2 = 9$ mais próximo da reta r: $x + y + 11 = 0$?

44 Determine as coordenadas do ponto de $\lambda: x^2 + y^2 - 6x - 2y + 9 = 0$ mais distante de $(5, 3)$.

45 Sejam **r** a reta de equação $y = x + 2$ e λ a circunferência de equação $x^2 + y^2 - 4x - 2y + a = 0$, em que **a** é uma constante real. Determine **a** de modo que ocorra interseção entre **r** e λ.

46 (UF-BA) Determine uma equação da circunferência de centro $(1, 2)$, sabendo que a equação $3x + y - 9 = 0$ representa uma reta tangente a essa circunferência.

▶ Tangência

Uma reta é tangente a uma circunferência se a intersecta unicamente em um ponto.

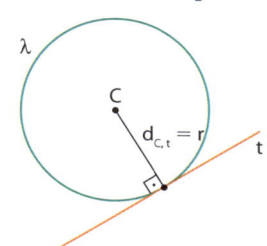

No ponto de tangência, a reta é perpendicular ao raio, e a distância do centro da circunferência à reta tangente é igual à medida do raio.

Vamos apresentar dois problemas típicos envolvendo a ideia de tangência, os quais serão explorados por meio de exercícios resolvidos.

1. Dada uma circunferência, conduzir as retas tangentes em determinada direção.

EXERCÍCIOS **RESOLVIDOS**

13 Obter as equações das retas tangentes à circunferência $\lambda: x^2 + y^2 = 4$ que sejam paralelas à reta s: $2x - y + 1 = 0$.

Solução:

As retas paralelas a **s** possuem equação da forma t: $2x - y + c = 0$, bastando, para determinar cada uma delas, encontrar o valor de **c**.

As tangentes a λ distam $r = 2$ do centro da circunferência, que é a origem do sistema.

$$d_{O, s} = \frac{|2 \cdot 0 - 0 + c|}{\sqrt{2^2 + 1}} = \frac{|c|}{\sqrt{5}} = 2 \text{ (raio)}$$

Logo, $|c| = 2\sqrt{5}$ e $c = \pm 2\sqrt{5}$.

Portanto, $t_1: 2x - y + 2\sqrt{5} = 0$ e $t_2: 2x - y - 2\sqrt{5} = 0$ são as equações procuradas.

14 Determinar as equações das retas tangentes à circunferência $\lambda: (x - 1)^2 + y^2 = 9$, com centro $C(1, 0)$ e raio $r = 3$, e que são perpendiculares à reta s: $4x + 3y - 6 = 0$.

Solução:

Isolando **y** na equação de **s**:

$$3y = -4x + 6 \Rightarrow y = -\frac{4}{3}x + 2 \text{ e } m_s = -\frac{4}{3}$$

As tangentes a λ possuem, então, coeficiente angular igual a $\frac{3}{4}$ e, portanto, têm equação da forma

t: $y = \frac{3}{4}x + n$ ou t: $3x - 4y + c = 0$.

Para encontrar os valores de **c**, fazemos:

$$d_{C, s} = \frac{|3 \cdot 1 - 4 \cdot 0 + c|}{\sqrt{3^2 + 4^2}} = \frac{|3 + c|}{5} = 3 \text{ (raio)}$$

Daí, $|3 + c| = 15$ e $3 + c = \pm 15$, do que resulta $c = -3 \pm 15$, ou seja, $c = 12$ ou $c = -18$.

Assim, $t_1: 3x - 4y + 12 = 0$ e $t_2: 3x - 4y - 18 = 0$ são as equações procuradas.

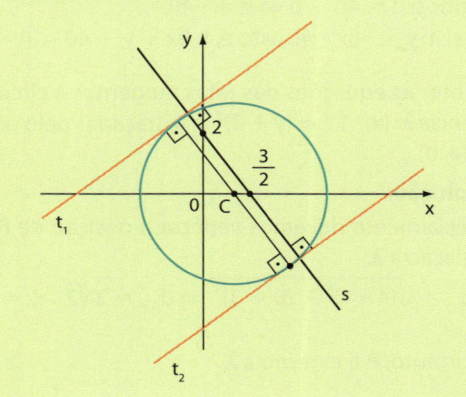

EXERCÍCIOS

47 Determine, em cada caso, as equações das retas tangentes a λ que são paralelas a **r**:

a) λ: $(x-1)^2 + (y-2)^2 = 9$ e r: $x - 3y + 3 = 0$.

b) λ: $x^2 + (y-1)^2 = 1$ e r: $3x - 2y = 0$.

c) λ: $x^2 + y^2 - 2y - 3 = 0$ e r: $2x - y - 1 = 0$.

48 Qual é a distância entre as retas tangentes à circunferência λ: $4x^2 + 4y^2 - 4x - 20y - 15 = 0$ que são paralelas a r: $6x - 8y + 15 = 0$?

49 Obtenha as equações das retas tangentes à circunferência λ: $x^2 + y^2 - 4x - 6y - 12 = 0$ que são:

a) horizontais;

b) verticais;

c) perpendiculares a r: $3x - 4y = 0$.

50 Determine as equações das retas tangentes à circunferência λ: $(x-3)^2 + (y-4)^2 = 1$ que são perpendiculares à reta r: $3x + y + 1 = 0$.

2. Conduzir, por um ponto dado, as retas tangentes a uma circunferência dada.

EXERCÍCIOS RESOLVIDOS

15 Determinar as equações das retas tangentes à circunferência λ: $(x-3)^2 + (y-1)^2 = 65$, traçadas por P(-5, 0).

Solução:

Devemos inicialmente verificar a posição de **P** em relação a λ:

$$d_{P,C} = \sqrt{(-5-3)^2 + (0-1)^2} = \sqrt{65}$$

Assim, **P** é ponto de λ e há somente uma tangente a λ por **P**, que é o ponto de tangência.

A reta **t**, então, é a perpendicular a $\overline{PC}$ (raio), pelo ponto **P**.

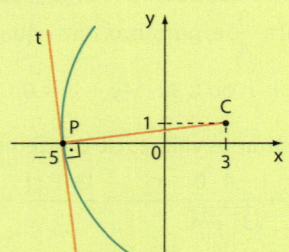

Temos $m_{\overline{PC}} = \dfrac{1-0}{3-(-5)} = \dfrac{1}{8}$ e $m_t = -8$.

Logo, t: $y = -8x + n$ e, como **t** passa por P(-5, 0), temos: $0 = 40 + n \Rightarrow n = -40$.

Daí, t: $y = -8x - 40$, isto é, t: $8x + y + 40 = 0$.

16 Obter as equações das retas tangentes à circunferência λ: $(x-1)^2 + (y+3)^2 = 4$, traçadas pelo ponto P(4, 0).

Solução:

Inicialmente devemos verificar a posição de **P** em relação a λ:

$$d_{P,C} = \sqrt{(4-1)^2 + (0+3)^2} \Rightarrow d_{P,C} = 3\sqrt{2} > 2 = r$$

Portanto, **P** é externo a λ.

Assim, o problema apresenta duas soluções, que são retas **t** de equações $y - 0 = m(x-4)$, ou melhor, $mx - y - 4m = 0$ ①, pois passam por P(4, 0) e não são verticais.

Como as retas **t** são tangentes a λ e, por isso, distam $r = 2$ do centro C(1, -3), temos:

$$d_{C,t} = \frac{|m \cdot 1 - 1 \cdot (-3) + (-4m)|}{\sqrt{m^2 + (-1)^2}} = 2$$

$$\frac{3|1 - m|}{\sqrt{m^2 + 1}} = 2$$

$$3|1 - m| = 2\sqrt{m^2 + 1}$$

$$9(1 - 2m + m^2) = 4(m^2 + 1)$$

$$5m^2 - 18m + 5 = 0$$

$$m = \frac{9 \pm 2\sqrt{14}}{5}$$

Logo, as equações das retas tangentes a λ, a partir de ①, são:

t_1: $(9 + 2\sqrt{14})x - 5y - 4(9 + 2\sqrt{14}) = 0$ e

t_2: $(9 - 2\sqrt{14})x - 5y - 4(9 - 2\sqrt{14}) = 0$

Veja a representação no gráfico abaixo:

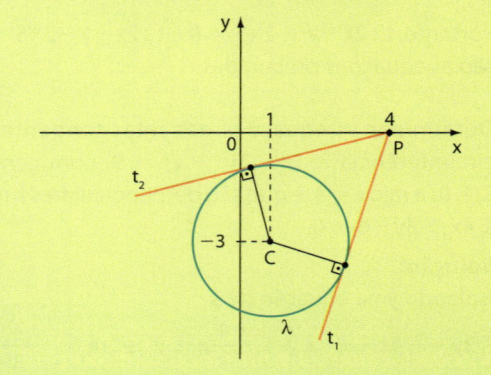

EXERCÍCIOS

51 Determine, em cada caso, as equações das retas tangentes a λ traçadas por **P**:

a) $\lambda: x^2 + y^2 = 1$ e $P(\sqrt{2}, 0)$.

b) $\lambda: x^2 + y^2 - 2x + 4y + 1 = 0$ e $P(5, -4)$.

c) $\lambda: (x + 2)^2 + (y - 3)^2 = 9$ e $P(1, 6)$.

d) $\lambda: x^2 + y^2 - 6x - 8y = 0$ e $P(0, 0)$.

e) $\lambda: x^2 + y^2 - 6x + 5 = 0$ e $P(2, 1)$.

52 Qual é a equação reduzida da circunferência de centro $(-3, 1)$ e tangente a r: $5x - 2y - 8 = 0$?

53 Uma circunferência é tangente, simultaneamente, às retas de equações $x + 2y + 1 = 0$ e $x + 2y - 3 = 0$. Obtenha a equação de uma reta que passa pelo centro de λ.

Sugestão: sendo $C(x_C, y_C)$ o centro da circunferência, procure a relação entre $\mathbf{x}_C$ e $\mathbf{y}_C$.

54 O ponto $P(\alpha, \beta)$ pertence à circunferência λ, de centro na origem. Qual é a equação da reta tangente a λ, traçada por **P**?

 ## Interseção de circunferências

Dadas duas circunferências λ_1 e λ_2, determinar a interseção de λ_1 com λ_2 é obter os pontos $P(x, y)$ que pertencem a ambas as circunferências e que, portanto, satisfazem ao sistema formado pelas equações correspondentes.

Por meio de exercícios resolvidos mostraremos como fazer isso.

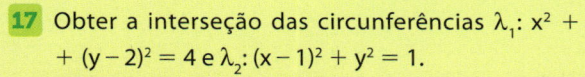 ### EXERCÍCIOS **RESOLVIDOS**

17 Obter a interseção das circunferências $\lambda_1: x^2 + (y - 2)^2 = 4$ e $\lambda_2: (x - 1)^2 + y^2 = 1$.

Solução:

Vamos resolver o sistema:

$$\begin{cases} x^2 + (y - 2)^2 = 4 & \boxed{1} \\ (x - 1)^2 + y^2 = 1 & \boxed{2} \end{cases}$$

Efetuando, membro a membro, a subtração $\boxed{1} - \boxed{2}$, obtemos: $-4y + 2x = 0 \Rightarrow x = 2y$ $\boxed{3}$

Substituindo $\boxed{3}$ em $\boxed{1}$, resulta:

$(2y)^2 + (y - 2)^2 = 4 \Rightarrow 5y^2 - 4y = 0$

Daí, temos:

$$\begin{cases} y = 0 \Rightarrow x = 0 \text{ ou} \\ y = \dfrac{4}{5} \Rightarrow x = \dfrac{8}{5} \end{cases}$$

Concluímos que as circunferências têm dois pontos comuns: $P(0, 0)$ e $Q\left(\dfrac{8}{5}, \dfrac{4}{5}\right)$.

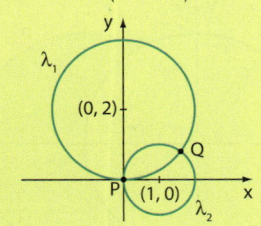

$$\lambda_1 \cap \lambda_2 = \left\{(0, 0), \left(\dfrac{8}{5}, \dfrac{4}{5}\right)\right\}$$

18 Determinar a interseção das circunferências $\lambda_1: x^2 + y^2 = 49$ e $\lambda_2: x^2 + y^2 - 6x - 8y + 21 = 0$.

Solução:

Vamos resolver o sistema:

$$\begin{cases} x^2 + y^2 = 49 & \boxed{1} \\ x^2 + y^2 - 6x - 8y + 21 = 0 & \boxed{2} \end{cases}$$

Efetuando, membro a membro, a subtração $\boxed{1} - \boxed{2}$, obtemos:

$6x + 8y - 21 = 49 \Rightarrow x = \dfrac{70 - 8y}{6}$ $\boxed{3}$

Substituindo $\boxed{3}$ em $\boxed{1}$, resulta:

$\left(\dfrac{70 - 8y}{6}\right)^2 + y^2 = 49 \Rightarrow 25y^2 - 280y + 784 = 0 \Rightarrow$

$\Rightarrow y = \dfrac{28}{5} \Rightarrow x = \dfrac{21}{5}$

Concluímos que essas circunferências têm um único ponto comum: $P\left(\dfrac{21}{5}, \dfrac{28}{5}\right)$.

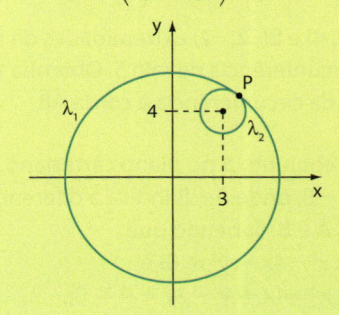

19 Qual é a posição relativa entre as circunferências $\lambda_1: x^2 + y^2 = 49$ e $\lambda_2: x^2 + y^2 - 6x - 8y - 11 = 0$?

Solução:

λ_1 tem centro $C_1(0, 0)$ e raio $r_1 = 7$.

λ_2 tem centro $C_2(3, 4)$ e raio $r_2 = 6$.

$C_1C_2 = \sqrt{(0-3)^2 + (0-4)^2} = 5$

Comparemos C_1C_2 com a soma dos raios: $C_1C_2 = 5$ e $r_1 + r_2 = 13$. Notamos que $C_1C_2 < r_1 + r_2$ e concluímos que λ_1 e λ_2 não podem ser exteriores, nem tangentes exteriormente.

Comparemos C_1C_2 com a diferença dos raios: $C_1C_2 = 5$ e $r_1 - r_2 = 1$. Notamos que $C_1C_2 > r_1 - r_2$ e concluímos que λ_1 e λ_2 não podem ser uma interna à outra, nem tangentes interiormente. Então, por exclusão, λ_1 e λ_2 são secantes.

EXERCÍCIOS

55 Obtenha a interseção das circunferências $\lambda_1: x^2 + y^2 = 100$ e $\lambda_2: x^2 + y^2 - 12x - 12y + 68 = 0$.

56 Dadas as circunferências $\lambda_1: x^2 + y^2 - 2x - 3 = 0$ e $\lambda_2: x^2 + y^2 + 2x - 4y + 1 = 0$, determine os pontos de interseção entre λ_1 e λ_2.

57 Determine, em cada caso, a posição relativa de λ_1 e λ_2.

a) $\lambda_1: x^2 + y^2 = 16$ e $\lambda_2: x^2 + y^2 + 6x - 4y + 4 = 0$.

b) $\lambda_1: x^2 + y^2 = 18$ e $\lambda_2: x^2 + y^2 + 20x - 10y + 124 = 0$.

c) $\lambda_1: x^2 + y^2 - 4x - 6y + 12 = 0$ e $\lambda_2: x^2 + y^2 + 4x - 12y + 24 = 0$.

d) $\lambda_1: x^2 + y^2 = 81$ e $\lambda_2: x^2 + y^2 - 6x + 8y + 9 = 0$.

EXERCÍCIOS COMPLEMENTARES

1 (U.F. Ouro Preto-MG) Um paralelogramo tem vértices nos pontos A(2, 1), B(5, 2), C(4, 4) e $D(x_D, y_D)$, sendo **A** e **C** vértices opostos. Determine a equação da circunferência que tem centro no ponto **B** e passa pelo ponto **D**.

2 Sobre a reta de equação $2x - y + 4 = 0$ está o centro de uma circunferência que passa por (2, 2) e (−1, 5). Escreva a equação reduzida desssa circunferência.

3 (UF-PE) Cada um dos círculos limitados pelas circunferências de equações $x^2 + y^2 - 4x - 6y + 12 = 0$ e $x^2 + y^2 - 10x - 2y + 22 = 0$ fica dividido em duas regiões de mesma área por uma reta de equação $y = mx + n$. Encontre 3n.

4 Sejam A(2, 4) e B(−2, −2) extremidades de uma corda de uma circunferência de raio 5. Obtenha a distância do centro da circunferência à corda $\overline{AB}$.

5 (UF-CE) O conjunto **S** no plano cartesiano é definido por S = A − B, onde A − B indica a diferença entre os conjuntos **A** e **B**. Sabendo que
A = {(x, y): $x^2 - 4x + y^2 \leqslant 0$} e
B = {(x, y): $x^2 - 4x + y^2 - 2y + 4 \leqslant 0$},
encontre o valor da área de **S**.

6 (UE-RJ) Em cada ponto (x, y) do plano cartesiano, o valor de **T** é definido pela seguinte equação:

$$T = \frac{200}{x^2 + y^2 - 4x + 8}$$

Sabe-se que **T** assume seu valor máximo, 50, no ponto (2, 0).
Calcule a área da região que corresponde ao conjunto dos pontos do plano cartesiano para os quais T ⩾ 20.

7 (Unicamp-SP) A circunferência de centro em (2, 0) e tangente ao eixo **y** é intersectada pela circunferência **C**, definida pela equação $x^2 + y^2 = 4$, e pela semirreta que parte da origem e faz ângulo de 30° com o eixo **x**, conforme a figura abaixo.

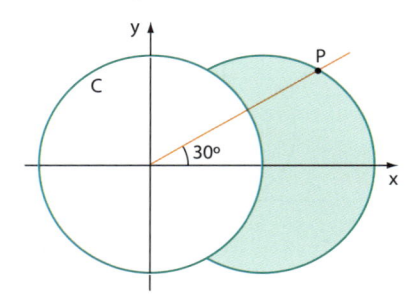

a) Determine as coordenadas do ponto **P**.

b) Calcule a área da região sombreada.

8 (Vunesp-SP) Considere o ponto P(0, −3) e a circunferência $x^2 + (y − 2)^2 = 4$.

   a) Encontre uma equação da reta que passe por **P** e tangencie a circunferência num ponto **Q** de abscissa positiva.

   b) Determine as coordenadas do ponto **Q**.

9 (UF-PE) Uma circunferência de raio 10 é tangente ao eixo das abscissas e à reta com equação y = x. Se a circunferência tem centro no ponto (a, b), situado no primeiro quadrante, determine o inteiro mais próximo de **a**.

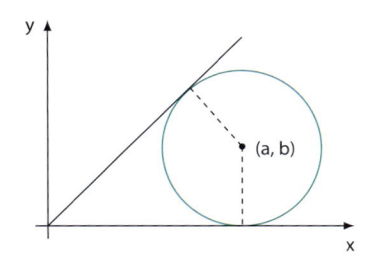

10 (U.F. Juiz de Fora-MG) Considere a circunferência λ: $x^2 + y^2 − 4x − 6y − 3 = 0$ e a reta r: x + y = 0.

   a) Determine a equação da reta que passa pelo centro da circunferência **λ** e é perpendicular à reta **r**.

   b) Determine a equação da circunferência concêntrica à circunferência **λ** e tangente à reta **r**.

11 A figura abaixo mostra a localização de uma emissora **A** de TV e uma pequena cidade **B**. Os sinais da emissora cobrem um círculo de raio **r** (em km) e centro **A**. O município de centro **B** tem forma aproximadamente circular com raio de 1 km.

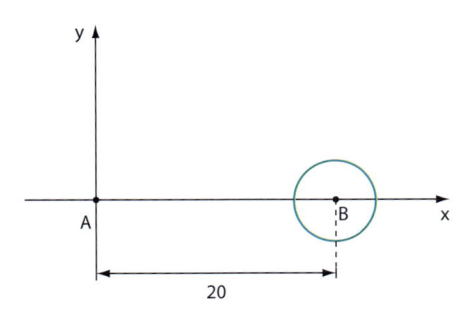

Determine o menor valor de **r** para que os sinais de TV possam ser sintonizados por todos os moradores do município **B**.

12 (UF-GO) Considere duas circunferências no plano cartesiano descritas pelas equações $x^2 + y^2 = 10$ e $(x − x_0)^2 + (y − y_0)^2 = 1$. Determine o ponto P($x_0$, y_0) para que as duas circunferências sejam tangentes externas no ponto A(3, 1).

13 (UF-PR) Uma reta passando pelo ponto P(16, −3) é tangente ao círculo $x^2 + y^2 = r^2$ em um ponto **Q**. Sabendo que a medida do segmento $\overline{PQ}$ é de 12 unidades, calcule:

   a) a distância do ponto **P** à origem do sistema cartesiano;

   b) a medida do raio **r** da circunferência.

14 (UF-PE) Na ilustração a seguir, temos a circunferência com equação $x^2 + y^2 + 6x + 8y = 75$ e a reta passando pela origem e pelo centro da circunferência. Determine o ponto da circunferência mais distante da origem e indique esta distância.

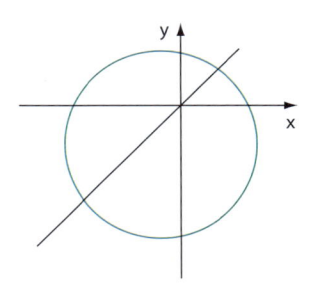

15 (U.F. Uberlândia-MG) Numa região plana mapeada num sistema de coordenadas xOy, em que a unidade de medida nos eixos **x** e **y** é de 10 km, existem duas torres de telefonia **T**₁ e **T**₂. Suas áreas de cobertura são dadas, respectivamente, pelos pontos dos círculos delimitados pelas circunferências $λ_1$ de centro (0,0) e $λ_2$ de centro $(4\sqrt{3}, 0)$, sendo que as torres se localizam em seus centros. Duas cidades **A** e **B** localizadas na interseção das duas circunferências possuem coordenadas $(2\sqrt{3}, 2)$ e $(2\sqrt{3}, −2)$, respectivamente. Nessas condições, elabore e execute um plano de resolução de maneira a determinar:

   a) As distâncias da cidade **A** às torres **T**₁ e **T**₂.

   b) A área, em km², da região de cobertura comum das duas torres (interseção dos círculos).

16 (UE-RJ) Um disco metálico de centro **O** e diâmetro AB = 4 dm, utilizado na fabricação de determinada peça, é representado pelo seguinte esquema:

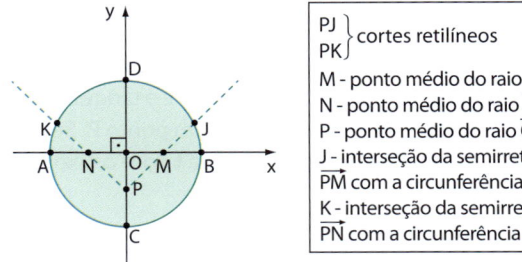

Calcule a distância entre os pontos **J** e **K**.

17 (UF-PE) Uma circunferência tem centro no primeiro quadrante, passa pelos pontos com coordenadas $(0, 0)$ e $(4, 0)$ e é tangente, internamente, à circunferência com equação $x^2 + y^2 = 64$. Abaixo, estão ilustradas as duas circunferências.

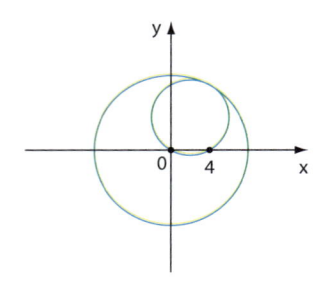

Indique o inteiro mais próximo da soma das coordenadas do ponto de interseção das duas circunferências.

18 (Unicamp-SP) Considere a família de retas no plano cartesiano descrita pela equação $(2 - p)x + (2p + 1)y + 8p + 4 = 0$, nas variáveis **r** e **y**, em que **p** é um parâmetro real.

a) Determine o valor do parâmetro **p** para que a reta correspondente intersecte perpendicularmente o eixo **y**. Encontre o ponto de interseção neste caso.

b) Considere a reta $x + 3y + 12 = 0$ dessa família para $p = 1$. Denote por **A** o seu ponto de interseção com o eixo **x** e por **O** a origem do plano cartesiano. Exiba a equação da circunferência em que o segmento OA é um diâmetro.

19 (UF-PE) Uma circunferência está circunscrita ao triângulo com lados sobre as retas com equações $x = 0$, $y = 0$ e $4x + 3y = 24$, conforme a ilustração abaixo. Encontre a equação da circunferência e indique a soma das coordenadas de seu centro e de seu raio.

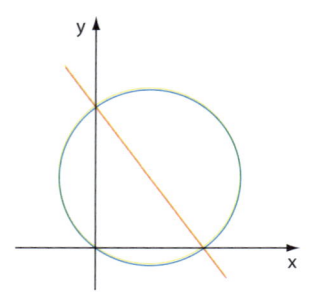

20 (Fuvest-SP) No plano cartesiano Oxy, a circunferência **C** tem centro no ponto $A = (-5, 1)$ e é tangente à reta **t** de equação $4x - 3y - 2 = 0$ em um ponto **P**. Seja ainda **Q** o ponto de interseção da reta **t** com o eixo Ox. Assim:

a) Determine as coordenadas do ponto **P**.

b) Escreva uma equação para a circunferência **C**.

c) Calcule a área do triângulo APQ.

21 (UF-GO) Dadas as circunferências de equações $x^2 + y^2 - 4y = 0$ e $x^2 + y^2 - 4x - 2y + 4 = 0$ em um sistema de coordenadas cartesianas:

a) esboce os seus gráficos;

b) determine as coordenadas do ponto de interseção das retas tangentes comuns às circunferências.

22 (U.F. Juiz de Fora-MG) Na figura a seguir, temos um sistema de eixos cartesianos com origem em **O**. Nele, encontra-se representada uma circunferência tangente ao eixo das ordenadas e com centro $C(-1, 0)$.

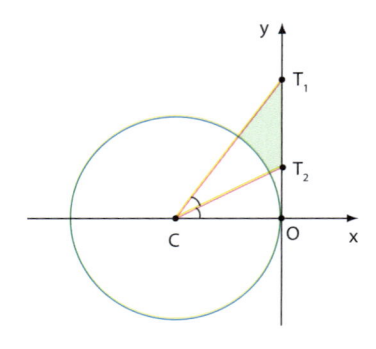

Sejam T_1 e T_2 pontos sobre o semieixo positivo das ordenadas, tais que $T_2\hat{C}T_1 = O\hat{C}T_2 = 30°$.

a) Determine o comprimento do segmento $\overline{OT_1}$.

b) Calcule o valor da área sombreada.

c) Encontre as equações das retas que passam pelo ponto T_1 e são tangentes à circunferência dada.

23 (Vunesp-SP) Seja **C** a circunferência de centro $(2, 0)$ e raio 2, e considere **O** e **P** os pontos de interseção de **C** com o eixo Ox. Sejam **T** e **S** pontos de **C** que pertencem, respectivamente, às retas **r** e **s**, que se intersectam no ponto **M**, de forma que os triângulos OMT e PMS sejam congruentes, como mostra a figura.

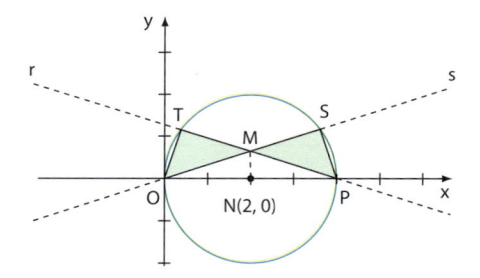

a) Dê a equação de **C** e, sabendo que a equação de **s** é $y = \dfrac{x}{3}$, determine as coordenadas de **S**.

b) Calcule as áreas do triângulo OMP e da região sombreada formada pela união dos triângulos OMT e PMS.

TESTES

1 (UF-RS) Considere as circunferências definidas por $(x-3)^2 + (y-2)^2 = 16$ e $(x-10)^2 + (y-2)^2 = 9$, representadas no mesmo plano cartesiano.
As coordenadas do ponto de interseção entre as circunferências são:

a) $(7, 2)$ **c)** $(10, 3)$ **e)** $(4, 3)$

b) $(2, 7)$ **d)** $(16, 9)$

2 (PUC-RS) Uma circunferência de centro em $P(c, c)$, com $c \neq 0$, tangencia o eixo das abscissas e o eixo das ordenadas. Sua equação é:

a) $x^2 + y^2 = c^2$

b) $(x-c)^2 + y^2 = c^2$

c) $x^2 + (y-c)^2 = c^2$

d) $(x-c)^2 + (y-c)^2 = c$

e) $(x-c)^2 + (y-c)^2 = c^2$

3 (UF-RS) A área de um quadrado inscrito na circunferência de equação $x^2 - 2y + y^2 = 0$ é:

a) $\dfrac{1}{2}$ **c)** $\sqrt{2}$ **e)** $2\sqrt{2}$

b) 1 **d)** 2

4 (ITA-SP) Seja **C** uma circunferência tangente simultaneamente às retas r: $3x + 4y - 4 = 0$ e s: $3x + 4y - 19 = 0$. A área do círculo determinado por **C** é igual a:

a) $\dfrac{5\pi}{7}$ **c)** $\dfrac{3\pi}{2}$ **e)** $\dfrac{9\pi}{4}$

b) $\dfrac{4\pi}{5}$ **d)** $\dfrac{8\pi}{3}$

5 (PUC-RS) Os pontos $(3, 1)$ e $(9, -7)$ são extremidades de um dos diâmetros da circunferência **c**. Então, a equação de **c** é:

a) $(x+6)^2 + (y-3)^2 = 5$

b) $(x+6)^2 + (y-3)^2 = 10$

c) $(x-6)^2 + (y+3)^2 = 10$

d) $(x-6)^2 + (y-3)^2 = 25$

e) $(x-6)^2 + (y+3)^2 = 25$

6 (Cefet-MG) Se a distância entre os centros das circunferências de equações $x^2 + y^2 - 4x + 16y + 55 = 0$ e $x^2 + y^2 + 8x + 12 = 0$ é a medida da diagonal de um quadrado, então, sua área é igual a:

a) 40 **b)** 50 **c)** 60 **d)** 70 **e)** 80

7 (UF-MA) Qual das equações a seguir representa uma circunferência cujo centro está sobre a reta $y = 2x$ e que, também, passa pelos pontos $A = (1, 1)$ e $B = (4, -2)$?

a) $x^2 + y^2 - 2x - 4y + 4 = 0$

b) $x^2 + y^2 - 8x - 2y + 8 = 0$

c) $x^2 + y^2 - 14x - 8y + 20 = 0$

d) $x^2 + y^2 - 2x + 4y - 4 = 0$

e) $x^2 + y^2 + 6x + 12y - 20 = 0$

8 (Fuvest-SP) No plano cartesiano Oxy, a circunferência **C** é tangente ao eixo Ox no ponto de abscissa 5 e contém o ponto $(1, 2)$. Nessas condições, o raio de **C** vale:

a) $\sqrt{5}$ **c)** 5 **e)** 10

b) $2\sqrt{5}$ **d)** $3\sqrt{5}$

9 (UF-RS) Um círculo tangencia a reta **r**, como na figura abaixo.

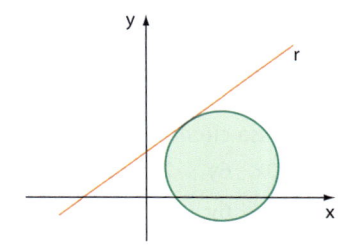

O centro do círculo é o ponto $(7, 2)$ e a reta **r** é definida pela equação $3x - 4y + 12 = 0$. A equação do círculo é:

a) $(x-7)^2 + (y-2)^2 = 25$

b) $(x+7)^2 + (y+2)^2 = 25$

c) $(x-7)^2 + (y+2)^2 = 36$

d) $(x-7)^2 + (y-2)^2 = 36$

e) $(x+7)^2 + (y-2)^2 = 36$

10 (UE-CE) Os vértices **P** e **Q** do triângulo equilátero MPQ são a interseção da reta $3x + 4y - 33 = 0$ com a circunferência $x^2 + y^2 - 10x - 9y + 39 = 0$. A equação da reta perpendicular ao lado $\overline{PQ}$ do triângulo MPQ que contém o vértice **M** é:

a) $8x - 6y - 41 = 0$ **c)** $4x - 3y - 41 = 0$

b) $8x - 6y - 13 = 0$ **d)** $4x - 3y - 13 = 0$

11 (PUC-SP) Num sistema de eixos cartesianos ortogonais, as interseções das curvas de equações $y = x^2$ e $x + y - 2 = 0$ são as extremidades de um diâmetro de uma circunferência cuja equação é:

a) $x^2 + y^2 - 5x + y + 2 = 0$

b) $x^2 + y^2 + 5x + y - 2 = 0$

c) $x^2 + y^2 + x + 5y + 2 = 0$

d) $x^2 + y^2 - x + 5y - 2 = 0$

e) $x^2 + y^2 + x - 5y + 2 = 0$

12 (UF-RS) Na figura abaixo, o círculo está inscrito no triângulo equilátero.

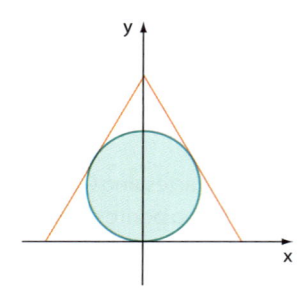

Se a equação do círculo é $x^2 + y^2 = 2y$, então, o lado do triângulo mede

a) 2
c) 3
e) $4\sqrt{3}$
b) $2\sqrt{3}$
d) 4

13 (FGV-SP) No plano cartesiano, uma circunferência tem centro C(5, 3) e tangencia a reta de equação $3x + 4y - 12 = 0$.
A equação dessa circunferência é:

a) $x^2 + y^2 - 10x - 6y + 25 = 0$
b) $x^2 + y^2 - 10x - 6y + 36 = 0$
c) $x^2 + y^2 - 10x - 6y + 49 = 0$
d) $x^2 + y^2 + 10x + 6y + 16 = 0$
e) $x^2 + y^2 + 10x + 6y + 9 = 0$

14 (Fuvest-SP) São dados, no plano cartesiano, o ponto **P** de coordenadas (3, 6) e a circunferência **C** de equação $(x-1)^2 + (y-2)^2 = 1$. Uma reta **t** passa por **P** e é tangente a **C** em um ponto **Q**. Então a distância de **P** a **Q** é:

a) $\sqrt{15}$
c) $\sqrt{18}$
e) $\sqrt{20}$
b) $\sqrt{17}$
d) $\sqrt{19}$

15 (Fuvest-SP) A equação $x^2 + 2x + y^2 + my = n$, em que **m** e **n** são constantes, representa uma circunferência do plano cartesiano. Sabe-se que a reta $y = -x + 1$ contém o centro da circunferência e a intersecta no ponto $(-3, 4)$. Os valores de **m** e **n** são, respectivamente:

a) -4 e 3
c) -4 e 2
e) 2 e 3
b) 4 e 5
d) -2 e 4

16 (UF-RGS) Observe, abaixo, o círculo representado no sistema de coordenadas cartesianas.

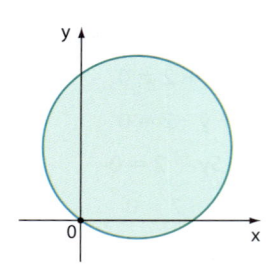

Uma das alternativas a seguir apresenta a equação desse círculo. Essa alternativa é:

a) $(x-2)^2 + (y-3)^2 = 10$
b) $(x+2)^2 + (y+3)^2 = 13$
c) $(x-2)^2 + (y-3)^2 = 13$
d) $(x-2)^2 + y^2 = 10$
e) $x^2 + (y+3)^2 = 13$

17 (PUC-SP) Sejam $x + 2y - 1 = 0$ e $2x - y + 3 = 0$ as equações das retas suportes das diagonais de um quadrado que tem um dos vértices no ponto $(-5, 3)$. A equação da circunferência inscrita nesse quadrado é:

a) $x^2 + y^2 + 2x - 2y - 8 = 0$
b) $x^2 + y^2 + 2x + 2y - 8 = 0$
c) $x^2 + y^2 - 2x - 2y - 8 = 0$
d) $x^2 + y^2 + 4x - 2y - 10 = 0$
e) $x^2 + y^2 - 4x + 2y - 10 = 0$

18 (Unifor-CE) Considere os pontos médios de todas as cordas de comprimento 12 da circunferência de equação $x^2 + y^2 + 10x - 16y - 11 = 0$. A reunião desses pontos determina a circunferência de equação:

a) $x^2 + y^2 + 10x + 16y + 25 = 0$
b) $x^2 + y^2 - 10x + 16y + 25 = 0$
c) $x^2 + y^2 + 10x - 16y + 25 = 0$
d) $x^2 + y^2 - 10x + 8y + 25 = 0$
e) $x^2 + y^2 + 10x - 8y + 25 = 0$

19 (U.F. Juiz de Fora-MG) Considere uma circunferência c_1 de equação $x^2 + y^2 + 8x - 2y - 83 = 0$. Seja agora uma circunferência c_2 de centro em O(13, -2) que passa pelo ponto P(9, 0). A área da figura plana formada pelos pontos internos à circunferência c_1, e externos à circunferência c_2, em unidades de área, é:

a) 20π
c) 100π
e) 200π
b) 80π
d) 120π

20 (UF-RS) Construídas no mesmo sistema de coordenadas cartesianas, as inequações $x^2 + y^2 < 4$ e $y < x + 1$ delimitam uma região no plano. O número de pontos que estão no interior dessa região e possuem coordenadas inteiras é:

a) 5
b) 6
c) 7
d) 8
e) 9

21 (UF-AM) Considerando $\pi \simeq 3$, a área da região formada pelos pontos de plano tais que $y - x \leqslant -2$ e $x^2 + y^2 \leqslant 4$ é igual a:

a) 1
b) 2
c) 6
d) 10
e) 11

22 (Mackenzie-SP) Considere a região do plano dada pelos pontos (x, y) tais que $x^2 + y^2 \leqslant 2x$ e $x^2 + y^2 \leqslant 2y$. Fazendo $\pi \simeq 3$, a área dessa região é:

a) 1
b) 0,5
c) 2
d) 1,5
e) 2,5

37 As cônicas

▶ Introdução

Consideremos duas retas **e** e **g** concorrentes em **V** e não perpendiculares.

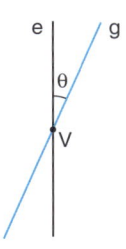

Com a reta **e** fixa, pelo ponto **V** façamos **g** girar 360° em torno de **e**, mantendo constante o ângulo **θ** formado por elas. A reta **g** gera uma superfície denominada **superfície cônica de duas folhas**. A reta **g** é chamada **geratriz** dessa superfície.

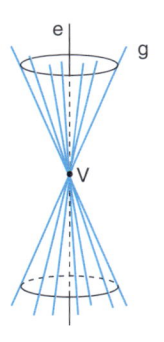

Consideremos também um plano **α**. Se o plano **α** é perpendicular à reta **e**, a seção obtida é uma circunferência. Em particular, se **α** passa por **V**, a seção obtida é um ponto.

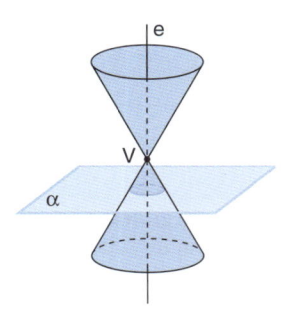

Se o plano **α** é oblíquo à reta **e**, mas corta apenas uma das folhas da superfície cônica, a seção obtida é uma **elipse**.

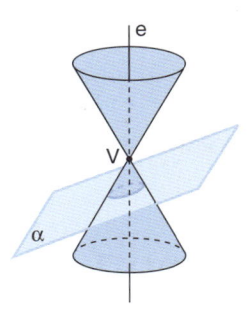

Se o plano α é paralelo a uma geratriz **g** da superfície cônica, a seção obtida é uma **parábola**.

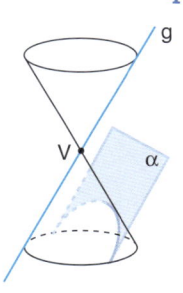

Se o plano **α** é oblíquo à reta **e** e corta as duas folhas da superfície cônica, a seção obtida é uma **hipérbole**.

Neste capítulo faremos um estudo inicial da elipse, da hipérbole e da parábola, denominadas **seções cônicas**.

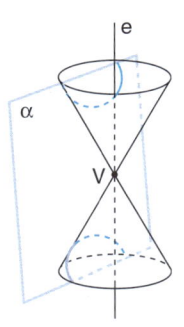

▶ Elipse

Em suas aulas de Física, você já deve ter estudado que os planetas do sistema solar giram em torno do Sol, descrevendo trajetórias elípticas.

A figura abaixo mostra de forma esquemática as órbitas dos planetas.

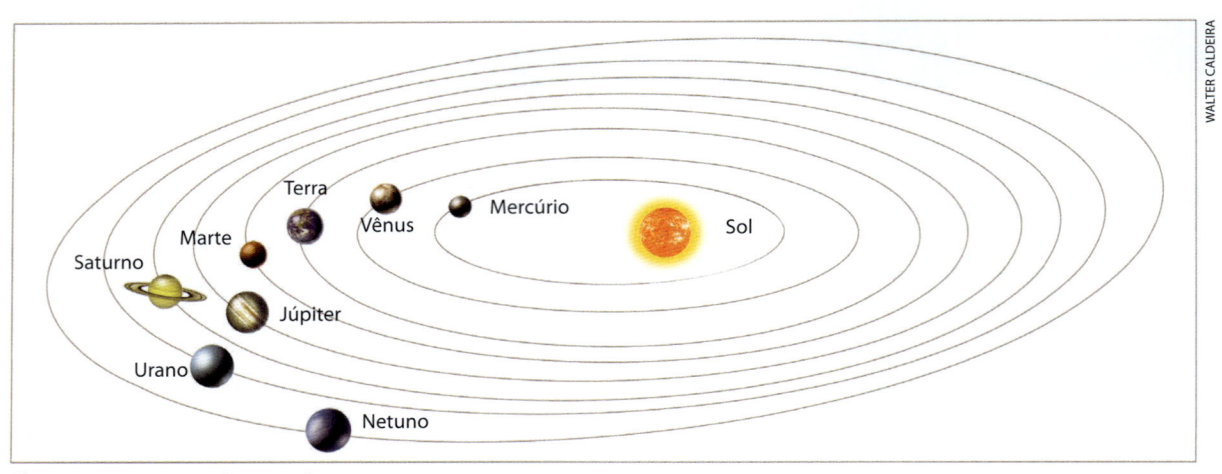

Elementos sem proporção entre si.

▶ O que é elipse?

Dados dois pontos distintos F_1 e F_2, pertencentes a um plano α, seja $2c$ a distância entre eles. **Elipse** é o conjunto dos pontos de α cuja soma das distâncias a F_1 e F_2 é a constante $2a$ $(2a > 2c)$.

Observe a figura a seguir.

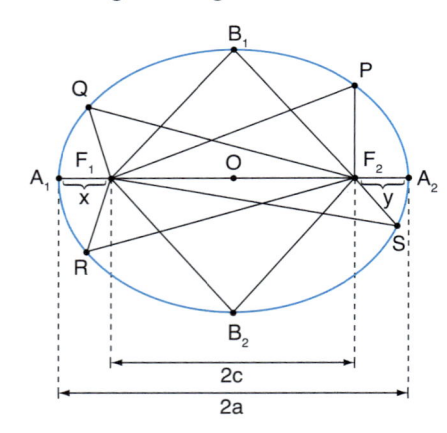

$$\text{elipse} = \{P \in \alpha \mid PF_1 + PF_2 = 2a\}$$

Assim, temos:

- $QF_1 + QF_2 = 2a$
- $RF_1 + RF_2 = 2a$
- $SF_1 + SF_2 = 2a$
- $A_1F_1 + A_1F_2 = 2a$
- $B_1F_1 + B_1F_2 = 2a$
- $A_2F_1 + A_2F_2 = 2a$
- $B_2F_1 + B_2F_2 = 2a$

Note que $A_1A_2 = 2a$, pois:
$$A_1F_1 + A_1F_2 = A_2F_2 + A_2F_1$$

Então:

$$x + (x + 2c) = y + (y + 2c)$$

Portanto, $x = y$.

$$A_1A_2 = A_1F_1 + F_1F_2 + F_2A_2 =$$
$$= x + 2c + y = 2(x + c) = 2a$$

Observe a figura abaixo e veja como fica fácil compreender o que é uma elipse.

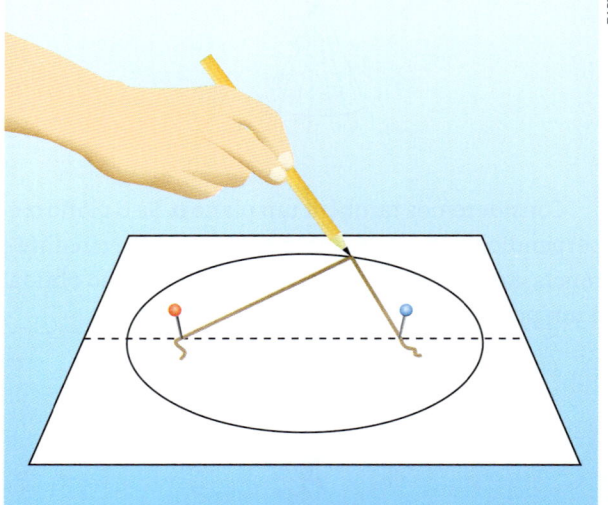

Um barbante de comprimento $2a$ é fixado em dois pregos distantes $2c$ um do outro (com $2a > 2c$). Mantendo o barbante esticado, desloca-se a ponta do lápis. A curva que ele descreverá será uma elipse.

Elementos principais

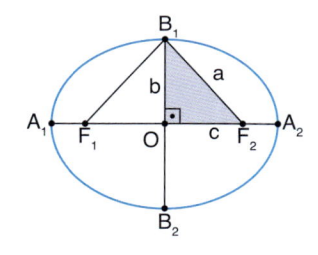

- F_1 e F_2: focos
- **O**: centro
- $\overline{A_1A_2}$: eixo maior
- $\overline{B_1B_2}$: eixo menor
- 2c: distância focal
- 2a: medida do eixo maior
- 2b: medida do eixo menor
- $\dfrac{c}{a}$: excentricidade (*)

(*) Veja, na seção *Aplicações* da página 717, o artigo "As órbitas de planetas e cometas".

Numa elipse, a medida do semieixo maior (**a**), a medida do semieixo menor (**b**) e a metade da distância focal (**c**) verificam a relação

$$a^2 = b^2 + c^2$$

que decorre do teorema de Pitágoras aplicado ao $\triangle OF_2B_1$.

▶ Equação reduzida (I)

Tomemos um sistema cartesiano ortogonal, tal que, $\overline{A_1A_2} \subset x$ e $\overline{B_1B_2} \subset y$.

É evidente que os focos são os pontos:

$F_1(-c, 0)$ e $F_2(c, 0)$

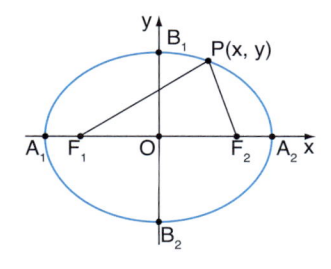

Nessas condições, chama-se **equação reduzida da elipse** a equação que $P(x, y)$, ponto genérico da curva, vai verificar. Vamos deduzi-la.

$P \in$ elipse $\Leftrightarrow PF_1 + PF_2 = 2a$

Então:

$$\sqrt{(x + c)^2 + (y - 0)^2} + \sqrt{(x - c)^2 + (y - 0)^2} = 2a$$

$$\sqrt{(x + c)^2 + y^2} = 2a - \sqrt{(x - c)^2 + y^2}$$

Elevando ambos os membros dessa igualdade ao quadrado e desenvolvendo, temos:

$$(x + c)^2 + y^2 = 4a^2 - 4a\sqrt{(x - c)^2 + y^2} + (x - c)^2 + y^2$$

$$\underline{x^2} + 2cx + \underline{\underline{c^2}} + \underline{\underline{\underline{y^2}}} =$$

$$= 4a^2 - 4a\sqrt{(x - c)^2 + y^2} + \underline{x^2} - 2cx + \underline{\underline{c^2}} + \underline{\underline{\underline{y^2}}}$$

$$\underline{4cx} - \underline{4a^2} = -\underline{4a}\sqrt{(x - c)^2 + y^2}$$

$$a\sqrt{(x - c)^2 + y^2} = a^2 - cx$$

Elevando novamente ambos os membros dessa igualdade ao quadrado, temos:

$$a^2(x - c)^2 + a^2y^2 = (a^2 - cx)^2$$

$$a^2x^2 - \underbrace{2a^2cx} + a^2c^2 + a^2y^2 = a^4 - \underbrace{2a^2cx} + c^2x^2$$

$$a^2x^2 - c^2x^2 + a^2y^2 = a^4 - a^2c^2$$

$$(a^2 - c^2)x^2 + a^2y^2 = a^2(a^2 - c^2)$$

$$b^2x^2 + a^2y^2 = a^2b^2$$

Dividindo ambos os membros dessa igualdade por a^2b^2, obtemos:

$$\frac{x^2}{a^2} + \frac{y^2}{b^2} = 1$$

▶ Equação reduzida (II)

Analogamente, se a elipse apresenta $\overline{A_1A_2} \subset y$ e $\overline{B_1B_2} \subset x$, temos:

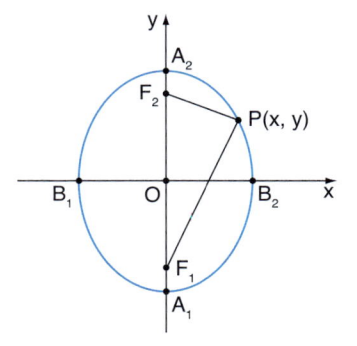

$$PF_1 + PF_2 = 2a$$

$$\sqrt{(x - 0)^2 + (y + c)^2} + \sqrt{(x - 0)^2 + (y - c)^2} = 2a$$

e, repetindo o raciocínio anterior, decorre a equação da elipse:

$$\frac{y^2}{a^2} + \frac{x^2}{b^2} = 1$$

Observe uma elipse cujo eixo maior mede 8 e a distância focal 6:

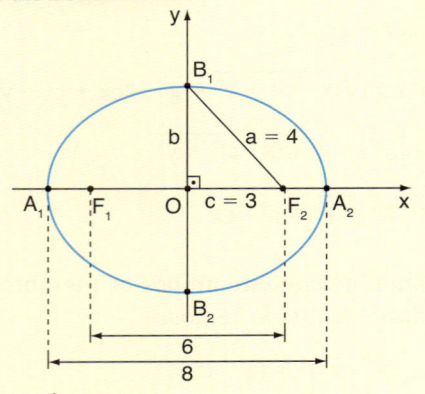

$$a = 4 \atop c = 3 \Bigg\} \Rightarrow b^2 = a^2 - c^2 = 16 - 9 = 7 \Rightarrow b = \sqrt{7}$$

Se a posição da elipse é a indicada na figura, isto é,

$\overline{A_1A_2} \subset x$ e $\overline{B_1B_2} \subset y$, então sua equação é:

$$\frac{x^2}{16} + \frac{y^2}{7} = 1$$

Uma elipse apresenta eixo maior de medida 8 e eixo menor $2\sqrt{7}$, conforme indicado na figura a seguir.

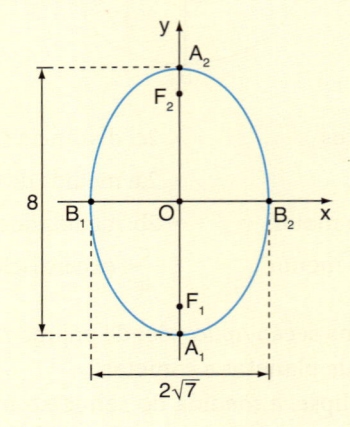

Como $\overline{A_1A_2} \subset y$ e $\overline{B_1B_2} \subset x$, a equação dessa elipse é $\frac{y^2}{16} + \frac{x^2}{7} = 1$ ou, ainda, $\frac{x^2}{7} + \frac{y^2}{16} = 1$

EXERCÍCIOS

1 Determine a equação de cada elipse representada a seguir.

a)

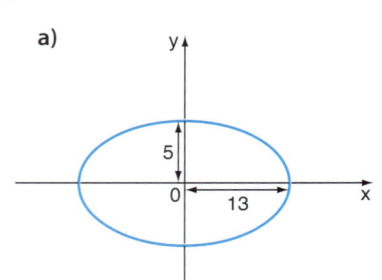

b)

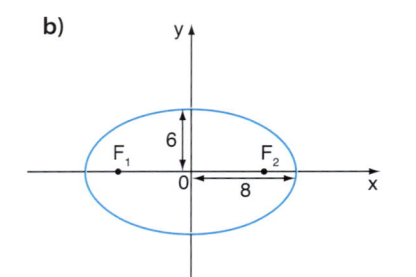

c)

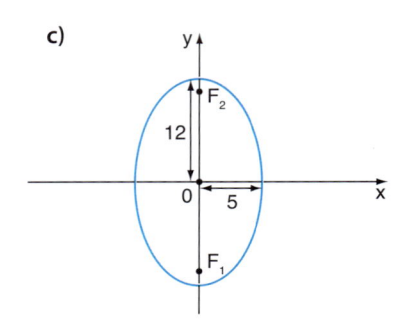

2 Determine as coordenadas dos focos de cada elipse do exercício anterior.

3 Determine a equação da elipse cujos focos são $F_1(-12, 0)$ e $F_2(12, 0)$ e que contém o ponto $P\left(12, \frac{27}{5}\right)$.

4 Calcule a distância focal e a excentricidade da elipse $\lambda: x^2 + 3y^2 = 6$.

5 Escreva a equação da elipse com centro na origem, que passa pelo ponto $P(1, \sqrt{6})$ e um dos focos é o ponto $F_1(0, -2)$.

6 Determine a equação da elipse cujos focos são os pontos $F_1(2, 0)$ e $F_2(-2, 0)$, sendo 6 cm a medida de seu eixo menor.

7 Obtenha as coordenadas dos focos da elipse de equação $9x^2 + 16y^2 = 4$.

8 Construa o gráfico da elipse cuja equação é $x^2 + 2y^2 = 4$ e obtenha as coordenadas dos focos.

9 Qual é a equação do conjunto dos pontos $P(x, y)$ cuja soma das distâncias a $F_1(0, -1)$ e $F_2(0, 1)$ é 8?

As órbitas de planetas e cometas

Johannes Kepler (1571-1630), astrônomo alemão, contribuiu decisivamente para consolidar a teoria heliocêntrica, formulada por Nicolau Copérnico e apoiada por Galileu Galilei. Segundo essa teoria, o Sol é o centro do Universo, e os planetas giram em torno dele.

Depois de pesquisas exaustivas, Kepler formulou as leis que regem os movimentos dos planetas. A Primeira Lei de Kepler, denominada Lei das Órbitas, estabelece: "Todo planeta descreve uma órbita elíptica ao redor do Sol, estando este num dos focos da elipse".

A observação fez Kepler concluir que as órbitas dos planetas não eram circulares, mas elípticas.

As órbitas dos planetas dão ideia de elipses em diferentes planos no espaço, com diferentes tamanhos e diferentes formas. Para entender o aspecto das formas, vamos retomar o conceito de excentricidade.

Conforme vimos, se uma elipse tem eixo maior 2a e distância focal 2c, sua excentricidade (ou achatamento) é dada por:

$$e = \frac{2c}{2a} = \frac{c}{a}$$

Como c < a, vemos que **e** é sempre um número do intervalo]0, 1[, isto é, 0 < e < 1. Elipses que têm excentricidade próxima de 0 são pouco achatadas e têm forma muito próxima à de uma circunferência. Elipses que têm excentricidade próxima de 1 são bem achatadas.

Observe, a seguir, seis elipses, de diferentes excentricidades, tendo todas um eixo maior medindo 2 cm.

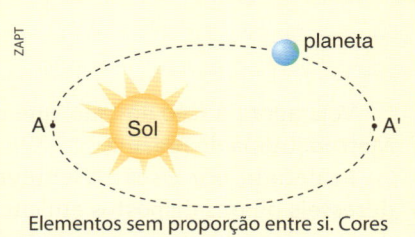

Elementos sem proporção entre si. Cores fantasia.

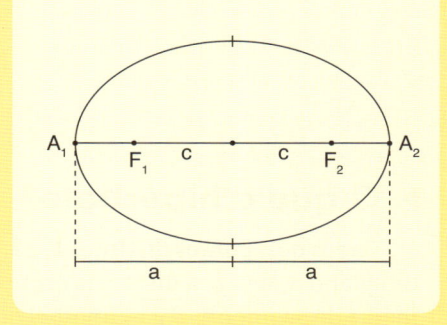

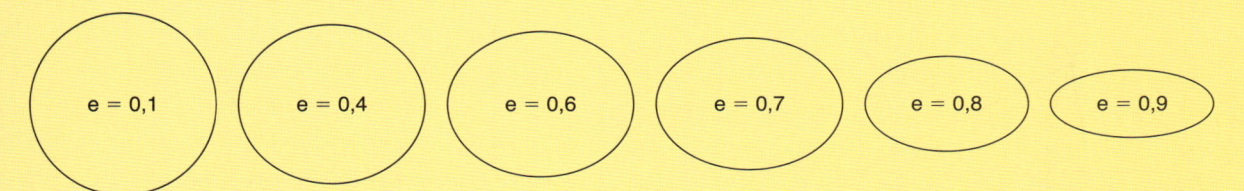

e = 0,1   e = 0,4   e = 0,6   e = 0,7   e = 0,8   e = 0,9

Com base em medições, os astrônomos calcularam as excentricidades aproximadas das órbitas dos planetas, mostradas na tabela ao lado.

Como podemos ver, essas órbitas são quase circulares.

As órbitas dos cometas, por outro lado, são muito mais excêntricas que as dos planetas, pois suas excentricidades podem ultrapassar e = 0,9.

*Valores aproximados.
Fonte: <http://www.if.ufrgs.br/oei/solar/solar04/solar04.htm>. Acesso em: 24 jun. 2015.

Excentricidade aproximada de alguns planetas do Sistema Solar	
Planeta	Excentricidade(*)
Mercúrio	0,21
Vênus	0,01
Terra	0,02
Marte	0,09
Júpiter	0,05
Saturno	0,06
Urano	0,05
Netuno	0,01

Cometa Halley. A excentricidade de sua órbita é 0,967.

▶ Hipérbole

Você já deve ter observado o que acontece quando se acende um abajur em um ambiente escuro: na parede, é possível observar duas regiões iluminadas. Os contornos dessas regiões têm a forma da cônica que passaremos a estudar: a hipérbole.

Abajur.

Veja agora a foto ao lado, que mostra a Catedral Metropolitana de Brasília.

Projetada por Oscar Niemeyer, ela apresenta dezesseis pilares dispostos em círculo. Os contornos desses pilares lembram uma hipérbole.

Catedral Metropolitana de Brasília (DF).

▶ O que é hipérbole?

Dados dois pontos distintos F_1 e F_2, pertencentes a um plano α, seja 2c a distância entre eles e **O** o ponto médio do segmento $\overline{F_1F_2}$. **Hipérbole** é o conjunto dos pontos de α cuja diferença (em valor absoluto) das distâncias a F_1 e F_2 é a constante 2a $(0 < 2a < 2c)$.

Dado um ponto **X**, pertencente a hipérbole,

- se $XF_1 > XF_2$, temos: $\boxed{XF_1 - XF_2 = 2a}$

- se $XF_2 > XF_1$, temos: $\boxed{XF_2 - XF_1 = 2a}$

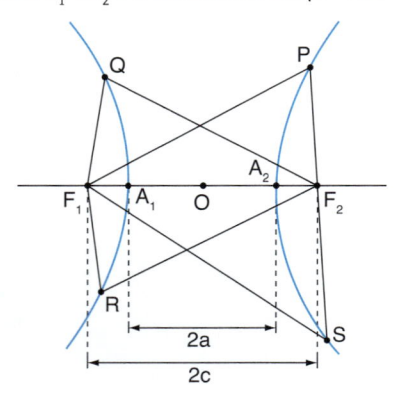

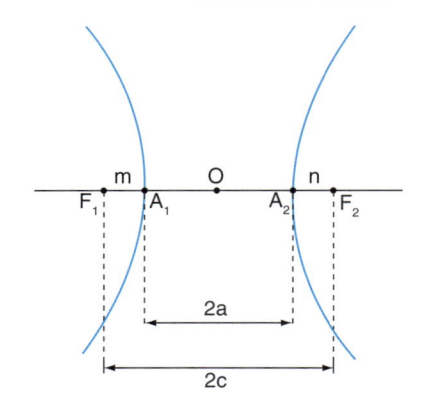

hipérbole $= \{P \in \alpha \mid |PF_1 - PF_2| = 2a\}$

Assim, temos:

$QF_2 - QF_1 = 2a$

$RF_2 - RF_1 = 2a$

$SF_1 - SF_2 = 2a$

$A_1F_2 - A_1F_1 = 2a$

$A_2F_1 - A_2F_2 = 2a$

Note que o módulo pode ser eliminado desde que façamos a diferença entre a maior distância e a menor.

Note que m = n, pois:

$A_2F_1 - A_2F_2 = 2a$

$(2c - n) - n = 2a$

Então: $c = a + n$ ①

$A_1F_2 - A_1F_1 = 2a$

$(2c - m) - m = 2a$

Então: $c = a + m$ ②

De ① e ②, resulta m = n.

Elementos principais

- F_1 e F_2: focos
- O: centro
- $\overline{A_1 A_2}$: eixo real ou transverso
- $2c$: distância focal, em que $c = OF_1 = OF_2$
- $2a$: medida do eixo real, em que $a = OA_1 = OA_2$
- $\dfrac{c}{a}$: excentricidade

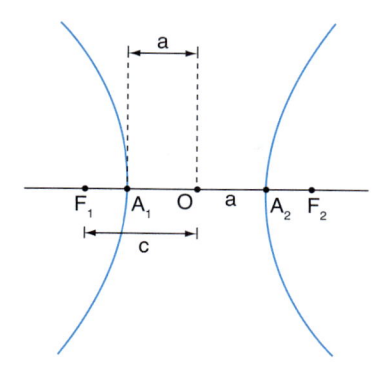

▶ Equação reduzida (I)

Tomemos um sistema cartesiano ortogonal tal que $\overline{F_1 F_2} \subset x$ e a perpendicular a esse segmento, passando por O $\left(\text{ponto médio de } \overline{F_1 F_2}\right)$ seja o eixo $\mathbf{y}$. O eixo real é $\overline{A_1 A_2}$ e sua medida é $2a$. Os focos são os pontos $F_1(-c, 0)$ e $F_2(c, 0)$.

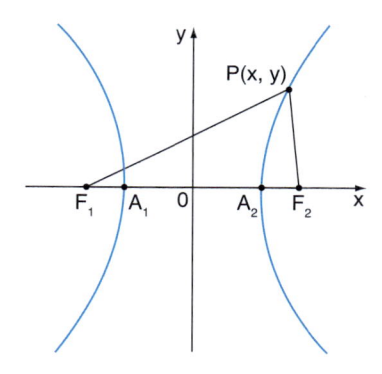

Nessas condições, chama-se **equação reduzida da hipérbole** a equação que o ponto genérico da hipérbole, $P(x, y)$, vai verificar.

Vamos deduzi-la:

$$P \in \text{hipérbole} \Leftrightarrow |PF_1 - PF_2| = 2a$$

$$\sqrt{(x + c)^2 + (y - 0)^2} - \sqrt{(x - c)^2 + (y - 0)^2} = \pm 2a$$

$$\sqrt{(x + c)^2 + y^2} = \sqrt{(x - c)^2 + y^2} \pm 2a$$

Elevando ambos os membros dessa igualdade ao quadrado e desenvolvendo, temos:

$$(x + c)^2 + y^2 = (x - c)^2 + y^2 \pm 4a\sqrt{(x - c)^2 + y^2} + 4a^2$$

$$4cx - 4a^2 = \pm 4a\sqrt{(x - c)^2 + y^2}$$

$$cx - a^2 = \pm a\sqrt{(x - c)^2 + y^2}$$

Elevando novamente ambos os membros dessa igualdade ao quadrado, temos:

$$(cx - a^2)^2 = a^2 \cdot (x - c)^2 + a^2 y^2$$

$$c^2 x^2 - 2a^2 cx + a^4 = a^2 x^2 - 2a^2 cx + a^2 c^2 + a^2 y^2$$

$$(c^2 - a^2)x^2 - a^2 y^2 = a^2(c^2 - a^2)$$

Chamando $c^2 - a^2 = b^2$ (observe que $a < c \Rightarrow c^2 - a^2 > 0$), obtemos:

$$b^2x^2 - a^2y^2 = a^2b^2$$

Dividindo ambos os membros dessa igualdade por a^2b^2, obtemos:

$$\frac{x^2}{a^2} - \frac{y^2}{b^2} = 1$$

Observe que, se $x = 0$, obtemos $\frac{0}{a^2} - \frac{y^2}{b^2} = 1$ e assim $\frac{y^2}{b^2} = -1$; portanto, $y \notin \mathbb{R}$. Desse modo, não há pontos em comum entre a hipérbole e o eixo **y**. Os pontos $B_1(0, b)$ e $B_2(0, -b)$ não pertencem à hipérbole, mas determinam o segmento $\overline{B_1B_2}$ de medida 2b, que é chamado **eixo imaginário da hipérbole**.

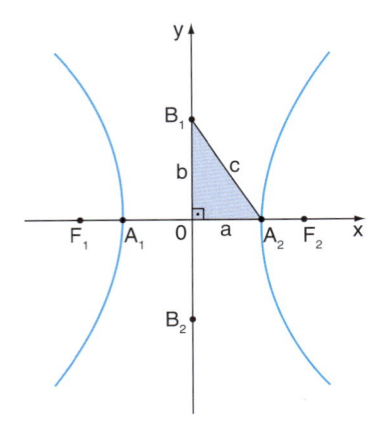

$\overline{B_1B_2}$: eixo imaginário

$B_1B_2 = 2b$: medida do eixo imaginário

relação notável: $c^2 = a^2 + b^2$

Traçando por **A₁** e **A₂** retas verticais e traçando por **B₁** e **B₂** retas horizontais, obtemos o retângulo CDEF.

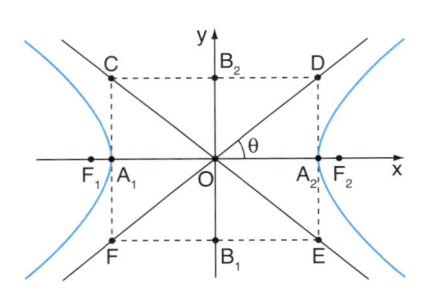

A reta suporte da diagonal $\overline{DF}$ passa por $O(0, 0)$ e tem coeficiente angular igual a tg $\theta = \dfrac{b}{a}$.

Sua equação reduzida é $y = \dfrac{b}{a}x$.

Analogamente, a equação da reta suporte da diagonal $\overline{CE}$ é $y = -\dfrac{b}{a}x$.

As retas de equações $y = \pm\dfrac{b}{a}x$ são chamadas **assíntotas** da hipérbole.

As assíntotas não intersectam a hipérbole, mas, na medida em que tomamos pontos da hipérbole muito afastados do centro **O** (para a esquerda de **O** ou à direita de **O**), o traçado da hipérbole "aproxima-se" das assíntotas.

▶ Equação reduzida (II)

Analogamente, se a hipérbole apresenta $\overline{A_1A_2} \subset y$ e $\overline{B_1B_2} \subset x$, temos:

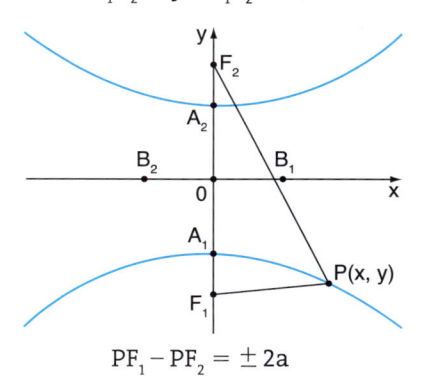

$$PF_1 - PF_2 = \pm 2a$$

$$\sqrt{(x-0)^2 + (y+c)^2} - \sqrt{(x-0)^2 + (y-c)^2} = \pm 2a$$

e, repetindo o raciocínio anterior, decorre a equação da hipérbole:

$$\frac{y^2}{a^2} - \frac{x^2}{b^2} = 1$$

As assíntotas têm equações iguais a $y = \pm \dfrac{a}{b}x$.

▶ Hipérbole equilátera

Uma hipérbole é **equilátera** quando apresenta $a = b$.

Uma hipérbole cujo eixo real mede 8 e a distância focal 10 apresenta:
$b^2 = c^2 - a^2 = 25 - 16 = 9$

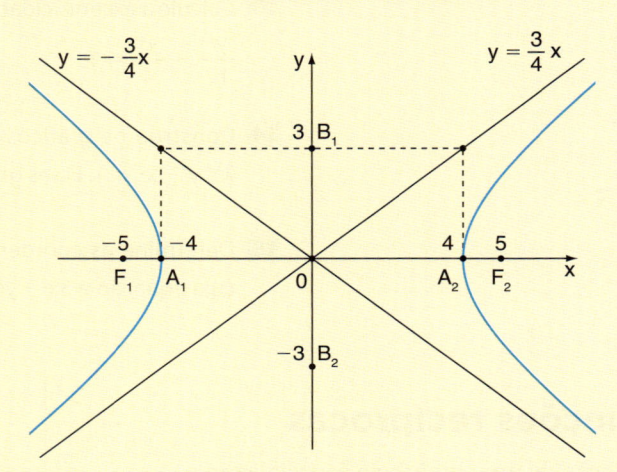

Se a posição da hipérbole é a indicada na figura, isto é, $\overline{A_1A_2} \subset x$ e $\overline{B_1B_2} \subset y$, então sua equação é:

$$\frac{x^2}{16} - \frac{y^2}{9} = 1$$

As assíntotas dessa hipérbole têm equações iguais a $y = \pm \dfrac{3}{4}x$.

EXEMPLO 4

Uma hipérbole cujo eixo real mede 8 e a distância focal 10, na posição indicada na figura, isto é, $\overline{A_1A_2} \subset y$ e $\overline{B_1B_2} \subset x$, tem equação:

$$\frac{y^2}{16} - \frac{x^2}{9} = 1$$

que evidentemente não é equivalente a:

$$\frac{x^2}{16} - \frac{y^2}{9} = 1$$

As assíntotas dessa hipérbole têm equações iguais a

$$y = \pm \frac{4}{3}x.$$

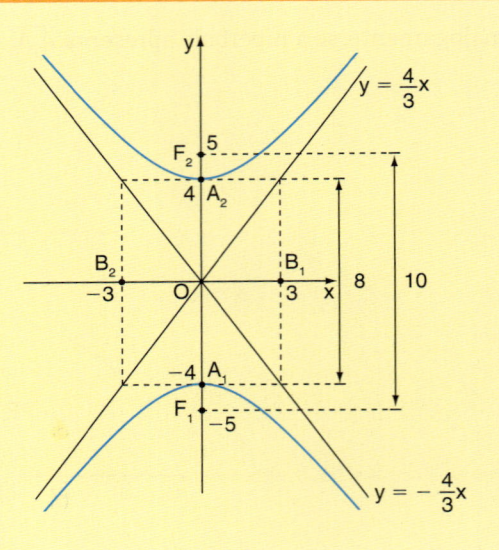

EXERCÍCIOS

10 Determine as equações das hipérboles seguintes e de suas assíntotas.

a)

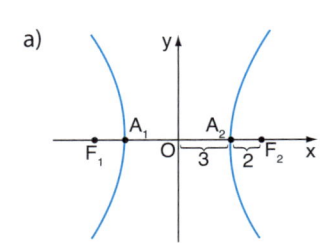

b)

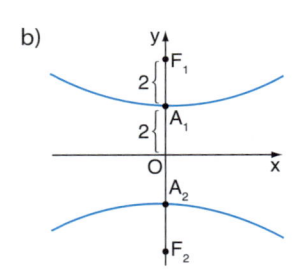

11 Determine as coordenadas dos focos de cada hipérbole do exercício anterior.

12 Obtenha a distância focal da hipérbole cuja equação é $\frac{x^2}{2} - \frac{y^2}{7} = 1$. Quais são as equações das assíntotas?

13 Calcule a excentricidade da hipérbole cuja equação é $\frac{y^2}{12} - \frac{x^2}{4} = 1$.

14 Construa os gráficos das cônicas $\lambda: x^2 - y^2 = 1$ e $\lambda': y^2 - x^2 = 1$. Esses gráficos são coincidentes?

15 Determine as coordenadas dos focos da hipérbole cuja equação é $3x^2 - y^2 = 300$.

▶ Hipérboles e funções recíprocas

Vamos determinar a equação de uma hipérbole especial com as seguintes características:

- focos $F_1(-m, -m)$ e $F_2(m, m)$, com $m \in \mathbb{R}^*$, ambos na bissetriz dos quadrantes ímpares;
- hipérbole equilátera, ou seja, com $a = b$.

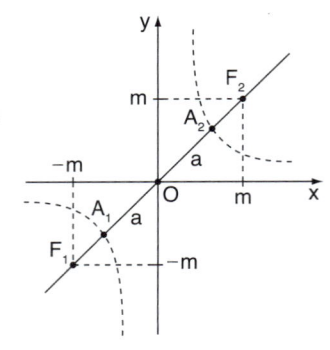

Sabemos que a distância focal vai ser $2c = F_1F_2 = \sqrt{(m + m)^2 + (m + m)^2} = 2m\sqrt{2}$.

Como $c^2 = a^2 + b^2$ e $a = b$, temos:

$$\left(m\sqrt{2}\right)^2 = a^2 + a^2 \Rightarrow 2m^2 = 2a^2 \Rightarrow a = m \text{ (medida do semieixo real)}$$

Um ponto $P(x, y)$ pertencente a essa hipérbole deve verificar a condição:

$$|PF_1 - PF_2| = 2a$$

Então:

$$\sqrt{(x + m)^2 + (y + m)^2} - \sqrt{(x - m)^2 + (y - m)^2} = \pm 2m$$

$$\sqrt{(x + m)^2 + (y + m)^2} = \pm 2m + \sqrt{(x - m)^2 + (y - m)^2}$$

Elevando ambos os membros dessa igualdade ao quadrado, temos:

$$(x + m)^2 + (y + m)^2 = 4m^2 \pm 4m\sqrt{(x - m)^2 + (y - m)^2} + (x - m)^2 + (y - m)^2$$

$$4xm + 4ym = 4m^2 \pm 4m\sqrt{(x - m)^2 + (y - m)^2}$$

Simplificando, obtemos:

$$x + y - m = \pm\sqrt{(x - m)^2 + (y - m)^2}$$

Elevando novamente ambos os membros dessa igualdade ao quadrado e fazendo as simplificações, chegamos finalmente a:

$$xy = \frac{m^2}{2}$$

que é a equação da hipérbole.

Se chamarmos a constante $\frac{m^2}{2}$ de **k**, a equação da hipérbole passará a ser $xy = k$. Observe que essa equação pode ser vista como $y = \frac{k}{x}$. Portanto, a hipérbole é simplesmente o gráfico dessa função recíproca.

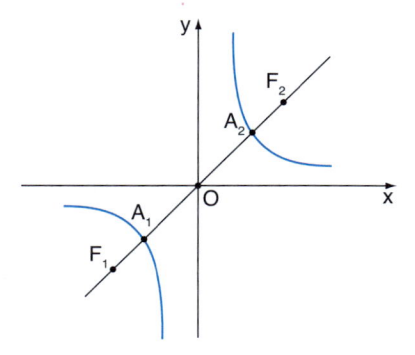

Do estudo de funções temos que o gráfico de uma função recíproca $y = \frac{k}{x}$ (com $k \neq 0$) é uma hipérbole. Agora, temos a comprovação disso.

Quando duas grandezas **x** e **y** são inversamente proporcionais, isto é, quando $x \cdot y = k$, o gráfico da função que relaciona os valores de **x** com os valores de **y** são os pontos de uma hipérbole.

▶ Parábola

A curva que descreve, por exemplo, o movimento de uma bala lançada por um canhão é chamada **parábola.**

Muito importante para a Física, o movimento com trajetória em parábola já era estudado por Galileu Galilei no século XVI. Observe a seguir uma ilustração deixada por esse célebre cientista.

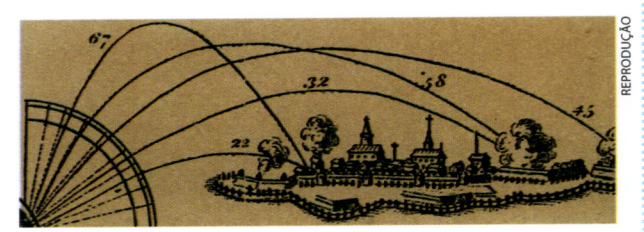

Parábola de Galileu Galilei.

▶ O que é parábola?

Dados um ponto **F** e uma reta **d** pertencentes a um plano α, com $F \notin d$, seja **p** a distância entre o ponto **F** e a reta **d**. **Parábola** é o conjunto dos pontos de α que estão à mesma distância de **F** e de **d**.

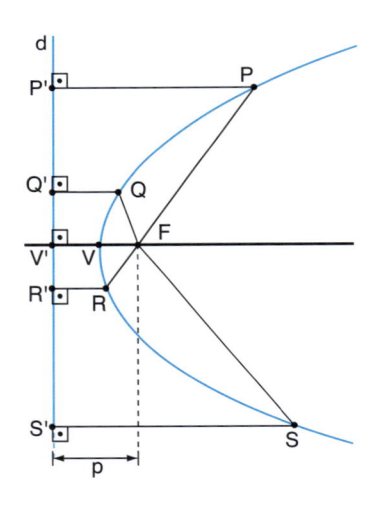

parábola = $\{P \in \alpha \mid PF = PP'\}$

Assim, temos:

$VF = VV'$

$PF = PP'$

$QF = QQ'$

$RF = RR'$

$SF = SS'$

Elementos principais

- **F**: foco
- **d**: reta diretriz
- **p**: parâmetro
- **V**: vértice
- reta $\overleftrightarrow{VF}$: eixo de simetria

relação notável: $VF = \dfrac{p}{2}$, pois $VF = VV'$.

▶ Equação reduzida (I)

Tomemos um sistema cartesiano ortogonal com origem no vértice da parábola e eixo das abscissas passando pelo foco. É evidente que o foco é $F\left(\dfrac{p}{2}, 0\right)$, e a diretriz **d** tem equação $x = -\dfrac{p}{2}$.

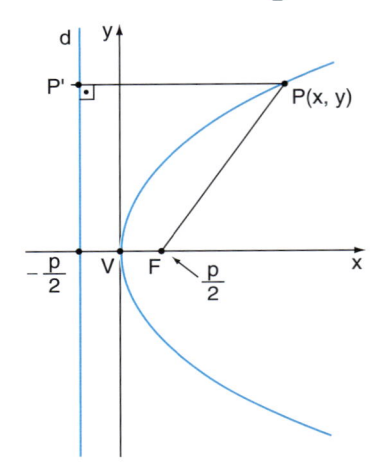

Nessas condições, chama-se **equação reduzida da parábola** a equação que $P(x, y)$, ponto genérico da curva, vai verificar. Vamos deduzi-la.

$P \in$ parábola $\Leftrightarrow PF = PP'$

Então:

$$\sqrt{\left(x - \frac{p}{2}\right)^2 + (y - 0)^2} = \sqrt{\left(x + \frac{p}{2}\right)^2 + (y - y)^2}$$

Elevando ambos os membros dessa igualdade ao quadrado, temos:

$$\left(x - \frac{p}{2}\right)^2 + y^2 = \left(x + \frac{p}{2}\right)^2$$

$$x^2 - px + \frac{p^2}{4} + y^2 = x^2 + px + \frac{p^2}{4}$$

Simplificando, resulta:

$$y^2 = 2px$$

▶ Equação reduzida (II)

Analogamente ao que já vimos, se a parábola apresentar vértice na origem e foco no eixo das ordenadas, temos:

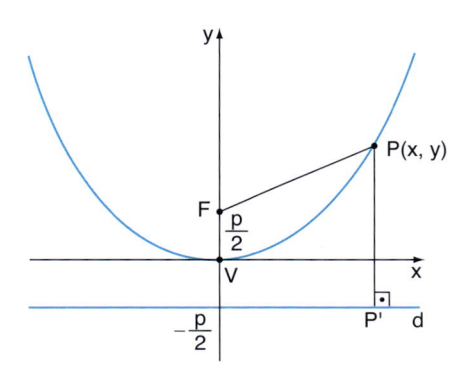

$$PF = PP'$$

$$\sqrt{(x-0) + \left(y - \frac{p}{2}\right)^2} = \sqrt{(x-x)^2 + \left(y + \frac{p}{2}\right)^2}$$

Daí, decorre a equação da parábola:

$$x^2 = 2py$$

EXEMPLO 5

Uma parábola com parâmetro p = 3, vértice **V** na origem e foco **F** no eixo dos **y** tem equação: $x^2 = 6y$, se **F** acima de **V**;

ou $x^2 = -6y$, se **F** abaixo de **V**.

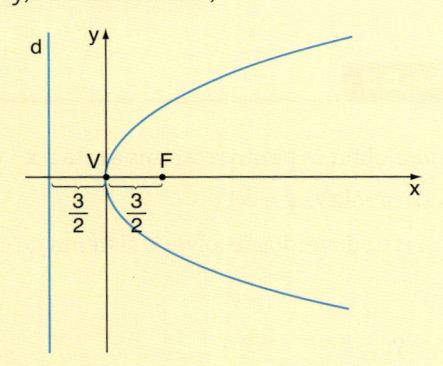

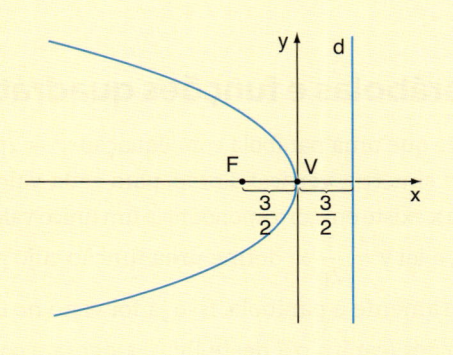

EXEMPLO 6

Uma parábola com parâmetro p = 3, vértice **V** na origem e foco **F** no eixo dos **y** tem equação: $x^2 = 6y$, se **F** acima de **V**;

ou $x^2 = -6y$, se **F** abaixo de **V**.

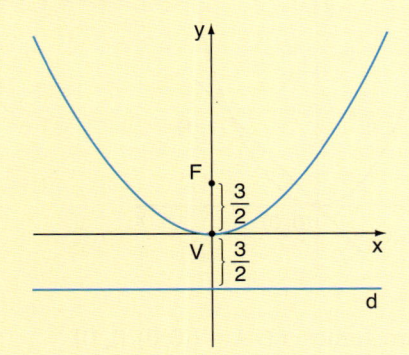

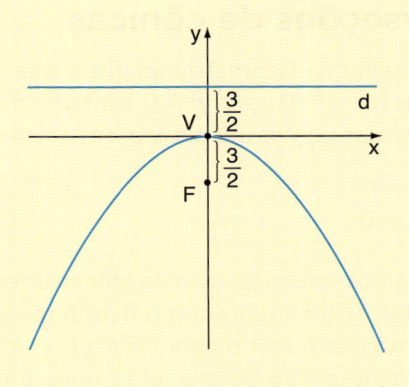

EXERCÍCIOS

16 Determine a equação de cada parábola a seguir.

a)

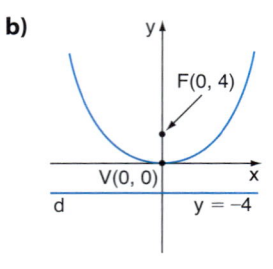

b)

c)

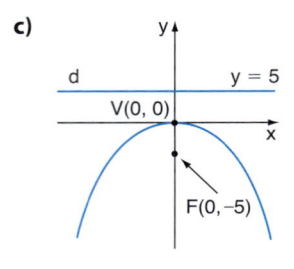

17 Qual é a equação da reta diretriz da parábola de equação $2x^2 - 7y = 0$?

18 Determine as coordenadas do foco **F** e a equação da reta diretriz da parábola de equação $y^2 - 16x = 0$.

19 Qual é a equação do conjunto dos pontos $P(x, y)$ que são equidistantes do ponto $F(5, 0)$ e da reta **d**, da equação $y = 2$?

20 Uma parábola tem vértice na origem, eixo de simetria coincidente com o eixo dos **x** e passa pelo ponto $P(4, -7)$. Qual é sua equação?

Parábolas e funções quadráticas

Note que uma parábola com equação $x^2 = 2py$ tem eixo de simetria vertical. Então, para cada valor atribuído a **x** existe em correspondência um único valor de **y**. Assim, a lei $y = \dfrac{1}{2p}x^2$ define uma função cujo gráfico é precisamente a parábola. Isso já foi visto no estudo de funções (capítulo 3 deste livro) e agora é comprovado. Por exemplo, as funções $y = x^2 \left(\text{em que } p = \dfrac{1}{2}\right)$, $y = 3x^2 \left(\text{em que } p = \dfrac{1}{6}\right)$ e $y = -4x^2 \left(\text{em que } p = -\dfrac{1}{8}\right)$ têm gráficos que são parábolas.

Interseções de cônicas

É regra geral na Geometria analítica que, dadas duas curvas $f(x, y) = 0$ e $g(x, y) = 0$, a interseção delas é o conjunto dos pontos que satisfazem o sistema:

$$\begin{cases} f(x, y) = 0 \\ g(x, y) = 0 \end{cases}$$

Já aplicamos esse conceito para obter a interseção de duas retas, de uma reta e uma circunferência e de duas circunferências. O mesmo conceito se aplica para obter a interseção de uma reta e uma cônica, de uma circunferência e uma cônica, de duas cônicas etc.

EXEMPLO 7

Vamos obter os pontos comuns à reta $r: x - y = 0$ e à parábola $\lambda: y = x^2$.

Para isso, devemos resolver o sistema de equações:

$$\begin{cases} x = y & \text{①} \\ y = x^2 & \text{②} \end{cases}$$

Substituindo ① em ②, resulta:

$$y = (y)^2 \Rightarrow y^2 - y = 0 \Rightarrow \begin{cases} y = 0 \Rightarrow x = 0 \\ \qquad \text{ou} \\ y = 1 \Rightarrow x = 1 \end{cases}$$

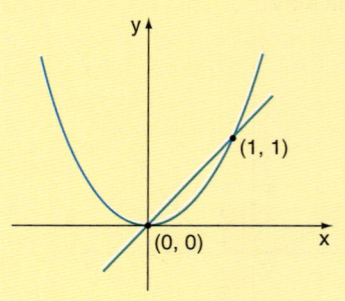

Assim, temos: $r \cap \lambda = \{(0, 0), (1, 1)\}$.

EXERCÍCIOS

21 Obtenha a interseção da parábola $\lambda: y^2 = x$ com a elipse $\lambda': x^2 + 5y^2 = 6$.

22 (UF-RJ) Determine o comprimento do segmento cujas extremidades são os pontos de interseção da reta de equação $y = x + 1$ com a parábola de equação $y = x^2$.

23 Qual é o número de interseções das curvas de equações $y = x^2$ e $y = x^{\frac{3}{2}}$?

24 (UF-BA) Determine os valores de **p** para os quais a parábola e a reta, representadas pelas equações $y = 2x^2 - x + 3$ e $y = px - 1$, intersectam-se em dois pontos distintos.

25 Determine o conjunto dos pontos em que a hipérbole de equação $4y^2 - x^2 = 1$ intersecta a circunferência $x^2 + y^2 = 9$.

26 Quantos pontos comuns têm a circunferência de equação $x^2 + y^2 - 2x - 4 = 0$ e a parábola de equação $2x^2 - 4x - y + 2 = 0$?

27 Calcule o comprimento da corda que a reta r: $y = x$ define na elipse $\lambda: 9x^2 + 25y^2 = 225$.

28 Calcule a distância entre os pontos de interseção das curvas de equações $x^2 + y = 10$ e $x + y = 10$.

EXERCÍCIOS COMPLEMENTARES

1 Sejam **k** um número real positivo e $F_1(3, 0)$ e $F_2(-3, 0)$ os focos da elipse de equação $16x^2 + ky^2 = 16k$. Sabendo que **P** é um ponto dessa elipse, cuja distância ao foco $\mathbf{F}_1$ mede 4 unidades de comprimento, calcule a distância de **P** ao foco $\mathbf{F}_2$.

2 Os pontos A(3, 0) e B(x, y) estão sobre uma elipse cujos focos são $F_1(-2, 0)$ e $F_2(2, 0)$. Calcule o perímetro do triângulo BF_1F_2.

3 (UE-RJ) O logotipo de uma empresa é formado por duas circunferências concêntricas tangentes a uma elipse, como mostra a figura abaixo.

A elipse tem excentricidade 0,6 e seu eixo menor mede 8 unidades. A área da região por ela limitada é dada por a · b · π, em que **a** e **b** são as medidas dos seus semieixos. Calcule a área da região colorida.

4 (UF-BA) Considere uma elipse e uma hipérbole no plano cartesiano, ambas com centro na origem e eixos de simetria coincidindo com os eixos coordenados. Sabendo que os pontos (3, 0) e $\left(\sqrt{\dfrac{15}{2}}, 1\right)$ pertencem à elipse e que os pontos ($\sqrt{2}$, 0) e (2, 1) pertencem à hipérbole, determine os pontos de interseção dessas cônicas.

5 (Fuvest-SP) Considere a circunferência $\boldsymbol{\lambda}$ de equação cartesiana $x^2 + y^2 - 4y = 0$ e a parábola $\boldsymbol{\alpha}$ de equação $y = 4 - x^2$.

  a) Determine os pontos pertencentes à interseção de $\boldsymbol{\lambda}$ com $\boldsymbol{\alpha}$.

  b) Desenhe [...] a circunferência $\boldsymbol{\lambda}$ e a parábola $\boldsymbol{\alpha}$. Indique, no seu desenho, o conjunto dos pontos (x; y) que satisfazem, simultaneamente, as inequações $x^2 + y^2 - 4y \leqslant 0$ e $y \geqslant 4 - x^2$.

6 (Unifesp-SP) Chamando de **y′** e **y″** as equações das parábolas geradas quando a curva $y = 2x^2 - 12x + 16$ é refletida pelos eixos **x** e **y**, respectivamente, determine:

  a) a distância entre os vértices das parábolas definidas por **y′** e **y″**.

  b) **y′** e **y″**.

7 (UF-ES) Determine a equação da parábola que passa pelo ponto P(18, 12), tem foco no ponto F(2, 0), diretriz paralela ao eixo Oy e contida no semiplano x < 0.

8 Obtenha a equação da mediatriz do segmento cujas extremidades são os vértices das parábolas de equações $y = x^2 + 2x$ e $y = -x^2 + 6x$.

9 (UF-RJ) Determine a equação da parábola que passa pelo ponto $P_1 = (0, a)$ e é tangente ao eixo **x** no ponto $P_2 = (a, 0)$, sabendo que a distância de $\mathbf{P}_1$ a $\mathbf{P}_2$ é igual a 4.

10 (UF-BA) No sistema de coordenadas cartesianas, as curvas **E** e **C** satisfazem as seguintes propriedades:

- Para qualquer ponto $Q(x, y)$ de **E**, a soma das distâncias de $Q(x, y)$ a $F_1(-\sqrt{3}, 0)$ e de $Q(x, y)$ a $F_2(\sqrt{3}, 0)$ é constante e igual a 4 u.c.
- **C** é uma parábola com vértice na interseção de **E** com o semieixo positivo Oy e passa por F_2.

    Com base nessas informações, determine os pontos de interseção de **E** e **C**.

11 (UF-MG) Dois robôs, **A** e **B**, trafegam sobre um plano cartesiano. Suponha que no instante **t** suas posições são dadas pelos pares ordenados $S_A(t) = (t, -t^2 + 3t + 10)$ e $S_B(t) = (t, 2t + 9)$, respectivamente.

    Sabendo que os robôs começam a se mover em $t = 0$:

1. Determine o instante **t** em que o robô **A** se chocará com o robô **B**.

2. Suponha que haja um terceiro robô **C**, cuja posição é dada por $S_C(t) = (t, kt + 11)$, em que **k** é um número real positivo.
    Determine o maior valor de **k** para que a trajetória do robô **C** intercepte a trajetória do robô **A**.

12 (UF-CE) Encontre as equações das retas tangentes à parábola $y = x^2$ que passam pelo ponto $(0, -1)$.

13 Dada a função **f**, definida no conjunto dos números reais por $f(x) = 4x - x^2$:

a) determine as coordenadas (x', y') da interseção, distinta da origem, da reta de equação $y = 3x$ com o gráfico de **f**;

b) dê a equação da reta que passa pela origem e que tem, com o gráfico de **f**, uma interseção (x'', y'') simétrica de (x', y') em relação à reta de equação $x = 2$.

14 (UF-PE) Esta questão refere-se à parábola com equação $y = x^2 + 5$ e à reta não vertical com inclinação **m** e passando pelo ponto $(0, 1)$, que será designada por r_m. Abaixo, ilustramos o gráfico da parábola e o gráfico das retas $y = 2x + 1$, $y = 4x + 1$ e $y = 6x + 1$.

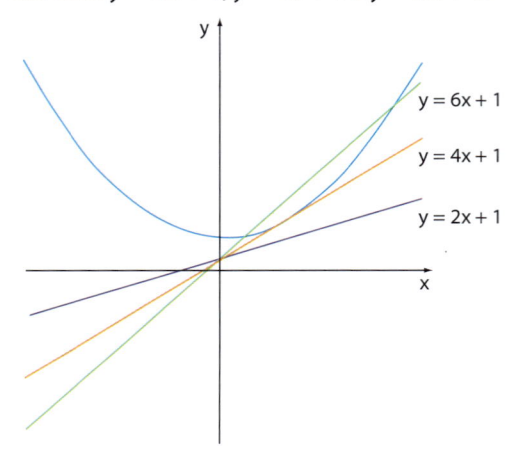

Admitindo esses dados, analise as afirmações seguintes e identifique as verdadeiras.

(0-0) Uma equação de r_m é $y = mx + 1$.

(1-1) r_m intersecta a parábola em um único ponto se e somente se $m = 4$.

(2-2) Se $-4 < m < 4$, então, r_m não intersecta a parábola.

(3-3) Se $m < -4$, então, r_m intersecta a parábola em dois pontos diferentes.

(4-4) Se $m > 4$, então, r_m intersecta a parábola em um único ponto.

15 (UF-PE) A seguir, estão ilustradas partes dos gráficos das parábolas **A** e **B**, com equações respectivas $y = -x^2 + 8x - 13$ e $y = x^2 - 4x - 3$.

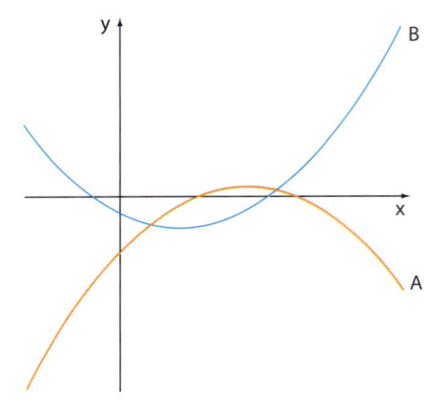

Analise as proposições abaixo, acerca dessa configuração, e identifique as verdadeiras.

(0-0) Um dos pontos de interseção das parábolas **A** e **B** tem coordenadas $(1, -6)$.

(1-1) O vértice da parábola **A** é o ponto $(4, 2)$.

(2-2) A reta que passa pelos pontos de interseção das parábolas **A** e **B** tem equação $y = 2x - 6$.

(3-3) A distância entre os vértices das parábolas **A** e **B** é $\sqrt{102}$.

(4-4) A parábola **B** intersecta o eixo das ordenadas no ponto com coordenadas $(0, -3)$.

16 (ITA-SP) Sabe-se que uma elipse de equação $\dfrac{x^2}{a^2} + \dfrac{y^2}{b^2} = 1$ tangencia internamente a circunferência de equação $x^2 + y^2 = 5$ e que a reta de equação $3x + 2y = 6$ é tangente à elipse no ponto **P**. Determine as coordenadas de **P**.

17 (Fuvest-SP) No plano cartesiano Oxy, considere a parábola **P** de equação $y = -4x^2 + 8x + 12$ e a reta **r** de equação $y = 3x + 6$. Determine:

a) os pontos **A** e **B**, de interseção da parábola **P** com o eixo coordenado Ox, bem como o vértice **V** da parábola **P**.

b) o ponto **C**, de abscissa positiva, que pertence à interseção de **P** com a reta **r**.

c) a área do quadrilátero de vértices **A**, **B**, **C** e **D**.

18 Considere uma reta **r** que passa pelo ponto P(2, 3). A reta **r** intersecta a curva $x^2 - 2xy - y^2 = 0$ nos pontos **A** e **B**. Determine:

a) o lugar geométrico definido pela curva;

b) a(s) possível(is) equação(ões) da reta **r**, sabendo que $\overline{PA} \cdot \overline{PB} = 17$.

19 (UE-RJ) Um holofote situado na posição $(-5, 0)$ ilumina uma região elíptica de contorno $x^2 + 4y^2 = 5$, projetando sua sombra numa parede representada pela reta $x = 3$, conforme ilustra a figura.

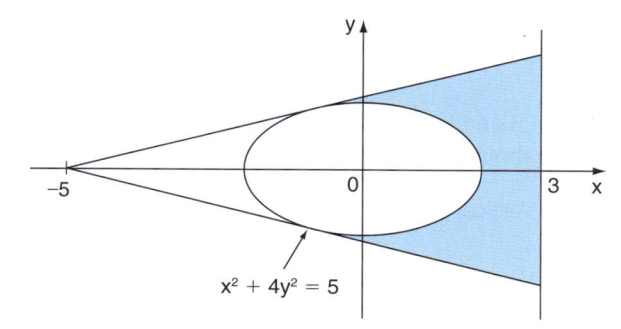

$x^2 + 4y^2 = 5$

Considerando o metro como unidade dos eixos, qual é o comprimento da sombra projetada?

20 (Fuvest-SP)

a) Determine os pontos **A** e **B** do plano cartesiano nos quais os gráficos de $y = \dfrac{12}{x} - 1$ e $x + y - 6 = 0$ se intersectam.

b) Sendo **O** a origem, determine o ponto **C** no quarto quadrante que satisfaz $A\hat{O}B = A\hat{C}B$ e que pertence à reta $x = 2$.

21 (UF-CE) No plano cartesiano, a hipérbole $xy = 1$ intersecta uma circunferência **r** em quatro pontos distintos **A**, **B**, **C** e **D**. Calcule o produto das abscissas dos pontos **A**, **B**, **C** e **D**.

22 Determine **m** de modo que a reta de equação $y = x + m$ intersecte a elipse dada por $\dfrac{x^2}{4} + y^2 = 1$.

23 (Vunesp-SP) A figura mostra um plano cartesiano no qual foi traçada uma elipse com eixos paralelos aos eixos coordenados.

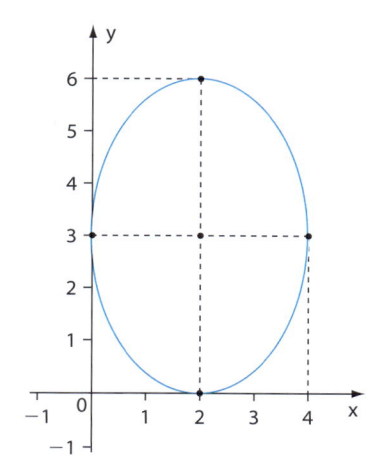

Valendo-se das informações contidas nesta representação, determine a equação reduzida da elipse.

24 (Vunesp-SP) Os pontos **A** e **C** são interseções de duas cônicas, dadas pelas equações $x^2 + y^2 = 7$ e $y = x^2 - 1$, como mostra a figura fora de escala. Sabendo que $\mathrm{tg}\, 49° \simeq \dfrac{2 \cdot \sqrt{3}}{3}$ e tomando o ponto B$(0, -\sqrt{7})$, determine a medida aproximada do ângulo A$\hat{B}$C, em graus.

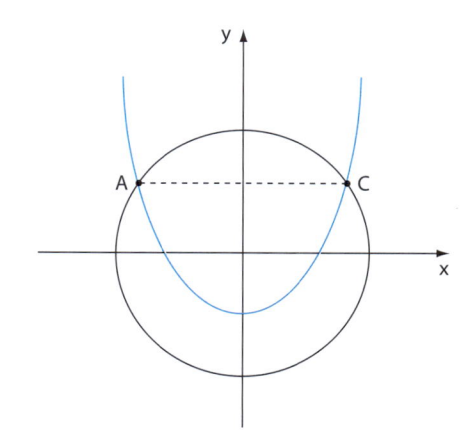

TESTES

1 (Vunesp-SP) A equação da elipse de focos $F_1 = (-2, 0)$ e $F_2 = (2, 0)$ e eixo maior igual a 6 é dada por:

a) $\dfrac{x^2}{10} + \dfrac{y^2}{20} = 1$

b) $\dfrac{x^2}{9} + \dfrac{y^2}{5} = 1$

c) $\dfrac{x^2}{9} + \dfrac{y^2}{15} = 1$

d) $\dfrac{x^2}{6} + \dfrac{y^2}{15} = 1$

e) $\dfrac{x^2}{4} + \dfrac{y^2}{25} = 1$

2 (ITA-SP) A distância focal e a excentricidade da elipse com centro na origem e que passa pelos pontos $(1, 0)$ e $(0, -2)$ são, respectivamente:

a) $\sqrt{3}$ e $\dfrac{1}{2}$

b) $\dfrac{1}{2}$ e $\sqrt{3}$

c) $\dfrac{\sqrt{3}}{2}$ e $\dfrac{1}{2}$

d) $\sqrt{3}$ e $\dfrac{\sqrt{3}}{2}$

e) $2\sqrt{3}$ e $\dfrac{\sqrt{3}}{2}$

3 (UF-AM) A distância entre um dos focos da elipse $\frac{x^2}{20} + \frac{y^2}{4} = 1$ e o centro da circunferência

$x^2 + (y-4)^2 = 4$ é igual a:

a) $3\sqrt{2}$ b) $3\sqrt{3}$ c) $4\sqrt{2}$ d) $4\sqrt{3}$ e) $5\sqrt{3}$

4 (UF-RS) Dadas as funções **f** e **g**, definidas respectivamente por $f(x) = x^2 - 4x + 3$ e $g(x) = -x^2 - 4x - 3$ e representadas no mesmo sistema de coordenadas cartesianas, a distância entre seus vértices é:

a) 4   b) 5   c) $\sqrt{5}$ d) $\sqrt{10}$ e) $2\sqrt{5}$

5 (UF-PI) O gráfico da equação $x^2 - y^2 = 4$ representa uma hipérbole. Os focos dessa hipérbole são:

a) $\left(\frac{1}{2}, 0\right)$ e $\left(-\frac{1}{2}, 0\right)$ d) $(0, \sqrt{2})$ e $(0, -\sqrt{2})$

b) $(2, 0)$ e $(-2, 0)$ e) $\left(0, \frac{1}{2}\right)$ e $\left(0, -\frac{1}{2}\right)$

c) $(2\sqrt{2}, 0)$ e $(-2\sqrt{2}, 0)$

6 (UE-RJ) Observe o sistema:

$$\begin{cases} y = \dfrac{1}{x} \\ x^2 + y^2 = r^2 \end{cases}$$

O menor valor inteiro de **r** para que o sistema acima apresente quatro soluções reais é:

a) 1   b) 2   c) 3   d) 4

7 (Mackenzie-SP) Considere os pontos **A** e **B**, do primeiro quadrante, em que a curva $x^2 + y^2 = 40$ encontra a curva $x \cdot y = 12$. A equação da reta $\overrightarrow{AB}$ é:

a) $x + y - 8 = 0$ d) $x - 2y + 8 = 0$

b) $x - y - 8 = 0$ e) $x + 3y - 8 = 0$

c) $2x + y - 8 = 0$

8 (Mackenzie-SP) Dadas as cônicas das equações:

(I) $x^2 + y^2 - 2x + 8y + 8 = 0$ e

(II) $4x^2 + y^2 - 8x + 8y + 16 = 0$,

assinale a alternativa incorreta.

a) Os gráficos de (I) e (II) são respectivamente, uma circunferência e uma elipse.

b) As duas cônicas têm centro no mesmo ponto.

c) As duas cônicas se intersectam em dois pontos distintos.

d) O gráfico da equação (I) é uma circunferência de raio 3.

e) O gráfico da equação (II) é uma elipse com centro $C = (1, -4)$.

9 (PUC-RS) Os pontos $A(-1, y_1)$ e $B(2, y_2)$ pertencem ao gráfico da parábola dada por $y = x^2$. A equação da reta que passa por **A** e **B** é:

a) $x - y + 2 = 0$ d) $3x - y - 4 = 0$

b) $x - y - 2 = 0$ e) $3x + y - 10 = 0$

c) $3x - y + 4 = 0$

10 (UF-AM) Uma parábola com foco $F = \left(0, -\frac{7}{2}\right)$ e vértice $V = (0, 0)$, então a equação da parábola é igual a:

a) $y = 14x^2$ c) $y = -\dfrac{x^2}{14}$ e) $y = x^2 - 14$

b) $y = -14x^2$ d) $y = \dfrac{x^2}{14}$

11 (U. E. Londrina-PR) O vértice, o foco e a reta diretriz da parábola de equação $y = x^2$ são dados por:

a) Vértice: $(0, 0)$; foco: $\left(0, \frac{1}{4}\right)$; reta diretriz: $y = -\frac{1}{4}$.

b) Vértice: $(0, 0)$; foco: $\left(0, \frac{1}{2}\right)$; reta diretriz: $y = -\frac{1}{2}$.

c) Vértice: $(0, 0)$; foco: $(0, 1)$; reta diretriz: $y = -1$.

d) Vértice: $(0, 0)$; foco: $(0, -1)$; reta diretriz: $y = 1$.

e) Vértice: $(0, 0)$; foco: $(0, 2)$; reta diretriz: $y = -2$.

12 (UE-CE) A reta $y = x + 2$ intersecta o gráfico da função $f : \mathbb{R} \to \mathbb{R}$, definida por $f(x) = x^2$, nos pontos $X = (x_1, y_1)$ e $W = (x_2, y_2)$. Se $Y = (x_2, 0)$ e $Z = (x_1, 0)$, então a medida da área do quadrilátero XWYZ, em unidades de área (u.a.), é:

a) $\dfrac{11}{2}$ u.a.   b) $\dfrac{13}{2}$ u.a.   c) $\dfrac{15}{2}$ u.a.   d) $\dfrac{17}{2}$ u.a.

13 (UE-RJ) Uma parábola tem equação $y = 2x^2 - 4x + 3$. Sabendo-se que a reta que tangencia a parábola no ponto **P** de abscissa 2 passa por $Q(0, -5)$, a equação reduzida da reta tangente é:

a) $y = 2x + 5$ c) $y = 2x - 3$

b) $y = 4x + 5$ d) $y = 4x - 5$

14 (U. E. Londrina-PR) Seja a parábola de equação $y = 3x^2 + 4$. As equações das retas tangentes ao gráfico da parábola que passam pelo ponto $P = (0, 1)$ são:

a) $y = 5x + 1$ e $y = -5x + 1$

b) $y = 6x + 1$ e $y = -6x + 1$

c) $y = \dfrac{3x}{2} + 1$ e $y = -\dfrac{3x}{2} + 1$

d) $y = \dfrac{5x}{4} + 1$ e $y = -\dfrac{5x}{4} + 1$

e) $y = 5x - 1$ e $y = -5x - 1$

15 (PUC-MG) A reta $x + y - 2 = 0$ intersecta a curva de equação $x + y^2 - 2y = 0$ nos pontos distintos $A = (a, b)$ e $B = (c, d)$. Nessas condições, o valor de $b + d$ é:

a) 2   b) 3   c) 4   d) 5

16 (UF-MA) No plano cartesiano, como se vê na figura a seguir, uma parábola intersecta a circunferência $x^2 + y^2 = 1$ nos pontos **A** e **B**, e passa pela origem do sistema de coordenadas. Além disso, o eixo de simetria da parábola é perpendicular ao eixo **x**. Se o segmento $\overline{AB}$ é o lado de um triângulo equilátero inscrito na circunferência, qual é a equação da parábola?

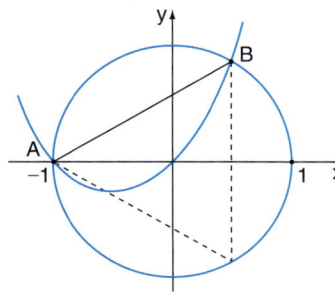

a) $y = \dfrac{2\sqrt{3}}{3}(x^2 + x)$

b) $y = \dfrac{2\sqrt{3}}{3}(x^2 - x)$

c) $y = \dfrac{\sqrt{3}}{2}(x^2 + x)$

d) $y = \dfrac{\sqrt{3}}{2}(x^2 - x)$

e) $y = \dfrac{2\sqrt{3}}{3}x^2$

17 (Unicamp-SP) Seja **a** um número real. Considere as parábolas de equações cartesianas $y = x^2 + 2x + 2$ e $y = 2x^2 + ax + 3$. Essas parábolas não se intersectam se e somente se:

a) $|a| = 2$

b) $|a| < 2$

c) $|a - 2| < 2$

d) $|a - 2| \geqslant 2$

18 (UE-CE) Em um plano, munido do sistema de coordenadas cartesianas usual, o conjunto dos pontos equidistantes da reta $x - 1 = 0$ e do ponto $(3, 0)$ representa uma:

a) circunferência cuja medida do raio é igual a 1.

b) parábola cuja equação é $y^2 - 4x + 8 = 0$.

c) elipse cuja equação é $x^2 + 3y^2 = 1$.

d) parábola cuja equação é $x^2 - 4y + 8 = 0$.

19 (FGV-SP) No plano cartesiano, há dois pontos **R** e **S** pertencentes à parábola da equação $y = x^2$ e que estão alinhados com os pontos $A(0, 3)$ e $B(4, 0)$.
A soma das abscissas dos pontos **R** e **S** é:

a) $-0,45$ **b)** $-0,55$ **c)** $-0,65$ **d)** $-0,75$ **e)** $-0,85$

20 (IME-RJ) Uma elipse cujo centro encontra-se na origem e cujos eixos são paralelos ao sistema de eixos cartesianos possui comprimento da semidistância focal igual a $\sqrt{3}$ e excentricidade igual a $\dfrac{\sqrt{3}}{2}$. Considere que os pontos **A**, **B**, **C** e **D** representam as interseções

da elipse com as retas de equações $y = x$ e $y = -x$. A área do quadrilátero ABCD é:

a) 8 **b)** 16 **c)** $\dfrac{16}{3}$ **d)** $\dfrac{16}{5}$ **e)** $\dfrac{16}{7}$

21 (U. E. Londrina-PR) Existem pessoas que nascem com problemas de saúde relacionados ao consumo de leite de vaca. A pequena Laura, filha do Sr. Antônio, nasceu com este problema. Para solucioná-lo, o Sr. Antônio adquiriu uma cabra que pasta em um campo retangular medindo 20 m de comprimento e 16 m de largura. Acontece que as cabras comem tudo o que aparece à sua frente, invadindo hortas, jardins e chácaras vizinhas. O Sr. Antônio resolveu amarrar a cabra em uma corda presa pelas extremidades nos pontos **A** e **B**, que estão 12 m afastados um do outro. A cabra tem uma argola na coleira, por onde é passada a corda, de tal modo que ela possa deslizar livremente por toda a extensão da corda. Observe a figura e responda à questão a seguir.

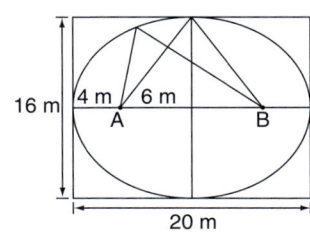

Qual deve ser o comprimento da corda para que a cabra possa pastar na maior área possível, dentro do campo retangular?

a) 10 m **b)** 15 m **c)** 20 m **d)** 25 m **e)** 30 m

22 (Vunesp-SP) Suponha que um planeta **P** descreva uma órbita elíptica em torno de uma estrela **O**, de modo que, considerando um sistema de coordenadas cartesianas ortogonais, sendo a estrela **O** a origem do sistema, a órbita possa ser descrita aproximadamente pela equação $\dfrac{x^2}{100} + \dfrac{y^2}{25} = 1$, com **x** e **y** em milhões de quilômetros. A figura representa a estrela **O**, a órbita descrita pelo planeta e sua posição no instante em que o ângulo PÔA mede $\dfrac{\pi}{4}$.

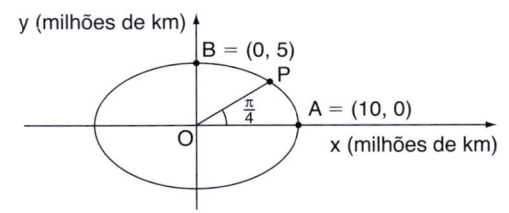

(figura fora de escala)

A distância, em milhões de km, do planeta **P** à estrela **O**, no instante representado na figura, é:

a) $2\sqrt{5}$ **c)** $5\sqrt{2}$ **e)** $5\sqrt{10}$

b) $2\sqrt{10}$ **d)** $10\sqrt{2}$

▶ Introdução

Ao resolver a equação de 2º grau $x^2 + 2x + 5 = 0$, por exemplo, utilizando a fórmula de Bháskara, encontramos:

$$x = \frac{-2 \pm \sqrt{2^2 - 4 \cdot 1 \cdot 5}}{2 \cdot 1} = \frac{-2 \pm \sqrt{-16}}{2}$$

Para determinar o valor de **x**, é preciso calcular a raiz quadrada de −16. Em $\mathbb{R}$, porém, isso é impossível, pois não existe um número **m** real tal que $m^2 = -16$.

A necessidade de obter uma solução para esse tipo de problema levou os matemáticos a procurar novos conjuntos em que o "quadrado de certo elemento pudesse ser negativo".

Um primeiro avanço importante foi dado por Girolamo Cardano (1501-1576), que considerou o seguinte problema prático: "dividir um segmento de comprimento 10 em duas partes cujo produto seja 40". Chamando uma das partes de **x** a outra será expressa por $10 - x$, de onde segue a equação:

$$x \cdot (10 - x) = 40 \Rightarrow x^2 - 10x + 40 = 0$$

que fornece $x = 5 \pm \sqrt{-15}$. Como, em $\mathbb{R}$, não existe raiz quadrada de −15, a equação não apresentaria soluções. Mesmo assim, Cardano deu um passo adiante. Trabalhando com os radicandos negativos "como se fossem números", as duas partes do segmento teriam comprimentos:

$$5 + \sqrt{-15} \quad \text{e} \quad 10 - (5 + \sqrt{-15}) = 5 - \sqrt{-15}$$

e, curiosamente, o produto desses "números" seria igual a 40:

$$(5 + \sqrt{-15}) \cdot (5 - \sqrt{-15}) = 40$$

Anos depois, Rafael Bombelli (1526-1572) teve contato com a obra *Ars magna*, de Cardano — um importante documento sobre a resolução de equações de 3º grau. Ao aplicar a fórmula de Cardano para resolver a equação $x^3 = 15x + 4$, Bombelli obteve:

$$x = \sqrt[3]{2 + \sqrt{-121}} + \sqrt[3]{2 - \sqrt{-121}} \quad \text{\textasteriskcentered}$$

Esse valor encontrado para **x** envolvia o cálculo de $\sqrt{-121}$ o que, em princípio, era um sinal de que o problema que gerou essa equação não teria solução. Paradoxalmente, Bombelli sabia que $x = 4$ era uma solução da equação, pois $4^3 = 15 \cdot 4 + 4$. Em outras palavras, seria possível prosseguir o cálculo de **x** em ✱, com a extração da "raiz quadrada de −121", a fim de se obter $x = 4$.

Assim, pela primeira vez, admitia-se a possibilidade da existência de um "número" da forma $a + \sqrt{-b}$, em que $a \in \mathbb{R}$ e $b \in \mathbb{R}_+^*$.

O reconhecimento dos números complexos na Matemática só viria a se solidificar no século XIX, com a interpretação geométrica proposta por Gauss (1777-1855) e Argand (1786-1822).

Conjunto dos números complexos

Consideremos o conjunto de todos os pares ordenados (x, y), em que $x \in \mathbb{R}$ e $y \in \mathbb{R}$, para os quais valem as seguintes definições:

- **Igualdade:** $(a, b) = (c, d) \Leftrightarrow a = c$ e $b = d$

- **Adição:** $(a, b) + (c, d) = (a + c, b + d)$
  Exemplo: $(-1, 2) + (3, 4) = (-1 + 3, 2 + 4) = (2, 6)$

- **Multiplicação:** $(a, b) \cdot (c, d) = (ac - bd, ad + bc)$
  Exemplos:
  a) $(1, 2) \cdot (3, 1) = (1 \cdot 3 - 2 \cdot 1, 1 \cdot 1 + 2 \cdot 3) =$
  $= (1, 7)$
  b) $(-3, 4) \cdot (2, -3) = ((-3) \cdot 2 - 4 \cdot (-3), (-3) \cdot (-3) + 4 \cdot 2) =$
  $= (6, 17)$

Esse conjunto é chamado **conjunto dos números complexos** e é indicado por $\mathbb{C}$.

OBSERVAÇÕES

Todo par ordenado da forma $(x, 0)$ pode ser identificado pelo número real **x**, isto é:
$x = (x, 0)$ para todo **x** real
Para ilustrar esse fato, observe que valem as definições anteriores:
- adição: $(2, 0) + (3, 0) = (2 + 3, 0 + 0) = (5, 0)$
  e $2 + 3 = 5$
- multiplicação: $(2, 0) \cdot (3, 0) = (2 \cdot 3 - 0 \cdot 0, 2 \cdot 0 +$
  $+ 0 \cdot 3) = (6, 0)$ e $2 \cdot 3 = 6$

A unidade imaginária

Usando a definição da multiplicação em $\mathbb{C}$, vamos observar o que ocorre ao multiplicarmos o par ordenado $(0, 1)$ por ele mesmo:
$(0, 1) \cdot (0, 1) = (0 \cdot 0 - 1 \cdot 1, 0 \cdot 1 + 1 \cdot 0) =$
$= (-1, 0) = -1$
O par ordenado $(0, 1)$ recebe o nome de **unidade imaginária** e é representado por **i**.
Assim, $i \cdot i = -1 \Leftrightarrow i^2 = -1$.
Dizemos que **i** é uma raiz quadrada de –1.

O plano de Argand-Gauss

Como um número complexo é um par ordenado de números reais, é possível estabelecer uma correspondência entre um número complexo $z = (a, b)$ e um ponto $P(a, b)$ de um plano (e reciprocamente).

O ponto **P** é chamado **imagem** ou **afixo** de **z**.

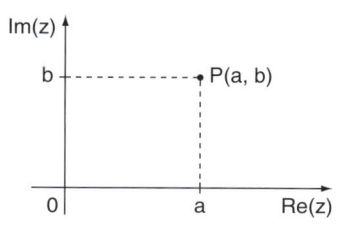

Este plano recebe o nome de **plano de Argand-Gauss**, ou **plano complexo**. O eixo horizontal recebe o nome de **eixo real** (indica-se Re(z)) e o eixo vertical recebe o nome de **eixo imaginário** (indica-se Im(z)).

Observe que os pares ordenados da forma $(x, 0)$ têm imagens no eixo real.

EXEMPLO 1

Vamos representar no plano de Argand-Gauss os afixos dos seguintes números complexos:
$z_1 = (2, 3)$; $z_2 = (-3, 4)$; $z_3 = (0, 1)$; $z_4 = (-4, 0)$;
$z_5 = (-4, -2)$ e $z_6 = (2, -4)$:

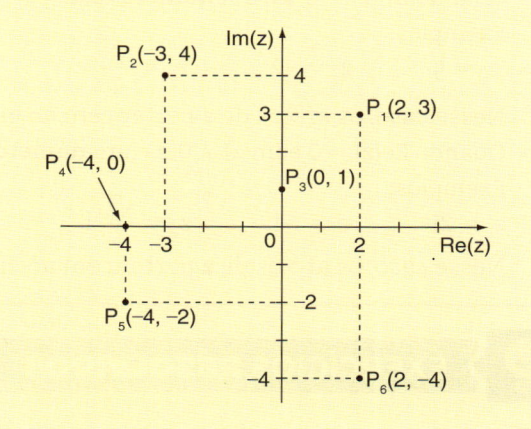

Forma algébrica de z

Seja $z \in \mathbb{C}$, $z = (x, y)$, com **x** e **y** reais.
É possível escrever **z** de um outro modo:
$z = (x, y) = (x, 0) + (0, y)$
$z = (x, 0) + (\underbrace{y \cdot 0 - 0 \cdot 1}_{= 0}, \underbrace{y \cdot 1 + 0 \cdot 0}_{= y})$
$z = (x, 0) + (y, 0) \cdot (0, 1)$
Como $(x, 0) = x$; $(y, 0) = y$ e $(0, 1) = i$ (unidade imaginária), vem:

$$z = x + yi$$

Essa última expressão recebe o nome de **forma algébrica de z** e, como veremos, esta forma de representar um número complexo é bastante prática.

- O número real **x** é chamado **parte real de z**; indica-se por x = Re(z).
- O número real **y** é chamado **parte imaginária de z**; indica-se por y = Im(z).

EXEMPLO 2

Observe a tabela a seguir.

Par ordenado z = (a, b)	Forma algébrica z = a + bi	Parte real de z: Re(z)	Parte imaginária de z: Im(z)
(2, 3)	2 + 3i	2	3
(1, 5)	1 + 5i	1	5
(5, −2)	5 − 2i	5	−2
$\left(-\dfrac{3}{2}, 4\right)$	$-\dfrac{3}{2} + 4i$	$-\dfrac{3}{2}$	4
(3, 0)	3 + 0i = 3	3	0
(0, 2)	0 + 2i = 2i	0	2

OBSERVAÇÕES 🔍

- Quando Im(z) = 0, **z** é um **número real**.

  Exemplos:

  $z_1 = 5 \qquad z_2 = -2 \qquad z_3 = \dfrac{\sqrt{3}}{2}$

  Nesse caso, os afixos de **z** pertencem ao eixo real.

- Quando Re(z) = 0 e Im(z) ≠ 0, **z** é um **número imaginário puro**.

  Exemplos:

  $z_1 = 2i \qquad z_2 = -i \qquad z_3 = \dfrac{\sqrt{2}}{5}i$

  Nesse caso, os afixos de **z** pertencem ao eixo imaginário.

EXERCÍCIOS RESOLVIDOS

1 Determinar o valor do número real **k** para que z = (k − 2) + 4i seja imaginário puro.

Solução:

Temos $\begin{cases} \text{Re}(z) = k - 2 \\ \text{Im}(z) = 4 \neq 0 \end{cases}$

A condição é k − 2 = 0, isto é, k = 2.

Assim, se k = 2, z = 4i é imaginário puro.

2 Qual deve ser o valor do número real **k** para que $z = \left(\dfrac{1}{2},\ k - 3\right)$ seja um número real?

Solução:

Identificamos inicialmente: $\text{Re}(z) = \dfrac{1}{2}$ e $\text{Im}(z) = k - 3$.

Para que **z** seja real, devemos ter:

$\text{Im}(z) = 0 \Rightarrow k - 3 = 0 \Rightarrow k = 3$

3 Resolver em $\mathbb{C}$ as seguintes equações:

a) $x^2 + 25 = 0$ **b)** $x^2 - 8x + 25 = 0$

Solução:

a) De $x^2 + 25 = 0$, vem $x = \pm\sqrt{-25}$

Como $(\pm 5i)^2 = (\pm 5)^2 \cdot i^2 = 25 \cdot (-1) = -25$, vem:

$x = \pm 5i$

$S = \{-5i, 5i\}$

b) $x^2 - 8x + 25 = 0$

$\Delta = 64 - 4 \cdot 1 \cdot 25 = 64 - 100 = -36$

Como $(\pm 6i)^2 = 36i^2 = 36\,(-1) = -36$, segue

$x = \dfrac{8 \pm \sqrt{-36}}{2} = \dfrac{8 \pm 6i}{2}$

$x = 4 + 3i$ ou $x = 4 - 3i$

$S = \{4 + 3i, 4 - 3i\}$

EXERCÍCIOS

1 Escreva cada número complexo na forma algébrica e vice-versa:

a) $(3, -2)$ **d)** $5i$ **g)** $-3 + i$

b) $(-4, 3)$ **e)** $(0, 4)$ **h)** -5

c) $1 - 2i$ **f)** $(4, 0)$ **i)** $1 + i$

2 Identifique a parte real (Re) e a parte imaginária (Im) de cada um dos seguintes números complexos:

a) $4 + 5i$ **d)** $-\dfrac{1}{4} + \dfrac{1}{2}i$ **g)** $\sqrt{3}$

b) $3i + 2$ **e)** $\dfrac{-2 + 5i}{3}$ **h)** $-1 - i$

c) $-7 - i$ **f)** $-8i$ **i)** $\sqrt{3} + i$

3 Represente, no plano de Argand-Gauss, o afixo de cada um dos seguintes números complexos:

a) $z_1 = 1 + 3i$ **d)** $z_4 = -\dfrac{1}{2} + 2i$

b) $z_2 = -2 - i$ **e)** $z_5 = 3$

c) $z_3 = 1 - i$ **f)** $z_6 = -2i$

4 Determine $m \in \mathbb{R}$ de modo que:

a) $z = (m - 3) + 4i$ seja imaginário puro;

b) $z = -3 + (m + 3)i$ seja real;

c) $z = (m^2 - 25) + (m + 5)i$ seja imaginário puro;

d) $z = (1 - m) + (m^2 - 1)i$ seja um número real;

e) $z = (1 + m^2) + (m - 1)i$ seja imaginário puro.

5 Seja $z = (3 - x) + (x - 2)i$. Determine os valores reais de **x** para que se tenha:

a) $Re(z) = 2$ **c)** $Re(z) > Im(z)$

b) $Im(z) = -4$ **d)** $Im(z) < 0$

6 Resolva, em $\mathbb{C}$, as equações:

a) $x^2 + 4 = 0$ **d)** $-x^2 + 4x - 29 = 0$

b) $x^2 - 6x + 10 = 0$ **e)** $x^4 + 3x^2 - 4 = 0$

c) $x^2 + 10 = 0$ **f)** $x^3 + 16x = 0$

7 Qual é a área do triângulo ABC, sendo **A**, **B** e **C** os afixos de $-2 + i$, $1 + 5i$ e $4 + i$, respectivamente?

8 (UF-MG) Seja $z = (a + i)^3$ um número complexo, sendo **a** um número real.

a) Escreva **z** na forma de $x + iy$, sendo **x** e **y** números reais.

b) Determine os valores de **a** para que **z** seja um número imaginário puro.

▶ Igualdade entre números complexos

Já vimos que dois números complexos $z_1 = (a, b)$ e $z_2 = (c, d)$ são iguais se $a = c$ e $b = d$.
Isso significa que z_1 e z_2 têm, respectivamente, partes reais iguais ($a = c$) e partes imaginárias iguais ($b = d$).
Na forma algébrica, a igualdade $a + bi = c + di$ é verificada se, e somente se, $a = c$ e $b = d$.

EXEMPLO 3

- Os números complexos $x + yi$ e $-2 + 3i$ são iguais se $x = -2$ e $y = 3$;

- A igualdade $(x + 1) + (y - 3)i = 4i$ se verifica se:

$$\begin{cases} x + 1 = 0 \text{ (partes reais iguais)} \\ y - 3 = 4 \text{ (partes imaginárias iguais)} \end{cases} \Rightarrow x = -1 \text{ e } y = 7$$

▶ Operações com números complexos

▶ Adição e subtração

Já vimos a definição de adição em $\mathbb{C}$:
Dados $z_1 = (a, b)$ e $z_2 = (c, d)$, então $z_1 + z_2 = (a + c, b + d)$.

Observe que somamos separadamente as partes reais e as partes imaginárias de z_1 e z_2.

Escrevendo z_1 e z_2 na forma algébrica, obtemos: $\underbrace{(a + bi)}_{z_1} + \underbrace{(c + di)}_{z_2} = \underbrace{(a + c) + i(b + d)}_{z_1 + z_2}$

Analogamente para a subtração, obtemos: $\underbrace{(a + bi)}_{z_1} - \underbrace{(c + di)}_{z_2} = \underbrace{(a - c) + i(b - d)}_{z_1 - z_2}$

EXEMPLO 4

Observe as operações seguintes:

- $(2 + 3i) + (-4 + 5i) = (2 - 4) + i(3 + 5) =$
  $= -2 + 8i$

- $(4 - 5i) - (2 + i) = (4 - 2) + i(-5 - 1) =$
  $= 2 - 6i$

- $(7 + 3i) - (5 - 3i) + (4 - 7i) = 7 + 3i - 5 + 3i + 4 - 7i =$
  $= 6 - i$

Note que na adição e na subtração podemos operar eliminando parênteses e reduzindo termos semelhantes, como fazemos com expressões algébricas.

EXERCÍCIOS

9 Determine **m** e **n** reais de modo que $m + (n - 1)i = -4 + 3i$.

10 Determine **x** e **y** reais de modo que $(x - 3) + (y - 2)i = 5i$.

11 Determine **x** e **y** reais de modo que $(x - y + 1) + (2x + y - 4)i = 0$.

12 Efetue:

a) $(4 + i) + (-1 - 3i) + (-2 + i)$

b) $(-7 + 5i) - (3 - 2i)$

c) $2 + (3 - i) + (-1 + 2i) + i$

d) $4i - (1 - 3i) - (-2 + i)$

13 Sejam os números complexos $z_1 = (-2, x)$ e $z_2 = (y, -3)$, com **x** e **y** reais.

a) Escreva z_1 e z_2 na forma algébrica.

b) Determine **x** e **y** reais de modo que $z_1 + z_2 = -4 + 2i$.

14 Sejam os números complexos $u = 2 + i$, $v = -3 - 4i$ e $w = -5i$. Determine:

a) $u - v + w$

b) $u - (v + w)$

15 Sejam $z_1 = (x, 3)$ e $z_2 = 5 + 2yi$. Determine **x** e **y** reais de modo que $z_1 + z_2 = (7, -1)$.

16 Determine z_1 e z_2, números complexos, tais que $z_1 + z_2 = -4 + 7i$ e $z_1 - 2z_2 = 17 - 8i$.

▶ Multiplicação

Uma das maneiras de multiplicar números complexos é usar a definição:

$$(a, b) \cdot (c, d) = (ac - bd, ad + bc) \qquad *$$

Uma maneira mais prática é escrever os números complexos na forma algébrica e usar a propriedade distributiva:

$(a + bi) \cdot (c + di) = ac + adi + bci + bd\underbrace{i^2}_{= -1}$

$(a + bi) \cdot (c + di) = ac + adi + bci - bd$

$(a + bi) \cdot (c + di) = (ac - bd) + i(ad + bc)$, que corresponde à forma algébrica do par ordenado em $*$.

EXEMPLO 5

Vamos efetuar as multiplicações seguintes:

- $(4 + 3i) \cdot (2 - 5i) = 8 - 20i + 6i - 15i^2 = 8 - 14i + 15 = 23 - 14i$

- $2i \cdot (1 - i) \cdot (3 + 2i) = (2i - 2i^2) \cdot (3 + 2i) = (2i + 2) \cdot (3 + 2i) = 6i + 4i^2 + 6 + 4i = 2 + 10i$

- $(4 + 3i)^2 = 4^2 + 2 \cdot 4 \cdot 3i + (3i)^2 = 16 + 24i + 9i^2 = 16 + 24i - 9 = 7 + 24i$

EXERCÍCIO **RESOLVIDO**

4 Determinar **x** e **y** reais de modo que

$(x + yi) \cdot (3 + 4i) = 1 - 2i$.

Solução:

Aplicamos a propriedade distributiva:

$3x + 4xi + 3yi + 4y\underbrace{i^2}_{=-1} = 1 - 2i$

Agrupamos a parte real e a parte imaginária:

$(3x - 4y) + i(4x + 3y) = 1 - 2i$

Comparamos os dois membros da igualdade:

$$\begin{cases} 3x - 4y = 1 \\ 4x + 3y = -2 \end{cases}$$

que resulta em $x = -\dfrac{1}{5}$ e $y = -\dfrac{2}{5}$.

EXERCÍCIOS

17 Efetue:

a) $(2 + 5i) \cdot (1 - i)$

b) $(4 + 3i) \cdot (-2 + i)$

c) $(6 - 3i) \cdot (-3 + 6i)$

d) $(4 + i) \cdot (2 - i) + 3 - i$

e) $4 + 3i + (1 - 2i) \cdot (3 + i)$

f) $(2, 1) \cdot (3, -5)$

18 Na figura, os pontos **P**, **Q** e **R** são os afixos dos números complexos z_1, z_2 e z_3, respectivamente:

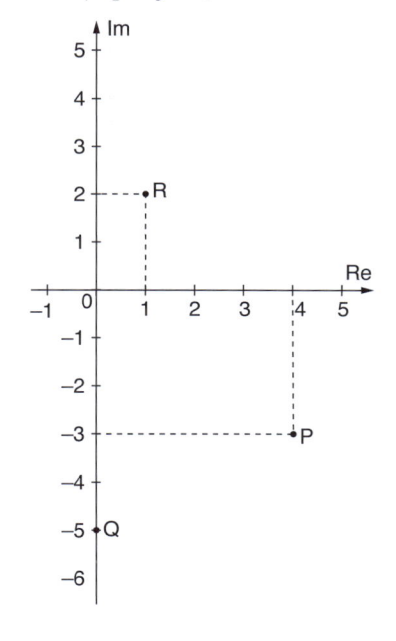

Determine:

a) a forma algébrica de $z_1 \cdot z_2 \cdot z_3$;

b) o quadrante ao qual pertence o afixo de $z_1 \cdot z_2 \cdot z_3$;

c) a área do triângulo POQ, sendo **O** a origem do plano complexo.

19 Efetue:

a) $(1 + i) \cdot (1 - i)$

b) $(2 - 3i)^2$

c) $(4 + i)^2$

d) $(-1 - i)^2$

e) $(1 + i)^5 \cdot (1 - i)^5$

f) $(1 - i)^3$

20 Na figura a seguir, **P** é o afixo de **z**.

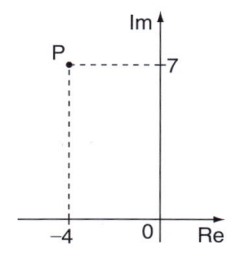

Determine a forma algébrica de **z′**, considerando, em cada caso:

a) **z′** o simétrico de **z** em relação ao eixo imaginário;

b) **z′** o simétrico de **z** em relação ao eixo real;

c) **z′** o número complexo obtido quando multiplicamos **z** por **i**.

21 Seja $z = (x + i) \cdot (x + 2i)$, com $x \in \mathbb{R}$. Determine **x** a fim de que **z** seja:

a) imaginário puro;

b) um número real.

22 Determine os reais **x** e **y** para que se tenha $(x + yi) \cdot (2 + i) = 4 - i$.

23 Sejam z_1 e z_2 números complexos tais que:

- z_1 é imaginário puro;
- a parte real de z_2 é 3;
- $z_1 \cdot z_2 = 12 - 6i$.

Determine z_1 e z_2.

24 Quais são os possíveis valores reais de **x** e **y** que satisfazem a igualdade $(x + yi)^2 = 8i$?

25 Em cada caso, determine $z \in \mathbb{C}$:

a) $z \cdot i = 4 - 3i$ **c)** $z^2 = iz$

b) $z^2 = 2i$

26 No plano complexo, os pontos **A**, **B** e **C** são os afixos dos complexos $z_1 = 3 + 2i$, $z_2 = -4 + 2i$ e $z_3 = b \cdot i$, com $B \in \mathbb{R}_-$, respectivamente.

a) Determine o valor de **b** sabendo que área do triângulo ABC é 28.

b) Determine $\alpha \in \mathbb{R}$ a fim de que $\alpha \cdot z_1 + \alpha^2 \cdot z_3$ seja um número real não nulo.

▶ Conjugado de um número complexo

O **conjugado de um número complexo** $z = a + bi$ é indicado por $\bar{z}$ e definido por $\bar{z} = a - bi$, isto é, $\bar{z}$ é obtido de **z** trocando-se o sinal de sua parte imaginária. Geometricamente, os afixos de **z** e $\bar{z}$ são pontos simétricos em relação ao eixo real.

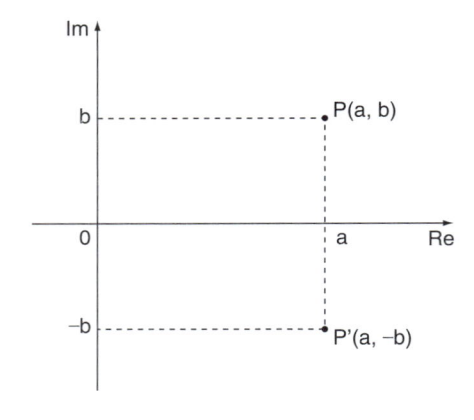

EXEMPLO 6

Qual é o conjugado de $1 + 2i$, $3 - 4i$, $-5i$ e $\frac{7}{3}$?

- $z = 1 + 2i \Rightarrow \bar{z} = 1 - 2i$
- $z = 3 - 4i \Rightarrow \bar{z} = 3 + 4i$
- $z = -5i \Rightarrow \bar{z} = 5i$
- $z = \frac{7}{3} \Rightarrow \bar{z} = \frac{7}{3}$

OBSERVAÇÕES

Ao multiplicarmos um número complexo qualquer pelo seu conjugado, obtemos sempre um número real.

De fato, se $z = a + bi$, $\bar{z} = a - bi$ e $z \cdot \bar{z} = (a + bi) \cdot (a - bi) = a^2 - (bi)^2 = a^2 + b^2$, que é um número real.

Propriedades

- $z = \bar{z} \Leftrightarrow z \in \mathbb{R}$

De fato, se $z = a + bi$ temos: $(a + bi = a - bi) \Leftrightarrow b = -b \Leftrightarrow b = 0$ e, portanto, **z** é um número real.

- $\overline{z_1 + z_2} = \bar{z}_1 + \bar{z}_2$

Fazendo $z_1 = a + bi$ e $z_2 = c + di$, temos:

$z_1 + z_2 = (a + c) + (b + d)i$

$\overline{z_1 + z_2} = (a + c) - (b + d)i = (a - bi) + (c - di) = \bar{z}_1 + \bar{z}_2$

- $\overline{z_1 \cdot z_2} = \bar{z}_1 \cdot \bar{z}_2$

A demonstração é análoga à anterior.

▶ Divisão

Sejam dois números complexos, $z_1 = a + bi$ e $z_2 = c + di, z_2 \neq 0$.

Dividir $\mathbf{z_1}$ por $\mathbf{z_2}$ é obter um número complexo $z_3 = x + yi$ tal que $\dfrac{z_1}{z_2} = z_3$, ou seja, $z_1 = z_2 \cdot z_3$.

Vamos determinar $z_3 = x + yi$ na igualdade acima. Temos:

$z_1 = z_2 \cdot z_3 \Rightarrow a + bi = (c + di) \cdot (x + yi)$

$a + bi = (cx - dy) + (cy + dx)i$

Do conceito de igualdade segue o sistema nas incógnitas **x** e **y**:

$$\begin{cases} cx - dy = a \\ dx + cy = b \end{cases}$$

Resolvendo o sistema, vem:

$x = \dfrac{ac + bd}{c^2 + d^2}$ e $y = \dfrac{bc - ad}{c^2 + d^2}$

Então:

$z_3 = \underbrace{\left(\dfrac{ac + bd}{c^2 + d^2}\right)}_{\text{parte real}} + \underbrace{\left(\dfrac{bc - ad}{c^2 + d^2}\right)}_{\text{parte imaginária}} i$ 　**＊**

A determinação de $\mathbf{z_3}$, contudo, fica facilitada se notarmos que, na divisão $\dfrac{z_1}{z_2}$, ao multiplicarmos numerador e denominador pelo conjugado do denominador, obtemos **＊**.

De fato:

$$\dfrac{z_1}{z_2} = \dfrac{z_1}{z_2} \cdot \dfrac{\overline{z_2}}{\overline{z_2}} = \dfrac{(a + bi) \cdot (c - di)}{(c + di) \cdot (c - di)} =$$

$$= \dfrac{ac - adi + bci - bdi^2}{c^2 - (di)^2} = \left(\dfrac{ac + bd}{c^2 + d^2}\right) + i\left(\dfrac{bc - ad}{c^2 + d^2}\right)$$

EXEMPLO 7

Façamos as seguintes divisões: *(multiplicamos numerador e denominador pelo conjugado de $2 + i$)*

• $\dfrac{3 + i}{2 + i} = \dfrac{3 + i}{2 + i} \cdot \dfrac{2 - i}{2 - i} =$

$= \dfrac{6 - 3i + 2i - i^2}{2^2 - i^2} = \dfrac{7 - i}{4 - (-1)} =$

$= \dfrac{7}{5} - \dfrac{1}{5}i$

• $\dfrac{3i}{4 - i} = \dfrac{3i}{4 - i} \cdot \dfrac{4 + i}{4 + i} =$

$= \dfrac{12i + 3i^2}{4^2 - i^2} = \dfrac{-3 + 12i}{17}$

• $\dfrac{2 - 5i}{i} = \dfrac{2 - 5i}{i} \cdot \dfrac{(-i)}{(-i)} = \dfrac{-2i + 5i^2}{-i^2} =$

$= -5 - 2i$

 EXERCÍCIO RESOLVIDO

5 Determinar $x \in \mathbb{R}$ de modo que $z = \dfrac{1 + 2i}{1 - xi}$ seja imaginário puro.

Solução:

Precisamos escrever **z** na forma algébrica. Para isso, façamos inicialmente a divisão:

$z = \dfrac{(1 + 2i)}{(1 - xi)} \cdot \dfrac{(1 + xi)}{(1 + xi)} = \dfrac{1 + xi + 2i + 2xi^2}{1^2 - x^2i^2} =$

$= \dfrac{(1 - 2x) + (x + 2)i}{1 + x^2} = \left(\dfrac{1 - 2x}{1 + x^2}\right) + \left(\dfrac{x + 2}{1 + x^2}\right)i$

Para que **z** seja imaginário puro, devemos ter $\text{Re}(z) = 0$ e $\text{Im}(z) \neq 0$. Da primeira condição, vem:

$\dfrac{1 - 2x}{1 + x^2} = 0 \Rightarrow x = \dfrac{1}{2}$

que satisfaz a segunda condição. Observe que, nesse caso:

$z = \dfrac{\left(\dfrac{1}{2} + 2\right)}{\left[1 + \left(\dfrac{1}{2}\right)^2\right]}i = 2i$

 **EXERCÍCIOS**

27 Efetue:

a) $\overline{1 + 2i}$

b) $\overline{-3i}$

c) $\overline{5 - 3i} + 2i$

d) $\overline{3 - 4i} + \overline{-3 - 4i}$

e) $\overline{(1 - 2i)^2}$

f) $\overline{-i} \cdot (1 + i)$

28 Qual é o número complexo **z** que satisfaz as seguintes condições: $z - \bar{z} = 6i$ e $z + 2\bar{z} = 9 - 3i$?

29 Efetue:

a) $\dfrac{3 - 7i}{3 + 4i}$

b) $\dfrac{2i}{1 - i}$

c) $\dfrac{1}{3 - i}$

d) $\dfrac{4 + i}{4 - i}$

e) $\dfrac{5}{6i}$

f) $\dfrac{3}{2 + 3i} - \dfrac{2i}{3 - 2i}$

30 Seja $z = 3 - 4i$. Determine:

a) o inverso de **z**;

b) o conjugado do inverso de $\mathbf{z}^2$;

c) o inverso de $z \cdot i$.

31 Determine $a \in \mathbb{R}$ de modo que $z = \dfrac{2 + i}{3 - ai}$ seja imaginário puro.

32 Determine $z \in \mathbb{C}$ tal que $(\bar{z})^2 + iz = -2$.

33 Na figura a seguir, **P** é o afixo de $\mathbf{z_1}$ e **Q** é o afixo de $\mathbf{z_2}$.

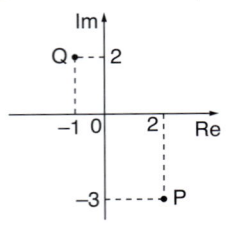

Escreva, na forma de par ordenado, os seguintes números complexos:

a) $\bar{z}_1$ **b)** $z_1 - z_2$ **c)** $z_1 \cdot z_2$ **d)** $\dfrac{z_1}{\bar{z}_2}$ **e)** z_1^2

34 (Vunesp-SP) Dada a expressão $A = \dfrac{(5 - ix)}{(5x - i9)}$ em que $x \in \mathbb{R}$ e **i** é a unidade imaginária, quais são os valores de **x** que tornam **A** real? Para esses valores de **x**, quais são os resultados de **A**?

35 Os números complexos z tais que $\begin{cases} z + \bar{z} = 4 \\ z \cdot \bar{z} = 13 \end{cases}$ são representados no plano de Argand-Gauss pelos pontos A e B. Qual é a área do triângulo ABO, sendo O a origem do plano?

▶ Potências de i

Seja **i** a unidade imaginária. Vamos calcular $\mathbf{i}^n$, para alguns valores naturais de **n**. Temos:

$i^0 = 1$

$i^1 = i$

$i^2 = -1$

$i^3 = i^2 \cdot i = (-1) \cdot i = -i$

$i^4 = i^2 \cdot i^2 = (-1) \cdot (-1) = 1$

$i^5 = i^4 \cdot i = 1 \cdot i = i$

$i^6 = i^5 \cdot i = i \cdot i = -1$

$i^7 = i^6 \cdot i = (-1) \cdot i = -i$

$i^8 = (i^2)^4 = (-1)^4 = 1$

$i^9 = i^8 \cdot i = 1 \cdot i = i$

$i^{10} = (i^2)^5 = (-1)^5 = -1$

$i^{11} = i^{10} \cdot i = -i$

Como vemos, os resultados de $\mathbf{i}^n$ $(n \in \mathbb{N})$, com o expoente **n** variando, repetem-se de quatro em quatro unidades.

Notemos que para $n \in \mathbb{N}$:

- $i^{4n} = (i^4)^n = 1^n = 1$

(O expoente 4n representa os números que são divisíveis por 4.)

- $i^{4n + 1} = i^{4n} \cdot i^1 = 1 \cdot i = i$

(O expoente 4n + 1 representa os números que, divididos por 4, deixam resto 1.)

- $i^{4n + 2} = i^{4n} \cdot i^2 = 1 \cdot (-1) = -1$

(O expoente 4n + 2 representa os números que, divididos por 4, deixam resto 2.)

- $i^{4n + 3} = i^{4n} \cdot i^3 = 1 \cdot (-i) = -i$

(O expoente 4n + 3 representa os números que, divididos por 4, deixam resto 3.)

Dessa forma, para calcular $\mathbf{i}^n$ basta calcular $\mathbf{i}^r$, sendo **r** o resto da divisão de **n** por 4.

EXEMPLO 8

Vamos calcular i^{21}, i^{46} e $(-i)^{28}$.

- i^{21}

Dividimos 21 por 4:

$$\begin{array}{r|l} 21 & 4 \\ \hline \text{resto} \rightarrow 1 & 5 \end{array} \Rightarrow i^{21} = i^1 = i$$

- i^{46}

Dividimos 46 por 4:

$$\begin{array}{r|l} 46 & 4 \\ \hline \text{resto} \rightarrow 2 & 11 \end{array} \Rightarrow i^{46} = i^2 = -1$$

- $(-i)^{28}$

Inicialmente, notemos que:

$(-i)^{28} = (-1i)^{28} = \underbrace{(-1)^{28}}_{= 1} \cdot i^{28} = i^{28}$

Como 28 é divisível por 4, segue:

$(-i)^{28} = i^{28} = i^0 = 1$

EXERCÍCIOS

36 Calcule:

a) i^{54}

b) i^{17}

c) i^{95}

d) i^{200}

e) $i^{21} \cdot i^{45}$

f) $\dfrac{1}{i^{33}}$

37 Efetue:

a) $\dfrac{i^{132} + i^{61}}{i^{13}}$

b) $[(5 + i)(4 - i) - 21]^{37}$

c) $(-2i)^6$

d) $\left(\dfrac{1 + i}{1 - i}\right)^{202}$

38 Qual é o valor de $y = i \cdot i^2 \cdot i^3 \cdot i^4 \cdot ... \cdot i^{19} \cdot i^{20}$?

39 Calcule o valor de:

$$y = i + i^2 + i^3 + i^4 + ... + i^{48} + i^{49} + i^{50}$$

40 No plano complexo seguinte, **P** é o afixo de **z**. Determine z^{2016}.

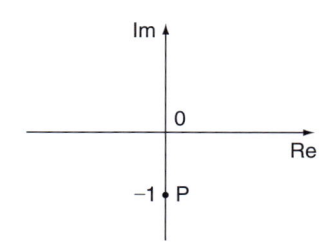

▶ Módulo

Seja $z = a + bi$ a forma algébrica de um número complexo cujo afixo ou imagem geométrica é o ponto $P(a, b)$. Vamos supor que **P** pertença ao 1º quadrante, como indica a figura abaixo.

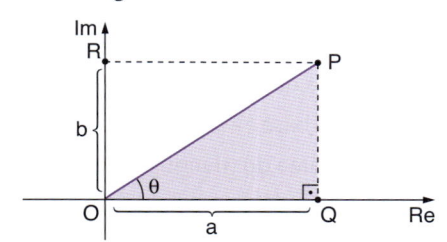

Unindo **P** à origem **O**, obtemos o segmento $\overline{OP}$. O triângulo PQO é retângulo em **Q**.

Aplicando o teorema de Pitágoras, vem:

$$(OP)^2 = (OQ)^2 + (PQ)^2$$

$$(OP)^2 = a^2 + b^2 \Rightarrow OP = \sqrt{a^2 + b^2}$$

A medida de $\overline{OP}$ assim obtida é chamada **módulo de um número complexo**, e a indicamos por $|z|$ ou ρ (letra grega "rô").

Observe que o módulo de um número complexo **z** ($z \neq 0$) é sempre um número real positivo, que expressa a distância entre a origem e o afixo de **z**.

EXEMPLO 9

Vamos calcular o módulo de $z_1 = 4i$, $z_2 = -3$, $z_3 = 2 + 2i$ e $z_4 = -3 - 2i$.

Os afixos dos números complexos dados são, respectivamente, $A(0, 4)$, $B(-3, 0)$, $C(2, 2)$ e $D(-3, -2)$, conforme indicado no plano complexo abaixo.

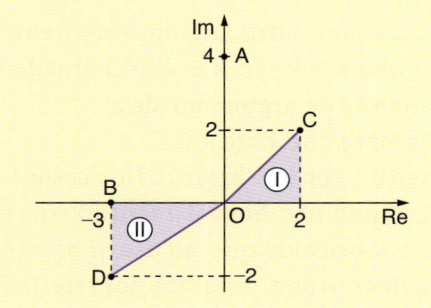

- A distância entre **A** e a origem é de 4 unidades; logo $|z_1| = 4$.

- A distância entre **B** e a origem é de 3 unidades; logo $|z_2| = 3$.

- A distância entre **C** e a origem pode ser obtida aplicando o teorema de Pitágoras (veja triângulo ⓘ):
$$OC^2 = 2^2 + 2^2 \Rightarrow OC^2 = 8 \Rightarrow OC = 2\sqrt{2}$$
$$|z_3| = 2\sqrt{2}$$

- A distância entre **D** e a origem pode ser obtida aplicando o teorema de Pitágoras (veja triângulo ⓘⓘ):
$$OD^2 = 3^2 + 2^2 = 9 + 4$$
$$OD = \sqrt{13} \, ; \, |z_4| = \sqrt{13}$$

EXERCÍCIO **RESOLVIDO**

6 Representar no plano de Argand-Gauss o subconjunto **A** de $\mathbb{C}$, sendo $A = \{z \in \mathbb{C} \mid |z| = 4\}$.

Solução:

Façamos $z = x + iy$, com **x** e **y** reais.

$|z| = 4 \Rightarrow |x + iy| = 4 \Rightarrow \sqrt{x^2 + y^2} = 4 \Rightarrow$

$\Rightarrow x^2 + y^2 = 16$

Assim, os pontos (x, y) que satisfazem a condição pertencem à circunferência de centro $(0, 0)$ e raio 4.

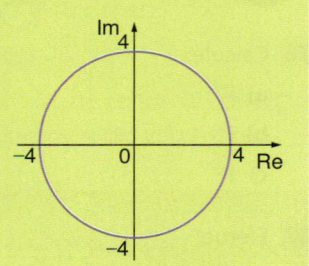

EXERCÍCIOS

41 Calcule o módulo de cada um dos números complexos:

a) $z = 2 + i$

b) $z = -4 + 3i$

c) $z = 5i$

d) $z = -3$

e) $z = \dfrac{3i}{1 + i}$

f) $z = 2i^{19}$

42 O módulo de $(a, 4)$ é igual a $\sqrt{20}$. Determine **a**.

43 Represente geometricamente no plano de Argand-Gauss os seguintes subconjuntos de $\mathbb{C}$:

a) $A = \{z \in \mathbb{C} \mid |z| = 10\}$

b) $B = \{z \in \mathbb{C} \mid |z| < 4\}$

c) $C = \{z \in \mathbb{C} \mid |z| \geqslant 2\}$

d) $D = \{z \in \mathbb{C} \mid |z - 1| = 1\}$

e) $E = \{z \in \mathbb{C} \mid |z + i| = 3\}$

f) $F = \{z \in \mathbb{C} \mid |z| = 0\}$

44 (Vunesp-SP) Considere os números complexos $w = 4 + 2i$ e $z = 3a + 4ai$, em que **a** é um número real positivo e **i** indica a unidade imaginária. Se, em centímetros, a medida da altura de um triângulo é igual a $|z|$ e a medida da base é a parte real de $z \cdot w$, determine **a** de modo que área do triângulo seja 90 cm^2.

▶ **Argumento**

Retomemos a figura apresentada no item anterior, em que **P** é o afixo do número complexo não nulo $z = a + bi$.

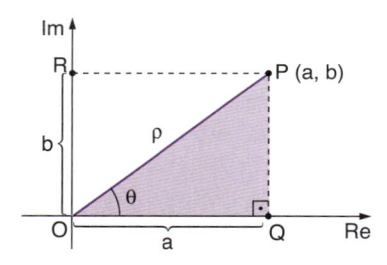

Consideremos **θ** o ângulo formado pela semirreta $\overline{OP}$ e pelo semieixo real positivo, tomado a partir desse semieixo, no sentido anti-horário.

O ângulo **θ** tal que $0 \leqslant \theta < 2\pi$ recebe o nome de **argumento principal de z**. Observe que:

$$\text{sen } \theta = \frac{PQ}{OP} = \frac{b}{\rho} \qquad \cos \theta = \frac{OQ}{OP} = \frac{a}{\rho}$$

É comum representar $\theta = \arg(z)$.

OBSERVAÇÕES 🔍

Como vimos, **θ** é o argumento principal de **z**.

Qualquer outro ângulo congruente a **θ**, da forma $\theta + k \cdot 2\pi, k \in \mathbb{Z}$, é chamado simplesmente de **argumento de z**.

Lembre que, para $k \in \mathbb{Z}$:

$\text{sen } \theta = \text{sen } (\theta + k2\pi)$ e $\cos \theta = \cos(\theta + k2\pi)$

Quando não houver menção contrária, fica estabelecido que, ao usarmos o termo "argumento de **z**", estamos nos referindo ao argumento principal de **z**.

EXEMPLO 10

Vamos determinar o argumento principal de $z = \dfrac{1}{2} + i\dfrac{\sqrt{3}}{2}$.

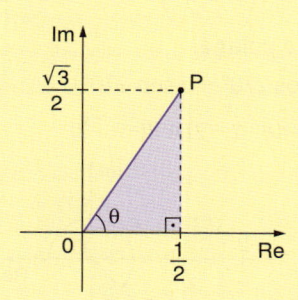

• O afixo de **z** é $P\left(\dfrac{1}{2}, \dfrac{\sqrt{3}}{2}\right)$.

• O módulo de **z** é calculado como segue:

$$\rho^2 = \left(\dfrac{1}{2}\right)^2 + \left(\dfrac{\sqrt{3}}{2}\right)^2 \Rightarrow \rho^2 = 1 \Rightarrow \rho = 1$$

$$\begin{cases} \operatorname{sen}\theta = \dfrac{\frac{\sqrt{3}}{2}}{1} = \dfrac{\sqrt{3}}{2} \\ \cos\theta = \dfrac{\frac{1}{2}}{1} = \dfrac{1}{2} \end{cases} \Rightarrow \theta = \dfrac{\pi}{3} \text{ (ou 60°)}$$

Observe que qualquer ângulo da forma $\dfrac{\pi}{3} + k \cdot 2\pi$, com $k \in \mathbb{Z}$, também é um argumento de **z**.

EXERCÍCIOS

45 Determine o argumento principal de cada um dos números complexos a seguir.

a) $z = \sqrt{3} + i$

b) $z = -\sqrt{3} - i$

c) $z = \dfrac{1}{2} - i\dfrac{\sqrt{3}}{2}$

d) $z = -1 - i$

e) $z = 3i$

f) $z = -4$

g) $z = 5$

h) $z = -1 + i\sqrt{3}$

46 Na figura a seguir o hexágono regular está inscrito em uma circunferência de raio 4 cm.

Determine o módulo e o argumento dos números complexos z_1, z_2, z_3, z_4, z_5 e z_6.

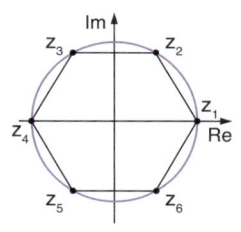

47 Na figura abaixo, **P** é o afixo de z_1 e **Q** é o afixo de z_2. Determine os argumentos de z_1 e z_2.

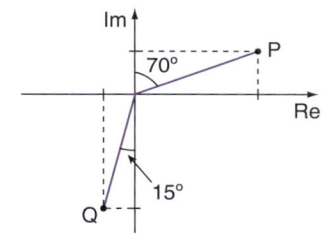

▶ Forma trigonométrica ou polar

Seja $z = a + bi \neq 0$ a forma algébrica de um número complexo. Vimos que o argumento **θ** de **z** satisfaz:

$$\begin{cases} \operatorname{sen}\theta = \dfrac{b}{\rho} \Rightarrow b = \rho\operatorname{sen}\theta \\ \cos\theta = \dfrac{a}{\rho} \Rightarrow a = \rho\cos\theta \end{cases}$$

Substituindo tais valores na forma algébrica, obtemos:

$z = a + bi$

$z = \rho \cdot \cos\theta + \rho \cdot i\operatorname{sen}\theta$

$$z = \rho(\cos\theta + i\operatorname{sen}\theta)$$

Essa última expressão recebe o nome de **forma polar** ou **trigonométrica** de um número complexo.

Veremos, adiante, que a forma trigonométrica é muito útil e prática nas operações de potenciação e radiciação em $\mathbb{C}$.

EXEMPLO 11

Vamos obter a forma polar ou trigonométrica dos seguintes números complexos:

a) $\sqrt{3} + i$ **b)** $-3i$ **c)** $-2 - 2i$

a) O afixo de **z** é $P(\sqrt{3}, 1)$.

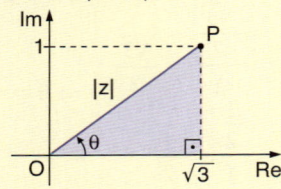

- $|z|^2 = (\sqrt{3})^2 + 1^2 \Rightarrow |z|^2 = 4 \Rightarrow |z| = 2$
- $\operatorname{sen}\theta = \dfrac{1}{2}$ e $\cos\theta = \dfrac{\sqrt{3}}{2} \Rightarrow \theta = 30°$

A forma trigonométrica é:

$z = 2(\cos 30° + i\operatorname{sen} 30°)$

b) O afixo de $-3i$ é $Q(0, -3)$.

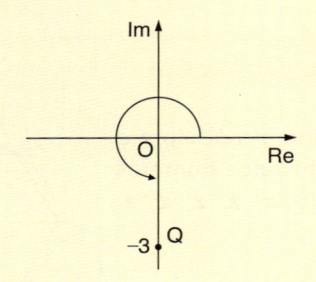

- $\rho = |z| = 3$ (distância de **O** a **Q**)
- $\theta = 270°\left(\text{ou } \dfrac{3\pi}{2}\right)$

A forma polar é:

$z = 3(\cos 270° + i\operatorname{sen} 270°)$

c) O afixo de $-2 - 2i$ é $R(-2, -2)$.

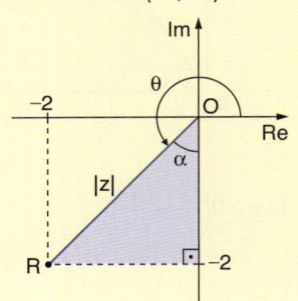

Da figura, temos:

- $|z|^2 = 2^2 + 2^2 \Rightarrow |z| = \sqrt{8} = 2\sqrt{2}$
- $\operatorname{sen}\alpha = \cos\alpha = \dfrac{2}{2\sqrt{2}} = \dfrac{\sqrt{2}}{2} \Rightarrow \alpha = 45°$

E o argumento θ vale $270° - 45° = 225°$.

A forma trigonométrica de **z** é:

$z = 2\sqrt{2}(\cos 225° + i\operatorname{sen} 225°)$

 **EXERCÍCIOS**

48 Escreva a forma trigonométrica de cada número complexo:

a) $z = 1 + i$

b) $z = -\sqrt{2} - i\sqrt{2}$

c) $z = 1 - i\sqrt{3}$

d) $z = -\dfrac{5\sqrt{3}}{2} + \dfrac{5}{2}i$

e) $z = -4$

f) $z = -i$

g) $z = 8$

h) $z = i\sqrt{3}$

49 Seja $z = \dfrac{i}{i+1} + \dfrac{1}{i}$.

a) Obtenha a forma algébrica e a trigonométrica de **z**.

b) Qual é a forma trigonométrica de z^2?

50 Obtenha a forma trigonométrica de z_1, z_2 e z_3, representados na figura ao lado, sabendo que o raio da menor circunferência mede 3.

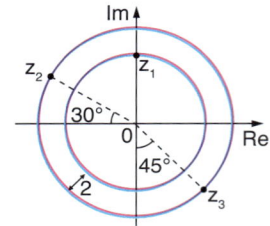

51 Obtenha a forma algébrica do número complexo **z** cujo afixo é o ponto **P**.

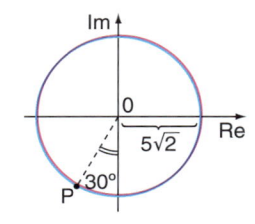

52 Obtenha a forma algébrica de cada um dos seguintes números complexos:

a) $z = 4(\cos 120° + i\operatorname{sen} 120°)$

b) $z = 3(\cos 90° + i\operatorname{sen} 90°)$

c) $z = \cos\dfrac{7\pi}{6} + i\operatorname{sen}\dfrac{7\pi}{6}$

d) $z = \sqrt{2}(\cos 135° + i\operatorname{sen} 135°)$

e) $z = 3(\cos \pi + i\operatorname{sen} \pi)$

53 A medida do lado do quadrado ABCD é 10. Obtenha a forma polar de z_1, z_2, z_3 e z_4, cujos afixos são **A**, **B**, **C** e **D**, respectivamente. Expresse os ângulos em radianos.

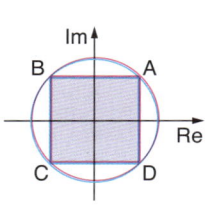

▶ Operações na forma trigonométrica

Sejam dois números complexos: $z_1 = \rho_1(\cos \theta_1 + i \operatorname{sen} \theta_1)$ e $z_2 = \rho_2(\cos \theta_2 + i \operatorname{sen} \theta_2)$

▶ Multiplicação

Queremos encontrar uma expressão para $z_1 \cdot z_2$ na forma trigonométrica. Temos:

$$z_1 \cdot z_2 = \rho_1(\cos \theta_1 + i \operatorname{sen} \theta_1) \cdot \rho_2(\cos \theta_2 + i \operatorname{sen} \theta_2) = \rho_1 \cdot \rho_2(\cos \theta_1 \cos \theta_2 + i \cos \theta_1 \operatorname{sen} \theta_2 + i \operatorname{sen} \theta_1 \cos \theta_2 + \underbrace{i^2}_{-1} \operatorname{sen} \theta_1 \operatorname{sen} \theta_2) =$$

$$= \rho_1 \cdot \rho_2 \left[(\cos \theta_1 \cos \theta_2 - \operatorname{sen} \theta_1 \operatorname{sen} \theta_2) + i(\operatorname{sen} \theta_1 \cos \theta_2 + \operatorname{sen} \theta_2 \cos \theta_1) \right]$$

Assim:

$$z_1 \cdot z_2 = \rho_1 \cdot \rho_2 [\cos (\theta_1 + \theta_2) + i \operatorname{sen} (\theta_1 + \theta_2)]$$

Notemos que o número complexo obtido é tal que:

- seu módulo é igual ao produto dos módulos de z_1 e z_2;
- seu argumento é congruente à soma dos argumentos de z_1 e z_2.

> **OBSERVAÇÕES** 🔍
>
> Esse raciocínio pode ser generalizado para o produto de **n** números complexos $z_1 \cdot z_2 \cdot ... \cdot z_n$, isto é:
>
> $$z_1 z_2 ... z_n = \rho_1 \rho_2 ... \rho_n [\cos (\theta_1 + \theta_2 + ... + \theta_n) + i \operatorname{sen} (\theta_1 + \theta_2 + ... + \theta_n)]$$

EXEMPLO 12

Sendo $z_1 = 4(\cos 60° + i \operatorname{sen} 60°)$ e $z_2 = 3(\cos 240° + i \operatorname{sen} 240°)$, podemos obter $z_1 \cdot z_2$ como segue:

$z_1 \cdot z_2 = 4 \cdot 3 [\cos (60° + 240°) + i \operatorname{sen} (60° + 240°)]$

Isto é: $z_1 \cdot z_2 = 12(\cos 300° + i \operatorname{sen} 300°)$

▶ Divisão

Queremos encontrar uma expressão para $\dfrac{z_1}{z_2}$ na forma trigonométrica.

Temos:

multiplicamos numerador e denominador por $\cos \theta_2 - i \operatorname{sen} \theta_2$

$$\frac{z_1}{z_2} = \frac{\rho_1(\cos \theta_1 + i \operatorname{sen} \theta_1)}{\rho_2(\cos \theta_2 + i \operatorname{sen} \theta_2)} \cdot \frac{(\cos \theta_2 - i \operatorname{sen} \theta_2)}{(\cos \theta_2 - i \operatorname{sen} \theta_2)} =$$

$$= \frac{\rho_1}{\rho_2} \cdot \frac{(\cos \theta_1 \cos \theta_2 - i \cos \theta_1 \operatorname{sen} \theta_2 + i \operatorname{sen} \theta_1 \cos \theta_2 - i^2 \operatorname{sen} \theta_1 \operatorname{sen} \theta_2)}{[\cos^2 \theta_2 - (i \operatorname{sen} \theta_2)^2]} =$$

$$= \frac{\rho_1}{\rho_2} \cdot \frac{(\cos \theta_1 \cos \theta_2 + \operatorname{sen} \theta_1 \operatorname{sen} \theta_2) + i(\operatorname{sen} \theta_1 \cos \theta_2 - \operatorname{sen} \theta_2 \cos \theta_1)}{\cos^2 \theta_2 + \operatorname{sen}^2 \theta_2}$$

Assim:

$$\frac{z_1}{z_2} = \frac{\rho_1}{\rho_2} \cdot [\cos (\theta_1 - \theta_2) + i \operatorname{sen} (\theta_1 - \theta_2)]$$

Note que o número complexo obtido é tal que:

- seu módulo é igual ao quociente entre os módulos de z_1 e z_2;
- seu argumento é congruente à diferença entre o argumento de z_1 e o argumento de z_2.

EXEMPLO 13

Dados $z_1 = 6(\cos 120° + i \operatorname{sen} 120°)$ e $z_2 = 2(\cos 30° + i \operatorname{sen} 30°)$, vamos obter $\dfrac{z_1}{z_2}$ e $\dfrac{z_2}{z_1}$ na forma algébrica:

- $\dfrac{z_1}{z_2} = \dfrac{6}{2}[\cos(120° - 30°) + i \operatorname{sen}(120° - 30°)]$

  $\dfrac{z_1}{z_2} = 3(\cos 90° + i \operatorname{sen} 90°)$; na forma algébrica temos: $\dfrac{z_1}{z_2} = 3i$

- $\dfrac{z_2}{z_1} = \dfrac{2}{6}[\cos(30° - 120°) + i \operatorname{sen}(30° - 120°)]$

  $\dfrac{z_2}{z_1} = \dfrac{1}{3}[\cos(-90°) + i \operatorname{sen}(-90°)]$, ou seja, $\dfrac{z_2}{z_1} = -\dfrac{1}{3}i$

EXERCÍCIOS

54 Sejam os números complexos:

$z_1 = 6(\cos 240° + i \operatorname{sen} 240°)$ $z_2 = \cos 30° + i \operatorname{sen} 30°$ $z_3 = 2(\cos 150° + i \operatorname{sen} 150°)$

Escreva na forma trigonométrica e, em seguida, identifique quais representam números imaginários puros.

a) $z_1 \cdot z_2$

b) $z_2 \cdot z_3$

c) $z_1 \cdot z_2 \cdot z_3$

d) $\dfrac{z_1}{z_2}$

e) $\dfrac{z_1}{z_3}$

f) $(z_1)^2$

55 Sejam $\mathbf{z_1}$ e $\mathbf{z_2}$ dois números complexos tais que $z_1 \cdot z_2 = 80(\cos 160° + i \operatorname{sen} 160°)$ e $\dfrac{z_2}{z_1} = 5(\cos 40° + i \operatorname{sen} 40°)$. Escreva $\mathbf{z_1}$ e $\mathbf{z_2}$ na forma trigonométrica.

▶ Potenciação em $\mathbb{C}$

O cálculo da potência $\mathbf{z^n}$, $n \in \mathbb{N}$ e $z \in \mathbb{C}$, fica muito trabalhoso quando escrevemos $\mathbf{z}$ na forma algébrica, pois temos que desenvolver.

$$(a + bi)^n = \underbrace{(a + bi) \cdot (a + bi) \cdot ... \cdot (a + bi)}_{n \text{ fatores}}$$

Considerando a forma trigonométrica $z = \rho(\cos \theta + i \operatorname{sen} \theta)$, lembremos que $z^n = \underbrace{z \cdot z \cdot z \cdot ... \cdot z}_{n \text{ fatores}}$.

Utilizando a expressão para o produto na forma trigonométrica, vem:

$$z^n = \underbrace{\rho \cdot \rho \cdot \rho \cdot ... \cdot \rho}_{n \text{ fatores}} \cdot [\cos \underbrace{(\theta + \theta + ... + \theta)}_{n \text{ parcelas}} +$$

$$+ i \operatorname{sen} \underbrace{(\theta + \theta + ... + \theta)}_{n \text{ parcelas}}]$$

isto é:

$$z^n = \rho^n \cdot [\cos(n\theta) + i \operatorname{sen}(n\theta)]$$

Esse resultado é conhecido como **1ª Fórmula de Moivre**.

EXEMPLO 14

Se $z = 4(\cos 30° + i \operatorname{sen} 30°)$, qual é o valor de $\mathbf{z^8}$?

Pela Fórmula de Moivre, temos:

$z^8 = 4^8(\cos 8 \cdot 30° + i \operatorname{sen} 8 \cdot 30°) =$

$= 4^8(\cos 240° + i \operatorname{sen} 240°)$

Da trigonometria, sabemos que:

$\cos 240° = -\cos 60° = -\dfrac{1}{2}$

$\operatorname{sen} 240° = -\operatorname{sen} 60° = -\dfrac{\sqrt{3}}{2}$

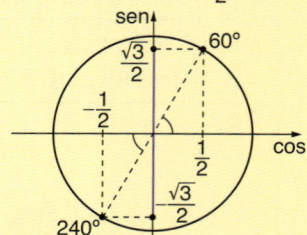

Daí, temos:

$z^8 = 4^8\left(-\dfrac{1}{2} + i \cdot \left(-\dfrac{\sqrt{3}}{2}\right)\right) = 2^{16}\left(-\dfrac{1}{2} - i\dfrac{\sqrt{3}}{2}\right) =$

$= 2^{15}(-1 - i\sqrt{3})$

EXERCÍCIO RESOLVIDO

7 Qual é o valor de $\left(-\dfrac{1}{2} + i\dfrac{\sqrt{3}}{2}\right)^{17}$?

Solução:

- Precisamos escrever $z = -\dfrac{1}{2} + i\dfrac{\sqrt{3}}{2}$ na forma trigonométrica, que é $z = \cos 120° + i \operatorname{sen} 120°$, observe que $|z| = 1$.

- Pela Fórmula de Moivre:

$$z^{17} = \cos \underbrace{2040°}_{17\,\cdot\,120°} + i \operatorname{sen} 2040°$$

Como $2040° = 5 \cdot 360° + 240°$, temos:

$$z^{17} = \cos 240° + i \operatorname{sen} 240° = -\dfrac{1}{2} - i\dfrac{\sqrt{3}}{2}$$

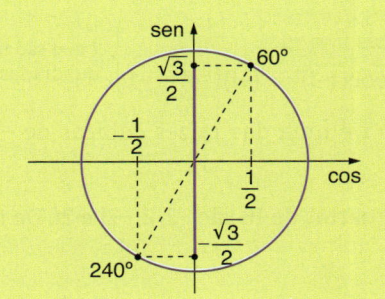

EXERCÍCIOS

56 Dado $z = 2(\cos 30° + i \operatorname{sen} 30°)$, obtenha a forma algébrica de:

a) z^3 **b)** z^6 **c)** z^{10}

57 Calcule as potências seguintes, escrevendo a resposta na forma algébrica:

a) $(2\sqrt{3} - 2i)^{10}$

b) $\left(-\dfrac{1}{2} + i\dfrac{\sqrt{3}}{2}\right)^8$

c) $(-\sqrt{3} - i)^7$

d) $\left(-\dfrac{3}{2} + \dfrac{3\sqrt{3}}{2}i\right)^6$

e) $(-2 + 2i)^{22}$

58 (Vunesp-SP) O número complexo $z = a + bi$ é vértice de um triângulo equilátero, como mostra a figura abaixo.

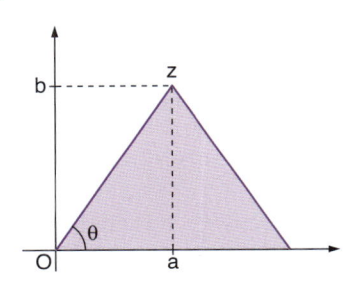

Sabendo que a área desse triângulo é igual a $36\sqrt{3}$, determine z^2.

59 Seja **P** o afixo do número complexo **z** e considere os números z^{45}, z^{50} e z^{100}.

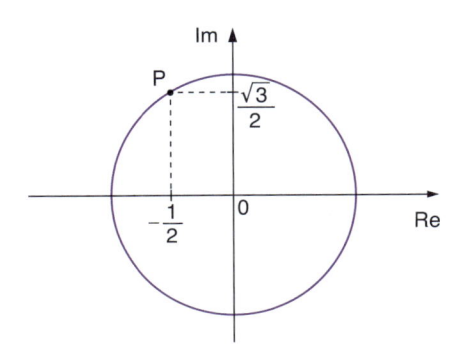

Quais são os afixos desses números?

60 (UF-PR) Considerando os números complexos $z = 1 + i$ e $\bar{z} = 1 - i$, então, sendo $i = \sqrt{-1}$ a unidade imaginária, escreva os números complexos z^3 e $(\bar{z})^4$ na forma $x + i \cdot y$.

61 Seja **z** um número complexo que satisfaz a equação $z + \dfrac{1}{z} + 1 = 0$ e cujo afixo pertence ao 3º quadrante no plano de Argand-Gauss. Qual é o menor valor natural de **n** para o qual z^n é um número real? Nesse caso, determine o número real z^n.

▶ Radiciação em ℂ

Seja **z** um número complexo. Dizemos que z_k é uma raiz enésima de **z** se $(z_k)^n = z$. Acompanhe os seguintes exemplos.

- $\sqrt{-1} = i$, pois $i^2 = -1$
  $\sqrt{-1} = -i$, pois $(-i)^2 = (-1)^2 \cdot i^2 = -1$ } **i** e **−i** são raízes quadradas de −1

- O número **i** é uma das raízes cúbicas de **−i**, pois: $i^3 = -i$.

- As raízes quartas de 16 são −2, 2, −2i e 2i. De fato:

  $(-2)^4 = 16$

  $2^4 = 16$

  $(-2i)^4 = (-2)^4 \cdot i^4 = 16 \cdot i^0 = 16$

  $(2i)^4 = 16i^4 = 16 \cdot 1 = 16$

2ª Fórmula de Moivre

Dado o número $z = \rho \cdot (\cos \theta + i \, \text{sen} \, \theta)$ e o natural **n** ($n \geqslant 2$), encontrar as raízes enésimas de **z** significa determinar $z_k = r \cdot (\cos \omega + i \, \text{sen} \, \omega)$ tal que $(z_k)^n = z$. Escrevendo essa última igualdade na forma trigonométrica, vem:

$[r \cdot (\cos \omega + i \, \text{sen} \, \omega)]^n = \rho \cdot (\cos \theta + i \, \text{sen} \, \theta)$

Pela 1ª Fórmula de Moivre:

$r^n \cdot [\cos (n \, \omega) + i \, \text{sen} \, (n\omega)] = \rho \cdot (\cos \theta + i \, \text{sen} \, \theta)$

Devemos ter:

- $r^n = \rho \Rightarrow \boxed{r = \sqrt[n]{\rho}}$

- $\begin{cases} \cos (n\omega) = \cos \theta \\ \text{sen} \, (n\omega) = \text{sen} \, \theta \end{cases} \Rightarrow n\omega = \theta + k \cdot 2\pi \Rightarrow$

  $\Rightarrow \boxed{\omega = \dfrac{\theta}{n} + k \cdot \dfrac{2\pi}{n}; \, k \in \mathbb{Z}}$

Vamos obter os valores de **k** de modo que ω resulte em um valor entre 0 e 2π:

$\begin{cases} k = 0 \Rightarrow \omega = \dfrac{\theta}{n} \quad * \\ k = 1 \Rightarrow \omega = \dfrac{\theta}{n} + \dfrac{2\pi}{n} \\ k = 2 \Rightarrow \omega = \dfrac{\theta}{n} + 2 \cdot \dfrac{2\pi}{n} \\ \quad \vdots \qquad \qquad \vdots \qquad \vdots \\ k = n - 1 \Rightarrow \omega = \dfrac{\theta}{n} + (n-1) \cdot \dfrac{2\pi}{n} \end{cases}$

Observe que se $k = n$, obtemos $\omega = \dfrac{\theta}{n} + n \cdot \dfrac{2\pi}{n} =$ $= \dfrac{\theta}{n} + 2\pi$, que é congruente ao valor obtido em ✱.

Desse modo, para obtermos os valores de z_k basta atribuir a **k**, sucessivamente, os valores: 0, 1, 2, ..., n − 1.

Esse resultado é conhecido como a **2ª Fórmula de Moivre**.

> ### OBSERVAÇÕES 🔍
>
> Note que as raízes enésimas de **z** são números complexos de mesmo módulo ($\sqrt[n]{|z|}$) e cujos argumentos principais formam uma P.A. de razão $\dfrac{2\pi}{n}$, com o primeiro termo igual a $\dfrac{\arg(z)}{n}$.

EXEMPLO 15

Vamos calcular as raízes quadradas de 2i e interpretá-las geometricamente.

1º passo: obtemos a forma trigonométrica de $z = 2i$.

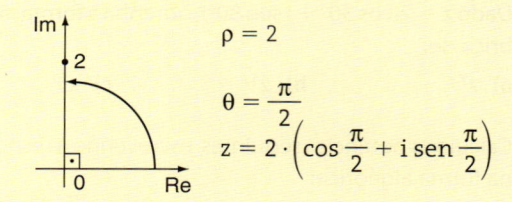

$\rho = 2$

$\theta = \dfrac{\pi}{2}$

$z = 2 \cdot \left(\cos \dfrac{\pi}{2} + i \, \text{sen} \, \dfrac{\pi}{2} \right)$

2º passo: devemos determinar $z_k = r \cdot (\cos \omega + i \, \text{sen} \, \omega)$ tal que $(z_k)^2 = z$, isto é:

$r^2 \cdot (\cos 2\omega + i \, \text{sen} \, 2\omega) = 2 \cdot \left(\cos \dfrac{\pi}{2} + i \, \text{sen} \, \dfrac{\pi}{2} \right)$

Daí:

- $r^2 = 2 \Rightarrow r = \sqrt{2}$

- $2\omega = \dfrac{\pi}{2} + k \cdot 2\pi \Rightarrow \omega = \dfrac{\pi}{4} + k\pi$; para $k = 0$ e $k = 1$

Assim, as raízes quadradas de 2i são:

- $k = 0 \Rightarrow \omega = \dfrac{\pi}{4}; r = \sqrt{2} \Rightarrow$

  $\Rightarrow z_0 = \sqrt{2} \cdot \left(\cos \dfrac{\pi}{4} + i \, \text{sen} \, \dfrac{\pi}{4} \right) =$

  $= \sqrt{2} \cdot \left(\dfrac{\sqrt{2}}{2} + i \, \dfrac{\sqrt{2}}{2} \right) = 1 + i$

- $k = 1 \Rightarrow \omega = \dfrac{\pi}{4} + \pi = \dfrac{5\pi}{4}; r = \sqrt{2} \Rightarrow$

$$\Rightarrow z_1 = \sqrt{2} \cdot \left(\cos \dfrac{5\pi}{4} + i \operatorname{sen} \dfrac{5\pi}{4} \right) =$$

$$= \sqrt{2} \cdot \left(-\dfrac{\sqrt{2}}{2} - i\dfrac{\sqrt{2}}{2} \right) = -1 - i$$

3º passo: interpretação geométrica.

Representando os afixos de $\mathbf{z}_0$ e $\mathbf{z}_1$ no plano complexo, obtemos os pontos $P_0(1, 1)$ e $P_1(-1, -1)$, respectivamente.

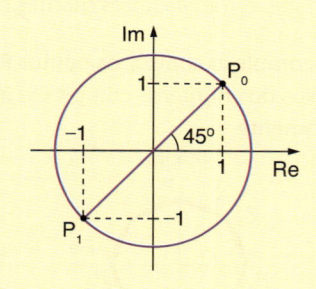

Observe que $\mathbf{P}_0$ e $\mathbf{P}_1$ são pontos diametralmente opostos de uma circunferência de centro na origem e raio $\sqrt{2}$.

Note também que, somando $\dfrac{2\pi}{2} = \pi$ ao argumento de $z_0 \left(\dfrac{\pi}{4} \right)$, obtemos o argumento de $z_1 \left(\dfrac{5\pi}{4} \right)$.

EXEMPLO 16

Vamos determinar, em $\mathbb{C}$, os valores de $\sqrt[3]{-1}$ e interpretá-los geometricamente.

1º passo: a forma trigonométrica de $z = -1$ é

```
Im
ρ = 1
—•—————————
-1    0    Re
```

$$z = 1(\cos \pi + i \operatorname{sen} \pi)$$

2º passo: devemos determinar $z_k = r \cdot (\cos \omega + i \operatorname{sen} \omega)$ tal que $z_k^3 = -1$, isto é,

$$r^3 \cdot (\cos 3\omega + i \operatorname{sen} 3\omega) = 1 \cdot (\cos \pi + i \operatorname{sen} \pi)$$

Daí:

- $r^3 = 1 \Rightarrow r = \sqrt[3]{1} = 1$

- $3\omega = \pi + k \cdot 2\pi \Rightarrow \omega = \dfrac{\pi}{3} + k \cdot \dfrac{2\pi}{3}$; para $k = 0, k = 1$ e $k = 2$.

Temos:

- $k = 0 \Rightarrow \omega = \dfrac{\pi}{3}$ e $r = 1 \Rightarrow$

$$\Rightarrow z_0 = 1 \cdot \left(\cos \dfrac{\pi}{3} + i \operatorname{sen} \dfrac{\pi}{3} \right) = \dfrac{1}{2} + i\dfrac{\sqrt{3}}{2}$$

- $k = 1 \Rightarrow \omega = \dfrac{\pi}{3} + \dfrac{2\pi}{3} = \pi$ e $r = 1 \Rightarrow$

$$\Rightarrow z_1 = 1 \cdot (\cos \pi + i \operatorname{sen} \pi) = -1$$

- $k = 2 \Rightarrow \omega = \dfrac{\pi}{3} + \dfrac{4\pi}{3} = \dfrac{5\pi}{3}$ e $r = 1 \Rightarrow$

$$\Rightarrow z_2 = 1 \cdot \left(\cos \dfrac{5\pi}{3} + i \operatorname{sen} \dfrac{5\pi}{3} \right) = \dfrac{1}{2} - i\dfrac{\sqrt{3}}{2}$$

3º passo: interpretação geométrica.

Os afixos de $\mathbf{z}_0$, $\mathbf{z}_1$ e $\mathbf{z}_2$ são, respectivamente,

$P_0 \left(\dfrac{1}{2}, \dfrac{\sqrt{3}}{2} \right)$, $P_1(-1, 0)$ e $P_2 \left(\dfrac{1}{2}, -\dfrac{\sqrt{3}}{2} \right)$.

Observe que $\mathbf{P}_0$, $\mathbf{P}_1$ e $\mathbf{P}_2$ são pontos de uma circunferência de centro $(0, 0)$ e raio 1, pois $\mathbf{z}_0$, $\mathbf{z}_1$ e $\mathbf{z}_2$ têm o mesmo módulo unitário.

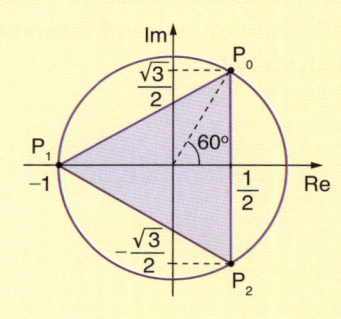

Os argumentos de $\mathbf{z}_0$, $\mathbf{z}_1$ e $\mathbf{z}_2 \left(\dfrac{\pi}{3}, \pi, \dfrac{5\pi}{3} \right)$ formam uma P.A. de razão $\dfrac{2\pi}{3}$, e $\mathbf{P}_0$, $\mathbf{P}_1$ e $\mathbf{P}_2$ são, portanto, vértices de um triângulo equilátero.

EXERCÍCIOS

62 Determine, em $\mathbb{C}$, os valores de $\sqrt{i}$.

63 Faça o que se pede a seguir.

a) Obtenha as raízes quadradas de 4i e represente-as no plano complexo.

b) Qual é a medida do diâmetro do círculo que contém os afixos das raízes representadas no item *a*?

64 Encontre as raízes cúbicas de 1 e represente-as no plano complexo. Qual é a área do polígono que tem como vértices os afixos das raízes?

65 Uma das raízes quartas de $-8 + i8\sqrt{3}$ é $z_0 = 2(\cos 30° + i \operatorname{sen} 30°)$. Escreva todas as raízes desse número complexo na forma algébrica.

66 (Vunesp-SP) As raízes de $x^4 - a = 0$ são os vértices de um quadrado no plano complexo. Se uma raiz é $1 + i$ e o centro do quadrado é $0 + 0i$, determine o valor de **a**.

67 Considere, no plano complexo, um quadrado com centro na origem. Um de seus vértices é o afixo de $z = -2i$.

a) Determine todos os vértices do quadrado.

b) Qual é a área do quadrado?

c) Obtenha uma equação de grau 4 cujas raízes tenham afixos nos vértices do quadrado.

68 No plano complexo abaixo, a circunferência tem centro na origem e raio $\sqrt[5]{2}$ e o ponto **Q** é o afixo de z_1.

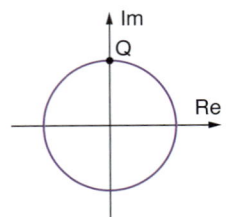

a) Determine $w = z_1^5$.

b) Determine, em $\mathbb{C}$, as raízes quintas de **w**.

69 No plano complexo abaixo, os pontos $P_0, P_1, P_2, \ldots P_7$ são os afixos dos números complexos $z_0, z_1, z_2, \ldots z_7$, respectivamente.

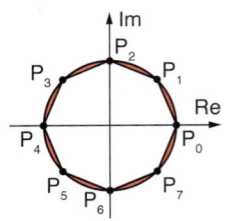

Sabendo que esses números complexos correspondem às raízes oitavas de 1, determine a área da região sombreada.
Use: $\pi \simeq 3,14$ e $\sqrt{2} \simeq 1,41$.

EXERCÍCIOS COMPLEMENTARES

1 (UnB-DF) Na figura a seguir, estão indicadas, no plano xOy, as sete estações de uma possível colônia terrestre em Marte. A unidade de distância, nesse sistema, é o decâmetro (dam), e a estação E_j está posicionada nas coordenadas (x_j, y_j).

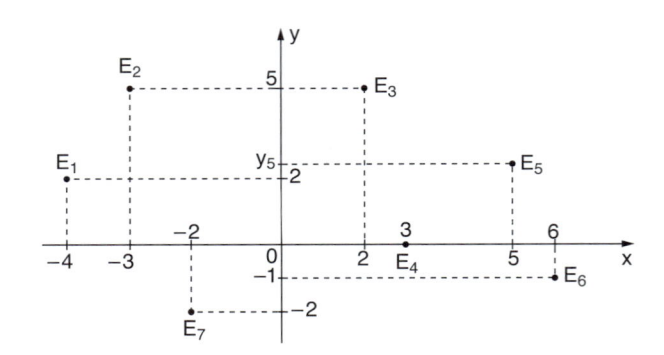

Considere que, na figura apresentada, as coordenadas (x, y) das estações sejam identificadas por números complexos $z = x + iy$, em que **i** é a unidade imaginá-

ria $(i^2 = -1)$. Nesse caso, as coordenadas da estação E_j são identificadas pelo número complexo Z_j. Com base nessas informações, julgue os itens I e II e assinale a opção correta no item III.

I. $\dfrac{Z_3 - Z_2}{Z_4 + Z_2} = -i$.

II. $|Z_1 Z_6|^2 = 228$.

III. O valor de $(Z_7)^4$ é:

a) -64.

c) $16 + 2i$

b) $16 - 4i$

d) $16 + 4i$

2 No plano de Argand-Gauss, os complexos **z** tais que
$$\begin{cases} |z + \bar{z}| = 6 \\ z \cdot \bar{z} = 10 \end{cases}$$
são vértices de um polígono.

a) Qual é o perímetro desse polígono?

b) Qual é a área desse polígono?

3 (Fuvest-SP) Determine os números complexos **z** que satisfazem, simultaneamente, $|z| = 2$ e $\text{Im}\left(\dfrac{z-i}{1+i}\right) = \dfrac{1}{2}$.

Lembretes: $i^2 = -1$; se $w = a + bi$, com **a** e **b** reais, então $|w| = \sqrt{a^2 + b^2}$ e $\text{Im}(w) = b$.

4 (FGV-SP) Seja **f** uma função que, a cada número complexo **z**, associa $f(z) = iz$, onde **i** é a unidade imaginária. Determine os complexos **z** de módulo igual a 4 e tais que $f(z) = \overline{z}$, onde $\overline{z}$ é o conjugado de **z**.

5 Seja **A** a região do plano complexo definida por $A = \left\{z \in \mathbb{C} \mid \text{Re}\left(\dfrac{1}{z}\right) + \text{Im}\left(\dfrac{1}{\overline{z}}\right) \geqslant 1\right\}$. Qual é a área de **A**?

6 (Fuvest-SP) A figura representa o número $\omega = \dfrac{-1 + i\sqrt{3}}{2}$ no plano complexo, sendo $i = \sqrt{-1}$ a unidade imaginária.

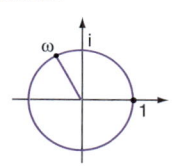

Nessas condições,

a) determine as partes real e imaginária de $\dfrac{1}{\omega}$ e de ω^3.

b) represente $\dfrac{1}{\omega}$ e ω^3 na figura acima.

c) determine as raízes complexas da equação $z^3 - 1 = 0$.

7 Faça o que se pede a seguir.
a) Dado o número complexo $z = 2\sqrt{3} + 2i$, determine os dois menores valores naturais de **n**, para os quais z^n é imaginário puro.

b) Qual é o menor valor do natural positivo **n** para o qual $(\sqrt{3} - i)^n$ é um número real? Qual é, nesse caso, o número real?

8 (UnB-DF)

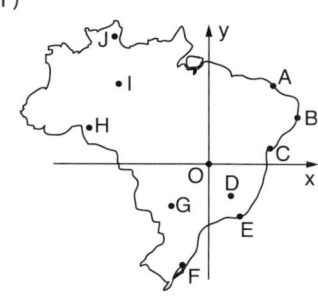

Cidades	Pontos	Coordenadas
Fortaleza	A	$(7, 9)$
Recife	B	$(10, 6)$
Salvador	C	$(7, 2)$
Belo Horizonte	D	$(2, -4)$
Rio de Janeiro	E	$(3, -6)$
Porto Alegre	F	$(-3, -12)$
Campo Grande	G	$(-4, -5)$
Porto Velho	H	$(-12, 4)$
Manaus	I	(r, s)
Boa Vista	J	(t, u)

No mapa, estão identificadas, em um sistema de coordenadas cartesianas ortogonais xOy, as localizações de algumas cidades brasileiras, entre elas, aquelas que sediaram a Copa das Confederações. Brasília, indicada por **O**, corresponde à origem e, na tabela, estão as coordenadas das demais cidades, identificadas pelas letras de **A** a **J**. Cada ponto (x, y) do plano está identificado com um número complexo $z = x + iy$, em que **i** é a unidade imaginária ($i^2 = -1$). Nesse sistema, as medidas das coordenadas estão estabelecidas em unidade de distância referencial denotada por u.d.

Com base nessas informações, julgue os itens *a* a *g*, e faça o que se pede nos itens *h* e *i*:

a) Os pontos correspondentes a Campo Grande, Brasília e Fortaleza estão alinhados.

b) Considerando as coordenadas dos pontos I(r, s) e J(t, u), que representam, respectivamente, Manaus e Boa Vista, conclui-se que $-24 \leqslant r + t \leqslant -8$.

c) Para assistirem a um jogo em Fortaleza, os torcedores que moram em Brasília deverão percorrer uma distância de pelo menos 11,2 u.d.

d) No mapa apresentado, Recife está no interior do círculo cuja circunferência tem centro na origem e passa por Porto Alegre.

e) É isósceles o triângulo com vértices nos pontos que identificam Fortaleza, Recife e Salvador.

f) Considere que os números complexos z_1 e z_2 correspondam, respectivamente, aos pontos referentes a Fortaleza e Recife.

Nesse caso,

$$z_1 - z_2 = 3\sqrt{2}\left[\cos\left(\frac{3\pi}{4}\right) + i \operatorname{sen}\left(\frac{3\pi}{4}\right)\right].$$

g) Considere que os números complexos z_1 e z_2 correspondam, respectivamente, às localizações de Belo Horizonte e Rio de Janeiro. Nesse caso, $\frac{z_1}{z_2}$ é um número real.

h) Calcule o coeficiente angular da reta perpendicular àquela que passa por Belo Horizonte e Porto Velho. Multiplique o valor encontrado por 100.

i) Assinale a opção que apresenta a equação correta da circunferência que tem o centro no Rio de Janeiro e passa por Porto Velho.

a) $x^2 + y^2 - 6x - 12y - 280 = 0$

b) $x^2 + y^2 + 6x + 12y - 325 = 0$

c) $x^2 + y^2 - 6x + 12y - 280 = 0$

d) $x^2 + y^2 - 6x - 12y - 325 = 0$

9 (FGV-RJ)

a) Considere os números complexos $z_1 = 1 + i$, $z_2 = 2 \cdot (1 + i)$, em que **i** é o número complexo tal que $i^2 = -1$. Represente, no plano cartesiano, o triângulo cujos vértices são os afixos dos números complexos $z_1 + z_2$, $z_2 - z_1$ e $z_1 \cdot z_2$ e calcule a área desse triângulo.

b) A razão de semelhança entre um novo triângulo, semelhante ao triângulo original, e o triângulo original é igual a 3. Qual é a área desse novo triângulo?

10 (UF-PR) Considere, no plano complexo, os pontos $(1, 0)$, $\left(-\frac{1}{2}, \frac{\sqrt{3}}{2}\right)$ e $\left(-\frac{1}{2}, -\frac{\sqrt{3}}{2}\right)$, respectivas imagens dos números complexos z_1, z_2 e z_3, que correspondem às raízes cúbicas de 1.

a) Qual é o menor inteiro $n > 1$, de modo que $(z_2)^n = 1$?

b) Calcule $(z_3)^{100}$.

11 (UF-BA) Sendo z_1 e z_2 números complexos tais que:

- z_1 é a raiz cúbica de 8i que tem afixo no segundo quadrante;
- z_2 satisfaz a equação $x^4 + x^2 - 12 = 0$ e $\operatorname{Im}(z_2) > 0$.

  Calcule: $\left|\sqrt{3} \cdot \dfrac{z_1}{z_2} + \overline{z}_2\right|$.

12 (UF-PE) A representação geométrica dos números complexos **z** que satisfazem a igualdade $2 \cdot |z - i| = |z - 2|$ formam uma circunferência com raio **r** e centro no ponto com coordenadas (a, b). Calcule **r**, **a** e **b**.

13 (PUC-SP) Dado o número complexo $z = \cos\frac{\pi}{6} + i \cdot \operatorname{sen}\frac{\pi}{6}$, então, se P_1, P_2 e P_3 são as respectivas imagens de **z**, z^2 e z^3 no plano complexo, determine a medida do maior ângulo do triângulo $P_1P_2P_3$.

a) 75° **b)** 100° **c)** 120° **d)** 135° **e)** 150°

14 (FGV-SP)

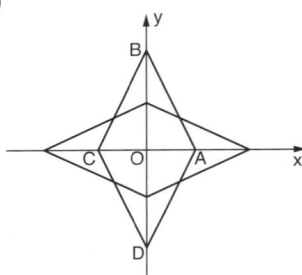

a) Calcule a área do losango ABCD cujos vértices são os afixos dos números complexos: 3, 6i, −3 e −6i, respectivamente.

b) Quais são as coordenadas dos vértices do losango A'B'C'D' que se obtém girando 90° o losango ABCD, em torno da origem do plano cartesiano, no sentido anti-horário?

c) Por qual número devemos multiplicar o número complexo cujo afixo é o ponto **B** para obter o número complexo cujo afixo é o ponto **B'**?

TESTES

1 (PUC-RS) A área da figura representada no plano de Argand-Gauss pelo conjunto de pontos $\{z \in \mathbb{C} : |z| \leq 1\}$ é:

a) $\frac{1}{2}$ **d)** π

b) 1 **e)** 2π

c) $\frac{\pi}{2}$

2 (Unicamp-SP) O módulo do número complexo $z = i^{2014} - i^{1987}$ é igual a:

a) 0 **c)** 1

b) $\sqrt{3}$ **d)** $\sqrt{2}$

3 (UE-CE) Um número complexo **z**, em sua forma trigonométrica, é do tipo $z = p(\cos q + i \operatorname{sen} q)$, onde **p** é o módulo de **z** e **q** é a medida em radiano do argumento de **z**. Ao apresentarmos o número complexo $z = -1 + i\sqrt{3}$ em sua forma trigonométrica, os parâmetros **p** e **q** são respectivamente:

a) $p = 2, q = \dfrac{3\pi}{4}$ **c)** $p = 3, q = \dfrac{3\pi}{4}$

b) $p = 3, q = \dfrac{2\pi}{3}$ **d)** $p = 2, q = \dfrac{2\pi}{3}$

4 (UF-AM) Se o número complexo **z** é definido pelo gráfico a seguir, então z^{27} está localizado no:

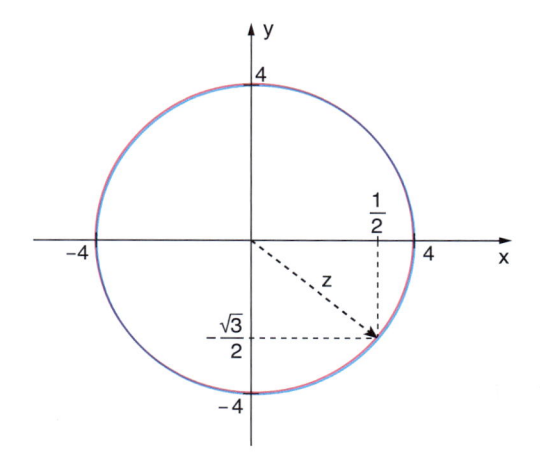

a) primeiro quadrante.

b) segundo quadrante.

c) terceiro quadrante.

d) quarto quadrante.

e) eixo das abscissas.

5 (Unicamp-SP) Sejam **x** e **y** números reais tais que $x + yi = \sqrt{3 + 4i}$, onde **i** é a unidade imaginária. O valor de xy é igual a:

a) -2 **c)** 1

b) -1 **d)** 2

6 (FGV-SP) Sendo **i** a unidade imaginária, então $(1 + i)^{20} - (1 - i)^{20}$ é igual a:

a) $-1\,024$ **d)** $1\,024$

b) $-1\,024i$ **e)** $1\,024i$

c) 0

7 (U.E. Londrina-PR) O número complexo **z** que verifica a equação $iz - 2\bar{z} + (1 + i) = 0$ é:

a) $z = 1 + i$ **d)** $z = 1 + \left(\dfrac{i}{3}\right)$

b) $z = \left(\dfrac{1}{3}\right) - i$ **e)** $z = 1 - i$

c) $z = \dfrac{(1 - i)}{3}$

8 (UF-AM) A soma dos números complexos $i + i^2 + i^3 + \ldots + i^{2011}$ vale:

a) -1 **b)** 1   **c)** i   **d)** $-i$ **e)** 0

9 (UF-PB) No plano complexo de Argand-Gauss, a desigualdade que representa a região sombreada abaixo, inclusive o bordo dessa região, é dada por:

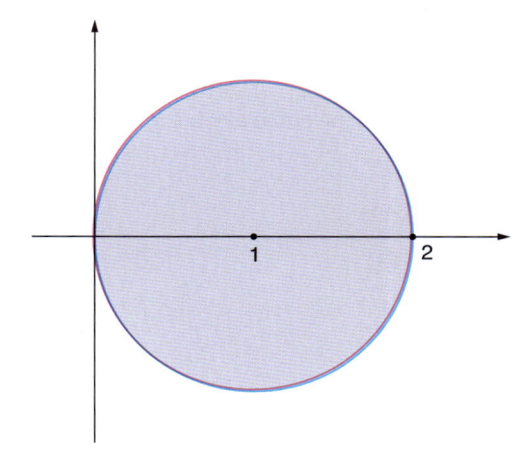

a) $|z - 1| \geqslant 1$ **d)** $|z - 1| \geqslant 0$

b) $|z - 1| \leqslant 1$ **e)** $|z - 1|^2 > 1$

c) $|z - i| \geqslant 1$

10 (Ibmec-RJ) Seja **z** um número complexo tal que:

$z = \left(\dfrac{2}{1 - i}\right)^4$, onde **i** é a unidade imaginária.

É correto afirmar que o módulo e o argumento de **z** são iguais, respectivamente, a:

a) $2 \text{ e } \dfrac{\pi}{2}$ **d)** $4 \text{ e } \dfrac{\pi}{2}$

b) $2 \text{ e } \pi$ **e)** $4 \text{ e } \pi$

c) $2 \text{ e } \dfrac{3\pi}{2}$

11 (Unifesp-SP) Considere, no plano complexo, conforme a figura, o triângulo de vértices $z_1 = 2$, $z_2 = 5 \text{ e } z_3 = 6 + 2i$.

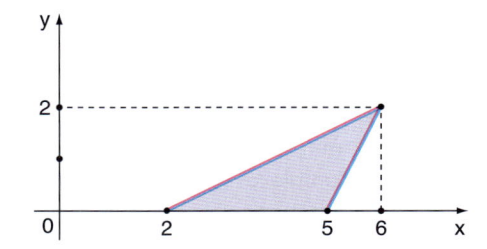

A área do triângulo de vértices $w_1 = iz_1$, $w_2 = iz_2$ e $w_3 = 2iz_3$ é:

a) 8   **b)** 6   **c)** 4   **d)** 3   **e)** 2

12 (FGV-SP) A figura indica a representação dos números Z_1 e Z_2 no plano complexo.

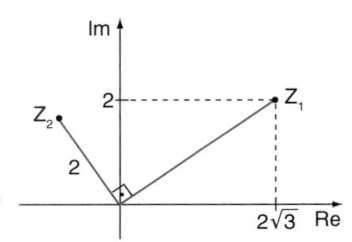

Se $Z_1 \cdot Z_2 = a + bi$, então $a + b$ é igual a:

a) $4(1 - \sqrt{3})$

b) $2((\sqrt{3}) - 1)$

c) $2(1 + \sqrt{3})$

d) $8((\sqrt{3}) - 1)$

e) $4((\sqrt{3}) + 1)$

13 (FGV-SP) Os quatros vértices de um quadrado no plano Argand-Gauss são números complexos, sendo três deles $1 + 2i$, $-2 + i$ e $-1 - 2i$. O quarto vértice do quadrado é o número complexo:

a) $2 + i$

b) $2 - i$

c) $1 - 2i$

d) $-1 + 2i$

e) $-2 - i$

14 (U.F. Pelotas-RS) Considerando o número complexo $Z = a + bi$, em que **i** é a unidade imaginária, $a < b$, módulo de **Z** é igual a 5 e módulo de $Z + i$ é igual a $2\sqrt{5}$, é correto afirmar que a diferença entre esse número **Z** e o seu conjugado é igual a:

a) $6i$

b) -8

c) $-6i$

d) 8

e) 0

15 (UE-CE) O conjugado, $\bar{z}$, do número complexo $z = x + iy$, com **x** e **y** números reais, é definido por $\bar{z} = x - iy$. Identificando o número complexo $z = x + iy$ com o ponto (x, y) no plano cartesiano, podemos afirmar corretamente que o conjunto dos números complexos **z** que satisfazem a relação $z\bar{z} + z + \bar{z} = 0$ estão sobre:

a) uma reta.

b) uma circunferência.

c) uma parábola.

d) uma elipse.

16 (UF-AM) Simplificando o número complexo $\left(\dfrac{\sqrt{2}}{2} - \dfrac{\sqrt{2}}{2}i\right)^{2010}$, obtemos:

a) $2i$

b) i

c) $-i$

d) 1

e) -1

17 (UE-CE) Se **i** é a unidade imaginária ($i^2 = -1$), a forma trigonométrica do número complexo $z = \dfrac{3}{1 - i} - \dfrac{i}{1 + i}$, considerando o argumento principal, é:

a) $\sqrt{2}\left(\cos\dfrac{\pi}{4} + i \cdot \operatorname{sen}\dfrac{\pi}{4}\right)$

b) $\sqrt{2}\left(\cos\dfrac{3\pi}{4} + i \cdot \operatorname{sen}\dfrac{3\pi}{4}\right)$

c) $\sqrt{3}\left(\cos\dfrac{\pi}{4} + i \cdot \operatorname{sen}\dfrac{\pi}{4}\right)$

d) $\sqrt{3}\left(\cos\dfrac{3\pi}{4} + i \cdot \operatorname{sen}\dfrac{3\pi}{4}\right)$

18 (UE-CE) Se identificarmos o número real **p** com o número complexo $p + 0i$, a área do triângulo, no plano complexo, cujos vértices são as raízes da equação $x^3 - 4x^2 + 4x - 16 = 0$ é igual a:

a) 16 u. a.

b) 12 u. a.

c) 8 u. a.

d) 4 u. a.

19 (FGV-SP) O número complexo $z = a + bi$, com **a** e **b** reais, satisfaz $z + |z| = 2 + 8i$, em que $|a + bi| = \sqrt{a^2 + b^2}$. Nessas condições, $|z|^2$ é igual a:

a) 68

b) 100

c) 169

d) 208

e) 289

20 (UF-RS) O menor número inteiro positivo **n**, para o qual a parte imaginária do número complexo $\left(\cos\dfrac{\pi}{8} + i \cdot \operatorname{sen}\dfrac{\pi}{8}\right)^n$ é negativa, é:

a) 3 **c)** 6 **e)** 9

b) 4 **d)** 8

▶ Introdução

Considere as seguintes situações:

- A vendedora de uma loja de roupas recebe salário fixo de R$ 1100,00 e comissão de 2% sobre o total de vendas no mês. Representando por **x** o total de vendas em um mês, seu salário pode ser dado pela expressão:

$$1100 + 0,02 \cdot x$$

THINKSTOCK/GETTY IMAGES

O salário da vendedora pode ser expresso por um polinômio.

- Em um retângulo, uma dimensão excede a outra em 5 cm. Representando a medida do menor lado por **x**, a medida do outro lado é $x + 5$, e a área desse retângulo é expressa por:

$$x \cdot (x + 5) = \boxed{x^2 + 5x}$$

- A medida da aresta de um cubo é **x** e seu volume é representado pela expressão: x^3

  Aumentando em uma unidade a medida de sua aresta, o volume do novo cubo obtido é dado por:

$$(x + 1)^3 = \boxed{x^3 + 3x^2 + 3x + 1}$$

Cada uma das expressões destacadas acima é um exemplo de **expressão polinomial** ou **polinômio**.

▶ Definição

Um **polinômio** na variável complexa **x** é uma expressão dada por:

$$a_n \cdot x^n + a_{n-1} \cdot x^{n-1} + \ldots + a_2 \cdot x^2 + a_1 \cdot x + a_0$$

em que:

- a_n, a_{n-1}, ..., a_2, a_1, a_0 são números complexos chamados **coeficientes** do polinômio; a_0 é o **coeficiente independente** do polinômio.
- **n** é um número natural.
- o **grau** do polinômio é o número natural correspondente ao maior expoente de **x**, com coeficiente não nulo.

EXEMPLO 1

- $4x^3 - 5x^2 + \dfrac{1}{2}x - 7$ é um polinômio de grau 3.

- $-\dfrac{1}{6}x^5 + x^2 - 3x + 1$ é um polinômio de grau 5.

- $2ix^2 + x - 2$ é um polinômio de grau 2.

- $x^6 - ix^3 + 4x^2 - 3i$ é um polinômio de grau 6.

- $x + 4$ é um polinômio de grau 1.

- -7 é um polinômio de grau 0.

OBSERVAÇÕES 🔍

- A expressão $2x + \dfrac{3}{x^2} + \dfrac{4}{x} = 2x + 3x^{-2} + 4x^{-1}$ não é um polinômio, pois os expoentes de **x** não podem ser negativos.

- A expressão $3x^2 - 5\sqrt{x} + 2 = 3x^2 - 5x^{\frac{1}{2}} + 2$ não é um polinômio, pois os expoentes de **x** não podem ser fracionários.

▶ Coeficiente dominante

Seja $a_n \cdot x^n + a_{n-1} \cdot x^{n-1} + \ldots + a_2 \cdot x^2 + a_1 \cdot x + a_0$, com $a_n \neq 0$, um polinômio de grau **n**.
O coeficiente a_n é chamado **coeficiente dominante** do polinômio.

EXEMPLO 2

- $-x^3 + 15x^2 - 7x + 3$ possui coeficiente dominante igual a -1.

- $\dfrac{4}{3}x^5 + 2x - 1$ tem coeficiente dominante igual a $\dfrac{4}{3}$.

- $2ix^2 + 4x^3 + ix^4$ tem coeficiente dominante igual a **i**.

▶ Função polinomial

Vamos considerar uma função $f: \mathbb{C} \to \mathbb{C}$ que a cada $x \in \mathbb{C}$ associa o polinômio $a_n x^n + a_{n-1} x^{n-1} + \ldots + a_1 x + a_0$, isto é, $f(x) = a_n x^n + a_{n-1} x^{n-1} + \ldots + a_1 x + a_0$.

A função **f** recebe o nome de **função polinomial**.

Por exemplo, as funções **f**, **g** e **h**, definidas, respectivamente, por $f(x) = 4x - 5$, $g(x) = 2x^2 - x + 1$ e $h(x) = ix^3 - 2x + 4$, são funções polinomiais.

Como a cada polinômio está associada uma única função e, reciprocamente, a cada função está associado um único polinômio, podemos, daqui em diante, usar indistintamente os termos polinômio ou função polinomial.

EXERCÍCIOS RESOLVIDOS

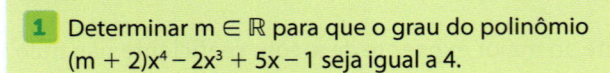

1 Determinar $m \in \mathbb{R}$ para que o grau do polinômio $(m + 2)x^4 - 2x^3 + 5x - 1$ seja igual a 4.

Solução:
Para que o polinômio tenha grau 4, basta que o coeficiente de x^4 não se anule: $m + 2 \neq 0 \Rightarrow m \neq -2$.

2 Discutir, em função de **m**, o grau do polinômio:
$p(x) = (m^2 - 25)x^7 + (m + 5)x^4 + 6x^3 - 2x + 5$.

Solução:
Há três casos que devemos considerar:

- 1º caso: o grau de p(x) será 7 se $m^2 - 25 \neq 0$, isto é, se $m \neq -5$ e $m \neq 5$.

- 2º caso: o grau de p(x) será 4 quando o coeficiente de x^7 for nulo e o coeficiente de x^4 não for nulo, isto é, se $m^2 - 25 = 0$ e $m + 5 \neq 0 \Rightarrow$ $\Rightarrow m = \pm 5$ e $m \neq -5 \Rightarrow m = 5$.

- 3º caso: o grau de p(x) será 3 se os coeficientes de x^7 e de x^4 se anularem simultaneamente, isto é, se $m^2 - 25 = 0$ e $m + 5 = 0 \Rightarrow m = -5$.

EXERCÍCIOS

1 Assinale os itens cujas expressões representam polinômios:

a) $-2x^{10} + x^5 - 1$

b) $\dfrac{4}{x^2} + \dfrac{1}{x} - 3x + 5$

c) $(x + 4)^2$

d) $2x + 3^x - 1$

e) $\sqrt{x+5}$

f) $\dfrac{1}{i} x^3 - 2x + 4i$

2 Determine o grau de cada polinômio a seguir:

a) $3x^4 - 6x^2 + 5x - 1$

b) $2x - x^3$

c) $x^7 + x^2 + 1$

d) $(3x^2 + 10x)^7$

e) $(4x - 1) \cdot (x^2 - x - 3)$

f) -3

g) x

h) $x \cdot x^2 \cdot x^3 \cdot \ldots \cdot x^{15}$

3 Determine $m \in \mathbb{R}$ de modo que o polinômio $p(x) = (m^2 - 2)x^4 + 6x^3 - 4x + 2$ tenha grau 4.

4 Identifique o coeficiente dominante de cada um dos polinômios seguintes:

a) $10x^5 - x^3 + 100x - 99$

b) $-\dfrac{1}{2} x^3 + \dfrac{1}{3} x^4 - x^2 + 2$

c) $-x^4 + x^3 - x^2 + x - 1$

d) $x + x^2 + 2ix^3 + ix^4$

e) $(x + 5)^3$

5 Para que valores reais de **k** a expressão polinomial $(2k^2 - 8)x^3 - 2x^2 + 5x - 1$ tem grau 2?

6 Discuta, em função de **m**, o grau do polinômio $p(x) = (m + 2)x^4 - 2x^3 + 5x - 1$.

7 Responda: é possível que o grau do polinômio $p(x) = (m^2 - 4)x^5 + (m + 2)x^4 - 3x + 1$ seja:

a) 5? **b)** 4? **c)** 3? **d)** 1?

Em caso afirmativo, dê, para cada item, as condições em que isso ocorre.

▶ Polinômio nulo

▶ Definição

Polinômio nulo (ou polinômio identicamente nulo) é aquele que possui todos os coeficientes iguais a zero. Assim, o polinômio $a_n \cdot x^n + a_{n-1} \cdot x^{n-1} + \ldots + a_2 x^2 + a_1 \cdot x + a_0$ é nulo se $a_n = a_{n-1} = \ldots = a_2 = a_1 = a_0 = 0$.

Pelo fato de o polinômio ter todos os coeficientes iguais a zero, não se define o grau de um polinômio nulo.

EXEMPLO 3

A condição para que o polinômio $ax^2 + bx + (c + 1)$ seja nulo é que todos os seus coeficientes sejam iguais a zero, isto é:

$a = 0; b = 0$ e $c + 1 = 0 \Rightarrow c = -1$

▶ Valor numérico

Seja $\alpha \in \mathbb{C}$ e **p** o polinômio definido por $p(x) = a_n x^n + a_{n-1} x^{n-1} + \ldots + a_1 x + a_0$.

O **valor numérico de _p_ em _α_** é igual ao número complexo obtido quando substituímos **x** por **α** e efetuamos as operações, isto é:

$$p(\alpha) = a_n \cdot \alpha^n + a_{n-1} \cdot \alpha^{n-1} + \ldots + a_1 \cdot \alpha + a_0$$

EXEMPLO 4

Seja o polinômio $p(x) = 2x^3 + x^2 - 4x + 1$.

Vamos calcular seus valores numéricos para $x = 2$ e para $x = i$.

- Trocamos **x** por 2:

$p(2) = 2 \cdot 2^3 + 2^2 - 4 \cdot 2 + 1 = 16 + 4 - 8 + 1 \Rightarrow p(2) = 13$

- Trocamos **x** por **i** e obtemos:

$p(i) = 2 \cdot i^3 + i^2 - 4i + 1 = -2i - \cancel{1} - 4i + \cancel{1} \Rightarrow p(i) = -6i$

OBSERVAÇÕES

Considerando o polinômio $p(x) = a_n \cdot x^n + a_{n-1} \cdot x^{n-1} + ... + a_2 x^2 + a_1 \cdot x + a_0$, temos que:

- $p(1) = a_n \cdot 1^n + a_{n-1} \cdot 1^{n-1} + ... + a_2 \cdot 1^2 + a_1 \cdot 1 + a_0 = a_n + a_{n-1} + ... + a_1 + a_0$, isto é, **p(1)** é igual à **soma dos coeficientes de um polinômio**.

- $p(0) = a_n \cdot 0^n + a_{n-1} \cdot 0^{n-1} + ... + a_2 \cdot 0^2 + a_1 \cdot 0^1 + a_0 = a_0$, isto é, **p(0)** é igual ao **coeficiente independente de um polinômio**.

▶ Raiz

Seja $\alpha \in \mathbb{C}$.

Dizemos que **α** é raiz do polinômio $p(x) = a_n \cdot x^n + a_{n-1} \cdot x^{n-1} + ... + a_1 \cdot x + a_0$ se $p(\alpha) = 0$, isto é:

$$a_n \cdot \alpha^n + a_{n-1} \cdot \alpha^{n-1} + ... + a_1 \cdot \alpha + a_0 = 0$$

EXEMPLO 5

O número 2i é uma raiz do polinômio $p(x) = x^3 + 3x^2 + 4x + 12$, pois:

$p(2i) = (2i)^3 + 3(2i)^2 + 4 \cdot 2i + 12$

Isto é:

$p(2i) = 8i^3 + 12i^2 + 8i + 12 \Rightarrow$
$\Rightarrow p(2i) = -8i - 12 + 8i + 12 = 0$

EXEMPLO 6

O número −3 é uma raiz do polinômio $p(x) = x^3 + x^2 - 4x + 6$, pois substituindo **x** por −3 obtemos:

$p(-3) = (-3)^3 + (-3)^2 - 4 \cdot (-3) + 6 =$
$= -27 + 9 + 12 + 6 = 0$

Já o número 2 não é raiz desse polinômio, pois $p(2) = 2^3 + 2^2 - 4 \cdot 2 + 6 = 10 \neq 0$.

EXERCÍCIO RESOLVIDO

3 Sabendo que $x = -4$ é uma raiz do polinômio $p(x) = x^2 + mx - 3$, determinar o valor de **m**.

Solução:

Como −4 é raiz, devemos ter $p(-4) = 0$, isto é: $(-4)^2 + m(-4) - 3 = 0 \Rightarrow 16 - 4m - 3 = 0 \Rightarrow m = \dfrac{13}{4}$

EXERCÍCIOS

8 O polinômio $p(x) = ax + (b - 2)$ é nulo. Quais são os valores de **a** e **b**?

9 Para que valor(es) de **a** a expressão polinomial $p(x) = (2a - 1) \cdot x^3 + (1 - 4a^2)x^2 + (2 - 4a)x$ é um polinômio nulo?

10 Determine os valores de **a**, **b**, **c** e **d**, a fim de que $(a - 1)x^3 + (2a - b + 3)x^2 + (b - c)x + (c - 2d)$ seja nulo.

11 Sendo $p(x) = x^2 - 5x + 3$, obtenha o valor numérico de **p** para:

a) $x = 0$ c) $x = 2$ e) $x = i$

b) $x = 1$ d) $x = 1 + i$

12 Entre os números complexos: i, 1, 3, $1 + 2i$, 0, qual(is) é(são) raiz/raízes de $p(x) = x^3 - 5x^2 + 11x - 15$?

13 Sabendo que −1 é raiz de $p(x) = (x - 2)^2 + m$ ($m \in \mathbb{R}$), determine:

a) o valor da constante **m**;

b) a outra raiz de p(x).

14 Determine **a** e **b** em $p(x) = ax^3 - 2x^2 + bx - 1$, sabendo que 1 é raiz de p(x) e que $p(2) = 3$.

15 Determine o polinômio **p** de grau 1 tal que $p(2) = 5$ e $p(-1) = 2$.

16 O número **i** é raiz do polinômio $p(x) = x^2 + 3x + k$, em que **k** é uma constante complexa. Determine:

a) k; b) $p(2 + i)$, usando o item *a*.

17 Obtenha o polinômio de 2º grau que tem 2i como uma de suas raízes e cuja soma dos coeficientes é igual a 5.

▶ Polinômios iguais

▶ Definição

Sejam **f** e **g** dois polinômios respectivamente definidos por:

$$f(x) = a_n x^n + a_{n-1} x^{n-1} + \ldots + a_1 x + a_0$$

e

$$g(x) = b_n x^n + b_{n-1} x^{n-1} + \ldots + b_1 x + b_0$$

Dizemos que **f** e **g** são iguais (ou idênticos) quando assumem o mesmo valor numérico para qualquer valor de **x**, isto é:

$$f = g \Leftrightarrow f(x) = g(x), \forall\, x \in \mathbb{C}$$

É possível mostrar que dois polinômios **f** e **g** são iguais quando os coeficientes de **f** e **g** são ordenadamente iguais, isto é, os coeficientes dos termos de mesmo expoente são iguais.

EXEMPLO 7

- Para que os polinômios $ax^2 + bx + c$ e $-3x^2 + 5x - 1$ sejam iguais, devemos ter: $a = -3$, $b = 5$ e $c = -1$.
- O polinômio $mx^3 + nx^2 + px + q$ é idêntico ao polinômio $4x^2 - x + 2$ quando $m = 0$, $n = 4$, $p = -1$ e $q = 2$.

EXERCÍCIO RESOLVIDO

4 Determinar os valores de **a** e **b** para os quais é valida a igualdade: $\dfrac{x+3}{x^2-4} = \dfrac{a}{x+2} + \dfrac{b}{x-2}$; $x \neq -2$ e $x \neq 2$.

Solução:

$$\dfrac{x+3}{x^2-4} = \dfrac{\overbrace{a(x-2)+b(x+2)}^{}}{\underbrace{(x+2)(x-2)}_{x^2-4}} \Rightarrow$$

$$\Rightarrow a(x-2) + b(x+2) = x + 3 \Rightarrow$$

$$\Rightarrow ax - 2a + bx + 2b = x + 3$$

Agrupamos os termos semelhantes:

$$(a + b)x + (-2a + 2b) = x + 3$$

Da igualdade de polinômios segue:

$$\begin{cases} a + b = 1 \\ -2a + 2b = 3 \end{cases}$$

cuja solução é: $a = -\dfrac{1}{4}$ e $b = \dfrac{5}{4}$.

EXERCÍCIOS

18 Calcule os valores de **a** e **b**, de modo que seja satisfeita a igualdade $(a + 3)x + (b - 1) = 2x - 3$.

19 Para que valores de **m**, **n** e **p** ocorre a igualdade $mx^2 + (2n + 3)x - p = 5x + 1$?

20 Sendo $(m - n)x^2 + (3m + 2n)x + (2n - p) = 5x - 1$, determine os valores **m**, **n** e **p**.

21 Determine **m** e **n** reais de modo que:
$$\dfrac{m}{x} + \dfrac{n}{x-1} = \dfrac{-3x+4}{x(x-1)}$$

22 Obtenha os valores das constantes reais **a** e **b** para que se tenha:
$$\dfrac{a}{x-2} + \dfrac{bx}{x+2} = \dfrac{-x^2+3x+2}{x^2-4}$$

23 Seja $p(x) = x^2 + ax + b$, em que **a** e **b** são constantes reais. Determine o valor de cada uma dessas constantes, a fim de que valha a igualdade $4 \cdot p(x + 1) = p(2x) - p(0)$, $\forall\, x \in \mathbb{R}$.

24 Determine os valores das constantes reais **a**, **b** e **c** que verificam a igualdade:
$$\dfrac{a}{x} + \dfrac{b}{x-2} + \dfrac{c}{x+2} = \dfrac{x^2+5x-8}{x^3-4x}$$

▶ Adição, subtração e multiplicação de polinômios

Vamos revisar, por meio de exemplos, as operações de adição, subtração e multiplicação de polinômios, estudadas no Ensino Fundamental.

EXEMPLO 8

Dados os polinômios $f(x) = -7x^3 + 5x^2 - x + 4$ e $g(x) = -2x^2 + 8x - 7$, vamos obter $f(x) + g(x)$:

$(-7x^3 + 5x^2 - x + 4) + (-2x^2 + 8x - 7) = -7x^3 + \underline{5x^2} - \underline{2x^2} - \underline{x} + \underline{8x} + 4 - 7 = -7x^3 + 3x^2 + 7x - 3$

Lembre que a soma de dois polinômios **f** e **g** é o polinômio obtido quando somamos os coeficientes dos termos semelhantes de **f** e de **g**.

EXEMPLO 9

Dados os polinômios $f(x) = 4x^2 - 5x + 6$ e $g(x) = 3x - 8$, vamos obter $f(x) - g(x)$:

$(4x^2 - 5x + 6) - (3x - 8) =$

$= 4x^2 \underline{- 5x} + \underline{6} \underline{- 3x} + \underline{8} = 4x^2 - 8x + 14$

Note que a diferença entre os polinômios **f** e **g** é o polinômio obtido quando somamos **f** ao oposto de **g**, isto é, $f - g = f + (-g)$.

EXEMPLO 10

Dados os polinômios $f(x) = 3x^2 - 5x + 8$ e $g(x) = -2x + 1$, vamos determinar $f(x) \cdot g(x)$:

$(3x^2 - 5x + 8) \cdot (-2x + 1) = -6x^3 + \underline{3x^2} +$

$+ \underline{10x^2} - \underline{5x} - \underline{16x} + 8 = -6x^3 + 13x^2 - 21x + 8$

Lembre que o produto dos polinômios **f** e **g** corresponde ao polinômio obtido quando multiplicamos cada um dos termos de **f** por todos os termos de **g** e somamos os produtos obtidos.

EXERCÍCIOS

25 Sendo as expressões polinomiais $f(x) = 2x^2 - 3x + 4$, $g(x) = x^3 - x + 1$ e $h(x) = -x^2 + x - 4$, determine:
- **a)** $f(x) + g(x)$
- **b)** $g(x) - h(x)$
- **c)** $f(x) - g(x) - h(x)$
- **d)** $f(x) \cdot h(x)$

26 Os polinômios $f(x) = -2x + a$ e $g(x) = x + b$, com **a** e **b** constantes reais, são tais que $f(x) \cdot g(x) = -2x^2 - 3x - 1$. Determine **a** e **b**.

27 Sejam $f(x)$ e $g(x)$ dois polinômios de grau 4. O que se pode afirmar em relação ao grau do polinômio:
- **a)** $f(x) \cdot g(x)$?
- **b)** $f(x) + g(x)$?
- **c)** $f(x) - g(x)$?
- **d)** $x^2 \cdot f(x) + x \cdot g(x)$?

28 Determine os valores das constantes reais **a** e **b** que satisfazem:

$$(ax + 5)^2 + (b - 2x)^2 = 13x^2 + 42x + 34$$

29 Os polinômios $f(x)$, $g(x)$ e $h(x)$ têm graus 2, 3 e 5, respectivamente. Classifique como verdadeira ou falsa cada uma das afirmações seguintes:
- **a)** $f(x) + g(x) + h(x)$ é um polinômio de grau 5.
- **b)** $f(x) - g(x)$ pode ter grau 2.
- **c)** $f(x) \cdot g(x) + h(x)$ pode ser um polinômio nulo.
- **d)** $f(x) \cdot g(x) + h(x)$ pode ter grau 3.

▶ Divisão de polinômios

▶ Definição

Sejam dois polinômios $f(x)$ e $g(x)$, com $g(x) \neq 0$.

Dividir $f(x)$ (dividendo) por $g(x)$ (divisor) é determinar dois outros polinômios, $q(x)$ (quociente) e $r(x)$ (resto), que verifiquem as seguintes condições:

- $f(x) = g(x) \cdot q(x) + r(x)$
- grau de $r(x) <$ grau de $g(x)$ ou $r(x) = 0$, isto é, $r(x)$ é o polinômio nulo.

Vamos apresentar um processo geral usado para dividir polinômios, baseado na divisão entre números naturais e conhecido como **método da chave**.

Acompanhe, inicialmente, a divisão de 195 por 8:

$$\begin{array}{r|l} 195 & \underline{8} \\ \underline{-16} & 24 \\ 35 & \\ \underline{-32} & \\ 3 & \end{array}$$

Observe agora que a divisão está encerrada, pois $3 < 8$. Note que $195 = 8 \cdot 24 + 3$.

Vamos agora dividir dois polinômios:

$f(x) = 6x^4 - x^3 + 3x^2 - x + 1$ por $g(x) = 2x^2 + x - 3$

Dispomos o dividendo $f(x)$ e o divisor $g(x)$, conforme o esquema usado na divisão de números naturais.

- 1º passo: dividimos o termo de maior grau de f(x) pelo termo de maior grau de g(x):

$$\frac{6x^4}{2x^2} = 3x^2$$

obtendo assim o 1º termo do quociente q(x).

$$6x^4 - x^3 + 3x^2 - x + 1 \,\big|\underline{2x^2 + x - 3}$$
$$3x^2$$

- 2º passo: multiplicamos o quociente obtido ($3x^2$) por g(x) e subtraímos de f(x), isto é, somamos f(x) com o oposto do resultado obtido. Obtemos um resto parcial.

$$3x^2 \cdot (2x^2 + x - 3) = 6x^4 + 3x^3 - 9x^2$$

$$\oplus \quad \begin{array}{l} 6x^4 - x^3 + 3x^2 - x + 1 \\ \underline{-6x^4 - 3x^3 + 9x^2} \end{array} \,\big|\underline{\begin{array}{l} 2x^2 + x - 3 \\ 3x^2 \end{array}}$$
$$ -4x^3 + 12x^2 - x + 1 \quad \leftarrow \text{resto parcial}$$

- 3º passo: repetimos o procedimento anterior com o resto parcial obtido até que o grau do resto se torne menor que o grau do divisor (ou o resto seja o polinômio nulo):

$$\frac{-4x^3}{2x^2} = -2x; \quad -2x \cdot (2x^2 + x - 3) = -4x^3 - 2x^2 + 6x$$

$$\oplus \quad \begin{array}{l} 6x^4 - x^3 + 3x^2 - x + 1 \\ \underline{-6x^4 - 3x^3 + 9x^2} \end{array} \,\big|\underline{\begin{array}{l} 2x^2 + x - 3 \\ 3x^2 - 2x \end{array}}$$
$$\oplus \quad \begin{array}{l} -4x^3 + 12x^2 - x + 1 \\ \underline{+4x^3 + 2x^2 - 6x} \end{array}$$
$$ 14x^2 - 7x + 1 \quad \leftarrow \text{novo resto parcial}$$

$$\frac{14x^2}{2x^2} = 7; \quad 7 \cdot (2x^2 + x - 3) = 14x^2 + 7x - 21$$

$$\oplus \quad \begin{array}{l} 6x^4 - x^3 + 3x^2 - x + 1 \\ \underline{-6x^4 - 3x^3 + 9x^2} \end{array} \,\big|\underline{\begin{array}{l} 2x^2 + x - 3 \\ 3x^2 - 2x + 7 \end{array}}$$
$$\oplus \quad \begin{array}{l} -4x^3 + 12x^2 - x + 1 \\ \underline{4x^3 + 2x^2 - 6x} \end{array}$$
$$\oplus \quad \begin{array}{l} 14x^2 - 7x + 1 \\ \underline{-14x^2 - 7x + 21} \end{array}$$
$$ -14x + 22$$

O grau do resto é menor que o grau do divisor!
A divisão está encerrada.

Daí:

q(x) = $3x^2 - 2x + 7$ e r(x) = $-14x + 22$

Observe que f(x) = g(x) · q(x) + r(x). De fato:

$$\underbrace{(2x^2 + x - 3)}_{g(x)} \cdot \underbrace{(3x^2 - 2x + 7)}_{q(x)} + \underbrace{(-14x + 22)}_{r(x)} =$$
$$= 6x^4 - 4x^3 + 14x^2 + 3x^3 - 2x^2 + 7x - 9x^2 +$$
$$+ 6x - 21 - 14x + 22 = 6x^4 - x^3 + 3x^2 - x + 1 = f(x)$$

EXEMPLO 11

Vamos efetuar a divisão de f(x) = $3x^3 - 14x^2 + 23x - 10$ por g(x) = $x^2 - 4x + 5$.

$$\begin{array}{l} 3x^3 - 14x^2 + 23x - 10 \\ \underline{-3x^3 + 12x^2 - 15x} \end{array} \,\big|\underline{\begin{array}{l} x^2 - 4x + 5 \\ 3x - 2 \end{array}}$$
$$ \begin{array}{l} -2x^2 + 8x - 10 \\ \underline{+2x^2 - 8x + 10} \end{array}$$
$$ 0$$

Assim:

$$\begin{cases} q(x) = 3x - 2 \\ r(x) = 0 \ (r(x) \text{ é o polinômio nulo}) \end{cases}$$

OBSERVAÇÕES

Quando a divisão de f(x) por g(x), com g(x) ≠ 0, é exata, isto é, r(x) = 0, dizemos que f(x) é divisível por g(x), ou ainda, g(x) divide f(x).

EXERCÍCIO **RESOLVIDO**

5 Para que valores de **a** e **b** o polinômio $-2x^3 + ax + b$ é divisível pelo polinômio $-x^2 + 6x - 1$?

Solução:

Devemos efetuar a divisão e impor que o resto seja um polinômio nulo. Temos:

$$\begin{array}{l} -2x^3 + ax + b \\ \underline{+2x^3 - 12x^2 + 2x} \end{array} \,\big|\underline{\begin{array}{l} -x^2 + 6x - 1 \\ 2x + 12 \end{array}}$$
$$ \begin{array}{l} -12x^2 + (a + 2)x + b \\ \underline{+12x^2 - 72x + 12} \end{array}$$
$$\text{resto} \rightarrow (a - 70)x + (b + 12)$$

O polinômio (a − 70)x + (b + 12) é nulo quando todos os seus coeficientes são iguais a zero, isto é, se:

$$\begin{cases} a - 70 = 0 \Rightarrow a = 70 \\ b + 12 = 0 \Rightarrow b = -12 \end{cases}$$

EXERCÍCIOS

30 Determine o quociente q(x) e o resto r(x) da divisão de f(x) por g(x) em cada caso:

a) f(x) = $3x^2 + 5x + 7$ e g(x) = $3x - 1$;

b) f(x) = $-x^3 + 4x^2 - 5x + 1$ e g(x) = $x^2 - 1$;

c) f(x) = $5x^4 + 3x^3 - 2x^2 + 4x - 1$ e g(x) = $x^2 - 4$;

d) f(x) = $3x^5 - x^3 + 4x^2 - 2x + 1$ e g(x) = $x^3 - x^2 + 1$;

e) f(x) = $4x - 1$ e g(x) = $x^2 - 2x + 3$;

f) f(x) = $x^2 + 2ix - 3$ e g(x) = $x - i$.

31 Verifique, em cada caso, se o polinômio f(x) é divisível por g(x), exibindo o quociente dessa divisão:

a) $f(x) = x^2 - x - 6$ e $g(x) = x + 2$;

b) $f(x) = x^4 + x^2 - 1$ e $g(x) = x^2 + 1$;

c) $f(x) = 4x^3 + x + 1$ e $g(x) = 2x^2 - x + 1$;

d) $f(x) = 2x^3 + 3x^2 - 5x + 1$ e $g(x) = 2x + 1$.

32 Determine $m \in \mathbb{R}$ a fim de que $x^2 + 2mx - 5$ seja divisível por $x - 1$.

33 Dividindo um polinômio f(x) por $x^2 + x + 1$, obtemos o quociente $q(x) = x^2 - x$ e o resto $r(x) = -x + 13$. Determine f(x).

34 Dividindo-se o polinômio $-x^3 - 4x^2 + 3$ por um polinômio **p**, obtém-se $-x - 6$ como quociente e $-12x + 3$ como resto. Determine o polinômio **p**.

35 Determine **m** e **n** reais, de modo que $-2x^3 + mx^2 + n$ seja divisível por $x^2 + x + 1$.

36 Em um retângulo, o comprimento é expresso por $x + 2$, e sua área é expressa por $3x^2 + 5x - 2$. Como se expressa a largura desse retângulo?

37 Observe as dimensões do paralelepípedo seguinte:

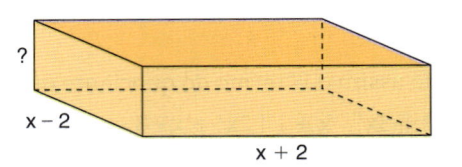

Sabe-se que o volume do paralelepípedo é expresso por $2x^3 + x^2 - 8x - 4$.

a) Expresse, em função de **x**, a medida da altura do paralelepípedo.

b) Existe algum polinômio que represente a medida da diagonal desse sólido? Determine-o, em caso afirmativo.

c) Existe algum polinômio que represente a área total desse sólido? Determine-o, em caso afirmativo.

38 Dividindo-se um polinômio de grau 7 por um de grau 3, obtêm-se um polinômio quociente (**q**) e um polinômio resto (**r**). O que se pode afirmar em relação ao grau de **q**? E ao grau de **r**?

▶ Divisões por x – a

Um caso particular importante na divisão de polinômios é aquele em que o divisor é um polinômio de 1º grau, com coeficiente dominante igual a 1, isto é, um polinômio do tipo $x - a$ ou $x + a$, sendo $a \in \mathbb{C}$. Esse caso de divisão será frequentemente usado no capítulo 40.

Considerando como dividendo um polinômio **f** de grau **n** ($n \geqslant 1$), temos:

$$
\begin{array}{c|c}
f(x) & \underline{x - a} \\
\downarrow & q(x) \\
r(x) &
\end{array}
$$

O grau de q(x) é $n - 1$.

Como o grau do resto deve ser menor que o grau do divisor, temos:

$$\text{grau } r(x) < 1 \Rightarrow \underbrace{\text{grau } r(x) = 0}_{\substack{r(x) = k \\ (k \in \mathbb{C}, k \neq 0)}} \text{ ou } \underbrace{r(x) = 0}_{\substack{\textbf{r} \text{ é o} \\ \text{polinômio nulo}}}$$

▶ Teorema do resto

▶ Introdução

Vamos efetuar a divisão de $f(x) = 4x^3 + x^2 - 5x + 8$ por $g(x) = x - 2$ usando o método da chave:

$$
\begin{array}{r|l}
\cancel{4x^3} + x^2 - 5x + 8 & \underline{x - 2} \\
\underline{-4x^3 + 8x^2} & 4x^2 + 9x + 13 \\
\quad 9x^2 - 5x + 8 & \\
\underline{\quad -9x^2 + 18x} & \\
\quad\quad 13x + 8 & \\
\underline{\quad\quad -13x + 26} & \\
\quad\quad\quad 34 &
\end{array}
$$

$$
\begin{cases}
q(x) = 4x^2 + 9x + 13 \\
r(x) = 34
\end{cases}
$$

Observe que o resto também pode ser obtido calculando-se o valor numérico do polinômio dividendo (**f**) para $x = 2$:

$f(2) = 4 \cdot 2^3 + 2^2 - 5 \cdot 2 + 8$

$\Rightarrow f(2) = 32 + 4 - 10 + 8 \Rightarrow f(2) = 34$

Vamos agora enunciar e demonstrar o teorema do resto:

O resto da divisão de um polinômio f(x) por $x - a$ é igual a f(a).

Demonstração

Da divisão de f(x) por x – a, podemos escrever:

f(x) = (x – a) · q(x) + r(x)

em que r(x) = r é um polinômio constante, pois r(x) tem grau zero ou r(x) é nulo.

Calculando os valores desses polinômios em x = a, vem:

$$f(a) = \underbrace{(a - a) \cdot q(a)}_{= 0} + r, \text{ isto é, } r = f(a).$$

EXERCÍCIO **RESOLVIDO**

6 Qual é o resto na divisão de p(x) = 3x² – 17x + 15 por x – 2?

Solução:

Não é necessário efetuar a divisão para conhecermos o resto.

Temos:

• A raiz do divisor é: x – 2 = 0 ⇒ x = 2.
• É preciso calcular p(2) = 3 · 2² – 17 · 2 + 15 = –7.
• Logo, r = p(2) = –7.

Uma consequência importante do teorema do resto é o **teorema de D'Alembert**:

> Se **a** (a ∈ ℂ) é raiz de um polinômio f(x), então f(x) é divisível por x – a e, reciprocamente, se f(x) é divisível por x – a, então **a** é raiz de f(x).

Para mostrar a primeira implicação, temos:
a é raiz de f(x) ⇒ f(a) = 0

Mas, pelo teorema do resto, o resto **r** da divisão de f(x) por x – a vale f(a).

Assim, r = f(a) = 0, o que mostra que f(x) é divisível por x – a.

Para mostrar a recíproca, como f(x) é divisível por x – a, temos que r = 0.

Mas, pelo teorema do resto, r = f(a) = 0.

Assim, **a** é raiz de f(x).

EXERCÍCIO **RESOLVIDO**

7 Determinar m ∈ ℝ de modo que f(x) = x³ – 4x² + + mx – 5 seja divisível por x – 3.

Solução:

Pelo teorema de D'Alembert, x = 3 é raiz de f(x),

isto é, f(3) = 0.

Daí:

3³ – 4 · 3² + m · 3 – 5 = 0

$$3m - 14 = 0 \Rightarrow m = \frac{14}{3}$$

EXERCÍCIOS

39 Aplicando o teorema do resto, determine o resto da divisão de f(x) por g(x) em cada caso:

a) f(x) = 3x² – x + 4 e g(x) = x – 2;

b) f(x) = –x³ + 4x² – 5x + 1 e g(x) = x + 2;

c) f(x) = (4 – x)¹⁰ + 3x e g(x) = x – 4;

d) f(x) = 2x⁵ + x³ – x² + 1 e g(x) = x;

e) f(x) = x¹⁹ + x¹¹ + 7x⁴ + 3 e g(x) = x – 1.

40 Em cada caso, p(x) é divisível por q(x). Obtenha o valor real de **m**:

a) p(x) = –3x² + 4x + m e q(x) = x – 2;

b) p(x) = 4x³ – 5x² + mx + 3 e q(x) = x + 3;

c) p(x) = x⁵ – 3x⁴ + 2x² + mx – 1 e q(x) = x – 1.

41 Sabendo que o polinômio 2x² + mx + n é divisível por x – 1 e que, quando dividido por x + 2, deixa resto igual a 6, determine **m** e **n**.

42 Sejam 5 e 2, respectivamente, os restos da divisão de um polinômio **f** por x – 3 e por x + 1. Qual é o resto da divisão de **f** por (x – 3) · (x + 1)?

43 (UF-BA) Determine os polinômios da forma $p(x) = x^3 + bx^2 + cx + d$ que são divisíveis por $x - 1$ e $x + 1$, sabendo que b, c e d $\in \mathbb{R}$ e $bd = -1$.

44 Qual é o resto da divisão de $(x^8 + 1) \cdot (3 - x^{29} - 2x^{17})$ por $x - 1$?

45 Seja um polinômio $f(x) = x^2 + mx + n$, com $\{m, n\} \subset \mathbb{R}$. Sabe-se que:
• **f** é divisível por $x - 1$;
• os restos das divisões de f(x) por $x - 2$ e por $x - 3$ são iguais.
a) Determine os valores de **m** e **n**.
b) Qual é o resto da divisão de f(x) por $x - 2i$?

▶ Dispositivo prático de Briot-Ruffini

Sejam $f(x) = a_0x^n + a_1x^{n-1} + a_2x^{n-2} + ... + a_{n-1}x + a_n$, com $a_0 \neq 0$, um polinômio de grau **n** e $g(x) = x - a$.

Quando dividimos f(x) por g(x), obtemos, como quociente, um polinômio **q** de grau n − 1, dado por $q(x) = q_0x^{n-1} + q_1x^{n-2} + ... + q_{n-2}x + q_{n-1}$.

Vamos apresentar um processo para determinar os coeficientes $q_0, q_1, ..., q_{n-2}, q_{n-1}$ de **q**, bem como o resto **r** dessa divisão.

Seja a divisão de $f(x) = x^3 - 4x^2 + 5x - 2$ por $g(x) = x - 3$.

• **1º passo:** calculamos a raiz do divisor g(x) e, ao seu lado, colocamos os coeficientes ordenados do dividendo f(x), segundo potências decrescentes de **x**:

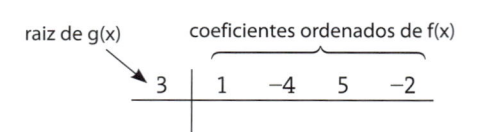

raiz de g(x)   coeficientes ordenados de f(x)

| 3 | 1 | −4 | 5 | −2 |

• **2º passo:** abaixamos o primeiro coeficiente do dividendo (1) e o multiplicamos pela raiz do divisor $(1 \cdot 3 = 3)$.

3	1	−4	5	−2
	1			

• **3º passo:** somamos o produto obtido com o coeficiente seguinte $(3 + (-4) = -1)$. O resultado é colocado abaixo desse coeficiente.

3	1	−4	5	−2
	1	−1		

• **4º passo:** com esse resultado (−1), repetimos as operações (multiplicamos pela raiz e somamos com o coeficiente seguinte), e assim por diante.

3	1	−4	5	−2
	1	−1	2	4

O último dos números obtidos no dispositivo ou algoritmo de Briot-Ruffini é o resto da divisão. Assim, $r = 4$.

Os demais números obtidos nesse algoritmo correspondem aos coeficientes ordenados do quociente da divisão. Assim:

$$q(x) = 1 \cdot x^2 - 1 \cdot x + 2 = x^2 - x + 2$$

💡 EXERCÍCIOS RESOLVIDOS

8 Dividir o polinômio $f = 2x^3 - 5x + 1$ por $x - 3$.

Solução:

Convém, inicialmente, notar que:
$$f = 2x^3 + 0 \cdot x^2 - 5 \cdot x + 1$$
Temos:

3	2	0	−5	1
	2	6	13	40

O quociente **q** é $2x^2 + 6x + 13$, e o resto **r** é 40.

9 Determinar $a \in \mathbb{R}$ de modo que $2x^3 - 4x^2 - 5x + a$ seja divisível por $x - 3$.

Solução:

Construímos o dispositivo de Briot-Ruffini:

3	2	−4	−5	a
	2	2	1	a + 3

Devemos ter resto igual a 0, isto é:
$$a + 3 = 0 \Rightarrow a = -3$$

✏ EXERCÍCIOS

46 Em cada caso, obtenha o quociente e o resto da divisão de f(x) por g(x), utilizando o dispositivo de Briot-Ruffini:

a) $f(x) = -2x^3 + 4x^2 - 5x + 1$ e $g(x) = x - 3$;

b) $f(x) = (3x + 2)^2$ e $g(x) = x + 2$;

c) $f(x) = x^4 - 3x^2 + x - 2$ e $g(x) = x + 1$;

d) $f(x) = x^3 - 1$ e $g(x) = x$.

47 Dividindo-se $x^3 - 2x^2 + mx + 4$ por $x + 2$, obtém-se o quociente $x^2 - 4x + 5$. Qual é o resto dessa divisão?

48 O polinômio $f(x) = 4x^4 - 5x^2 + 2x + m$ ($m \in \mathbb{R}$) é divisível por $x - 2$.
 a) Qual é o valor de **m**?
 b) Qual é o quociente e o resto da divisão de $f(x)$ por $x + 3$?

49 Qual é o quociente e o resto da divisão de $(x^4 + 1)^2$ por $x + 1$?

50 O polinômio $f(x) = 2x^3 + mx + n$ é divisível por $x + 1$; dividindo $f(x)$ por $x + \dfrac{1}{2}$, obtemos resto igual a 2. Determine o valor de $m + n$.

▶ Divisões sucessivas

Vamos conhecer duas propriedades da divisão de polinômios.

Seja $p(x)$ um polinômio de grau maior que 1; **a** e **b** são constantes complexas.

> Se $p(x)$ é divisível por $x - a$ e o quociente dessa divisão é divisível por $x - b$, então $p(x)$ é divisível por $(x - a) \cdot (x - b)$.

Observe o esquema seguinte:

$$
\begin{array}{c|c}
p(x) & x - a \\
\hline
\uparrow \quad q(x) & q(x) \; \underline{\big|\; x - b} \\
r = 0 \quad \uparrow & q'(x) \\
\quad r = 0 &
\end{array}
$$

- Da primeira divisão, podemos escrever:
 $p(x) = (x - a) \cdot q(x)$ ①
- Da segunda divisão, podemos escrever:
 $q(x) = (x - b) \cdot q'(x)$ ②

Substituindo ② em ①, obtemos:
$p(x) = (x - a) \cdot (x - b) \cdot q'(x)$

Desse modo, o produto $(x - a) \cdot (x - b)$ corresponde a um fator de $p(x)$, e, assim, $p(x)$ é divisível por $(x - a) \cdot (x - b)$.

EXEMPLO 12

Podemos verificar se o polinômio $p(x) = x^3 + 2x^2 - 5x - 6$ é divisível por $(x - 2) \cdot (x + 1)$ através do seguinte raciocínio:

- Dividimos $p(x)$ por $x - 2$:

$$
\begin{array}{c|cccc}
2 & 1 & 2 & -5 & -6 \\
\hline
 & 1 & 4 & 3 & 0 \\
\end{array}
$$

- Dividimos o quociente obtido por $x + 1$:

$$
\begin{array}{c|ccc}
-1 & 1 & 4 & 3 \\
\hline
 & 1 & 3 & 0 \\
\end{array}
$$

Como o resto também é nulo, concluímos que $p(x)$ é divisível por $(x - 2) \cdot (x + 1)$.

OBSERVAÇÕES 🔍

> Esse primeiro resultado também é válido quando $a = b$: se $p(x)$ é divisível por $x - a$ e o quociente dessa divisão é também divisível por $x - a$, então $p(x)$ é divisível por $(x - a)^2$.

Acompanhe a sequência de divisões abaixo, partindo do polinômio $f(x) = x^3 + 7x^2 + 8x - 16$ e tendo sempre $x + 4$ como quociente:

$$
\begin{array}{c|cccc}
-4 & 1 & 7 & 8 & -16 \\
\hline
-4 & 1 & 3 & -4 & 0 \quad \leftarrow f(x) \text{ é divisível por } x + 4 \\
\hline
-4 & 1 & -1 & 0 & \quad \leftarrow f(x) \text{ é divisível por } (x + 4)^2 \\
\hline
 & 1 & -5 & & \quad \leftarrow f(x) \text{ não é divisível por } (x + 4)^3
\end{array}
$$

> Se $p(x)$ é divisível por $x - a$ e por $x - b$ ($a \neq b$) separadamente, então $p(x)$ é divisível por $(x - a) \cdot (x - b)$.

Vamos mostrar essa propriedade.

A tese é: na divisão de $p(x)$ por $(x - a) \cdot (x - b)$, obtemos como resto o polinômio nulo.

Temos: na divisão de $p(x)$ por $(x - a) \cdot (x - b)$, obtemos como quociente $q(x)$ e como resto $r(x) = mx + n$ (pois o grau do resto < 2). Escrevemos:
$$p(x) = (x - a) \cdot (x - b) \cdot q(x) + \underbrace{mx + n}_{r(x)} \quad ①$$

Mostremos que $m = n = 0$.
Das hipóteses:
- $p(x)$ é divisível por $x - a \overset{\text{D'Alembert}}{\Longrightarrow} p(a) = 0$ ②
- $p(x)$ é divisível por $x - b \Rightarrow p(b) = 0$ ③

Substituindo ② e ③ em ①, vem:
$0 = p(a) = 0 \cdot q(a) + m \cdot a + n \Rightarrow$
$0 = p(b) = 0 \cdot q(b) + m \cdot b + n \Rightarrow$
$$\Rightarrow \begin{cases} m \cdot a + n = 0 \\ m \cdot b + n = 0 \end{cases} \; (-) \Rightarrow m(a - b) = 0$$

Como $a \neq b$, segue que $m = 0$, e daí $n = 0$. Assim, $r(x)$ é o polinômio nulo, pois todos os seus coeficientes são iguais a zero.

EXEMPLO 13

O polinômio $f(x) = x^3 - 2x^2 - 11x + 12$ é divisível por $x - 1$ e por $x - 4$, separadamente, conforme vemos a seguir:

1	1	-2	-11	12
	1	-1	-12	0

4	1	-2	-11	12
	1	2	-3	0

Assim, podemos afirmar que $f(x)$ é divisível por $(x - 1) \cdot (x - 4) = x^2 - 5x + 4$.

OBSERVAÇÕES

- Se $a = b$, essa propriedade não é verdadeira. O polinômio $p(x) = x^2 - 4x + 3$ é divisível por $x - 1$, mas não é divisível por $(x - 1)^2$.
- A recíproca dessa propriedade é verdadeira: se $p(x)$ é divisível por $(x - a) \cdot (x - b)$, então $p(x)$ é divisível por $(x - a)$ e por $(x - b)$, separadamente.

EXERCÍCIOS

51 Seja $p(x)$ um polinômio divisível por $x - 2$. O quociente da divisão de $p(x)$ por $x - 2$ é dividido por $x + 4$ e o resto obtido é zero. Qual é o resto da divisão de $p(x)$ por $x^2 + 2x - 8$?

52 O polinômio $x^4 + 2x^3 - 12x^2 - 40x - 32$ é divisível por $x + 2$? E por $(x + 2)^2$? E por $(x + 2)^3$? E por $(x + 2)^4$?

53 Determine os valores de **m** e **n** a fim de que o polinômio $x^3 - x^2 + mx + n$ seja divisível por $(x - 2)^2$.

54 O polinômio $x^3 - 13x + 12$ é divisível por $x - 3$? E por $x + 4$? E por $x^2 + x - 12$?

55 Qual é o maior valor natural de **n** para o qual o polinômio $f(x) = x^5 - 2x^4 + x^3 - x^2 + 2x - 1$ é divisível por $(x - 1)^n$?

56 Em cada item, faça o que se pede.

a) Verifique que $x^2 + x - 20 = (x - 4) \cdot (x + 5)$.

b) Usando a fatoração acima, determine os valores das constantes reais **m** e **n** de modo que $x^4 - x^3 + mx^2 + 37x + n$ seja divisível por $x^2 + x - 20$.

57 Determine os valores das constantes reais **m** e **p** a fim de que $x^4 + 2x^3 + 2x^2 + mx + p$ seja divisível por $(x + 1)^2$.

EXERCÍCIOS COMPLEMENTARES

1 Observe o poliedro seguinte:

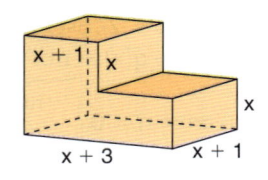

Escreva o polinômio que representa:
a) seu volume
b) sua área total.

2 O polinômio $p(x) = x^4 - 6x^3 + 16x^2 - 26x + 15$ é divisível por $x^2 - 2x + 5$. Para que valores reais de **x** tem-se $p(x) \geqslant 0$?

3 (U. E. Ponta Grossa-PR) Na divisão do polinômio $P(x)$ pelo binômio $A(x)$, do 1º grau, usando o dispositivo de Briot-Ruffini, obteve-se o seguinte:

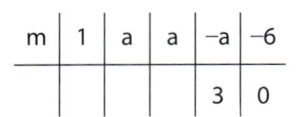

m	1	a	a	-a	-6
				3	0

Então, assinale o que for correto [e indique a soma correspondente às alternativas corretas].

(01) $P(x)$ é um polinômio do 4º grau.

(02) $P(x)$ é divisível por $x - 2$.

(04) $P(0) = -6$.

(08) $P(1) = -6$.

(16) O quociente da divisão é o polinômio
$Q(x) = x^3 + x^2 + x + 3$.

4 O polinômio $x^3 - x^2 + mx + n$, com **m** e **n** constantes reais, é divisível por $x + 3$, e o quociente obtido nessa divisão é um polinômio que apresenta uma raiz real dupla. Quais são os valores de **m** e **n**?

5 (UF-SC) Seja **p** um polinômio de grau 4 dado por $p(x) = (x + 1)^4$. Com essa informação, assinale a(s) proposição(ões) CORRETA(S) [e indique a soma correspondente às proposições corretas].

(01) O polinômio **p** é igual a $p(x) = x^4 + 4x^3 + 6x^2 + 4x + 1$.

(02) O único número real no qual **p** se anula é $x = -1$.

(04) Se **k** é um polinômio dado por $k(x) = x^4 + 4x^3 + 6x^2 + 4x + 3$, então o menor valor possível para o polinômio **k**, quando **x** varia em todo o conjunto dos números reais, é 2.

(08) O coeficiente do termo de expoente 5 do polinômio dado por $p(x) \cdot (x - 1)^4$ é igual a 1.

6 Determine os valores reais de **a**, **b** e **c** para que o polinômio $(2a - b + 3)x^2 + (b + 2)x + (2c - 1)$ tenha grau igual a zero.

7 Determine **a** e **b** reais de modo que o polinômio $f(x) = (x + 2)^3 + (x - 1)^3 + 3ax + b$ seja divisível por $(x - 2)^2$.

8 Um polinômio $p(x)$ é tal que $p(1) = 4$. O quociente da divisão de $p(x)$ por $(x - 1)$ é dividido por $(x - 2)$ e obtém-se o resto 3. Determine o resto da divisão de $p(x)$ por $(x - 1)(x - 2)$.

9 (FGV-SP) Dividindo o binômio $P(x) = 3x^{101} + 1$ pelo binômio $D(x) = x^2 - 1$, obtemos como resto o binômio $R(x) = ax + b$. Determine os coeficientes **a** e **b** do binômio $R(x)$.

10 (UF-PR) Um resultado bastante útil em matemática é que toda função racional (quociente de funções polinomiais reais) pode ser escrita como soma de funções mais simples. Por exemplo, a função $r(x) = \dfrac{x+1}{x(x-1)^2}$ pode ser escrita na forma $\dfrac{A}{x} + \dfrac{B}{x-1} + \dfrac{C}{(x-1)^2}$.

a) Aplicando os conhecimentos sobre operações com frações e igualdade de polinômios, calcule os números reais **A**, **B** e **C** tais que $\dfrac{x+1}{x(x-1)^2} = \dfrac{A}{x} + \dfrac{B}{x-1} + \dfrac{C}{(x-1)^2}$.

b) Examinando a expressão de $r(x)$ como soma de frações, descreva o que ocorre com valor $r(x)$ quando **x** assume valores arbitrariamente grandes.

11 (Unicamp-SP) Seja $f(x) = a_n x^n + a_{n-1} x^{n-1} + \ldots + a_1 x + a_0$ um polinômio de grau **n** tal que $a_n \neq 0$ e $a_j \in \mathbb{R}$ para qualquer **j** entre 0 e **n**. Seja $g(x) = na_n x^{n-1} + (n-1)a_{n-1} x^{n-2} + \ldots + 2a_2 x + a_1$ o polinômio de grau $n - 1$ em que os coeficientes $a_1, a_2, \ldots, a_n$ são os mesmos empregados na definição de $f(x)$.

a) Supondo que $n = 2$, mostre que $g\left(x + \dfrac{h}{2}\right) = \dfrac{f(x+h) - f(x)}{h}$, para todo x, $h \in \mathbb{R}$, $h \neq 0$.

b) Supondo que $n = 3$ e que $a_3 = 1$, determine a expressão do polinômio $f(x)$, sabendo que $f(1) = g(1) = f(-1) = 0$.

12 Sejam **a**, **b** e **c** números reais e o polinômio $p(x) = \dfrac{1}{3}x^3 + ax^2 + bx + c$.

a) Determine os valores de **a**, **b** e **c** para os quais $p(x) - p(x - 1) = x^2$

b) Use o item *a* para calcular, em função de **n**, a soma: $S = 1^2 + 2^2 + 3^2 + \ldots + n^2$

TESTES

1 (Unesp-SP) O polinômio $P(x) = a \cdot x^3 + 2 \cdot x + b$ é divisível por $x - 2$, e, quando dividido por $x + 3$, deixa resto -45. Nessas condições. os valores de **a** e **b**, respectivamente, são:

a) 1 e 4
b) 1 e 12
c) -1 e 12
d) 2 e 16
e) 1 e -12

2 (UE-CE) A soma dos valores de **k** para os quais o polinômio $P(x) = x^3 + k^2 x^2 - 4kx - 5$ é divisível por $x - 2$ é:

a) 2
b) -1
c) -2
d) 1

3 (UF-AM) O resto da divisão do polinômio $P(x) = x^3 - 7x^2 + 8x + 21$ pelo polinômio $Q(x) = x^2 - 4x - 5$ é o polinômio:

a) $r(x) = x + 6$
b) $r(x) = x - 6$
c) $r(x) = x + 4$
d) $r(x) = x - 4$
e) $r(x) = x - 5$

4 (Enem-MEC) Um forro retangular de tecido traz em sua etiqueta a informação de que encolherá após a primeira lavagem mantendo, entretanto, seu formato. A figura a seguir mostra as medidas originais do forro e o tamanho do encolhimento (**x**) no comprimento e (**y**) na largura. A expressão algébrica que representa a área do forro após ser lavado é $(5 - x)(3 - y)$.

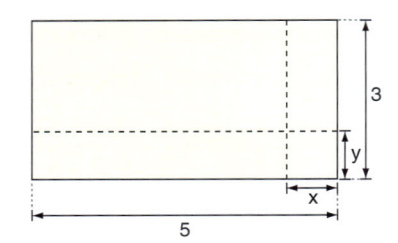

Nessas condições, a área perdida do forro, após a primeira lavagem, será expressa por:

a) 2xy

b) 15 − 3x

c) 15 − 5y

d) −5y − 3x

e) 5y + 3x − xy

5 (U.F. Triângulo Mineiro-MG) Dividindo-se o polinômio $p(x) = 3x^4 - 2x^3 + mx + 1$ por $(x - 1)$ ou por $(x + 1)$, os restos são iguais. Nesse caso, o valor de **m** é igual a:

a) −2

b) −1

c) 1

d) 2

e) 3

6 (FVG-SP) O quociente da divisão do polinômio $P(x) = (x^2 + 1)^4 \cdot (x^3 + 1)^3$ por um polinômio de grau 2 é um polinômio de grau:

a) 5

b) 10

c) 13

d) 15

e) 18

7 (PUC-RS) O resto da divisão de $x^{500} - 1$ por $x - 1$ é:

a) −1

b) 0

c) 1

d) −x

e) x

8 (Fatec-SP) Se o polinômio $p(x) = 2x^3 + 5x^2 + mx + 12$ é divisível por $h(x) = x + 3$, então o parâmetro **m** é igual a:

a) 2   **b)** 1   **c)** 3   **d)** −1   **e)** −3

9 (U.F. Londrina-PR) O polinômio $p(x) = x^3 + x^2 - 3ax - 4a$ é divisível pelo polinômio $q(x) = x^2 - x - 4$. Qual é valor de **a**?

a) a = −2

b) a = −1

c) a = 0

d) a = 1

e) a = 2

10 (UPE-PE) Para que polinômio $6x^3 - 4x^2 + 2mx - (m + 1)$ seja divisível por $x - 3$, o valor da raiz quadrada do módulo de **m** deve ser igual a:

a) 0   **b)** 1   **c)** 2   **d)** 3   **e)** 5

11 (PUC-RS) Em relação aos polinômios $p(x) = ax^2 + bx + c$ e $q(x) = dx^2 + ex + f$, considerando que $p(1) = q(1)$, $p(0) = q(0) = 0$, concluímos que $(a + b) - (d + e)$ vale:

a) 0

b) 1

c) 2

d) a + b

e) d + e

12 (FEI-SP) Se o polinômio $p(x) = x^4 - 6x^3 + 7x^2 + mx + n$ é divisível por $x^2 - 9x + 8$, podemos afirmar que m + n é igual a:

a) 2

b) 4

c) −4

d) −2

e) 9

13 (Fuvest-SP) O polinômio $p(x) = x^3 + ax^2 + bx$, em que **a** e **b** são números reais, tem restos 2 e 4 quando dividido por x − 2 e x − 1, respectivamente. Assim, o valor de **a** é:

a) − 6

b) − 7

c) − 8

d) − 9

e) − 10

14 (Fatec-SP) Sejam **a** e **b** números reais tais que o polinômio $P(x) = x^4 + 2ax + b$ é divisível pelo polinômio $(x - 1)^2$. O resto da divisão de P(x) pelo monômio $D(x) = x$ é:

a) −2

b) −1

c) 1

d) 3

e) 4

15 (UE-CE) Se os polinômios $p(x) = x^3 + mx^2 + nx + k$ e $g(x) = x^3 + ux^2 + vx + w$ são divisíveis por $x^2 - x$, então o resultado da soma m + n + u + v é:

a) −2   **b)** −1   **c)** 0   **d)** 1

16 (UE-PB) O resto da divisão do polinômio $P(x) = 3x^{2n+3} - 5x^{2n+2} + 8$ por x + 1 com **n** natural é:

a) −1

b) 1

c) zero

d) 2

e) 6

17 (ITA-SP) Um polinômio **P** é dado pelo produto de 5 polinômios cujos graus formam uma progressão geométrica. Se o polinômio de menor grau tem grau igual a 2 e o grau de **P** é 62, então o de maior grau tem grau igual a:

a) 30

b) 32

c) 34

d) 36

e) 38

18 (FGV-SP) Seja $P(x) = x^2 + bx + c$, com **b** e **c** inteiros. Se P(x) é fator de $T(x) = x^4 + 6x^2 + 25$ e de $S(x) = 3x^4 + 4x^2 + 28x + 5$, então P(1) é igual a:

a) 0

b) 1

c) 2

d) 3

e) 4

19 (UE-RN) O valor de **n** para que a divisão do polinômio $p(x) = 2x^3 + 5x^2 + x + 17$ por $d(x) = 2x^2 + nx + 4$ tenha resto igual a 5 é um número:

a) menor que −6.

b) negativo e maior que −4.

c) positivo e menor que 5.

d) par e maior que 11.

40 Equações algébricas

▶ Introdução

Eduardo construiu uma caixa em forma de bloco retangular, sem tampa, a partir de uma folha retangular de cartolina que media 33 cm por 20 cm, recortando um quadrado em cada vértice do retângulo, conforme mostra a figura.

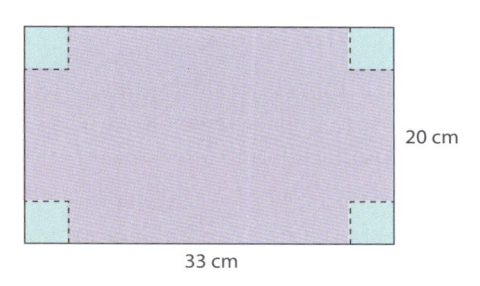

Pronta a caixa, seu colega Toninho perguntou qual era a medida do lado do quadrado recortado. Eduardo respondeu: "Vou lhe dar uma pista: a caixa fica completamente cheia se você despejar um saco de 1,05 litro (1050 cm³) de areia".

Como Toninho deverá proceder para descobrir a medida do lado do quadrado?

Inicialmente, ele deverá identificar as dimensões da caixa:

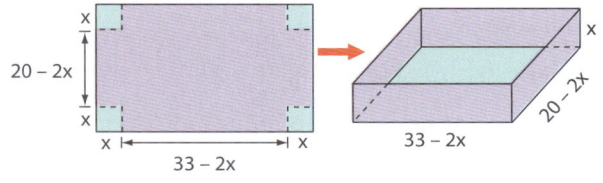

(x é a medida do lado do quadrado)

O volume de um bloco retangular (paralelepípedo) é dado por V = (comprimento) · (largura) · (altura), isto é:

$$V = (33 - 2x) \cdot (20 - 2x) \cdot x = 4x^3 - 106x^2 + 660x$$

Assim, a condição do problema é:

$$4x^3 - 106x^2 + 660x = 1050$$

e o valor de **x** procurado é uma solução da equação:

$$2x^3 - 53x^2 + 330x - 525 = 0$$

Essa equação é um exemplo de **equação algébrica** ou **polinomial**, objeto de estudo deste capítulo.

▶ Definição

Equação algébrica ou polinomial é toda equação redutível à forma $p(x) = 0$, em que

$$p(x) = a_n x^n + a_{n-1} x^{n-1} + ... + a_1 x + a_0, \text{ com } a_n \neq 0,$$

é um polinômio de grau **n**, sendo $n \geqslant 1$, com coeficientes em $\mathbb{C}$, e cuja incógnita **x** pode assumir um valor qualquer em $\mathbb{C}$.

EXEMPLO 1

São exemplos de equações polinomiais:

- $4x + 5 = 0$
- $x^3 + 4x^2 + x - 1 = 0$
- $x^2 - 2x + 8 = 0$
- $x^4 - x^2 + x + 3 = 0$
- $3x^2 + ix - 1 = 0$
- $x^6 - 2i = 0$

▶ Raiz

Um número complexo **r** é raiz da equação polinomial $p(x) = 0$, em que

$$p(x) = a_n x^n + a_{n-1} x^{n-1} + ... + a_1 x + a_0$$

quando, substituindo **x** por **r** na equação e efetuando os cálculos, obtemos:

$$p(r) = a_n r^n + a_{n-1} r^{n-1} + ... + a_1 r + a_0 = 0$$

Em outras palavras, **r** é raiz de uma equação $p(x) = 0$ se **r** for raiz do polinômio $p(x)$.

O número 4 é uma raiz da equação $x^3 - 6x^2 + 10x - 8 = 0$, pois:

$4^3 - 6 \cdot 4^2 + 10 \cdot 4 - 8 = 64 - 96 + 40 - 8 = 0$

Já $x = i$ não é raiz dessa equação, pois:

$i^3 - 6i^2 + 10i - 8 = -i + 6 + 10i - 8 = -2 + 9i \neq 0$

▶ Conjunto solução

Conjunto solução de uma equação polinomial é o conjunto de todas as raízes dessa equação, considerando $\mathbb{C}$ o conjunto universo.

Vejamos:

- Quando o grau do polinômio é 1, para encontrar o conjunto solução da equação $ax + b = 0$ $(a \neq 0)$ basta fazer: $ax = -b \Rightarrow x = -\dfrac{b}{a}$ e $S = \left\{ -\dfrac{b}{a} \right\}$.

- Quando o grau do polinômio é 2, é preciso resolver a equação $ax^2 + bx + c = 0$ $(a \neq 0)$. Usando a fórmula de Bhaskara, temos: $x = \dfrac{-b \pm \sqrt{b^2 - 4ac}}{2a}$ e
$S = \left\{ \dfrac{-b + \sqrt{b^2 - 4ac}}{2a}, \dfrac{-b - \sqrt{b^2 - 4ac}}{2a} \right\}$.

- Quando o grau do polinômio é 3 ou 4, é possível determinar as raízes da equação por meio de fórmulas que envolvem as quatro operações fundamentais e a extração de raízes. No entanto, essas fórmulas não são estudadas nos cursos de Ensino Médio.

- Quando o grau do polinômio é maior ou igual a 5, não existe uma fórmula resolutiva (envolvendo as quatro operações e extração de raízes) que se aplique a qualquer equação.

▶ Teorema Fundamental da Álgebra (TFA)

O teorema seguinte, enunciado e provado por Carl Gauss (1777-1855), constitui um elemento central para o estudo das equações algébricas.

> Todo polinômio de grau $\mathbf{n}$, $n \geqslant 1$, admite ao menos uma raiz complexa.

A demonstração desse teorema exige conhecimentos em Matemática não abordados no Ensino Médio.

▶ Teorema da decomposição

> Seja $p(x)$ um polinômio de grau $\mathbf{n}$, $n \geqslant 1$, dado por:
>
> $p(x) = a_n x^n + a_{n-1} x^{n-1} + ... + a_1 x + a_0$ $(a_n \neq 0)$
>
> Então, $p(x)$ pode ser decomposto em $\mathbf{n}$ fatores do 1º grau sob a forma:
>
> $p(x) = a_n \cdot (x - r_1) \cdot (x - r_2) \cdot ... \cdot (x - r_n)$
>
> em que r_1, r_2, ..., r_n são as raízes de $p(x)$ e $\mathbf{a_n}$ é o coeficiente dominante de $p(x)$.

Demonstração

Como $p(x)$ é um polinômio de grau $n \geqslant 1$, o TFA garante-nos que $p(x)$ tem ao menos uma raiz complexa r_1. Assim, $p(r_1) = 0$ e, pelo teorema de D'Alembert, $p(x)$ é divisível por $x - r_1$. Então:

$$p(x) = (x - r_1) \cdot q_1(x) \quad \boxed{1}$$

em que $q_1(x)$ é um polinômio de grau $n - 1$ e coeficiente dominante $\mathbf{a_n}$ (pois o divisor $x - r_1$ tem coeficiente dominante unitário).

Temos:

- Se $n = 1$, então $q_1(x)$ é um polinômio de grau $1 - 1 = 0$, ou seja, $q_1(x)$ é um polinômio constante, dado por $q_1(x) = a_n$. Substituindo em $\boxed{1}$, temos $p(x) = a_n(x - r_1)$, e o teorema fica demonstrado.

- Se $n \geqslant 2$, então $n - 1 \geqslant 1$. Assim, podemos aplicar o TFA ao polinômio $q_1(x)$, isto é, $q_1(x)$ tem ao menos uma raiz complexa r_2. Assim, $q_1(r_2) = 0$ e $q_1(x)$ é divisível por $x - r_2$:

$$q_1(x) = (x - r_2) \cdot q_2(x) \quad \boxed{2}$$

em que $q_2(x)$ é um polinômio de grau $n - 2$ e coeficiente dominante $\mathbf{a_n}$. Substituindo $\boxed{2}$ em $\boxed{1}$, resulta:

$$p(x) = (x - r_1) \cdot (x - r_2) \cdot q_2(x) \quad \boxed{3}$$

- Se $n = 2$, $q_2(x)$ é um polinômio de grau 0, dado por $q_2(x) = a_n$. De $\boxed{3}$, segue que $p(x) = a_n(x - r_1) \cdot (x - r_2)$, e o teorema fica demonstrado.

- Aplicando sucessivamente $\mathbf{n}$ vezes o TFA, obtemos:

$$p(x) = (x - r_1) \cdot (x - r_2) \cdot ... \cdot (x - r_n) \cdot q_n(x)$$

em que $q_n(x)$ é um polinômio de grau $n - n = 0$, dado por $q_n(x) = a_n$.

Assim:

$$p(x) = a_n \cdot (x - r_1) \cdot (x - r_2) \cdot ... \cdot (x - r_n)$$

OBSERVAÇÕES 🔍

- Dizemos que cada um dos polinômios do 1º grau, $x - r_1$, $x - r_2$, ..., $x - r_n$, é um fator de $p(x)$.
- Pode-se mostrar que, com exceção da ordem dos fatores da multiplicação, a decomposição de $p(x)$ em termos de suas raízes é única.
- $p(x)$ é divisível por cada um de seus fatores, individualmente, e também por qualquer produto desses fatores.

▶ Consequência do teorema da decomposição

> Toda equação polinomial de grau **n**, $n \geqslant 1$, admite exatamente **n** raízes complexas.

Vejamos alguns exemplos:

- O polinômio de 1º grau dado por $p(x) = 4x - 8$ admite 2 como raiz; podemos escrever $p(x) = 4 \cdot (x - 2)$.
- O polinômio de 2º grau dado por $p(x) = x^2 - x - 2$ admite como raízes -1 e 2. Podemos decompor $p(x)$ fazendo: $p(x) = 1 \cdot (x + 1) \cdot (x - 2)$.
- O polinômio de 2º grau $p(x) = x^2 - 4x + 5$ admite como raízes os números $2 + i$ e $2 - i$; sua decomposição em fatores do 1º grau é: $p(x) = 1 \cdot (x - 2 - i) \cdot (x - 2 + i)$.
- O polinômio de 3º grau $x^3 + 4x$ pode ser escrito como $x \cdot (x^2 + 4) = x \cdot (x - 2i) \cdot (x + 2i)$; suas raízes são, portanto, 0, $2i$ e $-2i$.

💡 EXERCÍCIOS RESOLVIDOS

1 Resolver a equação $x^3 - 8x^2 + 29x - 52 = 0$, sabendo que uma das raízes é 4.

Solução:

Seja $p(x)$ o polinômio dado e 4, r_2 e r_3 suas raízes. Usando o teorema da decomposição, podemos escrever:

$$p(x) = 1 \cdot (x - 4) \cdot \underbrace{(x - r_2) \cdot (x - r_3)}_{q(x)}$$

isto é: $p(x) = (x - 4) \cdot q(x)$

Assim, $p(x)$ é divisível por $(x - 4)$ e o quociente dessa divisão é $q(x)$. Usando o dispositivo prático de Briot-Ruffini, temos:

4	1	−8	29	−52
	1	−4	13	0

$\underbrace{}_{\text{coeficientes de } q(x)}$

Desse modo, as demais raízes são obtidas de $q(x) = 0$, isto é, $x^2 - 4x + 13 = 0 \Rightarrow x = 2 - 3i$ ou $x = 2 + 3i$ e o conjunto solução da equação $p(x) = 0$ é:

$S = \{4, \ 2 - 3i, \ 2 + 3i\}$

2 Escrever uma equação algébrica de 3º grau cujas raízes sejam 1, -2 e 5.

Solução:

Seja $p(x)$ o polinômio de grau 3 procurado. Usando o teorema da decomposição, podemos escrever:

$p(x) = a_n \cdot (x - 1) \cdot (x + 2) \cdot (x - 5)$ ✳

em que a_n é o coeficiente dominante de $p(x)$. Assim:

$p(x) = a_n \cdot (x^2 + x - 2) \cdot (x - 5) \Rightarrow$
$\Rightarrow p(x) = a_n \cdot (x^3 - 4x^2 - 7x + 10)$

Escolhendo, por exemplo, $a_n = 1$, segue a equação $x^3 - 4x^2 - 7x + 10 = 0$.

E se tivéssemos escolhido outro valor para a_n?

Caso tivéssemos escolhido $a_n = 2$, teríamos em ✳ :
$p(x) = 2 \cdot (x - 1) \cdot (x + 2) \cdot (x - 5)$
e a equação obtida é $2 \cdot (x - 1) \cdot (x + 2) \cdot (x - 5) =$
$= 0$, que equivale a $(x - 1) \cdot (x + 2) \cdot (x - 5) = 0$, e as raízes também são 1, -2 e 5.

De fato, a equação $a_n \cdot (x - 1) \cdot (x + 2) \cdot (x - 5) = 0$ apresenta como conjunto solução $S = \{1, -2, 5\}$, $\forall \ a_n \neq 0$.

3 Duas das raízes da equação $2x^4 + 5x^3 - 35x^2 - 80x + 48 = 0$ são -3 e -4. Quais são as outras duas raízes?

Solução:

Seja $p(x)$ o polinômio dado e -3, -4, $\mathbf{r}_3$ e $\mathbf{r}_4$ suas raízes. Podemos escrever o polinômio da seguinte forma:

$p(x) = 2 \cdot (x + 3) \cdot (x + 4) \cdot (x - r_3) \cdot (x - r_4)$

$p(x) = (x + 3) \cdot (x + 4) \cdot \underbrace{2 \cdot (x - r_3) \cdot (x - r_4)}_{q(x)}$, isto é,

$p(x) = (x^2 + 7x + 12) \cdot q(x)$

1º modo:

Efetuando a divisão de $p(x)$ por $x^2 + 7x + 12$, usando o método da chave, determinamos o polinômio $q(x)$:

$$
\begin{array}{r|l}
2x^4 + 5x^3 - 35x^2 - 80x + 48 & \underline{x^2 + 7x + 12} \\
\underline{-2x^4 - 14x^3 - 24x^2} & 2x^2 - 9x + 4 \quad q(x) \\
\quad -9x^3 - 59x^2 - 80x + 48 & \\
\quad \underline{+ 9x^3 + 63x^2 + 108x} & \\
\qquad\qquad 4x^2 + 28x + 48 & \\
\qquad\qquad \underline{-4x^2 - 28x - 48} & \\
\qquad\qquad\qquad 0 &
\end{array}
$$

As demais raízes vêm de $q(x) = 0$, ou seja:

$2x^2 - 9x + 4 = 0 \Rightarrow x = 4$ ou $x = \dfrac{1}{2}$

2º modo:

Podemos usar as propriedades das divisões sucessivas estudadas no capítulo anterior.

Dividimos, assim, $p(x)$ por $x + 3$ e, em seguida, dividimos o quociente obtido na primeira divisão por $x + 4$:

$$
\begin{array}{c|ccccc}
-3 & 2 & 5 & -35 & -80 & 48 \\
\hline
-4 & 2 & -1 & -32 & 16 & 0 \\
\hline
& 2 & -9 & 4 & 0 &
\end{array}
$$

coeficiente de $q(x)$

Fazendo $q(x) = 0$, obtemos: $2x^2 - 9x + 4 = 0 \Rightarrow$

$\Rightarrow x = 4$ ou $x = \dfrac{1}{2}$.

A construção dos gráficos e o estudo das variações das funções polinomiais de grau maior que 2 não fazem parte dos objetivos deste livro. Entretanto, a interpretação de um gráfico de uma função polinomial de $\mathbb{R}$ em $\mathbb{R}$ pode trazer informações importantes em relação ao polinômio. Acompanhe o exemplo 3:

EXEMPLO 3

Observe abaixo parte do gráfico da função **f**, crescente em $\mathbb{R}$, definida por $f(x) = x^3 + ax^2 + bx + c$, com **a**, **b** e **c** reais.

O gráfico de **f** intersecta o eixo **x** uma única vez, no ponto $(2, 0)$. Isso significa que $x = 2$ é a única raiz real do polinômio. (Note que, por hipótese, **f** é crescente para todo $x \in \mathbb{R}$.)

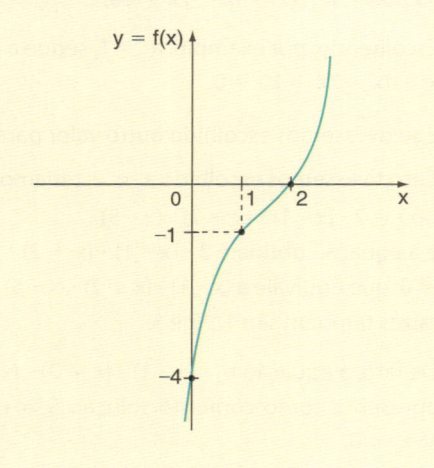

A interseção do gráfico de **f** com o eixo **y** em $(0, -4)$ fornece o valor do coeficiente independente **c** do polinômio, pois, quando $x = 0$, $f(0) = -4$, isto é, $0^3 + a \cdot 0^2 + b \cdot 0 + c = -4 \Rightarrow c = -4$.

Além disso, temos:

- $f(1) = -1 \Rightarrow 1^3 + a \cdot 1^2 + b \cdot 1 - 4 = -1 \Rightarrow$ $\Rightarrow a + b = 2$
- $f(2) = 0$ (2 é raiz) $\Rightarrow 2^3 + a \cdot 2^2 + b \cdot 2 - 4 = 0 \Rightarrow$ $\Rightarrow 4a + 2b = -4$

Resolvendo o sistema, temos: $a = -4$ e $b = 6$

Desse modo, a lei que define **f** é:

$f(x) = x^3 - 4x^2 + 6x - 4$

Para obter as demais raízes, dividimos o polinômio $x^3 - 4x^2 + 6x - 4$ por $x - 2$:

$$
\begin{array}{c|cccc}
2 & 1 & -4 & 6 & -4 \\
\hline
& 1 & -2 & 2 & 0
\end{array}
$$

Então:

$x^2 - 2x + 2 = 0 \Rightarrow x = 1 - i$ ou $x = 1 + i$

EXERCÍCIOS

1 Encontre as raízes de cada polinômio abaixo e, em seguida, escreva-o em sua forma fatorada:

a) $x^2 - 6x + 25$ **c)** $2x^3 - 4x$

b) $2x^2 - 5x + 2$ **d)** $x^2 + 1$

2 Represente o polinômio $x^3 - 4x^2 - 11x + 30$ em fatores de 1º grau, sabendo que suas raízes são 5, −3 e 2.

3 Sabendo que $2 + i$, $2 - i$ e −3 são as raízes da equação $x^3 - x^2 - 7x + 15 = 0$, fatore o polinômio dado em outros dois polinômios com coeficientes reais, um com grau 2 e outro com grau 1.

4 Escreva, em cada caso, uma equação algébrica de grau mínimo, com coeficientes reais, cujas raízes são:

a) 5, −3 e 2. **c)** 0, 1, 2 e 3.

b) $1 - 2i$ e $1 + 2i$. **d)** −2, $3 - i$ e $3 + i$.

5 Resolva, em $\mathbb{C}$, a equação $x^3 + 3x^2 - 46x + 72 = 0$, sabendo que 2 é uma de suas raízes.

6 Seja a equação $x^3 + 2x^2 + mx - 6 = 0$, em que **m** é uma constante real. Sabendo que −3 é raiz dessa equação, determine:

a) o valor de **m**;

b) as demais raízes da equação.

7 Os números reais −1 e 1 são raízes da equação $x^4 - 6x^3 + 9x^2 + 6x - 10 = 0$. Quais são as outras duas raízes?

8 Uma das raízes da equação $x^4 - x^3 - 3x^2 + 3x = 0$ é igual a 1. Quais são as outras três raízes dessa equação?

9 O polinômio $p = 4x^4 - 4x^3 - 23x^2 - x - 6$ é divisível por $x^2 - x - 6$. Qual é o número de raízes complexas não reais que **p** possui?

10 O polinômio $p(x) = ax^3 + bx^2 + cx + d$ tem coeficiente dominante unitário e suas raízes são 7, −5 e −3. Qual é o valor de $a + b + c + d$?

11 Às vezes, é possível fatorar o polinômio para encontrar suas raízes. Nos itens a seguir, encontre o conjunto solução da equação:

a) $x^3 + 2x^2 - 24x = 0$ **d)** $(3x^2 - 1)^2 = x^4$

b) $x^3 - 2x^2 + 2x = 0$ **e)** $x^3 + x^2 + x + 1 = 0$

c) $2x^3 - x^2 + 4x - 2 = 0$

12 O gráfico a seguir representa a função polinomial **f**, de $\mathbb{R}$ em $\mathbb{R}$ $f(x) = ax^3 + bx^2 + c$, com **a**, **b** e **c** coeficientes reais.

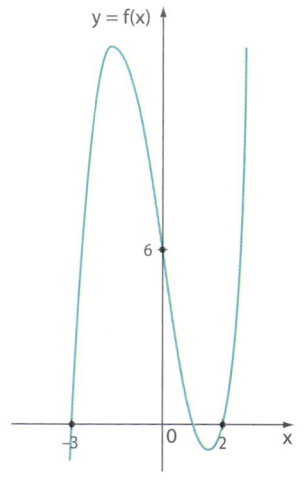

a) Qual é o número de raízes não reais de **f**?

b) Obtenha os valores de **a**, **b** e **c**.

c) Resolva a equação $f(x) = 0$.

13 Dado o polinômio $f(x) = \begin{vmatrix} x & x & x \\ x+1 & -2 & x-1 \\ x & 0 & 1 \end{vmatrix}$

pedem-se:

a) as raízes de $f(x)$;

b) o quociente e o resto da divisão de $f(x)$ por $x^2 - 1$.

14 Resolva, em $\mathbb{C}$, a equação:

$$x^4 - 8x^3 + 27x^2 - 70x + 50 = 0$$

sabendo que duas de suas raízes são $1 + 3i$ e $1 - 3i$.

15 O gráfico seguinte representa a função polinomial $f: \mathbb{R} \to \mathbb{R}$, definida por $f(x) = x^3 + px + q$, em que **p** e **q** são coeficientes reais:

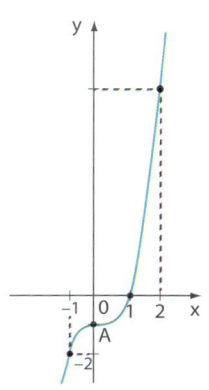

Determine:

a) os valores de **p** e **q**;

b) $f(2)$;

c) a ordenada do ponto **A**;

d) as raízes da equação $f(x) = 0$.

16 (UE-RJ) O gráfico abaixo representa a função polinomial **P** do 3º grau que intersecta o eixo das abcissas no ponto $(-1, 0)$.

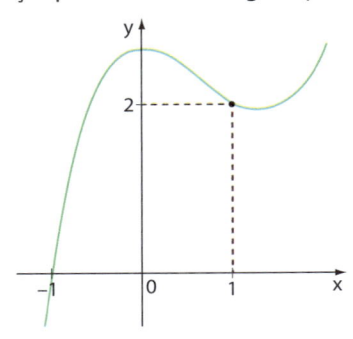

Determine o resto da divisão de $P(x)$ por $x^2 - 1$.

▶ Multiplicidade de uma raiz

▶ Introdução

Ao resolver a equação do 2º grau $x^2 - 12x + 36 = 0$, encontramos duas raízes iguais a 6.

O polinômio $x^2 - 12x + 36$ pode ser fatorado em $(x - 6) \cdot (x - 6) = (x - 6)^2$. Assim, dizemos que $x = 6$ é raiz dupla ou raiz de multiplicidade 2 da equação.

Suponha que a forma fatorada de um polinômio **p** seja $(x + 4)^3 \cdot (x - 1)^2 \cdot (x + 5)$. Para resolver a equação $p(x) = 0$, fazemos:

$$(x + 4) \cdot (x + 4) \cdot (x + 4) \cdot (x - 1) \cdot (x - 1) \cdot (x + 5) = 0$$

Daí, temos:

$$\begin{cases} x + 4 = 0 \Rightarrow x = -4 \text{ (três vezes): } -4 \text{ é raiz tripla (ou de multiplicidade 3)} \\ \text{ou} \\ x - 1 = 0 \Rightarrow x = 1 \text{ (duas vezes): } 1 \text{ é raiz dupla (ou de multiplicidade 2)} \\ \text{ou} \\ x + 5 = 0 \Rightarrow x = -5 \text{ (uma vez): } -5 \text{ é raiz simples (ou de multiplicidade 1)} \end{cases}$$

Assim, observando que $p(x)$ tem grau 6, as seis raízes da equação $p(x) = 0$ são $-4, -4, -4, 1, 1, -5$ e seu conjunto solução é: $S = \{-4, 1, -5\}$.

▶ Definição

O número complexo **r** é uma raiz de multiplicidade **m** ($m \in \mathbb{N}$; $m \geqslant 1$) da equação $p(x) = 0$ se a forma fatorada de $p(x)$ é:

$$p(x) = \underbrace{(x - r) \cdot (x - r) \cdot \ldots \cdot (x - r)}_{\textbf{m} \text{ fatores}} \cdot q(x)$$

isto é:

$$p(x) = (x - r)^m \cdot q(x), \text{ com } q(r) \neq 0$$

OBSERVAÇÕES 🔍

Se $p(x) = (x - r)^m \cdot q(x)$, com $q(r) \neq 0$, temos:

- $p(x)$ é divisível por $(x - r)^m$.
- A condição $q(r) \neq 0$ significa que **r** não é raiz de $q(x)$; desse modo, $p(x)$ não é divisível por $(x - r)^{m+1}$.
- Quando $m = 1$, dizemos que **r** é raiz simples (ou de multiplicidade 1); quando $m = 2$, **r** é chamada raiz dupla (ou de multiplicidade 2); quando $m = 3$, **r** é raiz tripla (ou de multiplicidade 3); e assim por diante.

EXERCÍCIO **RESOLVIDO**

4 Resolver a equação $x^4 + 4x^3 + 2x^2 + 12x + 45 = 0$, sabendo que −3 é raiz dupla dessa equação.

Solução:

Chamando de p(x) o polinômio dado e **r**$_3$ e **r**$_4$ as raízes desconhecidas, vem:

$p(x) = (x + 3) \cdot (x + 3) \cdot \underbrace{(x - r_3) \cdot (x - r_4)}_{q(x)} \Rightarrow$

$\Rightarrow p(x) = (x + 3)^2 \cdot q(x)$

Assim, p(x) é divisível por $(x + 3)^2 = x^2 + 6x + 9$.

Para determinar q(x), é possível recorrer às divisões sucessivas:

−3	1	4	2	12	45	
−3	1	1	−1	15	0	← p(x) é divisível por x + 3
		1	−2	5	0	← p(x) é divisível por $(x + 3)^2$

coeficientes de q(x)

Fazendo q(x) = 0, segue que $x^2 - 2x + 5 = 0$, de onde:

$x = 1 - 2i$ ou $x = 1 + 2i$

EXERCÍCIOS

17 A respeito da equação $x^3 \cdot (x + 2)^4 \cdot (x - 1)^2 \cdot (x + 6) = 0$, determine:

a) as raízes e suas respectivas multiplicidades;

b) seu grau;

c) seu conjunto solução.

18 Qual é o grau de uma equação polinomial cujas raízes são 4, 2 e 0 com multiplicidades 2, 1 e 3, respectivamente?

19 Escreva, em cada caso, uma equação algébrica de grau mínimo, com coeficientes reais, tal que:

a) −3 seja raiz dupla e 5, raiz simples;

b) −2 seja raiz de multiplicidade 3;

c) **i**, −i e 1 sejam raízes com multiplicidade 1, 1 e 2, respectivamente.

20 Resolva a equação $x^4 - 3x^3 - 13x^2 + 51x - 36 = 0$, sabendo que 3 é raiz dupla.

21 Seja a equação $4x^3 - 19x^2 + 28x + m = 0$. Determine:

a) **m**, sabendo que 2 é raiz dupla dessa equação;

b) a outra raiz.

22 O polinômio $p(x) = 4x^4 + 12x^3 + x^2 - 12x + 4$ é divisível por $x^2 + 4x + 4$. Quais são as raízes (e respectivas multiplicidades) da equação p(x) = 0?

23 Em cada caso, determine a multiplicidade da raiz **r** na equação p(x) = 0:

a) r = 4 e $p(x) = x^4 - 10x^3 + 24x^2 + 32x - 128$.

b) r = −2 e $p(x) = x^4 - 2x^3 - 15x^2 - 4x + 20$.

24 O gráfico da função p: $\mathbb{R} \to \mathbb{R}$ definida por:

$p(x) = x^3 + ax^2 + bx + c$, com **a**, **b** e **c** coeficientes reais, está representado abaixo.

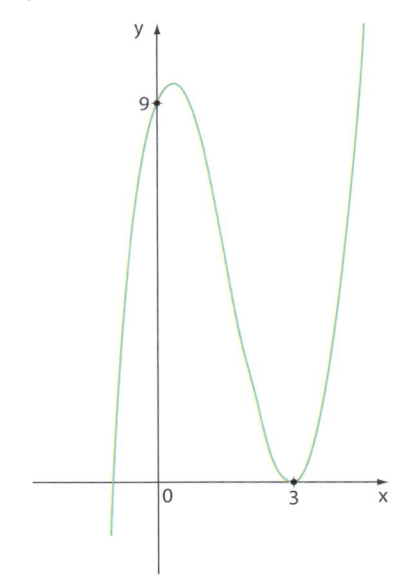

Sabendo que p(x) é divisível por $(x - 3)^2$, determine:

a) os valores de **a**, **b** e **c**;

b) as raízes da equação p(x) = 0, com as respectivas multiplicidades.

25 A equação $x^3 - 75x + 250 = 0$ apresenta **m** como raiz dupla e −2m como raiz simples. Qual é seu conjunto solução?

Relações de Girard (relações entre coeficientes e raízes)

Algumas relações entre os coeficientes de uma equação polinomial e suas raízes, conhecidas como **relações de Girard (1590-1633)**, constituem uma ferramenta importante no estudo das raízes de um polinômio quando conhecemos alguma informação sobre elas.

Vamos construir essas relações para as equações de 2º, 3º e 4º graus e, a partir daí, generalizar para uma equação de grau **n**.

Equação de 2º grau

Sejam r_1 e r_2 as raízes da equação $ax^2 + bx + c = 0$, com $a \neq 0$. Pelo teorema da decomposição, sabemos que:

$$ax^2 + bx + c = a(x - r_1) \cdot (x - r_2)$$

Dividindo os dois membros por **a** $(a \neq 0)$, temos:

$$x^2 + \frac{b}{a}x + \frac{c}{a} = (x^2 - xr_2 - xr_1 + r_1r_2)$$

$$x^2 + \frac{b}{a}x + \frac{c}{a} = x^2 - (r_1 + r_2)x + r_1r_2$$

Da igualdade de polinômios, segue que:

$$\begin{cases} r_1 + r_2 = -\dfrac{b}{a} \\ r_1 \cdot r_2 = \dfrac{c}{a} \end{cases}$$

EXEMPLO 4

Para obter os valores da soma e do produto das raízes da equação $5x^2 - x - 3 = 0$, não é necessário resolvê-la.

Observe que $a = 5$, $b = -1$ e $c = -3$.

Se r_1 e r_2 são as suas raízes, usando as relações de Girard, temos:

soma: $r_1 + r_2 = -\dfrac{b}{a} = -\dfrac{(-1)}{5} = \dfrac{1}{5}$

produto: $r_1 \cdot r_2 = \dfrac{c}{a} = -\dfrac{3}{5}$

Equação de 3º grau

Sejam r_1, r_2 e r_3 as raízes da equação $ax^3 + bx^2 + cx + d = 0$, com $a \neq 0$. Temos:

$$ax^3 + bx^2 + cx + d = a(x - r_1) \cdot (x - r_2) \cdot (x - r_3)$$

Dividindo os dois membros por **a** $(a \neq 0)$, temos:

$$x^3 + \frac{b}{a}x^2 + \frac{c}{a}x + \frac{d}{a} = (x - r_1) \cdot (x - r_2) \cdot (x - r_3)$$

Efetuando as multiplicações e agrupando os termos semelhantes, obtemos:

$$x^3 + \frac{b}{a}x^2 + \frac{c}{a}x + \frac{d}{a} = (x^2 - xr_2 - xr_1 + r_1r_2) \cdot (x - r_3)$$

$$x^3 + \frac{b}{a}x^2 + \frac{c}{a}x + \frac{d}{a} = x^3 - (r_1 + r_2 + r_3)x^2 + {} + (r_1r_2 + r_2r_3 + r_1r_3)x - r_1r_2r_3$$

Da igualdade dos polinômios segue que:

$$\begin{cases} r_1 + r_2 + r_3 = -\dfrac{b}{a} \\ r_1 \cdot r_2 + r_2 \cdot r_3 + r_1 \cdot r_3 = \dfrac{c}{a} \\ r_1 \cdot r_2 \cdot r_3 = -\dfrac{d}{a} \end{cases}$$

EXEMPLO 5

Vamos escrever as três relações de Girard para a equação $2x^3 - 4x^2 + x + 3 = 0$, considerando **r**, **s** e **t** suas raízes.

Observe inicialmente que os coeficientes desse polinômio, ordenados do maior ao menor expoente de **x**, são representados por: $a = 2$, $b = -4$, $c = 1$ e $d = 3$.

Temos:

$$r + s + t = -\frac{b}{a} = -\frac{(-4)}{2} = 2$$

$$r \cdot s + r \cdot t + s \cdot t = \frac{c}{a} = \frac{1}{2}$$

$$r \cdot s \cdot t = -\frac{d}{a} = -\frac{3}{2}$$

Equação de 4º grau

Sejam r_1, r_2, r_3 e r_4 as raízes da equação $ax^4 + bx^3 + cx^2 + dx + e = 0$ $(a \neq 0)$.

Seguindo o mesmo raciocínio usado para as equações de 2º e 3º graus, obtemos:

$$\begin{cases} r_1 + r_2 + r_3 + r_4 = -\dfrac{b}{a} \\ r_1 \cdot r_2 + r_1 \cdot r_3 + r_1 \cdot r_4 + r_2 \cdot r_3 + r_2 \cdot r_4 + r_3 \cdot r_4 = \dfrac{c}{a} \\ r_1 \cdot r_2 \cdot r_3 + r_1 \cdot r_2 \cdot r_4 + r_1 \cdot r_3 \cdot r_4 + r_2 \cdot r_3 \cdot r_4 = -\dfrac{d}{a} \\ r_1 \cdot r_2 \cdot r_3 \cdot r_4 = \dfrac{e}{a} \end{cases}$$

▶ Equação de grau n

Seja a equação $a_n x^n + a_{n-1} x^{n-1} + ... + a_1 x + a_0 = 0$, com $a_n \neq 0$, e $\mathbf{r_1}, \mathbf{r_2}, ..., \mathbf{r_n}$ suas raízes. Por meio de raciocínio análogo aos anteriores, obtemos:

$$
\begin{cases}
r_1 + r_2 + ... + r_n = -\dfrac{a_{n-1}}{a_n} \text{ (soma das } \mathbf{n} \text{ raízes)} \\[3mm]
r_1 \cdot r_2 + r_1 \cdot r_3 + ... + r_{n-1} \cdot r_n = \dfrac{a_{n-2}}{a_n} \text{ (soma dos produtos das raízes tomadas duas a duas)} \\[3mm]
r_1 \cdot r_2 \cdot r_3 + r_1 \cdot r_2 \cdot r_4 + ... + r_{n-2} \cdot r_{n-1} \cdot r_n = -\dfrac{a_{n-3}}{a_n} \text{ (soma dos produtos das raízes tomadas três a três)} \\
\qquad\qquad \vdots \\
r_1 \cdot r_2 \cdot ... \cdot r_n = (-1)^n \cdot \dfrac{a_0}{a_n} \text{ (produto das } \mathbf{n} \text{ raízes)}
\end{cases}
$$

EXERCÍCIOS RESOLVIDOS

5 Resolver a equação $x^3 - 8x^2 + 19x - 12 = 0$, sabendo que uma das raízes é igual à soma das outras duas.

Solução:

Sejam $\mathbf{r_1}$, $\mathbf{r_2}$ e $\mathbf{r_3}$ as raízes procuradas. Escrevendo as relações de Girard, temos:

$$
\begin{cases}
r_1 + r_2 + r_3 = 8 & \quad \boxed{1} \\
r_1 \cdot r_2 + r_1 \cdot r_3 + r_2 \cdot r_3 = 19 & \quad \boxed{2} \\
r_1 \cdot r_2 \cdot r_3 = 12 & \quad \boxed{3}
\end{cases}
$$

Do enunciado, temos que $r_1 = r_2 + r_3$ $\boxed{4}$

Substituindo $\boxed{4}$ em $\boxed{1}$:

$r_1 + \underbrace{r_2 + r_3}_{r_1} = 8 \Rightarrow 2r_1 = 8 \Rightarrow r_1 = 4$

O polinômio dado é, então, divisível por $x - 4$:

4	1	−8	19	−12
	1	−4	3	0

As demais raízes seguem de:

$x^2 - 4x + 3 = 0 \Rightarrow x = 1 \ \text{ou} \ x = 3$

$S = \{1, 3, 4\}$

6 Resolver a equação $4x^3 - 13x^2 - 13x + 4 = 0$, sabendo que duas de suas raízes são números inversos (ou recíprocos).

Solução:

As raízes que a equação possui podem ser representadas por:

 $\quad r_1, \ \dfrac{1}{r_1}, \ r_3 \quad \boxed{1}$

Escrevemos as relações de Girard:

$$
\begin{cases}
r_1 + r_2 + r_3 = \dfrac{13}{4} & \quad \boxed{2} \\[3mm]
r_1 \cdot r_2 + r_1 \cdot r_3 + r_2 \cdot r_3 = -\dfrac{13}{4} & \quad \boxed{3} \\[3mm]
r_1 \cdot r_2 \cdot r_3 = -1 & \quad \boxed{4}
\end{cases}
$$

Usando $\boxed{1}$, podemos escrever em $\boxed{4}$:

$r_1 \cdot r_2 \cdot r_3 = -1 \Rightarrow \cancel{r_1} \cdot \dfrac{1}{\cancel{r_1}} \cdot r_3 = -1 \Rightarrow r_3 = -1$

Assim, o polinômio dado é divisível por $x + 1$:

−1	4	−13	−13	4
	4	−17	4	0

As outras raízes seguem de: $4x^2 - 17x + 4 = 0 \Rightarrow$

$\Rightarrow x = 4$ ou $x = \dfrac{1}{4}$.

$S = \left\{ -1, 4, \dfrac{1}{4} \right\}$

EXERCÍCIOS

26 Sejam r_1 e r_2 as raízes da equação $x^2 - 3x + 6 = 0$. Determine:

a) $r_1 + r_2$

b) $r_1 \cdot r_2$

c) $\dfrac{1}{r_1} + \dfrac{1}{r_2}$

d) $r_1^2 + r_2^2$

e) $(5r_1 + 1) \cdot (5r_2 + 1)$

f) $(-7r_1 - 7r_2)^2$

27 A equação $-3x^2 + 2x + m = 0$, em que **m** é uma constante real, admite duas raízes reais cuja diferença é $-\dfrac{1}{3}$.

a) Obtenha as raízes da equação.

b) Determine o valor de **m**.

28 A equação $x^2 + px + 54 = 0$, em que **p** é um coeficiente real, admite duas raízes, r_1 e r_2, tais que $2r_1 = 3r_2$. Qual é o valor de **p**?

29 Dada a equação $-x^3 - 2x^2 + 6x - 5 = 0$, com raízes r_1, r_2 e r_3, calcule:

a) $r_1 + r_2 + r_3$

b) $r_1 \cdot r_2 + r_1 \cdot r_3 + r_2 \cdot r_3$

c) $r_1 \cdot r_2 \cdot r_3$

d) $\dfrac{1}{r_1 \cdot r_2} + \dfrac{1}{r_1 \cdot r_3} + \dfrac{1}{r_2 \cdot r_3}$

e) $\dfrac{1}{r_1} + \dfrac{1}{r_2} + \dfrac{1}{r_3}$

30 Resolva a equação $x^3 - 9x^2 + 26x - 24 = 0$, sabendo que suas raízes são números inteiros e consecutivos.

31 Resolva a equação $2x^3 - 13x^2 + 22x - 8 = 0$, sabendo que suas raízes são positivas e uma delas é igual ao produto das outras duas.

32 Os números complexos $3 - 4i$ e $3 + 4i$ são raízes da equação $x^2 + px + q = 0$. Determine os valores de **p** e **q**.

33 As raízes da equação $x^3 + 21x^2 + mx - 729 = 0$ (**m** é um coeficiente real) são, respectivamente, um certo número real, o quadrado desse número e o cubo desse número.

a) Qual é o valor de **m**?

b) Quais são as raízes dessa equação?

34 A equação $x^3 - 3x^2 + mx + 12 = 0$ (**m** é um coeficiente real) tem duas raízes opostas.

a) Determine seu conjunto solução.

b) Determine o valor de **m**.

c) Escreva uma equação algébrica de 3° grau cujas raízes sejam $r_1 + 3$, $r_2 + 3$ e $r_3 + 3$, sendo r_1, r_2 e r_3 as raízes encontradas no item *a*.

35 As raízes da equação $x^3 + px^2 + qx + r = 0$ (**p**, **q** e **r** coeficientes reais) são 1, 2 e 5. Obtenha os valores de **p**, **q** e **r** usando as relações de Girard.

36 Resolva a equação $x^3 - 6x^2 + 11x - 6 = 0$, sabendo que uma das raízes é a média aritmética das outras duas.

37 Determine o valor da soma (**S**) e do produto (**P**) das raízes de cada equação:

a) $(x - 2) \cdot (x + 3) \cdot (x - 1) = 0$

b) $x^4 - 3x^3 + 2x - 1 = 0$

c) $x^6 - 4x + 2 = 0$

d) $x^4 + x - 3 = 0$

38 Resolva a equação $x^3 - 10x^2 + 31x - 30 = 0$, sabendo que uma raiz é igual à diferença das outras duas.

39 Resolva a equação $x^5 - 3x^4 + 4x^3 - 4x^2 + 3x - 1 = 0$, sabendo que 1 é raiz tripla dessa equação.

40 A equação $x^3 - 30x^2 + mx + n = 0$ (**m** e **n** coeficientes reais) admite como raízes três números inteiros pares e consecutivos.

a) Quais são as três raízes dessa equação?

b) Obtenha os valores de **m** e **n**.

41 As raízes r_1, r_2 e r_3 da seguinte equação estão em progressão aritmética (P.A.).

$$x^3 - 12x^2 + 39x - 28 = 0$$

a) Determine a razão da P.A.

b) Escreva uma equação de grau mínimo cujas raízes sejam $r_1 - 2$, $r_2 - 2$ e $r_3 - 2$.

42 As raízes da equação $x^3 + 7x^2 + 14x + 8 = 0$ são reais e estão em progressão geométrica. Determine seu conjunto solução.

43 (UF-PE) O gráfico da função real **f** dada por f(x) = $= x^4 + ax^3 + bx^2 + cx + d$ com **a**, **b**, **c** e **d** constantes reais está esboçado a seguir.

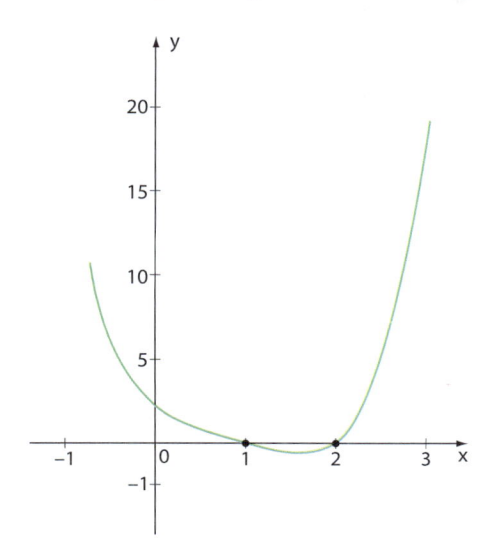

Se o gráfico passa pelos pontos (1, 0), (2, 0), (0, 2) e (−1, 12), é correto afirmar que:

(0-0) f(x) é divisível por $x^2 - 3x + 2$.
(1-1) f(x) é múltiplo de $x^2 + 1$.
(2-2) f(x) admite quatro raízes reais.
(3-3) A soma das raízes de f(x) é 3.
(4-4) O produto das raízes de f(x) é 2.
Indique as alternativas corretas.

44 (UF-MG) As dimensões **a**, **b** e **c**, em cm, de um paralelepípedo retângulo são as raízes do polinômio $p(x) = 6x^3 - 44x^2 + 103x - 77$.

1. Calcule o volume desse paralelepípedo.
2. Calcule a soma das áreas das faces desse paralelepípedo.
3. Calcule o comprimento da diagonal desse paralelepípedo.

45 (U. F. Juiz de Fora-MG) Seja $p(x) = x^3 + ax^2 + bx + c$ um polinômio com coeficientes reais. Sabe-se que as três raízes desse polinômio são o quarto, o sétimo e o décimo sexto termos de uma progressão aritmética, cuja soma de seus vinte primeiros termos é igual a $\frac{80}{3}$ e o seu décimo terceiro termo é igual a 3. Encontre os valores de **a**, **b** e **c**.

▶ Raízes complexas

▶ Introdução

Quando resolvemos a equação $x^2 - 2x + 5 = 0$, encontramos as raízes $x = 1 + 2i$ e $x = 1 - 2i$. Observe que as duas raízes são números **complexos conjugados**.

Já a equação $x^2 + 4 = 0$ apresenta como raízes os números $-2i$ e $2i$, que também formam um **par de números complexos conjugados**.

Esse fato está ligado a uma propriedade importante, referente ao número de raízes complexas não reais de uma equação algébrica que apresenta todos os coeficientes reais.

▶ Teorema

> Se um número complexo $z = a + bi$, com $b \neq 0$, é raiz de uma equação com coeficientes reais, então seu conjugado $\overline{z} = a - bi$ também é raiz dessa equação.

Para fazer a demonstração desse teorema, é preciso usar as propriedades do conjugado de um número complexo, apresentadas e demonstradas no capítulo *38*.

Dados dois números complexos z_1 e z_2 e considerando $\overline{z_1}$ e $\overline{z_2}$ seus respectivos conjugados, temos:

I. $\overline{z_1 + z_2} = \overline{z_1} + \overline{z_2}$

II. $z_1 = \overline{z_1} \Leftrightarrow z_1$ é um número real

III. $\overline{z_1 \cdot z_2} = \overline{z_1} \cdot \overline{z_2}$

IV. $\overline{z_1^n} = (\overline{z_1})^n$

Demonstração

Seja a equação $p(x) = a_n x^n + a_{n-1} x^{n-1} + ... + a_1 x + a_0 = 0$, com $a_n, a_{n-1}, ..., a_1, a_0$ coeficientes reais.

Da hipótese, **z** é raiz da equação, isto é, p(z) = 0.

$a_n z^n + a_{n-1} z^{n-1} + ... + a_1 \cdot z + a_0 = 0 \Rightarrow$

$\Rightarrow \overline{a_n z^n + a_{n-1} z^{n-1} + ... + a_1 \cdot z + a_0} = \overline{0}$

Usando a generalização da propriedade I, podemos escrever:

$\overline{a_n z^n} + \overline{a_{n-1} z^{n-1}} + ... + \overline{a_1 z} + \overline{a_0} = \overline{0}$

De II e III , temos:

$a_n \overline{z^n} + a_{n-1} \overline{z^{n-1}} + ... + a_1 \overline{z} + a_0 = 0$

E usando IV:

$a_n (\overline{z})^n + a_{n-1} (\overline{z})^{n-1} + ... + a_1 \overline{z} + a_0 = 0$

isto é, $p(\overline{z}) = 0$, o que mostra que $\overline{z}$ é raiz de p(x) = 0.

OBSERVAÇÕES

- Se o número complexo $z = a + bi$, $b \neq 0$, é raiz com multiplicidade **m** de uma equação polinomial com coeficientes reais, então seu conjugado $\bar{z} = a - bi$, $b \neq 0$, também é raiz com multiplicidade **m** dessa equação.

- Esse teorema nos garante que, em uma equação de coeficientes reais, raízes complexas não reais sempre ocorrem aos pares (**z** e **$\bar{z}$**). Dessa forma, uma equação de grau ímpar apresenta ao menos uma raiz real.

EXERCÍCIO RESOLVIDO

7 A equação $x^2 + mx + n = 0$, com **m** e **n** coeficientes reais, admite $5 - 2i$ como raiz. Qual é a outra raiz que essa equação possui? Quais são os valores de **m** e **n**?

Solução:

Como a equação apresenta coeficientes reais, se $5 - 2i$ é raiz, então seu conjugado $5 + 2i$ também é raiz da equação.

Usando as relações de Girard, é possível determinar **m** e **n**.

A soma das raízes é $(5 - 2i) + (5 + 2i) = 10$; então,
$$10 = \frac{-b}{a} \Rightarrow 10 = -\frac{m}{1} \Rightarrow m = -10.$$

O produto das raízes é $(5 - 2i) \cdot (5 + 2i) = 5^2 - (2i)^2 = 25 + 4 = 29$; daí, $29 = \frac{c}{a} \Rightarrow 29 = \frac{n}{1} \Rightarrow n = 29.$

EXERCÍCIOS

46 Qual é o menor grau que pode ter uma equação de coeficientes reais que admite como raízes simples $2, -3$ e $4 + i$?

47 Em cada caso, escreva a equação algébrica de grau mínimo e coeficientes reais que admite:

a) $1 - i$ como raiz com multiplicidade 1;

b) **i** como raiz dupla e 3 como raiz simples.

48 Resolva a equação $x^3 - 9x^2 + 52x - 102 = 0$, sabendo que $3 + 5i$ é uma de suas raízes.

49 Verifique que **i** é uma raiz da equação $ix^2 + 2x - i = 0$, mas seu conjugado, $-i$, não é raiz. Isso contradiz o teorema das raízes complexas?

50 Quantas raízes reais tem o polinômio
$p(x) = x^4 - 8x^3 + 15x^2 + 80x - 250$, se uma de suas raízes é $4 + 3i$?

51 O número complexo $-3i$ é raiz da equação
$x^4 - 2x^3 + x^2 + ax - 72 = 0$, em que **a** é um coeficiente real.

a) Qual é o valor de **a**?

b) Qual é o conjunto solução dessa equação?

52 O gráfico a seguir representa a função polinomial $f: \mathbb{R} \to \mathbb{R}$, crescente para todo $x \in \mathbb{R}$ e definida por $f(x) = x^3 + mx^2 + nx + p$, em que **m**, **n** e **p** são coeficientes reais.

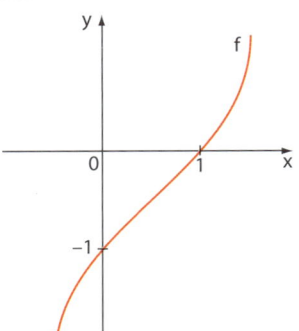

Sabendo que uma das raízes de **f** é $-i$, obtenha o valor de $f(2)$.

53 A equação $x^4 + px^3 + qx^2 + rx + s = 0$, em que **p**, **q**, **r** e **s** são coeficientes reais, admite a unidade imaginária **i** como raiz simples e 2 como raiz dupla. Quais são os valores de **p**, **q**, **r** e **s**?

54 O gráfico ao lado representa a função polinominal
$f: \mathbb{R} \to \mathbb{R}$ definida por:

$f(x) = x^4 - 4x^3 + 11x^2 - 14x + 10$

a) Qual é o número de raízes reais de **f**?

b) Para que valores reais de **x** a função **f** é crescente?

c) Encontre todas as raízes de **f**, sabendo que uma delas é $1 - i$.

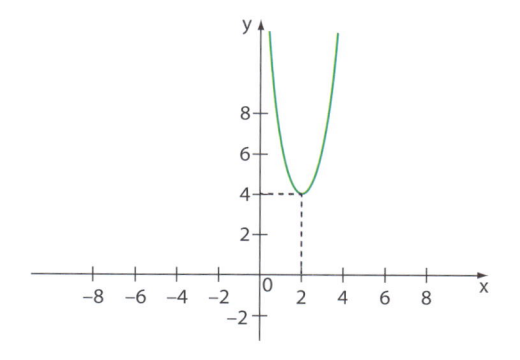

▶ Teorema das raízes racionais

O teorema seguinte nos ajudará a pesquisar possíveis raízes racionais de uma equação algébrica com coeficientes inteiros.

> Seja a equação polinomial de coeficientes inteiros $a_n x^n + a_{n-1} x^{n-1} + ... + a_1 x + a_0 = 0$, com $a_n \neq 0$. Se o número racional $\frac{p}{q}$, $p \in \mathbb{Z}$ e $q \in \mathbb{Z}^*$, com **p** e **q** primos entre si, é raiz dessa equação, então **p** é divisor de a_0 e **q** é divisor de a_n.

Demonstração

Como $\frac{p}{q}$ é raiz da equação, temos:

$$a_n \cdot \left(\frac{p}{q}\right)^n + a_{n-1} \cdot \left(\frac{p}{q}\right)^{n-1} + ... + a_1 \cdot \frac{p}{q} + a_0 = 0$$

Multiplicando ambos os membros por q^n, obtemos:

$$a_n \cdot p^n + a_{n-1} \cdot p^{n-1} \cdot q + ... + a_1 \cdot p \cdot q^{n-1} + a_0 \cdot q^n = 0 \quad \text{①}$$

Isolamos $a_n p^n$ e colocamos **q** em evidência em ①:

$$a_n p^n = -q\underbrace{(a_{n-1} p^{n-1} + ... + a_1 p q^{n-2} + a_0 q^{n-1})}_{\alpha} \quad \text{②}$$

Agora, isolamos $a_0 q^n$ e colocamos **p** em evidência, a partir de ①:

$$a_0 q^n = -p\underbrace{(a_n p^{n-1} + a_{n-1} p^{n-2} q + ... + a_1 q^{n-1})}_{\beta} \quad \text{③}$$

Como todos os coeficientes $a_0, a_1, ..., a_n$, **p** e **q** são inteiros, segue que α e β são inteiros. Em ② e ③, temos:

$$a_n p^n = -q \cdot \alpha \Rightarrow \frac{a_n p^n}{q} = -\alpha \in \mathbb{Z} \quad \text{④} \quad \text{e} \quad a_0 q^n = -p \cdot \beta \Rightarrow \frac{a_0 q^n}{p} = -\beta \in \mathbb{Z} \quad \text{⑤}$$

As igualdades acima obtidas mostram que:

- ④ $a_n p^n$ é divisível por **q**. Como p^n e **q** são primos entre si, a_n é divisível por **q**, isto é, **q** é divisor de a_n.

- ⑤ $a_0 q^n$ é divisível por **p**. Como q^n e **p** são primos entre si, a_0 é divisível por **p**, isto é, **p** é divisor de a_0.

OBSERVAÇÕES 🔍

O teorema das raízes racionais não garante a existência de raízes racionais em uma equação com coeficientes inteiros.

Caso existam raízes racionais, o teorema fornece todas as possibilidades para tais raízes.

EXEMPLO 6

Suponhamos que se queira encontrar as três raízes da equação $3x^3 - 7x^2 + 8x - 2 = 0$.

Como não dispomos de nenhuma informação sobre as raízes dessa equação e considerando que ela tem todos os coeficientes inteiros, vamos pesquisar possíveis raízes racionais.

Por meio do teorema, sabemos que, se a equação tiver alguma raiz racional, ela será da forma $\frac{p}{q}$, em que **p** é divisor de -2 e **q** é divisor de 3, isto é, $p \in \{-1, 1, -2, 2\}$ e $q \in \{-1, 1, -3, 3\}$.

Os números que podem ser raízes racionais são, portanto:

$$+1, -1, +\frac{1}{3}, -\frac{1}{3}, +2, -2, +\frac{2}{3}, -\frac{2}{3}.$$

Seja **f** o polinômio dado; façamos as verificações:

$$f(1) = 2 \qquad f(-1) = -20 \qquad f\left(\frac{1}{3}\right) = 0$$

$$f\left(-\frac{1}{3}\right) = -\frac{50}{9} \qquad f(2) = 10 \qquad f(-2) = -70$$

$$f\left(\frac{2}{3}\right) = \frac{10}{9} \qquad f\left(-\frac{2}{3}\right) = -\frac{34}{3}$$

Verificamos que a única raiz racional dessa equação é $\frac{1}{3}$.

Para determinar as demais raízes, lembremos que o polinômio dado é divisível por $x - \frac{1}{3}$:

$\frac{1}{3}$	3	-7	8	-2
	3	-6	6	0

Assim, as outras raízes seguem de:
$$3x^2 - 6x + 6 = 0 \Rightarrow (x = 1 - i \text{ ou } x = 1 + i).$$

$$S = \left\{\frac{1}{3}, 1 - i, 1 + i\right\}$$

EXERCÍCIOS

55 Pesquise as raízes racionais da equação:
$$2x^3 + x^2 - 25x + 12 = 0$$

56 Pesquise as raízes inteiras e obtenha, em $\mathbb{C}$, o conjunto solução da equação $x^3 - x^2 - x - 2 = 0$.

57 A diferença entre o cubo de um número real e o seu quadrado é igual à soma do triplo do quadrado desse número com 25. Qual é esse número?

58 Faça o que se pede a seguir.
a) A equação $x^4 - 2x^3 - 7x^2 + 6x + 12 = 0$ só admite raízes reais. Sabendo disso, mostre que todas são irracionais.
b) Resolva essa equação, sabendo que $x^2 - 3$ divide esse polinômio.

59 Com relação à equação $x^3 - 5x^2 + 9x - 5 = 0$, determine:
a) o número de raízes inteiras que ela possui;
b) seu conjunto solução.

60 Parte do gráfico da função $f: \mathbb{R} \to \mathbb{R}$ dada por $y = x^3 - 2x^2 - 11x + 12$ está representada abaixo.

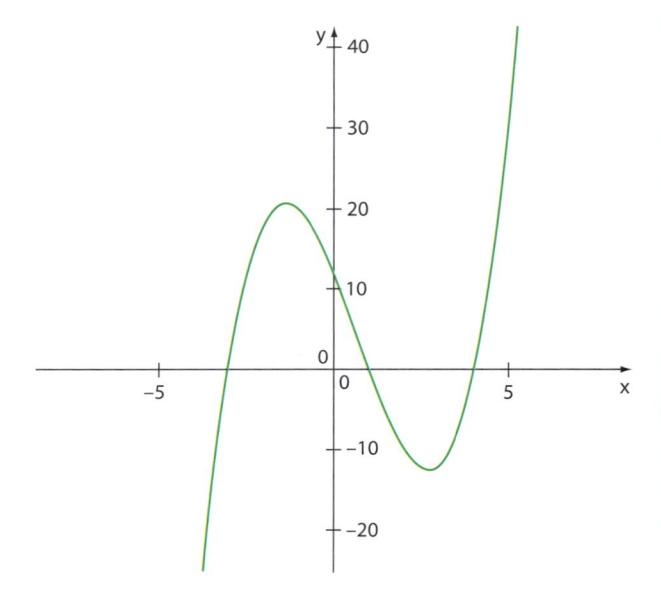

a) Qual é o número de raízes reais de **f**?
b) Quais são as raízes de **f**?

61 Observe as figuras seguintes, em que estão indicadas as dimensões do cubo e do paralelepípedo:

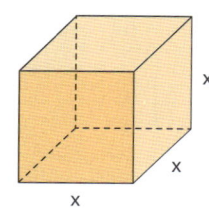 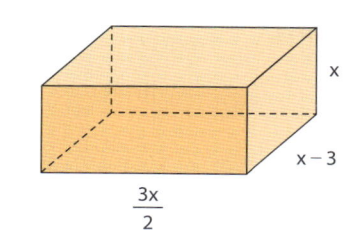

Determine os valores de **x** para os quais o volume do cubo excede o do paralelepípedo em 32 unidades.

62 O polinômio $x^3 - 1$ divide o polinômio:
$$p(x) = x^5 - 2x^4 - 8x^3 - x^2 + 2x + 8$$
Quais são as raízes da equação $p(x) = 0$?

63 Resolva, em $\mathbb{C}$, a equação:
$$x^5 + 5x^4 - 17x^3 - 11x^2 + 70x = 0$$

EXERCÍCIOS COMPLEMENTARES

1 (Vunesp-SP) Determine os zeros do polinômio $p(x) = x^3 + 8$ e identifique a que conjunto numérico pertencem.

2 (Fuvest-SP) Os coeficientes **a**, **b** e **c** do polinômio $p(x) = x^3 + ax^2 + bx + c$ são reais. Sabendo que -1 e $1 + \alpha i$, com $\alpha > 0$, são raízes da equação $p(x) = 0$ e que o resto da divisão de $p(x)$ por $(x - 1)$ é 8, determine:

a) o valor de **α**;

b) o quociente de $p(x)$ por $(x + 1)$.

(**i** é a unidade imaginária, $i^2 = -1$)

3 (Unicamp-SP) O polinômio $p(x) = x^3 - 2x^2 - 9x + 18$ tem três raízes: **r**, **−r** e **s**.

a) Determine os valores de **r** e **s**.

b) Calcule $p(z)$ para $z = 1 + i$, onde **i** é a unidade imaginária.

4 (UF-PR) Considere o número complexo
$$z_0 = 4i + \frac{13}{2 + 3i}.$$

a) Determine a parte real e a parte imaginária de $\mathbf{z_0}$.

b) Determine **a** e **b**, de modo que $z = 1 - i$ seja solução da equação $z^2 + az + b = 0$.

5 (FGV-SP) Na equação $x^3 - 2014x + m = 0$, onde **m** é real, uma das raízes é igual à soma das outras duas.

a) Determine o valor de **m**.

b) Resolva a equação.

6 (UF-ES) Considere os polinômios
$p(x) = 2x^3 - x^2 - 10x + 5$ e $q(x) = p(x)p(-x)$. Determine:

a) as raízes de $p(x)$;

b) as raízes de $q(x)$ e suas respectivas multiplicidades;

c) os valores reais de **x** para os quais $q(x) > 0$.

7 (UF-PE) O polinômio $x^3 + ax^2 + bx + 19$ tem coeficientes **a**, **b** números inteiros, e suas raízes são inteiras e distintas. Indique $|a| + |b|$.

8 (UF-BA) Considere o polinômio com coeficientes reais $P(x) = 3x^5 - 7x^4 + mx^3 + nx^2 + tx + 6$. Sabendo que $P(x)$ é divisível por $x^2 + 2$ e possui três raízes reais que formam uma progressão geométrica, determine o resto da divisão de $P(x)$ por $x + 2$.

9 (UE-RJ) Para fazer uma caixa, foi utilizado um quadrado de papelão de espessura desprezível e 8 dm de lado, do qual foram recortados e retirados seis quadrados menores de lado **x**.

Em seguida, o papelão foi dobrado nas linhas pontilhadas, assumindo a forma de um paralelepípedo retângulo, de altura **x**, como mostram os esquemas.

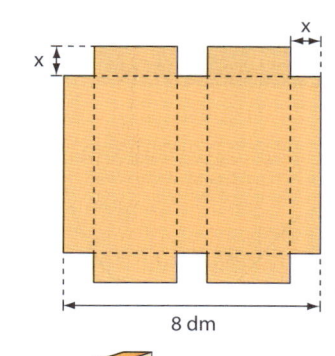

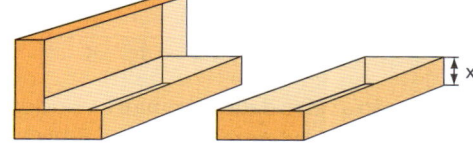

Quando $x = 2$ dm, o volume da caixa é igual a 8 dm³. Determine outro valor de **x** para que a caixa tenha volume igual a 8 dm³.

10 (Unicamp-SP) Considere o polinômio $p(x) = x^2 - 11x + k + 2$, em que **x** é variável real e **k** um parâmetro fixo, também real.

a) Para qual valor do parâmetro **k** o resto do quociente de p(x) por $x - 1$ é igual a 3?

b) Supondo, agora, $k = 4$, e sabendo que **a** e **b** são raízes de p(x), calcule o valor de $\operatorname{sen}\left(\dfrac{\pi}{a} + \dfrac{\pi}{b}\right)$.

11 Resolva a equação $x^3 + 7x^2 - 6x - 72 = 0$, sabendo que a razão entre duas raízes é $\dfrac{3}{2}$.

12 Resolva a equação $x^4 + 4x^3 - 2x^2 - 12x + 9 = 0$, sabendo que ela admite duas raízes reais, cada qual com multiplicidade igual a 2.

13 (FGV-SP) Ao copiar da lousa uma equação polinomial de 3º grau e de coeficientes inteiros, Carlos escreveu errado o termo em **x** e o termo que não tem fator **x**. Resolvendo-a, duas das raízes que encontrou foram $-i$ e 2. A professora já havia adiantado que uma das raízes da equação original era 2i.

a) Qual é a equação original?

b) Quais são as outras duas raízes da equação original?

14 (FGV-SP) Em certo mês, o Departamento de Estradas registrou a velocidade do trânsito em uma rodovia. A partir dos dados, é possível estimar que, por exemplo, entre 12:00 horas e 18:00 horas em um dia de semana normal, a velocidade registrada em um posto de pedágio é dada pela função $f(x) = 2x^3 - 15x^2 + 24x + 41$ km/h, sendo **x** o número de horas após o meio-dia. Assim, por exemplo, f(0) expressa a velocidade ao meio-dia. O gráfico de f(x) está representado a seguir.

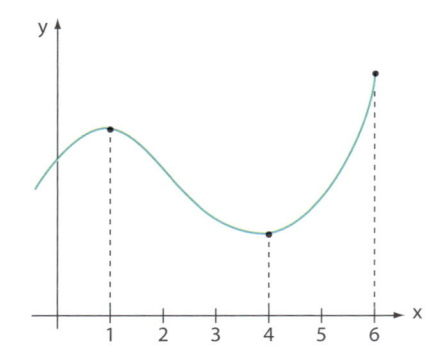

a) Quais são a velocidade máxima e a velocidade mínima registradas entre 12:00 horas e 18:00 horas?

b) O número complexo $\dfrac{17 - i\sqrt{39}}{4}$ é uma raiz da equação $2x^3 - 15x^2 + 24x + 41 = 0$. Quais são as outras duas raízes?

15 (UE-RJ) Observe o gráfico da função polinomial de $\mathbb{R}$ em $\mathbb{R}$ definida por $P(x) = 2x^3 - 6x^2 + 3x + 2$.

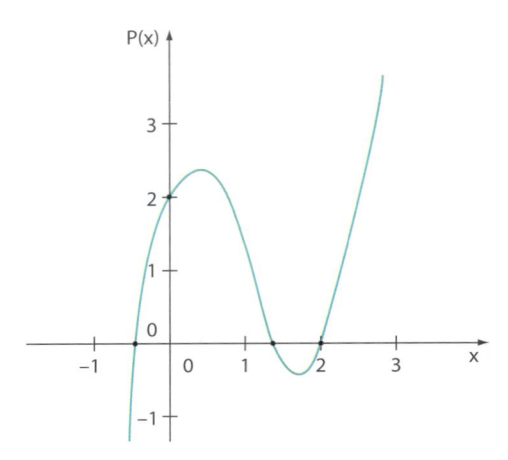

Determine o conjunto solução da inequação $P(x) > 0$.

16 (Fuvest-SP) O polinômio $p(x) = x^4 + ax^3 + bx^2 + cx - 8$, em que **a**, **b**, **c** são números reais, tem o número complexo $1 + i$ como raiz, bem como duas raízes simétricas.

a) Determine **a**, **b**, **c** e as raízes de p(x).

b) Subtraia 1 de cada uma das raízes de p(x) e determine todos os polinômios com coeficientes reais, de menor grau, que possuam esses novos valores como raízes.

17 (UE-RJ) Uma sequência de três números não nulos (**a**, **b**, **c**) está em progressão harmônica se seus inversos $\left(\dfrac{1}{a}, \dfrac{1}{b}, \dfrac{1}{c}\right)$, nesta ordem formam uma progressão aritmética. As raízes da equação a seguir, de incógnita **x**, estão em progressão harmônica.

$$x^3 + mx^2 + 15x - 25 = 0$$

Considerando o conjunto dos números complexos, apresente todas as raízes dessa equação.

18 (FGV-RJ) Ao tentar encontrar a interseção do gráfico de uma função quadrática com o eixo **x**, um aluno encontrou as soluções: $2 + i$ e $2 - i$. Quais são as coordenadas do vértice da parábola? Sabe-se que a curva intersecta o eixo **y** no ponto (0, 5).

19 Sabe-se que o número complexo 2i é uma raiz da equação $x^6 - 6x^5 + 17x^4 - 34x^3 + 52x^2 - 40x = 0$. Representando todas as raízes no plano complexo, obtém-se um polígono. Qual é o volume do sólido gerado pela rotação desse polígono em torno do eixo imaginário?

TESTES

1 (Vunesp-SP) Sabe-se que, na equação $x^3 + 4x^2 + x - 6 = 0$, uma das raízes é igual à soma das outras duas. O conjunto solução (**S**) desta equação é:

a) $S = \{-3, -2, -1\}$

b) $S = \{-3, -2, +1\}$

c) $S = \{+1, +2, +3\}$

d) $S = \{-1, +2, +3\}$

e) $S = \{-2, +1, +3\}$

2 (UE-CE) Se os números -1 e 2 são raízes da equação polinomial $x^3 + x^2 + mx + p = 0$, então o valor de $(m + p)^2$ é igual a:

a) 64   **b)** 68   **c)** 72   **d)** 76

3 (FGV-SP) Se três das raízes da equação polinomial $x^4 + mx^2 + nx + p = 0$ na incógnita **x** são 1, 2 e 3, então $m + p$ é igual a:

a) 35   **c)** -12 **e)** -63

b) 24   **d)** -61

4 (FGV-SP) O número 1 é a raiz de multiplicidade 2 da equação polinomial $x^4 - 2x^3 - 3x^2 + ax + b = 0$. O produto $a \cdot b$ é igual a:

a) -8 **c)** -32 **e)** -64

b) -4 **d)** -16

5 (Vunesp-SP) Sabe-se que 1 é uma raiz de multiplicidade 3 da equação $x^5 - 3 \cdot x^4 + 4 \cdot x^3 - 4 \cdot x^2 + 3 \cdot x - 1 = 0$. As outras raízes dessa equação, no conjunto numérico dos complexos, são:

a) $(-1 - i)$ e $(1 + i)$

b) $(1 - i)^2$

c) $(-i)$ e $(+i)$

d) (-1) e $(+1)$

e) $(1 - i)$ e $(1 + i)$

6 (UF-RS) As raízes do polinômio $p(x) = x^3 + 5x^2 + 4x$ são:

a) $-4, -1$ e 0 **c)** $-4, 0$ e 4 **e)** $0, 1$ e 4

b) $-4, 0$ e 1 **d)** $-1, 0$ e 1

7 (Vunesp-SP) Dado que as raízes da equação $x^3 - 3x^2 - x + k = 0$, onde **k** é uma constante real, formam uma progressão aritmética, o valor de **k** é:

a) -5 **b)** -3 **c)** 0 **d)** 3 **e)** 5

8 (UF-PB) Mestre Laureano, técnico e professor de Eletrônica, em uma das suas aulas práticas, escolheu três resistores e propôs aos seus alunos que calculassem o valor da resistência do resistor equivalente aos três resistores escolhidos, associados em paralelo. Para isso ele informou aos alunos que:

- os valores R_1, R_2 e R_3 das resistências dos três resistores escolhidos, medidos em ohms, são raízes do polinômio $p(x) = x^3 - 7x^2 + 16x - 12$.

- o valor **R** da resistência, medida em ohms, do resistor equivalente aos três resistores escolhidos, associados em paralelo, satisfaz a relação

$$\frac{1}{R} = \frac{1}{R_1} + \frac{1}{R_2} + \frac{1}{R_3}.$$

Com base nessas informações, é correto afirmar que o valor de **R**, em ohms, é igual a:

a) 0,55   **c)** 0,75   **e)** 0,95

b) 0,65   **d)** 0,85

9 (FGV-SP) Um polinômio $P(x)$ do terceiro grau tem o gráfico dado abaixo.

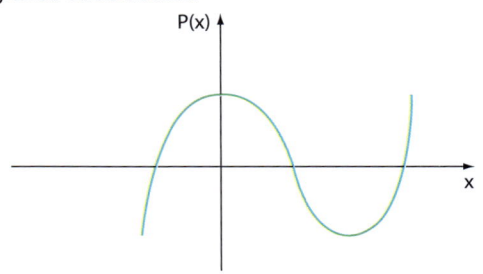

Os pontos de interseção com o eixo das abscissas são $(-1, 0)$, $(1, 0)$ e $(3, 0)$. O ponto de interseção com o eixo das ordenadas é $(0, 2)$. Portanto, o valor de $P(5)$ é:

a) 24   **b)** 26   **c)** 28   **d)** 30   **e)** 32

10 (ITA-SP) Se 1 é uma raiz de multiplicidade 2 da equação $x^4 + x^2 + ax + b = 0$, com $a, b \in \mathbb{R}$, então $a^2 - b^3$ é igual a:

a) -64 **c)** -28 **e)** 27

b) -36 **d)** 18

11 (FGV-SP) Sejam **m** e **n** números reais, ambos diferentes de zero. Se **m** e **n** são soluções da equação polinomial $x^2 + mx + n = 0$, na incógnita **x**, então, $m - n$ é igual a:

a) -3 **c)** 1   **e)** 3

b) -2 **d)** 2

12 (EsPCEx-SP) Seja a função complexa $P(x) = 2x^3 - 9x^2 + 14x - 5$. Sabendo-se que $2 + i$ é raiz de **P**, o intervalo **I** de números reais que faz $P(x) < 0$, para todo $x \in I$, é:

a) $\left]-\infty, \dfrac{1}{2}\right[$

b) $]0, 1[$

c) $\left]\dfrac{1}{4}, 2\right[$

d) $]0, +\infty[$

e) $\left]-\dfrac{1}{4}, \dfrac{3}{4}\right[$

13 (UF-RS) Considere os polinômios $p(x) = x^3$ e $q(x) = x^2 + x$. O número de soluções da equação $p(x) = q(x)$, no conjunto dos números reais, é:

a) 0   **b)** 1   **c)** 2   **d)** 3   **e)** 4

14 (UE-CE) A equação $x^5 - x = 0$ possui:

a) cinco soluções reais.

b) três soluções reais e duas complexas não reais.

c) uma solução real e quatro complexas não reais.

d) quatro soluções reais e uma complexa não real.

15 (Unicamp-SP) Considere o polinômio $p(x) = x^3 - x^2 + ax - a$, onde **a** é um número real. Se $x = 1$ é a única raiz real de $p(x)$, então podemos afirmar que:

a) $a < 0$ b) $a < 1$ c) $a > 0$ d) $a > 1$

16 (PUC-RJ) Sabendo que 1 é raiz do polinômio $p(x) = 2x^3 - ax^2 - 2x$, podemos afirmar que $p(x)$ é igual a:

a) $2x^2(x - 2)$

b) $2x(x - 1)(x + 1)$

c) $2x(x^2 - 2)$

d) $x(x - 1)(x + 1)$

e) $x(2x^2 - 2x - 1)$

17 (EPCAr-MG) As raízes da equação algébrica $2x^3 - ax^2 + bx + 54 = 0$ formam uma progressão geométrica. Se $a, b \in \mathbb{R}$, $b \neq 0$, então $\dfrac{a}{b}$ é igual a:

a) $\dfrac{2}{3}$ b) 3 c) $-\dfrac{3}{2}$ d) $-\dfrac{1}{3}$

18 (Vunesp-SP) Se **m**, **p**, mp são as três raízes reais não nulas da equação $x^3 + mx^2 + mpx + p = 0$, a soma das raízes dessa equação será:

a) 3 b) 2 c) 1 d) 0 e) -1

19 (Insper-SP) A figura, feita fora de escala, representa a planta de uma sala de aula, que conta com uma área para armários dos alunos (parte hachurada).

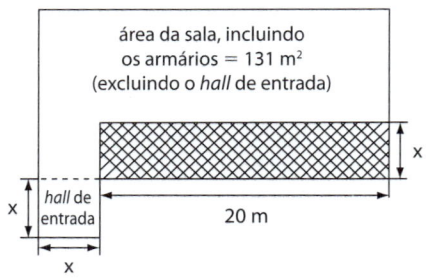

área da sala, incluindo os armários = 131 m² (excluindo o *hall* de entrada)

x

hall de entrada   20 m

x

x

A sala está sendo projetada de modo que o teto fique a uma distância de **x** metros do chão e, para que haja uma ventilação adequada, o volume total da sala mais o *hall* de entrada, descontando-se o espaço dos armários (que vão até o teto), deve ser de 280 m³. O menor valor de **x** que atende a todas essas condições é:

a) 5 b) 6 c) 7 d) 8 e) 9

20 (UE-CE) Se os números **m**, **p** e **q** são as soluções da equação $x^3 - 7x^2 + 14x - 8 = 0$, então o valor da soma $\log_2 m + \log_2 p + \log_2 q$ é:

a) 1 b) 2 c) 3 d) 4

21 (UF-AM) Se x_1, x_2 e x_3 são raízes da equação polinomial $x^3 - 5x^2 + 4 = 0$ e $A = \begin{bmatrix} x_1 & 0 & 1 \\ x_1 & x_2 & 0 \\ -x_3 & x_3 & 1 \end{bmatrix}$ é uma matriz real, então o det (A) é:

a) 0 b) 1 c) 2 d) 3 e) 4

22 (Unicamp-SP) Sejam **r**, **s** e **t** as raízes do polinômio $p(x) = x^3 + ax^2 + bx + \left(\dfrac{b}{a}\right)^3$, em que **a** e **b** são constantes reais não nulas. Se $s^2 = r \cdot t$, então a soma de $r + t$ é igual a:

a) $\dfrac{b}{a} + a$

b) $-\dfrac{b}{a} - a$

c) $a - \dfrac{b}{a}$

d) $\dfrac{b}{a} - a$

23 (FEI-SP) Seja $p(x) = x^3 + mx - 20$, com **m** pertencente a $\mathbb{R}$, um polinômio divisível por $q(x) = x - 2$. É correto afirmar que $p(x)$ possui:

a) apenas uma raiz real.

b) três raízes reais iguais.

c) duas raízes reais e opostas.

d) duas raízes reais iguais.

e) três raízes reais e distintas entre si.

24 (FGV-SP) Sejam **A** e **B** as raízes da equação $x^2 - mx + 2 = 0$. Se $A + \dfrac{1}{B}$ e $B + \dfrac{1}{A}$ são raízes da equação $x^2 - px + q = 0$, então **q** é igual a:

a) $\dfrac{9}{2}$ b) 4 c) $\dfrac{7}{2}$ d) $\dfrac{5}{2}$ e) 2

25 (Insper-SP) Na figura, que mostra o gráfico da função polinomial $p(x) = 3x^3 - 16x^2 + 19x$, os valores **a** e **c** são tais que $a + c = 4$.

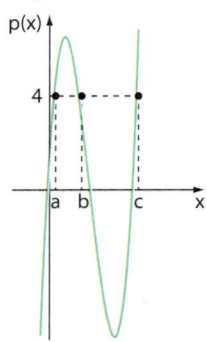

Dessa forma, o valor de **c** é igual a:

a) $1 + \sqrt{7}$

b) $2 + \sqrt{3}$

c) $2 + \sqrt{6}$

d) $3 + \sqrt{2}$

e) $3 + \sqrt{5}$

41 Estatística

▶ Introdução

Uma empresa do setor farmacêutico pretende lançar um novo desodorante feminino no mercado. Com esse objetivo, encomendou uma pesquisa a um instituto especializado para levantar hábitos, preferências e tendências das mulheres brasileiras adultas com relação ao uso de desodorante.

A análise estatística do mercado consumidor é fundamental para o lançamento de produtos.

O que o instituto teve de fazer para conduzir a pesquisa de modo adequado?

Em uma pesquisa, é importante que se conheça, inicialmente, o conjunto de pessoas (ou objetos) que têm em comum a característica que está sendo investigada. Esse conjunto é chamado **universo estatístico** ou **população**. No exemplo, a população é constituída por todas as mulheres brasileiras adultas. Na prática, no entanto, é inviável entrevistar todos os elementos da população, devido ao elevado custo operacional da pesquisa e ao longo tempo de execução. Desse modo, o instituto selecionou uma pequena parcela dessa população, a fim de coletar as informações necessárias por meio de uma pesquisa de campo. A essa parcela (parte ou subconjunto) da população damos o nome de **amostra**. A escolha da amostra é complexa, e os profissionais do instituto tiveram de levar em consideração diversos aspectos relacionados à população, como idade, condições sociais, culturais, econômicas etc.

Depois de coletados os dados, a equipe precisou organizá-los em tabelas e gráficos, com auxílio de *softwares* computacionais. Além disso, foram calculadas medidas que resumiram quantitativamente o conjunto de informações obtidas.

Por fim, o instituto levantou tendências e previsões sobre o uso de desodorantes e fez a análise confirmatória dos dados, isto é, verificou de que maneira os resultados da amostra refletem, de fato, os hábitos e as preferências de toda a população.

A ciência que se dedica a esse trabalho é a **Estatística**.

Os levantamentos estatísticos de uma pesquisa costumam ser amplamente divulgados nos meios de comunicação, como TV, jornais, internet, revistas etc., e quase sempre têm relação direta com o cotidiano das pessoas, pois envolvem temas como hábitos de consumo, comportamento, saúde, desenvolvimento humano, economia, entre outros.

Podemos enumerar diversas situações em que é necessário o apoio de uma equipe de estatísticos na condução de uma pesquisa:

- Um jornal encomenda uma pesquisa a um instituto especializado a fim de saber a intenção de voto do brasileiro para a próxima eleição presidencial.

- O Ministério da Saúde deseja conhecer os hábitos sexuais dos jovens brasileiros, de 12 a 17 anos, visando à prevenção da AIDS e de outras doenças sexualmente transmissíveis, e encomenda uma pesquisa.

- Uma emissora de TV precisa avaliar a receptividade e a audiência de um novo telejornal por meio de uma pesquisa científica.

Considerando as etapas gerais dos procedimentos em uma pesquisa estatística, vamos, neste livro, enfocar apenas a análise descritiva e quantitativa de um conjunto de dados, representando-os em forma de gráficos ou tabelas e associando a eles algumas medidas. O estudo das etapas de seleção da amostra (amostragem) e a análise confirmatória dos dados obtidos na pesquisa (inferência) não fazem parte dos objetivos deste livro.

▶ Variável

Suponha que cada entrevistada da amostra selecionada pelo instituto teve de responder às seguintes questões:

1. Qual é a sua idade?
2. Qual é o seu estado civil?
3. Qual é a sua renda mensal?
4. Que tipo de desodorante você prefere: aerossol, *roll-on* ou creme?
5. Quantas vezes por dia você aplica o desodorante?
6. Quanto custa o desodorante que você usa atualmente?
7. Você testaria uma nova marca de desodorante?

Na tabela a seguir, está representada parte dos dados coletados (25 questionários) pela pesquisa:

Idade (arredondada para o inteiro mais próximo)	Estado civil	Renda mensal (em reais)	Tipo de desodorante preferido	Número de aplicações diárias	Preço do desodorante atual (em reais)	Testaria outra marca?
27	Solteira	2160	*Roll-on*	1	5,60	Sim
38	Casada	780	*Roll-on*	1	4,50	Sim
34	Divorciada	1440	Aerossol	2	12,00	Sim
22	Casada	2760	Aerossol	2	6,00	Não
18	Solteira	1536	Aerossol	1	6,50	Sim
35	Casada	1152	Aerossol	1	5,50	Não
30	Casada	2376	Aerossol	2	5,30	Sim
41	Solteira	696	Creme	2	8,00	Sim
52	Viúva	1560	Aerossol	1	7,00	Sim
28	Solteira	564	*Roll-on*	1	4,60	Não
29	Casada	2640	*Roll-on*	2	5,20	Não
35	Solteira	1140	Creme	1	14,20	Sim
31	Casada	1860	*Roll-on*	2	3,50	Não
32	Divorciada	960	Aerossol	1	6,40	Sim
20	Solteira	1056	*Roll-on*	1	9,40	Sim
22	Casada	1320	Aerossol	1	5,80	Não
38	Casada	804	Aerossol	1	7,20	Sim
34	Casada	1944	Creme	1	13,60	Não
21	Solteira	1740	*Roll-on*	2	4,80	Não
25	Divorciada	1104	*Roll-on*	2	4,10	Sim
28	Casada	1008	Aerossol	1	3,90	Sim
32	Casada	708	Aerossol	1	4,50	Não
42	Viúva	900	Creme	2	7,90	Não
51	Solteira	648	Aerossol	2	5,80	Sim
28	Casada	3240	*Roll-on*	3	8,20	Sim

Cada um dos itens levantados pela pesquisa — os quais permitirão fazer a análise desejada — é denominado **variável**.

Variáveis como "estado civil", "tipo de desodorante preferido" e "possibilidade de testar outra marca" apresentam como resposta um **atributo**, uma **qualidade** ou uma **preferência** do entrevistado. As variáveis desse tipo são classificadas como **qualitativas**. Considerando, por exemplo, a variável "estado civil" e suas possíveis respostas, dizemos que "solteira", "casada", "divorciada" e "viúva" são as realizações ou "valores" assumidos por essa variável.

Já as variáveis "idade", "renda mensal", "número de aplicações diárias" e "preço do desodorante atual" apresentam como resposta um número obtido por contagem ou mensuração. As variáveis desse tipo são classificadas como **quantitativas**.

▶ Tabelas de frequência

A organização dos dados em tabelas possibilita uma leitura rápida e resumida dos resultados obtidos em uma pesquisa.

Para cada variável estudada, contamos o número de vezes que cada um de seus valores (realizações) ocorre. O número obtido é chamado **frequência absoluta** e pode ser indicado por Fa.

EXEMPLO 1

Considerando as realizações (ou respostas ou "valores" assumidos) da variável "estado civil", vamos obter suas respectivas frequências absolutas:

Solteira: ⬚⬚ → Fa = 8

Casada: ⬚⬚⬚ → Fa = 12

Viúva: ⬚ → Fa = 2

Divorciada: ⬚ → Fa = 3

Observe que a soma das frequências absolutas deve ser igual ao número total de dados disponíveis. De fato, 8 + 12 + 2 + 3 = 25.

Em geral, quando os resultados de uma pesquisa são divulgados em jornais e revistas, os valores correspondentes às frequências absolutas são acompanhados do número total de valores obtidos, a fim de tornar a análise dos dados mais significativa. Por exemplo, o instituto poderia repetir a pesquisa sobre o uso de desodorante algum tempo depois e construir uma amostra com um número maior de entrevistadas. Para comparar os resultados obtidos nas duas amostras, seria preciso levar em consideração que elas têm "tamanhos" diferentes.

Definimos, desse modo, para cada resposta da variável, a **frequência relativa** (indicaremos por Fr)

como a razão entre a frequência absoluta (Fa) e o número total de dados (**n**), isto é:

$$Fr = \frac{Fa}{n}$$

Observe que, para cada resposta possível da variável, temos $0 \leqslant Fa \leqslant n$.

Desse modo, temos que $0 \leqslant Fr \leqslant 1$. Por esse motivo, é comum expressar a frequência relativa em porcentagem.

EXEMPLO 2

Vamos construir a tabela de frequência completa para a variável "estado civil".

Estado civil	Frequência absoluta (Fa)	Frequência relativa (Fr)	Porcentagem (%)
Solteira	8	$\frac{8}{25} = 0,32$	32
Casada	12	$\frac{12}{25} = 0,48$	48
Viúva	2	$\frac{2}{25} = 0,08$	8
Divorciada	3	$\frac{3}{25} = 0,12$	12
Total	25	1,00	100

A construção das tabelas de frequência para as variáveis "tipo de desodorante preferido", "número de aplicações diárias" e "testaria outra marca?" segue o mesmo procedimento.

Para as demais variáveis quantitativas, no entanto, é possível perceber que, praticamente, não há repetição de valores. Por exemplo, quando observamos os valores assumidos pela variável "renda mensal", notamos que eles variam de 564 a 3 240 reais. Construir uma tabela usando os 25 valores, cada um ocorrendo uma única vez, não resumiria os dados colhidos. A ideia, nesse caso, será agrupar os dados em **classes** ou **intervalos de valores**.

Vejamos, no exemplo seguinte, um procedimento comum para a construção das classes (ou intervalos). Para isso, definiremos para uma variável quantitativa a **amplitude da amostra**, que é a diferença entre o maior valor coletado e o menor.

EXEMPLO 3

Vamos construir os intervalos para a distribuição de renda mensal que constam na amostra, a fim de construirmos uma tabela de frequência que resuma os dados obtidos.

- Calculamos a amplitude da amostra: R\$ 3 240,00 – R\$ 564,00 = R\$ 2 676,00.

- Escolhemos o número de intervalos que serão usados; nesse exemplo, vamos usar 5 intervalos para distribuir os salários.

- Dividimos a amplitude da amostra por 5:
  R\$ 2 676,00 ÷ 5 = R\$ 535,20, que será arredondado para R\$ 536,00 — esse valor representará o **comprimento** ou a **amplitude de cada intervalo**.

- Desse modo, o primeiro intervalo "começa" em R\$ 564,00 (menor valor) e "vai" até R\$ 564,00 + R\$ 536,00 = R\$ 1 100,00. Convencionaremos que esse intervalo é fechado à esquerda e aberto à direita, isto é, trata-se do intervalo real [564, 1100[, que será representado pela notação: 564 ⊢ 1100.

- O segundo intervalo "vai" de R\$ 1 100,00 até R\$ 1 100,00 + R\$ 536,00 = R\$ 1 636,00; representaremos por [1100, 1636[.

- Analogamente, o terceiro intervalo é [1636, 2172[, o quarto intervalo é [2172, 2708[e o quinto e último intervalo é [2 708, 3 244[.

Observe a tabela de frequência obtida:

Renda mensal (em reais)	Frequência absoluta (Fa)	Frequência relativa (Fr)	Porcentagem (%)
564 ⊢ 1100	10	$\frac{10}{25} = 0,40$	40
1100 ⊢ 1636	7	$\frac{7}{25} = 0,28$	28
1636 ⊢ 2172	4	$\frac{4}{25} = 0,16$	16
2172 ⊢ 2708	2	$\frac{2}{25} = 0,08$	8
2708 ⊢ 3244	2	$\frac{2}{25} = 0,08$	8
Total	25	1,00	100

OBSERVAÇÕES

Dependendo da natureza dos dados, podemos ter um número maior ou menor de intervalos (ou classes). É importante, entretanto, evitar intervalos de amplitude muito grande ou muito pequena, a fim de que não haja comprometimento na análise.

EXERCÍCIOS

1 Ao se inscreverem em certo cursinho pré-vestibular, os estudantes responderam a um questionário do qual constavam, entre outras, as seguintes perguntas:

1. Qual é a área de carreira universitária pretendida?
2. Você cursou o ensino médio em escola particular, municipal ou estadual?
3. Qual é a renda mensal familiar?
4. Quantos irmãos você tem?
5. Qual é a sua disciplina favorita?
6. Quantas vezes você já fez cursinho?
7. Você é usuário da internet?
8. Qual é, aproximadamente, a distância de sua casa ao cursinho?

Cada uma das questões anteriores define uma variável.

a) Quantas questões definem variáveis qualitativas?

b) Em relação aos itens *1*, *5* e *6*, dê exemplos de possíveis valores assumidos pela variável em questão, isto é, possíveis respostas às perguntas.

2 Em certa cidade, haverá 2º turno para eleições municipais. A cidade possui 1 764 835 eleitores registrados. Uma pesquisa feita com 2 650 moradores sobre a intenção de voto para prefeito revelou que 1 715 pretendem votar no candidato **A**, 691 no candidato **B**, 141 estão indecisos e 103 irão votar em branco ou anular o voto.

a) Qual é a variável investigada na pesquisa? Classifique-a. Quais são as realizações ("respostas") dessa variável?

b) Qual é o tamanho da população e o da amostra?

c) Construa uma tabela de frequência para representar os dados da pesquisa.

Para realizar os exercícios de *3* a *6*, use a tabela da página *788*.

3 Faça uma tabela de frequência para a variável "tipo de desodorante preferido".

4 Construa uma tabela de frequência para a variável "número de aplicações diárias".

5 Considerando a variável "testaria outra marca?", determine:

a) a frequência absoluta correspondente à resposta "sim";

b) a frequência relativa correspondente à resposta "não".

6 Construa uma tabela de frequência para a variável "preço do desodorante atual", agrupando os dados coletados em:

a) seis classes de valores;

b) três classes de valores.

Faça os arredondamentos para trabalhar com duas casas decimais.

7 A tabela seguinte refere-se aos resultados de uma pesquisa realizada com 400 adolescentes a respeito de seu lazer preferido.

Lazer	Frequência absoluta	Frequência relativa	Porcentagem (%)
Instrumento musical	a	0,06	b
Internet	92	c	d
Esporte	e	f	9
Sair à noite	180	g	h
Outros	i	j	k
Total	400	1,00	100

Quais são os valores de **a**, **b**, **c**, **d**, **e**, **f**, **g**, **h**, **i**, **j** e **k**?

8 Na tabela seguinte, estão representados os resultados de um levantamento realizado com 180 pessoas, na praça de alimentação de um *shopping center*, sobre seus gastos em uma refeição.

Gastos (em reais)	Número de pessoas
5 ⊢ 10	63
10 ⊢ 15	x + 54
15 ⊢ 20	2x
20 ⊢ 25	$\frac{x}{2}$

a) Qual é o valor de **x**?

b) Que porcentagem do total de entrevistados gasta de R$ 20,00 a R$ 25,00 por refeição?

c) Que porcentagem do total de entrevistados gasta menos de R$ 15,00 por refeição?

9 A relação candidato-vaga para algumas carreiras, em um concurso vestibular, está indicada abaixo:

9,00 — 25,00 — 13,70 — 19,65 — 9,83 —
4,23 — 23,80 — 35,87 — 56,93 — 25,75 —
31,15 — 50,65 — 6,74 — 2,80 — 3,83 —
43,92 — 7,10 — 7,90 — 13,69 — 6,88

a) Qual é a amplitude dos dados dessa amostra?

b) Construa uma tabela de frequência para os dados da amostra, agrupando-os em cinco classes de valores. (Trabalhe com duas casas decimais, fazendo as aproximações necessárias.)

▶ Representações gráficas

Os vários tipos de representação gráfica constituem um importante recurso para resumo, análise e interpretação de um conjunto de dados.

Os gráficos estão presentes em diversos veículos de comunicação (jornais, revistas, internet), sendo associados aos mais variados assuntos do nosso dia a dia.

Sua importância está ligada sobretudo à facilidade e rapidez na absorção das informações por parte do leitor. Além disso, o recurso gráfico possibilita aos veículos de comunicação a elaboração de diversas ilustrações, que tornam a leitura mais atraente.

Neste item, estudaremos cinco tipos de representação gráfica: gráfico de barras, histograma, gráfico de setores (ou "*pizza*"), gráfico de linhas e pictograma.

▶ Gráfico de barras

As graduações com maior número de alunos na EaD

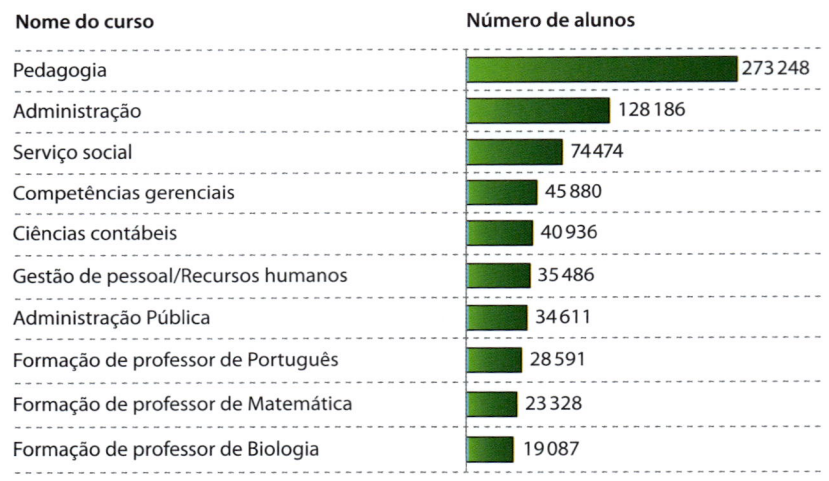

Nome do curso	Número de alunos
Pedagogia	273 248
Administração	128 186
Serviço social	74 474
Competências gerenciais	45 880
Ciências contábeis	40 936
Gestão de pessoal/Recursos humanos	35 486
Administração Pública	34 611
Formação de professor de Português	28 591
Formação de professor de Matemática	23 328
Formação de professor de Biologia	19 087

Fonte: *O Estado de S. Paulo*, 28 fev. 2012.

O gráfico acima mostra o número de alunos matriculados em cursos diversos de Ensino a Distância (EaD) em universidades brasileiras.

Para cada curso está representada uma **barra horizontal** cujo comprimento é proporcional ao número de alunos matriculados no curso.

É comum também a representação gráfica por meio de barras verticais.

▶ Histograma

O **histograma** é uma representação gráfica muito semelhante ao gráfico de barras verticais. Em geral, ele é usado para representar os valores assumidos por uma variável quantitativa quando estes estão agrupados em classes ou intervalos.

O histograma é um gráfico formado por retângulos contíguos, isto é, que estão em contato entre si (os retângulos se "encostam"). A base de cada retângulo corresponde a um segmento cujas extremidades são os limites de cada classe ou intervalo, e a altura de cada retângulo é proporcional à frequência (absoluta, relativa ou em porcentagem) da classe correspondente.

EXEMPLO 4

Vamos construir um histograma referente à tabela de salários apresentada no exemplo *3*:

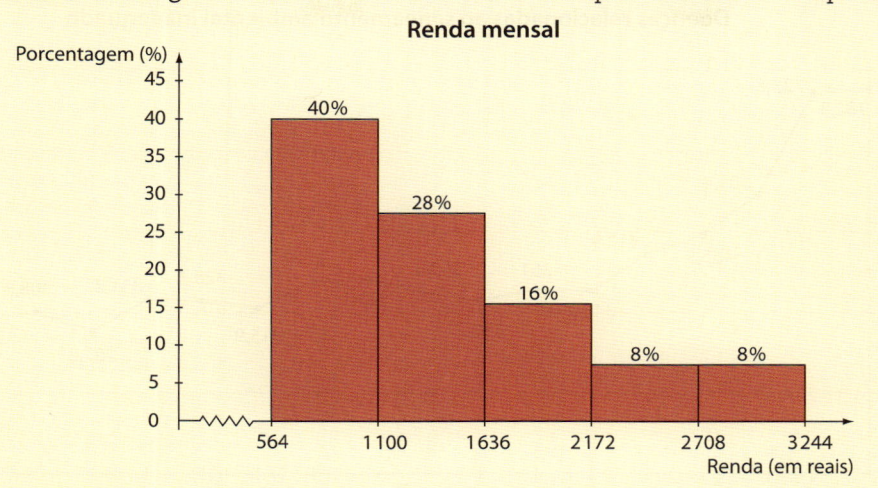

Renda mensal

Observe que, no eixo vertical, poderíamos também ter usado a frequência absoluta.

▶ Gráfico de setores

Distribuição* da população ocupada no Brasil

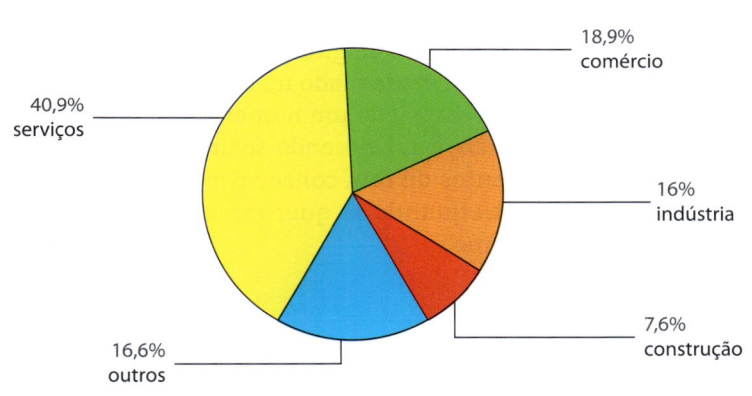

*Dados de fevereiro de 2012
Fonte: *O Estado de S. Paulo,* 25 mar. 2012.

O gráfico acima mostra a distribuição do emprego no Brasil, no início de 2012, de acordo com os setores da economia, assim divididos: serviços, comércio, indústria, construção e outros.

Essa representação gráfica é conhecida como **gráfico de setores** (ou "*pizza*").

Observe que o círculo ficou dividido em cinco partes, ou melhor, em cinco setores circulares, cujas medidas dos ângulos são proporcionais às frequências (no caso, a frequência é dada pela porcentagem) correspondentes a cada setor. Podemos, então, obter tais medidas por meio de regra de três:

Serviços

$$\begin{cases}100\% & - & 360° \\ 40{,}9\% & - & x\end{cases} \Rightarrow x \approx 147°$$

Comércio

$$\begin{cases}100\% & - & 360° \\ 18{,}9\% & - & y\end{cases} \Rightarrow y \approx 68° \quad ...$$

Procedendo de modo análogo, obtemos para os demais setores as seguintes medidas aproximadas do ângulo correspondente:

Indústria: 58°   Construção: 27°   Outros: 60°

O gráfico de setores pode ser construído com o auxílio de um transferidor ou de um *software* computacional.

▶ Gráfico de linhas

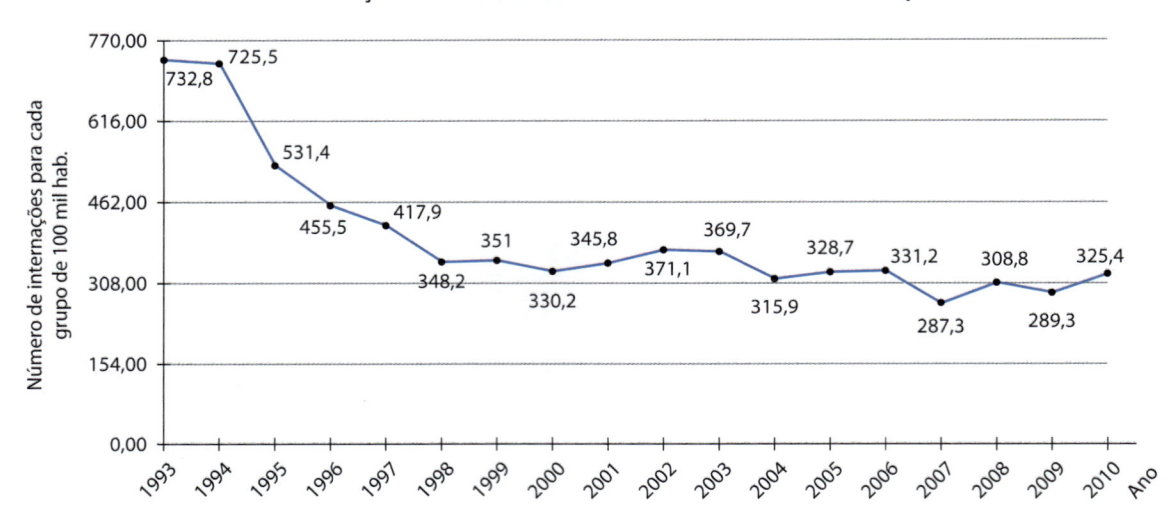

Doenças relacionadas ao saneamento ambiental inadequado

Fonte: Ministério da Saúde, Departamento de Informática do SUS (DATASUS), registros de Autorização de Internação Hospitalar (AIH). IBGE, Estudos e Análises da Dinâmica Demográfica. Disponível em: <www.ibge.gov.br> Acesso em: 20 abr. 2015.

O gráfico anterior mostra a variação do número de internações hospitalares, por grupo de 100 000 habitantes, decorrentes do saneamento ambiental inadequado no Brasil, de 1993 a 2010.

A cada ano do período considerado está associado um número que corresponde à quantidade de internações (por 100 000 habitantes) em hospitais, estabelecendo-se uma função entre essas duas grandezas.

Unindo os pontos obtidos por segmentos de reta consecutivos, obtemos o **gráfico de linhas**. O uso do gráfico de linhas é especialmente útil quando se quer representar os valores assumidos por uma variável quantitativa no decorrer do tempo.

▶ Pictograma

Pictograma é uma representação gráfica em que são usadas figuras ou imagens que guardam relação com o assunto que está sendo tratado. As representações pictóricas possuem forte apelo visual, chamando prontamente a atenção e curiosidade do leitor, e, por isso, são amplamente utilizadas nos mais variados veículos de comunicação.

Uma empresa de suprimentos de informática pretende divulgar em um jornal o crescimento das vendas de DVDs nos últimos cinco anos, como mostra a tabela seguinte:

Ano	2011	2012	2013	2014	2015
Unidades vendidas	600 000	900 000	1 200 000	1 450 000	1 750 000

O departamento de *marketing* sugeriu que os resultados fossem apresentados em um pictograma a fim de chamar a atenção do leitor.

Observe o pictograma publicado no jornal:

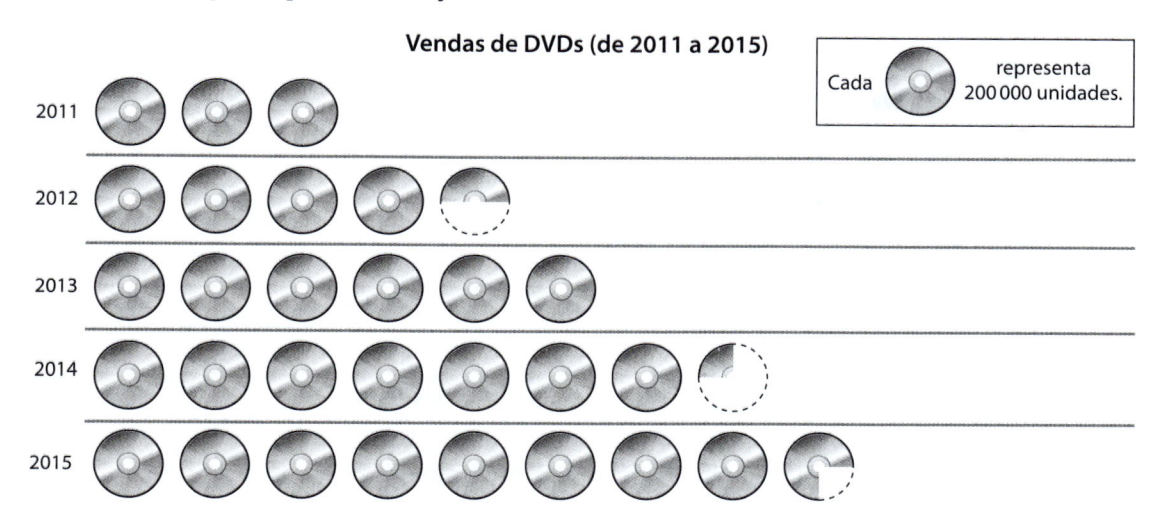

Vendas de DVDs (de 2011 a 2015)

Cada ⊙ representa 200 000 unidades.

É interessante notar os fracionamentos dos DVDs desse pictograma: o DVD pela metade representa 100 000 unidades (ano de 2012); $\frac{1}{4}$ do DVD representa 50 000 unidades (ano de 2014) e $\frac{3}{4}$ do DVD representam 150 000 unidades (ano de 2015).

EXERCÍCIOS

10 Na tabela a seguir vemos o número de medalhas de ouro conquistadas pelo Brasil nos Jogos Olímpicos, desde os jogos de 1948, em Londres, até os de 2012, também em Londres:

1948	1952	1956	1960	1964	1968	1972	1976	1980	1984	1988	1992	1996	2000	2004	2008	2012
0	1	1	0	0	0	0	0	2	1	1	2	3	0	5	3	3

Fonte: *Almanaque Abril*, 2012.

a) Considerando a variável "número de medalhas de ouro em Jogos Olímpicos", construa uma tabela de frequência.

b) Represente esse conjunto de dados em um gráfico de barras.

11 Numa escola, os alunos devem optar por um, e somente um, dos três idiomas para ter aulas: inglês, espanhol ou francês. A distribuição da escolha de 180 alunos está representada no gráfico a seguir.

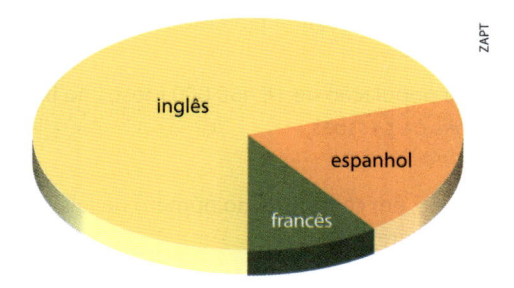

Sabendo que o ângulo do setor correspondente aos alunos que escolheram inglês mede 252° e que apenas 18 alunos optaram por estudar francês, determine:

a) a medida do ângulo do setor correspondente aos alunos que escolheram francês;

b) o número de alunos que optaram por espanhol e a medida do ângulo correspondente.

12 No pictograma seguinte estão representadas as populações das duas maiores regiões metropolitanas de um certo país.

Região **P**

Região **Q**

Cada 🚹 representa 1,5 milhão de habitantes.

a) Determine as populações das regiões **P** e **Q**.

b) Sabendo que a área de **P** é de 135 000 km², obtenha sua densidade demográfica.

13 Analise o gráfico a seguir, que mostra a evolução das proporções de crianças, jovens e idosos no Brasil de acordo com o Censo Demográfico de determinados anos.

Evolução das proporções de crianças, jovens e idosos no Brasil

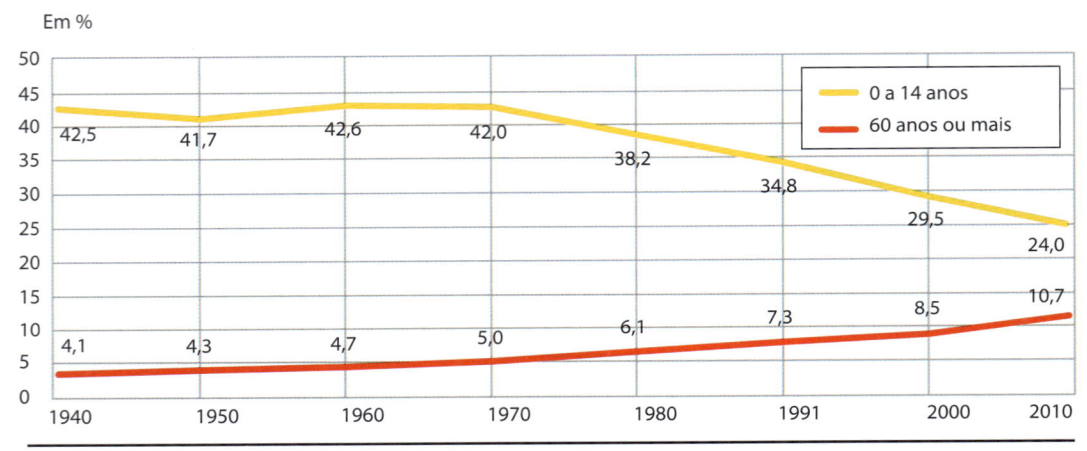

Fontes: Censo Demográfico 1940/2020. IBGE, Projeto UNFPA/Brasil (BRA/98/p08) e Sistema Integrado de Projeções e Estimativas Populacionais e Indicadores Sociodemográficos — *Almanaque Abril*, 2012.

Com base no gráfico, indique se cada afimação a seguir é verdadeira (**V**) ou falsa (**F**).

a) O percentual de jovens de até 14 anos vem caindo desde 1940.

b) A máxima diferença entre os percentuais de jovens de até 14 anos e adultos com 60 anos ou mais foi registrada no Censo de 1960.

c) Se a população brasileira em 2010 era de aproximadamente 190 milhões de habitantes, então mais de 40 milhões tinham até 14 anos.

d) Se o Censo de 2000 indicava uma população de 14 450 000 idosos no Brasil, então a população brasileira ultrapassava a barreira dos 175 milhões de pessoas.

14 O gráfico ao lado informa a distribuição, em certo mês, do número de faltas ao trabalho, por funcionário de uma empresa.

Sabendo que essa empresa possui 2 400 funcionários, faça o que se pede a seguir.

a) Determine o número de funcionários que não faltaram ao trabalho nesse mês.

b) Um funcionário da empresa é selecionado ao acaso. Qual é a probabilidade de que ele tenha faltado pelo menos uma vez no mês?

Número de faltas

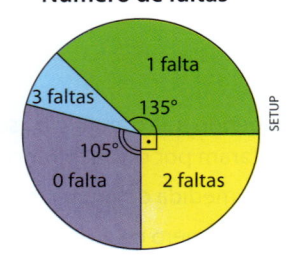

15 O gráfico informa a produção e o consumo de arroz registrados no Brasil desde 2000 e suas projeções até o biênio 2020/2021.

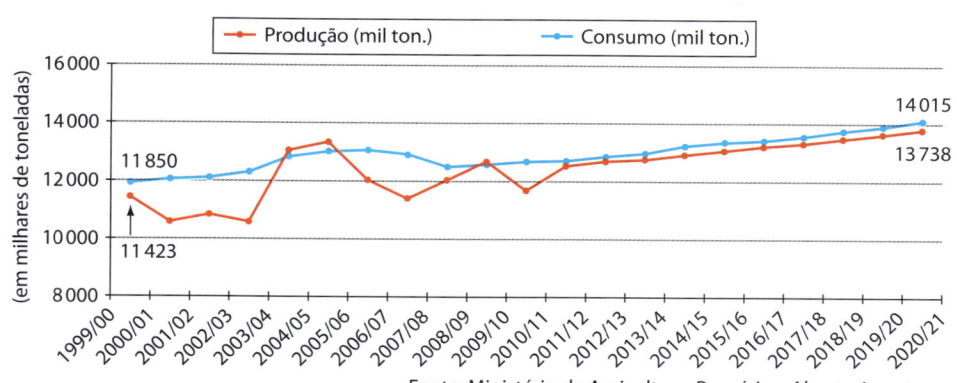

Produção e consumo de arroz

Fonte: Ministério da Agricultura, Pecuária e Abastecimento — Projeções do agronegócio Brasil 2010/11 a 2020/21.

Analise cada afirmação a seguir, classificando-a em verdadeira (**V**) ou falsa (**F**).

a) A projeção para o consumo de arroz no Brasil revela tendência de estabilidade a partir de 2010.

b) As projeções para a produção e o consumo de arroz no Brasil mostram que deverá haver necessidade de importação ou uso de estoques para suprir a demanda interna.

c) Em nenhum período considerado no gráfico a produção supera o consumo de arroz.

d) Do primeiro ao último biênio considerado, a produção de arroz terá crescido mais de 10%.

e) Do primeiro ao último biênio considerado, o consumo de arroz no Brasil terá aumentado em 2 165 toneladas.

16 Com base nas informações do gráfico, responda às questões a seguir sobre as classes econômicas no Brasil.

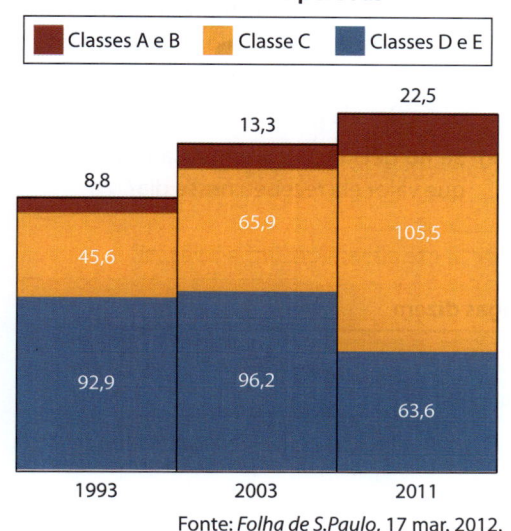

Distribuição por classes econômicas, em milhões de pessoas

Classes A e B — Classe C — Classes D e E

Fonte: *Folha de S.Paulo*, 17 mar. 2012.

a) De quantos milhões de pessoas foi o aumento da população brasileira de 1993 a 2011?

b) Em 2003, a classe **C** correspondia a que porcentagem da população?

c) Em 2011, as classes **A** e **B** correspondiam a mais ou a menos que 10% da população?

O enunciado a seguir se refere aos exercícios *17* e *18*.

O Índice de Desenvolvimento Humano (IDH) é um indicativo socioeconômico importante na análise populacional de uma cidade, estado ou país. Para a composição do IDH são considerados expectativa de vida, grau de escolaridade e renda *per capita*. A escala do IDH varia de 0 a 1. Quanto mais próximo de 1, melhor é a qualidade de vida. Na tabela seguinte, estão relacionados os IDHs de todos os estados brasileiros, além do Distrito Federal:

IDH no Brasil

Estado	IDH	Estado	IDH
Acre	0,751	Paraíba	0,718
Alagoas	0,677	Paraná	0,820
Amapá	0,780	Pernambuco	0,718
Amazonas	0,780	Piauí	0,703
Bahia	0,742	Rio de Janeiro	0,832
Ceará	0,723	R. Grande do Norte	0,738
Distrito Federal	0,874	R. Grande do Sul	0,832
Espírito Santo	0,802	Rondônia	0,776
Goiás	0,800	Roraima	0,750
Maranhão	0,683	Santa Catarina	0,840
Mato Grosso	0,796	São Paulo	0,833
M. Grosso do Sul	0,802	Sergipe	0,742
Minas Gerais	0,800	Tocantins	0,756
Pará	0,755		

Fonte: *Almanaque Abril*, 2012.

17 **a)** Construa o histograma correspondente ao IDH dos estados brasileiros, usando 5 intervalos de mesma amplitude (considere duas casas decimais para o valor da amplitude).

b) Utilizando o gráfico construído no item anterior, determine o número de estados que têm IDH maior que ou igual a 0,757.

18 **a)** Agrupe os valores do IDH em intervalos de amplitude 0,1, a partir de 0,6, faça uma tabela de frequência e construa um histograma.

b) A partir do item *a*, determine a porcentagem de estados brasileiros (incluindo o Distrito Federal) que têm IDH superior a 0,7.

19 No pictograma a seguir está representada a diminuição na área desmatada em uma floresta de certo país, devido à maior fiscalização dos órgãos governamentais, no período de 2009 a 2013.

Cada árvore do gráfico representa 25 mil hectares de floresta desmatada. Sabendo que 1 hectare equivale a 10^4 m², determine:

a) a área, em km², correspondente à superfície de floresta desmatada em 2010 e em 2012;

b) a queda percentual da área desmatada em 2011, na comparação com 2010;

c) a queda percentual da área desmatada em 2013, na comparação com 2009;

d) o número inteiro de campos de futebol equivalente à área de floresta desmatada em 2013, tomando como base um campo de futebol de 100 m de comprimento por 70 m de largura.

20 No gráfico abaixo está representada a variação do saldo diário (em milhares de reais) das contas de uma empresa nos dez primeiros dias de um mês. Esse saldo expressa a diferença entre os valores recebidos e os valores pagos pela empresa.

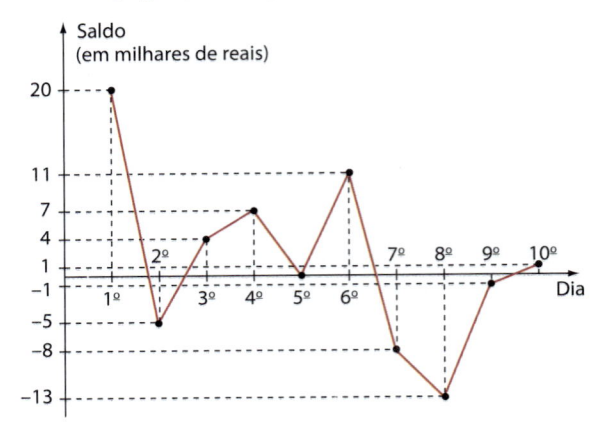

a) Em que dias do mês a empresa operou "no vermelho", isto é, com saldo bancário diário negativo?

b) Identifique os períodos de crescimento e decrescimento do saldo.

c) Se no segundo dia a empresa pagou R$ 17 000,00 de contas, qual foi o valor recebido nesse dia?

d) Se no nono dia a empresa recebeu R$ 31 000,00, que valor ela gastou nesse dia?

e) Se no décimo dia a empresa gastou R$ 6 000,00, que valor ela recebeu nesse dia?

21 Observe os gráficos e responda às questões a seguir.

O que as vagas dizem

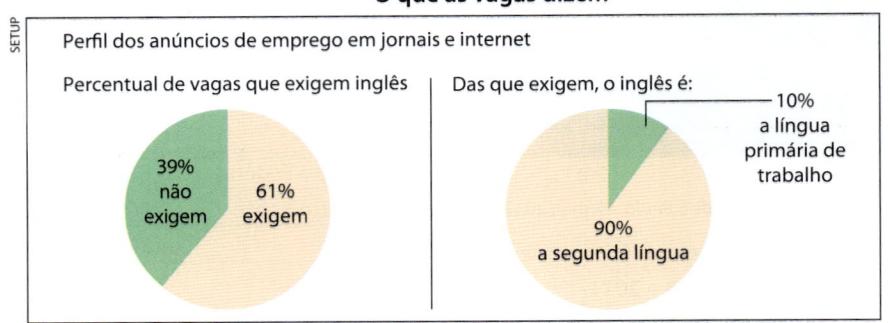

Fonte: www.vocesa.com.br. Acesso em: set. 2012.

a) Qual é a medida aproximada do ângulo do setor correspondente às vagas de emprego que não exigem inglês?

b) Qual é o percentual de anúncios em que o inglês é a segunda língua de trabalho, considerando o total de anúncios?

▶ Medidas de centralidade e variabilidade

▶ Introdução

No item anterior estudamos os diversos tipos de representação gráfica, que constituem um importante recurso na interpretação de um conjunto de dados. Procuraremos, agora, estabelecer para esses dados algumas medidas (números) que sejam representativas, isto é, que resumam como se distribuem os valores da variável em estudo. Para isso, será necessário estabelecer um valor de **tendência central** e outro valor que indique o **grau de variabilidade** (ou **dispersão**), em torno do valor central, dos dados da variável em estudo.

Como valores centrais, vamos estudar a **média**, a **mediana** e a **moda**.

Como medida de variabilidade, vamos estudar a **amplitude**, a **variância** e o **desvio padrão**.

Para simplificar um pouco a notação que será usada neste capítulo, vamos introduzir um importante símbolo da linguagem matemática: o somatório, indicado pela letra grega Σ (lê-se: "sigma"). Ele representa aqui a soma de um número finito de parcelas que têm alguma característica comum. Acompanhe os exemplos seguintes:

- O símbolo $\displaystyle\sum_{i=1}^{4} i^2$ (lê-se: "somatório (ou soma) de i^2, para **i** variando de 1 até 4") significa que devemos atribuir para **i**, sucessivamente, os valores 1, 2, 3 e 4, calcular os respectivos valores numéricos da expressão i^2 e somar os resultados encontrados, isto é:

$$\sum_{i=1}^{4} i^2 = \underbrace{1^2}_{i=1} + \underbrace{2^2}_{i=2} + \underbrace{3^2}_{i=3} + \underbrace{4^2}_{i=4} =$$

$$= 1 + 4 + 9 + 16 = 30$$

- Para calcularmos o valor de $\displaystyle\sum_{n=0}^{2} \left(\frac{1}{n+1}\right)$, é preciso atribuir para **n** os valores 0, 1 e 2:

$$n = 0 \rightarrow \frac{1}{0+1} = 1$$

$$n = 1 \rightarrow \frac{1}{1+1} = \frac{1}{2}$$

$$n = 2 \rightarrow \frac{1}{2+1} = \frac{1}{3}$$

$$\sum_{n=0}^{2} \left(\frac{1}{n+1}\right) = 1 + \frac{1}{2} + \frac{1}{3} = \frac{11}{6}$$

▶ Média aritmética

Seja $x_1, x_2, ..., x_n$ a relação dos valores assumidos por uma determinada variável **x**. Definimos **média aritmética** — indica-se por $\overline{x}$ — como a razão entre a soma de todos esses valores e o número total de valores:

$$\overline{x} = \frac{x_1 + x_2 + ... + x_n}{n}$$

Usando o símbolo de somatório para representar o numerador dessa expressão, escrevemos:

$$\overline{x} = \frac{1}{n} \cdot \sum_{i=1}^{n} x_i$$

EXEMPLO 5

Os valores seguintes referem-se às notas obtidas por um aluno em oito disciplinas do Ensino Médio em um certo bimestre do ano letivo:

$$7,5 - 6,0 - 4,2 - 3,9 - 4,8 - 6,2 - 8,0 - 5,4$$

Vamos calcular a média aritmética desses valores:

$$\overline{x} = \frac{\displaystyle\sum_{i=1}^{8} x_i}{8} =$$

$$= \frac{7,5 + 6,0 + 4,2 + 3,9 + 4,8 + 6,2 + 8,0 + 5,4}{8} =$$

$$= \frac{46}{8} = 5,75$$

Qual é o significado desse valor?

Caso o aluno apresentasse a mesma nota (desempenho) em todas as disciplinas, ela deveria ser 5,75 a fim de que fosse obtida a pontuação total de 46 pontos, equivalente à soma dos pontos efetivamente obtidos nessas oito disciplinas.

Observe que em nenhuma disciplina o aluno obteve a nota média, que é 5,75. Isso indica que a média aritmética de um conjunto de valores é um valor teórico e não coincide, necessariamente, com algum desses valores.

EXERCÍCIO RESOLVIDO

1 A média dos salários dos quinze funcionários de uma loja de autopeças é R$ 980,00. Se forem contratados mais dois funcionários, com salários de R$ 950,00 e R$ 1 180,00, qual será a nova média salarial dos funcionários da loja?

Solução:

A média inicial ($\overline{x}$) de salários é 980. Temos:

$$980 = \frac{\Sigma \text{ salários}}{15} \Rightarrow \Sigma \text{ salários} = 980 \cdot 15$$

Σ salários = 14 700, isto é, antes das contratações,

a soma de todos os salários dessa loja era de R$ 14 700,00.

A soma dos salários após a admissão dos dois funcionários será:

$$\Sigma' = 14\,700 + 950 + 1\,180 = 16\,830,$$

ou seja, 16 830 reais,

e a nova média ($\overline{x}'$) de salários será:

$$\overline{x}' = \frac{\Sigma' \text{ salários}}{17} = \frac{16\,830}{17} = 990,$$

ou seja, 990 reais.

▶ Média aritmética ponderada

Considere o seguinte problema:

Em um espetáculo musical foram vendidos 1 200 ingressos cujos valores dependiam do setor escolhido no teatro, como mostra a tabela abaixo.

Setor	Número de ingressos vendidos	Preço unitário do ingresso
Plateia	720	R$ 50,00
Andar superior	400	R$ 150,00
Camarote	80	R$ 300,00

Qual foi o valor médio do ingresso pago neste espetáculo?

Consideremos que a variável em estudo é o preço do ingresso e, com base na tabela, sabemos que foram vendidos 720 ingressos a R$ 50,00 cada um; 400 ingressos a R$ 150,00 cada um; e 80 ingressos a R$ 300,00 cada um.

Assim, o preço médio ($\overline{p}$) do ingresso é:

$$\overline{p} = \frac{\overbrace{50 + 50 + \ldots + 50}^{720\ parcelas} + \overbrace{150 + 150 + \ldots + 150}^{400\ parcelas} + \overbrace{300 + \ldots + 300}^{80\ parcelas}}{720 + 400 + 80}$$

$$\overline{p} = \frac{720 \cdot 50 + 400 \cdot 150 + 80 \cdot 300}{1\,200}$$

$$\overline{p} = \frac{36\,000 + 60\,000 + 24\,000}{1\,200} = \frac{120\,000}{1\,200} = 100$$

ou seja, $\overline{p} = 100$ reais

A média obtida para o valor do ingresso, nesse problema, é chamada **média aritmética ponderada** dos valores R$ 50,00, R$ 150,00 e R$ 300,00, em que o **fator de ponderação** (também chamado de **peso**) corresponde à quantidade de ingressos vendidos em cada setor.

De modo geral, consideremos uma relação de valores formada pelos elementos $x_1, x_2, ..., x_k$, com frequências absolutas respectivamente iguais a $n_1, n_2, ..., n_k$.

A média aritmética ponderada desses valores é:

$$\overline{x} = \frac{x_1 \cdot n_1 + x_2 \cdot n_2 + ... + x_k \cdot n_k}{n_1 + n_2 + ... + n_k} =$$

$$= \frac{\sum_{i=1}^{k} (x_i \cdot n_i)}{n_1 + n_2 + ... + n_k}$$

Podemos também expressar $\overline{x}$ em termos da frequência relativa de cada x_i $(i = 1, 2, ..., k)$, a saber,

$$f_i = \frac{n_i}{n_1 + n_2 + ... + n_k} .$$

Vamos escrever, convenientemente, a expressão obtida para $\overline{x}$:

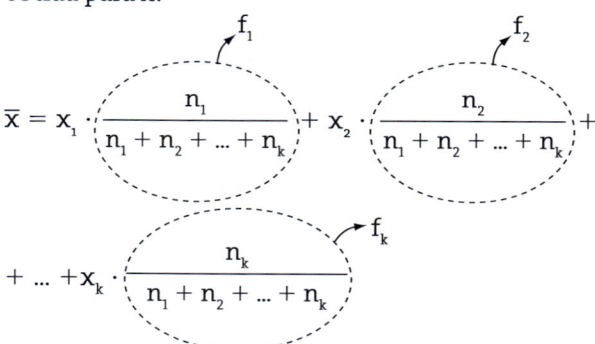

Assim, obtemos:

$$\overline{x} = x_1 \cdot f_1 + x_2 \cdot f_2 + ... + x_k \cdot f_k = \sum_{i=1}^{k} (x_i \cdot f_i)$$

EXERCÍCIOS

22 Em cada caso, calcule a média aritmética dos valores:

a) $23 - 20 - 22 - 21 - 28 - 20$

b) $7 - 9 - 9 - 9 - 7 - 8 - 8 - 9 - 9 - 9$

c) $0,1 - 0,1 - 0,1 - 0,1 - 0,2 - 0,2$

d) $4 - 4,5 - 4,5 - 5,0 - 5,0 - 5,5 - 6,5 - 5,0$

e) $3 - 3 - 3 - 3 - 3 - 3 - 3$

23 Em um edifício residencial com 54 apartamentos, 36 condôminos pagam taxa de condomínio de R$ 180,00; para os demais, essa taxa é de R$ 240,00. Qual é o valor da taxa média de condomínio nesse edifício?

24 A média aritmética entre a, 8, 2a, 9 e a + 1 é 6,8. Qual é o valor de **a**?

25 Um grupo **A** de 20 recém-nascidos tem massa média de 2,8 kg; um grupo **B** de 30 recém-nascidos tem massa média de 2,6 kg. Juntando os recém-nascidos dos grupos **A** e **B**, qual é o valor esperado para a média das massas?

26 A média aritmética de um conjunto formado por vinte números é 12. Qual será a nova média se:

a) acrescentarmos o número 33 a esse conjunto?

b) retirarmos o número 50 desse conjunto?

c) acrescentarmos o número 63 a esse conjunto e retirarmos o 51?

27 Em uma fábrica, a média salarial das mulheres é R$ 1 160,00; para os homens, a média salarial é R$ 1 440,00. Sabe-se, também, que a média geral de salários nessa fábrica é R$ 1 244,00.

a) Sem fazer cálculos, responda:
Há mais homens ou mulheres trabalhando nessa fábrica?

b) Determine a quantidade de homens e a de mulheres, sabendo que a diferença entre essas quantidades é 32.

28 (UE-RJ) Na tabela abaixo, estão indicados os preços do rodízio de *pizzas* de um restaurante.

Dias da semana	Valor unitário do rodízio (R$)
Segunda-feira, terça-feira, quarta-feira e quinta-feira	18,50
Sexta-feira, sábado e domingo	22,00

Considere um cliente que foi a esse restaurante todos os dias de uma mesma semana, pagando um rodízio em cada dia. Determine o valor médio que esse cliente pagou, em reais, pelo rodízio nessa semana.

29 Realizou-se uma pesquisa entre as mulheres de uma cidade para levantar informações sobre o número de filhos. Foram entrevistadas 400 mulheres, e os dados obtidos estão representados no gráfico de setores abaixo.

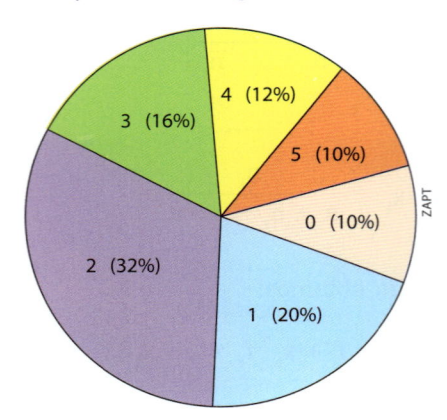

4 (12%)
3 (16%)
5 (10%)
0 (10%)
2 (32%)
1 (20%)
ZAPT

a) Quantas mulheres da amostra têm três ou mais filhos?

b) Qual é a média de filhos das mulheres dessa amostra?

30 Para um torneio de basquete foram convocados 12 jogadores para a seleção nacional. O time titular, com 5 jogadores, tinha altura média de 2,04 metros e o time reserva, com os demais, tinha altura média de 2,01 metros. Às vésperas do jogo de estreia, um titular se contundiu e foi substituído por um reserva. Com isso, a altura média do time titular aumentou 2 cm e a do time reserva diminuiu 1,5 cm. A seleção disputou o torneio com 11 jogadores.

a) Qual é a altura do jogador titular que se contundiu?

b) Qual é a altura do jogador reserva que substituiu o jogador contundido?

31 Um professor de economia dá aula em 4 turmas: **A**, **B**, **C**, **D**. Na tabela seguinte, encontram-se os resultados obtidos pelas turmas no exame final, bem como a quantidade de alunos por turma:

Turma	Número de alunos	Média das notas
A	30	6,2
B	35	7,2
C	55	5,4
D	?	5,0

a) Considerando as turmas **A**, **B**, **C**, determine a média das notas obtidas neste exame.

b) O professor não se lembra, ao certo, do número de alunos da turma **D**, mas ele sabe que a média das notas das 4 turmas não ultrapassou 5,8. Quantos alunos, no mínimo, devem pertencer à turma **D**?

32 A média aritmética de cinquenta números reais, x_1, x_2, x_3, ..., x_{49}, x_{50}, é igual a 120.
Qual é a média aritmética dos números reais $x_1 + 1$, $x_2 + 2$, $x_3 + 3$, ..., $x_{49} + 49$ e $x_{50} + 50$?

▶ Mediana

Considere o consumo mensal de água, em metros cúbicos, de uma residência nos nove primeiros meses de um ano:

$$66 - 62 - 67 - 63 - 67 - 64 - 182 - 65 - 68$$

Calculando a média mensal de consumo, obtemos:

$$\bar{x} = \frac{66 + 62 + 67 + 63 + 67 + 64 + 182 + 65 + 68}{9} =$$

$$= \frac{704}{9} \Rightarrow \bar{x} = 78,22 \text{ m}^3$$

O valor encontrado para a média (78,22 m³) não representa, com fidelidade, uma medida de tendência central: o consumo mensal dessa residência aponta para um valor entre 60 e 70 metros cúbicos; além disso, dos 9 valores registrados, 8 são menores que a média e "distantes", ao menos, dez unidades dela, e apenas um valor é maior que a média, estando muito distante dela.

Nessa situação, a média foi afetada por um valor muito discrepante do consumo, que destoa dos demais: o valor de 182 m³ registrado em um mês pode ser explicado por um vazamento de água em alguma válvula ou

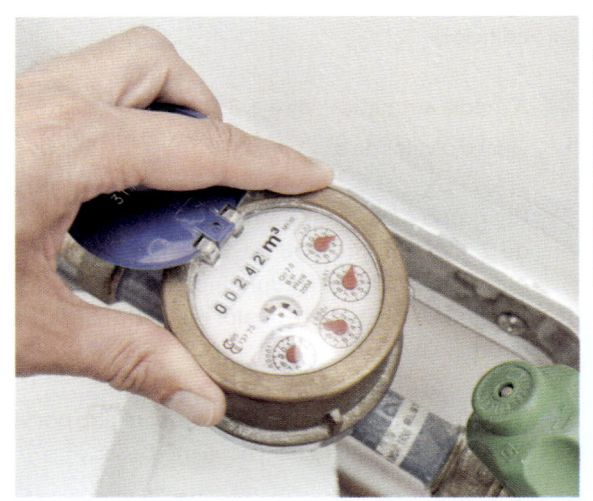

Hidrômetro, aparelho que mede o consumo de água nos imóveis.

torneira ou esse consumo atípico pode ser devido a uma hospedagem temporária na casa (parentes de outra cidade, por exemplo).

Deste modo, é importante conhecermos outra medida de centralidade, além da média, a fim de que façamos uma análise mais completa para interpretar e caracterizar o conjunto de dados. Essa outra medida de centralidade é a **mediana**.

Colocando em ordem crescente os valores de consumo da relação anterior, obtemos:

$$\underset{4\ valores\ menores}{\underleftarrow{\hspace{4cm}}} \quad \underset{4\ valores\ maiores}{\underrightarrow{\hspace{4cm}}}$$

$$62 - 63 - 64 - 65 - \boxed{66} - 67 - 67 - 68 - 182$$

O valor destacado (66) separa o conjunto de dados em duas partes: na primeira $\{62, 63, 64, 65\}$ todos os valores são menores que 66 e na outra $\{67, 67, 68, 182\}$ todos os valores são maiores que 66.

O valor 66 m³ é chamado mediana e representa, nesse exemplo, uma medida de centralidade mais fiel ao conjunto de dados.

▶ Definição

Sejam $x_1 \leqslant x_2 \leqslant \ldots \leqslant x_n$ os **n** valores ordenados assumidos por uma variável quantitativa **X**, em um conjunto de observações.

Define-se a **mediana** (indicaremos por **Me**) por meio da relação:

$$Me = \begin{cases} x_{\left(\frac{n+1}{2}\right)}, \text{ se } \mathbf{n} \text{ for ímpar} \\ \dfrac{x_{\left(\frac{n}{2}\right)} + x_{\left(\frac{n}{2}+1\right)}}{2}, \text{ se } \mathbf{n} \text{ for par} \end{cases}$$

A definição garante que a mediana seja um valor central que divide o conjunto de dados em duas partes com o mesmo número de elementos. Em uma parte, todos os elementos são menores que (ou iguais) à mediana; na outra parte, todos os elementos são maiores que (ou iguais) à mediana.

EXEMPLO 6

O controle de qualidade de uma indústria forneceu o seguinte número de peças defeituosas (por lote de 100 unidades):

$$6 - 4 - 9 - 6 - 3 - 8 - 1 - 4 - 5 - 6$$

Vamos determinar a mediana do número de peças defeituosas. Para isso, ordenamos esses valores:

$$1 - 3 - 4 - 4 - \boxed{5 - 6} - 6 - 6 - 8 - 9 \;\; \text{\small ✳}$$

Como $n = 10$ é par, pela definição a mediana será dada pela média aritmética entre o 5º e o 6º valores de ✳, isto é:

$$Me = \frac{x_5 + x_6}{2} = \frac{5 + 6}{2} = 5,5$$

Note que, em ✳, temos cinco valores menores que 5,5 $(1 - 3 - 4 - 4 - 5)$ e cinco valores maiores que 5,5 $(6 - 6 - 6 - 8 - 9)$.

 Moda

A **moda** de uma relação de valores (indica-se **Mo**) é o valor que ocorre mais vezes na relação, isto é, aquele que possui maior frequência absoluta.

EXEMPLO 7

Vamos encontrar a moda dos seguintes conjuntos de valores:

- 5 — 8 — 11 — 8 — 3 — 4 — 8

  A moda é Mo = 8, pois há três valores iguais a 8.

- 2 — 3 — 9 — 3 — 4 — 2 — 6

  Há duas modas: 2 e 3. Dizemos, então, que se trata de uma **distribuição de frequências bimodal**.

- 1 — 3 — 4 — 6 — 9 — 11 — 2

  Nesse caso, todos os valores "aparecem" com a mesma frequência unitária. Assim, não há moda nessa distribuição.

OBSERVAÇÕES 🔍

Média, mediana e moda são as três medidas de tendência central mais usuais que podem ser associadas a um conjunto de dados. Cada uma delas possui, como vimos, interpretação e significado próprios. Dependendo da natureza dos dados, uma ou outra dessas medidas pode ser mais adequada para representá-los quantitativamente. Entretanto, a análise dos dados se torna mais completa quando conhecemos os valores das três medidas.

 **EXERCÍCIOS**

33 Calcule a média ($\overline{M}$), a mediana (Me) e a moda (Mo) para cada conjunto de valores:

a) 2 — 2 — 3 — 3 — 3 — 4 — 4 — 4 — 4

b) 16 — 18 — 18 — 17 — 19 — 18

c) 1 — 5 — 3 — 2 — 4

d) 11 — 8 — 15 — 19 — 6 — 15 — 13 — 21

e) 44 — 43 — 42 — 43 — 45 — 44 — 40 — 41 — 49 — 46

34 Os dados ordenados abaixo referem-se ao tempo de espera (em minutos) de 10 pessoas que foram atendidas em um posto de saúde durante uma manhã:

1 — 5 — 8 — 9 — x — 16 — 18 — y — 23 — 26

Sabendo que o tempo médio de espera foi de 14 minutos e que o tempo mediano foi de 15 minutos, determine os valores de **x** e de **y**.

35 A tabela a seguir informa a quantidade de cartões amarelos distribuídos por um árbitro, em uma partida de futebol, nos jogos por ele apitados durante uma temporada:

Número de cartões	0	1	2	3	4
Frequência absoluta	30	18	7	3	2

a) Quantos jogos o árbitro apitou na temporada?

b) Calcule as três medidas de centralidade referentes ao número de cartões.

c) Se nos dez primeiros jogos da temporada seguinte o árbitro distribuiu ao menos 1 cartão por jogo, qual será a mediana do número de cartões nos jogos das duas temporadas até o momento?

36 Uma empresa paga, todo ano, um bônus de fim de ano para seus funcionários. Neste ano, a empresa já pagou bônus a 40 dos seus 50 funcionários, como mostra a tabela ao lado.

a) Qual é a mediana dos valores já pagos de bônus pela empresa?

b) Sabe-se que os dez funcionários restantes receberão bônus de 600 ou 1 000 reais. Qual é o número de funcionários que devem receber bônus de R$ 600,00 para que a mediana dos 50 valores seja R$ 800,00?

Número de funcionários	Valor do bônus (em reais)
8	300
14	600
18	1000

▶ Medidas de dispersão (ou variabilidade)

Procurando uma companhia aérea para as viagens de negócios dos funcionários de sua pequena empresa, um empresário obteve, na internet, os percentuais mensais de pontualidade dos voos de duas companhias aéreas **A** e **B**, no período de sete meses anteriores à data de sua pesquisa. Os resultados encontram-se na tabela seguinte:

Companhia	Mês 1	Mês 2	Mês 3	Mês 4	Mês 5	Mês 6	Mês 7
A	86%	92%	91%	95%	90%	89%	94%
B	93%	92%	90%	91%	90%	93%	88%

Inicialmente, o empresário calculou a média dos percentuais de pontualidade das duas companhias, obtendo, em ambas, o valor de 91%. Conhecendo apenas o valor das médias das duas companhias, ele sabia que seria difícil optar por alguma. Surgiu, então, a ideia de saber qual companhia aérea apresentava desempenho mais regular, isto é, aquela cujos índices de pontualidade variassem menos.

A situação acima descrita mostra a necessidade de conhecermos as **medidas de dispersão** (ou variabilidade), que permitem quantificar a variabilidade de um conjunto de dados.

▶ Amplitude

A **amplitude** de um conjunto de dados é o número real dado pela diferença entre o maior e o menor valores registrados (nesta ordem).

No exemplo das companhias aéreas, temos:

• companhia **A**: A amplitude é igual a 95% − 86% = 9%
• companhia **B**: A amplitude é igual a 93% − 88% = 5%

Como a amplitude dos dados mensais da companhia **B** é menor que a dos dados mensais da companhia **A**, conclui-se que a companhia **B** é a mais regular, isto é, seus índices oscilaram menos do que os da outra companhia.

▶ Variância

Definição

Seja $x_1, x_2, ..., x_n$ a relação de valores assumidos por uma variável quantitativa **X** e $\bar{x}$ a média aritmética desses valores.

Para cada x_i $(i = 1, 2, ..., n)$, calculamos o quadrado da diferença entre esse valor e a média: $(x_i - \overline{x})^2$, que é o desvio quadrático.

A **variância** — indica-se por **Var X** ou $\boldsymbol{\sigma^2}$ (lê-se: "sigma ao quadrado") — é a média aritmética dos desvios quadráticos, isto é:

$$\sigma^2 = \frac{(x_1 - \overline{x})^2 + (x_2 - \overline{x})^2 + ... + (x_n - \overline{x})^2}{n}$$

Usando a notação de somatório, escrevemos:

$$\sigma^2 = \frac{\sum\limits_{i=1}^{n} (x_i - \overline{x})^2}{n}$$

Observe que, em qualquer situação, σ^2 é um número real não negativo, pois o numerador da expressão é uma soma de quadrados em $\mathbb{R}$.

Vamos calcular a variância dos dados referentes aos percentuais mensais de pontualidade das duas companhias (para facilitar, omitiremos nos cálculos o símbolo %); lembremos que $\overline{x} = 91$ para as duas companhias:

$$\sigma_A^2 = \frac{(86 - 91)^2 + (92 - 91)^2 + ... + (94 - 91)^2}{7} = \frac{(-5)^2 + 1^2 + 0^2 + 4^2 + (-1)^2 + (-2)^2 + 3^2}{7} = \frac{56}{7} = 8$$

$$\sigma_B^2 = \frac{(93 - 91)^2 + (92 - 91)^2 + ... + (88 - 91)^2}{7} = \frac{2^2 + 1^2 + (-1)^2 + 0^2 + (-1)^2 + 2^2 + (-3)^2}{7} = \frac{20}{7} \simeq 2,86$$

Como a variância em **B** é menor que a variância em **A** ($\sigma_B^2 = 2,86 < \sigma_A^2 = 8$), concluímos que a companhia **B** é mais regular, isto é, os percentuais mensais de pontualidade de **B** estão menos dispersos em relação à média do que os percentuais mensais de **A**.

OBSERVAÇÕES 🔍

A variância é definida como uma soma de quadrados (média dos desvios quadráticos), portanto é uma medida cuja unidade é quadrática. Por exemplo, se estivéssemos estudando a altura dos alunos de uma turma, a altura média seria expressa em metros (**m**), porém a variância seria expressa em metros ao quadrado (**m²**), o que geraria uma incompatibilidade em relação às unidades, pois **m** é a unidade de comprimento e **m²** a unidade de área. Para uniformizá-las, definiremos o desvio padrão.

▶ Desvio padrão

Seja $x_1, x_2, ..., x_n$ a relação dos valores assumidos por uma variável **X**. Chamamos **desvio padrão de X** — indicamos por **DP(X)** ou $\boldsymbol{\sigma}$ — a raiz quadrada da variância de **X**:

$$\sigma = \sqrt{\frac{(x_1 - \overline{x})^2 + (x_2 - \overline{x})^2 + ... + (x_n - \overline{x})^2}{n}}$$

Vamos calcular o desvio padrão dos percentuais de pontualidade das companhias aéreas:
- companhia **A**: $\sigma_A^2 = 8 \Rightarrow \sigma_A = \sqrt{8} \simeq 2,83$
- companhia **B**: $\sigma_B^2 = 2,86 \Rightarrow \sigma_B = \sqrt{2,86} \simeq 1,69$

EXERCÍCIO RESOLVIDO

2 A tabela seguinte mostra o resultado de uma pesquisa socioeconômica feita com 300 pessoas, que responderam, entre outras questões: Qual é o número de banheiros em sua residência?

Número de banheiros	Frequência absoluta
1	144
2	108
3	48

Calcular o desvio padrão do número de banheiros por residência.

Solução:

- Calculemos a média aritmética ponderada desses valores:

$$\overline{x} = \frac{1 \cdot 144 + 2 \cdot 108 + 3 \cdot 48}{300} = \frac{504}{300} = 1,68 \text{ banheiro}$$

- Calculemos os desvios quadráticos (em relação à média) de cada valor que a variável assume:

$$\underbrace{(1-1,68)^2}_{0,4624} ; \underbrace{(2-1,68)^2}_{0,1024} ; \underbrace{(3-1,68)^2}_{1,7424}$$

Levando em conta as frequências absolutas, calculemos σ^2:

$$\sigma^2 = \frac{144 \cdot 0,4624 + 108 \cdot 0,1024 + 48 \cdot 1,7424}{300} = \frac{161,28}{300} = 0,5376$$

Por fim, o desvio padrão (σ) é: $\sigma = \sqrt{0,5376} \approx 0,73$ banheiro/residência.

EXERCÍCIOS

37 Para cada conjunto de valores, calcule a variância (σ^2), o desvio padrão (σ) e a amplitude (**a**):

a) 3 — 3 — 4 — 4 — 4 — 6

b) 1 — 2 — 3 — 4 — 5

c) 15 — 22 — 18 — 20 — 21 — 23 — 14

d) 31 — 31 — 31 — 31 — 31 — 31 — 31 — 31

e) 5 — 6 — 6 — 7 — 7 — 7 — 8 — 8 — 8 — 8

38 Um grupo de 12 estudantes passou um dia de verão em um parque aquático. Seus gastos com alimentação são dados a seguir (valores em reais):

12,00 — 8,00 — 15,00 — 10,00 — 14,00 — 15,00 — — 10,00 — 20,00 — 9,00 — 8,00 — 15,00 — 8,00

Obtenha:

a) a variância dos valores relacionados;

b) o desvio padrão dos valores relacionados;

c) a amplitude dos valores relacionados.

39 A quantidade de erros de digitação por página de uma pesquisa escolar com quarenta páginas é dada na tabela a seguir:

Erro por página	0	1	2
Número de páginas	28	8	4

Determine:

a) as medidas de centralidade (média, mediana e moda) correspondentes à quantidade de erros;

b) as medidas de dispersão (variância e desvio padrão) correspondentes.

40 Um professor de inglês está interessado em comparar o desempenho de suas quatro turmas de um mesmo curso. Para isso, considerou a média final dos cinco alunos de cada turma:

Turma A	3	5	7	5	5
Turma B	6	6	4	4	5
Turma C	9	1	6	5	4
Turma D	7	8	5	2	3

a) Calcule a amplitude das notas de cada turma e use esses valores para ordená-las, da mais regular à menos regular.

b) Compare os desvios padrões das turmas **C** e **D**, indicando aquela com aproveitamento mais regular dos alunos.

c) Use o desvio padrão para comparar as turmas **A** e **B** quanto à regularidade das notas finais dos alunos.

41 Os valores seguintes representam os resultados obtidos por 12 estudantes em um experimento cujo objetivo era calcular, em milímetros, uma determinada distância:

8,7 — 8,5 — 9,2 — 8,8 — 8,9 — 8,6 — 8,7 — 8,6 — 8,4 — 8,7 — 8,6 — 8,7

O professor considerou aceitáveis os resultados pertencentes ao intervalo $[\bar{x} - \sigma, \bar{x} + \sigma]$, em que $\bar{x}$ é a média e σ é o desvio padrão dos dados acima.

Quantos alunos não tiveram seu resultado considerado aceitável?

O texto a seguir refere-se aos exercícios *42* e *43*.

Outra medida de dispersão usual, utilizada na análise quantitativa de um conjunto de dados, é o **desvio médio absoluto**, que indicaremos por DM. Sejam $x_1, x_2, \dots, x_n$ os valores assumidos por uma variável quantitativa. Se $\bar{x}$ é a média aritmética desses valores, definimos o desvio médio absoluto por:

$$DM = \frac{|x_1 - \bar{x}| + |x_2 - \bar{x}| + \dots + |x_n - \bar{x}|}{n} = \frac{\sum_{i=1}^{n} |x_i - \bar{x}|}{n}$$

42 Calcule o desvio médio para cada um dos seguintes conjuntos de dados:

a) 2 — 4 — 6

b) 2 — 3 — 5 — 4 — 8 — 8

c) 20 — 25 — 15 — 35 — 30

43 Na tabela abaixo estão representadas as temperaturas mínimas diárias de duas cidades da serra catarinense, em uma mesma semana de inverno.

	Segunda	Terça	Quarta	Quinta	Sexta
Cidade A	−1 °C	0 °C	2 °C	−1 °C	−3 °C
Cidade B	−1 °C	−2 °C	1 °C	1 °C	−2 °C

Calcule o desvio médio das temperaturas nas duas cidades e use-o para decidir em qual cidade as temperaturas oscilaram menos.

▶ Medidas de centralidade e dispersão para dados agrupados

▶ Introdução

As gratificações (bônus) de fim de ano dos 23 funcionários de um pequeno estabelecimento comercial estão representadas na tabela seguinte:

Bônus (em reais)	Número de funcionários
400 ⊢ 1000	4
1000 ⊢ 1600	12
1600 ⊢ 2200	7

Qual é a média de bônus concedido nesse estabelecimento?

Quando a variável em estudo apresenta seus valores agrupados em **classes** ou **intervalos**, não dispomos de informações para saber como esses valores estão distribuídos em cada faixa.

Para que se possa calcular a média (e outras medidas de centralidade e dispersão) desses valores, costuma-se fazer a suposição de que, em cada intervalo, os valores estão distribuídos de forma simétrica em relação ao **ponto médio** (indicado por x_i) do intervalo. Ao considerar, por exemplo, o primeiro intervalo (400 ⊢ 1000), uma possível distribuição simétrica dos quatro bônus é dada a seguir:

Bônus: R$ 450,00; R$ 600,00; R$ 800,00 e R$ 950,00

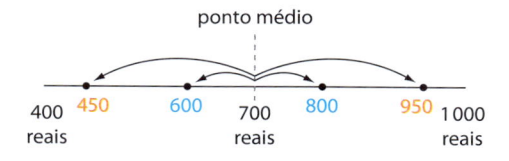

Observe que há uma "compensação" entre valores equidistantes dos extremos do intervalo (400 e 1000), de modo que a média de cada par desses valores coincide com o ponto médio x_i. Se não, vejamos: 450 e 950 são

equidistantes dos extremos do intervalo; a média entre eles é $\dfrac{450 + 950}{2} = 700 = x_i$.

O mesmo raciocínio se aplica ao par de valores 600 e 800.

Na prática, essa suposição é equivalente a admitir que todos os quatro valores desse intervalo são iguais a R$ 700,00, que é o ponto médio.

Estendendo esse raciocínio aos demais intervalos, é possível calcular a média dos bônus recebidos pelos funcionários desse estabelecimento:

Bônus (em reais)	Ponto médio do intervalo	Número de funcionários
400 ⊢ 1000	700	4
1000 ⊢ 1600	1300	12
1600 ⊢ 2200	1900	7

$$\overline{x} = \frac{700 \cdot 4 + 1300 \cdot 12 + 1900 \cdot 7}{4 + 12 + 7}$$

$$\overline{x} = \frac{31\,700}{23} \Rightarrow \overline{x} \approx 1378,26$$

Assim, a média de bônus é, aproximadamente, R$ 1378,00.

▶ Cálculo do desvio padrão

O cálculo das medidas de dispersão (variância e desvio padrão) em relação à média está apoiado na mesma suposição: dentro de cada intervalo, os valores distribuem-se de forma simétrica em torno do ponto médio (x_i). Na prática, admitimos que todos os valores do intervalo coincidem com x_i.

Bônus (em reais)	Ponto médio do intervalo (x_i)	Desvio quadrático $(x_i - \overline{x})^2$	Número de funcionários
400 ⊢ 1000	700	$(700 - 1378)^2$	4
1000 ⊢ 1600	1300	$(1300 - 1378)^2$	12
1600 ⊢ 2200	1900	$(1900 - 1378)^2$	7

A variância (σ^2), como sabemos, é a média aritmética desses desvios, ponderada pelas respectivas frequências absolutas (número de funcionários) de cada intervalo:

$$\sigma^2 = \frac{4 \cdot (700 - 1378)^2 + 12 \cdot (1300 - 1378)^2 + 7 \cdot (1900 - 1378)^2}{23}$$

$$\sigma^2 = \frac{1838736 + 73008 + 1907388}{23} = \frac{3819132}{23} \simeq 166049 \ (\text{reais})^2$$

Desse modo, o desvio padrão dos bônus concedidos é:

$$\sigma = \sqrt{166049} \simeq 407,50 \text{ reais}$$

▶ Determinação da classe modal

Definimos **classe modal** como a classe que apresenta maior frequência absoluta. No exemplo, a classe modal é $1000 \vdash 1600$, pois há 12 valores pertencentes a esse intervalo (as outras duas classes têm 4 e 7 valores, respectivamente).

▶ Cálculo da mediana

Lembremos, inicialmente, que a mediana de um conjunto de valores é um valor que separa esse conjunto em duas partes com o mesmo número de valores, isto é, 50% do total de valores são menores (ou iguais) à mediana e 50% do total dos valores são maiores (ou iguais) à mediana.

Observe, no histograma seguinte, as porcentagens aproximadas de cada intervalo:

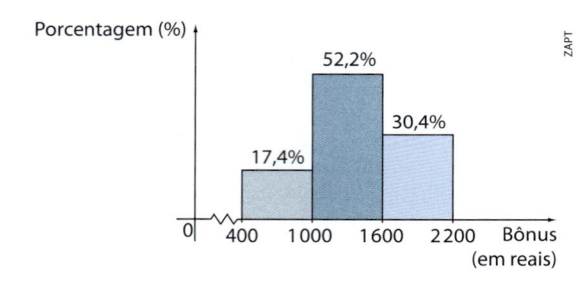

Da leitura do gráfico, notamos que:

- ao final do primeiro intervalo encontram-se 17,4% do total de valores;
- ao final dos dois primeiros intervalos, encontram-se acumulados 17,4% + 52,2% = 69,6% do total de valores.

Com base nas observações anteriores, concluímos que a mediana encontra-se no segundo intervalo. De seu limite inferior (1000) até a mediana concentram-se 50% − 17,4% = 32,6% do total de valores.

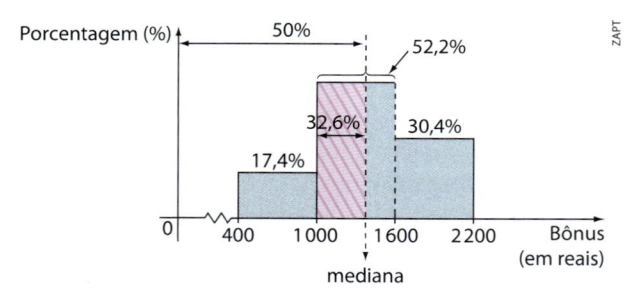

Observando que, no segundo intervalo, o retângulo hachurado e o retângulo "inteiro" possuem a mesma altura, temos que a área de cada um desses retângulos (expressa como porcentagem da área total sob o histograma) é proporcional à medida de sua base, isto é:

$$\frac{Me - 1000}{32,6\%} = \frac{1600 - 1000}{52,2\%} \Rightarrow Me \simeq 1374,71 \text{ reais}$$

EXERCÍCIOS

44 No gráfico seguinte está representada a distribuição de salários em um estabelecimento comercial.

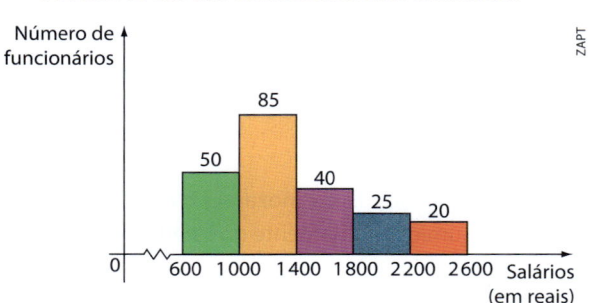

a) Qual é o número de funcionários do estabelecimento?

b) Qual é o valor médio dos salários?

c) Qual é a classe modal dos salários?

45 No histograma seguinte estão representadas as massas de 200 clientes que se hospedaram durante uma semana em um *spa*:

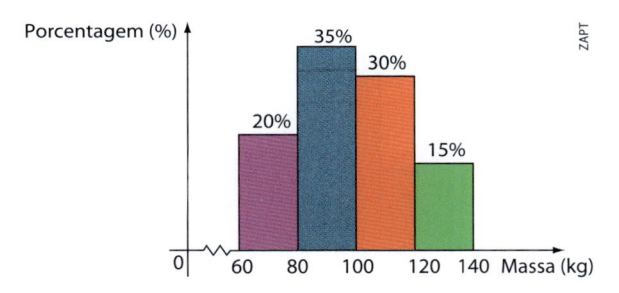

a) Quantos hóspedes tinham menos de 120 kg?

b) Qual é a média das massas desses hóspedes?

c) Qual é a mediana das massas desses hóspedes?

d) Qual é o desvio padrão das massas dessa distribuição?

46 Uma companhia de ônibus registrou a taxa de ocupação (em %) de suas viagens entre Belo Horizonte e Brasília durante 40 dias. Os resultados são mostrados a seguir:

43 — 66 — 54 — 75 — 78 — 61 — 48 — 50 —

53 — 60 — 60 — 86 — 61 — 60 — 55 — 62 —

45 — 57 — 61 — 40 — 32 — 49 — 52 — 48 —

69 — 70 — 68 — 80 — 82 — 79 — 39 — 48 —

84 — 76 — 36 — 61 — 91 — 81 — 65 — 55

a) Considerando classes de amplitude 10 a partir de 32%, construa um histograma correspondente.

b) Calcule a taxa média, a taxa mediana e a classe modal de ocupação, considerando os dados agrupados.

c) Qual é o desvio padrão da taxa de ocupação, considerando os dados agrupados?

47 As temperaturas máximas diárias registradas no mês de janeiro em uma cidade estão dadas na tabela seguinte:

Temperatura máxima	Número de dias
25 °C ⊢ 28 °C	9
28 °C ⊢ 31 °C	11
31 °C ⊢ 34 °C	7
34 °C ⊢ 37 °C	4
Total	31

Determine:

a) a média, a mediana e a classe modal das temperaturas;

b) a variância e o desvio padrão das temperaturas.

EXERCÍCIOS COMPLEMENTARES

1 (Unicamp-SP) O peso médio (média aritmética dos pesos) dos 100 alunos de uma academia de ginástica é igual a 75 kg. O peso médio dos homens é 90 kg e o das mulheres é 65 kg.

a) Quantos homens frequentam a academia?

b) Se não são considerados os 10 alunos mais pesados, o peso médio cai de 75 kg para 72 kg. Qual é o peso médio desses 10 alunos?

2 (UF-PR) Para calcular a nota final de seus alunos, um professor de Matemática utiliza a média aritmética das notas obtidas em seis provas. Suponha que a média das notas de um estudante, nas quatro primeiras provas desse professor, foi 8,7.

a) Se esse estudante obtiver as notas 8,0 e 8,2 nas duas próximas provas, qual será sua média nas seis provas?

b) Qual deverá ser a média nas duas provas seguintes, para que esse estudante obtenha média final 9,0 nas seis provas?

3 (U.F. Uberlândia-MG) Em um hipermercado, o salário mensal de um repositor de mercadorias corresponde a 50% do salário de um supervisor, enquanto o salário de um caixa é R$ 600,00 inferior ao salário do supervisor. Sabe-se que o hipermercado possui 2 supervisores, 20 caixas e 38 repositores, gastando mensalmente R$ 86 400,00 com o pagamento do salário desses funcionários.

Elabore e execute uma resolução de maneira a determinar:

a) O salário mensal, em reais, do repositor de mercadorias.

b) Qual deveria ser o salário mensal, em reais, do repositor para que a média salarial dos salários de um repositor, um supervisor e um caixa seja elevada em R$ 100,00, sem que haja alterações nos salários do caixa ou do supervisor.

4 (UF-GO) O gráfico a seguir representa, em um semicírculo, como foi a evolução do Ideb (Índice de Desenvolvimento da Educação Básica) de 2011 em comparação ao Ideb de 2007, considerando-se as 2 700 escolas públicas brasileiras que obtiveram as menores notas em 2007.

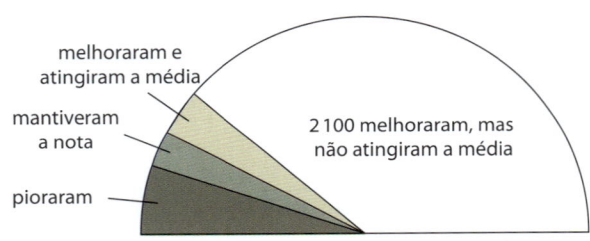

melhoraram e atingiram a média

mantiveram a nota

pioraram

2 100 melhoraram, mas não atingiram a média

Folha de S. Paulo. Em 4 anos, 15% das piores escolas não se recuperaram. São Paulo, 2 out. 2012, p. C4 (adaptado).

Pelo gráfico, sabe-se que as escolas que melhoraram, mas não atingiram a média nacional, são representadas pelo setor circular determinado por um ângulo de 140°, e que os setores circulares que indicam as escolas que mantiveram a mesma nota e as que pioraram correspondem a $\frac{2}{35}$ e $\frac{1}{7}$, respectivamente, da área do setor circular que indica as escolas que tiveram melhora, mas não atingiram a média nacional.

Diante do exposto, determine o número das escolas que melhoraram e atingiram a média, das que mantiveram a nota e das que pioraram.

5 (Unicamp-SP) A *pizza* é, sem dúvida, o alimento preferido de muitos paulistas. Estima-se que o consumo diário no Brasil seja de 1,5 milhão de *pizzas*, sendo o Estado de São Paulo responsável por 53% desse consumo. O gráfico a seguir exibe a preferência do consumidor paulista em relação aos tipos de *pizza*.

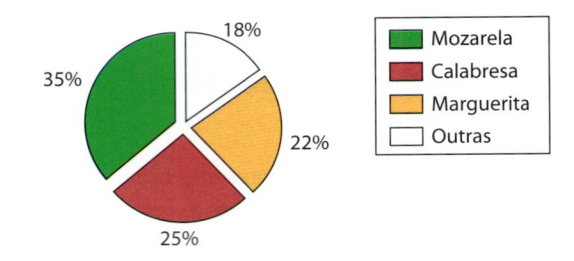

a) Se não for considerado o consumo do Estado de São Paulo, quantas *pizzas* são consumidas diariamente no Brasil?

b) Quantas *pizzas* de mozarela e de calabresa são consumidas diariamente no Estado de São Paulo?

(UE-RJ) Utilize as informações a seguir para responder aos exercícios *6* e *7*.

Após serem medidas as alturas dos alunos de uma turma, elaborou-se o seguinte histograma:

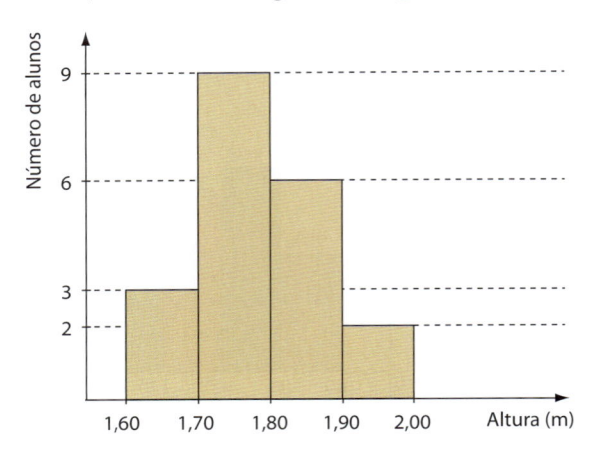

6 Sabe-se que, em um histograma, se uma reta vertical de equação $x = x_0$ divide ao meio a área do polígono formado pelas barras retangulares, o valor de x_0 corresponde à mediana da distribuição dos dados representados. Calcule a mediana das alturas dos alunos representadas no histograma.

7 Os dados do histograma também podem ser representados em um gráfico de setores. Observe:

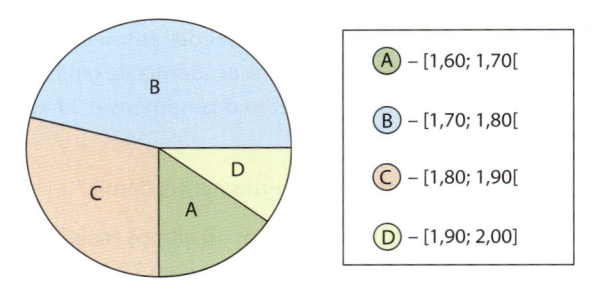

A – [1,60; 1,70[

B – [1,70; 1,80[

C – [1,80; 1,90[

D – [1,90; 2,00]

Calcule o maior ângulo central, em graus, desse gráfico de setores.

8 (UnB-DF)

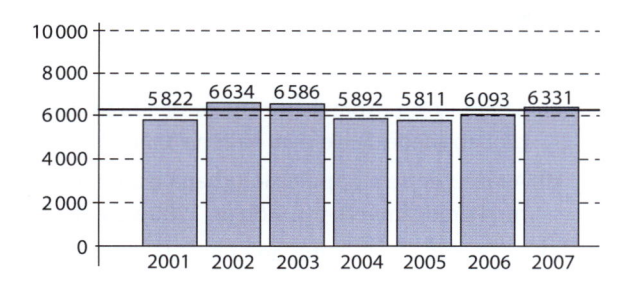

O gráfico acima mostra a quantidade de internações de usuários de drogas com até 19 anos de idade, no Brasil, no período de 2001 a 2007. O número médio de internações no período, indicado pela linha em negrito, foi igual a 6 167.

A partir dessas informações, julgue os itens de I a III e faça o que se pede no item IV.

I. Se, no gráfico, fossem acrescentados dados, de forma que os dados de 2006, 2007, 2008 e 2009 estivessem em progressão aritmética, então, em 2009, o número de internações de usuários de drogas com até 19 anos de idade seria igual a 6 807.

II. O crescimento do número de internações em 2007, em comparação com 2005, foi superior a 11%.

III. A mediana da série de valores apresentados no gráfico é inferior à média.

IV. Assinale a opção que apresenta a expressão que permite determinar-se corretamente o desvio padrão – **R** – da série de dados indicados no gráfico.

a) $7R^2 = 345^2 + 467^2 + 419^2 + 275^2 + 356^2 + 74^2 + 164^2$

b) $7R = \sqrt{345} + \sqrt{467} + \sqrt{419} + \sqrt{275} + \sqrt{356} + \sqrt{74} + \sqrt{164}$

c) $6167R^2 = 5822^2 + 6634^2 + 6586^2 + 5892^2 + 5811^2 + 6093^2 + 6331^2$

d) $6167R = \sqrt{5822} + \sqrt{6634} + \sqrt{6586} + \sqrt{5892} + \sqrt{5811} + \sqrt{6093} + \sqrt{6331}$

9 (UF-PE) Em quatro meses do ano, um hotel tem 85% da sua capacidade preenchida. Nos oito meses restantes, a média de ocupação do hotel é de 55%. Indique a média de ocupação percentual do hotel ao longo do ano.

10 A média aritmética de um conjunto formado por **n** valores diminui três unidades quando o número 93 é retirado do conjunto. Se for adicionado o número 81 ao conjunto original, a média aumenta uma unidade em relação à média inicial.

a) Qual é o valor de **n**?

b) Qual é a soma dos elementos originais do conjunto?

11 Em uma padaria trabalham 12 funcionários cujos cargos e salários estão abaixo descritos:

Cargo	Salário mensal	Número de funcionários
Gerente	R$ 2 800,00	1
Atendente	R$ 1 050,00	5
Padeiro	R$ 1 300,00	2
Confeiteiro	R$ 1 000,00	1
Caixa	R$ 1 200,00	3

a) Qual é o valor da folha de pagamento dessa padaria?

b) Qual é a média salarial nessa padaria? E a mediana?

c) O proprietário da padaria quer contratar dois seguranças especializados, mas sabe que a média salarial da padaria não pode ultrapassar R$ 1 300,00. Qual é o maior salário que pode ser oferecido a cada um dos candidatos ao cargo de segurança?

12 (UnB-DF)

Número de lançamentos de foguetes com satélites — de 2001 a 2010

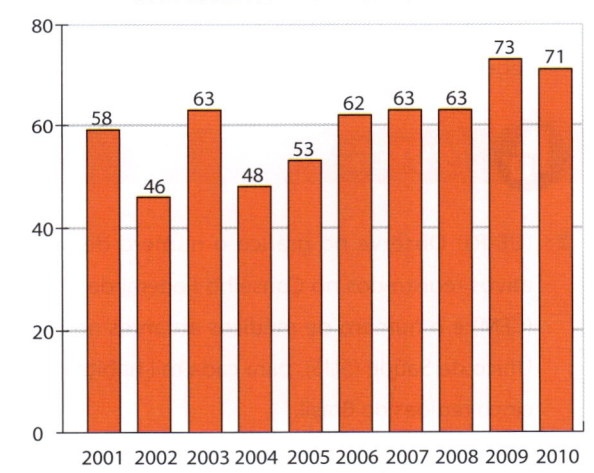

O gráfico acima apresenta o número de foguetes que contêm satélites lançados para fora da atmosfera terrestre, no período de 2001 e 2010. Com base na sequência dos dez valores correspondentes aos números de lançamentos anuais apresentados nesse gráfico, julgue os itens de I a III e assinale a opção correta no item IV.

I. Considerando-se que os números de lançamentos de foguetes com satélites em 1998, 1999, 2000, 2001 e 2002 estejam em progressão aritmética, conclui-se que, nesse quinquênio, o número total de lançamentos foi superior a 348.

II. O valor da moda da referida sequência numérica é inferior ao da média.

III. O valor da mediana da referida sequência numérica é inferior a 63.

IV. O valor do desvio padrão $-\sigma-$ da mencionada sequência numérica é:

a) $\sigma < 8,3$
b) $8,3 \leqslant \sigma < 8,6$
c) $8,6 \leqslant \sigma < 8,9$
d) $\sigma > 8,9$

13 Observe, no gráfico, a distribuição da população brasileira, de acordo com os dados obtidos nos censos demográficos de 1940 a 2010.

Populações rural e urbana no Brasil (em milhões de pessoas)

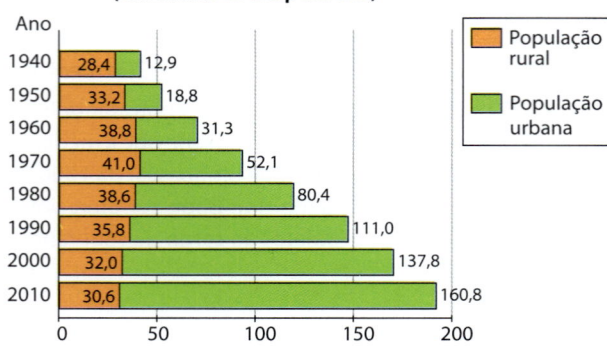

Fonte: Censo 2010

Verifique se são verdadeiras ou falsas as afirmações a seguir:

a) O gráfico mostra um processo de urbanização crescente no Brasil.

b) Em 1980 a população rural brasileira correspondia a mais de 25% do total da população.

c) Se, em 1970, um brasileiro fosse escolhido ao acaso, a probabilidade de ele viver na zona rural era de 41%.

d) A razão entre a população urbana e a população rural praticamente triplicou de 1980 a 2000.

e) Se os dados referentes ao Censo de 2000 fossem exibidos em um gráfico de setores, a medida do ângulo correspondente à população urbana seria maior que 270°.

f) Considerando a série numérica formada pelos valores da população rural, temos que a média é maior que a mediana.

14 Observe as seguintes relações de valores:

$$\mathbf{A}: 12 - 8 - 7 \qquad \mathbf{B}: 9 - 4 - \mathbf{x}$$

Determine os possíveis valores reais de **x** a fim de que **A** e **B** tenham o mesmo desvio padrão.

15 Sejam $\mathbf{x}_1, \mathbf{x}_2, ..., \mathbf{x}_n$ os **n** valores assumidos por uma variável quantitativa. O que acontece com a média ($\overline{\mathbf{x}}$) e com variância (σ^2) desses valores quando cada $\mathbf{x}_i$ (para i = 1, 2, ..., n) é:

a) aumentado de duas unidades?

b) multiplicado por 2?

c) reduzido em 20%?

TESTES

1 (UE-RJ) Observe no gráfico o número de médicos ativos registrados no Conselho Federal de Medicina (CFM) e o número de médicos atuantes no Sistema Único de Saúde (SUS), para cada mil habitantes, nas cinco regiões do Brasil.

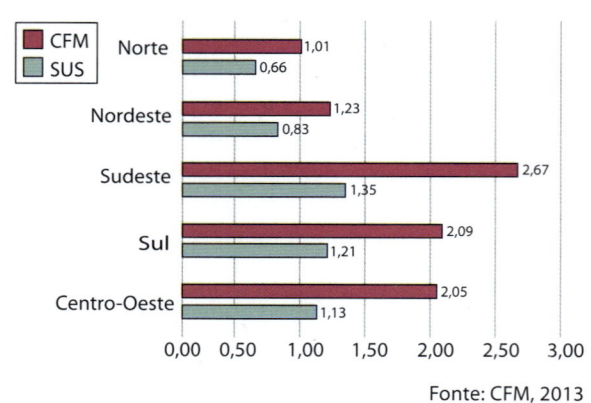

Fonte: CFM, 2013

O SUS oferece 1,0 médico para cada grupo de **x** habitantes.

Na região Norte, o valor de **x** é aproximadamente igual a:

a) 660   b) 1000   c) 1334   d) 1515

2 (Unicamp-SP) A figura abaixo exibe, em porcentagem, a previsão da oferta de energia no Brasil em 2030, segundo o Plano Nacional de Energia.

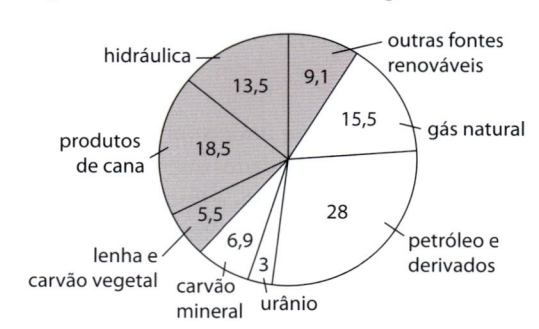

Segundo o plano, em 2030, a oferta total de energia do país irá atingir 557 milhões de tep (toneladas equivalentes de petróleo). Nesse caso, podemos prever que a parcela oriunda de fontes renováveis, indicada em cinza na figura, equivalerá a:

a) 178,240 milhões de tep.

b) 297,995 milhões de tep.

c) 353,138 milhões de tep.

d) 259,562 milhões de tep.

3 (Enem-MEC) Um pesquisador está realizando várias séries de experimentos com alguns reagentes para verificar qual o mais adequado para a produção de um determinado produto. Cada série consiste em avaliar um dado reagente em cinco experimentos diferentes. O pesquisador está especialmente interessado naquele reagente que apresentar a maior quantidade dos resultados de seus experimentos acima da média encontrada para aquele reagente. Após a realização de cinco séries de experimentos, o pesquisador encontrou os seguintes resultados:

	Reagente				
	1	2	3	4	5
Experimento 1	1	0	2	2	1
Experimento 2	6	6	3	4	2
Experimento 3	6	7	8	7	9
Experimento 4	6	6	10	8	10
Experimento 5	11	5	11	12	11

Levando-se em consideração os experimentos feitos, o reagente que atende às expectativas do pesquisador é o:

a) 1   b) 2   c) 3   d) 4   e) 5

4 (Vunesp-SP) Considere os dados aproximados, obtidos em 2010, do Censo realizado pelo IBGE.

Idade (anos)	Nº de pessoas
De 0 a 17	56 300 000
De 18 a 24	23 900 000
De 25 a 59	90 000 000
60 ou mais	20 600 000
Total	190 800 000

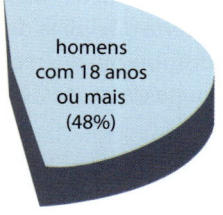

ftp://ftp.ibge.gov.br

A partir das informações, é correto afirmar que o número aproximado de mulheres com 18 anos ou mais, em milhões, era:

a) 70   c) 55   e) 65

b) 52   d) 59

5 (UF-AM) O gráfico a seguir mostra quanto tempo um estudante gasta com suas atividades durante o dia.

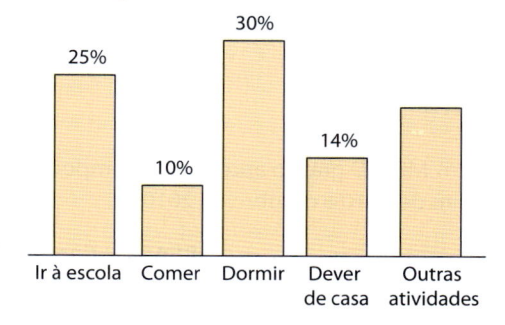

A quantidade de horas gasta pelo estudante com outras atividades em um dia é de:

a) 2,25 h   c) 3,57 h   e) 6,7 h

b) 3,02 h   d) 5,04 h

6 (Fuvest-SP) Cada uma das cinco listas dadas é a relação de notas obtidas por seis alunos de uma turma em uma certa prova. Assinale a única lista na qual a média das notas é maior do que a mediana.

a) 5, 5, 7, 8, 9, 10   d) 5, 5, 5, 7, 7, 9

b) 4, 5, 6, 7, 8, 8   e) 5, 5, 10, 10, 10, 10

c) 4, 5, 6, 7, 8, 9

7 (Insper-SP) Uma empresa tem 15 funcionários e a média dos salários deles é igual a R$ 4 000,00. A empresa é dividida em três departamentos, sendo que:

• A média dos salários dos 6 funcionários administrativos é igual a R$ 3 750,00.

• A média dos salários dos 4 funcionários de desenvolvimento de produto é igual a: R$ 4 125,00.

A média dos salários dos outros funcionários, do departamento comercial, é igual a:

a) R$ 3 800,00   d) R$ 4 100,00

b) R$ 3 900,00   e) R$ 4 200,00

c) R$ 4 000,00

8 (FGV-SP) A média mínima para um aluno ser aprovado em certa disciplina de uma escola é 6.

A distribuição de frequências das médias dos alunos de uma classe, nessa disciplina, é dada abaixo:

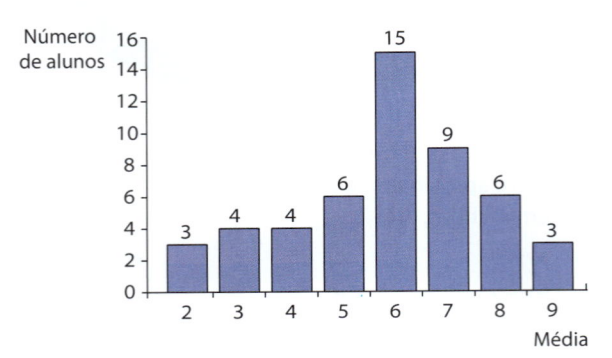

A porcentagem de alunos aprovados foi:

a) 62% **d)** 65%

b) 63% **e)** 66%

c) 64%

9 (Insper-SP) O gráfico abaixo representa o número de gols marcados (barras em verde) e o número de gols sofridos (barras em vermelho) por uma equipe de futebol de salão nos 10 jogos de um campeonato.

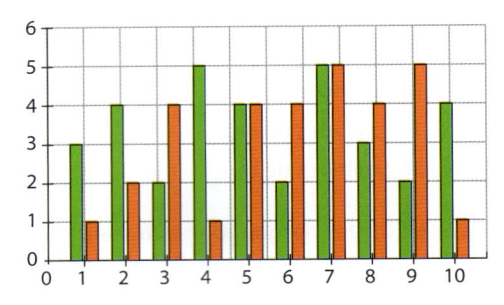

Em cada partida, o saldo de gols da equipe é dado pela diferença entre os gols marcados e os gols sofridos. A média dos saldos de gols da equipe nesses dez jogos é igual a:

a) −0,3 **c)** 0 **e)** 0,3

b) −0,1 **d)** 0,1

10 (Enem-MEC) O gráfico apresenta o comportamento de emprego formal surgido, segundo o CAGED, no período de janeiro de 2010 a outubro de 2010.

BRASIL – Comportamento do Emprego Formal no período de janeiro a outubro de 2010 – CAGED

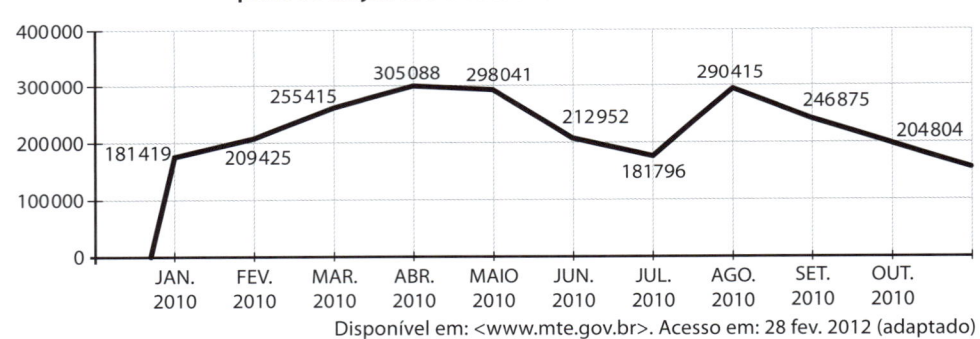

Disponível em: <www.mte.gov.br>. Acesso em: 28 fev. 2012 (adaptado)

Com base no gráfico, o valor da parte inteira da mediana dos empregos formais surgidos no período é:

a) 212 952 **b)** 229 913 **c)** 240 621 **d)** 255 496 **e)** 298 041

11 (Enem-MEC) Marco e Paulo foram classificados em um concurso. Para classificação no concurso, o candidato deveria obter média aritmética na pontuação igual ou superior a 14. Em caso de empate na média, o desempate seria em favor da pontuação mais regular. No quadro a seguir são apresentados os pontos obtidos nas provas de Matemática, Português e Conhecimentos Gerais, a média, a mediana e o desvio padrão dos dois candidatos.

Dados dos candidatos no concurso

	Marco	Paulo
Matemática	14	8
Português	15	19
Conhecimentos gerais	16	18
Média	15	15
Mediana	15	18
Desvio padrão	0,32	4,97

O candidato com pontuação mais regular, portanto mais bem classificado no concurso, é:

a) Marco, pois a média e a mediana são iguais.

b) Marco, pois obteve menor desvio padrão.

c) Paulo, pois obteve a maior pontuação na tabela, 19 em português.

d) Paulo, pois obteve maior mediana.

e) Paulo, pois obteve maior desvio padrão.

12 (Vunesp-SP) Em ocasiões de concentração popular, frequentemente lemos ou escutamos informações desencontradas a respeito do número de participantes. Exemplo disso foram as informações divulgadas sobre a quantidade de manifestantes em um dos protestos na capital paulista, em junho passado. Enquanto a Polícia Militar apontava a participação de 30 mil pessoas, o Datafolha afirmava que havia, ao menos, 65 mil.

FABIO BRAGA/FOLHAPRESS

Tomando como base a foto, admita que:

(1) a extensão da rua plana e linear tomada pela população seja de 500 metros;

(2) o gráfico forneça o número médio de pessoas por metro quadrado nas diferentes seções transversais da rua;

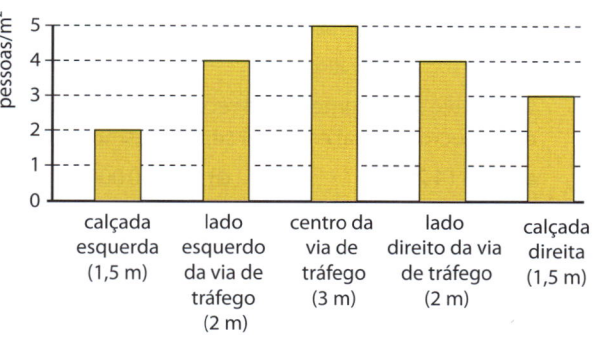

(3) a distribuição de pessoas por m^2 em cada seção transversal da rua tenha sido uniforme em toda a extensão da manifestação.

Nessas condições, o número estimado de pessoas na foto seria de:

a) 19 250   **c)** 7 250   **e)** 9 250

b) 5 500   **d)** 38 500

13 (Enem-MEC) Uma loja que vende sapatos recebeu diversas reclamações de seus clientes relacionadas à venda de sapatos de cor branca ou preta. Os donos da loja anotaram as numerações dos sapatos com defeito e fizeram um estudo estatístico com o intuito de reclamar com o fabricante.
A tabela contém a média, a mediana e a moda desses dados anotados pelos donos.

Estatísticas sobre as numerações dos sapatos com defeito

	Média	Mediana	Moda
Numerações dos sapatos com defeito	36	37	38

Para quantificar os sapatos pela cor, os donos representaram a cor branca pelo número 0 e a cor preta pelo número 1. Sabe-se que a média da distribuição desses zeros e uns é igual a 0,45.
Os donos da loja decidiram que a numeração dos sapatos com maior número de reclamações e a cor com maior número de reclamações não serão mais vendidas. A loja encaminhou um ofício ao fornecedor dos sapatos, explicando que não serão mais encomendados os sapatos de cor

a) branca e os de número 38.

b) branca e os de número 37.

c) branca e os de número 36.

d) preta e os de número 38.

e) preta e os de número 37.

14 (Enem-MEC) Os candidatos **K**, **L**, **M**, **N** e **P** estão disputando uma única vaga de emprego em uma empresa e fizeram provas de português, matemática, direito e informática. A tabela apresenta as notas obtidas pelos cinco candidatos.

Candidatos	Português	Matemática	Direito	Informática
K	33	33	33	34
L	32	39	33	34
M	35	35	36	34
N	24	37	40	35
P	36	16	26	41

Segundo o edital de seleção, o candidato aprovado será aquele para o qual a mediana das notas obtidas por ele nas quatro disciplinas for a maior.
O candidato aprovado será:

a) K

b) L

c) M

d) N

e) P

15 (Ulbra-RS) Preocupada com a sua locadora, Maria aplicou uma pesquisa, com um grupo de 200 clientes escolhidos de forma aleatória, sobre a quantidade de filmes que estes locaram no primeiro semestre de 2011. Os dados coletados estão apresentados na tabela a seguir:

Número de filmes alugados	
Número de filmes	**Frequência**
0	25
1	30
2	55
3	90
Total	200

A média, a moda e a mediana destes dados são, respectivamente as seguintes:

a) 2,05; 3; 2   **c)** 1,5; 3; 3   **e)** 2,05; 2; 3

b) 1,5; 2; 3   **d)** 1,5; 3; 2

16 (EPCAr-MG) As seis questões de uma prova eram tais que as quatro primeiras valiam 1,5 ponto cada, e as duas últimas valiam 2 pontos cada.
Cada questão, ao ser corrigida, era considerada certa ou errada. No caso de certa, era atribuída a ela o total de pontos que valia e, no caso de errada, a nota 0 (zero). Ao final da correção de todas as provas, foi divulgada a seguinte tabela:

Nº da questão	Percentual de acertos
1	40%
2	50%
3	10%
4	70%
5	5%
6	60%

A média aritmética das notas de todos os que realizaram tal prova é:

a) 3,7   **b)** 3,85   **c)** 4   **d)** 4,15

17 (Enem-MEC) Uma empresa de alimentos oferece três valores diferentes de remuneração a seus funcionários, de acordo com o grau de instrução necessário para cada cargo. No ano de 2013, a empresa teve uma receita de 10 milhões de reais por mês e um gasto mensal com a folha salarial de R$ 400 000,00, distribuídos de acordo com o gráfico 1. No ano seguinte, a empresa ampliará o número de funcionários, mantendo o mesmo valor salarial para cada categoria. Os demais custos da em-

presa permanecerão constantes de 2013 para 2014. O número de funcionários em 2013 e 2014, por grau de instrução, está no gráfico 2.

Distribuição da folha salarial

gráfico 1

Número de funcionários por grau de instrução

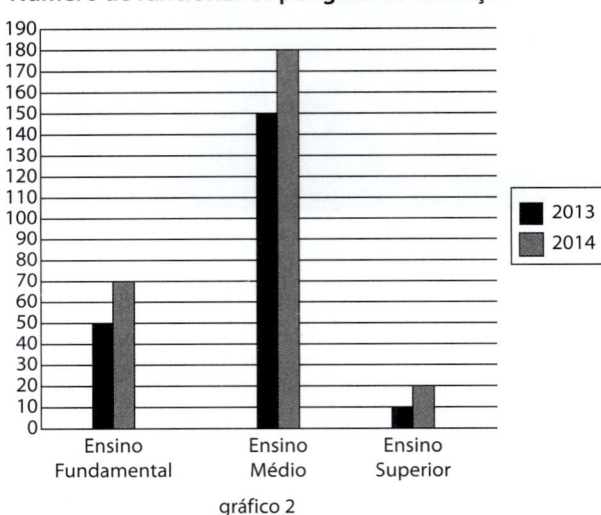

gráfico 2

Qual deve ser o aumento na receita da empresa para que o lucro mensal em 2014 seja o mesmo de 2013?

a) R$ 114 285,00   **d)** R$ 210 000,00

b) R$ 130 000,00   **e)** R$ 213 333,00

c) R$ 160 000,00

18 (Enem-MEC) Foi realizado um levantamento nos 200 hotéis de uma cidade, no qual foram anotados os valores, em reais, das diárias para um quarto padrão de casal e a quantidade de hotéis para cada valor de diária. Os valores das diárias foram: A = R$ 200,00; B = = R$ 300,00; C = R$ 400,00; e D = R$ 600,00. No gráfico, as áreas representam as quantidades de hotéis pesquisados, em porcentagem, para cada valor da diária.

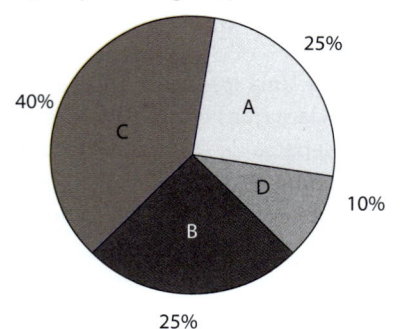

O valor mediano da diária, em reais, para o quarto padrão de casal nessa cidade, é:

a) 300,00

b) 345,00

c) 350,00

d) 375,00

e) 400,00

19 (FGV-SP) Uma sala de aula é constituída por 10% de mulheres e 90% de homens. Em uma prova valendo de 0 a 100 pontos, todas as mulheres tiraram a mesma nota, a média aritmética das notas dos homens foi 83 e a média aritmética das notas de toda a classe foi 84. Nessas condições, cada mulher da sala fez um total de pontos igual a:

a) 90

b) 91

c) 92

d) 93

e) 94

20 (U. F. Uberlândia-MG) Uma pesquisa com 27 crianças, realizada por psicólogos em um ambiente hospitalar, avalia a redução dos custos hospitalares mensais individuais em função do bem-estar emocional promovido pela vivência de atividades artísticas.

Redução do custo mensal (por criança) em reais	Número de crianças
700,00	8
900,00	5
1 400,00	1
2 000,00	7
2 400,00	5
3 000,00	1

Com base nos dados descritos na tabela, a soma da média aritmética e da mediana correspondente à distribuição de redução dos custos mencionada é igual a:

a) 2 900

b) 3 400

c) 3 200

d) 3 700

21 (Enem-MEC) Um produtor de café irrigado em Minas Gerais recebeu um relatório de consultoria estatística, constando, entre outras informações, o desvio padrão das produções de uma safra dos talhões de sua proprie-

dade. Os talhões têm a mesma área de 30 000 m² e o valor obtido para o desvio padrão foi de 90 kg/talhão. O produtor deve apresentar as informações sobre a produção e a variância dessas produções em sacas de 60 kg por hectare (10 000 m²).

A variância das produções dos talhões expressa em (sacas/hectare)² é:

a) 20,25

b) 4,50

c) 0,71

d) 0,50

e) 0,25

22 (UPE-PE) A revendedora de automóveis Carro Bom iniciou o dia com os seguintes automóveis para venda:

Automóvel	Nº de automóveis	Valor unitário (R$)
Alfa	10	30 000
Beta	10	20 000
Gama	10	10 000

A tabela mostra que, nesse dia, o valor do estoque é de R$ 600 000,00 e o valor médio do automóvel é de R$ 20 000,00. Se, nesse dia, foram vendidos somente cinco automóveis do modelo Gama, então, ao final do dia, em relação ao início do dia:

a) o valor do estoque bem como o valor médio do automóvel eram menores.

b) o valor do estoque era menor, e o valor médio do automóvel, igual.

c) o valor do estoque era menor, e o valor médio do automóvel, maior.

d) o valor do estoque bem como o valor médio do automóvel eram maiores.

e) o valor do estoque era maior, e o valor médio do automóvel, menor.

23 (PUC-RJ) Foi feita uma pesquisa sobre a qualidade do doce de abóbora da empresa Bora-Bora. Cada entrevistado dava ao produto uma nota de 0 a 10. Na primeira etapa da pesquisa foram entrevistados 1000 consumidores e a média das notas foi igual a 7. Após a realização da segunda etapa da pesquisa, constatou-se que a média das notas dadas pelos entrevistados nas duas etapas foi igual a 8. O número de entrevistados na segunda etapa foi, no mínimo, igual a:

a) 300

b) 400

c) 500

d) 700

e) 850

Respostas

CAPÍTULO

34 — O ponto

Exercícios

1
a) V d) V g) V
b) V e) V h) F
c) F f) V

2
a) Primeiro quadrante: **A**, **F**; segundo quadrante: **B**, **H**; terceiro quadrante: **C**, **G**; e quarto quadrante: **I**, **D**.
b) **F**, **E** e **G**.
c) **H**, **E** e **I**.

3
a) Primeiro. c) Quarto.
b) Terceiro. d) Segundo.

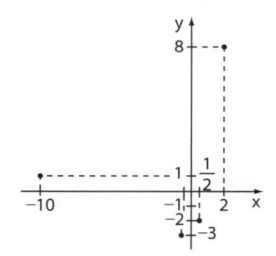

4

Ponto	Primeira bissetriz	Segunda bissetriz
$P(m, 8)$	8	-8
$P(m, -3)$	-3	3
$P(4, m)$	4	-4
$P(-7, m)$	-7	7

5
a) $(-5, 4), (3, 4), (4, -2), (-1, -5)$
b) $(5, -4), (-3, -4), (-4, 2), (1, 5)$
c) $(-5, -4), (3, -4), (4, 2), (-1, 5)$
d) $(4, 5), (4, -3), (-2, -4), (-5, 1)$
e) $(-4, -5), (-4, 3), (2, 4), (5, -1)$

6 Há quatro possibilidades: $(7, 2), (3, -2)$ e $(7, -2)$; $(3, 6), (-1, 2)$ e $(-1, 6)$; $(3, -2), (-1, 2)$ e $(-1, -2)$; $(7, 2), (3, 6)$ e $(7, 6)$

7 $(3, 1)$ e $(1, 5)$

8 $\left(\dfrac{7}{2}, 3\right)$ no primeiro quadrante e

$\left(\dfrac{7}{2}, -1\right)$ no quarto quadrante.

9 $\left(\dfrac{9}{2}, 11\right)$ ou $\left(\dfrac{9}{2}, -9\right)$

10 Há duas soluções: $(3, 3)$ no primeiro quadrante e $(-3, 3)$ no segundo quadrante, ou $(3, 9)$ no primeiro quadrante e $(-3, 9)$ no segundo quadrante.

11 $\left(1 + 3\sqrt{3}, 4\right)$ ou $\left(1 - 3\sqrt{3}, 4\right)$

12
a) $\sqrt{17}$ c) 5 e) 7
b) $5\sqrt{2}$ d) $\sqrt{130}$ f) $\sqrt{34}$

13 $5 + \sqrt{13}\left(1 + \sqrt{2}\right)$

14 Falsa, pois $\sqrt{34} = \sqrt{2} \cdot \sqrt{17} \neq 2\sqrt{17}$.

15 $2\sqrt{5} + 2\sqrt{10} + 10\sqrt{2}$

16 $m = -3$

17 Retângulo e isósceles.

18 Demonstração.

19 $(0, 9)$

20 $(5, 5)$

21 $(-3, 3)$

22 a) $\left(\dfrac{19}{10}, \dfrac{1}{2}\right)$ b) Não há.

23 $m = 7$

24
a) $\left(-3, \dfrac{1}{2}\right)$ c) $\left(\dfrac{1}{2}, -\dfrac{5}{2}\right)$
b) $\left(-\dfrac{9}{2}, 5\right)$ d) $\left(-\dfrac{7}{4}, -\dfrac{7}{6}\right)$

25
a) $(0, 6)$ e $(4, 0)$ c) $(0, -8)$ e $(-6, 0)$
b) $(0, 4)$ e $(-10, 0)$ d) $(0, -4)$ e $(12, 0)$

26
a) $(-4, 6)$ c) $(6, 20)$
b) $(-2, 7)$ d) $(7, -21)$

27 $(-2, 5), \left(-\dfrac{9}{2}, \dfrac{9}{2}\right), \left(\dfrac{1}{2}, \dfrac{11}{2}\right)$

28
a) $\left(\dfrac{7}{2}, 5\right)$ d) $(-1, 8)$ g) $(1, 10)$
b) $\left(\dfrac{5}{2}, 4\right)$ e) $(8, 2)$ h) $(7, 6)$
c) $(4, 3)$ f) $(4, -2)$ i) $(1, 0)$

29 $A(-2, 7)$; $B(6, -3)$; $C(-4, -5)$

30 a) $\dfrac{\sqrt{218}}{2}; \dfrac{\sqrt{29}}{2}; \dfrac{5\sqrt{5}}{2}$

b) $\dfrac{\sqrt{34}}{2}; \dfrac{\sqrt{13}}{2}; \dfrac{7}{2}$

c) $5\sqrt{2}; \dfrac{\sqrt{170}}{2}; \dfrac{\sqrt{290}}{2}$

31 a) $\left(\dfrac{5}{3}, 4\right)$

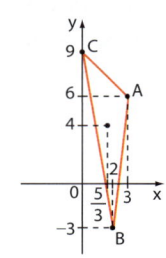

b) $\left(\dfrac{8}{3}, -\dfrac{4}{3}\right)$

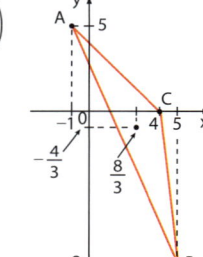

c) $\left(\dfrac{7}{3}, \dfrac{7}{3}\right)$

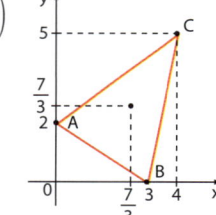

32 a) Sim.

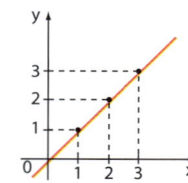

b) Sim.

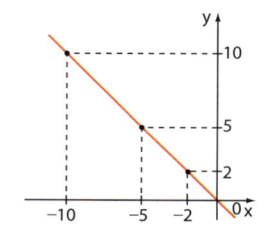

c) Não.

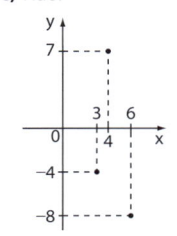

d) Não.

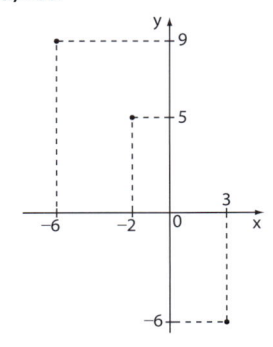

33 $x = \dfrac{13}{4}$ e $y = \dfrac{13}{2}$

34 $2 \pm \sqrt{7}$

35 $p \neq 2$ e $p \neq 5$

36 a) $\left(\dfrac{13}{3}, 0\right)$ **c)** $\left(\dfrac{13}{5}, \dfrac{13}{5}\right)$

b) $\left(0, \dfrac{13}{2}\right)$ **d)** $(13, -13)$

37 a) $\left(\dfrac{37}{10}, \dfrac{1}{5}\right)$

b) $\left(\dfrac{43}{17}, \dfrac{86}{17}\right)$

c) $(-7, -4)$

38 a) $\dfrac{-3 \pm \sqrt{21}}{2}$

b) $2 \pm \sqrt{6}$

Exercícios complementares

1 $-1 \leq x \leq 6$

2 $(2, 5)$

3 a) $\left(\dfrac{1}{5}, \dfrac{7}{5}\right)$ **c)** $\left(\dfrac{11}{4}, -2\right), \left(-\dfrac{19}{4}, 8\right)$

b) $(5, -5)$ ou $(-7, 11)$

4 $\dfrac{\sqrt{101}}{4}$

5 a) $2\sqrt{13}; 3\sqrt{5}; \sqrt{13}$

b) $4; \dfrac{\sqrt{85}}{2}; \dfrac{\sqrt{181}}{2}$

6 a) Vértices: $(2, 0)$ e $(0, -2)$ ou $(-4, 2)$ e $(-2, 4)$; Aresta: $2\sqrt{2}$; Diagonal: 4; Área: 8

b) Vértices: $(-2, 2)$ e $(0, 0)$; Aresta: 2; Diagonal: $2\sqrt{2}$; Área: 4

---

7 a) $(7, 3)$

b) $(7, 11)$ ou $(-11, 3)$

8 (0-0) F (2-2) F (4-4) F
(1-1) F (3-3) V

9 $\left(4\sqrt{3}, 3\right)$

10 22 u.a.

11 $(5, 5)$ e $P_2\,(10, 0)$

12 1 500 m

13 a) $(0, 0), (5, 0), (0, 4)$

b) Lados: 5 e 4; Diagonal: $\sqrt{41}$

c) $\left(\dfrac{5}{2}, 2\right)$

d) $(0, 2), (5, 2), \left(\dfrac{5}{2}, 0\right), \left(\dfrac{5}{2}, 4\right)$

14 $(-3, 4)$

Testes

1 a	**7** a	**13** c
2 a	**8** b	**14** d
3 a	**9** d	**15** d
4 e	**10** d	**16** a
5 a	**11** a	**17** b
6 b	**12** c	**18** d

CAPÍTULO

35

A reta

Exercícios

1 **A**, **B** e **C** pertencem; **D**, **E** e **F** não.

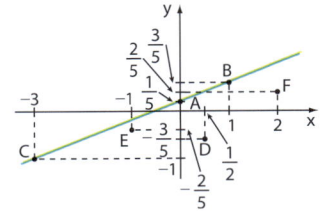

2 a) $4x - 5y + 13 = 0; \left(0, \dfrac{13}{5}\right)$ e $\left(-\dfrac{13}{4}, 0\right)$

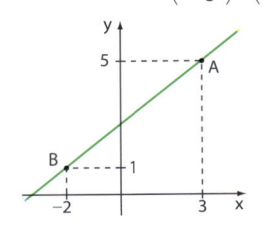

---

b) $5x - y - 7 = 0; (0, -7)$ e $\left(\dfrac{7}{5}, 0\right)$

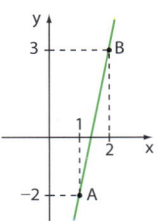

c) $4x + y + 2 = 0; (0, -2)$ e $\left(-\dfrac{1}{2}, 0\right)$

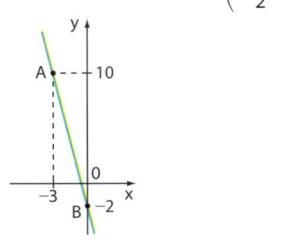

d) $3x + 4y + 11 = 0; \left(0, -\dfrac{11}{4}\right)$ e $\left(-\dfrac{11}{3}, 0\right)$

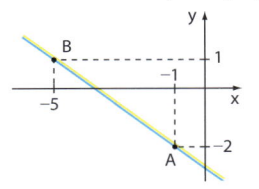

3

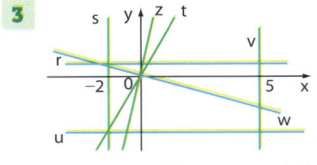

a) r e u **b)** s e v **c)** t, w e z

4 a) $2x - y - 2 = 0$ **d)** $y = 4$

b) $3x + 2y - 6 = 0$ **e)** $x = -3$

c) $5x - 2y = 0$

5 a) 1 **b)** $-\dfrac{2}{21}$

6 a) $\dfrac{50}{3}$ km **c)** $\dfrac{350}{3}$ km **e)** 100 km

b) $\dfrac{200}{3}$ km **d)** 50 km **f)** 50 km

7 $3x + \sqrt{3}y - 9\sqrt{3} = 0$;
$3x - \sqrt{3}y + 9\sqrt{3} = 0$;
$y = 0$

8 $7x - 5y = 0$

9 a) $(0, 10)$ e $(-5, 0)$

b) $(0, 4)$ e $(4, 0)$

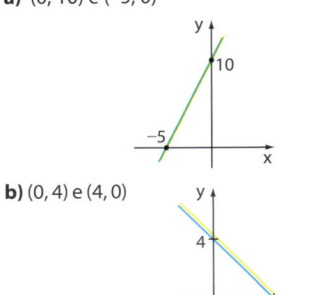

c) $\left(0, \frac{3}{2}\right)$ e $\left(\frac{1}{2}, 0\right)$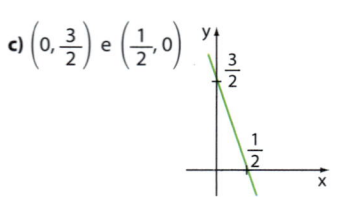

d) $(0, -2)$ e $\left(\frac{\sqrt{2}}{2}, 0\right)$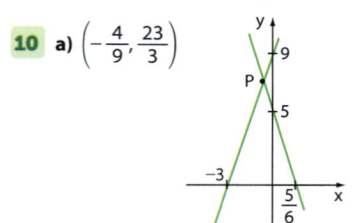

10 a) $\left(-\frac{4}{9}, \frac{23}{3}\right)$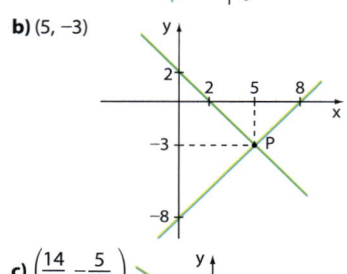

b) $(5, -3)$

c) $\left(\frac{14}{13}, -\frac{5}{13}\right)$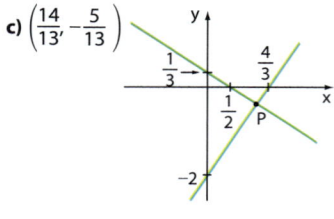

d) $(0, 2)$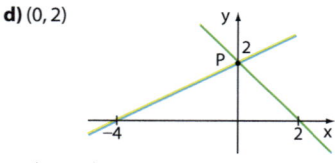

11 a) $\left(\frac{9}{5}, \frac{8}{5}\right)$ b) $(2, 5)$

12 $\frac{25}{3}$

13 a) $m = -5$ e $n = \frac{7}{3}$
b) $m = 0{,}1$ e $n = 1{,}6$

14 a) $\frac{\sqrt{3}}{3}$ e) $-\sqrt{3}$
b) 1 f) -1
c) $\sqrt{3}$ g) $-\frac{\sqrt{3}}{3}$
d) Não existe. h) 0

15 a) $\frac{3}{4}$ c) 0
b) $-\frac{1}{3}$ d) Não existe.

16 a) $\frac{2}{3}$ c) 0
b) $-\frac{5}{2}$

17 a) $0 < m < 1$ c) $m < -1$
b) $m > 1$ d) $-1 < m < 0$

18 a) $(-1, 0)$ e $(0, 1)$
b) $(5, 0)$ e $(0, 5)$
c) $\left(-1 - 3\sqrt{3}, 0\right)$ e $\left(0, 3 + \frac{\sqrt{3}}{3}\right)$

19 a) $y = \sqrt{3}x$ b) $y = x + 9$

20 a) $y = \frac{\sqrt{3}}{3}x + 5$ d) $y = \sqrt{3}x + 4\sqrt{3}$
b) $y = -x - 2$ e) $y = x - 2$
c) $y = -\sqrt{3}x + 3$ f) $y = -\frac{\sqrt{3}}{3}x + \sqrt{3}$

21 a) $(0, 1); \frac{\sqrt{3}}{3}; 30°$
b) $(0, -7); 1; 45°$
c) $\left(0, \frac{9}{4}\right); -\sqrt{3}; 120°$
d) $(0, 5); 2; \alpha = \text{arctg } 2$

22 a) $60°$
b) $4\sqrt{3}$
c) $\left(0, 4\sqrt{3}\right)$
d) $y = -\sqrt{3}x + 4\sqrt{3}$

23 $\left(\frac{5}{2}, \frac{3\sqrt{3}}{2}\right)$

24 a) $A(-2, 0); B(0, 0); C\left(-\frac{3}{2}, \frac{3}{2}\right)$
b) $\frac{3}{2}$

25 a) $x - 3y - 17 = 0$
b) $6x + 3y - 10 = 0$
c) $\sqrt{3}x - y + 1 = 0$

26 a) $x - 2y + 8 = 0$
b) $x + 4y - 15 = 0$
c) $x + y + 3 = 0$
d) $x + 3y + 7 = 0$

27 a) $y - 1 = m \cdot (x - 2)$ ou $x = 2$
b) $y + 3 = mx$ ou $x = 0$
c) $y - 8 = m\left(x + \frac{1}{2}\right)$ ou $x = -\frac{1}{2}$

28 a) $3x - y + 4 = 0$
b) $x - y + 2 = 0$
c) $7x - 3y + 10 = 0$
d) $x - 4y + 5 = 0$

29 r: $3y = \sqrt{3}x - 2\sqrt{3} + 15$ e s: $y = -x + 7$

30 a) 10
b) $\frac{5}{2}$
c) Decrescente.
d)
e) $\left\{x \in \mathbb{R} \mid x < \frac{5}{2}\right\}$

31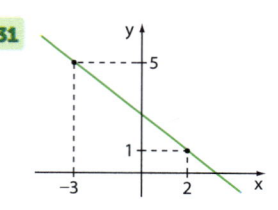

a) $\frac{13}{5}$ e $-\frac{4}{5}$
b) $4x + 5y - 13 = 0$
c) $\left(0, \frac{13}{5}\right)$ e $\left(\frac{13}{4}, 0\right)$

32 Somente a reta **r**. A reta **s** pertence ao feixe, mas representa uma função decrescente. As retas **t** e **u** não pertencem ao feixe.

33 a) $k = -\frac{4}{3}$
b) $k = \frac{35}{2}$
c) Qualquer valor real.
d) $k = \pm 3$

34 a) $k = -\frac{8}{3}$ c) Não existe.
b) $k \neq -\frac{8}{3}$

35 $r // t$ e $s // u$

36 $x + 2y + 1 = 0$

37 a) $y = 4$ c) $x - 5y + 9 = 0$
b) $y = 5x - 1$ d) $y = x + 6$

38 $x + 2y - 1 = 0$ ou $x + 2y + 1 = 0$

39 $y = 2x - 1$

40 a) $x - 3y + 18 = 0, x - 3y + 8 = 0,$
$3x + y - 6 = 0, 3x + y + 4 = 0$
b) $(-2, 2)$

41 $r \perp u$ e $s \perp t$

42 a) $\pm\frac{2}{3}$
b) 7
c) Qualquer valor real.
d) $\frac{1}{5}$

43 a) $x = -2$
b) $3x + 7y - 5 = 0$
c) $5x - 2y - 1 = 0$
d) $x + 2y - 7 = 0$

44 $m = -\frac{3}{4}$ e $n = -\frac{17}{12}$

45 $7x - 2y - \frac{45}{28} = 0$

46 a) $2x - 3y + 6 = 0$
b) $3x + 2y - 12 = 0$
c) $\left(\frac{24}{13}, \frac{42}{13}\right)$
d) $\frac{147}{13}$ e 3
e) $\frac{108}{13}$

47 a) $y = 0; y = \sqrt{3}x - 2\sqrt{3};$
$\sqrt{3}x + 3y - 15\sqrt{3} = 0$
b) $\left(\frac{21}{4}, \frac{13\sqrt{3}}{4}\right)$
c) $\frac{13\sqrt{3}}{4}$

48 **a)** $\sqrt{3}x + 3y - 3 = 0$

b) $A(\sqrt{3}, 0)$ e $B(0, 1)$

c) $\dfrac{\sqrt{3}}{2}$

49 **a)** r: $\dfrac{x}{-3} + \dfrac{y}{2} = 1$ e s: $\dfrac{x}{4} + \dfrac{y}{4} = 1$

b) r: $2x - 3y + 6 = 0$ e s: $x + y - 4 = 0$

c) r: $y = \dfrac{2}{3}x + 2$ e s: $y = -x + 4$

d) r: $\begin{cases} x = t - 1 \\ y = \dfrac{2}{3}t + \dfrac{4}{3} \end{cases}$ e s: $\begin{cases} x = t - 1 \\ y = -t + 5 \end{cases}$

50 **a)** $(0, -5)$ e $(2, 0)$ **b)** $(0, 3)$ e $\left(-\dfrac{1}{2}, 0\right)$

51 **a)** $m_r = -\dfrac{2}{3}$ e $m_s = 2$. As retas são concorrentes no ponto $\left(\dfrac{9}{4}, \dfrac{1}{2}\right)$.

b) $m_r = \dfrac{3}{2}$ e $m_s = -1$. As retas são concorrentes no ponto $\left(\dfrac{4}{5}, \dfrac{1}{5}\right)$.

52 **a)** $\dfrac{x}{1} + \dfrac{y}{1} = 1$; $(0, 1)$ e $(1, 0)$

b) $-\dfrac{x}{5} + \dfrac{y}{-\dfrac{5}{4}} = 1$; $\left(0, -\dfrac{5}{4}\right)$ e $(-5, 0)$

53 **a)** $\dfrac{7\sqrt{10}}{10}$ **c)** $\dfrac{7\sqrt{10}}{5}$

b) $\dfrac{5\sqrt{17}}{17}$ **d)** $3\sqrt{2}$

54 **a)** $\dfrac{9\sqrt{5}}{5}$ **c)** $\dfrac{\sqrt{2}}{2}$

b) $\dfrac{3\sqrt{52}}{52}$ **d)** $\dfrac{3\sqrt{2}}{2}$

55 **a)** $\dfrac{9\sqrt{26}}{26}$ **c)** $\dfrac{6\sqrt{13}}{13}$

b) $\dfrac{2}{5}$ **d)** $\sqrt{2}$

56 **a)** $\dfrac{5\sqrt{2}}{2}$ e $\dfrac{\sqrt{2}}{2}$ **c)** $\dfrac{3\sqrt{2}}{2}$ e $\dfrac{\sqrt{2}}{2}$

b) $\sqrt{2}$ e $3\sqrt{2}$ **d)** $\dfrac{9\sqrt{2}}{2}$ e $\dfrac{5\sqrt{2}}{2}$

57 $\dfrac{7\sqrt{26}}{26}$

58 **a)** $\left(\dfrac{7}{2}, -\dfrac{3}{2}\right)$

b) $\left(-\dfrac{2}{13}, -\dfrac{3}{13}\right)$

c) $\left(-\dfrac{9}{5}, \dfrac{27}{5}\right)$

59 $\dfrac{1}{5}$

60 $\left(\dfrac{7}{3}, \dfrac{7}{3}\right)$

61 **a)** Os três pontos equidistam de **r**.
b) São paralelas.

62 **a)** $2x - y - 7 = 0$ ou $2x - y - 17 = 0$
b) $2\sqrt{5}$

63 **a)** $100\sqrt{5}$ m **c)** $\left(\dfrac{92}{25}, \dfrac{81}{25}\right)$

b) 480 m **d)** 280 m

64 **a)** 1 **c)** $\dfrac{7}{18}$

b) 10,5 **d)** 18,5

65 $\dfrac{25}{6}$

66 12

67 4

68 3

69 **a)** 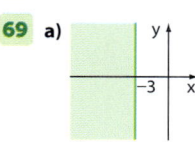 **d)**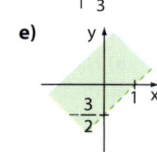

b) 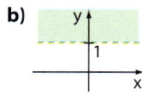 **e)**

c)

70 **a)** $y \geqslant -1$

b) $x > -\dfrac{3}{2}$

c) $y \leqslant \dfrac{x}{2} + 1$

d) $y < -\dfrac{3}{2}x + \dfrac{3}{2}$

e) $y > \dfrac{x}{2}$

71 A área é 21.

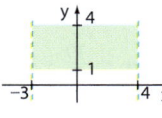

72 A área é $\dfrac{1}{4}$.

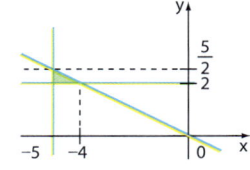

73

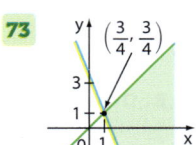

74 **a)**

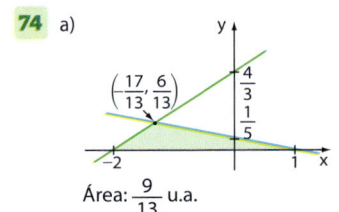

Área: $\dfrac{9}{13}$ u.a.

b)

Área: $\dfrac{24}{11}$ u.a.

75 **a)** $\dfrac{6}{7}$ **c)** $\dfrac{1}{3}$

b) $\dfrac{3}{11}$ **d)** 1 e $\theta = 45°$

e) As retas são perpendiculares entre si e não existe a tangente do ângulo.

76 O ângulo **α** mede 30° e **β** mede 60°; $C(4\sqrt{3}, 3)$

77 **a)** 1 e $-\sqrt{3}$

b) $y = x + 2$ e $y = -\sqrt{3}x + 3$

c) $(0, 2)$ e $\left(\dfrac{-1 + \sqrt{3}}{2}, \dfrac{3 + \sqrt{3}}{2}\right)$

d) 75°

78 $33x - 9y + 7 = 0$ ou $21x + 77y - 31 = 0$

79 Ou eles têm a abscissa igual a $-\dfrac{1}{2}$ ou a ordenada igual a $\dfrac{7}{2}$, ou seja, são pontos do tipo $\left(-\dfrac{1}{2}, y\right)$ ou $\left(x, \dfrac{7}{2}\right)$.

Exercícios complementares

1 $A\left(3, \dfrac{1}{2}\right)$ e $B\left(1, \dfrac{3}{2}\right)$

2 $\dfrac{76\pi}{27}$

3 **a)** $(0, 10)$ e $(10, 0)$
b) 10
c) $10\sqrt{2}$
d) $(5, 5)$
e) $y = x$
f) $(0, 0)$ e $(10, 10)$
g) $x = 0$; $y = 0$; $x = 10$; $y = 10$

4 $x + y + 3 = 0$ e $x + y - 1 = 0$

5 **a)** $(1, 2)$; $(2, 1)$; $(3, 3)$ **b)** $\dfrac{3}{2}$

6 24

7 1

8 12

9 25

10 $\left(\dfrac{3}{5}, \dfrac{14}{5}\right)$

11 **a)** $(0, 1)$ e $(-2, 0)$ **c)** $y = -\dfrac{x}{2}$

b) $\left(-1, \dfrac{1}{2}\right)$

12 a) $3x + 2y + 2 = 0$
b) $(-2, 2), \left(\dfrac{3}{2}, \dfrac{15}{4}\right), \left(\dfrac{7}{2}, \dfrac{3}{4}\right)$
c) $5x + 22y - 34 = 0$ e $19x - 6y - 6 = 0$
d) $\left(\dfrac{3}{4}, \dfrac{11}{8}\right)$

13 a) $R(10, 8), S(0, 0), T(1, 6), U(7, 3), V(5, 4)$
b) $VR = \sqrt{41}$ km, $VS = \sqrt{41}$ km,
$VT = 2\sqrt{5}$ km, $VU = \sqrt{5}$ km

14 a) Duas.
b) $y = 2x + 1$ e $x + 2y - 12 = 0$

15 $3\,650$ m²

16 a) $(4, 5)$ **b)** $(7, -1)$ **c)** $(10, 8)$ e $(-2, 2)$

17 $\dfrac{1}{4}$

18 a) $\left(3, 3\sqrt{3}\right)$
b) $y = \left(\sqrt{3} - 2\right)x + 6$

Testes

1 d	**10** a	**19** a
2 e	**11** a	**20** d
3 a	**12** e	**21** d
4 d	**13** b	**22** b
5 c	**14** b	**23** d
6 b	**15** d	**24** d
7 d	**16** e	
8 e	**17** c	
9 b	**18** a	

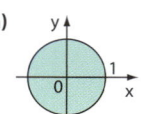

CAPÍTULO 36 — A circunferência

Exercícios

1 a) $x^2 + y^2 = 16$
b) $(x + 2)^2 + (y - 5)^2 = 9$
c) $(x - 3)^2 + (y + 2)^2 = 7$
d) $(x - 4)^2 + y^2 = 8$

2 a) $(x - 3)^2 + (y - 2)^2 = 4$
b) $(x + 2)^2 + (y - 1)^2 = 1$
c) $(x + 2)^2 + (y + 2)^2 = 4$
d) $(x - 1)^2 + (y + 4)^2 = 1$

3 a) $(x - 1)^2 + (y - 1)^2 = 1$
$(x + 1)^2 + (y - 1)^2 = 1$
$(x + 1)^2 + (y + 1)^2 = 1$
$(x - 1)^2 + (y + 1)^2 = 1$
b) 4

4 $(x + 4)^2 + (y + 3)^2 = 25$

5 a) $(x + 3)^2 + (y - 3)^2 = 9$
b) Não.

6 a) $x^2 + (y + 1)^2 = 29$
b) Resposta pessoal.

7 $k = 3$ ou $k = -3$

8 a) $(5, 3)$ **b)** $(7, 1)$

9 64

10 $(x + 2)^2 + y^2 = 25$

11 $(x + 1)^2 + (y - 1)^2 = 5$

12 a) $C(5, 1)$ e $r = 3$
b) Não.
c) $C(-1, -3)$ e $r = \sqrt{10}$
d) Não.
e) Não.
f) $C(-2, 2)$ e $r = 5$
g) $C(10, 0)$ e $r = 1$
h) Não.

13 a) $C(1, 2)$ e $r = \sqrt{6}$
b) $C(-1, -2)$ e $r = \sqrt{6}$
c) $C(2, -3)$ e $r = 3$
d) $C(-4, 8)$ e $r = \sqrt{13}$

14 a) $(x + 1)^2 + (y - 2)^2 = \dfrac{1}{2}$
b) $x^2 + y^2 - 8x + 4y + 11 = 0$
c) $\left(x - \dfrac{5}{2}\right)^2 + \left(y - \dfrac{9}{2}\right)^2 = 25$
d) $x^2 + y^2 + 2x + 4y + \dfrac{19}{4} = 0$

15 a) $x^2 + y^2 + 2x + 8y = 0$
b) $x^2 + y^2 - 17 = 0$

16 $k > 2$

17 $k = 57$

18 $x + 5y - 3 = 0$

19 5

20 $p = 4$

21 a) $(7, -2)$ **b)** $(-3, 1)$

22 **A** e **F** pertencem a λ; **B** e **D** são externos a λ; **E** é interno a λ.

23 $O \in \lambda$; **A** e **B** são externos a λ; **D** e **E** são internos a λ.

24 $k = -24$

25 $2 < p < 4$

26 $p \leqslant -3$ ou $p \geqslant 1$

27 $m \leqslant -1$ ou $m \geqslant 5$

28 a) 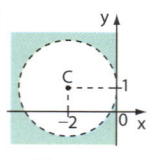 **c)**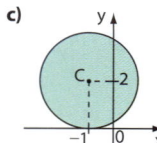
b) **d)**

29 a) 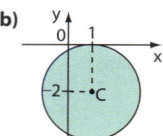 **c)**
b) **d)**

30 a)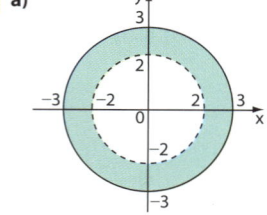
b)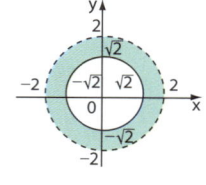

31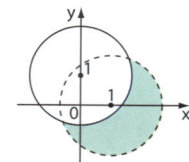

32 a) $\begin{cases} x^2 + y^2 \geqslant 4 \\ (x - 3)^2 + y^2 \leqslant 4 \end{cases}$
b) $\begin{cases} x^2 + y^2 \leqslant 4 \\ x \geqslant 1 \end{cases}$
c) $\begin{cases} (x - 1)^2 + y^2 \leqslant 4 \\ y \leqslant 1 \end{cases}$

33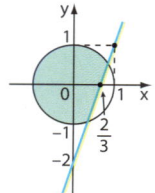

34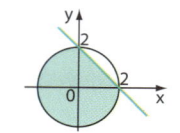

35 a) Exteriores.
b) Secantes.
c) Tangentes.

36 a) $(5, 5)$
b) $(5, -1)$ e $(-3, 3)$

37 $p = \pm 2\sqrt{5}$

38 a) $k = -11$ ou $k = 1$
b) $-11 < k < 1$
c) $k < -11$ ou $k > 1$

39 a) Tangente.
b) Tangente.
c) Secante.

40 a) Secantes.
b) Tangentes.
c) Exteriores.

41 a) $k = -8$ c) $k < -8$
b) $-8 < k < 1$

42 $(1, -1)$

43 $\left(4 - \dfrac{3}{\sqrt{2}}, 2 - \dfrac{3}{\sqrt{2}}\right)$

44 $\left(\dfrac{6 - \sqrt{2}}{2}, \dfrac{2 - \sqrt{2}}{2}\right)$

45 $a \leqslant \dfrac{1}{2}$

46 $(x - 1)^2 + (y - 2)^2 = \dfrac{8}{5}$

47 a) $x - 3y + 5 \pm 3\sqrt{10} = 0$
b) $3x - 2y + 2 \pm \sqrt{13} = 0$
c) $2x - y \pm 2\sqrt{5} + 1 = 0$

48 $\sqrt{41}$

49 a) $y + 2 = 0$ ou $y - 8 = 0$
b) $x + 3 = 0$ ou $x - 7 = 0$
c) $4x + 3y + 8 = 0$ ou $4x + 3y - 42 = 0$

50 $x - 3y + 9 \pm \sqrt{10} = 0$

51 a) $x + y - \sqrt{2} = 0$ ou $x - y - \sqrt{2} = 0$
b) $4x + 3y - 8 = 0$ ou $y + 4 = 0$
c) $y - 6 = 0$ ou $x - 1 = 0$
d) $3x + 4y = 0$
e) Não há.

52 $(x + 3)^2 + (y - 1)^2 = \dfrac{625}{29}$

53 $x + 2y - 1 = 0$

54 $\alpha x + \beta y - (\alpha^2 + \beta^2) = 0$

55 $\{(6, 8), (8, 6)\}$

56 $(-1, 0)$ e $(1, 2)$

57 a) Secantes.
b) Exteriores.
c) Tangentes exteriormente.
d) Tangentes interiormente.

Exercícios complementares

1 $(x - 5)^2 + (y - 2)^2 = 17$

2 $(x + 1)^2 + (y - 2)^2 = 9$

3 13

4 $2\sqrt{3}$

5 3π

6 6π

7 a) $P(3, \sqrt{3})$ b) $\dfrac{4\pi}{3} + 2\sqrt{3}$

8 a) $y = \dfrac{\sqrt{21}}{2}x - 3$ b) $Q\left(\dfrac{2\sqrt{21}}{5}, \dfrac{6}{5}\right)$

9 Aproximadamente 24.

10 a) $y = x + 1$
b) $(x - 2)^2 + (y - 3)^2 = \dfrac{25}{2}$

11 21 km

12 $\left(\dfrac{3 + 3\sqrt{10}}{\sqrt{10}}, \dfrac{1 + \sqrt{10}}{\sqrt{10}}\right)$

13 a) $\sqrt{265}$
b) 11

14 15

15 a) $d_A = d_B = 40$ km
b) $\dfrac{800}{3} \cdot (2\pi - 3\sqrt{3})$ km²

16 $(1 + \sqrt{7})$ dm

17 11

18 a) $p = 2$; $(0, -4)$ b) $(x + 6)^2 + y^2 = 36$

19 12

20 a) $(-1, -2)$
b) $(x + 5)^2 + (y - 1)^2 = 25$
c) $\dfrac{25}{4}$ u.a.

21 a)

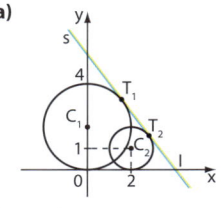

b) $(4, 0)$

22 a) $\sqrt{3}$
b) $\dfrac{\sqrt{3}}{3} - \dfrac{\pi}{12}$
c) $x = 0$ e $y = \dfrac{\sqrt{3}}{3}x + \sqrt{3}$

23 a) $S\left(\dfrac{18}{5}, \dfrac{6}{5}\right)$ b) $\dfrac{32}{15}$

Testes

1 a	**9** a	**17** a
2 e	**10** b	**18** c
3 d	**11** e	**19** c
4 e	**12** b	**20** a
5 e	**13** a	**21** a
6 b	**14** d	**22** b
7 e	**15** a	
8 c	**16** c	

CAPÍTULO 37 — **As cônicas**

Exercícios

1 a) $\dfrac{x^2}{169} + \dfrac{y^2}{25} = 1$
b) $\dfrac{x^2}{100} + \dfrac{y^2}{36} = 1$
c) $\dfrac{x^2}{25} + \dfrac{y^2}{169} = 1$

2 a) $(-12, 0)$ e $(12, 0)$
b) $(-8, 0)$ e $(8, 0)$
c) $(0, -12)$ e $(0, 12)$

3 $\dfrac{x^2}{225} + \dfrac{y^2}{81} = 1$

4 Distância focal $= 4$;
Excentricidade $= \dfrac{\sqrt{6}}{3}$

5 $\dfrac{x^2}{4} + \dfrac{y^2}{8} = 1$

6 $\dfrac{x^2}{13} + \dfrac{y^2}{9} = 1$

7 $\left(-\dfrac{\sqrt{7}}{6}, 0\right)$ e $\left(\dfrac{\sqrt{7}}{6}, 0\right)$

8 $F_1(\sqrt{2}, 0)$ e $F_2(-\sqrt{2}, 0)$

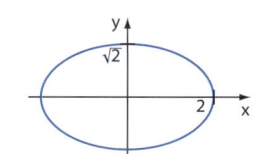

9 $16x^2 + 15y^2 = 240$

10 a) $\dfrac{x^2}{9} - \dfrac{y^2}{16} = 1$ b) $\dfrac{y^2}{4} - \dfrac{x^2}{12} = 1$

11 a) $(-5, 0)$ e $(5, 0)$ b) $(0, -4)$ e $(0, 4)$

12 $y = \sqrt{\dfrac{7}{2}}x$ e $y = -\sqrt{\dfrac{7}{2}}x$

13 $\dfrac{2\sqrt{3}}{3}$

14 Não.

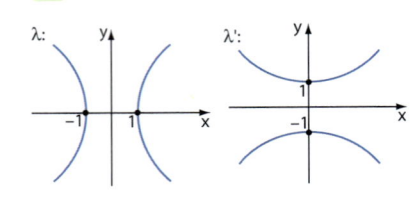

15 (−20, 0) e (20, 0)

16 a) $y^2 = 4x$
b) $x^2 = 16y$
c) $x^2 = -20y$

17 $y = -\dfrac{7}{8}$

18 F(4, 0); x = −4

19 $x^2 - 10x + 4y + 21 = 0$

20 $4y^2 = 49x$

21 (1, 1) e (1, −1)

22 $\sqrt{10}$

23 Dois pontos: (0, 0) e (1, 1).

24 $p < -1 - 4\sqrt{2}$ ou $p > -1 + 4\sqrt{2}$

25 $\left\{\left(-\sqrt{7}, -\sqrt{2}\right), \left(\sqrt{7}, -\sqrt{2}\right), \left(-\sqrt{7}, \sqrt{2}\right), \left(\sqrt{7}, \sqrt{2}\right)\right\}$

26 Dois pontos: (2, 2) e (0, 2).

27 $\dfrac{30\sqrt{17}}{17}$

28 $\sqrt{2}$

Exercícios complementares

1 6

2 10

3 21π

4 $\left(-\sqrt{6}, -\sqrt{2}\right); \left(-\sqrt{6}, \sqrt{2}\right); \left(\sqrt{6}, -\sqrt{2}\right);$ $\left(\sqrt{6}, \sqrt{2}\right)$

5 a) $\left(\sqrt{3}, 1\right); \left(-\sqrt{3}, 1\right); (0, 4)$
b)

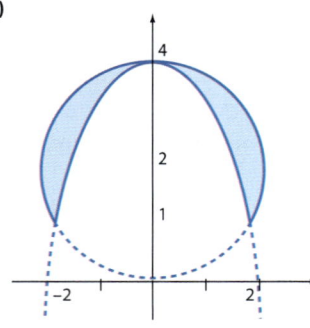

6 a) $2\sqrt{13}$
b) $y' = -2x^2 + 12x - 16$
  $y'' = 2x^2 + 12x + 16$

7 $y^2 = 8x$

8 $2x + 5y - 22 = 0$

9 $y = \dfrac{\sqrt{2}}{4}\left(x - 2\sqrt{2}\right)^2$ ou
  $y = -\dfrac{\sqrt{2}}{4}\left(x + 2\sqrt{2}\right)^2$

10 $\left(\dfrac{\sqrt{15}}{2}, -\dfrac{1}{4}\right), \left(-\dfrac{\sqrt{15}}{2}, -\dfrac{1}{4}\right)$ ou (0, 1)

11 1. $t = \dfrac{1 + \sqrt{5}}{2}$ 2. k = 1

12 y = 2x − 1 e y = −2x − 1

13 a) (1, 3)
b) y = x

14 (0-0) V   (2-2) V   (4-4) F
  (1-1) F   (3-3) V

15 (0-0) V   (2-2) F   (4-4) V
  (1-1) F   (3-3) F

16 $\left(\dfrac{8}{9}, \dfrac{5}{3}\right)$

17 a) (−1, 0), (3, 0), (1, 16)
b) (2, 12)
c) 36

18 a) As retas perpendiculares de equações
  $y = \left(\sqrt{2} - 1\right)x$ e $y = \left(-\sqrt{2} - 1\right)x$
b) x = 2, y = 3, y = x + 1 ou y = −x + 5

19 4 m

20 a) A = (4, 2) e B = (3, 3)
b) $\left(2, 1 - \sqrt{5}\right)$

21 1

22 $-\sqrt{5} \leqslant m \leqslant \sqrt{5}$

23 $\dfrac{(x-2)^2}{4} + \dfrac{(y-3)^2}{9} = 1$

24 41°

Testes

1 b	**9** a	**17** c
2 e	**10** c	**18** b
3 c	**11** a	**19** d
4 e	**12** c	**20** d
5 c	**13** d	**21** c
6 b	**14** b	**22** b
7 a	**15** b	
8 c	**16** a	

Exercícios

1 a) 3 − 2i   d) (0, 5)   g) (−3, 1)
b) −4 + 3i   e) 4i   h) (−5, 0)
c) (1, −2)   f) 4   i) (1, 1)

2 a) Re = 4; Im = 5
b) Re = 2; Im = 3
c) Re = −7; Im = −1
d) Re = $-\dfrac{1}{4}$; Im = $\dfrac{1}{2}$
e) Re = $-\dfrac{2}{3}$; Im = $\dfrac{5}{3}$
f) Re = 0; Im = −8
g) Re = $\sqrt{3}$; Im = 0
h) Re = −1; Im = −1
i) Re = $\sqrt{3}$; Im = 1

3

4 a) m = 3   d) m = −1 ou m = 1
b) m = −3   e) Não existe **m** real.
c) m = 5

5 a) x = 1   c) $x < \dfrac{5}{2}$
b) x = −2   d) x < 2

6 a) S = {−2i, 2i}
b) S = {3 + i, 3 − i}
c) S = $\left\{-i\sqrt{10}, i\sqrt{10}\right\}$
d) S = {2 + 5i, 2 − 5i}
e) S = {1, −1, 2i, − 2i}
f) S = {0, −4i, 4i}

7 12 u.a.

8 a) $(a^3 - 3a) + i \cdot (3a^2 - 1)$
b) 0; $-\sqrt{3}$; $\sqrt{3}$

9 m = −4 e n = 4

10 x = 3 e y = 7

11 x = 1 e y = 2

12 a) 1 − i   c) 4 + 2i
b) −10 + 7i   d) 1 + 6i

13 a) $z_1 = -2 + xi; z_2 = y - 3i$
b) x = 5; y = −2

14 a) 5   b) 5 + 10i

15 $x = 2$ e $y = -2$

16 $z_1 = 3 + 2i$ e $z_2 = -7 + 5i$

17 **a)** $7 + 3i$ **c)** $45i$ **e)** $9 - 2i$
b) $-11 - 2i$ **d)** $12 - 3i$ **f)** $11 - 7i$

18 **a)** $25 - 50i$
b) 4° quadrante.
c) 10 u.a.

19 **a)** 2 **c)** $15 + 8i$ **e)** 32
b) $-5 - 12i$ **d)** $2i$ **f)** $-2 - 2i$

20 **a)** $4 + 7i$ **b)** $-4 - 7i$ **c)** $-7 - 4i$

21 **a)** $\sqrt{2}$ ou $-\sqrt{2}$ **b)** 0

22 $x = \dfrac{7}{5}$ e $y = -\dfrac{6}{5}$

23 $z_1 = -2i$; $z_2 = 3 + 6i$

24 $(x = 2$ e $y = 2)$ ou $(x = -2$ e $y = -2)$

25 **a)** $-3 - 4i$
b) $1 + i$ ou $-1 - i$
c) 0 ou i

26 **a)** $b = -6$ **b)** $\alpha = \dfrac{1}{3}$

27 **a)** $1 - 2i$ **d)** $8i$
b) $3i$ **e)** $-3 + 4i$
c) $5 + 5i$ **f)** $-1 + i$

28 $3 + 3i$

29 **a)** $-\dfrac{19}{25} - \dfrac{33}{25}i$ **d)** $\dfrac{15 + 8i}{17}$

b) $-1 + i$ **e)** $-\dfrac{5i}{6}$

c) $\dfrac{3 + i}{10}$ **f)** $\dfrac{10}{13} - \dfrac{15}{13}i$

30 **a)** $\dfrac{3 + 4i}{25}$

b) $\dfrac{-7 - 24i}{625}$

c) $\dfrac{4 - 3i}{25}$

31 $a = 6$

32 $z = i$ ou $z = -2i$

33 **a)** $(2, 3)$ **c)** $(4, 7)$ **e)** $(-5, -12)$
b) $(3, -5)$ **d)** $\left(\dfrac{4}{5}, \dfrac{7}{5}\right)$

34 $x = \pm 3$; $A = \pm \dfrac{1}{3}$

35 6 u.a.

36 **a)** -1 **c)** $-i$ **e)** -1
b) i **d)** 1 **f)** $-i$

37 **a)** $1 - i$ **b)** $-i$ **c)** -64 **d)** -1

38 -1

39 $-1 + i$

40 1

41 **a)** $\sqrt{5}$ **c)** 5 **e)** $\dfrac{3\sqrt{2}}{2}$
b) 5 **d)** 3 **f)** 2

42 $a = 2$ ou $a = -2$

43 **a)**
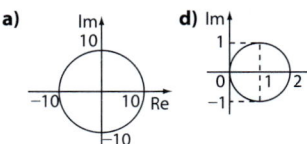
d)
b)
e)
c)
f)

44 $a = 3$

45 **a)** 30° **d)** 225° **g)** 0°
b) 210° **e)** 90° **h)** 120°
c) 300° **f)** 180°

46 Todos os números complexos têm módulo igual a 4 e seus argumentos são, respectivamente, 0°, 60°, 120°, 180°, 240°, 300°.

47 $\arg z_1 = 20^\circ$; $\arg z_2 = 255^\circ$

48 **a)** $z = \sqrt{2} \cdot (\cos 45^\circ + i\,\mathrm{sen}\,45^\circ)$
b) $z = 2 \cdot (\cos 225^\circ + i\,\mathrm{sen}\,225^\circ)$
c) $z = 2 \cdot (\cos 300^\circ + i\,\mathrm{sen}\,300^\circ)$
d) $z = 5 \cdot (\cos 150^\circ + i\,\mathrm{sen}\,150^\circ)$
e) $z = 4 \cdot (\cos 180^\circ + i\,\mathrm{sen}\,180^\circ)$
f) $z = \cos \dfrac{3\pi}{2} + i\,\mathrm{sen}\,\dfrac{3\pi}{2}$
g) $z = 8 \cdot (\cos 0 + i\,\mathrm{sen}\,0)$
h) $z = \sqrt{3} \cdot (\cos 90^\circ + i\,\mathrm{sen}\,90^\circ)$

49 **a)** $z = \dfrac{1}{2} - \dfrac{1}{2}i$; $z = \dfrac{\sqrt{2}}{2} \cdot (\cos 315^\circ + i\,\mathrm{sen}\,315^\circ)$

b) $\dfrac{1}{2}(\cos 270^\circ + i\,\mathrm{sen}\,270^\circ)$

50 $z_1 = 3 \cdot \left(\cos \dfrac{\pi}{2} + i\,\mathrm{sen}\,\dfrac{\pi}{2}\right)$

$z_2 = 5 \cdot \left(\cos \dfrac{5\pi}{6} + i\,\mathrm{sen}\,\dfrac{5\pi}{6}\right)$

$z_3 = 5 \cdot \left(\cos \dfrac{7\pi}{4} + i\,\mathrm{sen}\,\dfrac{7\pi}{4}\right)$

51 $-\dfrac{5\sqrt{2}}{2} - \dfrac{5\sqrt{6}}{2}i$

52 **a)** $-2 + 2i\sqrt{3}$
b) $3i$
c) $-\dfrac{\sqrt{3}}{2} - \dfrac{1}{2}i$
d) $-1 + i$
e) -3

53 $z_1 = 5\sqrt{2} \cdot \left(\cos \dfrac{\pi}{4} + i\,\mathrm{sen}\,\dfrac{\pi}{4}\right)$

$z_2 = 5\sqrt{2} \cdot \left(\cos \dfrac{3\pi}{4} + i\,\mathrm{sen}\,\dfrac{3\pi}{4}\right)$

$z_3 = 5\sqrt{2} \cdot \left(\cos \dfrac{5\pi}{4} + i\,\mathrm{sen}\,\dfrac{5\pi}{4}\right)$

$z_4 = 5\sqrt{2} \cdot \left(\cos \dfrac{7\pi}{4} + i\,\mathrm{sen}\,\dfrac{7\pi}{4}\right)$

54 **a)** $6 \cdot (\cos 270^\circ + i\,\mathrm{sen}\,270^\circ)$

b) $2 \cdot (\cos 180^\circ + i\,\mathrm{sen}\,180^\circ)$
c) $12 \cdot (\cos 60^\circ + i\,\mathrm{sen}\,60^\circ)$
d) $6 \cdot (\cos 210^\circ + i\,\mathrm{sen}\,210^\circ)$
e) $3 \cdot (\cos 90^\circ + i\,\mathrm{sen}\,90^\circ)$
f) $36 \cdot (\cos 120^\circ + i\,\mathrm{sen}\,120^\circ)$

São imaginários puros: $z_1 \cdot z_2$ e $\dfrac{z_1}{z_3}$.

55 $z_1 = 4 \cdot (\cos 60^\circ + i\,\mathrm{sen}\,60^\circ)$
$z_2 = 20 \cdot (\cos 100^\circ + i\,\mathrm{sen}\,100^\circ)$

56 **a)** $8i$ **b)** -64 **c)** $512(1 - i\sqrt{3})$

57 **a)** $2^{19} \cdot (1 + i\sqrt{3})$

b) $-\dfrac{1}{2} - i\dfrac{\sqrt{3}}{2}$

c) $2^6 \cdot (\sqrt{3} + i)$

d) 729

e) $2^{33} \cdot i$

58 $-72 + 72\sqrt{3}i$

59 z^{45}: $(1, 0)$

z^{50}: $\left(-\dfrac{1}{2}, -\dfrac{\sqrt{3}}{2}\right)$

z^{100}: $\left(-\dfrac{1}{2}, \dfrac{\sqrt{3}}{2}\right)$

60 $z^3 = -2 + 2i$; $(\bar{z})^4 = -4$

61 $n = 3$; $z^n = 1$

62 $\dfrac{\sqrt{2}}{2} + i\dfrac{\sqrt{2}}{2}$ e $-\dfrac{\sqrt{2}}{2} - i\dfrac{\sqrt{2}}{2}$

63 **a)** $\sqrt{2} + i\sqrt{2}$ e $-\sqrt{2} - i\sqrt{2}$

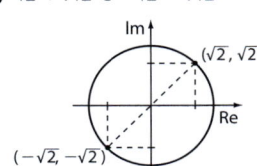

b) 4

64 Raízes: 1, $-\dfrac{1}{2} + i\dfrac{\sqrt{3}}{2}$ e $-\dfrac{1}{2} - i\dfrac{\sqrt{3}}{2}$;
Área: $\dfrac{3\sqrt{3}}{4}$ u.a.

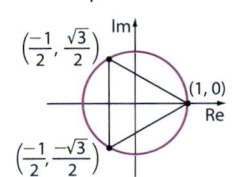

65 $\sqrt{3} + i$, $-1 + i\sqrt{3}$, $-\sqrt{3} - i$, $1 - i\sqrt{3}$

66 $a = -4$

67 **a)** $(2, 0)$, $(0, 2)$, $(-2, 0)$ e $(0, -2)$.
b) 8
c) $z^4 - 16 = 0$

68 **a)** $w = 2i$
b) $\sqrt[5]{2} \cdot (\cos 18^\circ + i\,\mathrm{sen}\,18^\circ)$;
$\sqrt[5]{2} \cdot (\cos 90^\circ + i\,\mathrm{sen}\,90^\circ)$;
$\sqrt[5]{2} \cdot (\cos 162^\circ + i\,\mathrm{sen}\,162^\circ)$;
$\sqrt[5]{2} \cdot (\cos 234^\circ + i\,\mathrm{sen}\,234^\circ)$ e
$\sqrt[5]{2} \cdot (\cos 306^\circ + i\,\mathrm{sen}\,306^\circ)$

69 0,32 u.a.

Exercícios complementares

1 I. V   II. F   III. a

2 **a)** 16 u.c.   **b)** 12 u.a.

3 $2i$ e -2

4 $2\sqrt{2} - i2\sqrt{2}; -2\sqrt{2} + i2\sqrt{2}$

5 $\dfrac{\pi}{2}$ u.a.

6 **a)** $Re(\omega^3) = 1$ e $Im(\omega^3) = 0$;

$Re\left(\dfrac{1}{\omega}\right) = -\dfrac{1}{2}$ e $Im\left(\dfrac{1}{\omega}\right) = -\dfrac{\sqrt{3}}{2}$

b)

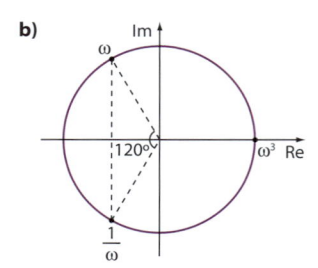

c) $-\dfrac{1}{2} + \dfrac{i\sqrt{3}}{2}, -\dfrac{1}{2} - \dfrac{i\sqrt{3}}{2}$ e 1

7 **a)** 3 e 9   **b)** $n = 6; -64$

8 **a)** F   **d)** V   **g)** V
b) V   **e)** F   **h)** 175
c) V   **f)** V   **i)** c

9 **a)**

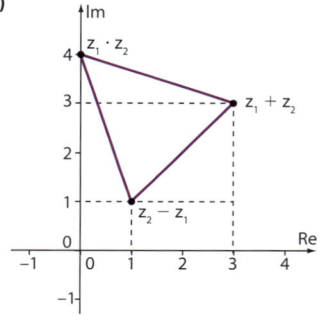

Área: 4 u.a.
b) 36 u.a.

10 **a)** $n = 3$ **b)** $-\dfrac{1}{2} - \dfrac{i\sqrt{3}}{2}$

11 1

12 $r = \dfrac{2\sqrt{5}}{3}; a = -\dfrac{2}{3}; b = \dfrac{4}{3}$

13 e

14 **a)** 36 u.a.
b) A'(0, 3); B'(−6, 0); C'(0, −3); D'(6, 0)
c) i

Testes

1 d	**6** c	**11** b	**16** c
2 d	**7** e	**12** a	**17** a
3 d	**8** a	**13** b	**18** c
4 e	**9** b	**14** c	**19** e
5 d	**10** e	**15** b	**20** e

CAPÍTULO 39

Polinômios

Exercícios

1 a, c e f.

2 **a)** 4   **d)** 14   **g)** 1
b) 3   **e)** 3   **h)** 120
c) 7   **f)** 0

3 $m \neq -\sqrt{2}$ e $m \neq \sqrt{2}$

4 **a)** 10   **c)** -1 **e)** 1
b) $\dfrac{1}{3}$ **d)** i

5 $k = 2$ ou $k = -2$

6 $m \neq -2 \Rightarrow$ grau 4; $m = -2 \Rightarrow$ grau 3

7 **a)** Sim; $m \neq -2$ e $m \neq 2$
b) Sim; $m = 2$
c) Não.
d) Sim; $m = -2$

8 $a = 0$ e $b = 2$

9 $a = \dfrac{1}{2}$

10 $a = 1, b = 5, c = 5$ e $d = \dfrac{5}{2}$.

11 **a)** 3   **c)** -3 **e)** $2 - 5i$
b) -1 **d)** $-2 - 3i$

12 3 e $1 + 2i$

13 **a)** $m = -9$ **b)** 5

14 $a = 1$ e $b = 2$

15 $x + 3$

16 **a)** $1 - 3i$ **b)** $10 + 4i$

17 $x^2 + 4$

18 $a = -1$ e $b = -2$

19 $m = 0, n = 1$ e $p = -1$.

20 $m = 1, n = 1$ e $p = 3$.

21 $m = -4$ e $n = 1$

22 $a = 1$ e $b = -1$

23 $a = -4$ e $b = 3$

24 $a = 2, b = \dfrac{3}{4}$ e $c = -\dfrac{7}{4}$

25 **a)** $x^3 + 2x^2 - 4x + 5$
b) $x^3 + x^2 - 2x + 5$
c) $-x^3 + 3x^2 - 3x + 7$
d) $-2x^4 + 5x^3 - 15x^2 + 16x - 16$

26 $\left(a = -2$ e $b = \dfrac{1}{2}\right)$ ou $(a = -1$ e $b = 1)$

27 **a)** Grau 8.
b) Grau menor ou igual a 4; pode acontecer também que $f(x) + g(x)$ seja o polinômio nulo para o qual não se define grau.
c) Grau menor ou igual a 4; pode acontecer também que $f(x) - g(x)$ seja o polinômio nulo para o qual não se define grau.
d) Grau 6.

---

28 $a = 3$ e $b = -3$

29 **a)** V   **b)** F   **c)** V   **d)** V

30 **a)** $q(x) = x + 2; r(x) = 9$
b) $q(x) = -x + 4; r(x) = -6x + 5$
c) $q(x) = 5x^2 + 3x + 18; r(x) = 16x + 71$
d) $q(x) = 3x^2 + 3x + 2; r(x) = 3x^2 - 5x - 1$
e) $q(x) = 0; r(x) = 4x - 1$
f) $q(x) = x + 3i; r(x) = -6$

31 **a)** Sim; $q(x) = x - 3$
b) Não; $q(x) = x^2$
c) Sim; $q(x) = 2x + 1$
d) Não; $q(x) = x^2 + x - 3$

32 $m = 2$

33 $x^4 - 2x + 13$

34 $x^2 - 2x$

35 $m = 0$ e $n = 2$

36 $3x - 1$

37 **a)** $2x + 1$
b) Não.
c) Sim; $10x^2 + 4x - 8$

38 Grau de **q** igual a 4; grau de **r** menor do que 3 ou $r(x) = 0$ (polinômio nulo).

39 **a)** 14   **c)** 12   **e)** 12
b) 35   **d)** 1

40 **a)** 4   **b)** -50 **c)** 1

41 $m = 0$ e $n = -2$

42 $r(x) = \dfrac{3}{4}x + \dfrac{11}{4}$

43 $p(x) = x^3 - x^2 - x + 1$ ou $p(x) = x^3 + x^2 - x - 1$

44 0

45 **a)** $m = -5$ e $n = 4$ **b)** $-10i$

46 **a)** $q(x) = -2x^2 - 2x - 11; r(x) = -32$
b) $q(x) = 9x - 6; r(x) = 16$
c) $q(x) = x^3 - x^2 - 2x + 3; r(x) = -5$
d) $q(x) = x^2; r(x) = -1$

47 -6

48 **a)** -48
b) $q(x) = 4x^3 - 12x^2 + 31x - 91$; $r(x) = 225$

49 $q(x) = x^7 - x^6 + x^5 - x^4 + 3x^3 - 3x^2 + 3x - 3; r(x) = 4$

50 3

51 Polinômio nulo.

52 Sim; Sim; Sim; Não

53 $m = -8$ e $n = 12$

54 Sim; Sim; Sim

55 3

56 **a)** Verificação.
b) $m = -25$ e $n = 60$.

57 $m = 2$ e $p = 1$

Exercícios complementares

1 **a)** $2x^3 + 6x^2 + 4x$
b) $10x^2 + 20x + 6$

2 $x \leqslant 1$ ou $x \geqslant 3$

3 $(01) + (02) + (04) + (08) + (16) = (31)$

4 $m = -8$; $n = 12$

5 $(01) + (02) + (04) = (07)$

6 $a = -\dfrac{5}{2}$; $b = -2$ e $c \neq \dfrac{1}{2}$

7 $a = -17$ e $b = 37$

8 $3x + 1$

9 $a = 3$ e $b = 1$

10 **a)** $A = 1$, $B = -1$ e $C = 2$
b) $r(x)$ tende a zero.

11 **a)** Demonstração.
b) $f(x) = x^3 - x^2 - x + 1$

12 **a)** $a = \dfrac{1}{2}$, $b = \dfrac{1}{6}$ e $\forall c \in \mathbb{R}$ satisfaz.
b) $S = \dfrac{n}{6} \cdot (2n^2 + 3n + 1)$

Testes

1 e	**6** d	**11** a	**16** c
2 a	**7** b	**12** d	**17** b
3 a	**8** b	**13** a	**18** e
4 e	**9** e	**14** d	**19** b
5 d	**10** e	**15** a	

CAPÍTULO
40
Equações algébricas

Exercícios

1 **a)** $3 + 4i$ e $3 - 4i$; $(x - 3 - 4i) \cdot (x - 3 + 4i)$
b) 2 e $\dfrac{1}{2}$; $2 \cdot (x - 2) \cdot \left(x - \dfrac{1}{2}\right)$
c) $0, -\sqrt{2}$ e $\sqrt{2}$; $2 \cdot x \cdot (x + \sqrt{2}) \cdot (x - \sqrt{2})$
d) $-i$ e i; $(x + i) \cdot (x - i)$

2 $(x - 5) \cdot (x + 3) \cdot (x - 2)$

3 $(x + 3) \cdot (x^2 - 4x + 5)$

4 **a)** $x^3 - 4x^2 - 11x + 30 = 0$, por exemplo.
b) $x^2 - 2x + 5 = 0$, por exemplo.
c) $x^4 - 6x^3 + 11x^2 - 6x = 0$, por exemplo.
d) $x^3 - 4x^2 - 2x + 20 = 0$, por exemplo.

5 $S = \{2, 4, -9\}$

6 **a)** $m = -5$ **b)** $2, -1$

7 $3 + i$ e $3 - i$

8 $-\sqrt{3}, 0$ e $\sqrt{3}$

9 2 **10** -144

11 **a)** $S = \{0, 4, -6\}$
b) $S = \{0, 1 + i, 1 - i\}$
c) $S = \left\{-i\sqrt{2}, i\sqrt{2}, \dfrac{1}{2}\right\}$
d) $S = \left\{-\dfrac{\sqrt{2}}{2}, \dfrac{\sqrt{2}}{2}, -\dfrac{1}{2}, \dfrac{1}{2}\right\}$
e) $S = \{-i, i, -1\}$

12 **a)** 0
b) $a = 1$, $b = -7$ e $c = 6$.
c) $S = \{-3, 1, 2\}$

13 **a)** $-\sqrt{3}, 0$ e $\sqrt{3}$
b) $q(x) = x$ e $r(x) = -2x$

14 $S = \{1 + 3i, 1 - 3i, 5, 1\}$

15 **a)** $p = 0$ e $q = -1$
b) 7
c) -1
d) $1, \dfrac{-1 + i\sqrt{3}}{2}$ e $\dfrac{-1 - i\sqrt{3}}{2}$.

16 $r(x) = x + 1$

17 **a)** $0 \to$ multiplicidade 3
   $-2 \to$ multiplicidade 4
   $1 \to$ multiplicidade 2
   $-6 \to$ multiplicidade 1
b) 10
c) $S = \{0, -2, 1, -6\}$

18 6

19 **a)** $x^3 + x^2 - 21x - 45 = 0$, por exemplo.
b) $x^3 + 6x^2 + 12x + 8 = 0$, por exemplo.
c) $x^4 - 2x^3 + 2x^2 - 2x + 1 = 0$, por exemplo.

20 $S = \{3, -4, 1\}$

21 **a)** $m = -12$ **b)** $\dfrac{3}{4}$

22 -2 é raiz dupla e $\dfrac{1}{2}$ é raiz dupla.

23 **a)** 3 **b)** 2

24 **a)** $a = -5$; $b = 3$; $c = 9$
b) 3 é raiz dupla e -1 é raiz simples.

25 $S = \{5, -10\}$

26 **a)** 3 **c)** $\dfrac{1}{2}$ **e)** 166
b) 6 **d)** -3 **f)** 441

27 **a)** $\dfrac{1}{6}$ e $\dfrac{1}{2}$ **b)** $m = -\dfrac{1}{4}$

28 $p = 15$ ou $p = -15$

29 **a)** -2 **c)** -5 **e)** $\dfrac{6}{5}$
b) -6 **d)** $\dfrac{2}{5}$

30 $S = \{2, 3, 4\}$

31 $S = \left\{2, 4, \dfrac{1}{2}\right\}$ **32** $p = -6$ e $q = 25$

33 **a)** $m = -189$ **b)** $-3, 9, -27$

34 **a)** $S = \{3, -2, 2\}$
b) $m = -4$
c) $x^3 - 12x^2 + 41x - 30 = 0$, por exemplo.

35 $p = -8$, $q = 17$ e $r = -10$.

36 $S = \{1, 2, 3\}$

37 **a)** $S = 0$ e $P = -6$
b) $S = 3$ e $P = -1$
c) $S = 0$ e $P = 2$
d) $S = 0$ e $P = -3$

38 $S = \{2, 3, 5\}$

39 $S = \{1, i, -i\}$

40 **a)** $8, 10$ e 12.
b) $m = 296$ e $n = -960$

41 **a)** 3 ou -3
b) $x^3 - 6x^2 + 3x + 10 = 0$, por exemplo.

42 $S = \{-4, -2, -1\}$

43 (0-0) V
(1-1) V
(2-2) F
(3-3) V
(4-4) V

44 **1.** $\dfrac{77}{6}$ cm³
2. $\dfrac{103}{3}$ cm²
3. $\dfrac{\sqrt{175}}{3}$ cm

45 $a = -1$, $b = -17$ e $c = -15$.

46 4

47 **a)** $x^2 - 2x + 2 = 0$, por exemplo.
b) $x^5 - 3x^4 + 2x^3 - 6x^2 + x - 3 = 0$, por exemplo.

48 $S = \{3 + 5i, 3 - 5i, 3\}$

49 Não; a equação não apresenta todos os coeficientes reais.

50 2

51 **a)** -18 **b)** $S = \{3i, -3i, 4, -2\}$

52 5

53 $p = -4$, $q = 5$, $r = -4$ e $s = 4$

54 **a)** Zero.
b) $x > 1$
c) $1 - i, 1 + i, 1 + 2i, 1 - 2i$

55 A equação tem 3 raízes racionais: $\dfrac{1}{2}$, -4 e 3.

56 Só há uma raiz inteira, que é igual a 2; as demais são $\dfrac{-1 + i\sqrt{3}}{2}$ e $\dfrac{-1 - i\sqrt{3}}{2}$.

57 5

58 **a)** Demonstração.
b) $S = \left\{-\sqrt{3}, \sqrt{3}, 1 + \sqrt{5}, 1 - \sqrt{5}\right\}$

59 **a)** 1 **b)** $S = \{1, 2 - i, 2 + i\}$

60 **a)** 3 **b)** $1, -3, 4$

61 $x = \dfrac{1 + \sqrt{33}}{2}$ ou $x = 8$

62 $-2; 1; 4; \dfrac{-1 + i\sqrt{3}}{2}; \dfrac{-1 - i\sqrt{3}}{2}$

63 $S = \{0, -7, -2, 2 + i, 2 - i\}$

Exercícios complementares

1 Os zeros são: -2, $1 + i\sqrt{3}$, $1 - i\sqrt{3}$. O conjunto numérico é $\mathbb{C}$.

2 a) $\alpha = 2$ b) $x^2 - 2x + 5$

3 a) ($r = 3$ e $s = 2$) ou ($r = -3$ e $s = 2$)
b) $7 - 11i$

4 a) $\text{Re}(z_0) = 2$; $\text{Im}(z_0) = 1$
b) $a = -2$ e $b = 2$

5 a) $m = 0$
b) $S = \{0, -\sqrt{2014}, \sqrt{2014}\}$

6 a) $\dfrac{1}{2}$, $-\sqrt{5}$ e $\sqrt{5}$.
b) $\dfrac{1}{2}$ (multiplicidade 1), $-\dfrac{1}{2}$ (multiplicidade 1), $-\sqrt{5}$ (multiplicidade 2), e $\sqrt{5}$ (multiplicidade 2).
c) $\left(x < -\dfrac{1}{2} \text{ e } x \neq -\sqrt{5}\right)$ ou $\left(x > \dfrac{1}{2} \text{ e } x \neq \sqrt{5}\right)$

7 20

8 -210

9 $\dfrac{7 - \sqrt{37}}{3}$ dm

10 a) $k = 11$ b) $-\dfrac{1}{2}$

11 $S = \{-6, -4, 3\}$

12 $S = \{1, -3\}$

13 a) $a_n \cdot (x^3 - 2x^2 + 4x - 8) = 0$; $a_n \in \mathbb{Z}^*$
b) $-2i$ e 2

14 a) Velocidade máxima: 77 km/h
Velocidade mínima: 25 km/h
b) -1 e $\dfrac{17 + i\sqrt{39}}{4}$

15 $S = \left\{x \in \mathbb{R} \mid \dfrac{1 - \sqrt{3}}{2} < x < \dfrac{1 + \sqrt{3}}{2} \text{ ou } x > 2\right\}$

16 a) $a = -2$, $b = -2$, $c = 8$; raízes: $1 + i$, $1 - i$, 2, -2
b) $a_n \cdot (x^4 + 2x^3 - 2x^2 + 2x - 3)$; $a_n \in \mathbb{C}^*$

17 5; $1 - 2i$; $1 + 2i$

18 $V(2, 1)$

19 $\dfrac{32\pi}{3}$ u.v.

Testes

1 b	**8** c	**15** c	**22** d
2 a	**9** e	**16** b	**23** a
3 d	**10** c	**17** d	**24** a
4 c	**11** e	**18** e	**25** b
5 c	**12** a	**19** a	
6 a	**13** d	**20** c	
7 d	**14** b	**21** a	

---

41 CAPÍTULO · Estatística

Exercícios

1 a) 4
b) Item 1: Exatas, Biológicas e Humanas.
Item 5: Física, Português, História etc.
Item 6: 0, 1, 2, 3, ...

2 a) Intenção de voto para prefeito; qualitativa; realizações: candidato **A**, candidato **B**, indeciso, branco ou nulo.
b) População: 1764835
Amostra: 2650
c)

Intenção de voto	Frequência absoluta (Fa)	Frequência relativa (Fr)	Porcentagem (%)
Candidato A	1715	0,647	64,7
Candidato B	691	0,261	26,1
Indecisos	141	0,053	5,3
Brancos ou nulos	103	0,039	3,9
Total	2650	1,00	100

3

Tipo de desodorante	Frequência absoluta (Fa)	Frequência relativa (Fr)	Porcentagem (%)
Roll-on	9	$\dfrac{9}{25} = 0,36$	36
Aerossol	12	$\dfrac{12}{25} = 0,48$	48
Creme	4	$\dfrac{4}{25} = 0,16$	16
Total	25	1,00	100

4

Número de aplicações	Frequência absoluta (Fa)	Frequência relativa (Fr)	Porcentagem (%)
1	14	$\dfrac{14}{25} = 0,56$	56
2	10	$\dfrac{10}{25} = 0,40$	40
3	1	$\dfrac{1}{25} = 0,04$	4
Total	25	1,00	100

5 a) 15   b) 0,40

6 a)

Preço do desodorante atual (em reais)	Frequência absoluta (Fa)	Frequência relativa (Fr)	Porcentagem (%)
$3,50 \vdash 5,30$	8	0,32	32
$5,30 \vdash 7,10$	9	0,36	36
$7,10 \vdash 8,90$	4	0,16	16
$8,90 \vdash 10,70$	1	0,04	4
$10,70 \vdash 12,50$	1	0,04	4
$12,50 \vdash 14,30$	2	0,08	8
Total	25	1,00	100

b)

Preço do desodorante (em reais)	Frequência absoluta (Fa)	Frequência relativa (Fr)	Porcentagem (%)
$3,50 \vdash 7,10$	17	0,68	68
$7,10 \vdash 10,70$	5	0,20	20
$10,70 \vdash 14,30$	3	0,12	12
Total	25	1,00	100

7 $a = 24$; $b = 6\%$; $c = 0,23$; $d = 23\%$; $e = 36$; $f = 0,09$; $g = 0,45$; $h = 45\%$; $i = 68$; $j = 0,17$; $k = 17\%$

8 a) $x = 18$ b) 5%   c) 75%

9 a) 54,13
b)

Relação candidato/vaga	Frequência absoluta (Fa)	Frequência relativa (Fr)	Porcentagem (%)
$2,80 \vdash 13,63$	9	0,45	45
$13,63 \vdash 24,46$	4	0,20	20
$24,46 \vdash 35,29$	3	0,15	15
$35,29 \vdash 46,12$	2	0,10	10
$46,12 \vdash 56,95$	2	0,10	10
Total	20	1,00	100

10 a)

Número de medalhas	Frequência absoluta (Fa)	Frequência relativa (Fr)	Porcentagem (%)
0	7	0,412	41,2
1	4	0,235	23,5
2	2	0,118	11,8
3	3	0,176	17,6
5	1	0,059	5,9
Total	17	1,0	100

b)

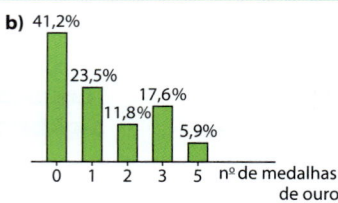

11 a) $36°$ b) 36 alunos; $72°$

12 a) P: 6,75 milhões; Q: 10,5 milhões
b) 50 habitantes/km²

13 a) F   b) F   c) V   d) F

14 a) 700   b) $\dfrac{17}{24}$

15 a) F   b) V   c) F   d) V   e) F

16 a) 44,3 milhões   c) Mais.
b) 37,57%

17 a)

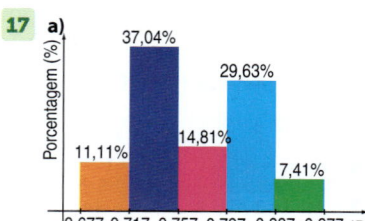

b) 14 estados.

18 a)

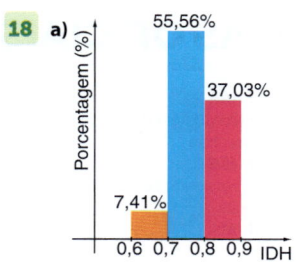

b) 92,59%

19 a) 2010: 2 500 km²; 2012: 625 km²
b) 60%
c) 95,83%
d) Aproximadamente 17 857.

20 a) 2º, 7º, 8º e 9º dias.
b) Crescimento: 2º ao 4º dias; 5º ao 6º; 8º ao 10º.
Decrescimento: 1º ao 2º dias; 4º ao 5º; 6º ao 8º.
c) R$ 12 000,00
d) R$ 32 000,00
e) R$ 7 000,00

21 a) Aproximadamente 140°.
b) 54,9%

22 a) 22,3   **c)** 0,13   **e)** 3
b) 8,4   **d)** 5

23 R$ 200,00

24 $a = 4$

25 2,68 kg

26 a) 13   **b)** 10   **c)** 12,6

27 a) Mulheres.
b) 56 mulheres; 24 homens

28 R$ 20,00

29 a) 152   **b)** 2,3 filhos.

30 a) 2 m   **b)** 2,10 m

31 a) 6,125
b) 49 alunos.

32 145,5

33 a) $\overline{M} = 3,2$; Me $= 3$; Mo $= 4$
b) $\overline{M} = 17,6$; Me $= 18$; Mo $= 18$
c) $\overline{M} = 3$; Me $= 3$; não há moda
d) $\overline{M} = 13,5$; Me $= 14$; Mo $= 15$
e) $\overline{M} = 43,7$; Me $= 43,5$; há duas modas: 43 e 44

34 $x = 14$ e $y = 20$

35 a) 60 jogos.
b) Média: 0,82 cartão; Mediana: 0,5 cartão; Moda: 0 cartão
c) 1 cartão.

36 a) R$ 600,00   **b)** 3

37 a) $\sigma^2 = 1$; $\sigma = 1$; $a = 3$
b) $\sigma^2 = 2$; $\sigma \approx 1,41$; $a = 4$
c) $\sigma^2 = 10,28$; $\sigma \approx 3,21$; $a = 9$
d) $\sigma^2 = 0$; $\sigma = 0$; $a = 0$
e) $\sigma^2 = 1$; $\sigma = 1$; $a = 3$

38 a) $13,\overline{3}$ **b)** 3,65   **c)** 12

39 a) Média: 0,4 erro/página;
Mediana: 0 erro/página;
Moda: 0 erro/página
b) $\sigma^2 \approx 0,44$ $\sigma \approx 0,66$

40 a) A: 4; B: 2; C: 8 e D: 6
A ordem é: B − A − D − C
b) $\sigma_C \approx 2,61$; $\sigma_D \approx 2,28$
mais regular: D
c) $\sigma_A \approx 1,26$; $\sigma_B \approx 0,89$
mais regular: B

41 4 alunos.

42 a) Aproximadamente 1,33.
b) 2
c) 6

43 DM(A) $=$ DM(B) $= 1,28$ ("empate")

44 a) 220
b) Aproximadamente R$ 1 381,82.
c) De 1000 a 1400 reais.

45 a) 170
b) 98 kg
c) Aproximadamente 97,1 kg.
d) Aproximadamente 19,4 kg.

46 a)

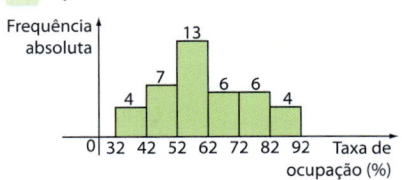

b) Taxa média: 60,75%;
Taxa mediana: aproximadamente 58,92%;
Classe modal: 52% ⊢ 62%
c) Aproximadamente 14,44%

47 a) Média: aproximadamente 30,08 °C;
Mediana: aproximadamente 29,77 °C.
Classe modal: 28 °C ⊢ 31 °C.
b) Variância: aproximadamente 8,95 (°C)²;
Desvio padrão: aproximadamente 2,99 °C.

Exercícios complementares

1 a) 40   **b)** 102 kg

2 a) 8,5   **b)** 9,6

3 a) R$ 1 200,00
b) R$ 1 500,00

4 Melhoraram e atingiram a média: 180 escolas; mantiveram a nota: 120 escolas; pioraram: 300 escolas.

5 a) 705 000
b) Mozarela: 278 250; calabresa: 198 750

6 $1,\overline{7}$ m

7 162°

8 **I.** V   **II.** F   **III.** V   **IV.** a

9 65%

10 a) $n = 8$ **b)** 576

11 a) R$ 15 250,00
b) Média: R$ 1 270,83;
Mediana: R$ 1 125,00
c) R$ 1 475,00

12 **I.** V   **II.** F   **III.** V   **IV.** b

13 a) V **b)** V **c)** F **d)** F **e)** V **f)** V

14 $x = 5$ ou $x = 8$

15 a) A média aumenta duas unidades e a variância não se altera.
b) A média fica multiplicada por 2 e a variância fica multiplicada por 4.
c) A média é reduzida em 20% e a variância é reduzida em 36%.

Testes

1 d	**7** e	**13** a	**19** d
2 d	**8** e	**14** d	**20** a
3 b	**9** e	**15** a	**21** e
4 a	**10** b	**16** b	**22** c
5 d	**11** b	**17** b	**23** c
6 d	**12** a	**18** c	

SIGLAS DE UNIVERSIDADES/ESCOLAS/PROVAS OFICIAIS

Acafe-SC
Associação Catarinense das
Fundações Educacionais,
Santa Catarina

Cefet-AM
Centro Federal de Educação
Tecnológica do Amazonas

Cefet-CE
Centro Federal de Educação
Tecnológica do Ceará

Cefet-MG
Centro Federal de Educação
Tecnológica de Minas Gerais

Cefet-PR
Centro Federal de Educação
Tecnológica do Paraná

Cefet-SC
Centro Federal de Educação
Tecnológica de Santa Catarina

Cefet-SP
Centro Federal de Educação
Tecnológica de São Paulo

CP2-MEC-RJ
Colégio Pedro II/MEC-Rio de
Janeiro

CPAEN
Concurso Público de Admissão à
Escola Naval

Enem-MEC
Exame Nacional do Ensino Médio,
Ministério da Educação

Enem-MEC cancelado 2009
Exame Nacional do Ensino Médio
cancelado 2009, Ministério da
Educação

Enem PPL
Exame Nacional do Ensino
Médio para Pessoas Privadas de
Liberdade

EPCAr-MG
Escola Preparatória de Cadetes do
Ar, Minas Gerais

EsPCEx-SP
Escola Preparatória de Cadetes do
Exército, São Paulo

ESPM-SP
Escola Superior de Propaganda e
Marketing, São Paulo

Fatec-SP
Faculdade de Tecnologia de São
Paulo

F.C.M.S. Juiz de Fora-MG
Faculdade de Ciências Médicas e
da Saúde de Juiz de Fora

FEI-SP
Faculdade de Engenharia
Industrial, São Paulo

FGV-SP
Fundação Getulio Vargas, São
Paulo

Fuvest-SP
Fundação para o Vestibular da
Universidade de São Paulo

Ibmec-RJ
Instituto Brasileiro de Mercado de
Capitais

IE-CE
Instituto Educacional do Ceará

IF-Al
Instituto Federal de Alagoas

IF-CE
Instituto Federal do Ceará

IF-SC
Instituto Federal de Santa Catarina

IFSP-SP
Instituto Federal de Educação,

Ciência e Tecnologia de São Paulo

IME-RJ
Instituto Militar de Engenharia do
Rio de Janeiro

Insper-SP
Instituto de Ensino e Pesquisa,
São Paulo

ITA-SP
Instituto Tecnológico de
Aeronáutica, São Paulo

Mackenzie-SP
Universidade Mackenzie de São
Paulo

MEC
Ministério da Educação

OBM
Olimpíada Brasileira de
Matemática

Obmep
Olimpíada Brasileira de
Matemática das Escolas Públicas

PMSP-SP
Polícia Militar do Estado de São
Paulo

PSIU-UF-PI
Programa Seriado de Ingresso na
Universidade Federal do Piauí

PUC-MG
Pontifícia Universidade Católica de
Minas Gerais

PUC-PR
Pontifícia Universidade Católica
do Paraná

PUC-RJ
Pontifícia Universidade Católica do
Rio de Janeiro

PUC-RS
Pontifícia Universidade Católica do
Rio Grande do Sul

PUC-SP
Pontifícia Universidade Católica de
São Paulo

SAEB
Secretaria da Administração do
Estado da Bahia

Saresp-SP
Sistema de Avaliação do
Rendimento Escolar do Estado de
São Paulo

U. Caxias do Sul-RS
Universidade de Caxias do Sul, Rio
Grande do Sul

U.E. Londrina-PR
Universidade Estadual de
Londrina, Paraná

U.E. Maringá-PR
Universidade Estadual de Maringá,
Paraná

U.E. Ponta Grossa-PR
Universidade Estadual de Ponta
Grossa, Paraná

U.E. Sudoeste Baiano-BA
Universidade Estadual do
Sudoeste Baiano, Bahia

U.F. ABC-SP
Universidade Federal do ABC, São
Paulo

U.F. Campina Grande-PB
Universidade Federal de Campina
Grande, Paraíba

U.F. Juiz de Fora-MG
Universidade Federal de Juiz de
Fora, Minas Gerais

U.F. Lavras-MG
Universidade Federal de Lavras,
Minas Gerais

U.F. Ouro Preto-MG
Universidade Federal de Ouro
Preto, Minas Gerais

U.F. Pelotas-RS
Universidade Federal de Pelotas,
Rio Grande do Sul

U.F. Santa Maria-RS
Universidade Federal de Santa
Maria, Rio Grande do Sul

U.F. São Carlos-SP
Universidade Federal de São
Carlos, São Paulo

U.F. São João del-Rei-MG
Universidade Federal de São João
del-Rei, Minas Gerais

U.F. Triângulo Mineiro-MG
Universidade Federal do Triângulo
Mineiro, Minas Gerais

U.F. Uberlândia-MG
Universidade Federal de
Uberlândia, Minas Gerais

U.F. Viçosa-MG
Universidade Federal de Viçosa,
Minas Gerais

UCPel-RS
Universidade Católica de Pelotas,
Rio Grande do Sul

UCSal-BA
Universidade Católica do Salvador,
Bahia

Udesc-SC
Universidade do Estado de Santa
Catarina

UE-CE
Universidade Estadual do Ceará

UE-GO
Universidade Estadual de Goiás

UE-MA
Universidade Estadual do
Maranhão

UE-MG
Universidade do Estado de Minas
Gerais

UE-PA
Universidade do Estado do Pará

UE-PI
Universidade Estadual do Piauí

UE-PB
Universidade Estadual da Paraíba

UE-RN
Universidade do Estado do Rio
Grande do Norte

UE-RJ
Universidade do Estado do Rio de
Janeiro

UEA-AM
Universidade do Estado do
Amazonas

UF-AL
Universidade Federal de Alagoas

UF-AM
Universidade Federal do
Amazonas

UF-BA
Universidade Federal da Bahia

UF-CE
Universidade Federal do Ceará

UF-ES
Universidade Federal do Espírito
Santo

UFF-RJ
Universidade Federal Fluminense,
Rio de Janeiro

UF-GO
Universidade Federal de Goiás

UF-MA
Universidade Federal do
Maranhão

UF-MG
Universidade Federal de Minas
Gerais

UF-MS
Universidade Federal de Mato
Grosso do Sul

UF-MT
Universidade Federal de Mato
Grosso

UF-PA
Universidade Federal do Pará

UF-PB
Universidade Federal da Paraíba

UF-PE
Universidade Federal de Pernambuco

UF-PI
Universidade Federal do Piauí

UF-PR
Universidade Federal do Paraná

UF-RJ
Universidade Federal do Rio de
Janeiro

UF-RN
Universidade Federal do Rio
Grande do Norte

UF-RO
Universidade Federal de Rondônia

UF-RR
Universidade Federal de Roraima

UFR-RJ
Universidade Federal Rural do Rio
de Janeiro

UF-RS
Universidade Federal do Rio
Grande do Sul

UF-SC
Universidade Federal de Santa
Catarina

UF-SE
Universidade Federal de Sergipe

UF-TO
Universidade Federal do Tocantins

Unama-PA
Universidade do Amazonas, Pará

UnB-DF
Universidade de Brasília, Distrito
Federal

Uneb-BA
Universidade do Estado da Bahia

Unicamp-SP
Universidade Estadual de
Campinas, São Paulo

Unicap
Universidade Católica de
Pernambuco

Unifesp-SP
Universidade Federal de São Paulo

Unifor-CE
Universidade de Fortaleza, Ceará

Unioeste-PR
Universidade Estadual do Oeste
do Paraná

Unit-SE
Universidade Tiradentes, Sergipe

UPE-PE
Universidade do Estado de
Pernambuco

UTF-PR
Universidade Teológica Federal
do Paraná

Vunesp-SP
Fundação para o Vestibular da
Universidade Estadual Paulista,
São Paulo

MATEMÁTICA

VOLUME ÚNICO

EXERCÍCIOS DE REVISÃO

GELSON IEZZI

OSVALDO DOLCE

DAVID DEGENSZAJN

ROBERTO PÉRIGO

Atual Editora

Sumário

▶ Conjuntos

1 (UE-RJ) O segmento XY, indicado na reta numérica abaixo, está dividido em dez segmentos congruentes pelos pontos **A**, **B**, **C**, **D**, **E**, **F**, **G**, **H** e **I**.

Admita que **X** e **Y** representem, respectivamente, os números $\frac{1}{6}$ e $\frac{3}{2}$.

O ponto **D** representa o seguinte número:

a) $\frac{1}{5}$

b) $\frac{8}{15}$

c) $\frac{17}{30}$

d) $\frac{7}{10}$

2 (UE-CE) Uma pesquisa com todos os trabalhadores da FABRITEC, na qual foram formuladas duas perguntas, revelou os seguintes números:

- 205 responderam à primeira pergunta;
- 205 responderam à segunda pergunta;
- 210 responderam somente a uma das perguntas;
- Um terço dos trabalhadores não quis participar da entrevista.

Com esses dados, pode-se concluir corretamente que o número de trabalhadores da FABRITEC é:

a) 465

b) 495

c) 525

d) 555

3 (U. E. Ponta Grossa-PR) Numa pesquisa realizada com 60 pessoas sobre a preferência pelos produtos **A** e **B**, constatou-se que:

- o número de pessoas que gostam somente do produto **A** é o dobro do número de pessoas que não gostam de nenhum dos dois produtos;
- o número de pessoas que gostam somente do produto **B** é o triplo do número de pessoas que gostam de ambos os produtos;
- o número de pessoas que gostam de pelo menos um dos produtos é 48.

Nesse contexto, assinale o que for correto [e indique a soma correspondente às alternativas corretas].

(01) O número de pessoas que gostam do produto **B** é 20.

(02) O número de pessoas que gostam do produto **A** é 30.

(04) O número de pessoas que não gostam de nenhum dos produtos é 12.

(08) O número de pessoas que gostam de ambos os produtos é 6.

4 (UE-PA) Uma pesquisa foi realizada com 200 pacientes em diversos consultórios médicos quanto ao uso dos seguintes aplicativos para celulares: A — Informações sobre alimentação, B — Registro de níveis de estresse físico e psicológico e C — Controle do horário da medicação. Essa pesquisa revela que apenas 10% dos entrevistados não fazem uso de nenhum dos aplicativos; 30% dos entrevistados utilizam apenas o aplicativo **A**; 10 pacientes utilizam apenas o aplicativo **B**; $\frac{1}{4}$ dos pacientes utilizam apenas o aplicativo **C** e 36 pacientes fazem uso dos três aplicativos.

(Texto Adaptado: Revista *Época*, nº 795.)

Sabe-se que a quantidade de pacientes que utilizam apenas os aplicativos **A** e **B**, **A** e **C** e **B** e **C** é a mesma, portanto, o número de pacientes entrevistados que fazem uso de pelo menos dois desses aplicativos é:

a) 21   d) 48

b) 30   e) 60

c) 36

5 (Mackenzie-SP) Se $A = \{x \in \mathbb{Z} \mid x$ é ímpar e $1 \leqslant x \leqslant 7\}$ e $B = \{x \in \mathbb{R} \mid x^2 - 6x + 5 = 0\}$, então a única sentença falsa é:

a) O conjunto das partes da interseção dos conjuntos **A** e **B** é $P(A \cap B) = \{\{1\}, \{5\}, \{1, 5\}\}$.

b) O conjunto complementar de **B** em relação a **A** é $\complement_A^B = \{3, 7\}$.

c) O conjunto das partes do complementar de **B** em relação a **A** é $P(\complement_A^B) = \{\{\varnothing\}, \{3\}, \{7\}, \{3, 7\}\}$.

d) O conjunto **A** intersecção com o conjunto **B** é $A \cap B = \{1, 5\}$.

e) O número de elementos do conjunto das partes da união dos conjuntos **A** e **B** é $n[P(A \cup B)] = 16$.

6 (Cefet-MG) Um grupo de alunos cria um jogo de cartas, em que cada uma apresenta uma operação com números racionais. O ganhador é aquele que obtiver um número inteiro como resultado da soma de suas cartas. Quatro jovens ao jogar receberam as seguintes cartas:

	1ª carta	2ª carta
Maria	$1,333... + \frac{4}{5}$	$1,2 + \frac{7}{3}$
Selton	$0,222... + \frac{1}{5}$	$0,3 + \frac{1}{6}$
Tadeu	$1,111... + \frac{3}{10}$	$1,7 + \frac{8}{9}$
Valentina	$0,666... + \frac{7}{2}$	$0,1 + \frac{1}{2}$

O vencedor do jogo foi:

a) Maria

b) Selton

c) Tadeu

d) Valentina

7 (U. F. São João del-Rei-MG) Dados três conjuntos **A**, **B** e **C**, não vazios, com A ⊂ B e A ⊂ C então, é sempre correto afirmar que:

a) A ⊂ (B ∩ C)   **b)** B = C   **c)** B ⊂ C   **d)** A = (B ∩ C)

8 (UE-RN) Em um vestibular para ingresso no curso de engenharia de uma determinada universidade, foi analisado o desempenho dos 1 472 vestibulandos nas provas de Português, Matemática e Física, obtendo-se o seguinte resultado:

- 254 candidatos foram aprovados somente em Português;
- 296 candidatos foram aprovados somente em Matemática;
- 270 candidatos foram aprovados somente em Física;
- 214 candidatos foram aprovados em Português e Física;
- 316 candidatos foram aprovados em Matemática e Física;
- 220 candidatos foram aprovados em Português e Matemática;
- 142 candidatos foram reprovados nas três disciplinas.

O número de alunos aprovados nas três disciplinas, e, portanto, aptos a ingressarem no curso de engenharia, é:

a) 98   **b)** 110   **c)** 120   **d)** 142

9 (Enem PPL) Em um jogo educativo, o tabuleiro é uma representação da reta numérica e o jogador deve posicionar as fichas contendo números reais corretamente no tabuleiro, cujas linhas pontilhadas equivalem a 1 (uma) unidade de medida. Cada acerto vale 10 pontos.

Na sua vez de jogar, Clara recebe as seguintes fichas:

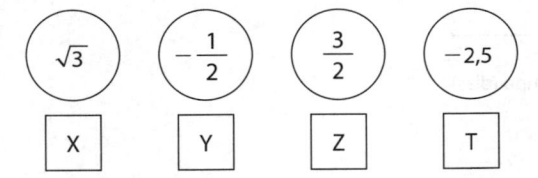

Para que Clara atinja 40 pontos nessa rodada, a figura que representa seu jogo, após a colocação das fichas no tabuleiro, é:

a)

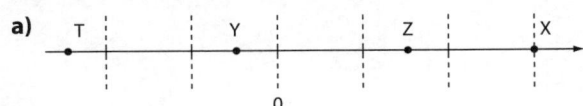

b)

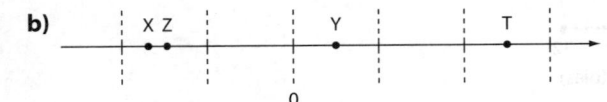

c)

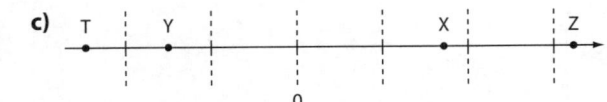

d)

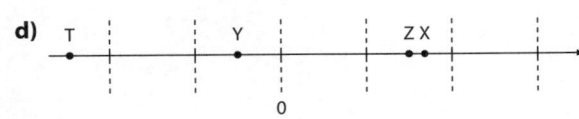

e)

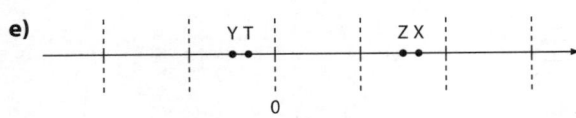

▶ Funções

1 (UF-GO) No acidente ocorrido na usina nuclear de Fukushima, no Japão, houve a liberação do iodo Radioativo 131 nas águas do Oceano Pacífico. Sabendo que a meia-vida do isótopo do iodo Radioativo 131 é de 8 dias, o gráfico que representa a curva de decaimento para uma amostra de 16 gramas do isótopo $_{53}^{131}$I é:

a)

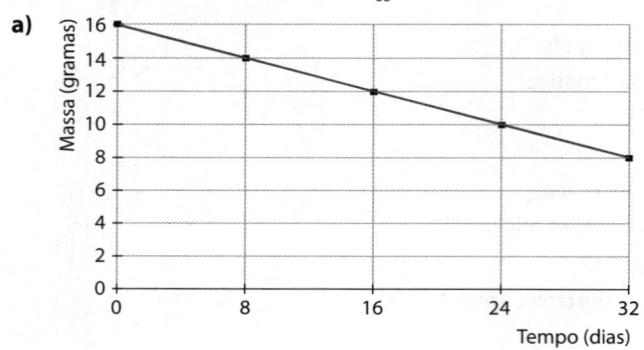

b)

c)

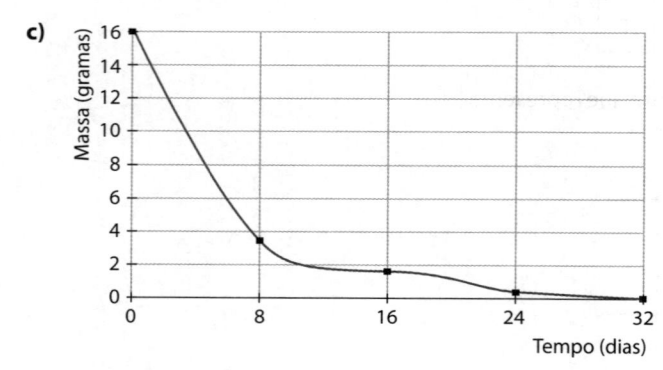

d)

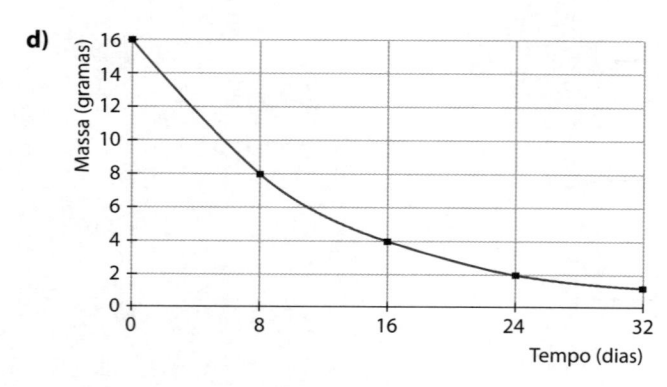

e)

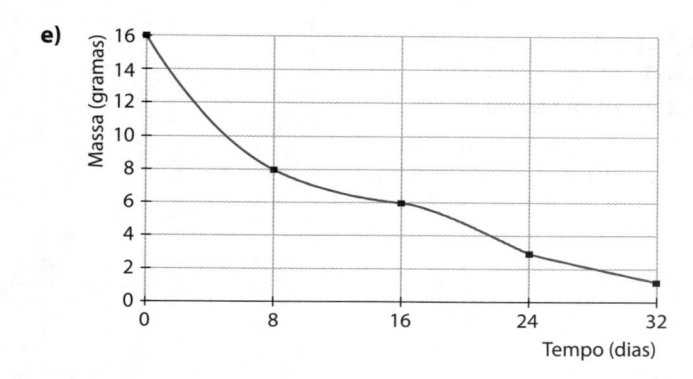

2 (Unicamp-SP) Seja **a** um número real. Considere as parábolas de equações cartesianas $y = x^2 + 2x + 2$ e $y = 2x^2 + ax + 3$. Essas parábolas não se intersectam se e somente se:

a) $|a| = 2$

b) $|a| < 2$

c) $|a - 2| < 2$

d) $|a - 2| \geqslant 2$

3 (EsPCEx-SP) Um fabricante de poltronas pode produzir cada peça ao custo de R$ 300,00. Se cada uma for vendida por **x** reais, esse fabricante venderá por mês $(600 - x)$ unidades, em que $0 \leqslant x \leqslant 600$.

Assinale a alternativa que representa o número de unidades vendidas mensalmente que corresponde ao lucro máximo.

a) 150

b) 250

c) 350

d) 450

e) 550

4 (Fuvest-SP) A trajetória de um projétil, lançado da beira de um penhasco sobre um terreno plano e horizontal, é parte de uma parábola com eixo de simetria vertical, como ilustrado na figura abaixo. O ponto **P** sobre o terreno, pé da perpendicular traçada a partir do ponto ocupado pelo projétil, percorre 30 m desde o instante do lançamento até o instante em que o projétil atinge o solo. A altura máxima do projétil, de 200 m acima do terreno, é atingida no instante em que a distância percorrida por **P**, a partir do instante do lançamento, é de 10 m. Quantos metros acima do terreno estava o projétil quando foi lançado?

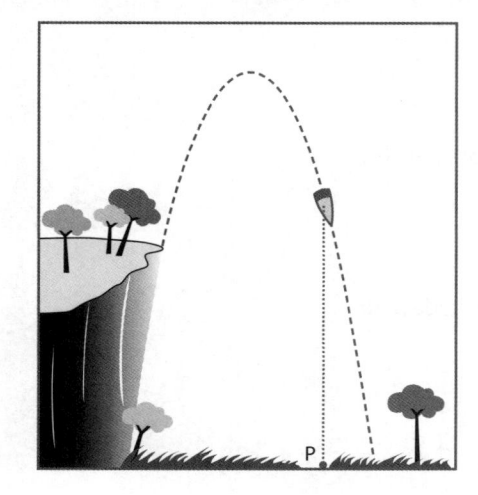

a) 60

b) 90

c) 120

d) 150

e) 180

5 (Unicamp-SP) Seja **r** a reta de equação cartesiana $x + 2y = 4$. Para cada número real **t** tal que $0 < t < 4$ considere o triângulo **T** de vértices em $(0, 0)$, $(t, 0)$ e no ponto **P** de abscissa $x = t$ pertencente à reta **r** como mostra a figura abaixo.

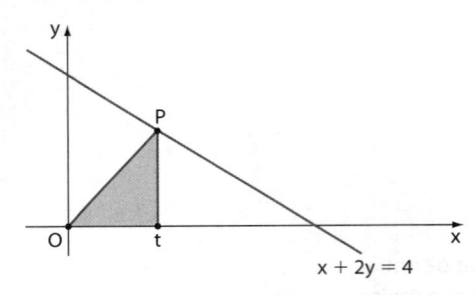

a) Para $0 < t < 4$ encontre a expressão para a função A(t), definida pela área do triângulo **T** e esboce o seu gráfico.

b) Seja **k** um número real não nulo e considere a função $g(x) = \dfrac{k}{x}$, definida para todo número real **x** não nulo. Determine o valor de **k** para o qual o gráfico da função **g** tem somente um ponto em comum com a reta **r**.

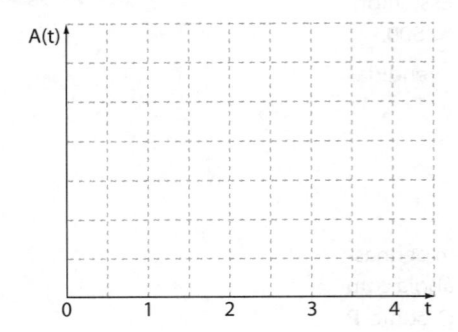

6 (Fuvest-SP) A função **f** está definida da seguinte maneira: para cada inteiro ímpar **n**.

$$f(x) = \begin{cases} x - (n - 1), & \text{se} \quad n - 1 \leqslant x \leqslant n \\ n + 1 - x, & \text{se} \quad n \leqslant x \leqslant n + 1 \end{cases}$$

a) Esboce o gráfico de **f** para $0 \leqslant x \leqslant 6$.

b) Encontre os valores de **x**, $0 \leqslant x \leqslant 6$, tais que $f(x) = \dfrac{1}{5}$.

7 (Cefet-MG) Sobre a função real $f(x) = (k - 2)x^2 + 4x - 5$, assinale (**V**) para as afirmativas verdadeiras ou (**F**) para as falsas.

( ) O gráfico de f(x) é uma parábola para todo $k \in \mathbb{R}$;

( ) Se $k = 1$, então f(x) é negativa para todo $x \in \mathbb{R}$;

( ) Se $k > 2$, então f(x) é uma parábola com concavidade voltada para cima;

( ) Se $k = 3$, então $f(-5) = 1$.

A sequência correta encontrada é:

a) V, F, F, F

b) F, V, F, V

c) V, F, V, V

d) F, V, V, F

8 (U. F. Santa Maria-RS) Ao descartar detritos orgânicos nos lagos, o homem está contribuindo para a redução da quantidade de oxigênio destes. Porém, com o passar do tempo, a natureza vai restaurar a quantidade de oxigênio até o seu nível natural.

Suponha que a quantidade de oxigênio, **t** dias após os detritos orgânicos serem despejados no lago, é expressa por

$f(t) = 100\left(\dfrac{t^2 - 20t + 198}{t^2 + 1}\right)$ por cento (%) de seu nível normal.

Se t_1 e t_2, com $t_1 < t_2$, representam o número de dias para que a quantidade de oxigênio seja 50% de seu nível normal, então $t_2 - t_1$ é igual a:

a) $-4\sqrt{5}$

b) $-2\sqrt{5}$

c) $2\sqrt{5}$

d) $4\sqrt{5}$

e) 40

9 (U. Caxias do Sul-RS) O lucro obtido por um distribuidor com a venda de caixas de determinada mercadoria é dado pela expressão $L(x) = \left(\dfrac{6}{5}x - \dfrac{0,01}{5}x^2\right) - 0,6x$, em que **x** denota o número de caixas vendidas.

Quantas caixas o distribuidor deverá vender para que o lucro seja máximo?

a) 60

b) 120

c) 150

d) 600

e) 1 500

10 (UE-PB) O gráfico da função f: $\mathbb{R} \to \mathbb{R}$ dada por $f(x) = mx^2 + nx + p$ com $m \neq 0$ é a parábola esboçada abaixo, com vértice no ponto **V**. Então, podemos concluir corretamente que:

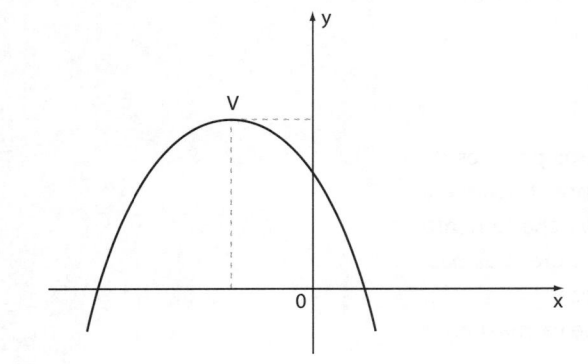

a) $m > 0, n < 0$ e $p > 0$

b) $m < 0, n > 0$ e $p > 0$

c) $m < 0, n < 0$ e $p < 0$

d) $m < 0, n < 0$ e $p > 0$

e) $m > 0, n > 0$ e $p > 0$

11 (Acafe-SC) O vazamento ocorrido em função de uma rachadura na estrutura da barragem de Campos Novos precisa ser estancado. Para consertá-la, os técnicos verificaram que o lago da barragem precisa ser esvaziado e estimaram que, quando da constatação da rachadura, a capacidade **C** de água no lago, em milhões de metros cúbicos, poderia ser calculada por $C(t) = -2t^2 - 12t + 110$, onde **t** é o tempo em horas.

Com base no texto, analise as afirmações:

I. A quantidade de água restante no lago, 4 horas depois de iniciado o vazamento, é de 30 milhões de metros cúbicos.

II. A capacidade desse lago, sabendo que estava completamente cheio no momento em que começou o vazamento, é de 110 milhões de metros cúbicos.

III. Os técnicos só poderão iniciar o conserto da rachadura quando o lago estiver vazio, isto é, 5 horas depois do início do vazamento.

IV. Depois de 3 horas de vazamento, o lago está com 50% de sua capacidade inicial.

Todas as afirmações corretas estão em:

a) I – II – III

b) I – III – IV

c) III – IV

d) I – II – III – IV

12 (UE-CE) Sejam f: $\mathbb{R} \to \mathbb{R}$ a função definida por $f(x) = x^2 + x + 1$, **P** e **Q** pontos do gráfico de **f** tais que o segmento de reta $\overline{PQ}$ é horizontal e tem comprimento igual a 4 m. A medida da distância do segmento $\overline{PQ}$ ao eixo das abscissas é:

(Observação: A escala usada nos eixos coordenados adota o metro como unidade de comprimento.)

a) 5,25 m

b) 5,05 m

c) 4,75 m

d) 4,95 m

13 (UPE-PE) A empresa SKY transporta 2 400 passageiros por mês da cidade de Acrolândia a Bienvenuto. A passagem custa 20 reais, e a empresa deseja aumentar o seu preço. No entanto, o departamento de pesquisa estima que, a cada 1 real de aumento no preço da passagem, 20 passageiros deixarão de viajar pela empresa.

Nesse caso, qual é o preço da passagem, em reais, que vai maximizar o faturamento da SKY?

a) 75

b) 70

c) 60

d) 55

e) 50

14 (U. Passo Fundo-RS) A figura a seguir representa, em sistemas coordenados com a mesma escala, os gráficos das funções reais **f** e **g**, com $f(x) = x^2$ e $g(x) = x$.

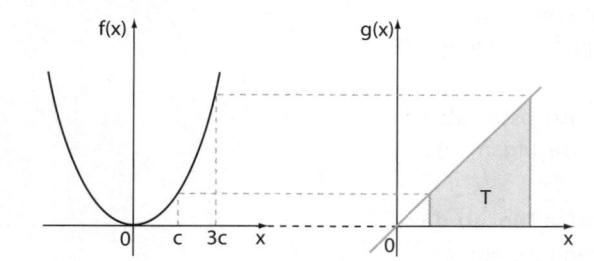

Sabendo que a região poligonal **T** demarca um trapézio de área igual a 160, o número real **c** é:

a) 2

b) 1,5

c) $\sqrt{2}$

d) 1

e) 0,5

15 (Acafe-SC) Uma pequena fábrica de tubos de plástico calcula a sua receita em milhares de reais, através da função $R(x) = 3,8x$, onde **x** representa o número de tubos vendidos. Sabendo que o custo para a produção do mesmo número de tubos é 40% da receita mais R$ 570,00. Nessas condições, para evitar prejuízo, o número mínimo de tubos de plástico que devem ser produzidos e vendidos pertence ao intervalo:

a) [240; 248]

b) [248; 260]

c) [252; 258]

d) [255; 260]

16 (ESPM-SP) A função $f(x) = ax + b$ é estritamente decrescente. Sabe-se que $f(a) = 2b$ e $f(b) = 2a$. O valor de $f(3)$ é:

a) 2

b) 4

c) −2

d) 0

e) −1

17 (UE-CE) Em uma corrida de táxi, é cobrado um valor inicial fixo, chamado de bandeirada, mais uma quantia proporcional aos quilômetros percorridos. Se por uma corrida de 8 km paga-se R$ 28,50 e por uma corrida de 5 km paga-se R$ 19,50, então o valor da bandeirada é:

a) R$ 6,50

b) R$ 4,50

c) R$ 7,50

d) R$ 5,50

18 (FGV-SP) A quantidade de cópias vendidas de cada edição de uma revista jurídica é função linear do número de matérias que abordam julgamentos de casos com ampla repercussão pública. Uma edição com quatro matérias desse tipo vendeu 33 mil exemplares, enquanto que outra contendo sete matérias que abordavam aqueles julgamentos vendeu 57 mil exemplares.

a) Quantos exemplares da revista seriam vendidos, caso fosse publicada uma edição sem matéria alguma que abordasse julgamento de casos com ampla repercussão pública?

b) Represente graficamente, no plano cartesiano, a função da quantidade (**Y**) de exemplares vendidos por edição pelo número (**X**) de matérias que abordem julgamentos de casos com ampla repercussão pública.

c) Suponha que cada exemplar da revista seja vendido a R$ 20,00. Determine qual será o faturamento, por edição, em função do número de matérias que abordem julgamentos de casos com ampla repercussão pública.

19 (U. Passo Fundo-RS) João resolveu fazer um grande passeio de bicicleta. Saiu de casa e andou calmamente, a uma velocidade (constante) de 20 quilômetros por hora. Meia hora depois de ele partir, a mãe percebeu que ele havia esquecido o lanche. Como sabia por qual estrada o filho tinha ido, pegou o carro e foi à procura dele a uma velocidade (constante) de 60 quilômetros por hora. A distância que a mãe percorreu até encontrar João e o tempo que ela levou para encontrá-lo foram de:

a) 20 km e 1 h

b) 10 km e 30 min

c) 15 km e 15 min

d) 20 km e 15 min

e) 20 km e 30 min

20 (UE-PA) O caos no trânsito começa a alastrar-se por todo o país. Um estudo do Observatório das Metrópoles, órgão ligado ao Instituto Nacional de Ciência e Tecnologia, aponta que, em dez anos (de 2001 a 2011), a frota das 12 principais regiões metropolitanas do país cresceu, em média, 77,8%. São Paulo, por exemplo, que tem hoje cerca de 11,4 milhões de habitantes e uma frota de 4,8 milhões de automóveis, acrescenta, mensalmente, 22 000 veículos em sua frota ativa nas ruas.

(Texto adaptado: *National Geographic Scientific* — Brasil, Cidades Inteligentes. Edição Especial.)

Considerando que a população de São Paulo permaneça constante, assim como a quantidade de automóveis acrescentada mensalmente, o número de veículos da frota paulista atingirá 50% do número de habitantes, aproximadamente, em:

a) 2,0 anos

b) 2,5 anos

c) 3,0 anos

d) 3,5 anos

e) 4,0 anos

21 (UF-RS) Considere as funções **f** e **g**, definidas por $f(x) = 4 - 2x$ e $g(x) = 2f(x) + 2$. Representadas no mesmo sistema de coordenadas cartesianas, a função **f** intersecta o eixo das ordenadas no ponto **A** e o eixo das abscissas no ponto **B**, enquanto a função **g** intersecta o eixo das ordenadas no ponto **D** e o eixo das abscissas no ponto **C**.

A área do polígono ABCD é:

a) 4,5   **b)** 5,5   **c)** 6,5   **d)** 7,5   **e)** 8,5

22 (Acafe-SC) O soro antirrábico é indicado para a profilaxia da raiva humana após exposição ao vírus rábico. Ele é apresentado sob a forma líquida, em frasco ampola de 5 mL equivalente a 1 000 UI (unidades internacionais). O gráfico abaixo indica a quantidade de soro (em mL) que um indivíduo deve tomar em função de sua massa (em kg) em um tratamento de imunização antirrábica.

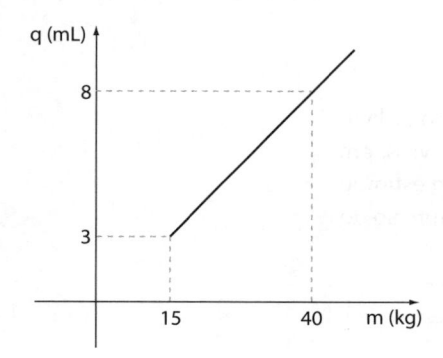

Analise as afirmações a seguir:

I. A lei da função representada no gráfico é dada por $q = 0,2 \cdot m$, onde **q** é a quantidade de soro e **m** é a massa.

II. O gráfico indica que as grandezas relacionadas são inversamente proporcionais, cuja constante de proporcionalidade é igual a $\frac{1}{5}$.

III. A dose do soro antirrábico é 40 UI/kg.

IV. Sendo 3 000 UI de soro a dose máxima recomendada, então, um indivíduo de 80 kg só poderá receber a dose máxima.

V. Se um indivíduo necessita de 2 880 UI de soro, então, a massa desse indivíduo é de 72,2 kg.

Todas as afirmações corretas estão em:

a) I – III – IV   **c)** II – III – IV – V

b) I – III – IV – V   **d)** I – II – V

23 (UF-GO) Um modelo matemático para a propagação de um vírus em uma população isolada de **N** indivíduos considera que o número aproximado de novos contágios pelo vírus em uma dada semana é proporcional ao número de pessoas já portadoras do vírus na semana anterior e também ao número de pessoas ainda não infectadas, de forma que, denotando-se por p_s o número de portadores do vírus na semana **s**, tem-se:

$$p_s - p_{s-1} \approx \alpha p_{s-1} (N - p_{s-1})$$

onde considera-se uma aproximação para o número inteiro mais próximo e α é um parâmetro constante.

Aplicando-se este modelo à população de uma ilha com 1 000 habitantes, considere que, na nona semana de observação, o número de portadores do vírus é 230 e, na décima semana, este número sobe para 405.

a) Baseando-se apenas nesses dados e considerando-se o valor do parâmetro α que melhor se ajusta a eles, determine se α é menor ou maior que 0,001.

b) Aproximando-se o valor de α para $\frac{1}{1000}$, determine em qual semana ocorre o aumento mais expressivo no número de pessoas infectadas pelo vírus.

24 (Mackenzie-SP) Sejam as funções **f** e **g** de $\mathbb{R}$ em $\mathbb{R}$ definidas por $f(x) = x^2 - 4x + 10$ e $g(x) = -5x + 20$. O valor de $\dfrac{(f(4))^2 - g(f(4))}{f(0) - g(f(0))}$ é:

a) $\dfrac{13}{4}$

b) $\dfrac{13}{2}$

c) $\dfrac{11}{4}$

d) $\dfrac{11}{2}$

e) 11

25 (FGV-SP) A Editora Progresso decidiu promover o lançamento do livro *Descobrindo o Pantanal* em uma Feira Internacional de Livros, em 2012. Uma pesquisa feita pelo departamento de Marketing estimou a quantidade de livros adquirida pelos consumidores em função do preço de cada exemplar.

Preço de venda	Quantidade vendida
R$ 100,00	30
R$ 90,00	40
R$ 85,00	45
R$ 80,00	50

Considere que os dados da tabela possam ser expressos mediante uma função polinomial do 1º grau $y = a \cdot x + b$, em que **x** representa a quantidade de livros vendida e **y** o preço de cada exemplar.

a) Que preço de venda de cada livro maximizaria a receita da editora?

b) O custo unitário de produção de cada livro é de R$ 8,00. Visando maximizar o lucro da editora, o gerente de vendas estabeleceu em R$ 75,00 o preço de cada livro. Foi correta a sua decisão? Por quê?

26 (Enem PPL) O proprietário de uma casa de espetáculos observou que, colocando o valor da entrada a R$10,00, sempre contava com 1 000 pessoas a cada apresentação, faturando R$10 000,00 com a venda dos ingressos. Entretanto, percebeu também que, a partir de R$10,00, a cada R$2,00 que ele aumentava no valor da entrada, recebia para os espetáculos 40 pessoas a menos.
Nessas condições, considerando **P** o número de pessoas presentes em um determinado dia e **F** o faturamento com a venda dos ingressos, a expressão que relaciona o faturamento em função do número de pessoas é dada por:

a) $F = \dfrac{-P^2}{20} + 60P$

b) $F = \dfrac{P^2}{20} - 60P$

c) $F = -P^2 + 1200P$

d) $F = \dfrac{-P^2}{20} + 60$

e) $F = -P^2 - 1220P$

27 (UE-MG) Na figura a seguir, o gráfico da função $y = 8 - x^2$ contém três vértices de um losango, **A**, **B** e **C**. O vértice **B** tem coordenadas $(0, 8)$, e o ponto **D** tem coordenadas na origem.

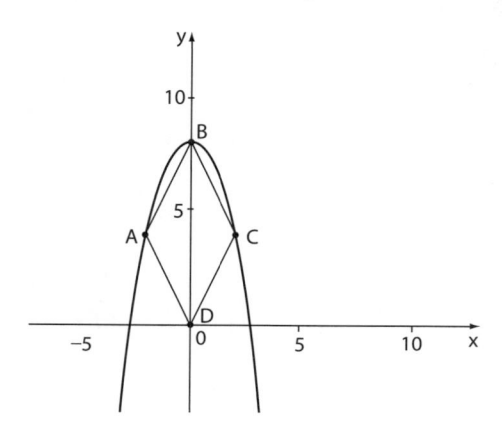

Com base nas informações dadas, as coordenadas do vértice **C**, o perímetro e a área do losango são, respectivamente:

a) $(4, 2)$; $8\sqrt{5}$ u.c; 32 u.a.

c) $(4, 2)$; $2\sqrt{5}$ u.c; 32 u.a.

b) $(2, 4)$; $8\sqrt{5}$ u.c.; 16 u.a.

d) $(2, 4)$; $2\sqrt{5}$ u.c; 16 u.a.

28 (U. F. São João del-Rei-MG) Um corpo arremessado tem sua trajetória representada pelo gráfico de uma parábola, conforme a figura a seguir.

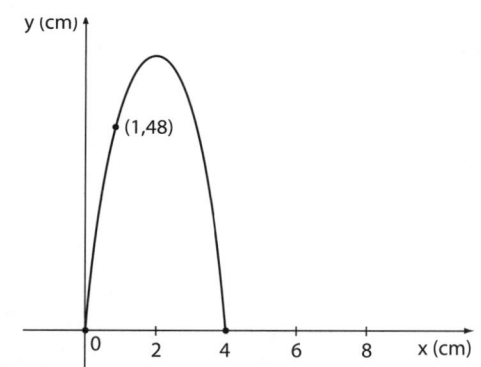

Nessa trajetória, a altura máxima, em metros, atingida pelo corpo foi de:

a) 0,58 m   **b)** 0,52 m   **c)** 0,64 m   **d)** 0,62 m

29 (Unicamp-SP) A figura abaixo exibe o gráfico de uma função $y = f(x)$.

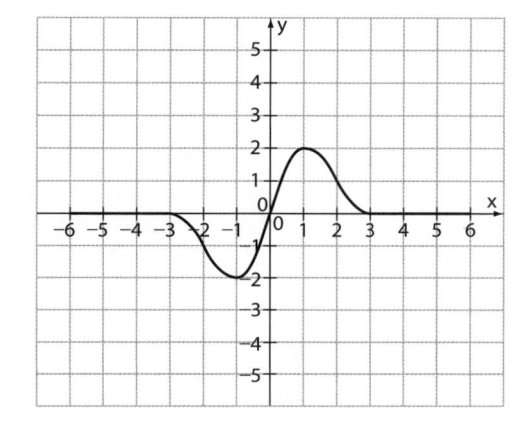

Então, o gráfico de $y = 2f(x - 1)$ é dado por:

a)

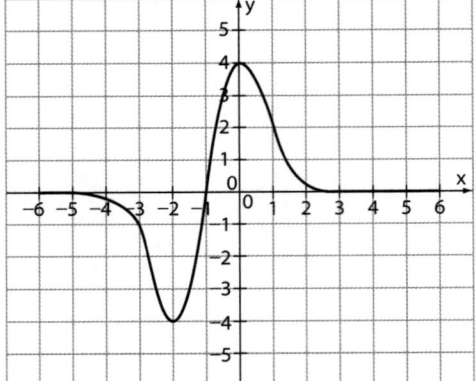

b)

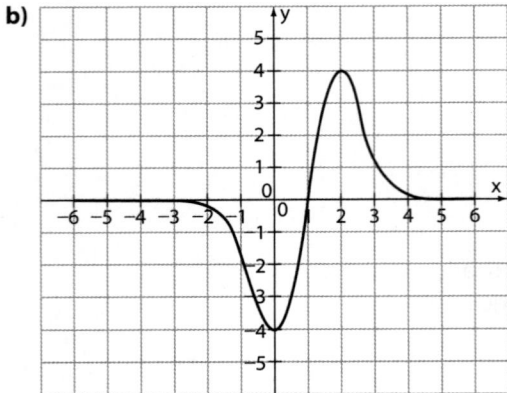

c)

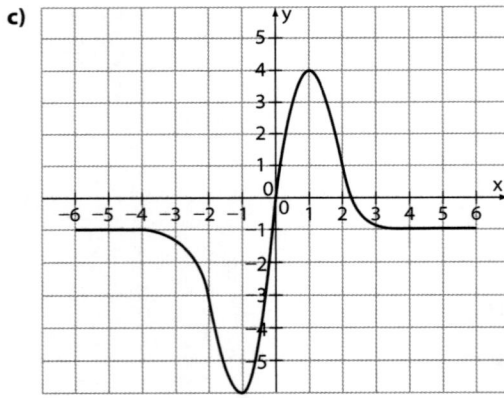

d)

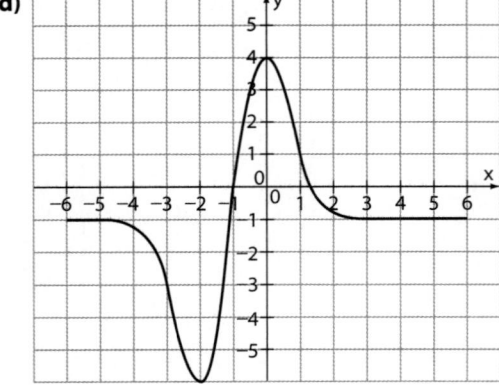

30 (UF-SC) Assinale a(s) proposição(ões) correta(s) [e indique a soma correspondente às proposições corretas].

(01) O domínio da função **f** dada por $f(x) = \sqrt{\dfrac{x-1}{x+3}}$ é $\{x \in \mathbb{R}; x \geqslant 1\}$.

(02) O único valor inteiro que pertence à solução da inequação $x^2 - 4x + 3 < 0$ é 2.

(04) O conjunto solução da equação modular $|3 - 2x| = |x - 2|$ é $S = \{1\}$.

(08) A função $R(x) = \begin{cases} -x, \text{ se } x < 0 \\ x^2, \text{ se } 0 \leqslant x \leqslant 1 \\ 1, \text{ se } x > 1 \end{cases}$ é crescente em todo o seu domínio.

(16) $\sqrt{x^2} = x$ para todo **x** real.

(32) Os gráficos das funções $f: \mathbb{R} \to \mathbb{R}$ e $g: \mathbb{R} \to \mathbb{R}$, dadas respectivamente por $f(x) = x^2$ e $g(x) = 2^x$, para todo **x** real, se intersectam em exatamente um único ponto.

(64) Se uma função $f: \mathbb{R} \to \mathbb{R}$ é simultaneamente par e ímpar, então $f(1) = 0$.

31 (PUC-RJ) Considere a função real $f(x) = |-x + 1|$. O gráfico que representa a função é:

a)

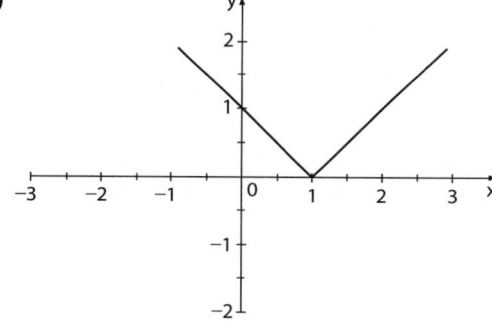

b)

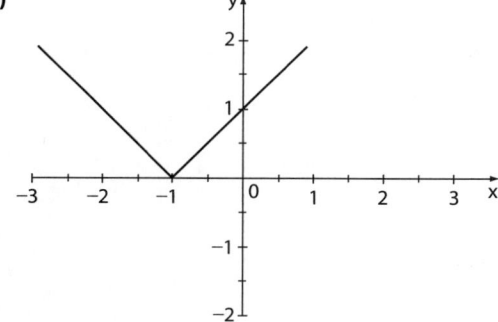

c)

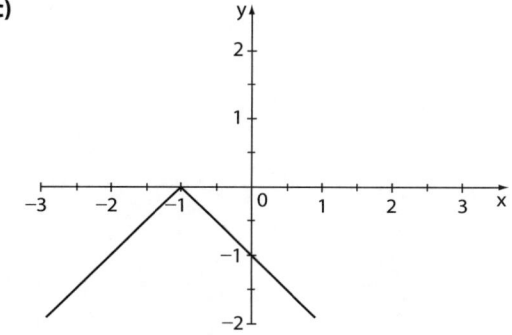

d)

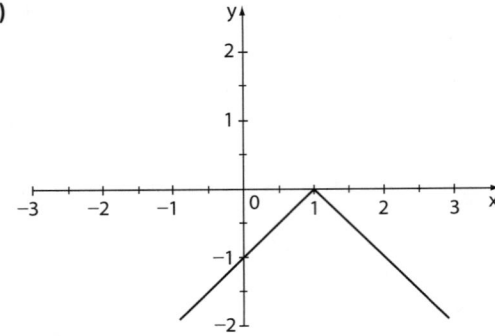

e)

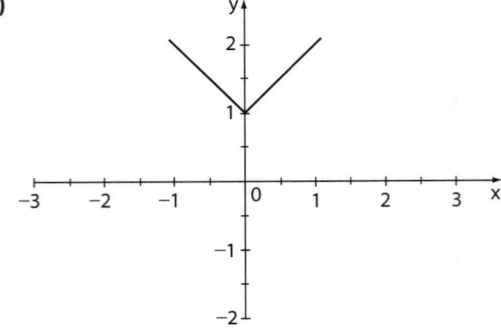

32 (Enem PPL) Certa empresa de telefonia oferece a seus clientes dois pacotes de serviço:

- Pacote laranja

  Oferece 300 minutos mensais de ligação local e o usuário deve pagar R$143,00 por mês. Será cobrado o valor de R$ 0,40 por minuto que exceder o valor oferecido.

- Pacote azul

  Oferece 100 minutos mensais de ligação local e o usuário deve pagar mensalmente R$ 80,00. Será cobrado o valor de R$ 0,90 por minuto que exceder o valor oferecido.

Para ser mais vantajoso contratar o pacote laranja, comparativamente ao pacote azul, o número mínimo de minutos de ligação que o usuário deverá fazer é:

a) 70   **b)** 126   **c)** 171   **d)** 300   **e)** 400

O texto a seguir refere-se ao exercício 33.

O gráfico abaixo mostra o nível de água no reservatório de uma cidade, em centímetros.

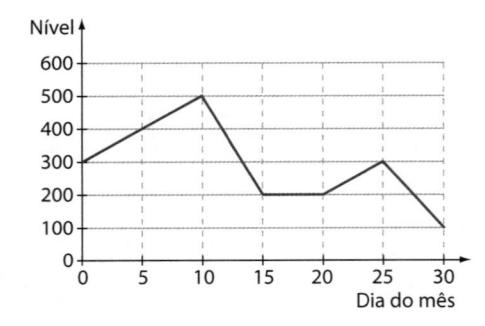

33 (Insper-SP) O período do mês em que as variações diárias do nível do reservatório, independentemente se para enchê-lo ou esvaziá-lo, foram as maiores foi:

a) nos dez primeiros dias.

d) entre o dia 20 e o dia 25.

b) entre o dia 10 e o dia 15.

e) nos últimos cinco dias.

c) entre o dia 15 e o dia 20.

34 (Enem PPL) Uma empresa analisou mensalmente as vendas de um de seus produtos ao longo de 12 meses após seu lançamento. Concluiu que, a partir do lançamento, a venda mensal do produto teve um crescimento linear até o quinto mês. A partir daí houve uma redução nas vendas, também de forma linear, até que as vendas se estabilizaram nos dois últimos meses da análise.

O gráfico que representa a relação entre o número de vendas e os meses após o lançamento do produto é:

a)

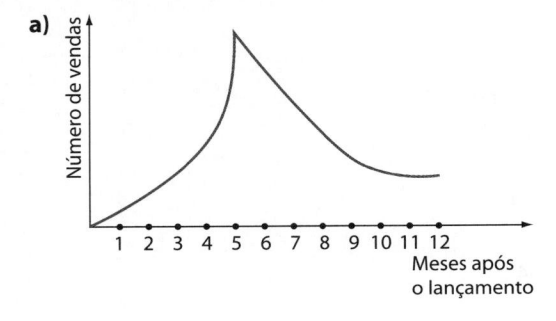

b)

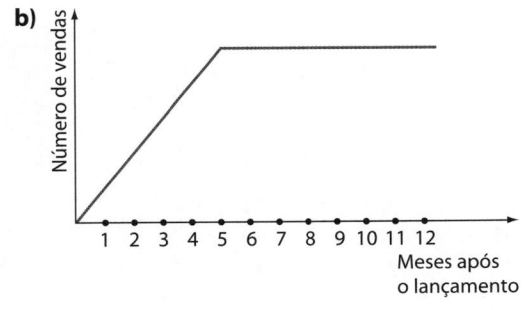

c)

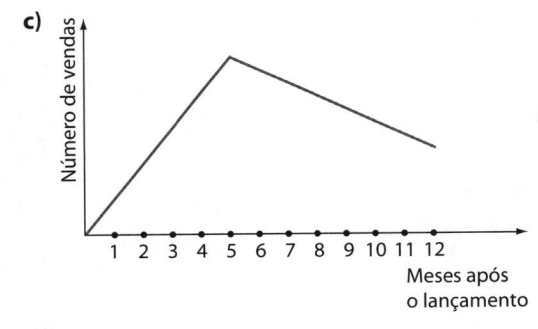

d)

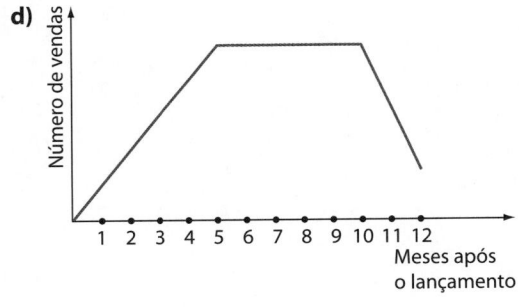

e)

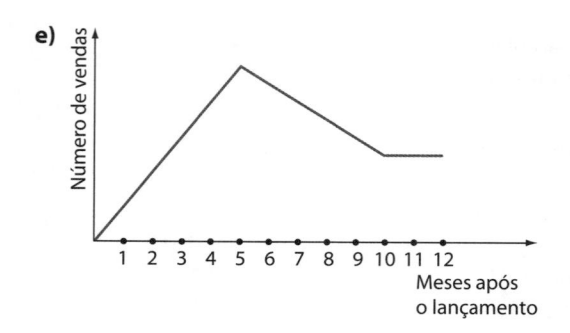

35 (Unicamp-SP) Considere a função $f(x) = 10^{1+x} + 10^{1-x}$, definida para todo número real **x**.

a) Mostre que $f(\log_{10}(2 + \sqrt{3}))$ é um número inteiro.

b) Sabendo que $\log_{10} 2 \simeq 0,3$, encontre os valores de **x** para os quais $f(x) = 52$.

36 (Udesc-SC) Considere a função $f(x) = 2^{2x-5}$. Sejam $(a_1, a_2, a_3, ...)$ uma progressão aritmética de razão 3 e $f(a_1) = \dfrac{1}{8}$. Analise as proposições.

I. $a_{53} = 157$

II. A soma dos 11 primeiros termos da progressão aritmética é 145.

III. $f(a_5) = 2^{21}$

IV. $(f(a_1), f(a_2), f(a_3), ...)$ é uma progressão geométrica de razão 64.

Assinale a alternativa correta.

a) Somente as afirmativas I e III são verdadeiras.

b) Somente as afirmativas I, III e IV são verdadeiras.

c) Somente as afirmativas I e II são verdadeiras.

d) Somente as afirmativas III e IV são verdadeiras.

e) Todas as afirmativas são verdadeiras.

37 (UE-PB) Biólogos e matemáticos acompanharam em laboratório o crescimento de uma cultura de bactérias e concluíram que esta população crescia com o tempo $t \geqslant 0$, ao dia, conforme a lei $P(t) = P_0 5^{\lambda t}$, onde P_0, é a população inicial da cultura ($t = 0$) e λ é uma constante real positiva. Se, após dois dias, o número inicial de bactérias duplica, então, após seis dias, esse número será:

a) $10P_0$ **b)** $6P_0$ **c)** $3P_0$ **d)** $8P_0$ **e)** $4P_0$

38 (UE-PA) Os dados estatísticos sobre violência no trânsito nos mostram que essa é a segunda maior causa de mortes no Brasil, sendo que 98% dos acidentes de trânsito são causados por erro ou negligência humana e a principal falha cometida pelos brasileiros nas ruas e estradas é usar o celular ao volante. Considere que em 2012 foram registrados 60 000 mortes decorrentes de acidentes de trânsito e destes, 40% das vítimas estavam em motos.

(Texto adaptado: revista *Veja*, 19/08/2013.)

A função $N(t) = N_0 (1,2)^t$ fornece o número de vítimas que estavam de moto a partir de 2012, sendo **t** o número de anos e N_0 o número de vítimas que estavam em moto em 2012. Nessas condições, o número previsto de vítimas em moto para 2015 será de:

a) 41 472   **c)** 62 208   **e)** 103 680

b) 51 840   **d)** 82 944

39 (U. F. Santa Maria-RS) As matas ciliares desempenham importante papel na manutenção das nascentes e estabilidade dos solos nas áreas marginais. Com o desenvolvimento do agronegócio e o crescimento das cidades, as matas ciliares vêm sendo destruídas. Um dos métodos usados para a sua recuperação é o plantio de mudas.

O gráfico mostra o número de mudas $N(t) = ba^t (0 < a \neq 1$ e $b > 0)$ a serem plantadas no tempo **t** (em anos), numa determinada região.

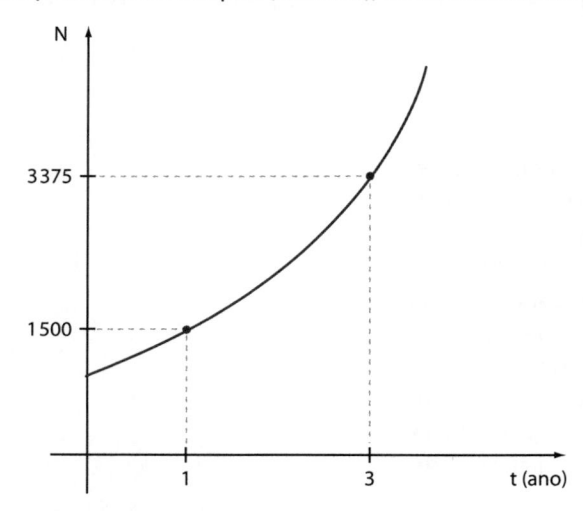

De acordo com os dados, o número de mudas a serem plantadas, quando $t = 2$ anos, é igual a:

a) 2 137   **c)** 2 250   **e)** 2 500

b) 2 150   **d)** 2 437

40 (EPCAr-MG) O gráfico abaixo descreve uma função f: A → B.

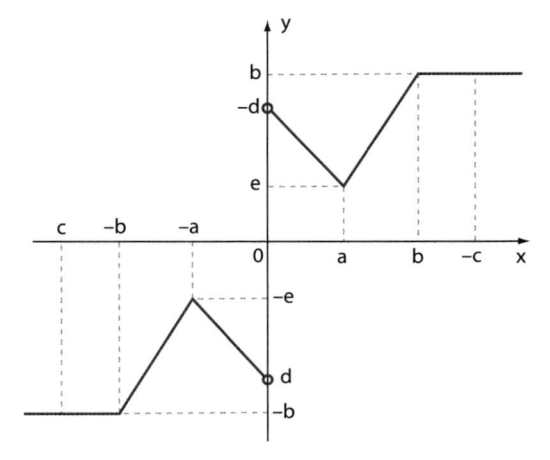

Analise as proposições que seguem:

I. $A = \mathbb{R}^*$

II. **f** é sobrejetora se $B = \mathbb{R} - [-e, e]$.

III. Para infinitos valores de $x \in A$, tem-se $f(x) = -b$.

IV. $f(-c) - f(c) + f(-b) + f(b) = 2b$

V. **f** é função par.

VI. $\nexists x \in \mathbb{R} \mid f(x) = -d$

São verdadeiras apenas as proposições:

a) I, III e IV   **b)** I, II e VI   **c)** III, IV e V   **d)** I, II e IV

41 (UF-RS) A função **f**, definida por $f(x) = 4^{-x} - 2$, intersecta o eixo das abscissas em:

a) -2

b) -1

c) $-\dfrac{1}{2}$

d) 0

e) $\dfrac{1}{2}$

42 (Enem PPL) Um trabalhador possui um cartão de crédito que, em determinado mês, apresenta o saldo devedor a pagar no vencimento do cartão, mas não contém parcelamentos a acrescentar em futuras faturas. Nesse mesmo mês, o trabalhador é demitido. Durante o período de desemprego, o trabalhador deixa de utilizar o cartão de crédito e também não tem como pagar as faturas, nem a atual nem as próximas, mesmo sabendo que, a cada mês, incidirão taxas de juros e encargos por conta do não pagamento da dívida. Ao conseguir um novo emprego, já completados 6 meses de não pagamento das faturas, o trabalhador procura renegociar sua dívida. O gráfico mostra a evolução do saldo devedor.

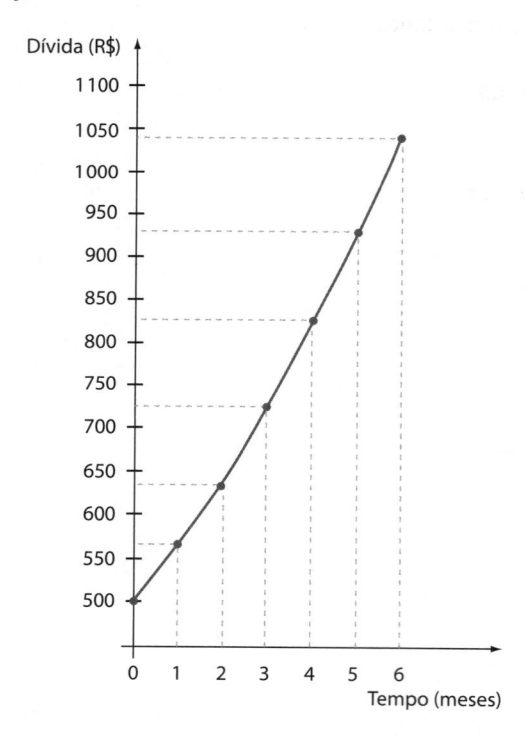

Com base no gráfico, podemos constatar que o saldo devedor inicial, a parcela mensal de juros e a taxa de juros são:

a) R$ 500,00; constante e inferior a 10% ao mês.

b) R$ 560,00; variável e inferior a 10% ao mês.

c) R$ 500,00; variável e superior a 10% ao mês.

d) R$ 560,00; constante e superior a 10% ao mês.

e) R$ 500,00; variável e inferior a 10% ao mês.

43 (UF-PR) Uma quantia inicial de R$ 1 000,00 foi investida em uma aplicação financeira que rende juros de 6%, compostos anualmente. Qual é, aproximadamente, o tempo necessário para que essa quantia dobre? (Use $\log_2 (1,06) \simeq 0,084$.)

44 (Acafe-SC) Um dos perigos da alimentação humana são os microrganismos, que podem causar diversas doenças e até levar a óbito. Entre eles, podemos destacar a *Salmonella*. Atitudes simples como lavar as mãos, armazenar os alimentos em locais apropriados, ajudam a prevenir a contaminação pelos mesmos. Sabendo que certo microrganismo se prolifera rapidamente, dobrando sua população a cada 20 minutos, pode-se concluir que o tempo que a população de 100 microrganismos passará a ser composta de 3 200 indivíduos é:

a) 1 h e 35 min   c) 1 h e 50 min

b) 1 h e 40 min   d) 1 h e 55 min

45 (Vunesp-SP) No artigo "Desmatamento na Amazônia Brasileira: com que intensidade vem ocorrendo?", o pesquisador Philip M. Fearnside, do INPA, sugere como modelo matemático para o cálculo da área de desmatamento a função $D(t) = D(0) \cdot e^{k \cdot t}$ em que $D(t)$ representa a área de desmatamento no instante **t**, sendo **t** medido em anos desde o instante inicial, $D(0)$ a área de desmatamento no instante inicial $t = 0$, e **k** a taxa média anual de desmatamento da região. Admitindo que tal modelo seja representativo da realidade, que a taxa média anual de desmatamento (**k**) da Amazônia seja 0,6% e usando a aproximação $\ln 2 \simeq 0,69$, o número de anos necessários para que a área de desmatamento da Amazônia dobre seu valor, a partir de um instante inicial prefixado, é aproximadamente:

a) 51   c) 15   e) 11

b) 115   d) 151

46 (UE-CE) Se a sequência de números reais positivos $x_1, x_2, x_3, \ldots, x_n, \ldots$ é uma progressão geométrica de razão igual a **q**, então a sequência $y_1, y_2, y_3, \ldots, y_n, \ldots$ definida para todo **n** natural por $y_n = \log x_n$ é uma progressão:

a) aritmética cuja razão é igual a log q.

b) aritmética cuja razão é igual a q · log q.

c) geométrica cuja razão é igual a log q.

d) geométrica cuja razão é igual a q · log q.

47 (U. E. Ponta Grossa-PR) Se **a** e **b**, com a < b, são as raízes da equação $4^{x-1} - \dfrac{5}{2^{1-x}} = -4$, assinale o que for correto [e indique a soma correspondente às alternativas corretas].

(01) $\log_2 (a + b) = 2$

(02) $\log_b \sqrt{b + 6} = 1$

(04) $\log_{\frac{1}{3}} (a \cdot b^2) = -2$

(08) $\log_{2a} \sqrt{a + 1} = \dfrac{1}{2}$

(16) $\log_b a = 0$

48 (Udesc-SC) Considere $\log x = \dfrac{5}{2}$, $\log y = \dfrac{13}{5}$, $\log (y - x) = 1{,}913$ e $\log (x + y) = 2{,}854$. Com base nesses dados, analise as proposições.

I. $xy = 10^{\frac{51}{10}}$

II. $\log (y^2 - x^2) = 0{,}2$

III. $\log \left(\dfrac{x}{y} + 2 + \dfrac{y}{x} \right) = 0{,}608$

Assinale a alternativa correta.

a) Somente as afirmativas I e III são verdadeiras.

b) Somente as afirmativas I e II são verdadeiras.

c) Somente as afirmativas II e III são verdadeiras.

d) Somente a afirmativa I é verdadeira.

e) Todas as afirmativas são verdadeiras.

49 (IF-CE) Seja (a, b) a solução do sistema linear $\begin{cases} 2\log_2 x + \log_2 y = 5 \\ \log_2 x + 3\log_2 y = 10 \end{cases}$.
O valor de $\mathbf{a}^b$ será igual a:

a) 2   **b)** 10   **c)** 16   **d)** 64   **e)** 256

50 (FGV-SP) Um biólogo inicia o cultivo de três populações de bactérias (**A**, **B** e **C**) no mesmo dia. Os gráficos seguintes mostram a evolução do número de bactérias ao longo dos dias.

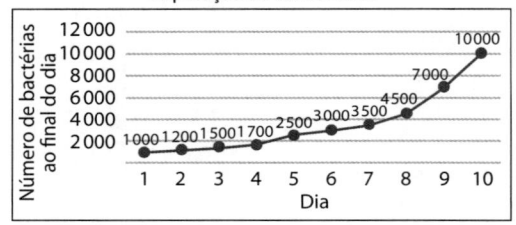
População de bactérias **A**

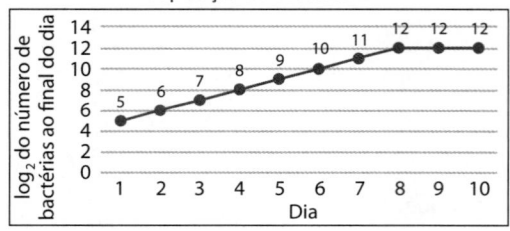
População de bactérias **B**

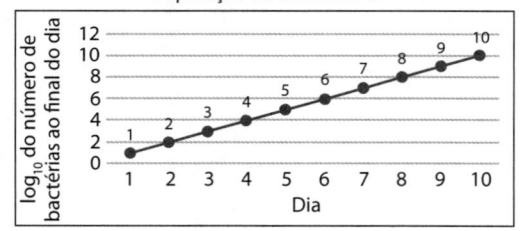
População de bactérias **C**

A partir da informação dos gráficos, responda:

a) Em que dia o número de bactérias da população **C** ultrapassou o da população **A**?

b) Qual foi a porcentagem de aumento da população de bactérias **B**, entre o final do dia 2 e o final do dia 6?

c) Qual foi a porcentagem de aumento da população total de bactérias (colônias **A**, **B** e **C** somadas) entre o final do dia 2 e o final do dia 5?

51 (U. Passo Fundo-RS) Abaixo está representado o gráfico de uma função **f** definida em $\mathbb{R}_+^*$ por $f(x) = 1 - \log_3\left(\dfrac{x}{k}\right)$.

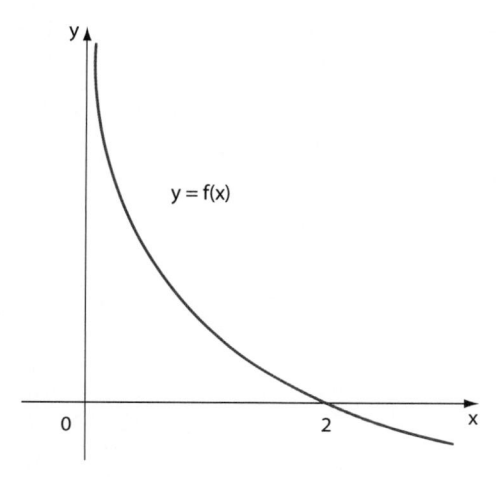

Tal como a figura sugere, 2 é um zero de **f**. O valor de **k** é:

a) -1

b) 2

c) $\dfrac{2}{3}$

d) $\dfrac{3}{2}$

e) 1

52 (Cefet-MG) Considere a função $f: \,]-2,\, \infty[\rightarrow \mathbb{R}$ definida por $f(x) = \log_3(x + 2)$. Se $f(a) = \dfrac{1}{3} f(b)$, então:

a) $a = \sqrt[3]{b+1}$

b) $a = \sqrt[3]{b+3}$

c) $a = \sqrt[3]{b+2} - 2$

d) $a = \sqrt[3]{b+4} + 2$

53 (ESPM-SP) Se $\log x + \log x^2 + \log x^3 + \log x^4 = -20$, o valor de **x** é:

a) 10

b) 0,1

c) 100

d) 0,01

e) 1

54 (Mackenzie-SP) Para quaisquer reais positivos **A** e **B**, o resultado da expressão $\log_A B^3 \cdot \log_B A^2$ é:

a) 10

b) 6

c) 8

d) $A \cdot B$

e) 12

55 (U. Caxias do Sul-RS) Uma escada de 15 m encostada em uma parede fica estável quando a distância do chão ao seu topo é 5 m maior que a distância da parede à base da escada.

Nessa posição, qual é, em metros, aproximadamente, a altura que a escada alcança na parede, considerando que as bases da escada e da parede estão no mesmo nível? Use para o cálculo a aproximação $\log_{4,12} 17 \simeq 2$.

a) 7,80

b) 8,24

c) 10,00

d) 12,80

e) 13,40

56 (Cefet-MG) O conjunto dos valores de $x \in \mathbb{R}$ para que $\log_{(1 - 2x)}(2 - x - x^2)$ exista como número real é:

a) $\{x \in \mathbb{R} \mid x < -2 \text{ ou } x > 1\}$

b) $\left\{x \in \mathbb{R}^* \mid -2 < x < \dfrac{1}{2}\right\}$

c) $\left\{x \in \mathbb{R} \mid x < -2 \text{ ou } x > \dfrac{1}{2}\right\}$

d) $\{x \in \mathbb{R} \mid -2 < x < 1\}$

e) $\left\{x \in \mathbb{R}^* \mid x < \dfrac{1}{2}\right\}$

57 (EsPCEx-SP) Na figura abaixo, está representado o gráfico da função $y = \log x$.

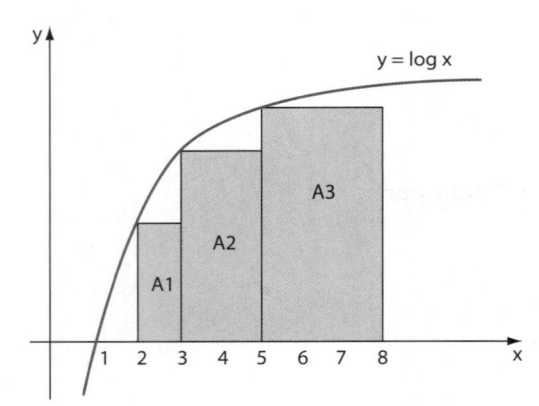

Desenho ilustrativo – fora de escala

Nessa representação, estão destacados três retângulos cuja soma das áreas é igual a:

a) $\log 2 + \log 3 + \log 5$

b) $\log 30$

c) $1 + \log 30$

d) $1 + 2 \log 15$

e) $1 + 2 \log 30$

58 (Insper-SP) Uma pessoa irá escolher dois números reais positivos **A** e **B**. Para a maioria das possíveis escolhas, o logaritmo decimal da soma dos dois números escolhidos não será igual à soma de seus logaritmos decimais. Porém, se forem escolhidos os valores A = 4 e B = r, tal igualdade se verificará. Com essas informações, pode-se concluir que o número **r** pertence ao intervalo:

a) [1, 0; 1, 1]

b)]1, 1; 1, 2]

c)]1, 2; 1, 3]

d)]1, 3; 1, 4]

e)]1, 4; 1, 5]

59 (Unifesp-SP) A intensidade luminosa na água do mar razoavelmente limpa, que é denotada por **I**, decresce exponencialmente com o aumento da profundidade, que por sua vez é denotada por **x** e expressa em metro, como indica a figura.

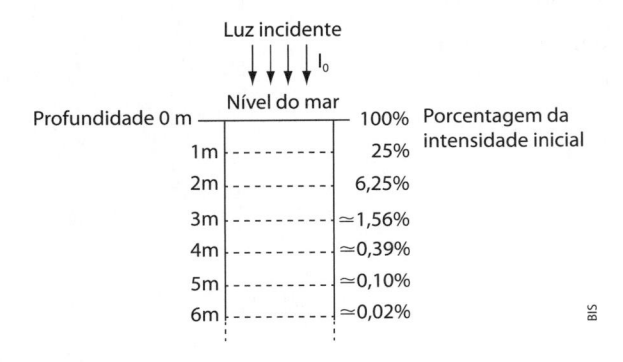

a) Utilizando as informações da figura e denotando por I_0 a constante que representa a intensidade luminosa na água razoavelmente limpa ao nível do mar, determine **I** em função de **x**, com **x** sendo um inteiro positivo.

b) A relação empírica de Bouguer-Lambert nos diz que um feixe vertical de luz, quando penetra na água com intensidade de luz I_0, terá sua intensidade **I** de luz reduzida com a profundidade de **x** metros determinada pela fórmula $I = I_0 e^{-\mu x}$, com **e** sendo o número de Euler e **μ** um parâmetro denominado de coeficiente de absorção, que depende da pureza da água e do comprimento de onda do feixe. Utilizando a relação de Bouguer-Lambert no estudo da intensidade luminosa na água do mar razoavelmente limpa (dados da figura), determine o valor do parâmetro **μ**. Adote nos cálculos finais ln 2 = 0,69.

60 (IF-CE) Sejam x, y ∈ ℝ com x > 1 e y > 1. A expressão

$2\log_9 x + \log_3 6 - 6\log_9 \sqrt{y}$ pode ser simplificada para:

a) $\log_9 \dfrac{36x^2}{y^3}$

b) $\log_3 \left(\dfrac{2x}{6\sqrt{y}} + 6 \right)$

c) $\log_9 \left(2x + 6\left(1 - \sqrt{y}\right) \right)$

d) $\log_3 \left(x^2 + 36 + y^{-3} \right)$

e) $\log_3 \left(1 + 6xy \right)$

61 (IF-SP) Leia as notícias:

"A NGC 4151 está localizada a cerca de **43 milhões** de anos-luz da Terra e se enquadra entre as galáxias jovens que possui um buraco negro em intensa atividade. Mas ela não é só lembrada por esses quesitos. A NGC 4151 é conhecida por astrônomos como o 'Olho de Sauron', uma referência ao vilão do filme *O Senhor dos Anéis*."

Disponível em: <http://www1.folha.uol.com.br/ciencia/887260-galaxia-herda-nome-de-vilao-do-filme-o-senhor-dos-aneis.shtml>.
Acesso em: 27 out. 2013.

"Cientistas britânicos conseguiram fazer com que um microscópio ótico conseguisse enxergar objetos de cerca de **0,00000005** m, oferecendo um olhar inédito sobre o mundo 'nanoscópico'".

Disponível em: <http://noticias.uol.com.br/ultnot/cienciaesaude/ultimas-noticias/bbc/2011/03/02/com-metodo-inovador-cientistas-criam-microscopio-mais-potente-do-mundo.jhtm.
Acesso em: 27 out. 2013. Adaptado.

Assinale a alternativa que apresenta os números em destaque no texto, escritos em notação científica.

a) $4,3 \times 10^7$ e $5,0 \times 10^8$

b) $4,3 \times 10^7$ e $5,0 \times 10^{-8}$

c) $4,3 \times 10^{-7}$ e $5,0 \times 10^8$

d) $4,3 \times 10^6$ e $5,0 \times 10^7$

e) $4,3 \times 10^{-6}$ e $5,0 \times 10^{-7}$

O texto a seguir refere-se ao exercício *62*.

Danos de alimentos ácidos

O esmalte dos dentes dissolve-se prontamente em contato com substâncias cujo pH (medida da acidez) seja menor do que 5,5. Uma vez dissolvido, o esmalte não é reposto, e as partes mais moles e internas do dente logo apodrecem. A acidez de vários alimentos e bebidas comuns é surpreendentemente alta; as substâncias listadas a seguir, por exemplo, podem causar danos aos seus dentes com contato prolongado.

(BREWER. 2013, p. 64.)

Comida/bebida	pH
Suco de limão/lima	1,8 — 2,4
Café preto	2,4 — 3,2
Vinagre	2,4 — 3,4
Refrigerantes de cola	2,7
Suco de laranja	2,8 — 4,0
Maçã	2,9 — 3,5
Uva	3,3 — 4,5
Tomate	3,7 — 4,7
Maionese/molho de salada	3,8 — 4,0
Chá preto	4,0 — 4,2

62 (Uneb-BA) A acidez dos alimentos é determinada pela concentração de íons de hidrogênio $[H^+]$, em $molL^{-1}$. Em Química, o pH é definido por $pH = colog[H^+] = -log [H^+]$.

Sabendo-se que uma amostra de certo alimento apresentou concentração de íons de hidrogênio igual a $0,005$ $molL^{-1}$ e considerando que $colog\ 2 = -0,3$, pode-se afirmar que, de acordo com a tabela ilustrativa, a amostra corresponde a:

a) Maionese/molho de salada

d) Suco de limão/lima

b) Café preto

e) Chá preto

c) Maçã

63 (EPCAr-MG) No plano cartesiano, seja $P(a,b)$ o ponto de interseção entre as curvas dadas pelas funções reais **f** e **g** definidas por $f(x) = \left(\frac{1}{2}\right)^x$ e $g(x) = \log_{\frac{1}{2}} x$.

É correto afirmar que:

a) $a = \log_2\left(\dfrac{1}{\log_2\left(\frac{1}{a}\right)}\right)$

c) $a = \log_{\frac{1}{2}}\left(\log_{\frac{1}{2}}\left(\frac{1}{a}\right)\right)$

b) $a = \log_2 (\log_2 a)$

d) $a = \log_2\left(\log_{\frac{1}{2}} a\right)$

64 (ITA-SP) Se os números reais **a** e **b** satisfazem, simultaneamente, as equações $\sqrt{a\sqrt{b}} = \frac{1}{2}$ e $\ln (a^2 + b) + \ln 8 = \ln 5$, um possível valor de $\frac{a}{b}$ é:

a) $\dfrac{\sqrt{2}}{2}$

b) 1

c) $\sqrt{2}$

d) 2

e) $3\sqrt{2}$

65 (Udesc-SC) Se $\log_3 2(x - y) = 5$ e $\log_5 (x + y) = 3$, então $\log_2 (3x - 8y)$ é igual a:

a) 9

c) 8

e) 10

b) $4 + \log_2 5$

d) $2 + \log_2 10$

66 (Insper-SP) Para combater um incêndio numa floresta, um avião a sobrevoa acima da fumaça e solta blocos de gelo de uma tonelada. Ao cair, cada bloco se distancia da altitude em que foi solto pelo avião de acordo com a lei $d = 10t^2$, em que **t** é o tempo em segundos. A massa **M** do bloco (em quilogramas) varia, em função dessa distância de queda **d** (em metros), conforme a expressão:

$$M = 1\,000 - 250 \log d$$

Se o bloco deve chegar ao chão totalmente derretido, a altitude mínima em que o avião deve soltá-lo e o tempo de queda nesse caso devem ser:

a) $10\,000$ metros e 32 segundos

b) $10\,000$ metros e 10 segundos

c) $1\,000$ metros e 32 segundos

d) $2\,000$ metros e 10 segundos

e) $1\,000$ metros e 10 segundos

67 (U. F. São João del-Rei-MG) Dados do Fundo de População das Nações Unidas informam que, em 2011, a população mundial atingiu o número de 7 bilhões. Considerando a taxa de crescimento populacional de 0,3573% ao ano, teremos 10 bilhões de habitantes daí a **x** anos.

De acordo com esses dados, é correto afirmar que **x** pode ser calculado pela expressão:

a) $\dfrac{1 - \log 7}{\log 1{,}003573}$

b) $\dfrac{\log 10}{\log\left(7 \cdot 3{,}573 \cdot 10^{-3}\right)}$

c) $\log 1{,}003573 - \log\left(\dfrac{10}{7}\right)$

d) $\log\left(\dfrac{10}{7}\right) \cdot \log 0{,}003573$

68 (Insper-SP) O número de soluções reais da equação $\log_x (x + 3) + \log_x (x - 2) = 2$ é:

a) 0   c) 2   e) 4
b) 1   d) 3

69 (EsPCEx-SP) Considere a função bijetora $f : [1, +\infty) \to (-\infty, 3]$, definida por $f(x) = -x^2 + 2x + 2$, e seja (a, b) o ponto de interseção de **f** com sua inversa. O valor numérico da expressão $a + b$ é:

a) 2   c) 6   e) 10
b) 4   d) 8

70 (Unicamp-SP) Seja **a** um número real positivo e considere as funções afim $f(x) = ax + 3a$ e $g(x) = 9 - 2x$, definidas para todo número real **x**.

a) Encontre o número de soluções inteiras da inequação $f(x) \cdot g(x) > 0$.

b) Encontre o valor de **a** tal que $f(g(x)) = g(f(x))$ para todo número real **x**.

71 (Cefet-MG) Sabe-se que o gráfico de $y = f(g(x))$ abaixo está fora de escala, e que esta função, com raízes 0, 1 e 3, foi obtida compondo-se as funções $f(x) = |x| - 5$ e $g(x) = ax^2 + bx + c$.

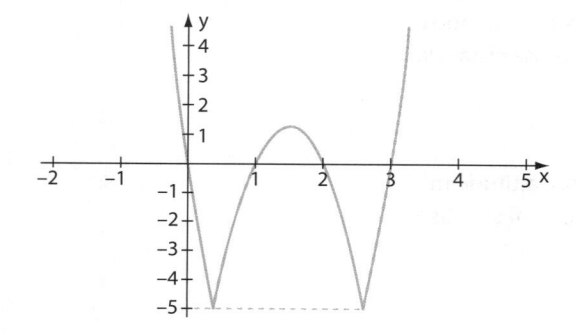

O valor de $|a \cdot b \cdot c|$ é igual a:

a) $2^3 \cdot 5$ c) $2 \cdot 5^3$ e) $3^3 \cdot 5$
b) $2 \cdot 3^3$ d) $3 \cdot 5^3$

72 (IF-CE) Seja $f :]1, + \infty[\subset \mathbb{R} \to \mathbb{R}$ uma função dada por $f(x) = \dfrac{x}{x-1}$.
A expressão da função composta $g(x) = f(f(x + 1))$ é:

a) $g(x) = \dfrac{1}{x-1}$

d) $g(x) = x - 1$

b) $g(x) = \dfrac{x}{x-1}$

e) $g(x) = \dfrac{x+1}{x-1}$

c) $g(x) = x + 1$

73 (U. E. Ponta Grossa-PR) Considerando as funções $f(x)$ e $g(x)$, tais que
$f(x) = \dfrac{x+3}{4}$ e $f(g(x)) = \dfrac{5x}{4x+4}$, assinale o que for correto [e indique a soma correspondente às alternativas corretas].

(01) O domínio de $g(x)$ é $\{x \in \mathbb{R} \,|\, x \neq -1\}$.

(02) $g^{-1}(0) = \dfrac{3}{2}$.

(04) $g(1) = -\dfrac{1}{2}$.

(08) $g(f(5)) = \dfrac{1}{3}$.

(16) O domínio de $f(x)$ é $\{x \in \mathbb{R} \,|\, x \neq -3\}$.

74 (UE-PB) Uma função inversível **f**, definida em $R - \{-3\}$ por
$f(x) = \dfrac{x+5}{x+3}$, tem contradomínio $R - \{y_0\}$, onde **R** é o conjunto dos números reais. O valor de $\mathbf{y}_0$ é:

a) -1 b) 3   c) 2   d) 1   e) zero

75 (IF-CE) O maior domínio possível, dentro dos números reais, da função
f dada por $f(x) = \dfrac{\sqrt[4]{x^2 - 1}}{x - 2}$ vale:

a) $\{x \in \mathbb{R}; x \neq 2\}$

b) $\{x \in \mathbb{R}; x > 1\}$

c) $\{x \in \mathbb{R}; x \leqslant -1\} \cup \{x \in \mathbb{R}; 1 \leqslant x < 2\} \cup \{x \in \mathbb{R}; x > 2\}$

d) $\{x \in \mathbb{R}; 1 \leqslant x \leqslant 2\}$

e) $\{x \in \mathbb{R}; x \leqslant -1\} \cup \{x \in \mathbb{R}; 1 \leqslant x < 2\}$

76 (UE-RN) Sejam as funções $f(x) = x - 3$ e $g(x) = x^2 - 2x + 4$. Para qual valor de **x** tem $f(g(x)) = g(f(x))$?

a) 2   b) 3   c) 4   d) 5

77 (EsPCEx-SP) Sejam as funções reais $f(x) = \sqrt{x^2 + 4x}$ e $g(x) = x - 1$.
O domínio da função $f(g(x))$ é:

a) $D = \{x \in \mathbb{R} \,|\, x \leqslant -3 \text{ ou } x \geqslant 1\}$

b) $D = \{x \in \mathbb{R} \,|\, -3 \leqslant x \leqslant 1\}$

c) $D = \{x \in \mathbb{R} \,|\, x \leqslant 1\}$

d) $D = \{x \in \mathbb{R} \,|\, 0 \leqslant x \leqslant 4\}$

e) $D = \{x \in \mathbb{R} \,|\, x \leqslant 0 \text{ ou } x \geqslant 4\}$

78 (UE-PB) Dada $f(x) = x^2 + 2x + 5$, o valor de $f(f(-1))$ é:

a) -56

b) 85

c) -29

d) 29

e) -85

79 (Enem PPL) O quadrado ABCD, de centro **O** e lado 2 cm, corresponde à trajetória de uma partícula **P** que partiu de **M**, ponto médio de AB, seguindo pelos lados do quadrado e passando por **B**, **C**, **D**, **A** até retornar ao ponto **M**.

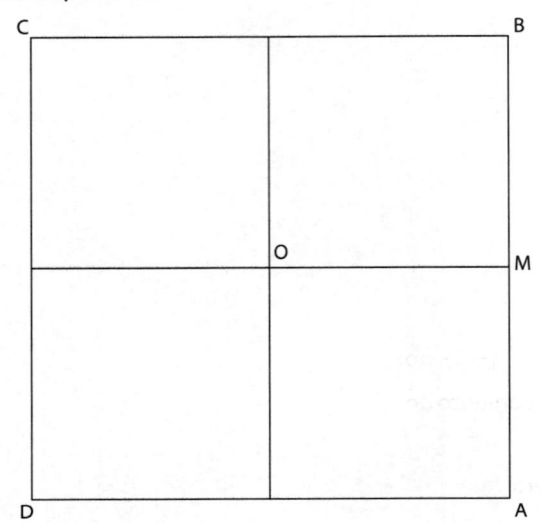

Seja F(x) a função que representa a distância da partícula **P** ao centro **O** do quadrado, a cada instante de sua trajetória, sendo **x** (em cm) o comprimento do percurso percorrido por tal partícula. Qual o gráfico que representa F(x)?

a)

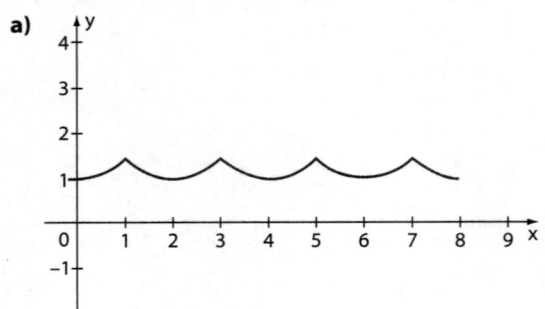

b)

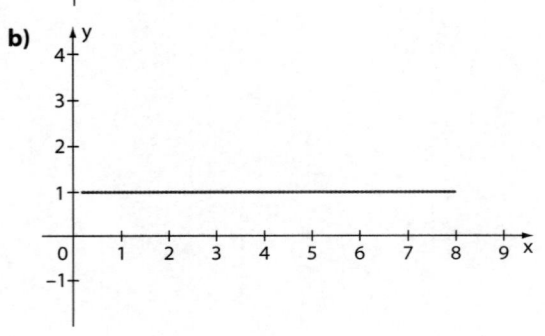

c)

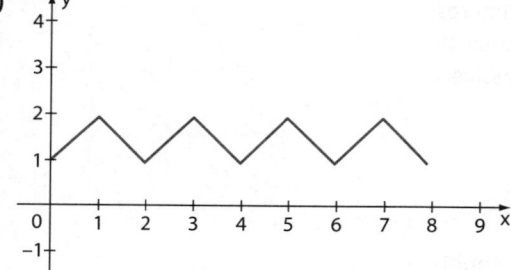

d)

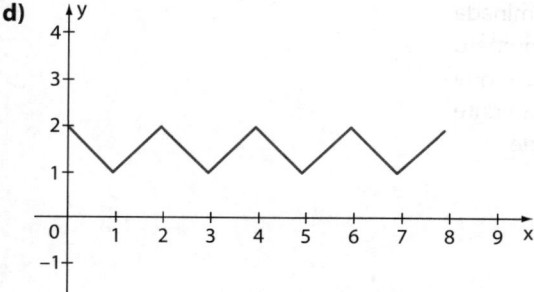

e)

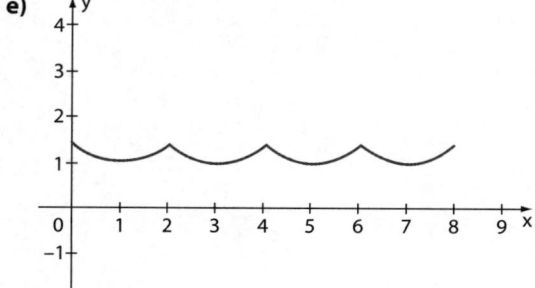

▶ Progressões

1 (U. F. Santa Maria-RS) As doenças cardiovasculares são a principal causa de morte em todo mundo. De acordo com os dados da Organização Mundial da Saúde, 17,3 milhões de pessoas morreram em 2012, vítimas dessas doenças. A estimativa é que, em 2030, esse número seja de 23,6 milhões.

Suponha que a estimativa para 2030 seja atingida e considere (a_n), $n \in \mathbb{N}$, a sequência que representa o número de mortes (em milhões de pessoas) por doenças cardiovasculares no mundo, com $n = 1$ correspondendo a 2012, com $n = 2$ correspondendo a 2013 e assim por diante.

Se (a_n) é uma progressão aritmética, então o 8° termo dessa sequência, em milhões de pessoas, é igual a:

a) 19,59

b) 19,61

c) 19,75

d) 20,10

e) 20,45

2 (UE-CE) Seja (a_n) uma progressão aritmética crescente, de números naturais, cujo primeiro termo é igual a 4 e a razão é igual a **r**. Se existe um termo desta progressão igual a 25, então a soma dos possíveis valores de **r** é:

a) 24

b) 28

c) 32

d) 36

3 (UE-PB) Melhorando-se o nível de alimentação da população, condições sanitárias das casas e ruas, vacinação das crianças e pré-natal, é possível reduzir o índice de mortalidade infantil em determinada cidade. Considerando-se que o gráfico abaixo representa o número de crianças que foram a óbito a cada ano, durante dez anos, e que os pontos do gráfico são colineares, podemos afirmar corretamente que o total de crianças mortas nesse intervalo de tempo foi de:

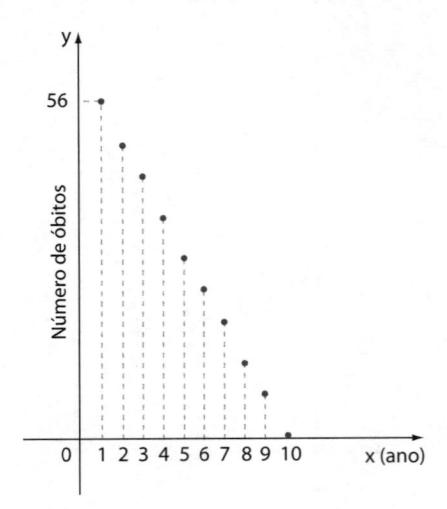

a) 224

b) 280

c) 324

d) 300

e) 240

4 (UE-CE) Se **n** é a soma dos 2013 primeiros números inteiros positivos, então o algarismo das unidades de **n** é igual a:

a) 1

b) 3

c) 5

d) 7

5 (U. E. Ponta Grossa-PR) Uma P.A. e uma P.G., crescentes, cada uma com três termos, têm a mesma razão. Sabe-se que a soma dos termos da P.A. adicionada à soma dos termos da P.G. é igual a 31, o primeiro termo da P.G. é igual a 1 e as razões são iguais ao primeiro termo da P.A. Nessas condições, assinale o que for correto [e indique a soma correspondente às alternativas corretas].

(01) O termo médio da P.A. é um número ímpar.

(02) A soma dos termos da P.A. é 18.

(04) O último termo da P.G. é 9.

(08) A soma dos termos da P.G. é 16.

(16) A razão vale 3.

6 (UPE-PE) Um triângulo UPE é retângulo, as medidas de seus lados são expressas, em centímetros, por números naturais e formam uma progressão aritmética de razão 5. Quanto mede a área do triângulo UPE?

a) 15 cm² **d)** 150 cm²

b) 25 cm² **e)** 300 cm²

c) 125 cm²

7 (PUC-RJ) A soma de todos os números naturais pares de três algarismos é:

a) 244 888 **d)** 204 040

b) 100 000 **e)** 204 000

c) 247 050

8 (ESPM-SP) Dois irmãos começaram juntos a guardar dinheiro para uma viagem. Um deles guardou R$ 50,00 por mês e o outro começou com R$ 5,00 no primeiro mês, depois R$ 10,00 no segundo mês, R$ 15,00 no terceiro e assim por diante, sempre aumentando R$ 5,00 em relação ao mês anterior. Ao final de um certo número de meses, os dois tinham guardado exatamente a mesma quantia. Esse número de meses corresponde a:

a) pouco mais de um ano e meio.

b) pouco menos de um ano e meio.

c) pouco mais de dois anos.

d) pouco menos de um ano.

e) exatamente um ano e dois meses.

9 (U. Caxias do Sul-RS) Uma cultura de bactérias tinha, no final do primeiro dia, **k** indivíduos; no final do segundo dia, o dobro de **k**; no final do terceiro dia, o triplo de **k**; e, assim, sucessivamente.

Se, no final do vigésimo dia, havia $10,5 \cdot 10^6$ indivíduos, qual era o número de indivíduos no final do primeiro dia?

a) $5 \cdot 10^4$

b) $5,25 \cdot 10^4$

c) $5,25 \cdot 10^5$

d) $5 \cdot 10^5$

e) $5,25 \cdot 10^3$

10 (PUC-RJ) A Copa do Mundo, dividida em cinco fases, é disputada por 32 times. Em cada fase, só metade dos times se mantém na disputa pelo título final. Com o mesmo critério em vigor, uma competição com 64 times iria necessitar de quantas fases?

a) 5

b) 6

c) 7

d) 8

e) 9

11 (ESPM-SP) A figura abaixo mostra a trajetória de um móvel a partir de um ponto **A** com BC = CD, DE = EF, FG = GH, HI = IJ e assim por diante. Considerando infinita a quantidade desses segmentos, a distância horizontal AP alcançada por esse móvel será de:

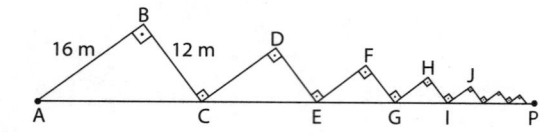

a) 65 m

b) 72 m

c) 80 m

d) 96 m

e) 100 m

12 (U. E. Londrina-PR) Leia o texto a seguir.

Van Gogh (1853-1890) vendeu um único quadro em vida a seu irmão, por 400 francos. Nas palavras do artista: "Não posso evitar os fatos de que meus quadros não sejam vendáveis. Mas virá o tempo em que as pessoas verão que eles valem mais que o preço das tintas".

Disponível em: <http://www.naturale.med.br/artes/4_Van_Gogh.pdf>. Acesso em: 2 out. 2013.

A mercantilização da cultura impulsionou o mercado de artes nos grandes centros urbanos. Hoje, o quadro *Jardim das Flores*, de Van Gogh, é avaliado em aproximadamente 84 milhões de dólares. Supondo que há 61 anos essa obra custasse 84 dólares e que sua valorização até 2013 ocorra segundo uma P.G., assinale a alternativa que apresenta, corretamente, o valor dessa obra em 2033, considerando que sua valorização continue conforme a mesma P.G.

a) $1,68 \times 10^9$ dólares

b) $8,40 \times 10^9$ dólares

c) $84,00 \times 10^7$ dólares

d) $168,00 \times 10^6$ dólares

e) $420,00 \times 10^7$ dólares

13 (UE-MA) Numa plantação tomada por uma praga de gafanhotos, foi constatada a existência de 885 735 gafanhotos. Para dizimar esta praga, foi utilizado um produto químico em uma técnica, cujo resultado foi de 5 gafanhotos infectados, que morreram logo no 1º dia. Ao morrerem, já haviam infectado outros gafanhotos. Dessa forma, no 1º dia, morreram 5 gafanhotos; no 2º dia, morreram mais 10; no 3º dia, mais 30; e assim sucessivamente.

Verificando o número de mortes acumulado, determine em quantos dias a praga de gafanhotos foi dizimada.

14 (PUC-RJ) Vamos empilhar 5 caixas em ordem crescente de altura. A primeira caixa tem 1 m de altura, cada caixa seguinte tem o triplo da altura da anterior. A altura da nossa pilha de caixas será:

a) 121 m

b) 81 m

c) 32 m

d) 21 m

e) 15 m

15 (EsPCEx-SP) Em uma progressão aritmética, a soma S_n de seus **n** primeiros termos é dada pela expressão $S_n = 5n^2 - 12n$, com $n \in \mathbb{N}^*$
A razão dessa progressão é:

a) −2   **b)** 4   **c)** 8   **d)** 10   **e)** 12

16 (Enem PPL) Para um principiante em corrida, foi estipulado o seguinte plano de treinamento diário: correr 300 metros no primeiro dia e aumentar 200 metros por dia, a partir do segundo. Para contabilizar seu rendimento, ele utilizará um *chip*, preso ao seu tênis, para medir a distância percorrida nos treinos. Considere que esse *chip* armazene, em sua memória, no máximo 9,5 km de corrida/caminhada, devendo ser colocado no momento do início do treino e descartado após esgotar o espaço para reserva de dados.
Se esse atleta utilizar o *chip* desde o primeiro dia de treinamento, por quantos dias consecutivos esse *chip* poderá armazenar a quilometragem desse plano de treino diário?

a) 7   **b)** 8   **c)** 9   **d)** 12   **e)** 13

17 (UE-RN) Sabe-se que uma loja divide as prestações dos seus produtos de forma que os valores das prestações formem uma progressão aritmética com razão decrescente. Assim, para os clientes, as parcelas ficam menores e mais fáceis de pagar com o passar do tempo, diminuindo, consequentemente, o índice de inadimplência. Nessa loja, Roberto fez uma compra de um conjunto de sofás de sala, no valor de R$ 604,00; um *rack* para TV, no valor de R$ 498,00; uma TV LED 55", no valor de R$ 3 698,00; e parcelou o total dessa compra em 24 prestações, de acordo com a política de crédito da loja. A primeira prestação equivale, sempre, a $\frac{1}{12}$ do total da compra e a terceira prestação a R$ 388,00.
Conclui-se que o valor da última prestação é:

a) R$ 188,00   **b)** R$ 240,00   **c)** R$ 248,00   **d)** R$ 262,00

18 (U. F. Santa Maria-RS) A tabela mostra o número de pessoas que procuraram serviços de saúde, segundo o local, numa determinada cidade.

Local/ano	2001	2002	2003	2004	2005
Postos e centros de saúde	2 000	4 000	8 000	16 000	32 000
Clínicas privadas	4 200	5 400	6 600	7 800	9 000
Clínicas odontológicas	857	854	851	848	845

Supõe-se que esse comportamento é mantido nos próximos anos. Partindo dos dados, fazem-se as seguintes afirmações:

I. O número de pessoas que procuraram postos e centros de saúde cresceu em progressão geométrica de razão 2 000.

II. O total de pessoas que procuraram atendimento em clínicas privadas de 2001 até 2011 é igual a 112 200.

III. Em 2011, o número de atendimentos em clínicas odontológicas é igual a 827.

Está(ão) correta(s):

a) apenas I.   **c)** apenas I e III.   **e)** I, II e III.

b) apenas II.   **d)** apenas II e III.

19 (FGV-SP) Um anfiteatro tem 12 fileiras de cadeiras. Na 1ª fileira há 10 lugares, na 2ª há 12, na 3ª há 14 e assim por diante (isto é, cada fileira, a partir da segunda, tem duas cadeiras a mais que a da frente). O número total de cadeiras é:

a) 250   **b)** 252   **c)** 254   **d)** 256   **e)** 258

20 (U. E. Maringá-PR) Seja **r** um número inteiro positivo fixado. Considere a sequência numérica definida por $\begin{cases} a_1 = r \\ a_{n+1} = a_n + a_1 \end{cases}$ e assinale o que for correto.

(01) A soma dos 50 primeiros termos da sequência $(a_1, a_2, a_3, a_4, a_5, \ldots)$ é 2 500r.

(02) A sequência $(a_1, a_2, a_4, a_8, a_{16}, \ldots)$ é uma progressão geométrica.

(04) A sequência $(a_1, a_3, a_5, a_7, a_9, \ldots)$ é uma progressão aritmética.

(08) O vigésimo termo da sequência $(a_1, a_2, a_4, a_8, a_{16}, \ldots)$ é $2^{20}r$.

(16) A soma dos 30 primeiros termos da sequência $(a_2, a_4, a_6, a_8, a_{10}, \ldots)$ é 930r.

21 (U. F. São João del-Rei-MG) Sabendo que a soma do 2º, 3º e 4º termos de uma progressão geométrica (P.G.) é igual a 140 e que a soma dos 8º, 9º e 10º termos é 8 960, é correto afirmar que:

a) a razão dessa P.G. é 10.

b) seu primeiro termo é 14.

c) a razão dessa P.G. é 2.

d) o quinto termo dessa P.G. é 320.

22 (EsPCEx-SP) Um fractal é um objeto geométrico que pode ser dividido em partes, cada uma das quais semelhantes ao objeto original. Em muitos casos, um fractal é gerado pela repetição indefinida de um padrão. A figura abaixo segue esse princípio. Para construí-la, inicia-se com uma faixa de comprimento **m** na primeira linha. Para obter a segunda linha, uma faixa de comprimento **m** é dividida em três partes congruentes, suprimindo-se a parte do meio. Procede-se de maneira análoga para a obtenção das demais linhas, conforme indicado na figura.

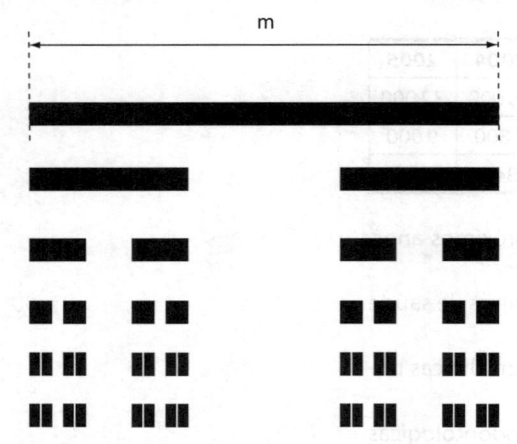

Se, partindo de uma faixa de comprimento **m**, esse procedimento for efetuado infinitas vezes, a soma das medidas dos comprimentos de todas as faixas é:

a) 3m   **b)** 4m   **c)** 5m   **d)** 6m   **e)** 7m

▶ Matemática comercial e financeira

1 (Udesc-SC) Um motorista costuma percorrer um trajeto rodoviário com 600 quilômetros, dirigindo sempre a uma velocidade média de 100 km/h, estando ele de acordo com a sinalização de trânsito ao longo de toda a rodovia. Ao saber que trafegar nesta velocidade pode causar maior desgaste ao veículo e não gerar o melhor desempenho de combustível, este motorista passou a reduzir em 20% a velocidade média do veículo. Consequentemente, o tempo gasto para percorrer o mesmo trajeto aumentou em:

a) 40% c) 4% e) 1,5%
b) 20% d) 25%

2 (Enem PPL) **Vulcão Puyehue transforma a paisagem de cidades na Argentina**

Um vulcão de 2 440 m de altura, no Chile, estava "parado" desde o terremoto em 1960. Foi o responsável por diferentes contratempos, como atrasos em viagens aéreas, por causa de sua fumaça. A cidade de Bariloche foi uma das mais atingidas pelas cinzas.

Disponível em: <http://g1.globo.com>. Acesso em: 25 jun. 2011. (Adaptado.)

Na aula de Geografia de determinada escola, foram confeccionadas pelos estudantes maquetes de vulcões, a uma escala 1 : 40 000. Dentre as representações ali produzidas, está a do Puyehue, que, mesmo sendo um vulcão imenso, não se compara em estatura com o vulcão Mauna Loa, que fica no Havaí, considerado o maior vulcão do mundo, com 12 000 m de altura.

Comparando as maquetes desses dois vulcões, qual a diferença, em centímetros, entre elas?

a) 1,26 c) 4,92 e) 23,9
b) 3,92 d) 20,3

3 (UF-PR) Bronze é o nome que se dá a uma família de ligas metálicas constituídas predominantemente por cobre e proporções variáveis de outros elementos, como estanho, zinco, fósforo e ferro, entre outros. A tabela a seguir apresenta a composição de três ligas metálicas de bronze.

Liga metálica	Cobre	Estanho	Zinco
A	70%	20%	10%
B	60%	0%	40%
C	50%	30%	20%

Supondo que no processo de mistura dessas ligas não haja perdas, responda às seguintes perguntas:

a) Misturando três partes da liga **A** com duas partes da liga **B**, a liga resultante terá que percentual de cobre, estanho e zinco?

b) Em que proporção as ligas **A**, **B** e **C** devem ser misturadas, de modo que a liga resultante seja composta de 60% de cobre, 20% de estanho e 20% de zinco?

4 (Enem PPL) Em um folheto de propaganda foi desenhada uma planta de um apartamento medindo 6 m × 8 m na escala 1 : 50. Porém, como sobrou muito espaço na folha, foi decidido aumentar o desenho da planta, passando para a escala 1 : 40.

Após essa modificação, quanto aumentou, em cm², a área do desenho da planta?

a) 0,0108

c) 191,88

e) 43 200

b) 108

d) 300

O texto a seguir refere-se aos exercícios 5 e 6.

Uma loja de departamentos fez uma grande promoção. Os descontos dos produtos variavam de acordo com a cor da etiqueta com que estavam identificados e com o número de unidades adquiridas do mesmo produto, conforme tabela a seguir.

Percentuais de desconto	Etiqueta amarela	Etiqueta vermelha
1ª unidade adquirida	5%	10%
2ª unidade adquirida	10%	20%
3ª unidade adquirida	20%	35%
A partir da 4ª unidade adquirida	30%	50%

Por exemplo, se alguém comprar apenas duas unidades de um produto de R$ 10,00 marcado com a etiqueta amarela, irá pagar um total de R$ 18,50 pelas duas unidades. Se comprar uma terceira, esta lhe custará R$ 8,00 a mais.

5 (Insper-SP) Uma pessoa fez uma compra de acordo com a tabela abaixo.

Produto	Preço unitário	Quantidade	Etiqueta
Calças	R$ 80,00	3	Amarela
Camisetas	R$ 40,00	5	Vermelha
Bonés	R$ 50,00	2	Vermelha

Ao passar no caixa, o valor total da compra foi:

a) R$ 372,00

c) R$ 431,00

e) R$ 570,00

b) R$ 421,50

d) R$ 520,50

6 (Insper-SP) Um cliente encontrou uma jaqueta identificada com duas etiquetas, uma amarela e outra vermelha, ambas indicando o preço de R$ 100,00. Ao conversar com o gerente da loja, foi informado que, nesse caso, os descontos deveriam ser aplicados sucessivamente. Ao passar no caixa, o cliente deveria pagar um valor de:

a) R$ 85,00, independentemente da ordem em que os descontos fossem dados.

b) R$ 85,00, apenas se o desconto maior fosse aplicado primeiro.

c) R$ 85,50, apenas se o desconto maior fosse aplicado primeiro.

d) R$ 85,50, independentemente da ordem em que os descontos fossem dados.

e) R$ 90,00, pois, aplicando os dois descontos sucessivamente, o maior prevalece.

7 (UF-PR) Numa pesquisa com 500 pessoas, 50% dos homens entrevistados responderam "sim" a uma determinada pergunta, enquanto 60% das mulheres responderam "sim" à mesma pergunta. Sabendo que, na entrevista, houve 280 respostas "sim" a essa pergunta, quantas mulheres a mais que homens foram entrevistadas?

a) 40   c) 100   e) 160

b) 70   d) 120

8 (UE-MG) Numa pesquisa de opinião feita para verificar o nível de satisfação com a administração de um certo prefeito, foram entrevistadas 1 200 pessoas, que escolheram uma, e apenas uma, entre as possíveis respostas: excelente, ótima, boa e ruim. O gráfico a seguir mostra o resultado da pesquisa.

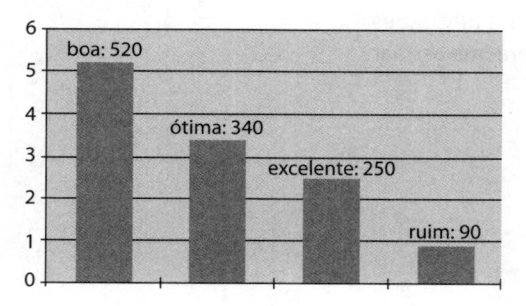

De acordo com o gráfico, é correto afirmar que o percentual de entrevistados que consideram a administração do prefeito ótima ou boa é de, aproximadamente:

a) 62,6%   c) 71,6%

b) 69,3%   d) 82,4%

9 (UF-GO) Uma chácara foi vendida por R$ 2 550 000,00, com prejuízo de 15% em relação ao seu preço de compra. Portanto, o preço de compra da chácara, em reais, foi:

a) 4 717 500,00

b) 3 825 000,00

c) 3 000 000,00

d) 2 932 500,00

e) 2 167 500,00

10 (U. F. São João del-Rei-MG) Considerando que um produto que custa **x** reais sofreu três reajustes sucessivos de 10% ao longo do período de um ano, é correto afirmar que:

a) a diferença entre o preço inicial do produto e após o 3º reajuste é de 0,3x.

b) a diferença entre o preço do produto após o 1º reajuste e após o 2º reajuste é de 0,1x.

c) a diferença entre o preço do produto após o 2º reajuste e após o 3º reajuste é de 0,11x.

d) a diferença entre o preço do produto após o 1º reajuste e após o 3º reajuste é de 0,231x.

11 (U. F. São João del-Rei-MG) Um empréstimo tem taxa de reajuste de 100% ao ano. Se depois de 8 anos, não tendo sido feito nenhum pagamento e sem a incidência de multas, a dívida é de R$ 5 120,00, o valor solicitado em empréstimo foi de:

a) R$ 2 560,00   **c)** R$ 320,00

b) R$ 64,00   **d)** R$ 20,00

12 (Enem PPL) O turismo brasileiro atravessa um período de franca expansão. Entre 2002 e 2006, o número de pessoas que trabalham nesse setor aumentou 15% e chegou a 1,8 milhão. Cerca de 60% desse contingente de trabalhadores está no mercado informal, sem carteira assinada.

Veja, São Paulo, 18 jun. 2008. (Adaptado.)

Para regularizar os empregados informais que estão nas atividades ligadas ao turismo, o número de trabalhadores que terá que assinar carteira profissional é:

a) 270 mil

b) 720 mil

c) 810 mil

d) 1,08 milhão

e) 1,35 milhão

13 (FGV-SP) Para o consumidor individual, a editora fez esta promoção na compra de certo livro: "Compre o livro com 12% de desconto e economize R$ 10,80 em relação ao preço original".
Qual é o preço original do livro?

14 (IF-SP) Em uma cidade, sabe-se que 40% dos trabalhadores estão desempregados. Desse grupo, 60% não concluíram o Ensino Médio. A porcentagem do total de trabalhadores que estão desempregados e concluíram o Ensino Médio é de:

a) 16%   **d)** 28%

b) 20%   **e)** 32%

c) 24%

15 (ESPM-SP) Carlos fazia um teste por computador em que, a cada resposta dada, era informado sobre a porcentagem de acertos até então. Ao responder à penúltima questão, sua porcentagem de acertos era de 37,5% e, ao responder à última, ela passou para 40%.

O número de questões dessa prova era:

a) 30   **c)** 20   **e)** 10

b) 25   **d)** 15

16 (Enem PPL) O gráfico a seguir mostra o número de pessoas que acessaram a internet, no Brasil, em qualquer ambiente (domicílios, trabalho, escolas, *lan houses* ou outros locais), nos segundos trimestres dos anos de 2009, 2010 e 2011.

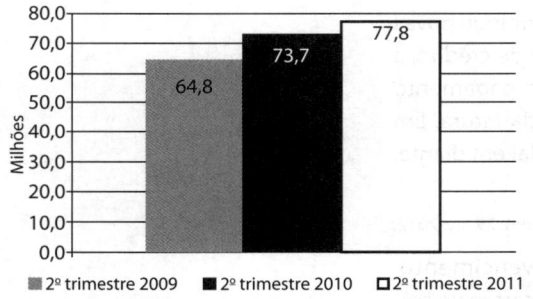

Disponível em: <www.prosadigital.com.br>. Acesso em: 28 fev. 2012.

Considerando que a taxa de crescimento do número de acessos à internet no Brasil, do segundo trimestre de 2011 para o segundo trimestre de 2012, seja igual à taxa verificada no mesmo período de 2010 para 2011, qual é, em milhões, a estimativa do número de pessoas que acessarão a internet no segundo trimestre de 2012?

a) 82,1   b) 83,3   c) 86,7   d) 93,4   e) 99,8

17 (Enem PPL) Observe no gráfico alguns dados a respeito da produção e do destino do lixo no Brasil no ano de 2010.

Quanto o Brasil produz de sujeira

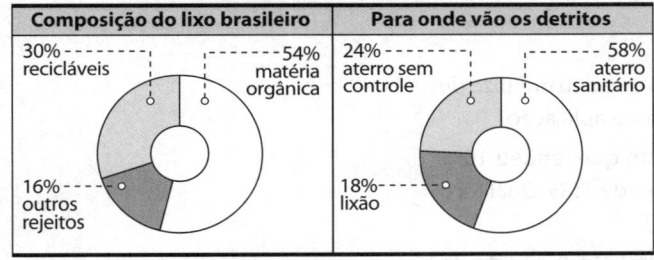

61 milhões de toneladas de lixo produzido no Brasil em 2010 (população urbana).

Veja, São Paulo, dez. 2011 (adaptado).

A partir desses dados, supondo que todo o lixo brasileiro, com exceção dos recicláveis, é destinado aos aterros ou aos lixões, quantos milhões de toneladas de lixo vão para os lixões?

a) 5,9   b) 7,6   c) 10,9   d) 42,7   e) 76,8

18 (PUC-RJ)

a) A pessoa **A** aplicou **x** reais em um investimento que rendeu 10% e resgatou R$ 49 500,00. A pessoa **B** aplicou **y** reais em um investimento que deu prejuízo de 10% e resgatou o mesmo valor que a pessoa **A**. Qual é o valor de **x**? Qual é o valor de **y**?

b) Uma pessoa aplicou R$ 5 000,00 em um investimento que rendeu 10%, mas sobre o rendimento foi cobrada uma taxa de 15%. Qual foi o valor líquido do resgate?

c) Uma pessoa aplicou R$ 59 000,00, parte no investimento **A** e parte no investimento **B**, e no final não teve lucro nem prejuízo. O investimento **A** rendeu 8%, mas sobre o rendimento foi cobrada uma taxa de 15%. O investimento **B** deu prejuízo de 5%. Qual foi o valor aplicado no investimento **A**? Qual foi o valor aplicado no investimento **B**?

19 (Enem PPL) O Conselho Monetário Nacional (CMN) determinou novas regras sobre o pagamento mínimo da fatura do cartão de crédito, a partir do mês de agosto de 2011. A partir de então, o pagamento mensal não poderá ser inferior a 15% do valor total da fatura. Em dezembro daquele ano, outra alteração foi efetuada: daí em diante, o valor mínimo a ser pago seria de 20% da fatura.

Disponível em: <http://g1.globo.com>. Acesso em: 29 fev. 2012.

Um determinado consumidor possuía no dia do vencimento, 01/03/2012, uma dívida de R$ 1 000,00 na fatura de seu cartão de crédito. Se não houver pagamento do valor total da fatura, são cobrados juros de 10% sobre o saldo devedor para a próxima fatura. Para quitar sua dívida, optou por pagar sempre o mínimo da fatura a cada mês e não efetuar mais nenhuma compra.

A dívida desse consumidor em 01/05/2012 será de:

a) R$ 600,00

b) R$ 640,00

c) R$ 722,50

d) R$ 774,40

e) R$ 874,22

20 (PUC-RJ)

a) Maria fez uma aplicação em um investimento que deu prejuízo de 10% e resgatou R$ 45 000,00. Qual foi o valor da aplicação?

b) João aplicou R$ 5 000,00 em um investimento que rendeu 10%, mas sobre o rendimento foi cobrada uma taxa de 15%. Qual foi o valor líquido que João resgatou?

c) Pedro aplicou R$ 70 000,00, parte no investimento **A** e parte no investimento **B**, e no final não teve lucro nem prejuízo. O investimento **A** rendeu 12%, e o investimento **B** deu prejuízo de 3%.

Qual foi o valor que Pedro aplicou no investimento **A**?

Qual foi o valor que Pedro aplicou no investimento **B**?

21 (Fatec-SP) No Brasil, o programa do biodiesel prevê que os postos de combustíveis vendam uma mistura de biodiesel e óleo diesel mineral. Em 2011, foram produzidos cerca de 52 milhões de metros cúbicos dessa mistura, composta por 5% de biodiesel.

A partir de 2013, esse programa prevê que a mistura dos dois combustíveis contenha 7% de biodiesel.

Suponha que, em 2013, o volume de biodiesel, em metros cúbicos, adicionado à mistura dos dois combustíveis seja igual ao volume do biodiesel, em metros cúbicos, que foi adicionado à mistura em 2011. Assim sendo, o volume da mistura produzida em 2013 será, em milhões de metros cúbicos, aproximadamente:

a) 12

b) 15

c) 20

d) 32

e) 37

22 (UF-GO) Em 2012, foram apreendidas no estado de Goiás 2 625 armas de fogo. Destas, 16% foram apreendidas em Goiânia. Em 2011, as apreensões em Goiânia representaram 14% das apreensões em Goiás. Sabendo-se que o número de armas apreendidas em Goiânia aumentou 20% em 2012, em relação a 2011, determine o número de armas apreendidas em Goiás em 2011.

23 (FGV-RJ) Adotando os valores log 2 $\simeq$ 0,30 e log 3 $\simeq$ 0,48, em que prazo um capital triplica quando aplicado a juros compostos à taxa de juro de 20% ao ano?

a) 5 anos e meio

b) 6 anos

c) 6 anos e meio

d) 7 anos

e) 7 anos e meio

24 (U. F. Uberlândia-MG) Juliana participa de um leilão de obras de arte adquirindo uma obra por **D** reais, em que é acordado que ela irá pagar em prestações mensais sem acréscimo de juros. Enquanto o saldo devedor for superior a 25% do valor **D**, ela pagará uma prestação no valor de 20% do saldo devedor, no mês que o saldo for inferior a 25% do valor **D**, ela pagará o restante de sua dívida. Nessas condições, em quantos pagamentos Juliana quitará sua dívida?

Sugestão: Utilize $\log_{10}(2) \simeq 0,301$.

a) 6

b) 9

c) 7

d) 8

25 (IF-PE) Nas aplicações financeiras feitas nos bancos são utilizados os juros compostos. A expressão para o cálculo é $C_F = C_O (1 + i)^T$, em que **C_F** é o montante, **C_O** é o capital, **i** é a taxa e **T** o tempo da aplicação. Como **C_F** depende de **T**, conhecidos **C_O** e **i**, temos uma aplicação do estudo de função exponencial. Um professor, ao deixar de trabalhar em uma instituição de ensino, recebeu uma indenização no valor de R$ 20 000,00. Ele fez uma aplicação financeira a uma taxa mensal (**i**) de 8%. Após **T** meses, esse professor recebeu um montante de R$ 43 200,00. Qual foi o tempo **T** que o dinheiro ficou aplicado?

Obs.: Use log (1,08) $\simeq$ 0,03 e log (2,16) $\simeq$ 0,33.

a) 10

b) 11

c) 12

d) 13

e) 14

▶ Semelhança e Trigonometria

1 (UF-RN) A escadaria a seguir tem oito batentes no primeiro lance e seis, no segundo lance de escada.

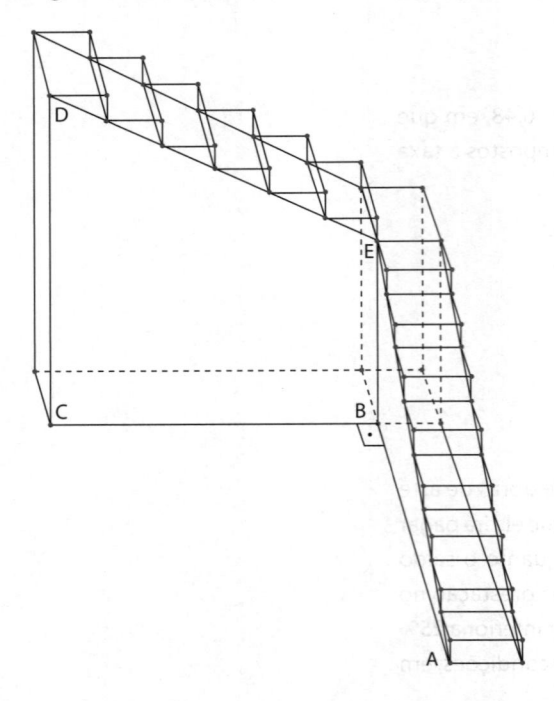

Sabendo que cada batente tem 20 cm de altura e 30 cm de comprimento (profundidade), a tangente do ângulo CÂD mede:

a) $\dfrac{9}{10}$

b) $\dfrac{14}{15}$

c) $\dfrac{29}{30}$

d) 1

2 (Mackenzie-SP)

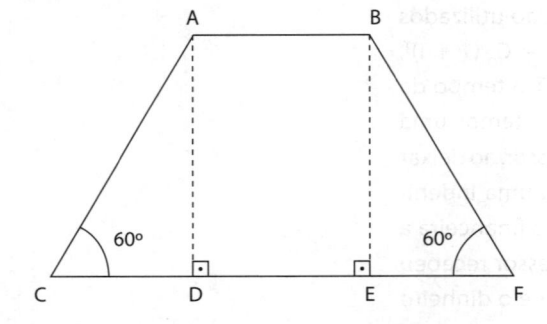

Se na figura, $AD = 3\sqrt{2}$ e $CF = 14\sqrt{6}$, então a medida de $\overline{AB}$ é:

a) $8\sqrt{6}$

b) $10\sqrt{6}$

c) $12\sqrt{6}$

d) 28

e) $14\sqrt{5}$

3 (Cefet-MG) A figura abaixo tem as seguintes características:

- o ângulo $\hat{E}$ é reto;
- o segmento de reta $\overline{AE}$ é paralelo ao segmento $\overline{BD}$;
- os segmentos $\overline{AE}$, $\overline{BD}$ e $\overline{DE}$, medem, respectivamente, 5, 4 e 3.

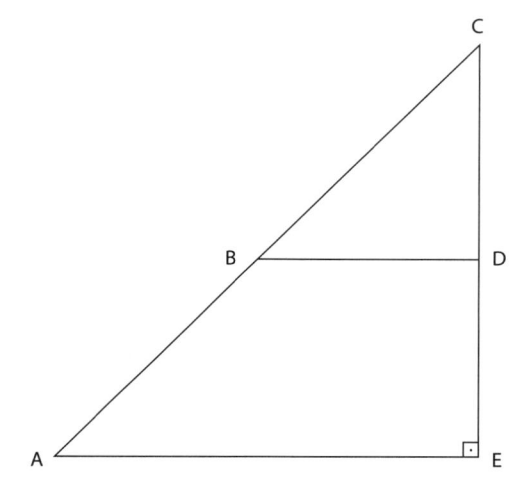

O segmento $\overline{AC}$, em unidades de comprimento, mede:

a) 8

b) 12

c) 13

d) $\sqrt{61}$

e) $5\sqrt{10}$

4 (Cefet-MG) O percurso reto de um rio, cuja correnteza aponta para a direita, encontra-se representado pela figura abaixo. Um nadador deseja determinar a largura do rio nesse trecho e propõe-se a nadar do ponto **A** ao **B**, conduzindo uma corda, a qual tem uma de suas extremidades retida no ponto **A**. Um observador localizado em **A** verifica que o nadador levou a corda até o ponto **C**.

Dados:

α	30°	45°	60°
sen α	$\dfrac{1}{2}$	$\dfrac{\sqrt{2}}{2}$	$\dfrac{\sqrt{3}}{2}$
cos α	$\dfrac{\sqrt{3}}{2}$	$\dfrac{\sqrt{2}}{2}$	$\dfrac{1}{2}$
tg α	$\dfrac{\sqrt{3}}{3}$	1	$\sqrt{3}$

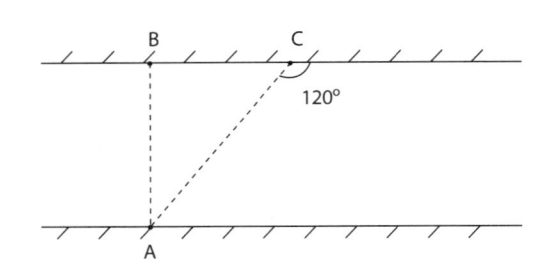

Nessas condições, a largura do rio, no trecho considerado, é expressa por:

a) $\dfrac{1}{3}\ \overline{AC}$

c) $\dfrac{\sqrt{3}}{2}\ \overline{AC}$

b) $\dfrac{1}{2}\ \overline{AC}$

d) $\dfrac{3\sqrt{3}}{3}\ \overline{AC}$

5 (UF-GO) Um topógrafo deseja calcular a largura de um rio em um trecho onde suas margens são paralelas e retilíneas. Usando como referência uma árvore, **A**, que está na margem oposta, ele identificou dois pontos **B** e **C**, na margem na qual se encontra, tais que os ângulos AB̂C e AĈB medem 135° e 30°, respectivamente. O topógrafo, então, mediu a distância entre **B** e **C**, obtendo 20 metros.

Considerando-se o exposto, calcule a largura do rio.

Dado: $\sqrt{3} \approx 1,7$.

6 (U. F. São João del-Rei-MG) Uma escada com **x** metros de comprimento forma um ângulo de 30° com a horizontal, quando encostada ao edifício de um dos lados da rua, e um ângulo de 45° se for encostada ao prédio do outro lado da rua, apoiada no mesmo ponto do chão.

Sabendo que a distância entre os prédios é igual a $\left(5\sqrt{3}+5\sqrt{2}\right)$ metros de largura, assinale a alternativa que contém o comprimento da escada, em metros.

a) $5\sqrt{2}$

b) 5

c) $10\sqrt{3}$

d) 10

7 (Unioeste-PR) Uma loja do ramo de som vende instrumentos musicais e renova todo mês seu estoque de violas em 60 unidades. A função que aproxima o estoque de violas da loja ao longo do mês é $f(x)=30\left(\cos\left(\dfrac{\pi x}{30}\right)+1\right)$, sendo que **x** é o dia do mês (considerando o mês comercial de 30 dias) e f(x) é o estoque ao final do dia **x**. Nos termos apresentados, é correto afirmar que:

a) ao final do mês, metade do estoque ainda não foi vendido.

b) a loja vende metade do seu estoque até o dia 10 de cada mês.

c) no dia 15 de cada mês, metade do estoque do mês foi vendido.

d) ao fim do mês, a loja ainda não vendeu todo o estoque de violas.

e) o estoque em um determinado dia do mês é exatamente metade do estoque do dia anterior.

8 (UE-RN) A razão entre o maior e o menor número inteiro que pertencem ao conjunto imagem da função trigonométrica $y = -4 + 2\cos\left(x - \dfrac{2\pi}{3}\right)$ é:

a) 2

b) $\dfrac{1}{3}$

c) -3

d) $-\dfrac{1}{2}$

9 (EsPCEx-SP) Os pontos **P** e **Q** representados no círculo trigonométrico abaixo correspondem às extremidades de dois arcos, ambos com origem em (1, 0), denominados respectivamente α e β, medidos no sentido positivo. O valor de tg $(\alpha + \beta)$ é:

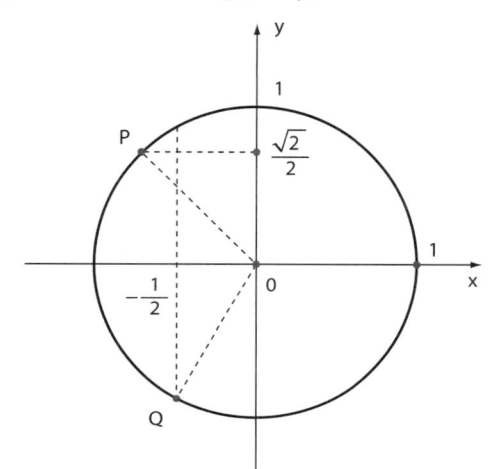

a) $\dfrac{3 + \sqrt{3}}{3}$

b) $\dfrac{3 - \sqrt{3}}{3}$

c) $2 + \sqrt{3}$

d) $2 - \sqrt{3}$

e) $-1 + \sqrt{3}$

10 (U. F. São João del-Rei-MG) Considerando os valores de θ, para os quais a expressão $\dfrac{\operatorname{sen}\theta}{\operatorname{cossec}\theta} + \dfrac{\cos\theta}{\sec\theta}$ é definida, é correto afirmar que ela está sempre igual a:

a) $\cos\theta$

b) 2

c) $\operatorname{sen}\theta$

d) 1

11 (UF-RS) Os lados de um losango medem 4 e um dos seus ângulos 30°. A medida da diagonal menor do losango é:

a) $2\sqrt{2 - \sqrt{3}}$

b) $\sqrt{2 + \sqrt{3}}$

c) $4\sqrt{2 - \sqrt{3}}$

d) $2\sqrt{2 + \sqrt{3}}$

e) $4\sqrt{2 + \sqrt{3}}$

12 (Fuvest-SP) Um caminhão sobe uma ladeira com inclinação de 15°. A diferença entre a altura final e a altura inicial de um ponto determinado do caminhão, depois de percorridos 100 m da ladeira, será de, aproximadamente:

$\left(\text{Dados: } \sqrt{3} \approx 1,73; \text{ sen}^2\left(\dfrac{\theta}{2}\right) = \dfrac{1 - \cos\theta}{2}\right).$

a) 7 m c) 40 m e) 67 m

b) 26 m d) 52 m

13 (U. F. Juiz de Fora-MG) Considere dois triângulos ABC e DBC, de mesma base $\overline{BC}$, tais que **D** é um ponto interno ao triângulo ABC. A medida de $\overline{BC}$ é igual a 10 cm. Com relação aos ângulos internos desses triângulos, sabe-se que: $D\hat{B}C = B\hat{C}D$, $D\hat{C}A = 30°$, $D\hat{B}A = 40°$, $B\hat{A}C = 50°$.

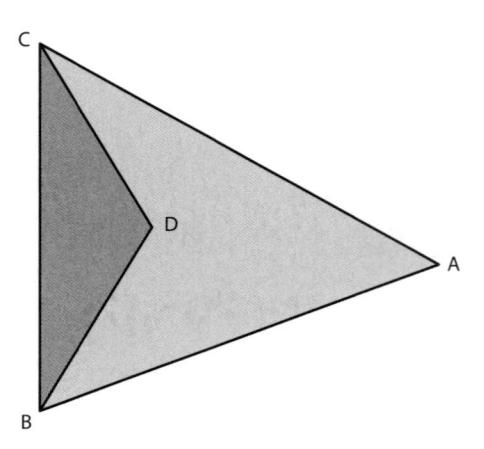

a) Encontre a medida do ângulo $B\hat{D}C$.

b) Calcule a medida do segmento $\overline{BD}$.

c) Admitindo-se tg$(50°) = \dfrac{6}{5}$, determine a medida do segmento $\overline{AC}$.

14 (PUC-SP) Abílio (**A**) e Gioconda (**G**) estão sobre uma superfície plana de uma mesma praia e, num dado instante, veem, sob respectivos ângulos de 30° e 45°, um pássaro (**P**) voando, conforme é representado na planificação abaixo.

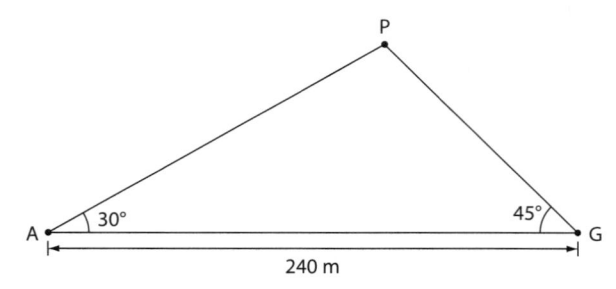

Considerando desprezíveis as medidas das alturas de Abílio e Gioconda e sabendo que, naquele instante, a distância entre **A** e **G** era de 240 m, então a quantos metros de altura o pássaro distava da superfície da praia?

a) $60\left(\sqrt{3} + 1\right)$ c) $120\left(\sqrt{3} + 1\right)$ e) $180\left(\sqrt{3} + 1\right)$

b) $120\left(\sqrt{3} - 1\right)$ d) $180\left(\sqrt{3} - 1\right)$

15 (UE-PA) As construções de telhados em geral são feitas com um grau mínimo de inclinação em função do custo. Para as medidas do modelo de telhado representado a seguir, o valor do seno do ângulo agudo φ é dado por:

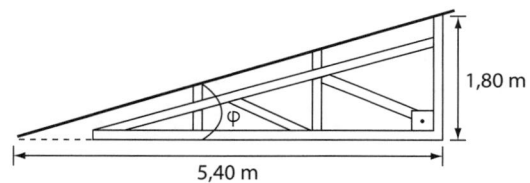

Fonte: <www.diaadiaducacao.pr.gov.br/portals/pde/arquivos/933-2.pdf>. Acesso em: 9 set. 2011. Texto adaptado.

a) $\dfrac{4\sqrt{10}}{10}$

b) $\dfrac{3\sqrt{10}}{10}$

c) $\dfrac{2\sqrt{2}}{10}$

d) $\dfrac{\sqrt{10}}{10}$

e) $\dfrac{\sqrt{2}}{10}$

16 (Fuvest-SP) Na figura, tem-se $\overline{AE}$ paralelo a $\overline{CD}$, $\overline{BC}$ paralelo a $\overline{DE}$, $AE = 2$, $\alpha = 45°$, $\beta = 75°$. Nessas condições, a distância do ponto **E** ao segmento $\overline{AB}$ é igual a:

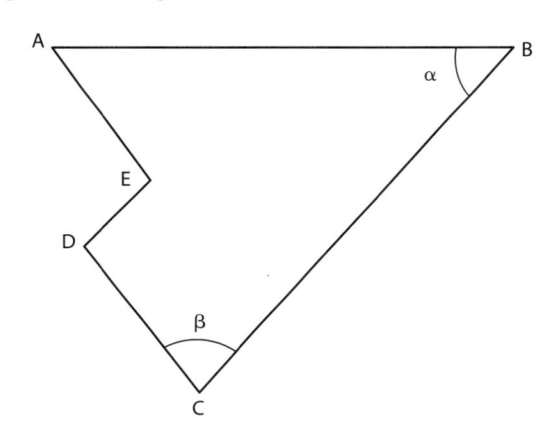

a) $\sqrt{3}$

b) $\sqrt{2}$

c) $\dfrac{\sqrt{3}}{2}$

d) $\dfrac{\sqrt{2}}{2}$

e) $\dfrac{\sqrt{2}}{4}$

17 (Udesc-SC) O relógio *Tower Clock*, localizado em Londres, Inglaterra, é muito conhecido pela sua precisão e tamanho. O ângulo interno formado entre os ponteiros das horas e dos minutos desse relógio, desprezando suas larguras, às 15 horas e 20 minutos é:

a) $\dfrac{\pi}{12}$

b) $\dfrac{\pi}{36}$

c) $\dfrac{\pi}{6}$

d) $\dfrac{\pi}{18}$

e) $\dfrac{\pi}{9}$

18 (UF-PB) Um especialista, ao estudar a influência da variação da altura das marés na vida de várias espécies em certo manguezal, concluiu que a altura **A** das marés, dada em metros, em um espaço de tempo não muito grande, poderia ser modelada de acordo com a função:

$$A(t) = 1,6 - 1,4 \operatorname{sen}\left(\frac{\pi}{6} t\right)$$

Nessa função, a variável **t** representa o tempo decorrido, em horas, a partir da meia-noite de certo dia. Nesse contexto, conclui-se que a função **A**, no intervalo [0, 12], está representada pelo gráfico:

a)
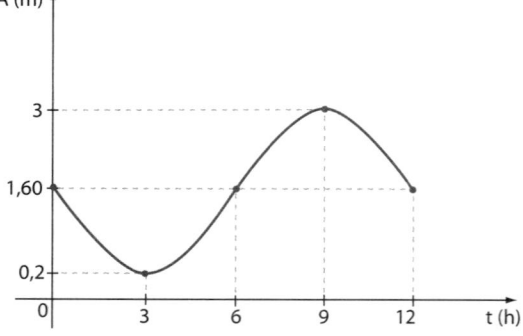

b)
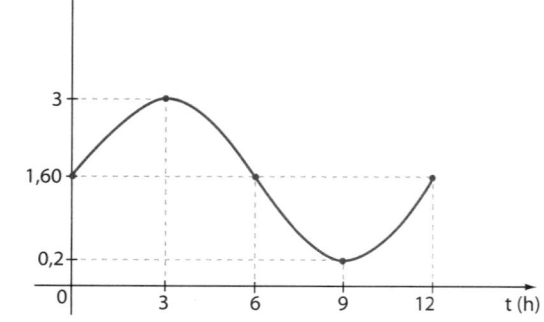

c)
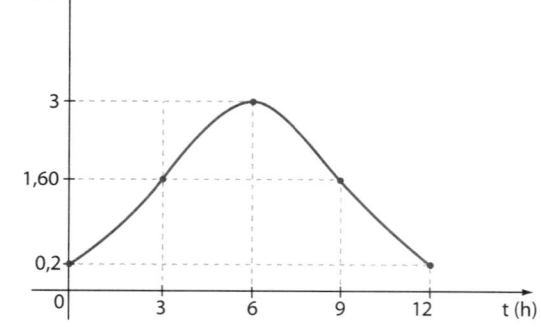

d)
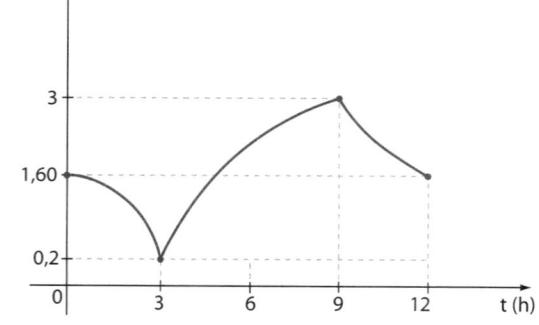

e) A (m)

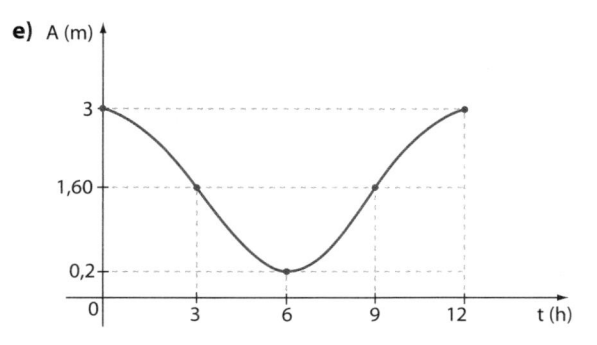

19 (UF-PR) Suponha que, durante certo período do ano, a temperatura **T**, em graus Celsius, na superfície de um lago possa ser descrita pela função $F(t) = 21 - 4\cos\left(\dfrac{\pi}{12}t\right)$, sendo **t** o tempo em horas medido a partir das 6h00 da manhã.

a) Qual a variação de temperatura num período de 24 horas?

b) A que horas do dia a temperatura atingirá 23 °C?

20 (EPCAr-MG) Considere **A** o conjunto mais amplo possível na função real f: A → ℝ, dada por $f(x) = \dfrac{\operatorname{sen} x}{\operatorname{cossec} x} + \dfrac{\cos x}{\sec x}$.

Sobre a função **f** é correto afirmar que:

a) $A = \left\{ x \in \mathbb{R} \mid x \neq \dfrac{k\pi}{2}, k \in \mathbb{Z} \right\}$.

b) é periódica com período igual a π.

c) é decrescente se $x \in \left\{ x \in \mathbb{R} \mid \dfrac{\pi}{2} + 2k\pi < x < \pi + 2k\pi, k \in \mathbb{Z} \right\}$.

d) é ímpar.

21 (Unioeste-PR) É correto afirmar que a expressão

$\dfrac{\cos^2(x) - \operatorname{sen}^2(x) + 3\operatorname{tg}(2x)}{1 - (\operatorname{sen}(x) - \cos(x))^2}$ é igual a:

a) $3\operatorname{tg}(2x)$

b) $\operatorname{cotg}(2x) + 3\sec(2x)$

c) $\operatorname{tg}(2x) + 3\operatorname{cossec}(2x)$

d) $\operatorname{tg}(2x) + 3\sec(2x)$

e) $\operatorname{cotg}(2x) + 3\operatorname{cossec}(2x)$

22 (U. F. Triângulo Mineiro-MG) Na figura, AEFG é um quadrado, e $\overline{BD}$ divide o ângulo $A\hat{B}C$ ao meio.

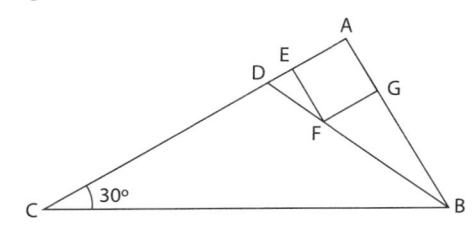

Sendo $CD = 2\sqrt{3}$ cm, o lado do quadrado AEFG, em centímetros, mede:

a) $\dfrac{\sqrt{3} - 1}{2}$

b) $\sqrt{3} - 1$

c) $\dfrac{6(\sqrt{3} - 1)}{5}$

d) $\dfrac{4(\sqrt{3} - 1)}{3}$

e) $\dfrac{3(\sqrt{3} - 1)}{2}$

23 (UE-PB) A diagonal menor de um paralelogramo divide um de seus ângulos internos em dois outros. Um β e o outro 2β. A razão entre o maior e o menor lado do paralelogramo é:

a) $2\,\text{sen}\,\beta$

c) $2\cos\beta$

e) $\text{tg}\,\beta$

b) $\dfrac{1}{2\cos\beta}$

d) $\dfrac{1}{2\,\text{sen}\,\beta}$

24 (Fuvest-SP)

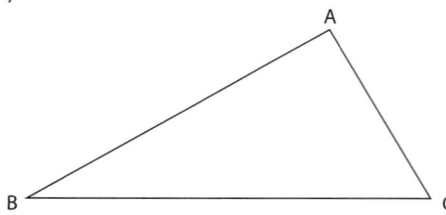

No triângulo acutângulo ABC, ilustrado na figura, o comprimento do lado $\overline{BC}$ mede $\dfrac{\sqrt{15}}{5}$, o ângulo interno de vértice **C** mede α, e o ângulo interno de vértice **B** mede $\dfrac{\alpha}{2}$. Sabe-se, também, que $2\cos(2\alpha) + 3\cos\alpha + 1 = 0$.

Nessas condições, calcule:

a) o valor de sen α;

b) o comprimento do lado $\overline{AC}$.

25 (CPAEN) A soma dos quadrados das raízes da equação $|\text{sen}\,x| = 1 - 2\,\text{sen}^2\,x$, quando $0 < x < 2\pi$, vale:

a) $\dfrac{49}{36}\pi^2$

c) $\dfrac{7}{3}\pi^2$

e) $\dfrac{49}{6}\pi^2$

b) $\dfrac{49}{9}\pi^2$

d) $\dfrac{14}{9}\pi^2$

26 (Fuvest-SP) Uma circunferência de raio 3 cm está inscrita no triângulo isósceles ABC, no qual AB = AC. A altura relativa ao lado $\overline{BC}$ mede 8 cm. O comprimento de $\overline{BC}$ é, portanto, igual a:

a) 24 cm

c) 12 cm

e) 7 cm

b) 13 cm

d) 9 cm

27 (Unicamp-SP) A figura a seguir exibe um pentágono com todos os lados de mesmo comprimento.

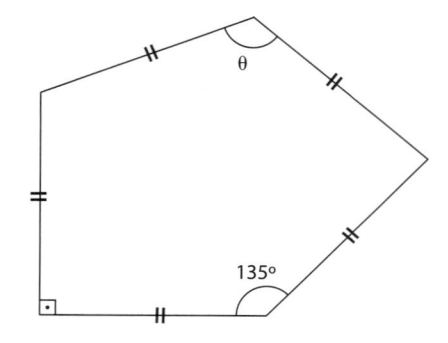

A medida do ângulo θ é igual a:

a) 105°

c) 135°

b) 120°

d) 150°

Matrizes, Determinantes e Sistemas lineares

1 (Fuvest-SP) Em uma transformação química, há conservação de massa e dos elementos químicos envolvidos, o que pode ser expresso em termos dos coeficientes e índices nas equações químicas.

a) Escreva um sistema linear que represente as relações entre os coeficientes **x**, **y**, **z** e **w** na equação química

$$x\ C_8H_{18} + y\ O_2 \rightarrow z\ CO_2 + w\ H_2O$$

b) Encontre todas as soluções do sistema em que **x**, **y**, **z** e **w** são inteiros positivos.

2 (Udesc-SC) Sejam $A = (a_{ij})$ e $B = (b_{ij})$ matrizes quadradas de ordem 3 de tal forma que:

- $a_{ij} = i + j$
- $b_{ij} = j$ e os elementos de cada coluna, de cima para baixo, formam uma progressão geométrica de razão 2.

Analise as proposições abaixo:

I. $A = A^T$

II. Os elementos de cada uma das linhas da matriz **B** estão em progressão aritmética.

III. Os elementos de cada uma das linhas e de cada uma das colunas da matriz AB estão em progressão aritmética.

IV. Existe a matriz inversa da matriz $C = A - B$.

O número de proposição(ões) verdadeira(s) é:

a) 0   **d)** 2

b) 3   **e)** 4

c) 1

3 (EsPCEx-SP) Seja **x** um número real, **I** a matriz identidade de ordem 2 e **A** a matriz quadrada de ordem 2, cujos elementos são definidos por $a_{ij} = i - j$.

Sobre a equação em **x** definida por $\det(A - xI) = x + \det A$ é correto afirmar que:

a) as raízes são 0 e $\dfrac{1}{2}$.

b) todo **x** real satisfaz a equação.

c) apresenta apenas raízes inteiras.

d) uma raiz é nula e a outra negativa.

e) apresenta apenas raízes negativas.

4 (UE-MA) Uma empresa da construção civil faz 3 tipos de casa: tipo 1, para casal sem filhos; tipo 2, para casal com até 2 filhos; e tipo 3, para casal com 3 ou mais filhos. A empresa de material de construção Barateiro Umbizal fornece ferro, madeira, telha e tijolo, para a primeira etapa da construção, conforme tabelas de material e de preço.

Quantidade de material fornecido pela empresa Barateiro Umbizal				
Tipo da casa	Ferro (feixe)	Madeira (m^3)	Telha (milheiro)	Tijolo (milheiro)
Tipo 1	3	2	2	3
Tipo 2	4	4	3	5
Tipo 3	5	5	4	6

Preço por unidade de material fornecido em reais			
Feixe de ferro	Madeira (m^3)	Telha (milheiro)	Tijolo (milheiro)
500,00	600,00	400,00	300,00

Sabendo que a empresa construirá 2, 4 e 5 casas dos tipos 1, 2 e 3, respectivamente, o preço unitário de cada tipo de casa e o custo total do material fornecido, para esta primeira etapa de construção, pela empresa, em reais, é de:

a)

Tipo 1	Tipo 2	Tipo 3	Custo total
5 200,00	7 100,00	8 900,00	83 300,00

b)

Tipo 1	Tipo 2	Tipo 3	Custo total
4 400,00	7 100,00	9 100,00	82 700,00

c)

Tipo 1	Tipo 2	Tipo 3	Custo total
4 400,00	7 100,00	8 900,00	81 700,00

d)

Tipo 1	Tipo 2	Tipo 3	Custo total
4 400,00	7 400,00	8 900,00	82 900,00

e)

Tipo 1	Tipo 2	Tipo 3	Custo total
4 500,00	7 100,00	8 800,00	82 400,00

5 (UF-GO) Um modelo matemático usado para a ampliação de uma imagem consiste em considerar uma transformação linear dada pela multiplicação de uma matriz escala E_s por uma matriz coluna A, composta pelas coordenadas do ponto P, que forma a imagem que será ampliada. Considerando as matrizes A e E_s dadas por:

$$A = \begin{bmatrix} x \\ y \end{bmatrix} \text{ e } E_s = \begin{bmatrix} E_x & 0 \\ 0 & E_y \end{bmatrix},$$

em que E_x e E_y são fatores multiplicativos que indicam a mudança da escala, então a matriz Q que indica as novas coordenadas do ponto P, obtidas pela multiplicação das matrizes E_s e A, é:

a) $\begin{bmatrix} xE_x \\ yE_y \end{bmatrix}$

b) $\begin{bmatrix} E_x + x \\ E_y + y \end{bmatrix}$

c) $\begin{bmatrix} yE_x \\ xE_y \end{bmatrix}$

d) $\begin{bmatrix} yE_x & 0 \\ 0 & xE_y \end{bmatrix}$

e) $\begin{bmatrix} E_x & x \\ y & E_y \end{bmatrix}$

6 (U. E. Ponta Grossa-PR) Considerando as matrizes abaixo, sendo det A = 5, det B = −1 e det C = 2, assinale o que for correto [e indique a soma correspondente às alternativas corretas].

$$A = \begin{pmatrix} x & z \\ -1 & 4 \end{pmatrix}, B = \begin{pmatrix} 2x & y - x \\ -5 & 1 \end{pmatrix} e\ C = \begin{pmatrix} y + x & y \\ -3 & 1 \end{pmatrix}$$

(01) x + y + z = 0

(02) $A - C = \begin{pmatrix} 3 & -4 \\ 2 & 3 \end{pmatrix}$

(04) $B \cdot C = \begin{pmatrix} -1 & 3 \\ 2 & -4 \end{pmatrix}$

(08) y = 2x

(16) $A + B = \begin{pmatrix} -6 & 4 \\ 6 & -5 \end{pmatrix}$

7 (Udesc-SC) Se $\mathbf{A}^T$ e $\mathbf{A}^{-1}$ representam, respectivamente, a transposta e a inversa da matriz $A = \begin{bmatrix} 2 & 3 \\ 4 & 8 \end{bmatrix}$, então o determinante da matriz $B = A^T - 2A^{-1}$ é igual a:

a) $\dfrac{-111}{2}$

b) $\dfrac{-83}{2}$

c) -166

d) $\dfrac{97}{2}$

e) 62

8 (UE-PA) Uma empresa utiliza o serviço de mala direta como meio de comunicação com seus clientes. O setor financeiro da empresa efetuou levantamento, no mês de agosto, sobre os custos com esse tipo de comunicação, e constatou um gasto de R$ 254,50, com o envio de 300 malas diretas do tipo normal e 95 do tipo urgente. No mês de setembro, a empresa enviou 300 malas diretas do tipo normal e apenas 40 do tipo urgente, totalizando um gasto de R$ 194,00. O custo correspondente ao envio de uma mala direta normal é:

a) R$ 1,55

b) R$ 1,50

c) R$ 1,00

d) R$ 0,55

e) R$ 0,50

9 (UF-RS) Para os jogos da primeira fase da Copa do Mundo de 2014 na sede de Porto Alegre, foram sorteados ingressos entre aqueles que se inscreveram previamente. Esses ingressos foram divididos em 4 categorias, identificadas pelas letras **A**, **B**, **C** e **D**. Cada pessoa podia solicitar, no máximo, quatro ingressos por jogo. Os ingressos da categoria **D** foram vendidos somente para residentes no país sede e custaram, cada um, $\dfrac{1}{3}$ do valor unitário do ingresso da categoria **C**.

No quadro abaixo, estão representadas as quantidades de ingressos, por categoria, solicitados por uma pessoa, para cada um dos jogos da primeira fase, e o valor total a ser pago.

Jogo	A	B	C	D	Total (em R$)
1	2	0	2	0	1 060,00
2	1	3	0	0	1 160,00
3	0	1	3	0	810,00

Se essa pessoa comprasse um ingresso de cada categoria para um dos jogos da primeira fase, ela gastaria, em reais:

a) 860   b) 830   c) 800   d) 770   e) 740

10 (IF-SC) Segundo uma promoção realizada por um time de futebol, os associados ganham crédito de R$ 6,00 em compras, na loja oficial do clube, por vitória do time, ganham R$ 2,00 por empate e não ganham, nem perdem créditos quando há derrota. Até o momento, o time jogou 8 partidas e cada vitória vale 3 pontos na tabela do campeonato, cada empate vale 1 ponto e cada derrota, zero ponto, totalizando 16 pontos no campeonato e R$ 32,00 de créditos para associados. Em relação aos dados acima, analise as proposições abaixo e assinale a soma da(s) correta(s).

(01) A situação apresentada no enunciado pode ser representada por um sistema linear.

(02) Há apenas uma solução para a quantidade de vitórias, empates e derrotas do time.

(04) Não existem valores reais que representem solução para a quantidade de vitórias, empates e derrotas do time.

(08) Há mais de uma solução para a quantidade de vitórias, derrotas e empates do time.

(16) Podemos garantir que a quantidade de vitórias é maior que a soma de empates e derrotas.

11 (UEA-AM) Na era do real, o brasileiro nunca guardou tantos recursos na poupança quanto no mês de junho de 2013. Nesse mês, a caderneta captou R$ 9,5 bilhões líquidos (depósitos menos saques), um recorde mensal na série do Banco Central, iniciada em 1995. Sabendo que, nesse mês, a metade do valor total depositado mais $\frac{2}{5}$ do valor total sacado foi igual a R$ 100,6 bilhões, pode-se concluir que o valor total depositado na poupança em junho de 2013 foi, em bilhões de reais, igual a:

a) 112,5   **d)** 116

b) 108   **e)** 98

c) 106,5

12 (U. F. Santa Maria-RS) As frutas são fontes naturais de vitaminas e sais minerais e auxiliam na prevenção de doenças.

Suponha que as equações do sistema

$$\begin{cases} 70x + ay \quad\quad = 260 \\ ax + by + 7z = 194 \\ 20x \quad\quad + 12z = 84 \end{cases}$$

representam, respectivamente, a quantidade de vitamina C, cálcio e fósforo, quando são ingeridas as porções **x**, **y** e **z** de três tipos de frutas diferentes. Sabe-se que o sistema tem como solução $x = 3$, $y = 1$ e $z = 2$.

Qual é o determinante da matriz dos coeficientes do sistema?

a) 1 120

b) 2 200

c) 12 880

d) 32 480

e) 62 200

13 (UE-MG) Uma pequena empresa fabrica dois tipos de colchão: solteiro e casal. A tabela a seguir refere-se ao faturamento da empresa nos meses de agosto e setembro:

	Faturamento mensal com colchão de solteiro	Faturamento mensal com colchão de casal	Total
Agosto	(?)	(?)	R$ 8 320,00
Setembro	Metade do valor faturado em agosto	Um terço do valor faturado em agosto	R$ 3 200,00

Cada colchão de solteiro custa R$ 320,00, e cada colchão de casal custa R$ 480,00.

A quantidade de colchões de solteiro vendidos em agosto corresponde a:

a) 6   **b)** 8   **c)** 10   **d)** 11

14 (Fuvest-SP) Um recipiente hermeticamente fechado e opaco contém bolas azuis e bolas brancas. As bolas de mesma cor são idênticas entre si e há pelo menos uma de cada cor no recipiente. Na tentativa de descobrir quantas bolas de cada cor estão no recipiente, usou-se uma balança de dois pratos. Verificou-se que o recipiente com as bolas pode ser equilibrado por:

I.   16 bolas brancas idênticas às que estão no recipiente ou

II. 10 bolas brancas e 5 bolas azuis igualmente idênticas às que estão no recipiente ou

III. 4 recipientes vazios também idênticos ao que contém as bolas.

Sendo P_A, P_B e P_R, respectivamente, os pesos de uma bola azul, de uma bola branca e do recipiente na mesma unidade de medida, determine:

a) os quocientes $\dfrac{P_A}{P_B}$ e $\dfrac{P_R}{P_B}$;

b) o número n_A de bolas azuis e o número n_B de bolas brancas no recipiente.

15 (UE-CE) Uma matriz quadrada $P = (a_{ij})$ é simétrica quando $a_{ij} = a_{ji}$. Por exemplo, a matriz $\begin{bmatrix} 2 & -3 & 5 \\ -3 & 7 & 4 \\ 5 & 4 & 1 \end{bmatrix}$ é simétrica.

Se a matriz $M = \begin{bmatrix} x+y & x-y & xy \\ 1 & y-x & 2y \\ 6 & x+1 & 1 \end{bmatrix}$ é simétrica, pode-se afirmar corretamente que o determinante de **M** é igual a:

a) -1

b) -2

c) 1

d) 2

16 (UE-PB) Se **x** e **y** são números reais não nulos e $\begin{vmatrix} x & y & x^2 + y^2 \\ x & 0 & x^2 \\ -2 & -3 & -5 \end{vmatrix} = 0$, então o valor de $2x + 3y$ é:

a) 10

b) 4

c) 7

d) -5

e) 5

17 (ESPM-SP) Se a matriz $\begin{bmatrix} 3 & x \\ 4 & x+1 \end{bmatrix}$ for multiplicada pelo valor do seu determinante, este ficará multiplicado por 49. Um dos possíveis valores de **x** é:

a) 5

b) -3

c) 1

d) -4

e) 2

18 (IF-CE) Considere a matriz $A = \begin{bmatrix} \cos\theta & 2 & \operatorname{sen}\theta \\ 3 & 1 & 3 \\ -\operatorname{sen}\theta & 0 & \cos\theta \end{bmatrix}$. Sabendo-se que $\operatorname{sen}\theta = -\cos\theta$, em que $0 \leq \theta \leq 2\pi$, o determinante da matriz inversa de **A**, indicado por det A^{-1}, vale:

a) -1

b) 0

c) 1

d) 2

e) -5

19 (UE-RN) Sejam duas matrizes **A** e **B**: $A = (a_{ij})_{3\times3}$, tal que $a_{ij} = \begin{cases} i \cdot j, \text{ se } i \leq j \\ i + j, \text{ se } i > j \end{cases}$ e $B = A^2$. Assim, a soma dos elementos da diagonal secundária de **B** é:

a) 149   b) 153   c) 172   d) 194

20 (EsPCEx-SP) Considere as matrizes $A = \begin{bmatrix} 3 & 5 \\ 1 & x \end{bmatrix}$ e $B = \begin{bmatrix} x & y+4 \\ y & 3 \end{bmatrix}$. Se **x** e **y** são valores para os quais **B** é a transposta da inversa da matriz **A**, então o valor de $x + y$ é:

a) -1

b) -2

c) -3

d) -4

e) -5

21 (UF-PE) Seja $\begin{bmatrix} a & b \\ c & d \end{bmatrix}$ a inversa da matriz $\begin{bmatrix} 3 & 1 \\ 11 & 4 \end{bmatrix}$. Indique $|a| + |b| + |c| + |d|$.

22 (Unioeste-PR) Sabe-se que **x**, **y** e **z** são números reais. Se $(2x + 3y - z)^2 + (2y + x - 1)^2 + (z - 3 - y)^2 = 0$, então $x + y + z$ é igual a:

a) 7

b) 6

c) 5

d) 4

e) 3

23 (UF-PE) Sobre o sistema de equações lineares apresentado abaixo, analise as proposições a seguir, sendo **a** um parâmetro real.

$$\begin{cases} x + y + z = 2 \\ x + ay + 2z = 1 \\ 2x + y + z = 3 \end{cases}$$

(0-0) Se $a = 2$, então o sistema admite infinitas soluções.

(1-1) O sistema sempre admite solução.

(2-2) Quando o sistema admite solução, temos que $x = 1$.

(3-3) Se $a \neq 2$, então o sistema admite uma única solução.

(4-4) Se $a = 1$, então o sistema admite a solução $(1, 2, -1)$.

24 (U. E. Ponta Grossa-PR) Se Bruna der 6 reais a Ana, então ambas ficarão com a mesma quantia. Se Carla perder 2 reais, ficará com a mesma quantia que tem Ana. Se Bruna perder um terço do que tem, ficará com a mesma quantia que tem Carla. Nesse contexto, assinale o que for correto [e indique a soma correspondente às afirmações corretas].

(01) As três juntas têm mais de 50 reais.

(02) Ana tem menos de 20 reais.

(04) Carla tem mais de 15 reais.

(08) Bruna tem mais do que Ana e Carla juntas.

25 (U. F. São João del-Rei-MG) Observe o sistema de variáveis **x**, **y**, **z** e **t**.

$$\begin{cases} x + y + z + t = 4 \\ x + y + z = 0 \\ x + y + t = 2 \\ x + z + t = 4 \end{cases}$$

Com base no sistema, é correto afirmar que sua solução, considerando **x**, **y**, **z** e **t**, nessa ordem, forma uma progressão:

a) geométrica decrescente.

b) aritmética decrescente.

c) geométrica crescente.

d) aritmética crescente.

26 (EPCAr-MG) Uma montadora de automóveis prepara três modelos de carros, a saber:

Modelo	1	2	3
Cilindrada (em litro)	1.0	1.4	1.8

Essa montadora divulgou a matriz abaixo em que cada termo a_{ij} representa a distância percorrida, em km, pelo modelo **i**, com um litro de combustível, à velocidade 10j km/h.

$$\begin{bmatrix} 6 & 7,6 & 7,2 & 8,9 & 8,2 & 11 & 10 & 12 & 11,8 \\ 5 & 7,5 & 7 & 8,5 & 8 & 10,5 & 9,5 & 11,5 & 11 \\ 3 & 2,7 & 5,9 & 5,5 & 8,1 & 7,4 & 9,8 & 9,4 & 13,1 \end{bmatrix}$$

Com base nisso, é correto dizer que:

a) para motoristas que somente trafegam a 30 km/h, o carro 1.4 é o mais econômico.

b) se durante um mesmo período de tempo um carro 1.4 e um 1.8 trafegam a 50 km/h, o 1.4 será o mais econômico.

c) para motoristas que somente trafegam a velocidade de 70 km/h, o carro 1.8 é o de maior consumo.

d) para motoristas que somente trafegam a 80 km/h, o carro 1.0 é o mais econômico.

27 (Enem-MEC) Um aluno registrou as notas bimestrais de algumas de suas disciplinas numa tabela. Ele observou que as entradas numéricas da tabela formavam uma matriz 4×4 e que poderia calcular as médias anuais dessas disciplinas usando produto de matrizes. Todas as provas possuíam o mesmo peso, e a tabela que ele conseguiu é mostrada a seguir.

	1º bimestre	2º bimestre	3º bimestre	4º bimestre
Matemática	5,9	6,2	4,5	5,5
Português	6,6	7,1	6,5	8,4
Geografia	8,6	6,8	7,8	9,0
História	6,2	5,6	5,9	7,7

Para obter essas médias, ele multiplicou a matriz obtida a partir da tabela por:

a) $\begin{bmatrix} \dfrac{1}{2} & \dfrac{1}{2} & \dfrac{1}{2} & \dfrac{1}{2} \end{bmatrix}$

b) $\begin{bmatrix} \dfrac{1}{4} & \dfrac{1}{4} & \dfrac{1}{4} & \dfrac{1}{4} \end{bmatrix}$

c) $\begin{bmatrix} 1 \\ 1 \\ 1 \\ 1 \end{bmatrix}$

d) $\begin{bmatrix} \dfrac{1}{2} \\ \dfrac{1}{2} \\ \dfrac{1}{2} \\ \dfrac{1}{2} \end{bmatrix}$

e) $\begin{bmatrix} \dfrac{1}{4} \\ \dfrac{1}{4} \\ \dfrac{1}{4} \\ \dfrac{1}{4} \end{bmatrix}$

28 (ESPM-SP) Sendo $A = \begin{bmatrix} a & b \\ c & d \end{bmatrix}$ uma matriz quadrada de ordem 2, a soma de todos os elementos da matriz $M = A \cdot A^t$ é dada por:

a) $a^2 + b^2 + c^2 + d^2$

b) $(a + b + c + d)^2$

c) $(a + b)^2 + (c + d)^2$

d) $(a + d)^2 + (b + c)^2$

e) $(a + c)^2 + (b + d)^2$

29 (FGV-SP) A matriz $\begin{bmatrix} a \\ b \\ c \end{bmatrix}$ é a solução da equação matricial $AX = M$ em que:

$A = \begin{bmatrix} 1 & 2 & 5 \\ 0 & 1 & 4 \\ 0 & 0 & 3 \end{bmatrix}$ e $M = \begin{bmatrix} 28 \\ 15 \\ 9 \end{bmatrix}$. Então $a^2 + b^2 + c^2$ vale:

a) 67   b) 68   c) 69   d) 70   e) 71

30 (UFF-RJ) Se C_1, C_2, ..., C_k representam **k** cidades que compõem uma malha aérea, a matriz de adjacência associada à malha é a matriz **A** definida da seguinte maneira: o elemento na linha **i** e na coluna **j** de **A** é igual ao número 1 se existe exatamente um voo direto da cidade **C** para a cidade C_1; caso contrário, esse elemento é igual ao número 0. Uma propriedade importante do produto com $A^n = \underbrace{AA...A}_{\textbf{n fatores}}$, $n \in \mathbb{N}$, é a seguinte: o elemento na linha **i** e na coluna **j** da matriz **A** dá o número de voos com exatamente $n - 1$ escalas da cidade C_i para a cidade C_{ij}.

Considere a malha aérea composta por quatro cidades, C_1, C_2, C_3 e C_4, cuja matriz de adjacência é:

$A = \begin{bmatrix} 0 & 1 & 1 & 1 \\ 1 & 0 & 1 & 1 \\ 1 & 1 & 0 & 0 \\ 1 & 1 & 0 & 0 \end{bmatrix}$.

Os números de voos com uma única escala de C_3 para C_1, de C_3 para C_2 e de C_3 para C_4 são, respectivamente, iguais a:

a) 0, 0 e 1.

b) 1, 1 e 0.

c) 1, 1 e 2.

d) 1, 2 e 2.

e) 2, 1 e 1.

31 (U. F. São João del-Rei-MG) No quadro de alimentos que devem compor uma dieta alimentar específica, o total de carboidratos, proteínas e lipídios a ser ingerido diariamente deve ser de 117 gramas. A prescrição é que a quantidade de proteínas ingerida seja $\frac{1}{4}$ da quantidade de carboidratos e que a quantidade de lipídios equivalha a 30% da quantidade de carboidratos e proteínas. Considerando essa dieta, é incorreto afirmar que o consumo diário de:

a) carboidratos é superior ao consumo diário de proteínas.

b) lipídios e carboidratos é de 101 gramas.

c) carboidratos excede o de proteínas em 54 gramas.

d) proteínas e lipídios é de 45 gramas.

▶ Geometria plana

1 (UE-RJ) Uma chapa de aço com a forma de um setor circular possui raio **R** e perímetro 3R conforme ilustra a imagem.

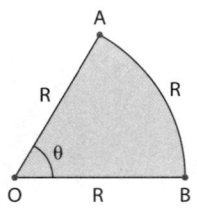

A área do setor equivale a:

a) R

b) $\dfrac{R^2}{4}$

c) $\dfrac{R^2}{2}$

d) $\dfrac{3R^2}{2}$

2 (FGV-SP) A figura mostra um semicírculo cujo diâmetro AB, de medida **R**, é uma corda de outro semicírculo de diâmetro 2R e centro **O**.

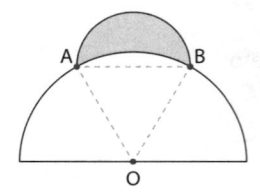

a) Calcule o perímetro da parte sombreada.

b) Calcule a área da parte sombreada.

3 (Cefet-MG) A figura *1* é uma representação plana da "Rosa dos Ventos", composta pela justaposição de quatro quadriláteros equivalentes mostrados na figura *2*.

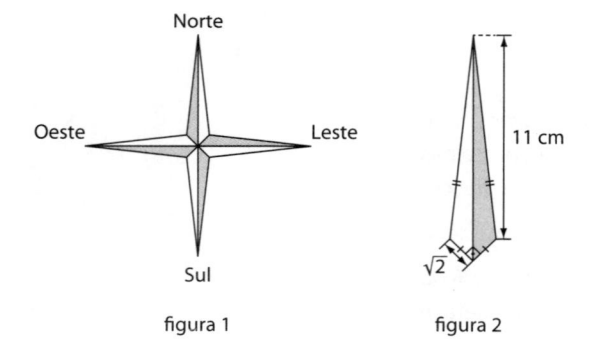

figura 1   figura 2

Com base nesses dados, a área da parte sombreada da figura *1*, em cm², é igual a:

a) 12

b) 18

c) 22

d) 24

4 (Acafe-SC) Na figura abaixo, o quadrado está inscrito na circunferência. Sabendo que a medida do lado do quadrado é 8 cm, então, a área da parte hachurada, em cm², é igual a:

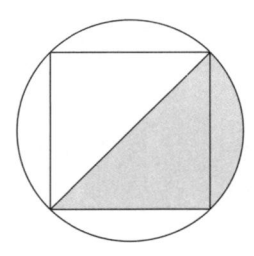

a) $4(\pi + 2)$

b) $8(\pi + 4)$

c) $8(\pi + 2)$

d) $4(4(\pi + 4))$

5 (UE-CE) O palco de um teatro tem a forma de um trapézio isósceles cujas medidas de suas linhas de frente e de fundo são, respectivamente, 15 m e 9 m. Se a medida de cada uma de suas diagonais é 15 m, então a medida da área do palco, em m², é:

a) 80

b) 90

c) 108

d) 118^2

6 (UEA-AM) Admita que a área desmatada em Altamira, mostrada na fotografia, tenha a forma e as dimensões indicadas na figura.

RODRIGO BALEIA/GREENPEACE

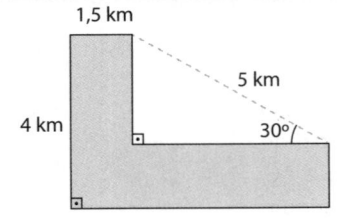

Usando a aproximação $\sqrt{3} \simeq 1,7$, pode-se afirmar que a área desmatada, em quilômetros quadrados, é, aproximadamente:

a) 10,8

b) 13,2

c) 12,3

d) 11,3

e) 15,4

7 (UPE-PE) A figura a seguir representa um hexágono regular de lado medindo 2 cm e um círculo cujo centro coincide com o centro do hexágono, e cujo diâmetro tem medida igual à medida do lado do hexágono.

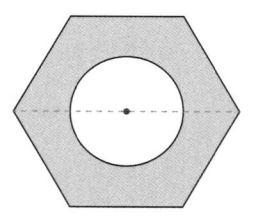

Considere: $\pi \simeq 3$ e $\sqrt{3} \simeq 1,7$

Nessas condições, quanto mede a área da superfície pintada?

a) 2,0 cm²   **c)** 7,2 cm²   **e)** 10,2 cm²

b) 3,0 cm²   **d)** 8,0 cm²

8 (PUC-RJ) Fabio tem um jardim ACDE com o lado AC medindo 15 m e o lado AE medindo 6 m. A distância entre **A** e **B** é 7 m. Fabio quer construir uma cerca do ponto **A** ao ponto **D** passando por **B**. Veja a figura abaixo.

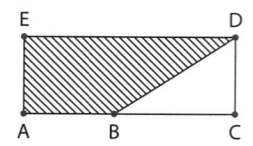

a) Se a cerca usada entre os pontos **A** e **B** custa 100 reais o metro e a cerca entre os pontos **B** e **D** custa 200 reais o metro, qual o custo total da cerca?

b) Calcule a área da região hachurada ABDE.

c) Considere o triângulo BCD, apresentado na figura abaixo. Sabendo-se que o triângulo BB'D' possui cateto BB' = 2BC, calcule a área do triângulo BB'D'.

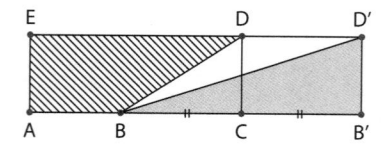

9 (UE-RJ) Considere uma placa retangular ABCD de acrílico, cuja diagonal $\overline{AC}$ mede 40 cm. Um estudante, para construir um par de esquadros, fez dois cortes retos nessa placa nas direções AE e AC, de modo que DÂE = 45° e BÂC = 30°, conforme ilustrado a seguir:

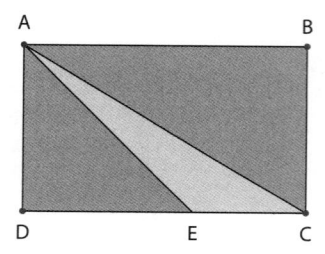

Após isso, o estudante descartou a parte triangular CAE, restando os dois esquadros.

Admitindo que a espessura do acrílico seja desprezível e que $\sqrt{3} \simeq 1,7$, a área, em cm², do triângulo CAE equivale a:

a) 80

c) 140

b) 100

d) 180

10 (UF-GO) Na figura a seguir, as circunferências C_1, C_2, C_3 e C_4, de centros O_1, O_2, O_3 e O_4, respectivamente, e mesmo raio **r**, são tangentes entre si e todas são tangentes à circunferência **C** de centro **O** e raio **R**.

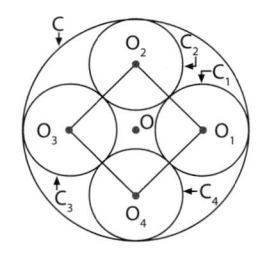

Considerando o exposto, calcule, em função de **R**, a área do losango cujos vértices são os centros O_1, O_2, O_3 e O_4.

11 (Cefet-MG) Um jardim geométrico foi construído, usando a área dividida em regiões, conforme a figura seguinte.

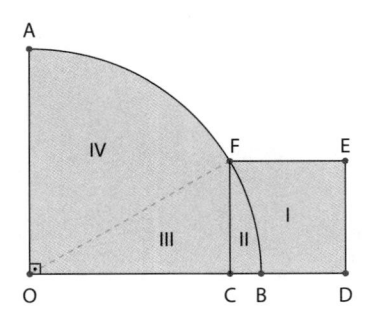

Sabe-se que:

- AOB representa o setor circular de raio 2 m com centro no ponto **O**.
- CDEF é um quadrado de área 1 m².
- a área da região II é igual a $\left(\dfrac{\pi}{3} - \dfrac{\sqrt{3}}{2} \right)$ m².
- a região IV é reservada para o plantio de flores.

A área, em m², reservada para o plantio de flores é:

a) $\dfrac{\pi}{3}$

b) $\dfrac{\pi}{2}$

c) $\dfrac{2\pi}{3}$

d) $\dfrac{3\pi}{2}$

12 (Insper-SP) As disputas de MMA (*Mixed Martial Arts*) ocorrem em ringues com a forma de octógonos regulares com lados medindo um pouco menos de 4 metros, conhecidos como "Octógonos". Medindo o comprimento exato de seus lados, pode-se calcular a área de um "Octógono" decompondo-o, como mostra a figura a seguir, em um quadrado, quatro retângulos e quatro triângulos retângulos e isósceles.

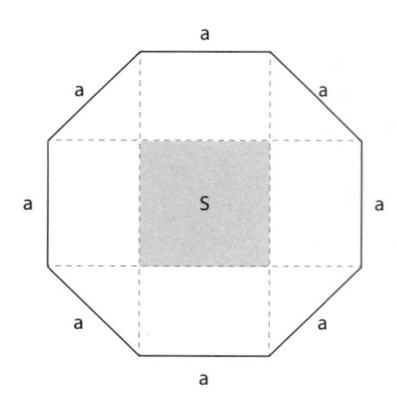

A medida do lado do quadrado destacado no centro da figura é igual à medida **a** do lado do "Octógono". Se a área desse quadrado é **S**, então a área do "Octógono" vale:

a) $S\left(2\sqrt{2} + 1\right)$

b) $S\left(\sqrt{2} + 2\right)$

c) $2S\left(\sqrt{2} + 2\right)$

d) $2S\left(\sqrt{2} + 2\right)$

e) $4S\left(\sqrt{2} + 2\right)$

13 (UF-SC) No livro *A hora da estrela*, de Clarice Lispector, a personagem Macabéa é atropelada por um veículo cuja logomarca é uma estrela inscrita em uma circunferência, como mostra a figura.

MERCEDES-BENZ

Se os pontos **A**, **B** e **C** dividem a circunferência em arcos de mesmo comprimento e a área do triângulo ABC é igual a $27\sqrt{3}\ cm^2$, determine a medida do raio desta circunferência em centímetros.

14 (Unifor-CE) A prefeitura do município de Jaguaribe, no interior cearense, projeta fazer uma reforma na praça ao lado da igreja no distrito de Feiticeiro. A nova praça terá a forma de um triângulo equilátero de 40 m de lado, sobre cujos lados serão construídas semicircunferências, que serão usadas na construção de boxes para a exploração comercial. A figura abaixo mostra um desenho da nova praça.

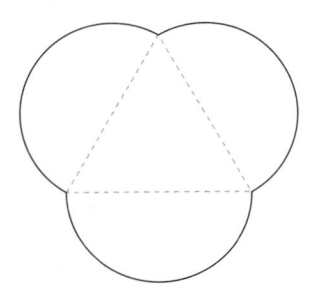

Com base nos dados acima, qual é aproximadamente a área da nova praça em m²?

Obs.: Use $\sqrt{3} \approx 1,7$ e $\pi \approx 3,1$

a) 2 430   c) 2 540   e) 2 780
b) 2 480   d) 2 600

15 (PUC-RJ) Considere o triângulo equilátero ABC inscrito no círculo de raio 1 e centro **O**, como apresentado na figura abaixo.

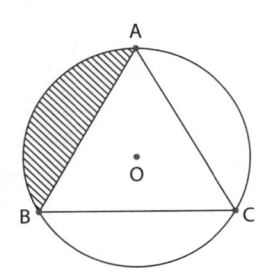

a) Calcule o ângulo AÔB
b) Calcule a área da região hachurada.
c) Calcule a área do triângulo ABC.

16 (IF-SP) Uma praça retangular é contornada por uma calçada de 2 m de largura e possui uma parte interna retangular de dimensões 15 m por 20 m, conforme a figura.

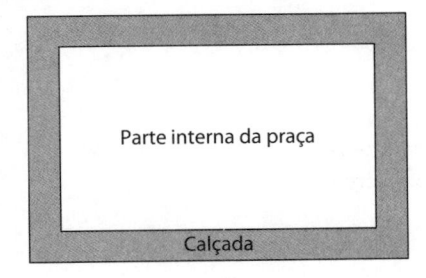

Parte interna da praça

Calçada

Nessas condições, a área total da calçada é, em metros quadrados, igual a:

a) 148   b) 152   c) 156   d) 160   e) 164

17 (UF-GO) Uma medalha, apresentada na figura a seguir, é fabricada retirando-se de um círculo de metal a área que compreende a região sombreada (cinza-escuro). Na figura, os pontos **A**, **B**, **C**, **D**, **E** e **F** são os vértices de um hexágono regular inscrito na circunferência de centro **O** e raio 1 cm. Os arcos AF, FE, ED, DC, CB e BA são arcos de outras circunferências com raio igual a 1 cm.

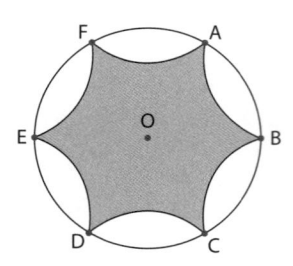

Nessas condições, calcule a área da região sombreada (cinza-escuro).

18 (Cefet-MG) Um triângulo equilátero ABC de lado 1 cm está dividido em quatro partes de bases paralelas e com a mesma altura, como representado na figura abaixo.

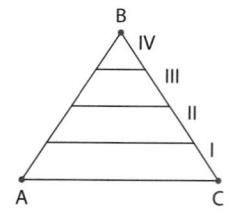

A parte I tem a forma de um trapézio isósceles, cuja área, em cm², é:

a) $\dfrac{\sqrt{3}}{16}$

c) $\dfrac{7\sqrt{3}}{64}$

b) $\dfrac{5\sqrt{3}}{32}$

d) $\dfrac{9\sqrt{3}}{128}$

19 (Enem PPL) O proprietário de um terreno retangular medindo 10 m por 31,5 m deseja instalar lâmpadas nos pontos **C** e **D**, conforme ilustrado na figura:

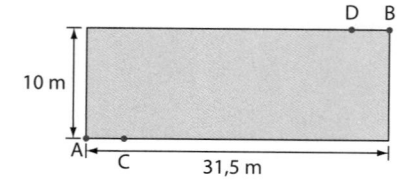

Cada lâmpada ilumina uma região circular de 5 m de raio. Os segmentos AC e BD medem 2,5 m. O valor em m² mais aproximado da área do terreno iluminada pelas lâmpadas é:

(Use $\sqrt{3} \simeq 1{,}7$ e $\pi \simeq 3$.)

a) 30

d) 61

b) 34

e) 69

c) 50

20 (UPE-PE) Dois retângulos foram superpostos, e a interseção formou um paralelogramo, como mostra a figura abaixo:

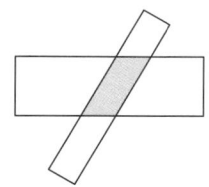

Sabendo-se que um dos lados do paralelogramo mede 4,5 cm, quanto mede a área desse paralelogramo?

a) 12 cm²   **c)** 24 cm²   **e)** 36 cm²

b) 16 cm²   **d)** 32 cm²

21 (Ibmec-RJ) O mosaico da figura adiante foi desenhado em papel quadriculado 1 × 1. A razão entre a área da parte escura e a área da parte clara, na região compreendida pelo quadrado ABCD, é igual a:

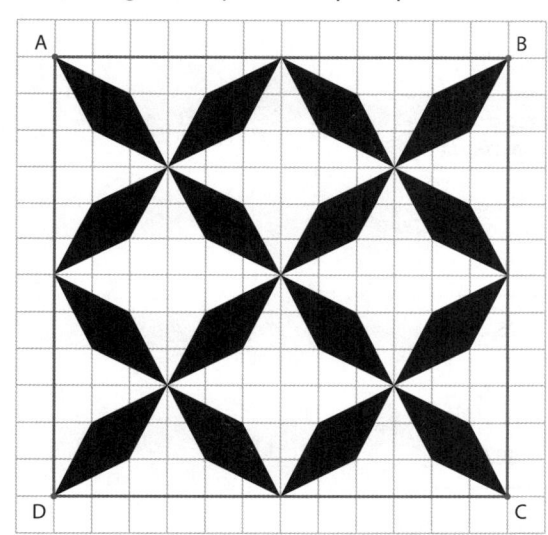

a) $\dfrac{1}{2}$ **b)** $\dfrac{1}{3}$ **c)** $\dfrac{3}{5}$ **d)** $\dfrac{5}{7}$ **e)** $\dfrac{5}{8}$

22 (Fuvest-SP) O mapa de uma região utiliza a escala de 1 : 200 000. A porção desse mapa, contendo uma Área de Preservação Permanente (APP), está representada na figura, na qual $\overline{AF}$ e $\overline{DF}$ são segmentos de reta, o ponto **G** está no segmento $\overline{AF}$, o ponto **E** está no segmento $\overline{DF}$, ABEG é um retângulo e BCDE é um trapézio. Se AF = 15, AG = 12, AB = 6, CD = 3 e DF = $5\sqrt{5}$ indicam valores em centímetros no mapa real, então a área da APP é:

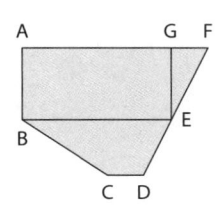

Obs.: Figura ilustrativa, sem escala.

a) 100 km²   **c)** 210 km²   **e)** 444 km²

b) 108 km²   **d)** 240 km²

23 (ESPM-SP) A figura abaixo mostra um trapézio retângulo ABCD e um quadrante de círculo de centro **A**, tangente ao lado CD em **F**.

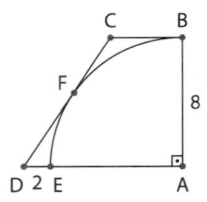

Se AB = 8 cm e DE = 2 cm, a área desse trapézio é igual a:

a) 48 cm²

b) 72 cm²

c) 56 cm²

d) 64 cm²

e) 80 cm²

24 (Enem PPL) Em uma casa, há um espaço retangular medindo 4 m por 6 m, onde se pretende colocar um piso de cerâmica resistente e de bom preço. Em uma loja especializada, há cinco possibilidades de pisos que atendem às especificações desejadas, apresentadas no quadro:

Tipo do piso	Forma	Preço do piso (em reais)
I	Quadrado de lado medindo 20 cm	15,00
II	Retângulo medindo 30 cm por 20 cm	20,00
III	Quadrado de lado medindo 25 cm	25,00
IV	Retângulo medindo 16 cm por 25 cm	20,00
V	Quadrado de lado medindo 40 cm	60,00

Levando-se em consideração que não há perda de material, dentre os pisos apresentados, aquele que implicará o menor custo para a colocação no referido espaço é o piso:

a) I

b) II

c) III

d) IV

e) V

25 (UE-RJ) Para confeccionar uma bandeirinha de festa junina, utilizou-se um pedaço de papel com 10 cm de largura e 15 cm de comprimento, obedecendo-se às instruções abaixo.

1. Dobrar o papel ao meio, para marcar o segmento MN, e abri-lo novamente:

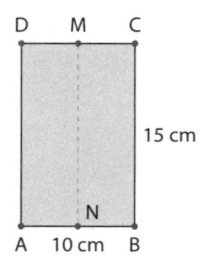

2. Dobrar a ponta do vértice **B** no segmento AB', de modo que **B** coincida com o ponto **P** do segmento MN:

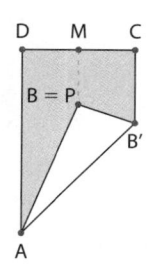

3. Desfazer a dobra e recortar o triângulo ABP.

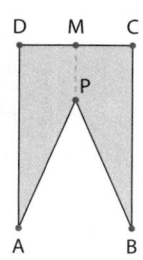

A área construída da bandeirinha APBCD, em cm², é igual a:

a) $25\left(4 - \sqrt{3}\right)$

b) $25\left(6 - \sqrt{3}\right)$

c) $50\left(2 - \sqrt{3}\right)$

d) $50\left(3 - \sqrt{3}\right)$

26 (U. F. São João del-Rei-MG) A seguinte figura é composta por polígonos regulares, cada um deles tendo todos os seus lados congruentes e todos os seus ângulos internos congruentes.

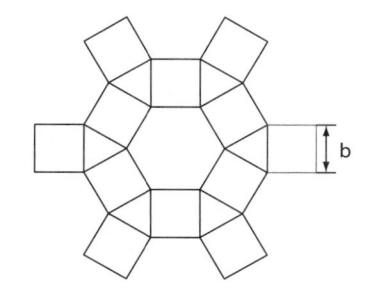

A medida do lado de cada um desses polígonos é igual a **b** unidades de comprimento. Com relação a essa figura, é incorreto afirmar que:

a) a área total ocupada pelo hexágono é $\dfrac{3}{2}\sqrt{3}\,b^2$ unidades de área.

b) a área total da figura é $\left(12 + 6\sqrt{3}\right)b^2$ unidades de área.

c) a área total ocupada pelos triângulos é $\dfrac{3}{2}\sqrt{3}\,b^2$ unidades de área.

d) a área total ocupada pelos quadrados é $12b^2$ unidades de área.

27 (UF-GO) Um recurso visual muito utilizado para apresentar as quantidades relativas dos diferentes grupos de alimentos na composição de uma dieta equilibrada é a chamada "pirâmide alimentar", que usualmente é representada por um triângulo dividido em regiões, como na figura a seguir.

Considere que as regiões da figura dividem a altura do triângulo em partes iguais. No que se refere às áreas das regiões ocupadas por cada grupo de alimentos, o grupo com predominância de carboidratos ocupa:

a) o dobro da área do grupo com predominância de proteínas.

b) cinco sétimos da área do grupo com predominância de fibras.

c) um sétimo da área do grupo com predominância de lipídios.

d) sete terços da área do grupo com predominância de proteínas.

e) cinco sétimos da área do grupo com predominância de vitaminas e sais minerais.

O texto a seguir refere-se ao exercício *28*.

A figura abaixo representa uma peça de vidro recortada de um retângulo de dimensões 12 cm por 25 cm. O lado menor do triângulo extraído mede 5 cm.

28 (Insper-SP) A área da peça é igual a:

a) 240 cm²

b) 250 cm²

c) 260 cm²

d) 270 cm²

e) 280 cm²

29 (UF-GO) Uma chapa retangular com 170 cm² de área é perfurada, por etapas, com furos triangulares, equiláteros, com 1 cm de lado, como indica a figura a seguir.

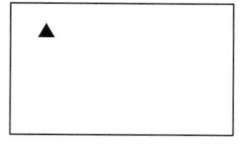

Etapa 1

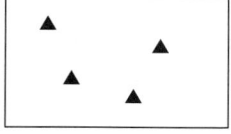

Etapa 2

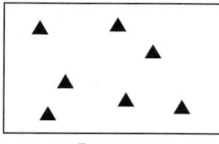

Etapa 3

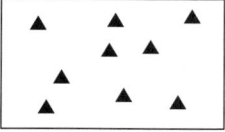

Etapa 4

O número de furos acrescentados em cada etapa, a partir da segunda, é sempre o mesmo e não há interseção entre os furos. O percentual da chapa original que restará na etapa 14 é, aproximadamente:

Dado: $\sqrt{3} \simeq 1{,}7$

a) 10%

b) 30%

c) 70%

d) 80%

e) 90%

30 (Insper-SP) Considere o retângulo ABCD da figura, de dimensões AB = b e AD = h, que foi dividido em três regiões de áreas iguais pelos segmentos $\overline{EF}$ e $\overline{GH}$.

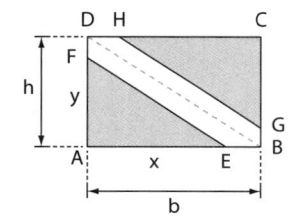

As retas $\overleftrightarrow{EF}$, $\overleftrightarrow{BD}$ e $\overleftrightarrow{GH}$ são paralelas. Dessa forma, sendo AE = x e AF = y, a razão $\dfrac{x}{b}$ é igual a:

a) $\dfrac{2\sqrt{2}}{3}$

b) $\dfrac{\sqrt{2}}{2}$

c) $\dfrac{\sqrt{3}}{2}$

d) $\dfrac{\sqrt{6}}{4}$

e) $\dfrac{\sqrt{6}}{3}$

▶ **Geometria espacial**

1 (EsPCEx-SP) O sólido geométrico abaixo é formado pela justaposição de um bloco retangular e um prisma reto, com uma face em comum. Na figura estão indicados os vértices, tanto do bloco quanto do prisma.

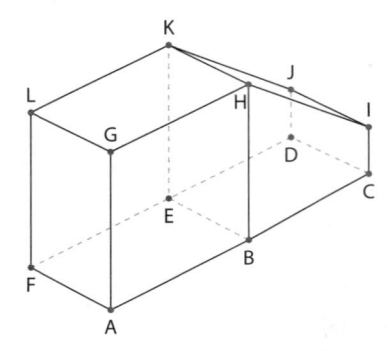

Considere os seguintes pares de retas definidas por pontos dessa figura: as retas $\overline{LB}$ e $\overline{GE}$, as retas $\overline{AG}$ e $\overline{HI}$, e as retas $\overline{AD}$ e $\overline{GK}$. As posições relativas desses pares de retas são, respectivamente:

a) concorrentes; reversas; reversas.

b) reversas; reversas; paralelas.

c) concorrentes, reversas; paralelas.

d) reversas; concorrentes; reversas.

e) concorrentes; concorrentes; reversas.

2 (Enem-MEC) Gangorra é um brinquedo que consiste de uma tábua longa e estreita equilibrada e fixada no seu ponto central (pivô). Nesse brinquedo, duas pessoas sentam-se nas extremidades e, alternadamente, impulsionam-se para cima, fazendo descer a extremidade oposta, realizando, assim, o movimento da gangorra.

Considere a gangorra representada na figura, em que os pontos **A** e **B** são equidistantes do pivô:

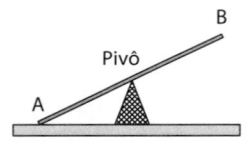

A projeção ortogonal da trajetória dos pontos **A** e **B**, sobre o plano do chão da gangorra, quando esta se encontra em movimento, é:

a) • A   • B

d)

b) ‾A   ‾B

c)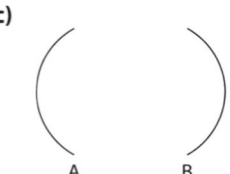

e)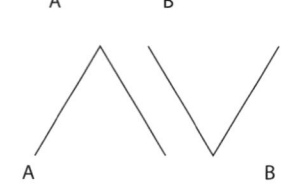

3 (IF-SP) ABCDEFG é um cubo de aresta 4 cm. Unindo-se os pontos médios das arestas $\overline{AD}$, $\overline{AE}$, $\overline{EF}$, $\overline{FG}$, $\overline{CG}$ e $\overline{CD}$, obtém-se um polígono cujo perímetro, em centímetros, é igual a:

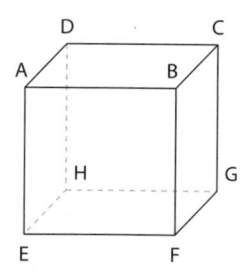

a) $6\sqrt{2}$

b) $9\sqrt{2}$

c) $12\sqrt{2}$

d) $15\sqrt{2}$

e) $18\sqrt{2}$

4 (PUC-RS) Uma piscina na forma retangular tem 12 metros de comprimento, 6 metros de largura e 2 metros de profundidade. Bombeia-se água para a piscina até atingir 75% de sua altura. A quantidade de água para encher esta piscina até a altura indicada é de _____ litros.

a) 54

b) 108

c) 54 000

d) 108 000

e) 192 000

5 (FGV-SP) A figura mostra a maquete do depósito a ser construído. A escala é 1 : 500, ou seja, 1 cm, na representação, corresponde a 500 cm na realidade.

Qual será a capacidade, em metros cúbicos, do depósito?

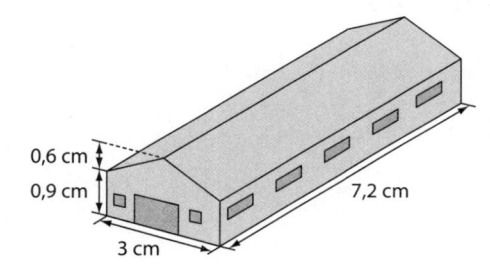

6 (Fatec-SP) O sólido da figura é formado por cubos de aresta 1 cm, os quais foram sobrepostos e/ou colocados lado a lado.

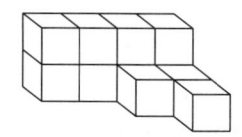

Para se completar esse sólido, formando um paralelepípedo reto-retângulo com dimensões 3 cm × 3 cm × 4 cm, são necessários **N** cubos de aresta 1 cm.

O valor mínimo de **N** é:

a) 13

b) 18

c) 19

d) 25

e) 27

7 (U.F. Santa Maria-RS) Os produtos de plástico são muito úteis na nossa vida, porém causam muitos danos ao meio ambiente. Algumas empresas começaram a investir em alternativas para evitar a poluição causada pelo plástico. Uma dessas alternativas é a utilização do bioplástico na fabricação de embalagens, garrafas, componentes de celulares e autopeças.

Uma embalagem produzida com bioplástico tem a forma de um prisma hexagonal regular com 10 cm de aresta da base e 6 cm de altura. Qual é o volume, em cm³, dessa embalagem?

a) $150\sqrt{3}$

b) 1500

c) $900\sqrt{3}$

d) 1800

e) $1800\sqrt{3}$

8 (UF-GO) Uma indústria armazena um produto em cilindros circulares retos com quatro metros de altura e raio da base medindo **R** metros. Prevendo-se um aumento na produção, foram encomendados outros cilindros de dois tipos, alguns com o mesmo raio que os originais e a altura aumentada em dois metros e outros com a mesma altura dos originais e o raio aumentado em dois metros. Sabendo-se que todos os cilindros encomendados têm o mesmo volume, calcule o raio dos cilindros originais.

9 (Enem PPL) Um fabricante de bebidas, numa jogada de *marketing*, quer lançar no mercado novas embalagens de latas de alumínio para os seus refrigerantes. As atuais latas de 350 mL devem ser substituídas por uma nova embalagem com metade desse volume, conforme mostra a figura:

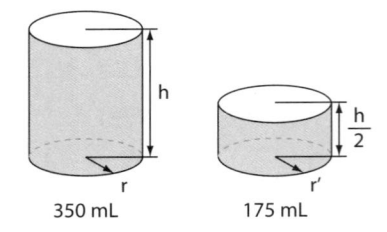

De acordo com os dados anteriores, qual a relação entre o raio **r'** da embalagem de 175 mL e o raio **r** da embalagem de 350 mL?

a) $r' = \sqrt{r}$

b) $r' = \dfrac{r}{2}$

c) $r' = r$

d) $r' = 2r$

e) $r' = \sqrt[3]{2}$

10 (UF-PE) Um cilindro reto de ferro é derretido, e o ferro obtido, que tem o mesmo volume do cilindro, é moldado em esferas com raio igual à metade do raio da base do cilindro. Se a altura do cilindro é quatro vezes o diâmetro de sua base, quantas são as esferas obtidas?

11 (Fatec-SP) A figura apresenta a vista superior de uma piscina e suas dimensões internas.

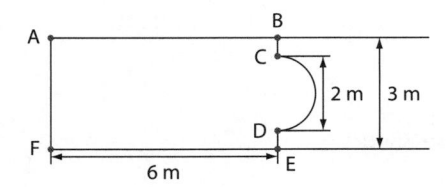

Na figura, temos o seguinte:

- ABEF é um retângulo de dimensões 3 m por 6 m, e
- o arco $\overgroup{CD}$ é uma semicircunferência com diâmetro 2 m.

Considerando que a profundidade da piscina é constante e igual a 1,2 m, a capacidade da piscina é, em litros:

(Adote: $\pi \simeq 3$.)

a) 23 400
c) 28 800
e) 38 500
b) 25 200
d) 36 000

12 (PUC-RS) Um desafio matemático construído pelos alunos do Curso de Matemática tem as peças no formato de um cone. A figura abaixo representa a planificação de uma das peças construídas.

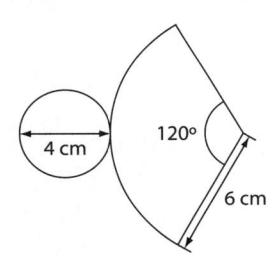

A área dessa peça é de _____ cm².

a) 10π
c) 20π
e) 40π
b) 16π
d) 28π

13 (Cefet-MG) Após mergulhar um ovo em um copo de água de bases (inferior e superior) circulares de diâmetros 4,8 cm e 7,2 cm, respectivamente, um estudante registrou uma elevação no nível de água de 6 cm para 8 cm, tal como mostra a figura seguinte.

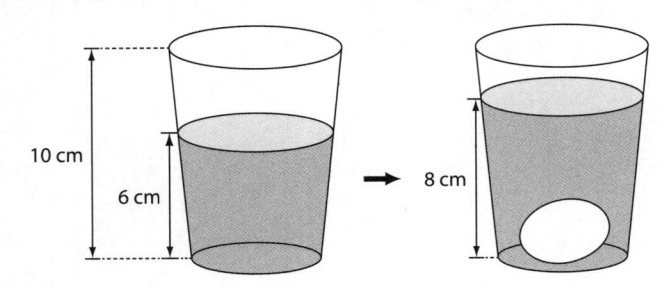

Considerando $\pi \simeq 3$, o volume aproximado do ovo, em cm³, encontra--se no intervalo:

a) [0, 25[
c) [50, 75[
e) [100, 125[
b) [25, 50[
d) [75, 100[

14 (EPCAr-MG) Uma caixa cúbica, cuja aresta mede 0,4 metro, está com água até $\frac{7}{8}$ de sua altura.

Dos sólidos geométricos abaixo, o que, totalmente imerso nessa caixa, não provoca transbordamento de água é:

a) uma esfera de raio $\sqrt[3]{2}$ dm.

b) uma pirâmide quadrangular regular, cujas arestas da base e altura meçam 30 cm.

c) um cone reto, cujo raio da base meça $\sqrt{3}$ dm e a altura 3 dm.

d) um cilindro equilátero, cuja altura seja 20 cm.

15 (Cefet-MG) A figura a seguir representa uma cadeira onde o assento é um paralelogramo perpendicular ao encosto.

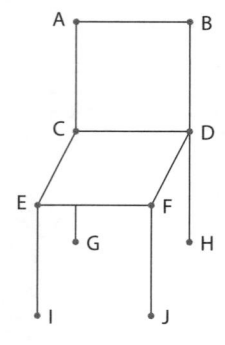

A partir dos pontos dados, é correto afirmar que os segmentos de retas:

a) CD e EF são paralelos.

b) BD e FJ são concorrentes.

c) AC e CD são coincidentes.

d) AB e EI são perpendiculares.

16 (Enem-MEC) O acesso entre os dois andares de uma casa é feito através de uma escada circular (escada caracol), representada na figura. Os cinco pontos **A**, **B**, **C**, **D**, **E** sobre o corrimão estão igualmente espaçados, e os pontos **P**, **A** e **E** estão em uma mesma reta. Nessa escada, uma pessoa caminha deslizando a mão sobre o corrimão do ponto **A** até o ponto **D**.

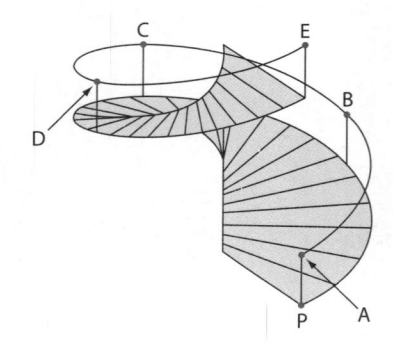

A figura que melhor representa a projeção ortogonal, sobre o piso da casa (plano), do caminho percorrido pela mão dessa pessoa é:

a)

b)

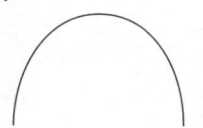

c)

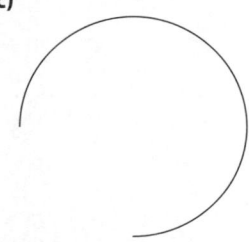

d)

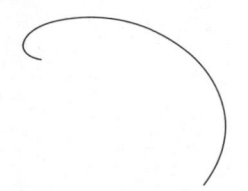

e)

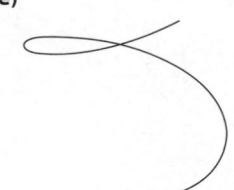

17 (Uneb-BA) A pele é o maior órgão de seu corpo, com uma superfície de até 2 metros quadrados. Ela tem duas camadas principais: a epiderme, externa, e a derme, interna. (BREWER. 2013, p. 72).

De acordo com o texto, a superfície máxima coberta pela pele humana é equivalente a de um cubo cuja diagonal, em m, é igual a:

a) $\dfrac{1}{3}$

b) $\dfrac{\sqrt{3}}{3}$

c) $\dfrac{\sqrt{3}}{2}$

d) 1

e) $\sqrt{3}$

18 (ESPM-SP) No sólido representado abaixo, sabe-se que as faces ABCD e BCFE são retângulos de áreas 6 cm² e 10 cm², respectivamente.

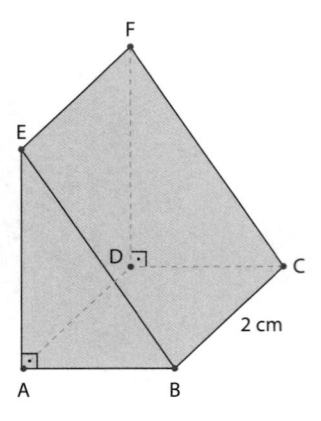

O volume desse sólido é de:

a) 8 cm³

c) 12 cm³

e) 24 cm³

b) 10 cm³

d) 16 cm³

19 (Acafe-SC) Num reservatório com a forma de um paralelepípedo reto-retângulo, de 1 metro de comprimento, 2 metros de largura e 5 metros de altura, solta-se um bloco de concreto. O nível da água que estava com 60% da altura do reservatório eleva-se até $\frac{3}{4}$ da altura.

O volume de água deslocado (em litros) foi de:

a) 4 500

c) 5 500

b) 1 500

d) 6 000

20 (U. Caxias do Sul-RS) O volume de um prisma reto, cuja base é um retângulo com lados de medidas 4 m e 6 m, é igual a 120 m³.
Qual será o volume, em m³, do prisma reto que tem como base o polígono com vértices nos pontos médios da base do prisma anterior e que tem o triplo da altura do prisma anterior?

a) 30   b) 60   c) 120   d) 180   e) 300

21 (UF-SC) Assinale a(s) proposição(ões) correta(s).

(01) No último inverno, nevou em vários municípios de Santa Catarina, sendo possível até montar bonecos de neve. A figura abaixo representa um boneco de neve cuja soma dos raios das esferas que o constituem é igual a 70 cm. O raio da esfera menor é obtido descontando 60% da medida do raio da esfera maior. Então, o volume do boneco de neve considerado é igual a 288π dm³.

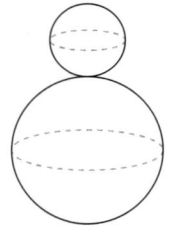

(02) O MMA é uma modalidade de luta que mistura várias artes marciais. O ringue onde ocorre a luta tem a forma de um prisma octogonal regular. Suas faces laterais são constituídas de uma tela para proteção dos atletas. Se considerarmos a aresta da base com medida igual a 12 m e a altura do prisma igual a 1,9 m, para cercar esse ringue seriam necessários 182,4 m² de tela.

(04) Para a festa de aniversário de sua filha, Dona Maricota resolveu confeccionar chapéus para as crianças. Para tanto, cortou um molde com a forma de semicírculo cujo raio mede 20 cm. Ao montar o molde, com o auxílio de um adesivo, gerou um cone cuja área lateral é igual à área do molde. Dessa forma, a altura desse cone é igual a $10\sqrt{3}$ cm.

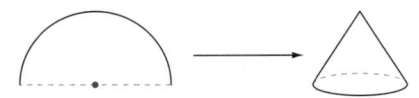

(08) Fatos históricos relatam que o ícone da Renascença, Leonardo da Vinci, no século XV, idealizou uma espécie de paraquedas. O protótipo teria o formato de uma pirâmide regular de base quadrangular, como mostra a figura. Recentemente, recriaram o modelo, construindo uma pirâmide com o mesmo formato, cujas arestas medem 6 m. Portanto, para fechar as laterais, usaram $36\sqrt{3}$ m² de material.

(16) A caçamba de um caminhão basculante tem a forma de um paralelepípedo e as dimensões internas da caçamba estão descritas na figura. Uma construtora precisa deslocar 252 m³ de terra de uma obra para outra. Dessa forma, com esse caminhão serão necessárias exatamente 24 viagens para realizar esse deslocamento.

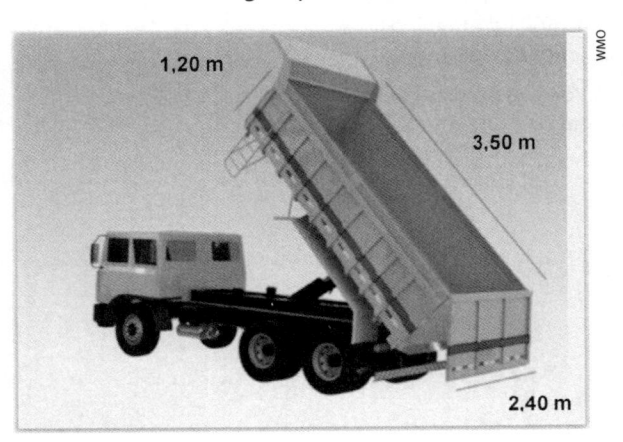

22 (UE-PA) A natureza é uma fonte inesgotável de comunicação de saberes necessários à sobrevivência da espécie humana, por exemplo, estudos de apicultores americanos comprovam que as abelhas constituem uma sociedade organizada e que elas sabem qual o formato do alvéolo que comporta a maior quantidade de mel.

(Texto Adaptado: Contador, Paulo Roberto Martins. *A Matemática na arte e na vida*. 2. ed. São Paulo: Editora Livraria da Física, 2011.)

Um professor de matemática, durante uma aula de geometria, apresentou aos alunos 3 pedaços de cartolina, cada um medindo 6 cm de largura e 12 cm de comprimento, divididos em partes iguais, conforme figuras abaixo:

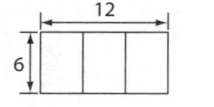 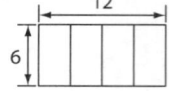

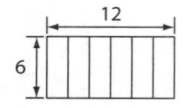

Fonte: http://www.mat.uel.br/geometrica/php/pdf/dg_malhas.pdf

Dobrando os pedaços de cartolina nas posições indicadas, obtemos representações de prismas retos com as mesmas áreas laterais e base triangular, quadrangular e hexagonal. Sendo V_3 o volume do prisma de base triangular, V_4 o volume do prisma de base quadrangular e V_6 o volume do prisma de base hexagonal, é correto afirmar que:

(Adote: $\sqrt{3} \simeq 1,7$.)

a) $V_3 < V_6 < V_4$

b) $V_3 < V_4 < V_6$

c) $V_4 < V_3 < V_6$

d) $V_6 < V_3 < V_4$

e) $V_6 < V_4 < V_3$

23 (U. E. Londrina-PR) No Paraná, a situação do saneamento público é preocupante, já que o índice de tratamento de esgoto é de apenas 53%, ou seja, quase metade das residências no Estado ainda joga esgoto em fossas. José possui, em sua residência, uma fossa sanitária de forma cilíndrica, com raio de 1 metro e profundidade de 3 metros.

Supondo que José queira aumentar em 40% o volume de sua fossa, assinale a alternativa que apresenta, corretamente, de quanto o raio deve ser aumentado percentualmente.

Use: $\sqrt{1,4} \simeq 1,183$

a) 11,8%

b) 14,0%

c) 18,3%

d) 60,0%

e) 71,2%

24 (UPE-PE) Um torneiro mecânico construiu uma peça retirando, de um cilindro metálico maciço, uma forma cônica, de acordo com a figura 1 a seguir:
(Considere $\pi \simeq 3$.)

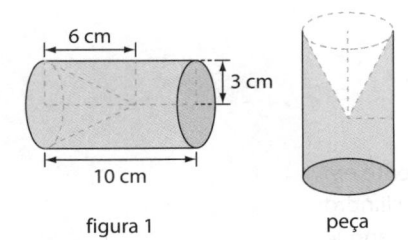

figura 1   peça

Qual é o volume aproximado da peça em milímetros cúbicos?

a) $2,16 \times 10^5$

d) $8,32 \times 10^4$

b) $7,2 \times 10^4$

e) $3,14 \times 10^5$

c) $2,8 \times 10^5$

25 (U. F. Santa Maria-RS) Uma alternativa encontrada para a melhoria da circulação em grandes cidades e em rodovias é a construção de túneis. A realização dessas obras envolve muita ciência e tecnologia. Um túnel em formato semicircular, destinado ao transporte rodoviário, tem as dimensões conforme a figura a seguir.

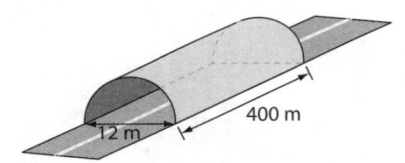

Qual é o volume, em m³, no interior desse túnel?

a) $4\,800\pi$

d) $28\,800\pi$

b) $7\,200\pi$

e) $57\,600\pi$

c) $14\,400\pi$

26 (UEA-AM) As figuras mostram um cilindro reto **A** de raio da base **r**, altura **h** e volume V_A, e um cilindro reto **B**, de raio da base 2r, altura 2h e volume V_B, cujas superfícies laterais são retângulos, de áreas S_A e S_B.

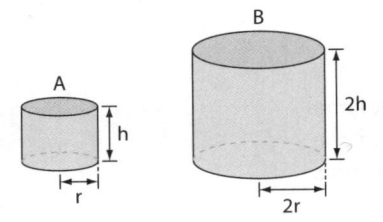

Nesse caso, é correto afirmar que $\dfrac{S_A}{S_B}$ e $\dfrac{V_A}{V_B}$ valem, respectivamente:

a) $\dfrac{1}{4}$ e $\dfrac{1}{8}$

d) $\dfrac{1}{2}$ e $\dfrac{1}{2}$

b) $\dfrac{1}{2}$ e $\dfrac{1}{6}$

e) $\dfrac{1}{2}$ e $\dfrac{1}{4}$

c) $\dfrac{1}{4}$ e $\dfrac{1}{6}$

27 (Unifor-CE) Parte do líquido de um cilindro circular reto que está cheio é transferido para dois cones circulares retos idênticos de mesmo raio e mesma altura do cilindro. Sabendo-se que os cones ficaram totalmente cheios e que o nível da água que ficou no cilindro é de 3 m, a altura do cilindro é de:

a) 5 m   c) 8 m   e) 12 m

b) 6 m   d) 9 m

28 (Unifor-CE) Um posto de combustível inaugurado recentemente em Fortaleza usa tanque subterrâneo que tem a forma de um cilindro circular reto na posição vertical como mostra a figura abaixo. O tanque está completamente cheio com 42 m^3 de gasolina e 30 m^3 de álcool. Considerando que a altura do tanque é de 12 metros, a altura da camada de gasolina é:

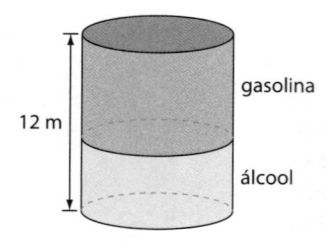

12 m · gasolina · álcool

a) 6 m   d) 9 m

b) 7 m   e) 10 m

c) 8 m

29 (UE-MG) Uma empresa de produtos de limpeza deseja fabricar uma embalagem com tampa para seu produto. Foram apresentados dois tipos de embalagens com volumes iguais. A primeira é um cilindro de raio da base igual a 2 cm e altura igual a 10 cm; e a segunda, um paralelepípedo de dimensões iguais a 4 cm, 5 cm e 6 cm. O metro quadrado do material utilizado na fabricação das embalagens custa R\$ 25,00.

Considerando-se $\pi \simeq 3$, o valor da embalagem que terá o menor custo será:

a) R\$ 0,36   c) R\$ 0,54

b) R\$ 0,27   d) R\$ 0,41

30 (Cefet-MG) Um artesão resolveu fabricar uma ampulheta de volume total **V** constituída de uma semiesfera de raio 4 cm e de um cone reto, com raio e altura 4 cm, comunicando-se pelo vértice do cone, de acordo com a figura abaixo.

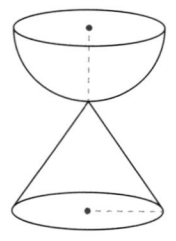

Para seu funcionamento, o artesão depositará na ampulheta areia que corresponda a 25% de **V**. Portanto o volume de areia, em cm³, é:

a) 16π 　　**b)** $\dfrac{64\pi}{3}$ 　　**c)** 32π 　　**d)** $\dfrac{128\pi}{3}$ 　　**e)** 64π

31 (UE-MG) Uma empresa deseja fabricar uma peça maciça cujo formato é um sólido de revolução obtido pela rotação de um trapézio isósceles em torno da base menor, como mostra a figura a seguir. As dimensões do trapézio são: base maior igual a 15 cm, base menor igual a 7 cm e altura do trapézio igual a 3 cm.

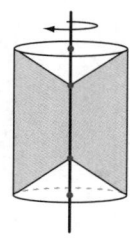

Considerando-se $\pi \simeq 3$, o volume, em litros, da peça fabricada corresponde a:

a) 0,212 　　**b)** 0,333 　　**c)** 0,478 　　**d)** 0,536

32 (Uneb-BA) Sua bexiga é um saco muscular elástico que pode segurar até 500 ml de fluido. A incontinência urinária, no entanto, tende a ficar mais comum à medida que envelhecemos, apesar de poder afetar pessoas de qualquer idade; ela também é mais comum em mulheres que em homens (principalmente por causa do parto, mas também em virtude da anatomia do assoalho pélvico). (BREWER, 2013, p. 76).

Considerando-se que a bexiga, completamente cheia, fosse uma esfera e que $\pi \simeq 3$, pode-se afirmar que o círculo máximo dessa esfera seria delimitado por uma circunferência de comprimento, em cm, igual a:

a) 40 　　　　　**c)** 30 　　　　　**e)** 20

b) 35 　　　　　**d)** 25

33 (U. E. Londrina-PR) Uma empresa que produz embalagens plásticas está elaborando um recipiente de formato cônico com uma determinada capacidade, conforme o modelo a seguir.

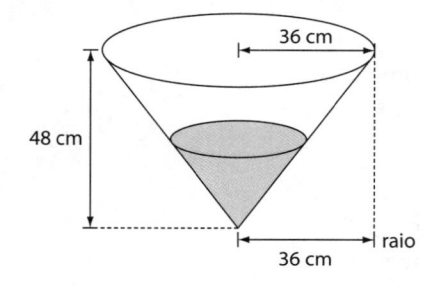

Sabendo que o raio desse recipiente mede 36 cm e que sua altura é de 48 cm, a que distância do vértice deve ser feita uma marca na superfície lateral do recipiente para indicar a metade de sua capacidade?

Despreze a espessura do material do qual é feito o recipiente.

Apresente os cálculos realizados na resolução desta questão.

▶ Análise combinatória, Binômio de Newton e Probabilidade

1 (EsPCEx-SP) Permutam-se de todas as formas possíveis os algarismos 1, 3, 5, 7 e 9, e escrevem-se os números assim formados em ordem crescente. A soma de todos os números assim formados é igual a:

a) 1 000 000

d) 6 666 000

b) 1 111 100

e) 6 666 600

c) 6 000 000

2 (EsPCEx-SP) O termo independente de **x** no desenvolvimento de $\left(x^3 - \dfrac{1}{x^2}\right)^{10}$ é igual a:

a) 110

c) 310

e) 510

b) 210

d) 410

3 (UE-RJ) Cada uma das 28 peças do jogo de dominó convencional, ilustradas abaixo, contêm dois números, de zero a seis, indicados por pequenos círculos ou, no caso do zero, por sua ausência.

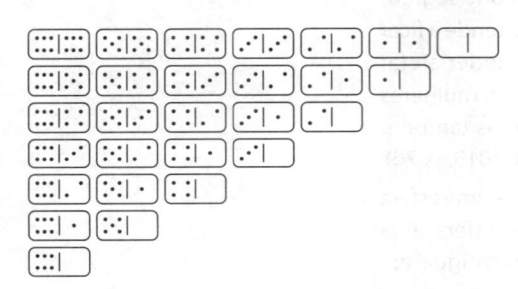

Admita um novo tipo de dominó, semelhante ao convencional, no qual os dois números de cada peça variem de zero a dez. Observe o desenho de uma dessas peças:

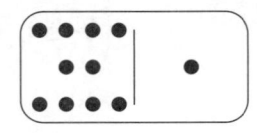

Considere que uma peça seja retirada ao acaso do novo dominó. Calcule a probabilidade de essa peça apresentar um número seis ou um número nove.

4 (EsPCEx-SP) De uma caixa contendo 50 bolas numeradas de 1 a 50 retiram-se duas bolas, sem reposição. A probabilidade do número da primeira bola ser divisível por 4 e o número da segunda bola ser divisível por 5 é:

a) $\dfrac{12}{245}$

c) $\dfrac{59}{2\,450}$

e) $\dfrac{11}{545}$

b) $\dfrac{14}{245}$

d) $\dfrac{59}{1225}$

5 (Vunesp-SP) Renato e Alice fazem parte de um grupo de 8 pessoas que serão colocadas, ao acaso, em fila. Calcule a probabilidade de haver exatamente 4 pessoas entre Renato e Alice na fila que será formada.

Generalize uma fórmula para o cálculo da probabilidade do problema descrito acima com o mesmo grupo de "8 pessoas", trocando "4 pessoas" por "**m** pessoas", em que $1 \leqslant m \leqslant 6$. A probabilidade deverá ser dada em função de **m**.

6 (U. E. Ponta Grossa-PR) Considerando o conjunto $C = \{x \in \mathbb{N} | 1 \leqslant x < 30\}$, assinale o que for correto [e indique a soma correspondente às alternativas corretas].

(01) O conjunto **C** tem 32 subconjuntos.

(02) Se $A = \{x \in \mathbb{N} | 1 < x \leqslant 5\}$, então $A - C = \{2, 3, 4\}$.

(04) Escolhendo-se, ao acaso, dois elementos desse conjunto, a probabilidade de que ambos sejam ímpares é de 20%.

(08) Escolhendo 3 elementos desse conjunto e efetuando o produto entre eles, pode-se obter 20 produtos distintos.

(16) Escolhendo-se ao acaso um elemento desse conjunto, a probabilidade de que seja par é de 40%.

7 (PUC-RJ) Vamos empilhar 4 caixas de alturas distintas. A caixa maior tem 1 m de altura, cada caixa seguinte, em tamanho, tem um terço da altura da anterior.

a) Determine a altura da nossa pilha de 4 caixas.

b) Se empilharmos as caixas em ordem aleatória, qual é a probabilidade de a caixa de baixo ser a caixa mais alta?

c) Se empilharmos as caixas em ordem aleatória, qual é a probabilidade de a caixa de baixo ser a caixa mais alta e a do topo ser a mais baixa?

8 (Fuvest-SP) Deseja-se formar uma comissão composta por sete membros do Senado Federal brasileiro, atendendo às seguintes condições: (I) nenhuma unidade da Federação terá dois membros na comissão, (II) cada uma das duas regiões administrativas mais populosas terá dois membros e (III) cada uma das outras três regiões terá um membro.

a) Quantas unidades da Federação tem cada região?

b) Chame de **N** o número de comissões diferentes que podem ser formadas (duas comissões são consideradas iguais quando têm os mesmos membros). Encontre uma expressão para **N** e simplifique-a de modo a obter sua decomposição em fatores primos.

c) Chame de **P** a probabilidade de se obter uma comissão que satisfaça as condições exigidas, ao se escolher sete senadores ao acaso. Verifique que $P < \dfrac{1}{50}$.

> Segundo a Constituição da República Federativa do Brasil – 1988, cada unidade da Federação é representada por três senadores.

9 (UE-MG) Na Copa das Confederações de 2013, no Brasil, onde a seleção brasileira foi campeã, o técnico Luiz Felipe Scolari tinha à sua disposição 23 jogadores de várias posições, sendo: 3 goleiros, 8 defensores, 6 meio-campistas e 6 atacantes. Para formar seu time, com 11 jogadores, o técnico utiliza 1 goleiro, 4 defensores, 3 meio-campistas e 3 atacantes. Tendo sempre Júlio César como goleiro e Fred como atacante, o número de times distintos que o técnico poderá formar é:

a) 14 000

b) 480

c) $8! + 4!$

d) 72 000

10 (Insper-SP) Um dirigente sugeriu a criação de um torneio de futebol chamado Copa dos Campeões, disputado apenas pelos oito países que já foram campeões mundiais: os três sul-americanos (Uruguai, Brasil e Argentina) e os cinco europeus (Itália, Alemanha, Inglaterra, França e Espanha). As oito seleções seriam divididas em dois grupos de quatro, sendo os jogos do grupo **A** disputados no Rio de Janeiro e os do grupo **B** em São Paulo. Considerando os integrantes de cada grupo e as cidades onde serão realizados os jogos, o número de maneiras diferentes de dividir as oito seleções de modo que as três sul-americanas não fiquem no mesmo grupo é:

a) 140   b) 120   c) 70   d) 60   e) 40

11 (Uneb-BA)

De acordo com o texto, se Cebolinha lançar a sua moeda dez vezes, a probabilidade de a face voltada para cima sair cara, em pelo menos oito dos lançamentos, é igual a:

a) $\dfrac{25}{512}$ b) $\dfrac{17}{256}$ c) $\dfrac{15}{256}$ d) $\dfrac{7}{128}$ e) $\dfrac{5}{128}$

12 (UF-SC) Assinale a(s) proposição(ões) corretas [e indique a soma correspondente às alternativas corretas].

(01) O número do cartão de crédito é composto de 16 algarismos. Zezé teve seu cartão quebrado, perdendo a parte que contém os quatro últimos dígitos. Apenas consegue lembrar que o número formado por eles é par, começa com 3 e tem todos os algarismos distintos. Então, existem 280 números satisfazendo essas condições.

(02) No prédio onde Gina mora, instalaram um sistema eletrônico de acesso no qual se deve criar uma senha com 4 algarismos, que devem ser escolhidos dentre os algarismos apresentados no teclado da figura. Para não esquecer a senha, ela resolveu escolher 4 algarismos dentre os 6 que representam a data de seu nascimento. Dessa forma, se Gina nasceu em 27/10/93, então ela pode formar 15 senhas diferentes com 4 algarismos distintos.

(04) Entre as últimas tendências da moda, pintar as unhas ganha um novo estilo chamado de "filha única". A arte consiste em pintar a unha do dedo anelar de uma cor diferente das demais, fazendo a mesma coisa nas duas mãos, conforme mostra o exemplo na figura. Larissa tem três cores diferentes de esmalte, então, usando essa forma de pintar as unhas, poderá fazê-lo de 6 maneiras diferentes.

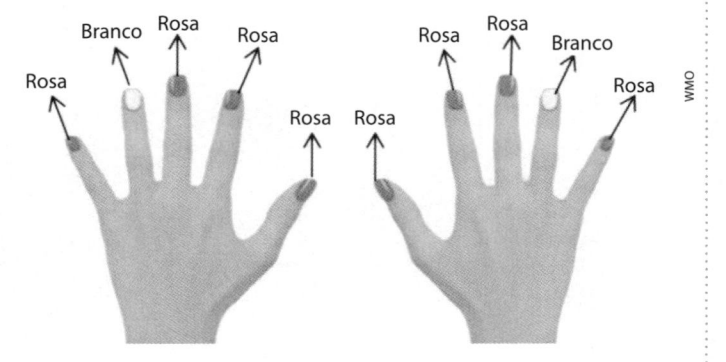

(08) Uma fábrica de automóveis lançou um modelo de carro que pode ter até 5 tipos de equipamentos opcionais. O número de alternativas deste modelo com respeito aos equipamentos opcionais é igual a 120.

(16) Jogando-se simultaneamente dois dados idênticos e não viciados, observa-se a soma dos valores das faces que ficam voltadas para cima. A soma com maior probabilidade de ocorrer é 7.

(32) O número de soluções inteiras não negativas de $x + y + z = 6$ é igual a 28.

(64) Se a soma de quatro números primos distintos é igual a 145, então o menor deles é 3.

13 (ESPM-SP) Os binomiais $\binom{11}{4x}$ e $\binom{x + 3y}{y}$ são complementares e, por isso, são iguais. Seu valor é:

a) 165

b) 330

c) 55

d) 462

e) 11

14 (U. F. Santa Maria-RS) Para cuidar da saúde, muitas pessoas buscam atendimento em cidades maiores onde há centros médicos especializados e hospitais mais equipados. Muitas vezes, o transporte até essas cidades é feito por *vans* disponibilizadas pelas prefeituras.

Em uma *van* com 10 assentos, viajarão 9 passageiros e o motorista. De quantos modos distintos os 9 passageiros podem ocupar suas poltronas na *van*?

a) 4 032

b) 36 288

c) 40 320

d) 362 880

e) 403 200

15 (UE-PA) Um jovem descobriu que o aplicativo de seu celular edita fotos, possibilitando diversas formas de composição, dentre elas, aplicar texturas, aplicar molduras e mudar a cor da foto. Considerando que esse aplicativo dispõe de 5 modelos de texturas, 6 tipos de molduras e 4 possibilidades de mudar a cor da foto, o número de maneiras que esse jovem pode fazer uma composição com 4 fotos distintas, utilizando apenas os recursos citados, para publicá-las nas redes sociais, conforme ilustração abaixo, é:

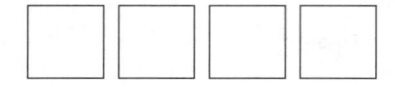

a) 24×120^4

b) 120^4

c) 20×120

d) 4×120

e) 120

16 (UPE-PE) Na comemoração de suas Bodas de Ouro, Sr. Manuel e D. Joaquina resolveram registrar o encontro com seus familiares através de fotos. Uma delas, sugerida pela família, foi dos avós com seus 8 netos. Por sugestão do fotógrafo, na organização para a foto, todos os netos deveriam ficar entre os seus avós.

De quantos modos distintos Sr. Manuel e D. Joaquina podem posar para essa foto com os seus netos?

a) 100

b) 800

c) 40 320

d) 80 640

e) 3 628 800

17 (IF-CE) O número de anagramas da palavra TAXISTA, que começam com a letra **X**, é:

a) 180

b) 240

c) 720

d) 5040

e) 10080

18 (FGV-SP) Uma senha de *internet* é constituída de seis letras e quatro algarismos em que a ordem é levada em consideração. Eis uma senha possível: (a, a, b, 7, 7, b, a, 7, a, 7).
Quantas senhas diferentes podem ser formadas com quatro letras **a**, duas letras **b** e quatro algarismos iguais a 7?

a) 10!

b) 2520

c) 3150

d) 6300

e) $\dfrac{10!}{4!\,6!}$

19 (Mackenzie-SP) Cinco casais resolvem ir ao teatro e compram os ingressos para ocuparem todas as 10 poltronas de uma determinada fileira. O número de maneiras que essas 10 pessoas podem se acomodar nas 10 poltronas, se um dos casais brigou, e eles não podem se sentar lado a lado, é:

a) $9 \cdot (9!)$

b) $8 \cdot (9!)$

c) $8 \cdot (8!)$

d) $\dfrac{10!}{2!}$

e) $\dfrac{10!}{4!}$

20 (UF-PR) A figura a seguir apresenta uma planificação do cubo que deverá ser pintada de acordo com as regras abaixo:

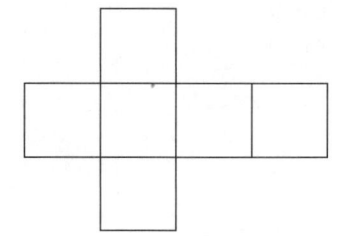

Os quadrados que possuem um lado em comum, nessa planificação, deverão ser pintados com cores diferentes. Além disso, ao se montar o cubo, as faces opostas deverão ter cores diferentes. De acordo com essas regras, qual o MENOR número de cores necessárias para se pintar o cubo, a partir da planificação apresentada?

a) 2

b) 3

c) 4

d) 5

e) 6

21 (UE-CE) Paulo possui 709 livros e identificou cada um destes livros com um código formado por três letras do nosso alfabeto, seguindo a "ordem alfabética" assim definida: AAA, AAB, ..., AAZ, ABA, ABB, ..., ABZ, ACA, ... Então, o primeiro livro foi identificado com AAA, o segundo com AAB, ... Nestas condições, considerando o alfabeto com 26 letras, o código associado ao último livro foi:

a) BAG

b) BAU

c) BBC

d) BBG

22 (U. Passo Fundo-RS) Alice não se recorda da senha que definiu no computador. Sabe apenas que é constituída por quatro letras seguidas, com pelo menos uma consoante.

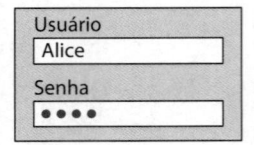

Se considerarmos o alfabeto como constituído por 23 letras, bem como que não há diferença para o uso de maiúsculas e minúsculas, quantos códigos dessa forma é possível compor?

a) 23^4

b) $23^3 \cdot 18$

c) $23^3 \cdot 72$

d) $23^4 - 5^4$

e) $18^4 - 5^4$

23 (UPE-PE) Em um certo país, as capitais Santo Antônio e São Bernardo são interligadas pelas rodovias AB 13, AB 16, AB 22 e AB 53, e as capitais São Bernardo e São Carlos são interligadas pelas rodovias BC 14, BC 38, BC 43, BC 57 e BC 77. Não existem rodovias interligando diretamente as capitais Santo Antônio e São Carlos. Se uma transportadora escolher aleatoriamente uma rota para o caminhoneiro Luís ir e voltar de Santo Antônio a São Carlos, qual a probabilidade de a rota sorteada conter, apenas, rodovias de numeração ímpar?

a) 4%

b) 9%

c) 10%

d) 15%

e) 40%

24 (U. Passo Fundo-RS) Duas bolsas de estudo serão sorteadas entre 9 pessoas, sendo 7 mulheres e 2 homens. Considerando-se que uma pessoa desse grupo não pode ganhar as duas bolsas, qual a probabilidade de duas mulheres serem sorteadas?

a) $\dfrac{1}{21}$ b) $\dfrac{7}{36}$ c) $\dfrac{7}{12}$ d) $\dfrac{7}{9}$ e) $\dfrac{2}{7}$

25 (UPE-PE) Dois atiradores, André e Bruno, disparam simultaneamente sobre um alvo.

- A probabilidade de André acertar no alvo é de 80%.
- A probabilidade de Bruno acertar no alvo é de 60%.

Se os eventos *"André acerta no alvo"* e *"Bruno acerta no alvo"* são independentes, qual é a probabilidade de o alvo não ser atingido?

a) 8%   **c)** 18%   **e)** 92%
b) 16%   **d)** 30%

26 (FGV-SP) A figura abaixo representa a face superior de um recipiente em forma de cubo de lado igual a **L**.

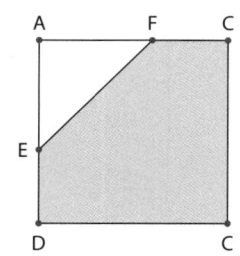

Essa face está parcialmente tampada por uma placa de metal (área em cinza) e parcialmente destampada (área em branco), sendo $AE = AF = \dfrac{L}{\sqrt{2}}$ João e Maria arremessam bolinhas de diâmetro desprezível sobre essa face. Considere que a probabilidade de a bolinha atingir qualquer região dessa face é proporcional à área da região e que os arremessos são realizados de forma independente.

a) Dado que uma bolinha arremessada por João caia na região do quadrado ABCD, qual é a probabilidade de que passe diretamente pela parte branca (destampada)?

b) Se João arremessar uma bolinha e Maria arremessar outra, dado que em ambos os lançamentos as bolinhas caiam na região do quadrado ABCD, qual é a probabilidade de que ao menos uma passe diretamente pela parte branca?

c) Se João efetuar seis arremessos, e em todos eles a bolinha cair na região do quadrado ABCD, qual é a probabilidade de que em exatamente 4 desses arremessos a bolinha passe diretamente pela parte branca?

27 (ESPM-SP) A distribuição dos alunos nas 3 turmas de um curso é mostrada na tabela abaixo.

	A	B	C
Homens	42	36	26
Mulheres	28	24	32

Escolhendo-se uma aluna desse curso, a probabilidade de ela ser da turma **A** é:

a) $\dfrac{1}{2}$ **b)** $\dfrac{1}{3}$ **c)** $\dfrac{1}{4}$ **d)** $\dfrac{2}{5}$ **e)** $\dfrac{2}{7}$

28 (ITA-SP) Seja Ω o espaço amostral que representa todos os resultados possíveis do lançamento simultâneo de três dados. Se A $\subset$ Ω é o evento para o qual a soma dos resultados dos três dados é igual a 9 e B $\subset$ Ω o evento cuja soma dos resultados é igual a 10, calcule:

a) $n(\Omega)$;

b) $n(A)$ e $n(B)$;

c) $P(A)$ e $P(B)$.

29 (UE-PA) Uma universidade realizou uma pesquisa *on-line* envolvendo jovens do ensino médio para saber quais meios de comunicação esses jovens utilizam para se informarem dos acontecimentos diários. Para incentivá-los a preencher os dados referentes à pesquisa, cujas respostas estão registradas no quadro abaixo, a universidade sorteou um *tablet* dentre os respondentes.

Mulheres	Ouvem apenas rádio.	**350**
	Assistem à televisão e consultam a internet.	**150**
Homens	Assistem à televisão e consultam internet.	**375**
	Utilizam apenas internet.	**125**
TOTAL DE JOVENS ENTREVISTADOS		**1 000**

Sabendo-se que o respondente sorteado consulta a *internet* para se manter informado diariamente, a probabilidade de o sorteado ser um homem:

a) é inferior a 30%.

b) está compreendida entre 30% e 40%.

c) está compreendida entre 40% e 60%.

d) está compreendida entre 60% e 80%.

e) é superior a 80%.

30 (UEA-AM) A tabela mostra o resultado de um levantamento feito para avaliar qualitativamente três empresas (**X**, **Y** e **Z**) que fazem a ligação fluvial entre duas localidades. Nesse levantamento, as pessoas entrevistadas deveriam relacionar as três empresas em ordem de preferência decrescente:

Entrevistados	Ordem de preferência relacionada
37,5%	X, Y, Z
5,0%	X, Z, Y
12,5%	Y, X, Z
4,0%	Y, Z, X
25,0%	Z, X, Y
16,0%	Z, Y, X

Escolhendo-se aleatoriamente uma das pessoas entrevistadas, a probabilidade de que ela prefira a empresa **Y** à empresa **X** é de:

a) 32,5%

b) 16,5%

c) 20%

d) 28,5%

e) 16%

31 (Unicamp-SP) Um caixa eletrônico de certo banco dispõe apenas de cédulas de 20 e 50 reais. No caso de um saque de 400 reais, a probabilidade de o número de cédulas entregues ser ímpar é igual a:

a) $\dfrac{1}{4}$ b) $\dfrac{2}{5}$ c) $\dfrac{2}{3}$ d) $\dfrac{3}{5}$

32 (Vunesp-SP) Em um condomínio residencial, há 120 casas e 230 terrenos sem edificações. Em um determinado mês, entre as casas, 20% dos proprietários associados a cada casa estão com as taxas de condomínio atrasadas, enquanto, entre os proprietários associados a cada terreno, esse percentual é de 10%. De posse de todos os boletos individuais de cobrança das taxas em atraso do mês, o administrador do empreendimento escolhe um boleto ao acaso. A probabilidade de que o boleto escolhido seja de um proprietário de terreno sem edificação é de:

a) $\dfrac{24}{350}$ b) $\dfrac{24}{47}$ c) $\dfrac{47}{350}$ d) $\dfrac{23}{350}$ e) $\dfrac{23}{47}$

O texto a seguir refere-se aos exercícios *33* e *34*:

Em um curso de computação, uma das atividades consiste em criar um jogo da memória com as seis cartas mostradas a seguir.

Inicialmente, o programa embaralha as cartas e apresenta-as viradas para baixo. Em seguida, o primeiro jogador vira duas cartas e tenta formar um par.

33 (Insper-SP) A probabilidade de que o primeiro jogador forme um par em sua primeira tentativa é:

a) $\dfrac{1}{2}$ b) $\dfrac{1}{3}$ c) $\dfrac{1}{4}$ d) $\dfrac{1}{5}$ e) $\dfrac{1}{6}$

34 (Insper-SP) Suponha que o primeiro jogador tenha virado as duas cartas mostradas abaixo.

    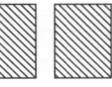

Como não foi feito par, o programa desvira as duas cartas e é a vez do segundo jogador, que utiliza a seguinte estratégia: ele vira uma das quatro cartas que não foi virada pelo primeiro jogador. Se a carta virada for um quadrado ou um triângulo, ele certamente forma um par, pois sabe onde está a carta correspondente. Caso contrário, ele vira uma das outras três cartas que ainda não foram viradas. A probabilidade de que o segundo jogador forme um par usando a estratégia descrita é:

a) $\dfrac{1}{2}$ b) $\dfrac{5}{8}$ c) $\dfrac{2}{3}$ d) $\dfrac{3}{4}$ e) $\dfrac{5}{6}$

O texto a seguir refere-se ao exercício *35*:

Potencialmente, os portos da região Norte podem ser os canais de escoamento para toda a produção de grãos que ocorre acima do paralelo 16 Sul, onde estão situados gigantes do agronegócio. Investimentos em logística e a construção de novos terminais portuários privados irão aumentar consideravelmente o número de toneladas de grãos embarcados anualmente.

35 (UEA-AM) Para embarques durante a safra de grãos, seis navios diferentes devem ser distribuídos entre dois portos, de modo que cada porto receba três navios. O número de formas diferentes de se fazer isso é:

a) 6 **d)** 12

b) 20 **e)** 18

c) 9

36 (EPCAr-MG) Num acampamento militar, serão instaladas três barracas: I, II e III. Nelas, serão alojados 10 soldados, dentre eles o soldado **A** e o soldado **B**, de tal maneira que fiquem 4 soldados na barraca I, 3 na barraca II e 3 na barraca III.

Se o soldado **A** deve ficar na barraca I e o soldado **B** não deve ficar na barraca III, então o número de maneiras distintas de distribuí-los é igual a:

a) 560

b) 1 120

c) 1 680

d) 2 240

37 (U. F. Santa Maria-RS) As doenças cardiovasculares aparecem em primeiro lugar entre as causas de morte no Brasil. As cirurgias cardíacas são alternativas bastante eficazes no tratamento dessas doenças.

Supõe-se que um hospital dispõe de 5 médicos cardiologistas, 2 médicos anestesistas e 6 instrumentadores que fazem parte do grupo de profissionais habilitados para realizar cirurgias cardíacas.

Quantas equipes diferentes podem ser formadas com 3 cardiologistas, 1 anestesista e 4 instrumentadores?

a) 200 **c)** 600 **e)** 1 200

b) 300 **d)** 720

38 (UE-RN) Numa lanchonete são vendidos sucos de 8 sabores diferentes, sendo que 3 são de frutas cítricas e os demais, de frutas silvestres. De quantas maneiras pode-se escolher 3 sucos de sabores diferentes, sendo que pelo menos 2 deles sejam de frutas silvestres?

a) 40

b) 55

c) 72

d) 85

39 (UE-MG) O jogo da Mega-Sena consiste no sorteio de 6 números distintos de 1 a 60. Um apostador, depois de vários anos de análise, deduziu que, no próximo sorteio, os 6 números sorteados estariam entre os 10 números que tinha escolhido.

Sendo assim, com a intenção de garantir seu prêmio na Sena, ele resolveu fazer todos os possíveis jogos com 6 números entre os 10 números escolhidos.

Quantos reais ele gastará para fazê-los, sabendo que cada jogo com 6 números custa R$ 2,00?

a) R$ 540,00

b) R$ 302 400,00

c) R$ 420,00

d) R$ 5 040,00

40 (UPE-PE) Nove cartões, com os números de 11 a 19 escritos em um dos seus versos, foram embaralhados e postos um sobre o outro de forma que as faces numeradas ficaram para baixo. A probabilidade de, na disposição final, os cartões ficarem alternados entre pares e ímpares é de:

a) $\dfrac{1}{126}$ **b)** $\dfrac{1}{140}$ **c)** $\dfrac{1}{154}$ **d)** $\dfrac{2}{135}$ **e)** $\dfrac{3}{136}$

41 (UPE-PE) Seguindo a etiqueta japonesa, um restaurante tipicamente oriental solicita aos seus clientes que retirem seus calçados na entrada do estabelecimento. Em certa noite, 6 pares de sapato e 2 pares de sandálias, todos distintos, estavam dispostos na entrada do restaurante, em duas fileiras com 4 pares de calçados cada uma. Se esses pares de calçados forem organizados nessas fileiras de tal forma que as sandálias devam ocupar as extremidades da primeira fila, de quantas formas diferentes podem-se organizar esses calçados nas duas fileiras?

a) 6!

b) 2 · 6!

c) 4 · 6!

d) 6 · 6!

e) 8!

42 (Fuvest-SP) Sócrates e Xantipa enfrentam-se em um popular jogo de tabuleiro, que envolve a conquista e ocupação de territórios em um mapa. Sócrates ataca jogando três dados e Xantipa se defende com dois. Depois de lançados os dados, que são honestos, Sócrates terá conquistado um território se e somente se as duas condições seguintes forem satisfeitas:

I.   o maior valor obtido em seus dados for maior que o maior valor obtido por Xantipa;

II. algum outro dado de Sócrates cair com um valor maior que o menor valor obtido por Xantipa.

a) No caso em que Xantipa tira 5 e 5, qual é a probabilidade de Sócrates conquistar o território em jogo?

b) No caso em que Xantipa tira 5 e 4, qual é a probabilidade de Sócrates conquistar o território em jogo?

▶ Ponto, Reta, Circunferência e Cônicas

1 (UF-PR) Uma reta passando pelo ponto P(16, –3) é tangente ao círculo $x^2 + y^2 = r^2$ em um ponto **Q**. Sabendo que a medida do segmento $\overline{PQ}$ é de 12 unidades, calcule:

a) a distância do ponto **P** à origem do sistema cartesiano;

b) a medida do raio **r** da circunferência.

2 (U. E. Ponta Grossa-PR) A circunferência $\mathbf{C}_1$ tem equação $x^2 + y^2 - 4x - 6y + m = 0$ e a circunferência $\mathbf{C}_2$ tem centro em (–2, 6) e raio igual a 4. Sabendo que $\mathbf{C}_1$ e $\mathbf{C}_2$ são tangentes exteriormente, assinale o que for correto [e indique a soma correspondente às alternativas corretas].

(01) O ponto de tangência pertence ao 2º quadrante.

(02) $m > 10$

(04) A reta de equação $4x - 3y + 4 = 0$ é perpendicular à reta que passa pelos centros de $\mathbf{C}_1$ e $\mathbf{C}_2$.

(08) A circunferência $\mathbf{C}_1$ não intersecta os eixos coordenados.

(16) A distância entre os centros de $\mathbf{C}_1$ e $\mathbf{C}_2$ é 5.

3 (PUC-RJ) Considere o quadrado ABCD como na figura. Assuma que A = (5, 12) e B = (13, 6).

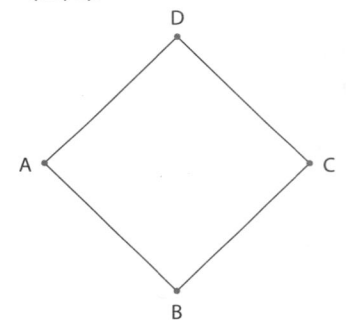

a) Determine a medida do lado do quadrado ABCD.

b) Determine a equação da reta que passa por **C** e **D**.

c) Determine a equação do círculo inscrito no quadrado ABCD.

4 (IF-SP) Um triângulo é desenhado marcando-se os pontos A(3; 5), B(2; –6) e C(–4; 1) no plano cartesiano. O triângulo A′B′C′ é o simétrico do triângulo ABC em relação ao eixo **y**. Um dos vértices do triângulo A′B′C′ é:

a) (3; 5)   **b)** (–2; 6)   **c)** (–2; –1)   **d)** (–4; 5)   **e)** (4; 1)

5 (UF-SC) Assinale a(s) proposição(ões) correta(s) [e indique a soma correspondente às alternativas corretas].

Para a transmissão da Copa do Mundo de 2014 no Brasil, serão utilizadas câmeras que ficam suspensas por cabos de aço acima do campo de futebol, podendo, dessa forma, oferecer maior qualidade na transmissão. Suponha que uma dessas câmeras se desloque por um plano paralelo ao solo orientada através de coordenadas cartesianas. A figura a seguir representa o campo em escala reduzida, sendo que cada unidade de medida da figura representa 10 m no tamanho real.

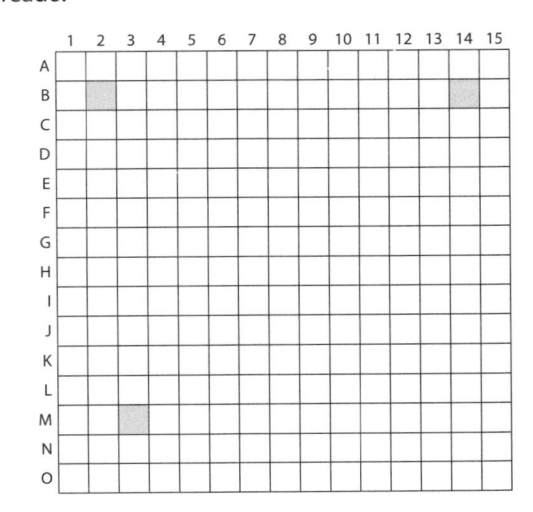

(01) A equação da circunferência que delimita o círculo central do campo na figura é $x^2 + y^2 - 12x - 8y + 51 = 0$.

(02) Se a câmera se desloca em linha reta de um ponto, representado na figura por A(4, 2), até outro ponto, representado na figura por C(10, 6), então a equação da reta que corresponde a essa trajetória na figura é $2x - 3y - 2 = 0$.

(04) Na figura, o ponto B(8, 3) está a uma distância de 8 unidades da reta que passa pelos pontos a A(4, 2) e C(10, 6).

(08) Os pontos (7, 4), (4, 2) e (10, 6) não são colineares.

(16) No tamanho real, a área do círculo central do campo de futebol é igual a 100π m².

6 (UEA-AM) Num plano cartesiano, sabe-se que os pontos A, B (1, 2) e C (2, 3) pertencem a uma mesma reta, e que o ponto **A** está sobre o eixo Oy. O valor da ordenada de **A** é:

a) 0　　b) 3　　c) –1　　d) 2　　e) 1

7 (UE-PB) As retas **r** e **s**, de equações cartesianas $3x - 4y - 8 = 0$ e $4y - 3x - 12 = 0$ respectivamente, são tangentes a um círculo **C**. O perímetro de **C** em cm é:

a) 8π　　b) 2π　　c) 4π　　d) 4　　e) 16π

8 (Insper-SP) A figura mostra um tabuleiro de um jogo Batalha Naval, em que André representou três navios nas posições dadas pelas coordenadas B2, B14 e M3. Cada navio está identificado por um quadrado sombreado.

André deseja instalar uma base em um quadrado do tabuleiro cujo centro fique equidistante dos centros dos três quadrados onde foram posicionados os navios. Para isso, a base deverá estar localizada no quadrado de coordenadas:

a) G8 **b)** G9 **c)** H8 **d)** H9 **e)** H10

9 (ESPM-SP) Os pontos O(0, 0), P(x, 2) e Q(1, x + 1) do plano cartesiano são distintos e colineares. A área do quadrado de diagonal $\overline{PQ}$ vale:

a) 12 **b)** 16 **c)** 25 **d)** 4 **e)** 9

10 (Cefet-MG) No plano cartesiano, duas retas **r** e **s** se intersectam num ponto S(x, 0) e tangenciam a circunferência $x^2 + y^2 = 10$ nos pontos P(3, p) e Q(3, q), respectivamente. Os pontos **P**, **Q**, **S** e **O**, sendo **O** o centro da circunferência, determinam um quadrilátero cuja área, em unidades de área, é:

a) $\dfrac{5}{3}$ **c)** $\dfrac{\sqrt{10}}{3}$ **e)** $\dfrac{20\sqrt{10}}{9}$

b) $\dfrac{10}{3}$ **d)** $\dfrac{5\sqrt{10}}{9}$

11 (U. F. Santa Maria-RS) A figura mostra um jogo de *videogame*, em que aviões disparam balas visando atingir o alvo. Quando o avião está no ponto (1, 2), dispara uma bala e atinge o alvo na posição (3, 0).

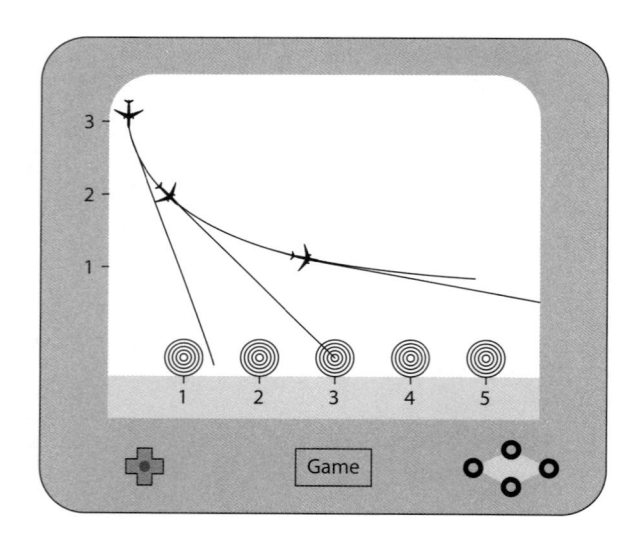

Sendo **r** a reta determinada pela trajetória da bala, observe as seguintes afirmativas:

I. O ponto $P\left(\dfrac{1}{2}, \dfrac{5}{2}\right)$ pertence a **r**.

II. A reta **r** é perpendicular à reta que passa pela origem e pelo ponto médio do segmento AB, onde A(0, 3) e B(3, 0).

III. A reta **r** é paralela à reta s: $2x - 2y + 5 = 0$.

Está(ão) correta(s)

a) apenas I.   **d)** apenas II e III.

b) apenas I e II.   **e)** I, II e III.

c) apenas III.

12 (Insper-SP) No plano cartesiano da figura, feito fora de escala, o eixo **x** representa uma estrada já existente, os pontos A(8, 2) e B(3, 6) representam duas cidades e a reta **r**, de inclinação 45°, representa uma estrada que será construída.

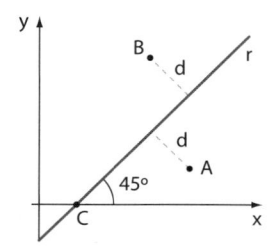

Para que as distâncias da cidade **A** e da cidade **B** até a nova estrada sejam iguais, o ponto **C**, onde a nova estrada intersecta a existente, deverá ter coordenadas:

a) $\left(\dfrac{1}{2}, 0\right)$ **b)** $(1, 0)$ **c)** $\left(\dfrac{3}{2}, 0\right)$ **d)** $(2, 0)$ **e)** $\left(\dfrac{5}{2}, 0\right)$

13 (Insper-SP) No plano cartesiano, a reta **r**, de coeficiente angular 10, intersecta o eixo **y** em um ponto de ordenada **a**. Já a reta **s**, de coeficiente angular 9, intersecta o eixo **y** em um ponto de ordenada **b**. Se as retas **r** e **s** intersectam-se em um ponto de abscissa 6, então:

a) $b = a$ **c)** $b = a - 6$ **e)** $b = a + 6$
b) $b = a - 9$ **d)** $b = a + 9$

14 (U. E. Maringá-PR) Considere as retas **r**, **s** e **t** no plano cujas equações são:
r: $x + y = 1$,
s: $2x + y = 0$,
t: $x - 2y = 1$.
Sobre essas retas, assinale o que for correto [e indique a soma correspondente às alternativas corretas].

(01) A interseção das retas **r** e **s** é o ponto $(-1, 2)$, das retas **r** e **t** é o ponto $(1, 0)$ e das retas **s** e **t** é o ponto $\left(\dfrac{1}{5}, -\dfrac{2}{5}\right)$.

(02) As retas **s** e **t** são perpendiculares.

(04) O ponto de interseção das retas **r** e **t** está a uma distância igual a $\dfrac{2\sqrt{5}}{5}$ da reta **s**.

(08) A área do triângulo delimitado por essas retas é $\dfrac{6}{5}$.

(16) A tangente do ângulo agudo formado pelas retas **r** e **s** é 3.

15 (PUC-RS) Uma circunferência de centro em $P(c, c)$, com $c \neq 0$, tangencia o eixo das abscissas e o eixo das ordenadas. Sua equação é:

a) $x^2 + y^2 = c^2$ **d)** $(x - c)^2 + (y - c)^2 = c$
b) $(x - c)^2 + y^2 = c^2$ **e)** $(x - c)^2 + (y - c)^2 = c^2$
c) $x^2 + (y - c)^2 = c^2$

16 (Mackenzie-SP) Vitória-régia é uma planta aquática típica da região amazônica. Suas folhas são grandes e têm formato circular, com uma capacidade notável de flutuação, graças aos compartimentos de ar em sua face inferior.

Em um belo dia, um sapo estava sobre uma folha de vitória-régia, cuja borda obedece à equação $x^2 + y^2 + 2x + y + 1 = 0$, apreciando a paisagem ao seu redor. Percebendo que a folha que flutuava à sua frente era maior e mais bonita, resolveu pular para essa folha, cuja borda é descrita pela equação $x^2 + y^2 - 2x - 3y + 1 = 0$.

A distância linear mínima que o sapo deve percorrer em um salto para não cair na água é:

a) $2(\sqrt{2} - 1)$ **c)** $2\sqrt{2}$ **e)** $\sqrt{5}$

b) 2 **d)** $\sqrt{2} - 2$

17 (IF-CE) A equação $36x^2 + 36y^2 - 36x + 24y - 131 = 0$ representa uma cônica. É correto afirmar-se que essa cônica é uma:

a) elipse de centro $(0, 1)$.

b) circunferência de centro $\left(\dfrac{1}{2}, \dfrac{1}{3}\right)$.

c) hipérbole.

d) parábola.

e) circunferência de comprimento 4π unidades de comprimento.

18 (EsPCEx-SP) Sejam dados a circunferência $\lambda: x^2 + y^2 + 4x + 10y + 25 = 0$ e o ponto **P**, que é simétrico de $(-1, 1)$ em relação ao eixo das abscissas. Determine a equação da circunferência concêntrica à λ e que passa pelo ponto **P**.

a) $\lambda: x^2 + y^2 + 4x + 10y + 16 = 0$

b) $\lambda: x^2 + y^2 + 4x + 10y + 12 = 0$

c) $\lambda: x^2 + y^2 + 4x - 5y + 16 = 0$

d) $\lambda: x^2 + y^2 - 4x - 5y + 12 = 0$

e) $\lambda: x^2 - y^2 - 4x - 10y + 17 = 0$

19 (EsPCEx-SP) Sobre a curva $9x^2 + 25y^2 - 36x + 50y - 164 = 0$, assinale a alternativa correta.

a) Seu centro é $(-2, 1)$.

b) A medida do seu eixo maior é 25.

c) A medida do seu eixo menor é 9.

d) A distância focal é 4.

e) Sua excentricidade é 0,8.

20 (UE-MA) Uma família da cidade de Cajapió – MA comprou uma antena parabólica e o técnico a instalou acima do telhado. A antena projetou uma sombra na parede do vizinho, que está reproduzida abaixo, coberta com uma folha quadriculada.

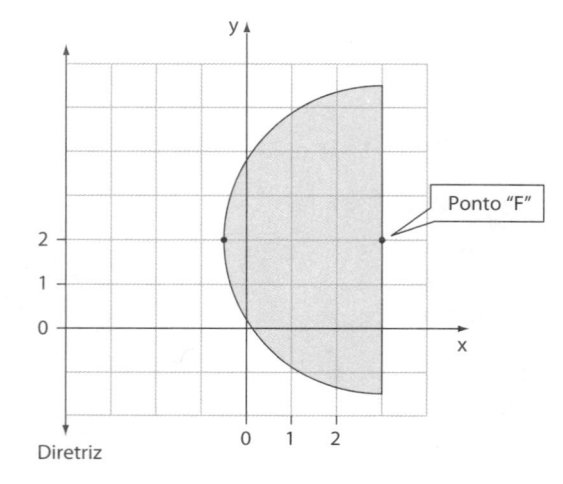

Ponto "F"

Diretriz

Note que a figura projetada na parede é uma cônica. Considerando as medidas mostradas e o sistema cartesiano contido na folha quadriculada, a equação que representa a cônica será:

a) $(y - 2)^2 = 7(2x + 1)$

d) $(y - 2)^2 = -7\left(2x - \dfrac{1}{7}\right)$

b) $(y + 2)^2 = 7(2x + 1)$

e) $(y + 3)^2 = \dfrac{12}{7}(x - 1)$

c) $(y - 3)^2 = 12(x + 1)$

21 (U. E. Maringá-PR) Um aluno desenhou, em um plano cartesiano, duas cônicas (elipse ou hipérbole), uma de excentricidade 0,8 e outra de excentricidade 2,4, tendo ambas como foco o par de pontos $(-12, 0)$ e $(12, 0)$.

Assinale o que for correto [e indique a soma correspondente às alternativas corretas].

(01) A cônica de excentricidade 0,8 é uma hipérbole.

(02) A cônica de excentricidade 2,4 passa pelo ponto $(5, 0)$.

(04) As cônicas descritas possuem quatro pontos em comum.

(08) $\dfrac{x^2}{225} + \dfrac{y^2}{81} = 1$ é uma equação para a cônica de excentricidade 0,8.

(16) A cônica de excentricidade 0,8 passa pelo ponto $(0, 9)$.

22 (Fatec-SP) No plano cartesiano da figura, considere que as escalas nos dois eixos coordenados são iguais e que a unidade de medida linear é 1 cm. Nele, está representada parte de uma linha poligonal que começa no ponto $P(0; 3)$ e, mantendo-se o mesmo padrão, termina em um ponto **Q**.

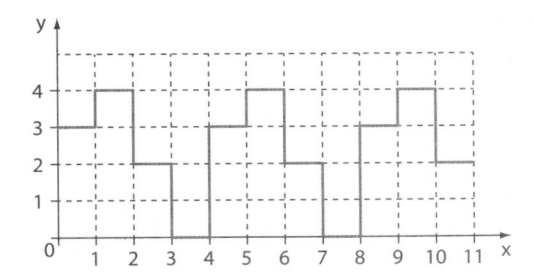

Na figura, a linha poligonal é formada por segmentos de reta:
- que são paralelos aos eixos coordenados; e
- cujas extremidades têm coordenadas inteiras não negativas.

Sabendo que o comprimento da linha poligonal, do ponto **P** até o ponto **Q**, é igual a 94 cm, as coordenadas do ponto **Q** são:

a) $(25; 2)$ **b)** $(28; 1)$ **c)** $(32; 1)$ **d)** $(33; 1)$ **e)** $(34; 2)$

23 (FGV-SP) No plano cartesiano, há duas retas paralelas à reta de equação $3x + 4y + 60 = 0$ e que tangenciam a circunferência $x^2 + y^2 = 4$. Uma delas intersecta o eixo **y** no ponto de ordenada:

a) $2, 9$ **b)** $2, 8$ **c)** $2, 7$ **d)** $2, 6$ **e)** $2, 5$

24 (Unioeste-PR) Os valores de **k** para que as retas $2x + ky = 3$ e $x + y = 1$ sejam paralelas e perpendiculares entre si, respectivamente, são:

a) $-\dfrac{3}{2}$ e 1. **b)** -1 e 1. **c)** 1 e -1. **d)** -2 e 2. **e)** 2 e -2.

25 (U. F. Santa Maria-RS) O uso de fontes de energias limpas e renováveis, como a energia eólica, geotérmica e hidráulica, é uma das ações relacionadas com a sustentabilidade que visa a diminuir o consumo de combustíveis fósseis, além de preservar os recursos minerais e diminuir a poluição do ar. Em uma estação de energia eólica, os cataventos C_1, C_2 e C_3 estão dispostos conforme o gráfico a seguir.

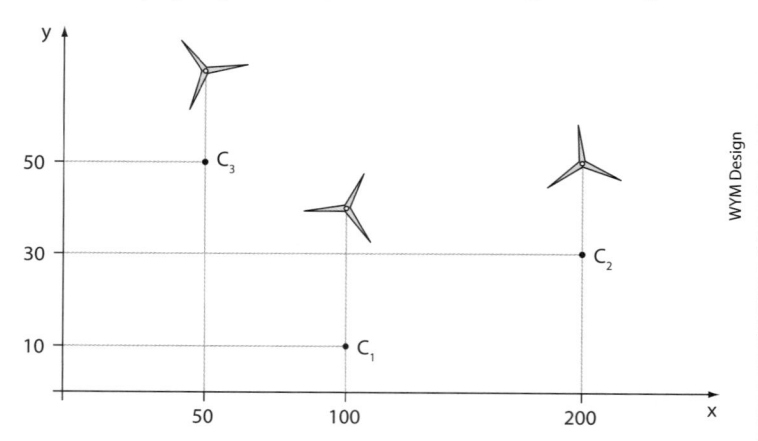

Para que um catavento de coordenadas (x, y) esteja alinhado com o catavento C_1 e com o ponto médio do segmento $\overline{C_2C_3}$, é necessário e suficiente que:

a) $2x + 15y = 850$

b) $5y + x + 50 = 0$

c) $55y - 26y + 2\,050 = 0$

d) $4x + 5y = 450$

e) $5y - 6x + 550 = 0$

26 (UE-PB) A reta de equação $(x - 2)m + (m - 3)y + m - 4 = 0$, com **m** constante real, passa pelo ponto P(2, 0). Então, seu coeficiente angular é:

a) 4 b) -4 c) $\dfrac{1}{4}$ d) $-\dfrac{1}{4}$ e) 2

27 (Enem-MEC) Nos últimos anos, a televisão tem passado por uma verdadeira revolução, em termos de qualidade de imagem, som e interatividade com o telespectador. Essa transformação se deve à conversão do sinal analógico para o sinal digital. Entretanto, muitas cidades ainda não contam com essa nova tecnologia. Buscando levar esses benefícios a três cidades, uma emissora de televisão pretende construir uma nova torre de transmissão, que envie sinal às antenas **A**, **B** e **C**, já existentes nessas cidades. As localizações das antenas estão representadas no plano cartesiano:

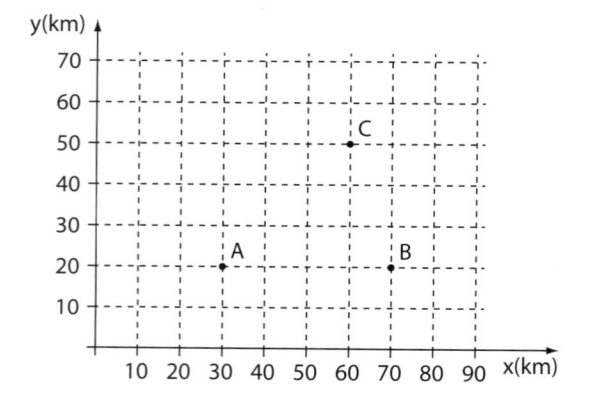

A torre deve estar situada em um local equidistante das três antenas. O local adequado para a construção dessa torre corresponde ao ponto de coordenadas:

a) (65; 35)   **d)** (50; 20)

b) (53; 30)   **e)** (50; 30)

c) (45; 35)

28 (FGV-SP) No plano cartesiano, considere o triângulo de vértices A(1, 4), B(4, 5) e C(6, 2).

A reta suporte da altura relativa ao lado $\overline{AC}$ intersecta o eixo **x** no ponto de abscissa:

a) 2   **b)** 2,2   **c)** 2,4   **d)** 2,6   **e)** 2,8

29 (Fuvest-SP) São dados, no plano cartesiano, o ponto **P** de coordenadas (3, 6) e a circunferência **C** de equação $(x - 1)^2 + (y - 2)^2 = 1$. Uma reta **t** passa por **P** e é tangente a **C** em um ponto **Q**. Então a distância de **P** a **Q** é:

a) $\sqrt{15}$ **d)** $\sqrt{19}$

b) $\sqrt{17}$ **e)** $\sqrt{20}$

c) $\sqrt{18}$

30 (UE-PB) Um quadrilátero, cujos vértices dados por E(–1, 0), F(–2, –2), G(–1, –4) e H(0, –2), possui área igual a:

a) 8 u.a.

b) 4 u.a.

c) 6 u.a.

d) 10 u.a.

e) 2 u.a.

31 (UF-PR) Considere as retas **r** e **s** representadas no plano cartesiano abaixo.

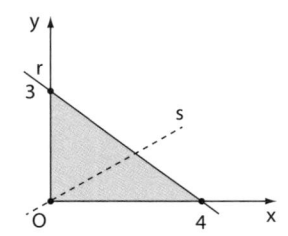

a) Escreva a equação da reta **r**.

b) Qual deve ser o coeficiente angular da reta **s**, de modo que ela divida o triângulo cinza em dois triângulos com áreas iguais? Justifique sua resposta.

32 (Unicamp-SP) Na formulação de fertilizantes, os teores percentuais dos macronutrientes **N**, **P** e **K**, associados respectivamente a nitrogênio, fósforo e potássio, são representados por **x**, **y** e **z**.

a) Os teores de certo fertilizante satisfazem o seguinte sistema de equações lineares:

$$\begin{cases} 3x + y - z = 0,20 \\ 2y + z = 0,55 \\ z = 0,25 \end{cases}$$

Calcule **x** e **y** nesse caso.

b) Suponha que para outro fertilizante valem as relações $24\% \leqslant x + y + z \leqslant 54\%$, $x \geqslant 10\%$, $y \geqslant 20\%$ e $x = 10\%$. Indique no plano cartesiano abaixo a região de teores (x, y) admissíveis para tal fertilizante.

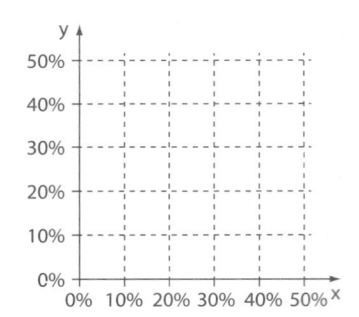

33 (Cefet-MG) Em um plano, uma reta que passa pelo ponto $P(8, 10)$ tangencia a circunferência $x^2 + y^2 - 4x - 6y - 3 = 0$ no ponto **A**. A medida do segmento PA, em unidades de comprimento, é:

a) $\sqrt{12}$ **b)** $\sqrt{34}$ **c)** $\sqrt{45}$ **d)** $\sqrt{69}$ **e)** $\sqrt{85}$

34 (Unioeste-PR) A área da região do plano formada pelos pontos (x, y) tais que $x^2 + y^2 - 4x \leqslant 0$ e $x - y - 2 > 0$, em unidades de área, é igual a:

a) $\dfrac{\pi}{2}$ **b)** π **c)** 2π **d)** 3π **e)** 4π

35 (UE-RN) Sejam duas circunferências C_1 e C_2, cujas equações são, respectivamente, iguais a $x^2 + y^2 + 6y + 5 = 0$ e $x^2 + y^2 - 12x = 0$. A distância entre os pontos **A** e **B** dessas circunferências, conforme indicada na figura, é:

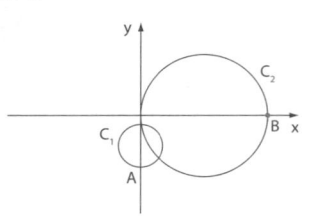

a) 13   **b)** 14   **c)** 17   **d)** 19

36 (UF-PE) Uma circunferência tem centro no primeiro quadrante, passa pelos pontos com coordenadas $(0, 0)$ e $(4, 0)$ e é tangente, internamente, à circunferência com equação $x^2 + y^2 = 64$. Abaixo, estão ilustradas as duas circunferências.

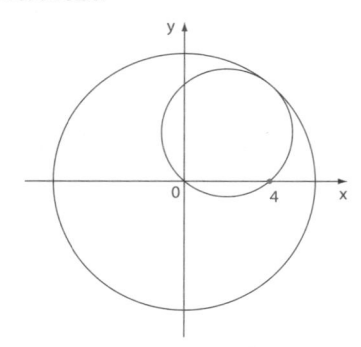

Indique o inteiro mais próximo da soma das coordenadas do ponto de interseção das duas circunferências.

37 (U. F. São João del-Rei-MG) A reta r: $y = 3x - 3$ e a circunferência λ: $x^2 + (y - 2)^2 = 5$ se intersectam nos pontos **A** e **B**. O comprimento do segmento AB e as coordenadas do seu ponto médio são, respectivamente:

a) $\sqrt{5}$ unidades de comprimento e (0, −3).

b) $\sqrt{5}$ unidades de comprimento e (1, 0).

c) $\sqrt{10}$ unidades de comprimento e (2, 3).

d) $\sqrt{10}$ unidades de comprimento e $\left(\dfrac{3}{2}, \dfrac{3}{2}\right)$.

38 (Enem-MEC) Durante uma aula de Matemática, o professor sugere aos alunos que seja fixado um sistema de coordenadas cartesianas (x, y) e representa na lousa a descrição de cinco conjuntos algébricos, I, II, III, IV e V, como se segue:

I. é a circunferência de equação $x^2 + y^2 = 9$;

II. é a parábola de equação $y = -x^2 - 1$, com **x** variando de −1 a 1;

III. é o quadrado formado pelos vértices (−2, 1), (−1, 1), (−1, 2) e (−2, 2);

IV. é o quadrado formado pelos vértices (1, 1), (2, 1), (2, 2) e (1, 2);

V. é o ponto (0, 0).

A seguir, o professor representa corretamente os cinco conjuntos sobre uma mesma malha quadriculada, composta de quadrados com lados medindo uma unidade de comprimento, cada, obtendo uma figura. Qual destas figuras foi desenhada pelo professor?

a)

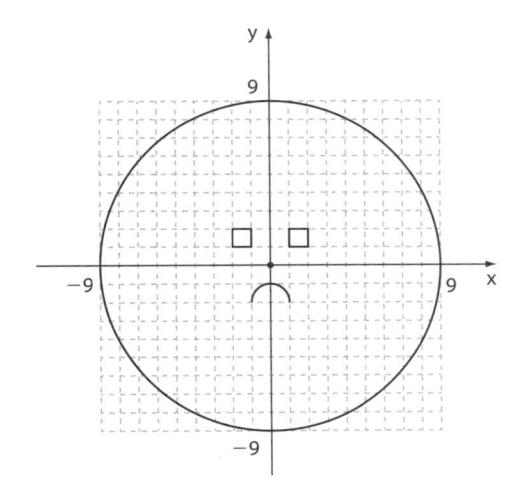

b)

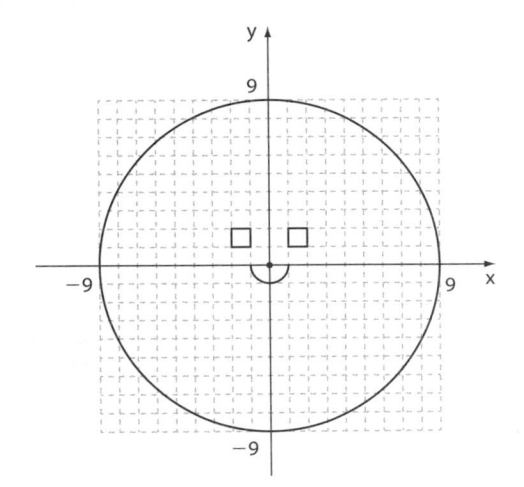

c)

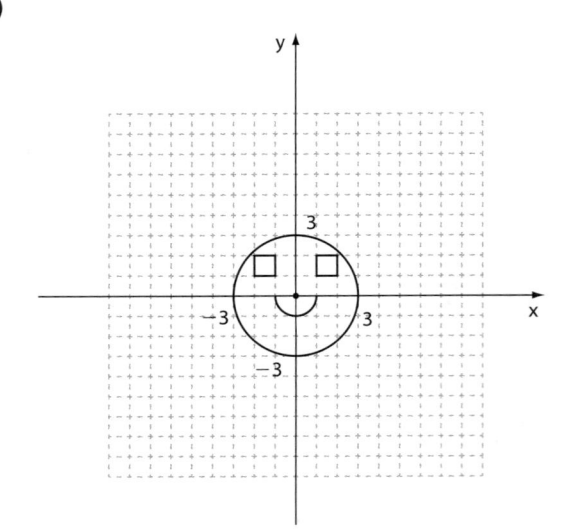

d)

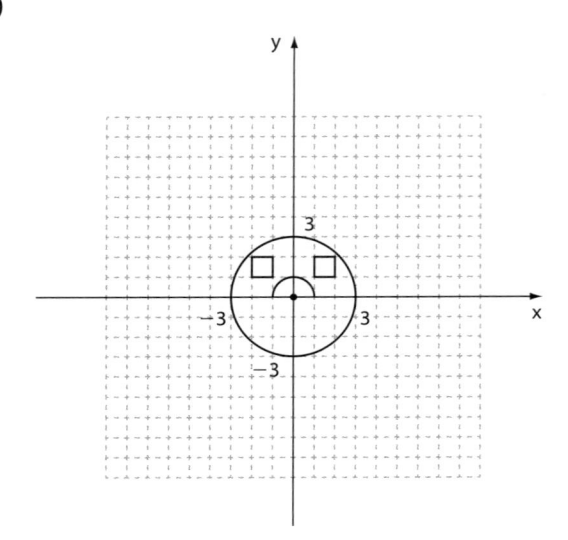

e)

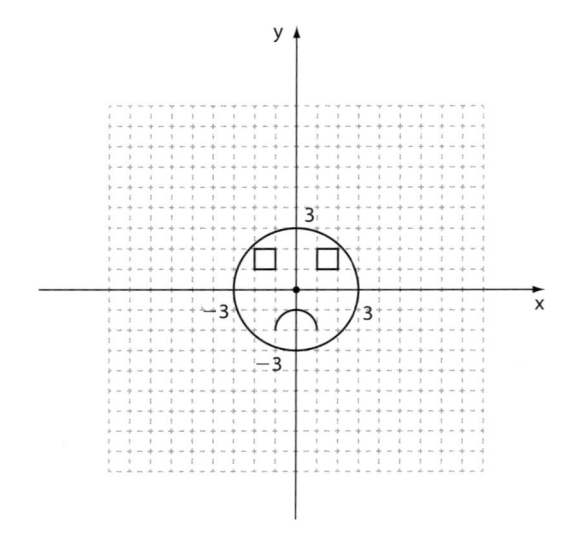

39 (UF-RN) Um arquiteto projetou, para um salão de dimensões 22 m por 18 m, um teto de gesso em formato de elipse com o eixo maior medindo 20 m e o eixo menor, 16 m, conforme ilustra a figura abaixo.

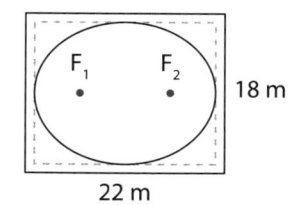

18 m

22 m

O aplicador do gesso afirmou que saberia desenhar a elipse, desde que o arquiteto informasse as posições dos focos.

Para orientar o aplicador do gesso, o arquiteto informou que, na direção do eixo maior, a distância entre cada foco e a parede mais próxima é de:

a) 3 m

b) 4 m

c) 5 m

d) 6 m

40 (EPCAr-MG) Sobre a circunferência de menor raio possível que circunscreve a elipse de equação $x^2 + 9y^2 - 8x - 54y + 88 = 0$ é correto afirmar que:

a) tem raio igual a 1.

b) tangencia o eixo das abscissas.

c) é secante ao eixo das ordenadas.

d) intersecta a reta de equação $4x - y = 0$.

▶ Números complexos, Polinômios e Equações algébricas

1 (U. F. São João del-Rei-MG) Na figura abaixo, estão representados os números complexos Z_1 e Z_2 por meio de seus afixos **A** e **B**, respectivamente.

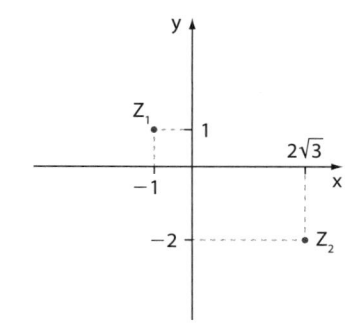

Considerando essa figura, é correto afirmar que:

a) o afixo de $(Z_1 \cdot Z_2)$ é um ponto do 2º quadrante.

b) $(Z_1)^2 = 2i$

c) $|Z_1 + Z_2| = \sqrt{3}$

d) o afixo de $\dfrac{Z_1}{Z_2}$ é um ponto do 2º quadrante.

2 (Vunesp-SP) Identifique o lugar geométrico das imagens dos números complexos **Z**, tais que $|Z| + |3 \cdot Z| = 12$.

3 (CPAEN) Seja **p** a soma dos módulos das raízes da equação $x^3 + 8 = 0$ e **q** o módulo do número complexo **Z**, tal que $Z\overline{Z} = 108$, onde $\overline{Z}$ é o conjugado de **Z**. Uma representação trigonométrica do número complexo $p+qi$ é:

a) $12\left(\cos\dfrac{\pi}{3} + i\,\text{sen}\,\dfrac{\pi}{3}\right)$

d) $20\sqrt{2}\left(\cos\dfrac{\pi}{6} + i\,\text{sen}\,\dfrac{\pi}{6}\right)$

b) $20\left(\cos\dfrac{\pi}{3} + i\,\text{sen}\,\dfrac{\pi}{3}\right)$

e) $10\left(\cos\dfrac{\pi}{3} + i\,\text{sen}\,\dfrac{\pi}{3}\right)$

c) $12\left(\cos\dfrac{\pi}{6} + i\,\text{sen}\,\dfrac{\pi}{6}\right)$

4 (U. F. Santa Maria-RS) Observe a vista aérea do planetário e a representação, no plano Argand-Gauss, dos números complexos z_1, z_2, ..., z_{12}, obtida pela divisão do círculo de raio 14 em 12 partes iguais.

GOOGLE MAPS

Considere as seguintes informações:

I. $z_2 = 7\sqrt{3} + 14i$ II. $z_{11} = \overline{z}_3$ III. $z_5 = z_4 \cdot \overline{z}_{11}$

Está(ão) correta(s):

a) apenas I.

d) apenas I e II.

b) apenas II.

e) apenas II e III.

c) apenas III.

5 (Insper-SP) Considere um número complexo **z**, de módulo 10, tal que $z = (K + i)^2$, em que **K** é um número real. A parte real desse número complexo é igual a:

a) $5\sqrt{3}$ **b)** 8   **c)** $5\sqrt{2}$ **d)** 6   **e)** 5

6 (UF-PE) Analise as afirmações seguintes sobre o número complexo $z = \dfrac{1+i}{\sqrt{2}}$:

(0-0) z é uma das raízes quadradas do complexo i.

(1-1) $z^4 = 1$.

(2-2) A forma trigonométrica de z é $\cos\left(\dfrac{\pi}{4}\right) + i\operatorname{sen}\left(\dfrac{\pi}{4}\right)$.

(3-3) $z^{2012} = 1$.

(4-4) z, z^3, z^5 e z^7 são as raízes complexas da equação $x^4 + 1 = 0$.

7 (FGV-SP) É dada a matriz $A = (a_{ij})_{3\times 3}$ tal que $A = \begin{pmatrix} 2 & 1-i & 1 \\ 1+i & 1 & -i \\ 1 & i & 0 \end{pmatrix}$

sendo i a unidade imaginária: $i^2 = -1$.

a) Escreva a matriz $B = (b_{ij})_{3\times 3}$ substituindo os elementos da matriz **A** pelos seus números complexos conjugados, ou seja, b_{ij} é o complexo conjugado do elemento a_{ij}.

b) Determine a área do triângulo cujos vértices são os afixos dos elementos b_{23} e B_{32} e o afixo do determinante da matriz **B**.

8 (UE-PB) Dado o número complexo $z = x + yi$, o sistema $\begin{cases} |z| = 5 \\ |iz - 3| = 2 \end{cases}$ tem como solução:

a) $z = 5i$ **d)** $z = -5$

b) $z = -5i$ **e)** $z = 5 + 5i$

c) $z = 5$

9 (Udesc-SC) Sejam $q(x)$ e $r(x)$, respectivamente, o quociente e o resto da divisão de $f(x) = 6x^4 - x^3 - 9x^2 - 3x + 7$ por $g(x) = 2x^2 + x + 1$. O produto entre todas as raízes de $q(x)$ e $r(x)$ é igual a:

a) $-\dfrac{7}{3}$ **b)** 3 **c)** $\dfrac{3}{5}$ **d)** 5 **e)** $\dfrac{5}{3}$

10 (Unicamp-SP) Seja (a, b, c, d) uma progressão geométrica (PG) de números reais, com razão $q \neq 0$ e $a \neq 0$.

a) Mostre que $x = -\dfrac{1}{q}$ é uma raiz do polinômio cúbico $p(x) = a + bx + cx^2 + dx^3$.

b) Sejam **e** e **f** números reais quaisquer e considere o sistema linear nas variáveis **x** e **y**, $\begin{pmatrix} a & c \\ d & b \end{pmatrix}\begin{pmatrix} x \\ y \end{pmatrix} = \begin{pmatrix} e \\ f \end{pmatrix}$. Determine para que valores da razão **q** esse sistema tem solução única.

11 (EsPCEx-SP) O polinômio $f(x) = x^5 - x^3 + x^2 + 1$, quando dividido por $q(x) = x^3 - 3x + 2$, deixa resto $r(x)$. Sabendo disso, o valor numérico de $r(-1)$ é:

a) -10 **c)** 0 **e)** 10

b) -4 **d)** 4

12 (Insper-SP) A equação $x^3 - 3x^2 + 7x - 5 = 0$ possui uma raiz real **r** e duas raízes complexas e não reais z_1 e z_2. O módulo do número complexo z_1 é igual a:

a) $\sqrt{2}$ **c)** $2\sqrt{2}$ **e)** $\sqrt{13}$

b) $\sqrt{5}$ **d)** $\sqrt{10}$

13 (ESPM-SP) O trinômio $x^2 + ax + b$ é divisível por $x + 2$ e por $x - 1$. O valor de $a - b$ é:

a) 0   **b)** 1   **c)** 2   **d)** 3   **e)** 4

14 (U. E. Ponta Grossa-PR) Ao dividir o polinômio P(x) por $x - 2$, obtêm-se o quociente $2x^2 + 5$ e o resto 3. Nessas condições, assinale o que for correto [e indique a soma correspondente às afirmações verdadeiras].

(01) P(x) é divisível por $x + 1$.

(02) P(x) é um polinômio do 3º grau.

(04) P(0) = -7

(08) O termo independente de **x** no polinômio vale 11.

15 (PUC-RJ) Sabendo que 1 é raiz do polinômio $p(x) = 2x^3 - ax^2 - 2x$, podemos afirmar que p(x) é igual a:

a) $2x^2(x - 2)$ **d)** $x(x - 1)(x + 1)$

b) $2x(x - 1)(x + 1)$ **e)** $x(2x^2 - 2x - 1)$

c) $2x(x^2 - 2)$

16 (UE-CE) A interseção do gráfico da função f: R → R, definida por $f(x) = x^3 - 3x^2 - 6x + 8$, com o eixo dos **x** (eixo horizontal no sistema de coordenadas cartesiano usual), são pontos da forma (x, 0). Os valores de **x** correspondentes a tais pontos estão no intervalo:

a) $\left[-\pi, \sqrt{10} \right]$ **c)** $\left[-\sqrt{5}, \pi + 1 \right]$

b) $\left[-\sqrt{2}, \sqrt{19} \right]$ **d)** $\left[-\sqrt{6}, \pi \right]$

17 (Mackenzie-SP) Se **α, β** e **γ** são as raízes da equação $x^3 + x^2 + px + q = 0$, onde **p** e **q** são coeficientes reais e $\alpha = 1 - 2i$ é uma das raízes dessa equação, então $\alpha \cdot \beta \cdot \gamma$ é igual a:

a) 15   **b)** 9   **c)** -15 **d)** -12 **e)** -9

18 (U. F. Santa Maria-RS) A função $f(t) = \dfrac{1}{4}t^3 - 4t^2 + 17t - 20$ representa o lucro de uma empresa de produtos eletrônicos (em milhões de reais), no tempo **t** (em anos).

Se t_1, t_2 e t_3, com $t_1 < t_2 < t_3$, correspondem aos anos em que o lucro da empresa é zero, então $t_3 - t_2 - t_1$ é igual a:

a) 1   **b)** 2   **c)** 4   **d)** 6   **e)** 10

19 (U. F. São João del-Rei-MG) Considere os polinômios

$p(x) = x^4 + 3x^3 - 2x^2 - 2x + 12$, $r(x) = x + 2$ e $q(x) = \dfrac{p(x)}{r(x)}$.

Sobre as raízes da equação q(x) = 0, é correto afirmar que:

a) a soma de todas as raízes é igual a -1.

b) duas das raízes são inteiras.

c) duas das raízes são números complexos, um localizado no 1º quadrante e outro localizado no 3º quadrante do plano de Argand-Gauss.

d) a soma das raízes inteiras é 2.

20 (Cefet-MG) Perdeu-se parte da informação que constava em uma solução de um problema, pois o papel foi rasgado e faz-se necessário encontrar três dos números perdidos que chamaremos de **A**, **B** e **C** na equação abaixo.

$$\frac{Ax - 2}{x^2 + x + 3} + \frac{B}{2x - 1} = \frac{Cx^2 - 9x - C}{2x^3 + x^2 + 5x - 3}$$

O valor de A + B + C é:

a) –3   b) –2   c) 4   d) 5   e) 7

21 (IME-RJ) Seja Δ o determinante da matriz $\begin{bmatrix} 1 & 2 & 3 \\ x & x^2 & x^3 \\ x & x & 1 \end{bmatrix}$. O número de possíveis valores de **x** reais que anulam Δ é:

a) 0   b) 1   c) 2   d) 3   e) 4

22 (EsPCEx-SP) Os polinômios A(x) e B(x) são tais que $A(x) = B(x) + 3x^3 + 2x^2 + x + 1$. Sabendo-se que –1 é raiz de A(x) e 3 é raiz de B(x), então $A(3) - B(-1)$ é igual a:

a) 98   c) 102   e) 105
b) 100   d) 103

23 (EsPCEx-SP) Dado o polinômio q(x) que satisfaz a equação $x^3 + ax^2 - x + b = (x - 1) \cdot q(x)$ e sabendo que 1 e 2 são raízes da equação $x^3 + ax^2 - x + b = 0$, determine o intervalo no qual $q(x) \leq 0$:

a) $[-5, -4]$ c) $[-1, 2]$ e) $[6, 7]$
b) $[-3, -2]$ d) $[3, 5]$

24 (EsPCEx-SP) A figura a seguir apresenta o gráfico de um polinômio P(x) do 4º grau no intervalo]0, 5[.

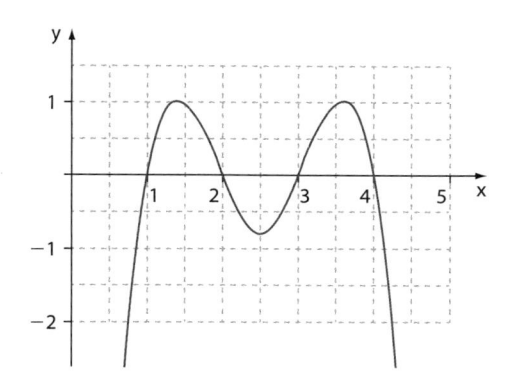

O número de raízes reais da equação $P(x) + 1 = 0$ no intervalo]0, 5[é:

a) 0   b) 1   c) 2   d) 3   e) 4

▶ Estatística

1 (U. F. Santa Maria-RS) O Brasil é o quarto produtor mundial de alimentos, produzindo mais do que o necessário para alimentar sua população. Entretanto, grande parte da produção é desperdiçada.

O gráfico a seguir mostra o percentual do desperdício de frutas nas feiras do estado de São Paulo.

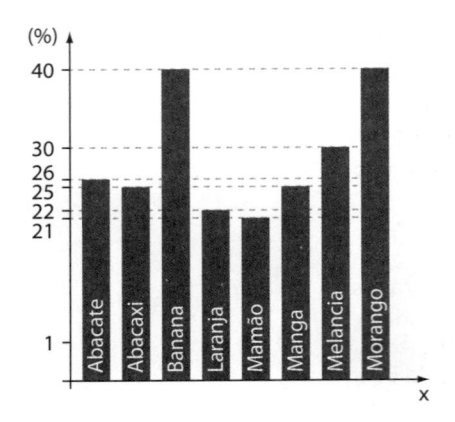

Considerando os dados do gráfico, a média aritmética, a moda e a mediana são, respectivamente:

a) 28,625; 25 e 40; 25,5

b) 28,625; 25 e 40; 26

c) 28,625; 40; 26

d) 20,5; 25 e 40; 25,5

e) 20,5; 40; 25,5

2 (Unicamp-SP) O Código de Trânsito Brasileiro classifica as infrações, de acordo com a sua natureza, em leves, médias, graves e gravíssimas. A cada tipo corresponde uma pontuação e uma multa em reais, conforme a tabela abaixo.

Infração	Pontuação	Multa*
Leve	3 pontos	R$ 53,00
Média	4 pontos	R$ 86,00
Grave	5 pontos	R$ 128,00
Gravíssima	7 pontos	R$ 192,00

* Valores arredondados

a) Um condutor acumulou 13 pontos em infrações. Determine todas as possibilidades quanto à quantidade e à natureza das infrações cometidas por esse condutor.

b) O gráfico de barras abaixo exibe a distribuição de 1 000 infrações cometidas em certa cidade, conforme a sua natureza. Determine a soma das multas aplicadas.

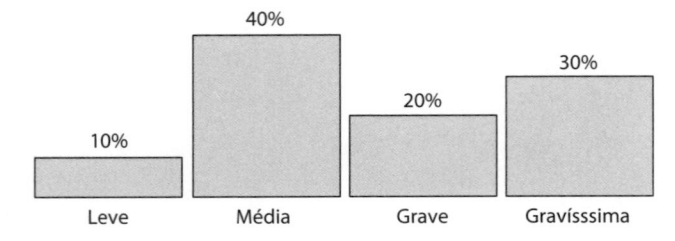

3 (UE-PG) A média aritmética das notas de 20 alunos é 58. Se essas notas formam uma progressão aritmética de razão 4, assinale o que for correto [e indique a soma correspondente às afirmações verdadeiras].

(01) A maior nota é 96.

(02) A menor nota é 20.

(04) A média aritmética das cinco maiores notas é 88.

(08) A mediana das notas é 52.

4 (Insper-SP) Para fazer parte do time de basquete de uma escola, é necessário ter, no mínimo, 11 anos. A média das idades dos cinco jogadores titulares desse time é 13 anos, sendo que o mais velho deles tem 17 anos. Dessa forma, o segundo mais velho do time titular pode ter, no máximo:

a) 17 anos. c) 15 anos. e) 13 anos.
b) 16 anos. d) 14 anos.

5 (UF-GO) Na tabela apresentada a seguir estão listados os dez países com maior capacidade instalada de energia renovável no mundo.

Líderes mundiais em energia renovável instalada	
País	Capacidade total instalada (Gigawatts)
China	133
Estados Unidos	93
Alemanha	61
Espanha	32
Itália	28
Japão	25
Índia	22
França	18
Brasil	15
Reino Unido	11

Fonte: PEW ENVIROMENT GROUP (2011). Disponível em: <http://exame.abril.com.br/economia/noticias>. Acesso em: 1º abr. 2014. (Adaptado.)

Tomando por base os dados apresentados na tabela, conclui-se que a média aritmética da capacidade total instalada dos países situados no continente europeu representa, aproximadamente:

a) 36,86% da média aritmética dos países situados fora do continente asiático.

b) 37,97% da média aritmética dos países situados no continente asiático.

c) 44,44% da média aritmética dos países situados no continente americano.

d) 60,24% da média aritmética dos países situados fora do continente europeu.

e) 68,49% da média aritmética dos dez países.

6 (Uneb-BA)

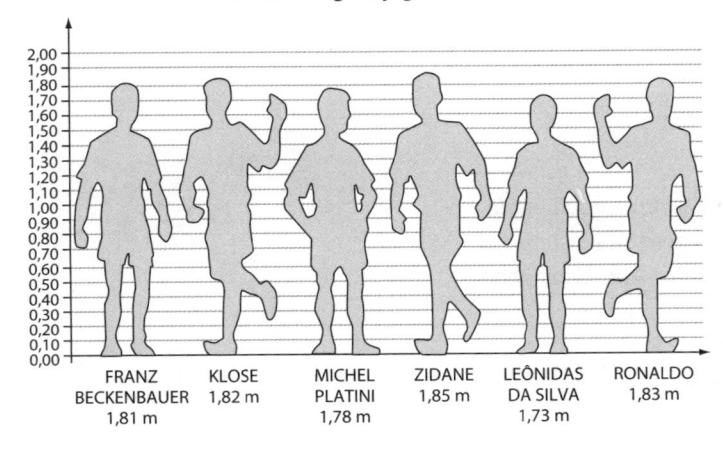

A altura de alguns jogadores de futebol

FRANZ BECKENBAUER 1,81 m KLOSE 1,82 m MICHEL PLATINI 1,78 m ZIDANE 1,85 m LEÔNIDAS DA SILVA 1,73 m RONALDO 1,83 m

De acordo com o gráfico, a diferença entre a altura mediana e a média das alturas desses seis jogadores, em cm, é aproximadamente igual a:

a) 0,93   **b)** 1,01   **c)** 1,09   **d)** 1,17   **e)** 1,25

7 (UF-GO) O gráfico a seguir indica a preferência dos alunos de uma escola por apenas uma das revistas **A**, **B**, **C** ou **D**.

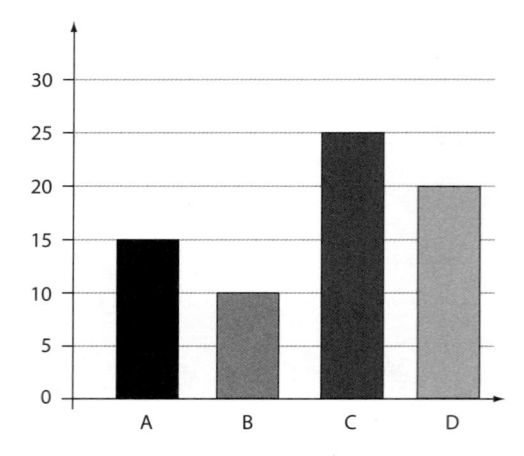

De acordo com as informações apresentadas nesse gráfico, o número de alunos que preferem a revista **D** é:

a) menor que a metade dos que preferem as revistas **B** ou **C**.

b) maior que a metade do total de alunos da escola.

c) igual à soma dos que preferem as revistas **A** ou **B**.

d) igual à média aritmética dos que preferem as revistas **A** ou **C**.

e) dez vezes maior do que aqueles que preferem a revista **B**.

8 (U. E. Maringá-PR) Quinze candidatos a uma vaga foram submetidos a um teste seletivo que consta de 5 questões de múltipla escolha com cinco alternativas cada (de a a e), sendo que, em cada questão, há apenas uma alternativa correta. A pontuação de cada candidato na prova corresponde ao número de questões que ele acertou. Sabendo que dois candidatos zeraram a prova, quatro candidatos obtiveram nota 1, três candidatos obtiveram nota 2, três candidatos obtiveram nota 3, um candidato obteve nota 4 e dois candidatos obtiveram nota 5, assinale o que for correto [e identifique a soma correspondente às afirmações verdadeiras].

(01) Escolhendo um candidato ao acaso, a probabilidade de se escolher um que obteve nota superior a 3 é de $\frac{1}{5}$.

(02) A média das notas foi 2,2.

(04) A mediana das notas foi 3.

(08) Se um candidato responde às 5 questões de forma equilibrada, isto é, escolhendo alternativas distintas para questões distintas, e se o gabarito também estiver equilibrado, então a probabilidade de ele acertar exatamente 4 questões é $\frac{1}{4!}$.

(16) O número total de maneiras possíveis de se escolher exatamente uma alternativa de cada questão é 5!.

9 (Acafe-SC) Para a realização de uma olimpíada escolar, os professores de educação física montam as turmas por meio da distribuição das idades dos alunos. O gráfico abaixo representa a quantidade de alunos por suas idades.

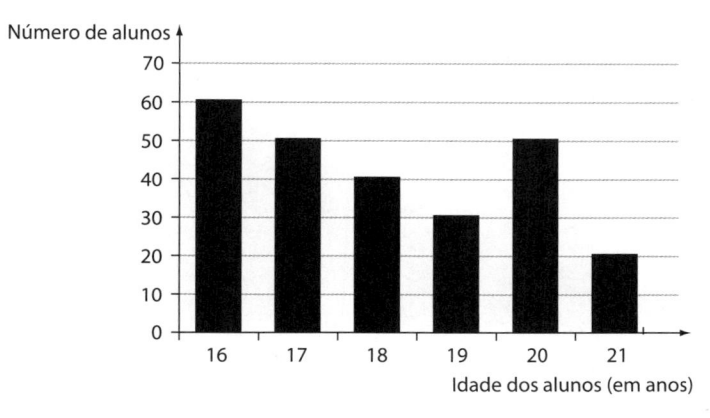

Considere as seguintes afirmações:

I. Se um deles é sorteado aleatoriamente, a probabilidade de que tenha idade abaixo da média da turma é de 44%.

II. O percentual de alunos de uma turma constituída por alunos cuja idade é maior ou igual a 18 anos é 56.

III. A média de idade aproximada (em anos) de uma equipe formada por alunos cuja idade é menor ou igual a 18 anos é 17.

A sequência correta, de cima para baixo, é:

a) V - V - V   **b)** V - V - F   **c)** V - F - F   **d)** F - F - V

10 (UF-GO) O gráfico a seguir apresenta os dez países com a maior taxa de mortalidade decorrente do uso de drogas.

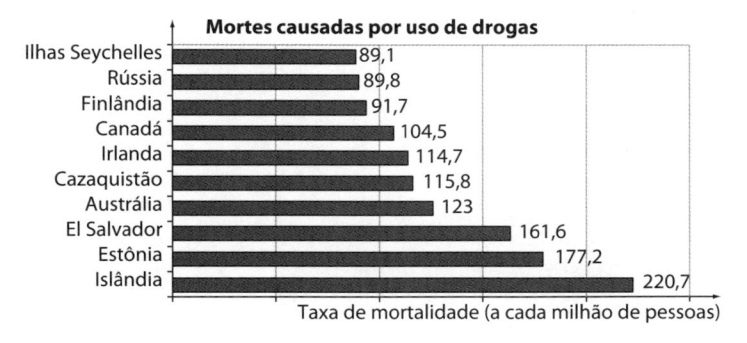

Na tabela a seguir encontra-se o número estimado de mortes causadas por uso de drogas por continente.

Número estimado de mortes por uso de drogas	
Região	**Número de mortes estimadas**
África	36 435
América do Norte	47 813
América Latina e Caribe	4 756
Ásia	104 116
Europa	15 469
Oceania	1 957
Total mundial	210 546

Fonte: World Drug Reporter 2013 – UNODC (United Nations Office on Drugs and Crime)

Sabendo que a população da Islândia é de 320 137 habitantes, determine o percentual aproximado de mortes desse país em relação ao número de mortes estimadas para o continente europeu.

11 (Unifor-CE) O diretor de um curso de Inglês resolve montar as turmas fazendo uma distribuição por idade dos alunos do curso. O gráfico abaixo representa a quantidade de alunos por idade.

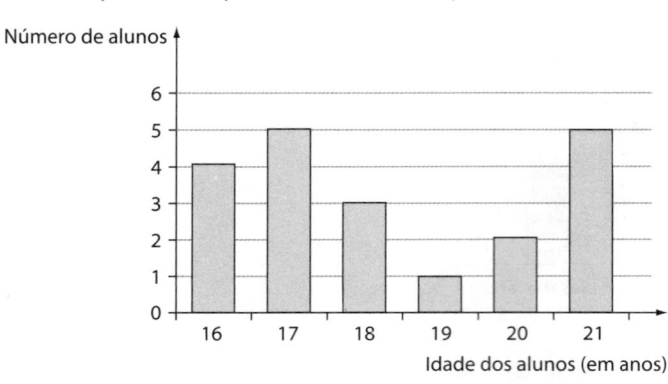

Qual a porcentagem de alunos que irá formar uma turma com idade de 16 e 17 anos?

a) 20%

b) 30%

c) 45%

d) 55%

e) 65%

12 (UPE-PE) Numa competição esportiva, cinco atletas estão disputando as três primeiras colocações da prova de salto em distância. A classificação será pela ordem decrescente da média aritmética de pontos obtidos por eles, após três saltos consecutivos na prova. Em caso de empate, o critério adotado será a ordem crescente do valor da variância. A pontuação de cada atleta está apresentada na tabela a seguir:

Atleta	Pontuação 1º salto	Pontuação 2º salto	Pontuação 3º salto
A	6	6	6
B	7	3	8
C	5	7	6
D	4	6	8
E	5	8	5

Com base nas informações apresentadas, o primeiro, o segundo e o terceiro lugares dessa prova foram ocupados, respectivamente, pelos atletas:

a) A; C; E

b) B; D; E

c) E; D; B

d) B; D; C

e) A; B; D

O texto a seguir refere-se ao exercício *13*.

DANOS DE ALIMENTOS ÁCIDOS

O esmalte dos dentes dissolve-se prontamente em contato com substâncias cujo pH (medida da acidez) seja menor do que 5,5. Uma vez dissolvido, o esmalte não é reposto, e as partes mais moles e internas do dente logo apodrecem. A acidez de vários alimentos e bebidas comuns é surpreendentemente alta; as substâncias listadas a seguir, por exemplo, podem causar danos aos seus dentes com contato prolongado. (BREWER. 2013, p. 64).

comida/bebida	Ph
suco de limão/lima	1,8 – 2,4
café preto	2,4 – 3,2
vinagre	2,4 – 3,4
refrigerantes de cola	2,7
suco de laranja	2,8 – 4,0
maçã	2,9 – 3,5
uva	3,3 – 4,5
tomate	3,7 – 4,7
maionese/molho de salada	3,8 – 4,0
chá preto	4,0 – 4,2

13 (Uneb-BA) Considerando-se que os valores do pH na tabela variem unicamente com um incremento de 0,1, pode-se afirmar que o valor modal do pH, nessa tabela, é igual a:

a) 4,0   **b)** 3,8   **c)** 3,6   **d)** 3,4   **e)** 3,2

14 (Enem PPL) Uma escola da periferia de São Paulo está com um projeto em parceria com as universidades públicas. Nesse projeto-piloto, cada turma encaminhará um aluno que esteja apresentando dificuldades de aprendizagem para um acompanhamento especializado. Para isso, em cada turma, foram aplicadas 7 avaliações diagnósticas. Os resultados obtidos em determinada turma foram os seguintes:

	Aluno 1	Aluno 2	Aluno 3	Aluno 4	Aluno 5
Avaliação 1	4,2	8	8	9	6
Avaliação 2	4,2	2,5	5	3,5	8
Avaliação 3	3,2	1	0,5	5	4
Avaliação 4	3,2	4	3	8,5	7
Avaliação 5	3,5	3	2,5	3,5	9
Avaliação 6	4,2	4	4,6	7	7
Avaliação 7	3,2	8	8,6	6	6

Sabendo que o projeto visa atender o aluno que apresentar a menor média nas avaliações, deverá ser encaminhado o aluno:

a) 1   **b)** 2   **c)** 3   **d)** 4   **e)** 5

15 (IF-SP) Numa sala de 50 alunos, todos colecionam gibis. Foi feita uma pesquisa da quantidade que cada aluno possui e chegou-se aos dados indicados na seguinte tabela:

Quantidade de alunos	Quantidade de gibis
10	30
15	40
20	50
5	60

A média de gibis dos alunos dessa sala é:

a) 34   **b)** 39   **c)** 44   **d)** 49   **e)** 54

16 (Enem PPL) Existem hoje, no Brasil, cerca de 2 milhões de pessoas que sofrem de epilepsia. Há diversos meios de tratamento para a doença, como indicado no gráfico:

A doença em números
2 milhões de brasileiros sofrem de epilepsia

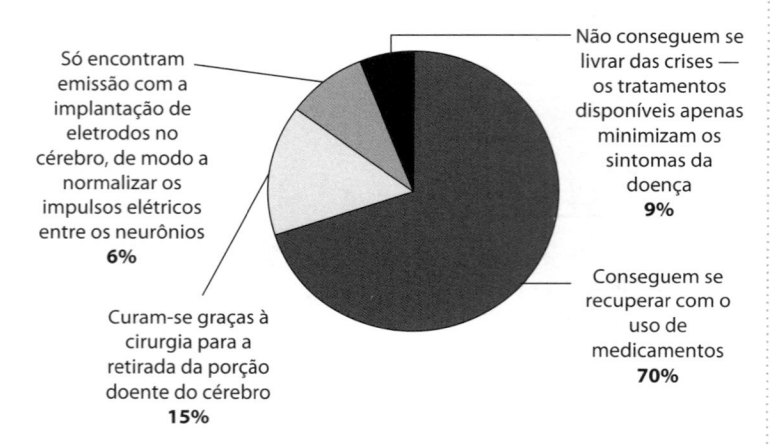

Fonte: *Veja*, São Paulo, 18 abr. 2010 (adaptado).

Considere um estado do Brasil onde 400 000 pessoas sofrem de epilepsia. Nesse caso, o número de pessoas que conseguem se recuperar com o uso de medicamentos, ou se curar a partir da cirurgia para retirada da porção doente do cérebro, é aproximadamente:

a) 42 000   **d)** 280 000
b) 60 000   **e)** 340 000
c) 220 000

17 (Vunesp-SP) Em uma dissertação de mestrado, a autora investigou a possível influência do descarte de óleo de cozinha na água. Diariamente, o nível de oxigênio dissolvido na água de 4 aquários, que continham plantas aquáticas submersas, foi monitorado.

Cada aquário continha diferentes composições do volume ocupado pela água e pelo óleo de cozinha, conforme consta na tabela.

Percentual do volume	I	II	III	IV
óleo	0	10	20	30
água	100	90	80	70

Como resultado da pesquisa, foi obtido o gráfico, que registra o nível de concentração de oxigênio dissolvido na água (**C**), em partes por milhão (ppm), ao longo dos oito dias de experimento (**T**).

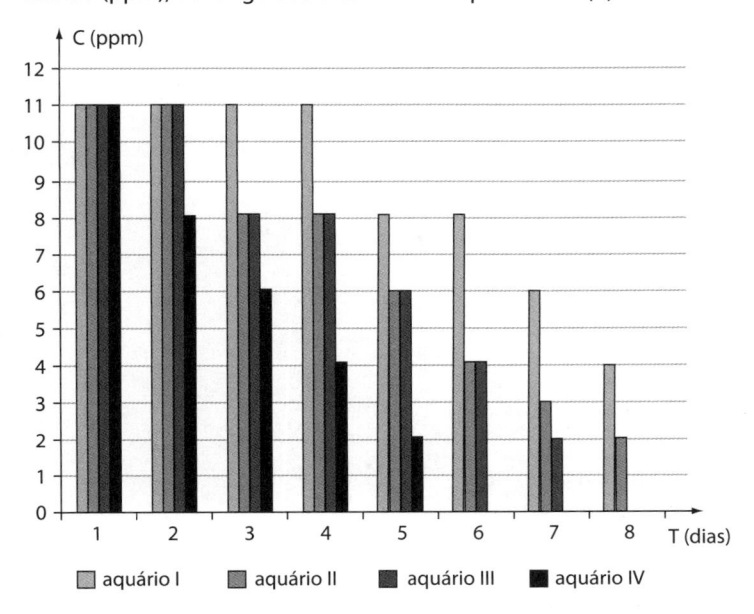

aquário I   aquário II   aquário III   aquário IV

Tomando por base os dados e resultados apresentados, é correto afirmar que, no período e nas condições do experimento:

a) não há dados suficientes para se estabelecer o nível de influência da quantidade de óleo na água sobre o nível de concentração de oxigênio nela dissolvido.

b) quanto maior a quantidade de óleo na água, maior a sua influência sobre o nível de concentração de oxigênio nela dissolvido.

c) quanto menor a quantidade de óleo na água, maior a sua influência sobre o nível de concentração de oxigênio nela dissolvido.

d) quanto maior a quantidade de óleo na água, menor a sua influência sobre o nível de concentração de oxigênio nela dissolvido.

e) não houve influência da quantidade de óleo na água sobre o nível de concentração de oxigênio nela dissolvido.

18 (Enem-MEC) Ao final de uma competição de ciências em uma escola, restaram apenas três candidatos. De acordo com as regras, o vencedor será o candidato que obtiver a maior média ponderada entre as notas das provas finais nas disciplinas química e física, considerando, respectivamente, os pesos 4 e 6 para elas. As notas são sempre números inteiros. Por questões médicas, o candidato II ainda não fez a prova final de química. No dia em que sua avaliação for aplicada, as notas dos outros dois candidatos, em ambas as disciplinas, já terão sido divulgadas.

O quadro apresenta as notas obtidas pelos finalistas nas provas finais.

Candidato	Química	Física
I	20	23
II	x	25
III	21	18

A menor nota que o candidato II deverá obter na prova final de química para vencer a competição é:

a) 18   b) 19   c) 22   d) 25   e) 26

19 (UF-GO) No último campeonato mundial de atletismo, disputado na Rússia, os três primeiros colocados na competição de salto em distância conseguiram as seguintes marcas em suas tentativas de salto, em metros:

	Tentativas					
Atletas	1	2	3	4	5	6
Atleta 1	7,92	8,16	8,17	8,03	8,27	–
Atleta 2	8,14	7,96	8,52	8,43	8,56	–
Atleta 3	8,09	8,15	8,17	8,29	–	8,16

Disponível em: <http:/www.iaaf.org>. Acesso em: 17 set. 2013.

Considerando somente os saltos válidos, calcule a média aritmética dos saltos dos três atletas e identifique qual deles obteve a maior média aritmética.

20 (UF-GO) O gráfico a seguir apresenta os dados de uma pesquisa que indicam a variação média da população dos municípios brasileiros, no período de 2000 a 2010.

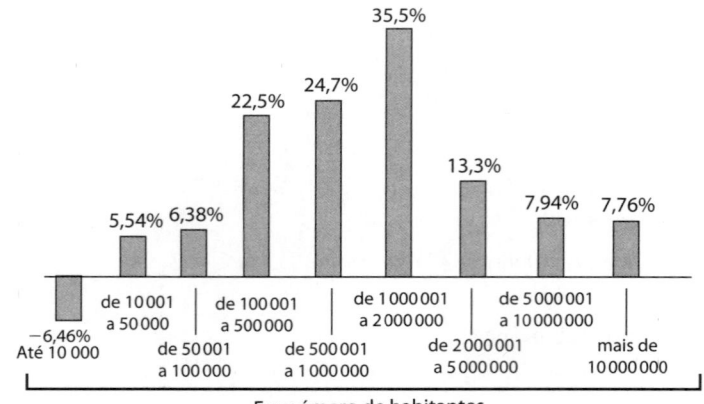

Fonte: <www.ibge.gov.br>. Acesso em: 16 mar. 2014.

De acordo com os dados apresentados nesse gráfico, se um município tinha 502 250 habitantes logo após o período considerado na pesquisa, calcule o número de habitantes que esse município tinha no início do período de 2000 a 2010.

Respostas

Conjuntos

1. d
2. a
3. (02) + (04) + (08) = (14)
4. e
5. a
6. c
7. a
8. c
9. d

Funções

1. d
2. c
3. a
4. d
5.
   a) $A(t) = -\dfrac{t^2}{4} + t$

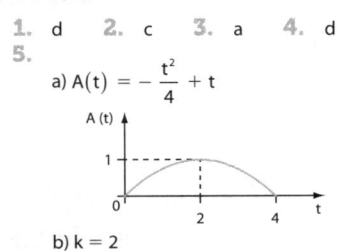

   b) k = 2
6. a)

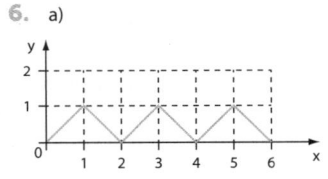

   b) $x = \dfrac{1}{5}$ ou $x = \dfrac{9}{5}$ ou $x = \dfrac{11}{5}$ ou

   $x = \dfrac{19}{5}$ ou $x = \dfrac{21}{5}$ ou $x = \dfrac{29}{5}$
7. d
8. c
9. c
10. d
11. a
12. c
13. b
14. c
15. b
16. c
17. c
18. a) 1 000
    b)

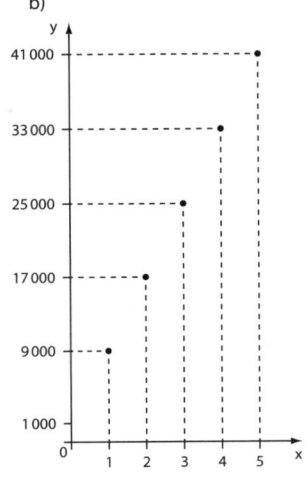

    c) F(x) = 160 000x + 20 000
19. c
20. d
21. e
22. a
23. a) $\alpha = \dfrac{1}{1012} < \dfrac{1}{1000}$

b) 11ª semana
24. a
25. a) R$ 65,00
    b) A decisão não foi correta.
26. a
27. b
28. a
29. b
30. (02) + (16) = (18)
31. a
32. c
33. b
34. e
35. a) $f\left(\log_{10}\left(2 + \sqrt{3}\right)\right) = 40$
    b) 0,7 e –0,7
36. b
37. d
38. a
39. c
40. a
41. c
42. c
43. 11,9 anos
44. b
45. b
46. a
47. (01) + (02) + (04) + (06) = (23)
48. a
49. e
50. a) 4º dia b) 1 500% c) 7 452,20%
51. c
52. c
53. d
54. b
55. d
56. b
57. d
58. d
59. a) $I(x) = I_0 \cdot 4^{-x}$ b) 1,38
60. a
61. b
62. d
63. a
64. a
65. e
66. a
67. a
68. b
69. b
70. a) 7 b) $a = \dfrac{1}{2}$
71. d
72. c
73. (01) + (02) + (04) + (08) = (15)
74. d
75. c
76. b
77. a
78. d
79. a

Progressões

1. c
2. c
3. b
4. a
5. (02) + (04) + (16) = (22)
6. d
7. c
8. a
9. c
10. b
11. c
12. b
13. 12 dias
14. a
15. d
16. b
17. d
18. d
19. b
20. (02) + (04) + (16) = (22)
21. c
22. a

Matemática comercial e financeira

1. d
2. e
3. a) Cobre: 66%
     Estanho: 12%
     Zinco: 22%
   b) A: 40% B: 20% C: 40%

4. b
5. c
6. d
7. c
8. c
9. c
10. d
11. d
12. d
13. R$ 90,00
14. a
15. b
16. a
17. b
18. a) x = R$ 45 000,00
     y = R$ 55 000,00
    b) R$ 5 425,00
    c) A: R$ 25 000,00 e B: R$ 34 000,00
19. d
20. a) R$ 50 000,00
    b) R$ 5 425,00
    c) A: R$ 14 000,00 e B: R$ 56 000,00
21. e
22. 2 500
23. b
24. d
25. b

Semelhança e Trigonometria

1. b
2. c
3. e
4. c
5. Aproximadamente 27 m.
6. d
7. c
8. b
9. d
10. c
11. c
12. b
13. a) $m(B\hat{D}C) = 120°$
    b) $BD = \dfrac{10\sqrt{3}}{3}$ cm
    c) $AC = \dfrac{25\sqrt{3}}{6} + 5$ cm
14. b
15. d
16. a
17. e
18. a
19. a) De 17 °C a 25 °C.
    b) 14 h e 22 h.
20. a
21. b
22. e
23. c
24. a) $\operatorname{sen}\alpha = \dfrac{\sqrt{15}}{4}$
    b) $\dfrac{2\sqrt{15}}{15}$
25. b
26. c
27. b

Matrizes, Determinantes e Sistemas lineares

1. a) $\begin{cases} 8x - z = 0 \\ 18x - 2w = 0 \\ 2y - 2z - w = 0 \end{cases}$
   b) S = {(2t, 25t, 16t, 18t); t ∈ ℕ*}
2. b
3. c

4. c   **5.** a
6. (01) + (02) + (04) = (07)
7. b   **8.** e   **9.** a
10. (01) + (08) = (09)
11. d   **12.** b   **13.** b
14. a) $\dfrac{P_A}{P_B} = \dfrac{6}{5}$ e $\dfrac{P_R}{P_B} = 4$
b) 5 azuis e 6 brancas.
15. b   **16.** e
17. d   **18.** c
19. a   **20.** c
21. 19   **22.** d
23. (0-0) F   (1-1) F   (2-2) V
(3-3) V   (4-4) V
24. (01) + (02) + (04) = (07)
25. d   **26.** d   **27.** e
28. e   **29.** a   **30.** c
31. b

Geometria plana

1. c
2. a) $\dfrac{5\pi R}{6}$ u.c.   b) $\dfrac{R^2}{24}\left(6\sqrt{3} - \pi\right)$ u.a.
3. d   **4.** c
5. c   **6.** c
7. c
8. a) R$ 2 700,00
b) 66 m²
c) 48 m²
9. c
10. $4R^2\left(3 - 2\sqrt{2}\right)$
11. c   **12.** c
13. 6 m   **14.** c
15. a) 120°
b) $\dfrac{1}{12}\left(4\pi - 3\sqrt{3}\right)$ u.a.
c) $\dfrac{3\sqrt{3}}{4}$ u.a.
16. c
17. $\left(3\sqrt{3} - \pi\right)$ cm²
18. c   **19.** d   **20.** e
21. a   **22.** e   **23.** c
24. b   **25.** b   **26.** b
27. d   **28.** d   **29.** e
30. e

Geometria espacial

1. e   **2.** b
3. c   **4.** d
5. 3 240 m³   **6.** d
7. c
8. R = $\left(4 + 2\sqrt{6}\right)$ cm
9. c   **10.** 48
11. a   **12.** b
13. c   **14.** d
15. a   **16.** c
17. d   **18.** c
19. b   **20.** d
21. (02) + (04) + (08) = (14)
22. b   **23.** c   **24.** a
25. b   **26.** a   **27.** d
28. b   **29.** a   **30.** a
31. b   **32.** c
33. g = $30\sqrt[3]{4}$ cm

Análise combinatória, Binômio de Newton e Probabilidade

1. e
2. b
3. $\dfrac{7}{22}$
4. d
5. $\dfrac{3}{28}$; $\dfrac{7 - m}{28}$
6. (01) + (16) = (17)
7. a) $\dfrac{40}{27}$ m   b) $\dfrac{1}{4}$ c) $\dfrac{1}{12}$
8. a) Norte: 7, Nordeste: 9, Centro-Oeste: 4, Sudeste: 4, Sul: 3.
b) 25 · 3¹¹ · 7
c) p = $\dfrac{1}{50} \cdot \dfrac{18}{19} \cdot \dfrac{63}{79} \cdot \dfrac{108}{143} < \dfrac{1}{50}$
9. a   **10.** d   **11.** d
12. (01) + (04) + (16) + (32) = (53)
13. a   **14.** d   **15.** a
16. d   **17.** a   **18.** c
19. b   **20.** b   **21.** d
22. d   **23.** b   **24.** c
25. a
26. a) $\dfrac{1}{4}$
b) $\dfrac{7}{16}$
c) Aproximadamente 3,3%.
27. b
28. a) 216
b) n(A) = 25; n(B) = 27
c) p(A) = $\dfrac{25}{216}$; p(B) = $\dfrac{1}{8}$
29. d   **30.** a   **31.** b
32. e   **33.** d   **34.** c
35. b   **36.** b   **37.** b
38. a   **39.** c   **40.** a
41. b   **42.** a) $\dfrac{2}{27}$ b) $\dfrac{43}{216}$

Ponto, Reta, Circunferência e Cônicas

1. a) $\sqrt{265}$ u.c.   b) 11 u.c.
2. (02) + (04) + (08) + (16) = (30)
3. a) 10 u.c.
b) y = $-\dfrac{3}{4}$ x + $\dfrac{113}{4}$
4. e
5. (01) + (02) + (16) = (19)
6. e   **7.** c
8. a   **9.** e
10. b   **11.** b
12. c   **13.** e
14. (01) + (02) + (04) + (08) = (15)
15. e   **16.** a
17. e   **18.** b
19. e   **20.** a
21. (02) + (04) + (08) + (16) = (30)
22. c   **23.** e   **24.** e

25. e   **26.** b   **27.** e
28. a   **29.** d   **30.** b
31. a) 3x + 4y − 12 = 0
b) $\dfrac{3}{4}$
32.
a) x = 0,10 e y = 0,15
b)

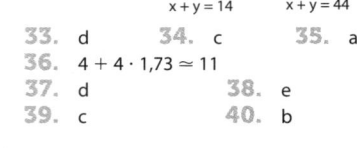

x + y = 14   x + y = 44
33. d   **34.** c   **35.** a
36. 4 + 4 · 1,73 ≃ 11
37. d   **38.** e
39. c   **40.** b

Números complexos, Polinômios e Equações algébricas

1. a
2. Circunferência de centro (0, 0) e raio = 3
3. a   **4.** b   **5.** b
6. (0-0) V   (1-1) F   (2-2) V
(3-3) F   (4-4) V
7. a) B = $\begin{pmatrix} 1 & 1+i & 1 \\ 1-i & 1 & i \\ 1 & -i & 0 \end{pmatrix}$
b) 5 u.a.
8. b   **9.** d
10. a) Demonstração.
b) q ≠ − 1, q ≠ 1 e q ≠ 0
11. a   **12.** b   **13.** d
14. (02) + (04) = (06)
15. b   **16.** c   **17.** c
18. c   **19.** a   **20.** c
21. c   **22.** c
23. c   **24.** c

Estatística

1. a
2. a) 1 leve e 2 graves; 2 médias e 1 grave; 2 leves e 1 gravíssima; 3 leves e 1 média.
b) R$ 122 900,00
3. (01) + (02) + (04) = (07)
4. c   **5.** e
6. d   **7.** d
8. (01) + (02) = (03)
9. a
10. 0,00452 ≃ 0,45%
11. c   **12.** a   **13.** a
14. a   **15.** c   **16.** e
17. b   **18.** a
19. Atleta 2.
20. 410 000 habitantes.